# 產業科技術語大字典

## －英、日、兩岸中文科技術語對照－

### 主編
### 臺灣綜合研究院

 全華科技圖書股份有限公司 印行

# 序　言

　　廿一世紀是一個多變的年代，國際局勢動盪不安，經濟不穩定，在瞬息萬變的年代裡，臺灣是以經濟的力量，傲視全球；然而在多變的今日，加上臺灣政經的不確定因素下，我們稍一耽擱，即被淘汰；廿一世紀的臺灣企業何處去呢？這是目前值得大家深思的課題。近年來，臺灣已將企業觸角伸向彼岸，兩岸交流頻繁，在兩岸經貿合作下，臺商在大陸之投資更是一日千里；一般企業希望由大陸廣大市場，廉價勞動力下，為臺灣再一次締造經濟奇蹟。

　　在語言無障礙下，兩岸互動，臺商之投資佔盡優勢，為其他國家所無法比擬的；然而兩岸分治多年，在文字上繁體字、簡體字的區隔，科技名詞認定差異甚大，常是兩岸中國人之苦惱，今特商請國內知名教授、學者專家，整理一套產業科技術語字典，其中包含英、日、兩岸中文對照以服務國人。

　　本書之編修十分困難，以國立編譯館公告之名詞為基準，參照公工業調查會日、中共同出版之工業技術辭典，整理出國人常用之產業科技字語，非常感謝洪祖昌教授、陳義男教授、張天津校長、周勝次教授、劉國雄教授、蔡欣正教授、林本源教授協助指導，使本書在重重困難下得以付印，第一本"產業科技術 語大字典"的完成，除感謝相關人員之努力外，然疏漏欠妥之處在所難免，尚祈書友先進，不吝指正，以使再版時更加完整，也期待第二本早日完成。相信本書當使有心者獲益良多，為國家富強，而立足未來新世紀，大家共勉之！

臺灣綜合研究院謹識

| 英　　文 | 臺　　灣 | 日　　文 | 大　　陸 |
|---|---|---|---|
| a-alloy | A合金 | A合金 | 铝合金 |
| A oil purifier | A型重油過濾機 | A重油清浄機 | A型重油过滤机 |
| A oil service tank | A型重油油箱 | A重油常用タンク | A型重油油箱 |
| A oil settling tank | A型重油過濾箱 | A重油澄しタンク | A型重油过滤箱 |
| A oil storage tank | A型重油儲存箱 | A重油貯蔵タンク | A型重油储存箱 |
| A oil transfer pump | A型重油輸送泵 | A重油移送ポンプ | A型重油输送泵 |
| A₃ transformation | A3 變態 | A₃変体 | A3变态 |
| A type graphite | A型石墨 | A形黒鉛 | A型石墨 |
| aasby-diabase | 阿斯比輝綠岩 | アアスビイ輝緑岩 | 阿斯比辉绿岩 |
| abacus | 頂板、頂頭板、算盤 | 柱頭 | 顶板、顶头板、算盘 |
| abalyn | 松香酸甲脂 | アバリン | 松香酸甲脂 |
| Abbe | 阿貝 | アッベ | 阿贝 |
| — condenser | 阿貝聚光器 | アッベ集光器 | 阿贝聚光器 |
| — error | 阿貝誤差 | アッベ誤差 | 阿贝误差 |
| — number | 阿貝數 | アッベ数 | 阿贝数 |
| —'s sine law | 阿貝正弦定律 | アッベの正弦法則 | 阿贝正弦定律 |
| abeam | 橫向 | 真横に | 横向 |
| abel | 阿貝爾 | アーベル | 阿贝尔 |
| abelite | 阿貝爾炸藥 | アベライト | 阿贝尔炸药 |
| abernathyite | 砷鉀鈾礦 | アベルナサイト | 砷钾铀矿 |
| abeyance | 停止；潛態 | 停止 | 停止；潜态 |
| abichite | 光綠礦；砷銅礦 | アビカイト鉱 | 光绿矿；砷铜矿 |
| abies oil | 松香油 | アビエス油 | 松香油 |
| ablation | 切除；燒蝕；蝕塗 | 切除 | 切除；烧蚀；蚀涂 |
| abietyl | 松香 | アビエチル | 松香 |
| — cooling | 消蝕冷卻 | アブレーション冷却法 | 消蚀冷却 |
| — material | 材料燒蝕 | 融除材 | 材料烧蚀 |
| — performance index | 蝕消性能指數 | アブレーション効率 | 蚀消性能指数 |
| — polymer | 燒蝕聚合物 | アブレーションポリマ | 烧蚀聚合物 |
| — resistance | 耐蝕性 | 耐融食性 | 耐蚀性 |
| ablator | 燒蝕材料 | アブレータ | 烧蚀材料 |
| ablest | 洗淨劑 | 洗浄剤 | 洗净剂 |
| abluting | 洗淨 | 洗浄 | 洗净 |
| abnormal | 異常 | 異常属性 | 异常属性 |
| — breakdown phenomenon | 異常鑿穿現象 | 異常降伏現象 | 异常凿穿现象 |
| — cathode fall | 異常陰極電位降 | 異常陰極降下 | 异常阴极电位降 |
| — combustion | 異常爆發 | 異常燃焼 | 异常爆发 |
| — condition | 反常情況 | 異常状態 | 反常情况 |
| — current | 非常電流 | 異常電流 | 非常电流 |
| — division | 異常分裂 | 異常分裂 | 异常分裂 |

A

1

| 英　　文 | 臺　　灣 | 日　　文 | 大　　陸 |
|---|---|---|---|
| ─ dump | 異常轉儲 | アブノーマルダンプ | 异常转储 |
| ─ E layer | 異常Ｅ層 | 異常Ｅ層 | 异常Ｅ层 |
| ─ end | 異常終了 | 異常終了 | 异常终了 |
| ─ end of task | 異常終了 | タスク異常終了 | 异常终了 |
| ─ error | 異常差錯 | アブノーマルエラー | 异常差错 |
| ─ explosion | 異常爆炸 | 異常爆発 | 异常爆炸 |
| ─ exposure | 異常照射 | 異常被爆 | 异常照射 |
| ─ fibres | 異常纖維 | 異状繊維 | 异常纤维 |
| ─ function | 異常函數 | 不正規関数 | 异常函数 |
| ─ glow | 反常輝光 | アブノーマルグロー | 反常辉光 |
| ─ glow discharge | 反常輝光放電 | 異常グロー放電 | 反常辉光放电 |
| ─ information | 異常信息 | 異常情報 | 异常信息 |
| ─ liquid | 反常液體 | 異常液体 | 反常液体 |
| ─ log | 事故日誌 | 異常日誌 | 事故日志 |
| ─ low-voltagearc | 反常低壓電弧 | 異常低電圧アーク | 反常低压电弧 |
| ─ noise | 反常噪聲 | 異常雑音 | 反常噪声 |
| ─ operation | 異常操作 | 動作異常 | 异常操作 |
| ─ phenomenon | 反常現象 | 異常現象 | 反常现象 |
| ─ pressure | 異常壓力 | 異常圧力 | 异常压力 |
| ─ program termination | 程序異常終止 | プログラム異常終了 | 程序异常终止 |
| ─ propagation | 反常傳播 | 異常伝搬 | 反常传播 |
| ─ return address | 異常返回地址 | 異常戻りアドレス | 异常返回地址 |
| ─ scattering | 反常散射 | 異常散乱 | 反常散射 |
| ─ series | 非正規列 | 不正規級数 | 非正规列 |
| ─ setting | 異常凝結 | 異常凝結 | 异常凝结 |
| ─ skin effect | 異常凝結 | 異常表皮効果 | 异常凝结 |
| ─ statement | 異常語句 | 異常ステートメント | 异常语句 |
| ─ steel | 異常鋼 | 異状鋼 | 异常钢〔组织〕 |
| ─ structure | 異常組織 | 異常組織 | 异常组织 |
| ─ time | 異常時間 | 異常時間 | 异常时间 |
| ─ wear | 異常磨損 | 異常摩耗 | 异常磨损 |
| **abnormality** | 反常；破壞 | 異常状態 | 反常；破坏 |
| **abort** | 異常結束 | 中止 | 异常结束 |
| **abradability** | 可研磨性 | 可研磨性 | 可研磨性 |
| **abradant** | 磨料 | 研磨材 | 研磨材料 |
| **abraded quantity** | 磨損量 | すりへり量 | 磨损量 |
| **abrader** | 磨損試驗機 | 摩耗試験機 | 磨损试验机 |
| **abrading** | 磨耗運動 | 摩耗作用 | 磨耗运动 |
| ─ agent | 研磨劑 | 研磨剤 | 研磨剂 |
| ─ cloth | 拋光布 | 摩擦布 | 抛光布 |

| 英　　文 | 臺　　灣 | 日　　文 | 大　　陸 |
|---|---|---|---|
| — motion | 磨耗運動 | 摩耗運動 | 磨耗运动 |
| **abrasion** | 磨耗；研磨 | 摩耗 | 磨耗；研磨 |
| — cycle | 磨耗周期 | 摩耗サイクル | 磨耗周期 |
| — fatigue | 磨損疲勞 | 擦過疲れ | 磨损疲劳 |
| — hardness | 磨耗硬度 | 摩耗硬さ | 磨耗硬度 |
| — index | 磨耗指數 | 摩耗指数 | 磨耗指数 |
| — inspection | 磨耗檢查 | 摩耗検査 | 磨耗检查 |
| — loss | 磨損量 | 摩耗減量 | 磨损量 |
| — machine | 磨損試驗機 | 摩耗試験機〔器〕 | 磨损试验机 |
| — macnioeiy | 磨耗機械 | 摩耗機械 | 磨耗机械 |
| — mark | 研磨傷痕 | 研磨きず | 研磨伤痕（刻痕） |
| — of tools | 工具磨耗 | 工具摩耗 | 工具磨耗 |
| — pattern | 磨耗圖 | 摩耗図 | 磨耗图 |
| — quality | 耐磨耗性 | 耐摩耗性 | 耐磨耗性 |
| — ratio | 磨耗率 | 摩耗率 | 磨耗率 |
| — resistanece | 耐磨耗性 | 耐摩耗強さ | 耐磨耗性 |
| — resistance index | 耐磨耗係數 | 摩耗抵抗指数 | 耐磨耗系数 |
| — resistance test | 耐磨耗試驗 | 摩耗試験 | 耐磨耗试验 |
| — resisting steel | 耐磨耗試驗機 | 耐摩耗試験機 | 耐磨耗试验机 |
| — resistant | 耐磨性 | 摩耗抵抗 | 耐磨性 |
| — resistant alloy | 耐磨合金 | 耐摩耗合金 | 耐磨合金 |
| — resistig stssl | 耐磨鋼 | 耐摩耗仕上 | 耐磨钢 |
| — resistant finish | 耐磨耗精加工 | 耐摩耗鋼 | 耐磨耗精加工 |
| — test | 耐磨耗試驗 | 摩耗試験 | 耐磨耗试验 |
| — tester | 耐磨耗試驗機 | 摩耗試験機 | 耐磨耗试验机 |
| — testing method | 耐磨磨耗試驗方法 | 摩耗試験方法 | 耐磨磨耗试验方法 |
| — wear | 磨耗量 | 摩損 | 磨耗量 |
| **abrasive** | 研磨劑 | 研磨剤 | 研磨剂 |
| — action | 研磨作用 | 摩耗作用 | 研磨作用 |
| — band finfshing | 砂帶研磨 | ベルト研磨 | 砂带研磨 |
| — band polishig | 砂帶拋光 | ベルト研磨 | 砂带拋光 |
| — belt | 砂帶 | 研磨ベルト | 砂带 |
| — bindet | 磨料粘結劑 | と粒結合剤 | 磨料结合剂 |
| — belt | 磨帶 | 研磨ベルト | 磨带 |
| — cement | 磨料粘結劑 | アブレシブセメント | 磨料结合剂 |
| — cloth | 砂布 | 研磨布 | 砂布 |
| — coated papet | 砂紙 | 研磨紙 | 砂纸 |
| — coated textile | 砂布 | 研磨布 | 砂布 |
| — cut-off | 研磨切割 | 研削切断 | 研磨切割 |
| — cut-off machine | 磨切機 | 研削切断機 | 研磨切割机 |

3

| 英 文 | 臺 灣 | 日 文 | 大 陸 |
|---|---|---|---|
| — cutting wheel | 切割砂輪 | 切断といし車 | 切割砂轮 |
| — disc | 磨割圓盤 | 研磨ディスク | 磨割圆盘 |
| — dresser | 砂輪修整器 | アブレシブドレッサ | 砂轮修整器 |
| — finishing | 研磨加工 | 研磨仕上 | 研磨加工 |
| — finishing machine | 拋光機 | 研磨仕上機 | 抛光机 |
| — fog | 研磨斑痕 | 摩擦かぶり | 研磨斑痕 |
| — forming | 研磨成形 | 研磨造形 | 研磨成形 |
| — grain | 磨粒 | と粒 | 磨粒 |
| — grain wheel | 研磨砂輪 | 研削と石 | 研磨砂轮 |
| — hardness | 磨料硬度 | 摩耗硬度 | 磨料硬度 |
| — machining | 研磨加工 | と粒加工 | 研磨加工 |
| — material | 磨料 | 研磨材 | 磨料 |
| — material | 磨料 | アブレシブメディア | 磨料 |
| — paper | 砂紙 | 研磨紙 | 砂纸 |
| — particle | 磨粒 | 研磨粒子 | 磨粒 |
| — powder | 磨料粉 | 研磨粉 | 金刚砂粉 |
| — product | 磨料製品 | と粒製品 | 磨料制品 |
| — resistance | 耐磨性 | 耐摩耗性 | 耐磨性 |
| — roll rice polishing machine | 碾輥式碾米機 | 研削式精米機 | 碾辊式碾米机 |
| — soap | 磨蝕皂 | 研磨石けん | 磨蚀皂 |
| — stick | 油石 | アブレシブスティック | 油石 |
| — substance | 研磨劑 | 研磨物質 | 研磨剂 |
| — tool | 研磨工具 | と粒加工工具 | 研磨工具 |
| — wear | 磨損 | アブレシブ摩耗 | 磨损 |
| — wheel | 砂輪 | と石車 | 砂轮 |
| **abrasiveness** | 磨耗性 | 摩耗性 | 磨耗性 |
| **abrator** | 離心噴光機 | アブレータ | 喷丸清理机 |
| **abridged drawing** | 略圖 | 略図 | 略图 |
| **ABS resine** | ABS樹脂 | ABS 樹脂 | ABS树脂 |
| **abscissa** | 橫座標 | 横座標 | 横座标 |
| **abscission** | 部分切除 | 部分切除 | 部分切除 |
| **absolute** | 絕對 | 絶対 | 绝对 |
| — activity | 絕對放射性 | 絶対放射能 | 绝对放射性 |
| — address | 絕對地址 | 絶対アドレス | 绝对地址 |
| — address program | 絕對地址程序 | 絶対番地プログラム | 绝对地址程序 |
| — addressing | 絕對編址 | 絶対番地指定 | 绝对编址 |
| — age | 絕對年齡 | 絶対年代 | 绝对年龄 |
| — alcohol | 純酒精 | 無水アルコール | 纯酒精 |
| — altimeter | 絕對高度 表 | 絶対高度計 | 绝对高度计 |
| — altitude | 絕對高度 | 絶対高度 | 绝对高度 |

| 英　文 | 臺　灣 | 日　文 | 大　陸 |
|---|---|---|---|
| — ambient pressure | 絕對周圍壓力 | 絶対周囲圧 | 絶对周围压力 |
| — ampere | 安培 | 絶対アンペア | 电磁制安培 |
| — amplification | 絕對放大系統 | 固有増幅度 | 绝对放大系统 |
| — angular momentum | 絕對角動量 | 絶対角運動量 | 绝对角动量 |
| — assay | 絕對鑑定 | 絶対検定 | 绝对监定 |
| — assembler | 絕對地址匯編程序 | 絶対アセンブラ | 绝对地址汇编程序 |
| — assembly | 絕對匯編 | 絶対アセンブリ | 绝对汇编 |
| — binary | 絕對二進制 | 絶対二進法 | 绝对二进制 |
| — binary output | 絕對二進制輸出 | 絶対二進出力 | 绝对二进制输出 |
| — block | 絕對閉塞 | 絶対閉そく | 绝对区截 |
| — branch | 絕對轉移 | 絶対分岐 | 绝对转移 |
| — calibration | 完全校準 | 絶対目盛定め | 完全校准 |
| — ceiling | 理論升限 | 絶対上昇限度 | 理论升限 |
| — code | 絕對代碼 | 絶対コード | 绝对代码 |
| — coding | 絕對編碼 | 絶対コーディング | 绝对编码 |
| — concept | 絕對概念 | 絶対概念 | 绝对概念 |
| — conductor | 絕對導體 | 絶対導体 | 绝对导体 |
| — configuration | 絕對構型 | 絶対配置 | 绝对构型 |
| — constant | 絕對常數 | 絶対定数 | 绝对常数 |
| — convergence | 絕對收斂 | 絶対収束 | 绝对收敛 |
| — counting | 絕對計數 | 絶対計数 | 绝对计数 |
| — curvature | 絕對曲率 | 絶対曲率 | 绝对曲率 |
| — data | 絕對數據 | 絶対データ | 绝对数据 |
| — data input | 絕對數據輸入 | 絶対データ入力 | 绝对数据输入 |
| — delay | 絕對延遲 | 絶対遅延 | 绝对延迟 |
| — density | 密度 | 絶対密度 | 密度 |
| — distance system | 絕對距離方式 | 絶対距離方式 | 绝对距离方式 |
| — dry specific gravity | 絕對乾燥比重 | 絶乾比重 | 绝干比重 |
| — filter | 高性能空汽濾清器 | 絶対ろ紙 | 高性能空汽滤清器 |
| — height | 絕對高度 | 絶対高度 | 绝对高度 |
| — humidity | 絕對濕度 | 絶対湿度 | 绝对湿度 |
| — imdex of refraction | 絕對屈折率 | 絶対屈折率 | 绝对屈折率 |
| — instrument | 絕對計測器 | 絶対計測器 | 绝对计测器 |
| — language | 機械語言 | 機械語 | 机械语 |
| — measuring system | 絕對測量系統 | 絶対測定系 | 绝对测量系统 |
| — minimum | 絕對極小值 | 絶対ミニマム | 绝对极小值 |
| — motion | 絕對運動 | 絶対運動 | 绝对运动 |
| — roughness | 絕對粗糙度 | 絶対粗度 | 绝对粗糙度 |
| — specific gravity | 絕對比重 | 絶対比重 | 绝对比重 |
| — speed | 絕對速度 | 絶対速度 | 绝对速度 |

A

5

| 英　　文 | 臺　　灣 | 日　　文 | 大　　陸 |
|---|---|---|---|
| ― speed indicator | 絕對速度計 | 絶地速度計 | 绝对速度计 |
| ― thermometer | 絕對溫度計 | 絶対温度計 | 绝对温度计 |
| ― vacuum | 完全真空 | 完全真空 | 完全真空 |
| ― value | 絕對值 | 絶対値 | 绝对值 |
| ― zero | 絕對零度 | 絶対零度 | 绝对零度 |
| ― zero-point | 絕對零點 | 絶対零点 | 绝对零点 |
| **absoluteness** | 絕對完全性 | 絶対（性） | 绝对（性）完全（性） |
| **absorb** | 吸收 | 吸収 | 吸收 |
| **absorbability** | 可吸收性 | 被吸収性 | 可吸收性 |
| **absorbing** | 吸收本領 | 吸収度 | 吸收本领 |
| ― chain | 吸收鏈 | 吸収連鎖 | 吸收链 |
| ― coefficient | 吸收係數 | 吸収係数 | 吸收系数 |
| ― coil | 吸收線圈 | 吸収コイル | 吸收线圈 |
| ― gas | 吸收性氣體 | 吸収ガス | 吸收性气体 |
| ― glass | 吸熱玻璃 | 吸熱ガラス | 吸收玻璃 |
| ― load | 吸收負載 | 吸収負荷 | 吸收负载 |
| ― Marcov chain | 馬爾可夫吸收鏈 | 吸収マルコフ連鎖 | 马尔可夫吸收链 |
| ― material | 吸收物質 | 吸収物質 | 吸收物质 |
| ― matter | 吸收物質 | 吸収物質 | 吸收物质 |
| ― modulation | 吸收調制 | 吸収変調 | 吸收调制 |
| ― oil | 吸收油 | 吸収油 | 吸收油 |
| ― phenomenon | 吸收現象 | 吸収現象 | 吸收现象 |
| ― power | 吸收能力 | 吸収能 | 吸收能力 |
| ― ratio | 吸收率 | 吸収率 | 吸收率 |
| ― rod | 吸收棒 | 吸収棒 | 吸收棒 |
| ― selector | 吸收選擇器 | 吸収セレクタ | 吸收选择器 |
| ― solution | 吸收液 | 吸収液 | 吸收液 |
| ― state | 吸收狀態 | 吸収状態 | 吸收状态 |
| ― substance | 吸收物質 | 吸収物質 | 吸收物质 |
| ― tower | 吸收塔 | 吸収塔 | 吸收塔 |
| ― tube | 吸收管 | 吸収管 | 吸收管 |
| ― well | 吸收水井 | 吸込井戸 | 吸水井 |
| **absorptance** | 吸收性能 | 吸収率 | 吸收性能 |
| **absorptiometer** | 吸收(比色、光度)計 | アブソープショメータ | 吸收〔比色、光度〕计 |
| **absorptiometic method** | 吸收測量法 | 吸光光度法 | 吸收测量法 |
| **absorptiometry** | 吸收測量法 | 吸光光度分析法 | 吸收测量法 |
| **absorption** | 吸收 | 吸収 | 吸收〔作用〕 |
| ― axis | 吸收軸 | 吸収軸 | 吸收轴 |
| ― band | 吸收頻帶 | 吸収バンド | 吸收（频）带 |
| ― bulb | 吸收瓶 | 吸収瓶 | 吸收瓶 |

| 英　　文 | 臺　　灣 | 日　　文 | 大　　陸 |
|---|---|---|---|
| — charge | 吸收電荷 | 吸収電荷 | 吸收电荷 |
| — circuit | 吸收電路 | 吸収回路 | 吸收电路 |
| — coefficient | 吸收係數 | 吸収係数 | 吸收系数 |
| — color | 吸收色 | 吸収色 | 吸收色 |
| — column | 吸收塔 | 吸収塔 | 吸收塔 |
| — constant | 吸收常數 | 吸収定数 | 吸收常数 |
| — control | 吸收控制 | 吸収制御 | 吸收控制 |
| — discontinuity | 吸收限 | 吸収断層 | 吸收限 |
| — heat | 吸收熱 | 吸収熱 | 吸收热 |
| — hygrometer | 吸收濕度計 | 吸収湿度計 | 吸收湿度计 |
| — index | 吸收指數 | 吸収指数 | 吸收指数 |
| — isobar | 吸收等壓線 | 吸著等庄線 | 吸收等压线 |
| — jump ratio | 吸收波動率 | 吸収端のとび率 | 吸收波动率 |
| — line | 吸收譜線 | 吸収線 | 吸收(谱)线 |
| — loss | 吸收損失 | 吸収損尖 | 吸收损失 |
| — phenomenon | 吸附現象 | 吸着現象 | 吸附现象 |
| — power | 吸收 能量 | 吸収能 | 吸收本领 |
| — pressure | 吸收壓 | 吸収庄 | 吸收压 |
| **absorptive capacity** | 吸收能力 | 吸収能力 | 吸收能力 |
| **abstergent** | 去污劑 | 洗浄薬 | 去污剂 |
| **abstract** | 摘要 | 抄録 | 摘要 |
| — algebra | 抽象代數 | 抽象代数（学） | 抽象代数 |
| — data type | 抽象數據類型 | 抽象データ型 | 抽象数据类型 |
| — form | 抽象形式 | 抽象形態 | 抽象形式 |
| — group | 抽象群 | 抽象群 | 抽象群 |
| — machine | 抽象機 | 抽象機械 | 抽象机 |
| — object | 抽象對象 | 抽象的対象 | 抽象对象 |
| — program | 抽象程序 | 抽象プログラム | 抽象程序 |
| — science | 抽象科學 | 抽象科学 | 抽象科学 |
| — set | 電視演播室布景 | アブストラクトセット | 电视演播室布景 |
| — symbol | 抽象符號 | 抽象記号 | 抽象符号 |
| **abstraction** | 抽象 | 抽象（化） | 抽象 |
| — reaction | 提取反應 | 引撥反応 | 抽象反应 |
| **AC** arc welding machine | 交流電焊機 | 交流アーク溶接機 | 交流电焊机 |
| **AC balance** | 交流穩壓器 | 交流バランサ | 交流平衡器 |
| **AC-DC motor** | 交直流兩用電動機 | 交直両用電動機 | 交直流两用电动机 |
| **AC electric locomotive** | 交流電氣機關車 | 交流電手機関車 | 交流电气机关车 |
| **AC electric rsilcat** | 交流電車 | 交流電車 | 交流电车 |
| **AC elevator** | 交流電梯 | 交流エレベータ | 交流电梯 |
| **AC erase** | 交流消磁 | 交流消去〔磁〕 | 交流消磁 |

| 英　　文 | 臺　　灣 | 日　　文 | 大　　陸 |
|---|---|---|---|
| AC eraser | 交流消磁器 | 交流消磁器 | 交流消磁器（头） |
| AC erasing | 交流消去法 | 交流消去法 | 交流消去法 |
| AC exciter | 交流勵磁機 | 交流励磁機 | 交流励磁机 |
| AC galvanometer | 交流電流計 | 交流検流計 | 交流电流计（表） |
| AC generator | 交流發電機 | 交流発電機 | 交流发电机 |
| AC high-voltage fuse | 交流高壓熔絲 | 交流高圧ヒューズ | 交流高压熔丝〔保险器〕 |
| AC indication relay | 交流指示繼電器 | 交流表示継電器 | 交流指示继电器 |
| AC indicator | 交流指示器 | 交流指示器 | 交流指示器 |
| AC initial permeability | 交流起始導磁率 | 交流初透磁率 | 交流启始导磁率 |
| AC interference | 交流干擾 | 交流誘導障害 | 交流干扰 |
| AC load | 交流負載 | 交流負荷 | 交流负载 |
| AC low-voltage fuse | 交流低壓保險絲 | 交流低圧ヒューズ | 交流低压保险丝 |
| AC machine | 交流電機 | 交流機 | 交流电机 |
| AC magnetic biasing | 交流磁偏 | 交流磁気バイアス | 交流磁偏 |
| AC pattern | AC探傷圖 | AC探傷図形 | AC探伤图 |
| AC servo | 交流伺服系統 | 交流サーボ | 交流伺服系统 |
| AC supply | 交流電源 | 交流電源 | 交流电源 |
| AC to DCconverter | 整流器 | 交直変換器 | 整流器 |
| AC voltage | 交流電壓 | 交流電圧 | 交流电压 |
| AC welder | 交流熔接機 | 交流溶接機 | 交流电焊机 |
| AC winding | 交流繞組 | 交流巻線 | 交流绕组 |
| acactin | 合金歡素 | アカセチン | 合金欢素 |
| acaciagum | 阿拉伯樹脂 | アラビヤゴム | 阿拉伯树脂 |
| acaciin | 合金歡因 | アカシイン | 合金欢因 |
| academic | 科學城 | 学術都市 | 科学城 |
| academician | 學會會員 | アカデミシャン | （学会）会员 |
| academism | 學院主權 | アカデミズム | 学院主权 |
| academy | 科學院 | 科学院 | 科学院 |
| acanthite | 硫銀礦 | 硫銀鉱 | 硫银矿 |
| accel | 催化劑 | アクセル | 催化剂 |
| 一pedal | 油車踏板 | アクセルペダル | 油车踏板 |
| accelerant | 觸媒 | 促進剤 | 触媒 |
| accelerated ageing | 加速老化 | 促進老化 | 加速老化 |
| 一aging tester | 加速老化試驗裝置 | 老化試験装置 | 加速老化试验装置 |
| 一attack | 加速腐蝕 | 加速腐食 | 加速腐蚀 |
| 一aorrosion test | 加速腐蝕試驗 | 加速腐食試験 | 加速腐蚀试验 |
| 一draft | 加速通風 | 加速通風 | 加速通风 |
| 一flame | 加速燃燒 | 加速火炎 | 加速燃烧 |
| 一motion | 加速運動 | 加速運動 | 加速运动 |
| 一weathering | 加速風化試驗 | 促進耐候（性）試験 | 加速风化（老化）试验 |

| 英　文 | 臺　灣 | 日　文 | 大　陸 |
|---|---|---|---|
| — weathering machine | 加速風化試驗機 | 促進耐候（性）試驗機 | 加速风化（老化）试验机 |
| **accelerating** | 加速性能 | 加速能力 | 加速性能 |
| — chamber | 加速箱 | 加速箱 | 加速箱 |
| — curve | 加速度曲線 | 加速度曲線 | 加速度曲线 |
| — electrode | 加速電極 | 加速電極 | 加速电极 |
| — field | 加速電場 | 加速電界 | 加速电场 |
| — flow | 加速流 | 加速流 | 加速流 |
| — grid | 加速格子 | 加速格子 | 加速格子 |
| — hot-water heating | 加速溫水暖房法 | 加速湿水暖房法 | 快速热心采暖法 |
| — lens | 加速透鏡 | 加速レンズ | 加速透镜 |
| — particle | 加速粒子 | 加速粒子 | 加速粒子 |
| — power | 加速功率 | 加速力 | 加速功率 |
| — pump jet | 加速量孔 | 加速ジェット | 加速量孔〔化油器的〕 |
| — pump lever | 加速泵桿 | 加速ポンプレバー | 加速泵杠杆 |
| — reducing valve | 快速減壓閥 | 加速減圧弁 | 快速减压阀 |
| — relay | 加速繼電器 | 加速継電器 | 加速继电器 |
| — resistance | 加速阻力 | 加速抵抗 | 加速阻力 |
| — section | 加速距離 | 助走距離 | 加速距离 |
| — system | 加速油系 | 加速系統 | 加速油系〔化油器的〕 |
| — test | 加速試驗 | 促進試驗 | 加速试验 |
| — tube | 加速管 | 加速管 | 加速管 |
| — voltage | 加速電壓 | 加速電圧 | 加速电压 |
| — well | 加速用燃料室 | 加速用燃料室 | 加速用燃料室 |
| **acceleration** | 加速度 | 加速度 | 加速度 |
| — amplitude | 加速度振幅 | 加速度振幅 | 加速度振幅 |
| — area | 加速區間 | 加速区間 | 加速区间 |
| — coefficient | 加速係數 | 加速係数 | 加速系数 |
| — constant | 加速常數 | 加速定数 | 加速常数 |
| — control unit | 加速調節裝置 | 加速調節装置 | 加速调节装置 |
| — error | 加速度誤差 | 加速（度）誤差 | 加速（度）误差 |
| — factor | 加速率 | 加速係数 | 加速率 |
| — governor | 加速度調節器 | 加速度ガバナ | 加速度调节器 |
| — meter | 加速度計 | 加速度計 | 加速度计 |
| — of gravity | 重力加速度 | 重力の加速度 | 重力加速度 |
| — pedal | 加速踏板 | 加速踏板 | 加速踏板 |
| — seismograph apparatu | 感震計器 | 感震計 | 感震计器 |
| — accelerator | 加速器 | 加速器 | 加速器 |
| — pump | 加速泵 | 加速ポンプ | 加速泵 |
| — accelerograpn | 加速度計 | 加速度計 | 加速度计 |
| **acceptable** angle | 受射角 | 受光角 | 受射角 |

| 英　文 | 臺　灣 | 日　文 | 大　陸 |
|---|---|---|---|
| — concentration | 容許濃度 | 許容濃度 | 容许沈度 |
| — intake | 容許輸入量 | 許容摂取量 | 容许输入量 |
| — level | 劑量限度 | 線量限度 | 剂量限度 |
| — limit | 容許界限 | 合格限界 | 容许界限 |
| — loss | 容許損失 | 許容損失 | 容许损失 |
| — noise level | 容許噪聲級 | 許容騒音レベル | 容许噪声级 |
| — number | 驗收係數 | 合格判定個数 | 验收介数 |
| — product | 合格品 | 合格品 | 合格品 |
| — quality | 驗收質量 | 合格品質 | 验收质量 |
| acceptance | 接收；合格 | 合格 | 接收；合格 |
| — certificate | 驗收合格證 | 検収証明書 | 验收合格证 |
| — coefficient | 合格判斷系數 | 合格判定係数 | 合格判断系数 |
| — criteria | 驗收標準 | 受入れ基準 | 验收标准 |
| — inspection | 驗收檢查 | 受入検査 | 接受检查 |
| — limit | 合格範圍 | 合格限界 | 合格范围 |
| — line | 合格線 | 合格線 | 合格线 |
| — number | 合格數 | 合格判定個数 | 验收介数 |
| — of paint | 對塗料的可塑性 | 塗料受理性 | 对涂料的可塑性 |
| — procedure | 驗收程序 | 受入手順 | 验收程序 |
| — region | 接受域 | 採択域 | 接受域 |
| — sampling | 驗收取樣 | 受入サンプリング | 验收取样 |
| — standard | 合格標準 | 合格基準 | 合格标准 |
| — test | 驗收試驗 | 受取試験 | 验收试验 |
| — tolerance | 容許公差 | 検定公差 | 容许公差 |
| — value | 合格判定值 | 合格判定値 | 合格判定值 |
| acceptor | 帶通電路 | 通波器 | 带通电路 |
| — center | 接收中心 | アクセプタ中心 | 接收中心 |
| — charge | 受體引爆藥 | 受爆薬 | 受体引爆药 |
| — circuit | 迎諸電路 | アクセプタ回路 | 迎诸电路 |
| accessible | 半密閉壓縮機 | 半密閉庄縮機 | 半密闭压缩机 |
| accessory | 附件 | 付属品 | 附件 |
| — compartment | 設備室 | 装置室 | 设备室 |
| — drive gearbox | 補機齒車裝置 | 補機歯車装置 | 补机齿车装置 |
| — drive shaft | 輔助主動軸 | 補機駆動軸 | 辅助主动轴 |
| — equipment | 附屬設備 | 付属設備 | 附属设备 |
| — for sanitary fixture | 衛生設備附件 | 衛生器具付属品 | 卫生设备附件 |
| — gearbox | 輔助齒輪箱 | 補機歯車装置 | 辅助齿轮箱 |
| — ingredient | 次要成分 | 副成分 | 次要成分 |
| — works | 輔助工程 | 付帯度事 | 辅助工程 |
| accident | 事故 | 災害 | 事故 |

| 英 文 | 臺 灣 | 日 文 | 大 陸 |
|---|---|---|---|
| — analysis | 事故分析 | 事故解析 | 事故分析 |
| — analysis report | 事故分析報告 | 事故調查報告書 | 事故分析报告 |
| — based analysis | 事故分析 | 事故ベース解析 | 事故分析 |
| — beyond control | 不可抗拒距的事故 | 不可抗力の事故 | 不可抗拒距的事故 |
| — cause | 事故原因 | 事故原因 | 事故原因 |
| — cost | 事故費用 | 災害コスト | 事故费用 |
| — error | 偶然誤差 | 偶然誤差 | 偶然误差 |
| — frequency | 事故頻度 | 災害頻度 | 事故频度 |
| — insurance | 傷害保險 | 災害保險 | 伤害保险 |
| — investigation | 事故調查 | 事故調查 | 事故调查 |
| — liability | 事故責任 | 事故責任 | 事故责任 |
| — loss | 事故損失 | 事故損失 | 事故损失 |
| — photograph | 事故照片 | 事故写真 | 事故照片 |
| — prevention | 事故預防 | 事故予防 | 事故预防 |
| — proneness | 事故傾向性 | 事故傾向性 | 事故傾向性 |
| — rate | 事故率 | 事故率 | 事故率 |
| — rate analysis | 事故率分析 | 事故率解析 | 事故率分析 |
| — report | 事故報告 | 事故報告（書） | 事故报告 |
| — risk | 事故風險 | 事故リスク | 事故风险 |
| — risk control | 事故風險控制 | 事故リスク制御 | 事故风险控制 |
| **accidental** | 隨機符合 | 偶然の同時〔計数〕 | 偶然符合 |
| — coincidence correction | 隨機符合 | 同時発生の補正 | 随机符合 |
| — damage | 隨機損害 | 偶発損傷 | 偶然损害 |
| — erasing protector | 隨機消磁保護器 | 誤消去防止裝置 | 偶然消磁保护器 |
| — error | 偶發誤差 | 偶差 | 偶然误差 |
| — exposure | 事故照射 | 事故時被ばく | 事故照射 |
| — failure | 隨機故障 | 偶然故障 | 偶然故障 |
| — fire | 失火 | 失火 | 失火 |
| **acclimation** | 適應環境 | 環境順化 | 适应环境 |
| **accoioy** | 鎳鉻鐵耐熱合金 | アッコロイ | 镍铬铁耐热合金 |
| **account** | 記錄;計算 | 記録 | 记录;计算 |
| **accumulating total** | 累計 | 累計 | 累计 |
| **accumulator** | 蓄電池 | 蓄電池 | 蓄电池 |
| — box | 蓄電池箱 | 蓄電池箱 | 蓄电池箱 |
| — circuit | 蓄電池電路 | アキュムレータ回路 | 蓄电池电路 |
| — injection pump | 蓄壓式噴射泵 | 蓄圧式噴射ポンプ | 蓄压式喷射泵 |
| — injection system | 蓄壓噴射方式 | 蓄圧式噴射方式 | 蓄压喷射方式 |
| — insulator | 蓄電池絕緣子 | 蓄電池絶縁体 | 蓄电池绝缘子 |
| — jar | 電瓶 | 蓄電池槽 | 电瓶 |
| — latch | 累加器鎖存器 | アキュムレータラッチ | 累加器锁存器 |

| 英　　　文 | 臺　　　灣 | 日　　　文 | 大　　　陸 |
|---|---|---|---|
| ─ metal | 蓄電池極板合金 | アキュムレータメタル | 蓄电池极板合金 |
| ─ pot | 儲氣罐 | アキュムレータポット | 储气罐 |
| ─ ram | 貯料缸活塞 | アキュムレータラム | 贮料缸活塞 |
| ─ register | 累加寄存器 | アキュムレータレジスタ | 累加寄存器 |
| ─ switch | 電池轉換開關 | アキュムレータスイッチ | 电池转换开关 |
| ─ tank | 集油罐 | アキュムレータタンク | 集油罐 |
| ─ tray | 蓄電池盤 | 蓄電池皿 | 蓄电池盘 |
| ─ turbine | 蓄熱器汽輪機 | アキュムレータタービン | 蓄热器汽轮机 |
| **accuracy** | 精度 | 精度 | 精度 |
| ─ class | 精度等級 | 精度階級 | 精度等级 |
| ─ control | 精度控制 | 精度制御 | 精度控制 |
| ─ control method | 精密控制法 | 精密制御法 | 精密控制法 |
| ─ control system | 精度控制系統 | 正確度制御システム | 精度控制系统 |
| ─ of measurement | 測定精度 | 測定精度 | 测定精度 |
| ─ of positioning | 位置精度 | 位置決め精度 | 位置精度 |
| ─ of reading | 讀取精度 | 読取り精度 | 读取精度 |
| ─ of thread | 螺紋精度 | ねじ部の精度 | 螺纹精度 |
| ─ fasting | 精度等級 | 精度定格 | 精度等级 |
| **accurate** | 精密調整 | 精密調整 | 精密调整 |
| ─ cuts | 精密切削 | 精密切削 | 精密切削 |
| **acetacetate** | 乙醯乙酸鹽 | アセト酢酸鹽 | 乙醯乙酸酯 |
| **acetacetic ester** | 乙醯乙酸酯 | アセト酢酸エステル | 乙醯乙酸（乙）酯 |
| **acetal** | 乙醛縮 | アセタール | 乙醛缩 |
| ─ group | 縮醛基 | アセタールプラスチック | 缩醛基 |
| ─ plastic | 縮醛塑料 | アセタール樹脂 | 缩醛塑料 |
| ─ resin | 縮醛樹脂 | アセトアルデヒド | 缩醛树脂 |
| **acetaldehyde** | 乙醛 | アセタール | 乙醛 |
| ─ resin | 乙醛樹脂 | アセトアルデヒド樹脂 | 乙醛树脂 |
| **acetalization** | 縮醛作用 | アセタール化 | 缩醛（化）作用 |
| **acetamidine** | 乙醚 | アセトアミジン | 乙醚 |
| **acetate** | 乙酸脂 | アセテーヒ | 乙酸脂 |
| **acetic acid** | 乙酸 | 酢酸 | 乙酸 |
| ─ acid bacteria | 乙酸細菌 | 乙酸細菌 | 乙酸细菌 |
| **acetylene** | 乙炔 | アセチレン | 乙快 |
| ─ compressor | 乙炔壓縮機 | アセチレン圧縮機 | 乙炔压缩机 |
| ─ cutting torch | 乙炔割炬 | アセチレン溶断器 | 乙炔割炬 |
| ─ cylinder | 乙炔瓶 | アセチレン容器 | 乙炔瓶 |
| ─ flame | 乙炔焰 | アセチレン火炎 | 乙炔焰 |
| ─ gas bottle | 乙炔汽罐 | アセチレンガス | 乙炔汽罐 |
| ─ gas cylinder | 乙炔汽瓶 | アセチレン容器 | 乙炔汽瓶 |

| 英　文 | 臺　灣 | 日　文 | 大　陸 |
|---|---|---|---|
| — welder | 乙炔焊接機 | アセチレン溶接機 | 乙炔焊接机 |
| — welding | 乙炔焊接 | アセチレン溶接 | 乙炔焊（接） |
| — welding apparatus | 氣焊裝置 | アセチレン溶接装置 | 汽焊装置 |
| **acid** | 酸性 | 酸 | 酸性 |
| — acceptor | 酸性接受體 | 酸受容体 | 酸性接受体 |
| — accumulator | 酸性蓄電池 | アシッドアキュムレータ | 酸(性)蓄电池 |
| — albumin | 酸白蛋白 | 酸アルブミン | 酸白蛋白 |
| — resisting concrete | 耐酸混凝土 | 耐酸コンクリート | 耐酸混凝土 |
| — resisting enamel | 耐酸瓷漆 | 耐酸エナメル | 耐酸瓷漆 |
| — resisting material | 耐酸材料 | 耐酸材料 | 耐酸材料 |
| — resisting mortar | 耐酸砂漿 | 耐酸モルタル | 耐酸砂浆 |
| — resisting paint | 耐酸漆(塗料) | 耐酸ペイント | 耐酸漆〔涂料〕 |
| — resisting test | 耐酸試驗 | 耐酸試験 | 耐酸试验 |
| — setting resin | 酸固定型樹脂 | 酸硬化性樹脂 | 酸固定型树脂 |
| — slag | 酸性爐渣 | 酸性スラグ | 酸性(炉)渣 |
| — sludge | 酸渣 | 酸性スラッジ | 酸渣 |
| — soap | 酸性皂 | 酸性石けん | 酸性皂 |
| — soluble phosphorus | 酸溶性磷 | 酸溶性りん | 酸溶性磷 |
| — steel | 酸性爐鋼 | 酸性鋼 | 酸性(炉)钢 |
| — test | 酸性試驗 | 酸試験 | 酸性试验 |
| — tin plate | 酸性鍍錫板(鐵皮) | 酸性すずめっき | 酸性镀锡板〔铁皮〕 |
| — treatment | 酸處理 | 酸処理 | 酸处理 |
| — wash color test | 酸著色試驗 | 酸着色試験 | 酸着色试验 |
| — waste | 酸性廢物 | 廃酸 | 酸性废物 |
| — waste eater | 酸性廢水 | 酸廃水 | 酸性废水 |
| **acoustical** absorption | 吸音 | 吸音 | 吸音 |
| — absorptivity | 聲吸收率 | 吸音率 | 声吸收率 |
| — admittance | 聲導納 | 音響アドミタンス | 声导纳 |
| — altimeter | 聲音測高計 | 音響高度計 | 声学测高计 |
| — analysis | 聲音分析 | 音響分析 | 声学分析 |
| — attenuation constant | 聲衰減常數 | 音響減衰定数 | 声衰减常数 |
| — beacon | 聲信標 | 音響ビーコン | 声信标 |
| — board | 吸音板 | 吸音板 | 吸声板 |
| — bridge | 聲橋 | 音響ブリッジ | 声侨 |
| — burglar alarm | 聲響式防盜警報器 | 音響式盗難警報器 | 声响式防盗警报器 |
| — burner | 聲波燃燒器 | 音波バーナ | 声波燃烧器 |
| — capacitance | 音響容量 | 音響容量 | 音响容量 |
| — ceiling | 吸音天花板 | 吸音天井 | 吸声天花板 |
| — coupling | 聲耦合 | 音響結合 | 声耦合 |
| — damping | 聲阻尼 | 音響制動 | 声阻尼 |

| 英　　　文 | 臺　　　灣 | 日　　　文 | 大　　　陸 |
|---|---|---|---|
| — diagram | 聲圖 | 音響図 | 声图 |
| — domain | 聲疇 | 音響ドメイン | 声畴 |
| — efficiency | 聲效率 | 音響効率 | 声效率 |
| — engineering | 聲音工程 | 音響工学 | 声学工程 |
| — fatigue | 聲疲勞 | 音響疲労 | 声疲劳 |
| — frequency | 音頻 | 音響周波数 | 音频 |
| — horn | 傳話筒 | 音響ホーン | 传话筒 |
| — entrance | 聲感抗 | 音響イナータンス | 声感抗 |
| — mass | 聲質量 | 音響質量 | 声质量 |
| — material | 聲學材料 | 音響材料 | 声学材料 |
| — measurement | 聲音測量 | 音響測定 | 声学测量 |
| — mode | 聲模 | 音響形波動 | 声模 |
| — ohm | 聲歐姆 | 音響オーム | 声欧姆 |
| — oscillograph | 示聲波器 | 音響オシログラフ | 示声波器 |
| — output | 聲輸出 | 音響出力 | 声输出 |
| — pipe | 聲管 | 音響管 | 声管 |
| — reactance | 音響抵抗 | 音響リアクタンス | 音响抵抗 |
| — refraction | 音折射 | 音響屈折 | 音折射 |
| — regeneration | 聲反饋 | 音響再生 | 声反馈 |
| — resonance | 聲共鳴 | 音響共振 | 声共鸣 |
| **acroleic acid** | 乙烯酸 | アクロレイン酸 | 乙烯酸 |
| **acrolein** | 丙烯醛 | アクロレイン | 丙烯醛 |
| — resin | 丙烯醛樹脂 | アクロレイン樹脂 | 丙烯醛树脂 |
| **acrolite** | 苯酚甘油縮合樹脂 | アクロライト | 苯酚甘油缩合树脂 |
| **Acron** | 鋁基銅硅合金 | アクロン | 铝基铜硅合金 |
| **acronal** | 丙烯醛樹脂 | アクロナル | 丙烯醛树脂 |
| **acronol** | 丙烯醛樹脂乳 | アクロナール | 丙烯醛树脂乳 |
| **acryl** | 丙烯基 | アクリル | 丙烯基 |
| — acid ester | 丙烯酸酯 | アクリル酸エステル | 丙烯酸酯 |
| — case | 丙烯樹脂外賣 | アクリルケース | 丙烯树脂外卖 |
| — ester | 丙烯酸酯 | アクリル | 丙烯酸酯 |
| — resin | 丙烯酸（類）樹脂 | アクリル樹脂 | 丙烯酸（类）树脂 |
| **acrylic** | 丙烯基 | アクリル | 丙烯基 |
| — acid fesin | 丙烯酸 | アクリル酸樹脂 | 丙烯酸 |
| — sldehyde | 丙烯醛 | アクロレイン | 丙烯醛 |
| — board | 丙烯酸樹脂板 | アクリル板 | 丙烯酸树脂板 |
| — coating | 丙烯酸（樹脂）塗料 | アクリル樹脂塗料 | 丙烯酸（树脂）涂料 |
| — compound | 丙烯酸化合物 | アクリル酸化合物 | 丙烯酸化合物 |
| — enamel | 丙烯酸磁漆 | アクリルエナメル | 丙烯酸磁漆 |
| — ester | 丙烯酸酯 | アクリル（酸）エステル | 丙烯酸酯 |

| 英　　文 | 臺　　灣 | 日　　文 | 大　　陸 |
|---|---|---|---|
| — ester plastic | 丙烯酸酯塑料 | アクリル可塑物 | 丙烯酸酯塑料 |
| — fabric | 丙烯酸纖維 | アクリル織物 | 丙烯酸纤维 |
| — fiber | 丙烯酸類纖維 | アクリル系織維 | 丙烯酸类纤维 |
| — glass | 丙烯酸玻璃 | アクリルガラス | 丙烯酸玻璃 |
| — material | 丙烯酸樹脂材料 | アクリル樹脂材料 | 丙烯酸树脂材料 |
| — plastic | 丙烯酸塑料 | アクリル酸プラスチック | 丙烯酸塑料 |
| — resin adhesives | 樹脂接著劑 | アクリル樹脂接着剤 | 树脂接着剂 |
| — resin coating | 丙烯酸樹脂涂料 | アクリル樹脂塗料 | 丙烯酸树脂涂料 |
| — resin paint | 丙烯酸樹脂漆 | アクリル樹脂塗料 | 丙烯酸树脂漆 |
| — sheet | 丙烯酸樹脂板 | アクリル板 | 丙烯酸树脂板 |
| acrylite | 聚丙烯酸酯塑料 | アクリライト | 聚丙烯酸酯塑料 |
| acryloid | 丙烯酸劑 | アクリロイド | 丙烯酸剂 |
| — plastic | 丙烯酸塑料 | アクリル可塑物 | 丙烯酸塑料 |
| acrylonitrile | ABS樹脂 | アクリロニトリル | ABS树脂 |
| — styrene fesin | AS樹脂 | AS 樹脂 | AS树脂 |
| actinium ,Ac | 錒 | オクタニウム | 铁铬钴低膨胀合金 |
| acting face | 作用面 | 圧力面 | 作用面 |
| — time | 動作時間 | 動作時間 | 动作时间 |
| action | 作用 | 作用 | 作用 |
| — center | 作用中心 | 作用中心 | 作用中心 |
| — code | 動作碼 | アクションコード | 动作码 |
| — code suffix | 接尾部 | アクションコード接尾部 | 接尾部 |
| — command | 運行命令 | アクションコマンド | 运行命令 |
| — current | 工作電流 | 活動電流 | 工作电流 |
| — decision | 行動方案決策 | アクション決定 | 行动〔方案〕决策 |
| — directive | 動作控制命令 | アクション指示 | 动作控制命令 |
| — function | 作用函數 | 作用関数 | 作用函数 |
| — information tree | 活動情報樹 | アクション情報樹 | 活动情报树 |
| — limit | 處置界限 | 処置限界 | 处置界限 |
| — line | 處置限界線 | 処置限界線 | 处置限界线 |
| — period | 作用期 | アクションピリオド | 作用期 |
| — quantum | 作用量子 | 作用量子 | 作用量子 |
| — radius | 活動半徑 | 行動半径 | 活动半径 |
| — roller | 活動滾輪 | アクションローラ | 活动滚轮 |
| — routine | 運行程序 | アクションルーチン | 运行程序 |
| — space | 活動空間 | 行動空間 | 行动空间 |
| — specification | 動作說明 | 行為の仕様 | 动作说明 |
| — spectrum | 作用光譜 | 作用スペクトル | 作用光谱 |
| activated adsorption | 活性化吸咐 | 活性化吸着 | 活性化吸咐 |
| — altiroll tank | 活動安定水槽 | 能動型安定水槽 | 活动安定水槽 |

| 英　　文 | 臺　　灣 | 日　　文 | 大　　陸 |
|---|---|---|---|
| — carbon | 活性炭 | 活性炭 | 活性炭 |
| — carbon adsorption | 活性炭吸咐 | 活性炭吸着 | 活性炭吸咐 |
| — carbon adsorption method | 活性炭吸咐法 | 活性炭吸着法 | 活性炭吸咐法 |
| — carbon deodorization | 活性炭脫臭 | 活性炭脱臭 | 活性炭脱臭 |
| — carbon fibber | 活性炭素纖維 | 活性炭素繊維 | 活性炭素纤维 |
| — carbon treatment | 活性炭處理 | 活性炭処理 | 活性炭处理 |
| — charcoal | 活性炭 | 活性炭 | 活性炭 |
| **activation** | 活化 | 活性化 | 活化 |
| — adsorption | 活性吸附作用 | 活性化吸着 | 活性吸附〔作用〕 |
| — analysis | 活化分析 | 放射化分析 | 活化分析 |
| — center | 活性中心 | 活性化中心 | 活性中心 |
| — control | 活化控制 | 活性化支配 | 活化控制 |
| — cross section | 活化截面 | 放射化断面積 | 活化截面 |
| — detector | 活化探測器 | 放射化検出器 | 活化探测器 |
| — energy | 活化能 | 活性化エネルギー | 活化能; 激活能 |
| — foil | 活化箔 | 放射化は | 活化箔 |
| **active** alkali | 活性鹼 | 活性アルカリ | 活性碱 |
| — amyl | 2-甲代丁基 | 活性アミル基 | 2-甲代丁基 |
| — antenna | 激勵天線 | 能動アンテナ | 激励天线 |
| — conter | 活性中心 | 活性中心 | 活性中心 |
| — chain | 有效鏈 | アクティブチェーン | 有效链 |
| — channel | 占線電路 | 動作中の通話路 | 占线电路; 占线通道 |
| — charcoal | 活性炭 | 活性炭 | 活性炭 |
| — charge | 有效電荷 | アクティブチャージ | 有效电荷 |
| — circuit | 有效電路 | アクティブ回路 | 有源电路 |
| — coating | 活性塗層 | 活性被覆 | 活性涂层 |
| — cutting fluid | 活性切削油 | 活性切削油剤 | 活性切削油 |
| — deposit | 放射性沈積物 | 活性沈殿 | 放射性沈积物 |
| — electrode | 活性電極 | 活性電極 | 活性电极 |
| — electron | 活性電子 | 活性電子 | 活性电子 |
| — hydrogen | 活性氫 | 活性水素 | 活性氢 |
| — ingredient | 活性組分 | 活性成分 | 活性组分 |
| — lattice | 堆芯柵格 | 放射性格子 | 堆芯栅格 |
| — loss | 有功損耗 | 能動損失 | 有功损耗 |
| — metal | 活性金屬 | 活性金属 | 活性金属 |
| — molecule | 活性分子 | 活性分子 | 活性分子 |
| — oxygen | 活性氧 | 活性酸素 | 活性氧 |
| — particles | 活性粒子 | 活性粒子 | 活性粒子 |
| — pigment | 活性顏料 | 活性顔料 | 活性颜料 |
| — policy | 有效方針 | 積極方針 | 有效方针 |

| 英　　文 | 臺　　灣 | 日　　文 | 大　　陸 |
|---|---|---|---|
| — power | 有效功率 | 有効出力 | 〔有功〕功率继电器 |
| — principle | 有效成分 | 有効要素 | 有效成分 |
| — program | 活動程序 | 実行中のプログラム | 活动程序 |
| — pull-up | 有源正偏 | 能動プルアップ | 有源正偏 |
| — ratio | 活動比率 | 活動比率 | 活动比率 |
| — repair time | 實際修理時間 | 実修理時間 | 实(际)修(理)时间 |
| — section | 活性區 | 放射性部分 | 活性区 |
| — session | 活性二氧化硅 | アクティブセッション | 活性二氧化硅 |
| — site | 活性部位 | 活性点 | 活性部位 |
| — sonar | 主動式聲納 | アクティブソナー | 主动式声纳 |
| — stack | 操作棧 | アクティブスタック | 操作栈 |
| — state | 放大狀態 | アクティブ状態 | 放大状态 |
| — time | 有效時間 | アクティブタイム | 有效时间 |
| — volcano | 活火山 | 活火山 | 活火山 |
| **activity** | 旋光性（光學） | 活動性〔度〕 | 旋光性〔光学〕 |
| — analysis | 活動性分析 | 稼動分析 | 活动性分析 |
| — coefficient | 活量係數 | 活率係数 | 活量系数 |
| — concentration | 放射能濃度 | 放射能濃度 | 放射能浓度 |
| — curve | 放射性曲線 | 放射能曲線 | 放射性曲线 |
| — factor | 工作係數 | 作動係数 | 工作系数 |
| — index | 活性指數 | 活動係数 | 活性指数 |
| — loading | 活動載荷 | 活動ローディング | 活动载荷 |
| **actual** | 絕對地址 | 実アドレス | 绝对地址 |
| — air | 實際空氣量 | 実際空気量 | 实际空气量 |
| — carbon | 實際含碳量 | 残炭量 | 残碳量 |
| — cone | 實圓錐 | 実円すい | 实圆锥 |
| — deviation | 實際偏差 | 実体偏差 | 实际偏差 |
| — dimension | 實際尺寸 | 実際寸法 | 实际尺寸 |
| — measurement | 實際測量 | 実際測定 | 实际测量 |
| — measurements | 實際值 | 実測値 | 实际值 |
| — parameter | 實際參數 | 実パラメータ | 实际叁数 |
| — service life | 實際使用壽命 | 実用寿命 | 实际使用寿命 |
| — service test | 現場試驗 | 実用測験 | 现场试验 |
| — size | 實際尺寸 | 実寸（法） | 实际尺寸 |
| — speed | 實際速度 | 実応力 | 实际速度 |
| — stress | 實際應力 | 実際速度 | 实际应力 |
| — stress intensity | 實際應力（強度） | 真応力度 | 实际应力（强度） |
| — survey method | 實測法 | 実測法 | 实测法 |
| — thickness | 實際厚度 | 実際厚さ | 实际厚度 |
| — throat | 實際縫銲厚度 | 実際のど厚 | 实际焊缝厚度 |

| 英　　文 | 臺　　灣 | 日　　文 | 大　　陸 |
|---|---|---|---|
| — time | 動作時間 | 実時間 | 动作时间 |
| — velocity | 實際速度 | 実際速度 | 实际速度 |
| — weight | 實重要 | 実重量 | 实重要 |
| **actuating** cam | 推動凸輪 | 動作カム | 推动凸轮 |
| — system | 作動系統 | 動作システム | 作动系统 |
| — variable | 工作變數 | 動作変数 | 工作变数 |
| **actuation** | 致動 | 作動 | 致动 |
| **actuator** | 操作機購（引動器） | 作動装置 | 操作机购 |
| **acurad** diecast | 雙柱塞高速精密壓鑄法 | アキュラッドダイカスト | 双柱塞高速精密压铸法 |
| **acute angle** | 銳角 | 鋭角 | 锐角 |
| — bisectrix | 銳角平分線 | 鋭二等分線 | 锐角平分线 |
| **acylability** | 可酸化性 | アシル化性 | 可酸化性 |
| **acylal** | 縮碳基酯 | アシラール | 缩碳（基）酯 |
| **acylating** atent | 酸化劑 | アシル化剤 | 酸化剂 |
| **acylation** | 酸基化作用 | アシル化 | 酸（基）化（作用） |
| **acylglycerols** | 酸基甘油 | アシルグリセロール | 酸基甘油 |
| **acloin** | 偶姻 | アシロイン | 偶姻 |
| **acyloxy** | 酸氧基 | アシルオキシ | 酸氧基 |
| **ad-conductor** | 吸附導體 | アドコンダクタ | 吸附导体 |
| **ad-tower** | 廣告塔 | 広告塔 | 广告塔 |
| **A/D converter** | 間接法模-數轉換器 | Ａ/Ｄ変換器 | 间接法模-数转换器 |
| **A/D encoder** | 模-數編碼器 | Ａ/Ｄエンコーダ | 模-数编码器 |
| **Adac** | 阿迺克壓鑄鋅合金 | アダック | 阿乃克压铸锌合金 |
| **adaline** | 自適線性元件 | アダーライン | 自适应线性元件 |
| **Adam architecture** | 亞當式建築 | アダム様式の建築 | 晋当式建筑 |
| **adamant** | 金剛石 | 金剛石 | 金刚石 |
| **adamellite** | 石英二長石 | アダムライト | 石英二长石 |
| **adamite** | 鎳鉻耐磨鑄鐵 | アダマイト | 镍铬耐磨铸铁 |
| **adaptability** | 自適性 | 適応性 | 自适应性 |
| — control | 自適控制 | 適応制御 | 自适应控制 |
| — production system | 適應生產系統 | 適応生産システム | 适应生产系统 |
| — system | 適應系統 | 可適応システム | 适应系统 |
| — theater | 活動劇場 | 可動式劇場 | 活动剧场 |
| — level | 適應水準 | 順応 | 适应水准 |
| — lighting | 適應照明 | 適応水準 | 适应照明 |
| — mechanism | 適應機構 | 緩和照明 | 适应机构 |
| — to hight altitude | 高空適應 | 適応機構 | 高空适应 |
| **adaptation** | 適應；順應 | 高所適応 | 适应；顺应 |
| — adapted area | 適用基地 | 適地 | 适用基地 |
| **adapter** | 管接頭；插座 | 適合器 | 管接头；（插）座 |

| 英　　文 | 臺　　灣 | 日　　文 | 大　　陸 |
|---|---|---|---|
| — booster | 傳爆藥管 | アダプタブースタ | 传爆药管 |
| — card | 軸接插件 | アダプタカード | 轴接插件 |
| — jack | 轉接器插座 | アダプタジャック | 转接器插座 |
| — lens | 適配透鏡 | アダプタレンズ | 适配透镜 |
| — path | 連接路線 | アダプタパス | 连接路线 |
| — plate | 接裝 | 取り付け板 | 固定板 |
| — ring | 接合環 | アダプタリング | 接合环 |
| — sleeve | 連接套筒 | アダプタスリーブ | 连接套〔筒〕 |
| — system | 適應系統 | アダプタシステム | 适应系统 |
| — union | 安裝調整螺釘 | アダプタユニオン | 安装调整螺钉 |
| — adaptation | 成套配合件 | 付属具 | 成套配合件 |
| — adaptive allocation | 自適應分配 | 適応配分 | 自适应分配 |
| — artificial organ | 自適性人造器官 | 適応人工臓器 | 自应性人造器官 |
| — capacility | 自適性能力 | 適応容器 | 自适性能力 |
| — characteristic | 自適特性 | 適応特性 | 自适应特性 |
| — control machine tool | 自適性控制工作機械 | 適応制御工作機械 | 自适性控制工作机械 |
| — control machining | 自適性控制機加工 | 適応制御機械加工 | 自适性控制机加工 |
| — digital control | 自適性數值控制 | 適応ディジタル制御 | 自适性数值控制 |
| — discrete model | 自適性離散模型 | 適応離散的モデル | 自适性离散模型 |
| — flight control system | 自適性飛行控制系統 | 適応飛行制御システム | 自适性飞行控制系统 |
| — human operator | 自適性人工操作手 | 適応人間オペレータ | 自适性人工操作手 |
| — machinery control | 自適性機械加工控制 | 適応機械加工制御 | 自适性机械加工控制 |
| — measurement | 自適性模型跟蹤控制系統 | 適応測定 | 自适性模型跟踪控制系统 |
| — model method | 自適性模型方法 | 適応モデル法 | 自适性模型方法 |
| — model system | 自適性模型系統 | 適応モデルシステム | 自适性模型系统 |
| — modeling | 自適性建模 | 適応モデリング | 自适性建模 |
| — multinvariable system | 自適性多變量模型 | 適応多変数モデル | 自适性多变量模型 |
| — observer | 自適性觀測器 | 適応オブザーバ | 自适性观测器 |
| — optimal controller | 自適性最佳控制器 | 適応最適制御装置 | 自适性最优控制器 |
| — optimal reulator | 自適性最佳調節器 | 適応最適レギュレータ | 自适性最优调节器 |
| — optimization | 自適性最佳化 | 適応最適化 | 自适性最优化 |
| — production | 自適性生產系統 | 適応生産システム | 自适性生产系统 |
| — robot | 自適性機器人 | 適応ロボット | 自适性机器人 |
| **adaptivity** | 適應性 | 適応性 | 适应性 |
| **analysis** | 適應性分析 | 適応性解析 | 适应性分析 |
| **adatom** | 吸附原子 | 吸着原子 | 吸附原子 |
| **adcock antenna** | 愛德考克天線 | アドコックアンテナ | 爱德考克天线 |
| **add** | 加；增加 | 加算 | 加；增加 |
| **added lead gasoline** | 含鉛汽油 | 加鉛ガソリン | 含铅汽油 |

| 英　　文 | 臺　　灣 | 日　　文 | 大　　陸 |
|---|---|---|---|
| ― loss | 附加損耗 | 付加損失 | 附加損耗 |
| ― magnetic field | 附加磁場 | 付加磁場 | 附加磁場 |
| ― mass | 附加質量 | 付加質量 | 附加质量 |
| ― mass effect | 附加質量效應 | 付加質量効果 | 附加质量效应 |
| ― metal | 填充金屬 | 添加金属 | 填充金属 |
| ― turning lane | 外加轉向車道 | 付加転向車線 | 外加转向车道 |
| ― value | 附加價值 | 付加価値 | 增殖价值 |
| ― weight | 附加重量 | 付加重量 | 附加重量 |
| **addend** | 加數 | 加数 | 加数 |
| ― register | 加數暫存器 | 加数レジスタ | 加数寄存器 |
| **addendum** | 齒頂高（齒冠） | 歯先 | 齿顶高 |
| ― angle | 齒頂角（齒冠） | 歯先角 | 齿顶角 |
| ― circle | 齒頂圓（齒冠） | 歯先円 | 齿顶圆 |
| ― circle diameter | 齒頂直徑（齒冠） | 歯先円直径 | 齿顶直径 |
| ― height | 齒頂高（齒冠） | 歯末のたけ | 齿顶高 |
| **adder** | 加法器 | 加算器 | 加法器 |
| ― amplifier | 加法放大器 | アダー増幅器 | 加法放大器 |
| ― gate | 加法器閘 | 加算ゲート | 加法器门 |
| ― subtracter | 加減算機 | 加減算器 | 加减算机 |
| ― tube | 加法管 | アダーチューブ | 加法管 |
| ― unit | 加法器部件 | アダーユニット | 加法器部件 |
| **adding** | 增加；總和 | 加算 | 增加；总和 |
| ― circuit | 加法運算回路 | 加算回路 | 加法运算回路 |
| ― device | 加法器 | アディングデバイス | 加法器 |
| ― machine | 加法器 | 加算機 | 加法器 |
| ― operator | 加法運算符 | 加減作用素 | 加法运算符 |
| **addition** | 添加劑；擴建 | 加算 | 增加剂；扩建 |
| ― agent | 添加劑 | 添加剤 | 增加剂 |
| ― and subtraction | 加減法 | 加減算 | 加减法 |
| ― compound | 加成化合物 | 付加化合物 | 加成化合物 |
| ― condensation | 加成縮合 | 付加縮合 | 加成缩合 |
| ― file | 補充文件 | 追加フィイル | 补充文件 |
| ― item | 補充項 | 追加項目 | 补充项 |
| ― polymerization | 加聚反應 | 付加重合 | 加聚反应 |
| ― process | 加成法 | 加成法 | 加成法 |
| ― product | 加成產物 | 付加物 | 加成（产）物 |
| **additional allowance** | 附加率 | 割増し率 | 附加率 |
| ― bar | 補強鋼筋 | 補助鉄筋 | 补强钢筋 |
| ― display module | 附加顯示模件 | 表示けた追加機構 | 附加显示模件 |
| ― equipment | 附加設備 | 追加装備 | 附加设备 |

| 英　文 | 臺　灣 | 日　文 | 大　陸 |
|---|---|---|---|
| — mass | 附加質量 | 付加質量 | 附加质量 |
| — matter | 添加物 | 添加物 | 添加物 |
| — power supply | 附加電源 | 追加電源構機 | 附加电源 |
| — storage attachment | 附加存儲器 | 記憶裝置追加機構 | 附加存儲器 |
| — strength | 補強 | 補強 | 补强 |
| — strengthening | 補強構造 | 補強構造 | 补强构造 |
| — structure | 附加機構 | 付加機構 | 附加机构 |
| — weight | 附加荷載 | 付加荷重 | 附加荷载 |
| additive | 添加劑 | 混和劑 | 添加剂 |
| — agent | 添加劑 | 添加劑 | 添加剂 |
| — air | 補充空氣 | 補充空気 | 补充空气 |
| — attribute | 附加屬性 | 付加属性 | 附加属性 |
| — resin | 添加樹脂 | 添加樹脂 | 添加树脂 |
| additivity | 相加性 | 加成性 | 相加性 |
| address | 位址 | 番地 | 地址 |
| — bit | 地址位 | アドレスビット | 地址位 |
| — blank | 空地址 | アドレスブランク | 空地址 |
| — code | 位址代碼 | アドレス符号 | 地址代码 |
| — decrement | 位址減量 | アドレスデクリメント | 地址减量 |
| adelite | 砷鈣鎂石 | アデル石 | 砷钙镁石 |
| ader wax | 粗地蠟 | 生ろう | 粗地蜡 |
| adfluxion | 匯流 | 合流 | 汇流 |
| adherability | 粘附性 | 付着性 | 粘附性 |
| adherence | 粘附性 | 密着 | 粘附性 |
| — pressure | 附著壓力 | 押し上げ圧力 | 附着压力 |
| — test | 粘附強度試驗 | 密着度試験 | 粘附强度试验 |
| adherend | 粘附體 | 密着体 | 粘附体 |
| — failure | 粘附體破壞 | 被着体破壊 | 粘附体破坏 |
| — surface | 粘附表面 | 被着体面 | 粘附表面 |
| adherent slag | 粘連熔渣 | 粘着スラグ | 粘连熔渣 |
| adherometer | 附著力計 | アドヘロメータ | 附着力计 |
| adheroscope | 粘附計 | アドヘロスコープ | 粘附计 |
| adhesion | 附著力 | 粘着力 | 粘附力 |
| — agent | 接著劑 | はく難防止剤 | 接着剂 |
| — bond | 密合；粘合 | 付着 | 密合；粘合 |
| — constant | 粘附常數 | 粘着係数 | 粘附常数 |
| — force | 附著力 | 付着力 | 附着力 |
| — method | 粘著法；附著法 | はり付け法 | 粘着法；附着法 |
| — of print | 油墨粘附性 | プリントの密着性 | 油墨粘附性 |
| — strength | 粘接強度 | 付着強さ | 粘接强度 |

| 英　　文 | 臺　　灣 | 日　　文 | 大　　陸 |
|---|---|---|---|
| — stress | 粘著應力 | 付着応力 | 粘着应力 |
| — system | 附著式 | 付着式 | 附着式 |
| — test | 附著力試驗 | 付着力試験 | 附著力試験 |
| — tester | 黏著試驗 | 粘着力試験装置 | 粘着力试验装置 |
| — traction | 粘附牽引 | 粘着けん引 | 粘附牵引 |
| — values | 附著值 | 粘着値 | 附著值 |
| **adhesive** | 附著劑 | 接着剤 | 粘结材料 |
| — action | 粘合作用 | 接着作用 | 粘合作用 |
| — agent | 粘結劑 | 接着剤 | 粘结剂 |
| — bond | 粘接層 | 接着層 | 粘接层 |
| — bonding | 粘接 | 接着結合 | 粘接 |
| — capacity | 粘合性 | 粘着性 | 粘合性 |
| — energy | 粘接能 | 付着エネルギー | 粘接能 |
| — face | 粘合面 | 粘着面 | 粘合面 |
| — film | 膠粘膜 | 接着フィルム | 胶粘膜 |
| — joint | 粘合縫 | 接着ジョイント | 粘合缝 |
| — linkage | 粘接層 | 接着層 | 粘接层 |
| — mass | 粘合劑 | 粘着剤 | 粘合剂 |
| — material | 粘合材料 | 接着剤 | 粘合材料 |
| — matrix | 粘結劑 | 固着剤 | 结合剂 |
| — power | 粘附力 | 接着力 | 粘附(能)力 |
| — primer | 定影劑 | 定着剤 | 定影剂 |
| **adiabatic** approximation | 絕熱近似法 | 断熱近似 | 绝热近似（法） |
| — calorimeter | 絕熱量熱器 | 断熱熱量計 | 绝热量热器 |
| — compressibility | 絕熱壓縮係數 | 断熱圧縮係数 | 绝热压缩系数 |
| — contraction | 絕熱收縮 | 断熱収縮 | 绝热收缩 |
| — cooling temperature | 絕熱冷卻溫度 | 断熱冷却温度 | 绝热冷却温度 |
| — efficiency | 絕熱效率 | 断熱効率 | 绝热效率 |
| — engine | 絕熱發動機 | 断熱エンジン | 绝热发动机 |
| — expansion | 絕熱膨脹 | 断熱膨脹 | 绝热膨胀 |
| — exponent | 絕熱指數 | 断熱指数 | 绝热指数 |
| — extrusion | 絕熱壓出 | 断熱（式）押し出し | 绝热压出 |
| — flame temperature | 絕熱火焰溫度 | 断熱火炎温度 | 绝热火焰温度 |
| — free expansion | 絕熱自由膨脹 | 断熱自由膨張 | 绝热自由膨胀 |
| — gradient | 絕熱梯度 | 断熱傾き | 绝热梯度 |
| — heat drop | 絕熱熱降 | 断熱熱落差 | 绝热热降 |
| — hot gas dryer | 絕熱式熱風乾燥器 | 断熱式熱風乾燥器 | 绝热式热风乾燥器 |
| — index | 絕熱率 | 断熱指数 | 绝热率 |
| — motion | 絕熱運動 | 断熱運動 | 绝热运动 |
| — process | 絕熱過程 | 断熱過程 | 绝热过程 |

| 英　文 | 臺　灣 | 日　文 | 大　陸 |
|---|---|---|---|
| — reaction | 絕熱反應 | 断熱反応 | 绝热反应 |
| — reactor | 絕熱反應器 | 断熱反応器 | 绝热反应器 |
| — rectification | 絕熱蒸餾 | 断熱蒸留 | 绝热蒸馏 |
| — reversible change | 絕熱可逆變化 | 断熱可逆変化 | 绝热可逆变化 |
| — reversible process | 絕熱可逆過程 | 断熱可逆過程 | 绝热可逆过程 |
| — saturated temperature | 絕熱飽和溫度 | 断熱飽和温度 | 绝热饱和温度 |
| — strain | 絕熱應變 | 断熱ひずみ | 绝热应变 |
| — wall | 絕熱壁 | 断熱壁 | 绝热壁 |
| adjective dye | 間接染料 | 間接染料 | 间接染料 |
| adjoining carbons | 鄰接碳(原子) | 隣接炭素（原子） | 邻接碳〔原子〕 |
| adjoin | 伴隨 | 随伴 | 伴随；相伴 |
| adjunct | 添加劑；附屬物 | 付加物 | 添加剂；附属物 |
| — circuit | 附加電路 | 関連回路 | 附加电路 |
| adjust | 調節；校正 | 調整 | 调节；校正；试射 |
| — bolt | 調整螺栓 | 調整ボルト | 调整(节)螺栓 |
| — crank | 可調曲柄 | 可調クランク | 可调曲柄 |
| — length | 調整範圍 | 可調寸法 | 调整范围 |
| — nut | 調整螺母 | 調整ナット | 调整(节)螺母 |
| — point | 調整點；校準點 | 可調ポイント | 调整点；校准点 |
| — ring | 調整環 | 調整リング | 调整环 |
| — rod | 調整棒 | 調整ロッド | 调整棒 |
| — screw | 調整螺釘(絲) | 調整ねじ | 调整螺钉〔丝〕 |
| adjustability | 可調性 | 調整性 | 可调性 |
| adjustable air capaction | 可調空氣電容器 | 加減空気コンデンサ | 可调空气电容器 |
| — array | 可調數組 | 整合配列 | 可调数组 |
| — bearing | 可調軸承 | 調整軸受 | 可调轴承 |
| — bolt | 調整螺栓 | 調整ボルト | 调整(节)螺栓 |
| — cam | 可調凸輪 | 調整カム | 可调凸轮 |
| — contact | 可調接點 | 可調コンタクト | 可调接点 |
| — device | 調整裝置 | 加減装置 | 调整装置 |
| — nut | 調整螺母 | 調整ナット | 调整螺母 |
| — pitch blades | 可調螺距葉片 | 可動翼 | 可调螺距叶〔片〕 |
| — resistance | 可調電阻 | 加減抵抗 | 可调电阻 |
| — rotor blade | 可調轉子葉片 | 可変動翼 | 可调转子叶片 |
| — retainer | 可調整扣件 | 曲線定規 | 可调整扣件 |
| — reamer | 可調套管鉸刀 | 調整筒形リーマ | 可调套管铰刀 |
| adjuster | 調整裝置 | 調整器 | 调整装置 |
| adjusting | 調整 | 調整 | 可调式 |
| — bolt | 調整螺栓 | 調整ボルト | 调整螺栓 |
| — cock | 調節旋塞 | 加減コック | 调节旋塞 |

| 英 文 | 臺 灣 | 日 文 | 大 陸 |
|---|---|---|---|
| — device | 調整裝置 | 調整裝置 | 调整装置 |
| — gear | 調整齒輪 | 調整歯車 | 调整齿轮 |
| — hand wheel | 調整手輪 | 調整ハンドル車 | 调整手轮 |
| — key | 調準鍵 | 調整キー | 调准键 |
| — liner | 調整塊 | 調整ライナ | 调整块 |
| — liner for installation | 安裝用調整墊片 | 据え付け調整ライナ | 安装用调整垫 |
| — mechanism | 調整機構 | 調整機構 | 调整机构 |
| — range | 整定範圍 | 調整範囲 | 整定范围 |
| — roller | 調整輥輪 | 調整ローラ | 调整辊轮 |
| — screw | 調整螺釘 | 調整ねじ | 调整螺钉 |
| — spring | 調節彈簧 | 調整ばね | 调节弹簧 |
| — valve | 調整閥 | 加減弁 | 调整阀 |
| — wedge | 調整楔 | アジャスティングウエッジ | 调整楔 |
| **adjustment** | 調整 | 調整 | 调整装置；修正 |
| — plate | 調整板 | 調整板 | 调整板 |
| — sheet | 調整板 | 調整シート | 调整表 |
| — tool | 調整工具 | 調整工具 | 调整工具 |
| **admiralty brass** | 海軍黃銅 | 黄銅 | 海军黄铜 |
| — gun metal | 海軍砲銅 | 砲金 | 海军炮铜 |
| — metal | 海軍黃銅 | アドミラルティメタル | 海军黄铜 |
| **admissibity** | 容許度 | 許容度 | 许容度 |
| — control system | 容許控制系統 | 許容制御システム | 容许控制系统 |
| — error | 容許誤差 | 容許誤差 | 容许误差 |
| — load | 容許荷重 | 容許荷重 | 容许荷重 |
| — stress | 容許應力 | 容許応力 | 容许应力 |
| **admittance** | 公差 | アドミタンス | 公差 |
| — parameter | 容許參數 | アドミタンスパラメータ | 容许叁数 |
| **Adnic** | 銅鎳系合金 | アドニック | 铜镍系合金 |
| **adonic** | 銅鎳錫合金 | アドニック | 铜镍锡合金 |
| **adsorber** | 吸附裝置 | 吸着器 | 吸附装置 |
| **adsorption** | 吸附作用 | 吸着 | 吸附〔作用〕 |
| — analysis | 吸附分析 | 吸着分析 | 吸附分析 |
| — apparatus | 吸附裝置 | 吸着装置 | 吸附装置 |
| — area | 吸附面積 | 吸着面積 | 吸附面积 |
| — curve | 吸附曲線 | 吸着曲線 | 吸附曲线 |
| — equation | 吸附方程式 | 吸着式 | 吸附方程式 |
| — ion | 吸附離子 | 吸着イオン | 吸附离子 |
| **adsorptivity** | 吸附性 | 吸着性 | 吸附性 |
| **astringent** | 收斂劑 | 収れん剤 | 收敛剂 |
| **adsubble method** | 起泡分離法 | 起泡分離法 | 起泡分离法 |

| 英　　文 | 臺　　灣 | 日　　文 | 大　　陸 |
|---|---|---|---|
| adult ratio | 成人比率 | 成人率 | 成人比率 |
| adustion | 可燃性 | 可燃性 | 可燃性 |
| advance | 提早;先期 | 進步 | 前進; 前置 |
| advance alloy | 高比阻銅鎳合金 | アドバンス合金 | 高比阻铜镍合金 |
| advantage | 利益 | 有利な点 | 利益 |
| — factor | 快通量有利因子 | 有利係数 | 〔快通量〕有利因子 |
| advection | 平流 | 熱の水平対流 | 平流〔热效〕 |
| adverse | 相反的效果 | 悪影響 | 相反的效果 |
| advertising car | 廣告汽車 | 宣伝用自動車 | 广告汽车 |
| — van | 廣告用汽車 | 宣伝用自動車 | 广告用汽车 |
| AE concrete | 加氣混凝土 | AE コンクリート | 加气混凝土 |
| AE count | 聲音發射計數 | AE 計数（～けいすう） | 声发射计数 |
| AE event count | 聲音發射現象計數 | AE 事象数 | 声发射现象计数 |
| accidium | 銹孢子器 | さび胞子器 | 锈孢子器 |
| addelite | 葡萄石 | エーデライト | 葡萄石 |
| aedelite | 小神殿 | エディキュール | 小神殿 |
| aerator | 充氣器;鬆砂機 | 気ばく装置 | 通风设备 |
| — fitting | 通氣混合接頭 | エアレータ継手 | 通气混合接头 |
| — pipe | 通氣組織(生物的) | ばっ気管 | 通气组织〔生物的〕 |
| aerial | 天線 | 架空線 | 天线 |
| — balance | 天線匹配(平衡) | 空中線平衡 | 天线匹配〔平衡〕 |
| — pollution | 大氣污染 | 大気汚染 | 大气污染 |
| — port | 機場 | 空港 | 机场 |
| — rod | 天線桿 | アンテナ棒 | 天线杆 |
| — survey | 航空勘測 | 航空探査 | 航空勘测 |
| — transport | 空中運輸 | 航空輸送 | 空中运输 |
| — view | 天線線圖 | 鳥かん図 | 天线线圈 |
| aerobic | 好氣性 | 好気性 | 好气性 |
| aerodynamic body | 空氣動力體 | 空力応用ボディー | 空气动力体 |
| — center | 空氣動力中心 | 空力中心 | （空）气动力中心 |
| — coefficient | 空氣動力係數 | 空力係数 | 空气动力系数 |
| — derivative | 空氣動力導數 | 空力微系数 | 空气动力导数 |
| — diameter | 空氣動力學直徑 | 空気動力学直径 | 空气动力学直径 |
| — drag | 空氣動力阻力 | 空力抵抗 | （空）气动力阻力 |
| — experiment | 空氣動力試驗 | 空力実験 | 空气动力试验 |
| — fan | 回轉式鼓風機 | 回転型送風機 | 回转式鼓风机 |
| — force | 空氣動力 | 動的空気力 | 空气动力 |
| — heating | 空氣動力加熱 | 空中加熱 | 空气动力加热 |
| — retarder | 氣動減速器 | 空気式減速器 | 气动减速器 |

A

| 英　文 | 臺　灣 | 日　文 | 大　陸 |
|---|---|---|---|
| aerodynamics | 空氣動力學 | 空気力学 | 空气动力学 |
| aeroelasticity | 氣動彈性 | 空力弾性 | 气动弹性 |
| aeroelastics | 氣動彈性力學 | 空気弾性学 | 气动弹性（力）学 |
| aerofilter | 空氣過濾器 | エアロフィルタ | 空气过滤器 |
| aerofloat | 水上飛機浮筒 | エアロフロート | （水上）飞机浮筒 |
| aerofoil | 機翼 | 翼 | 机翼 |
| — profile | 翼形斷面 | 翼形断面 | 翼形断面 |
| — section | 翼剖面 | 翼端 | 翼形螺旋桨 |
| — tip | 翼尖 | 翼端 | 翼尖 |
| aeroform | 爆炸成形 | エアロフォーム | 爆炸成形 |
| aerohydroplane | 水飛機 | 水上飛行機 | 水飞机 |
| Aerolite | 艾魯利特鋁合金 | エーロライト | 艾鲁利特铝合金 |
| aeromedical ladoratory | 航空醫學實驗室 | 航空医学実験室 | 航空医学实验室 |
| aerometal | 航空鋁合金 | 航空用金属 | 航空（铝）合金 |
| aeromotor | 航空發動機 | 航空発動機 | 航空发动机 |
| aeronaut | 飛行員 | 飛行乗員 | 飞行员 |
| aeronautic beacon | 航空信號 | 航空ビーコン | 航空信号 |
| — chart | 航空圖 | 航空図 | 航空图 |
| — communication | 航空通信 | 航空通信 | 航空通信 |
| — engineering | 航空工程 | 航空工学 | 航空工程 |
| — ground lights | 地面航行燈 | 航空灯台 | 地面航行灯 |
| — ground radio station | 地面導航站 | 航空航行局 | 地面导航站 |
| — information | 航空情報 | 航空情報 | 航空情报 |
| aeronautics | 航空學 | 航空学 | 航空学 |
| aeronavigation | 空中導航 | 空中航法 | 空中导航 |
| aeroplane | 飛機 | 飛行機 | 飞机 |
| — antenna | 飛機天線 | 飛行機アンテナ | 飞机天线 |
| — carrier | 航空母艦 | 航空母艦 | 航空母舰 |
| — engine | 航空發動機 | 航空発動機 | 航空发动机 |
| aeropropeller | 航空螺旋槳 | 空中プロペラ | 航空螺旋桨 |
| — vessel | 航空螺旋槳推進船 | 空中プロペラ | 航空螺旋桨推进船 |
| aeroshed | 飛機庫 | 格納庫 | 飞机库 |
| aerostat | 輕航空器 | 軽航空機 | 轻航空器 |
| — force | 靜浮力 | 静浮力 | 静浮力 |
| aerostatics | 空氣靜力學 | 空気静力学 | 空气静力学 |
| aerothermochemistry | 空氣熱力化學 | 空力熱化学 | 空气热力化学 |
| aerothermodynamics | 空氣熱力學 | 空気熱力学 | 空气热力学 |
| aerothermoelasticity | 氣動熱彈性 | 空力熱弾性 | 气动热弹性 |
| aerator | 空中牽引飛機 | 航空用機関 | 空中牵引飞机 |
| aerotriangulation | 空中三角測量 | 空中三角測量 | 空中三角测量 |

| 英　　文 | 臺　　灣 | 日　　文 | 大　　陸 |
|---|---|---|---|
| aeroturbine | 航空輪機 | 航空タービン | 航空涡轮 |
| aerovane | 風車 | 風向風速計 | 风车 |
| aerovideo | 航空電視 | エアロビデオ | 航空电视 |
| aeroview | 鳥瞰圖 | 鳥かん図 | 鸟瞰图 |
| aerugo | 銅綠 | 緑青 | 铜线〔绿〕 |
| affected | 加工變質層 | 加工変質層 | 加工变质层 |
| — zone | 熱影響區 | 変質部 | 热影响区 |
| affinage | 離心洗糖法 | 精練法 | 离心洗糖法 |
| affinor | 反對稱張量 | アフィノール | 反对称张量 |
| affirmation | 肯定 | 肯定 | 肯定 |
| affix | 附標 | 付隨値 | 附标 |
| affluent | 支流 | 支川 | 支流 |
| affluxion | 匯流 | 合流 | 汇流 |
| afterbody | 跟蹤物體 | 追従物体 | 跟踪物体 |
| afterburner | 補燃器 | 再燃装置 | 补燃器 |
| after cooling | 二次冷卻 | アフタクーリング | 加力燃烧发动机 |
| aftercure | 後硫化 | 後加硫 | 後硫化 |
| aftercuring | 後期養護 | 後期養生 | 後期养护 |
| after-drip | 後滴現象 | アフタドリップ | 後滴现象 |
| aftereffect | 副作用 | 余効 | 副作用 |
| — constant | 後效常數 | 余効定数 | 後效常数 |
| — current | 後效電流 | 余効電流 | 後效电流 |
| — function | 後效函數 | 余効関数 | 後效函数 |
| after-expansion | 永久膨張 | 永久膨脹 | 永久膨张 |
| after-filter | 後過濾器 | 後ろ過器 | 後过滤器 |
| after-filtration | 最後過濾 | 後ろ過 | （最）後过滤 |
| after-fire | 自發點火燃燒 | アフタファイヤ | 自发点火燃烧 |
| afterflow | 後期吹風（轉爐） | アフタフロー | 蠕变 |
| after-frame | 補架 | アフタフレーム | 补架 |
| after-growth | 再生現象 | 復活現象 | 再生现象 |
| afterheating | 後加熱 | あと燃え | 後（加）热 |
| after ignition | 後期點火 | アフタ着火 | 滞後点火 |
| aftertreatment | 後處理 | 後処理 | 後处理 |
| agate | 瑪瑙 | めのう | 玛瑙 |
| — glass | 瑪瑙玻璃 | めのうガラス | 玛瑙玻璃 |
| age | 使用期限 | 年齢 | 年龄;使用期限 |
| — based maintenance | 時效保養 | 経時保全 | 时效保养 |
| — hardening | 時效硬化 | 時効硬化 | 时效硬化 |
| — hardening stainless steel | 時效硬化不銹鋼 | 時効硬化ステンレス鋼 | 时效硬化不锈钢 |
| — resistance | 耐老化性 | 耐老化性 | 耐老化性 |

27

| 英 文 | 臺 灣 | 日 文 | 大 陸 |
|---|---|---|---|
| agglomerant | 粘結劑 | アグロメラント | 粘结剂 |
| agglomeration | 燒結 | 凝集 | 烧结 |
| — of industries | 工業聚集 | 工業集積 | 工业聚集 |
| agglomerator | 凝聚劑 | 凝集剤 | 凝聚剂 |
| agglutinant | 凝集劑 | 凝集剤 | 凝集剂 |
| agglutination | 凝集作用 | 凝集 | 凝集作用 |
| — reaction | 燒結反應 | 凝集反応 | 烧结反应 |
| agglutinin | 凝集素 | 凝集素 | 凝集素 |
| agglutinogen | 凝集原 | 凝集原 | 凝集原 |
| aggradation | 沈積;填充 | アグラデイション | 沈积;填充 |
| aggregate | 聚集體 | 骨材 | 骨料;聚集体 |
| aggregating agent | 凝集劑 | 凝集剤 | 凝集剂 |
| aggression | 聚集作用 | 凝集 | 聚集作用 |
| aggression | 侵蝕性游離碳酸 | 侵食 | 侵蚀性游离碳酸 |
| aging | 老化;時效 | 老化 | 老化 |
| — acting | 老化作用 | 老化作用 | 老化作用 |
| agitated dryer | 攪拌式乾燥器 | かくはん型乾燥器 | 搅拌式乾燥器 |
| — trough blade | 槽式攪拌乾燥器 | 槽型かくはん乾燥機 | 槽式搅拌乾燥器 |
| agitating blade | 攪拌片 | かくはん羽根 | 搅拌吐片 |
| — device | 攪拌裝置 | かくはん装置 | 搅拌装置 |
| — element | 攪拌器片 | かくはん翼 | 搅拌器吐片 |
| agitation | 攪拌;搖動 | かき混ぜ | 搅拌;摇动 |
| — equipment | 攪拌裝置 | かくはん装置 | 搅拌装置 |
| agitator | 攪拌器 | かくはん機 | 搅拌器 |
| — drier | 攪拌乾燥器 | かくはん乾燥器 | 搅拌乾燥器 |
| — tank | 攪拌槽 | かくはん浴 | 搅拌槽 |
| — truck | 攪拌車 | アジテータトラック | 搅拌车 |
| ahead | 向船首 | 前進 | 向船首 |
| — cam | 正車凸輪 | 前進カム | 推进凸轮 |
| — dummy | 順車空轉 | 前進ダミー | 顺车空转 |
| — exhaust cam | 前進排氣凸輪 | 前進排気カム | 推进排气凸轮 |
| — pitch | 前進螺距 | 前進ピッチ | 正车螺距; 前进螺距 |
| — power | 前進功率 | 前進力 | 前进功率; 正车功率 |
| — turbine | 前進渦輪 | 前進タービン | 推进涡轮 |
| Aich metal | 含鐵四六黃銅 | アイヒメタル | 含铁四六黄铜 |
| Aichis metal | 含鐵四六黃銅 | アイヒスメタル | 含铁四六黄铜 |
| aid | 補助設施 | エイド | 补助设施 |
| aiguille | 穿孔器 | せん孔ぎり | 穿孔器 |
| aikinite | 針狀硫鉛礦 | アイキナイト | 针状硫铅矿 |
| aileron | 副翼 | 補助翼 | 副翼 |

A

| 英 文 | 臺 灣 | 日 文 | 大 陸 |
|---|---|---|---|
| — angle | 副翼偏轉角 | 補助翼角 | 副翼偏转角 |
| — bazz | 副翼自激擇振 | 補助翼バズ | 副翼自激择振 |
| **aiming circle** | 方向盤 | 方向板 | 方向盘 |
| — error | 視覺誤差 | 視準誤差 | 视觉误差 |
| **air** | 空氣 | 空気 | 空气 |
| — accumulator | 儲氣筒 | 空気だめ | 储气筒〔罐〕 |
| — acetylene flame | 氧氣-乙快火焰 | 空気アセチレンフレーム | 氧气-乙快火焰 |
| — atomizer | 空氣噴霧器 | 空気噴霧器 | 空气喷雾器 |
| — bump | 空氣阻尼 | 空気じょう乱 | 空气阻尼 |
| — buoyancy | 空氣浮力 | 空気の浮力 | 空气浮力 |
| — burner | 噴燈 | トーチランプ | 喷灯 |
| — cell engine | 氣室發動機 | 空気室機関 | 气室发动机 |
| — cleaner | 空氣淨化器 | 吸気フィルタ | 空气净化器 |
| — cleaner cartridge | 空氣濾清器 | 空気清浄器 | 空气滤清器 |
| — cleaning | 空氣淨化 | 空気浄化 | 空气净化 |
| — cleaning devices | 空氣淨化裝置 | 空気除じん熱置 | 空气净化装置 |
| — conduction | 空氣傳導 | 気導 | 空气传导 |
| — containation | 空氣貯藏器 | 空気槽 | 空气贮藏器 |
| — deflection | 空氣轉向 | 空気転向 | 空气转向 |
| — deflector | 空氣擾流板 | 空気そらせ板 | 空气扰流板 |
| — drill | 氣鋸 | エアドリル | 气锯 |
| — driver | 氣動驅動器 | エアドライバ | 气动驱动器 |
| — dynamometer | 空氣動力計 | 空気動力計 | 空气动力计 |
| — eliminator | 空氣淨化器 | エアエリミネータ | 空气净化器 |
| — exhaust system | 排氣系統 | 空気排出方式 | 排气系统 |
| — exit | 排氣口 | 排気口 | 排气口 |
| — exit hole | 排氣孔 | 排気口 | 排气孔 |
| — fan | 鼓風機;風扇 | 換気扇 | 鼓风机;风扇 |
| — filter | 空氣濾清器 | 空気清浄器 | 空气滤清器 |
| — hand grinder | 風動手提砂輪機 | エアハンドグラインダ | 风动手提砂轮机 |
| — hande | 空氣量調節鈕 | 空気量調整ハンドル | 空气量调节钮 |
| — handing unit | 空氣調節裝置 | 空気調和機 | 空气调节装置 |
| — humidification | 空氣加濕 | 空気加湿 | 空气加湿 |
| — humidifier | 空氣加濕器 | 空気加湿器 | 空气加湿器 |
| — humidity indicator | 濕度計 | 湿度計 | 湿度计 |
| — injection system | 空氣噴射系統 | 空気噴射方式 | 空气喷射系统 |
| — infiltration | 空氣滲入 | 空気浸入 | 空气渗入 |
| — infiltration rate | 漏氣量 | 漏気量 | 漏气量 |
| — injection type | 空氣噴射器 | 空気噴射式 | 空气喷射器 |
| — injector | 進氣口消聲器 | エアインジェクタ | 进气口消声器 |

| 英　文 | 臺　灣 | 日　文 | 大　陸 |
|---|---|---|---|
| — inlet silencer | 進氣消音器 | 空気入口消音器 | 进气消声器 |
| — insulation | 空氣絕緣 | 空気絶縁 | 空气绝缘 |
| — knock-out | 空氣噴射機 | 空気噴射機 | 空气喷射机 |
| — machine | 送風機（礦山機） | エアマシン | 风扇 |
| — manometer | 氣壓計 | 検圧器 | 空气压力计 |
| — master | 氣動伺服器 | エアマスタ | 气动伺服器 |
| — nozzle | 空氣噴嘴 | エアノズル | 风嘴 |
| — oil force converter | 油壓力轉換器 | 空気油圧力伝達器 | 油压力转换器 |
| — orifice | 進氣孔 | 主（空気）ブリード穴 | 进气孔 |
| — out | 排氣 | 排気 | 排气 |
| — outlet | 空氣出口 | 空気出口 | 排气口 |
| — piston | 空氣活塞 | 空気ピストン | 空气活塞 |
| — plug gage | 氣動塞規 | エアプラグゲージ | 气动塞规 |
| — potential | 航空潛力 | 潜在航空力 | 航空潜力 |
| — power hammer | 氣錘 | 空気ハンマ | 气锤 |
| — precooler | 空氣預冷器 | 空気予冷器 | 空气预冷器 |
| — pressure | 通風壓力 | 空気圧 | 通风压力 |
| — pressure booster | 氣壓升壓器 | 空気圧力ブースタ | 气压升压器 |
| — pressure gage | 氣壓表 | 空気圧力計 | 气压表 |
| — pressure motor | 馬達 | 空気圧モータ | 马达 |
| — pressure test | 氣壓試驗 | 気圧試験 | 气压试验 |
| — pump | 氣泵 | エアポンプ | 气泵 |
| — pump cylinder | 氣壓缸 | 空気ポンプ円筒 | 气压缸 |
| — pump piston | 氣泵活塞 | 空気ポンプピスト | 气泵活塞 |
| — purge | 空氣清洗 | エアパージ | 空气清洗 |
| — purification | 空氣淨化 | 空気浄化 | 空气净化 |
| — purifier | 空氣濾清器 | 空気清浄器 | 空气滤清器 |
| — pyrometer | 空氣高溫計 | 空気高温計 | 空气高温计 |
| — quantity | 空氣量 | 空気量 | 空气量 |
| — quenching | 空冷淬火 | 空気焼入れ | 空冷淬水 |
| — quenching cooler | 空氣淬火冷卻 | エアクエンチングクーラ | 空气淬火冷却 |
| — rammer | 氣動搗桿 | エアランマ | （空）气锤 |
| — receiver | 氣罐；存氣箱 | 圧縮空気タンク | 气罐；储气器 |
| — recalculation | 空氣再循環 | 空気再循環 | 空气再循环 |
| — reducing valve | 空氣減壓閥 | 空気減圧弁 | 空气减压阀 |
| — reduction process | 空氣還原法 | 空気還元法 | 空气还原法 |
| — refining | 空氣吹製 | 空気吹製 | 空气吹制 |
| — refrigerating machine | 空氣冷凍機 | 空気冷凍機 | 空气冷冻机 |
| — refueling | 空中加油 | 空中給油 | 空中供油 |
| — regenerator | 空氣蓄熱室 | 空気蓄熱室 | 空气蓄热室 |

| 英　文 | 臺　灣 | 日　文 | 大　陸 |
|---|---|---|---|
| — register | 風量記錄器 | 送風機 | 送风机 |
| — regulator | 空氣調風器 | 調風戸 | 空气调整器 |
| — regulator valve | 放氣閥 | エアレギュレータバルブ | 空气调整阀 |
| — relay | 氣動繼電器 | エアリレー | 气动继电器 |
| — relay valve | 氣壓繼動閥 | エアリレーバルブ | 气压继动阀 |
| — release | 排氣 | 排気 | 排气 |
| — release pipe | 排氣管 | 排気管 | 排气管 |
| — release valve | 排氣閥 | 排気弁 | 排气阀 |
| — relief valve | 安全氣閥 | 空気安全閥 | 安全气阀 |
| — reservoir | 儲氣筒 | 空気だめ | 储气筒〔罐〕 |
| — resistance | 空氣阻力 | 空気抵抗 | 空气阻力 |
| — resistance coefficient | 空氣阻力系數 | 空気抵抗係数 | 空气阻力系数 |
| — resister | 空氣調整器 | エアレジスタ | 空气调整器 |
| — sacs | 氣囊 | 気のう | 气囊 |
| — sander | 噴砂機 | エアサンダ | 喷砂机 |
| — scrubber | 空氣洗滌器 | 空気スクラッバ | 空气洗涤器 |
| — sleeve | 氣筒;氣套 | エアスリーブ | 气筒;气套 |
| — sound absorber | 空氣消音器 | 空気消音器 | 空气消音器 |
| — spoiler | 氣動擾流板 | エアスポイラ | 气动扰流板 |
| — spray finishing | 空氣塗裝處理 | エアスプレー塗装 | 空气涂装处理 |
| — spray painting | 空氣塗裝處理 | エアスプレー塗装 | 空气涂装处理 |
| — sprayer pistion | 壓縮空氣噴射器 | 圧縮空気噴射器 | 压缩空气喷射器 |
| — spring | 氣墊 | 空気ばね | 气垫 |
| — starter | 空氣啓動器 | 空気噴射始動機 | 起动装置 |
| — starting cam | 起動凸輪 | 空気始動カム | 起动凸轮 |
| — starting valae | 空氣起動閥 | 空気始動弁 | 空气起动阀 |
| — stirrer | 空氣攪拌器 | 空気かくはん器 | 空气搅拌器 |
| — storage tank | 壓縮空氣櫃 | 圧縮空気タンク | 压缩空气柜 |
| — strainer | 空氣過濾器 | 空気ろ過器 | 空气过滤器 |
| — tanker | 空氣加油機 | 空中給油機 | 空气加油机 |
| — vehicle | 航空器 | 航空ビークル | 航空器 |
| — vent pipe | 排氣管 | 空気抜き管 | 排气管 |
| **air-actuated jaw** | 氣動夾具 | エアジョー | 气动夹具〔抓料器〕 |
| **air-aging** | 空氣時效 | 空気時効 | 空气时效 |
| **air-agitated wash** | 空氣攪動洗滌 | 空気か | 空气搅动洗涤 |
| **air-agitation** | 空氣攪動 | 空気かき混ぜ | 空气搅动 |
| **air-annealing** | 空冷退火 | 空気焼きなまし | 空冷退火 |
| **air-assist** | 氣動成形 | エアアシスト成形 | 气动成形 |
| — vacuum forming | 氣壓真空成形 | エア真空成形 | 气助真空成形 |
| **air-atomizing** | 空氣霧化 | 空気噴霧 | 空气雾化 |

31

| 英　　文 | 臺　　灣 | 日　　文 | 大　　陸 |
|---|---|---|---|
| — burner | 空氣噴射燃燒器 | 空気噴霧バーナ | 空气喷射燃烧器 |
| **air-bag** | 氣胎；裏胎 | エアバッグ | 气胎；里胎 |
| **air-bake** | 空氣中烘焙 | エアベーク | 空气中烘焙 |
| **air-balancer** | 空氣穩定器 | エアバランサ | 空气稳定器 |
| **air-ballasted** accumulator | 氣鎮式蓄壓器 | 空気バラスト式蓄圧器 | 气镇式蓄压器 |
| **airballoon** | 氣球 | 気球 | 气球 |
| **air-barrier effect** | 空氣膜效應 | 空気膜効果 | 空气膜效应 |
| **air-base** | 航空基地 | 航空基地 | 航空基地 |
| **air-bath** | 空氣乾燥器 | 空気浴 | 空气乾燥器 |
| **airbill** | 空運貨單 | 空輪証書 | 空运货单 |
| **air-binding** | 氣結 | 空気締め | 气结 |
| **airblast** | 鼓風 | エアブラスト | 鼓风 |
| — atomizer | 氣壓噴霧器 | 空気噴射噴霧器 | 气压喷雾器 |
| — circuit breaker | 空氣繼路器 | 空気しゃ断咲 | 空气〔吹弧〕继路器 |
| — cooling | 空氣噴射冷卻 | 空気ブラスト冷却 | 空气喷射冷却 |
| — cooling system | 鼓風噴射冷卻法 | エアブラスト冷却方式 | 鼓风喷射冷却法 |
| — ejection | 壓縮空氣頂料 | エアブラストエジェクション | 压缩空气顶料 |
| — freezer | 空氣壓縮冷凍機 | 空気噴射冷却機 | 空气压缩冷冻机 |
| — gas burner | 空氣煤氣噴燈 | 空気噴気火口 | 空气煤气喷灯 |
| — heater | 鼓風加熱器 | 空気加熱器 | 鼓风加热器 |
| — nozzle | 空氣噴嘴 | 空気噴射ノズル | 空气喷嘴 |
| — quenching | 風冷淬火 | 衝風焼入れ | 风冷淬火 |
| — transformer | 通風變壓器 | 風冷式変圧器 | 通风变压器 |
| **airblasting** | 鼓風 | 送風 | 鼓风 |
| — machine | 空氣噴砂機 | 空気式噴射加工機 | 空气喷砂机 |
| **air-bleed** | 空氣分供 | 空気ブリード | 抽气器 |
| — principle | 空氣分供機 | 空気ブリード方式 | 抽气方式 |
| — system | 空氣分供方式 | 空気ブリード方式 | 抽气方式 |
| — valve | 空氣分供閥 | エアブリードバルブ | 抽气阀 |
| **air-bleeder** | 放氣管；排氣裝置 | 空気撥き | 放气管；排气装置 |
| — cap | 放氣閥帽 | 通気カップ | 放气阀帽 |
| **air-blow** | 鼓風；送氣 | 空気噴射 | 鼓风；送气 |
| — aeration | 排氣式通風 | 散気式エアレーション | 排气式通风 |
| — flotation | 氣浮分選法 | 空気吹込式浮上分離法 | 气浮分选法 |
| — gun | 噴射槍 | エアガン | 喷射枪 |
| — system | 空氣噴射系統 | 散気式 | 空气喷射系统 |
| **air-blower** | 鼓風機 | 送風機 | 鼓风机 |
| **air-box** | 風箱 | 通気筒 | 风箱 |
| **air-brake** | 風軔；氣煞車 | エアブレーキ | 空气制动器 |
| **air-breather** | 空氣通氣孔 | 通気孔 | 空气吸潮器 |

| 英　　文 | 臺　　灣 | 日　　文 | 大　　陸 |
|---|---|---|---|
| air-breathing | 呼吸空氣 | 空気吸入 | 呼吸空气 |
| — engine | 空氣助燃發動機 | 空気吸い込みエンジン | 空气〔助燃〕发动机 |
| — laser engine | 空氣助燃激光發動機 | レーザラム推進機 | 空气〔助燃〕激光发动机 |
| air-bridge | 空運線 | 風橋 | 空运线 |
| airbrush | 氣刷；噴槍 | エアブラシ | 气刷；喷枪 |
| air-bubble | 氣泡 | 空気ほう | 气泡 |
| — breakwater | 充氣防波堤 | 空気防波堤 | 充气防波堤 |
| air-buffer | 空氣緩衝器 | 空気緩衝器 | 空气缓冲器 |
| air-buffing | 空氣噴磨 | エアバフ | 空气喷磨 |
| airbus | 重型客機 | エアバス | 重型客机 |
| air-casing | 氣隔層；氣套 | 空気ケーシング | 气隔层；气套 |
| air-cast | 天線電廣播 | エアキャスト | 天线电广播 |
| air-choke | 空心扼流圈 | 空気チョーク | 空心扼流圈 |
| air-circulation | 空氣流環 | 空気循環炉 | 空气循环炉 |
| air-compression | 空氣壓縮 | 空気圧縮 | 空气压缩 |
| — pump | 活塞式壓縮機 | 空気圧縮ポンプ | 活塞式压缩机 |
| air-compressor | 空氣壓縮機 | エアコン | 空气压缩机 |
| air-condenser | 空氣凝結器 | 空冷コノデンサ | 空气冷凝器 |
| air-condition | 空氣調節 | 空調 | 空(气)调(节) |
| air-conditioned room | 空調室 | 空調室 | 空调室 |
| — suits | 空調服 | 冷房服 | 空调服 |
| — wind tunnel | 空氣調節風洞 | 空気調節風洞 | 空气调节风洞 |
| air-conditioner | 空氣調節裝置 | 空気調節装置 | 空气调节装置 |
| air-conveyor | 氣壓輸送帶 | エアコンベア | 气压输送带 |
| air-cooled | 氣冷 | 空冷 | 气冷 |
| — cascade blade | 氣冷葉柵 | 空冷翼列 | 风冷叶栅 |
| — chillier unit | 氣冷式冷卻機組 | 空冷チラーユニット | 气冷式冷却机组 |
| — compressor | 氣冷式壓縮機 | 空冷機圧縮 | 气冷式压缩机 |
| — condenser | 氣冷式冷凝器 | 空冷凝縮器 | 气冷式冷凝器 |
| — cylinder | 氣冷式汽缸 | 空冷シリンダ | 气冷式汽缸 |
| — engine | 氣冷發動機 | 空冷エンジン | 气冷发动机 |
| — heat exchanger | 氣冷式換熱器 | 空冷式熱交換器 | 气冷式换热器 |
| — reactor | 空氣冷卻反應堆 | 空気冷却炉 | 空气冷却〔反应〕堆 |
| — stack | 氣冷式整流堆 | 空冷スタック | 气冷式整流堆 |
| — transformer | 氣冷式變壓器 | 気冷変圧器 | 气冷式变压器 |
| — turbine generator | 氣冷式渦輪發電機 | 空気冷却タービン発電機 | 气冷式涡轮发电机 |
| — valve | 氣冷閥 | 空冷弁 | 气冷阀 |
| aircooler | 空氣冷卻器 | エアクーラ | 空气冷却器 |
| — cleaning water tank | 空氣冷卻器洗淨水 | 空気冷却器洗浄水タンク | 空气冷却器洗净水 |
| air-cooling | 空氣冷卻 | 空気冷却 | 空气冷却 |

A

| 英　　文 | 臺　　灣 | 日　　文 | 大　　陸 |
|---|---|---|---|
| — apparatus | 氣冷裝置 | 空冷裝置 | 气冷装置 |
| — coil | 空冷盤管 | 空気冷却コイル | 空冷盘管 |
| — condenser | 氣冷式冷凝器 | 空冷コンデンサ | 气冷式冷凝器 |
| — cylinder | 氣冷式汽缸 | 空冷シリンダ | 气冷式汽缸 |
| — dehumidifier | 空氣冷却除濕器 | 空気冷却減湿器 | 空气冷却减湿器 |
| — equipment | 空冷設備 | 空冷設備 | 空冷设备〔装置〕 |
| — machine | 氣冷機 | 空気冷却機 | 风冷机 |
| — ring | 氣冷環 | 空冷環 | 气冷环 |
| — system | 空氣冷却系統 | 空気冷却系 | 空气冷却系统 |
| — valve | 氣冷閥 | 空冷弁 | 气冷阀 |
| — zone | 空氣冷却區 | 空気冷却部 | 空气冷却区 |
| **aircore** | 空心 | 空心 | 空心 |
| — choke coil | 空心反應器 | エアチョークコイル | 空心扼流圈 |
| — coil | 空心線圈 | 空心コイル | 空心线圈 |
| — deflection coil | 空心偏轉線圈 | 空心偏向コイル | 空心偏转线圈 |
| — reactor | 空心扼流圈 | 空心リアクトル | 空心扼流圈 |
| — transformer | 空心變壓器 | 空心 変圧器 | 空心变压器 |
| **aircraft** | 航空機；飛機 | 航空機 | 航空机；飞机 |
| — autopilot | 飛行機動操縱裝置 | 飛行機自動操縦装置 | 飞行机动操纵装置 |
| — carrier | 航空母艦 | 航空母鑑 | 航空母舰 |
| — cruiser | 航空巡洋艦 | 航空巡洋艦 | 航空巡洋舰 |
| — direction finder | 航空方向探知機 | 機上方向探知機 | 航空方向探知机 |
| — industry | 航空機工業 | 航空機工業 | 航空机工业 |
| **aircrew** | 空勤人員 | 航空機乗員 | 空勤人员 |
| **air-cushion** | 氣墊；空氣緩衝器 | エアクッション | 气压；空气缓冲器 |
| — conveyor | 氣壓輪送帶 | 空気クッションコンベヤ | 气压轮送带 |
| — forming | 氣壓成形 | エアクッション成形 | 气压成形 |
| — process | 成形法 | エアクッション成形法 | 成形法 |
| — shock absorber | 氣壓避震器 | 空気クッション緩衝器 | 气压避震器 |
| — socket | 氣壓減震器 | エアクッションソケット | 气压减震器 |
| — transfer table | 氣壓式傳送工作台 | 空気クッション送り台 | 气压（式）传送工作台 |
| **air-cushioning machine** | 氣壓汽車 | 空気クッション自動車 | 气压汽车 |
| **air-cut** | 氣割 | エアカット | 气割 |
| **air-damping** | 空氣避震器 | 空気ダンパ | 空气避震器 |
| **air-ejector** | 氣力衝射器 | エアエジェクタ | 气动弹射器 |
| **air-ejector** | 空氣淘洗 | 風ふるい | 空气淘析(洗；选) |
| **air-elutriator** | 風力分析機 | 風ふるい機 | 风力分选机 |
| **air-entrained** | 混凝土中加氣劑 | AE 剤 | 〔混凝土中〕加气剂 |
| **air-feeder** | 供氣裝置 | エアフィーダ | 供气装置 |
| **airfield** | 機場 | 飛行場 | 机场 |

| 英　　文 | 臺　　灣 | 日　　文 | 大　　陸 |
|---|---|---|---|
| — cavity | 空氣泡 | 空気泡 | 空气泡 |
| — control radar | 機場控制雷達 | 空港管制レーダ | 机场控制雷达 |
| **airflow** | 空氣流量 | 空気流量 | 空气流量 |
| — meter | 風量表 | 空気流量計 | 风量表 |
| — rate | 氣流率 | 風量 | 气流率 |
| — relay | 氣流繼電器 | 風速継電器 | 气流继电器 |
| — velocity | 氣流速度 | 気流速度 | 气流速度 |
| **air-flue** | 風道；氣道 | 通気筒 | 风道；气道 |
| **airfoil** | 機翼；翼面 | 翼 | 机翼；翼面 |
| — blade fan | 翼型通風機 | 翼型ファン | 翼型通风机 |
| — fan | 翼片式風扇 | 翼形送風機 | 翼片式风扇 |
| — section | 翼型截面 | 翼形断面 | 翼型截面 |
| — theory | 翼型理論 | 翼理論 | 翼型理论 |
| — vane | 翼型羽根 | 翼形かじ | 翼型羽根 |
| **airforce** | 空氣動論；空軍 | 空気力 | 空气动论；空军 |
| **air-forming** | 自由彎曲成形 | エアフォーミング | 自由〔弯曲〕成形 |
| **airframe** | 機體（除飛機引擎外之總稱） | エアフレーム | 导弹弹体 |
| — icing | 機體結冰 | 機体着冰 | 机体结冰 |
| **airfreight system** | 空運貨物系統 | 航空貨物システム | 空运货物系统 |
| **airfreighting** | 航空貨運 | 航空貨物輸送 | 航空货运 |
| **air-fuel** | 空氣燃料混合氣 | 混合気 | 空气燃料混合气 |
| — ratio | 空氣燃料比 | 空気燃料比 | 空气燃料比 |
| — ratio control system | 空氣燃料控制系統 | 空燃比制御装置 | 空气燃料混合比 |
| **air-gap** | 空氣隙 | 空げき | 空隙；气隙 |
| — factor | 氣隙係數 | エアギャップ係数 | 气隙系数 |
| — flux distribution | 空隙磁通分佈 | 空げき磁束分布 | 空隙磁通分布 |
| — glazing | 雙層玻璃窗 | 二重窓ガラス | 双层玻璃窗 |
| **air-gas** | 風煤氣 | エアガス | 风煤气〔含空气的煤气〕 |
| **airglow** | 大氣輝光 | 大気光 | 大气辉光 |
| **airground communication** | 空地通信 | 空地通信 | 空地通信 |
| **air-guide** | 噴槍空氣導管 | エアガイド | 〔喷枪〕空气导管 |
| **air-gun** | 氣槍 | エアガン | 喷枪；喷漆枪 |
| — prospecting | 空氣槍探礦 | エアガン探鉱 | 空气枪探矿 |
| **air-hardening** | 風硬 | 空気焼き入れ | 空气淬硬化 |
| — cement | 自硬水泥 | 気硬セメント | 气硬水泥 |
| — steel | 氣冷硬化鋼 | 空気焼き入れ鋼 | 气冷硬化钢 |
| **air-heater** | 空氣加熱器 | エアヒータ | 预热器；热风炉 |
| **air-heating** | 空氣加熱爐；熱風爐 | 空気暖房装置 | 空气加热炉；热风炉 |
| **air-hole** | 氣孔 | 空気孔 | 风眼；气穴；气孔 |
| **air-in** | 進氣；空氣入口 | 空気口 | 进气；空气入口 |

| 英　　文 | 臺　　　灣 | 日　　文 | 大　　陸 |
|---|---|---|---|
| air-inflated balloon | 充空氣氣球 | 空気膨張バルーン | 〔充空气〕气球 |
| airing | 空氣乾燥法 | エアリング | 空气乾燥法 |
| airjet propelled boat | 噴氣推進船 | エアジェットプロペラボート | 喷气推进船 |
| air-knife | 氣刀刮塗法 | エアナイフ塗布 | 气刀刮涂法 |
| — type | 氣體切割刀式 | エアナイフ式 | 气〔体切割〕刀式 |
| air-launch | 空中發射 | 空中発進 | 空中发射 |
| airless blast cleaner | 抛丸清理機 | 無気噴射クリーナ | 抛丸清理机 |
| airlift | 氣力揚升;氣升器 | 空気圧リフト | 气动起重机; 空运 |
| airlifter | 氣動頂出器 | エアリフタ | 气动顶出器 |
| airplane | 飛機 | 飛行機 | 飞机 |
| airpocket | 氣袋;氣穴 | エアポケット | 气袋 |
| airport | 通風孔 | 空気口 | 机场 |
| airproof | 氣密 | 気密 | 气密 |
| — cloth | 氣密佈 | 気密布 | 气密布 |
| — paper | 密封紙 | 気密紙 | 密封纸 |
| air-raid precaution | 防空設施 | 防空施設 | 防空设施 |
| airscape | 鳥瞰圖 | 空観図 | 鸟瞰图 |
| airscoop | 風車 | エアスクープ | 进气口（道） |
| — heater | 進氣道加熱器 | エアスクープヒータ | 进气道加热器 |
| airscrew | 螺旋槳 | 空気推進器 | 空气螺旋浆 |
| — ship | 空氣螺旋漿船 | エアスクリューシップ | 空气螺旋浆船 |
| air-sea rescue system | 海空救援系統 | 航空〔海空〕救難態勢 | 海空救援系统 |
| air-seasoned wood | 風乾木材 | 気乾木材 | 风乾木材 |
| air-seasoning | 風乾法 | 空気乾燥 | 自然乾燥 |
| — method | 風乾法 | 空気乾燥法 | 风乾法 |
| — tank | 空氣分離箱 | 空気分離タンク | 空气分离箱 |
| airseparation | 空氣分離 | 風ふるい | 空气分离 |
| — plant | 除氣裝置 | 空気分離装置 | 除气装置 |
| — property | 空氣分離性 | 気泡分離性 | 空气分离性 |
| — test | 風篩試驗 | 風ふるい試験 | 风筛试验 |
| airseparator | 空氣分離器 | 空気分離器 | 风力分离器 |
| air-set | 自然硬化 | エアセット | 自然硬化 |
| air-setting | 空氣凝固法 | 気硬 | 自然硬化 |
| — mold | 自硬型 | エアセット型 | 自硬型 |
| airship | 飛船 | 飛行船 | 飞船 |
| air-slaked lime | 風化石灰 | 風化石灰 | 风化石灰 |
| airslide | 風動滑槽 | エアスライド | 风动滑槽 |
| — conveyer | 空氣活塞式輸送機 | エアスライドコンベヤ | 空气活塞（式）输送机 |
| — feed | 氣動滑板進給 | エアスライドフィード | 气动滑板进给 |
| — feeder | 氣動滑板送料器 | エアスライドフィーダ | 气动滑板送料器 |

| 英　　文 | 臺　　灣 | 日　　文 | 大　　陸 |
|---|---|---|---|
| airslider | 氣動滑尺 | エアスライダ | 气动滑尺 |
| air-slip | 氣滑成形 | エアスリップ成形 | 气滑成形 |
| — process | 氣滑法 | エアスリップ法 | 气滑法 |
| airspace | 氣隙 | 気げき | 气隙(腔；室)；領空 |
| — cable | 空氣絕緣電纜 | 空気絶縁ケーブル | 空气绝缘电缆 |
| — for heat insulation | 保溫空氣層 | 保温すき間 | 保温空气层 |
| — ratio | 空氣隙率 | 空気含有率 | 空(气)隙率 |
| — separation equipment | 空間區分設備 | 空間分離設備 | 空间区分设备 |
| air-spaced condenser | 空氣電容器 | 空気絶縁コンデンサ | 空气电容器 |
| air-spacing | 空氣間隔 | 空気（絶縁）間隔 | 空气间隔 |
| airspeed | 氣隙；氣容積 | 対気速度 | 气流速度 |
| — computer | 空氣速率 | 風速計算器 | 空速计算器 |
| — indicator | 風速指示器 | （対気）速度計 | 空速表 |
| — meter | 風速計 | エアスピードメータ | 空速表 |
| — recorder | 風速紀錄議 | 記録風速計 | 风速纪录议 |
| airstair | 登飛機梯 | エアステア | 登（飞）机梯 |
| albertite | 阿貝他礦砂 | アルバタイト | 阿贝他矿砂 |
| albertol | 阿貝樹脂 | アルバトール | 阿贝树脂 |
| albinism | 白化現象 | 白化 | 白化〔现象〕 |
| Albion metal | 夾鉛錫箔 | アルビオンメタル | 〔阿尔比恩〕夹铅　箔 |
| albite | 鈉長石 | 曹長石 | 钠长石 |
| albitite | 鈉長岩 | 曹長岩 | 钠长岩 |
| albitization | 鈉長石化作用 | 曹長石化作用 | 钠长石化〔作用〕 |
| albitphyre | 鈉長斑岩 | 曹長石はん岩 | 钠长斑岩 |
| albolene | 白凡士林 | アルボレン | 白凡士林 |
| slbondur | 包層硬鋁板 | アルボンジュール | 包层硬铝板 |
| alboe | １３％雙氧水 | 13％過酸化水素水 | １３％双氧水 |
| albrac | 耐蝕合金 | アルブラック | 耐蚀合金 |
| alchlor | 三氯化鋁 | 三塩化アルミニウム | 三氯化铝 |
| Alco metal | 鋁基軸承合金 | アルコメタル | 铝基轴承合金 |
| alcohol | 酒精；乙醇 | 酒精 | 酒精；（乙）醇 |
| — tank | 酒精槽；酒精罐 | アルコールタンク | 酒精槽；酒精罐 |
| — thermometer | 酒精溫度計 | アルコール温度計 | 酒精温度计 |
| — torch lamp | 酒精噴燈 | アルコールトーチランプ | 酒精喷灯 |
| — varnish | 醇容性清漆 | アルコール性ワニス | 醇容性清漆 |
| alcumite | 鋁青銅 | アルキュマイト | 铝青铜 |
| aldehydo-acid | 醛酸 | アルデヒド酸 | 醛酸 |
| aldehydo-alcohol | 醛醇 | アリデヒドアルコール | 醛醇 |
| aldimine | 醛業胺 | アルジミン | 醛业胺 |
| aldip process | 鋁噴鍍法 | アルディップ法 | 铝喷镀法 |

| 英　　文 | 臺　　灣 | 日　　文 | 大　　陸 |
|---|---|---|---|
| aldobionic acid | 乙醛糖酸 | アセトアルデヒド糖酸 | 乙醛糖酸 |
| aldray | 鋁鎂基合金 | アルドライ | 铝镁基合金 |
| — wire | 高強度鋁錢 | アルドライ線 | 高强度铝钱 |
| aldurb | 鋁黃銅 | アルデュルブラ | 铝黄铜 |
| alex | 主的耐火材料 | アレックス | 主的耐火材料 |
| alfeno | 鋁鐵合金 | アルフェノール | 铝铁合金 |
| Alfer | 鋁鐵合金 | AF 合金 | 铝铁合金 |
| Alferium | 鋁合金 | アルフェリウム | 铝合金 |
| Alfero | 鋁鐵合金 | アルフェロ | 铝铁合金 |
| alfrax | 熔融氧化鋁 | アルフラックス | 熔融氧化铝 |
| algaroth | 氯氧化銻 | アルガロート | 氯氧化锑 |
| alger metal | 銻軸承合 | アルガメタル | 锑轴承合 |
| algicrs metal | 錫銻系軸承合金 | アルジアスメタル | 锡锑系轴承合金 |
| align | 定中心 | 調整 | 定中心 |
| — boring | 同心孔鏜削 | アラインボーリング | 同心孔（系）镗削 |
| — reamer | 同心孔鉸刀 | アラインリーマ | 同心孔铰刀 |
| — reaming | 同心孔鉸削 | アラインリーミング | 同心孔铰削 |
| aligner | 對準器 | アライナ | 整平器 |
| aligning | 定位；定中心 | 心出し | 定位；定中心 |
| — arm | 吊具框架 | アライニングアーム | 〔集装箱的〕吊具框架 |
| — condenser | 調整用電容器 | 調整用コンデンサ | 调整用电容器 |
| — edge | 調準邊緣 | アライニングエッジ | 调准边缘 |
| — jig | 直線校準用夾具 | アライニングジグ | 直线校准用夹具 |
| — microscope | 對準用顯微鏡 | 心合わせ顕微鏡 | 对准（用）显微镜 |
| — plug | 卡口插座 | アライニングプラグ | 卡口插座 |
| — ring | 調心外補圈（軸承的） | 調心輪 | 调心外补圈〔轴承的〕 |
| — seat | 調心座（軸承的） | 調心座 | 调心座〔面〕〔轴承的〕 |
| — seat radius | 調心座半徑（軸承的） | 調心座半径 | 调心座〔面〕半径〔轴承的〕 |
| — seat washer | 調心座圈 | 調心座金 | 调心座圈 |
| — tool | 直線校準用工具 | アライニングツール | 直线校准用工具 |
| — torque | 回正力距 | アライニングトルク | 回正力距 |
| alignment | 對準；校準 | アライメント | 定线（位；向） |
| — beacon | 定位信標 | アラインメントビーコン | 定位信标 |
| — chart | 求解圖表 | 共線図表 | 求解图表 |
| — circuit | 校正電路 | アラインメント回路 | 校正电路 |
| — disc | 校準盤 | アラインメントディスク | 校准盘 |
| — equipment | 調整器材 | 調整用具 | 调整器材 |
| — error | 校直誤差 | 調整誤差 | 校直误差 |
| — function | 調整功能 | アラインメント機能 | 调整功能 |
| — gap | 調整空隙 | アラインメントギャップ | 调整空隙 |

| 英　　文 | 臺　　灣 | 日　　文 | 大　　陸 |
|---|---|---|---|
| — mark | 對準標記 | アラインメントマーク | 对准标记 |
| — point | 機體調整點 | アラインメント点 | 机体调整点 |
| — routine | 對齊例行程序 | 整列ルーチン | 对齐例(行)程(序) |
| — scope | 調準用示波器 | アラインメントスコープ | 调准用示波器 |
| — system | 調整系統 | アラインメントシステム | 调整系统 |
| — tape | 標準試驗磁帶 | アラインメントテープ | 标准试验磁带 |
| — aliquation | 層化 | 層状化 | 层化；起层 |
| **aliqout** | 等分試樣 | 分取 | 等分试样 |
| — part | 整除部分 | 約数 | 整除部分；等分部分 |
| — portion | 等分部分 | 分取部分 | 等分部分 |
| — quantity | 等分量 | 分別量 | 等分量 |
| **alite** | 鋁鐵岩 | エーライト | 铝铁岩 |
| **alitizing** | 鐵表面的滲鋁法 | アリタイジング | 〔铁表面的〕渗铝法 |
| **alizanthrene dye** | 茜士林染料 | アリジンスリン染料 | 茜士林染料 |
| **alkalescence** | 微鹼性 | 微アルカリ性 | 微硷性 |
| **alkali** | 鹼性 | アルカリ | 强硷；硷性 |
| — absorption velocity | 鹼吸收速度 | アルカリ吸収速度 | 硷吸收速度 |
| — accumulator | 鹼性蓄電池 | アリカリ蓄電池 | 硷(性)蓄电池 |
| — agent | 鹼性劑 | アリカリ剤 | 硷性剂 |
| — alkyl | 烷基鹼金屬 | アリカリアルキル | 烷基硷金属 |
| — bead | 鹼金屬鹽粒 | アルカリビード | 硷金属盐粒 |
| — blue lake | 鹼性藍色淀 | アルカリブルーレーキ | 硷性蓝色淀 |
| — blue toner | 鹼性藍調色劑 | アルカリブルートーナ | 硷性蓝调色剂 |
| — catalyst | 鹼性催化劑 | アルカリ触媒 | 硷性催化剂 |
| — fuel | 鹼性燃料 | アルカリ燃料 | 硷性燃料 |
| — fusion | 鹼熔；鹼熔法 | アルカリ溶融 | 硷熔；硷熔法 |
| — level | 鹼度 | アルカリ度 | 硷度 |
| — liquor | 鹼液 | アルカリ溶液 | 硷液 |
| — metal | 鹼金屬 | アルカリ金属 | 硷金属 |
| — pump | 鹼泵 | アルカリポンプ | 硷泵 |
| **alkalimeter** | 鹼度計 | アルカリ比重計 | 碳酸定量计 |
| **alkalimetry** | 鹼量滴定法 | アルカリ滴定 | 硷量滴定法 |
| **alkaline** | 鹼性電池 | アルカリ（蓄）電池 | 硷(性)蓄电池 |
| **alkalinity** | 鹼度 | アルカリ性 | 硷性 |
| — value | 鹼度性值 | アルカリ価 | 硷度(性)值 |
| **alkaliaproof** | 耐鹼性 | 耐アルカリ性 | 耐硷性 |
| — glass | 耐鹼玻璃 | 耐アルカリガラス | 耐硷玻璃 |
| — paint | 耐鹼塗料 | 耐アルカリペイント | 耐硷涂料 |
| — paper | 耐鹼紙 | 耐アルカリ紙 | 耐硷纸 |
| — test | 耐鹼性試驗 | 耐アルカリ試験 | 耐硷性试验 |

| 英　　文 | 臺　　灣 | 日　　文 | 大　　陸 |
|---|---|---|---|
| alkalization | 鹼化 | アルカリ化 | 硷化 |
| alkaloid | 生物鹼 | アルカロイド | 生物硷 |
| alkalometry | 生物鹼測定法 | アルカロイド定量 | 生物硷測定法 |
| alkanol | 鏈烷醇 | アルカノール | 链烷醇 |
| alkenyl | 鏈烯基 | アルケニル | 链烯基 |
| alkide resin | 醇酸樹脂 | アルキド樹脂 | 醇酸树脂 |
| alkoxide | 酚鹽 | アルコキシド | 酚盐 |
| alkoxyaniline | 烷氧基苯胺 | アルコキシアニリン | 烷氧基苯胺 |
| alkyd | 醇酸 | アルキド | 醇酸 |
| — resin | 醇酸樹脂 | アルキド樹脂 | 醇酸树脂 |
| alkyl | 炭化水素基 | アルキル基 | 炭化水素基 |
| allacfite | 砷水錳礦 | アラクタイト | 砷水锰矿 |
| allagite | 碳化輝石 | アラジャイト | 碳化辉石 |
| allautal | 鋁合金板 | アルラウタル | 铝合金板 |
| allemontite | 砷銻礦 | アレモント石 | 砷锑矿 |
| — metal | 鉛青鋁 | アレンメタル | 铅青铝 |
| allen screw | 六角螺絲 | アレンねじ | 六角螺丝 |
| allene | 丙二烯 | アレン | 丙二烯 |
| all gear drive | 全齒輪傳動 | 全歯車式 | 全齿轮传动 |
| — lathe | 全齒式車床 | オールギヤーレース | 全齿式车床 |
| alligation | 熔化 | アリゲーション | 熔化 |
| alligator | 兩棲裝甲車 | アリゲータ | 鳄口形破碎机 |
| — bonnet | 破碎機罩 | アリゲータボンネット | 破碎机罩 |
| — clip | 彈簧夾 | わにロクリップ | 弹簧夹 |
| — fastener | 鱷式夾持器 | 鰐式線夾 | 鳄式夹持器 |
| — shear | 鱷式剪床 | わにロシャー | 鳄式剪床 |
| — skin | 粒狀表面 | アリーゲタスキン | 粒状表面 |
| all-mine iron | 海綿鐵 | 処女鉄 | 海绵铁 |
| allomerism | 異素同晶 | 異質同形 | 异素同晶（现象） |
| allomorph | 同質異晶 | 同質異形 | 同质异晶 |
| allomorphism | 同質異晶 | 同質異形 | 同质异晶 |
| allotrope | 同素異性體 | 同素体 | 同素异形体 |
| allotropic change | 同素異形變化 | 同素体変化 | 同素异形变化 |
| — modification | 同素異形體變化 | 同素体変化 | 同素异形体变化 |
| allotropism | 同素異形 | 同素 | 同素异形 |
| allotropy | 同素異變態 | 同素性 | 同素异形 |
| allowable ampacity | 容許載流量 | 許容電流 | 容许载流量 |
| — axial bearing capacity | 容許軸向承載力 | 押込み許容支持力 | 容许轴向承载力 |
| — axial load | 容許承載力 | 許容軸方向荷重 | 容许承载力 |

| 英　　文 | 臺　　灣 | 日　　文 | 大　　陸 |
|---|---|---|---|
| — bearing force | 容許軸向承載力 | 許容支持力 | 容许承载力 |
| — bearing power | 容許承載力 | 許容支持力 | 容许承载力 |
| — bearing pressure | 容許支承壓力 | 許容支持力 | 容许支承压力 |
| — bearing stress | 容許承載應力 | 許容軸受圧力 | 容许承载应力 |
| — bending stress | 容許彎曲應力 | 許容支持応力 | 容许弯曲应力 |
| — bending unit stress | 容許單位彎曲應力 | 許容曲げ応力度 | 容许单位弯曲应力 |
| — bond stress | 容許結合應力 | 許容付着応力 | 容许结合应力 |
| — braking energy | 容許磨擦制功能 | 許容制動仕事 | 容许摩擦制功能 |
| — error | 許容誤差 | 公差 | 许容误差 |
| — flexural unit stress | 容許彎曲應力 | 許容曲げ応力度 | 容许（单位）弯曲应力 |
| — limit of wear | 容許磨損限度 | すりへり限度 | 容许磨损限度 |
| — pressure | 容許壓力 | 許容圧力 | 容许压力 |
| — pressure difference | 容許壓力差 | 許容差圧 | 容许压力差 |
| — shear stress | 容許剪應力 | 許容せん断応力 | 容许剪应力 |
| — strength | 容許強度 | 許容強さ | 容许强度 |
| — stress design | 容許應力設計 | 許容応力設計 | 容许应力设计 |
| — temperature rise | 容許溫度上昇 | 許容温度上昇 | 容许温度上升 |
| — tensile strength | 容許抗拉應力 | 許容引張強さ | 容许拉升应力 |
| — tensile stress | 容許抗拉應力 | 許容引張応力 | 容许拉升应力 |
| — tensile unit stress | 容許單位抗拉應力 | 許容引張応力度 | 容许单位拉升应力 |
| — tension stress | 容許拉應力 | 許容引張応力 | 容许拉应力 |
| — tire load | 容許疲勞載荷 | 許容タイヤ荷重 | 容许疲劳载荷 |
| — tolerance | 容差 | 許容差 | 容差 |
| — torque | 容許扭距 | 許容トルク | 容许扭距 |
| — torsional stress | 容許扭轉應力 | 許容ねじり応力 | 容许扭转应力 |
| — traffic flow | 容許交通量 | 許容交通量 | 容许交通量 |
| — transition | 容許轉移 | 許容遷移 | 容许转移 |
| — twisting stress | 容許扭轉應力 | 許容ねじり応力 | 容许扭转应力 |
| — twisting unit stress | 容許單位扭轉應力 | 許容ねじり応力度 | 容许单位扭转应力 |
| — ultimate strain | 容許極限應變 | 許容返り限度 | 容许极限应变 |
| — unit stress | 容許單位應變 | 許容応力度 | 容许单位应变 |
| — unit stress for bond | 容許單位結合應力 | 許容付着応力度 | 容许单位结合应力 |
| — unit stress for bucklink | 容許單位壓曲應力 | 許容座屈応力度 | 容许单位压曲应力 |
| **value** | 容許值 | 許容値 | 容许值 |
| **allowance** | 裕度；配合公差 | ゆとり | 裕度；配合公差 |
| — error | 容許誤差 | 許容差 | 容许误差 |
| — for contraction | 收縮量 | 縮みしろ | 收缩量 |
| — for machining | 加工裕度 | 取りしろ | 加工裕度 |
| — of dimension | 公差尺寸 | 寸法許容差 | 公差尺寸 |
| — of frictional resistance | 容許摩擦阻力 | 許容摩擦抵抗 | 容许摩擦阻力 |

| 英　　文 | 臺　　灣 | 日　　文 | 大　　陸 |
|---|---|---|---|
| — unit | 公差單位 | 見込み代単位 | 公差单位 |
| **alloy** | 合金 | アロイ | 合金 |
| — anode | 合金陽極 | 合金陽極 | 合金阳极 |
| — bond | 合金焊接 | 合金鍵合 | 合金焊接 |
| — cast iron | 合金鑄鐵 | 合金鋳鉄 | 合金铸铁 |
| — cast steel | 合金鑄鋼 | 合金鋳鋼 | 合金铸钢 |
| — clad | 合金包覆 | 合金クラッド | 合金包覆 |
| — contact | 合金接點 | 合金コンタクト | 合金接点 |
| — corrosion | 合金腐蝕 | 合金腐食 | 合金腐蚀 |
| — designations | 合金符號 | 合金記号 | 合金符号 |
| — diffusion | 合金擴散 | 合金拡散 | 合金扩散 |
| — diode | 二極管 | アロイ | 二极管 |
| — element | 合金元素 | 合金元素 | 合金元素 |
| — etching | 合金腐蝕 | アロイエッチング | 合金腐蚀 |
| — film | 合金薄膜 | 合金皮膜 | 合金薄膜 |
| — for die-casting | 壓鑄合金 | ダイカスト用合金 | 压铸（用）合金 |
| — for low temperature use | 低熔點合金 | 低温用合金 | 低熔点合金 |
| — iron | 合金鋼 | 合金鉄 | 合金钢 |
| — phase diagram | 合金金相圖 | 合金の相状態図 | 合金金相图 |
| — pig iron | 合金鑄鐵 | 合金銑 | 合金铸铁 |
| — pipe | 合金管 | 合金管 | 合金管 |
| — platings | 合金電鍍 | 合金めっき | 合金电镀 |
| — steel | 合金鋼 | 合金鋼 | 合金钢 |
| — steel bit | 合金工具鋼車刀 | 合金鋼バイト | 合金工具钢车刀 |
| — structure | 合金結構 | 合金組織 | 合金结构 |
| — superconductor | 合金超異体 | 合金超伝導体 | 合金超异（电）体 |
| — tool steel | 合金工具鋼 | 合金工具鋼 | 合金工具钢 |
| — tool steel milling cutter | 合金工具鋼銑刀 | 合金工具鋼フライス | 合金工具钢铣刀 |
| — tool steel reamer | 合金工具鋼銑刀 | 合金工具鋼リーマ | 合金工具钢铣刀 |
| **alloyage** | 合金法 | 合金法 | 合金法 |
| **alloyed** | 合金鑄鐵 | 合金鋳鉄 | 合金铸铁 |
| — lead pipe | 合金鉛管 | 合金鉛管 | 合金铅管 |
| **alloying** component | 合金成分 | 合金成分 | 合金成分 |
| — content | 合金含量 | 合金含量 | 合金含量 |
| — element | 合金元素 | 合金元素 | 合金元素 |
| — furnace | 合金爐 | 合金炉 | 合金炉 |
| — method | 合金法 | 合金法 | 合金法 |
| **almasilium** | 鋁鎂矽合金 | アルマシリウム | 铝镁矽合金 |
| **almanac** | 鋁矽系合金 | アルミナル | 铝矽系合金 |
| **aluminized steel** | 耐蝕耐壓鋼 | アルミナイズド鋼 | 耐蚀耐压钢 |

| 英　文 | 臺　灣 | 日　文 | 大　陸 |
|---|---|---|---|
| **alni** | 鋁鎳磁鐵合金 | アルニ | 铝镍磁铁合金 |
| — magnet | 永磁鐵合金 | アルニマグネット | 永磁铁合金 |
| **Alnic** | 鐵鎳鋁系磁合金 | アルニック | 铁镍铝系磁合金 |
| — alloy | 鋁鎳鈷合金 | アルニック合金 | 铝镍钴合金 |
| **alnico** | 鋁鎳鈷磁鋼 | アルニコ鋼 | 铝镍钴磁钢 |
| — magnet | 鋁鎳鈷磁鐵 | アルニコ磁石 | 铝镍钴磁铁 |
| **aloxite** | 鋁砂 | アロクシット | 铝砂 |
| **aloyco** | 鎳鉻鐵系耐蝕合金 | アロイコ | 镍铬铁系耐蚀合金 |
| **alpaka** | 德國銀 | 洋銀 | 德国银 |
| **alpax** | 硅鋁明合金 | アルパックス | 硅铝明合金 |
| **alperm** | 鋁鐵高異合金 | アルパーム | （铝铁）高异合金 |
| **alpha** | 阿伐 | アルファ | 希腊字母 |
| — brass | α黃銅 | アルファ黃銅 | α黄铜 |
| — bronze | α青銅 | アルファ青銅 | α青铜 |
| — chain | α鏈 | アルファ鎖 | α链 |
| — particle model | α粒子模型 | アルファ粒子模型 | α粒子模型 |
| **Alray** | 鎳鉻鐵耐壓合金 | アルレー | 镍铬铁耐压合金 |
| **alrok** | 表面防蝕化學外理 | アルラック | 表面防蚀化学外理 |
| **Alsifer** | 矽鋁鐵合金 | アルシファ | 矽铝铁合金 |
| **Alsimag** | 阿爾西瑪合金 | アルシマグ | 阿尔西玛合金 |
| **Alsiron** | 耐酸鋁硅鑄鐵 | アルシロン | 耐酸铝硅铸铁 |
| **alternation** | 變換；更換 | 交互 | 变换；更换 |
| **alternative** | 替換物 | 択一的 | 替换物 |
| **alternator** | 同步發電機 | オルタネータ | 同步发电机 |
| **altigraph** | 測高計 | 高度記録計 | 测高计 |
| **altimeter** | 高度計；測高計 | 高度儀 | 高度仪；测高计 |
| **altimerty** | 測高法 | 気圧測高法 | 测高（学）法 |
| **altitude** | 標高；高度 | 海抜 | 标高；高度 |
| — above sea level | 海拔(高度) | 臨海高度 | 海拔(高度) |
| — chamber | 低壓試驗室 | 低圧試験室 | 低压试验室 |
| — control | 飛行高度控制 | 高度制御 | 〔飞行〕高度控制 |
| — control device | 高度調節裝置 | 高度調整装置 | 高度调节装置 |
| — correction factor | 海拔高度校正係數 | 標高補正率 | 海拔高度校正系数 |
| — difference | 標高差 | 標高差 | 标高差 |
| — engine | 高空發動機 | 高空用エンジン | 高空发动机 |
| — gage | 測高儀；高度計 | 高度計 | 测高仪；高度计 |
| — indicator | 高空高度指示器 | 高度指示器 | 〔高空〕高度指示器 |
| — limit indicator | 高度極限顯示器 | 高度限界表示器 | 高度极限显示器 |
| — recorder | 高度記錄儀 | 高度記録計 | 高度记录仪 |
| — separation | 垂直間距 | 高度分離 | 垂直间距 |

43

| 英　　文 | 臺　　灣 | 日　　文 | 大　　陸 |
|---|---|---|---|
| — standard | 標高 | 高地規準 | 标高 |
| — tolerance | 高度容限 | 高所耐性 | 高度容限 |
| — variation | 高度變化 | 高度変化 | 高度变化 |
| **Aludirome** | 鐵鉻鋁系電爐絲 | アルディローム | 铁铬铝系电炉丝 |
| **Aluduur** | 硬鋁系鋁合金 | アルジュール | 硬铝系铝合金 |
| **aluflex alloy** | 錳鋁合金 | アルフレックス合金 | 锰铝合金 |
| **Alumal** | 鋁錳合金 | アルマル | 铝锰合金 |
| **Aluman** | 含錳鍛造用鋁合金 | アルマン | 含锰锻造用铝合金 |
| **Alumel** | 亞鋁美爾 | アルメル | 镍铝合金 |
| — chromel | 鎳鋁-鎳鉻合金 | アルメルクロメル | 镍铝-镍铬合金 |
| — chromel thermocouple | 鎳鋁-鎳鉻壓電偶 | アルメルクロメル熱電対 | 镍铝-镍铬压电偶 |
| **alumersteel pipe** | 鍍鋁鋼管 | カルマ鋼管 | 镀铝钢管〔商品名〕 |
| **alumicoat process** | 鋼鐵浸鍍膜法 | アルミコート法 | 钢铁浸镀膜法 |
| **alumilite** | 硬質氧化鋁 | アルミライト | 硬质氧化铝 |
| **alumina** | 礬土(氧化鋁) | ばん土 | 氧化铝 |
| — brick | 高鋁磚 | アルミナれんが | 高铝砖 |
| — powder | 氧化鋁粉末 | アルミナ粉末 | 氧化铝粉末 |
| — tude | 氧化鋁管 | アルミナチューフ | 氧化铝管 |
| — wafer | 氧化鋁片 | アルミナウェーハ | 氧化铝片 |
| — wool | 氧化鋁纖維 | アルミナウール | 氧化铝纤维 |
| **alumine** | 氧化鋁 | アルミン | 氧化铝 |
| **aluminium ,Al** | 鋁 | アルミニウム | 铝 |
| — alclad | 超硬鋁板 | アルミニウム合せ板 | 超硬铝板 |
| — alloy | 鋁合金 | アルミアロイ | 铝合金 |
| — alloy engine | 鋁合金發動機 | アルミ合金エンジン | 铝合金包屋钢 |
| — alloy for temper | 鍛造用鋁合金 | 焼戻し用アルミニウム合金 | 锻造用铝合金 |
| — balustrade | 鋁扶手 | アルミ手すり | 铝扶手 |
| — bar | 鋁棒 | アルミニウム棒 | 铝棒 |
| — brass | 鋁黃銅 | アルミニウムブラス | 铝黄铜 |
| — bronze powder | 鋁青銅粉 | アルミニウム金粉 | 铝青铜粉 |
| — bus bar | 鋁母線 | アルミニウムバスバー | 铝母线 |
| — calorizing | 滲鋁 | アルミカロライジング | 渗铝 |
| — carbide | 碳化鋁 | 炭化アルミニウム | 碳化铝 |
| — casting | 鋁鑄件 | アルミニウム鋳物 | 铝铸件 |
| — cementation | 擴散滲鋁 | アルミニウム浸透 | 扩散渗铝 |
| — chrome steel | 鋁鉻鋼 | アルミニウムクロム鋼 | 铝铬钢 |
| — clad iron | 鋁皮鐵板 | アルミクラッド鉄 | 铝皮铁（板） |
| — cylinder | 鋁製汽缸 | アルミニウムシリンダ | 铝制汽缸 |
| — die | 鋁模 | アルミニウムダイ | 铝模 |
| — die cast | 鋁壓鑄 | アルミニウムダイカスト | 铝压铸 |

| 英　　文 | 臺　　灣 | 日　　文 | 大　　陸 |
|---|---|---|---|
| — flake | 鋁粉 | アルミニウム粉 | 铝粉 |
| — foil | 鋁箔 | アルミはく | 铝箔 |
| — foil sheet | 鋁箔 | アルミニウムシート | 铝箔 |
| — hydrate | 氫氧化鋁 | 水和アルミニウム | 氢氧化铝 |
| — ingot | 鋁錠 | アルミニウムインゴット | 铝锭 |
| — mold | 鋁鑄模 | アニミニウム金型 | 铝铸模 |
| — package | 鋁殼 | アルミニウムパッケージ | 铝壳 |
| — plate | 鋁板 | アルミニウム板 | 铝板 |
| — plated steel | 鍍鋁鋼(板) | アルミニウムめっき鋼板 | 镀铝钢(板) |
| — sash | 鋁制框架 | アルミサッシ | 铝制框架 |
| — sheath | 鋁護套 | アルミニウムシース | 铝护套 |
| — sheet | 鋁板 | アルミニウム薄板 | 铝板 |
| — shor | 鋁粒 | アルミニウム散弾 | 铝粒 |
| — solder | 鋁焊料 | アルミはんだ | 铝焊料 |
| — steel | 鋁合金鋼 | アルミニウム鋼 | 铝合金钢 |
| — tube | 鋁管 | アルミニウムチューブ | 铝管 |
| **aluminizer** | 鍍鋁膜 | アルミナイザ | (镀)铝膜 |
| **aluminizing** | 滲鋁法 | アルミナイジンク | 渗铝法 |
| **aluminography** | 鋁平版 | アルミ平版 | 铝平版 |
| **aluminosilicate** | 硅酸鋁 | アルミノシリケート | 硅酸铝 |
| **aluminothermy** | 鋁熱法 | アルミノテルミー | 铝热法 |
| **aluminous bronze** | 鋁青銅 | アルミニウム青銅 | 乙酸酒石酸铝 |
| **alumite** | 防蝕鋁 | アルマイト | 防蚀铝 |
| — fitting | 防蝕鋁管件 | アルマイトフィッティング | 防蚀铝管件 |
| — oxalate method | 草酸陽極化(法) | しゅう酸アルマイト法 | 草酸阳极化(法) |
| — process | 陽極氧化鋁膜處理法 | アルマイト法 | 阳极氧化铝膜处理法 |
| — substrate | 耐酸鋁基片 | アルマイト基板 | 耐酸铝基片〔补底〕 |
| — wire | 耐蝕鋁線 | アルマイトワイヤ | 耐蚀铝线 |
| **alumstone** | 明礬石 | 明ばん石 | 明矾石 |
| **alundum** | 人造鋼土 | アランダム | 人造钢玉 |
| — cement | 氧化鋁水泥 | アランダムセメント | 氧化铝水泥 |
| — powder | 氧化鋁粉 | アランダムパウダ | 氧化铝粉 |
| — tile | 氧化鋁磚 | アランダムタイル | 氧化铝砖 |
| — wheel | 氧化鋁砂輪 | アランダムホイール | 氧化铝砂轮 |
| **Aluneon** | 鋅、銅、鎳、鋁合金 | アルネオン | 锌、铜、镍、铝合金 |
| **alusil** | 鋁矽合金 | アルジル | 铝矽合金 |
| **alutile** | 鍍鋁薄鋼板 | アルタイル | 镀铝薄钢板 |
| **Aivar** | 乙烯樹脂 | アルバアル | 乙烯树脂 |
| **AM antenna** | 調幅天線 | AM アンテナ | 调幅天线 |
| **AM broadcasting** | 調幅廣播 | AM 放送 | 调幅广播 |

| 英　　文 | 臺　　灣 | 日　　文 | 大　　陸 |
|---|---|---|---|
| **AM mode locking** | 調幅型同步 | AM モード同期 | 调幅型同步 |
| **AM modulation** | 調幅 | AM 変調 | 调幅 |
| **Amagat's** | 歐馬伽定律 | アマガーの法則 | 阿马伽定律 |
| **amalgam** | 混汞 | アマルガム | 混汞；汞膏 |
| — cell | 汞齊電池 | アマルガム電池 | 汞齐电池 |
| — electrode | 汞齊電極 | アマルガム電極 | 汞齐电极 |
| **amalgamated dwelling** | 集合住宅 | 集合住宅 | 集合住宅 |
| **amalgamation** | 混汞 | アマルガム化 | 混汞；汞合 |
| **amalgamator** | 混汞器 | アマルガム機 | 混汞器 |
| **amber** | 琥珀 | こはく | 琥珀 |
| **amberoid** | 合成琥珀 | 合成こはく | 合成琥珀 |
| **amberol** | 琥珀醇 | アンベロール | 琥珀醇 |
| **ambient** | 周圍 | 周辺 | 周围 |
| — humidity | 環境濕度 | 周辺湿度 | 环境湿度 |
| — noise | 環境噪音 | 周辺騒音 | 环境噪音 |
| — pressure | 周圍壓力 | 周囲圧 | 周围压力 |
| — temperature | 周圍溫度 | 周囲温度 | 周围温度 |
| — vibration | 外界振動 | 周囲振動 | 外界振动 |
| **ambiguity** | 不定性 | あいまいさ | 不定性 |
| **ambipolar diffusion** | 雙極擴散 | 両極性拡散 | 双极扩散 |
| — diffusion constant | 雙極擴散常數 | 両極性拡散系数 | 双极扩散常数 |
| — mobility | 雙極遷移率 | アンバイポーラ移動度 | 双极迁移率 |
| **ambit** | 輪廓 | アンビット | 轮廓 |
| **Ambrac** | 銅鎳合金 | アンブラック | 铜镍合金 |
| **Ambraloy** | 銅合金 | アンブレロイ | 铜合金 |
| **Ambro** | 銅合金 | アンブロ | 铜合金 |
| **ambroin** | 絕緣塑料 | アムブロイン | 绝缘塑料 |
| **ambry** | 食品櫃 | 戸だな | 食品柜 |
| **ambulance** | 救護車 | 救急車 | 救护车（船；飞机） |
| **ambulatory** | 步廊 | 回廊 | 步廊 |
| **ambutte-seed oil** | 黃葵油 | アンブットシードオイル | 黄葵油 |
| **ameioses** | 非減數分裂 | 不還元分裂 | 非减数分裂 |
| **ameiosis** | 非減數分裂 | 不還元分裂 | 非减数分裂 |
| **amelioration** | 改良 | 改良 | 改良 |
| **ameliorative strategy** | 改良策略 | 改善戦略 | 改良策略 |
| **amendment** | 改正 | アメンドメント | 改正 |
| — plan | 校正設計圖 | 訂正図 | 校正〔设计〕图 |
| — record | 修改記錄 | 修正用レコード | 修改记录 |
| **amenity** | 居住性 | アメニティ | 居住性 |
| **American** | 美國 | アメリカ | 美国 |

| 英　文 | 臺　灣 | 日　文 | 大　陸 |
|---|---|---|---|
| — bond | 美國式砌磚法 | アメリカ積 | 美国式砌砖法 |
| — coarse thread | 美制粗牙螺紋 | アメリカ並目ねじ | 美制粗牙螺纹 |
| — extra fine thread | 美制標準極細牙螺紋 | アメリカ特別 | 美制(标准)极细牙螺纹 |
| — filter | 美制過濾器 | アメリカンろ過器 | 美制过滤器 |
| — fine thread | 美制細牙螺紋 | アメリカ細目ねじ | 美制细牙螺纹 |
| — gold | 美國金 | アメリカンゴールド | 美国金 |
| — lumber standard | 美制木材標準 | アメリカ材スタンダード | 美制木材标准 |
| — method roofing | 美式屋面法 | アメリカ式ぶき方 | 美式屋面法 |
| — National thread | 美制螺紋 | アメリカねじ | 美制螺纹 |
| — Petroeum Institute | 美國石油協會 | アメリカ石油協会 | 美国石油协会 |
| — projection | 第三象限法 | 第三角法 | 第三象限法 |
| — standard taper | 美制標準錐度 | アメリカねじ | 美制标准锥度 |
| — standard screw thread | 美國標準螺紋 | アメリカ標準テーパ | 美国标准螺纹 |
| ameripol | 人造橡皮 | アメリポール | 人造橡皮 |
| amethyst | 紫水晶 | アメシスト | 紫(水)晶 |
| amiant | 石棉 | 石綿 | 石棉 |
| amianthus | 細絲長石棉 | アミド | 细丝长石棉 |
| amide | 氨化物 | アムミン | 氨化物 |
| ammonoidae | 菊石類 | アンモナイト類 | 菊石类 |
| ammonolysis | 氨解作用 | アンモノリシス | 氨解作用 |
| ammono-salt | 氨基鹽 | アンモノ塩 | 氨基盐 |
| ammoxidation | 氨氧化作用 | アンモ酸化 | 氨氧化作用 |
| ammunition | 軍需品 | 弾薬 | 军需品 |
| ammion | 羊膜 | 羊膜 | 羊膜 |
| amniotes | 羊膜動物 | 羊膜類 | 羊膜动物 |
| amoeba sttack | 阿米巴效應 | アメーバ侵食 | 阿米巴效应 |
| — effect | 阿米巴效應 | アメーバ効果 | 阿米巴效应 |
| — failure | 阿米巴破損 | アメーバ破損 | 阿米巴破损 |
| amoebocyte | 游走細胞 | 変形細胞 | 游走细胞 |
| amomet | 阿莫梅特合金 | アモメット | 阿莫梅特合金 |
| Amonton's law | 阿蒙頓定律 | アモントンの法則 | 阿蒙顿定律 |
| amorph | 無效等位基因 | アモルフ | 无效等位基因 |
| amorphism | 無定形現象 | 無定形非結晶 | 无定形现象 |
| amorphous | 非晶質 | アモルファス | 非晶形(态) |
| — alloy catalyst | 非晶質合金觸媒 | アモルファス合金触媒 | 非晶质合金触媒 |
| — body | 無定形物體 | 非晶体 | 无定形物体 |
| — carbon | 無定形碳 | 無定形炭素 | 无定形碳 |
| — ceramics | 非晶質陶瓷 | 非晶質セラミックス | 非晶质陶瓷 |
| — coating | 無定影塗層 | 非結晶質皮膜 | 无定影涂层 |

| 英　　文 | 臺　　灣 | 日　　文 | 大　　陸 |
|---|---|---|---|
| — ferroelectrics | 非晶體強電解質 | 非晶質強誘電体 | 非晶体强电解质 |
| — film | 非晶膜 | アモルファスフィルム | 非晶膜 |
| — form | 無定形 | 非晶形 | 无定形 |
| — graphite | 無定形石墨 | 無定形黒鉛 | 无定形石墨 |
| — head | 非晶形磁頭 | アモルフィスヘッド | 非晶形磁头 |
| — layer | 非晶形層 | アモルファス層 | 非晶形层 |
| — magnetic bubble | 非晶形磁泡 | アモルファス磁気バブル | 非晶形磁泡 |
| — magnetic material | 非晶磁性材料 | 非晶質磁性材料 | 非晶磁性材料 |
| — magnetic substance | 非晶磁性材料 | 非晶質磁性体 | 非晶磁性材料 |
| — material | 非晶體材料 | アモルファス素材 | 非晶体材料 |
| — metal | 非晶質金屬 | アモルファス金屬 | 非晶质金属 |
| — particle | 非晶形粒子 | 非晶粒子 | 非晶形粒子 |
| — phase | 無定形相 | 無定形非晶相 | 无定形相 |
| — plastic | 非晶形塑料 | 非晶質プラスチック | 非晶形塑料 |
| — polymer | 非晶形聚合物 | 非晶質重合体 | 非晶形聚合物 |
| — portion | 無定形部分 | 無定形部分 | 无定形部分 |
| — powder | 非晶形粉末 | 無定形粉末 | 非晶形粉末 |
| — precipitate | 無定形沈澱 | 無定形沈殿 | 无定形沈淀 |
| — region | 非晶區 | 無定形區域 | 非晶区 |
| — ribbon | 帶狀非晶質 | アモルファスリボン | 带状非晶质 |
| — selenium | 非晶形硒 | 無晶形セレニウム | 非晶形硒 |
| — semiconductor | 非晶半導體 | アモルファス半導体 | 非晶半导体 |
| — silicon | 非結晶矽 | 非晶質シリコン | 非(结)晶矽 |
| — silicon nitride | 非結晶氯化矽 | アモルファス窒化けい素 | 非结晶氯化矽 |
| — solar cell | 非晶態太陽電池 | アモルファス太陽電池 | 非晶态太阳电池 |
| — solid | 無定形固體 | 無定形固体 | 无定形固体 |
| — state | 無定形狀態 | 無定形状態 | 无定形状态 |
| — substance | 非結晶物質 | アモルファス物質 | 非结晶物质 |
| — sulfur | 無定形硫黃 | 無定形硫黄 | 无定形硫黄 |
| — wax | 無定形蠟 | 無定形ろう | 无定形蜡 |
| **amort winding** | 阻尼線圈 | アモルト巻線 | 阻尼线圈 |
| **amortisseur** | 阻尼線圈 | アモルト巻線 | 阻尼线圈 |
| **amortization** | 減震；消音 | アモルチゼーション | 减震；消音 |
| **amosa asbestos** | 鐵石棉 | アモサ石綿 | 铁石棉 |
| **amosite** | 長纖維石棉 | アモサイト | 长纤维石棉 |
| **amount** | 總計 | 総計 | 总计；总量 |
| — of adsorption | 吸附量 | 吸着量 | 吸附量 |
| — of air exhaust | 總排氣量 | 総排気量 | 总排气量 |
| — of blast | 送風量 | 送風量 | 送风量 |
| — of combustible air | 燃燒空氣需要量 | 燃焼空気量 | 燃烧空气需要量 |

| 英　文 | 臺　灣 | 日　文 | 大　陸 |
|---|---|---|---|
| — of combustion gas | 燃燒氣量 | 燃焼ガス量 | 燃烧气量 |
| — of dyeing | 染著量 | 染着量 | 染着量 |
| — of energy | 能量 | エネルギー量 | 能量 |
| — of exhaust gas | 廢氣量 | 排ガス量 | 废气量 |
| — of exposure | 受輻射量 | 被爆量 | 受辐射量 |
| — of fire radiation | 火災輻射量 | 火災ふ | 火灾辐射量 |
| — of handling | 搬運費 | 運搬費 | 搬运费 |
| — of heat | 全熱量 | 全熱量 | （全）热量 |
| — of heat absorption | 總吸熱量 | 総入熱 | 总吸热量 |
| — of leakage | 漏水量 | 漏水量 | 漏水量 |
| — of light | 光量 | 光量 | 光量 |
| — of modulation | 調制率 | 変調率 | 调制率 |
| — of photometry | 光度值 | 測光量 | 光度值 |
| — of precipitation | 降水量 | 沈でん物量 | 降水量 |
| — of radiation | 輻射量 | ふく射量 | 辐射量 |
| — of rain-fall | 降雨量 | 雨量 | 降雨量 |
| — of substance | 物質量 | 物質量 | 物质量 |
| — of theoretical air | 理論空氣量 | 理論空気量 | 理论空气量 |
| — of ventilation | 通風量 | 換気量 | 通风量 |
| — of vibration | 振動量 | 振動量 | 振动量 |
| ampelite | 硫鐵黑土 | アンペライト | 硫铁黑土 |
| ampere | 安培 | アンペア | 安（培） |
| amperemeter | 安培計；電流表 | 電流計 | 电流计 |
| amperometric | 電流測定 | 電流計測 | 电流测定 |
| amperometry | 電流滴定 | 電流滴定 | 电流滴定 |
| amperostat | 恆電流電解裝置 | アンペロスタット | 恒电流电解装置 |
| amphenol connector | 接線端子 | アンフェーノル端子 | 接线端子 |
| amphibian | 水陸兩用飛機 | アンフィビアン | 水陆两用坦克 |
| amphibole | 閃石 | 角せん石 | 闪石 |
| amphibolite | 角閃石 | 角せん岩 | 角闪石 |
| amphibololite | 角閃石岩 | 火成角せん岩 | 角闪石岩 |
| amphiboly | 模棱兩可 | アンフィボリ | 模棱两可 |
| amphidiploid | 導源四倍體 | 複二倍体 | 〔导源〕四倍体 |
| amphihaploid | 導源二倍體 | 複単相体 | 导源二倍体 |
| amphimixis | 兩性融合 | 両性混合 | 两性融合 |
| amphineura | 雙神經網 | 双経類 | 双神经网 |
| amphion | 兩性離子 | 両性イオン | 两性离子 |
| amphipathic property | 雙親媒性物質 | 両親媒性 | 双亲媒性物质 |
| amphiphloic | 周韌型 | 両師型 | 周韧型 |
| amphiplasty | 隨體喪失 | アンフィプラスティ | 随体丧失 |

| 英　　文 | 臺　　灣 | 日　　文 | 大　　陸 |
|---|---|---|---|
| amphiploid | 雙倍體 | 複倍數体 | 双倍(数)体 |
| amphi-position | 跨位 | アンフィ位 | 跨位 |
| amphiprostyle | 兩旁無柱的前后柱廊式 | 前後柱廊式 | 两旁无柱的前后柱廊式 |
| amphiprotic solvent | 兩性溶劑 | 両性溶媒 | 两性溶剂 |
| amphixylic | 周木型 | 両木型 | 周木型 |
| ampho-ion | 兩性離子 | 両性イオン | 两性离子 |
| ampholyte | 兩性電解質 | 両性電解質 | 两性电解质 |
| — element | 兩性元素 | 両性元素 | 两性元素 |
| — membrane | 兩性膜 | 両性膜 | 两性膜 |
| — metal | 兩性金屬 | 両性金属 | 两性金属 |
| amplidyne | 交磁放大機 | アンプリダイン | 交磁放大机 |
| amplification | 放大；增益 | 増幅 | 放大；增益 |
| — characteristic | 放大特性 | 増幅特性 | 放大特性 |
| — characteristic curve | 放大特性曲線 | 増幅特性曲線 | 放大特性曲线 |
| — circuit | 放大電路 | 増幅回路 | 放大电路 |
| — degree | 放大率 | 増幅度 | 放大率 |
| — factor | 放大係數 | 増幅率 | 放大系数 |
| — generator | 電機放大器 | 増幅發電機 | 电机放大器 |
| amplifer | 放大器；擴音器 | 増幅部〔器〕 | 放大器；扩音器 |
| — unit | 放大裝置 | アンプユニット | 放大(器)装置 |
| amplifying action | 放大作用 | 増幅作用 | 放大作用 |
| amplistat | 內反饋式磁放大器 | アンプリスタット | 内反馈式磁放大器 |
| amplitude | 振幅；幅度 | 振幅 | 振幅；幅度 |
| amtrack | 水陸兩用履帶車輛 | 水陸両用装軌車 | 水陆两用履带车辆 |
| amyctic | 腐蝕藥 | 皮膚刺激剤 | 腐蚀药 |
| amylum | 淀粉 | でん粉 | 淀粉 |
| amyrin | 香樹精 | アミリン | 香树精 |
| analcime | 方沸石 | 方沸石 | 方沸石 |
| analcite | 方沸石 | 方沸石 | 方沸石 |
| analcitte | 方沸岩 | 方沸岩 | 方沸岩 |
| analeptic | 強狀劑 | 強壮剤 | 强状剂 |
| analog | 類比 | 相似式 | 模拟 |
| — actuator | 類比傳動裝置 | アナログ作動器 | 模拟传动装置 |
| — buffer | 類比緩衝器 | アナログバッファ | 模拟缓冲器 |
| — data | 類比數據 | アナログデータ | 模拟数据 |
| — device | 類比裝置 | アナログ装置 | 模拟装置 |
| — dial | 類比顯示面板 | アナログダイヤル | 模拟显示面板 |
| — equipment | 類比裝置 | アナログ装置 | 模拟装置 |
| — machine | 類比機 | アナログマシン | 模拟机 |
| — measurement | 類比測量 | アナログ計測 | 模拟测量 |

| 英　　文 | 臺　　灣 | 日　　文 | 大　　陸 |
|---|---|---|---|
| — memory | 類比存儲器 | アナログメモリ | 模拟存储器 |
| — modem | 類比調制-解調器 | アナログモデム | 模拟调制-解调器 |
| — recoder | 類比記錄器 | アニログレコーダ | 模拟记录器 |
| — representation | 類比表示法 | アナログ表現 | 模拟表示法 |
| — servo system | 類比同服系統 | アナログサーボ系 | 模拟伺服系统 |
| — shift register | 類比移位暫存器 | アナログシフトレジスタ | 模拟移位寄存器 |
| — signal | 類比信號 | アナログ信号 | 模拟信号 |
| — simulation | 類比模擬 | アナログシミュレーション | 类比模拟 |
| — storage module | 類比儲存組件 | アナログ記憶モジュール | 模拟储存组件 |
| — switch | 類比開關 | アナログスイッチ | 模拟开关 |
| — system | 類比系統 | アナログシステム | 模拟系统 |
| — telemeter | 類比遙測計 | アナログテレメータ | 模拟遥测计 |
| — telemetering | 類比遙測 | アナログテレメータリング | 模拟遥测 |
| — transmission | 類比傳輸 | アナログ伝送 | 模拟传输 |
| — type | 類比型 | アナログタイプ | 模拟型 |
| — watch | 類比監視 | アナログウォッチ | 模拟监视 |
| **analogous circuit** | 類比電路 | 相似形回路 | 模拟电路 |
| **analogy** | 相似形 | アナロジ,相似 | 相似形 |
| **analysed sample** | 分析抽樣 | 標準試料 | 分析抽样 |
| **analyser** | 分析器 | 検光子 | 分析器 |
| **analysis** | 解析 | 分析 | 解析 |
| — by spectroscopy | 光譜分析 | 分光分析 | 光谱分析 |
| — error | 分析誤差 | 分析誤差 | 分析误差 |
| — formula | 經驗公式 | 解析式 | 经验公式 |
| — method | 解析法 | 分析法 | 解析法 |
| — of elasticity | 彈性分析 | 弾力性分析 | 弹性分析 |
| — of variance | 方差分析 | 分散分析 | 方差分析 |
| — of vibration | 振動分析 | 振動分析 | 振动分析 |
| — pitch | 實測節距 | 実測ピッチ | 实测节距 |
| — simulation | 模擬分析 | モデル分析 | 模拟分析 |
| — system | 分析系統 | 解析システム | 分析系统 |
| **analyst** | 化驗員；分析員 | 分析者 | 化验员；分析员 |
| **analytical approach** | 分析求解法 | 分析的アプローチ | 分析求解法 |
| — chemistry | 分析化學 | 分析化学 | 分析化学 |
| — curve | 分析曲線 | 解析曲線 | 分析曲线 |
| — data | 分析資料 | 分析資料 | 分析资料 |
| — differential | 解析微分 | 解析的微分 | 解析微分 |
| — error | 分析誤差 | 分析誤差 | 分析误差 |
| — formula | 分析式 | 解析式 | 分析式 |
| — function | 解析函數 | 解析関数 | 解析函数 |

| 英　文 | 臺　灣 | 日　文 | 大　陸 |
|---|---|---|---|
| analyticity | 解析性 | 解析性 | 解析性 |
| analyzed | 分析圖形 | 分析パターン | 分析图形 |
| analyzer | 分析器 | 検光子 | 分析器 |
| analyzing | 分析晶體 | 分光結晶 | 分析晶体 |
| anamesite | 中粒玄武岩 | 中粒玄武岩 | 中粒玄武岩 |
| anamorphic | 失真物鏡 | アナモフィックレンズ | 失真物镜 |
| anamorphism | 合成變質 | 構成変質 | 合成变质 |
| anapaite | 斜磷鈣鐵礦 | アナパイト鉱 | 斜磷钙铁矿 |
| anaphase | 細胞分裂後期 | 後期 | 〔细胞分裂〕後期 |
| anaporesis | 陽離子電泳 | 陰イオン電泳 | 阳离子电泳 |
| anaphylatoxin | 過敏毒素 | アナフィラトキシン | 过敏毒素 |
| anatexis | 溶解過程 | アナテクシス | 溶解过程 |
| anchor | 錨；固定器 | 引留 | 固定金属件 |
| — bolt | 地腳螺栓；固定螺栓 | 埋込ボルト | 地脚螺栓 |
| — capper | 壓蓋機 | びん詰機 | 压盖机 |
| — capstan | 絞錨機 | アンカキャプスタン | 起锚铰盘 |
| — chain | 錨鍊 | びょう鎖 | 锚索 |
| — chock | 錨座；錨架 | アンカ台 | 锚座；锚架 |
| — coat | 中介塗層 | 下塗 | 中介涂层 |
| — crown | 錨冠 | 錨冠 | 锚冠 |
| — eye | 錨孔 | アンカアイ | 锚眼；锚孔 |
| — fluke | 錨爪 | アンカつめ | 锚爪 |
| — gear | 錨機 | アンカ装置 | 起锚装置 |
| — girder | 錨定大梁 | 定着けた | 锚定大梁 |
| — hole | 錨栓孔 | アンカホール | 锚栓孔 |
| — nut | 鎖緊螺母 | アンカナット | 锁紧螺母 |
| — point | 固定點 | アンカポイント | 固定点 |
| — post | 錨柱 | びょう柱 | 锚柱 |
| — rod | 錨杆 | アンカロッド | 锚杆 |
| — rope | 錨索 | びょう鎖 | 锚索 |
| — screw | 錨定螺絲 | アンカスクリュー | 锚定螺丝 |
| — shaft | 錨杆 | びょう軸 | 锚杆 |
| — stock | 錨杆 | アンカストック | 锚杆 |
| — wire | 吊索 | 台付けワイヤ | 吊索 |
| anchorage | 錨位 | びょう地 | 锚位；锚地 |
| anchored filament | 固定燈絲 | 引留フィラメント | 固定灯丝 |
| anchoring | 停泊 | アンカ工法 | 停泊；固定 |
| — agent | 固定劑 | 定着剤 | 固定剂 |
| — basin | 停泊地 | びょう地 | 停泊地 |
| — effect | 粘結效應 | 定着効果 | 粘结效应 |

| 英　　文 | 臺　　灣 | 日　　文 | 大　　陸 |
|---|---|---|---|
| — gear | 抛錨設備 | 投揚びょう装置 | 抛锚设备 |
| — washer | 安裝板 | 取付板 | 安装板 |
| **ancillary equipment** | 補助裝置 | 補助装置 | 补助装置 |
| — fitting | 補助零件 | 取付部品 | 补助（零）件 |
| — material | 補助材料 | 補助材料 | 补助材料 |
| — part | 補助零件 | 付属品 | （补助）零件 |
| **andorite** | 硫銻鉛銀礦 | アンドル石 | 硫锑铅银矿 |
| **angle** | 角 | アングル材 | 角度 |
| — block gage | 角度規 | アングルブロックゲージ | 角度块规 |
| — cutting | 端面切斷 | 端面切断 | 端面切断 |
| — cutting tool | 倒角車刀 | かど取りバイト | 倒角车刀 |
| — error | 角度誤差 | 角度誤差 | 角度误差 |
| — gage block | 角度塊規 | アングルゲージブロック | 角度块规 |
| — gear | 角齒輪 | アングル歯車 | 锥齿轮 |
| — graduation | 角度刻度 | 角度目盛り | 角（度）刻度 |
| — head | 彎頭 | アングルヘッド | 弯头 |
| — index | 角度刻度 | 角度目盛 | 角（度）刻度 |
| — indicator | 角度指示器 | 角度指示器 | 角度指示器 |
| — iron | 角鐵 | 山形材 | 角钢 |
| — iron shear | 角鐵剪切機 | 山形材シャー | 角铁剪床 |
| — lapping | 角度研磨 | 角度研磨 | 角度研磨 |
| — mill | 角度 | 角フライス | 角度 |
| — milling | 角銑刀 | 角度フライス | 角铣刀 |
| — of flexure | 偏轉角 | たわふ角 | 偏转角 |
| — of friction | 摩擦角 | 摩擦角 | 摩擦角 |
| — of sweepback | 後退角 | 後退角 | 後退角 |
| — of sweepforward | 前進角 | 前進角 | 前进角 |
| — of swing | 回轉角 | 回転角 | 回转角 |
| — of tilt | 俯仰角 | 伏仰角 | 俯仰角 |
| — of twist | 扭轉角 | ねじり角 | 扭转角 |
| — pipe | 接角管 | 曲管 | 弯管 |
| — plate | 角板 | アングルプレート | 角铁 |
| — post | 角柱 | すみ柱 | 角柱 |
| — protractor | 量角器 | アングルプロトラクタ | 量角器 |
| — shaft | 角柱 | かど柱 | 角柱 |
| **anglesite** | 硫酸鉛礦 | 硫酸鉛鉱 | 硫酸铅矿 |
| — ball bearing | 止推球軸承 | アンギュラ玉軸受 | 止推球轴承 |
| — bracket | 角撐架 | 角ブラケット | 角撑架 |
| — clearance | 拔模斜度 | 抜きこう配 | 拔模斜度 |
| — coordinates | 角座標 | 角座標 | 角座标 |

| 英　　文 | 臺　　灣 | 日　　文 | 大　　陸 |
|---|---|---|---|
| — deviation | 角度偏位 | 角度偏位 | 角度偏位 |
| — error | 角度誤差 | 角度誤差 | 角度误差 |
| — measure | 角度量度法 | 角度法 | 角度量度法 |
| — momentum | 角運動量 | 角運動量 | 角运动量 |
| — motion | 角運動 | 角運動 | 角运动 |
| — movement | 角運動 | 角運動 | 角运动 |
| — perspective | 斜透視 | 有角透視 | 斜透视（投影法） |
| — pin | 斜異銷 | アンギュラピン | 斜异销 |
| — position | 角坐標 | アンギュラポジョン | 角坐标 |
| — thread | 三角V型螺紋 | 三角ねじ | 三角V型螺纹 |
| — velocity | 角速度 | 角速度 | 角速度 |
| — wheel | 傘形齒輪 | 傘歯輪 | 伞形齿轮 |
| angulator | 角換算器 | 角換算器 | 角换算器 |
| angulometer | 量角器 | 角度ゲージ | 量角仪 |
| anharmonicity | 非調和性 | 非調和性 | 非调和性 |
| anhedral angle | 正上反角 | 下反角 | 正上反角 |
| anhydrating agent | 脫水劑 | 脱水剤 | 脱水剂 |
| anhydraulic cement | 氣硬水泥 | 気硬性セメント | 气硬性水泥 |
| anhydaulicity | 氣硬性 | 気硬性 | 气硬性 |
| anhydride | 脫水物 | 無水物 | 脱水物 |
| anhydrite | 硬石膏 | 硬石こう | 硬石膏 |
| anhydro-acid | 無水酸 | 焦性酸 | 无水酸 |
| anhydrone | 無水高氯酸鎂 | アンヒドロン | 无水高氯酸镁 |
| anhydrous | 無水氨 | 無水アンモニア | 无水氨 |
| anil | 縮苯胺 | アニル | 缩苯胺 |
| aniline | 阿尼林 | アニリン | 阿尼林 |
| anilinoplst | 苯胺塑料 | アニリンプラスト | 苯胺塑料 |
| anils | 縮苯胺 | アニルス | 〔醛或酮〕缩苯胺 |
| animal adhesive | 動物粘接劑 | 動物質接着剤 | 动物粘接剂 |
| — resin | 動物樹脂 | 動物樹脂 | 动物树脂 |
| animikite | 等軸銻銀礦 | アニミカイト | 等轴锑银矿 |
| anion | 陰離子 | 陰イオン | 阳离子 |
| anisothermel treatment | 非等溫熱處理 | 非等温熱処理 | 非等温热处理 |
| angle block | 角鐵；彎板 | くるぶしブロック | 角铁；弯板 |
| annaline | 硫酸鈣 | アナライン | 硫酸钙 |
| annealed | 軟鋁線 | 軟アルミ線 | 软铝线 |
| — copper | 退火軟銅 | 軟銅 | 退火软铜 |
| — copper wire | 軟銅線 | 軟銅線 | 软铜线 |
| — structure | 退火組織 | 焼鈍し組織 | 退火组织 |
| — wire | 退火鋼絲 | 鈍し鉄線 | 退火钢丝 |

| 英　文 | 臺　灣 | 日　文 | 大　陸 |
|---|---|---|---|
| annealing | 退火 | 焼鈍し | 退火 |
| — bath | 退火浴 | カニール浴 | 退火浴 |
| — box | 退火箱 | 焼鈍し箱 | 退火箱 |
| — can | 退火箱 | 焼鈍し箱 | 退火箱 |
| — chamber | 退火室 | カニール室 | 退火室 |
| — color | 退火色 | 焼鈍し色 | 退火色 |
| — curve | 退火曲線 | 焼鈍曲線 | 退火曲线 |
| — effect | 退火效應 | アニーリング効果 | 退火效应 |
| — equipment | 退火爐 | 焼鈍装置 | 退火炉 |
| — furnace | 退火爐 | 焼鈍し炉 | 退火炉 |
| — in mould | 鑄型內退火法 | 鋳型内退火法 | 铸型内退火法 |
| — kiln | 退火爐 | アニール窯 | 退火炉 |
| — oven | 退火爐 | 焼鈍し窯 | 退火炉 |
| — shrinkage | 退火收縮 | アニール収縮 | 退火收缩 |
| — temperature | 退火溫度 | 緩冷温度 | 退火温度 |
| — time | 退火時間 | アニール時間 | 退火时间 |
| annular air-foil | 環槽 | アニュラエアフォイル | 环翼 |
| — ball bearing | 環狀滾珠軸承 | アニュラボールベアリング | 向心球轴承 |
| — basin | 環形池 | 環状池 | 环形池 |
| — bearing | 環狀軸承 | アニュラベアリング | 向心轴承 |
| — borer | 環形鑽孔器 | 試すい筒 | 环形钻孔器 |
| — channel | 環形溝道 | 環状流路 | 环形沟道 |
| — clearance | 環形間隙 | 環状すきま | 环形间隙 |
| — coil | 環狀線圈 | 貫通コイル | 环状线圈 |
| — orifice | 遮陽板 | しゃ流板 | 遮阳板 |
| — projection | 環形凸台 | リングプロジェクション | 环形凸台 |
| — shake | 環裂 | 目回り | 环裂 |
| — slot nozzle | 銷閥式噴嘴 | アニュラスロットノズル | 销阀式喷嘴 |
| — space | 環形空間 | 環状空げき | 环形空间 |
| — structure | 環形結構 | アニュラ構造 | 环形结构 |
| anodic acid pickling | 陽極酸洗 | 陽極酸洗い | 阳极酸洗 |
| anodisation | 陽極氧化 | 陽極酸化 | 阳极氧化 |
| anodised aluminium | 陽極氧鋁 | 陽極酸化アルミニウム | 阳极氧铝 |
| anodization | 陽極氧化 | アノード酸化 | 阳极氧化 |
| anodizing | 陽極氧化 | 陽極酸化 | 阳极氧化〔外理〕 |
| anodynon | 氯乙烷 | 塩化エチル | 氯乙烷 |
| anol | 對丙烯基茉酚 | アノール | 对丙烯基茉酚 |
| anolyte | 陽極電解液 | 陽極液 | 阳极〔附近的〕电解液 |
| animalism | 異常性 | アノマリズム | 异常（性） |
| anomalous | 反常吸收 | 異常吸収 | 反常吸收 |

anomalous

| 英　　文 | 臺　　灣 | 日　　文 | 大　　陸 |
|---|---|---|---|
| — diffusion | 反常擴散 | 異常拡散 | 反常扩散 |
| — dispersion | 反常色散 | 異常分散 | 反常色散 |
| — propagation | 反常傳播 | 異常伝搬 | 反常传播 |
| — scattering | 反常散射 | 異常散乱 | 反常散射 |
| — specific heat | 反常比熱 | 異常比熱 | 反常比热 |
| anotron | 冷陰極充氣整流管 | アノトロン | 冷阳极充气整流管 |
| anoxia | 缺氧症 | 酸素欠乏症 | 缺氧（症） |
| ansol | 無水乙醇和乙酸乙酯的混合 | アンソール | 无水乙醇和乙酸乙酯的混合溶剂 |
| answer | 響應 | 答える | 回答；响应 |
| answering | 響應 | 返答 | 响应；应答 |
| antennafier | 天線放大器 | アンテナファイア | 天线放大器 |
| antennaverter | 天線變頻器 | アンテナバータ | 天线变频器 |
| antennule | 小觸角 | 小触角 | 小触角 |
| anterior bumper | 前部阻尼器 | 前方バンパ | 前部阻尼器 |
| anteroom | 休息室；接待室 | 準備室 | 休息室；接待室 |
| — system | 擬人系統 | 擬人システム | 拟人系统 |
| antiactivator | 阻活劑 | 反活性剤 | 阻活剂 |
| anti-adhesion agent | 防粘附劑 | 付着防止剤 | 防粘附剂 |
| antiadhesive | 潤滑劑 | 潤滑剤 | 润滑剂 |
| antiager | 防老劑 | 老化防止剤 | 防老剂 |
| anti-attrition | 減少磨損 | 減摩料 | 减少磨损 |
| antibouncer | 防跳裝置 | 踊止め | 防跳装置 |
| antibromics | 除臭劑 | 防臭剤 | 除臭剂 |
| anticatalyst | 負催化劑 | 抗触媒 | 负催化剂 |
| anticausticon | 抗腐蝕劑 | アンチコースティコン | 抗腐蚀剂 |
| antichlor | 除鹽素劑 | 脱塩素剤 | 除盐素剂 |
| — device | 防撞裝置 | 衝突防止装置 | 防撞装置 |
| — light | 防撞燈 | 衝突防止灯 | 防撞灯 |
| — radar | 防撞雷達 | アンチコリジョンレーダ | 防撞雷达 |
| — service | 防撞勤務 | 衝突防止業務 | 防撞勤务 |
| — system | 防撞系統 | 衝突予防システム | 防撞系统 |
| anticomet tail gun | 抗彗差電子槍 | ACT電子銃 | 抗彗差电子枪 |
| Anticorodal | 鋁基矽鎂合金 | アンチコロダール | 铝基矽镁合金 |
| anticorrosion | 耐蝕；抗蝕 | 耐食性 | 耐蚀性；抗蚀性 |
| — agent | 耐蝕劑 | 耐食剤 | 耐蚀剂 |
| — alloy | 耐蝕合金 | 耐食合金 | 耐蚀合金 |
| — equipment | 耐食裝置；防腐設備 | 耐食装置 | 耐食装置；防腐设备 |
| — film | 防蝕被覆 | 防食被膜 | 防蚀被覆 |
| — material | 耐蝕材料 | 耐食材料 | 耐蚀材料 |
| — test | 耐腐蝕試驗 | 耐食試験 | 耐腐蚀试验 |

56

| 英　　文 | 臺　　灣 | 日　　文 | 大　　陸 |
|---|---|---|---|
| **anticorrosive agent** | 防銹劑 | 防食剤 | 防锈剂 |
| — coated steel pipe | 防蝕鋼管 | 防食鋼管 | 防食钢管 |
| — coating | 防腐蝕涂料 | さび止めペイント | 防腐蚀涂料 |
| — coating with oxides | 氧化保護膜 | 酸化保護皮膜 | 氧化保护膜 |
| — high molecular material | 耐蝕高分子材料 | 耐食性高分子材料 | 耐蚀高分子材料 |
| — treatment | 防腐蝕外處理 | 防食処理 | 防腐蚀外处理 |
| **antifriction** | 低摩擦 | 減摩材 | 减滑器 |
| — alloy | 低摩擦合金 | 耐摩合金 | 耐磨合金 |
| — bearing | 低摩擦軸承 | 減摩軸承 | 滚动轴 |
| — block | 減摩塊 | 減摩ブロック | 减摩块 |
| — composition | 減摩劑 | 減摩剤 | 减摩剂 |
| — device | 減摩器 | 減摩装置 | 减摩器 |
| — grease | 減滑脂 | 減摩グリース | 减滑脂 |
| — material | 減摩劑 | 減摩材 | 减摩剂 |
| — metal | 耐磨合金 | 減摩合金 | 耐磨合金 |
| — roller | 減摩滾子 | 減摩ころ | 减摩滚子 |
| — surface | 耐磨面 | 減摩面 | 耐磨面 |
| **antigen** | 抗體源 | 抗原 | 抗(体)源 |
| **antigenicity** | 抗原性 | 抗原性 | 抗原性 |
| **anti-ghost** | 去重像 | アンチゴースト | 去重像 |
| **anti-icer** | 防結冰裝置 | 防氷装置 | 防冰装置 |
| **antiknock** | 防爆震 | アンチノック剤 | 抗爆剂 |
| — agent | 防爆劑 | アンチノック剤 | 抗爆剂 |
| — compound | 防爆震劑 | 抗ノック化合物 | 抗爆剂 |
| — dope | 防爆震率 | アンチノック剤 | 〔燃料的〕抗爆剂 |
| — fuel | 防爆震燃料 | アンチノック燃料 | 抗爆燃料 |
| — fuel dope | 燃料抗爆劑 | 制爆剤 | 燃料抗爆剂 |
| — gasoline | 抗爆汽油 | アンチノックガソリン | 抗爆汽油 |
| — material | 抗爆劑 | 制爆剤 | 抗爆剂 |
| — property | 抗爆劑 | アンチノックプロパティ | 抗爆剂 |
| — quality | 抗爆劑 | アンチノック性 | 抗爆剂 |
| — rating | 抗爆劑 | アンチノック性 | 抗爆剂 |
| — substance | 抗爆劑 | 制爆剤 | 抗爆剂 |
| **antiknocking** | 防爆震 | アンチノッキング | 防爆; 抗震 |
| **anti-leaching** | 抗浸出性 | 抗浸出性 | 抗浸出性 |
| **antilift wire** | 降落張線 | 着陸張り線 | 降落张线 |
| — antimer | 對映體 | 相対部分 | 对映体 |
| **anti-mist panel** | 防霧板 | 曇り防止板 | 防雾板 |
| **antimon,Sb** | 銻 | アンチモン | 锑 |
| **antimonate** | 銻酸鹽 | アンチモン酸塩 | 锑酸盐 |

57

| 英　文 | 臺　灣 | 日　文 | 大　陸 |
|---|---|---|---|
| **antimonial alloy** | 銻合金 | アンチモン合金 | 锑合金 |
| — glass | 銻玻璃 | アンチモンガラス | 锑玻璃 |
| — lead | 硬鉛 | アンチモン鉛 | 硬铅 |
| — silver | 銻銀礦 | 安銀鉱 | 锑银矿 |
| **antimony,Sb** | 銻 | アンチモン | 锑 |
| — base alloy | 銻基 | アンチモン基合金 | 锑基 |
| — black | 硫化銻 | 三硫化アンチモン | 硫化锑 |
| — bronze | 銻青銅 | アンチモン青銅 | 锑青铜 |
| — cinnabar | 銻朱砂 | アンチモン朱 | 锑朱砂 |
| — electrode | 銻電極 | アンチモン電極 | 锑电极 |
| — metal | 銻金屬 | アンチモン金属 | 锑金属 |
| — regulus | 銻塊；粗金屬銻 | 金属アンチモン | 锑块；粗金属锑 |
| — salt | 銻鹽 | アンチモシ塩 | 锑盐 |
| — structure | 銻型構造 | アンチモン型構造 | 锑型构造 |
| — sulfide iodide | 硫酸銻 | 硫酸 | 硫酸锑 |
| **antinode** | 波腹 | 波腹 | 波腹 |
| **antinoise microphone** | 防噪聲微音器 | 雑音防止マイクロホン | 防噪声微音器 |
| **antinucleon** | 反核子 | 反核子 | 反核子 |
| **antioxidzing agent** | 防氧化劑 | 酸化防止剤 | 防氧化剂 |
| **antioxygen** | 抗氧化劑 | 酸化防止剤 | 抗氧化剂 |
| **anti-pitting agent** | 防止劑 | ピット防止剤 | 防止剂 |
| **antiplasticization** | 抗增塑作用 | 反可塑化 | 抗增塑〔作用〕 |
| **antipolarity** | 逆極性 | 逆極性 | 逆极性 |
| **antelope** | 反極點效應 | 反対極 | 反极点效应 |
| **anti-position** | 反位 | アンチ位 | 反位 |
| **antique** | 黑體字 | 古典的な | 黑体字 |
| **antitrust** | 防銹劑 | さび止め剤 | 防锈剂 |
| **antiscorch** | 抗焦劑 | こげ防止剤 | 抗焦剂 |
| **antiscorching agent** | 抗焦劑 | スコーチ防止剤 | 抗焦剂 |
| **antiseizing property** | 防粘劑 | 焼付き防止性 | 防粘剂 |
| **antiseptic** | 防腐劑 | 防腐剤 | 防腐剂 |
| — agent | 防腐劑 | 防腐剤 | 防腐剂 |
| — varnish | 防腐清漆 | 防腐ワニス | 防腐清漆 |
| **antiseptics** | 消毒劑 | 防腐材 | 消毒剂 |
| **antishock** | 防震 | アンチショック | 防震 |
| **antiskid** | 防滑 | 滑り止め用 | 防滑 |
| — asphalt mixture | 防滑瀝青混合物 | 滑り止め用混合物 | 防滑沥青混合物 |
| — brake | 防滑刹車裝置 | アンチスキッドブレーキ | 防滑刹车装置 |
| — chain | 防滑鏈 | 滑り止めチェーン | 防滑链 |
| — control | 防滑控制 | アンチスキッド制御 | 防滑控制 |

| 英　　文 | 臺　　灣 | 日　　文 | 大　　陸 |
|---|---|---|---|
| ― device | 防滑裝置 | 滑止防止裝置 | 防滑裝置 |
| antiweatherabilty | 耐候性 | 耐候性 | 耐候性 |
| anyil | 平台；基準面 | 金敷 | 平台；基准面 |
| ― block | 平台；砧座 | 金敷台 | 平台；砧座 |
| aphthonite | 銀黝銅礦 | アフソナイト | 銀黝铜矿 |
| apparatus | 器具 | 裝置 | 裝置；器械；机器； |
| ― status | 機器狀態 | 機器ステイタス | 机器状态 |
| ― unit | 設備組件 | 設備ユニット | 设备组件 |
| appearance | 外觀 | 外観 | 外观 |
| ― of film | 塗膜的外觀 | 塗膜の外観 | 涂膜的外观 |
| ― of fracture | 斷口外觀 | 破面の外観 | 断口外观 |
| ― test | 外觀檢驗 | 外観テスト | 外观检验 |
| append | 添加 | アペンド | 添加 |
| ― file | 附加文件 | 付加ファイル | 附加文件 |
| appendage | 附加物 | 付加物 | 附加物 |
| ― resistance | 附體阻力 | 付加物抵抗 | 附体阻力 |
| ― scale effect factor | 附體尺度效應因數 | 付加物の寸法効果係数 | 附体尺度效应因数 |
| appendix | 附錄 | 付録 | 附录 |
| appliance | 設備；儀表 | 器具 | 设备；仪表 |
| applicability | 適用範圍 | 適用範囲 | 适用范围 |
| appurtenance | 附屬設備 | 付属機器 | 附属设备 |
| apron | 護床；停機坪 | エプロン | 平板；停机坪 |
| ― conveyer | 板式輸送機 | エプロンコンベヤ | 板式输送机 |
| ― elevator | 平板式提升機 | エプロンエレベータ | 平板式提升机 |
| ― plate | 閘門 | エプロン板 | 闸门 |
| ― roll | 輸送機皮帶輥軸 | エプロンロール | 输送机皮带辊轴 |
| aquametry | 滴定測水法 | 水分定量 | 滴定測水法 |
| aquaresin | 水溶性樹脂 | 水溶性の樹脂 | 水溶性树脂 |
| aquastat | 水溫調節器 | アカスタット | 水温调节器 |
| aquation | 水化合作用 | アクア化 | 水化(合)作用 |
| aqueduct | 導水管 | 水道 | 导水管 |
| aqueous adhesive | 含水粘合劑 | 水性接着剤 | 含水粘合剂 |
| ― ammonia | 氨水 | アンモニア水 | 氨水 |
| aquifer | 蓄水層 | 帯水層 | 蓄水层 |
| aquotization | 水合作用 | アクオ化 | 水合作用 |
| arbor | 心軸 | 心棒 | 心轴 |
| ― die | 柄軸模 | アーバ型 | 柄轴模 |
| ― flange | 柄軸凸緣 | アーバフランジ | 柄轴凸绿 |
| ― press | 手扳壓床 | 圧入プレス | 手扳压床 |
| ― support | 刀把支架 | アーバ支え | 刀把支架 |

| 英　　文 | 臺　　灣 | 日　　文 | 大　　陸 |
|---|---|---|---|
| ― type fraise | 套筒銑刀 | アーバタイプフライス | 套筒铣刀 |
| ― type gear hob | 心軸型滾刀 | アーバ形ホブ | 心轴型滚刀 |
| ― type milling cutter | 套筒銑刀 | アーバタイプフライス | 套筒铣刀 |
| **arc** | 電弧;弧 | 弧光 | 电弧 |
| ― air cutting | 電弧切割 | アークエア切断 | 电弧切割 |
| ― air gouging | 電弧刨槽 | アークエアガウジング | 电弧刨槽 |
| ― air process | 空氣電弧切割法 | アークエア法 | 空气电弧切割法 |
| ― baffle | 電弧阻斷器 | アークバフル | 电弧阻断器 |
| ― heating | 電弧加熱 | アーク発熱 | 电弧加热 |
| ― horn | 角形避雷器 | アークホーン | 角形避雷器 |
| ― lamp | 弧光燈 | アーク灯 | 弧光灯 |
| ― lamp globe | 弧光燈罩 | アークランプグローブ | 弧光灯罩 |
| ― welder | 電焊機 | アーク溶接機 | 电焊机 |
| ― welding | 電弧熔接;弧接 | アーク溶接 | 电弧焊接 |
| ― welding alternator | 電弧焊接交流發電機 | アーク溶接用交流発電機 | 电弧焊接交流发电机 |
| ― welding electrode | 電焊條 | アーク溶接棒 | 电（弧）焊条 |
| ― welding generator | 接用發電機 | アーク溶接用発電機 | 接用发电机 |
| ― weeding machine | 電弧焊機 | アーク溶接機 | 电弧焊机 |
| ― welding outfit | 電弧工具 | アーク溶接具 | 电弧工具 |
| ― welding processes | 電弧焊接法 | アーク溶接 | 电弧焊（接）法 |
| ― welding rod | 電弧焊條 | アーク溶接棒 | 电（弧）焊条 |
| ― welding transformer | 電弧焊接變壓器 | アーク溶接用変圧器 | 电弧焊接变压器 |
| **arcade** | 拱廊 | アーケード | 拱廊 |
| **archimedasn screw pump** | 阿基米德螺旋泵 | ねじポンプ | 阿基米德螺旋泵 |
| **Archimedes axiom** | 阿基米德原理 | アルキメデスの原理 | 阿基米德原理 |
| ― **law** | 阿基米德定律 | アルキメデスの法則 | 阿基米德定律 |
| ― number | 阿基米德數 | アルキメデス数 | 阿基米德数 |
| ― principle | 阿基米德原理 | アルキメデスの原理 | 阿基米德原理 |
| ― screw | 阿基米德螺旋 | アルキメデスのらせん | 阿基米德螺旋 |
| ― spiral | 阿基米德螺線 | アルキメデスのらせん | 阿基米德螺线 |
| **Ardal** | 阿德你鋁合金 | アルダール | 阿德你铝合金 |
| **ardennite** | 錳砂釩鋁礦 | アーデンヌ石 | 锰砂钒铝矿 |
| **argentan** | 洋銀(鎳、鋅合金) | 洋銀 | 洋银〔镍、锌合金〕 |
| **argentation** | 鍍銀 | 鍍銀 | 镀银 |
| **argenticyanide** | 銀氰化物 | 第二銀化合物 | 银氰化物 |
| **argentiferous galena** | 含銀方鉛礦 | 銀シアン化物 | 含银方铅矿 |
| ― lead | 含銀鉛 | 含銀方鉛鉱 | 含银铅 |
| **argntite** | 輝銀礦 | 輝銀鉱 | 辉银矿 |
| **argntometry** | 銀液滴定 | 銀滴定 | 银液滴定 |

| 英　　文 | 臺　　灣 | 日　　文 | 大　　陸 |
|---|---|---|---|
| argil | 陶土 | 陶土 | 陶土 |
| argilla | 陶土 | 陶土 | 陶土；铝氧化 |
| argillaceous earth | 高嶺土；氧化鋁 | ばん土 | 高岭；氧化铝 |
| argyrism | 銀中毒 | 銀中毒 | 银中毒 |
| argrite | 輝銀礦 | 輝銀鉱 | 辉银矿 |
| arm | 臂；幅 | 腕木 | 支架；橫臂 |
| — clamping mechanism | 旋臂夾緊機構 | アーム締付け機構 | 旋臂夹紧机构 |
| — command | 懸臂控制 | アームコマンド | 悬臂控制 |
| — conveying elevator | 旋臂起重機 | アームエレベータ | 旋臂起重机 |
| — crane | 旋臂起重機 | 腕クレーン | 旋臂起重机 |
| — elevating mechanism | 搖臂升降機構 | アーム昇降機構 | 摇臂升降机构 |
| — elevator | 旋臂式提升機 | 腕付きエレベータ | 旋臂式提升机 |
| — length | 臂長 | アーム長さ | 臂长 |
| — of flywhee | 飛輪輻 | はずみ車のはば | 飞轮辐 |
| — of transept | 教堂的交叉甬道支路 | そで廊 | 教堂的交叉甬道支路 |
| — of wheel | 輪輻 | 車輪のはば | 轮辐 |
| — stand | 磁性鐵架 | アームスタンド | （磁性）铁架；支（架）座 |
| — stop | 停止臂 | アームストップ | 停止臂 |
| — stretcher | 搖臂拉深 | アームストレッチャ | 摇臂拉深 |
| armangite | 砷錳礦 | アルマンジャイト | 砷锰矿 |
| armature | 電樞 | 接極子 | 电枢 |
| — brake | 電樞制動器 | アーマチュアブレーキ | 电枢制动器 |
| — shaft | 電樞軸 | アーマチュアシャフト | 电枢轴 |
| — spider | 電樞支架 | 電機子スパイダ | 电枢支架 |
| armco iron | 工業用純鐵 | アームコ磁性鉄 | 阿姆科铁 |
| — magnetic iron | 阿姆科磁鐵 | アームコ鉄 | 阿姆科磁铁 |
| armor | 裝甲；外裝 | 装甲 | 装甲；外装 |
| — bolt | 裝甲螺栓 | 装甲ボルト | 装甲螺栓 |
| — coat | 保護塗屋 | 表面金属加工 | 保护涂屋 |
| — deck | 裝甲甲板 | 装甲甲板 | 装甲甲板 |
| — glass | 防彈玻離 | 防弾ガラス | 防弹玻离 |
| armoured | 裝甲飛機 | 装甲飛行機 | 装甲飞机 |
| — car | 裝甲車；軍用車 | 装甲自動車 | 装甲车；军用车 |
| — concrete | 鋼筋 | 鉄筋コンクリート | 钢筋 |
| — motor car | 裝甲車 | 装甲車 | 装甲车 |
| Arms bronze | 兵器用青銅 | アームスブロンズ | 特殊铝青铜 |
| arrangement | 配置；裝置 | 配列 | 配置；装置 |
| — drawing | 裝置圖 | 配置図 | 装置图 |
| — plan | 裝置圖 | 配置図 | 装置图 |
| — track | 配置線路 | 組替え線 | 配置线路 |

| 英　　文 | 臺　　灣 | 日　　文 | 大　　陸 |
|---|---|---|---|
| **arrestor** | 捕集器；制動器 | 避雷器 | 避雷针；避雷器 |
| **arsenical nickel** | 紅砷鎳礦 | 紅ひニッケル紅 | 红砷镍矿 |
| — pyrite | 砷黃鐵礦；毒砂 | 硫ひ鉄鉱 | 砷黄铁矿；毒砂 |
| **art** | 技術 | アルセノフェライト | 技术 |
| **artery** | 大道 | 技術 | 大道 |
| **arsenoferrite** | 砷化鐵 | アーテリ | 砷化铁 |
| **articulated** blade | 關節式回轉翼 | 関節式回転翼 | 关节式回转翼 |
| — bue | 鉸鏈式公共汽車 | 連結バス | 铰链式公共汽车 |
| — car | 連結車 | 連結車 | 连结车 |
| — connecting rod | 副連桿 | 副連接棒 | 副连杆 |
| — gear | 聯接式齒輪 | アーティキュレト形歯車 | 联接式齿轮 |
| — jack | 鉸接式千斤頂 | 関節ジャッキ | 铰接式千斤顶 |
| — pipe | 萬向管接頭 | 関節管 | 万向管接头 |
| — robot | 多關節式機器人 | 多関節ロボット | 多关节式机器人 |
| — rod | 活動連桿 | 副連接棒 | 活动连杆 |
| — train | 關節列車 | 連結列車 | 关节列车 |
| — truck | 關節轉向架 | 連結トラック | 关节转向架 |
| — vehicles | 鉸接式汽車 | 関節連結自動車 | 铰接式汽车 |
| **artificial** abrasive | 人造磨料 | 人造研削材 | 人造磨料 |
| — circuit | 模擬電路 | 擬似回路 | 模拟电路 |
| — diamond | 人造鑽石 | 人造ダイヤモンド | 人造金刚石 |
| — element | 人造元素 | 人工元素 | 人造元素 |
| — fiber | 人造纖維 | 人造繊維 | 人造纤维 |
| — graphite | 人造石墨 | 人造グラファイト | 人造石墨 |
| — gravity | 人造重力 | 人工重力 | 人造重力 |
| — intelligence | 人工智慧 | 人工知能 | 人工智慧 |
| — intelligence robot | 人工智能機器人 | 人工知能ロボット | 人工智能机器人 |
| — intelligence system | 人工智能系統 | 人工知能システム | 人工智能系统 |
| — intelligence theory | 人工智能理論 | 人工知能理論 | 人工智能理论 |
| — joint | 人造關節 | 人工関節 | 人造关节 |
| — leather | 人造皮革 | 人工レザー | 人造皮革 |
| — load | 模擬負載 | 擬似負荷 | 模拟负载 |
| — network | 模擬網絡 | 擬似回路網 | 模拟网络 |
| — resin | 人造樹脂 | 人造レジン | 人造树脂 |
| — resinplastic | 人造樹脂 | 人造樹脂 | 人造树脂 |
| — rubber | 人造橡膠 | 人造ゴム | 人造橡胶 |
| — rust | 人造鏽蝕 | 人工さび | 人造锈蚀 |
| — signal | 模擬信號 | 人工信号 | 模拟信号 |
| — stone | 人造石 | 人造石 | 人造石 |
| — stone plate | 人造石板 | 人造石板 | 人造石板 |

| 英　文 | 臺　灣 | 日　文 | 大　陸 |
|---|---|---|---|
| — sunlight | 人造陽光 | 人工日光 | 人造阳光 |
| — system | 仿真系統 | 人工システム | 仿真系统 |
| — traffic | 模擬通信量 | 擬似トラフィック | 模拟通信量 |
| — voice | 模擬語音 | アーティフィシャルボイス | 模拟语音 |
| — weather | 人造氣象 | 人工気象 | 人造气象 |
| **artisan** | 技工 | アルティザン | 技工 |
| **asbest** | 石綿 | 石綿 | 石绵 |
| — fiber | 石綿纖維 | アスベストファイバ | 石绵纤维 |
| — sheet | 石棉板 | アスベストシート | 石棉板 |
| — tile | 石棉瓦 | アスベストタイル | 石棉瓦 |
| **asbestos** | 石棉 | 石綿 | 石棉 |
| — board | 石綿板 | 石綿板 | 石绵板 |
| — canvas | 石綿布 | 石綿布 | 石绵布 |
| — filter | 石綿過濾器 | アスベストろ過器 | 石绵过滤器 |
| — insulation | 石綿絕緣 | 石綿絶縁 | 石绵绝缘 |
| — plate | 石綿板 | 石綿板 | 石绵板 |
| — reinforced plastic | 石棉增強塑料 | 石綿強化プラスチック | 石棉增强塑料 |
| **asbolite** | 錳鈷土 | コバルト土 | 锰钴土 |
| — design | 耐震設計 | 耐震設計 | 耐震设计 |
| — structure | 耐震構造 | 耐震構造 | 耐震构造 |
| **aseismicity** | 耐震性 | 耐震性 | 耐震性 |
| **ash-free coal** | 無灰煤 | 無灰炭 | 无灰煤 |
| — fuel | 無灰燃料 | 無灰燃料 | 无灰燃料 |
| **asphalt** | 抗瀝青剝離劑 | れき青 | 抗沥青剥离剂 |
| **aspiration** | 吸氣 | 吸気 | 吸气 |
| — inlet | 吸氣口 | 吸気口 | 吸气口 |
| — pipe | 吸氣管 | 吸気管 | 吸气管 |
| — thermometer | 通風溫度計 | 通風温度計 | 通风温度计 |
| — valve | 吸氣閥 | 吸気弁 | 吸气阀 |
| **aspirator** | 抽水機 | 水流ポンプ | 抽水机 |
| **assay** | 分析檢查 | 検定 | 分析检查 |
| — furance | 驗定爐 | 試金炉 | 验定炉 |
| — lead | 試金鉛 | 試金鉛 | 试金铅 |
| — oven | 驗定爐 | 試金炉 | 验定炉 |
| **assaying** | 驗定 | 試金 | 验定 |
| **assemblage** | 裝配物 | 組立て | 装配(物) |
| **assemble** | 裝配；組裝 | 組立てる | 装配；组装 |
| — error | 裝配誤差 | 組立て誤差 | 装配误差 |
| **assembled apparatus** | 組合裝置 | 集成装置 | 组合装置 |
| **assembler** | 匯編程序 | アセンブラ | 汇编程序 |

| 英　　文 | 臺　　灣 | 日　　文 | 大　　陸 |
|---|---|---|---|
| — base | 匯編程序庫 | アセンブラベース | 汇编程序库 |
| — language | 匯編語言 | アセンブラ言語 | 汇编语言 |
| **assemblies** | 層積材構件 | 集成材 | 层积材〔构件〕 |
| **assembling** | 安裝；組合 | 組立て | 安装；组合 |
| — blot | 裝配用螺栓 | 組立てボルト | 装配（用）螺栓 |
| — dies | 組合拉絲模 | 組立て型 | 组合拉丝模 |
| — elevator | 裝配用升降機 | アセンブラ昇降部 | 装配用升降机 |
| — jig | 裝配型架 | 組立てジグ | 装配（型）架 |
| **assembly** | 裝配；組立 | 集結 | 装配；组立 |
| — adhesive | 粘立劑 | 二次接着剤 | 〔粘立〕剂 |
| — aids | 裝配輔助裝置 | 組立て用補助装置 | 装配辅助装置 |
| — center | 裝配中心 | アセンブリセンタ | 装配中心 |
| — chaining | 裝配連接 | 組立て連鎖 | 装配连接 |
| — conveyor | 裝配傳送帶 | 組立てコンベヤ | 装配传送带 |
| — cost | 裝配成本 | 組立て費 | 装配成本 |
| — density | 裝配密度 | 組立て密度 | 装配密度 |
| — diagram | 裝配圖 | 組立て図 | 装配图 |
| — drawing | 裝配圖 | 組立て図 | 装配图 |
| — error | 裝配誤差 | 組立てエラー | 装配误差 |
| — glue | 裝配接合劑 | たい積接着剤 | 装配接合剂 |
| — gluing | 組合粘結 | 二次接着 | 二次接着；组合粘结 |
| — industry | 裝配工業 | 組立工業 | 装配工业 |
| — line design | 裝配線 | 組立てライン設計 | 组立；设计 |
| — machine | 裝配機 | アセンブリマシン | 装配机 |
| — maker | 裝配廠 | アセンブリメーカ | 装配厂 |
| — operation | 裝配操作 | 組立て作業 | 装配操作 |
| — order sheet | 裝配順序表 | 組立て順位表 | 装配顺序表 |
| — packaging | 組合包裝 | 集合包装 | 组合包装 |
| — parts | 裝配件；組合零件 | アッセンブリ部品 | 装配件；组合零件 |
| — plant | 裝配廠 | 組立て工場 | 装配厂 |
| — robot | 組裝機器人 | 組立てロボット | 组装机器人 |
| — room | 裝配室 | 議場 | 装配室 |
| **assessed mean life** | 壽命評估 | 評価寿命 | 寿命评估 |
| **assessment** | 估價 | 推定見積り | 评计（价） |
| **assign** | 分配 | 割当て | 分配 |
| **assignment** | 分配；指定 | 指定 | 分配；指定 |
| **assimilation** | 同化作用 | 同化作用 | 同化作用 |
| **assistant cylinder** | 緩衝汽缸 | 緩衝シリンダ | 辅组缸 |
| **assisted access** | 阿斯曼濕度計 | アスマン湿度計 | 阿斯曼湿度计 |
| **association** | 締合（分子的） | 群集 | 缔合〔分子的〕 |

| 英　　文 | 臺　　灣 | 日　　文 | 大　　陸 |
|---|---|---|---|
| — fiber | 締合纖維 | 総合繊維 | 缔合纤维 |
| **associative ionization** | 結合性 | 結合性イオン化 | 结合性 |
| **associatively** | 締合性 | 結合性 | 缔合性 |
| **assurance** | 安全 | 保証 | 安全 |
| **astern** | 向船尾 | 後進 | 向船尾 |
| — cam | 後退凸輪 | 後進カム | 倒车凸轮 |
| — dummy | 後退空轉 | 後進ダミー | 倒车空转 |
| — exhaust cam | 後退排氣凸輪 | 後進排気カム | 倒车排气凸轮 |
| — igniter cam | 後退點火器凸輪 | 後進点火カム | 倒车点火器凸轮 |
| — nozzle | 後退噴嘴 | 後進ノズル | 倒车喷嘴 |
| — power | 後退力（船） | 後進力 | 倒车功率 |
| — speed | 後退速度 | 後進速力 | 倒车速度 |
| — trial | 後退試驗 | 後進試験 | 倒车试验 |
| — turbine | 倒車汽輪機 | 後進タービン | 倒车汽轮机 |
| **astrocompass** | 天文羅盤 | 天文羅針儀 | 天文罗盘 |
| **astordynamics** | 天體動力學 | 宇宙力学 | 天体动力学 |
| **astrogation** | 天文導航 | 宇宙飛行 | 天文导航 |
| **astro-hatch** | 天文觀測窗 | 天測窓 | 天文〔观测〕窗 |
| **astrology** | 鎳基超耐熱合金 | アストロロト | 镍基超耐热合金 |
| **astrophotometer** | 天體光度計 | 天文光度計 | 天体光度计 |
| **astrophotometry** | 天體光度學 | 天体測光法 | 天体光度学 |
| **asymptote** | 漸近線 | 漸近線 | 渐近线 |
| **atoms** | 大氣壓 | 気圧 | 大气压 |
| — perfect filter | 理想空氣過濾器 | アトモス弁 | 理想空气过滤器 |
| — pheric valve | 空氣閥 | 大気 | 空气阀 |
| — air | 大氣 | 大気 | 大气 |
| — corrosion resistance | 耐候性 | 耐候性 | 耐候性 |
| — corrosion resistant steel | 耐蝕鋼 | 耐候性鋼板 | 耐蚀钢 |
| **atomical absorption** | 原子吸收 | 原子吸着 | 原子吸收 |
| — beam | 原子束 | 原子線 | 原子束 |
| — bond | 原子結合 | 原子結合 | 原子结合 |
| — building | 原子構造 | 原子構造 | 原子构造 |
| — chain | 原子鏈 | 原子鎖 | 原子链 |
| — charge | 原子電荷 | 原子電荷 | 原子电荷 |
| — chart | 原子量表 | 原子表 | 原子（量）表 |
| — combining power | 原子結合力 | 原子結合力 | 原子结合力 |
| — compound | 原子化合物 | 原子化合物 | 原子化合物 |
| — constant | 原子常數 | 原子定数 | 原子常数 |
| — creation | 原子產生 | 原子創造 | 原子产生 |
| — disease | 原子病 | 原子病 | 原子病 |

| 英　　文 | 臺　　灣 | 日　　文 | 大　　陸 |
|---|---|---|---|
| — dislocation | 原子紊亂 | 原子轉位 | 原子紊乱 |
| — dispersion | 原子彌散 | 原子分散 | 原子弥散 |
| — disruption | 原子破裂 | 原子分裂 | 原子破裂 |
| — electron | 原子(中的)電子 | 原子電子 | 原子〔中的〕电子 |
| — force | 原子力 | 原子力 | 原子力 |
| — furnace | 原子爐 | 原子炉 | 原子炉 |
| — linkage | 原子結合 | 原子結合 | 原子结合 |
| — mass constant | 原子質量常數 | 原子質量定数 | 原子质量常数 |
| — mass unit | 原子質量單位 | 原子質量単位 | 原子质量单位 |
| — model | 原子模型 | 原子模型 | 原子模型 |
| — nucleus | 原子核 | 原子核 | 原子核 |
| — order | 原子序 | 原子順位 | 原子序 |
| — pile | 原子爐 | 原子炉 | 原子炉 |
| — radius | 原子半徑 | 原子半徑 | 原子半径 |
| atomistsics | 原子學說 | 原子論 | 原子学说 |
| atomization | 霧化 | 噴霧 | 微粒化；喷雾（作用） |
| — fuel velocity | 霧化速度 | 噴霧速度 | 雾化速度 |
| — lubricant | 噴霧潤滑油 | 噴霧潤滑油 | 喷雾润滑油 |
| atomology | 原子輪 | 原子論 | 原子轮 |
| attachment | 配件；附件 | 付属装置 | 附属装置 |
| — screw | 連接螺釘 | 取り付けねじ | 连接螺钉 |
| — attack | 浸蝕；分解 | 攻撃 | 浸蚀；分解 |
| attacker | 強擊機 | 攻撃機 | 空袭导弹 |
| attainability | 可達性 | 到達可能性 | 可达性 |
| attainment | 超高緩和段 | 片こう配のすり付け | 超高缓和段 |
| attention | 留心 | 注意 | 留心 |
| attendance | 衰減度 | 減衰度 | 衰减度 |
| attendant | 希釋劑 | 希釈剤 | 希释剂 |
| attenuating circuit | 衰減器(電路) | 減衰回路 | 衰减器〔电路〕 |
| attenuation | 減衰；阻尼 | 減衰 | 减衰；阻尼 |
| attenuator | 音量調節器 | 減衰器 | 音量调节器 |
| attest | 表明 | 証明 | 表明 |
| attic | 屋頂閣樓(房間) | アチック | 屋顶阁楼〔房间〕 |
| — story | 閣樓 | 屋根裏部屋 | 阁楼 |
| — tank | 頂樓水箱 | 屋根裏タンク | 顶楼水箱 |
| Attic order | 古典的角柱式 | アテネ風 | 古典的角柱式 |
| attitude | 姿態 | 姿勢 | 姿态 |
| — angle | 方位角 | 姿勢角 | 方位角 |
| attractant | 引誘劑 | 誘引剤 | 引诱剂 |
| attraction | 吸引；引力 | 吸引（作用） | 吸引；引力 |

| 英　文 | 臺　灣 | 日　文 | 大　陸 |
|---|---|---|---|
| attractive distance | 吸引距離 | 誘致距離 | 吸引距离 |
| attribute | 屬性 | 属性 | 属性 |
| attrition | 磨 | 摩耗 | 磨耗 |
| — rate | 磨損率 | 損耗率 | 磨损率 |
| — test | 磨耗試驗 | 摩耗試験 | 磨耗试验 |
| — attritus | 雜質煤 | 雑質炭 | 杂质煤 |
| audiphone | 助聽器 | オーディフォン | 助听器 |
| auer metal | 稀土金屬合金 | アウエル合金 | 稀土金属合金 |
| auerlite | 磷釷石 | オーエル石 | 磷钍石 |
| auger | 木螺鑽 | さく地ぎり | 麻花钻 |
| — bit | 木螺鑽頭 | オーガビット | 螺旋钻实 |
| — boring | 螺旋鏜孔 | オーガボーリング | 螺旋镗孔 |
| — conveyer | 螺旋輸送器 | オーガコンベア | 螺旋输送器 |
| — delivery | 螺旋輸送 | オーガ輸送 | 螺旋输送 |
| — drill | 麻花鑽頭 | オーガドリル | 麻花钻头 |
| — drive | 螺旋傳動 | オーガドライブ | 螺旋传动 |
| — feeder | 螺旋給料器 | オーガ式供給装置 | 螺旋给料器 |
| — head | 麻花鑽頭 | オーガヘッド | 麻花钻头 |
| — machine | 鑽探機 | オーガ式混練機 | 螺旋混练机 |
| — spindle | 鑽軸 | オーガスピンドル | 钻轴 |
| — stem | 鑽桿 | オーガステム | 钻头柄 |
| aurichacite | 錄銅鋅礦 | オーリカサイト | 录铜锌矿 |
| aurin | 金精 | オーリン | 金精 |
| ausannealing | 沃斯田鐵等溫退火 | オースェージング | 沃斯田铁等温退火 |
| ausagin | 沃斯田鐵時效處理 | オースアニーリング | 沃斯田铁时效处理 |
| ausforging | 等溫鍛造 | オース鍛造 | 等温锻造 |
| ausforming | 沃斯田鐵變熱處理 | オースフォーミング | 沃斯田铁形变热处理 |
| austemper | 等溫淬火 | オーステンパ | 等温淬火 |
| — case hardening | 淬火表面硬化 | オーステンパ表面硬化法 | 淬火表面硬化 |
| austenaging | 沃斯田鐵等溫時效 | オーステン時効 | 沃斯田铁等温时效 |
| austenile | 沃斯田鐵 | オーステナイト | 沃斯田铁 |
| — alloy steel | 沃斯田鐵合金鋼 | オーステナイト合金鋼 | 沃斯田铁合金钢 |
| — cast iron | 沃斯田鐵鑄鐵 | オーステナイト鋳鉄 | 沃斯田铁铸铁 |
| — grain size | 沃斯田鐵晶粒度 | オーステナイト結晶粒度 | 沃斯田铁晶粒度 |
| — steel | 沃斯田鐵鋼 | オーステナイト鋼 | 沃斯田铁钢 |
| — stressing | 沃斯田鐵變熱處理 | オーステナイト加圧 | 沃斯田铁变热处理 |
| austenitic steel | 沃斯田鐵鋼 | オーステナイト鋼 | 沃斯田铁钢 |
| — structure | 沃斯田鐵体型組織 | オーステナイト的組織 | 沃斯田铁体型组织 |
| austenitizng | 沃斯田鐵化 | オーステナイト化 | 沃斯田铁化 |

| 英　　文 | 臺　　灣 | 日　　文 | 大　　陸 |
|---|---|---|---|
| austennealing | 等溫退火 | オーステンなまし | 等温退火 |
| Australian gun | 澳洲樹膠 | オーストラリアゴム | 澳洲树胶 |
| authentication | 檢定 | 検定 | 检定；识别；监定 |
| autobalance | 自動平衡 | 自動平衡 | 自动平衡 |
| autobalancer crane | 起重機 | オートバランサクレーン | 起重机 |
| autobar | 自動送進裝置 | オートバー | 自动送进装置 |
| autobicycle | 摩托車 | オートバイ | 摩托车 |
| auto-body | 汽車車身 | （自動車の）車体 | 汽车车身 |
| autobond | 自動焊接 | オートボンド | 自动焊接 |
| auto-clutch | 自動離合器 | オートクラッチ | 自动离合器 |
| autocode | 自動編碼 | オートコード | 自动编码 |
| autocoder | 自動編碼器 | オートコーダ | 自动编码器 |
| autocondense | 自動壓縮 | 自動圧縮 | 自动压缩 |
| autoconduction | 自感；自動傳導 | オートカッタ | 自感；自动传导 |
| autocycle | 自動循環 | オートバイ | 自动循环 |
| autogenous cutting | 乙炔氣割法 | 溶断法 | 〔乙炔〕气割（法） |
| ― welding | 氣焊 | ガス溶接 | 气焊 |
| autogiro | 直升機 | オートジャイロ | 直升机 |
| autogyro | 直升機 | オートジャイロ | 直升机 |
| auto-industry | 汽車工業 | 自動車工業 | 汽车工业 |
| autolift | 自動升降機 | オートリフト | 自动升降机 |
| automaker | 汽車型造廠 | オートメーカ | 汽车型造厂 |
| automata | 自動化裝置 | オートマト | 自动化装置 |
| ― model | 自動模型 | オートマタモデル | 自动化装置 |
| ― theory | 自動化機械論 | オートマタセオリ | 自动化机械论 |
| ― design | 自動化設計 | 自動設計 | 自动化设计 |
| ― design engineering | 自動化設計工程 | 自動化設計工程 | 自动化设计工程 |
| ― design procedure | 自動化設計法 | 自動化設計法 | 自动化设计法 |
| ― design system | 自動化設計系統 | 自動設計システム | 自动化设计系统 |
| ― factory | 自動化工場 | 自動化工場 | 自动化工场 |
| ― forging system | 自動化鍛造工場 | 自動化鍛造設備 | 自动化锻造工场 |
| ― manufacturing planning | 自動化生產規劃 | 人工知能システム | 自动化生产规划 |
| ― intelligence system | 人工智慧係統 | 自動化製造プランニング | 人工智慧系统 |
| ― material transport system | 自動化材料運輸 | 自動化材料輸送システム | 自动化材料运输 |
| ― motion plyout design | 自動化運行規劃 | 自動化動作計画 | 自动化运行规划 |
| ― network system | 自動化網絡系統 | 自動化ネットワークシステム | 自动化网络系统 |
| ― office | 自動化辦公室 | 自動化オフィス | 自动化办公室 |
| ― press line | 自動化沖壓生產線 | 自動化プレスライン | 自动化冲压生产线 |
| ― quality control system | 自動化質量管理 | 自動化品質管理システム | 自动化质量管理 |

| 英　　文 | 臺　　灣 | 日　　文 | 大　　陸 |
|---|---|---|---|
| — storage | 自動化倉儲 | 自動倉庫 | 自動化仓储 |
| — transportation system | 自動化運輸系統 | 自動化交通システム | 自動化运输系统 |
| — warehouse | 自動化倉儲 | 自動倉庫 | 自動化仓储 |
| — warehouse system | 自動化倉儲系統 | 自動倉庫システム | 自動化仓储系统 |
| — acceleration | 自動加速 | 自動加速 | 自動加速 |
| — adaptive controller | 自動適配控制器 | 自動適応制御装置 | 自動适配控制器 |
| — adaptive training system | 自動化訓練 | 自動適応訓練システム | 自動化训练 |
| — air brake | 自動空氣制動器 | 自動空気ブレーキ | 自動空气制动器 |
| — assembly | 自動裝配 | 自動組立て | 自動装配 |
| — assembly equipment | 自動裝配裝置 | 自動組立て装置 | 自動装配装置 |
| — assembly machine | 自動裝配機 | 自動組立て機械 | 自動装配机 |
| — assembly station | 自動裝配站 | 自動組立てステーション | 自動装配站 |
| — batik production system | 自動配料生產系統 | 自動バッチ生産システム | 自動配料生产系统 |
| — braking system | 自動剎車系統 | 自動ブレーキシステム | 自動刹车系统 |
| — charring equipment | 自動裝料裝置 | 自動挿入装置 | 自動装料装置 |
| — clamping device | 自動夾緊裝置 | 自動締め付け装置 | 自動夹紧装置 |
| — clutch | 自動離合器 | オートマチッククラッチ | 自動离合器 |
| — compression molding | 自動壓縮成形 | 自動圧縮成形 | 自動压缩成形 |
| — copying lathe | 自動仿型車床 | 自動ならい旋盤 | 自動仿型车床 |
| — feed | 自動送料 | 自動送り | 自動送料 |
| — injection valve | 自動噴射閥 | 自動噴射弁 | 自動喷射阀 |
| — lathe | 自動車床 | 自動旋盤 | 自動车床 |
| — lead cutter machine | 自動引導切割機 | 自動リードカッタ機 | 自動引导切割机 |
| — lubrication | 自動潤滑 | 自動給油 | 自動润滑 |
| — lubricator | 自動潤滑裝置 | 自動給油装置 | 自動润滑装置 |
| — machine | 自動化機械 | オートマチックマシン | 自動化机械 |
| — machine tool | 自動化工作機械 | 自動化工作機械 | 自動化工作机械 |
| — manipulator | 自動控制器 | オートマニピュレータ | 自動控制器 |
| — manufacture | 生產自動化 | 自動生産 | 生产自動化 |
| — mechanism | 自動化機構 | 自動化機構 | 自動化机构 |
| — milling machine | 自動化銑床 | 自動フライス盤 | 自動化铣床 |
| — optimization | 自動最佳化 | 自動観測装置 | 自動最佳化 |
| — observer | 自動觀測移 | 自動給油器 | 自動观测移 |
| — oil feeder | 自動潤滑器 | 自動操作 | 自動润滑器 |
| — operation | 自動操作 | 自動最適化 | 自動操作 |
| — ordering system | 自動訂貨系統 | 自動発注システム | 自動订货系统 |
| — packaging machine | 自動包裝機 | 自動包装機 | 自動包装机 |
| — process planning | 自動化工程設計 | 自動工程設計化 | 自動化工程设计 |
| — programming language | 自動化程式設計語言 | 自動プログラミング | 自動化程式设计语言 |

| 英　　文 | 臺　　灣 | 日　　文 | 大　　陸 |
|---|---|---|---|
| — route setting device | 自動聯銷裝置 | 自動小銃 | 自动联销装置 |
| — rifle | 自動步槍 | 自動連動裝置 | 自动步枪 |
| — run back device | 自動倒轉裝置 | ランバック裝置 | 自动倒转装置 |
| — running | 自動運轉 | 自動運転 | 自动运转 |
| — safety valve | 自動安全閥 | 自動安全弁 | 自动安全阀 |
| — screw machine | 自動車床 | ねじ自動盤 | 自动车床 |
| — sizing instrument | 自動測量裝置 | 自動定寸裝置 | 自动测量装置 |
| — sizing machine | 自動校正設備 | 自動定寸裝置 | 自动校正设备 |
| — skidding device | 自動停止裝置 | 自動停止裝置 | 自动停止装置 |
| — speed governor | 自動速度調節機 | 自動速度調節機 | 自动速度调节机 |
| — speed regulation | 自動調速 | 自動速度調整 | 自动调速 |
| — spot welding | 自動點焊 | 自動スポット溶接 | 自动点焊 |
| — spray apparatus | 自動噴涂裝置 | 自動式スプレー裝置 | 自动喷涂装置 |
| — spraying machine | 自動噴霧器 | 自動噴霧器 | 自动喷雾器 |
| — sprinkler system | 自動消火器 | 自動滅火器 | 自动消火器 |
| — start | 自動起動 | 自動起動 | 自动起动 |
| — starter | 自動始動機 | 自動起動器 | 自动始动机 |
| — starting device | 自動起動裝置 | 自動起動裝置 | 自动起动装置 |
| — starting pavil | 自動起動盤 | 自動起動盤 | 自动起动盘 |
| — stereotype caster | 自動鉛版鑄造機 | 自動鉛版鑄造機 | 自动铅版铸造机 |
| — stop valve | 自動止水閥 | 自動断流閥 | 自动止水阀 |
| — stopper | 自動制動器 | 自動著床裝置 | 自动制动器 |
| — stopping device | 自動停止裝置 | 自動停止裝置 | 自动停止装置 |
| — storage area | 自動存儲區 | 自動的記憶域 | 自动存储区 |
| — substation | 自動變電所 | 自動変電所 | 自动变电所 |
| — supervision | 自動監視 | 自動監視 | 自动监视 |
| — surfacer | 自動刨床 | 自動送りかんな盤 | 自动刨床 |
| — switching system | 自動交換方式 | 自動交換方式 | 自动交换方式 |
| — synchronization | 自動同步 | 自動同期 | 自动同步 |
| — system supervision | 自動系統監視 | 系統自動監視 | 自动系统监视 |
| — temperature control | 溫度自動調節 | 自動温度調節 | 温度自动调节 |
| — temperature regulator | 自動溫度調節器 | 自動温度調節 | 自动温度调节器 |
| — test | 自動試驗 | 自動試驗 | 自动试验 |
| — test equipment | 自動檢查裝置 | 自動検査裝置 | 自动检查装置 |
| — testing | 自動探傷 | 自動探傷 | 自动探伤 |
| — testing equipment | 自動檢測裝置 | 自動テスト裝置 | 自动检测装置 |
| — thermostat | 自動溫度調節器 | 自動温度調節器 | 自动温度调节器 |
| — transfer | 自動搬送 | 自動搬送 | 自动搬送 |
| — transfer equipment | 自動轉換裝置 | 自動移送裝置 | 自动转换装置 |
| — transit system | 自動傳輸系統 | 自動輸送システム | 自动传输系统 |

| 英　　文 | 臺　　灣 | 日　　文 | 大　　陸 |
|---|---|---|---|
| — transmitter | 自動發射機 | 自動送信機 | 自动 |
| — transport system | 自動化交通系統 | 自動走行切断のこぎり | 自动化交通系统 |
| — traveling cut-off saw | 自動切割鋸 | 自動輸送システム | 自动切割锯 |
| — trpe buffing machine | 自動拋光器 | 自動形バフ研磨機 | 自动（型）拋光器 |
| — trpe caster | 自動活字鑄造機 | 自動活字鋳造機 | 自动活字铸造机 |
| — warehouse | 自動倉庫儲 | 自動倉庫 | 自动仓库储 |
| — weld | 自動溶接 | 自動溶接 | 自动溶接 |
| — welding | 自動溶接 | 自動溶接 | 自动溶接 |
| — welding machine | 自動溶接機 | 自動溶接機 | 自动溶接机 |
| **automatized machine** | 自動化機械 | 自動化機械 | 自动化机械 |
| **automatograph** | 自動記錄器 | 自動記録器 | 自动记录器 |
| **autoechanism** | 自動機構 | 自動機構 | 自动机构 |
| **automobile** | 汽車 | 自動車 | 车辆 |
| — body | 汽車車身 | 自動車の車体 | 汽车车身 |
| — body press | 汽車車身壓床 | 自動車車体プレス | 汽车车身压床 |
| — component | 汽車零件 | 自動車部品 | 汽车零件 |
| — enamel | 汽車磁漆 | 自動車用エナメル | 汽车磁漆 |
| — engine | 汽車發動機 | 自動車用機関 | 汽车发动机 |
| — exhaust | 汽車廢氣 | 自動車排気ガス | 汽车废气 |
| — exhaust gas | 汽車廢氣 | 自動車排出ガス | 汽车废气 |
| — fuel | 汽車燃料 | 自動車燃料 | 汽车燃料 |
| — oil | 汽車潤滑油 | モービル油 | 汽车润滑油 |
| — part | 汽車零件 | 自動車部品 | 汽车零件 |
| **automotive body** | 汽車車身 | 自動車の車体 | 汽车车身 |
| — fuel | 汽車燃料 | 自動車燃料 | 汽车燃料 |
| — gasoline | 汽車汽油 | 自動車ガソリン | 汽车汽油 |
| — industry | 汽車工業 | 自動車工業 | 汽车工业 |
| — robot | 獨立機器人 | 自律ロボット | 独立机器人 |
| **autoped** | 小型摩托車 | オートペッド | 小型摩托车 |
| **autoregulator** | 自動調節器 | オートレギュレータ | 自动调节器 |
| **autorelay** | 自動繼電器 | 自動継電器 | 自动继电器 |
| **auto-repeat** | 自動重播 | オートリピート | 自动重播 |
| **auto-reverse** | 自動反轉 | 自動反転（機構） | 自动反转 |
| **autorotation** | 自轉 | 自転 | 自转 |
| **auto-scan** | 自動掃描 | オートスキャン | 自动扫描 |
| **autoscope** | 點火檢查示波器 | オートスコープ | 点火检查示波器 |
| **auto-screen** | 自動濾綱 | 除じん機 | 自动滤纲 |
| **auto-shut-off** | 自動關閉 | オートシャットオフ | 自动关闭 |
| **auto-sizing device** | 自動定位裝置 | 自動定寸装置 | 自动定位装置 |
| **autostack building** | 自動倉儲 | オートスタックビル | 自动仓储 |

| 英　　文 | 臺　　灣 | 日　　文 | 大　　陸 |
|---|---|---|---|
| auto-steerer | 自動轉向裝置 | 自動かじ取り裝置 | 自动转向装置 |
| auto-tricycle | 三輪卡車 | オート三輪 | 三轮卡车 |
| autovalve | 自動閥 | 自動弁 | 自动阀 |
| autowasher | 自動洗滌器 | オートワッシャ | 自动洗涤器 |
| auxiliaries | 附件;輔機 | 補機 | 辅助设备 |
| — air compressor | 輔助空氣壓縮機 | 補助空気圧縮機 | 辅助空气压缩机 |
| — air ejector | 輔助空氣噴射器 | 補助空気エゼクタ | 辅助空气喷射器 |
| — air reservoir | 輔助儲氣器 | 補助空気だめ | 辅助储气器(筒) |
| — air valve | 輔助汽閥 | 補助エアバルブ | 辅助汽阀 |
| — amplifier | 輔助放大 | 補助増幅器 | 辅助放大 |
| — anode | 輔助陽極 | 補助アノード | 辅助阳极 |
| — antenna | 輔助天線 | 補助アンテナ | 辅助天线 |
| — apparatus | 輔助設備 | 補助裝置 | 辅助设备 |
| — arrangement | 輔助裝置 | 補助裝置 | 辅助装置 |
| — boiler | 輔助鍋爐 | 補助ボイラ | 辅助锅炉 |
| — boom | 輔助懸臂 | 補助ブーム | 辅助(悬)臂 |
| — brake | 副制動器 | 補助ブレーキ | 辅助闸 |
| — braking devices | 輔助剎車裝置 | 補助制動裝置 | 辅助刹车装置 |
| — burner | 輔助燃燒器 | 助燃バーナ | 辅助燃烧器 |
| — carry | 輔助進位 | 補助けた上げ | 辅助进位 |
| — cathode | 輔助陰極 | 補助カソード | 辅助阴极 |
| — circle | 輔助圓 | 補助円 | 辅助圆 |
| — circuit | 輔助電路 | 補助回路 | 辅助电路 |
| — circuit tamp delivery | 泵增壓回路 | ポンプ補助回路 | 泵增压回路 |
| — circulating pump | 輔助循環泵 | 補助循環ポンプ | 辅助循环泵 |
| — coil | 輔助線圈 | 補助コイル | 辅助线圈 |
| — computing system | 輔助計算系統 | 補助計算システム | 辅助计算系统 |
| — condenser pump | 輔助冷凝泵 | 補助復水ポンプ | 辅助冷凝泵 |
| — condenser | 輔助冷凝器 | 補助復水器 | 辅助冷凝器 |
| — drive turbine | 輔助驅動渦輪機 | 補機駆動タービン | 辅助驱动涡轮机 |
| — driving device | 輔助驅動裝置 | 補助駆動裝置 | 辅助驱动装置 |
| — drum | 輔助滾筒 | 補助ドラム | 辅助滚筒 |
| — engine | 輔助動力機 | 補機用エンジン | 辅助发动机 |
| — equation | 輔助方程 | 補助方程式 | 辅助方程 |
| — equipment | 輔助器材 | 補助器材 | 辅助器材 |
| — facilities | 輔助設施 | 補助施設 | 辅助设施 |
| — fan | 輔助風扇 | 補助送風機 | 辅助风扇 |
| — feed line | 水系給水系統 | 補助給水系 | 辅助给水系统 |
| — feed pump | 給助給水泵 | 補助給水ポンプ | 辅助进给泵 |
| — feed valve | 給助給水閥 | 補助給水弁 | 辅助进给阀 |

| 英　　文 | 臺　　灣 | 日　　文 | 大　　陸 |
|---|---|---|---|
| — fuel tank | 副油箱 | 補助（燃料） | 副油箱 |
| — generator | 輔助發電機 | 補助発電機 | 辅助发电机 |
| — girder | 輔助橫梁 | 補助げた | 辅助横梁 |
| — governor | 輔助調速器 | 補助調速機 | 辅助调速器 |
| — head | 輔助頭 | 補助ヘッド | 辅助头 |
| — heater | 輔助加熱器 | 補助ヒータ | 辅助加热器 |
| — holst dtum | 副捲筒 | 補巻きドラム | 副卷筒 |
| — jack | 輔助塞孔 | 補助ジャック | 辅助塞孔 |
| — jet | 輔助噴油嘴 | 補助ジェット | 辅助喷油嘴 |
| — keyboard | 輔助鍵盤 | 補助けん盤 | 辅助键盘 |
| — lamp | 輔助燈 | 補助ランプ | 辅助灯 |
| — lane | 輔助車道 | 付加車線 | 辅助车道 |
| — machine | 輔助機械裝置 | 補助機械 | 辅助机械装置 |
| — machinery | 輔助設備 | 補機器 | 辅助设备 |
| — material | 輔助材料 | 補助材料 | 辅助材料 |
| — memory | 輔助記憶裝置 | 補助メモリ | 辅助记忆装置 |
| — memory unit | 輔助記憶裝置 | 補助記憶装置 | 辅助记忆装置 |
| — nozzle | 輔助噴嘴 | 補助ノズル | 辅助喷嘴 |
| — oil pump | 輔助油泵 | 補助油ポンプ | 辅助油泵 |
| — projecting plane | 輔助投影面 | 副投影面 | 辅助投影面 |
| — projection | 輔助投影 | 補助投影 | 辅助投影 |
| — projection drawing | 輔助投影圖 | 補助投影図 | 辅助投影图 |
| — pump | 輔助水泵 | 補助ポンプ | 辅助水泵 |
| — ram | 輔助滑塊 | 補助ラム | 辅助滑块 |
| — reservoir | 輔助風缸 | 補助空気だめ | 辅助储气筒 |
| — rotor | 輔助螺旋槳 | 補助回転翼 | 辅助螺旋桨 |
| — routine | 輔助程序 | 補助ルーチン | 辅助〔例行〕程序 |
| — rudder | 副舵 | 補助かじ | 辅助舵 |
| — servomotor | 輔助伺服 | 補助サーボモータ | 辅助伺服 |
| — spring | 副彈簧 | 補助ばね | 辅助弹簧 |
| — still | 輔助蒸餾塔 | 補助蒸留塔 | 辅助蒸馏塔 |
| — storage | 輔助記憶裝置 | 補助ストレージ | 辅助记忆装置 |
| — switch | 輔助開關 | 補助スイッチ | 辅助开关 |
| — tank | 輔助備用油（水）箱 | 補助タンク | 辅助备用油（水）箱 |
| — thermometer | 輔助溫度計 | 補助温度計 | 辅助温度计 |
| — tool | 輔助工具 | 補助工具 | 辅助工具 |
| auximone | 發育激素 | 植物生成促進剤 | 发育激素 |
| auxin | 茁長素 | オーキシン | 苗长素 |
| availability | 可供用性 | 可用性 | 有效性 |
| — factor | 運行係數 | 稼動率 | 运行系数 |

| 英　　文 | 臺　　灣 | 日　　文 | 大　　陸 |
|---|---|---|---|
| — ratio | 利用率 | 稼動率 | 利用率 |
| available | 有效氯 | 有効塩素 | 有效氯 |
| avalanche | 雪崩 | 雪崩 | 雪崩 |
| aventurine | 砂金石 | 砂金石 | 砂金石 |
| — feldspar | 日長石 | 日長石 | 日长石 |
| average | 平均值 | 平均 | 平均值 |
| — density | 平均密度 | 平均密度 | 平均密度 |
| — durable years | 平均耐用年數 | 平均耐用年数 | 平均耐用年数 |
| — error | 平均誤差 | 平均エラー | 平均误差 |
| — products | 平均產量 | 平均積 | 平均产量 |
| — speed | 平均速率 | 平均速度 | 平均速率 |
| — stress | 平均應力 | 平均応力 | 平均应力 |
| — temperature | 平均溫度 | 平均温度 | 平均温度 |
| — thickness | 平均厚度 | 平均厚さ | 平均厚度 |
| — value | 平均值 | 平均值 | 平均值 |
| axes of principal stress | 主應力軸 | 主応力軸 | 主应力轴 |
| — system fixed in space | 固定座標系 | 空間固定座標系 | 固定座标系 |
| — system fixed in body | 固定座標系 | 物体固定座標系 | 固定座标系 |
| axial angle | 軸角 | 軸角 | 轴交角 |
| — clearance | 軸向間隙 | 軸向き透き間 | 轴向间隙 |
| — clutch | 軸向離合器 | 軸向きクラッチ | 轴向离合器 |
| — compression | 軸向壓縮 | 軸（方向）圧縮 | 轴向压缩 |
| — compression ratio | 軸向壓力比 | 軸圧比 | 轴向压力比 |
| — compressive force | 軸壓縮力 | 軸圧縮力 | 轴压缩力 |
| — drive bevel pinion | 軸驅動小斜齒輪 | 車軸駆動かさ歯車 | 轴驱动小斜齿轮 |
| — engine | 軸流式發動機 | 軸流発動機 | 轴流式发动机 |
| — fan | 軸流風扇 | 軸流ファン | 轴流式风机 |
| — feed | 軸向進刀 | アキシャルフィード | 轴向进刀 |
| — flow | 軸向流動 | 軸流 | 轴向流动 |
| — flow blower | 鼓風機 | 軸流ブロワ | 鼓风机 |
| — flow compressor | 軸流壓縮機 | 軸流圧縮機 | 轴流压缩机 |
| — flow force | 軸向流動力 | 軸方向流体力 | 轴向流动力 |
| — flow pump | 軸流泵 | 軸流ポンプ | 轴流泵 |
| — flow turbine | 軸流輪機 | 軸流タービン | 汽轮机 |
| — force | 軸向力 | 軸力 | 轴向力 |
| — force components | 軸向分力 | 軸方向の力 | 轴向分力 |
| — force diagram | 軸向力圖 | 軸方向力図 | 轴向力图 |
| — grinding force | 軸向磨削力 | 軸方向研削抵抗 | 轴向磨削力 |
| — groove | 軸向排層槽 | 軸方向溝 | 轴向排层槽 |
| — length | 軸向長度 | 軸方向長さ | 轴向长度 |

| 英　　文 | 臺　　灣 | 日　　文 | 大　　陸 |
|---|---|---|---|
| — load | 軸向負載 | 軸方向荷重 | 軸荷重 |
| — module | 軸向模度 | 軸方向モジュール | 軸向模度 |
| — pitch | 軸向節距 | 軸方向ピッチ | 軸向节距 |
| — plane | 軸線平面 | 軸平面 | 軸平面 |
| — pressure | 軸壓力 | 軸圧力 | 軸压力 |
| — pump | 軸流泵 | 軸流ポンプ | 軸流泵 |
| — ratio | 軸　向比 | 軸比 | 軸(向)比 |
| — reinforcement | 軸向鐵筋 | 軸方向鉄筋 | 軸向钢筋 |
| — resistance | 軸向抗力 | 押込み抵抗 | 軸向抗力 |
| — seal | 軸向密封 | 軸方向シール | 軸向密封 |
| — strength | 軸向強度 | 軸方向強さ | 軸向强度 |
| — stess | 軸向應力 | 軸応力 | 軸向应力 |
| — symmetry | 軸向對稱 | 軸対称 | 軸对称 |
| — tension | 軸向拉力 | 軸引っ張り力 | 軸向拉力 |
| — thrust | 軸向推力 | 軸(方向)スラスト | 軸向推力 |
| — tooth profile | 軸向齒形 | 軸歯形 | 軸向齿形 |
| — turbocharger | 軸流式渦輪增壓器 | 軸流タービン過給機 | 軸流式涡轮增压器 |
| — type | 軸流式 | アキシアルタイプ | 軸流式 |
| — axis | 軸線；坐標軸 | 軸線 | 軸线；坐标轴 |
| — arm | 車輪軸 | 車輪軸 | 车轮轴 |
| — of abscissa | 橫坐標軸 | 横(座標)軸 | 横坐标轴 |
| — of centroid | 形心軸 | 材軸 | 形心軸 |
| — of coordinates | 坐標軸 | 座標軸 | 坐标轴 |
| — of earth | 地軸 | 地軸 | 地軸 |
| — of elasticity | 彈性軸 | 弾性軸 | 弹性軸 |
| — of incidence | 投影軸 | 投射軸 | 投影軸 |
| — of inertia | 慣性軸 | 慣性軸 | 惯性軸 |
| — of lens | 光軸 | 光軸 | 光軸 |
| — of motion | 運動軸 | 運動軸 | 运动軸 |
| — of ordinate | 縱坐標軸 | 縦座標軸 | 纵坐标軸 |
| — of rotation | 旋轉軸 | スピン軸 | 旋转軸 |
| — of tension | 張力軸 | 引っ張り軸 | 张力軸 |
| — of weld | 焊接軸線 | 溶接軸 | 焊接軸线 |
| — shaft line | 軸線 | 軸線 | 軸线 |
| — body | 軸對稱物體 | 軸対称物体 | 軸对称物体 |
| axle | 軸；車軸 | 車軸 | 軸；车軸 |
| — box | 軸箱 | 軸箱 | 軸箱 |
| — box body | 軸箱体 | 軸箱体 | 軸箱体 |
| — box seating | 軸箱座 | 軸箱座 | 軸箱座 |
| — friction | 輪軸摩擦 | 軸摩擦 | 轮軸摩擦 |

| 英　　文 | 臺　　灣 | 日　　文 | 大　　陸 |
|---|---|---|---|
| — grease | 軸車用滑 | 車軸グリース | 轴用润滑脂 |
| — lathe | 車軸車床 | 車軸旋盤 | 车轴车床 |
| — load | 軸載重 | （車）軸荷重 | 轴重 |
| — shaft gear | 驅動軸齒輪 | アクスルシャフトギヤー | 驱动轴齿轮 |
| — sleeve | 軸楲套 | 車軸筒接 | 轴套 |
| — spring gear | 軸彈簧裝置 | 軸ばね装置 | 轴弹簧装置 |
| — steering | 轉向軸 | アクスルステアリング | 转向轴 |
| **axonometry** | 等角投影圖法 | アキソノメトリ | 等角投影图法 |
| **azeotropic agent** | 恆沸劑 | 共沸剤 | 恒沸剂 |
| — composition | 恆沸組成 | 共沸組成 | 恒沸组成 |
| — distillation | 共沸蒸餾 | 共沸蒸留 | 共沸蒸馏 |
| — mixture | 共沸混合物 | 共沸混合物 | 共沸混合物 |
| — point | 共沸點 | 共沸点 | 共沸点 |
| — solution | 共沸溶液 | 共沸溶液 | 共沸溶液 |
| — temperature | 共沸溫度 | 共沸温度 | 共沸温度 |
| **azeotropy** | 共沸性 | 共沸現象 | 共沸（性） |
| **azimuth** | 方位角；方位 | 方位角 | 方位角; 方位 |
| — accuracy | 方位角精度 | 方位角精度 | 方位（角）精度 |
| **alignment** | 方位準直 | アジマス規正 | 方位准直 |
| — angle | 方位角 | アジマス角 | 方位角 |
| — calibrator | 方位角校準器 | 方位（角）校正器 | 方位（角）校准器 |
| — circle | 方位盤度 | 方位環 | 方位盘度 |
| — control | 方位角控制 | アジマス調整 | 方位（角）控制 |
| — difference | 視差 | 視差 | 視差 |
| — factor | 方向係數 | 方位係数 | 方向系数 |
| — index | 方位角指標 | 方位角指標 | 方位（角）指标 |
| — indicating meter | 方位指示器 | 方位指示器 | 方位指示器 |
| — indicator | 方位角指示器 | 方向角指示器 | 方位角指示器 |
| — instrument | 方位測定儀 | 方位測定具 | 方位测定仪 |
| — line | 方位角線 | 方位角線 | 方位（角）线 |
| — loss | 方位損耗 | アジマス損失 | 方位损耗 |
| — micrometer | 方向測微計 | 方向マイクロメータ | 方向测微计 |
| — mirror | 方位鏡 | 方位鏡 | 方位镜 |
| — ring | 方位掃描器 | 方位環 | 方位扫描器 |
| — table | 方位角表 | 方位角表 | 方位（角）表 |
| **azimuthal angle** | 方位角 | 方位角 | 方位角 |
| — projection | 方位投影 | 方位図法 | 方位投影 |

| 英　　文 | 臺　　灣 | 日　　文 | 大　　陸 |
|---|---|---|---|
| B bond | B結合劑 | Bボンド | B结合剂 |
| Babbit | 軸承合金；巴氏合金 | 軸受金 | 軸承合金；巴氏合金 |
| — bushing | 巴氏合金軸套 | バビットブッシング | 巴氏合金軸套 |
| — metal | 軸承合金；耐磨合金 | バビットメタル | 軸承合金；耐磨合金 |
| Babbited guide | 巴氏合金的導軌 | バビットガイド | 巴氏合金的导轨 |
| back | 基座 | 背面〔部〕 | 基座 |
| — axle | 後車軸 | 後車軸 | 後车轴 |
| — bar | 墊板 | バックバー | 垫板 |
| — mirror | 後視鏡 | バックミラー | 後视镜 |
| — nut | 支承螺母 | バックナット | 支承螺母 |
| — pedal brake | 反踏制動 | 逆踏みブレーキ | 反踏制动 |
| — ring | 墊環 | バックリング | 垫环 |
| — roll | 支承(軋)輥 | バックロール | 支承(轧)辊 |
| — run | 反轉；逆行 | バックラン | 反转；逆行 |
| — saw | 手鋸 | 背付のこ | 手锯 |
| — view | 後視圖 | 背面図 | 後视镜 |
| backacter | 反鏟挖土機 | ドラグショベル | 反铲挖土机 |
| backbone | 主鏈；構架；骨架 | 主鎖 | 主链；构架；骨架 |
| — chain | 主鏈 | 主鎖 | 主链 |
| — structure | 主鏈結構 | 主鎖構造 | 主链结构 |
| — tray framp | 脊梁式車 | バックボーントレイフレーム | 脊梁式车 |
| backed off tap | 鏟齒絲錐 | 二番取りタップ | 铲齿丝锥 |
| backer | 背襯材料 | 捨張り | 背衬材料 |
| backfill | 回填 | 裏込め | 回填 |
| backfiller | 覆土機 | バックフィラ | 覆土机 |
| back-flow | 逆流 | 逆流 | 逆流 |
| — preventer | 回流防止器 | バックフロー防止器 | 回流防止器 |
| — valve | 止回閥 | 逆流防止弁 | 止回阀 |
| background | 背景；基底 | 背景 | 背景；基底 |
| — concentration | 背景濃度 | バックグラウンド濃度 | 背景浓度 |
| — noise level | 背景噪音電平 | 暗騒音レベル | 背景噪音电平 |
| backheating | 逆熱 | 戻り加熱 | 逆热 |
| backing | 反轉；支撐 | 反転 | 反转；支撑 |
| — angle | 背墊短角材 | 裏当て山形材 | 背垫短角材 |
| — bar | 墊板 | 裏当て金 | 垫板 |
| — coat | 襯裡塗料 | 裏面塗り | 衬里涂料 |
| — disc | 圓盤形墊板 | バッキングディスク | 圆盘形垫板 |
| — material | 襯裡 | 裏材料 | 衬里 |
| — pass | 背面焊(縫) | 裏溶接 | 背面焊(缝) |
| — ring | 墊圈 | 裏当て金 | 垫圈 |

| 英　文 | 臺　灣 | 日　文 | 大　陸 |
|---|---|---|---|
| — roll | 支承輥 | 受けロール | 支承辊 |
| — run | 背面焊（縫） | 裏溶接 | 背面焊（缝） |
| — storage | 輔助記憶裝置 | 補助記憶裝置 | 辅助记忆装置 |
| — strip | 背托條 | 裏当て金 | 〔焊接〕垫板；冷铁 |
| **backlash** | 齒隙；間隙 | もどり爆風 | 齿隙；间隙 |
| — adjusting screw | 齒隙調整螺釘 | バックラッシュ調節ねじ | 齿隙调整螺钉 |
| — eliminator | 〔螺紋〕間隙消除裝置 | バックラッシュ除去装置 | 〔螺纹〕间隙消除装置 |
| — spring | 消隙彈簧 | バックラッシュスプリング | 消隙弹簧 |
| **backlog** | 儲備 | バックログ | 储备 |
| **backpitch** | 〔鉚接頭的〕行距 | 横ピッチ | 〔铆接头的〕行距 |
| **backplane** | 底板 | 背面 | 底板 |
| **backpressure** | 背壓 | 背圧 | 背压 |
| — valve | 止回閥 | 背圧弁 | 止回阀 |
| **backstop** | 棘爪 | 逆転防止装置 | 棘爪 |
| — clutch | 單向離合器 | バックストップクラッチ | 单向离合器 |
| **backward** | 反向 | 逆方向 | 反向 |
| — eccentric | 後退偏心輪 | 後進偏心輪 | 後退偏心轮 |
| — extrusion | 反向劑壓 | 後方押出し | 反向剂压 |
| — feed | 倒退進給 | 逆送り | 回程进给 |
| — flow | 逆流 | 逆流 | 逆流 |
| — gear | 倒退裝置 | 後進装置 | 倒退装置 |
| — impedance | 反向阻抗 | 逆方向インピーダンス | 反向阻抗 |
| — movement | 反向退運動 | 後退運動 | 反退运动 |
| — fead | 反向讀出 | 逆読取り | 反向读出 |
| — sight | 後視 | 反視 | 倒排 |
| — stitch | 反進給 | 逆送り | 反进给 |
| — stroke | 回程 | 後進行程 | 回程 |
| — tension | 後張力 | 逆張力 | 逆张力 |
| — tilting | 後傾 | 後傾 | 後傾 |
| — voltage | 反向電壓 | バックワードボルテージ | 反向电压 |
| — wave | 回波 | 後進波 | 回波 |
| **backwash** | 逆洗 | 後流 | 逆洗 |
| — pump | 逆洗泵 | 逆洗ポンプ | 逆洗泵 |
| — valve | 逆洗閥 | 復水器逆洗弁 | 逆洗阀 |
| **backwasher** | 洗毛機 | バックウォッシャ | 洗毛机 |
| **backwater** | 反向沖水 | 洗浄水 | 反冲水 |
| — brake | 背水閘 | バッグウォータブレーキ | 背水闸 |
| **bad cast** | 粘附 | よりつけ節 | 粘附 |
| — conductor | 不良導體 | 不良導体 | 不良导体 |
| — contact | 不良接點 | 不良接点 | 不良接点 |

| 英　　文 | 臺　　灣 | 日　　文 | 大　　陸 |
|---|---|---|---|
| — earth | 不良接地 | 不良接地 | 不良接地 |
| **baddeleyite** | 斜鋯石 | バッデレイ石 | 斜锆石 |
| **badenite** | 鉍砷鎳鈷礦 | バデニ石 | 铋砷镍钴矿 |
| **Badin metal** | 巴丁脱氧鐵合金 | バーディンメタル | 巴丁脱氧铁合金 |
| **baeumlerite** | 氯鉀鈣石 | ベイムレライト | 氯钾钙石 |
| **baffle** | 擋板牆；阻板 | 導風板 | 导流板 |
| — board | 阻流板 | バッフル板 | 阻流板 |
| — plate | 擋板；緩衝板 | そらせ板 | 挡板；缓冲板 |
| — plate thickener | 擋板濃縮器 | 傾斜板シックナ | 挡板浓缩器 |
| — ring | 擋環；隔環 | バッフルリング | 挡环；隔环 |
| — shield | 隔板屏蔽 | 板しゃへい | 隔板屏蔽 |
| — making machine | 製袋機 | 製袋機 | 制袋机 |
| — mo lding | 〔橡皮〕袋成形 | バッグモールディング | 〔橡皮〕袋成形 |
| — rack | 行李架；背包架 | 衣のうだな | 行李架；背包架 |
| **baggage** | 小行李 | 荷物 | 小包裹存放室 |
| — car | 搬運車 | 荷物車 | 搬运车 |
| **baghouse** | 袋濾器 | 袋室 | 袋滤器 |
| **baikalite** | 裂鈣鐵輝石 | バイカライト | 裂钙铁辉石 |
| **bail** | 吊環；吊包 | 釣り環 | 吊环；吊包 |
| — chain | 戽頭鏈 | ベールチェーン | 戽头链 |
| **bailey** | 外柵 | ベーリ | 外栅 |
| **bainite** | 變軔 | ベイナイト | 贝氏体 |
| — hardening | 變軔淬火 | ベイナイト焼入れ | 贝氏体淬火 |
| — range | 變軔体區 | ベイナイト区域 | 贝氏体区 |
| — structure | 變軔体組織 | ベイナイト組織 | 贝氏体组织 |
| — tempering | 水溶器 | ベイナイト焼戻し | 水溶器 |
| — treatment | 變軔回火 | ベイナイト処理 | 贝氏体回火 |
| **bain-marie** | 貝氏体處理 | ベンマリ | 贝氏体处理 |
| **bake** | 烘；焙；烤；燒固 | 焼成 | 烘；焙；烤；烧固 |
| — furnace | 烘焙爐 | ベーク炉 | 烘焙炉 |
| — peeling carbon | 剝皮機 | 皮むき機 | 剥皮机 |
| **baked carbon** | 炭精電極 | 焼成炭素 | 炭精电极 |
| — fabricated carbone | 電(阻)炭極 | 焼成加工炭素 | 电(阻)炭级 |
| — flux | 燒結焊劑 | 焼成フラックス | 烧结焊剂 |
| — permeability | 乾透氣性 | 乾態通気性 | 乾透气性 |
| — plaster | 熟石膏 | 焼石こう | 熟石膏 |
| — strength | 乾強度 | 乾態強度 | 乾强度 |
| **bakelite** | 酚醛塑料；電木 | ベークライト | 酚醛塑料；电木 |
| — gear | 膠木齒輪 | ベークライトギヤ | 胶木齿轮 |
| — plate | 電木板 | ベークライト板 | 电木板 |

| 英　　文 | 臺　　灣 | 日　　文 | 大　　陸 |
|---|---|---|---|
| **baker** | 烘爐 | ベーカ | 烘炉 |
| **baking** | 烘乾；加墊乾燥 | 焼付け | 烘乾；加垫乾燥 |
| — black varnish | 瀝青(黑)烤漆 | 焼付け黒ワニス | 沥青(黑)烤漆 |
| — coal | 燒結煤 | 粘結炭 | 烧结煤 |
| — coating | 烤漆 | 加熱乾燥塗料 | 烤漆 |
| — dryness | 烘乾；燒乾 | 焼付け乾燥 | 烘乾；烧乾 |
| — enamel | 烤漆 | 焼付け塗料 | 烤漆 |
| — finish | 烤漆 | 焼付け塗料 | 烤漆 |
| — gas expelling | 加墊去氣 | 加熱脱ガス | 加垫去气 |
| — japans | 烤漆 | ベーキングジャパン | 烤漆 |
| — oven | 烘箱；乾燥爐 | 焼付けがま | 烘箱；乾燥炉 |
| — paint | 烤漆；烘乾塗料 | 焼付け塗料 | 烤漆；烘乾涂料 |
| — powder | 焙粉 | ふくらし粉 | 焙粉 |
| — process | 烘焙法 | ベーキング法 | 烘焙法 |
| — temperature | 烘焙溫度 | ベーキング温度 | 烘焙温度 |
| — test | 烘焙試驗 | ベーキングテスト | 烘焙试验 |
| — varnish | 烤漆 | 焼付けワニス | 烤漆 |
| **balance** | 平衡；天平；剩餘部分 | 平衡 | 平衡；天平；剩馀部分 |
| — adjustment | 天平調整 | 釣り合い調整 | 天平调整(节) |
| — check | 平衡檢查 | 平衡点検 | 平衡检查 |
| — control | 平衡調節 | バランスコントロール | 平衡调节 |
| — converter | 平衡變節器 | バランスコンバータ | 平衡变节器 |
| — crane | 平衡起重機 | 平衡起重機 | 平衡起重机 |
| — cut | 均衡切削 | バランスカット | 均衡切削 |
| — flow-rate | 均衡流量 | 均衡流量 | 均衡流量 |
| — hole | 均壓孔 | 釣り合いホール | 均压孔 |
| — indicator | 平衡指示器 | 平衡指示器 | 平衡指示器 |
| — lever | 平衡桿 | 釣り合いてこ | 平衡杆 |
| — of supply demand | 供需調整 | 需給調整 | 供需调整 |
| — out | 中和 | バランスアウト | 中和 |
| — pipe | 均衡管 | 平衡管 | 平衡管 |
| — piston | 均衡活塞 | 釣り合いピストン | 平衡活塞 |
| — plate | 均衡板 | バランスプレート | 平衡片 |
| — pressure | 平衡壓力 | 平衡圧力 | 平衡压力 |
| — protection | 平衡保護 | 平衡保護 | 平衡保护 |
| — quality | 平衡精度 | 釣り合い良さ | 平衡精度 |
| — seat | 平衡座 | 釣り合い受シート | 平衡座 |
| — spring | 均衡彈簧 | バランススプリング | 游丝 |
| — system | 平衡方式(方法) | 釣り合い方式 | 平衡方式(方法) |
| — tab | 〔飛機的〕平衡調整片 | 釣り合いタブ | 〔飞机的〕平衡调整片 |

| 英　　文 | 臺　　灣 | 日　　文 | 大　　陸 |
|---|---|---|---|
| — technique | 平衡技術 | バランス技法 | 平衡技术 |
| — tube | 均壓管 | バランスチューブ | 均压管 |
| — type heater | 平衡式加墊器 | バランスがま | 平衡式加墊器 |
| — valve | 均壓閥 | バランス弁 | 均压阀 |
| — weight | 配重；砝碼 | 釣り合い重り | 配重；砝码 |
| — wheel | 擺輪；平衡輪 | 平衡輪 | 摆轮；平衡轮 |
| — window | 旋轉窗 | 回転窓 | 旋转窗 |
| — error | 對稱誤差 | 平衡誤差 | 对称误差 |
| — instrument | 平衡式儀表 | 平衡式計器 | 平衡式仪表 |
| — method | 對稱法 | 平衡法 | 对称法 |
| — pressure torch | 等壓式焊切割 | 等圧トーチ | 等压式焊(割)炬 |
| — reaction | 可逆反應 | 可逆反応 | 可逆反应 |
| — rigid frame | 平衡剛架 | 均等ラーメン | 平衡刚架 |
| — rudder | 平衡舵 | 釣り合いかじ | 平衡舵 |
| — runner | 平衡轉子 | 釣り合いランナ | 平衡转子 |
| — seal | 平衡密封 | 平衡型シール | 平衡密封 |
| — slide valve | 平衡滑閥 | 釣り合いすべり弁 | 平衡滑阀 |
| — state | 平衡狀態 | 平衡状態 | 平衡状态 |
| — steel area | 平衡鋼筋截面 | 釣り合い鉄筋断面積 | 平衡钢筋截面 |
| — steel ratio | 平衡鋼筋比 | 釣り合い鉄筋比 | 平衡钢筋比 |
| — system | 平衡方式 | 平衡方式 | 平衡方式 |
| — twist | 均衡扭轉 | 均圧より | 均衡扭转 |
| — valve | 均衡閥 | 釣り合い弁 | 均压阀 |
| **balanceless** | 不平衡 | バランスレス | 不平衡 |
| **balancer** | 平衡器 | 平衡器 | 平衡器 |
| **balancing** | 平衡；均衡 | 釣り合い合わせ | 平衡；均衡 |
| — disc | 平衡盤 | 釣り合いディスク | 平衡盘 |
| — disc seat | 平衡盤座 | 釣り合いディスクシート | 平衡盘座 |
| — drum | 平衡滾 | 釣り合いドラム | 平衡滚 |
| — equipment | 平衡設備 | 平衡装置 | 平衡设备 |
| — machine | 平衡試驗機 | 釣り合い試験機 | 平衡试验机 |
| — method | 平衡法 | 釣り合い法 | 平衡法 |
| — moment | 平衡力矩 | 均衡モーメント | 平衡力矩 |
| — out | 中和 | バランシングアウト | 中和 |
| — piece | 平衡塊 | バランシングピース | 平衡块 |
| — test | 平衡試驗 | 釣り合い試験 | 平衡试验 |
| — unit | 平衡裝置 | バランシングユニット | 平衡装置 |
| **bale** | 包；捆 | こおり | 包；捆 |
| — breaker | 拆包機 | 開俵機 | 拆捆器 |
| **baler** | 打包機；壓捆 | こん包機 | 打包器；压捆 |

| 英　　文 | 臺　　灣 | 日　　文 | 大　　陸 |
|---|---|---|---|
| baling | 打包；打捆 | ベール包装 | 打包；打捆 |
| — machine | 打包機 | こん包機 | 打包机 |
| — press | 包裝機 | 荷造り機 | 包装机 |
| balk | 障礙；挫折 | 障害 | 障碍；挫折 |
| — board | 障礙板；隔板 | 障害板 | 障碍板；隔板 |
| — ring | 摩擦環；阻力環 | ボークリング | 摩擦环；阻力环 |
| ball | 球；丸；彈 | 球 | 球；丸；弹 |
| — adapter | 球形轉接器 | ボールアダプタ | 球形转接器 |
| — and ring test | 環球試驗 | 環球試験 | 环球试验 |
| — and roller bearing | 滾動軸承 | ころがり軸受 | 滚动轴承 |
| — and roller bearing grease | 滾動軸承潤滑脂 | ころがり軸受グリース | 滚动轴承润滑脂 |
| — and socket | 球窩聯軸節 | 玉関節 | 球窝联轴节 |
| — and socket bearing | 球窩軸承 | ボールソケット軸受 | 球窝轴承 |
| — and socket coupling | 球窩連接器 | 玉継手 | 球窝联接器 |
| — and socket joint | 球形窩關節 | 球面継手 | 球形接头 |
| — and socket type | 球窩形 | ボールソケット形 | 球窝形 |
| — antenna | 球形天線 | ボールアンテナ | 球形天线 |
| — bearing | 滾珠軸承 | 玉軸受 | 球轴承 |
| — bearing cage | 軸承保持架 | ボールベアリング保持器 | 轴承保持架 |
| — bearing mill | 球磨機 | ボールベアリングミル | 球磨机 |
| — bearing steel | 球軸承鋼 | ボールベアリング鋼 | 球轴承钢 |
| — blast | 拋丸 | ボールブラスト | 抛丸 |
| — bond | 球形接合 | ボールボンド | 球形接合 |
| — burnishing | 鋼球拋光 | 鋼粒研磨 | 钢球抛光 |
| — cage | 〔軸承〕保持架 | ボール保持器 | 〔轴承〕保持架 |
| — catch | 球形拉手 | 玉締め | 球形拉手 |
| — check | 球止回閥 | ボールチェック | 球阀 |
| — check seat | 單向閥球座 | ボールチェックシート | 单向阀球座 |
| — cock valve | 球形旋塞閥 | ボール逆止弁 | 球形止回阀 |
| — cock | 浮旋塞 | 浮き玉コック | 浮球阀 |
| — cock tap | 球閥龍頭 | ボールコックタップ | 球阀龙头 |
| — collar thrust bearing | 球狀環止推軸承 | 玉入りスラスト軸受 | 推力球轴承 |
| — cutter | 球形銑刀 | ボールカッタ | 球形铣刀 |
| — drop resilience | 回跳彈性 | 反発弾性 | 回跳弹性 |
| — end | 球端 | ボールエンド | 球端 |
| — end mill | 球頭立銑刀 | ボールエンドミル | 球头立铣刀 |
| — feed polisher | 送料式鋼球光機 | ボールフィードポリッシャ | 送料式钢球光机 |
| — float | 球形浮筒 | ボールフロート | 浮球阀 |
| — float valve | 浮球閥 | ボールフロート弁 | 浮球阀 |
| — flowmeter | 球形流量計 | ボール流量計 | 球形流量计 |

| 英　　文 | 臺　　灣 | 日　　文 | 大　　陸 |
|---|---|---|---|
| — fuel | 球形燃料 | 球形燃料 | 球形燃料 |
| — grinder | 球磨機 | 玉仕上げ機 | 球磨机 |
| — gudreon | 球臼關節 | 玉軸頭 | 球体軸头 |
| — guide | 滾珠導軌 | ボールガイド | 滚珠导轨 |
| — hammer | 球頭手錘 | ボールハンマ | 球头手锤 |
| — head | 球頭 | ボールヘッド | 球头 |
| — head lock nut | 蓋形螺母 | 袋ナット | 盖形螺母 |
| — hub | 球形襯套 | ボールハブ | 球形衬套 |
| — indentor | 鋼球壓頭 | 鋼球圧子 | 钢球压头 |
| — inpact test | 鋼球碰撞試驗 | ボールインパクトテスト | 钢球碰撞试验 |
| — lap machine | 球磨機 | ボールラップマシン | 球磨机 |
| — pack | 滾動機件 | ボールパック | 滚动机件 |
| — peen hammer | 圓頭鎚 | 丸頭ハンマ | 圆头锤 |
| — pin | 球頭銷 | ボールピン | 球头销 |
| — plunger | 球塞 | ボールプランジャ | 球塞 |
| — race | 球珠座圈 | ボールレース | 轴承座圈 |
| — race bearing | 球軸承 | レース軸受 | 球轴承 |
| — relief valve | 球形安全閥 | ボールリリーフバルブ | 球形安全阀 |
| — socket | 球窩；球形軸套 | 玉受け口 | 球窝；球形轴套 |
| — spout | 〔球軸承的〕溝道 | 玉溝 | 〔球轴承的〕沟道 |
| — tap | 球形閥 | 浮子弁 | 浮球阀 |
| — tension device | 彈子張力器 | ボールテンション | 弹子张力器 |
| — track bearing | 推力球軸承 | スラスト玉軸受 | 推力球轴承 |
| — track | 鋼球溝道 | ボールトラック | (钢)球沟道 |
| — valve | 球閥 | ボール弁 | 球(形)阀 |
| ballasted accumul | 壓載式儲壓器 | 分銅荷重式蓄圧器 | 压载式储压器 |
| balling head | 成球 | ボーリングヘッド | 成球 |
| — matching | 紗球機 | ボーリングマシン | 纱球机 |
| ballistic constant | 衝擊常數 | 衝擊定数 | 冲击常数 |
| — deflection | 加速度誤差 | 加速度誤差 | 加速度误差 |
| — method | 衝擊法 | 衝擊法 | 冲击法 |
| — motion | 衝擊運動 | 衝擊運動 | 冲击运动 |
| balloon | 氣球 | 気球 | 气球 |
| — tire | 低壓輪胎 | バルーンタイヤ | 低压轮胎 |
| — tire wheel | 低壓胎輪 | バルーンダイアホイール | 低压胎轮 |
| ballooning | 膨脹；鼓包 | 膨れ | 膨胀；鼓包 |
| ballpeen hammer | 圓頭錘 | 丸頭ハンマ | 圆头锤 |
| balum transformer | 平衡-不平衡變壓器 | バラン変換器 | 平衡-不平衡变压器 |
| balustrade | 欄桿；扶手 | 欄干 | 栏杆；扶手 |
| band | 帶；波段 | 帯域 | 频带；波段 |

| 英　　文 | 臺　　灣 | 日　　文 | 大　　陸 |
|---|---|---|---|
| ─ casting machine | 帶式鑄造機 | 帯式鋳造機 | 带式铸造机 |
| ─ fuse | 條形保險絲 | 帯ヒューズ | 条形保险丝 |
| ─ grinding | 砂帶磨削 | ベルト研削 | 砂带磨削 |
| ─ plate | 帶板 | 帯板 | 带板 |
| ─ polishing machine | 帶式拋光機 | 帯研磨盤 | 带式抛光机 |
| ─ saw | 帶鋸 | 帯のこ盤 | 带锯 |
| ─ saw blade | 帶鋸條 | 帯のこの刃 | 带锯条 |
| ─ saw shear | 帶鋸剪斷機 | 帯のこ切断機 | 带锯剪断机 |
| ─ saw stretcher | 帶鋸校正機 | 帯のこ癖取り機 | 带锯校正机 |
| ─ scroll saw | 帶鋸機 | 帯のこ盤 | 带锯机 |
| ─ spring | 帶型彈簧（發條） | 板ばね | 板簧；弹簧片 |
| ─ steel | 鋼帶；扁鋼 | 帯鋼 | 带钢；扁钢 |
| ─ tape | 捲尺 | 帯定規 | 卷尺 |
| ─ tire | 實心輪胎 | バンドタイヤ | 实心轮胎 |
| **Bandac** | 斑達克〔軸承〕減摩合金 | バンダック | 斑达克〔轴承〕减摩合金 |
| **bandage** | 皮帶；輪緣 | 帯金 | 皮带；轮缘 |
| **bandknife** | 帶狀刀（片） | バンドナイフ | 带状刀（片） |
| **banjo joint** | 對接接頭 | めがね継手 | 对接接头 |
| **bank** | 台架；銀行 | 堤防 | 台架；银行 |
| **bar** | 棒；（材）；桿；梁 | 棒 | 棒；（材）；杆；梁 |
| ─ agitator | 棒式攪拌機 | かい棒かくはん機 | 棒式搅拌机 |
| ─ antenna | 棒狀天線 | バーアンテナ | 棒状天线 |
| ─ arrangement | 鋼筋布置 | 配筋 | 钢筋布置 |
| ─ arrangement drawing | 配筋圖 | 配筋図 | 配筋图 |
| ─ bender | 彎桿機 | 棒曲機 | 钢筋变曲器 |
| ─ code | 條型碼 | バーコード | 条型码 |
| ─ cropper | 鋼筋切斷機 | バークロッパ | 钢筋切断机 |
| ─ cut-off machine | 棒料切斷機 | 棒鋼切断機 | 棒料切断机 |
| ─ cutter | 切桿機 | 棒切り盤 | 截条机 |
| ─ detector | 鋼筋探測器 | 鉄筋探査器 | 钢筋探测器 |
| ─ drawing | 棒材拉拔 | バー引抜き | 棒材拉拔 |
| ─ graph | 條線圖 | 棒グラフ | 条线图 |
| ─ iron | 鐵條；鐵棒 | 棒鉄 | 铁条；铁棒 |
| ─ lathe | 棒料〔加工〕車床 | バーレース | 棒料〔加工〕车床 |
| ─ lifter | 桿式升降器 | バーリフタ | 杆式升降器 |
| ─ magnet | 條形磁鐵；磁棒 | 棒磁石 | 条形磁铁；磁棒 |
| ─ mill | 棒磨粉機 | 棒鋼圧延機 | 棒钢压延机 |
| ─ printer | 桿式打印機 | バー印字装置 | 杆式打印机 |
| ─ scale | 標尺 | 棒定規 | 标尺 |
| ─ size | 標準尺寸 | 標準型 | 标准尺寸 |

| 英　　文 | 臺　　灣 | 日　　文 | 大　　陸 |
|---|---|---|---|
| — stand | 桿料置架 | 棒材スタンド | 棒料架 |
| — steel | 鋼條 | 棒鋼 | 棒钢；型钢 |
| — stock | 條料 | 棒材 | 棒形轧材 |
| — thermometer | 棒形溫度計 | 棒状温度計 | 棒形温度计 |
| — turning machine | 棒料車床 | バーターニングマシン | 棒料车床 |
| — work | 棒料加工 | バーワータ | 棒料加工 |
| barbed bolt | 帶刺螺栓 | 鬼ボルト | 地脚螺栓 |
| bare aluminum | 裸鋁 | ベアアルミニウム | 裸铝 |
| — copper wire | 裸銅線 | 裸銅線 | 裸铜线 |
| — electrode | 光熔接條 | 裸電極 | 裸焊条 |
| — tube | 裸管 | 裸管 | 裸管 |
| — wire electrode | 裸焊條 | 裸溶接棒 | 裸焊条 |
| barium,Ba | 鋇 | バリウム | 钡 |
| — arsenate | 砷酸鋇 | ひ酸バリウム | 砷酸钡 |
| — bromide | 溴化鋇 | 臭化バリウム | 溴化钡 |
| — carbonate | 碳酸鋇 | 炭酸バリウム | 碳酸钡 |
| — chlorate | 氯酸鋇 | 塩素酸バリウム | 氯酸钡 |
| — cyanide | 氰化鋇 | シアン化バリウム | 氰化钡 |
| — glass | 鋇玻璃 | バリウムカラス | 钡玻璃 |
| — hydrate | 氫氧化鋇 | 水酸化バリウム | 氢氧化钡 |
| — hydride | 氫化鋇 | 水素化バリウム | 氢化钡 |
| — oxide | 氧化鋇 | 酸化バリウム | 氧化钡 |
| — white | 鋇白 | バリウムホワイト | 钡白 |
| — yellow | 鋇黃 | バリウム黄 | 钡黄 |
| bark | 鞣皮 | 樹皮 | 鞣皮 |
| — pocket | 夾皮 | 入皮 | 夹皮 |
| — scraper | 剝皮器 | 皮はぎ器 | 剥皮器 |
| barmatic | 棒料自動送進裝置 | バーマチック | 棒料自动送进装置 |
| barndoor | 遮光罩 | しゃ光ドア | 遮光罩 |
| barnhardtite | 塊黃銅礦 | バーンハード鉱 | 块黄铜矿 |
| baroclite | 傾壓 | 傾圧 | 倾压 |
| barogram | 氣壓圖 | 気圧記録 | 气压图 |
| Baros metal | 巴羅斯鎳鉻合金 | バロメタル | 巴罗斯镍铬合金 |
| baroscope | 晴雨計 | 気圧計 | 晴雨计 |
| barostat | 恆壓器 | 恒圧装置 | 恒压器 |
| barrandite | 鋁紅磷鐵礦 | バランド石 | 铝红磷铁矿 |
| barrel | 桶 | 銃身 | 桶 |
| — bath | 滾鍍槽 | 回転浴 | 滚镀槽（液） |
| — burnishing | 滾筒拋光 | バレルバニッシング | 滚筒抛光 |
| — cam | 桶形凸輪 | 筒形カム | 圆柱形凸轮 |

| 英　　文 | 臺　　灣 | 日　　文 | 大　　陸 |
|---|---|---|---|
| — electroplating | 滾鍍 | バレルめっき | 滚镀 |
| — finish | 滾筒拋光 | バレル仕上げ | 滚筒抛光 |
| — finishing machine | 滾筒拋光機 | バレル研磨機 | 滚筒抛光机 |
| — heater | 滾筒加熱器 | バレルヒータ | 滚筒加热器 |
| — hopper feed | 筒形斗送料 | バレルホッパフィード | 筒形斗送料 |
| — jacket | 筒體套 | バレルジャケット | 筒体套 |
| — length | 筒體長度 | バレルの長さ | 筒体长度 |
| — liner | 筒體襯套 | バレルライナ | 筒体衬套 |
| — lining | 筒體襯裡 | バレルライニング | 筒体衬里 |
| — mixer | 鼓筒式攪拌機 | たる形ミキサ | 鼓筒式搅拌机 |
| — of pump | 泵筒 | ポンプの筒 | 泵筒 |
| — plating | 滾桶電鍍〔滾鍍〕 | 回転めっき | 筒式电镀〔滚镀〕 |
| — polish | 滾筒拋光 | バレル磨き | 滚筒抛光 |
| — processing | 滾筒處理(法) | バレル（加工）法 | 滚筒处理(法) |
| — rolling | 筒式拋光 | バレル仕上げ | 筒式抛光 |
| — shape spring | 鼓形螺旋彈簧 | バレル形スプリング | 鼓形螺旋弹簧 |
| — shaped roller | 球面滾子 | 球面ころ | 球面滚子 |
| — sprayer | 桶式噴霧機(器) | 容器付き噴霧器 | 桶式喷雾机(器) |
| — tumbling | 滾筒滾磨 | バレル磨き | 滚筒滚磨 |
| — type casing | 筒形汽缸 | つぼ形ケーシング | 筒形汽缸 |
| — type ladle | 圓筒形燒包 | バレル型上りで | 圆筒形烧包 |
| — type pump | 鼓形〔高壓〕 | バレル形ポンプ | 鼓形〔高压〕 |
| **barreling** | 齒面條整；滾(研)磨 | バレル研磨 | 齿面条整；滚(研)磨 |
| — time | 研磨時間 | バレル磨き時間 | 研磨时间 |
| **barrier** | 阻擋層；遮斷機 | 障壁 | 阻挡层；隔膜 |
| — beach | 砂州 | 堤州 | 砂州 |
| — coat | 屏蔽性塗層 | しゃ断塗 | 屏蔽性涂层 |
| — coating | 屏蔽塗料 | バリア塗料 | 屏蔽涂料 |
| — flasher | 制動閃光器 | バリアフラッシャ | 制动闪光器 |
| — grid | 阻擋柵 | 障壁グリッド | 阻挡栅 |
| — grid store | 矗擋柵極存儲管 | バリアグリッドストア | 阻挡栅极存储管 |
| — guard | 安全防護柵 | しゃ閉式安全装置 | 安全防护栅 |
| — layer | 阻擋層 | バリア層 | 阻挡层 |
| — line | 制止線 | 制止線 | 制止线 |
| — lock | 道口鎖閉器 | 踏切鎖錠器 | 道口锁闭器 |
| — material | 阻擋材料 | バリア材 | 阻挡材料 |
| — pillar | 間隔礦柱 | 保安炭柱 | 间隔矿柱 |
| **barrow** | 手推車 | 手押し車 | 手推车 |
| **barsowite** | 鈣長石 | バルソウ石 | 钙长石 |
| **barthite** | 砷鋅銅礦 | バース石 | 砷锌铜矿 |

| 英　　文 | 臺　　灣 | 日　　文 | 大　　陸 |
|---|---|---|---|
| barycentre | 座標 | 重心 | 重心 |
| barycentric coordinates | 重心坐標 | 重心座標 | 重心坐标 |
| baryon | 重粒子 | バリオン | 重粒子 |
| baryta | 氧化鋇；重土 | 重土 | 氧化钡；重土 |
| baryte | 重晶石 | 重晶石 | 重晶石 |
| barytine | 重晶石 | 重晶石 | 重晶石 |
| basal angle | 〔鋼結構的〕柱腳角鋼 | 鉄骨柱脚アングル | 〔钢结构的〕柱脚角钢 |
| — body | 基體 | 基底小体 | 基体 |
| basaltite | 玄武岩 | バサルタイト | 玄武岩 |
| base | 底邊；基 | 基本 | 底边（面，屋，脚，座，板） |
| — address | 基地址 | 基底アドレス | 基地址 |
| — cell | 基本單元 | ベースセル | 基本单元 |
| — centered lattice | 底心晶格 | 底心格子 | 底心晶格 |
| — circle | 基圓 | 基円 | 基圆 |
| — circle diameter | 基圓直徑 | 基礎円直径 | 基圆直径 |
| — circular | 基圓 | 基準円 | 基圆 |
| — circular thickness | 基圓齒厚 | 基円周歯厚さ | 基圆齿厚 |
| — color | 底色 | 基本色 | 底色 |
| — course | 基層 | 根積み | 基层 |
| — diameter | 基圓直徑 | ベース直径 | 基圆直径 |
| — failure | 地基塌陷 | 底部破壊 | 地基塌陷 |
| — fan | 爐底風機 | ベースフアン | 炉底风机 |
| — filament | 基纖絲 | 基繊条 | 基纤丝 |
| — film | 底片；基片 | 基膜 | 底片；基片 |
| — finishing | 底層加工 | ベース仕上げ | 底层加工 |
| — flashing | 台基防雨板 | 捨雨押さえ板 | 台基防雨板 |
| — flow discharge | 基底流量 | 基底流出 | 基底流量 |
| — frame | 底座；支架 | 下部架台 | 底座；支架 |
| — gasoline | 基本汽油 | 基ガソリン | 基本汽油 |
| — iron | 原料生鐵；原鐵水 | 母鉄 | 母铁；原铁水 |
| — machine mass | 機體質量 | 本体質量 | 机体质量 |
| — material | 基材 | 支持体 | 基材 |
| — metal | 基底金屬 | 基体金属 | 基底金属 |
| — metal test | 母材試驗片 | 母材試験 | 母材试验 |
| — matal test specimen | 母料試計 | 母材試験片 | 母料试计 |
| — plane | 基面 | 基平面（図） | 基面 |
| — plate | 底板；工作台 | 底板 | 底盘；工作台 |
| — point | 基點；小數點 | 基点 | 原点；小数点 |
| — program | 基本程序 | ベースプログラム | 基本程序 |
| — quantity | 基本量 | 基本量 | 基本量 |

| 英　　文 | 臺　　灣 | 日　　文 | 大　　陸 |
|---|---|---|---|
| — radius | 基圓半徑 | 基円半径 | 基圓半径 |
| — shear | 基底剪力 | ベースシアー | 基底剪力 |
| — shear coefficient | 基部抗剪系數 | ベースシアー係数 | 基部抗剪系数 |
| — shell | 底板 | ベースシート | 底板 |
| — stock | 基本原 | 基本原料 | 基本原 |
| — stone | 基石 | 側石 | 基石 |
| — tab | 基片 | ベースタブ | 基片 |
| **basetone** | 基音 | ベーストーン | 基音 |
| — angle | 底角 | 底角 | 底角 |
| — Bessemer | 鹹性轉爐鑄鐵 | 塩基性ベッセマ鋳鉄 | 咸性转炉铸铁 |
| — Bessemer | 鹹性轉爐 | 塩基性ベッセマ転炉 | 咸性转炉 |
| — Bessemer pig iron | 鹹性轉爐生鐵 | 塩基性ベッセマ銑鉄 | 咸性转炉生铁 |
| — Bessemer steel | 鹹性轉爐爐鋼 | 塩基性転炉鋼 | 咸性转炉炉钢 |
| — boom | 組合式起重機臂架 | 基本ブーム | 组合式起重机臂架 |
| — bore system | 基孔制 | 穴基準式 | 基孔制 |
| — bore system of fits | 基孔制配合 | 穴基準式はめ合い | 基孔制配合 |
| — bottom | 鹹性爐底 | 塩基性炉床 | 咸性炉底 |
| — brick | 鹹性磚 | 塩基性れんが | 咸性砖 |
| — concept | 基本概念 | 基礎概念 | 基本概念 |
| — constituent | 主要成份 | 原成分 | 主要成份 |
| — converter | 鹹性轉爐 | 塩基性転炉 | 咸性转炉 |
| — converter process | 鹹基性轉爐法 | 塩基性転炉法 | 咸基性转炉法 |
| — converter steel | 鹹基性轉爐鋼 | 塩基性転炉鋼 | 咸基性转炉钢 |
| — cycle | 基本周期 | 基本サイクル | 基本周期 |
| — design | 基本設計 | 基本設計 | 基本设计 |
| — element | 基本元件 | ベーシックエレメント | 基本元件 |
| — engineering | 基本設計 | 基本的な設計 | 基本设计 |
| — form | 基本形式 | 基底形式 | 基本形式 |
| — formulation | 基本配合 | 基礎配合 | 基本配合 |
| — frame | 基本結構 | 基本フレーム | 基本结构 |
| — function | 基本功能 | 基本機能 | 基本功能 |
| — hearth | 鹹性敞爐 | 塩基性炉 | 咸性敞炉 |
| — hole system | 基孔制 | 穴基準式 | 基孔制 |
| — hole system of fit | 基孔制配合 | 穴基準式はめ合い | 基孔制配合 |
| — limits | 基本限度 | 基本限度 | 基本限度 |
| — material | 原料；母体 | 原料 | 原料；母体 |
| — mattel | 鹹性金屬 | 塩基性金属 | 咸性金属 |
| — method | 基本方法 | 基本的方法 | 基本方法 |
| — motion | 基本動作 | 基礎動作 | 基本动作 |
| — open-hearth furnace | 鹹基性平爐 | 塩基性平炉 | 咸基性平炉 |

B

| 英　　文 | 臺　　灣 | 日　　文 | 大　　陸 |
|---|---|---|---|
| —open-hearth furnace st | 鹹基性平爐鋼 | 塩基性平炉鋼 | 咸基性平炉钢 |
| —open-hearth process | 鹹性平爐法 | 塩基性平炉法 | 咸性平炉法 |
| —open-hearth alag | 鹹性平爐爐渣 | 塩基性平炉鉱さい | 咸性平炉炉渣 |
| —open-hearth steel | 鹹性平爐鋼 | 塩基性平炉鋼 | 咸性平炉钢 |
| —pig iron | 鹹性生鐵 | 塩基性銑〔鉄〕 | 咸性生铁 |
| —principle | 基本原理 | 基本原理 | 基本原理 |
| —profile | 基本形；基本牙形 | 基本形 | 基本形；基本牙形 |
| —program | 基本程序 | ベーシックプログラム | 基本程序 |
| —property | 基本特性 | 基本特性 | 基本特性 |
| —raw material | 基本原料 | 基礎原料 | 基本原料 |
| —refractory | 鹹性耐火材料 | 塩基性耐火物 | 咸性耐火材料 |
| —shaft system | 基軸制 | 軸基準式 | 基轴制 |
| —size | 基本尺寸 | 基準寸法 | 基本尺寸 |
| —steel | 鹹性鋼 | トーマス鋼 | 咸性钢 |
| —stress | 基本應力 | 基本応力 | 基本应力 |
| —symbol | 基本符號 | 基本記号 | 基本符号 |
| —tolerance | 基本公差 | 基本公差 | 基本公差 |
| —tooth profile | 標准齒形 | 基準歯形 | 标准齿形 |
| —unit | 基本裝置；基本單位 | 基本単位 | 基本装置；基本单位 |
| —weight | 基本重量 | 基本重量 | 基本重量 |
| —wire | 基線 | 原線 | 基线 |
| basicity | 鹹度 | 塩基性度 | 咸度 |
| basifier | 鹹化劑 | 塩基化剤 | 咸化剂 |
| basil biff | 皮布拋光輪 | バズルバフ | 皮布抛光轮 |
| basis | 基底；基線；底座 | 基底 | 基底；基线；底座 |
| —brass | 基準黄銅 | 基準黄銅 | 基准黄铜 |
| —material | 基体材料 | 素地 | 基体材料 |
| —matrix | 基底矩陣 | 基底行列 | 基底矩阵 |
| —metal | 基材 | 素地金属 | 基材 |
| basket | 吊籃；籃形線圈 | 砲塔員席 | 吊篮；篮形线圈 |
| bassanite | 燒石膏 | パッサニ石 | 烧石膏 |
| Basset process | 轉爐制鐵法 | バッセー法 | 转炉制铁法 |
| bassetite | 鐵鈾雲母 | バッセー石 | 铁铀云母 |
| bassic acid | 椴樹酸 | バシック酸 | 椴树酸 |
| basswood oil | 椴樹油 | 椴樹油 | 椴树油 |
| bast fiber | 紉皮纖維 | じん皮繊維 | 纫皮纤维 |
| bastard | 頑石；粗紋的 | バスタード | 顽石；粗纹的 |
| —coal | 硬煤 | 硬質炭 | 硬煤 |
| —cut file | 粗紋銼 | 荒目やすり | 粗纹锉 |
| —granite | 片麻狀花崗岩 | 片麻状花こう岩 | 片麻状花岗岩 |

| 英　　文 | 臺　　灣 | 日　　文 | 大　　陸 |
|---|---|---|---|
| — masonry | 飾面石砌築 | 化粧石積み | 饰面石砌筑 |
| **bastite** | 棱堡 | りょうほう | 棱堡 |
| **bastnaesite** | 氟碳鈰礦 | バストネサイト | 氟碳铈矿 |
| **batafite** | 貝塔石〔鈮鈦軸礦〕 | ベタフォ石 | 贝塔石〔铌钛轴矿〕 |
| **batch** | 分批 | 一束 | 分批 |
| — fabrication | 批量生產 | 集団製造 | 批量生产 |
| — filter | 間歇式過濾器 | バッチ式ろ過機 | 间歇式过滤器 |
| — furnace | 分批熔爐 | バッチ炉 | 间歇式(烘)炉 |
| — manufacturing | 批量生產 | バッチ生産 | 批量生产 |
| — soldering | (分)批；(浸)焊 | バッチソルダリング | (分)批；(浸)焊 |
| — still | 分批蒸餾器 | 回分蒸留塔 | 分批蒸馏器 |
| — system | 分批制 | バッチ式 | 成批〔处理〕方式 |
| — transmission | 分批傳輸 | バッチ伝送 | 分批传输 |
| — type | 分批式；間歇式 | 回送方式 | 分批式；间歇式 |
| **batch-bulk** | 成批 | バッチバルク | 成批 |
| **bath** | 浴池 | 浴 | 浴槽；熔池 |
| — liquid | 溶液 | 浴液 | 溶液 |
| — salt | 鹽洛 | 浴塩 | 盐洛 |
| — solution | 電鍍槽液 | 電解槽液 | 电镀槽液 |
| **batholith** | 底盤；岩盤 | 底盤 | 底盘；岩盘 |
| **batten** | 夾板；撐條 | 帯板 | 板条；方能由线尺 |
| — cap | 外包屋 | かわら棒包み | 外包屋〔金属板屋面的〕 |
| — door | 板條門；透孔板 | ぬき打ち戸 | 板条门；透孔板 |
| **batter** | 歪斜 | ばた | 倾斜 |
| — brace | 斜拉條 | 方づえ | 斜杆 |
| — rule | 定斜尺 | 法定規 | 辈尺；斜度尺 |
| **battery** | 電池；電池組 | 電池 | 蓄电池 |
| — car | 電動車 | 蓄電池車 | 电动车 |
| — case | 電池外殼 | 電そう | 电镀槽 |
| — charge | 電池充電 | 電池充電 | 电池充电 |
| — charger | 充電器 | 蓄電池充電装置 | 电池充电器 |
| — commentator | 電池互換器 | 電池整流子 | 电池互换器 |
| — container | 電池盒 | 電槽 | 电池盒 |
| — cover | 蓄電池蓋 | 蓄電池カバー | 蓄电池盖 |
| — cradle | 電池托架 | 電池受台 | 电池托架 |
| — discharge | 電池放電 | 電池放電 | 电池放电 |
| — efficiency | 電池效率 | 電池効率 | 电池效率 |
| — ignition | 電池點火 | 電池点火 | 电池点火 |
| — impulse | 電池效率 | 電池インパルス | 电池效率 |
| — jar | 電槽；電瓶 | 電槽 | 电槽；电瓶 |

| 英　文 | 臺　灣 | 日　文 | 大　陸 |
|---|---|---|---|
| — loss | 電池損耗 | 電池損 | 电池损耗 |
| — pack | 電池組 | バッテリパック | 电池组 |
| — switch | 電池開關 | バッテリスイッチ | 电池开关 |
| Batu gum | 巴土樹脂 | バッツガム | 巴土树脂 |
| bauxite | 鋁礬土 | 水ばん土鉱 | 铝土 |
| — brick | 鋁礬土磚 | ボーキサイトれんが | 高铝砖 |
| — clay | 鋁質粘土 | ボーキサイト質粘土 | 铝质粘土 |
| — fire brick | 高鋁耐火磚 | バベノ式双晶 | 高铝耐火砖 |
| Baveno law | 貝氏定律 | バベノ定則 | 贝氏定律 |
| Bayr A. G. | 拜耳法 | バイエル | 拜耳法 |
| bayerite | 拜耳石 | バイヤライト | 拜耳石 |
| bayldonite | 砷鉛銅石 | バイルドン石 | 砷铅铜石 |
| bayleyite | 菱鎂軸礦 | バイライト | 菱镁轴矿 |
| bdellium | 芳香樹脂 | 芳香樹脂 | 芳香树脂 |
| bead | 圓緣；聯珠 | 玉緣 | 凸缘；焊珠 |
| — wire | 輪胎鋼絲 | ビードワイヤ | 〔轮胎的〕胎圈钢丝线 |
| beaded edge | 凸緣邊緣 | ビードエッジ | 凸缘边缘 |
| — glass | 粒狀玻璃 | ガラス玉 | 粒状玻璃 |
| — joint | 圓凸縫 | ら目地 | 圆凸缝 |
| beading | 壓出凸緣；縮口；捲邊 | 玉緣 | 压出凸缘；缩口；卷边 |
| — line | 嵌接線 | 玉緣線 | 嵌接线 |
| — roll | 波紋軋輥 | ビーディングロール | 波纹轧辊 |
| — tool | 〔鋼板〕捲邊機 | ビーディングツール | 〔钢板〕卷边机 |
| Beallon | 鈹鈷銅合金 | ベアロン | 铍钴铜合金 |
| bealloy | 鈹銅中間合進 | ビーアロイ | 铍铜中间合进 |
| beam | 梁；桁；光束 | 光束 | 梁；桁；光束 |
| — axis | 光軸 | ビーム軸 | 光轴 |
| — bracket | 橫梁托架 | ビームブラケット | 梁托架 |
| — bridge | 桁橋 | けた橋 | 板梁桥 |
| — camber | 梁上拱度；梁上起拱 | ビームキャンバ | 梁上拱度；梁上起拱 |
| — chopper | 截光器 | バームチョッパ | 截光器 |
| — flange | 經軸邊盤〔紡織機的〕 | ビームフランジ | 经轴边盘〔纺织机的〕 |
| — grab | 橫梁挖竣機 | ビームグラブ | 梁抓钩 |
| — gudgeon | 橫梁軸頭 | けた軸頭 | 横梁轴头 |
| — hole | 束孔 | ビーム孔 | 束孔 |
| — stand | 經軸架〔紡織〕 | ビームスタンド | 经轴架〔纺织〕 |
| — swinging | 波轉向 | ビームスタンド | 波转向 |
| beamer | 捲軸機 | たて巻機 | 卷轴机 |
| beaming | 彎梁機 | たて巻機 | 弯梁机 |
| beamwidth | 射束寬度 | ビーム幅 | 射束宽度 |

| 英 文 | 臺 灣 | 日 文 | 大 陸 |
|---|---|---|---|
| bean | 豆腐製造機 | 豆腐製造機 | 豆腐制造机 |
| — huller | 豆類脫莢機 | さやはぎ機 | (豆)脫壳(粒)机 |
| — ore | 豆狀鐵礦 | 豆(状)鉄鉱 | 豆状铁矿 |
| — planter | 豆類播種機 | 豆まき機 | 豆类播种机 |
| bear punch | 手動沖孔機 | 可搬せん孔機 | 手动冲孔机 |
| bear-trap | 人字式活動壩 | ベアトラップダム | 人字式活动坝 |
| bearding line | 嵌接線 | ベアディングライン | 嵌接线 |
| bearer | 載體 | 受台 | 载体 |
| — of grating | 格子托架 | 格子支柱 | 格子托架 |
| — rate | 網內傳輸速度 | ベアラレート | 网内传输速度 |
| bearing | 軸承 | 軸受 | 轴承 |
| — accuracy | 方位精度 | 方位精度 | 方位精度 |
| — alloy | 軸承合金 | 軸受合金 | 轴承合金 |
| — anchor | 軸瓦固定螺釘 | ベアリングアンカ | 轴瓦固定螺钉 |
| — axis | 軸承軸線 | 軸受の中心軸 | 轴承轴线 |
| — ball | 軸承滾球 | (軸受の)球 | 轴承钢球 |
| — base | 軸承座 | 軸受ベッド | 轴承座 |
| — block | 墊塊 | アングルブロック | 垫块 |
| — bolt | 支承螺栓 | 支圧ボルト | 支承螺栓 |
| — bore diameter | 軸承內徑 | 軸受内径 | 轴承内径 |
| — box | 軸承箱 | 軸受箱 | 轴承箱 |
| — bracket | 軸承架 | 軸受台 | 轴承座 |
| — brass | 軸承銅襯 | 軸受メタル | 轴承巴氏合金 |
| — bronzes | 軸承青銅 | 軸受青銅 | 轴承青铜 |
| — bush | 軸承襯套 | 軸受ブシュ | 轴瓦 |
| — cap | 軸承蓋 | 軸受押え | 轴承盖 |
| — capacity | 承戴能力 | 支持力 | 承戴能力 |
| — capacity factor | 承戴力系數 | 支持力係数 | 承戴力系数 |
| — case | 軸承箱 | ベアリングケース | 轴承箱 |
| — clearance | 軸承間隙 | 軸受すき間 | 轴承间隙 |
| — collar | 軸承圈 | ベアリングカラー | 轴承座圈 |
| — cone | 錐形軸承內座圈 | ベアリングコーン | 锥形轴承内座圈 |
| — connection | 承壓連接 | 支圧接合 | 承压连接 |
| — cooling water pie | 軸承冷卻水管 | 軸受冷却水管 | 轴承冷却水管 |
| — cooling water pump | 軸承冷卻水泵 | 軸受冷却水ポンプ | 轴承冷却水泵 |
| — correction | 方位修正 | 方位修正 | 方位修正 |
| — crush | 滑動軸瓦壓緊量 | ベアリングクラッシュ | 滑动轴瓦压紧量 |
| — cup | 軸承座圈 | ベアリングカップ | 轴承座圈 |
| — cursor | 方位標度 | 方位カーソル | 方位标度 |
| — flange | 軸承緣 | 軸受つば | 轴承凸缘 |

| 英　　文 | 臺　　灣 | 日　　文 | 大　　陸 |
|---|---|---|---|
| — force | 承力 | ベアリングフォース | 轴承力 |
| — frame | 軸承架（座） | 軸受フレーム | 轴承架（座） |
| — friction loss | 軸承摩擦損耗 | 軸受摩擦損失 | 轴承摩擦损耗 |
| — grease | 軸承潤滑脂 | 軸受グリース | 轴承润滑脂 |
| — hanger | 軸承吊架 | 軸受釣り | 轴承吊架 |
| — hole | 支承孔 | 支持孔 | 支承孔 |
| — hood | 軸承罩 | 軸受カバー | 轴承罩 |
| — housing | 軸承殼 | 軸受箱 | 轴承箱 |
| — inner | 軸承內套 | ベアリングインナレース | 轴承内套 |
| — keep | 軸承蓋 | 軸受押え | 轴承盖 |
| — length | 軸承長度 | 軸受部の長さ | 轴承长度 |
| — liner | 軸承裏襯 | 軸受ライナ | 轴承垫片 |
| — material | 軸承材料 | 軸受材料 | 轴承材料 |
| — mamber | 支承件 | 支持部材 | 支承件 |
| — metal | 軸承合金 | 車軸受金 | 轴承合金 |
| — metal removing devic | 軸承拆卸工具 | 軸受取外し器具 | 轴承拆卸工具 |
| — modulus | 軸承模數 | 軸受係数 | 轴承模数 |
| — nut | 軸承螺母 | 軸受ナット | 轴承螺母 |
| — oil seal | 軸承油封 | ベアリングオイルシール | 轴承油封 |
| — outer race | 軸承外座圈 | ベアリングアウタレース | 轴承外座圈 |
| — outside diameter | 軸承外徑 | 軸受外径 | 轴承外径 |
| — pad | 支承底座 | 支承パッド | 支承底座 |
| — parts | 軸承部件 | 軸受部品 | 轴承部件 |
| — property | 軸承特性 | 軸受特性 | 轴承特性 |
| — race | 軸承滾圈 | ベアリングレース | 轴承座圈 |
| — retainer | 軸承護圈 | ベアリングリテーナ | 滚动轴承保持架 |
| — ring | 軸承油環 | 軸受リング | 轴承座圈 |
| — saddle | 軸承座（滑動軸承的） | ベアリングサドル | 轴承座（滑动轴承的） |
| — scraper | 軸承刮刀 | ベアリングスクレーパ | 轴瓦刮刀 |
| — series | 軸承系列 | 軸受系列 | 轴承系列 |
| — shim | 軸承墊片 | 軸受はさみ金 | 轴承垫片 |
| — spacer | 軸承保持架 | ベアリングスペーサ | 轴承保持架 |
| — steel | 軸承鋼 | 軸受鋼 | 轴承钢 |
| — strain | 承壓應變 | 軸受ひずみ | 承压应变 |
| — support | 軸承支座 | 軸受支え | 轴承支架 |
| — surface | 軸承面 | 座面 | 轴承面 |
| — thrust | 軸承推力 | ベアリングスラスト | 轴承推力 |
| — unit | 軸承組件 | 軸受ユニット | 轴组件 |
| — value | 軸承能力 | 支持力 | 轴承能力 |
| **beauxite** | 鋁土礦 | ボーキサイト | 铝土矿 |

| 英　　文 | 臺　　灣 | 日　　文 | 大　　陸 |
|---|---|---|---|
| **beaverite** | 銅鉛鐵合金 | バーバー石 | 铜铅铁 |
| **bed** | 底；床 | 寝台 | 机座 |
| — die | 模座；下壓模；底模 | 鋳型床 | 模座；下压模；底模 |
| — frame | 基座 | 台フレーム | 基座 |
| — lamp | 床頭燈 | 寝台灯 | 床头灯 |
| — plate | 〔爐〕底板 | 床板 | 〔炉〕底板 |
| — sill | 底臥木；基座 | 土台 | 底卧木；基座 |
| — slide | 滑動檔板 | すべり板 | 滑动档板 |
| **bedded** | 層狀礦床 | 層状鉱床 | 层状矿床 |
| **bedding** | 基層；層理 | 層理 | 基层；层理 |
| **beetle** | 木鎚 | ビートル | 木槌 |
| — calender | 捶打軋光機 | きねすり光沢機 | 捶打轧光机 |
| **beetling machine** | 鎚布機 | 布打機 | 捶布机 |
| **beginning** | 開始 | 開始 | 开始 |
| — metal | 銅錫合金；青銅 | 鐘青銅 | 铜锡合金；青铜 |
| — metal ore | 黃礦 | 黄しゃく | 黄矿 |
| **Belleville boiler** | 貝爾比爾鍋爐 | ベルビルボイラ | 贝尔比尔锅炉 |
| — spring | 盤形彈簧 | 皿ばね | 盘形弹簧 |
| **belt** | 皮帶 | ベルライト | 皮带 |
| — abrasive paper | 砂帶磨光紙 | 調革 | 砂带磨光纸 |
| — and disc sander | 砂帶圓盤磨光機 | ベルト研磨紙 | 砂带圆盘磨光机 |
| — conveyer | 皮帶式輸送機 | ベルトコンベヤローラ | 皮带式输送机 |
| — conveyer roller | 帶式輸送機 | コンベヤはかり | 带式输送机 |
| — conveyer scale | 皮帶運輸送 | ベルトカバー | 皮带运输送 |
| — cover | 皮帶罩 | ベルトのクリープ | 皮带罩 |
| — drive implement | 帶式傳動器械 | ベルト駆動作業機 | 带式传动器械 |
| — drive winch | 皮帶傳動絞車 | ベルト駆動ウインチ | 皮带传动绞车 |
| — drive type | 皮帶傳動 | ベルト駆動式 | 皮带传动 |
| — elevator | 帶型升降機 | ベルトエレベータ | 带式提升机 |
| — expressor | 帶式脫水機 | ベルトプレス型脱水機 | 带式脱水机 |
| — fastener | 皮帶扣 | ベルトとじ金具 | 皮带扣 |
| — feed | 帶式進給 | ベルト供給 | 带式进给 |
| — feeder | 皮帶送(加)料器 | ベルトフィーダ | 皮带送(加)料器 |
| — filler | 皮帶油 | ベルトフィラー | 皮带油 |
| — furnace | 傳送帶加熱爐 | ベルト炉 | 传送带加热炉 |
| — grinder | 砂帶磨床 | ベルト研削盤 | 砂带磨床 |

| 英　　文 | 臺　　灣 | 日　　文 | 大　　陸 |
|---|---|---|---|
| — grinding | 砂帶磨削 | ベルト研削 | 砂带磨削 |
| — grinding machine | 砂帶磨(床) | 平面ベルト研磨機 | 砂带磨(床) |
| — guard | 皮帶防護罩 | ベルトガード | 皮带防护罩 |
| — guide | 導輪 | 案内車 | 导轮 |
| — hammer | 皮帶落錘 | ベルトハンマ | 皮带落锤 |
| — lacing machine | 縫帶機 | ベルトとじ機 | 缝带机 |
| — polishing | 砂帶磨光 | ベルト研磨 | 砂带磨光 |
| — pulley | 滑輪；皮帶輪 | ベルト車 | 滑轮；皮带轮 |
| — pulley clutch | 皮帶離合器 | ベルト車クラッチ | 皮带离合器 |
| — punch | 皮帶沖床 | ベルト式穴あけ器 | 皮带冲床 |
| — roller | 輸送機托輥 | ベルトローラ | 输送机托辊 |
| — sander | 砂帶磨床 | 帯研磨盤 | 砂带磨床 |
| — sanding | 砂帶磨光 | ベルト研磨法 | 砂带磨光 |
| — tightener | 緊帶器 | ベルト締め | 紧带轮 |
| — transmission | 皮帶傳動 | ベルト伝動 | 皮带传动 |
| — turnover | 皮帶反轉裝置 | ベルト反転装置 | 皮带反转装置 |
| — wax | 皮帶臘 | ベルトロックス | 皮带蜡 |
| **bench** | 工作台；鉗工台 | 細工台 | 工作台；钳工台 |
| — abutment | 張拉台座 | ベンチアバットメント | 张拉台座 |
| — assembly | 鉗檯裝配 | 卓上組立 | 钳工台上 |
| — clamp | 桌上虎鉗 | 台万力 | 桌上虎钳 |
| — grinding machine | 桌上磨床 | 卓上研削盤 | 桌上磨床 |
| — press | 桌上壓床 | 卓上形クランクプレス | 桌上压床 |
| — turf lathe | 桌上六角車床 | 卓上タレット旋盤 | 桌上六角车床 |
| — vise | 檯鉗 | 台万力 | 桌上虎钳 |
| — work | 鉗工工作 | 台仕事 | 钳工工作 |
| **bend** | 彎頭；彎曲 | 曲り | 弯头；弯曲 |
| — allowance | 彎曲容差 | 曲げ見込みしろ | 弯曲容差 |
| — angle | 彎曲角 | 曲げ角 | 弯曲角 |
| — metal | 易熔金屬 | ベンドメタル | 易熔金属 |
| — meter | 彎曲測量儀 | ベンド計 | 弯曲测量仪 |
| — pulley | 轉向皮帶輪 | ベンドプーリ | 转向皮带轮 |
| — radius | 彎曲半徑 | 曲げ半径 | 弯曲半径 |
| — strength | 抗彎強度 | 曲げ強さ | 抗弯强度 |
| — stress | 變曲應力 | 曲応力 | 变曲应力 |
| — test piece | 彎曲試片 | 曲げ試験片 | 弯曲试片 |
| — tester | 彎曲試驗機 | 曲げ試験器 | 弯曲试验机 |
| **bender** | 彎鋼筋機 | 曲げ型 | 弯钢筋机 |
| **bending** | 彎曲；彎頭 | 曲げ | 弯曲；弯头 |
| — angle | 彎角 | 曲げ角 | 弯角 |

| 英　　文 | 臺　　灣 | 日　　文 | 大　　陸 |
|---|---|---|---|
| ─ brake | 彎板機 | プレスブレーキ | 弯板机 |
| ─ deflection | 彎曲撓度 | 曲げたわみ | 弯曲挠度 |
| ─ die | 彎曲模 | 曲げ型 | 弯曲模 |
| ─ elasticity | 彎曲彈性 | 曲げ弾性 | 弯曲弹性 |
| ─ fatigue strength | 抗彎疲勞強度 | 曲げ疲労強度 | 抗弯疲劳强度 |
| ─ fatigue test | 彎曲疲勞試驗 | 曲げ疲れ試験 | 弯曲疲劳试验 |
| ─ jig | 彎曲夾具 | 折り曲げ冶具 | 弯曲夹具 |
| ─ machine | 彎管機 | 曲げ機械 | 弯管机 |
| ─ member | 受彎構件 | 曲げ材 | 受弯构件 |
| ─ modulus | 彎曲系數 | 曲げモジュラス | 弯曲系数 |
| ─ moment | 彎矩 | 曲げモーメント | 弯矩 |
| ─ moment curver | 彎矩曲線 | 曲げモーメント曲線 | 弯矩曲线 |
| ─ moment diagram | 彎矩圖 | 曲げモーメント図 | 弯矩图 |
| ─ press | 壓彎機 | 曲げプレス | 压弯机 |
| ─ pressure | 彎曲壓力 | 曲げ圧力 | 弯曲压力 |
| ─ radius | 彎曲半徑 | 曲げ半径 | 弯曲半径 |
| ─ resistance | 抗彎力 | 剛軟度 | 抗弯力 |
| ─ rigidity | 抗撓剛度 | 曲げこわさ | 抗挠刚度 |
| ─ roll | 彎曲輥輪 | 曲げロール | 弯曲辊轮 |
| ─ roll machine | 滾彎機 | 曲げロール機 | 滚弯机 |
| ─ roller | 彎板機 | 曲げロール | 弯板机 |
| ─ rupture | 彎曲斷裂 | 曲げ破壊 | 弯曲断裂 |
| ─ stiffness | 抗彎剛性 | 曲げ剛性 | 抗弯刚性 |
| ─ strain | 彎應變 | 曲げひずみ | 弯曲应弯 |
| ─ strength | 彎曲強度 | 曲げ強さ | 弯曲强度 |
| ─ stress | 彎曲應力 | 曲げ応力 | 弯曲应力 |
| ─ test | 彎曲試驗 | 曲げ試験 | 弯曲试验 |
| ─ theory | 彎矩理輪 | 曲げ理論 | 弯矩理轮 |
| ─ torsional moment | 彎曲力矩 | 曲げねじりモーメント | 弯曲力矩 |
| ─ torsional rigidity | 彎曲剛度 | 曲げねじり剛性 | 弯曲刚度 |
| **Benedict matal** | 鎳黃銅合金 | ベネディクト合金 | 镍黄铜合金 |
| **baneficiation** | 濃縮 | 濃縮 | 浓缩 |
| ─ of ore | 選礦 | 選鉱 | 选矿 |
| **Benet metal** | 鋁鎂合金 | ベネットメタル | 铝镁合金 |
| **bent** | 曲率；彎頭 | 曲り | 曲率；弯头 |
| ─ flange | 彎邊 | 曲りフランジ | 弯边 |
| ─ flow | 曲流 | 曲流 | 曲流 |
| ─ joint | 彎頭 | 曲り継手 | 弯头 |
| ─ nose | 彎嘴 | ベントノーズ | 弯嘴 |
| ─ nose pliers | 斜嘴鉗 | ベントノーズプライヤ | 歪嘴钳 |

| 英　　文 | 臺　　灣 | 日　　文 | 大　　陸 |
|---|---|---|---|
| —pipe | 彎管 | 曲り管 | 弯管 |
| —rail | 彎曲鋼軌 | 曲がりレール | 弯曲钢轨 |
| —tool | 彎頭車刀 | 曲りバイト | 弯头车刀 |
| —tube | 彎管 | 曲り管 | 弯管 |
| —tubing | 彎管加工 | 管の曲げ加工 | 弯管加工 |
| **Bergman generator** | 貝格曼發電機 | ベルグマン発電機 | 贝格曼发电机 |
| **berillia** | 氧化鈹 | 酸化ベリリウム | 氧化铍 |
| **Bernoulli distribution** | 伯努利分布 | ベルヌーイの分布 | 伯努利分布 |
| —equation | 伯努利方程 | ベルヌーイの式 | 伯努利方程 |
| —force | 伯努利力 | ベルヌーイの力 | 伯努利力 |
| —law | 伯努利定律 | ベリヌーイの法則 | 伯努利定律 |
| —theorem | 伯努利定理 | ベリヌーイの定理 | 伯努利定理 |
| —trial | 伯努利試驗 | ベルヌーイ試行 | 伯努利试验 |
| **berylco alloy** | 鈹銅合金 | ベリルコ合金 | 铍铜合金 |
| **beryllia** | 氧化鈹 | 酸化ベリリウム | 氧化铍 |
| **beryllium,Be** | 鈹 | ベリリウム | 铍 |
| —alloy | 鈹合金 | ベリリウム合金 | 铍合金 |
| —bronze | 鈹青銅 | ベリリウム青銅 | 铍青铜 |
| —carbide | 碳化鈹 | 炭化ベリリウム | 碳化铍 |
| —copper | 鈹(青)銅 | ベリリウム銅 | 铍(青)铜 |
| —copper alloy | 鈹銅合金 | ベリリウム銅合金 | 铍铜合金 |
| **Bessemer** | 柏思麥 | ベッセマ | 酸性转炉钢 |
| —apparatus | 柏思麥轉爐裝置 | ベッセマ装置 | 酸性转炉装置 |
| —converter | 柏思麥轉爐 | ベッセマ転炉 | 酸性转炉 |
| —cupola | 柏思麥化鐵爐 | 酸性キュポラ | 酸性化铁炉 |
| —pig iron | 柏思麥轉爐生鐵 | 転炉用銑鉄 | 酸性转炉生铁 |
| —process | 柏思麥轉爐法 | ベッセマ法 | 酸性转炉法 |
| —soft steel | 柏思麥轉爐軟鋼 | ベッセマ軟鋼 | 酸性转炉软〔低碳〕钢 |
| —steel | 柏思麥鋼 | 酸性転炉鋼 | 酸性转炉钢 |
| **beta active** | $\beta$放射性 | $\beta$放射性 | $\beta$放射性 |
| —brass | $\beta$黃銅 | $\beta$黄銅 | $\beta$黄铜 |
| **bethanizing** | 電鍍鋅 | 電気亜鉛めっき | 电镀锌 |
| **Bethe cycle** | 碳-氮循環；貝茲循環 | 炭素窒素サイクル | 碳-氮循环；倍兹循环 |
| **bevel** | 斜面；量角器 | 角度定規 | 斜面；量角器 |
| —angle | 斜角 | ベベル角度 | 斜角 |
| —board | 斜板 | ベベル板 | 斜角板 |
| —clutch | 錐形離合器 | ベベルクラッチ | 锥形离合器 |
| —edge | 斜緣 | はす縁 | 斜缘 |
| —head rivet | 錐頭鉚釘 | 平リベット | 锥头铆钉 |

| 英　　文 | 臺　　灣 | 日　　文 | 大　　陸 |
|---|---|---|---|
| — lead | 導錐 | 食い付き部 | 导锥 |
| — piprcing die | 斜冲孔模 | 斜め抜き型 | 斜冲孔模 |
| — pinion | 小斜齒輪 | ベベルピニオン | 小圆锥齿轮 |
| — protractor | 量角規；萬能角尺 | 分度器 | 量角规；方能角尺 |
| — ring gear | 冕狀齒輪 | ベベルリングギヤー | 冕状齿轮 |
| — square | 斜角規；分度規 | 角度定規 | 量角规；分度规 |
| **beveller** | 倒角機 | ベベル機 | 倒角机 |
| **beveling** | 倒角；斜切 | 面とり | 倒角；斜切 |
| — frame | 斜角規 | ベベル測定器 | 斜角规 |
| — machine | 斜邊機；刨進機 | ベベル機 | 倒角机；刨进机 |
| — of the edge | 端面倒角 | へり加工 | 端面倒角 |
| **beverage containera** | 飲料容器 | 飲料容器 | 饮料容器 |
| — cooler | 飲料冷卻容器 | 飲料保冷容器 | 饮料冷却容器 |
| **bewel** | 坩堝叉形架 | 取べ棒 | 坩埚叉形架 |
| **bianchite** | 鋅鐵合金 | ビアンチャイト | 锌铁合金 |
| **bias core** | 雙軸磁 | バイアックスコア | 双轴磁 |
| — element | 雙軸磁芯邏輯元件 | 二軸性結晶 | 双轴磁芯逻辑元件 |
| **biaxial crystal** | 三軸向結晶 | 二軸荷重 | 复轴结晶体 |
| — load | 雙軸向載荷 | 二軸延伸フィルム | 双轴向载荷 |
| — oriented film | 雙向延伸薄膜 | 二軸応力 | 双向延伸薄膜 |
| — stress | 平面應力 | 二軸応力ひずみ関係 | 平面应力 |
| — stressing | 雙軸(向)應力 | 二軸応力 | 双轴(向)应力 |
| — stretching | 雙軸向延伸 | 二軸延伸 | 双轴向延伸 |
| — winding | 雙軸纏繞法 | 二軸巻き | 双轴缠绕法 |
| **bib** | 活嘴 | 水せん | 喷嘴 |
| — cock | 閥栓；水龍頭 | 水せん | 阀栓；水龙头 |
| — tap | 活車旋塞 | 横水せん | 活车旋塞 |
| — valve | 彎管閥 | じゃ口弁 | 小龙头 |
| **Bible paper** | 聖經紙 | 聖書用紙 | 圣经纸 |
| **biconcave** | 雙凹透鏡 | 両凹レンズ | 双凹透镜 |
| — lens | 雙凹面透鏡 | 両凹レンズ | 双凹面透镜 |
| **biconvex airfoil** | 雙凸機翼 | 両凸翼 | 双凸机翼 |
| **bicrystal** | 雙晶体 | 双結晶 | 双晶体 |
| **bicycle** | 自行車 | 自転車 | 自行车 |
| — racing track | 自行車比賽場 | 競輪場 | 自行车比赛跑 |
| — rack | 自行車架 | 自転車架 | 自行车架 |
| — shed | 自行車棚 | 自転車置場 | 自行车棚 |
| **bid** | 投標 | 入札 | 投标 |
| — opening | 開標 | 開札 | 开标 |
| **Bidery metal** | 白合金 | ビデリメタル | 白合金 |

B

| 英　文 | 臺　灣 | 日　文 | 大　陸 |
|---|---|---|---|
| bidder | 坐浴盆 | ビデ | 坐浴盆 |
| bidrum boiler | 雙汽包鍋爐 | バイドラムボイラ | 双汽包锅炉 |
| blflow filter | 雙向過濾器 | 両向流ろ過器 | 双向过滤器 |
| bifurcated penstock | 水壓管支管 | 分岐管 | 水压管支管 |
| — pipe | 分岐管 | 分岐管 | 分岐管 |
| — pole | 分岐柱 | 分岐柱 | 分岐柱 |
| — rivet | 開口鉚釘 | 二又びょう | 开口铆钉 |
| bifurcation | 分歧點 | 分岐 | 分歧点 |
| — point | 分歧點 | 分岐点 | 分歧点 |
| big | 重大 | ビッグ | 重大 |
| — bang theory | 超高密度理論 | ビッグバング理論 | 超高密度理论 |
| — end bearing | 大端軸承 | クランクピン軸受 | 大端轴承 |
| — engineering | 大型工程 | 巨大技術 | 大型工程 |
| — industrial zone | 大工業區 | 大工業地 | 大工业区 |
| — nail | 大釘 | 大くぎ | 大钉 |
| — powered tractor | 大型拖拉機 | 大形トラクタ | 大型拖拉机 |
| — screen | 大屏幕 | ビッグスクリーン | 大屏幕 |
| biggyback airplane | 背負式運載飛機 | 親子式飛行機 | 背负式运载飞机 |
| bike | 自行車 | バイク | 自行车 |
| — motor | 自行車發動機 | バイクモータ | 自行车发动机 |
| — ejector | 船底水抽射器 | ビルジエゼクタ | 船底水抽射器 |
| — hat | 船底(污)水阱 | ビルジハット | 船底(污)水阱 |
| — hopper | 船底料斗 | ビルジホッパ | 船底料斗 |
| — injection | 船底吸水裝置 | ビルジ吸込装置 | 船底吸水装置 |
| — injector | 船底水噴射器 | ビルジインゼクタ | 船底水喷射器 |
| billboard | 廣告招牌；錨座 | 船首防げん材 | 广告招牌；锚座 |
| — lighting | 廣告牌照明 | 掲示板照明 | 广告牌照明 |
| billet | 小胚 | ビレット | 钢坯 |
| — container | 盛(鋼)錠器 | ビレットコンテナ | 盛(钢)锭器 |
| — mill | 鋼片壓延機 | 鋼片圧延機 | 钢片压延机 |
| — roll | 小胚軋輥 | 分塊ロール | 钢坯轧辊 |
| — shear | 小胚剪切機 | ビレットせん断機 | 钢坯剪切机 |
| billiard room | 彈子房 | 玉突室 | 弹子房 |
| — table | 彈子台 | 玉突台 | 弹子台 |
| bimetal | 雙金屬 | バイメタル | 双金属 |
| — condenser | 雙金屬片電容器 | バイメタルコンデンサ | 双金属片电容器 |
| — heater | 雙金屬加熱器 | バイメタルヒータ | 双金属加热器 |
| — plate | 雙屋金屬板 | バイメタル平版 | 双屋金属板 |
| — relay | 雙金屬繼電器 | バイメタル継電器 | 双金属继电器 |
| — strip | 雙金屬片 | バイメタルストリップ | 双金属片 |

| 英　　文 | 臺　　灣 | 日　　文 | 大　　陸 |
|---|---|---|---|
| — thermal switch | 雙金屬熱開關 | バイメタル温度計 | 双金属热开关 |
| — thermometer | 雙金屬溫度計 | バイメタルサーモスタット | 双金属温度计 |
| — thermostat | 雙金屬恆溫器 | 複合管 | 双金属恒温器 |
| — tube | 雙金屬復合管 | バイメタリックコンデンサ | 双金属复合管 |
| **bimetallic capacitor** | 雙金屬片電容器 | バイメタル電極 | 双金属片电容器 |
| — electrode | 雙金屬電極 | バイメタル要素 | 双金属电线 |
| — element | 雙金屬元件 | バイメタルヒューズ | 双金属元件 |
| — fuse | 雙金屬保險絲 | バイメタル材 | 双金属保险丝 |
| — material | 雙金屬材料 | 異種金属系 | 双金属材料 |
| — system | 雙金屬系 | バイメタル温度計 | 双金属系 |
| — thermometer | 雙金屬溫度計 | バイメタリックタイプ | 双金属温度计 |
| — type | 雙金屬型 | バイメタル線 | 双金属型 |
| — wire | 雙金屬線 | 鉱舎 | 双金属线 |
| **bin** | 倉 | ビンフィーダ | 貯藏箱; 料斗 |
| — feeder | 漏斗給料機 | 二進累算器 | 漏斗给料机 |
| **binary** | 二進制累加器 | 二元合金 | 二进制累加器 |
| — alloy | 二元合金 | 二元合金めっき | 二元合金 |
| — alloy plating | 二元合金電鍍 | 二進法 | 二元合金电镀 |
| — base | 二進制 | 二元合金 | 二进制 |
| — metal | 二元合金 | バインド | 二元合金 |
| **bind** | 結合 | バインドメタル | 結合 |
| — metal | 固結式軸瓦 | 粘結剤 | 固结式轴瓦 |
| **binder** | 粘結劑;粘接材料 | バインダコンベヤ | 粘结剂; 粘接材料 |
| — conveyor | 連結輸送機 | 結合層 | 连结输送机 |
| — course | 粘結層 | 結合金属 | 粘结层 |
| — metal | 粘結金屬 | 結合相 | 粘结金属 |
| — phase | 粘結相 | バインダ樹脂 | 粘结相 |
| — resin | 粘結劑樹脂 | 締付け | 粘结剂树脂 |
| **binding** | 鉗緊;捆扎 | 粘結剤 | 钳紧; 捆扎 |
| — agent | 粘結劑;粘結材料 | 締付けボルト | 粘结剂; 粘结材料 |
| — bolt | 緊固螺線 | バインド用黄銅線 | 紧固螺线 |
| — brass | 連接用黃銅線 | 結着力 | 连接用黄铜线 |
| — capacity | 粘結力 | バインドクリップ | 粘结力 |
| — clip | 接線夾 | 結合エネルギ | 接线夹 |
| — energy | 粘結能 | バインディングマシン | 粘结能 |
| — machine | 捆扎機 | 製本機械 | 捆扎机 |
| — machinery | 裝釘機 | 結合材 | 装钉机 |
| — material | 接著材;粘合材料 | 締付け力 | 接着材; 粘合材料 |
| — power | 粘結力 | 連結条板 | 粘结力 |
| — strength | 結合強度 | 結合力 | 结合强度 |

| 英　　文 | 臺　　灣 | 日　　文 | 大　　陸 |
|---|---|---|---|
| **binocular** | 雙筒的；雙目鏡 | 双眼 | 双筒的；双目镜 |
| — microscope | 雙筒顯微鏡 | 双眼顕微鏡 | 双筒显微镜 |
| — parallax | 兩眼視差 | 両眼視差 | 两眼视差 |
| **binode** | 雙陽極 | 双陽極 | 双阳极 |
| **binomial action** | 雙重調節 | 二項動作 | 双重调节 |
| **biotite** | 黑雲母 | 黒雲も | 黑云母 |
| — andesite | 黑雲母安山岩 | 黒雲も安山岩 | 黑云母安山岩 |
| — schist | 黑雲母片 | 黒雲も片岩 | 黑云母片 |
| **biplane** | 雙翼飛機 | 複葉（飛行）機 | 双翼飞机 |
| **bird-eye** figure | 鳥眼紋 | 鳥眼もく | 鸟眼纹 |
| — view | 鳥瞰圖 | 鳥かん図 | 鸟瞰图 |
| **blrdy back** | 飛機裝載 | バーディバック | 飞机装载 |
| — coating method | 雙折射鍍膜法 | 複屈折被膜法 | 双折射镀膜法 |
| **Blrmabrite** | 耐蝕鋁合金 | バーマブライト | 伯马布赖特耐蚀铝合金 |
| **Blrmasil** | 鑄造鋁合金 | バーマシル | 伯马西你铸造铝合金 |
| **Birmingham** gage | 伯明翰規 | バーミンガムゲージ | 伯明翰规 |
| — platina | 伯明翰銅 | バーミンガムプラチナ | 伯明翰铜 |
| **bismuth,Bi** | 鉍 | ビスマス・そう鉛 | 铋 |
| — alloy | 鉍合金 | そう鉛合金 | 铋合金 |
| — glance | 輝鉍礦 | 輝そう鉛鉱 | 辉铋矿 |
| **bismuthide** | 鉍化物 | ビスマス化物 | 铋化物 |
| **bismuthines** | 輝鉍礦 | ビスムチン | 辉铋矿 |
| **bismuthinite** | 輝鉍礦 | 輝ビスマス鉱 | 辉铋矿 |
| **bismuthite** | 輝鉍礦 | 泡そう鉛鉱 | 辉铋矿 |
| **bismutite** | 泡鉍礦 | 泡そう鉛 | 泡铋矿 |
| **bismutolamprite** | 輝鉍礦 | 輝そう鉛鉱 | 辉铋矿 |
| **bismutotantalite** | 鉭鉍礦 | ビスムトタンタライト | 钽铋矿 |
| **bisque** | 素瓷 | 素焼き陶器 | 素瓷 |
| **blswltch** | 雙向開關 | バイスイッチ | 双向开关 |
| **blot** | 鑽(頭)；刀頭；位元 | きり先 | 钻(头)；刀头；位元 |
| — addressing | 位定址〔編址；尋址〕 | ビットアドレッシング | 位定址〔编址；寻址〕 |
| — gage | 鑽頭徑規 | ビットゲージ | 钻头径规 |
| — output | 位輸出 | ビット出力 | 位输出 |
| — pattern | 位組咳 | ビットパターン | 位组咳 |
| — plane | 位平面 | ビットプレーン | 位平面 |
| **bit-by-bit** | 逐位 | ビットバイビット | 逐位 |
| **black** | 黑(色) | ブラック | 黑(色) |
| — antimony | 黑錦 | 黒色三硫化アンチモン | 黑锑 |
| — copper | 粗銅 | 黒銅〔粗銅〕 | 粗铜 |
| — lead ore | 石墨礦 | 黒色鉛鉱 | 石墨矿 |

| 英　　文 | 臺　　灣 | 日　　文 | 大　　陸 |
|---|---|---|---|
| — lead spar | 黑鉛礦 | 黑色炭酸鉱 | 黑铅矿 |
| — mica | 黑雲母 | 黑雲母 | 黑云母 |
| — skin | 黑皮（氧化層） | 黑皮 | 黑皮（氧化层） |
| — soil | 脆銀礦 | ぜい銀鉱 | 脆银矿 |
| — spinal | 黑尖晶石 | 鉄苦土せん晶石 | 黑尖晶石 |
| — steel pipe | 黑皮鋼管 | 黑皮鋼管 | 黑皮钢管 |
| **blacksmith** | 鍛工 | 鍛造工 | 锻造工 |
| — welded joint | 鍛接接頭 | 鍛接継手 | 锻接接头 |
| — welding | 鍛接 | 鍛接 | 锻接 |
| — vice | 鍛工用虎鉗 | 立て万力 | 锻工用虎钳 |
| **bladder** | 皮囊；氣囊 | 気のう（きのう） | 皮囊；气囊 |
| — cell | 軟油箱 | 浮き袋 | 软油箱 |
| — tank | 囊式油箱 | 袋タンク | 囊式油箱 |
| **blade** | 葉片；輪葉 | 羽根 | 桨叶 |
| — adjusting mechanism | 可動翼機構 | 可動翼機構 | 可动翼机构 |
| **blank** | 毛坯 | 空白 | 毛坯 |
| — cutting | 剪料 | ブランキング | 剪料 |
| — design | 坯料設計 | 素材設計 | 坯料设计 |
| — die | 下料模 | 打抜き型 | 下料模 |
| — press | 沖切機床 | ブランクプレス | 冲切机床 |
| — shearing | 剪料 | 板取り | 剪料 |
| **blast** | 鼓風；噴砂 | 鼓風 | 鼓风；喷砂 |
| — air | 鼓風 | 噴射空気 | 鼓风 |
| — air bottle | 噴射空氣瓶 | 噴射空気びん | 喷射空气瓶 |
| — box | 風箱 | 風箱 | 风箱 |
| — burner | 鼓風燃燒器 | 鼓風灯 | 喷灯 |
| — capaning | 鼓風能力 | 送風能力 | 鼓风能力 |
| — cleaning | 噴光處理 | ブラストクリーニング | 喷砂清理 |
| — engine | 鼓風機 | ブラストエンジン | 鼓风机 |
| — farl | 鼓風機 | 吹込扇風機 | 鼓风机 |
| — finishing | 噴砂加工 | 噴射仕上げ | 喷砂加工 |
| — force | 爆炸力 | 爆発力 | 爆炸力 |
| — freezing | 鼓風凍結 | 送風凍結 | 鼓风冻结 |
| — furnace | 高爐；鼓風爐 | 溶鉱炉 | 高炉；鼓风炉 |
| — furnace blower | 高爐送風機 | 溶鉱炉送風機 | 高炉送风机 |
| — furnace cement | 高爐爐渣水泥 | 高炉セメント | 高炉炉渣水泥 |
| — furnace coke | 冶金焦炭 | 高炉用コークス | 冶金焦炭 |
| — furnace drainage | 高爐排水 | 溶鉱炉排水 | 高炉排水 |
| — furnace flue dust | 高爐灰 | 高炉灰 | 高炉灰 |
| — furnace gas | 鼓風爐煤氣 | 高炉ガス | 高炉煤气 |

| 英　文 | 臺　灣 | 日　文 | 大　陸 |
|---|---|---|---|
| — furnace process | 高爐法 | 高炉法 | 高炉法 |
| — furnace slag | 鼓風爐渣 | 高炉スラグ | 高炉渣 |
| — furnace slag cement | 高爐爐渣水泥 | 高炉さいセメント | 高炉炉渣水泥 |
| — furnace stove | 高爐熱風爐 | 熱風炉 | 高炉热风炉 |
| — furnace top | 高爐頂 | 炉頂 | 高炉顶 |
| — gage | 風力計 | 風力計 | 风力计 |
| — governor | 鼓風調節器 | 吹込調速機 | 鼓风调节器 |
| — heater | 鼓風加熱器 | 熱風装置 | 鼓风预热器 |
| — inlet | 送風口 | 送風口 | 送风口 |
| — nozzle | 風嘴；噴砂嘴 | 送風ノズル | 风嘴；喷砂嘴 |
| — sprayer | 噴霧器 | 噴霧機 | 喷雾器 |
| — tube | 送風管 | 送風管 | 送风管 |
| — weight | 鼓風(重)量 | 送風量 | 鼓风(重)量 |
| blasting | 噴射加工；爆破 | ブラスト法 | 喷射加工；爆破 |
| — agent | 爆炸(破)劑 | 爆裂薬 | 爆炸(破)剂 |
| — cap | 雷管；爆破筒 | 雷管 | 雷管；爆破筒 |
| — equipment | 噴射 | ブラスチング装置 | 喷射 |
| — explosive | 火藥；炸藥 | 爆(破)薬 | 火药；炸药 |
| — fuse | 雷管；導火線 | 導火線 | 引信；导火线 |
| — machine | 噴砂機 | 電気点火器 | 喷砂机 |
| — operation | 鼓風操作 | 送風作業 | 鼓风操作 |
| — test | 爆破試驗 | 爆破試験 | 爆破试验 |
| — unit | 起爆器 | 起爆装置 | 起爆器 |
| blaze | 火焰 | 火炎 | 火焰 |
| bleb | 泡沫 | 泡 | 泡沫 |
| bleed air | 抽氣 | ブリード空気 | 抽气 |
| bleeder | 鑄漏體；放氣(水,油)孔 | 通気口 | 分压器；放气(水,油)阀 |
| — pipe | 放氣管 | 通気管 | 放气管 |
| — steam | 抽氣 | 抽気蒸気 | 抽气 |
| — system | 分流系統 | ブリータ方式 | 分流系统 |
| — turbine | 分拱 | 抽気タービン | 抽气式汽轮机 |
| bleeding | 放氣；抽氣；空心鑄件 | 泣き出し | 放气；抽气；空心铸件 |
| — recovery | 排氣回收裝置 | 抽気回収装置 | 排气回收装置 |
| — turbine | 抽氣式汽輪機 | 抽気タービン | 抽气式汽轮机 |
| blemish | 〔表面〕缺陷 | 欠陥 | 〔表面〕缺陷 |
| blended cement | 混合水泥 | 混合セメント | 混合水泥 |
| — fuel | 混合燃料 | 配合燃料 | 混合燃料 |
| — gasoline | 調合汽油 | 混和ガソリン | 调合汽油 |
| blender | 混合器(機)；拌料機 | 混合機 | 混合器(机)；拌料机 |
| — loader | 混合機裝塡器 | ブレンダローダ | 混合机装填器 |

| 英　文 | 臺　灣 | 日　文 | 大　陸 |
|---|---|---|---|
| **blending** | 調合；配料 | 配合 | 调合；配料 |
| — agents | 添加物 | 添加物 | 添加物 |
| **blind** | 盲目 | ブラインド | 盲目进场 |
| — axle | 固定軸 | ブラインドアクスル | 固定轴 |
| — bead | 盲焊縫 | ブラインドビード | 盲焊缝 |
| — box | 百葉窗箱 | 日よけ格納箱 | 百叶窗箱 |
| — catch | 百葉窗扣 | 日よけ止金 | 百叶窗扣 |
| — cover | 盲蓋 | ブラインドカバー | 钢（制水密）盖 |
| — crack | 細微裂隙 | 白きず | 细微裂隙 |
| — curtain | 遮光(陽)幕 | 光よけカーテン | 遮光(阳)幕 |
| — deposit | 盲礦床 | 潜頭鉱床 | 盲矿床 |
| — ditch | 暗排水溝 | 盲こう | 暗水排沟 |
| — flange | 暗蓋 | 盲フランジ | 盲盖 |
| — floor | 下鋪地板 | 下張り床 | 下铺地板 |
| — flying | 盲目飛行 | 計器飛行 | 盲目飞行 |
| — hinge | 自閉合頁 | 自閉ちょうつがい | 自闭合页 |
| — hole | 盲孔 | 止り穴 | 盲孔 |
| — nail | 暗釘 | しのびくぎ | 暗钉 |
| — nut | 帽型螺母 | ブラインドナット | 帽型螺母 |
| — patch | 堵孔板 | 盲板 | 堵孔板 |
| — plug | 盲堵；盲塞 | ブラインドプラグ | 盲堵；盲塞 |
| — roaster | 套爐 | 暗閉か焼炉 | 套炉 |
| — shield | 擠壓式盾構 | ブラインドシールド | 挤压式盾构 |
| **blinder** | 障眼物 | ブラインダ | 障眼物 |
| **blinding** | 堵塞 | 目詰り | 堵塞 |
| **blister** | 氣泡(孔)；砂眼 | 泡 | 气泡(孔)；砂眼 |
| — bar | 滲碳棒鋼 | 肌焼き棒 | 渗碳棒钢 |
| — copper | 粗銅 | 粗銅 | 粗铜 |
| — copper ore | 泡銅礦 | あわ銅鉱 | 泡铜矿 |
| — steel | 泡面鋼 | あわ鋼 | 渗碳钢 |
| — temperature | 起泡溫度 | ブリスタ温度 | 起泡温度 |
| **block** | 滑車;塊(框) | 塊 | 方块(框) |
| — chain | 滑輪鏈 | ブロック鎖 | 滑轮链 |
| — diagram | 方塊圖;草圖 | 構成図 | 简图；草图 |
| — gage | 塊規 | ブロックゲージ | 块规 |
| — pattern | 整體鑄型 | 丸型 | 整体铸型 |
| **blocker** | 粗鍛模 | 荒地型 | 粗锻模 |
| **blocking** | 粘著性 | 閉そく | 粘着性 |
| — impression | 預鍛模 | 荒地型 | 预锻模 |
| — press | 壓縮機 | 圧縮機 | 压缩机 |

| 英　　文 | 臺　　灣 | 日　　文 | 大　　陸 |
|---|---|---|---|
| **bloedite** | 白鈉鎂 | ブレード石 | 白钠镁 |
| **blomstrandite** | 鈦鈮軸礦 | ベタフ石〔含 U〕 | 钛铌轴矿 |
| **bloom** | 鋼坯 | くもり | 钢坯 |
| — roll | 初軋輥輪 | ブルームロール | 初轧辊轮 |
| — shear | 大鋼坯剪切機 | ブルームシャー | 大钢坯剪切机 |
| — slab | 扁鋼坯 | ブルームスラブ | 扁钢坯 |
| **blow** | 吹風 | ブロー | 吹风 |
| — gas | 吹氣；鼓風 | 放出ガス | 吹气；鼓风 |
| — hole | 氣孔；砂眼 | 気泡 | 气泡；砂眼 |
| — lamp | 噴燈 | ブローランプ | 喷灯 |
| — mold | 吹模 | 吹き型 | 吹模 |
| — molding | 吹塑 | 吹込み成形 | 吹气成形 |
| — molding die | 吹塑模 | 吹込み成形用ダイス | 吹气成形模 |
| — nozzle | 吹嘴；空氣噴嘴 | 吹込みノズル | 吹嘴；空气喷嘴 |
| — of gas | 氣噴 | ガス噴出 | 气喷 |
| — through valve | 安全閥 | じか道弁 | 安全阀 |
| — torch | 割炬；吹管；噴燈 | ブロートーチ | 割炬；吹管；喷灯 |
| — valve | 送風閥 | ブロー弁 | 送风阀 |
| **blowdown** | 吹風；放氣 | 吹出し | 吹风；放气 |
| **blower** | 鼓風機 | 送風機 | 吹气成形机 |
| — ratio | 增壓器增速比 | 過給機増速比 | 增压器增速比 |
| — sprayer | 噴霧器 | ミスト機 | 喷雾器 |
| **blowing** | 吹氣成形 | 吹分け | 吹气成形 |
| — down | 停風；停爐 | 吹止め〔高炉〕 | 停风；停炉 |
| — engine | 鼓風機 | 送風機関 | 鼓风机 |
| — fan | 鼓風機 | 吹込み送風機 | 鼓风机 |
| — furnace | 鼓風爐 | 送風炉 | 鼓风炉 |
| — machine | 鼓風機 | 吹分け機 | 鼓风机 |
| — nozzle | 吹塑噴嘴 | 吹込みノズル | 吹塑喷嘴 |
| — oven | 發泡爐 | 発泡炉 | 发泡炉 |
| **blowing-in** | 起吹 | 吹入れ〔高炉〕 | 鼓风 |
| **blowing-out** | 停吹 | 吹止め〔高炉〕 | 停炉 |
| — bottle | 吹塑瓶 | 吹き込み成形ボトル | 吹塑瓶 |
| — fuse | 保險絲 | 溶断ヒューズ | 保险丝 |
| — joint | 吹接 | 吹き接 | 吹接 |
| — sand | 飛砂 | 飛砂 | 飞砂 |
| **blowff** | 噴出 | 吹き消し | 喷出 |
| **blowpipe** | 吹管 | 吹い管 | 压缩空气输送管 |
| — analysis | 吹管分析 | 吹い管分析 | 吹管分析 |
| — assay | 吹管試金 | 吹い管試金 | 吹管试金 |

105

| 英　　文 | 臺　　灣 | 日　　文 | 大　　陸 |
|---|---|---|---|
| — flame | 吹管焰 | 吹い管炎 | 吹管焰 |
| — test | 吹管試驗 | 吹い管試験 | 吹管试验 |
| **blowtorch** | 噴燈 | トーチランプ | 喷灯 |
| **blowup** | 擴張；放大 | ブローアップ | 扩张；放大 |
| — pan | 蒸氣攪拌鍋 | ブローアップパン | 蒸气搅拌锅 |
| — ratio | 膨脹比 | 膨張比 | 膨胀比 |
| — test | 耐壓試驗 | 耐圧試験 | 耐压试验 |
| **blue** | 藍色；藍(鉛)油 | 青 | 蓝色；蓝(铅)油 |
| — annealing | 開敞退火 | 青熱焼鈍 | 发蓝退火 |
| — asbestos | 藍石棉 | 青石綿 | 蓝石棉 |
| — ashes | 天然群青 | 紺石 | 天然群青 |
| — billy | 硫鐵礦渣 | し鉱 | 硫铁矿渣 |
| — brick | 青磚 | 黒れんが | 青砖 |
| — brittleness | 藍脆性 | 青熱ぜい性 | 蓝脆性 |
| — calamine | 藍水鋅礦 | 緑亜鉛鉱 | 蓝水锌矿 |
| — cell | 藍光電池 | ブルーセル | 蓝光电池 |
| — cone | 藍焰 | 青炎 | 蓝焰 |
| — copper | 藍銅礦 | 藍銅鉱 | 蓝铜矿 |
| — copperas | 五水硫酸銅 | 胆ばん | 五水(合)硫酸铜 |
| — gold | 金鐵合金 | 青金 | 金铁合金 |
| — iron ore | 藍鐵礦 | らん鉄鉱 | 蓝铁矿 |
| — ocher | 藍鐵礦 | らん鉄鉱 | 蓝铁矿 |
| — print | 藍圖 | 青写真 | 蓝图 |
| — print paper | 藍圖紙 | 青写真紙 | 蓝图纸 |
| — print process | 藍圖法 | 青写真法 | 蓝图法 |
| — printing | 藍圖 | 青写真 | 蓝图 |
| **bluepaper** | 藍圖紙 | 青写真紙 | 蓝图纸 |
| **blueing** | 發藍(處理) | 青熱着色法 | 发蓝(处理) |
| — effect | 藍色效應 | 青み | 蓝色效应 |
| — salts | 發藍用鹽 | 青熱用塩 | 发蓝用盐 |
| **bluish** | 藍灰色 | あいねずみ | 蓝灰色 |
| **blumenbachite** | 硫錳礦 | 硫マンガン鉱 | 硫锰矿 |
| **blunder** | 故障 | ブランダ | 故障 |
| **blunge water** | 漿料；泥漿 | ブランジ水 | 浆料；泥浆 |
| **blunt** | 鈍頭物體 | にぶい物体 | 钝头物体 |
| — file | 等寬板銼 | ずんどうやすり | 等宽板锉 |
| **blunting of crack** | 裂縫鈍化 | 亀裂の鈍化 | 裂缝钝化 |
| **blur** | 斑點；模糊 | ブレ | 斑点；模糊 |
| **blurring effect** | 模糊效應 | ぼけ効果 | 模糊效应 |
| **blurs** | 污斑(點) | 色むら | 污斑(点) |

| 英　　文 | 臺　　灣 | 日　　文 | 大　　陸 |
|---|---|---|---|
| bluest air | 鼓風 | 噴射空気 | 鼓风 |
| board | 板；盤 | 板 | 板；盘 |
| — type | 板式；台式 | ボードタイプ | 板式；台式 |
| boardiness | 剛性 | ボーディネス | 刚性 |
| — defect | 壓痕 | 型傷 | 压痕 |
| boaster | 平鑿 | 平のみ | 平凿 |
| boasting | 粗鑿；粗琢 | 荒たたき | 粗凿；粗琢 |
| boat | 小船；小艇 | （小）舟艇 | 小船；小艇 |
| — block | 吊艇滑車 | ボート滑車 | 吊艇滑车 |
| — chock | 艇墊架 | ボート止め木 | 艇垫架 |
| — compass | 船用（磁）羅盤 | ボートコンパス | 艇用（磁）罗经 |
| — cover | 帆布艇罩 | ボートカバー | 帆布艇罩 |
| — davit | 吊柱 | ボートつり柱 | 吊柱 |
| — deck | 艇甲板 | ボート甲板 | 艇甲板 |
| — deck lamp | 艇甲板燈 | ボートデッキランプ | 艇甲板灯 |
| — derrick | 船用人字起重桿 | ボート用起重機 | 吊艇杆 |
| — equipment | 救生艇備品 | ボート備品 | 救生艇备品 |
| — fall | 吊艇滑車索 | ボートフォール | 吊艇滑车索 |
| — fender | 船護板 | ボート防げん材 | 船护板 |
| — form | 船形 | 舟形 | 船形 |
| — handling gear | 吊艇裝置 | ボート揚げ卸し装置 | 吊艇装置 |
| — hoist | 吊艇絞車 | ボートホイスト | 吊艇绞车 |
| — hull | 船殼；船體 | 船かく | 船壳；船体 |
| — seaplane | 船形水上飛機 | 飛行艇 | 船形水上飞机 |
| — skin | 小艇外殼板 | 艇かく | 小艇外壳板 |
| — spar | 艇撐架 | ボート架 | 艇撑架 |
| — test | 吊艇試驗 | ボート揚げ卸し試験 | 吊艇试验 |
| — tray | 船槽板 | ボートトレー | 船槽板 |
| — winch | 船絞車 | ボートウインチ | 船绞车 |
| bob | 吊錘；暗冒口 | 振り子玉 | 布轮 |
| bobbin | 筒管；線軸 | 巻きわく | 线圈架；线轴 |
| — carrier | 筒管捲繞裝置 | ボビンキャリヤ | 筒管卷绕装置 |
| — chute | 輸送筒管斜槽 | ボビンシュート | 输送筒管斜槽 |
| — cleaner | 筒腳清除機 | ボビンクリーナ | 筒脚清除机 |
| — core | 帶繞磁芯 | ボビンコア | 带绕磁芯 |
| — creel | 筒子架〔紡織〕 | 系巻架 | 筒子架〔纺织〕 |
| — cutter | 筒管切刀〔紡織〕 | ボビンカッタ | 筒管切刀〔纺织〕 |
| — disk | 捲盤 | ボビンディスク | 卷盘 |
| — hanger | 〔粗砂〕筒管懸吊器〔紡織〕 | ボビンハンガ | 〔粗砂〕筒管悬吊器〔纺织〕 |
| — holder | 筒管架〔紡織〕 | ボビンホルダ | 筒管架〔纺织〕 |

B

| 英　　文 | 臺　　灣 | 日　　文 | 大　　陸 |
|---|---|---|---|
| bobbing | 振動；拋光 | ボビング | 振动；拋光 |
| bobbinless coil | 空心線圈 | ボビンレスコイル | 空心线圈 |
| bobby pin | 銷釘固定 | 止めピン | 销钉固定 |
| Bobierre's metal | 包比里合金〔黃銅〕 | ボビエルメタル | 包比里合金〔黄铜〕 |
| bobierrite | 白磷鎂石 | ボビーライト | 白磷镁石 |
| bob-weight | 平衡錘 | 重り | 平衡锤 |
| bode | 粘土封口 | 粘土せん | 粘土封口 |
| body | 車體 | 物体 | 物体；底盘 |
| — axis | 機身抽線 | 機体軸 | 机身抽线 |
| — bias effect | 襯底偏置效應 | 基板バイアス効果 | 衬底偏置效应 |
| — bolster | 車身承梁 | まくらばり | 车身承梁 |
| — bracket | 車身托架 | 本体支え | 车身托架 |
| — brick | 爐體磚 | 炉体れんが | 炉体砖 |
| — burden | 體內〔放射性〕積存量 | 身体負荷量 | 体内〔放射性〕积存量 |
| — calorific value | 人體發熱量 | 人体発生熱量 | 人体发热量 |
| — capacity | 人體電容 | 人体容量 | 人体电容 |
| — case | 殼體；外殼 | ボディケース | 壳体；外壳 |
| — cavity | 體腔 | 体こう | 体腔 |
| — centered cubic crystal | 體心立方晶格 | 体心立方格子 | 体心立方晶格 |
| — coat | 底層塗料 | 体質塗料 | 底层涂料 |
| — core | 主心型 | 親中子 | 主芯 |
| — current | 體電流 | ボディカレント | 体电流 |
| — fluid | 體液 | 体液 | 体液 |
| — frame | 車体架；機体架 | ボディフレーム | 车体架；机体架 |
| — fuselage | 機體 | 機体 | 机体 |
| — jack | 車身千斤頂 | ボディジャッキ | 车身千斤顶 |
| — material | 母材 | 母材 | 母材 |
| — of plane | 刨台 | かんな台 | 刨台 |
| — of rotation | 迴轉體 | 回転体 | 回转体 |
| — polish | 車身拋光劑 | ボディポリシュ | 车身拋光 |
| — resistance | 體電阻 | ボディ抵抗 | 体电阻 |
| — solder | 粘稠焊料 | ボディソルダ | 粘稠焊料 |
| — source | 體源 | ボディソース | 体源 |
| — structure | 車身結構（構造） | 構体 | 车身结构（构造） |
| — temperature | 體溫 | 体温 | 体温 |
| — tube | 鏡筒 | 鏡筒 | 镜筒 |
| — varnish | 車身塗料 | ボディワニス | 车身涂料（清漆） |
| — wrinkles | 〔引伸件〕側壁皺紋 | ボディしわ | 〔拉深件〕侧壁皱纹 |
| — wrinkling | 〔引伸件〕側壁起皺 | ボディしわの発生 | 〔拉深件〕侧壁起皱 |
| bodying | 增稠劑 | ボディ化剤 | 增稠剂 |

**B**

| 英　　文 | 臺　　灣 | 日　　文 | 大　　陸 |
|---|---|---|---|
| — speed | 增粘速度 | 増粘速度 | 增粘速度 |
| — temperature | 稠化溫度 | ボディ化温度 | 稠化温度 |
| — up | 增粘 | 増粘 | 增粘 |
| — velocity | 稠化速度 | ボディ化速度 | 稠化速度 |
| **bodywork** | 機身製造；船身製造 | 本体製作 | 机身制造；船身制造 |
| **boehmite** | 簿水鋁礦 | ベーム石 | 簿水铝矿 |
| — alarm | 鍋爐報警器 | ボイラ警報器 | 锅炉报警器 |
| — barrel | 鍋爐筒體 | ボイラ胴 | 锅炉筒体 |
| — bearer | 鍋爐座 | かま台 | 锅炉座 |
| — bed | 鍋爐座 | ボイラベッド | 锅炉座 |
| — blasting | 鍋爐爆炸 | ボイラ爆発 | 锅炉爆炸 |
| — blow-off pipe | 鍋爐出水管 | ボイラ水吹出し管 | 锅炉出水管 |
| — body | 鍋爐筒體 | ボイラ胴 | 锅炉筒体 |
| — bracket | 鍋爐構架 | ボイラ支え | 锅炉构架 |
| — burner | 鍋爐噴燃器 | ボイラバーナ | 锅炉喷燃器 |
| — capacity | 鍋爐容量 | ボイラ容量 | 锅炉容量 |
| — casing | 鍋爐外殼 | ボイラケーシング | 锅炉外壳 |
| — chemical | 鍋爐化學清洗劑 | 清かん剤 | 锅炉化学清洗剂 |
| — circulation pump | 鍋爐循環泵 | ボイラ循環ポンプ | 锅炉循环泵 |
| — cleaning compound | 鍋爐防(除)垢劑 | ボイラ清浄剤 | 锅炉防(除)垢剂 |
| — clearance | 鍋爐距離 | ボイラ周すきま | 锅炉距离 |
| — cock | 鍋爐旋塞 | ボイラ被覆 | 锅炉旋塞 |
| — cold start | 冷態啓動 | 冷かん起動 | 冷态启动 |
| — compound | 鍋爐除垢劑 | ボイラ清浄剤 | 锅炉除垢剂 |
| — control | 鍋爐控制 | ボイラ制御 | 锅炉控制 |
| — control panel | 鍋爐控制盤 | ボイラ制御盤 | 锅炉控制盘 |
| — covering | 鍋爐絕熱罩 | ボイラおおい | 锅炉绝热罩 |
| — cardle | 鍋爐托架 | ボイラ受け | 锅炉托架 |
| — dome | 鍋爐聚汽室 | 気室 | 锅炉聚汽室 |
| — drum | 鍋爐鼓筒 | ボイラ胴 | 锅炉鼓筒 |
| — efficiency | 鍋爐效率 | ボイラ効率 | 锅炉效率 |
| — engineer | 鍋爐機械師 | ボイラ技士 | 锅炉机械师 |
| — explosion | 鍋爐爆炸 | ボイラ爆発 | 锅炉爆炸 |
| — face | 鍋爐面 | ボイラ面 | 锅炉面 |
| — fan | 鍋爐用鼓風機 | ボイラファン | 锅炉用鼓风机 |
| — feed water | 鍋爐給水 | ボイラ給水 | 锅炉给水 |
| — feed eater pump | 鍋爐給水泵 | ボイラ給水ポンプ | 锅炉给水泵 |
| — fittings | 鍋爐配件 | ボイラ取付け物 | 锅炉配件 |
| — fluid | 清罐液 | 清かん液 | 清罐液 |
| — follow up control | 鍋爐隨動控制 | ボイラ追従制御 | 锅炉随动控制 |

| 英　　文 | 臺　　灣 | 日　　文 | 大　　陸 |
|---|---|---|---|
| — for locomotive | 機車鍋爐 | 機関車ボイラ | 机车锅炉 |
| — for power generation | 發電用鍋爐 | 発電用ボイラ | 发电用锅炉 |
| — forge | 鍋爐鍛工車間 | ボイラ鍛造所 | 锅炉锻工车间 |
| — furnace | 鍋爐燃燒室 | ボイラ燃焼室 | 锅炉燃烧室 |
| — gage | 鍋爐水位計 | ボイラゲージ | 锅炉水位计 |
| — graphite | 鍋爐用石墨 | ボイラ用黒鉛 | 锅炉用石墨 |
| — grate | 鍋爐爐排 | ボイラ格子 | 锅炉炉排 |
| — heat balance | 鍋爐熱平衡計算 | ボイラ熱勘定 | 锅炉热平衡计算 |
| — holder | 鍋爐座 | ボイラ受台 | 锅炉座 |
| — horse power | 鍋爐馬力 | ボイラ馬力 | 锅炉马力 |
| — house | 鍋爐房 | ボイラ室 | 锅炉房 |
| — incrustation | 鍋爐水垢 | かま石 | 锅炉水垢 |
| — installation | 鍋爐裝置 | ボイラすえ付け | 锅炉装置 |
| — insurance | 鍋爐保險 | ボイラ保険 | 锅炉保险 |
| — jacker | 鍋爐外殼 | ボイラジャケット | 锅炉外壳 |
| — kier | 精鍊鍋；蒸煮鍋 | 精錬がま | 精链锅; 蒸煮锅 |
| — lagging | 鍋爐〔絕熱〕外套 | ボイラ被覆 | 锅炉〔绝热〕外套 |
| — lagging plate | 鍋爐絕熱殼板 | ボイララギング板 | 锅炉绝热壳板 |
| — load | 鍋爐負荷 | ボイラ負荷 | 锅炉负荷 |
| — loss | 鍋爐損失 | ボイラ損失 | 锅炉损失 |
| — main stop valve | 鍋爐主蒸氣關閉閥 | ボイラ主蒸気止め弁 | 锅炉主蒸气关闭阀 |
| — maker's shop | 鍋爐〔製造〕車間 | ボイラ製造工場 | 锅炉〔制造〕车间 |
| — making | 鍋爐製造 | 製かん作業 | 锅炉制造 |
| — mountings | 鍋爐配件 | ボイラ取付け物 | 锅炉配件 |
| — oil | 鍋爐燃料油 | ボイラ油 | 锅炉燃料油 |
| — out put | 鍋爐輸出功率 | ボイラ出力 | 锅炉输出功率 |
| — pedestal | 鍋爐基座 | ボイラ足 | 锅炉基座 |
| — plant | 鍋爐設備 | ボイラ設備 | 锅炉设备 |
| — plate | 鍋爐鋼板 | ボイラ板 | 锅炉(钢)板 |
| — pressure | 鍋爐壓強 | ボイラ圧力 | 锅炉压强 |
| — purge interlock | 鍋爐清洗連鎖裝置 | ボイラ清浄装置 | 锅炉清洗连锁装置 |
| — rating | 鍋爐額定功率 | ボイラ出力 | 锅炉额定功率 |
| — room | 鍋爐房 | ボイラ室 | 锅炉房 |
| — room grating | 鍋爐船格柵 | ボイラ室格子 | 锅炉船格栅 |
| — room opening | 鍋爐船天窗 | ボイラ室口 | 锅炉船天窗 |
| — saddle | 鍋爐托架 | ボイラ架台 | 锅炉托架 |
| — scale | 鍋爐水垢 | 湯あか | 锅炉水垢 |
| — scale remover | 除垢機 | ボイラスケール除去剤 | 除垢机 |
| — seat | 鍋爐座 | ボイラ座 | 锅炉座 |
| — setting | 鍋爐安裝 | ボイラすえ付け | 锅炉安装 |

| 英　　文 | 臺　　灣 | 日　　文 | 大　　陸 |
|---|---|---|---|
| — shell | 鍋爐鼓筒殼體 | ボイラ胴 | 锅炉鼓筒壳体 |
| — shell plate | 鍋爐鼓體板 | ボイラ胴板 | 锅炉鼓体板 |
| — shield | 鍋爐防護罩 | ボイラ覆 | 锅炉防护罩 |
| — shop | 鍋爐車間 | ボイラ工場 | 锅炉车间 |
| — space | 鍋爐船 | ボイラ室 | 锅炉船 |
| — stay | 鍋爐牽條 | ボイラ支え | 锅炉牵条 |
| — steam | 鍋爐蒸汽 | ボイラ蒸気 | 锅炉蒸汽 |
| — steel | 鍋爐鋼 | ボイラ用鋼材 | 锅炉钢 |
| — stool | 鍋爐座 | かま台 | 锅炉座 |
| — structural steel | 鍋爐構架 | ボイラ鉄骨 | 锅炉构架 |
| — suit | 鍋爐罩 | ボイラ作業服 | 锅炉罩 |
| — support | 鍋爐支座 | ボイラ支え | 锅炉支座 |
| — susender | 鍋爐吊架 | ボイラつり | 锅炉吊架 |
| — test pump | 鍋爐試驗泵 | ボイラ試験ポンプ | 锅炉试验泵 |
| — tractive force | 鍋爐牽引力 | ボイラ引張力 | 锅炉牵引力 |
| — trial | 鍋爐試驗 | ボイラ試験 | 锅炉试验 |
| — tube | 鍋爐管 | ボイラ管 | 锅炉管 |
| — tube cleaner | 鍋爐管清掃器 | ボイラ管掃除機 | 锅炉管清扫器 |
| — tube cutter | 截鍋爐管器 | ボイラ管カッタ | 截锅炉管器 |
| — water circulation | 鍋爐水循環 | かま水循環 | 锅炉水循环 |
| — water filling | 鍋爐給水 | ボイラ水張り | 锅炉给水 |
| — water filling pipe | 鍋爐充水管 | ボイラ水張り管 | 锅炉充水管 |
| — water level | 鍋爐水平面 | ボイラ水準 | 锅炉水平面 |
| — water treatment | 鍋爐水處理 | ボイラ水処理 | 锅炉水处理 |
| — work | 鍋爐工程 | ボイラ工事 | 锅炉工程 |
| boiling | 沸騰 | 煮沸 | 沸腾 |
| — bulb | 蒸餾鍋 | 蒸留がま | 蒸馏锅 |
| — curve | 沸騰曲線 | 沸騰曲線 | 沸腾曲线 |
| — fastness | 耐煮性 | 煮沸堅牢度 | 耐煮性 |
| — kier | 漂煮鍋 | 精練がま | 漂煮锅 |
| point | 沸點 | 沸点 | 沸点 |
| — point apparatus | 沸點測定裝置 | 沸点測定装置 | 沸点测定装置 |
| — point curve | 沸點曲線 | 沸点曲線 | 沸点曲线 |
| — point diagram | 沸點圖 | 沸点図 | 沸点图 |
| — temperature | 沸點 | 沸点 | 沸点 |
| boiloff | 蒸發 | 蒸発 | 蒸发 |
| boleite | 銅鉛礦 | ボオレ石 | 铜铅矿 |
| bolivianite | 黃錫礦 | ボリビア石 | 黄锡矿 |
| Bologna stone | 重晶石 | ボロニア石 | 重晶石 |
| bolt | 螺栓 | かんぬき | 螺栓 |

| 英　　文 | 臺　　灣 | 日　　文 | 大　　陸 |
|---|---|---|---|
| ─ by headubg | 鐓鍛螺栓 | 圧造ボルト | 镦锻螺栓 |
| ─ cap | 螺母 | ボルトキャップ | 螺母 |
| ─ chest | 螺栓柜 | ボルト箱 | 螺栓柜 |
| ─ cutter | 螺栓刀具；斷線鉗 | ボルトカッタ | 螺栓刀具；断线钳 |
| ─ head | 螺栓頭 | ボルト頭 | 螺栓头 |
| ─ hole | 螺栓孔 | ボルト孔 | 螺栓孔 |
| ─ pitch | 螺距 | ボルト間隔 | 螺距 |
| **bomb** | 炸彈;高壓罐 | 爆弾 | 弹状贮气瓶 |
| ─ bay | 炸彈艙 | 爆弾倉 | 炸弹舱 |
| ─ calorimeter | 高壓罐;測熱計 | ボンブ熱量計 | 弹式量热器 |
| ─ cavity | 高壓儲氣室〔內腔〕 | ボンブキャビティ | 高压储气室〔内腔〕 |
| ─ dropping gear | 投彈機 | 爆弾投下機 | 投弹机 |
| ─ furnace | 封管爐 | 鉄砲炉 | 封管炉 |
| ─ reduction | 〔反應〕彈還原〔法〕 | ボンベ還元 | 〔反应〕弹还原〔法〕 |
| ─ shelter | 防空壕 | 防空ごう | 防空壕 |
| ─ sight | 轟炸瞄準具 | 爆撃照準装置〔器〕 | 轰炸瞄准具 |
| **bomber** | 轟炸機 | 爆撃機 | 轰炸机 |
| **bombing** | 轟炸 | 爆撃 | 轰炸 |
| ─ radar | 轟炸瞄準(用)雷達 | 爆撃照準用レーダ | 轰炸瞄准(用)雷达 |
| **bond** | 結合；結合劑 | 結合 | 结合；结合剂 |
| ─ angle | 鍵角 | 原子価角 | 键角 |
| ─ bin | 粘結劑貯存斗 | ボンド貯蔵箱 | 粘结剂贮存斗 |
| ─ break | 握裡斷裂 | 接着遮断 | 握里断裂 |
| ─ clay | 結合粘土 | 結合粘土 | 结合粘土 |
| ─ contact | 鍵接觸 | ボンド接触 | 键接触 |
| ─ course | 條頂塔接砌法 | 控積み | 条顶塔接砌法 |
| ─ distance | 鍵長 | 結合距離 | 键长 |
| ─ energy | 結合能 | 結合エネルギー | 键能 |
| ─ failure | 粘接劑層破裂 | 接着剤層破裂 | 粘接剂层破裂 |
| ─ fiber | 粘合用的纖維 | 結合用繊維 | 粘合用的纤维 |
| ─ fixing | 粘著固定 | ボンド定着 | 粘着固定 |
| ─ flux | 〔粘結〕焊劑 | ボンドフラックス | 〔粘结〕焊剂 |
| ─ fuel oil | 保稅燃料油 | 保税重油 | 保税燃料油 |
| ─ length | 鍵長 | 結合の長さ | 键长 |
| ─ line | 粘合層 | ボンド部 | 粘合层 |
| ─ masonry | 條頂塔接砌法 | 馬乗積み | 条顶塔接砌法 |
| ─ metal | 燒結金屬；多孔金屬 | ボンドメタル | 烧结金属；多孔金属 |
| ─ metal filter | 燒結金屬過濾器 | ボンドメタルフィルタ | 烧结金属过滤器 |
| ─ migration | 粘結遷移 | 結合移動 | 粘结迁移 |
| ─ moment | 鍵矩 | 結合モーメント | 键矩 |

| 英　　文 | 臺　　灣 | 日　　文 | 大　　陸 |
|---|---|---|---|
| — of adhesion | 貼緊 | 密着 | 貼緊 |
| — open | 焊縫裂開 | ボンドオープン | 焊縫裂开 |
| — order | 粘結順序 | 結合次数 | 粘结顺序 |
| — performance | 粘接性能 | 接着性能 | 粘接性能 |
| — property | 粘接〔強度〕特性 | 接着特性 | 粘接〔强度〕特性 |
| — radius | 鍵半徑 | 結合半径 | 键半径 |
| — scission | 斷鍵 | 結合切断 | 断键 |
| — strength | 粘結強度 | 結合強さ | 粘结强度 |
| — stress | 粘結應力 | 付着応力 | 粘结应力 |
| — test | 粘結強度試驗 | 付着強度試験 | 粘结强度试验 |
| — tester | 接頭電阻測試器 | ボンド試験器 | 接头电阻测试器 |
| — timber | 繫桿 | つなぎ材 | 系杆 |
| — type | 鍵型 | ボンド形 | 键型 |
| — type diode | 鍵型二極管 | ボンド形ダイオード | 键型二极管 |
| — water | 結合水 | 結合水 | 结合水 |
| — weld | 鋼鐵接頭焊接 | ボンド溶接 | 钢铁接头焊接 |
| bonded abrasive | 磨料；磨輪 | 固定と粒 | 磨料；磨轮 |
| — adhesive | 樹脂粘結劑 | 樹脂柔接着剤 | 树脂粘结剂 |
| — fabric | 不織布 | 不織布 | 不织布 |
| — flux | 粘結焊劑 | ボンドフラックス | 粘结焊剂 |
| — mat | 不織布 | 不織布 | 不织布 |
| — part | 粘著部位 | 接着部 | 粘着部位 |
| — plywood | 層積材 | 集成（木）材 | 层积材 |
| — specimen | 粘接試樣 | 接着試験片 | 粘接试样 |
| bounder | 接合器 | 接合機 | 接合器 |
| bonderized | 鍍鋅磷化鋼板 | ボンデ亜鉛鉄板 | 镀锌磷化钢板 |
| — sheel iron | 耐蝕鍍鋅鋼板 | ボンデ鋼板 | 耐蚀镀锌钢板 |
| bonding | 結合；焊接 | 結合 | 结合；焊接 |
| — agent | 粘合劑 | 粘結剤 | 粘合剂 |
| — coat | 結合器 | 下塗 | 结合器 |
| — force | 結合力 | 結合力 | 结合力 |
| — layer | 粘合層 | 接着層 | 粘合层 |
| — machine | 焊接機 | 接合機 | 焊接机 |
| — material | 粘結材料；粘合劑 | 結合材 | 粘结材料；粘合剂 |
| — medium | 粘結劑 | 結合剤 | 粘结剂 |
| — method | 焊接法 | ボンディング方法 | 焊接法 |
| — operation | 粘結加工 | 接合作業 | 粘结加工 |
| — resin | 接著用樹脂 | 接着用樹脂 | 接着用树脂 |
| — station | 焊接點 | ボンディングステーション | 焊接点 |
| — wire | 接合線 | ボンディングワイヤ | 接合线 |

| 英　文 | 臺　　灣 | 日　　文 | 大　　陸 |
|---|---|---|---|
| **bondingless** | 非焊接 | ボンディングレス | 非焊接 |
| **bone** | 骨（架） | 骨 | 骨（架） |
| — charcoal | 活性炭 | 骨炭 | 活性炭 |
| **bonnet** | 保護罩；閥帽 | 被い | 保护罩；阀帽 |
| **boost** | 增壓；助力 | 支援 | 加速；升高 |
| — battery | 蓄電池 | ブースタ電池 | 蓄电池 |
| — circuit | 增壓回路 | 増圧回路 | 增压回路 |
| — valve | 增壓閥 | ブースタ弁 | 增压阀 |
| **biracium,B** | 硼 | ほう素 | 硼 |
| **boral** | 碳化硼鋁 | ボーラル | 碳化硼铝 |
| **borax** | 硼砂 | ほう砂 | 硼砂 |
| **border** | 輪廓 | 輪郭 | 轮廓；（界，缘） |
| — effect | 邊界效應 | 周辺効果 | 边界效应 |
| — line | 邊界線 | 縁取り線 | 境界线 |
| **bordering** | 邊緣；界線 | 縁取り | 边缘；界线 |
| — machine | 剪邊機 | 縁取り器 | 剪边机 |
| **bore** | 孔徑；鏜孔 | 孔径 | 孔径；鏜孔 |
| — bit | 鏜刀頭 | 中ぐりきり | 鏜刀头 |
| — diameter | 內徑 | 内径 | 内径 |
| — mill head | 鏜銑頭 | ボアミルヘッド | 鏜铣头 |
| **bore-expand test** | 擴孔試驗 | 穴広げ試験 | 扩孔试验 |
| **horehole** | 鏜孔；粘孔 | せん孔 | 鏜孔；粘孔 |
| **horer** | 鏜床 | 中ぐり盤 | 鏜床 |
| **boresight** | 瞄準校正器 | 照準規正器 | 瞄准校正器 |
| — error | 校準誤差 | 照準誤差 | 校准误差 |
| **borickite** | 磷鈣鐵礦 | ボリギー石 | 磷钙铁矿 |
| **boride** | 硼化物 | ボライド | 硼化物 |
| — and drilling machine | 鏜銑床 | 中ぐりボール盤 | 鏜铣床 |
| — and milling machine | 鏜銑床 | 中ぐりフライス盤 | 鏜铣床 |
| — and mortising machine | 樺眼鑽床 | ほぞ穴ボール盤 | 樺眼钻床 |
| — and turning mill | 鏜車兩用機床 | 立て旋盤 | 鏜车两用机床 |
| — automobile | 鑽探車 | ボーリングオートモビル | 钻探车 |
| — bar | 鑽桿 | 中ぐり棒 | 钻杆 |
| — bar bearing | 鑽桿架 | 中ぐり棒受け | 钻杆架 |
| — bar tool | 鏜桿刀具 | 中ぐりバイト | 鏜杆刀具 |
| — bite | 鏜孔刀 | ボーリングバイト | 鏜孔刀 |
| — core | 鑽芯 | ボーリングコア | 钻芯 |
| — cycle | 鏜孔循環 | ボーリングサイクル | 鏜孔循环 |
| — device | 鏜孔裝置 | ボーリングデバイス | 鏜孔装置 |
| — head | 鏜頭 | 中ぐり機ヘッド | 鏜头 |

| 英　　文 | 臺　　灣 | 日　　文 | 大　　陸 |
|---|---|---|---|
| —jig | 鏜孔夾具 | 中ぐりジグ | 镗孔夹具 |
| —lathe | 鏜車兩用床 | 中ぐり旋盤 | 镗车两用床 |
| —machine | 鑽探機；鏜床 | ボーリング機械 | 钻探机；镗床 |
| —micrometer | 測微器 | ボーリングマイクロメータ | 测微器 |
| —rod | 鏜桿 | 中ぐり棒 | 镗杆 |
| —table | 鏜床工作台 | 中ぐり台 | 镗床工作台 |
| —test | 鏜孔試驗 | せん孔試験 | 镗孔试验 |
| —tool | 鏜孔刀 | 中ぐりバイト | 镗孔刀 |
| —turret | 鏜削轉塔 | ボーリングタレット | 镗削转塔 |
| borings | 鑽孔屑 | きりくず | 钻孔屑 |
| bornite | 斑銅礦 | はん銅鉱 | 斑铜矿 |
| borod | 碳化鎢耐磨合金焊條 | ボロッド | 碳化钨耐磨合金焊条 |
| boron | 硼 | ボロン | 硼 |
| —anneal | 硼退火 | ボロンアニール | 硼退火 |
| —carbide | 碳化硼 | 炭化ほう素 | 碳化硼 |
| —cast iron | 含硼鑄鐵 | ボロンキャストアイアン | 含硼铸铁 |
| —chamber | 硼電離室 | ほう素電離箱 | 硼电离室 |
| —copper | 硼銅 | ほう素銅 | 硼铜 |
| —fiber | 硼纖維 | ほう素繊維 | 硼纤维 |
| —filament | 硼絲極 | ほう素フィラメント | 硼丝极 |
| —steel | 硼鋼 | ほう素鋼 | 硼钢 |
| bronzing | 滲硼〔處理〕 | 浸ほう法 | 渗硼〔处理〕 |
| —methods | 鍍靑銅法 | ボロナイジング法 | 镀青铜法 |
| bort | 黑金剛石 | ボルト | 黑金刚石 |
| —bit | 金剛石鑽頭 | ダイヤモンドビット | 金刚石钻头 |
| boss | 軸頭；輪殼 | 親方 | 轴头；轮壳 |
| —bolt | 輪殼螺栓 | ボスボルト | 轮壳螺栓 |
| —box | 輪殼罩 | ボス箱 | 轮壳罩 |
| —diameter | 輪殼目徑 | ボスの直径 | (轮)壳目径 |
| —frame | 輪殼座 | ボスフレーム | 轮壳座 |
| —hole | 輪殼孔 | ボス穴 | 轮壳孔 |
| —plate | 穀板 | ボス外板 | 轮板 |
| —ratio | 內外徑比 | 内外径比 | 内外径比 |
| —ring | 穀圈 | ボス環 | 轮箍 |
| bottle | 容器；炸彈 | ボトル，びん | 容器；炸弹 |
| —blower | 瓶子吹製機 | ボトル吹込み成形機 | 瓶子吹制机 |
| —carrier | 運瓶箱 | びん運搬容器 | 运瓶箱 |
| —jack | 瓶式千斤頂 | とっくりジャッキ | 瓶式千斤顶 |
| —making machine | 製瓶機 | 製びん機 | 制瓶机 |
| —material | 製形材料 | びん材料 | 制形材料 |

| 英　　文 | 臺　　灣 | 日　　文 | 大　　陸 |
|---|---|---|---|
| — mixer | 瓶形攪拌機 | ボトル型ミキサ | 瓶形搅拌机 |
| bottling | 灌注；裝瓶 | 口絞り作業 | 灌注；装瓶 |
| — machine | 裝瓶機；灌注機 | びん詰機 | 装瓶机；灌注机 |
| bottom | 齒底；底 | 最低部 | 齿底；底 |
| — bar | 底部鋼筋 | 下ば鉄筋 | 底部钢筋 |
| — bearing | 底軸承 | ボトムベアリング | 底轴承 |
| — bed | 墊底面 | 敷面 | 垫底面 |
| — blown converter | 底吹轉爐 | 底吹き転炉 | 底吹转炉 |
| — blowoff | 爐底吹除 | ボトムブローオフ | 炉底吹除 |
| — board | 底板 | 敷板 | 砂箱垫板 |
| — break | 底部斷裂 | 底部破断 | 底部断裂 |
| — cargo | 船底貨 | 底荷 | 船底货 |
| — casting | 底鑄法 | 下つぎ鋳造 | 下铸 |
| — dead center | 下死點 | ボトムデッドセンタ | 下死点 |
| — dead point | 下死點 | 下死点 | 下死点 |
| — die | 底模 | ボトムダイス | 底模 |
| — frame | 船底框 | 船底フレーム | 船底肋骨 |
| — gear | 底速排檔 | ボトムギヤ | 底速排档 |
| — material | 底料 | 底質 | 底料 |
| — of screw channel | 螺旋槽底 | スクリュー溝の谷底 | 螺旋槽底 |
| — of thread | 螺紋底部 | ねじの谷底 | 螺纹底部 |
| — plate | 底板 | 下部取付け板 | 底板 |
| — pouring | 底澆鑄模 | 下つぎ | 下铸 |
| — slide press | 下滑塊式壓力機 | ボトムスライドプレス | 下滑块式压力机 |
| — stratum | 底層 | 底部層 | 底层 |
| — stripper | 固定式地面脫錠機 | ボトムストリッパ | 固定式地面脱锭机 |
| — swage | 下模 | 底型 | 下模 |
| — tool | 底鍛模 | 下型 | 底锻模 |
| boulangerite | 硫銻鉛礦 | ブーランジェ鉱 | 硫锑铅矿 |
| boulanite | 重晶石 | 重晶石 | 重晶石 |
| boule | 球；剛玉 | ブール | 球；刚玉 |
| boundary | 界限；限度；邊界 | 境界 | 界限；限度；边界 |
| — diffusion | 晶界擴散 | 粒界拡散 | 晶界扩散 |
| — dimensions | 邊界尺寸 | 主要寸法 | 边界尺寸 |
| — face | 分界面 | 境界面 | 分界面 |
| — friction | 邊界摩擦 | 粒界摩擦 | 晶界摩擦 |
| — segregation | 晶界偏析 | 粒界偏析 | 晶界偏析 |
| — tension | 界面張力 | 界面張力 | 界面张力 |
| — wear | 邊界磨損 | 境界摩耗 | 边界磨损 |
| bow | 彎曲；弧形度 | 弧形度 | 弯曲；弧形度 |

| 英 文 | 臺 灣 | 日 文 | 大 陸 |
|---|---|---|---|
| — beam | 弧形梁 | 弓張形けた | 弧形梁 |
| — compasses | 彈簧圓規 | ばねコンパス | 弹簧圆规 |
| — crook | 弓形彎曲 | 弓反り | 弓形弯曲 |
| — dividers | 小分規 | ばねデバイダ | 弹簧两脚规 |
| — drill | 弓形鑽 | 弓ぎり | 弓形钻 |
| — pen | 鴨嘴筆；兩腳規 | からす口 | 鸭嘴笔；两脚规 |
| — saw | 弓鋸 | 弓のこ | 手之锯 |
| — shackle | 弓形鉤環 | バウシャックル | 弓形钩环 |
| — string girder | 弓形梁 | 弓張けた | 弓形梁 |
| **bowl** | 手提；澆斗 | 鉢 | 钵；皿；反射罩 |
| — metal | 粗鑄銻 | 粗製鋳造アンチモン | 粗铸锑 |
| — mill | 杯磨 | 皿形ミル | 球磨机 |
| — mixer | 碗形混合機 | 徳利形ミキサ | 瓶式搅拌机 |
| **box** | 箱；盒；匣 | 箱 | 箱；盒；匣 |
| — annealing | 封盒退火 | 箱なまし | 装箱退火 |
| — antenna | 箱形天線 | 箱形アンテナ | 箱形天线 |
| — beam | 箱形梁 | 箱形ビーム | 箱形梁 |
| — bed | 廂型底架 | 折たたみ寝台 | 折叠床 |
| — carbonizing | 封盒滲碳 | 箱づめ浸炭 | 装箱固体渗碳 |
| — casting | 砂箱鑄造 | 箱鋳込み | 砂箱铸造 |
| — chuck | 箱形夾頭 | 箱チャック | 两爪夹盘 |
| — compass | 羅盤 | 箱羅針 | 罗盘 |
| — container | 箱形容器 | 箱形容器 | 箱形容器 |
| — cover | 盒蓋 | ボックスカバー | 盒盖 |
| — driver | 套管螺絲起子 | ボックスドライバ | 套管螺丝起子 |
| — frame construction | 箱形框架結構 | 壁式構造法 | 箱形框架结构 |
| — furnace | 箱式爐 | 箱型炉 | 箱式炉 |
| — jack | 套筒千斤頂 | 箱ジャッキ | 套筒千斤顶 |
| — nailing machine | 打釘機 | くぎ打機 | 打钉机 |
| — nut | 蓋形螺母 | 袋ナット | 盖形螺母 |
| — pin | 箱銷 | 案内ピン | 箱销 |
| — seat | 箱形基座 | 腰掛け台 | 箱形基座 |
| — stand | 箱架 | 箱形台 | 箱架 |
| — switch | 箱形開關 | 箱開閉器 | 箱形开关 |
| — tong | 槽口鉗〔鍛造用〕 | 箱はし | 槽口钳〔锻造用〕 |
| — truss | 箱形腳(架) | ボックストラス | 箱形桁架 |
| — tup | 箱形鍛模 | 箱タップ | 箱形锻模 |
| — type frame | 箱形架 | 箱形フレーム | 箱形架 |
| — type multiplier | 箱形倍增器 | 箱形倍増器 | 箱形倍增器 |
| — type negative plate | 箱形負極板 | 箱形陰極板 | 箱形负极板 |

| 英　　文 | 臺　　灣 | 日　　文 | 大　　陸 |
|---|---|---|---|
| — type part | 箱形部件 | 箱形部品 | 箱形部件 |
| — type piston | 箱形活塞 | 箱形ピストン | 箱形活塞 |
| — type plate | 箱形陰極板 | ボックス型極板 | 匣形极板 |
| — type workpiece | 箱形工件 | 箱形部品 | 箱形工件 |
| — wedging | 悶榫 | 地獄ほぞ | 闷榫 |
| — wheel | 箱式輻板輪 | 箱形車輪 | 箱式辐板轮 |
| — whinch | 箱形捲揚機 | ボックスウィンチ | 箱形卷扬机 |
| — wrench | 套筒扳手 | ボックスレンチ | 套筒扳手 |
| **boxcar** | 廂式汽車 | 有がい車 | 厢式汽车 |
| **brace** | 支撐 | 切張 | 支撑 |
| — rod | 支柱 | 支柱 | 支柱 |
| **brachyaxis** | 短軸 | 短軸 | 短轴 |
| **brachy-pinacoid** | 短軸面 | 短軸卓面 | 短轴面 |
| **brachy-prism** | 短軸柱 | 短軸柱 | 短轴柱 |
| **bracing** | 剪刀撐 | 筋交い | 剪刀撑 |
| — cable | 拉索 | 張り索 | 张紧揽绳 |
| — member | 支撐構件 | 筋交い材 | 支撑构件 |
| — piece | 加勁焊 | ブレーシングピース | 加劲焊 |
| — strut | 加強支柱 | 張り柱 | 支撑 |
| — tube | 撐管 | 張り管 | 撑管 |
| — wire | 拉線 | 張り線 | 拉线 |
| **bracket** | 托架；支架 | 持送り | 托架；支架 |
| — arm | 懸臂托架 | 片腕金 | 悬臂托架 |
| — attachment | 肘材 | ブラケット取り付け | 肘材 |
| — axle | 托架軸 | クランク軸 | 托架轴 |
| — bearing | 托架軸承 | ブラケット軸受 | 托架轴承 |
| — metal | 支承用鐵件 | 受金物 | 支承用铁件 |
| — panel | 輔助配電盤 | ブラケット盤 | 辅助配电盘 |
| — pedestal | 軸座架 | 軸受台 | 轴座架 |
| — plate of foundation | 基座肘板 | 基礎ブラケット板 | 基座肘板 |
| — scaffold | 挑出式腳手架 | 持出し足場 | 挑出式脚手架 |
| — stairs | 懸挑樓梯 | 持ち送り階段 | 悬挑楼梯 |
| — step | 懸挑踏步 | 持ち送り段 | 悬挑踏步 |
| — suspension | 托架懸弔 | ブラケットつり | 横撑悬挂 |
| — system | 托架裝置 | ブラケット式 | 托架装置 |
| — table | 托架工作台 | ブラケットテーブル | 托架工作台 |
| — type bearing unit | 托架型軸承組 | ブラケット軸受ユニット | 托架型轴承组 |
| **bracketless system** | 無肘板結構式 | ブラケットレス式 | 无肘板结构式 |
| **bradawl** | 錐坑鑽 | 短すい | 锥坑钻 |
| — punch | 壓釘器 | くぎ締め | 压钉器 |

| 英　　文 | 臺　　灣 | 日　　文 | 大　　陸 |
|---|---|---|---|
| **braid** | 編織物 | 組ひも | 编织物 |
| — copper wire | 編織銅線 | 編組銅線 | 编织铜线 |
| — electrode | 編織焊條 | 編み線溶接棒 | 编织焊条 |
| **braider** | 編織機 | 編織機 | 编织机 |
| **braiding** | 編結；編組 | 編組 | 编织；穿线 |
| — machine | 編結機；編組機 | 組み機 | 编线机；打绳机 |
| **brake** | 制動器 | 制動装置 | 制动器 |
| — action | 制動作用 | 制動作用 | 制动作用 |
| — adjuster | 制動〔器〕調節器 | ブレーキ調整装置 | 制动〔器〕调节器 |
| — assemby | 刹車裝置 | 制動装置 | 刹车装置 |
| — axle | 制動軸 | 制動装置ブレーキ車軸 | 制动轴 |
| — band | 制動帶 | ブレーキ帯 | 制动带 |
| — bar | 制動桿 | ブレーキバー | 制动杆 |
| — block | 制動塊 | ブレーキ片 | 制动块 |
| — cam | 制動凸輪 | ブレーキカム | 制动凸轮 |
| — cam lever | 調整桿 | ブレーキカムレバー | 调整杆 |
| — chain | 制動鏈 | ブレーキチェーン | 制动链 |
| — chatter | 刹車顫動 | ブレーキチャター | 刹车颤动 |
| — control | 制動控制 | ブレーキ制御 | 制动控制 |
| — control valvr | 刹車控制閥 | ブレーキ制御弁 | 刹车控制阀 |
| — coupling | 制動離合器 | ブレーキカップリング | 制动离合器 |
| — crusher | 閘踏碎石機 | ブレーキ碎石機 | 闸踏碎石机 |
| — current | 制動電流 | ブレーキ電流 | 制动电流 |
| — cylinder | 閘氣缸 | ブレーキシリンダ | 闸气缸 |
| — cylinder lever | 刹車作動筒操縱桿 | ブレーキシリンダレバー | 刹车作动筒操纵杆 |
| — cylinder pipe | 閘缸管 | ブレーキシリンダ管 | 闸缸管 |
| — die | 折彎模 | ブレーキ型 | 折弯模 |
| — disk | 制動盤 | ブレーキ板 | 制动盘 |
| — doctor | 刹車片修磨機 | ブレーキ修理機 | 刹车片修磨机 |
| — dressing | 刹車潤滑油 | 制動機潤滑油 | 刹车润滑油 |
| — drum | 輪閘鼓 | ブレーキ胴 | 轮闸鼓 |
| — drum cover | 制動鼓蓋 | ブレーキドラムカバー | 制动鼓盖 |
| — drum liner | 輪閘鼓補 | ブレーキ胴ライナ | 轮闸鼓补 |
| — dynamometer | 輪軔測力計 | ブレーキ動力計 | 轮轫测力计 |
| — eccentric | 制動用偏心軸頸 | ブレーキエクセントリック | 制动用偏心轴颈 |
| — effecting time | 制動有效時間 | 制動発効時間 | 制动有效时间 |
| — efficiency | 刹車效率 | ブレーキ効率 | 刹车效率 |
| — energy | 制動能力 | ブレーキエネルギー | 制动能力 |
| — engine | 制動發動機 | 制動機関 | 制动发动机 |
| — equalizer | 制動力平衡器 | ブレーキ平衡装置 | 制动力平衡器 |

| 英　　文 | 臺　　灣 | 日　　文 | 大　　陸 |
|---|---|---|---|
| — equipment | 制動裝置 | 制動装置 | 制動装置 |
| — failure warning | 制動器故障報警裝置 | ブレーキ欠陥警報器 | 制动器故障报警装置 |
| — fluid | 剎車油 | ブレーキ液 | 刹车油 |
| — flusher | 制動液自動更換裝置 | ブレーキフラッシャ | 制动液自动更换装置 |
| — flushing | 制動器〔系統〕壓力沖洗 | ブレーキフラッシング | 制动器〔系统〕压力冲洗 |
| — for automobile | 汽車制動器 | 自動車用ブレーキ | 汽车制动器 |
| — friction area | 制動摩擦面積 | ブレーキ摩擦面積 | 制动摩擦面积 |
| — gear | 剎車裝置 | ブレーキ装置 | 刹车装置 |
| — growing time | 達到制動器最高時間 | 制動最高値到達時間 | 达到制动器最高时间 |
| — handle | 制動器手柄 | 制動ハンドル | 制动器手柄 |
| — head | 軸瓦托 | 制輪子面 | 轴瓦托 |
| — hop | 脫閘 | ブレーキホップ | 脱闸 |
| — horsepower | 剎車馬力 | 軸出力 | 刹车马力 |
| — lag | 制動延時 | 制動遅れ | 制动延时 |
| — lamp | 剎車燈 | ブレーキランプ | 刹车灯 |
| — lever | 閘桿 | 歯止めてこ | 闸杆 |
| — leverage | 制動杠桿比 | ブレーキ倍率 | 制动杠杆比 |
| — light | 〔汽車的〕剎車燈 | ブレーキ灯 | 〔汽车的〕刹车灯 |
| — lines | 制動系統的管路 | ブレーキライン | 制动系统的管路 |
| — lining | 閘襯片 | ブレーキライニング | 闸衬片 |
| — linkage | 制動聯桿 | ブレーキ仕掛 | 制动联杆 |
| — locomotive | 制動機車 | ブレーキ機関車 | 制动机车 |
| — magnet | 制動磁鐵 | 制動用磁石 | 制动磁铁 |
| — master cylinder man | 制動工人 | ブレーキ手 | 制动工人 |
| — mechanism | 制動機構 | ブレーキマスタシリンダ | 制动机构 |
| — motor | 制動電動機 | 制動機構 | 制动电动机 |
| — noise | 制動噪聲 | ブレーキ鳴き | 制动噪声 |
| — oil | 剎車油 | ブレーキ油 | 刹车油 |
| — operating device | 剎車器 | ブレーキ操作用機器 | 刹车器 |
| — operating unit | 制動器操縱裝置 | ブレーキ運転装置 | 制动器操纵装置 |
| — output | 制動力 | ブレーキ出力 | 制动力 |
| — pad | 制動塊 | ブレーキ止め | 制动块 |
| — paddle | 剎車踏板 | ブレーキパドル | 刹车踏板 |
| — parachute | 減速傘 | ブレーキ踏子 | 减速伞 |
| — pedal | 剎車踏板 | 制動用落下さん | 刹车踏板 |
| — percentage | 制動率 | ブレーキ率 | 制动率 |
| — pipe | 制動系統管路 | ブレーキ管 | 制动系统管路 |
| — piston | 制動活塞 | ブレーキピストン | 制动活塞 |
| — press | 彎壓機 | 薄長物プレス | 弯压机 |

| 英　　文 | 臺　　灣 | 日　　文 | 大　　陸 |
|---|---|---|---|
| — pressure | 制動壓力 | 制動圧力 | 制动压力 |
| — pull rod | 拉閘桿 | ブレーキ引張棒 | 拉闸杆 |
| — pulley | 閘輪 | 制動調車 | 闸轮 |
| — quadrant | 手制動扇形齒板 | ブレーキコードラント | 手制动扇形齿板 |
| — ratio | 制動比 | ブレーキ率 | 制动比 |
| — reaction time | 制動反應時間 | 制動反応時間 | 制动反应时间 |
| — release switch | 制動斷路開關 | ブレーキリリーズスイッチ | 制动断路开关 |
| — reliner | 制動摩擦片換補器 | ブレーキ張り替え機 | 制动摩擦片换补器 |
| — regging | 制動桿 | 基礎ブレーキ装置 | 制动杆 |
| — ring | 制動器壓圈 | ブレーキリング | 制动器压圈 |
| — rod | 閘桿 | ブレーキ棒 | 闸杆 |
| — rod adjuster | 制動桿調整器 | 制動かん調節器 | 制动杆调整器 |
| — rod pin | 制動桿(用)銷軸 | ブレーキロッドピン | 制动杆(用)销轴 |
| — roller | 制動輥 | ブレーキローラ | 制动辊 |
| — rubber | 刹車片 | ブレーキ摩擦片 | 刹车片 |
| — servo | 制動助力器 | ブレーキサーボ | 制动助力器 |
| — servo circuit | 制動伺服電路 | ブレーキサーボ回路 | 制动伺服电路 |
| — servo piston | 制動器伺服活塞 | ブレーキサーボピストン | 制动器伺服活塞 |
| — shaft | 制動器軸 | ブレーキ軸 | 制动器轴 |
| — shoe | 閘瓦 | ブレーキ片 | 闸瓦 |
| — shoe assembly | 閘瓦調整裝置 | 制輪子加減装置 | 闸瓦调整装置 |
| — shoe clearance | 制動塊間隙 | ブレーキシュー間げき | 制动块间隙 |
| — shoe hanger | 閘瓦掛鉤 | 制輪子取付け具 | 闸瓦挂钩 |
| — shoe key | 制動蹄調整銷 | 制輪子コッタ | 制动蹄调整销 |
| — shoe lining | 刹車蹄片 | ブレーキ片ライニング | 刹车蹄片 |
| — shoe pivot | 制動蹄支承銷 | ブレーキ片中心 | 制动蹄支承销 |
| — shoe pressure | 制動塊壓力 | 制輪子圧力 | 制动块压力 |
| — spring | 制動彈簧 | ブレーキスプリング | 制动弹簧 |
| — step | 刹車踏板 | ブレーキステップ | 刹车踏板 |
| — stop | 制動器停機 | ブレーキ停止 | 制动器停机 |
| — stroke | 〔踏板〕制動行程 | ブレーキストローク | 〔踏板〕制动行程 |
| — surface | 閘面 | 制動面 | 闸面 |
| — system | 刹車系統 | ブレーキ系 | 刹车系统 |
| — test | 刹車試驗 | 制動試験 | 刹车试验 |
| — through | 沖頭超下 | ブレーキスルー | 冲头超下 |
| — tightening bolt | 張緊螺釘 | だるまねじ | 张紧螺钉 |
| — toggle | 制動肘節 | ブレーキ止め金 | 制动肘节 |
| — torque collar | 制動力矩連接套筒 | ブレーキトルクカラー | 制动力矩连接套筒 |
| — treadle | 制動(閘)踏板 | ブレーキ踏子 | 制动(闸)踏板 |
| — trial | 制動試驗 | 制動試験 | 制动试验 |

B

| 英　　文 | 臺　　灣 | 日　　文 | 大　　陸 |
|---|---|---|---|
| — triangle | 三角形制動梁 | 三角形制動ばり | 三角形制动梁 |
| — truss | 〔鐵路橋〕制動桁架 | ブレーキトラス | 〔铁路桥〕制动桁架 |
| — tube | 閘管 | ブレーキチューブ | 闸管 |
| — valve | 閘閥 | ブレーキ弁 | 闸阀 |
| — water tank | 制動水箱 | ブレーキ水タンク | 制动水箱 |
| — weight | 制動重量 | 制動重量 | 制动重量 |
| — wheel | 剎車輪 | ブレーキ車 | 刹车轮 |
| — wire | 制動綱絲繩 | ブレーキワイヤ | 制动纲丝绳 |
| **braked axle** | 制動軸 | ブレーキ車軸 | 制动轴 |
| — vehicle | 帶制動機的車輛 | 制動車両 | 带制动机的车辆 |
| **brakeman's cabin** | 監控室 | 制御室 | 监控室 |
| **braker** | 測功器 | ブレーカ | 测功器 |
| **brake-van** | 緩急車 | 緩急車 | 缓急车 |
| — siding | 守車側線 | 緩急車線 | 守车侧线 |
| **braking** | 制動；搗碎 | 制動 | 制动；搗碎 |
| — beads | 阻力筋 | 張力用ビード | 阻力筋 |
| — bench | 制動試驗台 | ブレーキ試験台 | 制动试验台 |
| — coefficient | 制動率 | 制動率 | 制动率 |
| — controller | 制動控制 | ブレーキ制御器 | 制动控制 |
| — deceleration | 制動減速率 | 制動減速度 | 制动减速率 |
| — device | 剎車裝置 | ブレーキ装置 | 刹车装置 |
| — distance | 剎車距離 | ブレーキ距離 | 刹车距离 |
| — effect | 制動作用 | ブレーキ効果 | 制动作用 |
| — efficiency | 制動效率 | ブレーキ効率 | 制动效率 |
| — effort | 制動力 | 制動力 | 制动力 |
| — equipment | 制動裝置 | ブレーキ系 | 制动装置 |
| — force | 制動力 | ブレーキ力 | 制动力 |
| — load | 制動載荷 | 制動荷重 | 制动载荷 |
| — rocket | 制動火箭 | 制動ロケット | 制动火箭 |
| — shaft | 制動軸 | ブレーキ軸 | 制动轴 |
| — time | 制動時間 | ブレーキ時間 | 制动时间 |
| **brale** | 圓錐形金剛石壓頭 | ブレール | 圆锥形金刚石压头 |
| **branch** | 分岐；支路 | 分岐 | 分岐；支路 |
| — box | 分線盒 | 分岐箱 | 分线盒 |
| — connection | 分支接頭 | 分岐継手 | 分支接头 |
| — switch | 分路開關 | 分岐開閉器 | 分路开关 |
| **branditite** | 砷錳鈣石 | ブランド石 | 砷锰钙石 |
| **brannerite** | 鈦鈾礦 | ブランネル石 | 钛铀矿 |
| **Brant's metal** | 布蘭特低熔點；合金 | ブランツメタル | 布兰特低熔点；合金 |
| **brashness** | 脆性 | ぜい性 | 脆性 |

| 英　文 | 臺　灣 | 日　文 | 大　陸 |
|---|---|---|---|
| **brusque** | 襯料；填料 | 素灰 | 衬料；填料 |
| **bress** | 黃銅 | 黄銅 | 黄铜 |
| — bar | 黃銅條(棒) | 真ちゅう棒 | 黄铜条(棒) |
| — casting | 黃銅鑄件 | 黄銅鋳物 | 黄铜铸件 |
| — coloring | 黃銅著色法 | 黄銅着色法 | 黄铜着色法 |
| — electrode | 黃銅電極 | 黄銅電極 | 黄铜电极 |
| — ferrule | 黃銅套圈 | 黄銅環 | 黄铜套圈 |
| — finishing | 黃銅精加工 | 黄銅仕上げ | 黄铜精加工 |
| — furnace | 黃銅熔煉爐 | 黄銅溶解炉 | 黄铜熔炼炉 |
| — pipe | 黃銅管 | 黄銅管 | 黄铜管 |
| — plate | 黃銅板 | 真ちゅう板 | 黄铜板 |
| — platine | 鍍黃銅 | 黄銅めっき | 镀黄铜 |
| — sheel | 黃銅板 | 黄銅板 | 黄铜板 |
| — turning tool | 黃銅車刀 | 黄銅バイト | 黄铜车刀 |
| — wire | 黃銅線 | 黄銅線 | 黄铜线 |
| **brazed joint** | 黃銅接頭 | ろう接合 | 黄铜接头 |
| — milling cutter | 焊接銑刀 | ろう付けフライス | 焊接铣刀 |
| — mipple | 黃銅螺紋接口 | 真ちゅう製ニップル | 黄铜螺纹接口 |
| — tool | 焊接刀具 | ろう付けバイト | 焊接刀具 |
| **brazier** | 火盆 | 火鉢 | 火盆 |
| — head | 扁頭〔螺釘〕 | ブレジャ頭 | 扁头〔螺钉〕 |
| **brazing** | 銅焊 | ろう付け | 铜焊 |
| — flux | 焊劑 | ろう付け用フラックス | 焊剂 |
| — metal | 金屬焊料 | 金属ろう | 金属焊料 |
| — sheet | 硬鉛焊薄板 | ブレージングシート | 硬铅焊薄板 |
| — solder | 硬鉛(焊)料 | ろう材 | 硬铅(焊)料 |
| — union | 焊接接頭 | ろう付けユニオン | 焊接接头 |
| **break** | 斷裂；中斷 | 中断 | 断裂；中断 |
| — harrow | 碎土機 | 砕土機 | 碎土机 |
| — joint | 錯縫接合 | 食違い継手 | 错缝接合 |
| — test | 破壞試驗；破壞試驗 | 破壊試験 | 破坏试验；破坏试验 |
| **breakage** | 破壞 | 破壊 | 破坏 |
| — rate | 破損率 | 破損率 | 破损率 |
| **breakaway** | 剝落；分離 | はがれ | 剥落；分离 |
| **breakdown** | 破壞；分解 | 破壊 | 破坏；分解 |
| — crane | 救險起重機 | 救援クレーン | 救险起重机 |
| — current | 破壞電流 | 降服電流 | 破坏电流 |
| — lorry | 搶修工程車 | 故障車えい行車 | 抢修工程车 |
| — maintenance | 故障維修 | 事後保全 | 故障维修 |
| — of aircraft weight | 飛機重量分配 | 飛行機の重量区分 | 飞机重量分配 |

| 英　文 | 臺　灣 | 日　文 | 大　陸 |
|---|---|---|---|
| — of passive state | 鈍態的破壞 | 受動態の崩壞 | 钝态的破坏 |
| — phenomenon | 破壞現象 | 降伏現象 | 破坏现象 |
| — point | 屈服點 | 降伏点 | 屈服点 |
| — region | 破壞區 | 降伏領域 | 破坏区 |
| — rolling | 粗軋 | 初転圧 | 粗轧 |
| — stress | 破壞應力 | 破壞応力 | 破坏应力 |
| — test | 破壞試驗 | 破壞試驗 | 破坏试验 |
| — torque | 破壞轉矩 | ブレークタウントルク | 破坏转矩 |
| **breaker** | 斷屑槽 | 破碎機 | 断屑槽 |
| — bar | 斷路器可動桿 | ブレーカバー | 断路器可动杆 |
| — block | 過載易損件 | ブレーカブロック | 过载易损件 |
| — bottom plow | 〔犂體〕犂 | ブレーカプラウ | 无荒〔犁体〕犁 |
| — stack | 半干壓光機 | ブレーカスタック | 半干压光机 |
| **break-in** | 磨合；嵌入 | すり合せ | 磨合；嵌入 |
| — running | 磨合運轉 | 破壞 | 磨合运转 |
| **breaking** | 破壞 | 破斷係數 | 破坏 |
| — factor | 斷裂係數 | 切斷力 | 断裂系数 |
| — force | 斷裂應雨 | 破壞荷重 | 断裂应雨 |
| — load | 破壞載荷 | 車軸折損 | 破坏载荷 |
| — of axle | 輪軸斷裂 | 破斷点 | 轮轴断裂 |
| — point | 破斷點 | 破壞面 | 破断点 |
| — section | 斷裂面 | 破壞強さ | 断裂面 |
| — strength | 斷裂強度 | 破壞內力 | 断裂强度 |
| — stress | 破壞應力 | 破壞試驗 | 破坏应力 |
| — test | 破壞試驗 | ブレーキングダウン | 破坏试验 |
| **breaking-down** | 擊穿 | 破壞試驗 | 击穿 |
| — test | 擊穿試驗 | すり合せ運転 | 击穿试验 |
| **breaking-in** | 磨合；測試生產 | 離れ | 磨合；测试生产 |
| **breakoff** | 破壞 | 通気性 | 破坏 |
| **breathability** | 透氣性 | 通気性フィルム | 透气性 |
| **breathable film** | 透氣薄膜 | 空気抜き | 透气薄膜 |
| **breather** | 通氣孔 | 息抜きせん | 通气孔 |
| — plug | 通氣管(孔)寒 | 呼吸弁 | 通气管(孔)寒 |
| — valve | 通氣閥 | のこ歯ねじ山 | 通气阀 |
| **brickerite** | 砷鋅鈣礦 | ブリックライト | 砷锌钙矿 |
| **bridge-cut-off relay** | 斷路繼電器 | BCO 継電器 | 断路继电器 |
| **bridged bond** | 橋鍵 | 橋かけ結合 | 桥键 |
| — circuit | 橋接電路 | ブリッジ回路 | 桥接电路 |
| — impedance | 橋接組阬 | 橋絡インピーダンス | 桥接组坑 |
| — linkage | 橋式連接 | 橋状結合 | 桥式连接 |

| 英　　文 | 臺　　灣 | 日　　文 | 大　　陸 |
|---|---|---|---|
| — rotary intersection | 環形立體交叉 | 立体式ロータリ | 环形立体交叉 |
| — structure | 橋鍵結構 | 橋かけ構造 | 桥键结构 |
| **bridge-head** | 橋頭 | 橋頭 | 桥头 |
| **bridgewall** | 耐火隔牆 | 耐火障壁 | 耐火隔墙 |
| **bridging** | 搭棚 | 棚釣り | 搭棚 |
| — piece | 剪刀撐 | 振れ止め | 剪刀撑 |
| — wiper | 開接弧刷 | 橋絡ワイパ | 开接弧刷 |
| **Bridgman method** | 布里茲曼晶体生長法 | ブリッジマン法 | 布里兹曼晶体生长法〕 |
| **bridle** | 短索；拉緊器 | 添ロープ | 短索；拉紧器 |
| — chain | 吊鏈；保險 | 手綱鎖 | 吊链；保险 |
| — ring | 吊線環 | 縁つなぎリング | 吊线环 |
| — rolls | 驅動軋輥 | 駆動ロール | 驱动轧辊 |
| **bright aluminum alloy** | 光亮鋁合金 | 光輝アルミニウム合金 | 光亮铝合金 |
| — cadmium plating | 光亮退火 | 光輝焼なまし | 光亮退火 |
| **breechhlock** pipce | 光亮鍍鎘 | 光沢カドミウムめっき | 光亮镀镉 |
| — dip | 浸漬拋光 | 光沢浸せき | 浸渍抛光 |
| — gold | 金釉 | 水金 | 金釉 |
| — steel | 光亮拉制鋼 | 光輝引き抜き快削鋼 | 光亮拉制钢 |
| **brightening** | 擦亮；上光 | 絹つや出し法 | 擦亮；上光 |
| — aluminum alloy | 拋光鋁合金 | 光輝アルミニウム合金 | 抛光铝合金 |
| **brightness** | 照度；亮度 | 明るさ | 照度；亮度 |
| — acuity | 亮度視〔覺敏〕銳性 | 輝度視力 | 亮度视〔觉敏〕锐性 |
| — beats | 亮度差拍〔跳動〕 | 輝度うなり | 亮度差拍〔跳动〕 |
| — by Hunter | 亨特亮度 | ハンタ白色度 | 亨特亮度 |
| — coding | 亮度編碼 | 明るさコーディング | 亮度编码 |
| — contrast | 亮度對比 | 輝度対比 | 亮度对比 |
| — control | 亮度控制〔調整〕 | 輝度調整 | 亮度控制〔调整〕 |
| — degree | 亮度等級 | 輝度 | 亮度等级 |
| — distribution | 亮度分析 | 輝度分布 | 亮度分析 |
| — harmony | 亮度調合 | 明度調和 | 亮度调合 |
| — modulation | 亮度調制 | 輝度変調 | 亮度调制 |
| — of sky | 天空亮度 | 天空輝度 | 天空亮度 |
| — of window surface | 探光口亮度 | 窓面輝度 | 采光口亮度 |
| — ratio | 亮度比 | 輝度比 | 亮度比 |
| — scale | 亮度標度 | 明度スケール | 亮度标度 |
| — scanning | 明暗掃描 | 明暗走査 | 明暗扫描 |
| — signal | 黑白信號 | 輝度信号 | 黑白信号 |
| — wave | 光波 | 発光波 | 光波 |
| **Brightray** | 雷耐熱鎳鉻合金 | ブライトレイ | 雷耐热镍铬合金 |
| **brilliance** | 亮度；輝度 | 輝度 | 亮度；辉度 |

| 英　　文 | 臺　　灣 | 日　　文 | 大　　陸 |
|---|---|---|---|
| — control | 亮度控制（調整） | 輝度調整 | 亮度控制（调整） |
| **brillancy** | 亮度 | 明澄度 | 亮度 |
| **brilliant** | 亮度 | 鮮明な | 亮度 |
| **brim** | 緣；邊 | 縁 | 缘；边 |
| **Brinell** | 勃氏硬度壓痕 | ブリネル圧こん | 勃氏硬度压痕 |
| — hardness | 勃氏硬度 | ブリネル硬さ | 勃氏硬度 |
| — hardness tester | 勃氏硬度試驗機 | ブリネル硬さ計 | 勃氏硬度试验机 |
| — machine | 勃氏硬度機 | ブリネル硬度計 | 勃氏硬度机 |
| — number | 勃氏硬度值 | ブリネル数 | 勃氏硬度值 |
| **briquetting** | 壓製成塊 | 団鉱（法） | 压制成块 |
| — machine | 壓塊機 | ブリケット機 | 压锭机 |
| **Britannia joint** | 不列顛式焊接〔接頭〕 | ブリタニア接続 | 不列颠式焊接〔接头〕 |
| — metal | 不列顛合金 | ブリタニア合金 | 不列颠锡铜锑合金 |
| **British Association thread** | 英國協會螺紋 | BA ねじ | 英国协会螺纹 |
| — Standard | 英國標準規格 | 英国標準規格 | 英国标准规格 |
| **brittle behaviour** | 脆化過程 | ぜい性挙動 | 脆化过程 |
| — coatings | 脆性塗料 | ぜい性塗料 | 脆性涂料 |
| — feather ore | 羽毛礦 | 毛鉱 | 羽毛矿 |
| — fracture | 脆性破壞 | ぜい性破壊 | 脆性破坏 |
| — fracture surface | 脆性裂隙面 | ぜい性破面 | 脆性裂隙面 |
| — lacquer | 脆性漆 | ぜい性塗料 | 脆性漆 |
| — material | 脆性材料 | ぜい性材料 | 脆性材料 |
| — metals | 脆性金屬 | ぜい弱性金属 | 脆性金属 |
| — point | 脆化點 | ぜい化点 | 脆化点 |
| — silver ore | 脆銀礦 | ぜい銀鉱 | 脆银矿 |
| — solid | 脆性固体 | ぜい性固体 | 脆性固体 |
| — temperature | 脆化溫度 | ぜい化温度 | 脆性温度 |
| **brittleness** | 脆性 | 易砕性 | 脆性 |
| — index | 脆性指數 | ぜい化指数 | 脆性指数 |
| — temperature | 脆性溫度 | ぜい化温度 | 脆性温度 |
| **broach** | 拉刀；拉削 | 穴ぐり器 | 拉刀；拉削 |
| — for external surface | 表面用拉刀 | 表面ブローチ | 表面用拉刀 |
| — for gear cutting | 齒輪拉刀 | 歯切り用ブローチ | 齿轮拉刀 |
| — guide | 拉刀導軌 | 案内ごま | 拉刀导轨 |
| — head | 拉刀頭 | ブローチヘッド | 拉刀夹头 |
| — sharpening machine | 拉刀磨床 | ブローチ研削盤 | 拉刀磨床 |
| **broaching cutter** | 拉刀 | ブローチ | 拉刀 |
| — die | 拉削模 | ブローチダイ | 拉削模 |
| — load | 拉削載荷 | 切削荷重 | 拉削载荷 |
| — machine | 拉床 | ブローチ盤 | 拉床 |

| 英 文 | 臺 灣 | 日 文 | 大 陸 |
|---|---|---|---|
| — tool | 拉刀 | ブローチ | 拉刀 |
| broggerite | 釷軸礦 | ブレッガ石 | 钍轴矿 |
| broil | 鍛燒 | 焼く | 锻烧 |
| — section line | 斷裂線 | 破断線 | 断裂线 |
| broken-open view | 透視圖 | 透視図 | 透视图 |
| broken-out section | 剖面斷裂面 | 破断面 | 剖面断裂面 |
| bromryite | 溴銀礦 | 臭銀鉱 | 溴银矿 |
| brongniartite | 硫銻鉛銀礦 | ブロンニヤ石 | 硫锑铅银矿 |
| bronze | 青銅 | 青銅 | 青铜 |
| — age | 青銅器時代 | 青銅器時代 | 青铜器时代 |
| — bearing | 青銅軸承 | ブロンズベアリング | 青铜轴承 |
| — bond | 青銅結合劑 | ブロンズボンド | 青铜结合剂 |
| — bushing | 青銅襯套〔軸瓦〕 | 青銅ブッシュ | 青铜衬套〔轴瓦〕 |
| — casting | 青銅鑄件 | 青銅鋳物 | 青铜铸件 |
| — electrode | 青銅銅焊條 | ブロンズ溶接棒 | 青铜铜焊条 |
| — filler rod | 青銅焊絲 | ブロンズ溶加棒 | 青铜焊丝 |
| — lacquer | 金粉漆 | ブロンズラッカ | 金粉漆 |
| — liquid | 青銅液 | ブロンズ液 | 青铜液 |
| — medium | 青銅油墨 | 金下インキ | 青铜油墨 |
| — pigmented lacquer | 青銅色塗料 | 金色塗料 | 青铜色涂料 |
| — pigment | 青銅色顏料 | ブロンズ色顔料 | 青铜色颜料 |
| — plating | 鍍青銅 | ブロンズめっき | 镀青铜 |
| — powder | 青銅；金粉 | 金粉 | 青铜；金粉 |
| — printing | 金粉印刷 | 金粉印刷 | 金粉印刷 |
| — printing ink | 金粉油墨 | 金属粉インキ | 金粉油墨 |
| — red | 褐紅色 | 金赤 | 褐红色 |
| — varnish | 金漆；青銅色漆 | 金ニス | 金漆；青铜色漆 |
| — welding rod | 青銅焊條 | ブロンズ溶接棒 | 青铜焊条 |
| bronzed aluminum | 鍍銅鋁 | ブロンズアルミニウム | 镀铜铝 |
| bronzeless blue | 元銅光鐵藍 | ブロンズレスブルー | 元铜光铁蓝 |
| bronzing | 泛金光；泛銅光 | ブロンズ現象 | 泛金光；泛铜光 |
| — effect | 青銅鍛燒效應 | ブェロ焼け効果 | 青铜锻烧效应 |
| — lacquer | 金屬用透明塗料 | 金属用透明塗料 | 金属用透明涂料 |
| — liquid | 鍍青銅液 | 金ニス | 镀青铜液 |
| — machine | 燙金機 | 金付け機 | 烫金机 |
| — medium | 金底油墨 | 金下インキ | 金底油墨 |
| — powder | 青銅粉 | 青銅粉 | 青铜粉 |
| bronzite | 古銅輝石 | 古銅輝岩 | 古铜辉石 |
| bronzitite | 古銅輝岩 | ブロステニ石 | 古铜辉岩 |
| brotocrystal | 熔蝕結晶 | 融食結晶 | 熔蚀结晶 |

| 英　　文 | 臺　　灣 | 日　　文 | 大　　陸 |
|---|---|---|---|
| **brown acetate** | 褐石灰 | 灰色石灰 | 褐石灰 |
| — coal | 褐煤 | 褐炭 | 褐煤 |
| — coal cocking | 褐煤的焦化 | 褐炭のコークス化 | 褐煤的焦化 |
| — earths | 褐土 | 褐色土 | 褐土 |
| — iron ore | 褐鐵礦 | 褐鉄鉱 | 褐铁矿 |
| — iron oxide | 褐色氧化鐵 | 褐色酸化鉄 | 褐色氧化铁 |
| — ironstone clay | 褐鐵礦 | 褐鉄鉱 | 褐铁矿 |
| — lead oxide | 二氧化鉛 | 二酸化鉛 | 二氧化铅 |
| — metal | 銅鋅合金 | ブラウンメタル | 铜锌合金 |
| — millerite | 鈣鐵石 | ブラウンミレライト | 钙铁石 |
| — ochre | 褐鐵礦 | 褐鉄鉱 | 褐铁矿 |
| — oil | 棕色油 | 赤油 | 棕色油 |
| — paint | 棕色塗料 | 褐色ペイント | 棕色涂料 |
| — paper | 牛皮紙 | 包装紙 | 牛皮纸 |
| — pigment | 褐色顏料 | 褐色顔料 | 褐色颜料 |
| — spar | 白雲石 | 白雲石 | 白云石 |
| — ware | 素陶(器) | すやき | 素陶(器) |
| **brownlite** | 溴化銀礦 | 臭化銀鉱 | 溴化银矿 |
| **brownstone** | 軟錳礦 | 褐石 | 软锰矿 |
| **brugnatellite** | 次碳酸鎂鐵礦 | ブルグナテリ石 | 次碳酸镁铁矿 |
| **Brunak treatment** | 鋁板防蝕 | ブルナク処理 | 铝板防蚀 |
| **Bruninghaus pump** | 斜軸式軸向柱塞泵 | ブルーニングハウスポンプ | 斜轴式轴向柱塞泵 |
| **brush** | 碳刷；電刷 | 板筆 | 碳刷；电刷 |
| — sheel | 摩擦輪 | 摩擦輪 | 摩擦轮 |
| **brushing** | 擦光 | ブラシ掛け | 擦光 |
| **brushite** | 透鈣磷石 | ブルッシュ石 | 透钙磷石 |
| **bubble** | 氣泡 | 気泡 | 汽泡 |
| **bubbler** | 噴水式飲水口 | 噴出し飲口 | 喷水式饮水口 |
| — mold cooling | 噴水式塑模冷卻 | 噴水式金型冷却 | 喷水式塑模冷却 |
| **bucket** | 斗；箕 | 動翼 | 吊桶；活塞 |
| — body | 箕斗体 | バケット本体 | 铲斗体 |
| — car | 鏟斗車 | バケット車 | 铲斗车 |
| — conveyer | 斗式輸送機 | バケットコンベヤ | 斗式输送机 |
| — cylinder | 箕斗油缸 | バケットシリンダ | 铲斗油缸 |
| — dozer | 斗式推土機 | バケットドーザ | 斗式推土机 |
| — dredger | 箕斗式挖泥船 | バケットしゅんせつ船 | 键斗式挖泥船 |
| — elevator | 斗式升降機 | バケットエレベータ | 斗式升降机 |
| — excavator | 斗式挖土機 | バケット土掘機 | 斗式挖土机 |
| — feeder | 鍵斗加料器 | バケットフィーダ | 键斗加料器 |
| — ladder | 〔挖泥船〕斗橋 | バケットラダー | 〔挖泥船〕斗桥 |

| 英　文 | 臺　灣 | 日　文 | 大　陸 |
|---|---|---|---|
| — link | 箕斗連桿 | バケットリンク | 铲斗连杆 |
| — lip | 箕斗刃口 | バケットリップ | 铲斗刃口 |
| — piston | 斗式活塞 | バケットピストン | 斗式活塞 |
| — seat | 斗式座椅 | バケットシート | 斗式座椅 |
| — sprayer | 斗式噴霧機 | バケット式噴霧機 | 斗式喷雾机 |
| — teeth | 箕斗齒 | 掘削刃 | 铲斗齿 |
| — valve | 活塞閥 | バケット弁 | 活塞阀 |
| — wheel | 戽式鏈輪；勺輪 | バケット揚水機 | 戽式链轮；勺轮 |
| **buckling** | 座曲；屈曲 | 座屈 | 座曲；屈曲 |
| — coefficient | 屈曲係數 | 座屈係数 | 座曲系数 |
| — curve | 屈曲曲線 | 座屈曲線 | 座曲曲线 |
| — deformation | 翹曲變形 | 溶接の座屈変形 | 翘曲变形 |
| — distortion | 屈曲變形 | 座屈変形 | 座曲变形 |
| — equation | 屈曲條件式 | 座屈条件式 | 座曲条件式 |
| — length | 屈曲長度 | 座屈長さ | 座曲长度 |
| — load | 屈曲荷重 | 座屈荷重 | 座曲荷重 |
| — mode | 屈曲方式 | 座屈様式 | 座曲方式 |
| — of columns | 柱變曲 | 柱の座屈 | 柱变曲 |
| — of frame | 機架變曲 | フレームの座屈 | 机架变曲 |
| — of long column | 鋼軌熱脹變形 | 長柱の座屈 | 钢轨热胀变形 |
| — of track | 剛鋼軌座屈變形 | 張り出し | 刚钢轨座曲变形 |
| — pattern | 座屈變形 | 座屈波形 | 座曲变形 |
| — pressure | 座屈壓力 | 座屈圧力 | 座曲压力 |
| — strain | 座屈應變 | 座屈ひずみ | 座曲应变 |
| — strength | 座屈強度 | 座屈強度 | 座曲强度 |
| — stress | 座屈應力 | 座屈応力 | 座曲应力 |
| — theory | 座屈理輪 | 座屈理論 | 座曲理轮 |
| **Budde effect** | 布德效應 | ブーデ効果 | 布德效应 |
| **buff** | 拋光輪 | バフ | 抛光轮 |
| — grinder | 拋光磨床 | バフ盤 | 抛光磨床 |
| — spindle | 拋光輪軸 | バフ軸 | 抛光轮轴 |
| — unit | 拋光〔動力〕頭 | バフユニット | 抛光〔动力〕头 |
| — wheel | 軟皮(布)拋光輪 | バフ車 | 软皮(布)抛光轮 |
| **buffer** | 緩衝器 | 緩衝器 | 缓冲器 |
| — action | 緩衝作用 | 緩衝作用 | 缓冲作用 |
| — address | 緩衝位址 | バッファアドレス | 缓冲位址 |
| — amplifier | 緩衝放大器 | 緩衝増幅器 | 缓冲放大器 |
| — beam | 緩衝梁 | 緩衝ばり | 缓冲梁 |
| — block | 緩衝塊 | 緩衝ブロック | 缓冲块 |
| — box | 緩衝箱 | 緩衝箱 | 缓冲箱 |

| 英　　　文 | 臺　　　灣 | 日　　　文 | 大　　　陸 |
|---|---|---|---|
| ― cell | 緩衝元件 | バッファセル | 缓冲元件 |
| ― circuit | 緩衝回路 | バッファ回路 | 缓冲回路 |
| ― clearance | 緩衝塗膜 | バッファクリアランス | 缓冲涂膜 |
| ― coil | 緩衝線圈 | 緩衝コイル | 缓冲线圈 |
| ― disk | 緩衝盤 | 緩衝盤 | 缓冲盘 |
| ― gas | 阻尼氣体 | バッファガス | 阻尼气体 |
| ― head | 緩衝頭 | 緩衝頭 | 缓冲头 |
| ― index | 緩衝率 | 緩衝率 | 缓冲率 |
| ― reagent | 緩衝劑 | 緩衝劑 | 缓冲剂 |
| ― shank | 緩衝軸 | 緩衝軸 | 缓冲轴 |
| ― solution | 緩衝液 | 緩衝液 | 缓冲液 |
| ― stop | 車用緩衝器 | 車止め | 车挡 |
| ― store | 緩衝存儲器 | 緩衝記憶装置 | 缓冲存储器 |
| ― system | 緩衝系統 | 緩衝システム | 缓冲系统 |
| ― tank | 緩衝罐 | バッファタンク | 缓冲罐 |
| ― test | 避震試驗 | 緩衝器試験 | 避震试验 |
| ― tube | 緩衝管 | 緩衝管 | 缓冲管 |
| ― unit | 緩衝裝置 | 緩衝装置 | 缓冲装置 |
| ― value | 緩衝值 | 緩衝値 | 缓冲值 |
| ― wagon | 隔離車 | 隔離車 | 隔离车 |
| ― effect | 緩衝效果 | 緩衝効果 | 缓冲效果 |
| ― gear | 緩衝裝置 | 緩衝装置 | 缓冲装置 |
| ― lathe | 軟(皮)布輪拋光輪 | バブ研磨機 | 软(皮)布轮抛光轮 |
| ― car | 餐車 | 食堂車 | 餐车 |
| ― coach | 餐車 | 軽食堂車 | 餐车 |
| **buffeting** | 抖動；顫動 | バフェッチング | 抖动；颤动 |
| **buffing** | 拋光；磨光 | バフ仕上げ | 抛光；磨光 |
| ― compound | 拋光劑 | バフ研磨材 | 抛光剂 |
| ― machine | 拋光機；磨光機 | 研磨機 | 抛光机；磨光机 |
| ― mark | 磨痕 | バフ傷 | 磨痕 |
| ― wheel | 拋光輪 | バフ磨き車 | 抛光轮 |
| **buggy** | 推車 | ねこ車 | 手推车 |
| **build** | 建造；建立 | 構成 | 建造；建立 |
| **build-down** | 衰減 | ビルトダウン | 衰减 |
| **build-up** | 裝配 | ビルドアップ | 装配 |
| ― factor | 裝配係數 | 再生係数 | 装配系数 |
| ― nozzle | 組合式噴嘴 | 組立ノズル | 组合式喷嘴 |
| ― timp | 上升時間 | 立上がり時間 | 上升时间 |
| **builder** | 建築者 | 建築業者 | 建筑者 |
| ― 's hardware | 小五金 | 建具金物 | 小五金 |

| 英　　文 | 臺　　灣 | 日　　文 | 大　　陸 |
|---|---|---|---|
| — 's jack | 施工(用)千斤頂 | 建築用ジャッキ | 施工(用)千斤顶 |
| **building** | 建築物；組合 | 建築物 | 建筑物；组合 |
| — berth | (造)船台 | 造船台 | (造)船台 |
| — component | 建築構件 | 建築部材 | 建筑构件 |
| **built** arch | 裝配式拱 | 組立アーチ | 装配式拱 |
| — block | 組合滑車 | 組合滑車 | 组合滑车 |
| **built-in** antenna | 自附天線 | 組込みアンテナ | 机内天线 |
| — ballast | 內裝鎮流器 | 組込み安定器 | 内装镇流器 |
| — beam | 固定梁 | 固定はり | 固定梁 |
| — check | 自動校驗 | 組込み検査 | 自动校验 |
| — compression ratio | 固有壓縮比 | 固有圧縮比 | 固有压缩比 |
| — cutter | 鑲齒刀具 | 植刃カッタ | 镶齿刀具 |
| — edges | 固定端 | 埋込み縁 | 固定端 |
| — end | 固定端 | 固定端末 | 固定端 |
| — field | 內建(附加)電場 | 作りつけの電界 | 内建(附加)电场 |
| — frame | 組裝構架 | ビルトインフレーム | 组装构架 |
| — gutter | 暗水管 | 内どい | 暗水管 |
| — lubrication | 無油潤滑 | 無給油潤滑 | 无油润滑 |
| — lubricity | 內部潤滑性 | 内部潤滑性 | 内部润滑性 |
| — pressure | 固有壓力 | 固有圧力 | 固有压力 |
| **built-up** | 組合拱 | 組立アーチ | 组合拱 |
| — gage | 組成規 | 組立ゲージ | 组合量规 |
| — gear hob | 組合齒輪 | 組立ホブ | 组合齿轮 |
| — hob | 鑲齒滾刀 | 組立ホブ | 镶齿滚刀 |
| — impeller | 組合針輪 | リベット締め羽根車 | 组合针轮 |
| — joint | 組合接頭 | 組合せ継ぎ | 组合接头 |
| — mandrel | 組成心軸 | ビルトアップマンドレル | 组合心轴 |
| — member | 組合構件 | 組合せ部材 | 组合构件 |
| — mold | 組合金屬模 | 組立金型 | 组合金属模 |
| — molding box | 組合砂箱 | 組枠 | 组合砂箱 |
| — piston | 組合活塞 | 組立ピストン | 组合活塞 |
| — plate | 組合模板 | 模型定盤 | 组合模板 |
| — process | 堆焊法 | ビルトアップ法 | 堆焊法 |
| — reamer | 組合沖孔機 | 組立リーマ | 组合冲孔机 |
| — structure | 組合結構 | 組立構造 | 组合结构 |
| — tool | 組合工具 | 組立て工具 | 组合工具 |
| — welding | 堆焊 | 肉盛り溶接 | 堆焊 |
| — wheel | 組合車輪 | 組立車輪 | 组合车轮 |
| **bulb** | 燈泡；圓頭；球狀體 | りん茎 | 真空管；烧瓶 |
| — angle | 圓邊角鐵 | 球山形材 | 圆头角钢 |

| 英　　文 | 臺　　灣 | 日　　文 | 大　　陸 |
|---|---|---|---|
| —— angle bar | 圓頭角鋼 | 球山形材 | 圓头角钢 |
| —— angle steel | 圓頭角鋼 | 球山形鋼 | 圆头角钢 |
| —— bar | 圓頭鐵條 | しゃくし形棒 | 圆头铁条 |
| —— diameter | 球管直徑 | バルブ直径 | 球管直径 |
| —— glass | 燈泡用玻璃 | 管球用ガラス | 灯泡用玻璃 |
| —— iron | 圓頭鐵條 | 球鉄 | 圆头铁条 |
| —— keel | 球形龍骨 | 球状キール | 球形龙骨 |
| —— planter | 球莖作物栽植機 | バルブプランタ | 球茎作物栽植机 |
| —— plate | 球緣板材 | 球板 | 球缘板 |
| —— retainer | 球形止動輪 | 電球止め輪 | 球形止动轮 |
| —— steel | 球扁鋼 | 球鋼 | 球扁纲 |
| —— stem | 球形艉 | 球状船尾 | 球谷船尾 |
| —— temperature | 泡殼溫度 | 管壁温度 | 泡壳温度 |
| —— thermometer | 球管溫度計 | グローブ温度計 | 球管温度计 |
| —— tube | 球管 | 球管 | 球管 |
| bulbul | 珠芽 | 球芽 | 珠芽 |
| bulge | 凸出 | 出っ張り | 隆起 |
| —— coefficient | 膨脹係數 | バルジ係数 | 膨胀系数 |
| —— factor | 膨脹係數 | バルジ係数 | 膨胀系数 |
| bulging | 隆起；膨脹 | 張出し成形 | 隆起；膨胀 |
| —— by punch | 神頭膨形 | 型張出し | 冲头膨形 |
| —— die | 脹形模 | バルジ成形型 | 胀形模 |
| —— force | 膨脹力 | ふくらし力 | 膨胀力 |
| bulk | 體積；容積；散裝 | ばら積み | 体积；容积 |
| —— coefficient | 容積係數 | バルク係数 | 容积系数 |
| —— concentration | 容積濃度 | 容積濃度 | 容积浓度 |
| —— density | 充填密度 | 単位容積重量 | 充填密度 |
| —— eraser | 消磁器 | 消磁器 | 消磁器 |
| —— factor | 體積(壓縮)因素 | かさばり係数 | 体积(压缩)因素 |
| —— fiber | 膨體纖維 | ばら繊維 | 膨体纤维 |
| —— goods | 散裝貨物 | ばら積み貨物 | 散装货物 |
| —— modulus of elasticity | 體積彈性係數 | 体積弾性係数 | 体积弹性系数 |
| —— phase | 凝聚相 | 凝集相 | 凝聚相 |
| —— photoconductor | 光導電體 | バルク光導電体 | 光导电体 |
| —— specific gravity | 容積比重 | かさ比重 | 容积比重 |
| —— transit container | 散裝輸送容器 | ばら積み運送容器 | 散装输送容器 |
| —— viscosity | 容積黏度 | 体積粘性率 | 容积粘度 |
| —— yielding | 容積降伏 | 体積降伏 | 容积降伏 |
| bulkhead | 隔壁；護岸 | 隔壁 | 隔壁；护岸 |
| —— die | 爆炸成形用 | バルクヘッド型 | 爆炸成形用 |

| 英　文 | 臺　灣 | 日　文 | 大　陸 |
|---|---|---|---|
| bulkiness | 鬆散度 | かさ比体積 | 鬆散度 |
| bulking | 鬆積膨脹；加重；填充 | 増量 | 鬆積膨脹；加重；填充 |
| — agent | 填充劑；填料 | 充てん剤 | 填充剂；填料 |
| — density | 密度 | 比重量 | 密度 |
| — filler | 增量劑 | 増量剤 | 增量剂 |
| — power | 膨脹性 | かさ高性 | 膨脹性 |
| — value | 比容 | 体積値 | 比容 |
| bulky refuse | 膨脹廢物 | 膨張廃物 | 膨脹废物 |
| bull bar | 擋板(軸) | 引戸半開き止め | 挡板(轴) |
| — wheel | 大輪 | デリック底輪 | 起重机转盘 |
| bullet | 子彈 | 弾丸 | 子弹 |
| bull-head | 平面孔型〔初軋輥的〕 | ブルヘッド | 平面孔型〔初轧辊的〕 |
| — rail | 工字鋼軌 | こ頭レール | 工字钢轨 |
| bullion | 金銀塊 | 金銀塊 | 金银块 |
| bullnose | 外圓角制品刨 | 隅丸役物 | 外圆角制品刨 |
| — plane | 凹角刨 | 入隅用小かんな | 凹角刨 |
| — tool | 大粗刨 | 大荒削りバイト | 大粗刨 |
| bull's-eye | 圓玻璃窗 | 目玉ガラス | 圆玻璃窗 |
| — structure | 牛眼組織 | ブルスアイ組織 | 牛眼组织 |
| bump | 衝擊 | 衝撃 | 冲击 |
| — test | 衝擊試驗 | 衝撃試験 | 冲击试验 |
| bumped head | 凸形端板 | きら形鏡板 | 凸形端板 |
| bumper | 避震器 | 緩衝器 | 避震器 |
| — pad | 緩衝防震墊 | バンパパッド | 缓冲防震垫 |
| bumping | 衝撞 | 突沸 | 冲撞 |
| — die | 定位〔沖〕模具 | 突当て型 | 定位〔冲〕模具 |
| — down | 錘擊 | バンピング | 锤击 |
| — post | 停車椿 | 車止め | 车挡 |
| bumpy air | 渦流 | 悪気流 | 涡流 |
| bunsenite | 綠鎳礦 | ブンゼン鉱 | 绿镍矿 |
| buoyancy | 浮力 | 浮力 | 浮力 |
| — bag | 浮袋 | 浮袋 | 浮袋 |
| — chamber | 浮力室 | 浮力室 | 浮力室 |
| — curve | 浮力曲線 | 浮力曲線 | 浮力曲线 |
| — material | 浮力材料 | 浮力材料 | 浮力材料 |
| — tank | 浮力櫃 | 浮力タンク | 浮箱 |
| bur | 毛邊 | 削り目 | 毛刺 |
| buratite | 綠銅鋅礦 | ブラット石 | 绿铜锌矿 |
| burberry | 防水布 | 防水布 | 防水布 |
| burble angle | 失速角 | 失速角 | 失速角 |

| 英　　文 | 臺　　灣 | 日　　文 | 大　　陸 |
|---|---|---|---|
| **burden** | 載荷(重) | 載貨力 | 载荷(重) |
| — impedance | 負載阻抗 | 負担インピーダンス | 负载阻抗 |
| — regulation | 負荷調整 | 負担変動 | 负荷调整 |
| **bureau of standards** | 標準局 | 標準局 | 标准局 |
| **Burgundy pitch** | 白樹脂 | ブルグント樹脂 | 白树脂 |
| **burn** | 燃燒 | 熱傷 | 燃烧 |
| — mark | 燃燒點 | 焼け | 燃烧点 |
| **burned area** | 燃燒面積 | 燃焼面積 | 燃烧面绩 |
| — degree | 燃制磚 | 焼損程度 | 燃制砖 |
| — ingot | 過熱金屬塊 | 過熱金属塊 | 过热金属块 |
| — lead joint | 鉛焊接 | 鉛溶接 | 铅焊接 |
| — out | 燒毀；燒斷 | バーンドアウト | 烧毁；烧断 |
| — product | 燃燒製品 | 焼成品 | 燃烧制品 |
| — spot | 焦化點 | 焼け | 焦化点 |
| **burner** | 噴燃器；噴燈 | 噴燃器 | 喷燃器；喷灯 |
| — gas | 爐氣 | 焼鉱炉ガス | 炉气 |
| — noise | 燃燒噪音 | 燃焼騒音 | 燃烧噪音 |
| — nozzle | 燃燒噴(嘴) | バーナノズル | 燃烧喷(嘴) |
| — reactor | 燃燒爐 | 燃焼炉 | 燃烧炉 |
| — spot | 點火口 | たき口 | 点火口 |
| — tile | 燃燒器噴管 | バーナタイル | 燃烧器喷管 |
| — tube | 燃燒噴管 | バーナチューブ | 燃烧喷管 |
| **burn-in** | 烙上；老化 | バーンイン | 烙上；老化 |
| — system | 老化裝置 | バーンインシステム | 老化装置 |
| — time | 點火時間 | バーンイン時間 | 点火时间 |
| **burning** | 燃燒 | ロール焼け | 燃烧 |
| — capacity | 燃燒能 | 焼却能力 | 燃烧能 |
| — characteristic | 燃燒特性 | 燃焼特性 | 燃烧特性 |
| — charge | 可燃混合氣 | バーニングチャージ | 可燃混合气 |
| — cinder | 爐渣 | 燃えかす | 炉渣 |
| — degree | 燃燒程度 | 焼成度 | 燃烧程度 |
| — oil | 燃油 | 燃料油 | 燃油 |
| — oven | 燃燒爐 | 燃焼炉 | 燃烧炉 |
| — quality | 可燃性 | 燃焼性 | 可燃性 |
| — rate | 燃燒速度 | 燃焼速度 | 燃烧速度 |
| — reaction | 燃燒反應 | 燃焼反応 | 燃烧反应 |
| — red | 紅火焰 | ファイヤレッド | 红火焰 |
| — resistance | 耐燃性 | 耐燃性 | 耐燃性 |
| — shrinkage | 燃燒收縮 | 焼成収縮 | 燃烧收缩 |
| — temperature | 燃燒溫度 | 焼成温度 | 燃烧温度 |

| 英　　文 | 臺　　灣 | 日　　文 | 大　　陸 |
|---|---|---|---|
| — test | 燃燒試驗 | 燃焼試験 | 燃烧试验 |
| — velocity | 燃燒速度 | 燃焼速度 | 燃烧速度 |
| — zone | 燃燒區 | 燃焼帯 | 燃烧区 |
| **burnisher** | 拋光器 | つや出し器 | 抛光器 |
| **burnishing** | 壓光；磨光 | 磨き作業 | 抛光；磨光 |
| — broach | 壓光拉刀 | たく磨ブローチ | 挤光拉刀 |
| — die | 壓光模 | バーニッシュ型 | 挤光模 |
| — face | 壓光面 | バーニッシング面 | 抛光面 |
| — machine | 壓光機 | バーニッシングマシン | 抛光机 |
| — roller | 壓光輥輪 | バーニッシングローラ | 抛光辊轮 |
| — surface | 壓光面 | つや出し面 | 抛光面 |
| — tooth | 壓光齒刃 | たく磨刃 | 抛光齿刃 |
| **burnishing-in** | 擠光；拋光 | バーニッシングイン | 挤光；抛光 |
| **burnt aggregate** | 燒成骨料 | 焼成骨材 | 料成灰料 |
| — amethyst | 燒紫水晶 | 焼紫水晶 | 晶紫水晶 |
| — borax | 燒硼砂 | 焼ほう砂 | 烧硼砂 |
| — brick | 燒成磚 | 焼きれんが | 烧透砖 |
| — clay | 耐火粘土 | 耐火粘土 | 土火粘土 |
| — contraction | 燒成收縮 | 焼成収縮 | 缩成收缩 |
| — deposit | 燒結 | こげ | 烧结 |
| — down | 全毀 | 全焼 | 全毁 |
| — gas | 燃燒成氣體 | 燃焼生成ガス | 燃烧成气体 |
| — lime | 鍛石灰 | 生石灰 | 锻石灰 |
| — oil | 鍛油 | 焼きワニス | 锻油 |
| — plaster | 鍛石膏 | 焼石こう | 锻石膏 |
| — sand | 焦砂 | 焼砂 | 焦砂 |
| — steel | 過燒鋼 | 焼け鋼 | 过烧钢 |
| **burn-through** | 燒穿 | 溶け落ち | 烧穿 |
| **burn-up** | 燃耗 | バーンアップ | 燃耗 |
| — control | 燃耗控制 | 燃焼管理 | 制耗控制 |
| — fraction | 燃耗比 | 燃焼率 | 燃耗比 |
| **burr** | 光口鉸刀；毛頭 | 鋳ばり | 模合　縫模合縫 |
| — beater | 倒角器 | ばり取り機 | 倒角器 |
| — bit | 倒角鑽頭 | ばり取り刃 | 头角钻头 |
| — crusher | 倒角機 | バークラッシャ | 倒角机 |
| **burring** | 去毛邊 | バーリング加工 | 去毛刺 |
| — machine | 去毛邊機 | まくれ取り機 | 机毛刺机 |
| — reamer | 光口鉸刀 | バーリングリーマ | 铰刀刺铰刀 |
| **burst amplifier** | 器號放大器 | バーストアンプ | 放大器 |
| — index | 耐破指數 | 比破裂強さ | 数破指数 |

| 英　文 | 臺　灣 | 日　文 | 大　陸 |
|---|---|---|---|
| — interval | 炸點間隔 | バースト期間 | 炸点间隔 |
| — noise | 突發噪音 | バースト雑音 | 突发噪音 |
| — pressure | 爆裂壓(力) | 破裂圧（力） | 破裂压(力) |
| — pressure test | 破壞壓力試驗 | 破壊圧力試験 | 破坏压力试验 |
| — slug | 破損〔燃料〕 | 破損燃料 | 破损〔燃料〕 |
| — strength | 爆裂強度 | 破裂強さ | 破裂强度 |
| — test | 爆裂試驗 | 破裂試験 | 破裂试验 |
| **bursting** | 爆炸；炸裂 | 爆発 | 爆炸；炸裂 |
| — disc | 緊急安全閥 | 破裂安全弁 | 紧急安全阀 |
| — explosive | 炸藥 | さく薬 | 炸药 |
| — force | 爆破力 | 破裂力 | 爆破力 |
| — pressure | 爆裂壓力 | 破裂圧（力） | 破裂压力 |
| — strength | 爆裂強度 | 破裂強さ | 破裂强度 |
| — stress | 爆裂應力 | 破裂応力 | 破裂应力 |
| — test | 爆裂試驗 | 破裂試験 | 破裂试验 |
| **burthen** | 載重量 | 載貨力 | 载重量 |
| **bus** | 公共汽車 | 母線 | 总线 |
| — lane | 公共汽車道 | バス車線 | 公共汽车道 |
| — master | 總線主控器 | バスマスタ | 总线主控器 |
| **bush** | 軸襯；襯套；套筒 | はめ輪 | 绝缘管 |
| — metal | 軸承合金 | ブッシュメタル | 轴承合金 |
| **bushel** | 蒲式耳 | ブッセル | 蒲式耳 |
| **bushing** | 絕緣套管 | 陶管 | 绝缘套管 |
| — assembly | 套筒組件 | ブッシングアッセンブリ | 套筒组件 |
| — current transformer | 套筒式雙流器 | ブッシング型変流器 | 套筒式变流器 |
| — plate | 鑽模板 | ブッシングプレート | 钻模板 |
| — press | 壓裝壓力機 | ブッシングプレス | 压装压力机 |
| — tool | 套筒裝卸工具 | ブッシングツール | 套筒装卸工具 |
| — type condenser | 穿心電容器 | ブッシング形コンデンサ | 穿心电容器 |
| **business** | 商務 | 事務 | 商务 |
| **buster** | 制環模型 | つぶし型 | 制环模型 |
| **butadiene** | 丁二烯 | ブタジェン | 丁二烯 |
| **butt** | 鉸鏈 | 丁番 | 铰链 |
| — seam resistans welding | 對縫電阻熔接 | バットシーム抵抗溶接 | 对接缝电阻焊 |
| — seam welder | 滾接焊機 | バットシーム溶接機 | 滚接焊机 |
| — strap | 對接搭板 | 目板 | 对接搭板 |
| **button** | 按鈕；金屬珠 | 金属錠 | 按钮 |
| **buzzer** | 蜂鳴器 | ブザー | 蜂鸣器 |
| **byssolite** | 石棉 | 石綿 | 石棉 |

10

136

| 英　文 | 臺　灣 | 日　文 | 大　陸 |
|---|---|---|---|
| C atom | 碳原子 | 炭素原子 | 碳原子 |
| C clamp | C形夾 | しゃこ万力 | C形夾 |
| C contact | 轉換接點 | C接点 | 转换接点 |
| C-core | C形鐵芯 | Cコア | C形铁芯 |
| C-determination | 碳定量 | 炭素定量 | 碳定量 |
| C-frame press | C形機架沖床 | C形フレームプレス | C形机架压力机 |
| C-frame press brake | C形沖床制動器 | C形プレスブレーキ | C形冲床制动器 |
| C language | C語言 | C言語 | C语言 |
| C meter | C形電表 | Cメータ | C形电表 |
| C oil purifier | C形重油濾清器 | C重油清浄機 | C重油滤清器 |
| C oil transfer pump | C形重油輸送泵 | C重油移送ポンプ | C重油输送泵 |
| C type frame | C形框架 | C形フレーム | C形框架 |
| C type graphite | C石墨 | C型黒鉛 | C型石墨 |
| cab | 駕駛室；計程車 | 運転室 | 驾驶室；汽化器 |
| — guard | 駕駛室頂部保護板 | 運転室保護板 | 驾驶室顶部护板 |
| — over | 平頭型卡車 | キャブオーバ | 平头型〔卡车〕 |
| — protector | 駕駛室保護罩 | 運転室保護板 | 驾驶室保护罩 |
| — seat | 駕駛員；司機座 | 運転席 | 驾驶员；司机座 |
| — type | 汽車輪胎 | キャブタイヤ | 汽车轮胎 |
| — warning | 汽車報警器 | 車内警報装置 | 汽车〔车内〕报警器 |
| cabalt glance | 輝鈷礦 | 輝コバルト鉱 | 辉钴矿 |
| cabasite | 菱沸石 | 斜方沸石 | 菱沸石 |
| cabin | 客艙 | 機室 | 客舱 |
| — door | 艙門 | 船室戸 | 舱片 |
| — door hock | 車門鉤 | あおり止め | 车钩 |
| — lights | 座艙照明 | 客室照明 | 座舱照明 |
| — plan | 艙室配置圖 | 船室配置図 | 舱室置图 |
| — pressure regulator | 座艙壓力調節器 | 客室与圧制御装置 | 座舱压力调节器 |
| — store | 船室用品貯藏室 | 船室用品庫 | 船舱用品贮藏室 |
| — supercharger | 座艙增壓器 | 客室与圧機 | 座舱增压器 |
| — turbo compressor | 座艙增壓渦輪壓縮器 | 客室ターボ圧縮機 | 座舱〔增压〕涡轮压缩器 |
| — wall | 艙室壁 | 仕切壁 | 舱室壁 |
| cabinet | 盒；室；機殼箱 | キャビネット | 盒；室；机壳箱 |
| — file | 梳形銼刀 | くし形やすり | 细木锉 |
| — hearer | 箱形散熱器 | 対流放熱器 | 箱式散热器 |
| — panel | 分電盤 | 分電盤 | 分电盘 |
| — reck | 箱架 | キャビネットラック | 箱架 |
| cable | 電纜 | ケーブル | 电缆 |
| — car | 纜車 | ケーブルカー | 缆车 |
| — car railway | 纜車鐵道 | 鋼索鉄道 | 缆车铁道 |

| 英　　文 | 臺　　灣 | 日　　文 | 大　　陸 |
|---|---|---|---|
| ― clamp | 電纜夾 | ケーブルクランプ | 电缆夹 |
| ― conductor | 電纜線 | ケーブルコンダクタ | 电缆线 |
| ― connector | 電纜連接頭 | ケーブルコネクタ | 电缆连接头 |
| ― construction | 電纜結構 | ケーブル構造 | 电缆结构 |
| ― conveyer | 纜索輸送機 | ケーブルコンベヤ | 吊篮输送机 |
| ― crane | 纜索起重機 | 索道起重機 | 缆索起重机 |
| ― drum table | 電纜盤轉台 | ケーブルドラム回転台 | 电缆盘转台 |
| ― grease | 鋼索潤滑脂 | ケーブルグリース | 钢索润滑脂 |
| ― grip | 電纜鉗 | ケーブルつかみ | 电缆钳 |
| ― house | 絞盤室 | 陸揚げ室 | 绞盘室 |
| ― hut | 電纜分線箱 | ケーブルハット | 电缆分线箱 |
| ― jacket | 電纜外殼 | ケーブル外被 | 电缆外壳 |
| ― jacket alloy | 電纜包覆合金 | ケーブル被覆合金 | 电缆包覆合金 |
| ― length | 錨鏈 | 連 | 锚链 |
| ― lift | 纜索起重機 | ケーブルリフト | 缆索起重机 |
| ― rack | 電纜架 | ケーブル架 | 电缆架 |
| ― railroad | 纜車鐵道 | ケーブル鉄道 | 缆车铁道 |
| ― railway | 纜索鐵路 | 鋼索鉄道 | 缆索铁路 |
| ― reel | 電纜盤 | ケーブルリール | 电缆盘 |
| ― sheath alloy | 電纜包覆合金 | ケーブル被覆合金 | 电缆包覆合金 |
| ― wire | 電纜線 | ケーブルワイヤ | 电缆线 |
| ― works | 電纜製造廠 | ケーブル製造工場 | 电缆制造厂 |
| **cabriolet** | 敞篷式汽車 | クーペ形自動車 | 敞篷式汽车 |
| **cacheutaite** | 矽銅鉛礦 | セレン銅鉛鉱 | 矽铜铝矿 |
| **cade oil** | 杜松油 | と松油 | 杜松油 |
| **cadmium,Cd** | 鎘 | カドミウム | 镉 |
| ― blende | 硫鎘礦 | 硫化カドミウム鉱 | 硫镉礦 |
| ― bromide | 溴化鎘 | 臭化カドミウム | 溴化镉 |
| ― carbonate | 碳酸鎘 | 炭酸カドミウム | 碳酸镉 |
| ― cell | 鎘電池 | カドミウム電池 | 镉电池 |
| ― chlorate | 氯酸鎘 | 塩素酸カドミウム | 氯酸镉 |
| ― chloride | 氯化鎘 | 塩化カドミウム | 氯化镉 |
| ― copper | 鎘銅 | カドミウム銅 | 镉铜 |
| ― covered detector | 包鎘探測器 | カドミウム被覆検出器 | 包镉探测器 |
| ― cyanate | 氰酸鎘 | シアン酸カドミウム | 氰酸镉 |
| ― cyanide | 氰化鎘 | シアン化カドミウム | 氰化镉 |
| ― electroplating | 電鍍鎘 | 電気カドミウムめっき | 电镀镉 |
| ― hydroxide | 氫氧化鎘 | 水酸化カドミウム | 氢氧化镉 |
| ― metal | 軸承鎘合金 | カドミウムメタル | 〔轴承〕镉合金 |
| ― poisoning | 鎘中毒 | カドミウム中毒 | 镉中毒 |

| 英　　文 | 臺　　灣 | 日　　文 | 大　　陸 |
|---|---|---|---|
| — ratio | 鎘比 | カドミウム比 | 镉比 |
| — standard cell | 鎘標準電池 | カドミウム標準電池 | 镉标准电池 |
| — stick | 鎘棒 | カドミウムスチック | 镉棒 |
| caeruleofibrite | 銅氯磯 | コーネル石 | 铜氯矾 |
| cesium beryl | 銫綠柱石 | セシウム緑柱石 | 铯绿柱石 |
| — iodode | 碘化銫 | よう化セシウム | 碘化铯 |
| — photocell | 銫光電管 | セシウム光電管 | 铯光电管 |
| cage | 定位器 | 保持器 | 定位器 |
| — antenna | 籠形天線 | かご形空中線 | 笼形天线 |
| — motor | 鼠籠式電動機 | かご型電動機 | 鼠笼式电动机 |
| calcarea | 石灰海綿 | 石灰海綿 | 石灰海绵 |
| calciclasite | 鈣長石 | 灰長石 | 钙长石 |
| calciclasite | 鈣長岩 | 灰長岩 | 钙长岩 |
| calcification | 鈣灰石 | カルシクリート | 钙灰石 |
| calculation | 鈣化作用 | 石灰化 | 钙化〔作用〕 |
| calcinol | 碘酸鈣 | カルシノール | 碘酸钙 |
| calciocarnotite | 鈣盾軸釩石 | 石灰カルノータイト | 钙盾轴钒石 |
| calcioferrite | 鈣磷鐵礦 | 石灰フェライト | 钙磷铁矿 |
| calcioscheelite | 灰重石 | 灰重石 | 灰重石 |
| calcite | 方解石 | 方解石 | 方解石 |
| calcium,Ca | 鈣 | カルシウム | 钙 |
| — carnotite | 鈣釩鈾礦 | 重炭酸カルシウム | 钙钒铀矿 |
| — cyanide | 氰化鈣 | 石灰カルノータイト | 氰化钙 |
| — iodide | 碘化鈣 | シアン化カルシウム | 碘化钙 |
| — metal | 含鈣鉛基軸承合金 | よう化カルシウム | 含钙铅基轴承合金 |
| — resonate | 樹脂酸鈣 | カルシウムメタル | 树脂酸钙 |
| calculagraph | 計時器 | カルキュラグラフ | 计时器 |
| calculating board | 計算板 | 計算板 | 计算板 |
| calculation | 計算 | カルキュレーション | 计算 |
| — condition | 演算條件 | 演算条件 | 计算指命 |
| — error | 計算誤差 | 計算誤差 | 计算误差 |
| calculus | 微積分學 | 微積分学 | 微积分学 |
| — of difference | 差分計算 | 差分計算 | 差分计算 |
| calendar | 壓光機；壓延機 | 光沢機 | 压光机；压延机 |
| — coating | 輥壓貼合 | カレンダ被覆 | 辊压贴合 |
| — resin | 壓延樹脂 | カレンダ用樹脂 | 壓延樹脂 |
| — roll | 壓光機；壓延輥輪 | カレンダロール | 压光机；压延辊轮 |
| — roll temperature | 壓延輥輪溫度 | カレンダロール温度 | 压延辊温度 |
| — topping | 壓延貼面 | カレンダトッピング | 压延贴面 |
| calendering | 壓光 | カレンダ加工 | 压光 |

| 英　　文 | 臺　　灣 | 日　　文 | 大　　陸 |
|---|---|---|---|
| — composition | 壓延復合；壓合 | 圧延コンパウンド | 压延复合；压合 |
| — compound | 壓延復合；壓合 | 圧延コンパウンド | 压延复合；压合 |
| — condition | 壓延條件 | 圧延条件 | 压延条件 |
| — direction | 壓延方向 | 圧延方向 | 压延方向 |
| — equipment | 壓延設備 | カレンダ装置 | 压延设备 |
| — force | 壓延力 | 圧延力 | 压延力 |
| — machine | 壓延機 | カレンダ機 | 压延机 |
| — machinery | 壓延機械 | カレンダ機械 | 压延机械 |
| — resin | 壓延樹脂 | 圧延用樹脂 | 压延树脂 |
| — roll | 壓延輥；壓光輥 | はり合せロール | 压延辊；压光辊 |
| — temperature | 壓延溫度 | 圧延温度 | 压延温度 |
| caliber | 口徑 | 口径 | 口径 |
| — bore | 孔徑 | 口径 | 孔径 |
| — gage | 缸徑規 | 口径用ゲージ | 测径规 |
| — rule | 卡尺 | 測径尺 | 卡尺 |
| calibration | 校正；刻度 | 校正 | 校正；刻度 |
| — block | 標準塊 | 標準試験片 | 标准块 |
| — card | 修正表 | 修正表 | 修正表 |
| — coefficient | 校正係數 | 校正係数 | 校正系数 |
| — error | 校正誤差 | 校正誤差 | 校正误差 |
| — factor | 校正係數 | 校正係数 | 校正系数 |
| — furnace | 標準爐 | 標準炉 | 标准炉 |
| — instrument | 校正裝置 | 校正計器 | 校正装置 |
| calipers | 圓規；卡尺；厚度 | 厚さ | 圆规；卡尺；厚度 |
| calking | 填縫密封 | かしめ | 填缝密封 |
| — compound | 填縫材料 | コーキング材 | 填缝材料 |
| — hammer | 鉚鎚 | コーキングハンマ | 铆锤 |
| — paper | 描圖紙 | トレース紙 | 描图纸 |
| call | 呼叫 | 呼出し | 呼叫 |
| calaite | 綠松石 | カレイナ石 | 绿松石 |
| calmness | 靜穩度 | 静穏度 | 静稳度 |
| caloric | 熱盾 | 熱量の | 热盾 |
| — power | 熱值；發熱量 | 発熱量 | 热值；发热量 |
| — theory | 熱盾假說 | 熱素仮説 | 热盾假说 |
| — unit | 熱量單位 | 熱量単位 | 热量单位 |
| classically perfect gas | 發熱的理想氣体 | 熱量的完全気体 | 发热的理想气体 |
| calorie | 卡 | カロリー | 卡 |
| calorific balance | 熱平衡 | 熱バランス | 热平衡 |
| — capacity | 熱容量 | 熱容量 | 热容量 |
| — effect | 熱效應 | 熱効果 | 热效应 |

| 英 文 | 臺 灣 | 日 文 | 大 陸 |
|---|---|---|---|
| — equivalent | 發熱當量 | 発熱当量 | 发热当量 |
| — intensity | 熱強度 | 発熱度 | 热强度 |
| — power | 發熱量 | 発熱量 | 发热量 |
| — value | 熱值；發熱量 | カロリー価 | 热值；发热量 |
| **calorite** | 卡洛里特耐合金 | カロライト | 卡洛里特耐合金 |
| **colonized steel** | 滲鋁鋼 | カロライズド鋼 | 渗铝钢 |
| **calorizing process** | 滲鋁法 | カロライジング法 | 渗铝法 |
| — steel | 滲鋁鋼 | カロライジング鋼 | 渗铝钢 |
| **calory** | 卡 | カロリ | 卡 |
| **calvonigrite** | 硬錳礦 | 硬マンガン鉱 | 硬锰矿 |
| **cam** | 凸輪 | カム | 凸轮 |
| — action | 凸輪運動 | カム運動 | 凸轮运动 |
| — angle | 凸輪轉角 | カムアングル | 凸轮转角 |
| — band brake | 凸輪帶式制動器 | カムバンドブレーキ | 凸轮带式制动器 |
| — bending die | 凸輪式彎曲模 | カム式曲げ型 | 凸轮式弯曲模 |
| — bowl | 凸輪滾子 | カムボール | 凸轮滚子 |
| — box | 凸輪箱 | カムボックス | 凸轮箱 |
| — brake | 凸輪制動器 | カムブレーキ | 凸轮制动器 |
| — carrier | 凸輪推桿 | カムキャリヤ | 凸轮推杆 |
| — chart | 凸輪曲線圖 | カム線図 | 凸轮曲线图 |
| — clearance | 凸輪間隙 | カムすきま | 凸轮间隙 |
| — contractor | 凸輪接蝕器 | カム接触器 | 凸轮接蚀器 |
| — controlled ejector | 凸輪式頂出裝置 | カム制御式エジェクタ | 凸轮式顶出装置 |
| — diagram | 凸輪圖 | カム線図 | 凸轮图 |
| — dial feed | 凸輪轉盤送料 | カムダイヤルフィード | 凸轮转盘送料 |
| — die | 斜楔模 | カム型 | 斜楔模 |
| — dog | 凸輪擋塊 | カムドッグ | 凸轮挡块 |
| — drive | 凸輪傳動 | カム駆動子 | 凸轮传动 |
| — drum | 凸輪盤 | カムドラム | 凸轮盘 |
| — ejector | 凸輪頂出裝置 | カムエジェクタ | 凸轮顶出装置 |
| — face | 凸輪輪廓 | カムフェース | 凸轮轮廓 |
| — forming die | 凸輪式成形模 | カム式成形型 | 凸轮式成形模 |
| — gear | 凸輪軸齒輪 | カム歯車装置 | 凸轮轴齿轮 |
| — grinder | 凸輪磨床 | カム研削盤 | 凸轮磨床 |
| — grinding | 凸輪磨削 | カムグラインジング | 凸轮磨削 |
| — knockout | 凸輪式頂出裝置 | カム式ノックアウト | 凸轮式顶出器 |
| — lever | 凸輪桿 | カムてこ | 凸轮杆 |
| — lift | 凸輪升程 | カムリフト | 凸轮升程 |
| — lock | 偏心夾 | カム錠 | 偏心夹 |
| — mechanism | 凸輪機構 | カム装置 | 凸轮机构 |

| 英　　文 | 臺　　灣 | 日　　文 | 大　　陸 |
|---|---|---|---|
| — member | 凸輪構件 | カムメンバ | 凸轮（构）件 |
| — milling machine | 凸輪銑床 | カムフライス盤 | 凸轮铣床 |
| — operation | 凸輪控制 | カム操作 | 凸轮控制 |
| — plate | 凸輪盤；斜板 | 斜板 | 凸轮盘；斜板 |
| — press | 凸輪式沖床 | カムプレス | 凸轮式冲床 |
| — profile | 凸輪輪廓 | カムプロファイル | 凸轮轮廓 |
| — rise | 凸輪升程 | カム高さ | 凸轮升程 |
| — roller | 凸輪滾柱 | カムころ | 凸轮滚柱 |
| — shaft | 凸輪軸 | カム軸 | 凸轮轴 |
| — shaft gear | 凸輪齒輪 | カムシャフトギア | 凸轮齿轮 |
| — slide | 凸輪滑塊 | カムすべりこ | 凸轮滑块 |
| — switch | 凸輪式開關 | カムスイッチ | 凸轮式开关 |
| — train | 凸輪裝置 | カム装置 | 凸轮装置 |
| — trim die | 凸輪式切邊模 | カム式トリム型 | 凸轮式切边模 |
| — type controller | 凸輪式控制器 | カム形制御器 | 凸轮式控制器 |
| **can** | 罐頭 | 外被 | 罐头 |
| — coating | 罐頭漆 | 缶用塗料 | 罐头漆 |
| — dump | 脫水機 | 脱氷機 | 脱水机 |
| — filler | 注水器 | 注水器 | 注水器 |
| — mixer | 罐式混塗料 | 缶混合機 | 罐式混涂料 |
| — paint | 罐頭塗料 | 缶用塗料 | 罐头涂料 |
| **canarium** | 橄欖樹脂 | かんらん樹脂 | 橄榄树脂 |
| **canfieldite** | 硫銀錫礦 | カンフィルド鉱 | 硫银锡矿 |
| **cannery** | 罐頭工廠 | 缶詰工場 | 罐头工厂 |
| **canning** | 被覆加工；罐裝 | 被覆加工 | 被覆加工；罐装 |
| — material | 被覆材 | 被覆材 | 被覆材 |
| — plant | 罐頭廠 | 缶詰工場 | 罐头厂 |
| — seal | 外殼密封；罐封 | キャンシール | 外壳密封；罐封 |
| **cant** | 傾斜 | 傾斜 | 倾斜 |
| **canted column** | 多角柱 | 多角柱 | 多角柱 |
| — nozzle | 斜置噴嘴 | 斜向ノズル | 斜置喷嘴 |
| — rail | 鋼軌 | 小返り | 钢轨 |
| **cantilever** | 懸臂 | 片持ちばり | 悬臂 |
| — arm | 懸臂部分 | 片持ちアーム | 悬臂部分 |
| — beam | 懸臂梁 | 片持ちばり | 悬臂梁 |
| — crane | 懸臂起重機 | 片持ちクレーン | 悬臂起重机 |
| **cap** | 帽；蓋；雷管 | 雷管 | 帽；盖；雷管 |
| — bolt | 蓋螺栓 | 袋ボルト | 盖螺栓 |
| — cable | 頂蓋錨纜 | キャップクロージャー | 顶盖锚缆 |
| — closure | 帽塞 | | 帽塞 |

6

| 英　文 | 臺　灣 | 日　文 | 大　陸 |
|---|---|---|---|
| — copper | 雷管用鋁合金 | 雷管用銅合金 | 雷管用铝合金 |
| — plate | 壓頂板 | 帽板 | 压顶板 |
| — screw | 緊固螺釘 | 押えねじ | 紧固螺钉 |
| — seal | 帽形密形 | キャップシール | 帽形密形 |
| **capacity** | 容積 | 容量 | 容积 |
| **capillary** | 毛細管 | 毛細管 | 毛细管 |
| — action | 毛細管作用 | 毛管作用 | 毛细(管)作用 |
| **capstan** | 主動軸 | キャプスタン | 主动轴 |
| — bar | 絞盤棒 | キャプスタン棒 | 绞盘棒 |
| — feed | 主動輪輸送機構 | キャプスタンフィード | 主动轮输送机构 |
| — haul-off | 絞盤牽引器 | キャプスタン引取り装置 | 绞盘引出器 |
| — head | 車軸器 | 車軸頭 | 车轴器 |
| — idler | 主動軸惰輪 | キャプスタンアイドラ | 主动轴惰轮 |
| — lathe | 六角車床 | タレット旋盤 | 六角车床 |
| — nut | 槽形螺帽 | キャプスタンナット | 槽形螺母 |
| — pulley | 主動滑輪 | キャプスタンプーリー | 主动滑轮 |
| — shaft | 主動軸 | キャプスタンシャフト | 主动轴 |
| — turret | 轉塔刀架 | キャプスタンタレット | 转塔刀架 |
| — wheel | 起錨機 | キャプスタンホイール | 起锚机 |
| — winch | 絞盤 | カップスタンウィンチ | 绞盘 |
| **caption** | 標題 | 字幕 | 标题 |
| — screw | 緊固螺釘 | 拘束ねじ | 紧固螺钉 |
| **car** | 汽車 | 自動車 | 汽车 |
| — antenna | 汽車用天線 | 自動車用アンテナ | 汽车用天线 |
| — barn | 車庫 | 車庫 | 车库 |
| — belt | 安全帶 | カーベルト | 安全带 |
| — body | 車體 | 車体 | 车体 |
| — body panel | 車體板金 | 車体板 | 车体板金 |
| — carrier | 車輛運輸車 | 自動車運搬船 | 车辆运输车 |
| — computer | 汽車用電腦 | カーコンピュータ | 汽车用计算机 |
| — efficiency | 安裝；裝配 | 組立 | 安装; 装配 |
| — elevator | 車輛升降機 | カーエレベータ | 车辆升降机 |
| — ferry | 汽車渡船 | 車両渡船 | 汽车渡船 |
| — floor | 車床；汽車底板 | 車床 | 车床; 汽车底板 |
| — following model | 汽車追蹤模式 | 自動車追従モデル | 汽车跟踪模型 |
| — heater | 車內加熱器 | 車内暖房 | 车内加热器 |
| — industry | 汽車工業 | 自動車工業 | 汽车工业 |
| — lift | 汽車用升降機 | 自動車押上げ機 | 汽车用升降机 |
| — model | 汽車模型 | 自動車の模型 | 汽车模型 |
| — park | 停車場 | 駐車場 | 停车场 |

| 英　文 | 臺　灣 | 日　文 | 大　陸 |
|---|---|---|---|
| — passer | 檢驗合格的汽車 | 検験合格的汽車 | 检验合格的汽车 |
| — plate | 汽車裝卸貨踏板 | 踏板 | 汽车装卸货踏板 |
| — port | 停車場 | 自動車置場 | 停车场 |
| — pusher | 推車器 | 鉱車押込み装置 | 推车器 |
| — retarder | 車輛減速器 | 軌道貨車制動装置 | 车辆减速器 |
| — safety | 安全裝置 | 安全装置 | 安全装置 |
| — seat | 汽車座位 | 自動車の座席 | 汽车座席 |
| — shed | 車庫 | 車庫 | 车库 |
| — steering wheel | 汽車方向盤 | かじ取りハンドル | 汽车舵轮；汽车方向盘 |
| — stereo amplifier | 汽車立體音響放大器 | カーステレオアンプ | 汽车立体声放大器 |
| — storage | 車輛存放 | カーストウェッジ | 车辆存放 |
| — top | 車頂 | カートップ | 车顶 |
| — top boat | 汽車頂棚 | カートップボート | 汽车顶棚 |
| — transfer | 車輛轉換臺 | 遷車台 | 移车台 |
| — trim | 汽車裝飾品 | 自動車装備品 | 汽车装饰品 |
| — truck | 台車 | 台車 | 台车 |
| — unloader | 卸車機 | カーアンローダ | 卸车机 |
| — washer | 洗車裝置 | カーワッシャ | 洗车装置 |
| — washing machine | 洗車機 | 自動車洗浄装置 | 洗车机 |
| — wheel boring machine | 車輪鏜床 | 車輪中ぐり盤 | 车轮镗床 |
| — wheel lathe | 車輪車床 | 車輪旋盤 | 车轮车床 |
| caracol | 螺旋式樓梯 | ら旋階段 | 螺旋式楼梯 |
| caramerizatian | 焦糖化 | キャラメル化 | 焦糖化 |
| carat | 克拉 | カラット | 克拉 |
| — gold | K金 | カラット金 | 开金 |
| caramide | 尿素 | カルバミド | 尿素 |
| carbide | 碳化物 | 炭化物 | 碳化物 |
| — annealing | 碳化物退火 | 炭化物なまし | 碳化物退火 |
| — bit | 碳化物車刀 | 炭化物バイト | 硬质合金车刀 |
| — broach | 碳化物拉刀 | 超硬ブローチ | 硬质合金拉刀 |
| — cutter | 碳化物刀具 | カーバイドカッタ | 硬质合金刀具 |
| — drills | 碳化物鑽頭 | 超硬ドリル | 硬质合金钻头 |
| — furnace | 碳精電極爐 | カーバイド炉 | 碳精电极炉 |
| — gear hob | 碳化物滾齒刀 | 超硬ホブ | 硬质合金滚齿刀 |
| — milling cutter | 碳化物銑刀 | 超硬フライス | 碳化物铣刀 |
| — punch | 碳化物沖頭 | 超硬ポンチ | 碳化物铣刀 |
| — rack type cutter | 碳化物齒條式刀具 | 超硬ラックカッタ | 硬质合金齿条式刀具 |
| — reamer | 碳化物鉸刀 | 超硬リーマ | 硬质合金铰刀 |
| — residue | 碳化物渣 | カーバイドかす | 碳化物渣 |
| — sludge | 碳化鈣渣 | カーバイドかす | 碳化钙渣 |

| 英　　文 | 臺　　灣 | 日　　文 | 大　　陸 |
|---|---|---|---|
| — tool | 碳化物刀具 | 超硬工具 | 硬质合金刀具 |
| — tool grinder | 碳化物工具磨床 | 超硬工具研削盤 | 硬质合金工具磨床 |
| carbide-tipped saw | 碳化物鋸 | 超硬のこぎり | 硬质合金锯 |
| carbinol | 甲醇 | カルビノール | 甲醇 |
| carbody | 車體 | 車体 | 车体 |
| carbohydrate | 碳水化合物 | 炭水化物 | 碳水化合物 |
| carbohydride | 碳化氫 | 炭化水素 | 碳化氢 |
| carbo-hydrogen | 油氣 | オイルガス | 油气 |
| carboid | 油焦質 | カルボイド | 油焦质 |
| carbolic acid | 石炭酸；苯酚 | 石炭酸 | 石炭酸；苯酚 |
| — resin | 石炭酸樹脂 | 石炭酸樹脂 | 石炭酸树脂 |
| carboloy | 碳化鎢硬質合金 | カーボロイ | 碳化钨硬质合金 |
| carbon,C | 碳；碳精片 | 炭素 | 碳；碳精片 |
| — alloy | 碳合金 | 炭素合金 | 碳合金 |
| — arc | 碳極電弧；碳弧 | 炭素アーク | 碳极电弧；碳弧 |
| — arc brazing | 碳弧鉛焊 | 炭素アークろう付け | 碳弧铅焊 |
| — arc welding | 碳極電弧焊 | 炭素アーク溶接 | 碳〔极电〕弧焊 |
| — arrester | 碳精避雷器 | カーボン避雷器 | 碳精避雷器 |
| — atom | 碳原子 | 炭素原子 | 碳原子 |
| — back | 碳精座 | カーボンバック | 碳精座 |
| — backone | 主碳鏈 | 炭素主鎖 | 主碳链 |
| — balance | 碳平衡 | 炭素勘定 | 碳平衡 |
| — balloon | 碳球 | カーボンバルーン | 碳球 |
| — blister | 積碳噴淨裝置 | カーボンブラースタ | 积碳喷净装置 |
| — brick | 碳素耐火磚 | 炭素れんが | 碳素耐火砖 |
| — brush | 碳刷 | 炭素ブラシ | 碳刷 |
| — compound | 碳化物 | 炭素化合物 | 碳化物 |
| — contact | 碳質接點 | 炭素接点 | 碳质接点 |
| — contect | 碳含量 | 炭素含量 | 碳含量 |
| — cushion | 石墨襯層 | カーボンクッション | 石墨衬层 |
| — cycle | 碳循環 | 炭素循環 | 碳循环 |
| — dioxide | 二氧化碳 | 炭酸ガス | 二氧化碳 |
| — fiber | 碳纖維 | 炭素繊維 | 碳纤维 |
| — filament | 碳絲 | 炭素繊条 | 碳丝 |
| — filler | 碳充填物 | 炭素充てん物 | 碳充填物 |
| — flower | 積碳 | カーボンフラワ | 积碳 |
| — granule | 碳粒 | 炭素粒 | 碳粒 |
| — graphite | 石墨碳 | カーボングラファイト | 石墨碳 |
| — heater | 石墨加熱器 | カーボンヒータ | 石墨加热器 |
| — hydride | 碳化氫 | 炭化水素 | 碳化氢 |

| 英　　文 | 臺　　灣 | 日　　文 | 大　　陸 |
|---|---|---|---|
| — iron | 碳素工具鋼 | 炭素鉄 | 炭素鋼 |
| — monosulfide | 一硫化碳 | 一硫化炭素 | 一硫化碳 |
| — monoxide | 一氧化碳 | 一酸化炭素 | 一氧化碳 |
| — monoxide poisoning | 一氧化碳中毒 | 一酸化炭素中毒 | 一氧化碳中毒 |
| — nucleus | 碳核 | 炭素核 | 碳核 |
| — packing | 石墨填料 | 炭素パッキン | 石墨填料 |
| — particle | 碳粒子 | 炭素粒子 | 碳粒子 |
| — pile | 碳栓 | カーボンパイル | 碳栓 |
| — rate | 含碳量 | 炭素率 | 含碳率 |
| — residue | 碳渣 | 残留炭素 | 碳渣 |
| — rod | 碳棒 | 炭素棒 | 碳棒 |
| — sheet | 碳片 | カーボンシート | 碳片 |
| — spot | 碳斑 | カーボンスポット | 碳斑 |
| — steel | 碳素鋼 | 炭素鋼 | 炭素鋼 |
| — steel bearing | 碳鋼軸承 | 炭素鋼軸受 | 碳钢轴承 |
| — steel bit | 碳素工具鋼車刀 | 炭素工具鋼バイト | 碳素工具钢车刀 |
| — steel cutter | 碳素鋼刀具 | 炭素鋼カッタ | 碳素钢刀具 |
| — steel rail | 碳鋼軌 | 炭素鋼レール | 碳钢轨 |
| — steel tool | 碳素工具鋼刀具 | 炭素工具鋼バイト | 炭素工具钢刀具 |
| — structure | 碳結構 | カーボンストラクチャ | 碳结构 |
| — sulfide | 二硫化碳 | 二硫化炭素 | 二硫化碳 |
| — tetrachloride | 四氯化碳 | 四塩化炭素 | 四氯化碳 |
| — tissue | 碳素紙 | 複写紙 | 碳素纸 |
| — tool steel | 碳素工具鋼 | 炭素工具鋼 | 碳素工具钢 |
| — tool steel reamer | 碳素工具鋼鉸刀 | 炭素工具鋼リーマ | 碳素工具钢铰刀 |
| — washer | 洗碳機 | 洗炭機 | 洗碳机 |
| — zinc battery | 炭素亞鉛蓄電池 | 炭素亜鉛蓄電池 | 炭素亚铅蓄电池 |
| — zinc cell | 碳鋅電池 | 炭素亜鉛電池 | 碳锌电池 |
| — ion exchanger | 碳離子交換器 | 炭質イオン交換体 | 碳离子交换器 |
| — material | 含碳物質 | 炭質材料 | 含碳物质 |
| — refractory | 碳素耐火材料 | 炭素（質）耐火物 | 碳素耐火材料 |
| — residue | 碳質殘渣 | 残留炭質物 | 碳质残渣 |
| **carbonado** | 黑金剛石 | 黒色ダイヤモンド | 黑金刚石 |
| **carbonate** | 碳酸脂 | 炭酸塩 | 碳酸脂 |
| — linkage | 碳酸鍵 | 炭酸結合 | 碳酸键 |
| — magnesium | 炭酸鎂 | 炭酸マグネシウム | 碳酸镁 |
| — of lime | 碳酸鈣；石灰石 | 炭酸石灰 | 碳酸钙；石灰石 |
| **carbonic** | 碳酸 | 炭酸 | 碳酸 |
| — ester | 碳酸脂 | 炭酸エステル | 碳酸脂 |
| **carbonide** | 碳化物 | 炭化物 | 碳化物 |

| 英　　文 | 臺　　灣 | 日　　文 | 大　　陸 |
|---|---|---|---|
| **carbonification** | 碳化作用 | 炭化 | 碳化作用 |
| **carbonite** | 天然焦 | 天然コークス | 天然焦 |
| **carbonitriding** | 氰化 | 浸炭窒化 | 氰化 |
| **carbonization** | 碳化〔作用〕；滲碳 | 炭化 | 碳化〔作用〕；滲碳 |
| — plant | 碳化裝置 | 炭化装置 | 碳化裝置 |
| — fuel | 碳化燃料 | 炭化燃料 | 碳化燃料 |
| — path | 碳化痕跡 | 炭化路 | 碳化痕迹 |
| — test | 碳化試驗 | 炭化試験 | 碳化試驗 |
| **carbonizer** | 碳化器 | 炭化器 | 碳化器 |
| **carbonizing** | 滲碳；碳化 | 浸炭法 | 滲碳；碳化 |
| — flame | 還原焰 | 炭化炎 | 还原焰 |
| — process | 滲碳法 | 浸炭法 | 滲碳法 |
| — steel | 滲碳鋼；表面硬化鋼 | 浸炭鋼 | 滲碳钢；表面硬化钢 |
| **carborndum** | 金鋼砂 | カーボランダム | 金钢砂 |
| — file | 金鋼砂銼 | カーボランダムやすり | 金钢砂銼 |
| — refractory | 碳化矽耐火材料 | カーボランダム質耐火物 | 碳化硅耐火材料 |
| — tile | 金鋼砂磚 | カーボランダムタイル | 金钢砂砖 |
| **carburant** | 滲碳劑 | カーブラント | 滲碳剂 |
| **carburator** | 滲碳器 | 増炭器 | 滲碳器 |
| **carburet** | 炭化；碳化 | 気化 | 炭化；碳化 |
| **carbureter** | 化油器 | 気化器 | 化油器 |
| **carburetion** | 滲碳作用 | 気化 | 滲碳作用 |
| **carburetor** | 化油器 | 気化器 | 化油器 |
| **carburization** | 滲碳；碳化 | 浸炭 | 滲碳；碳化 |
| **carburized** | 滲碳硬化（層） | 浸炭硬化 | 滲碳硬化（层） |
| — case depth | 滲碳〔硬化〕層深度 | 浸炭硬化層深さ | 滲碳（硬化）层深度 |
| — depth | 滲碳深度 | 浸炭深度 | 滲碳深度 |
| — steel | 滲碳鋼 | 浸炭鋼 | 滲碳钢 |
| — structure | 滲碳組織 | 浸炭組織 | 滲碳组织 |
| **carburizer** | 滲碳劑 | 浸炭剤 | 滲碳剂 |
| **carburizing** | 滲碳；碳化 | 浸炭 | 滲碳；碳化 |
| — agent | 滲碳劑 | 浸炭剤 | 滲碳剂 |
| — flame | 碳化（火）焰 | 炭化炎 | 碳化（火）焰 |
| — furnace | 滲碳爐 | 浸炭炉 | 滲炭炉 |
| — material | 滲碳劑 | 浸炭剤 | 滲碳剂 |
| **cardan** | 萬向接頭 | カルダン | 万向接头 |
| — drive | 萬向接頭傳動 | カルダン伝動 | 万向节传动 |
| — driving device | 萬向傳動裝置 | カルダン軸駆動装置 | 万向传动装置 |
| — joint | 萬向接頭 | カルダン継手 | 万向接头 |
| — shaft | 萬向軸 | カルダン軸 | 万向轴 |

| 英　　文 | 臺　　灣 | 日　　文 | 大　　陸 |
|---|---|---|---|
| cardboard | 厚紙 | 厚紙 | 厚纸 |
| cardinal | 基點效應 | 基点効果 | 基点效应 |
| — number | 基數 | 基数 | 基数 |
| — point | 基點 | 基点 | 基点 |
| cardioid | 心臟形 | 心臟形 | 心脏形 |
| — cam | 心形凸輪 | ハートカム | 心形凸轮 |
| cargo | 船載貨物 | 貨物 | 货物 |
| — hook | 吊(貨)鉤 | 荷役フック | 吊(货)钩 |
| — lift | 貨物起重機 | カーコリフト | 货物起重机 |
| — lift truck | 起重貨車 | カーゴリフトトラック | 起重货车 |
| — transport plane | 貨物輸送機 | 貨物輸送機 | 货物轮送机 |
| — truck | 載貨卡車 | 貨物用トラック | 载货卡车 |
| carload | 車輛荷載 | 車扱い | 车辆荷载 |
| — lot | 車輛裝載場地 | 一貨車貸切口 | 车辆装载场地 |
| Carnot | 卡諾循環 | カルノサイクル | 卡诺循环 |
| — principle | 卡諾原理 | カルノ原理 | 卡诺原理 |
| carnotite | 鉀釩鈾礦 | カルノ石 | 钾钒铀矿 |
| — deposit | 釩鉀鈾礦床 | カルノ石型鉱床 | 钒钾铀矿床 |
| Caron's cement | 卡羅滲碳劑 | カロン浸炭剤 | 卡罗渗碳剂 |
| carpenter | 木工 | 大工 | 木工 |
| — 's auger | 木工鑽 | ボートぎり | 木工钻 |
| — 's band saw | 木工帶鋸 | 木工バンドソー | 木工带锯 |
| — equipment | 木工用具 | 木工用具 | 木工用具 |
| — 's file | 木(工)銼 | 木工やすり | 木(工)锉 |
| — 's ring auger | 木工螺鑽 | ボートぎり | 木工螺钻 |
| — 's square | 矩尺；曲尺；角尺 | 金尺 | 矩尺；曲尺；角尺 |
| — 's tool | 木工工具 | 大工道具 | 木工工具 |
| carriage | 車輛；刀架；平台 | 往復台 | 车辆；刀架；平台 |
| — bolt | 車身螺栓 | 根角ボルト | 车身螺栓 |
| — controller | 托架控制器 | キャリッジコントローラ | 托架控制器 |
| — nut | 車架螺母 | キャリッジナット | 车架螺母 |
| — rail | 迴車導軌 | キャリッジレール | 回车导轨 |
| — shed | 車庫 | 車庫 | 车库 |
| — spring | 支承彈簧 | にないばね | 支承弹簧 |
| carrier | 運搬車 | 担体 | 运搬车 |
| — aircraft | 運載飛機 | 運搬機 | 运载飞机 |
| — alloying material | 載流子合金材料 | キャリア材料 | 载流子合金材料 |
| — belt | 傳送帶 | 移動ベルト | 传送带 |
| — frame | 托架 | キャリヤ枠 | 托架 |
| — metal | 載體金屬 | キャリアメタル | 载体金属 |

148

| 英　　文 | 臺　　灣 | 日　　文 | 大　　陸 |
|---|---|---|---|
| — plate | 頂板 | 親板 | 顶板 |
| — roller | 承載滾子 | キャリアローラ | 承载滚子 |
| — substance | 載體 | 担体 | 载体 |
| — wave | 載波 | 搬送波 | 载波 |
| **carrosserie** | 車體；車身 | 車体 | 车体；车身 |
| **carryall** | 連貫式整地機 | キャリオールスクレーパ | 连贯式整地机 |
| **carrying bogie** | 運礦車 | 先導ボギー台車 | 运矿车 |
| — capacity | 載重量 | 輸送容量 | 载重量 |
| — implement | 運搬機 | 運搬機 | 运搬机 |
| — roll | 送料滾輪 | 送りロール | 送料轮 |
| — roller | 傳送滾子 | キャリアローラ | 传送滚子 |
| — tongs | 抬架；夾鉗 | 連台 | 抬架；夹钳 |
| — vessel | 搬運船 | 運搬船 | 搬运船 |
| — wall | 承重牆 | 耐力壁 | 承重墙 |
| **carryover** | 轉移 | キャリオーバ | 转移 |
| — loss | 轉換損失 | 持ち逃げ損失 | 转换损失 |
| **cart** | 二輪手推車 | 猫車 | 二轮手推车 |
| — jack | 車裝千斤頂 | 箱ジャッキ | 车装千斤顶 |
| **Cartesian coordinate** | 笛卡兒座標 | 直交座標 | 笛卡儿坐标 |
| — coordinate control | 笛卡爾座標控制 | デカルト座標制御 | 笛卡尔坐标控制 |
| — coordinates system | 直交座標系 | 直交座標系 | 直交坐标系 |
| **cartographical sketching** | 略圖；草圖 | 要図 | 略图；草图 |
| **cartography** | 繪圖法 | 素描図 | 绘图法 |
| **carton** | 厚紙 | 厚紙 | 厚纸 |
| — board | 紙板 | 薬筒 | 纸板 |
| **cartridge** | 彈夾 | 装弾 | 弹夹 |
| — brass | 彈藥筒用黃銅 | 薬きょう黄銅 | 弹药筒用黄铜 |
| — case | 彈殼 | 薬きょう | 弹壳 |
| **carving** | 雕刻 | 彫刻 | 雕刻 |
| **caryogamy** | 核配（合） | 核合体 | 核配（合） |
| **cascade** | 串聯 | 階段式 | 串联 |
| — connection | 串聯 | 縦続接続 | 串联 |
| — connection method | 串聯法 | 縦続接続法 | 串联法 |
| — control | 逐位控制 | カスケード制御 | 逐位控制 |
| — plate | 柵板 | カスケードプレート | 栅板 |
| — stage | 串級 | カスケードステージ | 串级 |
| **cascading** | 串聯；串級 | 縦続カスケード | 串联；串级 |
| **case** | 窗框；門框；箱 | 戸枠 | 窗框；门框；箱 |
| — depth | 滲碳層深度 | 硬化深さ | 渗碳层深度 |
| — earth | 外殼接地 | ケースアース | 外壳接地 |

| 英　　文 | 臺　　灣 | 日　　文 | 大　　陸 |
|---|---|---|---|
| — frame | 箱框 | 箱枠 | 箱框 |
| — handle | 盒裝門拉手 | ケースハンドル | 盒裝门拉手 |
| — hardened mild steel | 〔滲碳〕低碳鋼 | 肌焼き軟鋼 | 〔滲碳〕低碳钢 |
| — hardened steel | 滲碳鋼 | 浸炭鋼 | 滲碳钢 |
| — hardened steel bearing | 表面硬化鋼軸承 | 肌焼鋼軸受 | 表面硬化钢轴承 |
| **casehardening** box | 表面硬化箱 | 肌焼箱 | 表面硬化箱 |
| — compound | 表面（層）硬化劑 | 表面硬化剤 | 表面（层）硬化剂 |
| **casing** | 箱；盒；蓋；包裝 | ケーシング | 箱；盒；盖；包裝 |
| — cover | 箱蓋 | ケーシングカバー | 箱盖 |
| — diaphragm | 膜盒 | 中胴 | 膜盒 |
| — head | 套管頭 | ケーシングヘッド | 套管头 |
| — head gas | 天然氣 | 油井ガス | 天然气 |
| — inner cylinder | 缸體内缸（筒） | ケーシング内筒 | 缸体内缸（筒） |
| — pipe | 套管 | さや管 | 套管 |
| — pressure | 汽缸壓力 | ケース圧 | 汽缸压力 |
| — ring | 汽缸〔磨損〕 | ライナリング | 汽缸〔磨损〕 |
| — shroud | 外殼罩 | ケーシングシュラウド | 外壳罩 |
| — stiffener | 殼體加強筋 | ケーシング補強骨 | 壳体加强筋 |
| **cask** | 容器 | キャスク | 容器 |
| **casket** | 屏蔽罐 | カスケット | 屏蔽罐 |
| **cassette** | 盒；箱 | 取り枠 | 盒；箱 |
| — disc | 盒式磁盤 | カセットディスク | 盒式磁盘 |
| — holder | 盒座；盒架 | カセットホルダ | 盒座；盒架 |
| — lid | 磁帶盒座 | カセットリッド | 磁带盒座 |
| — video | 盒式錄影帶 | カセットビデオ | 盒式录影带 |
| **cassiterite** | 錫石 | すず石 | 錫石 |
| **cast** | 鑄件；鑄造 | 鋳込み | 铸件；铸造 |
| — alloy | 鑄合金 | 鋳合金 | 铸合金 |
| — aluminum | 鑄鋁 | 鋳造アルミニウム | 铸铝 |
| — aluminum mold | 鋁鑄型 | アルミニウム鋳造型 | 铝铸型 |
| — article | 鑄件 | 注型品 | 铸件 |
| — blade | 鑄造葉片 | 鋳物羽根 | 铸造叶片 |
| — brass | 黃銅鑄件 | 黄銅鋳物 | 黄铜铸件 |
| — brick | 鑄造（用）耐火磚 | 鋳造れんが | 铸造（用）耐火砖 |
| — enbolck | 整體鑄造 | カストエンブロック | 整体铸造 |
| — flange | 鑄成凸緣 | 鋳出しフランジ | 铸成凸缘 |
| — glass | 淺注玻璃 | 鋳込みガラス | 浅注玻璃 |
| — in block | 整體鑄造 | カストインブロック | 整体铸造 |
| — material | 鑄造材料 | 注型物 | 铸造材料 |
| — metal plate | 鑄造金屬板 | 鋳造板 | 铸造金属板 |

| 英　文 | 臺　灣 | 日　文 | 大　陸 |
|---|---|---|---|
| — molding | 鑄造成形 | 注型成形 | 铸造成形 |
| — of steel | 鑄鋼 | 鋳鋼 | 铸钢 |
| — pipe | 鑄管 | カストパイプ | 铸管 |
| — plastic | 鑄塑塑料 | カストプラスチック | 铸塑塑料 |
| — resin | 鑄塑樹脂 | 流し込み樹脂 | 铸塑树脂 |
| — rotor | 鑄造轉子 | カストロータ | 铸造转子 |
| — scrap | 廢鑄鐵 | くず鉄 | 废铸铁 |
| — soldering | 點焊連接 | 掛けはんだ接続 | 滴焊连接 |
| — structure | 鑄造組織 | 鋳造組織 | 铸造组织 |
| **castability** | 鑄造性能 | 鋳造性 | 铸造性能 |
| **castable** refractory | 耐火漿料 | キャスタブル耐火物 | 耐火浆料 |
| — resin | 可鑄樹脂 | 注型適性樹脂 | 可铸树脂 |
| **caster** | 轉向小車輪 | 足車 | 转向小车轮 |
| — wheel | 腳輪 | 自在脚輪 | 脚轮 |
| **cast-in insert** | 鑲鑄物 | 埋め金 | 镶铸物 |
| — metal | 澆鑄軸承合金 | カストインメタル | 浇铸轴承合金 |
| **casting** | 鑄件 | 鋳造 | 铸件 |
| — alloy | 鑄造合金 | 鋳物合金 | 铸造合金 |
| — bed | 鑄床 | 鋳床 | 铸床 |
| — box | 砂箱 | 鋳型 | 砂箱 |
| — brass | 鑄造黃銅 | 鋳造用真ちゅう | 铸造黄铜 |
| — centrifugal method | 離心鑄造法 | 遠心成形法 | 离心铸造法 |
| — creases | 澆注條痕 | 湯じわ | 浇注条痕 |
| — defect | 鑄造缺陷 | 鋳傷 | 铸造缺陷 |
| — factor | 鑄造係數 | 鋳物係数 | 铸造系数 |
| — fin | 鑄件毛邊 | 鋳張り | 铸件披缝 |
| — flash | 毛邊鑄件 | 鋳張り | 毛边铸件 |
| — in box | 砂箱鑄造 | 型箱鋳造 | 砂箱铸造 |
| — in iron mold | 鐵模鑄造 | 鉄型鋳造 | 铁模铸造 |
| — in loam | 型土鑄造 | 型土鋳造 | 型土铸造 |
| — in sand | 砂模鑄造 | 砂鋳造 | 砂型铸造 |
| — liquid | 鑄造用液態樹脂 | 注型用液態樹脂 | 铸造用液态树脂 |
| — machine | 壓鑄機 | 鋳造機 | 浇铸机 |
| — magnet | 鑄造磁體 | 鋳造マグネット | 铸造磁体 |
| — material | 澆注(鑄)材料 | 注型材料 | 浇注(铸)材料 |
| — method | 澆注方法 | 鋳込み法 | 浇注方法 |
| — mold | 鑄模 | 鋳込み型 | 铸模 |
| — oil | 鑄型油 | 鋳型油 | 铸型油 |
| — on an inclined bank | 傾斜澆注 | 傾斜鋳込み | 倾斜浇注 |
| — paper | 鑄造用紙 | 流延用紙 | 铸造用纸 |

| 英　　文 | 臺　　灣 | 日　　文 | 大　　陸 |
|---|---|---|---|
| ─ pit | 鑄錠坑；鑄坑 | 鋳込みピット | 铸锭坑；铸坑 |
| ─ pit brick | 鑄錠用磚 | 造塊用れんが | 铸锭用砖 |
| ─ plan | 鑄造設計方案 | 鋳造方案 | 铸造设计方案 |
| ─ plaster | 鑄造(用)砂 | 鋳型プラスタ | 铸造(用)砂 |
| ─ rate | 澆注速度 | 鋳込み速度 | 浇注速度 |
| ─ resin | 鑄模樹脂 | 注型用樹脂 | 铸模树脂 |
| ─ roll | 鑄造軋輥 | キャスティングロール | 铸造轧辊 |
| ─ sand | 鑄造(用) | 鋳物砂 | 铸造(用) |
| ─ skin | 鑄肌；黑皮 | 鋳肌 | 铸肌；黑皮 |
| ─ strain | 鑄造〔內應力〕變形 | 鋳造ひずみ | 铸造〔内应力〕变形 |
| ─ stress | 鑄造應力 | 鋳造応力 | 铸造应力 |
| ─ support | 澆注用支承體 | 流延用支持体 | 浇注用支承体 |
| ─ surface | 鑄體表面 | 鋳肌 | 铸体表面 |
| ─ surface | 鑄件表面缺陷 | 鋳傷 | 铸件表面缺陷 |
| ─ syrup | 澆注用膏漿 | 注型用シロップ | 浇注用膏浆 |
| ─ temperature | 澆注溫度 | 鋳込み温度 | 浇注温度 |
| ─ under vacuum | 真空澆注 | 真空注型 | 真空浇注 |
| ─ wheel | 鑄造輪 | キャスティングホイール | 铸造轮 |
| ─ yard | 鑄造工廠 | 鋳込み場 | 浇注场 |
| cast-in-place | 現場澆注 | 現場打ち | 现场浇注 |
| cast-iron | 鑄鐵 | 鋳鉄 | 铸铁 |
| ─ bed | 鑄鐵底座 | 鋳鉄製ベッド | 铸铁底座 |
| ─ boiler | 鑄鐵鋁爐 | 鋳鉄ボイラ | 铸铁铝炉 |
| ─ conduct | 鑄鐵導管 | 鋳鉄導管 | 铸铁导管 |
| ─ diagram | 鑄鐵組織圖 | 鋳鉄組織図 | 铸铁组织图 |
| ─ ingot mold | 鑄鐵錠模 | 鋳鉄鋳型 | 铸铁锭模 |
| ─ pipe | 鑄鐵管 | 鋳鉄管 | 铸铁管 |
| ─ scrap | 鑄鐵屑 | 鋳鉄くず | 铸铁屑 |
| ─ socket | 鑄鐵套管 | 鋳鉄ソケット | 铸铁套管 |
| cast-steel | 鑄鋼 | 鋳鋼 | 铸钢 |
| ─ anvil | 鐵鑽 | 鋳鋼金床 | 铁钻 |
| ─ frame | 鑄鋼框架 | 鋳鋼フレーム | 铸钢框架 |
| ─ grate | 鑄鋼爐柵 | 鋳鋼火格子 | 铸钢炉栅 |
| ─ magnet | 鑄鋼磁鐵 | 鋳造鋼磁石 | 铸钢磁铁 |
| ─ shot | 鑄鋼丸 | カストスチールショット | 铸钢丸 |
| ─ underframe | 鑄鋼框架 | 鋳鋼フレーム | 铸钢框架 |
| catabolism | 異化作用；分解代謝 | 異化作用 | 异化作用；分解代谢 |
| caralyer | 催化劑 | 触媒 | 催化剂 |
| catalysis | 催化作用 | 触媒作用 | 催化作用 |
| catalyst | 觸媒 | 触媒 | 催化剂 |

| 英　　文 | 臺　　灣 | 日　　文 | 大　　陸 |
|---|---|---|---|
| — charge | 催化劑裝料 | 触媒充でん | 催化剂装料 |
| **catalytic** | 催化作用 | 接触作用 | 催化作用 |
| — agent | 催化劑 | 接触剤 | 催化剂 |
| — converter | 催化轉化器 | 触媒コンバータ | 催化转化器 |
| — cracking | 觸媒裂解 | 接触分解 | 催化裂化 |
| — curing | 催化固化 | 接触硬化 | 催化固化 |
| — desulfurization | 催化脫硫 | 接触脱硫 | 催化脱硫 |
| — reaction | 觸媒反應 | 触媒反応 | 催化反应 |
| — reclaiming process | 催化再生法 | 接触再生法 | 催化再生法 |
| — reduction | 催化還原 | 接触還元 | 催化还原 |
| **catalyzer** | 觸媒 | 触媒 | 催化剂 |
| **catapult** | 射出機；彈射器 | 射出機 | 射出机；弹射器 |
| **cataract** | 緩衝器 | 水力節動機 | 缓冲器 |
| **catarinite** | 鎳鐵隕石 | カタリナ石 | 镍铁陨石 |
| **catch** | 擋器；揪子；輪擋 | 締り金物 | 制动片〔装置〕 |
| — fire | 點火 | 着火 | 点火 |
| — fire point | 著火點；燃點 | 着火点 | 着火点；燃点 |
| — pan | 托盤 | 受皿 | 托盘 |
| **catch-all** | 除沫器 | 飛まつ分離 | 除沫器 |
| **catena** | 鎖；鏈；鏈條 | 鎖 | 锁；链；链条 |
| **catenary** | 懸鏈線；架空線 | 鍊線 | 链线；垂曲线 |
| — suspension | 懸鏈吊架 | 鍊線釣り架 | 悬链吊架 |
| **caterpillar** | 履帶(式)車輛 | 履帯 | 履带(式)车辆 |
| — band | 履帶 | 履帯 | 履带 |
| — bulldozer | 履帶式推土機 | キャタピラブルドーザ | 履带式推土机 |
| — crane | 履帶起重機 | 無限軌道付きクレーン | 履带起重机 |
| — tank car | 履帶坦克車 | キャタピラタンク車 | 履带坦克车 |
| **caterpillar** | 履帶式車(輛) | 履帯 | 履带式车(辆) |
| **cathead chuck** | 套筒夾頭 | 猫チャック | 套筒夹头 |
| **cathode** | 陰極 | 陰極 | 阴极 |
| — effect | 陰極效應 | カソードエフェクト | 阴极效应 |
| — material | 陰極材料 | 陰極材料 | 阴极材料 |
| **cathode-current** | 陰極電流 | 陰極電流 | 阴极电流 |
| **cathode-heater** | 陰極加熱器 | カソードヒータ | 阴极加热器 |
| **cathodic cleaning** | 陰極清洗 | 陰極洗浄 | 阴极清洗 |
| — corrosion protection | 陰極防腐 | 陰極防食法 | 阴极防腐 |
| — degreasing | 陰極脫脂 | 陰極脱脂 | 阴极脱脂 |
| — deposition | 陰極沈積 | 陰極析出 | 阴极沈积 |
| — protection | 陰極 防蝕法 | 陰極防食 | 阴极保护 |
| **cation** | 陽離子 | 陽イオン | 阳离子 |

| 英　文 | 臺　灣 | 日　文 | 大　陸 |
|---|---|---|---|
| **cationoid** polymerization | 陽離子聚合 | 陽イオン重合 | 阳离子聚合 |
| **caul** | 擋板 | 当て板 | 挡板 |
| — plate | 蓋板 | 当て板 | 盖板 |
| **caulk weld** | 填縫熔接 | コーク溶接 | 填缝焊接 |
| **caulked** joint | 密封接頭 | かしめ継手 | 密封接头 |
| — lead joint | 鉛密封接頭 | 鉛コーキング接合 | 铅密封接头 |
| **caulker** | 堵塞工具 | かしめ工具 | 堵塞工具 |
| **caulking** | 填縫；鉚接 | かしめ | 填缝；铆接 |
| — chisel | 斂縫鏨 | かしめたがね | 填隙齿 |
| — compound | 填縫料 | コーキング剤 | 填缝料 |
| — joint | 填縫 | かしめ継ぎ | 填缝 |
| — set | 填縫用具 | コーキングセット | 填缝用具 |
| **caustic** | 腐蝕作用 | 腐食作用 | 腐蚀作用 |
| — point | 腐蝕點 | 腐食点 | 腐蚀点 |
| — resistance | 抗鹼性 | 耐アルカリ性 | 抗碱性 |
| — scrubbing | 鹼洗 | アルカリ洗浄 | 碱洗 |
| — soda | 苛性鈉 | か性ソーダ | 苛性钠 |
| **Causul metal** | 考薩爾耐蝕合金鑄鐵 | コーザルメタル | 考萨尔耐蚀合金铸铁 |
| **cauterization** | 腐蝕 | 腐食 | 腐蚀 |
| **cave** | 石窟 | 洞くつ | 石窟 |
| **cavity** | 模穴 | 穴 | 金属铸孔 |
| — block | 母模塊 | キャビティブロック | 母模块 |
| — brick | 空心磚 | 中空レンガ | 空心砖 |
| — die | 母模；凹模 | キャビティダイ | 母模；凹模 |
| — gap | 空腔(間)隙 | キャビティギャップ | 空腔(间)隙 |
| — impression | 模槽；凹槽 | 金型キャビティ | 模槽；凹槽 |
| — insert | 模槽嵌件 | 金型インサート | 模槽嵌件 |
| — side part | 母模部份 | 固定側金型 | 母模部份 |
| **cawk** | 重晶石 | 重晶石 | 重晶石 |
| **cayeuxite** | 球黃鐵礦 | カイヨーキサイト | 球黄铁矿 |
| **cazin** | 鎘鋅焊料 | カージン | 镉锌焊料 |
| **CBR method** | 加州承載比法 | CBR 法 | 加州承载比法 |
| **CBR test** | 加州承載比試驗 | CBR 試験 | 加州承载比试验 |
| **CCT diagram** | 連續冷卻轉變曲線(圖) | CCT 曲線 | 连续冷却转变曲线(图) |
| **cecolloy** | 塞科洛伊高碳合金鋼 | セコロイ | 塞科洛伊高碳合金钢 |
| **cecostamp** | 不規則件壓印機 | セコスタンプ | 不规则件压印机 |
| **cegamite** | 水鋅礦 | セガマ石 | 水锌矿 |
| **ceiling** | 頂;升高限度 | 天井 | 上升能力；最高限度 |
| — jack | 平頂千斤頂 | シーリングジャッキ | 平顶千斤顶 |
| — of furnace | 爐頂 | 炉の天井 | 炉顶 |

| 英　　文 | 臺　　灣 | 日　　文 | 大　　陸 |
|---|---|---|---|
| celestite | 天青石 | 天青石 | 天青石 |
| cell | 氣囊；電池 | 電池 | 隔室；电池 |
| — block | 單元塊 | セルブロック | 单元块 |
| — body | （細）胞體 | 細胞体 | （细）胞体 |
| — body division | 細胞體分裂 | 細胞体分裂 | 细胞体分裂 |
| — box | 電池箱 | 電池箱 | 电池箱 |
| — cover | 電池蓋 | セルカバー | 电池盖 |
| — motor | 啓動電動機 | セルモータ | 启动电动机 |
| — terminal | 電池接線柱 | セルターミナル | 电池接线柱 |
| — test | 電池測試 | セル試験 | 电池测试 |
| cellar | 地下室 | 地下室 | 地下室 |
| cellase | 纖維素 | セルラーゼ | 纤维素 |
| — type radiator | 蜂窩式散熱 | セルラタイプラジエータ | 蜂窝式散热 |
| cellule | 機翼構架 | 翼組み | 机翼构架 |
| cellulose | 纖維素 | 繊維素 | 纤维素 |
| — nitrate sheet | 賽璐珞板 | セルロイド板 | 赛璐珞板 |
| celotex | 隔音板；纖維板 | 隔音板 | 隔音板；纤维板 |
| Celsius | 攝氏溫標 | 摂氏度 | 摄氏温标 |
| — scale | 攝氏溫度 | 摂氏目盛 | 摄氏温度 |
| — temperature | 攝氏溫度 | セルシウス温度 | 摄氏温度 |
| — thermal scale | 攝氏溫標 | 摂氏目盛 | 摄氏温标 |
| — thermometer | 攝氏溫度計 | 摂氏温度計 | 摄氏温度计 |
| comedienne | 粘結劑 | セメダイン | 粘结剂 |
| cement | 水泥 | 結合剤 | 水泥 |
| — asbestos board | 石棉水泥板 | 石綿セメント板 | 石棉水泥板 |
| — bonded mold | 水泥模 | セメント鋳型 | 水泥砂型 |
| — brick | 水泥磚 | セメントれんが | 水泥砖 |
| — sand molding | 粘結砂模型 | セメント砂造型 | 粘结砂模型 |
| — slate | 水泥石棉板 | セメント石綿板 | 水泥石棉板 |
| — work | 水泥工程 | セメント工事 | 水泥工程 |
| cementation | 滲碳 | 浸炭 | 渗碳 |
| — furnace | 滲碳爐 | 浸炭炉 | 渗碳炉 |
| — process | 滲碳（法） | 浸炭法 | 渗碳（法） |
| — steel | 滲碳鋼 | 炭浸鋼 | 渗碳钢 |
| cemented armor plate | 滲碳裝甲鋼板 | 浸炭装甲板 | 渗碳装甲钢板 |
| — bar | 表面硬化棒 | 肌焼き棒 | 表面硬化棒 |
| — carbide | 硬質合金；燒結碳化 | 焼結炭化物 | 硬质合金；烧结碳化 |
| — carbide bit | 硬質合金刀具 | 炭化カーバイドバイト | 硬质合金刀具 |
| — carbide coring bit | 硬質合金取（岩）心鑽 | 炭化カーバイドビット | 硬质合金取（岩）心钻 |
| — carbide milling cutter | 硬質合金洗刀 | 炭化カーバイドフライス | 硬质合金洗刀 |

| 英　　文 | 臺　　灣 | 日　　文 | 大　　陸 |
|---|---|---|---|
| — carbide tap | 硬質合金螺絲 | 炭化カーバイドタップ | 硬质合金螺丝 |
| — carbide tool | 硬質合金工具 | 炭化カーバイド工具 | 硬质合金工具 |
| — chromium | 碳化鉻硬質合金 | 炭化クロム合金 | 碳化铬硬质合金 |
| — joint | 肘合接頭 | 張合せ継手 | 肘合接头 |
| — socket joint | 連接套筒接合 | 接着ソケット継手 | 连接套筒接合 |
| — steel | 滲碳鋼 | 浸炭鋼 | 渗碳钢 |
| — titanium carbide | 碳化鈦硬質合金 | 炭化チタン超硬合金 | 碳化钛硬质合金 |
| — tube | 肘接管 | 接合管 | 肘接管 |
| cementing | 肘接 | 接合 | 肘接 |
| cementite | 雪明碳鐵 | セメンタイト | 碳化铁 |
| center | 中心；頂尖 | 中心 | 核心；顶尖 |
| — bearing swing bride | 中心支承回轉橋 | 中心支承旋開橋 | 中心支承回转桥 |
| — bit | 中心鑽 | センタビット | 中心钻 |
| — bolt | 中心螺栓 | センタボルト | 中心螺栓 |
| — bore | 鑽中心孔 | 心穴明け | 钻中心孔 |
| — brake | 軸煞車 | センタブレーキ | 中央制动器 |
| — bridge | 定心塊 | センタブリッジ | 定心块 |
| — brush | 中(間)電刷 | センタブラッシ | 中(间)电刷 |
| — buff | (中)心孔拋光輪 | センタバフ | (中)心孔抛光轮 |
| — cap | 中心蓋 | センタキャップ | 中心盖 |
| — circle | 中心圓 | 中心円 | 中心圆 |
| — computer | 中心計算機 | センタコンピュータ | 中心计算机 |
| — console | 主控台 | センタコンソール | 主控台 |
| — crank | 中間曲(柄)軸 | 両持ちクランク | 中心曲(柄)轴 |
| — distance | 中心距(離) | 中心距離 | 中心距(离) |
| — drill | 中心鑽 | 心立てきり | 中心钻 |
| — expand | 中心擴展 | 中心拡大 | 中心扩展 |
| — faucet | 中心旋塞 | センタフォーセット | 中心旋塞 |
| — flushing | 中心沖液 | 中空噴流 | 中心冲液 |
| — fold | 對折 | 半折 | 对折 |
| — folded film | 對折薄膜 | 半折フィルム | 对折薄膜 |
| — folded sheeting | 對折片材 | 半折シート | 对折片材 |
| — fraise | 中心孔銑刀 | センタフライス | 中心孔铣刀 |
| — fuse | 中點熔斷保險絲 | センタヒューズ | 中点熔断保险丝 |
| — gage | (定)中心規 | センタゲージ | (定)中心规 |
| — gate | 中心控制極 | センタゲート | 中心控制极 |
| — gated mold | 中心澆口模具 | センタゲート金型 | 中心浇口模具 |
| — grinder | 磨頂尖機 | センタ研削盤 | 中心磨床 |
| — hinge pivot | 中支樞軸 | 軸釣り | 中支枢轴 |
| — hole | 中心孔 | センタ穴 | 中心孔 |

| 英　　文 | 臺　　灣 | 日　　文 | 大　　陸 |
|---|---|---|---|
| — hole grinding machine | 中心孔磨床 | センタ穴研削盤 | 中心孔磨床 |
| — hub | 中心殼 | センタハブ | 中心壳 |
| — hung sash | 旋轉窗框 | 回転しょう子 | 旋转窗框 |
| — impeller type | 雙柱形 | 両持ち形 | 双柱形 |
| — instrument panel | 中央儀表板 | 中央計器盤 | 中央仪表板 |
| — knife edge | 中心刀刃 | 中は | 中心刀刃 |
| — landing | 中心沈陷 | センタランディング | 中心沈陷 |
| — lathe | 普通車床 | センタ旋盤 | 普通车床 |
| — layer | 中心層 | 心材 | 中心层 |
| — line | 中心線 | 中心線 | 中心线 |
| — line shrinkage | 中線收縮 | 中心線引巣 | 中心线收缩 |
| — line supported type | 中心支持型 | 中心支持型 | 中心支持型 |
| — machine | 中央計算機 | センタマシン | 中央计算机 |
| — mark | 中心標誌 | センタマーク | 中心标记 |
| — of acceleration | 加速度中心 | 加速度中心 | 加速度中心 |
| — of apparent mass | 虛質量中心 | 見掛け質量中心 | 虚质量中心 |
| — of attraction | 引力中心 | 引力中心 | 引力中心 |
| — of figure | 形心 | 図心 | 形心 |
| — of gravity | 重心 | 重心 | 重心 |
| — of gyration | 回轉中心 | 回転中心 | 回转中心 |
| — of inertia | 慣性中心 | 慣性中心 | 惯性中心 |
| — of mass | 質量中心 | 質量中心 | 质量中心 |
| — of motion | 運動中心 | 動心 | 运动中心 |
| — of oscillation | 擺動中心 | 動揺（の）中心 | 摆动中心 |
| — of percussion | 撞擊中心 | 打撃中心 | 撞击中心 |
| — of pressure | 壓力中心 | 圧力中心 | 压力中心 |
| — of projection | 投影中心 | 投影中心 | 投影中心 |
| — of rigidity | 剛性中心 | 剛性の中心 | 刚性中心 |
| — of rotation | 旋轉中心 | 回転中心 | 旋转中心 |
| — of shear | 剪力中心 | せん断中心 | 剪断中心 |
| — pin | 中心銷 | 心軸 | 中心轴 |
| — pivot | 中心支點 | 心ざら | 中心支点 |
| — plate | 中心模板 | 中盤 | 中心模板 |
| — point | 頂尖式側塊〔塊規附件〕 | 中央点 | 顶尖式侧块〔块规附件〕 |
| — pole | 中心柱 | センタポール | 中心柱 |
| — punch | 中心沖頭 | 心立てポンチ | 中心冲头 |
| — rest | 中心架 | 心出し金具 | 中心架 |
| — ring | 中心環 | 中央リング | 中心环 |
| — roller | 中間滾子 | センタローラ | 定心滚柱 |
| — set | 中心校準 | 中心校准 | 中心校准 |

C

| 英　　文 | 臺　　灣 | 日　　文 | 大　　陸 |
|---|---|---|---|
| ― sill | 梁 | 中ばり | 中央框架 |
| ― spindle | 中心軸 | センタスピンドル | 中心轴 |
| ― spinning | 離心鑄造法 | センタスピニング | 离心铸造法 |
| ― to center | 中心距 | 心心 | 中心距 |
| ― trigger | 中央觸發器 | センタトリガ | 中央触发器 |
| ― wing | 中翼 | 中央翼 | 中翼 |
| **centering** | 定心；鑽中心孔 | 心立て | 定心；钻中心孔 |
| **centerpiece** | 十字頭 | センタピース | 十字头 |
| **centibar** | 厘巴 | センチバール | 厘巴 |
| **centigrade** | 攝氏溫度 | 摂氏度 | 摄氏温度 |
| ― heat unit | 攝氏熱量單位 | 摂氏熱単位 | 摄氏热量单位 |
| ― scale | 攝氏溫標 | 百分目盛 | 摄氏温标 |
| **centigram** | 公毫 | センチグラム | 厘克 |
| **centimeter** | 公分 | センチメートル | 厘米 |
| ― gram | 公分-克 | センチメーノルグラム | 厘米-克 |
| **centimetre** | 厘米 | センチメートル | 厘米 |
| **centimetric wave** | 厘米波 | センチメートル波 | 厘米波 |
| **centimorgan** | 摩爾根單位 | モルガン単位 | 摩尔根单位 |
| **centipoise** | 厘泊 | センチポアス | 厘泊 |
| ― angle | 圓心角 | 中心角 | 中心角；圆心角 |
| ― atom | 中心原子 | 中心原子 | 中心原子 |
| ― axial load | 中心軸荷載 | 中心スラスト荷重 | 中心轴荷载 |
| ― axis | 重心軸 | 重心軸 | 重心轴 |
| ― conductor | 中心導體 | 中心導体 | 中心导体 |
| ― control desk | 中央控制台 | 中央制御台 | 中央控制台 |
| ― electrode | 中心電極 | 中心電極 | 中心电极 |
| ― force | 中心力 | 中心力 | 中心力 |
| ― frame | 中央機構 | セントラルフレーム | 中央机构 |
| ― heading | 中心導航 | 中央導坑 | 中心导航 |
| ― layer | 中心層 | 中心層 | 中心层 |
| ― line | 中心線 | 中心線 | 中心线 |
| ― monitoring panel | 中央監視盤 | 中央監視盤 | 中央监视盘 |
| ― pillar | 中心立柱 | 心柱 | 中心立柱 |
| ― processor | 中央處理機（器） | 中央処理装置 | 中央处理机（器） |
| ― projection | 中心投影 | 中心射影 | 中心投影 |
| ― ray | 中心射線 | 中心放射線 | 中心射线 |
| ― register | 中心暫存器 | セントラルレジスタ | 中心暂存器 |
| ― screw | 中心螺釘 | セントラルスクリュ | 中心螺钉 |
| ― symmetry | 中心對稱 | 中心対称 | 中心对称 |
| ― thrust load | 中心推力苛載 | 中心スラスト荷重 | 中心推力苛载 |

| 英　　文 | 臺　　灣 | 日　　文 | 大　　陸 |
|---|---|---|---|
| — value | 中心值 | 代表值 | 中心值 |
| **centralization** | 集中化 | 集中化 | 集中化 |
| — system | 集中式 | 集中（方）式 | 集中式 |
| **centre** | 中心；頂尖 | センター | 中心；頂尖 |
| **centreless** | 無心砂帶拋光機 | 心なしベルト研摩機 | 无心砂带抛光机 |
| — grinding | 無心磨削 | 無心し研削 | 无心磨削 |
| — grinding machine | 無心磨床 | 心無し研削 | 无心磨床 |
| **centrifugal** acceleration | 離心加速度 | 遠心加速度 | 离心加速度 |
| — action | 離心作用 | 遠心作用 | 离心作用 |
| — air compressor | 離心式空氣壓縮機 | 遠心空気圧縮機 | 离心式空气压缩机 |
| — analysis | 離心分析 | 遠心分析 | 离心分析 |
| — ball mill | 離心式球磨機 | 遠心カボールミル | 离心式球磨机 |
| — blasting machine | 離心(式)噴砂機 | 遠心式噴射加工機 | 离心(式)喷砂机 |
| — blender | 離心混合器 | 遠心ブレンダ | 离心混合器 |
| — blower | 離心式鼓風機 | 遠心ブロワ | 离心式鼓风机 |
| — brake | 離心式制動器車 | 遠心ブレーキ | 离心式制动器 |
| — breaker | 離心式開關 | 遠心遮断器 | 离心式开关 |
| — casting | 離心鑄造 | 遠心鋳造 | 离心铸造 |
| — casting machine | 離心鑄造機 | 遠心鋳造機 | 离心铸造机 |
| — casting steel pipe | 離心澆鑄鋼管 | 遠心鋳造鋼管 | 离心浇铸钢管 |
| — chamber | 渦室 | 渦巻き室 | 涡室 |
| — clarifier | 離心澄清器 | 遠心力浄乳機 | 离心澄清器 |
| — classification | 離心分級 | 遠心分級 | 离心分级 |
| — clutch | 離心式〔自動〕離合器 | 遠心クラッチ | 离心式〔自动〕离合器 |
| — coating | 離心塗漆 | 遠心塗装 | 离心涂漆 |
| — compressor | 離心壓縮機 | 遠心圧縮機 | 离心压缩机 |
| — concentrator | 離心選礦機 | 遠心選鉱機 | 离心选矿机 |
| — deep-well pump | 離心深井泵 | 遠心力深井戸ポンプ | 离心深井泵 |
| — dehydrator | 離心脫水器 | 遠心脱水機 | 离心脱水器 |
| — dewatering | 離心脫水 | 遠心脱水 | 离心脱水 |
| — dirt collector | 離心集塵器 | 渦巻きちり取り | 离心集尘器 |
| — drum | 離心筒 | 遠心筒 | 离心筒 |
| — dryer | 離心脫水機 | 遠心（力）脱水機 | 离心脱水机 |
| — drying | 離心脫水 | 遠心脱水 | 离心脱水 |
| — drying machine | 離心力除塵 | 遠心乾燥機 | 离心乾燥机 |
| — dust removal | 離心乾燥機 | 遠心力集じん | 离心乾燥机 |
| — effect | 離心效應 | 遠心効果 | 离心效应 |
| — engine | 離心式發動機 | 遠心発動機 | 离心式发动机 |
| — extraction method | 離心分離法 | 遠心分離法 | 离心分离法 |
| — extractor | 離心萃取器 | 遠心脱水機 | 离心萃取器 |

| 英　　文 | 臺　　灣 | 日　　文 | 大　　陸 |
|---|---|---|---|
| — fan | 離心式風扇 | 渦巻き扇風機 | 离心式鼓风机 |
| — filter | 離心式過濾機 | 遠心ろ過機 | 离心式过滤机 |
| — filtration process | 離心過濾法 | 遠心ろ過法 | 离心过滤法 |
| — flow turbojet | 離心式渦輪噴氣發動機 | 遠心ターボジェット | 离心式涡轮喷气发动机 |
| — flow turboprop | 離心式渦輪螺旋漿 | 遠心ターボプロップ | 离心式涡轮螺旋浆 |
| — force | 離心力 | 遠心力 | 离心力 |
| — forming | 離心成形 | 遠心成形 | 离心成形 |
| — gas cleaner | 離心式空氣淨化器 | 遠心ガス清浄器 | 离心式空气净化器 |
| — humidifier | 離心式加混器 | 遠心式給湿機 | 离心式加混器 |
| — hydroextraction | 離心脫水 | 遠心脱水 | 离心脱水 |
| — hydroextractor | 離心脫水機 | 遠心脱水機 | 离心脱水机 |
| — impact mixer | 離心撞擊混合器 | 遠心衝撃ミキサ | 离心撞击混合器 |
| — load | 離心載荷 | 遠心荷重 | 离心载荷 |
| — lubrication | 離心潤滑 | 遠心給油 | 离心润滑 |
| — lubricator | 離心潤滑器 | 遠心注油器 | 离心柱油器 |
| — machine | 離心機 | 遠心機 | 离心分离机 |
| — method | 離心法 | 遠心法 | 离心法 |
| — mill | 離心粉碎機 | 遠心粉砕機 | 离心粉碎机 |
| — mist separator | 離心混氣分離器 | 遠心力集じん装置 | 离心混气分离器 |
| — molding | 離心造型 | 遠心成形 | 离心造型 |
| — moment | 斷面慣性積 | 断面相乗モーメント | 断面惯性积 |
| — oil extractor | 離心抽油器 | 遠心油抜き | 离心分油器 |
| — oil purifier | 離心清油器 | 遠心油清浄機 | 离心净油器 |
| — pot spinning machine | 離心式紡織機 | 遠心紡機 | 离心式纺织机 |
| — preceptor | 離心分離機 | 遠心分離機 | 离心分离机 |
| — pump | 離心泵 | 遠心ポンプ | 离心泵 |
| — refrigerating machine | 離心式冷凍機 | ターボ冷凍機 | 离心式冷冻机 |
| — reinforced concrete | 離心力鋼筋混凝土 | 遠心力鉄筋コンクリート | 离心力钢筋混凝土 |
| — relay | 離心式繼電器 | 遠心力継電器 | 离心式继电器 |
| — roll mill | 離心式滾軌機 | 遠心ロールミル | 离心式滚轨机 |
| — separator | 離心分離機 | 遠心分離機 | 离心分离机 |
| — separation method | 離心力分離法 | 遠心分離法 | 离心力分离法 |
| — separator | 離心分離機 | 遠心分離装置 | 离心分离机 |
| — settler | 離心式沈降機 | 遠心沈降機 | 离心式沈降机 |
| — stress | 離心應力 | 遠心応力 | 离心应力 |
| — timer | 離心提前點火裝置 | 遠心進角装置 | 离心提前点火装置 |
| — turbine | 離心式渦輪 | 遠心タービン | 离心式涡轮 |
| — type diffuser | 離心式擴散器 | 遠心型ディフューザ | 离心式扩散器 |
| — type filter | 離心(式)過濾器 | 遠心式フィルタ | 离心(式)过滤器 |
| — type separator | 離心式分選器 | 遠心式セパレータ | 离心式分选器 |

| 英　文 | 臺　灣 | 日　文 | 大　陸 |
|---|---|---|---|
| ─ type supercharger | 離心(式)增壓器 | 遠心過給機 | 离心(式)增压器 |
| **centrifugation** | 離心作用 | 遠心分離 | 离心作用 |
| **centrifuge** | 離心機 | 遠心機 | 离心机 |
| ─ casting | 離心加壓鑄造 | 遠心注型 | 离心浇注 |
| **centrifuged** | 離心鑄造 | 遠心管 | 离心铸造 |
| **centrifuging** | 離心法 | 遠心処理 | 离心法 |
| **centering** | 定心 | アーチ枠 | 定中心; 拱架 |
| ─ apparatus | 中心整位器 | センタリング装置 | 中心整位器 |
| ─ bolt | 定心螺栓 | 中心ボルト | 定心螺栓 |
| ─ device | 復原裝置 | 復心装置 | 复原装置 |
| ─ load | 中心荷載 | 無偏心荷重 | 中心荷载 |
| ─ location | 定心接口 | 印ろう | 定心接口 |
| ─ machine | 定心機 | 心立て盤 | 中心孔加工机床 |
| ─ microscope | 定心顯微鏡 | 心合わせ顕微鏡 | 定心显微镜 |
| ─ pin | 定心銷 | 案内ピン | 定位销 |
| ─ plate | 中心校正板 | 心出し板 | 中心校正板 |
| ─ punch | 定心沖頭 | 心立てポンチ | 定心冲头 |
| ─ screw | 對中(心)螺栓 | 心出しねじ | 对中(心)螺栓 |
| ─ tongs | 刃磨鑽頭專用夾具 | センタリングタングス | 刃磨钻头专用夹具 |
| **centriole** | 中心粒 | 中心粒 | 中心粒 |
| **centripetal** acceleration | 向心加速度 | 向心加速度 | 向心加速度 |
| ─ force | 向心力 | 向心力 | 向心力 |
| ─ pump | 向心泵 | 求心ポンプ | 向心泵 |
| ─ turbine | 向心(式)汽輪機 | 求心タービン | 向心(式)汽轮机 |
| **centrode** | 瞬心軌跡 | 中心軌跡 | 瞬心轨迹 |
| **centroid** | 重心 | 重心 | 重心 |
| ─ of area | 面的矩心 | 断面の図心 | 面的矩心 |
| **centroidal principal axis** | 形心主軸 | 図心主軸 | 形心主轴 |
| **centron** | 原子核 | 原子核 | 原子核 |
| **centrosome** | 中心體 | 中心体 | 中心体 |
| **ceralumin** | 塞拉聲明鑄造鋁合金 | セラルミン | 塞拉声明铸造铝合金 |
| **ceramal** | 陶瓷合金 | セラマル | 陶瓷合金 |
| **cerametalic** | 金屬陶瓷 | セラメタリック | 金属陶瓷 |
| ─ bit | 金屬陶瓷車刀 | セラミックバイト | 金属陶瓷车刀 |
| ─ body | 陶瓷體 | 窯業物 | 陶瓷体 |
| ─ bond | 陶瓷粘合劑 | セラミックボンド | 陶瓷粘合剂 |
| ─ cap | 陶瓷蓋 | セラミックキャップ | 陶瓷盖 |
| ─ chip | 陶瓷片 | セラミックチップ | 陶瓷片 |
| ─ crucible | 陶瓷坩堝 | セラミックるつぼ | 陶瓷坩埚 |
| ─ cutter | 陶瓷刀具 | セラミックカッタ | 陶瓷刀具 |

161

| 英　　文 | 臺　　灣 | 日　　文 | 大　　陸 |
| --- | --- | --- | --- |
| — earphone | 陶瓷耳機 | セラミックイヤホン | 陶瓷耳机 |
| — fiber | 陶瓷纖維 | セラミック繊維 | 陶瓷纤维 |
| — filter | 陶瓷濾波器 | セラミックフィルタ | 陶瓷滤波器 |
| — fuel | 陶瓷燃料 | セラミック燃料 | 陶瓷燃料 |
| — hastelloy | 陶瓷耐蝕耐高溫鎳基合金 | セラミックハステロイ | 陶瓷耐蚀耐高温镍基合金 |
| — heater | 陶瓷加熱器 | セラミックヒータ | 陶瓷加热器 |
| — industry | 陶瓷工業 | 窯業 | 陶瓷工业 |
| — insulated coil | 陶瓷絕緣線圈 | 磁器絶縁コイル | 陶瓷绝缘线圈 |
| — magnet | 陶瓷磁石 | セラミック磁石 | 陶瓷磁石 |
| — material | 陶瓷材料 | セラミック材料 | 陶瓷材料 |
| — metal | 金屬陶瓷 | セラミックメタル | 金属陶瓷 |
| — nozzle | 陶瓷噴嘴 | セラミックノズル | 陶瓷喷嘴 |
| — package | 陶瓷封裝 | セラミックパッケージ | 陶瓷封装 |
| — parison | 陶瓷料坯 | セラミック素地 | 陶瓷料坯 |
| — plate | 陶瓷片 | セラミック板 | 陶瓷片 |
| — superconductor | 陶瓷超導 | セラミック超電導体 | 陶瓷超导 |
| — tip | 陶瓷刀片 | セラミックチップ | 陶瓷刀片 |
| — tool | 陶瓷刀具 | セラミック工具 | 陶瓷刀具 |
| — valve | 陶瓷閥 | セラミックバルブ | 陶瓷阀 |
| — wafer | 陶質片 | セラミックウェーハ | 陶质片 |
| — eare | 陶瓷製品 | 焼物 | 陶瓷制品 |
| — ceramics | 陶瓷 | 陶磁器 | 陶瓷 |
| — nuclear fuel | 陶瓷核燃料 | セラミックス核燃料 | 陶瓷核燃料 |
| cerargkyrite | 角銀礦 | 角銀鉱 | 角银矿 |
| cerasine | 角鉛礦 | 角鉛鉱 | 角铅矿 |
| cerasolser | 陶瓷焊劑 | セラソルザ | 陶瓷焊剂 |
| cerium,Ce | 鈰 | セリウム | 铈 |
| — fluoride | 氟化鈰 | ふっ化セリウム | 氟化铈 |
| — oxide | 氧化鈰 | 酸化セリウム | 氧化铈 |
| — oxide powder | 氧化鈰粉 | 酸化セリウム粉 | 氧化铈粉 |
| — sulfide | 硫化鈰 | 硫化セリウム | 硫化铈 |
| cermet | 燒結瓷金 | サーメット | 金属陶瓷 |
| cerograph | 蠟蝕電鑄版 | セログラフィー | 蜡蚀电铸版 |
| cerrobase alloy | 鉍基易熔合金 | セロベース合金 | 铋基易熔合金 |
| cerrobend alloy | 鉍基鉛易熔合金 | セロベンド合金 | 铋基铅易熔合金 |
| Cerromatrix | 易熔合金 | セロマトリックス | 易熔合金 |
| ceruleite | 天藍砷銅鋁礦 | セルライト | 天蓝砷铜铝矿 |
| ceruse | 白鉛礦 | 白鉛 | 白铅矿 |
| cerussite | 白鉛礦 | 白鉛鉱 | 白铅矿 |
| cervantite | 黃銻礦 | セルバンテス鉱 | 黄锑矿 |

| 英　　文 | 臺　　灣 | 日　　文 | 大　　陸 |
|---|---|---|---|
| **cesarolite** | 泡錳鉛礦 | セサル石 | 泡锰铅矿 |
| **cesium,Cs** | 銫 | セシウム | 铯 |
| **CGS units** | CGS單位 | CGS 単位 | CGS単位 |
| **C/H weight ratio** | 碳氫重量 | 炭水素比 | 碳氢重量 |
| **chabazite** | 菱沸石 | 斜方沸石 | 菱沸石 |
| **chafe** | 磨損（擦） | 摩耗 | 磨损（擦） |
| **chaff** | 金屬箔片 | チャフ | 金属箔片 |
| **chafing** | 磨損 | 摩损 | 磨损 |
| — fatigue | 磨損疾勞 | 摩擦疲労 | 磨损疾劳 |
| **chain** | 連鎖；鏈 | 連鎖 | 连锁; 链 |
| — attachment | 鏈型連接 | チェーンアタッチメント | 链型连接 |
| — barrel | 鏈條捲筒 | 鎖巻胴 | 卷链筒 |
| — bridge | 鏈式吊橋 | 鎖釣り橋 | 链式吊桥 |
| — broaching | 鏈式拉削 | チェーンブローチ削り | 链式拉削 |
| — broaching machine | 鏈式拉床 | チェーンブローチ盤 | 链式拉床 |
| — cable | 鏈索 | アンカチェーン | 锚链 |
| — closure | 閉鎖 | 閉鎖 | 闭锁 |
| — contact | 連鎖接點 | 連鎖接点 | 连锁接点 |
| — controller | 制動鏈 | 制鎖器 | 制动链 |
| — cover | 鏈罩 | チェーンカバー | 链罩 |
| — delivery | 鏈式傳送器 | チェーンデリバリ | 链式传送器 |
| — dredger | 掘削機 | 掘削機 | 掘削机 |
| — door-guard | 鎖門鏈條 | ドア用ガードチェーン | 锁门链条 |
| — feeder | 鏈式加料器 | ツェーンフィーダ | 链式加料器 |
| — fittings | 鏈連接件 | 鎖取付け物 | 链连接件 |
| — gearing | 鏈傳動裝置 | 鎖伝動装置 | 链传动装置 |
| — hook | 鏈鉤 | 鎖かぎ | 链钩 |
| — line | 鎖線 | 鎖線 | 锁线 |
| — lock | 點畫線 | 鎖注油 | 链锁 |
| — lubrication | 鏈潤滑 | チェーンロック | 链润滑 |
| — matrix | 鏈式矩陣 | チェーンマトリックス | 链式矩阵 |
| — mechanism | 連鎖機構 | 連鎖機構 | 连锁机构 |
| — method | 鏈式法 | チェーン法 | 链式法 |
| — model | 鏈模型 | 鎖モデル | 链模型 |
| — of links | 連鎖 | 連鎖 | 连锁 |
| — pin | 鏈銷 | チェーンピン | 链销 |
| — pipe | 錨鏈管 | ツェーンパイプ | 锚链管 |
| — pulley | 鏈輪 | 鎖車 | 链轮 |
| — pump | 鏈泵 | 鎖ポンプ | 链泵 |
| — reaction | 連鎖反應 | 連鎖反応 | 连锁反应 |

| 英　　文 | 臺　　灣 | 日　　文 | 大　　陸 |
|---|---|---|---|
| ― rule | 鏈式法規 | 連鎖律 | 链式法规 |
| ― saw | 鏈鋸 | 鎖のこ | 链锯 |
| ― sling | 鉤環釣鏈 | チェーンスリング | 链钩 |
| ― sprocket | 鏈齒輪 | 鎖歯車 | 链轮 |
| ― stopper | 鏈條停止器 | 鎖止め | 连锁停止剂 |
| ― stretching device | 緊鏈裝置 | チェーン張り装置 | 紧链装置 |
| ― structure | 鏈結構 | 鎖状構造 | 链结构 |
| ― tensioner | 緊鏈器 | チェーンテンショナ | 拉链器 |
| ― wheel | 鏈輪 | 鎖車 | 链轮 |
| ― wrench | 鏈板鉗 | 鎖パイプレンチ | 链式板手 |
| chaining | 連鎖 | 連鎖 | 连锁 |
| chalcocite | 輝銅礦 | 輝銅鉱 | 辉铜矿 |
| chalcodite | 黑硬綠泥石 | カルコダイト | 黑硬绿泥石 |
| chalcogenide | 硫化物 | カルコゲン化物 | 硫化物 |
| chalcomenite | 藍矽銅礦 | 含水セレン銅鉱 | 蓝矽铜矿 |
| chalcomiclite | 斑銅礦 | はん銅鉱 | 斑铜矿 |
| chalcophyllite | 雲母銅礦 | 雲母銅鉱 | 云母铜矿 |
| chalcopyrite | 黃銅礦 | 黄銅鉱 | 黄铜矿 |
| chalcosine | 輝銅礦 | 輝銅鉱 | 辉铜矿 |
| chalcostibite | 硫銅銻礦 | 輝銅安鉱 | 硫铜锑矿 |
| chalmersite | 方黃銅礦 | 磁黄銅鉱 | 方黄铜矿 |
| chalybeate | 鐵質泉 | 鉄泉 | 铁质泉 |
| ― water | 鐵質水 | 鉄泉 | 铁质水 |
| chamber | 燃燒室 | へや | 燃烧室 |
| ― oven | 廂室爐 | 室炉 | 箱室炉 |
| ― oven coke | 廂室爐(用)焦碳 | 室炉コークス | 室式炉(用)焦碳 |
| ― pores | 鉛室法 | 鉛室法 | 铅室法 |
| chamfer | 斜面；倒角 | 面取り部 | 斜面；倒角 |
| chamfered edge | 倒菱(角)緣 | 面取り縁 | 倒菱(角)缘 |
| ― teeth | 倒角齒 | 面取り歯 | 倒角齿 |
| chamfering | 端面去角 | 面取り | 端面倒角 |
| ― hob | 齒輪去角滾刀 | チャンファリングホブ | 齿轮倒角滚刀 |
| ― machine | 去角機 | 面取り盤 | 倒角机 |
| ― plane | 削角刨 | 面取りかんな | 削角刨 |
| ― tool | 去角刀具 | 面取りバイト | 倒角刀具 |
| chamois skin | 軟格皮 | セーム革 | 麂皮革 |
| chamotte | 燒磨土 | 焼粉 | 耐火熟料 |
| ― brick | 燒磨土磚 | シャモットれんが | 耐火砖 |
| ― sand | 燒磨土砂 | シャモット砂 | 烧结砂 |
| champ | 素面 | 素面 | 素面 |

| 英　文 | 臺　灣 | 日　文 | 大　陸 |
|---|---|---|---|
| **chanarcillite** | 砷銻銀礦 | カナルシロ石 | 砷锑银矿 |
| — can mixer | 換罐攪拌機 | チェンジカンミキサ | 换罐搅拌机 |
| — can type mixer | 換罐型混合機 | チェンジカンミキサ | 换罐型混合机 |
| — cock | 轉換旋塞 | 切換えコック | 转换旋塞 |
| — dump | 變更區轉存 | 変更域ダンプ | 变更区转存 |
| — gear | 交換齒輪；變速裝置 | 変速機〔装置〕 | 交换齿轮；变速装置 |
| — gear device | 變速齒輪裝置 | 換え歯車装置 | 变速齿轮装置 |
| — gear lever | 變速齒輪桿 | 変速てこ | 变速齿轮杆 |
| — gear plate | 掛輪架(板) | チェンジギヤープレート | 挂轮架(板) |
| — gear ratio | 〔傳動齒輪〕變速比 | 変速比 | 〔传动齿轮〕变速比 |
| — gear set | 齒輪變速機 | ツェンジギヤーセット | 齿轮变速机 |
| — in color | 變(退)色 | 変退色 | 变(退)色 |
| — in dimension | 尺寸變化 | 寸法変化 | 尺寸变化 |
| — in shape | 變形 | 変形 | 变形 |
| — in slope | 斜率變化 | 傾きの変化 | 斜率变化 |
| — in weight | 重量變化 | 重量変化 | 重量变化 |
| — key | 可變鍵 | 変りかぎ | 可变键 |
| — lever | 變速桿 | 変速てこ | 变速杆 |
| — of basis | 基底的變換 | 基底の変換 | 基底的变换 |
| — of color | 變色 | 変色 | 变色 |
| — of coordinates | 座標變換 | 座標変換 | 坐标变换 |
| — of design | 設計變更 | 設計変更 | 设计变更 |
| — of load | 負載變化 | 負荷変動 | 负载变化 |
| — of phase | 相變(化) | 相変化 | 相变(化) |
| — of propeties | 性盾變化 | 変質 | 性盾变化 |
| — of shade | 變色 | 変色 | 变色 |
| — of shape | 更換零件 | 変形 | 更换零件 |
| — of state | 狀態變化 | 状態変化 | 状态变化 |
| — parts | 更換零件 | 交換部品 | 更换零件 |
| — point | 變換點 | 思案点 | 变换点 |
| — ratio | 變換比 | 換算率 | 变换比 |
| — record | 更換記錄 | 変更レコード | 更换记录 |
| — speed gear | 變速齒車裝置 | 変速装置 | 变速齿车装置 |
| — speed motor | 變速電動機 | 多段速度電動機 | 变速电动机 |
| — wheel | 變換齒輪 | 換え歯車 | 变换齿轮 |
| **changed-speed operation** | 變轉運轉 | 変速運転 | 变转运转 |
| **changeover** | 轉換；換向 | ツェンジオーバ | 转换；换向 |
| — cock | 轉換旋塞 | 切換えコック | 转换旋塞 |
| — contact | 轉換接點 | 切換え接点 | 转换接点 |
| — point | 轉換點 | 切替え点 | 转换点 |

| 英　　文 | 臺　　灣 | 日　　文 | 大　　陸 |
|---|---|---|---|
| — switch | 轉換開關 | 転換器 | 转换开关 |
| — system | 轉換方式 | チェンジオーバ方式 | 转换方式 |
| — time | 轉換時間 | 切換え時間 | 转换时间 |
| — valve | 轉換閥 | 切換え弁 | 转换阀 |
| **changer** | 替換；轉換 | ツェンジャ | 替换；转换 |
| — of gas | 換氣 | ガスの入換え | 换气 |
| — signal | 變化信號 | 変化信号 | 变化信号 |
| **channel** | 頻道；通道 | 通信路 | 波道；通道 |
| — balance | 頻道平衡 | チャネルバランス | 频道平衡 |
| — beam | 槽形梁 | 溝形梁 | 槽形梁 |
| — buffer | 通道緩衝器 | チャネルバッファ | 通道缓冲器 |
| — depth ratio | 〔螺紋〕槽深比 | ねじ溝の深さの比 | 〔螺纹〕槽深比 |
| — furnace | 槽形爐 | 溝炉 | 槽形炉 |
| — iron | 槽鐵 | 溝形鋼 | 槽铁 |
| — section | 槽形剖面 | 溝形鋼 | 槽形断面 |
| — section iron | 槽鐵 | 溝形鉄 | 槽铁 |
| — section material | 槽形〔鋼〕材 | 溝形鋼 | 槽形〔钢〕材 |
| — steel | 槽鋼 | 4 U形鋼 | 型钢 |
| **channel(l)ing** | 鑿溝；〔高爐〕氣溝 | 偏流 | 凿沟；〔高炉〕气沟 |
| — machine | 切槽機 | 溝削り機 | 切槽机 |
| **channelzation** | 導流 | 車線分離 | 导流 |
| **chaos** | 不規則；混沌 | ケイオス | 不规则；混沌 |
| **Chapman approximate** | 查普曼近似式 | チャップマンの近似式 | 查普曼近似式 |
| — distribution | 查普曼分布 | チャップマン分布 | 查普曼分布 |
| — test | 查普曼試驗 | チャップマン試験 | 查普曼试验 |
| **chappy** | 龜裂 | ひび割れ | 龟裂 |
| **character** | 指標；特性 | 特性 | 指标；特性 |
| — coefficient | 形狀系數 | 形状係数 | 形状系数 |
| — density | 字荷密度 | 文字密度 | 字荷密度 |
| — fill | 字符填充 | 文字埋め | 字符填充 |
| — font | 字體 | キャラクタフォント | 字体 |
| **characteristic** | 性能；特性 | 特性 | 性能；特性曲线 |
| — curve | 特性曲線 | 基礎曲線 | 特性曲线 |
| — curve hardening | 淬火特性曲線 | 焼入れ特性曲線 | 淬火特性曲线 |
| — curve sheel | 特性曲線圖 | 特性曲線図 | 特性曲线图 |
| — diection | 特性方向 | 特性方向 | 特性方向 |
| — exponent | 特性指數 | 特性指数 | 特性指数 |
| — function | 特性函數 | 特性関数 | 特性函数 |
| — root | 特微根性 | 特性根 | 特微根性 |
| — structure | 特性構造 | 特性構造 | 特性构造 |

| 英　文 | 臺　灣 | 日　文 | 大　陸 |
|---|---|---|---|
| — value | 特性微值 | 固有值 | 特性微值 |
| — vector | 特性向量 | 特性ベクトル | 特性向量 |
| — velocity | 特性速度 | 特性速度 | 特性速度 |
| charaterization | 特性化 | 特性決定 | 特性化 |
| — factor | 特性因數 | 特性係数 | 特性系数 |
| characterizing factor | 特性系數 | 特性係数 | 特性系数 |
| charcoal | 木炭 | 木炭 | 木炭 |
| — bad | 炭層 | チャコールベッド | 炭层 |
| — black | 木炭粉 | 木炭粉 | 木炭粉 |
| — blast furnace | 木炭高爐 | 木炭溶鉱炉 | 木炭高炉 |
| — finishing | 木炭抛光 | 炭研ぎ | 木炭抛光 |
| — pig iron | 木炭生鐵 | 木炭銑 | 木炭生铁 |
| — powder | 木炭粉 | 炭粉 | 炭粉 |
| chardonnet rayon | 人造纖維 | ナイトロレイヨン | 人造纤维 |
| charge | 電荷；充電 | 装入物 | 电荷；充电 |
| — and discharge board | 充放電盤 | 充放電盤 | 充放电盘 |
| — characteristic | 充電特性 | 充電特性 | 充电特性 |
| — cooler | 空氣冷卻器 | 給気冷却器 | 空气冷却器 |
| — density | 電荷密度 | 電荷密度 | 电荷密度 |
| — dispenser | 電荷分配器 | チャージディスペンサ | 电荷分配器 |
| — filter | 進料過濾器 | チャージフィルタ | 进料过滤器 |
| — pressure | 填充壓力 | 押込み圧力 | 填充压力 |
| — ratio | 進料比 | 仕込み濃度 | 进料比 |
| — relief valve | 負荷安全閥 | チャージリリーフバルブ | 负荷安全阀 |
| — roll mill | 熱軋鋼機 | 熱入れロール機 | 热轧钢机 |
| — stock | 進料 | 仕込み原料 | 进料 |
| — tray | 裝送料盤 | チャージトレイ | 装送料盘 |
| — valve | 充氣閥 | チャージバルブ | 充气阀 |
| charger | 充電器 | 荷電器 | 充电器 |
| charging | 進料；充電；充氣 | 充電 | 装料；充电；充气 |
| — apparatus | 進料設備 | 装入装置 | 装料设备 |
| — board | 充電盤 | 充電盤 | 充电盘 |
| — box | 裝料箱 | 装入箱 | 装料箱 |
| — cable | 充電電纜 | 充電ケーブル | 充电电缆 |
| — condenser | 充電電容器 | 充電コンデンサ | 充电电容器 |
| — crace | 充電吊車 | 装入クレーン | 充电吊车 |
| — curve | 充電曲線 | 充電曲線 | 充电曲线 |
| — device | 裝料設備 | 装入装置 | 装料设备 |
| — door | 進料門 | 装入口 | 加料口 |
| — efficiency | 充電效率 | 充電効率；効率 | 充电效率 |

| 英　　文 | 臺　　灣 | 日　　文 | 大　　陸 |
|---|---|---|---|
| ― equipment | 充電裝置 | 荷電装置 | 充电装置 |
| ― floor | 加料台 | 装入床 | 装料台 |
| ― formula | 填充公式 | 充てん公式 | 填充公式 |
| ― generator | 充電發電機 | 充電発電機 | 充电发电机 |
| ― hole | 進料孔 | 装入口 | 装料孔 |
| ― hopper | 裝料漏斗 | 装入ホッパ | 装料漏斗 |
| ― load | 充電負載 | 充電負荷 | 充电负载 |
| ― machine | 進料機 | 装入機 | 装料机 |
| ― material | 爐料 | 装入物 | 炉料 |
| ― pan | 進料盤 | 装入バケット | 加料盘 |
| ― platform | 裝料台 | 装入台 | 装料台 |
| ― point | 填充點 | 充てん点 | 填充点 |
| ― pressure | 填充壓力 | 充てん圧力 | 填充压力 |
| ― quantity | 裝填〔料〕量 | 装入量 | 装填(料)量 |
| ― rate | 充電率 | 充電率 | 充电率 |
| ― relay | 充電用斷電器 | 充電用継電器 | 充电用断电器 |
| ― station | 充電所 | 充電所 | 充电所 |
| ― up | 加注；充電 | チャージングアップ | 加注；充电 |
| ― valve | 充氣閥 | 充てん閥 | 装料阀 |
| ― voltage | 充電電壓 | チャージング電圧 | 充电电压 |
| **Charles's law** | 查理定律 | シャールの法則 | 查理定律 |
| **Charpy** impact test | 夏氏衝擊試驗 | サャルピー衝撃試験 | 夏氏冲击试验 |
| ― impact tester | 夏氏衝擊試驗機 | シャルピー衝撃試験機 | 夏氏冲击试验机 |
| ― impact value | 夏氏衝擊值 | シャルピー衝撃値 | 夏氏冲击值 |
| **charring** | 炭化；焦化 | ばい焼法 | 炭化；焦化 |
| ― ablator | 炭化燒蝕(性)材料 | 炭化融食性材料 | 炭化烧蚀(性)材料 |
| **chart** | 線圖；圖表 | 図表 | 曲线图；略图 |
| ― diagram | 線圖 | 線図 | 线图 |
| ― recording paper | 記錄紙 | 記録紙 | 记录纸 |
| **charting** | 制圖 | チャーティング | 制图 |
| **chase** | 切螺紋 | 方形の枠 | 切螺纹 |
| **chaser** | 戰鬥機 | 戦闘機 | 战斗机 |
| ― mill | 干式輥碾機 | チェーザミル | 干式辊碾机 |
| **charsing** | 切螺紋；鑄件最後拋光 | 浮彫り | 切螺纹；铸件最後抛光 |
| ― calender | 疊層軋光機 | チェーシングカレンダ | 叠层轧光机 |
| ― dial | 車螺紋指示器 | ねじ切りダイヤル | 螺纹梳刀 |
| **chassis** | 車底盤 | 車台 | 底盘 |
| ― earth | 底盤接地 | シャーシアース | 底盘接地 |
| ― fittings | 底盤零件 | シャーシ付属品 | 底盘零件 |
| ― frame | 底盤；車架 | シャーシフレーム | 底盘；车架 |

168

| 英　文 | 臺　灣 | 日　文 | 大　陸 |
|---|---|---|---|
| — grease | 底盤用潤滑脂 | シャーシグリース | 底盘用润滑脂 |
| — ground | 機殼地 | シャーシ接地 | 机壳地 |
| — lubricator | 底盤注油器 | シャーシルブリケータ | 底盘注油器 |
| — punch | 底板衝孔機 | シャーシポンチ | 底板冲孔机 |
| — reamer | 底盤鉸刀 | シャーシリーマ | 底盘铰刀 |
| **chatter** | 振動；振碎 | チャッタ，チャタ | 振动；振碎 |
| — mark | 震痕 | びびり模様 | 震痕；振纹 |
| **chattering** | 振動；振蕩 | チャタリング | 振动；振荡 |
| **chazellite** | 輝銻鐵礦 | チャゼル石 | 辉锑铁矿 |
| **check** | 校對；阻止 | 検査 | 校对；阻止 |
| — analysis | 檢驗分析 | 照合分析 | 检验分析 |
| — bolt | 防鬆螺栓 | 止めボルト | 销紧螺栓 |
| — course | 防潮層 | 防湿層 | 防潮层 |
| — error | 檢驗誤差 | チェックミス | 检验误差 |
| — gage | 核對規 | 検定ゲージ | 标准量规 |
| — nut | 鎖緊螺母 | 止めナット | 锁紧螺母 |
| — rail | 護軌 | 護輪器 | 护轧 |
| — unit | 檢測裝置 | 検出ユニット | 检测装置 |
| — valve | 止回閥 | 逆止め弁 | 止回阀 |
| **checker** | 檢驗器；檢驗員 | 検査器 | 检验器；检验员 |
| — brick heater | 蓄熱式熱風爐 | 蓄熱式熱風炉 | 蓄热式热风炉 |
| — plate | 網紋（鋼）板 | しま鋼板 | 网纹（钢）板 |
| **checkered** plate | 網紋板 | しま鋼板 | 防滑板 |
| — steel plate | 網紋鋼板 | しま鋼板 | 网纹钢板 |
| **checking** | 校驗；抑制 | 照査 | 校验；抑制 |
| — arm | 校正桿 | 心出しアーム | 校正杆 |
| — flxture | 檢驗夾具 | 検査ジグ | 检验夹具 |
| — machine | 檢驗機 | チェッキングマシン | 检验机 |
| **cheek** | 頰板；中間砂箱 | 両側板 | 滑车外壳；中砂箱 |
| **cheese** antenna | 盒形天線 | チーズ空中線 | 盒形天线 |
| — head bolt | 圓頭螺栓 | 丸頭ボルト | 圆头螺栓 |
| — head screw | 圓頭螺釘 | みぞ付き頭ねじ | 圆头螺钉 |
| **cheleutite** | 砷鉍鈷 | 網状コバルト鉱 | 砷铋钴 |
| **chelicera** | 鉤角 | きょう角 | 钩角 |
| **chemical** actiometer | 化學光量計 | 化学光量計 | 化学光量计 |
| — action | 化學作用 | 化学作用 | 化学作用 |
| — additive | 化學添加劑 | 化学添加剤 | 化学添加剂 |
| — analysis | 化學分析 | 化学分析 | 化学分析 |
| — contouring | 化學造型 | 化学打抜き | 化学造型 |
| — conversion film | 化學處理 | 化成皮膜 | 化学处理 |

**C**

| 英　　文 | 臺　　灣 | 日　　文 | 大　　陸 |
|---|---|---|---|
| — copper plating | 化學鍍銅 | 化学銅めっき | 化学镀铜 |
| — effect | 化學效應 | 化学効果 | 化学效应 |
| — energy | 化學能 | 化学エネルギー | 化学能 |
| — engineer | 化學工程 | 化学技術者 | 化学工程 |
| — engineering | 化學工程 | 化学工学 | 化学工程 |
| — equilibrium | 化學平衡 | 化学平衡 | 化学平衡 |
| — etching | 化學蝕刻 | 化学エッチング | 化学蚀刻 |
| — fiber fabric | 化學纖維織物 | 化学繊維織物 | 化学纤维织物 |
| — film | 化學膜 | 化学皮膜 | 化学膜 |
| — gilding | 化學鍍金 | 化学金めっき | 化学镀金 |
| — gold plating | 化學鍍金 | 化学金めっき | 化学镀金 |
| — industrial equipment | 化學機械 | 化学機械 | 化学机械 |
| — machinery | 化學機械 | 化学機械 | 化学机械 |
| — mechanism | 化學機構 | 化学機構 | 化学机构 |
| — metallurgy | 化學治金學 | 化学や金 | 化学治金学 |
| — microscopy | 化學顯微鏡 | 化学鏡検法 | 化学显微镜 |
| — polishing | 化學拋光 | 化学研磨 | 化学抛光 |
| — pretreatment | 化學預處理 | 化学的前処理 | 化学预处理 |
| — reduction | 化學還原 | 化学還元 | 化学还原 |
| — replacement plating | 化學鍍 | 化学置換めっき | 化学镀 |
| — rocker | 化學燃料火箭 | 化学ロケット | 化学燃料火箭 |
| — spray | 化學噴霧 | 雨下（器） | 化学喷雾 |
| — spray process | 化學噴塗法 | 薬品吹付け法 | 化学喷涂法 |
| — stability | 化學穩定性 | 化学的安定性 | 化学稳定性 |
| — stabilization | 化學穩定 | 化学的安定処理 | 化学稳定 |
| — structure | 化學結構 | 化学構造 | 化学结构 |
| — substance | 化學物盾 | 化学的物質 | 化学物盾 |
| — treating | 化學處理 | 化学処理 | 化学处理 |
| — valence | 化學原價 | 化学原子価 | 化学原价 |
| — works | 化學工廠 | 化学工場 | 化学工厂 |
| — combined water | 化合水 | 化合水 | 化合水 |
| — foamed plastic(s) | 化學發泡塑料 | 化学発泡プラスチック | 化学发泡塑料 |
| — chemical proof | 耐藥品性 | 耐薬品性 | 耐药品性 |
| chemigum | 合成橡膠 | 合成ゴム | 合成橡胶 |
| — chemism | 化學 | 化学機構 | 化学 |
| chemistry | 化學 | 化学 | 化学 |
| chemolysis | 化學分解 | 化学分解 | 化学分解 |
| chemopause | 臭氧層上限 | 化学圏 | 臭氧层上限 |
| chemosphere | 臭氧層 | 化学域 | 臭氧层 |
| chenevixite | 綠砷鐵銅礦 | ケネビ石 | 绿砷铁铜矿 |

| 英　　文 | 臺　　灣 | 日　　文 | 大　　陸 |
|---|---|---|---|
| chequered steel plate | 防滑網紋鋼板 | しま鋼板 | 防滑网纹钢板 |
| cheralite | 磷鈣釷礦 | チェラ石 | 磷钙钍矿 |
| cherokine | 乳白鉛礦 | チェロキ石 | 乳白铅矿 |
| chert | 燧石 | 角岩 | 燧石 |
| chessboard system | 棋盤式 | 碁盤目型 | 棋盘式 |
| chessylite | 藍銅礦 | らん銅鉱 | 蓝铜矿 |
| chest | 櫃；胸膛 | たんす | 箱；胸膛 |
| chevron | 人字紋；鋸齒形花紋 | シェブロン | 人字纹；锯齿形花纹 |
| chian | 瀝青；柏油 | チャン | 沥青；柏油 |
| — turpentine | 松節油 | チャンテレビン | 松节油 |
| — chiastoline | 空晶石 | 空晶石 | 空晶石 |
| chief axis | 主軸 | 主軸 | 主轴 |
| — constituent | 主(要)成分 | 主成分 | 主(要)成分 |
| — ingredient | 主成分 | 主成分 | 主成分 |
| — material | 主要材料 | 主材料 | 主要材料 |
| — raw material | 主要原料 | 主原料 | 主要原料 |
| — truck | 叉式起重車 | フォークリフト | 叉式起重车 |
| childrenite | 磷鋁鐵石 | チルドレン石 | 磷铝铁石 |
| chileite | 砷釩鉛銅礦 | チリー石 | 砷钒铅铜矿 |
| chill | 冷硬型；激冷；冷鐵 | 冷し金 | 金属型；激冷；冷铁 |
| — car | 冷藏車 | 冷蔵車 | 冷藏车 |
| — cast ingot | 金屬模鑄錠 | 急冷鋳塊 | 金属铸锭 |
| — cast pig iron | 金屬模生鐵 | 金型銑 | 金属模铸生铁 |
| — casting | 冷硬鑄件 | 冷硬鋳物 | 冷硬铸件 |
| — coil | 螺旋狀內冷鐵 | チルコイル | 螺旋状内冷铁 |
| — crack | 冷硬裂痕 | チルクラック | (螺)冷裂纹 |
| — depth | 冷硬深度 | チル深さ | 激冷深度 |
| — mold | 冷硬用鑄模 | チル鋳型 | 激冷铸型 |
| — nail | 冷硬釘 | 冷しくぎ | 激冷钉 |
| — plate | 墊板 | チルプレイト | 垫板 |
| — ring | 冷硬環 | 裏当て輪 | 激冷环 |
| — roll | 硬面軋輥 | チルロール | 硬面轧辊 |
| — roll casting | 冷硬軋輥鑄造 | チルロールキャスチング | 冷硬轧辊铸造 |
| — roll extrusion | 冷硬軋輥擠壓 | チルロール式押し出し | 冷硬轧辊挤压 |
| — roll film | 冷硬軋輥表面 | チルロールフィルム | 冷硬轧辊表面 |
| — roll process | 冷硬軋輥法 | チルロール法 | 冷硬轧辊法 |
| — room | 冷卻室 | 冷却室 | 冷却室 |
| — storage | 冷藏室 | 冷蔵室 | 冷藏室 |
| — strip | 〔焊接〕墊板 | 裏当て金 | 〔焊接〕垫板 |
| — test | 冷硬試驗 | チル試験 | 急冷试验 |

| 英　文 | 臺　灣 | 日　文 | 大　陸 |
|---|---|---|---|
| — test piece | 冷硬試片 | チル試験片 | 激冷试样 |
| — time | 間歇時間 | チルタイム | 间歇时间 |
| **chillagite** | 鎢鉬鉛礦 | チラゲ石 | 钨钼铅矿 |
| **chill ball** | 冷鑄鋼球 | チルドボール | 冷铸钢球 |
| — cast iron | 冷硬鑄鐵 | チルド鋳物 | 激冷铸铁 |
| — castings | 冷硬鑄件 | チル鋳物 | 冷硬铸件 |
| — effect | 激冷效應 | 冷硬効果 | 激冷效应 |
| — glass | 鋼化玻璃 | 強化ガラス | 钢化玻璃 |
| — iron roller | 激冷鐵輥〔染色〕 | チルドローラ | 激冷铁辊〔染色〕 |
| — shot | 白口鋼珠 | チルショット | 白口钢珠 |
| — stiff metal | 激冷金屬 | 冷剛金属 | 激冷金属 |
| — water | 冷卻水 | 冷水 | 冷却水 |
| — water system | 冷凍水系統 | 冷水冷房 | 冷冻水系统 |
| — wheel | 冷硬鑄造飛輪 | チルドホイール | 冷硬铸造飞轮 |
| **chillier** | 冷鐵;急冷器 | 冷却器 | 冷却器 |
| — unit | 冷卻裝置 | チラーユニット | 冷却装置 |
| **chilling** | 激冷 | 冷却法 | 激冷 |
| — effect | 冷卻效應 | 寒冷効果 | 冷却效应 |
| — machine | 急冷器 | 冷却機 | 冷却设备 |
| — room | 低溫冷藏庫 | 低温冷蔵庫 | 低温冷藏库 |
| — unit | 冷卻裝置 | チリングユニット | 冷却装置 |
| **chimney** | 煙窗 | 煙突 | 烟窗灯罩 |
| — arch | 爐頂 | 炉きょう | 炉顶 |
| — back | 爐壁 | 炉壁 | 炉壁 |
| — cap | 煙窗罩 | 煙突帽 | 烟窗罩 |
| — cooler | 煙窗式冷卻品 | 煙突型冷却器 | 烟窗式冷却品 |
| — effect | 煙窗效應 | 煙突効果 | 烟窗效应 |
| — flue | 煙道 | 煙道 | 烟道 |
| — stack | 煙囪 | 煙突 | 烟窗 |
| — valve | 通風閥 | チムニバルブ | 通风阀 |
| **china** | 瓷(器) | 磁器 | 瓷(器) |
| — clay | 高嶺土 | 陶土 | 高岭土 |
| **chin-chin hardening** | 完全淬硬 | チンチン焼入れ | 完全淬硬 |
| — bronze | 中國青銅 | チャイニーズブロンズ | 中国青铜 |
| — ink | 墨汁 | すみ | 墨汁 |
| — white | 鋅白 | 亜鉛華〔白〕 | 锌白 |
| **chink** | 縫隙 | すき間 | 缝隙 |
| **chip** | 切角 | 切りくず | 切屑 |
| — breaker | 斷屑器;斷屑槽 | チップブレーカ | 木片破碎机 |
| — bucket | 切屑桶 | チップバケット | 切屑桶 |

172

| 英　　文 | 臺　　灣 | 日　　文 | 大　　陸 |
|---|---|---|---|
| — cleaning | 切屑清除 | 切りくず除去 | 切屑清除 |
| — flow type | 切屑流型 | チップフロータイプ | 切屑流型 |
| — formation | 切屑形成 | ツップフォーメーション | 切屑形成 |
| — ice | 碎冰塊 | チップアイス | 碎冰块 |
| — load | 切屑抗力 | チップロード | 切屑抗力 |
| — packing | 切屑填塞 | 切りくずづまり | 切屑填塞 |
| — resistance | 耐衝擊性 | 耐衝撃性 | 耐冲击性 |
| — room | 排屑槽 | チップルーム | 排屑槽 |
| — space | 容屑空間 | 刃溝 | 排屑槽 |
| — tank | 切屑箱 | チップ貯槽 | 切屑箱 |
| — test | 整平試驗 | 衝撃試験 | 冲击试验 |
| — thickness | 切屑厚度 | 切りくず厚さ | 切屑厚度 |
| — treatmnt | 切屑處理 | 切りくず処理 | 切屑处理 |
| chipped glass | 冰花玻璃 | 結霜ガラス | 冰花玻璃 |
| chipper | 整平機 | チッパ | 整子 |
| chipping | 修整；整平 | 削り取り | 修整；整平；屑 |
| — chisel | 整子 | はつりたがね | 整子 |
| — knife | （鉛工）切刀 | 鉛工ナイフ | 〔鉛工〕切刀 |
| chippings | 碎屑 | 目潰し骨材 | 碎屑 |
| chips | 切削 | 豆砕石 | 切削 |
| — point | 〔鑽頭〕橫刃部 | チゼルポイント | 〔钻头〕横刃部 |
| — steel | 整鋼 | たがね鋼 | 整钢 |
| chiselling | 齒邊整條 | 当り取り | 齿边整条 |
| chloanthite | 砷鎳礦 | ひニッケル鉱 | 砷镍矿 |
| chloraparite | 氯磷灰石 | 塩素りん灰石 | 氯磷灰石 |
| chlorargyite | 氯銀礦 | 角銀鉱 | 氯银矿 |
| chlorarsenian | 砷錳礦 | ひ化マンガン鉱 | 砷锰矿 |
| choleric acid | 氯酸 | 塩素酸 | 氯酸 |
| chloridization | 氯化〔作用〕 | 塩置換 | 氯化〔作用〕 |
| chlorinator | 氯化爐 | 塩化炉 | 氯化炉 |
| chlorine,Cl | 氯 | 塩素 | 氯 |
| — resistance | 耐氯性 | 耐塩素性 | 耐氯性 |
| chlorinity | 氯含量 | 塩素量 | 氯含量 |
| chloroaceton | 氯丙酮 | クロロアセトン | 氯丙酮 |
| chlorophoenicte | 綠砷鋅錳礦 | クロロフェニサイト | 绿砷锌锰矿 |
| chlorophyll | 葉綠素 | 葉緑素 | 叶绿素 |
| chlorophyllan | 葉綠素 | クロロフィラン | 叶绿素 |
| chock | 木棋子 | 支柱 | 轧辊轴承座 |
| — liner | 調整墊片 | 調整ライナ | 调整垫片 |
| choice | 選擇 | 選択 | 选择 |

| 英　　文 | 臺　　灣 | 日　　文 | 大　　陸 |
|---|---|---|---|
| — theory | 選擇理論 | 選択理論 | 选择理论 |
| **choke** | 阻氣;阻流;閘口 | 抑制 | 节流 |
| — plug | 塞頭 | 絞りプラグ | 塞头 |
| — ring | 阻塞環 | 閉そく環 | 阻塞环 |
| — valve | 阻氣閥 | 空気弁 | 阻风门 |
| **choker** | 阻風門 | チョーカ | 阻塞物 |
| — check valve | 止回閥 | チョーカチェックバルブ | 止回阀 |
| — ring | 節流環 | チョーカリング | 节流环 |
| **choking** | 阻氣;阻流 | 閉そく | 阻塞 |
| — plug | 制動栓 | 制動栓 | 制动栓 |
| **chondrostibian** | 粒銻錳礦 | 粒安鉱 | 粒锑锰矿 |
| **choot** | 斜槽 | 流しとい | 斜槽 |
| **chop** | 鉗口 | チョップ | 钳口 |
| **chord** | 弦;弦材 | 弦 | 弦；弦材 |
| — angle | 弦角 | 弦角 | 弦角 |
| — deflection | 弦偏距 | 弦偏距 | 弦偏距 |
| **chordal pitch** | 法節 | 弦ピッチ | 直线节距 |
| — thickness process | 弦線齒厚測量法 | 弦歯厚法 | 固定弦齿厚测量法 |
| **chroloy nine** | 克羅洛伊不鏽鋼 | クロロイ9 | 克罗洛伊不锈钢 |
| **Chromatin** | 克羅馬丁電阻合金 | クロマニン | 克罗马丁电阻合金 |
| **chromate** | 鉻酸鹽 | クロム酸塩 | 铬酸盐 |
| — cell | 鉻酸鹽電池 | クロム酸電池 | 铬酸盐电池 |
| — filming | 鉻酸鹽處理 | クロメート処理 | 铬酸盐处理 |
| — process | 重鉻酸處理 | 重クロム酸処理 | 重铬酸处理 |
| — treatment | 鉻酸鹽處理 | クロム酸処理 | 铬酸盐处理 |
| — color | 彩色 | 有彩色 | 彩色 |
| — fibrils | 染色纖維 | 染色繊維 | 染色纤维 |
| **chromatically** | 色度 | 色度 | 色度 |
| **Chromax** | 鎳鉻耐熱合金 | クロマックス | 镍铬耐热合金 |
| **chrome,Cr** | 鉻 | クロム | 铬 |
| — acid cell | 鉻酸鹽電池 | クロム酸電池 | 铬酸盐电池 |
| — alum | 鉻明礬 | クロムみょうばん | 铬明矾 |
| — amalgam | 鉻汞合金 | クロムアマルガム | 铬汞合金 |
| — base refractorise | 鉻基耐火材料 | クロム質耐火物 | 铬基耐火材 |
| — bath | 鉻浴 | クロム浴 | 铬浴 |
| — black | 鉻黑 | クロムブラック | 铬黑 |
| — copper | 鉻銅 | クロム銅 | 铬铜 |
| — facing | 鍍鉻 | クロムめっき | 镀铬 |
| — flashing | 薄層鍍鉻 | クロムフラッシュ | 薄层镀铬 |
| — leather | 鉻革 | クロム革 | 铬革 |

| 英　　文 | 臺　　灣 | 日　　文 | 大　　陸 |
|---|---|---|---|
| — magnesia brick | 鉻鎂磚 | クロマグれんが | 铬镁砖 |
| — magnetite brick | 鉻鎂磚 | クロマグれんが | 铬镁砖 |
| — manganese steel | 鉻錳銅 | マンガンクロム鋼 | 铬锰铜 |
| — mask | 鉻掩模 | クロムマスク | 铬掩模 |
| — mica | 鉻雲母 | クロム雲母 | 铬云母 |
| — nickel | 鉻鎳合金 | ニクロム | 铬镍合金 |
| — nontronite | 鉻綠脫石 | クロムノントロ石 | 铬绿脱石 |
| — ochre | 鉻華 | クロム華 | 铬华 |
| — orange | 鉻橙 | 黄口黄鉛 | 铬橙 |
| — ore | 鉻礦石 | クロム鉱石 | 铬矿石 |
| — oxide | 氧化鉻 | 酸化クロム | 氧化铬 |
| — permalloy | 鉻透磁合金 | クロムパーマロイ | 铬透磁合金 |
| — pigment | 鉻顏料 | クロム顔料 | 铬颜料 |
| — plate | 鉻板 | クロムプレート | 铬板 |
| — plated mold | 鍍鉻模具 | クロムめっき金型 | 镀铬模具 |
| — plated surface | 鍍鉻面 | クロムめっき面 | 镀铬面 |
| — plating | 鍍鉻 | クロムめっき | 镀铬 |
| — refectories | 鉻耐火材料 | クロム質耐火物 | 铬耐火材料 |
| — spinel | 鎂鉻尖晶石 | クロムスピネル | 镁铬尖晶石 |
| — steel plate | 鉻鋼板 | クロム鋼板 | 铬钢板 |
| — vanadium steel | 鉻釩鋼 | クロバナスチール | 铬钒钢 |
| — yellow | 鉻黄 | 黄鉛 | 铬黄 |
| — yellow pigment | 鉻黄顏料 | クロムイエロー顔料 | 铬黄颜料 |
| **chromel** | 客絡美 | クロノル | 克罗麦尔〔铬镍〕合金 |
| — alloy | 鉻鎳合金 | クロメル合金 | 铬镍合金 |
| — alumel couple | 鉻鎳-鋁鎳熱電偶 | クロメルアルメル熱電対 | 铬镍-铝镍热电偶 |
| — alumel thermocouple | 鉻鎳-康銅合金 | CA 熱電対 | 铬镍-康铜合金 |
| — gold thermocouple | 鉻鎳-金熱電偶 | クロメル金熱電対 | 铬镍-金热电偶 |
| **chromet** | 鋁硅合金 | クロメット | 铝硅合金 |
| **chromic** acid | 鉻酸 | クロム酸 | 铬酸 |
| — acid alumite | 鉻酸防蝕鋁 | クロム酸アルマイト | 铬酸防蚀铝 |
| — acid treated steel shee | 鉻酸處理鋼板 | クロム酸処理鋼板 | 铬酸处理钢板 |
| — iron | 鉻鐵礦 | クロム鉄鉱 | 铬铁矿 |
| — oxide | 氧化鉻 | 酸化第二クロム | 氧化铬 |
| — potassium alum | 釩鉻鉀 | クロム明ばん | 钒铬钾 |
| **chromicyanide** | 鉻氰基 | クロミシアン化物 | 铬氰基 |
| **chromate** | 鉻鐵礦 | 亜クロム酸塩 | 铬铁矿 |
| — brick | 鉻磚 | クロマイトれんが | 铬砖 |
| **chromium,Cr** | 鉻 | クロム，クロミューム | 铬 |
| — carbide | 碳化鉻 | 炭化クロム | 碳化铬 |

175

| 英　　文 | 臺　　灣 | 日　　文 | 大　　陸 |
|---|---|---|---|
| ― chloride | 氯化鉻 | 塩化クロム | 氯化铬 |
| ― diffusion coating | 擴散滲鉻 | クロム拡散被覆 | 扩散渗铬 |
| ― diffusion plating | 擴散鍍鉻 | クロム拡散めっき | 扩散镀铬 |
| ― dihalide | 二齒化鉻 | 二ハロゲン化クロム | 二齿化铬 |
| ― dioxide | 二氧化鉻 | 二酸化クロム | 二氧化铬 |
| ― equivalent | 鉻雪量 | クロム当量 | 铬雪量 |
| ― fluoride | 氟化鉻 | ふっ化クロム | 氟化铬 |
| ― ion | 鉻離子 | クロムイオン | 铬离子 |
| ― oxychlotide | 鉻鎳鋼 | オキシ塩化クロム | 铬镍钢 |
| ― plated steel | 氧氯化鉻 | クロムめっき鋼板 | 氧氯化铬 |
| ― sulfate | 硫化鉻 | 硫酸クロム | 硫化铬 |
| ― titanide | 鈦化鉻 | チタン化クロム | 钛化铬 |
| chromizing | 鉻化處理；滲鉻 | クロマイジング | 铬化处理；渗铬 |
| chromogen | 色原；鉻精 | 色原体 | 色原；铬精 |
| chromogene | 鉻精；染色体基因 | 色原体 | 铬精；染色体基因 |
| chromohercynite | 鉻鐵尖晶石 | クロム鉄せん晶石 | 铬铁尖晶石 |
| chromone | 色酮 | クロモン | 色酮 |
| chromoplast | 有色體 | 有色体 | 有色体 |
| chromous acid | 亞鉻酸 | 亜クロム酸 | 亚铬酸 |
| chuck | 〔電磁〕吸盤 | つかみ | 〔电磁〕吸盘 |
| ― arbor | 夾具（頭）柄 | チャックアーバ | 夹具（头）柄 |
| ― capacity | 夾緊能力 | チャックキャパシティ | 夹紧能力 |
| ― clamp | 卡盤夾頭 | ツャッククランプ | 卡盘夹头 |
| ― jaw | 卡爪 | チャックジョー | 卡爪 |
| ― wrench | 卡盤扳手 | チャック回し | 卡盘扳手 |
| chucking | 夾緊 | ツャッキング | 夹紧 |
| ― reamer | 夾定鉸刀 | チャックリーマ | 机用铰刀 |
| ― tool | 夾頭；夾具 | チャッキングツール | 夹头；夹具 |
| chugging | 不穩定燃燒 | 断続燃焼 | 不稳定燃烧 |
| chumk | 厚塊；大量 | チャンク | 厚块；大量 |
| ― glass | 碎玻璃 | チャンクガラス | 碎玻璃 |
| churn | 攪動機 | かく乳機 | 搅拌器 |
| ― drill | 繩鑽 | チャーンドリル | 钻石机 |
| churning | 攪動 | チャーニング | 涡流；搅拌 |
| chute | 滑槽 | 落とし | 斜槽；滑道 |
| ― feed | 滑槽送料裝置 | シュート式移送装置 | 滑槽送料装置 |
| ― feeder | 斜槽送料裝置 | シュートフィーダ | 斜槽送料装置 |
| clgar lighter | 火星塞 | シガーライタ | 火星塞 |
| cilia | 織毛 | 繊毛 | 织毛 |
| cincture | 環形裝飾 | 縁輪 | 环形装饰 |

| 英　　文 | 臺　　灣 | 日　　文 | 大　　陸 |
|---|---|---|---|
| **Cindal** | 鋅德爾鋁基合金 | シンダール | 锌德尔铝基合金 |
| **cinder** | 爐渣 | 燃えかす | （溶）渣 |
| — bed | 煤床 | スラグ床 | 渣床 |
| — block | 爐渣磚 | 鉱さいれんが | 炉渣砖 |
| — pig iron | 含渣生鐵 | 含さい銑鉄 | 含渣生铁 |
| — tub | 槽；箱；渣車 | スラグ台車 | 槽；箱；渣车 |
| **cinecamera** | 電影攝影機 | 摂影機 | 电影摄影机 |
| **cinema** | 電影 | 映画館 | 电影 |
| — scream | 銀幕 | 映写幕 | 银幕 |
| **cine-projector** | 放映機 | 映写機 | 放映机 |
| **cineration** | 鍛灰法 | 灰化法 | 锻灰法 |
| **cipher** | 密碼 | 暗号 | 密码 |
| — machine | 密碼機 | 暗号機 | 密码机 |
| **circle** | 圓 | 円 | 循环；周期 |
| — diagram | 圓形圖表 | 円線図 | 圆形图表 |
| — of reference | 基圓 | 基準円 | 基圆 |
| — of revolution | 旋轉圓周 | 周回円 | 旋转圆周 |
| — of rupture | 破裂圓 | 破壊円 | 破裂圆 |
| — of stress | 應力圓 | 応力円 | 应力圆 |
| — shear | 圓盤式剪切機 | サークルシヤー | 圆盘式剪切机 |
| — trowel | 圓鏝刀 | 丸こて | 圆镘刀 |
| **circlip** | 〔開口〕扣環 | 弾性止め座金 | 〔开口〕簧环 |
| **circuit** | 迴路；電路 | 循環路 | 循环路；线路 |
| — change valve | 換向閥 | 回路変更弁 | 换向阀 |
| — drill | 電鑽 | サーキットドリル | 电钻 |
| — opening contact | 斷路接點 | 回路用接点 | 断路接点 |
| **circuitay** | 回路圖 | 回路図 | 回路图 |
| **circular** | 回轉工作台 | 回転テーブル | 回转工作台 |
| — arc | 圓弧 | 円弧 | 圆弧 |
| — arc airfoil | 圓弧翼型 | 円弧翼 | 圆弧翼型 |
| — arc analysis | 圓弧〔分析〕法 | 円弧法 | 圆弧〔分析〕法 |
| — arc blade | 圓弧翼型 | 円弧翼 | 圆弧翼型 |
| — bending | 圓彎曲 | 一様曲げ | 圆弯曲 |
| — bite | 圓形成形車刀 | サーキュラバイト | 圆形成形车刀 |
| — block | 圓形滑塊 | 円形ブロック | 圆形滑块 |
| — butt welding | 圓周對接焊 | 円周突合せ溶接 | 圆周对接焊 |
| — cap | 圓蓋 | 丸ふた | 圆盖 |
| chaser | 圓形螺紋硫刀 | サーキュラチェーザ | 圆形螺纹硫刀 |
| — coil | 圓形線圈 | 円形コイル | 圆形线圈 |
| — column | 圓柱 | 丸コラム | 圆柱 |

| 英　　文 | 臺　　灣 | 日　　文 | 大　　陸 |
|---|---|---|---|
| — cone | 圓錐 | 円すい | 圓錐 |
| — curve rule | 圓弧尺 | 円弧定規 | 圓弧尺 |
| — cutter holder | 回轉刀架 | サーキュラカッタホルダ | 回转刀架 |
| — cylinder | 圓柱 | 円柱 | 圓柱 |
| — cylindrical coordinates | 圓柱座標 | 円柱座標 | 圓柱坐标 |
| — deflection | 圓偏轉 | 円偏向 | 圓偏转 |
| — degree | 圓度 | 円度 | 圓度 |
| — die | 圓形模具 | 円弧ダイス | 圓形模具 |
| — die stock | 圓板牙架 | ダイス回し | 圓板牙架 |
| — disc | 圓盤 | 円板 | 圓盘 |
| — disc cam | 圓盤凸輪 | 円板カム | 圓盘凸轮 |
| — dividing machine | 圓周分度機 | 度盛機械 | 圓刻(分)度机 |
| — dividing table | (圓)分度台 | 割出し円テーブル | (圓)分度台 |
| — domain | 圓形域 | 円領域 | 圓形域 |
| — drip tyay | 圓形托盤 | 丸形受け皿 | 圓形托盘 |
| — drum | 圓形滾筒 | 円形ドラム | 圓形滚筒 |
| — field | 環形磁場 | 円磁界 | 环形磁场 |
| — flage | 圓法蘭盤 | 円形フランジ | 圓法兰盘 |
| — gas burner | 環形燃燒室 | 輪状バーナ | 环形燃烧室 |
| — gear | 圓弧齒輪 | 円弧歯車 | 圓弧齿轮 |
| — group | 圓群 | 円群 | 圓群 |
| — hole | 圓孔 | 丸穴 | 圓孔 |
| — index | 圓分度頭 | サーキュラインデックス | 圓分度头 |
| — knife | 圓盤刀 | 丸刃 | 圓盘刀 |
| — lip | 圓法蘭 | 円周フランジ | 圓法兰 |
| — list | 環形邊條 | 円形リスト | 环形边条 |
| — loom | 圓形織機 | 円形織機 | 环状织机 |
| — magnetic wave | 環形磁波 | 円形磁気的横波 | 环形磁波 |
| — measure | 弧度法 | 弧度 | 弧度 |
| — milling | 圓銑 | 回しフライス削り | 圓铣 |
| — module | 端面模數 | サーキュラモジュール | 端面模数 |
| — nut | 圓螺帽 | 丸ナット | 圓螺母 |
| — orbit | 圓形軌道 | 円軌道 | 圓形轨道 |
| — orifice | 圓形管孔 | 円形オリフィス | 圓形管孔 |
| — pipe | 圓管 | 円管 | 圓管 |
| — plane | 圓刨 | 丸かんな | 圓刨 |
| — plate | 圓盤 | 円板 | 圓盘 |
| — plate loading test | 圓形載荷試驗 | 円形平板載荷試験 | 圓形载荷试验 |
| — ring | 環：圓環 | 円環 | 环; 圓环 |
| — ruler | 圓規 | 円弧定規 | 圓規 |

| 英　　文 | 臺　　灣 | 日　　文 | 大　　陸 |
|---|---|---|---|
| — saw | 圓盤鋸 | 丸のこ | 圆盘锯 |
| — saw hench | 圓鋸台 | テーブル丸のこ盤 | 圆锯台 |
| — saw blad | 圓鋸片 | 丸のこ刃 | 圆锯片 |
| — saw machine | 圓鋸機 | 丸のこ盤 | 圆锯机 |
| — saw sharpener | 圓鋸刃磨機 | 丸のこ目立て盤 | 圆锯刃磨机 |
| — sawing machine | 圓盤鋸 | 金切り丸のこ盤 | 圆盘锯 |
| — sawm welding | 環縫對接焊 | 円周シーム溶接 | 环缝对接焊 |
| — section | 圓弧形載面 | 円形断面 | 圆弧形载面 |
| — spur sheel work | 圓齒輪加工 | 円形歯車工作 | 圆齿轮加工 |
| — stairs | 旋轉樓梯 | 円形回り階段 | 旋转楼梯 |
| — stretching machine | 環形引伸機 | 円形幅出し機 | 环形拉伸机 |
| — table | 圓盤工作台 | 円テーブル | 圆盘工作台 |
| — thickness | 弧線齒厚 | 円周歯厚 | 弧齿厚 |
| — tool | 圓弧刀具 | 円弧刀具 | 圆弧刀具 |
| — tooth thickness | 圓弧齒厚 | 歯厚 | 圆弧齿厚 |
| — vibration | 圓振動 | 円振動 | 圆振动 |
| — washer | 圓墊圈 | 丸座金 | 圆垫圈 |
| circularity | 真圓度 | 丸さ | 真圆度 |
| circulating | 循環 | サーキュレーティング | 循环 |
| — device | 循環裝置 | 循環装置 | 循环装置 |
| — heat | 循環熱 | 循環熱 | 循环热 |
| — hot air oven | 熱風循環爐 | 熱風循環炉 | 热风循环炉 |
| — load | 循環荷重 | 循環負荷 | 循环荷重 |
| — water temperature | 循環水溫度 | 冷却水温度 | 循环水温度 |
| circulation | 循環；環流 | 循環 | 循环; 旋度 |
| — loop | 循環回路 | 循環ループ | 循环回路 |
| — oven | 循環加熱爐 | 循環期 | 循环加热炉 |
| circumcenter | 外接圓心 | 外心 | 外接圆心 |
| circumcircle | 外接圓 | 外接円 | 外接圆 |
| circumference | 圓周 | 円周 | 圆周 |
| — pitch | 圓節 | 周ピッチ | 圆节 |
| — speed | 圓周速率；切向速率 | 周速度 | 圆周速率; 切向速率 |
| — strain | 環向應變 | 円周ひずみ | 环向应变 |
| — strength | 圓周方向強度 | 円周方向強さ | 圆周方向强度 |
| — stress | 圓周應力 | 周方向応力 | 圆周应力 |
| — varying pitch | 周向變螺距 | 円周方向変動ピッチ | 周向变螺距 |
| — velocity | 切向速度；圓周速度 | 周速度 | 切向速度; 圆周速度 |
| — weld | 環縫焊接 | 円周溶接 | 坏缝焊接 |
| circumscribed circle | 外接圓 | 外接円 | 外接圆 |
| circumscription | 限界；區域 | サーカムスクリプション | 限界；区域 |

| 英　文 | 臺　灣 | 日　文 | 大　陸 |
|---|---|---|---|
| **circumstance** | 環境；事件 | サーカムスタンス | 环境；事件 |
| **cissing** | 凹陷；收縮 | はじき | 凹陷；收缩 |
| **cistern** | 箱 | 洗浄タンク | 水槽；水塔 |
| — valve | 止水閥 | システーンバルブ | 止水阀 |
| **clack valve** | 翼門止回閥 | 羽打ち弁 | 瓣阀 |
| **clad** | 金屬包層；覆蓋 | 金属を張り合わせた | 金属包层；覆盖 |
| — aluminum | 復合鋁板 | クラッドアルミニウム | 复合铝板 |
| — fiber | 敷層〔光學〕纖維 | クラッドファイバ | 敷层〔光学〕纤维 |
| — material | 包覆材料 | クラッド材 | 包覆材料 |
| — metal | 被覆金屬 | クラッド金属 | 复合金属 |
| — plate | 被覆板 | 金属合わせ板 | 复合板 |
| — sheet | 雙金屬〔復合〕板 | 合わせ板 | 双金属〔复合〕板 |
| — steel | 護面鋼板 | クラッド鋼 | 复合钢板 |
| — steel plate | 復合鋼板 | クラッド鋼板 | 复合钢板 |
| **cladder metals** | 粘結金屬 | はり合わせ金属 | 粘结金属 |
| **cladding** | 護面層法 | 被覆 | 覆盖；表面处理 |
| — failure | 被覆破損 | 被覆破壊 | 被覆破损 |
| — material | 被覆材 | きせ金作業 | 被覆材 |
| — metal | 被覆金屬 | 合わせ材 | 复合金属 |
| **clamp** | 夾板；鉗 | 締付け金具 | 箱夹；钳 |
| — action | 鉗位作用 | クランプ作用 | 钳位作用 |
| — apparatus | 夾緊裝置 | クランプ装置 | 夹紧装置 |
| — bite | 機械固定式刀片 | クランプバイト | 机械固定式刀片 |
| — bolt | 夾緊螺栓 | つかみボルト | 夹紧螺栓 |
| — bracket | 夾緊托架 | クランプブラケット | 夹紧托架 |
| — capacity | 夾緊力 | 締付け力 | 夹紧力 |
| — connection | 連接 | かすがい連結 | 连接 |
| — face | 安裝面；固定面 | 取付け面 | 安装面；固定面 |
| — force | 合模力 | 型締め力 | 合模力 |
| — handle | 鎖緊手柄 | クランプハンドル | 锁紧手柄 |
| — holder | 夾持器 | クランプホルダ | 夹持器 |
| — iron | 壓板 | クランプアイアン | 压板 |
| — lead | 夾線 | クランプリード | 夹线 |
| — lever | 夾緊桿 | クランプレバー | 夹紧把手 |
| — load | 夾緊載荷 | 締付け荷重 | 夹紧载荷 |
| — nail | 暗釘 | かくれくぎ | 暗钉 |
| — nut | 緊固螺母 | クランプナット | 紧固螺母 |
| — pad | 固緊墊圈 | クランプ受け | 固紧垫圈 |
| — platen | 夾板；壓板 | 固定板 | 夹板；压板 |
| — ring cam | 夾緊圈凸輪 | クランプリングカム | 锁紧圈凸轮 |

| 英　　文 | 臺　　灣 | 日　　文 | 大　　陸 |
|---|---|---|---|
| — screen | 夾緊閥 | クランプ網 | 夹紧阀 |
| — screw | 緊夾螺釘 | 締付けねじ | 紧固螺钉 |
| — stroke | 合模行程 | 型締め行程 | 合模行程 |
| — terminal | 鉗形接頭 | クランプ形端子 | 钳形接头 |
| — torque | 緊固扭矩 | 締付けトルク | 紧固扭矩 |
| **clamped** beam | 緊固梁 | 固定ばり | 紧固梁 |
| — edge | 夾緊端 | 固定辺 | 夹紧端 |
| — milling cutter | 夾固銑刀 | クランプフライス | 夹固铣刀 |
| — mold | 合接的鑄模 | 締め型 | 合（型）接的铸型 |
| — tool | 夾固刀具 | クランプ工具 | 夹固刀具 |
| **clamping** | 夾緊 | 締付け | 钳紧 |
| — apparatus | 夾具；緊固裝置 | 締め具 | 夹具；紧固装置 |
| — bolt | 緊固螺栓 | 締付けボルト | 紧固螺栓 |
| — cap | 緊固帽 | 固定用押え金 | 紧固帽 |
| — die | 固定用模 | 取付け型 | 固定用模 |
| — fixture | 夾具；夾緊裝置 | 取付け具 | 夹具；夹紧装置 |
| — force | 夾緊力；合模壓力 | 締付け力 | 夹紧力；合模压力 |
| — frump | 夾鉗；定位 | 締付け枠 | 夹钳；定位 |
| — jaw | 夾鉗；抓頭 | つかみ具 | 夹钳；抓头 |
| — lever | 夾緊手柄 | 締付けレバー | 夹紧手柄 |
| — mechanism | 夾緊機構 | 型締め機構 | 夹紧机构 |
| — nut | 緊固螺母 | 締めナット | 紧固螺母 |
| — plane | 固定平面 | つかみ面 | 固定平面 |
| — plate | 固定板 | 固定板 | 固定板 |
| — platen | 壓模板 | 固定板 | 压模板 |
| — pleasure | 合模壓力 | 型締め圧（力） | 合模（型）压力 |
| — ring | 夾緊環 | 締付け環 | 夹紧（环） |
| — screw | 夾緊螺釘 | 締付げねじ | 夹紧螺钉 |
| — speed | 合模速度 | 型締め速度 | 合模（型）速度 |
| — system | 合模方式 | 型締め方式 | 合模（型）方式 |
| — table | 工作台 | 加工テーブル | 工作台 |
| — time | 夾緊時間 | 圧締め時間 | 夹紧时间 |
| — tonnage | 合模（型）頓數 | 型締めトン数 | 合模（型）顿敉 |
| — washer | 夾緊墊圈 | 止め座金 | 夹紧垫圈 |
| — yokes | 緊固件 | 締付け具 | 紧固件 |
| **clamp-off** | 壓痕；壓入 | 押しみ | 压痕；压入 |
| **clap** | 振動 | クラップ | 振动；择动 |
| — valve | 蝶形閥 | ちょう形弁 | 瓣阀 |
| **clapper** | 擺動刀架 | クラッパ | 摆动刀架 |
| — block | 拍板塊 | クラッパブロック | 抬刀装置 |

| 英　　文 | 臺　　灣 | 日　　文 | 大　　陸 |
|---|---|---|---|
| ─ pin | 擇動刀架軸銷 | クラッパピン | 择动刀架轴销 |
| ─ valve | 止回閥 | クラッパバルブ | 止回阀 |
| **clarion** | 亮煤；硫砷銅礦 | クラレーン | 亮煤；硫砷铜矿 |
| **clarificant** | 淨化劑 | 浄化剤 | 净化剂 |
| **clarification** | 淨化 | 浄化 | 净化；澄清 |
| ─ basin | 淨化池 | 浄化池 | 净化池 |
| ─ plant | 淨化設備 | 浄化設備 | 净化设备 |
| ─ tank | 淨化槽 | 浄化槽 | 净化槽 |
| **clarifying agent** | 澄清劑 | 清澄剤 | 澄清剂 |
| ─ efficiency | 淨化效率 | 浄化能率 | 净化效率 |
| ─ tank | 淨化池 | 浄水タンク | 净化池 |
| **clarite** | 硫砷銅礦 | クララ石 | 硫砷铜矿；亮煤 |
| **clarity** | 透明度 | 透明 | 透明度 |
| **clasp** | 夾子；鈎子 | 締め金 | 夹子；钩子 |
| **class** | 族；級；組 | 類 | 族；级；组 |
| ─ hard-ness | 等級硬度 | クラス硬さ | 等级硬度 |
| ─ of fit | 配合品級 | はめ合い区分 | 配合累别 |
| ─ of insulation | 絕緣階線 | 絶縁階級 | 绝缘阶线 |
| **classical analysis** | 古典解所學 | 古典解析学 | 古典解所学 |
| ─ diffusion | 古典擴散 | 古典拡散 | 古典扩散 |
| **claw** | 爪 | つめ | 卡爪 |
| ─ clutch | 爪形離合器 | かみ合いクラッチ | 爪形离合器 |
| ─ couping | 爪形聯接器 | かみ合い継手 | 爪形联接器 |
| ─ crane | 爪式起重機 | クロークレーン | 爪式起重机 |
| ─ hammer | 拔釘鎚 | くぎ抜きハンマ | 拔钉锤 |
| ─ magnet | 耙式電磁石 | くま手磁石 | 爪形磁铁 |
| ─ washer | 有爪圈 | つめ付き座金 | 爪形垫片 |
| ─ wrench | 鈎型扳手 | つめねじ回し | 钩型扳手 |
| **clay** | 粘土 | 粘土 | 粘土 |
| ─ cutting machine | 碎土機 | 粘土切取り機 | 碎土机 |
| ─ digger | 挖土機 | 粘土掘削機 | 挖土机 |
| ─ model | 泥塑模型 | クレイモデル | 泥塑模型 |
| ─ plate | 素燒板 | 素焼板 | 素烧板 |
| ─ slate | 粘土板 | 粘板岩 | 粘土板 |
| **cleanability** | 淨化性 | 清浄性 | 净化性 |
| **cleaning** | 精選；清洗 | 掃除 | 精选；清洗 |
| ─ drum | 淨化滾筒 | 清浄ドラム | 净化滚筒 |
| ─ table | 鑄件清理轉台 | クリーニングテーブル | 〔铸件〕清理〔转〕台 |
| **clean-up** | 淨化；精煉 | クリーンアップ | 净化；精炼 |
| **clearance** | 間隙；游隙 | 間げき | 间隙；游隙 |

| 英　　文 | 臺　　灣 | 日　　文 | 大　　陸 |
|---|---|---|---|
| — adjuster | 間隙調整(節)器 | すきま調整器 | 间隙调整(节)器 |
| — and play | 游隙 | すき間と遊び | 间隙与游隙 |
| — angle | 逃角 | 逃げ角 | 逃角 |
| — check | 餘隙檢驗 | クリアランスチェック | 间隙检验 |
| — diagram | 界限圖 | 建築限界図 | 界限图 |
| — fit | 間隙配合 | 透き間ばめ | 间隙配合 |
| — for insulation | 絕緣間隙 | 絶縁間げき | 绝缘间隙 |
| — gage | 測隙規 | 通過限界 | 塞尺；间隙规 |
| — hole | 穿道 | 切りくず穴 | 出砂孔〔铸件的〕；排屑孔 |
| — loss | 餘隙損失 | 透き間損失 | 间隙损失 |
| clearator | 淨化裝置 | クリアレータ | 净化装置 |
| clearing point | 透明度 | 透明点 | 透明度 |
| clearness | 清晰度 | 透明度 | 清晰度 |
| clearstory | 天窗 | 高窓 | 天窗 |
| cleavage | 分割；裂開 | 分割 | 分割；裂开 |
| — fracture | 劈裂破壞 | 分離破壊 | 劈裂破坏 |
| — strength | 劈開強度 | 割裂強度 | 〔木材的〕劈裂强度 |
| cleave saw | 劈開鋸 | へき開のこ | 劈开锯 |
| cleft | 裂紋；裂縫 | 割れ目 | 裂纹；裂缝 |
| cellophane | 純閃鋅礦 | 純せん亜鉛鉱 | 纯闪锌矿 |
| clerestorey | 天窗 | 高窓 | 天窗 |
| cleaves | 彈簧鉤 | Uリンク | 弹簧钩 |
| — bolt | 插鎖螺栓 | ピンボルト | 插锁螺栓 |
| — end turn buckle | U形端〔鬆緊〕 | クレビスアイ | U形端〔松紧〕 |
| — eye | U形鉤眼圈 | クレビスアイ | U形钩眼圈 |
| — link | U形連桿 | クレビスリンク | U连杆 |
| — pin | U形夾銷 | 継手ピン | U形夹销 |
| click | 掣子；定位銷 | つめ止め装置 | 掣子；定位销 |
| clicker die | 落料模 | （打）抜き型 | 落料模；思穿模 |
| — press | 下料壓床 | 打抜きプレス | 下料压床 |
| cliftonite | 方晶石墨 | クリフトン石 | 方晶石墨 |
| — boundary | 氣候 | 気候限界 | 气候 |
| climatic cabinet | 試驗室 | 耐候試験室 | 候试验室 |
| climax | 鎳鋼 | 極相 | 高潮；高阻镍钢 |
| — alloy | 鐵鎳整磁合金 | クライマックス合金 | 铁镍整磁合金 |
| climb | 升高 | 上昇 | 上升；爬高 |
| — cut | 順銑法 | クライム歯切り法 | 〔沿螺纹〕上升磨削法 |
| — hobbling | 滾削滾；同削滾削 | クライム歯切り法 | 顺向滚削；同向滚削 |
| — milling | 順銑 | 下向き削り | 顺铣 |
| climbing | 升高 | 上昇 | 上升；爬高 |

| 英　　文 | 臺　　灣 | 日　　文 | 大　　陸 |
|---|---|---|---|
| ─ ability | 爬坡能力 | 登坂能力 | 爬坡能力 |
| ─ angle | 上升角 | 上昇角 | 上升角 |
| ─ crane | 爬升式起重機 | クライミングクレーン | 爬升式起重机 |
| ─ pole | 吊桿 | 釣棒 | 吊杆 |
| ─ rope | 吊繩 | 釣繩 | 吊绳 |
| ─ speed | 上升速度 | 上昇速度 | 上升速度 |
| clincher bolt | 緊箍 | クリンチボルト | 弯头螺栓 |
| chincher rim | 緊箍式胎環 | 引掛けリム | 嵌入式轮钢辋 |
| ─ tire | 鋼絲輪胎 | クリンチャタイヤ | 钢丝轮胎 |
| clinker | 煤渣 | 焼塊 | 熔渣 |
| ─ bed | 熔結塊層 | クリンカ床 | 熔结块层 |
| clinkering contraction | 燒結收縮 | 焼結縮み | 烧结收缩 |
| ─ crack | 燒結裂紋 | 焼結割れ | 烧结裂纹 |
| ─ expansion | 燒結膨脹 | 焼結脹み | 烧结膨胀 |
| ─ strain | 燒結變形 | 焼結ひずみ | 烧结变形 |
| clinking | 〔鑄件〕裂紋 | クリンキング | 〔铸件〕裂纹 |
| clino-axis | 斜軸 | 斜軸 | 斜轴 |
| clinoferrosilite | 斜鐵輝石 | 斜鉄けい石 | 斜铁辉石 |
| clinographic projection | 斜射投影法 | 斜面投影法 | 斜射投影法 |
| clinohedrit | 斜晶石 | 斜晶石 | 斜晶石 |
| clip | 夾子；壓板 | 書類挟み | 夹子；压板 |
| ─ bolt | 夾緊螺栓 | 菊座ボルト | 夹紧螺母 |
| ─ chain | 箍鏈 | クリップチェーン | 箍链 |
| ─ connection | 夾子連接 | クリップ固着 | 夹子连接 |
| ─ hook | 夾箍鉤 | クリップフック | 抓钩 |
| ─ nut | 夾緊螺母 | クリップナット | 夹紧螺母 |
| ─ plate | 墊圈；墊板 | 座金 | 垫圈；垫板 |
| ─ ring | 鎖緊環 | クリップリング | 锁紧环 |
| clipper | 剪 | 切りとり器 | 限幅器 |
| clipping | 剪取；削波 | 切抜き | 剪取；削波 |
| clipps | 接線柱 | クリップ | 接线柱 |
| clocking device | 計時裝置 | 時計裝置 | 计时装置 |
| clockwise arc | 順時針圓弧 | 時計式弧 | 顺时针圆弧 |
| clog | 阻塞；堵塞 | 詰まり | 阻塞；堵塞 |
| cloistered arch | 拱頂 | あずまやきゅうりゅう | 拱顶 |
| close | 結束；開關 | 囲い地 | 结束；开关 |
| ─ adjustment | 精密修正 | 精密修正 | 精密修正 |
| ─ circuit | 閉合電路 | 閉路 | 闭合电路 |
| ─ contact adhesive | 緊密接觸型粘合劑 | 密着型接着剤 | 紧密接触型粘合剂 |
| ─ contact glue | 緊密接觸型粘合劑 | 密着型接着剤 | 紧密接触型粘合剂 |

| 英　　文 | 臺　　灣 | 日　　文 | 大　　陸 |
|---|---|---|---|
| — control | 近距離控制 | 精密制御 | 近距离控制 |
| — control radar | 近距離引導雷達 | 精密誘導レーダ | 近距离〔精确〕引导雷达 |
| — examination | 精密檢查 | 精密検査 | 精密检查 |
| — nipple | 緊密口 | クローズニップル | 管螺纹接套 |
| — pass | 閉口式軋槽 | クローズパス | 闭口式轧槽 |
| — spring | 閉合彈簧 | 閉鎖ばね | 闭合弹簧 |
| — test | 精密試驗 | 精密試験 | 精密试验 |
| — tolerance | 緊公差 | 精密許容差 | 紧公差 |
| closed aerial | 閉路天線 | 閉路アンテナ | 闭路天线 |
| — box | 密閉箱 | 密閉箱 | 密闭箱 |
| — butt process | 閉口對接法 | クローズバット法 | 闭口对接法 |
| — chamber | 密閉室 | 密閉室 | 密闭室 |
| — curve | 閉曲線 | 閉曲線 | 封闭曲线 |
| — die | 密閉模具 | 密閉ダイス | 闭合模 |
| — force | 接觸力 | 接触力 | 接触力 |
| — surface | 閉曲面 | 閉曲面 | 闭曲面 |
| — tank | 密閉槽路 | 密閉タンク | 密闭槽路 |
| — top container | 密閉容器 | 密閉容器 | 密闭容器 |
| — failure | 短路故障 | 短絡故障 | 短路故障 |
| closeness rating | 近接度 | 近接度 | 近接度 |
| closer | 閉合器；鉚釘模 | クロッサ | 闭合器；铆钉模 |
| closest packing | 最密堆積 | 最密充てん | 最密堆积 |
| close-up | 接通 | クローズアップ | 接通 |
| — lens | 特寫鏡頭 | クローズアップレンズ | 特写镜头 |
| closing | 閉合；閉路；接通 | 閉合 | 闭合；闭路；接通 |
| — apparatus | 閉鎖裝置 | 閉鎖装置 | 闭锁装置 |
| — error | 閉合誤差 | 閉合誤差 | 闭合误差 |
| — gear | 閉合裝置 | 開閉装置 | 闭合装置 |
| — pressure | 合模壓力 | 型締め圧（力） | 合模压力 |
| — screw | 螺紋規 | 閉そくねじ | 螺纹规 |
| — speed | 合閘速度 | アプローチ速度 | 合闸速度 |
| — stroke | 合模(型)行程 | 型締め行程 | 合模(型)行程 |
| — time | 合模間時 | 投入時間 | 合模间时 |
| — travel | 合模行程 | 圧締め行程 | 合模行程 |
| — velocity | 閉合速度 | 閉成速度 | 闭合速度 |
| cloth | 布；編織物 | 布 | 布；编织物 |
| — buff | 布輪抛光 | 布バフ | 布轮抛光 |
| — disc | 布抛光輪 | バフ車 | 布抛光轮 |
| — filled material | 填布材料 | 布充てん物 | 布填充料 |
| — filler | 填布材料 | 布充てん材（料） | 布填充料 |

| 英　　　文 | 臺　　　灣 | 日　　　文 | 大　　　陸 |
|---|---|---|---|
| 一 wheel | 布輪 | バフ車 | 布轮 |
| **clowhle** | 收縮孔 | 収縮孔 | （收）缩孔 |
| **clunging** | 附著力 | 食付き | 附着力 |
| **cluster** | 束；群；族 | 星クラスタ | 束；群；族 |
| 一 gear | 組合齒輪；塔式齒輪 | クラスタギヤー | 组合齿轮；塔式齿轮 |
| 一 head | 多軸頭 | クラスタヘッド | 多轴头 |
| **clutch** | 離合器 | クラッチ継手 | 离合器 |
| 一 alignment | 離合器 | クラッチアラインメント | 离合器 |
| 一 booster | 離合器助力器 | クラッチブースタ | 离合器助力器 |
| 一 bowl | 離合器筒 | クラッチボウル | 离合器筒 |
| 一 box | 離合器箱 | クラッチ箱 | 离合器外壳 |
| 一 bracket | 離合器托架 | クラッチブラケット | 离合器托架 |
| 一 brake | 離合器 煞車 | クラッチブレーキ | 离合器制动装置 |
| 一 cam | 離合器凸輪 | クラッチカム | 离合器凸轮 |
| 一 capacity | 離合器容量 | クラッチ容量 | 离合器容量 |
| 一 carbon | 離合器石墨環 | クラッチカーボン | 离合器石墨环 |
| 一 collar | 離合器分離套筒 | クラッチカラー | 离合器分离套筒 |
| 一 coupling | 離合器聯軸節 | クラッチ継手 | 离合器联轴节 |
| 一 cushion | 離合器緩衝裝置 | クラッチクッション | 离合器缓冲装置 |
| 一 disc | 離合器 圓盤 | クラッチ円板 | 离合器摩擦片 |
| 一 discharging gear | 離合器脫離裝置 | クラッチ切離し装置 | 离合器脱离装置 |
| 一 disk | 離合器從動盤 | クラッチ板 | 离合器从动盘 |
| 一 drag | 離合器阻力 | クラッチドラグ | 离合器阻力 |
| 一 drum | 離合器鼓 | クラッチドラム | 离合器鼓 |
| 一 facing | 離合器 摩擦片 | クラッチフェーシング | 离合器衬片 |
| 一 fork | 離合器叉 | クラッチフォーク | 离合器叉 |
| 一 gear | 離合器機構 | クラッチギヤー | 离合器齿轮 |
| 一 housing | 離合器箱 | クラッチハウジング | 离合器亮 |
| 一 hub | 離合器從動盤數 | クラッチハブ | 离合器从动盘数 |
| 一 lever | 離合器 槓桿 | クラッチジバー | 离合器分离杠杆 |
| 一 lining | 離合器摩擦襯片 | クラッチライニング | 离合器摩擦衬片 |
| 一 linkage | 離合器分離機構 | クラッチリンケージ | 离合器分离机构 |
| 一 magnet | 離合器電磁石 | クラッチ電磁石 | 离合器电磁铁 |
| 一 motor | 離合器電動機 | クラッチ付き電動機 | 离合器电动机 |
| 一 operating time | 離合器工作時間 | クラッチ作動時間 | 离合器工作时间 |
| 一 pedal | 離合器踏板 | クラッチペダル | 离合器踏板 |
| 一 piston | 離合器離活塞 | クラッチピストン | 离合器离活塞 |
| 一 plate | 離合器〔摩擦〕板 | クラッチ板 | 离合器〔摩擦〕片 |
| 一 point | 離合點 | クラッチ点 | 离合点 |
| 一 pulley | 安全離合器皮帶輪 | クラッチプーリ | 安全离合器皮带轮 |

| 英　文 | 臺　灣 | 日　文 | 大　陸 |
|---|---|---|---|
| ― ring | 離合器環 | クラッチリング | 离合器环 |
| ― rod | 離合器桿 | クラッチロッド | 离合器杆 |
| ― shaft | 離合器軸 | クラッチシャフト | 离合器轴 |
| ― slip | 離合器滑轉〔打滑〕 | クラッチのすべり | 离合器滑转〔打滑〕 |
| ― spring | 離合器彈(壓)簧 | クラッチスプリング | 离合器弹(压)簧 |
| ― sprocket | 離合器鏈輪 | クラッチスプロケット | 离合器链轮 |
| ― stop | 止動凸爪〔離合器的〕 | クラッチストップ | 止动凸爪〔离合器的〕 |
| ― wire | 離合器操縱鋼絲 | クラッチワイヤ | 离合器操纵钢丝 |
| ― yoke | 離合器分離叉 | クラッチヨーク | 离合器分离叉 |
| **coaction** | 相互作用 | 共働 | 相互作用 |
| **coagulability** | 凝結性 | 凝結能 | 凝结性 |
| **coagulant** | 凝結劑 | 凝集剤 | 凝结剂 |
| ― agent | 促凝劑 | 凝集補助剤 | 促凝剂 |
| ― aid | 助凝劑 | 凝集補助剤 | 助凝剂 |
| **coagulate** | 凝結 | 凝固させる | 凝结 |
| **coagulated metter** | 凝結物 | 凝集物 | 凝结物 |
| **coagulating agent** | 凝結劑 | 凝結剤 | 凝结剂 |
| ― point | 凝結點 | 凝固点 | 凝结点 |
| **coagulation** | 凝固 | 凝集 | 凝固 |
| ― point | 凝固點 | 凝固点 | 凝固点 |
| ― temperature | 凝結溫度 | 凝固温度 | 凝结温度 |
| ― test | 凝結試驗 | 凝固試験 | 凝结试验 |
| ― value | 凝結值 | 凝析価 | 凝结值 |
| **coal** | 煤(塊) | 石炭 | 煤(块) |
| ― ash | 煤灰 | 炭がら | 煤灰 |
| ― ash cement | 煤灰水泥 | 石炭灰セメント | 煤渣 |
| ― conveyer | 運煤機 | 石炭コンベヤ | 运煤机 |
| ― dressing | 選煤 | 選炭 | 选煤 |
| ― dust | 煤粉 | 石炭粉 | 煤粉 |
| ― flame | 碳化(火)焰 | 炭化炎 | 碳化(火)焰 |
| ― furnace | 燒煤爐 | 石炭炉 | 烧煤炉 |
| ― gas | 煤氣 | 石炭ガス | 煤气 |
| ― oil | 煤油 | コールオイル | 煤油 |
| **coarse abrasive** | 粗粒研磨料 | 粗粒研磨材 | 粗粒研磨料 |
| ― adjustment | 粗調 | 荒調整 | 粗调 |
| ― content | 粗粒含量 | 粗粒含量 | 粗粒含量 |
| ― copper | 粗銅 | 粗銅 | 粗铜 |
| ― cut filc | 粗齒銼 | 大荒目やすり | 粗齿锉 |
| ― file | 粗齒銼 | 荒目やすり | 粗齿锉 |
| ― grain | 粗晶粒；粗顆粒 | 粗粒 | 粗晶粒；粗颗粒 |

C

| 英　　文 | 臺　　灣 | 日　　文 | 大　　陸 |
|---|---|---|---|
| — grained materials | 粗粒材料 | 粗粒材料 | 粗粒材料 |
| — grained sand | 粗砂 | 粗い砂 | 粗砂 |
| — groove | 粗紋〔唱片〕 | コースグルーブ | 粗纹〔唱片〕 |
| — pitch blade | 粗齒鋸條 | 荒目のこ刃 | 粗齿锯条 |
| — pitch thread | 粗牙螺紋 | 並目ねじ | 粗牙螺纹 |
| — sand | 粗砂 | 粗砂 | 粗砂 |
| — screw thread | 粗牙螺紋 | 並目ねじ | 粗牙螺纹 |
| — structure | 粗鬆組織 | あらい結晶析出 | 粗晶结构 |
| — texture | 粗結構 | 粗い肌目 | 粗结构 |
| — thread | 標準螺紋；粗牙螺紋 | 並目ねじ | 标准螺纹；粗牙螺纹 |
| — tooth cutter | 粗刃銑刀 | 荒刃フライス | 粗齿铣刀 |
| coarsening | 〔晶粒〕變粗；粗大化 | 結晶粒粗大化 | 〔晶粒〕变粗；粗大化 |
| coat | 塗膜；鍍層 | 塗装 | 涂装；镀层 |
| coated abrasive | 砂布 | 研磨布紙 | 砂布 |
| — abrasive finishing | 砂帶磨光 | 研磨布紙仕上げ | 砂带磨光 |
| — abrasive machining | 砂布（紙,帶）加工 | 研磨布紙加工 | 砂布（纸,带）加工 |
| — area | 塗敷面積 | 塗布面積 | 涂敷面积 |
| — carbide tool | 塗層硬化合金刀具 | 被覆超硬工具 | 涂层硬盾合金刀具 |
| — electrode | 包覆電焊條 | 被覆アーク溶接棒 | 涂药焊条 |
| — film | 塗膜 | コーテッドフィルム | 涂膜 |
| — material | 塗覆材料 | 被覆物 | 涂覆材料 |
| — optics | 鍍膜透鏡 | コーテッド部品 | 镀膜透镜 |
| — paper | 銅板紙 | コート紙 | 铜板纸 |
| — particle | 塗敷顆粒 | 被覆粒子 | 涂敷颗粒 |
| — steel | 鍍層鋼板 | 被覆鋼板 | 镀层钢板 |
| — surface | 塗覆表面 | 塗布面 | 涂覆表面 |
| — tape | 塗敷磁帶 | コーテッドテープ | 涂敷磁带 |
| — wire | 被覆線 | 被覆線 | 被覆线 |
| coater | 鍍膜機 | 塗装機 | 镀膜机 |
| coating | 塗層；包覆 | 塗膜 | 涂层；涂装 |
| — ability | 覆蓋力 | 被覆力 | 覆盖力 |
| — additive | 塗料添加劑 | 塗料添加剤 | 涂料添加剂 |
| — applicator | 塗敷裝置 | 塗布装置 | 涂敷装置 |
| — build-up | 附著量 | 付着量 | 附着量 |
| — by vaporization | 蒸塗（鍍） | 蒸着 | 蒸涂（镀） |
| — composition | 塗料 | 塗料 | 涂料 |
| — compound | 塗料 | 塗料 | 涂料 |
| — for light metal | 輕金屬塗料 | 軽金属用塗料 | 轻金属涂料 |
| — formulation | 塗料配合 | 塗料配合 | 涂料配合 |
| — pan | 塗料盤 | 塗料槽 | 涂料盘 |

| 英　　文 | 臺　　灣 | 日　　文 | 大　　陸 |
|---|---|---|---|
| —performance | 塗敷性能 | 塗布性能 | 涂敷性能 |
| —resin | 塗料(敷)用樹脂 | 被覆用樹脂 | 涂料(敷)用樹脂 |
| —roughness | 塗層粗糙 | 塗面粗度 | 涂层粗糙 |
| —set | 塗敷裝置 | コーティング装置 | 涂敷裝置 |
| —sheet | 塗層〔薄板〕 | 被膜 | 涂层〔薄板〕 |
| —solution | 塗料溶液 | 塗料溶液 | 涂料溶液 |
| —speed | 塗敷(布)速度 | 塗布速度 | 涂敷(布)速度 |
| —system | 塗裝系統 | 塗装系 | 涂裝系统 |
| —thickness | 膜厚測定 | 皮膜厚さ | 膜厚測定 |
| —thickness test | 塗層處理裝置 | 皮膜厚さ試験 | 涂层处理裝置 |
| —treatment equipment | 膜厚測定 | 被覆処理装置 | 膜厚測定 |
| —weight | 塗數量 | 塗布量 | 涂敷量 |
| —weight measuring test | 膜重測定 | 皮膜重量試験 | 膜重測定 |
| **coaxial antenna** | 同軸天線 | 同軸空中線 | 同轴天线 |
| —attenuator | 同軸衰減器 | 同軸減衰器 | 同轴衰减器 |
| —cable | 同軸電纜 | 同軸ケーブル | 同轴电缆 |
| —circles | 同心圓 | 共軸円 | 同心圆 |
| —cylinder | 同心圓柱 | 同軸円筒 | 同心圆柱 |
| —cylindrical electrode | 同心圓柱(形)電極 | 同軸円筒電極 | 同心圆柱(形)电极 |
| —rotors | 共軸旋翼 | 同軸廻転翼 | 共轴旋翼 |
| —transistor | 同軸晶体筒 | 共軸型トランジスタ | 同轴晶体筒 |
| —tuner | 同軸調諧器 | 同軸チューナ | 同轴调谐器 |
| —valve | 同軸管(閥) | 同軸管 | 同轴管(阀) |
| **coaxiality** | 同心度 | 同軸度 | 同心度 |
| **cobalt,Co** | 鈷 | コバルト | 钴 |
| —aluminate | 鋁酸鈷 | アルミン酸コバルト | 铝酸钴 |
| —ammine | 氨合鈷 | コバルトアミン | 氨合钴 |
| —base superalloy | 鋁基超合金 | コバルト基超合金 | 铝基超合金 |
| —black | 鈷黑；鈷紫 | 酸化第二コバルト | 钴黑；钴紫 |
| —blue | 鈷藍 | コバルト青 | 钴蓝 |
| —carbonate | 碳酸鈷 | 炭酸コバルト | 碳酸钴 |
| —chloride | 氯化鈷 | 塩化コバルト | 氯化钴 |
| —chromate | 鉻酸鈷 | クロム酸コバルト | 铬酸钴 |
| —crust | 鈷華 | 土質コバルト華 | 钴华 |
| —drier | 鈷乾料 | コバルト乾燥剤 | 钴乾料 |
| —dumet | 鈷杜美合金 | コバルトデュメット | 钴杜美合金 |
| —earth | 鈷土 | コバルト土(〜ど) | 钴土 |
| —ferrine | 鈷鐵氧体 | コバルトフェライト | 钴铁氧体 |
| —glance | 光鈷礦 | 輝コバルト鉱 | 光钴矿 |
| —glass | 鈷玻璃 | コバルトカラス | 钴玻璃 |

C

| 英　　文 | 臺　　灣 | 日　　文 | 大　　陸 |
|---|---|---|---|
| — green | 鈷綠 | コバルト緑 | 钴绿 |
| — hydrate | 氫氧化鈷 | 水酸化コバルト | 氢氧化钴 |
| — magnet | 鈷磁鐵 | コバルト磁石 | 钴磁铁 |
| — melanterite | 七水（合）硫酸鈷 | コバルト緑ばん | 七水（合）硫酸钴 |
| — nitrate | 硝酸鈷 | 硝酸コバルト | 硝酸钴 |
| — oxide | 氧化鈷 | 酸化コバルト | 氧化钴 |
| — plating | 鍍鈷 | コバルトめっき | 镀钴 |
| — red | 鈷紅 | コバルト赤 | 钴红 |
| — sulfate | 鈷釩 | 硫酸コバルト | 钴钒 |
| — sulfide | 硫化鈷 | 硫化コバルト | 硫化钴 |
| — violet | 鈷紫 | 紫色の無機顔料 | 钴紫 |
| — yellow | 鈷黃 | コバルト黄 | 钴黄 |
| — zincate | 鋅酸鈷 | 亜鉛酸コバルト | 锌酸钴 |
| cobaltine | 輝鈷礦 | 輝コバルト鉱 | 辉钴矿 |
| cobaltite | 輝鈷礦 (CoAsS) | 輝コバルト鉱 | 辉钴矿 |
| Cobenium | 高溫彈簧用鋼 | コベニウム | 高温弹簧用钢 |
| Cobitlium | 活塞用鋁合金 | コビタリウム | 活塞用铝合金 |
| cochranite | 碳氮鈦礦 | コックレン石 | 碳氮钛矿 |
| cocinerite | 硫銀銅礦 | コシネラ石 | 硫银铜矿 |
| cock | 水龍頭；塞栓 | 水栓（類） | 水龙头；水栓 |
| — disc | 旋塞圓盤 | コックディスク | 旋塞圆盘 |
| — for guard's van | 緊急制動閥 | 車長閥 | 紧急制动阀 |
| — screw | 旋塞螺釘 | コックねじ | 旋塞螺钉 |
| — washer | 旋塞式洗滌器 | コックワッシャ | 旋塞式洗涤器 |
| — wrench | 龍頭扳手 | コックレンチ | 龙头扳手 |
| cockle | 浪邊 | 耳の波 | 浪边 |
| — stairs | 螺旋形扶梯 | 回り階段 | 螺旋形扶梯 |
| cockpit | 操縱室 | 操縦室 | 操纵室 |
| cocklescmb pyrite | 白鐵礦 | 放射状の白鉄鉱 | 白铁矿 |
| cocondebstion | 共縮合 | 共縮合 | 共缩合 |
| coconinoite | 鐵硫磷軸礦 | ココナイノイト | 铁硫磷轴矿 |
| coconucite | 鈣菱錳礦 | コッコヌコ石 | 钙菱锰矿 |
| coconut oil | 椰子油 | やし油 | 椰子油 |
| concurrent | 並流 | 並流 | 并流 |
| code | 法規；代號 | 符号 | 码 |
| — bar | 代碼條 | 符号バー | 代码条 |
| — error | 編碼錯誤 | 符号誤り | 编码错误 |
| codoil | 松香油 | 樹脂油 | 松香油 |
| coefficient | 係數；因數 | 係数 | 系数；因数 |
| — of absorptivity | 吸收係數 | 吸収係数 | 吸收系数 |

| 英　　文 | 臺　　灣 | 日　　文 | 大　　陸 |
|---|---|---|---|
| — of acceleration | 加速度係數 | 加速度係数 | 加速度系数 |
| — of acidity | 酸性率 | 酸性率 | 酸性率 |
| — of attenuation | 衰減係數 | 減衰係数 | 衰減系数 |
| — of bearing area | 承壓面係數 | 受圧面係数 | 承压面系数 |
| — of bearing capacity | 承載(能)力系數 | 支持力係数 | 承载(能)力系数 |
| — of brittleness | 脆性係數 | もろさ係数 | 脆性系数 |
| — of compressibility | 壓縮係數 | 圧縮係数 | 压缩系数 |
| — of condensation | 冷凝係數 | 凝縮係数 | 冷凝系数 |
| — of contraction | 收縮係數 | くびれの係数 | 收缩系数 |
| — of cubical expansion | 體膨脹係數 | 体積膨脹係数 | 体膨胀系数 |
| — of curvature | 曲率係數 | 曲率係数 | 曲率系数 |
| — of discharge | 流量係數 | 流量係数 | 流量系数 |
| — of displacement | 位移係數 | 変位係数 | 位移系数 |
| — of durability | 疲勞係數 | 耐久性係数 | 疲劳系数 |
| — of dynamic friction | 動摩擦係數 | 動摩擦係数 | 动摩擦系数 |
| — of elasticity | 彈性模數 | 弾性係数 | 弹性模数 |
| — of environment | 環境係數 | 環境係数 | 环境系数 |
| — of evaporation | 蒸發係數 | 蒸発係数 | 蒸发系数 |
| — of expansion | 膨脹係數 | 膨脹率 | 膨胀系数 |
| — of extension | 伸長係數 | 伸び率 | 伸长系数 |
| — of extinction | 消減系數 | 消衰係数 | 衰减系数 |
| — of fineness | 精度係數 | ファインネス係数 | 精度系数 |
| — of flexural rigidity | 撓曲剛度係數 | こわさ係数 | 挠曲刚度系数 |
| — of fragility | 脆性係數 | ぜい度係数 | 脆性系数 |
| — of friction | 摩擦係數 | 摩擦係数 | 摩擦系数 |
| — of fictional resistance | 摩擦阻力係數 | 摩擦抵抗係数 | 摩擦阻力系数 |
| — of grain size | 粒度係數 | 粒度係数 | 粒度系数 |
| — of heat conduction | 熱傳遞係數 | 熱伝導係数 | 导热系数 |
| — of heat convection | 熱對流係數 | 熱対流係数 | 热对流系数 |
| — of heat emission | 散熱係數 | 熱放散係数 | 散热系数 |
| — of heat transfer | 傳熱係數 | 伝熱係数 | 传热系数 |
| — of humidity | 濕度係數 | 湿度係数 | 湿度系数 |
| — of hydrodynamic force | 流體動力係數 | 流体力係数 | 流体动力系数 |
| — of inertia | 慣性係數 | 慣性係数 | 惯性系数 |
| — of kinematic viscosity | 動粘度係數 | 動粘性係数 | 动粘性系数 |
| — of kinetic friction | 動摩擦係數 | 運動摩擦係数 | 动摩擦系数 |
| — of linear contraction | 線收縮係數 | 線収縮係数 | 线收缩系数 |
| — of linear expansion | 線膨脹 係數 | 線膨脹係数 | 线膨胀率 |
| — of liquidity | 流性係數 | 流動率 | 流性系数 |
| — of machine | 機械係數 | 機械係数 | 机械系数 |

| 英　　文 | 臺　　灣 | 日　　文 | 大　　陸 |
|---|---|---|---|
| — of plasticity | 塑性係數 | 可塑係数 | 塑性系数 |
| — of pressure loss | 壓力損失係數 | 圧力損失係数 | 压力损失系数 |
| — of radiant-heat transfer | 放射熱傳導係數 | 放射伝熱係数 | 放射热传导系数 |
| — of radiation | 輻射係數 | ふく射係数 | 辐射系数 |
| — of reduction | 還原係數 | 還元係数 | 还原系数 |
| — of resisting moment | 阻力矩係數 | 抵抗モーメント係数 | 阻力矩系数 |
| — of restitution | 恢復係數 | 反発係数 | 恢复系数 |
| — of rigidity | 剛性係數 | 剛性係数 | 刚性系数 |
| — of tension | 張力係數 | 張力係数 | 张力系数 |
| — of thermal conductivity | 導熱性係數 | 熱伝導率 | 导热性系数 |
| — of thermal expansion | 熱膨脹係數 | 熱膨脹係数 | 热膨胀系数 |
| — of thermal shock | 熱衝擊係數 | 熱衝撃係数 | 热冲击系数 |
| — of torsion | 扭轉係數 | ねじり係数 | 扭转系数 |
| — of viscosity | 粘滯係數 | 粘性係数 | 粘滞系数 |
| — of volume expansion | 體積膨脹係數 | 体積膨脹係数 | 体积膨胀系数 |
| — of water absorption | 吸水率 | 吸水率 | 吸水率 |
| — of water permeability | 透水率 | 透水率 | 透水率 |
| **coffin** | 屏蔽容器〔放射性物用〕 | コフィン | 屏蔽容器〔放射性物用〕 |
| **coffinite** | 鈾石 | コフィナイト | 铀石 |
| **cog** | 鑲齒 | コグ | 嵌齿 |
| **cogging** | 鑲齒 | 木積み | 嵌齿 |
| **cogwheel** | 鑲齒輪 | はめ歯歯車 | 齿轮 |
| **coherer** | 〔金屬〕粉末檢波器 | コヒーラ | 〔金属〕粉末检波器 |
| **cohesion** | 凝聚 | 凝集力 | 内聚力；凝集 |
| — force | 凝聚力 | 凝集力 | 凝聚力 |
| — oil | 粘性油 | 粘着性油 | 粘性油 |
| — pressure | 凝聚壓力 | 凝集圧 | 凝聚压力 |
| **cohesive** energy | 内聚能 | 凝集エネルギー | 内聚能 |
| — failure | 凝聚破壞 | 凝集破壊 | 凝聚破坏 |
| — force | 粘合力 | 粘着力 | 粘合力 |
| — power | 内聚（能）力 | 凝集力 | 内聚（能）力 |
| — pressure | 内聚壓力 | 凝集圧 | 内聚压力 |
| — strength | 粘合強度 | 凝集強さ | 粘合强度 |
| **coil** | 線圈 | コイル | 线圈 |
| — block | 線圈組件 | コイルブロック | 线圈组件 |
| — bobbin | 線圈骨架 | コイルボビン | 线圈骨架 |
| — boiler | 螺旋管鍋爐 | コイルボイラ | 螺旋管锅炉 |
| — break | 帶卷剪切 | コイル切断 | 带卷剪切 |
| — case | 線圈盒 | コイルケース | 线圈盒 |
| — coating | 卷材包覆 | コイル塗装 | 卷材包覆 |

| 英　　文 | 臺　　灣 | 日　　文 | 大　　陸 |
|---|---|---|---|
| ― ejector | 推卷機 | コイルエジェクタ | 推卷机 |
| ― file | 小銼 | コイルファイル | 小锉 |
| ― former | 線圈匣 | コイル巻き枠 | 线圈匣 |
| ― holder | 卷料匣 | コイルホルダ | 卷料匣 |
| ― housing | 線圈殼 | コイルハウジング | 线圈壳 |
| ― kit | 線圈組件 | コイルキット | 线圈组件 |
| ― length | 線圈長度 | コイル長さ | 线圈长度 |
| ― ramp | 開卷機裝料台 | コイルランプ | 开卷机装料台 |
| ― stock | 卷料 | コイルストック | 卷料 |
| ― pipe | 盤管 | コイル管 | 盘管 |
| ― pipe cooler | 盤管冷卻器 | コイル冷却器 | 盘管冷却器 |
| ― radiator | 盤管散熱器 | コイル形冷却器 | 盘管散热器 |
| ― spring | 螺旋彈簧 | コイルばね | 螺旋弹簧 |
| ― can | 旋管罐 | コイラ | 旋管罐 |
| coiling | 盤管 | に旋缶 | 盘管 |
| ― motion | 卷繞機構 | コイラ装置 | 卷绕机构 |
| coiling | 卷取 | コイリング | 卷取 |
| ― drum | 卷筒 | コイリングドラム | 卷筒 |
| ― machine | 盤（彈）簧機 | コイリングマシン | 盘（弹）簧机 |
| coin case | 硬幣箱 | 硬貨入れ | 硬币箱 |
| ― collector | 投幣箱 | 料金箱 | 投币箱 |
| ― counter | 硬幣計數器 | 硬貨計数機 | 硬币计数器 |
| ― embossing press | 硬幣壓制機 | コイニングプレス | 硬币压制机 |
| ― gold | 貨幣合金 | 貨幣用金 | 货币合金 |
| coinage alloy | 貨幣用合金 | 貨幣用合金 | 货币用合金 |
| ― bronze | 貨幣用青銅 | 貨幣用青銅 | 货币用青铜 |
| ― gold | 貨幣用金 | 貨幣用金 | 货币用金 |
| ― metal | 貨幣合金 | コイネージメタル | 货币合金 |
| ― silver | 貨幣用銀 | 貨幣用銀 | 货币用银 |
| coinbox | 硬幣箱 | 料金箱 | 硬币箱 |
| coincidence | 符合；吻合 | コインシデンス | 符合；吻合 |
| coining | 壓模印 | コイニング | 压印加工；压花 |
| ― die | 壓印模 | コイニング型 | 压印模 |
| ― mill | 精壓機 | コイニングミル | 精压机 |
| ― press | 精壓機 | コイニングプレス | 精压机 |
| ― tool | 壓花工具 | コイニングツール | 压花工具 |
| cokaditity | 焦化性 | コークス化性 | 焦化性 |
| coke | 焦炭 | コークス | 焦炭 |
| ― blast furnace | 焦炭高爐 | コークス高炉 | 焦炭高炉 |
| ― dust | 焦末 | 粉コークス | 焦末 |

| 英　　文 | 臺　　灣 | 日　　文 | 大　　陸 |
|---|---|---|---|
| — furnace | 煉焦爐 | コークス炉 | 炼焦炉 |
| — oven | 煉焦爐 | コークス炉 | 炼焦炉 |
| — pusher | 推焦機 | コークス押出し機 | 推焦机 |
| — pusher machine | 推焦機 | コークス押出し機 | 推焦机 |
| — quenching tower | 熄焦塔 | コークス冷却塔 | 熄焦塔 |
| **coking** | 煉焦 | コーキング | 炼焦 |
| — coal | 焦結煤 | コークス用炭 | 焦性煤 |
| — quality | 焦結性 | 粘結性 | 烧结性 |
| **cold** | 冰點；低溫 | コールド | 冰点；低温 |
| — accumulation | 冷藏物 | 冷蔵物 | 冷藏物 |
| — air | 冷氣；冷風 | 冷風 | 冷气；冷风 |
| — air blast system | 冷風式 | 冷風式 | 冷风式 |
| — air circulating system | 冷風循環系硫 | 冷風循環方式 | 冷风循环系硫 |
| — air duct | 冷風導管 | 冷風道 | 冷风导管 |
| — air refrigerating machine | 空氣冷凍機 | 空気冷凍機 | 空气冷冻机 |
| — alloy | 低溫合金 | 冷合金 | 低温合金 |
| — bend temperature | 冷彎溫度 | 曲げ耐寒温度 | 冷弯温度 |
| — bending test | 冷彎試驗 | 冷間曲げ試験 | 冷弯试验 |
| — blast | 冷鼓風 | 冷風 | 冷风 |
| — brittleness | 冷脆性 | 低温もろさ | 冷脆性 |
| — calender | 冷軋機 | コールドカレンダ | 冷轧机 |
| — cart | 低溫車 | コールドカート | 低温车 |
| — casing | 冷鑄型 | 常温注型 | 冷铸型 |
| — chamber | 冷室 | コールドチャンバ | 冷室 |
| — chamber pressure casting | 冷室壓鑄 | 加圧ダイカスト法 | 冷室压铸 |
| — charge | 冷裝料法 | 冷材 | 冷装料法 |
| — chisel | 冷鏨 | コールドチゼル | 冷錾 |
| — circular saw | 冷圓鋸 | コールドサーキュラソー | 冷圆锯 |
| — compacting | 冷壓 | 冷間圧縮 | 冷压 |
| — compression molding | 冷壓成形 | 冷間圧縮成形 | 冷压成形 |
| — condition | 低溫條件 | 低温条件 | 低温条件 |
| — corrosion | 低溫腐蝕 | 冷腐食 | 低温腐蚀 |
| — crack | 低溫裂紋 | 低温割れ | 低温裂纹 |
| — crack resistance | 抗冷裂性 | 耐寒き裂性 | 抗冷裂性 |
| — curing | 低溫固化 | 低温硬化 | 低温固化 |
| — drawing | 冷拉 | 冷間引抜き | 冷拉 |
| — drawing strength | 冷拉強度 | 冷間引張り強さ | 冷拉强度 |
| — drying | 低溫乾燥 | 低温乾燥 | 低温乾燥 |
| — extrusion | 冷擠壓 | 冷間押出し | 冷挤压 |
| — flow | 冷加工 | 常温流れ | 冷加工 |

| 英　　文 | 臺　　灣 | 日　　文 | 大　　陸 |
|---|---|---|---|
| — forging | 冷鍛 | 冷間鍛造 | 冷間鍛造 |
| — forging steel | 冷鍛鋼 | 冷間鍛造鋼 | 冷锻钢 |
| — forming | 冷衝壓 | 冷間成形 | 冷冲压 |
| — hardening | 冷間硬化 | 冷間硬化 | 冷间硬化 |
| — impact test | 低溫衝擊試驗 | 低温衝撃試験 | 低温冲击试验 |
| — machining | 低溫切削加工 | 低温切削 | 低温切削加工 |
| — metal process | 冷金屬加工 | 冷材法 | 冷金属加工 |
| — mixture | 常溫攪拌 | 常温混合物 | 常温搅拌 |
| — molding | 冷塑成形 | 常温成形 | 冷塑成形 |
| — plastic | 低溫塑料 | 低温塑料 | 低温塑料 |
| — press | 冷壓機 | 冷圧機 | 冷压机 |
| — press molding | 冷壓成形 | 常温プレス成形 | 冷压成形 |
| — press welding | 冷壓焊 | 常温プレス溶接 | 冷压焊 |
| — press nut | 冷壓螺母 | 冷間圧造ナット | 冷压螺母 |
| — probe | 低溫探針 | 低温探針 | 低温探针 |
| — process | 冷加工法 | 冷製法 | 冷加工法 |
| — processing | 冷加工 | 常温加工 | 冷加工 |
| — punched nut | 冷衝螺母 | 打抜きナット | 冷冲螺母 |
| — quench | 零下淬火 | 冰冷淬火 | 零下淬火 |
| — resistance | 耐寒性 | 耐寒性 | 耐寒性 |
| — roller | 冷軋輥 | 冷ロール | 冷轧辊 |
| — roller mill | 冷軋機 | 冷間圧延機 | 冷轧机 |
| — rolling steel sheet | 冷軋鋼板 | 冷間圧延鋼板 | 冷轧钢板 |
| — seal | 冷封 | コールドシール | 冷封 |
| — shatter test | 低溫破裂試驗 | 低温破砕試験 | 低温破裂试验 |
| — short | 冷脆 | コールドショート | 冷脆 |
| — short iron | 冷脆性鐵 | 冷ぜい性鉄 | 冷脆性铁 |
| — shortness | 冷脆性；低溫脆性 | 低温ぜい性 | 冷脆性；低温脆性 |
| — slug | 冷鐵 | 冷塊 | 冷铁 |
| — spot | 冷點 | コールドスポット | 冷点 |
| — stamping | 冷衝壓 | 常温型打ち | 冷冲压 |
| — start | 低溫起動 | 冷態始動 | 低温起动 |
| — sterilization | 低溫消毒 | 低温殺菌 | 低温消毒 |
| — storage room | 冷藏庫 | 冷蔵室 | 冷藏库 |
| — storage plant | 冷凍裝置 | 凍結装置 | 冷冻装置 |
| — stretch | 冷拉伸 | 常温延伸 | 冷拉伸 |
| — strip | 帶材冷軋機 | コールドストリップ | 带材冷轧机 |
| — strip silicon steel | 冷軋矽鋼帶 | コールドストリップミル | 冷轧矽钢带 |
| — strip mill | 鋼帶冷軋機 | 冷間圧延けい素鋼帯 | 带料冷轧机 |
| — tandem mill | 連續冷軋機 | コールドタンデムミル | 连续冷轧机 |

| 英　　文 | 臺　　灣 | 日　　文 | 大　　陸 |
|---|---|---|---|
| — temperature brittleness | 低溫脆性 | 低温ぜい性 | 低温脆性 |
| — temperature flexibility | 低溫韌性 | 低温柔軟性 | 低温韧性 |
| — temperature resistance | 耐低溫性 | 耐寒性 | 耐低温性 |
| — test | 低溫試驗 | コールド試験 | 低温试验 |
| — treatment | 冷處理 | 冷間処理 | 冷间处理 |
| — weld | 冷焊 | コールドウェルド | 冷焊 |
| — work | 冷加工 | 冷間加工 | 冷加工 |
| — work hardening | 冷作；冷加工 | 冷間加工硬化 | 冷作；冷加工 |
| — worked-bar | 冷加工鋼筋 | 冷間加工鉄筋 | 冷加工钢筋 |
| — working corrosion | 冷加工腐蝕 | 冷間加工腐食 | 冷加工腐蚀 |
| — pipe | 冷拉 | 硬引き | 冷拉 |
| cold-drawn | 冷拉管 | 冷間引抜き管 | 冷拉管 |
| — steel | 冷拉鋼 | 冷間引抜き鋼 | 冷拉钢 |
| coldproofing | 耐塞性 | 耐寒性 | 耐塞性 |
| cold-rolled plate | 冷軋板 | 冷間圧延板 | 冷轧板 |
| — screw | 冷軋螺紋 | 転造ねじ | 冷轧螺纹 |
| — steel | 冷軋鋼 | 常温圧延鋼 | 冷轧钢 |
| — strip | 冷軋帶鋼 | 冷延帯鋼 | 冷轧带钢 |
| — wire | 冷軋鋼絲 | 冷間圧延鋼線 | 冷轧钢丝 |
| cold-setting | 常度硬化 | 冷間硬化 | 常度硬化 |
| — mold | 冷硬鑄型 | エアセット型 | 冷硬铸型 |
| collapsed ratio | 破壞率 | 倒壊率 | 破坏率 |
| collapsing load | 破壞荷載 | 崩壊荷重 | 破坏荷载 |
| — pressure | 斷裂壓力 | 崩壊圧 | 断裂压力 |
| — test | 破壞試驗 | 圧壊試験 | 破坏试验 |
| collar | 凸緣；軸環 | 継ぎ輪 | 凸缘；轴环 |
| — flange | 環狀凸緣 | カラーフランジ | 环状凸缘 |
| — joint | 環狀接頭 | カラー継手 | 环状接头 |
| — nut | 凸緣螺帽 | カラーナット | 凸缘螺帽 |
| — plate | 圓盤 | つば板 | 圆盘 |
| — screw | 有環螺釘 | つば付き頭ねじ | 有环螺钉 |
| collet | 〔彈性〕夾頭 | コレット | 〔弹性〕夹头 |
| — attachment | 筒夾裝置 | コレット装置 | 筒夹装置 |
| — cam | 筒夾凸輪 | コレットカム | 筒夹凸轮 |
| — chuck | 彈簧夾頭 | コレットチャック | 弹簧夹头 |
| colliery | 煤礦 | 炭鉱 | 煤矿 |
| collimation | 校準 | 視準 | 校准 |
| — axis | 視準線 | 視準線 | 视准线 |
| collinearity | 共線性 | 共線性 | 共线性 |
| collineatory | 共線 | 共線 | 共线 |

| 英　文 | 臺　灣 | 日　文 | 大　陸 |
|---|---|---|---|
| collinsite | 淡磷鈣鐵礦 | コリンス石 | 淡磷钙铁矿 |
| colliquation | 熔化 | 融解 | 熔化 |
| collision | 碰撞 | 衝突 | 碰撞 |
| — force | 碰撞力 | 衝突力 | 碰撞力 |
| — load | 碰撞載荷 | 衝突荷重 | 碰撞载荷 |
| — particle | 碰撞粒子 | 衝突粒子 | 碰撞粒子 |
| — rate | 碰撞率 | 衝突頻度 | 碰撞率 |
| colon | 支點 | コロン | 支点 |
| colonnette | 〔裝飾性〕小圓柱 | コロネット | 〔裝飾性〕小圆柱 |
| — buffing | 抛光 | カラーバフィング | 抛光 |
| — buffing finish | 〔鏡面〕抛光加工 | つや目仕上げ | 〔鏡面〕抛光加工 |
| — value | 明晰度 | 明度 | 明晰度 |
| colorability | 可著色性 | 着色適性 | 可着色性 |
| colorant | 著色劑 | 着色剤 | 着色剂 |
| colorfullness | 多色性 | カラフルネス | 多色性 |
| coloring agent | 著色劑；顏料 | 着色剤 | 着色剂；颜料 |
| — capacity | 著色能力 | 着色力 | 着色能力 |
| — finish | 抛光能力 | つや目仕上げ | 抛光能力 |
| — material | 著色劑 | 色材（料） | 着色剂 |
| — off | 鏡面抛光 | カラーオフ | 镜面抛光 |
| combination | 結合；聯合 | 化合 | 结合；联合 |
| — air-oil cylinder | 氣-油壓換缸 | 空油変換シリンダ | 气-油压换缸 |
| — beam | 組合梁 | 混合ばり | 组合梁 |
| — bevel | 組合量角規 | コンビネーションベベル | 组合量角规 |
| — boiler | 組合鍋爐 | 混式ボイラ | 组合锅炉 |
| — build | 混合成形 | コンビネーション巻き | 混合成形 |
| — car | 組裝車 | 合造車 | 组装车 |
| — column | 鋼混凝土柱 | 鋼コンクリート柱 | 钢混凝土柱 |
| — die | 組合模 | 組合わせ型 | 组合模 |
| — female mold | 組合凹模 | はめ合わせ雌型 | 组合凹模 |
| — fixture | 組合夾具 | 連合器具 | 组合夹具 |
| — gage | 組合規 | 組合わせゲージ | 组合量规 |
| — holder | 組合刀架 | コンビネーションホルダ | 组合刀架 |
| — law | 結合率 | 結合法則 | 结合率 |
| — machine | 組合機 | コンビネーションマシン | 组合机 |
| — machinery | 聯合機械〔裝置〕 | 組合わせ機関 | 联合机械〔装置〕 |
| — of vehicles | 轉兩組合 | 連結車 | 转两组合 |
| — painting | 塗混合漆 | 混合塗り | 涂混合漆 |
| — principle | 化合原理 | 化合基礎定律 | 化合原理 |
| — pump | 複合泵 | 複合ポンプ | 复合泵 |

| 英　　文 | 臺　　灣 | 日　　文 | 大　　陸 |
|---|---|---|---|
| — set | 方能測角器 | コンビネーションセット | 方能測角器 |
| — valve | 組合閥 | コンビネーションバルブ | 组合阀 |
| **combiner accuracy** | 綜合精度 | 総合精度 | 综合精度 |
| — action | 聯合作用 | 総合作用 | 联合作用 |
| — agent | 粘合劑 | 結合材 | 粘合剂 |
| — bearing | 組合軸承 | コンバインド軸受 | 组合轴承 |
| — boiler | 組合式鍋爐 | 混式ボイラ | 组合式锅炉 |
| — carbon | 化合碳 | 化合炭素 | 化合碳 |
| — cut | 複合切削 | コンバインドカット | 复合切削 |
| — cycle engine | 複合循環發動機 | 複合サイクル機関 | 复合循环发动机 |
| — failure | 混合破壞 | 複合故障 | 复合破坏 |
| — lathe | 組合車床 | 複合旋盤 | 组合车床 |
| — member | 組合構件 | 結合部材 | 组合构件 |
| — processing | 複合加工法 | 複合加工法 | 复合加工法 |
| — strength | 複合強度 | 組合わせ強さ | 复合强度 |
| — stress fatigue tester | 複合應力疲勞試驗機 | 組合わせ疲れ試験機 | 复合应力疲劳试验机 |
| — system | 混合骨架式構造 | 混合ろっ骨式構造 | 混合骨架式构造 |
| — thermit welding | 組合熱焊 | 組合わせテルミット溶接 | 组合热焊 |
| — valve | 組合閥 | 混合弁 | 组合阀 |
| — vortex | 組合渦流 | 組合わせうず | 组合涡流 |
| — combustible | 可燃物 | 可燃物 | 可燃物 |
| — loss | 燃燒損失 | 燃焼損失 | 燃烧损失 |
| — material | 易燃物品 | 発火燃焼性物質 | 易燃物品 |
| **combustion** | 燃燒 | 燃焼 | 燃烧 |
| — analysis | 燃燒分析 | 燃焼分析 | 燃烧分析 |
| — casting process | 燃燒鑄造法 | 爆発鋳造法 | 燃烧铸造法 |
| — heat | 燃燒熱 | 燃焼熱 | 燃烧热 |
| — intensity | 燃燒強度 | 燃焼強度 | 燃烧强度 |
| — quality | 燃燒性 | 燃焼性 | 燃烧性 |
| — speed | 燃燒速度 | 燃焼速度 | 燃烧速度 |
| **conformity** | 同形度 | 同形度 | 同形度 |
| **comfortability** | 舒適性 | 快適性 | 舒适性 |
| **commensurable type** | 同量型 | 同尺度型 | 同量型 |
| **commercial airplane** | 商用(飛)機 | 商用（飛行）機 | 商用(飞)机 |
| — bearing | 工業用軸承 | コマーシャル軸受 | 工业用轴承 |
| — blasting | 工業用雷管 | 工業雷管 | 工业用雷管 |
| — explosive | 工業用炸藥 | 産業火薬 | 工业用炸药 |
| — material | 商品材料 | 商用材料 | 商品材料 |
| — molding composition | 商品模壓材料 | 商用成形材料 | 商品模压材料 |
| **comminuted powder** | 碎磨粉 | 碎粉 | 碎磨粉 |

| 英　　文 | 臺　　灣 | 日　　文 | 大　　陸 |
|---|---|---|---|
| **combination** | 粉碎〔作用〕 | 微粉砕 | 粉碎〔作用〕 |
| **commode** | 衣櫃 | 置戸棚 | 衣柜 |
| — handle | 扶手 | 握り棒 | 扶手 |
| — steps | 貯藏物品樓梯 | 物入れ階段 | 貯藏物品楼梯 |
| **commodity** | 商品 | 商品 | 商品 |
| — chemicals (products) | 大量生產的化學商品 | 大量生産型化学製品 | 大量生产的化学商品 |
| — packaging | 商品包裝 | 商品包装 | 商品包装 |
| — area | 公共區（域） | 公的領域 | 公共区（域） |
| — axis | 共（用）軸 | 共通軸 | 共（用）轴 |
| — beam | 普通梁 | 根太 | 普通梁 |
| — brass | 普通黃銅 | 普通黄銅 | 普通黄铜 |
| — difference | 公差 | 公差 | 公差 |
| — dovetail | 鳩尾榫接合 | あり差し | 鳩尾榫接合 |
| — facilities | 共同施設 | 共同施設 | 共同施设 |
| — factor | 公因子 | 共通因子 | 公因子 |
| — link | 普通鏈環鎖環；普通鏈環 | 普通リンク | 普通链环锁环；普通链环 |
| — measure | 公測度 | 公度 | 公测度 |
| — temperature | 常溫 | 常温 | 常温 |
| — tools | 通用工具 | 普通工具 | 通用工具 |
| **compression volume** | 壓縮容積 | すきま容積 | 压缩容积 |
| **communication** | 通信 | 通信 | 通信 |
| — band | 通信頻帶 | 通信帯域 | 通信频带 |
| — cable | 通信電纜 | 通信ケーブル | 通信电缆 |
| **community** | 共有；群落 | 群集 | 共有；群落 |
| **comonomer** | 低聚物 | コモノマ | 低聚物 |
| **compact bite** | 燒結壓制刀頭 | 小型バイト | 烧结压制刀头 |
| — chassis | 小型底盤 | コンパクトシャーシ | 小型底盘 |
| **compactibility** | 成形法 | 成形性 | 成形法 |
| **compacting** | 壓實 | 予備据え込み | 压实 |
| — crack | 壓縮裂縫 | 圧縮割れ | 压缩裂缝 |
| — equipment | 壓實機械 | 締め固め機械 | 压实机械 |
| — factor | 壓實系數 | 締め固め係数 | 压实系数 |
| — machine | 壓縮成形機 | 締め固め機械 | 压缩成形机 |
| — pressure | 壓縮壓力 | 圧縮圧力 | 压缩压力 |
| **compaction** | 壓實；搗固 | 締め固め | 压实；搗固 |
| — by bulldozer track | 履帶輾壓 | 履帯転圧 | 履带辗压 |
| **compactness** | 致密性 | コンパクトネス | 致密性 |
| **compactor** | 壓實機 | つき固め機 | 压实机 |
| **cpmpandor** | 壓伸器 | 圧伸器 | 压伸器 |
| **companion** | 甲板天窗 | 昇降口の風雨よけ | 甲板天窗 |

| 英　　文 | 臺　　灣 | 日　　文 | 大　　陸 |
|---|---|---|---|
| ― lifetime | 相對壽命 | 相対寿命 | 相对寿命 |
| ― strength | 比較強度 | 比較強度 | 比较强度 |
| ― tests | 比較試驗 | 比較試験 | 比较试验 |
| **comparison** | 比較 | 比較 | 比较 |
| ― circuit | 比較電路 | 比較電回路 | 比较电路 |
| ― test | 比較試驗 | 比較判定 | 比较试验 |
| **compart** | 隔板；隔膜 | コンパート | 隔板；隔膜 |
| **compasses** | 圓規；兩腳規 | 製図用コンパス | 圆规；两脚规 |
| **compatibility** | 互換性；交換性 | 相溶性 | 互换性；交换性 |
| ― condition | 適合條件 | 適合条件 | 适合条件 |
| **compensating** | 補償蓄電池 | 補償蓄圧器 | 补偿蓄电池 |
| ― port | 輔助（量）孔 | 補償孔 | 辅助（量）孔 |
| ― ring | 補償環 | 補償リング | 补偿环 |
| ― sheave | 補償滑輪；張緊滑輪 | たるみ取り滑車 | 补偿滑轮；张紧滑轮 |
| ― spring | 平衡彈簧 | 補正ばね | 平衡弹簧 |
| ― wheel | 誘導輪 | 誘導輪 | 诱导轮 |
| **compensation** | 校正；補強 | 補強 | 校正；补强 |
| ― apparatus | 補償裝置 | 補償装置 | 补偿装置 |
| ― depth | 補償深度 | 補償深度 | 补偿深度 |
| ― device | 補償裝置 | 補償装置 | 补偿装置 |
| ― equipment | 補償裝置 | 補償装置 | 补偿装置 |
| ― of errors | 誤差調整 | 誤差調整 | 误差调整 |
| **compensator** | 補償板 | 補償器 | 补偿板 |
| ― alloy | 補償器合金 | 補償導線合金 | 补偿器合金 |
| ― circuit | 補償電路 | コンペンセータ回路 | 补偿电路 |
| **Compertz curve** | 康珀茨曲線 | コンペルツ曲線 | 康珀茨曲线 |
| **complete** | 全面分析 | 総分析 | 全面分析 |
| ― combustion | 完全燃燒；理想燃燒 | 完全燃焼 | 完全燃烧；理想燃烧 |
| ― dehydration | 完全脫水 | 完全脱水 | 完全脱水 |
| ― diffusion | 完全擴散 | 完全拡散 | 完全扩散 |
| ― dissociation | 完全解離 | 完全解離 | 完全解离 |
| ― dissolution | 完全溶化 | 完全溶解 | 完全溶化 |
| ― drying | 完全乾燥 | 完全乾燥 | 完全乾燥 |
| ― equilibrium | 完全平衡 | 完全平衡 | 完全平衡 |
| ― gasification | 完全氣化 | 完全ガス化 | 完全汽化 |
| ― hardening | 完全硬化 | 完全硬化 | 完全硬化 |
| ― joint penetration | 焊透 | 完全溶込み | 焊透 |
| ― mixing | 完全混溶 | 完全混合 | 完全混溶 |
| ― overflow | 完全溢流 | 完全越流 | 完全溢流 |
| ― solution | 完全解 | 完全解 | 完全解 |

| 英　文 | 臺　灣 | 日　文 | 大　陸 |
|---|---|---|---|
| **completion** | 竣工；完工 | 落成 | 竣工；完工 |
| — of cycle | 循環結束 | サイクルの完結 | 循环结束 |
| **complex** | 配合的；複體；配合物 | 複雑な | 配合的；复体；配合物 |
| — plane | 複平面 | 複素平面 | 复平面 |
| **component** | 成分；構件 | 成分 | 成分；部件 |
| — density | 元件密度；組件密度 | 部品密度 | 元件密度；组件密度 |
| — discrete | 分立元件 | 個別部品 | 分立元件 |
| — force | 分力 | 分力 | 分力 |
| — of force | 分力 | 力の成分 | 分力 |
| — of stress | 應力分量 | 応力成分 | 应力分量 |
| **composite** | 複合材料 | 複合材料 | 复合材料 |
| — board | 複合板 | 複合板 | 复合板 |
| — component | 複合部件 | 複合部品 | 复合部件 |
| — die | 組合膜 | 複合型 | 组合膜 |
| — electroplate | 複合鍍 | 複合めっき | 复合镀 |
| — fiber | 複合纖維 | 合成繊維 | 复合纤维 |
| — film | 複合薄膜 | 複合フィルム | 复合薄膜 |
| — flange | 組合法蘭 | 組合わせフランジ | 组合法兰 |
| — function | 合成函數 | 合成関数 | 合成函数 |
| — material | 複合材(料)；組合材料 | コンポジット材料 | 复合材(料)；组合材料 |
| — mold | 複合(金屬)膜 | 複合金型 | 复合(金属)膜 |
| — nailed beam | 釘合梁 | くぎ打ちばり | 钉合梁 |
| — panel | 複合板 | 複合パネル | 复合板 |
| — part | 複合零件 | 複合部品 | 复合零件 |
| — plastic(s) | 複合塑料 | 複合プラスチック | 复合塑料 |
| — plating | 複合鍍層 | 複合めっき | 复合镀层 |
| — sintered compact | 層狀燒結體 | 層状焼結体 | 层状烧结体 |
| — solid solution | 複合固溶體 | 複合固溶体 | 复合固溶体 |
| — specimen | 複合試片 | 複合試験片 | 复合试片 |
| — steel | 包層鋼 | 合わせ鋼 | 包层钢 |
| — strand | 複合絞線 | 複合より線 | 复合绞线 |
| — stress | 複合應力 | 混用応力 | 复合应力 |
| — structure | 鋼筋混凝土結構 | 複合構造（物） | 钢骨钢筋混凝土结构 |
| **composites** | 複合材料 | 複合材料 | 复合材料 |
| **composition** | 組成；成分 | 構成 | 焊剂 |
| — metal | 合金；應力合成 | コンポジションメタル | 合金；应力合成 |
| **compound** | 化合物 | 化合物 | 接合面 |
| — agent | 複合物 | 配合材〔剤〕 | 复合物 |
| — compression | 配料 | 多段圧縮 | 配料 |
| — compressor | 多級壓縮機 | 複式圧縮機 | 多级压缩机 |

| 英　　文 | 臺　　灣 | 日　　文 | 大　　陸 |
|---|---|---|---|
| — die | 複合模；組合模 | 複合型 | 复合模；组合模 |
| — material | 複合材料 | 複合材料 | 复合材料 |
| — pan | 塗料盤 | 塗料槽 | 涂料盘 |
| — relay | 複合繼電器 | 複合継電器 | 复合继电器 |
| — sintered compact | 複合燒結體 | 複合焼結体 | 复合烧结体 |
| — tool rest | 複式刀架 | 複式刃物台 | 复式刀架 |
| — truss | 組合桁架 | 混合トラス | 组合桁架 |
| — twisted wire | 合成絞線 | 合成より線 | 合成绞线 |
| — valve | 複合閥 | 複合パルブ | 复合阀 |
| — vibration | 複合振動 | 合成振動 | 复合振动 |
| — vortex | 複合渦流 | 組合わせうず | 复合涡流 |
| — wall | 多層牆 | 混成壁 | 多层墙 |
| — water meter | 複式水表 | 複合量水器 | 复式水表 |
| **compounding** | 配合；配料 | 配合 | 配合；配料 |
| — additive | 配合添加劑 | 配合剤 | 配合添加剂 |
| **compressed** | 壓縮空氣 | 圧縮空気 | 压缩空气 |
| — air drill | 風鑽 | 圧縮空気ドリル | 风钻 |
| — air ejection | 氣力出模；氣力彈射 | 空気噴出 | 气力出模；气力弹射 |
| — air ejector | 壓縮空氣噴射器 | 圧縮空気放出器 | 压缩空气喷射器 |
| — air hammer | 壓縮氣錘 | 圧縮空気ハンマ | 压缩气锤 |
| — air locomotive | 空氣壓縮機 | 圧縮空気式機関車 | 空气压缩机 |
| — air machine | 風動機械 | 圧縮空気機械 | 风动机械 |
| — air motor | 風動機械 | 圧縮空気モータ | 风动机械 |
| — air pile driver | 打椿氣錘 | 圧縮空気くい打ち機 | 打桩气锤 |
| — air pipe | 壓縮空氣 | 圧搾空気管 | 压缩空气 |
| — air wind tunnel | 高壓風洞 | 高圧風洞 | 高压风洞 |
| — density | 壓縮密度 | 圧縮密度 | 压缩密度 |
| — gas forming machine | 高速成形機 | ガス圧成形機 | 高速成形机 |
| — joint | 受壓接頭 | 圧縮接合 | 受压接头 |
| — mode | 壓縮方式 | 圧縮モード | 压缩方式 |
| — powder | 壓縮粉末 | 圧縮粉末 | 压缩粉末 |
| — theorem | 壓縮定理 | 圧縮定理 | 压缩定理 |
| **compressibility** | 壓縮性 | 圧縮性 | 压缩性 |
| — effect | 壓縮效應 | 圧縮性効果 | 压缩效应 |
| — factor | 壓縮率 | 圧縮率 | 压缩率 |
| — function | 壓縮函數 | 圧縮関数 | 压缩函数 |
| — index | 壓縮指數 | 圧縮性指数 | 压缩指数 |
| **compression** | 壓縮；壓力 | 圧縮 | 压缩；压力 |
| — bending | 壓彎加工 | 圧縮曲げ | 压弯加工 |
| — buckling | 座屈；壓曲 | 座屈 | 座屈；压曲 |

| 英　　文 | 臺　　灣 | 日　　文 | 大　　陸 |
|---|---|---|---|
| — casting | 壓鑄；加壓鑄造 | 圧力鋳造 | 压铸；加压铸造 |
| — characteristic | 壓縮特性 | 圧縮特性 | 压缩特性 |
| — coefficient | 壓縮系數 | 圧縮係数 | 压缩系数 |
| — coil spring | 壓縮螺旋彈簧 | 圧縮コイルばね | 压缩螺旋弹簧 |
| — coupling | 壓縮聯軸節 | 圧縮形継手 | 压缩联轴节 |
| — curve | 壓縮曲線 | 圧縮曲線 | 压缩曲线 |
| — degree | 壓縮比；壓縮程度 | 圧縮度 | 压缩比；压缩程度 |
| — die | 擠壓模 | 圧縮加工型 | 挤压模 |
| — engine | 壓縮機 | 圧縮エンジン | 压缩机 |
| — equation | 壓縮方程 | 圧縮式 | 压缩方程 |
| — equipment | 壓縮裝置 | 圧縮装置 | 压缩装置 |
| — factor | 壓縮系數 | 圧縮係数 | 压缩系数 |
| — flange | 補強凸緣 | 補強フランジ | 补强凸缘 |
| — formation | 壓縮成形 | 圧縮成形 | 压缩成形 |
| — ignition | 壓縮點火 | 圧縮 点火 | 压缩点火 |
| — index | 壓縮指數 | 圧縮指数 | 压缩指数 |
| — pump | 壓縮泵 | 圧縮ポンプ | 压缩泵 |
| — rate | 壓縮率 | 圧縮度 | 压缩率 |
| — ratio | 壓縮比 | 圧縮比 | 压缩比 |
| — refrigeration | 壓縮冷凍 | 圧縮冷凍 | 压缩冷冻 |
| — refrigerating system | 壓縮制冷系統 | 圧縮冷凍方式 | 压缩制冷系统 |
| — relief cam | 壓縮調整凸輪 | 圧縮加減カム | 压缩调整凸轮 |
| — relief valve | 壓縮安全閥 | 圧縮安全弁 | 压缩安全阀 |
| — ring | 密封環 | 圧縮リング | 密封环 |
| — roll | 壓(縮)輪 | 圧縮ロール | 压(缩)轮 |
| — section | 壓縮部 | 圧縮部 | 压缩部 |
| — space | 壓縮室 | 圧縮室 | 压缩室 |
| — spring | 壓縮彈簧 | 圧縮コイルばね | 压缩弹簧 |
| — stroke | 壓縮衝程 | 圧縮行程 | 压缩冲程 |
| — tank | 壓力水箱 | 圧力タンク | 压力水箱 |
| — tap | 壓縮旋塞 | 逃しコック | 压缩旋塞 |
| — temperature | 壓縮溫度 | 圧縮温度 | 压缩温度 |
| — test | 壓縮試驗 | 圧縮試験 | 压缩试验 |
| — treatment | 壓縮處理 | 圧縮処理 | 压缩处理 |
| — tube | 壓縮管 | 圧縮管 | 压缩管 |
| — type packing | 壓縮式填充物 | 圧縮形パッキン | 压缩式填充物 |
| — velocity | 壓縮速度 | 圧縮速度 | 压缩速度 |
| **compressional** | 壓縮振動 | 圧縮振動 | 压缩振动 |
| — wave | 壓力波 | 圧力波 | 压力波 |
| **compressive** | 抗壓瀝青路面 | 圧縮アスファルト舗装 | 抗压沥青路面 |

| 英　　文 | 臺　　灣 | 日　　文 | 大　　陸 |
|---|---|---|---|
| — buckling | 壓縮屈曲 | 圧縮座屈 | 压缩屈曲 |
| — creep | 壓縮蠕變 | 圧縮クリープ | 压缩蠕变 |
| — deformation | 壓縮變形 | 圧縮変形 | 压缩变形 |
| — fluid | 可壓縮性流體 | 圧縮性流体 | 可压缩性流体 |
| — force | 壓縮力 | 圧縮力 | 压缩力 |
| — reinforcement | 受壓鋼筋 | 圧縮鉄筋 | 受压钢筋 |
| — resilience | 壓縮儲能 | 圧縮レジリエンス | 压缩储能 |
| — resistance | 抗壓縮性 | 耐圧縮性 | 抗压缩性 |
| — shrinking machine | 壓縮收縮機 | 圧縮収縮仕上げ機 | 压缩收缩机 |
| — strain | 壓應變 | 圧縮ひずみ | 压应变 |
| — strength | 抗壓強度 | 耐圧強度 | 抗压强度 |
| — stress | 抗壓應力 | 圧縮応力 | 抗压应力 |
| — wave | 壓縮波 | 圧縮波 | 压缩波 |
| — yield point | 降伏點 | 降伏点 | 降伏点 |
| — zone | 構件受壓區 | 部材圧縮部 | 构件受压区 |
| **compressor** | 壓縮機 | 圧縮機 | 压缩机 |
| — cylinder | 壓縮(氣)機氣缸 | 圧縮機シリンダ | 压缩(气)机气缸 |
| — disk | 壓縮(氣)機輪盤 | 圧縮機ディスク | 压缩(气)机轮盘 |
| — for blast furnace | 高爐鼓風機 | 高炉用圧縮機 | 高炉鼓风机 |
| — for refrigerator | 冷凍機用壓縮機 | 冷凍機用圧縮機 | 冷冻机用压缩机 |
| — piston | 壓縮(氣)機活塞 | 圧縮機ピストン | 压缩(气)机活塞 |
| — pressure ratio | 壓縮(氣)機壓力比 | 圧縮機圧力比 | 压缩(气)机压力比 |
| — room | 壓縮(氣)機室 | 空気圧縮機室 | 压缩(气)机室 |
| — turbine | 壓縮(氣)機渦輪 | 圧縮機タービン | 压缩(气)机涡轮 |
| — unit | 壓縮裝置 | 圧縮装置 | 压缩装置 |
| **computer** | 計算機；電腦 | 計算機 | 计算机；电脑 |
| — numerical control | 計算機數值控制 | 計算機数値制御 | 计算机数值控制 |
| — simulation | 計算機模擬 | 計算機シミュレーション | 计算机模拟 |
| — socket | 計算機插口 | 計算機シミュレータ | 计算机插口 |
| — simulator | 計算機模擬程序 | コンピュータソケット | 计算机模拟程序 |
| **computer** model | 計算機模型 | 計算可能モデル | 计算机模型 |
| **computer** aided experiment | 計算機輔助實驗 | 計算機援用實驗 | 计算机辅助实验 |
| — facity design | 計算機輔助設計 | 計算機援用設備設計 | 计算机辅助设计 |
| — identification | 計算機輔助識別 | 計算機援用同定 | 计算机辅助识别 |
| — instruction | 計算機輔助教學 | 計算機援用教育 | 计算机辅助教学 |
| — learning | 計算機輔助學習 | 計算機援用学習 | 计算机辅助学习 |
| — manufacturing | 計算機輔助生產 | コンピュータによる製造 | 计算机辅助生产 |
| — measurement | 計算機輔助測量 | 計算機援用測定 | 计算机辅助测量 |
| — performance | 計算機輔助性能 | 計算機援用性能 | 计算机辅助性能 |
| **comuccite** | 硫銻鐵鉛礦 | コムシ石 | 硫锑铁铅矿 |

| 英　文 | 臺　灣 | 日　文 | 大　陸 |
|---|---|---|---|
| concave | 端刃隙角 | すかし角 | 端刃隙角 |
| — chamfer | 凹圓面 | さじ面 | 凹圓面 |
| — cutter | 凹半圓成形銑刀 | 内丸フライス | 凹半圓成形铣刀 |
| — fillet weld | 凹面角焊縫 | へこみすみ肉溶接 | 凹面角焊缝 |
| — lens | 凹透鏡 | 凹レンズ | 凹透镜 |
| — mirror | 凹面鏡 | 凹面鏡 | 凹面镜 |
| — shear | 凹形剪 | くぼみ形シヤー | 凹形剪 |
| — side | 凹側 | 凹側 | 凹側 |
| — slope | 凹形斜面 | 凹（形）斜面 | 凹形斜面 |
| — weld | 凹形焊縫 | へこみ溶接 | 凹形焊缝 |
| concavity | 凹面 | 凹面 | 凹面 |
| concentrated | 濃酸 | 濃酸 | 浓酸 |
| — load | 集中載荷 | 集中荷重 | 集中载荷 |
| — loss | 集中損耗 | 集中損失 | 集中损耗 |
| — matte | 精煉銅 | 精製銅ひ | 精炼铜 |
| — gradient | 沈度梯度 | 濃度こう配 | 沈度梯度 |
| — meter | 濃度計 | 濃度計 | 浓度计 |
| concentric | 同心圓環 | 同心円環 | 同心圆环 |
| — arrangement | 同心配置 | 同心配置 | 同心配置 |
| — cable | 同軸電纜 | 同軸ケーブル | 同轴电缆 |
| — circular ring | 同心圓環 | 同心円環 | 同心圆环 |
| — ring | 同心環 | 共心環 | 同心环 |
| concentricity | 同中心；同心度 | 同心性 | 同中心；同心度 |
| coneept | 原理；定則 | コンセプト | 原理；定则 |
| conceptual | 概念解析 | 概念解析 | 概念解析 |
| — design | 概念設計 | 概念設計 | 概念设计 |
| — graph | 概念圖解 | 概念グラフ | 概念图解 |
| — model | 概念模型 | 概念モデル | 概念模型 |
| conchoid | 螺旋線 | コンコイド | 螺旋线 |
| conciliation | 調停 | 調停 | 调停 |
| concord | 一致 | コンコード | 一致 |
| concretion | 凝結物 | 凝結 | 凝结物 |
| condensable gas | 液化氣 | 液化ガス | 液化气 |
| condensate | 冷凝水；凝縮 | 凝縮液 | 冷凝水；凝缩 |
| — pump | 凝結水泵 | 復水ポンプ | 凝结水泵 |
| condensation | 壓縮度 | 縮合 | 压缩度 |
| — agent | 壓縮劑 | 縮合剤 | 压缩剂 |
| — catalyst | 縮合催化 | 縮合触媒 | 缩合催化 |
| — center | 凝結中心 | 縮合中心 | 凝结中心 |
| — method | 冷凝法 | 凝集法 | 冷凝法 |

| 英　　文 | 臺　　灣 | 日　　文 | 大　　陸 |
|---|---|---|---|
| ― rate | 縮合率 | 縮合度 | 缩合率 |
| **condenser** | 冷凝器 | 復水器 | 冷凝器 |
| **condensing** | 冷凝螺旋管 | 復水じゃ | 冷凝螺旋管 |
| ― temperature | 凝結溫度 | 凝縮温度 | 凝结温度 |
| ― water cooler | 冷凝水冷卻器 | 復水冷却器 | 冷凝水冷却器 |
| **condition** | 狀態；狀況 | 条件 | 状态；状况 |
| ― of balance | 平衡條件 | 平衡条件 | 平衡条件 |
| ― of cure | 固化條件 | 硬化条件 | 固化条件 |
| ― of divergence | 擴散條件 | 拡散条件 | 扩散条件 |
| **conditioner** | 添加劑；軟化劑 | 調節器 | 添加剂；软化剂 |
| **conditioning** | 適應〔環境〕 | 条件づけ | 适应〔环境〕 |
| ― system | 調節系統 | 調節系 | 调节系统 |
| ― conduct pipe | 導管 | 導管 | 导管 |
| ― pipe line | 導水管線 | 導水管 | 导水管线 |
| **conductance** | 導電率；電導 | 電導度 | 导电率；电导 |
| ― material | 導電材料；導體 | 伝導物質 | 导电材料；导体 |
| ― resin | 導電樹脂 | 導電性樹脂 | 导电树脂 |
| **conductor** | 導體 | 導体 | 导体 |
| ― ink | 導體墨水 | 導体インク | 导体墨水 |
| ― loss | 導體損耗 | 導体損失 | 导体损耗 |
| **conduit** | 導管；輸送管 | 導水路 | 导管；输送管 |
| ― tube thread | 薄鋼〔導線〕管螺紋 | 薄鋼電線管ねじ | 薄钢〔导线〕管螺纹 |
| **cone** | （圓）錐；錐體 | コーン | （圆）锥；锥体 |
| ― agitor | 旋轉錐形攪拌機 | 回転円すい式かくはん機 | 旋转锥形搅拌机 |
| ― angle | 圓錐角 | テーバ角度 | 圆锥角 |
| ― antenna | 錐形天線 | コーンアンテナ | 锥形天线 |
| ― arc welding | 圓錐電弧焊 | 円すいアーク溶接法 | 圆锥电弧焊 |
| ― assembly | 圓錐配合 | コーンアセンブリ | 圆锥配合 |
| ― axis | 圓錐軸線 | 円すいの軸線 | 圆锥轴线 |
| ― belt | 三角皮帶 | V ベルト | 三角皮带 |
| ― blender | 錐形混合攪拌機 | コーンブレンダ | 锥形混合搅拌机 |
| ― bobbin | 錐形筒管 | コーンボビン | 锥形筒管 |
| ― brake | 圓錐閘 | 円すいブレーキ | 圆锥闸 |
| ― cup | 錐形杯 | コーンカップ | 锥形杯 |
| ― diameter | 圓錐直徑 | 円すい直径 | 圆锥直径 |
| ― diameter tolerance | 圓錐直徑公差 | 円すい直径公差 | 圆锥直径公差 |
| ― form tolerance | 圓錐形狀公差 | 円すい形状公差 | 圆锥形状公差 |
| ― pulley | 塔輪 | 円すいベルト車 | 塔轮 |
| ― screw | 錐形螺釘 | 円すいらせん | 锥形螺钉 |
| ― spindle | 錐形軸 | コーンスピンドル | 锥形轴 |

| 英　　文 | 臺　　灣 | 日　　文 | 大　　陸 |
|---|---|---|---|
| ― spring | 錐形彈簧 | 円すい形ばね | 锥形弹簧 |
| ― turbine | 錐形渦輪機 | 円すいタービン | 锥形涡轮机 |
| ― type handle | 喇叭型轉向盤 | コーンタイプハンドル | 喇叭型转向盘 |
| ― valve | 錐形閥 | コーンバルブ | 锥形阀 |
| **connection diagram** | 接線圖 | 結線図 | 接线图 |
| **coned disc spring** | 錐形盤簧 | 皿ばね | 锥形盘簧 |
| ― identification | 外形識別 | 形態識別 | 外形识别 |
| ― in space | 空間構形 | 空間配置 | 空间构形 |
| **conformability** | 整合(性) | 整合 | 整合(性) |
| **conformal** | 共形天線陣 | コンフォーマルアレイ | 共形天线阵 |
| ― projection | 等角投影 | 等角投影 | 等角投影 |
| **congealing** | 凍凝〔作用〕 | 冰結 | 冻凝〔作用〕 |
| ― point | 凍(凝)點 | 固化点 | 冻(凝)点 |
| **conical accumulation** | 砂碟圓錐 | 砂れき円すい | 砂碟圆锥 |
| ― ball mill | 錐形球磨機 | コニカルボールミル | 锥形球磨机 |
| ― bearing | 圓錐軸承 | 円すい軸受 | 圆锥轴承 |
| ― brake | 錐形閘 | コニカルブレーキ | 锥形闸 |
| ― cam | 圓錐凸輪 | 円すいカム | 圆锥凸轮 |
| ― camber | 錐形彎曲 | コニカルカンバ | 锥形弯曲 |
| ― cutter | 圓錐形刀具 | コニカルカッタ | 圆锥形刀具 |
| ― die | 圓錐形模 | 円すいダイス | 圆锥形模 |
| ― diffuser | 錐形擴散 | 円すいディフューザ | 锥形扩散 |
| ― friction | 錐形摩擦離合器 | 円すいクラッチ | 锥形摩擦离合器 |
| ― helical spring | 圓錐螺旋(形)彈簧 | 円すいつる巻ばね | 圆锥螺旋(形)弹簧 |
| ― reamer | 錐形鉸刀 | 円すいリーマ | 锥形铰刀 |
| ― ring | 錐形環 | コニカルリング | 锥形环 |
| ― spiral spring | 錐形螺旋彈簧 | 円すいコイルばね | 锥形螺旋弹簧 |
| ― spring washer | 錐形彈簧墊圈 | 皿ばね座金 | 锥形弹簧垫圈 |
| ― stylus | 錐形觸針 | 円すい針 | 锥形触针 |
| ― surface | 錐面 | 円すい表面 | 锥面 |
| **coning** | 錐度 | コニング | 锥度 |
| ― angle | 錐角 | コニング角 | 锥角 |
| ― axis | 共軛軸 | 共役軸 | 共轭轴 |
| **connectedness** | 連通性 | 連結（性） | 连通性 |
| **connecting** | 連接 | コネクチング | 连接 |
| ― gear | 聯結齒輪 | 連結歯車 | 联结齿轮 |
| ― lug | 連接凸緣 | 接続ラグ | 连接凸缘 |
| ― nut | 連接螺母 | 継手ナット | 连接螺母 |
| ― piece | 連接件 | コネクティングピース | 连接件 |
| ― pin | 連接銷 | 連接ピン | 连接销 |

| 英　　文 | 臺　　灣 | 日　　文 | 大　　陸 |
|---|---|---|---|
| — pipe | 連絡管 | 導圧管 | 连络管 |
| — plug | 連接插頭 | 接続プラグ | 连接插头 |
| — portion | 連接部分 | つながり部 | 连接部分 |
| — rod | 活塞桿 | 転てつ棒 | 活塞杆 |
| — rod head | 連桿頭 | 主連接棒端 | 连杆头 |
| — rod metal | 連桿(孔)軸承合金 | コンロッドメタル | 连杆(孔)轴承合金 |
| — rod pin | 連桿銷 | コネクチングロッドピン | 连杆销 |
| — screw | 聯接螺釘 | 連結ねじ | 联接螺钉 |
| — shaft | 連接軸 | 連結軸 | 连接轴 |
| — spring | 連接彈簧 | 連結ばね | 连接弹簧 |
| — tube | 連接管 | 連結管 | 连接管 |
| — wire | 連接線 | つなぎ線 | 连接线 |
| connection | 連接；接通；榫接 | 接続 | 连接；接通；榫接 |
| — angle | 連接角綱 | 連結山形鋼 | 连接角纲 |
| — cable | 連接電纜 | コネクションケーブル | 连接电缆 |
| — chain | 連接縫 | コネクションチェイン | 连接缝 |
| — diagram | 配線圖 | つなぎ線図 | 配线图 |
| — in series | 串行連接 | 直列接続 | 串行连接 |
| — sleeve | 連接套(管) | 接続スリーブ | 连接套(管) |
| — link | 連接環 | 連結環 | 连接环 |
| — pipe | 連接管 | コネクタパイプ | 连接管 |
| connelite | 硫羥氯銅石 | コーネル石 | 硫羟氯铜石 |
| cono battery | 充電式蓄電池 | コーノバッテリ | 充电式蓄电池 |
| conoid | 圓錐形(體) | コノイド | 圆锥形(体) |
| conormal | 餘法線 | 余法線 | 馀法线 |
| compensating | 逆調節池 | 予備調整池 | 逆调节池 |
| condensation for loss | 補嘗損失 | 損失補償 | 补尝损失 |
| Conpernik | 康普納克鐵鎳基導磁合金 | コンパーニク | 康普纳克铁镍基导磁合金 |
| consecutive | 連續動作 | 連続動作 | 连续动作 |
| — computer | 順序操作計算機 | 連続コンピュータ | 顺序操作计算机 |
| — input | 連續輸入 | 連続入力 | 连续输入 |
| — position | 連串位置 | 隣位 | 连串位置 |
| — reaction | 連串反應 | 逐次反応 | 连串反应 |
| consequence | 結論 | 結論 | 结论 |
| constertal | 多形等粒狀岩 | 多形等粒状 | 多形等粒状岩 |
| conservation of momentum | 動量守恆 | 運動量保存 | 动量守恒 |
| conservation | 保存；保全 | 保存 | 保存；保全 |
| — degree | 保持度 | 保守度 | 保持度 |
| — of angular momentum | 角動量守恆 | 角運動量の保存 | 角动量守恒 |
| — of energy | 能量不滅 | エネルギー保存則 | 能量守恒 |

| 英　　文 | 臺　　灣 | 日　　文 | 大　　陸 |
|---|---|---|---|
| — of mass | 質量不滅〔律〕 | 質量保存則 | 质量守恒〔律〕 |
| — principle | 不滅原理〔法則〕 | 保存の原理 | 守恒原理〔法则〕 |
| — rate | 保持率 | 保守率 | 保持率 |
| — technique | 儲備技術 | 保存技術 | 储备技术 |
| — theorem | 守恒定理 | 保存の原理 | 守恒定理 |
| **conservative** | 貯藏劑；防腐劑 | 安全側の | 贮藏剂；防腐剂 |
| — force | 保守力 | 保存性の力 | 保守力 |
| **conservatory** | 溫室；保存室 | 温室 | 温室；保存室 |
| **consistence** | 粘度；相容性 | コンシステンス | 粘度；相容性 |
| **consistency** | 稠度；一致性 | ちょう度 | 稠度；一致性 |
| — index | 稠度指數；密實度指數 | コンシステンシー指数 | 稠度指数；密实度指数 |
| — limit | 稠度界限 | コンシステンシー限界 | 稠度界限 |
| — meter | 粘度計 | ちょう度計 | 粘度计 |
| — operation | 一致性操作 | 後方操作 | 一致性操作 |
| — test | 稠度試驗 | コンシステンシー試験 | 稠度试验 |
| **consistent estimator** | 相容沽計量 | 一致推定子 | 相容沽计量 |
| — fat | 稠酯肪 | 硬質脂肪 | 稠酯肪 |
| — grease | 潤滑膏 | 凝固性グリース | 润滑脂 |
| — material | 稠性材料 | ばらつきのない材料 | 稠性材料 |
| **consistometer** | 濃度計 | 粘ちゅう度計 | 浓度计 |
| **console** | 托架；操作臺 | 制御卓 | 托架；控制台 |
| — buffer | 控制台緩衝器 | コンソールバッファ | 控制台缓冲器 |
| — cabinet | 控制室 | コンソールキャビネット | 控制室 |
| — control desk | 落地式控制台 | コンソール制御台 | 落地式控制台 |
| — debug | 控制台調整 | コンソールディバッグ | 控制台调整 |
| — desk | 操作台 | 操作卓 | 操作台 |
| — display | 控制台顯示器 | コンソールディスプレイ | 控制台显示器 |
| — operator | 操作員 | コンソールオペレータ | 操作员 |
| — package | 控制台部件 | コンソールパッケージ | 控制台部件 |
| — panel | 控制板 | 操作パネル | 控制板 |
| — receiver | 落地式接收機 | コンソールレシーバ | 落地式接收机 |
| — set | 落地式收音機 | コンソールヤット | 落地式收音机 |
| — sheet | 數據記錄單 | コンソールスイッチ | 数据记录单 |
| — switch | 操作開關 | コンソールスイッチ | 操作开关 |
| — trap | 控制台中斷 | コンソールトラップ | 控制台中断 |
| — typewriter | 控制台打印機 | 操作卓タイプライタ | 控制台打印机 |
| — unit | 控制台組件 | コンソールユニット | 控制台组件 |
| **consolidated** | 合載車 | 混載車 | 合载车 |
| — density | 壓縮密度 | 圧縮密度 | 压缩密度 |
| — system | 綜合系統 | 総合方式 | 综合系统 |

| 英　　文 | 臺　　灣 | 日　　文 | 大　　陸 |
|---|---|---|---|
| consolidating | 合并貨運區 | 集荷地 | 合并货运区 |
| consolidation | 壓實 | 団結 | 凝固；固化 |
| — curve | 固結曲線 | 圧密曲線 | 固结曲线 |
| — displacement | 壓實位移 | 圧密変位 | 压实位移 |
| — factor | 壓實係數；沈降係數 | 圧密度 | 压实系数；沈降系数 |
| — of foundation | 基礎加固 | 根固め | 基础加固 |
| — process | 〔地基〕固結施工法 | 固結工法 | 〔地基〕固结施工法 |
| — ratio | 壓縮比 | 圧搾度 | 压缩比 |
| — settlement | 固結沈降 | 圧密沈下 | 固结沈降 |
| consolidoment | 壓密試驗機 | 圧密試験機 | 压密试验机 |
| consulate point | 共溶點 | 共溶点 | 共溶点 |
| — temperature | 共溶溫度 | 共溶点 | 共溶温度 |
| consonance | 和諧；諧振 | 協和音 | 和谐；谐振 |
| const | 常數；恒定 | 定数 | 常数；恒定 |
| constac | 自動穩壓器 | コンスタック | 自动稳压器 |
| constancy | 恒定(性)；堅定 | 安定度 | 恒定(性)；坚定 |
| — phenomena | 恒常現象 | 恒常現象 | 恒常现象 |
| constant | 常數 | コンスタント | 常数 |
| — acceleration test | 等加速試驗 | 定加速度試験 | 等加速试验 |
| — amplitude | 等幅 | 定振幅 | 等幅 |
| — amplitude carrier | 等幅載波 | 定振幅搬送波 | 等幅载波 |
| — current stabilizer | 恒流裝置 | 定電流装置 | 恒流装置 |
| — current transformer | 恒流變壓器 | 定電流トランス | 恒流变压器 |
| — current welding machine | 恒電流焊接機 | 定電流溶接機 | 恒电流焊接机 |
| — curvature | 定曲率 | 定曲率 | 常曲率 |
| — diameter cam | 等徑凸輪 | 定直径カム | 等径凸轮 |
| — drying condition | 恒(定)乾燥條件 | 定常乾燥条件 | 恒(定)乾燥条件 |
| — error | 等值誤差；定差 | 定(誤)差 | 等值误差；定差 |
| — field | 恒定(磁)場 | 不変磁界 | 恒定(磁)场 |
| — flow mixer | 連續式攪拌器 | 連続ミキサ | 连续式搅拌器 |
| — force | 不變力 | 定力 | 恒力 |
| — fuzzy | 常數模糊 | コンスタントファジイ | 常数模糊 |
| — head tank | 恒心位箱 | 定水位槽 | 恒心位箱 |
| — lead screw | 固定導螺桿 | 定リード型スクリュー | 固定导螺杆 |
| — level | 恒定水準〔水平〕 | コンスタントレベル | 恒定水准〔水平〕 |
| — load | 定負載 | 定荷重 | 固定荷载 |
| — load test | 恒載試驗 | 定荷重試験 | 恒载试验 |
| — luminance system | 定亮度計〔彩色電視〕 | 定輝度方式 | 定亮度计〔彩色电视〕 |
| — permeability alloy | 恒(定)導磁率合金 | 恒導磁率合金 | 恒(定)导磁率合金 |
| — pitch propeller | 等螺距旋槳 | 一定ピッチプロペラ | 等螺距旋桨 |

210

| 英　文 | 臺　灣 | 日　文 | 大　陸 |
|---|---|---|---|
| — power ballast | 恒定功率穩流器 | 定電力型安定器 | 恒定功率稳流器 |
| — pressure | 定壓；恒壓 | 定圧 | 定压；恒压 |
| — pressure air reservoir | 恒壓儲氣罐 | 定圧空気だめ | 恒压储气罐 |
| — pressure change | 等壓變化 | 等圧変化 | 等压变化 |
| — pressure combustion | 等壓燃燒 | 定圧燃焼 | 恒(定)压燃烧 |
| — pressure control system | 等壓(力)控制方式(系統) | 定圧力制御方式 | 恒压(力)控制方式(系统) |
| — pressure-cycle | 等壓循環 | 定圧サイクル | 定压循环 |
| — pressure expansion valve | 等壓膨脹閥 | 定圧膨脹弁 | 恒压膨胀阀 |
| — pressure filtration | 恒壓過濾 | 定圧ろ過 | 恒压过滤 |
| — pressure gas turbine | 等壓燃氣輪機 | 定圧ガスタービン | 等压燃气轮机 |
| — pressure line | 等壓線 | 等圧線 | 等压线 |
| — pressure method | 定壓法 | 定圧法 | 定压法 |
| — pressure regulator | 恒壓調節閥 | 定圧調整弁 | 恒压调节阀 |
| — pressure surface | 恒壓面 | 定圧(表)面 | 恒压面 |
| — pressure valve | 恆壓閥 | 定圧弁 | 恒压阀 |
| — proportion | 定比 | 定比例 | 定比 |
| — rate | 定速度 | 定速度 | 定速度 |
| — rate pump | 定量泵 | 定量ポンプ | 定量泵 |
| — speed | 恒速；等速 | 定速度 | 恒速；等速 |
| — speed control | 定速控制 | 定速(度)制御 | 定速调节 |
| — speed friction tester | 定速摩擦試驗機 | 定速式摩擦試験機 | 恒速摩擦试验机 |
| — speed motor | 定速電動機 | 定速度電動機 | 定速电动机 |
| — speed propeller | 定速螺旋槳 | 定速プロペラ | 恒速螺旋桨 |
| — stress | (恒)定應力 | 定応力 | (恒)定应力 |
| — stress layer | 等應力層 | 定応力層 | 等应力层 |
| — stress test | 等應力試驗 | 定応力試験 | 恒定应力试验 |
| — temperature | 恒溫；定溫 | 定温 | 恒温；定温 |
| — temperature bath | 恒溫箱(槽) | 恒温箱 | 恒温箱(槽) |
| — temperature cycle | 恒溫循環 | 等温サイクル | 恒温循环 |
| — temperature furnace | 恒溫爐 | 恒温炉 | 恒温炉 |
| — temperature line | 等溫線 | 等温線 | 等温线 |
| — temperature oven | 恒溫槽 | 恒温そう | 恒温槽 |
| — tension break | 恒定張力斷裂〔試驗〕 | 定張力破断 | 恒定张力断裂〔试验〕 |
| — tension control | 定張力控制 | 定張力制御 | 定张力控制 |
| — term | 常數項 | 定数項 | 常数项 |
| — thermal chamber | 恒溫器 | 恒温器 | 恒温器 |
| — torque load | 定轉矩負載 | 定トルク負荷 | 定转矩负载 |
| — value | 常值 | 定値 | 常值 |
| — voltage | 定電壓；恆壓 | 一定電圧 | 定电压；恒压 |
| — voltage characteristic | 穩壓特性 | 定電圧特性 | 稳压特性 |

| 英　　文 | 臺　　灣 | 日　　文 | 大　　陸 |
|---|---|---|---|
| — voltage charge | 定電充電 | 定電圧充電 | 恒压充电 |
| — voltage circuit | 定電電路 | 定電圧回路 | 恒压电路 |
| — voltage device | 定電裝置 | 定電圧装置 | 稳压装置 |
| — voltage generator | 定電發電機 | 定電圧発電機 | 恒压发电机 |
| — voltage modulation | 定電調制 | 定電圧変調 | 稳压调制 |
| — voltage power supply | 定電電源 | 定電圧電源 | 稳压电源 |
| — volume | 等容 | 定容 | 定容；恒容 |
| — water level valve | 恒定水位閥 | 定水位弁 | 恒定水位阀 |
| — weight | 恒重 | 恒量 | 恒重 |
| constantan | 康銅 | コンスタンタン | 康铜；铜镍电阻合金 |
| — wire | 康銅線 | コンスタンタン線 | 康铜线 |
| constituent | 組成物 | 要素 | 构成；成分 |
| — atom | 組成原子 | 構成原子 | 组分原子 |
| — element | 組成元件 | 構成素子 | 组分元件 |
| — particle | 組成粒子 | 構成粒子 | 组分粒子 |
| constitution | 構造；成分；組成 | 構造 | 构造；成分；组成 |
| constitutional affinity | 結構親合力 | 構成親和力 | 结构亲合力 |
| — diagram | 組成圖 | 状態図 | 状态图 |
| — formula | 構造式 | 構造式 | 构造式 |
| — isomer | 結構異性體 | 構造異性体 | 结构异性体 |
| constitutive | 構成係數 | 構成係数 | 构成系数 |
| — property | 結構性 | 構造性 | 结构性 |
| constrain | 約束 | 拘束 | 约束 |
| — beam | 固定梁 | 固定ばり | 固定梁 |
| — chain | 約束鏈系 | 拘束連鎖 | 约束链系 |
| — cutting | 強制剪切法 | 拘束せん断法 | 强制剪切法 |
| — magnetization | 強制磁化 | 拘束磁化 | 强制磁化 |
| — optimization | 條件最佳化 | 条件付き最適化 | 条件最佳化 |
| constraint | 拘束；拘束物 | 制約 | 约束；限制 |
| — condition | 約束條件 | 拘束条件 | 约束条件 |
| — equation | 約束方程 | 制約式 | 约束方程 |
| — factor | 約束因素 | 拘束係数 | 约束因素 |
| constriction | 收縮 | 収縮 | 收缩 |
| — ratio | 收縮比（率） | 絞り比 | 收缩比（率） |
| construct | 結構；施工 | 構造 | 结构；施工 |
| construction | 構造；營建 | 構造 | 构造；建筑 |
| — equipment | 營建機具 | 建設機械 | 施工机械 |
| — material | 建築材料 | 建設材料 | 建筑材料 |
| — method | 施工法 | 施工法 | 施工法 |
| — type | 結構形式 | 構造様式 | 结构形式 |

| 英　　文 | 臺　　灣 | 日　　文 | 大　　陸 |
|---|---|---|---|
| constructional board | 建築結構板 | 建築板 | 建筑结构板 |
| — iron | 結構用鐵 | 建築用鉄材 | 结构用钢 |
| — material | 建築材料 | 建築材料 | 建筑材料 |
| — plastics | 建築用塗料 | 建築用プラスチック | 建筑用涂料 |
| consumable | 消耗電極 | 溶極 | 消耗电极 |
| — electrode process | 可熔電極式 | 溶極方式 | 可熔电极式 |
| — nozzle | 可熔焊嘴 | 消耗ノズル | 可熔焊嘴 |
| — stores | 消耗品 | 消耗品 | 消耗品 |
| consumption | 消費 | 消費 | 消费 |
| contact | 接觸 | コンタクト，接点 | 接点 |
| — action | 接觸作用 | 接触作用 | 接触作用 |
| — alloy | 接觸合金 | コンタクトアロイ | 接触合金 |
| — area | 接觸面積 | 接触面積 | 接触面积 |
| — arm | 接觸臂 | 接触片 | 接触臂 |
| — bank | 接點排 | 接点バンク | 接点排 |
| — bonding | 壓接(焊) | 圧着 | 压接(焊) |
| — bush | 接觸襯套 | 接触ブッシュ | 接触衬套 |
| — button | 接觸(按)鈕 | 接触ボタン | 接触(按)钮 |
| — cleaner | 觸點清潔劑 | コンタクトクリーナ | 触点清洁剂 |
| — friction | 接觸摩擦 | 接触摩擦 | 接触摩擦 |
| — loss | 接點損耗 | 接触損 | 接点损耗 |
| — maker | 接合器；開關 | 接触装置 | 接合器；开关 |
| — mass | 接觸物質 | 接触剤 | 接触物质 |
| — material | 接點材料 | コンタクト材料 | 接点材料 |
| — mechanism | 接觸機構 | 接触機構 | 接触机构 |
| — metal | 接點金屬 | 接点金属 | 接点金属 |
| — oil | 潤滑油 | コンタクト油 | 润滑油 |
| — operating mechanism | 接點動作機構 | 接点動作機構 | 接点动作机构 |
| — output module | 接點輸出模件〔組件〕 | 接点出力モジュール | 接点输出模件〔组件〕 |
| — oxidation | 接觸氧化 | 接触酸化 | 接触氧化 |
| — pads | 接觸墊片 | 導体パッド | 接触垫片 |
| — part | 接觸部分 | 接触部 | 接触部分 |
| — period | 接觸時間 | 接触時間 | 接触时间 |
| — plate | 接觸板 | コンタクトプレート | 接触板 |
| — screen | 接觸絲網 | コンタクトスクリーン | 接触丝网 |
| — screw | 接觸螺釘 | 接触ねじ | 接触螺钉 |
| — separation | 接觸間隔 | 接点間隔 | 接触间隔 |
| — shoe | 測頭 | 接触子 | 测头 |
| — spring | 接觸彈簧 | 接触ばね | 接触弹簧 |
| — substance | 接觸劑 | 接触剤 | 接触剂 |

| 英　　文 | 臺　　灣 | 日　　文 | 大　　陸 |
|---|---|---|---|
| ― terminal | 接觸接點 | コンタクトターミナル | 接触接点 |
| ― time | 接觸時間 | 接触時間 | 接触时间 |
| ― contacting | 接觸功率 | 接触効率 | 接触功率 |
| ― face | 接觸面 | 接触面 | 接触面 |
| ― liquid | 接著液 | 接着液 | 接着液 |
| contactless | 無接點 | コンタクトレス | 无接点 |
| ― keyboard | 無接點鍵盤 | 無接点キーボード | 无接点键盘 |
| contractor | 接觸器 | 接触器 | 接触器 |
| ― material | 接觸器材料 | 接触子材料 | 接触器材料 |
| container | 容器 | 容器 | 容器 |
| ― board | 瓦楞板紙 | 段ボール原紙 | 瓦楞板纸 |
| ― box | 集裝箱 | 容器箱 | 集装箱 |
| ― carrier | 集裝箱運輸車 | コンテナキャリア | 集装箱运输车 |
| ― case | 集裝箱 | コンテナケース | 集装箱 |
| ― crane | 集裝箱起重機 | コンテナクレーン | 集装箱起重机 |
| ― glass | 容器玻璃 | 容器ガラス | 容器玻璃 |
| ― heater | 擠壓模加熱器 | コンテナヒータ | 挤压模加热器 |
| ― lease | 集裝箱出租 | コンテナリース | 集装箱出租 |
| ― liner | 模腔襯層 | 容器用ライナ | 模腔衬层 |
| ― ring | 組合式擠壓模中間套 | コンテナリング | 组合式挤压模中间套 |
| ― rule | 集裝箱規則 | コンテナルール | 集装箱规则 |
| ― service | 集裝箱運輸 | コンテナ輸送 | 集装箱运输 |
| ― sweat | 集裝箱冷卻水 | コンテナスウェート | 集装箱冷却水 |
| containership | 集裝箱船 | コンテナ船 | 集装箱船 |
| containment | 收容；密封 | 収納 | 收容；密封 |
| ― shell | 安全外殼 | 格納容器 | 安全外壳 |
| ― spray system | 安全殼噴淋系統 | 格納容器スプレー系 | 安全壳喷淋系统 |
| Contamin | 康塔明銅錳鎳電阻合金 | コンタミン | 康塔明铜锰镍电阻合金 |
| contaminant | 污染物質 | 汚染要因物 | 污染物质 |
| contaminated air | 污染空氣 | 汚染空気 | 污染空气 |
| ― liquid | 污染液體 | 汚染液体 | 污染液体 |
| ― surface | 污染表面 | 汚染表面 | 污染表面 |
| ― water | 污染水 | 汚染水 | 污染水 |
| contamination | 污染 | 汚染 | 污染；玷污；不纯静 |
| contamince | 被污染物 | 被汚染物 | 被污染物 |
| content | 含量；內容 | 目次 | 含量；内容 |
| ― volume | 容積 | 受け容積 | 容积 |
| contents | 內容 | 内容物 | 内容 |
| context | 上下文 | 文脈 | 上下文 |
| contiguous | 連接塊 | 連続ブロック | 连接块 |

| 英　文 | 臺　灣 | 日　文 | 大　陸 |
|---|---|---|---|
| contingency | 偶然事故 | コンティンジェンシ | 偶然事故 |
| continuation | 繼續 | 継続 | 继续 |
| — code | 聯續表示位 | 継続コード | 联续表示位 |
| continue | 延續 | コンティニュー | 延续 |
| continuos absorption | 連續吸收 | 連続吸収 | 连续吸收 |
| — action | 連續動作 | 連続動作 | 连续动作 |
| — annealing | 連續退火 | 連続焼鈍 | 连续退火 |
| — annealing furnace | 連續退火爐 | 連続焼鈍炉 | 连续退火炉 |
| — anodizing equipment | 連續陽極化設備 | 連続陽極処理設備 | 连续阳极化设备 |
| — arc | 連續弧 | 連続弧 | 连续弧 |
| — arch | 連續拱 | 連続アーチ | 连续拱 |
| — assembly | 連續匯編 | 連続アセンブリ | 连续汇编 |
| — automation | 連續自動 | 連続形オートマトン | 连续自动机 |
| — bath | 連續浴 | 連続浴 | 连续浴 |
| — beam | 連續梁 | 連続ばり | 连续梁 |
| — body | 連續物體 | 連続物体 | 连续物体 |
| — brake | 連續軔機 | 通しブレーキ | 连续制动器 |
| — brake equipment | 連續制動裝置 | 貫通ブレーキ装置 | 连续制动装置 |
| — bridge | 連續橋 | 連続橋 | 连续桥 |
| — casting | 連續鑄造 | 連続鋳造 | 连续铸造 |
| — casting process | 連續鑄造法 | 連続鋳造法 | 连续铸造法 |
| — centrifugal separator | 連續離心分離分器 | 連続遠心分離機 | 连续离心分离分器 |
| — channel | 連續通道 | 連続的通信路 | 连续通道 |
| — chattering | 連續跳動 | 連続反跳 | 连续跳动 |
| — classifier | 連續澄清池 | 連続清澄装置 | 连续澄清池 |
| — control | 連續控制 | 連続制御 | 连续控制 |
| — control system | 連續控制系統 | 連続制御系 | 连续控制系统 |
| — controller | 連續操作人員 | 連続制御器 | 连续操作人员 |
| — conveyer | 連續式輸送機 | 連続コンベヤ | 连续式输送机 |
| — cooking | 連續蒸煮 | 連続蒸解 | 连续蒸煮 |
| — cure | 連續硫化 | 連続加硫 | 连续硫化 |
| — current | 直流 | コンティニャアス電流 | 直流 |
| — current discharge | 直流放電 | 直流放電 | 直流放电 |
| — curve | 連續曲線 | 連続曲線 | 连续曲线 |
| — cycle | 連續循環 | 連続サイクル | 连续循环 |
| — data | 計量值 | 計量値 | 计量值 |
| — density function | 連續密度函數 | 連続密度関数 | 连续密度函数 |
| discharge | 連續放電 | 連続放電 | 连续放电 |
| — drilling machine | 連續鑽床 | 連続ボール盤 | 多工位钻床 |
| — duty | 連續使用 | 連続使用 | 连续使用 |

215

| 英　　文 | 臺　　灣 | 日　　文 | 大　　陸 |
|---|---|---|---|
| ─ duty electromagnet | 連續工作的電磁鐵 | 連続使用の電磁石 | 连续工作的电磁铁 |
| ─ dynamical model | 連續動態模型 | 連続動的モデル | 连续动态模型 |
| ─ electrode | 連續電極 | 連続電極 | 连续电极 |
| ─ electron lens | 連續電子透鏡 | 連続電子レンズ | 连续电子透镜 |
| ─ extrusion molding | 連續擠製成形 | 連続押出成形 | 连续挤压成形 |
| ─ fat splitting | 連續油脂烈解 | 連続油脂分解 | 连续油脂烈解 |
| ─ fault | 連續故障 | 継続故障 | 连续故障 |
| ─ feeder | 連續加料器 | 連続フィーダ | 连续加料器 |
| ─ filament fiber | 長纖維 | フィラメント繊維 | 长纤维 |
| ─ film | 連續薄膜 | 連続皮膜 | 连续薄膜 |
| ─ filter | 連續過濾機 | 連続ろ過機 | 连续过滤机 |
| ─ filtration | 連續過濾機 | 連続ろ過機 | 连续过滤机 |
| ─ flow | 連續流 | 連続流 | 连续流 |
| ─ flow type dryer | 連續流動式乾燥機 | 連続流動式乾燥機 | 连续流动式乾燥机 |
| ─ form | 連續印刷用紙 | 連続フォーム | 连续印刷用纸 |
| ─ frame | 連續框架 | 一体フレーム | 连续框架 |
| ─ function | 連續函數 | 連続関数 | 连续函数 |
| ─ handling | 連續搬運 | 連続運搬 | 连续搬运 |
| ─ heat resistance | 耐熱持續性 | 耐熱持続性 | 耐热持续性 |
| ─ heating | 連續採暖 | 連続暖房 | 连续采暖 |
| ─ heating furnace | 連續加熱爐 | 連続加熱炉 | 连续加热炉 |
| ─ ignition | 連續點火 | 連続点火 | 连续点火 |
| ─ liner | 連續式親層 | 一体ライナ | 连续式亲层 |
| ─ load | 連續負載 | 持続荷重 | 连续载荷 |
| ─ loading | 連續加載 | 平等装荷 | 连续加载 |
| ─ lubrication | 連續潤滑 | 連続給油法 | 连续润滑 |
| ─ manufacturing | 連續製造 | 連続生産 | 连续生产 |
| ─ member | 連續構件 | 連続部材 | 连续构件 |
| ─ mill | 連續軋機 | 連続ミル | 连续轧机 |
| ─ milling machine | 連續工作銑床 | 連続フライス盤 | 连续工作铣床 |
| ─ mixer | 連續式攪拌機 | 連続ミキサ | 连续式搅拌机 |
| ─ model | 連續模型 | 連続モデル | 连续模型 |
| ─ molding | 連續造模法 | 連続成形 | 连续模塑（法） |
| ─ movement projector | 連續式放映機 | 連続式映写機 | 连续式放映机 |
| ─ operation | 連續操作 | 連続作業 | 连续操作 |
| ─ optimal control | 連續最優控制 | 連続最適制御 | 连续最优控制 |
| ─ plant | 連續式設備 | 連続式プラント | 连续式设备 |
| ─ polymerization | 連續聚合作用 | 連続重合 | 连续聚合作用 |
| ─ process | 連續法 | 連続プロセス | 连续生产法 |
| ─ proessing system | 連續處理系統 | 連続処理システム | 连续处理系统 |

| 英　　文 | 臺　　灣 | 日　　文 | 大　　陸 |
|---|---|---|---|
| — production | 連續生產 | 連続生産 | 连续生产 |
| — purifying | 連續淨化 | 連続清浄 | 连续净化 |
| — reinforcement | 連續強化材料 | 連続強化材 | 连续强化材料 |
| — reverse redrawing | 連續反拉深法 | 連続逆絞り法 | 连续反拉深法 |
| — rigid frame | 連續鋼〔性構〕架 | 連続ラーメン | 连续钢〔性构〕架 |
| — ringing | 連續信號 | 連続信号 | 连续信号 |
| — running | 連續運轉 | 連続運転 | 连续运转 |
| — running wind tunnel | 連續式風洞 | 連続式風胴 | 连续式风洞 |
| — sash | 連續窗 | 連続サッシ | 连续窗 |
| — scouring | 連續洗滌〔清洗〕 | 連続練り | 连续净化〔清洗〕 |
| — service | 連續作用 | 連続使用 | 连续作用 |
| — sheet | 連續壓片 | 連続シート | 连续压片 |
| — slowing-down model | 連續慢化〔減速〕模型 | 連続減速モデル | 连续慢化〔减速〕模型 |
| — steel making process | 連續製鋼法 | 連続製鋼法 | 连续制钢法 |
| — stove | 連續式乾燥爐 | 連続乾燥炉 | 连续式乾燥炉 |
| — tapping | 連續出鐵 | 連続出湯 | 连续出钢 |
| — thread stud | 全螺紋螺栓 | 長ねじボルト | 全螺纹螺栓 |
| — time dynamic model | 連續時間動態系統 | 連続型動的システム | 连续时间动态系统 |
| — time stochastic control | 連續時間隨機控制 | 連続時間確率制御 | 连续时间随机控制 |
| — tractive effort | 連續牽引力 | 連続けん引力 | 连续牵引力 |
| — transfer | 連續傳送 | 連続移送 | 连续传送 |
| — truss | 連續構架 | 連続トラス | 连续桁架 |
| — upsetting | 連續鍛粗 | 連続アプセッテング | 连续锻粗 |
| — use | 連續使用 | 連続使用 | 连续使用 |
| — variable | 連續變數 | 連続変数 | 连续变数 |
| — variable system | 連續可變系統 | 連続可変システム | 连续可变系统 |
| — variation | 連續變異 | 連続変異 | 连续变异 |
| — vent | 連續通氣管 | 連続通気 | 连续通气管 |
| — vibration | 等幅振蕩 | 持続振動 | 等幅振荡 |
| — voltage-rise test | 連續升壓試驗 | 連続電圧上昇試験 | 连续升压试验 |
| — weld | 連續熔接 | 連続溶接 | 连续焊（缝） |
| — welded rail | 無縫鋼軌 | ロングレール | 无缝钢轨 |
| — welding | 連續焊接 | 連続溶接 | 连续焊接 |
| — xanthator | 連續硫化機 | 連続硫化機 | 连续硫化机 |
| **contour** | 外形；輪廓 | 形状 | 形状；轮廓 |
| — amplifier | 輪廓放大器 | コンターアンプ | 轮廓放大器 |
| — analysis | 輪廓分析；外形分析 | 輪郭分析 | 轮廓分析；外形分析 |
| — cutting | 仿形加工 | 端面成形切断 | 仿形加工 |
| — effect | 輪廓效應 | 形状効果 | 轮廓效应 |
| — extrusion | 異形擠出 | 異形押出し | 异形挤出 |

217

| 英　　文 | 臺　　灣 | 日　　文 | 大　　陸 |
|---|---|---|---|
| — gage | 輪廓規 | 輪郭ゲージ | 外形样板 |
| — grinding machine | 靠模磨床 | 倣い研削盤 | 仿形磨床 |
| — machine | 靠模機床；仿形機床 | 成形のこ盤 | 靠模机床；仿形机床 |
| — milling | 靠模銑削 | 輪郭フライス削り | 仿形铣削 |
| — milling machine | 靠模銑床；仿形銑床 | 倣いフライス盤 | 靠模铣床；仿形铣床 |
| — cutline | 輪廓 | 輪郭 | 轮廓 |
| — projector | 輪廓投影儀 | コンタープロジェクタ | 轮廓投影仪 |
| — sawing | 靠模鋸法 | 輪郭引き | 仿形锯法 |
| — sawing machine | 靠模鋸床 | 金切り帯のこ盤 | 仿形锯床 |
| — shaping | 輪廓成形 | 倣い成形 | 轮廓成形 |
| — spinning | 靠模旋壓 | しごきスピニング | 仿形旋压 |
| — turning | 靠模切(車)削 | 倣い削り | 仿形切(车)削 |
| — vibration | 外形振動 | 輪郭振動 | 外形振动 |
| **contoured blade** | 成形刀 | 総形刃 | 成形刀 |
| — sheet | 模板 | 形板 | 模板 |
| **contourgraph** | 輪廓儀 | コンターグラフ | 轮廓仪 |
| **contouring** | 仿形加工 | 倣い削り | 仿形加工 |
| — control | 連續軌跡控制 | 連続通路制御 | 连续轨迹控制 |
| **contracted flow** | 收縮流 | 縮流 | 收缩流 |
| **contraction** | 收縮；縮短 | 収縮 | 收缩；缩短 |
| — and expansion properties | 伸縮性 | 伸縮性 | 伸缩性 |
| — cavity | 收縮孔 | 収縮孔 | 收缩孔 |
| — coefficient | 收縮係數 | 収縮係数 | 收缩系数 |
| — crack | 收縮裂縫 | 収縮割れ目 | 收缩烈缝 |
| — fissure | 收縮裂縫 | 収縮裂け目 | 收缩烈缝 |
| — joint | 接頭 | 収縮継手 | 收缩缝 |
| — loss | 收縮損失 | 縮小損失 | 收缩损失 |
| — nozzle | 收縮噴嘴 | 縮流ノズル | 收缩喷嘴 |
| — of area | 斷面收縮(量) | 絞り | 断面收缩(量) |
| — percentage | 收縮率 | 縮み率 | 收缩率 |
| — pyrometer | 收縮高溫計 | 収縮高温計 | 收缩高温计 |
| — ratio | 收縮比；引伸比 | 縮流比 | 收缩比；拉深比 |
| — rule | 縮尺 | 縮尺 | 缩尺 |
| — scale | 縮尺 | 縮尺 | 缩尺 |
| — stage | 收縮期 | 収縮期 | 收缩期 |
| — strain | 收縮應變 | 収縮張力 | 收缩应变 |
| — stress | 收縮應力 | 収縮応力 | 收缩应力 |
| — theory | 收縮理論 | 収縮説 | 收缩理论 |
| — unit stress | 收縮單位應力 | 収縮応力度 | 收缩单位应力 |
| — void | 縮孔 | 巣 | 缩孔 |

| 英　　文 | 臺　　灣 | 日　　文 | 大　　陸 |
|---|---|---|---|
| **contradiction** | 矛盾 | 矛盾 | 矛盾 |
| **contraflexure** | 反彎；反彎點 | 反曲点 | 反弯；反弯点 |
| **contraflow** | 反流；逆流 | （対）向流 | 反向流；逆流 |
| — condenser | 逆冷凝器 | 逆流復水器 | 逆冷凝器 |
| — heat exchanger | 反流式熱交換器 | 逆流形熱交換器 | 反流式热交换器 |
| — regenerator | 反流式熱交換器 | 逆流形熱交換器 | 反流式热交换器 |
| **contraposition** | 對位 | 対偶 | 对位 |
| **contrapropeller** | 同軸反轉式號螺旋槳 | 二重反転プロペラ | 同轴反转式号螺旋桨 |
| **contrarotating axial fan** | 反轉軸流風機 | 反転軸流ファン | 反转轴流风机 |
| **contrarotation** | 逆轉；反轉 | 反転 | 逆转；反转 |
| **contrite gear** | 端面齒輪 | フェースギヤー | 端面齿轮 |
| **contravalency** | 共價 | 反原子価 | 共价 |
| **control** | 控制；管制；操縱 | 制御 | 控制；调整；操纵 |
| — ability | 控制能力 | コントロールアビリティ | 控制能力 |
| — accuracy | 控制精度 | 制御正確さ | 控制精度 |
| — action | 控制作用 | 制御動作 | 控制作用 |
| — adaptive process | 控制— 自適應過程 | 制御-適応プロセス | 控制— 自适应过程 |
| — air compressor | 控制用空氣壓縮機 | 制御用空気圧縮機 | 控制用空气压缩机 |
| — air pipe | 控制用空氣管 | 制御用空気管 | 控制用空气管 |
| — air reservoir | 控制用空氣儲槽 | 制御用空気だめ | 控制用空气储槽 |
| — amplifier | 控制放大器 | 制御用増幅器 | 控制放大器 |
| — apparatus | 控制裝置 | 制御器具 | 控制装置 |
| — arm | 控制臂 | コントロールアーム | 控制臂 |
| — augmentation | 控制增強 | 制御増補 | 控制增强 |
| — automation system | 控制自動化系統 | 制御自動化システム | 控制自动化系统 |
| — ball | 控制球 | 制御ボール | 控制球 |
| — bar | 操縱桿 | コントロールバー | 操纵杆 |
| — board | 控制板 | 管制盤 | 控制盘 |
| — box | 控制箱 | 制御ボックス | 控制箱 |
| — button | 操縱按鈕 | 制御ボタン | 操纵按钮 |
| — by defectives | 不良率管理 | 不良率管理 | 不良率管理 |
| — case | 控制箱 | コントロールケース | 控制箱 |
| — circuit | 控制電路 | 制御回路 | 控制电路 |
| — circuit cut-out switch | 控制電路切斷開關 | 制御回路開放器 | 控制电路切断开关 |
| — coil | 控制線圈 | 制御コイル | 控制线圈 |
| — column | 控制桿；操縱桿 | 操縦かん | 控制杆；操纵杆 |
| — computer | 控制計算機 | 制御計算機 | 控制计算机 |
| — console | 控制台；調整台 | 制御盤〔卓〕 | 控制台；调整台 |
| — coupling | 耦合控制 | 制御的結合 | 耦合控制 |
| — data | 控制數據 | 制御データ | 控制数据 |

| 英　　　文 | 臺　　　灣 | 日　　　文 | 大　　　陸 |
|---|---|---|---|
| — design | 控制設計 | 制御設計 | 控制设计 |
| — desk | 控制台 | 調整卓 | 控制台 |
| — device | 控制裝置 | 制御装置 | 控制装置 |
| — diagram | 控制圖 | 制御線図 | 控制图 |
| — dial | 操縱盤 | コントロールダイヤル | 操纵盘 |
| — effectiveness | 操縱有效性 | かじの効き | 操纵有效性 |
| — electrode | 控制電極 | 制御電極 | 控制电极 |
| — element | 控制元件〔因子〕 | コントロールエレメント | 控制元件〔因子〕 |
| — engineering | 控制工程 | 制御工学 | 控制工程 |
| — equation | 控制方程(式) | 制御方程式 | 控制方程(式) |
| — equipment | 控制設備 | 制御装置 | 控制设备 |
| — equipment of sintering | 燒結控制裝置 | 焼結制御装置 | 烧结控制装置 |
| — error | 控制錯誤 | 制御偏差 | 控制错误 |
| — factor | 控制係數 | 制御係数 | 控制系数 |
| — flange | 閘凸緣 | 制動フランジ | 闸凸缘 |
| — flow | 控制流程 | 制御フロー | 控制流(程) |
| — flow analysis | 控制流分析 | 制御流れ分析 | 控制流分析 |
| — flow graph | 控制流程圖 | 制御流れグラフ | 控制流程图 |
| — force | 控制力；操縱力 | 制御力 | 控制力；操纵力 |
| — gage | 標準規 | 計量器 | 标准规 |
| — gear | 操縱裝置 | 操縦装置 | 操纵装置 |
| — group | 控制組 | 制御集団 | 控制组 |
| — head | 控制頭 | コントロールヘッド | 控制头 |
| — hole | 控制孔 | 制御せん孔 | 控制孔 |
| — instruction | 控制指令 | 制御命令 | 控制指令 |
| — instrument | 控制裝置 | 制御装置 | 控制装置 |
| — limit | 控制極限 | 管理限界 | 控制极限 |
| — load | 控制載荷 | 制御負荷 | 控制载荷 |
| — material | 控制材料 | 制御材 | 控制材料 |
| — mechanism | 控制機構；操縱機構 | 制御機構 | 控制机构；操纵机构 |
| — member | 控制元件 | 制御要素 | 控制元件 |
| — memory | 控制儲存器 | 制御記憶装置 | 控制储存器 |
| — model | 控制模型 | 制御モデル | 控制模型 |
| — module | 控制模塊 | 制御モジュール | 控制模块 |
| — monitor | 控制監視器 | 制御モニタ | 控制监视器 |
| — needs | 控制需求 | 制御ニーズ | 控制需求 |
| — nozzle | 控制噴嘴 | 制御ノズル | 控制喷嘴 |
| — of gage | 厚度控制〔調整〕 | 厚み調整 | 厚度控制〔调整〕 |
| — of plating bath | 電鍍〔槽〕液控制〔管理〕 | 浴の管理 | 电镀〔槽〕液控制〔管理〕 |
| — panel | 控制板 | 制御パネル | 控制盘 |

| 英　　文 | 臺　　灣 | 日　　文 | 大　　陸 |
|---|---|---|---|
| — panel board | 儀表盤 | 制御計器盤 | 仪表盘 |
| — platform | 控制台 | 運転台 | 控制台 |
| — point | 控制點 | 制御点 | 基准点 |
| — precision | 控制精度 | 制御精度 | 控制精度 |
| — principle | 控制原理 | 制御原理 | 控制原理 |
| — relay | 控制繼電器 | 制御リレー | 控制继电器 |
| — science | 控制科學 | 制御科学 | 控制符号 |
| — sign | 控制符號 | 規制標識 | 控制科学 |
| — switch | 控制開關 | 操作スイッチ | 控制开关 |
| — switchboard | 控制配電盤 | 制御配電盤 | 控制配电盘 |
| — torque | 控制力距 | 制御トルク | 控制力距 |
| — valve | 控制閥；調節閥 | 自動調節弁 | 控制阀；调节阀 |
| — wheel | 操縱輪 | 操縱輪 | 调整轮 |
| controllable | 轉換式逆止閥 | 切換え式逆止め弁 | 转换式逆止阀 |
| — cock | 調節旋塞 | 加減コック | 调节旋塞 |
| — factor | 可控因子(數) | 制御因子 | 可控因子(数) |
| controller | 控制器；控制者 | 制御器〔装置〕 | 控制器；调节器 |
| — structure | 控制器結構 | 制御装置構造 | 控制器结构 |
| controlling | 控制電池 | 制御電池 | 控制电池 |
| — box | 控制箱 | 操縱箱 | 控制箱 |
| — circuit | 控制電路 | 制御回路 | 控制电路 |
| — device | 調節裝置；復位裝置 | 制御装置 | 调节装置；复位装置 |
| — efficiency | 控制效率 | 制御効率 | 控制效率 |
| — element | 控制元件 | 制御要素 | 控制元件 |
| — equipment | 調節設備 | 調節装置 | 调节设备 |
| — flange | 控制法蘭 | 制御つば | 控制法兰 |
| — force | 控制力 | 制御力 | 控制力 |
| — gear | 控制裝置 | 操縱装置 | 控制装置 |
| — magnet | 控制磁鐵 | 制御磁石 | 控制磁铁 |
| — cone | 錐體 | コーヌス | 锥体 |
| — convected air | 對流空氣 | 対流空気 | 对流空气 |
| convection | 對流(熱、電的) | 対流 | 对流(热、电的) |
| — boiler | 對流鍋爐 | 対流形ボイラ | 对流式锅炉 |
| — drying | 對流乾燥 | 対流乾燥 | 对流乾燥 |
| — electrode | 對流電極 | 対流電極 | 对流电极 |
| — heater | 對流加熱器 | 対流加熱器 | 对流式加热器 |
| — heating | 對流加熱 | 対流加熱 | 对流加热 |
| — loss | 對流損耗 | 対流損失 | 对流损耗 |
| — oven | 對流加熱爐 | 熱対流炉 | 对流加热炉 |
| — tube | 對流管 | 対流管 | 对流管 |

| 英　　文 | 臺　　灣 | 日　　文 | 大　　陸 |
|---|---|---|---|
| **connective cell** | 對流室 | 対流セル | 对流室 |
| **convector** | 對流暖爐 | 対流暖房器 | 环流加热器 |
| — heater | 對流加熱器 | コンベクタヒータ | 对流式加热器 |
| — radiator | 對流散熱器 | 対流放熱器 | 对流式散热器 |
| **convergence** | 收斂；收縮 | 収れん | 收敛；聚束；聚焦 |
| **converser** | 改變；換算 | コンバーサ | 变换器；反转器 |
| **conversion** | 變換；反轉 | 変換 | 变换；反转 |
| — burner | 轉換燃燒器 | コンバーションバーナ | 转换燃烧器 |
| — code | 變換碼 | 変換符号 | 变换码 |
| — coefficient | 變換係數 | 転換比 | 变换系数 |
| — curve | 變換曲線 | 変換曲線 | 变换曲线 |
| — lens | 轉換鏡頭 | コンバーションレンズ | 转换镜头 |
| — loss | 變換損耗 | 変換損 | 变换损耗 |
| — of timber | 鋸材 | 制材木取り | 锯材 |
| — program | 轉換程序 | 変換プログラム | 转换程序 |
| — rate | 變換速度 | 変換速度 | 变换速度 |
| — ratio | 轉換比 | 転換率 | 转换比 |
| — routine | 轉換程序 | 変換ルーチン | 转换程序 |
| — table | 換算表 | 換算表 | 换算表 |
| — time | 換算時間 | 変換時間 | 换算时间 |
| — treatment | 轉化處理 | 化成処理 | 转化处理 |
| — unit | 改裝設備 | 改造装置 | 改装设备 |
| — converted bar | 表面硬化銅棒 | 肌焼き棒 | 表面硬化铜棒 |
| **converter** | 變流機；轉爐 | コンバータ | 变压器；转炉 |
| — chip | 轉換器片 | コンバータチップ | 转换器片 |
| — compressor | 轉爐用壓縮機 | 転炉用圧縮機 | 转炉用压缩机 |
| — drive position | 變速 | 変速 | 变速 |
| — process | 轉爐法 | 転炉法 | 转炉法 |
| — steel | 轉爐鋼 | 転炉鋼 | 转炉钢 |
| **converting** | 轉換；變換 | 変換 | 转换；变换 |
| — furnace | 轉爐 | 鋼化炉 | 转炉 |
| **convex** | 凸面 | コンベックス | 凸面 |
| — cam | 凸面凸輪 | 凸面カム | 凸面凸轮 |
| — combination | 凸組合 | 凸結合 | 凸组合 |
| — cone | 凸錐體 | 凸すい | 凸锥体 |
| — curve | 凸曲線 | コンベックスカーブ | 凸曲线 |
| — cutter | 凸半圓成形銑刀 | 外丸フライス | 凸半圆成形铣刀 |
| — end electrode | 凸形電極 | 凸形電極 | 凸形电极 |
| — fillet weld | 凸面填角熔接 | 凸隅肉溶接 | 凸形角焊缝 |
| — function | 凸函數 | 凸関数 | 凸函数 |

| 英　　文 | 臺　　灣 | 日　　文 | 大　　陸 |
|---|---|---|---|
| ― lens | 凸透鏡 | 凸レンズ | 凸透镜 |
| ― milling cutter | 凸形銑刀 | 外丸フライス | 凸形铣刀 |
| ― mirror | 凸面鏡 | 凸面鏡 | 凸面镜 |
| ― polyhedral cone | 凸多面錐體 | 凸多面すい | 凸多面锥体 |
| ― side | 凸邊 | 凸側 | 凸边 |
| ― slope | 凸形斜坡 | 凸（形）斜面 | 凸形斜坡 |
| ― surface | 凸面 | 凸曲面 | 凸面 |
| ― wheel | 盆式車輪 | コンベックスホイール | 盆式车轮 |
| ― ratio | 圓度比 | ふくらみ率 | 圓度比 |
| **conveyer** | 輸送機 | コンベヤ | 输送机 |
| ― balance | 傳送帶式秤 | コンベヤはかり | 传送带式秤 |
| ― band | 傳送帶 | コンベヤベルト | 传送带 |
| ― band dryer | 傳送帶乾燥機 | バンド乾燥機 | 传送带乾燥机 |
| ― belt | 輸送帶 | コンベヤベルト | 输送机带 |
| ― belt flow | 帶式流動輸送作業 | ベルトコンベア流作業 | 带式流动输送作业 |
| ― blade | 輸送機葉片 | 搬送羽根 | 输送机叶片 |
| ― chain | 輸送鍊 | コンベヤチェーン | 输送机链 |
| ― furnace | 傳送帶爐 | コンベヤ炉 | 传送带炉 |
| ― loader | 裝截輸送機 | コンベヤローダ | 装截输送机 |
| ― roller | 輸送機滾道 | コンベヤローラ | 输送机滚道 |
| ― scale | 輸送帶式秤 | コンベヤばかり | 输送带式秤 |
| ― scraper | 輸送機刮板 | コンベヤスクレーバ | 输送机刮板 |
| ― speed | 傳送（輸）速度 | コンベヤスピード | 传送（输）速度 |
| ― system | 輸送機系統 | コンベヤシステム | 输送机系统 |
| **conveying capacity test** | 出力試驗 | 輸送量試驗 | 出力试验 |
| ― pump | 輸送泵 | 送水ポンプ | 输送泵 |
| **convoluter** | 旋轉器 | コンボリュータ | 旋转器 |
| **convolve** | 旋轉 | コンボルブ | 旋转 |
| **cool air** | 冷空氣 | 冷気 | 冷空气 |
| ― air hose | 冷風管 | 冷風管 | 冷风管 |
| ― and hot water coil | 冷熱水螺旋管 | 冷温水コイル | 冷热水螺旋管 |
| ― color | 冷色 | 寒色 | 冷色 |
| ― down | 降溫 | クールダウン | 降温 |
| ― flame | 低溫火焰 | クールフレーム | 低温火焰 |
| ― ray lamp | 冷光燈 | 冷光電球 | 冷光灯 |
| ― sheet | 散熱片 | クールシート | 散热片 |
| ― time | 冷卻時間 | クールタイム | 冷却时间 |
| ― tone | 冷調 | 冷調 | 冷调 |
| **coolant** | 冷卻劑 | 冷却液 | 冷却剂 |
| ― jacket | 冷卻套管 | 冷却マントル | 冷却套管 |

223

| 英　　文 | 臺　　灣 | 日　　文 | 大　　陸 |
|---|---|---|---|
| — outlet | 冷卻水（劑）出口 | 冷却水出口 | 冷却水（剂）出口 |
| — pressure boundary · | 冷卻劑加壓極限 | 冷却材圧力バウンダリ | 冷却剂加压极限 |
| — pump | 冷卻（液）泵 | 切削油剤ポンプ | 冷却（液）泵 |
| — radioactivity | 冷卻材料放射能 | 冷却材放射能 | 冷却材料放射能 |
| — separator | 冷卻液分離器 | クーラントセパレータ | 冷却液分离器 |
| — system geometry | 冷卻系統配置 | 冷却系配置 | 冷却系统配置 |
| — tank | 冷卻液箱 | クーラントタンク | 冷却液箱 |
| — temperature | 冷卻水（劑）溫度 | 冷却水温度 | 冷却水（剂）温度 |
| cooled | 屏極冷卻式發射管 | C.A.T. 管 | 屏极冷却式发射管 |
| — nozzle | 冷卻噴嘴 | 冷却ノズル | 冷却喷嘴 |
| — turbine | 渦輪機 | 冷却式タービン | 涡轮机 |
| cooler | 冷卻劑；致冷裝置 | 冷房 | 冷却剂；致冷装置 |
| — condenser | 冷凝器 | 冷却凝縮器 | 冷凝器 |
| unit | 冷卻裝置 | クーラユニット | 冷却装置 |
| cooling | 冷卻 | 冷却 | 冷却 |
| — agent | 冷卻劑 | 冷却剤 | 冷却剂 |
| — air | 冷卻空氣 | 冷却空気 | 冷却空气 |
| — air duct | 空氣風道 | 冷却空気風道 | 空气风道 |
| — air intake | 冷卻空氣進口 | 冷却空気取入口 | 冷却空气进口 |
| — air jacket | 冷卻空氣套 | 冷却空気ジャケット | 冷却气套 |
| — apparatus | 冷卻器 | 冷却装置 | 冷却装置 |
| — area | 冷卻面 | 冷却面 | 冷却面 |
| — bath | 冷卻浴 | 冷却浴 | 冷却浴 |
| — bed | 冷床 | 冷却床 | 冷床 |
| — box | 冷卻箱 | 冷却箱 | 冷却箱 |
| — brittleness | 低溫脆性 | 冷却もろさ | 低温脆性 |
| — cavity | 冷卻孔 | 冷却穴 | 冷却孔 |
| — chamber | 冷卻室 | 低温室 | 冷藏室 |
| — column | 冷卻塔 | 冷却塔 | 冷却塔 |
| — control | 冷卻控制 | 冷却制御 | 冷却控制 |
| — curve | 冷卻曲線 | 冷却曲線 | 冷却曲线 |
| — cycle | 冷卻循環 | 冷却サイクル | 冷却循环 |
| — cylinder | 冷卻缸 | 冷却シリンダ | 冷却缸 |
| — drum | 冷卻鼓 | 冷却ドラム | 冷却鼓 |
| — duct | 冷卻導管 | 冷却ダクト | 冷却导管 |
| — effect | 冷卻效果 | 冷却効果 | 冷却效应 |
| — efficiency | 冷卻效率 | 冷却効率 | 冷却效率 |
| — factor | 冷卻係數 | 冷却係数 | 冷却系数 |
| — fan | 冷卻風扇 | 冷却ファン | 冷却风扇 |
| — fin | 散熱片 | 冷却ひれ | 散热片 |

| 英　　文 | 臺　　灣 | 日　　文 | 大　　陸 |
|---|---|---|---|
| ─ fixture | 冷卻夾具 | 冷却ジグ | 冷却夹具 |
| ─ flange | 冷卻凸緣 | 冷却フランジ | 冷却凸缘 |
| ─ fluid | 冷卻液 | 冷却液 | 冷却液 |
| ─ fresh water cooler | 清水冷卻器 | 清水冷却器 | 清水冷却器 |
| ─ fresh water pipe | 冷卻水管 | 冷却清水管 | 冷却清水管 |
| ─ fresh water pump | 冷卻清水泵 | 冷却清水ポンプ | 冷却清水泵 |
| ─ hardness cast iron | 冷硬鑄鐵 | 冷硬鋳鉄 | 冷硬铸铁 |
| ─ installation | 冷卻設備 | 冷却設備 | 冷却设备 |
| ─ jacket | 冷卻(水)套 | 冷却ジャケット | 冷却(水)套 |
| ─ jig | 冷卻夾具 | 冷却ジグ | 冷却夹具 |
| ─ loss | 冷卻損失 | 冷却損失 | 冷却损失 |
| ─ method | 冷卻方法 | 冷却方式 | 冷却方法 |
| ─ mixture | 冷卻混合物(劑) | 冷却剤 | 冷却混合物(剂) |
| ─ mold | 冷模 | 冷やし型 | 冷模成形 |
| ─ oil | 冷卻油 | 冷却油 | 冷却油 |
| ─ oil pump | 冷卻油泵 | 冷却油ポンプ | 冷却油泵 |
| ─ part | 冷卻件 | クーリングパート | 冷却件 |
| ─ plant | 冷卻設備 | 冷水装置 | 冷却设备 |
| ─ pond | 冷卻水池 | (放射能)冷却(水)槽 | 冷却池 |
| ─ power | 冷卻能力 | 冷却能力 | 冷却能力 |
| ─ press | 冷壓機 | クーリングプレス | 冷压机 |
| ─ pump | 冷卻泵 | 冷却ポンプ | 冷却泵 |
| ─ rate | 冷卻速度 | 冷却速度 | 冷却速度 |
| ─ roll | 冷卻輥 | 冷却ロール | 冷却辊 |
| ─ sleeve | 冷卻套筒(管) | 冷却スリーブ | 冷却套筒(管) |
| ─ stress | 冷卻應力 | 冷却応力 | 冷却应力 |
| ─ surface | 冷卻面 | 冷却面 | 冷却表面 |
| ─ system | 冷卻系統 | 冷却系 | 冷却系统 |
| ─ tank | 冷卻槽 | 冷却タンク | 冷却槽 |
| ─ test | 冷卻試驗 | 冷却試験 | 冷却试验 |
| ─ time | 冷卻時間 | 冷却期間 | 冷却时间 |
| ─ tube | 冷卻管 | 冷却管 | 冷却管 |
| ─ unit | 冷卻槽 | クーリング装置 | 冷却槽 |
| ─ water coller | 冷卻器 | 冷却水冷却器 | 冷却器 |
| ─ water heat exchanger | 冷卻水冷卻器 | 冷却水冷却器 | 冷却水冷却器 |
| ─ water intake | 冷卻水進水口 | 冷却水取水口 | 冷却水进水口 |
| ─ water jacket | 冷卻水套 | 冷却水ジャケット | 冷却水管 |
| ─ water pump | 冷卻水泵 | 冷却水ポンプ | 冷却水泵 |
| ─ water regulating valve | 冷卻水調節閥 | 冷却水調整弁 | 冷却水调节阀 |
| ─ water supply system | 冷卻供應系統 | 給水装置 | 冷却供应系统 |

| 英　　　文 | 臺　　　灣 | 日　　　文 | 大　　　陸 |
|---|---|---|---|
| — water tank | 冷卻水箱 | 冷却水タンク | 冷却水箱 |
| — water temperature | 冷卻水溫度 | 冷却水温度 | 冷却水温度 |
| — water treatment system | 冷卻水處理系統 | 冷却水浄化設備 | 冷却水处理系统 |
| — water tube | 冷卻管 | 冷却水管 | 冷却管 |
| cooperite | 硫(砷)鉑礦 | クーパー鉱 | 硫(砷)铂矿 |
| coordinate | 座標；配位 | 座標 | 坐标；配位 |
| — axis | 座標軸 | 座標軸 | 坐标轴 |
| — card | 座標卡 | コーディネートカード | 坐标卡 |
| — compound | 配位化合物 | 配位化合物 | 配位化合物 |
| — conversion | 座標變換 | 座標変換 | 坐标变换 |
| — covalence | 配位共價 | 配位共有原子価 | 配位共价 |
| — curve | 座標曲線 | 座標曲線 | 坐标曲线 |
| — grid | 座標網 | 座標格子 | 坐标网 |
| — lattice | 配位格子 | 配位格子 | 配位格子 |
| — paper | 座標紙 | 座標紙 | 坐标纸 |
| — scale | 座標尺 | 座標尺 | 坐标尺 |
| — surface | 座標(曲)面 | 座標曲面 | 坐标(曲)面 |
| — table | 十字形工作台 | 十字テーブル | 十字形工作台 |
| — coordination | 配位；調整 | 配位 | 配位；调整 |
| — isomer | 配位異構體 | 配位異性体 | 配位异构体 |
| — isomerism | 配位異構 | 配位異性 | 配位异构 |
| — lattice | 配位格子 | 配位格子 | 配位格子 |
| — number | 配位數 | 配位数 | 配位数 |
| cope | 上(砂)箱 | 上型 | 上(砂)箱 |
| — and deag pattern | 對合箱模型 | 合せ模型 | 对合箱模型 |
| — box | 上砂箱 | 上型枠 | 上砂箱 |
| — plate | 上箱模板；骨架模底板 | 地板 | 上箱模板；骨架模底板 |
| coped joint | 暗縫；連接縫 | 面腰 | 暗缝；连接缝 |
| Copel | 科普爾鎳銅合金 | コーペル | 科普尔镍铜合金 |
| copier | 復印機 | コピア | 复印机 |
| copilot | 副駕駛員 | 副操縦士 | 副驾驶员 |
| configuration | 共平面構型 | 共面配置 | 共平面构型 |
| — force | 平面力 | 平面力 | 平面力 |
| — points | 共面點 | 共面点 | 共面点 |
| coplanarity | 共(平)面性 | 共平面性 | 共(平)面性 |
| coplasticizer | 輔助塑劑 | 補助可塑剤 | 辅助塑剂 |
| copolycondensate | 共聚合 | 共重縮合 | 共聚合 |
| copolyester | 共聚多酯 | コポリエステル | 共聚多酯 |
| copolymer | 共聚物 | コポリマ | 共聚物 |
| — resin | 共聚合樹 | 共重合樹脂 | 共聚合树 |

| 英　　文 | 臺　　灣 | 日　　文 | 大　　陸 |
|---|---|---|---|
| copolymerizate | 共聚（合） | 共重合 | 共聚（合） |
| copolymerization | 共聚合作用 | 共重合 | 共聚合作用 |
| copper,Cu | 銅；紫銅 | カパー | 铜；紫铜 |
| — pcetate | 乙酸銅 | 酢酸銅（第二） | 乙酸铜 |
| — acetylide | 乙炔銅 | アセチレン銅 | 乙炔铜 |
| — alloy | 銅合金 | 銅合金 | 铜合金 |
| — alloy casting | 銅合金鑄造 | 銅合金鋳物 | 铜合金铸造 |
| — alloy pipe | 銅合金管 | 銅合金管 | 铜合金管 |
| — alloy wire | 銅合金線 | 銅合金線 | 铜合金线 |
| — amalgam | 銅汞齊 | 銅アマルガム | 铜汞齐 |
| — arsenide | 砷化銅 | ひ化銅 | 砷化铜 |
| — ashes | 銅粉 | 銅粉 | 铜粉 |
| — avanturine | 銅砂金石 | 銅砂金石 | 铜砂金石 |
| — base alloy | 銅基合金 | 銅基合金 | 铜基合金 |
| — bath | 銅電鍍液 | 銅電と浴 | 铜电镀液 |
| — blister | 泡銅；出銅 | プリスタ銅 | 泡铜；出铜 |
| — bolt | 銅螺栓 | 銅ボルト | 铜螺栓 |
| — bond | 黃銅焊接 | 銅圧接 | 黄铜焊接 |
| — bronze | 青銅粉 | 銅粉 | 青铜粉 |
| — brush | 銅刷 | 銅ブラシ | 铜刷 |
| — bus | 銅帶 | 銅帯 | 铜带 |
| — carbide | 碳化銅 | 銅アセチリト | 碳化铜 |
| — carbonate | 碳酸銅 | 炭酸銅 | 碳酸铜 |
| — cast steel | 銅鑄鋼 | 銅鋳鋼 | 铜铸钢 |
| — chloride | 氧化銅 | 塩化銅 | 氧化铜 |
| — clad sheet | 覆銅板 | 銅張り板 | 覆铜板 |
| — collar | 銅環 | 銅環 | 铜环 |
| — conductor | 銅蕊導線 | 銅心線 | 铜蕊导线 |
| — content | 銅的成分 | 銅分 | 铜的成分 |
| — cored carbon | 銅心碳（棒） | 銅心炭素 | 铜心碳（棒） |
| — corrosion test | 銅板腐蝕試驗 | 銅腐食試験 | 铜板腐蚀试验 |
| — covered steel wire | 銅包鋼線 | 銅覆鋼線 | 铜包钢线 |
| — cyanide | 氰化銅 | シアン化（第二）銅 | 氰化铜 |
| — cyanide plating | 氰化鍍銅 | シアン化銅めっき | 氰化镀铜 |
| — decoration | 銅擴散法 | 銅着色 | 铜扩散法 |
| — dioxide | 過氧化銅 | 二酸化銅 | 过氧化铜 |
| — dish method | 銅皿法 | 銅皿法 | 铜皿法 |
| — electrode | 銅電極 | 銅電極 | 铜电极 |
| — equivalent | 銅當量 | 銅当量 | 铜当量 |
| — etching | 銅腐蝕 | 銅腐蝕 | 铜腐蚀 |

C

| 英 文 | 臺 灣 | 日 文 | 大 陸 |
|---|---|---|---|
| — facing | 鍍銅 | 銅めっき | 镀铜 |
| — foil | 銅箔 | 銅はく | 铜箔 |
| — froth | 銅泡石 | 銅の浮きかす | 铜泡石 |
| — fulminate | 雷酸銅 | 雷酸銅 | 雷酸铜 |
| — fumes | 銅煙 | 銅煙 | 铜烟 |
| — gasket | 銅填料；銅墊片 | 銅ガスケット | 铜填料；铜垫片 |
| — gauze | 銅絲網 | 銅網 | 铜丝网 |
| — glance | 輝銅礦 | 硫銅鉱 | 辉铜矿 |
| — gold thermocouple | 銅— 金熱電偶 | 銅-金熱電対 | 铜— 金热电偶 |
| — green | 銅綠 | 緑青 | 铜绿 |
| — hammer | 銅錘 | 銅ハンマ | 铜锤 |
| — hydrate | 氫氧化銅 | 水酸化銅 | 氢氧化铜 |
| — index | 銅價 | 銅価 | 铜价 |
| — inhibitor | 銅害抑制劑 | 銅害防止剤 | 铜害抑制剂 |
| — ion | 銅離子 | 銅イオン | 铜离子 |
| — leaching | 銅浸出 | 銅浸出 | 铜浸出 |
| — lead | 鉛青銅 | 鉛青銅 | 铅青铜 |
| — line block | 銅凸板 | 銅凸版 | 铜凸板 |
| — liquor | 銅(水)溶液 | 銅塩水溶液 | 铜(水)溶液 |
| — loss | 銅損 | 銅損 | 铜损 |
| — manganese | 錳銅〔合金〕 | マンガン銅 | 锰铜〔合金〕 |
| — matte | 冰銅 | 銅ひ | 冰铜 |
| — matte regulus | 冰銅 | 銅ひ | 冰铜 |
| — metallurgy | 銅精鍊 | 製銅 | 铜精链 |
| — mine | 銅礦山 | 銅山 | 铜矿山 |
| — netted stencil paper | 銅(網)版紙 | 銅網入り型紙 | 铜(网)版纸 |
| — nickel plating | 銅鎳(電)鍍 | 銅-ニッケルめっき | 铜镍(电)镀 |
| — nickel welding rod | 銅鎳電條 | 銅ニッケル溶接棒 | 铜镍电条 |
| — nitrate | 硝酸銅 | 硝酸銅 | 硝酸铜 |
| — ore | 銅礦 | 銅鉱 | 铜矿石 |
| — peroxide | 過氧化銅 | 過酸化銅 | 过氧化铜 |
| — phosphide | 磷化銅 | りん化銅 | 磷化铜 |
| — pipe | 銅管 | 銅管 | 铜管 |
| — plate | 銅板 | 銅板 | 铜板 |
| — plate engraving | 雕刻凹版 | 彫刻凹版 | 雕刻凹版 |
| — plate printing | 凹版印刷 | 凹版印刷 | 凹版印刷 |
| — plating anode | 鍍銅用陽級 | 銅めっき | 镀铜用阳级 |
| — plating | 鍍銅 | 銅めっき用陽極 | 镀铜 |
| — plating plant | 鍍銅裝置 | 銅めっき装置 | 镀铜装置 |
| — pole | 銅極 | 銅極 | 铜极 |

| 英 文 | 臺 灣 | 日 文 | 大 陸 |
|---|---|---|---|
| — powder | 銅粉 | 銅粉 | 铜粉 |
| — pyrite | 黃銅礦 | 黄銅鉱 | 黄铜矿 |
| — refining | 銅精煉 | 銅精錬 | 铜精炼 |
| — resinate | 樹脂酸銅 | 樹脂酸銅 | 树脂酸铜 |
| — ribbon | 銅帶 | 銅リボン | 铜带 |
| — rod | 銅棒 | 銅棒 | 铜棒 |
| — rope | 銅絲繩 | 銅線ロープ | 铜丝绳 |
| — rust | 鋼銹 | 銅しょう | 钢锈 |
| — scale | 銅皮 | 銅肌 | 铜皮 |
| — scrap | 銅渣；銅層 | 銅さい | 铜渣；铜层 |
| — sheathing | 銅覆皮 | 含銅けつ岩 | 铜包板 |
| — shedting | 含銅頁岩 | 銅包み板 | 含铜页岩 |
| — sheet | 銅皮 | 薄銅板 | 薄铜板 |
| — sheet duct | 焊接銅管 | 銅板ダクト | 焊接铜管 |
| — shell | 銅皮 | 銅がら | 铜皮 |
| — silicate | 矽酸銅 | けい酸銅 | 矽酸铜 |
| — silmin | 銅矽鋁明合金 | カパーシルミン | 铜矽铝明合金 |
| — slag | 銅熔渣 | 銅からみ | 铜熔渣 |
| — sleeve | 銅套筒 | 銅スリーブ | 铜塞套 |
| — smith | 銅工；銅匠 | 銅工 | 铜工；铜匠 |
| — smoke | 銅煙 | 銅煙 | 铜烟 |
| — solution | 銅溶液 | 銅溶液 | 铜溶液 |
| — sponge | 海綿(狀)銅 | 海綿状銅 | 海绵(状)铜 |
| — steel | 銅綱 | 銅鋼 | 铜纲 |
| — storage battery | 銅蓄電池 | 銅蓄電池 | 铜蓄电池 |
| — strip | 銅帶；銅條 | 銅帶 | 铜带；铜条 |
| — sulfate | 硫酸銅 | 硫酸第二銅 | 硫酸铜 |
| — sulfide | 硫化銅 | 硫化銅 | 硫化铜 |
| — sulphate | 硫酸銅 | 硫酸銅 | 硫酸铜 |
| — tack | 紫銅釘 | 銅びょう | 紫铜钉 |
| — tin welding rod | 銅錫焊條 | 銅すず溶接棒 | 铜锡焊条 |
| — tube | 銅管 | 銅管 | 铜管 |
| — weld wire | 銅包綱絲 | カッパウェルド線 | 铜包纲丝 |
| — welding rod | 銅焊條 | 銅溶接棒 | 铜焊条 |
| — wire | 銅線 | 銅線 | 铜线 |
| — wire bar | 銅錠；銅棒 | さお銅 | 铜锭；铜棒 |
| — wire gauze | 銅絲網 | 銅線網 | 铜丝网 |
| — wool | 銅絲毛 | カッパウール | 铜丝毛 |
| — -zinc alloy plating | (電)鍍銅鋅合金 | 銅あえん合金めっき | (电)镀铜锌合金 |
| — -zinc welding rod | 銅鋅焊條(絲) | 銅-亜鉛溶接棒 | 铜锌焊条(丝) |

| 英 文 | 臺 灣 | 日 文 | 大 陸 |
|---|---|---|---|
| **coppered** | 鍍銅線 | 銅引線 | 镀铜线 |
| **coppering** | 鍍銅 | 銅めっき | 镀铜 |
| **copperpie wire** | 鋼心鍍銅線 | カッパプライ線 | 钢心镀铜线 |
| **coppersmithing** | 銅鍛造 | 銅鍛造 | 铜锻造 |
| **copunctual planes** | 共點平面 | 共点平面 | 共点平面 |
| **copy** | 拷具；複寫；複制 | 写し | 拷具；复写；复制 |
| — mill | 靠模銑床 | 倣いフライス盤 | 仿形铣床 |
| — milling | 靠模銑削 | 倣いフライス削り | 仿形铣削 |
| **copying** | 靠模加工 | 複製 | 仿形加工 |
| — apparatus | 靠模裝置；複印機 | 複写機 | 仿形装置；复印机 |
| — attachment | 靠模裝置；裝置附件 | 倣い削り装置 | 仿形装置；装置附件 |
| — control | 靠模控制 | 倣い制御 | 仿型控制 |
| — lamp | 晒圖燈 | コピーングランプ | 晒图灯 |
| — lathe | 靠模車床 | 写取り旋盤 | 仿形车床 |
| — machine | 靠模機床；複印機 | 倣い工作機械 | 仿形机床；复印机 |
| — paper | 複寫紙 | 複写用紙 | 复写纸 |
| — planer | 靠模刨床；靠模車床 | 倣いかんな盤 | 仿形刨床；靠模车床 |
| — tool | 成形車刀 | 倣いバイト | 成形车刀 |
| **copyright** | 著作權；版權 | 着作権 | 着作权；版权 |
| **coracite** | 水鈣鉛油礦 | コラサイト | 水钙铅油矿 |
| **coral** | 珊瑚 | さんご | 珊瑚 |
| **cord** | 繩；索 | ひも | 线；条痕 |
| — breaker | 緩衝層 | コードブレーカ | 缓冲层 |
| — drive | 繩索轉動 | 糸ドライブ | 绳索转动 |
| **cordage** | 索具 | ロープ類 | 索具 |
| **core** | 心型；砂心 | コア | 核；核心 |
| **cored bobbin** | 有芯線圈架 | コア入りボビン | 有芯线圈架 |
| — carbon | 芯碳棒；貫心碳條 | コアドカーボン | 芯碳棒；贯心碳条 |
| — crystal | 有核結晶 | 有核結晶 | 有核结晶 |
| — electrode | 有心熔接棒 | 有心電極 | 有心熔接棒 |
| — roll | 貫芯輥筒 | コアドロール | 贯芯辊筒 |
| **cores** | 芯板 | 心板 | 芯板 |
| **cork** | 管塞；軟木 | コルク | 管塞；软木塞 |
| — plug | 軟木塞 | コルク栓 | 软木塞 |
| — stopper | 軟木塞(栓) | コルク栓 | 软木塞(栓) |
| **corner** | 角；隅；彎(管)頭 | コーナ | 角；隅；弯(管)头 |
| — angle | 頂角 | コーナ角 | 顶角 |
| — cutting | 倒角 | 隅取り | 倒角 |
| — cutting machine | 切角機 | 角切り機 | 切角机 |
| — post | 角柱 | 隅柱 | 角柱 |

| 英　　文 | 臺　　灣 | 日　　文 | 大　　陸 |
|---|---|---|---|
| ― shaling | 鑄皮 | スプラッシュ | 铸皮 |
| ― structure | 角部結構 | 隅部材 | 角部结构 |
| ― weld | 角焊；角縫焊 | 角溶接 | 角焊；角焊缝 |
| **coronadite** | 錳鉛礦 | コロナド石 | 锰铅矿 |
| **coronet** | 冠狀 | コロネット | 冠状 |
| **coronguite** | 水銻銀鉛礦 | コロンゴ石 | 水锑银铅矿 |
| ― output | 修正輪出力 | 修正出力 | 修正轮出力 |
| ― rate of flow | 校正流量 | 修正流量 | 校正流量 |
| ― value | 修正值 | 修正値 | 修正值 |
| **correcting** | 校正 | 補正 | 校正 |
| ― correction | 修正(量)；調整 | 修正（量） | 修正（量）；调整 |
| ― plane | 修正面 | 修正面 | 修正面 |
| **corresponding angles** | 同位角 | 対応角 | 同位角 |
| **corrodokote mud** | 腐蝕膏 | コロードコートどろ | 腐蚀膏 |
| ― paste | 腐蝕膏 | コロードコートどろ | 腐蚀膏 |
| **corrosing** | 銹斑 | 孔食 | 锈斑 |
| **corrosion** | 腐蝕；銹蝕 | 腐食 | 腐蚀；锈蚀 |
| ― at high temperature | 高溫腐蝕 | 高温腐食 | 高温腐蚀 |
| ― at low temperature | 低溫腐蝕 | 低温腐食 | 低温腐蚀 |
| ― behavior | 腐蝕作用(特性) | 金属腐食性 | 腐蚀作用(特性) |
| ― by oxygen blowing | 吹氧腐蝕 | 酸素吹込み腐食 | 吹氧腐蚀 |
| ― cell | 腐蝕電池 | 腐食電池 | 腐蚀电池 |
| ― crack(ing) | 腐蝕龜烈 | 腐食割れ | 腐蚀龟烈 |
| ― damage | 腐蝕破壞 | 腐食害 | 腐蚀破坏 |
| ― fatigue strength | 腐蝕疲勞強度 | 腐食疲労強度 | 腐蚀疲劳强度 |
| ― margin | 腐蝕極限 | 腐食余裕 | 腐蚀极限 |
| ― preventive | 腐銹劑 | 防食剤 | 腐锈剂 |
| ― preventive coating | 腐蝕塗層(膜) | 防食皮膜 | 腐蚀涂层(膜) |
| ― preventive material | 防銹材料 | 防せい材料 | 防锈材料 |
| ― preventive steel plate | 防銹鋼板；不銹鋼板 | 防せい鋼板 | 防锈钢板；不锈钢板 |
| ― protection | 腐蝕防護(法) | 防食処理 | 腐蚀防护(法) |
| ― protective device | 防蝕裝置 | 防食装置 | 防蚀装置 |
| ― rate | 腐蝕率 | 腐食率 | 腐蚀率 |
| ― ratio | 腐蝕比 | 腐食比 | 腐蚀比 |
| ― reaction | 腐蝕反應 | 腐食反応 | 腐蚀反应 |
| ― resistance | 耐腐蝕 | 耐食性 | 耐腐蚀 |
| ― resistant type | 抗蝕型 | 防食形 | 抗蚀型 |
| ― resisting alloy | 耐蝕合金 | 耐食合金 | 耐蚀合金 |
| ― resisting aluminium alloy | 耐蝕鋁合金 | 耐食アルミニウム合金 | 耐蚀铝合金 |
| ― resisting bearing | 耐腐蝕軸承 | 耐食性軸受 | 耐腐蚀轴承 |

| 英　　　文 | 臺　　　灣 | 日　　　文 | 大　　　陸 |
|---|---|---|---|
| — resisting material | 耐蝕材料 | 耐食材料 | 耐蚀材料 |
| — resisting metal | 抗腐蝕金屬 | 耐腐食金属 | 抗腐蚀金属 |
| — resisting steel | 耐蝕鋼 | 耐食鋼 | 耐蚀钢 |
| — resistivity | 耐腐蝕性 | 耐食性 | 耐腐蚀性 |
| — speed | 腐蝕速率 | 腐食速度 | 腐蚀速率 |
| **corrosive** | 腐蝕劑 | 腐食剤 | 腐蚀剂 |
| — action | 腐蝕作用 | 腐食作用 | 腐蚀作用 |
| — crack | 腐蝕裂紋 | 腐食割れ | 腐蚀裂纹 |
| — effect | 腐蝕效應 | 腐食作用 | 腐蚀效应 |
| **Corson alloy** | 科森合金 | コルソン合金 | 科森合金 |
| **Cor-Ten** | 科爾亭低合金高強度鋼 | コアテン | 科尔亭低合金高强度钢 |
| **cortex** | 外層 | 表層 | 外层 |
| **corundum** | 金鋼砂 | 鋼玉 | 金钢砂 |
| **cotter** | 栓;鍵 | 込栓 | 键销; 开口销 |
| — bolt | 插銷螺栓 | コッタボルト | 带销螺栓 |
| — diameter | 鎖銷直徑 | コッタ径 | 锁销直径 |
| — hole | 銷釘孔 | 栓穴 | 销钉孔 |
| — mill | 銷槽銑刀 | コッタミル | 销槽铣刀 |
| — pin | 開尾(口)銷 | コッタピン | 开尾(口)销 |
| **countersunk** | 埋頭 | 皿頭の | 沾头 |
| — and chipped rivet | 埋頭鉚釘 | 削ならしリベット | 沾头铆钉 |
| — bolt | 埋頭螺栓 | さら(頭)ボルト | 沾头螺栓 |
| — nut | 埋頭螺母 | カウンタサンクナット | 沾头螺母 |
| — oval—head screw | 埋頭圓頂螺釘 | 丸皿小ねじ | 沾头圆顶螺钉 |
| — point | 埋頭鉚釘尖 | 皿先 | 沾头铆钉尖 |
| — screw | 埋頭螺釘 | 皿小ねじ | 沾头螺钉 |
| **coupling** | 連結器;管接頭 | 軸継手 | 耦合; 跨接 |
| — bolt | 連結螺栓 | 連結ボルト | 连接螺栓 |
| — collar | 連結套筒 | 継ぎ輪 | 连接套筒 |
| — driving wheel | 連接器驅動輪 | 連結動輪 | 连接器驱动轮 |
| — element | 耦合元件 | 結合素子 | 耦合元件 |
| — flange | 聯軸節凸緣 | 結合フランジ | 联轴节凸缘 |
| — loop | 耦合環 | 結合ループ | 耦合环 |
| — oscillation | 複合振動 | 複合振動 | 复合振动 |
| **course** | 衝程 | 針路 | 冲程 |
| **covelline** | 銅藍 | 銅らん | 铜蓝 |
| **covellite** | 銅藍 | 銅らん | 铜蓝 |
| **cover** | 蓋;罩;殼;保護層 | カバー | 盖; 罩; 壳; 保护层 |
| — crop | 被覆作物 | 被覆作物 | 被覆作物 |
| — degree | 覆蓋度 | 被覆度 | 覆盖度 |

| 英　文 | 臺　灣 | 日　文 | 大　陸 |
|---|---|---|---|
| — disk | 蓋盤 | 覆盤 | 盖盘 |
| — glass | 玻璃蓋片 | カバーガラス | 玻璃盖片 |
| — mold | 上模 | 前型 | 上模 |
| — strip | 覆板 | カバーストリップ | 覆板 |
| covered alley | 臨街檐廊 | がん木造り | 临街檐廊 |
| — cemented carbide | 被覆超硬合金 | 被覆超硬合金 | 被覆超硬合金 |
| — wire | 包覆線 | 被覆線 | 被覆线 |
| covering | 包覆材料；塗層 | 被覆 | 包覆材料；涂层 |
| — effect | 覆蓋效應 | 被覆効果 | 覆盖效应 |
| — machine | 包線機 | 包被線機 | 包线机 |
| — material | 覆蓋材料 | 被覆材料 | 覆盖材料 |
| — plate | 蓋板 | 被せ板 | 盖板 |
| — strip | 蓋板 | かぶせ板 | 盖板 |
| coverture | 包覆；保護 | カバチャー | 包覆；保护 |
| cowl | 通風帽 | カウル | （外）壳；整流罩 |
| — board | 儀表板 | カウルボード | 仪表板 |
| — panel | 蓋板 | ウウル外板 | 盖板 |
| — trim | 裝飾罩 | カウル内張り | 装饰罩 |
| Cowles dissolver | 導風板 | 導風板 | 导风板 |
| crab-bolt | 地腳螺栓 | 鬼ボルト | 地脚螺栓 |
| crack | 破裂；裂痕 | き裂 | 裂纹；裂解 |
| — arrester | 止裂器 | 割れ止 | 止裂器 |
| — density | 裂痕密度 | き裂密度 | 裂纹密度 |
| — detection | 裂痕檢查 | ひび割れ検査 | 裂纹检查 |
| — detector | 探傷器 | 割れ検出装置 | 探伤器 |
| — extension factor | 裂紋延伸系數 | クラック拡大係数 | 裂纹延伸系数 |
| — failure | 斷裂破壞 | き裂破損 | 断裂破坏 |
| — method | 縫隙法 | すき間法 | 缝隙法 |
| — propagation | 裂紋擴展 | クラシクの伝播 | 裂纹扩展 |
| — speed | 破裂〔擴展〕速率 | クラック速度 | 破裂〔扩展〕速率 |
| — starter test | 落錘抗斷試驗 | クラックスタータ試験 | 落锤抗断试验 |
| — stress | 裂紋應力 | 割れ応力 | 裂纹应力 |
| — tip | 裂紋端部 | クラック先端 | 裂纹端部 |
| — width | 裂縫寬度 | ひび割れ幅 | 裂缝宽度 |
| cracker | 分解裝置 | 分解炉 | 分解装置 |
| — gas | 裂化爐氣 | 分解ガス | 裂化炉气 |
| cracking | 裂開；分餾 | き裂 | 裂解；分馏 |
| — load | 破壞載荷 | ひび割れ荷重 | 破坏载荷 |
| — unit | 分解爐 | 分解炉 | 分解炉 |
| cradle | 搖臺 | 揺架 | 揺架；槽形支座 |

| 英　　文 | 臺　　灣 | 日　　文 | 大　　陸 |
|---|---|---|---|
| — frame | 定子移動框架 | 砲架形フレーム | 定子移动框架 |
| **craft** | 航空器 | 舟 | 航空器 |
| — shop | 技工室 | 技工室 | 技工室 |
| **craftsman** | 技工 | 技能者 | 技工 |
| **craftsmanship** | 技能 | 技能 | 技能 |
| **cramp** | 夾鉗；固定 | 押え | 夹钳；固定 |
| — frame | 弓形夾；夾架 | かすがい枠 | 弓形夹；夹架 |
| — lapping | 壓緊 | クランプラッピング | 压紧 |
| — strap | 連接鐵件 | つなぎ鉄物 | 连接铁件 |
| **crampon** | 起重吊鉤 | かぎ鉄 | 起重吊钩 |
| **crane** | 起重機 | 起重機 | 起重机 |
| — arm | 起重臂 | クレーンアーム | 起重臂 |
| — boom | 起重臂 | クレーンブーム | 起重臂 |
| — car | 起重車 | 操重車 | 起重车 |
| — control box | 起重機操縱室 | クレーン操縦室 | 起重机操纵室 |
| — hinge | 保險鉸鏈 | クレーンヒンジ | 保险铰链 |
| — hook | 起重機鉤 | クレーンフック | 起重机吊钩 |
| — load | 吊車荷載 | クレーン荷重 | 吊车荷载 |
| — magnet | 起重磁鐵 | クレーンマグネット | 起重磁铁 |
| — motor | 起重機電動機 | 起重機電動機 | 起重机电动机 |
| — output | 起重能力 | クレーンアウトプット | 起重能力 |
| — post | 起重機柱 | クレーンポスト | 起重机柱 |
| — rail | 起重機軌道 | クレーンレール | 起重机轨道 |
| — stopper | 起重停止器 | クレーンストッパ | 起重停止器 |
| — winch | 起重絞車 | 釣ウィンチ | 起重绞车 |
| **craneman** | 起重機手 | クレーンマン | 起重机手 |
| — house | 起重機駕駛室 | クレーン操縦室 | 起重机驾驶室 |
| **crank** | 曲柄；搖把 | クランク | 曲柄；摇把 |
| — and rocker mechanism | 曲柄搖桿機構 | 回転揺動機構 | 曲柄摇杆机构 |
| — arm | 曲(柄)臂 | クランク腕 | 曲(柄)臂 |
| — auger | 曲柄〔螺旋〕鑽 | クランクオーガ | 曲柄〔螺旋〕钻 |
| — axle | 曲(柄)軸 | クランク車軸 | 曲(柄)轴 |
| — bearing | 曲柄軸承 | クランク軸受 | 曲柄轴承 |
| — brace | 手搖鑽 | 曲り柄きり | 手摇钻 |
| — brass | 曲柄頸軸承銅襯 | クランクブラス | 曲柄颈轴承铜衬 |
| — chamber | 曲柄軸室 | クランク室 | 曲轴箱 |
| — disk | 曲柄(圓)盤 | クランクディスク | 曲柄(圆)盘 |
| — duster | 手搖噴粉機 | 手回し散粉機 | 手摇喷粉机 |
| — effort | 曲柄回轉力(矩) | クランクエホート | 曲柄回转力(矩) |
| — hammer | 曲柄錘 | クランクハンマ | 曲柄锤 |

| 英　文 | 臺　灣 | 日　文 | 大　陸 |
|---|---|---|---|
| — handle | 手搖柄 | クランクハンドル | 曲柄搖手 |
| — head | 偏心頭架 | クランクヘッド | 偏心头架 |
| — journal | 曲軸軸頸 | クランクジャーナル | 曲轴轴颈 |
| — journal lathe | 曲軸軸頸車床 | クランクジャーナル旋盤 | 曲轴轴颈车床 |
| — lever | 曲柄；槓桿 | クランクレバー | 曲柄 |
| — loop | 曲柄環 | クランク環 | 曲柄环 |
| — mechanism | 曲柄機構 | クランク機構 | 曲柄机构 |
| — metal | 曲軸頸軸承合金 | クランクメタル | 曲轴颈轴承合金 |
| — meter | 曲柄角度計 | クランク角度計 | 曲柄角度计 |
| — motion | 曲柄運動 | クランク運動 | 曲柄运动 |
| — pinion | 曲柄小齒輪 | クランクピニオン | 曲柄小齿轮 |
| — planer | 曲柄式龍門刨床 | クランク掛け平削り盤 | 曲轴刨床 |
| — power press | 曲柄式壓床 | クランクパワープレス | 曲柄式压床 |
| — press | 曲柄式壓床機 | クランクプレス | 曲柄式压床机 |
| — pulley | 曲柄皮帶輪 | クランクプーリー | 曲柄皮带轮 |
| — pump | 曲柄泵 | クランクポンプ | 曲柄泵 |
| — rod | 連桿 | クランクロッド | 连杆 |
| — shaper | 曲柄牛頭刨床 | クランク掛け平削り盤 | 曲柄牛头刨床 |
| — slotting machine | 曲柄插床 | 曲軸回転 | 曲柄插床 |
| — wed | 曲柄臂 | クランク腕 | 曲柄臂 |
| — wheel | 曲柄輪 | クランク輪 | 曲柄轮 |
| **crankcase** | 曲軸箱 | クランク室 | 曲轴箱 |
| — oil | 曲軸油箱 | クランクケース油 | 曲轴油箱 |
| cranjed fish-plate | 翼形接合板 | 異形継目板 | 翼形接合板 |
| — tile value | 輪胎氣嘴 | かきの手タイヤ闘 | 轮胎气嘴 |
| **cranking** | 搖轉 | クランキング | 开动 |
| — motor | 起動電動機 | スタータ | 起动电动机 |
| **crankpin** | 曲柄銷 | クランクピン | 曲柄销 |
| — bearing | 曲柄銷軸承；連桿軸承 | クランクピン軸受 | 曲柄销轴承；连杆轴承 |
| — brass | 曲柄銷套銅襯 | クランクピンブラス | 曲柄销黄铜衬 |
| — grinder | 曲柄銷磨床 | クランクピン研削盤 | 曲柄销磨床 |
| — grinding machine | 曲柄銷磨床 | クランクピン研削盤 | 曲柄销磨床 |
| — lathe | 曲柄銷車床 | クランクピン旋盤 | 曲柄销车床 |
| — seat | 曲柄銷座 | クランクピンシート | 曲柄销座 |
| — stap | 曲柄銷軸瓦 | クランクピンステップ | 曲柄销轴瓦 |
| — turning machine | 曲柄銷車床 | クランクピン旋盤 | 曲柄销车床 |
| **crankshaft** | 曲軸 | クランク軸 | 曲轴 |
| — bearing | 曲軸軸承 | クランク軸受 | 曲轴轴承 |
| — bearing metal | 曲軸軸承合金 | クランク軸受メタル | 曲轴轴承合金 |
| — gear | 曲軸齒輪 | クランク軸歯車 | 曲轴齿轮 |

| 英　　文 | 臺　　灣 | 日　　文 | 大　　陸 |
|---|---|---|---|
| — grinder | 曲軸磨床 | クランク軸研削盤 | 曲軸磨床 |
| — grinding machine | 曲軸磨床 | クランク軸研削盤 | 曲軸磨床 |
| — lathe | 曲軸車床 | クランク軸旋盤 | 曲軸车床 |
| — metal | 曲軸軸承合金 | クランクシャフトメタル | 曲軸軸承合金 |
| — milling machine | 曲軸銑床 | クランク軸フライス盤 | 曲軸铣床 |
| — pinion | 曲軸小齒輪 | クランク軸歯車 | 曲軸小齿轮 |
| — press | 曲軸壓力機 | クランクシャフトプレス | 曲軸压力机 |
| — sprocket | 曲軸鏈輪 | クランク軸スプロケット | 曲軸链轮 |
| **crankthrow** | 曲軸行程 | クランクスロー | 曲軸行程 |
| **crash alarm** | 飛機事故警報 | クラッシュアラーム | 飞机事故警报 |
| — cap | 保安帽 | 保安帽 | 保安帽 |
| — helmet | 安全帽 | 保安帽 | 安全帽 |
| — pad | 安全墊 | 安全パッド | 安全垫 |
| **crash-back** | 全速倒車 | 全力後進 | 全速倒车 |
| **crash-rescue boat** | 救生艇 | 救命艇 | 救生艇 |
| **crater** | 焊疤 | 火口 | 焊口；弹坑 |
| — bloom | 焊口起霜 | クレータブルーム | 焊口起霜 |
| — filler | 焊口填充料 | クレータフィラー | 焊口填充料 |
| **crating** | 包裝 | 荷造り | 包装 |
| **crawler** | 履帶車 | クローラ | 履带 |
| — belt | 履帶 | 履帶 | 履带 |
| — crane | 履帶式起重機 | クローラクレーン | 履带式起重机 |
| — tank car | 履帶式油槽車 | クローラタンク車 | 履带式油槽车 |
| — tractor | 履帶式拖拉 | 装軌形トラクタ | 履带式拖拉 |
| — vehicle | 履帶式車輛 | 履帶自動車 | 履带式车辆 |
| **crawling** | 蠕動；滾轉 | 微速 | 蠕动；滚转 |
| **craze** | 龜裂 | クレース | 龟裂 |
| — resistance | 耐龜裂 | ひび割れ抵抗 | 耐龟裂 |
| **crazing** | 裂紋；隙裂 | ひび割れ | 裂纹；隙裂 |
| **crednerite** | 錳銅礦 | クレドネル石 | 锰铜矿 |
| **creep** | 蠕動；潛變 | クリープ | 蠕变；潜移 |
| — at high temperature | 高溫蠕變 | 高温クリープ | 高温蠕变 |
| — at room temperature | 常溫蠕變 | 常温クリープ | 常温蠕变 |
| — breaking strength | 蠕變斷裂強度 | クリープ破断強さ | 蠕变断裂强度 |
| — buckling | 潛變座屈 | クリープ座屈 | 蠕变座屈 |
| — deformation | 潛變變形 | クリープ変形 | 蠕变变形 |
| — elongation | 蠕變伸長 | クリープ伸び | 蠕变伸长 |
| — forcing | 潛變鍛造 | クリープ鍛造 | 蠕变锻造 |
| — forming | 潛變成形 | クリープフォーミング | 蠕变成形 |
| — motion | 蠕動 | クリープモーション | 蠕动 |

| 英　文 | 臺　灣 | 日　文 | 大　陸 |
|---|---|---|---|
| — of materials | 材料蠕變 | 材料のクリープ | 材料蠕变 |
| — phenomenon | 潛變現象 | クリープ現象 | 蠕变现象 |
| — property | 潛變性質 | 耐クリープ性 | 蠕变性质 |
| — rupture | 潛變破裂 | クリープ破断 | 蠕变破裂 |
| — strain | 潛變應變 | クリープひずみ | 蠕变应变 |
| — strength | 潛變強度 | クリープ強さ | 蠕变强度 |
| — stress | 潛變應力 | クリープ応力 | 蠕变应力 |
| creepahe | 蠕動；塑流 | 沿面漏れ | 蠕动；塑流 |
| creeper | 螺旋輸送器 | ら送器 | 螺旋输送器 |
| creeping | 蠕變 | クリーピング | 蠕变 |
| — motion | 潛變 | 潛動 | 蠕变 |
| crenelle | 縫隙 | 狭間 | 缝隙 |
| crest | 峰;頂 | 波頂 | 齿顶 |
| crew | 操作人員 | クルー | 操作人员 |
| crippling | 斷裂 | クリップリング | 断裂 |
| cristal | 結晶 | 結晶 | 结晶 |
| cristallisation | 結晶作用 | 結晶化 | 结晶作用 |
| — altitude | 臨界高度 | 臨界高度 | 临界高度 |
| — coefficient | 臨界係數 | 臨界係数 | 临界系数 |
| — concentration | 臨界濃度 | 臨界濃度 | 临界浓度 |
| — condition | 臨界狀態 | 臨界状態 | 临界状态 |
| — configuration | 臨界配置 | 臨界配置 | 临界配置 |
| — cooling velocity | 臨界冷卻速度 | 臨界冷却速度 | 临界冷却速度 |
| — curve | 臨界曲線 | 臨界曲線 | 临界曲线 |
| — density | 臨界密度 | 臨界密度 | 临界密度 |
| — diameter | 臨界直徑 | 臨界直径 | 临界直径 |
| — dimension | 臨界寸法 | 臨界寸法 | 临界寸法 |
| — energy | 臨界能量 | 臨界エネルギー | 临界能量 |
| — error | 臨界誤差 | 臨界誤差 | 临界误差 |
| — exponent | 臨界指數 | 臨界指数 | 临界指数 |
| — intensity | 臨界強度 | 臨界強度 | 临界强度 |
| — load | 臨界荷重 | 臨界荷重 | 临界荷重 |
| — locus | 臨界軌跡 | 臨界軌跡 | 临界轨迹 |
| — mass | 臨界質量 | 臨界質量 | 临界质量 |
| — phenomenon | 臨界現象 | 臨界現象 | 临界现象 |
| — size | 臨界尺寸 | 臨界寸法 | 临界尺寸 |
| — solidification rate | 臨界凝固速度 | 臨界凝固速度 | 临界凝固速度 |
| — solution temperature | 臨界共溶溫度 | 臨界共溶温度 | 临界共溶温度 |
| — speed | 臨界速率 | 臨界速度 | 临界速率 |
| — speed of rotation | 臨界轉速 | 臨界回転速度 | 临界转速 |

| 英　　文 | 臺　　灣 | 日　　文 | 大　　陸 |
|---|---|---|---|
| ― state | 臨界狀態 | 臨界状態 | 临界状态 |
| ― strength | 臨界強度 | 臨界強度 | 临界强度 |
| ― value | 臨界值 | 臨界値 | 临界值 |
| ― velocity | 臨界速度 | 臨界速度 | 临界速度 |
| ― volume | 臨界體積 | 臨界体積 | 临界体积 |
| **criticality** | 臨界 | 臨界 | 临界 |
| ― value | 臨界值 | 臨界値 | 临界值 |
| **chromatin** | 鋁〔合金〕電鍍法 | クロマリン | 铝〔合金〕电镀法 |
| **cronite** | 鎳鉻(鐵)耐熱合金 | クロナイト | 镍铬(铁)耐热合金 |
| **cropper** | 切料機 | クロッパ | 切料机 |
| **cropping** | 修剪 | 端切り | 修剪 |
| ― die | 切邊模 | クロッピングダイ | 切边模 |
| ― shear | 剪料頭機 | クロッピングシャー | 剪料头机 |
| ― belt | 交叉皮帶 | クロスベルト | 交叉皮带 |
| ― density | 斷面積密度 | 断面積密度 | 断面积密度 |
| ― section | 橫斷面 | 横断面 | 横断面 |
| ― section area | 橫斷面積 | 横断面積 | 横断面积 |
| ― section drawing | 橫斷面圖 | 断面線図 | 横断面图 |
| ― shaped joint | 十字接頭 | 十字継手 | 十字接头 |
| ― sill | 橫梁 | 横根太 | 横梁 |
| ― slide | 橫刀架 | 切込み台 | 横刀架 |
| ― slot | 橫槽 | 横スロット | 横槽 |
| **crossbeam** | 橫梁 | 横げた | 横梁 |
| **crossbreak strength** | 撓曲強度 | 曲げ強さ | 挠曲强度 |
| **crossbrakig** | 橫斷；撓曲 | 曲げ | 横断；挠曲 |
| ― property | 撓曲特性 | 曲げ特性 | 挠曲特性 |
| **crosshead** | 滑塊 | クロスヘッド | 滑块 |
| ― clamp | 十字型夾具 | クロスヘッド型つかみ | 十字型夹具 |
| ― guide | 十字頭導承 | クロスヘッドガイド | 十字头导承 |
| ― shoe | 十字頭滑塊 | クロスヘッドシュー | 十字头滑块 |
| **crosssectional drawing** | 橫斷面圖 | 横断面図 | 横断面图 |
| ― surveying | 橫斷面測量 | 横断測量 | 横断面测量 |
| ― view | 橫斷面圖 | 横断面図 | 横断面图 |
| **Crotorite** | 耐熱耐蝕鋁青銅 | クロトライト | 耐热耐蚀铝青铜 |
| **crown** | 頂；隆起 | 中高 | 顶部；齿冠 |
| ― bar | 頂撐鋼材 | クラウンバー | 顶撑钢材 |
| ― block | 定滑輪 | クラウンブロック | 定滑轮 |
| ― gear | 冠狀齒輪 | クラウン歯車 | 冠状齿轮 |
| **crucible** | 坩堝 | クルーシブル | 坩埚 |
| ― furnace | 坩堝爐 | るつぼ炉 | 坩埚炉 |

| 英　　文 | 臺　　灣 | 日　　文 | 大　　陸 |
|---|---|---|---|
| — steel | 坩堝鋼 | るつぼ鋼 | 坩埚钢 |
| — tongs | 坩堝鉗 | ろつぼばさみ | 坩埚钳 |
| **crude** | 粗製的；未加工的 | 原油 | 粗制的；未加工的 |
| — copper | 粗銅 | 粗銅 | 粗铜 |
| — metal | 粗金屬 | 粗金属 | 粗金属 |
| — oil | 原油 | 原油 | 原油 |
| — tool | 粗加工工具 | 荒仕上金型 | 粗加工工具 |
| **crush** | 擠出；〔砂輪〕修整 | 押込み | 挤出；〔砂轮〕修整 |
| — dresser | 砂輪〔壓刮〕整形工具 | クラッシュドレッサ | 砂轮〔压刮〕整形工具 |
| — forming | 壓制成形 | クラッシ成形 | 压制成形 |
| **crusher** | 碎石機 | 破砕機 | 碎石机 |
| — roll | 滾壓輪 | クラッシャロール | 滚压轮 |
| **crushing** | 破碎；壓擠 | 粗砕 | 破碎 |
| **cryoforming** | 低溫成形 | 冷凍成形法 | 低温成形 |
| — measurement | 低溫測定 | 低温測定 | 低温测定 |
| — processing | 低溫處理 | 低温処理 | 低温处理 |
| **cryolite** | 冰晶石 | 氷晶石 | 冰晶石 |
| — glass | 冰晶玻璃 | 乳白ガラス | 冰晶玻璃 |
| **crystal** | 結晶（體） | 石英 | 结晶（体） |
| — boundary | 結晶粒界 | 結晶粒界 | 结晶粒界 |
| — interface | 結晶界面 | 結晶界面 | 结晶界面 |
| — lattice | 晶格 | 結晶格子 | 结晶格子 |
| — lattice parameters | 結晶參數 | 結晶格子定数 | 结晶叁数 |
| — lock | 結晶同步 | クリスタルロック | 结晶同步 |
| — magnetic field | 結晶磁界 | 結晶磁界 | 结晶磁界 |
| — model | 結晶模型 | 結晶模型 | 结晶模型 |
| — momentum | 結晶（內）動量 | 結晶運動量 | 结晶（内）动量 |
| — mount | 結晶座 | 鉱石マウント | 结晶座 |
| — nucleus | 結晶核 | 結晶核 | 结晶核 |
| — orientation | 結晶方位 | 結晶方位 | 结晶方位 |
| — plane | 結晶面 | 結晶面 | 结晶面 |
| — seed | 種子結晶 | 種子結晶 | 种子结晶 |
| — spot | 結晶斑點 | 結晶スポット | 结晶斑点 |
| — stressing | 結晶強化 | 粒界強化 | 结晶强化 |
| — surface | 結晶面 | 結晶面 | 结晶面 |
| — system | 結晶系 | 結晶系 | 结晶系 |
| — texture | 結晶組織 | 結晶組織 | 结晶组织 |
| **crystallinity** | 結晶度 | 結晶化度 | 结晶度 |
| **crystailit(e)** | 晶粒 | 晶粒 | 晶粒 |
| **crystallizaability** | 可結晶性 | 結晶化性 | 可结晶性 |

| 英　　文 | 臺　　灣 | 日　　文 | 大　　陸 |
|---|---|---|---|
| **crystallization** | 結晶作用 | 結晶成長 | 结晶作用 |
| — point | 結晶點 | 結晶点 | 结晶点 |
| — velocity | 結晶速度 | 結晶速度 | 结晶速度 |
| **crystallized state** | 結晶狀態 | 結晶状態 | 结晶状态 |
| **crystallizing dish** | 結晶皿 | 結晶皿 | 结晶皿 |
| — point | 結晶溫度 | 凝固点 | 结晶温度 |
| **crystallographic axis** | 結晶軸 | 結晶軸 | 结晶轴 |
| — structure | 結晶構造 | 結晶構造 | 结晶构造 |
| **cubic** | 立方的；立方容積 | 立方体の | 立方的；立方容积 |
| — cell | 立方晶胞 | キュービクセル | 立方晶胞 |
| — close-packed lattice | 立方最密格子 | 立方最密格子 | 立方最密格子 |
| — content | 容量 | 容積 | 容量 |
| — crystal | 立方晶体 | 立方晶 | 立方晶体 |
| — dilatation | 體積膨脹 | 立方膨脹 | 体积膨胀 |
| — effect | 立方感 | 立体感 | 立方感 |
| — space | 體積 | 体積 | 体积 |
| — system | 等軸晶系 | 等軸晶系 | 等轴晶系 |
| — error | 累積誤差 | 累積誤差 | 累积误差 |
| **cunico alloy** | 銅鎳鈷合金 | キュニコ合金 | 铜镍钴合金 |
| **cunife** | 銅鎳鐵永磁合金 | キュニフ | 铜镍铁永磁合金 |
| **cuniman** | 銅錳鎳合金 | クニマン | 铜锰镍合金 |
| **cup** | 帽；罩；杯 | 帽子 | 帽，罩；杯 |
| — angle | 外圓錐角 | カップアングル | 外圆锥角 |
| — head bolt | 半圓頭螺栓 | カップヘッドボルト | 半圆头螺栓 |
| — lubricator | 油杯 | カップ給油器 | 油杯 |
| **cupola** | 化鐵爐 | キュポラ | 化铁炉 |
| — blower | 衝天爐鼓風機 | キュポラブロワ | 冲天炉鼓风机 |
| **cupralith** | 銅鋰合金 | カプラリス | 铜锂合金 |
| **cupralum** | 銅鉛雙金屬板 | カプラルム | 铜铅双金属板 |
| **cuprammonia** | 銅氨液 | アンモニヤ銅 | 铜氨液 |
| **cuprammonium process** | 銅氨法 | 銅安法 | 铜氨法 |
| **cupro ammonium process** | 銅—銨法 | 銅-アンモニア法 | 铜—铵法 |
| — lead | 鉛銅合金 | 鉛銅 | 铅铜合金 |
| — magnesium | 銅錳〔合金〕 | 銅マグネシウム合金 | 铜锰〔合金〕 |
| — platinum | 銅鉑合金 | 銅白金 | 铜铂合金 |
| — cupromickels alloys | 銅鎳合金 | キュプロニッケル | 铜镍合金 |
| **cuprozincite** | 鋅孔雀石 | 銅亜鉛鉱 | 锌孔雀石 |
| **curative agent** | 硬化劑 | 硬化剤 | 硬化剂 |
| **cured resin** | 硬化樹脂 | 硬化樹脂 | 硬化树脂 |
| **curf** | 鋸縫 | ひき目 | 锯缝 |

| 英　　文 | 臺　　灣 | 日　　文 | 大　　陸 |
|---|---|---|---|
| **Curie** | 居里 | キュリー | 居里 |
| — constant | 居里常數 | キュリー定数 | 居里常数 |
| — temperature | 居里溫度 | キュリー温度 | 居里温度 |
| **curing** | 硬化；固化 | 硬化 | 硬化；固化 |
| — accelerator | 硬化促進劑 | 硬化促進剤 | 硬化促进剂 |
| — agent | 硬化劑 | 硬化剤 | 固化剂 |
| — condition | 硬化條件 | 硬化条件 | 硬化条件 |
| — exotherm | 硬化熱 | 硬化熱 | 硬化热 |
| — oven | 硬化爐 | 硬化炉 | 硬化炉 |
| — rate | 硬化速度 | 硬化速度 | 硬化速度 |
| — feaction | 硬化反應 | 硬化反応 | 硬化反应 |
| — speed | 硬化速度 | 硬化速度 | 硬化速度 |
| **curite** | 鈾鉛礦 | キュライト | 铀铅矿 |
| **curl** | 渦流；旋度 | 回転 | 涡流；旋度 |
| **cursor** | 游標 | カーソル | 游标 |
| **curvature** | 曲率 | 曲率 | 曲率 |
| — diagram | 曲率變化圖 | 曲率線図 | 曲率变化图 |
| — effect | 曲率效應 | 曲率効果 | 曲率效应 |
| — radius | 曲率半徑 | 曲率半径 | 曲率半径 |
| **curve** | 曲面板；變曲 | 曲線 | 曲线板；变曲 |
| — plate | 曲線板 | 曲面板 | 曲线面 |
| — ruler | 曲線尺 | 曲線定規 | 曲线尺 |
| — template | 曲線樣板 | 雲形定規 | 曲线样板 |
| — line | 曲線 | 曲線 | 曲线 |
| — pipe | 彎管 | 曲り管 | 弯管 |
| — rail | 彎軌 | 曲りレール | 弯轨 |
| — surface | 曲面 | 曲面 | 曲面 |
| **curvemeter** | 曲率計 | カーブメータ | 曲率计 |
| **cushion** | 緩衝 | 座席 | 缓冲器；减震垫 |
| — device | 緩衝裝置 | クッション装置 | 缓冲装置 |
| — idler | 緩衝滾輪 | 緩衝ローラ | 缓冲滚轮 |
| — material | 緩衝材料 | クッション材 | 缓冲材料 |
| — piston | 緩衝活塞 | クッションピストン | 缓冲活塞 |
| — ring | 墊圈 | 緩衝リング | 垫圈 |
| — starer | 緩衝起動裝置 | クッションスタータ装置 | 缓冲起动装置 |
| — tank | 緩衝箱 | クッションタンク | 缓冲箱 |
| — valve | 緩衝閥 | 緩衝弁 | 缓冲阀 |
| **cushioning** | 緩衝 | クッショニング | 缓冲材料 |
| — action | 緩衝作用 | 緩衝作用 | 缓冲作用 |
| — medium | 緩衝材 | 緩衝材 | 缓冲材 |

| 英　　文 | 臺　　灣 | 日　　文 | 大　　陸 |
|---|---|---|---|
| cusp | 歧點 | カスプ | 歧点 |
| custerite | 鋅黃錫礦 | カスタ石 | 锌黄锡矿 |
| customer | 用戶；消耗器 | 客 | 用户；消耗器 |
| cut | 切削 | 切土 | 切削 |
| — and carry die | 連續模 | 順送り型 | 连续模 |
| — angle | 交角 | カットアングル | 交角 |
| — area | 切斷面 | 切り口 | 切断面 |
| — layers | 切削層 | カットレヤー | 切削层 |
| — thread | 車切螺紋 | 切削ねじ | 车切螺纹 |
| cutaway diagram | 斷面圖 | 断面回路図 | 断面图 |
| — view | 部視圖 | カットアウェイビュー | 部视图 |
| cutectic point | 共晶點 | 共晶点 | 共晶点 |
| cutlery handle | 刀具柄 | 刃物の柄 | 刀具柄 |
| — die | 切邊模 | カットオフ型 | 切边模 |
| — grinding | 砂輪切割 | 研削切断 | 砂轮切割 |
| — knife | 切斷刀 | 切断ナイフ | 切断刀 |
| — spring | 截斷彈簧 | 締切ばね | 截断弹簧 |
| — tool | 切斷刀 | 突切リバイト | 切断刀 |
| — device | 安全開關；保險裝置 | カットアウトデバイス | 安全开关；保险装置 |
| cutter | 刀具；切斷器 | カッタ | 切断机 |
| — arbor | 銑刀心軸 | カッタアーバ | 铣刀心轴 |
| — bar | 刀具桿 | 刃物棒 | 刀杆 |
| — block | 組合銑刀 | カッタブロック | 组合铣刀 |
| — head | 刀盤 | カッタヘッド | 刀盘 |
| — holder | 刀具夾 | バイトホルダ | 刀杆；刀头 |
| — mark | 切削刀痕 | カッタマーク | 切削刀痕 |
| — path | 刀具軌跡 | カッタパス | 刀具轨迹 |
| — pressure angle | 刀具壓力角 | 工具圧力角 | 工具压力角 |
| — spindle | 銑刀桿 | ホブ主軸 | 铣刀杆 |
| cut-through | 切斷 | 切断 | 剕断 |
| — resistance | 抗剪力 | 切断抵抗 | 抗剪力 |
| — temperature | 切(剪)斷溫度 | 切断温度 | 切(剪)断温度 |
| cutting | 切削；切斷 | 切削 | 切削；切断 |
| — ability | 切削能力 | カッティングアビリティ | 切削能力 |
| — angle | 切削角 | 削り角 | 切削角 |
| — condition | 切削條件 | 切削条件 | 切削条件 |
| — edge | 切削刃 | 刃先 | 切削刃 |
| — edge angle | 刀刃 | 切刃角 | 刃口角 |
| — efficiency | 切削效率 | 切削効率 | 切削效率 |
| — face | 切斷面；切削面 | 切刃面 | 切断面；切削面 |

| 英　　文 | 臺　　灣 | 日　　文 | 大　　陸 |
|---|---|---|---|
| — flame | 截割焰 | 切断炎 | 切割火焰 |
| — fluid | 切削液 | 切削剤 | 切削液 |
| — machining | 機械加工 | 機械加工 | 机械加工 |
| — nipper | 剪鉗 | くい切り | 剪钳 |
| — plane | 剖切平面 | 切断面 | 切断面 |
| — plane line | 割面線 | 切断線 | 割面线 |
| — rate | 切斷速度 | 切断速度 | 切断速度 |
| — speed | 切削速度 | 削り速度 | 切削速度 |
| — steel | 刀具鋼 | 刃物鋼 | 刀具钢 |
| — stroke | 切削行程 | 削り行程 | 切削行程 |
| — temperature | 切削溫度 | 切削温度 | 切削温度 |
| — test | 切削試驗 | 切れ味試験 | 切削试验 |
| — tool | 切削刀具 | 切削工具 | 切削刀具 |
| — tooth | 切削齒 | 刃部 | 切削齿 |
| — tooth form | 切削齒形 | 刃形 | 切削齿形 |
| — work | 切削加工；切斷加工 | 切削加工 | 切削加工；切断加工 |
| **cutting-off lathe** | 切斷車床 | 突切り旋盤 | 切断车床 |
| — machine | 切斷機 | 突切り盤 | 切断机 |
| — tool | 切斷刀具 | 突切りバイト | 切断刀具 |
| — tool rest | 切斷砂輪 | 突切り刃物台 | 切断砂轮 |
| — wheel | 切刀刀架 | 切断といし | 切刀刀架 |
| **cyaniding** | 氰化(法) | 薬焼き | 氰化(法) |
| — process | 氰化法 | 青化法 | 氰化法 |
| **cyanoethylene** | 丙烯晴 | シアンエチレン | 丙烯晴 |
| **cycle** | 周；循環 | 周期 | 周期；频率 |
| — annealing | 周期退火 | サイクルアニーリング | 周期退火 |
| **cylinder** | 圓柱體 | 円筒 | 圆柱体 |
| — bearing | 圓筒支承 | 円筒支承 | 圆筒支承 |
| — block | 汽缸體 | シリンダブロック | 汽缸排 |
| — body | 缸体 | シリンダボデー | 缸体 |
| — bolt | 氣缸蓋螺栓 | シリングボルト | 气缸盖螺栓 |
| — bore | 氣缸內徑 | シリンダ内径 | 气缸内径 |
| — bore gage | 氣缸內徑規 | シリンダボアゲージ | 气缸内径规 |
| — boring machine | 氣缸鏜床 | シリンダ中ぐり盤 | 气缸镗床 |
| — bottom | 缸底 | シリンダ底 | 缸底 |
| — bracket | 氣缸托架 | シリンダブラケット | 气缸托架 |
| — bush | 缸套 | シリンダブシュ | 缸套 |
| — cam | 圓柱凸輪 | 円筒カム | 圆柱凸轮 |
| — cap | 氣缸蓋 | 容器キャップ | 气缸盖 |
| — capacity | 氣缸容量 | 総行程容積 | 气缸容量 |

| 英　　文 | 臺　　灣 | 日　　文 | 大　　陸 |
|---|---|---|---|
| — casing | 氣缸套 | シリンダケーシング | 气缸套 |
| — cock | 氣缸旋塞 | シリンダコック | 气缸旋塞 |
| — column | 缸柱 | シリンダ柱 | 缸柱 |
| — cover | 缸蓋 | シリンダカバー | 缸头 |
| — cutter | 滾刀式切碎機 | シリンダカッタ | 滚刀式切碎机 |
| — drain cock | 汽缸洩水旋塞 | シリンダ排水コック | 汽缸放水旋塞 |
| — gage | 缸徑規 | シリンダゲージ | 缸径规 |
| — gasket | 氣缸墊 | シリンダガスケット | 气缸垫 |
| — gate | 圓筒閥 | シリンダゲート | 气缸气门 |
| — head | 缸蓋 | シリンダヘッド | 缸盖 |
| — head bolt | 氣缸蓋螺栓 | 平（頭）ボルト | 气缸盖螺钉 |
| — head cover | 氣缸蓋 | シリンダヘッドカバー | 气缸盖 |
| — head gasket | 氣缸蓋密封墊 | シリンダジャケット | 气缸盖密封垫 |
| — honing machine | 氣缸研磨機 | シリンダ外包み | 气缸研磨机 |
| — jacket | 氣缸套 | シリンダラップ盤 | 气缸套 |
| — lagging | 氣缸包衣 | 円筒粉末機 | 气缸外套 |
| — lapping machine | 缸筒研光機 | シリンダプラグ | 气缸研磨机 |
| — mill | 圓筒粉末機 | シリンダポート | 圆筒粉末机 |
| — pressure | 氣缸壓力 | シリンダ圧力 | 气缸压力 |
| — reboring machine | 氣缸鎧床 | シリンダリボーリング盤 | 气缸镗虚 |
| — seal | 氣缸密封 | シリンダシール | 气缸密封 |
| — seat | 氣缸座 | シリンダシート | 气缸座 |
| — sleeve | 氣缸套 | シリンダスリーブ | 气缸套 |
| — stroke | 氣缸衝程 | シリンダ行程 | 气缸行程 |
| — temperature | 氣缸溫度 | シリンダ温度 | 气缸温度 |
| — tube | 缸体 | シリンダチューブ | 缸体 |
| — wall | 氣缸壁 | シリンダ壁 | 气缸壁 |
| **cylindrical accumulator** | 圓筒形儲蓄壓器 | シリンダ形蓄圧器 | 圆筒形储蓄压器 |
| — bearing | 滾柱軸承 | 真円軸受 | 滚柱轴承 |
| — cam | 圓柱凸輪 | 円筒カム | 圆柱凸轮 |
| — gage | 圓柱塞規 | 円筒ゲージ | 圆柱塞规 |
| — gear | 圓柱齒輪 | 円筒歯車 | 圆柱齿轮 |
| — grinding machine | 外圓磨床 | 円筒研削盤 | 外圆磨床 |
| — surface | 圓筒面 | 柱面 | 圆筒面 |
| **cylindricity** | 圓柱度 | 円筒度 | 圆柱度 |

| 英　文 | 臺　灣 | 日　文 | 大　陸 |
|---|---|---|---|
| damascening | 金屬鑲嵌法 | 象眼法 | 金属镶嵌法 |
| Damaxine | 達瑪克辛高級磷青銅 | ダマキシン | 达玛克辛高级磷青铜 |
| deaeration | 達瑪樹脂 | ダンマ | 达玛树脂 |
| — gum | 樹脂 | ダンマゴム | 树脂 |
| — resin | 達瑪樹脂 | ダンマ樹脂 | 达玛树脂 |
| damp | 濕氣；避震 | 湿気 | 湿气；减振；衰减 |
| — aid | 濕氣 | 湿気 | 湿气 |
| — box | 避震箱 | ダンプボックス | 减振箱 |
| — circuit | 阻尼電路 | ダンプ回路 | 阻尼电路 |
| — cylinder | 避震筒 | ダンプシリンダ | 减振筒 |
| — proofness | 耐濕性 | 耐湿性 | 耐湿性 |
| damper | 阻尼器；滅震器；擋板 | 制動器 | 阻尼器；减振器 |
| — bearing | 避震軸承 | ダンパ軸受 | 减振轴承 |
| — brake | 阻尼煞車 | 制動機 | 制动闸 |
| — circuit | 阻尼電路 | ダンパ回路 | 阻尼电路 |
| — gear | 滅震器機構；擋板機構 | 減衰装置 | 阻尼装置 |
| — plate | 擋板 | ダンパ板 | 挡板 |
| — screw | 風門螺釘 | 風戸ねじ | 风门螺钉 |
| — spring | 緩衝彈簧 | ダンパスプリング | 缓冲弹簧 |
| — stem | 調節桿 | ダンパステム | 调节杆 |
| — tube | 阻尼筒 | ダンパ管 | 阻尼筒 |
| — valve | 避震閥 | ダンパバルブ | 减振阀 |
| — vane | 阻尼翼 | ダンパベーン | 阻尼翼 |
| — winding | 阻尼線圈 | 乱調防止巻線 | 阻尼线圈 |
| damping | 阻尼；減振 | 制動 | 制动；衰减 |
| — acceleration | 制動加速度 | 制動加速度 | 制动加速度 |
| — action | 阻尼作用 | 制動作用 | 阻尼作用 |
| — agent | 潤濕劑 | ダンピング剤 | 润湿剂 |
| — arrangement | 阻尼裝置 | ダンピング装置 | 阻尼装置 |
| — capacity | 減振能量 | 吸振能 | 衰减能力 |
| — characteristic | 阻尼特性 | 減衰特性 | 阻尼特性 |
| — circuit | 阻尼電路 | ダンピング回路 | 阻尼电路 |
| — coil | 阻泥線圈 | 制動コイル | 阻泥线圈 |
| — control | 阻尼調整 | 制動調整 | 阻尼调整 |
| — curve | 減衰曲線 | 減衰曲線 | 减衰曲线 |
| — device | 減振裝置 | 制動装置 | 阻尼装置 |
| — down | 阻止；壓火 | 吹止め | 停风；停炉 |
| — effect | 阻尼作用 | 制動効果 | 阻尼作用 |
| — factor | 阻尼因素 | 減衰率 | 衰减因数 |
| — force | 制動力；減振力 | 制動力 | 制动力 |

| 英　　文 | 臺　　灣 | 日　　文 | 大　　陸 |
|---|---|---|---|
| — frame | 制動框 | 制動枠 | 制动框 |
| — index | 阻尼指數 | 減衰指数 | 阻尼指数 |
| — length | 衰減長度 | 減衰長さ | 衰减长度 |
| — material | 阻尼材料 | ダンピング材 | 阻尼材料 |
| — matrix | 阻尼矩陣 | 減衰マトリックス | 阻尼矩阵 |
| — mechanism | 制動機構 | 制動機構 | 制动机构 |
| — moment | 減震力矩 | 減衰モーメント | 减振力矩 |
| — oil | 刹車油 | 制動油 | 刹车油 |
| — oscillation | 阻尼震動 | 減衰振動 | 阻尼振动 |
| — property | 衰減特性 | 減衰特性 | 衰减特性 |
| — ratio | 阻尼；衰減比 | 減衰比 | 阻尼；衰减比 |
| — resistance | 阻尼阻力 | ダンピング抵抗 | 阻尼阻力 |
| — tachometer | 衰減轉速計 | 減衰タコメータ | 衰减转速计 |
| — test | 衰減試驗 | 減衰試験 | 衰减试验 |
| — time | 衰減時間 | 減衰時間 | 衰减时间 |
| — torque | 制動轉矩 | 制動トルク | 制动转矩 |
| — tube | 阻尼管 | 制動管 | 阻尼管 |
| — vane | 阻尼翼 | 制動羽根 | 阻尼翼 |
| — washer | 減震墊片 | ダンピングワッシャ | 减震垫片 |
| **damp-proof course** | 防潮層 | 湿気止め | 防潮层 |
| — installation | 防潮設備 | 耐湿設備 | 防潮设备 |
| — material | 防濕材料 | 防湿材料 | 防湿材料 |
| **dancer** | 浮動滾筒 | ダンサ | 浮动滚筒 |
| **Dandelion metal** | 鉛基白合金 | ダンデリオンメタル | 铅基白合金 |
| **dandy** | 精鍊爐 | 精錬炉 | 精炼炉 |
| **dant** | 粉煤；次煤 | 粉炭 | 粉煤；次煤 |
| **daphnia** | 鐵綠泥石 | 月けい石 | 铁绿泥石 |
| **daphyllite** | 輝碲鉍礦 | テルルそう鉛鉱 | 辉碲铋矿 |
| **dappled joint** | 對開接合 | 相欠き | 对开接合 |
| **darwinite** | 灰砷銅礦 | ダーウィン石 | 灰砷铜矿 |
| **datum** | 基準線 | 資料 | 基准线 |
| — clamp face | 安裝基準面 | 取付基準面 | 安装基准面 |
| — dimension | 參考尺寸 | 参考寸法 | 叁考尺寸 |
| — level | 基準面 | 基準面 | 基准面 |
| — line | 基準線 | 基準のレベル | 基准线 |
| — point | 基準點 | 基準点 | 基准点 |
| — thickness | 基準厚度 | 基準厚さ | 基准厚度 |
| **Davis bronze** | 戴維斯鎳青銅 | デービスブロンズ | 戴维斯镍青铜 |
| — metal | 戴維斯鎳青銅 | ダビスメタル | 戴维斯镍青铜 |
| **davit** | 弔柱 | ダビット | 吊柱 |

| 英　文 | 臺　灣 | 日　文 | 大　陸 |
|---|---|---|---|
| daveruxite | 錳鎂雲母 | ダウレウ石 | 锰镁云母 |
| dawsonite | 片鈉鋁石 | ドウソン石 | 片钠铝石 |
| dead-load | 靜負荷 | 死荷重 | 静荷重 |
| — stress | 靜荷重應力 | 静荷重応力 | 静荷重应力 |
| deadweight | 靜重;自重 | 死重 | 固定荷载 |
| deaeration | 排氣;除氣 | 排気 | 排气; 除气 |
| — by heating | 加熱除氣 | 加熱脱気 | 加热除气 |
| — method | 除氣方法 | 脱気方法 | 除气方法 |
| — unit | 脱氣裝置 | 脱気装置 | 脱气装置 |
| deaerator | 除氣留水器 | 空気分離器 | 除气装置 |
| dedurring | 倒角 | ばり取り | 倒角 |
| — barrel | 去毛邊用滾桶 | ばりとり用バレル | 去毛刺用滚桶 |
| decalcification | 脱鈣(作用) | 脱カルシウム | 脱钙(作用) |
| decalescence | 吸熱 | 吸熱現象 | 吸热 |
| — point | 吸熱點 | 減輝点 | 吸热点 |
| decarbonization | 脱碳 | 脱炭 | 脱碳 |
| decarbonize | 脱碳 | 脱炭 | 脱碳 |
| decarburation | 脱碳 | 脱炭 | 脱碳 |
| decarburization | 脱碳作用 | 脱炭 | 脱碳作用 |
| decarburized casting | 脱碳鑄件 | 脱炭鋳物 | 脱碳铸件 |
| — depth | 脱碳深度 | 脱炭深度 | 脱碳深度 |
| — layer | 脱碳層 | 脱炭層 | 脱碳层 |
| — structure | 脱碳組織 | 脱炭組織 | 脱碳组织 |
| decarburizing | 脱碳 | 脱炭 | 脱碳 |
| dechroming | 去鉻 | クロムはがし | 去铬 |
| deck | 甲板;艙面;瓦底板 | 甲板 | 控制板; 盖板; 面板 |
| — beam | 甲板 | 甲板ビーム | 上承梁 |
| — bolt | 甲板螺栓 | デッキボルト | 甲板螺栓 |
| decker | 脱水機 | デッカ | 脱水机 |
| decking | 墊板;底板 | 敷板 | 垫板; 底板 |
| decladding | 去覆蓋層 | 脱被覆 | 去覆盖层 |
| declination | 偏差;方位角 | 傾斜 | 偏差; 方位角 |
| decomposer | 分解器 | 分解器 | 分解器 |
| decomposition | 分解 | 分解 | 分解 |
| — apparatus | 分解裝置 | 分解装置 | 分解装置 |
| — exotherm | 分解熱 | 分解熱 | 分解热 |
| — of force | 力的分解 | 力の分解 | 力的分解 |
| — point | 分解點 | 分解点 | 分解点 |
| — principle | 分解原理 | 分割原理 | 分解原理 |
| — rate | 分解速率 | 分解速度 | 分解速率 |

| 英　　文 | 臺　　灣 | 日　　文 | 大　　陸 |
|---|---|---|---|
| — theorem | 分解定理 | 分解定理 | 分解定理 |
| **decompression** | 減壓 | 減圧 | 减压 |
| — device | 減壓裝置 | 減圧裝置 | 减压装置 |
| — tank | 減壓水箱 | 減圧タンク | 减压水箱 |
| — valve | 減壓閥 | 減圧弁 | 减压阀 |
| **decompressor** | 減壓器 | 減圧裝置 | 减压装置 |
| **decoppering** | 脫銅 | 脫銅 | 脱铜 |
| **deep beam** | 強橫梁 | ディープビーム | 强横梁 |
| — chrom | 鉻酸鉛 | クロム黃 | 铬酸铅 |
| — cooling | 深冷處理 | 深冷処理 | 深冷处理 |
| — draw | 深拉成形 | 圧伸成形品 | 深拉成形 |
| — draw forming | 引伸成形 | 深絞り成形 | 深拉成形 |
| — draw vacuum forming | 真空引伸成形 | 深絞り真空成形 | 真空深拉成形 |
| — drawing sheet | 引伸薄鋼板 | 深絞り成形用シート | 深拉薄钢板 |
| — etching | 深蝕 | 強腐食 | 深(度)蚀刻 |
| — floor | 加強肘板 | 深ろく板 | 加强肘板 |
| — flow mold | 高塑性流動模 | 深流れ金型 | 高塑性流动模 |
| — frame | 深框 | 深ろっ骨 | 加强肘骨 |
| — hardening | 深硬化 | 深焼き | 深淬火 |
| — hole machining | 深孔加工 | 深穴加工 | 深孔加工 |
| — hole tap | 深孔螺絲攻 | 深穴タップ | 深孔螺丝锥 |
| — penetration electrode | 深熔(電)焊條 | 深溶込み溶接棒 | 深熔(电)焊条 |
| — transverse | 強橫材 | ディープ橫材 | 强横材 |
| **defecation** | 石火清淨法 | 清澄法 | 净化 |
| **defector** | 澄清槽 | 清澄器 | 澄清槽 |
| **defect** | 缺陷；瑕疵 | 欠陥 | 缺陷 |
| — detecting test | 缺陷險查 | 欠陥検査 | 缺陷险查 |
| — detction effectiveness | 缺陷(點)檢測效果 | 欠陥検出有効性 | 缺陷(点)检测效果 |
| — in welding | 焊接缺陷 | 溶接欠陥 | 焊接缺陷 |
| — of lacquer | 漆裂 | 漆そう | 漆裂 |
| — of tissue | 組織缺陷 | 組織欠陥 | 组织缺陷 |
| — structure | 缺陷結構 | 欠陥構造 | 缺陷结构 |
| — test | 探傷 | 欠陥試験 | 探伤 |
| **deflation** | 抽氣；放氣 | 空気抜き | 抽气；排气；压缩 |
| **deflection** | 偏轉；變位 | 偏わい | 偏转 |
| — couple | 偏轉力偶 | 偏位偶力 | 偏转力偶 |
| — flow | 偏侈 | 偏流 | 偏侈 |
| — force | 偏侈力 | 偏向力 | 偏侈力 |
| — nozzle | 轉向噴管 | 向変えノズル | 转向喷管 |
| — torque | 偏轉力矩 | 傾斜トルク | 偏转力矩 |

| 英　　文 | 臺　　灣 | 日　　文 | 大　　陸 |
|---|---|---|---|
| deflectometer | 撓度計 | たわみ計 | 挠度计 |
| deflection | 偏差 | 偏差 | 偏差 |
| deformation | 變形 | 変形 | 扭曲；变形 |
| — at break | 斷裂彎形 | 破断点ひずみ | 断裂弯形 |
| — at failure | 破斷彎形 | 破損点ひずみ | 破断弯形 |
| — at yield | 屈服點變形 | 降伏点ひずみ | 屈服点变形 |
| — gage | 變形量規 | 変形ゲージ | 变形计 |
| — pattern | 變形模式 | 変形パターン | 变形模式 |
| — processing | 塑性加工 | 塑性加工 | 塑性加工 |
| — property | 變形特性 | 変形性 | 变形特性 |
| — resistance | 彎形阻力 | 変形抵抗 | 弯形阻力 |
| — theory | 變形理論 | 変形理論 | 变形理论 |
| — under heat | 熱變形 | 加熱侵入変形 | 热变形 |
| — under stress | 應力變形 | 応力変形 | 应力变形 |
| — under torsion | 扭轉變形 | わじれひずみ | 扭转变形 |
| — velocity | 變形速度 | 変形速度 | 变形速度 |
| deformed bar | 竹節鋼筋 | デフォーム鉄筋 | 异形钢筋 |
| — fittings | 異型管 | 異形管 | 异型管 |
| — flat steel | 異型扁鋼 | 異形平鋼 | 异型扁钢 |
| — light channel steel | 異型薄槽鋼 | 異形軽溝形鋼 | 异型薄槽钢 |
| — member | 異型構件 | 異形材 | 异型构件 |
| — pipe | 異型管 | 異形管 | 异型管 |
| — reinforcing bar | 異型棒鋼 | 異形鉄筋 | 异型棒钢 |
| — round steel bar | 竹節鋼筋 | 異形丸鋼 | 竹节钢筋 |
| — steel | 異型鋼 | 異形型鋼 | 异型钢 |
| — steel bar | 螺紋鋼 | 異形棒鋼 | 螺纹钢 |
| degasifying | 除氣；脫氣 | 脱ガス | 应形应力 |
| degassing | 除氣；脫氣 | 脱ガス | 除气；脱气 |
| — mold | 排氣模具 | ガス抜き型 | 脱气；除气 |
| degauss | 去磁；退磁 | デガウス | 去磁；退磁 |
| degree | 度；次；程度 | 度 | 度 |
| — Fahrenheit | 華氏溫度 | 華氏温度 | 华氏温度 |
| — Kelvin | 絕對溫度 | ケルビン度 | 绝对温度 |
| — of activity | 活性度 | 活性度 | 活性度 |
| — of adhesion | 粘結程度 | 付着度 | 粘结程度 |
| — of aging | 老化程度 | 老化度 | 老化程度 |
| — of arc | 弧度 | 弧度 | 弧度 |
| — of basicity | 鹹度 | 塩基度 | 咸度 |
| — of bond | 結合度 | 結合度 | 结合度 |
| — of clearness | 透明度 | 透明度 | 透明度 |

| 英　　文 | 臺　　灣 | 日　　文 | 大　　陸 |
|---|---|---|---|
| — of curvature | 曲線度數 | 曲度 | 曲率 |
| — of degradation | 分解度 | 崩壊度 | 分解度 |
| — of density | 密度 | 密度 | 密度 |
| — of eccentricity | 偏心率 | 偏心度 | 偏心率 |
| — of elasticity | 彈性度 | 弾性率 | 弾性度 |
| — of elongation | 伸長率 | 伸び率 | 伸长率 |
| — of hardness | 硬率 | 硬度 | 硬率 |
| — of loss | 損耗度 | 損失度 | 损耗度 |
| — of parallelization | 平行度 | 平行度 | 平行度 |
| — of plasticity | 可塑性度 | 可塑性度 | 可塑性度 |
| — of polymerization | 聚合度 | 重合度 | 聚合度 |
| — of precision | 精度 | 精度 | 精度 |
| — of purity | 純度 | 純度 | 纯度 |
| — of substitution | 置換度 | 置換度 | 置换度 |
| — of supersaturation | 過飽和度 | 過飽和度 | 过饱和度 |
| — of transparency | 透明度 | 透明度 | 透明度 |
| — of vacuum | 真空度 | 真空度 | 真空度 |
| — of wetness | 濕度 | 湿り度 | 湿度 |
| dehydrant | 脫水劑 | 脱水剤 | 脱水剂 |
| deliberate | 精密剖面圖 | 精密断面 | 精密断面图 |
| — survey | 精密測量 | 精密測量 | 精密测量 |
| delimiter | 定界符號 | 区切り記号 | 定界符号 |
| delineascope | 實物幻燈機 | 実物幻灯機 | 实物幻灯机 |
| delineator | 視線導標 | 反射式導柱 | 视线导标 |
| delink | 解鏈 | デリンク | 解链 |
| deliquate | 潮解 | き釈 | 潮解 |
| deliquescence | 潮解 | 潮解 | 潮解 |
| deliquium | 潮解物 | 潮解物 | 潮解物 |
| delivered horsepower | 傳輸馬力 | 伝達馬力 | 传输马力 |
| delivering system | 輸送系統 | 配送システム | 输送系统 |
| delivery | 輸出;輸送 | 吐出し量 | 泄放 |
| — burette | 分液滴定管 | 放出ビュレ | 分液滴定管 |
| — car | 運輸車 | デリバリーカー | 运输车 |
| — casing | 排氣缸 | 吐出しケーシング | 排气缸 |
| — clack | 輸出 板閥 | 送出し翼弁 | 输出瓣阀 |
| — cock | 泄放旋塞 | 送出しコック | 泄放旋塞 |
| — container | 輸送用集裝箱 | 輸送用コンテナ | 输送用集装箱 |
| — counter | 交付櫃台 | 受渡し台 | 交付柜台 |
| — cylinder | 遞紙滾筒 | 紙取り胴 | 递纸滚筒 |
| — date | 交貨日期 | 引渡し期日 | 交货日期 |

| 英　　文 | 臺　　灣 | 日　　文 | 大　　陸 |
|---|---|---|---|
| — device | 輸紙裝置 | 排紙裝置 | 输纸装置 |
| — diffuser | 輸出擠壓器 | 吐出しディフューザ | 输出挤压器 |
| — efficiency | 輸出效率 | 送り出し効率 | 输出效率 |
| — error | 投射誤差 | 投射誤差 | 投射误差 |
| — flask | 分液瓶 | 放出フラスコ | 分液瓶 |
| — gage | 輸出壓力計 | 吐出し圧力計 | 输出压力计 |
| — guide | 出口導板 | デリバリーガイド | 出口导板 |
| — head | 輸出水頭 | 送り出し水頭 | 送水扬程 |
| — hose | 輸送軟管 | 送り出しじゃ管 | 输出软管 |
| — inspection | 交貨檢驗 | 出荷検査 | 交货检验 |
| — joint | 輸出接頭 | 送出し継手 | 输出接头 |
| — mechanism | 輸出裝置 | デリバリーメカニズム | 输出装置 |
| — pressure | 輸送壓力 | 吐出し風圧 | 输出压力 |
| — ratio | 供氣比率 | 給気比 | 供气比率 |
| — record | 交貨記錄 | デリバリーレコード | 交货记录 |
| — roll | 傳送滾輪 | 送出ロール | 传送滚轮 |
| — speed | 出口速率 | デリバリースピード | 出口速率 |
| — tap | 配水栓 | 配水栓 | 配水栓 |
| — valve | 排氣閥 | 吐出し弁 | 排气阀 |
| — volume | 排出體積 | 出し容積 | 排出体积 |
| **dellenite** | 流紋英安岩 | デレン岩 | 流纹英安岩 |
| **Dellinger effect** | 德林杰效應 | デリンジャ効果 | 德林杰效应 |
| **delta** | δ〔希腊字母〕 | デルタ | δ〔希腊字母〕 |
| — brass | 德他黃銅 | δ黄銅 | δ黄铜 |
| — bronze | 德他青銅 | δ青銅 | δ青铜 |
| — iron | 德他-鐵 | δ鉄 | δ-铁 |
| — metal | 德他合金 | 高強度黄銅 | δ合金 |
| — rays | 德他射線 | δ線 | δ射线 |
| **delustered rayon** | 除去光澤 | つや消し | 除去光泽 |
| — agent | 消光劑 | つや消し剤 | 消光剂 |
| **delvauxite** | 磷鈣鐵礦 | デルボウ石 | 磷钙铁矿 |
| **demagnetization** | 退磁 | 脱磁 | 退磁；消磁 |
| — coefficient | 去磁係數 | 減磁係数 | 去磁系数 |
| — curve | 消磁曲線 | 消磁曲線 | 消磁曲线 |
| — field | 去磁場 | 反磁場 | 去磁场 |
| — loss | 去磁損失 | 減磁損 | 去磁损失 |
| **demagnetized state** | 去磁狀態 | 消磁状態 | 去磁状态 |
| **demagnetizer** | 去磁裝置(器) | 脱磁装置 | 去磁装置(器) |
| **demagnetizing** | 去磁；退磁 | 反磁界 | 去磁；退磁 |
| **demand** | 要求 | 需要 | 要求 |

251

| 英　　文 | 臺　　灣 | 日　　文 | 大　　陸 |
|---|---|---|---|
| — analysis | 需求分析 | 需要分析 | 需求分析 |
| — and supply balance | 供求平衡 | 需給バランス | 供求平衡 |
| — development | 需求開發 | 需要開発 | 需求开发 |
| demagnetization | 脫錳(法) | 脱マンガン | 脱锰(法) |
| demantoide | 翠榴石 | すいざくろ石 | 翠榴石 |
| demarcation point | 分界點 | 分界点 | 分界点 |
| demasking | 暴露 | 暴露 | 暴露 |
| Dember effect | 登巴效應 | デンバ効果 | 登巴效应 |
| deme | 混交群體 | デーム | 混交群体 |
| demetalization | 脫金屬(作用) | デメリット | 脱金属(作用) |
| demineralized water | 純水；軟化水 | 脱イオン水 | 纯水；软化水 |
| — water tank | 純水槽；軟化水槽 | 純水タンク | 纯水槽；软化水槽 |
| demi-relief | 半凸浮雕 | 半肉彫り | 半凸浮雕 |
| demister | 除霧器 | 除霧器 | 除雾器 |
| demodulator | 解調器 | 複調器 | 解调器 |
| demolisher | 搗碎機 | デモリッシャ | 搗碎机 |
| demolition | 拆除 | 解体 | 拆除 |
| demolization | 過熱分散 | 過熱分散 | 过热分散 |
| demulcent | 濕潤劑 | 湿潤剤 | 湿润剂 |
| demulsibility | 反乳化性(率) | 抗乳化度 | 反乳化性(率) |
| demultiplier | 倍減器；分配器 | デマルチプライヤ | 倍减器；分配器 |
| demultiply | 倍減 | 遞降 | 倍减 |
| den | 小儲藏室 | 穴倉 | 小储藏室 |
| denaturalization | 變性(質) | 変性 | 变性(质) |
| denaturant | 變性劑 | 変性剤 | 变性剂 |
| denaturation | 變性 | 変性 | 变性 |
| dendrite | 樹枝狀結晶 | 樹枝状晶 | 树突；松林石 |
| — crystal | 枝狀晶體 | デンドライト結晶 | 枝状晶体 |
| — growth | 枝狀晶體生長 | デンドライト成長 | 枝状晶体生长 |
| — ribbon crystal | 枝狀生長的帶狀晶體 | デンドライトリボン結晶 | 枝状生长的带状晶体 |
| dendrite(al) agate | 樹枝狀碼瑙 | 樹枝状めのう | 树枝状码瑙 |
| — markings | 樹狀晶 | 樹枝模様 | 树状晶 |
| — powder | 樹枝狀晶粉 | 樹枝状粉 | 树枝状晶粉 |
| dendrogram | 樹狀圖 | 系統樹 | 树状图 |
| denitriding | 脫氮 | 脱窒 | 脱氮 |
| denitrificator | 脫氮劑 | 脱窒(素)剤 | 脱氮剂 |
| denoiser | 噪音消除器 | デノイザ | 噪声消除器 |
| denominator | 共同特性 | デノミネータ | 共同特性 |
| denseness | 稠密性 | ちゅう密性 | 稠密性 |
| densifier | 粒度調整劑 | 粒度調整剤 | 粒度调整剂 |

| 英　文 | 臺　灣 | 日　文 | 大　陸 |
|---|---|---|---|
| densimeter | 密度 | 密度計 | 比重計 |
| densimetry | 密度測定法 | 密度法 | 密度測定法 |
| densi-transmitter | 密度壓力計 | 蒸気密度圧力計 | 密度圧力計 |
| densitometer | 比重計 | 密度計 | 比重计 |
| density | 密度 | 密度 | 密度；浓度 |
| — as sintered | 燒結密度 | 焼結密度 | 烧结密度 |
| — distribution | 密度分布 | 密度分布 | 密度分布 |
| — gradient | 密度函數 | 密度関数 | 密度函数 |
| — function | 密度梯度 | 密度こう配 | 密度梯度 |
| — meter | 密度計 | 黒化度計 | 密度计 |
| — of light | 光密度 | 光密度 | 光密度 |
| — ratio | 密度比 | 密度比 | 密度比 |
| dental | 牙科用合金 | 歯科用合金 | 牙科用合金 |
| — burr | 牙醫用轉銼 | 歯科用バー | 牙医用转锉 |
| dentalite | 牙科用合金 | 歯科用合金 | 牙科用合金 |
| dentate | 齒狀結構 | 歯状構造 | 齿状结构 |
| dentated sill | 齒檻；齒形消力檻 | 歯形シル | 齿槛；齿形消力槛 |
| deodorant | 脫臭劑 | 脱臭剤 | 脱臭剂 |
| deodorized oils | 脫臭油 | 脱臭油 | 脱臭油 |
| deoxidant | 還原劑 | 脱酸（素）剤 | 还原剂 |
| departure | 東西距離 | 起程点 | 东西距离 |
| dependency | 相依性 | 依存性 | 相依性 |
| dephosphorization | 脫磷(作用) | 脱りん | 脱磷(作用) |
| dephosphorizing | 脫磷酸 | 解りん酸 | 脱磷酸 |
| depickling | 脫酸 | 脱酸 | 脱酸 |
| depleted | 燒過的燃料 | 減損燃料 | 烧过的燃料 |
| depletion | 損耗 | 減損 | 损耗 |
| deposital metal | 熔著金屬 | 溶着金属 | 溶着金属 |
| deposited | 熔融接著 | 溶融接着 | 溶融接着 |
| — film | （真空）鍍膜 | 蒸着フィルム | （真空）镀膜 |
| metal | 熔著金屬 | 析出金属 | 溶着金属 |
| — metal film | （真空）鍍膜 | 蒸着フィルム | （真空）镀膜 |
| — steel | 熔著鋼 | 溶着鋼 | 溶着钢 |
| depositing tank | 析出（電解）槽 | 電着槽 | 析出（电解）槽 |
| deposition | 堆積；澱積 | 沈積 | 喷镀；蒸镀 |
| — range | 析出範圍 | 析出範囲 | 析出范围 |
| — rate | 熔著速度 | 溶着速度 | 溶着速度 |
| — deposit | 沉積物 | 付着物 | 沉积物 |
| depth | 深度 | 見込み | 深度 |
| — gage | 測深規 | 深さゲージ | 深度 |

| 英　　文 | 臺　　灣 | 日　　文 | 大　　陸 |
|---|---|---|---|
| — of corrosion | 腐蝕深度 | 腐食深さ | 腐蚀深度 |
| — of counter bore | 鎧孔深度 | 座ぐり深さ | 镗孔深度 |
| — of cut | 切削深度 | 切込み | 切削深度 |
| — of nick | 裂痕深度 | ニック深さ | 裂痕深度 |
| — of wear | 磨耗量 | 摩耗量 | 磨损量 |
| depthometer | 深度計 | 深度計 | 深度计 |
| derdylite | 銻鈦鐵礦 | デルビー石 | 锑钛铁矿 |
| deviating screw | 誘導螺栓 | 誘導ねじ | 诱导螺栓 |
| Derlin | 聚甲醛樹脂 | デルリン | 聚甲醛树脂 |
| dermatosome | 微纖維 | 微繊維 | 微纤维 |
| derocker | 清石機 | デロッカ | 清石机 |
| derrick | 人字起重 | ボーリング用やぐら | 引人杆；井架 |
| — boat | 浮吊 | デリックボート | 浮吊 |
| — boom | 人字弔桿 | デリックブーム | 起重臂 |
| — car | 人字起重機 | 操重車 | 起重车 |
| — crane | 架式起重機 | デリッククレーン | 架式起重机 |
| — mast | 起重桅(把)桿 | デリックマスト | 起重桅(把)杆 |
| — post | 人字栓 | デリックポスト | 柱上转臂式起重机 |
| — socket | 吊桿插座 | デリックソケット | 吊杆插座 |
| — step | 起重桅桿承台 | デリックステップ | 起重桅杆承台 |
| — table | 起重台 | デリック台 | 起重台 |
| derricking speed | 俯仰速度 | ふ仰速度 | 俯仰速度 |
| derust | 除鏽 | さびとり | 除锈 |
| deruster | 除鏽劑 | 脱せい剤 | 除锈剂 |
| derusting | 除鏽 | さび落とし | 除锈 |
| — method | 除鏽方法 | 脱せい方法 | 除锈方法 |
| design | 設計 | 設計 | 设计 |
| — augmented by computer | 電腦輔助設計 | 計算機増補式設計 | 电脑辅助设计 |
| — calculation | 設計計算 | 設計計算 | 设计计算 |
| — chart | 設計圖表 | 設計図表 | 设计图表 |
| — condition | 設計條件 | 設計条件 | 设计条件 |
| — expense | 設計費 | 設計費 | 设计费 |
| — strength | 設計強度 | 設計強度 | 设计强度 |
| — stress | 設計應力 | 設計応力 | 设计应力 |
| — technique | 設計技術 | 設計技術 | 设计技术 |
| — theory | 設計理論 | 設計理論 | 设计理论 |
| desilvering | 脱銀 | 脱銀 | 脱银 |
| desilverization | 去銀 | 脱銀 | 脱银 |
| desk | 桌 | デスク | 板；圆盘 |
| despun | 反轉 | デスパン | 反转 |

| 英　　文 | 臺　　灣 | 日　　文 | 大　　陸 |
|---|---|---|---|
| **cutenna** | 反轉天線 | デスパンアンテナ | 反转天线 |
| **destruction** | 破壞 | 破滅 | 破坏 |
| — inspection | 破壞檢查 | 破壊検査 | 破坏检查 |
| — test | 破壞試驗 | 破壊試験 | 破坏试验 |
| — desulfurization | 去硫 | 脱硫 | 脱硫 |
| **desulfurizing agent** | 去硫劑 | 脱硫剤 | 脱硫剂 |
| — equipment | 去硫裝置 | 脱硫装置 | 脱硫装置 |
| **detachable bit** | 可拆式鑽頭 | 付替ビット | 可拆式钻头 |
| — chain | 可拆卸鍊 | 掛け継ぎ鎖 | 可拆卸链 |
| — gate | 可拆式貨箱板 | 差込み式補助あおり | 可拆式货箱板 |
| **detail** | 細部；詳細圖 | 明細 | 细部；详细图 |
| — design | 細部設計 | 詳細設計 | 施工设计 |
| — diagram | 詳細圖 | 詳細ダイアグラム | 详细图 |
| — drawing | 零件圖 | 詳細図 | 零件图 |
| — parts design | 零件設計 | 細部設計 | 零件设计 |
| — plan | 詳細圖；零件 | 詳細図 | 详细图；零件 |
| — stripping | 完全分解 | 精密分解 | 完全分解 |
| — survey | 細部測量 | 詳細測量 | 细部测量 |
| **detailed** | 細目分析 | 詳細解析 | 细目分析 |
| — balance | 細部平衡 | 詳細平衡 | 细致平衡 |
| — design | 零件設計 | 細部設計 | 零件设计 |
| — estimate | 詳細估算（預計） | 詳細見積 | 详细估算（预计） |
| — planning | 詳細計劃 | 細部計画 | 详细计划 |
| — survey | 詳細測定 | 精密測定 | 详细测定 |
| — system evaluation | 詳細（的）系統評價 | 詳細システム評価 | 详细（的）系统评价 |
| **deterring** | 脫焦油（作用） | 脱タール | 脱焦油（作用） |
| **detartarizer** | 淨水裝置 | 浄水装置 | 净水装置 |
| **deterring** | 瀝水 | 除滴 | 沥水 |
| **detect** | 檢波 | デテクト | 检波 |
| **delectability** | 檢波能力 | 検出性 | 检波能力 |
| — factor | 檢測係數 | 検出率 | 检测系数 |
| **detecting circuit** | 檢波電路 | 検波回路 | 检波电路 |
| — device | 探測器〔設備〕 | 探知器 | 探测器〔设备〕 |
| — grating | 檢波線柵 | 検波格子 | 检波线栅 |
| — instrument | 檢測儀器 | 検知器 | 检测仪器 |
| — means | 檢測工具 | 検出部 | 检测工具 |
| — paper | 檢查（定；測）紙 | 試験紙 | 检查（定；测）纸 |
| — switch | 探測開關 | デテクティングスイッチ | 探测开关 |
| — tube | 檢測管 | 検知管 | 检测管 |
| — unit | 檢測器 | 検出器 | 检测器 |

| 英　　文 | 臺　　灣 | 日　　文 | 大　　陸 |
|---|---|---|---|
| **detection** | 探測；發覺 | 検波 | 探测；发觉 |
| — apparatus | 檢測器具 | 検出器具 | 检测器具 |
| — coefficient | 檢波係數 | 検波係数 | 检波系数 |
| — device | 檢測元（器）件 | 検出素子 | 检测元（器）件 |
| — efficiency | 檢波效率 | 検波効率 | 检波效率 |
| — head | 探測頭 | デテクションヘッド | 探测头 |
| — time | 停留時間 | 滞留時間 | 停留时间 |
| **detectivity** | 檢測率 | 検出能 | 检测率 |
| **detectophone** | 監聽電話機 | 聴話機 | 监听电话机 |
| **detector** | 探查器 | 検出器 | 探测器 |
| **detectoscope** | 水中聽音器 | ディテクトスコープ | 水中探声器 |
| **detent** | 止回爪；墊止 | 止め金 | 制动器 |
| — cam | 止動凸輪 | もどり止カム | 止动凸轮 |
| — pin | 止銷 | もどり止ピン | 止销 |
| — spring | 制動彈簧 | デテントスプリング | 制动弹簧 |
| **detention** | 滯留 | 引止め | 滞留 |
| — period | 滯留時間 | 滞留時間 | 滞留时间 |
| **determinate error** | 測量誤差 | 測定誤差 | 测量误差 |
| **detinning** | 脫錫 | 脱すず | 脱锡 |
| **detonating** | 爆震劑 | 起爆剤 | 起爆剂 |
| — assembly | 起爆裝置 | 起爆装置 | 起爆装置 |
| — cap | 雷管 | 雷管 | 雷管 |
| — cartridge | 爆炸管 | 発雷信号 | 爆炸管 |
| — charge | 起爆藥 | 起爆薬 | 起爆药 |
| — cord | 導爆索 | 導爆線 | 导爆索 |
| — explosives | 起爆藥 | 爆薬類 | 起爆药 |
| — fuse | 爆炸管信 | 導爆線 | 爆炸信管 |
| — gas | 爆炸氣 | 爆鳴気 | 爆鸣气 |
| — gas coulomb meter | 爆炸（煤）氣電量計 | 爆鳴気電量計 | 爆炸（煤）气电量计 |
| — meteor | 爆炸火花 | 爆鳴流星 | 爆鸣流星 |
| — net | 火藥導線網 | 導爆線網 | 火药导线网 |
| — powder | 起爆藥 | 爆発薬 | 起爆药 |
| — signal | 音響信號 | 発雷信号 | 响墩信号 |
| — slab | 防彈牆 | しゃ弾コンクリート層 | 防弹墙 |
| **detonation** | 爆燃；爆震 | デトースーシシン | 爆燃；爆炸 |
| — by influence | 殉爆 | 殉爆 | 殉爆 |
| — point | 爆震點 | デトネーション点 | 起爆点 |
| — pressure | 爆震壓力 | デトネーション圧力 | 爆炸压 |
| — wave | 爆震波 | デトネーション波 | 爆震波 |
| **detonator** | 雷管 | 雷管 | 雷管 |

| 英　　文 | 臺　　灣 | 日　　文 | 大　　陸 |
|---|---|---|---|
| — dynamite | 起爆藥 | 親ダイナマイト | 起爆药 |
| — signal | 爆音信號 | 爆音信号 | 爆音信号 |
| **detour** | 回路 | 回り道 | 迂回路 |
| — direction | 繞行指示 | う回指示 | 绕行指示 |
| — drift | 迂迴坑道〔巷道〕 | う回坑 | 迂回坑道〔巷道〕 |
| — route | 改道 | 回り線 | 便道 |
| **detoxicant** | 解毒劑 | 解毒剤 | 解毒剂 |
| **detoxication** | 解毒（作用） | 解毒 | 解毒（作用） |
| **detoxification room** | 去污室 | 汚染除去室 | 去污室 |
| **Detrial deposits** | 碎屑礦床 | 砕せつ鉱床 | 碎屑矿床 |
| — rocks | 碎屑岩 | 砕せつ岩 | 碎屑岩 |
| **Detroit** | 德特羅伊特電爐 | デトロイト電気炉 | 德特罗伊特电炉 |
| **detune** | 失調（諧） | デチューン | 失调（谐） |
| **detuned circuit** | 失調（諧）電路 | 離調回路 | 失调（谐）电路 |
| **detuner** | 抗震器 | ディチューナ | 抗震器 |
| **detuning condenser** | 失調電容器 | 離調コンデンサ | 失调电容器 |
| — ratio | 失調比 | 離調比 | 失调比 |
| — stub | 失調短（截）線 | 離調スタブ | 失调短（截）线 |
| **deuteration** | 重氫化 | 重水素化 | 氘代 |
| **deuteride** | 氘化物 | 重水素化物 | 氘化物 |
| **deuterium** | 重氫；氘 | 重水素 | 重氢；氘 |
| — oxide | 重水 | 酸化重水素 | 重水 |
| **deuteron** | 重氫核 | 重陽子 | 重氢核 |
| **Deval abrasion test** | 德瓦爾耐磨試驗 | ドバルすりへり試験 | 德瓦尔耐磨试验 |
| — abrasion tester | 德瓦爾耐磨試驗機 | ドバルすりへり試験機 | 德瓦尔耐磨试验机 |
| **Devarda alloy** | 戴氏銅鋅鋁 | デバルダ合金 | 戴氏铜锌铝 |
| **develop** | 開發 | 開発 | 研制；现像 |
| **developed area** | 展開面積 | 伸張面積 | 展开面积比 |
| — area ratio | 展開面積比 | 伸張面積比 | 展开面积 |
| — blade area | 展開（葉）面積 | 伸張翼面積 | 展开（叶）面积 |
| — color | 顯色染料 | 顕色染料 | 显色染料 |
| — color image | 顯色像 | 発色像 | 显色像 |
| — contour | 顯出輪廓 | 伸張輪郭 | 显出轮廓 |
| — dye | 顯色染料 | 顕色染料 | 显色染料 |
| — dyestuff | 顯色染料 | 顕色染料 | 显色染料 |
| — elevation | 展開圖 | 展開図 | 展开图 |
| — outline | 伸張輪廓 | 伸張輪郭 | 伸张轮廓 |
| — pattern | 展開圖 | 展開図 | 展开图 |
| **developer** | 顯影（色）劑 | 現像剤 | 显影（色）剂 |
| — bath | 顯影浴（槽） | 現像浴槽 | 显影浴（槽） |

| 英　　文 | 臺　　灣 | 日　　文 | 大　　陸 |
|---|---|---|---|
| **developing hand** | | 現像バンド | 显像带 |
| — bath | 顯影浴（槽） | 顕色浴 | 显影浴（槽） |
| — ink | 顯影墨水 | 現像インキ | 显影墨水 |
| — liquid | 顯影液 | 顕色液 | 显影液 |
| — machine | 顯影機 | 現像機 | 显影机 |
| — material | 顯影劑 | 現像剤 | 显影剂 |
| — nucleus | 顯影核 | 現像核 | 显影核 |
| — out paper | 顯影紙 | 現像紙 | 显影纸 |
| — paper | 相紙 | 印画紙 | 相纸 |
| **development** | 顯影；展開 | 発展 | 显影；展开 |
| — area | 發展地區 | 開発地域 | 发展地区 |
| **deviation** | 尺寸偏向 | 偏り | 偏差；误差 |
| — alarm | 偏差警報 | 偏差警報 | 偏差警报 |
| — angle | 偏差角 | 偏差角 | 偏差角 |
| — area | 偏差區域 | 偏差面積 | 偏差区域 |
| — calibration curve | 偏差校準曲線 | 偏差校正曲線 | 偏差校准曲线 |
| — constant | 偏差常數 | 偏移定数 | 偏移常数 |
| — curve | 偏差曲線 | 偏差曲線 | 偏差曲线 |
| — card | 偏差圖 | 偏差カード | 偏差图 |
| — from circularity | 真圓度 | 真円度 | 真圆度 |
| — from coaxiality | 同心度 | 同軸度 | 同心度 |
| — from cylindricity | 平面度 | 平面度 | 平面度 |
| — from flatness | 平行度 | 平行度 | 平行度 |
| — from parallelism | 垂直度 | 直角度 | 垂直度 |
| — from perpendicularity | 真直度 | 真直度 | 真直度 |
| — indicator | 偏差指示器 | 偏差指示器 | 偏差指示器 |
| — of directivity | 方向性偏差 | 指向偏位 | 方向性偏差 |
| — of form | 形狀精度 | 形状精度 | 形状精度 |
| **device** | 裝置；方法 | 装置 | 装置；设备 |
| — address | 設備地址 | 装置アドレス | 设备地址 |
| — pattern | 裝置圖 | デバイスパターン | 装置图 |
| — type | 設備類型 | 装置タイプ | 设备类型 |
| — under test | 待測設備 | デバイスアンダテスト | 被测设备 |
| **devider** | 分割輥輪 | デバイダ | 分割辊 |
| **devil** | 加熱焊料的小爐子 | 手提炉 | 加热焊料的小炉子 |
| — 's claw | 制鏈鉤 | デブルスクロー | 制链钩 |
| Deville furnace | 戴維爾爐 | デビル炉 | 戴维尔炉 |
| **devitrification** | 反玻璃質化 | 失透 | 反玻璃化 |
| **devolatility** | 脫揮發性 | 脱蔵性 | 脱挥发性 |
| **devulcanization** | 脫硫 | 脱硫 | 脱硫 |

| 英　　文 | 臺　　灣 | 日　　文 | 大　　陸 |
|---|---|---|---|
| **dew** | 露 | 露 | 露 |
| — condensation | 結露 | 結露 | 结露 |
| — drop | 露滴 | 結露 | 露滴 |
| — meter | 露點（濕度）計 | 露点湿度計 | 露点（湿度）计 |
| **dewatering agent** | 脫水劑 | 脱水剤 | 脱水剂 |
| — bin | 脫水裝置 | 脱水そう | 脱水装置 |
| — centrifuge | 離心脫水機 | 遠心脱水機 | 离心脱水机 |
| — method | 〔地基〕排水施工法 | 脱水工法 | 〔地基〕排水施工法 |
| — tank | 脫水槽 | 脱水槽 | 脱水槽 |
| — test | 脫水試驗 | 脱水試験 | 脱水试验 |
| — with screening | 過篩脫水 | 脱水スクリーニング | 过筛脱水 |
| **dewaxed oil** | 脫蠟油 | 脱ろう油 | 脱蜡油 |
| **dewaxing** | 脫臘 | 脱ろう | 脱腊 |
| **dewpoint** | 露點 | 露点 | 露点 |
| **dextro-form** | 右旋型 | デキストロフォルム | 右旋型 |
| **dezincing** | 去鋅 | 脱亜鉛 | 脱锌 |
| **diabase** | 輝綠岩 | 輝緑岩 | 辉绿岩 |
| **diabrosis** | 腐蝕 | 腐食 | 腐蚀 |
| **diagram** | 圖；線圖 | 図 | 图；图表 |
| — model | 圖表模型 | 図表モデル | 图表模型 |
| — of bending moment | 彎矩圖 | 曲げモーメント | 弯矩图 |
| — of connection | 連接圖 | 接続図 | 连接图 |
| **dial** | 標度盤；針盤 | 目盛板 | 刻度板〔盘〕 |
| — caliper | 針盤卡 | ダイヤルキャリパ | 刻度卡钳 |
| — compass | 刻度規 | 測量コンパス | 刻度规 |
| — disc | 刻度盤 | ダイヤル円板 | 刻度盘 |
| — gage | 針盤指示量規 | ダイヤルゲージ | 千分表 |
| — micrometer | 針盤分厘卡 | ダイヤルゲージ | 千分表 |
| — needle | 刻度盤指針 | ダイヤル針 | 刻度盘指针 |
| — current | 反磁電流 | 反磁性電流 | 反磁电流 |
| — effect | 抗磁效應 | 反磁効果 | 抗磁效应 |
| — material | 抗磁性材料 | 反磁性材料 | 抗磁性材料 |
| — moment | 逆磁矩 | 反磁性モーメント | 逆磁矩 |
| — resonance | 抗磁性共振 | 反磁性共鳴 | 抗磁性共振 |
| — substance | 抗磁體（質） | 反磁性体 | 抗磁体（质） |
| — susceptibility | 反磁化率 | 反磁性磁化率 | 反磁化率 |
| — susceptibility | 反磁化性 | 反磁性 | 反磁化性 |
| **diamagnetometer** | 反磁性 | 反磁性計 | 反磁性 |
| **diamond** | 鑽石；菱形 | 金剛石 | 玻璃刀 |
| **damnation** | 熔融鋁質耐火材料 | ディアマンティン | 熔融铝质耐火材料 |

| 英　　文 | 臺　　灣 | 日　　文 | 大　　陸 |
|---|---|---|---|
| **diameter** | 直徑 | 直径 | 直径 |
| — of circle | 圓的直徑 | 円の直径 | 圆的直径 |
| — of nozzle hole | 噴嘴孔直徑 | 噴口径 | 喷嘴孔直径 |
| — of pipe | 管徑 | 管径 | 管径 |
| — of rear pilot | 後導部直徑 | 後部案内の外径 | 后导部直径〔拉刀的〕 |
| — of recess | 退刀槽直徑 | 逃げ径 | 退刀槽直径 |
| — of rivet | 鉚釘直徑 | リベット径 | 铆钉直径 |
| — of rivet hole | 鉚釘孔徑 | リベット孔径 | 铆钉孔径 |
| — of tower | 塔徑 | 塔径 | 塔径 |
| — of tractive wheel | 驅動輪直徑 | 動輪直径 | 驱动轮直径 |
| — of trap | 隔氣具直徑 | トラップ口径 | 隔气具直径 |
| — ratio | 內外徑比 | 内外径比 | 内外径比 |
| — series | 直徑系列 | 直径系列 | 直径系列 |
| — series number | 直徑系列編號 | 直径記号 | 直径系列编号 |
| **diametral** | 徑向間隙 | 直径すき間 | 径向间隙 |
| — end points | 直徑的兩端點 | 直径の両端点 | 直径的两端点 |
| — pitch | 齒輪的〔徑節〕 | 直径ピッチ | 齿轮的〔径节〕 |
| — screw clearance | 螺紋徑向間隙 | スクリューの直径すき間 | 螺纹径向间隙 |
| — pitch | 徑節 | 直径ピッチ | 径节 |
| — rectifier circuit | 反相整流器電路 | 反相整流器回路 | 反相整流器电路 |
| **diamine** | 雙胺 | ジアミン | 双胺 |
| **diamond** | 鑽石;菱形 | 金剛石 | 金钢石；菱形 |
| — bit | 鑽石鑽頭 | ダイヤモンドバイト | 钻石钻头 |
| — bite | 鑽石車刀 | ダイヤモンドバイト | 钻石车刀 |
| — blade | 鑽石刀片 | ダイヤモンドブレード | 钻石刀片 |
| — bort | 金鋼石顆粒 | ダイヤモンドボート | 金钢石钻石 |
| — burr | 鑽石砂輪 | ダイヤモンドと石 | 钻石砂轮 |
| — cement | 鑽石 | ダイヤモンドセメント | 钻石 |
| — crown | 鑽石鑽頭 | ダイヤモンドクラウン | 222钻石 |
| — crystal | 鑽石晶體 | ダイヤモンド結晶 | 钻石晶体 |
| — cutter | 鑽石刀 | ダイヤモンドカッタ | 钻石刀 |
| — die | 鑽石模具 | ダイヤモンドダイス | 钻石模具 |
| — dressing | 鑽石修整器 | ダイヤモンド目直し | 钻石修整器 |
| — grain | 鑽石砂輪 | ダイヤモンド粒子 | 钻石砂轮 |
| — apping | 鑽石研磨 | ダイヤモンドラッピング | 钻石研磨 |
| — paste | 鑽石膏 | ダイヤモンドペースト | 钻石膏 |
| — pen | 鑽石筆 | ダイヤモンドペン | 钻石笔 |
| — penetrator hardness | 維克氏硬度 | ビッカース硬度 | 维克氏硬度 |
| — point tool | 尖頭車刀 | 剣バイト | 尖头车刀 |
| — polish | 鑽石研磨 | ダイヤモンド研磨 | 钻石研磨 |

| 英　文 | 臺　灣 | 日　文 | 大　陸 |
|---|---|---|---|
| — powder | 鑽石粉末 | ダイヤモンドパウダ | 钻石粉末 |
| — shell | 菱形薄殼 | 菱形薄壳 | 菱形薄壳 |
| — saw | 鑽石鋸 | 石切用丸のこ | 钻石锯 |
| diamondite | 碳化鎢硬質合金 | ディアモンダイト | 碳化钨硬质合金 |
| diaphaneity | 透明度 | 透明度 | 透明度 |
| diaphragm | 隔膜(板) | 仕切板 | 隔膜(板) |
| — bush | 薄膜補套 | ダイアフラムブシュ | 薄膜补套 |
| — bushing | 薄膜補套 | ダイアフラムブシュ | 薄膜补套 |
| — capsule gage | 膜盒式壓力計 | 空ごう式圧力計 | 膜盒式压力计 |
| — chamber | 膜片室 | ダイヤフラムチャンバ | 隔膜盒 |
| — control valve | 隔膜控制閥 | ダイヤフラム制御弁 | 隔膜控制阀 |
| — gage | 膜片壓力表 | 隔膜式圧力計 | 膜片压力表 |
| — gas meter | 膜片式氣量計 | ダイアフラムカスメータ | 膜片式气量计 |
| — jig | 隔膜跳汰機 | ダイアフラム跳たい機 | 隔膜跳汰机 |
| — manometer | 薄膜壓力計 | ダイアフラム圧力計 | 薄膜压力计 |
| — plate | 隔板 | ダイアフラム板 | 隔膜板；膜片 |
| — seal | 隔膜式〔密封〕 | ダイヤフラムシール | 隔膜式〔密封〕 |
| — spring | 膜片彈簧 | ダイヤフラムスプリング | 膜片弹簧 |
| — type compressor | 薄膜式壓縮機 | ダイアフラム式圧縮機 | 薄膜式压缩机 |
| diastimeter | 測距儀 | 距離測量計 | 测距仪 |
| diathermancy | 透熱性 | 透熱性 | 透热性 |
| diathermanous | 透熱體 | 透熱体 | 透热体 |
| — substance | 透熱物質 | 透熱体 | 透热物质 |
| diathermic membrane | 透熱膜 | 熱線透過性膜 | 透热膜 |
| dice | 鑄模 | ダイス | 铸模 |
| dicer | 切割機 | タイサ | 切割机 |
| dicing | 切割；切片 | ダイシング | 切割；切片 |
| — blade | 切割刀 | ダイシングブレード | 切割刀 |
| — machine | 切割機 | ダイシングマシーン | 切割机 |
| — saw | 切割鋸 | ダイシングソー | 切割锯 |
| die | 螺紋模 | 金型 | 金属模；冲模 |
| — adapter | 模具接頭 | ダイアダプタ | 模具接头 |
| — assembly | 模具組合 | ダイス組立 | 模具组合 |
| — backer | 凹模支撐 | ダイバッカ | 凹模支撑 |
| — base | 模座 | 金型用板材 | 模座 |
| — bearing | 模口支承面 | ダイベアリング | 模口支承面 |
| — bed | 模座 | ダイベッド | 模座 |
| — bending | 模具變曲 | 型曲げ | 模具变曲 |
| — blade | 模刃 | ダイブレード | 模刃 |
| — blank | 模具坯料 | ダイブランク | 模具坯料 |

D

| 英　　文 | 臺　　灣 | 日　　文 | 大　　陸 |
|---|---|---|---|
| — body | 模体 | ダイス受け | 模体 |
| — cavity | 模穴 | ダイスくぼみ部 | 模穴 |
| — center | 模具定位裝置 | ダイセンタ | 模具定位装置 |
| — character | 模具特性 | ダイ特性 | 模具特性 |
| — clamp | 模具變持器 | ダイ押え | 模具变持器 |
| — clearance | 模具間隙 | ダイクリアランス | 模具间隙 |
| — close time | 合模時間 | 型締時間 | 合模间隙 |
| — cone | 模心 | ダイコーン | 模心 |
| — cutter | 沖切機 | 打抜機 | 冲切机 |
| — cutting | 螺紋模切 | 打抜き | 冲切 |
| — cutting press | 沖裁壓機 | 打抜プレス | 冲裁压机 |
| — depth | 凹模深度 | ダイス深さ | 凹模深度 |
| — design | 模具設計 | 型設計 | 模具设计 |
| — edge | 模具鑲塊 | ダイエッジ | 模具镶块 |
| — engineering | 模具工程學 | 型工学 | 模具工程学 |
| — face | 模具型面 | ダイ前面 | 模具型面 |
| — failure | 模具損杯 | ダイ破損 | 模具损杯 |
| — forging | 模鍛 | 型鍛造 | 模锻 |
| — gap | 模具間隙 | ダイギャップ | 模具间隙 |
| — gate | 鉗口 | ダイゲート | 钳口 |
| — height | 裝模高度 | ダイハイト | 装模高度 |
| — hobbling press | 模壓制模壓力 | ダイホッビングプレス | 模压制模压力 |
| — holder | 下模座 | ねじこま持たせ | 下模座 |
| — hole | 模孔 | ダイス穴 | 模孔 |
| — insert | 模具鑲塊 | 入れ子 | 模具镶块 |
| — life | 模具壽命 | 型寿命 | 模具寿命 |
| — lifter | 起模裝置 | ダイリフタ | 起模装置 |
| — lubricant | 離型劑 | 離型剤 | 离型剂 |
| — mandrel | 模具心軸 | ダイマンドレル | 模具心轴 |
| — mark | 模痕 | ダイマーク | 模痕 |
| — material | 模具材料 | 型材料 | 模具材料 |
| — model | 模型 | 木型 | 模型 |
| — orifice | 模口；模孔 | ダイス穴型 | 模口；模孔 |
| — pad | 頂料板 | 突出し板 | 顶料板 |
| — pressing | 沖壓 | 型押し | 冲压 |
| — pressure | 模具壓力 | ダイ圧力 | 模具压力 |
| — pressure plate | 模具壓板 | ダイプレッシャープレート | 模具压板 |
| — quenching | 金屬模淬火 | 型焼入れ | 模具淬火 |
| — relief | 模斜度 | ダイ出口の逃げ | 模斜度 |
| — setting | 模具安裝 | ダイ整定 | 模具安装 |

| 英　　文 | 臺　　灣 | 日　　文 | 大　　陸 |
|---|---|---|---|
| — shoe | 模座 | ダイシュー | 模座 |
| — sinker file | 模具銼刀 | ダイシンカファイル | 模具锉刀 |
| — steel | 模具鋼 | ダイス鋼 | 模具钢 |
| — stop | 模具擋塊 | ダイストップ | 模具挡块 |
| — stroke | 模具行程 | ダイストロー | 模具行程 |
| — surface | 模具（成形）表面 | 成形面 | 模具（成形）表面 |
| — temperature | 模具溫度 | ダイ温度 | 模具温度 |
| — thickness | 模具厚度 | ダイス厚さ | 模具厚度 |
| — tryout | 模具調度 | ダイトライアウト | 模具调度 |
| — wall | 模壁 | ダイ壁 | 模壁 |
| — wear | 模具損耗 | ダイス摩耗 | 模具损耗 |
| **diebox** | 模座 | ダイボックス | 模座 |
| **die-cast** | 壓鑄法 | ダイ鋳物 | 压铸法 |
| — alloy | 壓鑄合金 | ダイカスト用合金 | 压铸合金 |
| — bearing | 壓鑄軸承 | ダイカストベアリング | 压铸轴承 |
| — brake drum | 壓鑄制動輪 | ダイカストブレーキドラム | 压铸制动轮 |
| — dies | 壓鑄模 | ダイカストダイス | 压铸模 |
| — machine | 壓鑄機 | ダイカスト機 | 压铸机 |
| **dieing machine** | 高速自動精密沖床 | ダイイングマシン | 高速自动精密冲床 |
| — out press | 沖床 | 打抜プレス | 冲床 |
| **dielectricity** | 絕緣 | 透電性 | 绝缘 |
| **diemilling** | 模具雕刻 | 型彫り | 刻模 |
| **die-plate** | 模板 | ダイプレート | 模板 |
| **die-punch** | 沖孔 | 打抜く | 冲孔 |
| **dieset** | 成套沖模 | ダイセット | 成套冲模 |
| — guide-pim | 模具導柱 | ダイセット案内ピン | 模具导柱 |
| **diesinker's file** | 模具銼刀 | 型彫りやすり | 模具锉刀 |
| **diesinking** | 刻模；靠模 | 型彫り | 刻模；靠模 |
| — machine | 靠模銑床 | 型彫り盤 | 靠模铣床 |
| **difference** | 差分 | 差分 | 差分 |
| 　calculus | 差分法 | 差分法 | 差分法 |
| **different level** | 差距 | 段違い | 差距 |
| — cam | 差動凸輪 | 差動カム | 差动凸轮 |
| — gear mechanism | 差動齒輪機構 | 差動歯車機構 | 差动齿轮机构 |
| — pinion | 差速器小齒輪 | 差動小歯車 | 差速器小齿轮 |
| — piston | 差動活塞 | 差動ピストン | 差动活塞 |
| — planetary pinion | 差動行星齒輪 | 差動えい星ピニオン | 差动行星齿轮 |
| — pulley | 差動滑輪 | 差動滑車 | 差动滑轮 |
| — rate | 差速率 | 差速 | 差速率 |
| — screw | 差動螺旋 | 差動ねじ | 差动螺旋 |

D

| 英　　文 | 臺　　灣 | 日　　文 | 大　　陸 |
|---|---|---|---|
| ― screw gearing | 差動螺旋傳動裝置 | 差動ねじ裝置 | 差动螺旋传动装置 |
| ― screw jack | 差動螺旋千斤頂 | 差動ねじジャッキ | 差动螺旋千斤顶 |
| ― spider | 差速器十字軸 | 差動裝置スパイダ | 差速器十字轴 |
| ― velocity | 差速 | 差速 | 差速 |
| ― wheel gear | 差動齒輪裝置 | 差動歯車裝置 | 差动齿轮装置 |
| **diffuse** | 擴散譜帶 | ぼやけバンド | 扩散谱带 |
| ― coating | 擴散滲鍍 | 拡散被覆 | 扩散渗镀 |
| ― combustion | 擴散燃燒 | 拡散燃焼 | 扩散燃烧 |
| ― density | 擴散 濃度 | 拡散光濃度 | 扩散密度 |
| ― duct | 擴散導管 | ディフューザダクト | 扩散导管 |
| ― light | 漫射光 | 散乱光 | 漫射光 |
| ― porous wood | 散孔材〔木材〕 | 散孔材 | 散孔材〔木材〕 |
| ― radiation | 擴散性幅射 | 拡散ふく射 | 扩散辐射 |
| ― reflection factor | 擴散反射率 | 拡散反射率 | 漫反射率 |
| ― scattering | 漫散射 | 散漫散乱 | 漫散射 |
| ― sound | 分散音 | 拡散音 | 分散音 |
| ― sound field | 散射聲場 | 拡散音場 | 散射声场 |
| ― stage | 漫散期 | 分散期 | 漫散期 |
| ― transmission | 擴散透過 | 拡散透過 | 扩散透过 |
| ― window | 擴散窗 | 拡散窓 | 扩散窗 |
| **diffused** | 擴散式通風 | 散気式エアレーション | 扩散式通风 |
| ― air tank | 〔空氣〕擴散池 | 散気槽 | 〔空气〕扩散池 |
| ― capacity | 擴散電容 | 拡散容量 | 扩散电容 |
| ― chromatin | 彌散染色質 | 分散染色材 | 弥散染色质 |
| ― contact | 擴散合金接點 | 拡散合金接点 | 扩散合金接点 |
| ― layer | 擴散層 | 拡散層 | 扩散层 |
| ― light flux | 漫散光束〔通量〕 | 拡散光束 | 漫散光束〔通量〕 |
| ― lighting | 漫射照明 | 拡散照明 | 漫射照明 |
| ― rays | 漫射線 | 拡散線 | 漫射线 |
| ― resistor | 擴散電阻 | 拡散抵抗 | 扩散电阻 |
| ― transmission | 漫透射 | 拡散透過 | 漫透射 |
| **diffusing** | 擴散；漫射 | ディフュージング | 扩散 |
| ― effect | 擴散效應 | 拡散効果 | 扩散效应 |
| ― factor | 擴散系數 | 拡散度 | 扩散系数 |
| ― material | 擴散材料 | 拡散体 | 扩散材料 |
| **diffusion** | 擴散；漫射 | 拡散 | 扩散 |
| ― admittance | 擴散導納 | 拡散アドミタンス | 扩散导纳 |
| ― analysis | 擴散分析 | 拡散分析 | 扩散分析 |
| ― angle | 漫射角 | 散乱角 | 漫射角 |
| ― annealing | 擴散退火 | 拡散焼なまし | 扩散退火 |

| 英　　文 | 臺　　灣 | 日　　文 | 大　　陸 |
|---|---|---|---|
| — apparatus | 擴散裝置 | 拡散装置 | 扩散装置 |
| — area | 擴散面積 | 拡散面積 | 扩散面积 |
| — atmosphere | 擴散氣氛 | 拡散雰囲気 | 扩散气氛 |
| — barrier | 擴散阻擋層 | 拡散障壁 | 扩散阻挡层 |
| — bonding | 擴散焊接 | 拡散接合 | 扩散焊接 |
| — burner | 擴散燃燒器 | 拡散バーナ | 扩散燃烧器 |
| — cloud chamber | 擴散云室 | 拡散霧箱 | 扩散云室 |
| — column | 擴散圓筒 | 比重筒 | 扩散圆筒 |
| — constant | 擴散常數 | 拡散定数 | 扩散常数 |
| — cooling | 擴散冷却 | 拡散冷却 | 扩散冷却 |
| — current | 擴散電流 | 拡散電流 | 扩散电流 |
| — depth | 擴散深度 | 拡散深度 | 扩散深度 |
| **dialysis** | 擴散透析法 | 拡散透析 | 扩散透析法 |
| — effect | 擴散效應 | 拡散効果 | 扩散效应 |
| — factor | 擴散系數 | 拡散係数 | 扩散系数 |
| — filter | 擴散過濾器 | 拡散フィルタ | 扩散过滤器 |
| — flame | 擴散火焰 | 拡散火炎 | 扩散火焰 |
| — furnace | 擴散爐 | 拡散炉 | 扩散炉 |
| — hardening | 擴散硬化處理 | 拡散硬化 | 扩散硬化处理 |
| — in pores | 細孔內擴散 | 細孔内拡散 | 细孔内扩散 |
| — index | 擴散指數(率) | 拡散指数 | 扩散指数(率) |
| — pressure deficit | 擴散壓差 | 拡散圧差 | 扩散压差 |
| — process | 擴散過程 | 拡散工程 | 扩散过程 |
| — temperature | 擴散溫度 | 拡散温度 | 扩散温度 |
| — theory | 擴散理輪 | 拡散理論 | 扩散理轮 |
| — velocity | 擴散速度 | 拡散速度 | 扩散速度 |
| **diffusivity** | 擴散系數 | 拡散係数 | 扩散系数 |
| — constant | 擴散 率;滲透係數 | 拡散係数 | 扩散系数 |
| **diffuser** | 散光器；氣化器 | 拡散器 | 散光器; 气化器 |
| **digester** | 蒸煮器 | 蒸解かま | 蒸煮器 |
| **digital** computer | 位電算機 | 計数形計算機 | 数字式计算机 |
| — control | 數字控制 | ディジタル制御 | 数字控制 |
| **display** | 展示；陳列 | 数字表 | 数字显示器 |
| — electronic computer | 數位電子計算機 | ディジタル電子計算機 | 数位电子计算机 |
| — element | 數位單元 | ディジタル素子 | 数位单元 |
| — facsimile | 數位(式)傳真 | ディジタルファクシミリ | 数位(式)传真 |
| — format | 數字格式 | ディジタルフォーマット | 数字格式 |
| — height | 數字式測高計 | ディジタルハイト | 数字式测高计 |
| — image analysis | 數字圖像分析 | ディジタル画像解析 | 数字图像分析 |
| — image processing | 數字圖像處理 | ディジタル画像処理 | 数字图像处理 |

| 英　　文 | 臺　　灣 | 日　　文 | 大　　陸 |
|---|---|---|---|
| — input adapter | 數字信息 | ディジタル情報 | 数字信息 |
| — input adapter | 數字輸入轉接器 | ディジタル入力アダプタ | 数字输入转接器 |
| — input output | 數字輸入輸出 | ディジタル入出力 | 数字输入输出 |
| — instrument | 數字式儀表 | 数字式計器 | 数字式仪表 |
| — line | 數字傳輸線 | ディジタルライン | 数字传输线 |
| — machine | 數字裝置 | ディジタル装置 | 数字装置 |
| — magnetic recording | 數字磁記錄 | ディジタル形磁気記録 | 数字磁记录 |
| — memory | 數字測量 | ディジタル計測 | 数字测量 |
| — measurement | 數字模式 | ディジタル記憶装置 | 数字模式 |
| — model | 數字存儲器 | ディジタルモデル | 数字存储器 |
| — panel meter | 數字面板測量儀表 | ディジタルパネルメータ | 数字面板测量仪表 |
| — pattern recognition | 數字模式識別 | ディジタルパターン認識 | 数字模式识别 |
| — quantity | 數字量 | ディジタル量 | 数字量 |
| — recorder | 數字記錄器 | ディジタルレコーダ | 数字记录器 |
| — register | 數位暫存器 | ディジタルレジスタ | 数位暂存口 |
| — scanner | 數字掃描器 | ディジタルスキャナ | 数字扫描器 |
| — simulator | 數字模擬器 | デイジタルシミュレータ | 数字模拟器 |
| — speed communication | 數字式語言通信 | ディジタル音声通信 | 数字式语言通信 |
| — telephone | 數字式電話 | ディジタル電話 | 数字式电话 |
| **digitizer** | 數位轉換器 | ディジタイザ | 数位转换器 |
| — unit | 數位轉換裝置 | ディジタイザユニット | 数位转换装置 |
| **diagonal axis** | 雙角線軸 | 二回対称軸 | 双角线轴 |
| **dilatability** | 膨脹性 | 膨脹性 | 膨胀性 |
| **dilatance** | 膨脹性 | ダイラタンシー | 膨胀性 |
| **dimension** flow | 擴張流動 | ダイラタント流動 | 扩张流动 |
| — error | 尺寸誤差 | 寸法誤差 | 尺寸误差 |
| — line | 尺寸線 | 寸法線 | 尺寸线 |
| — tolerance | 尺寸公差 | 寸法公差 | 尺寸公差 |
| **dimensional** accuracy | 尺寸精度 | 寸法精度 | 尺寸精度 |
| — allowance | 尺寸容差 | 寸法余裕 | 尺寸容差 |
| — analysis | 因次分析 | 次元解析 | 因次分析 |
| — change | 尺寸變化 | 寸法変化 | 尺寸变化 |
| — change during sintering | 燒結尺寸變化 | 焼結寸法変化 | 烧结尺寸变化 |
| — constant | 因次常數 | 次元定数 | 因次常数 |
| — coordination | 尺寸調整 | 寸法調整 | 尺寸调整 |
| — distortion | 尺寸偏差 | 寸法の狂い | 尺寸偏差 |
| — drawing | 尺寸圖 | 寸法図 | 尺寸图 |
| — effect | 尺寸影響（效應） | 寸法効果 | 尺寸影响（效应） |
| — expression | 因次式 | 次元式 | 因次式 |
| — measurement | 尺寸測定 | 寸法測定 | 尺寸测定 |

| 英　　文 | 臺　　灣 | 日　　文 | 大　　陸 |
|---|---|---|---|
| — recovery | 尺寸復原 | 寸法回復 | 尺寸复原 |
| — sensitivity | 穩定度(性) | 寸法安定度 | 稳定度(性) |
| — stability test | 尺寸穩定性試驗 | 寸法安定度試験 | 尺寸稳定性试验 |
| — stability under heat | 加熱尺寸穩定性 | 加熱寸法安定度 | 加热尺寸稳定性 |
| — stabilization | 尺寸穩定化 | 寸法安定化 | 尺寸稳定化 |
| — standard | 尺寸標準 | 寸法規格 | 尺寸标准 |
| — tolerance | 尺寸公差 | 寸法公差 | 尺寸公差 |
| dimensionality | 維數；度數 | 次元数 | 维数；度数 |
| dimensioning | 尺寸標注 | 寸法記入 | 尺寸标注 |
| dimensionless | 無因次 | 無次元 | 无因次 |
| dimethylmercury | 汞〔水銀〕 | ジメチル水銀 | 汞〔水银〕 |
| diametric system | 下方晶系 | 正方晶形 | 下方晶系 |
| diminished arch | 圓弧拱 | 円弧アーチ | 圆弧拱 |
| diminishing pipe | 漸縮管 | 漸小管 | 渐缩管 |
| — resistance | 漸減阻力 | 漸減抵抗 | 渐减阻力 |
| — scale | 縮尺；比例尺 | 縮尺 | 缩尺；比例尺 |
| diminution | 衰退；衰減 | 抵減 | 衰退；衰减 |
| — factor | 衰退率 | 減退率 | 衰退率 |
| dimmer | 遮光器 | 調光機 | 遮光器 |
| — circuit | 調光電路 | 調光回路 | 调光电路 |
| dimple | 小凹坑 | 凹みきず | 凹痕；波纹 |
| dimpling | 作小凹坑 | 皿出し | 压埋头螺纹孔 |
| — die | 波紋模 | ディンプリング型 | 波纹模 |
| — of tube | 波紋管 | パイプのディンプリング | 波纹管 |
| dingey | 折疊式救生艇 | ディンギー | 折叠式救生艇 |
| dinging | 勾縫 | 目地モルタル詰め | 勾缝 |
| — hammer | 平錘 | ディンギングハンマ | 平锤 |
| dingot | 直熔錠 | ジンゴット | 直熔锭 |
| dining-car | 餐車 | 食堂車 | 餐车 |
| diopside | 透輝石 | 透輝石 | 透辉石 |
| diopsidite | 透輝石岩 | 透輝石岩 | 透辉石岩 |
| diopter | 綠銅礦 | すい銅鉱 | 绿铜矿 |
| diopter system | 瞄準器 | 視度 | 瞄准器 |
| — tester | 視度望遠鏡 | 屈折光学系 | 视度望远镜 |
| diorama | 透視面 | 幻視画景 | 透视面 |
| dip | 傾斜；傾角 | 傾斜 | 倾斜；倾角 |
| — angle | 傾斜角 | 地平線府角 | 倾斜角 |
| — etch | 浸蝕 | ディップエッチ | 浸蚀 |
| — forming | 浸漬成形 | 浸せき成形 | 浸渍成形 |
| — frequency | 傾角頻率 | ディップ周波数 | 倾角频率 |

| 英　　文 | 臺　　灣 | 日　　文 | 大　　陸 |
|---|---|---|---|
| —— gage | 垂度規 | ディップゲージ | 垂度规 |
| —— method | 浸漬法 | ディップ法 | 浸渍法 |
| —— point | 浸漬點 | ディップポイント | 浸渍点 |
| —— polishing | 浸漬拋光 | 浸せき艶出 | 浸渍拋光 |
| —— resin | 浸漬用樹脂 | デップ樹脂 | 浸渍用树脂 |
| —— simuator | 降壓模擬器 | ディップシミュレータ | 降压模拟器 |
| —— soler type | 浸焊型 | ディプソルグタイプ | 浸焊型 |
| —— solderability | 浸焊性 | 浸せきはんだ付け適性 | 浸焊性 |
| —— starching | 浸漿 | のり浸し | 浸浆 |
| **dipped article** | 浸漬製品 | 浸せき品 | 浸渍制品 |
| —— electrode | 浸塗焊條 | 浸せき被覆溶接棒 | 浸涂焊条 |
| **dipper** | 杵 | ひしゃく | 瓢；杓；铲斗 |
| —— arm | 鑔斗柄 | ディッパハンドル | 铲斗柄 |
| —— handle | 杓柄 | ディッパハンドル | 杓柄 |
| —— stick | 測量尺 | ディッパステッキ | 测量尺 |
| **dipping** | 浸漬 | 浸せき | 浸渍 |
| —— compound | 浸漬用塗料 | 浸せき用塗料 | 浸渍用涂料 |
| —— facility | 浸漬設備 | 浸せき設備 | 浸渍设备 |
| —— former | 浸漬模 | 浸せき型 | 浸渍模 |
| —— machine | 浸漬機 | 浸せき機 | 浸渍机 |
| —— test | 浸漬試驗 | 浸せき試験 | 浸渍试验 |
| —— varnish | 浸漬清漆 | 浸せき用ワニス | 浸渍清漆 |
| **direct acceptance system** | 直接聯接式 | 直接受け入れ方式 | 直接联接式 |
| —— access store | 直接存取存儲器 | 直接アクセス記憶装置 | 直接存取存储器 |
| —— access volume | 直接存取卷 | 直接アクセスボリューム | 直接存取卷 |
| —— amplification | 直接放大 | 直接増幅 | 直接放大 |
| —— analysis | 直接分析 | 直接分析 | 直接分析 |
| —— area | 直接區域 | ダイレクトエリア | 直接区域 |
| —— axis | 直軸 | 直軸 | 直轴 |
| —— axis circuit | 順軸電路 | 縦軸回路 | 顺轴电路 |
| —— bonding | 直接接合 | ダイレクトボンディング | 直接接合 |
| —— broadcast satellite | 直播衛星 | 直接放送衛星 | 直播卫星 |
| —— call | 直接呼叫 | ダイレクトコール | 直接呼叫 |
| —— casting | 直接澆鑄 | 直注ぎ鋳造 | 直接浇铸 |
| —— cause | 直接原因 | 直接原因 | 直接原因 |
| —— channel | 直接通道 | 直接制御機構 | 直接通道 |
| —— compression | 直接加壓 | 直圧力 | 直接加压 |
| —— copy | 機械靠模 | ダイレクトコピー | 机械靠模 |
| —— counter | 直接計數器 | ダイレクトカウンタ | 直接计数器 |
| —— cutting | 直接刻紋 | ダイレクトカッティング | 直接刻纹 |

| 英　　文 | 臺　　灣 | 日　　文 | 大　　陸 |
|---|---|---|---|
| — desulfurization proce | 直接脫硫法 | 直接脫硫法 | 直接脱硫法 |
| — distance | 直接距離 | 直距離 | 直接距离 |
| — distance surveving | 直接距離測量 | 直接距離測量 | 直接距离测量 |
| — expansion chiller | 直接膨脹冷路卻器 | 直接膨脹式冷却器 | 直接膨脹冷路却器 |
| — filtration | 直接過濾 | 直接ろ過 | 直接过滤 |
| — flame | 直接焰 | 直火 | 直接焰 |
| — flame boiler | 直焰式鍋爐 | 直炎ボイラ | 直焰式锅炉 |
| — fusion process | 直接熔融法 | 直接溶融法 | 直接熔融法 |
| — grounding | 直接接地 | 直接接地 | 直接接地 |
| — heat | 直接熱 | 直熱 | 直接热 |
| — heat welding | 直接加熱焊接 | 直熱溶接 | 直接加热焊接 |
| — ingot | 直接鑄塊 | デインゴット | 直接铸块 |
| — injection engine | 直接噴射式發動機 | 直接噴射機関 | 直接喷射式发动机 |
| — manual operation | 直接手動操作 | 直接手動操作 | 直接手动操作 |
| — mechanical drive | 直接機械傳動 | 直接機械駆動 | 直接机械传动 |
| — projection | 直接投射 | 直射 | 直接投射 |
| — quench aging | 熱浴〔淬火〕時效處理 | 熱浴燒入れ時効 | 热浴〔淬火〕时效处理 |
| — quenching | 直接準火 | 直燒入れ | 直接准火 |
| — ratio | 正比 | 正比 | 正比 |
| — reaction | 直接反應 | 直接反応 | 直接反应 |
| — reduction | 直接還原 | 直接還元 | 直接还原 |
| — reduction steelmaking | 直接還原煉鐵法 | 直接還元製鉄法 | 直接还原炼铁法 |
| — reflection | 定向〔鏡面〕反射 | 正反射 | 定向〔镜面〕反射 |
| — reversing gear | 直接逆轉裝置 | 自己逆転装置 | 直接逆转装置 |
| — rope haulage | 垂直鋼絲繩 | コース巻き | 垂直钢丝绳 |
| — simulation | 直接仿真 | 直接相似 | 直接仿真 |
| — smelting | 直接熔煉 | 直接溶錬 | 直接熔炼 |
| — start | 直接啓動 | 直入起動 | 直接启动 |
| — starting | 直接起動法 | 直接起動法 | 直接起动法 |
| — stress | 直接應力 | 直接応力 | 直接应力 |
| — switching starter | 直接開關起動機 | 直接開閉起動器 | 直接开关起动机 |
| — titration | 直接滴定 | 直接滴定 | 直接滴定 |
| — transformation | 直接變態 | 直接変態 | 直接变态 |
| — transmission | 直接傳動 | 直接伝動 | 直接传动 |
| — writing recorder | 直接記綠器 | 直接記録計器 | 直接记绿器 |
| — turbine | 直接傳動式汽輪機 | 直結タービン | 直接传动式汽轮机 |
| **direct-current** | 直流 | 直流 | 直流 |
| — alternating current conver | 直流-交流變換器 | DC-AC 変換器 | 直接-交流变换器 |
| — generator | 直流發電機 | 直流発電機 | 直接发电机 |
| — indicator | 直流指示器 | 直流指示器 | 直接指示器 |

| 英　　文 | 臺　　灣 | 日　　文 | 大　　陸 |
|---|---|---|---|
| — motor | 直接電機器 | 直流電動機 | 直接电机器 |
| — power supply | 直接電源 | 直流電源 | 直接电源 |
| — power transmission | 直接輸電 | 直流送電 | 直接输电 |
| — resistance | 直接電阻 | 直流抵抗 | 直接电阻 |
| — sender | 直接發送機 | 直流送出器 | 直接发送机 |
| — series motor | 直接串激馬達 | 直流直巻電動機 | 直接串激马达 |
| — shunt motor | 直接並繞馬達 | 直流分巻電動機 | 直接并绕马达 |
| — switch | 直接開關 | DCスイッチ | 直接开关 |
| — system | 直流式 | 直流式 | 直流式 |
| — welding | 直接焊接 | 直流溶接 | 直接焊接 |
| **directcycle reactor** | 直接循環反應堆 | 直接サイクル（原子）炉 | 直接循环反应堆 |
| **direct-drive** | 直接傳(驅)動 | 直接駆動 | 直接传(驱)动 |
| — dial | 直接驅動度盤 | 直接駆動目盛り板 | 直接驱动度盘 |
| — engine | 直接驅動發動機 | 直結発動機 | 直接驱动发动机 |
| — gear | 直接傳動齒輪 | 直結歯車 | 直接传动齿轮 |
| — position | 直接連結 | 直結 | 直接传动 |
| — system | 直接驅動方式 | ダイレクトドライブ方式 | 直接驱动方式 |
| **directed angle** | 定向角 | 有向角 | 定向角 |
| — curve | 定向曲線 | 有向曲線 | 定向曲线 |
| — graph | 定向圖 | 有向グラフ | 定向图 |
| **direct-heating** | 直接；加熱 | 直接暖房 | 直接；加热 |
| — furnace | 直接加熱爐 | 直火炉 | 直接加热炉 |
| **direction** | 方向：指導 | 方向 | 方向；指向 |
| — angle | 方向角 | 方向角 | 方向角 |
| — cosine | 方向餘弦 | 方向余弦 | 方向徐弦 |
| — distribution | 指向分布 | 指向分布 | 指向分布 |
| — finder | 方位 操向器 | 方位測定機 | 方位测定器 |
| — finder deviation | 測向器偏差 | 方探偏差 | 测向器偏差 |
| — finder noise level | 測向器噪聲電平 | 方向探知機雑音レベル | 测向器噪声电平 |
| — finding equipment | 測向設備 | 方位測定設備 | 测向设备 |
| — flow | 定向流動 | 方向流れ | 定向流动 |
| — focusing | 方向聚焦 | 方向収束 | 方向聚焦 |
| — gun | 基準炮 | 基準砲 | 基准炮 |
| — indicator | 方向指示器 | 方向指示器 | 方向指示器 |
| — measurement | 方向觀測法 | 方向観測法 | 方向观测法 |
| — meter | 定向器 | ダイレクションメータ | 定向器 |
| — of application | 作用方向 | 作用方向 | 作用方向 |
| — of closing | 合模方向 | 型締め方向 | 合模方向 |
| — of easy magnetization | 順磁磁化 | 磁化容易方向 | 顺磁磁化 |
| — of flow | 流向 | 流れの方向 | 流向 |

| 英　　文 | 臺　　灣 | 日　　文 | 大　　陸 |
|---|---|---|---|
| ― of force | 力的方向 | 力の方向 | 力的方向 |
| ― of hard magnetization | 難磁化方向 | 磁化困難方向 | 难磁化方向 |
| ― of measurement | 測定方向 | 測定方向 | 測定方向 |
| ― of motion | 運動方向 | 運動方向 | 运动方向 |
| ― of twist | 扭轉方向 | より方向 | 扭转方向 |
| ― of welding | 焊接方向 | 溶接方向 | 焊接方向 |
| ― operation | 定向運行 | 力向別運転 | 定向运行 |
| **directional aerial** | 定向天線 | 指向アンテナ | 定向天线 |
| ― antenna | 定向天線 | 指向性アンテナ | 定向天线 |
| ― balance | 方向平衡 | 方向のつりあい | 方向平衡 |
| ― beacon | 定向信號 | 指向性標識 | 定向信号 |
| ― beam | 定向波束 | ダイレクショナルビーム | 定向波束 |
| ― bearing | 定向方位 | 指向性方位 | 定向方位 |
| ― broadcasting | 定向廣播 | 指向性放送 | 定向广播 |
| ― characteristic | 方向特性 | 指向特性 | 方向特性 |
| ― comparison | 方向比較 | 方向比較 | 方向比较 |
| ― comparison system | 方向比較方式 | 方向比較方式 | 方向比较方式 |
| ― control | 方向控制 | 方向制御 | 方向控制 |
| ― control circuit | 方向控制回路 | 方向制御回路 | 方向控制回路 |
| ― coupler | 定向耦合器 | 指向性結合器 | 定向耦合器 |
| ― diffusibility | 定向擴散率 | 指向拡散度 | 定向扩散率 |
| ― drilling | 斜向掘進 | 傾斜掘り | 斜向掘进 |
| ― element | 方向元件 | 方向要素 | 方向元件 |
| ― gain | 指向性增益 | 指向利得 | 指向性增益 |
| ― gyro | 定向迴轉儀 | 定針儀 | 陀螺罗盘 |
| ― homing | 定相返航 | 指向性ホーミング | 定相返航 |
| ― pattern | 方向圖 | 指向図形 | 方向图 |
| ― selecting valve | 方向轉換閥 | 方向切り換え弁 | 方向转换阀 |
| ― selection | 方向選擇 | 指向性選択 | 方向选择 |
| ― sign | 方向標識 | 方向標識 | 方向标识 |
| ― stability | 方向穩定 | 方向安定 | 方向稳定 |
| ― traverse | 方向線 | 方向線 | 方向线 |
| ― trim | 方向平衡 | 方向の釣り合い | 方向平衡 |
| ― valency | 方向原子價 | 方向原子価 | 方向原子价 |
| **directivity** | 方向性 | 指向性 | 方向性 |
| **directly connected pump** | 直聯泵 | 直結ポンプ | 直联泵 |
| ― injection molding | 直接射出成形 | 直接射出成形 | 直接射出成形 |
| ― reduce | 直接還原 | 直接還元 | 直接还原 |
| **director** | 引向器 | 導波器 | 引向器 |
| ― coil | 深測線圈 | ディレクタコイル | 深测线圈 |

director

| 英　　文 | 臺　　灣 | 日　　文 | 大　　陸 |
|---|---|---|---|
| — line | 準線 | 準線 | 准线 |
| **direct-reading** | 直接讀出 | 直読 | 直接读出 |
| — indicator | 直讀式指示器 | 直読式インジケータ | 直读式指示器 |
| — instrument | 直讀式儀表 | 直読計器 | 直读式仪表 |
| **direct-recording** | 直接記錄 | 直動式記録 | 直接记录 |
| **directrix** | 準線 | 準線 | 准线 |
| **direct-A1336vision** | 直視 | 直視 | 直视 |
| **dirt** | 夾渣；污垢 | 夾渣 | 夹渣；污垢 |
| — settling | 附著物 | ボロ附着 | 附着物 |
| — trap | 澆口除渣 | あか取り湯口 | 浇口除渣 |
| **disadvantage** | 缺點；缺陷 | 欠点 | 缺点；缺陷 |
| — factor | 不利因子 | 不利係数 | 不利因子 |
| **disarrange** | 失常；破壞 | ディスアレンジ | 失常；破坏 |
| **disarrangement** | 原子變位 | 配列かく乱 | 原子变位 |
| **disassemble** | 分解 | ディスアセンブル | 分解 |
| **disassembly** | 分解；拆卸 | 分解 | 分解；拆卸 |
| **dissimulation** | 異化作用 | 異化作用 | 异化作用 |
| **disassociation** | 離解(作用) | 脱会合 | 离解(作用) |
| **disastrous earthquake** | 破壞性地震 | 烈震 | 破坏性地震 |
| **disc** | 盤；圓盤 | 盆 | 盆；圆盘 |
| — agitator | 轉盤式攪拌機 | 回転円板式 | 转盘式搅拌机 |
| — and drum turbine | 圓盤及圓筒式渦輪機 | 円板胴タービン | 圆盘及圆筒式涡轮机 |
| — anode | 圓盤形陽級 | 円板陽極 | 圆盘形阳级 |
| — antenna | 盤形天線 | 円板形アンテナ | 盘形天线 |
| — attenuate | 圓盤衰減器 | ディスク減衰器 | 圆盘衰减器 |
| — blanking | 圓盤落料 | 円板打ち抜き | 圆盘落料 |
| — brake | 軔；圓盤煞車 | 円板ブレーキ | 圆盘制动器 |
| — cam type | 盤形凸輪式 | ディスクカム式 | 盘形凸轮式 |
| — cell | 磁盤單元 | ディスクセル | 磁盘单元 |
| — centrifuge | 圓盤離心分離機 | 分離板形遠心沈降機 | 圆盘离心分离机 |
| — chart | 磁盤圖 | 円形図紙 | 磁盘图 |
| — clutch | 圓盤形離合器 | 円形クラッチ | 圆盘形离合器 |
| — cutter | 圓盤刀具 | 摩擦丸のこ | 摩擦圆盘锯 |
| — cylindrical turbine | 圓盤圓筒渦輪機 | 円板胴タービン | 圆盘圆筒涡轮机 |
| — friction | 圓盤摩擦 | 円板摩擦 | 圆盘摩擦 |
| — friction loss | 圓盤摩擦損失 | 円板摩擦損失 | 圆盘摩擦损失 |
| — gage | 圓盤規 | 板ゲージ | 圆盘规 |
| — gearing | 圓盤傳動裝置 | 円板伝導 | 圆盘传动装置 |
| — grinder | 圓盤磨床 | 円板研削盤 | 圆盘磨床 |
| — harrow | 圓盤耙 | ディスクハロー | 圆盘耙 |

| 英　　文 | 臺　　灣 | 日　　文 | 大　　陸 |
|---|---|---|---|
| — insulated cable | 盤形式絕緣電纜 | 円板絶縁ケーブル | 盘形式绝缘电缆 |
| — insulator | 圓盤形絕緣子 | 円板形がい子 | 圆盘形绝缘子 |
| — loading | 槳盤載荷 | 円板荷重 | 桨盘载荷 |
| — loop antenna | 圓盤式環形天線 | ディスクループアンテナ | 圆盘式环形天线 |
| — mill | 盤式磨粉機 | ディスクミル | 盘式磨粉机 |
| — oil filter | 盤形濾油器 | 積層板油こし | 盘形滤油器 |
| — oiled bearing | 圓盤油軸承 | 円板注油式軸受 | 圆盘油轴承 |
| — operating systems | 磁碟操作系統 | ディスク | 磁碟操作系统 |
| — oriented system | 適合磁盤的系統 | ディスク向きシステム | 适合磁盘的系统 |
| — pack | 磁盤組 | ディスクパック | 磁盘组 |
| — piston | 圓盤活塞 | 円板ピストン | 圆盘活塞 |
| — planer | 圓盤木工刨床 | 円板かんな盤 | 圆盘木工刨床 |
| — plate | 圓板 | ディスクプレート | 圆板 |
| — plate valve | 圓盤閥 | 円板弁 | 圆盘阀 |
| — plough | 圓盤犁 | 丸刃すき | 圆盘犁 |
| — record | 唱片 | 録音盤 | 唱片 |
| — record player | 電唱機 | 円盤再生機 | 电唱机 |
| — recorder | 唱片錄音機 | 円盤録音機 | 唱片录音机 |
| — recording | 灌唱片 | 円盤録音 | 灌唱片 |
| — recording lathe | 唱片錄音機 | 円盤録音機 | 唱片录音机 |
| — roller | 盤形輥 | ディスクローラ | 盘形辊 |
| — rotation loss | 圓盤旋轉損失 | 回転円板損失 | 圆盘旋转损失 |
| — rotor | 盤式;盤式葉輪 | 回板回転子 | 圆盘转子 |
| — sander | 圓盤磨輪機 | 床仕上げ機 | 砂轮抛光机 |
| — sanding machine | 砂輪磨床 | ディスクサンダ | 砂轮磨床 |
| — saw | 圓盤鋸 | 丸のこ | 圆盘锯 |
| scanning | 圓盤掃描 | 円板走査 | 圆盘扫描 |
| — seal | 盤形封口 | 板封じ | 盘形封口 |
| — seal structure | 盤形封口結構 | 板極構造 | 盘(形)封(口)结构 |
| — seating action valve | 圓盤閥 | 円板弁 | 圆盘阀 |
| — signal | 圓盤信號機 | 円板信号機 | 圆盘信号机 |
| — source | 圓盤形放射源 | 円板状族射線源 | 圆盘形放射源 |
| — spacer | 磁盤隔片 | ディスクスペーサ | 磁盘隔片 |
| — swapping | 磁盤交換 | ディスクスワッピング | 磁盘交换 |
| — thermistor | 片狀熱敏電阻 | 板状サーミスタ | 片状热敏电阻 |
| — type centrifuge | 盤式離心機 | ディスク型遠心機 | 盘式离心机 |
| — type device | 圓盤形元件 | ディスク形素子 | 圆盘形元件 |
| — type flaw | 圓形平面傷痕 | 円形平面傷 | 圆形平面伤痕 |
| — type nozzle | 圓盤形噴霧頭 | ディスク形噴霧頭 | 圆盘形喷雾头 |
| — valve | 圓盤閥 | 円板弁 | 圆盘阀 |

| 英　　文 | 臺　　灣 | 日　　文 | 大　　陸 |
|---|---|---|---|
| — wheel | 盤輪；葉輪 | ディスク車輪 | 盘轮；叶轮 |
| — winding | 圓盤式繞組 | ディスクワインジング | 圆盘式绕组 |
| **Discaloy** | 鎳鉻鉬鈦鋼 | ディスカロイ | 镍铬钼钛钢 |
| **discard** | 廢料；報廢抛棄 | ディスカード | 废料；报废抛弃 |
| **discharge** | 放電 | 吐き出し | 放电 |
| — angle | 排出角 | 流出角 | 排出角 |
| — arrester | 放電避雷器 | 放電避雷器 | 放电避雷器 |
| — bend | 排放彎頭 | 吐き出しベンド | 排放弯头 |
| — bowl | 排出槽 | 吐き卞しボール | 排出槽 |
| — button | 放電按鈕 | ディスチャージボタン | 放电按钮 |
| — capacity | 放電容量 | 放電容量 | 放电容量 |
| — casing | 排水箱 | 吐き出しケーシング | 排水箱 |
| — channel | 排水道 | 放水路 | 排水道 |
| — circuit | 放電電路 | ディスチャージ回路 | 放电电路 |
| — cock | 排洩旋塞 | 吐き出しコック | 释放塞 |
| — coefficient | 流量係數 | 流量係数 | 流量系数 |
| — coil | 放電線圈 | 放電コイル | 放电线圈 |
| — color | 放電色 | 放電色 | 放电色 |
| — condition | 排出狀態 | 吐き出し状態 | 排出状态 |
| — current | 排流 | 放電電流 | 排流 |
| — curve | 流出量曲線；放電曲線 | 放電曲線 | 流量曲线 |
| — curve of flood | 洪水流量曲線 | 洪水の流量曲線 | 洪水流量曲线 |
| — damper | 排氣閘 | 吐き出しダンパ | 排气闸 |
| — depth | 徑流深度 | 流出高 | 径流深度 |
| — device | 放電器 | 放電装置 | 放电器 |
| — diagram | 流量圖 | 流量図 | 流量图 |
| — diffuser | 排出口擴散器 | 吐き出し口ディフューザ | 排出口扩散器 |
| — diode | 放電二極管 | 放電二極管 | 放电二极管 |
| — door | 出料門 | 排出扉 | 出料门 |
| — duration curve | 流況曲線 | 流況曲線 | 流况曲线 |
| — dyeing | 拔染法 | 抜染法 | 拔染法 |
| — elbow | 排氣管彎頭 | 吐き出しエルボ | 排气管弯头 |
| — electrode | 放電電極 | 放電極 | 放电电极 |
| — end | 出料端 | 排出端 | 出料端 |
| — exclitation laser | 放電激勵激光器 | 放電励起レーザ | 放电激励激光器 |
| — extinction voltage | 放電熄火電壓 | 放電消滅電圧 | 放电熄火电压 |
| — flow | 流量 | 流量 | 流量 |
| — for firm peak power | 恆定高峰用水量 | 常時ピーク使用水量 | 恒定高峰用水量 |
| — for firm power | 恆定用心量 | 常時使用水量 | 恒定用心量 |
| — for maximum power | 最大用心量 | 最大使用水量 | 最大用心量 |

| 英　　文 | 臺　　灣 | 日　　文 | 大　　陸 |
|---|---|---|---|
| — formative time | 放電形成時間 | 放電形成時間 | 放电形成时间 |
| — gage | 輸出壓力計 | 吐き出し圧力計 | 输出压力计 |
| — gap | 放電間隙 | 放電ギャップ | 放电间隙 |
| — gas | 排出氣體 | 吐き出しガス | 排出气体 |
| — head | 流出落差 | 吐き出しヘッド | 供油压头 |
| — head height of water | 水壓頭 | 圧力水頭 | 水压头 |
| — header | 排水集管 | 吐き出しヘッダ | 排水集管 |
| — hydrograph | 時間流量曲線 | 時間流量曲線 | 时间流量曲线 |
| — in gases | 氣體放電 | （ガス）放電 | 气体放电 |
| — indicator tube | 放電指示管 | 表示放電管 | 放电指示管 |
| — jet | 噴嘴 | ノズル | 喷嘴 |
| — lake | 拔染色淀 | 拔染レーキ | 拔染色淀 |
| — lamp | 放電燈 | 放電ランプ | 放电灯 |
| — line | 排放管(線) | 吐き出し管 | 排放管(线) |
| — loss | 流量損失 | 流量損失 | 流量损失 |
| — mass curve | 流量累積曲線 | 流量累加曲線 | 流量累积曲线 |
| — measurement | 流出量測定 | 流量測定 | 流量测定 |
| — nozzle | 排出噴嘴 | 吐き出しノズル | 排出喷嘴 |
| — of preparing agents | 製劑排出 | 抜消 | 制剂排出 |
| — off | 放電終止 | 放電済み | 放电终止 |
| — on | 正在放電 | 放電中 | 正在放电 |
| — opening | 排油(氣；水)口 | 吐き出し口 | 排油(气；水)口 |
| — pipe | 排洩管；流出管 | 吐き出し管 | 泄水管 |
| — potential | 放電電位 | 放電電位 | 放电电位 |
| — probe | 放電探針 | 放電検出プローブ | 放电探针 |
| — pump | 排洩 | ディスチャージポンプ | 排泄泵 |
| — quantity | 排出量 | 吐き出し量 | 排出量 |
| — rate | 放電率 | 放電率 | 放电率 |
| — time | 放電率 | 放電率 | 放电率 |
| — ratio | 放電火花 | 放電火花 | 放电火花 |
| — spark | 放電時間 | 放電時間 | 放电时间 |
| — valve | 排洩；流出閥 | 放出弁 | 放泄阀 |
| — velocity | 流量速度 | 吐き出し速度 | 流量速度 |
| — voltage | 放電電壓 | 放電電圧 | 放电电压 |
| **dischargeable weight** | 可消耗載重 | 投下重量 | 可消耗载重 |
| **discharger** | 放電器 | 放電器 | 放电器 |
| **discharging agent** | 脫色劑 | 抜染剤 | 脱色剂 |
| **discipline** | 科目 | 学科 | 科目 |
| **Disco process** | 迪斯可生產法 | ディスコ法 | 狄斯珂生产法 |
| **discolor** | 變(退)色 | ディスカラ | (使)变(退)色 |

D

| 英　　文 | 臺　　灣 | 日　　文 | 大　　陸 |
|---|---|---|---|
| discoloration | 褪色 | 変色 | 褪色 |
| discoloring clay | 漂白土 | 脱色土 | 漂白土 |
| discomfort-glare factor | 刺眼的閃光度 | 不快げん光度 | 刺眼的闪光度 |
| discomposition effect | 維格納效應 | ウィグナー効果 | 维格纳效应 |
| discone antenna | 盤錐形天線 | ジスコーンアンテナ | 盘锥形天线 |
| disconnecting clutch | 可解脫離合器 | しゃ断クラッチ | 可解脱离合器 |
| — cutout | 隔離斷路器 | 断路形カットアウト | 隔离断路器 |
| — fuse-holder | 熔斷型保除絲盒 | 断路形ヒューズホルダ | 熔断型保除丝盒 |
| — gear | 分離裝置 | 掛けはずし装置 | 分离装置 |
| — switch | 斷路器 | 断路器〔機〕 | 断路器 |
| — switch control circuit | 隔離開關控制電路 | 断路器制御回路 | 隔离开关控制电路 |
| disconnection | 解列；斷路 | 切断 | 解列；断路 |
| disconnector | 絕緣体 | 断路器 | 绝缘体 |
| discontinuity | 不連續性 | 不連続（性） | 不连续性 |
| discontinuous action | 不連續動作 | 不連続動作 | 不连续作用 |
| — character | 不連續性質 | 不連続形質 | 不连续性质 |
| discordance | 不和諧 | 不整合 | 不和谐 |
| discotic | 圓盤狀 | ディスコチック | 圆盘状 |
| discrasite | 銻銀礦 | 安銀鉱 | 锑银矿 |
| discrepancy | 差異 | 食い違い | 差异 |
| — amplifier | 分離放大器 | ディスクリートアンプ | 分离放大器 |
| discretization | 離散化 | 離散化 | 离散化 |
| — error | 離散化誤差 | 離散化誤差 | 离散化误差 |
| discriminate | 判別式 | 判別式 | 判别式 |
| discrimination | 識別 | 周波数弁別 | 识别 |
| — circuit | 鑒別電路 | 識別回路 | 鉴别电路 |
| — factor | 鑒別因素 | 差別係数 | 鉴别因素 |
| discriminative trip | 保護斷路 | 選択遮断 | 保护断路 |
| dielectric strength | 絕緣強度 | 絶縁耐力 | 绝缘强度 |
| disengaged free line | 空線 | 空き線 | 空线 |
| disengagement | 脫離 | がィスエンゲージメント | 脱离 |
| disengaging arbor | 分離軸 | 放離軸 | 分离轴 |
| — brake | 切斷式製動器 | 切離しブレーキ | 切断式制动器 |
| — coupling | 分離接頭 | 放離継手 | 分离接头 |
| — fork | 離合器叉 | 放離二また | 离合器叉 |
| — lever | 開手柄 | 放離てこ | 开手柄 |
| dish | 碟；皿 | 皿状反射器 | 碟；皿 |
| — antenna | 碟形天線 | ディッシュアンテナ | 碟形天线 |
| — wheel | 碟形砂輪 | ディッシュホイール | 碟形砂轮 |
| dished end | 碟 | 皿形鏡板 | 碟 |

| 英　　文 | 臺　　灣 | 日　　文 | 大　　陸 |
|---|---|---|---|
| — head | 碟形端板 | 皿形鏡板 | 碟形端板 |
| disher mill | 盤式穿孔機 | ディシャミル | 盘式穿孔机 |
| dishing | 杯狀變形 | わん状変形 | 杯状变形 |
| disinfecting chamber | 消毒槽 | 消毒槽 | 消毒槽 |
| disinfection | 殺菌；消毒 | 消毒 | 杀菌；消毒 |
| disintegration | 粉碎 | 崩壊 | 粉碎 |
| — constant | 衰變常數 | 壊変定数 | 衰变常数 |
| — curve | 衰變曲線 | 崩壊曲線 | 衰变曲线 |
| — energy | 衰變能 | 壊変エネルギー | 衰变能 |
| — voltage | 擴散電壓 | 拡散電圧 | 扩散电压 |
| distinct | 析取項 | ディスジャンクト | 析取项 |
| disjunction | 分離 | 離接 | 分离 |
| disk | 圓盤 | 平円板 | 圆盘 |
| — access | 磁盤存取 | ディスクアクセス | 磁盘存取 |
| — address | 磁盤地址 | ディスクアドレス | 磁盘地址 |
| — area | 圓盤面積 | 円板面積 | 圆盘面积 |
| — atomiser | 圓盤粉碎機 | ディスクアトマイザ | 圆盘粉碎机 |
| — base system | 磁盤數據庫系統 | ディスクベースシステム | 磁盘数据库系统 |
| — bowl type | 分離盤式 | 分離板型 | 分离盘式 |
| — cache | 磁盤高速緩衝存儲器 | ディスクキャッシュ | 磁盘高速缓冲存储器 |
| — car tridge | 記憶器 | ディスクカートリッジ | 磁盘箱 |
| — channel | 磁盤通道 | ディスクチャネル | 磁盘通道 |
| — chuck | 花盤 | ディスクチャック | 花盘 |
| — column | 圓盤塔 | 円板塔 | 圆盘塔 |
| — control | 磁盤控制 | ディスク制御 | 磁盘控制 |
| — coulter | 圓盤犁(刀) | 円板コールタ | 圆盘犁(刀) |
| — crank | 圓盤式(形)曲柄 | 円板クランク | 圆盘式(形)曲柄 |
| — cylinder | 盤形圓柱體 | ディスクシリンダ | 盘形圆柱体 |
| — device | (圓)片形器件 | ディスクデバイス | (圆)片形器件 |
| — drive | 磁盤驅動 | ディスク駆動機構 | 磁盘驱动 |
| — driver | 磁盤驅動器 | ディスク駆動装置 | 磁盘驱动器 |
| — dryer | 圓盤式乾燥器 | 円板型乾燥器 | 圆盘式乾燥器 |
| — dump | 磁盤信息轉儲 | ディスクダンプ | 磁盘信息转储 |
| — edit | 磁盤信息編輯 | ディスクエディット | 磁盘信息编辑 |
| — file | 磁盤文件 | ディスクファイル | 磁盘文件 |
| — file organization | 磁盤文件編排 | ディスクファイル編成 | 磁盘文件编排 |
| — filter | 圓盤過濾器 | 円板ろ過機 | 圆盘过滤器 |
| — flow meter | 〔旋轉〕圓板流量計 | 円板型流量計 | 〔旋转〕圆板流量计 |
| — fuse | 圓板烔斷器 | 円板ヒューズ | 圆板烔断器 |
| — gate | 盤形繞口 | ディスクゲート | 盘形绕口 |

| 英　　　文 | 臺　　　灣 | 日　　　文 | 大　　　陸 |
|---|---|---|---|
| ― initialization | 磁盤初始化 | ディスク初期設定 | 磁盘初始化 |
| ― jockey | 唱片節目 | ディスクジョッキー | 唱片节目 |
| ― laser | 圓盤(形)激光器 | ディスクレーザ | 圆盘(形)激光器 |
| ― librarian | 磁盤庫管理程序 | ディスクライブラリアン | 磁盘库管理程序 |
| ― map | 磁盤存儲圖 | ディスク記憶域地図 | 磁盘存储图 |
| ― memory | 磁盤存儲器 | ディスク記憶装置 | 磁盘存储器 |
| ― memory system | 磁盤存儲系統 | ディスクメモリシステム | 磁盘存储系统 |
| ― meter | 盤式流量計 | ディスクメータ | 盘式流量计 |
| ― module | 磁盤模件 | ディスクモジュール | 磁盘模件 |
| ― mold test | 圓板(盤)造型試驗 | 円板成形試験 | 圆板(盘)造型试验 |
| ― monitor system | 磁盤監控系統 | ディスクモニタシステム | 磁盘监控系统 |
| ― of screw propeller | 螺旋槳盤面 | 推進器円 | 螺旋桨盘面 |
| ― pulverize | 盤式粉磨機 | 円板微粉(砕)機 | 盘式粉磨机 |
| ― refiner | 圓盤精研機 | ディスクリファイナ | 圆盘精研机 |
| ― reproducer | 留聲機 | 円盤再生機ディスクスクリー | 留声机 |
| ― screen | 圓盤篩 | ン | 圆盘筛 |
| ― sense signal | 磁盤讀出信號 | ディスクセンス信号 | 磁盘读出信号 |
| ― sheet | 磁盤片 | ディスクシート | 磁盘片 |
| ― size | 磁盤尺寸 | ディスクサイズ | 磁盘尺寸 |
| ― sort | 磁盤分類 | ディスク分類 | 磁盘分类 |
| ― spring | 盤簧 | ディスクスプリング | 盘簧 |
| ― storagedrive | 磁盤儲存器驅動 | ディスク記憶装置駆動 | 磁盘储存器驱动 |
| ― thermistor | 圓盤式熱敏電阻器 | ディスクサーミスタ | 圆盘式热敏电阻器 |
| ― to card | 磁盤信息轉換 | ディスクカート変換 | 磁盘信息转换 |
| ― tone head | 圓盤錄音頭 | ディスクトーンヘッド | 圆盘录音头 |
| ― track | 磁盤(磁)道 | ディスクトラック | 磁盘(磁)道 |
| ― type rotor | 圓盤型轉子 | ディスク形ロータ | 圆盘型转子 |
| ― unit | 磁盤裝置 | 磁気ディスク装置 | 磁盘装置 |
| **diskette** | 塑料磁盤 | ディスケット | 塑料磁盘 |
| **dislocation** | 差排 | 転位 | 位错 |
| ― core | 差排軸 | 転位心 | 位错心 |
| ― density | 差排密度 | 転位濃度 | 位错密度 |
| ― hardening | 差排強化 | 転位強化 | 位错强化 |
| ― line | 差排線 | 転位線 | 位错线 |
| ― network | 差排網 | 転位網 | 位错网 |
| ― mode | 差排節 | 転位の節 | 位错节 |
| ― scattering mobility | 位移散射遷移移率 | 転位散乱易動度 | 位移散射迁移移率 |
| ― tangle | 差排咬合 | 転位のもつれ | 位错咬合 |
| ― theory | 差排理論 | 転位理論 | 位错理论 |
| **dismantlement** | 拆卸 | 解体 | 拆散 |

| 英　　文 | 臺　　灣 | 日　　文 | 大　　陸 |
|---|---|---|---|
| **dismantling** | 分解；拆除 | 分解 | 分解；拆除 |
| **dismount** | 拆卸 | 取り外す | 拆卸 |
| **dismounting** | 拆卸；拆除 | 解体 | 拆卸；拆除 |
| **dismutation** | 歧化 | 不均化 | 歧化 |
| **disorder** | 異常；亂序 | ディスオーダ | 异常；乱序 |
| **disoxidation** | 還原(作用) | 脱酸素 | 还原(作用) |
| **dispersal** | 分散 | ディスパーサル | 分散 |
| **dispersibility** | 分散度 | 分散性 | 分散度 |
| **dispersion** | 分散 | 分散 | 分散 |
| — degree | 分散度 | 分散度 | 分散度 |
| — equipment | 擴散裝置 | 拡散装置 | 扩散装置 |
| — grade resin | 分散型樹脂 | 分散型樹脂 | 分散型树脂 |
| — hardening | 分散強化 | 分散強化 | 分散强化 |
| — hardening alloy | 分散硬化合金 | 分散硬化合金 | 分散硬化合金 |
| — of performance | 性能偏差 | 性能のばらつき | 性能偏差 |
| — resin | 分散樹脂 | ディスパーション樹脂 | 分散树脂 |
| — strengthened alloy | 分散強化合金 | 分散強化合金 | 分散强化合金 |
| — strengthened material | 分散強化材料 | 分散強化材料 | 分散强化材料 |
| **displacement** | 置換；位移 | 置換 | 置换；位移 |
| — activity | 置換行為 | 転位行動 | 置换行为 |
| — angle | 角位移 | 変位角 | 位移角 |
| — development | 置換展開法 | 置換展開法 | 置换展开法 |
| — error | 偏移誤差 | 偏向誤差 | 偏移误差 |
| — law | 位移定律 | 変位（の法）則 | 位移定律 |
| — plating | 置換式電渡 | 置換めっき | 置换式电渡 |
| — process | 置換法 | 置換式法 | 置换法 |
| — reaction | 置換反應 | 置換反応 | 置换反应 |
| — response | 位移反應 | 変位応答 | 位移反应 |
| — stress | 位移應力 | 変位応力 | 位移应力 |
| — thickness | 排擠厚度 | 排除厚 | 排挤厚度 |
| — transducer | 電測轉送器 | 変位変換器 | 位移传感器 |
| — type blower | 容積式鼓風機 | 容積型ブロワ | 容积式鼓风机 |
| — vector | 位移向量 | 変位ベクトル | 位移向量 |
| — velocity | 位移速度 | 変位速度 | 位移速度 |
| — vibrograph | 位移震動計 | 振動変位計 | 位移震动计 |
| — volume | 排量容積 | 押しのけ容積 | 排气量 |
| **displacer** | 置換器 | 押出し装置 | 置换器 |
| **display** | 顯示(器) | 表示 | 显示(器) |
| — apparatus | 顯示器 | ディスプレイ装置 | 显示器 |
| — block | 顯示器 | ディスプレイブロック | 显示器 |

| 英　　文 | 臺　　灣 | 日　　文 | 大　　陸 |
|---|---|---|---|
| — panel | 顯示面板 | 表示パネル | 显示面板 |
| — register | 顯示 | ディスプレイレジス | 显示 |
| **disposition** | 配置；安排 | 配置 | 配置；安排 |
| **disruptive conduction** | 擊穿電導 | 破裂伝導 | 击穿电导 |
| — discharge | 破裂放電 | 破裂放電 | 破裂放电 |
| — distance | 破裂距離 | 破裂距離 | 破裂距离 |
| — selection | 分裂選擇 | 分断選択 | 分裂选择 |
| — test | 耐壓試驗 | 耐電圧試験 | 耐压试验 |
| **dissect** | 分析；解剖 | ディセクト | 分析；解剖 |
| **dissection** | 解剖；分割 | ディセクション | 解剖；分割 |
| **dissociation** | 分裂；解離 | 解離 | 分裂；解离 |
| **dissolution** | 溶解；分解 | 溶解 | 溶解；分解 |
| — rate | 溶解速率 | 溶解速度 | 溶解速率 |
| — wave | 溶解波 | 溶出波 | 溶解波 |
| **dissolve** | 溶解 | 溶解 | 溶解 |
| **dissolved** acetylene | 被溶乙炔 | 溶解アセチレン | 液化乙炔 |
| — carbon | 溶解碳 | 溶解炭素 | 溶解碳 |
| — gas | 溶解氣体 | 溶存ガス | 溶解气体 |
| — matter | 溶解物質 | 溶解〔存〕物質 | 溶解物质 |
| — substance | 溶質 | 溶質 | 溶质 |
| **distance** | 距離 | 距離 | 距离 |
| — for insulation | 絕緣距離 | 絶縁距離 | 绝缘距离 |
| — hardness | DH硬度 | DH硬度 | DH硬度 |
| — mark | 距離標識 | 距離標識 | 距离标识 |
| — measurement | 測距 | 距離測定 | 测距 |
| — of center | 中心距離 | 中心距離 | 中心距离 |
| — of distinct vision | 明視距離 | 明視距離 | 明视距离 |
| **distant** control | 遙控 | 遠隔制御 | 遥控 |
| — indication | 遙控顯示 | 遠隔指示 | 遥控显示 |
| — point | 遠點 | 距離点 | 远点 |
| **distinction** | 差別 | 差別 | 差别 |
| **distortion** | 失真；歪曲 | 変形 | 失真；歪曲 |
| — curve | 失真曲線 | ディストーションカープ | 失真曲线 |
| — during quenching | 淬火變形 | 焼入れひずみ | 淬火变形 |
| — effect | 失真效應 | ひずみ効果 | 失真效应 |
| — energy | 畸變能 | 形状ひずみエネルギ | 变形能 |
| — factor | 失真因素 | ひずみ率 | 畸变系数 |
| **distributer** | 分配器 | ディストリビュータ | 导向装置 |
| **distributing** air damper | 空氣分配擋板 | 分配ダンパ | 空气分配挡板 |
| — amplifier | 分配放大器 | 分配増幅器 | 分配放大器 |

280

| 英　文 | 臺　灣 | 日　文 | 大　陸 |
|---|---|---|---|
| — area | 供水區（域） | 配水区域 | 供水区（域） |
| — bar | 構造鋼筋 | 上ば鉄筋 | 构造钢筋 |
| — branch | 配送支管 | 配水支管 | 配水支管 |
| — cock | 分配開關 | 分配コック | 分配开关 |
| — frame | 配線盤 | 配線盤 | 配线盘 |
| — fuse board | 配線熔絲盤 | 配線ヒューズ盤 | 配线熔丝盘 |
| — fuse panel | 配線熔絲盤（板） | 配線ヒューズ盤 | 配线熔丝盘（板） |
| — head lead in | 配線箱進線口 | 配線かん引込み口 | 配线箱进线口 |
| — installations | 配水設施 | 配水施設 | 配水设施 |
| — insulator | 配線絕緣子 | 配線がいし | 配线绝缘子 |
| — lever | 配送主管 | 分配てこ | 分配杆 |
| — main | 配電桿線 | 配電幹線 | 配电杆线 |
| — operator | 配電操作人員 | 分配扱い者 | 配电操作人员 |
| — pole | 配線柱線 | 配線柱 | 配电杆线 |
| — reservoir | 配水池 | 配水池 | 配水池 |
| — roll | 配料輥 | 均しロール | 配料辊 |
| — transformer | 配電變壓器 | 配電変圧器 | 配电变压器 |
| — valve | 分配閥 | 分配弁 | 分配阀 |
| — pump | 配水泵 | 配水ポンプ | 配水泵 |
| — water pipe | 配水管 | 配水管 | 配水管 |
| **distribution** | 分配：配電 | 分配 | 分配；配电 |
| — bar | 配力（鐵）筋 | 配力（鉄）筋 | 配力（铁）筋 |
| — board | 分電盤 | 分電盤 | 分电盘 |
| — box | 配電盤 | 分電箱 | 配电盘 |
| — cable | 配電電纜 | 配線ケーブル | 配电电缆 |
| — capacity | 分布電容 | 分布容量 | 分布电容 |
| — center | 分配中心 | 集配送センタ | 分配中心 |
| — coefficient | 分布（配）係數 | 分布係数 | 分布（配）系数 |
| — constant | 分布常數 | 分布係数 | 分布常数 |
| — control | 分布控制 | 分散制御 | 分布控制 |
| — curve | 分布曲線 | 配電曲線 | 分布曲线 |
| — cutout | 配電斷路器 | 配電用カットアウト | 配电断路器 |
| — density | 分布密度 | 分布密度 | 分布密度 |
| — diagram | 配線圖 | 系統図 | 〔设备〕系统图 |
| — error | 分布誤差 | 分布誤差 | 分布误差 |
| — graph | 分布圖 | 配分図 | 分布图 |
| — network | 配電網 | 配電網 | 配电网 |
| — of brightness | 亮度分布 | 輝度分布 | 亮度分布 |
| — of rainfall | 雨量分布 | 雨量分布 | 雨量分布 |
| — of temperature | 溫度分布 | 温度分布 | 温度分布 |

| 英　　文 | 臺　　灣 | 日　　文 | 大　　陸 |
|---|---|---|---|
| — of water | 配水 | 配水 | 配水 |
| — panel | 分電盤 | 分電盤 | 分电盘 |
| — pipe line | 配水管線 | 配水管路 | 配水管线 |
| — ratio | 分配比 | 分布率 | 分配比 |
| **distributive** | 分配格 | 分配的な束 | 分配格 |
| **distributor** | 分配閥 | 分配器 | 分配阀 |
| **distract** | 區域 | 区域 | 区域 |
| **disturb** | 干擾 | ディスターブ | 干扰 |
| **disturbance** | 干擾 | 妨害 | 干扰 |
| — error | 干擾誤差 | かく乱誤差 | 干扰误差 |
| **diver** | 潛水艇 | ダイバ | 潜水艇 |
| **divergent beam** | 發散射束 | 発散ビーム | 发散射束 |
| — loss | 擴散損失 | 発散損失 | 扩散损失 |
| — reaction | 發散反應 | 発散反応 | 发散反应 |
| — series | 發散級數 | 発散級数 | 发散级数 |
| — tube | 擴散管 | 廣がり管 | 扩散管 |
| **diversion** | 轉移；導流 | 分流 | 转移；导流 |
| — curve | 轉換曲線 | 転換率曲線 | 转换曲线 |
| — valve | 轉向閥 | ダイバージョン弁 | 换向阀 |
| **diversity** | 相異；分隔 | 多種多様性 | 相异；分隔 |
| **divert** | 轉向；轉換 | ダイバート | 转向；转换 |
| **diverter** | 換向器；避電針 | 分流加減器 | 换向器；避电针 |
| **divide** | 分隔；分配 | 分割 | 分隔；分配 |
| — line | 分水線 | 分水線 | 分水线 |
| **divided axial pitch** | 軸向節距 | 軸方向割りピッチ | 轴向节距 |
| — circle | 刻度圓板 | 目盛り円板 | 刻度圆板 |
| — difference | 均差 | 差分商 | 均差 |
| — flow turbine | 分流式渦輪機 | 分流タービン | 分流式涡轮机 |
| **dividers** | 兩腳規；分規 | 両脚規 | 两脚规；分规 |
| **diving** | 分配；分頻 | 分周 | 分配；分频 |
| — plate | 分度盤 | 割出し盤 | 分度盘 |
| — valve | 分配閥 | ディバイディングバルブ | 分配阀 |
| **diving** | 潛水；俯衝 | 潜水 | 潜水；俯冲 |
| — angle | 降落角 | 降下角 | 降落角 |
| — apparatus | 潛水器具 | 潜水器具 | 潜水器具 |
| — dress | 潛水服 | 潜水衣 | 潜水服 |
| — outfit | 潛水裝備 | 潜水アウトフィット | 潜水装备 |
| — fodder | 水平舵 | 水平かじ | 水平舵 |
| — simulator | 潛水模擬 | 潜水シミュレータ | 潜水模拟 |
| — turn | 俯衝轉彎 | 〔急〕降下旋回 | 俯冲转弯 |

| 英　　文 | 臺　　灣 | 日　　文 | 大　　陸 |
|---|---|---|---|
| **division** | 分度；刻度 | 部門 | 分度；刻度 |
| — algorithm | 輾轉相除法 | 連除法 | 辗转相除法 |
| — circuit | 除法電路 | 割り算回路 | 除法电路 |
| — header | 部分標題 | 部の見出し | 部分标题 |
| — lamp | 區劃燈 | ディビジョンランプ | 区划灯 |
| — line | 車道線 | 車線境界線 | 车道线 |
| — method | 除法 | 除算法 | 除法 |
| — noise | 分配噪音 | ディビジョンノイズ | 分配噪音 |
| — of land | 地段劃分 | 分筆 | 地段划分 |
| — of relation | 關系的劃分 | 関係分割 | 关系的划分 |
| — of terrazzo joint | 水磨石分格縫 | テラゾ目地割り | 水磨石分格缝 |
| — plate | 隔板 | 仕切り板 | 分割板 |
| — wall | 雙面水冷壁 | 火炉分割壁 | 双面水冷壁 |
| **divisional** | 部分承包 | 分割請け負い | 部分承包 |
| — island | 分隔島 | 分離島 | 分隔岛 |
| — strip | 車道分隔帶 | 車線分離帯 | 车道分隔带 |
| **divisor** | 因子；因數；分壓器 | 除数 | 因子；因数；分压器 |
| **DNC system** | 直接數控系統 | DNC システム | 直接数控系统 |
| **dobschauite** | 輝砷鎳礦 | 硫ひニッケル鉱 | 辉砷镍矿 |
| **dock** | 船塢；連接 | 船きょ | 船坞；连接 |
| — chamber | 造船場 | ドックチャンバ | 造船场 |
| **doctor** | 調節器；調節機構 | 調節器 | 调节器；调节〔机构〕 |
| — bar | 控制桿 | ドクタバー | 控制杆 |
| — blade | 亂片 | ドクターブレード | 乱片 |
| — blade method | 亂片法 | かきならし法 | 乱片法 |
| — knife | 亂刀 | ドクタナイフ | 乱刀 |
| — roll | 調節滾筒 | ドクタロール | 调节滚筒 |
| — scraper | 亂刀；亂板 | ドクタースクレーパ | 乱刀；乱板 |
| **dog** | 牽轉具；制動爪 | 回し金 | 凸轮；制动爪 |
| — chuck | 雞心夾頭 | ドグチャック | 爪形夹盘 |
| — plate | 制動爪安裝板 | ドッグプレート | 制动爪安装板 |
| — stay | 三角形螺栓撑 | ドッグステー | 三角形螺栓撑 |
| **dog-ear joint** | 折入接合 | 折込み接ぎ | 折入接合 |
| **dome** | 圓頂；室；汽包 | 円がい | 圆顶；拱顶 |
| — base | 汽室墊圈 | ドームベース | 汽室垫圈 |
| — flange | 汽室凸緣 | ドームフランジ | 汽室凸缘 |
| — head piston | 圓頂活塞 | 丸頭型ピストン | 圆顶活塞 |
| **domestic airport** | 飛機場；國內航空站 | 国内空港 | 飞机场；国内航空站 |
| — appliance | 家用設備 | 家庭用製品 | 家用设备 |
| — article | 家庭用品 | 家庭用品 | 家庭用品 |

**D**

| 英　　文 | 臺　　灣 | 日　　文 | 大　　陸 |
|---|---|---|---|
| — electric heater | 家用電熱器 | 家庭電熱器 | 家用电热器 |
| — electrification | 家庭電氣化 | 家庭電化 | 家庭电气化 |
| — equipment | 家用器具 | 家庭用機具 | 家用器具 |
| — filter | 家用濾水器 | 家庭用水こし | 家用滤水器 |
| — fuel | 生活用燃料 | 家庭燃料 | 生活用燃料 |
| — refrigerator | 家用冷藏庫 | 家庭用冷藏庫 | 家用冷藏库 |
| — vacuum cleaner | 家用真空吸塵器 | 家庭用真空掃除機 | 家用真空吸尘器 |
| **domeykite** | 砷銅礦 | ひ銅鉱 | 砷铜矿 |
| **dominant** | 顯性；優勢 | 優性偏差 | 显性；优势度 |
| **dominator** | 占優勢者 | ドミネータ | 占优势者 |
| **donkey** | 補機；小活塞泵 | ダンキー | 补机；小活塞泵 |
| — boiler | 副鍋爐 | 補助ボイラ | 补助锅炉 |
| — crane | 副起重機 | 補助クレーン | 补助起重机 |
| — engine | 副機 | 補機 | 补机 |
| — pump | 補助泵 | 補助ボンプ | 补助泵 |
| **donut** | 熱堆快中子轉換器 | ドーナツ | 热堆快中子转换器 |
| **door** | 門；入口 | ドア | 门；入口 |
| — bell | 門鈴 | ドアベル | 门铃 |
| — bolt | 門插銷 | ドアボルト | 门插销 |
| — butt | 門鉸鏈 | ちょう番 | 门铰链 |
| — hanger | 門弔 | つり（釣）車 | 挂门钩 |
| — hinge | 門鉸鏈 | 扉ヒンジ | 门铰链 |
| — key | 車鎖 | ドアーキー | 车锁 |
| — rail | 門軌條 | 引戸レール | 拉车导轨 |
| — sheet | 車板 | 扉板 | 车板 |
| **dopes** | 添加劑 | 添加剤 | 添加剂 |
| **doping** | 摻雜控制法 | 不純物添加 | 掺杂控制法 |
| — compensation | 摻雜質補償〔半導體中〕 | ドーピング補償 | 掺杂〔质〕补偿〔半导体中〕 |
| — gas | 摻雜氣體 | ドーピングガス | 掺杂气体 |
| — gas unit | 摻雜氣體設備 | ドーピングガスユニット | 掺杂气体设备 |
| — method | 摻雜（質）法 | ドーピング法 | 掺杂（质）法 |
| — profile | 摻雜分布〔曲線〕 | ドーピングプロファイル | 掺杂分布〔曲线〕 |
| — system | 摻雜裝置 | ドーピングシステム | 掺杂装置 |
| — time | 摻雜（質）時間 | ドーピング時間 | 掺杂（质）时间 |
| **Doppelduro process** | 火焰表面淬火法 | ドッペルジューロー法 | 火焰表面淬火法 |
| **Dopplometer** | 多普勒頻率測量儀 | ドプロメータ | 多普勒频率测量仪 |
| **Dopploy** | 多普洛伊耐蝕鑄鐵 | ドップロイ | 多普洛伊耐蚀铸铁 |
| **Doran** | 多普勒測距系統 | ドラン | 多普勒测距系统 |
| **Dore silver** | 多爾銀 | ドアシルバ | 多尔银 |
| **dormer** | 屋頂窗 | ドーマ | 屋顶窗 |

| 英　文 | 臺　灣 | 日　文 | 大　陸 |
|---|---|---|---|
| dormitory | 宿舍 | 寄宿舍 | 宿舍 |
| Dorn effect | 多恩效應 | ドルン効果 | 多恩效应 |
| Dorno ray | 多爾諾線 | ドルノ線 | 多尔诺线 |
| Dorr agitator | 多爾攪拌器 | ドルぜくはん槽 | 多尔搅拌器 |
| — clarifier | 多爾式沈澱池 | ドル式沈殿池 | 多尔式沈淀池 |
| — hydroseparator | 多爾型水力分離器 | ドルハイドロセパレータ | 多尔型水力分离器 |
| — thickener | 多爾增稠器(劑) | ドル濃密機 | 多尔增稠器(剂) |
| — vacuum filter | 多爾科型真空過濾器 | ドルコ形真空ろ過器 | 多尔科型真空过滤器 |
| Dorren system | 四重音播音制 | ダーレン方式 | 四重音播音制 |
| Dorry hardness tester | 多利式硬度試驗機 | ドルー硬さ試験機 | 多利式硬度试验机 |
| Dortmund tank | 多特蒙特式沈澱池 | ドルトムンド沈殿池 | 多特蒙特式沈淀池 |
| dory | 小型平底敞開式划艇 | 底の平たい小舟 | 小型平底敞开式划艇 |
| dosage | 輻射劑量 | (ガス)適用量 | 辐射剂量 |
| dosagemeter | 劑量計 | 線量計 | 剂量计 |
| dose | 投配量 | ドーズ, 吸収線量 | 投配量 |
| dot | 點號 | 短点 | 点号 |
| — address | 點地址 | ドットアドレス | 点地址 |
| — angel | 點狀仙波 | ドットエンジェル | 点状仙波 |
| — array | 點陣 | ドットアレイ | 点阵 |
| — pitch line | 點距 | トットビッチ | 点距 |
| dotted | 虛線 | 点線 | 虚线 |
| double acceptor | 雙重受主 | ダブルアクセプタ | 双重受主 |
| — arc welding | 雙弧焊接 | 双極アーク溶接 | 双弧焊接 |
| — armed lever | 雙臂杆 | 二重てこ | 双臂杆 |
| — ball joint | 雙球接頭 | ダブルボールジョイント | 双球接头 |
| — calipers | 內外卡鉗 | 両用バス | 内外卡钳 |
| — check | 重複檢驗 | 重番チェック | 重复检验 |
| — clutch | 雙重離合器 | ダブルクラッチ | 双向离合器 |
| — coil spring | 雙層螺旋彈簧 | 円筒コイルばね | 圆柱螺旋弹簧 |
| — compound | 複合物 | 複化合物 | 复合物 |
| — deal | 厚板 | 厚板 | 厚板 |
| — filtration | 二次過濾 | 二重水こし | 二次过滤 |
| — flame furnace | 返焰爐 | 往復炎炉 | 返焰炉 |
| — flange ring | 雙凸緣環 | ダブルフランジリング | 双凸缘环 |
| — fighted screw | 雙線螺紋 | 二条ねじスクリュー | 双线螺纹 |
| — funnel | 雙重煙囪 | 二重ロート | 双重漏斗 |
| — furnace | 雙爐膛 | ダブルファーネス | 双炉膛 |
| — furnace boiler | 雙爐膛鍋爐 | ダブルファーネスボイラ | 双炉膛锅炉 |
| — gasket seal | 雙填料密封 | ダブルガスケットシール | 双填料密封 |
| — gimbal | 雙方向支架 | ダブルジンバル | 双方向支架 |

D

285

| 英　　文 | 臺　　　灣 | 日　　文 | 大　　　陸 |
|---|---|---|---|
| — girder crane | 雙梁起重機 | 複けたクレーン | 双梁起重机 |
| — glass | 雙層玻璃 | 二重ガラス | 双层玻璃 |
| — glazing | 雙層中空玻璃 | 複層ガラス | 双层中空玻璃 |
| — groove | 雙面槽 | 両面グルーブ | 双面槽 |
| — head rail | 雙頭軌道 | 双頭レール | 双头轨道 |
| — head spray gun | 雙頭噴槍 | 双頭ガン | 双头喷枪 |
| — helical | 雙螺施 | ダブルヘリカル | 双螺施 |
| — helical gear | 人字齒輪 | やまば歯車 | 人字齿轮 |
| — helical pinion | 人字小齒輪 | やまば小歯車 | 人字小齿轮 |
| — helical reduction grar | 人字減速齒輪 | やまば歯車減速装置 | 人字减速齿轮 |
| — helical spur gear | 人字齒輪 | やまば歯車 | 人字齿轮 |
| — helical wheel | 人字齒輪 | 山形ねじ歯車 | 人字齿轮 |
| — helix | 雙螺旋 | 二重らせん | 双螺旋 |
| — heterojunction | 雙異質結 | ダブルヘテロ接合 | 双异质结 |
| — heterojunction laser | 雙導質結激光器 | 二重異種接合レーザ | 双导质结激光器 |
| — hood | 雙層遮罩 | 二重フード | 双层遮罩 |
| — hook | 雙層吊鈎 | 両掛けフック | 双层吊钩 |
| — hop | 雙重電波反射 | ダブルホップ | 双重电波反射 |
| — hub | 兩端插口 | 両端承口 | 两端插口 |
| — hull | 〔潛艇〕雙殼體 | 二重船殻 | 〔潛艇〕双壳体 |
| — hull boat | 雙殼體（潛）艇 | 二重船殻ボート | 双壳体（潛）艇 |
| — hull construction | 雙層殼體結構 | 二重船側構造 | 双层壳体结构 |
| — hull structure | 雙殼體結構 | 二重殻構造 | 双壳体结构 |
| — injector | 複式噴射器 | 複式インジェクタ | 复式喷射器 |
| — inlet fan | 雙吸入式風機 | 両吸込みファン | 双吸入式风机 |
| — insulate | 雙重隔離 | ダブルインシュレート | 双重隔离 |
| — integral | 二重積分 | 二重積分 | 二重积分 |
| — jet carburetor | 雙嘴噴霧氣化器 | 複ジェット気化器 | 双嘴喷雾气化器 |
| — joint | 雙接頭 | ダブルジョイント | 双接头 |
| — lath | 厚板條 | 厚木ずり | 厚板条 |
| — latticing | 復式格構 | 複りょう | 复式格构 |
| — layout | 雙面布置 | 向い合せ配置 | 双面布置 |
| — lean-to | Ｖ型屋頂 | Ｖ形屋根 | Ｖ型屋顶 |
| — lens | 雙透鏡 | 二重レンズ | 双透镜 |
| — level road | 雙層式道路 | 段違い道路 | 双层式道路 |
| — level street | 不同高度道路 | 段違い道路 | 不同高度道路 |
| — linkage | 雙鍵 | 二重結合 | 双键 |
| — lock | 雙閘 | 二重こはぜ接 | 双折缝 |
| — mechanical seal | 雙機械密封 | ダブルメカニカルシール | 双机械密封 |
| — melting point | 複熔點 | 複融点 | 双重熔化点 |

| 英　　文 | 臺　　灣 | 日　　文 | 大　　陸 |
|---|---|---|---|
| — meridian distance | 倍橫距 | 倍橫距 | 倍橫距 |
| — mirror set | 雙鏡裝置 | ダブルミラー裝置 | 双镜装置 |
| — mode | 雙模 | 二重モート | 双模 |
| — model | 疊合船模 | 二重模型 | 叠合船模 |
| — neck tube | 雙頸管 | 二重ネック管 | 双颈管 |
| — nips | 雙接口 | ダブルニップ | 双接口 |
| — pilot | 雙導頻 | ダブルパイロット | 双导频 |
| — plow | 兩用犁 | 兩用プラウ | 两用犁 |
| — plug | 雙插塞 | ダブルプラグ | 双插塞 |
| — pointed nail | 合釘 | 合くぎ | 双尖头钉 |
| — probe | 雙探針 | 複針プローブ | 双探针 |
| — refraction | 雙折射 | 複屈折 | 双折射 |
| — reinforced beam | 雙筋梁 | 複筋ばり | 双筋梁 |
| — reinforced steel | 雙向鋼筋 | 二重強化鋼 | 双向钢筋 |
| — reinforcement ratio | 雙配筋比 | 複筋比 | 双配筋比 |
| — replacement | 互換 | 相互置換 | 互换 |
| — riser system | 雙立管系統 | 複立て管式 | 双立管系统 |
| — rob cylinder | 雙活塞桿汽缸 | 兩ロッド | 双活塞杆汽缸 |
| — rope grab | 雙纜抓斗 | 複索型グラブ | 双缆抓斗 |
| — row | 雙列 | 複列 | 双列 |
| — row ball bearing | 滾珠軸承 | 複列玉軸受 | 双列球轴承 |
| — row bearing | 雙列軸承 | 複列軸受 | 双列轴承 |
| — row engine | 雙列式發動機 | 複列機関 | 双列式发动机 |
| — saw | 複齒輪 | ダブルソー | 复齿轮 |
| — set valve | 雙座閥 | 兩座弁 | 双座阀 |
| — shielded bearing | 雙罩軸承 | 兩シールド軸受 | 双罩轴承 |
| — slide valve | 雙滑閥 | ダブルスライドバルブ | 双滑阀 |
| — slit | 雙狹縫 | ダブルスリット | 双狭缝 |
| — span | 雙拉線 | ダブルスパン | 双拉线 |
| — step joint | 雙斜槽插接 | 二段かたぎ入れ | 双斜槽插接 |
| — stranded polymer | 雙重線狀聚合物 | 二重線状ポリマ | 双重线状聚合物 |
| — strap | 雙帶條 | 二重均圧環 | 双带条 |
| — strapped joint | 雙蓋板接頭 | 兩面当て金継手 | 双盖板接头 |
| — stripper | 雙卸料板 | ダブルストリッパ | 双卸料板 |
| — stroke | 往復行程 | 往復行程 | 往复行程 |
| — suction compressor | 雙面進氣壓縮機 | 兩側吸込圧縮機 | 双面进气压缩机 |
| — suction fan | 雙進風鼓風機 | 兩側吸込み送風機 | 双进风鼓风机 |
| — suction pump | 雙吸泵 | 兩吸込みポンプ | 双吸泵 |
| — T girder | T字橫樑 | 二重丁形受 | T字橫梁 |
| — tempering | 二次回火 | ダブルテンパリング | 二次回火 |

| 英　　文 | 臺　　灣 | 日　　文 | 大　　陸 |
|---|---|---|---|
| — thread | 雙紋螺紋 | 二条ねじ | 双头螺纹 |
| — transfer contact | 雙轉換接點 | 二重切換接点 | 双转换接点 |
| — two high mill | 復二重式軋機 | ダブルツーハイミル | 复二重式轧机 |
| — H butt joint | H形對接接頭 | H形突合せ継手 | H形对接接头 |
| — H groove weld | H形坡口焊 | H形グルーブ溶接 | H形坡口焊 |
| — volute pump | 雙渦螺旋泵 | 二重うず巻ポンプ | 复式螺旋泵 |
| — volute type casing | 雙鍋旋型殼體 | 二重うず巻形ケーシング | 双锅旋型壳体 |
| — way rectifier | 全波整流器 | 双向整流器 | 全波整流器 |
| — wheel plow | 雙輪犁 | 双輪プラウ | 双轮犁 |
| — wire | 雙線 | 二重線 | 双线 |
| **double-acting** disc harrow | 雙排圓盤耙 | 複列ディスクハロー | 双排圆盘耙 |
| — engine | 雙動動力機 | 複動機関 | 双作用式柴油机 |
| — escalator | 雙動式電扶梯 | 複動式エスカレータ | 双动式自动梯 |
| — hammer | 雙動蒸氣鎚 | 複動ハンマ | 双动蒸气锤 |
| — (spring) hinge | 雙彈簧鉸鏈 | 自由ちょう番 | 双弹簧铰链 |
| — jack | 雙動千斤頂 | 複動ジャッキ | 双动千斤顶 |
| — piston pump | 雙動活塞泵 | 複動ピストンポンプ | 双动活塞泵 |
| — press | 雙動沖床 | 複動プレス | 双动冲床 |
| — sprint hinge | 雙作用彈簧絞鍊 | 自由丁番 | 双作用弹簧绞链 |
| — sprayer | 雙動式噴霧器 | 複動式噴霧機 | 双动式喷雾器 |
| **double**-action | 複動 | 二段作用（操作） | 复动 |
| — die | 雙動模 | 複動型 | 双动模 |
| — press | 複動壓力機 | ダブルアクションプレス | 复动压力机 |
| **double-angle bar** | 槽鋼 | 二重山形材 | 槽钢 |
| — iron | 槽鋼 | U字形鋼材 | 槽钢 |
| — milling cutter | 雙角銑刀 | 等角フライス | 双角铣刀 |
| **double-level** groove | 雙斜槽縫 | K形グルーブ | 双斜槽缝 |
| — structure | 雙斜面結構 | 二段ベベル構造 | 双斜面结构 |
| **double-cone** | 雙圓錐 | ダブルコーン | 双圆锥 |
| — antenna | 雙錐形天線 | ダブルコーンアンデナ | 双锥形天线 |
| — blender | 雙錐形攪合機 | 二重円すい型ブレンダ | 双锥形搀合机 |
| — dowel | 雙錐形暗銷 | たる形ジベル | 双锥形暗销 |
| — dryer | 雙錐乾燥機 | ダブルコーン乾燥機 | 双锥乾燥机 |
| — loudspeaker | 雙錐喇叭 | ダブルコーンスピーカ | 双锥喇叭 |
| — mixer | 雙錐形混合器 | 二重円すい形混合機 | 双锥形混合器 |
| — speaker | 雙錐形揚聲器 | ダブルコーンスピーカ | 双锥形扬声器 |
| — bridge | 雙層橋 | 二層橋 | 双层桥 |
| — coach | 雙層客車 | 二階客車 | 双层客车 |
| — elevator | 雙層電梯 | ダブルデッキエレベータ | 双层电梯 |
| — road | 雙層(式)道路 | 二層式道路 | 双层(式)道路 |

| 英　　文 | 臺　　灣 | 日　　文 | 大　　陸 |
|---|---|---|---|
| — stock car | 雙層汽車 | 豚積車 | 双层汽车 |
| — street | 雙層街道 | 二層街路 | 双层街道 |
| — trestle | 兩段支架 | 二段トレッスル | 两段支架 |
| **double-edged knife** | 雙刃刀 | 両刃ナイフ | 双刃刀 |
| — spanner | 雙頭〔固定〕扳手 | 両口スパナ | 双头〔固定〕扳手 |
| — turbine | 雙流式渦輪 | 両向き流れタービン | 双流式涡轮 |
| **double-housing planer** | 龍門刨床 | 門形平削り盤 | 龙门刨床 |
| **double-layer** | 雙層蓄電池 | 二層蓄電器 | 双层蓄电池 |
| — belt | 雙層皮帶 | 二枚合せベルト | 双层皮带 |
| **double-lead** | 雙鉛(包)皮 | 二重鉛被 | 双铅(包)皮 |
| — patenting | 雙重鉛浴淬火 | ダブル鉛パテンチング | 双重铅浴淬火 |
| **double-lift cam** | 雙針凸輪 | 二段カム | 双针凸轮 |
| **double-pipe** | 套管鹽水冷卻器 | 二重管ブライン冷却器 | 套管盐水冷却器 |
| — cooler | 雙管冷卻器 | 二重管冷却器 | 双管冷却器 |
| — heat exchanger | 雙層管熱交換器 | 二重管熱交換器 | 双层管热交换器 |
| — thermometer | 雙管溫度計 | 二重管温度計 | 双管温度计 |
| — swith | 雙刀開關 | 二重精錬鋼 | 双刀开关 |
| **doubler** | 併紗機 | ダブラ | 折叠机 |
| — adhesion | 雙料粘接(合) | ダブラ接着 | 双料粘接(合) |
| — circuit | 倍壓電路 | ダブラ回路 | 倍压电路 |
| — trailer | 雙拖車 | ダブルストレーラ | 双拖车 |
| — type | 二重式 | ダブラタイプ | 二重式 |
| **double-roll cast** | 軋紋 | つち目 | 轧纹 |
| — crusher | 雙輥破碎機 | ダブルロール粉砕機 | 双辊破碎机 |
| — feed | 雙輥式送料 | ダブルロールフィード | 双辊式送料 |
| — double-screw | 雙頭螺栓 | 両ねじボルト | 双头螺栓 |
| — thread | 雙頭螺紋 | 二条ねじ | 双头螺纹 |
| **double-seater** | 雙座機 | 複座機 | 双座机 |
| **double-side band** | 雙邊波帶 | 両側帯波 | 双边波带 |
| — high speed press | 雙柱高速壓力機 | 両柱式高速プレス | 双柱高速压力机 |
| — pattern plate | 雙面模板 | マッチプレート | 双面模板 |
| **double-stage** compression | 雙級壓縮 | 二段圧縮 | 双级压缩 |
| — intruding | 兩段滲氮法 | 二重窒化法 | 两段渗氮法 |
| — process | 雙段法 | 二段法 | 双段法 |
| **double-start** | 雙頭螺紋 | 二条ねじスクリュー | 双头螺纹 |
| **double-tariff meter** | 雙價電度表 | 二種料金計 | 双价电度表 |
| — system | 雙費率制 | 複率料金制 | 双费率制 |
| **double-throw** crankshaft | 雙聯曲柄軸 | 二連クランク軸 | 双联曲柄轴 |
| **double-track** | 雙航跡 | 複線 | 双航迹 |
| — bridge | 雙軌橋 | 複線橋 | 双轨桥 |

| 英　　文 | 臺　　灣 | 日　　文 | 大　　陸 |
|---|---|---|---|
| **dovetail** | 鳩尾榫 | ばち形 | 鳩尾形 |
| — cutter | 鳩尾銑刀 | ダブテールカッタ | 鳩尾銑刀 |
| — groove | 鳩尾曹 | Z 形溝 | 鳩尾曹 |
| — slot | 鳩尾曹 | きゅう尾溝 | 鳩尾曹 |
| **dowel** | 合釘;定位 | 合くぎ | 榫釘 |
| — bar | 傳動桿 | ダウェルバー | 传动杆 |
| — pin | 定位銷 | だぼピン | 榫釘 |
| — pin bushing | 合模銷套 | 合せピンブッシュ | 合模销套 |
| — plate | 銷板 | 合い板 | 销板 |
| — milling | 順銑 | 下向き削り | 顺铣 |
| — quench | 急冷 | ダウンクェンチ | 急冷 |
| **downcut milling** | 順銑 | 下向き削り | 顺铣 |
| **downhand welding** | 平焊 | 下向き溶接 | 平焊 |
| **downhaul(er)** | 收帆索 | ダウンホール | 收帆索 |
| **downhill** | 下坡的 | ダウンヒル | 下坡的 |
| — cast | 上鑄;頂鑄 | 上注ぎ鋳造 | 上铸; 顶铸 |
| — dozing | 下坡堆土法 | 下りこう配推進法 | 下坡堆土法 |
| **downward** | 對接俯焊 | 下向突合せ溶接 | 对接俯焊 |
| — milling | 順銑 | 下向き削り | 顺铣 |
| **dozer** | 堆土機 | ドーザ | 堆土机 |
| **dozzle** | 頂冒口 | 押湯枠 | 顶冒口 |
| **draft** | 通風;草圖 | 設計図 | 设计图; 草稿 |
| — damper | 通風閥 | ドラフトダンパ | 通风阀 |
| — furnace | 通風爐 | 鼓風炉 | 鼓风炉 |
| — machine | 繪圖機 | ドラフトマシン | 绘图机 |
| — man | 繪圖員 | 図工 | 绘图员 |
| — trunk | 通風筒 | 送風路 | 通风筒 |
| **drafting** | 起草;繪圖 | 起草 | 起草; 制图 |
| — board | 繪圖板 | 図板 | 绘图板 |
| — square | 丁字尺 | T 定規 | 丁字尺 |
| **draftsman** | 起草者;繪圖員 | 起草者 | 起草者; 绘图员 |
| **drag** | 阻力 | 引きずり | 阻力 |
| — effect | 牽制效應 | ドラッグ効果 | 牵制效应 |
| — torque | 阻力矩 | ドラッグトルク | 阻力矩 |
| **drag-chain** | 拉鏈 | 制動チェーン | 拉链 |
| **draw** | 拉:曳 | 手形を振出す | 拉; 曳 |
| — beam | 拉桿 | 引張ばり | 拉杆 |
| — bending | 卷繞拉彎 | 巻付け曲げ | 卷绕拉弯 |
| — bending machine | 轉模卷彎機 | 巻付け管曲げ機 | 转模卷弯机 |
| — bolt | 牽引螺栓 | 引ボルト | 牵引螺栓 |

| 英　　文 | 臺　　灣 | 日　　文 | 大　　陸 |
|---|---|---|---|
| — bolt lock | 內開鎖 | 引錠 | 内开锁 |
| — bridge | 吊橋 | 引上げ跳開橋 | 吊桥 |
| — bucket | 汲水桶 | くみ上げバケット | 汲水桶 |
| — card | 引伸式壓圖 | 引伸し示圧図 | 拉伸式压图 |
| — chuck | 抽拉夾頭 | 引締めチャック | 弹簧（筒）夹头 |
| — collet | 拉桿式彈簧夾頭 | ドローコレット | 拉杆式弹簧夹头 |
| — cut | 回程切削 | 引き削り | 回程切削 |
| — cut shaper | 往復切削牛頭刨床 | 引切り形削り盤 | 往复切削牛头刨床 |
| — cutting | 拉削 | 引き削り | 拉削 |
| — depth | 引伸深度 | 絞り深さ | 拉深深度 |
| — die | 拉絲模 | 引抜ダイス | 拉丝模 |
| — door weir | 提閘堰 | 引上げぜき | 提闸堰 |
| — filing | 磨銼（法） | やすりみがき | 磨锉（法） |
| — forming | 引伸成形 | 絞り成形 | 拉深成形 |
| — gate | 拉門 | 引き戸 | 拉门 |
| — hook | 牽引鈎 | 引張フック | 牵引钩 |
| — line | 壓延紋線 | 抜取線 | 压延纹线 |
| — machine | 繪圖機；抽線機 | ドローマシン | 绘图机；抽线机 |
| — marks | 划痕 | 絞りきず | 划痕 |
| — nail | 起模針 | 型上げ | 起模针 |
| — pin | 鍵；銷 | 引付栓 | 键；销 |
| — polish | 消光 | 磨きを落す | 消光 |
| — radius | 引伸圓角半徑 | 絞り半径 | 拉深圆角半径 |
| — ratio | 引伸係數 | 延伸比 | 拉深系数 |
| — resonance | 引導共振 | 引取共振 | 引导共振 |
| — ring | 引伸模鑲環 | 絞りリング | 拉深模镶环 |
| — rod | 拉桿 | 引上げ棒 | 拉杆 |
| — roll | 張力輥 | 引取ロール | 张力辊 |
| — screw | 起模螺釘 | ねじ型上げ | 起模螺钉 |
| — spike | 起模針 | 型上げ | 起模针 |
| — stroke | 起模行程 | ドローストローク | 起模行程 |
| — vice | 拉線鉗 | 張り線万力 | 拉线钳 |
| — well | 提水井 | つるべ井戸 | 提水井 |
| — winder | 引伸絡絲機 | ドローワインダ | 拉伸络丝机 |
| **drawability** | 壓深性能 | 深絞り性 | 压深性能 |
| — teat | 引伸性試驗 | 深絞り性試験 | 拉深性试验 |
| **draw-back lock** | 牽引鎖 | 引錠 | 牵引锁 |
| — ram | 回程柱塞 | 引戻ラム | 回程柱塞 |
| **draw-bar** | 起模針 | 型上げ棒 | 起模针 |
| — horse power | 牽引馬力 | 引張棒出力 | 牵引马力 |

| 英　　文 | 臺　　灣 | 日　　文 | 大　　陸 |
|---|---|---|---|
| — length | 牽引桿長度 | けん引棒の長さ | 牽引杆长度 |
| — power | 牽引桿功率 | ドローバーパワー | 牽引杆功率 |
| — pull | 牽引力 | けん引力 | 牵引力 |
| **drawbench** | 拉絲機 | 引抜き台 | 拉丝机 |
| **draw-boring** | 鑽銷 | 引付け | 钻销 |
| **drawdown** | 下降（率） | 引落し | 下降（率） |
| — ratio | 下降比 | 引落比 | 下降比 |
| — speed | 下降速率（度） | 引落速度 | 下降速率（度） |
| **drawer** | 抽出 | 引出し | 抽出 |
| — guide | 導軌 | すりざん | 导轨 |
| **drawgear length** | 牽引裝置長度 | けん引装置の長さ | 牵引装置长度 |
| **drawhole** | 內縮孔 | 引け巣 | 内缩孔 |
| **drawing** | 製圖 | 引抜き | 制图 |
| — apparatus | 製圖器機 | 製図器 | 制图器机 |
| — bench | 拉拔臺 | 引抜き台 | 拉拔台 |
| — board | 製圖板；繪圖板 | 製図板 | 制图板；绘图板 |
| — change | 圖紙更改 | 図面変更 | 图纸更改 |
| — clearance | 引伸間隙 | 絞り型すきま | 拉深间隙 |
| — coefficient | 引伸係數 | 絞り率 | 拉深系数 |
| — compasses | 製圖圓規 | コンパス | 制图圆规 |
| — die | 引伸模 | 絞り型 | 拉深模 |
| — down | 斷面收縮 | 伸ばし | 断面收缩 |
| — edge | 引伸圓角 | 絞り角 | 拉深圆角 |
| — edge radius | 引伸圓角半徑 | 絞りダイス角半径 | 拉深圆角半径 |
| — film | 引伸潤滑膜 | 深絞り用潤滑フィルム | 拉深润滑膜 |
| — gap | 引伸間隙 | 絞り型のすきま | 拉深间隙 |
| — index | 引伸指數 | 絞り指数 | 拉深指数 |
| — instrument | 繪圖儀器 | 製図器 | 绘图仪器 |
| — limit | 壓延極限 | 絞り限界 | 压延极限 |
| — list | 圖紙清單 | 図面目録 | 图纸清单 |
| — machine | 製圖機械；拉絲機 | 製図機械 | 制图机械；拉丝机 |
| — method | 拉製法〔半導體〕 | ドローイング法 | 拉制法〔半导体〕 |
| — mill | 拉制車間 | ドローイングミル | 拉制车间 |
| — nail | 起模釘 | 型あげ | 起模钉 |
| — notation | 圖形表示方式 | 製図表示方式 | 图形表示方式 |
| — number | 圖號 | 図面番号 | 图号 |
| — for design | 設計圖 | 設計図 | 设计图 |
| — of section | 剖面（視）圖 | 断面図 | 剖面（视）图 |
| — operation | 引伸工序 | 絞り作業 | 拉深工序 |
| — paper | 製圖紙 | 図紙 | 制图纸 |

| 英　　文 | 臺　　灣 | 日　　文 | 大　　陸 |
|---|---|---|---|
| — pen | 繪圖筆 | からす口 | 绘图笔 |
| — press | 引伸壓力機 | 絞りプレス | 拉深压力机 |
| — pressure | 引伸力 | 絞り力 | 拉深力 |
| — properties | 引伸性 | 絞り適性 | 拉深性 |
| — radius | 引伸圓角半徑 | 絞り角半径 | 拉深圆角半径 |
| — rate | 引伸率 | 絞り率 | 拉深率 |
| — room | 製圖室 | 客間 | 制图室 |
| — scale | 繪圖比例尺 | ドローイングスケール | 绘图比例尺 |
| — sheet | 引伸用(薄)鋼板 | 深絞り用鋼板 | 拉深用(薄)钢板 |
| — speed | 引伸速度 | 絞り速度 | 拉伸速度 |
| — temperature | 回火溫度 | 延伸温度 | 拉伸温度 |
| — tolerance | 拉製公差 | 絞りの許容差 | 拉深允许误差 |
| — work | 引伸作業 | 深絞り作業 | 拉深作业 |
| **drawing-in box** | 引入箱 | 引込箱 | 引入箱 |
| — machine | 拉絲機 | 引通し機 | 拉丝机 |
| — system | 引入式 | 引入式 | 引入式 |
| — type fuse | 引入式保險絲 | 引込み形ヒューズ | 引入式保险丝 |
| **drawn** component | 引伸件 | 深絞り部品 | 拉深件 |
| — door | 雙扇推拉門 | 引分け戸 | 双扇推拉门 |
| — tube | 拉製管 | 引抜き管 | 冷拔管 |
| **drawnout iron** | 軋制鋼 | 展鉄 | 轧制钢 |
| **draw-off** | 排水 | 水抜き | 排水 |
| — panel | 泄流板 | ドローオフバネル | 泄流板 |
| — roll | 牽引輥 | 引取ロール | 牵引辊 |
| — tap | 給水栓 | 給水栓 | 给水栓 |
| **draw-out** | 延伸；拉出 | 伸ばし | 延伸；拉出 |
| **drawpiece** | 引伸件 | 深絞り用材料 | 拉深件 |
| **draw-plate** | 抽模板 | ドロープレート | 抽模板 |
| **draw-tube** | (帶)刻度(的)鏡筒 | 目盛管 | (帶)刻度(的)镜筒 |
| **drawworks** | 旋轉鑽進絞車 | ドローワークス | 旋转钻进绞车 |
| **dream hole** | 側高窗 | 塔壁の採光孔 | 侧高窗 |
| **dredge** | 控泥機 | じょれん | 砂耙子 |
| — pipe | 吸泥管 | ドレッジ管 | 吸泥管 |
| — pump | 泥槳泵 | 泥揚ポンプ | 泥浆泵 |
| — scoop | 挖土戽斗 | 万能練土戽斗 | 挖土戽斗 |
| **drencher** | 水幕式消防車 | 防火水幕装置 | 水幕式消防车 |
| — head | 噴嘴 | ドレンチャヘッド | 喷嘴 |
| **dress** | 修整 | 塗型 | 修整 |
| **dressed brick** | 磨光磚 | 化粧れんが | 磨光砖 |
| — particle board | 飾面碎料板 | 化粧板 | 饰面碎料板 |

| 英　　文 | 臺　　灣 | 日　　文 | 大　　陸 |
|---|---|---|---|
| ― size | 成品尺吋 | 仕上げ寸法 | 成品尺寸 |
| ― stone | 加工過的石料 | 仕上した石材 | 加工过的石料 |
| **dresser** | 修整器 | 仕上げ機 | 选矿机 |
| **dressing** | 塗抹;修整 | 装飾 | 选矿 |
| **dried film** | 乾燥膜 | 乾燥フィルム | 乾燥膜 |
| ― region | 乾燥地區 | 乾燥地帯 | 乾燥地区 |
| ― wood | 烘乾木材 | 乾燥材 | 烘乾木材 |
| ― yeast | 乾酵母 | 乾燥酵母 | 乾酵母 |
| **drier** | 乾燥劑;乾燥器 | 乾燥器 | 乾燥劑 |
| ― activator | 助乾劑 | 乾燥剤促進化合物 | 助乾剂 |
| **drierite** | 燥石膏 | 無水硫酸カルジウム | 燥石膏 |
| **drift** | 衝銷;輕敲 | 漂流 | 流程 |
| ― action | 漂移作用 | 流動作用 | 漂移作用 |
| ― alloy junction | 漂移型合金結 | ドリフト形合金接合 | 漂移型合金结 |
| ― alloy transistor | 漂移合金型晶體管 | DA 型トランジスタ | 漂移合金型晶体管 |
| ― angle | 漂移角 | 漂流角 | 漂移角 |
| ― angle control | 漂移角控制 | 偏流角制御 | 漂移角控制 |
| ― band of amplifier | 放大器漂移幅度 | 増幅器のドリフト幅 | 放大器漂移幅度 |
| ― base | 漂移基極 | ドリフトベース | 漂移基极 |
| ― board | 柵樣 | さく工 | 栅样 |
| ― carrier | 漂移載流子 | ドリフトキャリヤ | 漂移载流子 |
| ― channel | 漂移溝道 | ドリフトチャネル | 漂移沟道 |
| **drifter** | 桌上鑽床 | ドリフタ | 架式钻机 |
| **drill** | 鑽頭;鑽床 | すじまき機 | 钻孔器 |
| ― ammunition | 練勻彈 | 擬製弾 | 练勻弹 |
| ― bit | 鑽錐 | せん孔器の先金 | 钻头尖 |
| ― boat | 教練艇 | ドリル船 | 教练艇 |
| ― boom | 鑽床架 | ドリルブーム | 钻床架 |
| ― borer | 鑽鏜床 | ドリルボーラ | 钻镗床 |
| ― bow | 手鑽弓柄 | きり弓 | 手钻弓柄 |
| ― brace | 曲柄鑽 | 胸当てぎり | 胸压手插钻 |
| ― bush | 鑽套 | きりブシ | 钻套 |
| ― carriage | 鑽車 | ドリルジャンボ | 钻车 |
| ― chuck | 鑽頭夾頭 | ドリルチャック | 钻夹 |
| ― chuck arbor | 鑽夾柄軸 | ドリルチャックアーバ | 钻夹柄轴 |
| ― collar | 加重器 | ドリルカラー | 加重器 |
| ― driver | 鑽頭驅動器 | ドリルドライバ | 钻头驱动器 |
| ― edge | 鑽頭切削刃 | きり刃 | 钻头切削刃 |
| ― fixture | 鑽頭夾具 | きり取付具 | 钻头夹具 |
| ― floor | 鑽台 | 掘削台 | 钻台 |

| 英　　文 | 臺　　灣 | 日　　文 | 大　　陸 |
|---|---|---|---|
| — frame hoist | 鑽井架起升 | ボール盤ホイスト | 钻井架起升 |
| — gage | 鑽頭號規 | きりゲージ | 钻头规 |
| — gimlet | 手鑽鑽頭 | きり | 手钻钻头 |
| — head | 鑽頭座 | ドリルヘッド | 钻床主轴箱 |
| — holder | 鑽把 | きりホルダ | 钻头变径套 |
| — hole | 鑽孔 | ドリル穴 | 钻孔 |
| — jambo | 鑿岩機〔手推〕車 | ドリルジャンボ | 凿岩机〔手推〕车 |
| — jig | 鑽模 | きりジグ | 钻模 |
| — key | 退鑽銷 | きり抜き | 〔拔钻〕楔铁 |
| — key hole | 長孔槽 | ドリル抜き穴 | 长孔槽 |
| — machine | 鑽床 | ドリルマシン | 钻床 |
| — method | 鑿井施工法 | ドリル工法 | 凿井施工法 |
| — pipe | 鑽桿 | 掘管地層試験器試井 | 钻杆 |
| — point | 鑽頭尖端 | せん孔器の先金 | 钻尖 |
| — pointing machine | 鑽頭磨機 | 工具研削盤 | 钻头磨尖机 |
| — press | 鑽床 | ボール盤 | 钻床 |
| — rod | 鑽桿；精製鋼桿 | ドリルロッド | 带孔棒 |
| — shank | 鑽柄 | ドリルシャンク | 钻柄 |
| — sharpener | 鑽頭磨機 | ドリルシャープナ | 钻孔削刀 |
| — sleeve | 鑽頭套筒 | きりスリーブ | 钻套 |
| — socker | 鑽〔頭〕套座 | ドリルソケット | 钻〔头〕套 |
| — spindle | 鑽床心軸 | ドリルスピンドル | 钻轴 |
| — stem test | 地層測試 | 掘管 | 地层测试 |
| — stop | 鑽頭定程停止器 | ドリルストップ | 钻头定程停止器 |
| — tap | 鑽孔攻絲復合刀具 | ドリル付きタップ | 钻孔攻丝复合刀具 |
| — unit | 鑽削動力頭 | ドリルユニット | 钻削动力头 |
| — way | 鑽出的孔 | きり穴 | 钻出的孔 |
| **drilled hole** | 鑽孔 | ドリル孔 | 钻孔 |
| — type roller | 中空軋輥 | ドリルドロール | 中空轧辊 |
| **driller** | 鑽孔機 | 穴あけ機 | 钻孔机 |
| **drilling** | 鑽孔 | 穴あけ | 钻孔 |
| — anchor | 鑽孔錨固 | せん孔アンカ | 钻孔锚固 |
| — barge | 鑽探船 | 掘削バージ | 钻探船 |
| — derrick | 井架 | （掘削の）やぐら | 井架 |
| — efficiency | 鑽井〔探〕效率 | 掘削能率 | 钻井〔探〕效率 |
| — engineering | 鑽井工程 | 掘削工法 | 钻井工程 |
| — mud | 鑽泥 | （削井の）泥水 | 钻泥 |
| — mud tank | 鑽探泥漿池 | 泥水タンク | 钻探泥浆池 |
| — operation | 鑽孔作業 | 孔あけ作業 | 钻孔作业 |
| — performance | 鑽孔作業 | のみ下がり | 钻孔作业 |

| 英　　文 | 臺　　灣 | 日　　文 | 大　　陸 |
|---|---|---|---|
| ― pillar | 手拔鑽柱 | ハンドボール馬 | 手摇钻支架 |
| ― press | 鑽床 | ボール盤 | 钻床 |
| ― rig | 鑽架 | ボーリング機械 | 钻架 |
| ― ship | 鑽井船 | さん孔船 | 钻井船 |
| ― survey | 試鑽調査 | 試すい調査 | 试钻调查 |
| ― test | 鑽孔試驗 | 穴あけ試験 | 钻孔试验 |
| **drillings** | 鑽屑 | 穴明けくず | 钻屑 |
| **drinking** | 噴水飲水器 | 水飲器 | 喷泉式饮水器 |
| ― fountain head | 噴射水頭 | 噴水頭 | 喷射水头 |
| ― paper | 吸水紙 | ドリンキングペーパ | 吸水纸 |
| ― water | 飲用水 | 飲料水 | 饮用水 |
| **driography** | 乾式平板 | 乾式平版 | 乾式平板 |
| **drip** | 滴水器 | 滴下 | 滴酸 |
| ― board | 滴水板 | 雨除け板 | 滴水板 |
| ― box | 集油杯 | しずく受 | 油箱 |
| ― cap | 導水管 | 雨押え | 导水管 |
| ― center rim | 中部凹槽輪輞 | ドロップセンタリム | 中部凹槽轮辋 |
| ― cup | 油樣收集器 | ドリップカップ | 油样收集器 |
| ― flap | 滴油擋板 | しずくよけ | 滴流(器)阀门(开关) |
| ― funnel | 滴液漏斗 | しずく管 | 滴液漏斗 |
| ― hole | 洩水孔 | 水抜き孔 | 排水孔 |
| ― pan | 承油盤 | しずく皿 | 酸样收集器 |
| ― tray | 集液盤 | しずく受 | 集液盘 |
| ― tube | 滴管 | ドリップチューブ | 滴管 |
| **dripfeed lubrication** | 滴油潤滑 | 滴下注油 | 滴油润滑 |
| ― lubricator | 點滴注油器 | 滴下給油器 | 点滴注油器 |
| **dripping** | 油滴 | 油たれ | 油滴 |
| ― eaves | 無檐溝檐口 | 軒どい無しの軒 | 无檐沟檐口 |
| **drip-proof** enclosure | 防滴漏密封 | 防滴外圍構造 | 防滴漏密封 |
| ― luminarier | 防水照明器具 | 防滴（照明）器具 | 防水照明器具 |
| ― machine | 防濺式電機 | 防滴形電機 | 防溅式电机 |
| ― motor | 防濺式電動機 | 防滴形モータ | 防溅式电动机 |
| ― protected type | 防滴保護型 | 防滴保護型 | 防滴保护型 |
| **drisk** | 磁鼓磁盤存儲器 | ドリスク | 磁鼓磁盘存储器 |
| **drive** | 驅動機構 | 駆動 | 驱动机构 |
| ― axle | 驅動軸 | 駆動軸 | 驱动轴 |
| ― bolt | 傳動螺栓 | 打ボルト | 传动螺栓 |
| ― cam | (引)導凸輪 | ドライブカム | (引)导凸轮 |
| ― chain | 傳動鏈 | 伝動鎖 | 传动链 |
| ― circuit | 驅動電路 | 駆動回路 | 驱动电路 |

| 英　　文 | 臺　　灣 | 日　　文 | 大　　陸 |
|---|---|---|---|
| — coil | 驅動線圈 | ドライブコイル | 激励线圈 |
| — cone | 傳動圓錐 | ドライブコーン | 传动圆锥 |
| — current | 驅動電流 | ドライブ電流 | 驱动电流 |
| — element | 激動振子 | ドライブエレメント | 激动振子 |
| — energy | 傳動能 | 駆動エネルギー | 传动能 |
| — fit | 過盈配合 | 打込ばめ | 过盈配合 |
| — gear | 傳動齒輪 | 駆動歯車 | 传动齿轮 |
| — main shaft | 傳動主軸 | ドライブメインシャフト | 传动主轴 |
| — manner | 運轉方式 | ドライブマナー | 运转方式 |
| — master | 自動傳動方式 | ドライブマスタ | 自动传动方式 |
| — mechanism | 驅動機構 | ドライブメカニズム | 驱动机构 |
| — member | 傳動件 | ドライブメンバ | 传动件 |
| — motor | 驅動電機 | 駆動電動機 | 驱动电机 |
| — pin | 帶動銷 | ドライブピン | 带动销 |
| — pinion | 驅動小齒輪 | ドライブピニオン | 主动小齿轮 |
| — power | 傳動力 | 駆動力 | 传动力 |
| — pulley | 主動輪 | ドライブプーリ | 主动轮 |
| — range | 駕駛普通檔 | ドライブレンジ | 驾驶普通档 |
| — roll | 驅動輥子 | 駆動ロール | 主动辊 |
| — set | 驅動裝置 | ドライブセット | 驱动装置 |
| — shaft | 驅動軸 | 駆動軸 | 驱动轴 |
| — shoe | 套管管靴 | ドライブシュー | 套管管靴 |
| — simulator | 駕駛模擬器 | ドライブシミュレータ | 驾驶模拟器 |
| — sleeve | 傳動軸套 | ドライブスリーブ | 传动轴套 |
| — source | 驅動源 | ドライブソース | 驱动源 |
| — strip | 傳送帶 | 保護ストリップ | 传送带 |
| — system | 驅動方式 | 駆動方式 | 驱动方式 |
| — transistor | 激勵晶體管 | ドライブトランジスタ | 激励晶体管 |
| — transmission | 傳動 | 伝動 | 传动 |
| — unit | 驅動裝置 | 駆動装置 | 驱动装置 |
| — volume | 驅動音量 | ドライブボリウム | 驱动音量 |
| — wheel | 驅動輪 | 駆動輪 | 驱动轮 |
| — wire | 驅動線 | ドライブワイヤ | 驱动线 |
| drive-in | 擴散 | ドライブイン | 扩散 |
| driven antenna | 激勵天線 | 励振アンテナ | 激励天线 |
| — bevel gear | 被動斜齒輪 | 駆動ベベルギャー | 被动斜齿轮 |
| driver | 主動輪 | 駆動機器〔体，歯車〕 | 主动轮 |
| — amplifier | 激勵放大器 | ドライバアンプ | 激励放大器 |
| — 's cab | 駕駛室 | 運転室 | 驾驶室 |
| — 's cabine | 司機〔駕駛〕室 | 運転室 | 司机〔驾驶〕室 |

| 英 文 | 臺 灣 | 日 文 | 大 陸 |
|---|---|---|---|
| — 's cage | 駕駛室 | 運転室 | 驾驶室 |
| — element | 激勵元件 | 駆動素子 | 激励元件 |
| — enable signal | 可驅動信號 | ドライバイネイブル信号 | 可驱动信号 |
| — fuel | 驅動燃料 | 駆動燃料 | 驱动燃料 |
| — 's hut | 駕駛室 | 運転室 | 驾驶室 |
| — judgment time | 行車判斷時間 | 判断時間 | 行车判断时间 |
| — maintenance | 駕駛員維修 | 操縦手整備 | 驾驶员维修 |
| — module | 驅動模塊 | ドライバモジュール | 驱动模块 |
| — pedestal | 原動機台架 | 原動機台 | 原动机台架 |
| — plate | 傳動板 | ドライバプレート | 传动板 |
| — 's platform | 操縱(作)台 | 運転台 | 操纵(作)台 |
| — 's seat | 駕駛台 | ドライバーズシート | 驾驶台 |
| — stage | 激勵級 | 駆動ステージ | 激励级 |
| — 's stand | 操縱台 | 運転台〔室〕 | 操纵台 |
| — tool | 隨車工具 | ドライバツール | 随车工具 |
| — transformer | 驅動變壓器 | ドライバトランス | 驱动变压器 |
| — tube | 激勵管 | ドライバ管 | 激励管 |
| — unit | 激勵器 | ドライバユニット | 激励器 |
| — zone | 驅動區域 | 駆動領域 | 驱动区域 |
| **driveway** | 車行道 | 車道 | 车行道 |
| **driving** | 傳動；驅動 | 駆動 | 传动; 驱动 |
| — amplifier | 驅動放大器 | ドライビングアンプ | 驱动放大器 |
| — and timbering | 掘進和支撐 | 縫地 | 掘进和支撑 |
| — apparatus | 傳動機構 | 駆動機器 | 传动机构 |
| — axle | 傳動軸 | 駆動車軸 | 传动轴 |
| — hand | 傳送帶 | 動調帯 | 传送带 |
| — channel | 引水渠 | 水路 | 引水渠 |
| — characteristic | 驅動性能 | 運行性能 | 驱动性能 |
| — circuit | 激勵級電路 | 励振段回路 | 激励级电路 |
| — coil | 激勵線圈 | ドライビングコイル | 激励线圈 |
| — couple | 驅動力矩 | 駆動トルク | 驱动力矩 |
| — current | 驅動電流 | 駆動電流 | 驱动电流 |
| **cycle** | 行車週期 | 走行サイクル | 行车周期 |
| **cylinder** | 驅動缸 | 駆動シリンダ | 驱动缸 |
| **device** | 驅動裝置 | 運転装置 | 传动装置 |
| — dog | 傳動擋塊 | ドライビングドッグ | 传动档块 |
| — face | 作用面 | 圧力面〔プロペラ〕 | 作用面 |
| — fit bolt | 密配合螺栓 | 打込ボルト | 密配合螺栓 |
| — force | 傳動力 | 推進力 | 传动力 |

| 英　　文 | 臺　　灣 | 日　　文 | 大　　陸 |
|---|---|---|---|
| ― force curve | 驅動力曲線 | 駆動力曲線 | 驱动力曲线 |
| ― gear | 行走裝置 | 駆動装置 | 行走装置 |
| ― gear box | 驅動齒輪箱 | 駆動歯車箱 | 驱动齿轮箱 |
| ― key | 傳動鍵 | 打込キー | 传动键 |
| ― lever | 主動桿 | 起動レバー | 主动杆 |
| ― link | 傳動鏈節 | ドライビングリンク | 传动链节 |
| ― motor | 驅動電動機 | 駆動モータ | 驱动电动机 |
| ― part | 傳動部分 | 駆動部 | 传动部分 |
| ― pawel | 棘輪爪 | 駆動つめ | 棘轮爪 |
| ― point | 驅動點 | 駆動点 | 驱动点 |
| ― roller | 傳動滾輪 | 主動ころ | 传动滚轮 |
| ― roller conveyor | 驅動式滾輪輸送機 | 駆動式ローラコンベヤ | 驱动式滚轮输送机 |
| ― rope | 傳動索 | 伝動ロープ | 传动索 |
| ― shaft | 驅動軸 | 駆動軸 | 驱动轴 |
| ― shaft bushing | 驅動軸軸承襯瓦 | 駆動軸メタル | 驱动轴轴承衬瓦 |
| ― simulator | 操縱模擬器 | 操縦シミュレータ | 操纵模拟器 |
| ― apring | 主動彈簧 | 動輪ばね | 主动弹簧 |
| ― stub axle | 驅動短軸 | 駆動スタブ軸 | 驱动短轴 |
| ― tape | 傳送帶 | ドライビングテープ | 传送带 |
| ― torque | 驅動力矩 | 駆動回転力 | 驱动力矩 |
| ― truck | 驅動轉向架 | 動力台車 | 驱动转向架 |
| ― tube | 激勵管 | 励振管 | 激励管 |
| ― unit | 激勵器 | ドライビングユニット | 激励器 |
| ― velocity | 驅動速度 | 駆動速度 | 驱动速度 |
| ― voltage | 驅動動壓 | 駆動電圧 | 驱动动压 |
| ― wheel | 傳動輪 | 動輪 | 传动轮 |
| ― winding | 激勵繞組 | 駆動巻線 | 激励绕组 |
| **drizzle** | 毛毛雨 | 霧雨 | 毛毛雨 |
| **drogue** | 拖靶 | 海流板 | 拖靶 |
| **dromometer** | 速度計 | ドロモメータ | 速度计 |
| **drone** | 無人駕駛飛機 | 無人機 | 无人驾驶飞机 |
| ― cone | 無源紙盒 | ドロンコーン | 无源纸盒 |
| ― pilotless aircraft | 無人航空機 | 無人航空機 | 无人航空机 |
| **droop** | 固定偏差 | 残留偏差〔自動制御の〕 | 固定偏差 |
| ― line | 垂線 | ドループライン | 垂线 |
| ― rate | 下降率 | ドループレート | 下降率 |
| ― stop | 下垂限制器 | 垂れ下がり止め | 下垂限制器 |
| **drop** | 落差;滴;降 | 落下距離 | 指示器 |
| ― arch | 内心二心尖拱 | 鈍せんアーチ | 内心二心尖拱 |
| ― arm | 操縱桿 | ドロップアーム | 操纵杆 |

**drop**

| 英　　文 | 臺　　灣 | 日　　文 | 大　　陸 |
|---|---|---|---|
| — away | 降落 | 落下値 | 脱扣 |
| — away current | 降落電流 | 落下電流 | 脱扣电流 |
| — bar | 接地棒 | 短絡棒 | 短路棒 |
| — black | 黑漆粒 | ドロップブラック | 黑漆粒 |
| — bottom | 爐門;落地門 | 底板 | 活底 |
| — bottom bucket | 活底料斗 | 底開き箱 | 活底料斗 |
| — center rim | 凹槽胎圈 | 深底リム | 凹槽轮缘 |
| — chaining | 降測 | 降測 | 降測 |
| — compasses | 點圓規 | ドロップコンパス | 点圆规 |
| — die | 落錘鍛模 | ドロップハンマ成形型 | 落锤锻模 |
| — door | 吊門 | ドロップドア | 吊门 |
| — feed lubrication | 液滴潤滑 | 滴下注油 | 液滴润滑 |
| — forge | 落鍛 | ドロップフォージ | 模锻 |
| — hammer | 落錘 | 落錘 | 落锤 |
| — hammer test | 落鎚試驗 | ドロップハンマ試験 | 落锤试验 |
| — hammer tester | 落鎚機試驗 | ドロップハンマ試験機 | 落锤试验机 |
| — handle | 下垂把手 | 垂れ取手 | 下垂把手 |
| — haunch | 梁托 | ドロップハンチ | 梁托 |
| — height | 落差 | 落差 | 落差 |
| — impact test | 落錘衝擊試驗 | 落錘衝撃試験 | 落锤冲击试验 |
| — ladder | 下降梯 | 落しはしご | 下降梯 |
| — lubricator | 液滴潤滑 | 滴下注油 | 液滴润滑 |
| — off | 掉砂 | 型落ち | 掉砂 |
| — panel | 柱頂托板 | 柱頭板 | 柱顶托板 |
| — pit | 凹坑 | ドロップます | 凹坑 |
| — plate | 落下板 | 落し火格子 | 落下板 |
| — press | 落鎚 | 落しづち | 模锻压力机 |
| — roller | 落下輥 | ドロップローラ | 落下辊 |
| — tank | 副油箱 | 落下タンク | 副油箱 |
| — tester | 落錘式衝擊試驗機 | 抜き落とし型 | 落锤式冲击试验机 |
| — valve | 墜閥 | ドロップバルブ | 〔蒸汽机〕落座配汽阀 |
| — weight impact test | 落錘衝擊試驗 | 落錘衝撃試験 | 落锤冲击试验 |
| — weight test | 落錘試驗 | 錘落下試験 | 落锤试验 |
| — window | 墜窗 | 落し窓 | 下落窗 |
| **drop-head coupe** | 活頂小驕車 | ドロップヘッドクーペ | 活顶小骄车 |
| **drop-in** | 落入 | 落し込みの | 落入 |
| — pressure | 壓力下降 | 圧力降下 | 压力下降 |
| **droplet** | 液體粒子 | 液体粒子 | 液体粒子 |
| — transfer | 噴射過渡 | 溶滴移行 | 喷射过渡 |
| **drop-out** | 脫落 | 型落ち | 脱落 |

| 英　　文 | 臺　　灣 | 日　　文 | 大　　陸 |
|---|---|---|---|
| dropped panel | 柱(帽)頂板 | 柱頭板 | 柱(帽)頂板 |
| dropper | 滴管 | 垂釣子 | 点滴器 |
| dropping | 滴下 | 除かす | 滴下 |
| drosometer | 露量表 | 露量計 | 露量表 |
| dross | 浮渣 | ドロス | 渣滓 |
| — hole | 出渣口 | 出さい口 | 出渣口 |
| — trap | 集渣器 | かす抜き | 集渣器 |
| drought | 天旱 | 渇水期 | 天旱 |
| drowned dam | 淹設堤 | 潜せき | 淹设堤 |
| drug | 藥品 | 薬剤 | 药品 |
| drum | 鼓輪 | ドラム | 压缩机转子 |
| — address | 磁鼓地址 | ドラムアドレス | 磁鼓地址 |
| — armature | 鼓形電樞 | 鼓形発電子 | 磁形电枢 |
| — barker | 滾筒式剝皮機 | 円筒皮むき機 | 滚筒式剥皮机 |
| — boiler | 鍋筒式鍋爐 | 丸ボイラ | 锅筒式锅炉 |
| — brake | 鼓式制動器 | ドラムブレーキ | 鼓式制动器 |
| — buffer | 磁鼓緩沖器 | ドラムバッファ | 磁鼓缓冲器 |
| — bush | 鼓輪襯套 | ドラムブッシュ | 鼓轮衬套 |
| — cam | 圓筒凸輪 | 円筒カム | 圆柱凸轮 |
| — can | 油桶 | ドラムカン | 油桶 |
| — capacity | 磁鼓容量 | ドラムキャパシティ | 磁鼓容量 |
| — cell | 鼓形電池 | ドラム電池 | 鼓形电池 |
| — dial | 鼓形度盤 | ドラム目盛板 | 鼓形度盘 |
| — diameter | 圓筒直徑 | 円筒直径 | 圆筒直径 |
| — filter | 圓筒過濾機 | ドラムフィルタ | 圆筒过滤机 |
| — flakier | 圓筒式切片機 | ドラムフレーカ | 圆筒式切片机 |
| — gate | 圓柱形閘門 | ドラムゲート | 圆柱形闸门 |
| — gear | 圓柱齒輪 | ドラム歯車 | 圆柱齿轮 |
| — governor | 圓筒調速器 | 筒形調速機 | 筒形调节器 |
| — head | 鼓筒頭 | 円鼻段 | 鼓轮端 |
| — hoist | 捲筒弔車 | ドラム形ホイスト | 滚筒式绞车 |
| — interface | 磁鼓接口 | ドラムインタフェース | 磁鼓接口 |
| — liner | 圓筒墊圈 | ドラムライナ | 圆筒垫圈 |
| — memory | 鼓形存儲器 | ドラムメモリ | 鼓形存储器 |
| — motor | 鼓形電動機 | ドラムモータ | 鼓形电动机 |
| — plotter | 鼓式繪圖機 | ドラム式プロッタ | 鼓式绘图机 |
| — printer | 鼓式打印機 | ドラム式印書装置 | 鼓式打印机 |
| — recorder | 磁鼓記錄器 | ドラム記録器 | 磁鼓记录器 |
| — roller | 滾筒式壓路機 | ドラムローラ | 滚筒式压路机 |
| — rotor | 筒形轉子 | 胴形回転子 | 鼓式转子 |

D

| 英　　文 | 臺　　灣 | 日　　文 | 大　　陸 |
|---|---|---|---|
| — sander | 筒形砂磨機 | ドラム研磨機 | 鼓式磨光机 |
| — sanding | 滾筒拋 | ドラムサンディング | 滚筒抛 |
| — saw | 筒形鋸 | 筒のこ | 筒形锯 |
| — scourer | 圓筒精練機 | ドラム精錬機 | 鼓式冲洗机 |
| — screen | 滾筒篩 | 筒形スクリーン | 滚筒筛 |
| — separator | 筒式磁選機〔分離器〕 | ドラムセパレータ | 筒式磁选机〔分离器〕 |
| — servo | 鼓形伺服機構 | ドラムサーボ | 鼓形伺服机构 |
| — storage | 磁鼓存儲器 | ドラム記憶装置 | 磁鼓存储器 |
| — support | 滴筒供料 | ドラムサポート | 滴筒供料 |
| — trailer | 電纜卷筒拖車 | ドラムトレーラ | 电缆卷筒拖车 |
| — tumbler | 鼓式桶 | ドラムタンブラ | 鼓式桶 |
| — type pelletizer | 滾筒式造粒(球)機 | ドラム形造粒機 | 滚筒式造粒(球)机 |
| — type rotor | 鼓型轉子 | ドラム形ロータ | 鼓型转子 |
| — type turret lathe | 回輪式六角車床 | ドラム型タレット旋盤 | 回轮式六角车床 |
| — washer | 筒形洗滌機 | 筒形洗い機 | 转筒式〔集料〕洗涤机 |
| — winder | 圓筒絡紗機 | ドラムワインダ | 鼓盘络纱机 |
| **druse** | 晶簇 | 晶ぞく | 晶簇 |
| **dressy** | 晶簇孔穴 | 晶洞 | 晶簇孔穴 |
| — structure | 晶簇結構 | 微晶質組織 | 晶簇结构 |
| **druxy** | 腐蝕材 | 腐食した材 | 腐蚀材 |
| **dry** | 乾燥 | ドライ | 乾燥 |
| — bearing | 乾式軸承 | ドライ軸受 | 乾式轴承 |
| — bone | 菱鋅礦 | 菱亜鉛鉱 | 菱锌矿 |
| — bottom furnace | 固態爐 | 乾式炉 | 固态炉 |
| — brake | 乾式制動器 | 乾式ブレーキ | 乾式制动器 |
| — bulk density | 乾燥密度 | 乾燥密度 | 乾燥密度 |
| — chemicals | 泡沫滅火器 | 粉末消火器 | 泡沫灭火器 |
| — classifier | 乾式分級機 | 乾式分級機 | 乾式分级机 |
| — climate | 乾燥氣候 | 乾燥気候 | 乾燥气候 |
| — column | 乾塔 | 乾式カラム | 乾塔 |
| — combustion boiler | 乾燃式鍋爐 | 乾燃室ボイラ | 乾燃式锅炉 |
| — compression | 乾壓縮 | 乾き圧縮 | 乾压缩 |
| — can | 烘筒 | シリンダ乾燥機 | 烘筒 |
| — coating | 乾式鍍覆 | 乾式めっき | 乾式镀覆 |
| — disk clutch | 乾圓盤式離合器 | 乾板式クラッチ | 乾圆盘式离合器 |
| — distillation | 乾餾 | 乾留 | 乾馏 |
| — drum | 蒸汽鼓 | ドライドラム | 蒸汽鼓 |
| — fog | 乾霧 | 乾霧 | 乾雾 |
| — friction | 乾摩擦 | かわき摩擦 | 乾摩擦 |
| — lapping | 乾式研磨(法) | ドライラッピング | 乾式研磨(法) |

| 英　　文 | 臺　　灣 | 日　　文 | 大　　陸 |
|---|---|---|---|
| — lubrication | 乾(式)潤滑 | ドライ潤滑 | 乾(式)润滑 |
| — plate clutch | 乾式圓盤離合器 | ドライプレートクラッチ | 乾式圆盘离合器 |
| — plating | 乾式鍍覆 | 乾式めっき | 乾式镀覆 |
| — point | 乾點 | 乾点 | 乾点 |
| — sand casting | 乾(砂)型鑄造 | 乾燥型鋳造 | 乾(砂)型铸造 |
| — sand mold | 乾砂型(模) | 乾燥型 | 乾砂型(模) |
| — sanding | 乾磨(研；擦) | 空研ぎ | 乾磨(研；擦) |
| — sump lubrication | 乾箱式供油潤滑法 | 乾式潤滑 | 乾箱式供油润滑法 |
| — tensile strength | 乾抗張強度 | 乾燥引張り強さ | 乾抗张强度 |
| — to handle | 固化乾燥 | 固化乾燥 | 固化乾燥 |
| — tumbling | 乾法滾(筒)抛(光) | 乾式たる磨き | 乾法滚(筒)抛(光) |
| **dryback boiler** | 乾背式火管鍋爐 | 乾燃室ボイラ | 乾背式火管锅炉 |
| **dry-bulb** | 乾球溫度 | 乾球温度 | 乾球温度 |
| **dry-cleaning fluid** | 乾洗流體 | ドライクリーニング液 | 乾洗流体 |
| **dry-core cable** | 乾芯電纜 | 乾心ケーブル | 乾芯电缆 |
| **dryer** | 乾燥劑 | 乾燥器〔機, 装置〕 | 乾燥剂 |
| **dry-ice** | 乾冰 | ドライアイス | 乾冰 |
| **drying** | 乾燥 | 乾燥 | 乾燥 |
| — cabinet | 烘乾 | 乾燥箱 | 烘乾 |
| — machine | 乾燥機 | 乾燥機 | 乾燥机 |
| — stock | 乾燥原料 | 乾燥材料 | 乾燥原料 |
| **dryness** | 乾燥度 | 乾き度 | 乾燥度 |
| **dryout** | 脫水 | ドライアウト | 脱水 |
| **drys** | 〔石材〕乾烈 | 〔石材〕き裂 | 〔石材〕乾烈 |
| **dry-type air cooler** | 乾空氣冷卻器 | 乾式空気冷却器 | 乾空气冷却器 |
| **dryvalve arrester** | 閥阻避雷器 | ドライバルブ避雷器 | 阀阻避雷器 |
| **Ducol steel** | 錳合金結構鋼 | デュコール鋼 | 锰合金结构钢 |
| **duct** | 管路；導管 | 流路 | 管路；导管 |
| — cap | 管帽 | ダクトキャップ | 管帽 |
| — pipe | 排風管 | ダクトパイプ | 排风管 |
| **Ductalloy** | 延性鑄鐵 | ダクタロイ | 延性铸铁 |
| **ductile** | 延性 | 延性 | 延性 |
| — cast mics | 可鍛鑄鐵 | ダクタイル鋳鉄 | 可锻铸铁 |
| — failure | 延性破壞 | 延性破壊 | 延性破坏 |
| — iron | 球墨鑄鐵 | 球状黒鉛鋳鉄 | 球墨铸铁 |
| — material | 延性材料 | 延性材料 | 延性材料 |
| — metal | 可鍛性金屬 | 展延性金属 | 可锻性金属 |
| — steel | 延性鋼 | 延性鋼 | 韧钢 |
| — tungsten | 可鍛鎢 | ダクタイルタングステン | 可锻钨 |
| **ductility** | 延展性；塑性 | 延性 | 延展性；塑性 |

| 英　　文 | 臺　　灣 | 日　　文 | 大　　陸 |
|---|---|---|---|
| — factor | 塑性系數 | 塑性率 | 塑性系数 |
| — ratio | 延性比 | 延性比 | 延性比 |
| — test | 延性試驗 | 延性試験 | 延性试验 |
| **dufrenite** | 綠磷鐵礦 | 緑りん鉄鉱 | 绿磷铁矿 |
| **dufrenoysite** | 硫砷鉛礦 | ズフレノイ石 | 硫砷铅矿 |
| **duftite** | 硫銅鉛礦 | ヅフト石 | 硫铜铅矿 |
| **dug well** | 人工挖井 | 筒井戸 | 人工挖井 |
| **dugout** | 防空壕 | ダッグアウト | 防空壕 |
| **Dukes metal** | 杜克斯耐蝕耐熱合金 | ジュークスメタル | 杜克斯耐蚀耐热合金 |
| **dull coal** | 暗煤 | 暗炭 | 暗煤 |
| — deposit | 暗鍍層 | 曇ったメッキ | 暗镀层 |
| — die | 磨損(鈍)的模具 | 摩耗した型 | 磨损(钝)的模具 |
| — steel sheet | 毛面鋼板 | ダル鋼板 | 毛面钢板 |
| **dullness** | 無光澤度 | 無光澤度 | 无光泽度 |
| **dumb antenna** | 無源接收天線 | 吸収アンテナ | 无源接收天线 |
| — card | 方位盤 | ダムカード | 方位盘 |
| — iron | 彈簧支座 | ばねささえ | 填缝铁条 |
| — support | 彈簧托架 | ばね支え | 弹簧托架 |
| **dumbbell** die | 啞鈴型塑模 | ダンベル抜き型 | 哑铃型塑模 |
| — shape | 啞鈴型 | ダンベル形 | 哑铃型 |
| — specimen | 啞鈴型試片 | ダンベル状試験片 | 哑铃型试片 |
| **dumb** | 救援飛機 | 救難機 | 救援飞机 |
| **dumbwaiter** | 輕型運貨升降機 | リフト | 轻型运货升降机 |
| **dumbum bullet** | 達姆彈 | ダムダム弾 | 达姆弹 |
| **dumet** | 鍍銅鐵鎳合金 | ジュメット | 镀铜铁镍合金 |
| — wire | 鍍銅鐵鎳合金絲 | ジュメヂト線 | 镀铜铁镍合金丝 |
| — model | 虛構模型 | ダミーモデル | 虚构模型 |
| — piston | 平衡活塞 | つり合いピストン | 平衡活塞 |
| **dummying** | 粗成形 | 粗仕上げ | 粗成形 |
| **dumontite** | 水磷鈾鉛礦 | デュモン石 | 水磷铀铅矿 |
| **dumortierite** | 藍線石 | デュモルティイル石 | 蓝线石 |
| **dump** | 渣坑 | ごみ捨て場 | 渣坑 |
| **dumper** | 翻斗車 | ダンプ車 | 翻斗车 |
| — tank | 翻斗箱 | ダンパタンク | 翻斗箱 |
| **dumping** | 轉儲 | 投げ捨て | 转储 |
| **dumpier** | 垃圾車 | ダンプタ | 垃圾车 |
| **dumpy level** | 定鏡水準儀 | ダンピーレベル | 定镜水准仪 |
| **dundasite** | 碳酸鉛鋁礦 | デュンダス石 | 碳酸铅铝矿 |
| **dune** | 砂丘 | 砂丘 | 砂丘 |
| **dunnage** | 襯墊 | 荷敷き | 衬垫 |

| 英　文 | 臺　灣 | 日　文 | 大　陸 |
|---|---|---|---|
| duplexer | 收發轉換開關 | 送受切り換え器 | 收发转换开关 |
| duplicating film | 複製用膜 | 複製用フィルム | 复制用膜 |
| — machine | 滾筒油印機 | 複製機 | 滚筒油印机 |
| duplication | 複製器 | 重複 | 复制器 |
| duplicator | 靠模機 | 印刷機 | 靠模机 |
| duprene | 氯丁橡膠 | ジュプレン | 氯丁橡胶 |
| Dura chrome | 杜拉鉻鉬合金鑄鐵 | ジュラクロム | 杜拉铬钼合金铸铁 |
| durability | 耐用性 | 耐久性 | 耐用性 |
| — test | 耐久性試驗 | 耐久性試験 | 耐久性试验 |
| — year | 耐用年限 | 耐用年数 | 耐用年限 |
| durable | 耐用物品 | パーマネント | 耐用物品 |
| — hours | 耐用時間 | 耐用時間 | 耐用时间 |
| — period | 耐用年限 | 耐用年数 | 耐用年限 |
| — term | 使用壽命 | 耐久年限 | 使用寿命 |
| — years | 耐用年限 | 耐用命数 | 耐用年限 |
| Duraflex | 杜拉弗萊克斯青銅 | ジュラフレックス | 杜拉弗莱克斯青铜 |
| Durak | 杜拉克壓鑄鋅基合金 | ジュラック | 杜拉克压铸锌基合金 |
| duralium | 硬鋁 | ジュラリウム | 硬铝 |
| duralplat | 鎂錳合金被覆硬鋁 | ジュラルプラット | 镁锰合金被覆硬铝 |
| — plate | 硬鋁板 | ジュラルミン板 | 硬铝板 |
| durana metal | 杜拉納黃銅 | ジュラナメタル | 杜拉纳黄铜 |
| Duranickel | 杜拉 | ジュラニッケル | 杜拉 |
| Duraplex | 醇酸樹脂 | ジュラプレックス | 醇酸树脂 |
| duration | 持續性 | 所要時間 | 持续性 |
| Durcilium | 銅錳鋁合金 | ジュルシリウム | 铜锰铝合金 |
| Durex | 燒結石墨青銅 | ジュレックス | 烧结石墨青铜 |
| Durez resin | 酚醛樹脂 | デュレツレジン | 酚醛树脂 |
| Durichlor | 杜里科洛爾不鏽鋼 | ジュリクロール | 杜里科洛尔不锈钢 |
| Duriment | 奧里科洛爾不鏽鋼 | ジュリメット | 奥里科洛尔不锈钢 |
| Durinval | 奧氏體不鏽鋼 | デュリンバル | 奥氏体不锈钢 |
| durionising | 鍍硬鉻 | ジュリオナイジング | 镀硬铬 |
| Durite resin | 杜里樹脂 | ジュライトレジン | 杜里树脂 |
| Duroid | 杜羅艾德合金鋼 | ジュロイド | 杜罗艾德合金钢 |
| durometer | 硬度測驗器 | 軌条硬度計 | 硬度测验器 |
| duroplastic | 硬質塑料 | デュロプラスチック | 硬质塑料 |
| Duroskop | 杜羅回跳式硬度計 | ジュロスコープ | 杜罗回跳式硬度计 |
| Durville pouring | 翻爐澆注法 | 傾倒法 | 翻炉浇注法 |
| dust | 粉末 | 粉じん | 粉末 |
| Dutch arch | 荷蘭式拱 | ダッチアーチ | 荷兰式拱 |
| — foil | 假金 | 模造金 | 假金 |

| 英 文 | 臺 灣 | 日 文 | 大 陸 |
|---|---|---|---|
| ― gold | 荷蘭金 | ダッチゴールド | 荷兰金 |
| ― leaf | 荷蘭合金箔 | オランダ金はく | 荷兰合金箔 |
| ― dutchman | 插入楔 | ダッチマン | 插入楔 |
| duty | 任務；工作 | 務め | 任务；工作 |
| dwelling | 停止 | 家 | 停止 |
| dyestuff | 顏料 | 染料 | 颜料 |
| dyke | 岩膠 | 溝 | 岩胶 |
| dynaflow | 流體動力 | ダイナフロー | 流体动力 |
| Dynamax | 鎳鉬鐵合金 | ダイナマックス | 镍钼铁合金 |
| dynamic(al) action | 動力作用 | 動力学作用 | 动力作用 |
| dynamicizer | 動態轉換器 | ダイナミサイザ | 动态转换器 |
| dynamics | 動態特性 | 動力学 | 动态特性 |
| dynamism | 動感主義 | ダイナミズム | 动感主义 |
| dynamo | 直流發電機 | 発電機 | 直流发电机 |
| dynamobronze | 特殊鋁青銅 | ダイナモブロンズ | 特殊铝青铜 |
| dynamometer | 動力計 | 動力計 | 动力计 |
| ― point | 高融點 | 高融点 | 高融点 |

| 英　　文 | 臺　　灣 | 日　　文 | 大　　陸 |
|---|---|---|---|
| E type graphite | E型石墨 | E型黒鉛 | E型石墨 |
| ear | 耳(狀物) | 耳（状物） | 耳(狀物) |
| — cutter | 切邊機 | 耳取機 | 切边机 |
| — plug | 耳塞 | イヤプラグ | 耳塞 |
| — protector | 噪音防護具 | 防音保護具 | 噪声防护具 |
| earing | 耳索(船) | 絞り耳 | 凸耳 |
| — formation | 拉伸耳凸形 | 深絞りの耳の発生 | 拉延耳凸形 |
| early crack | 早期裂縫 | 初期ひびわれ | 早期裂缝 |
| earth bus | 接地母線 | アース母線 | 接地母线 |
| — cable | 地線 | アースケーブル | 地线 |
| — circuit | 接地回路 | アース回路 | 接地回路 |
| — connection | 接地 | アース接続 | 接地 |
| — drill | 鑽土機 | アースドリル | 钻土机 |
| — electrode | 接地電極 | 接地電極 | 接地电极 |
| — fault protection | 接地固障保護 | 地絡保護回路 | 接地保护装置 |
| — iron ore | 土狀鐵礦石 | 土状鉄鉱 | 土状铁矿石 |
| — lead | 接地引線 | アース線 | 接地引线 |
| — leakage breaker | 漏電切斷器 | 漏電遮断器 | 漏电切断器 |
| — leakage fire alarm | 漏電警報器 | 漏電警報器 | 漏电报警器 |
| — leakage relay | 漏電繼電器 | 漏電継電器 | 漏电继电器 |
| — line | 接地線 | アースライン | 接地线 |
| — loader | 裝土機 | アースローダ | 装土机 |
| — lug | 接地連結板 | アースラグ | 接地连结板 |
| — magnetic field | 地磁場 | 地磁界 | 地磁场 |
| — magnetism | 地球磁氣 | 地磁気 | 地球磁气 |
| — metal | 土金屬 | 土類金属 | 土金属 |
| — mover | 推土機 | アースムーバ | 推土机 |
| — pin | 接地(管)腳 | アースピン | 接地(管)脚 |
| — point | 接地點 | アースポイント | 接地点 |
| — short | 地線短路 | アースショート | 地线短路 |
| — stud | 接地螺栓 | アーススタッド | 接地螺栓 |
| — terminal | 接地端子(接線柱) | アース端子 | 接地端子(接线柱) |
| — voltage bus | 接地電壓母線 | 接地電圧母線 | 接地电压母线 |
| earthing | 接地 | 接地 | 接地 |
| — conductor | 地線 | アース線 | 地线 |
| — device | 接地裝置 | アース装置 | 接地装置 |
| earthmoving machine | 土方(工程)機械 | 土工機械 | 土方(工程)机械 |
| earth-resistance | 接地電阻 | 接地抵抗 | 接地电阻 |
| earth-return | 接地回線 | 接地帰線 | 接地回线 |
| earthy brown coal | 土狀褐煤 | 土状褐炭 | 土状褐煤 |

E

| 英　文 | 臺　灣 | 日　文 | 大　陸 |
|---|---|---|---|
| — coal | 土狀煤 | 土質亜炭 | 褐煤 |
| — cobalt | 鈷土礦 | コバルト土 | 钴土矿 |
| — graphite | 土狀石墨 | 土状黒鉛 | 土状石墨 |
| — talc | 土狀滑石 | 土状滑石 | 土状滑石 |
| **easiness to grind** | 可磨性 | 練和性 | 可磨性 |
| **easy** axis | 易磁化軸 | 磁化容易軸 | 易磁化轴 |
| — flow | 易流動性 | 易流動性 | 易流动性 |
| — molding | 成形容易性 | 成形容易性 | 成形容易性 |
| — processing | 易加工性 | 加工容易性 | 易加工性 |
| — tear | 易(切)斷性 | 切りやすさ | 易(切)断性 |
| **easy-flo** | 銀焊料合金 | イージフロ | 银焊料合金 |
| **easy-to-control dynamics** | 易控動力學 | 制御容易な動特性 | 易控动力学 |
| **ebonite** driver | 膠柄(螺絲)起子 | エボナイトドライバ | 胶柄(螺丝)起子 |
| — plug | 膠木塞 | エボナイトせん | 胶木塞 |
| **ebullator** | 蒸發器 | 蒸発器 | 蒸发器 |
| **eccentric** | 偏心的 | 偏心器 | 偏心的 |
| — angle | 離心角 | 離心角 | 离心角 |
| — arm | 偏心距 | 偏心距離 | 偏心距 |
| — balance-weight | 偏心配重 | 偏心つりあい重なり | 偏心配重 |
| — bar | 偏心桿 | 外心かん | 偏心杆 |
| — bench press | 台式偏心沖床 | 卓上エキセンプレス | 台式偏心压力机 |
| — bolt | 偏心螺栓 | 偏心ボルト | 偏心螺栓 |
| — bush | 偏心軸襯 | 偏心ブッシュ | 偏心轴衬 |
| — bushing | 偏心軸襯(套) | 偏心ブッシュ | 偏心轴衬(套) |
| — cam | 偏心凸輪 | 偏心カム | 偏心凸轮 |
| — center | 偏心輪(圓)中心 | 偏心輪の中心 | 偏心轮(圆)中心 |
| — circle | 偏心圓 | 偏心円 | 偏心圆 |
| — clamp | 偏心夾 | 偏心クランプ | 偏心压板 |
| — compression | 偏心壓縮 | 偏心圧縮 | 偏心压缩 |
| — connection | 偏心聯結 | 偏心連結 | 偏心联结 |
| — converter | 偏心爐口轉爐 | 偏心炉口転炉 | 偏心炉口转炉 |
| — covering | 偏心覆蓋 | 偏心被覆 | 偏心覆盖 |
| — crank mechanism | 偏置曲柄機構 | 片寄りクランク機構 | 偏置曲柄机构 |
| — disc | 偏心盤 | 偏心板 | 偏心板 |
| — distance | 偏心距 | 偏心距離 | 偏心距 |
| — error | 偏心誤差 | 偏心誤差 | 偏心误差 |
| — fitting | 偏心管接頭 | 偏心継手 | 偏心管接头 |
| — gear | 偏心齒輪 | 偏心歯車 | 偏心齿轮 |
| — governor | 偏心調速機 | 偏心調速機 | 偏心调速机 |
| — lever | 偏心桿 | 外心かん | 偏心杆 |

| 英　　文 | 臺　　灣 | 日　　文 | 大　　陸 |
|---|---|---|---|
| — load | 偏心負載 | 偏心荷重 | 偏心載荷 |
| — moment | 偏心力矩 | 偏心モーメント | 偏心力矩 |
| — motion | 偏心運動 | 偏心運動 | 偏心运动 |
| — pin | 偏心銷 | 偏心ピン | 偏心销 |
| — pipe fittings | 偏心管接頭 | 偏心管継手 | 偏心管接头 |
| — press | 偏心(曲柄)沖床 | 偏心式プレス | 偏心(曲柄)压力机 |
| — pressure | 偏心壓力 | 偏心圧力 | 偏心压力 |
| — pulley | 偏心帶輪 | 偏心調車 | 偏心皮带轮 |
| — pump | 偏心泵 | 偏心ポンプ | 偏心泵 |
| — radius | 偏心半徑 | 偏心距離 | 偏心距 |
| — reducer | 偏心漸縮管 | 偏心レジューサ | 偏心异径管接头 |
| — ring | 偏心圈 | 偏心リング | 偏心环 |
| — ring pump | 偏心徑向柱塞泵 | 偏心輪形ポンプ | 偏心径向柱塞泵 |
| — ring set | 偏心輪 | 偏心輪 | 偏心轮 |
| — rod | 偏心桿 | 偏心棒 | 偏心杆 |
| — roll | 偏心滾筒 | 偏心ころ | 偏心滚筒 |
| — shaft | 偏心軸 | 偏心軸 | 偏心轴 |
| — shaft press | 偏心(曲柄)沖床 | 偏心シャフトプレス | 偏心(曲柄)冲床 |
| — sheave | 偏心盤 | 偏心内輪 | 偏心轮内环 |
| — sleeve | 偏心套筒 | 偏心スリーブ | 偏心套 |
| — socket | 偏心套管 | 偏心ソケット | 偏心套管 |
| — strap | 偏心(輪外)環套 | 偏心外輪 | 偏心(轮外)环 |
| — throw | 偏心距離 | 偏心距離 | 偏心距 |
| — vane blower | 偏心葉片式通風機 | 偏心板形送風機 | 偏心叶片式通风机 |
| — vibrating conveyor | 偏心式振動輸送機 | 偏心駆動式振動コンベヤ | 偏心式振动输送机 |
| — wheel | 偏心輪 | 偏心輪 | 偏心轮 |
| **ecentricity** | 偏心度：離心率 | 偏心率 | 偏心率 |
| — ga(u)ge | 偏心量規 | 偏心ゲージ | 偏心量规 |
| — indicator | 偏心計 | 偏心計 | 偏心计 |
| — of orbit | 軌道偏心率 | 軌道離心率 | 轨道偏心率 |
| — ratio | 偏心比 | 偏心比 | 偏心率 |
| — recorder | 偏心計 | 偏心計 | 偏心计 |
| **echo** altimeter | 回波測高計 | エコー高度計 | 回波测高计 |
| — canceller | 回波消除器 | エコーキャンセラ | 回波消除器 |
| — checking system | 回聲檢測方式 | エコーチェック方式 | 回声检测方式 |
| — meter | 回波測試儀 | エコーメータ | 回波测试仪 |
| — method | 回波(探傷)法 | 反射法 | 回波(探伤)法 |
| **echo-sounder** | 回聲測深儀 | 音響測深機 | 回声测深仪 |
| — sounder transducer | 音響探測器的傳送機構 | 音響測深機の送受波器 | 音响探测器的传送机构 |
| **Eclipsalloy** | 一種鎂基壓鑄合金 | エクリップスアロイ | 一种镁基压铸合金 |

| 英　　　文 | 臺　　　灣 | 日　　　文 | 大　　　陸 |
|---|---|---|---|
| **Economet** | 鎳鉻鐵合金 | エコノメット | 镍铬铁合金 |
| **economic(al) balance** | 經濟平衡 | 経済収支 | 经济平衡 |
| — boiler | 經濟式鍋爐 | エコノミックボイラ | 经济式锅炉 |
| — control system | 經濟控制系統 | 経済統制システム | 经济控制系统 |
| — cutting speed | 經濟切削速度 | 経済切削速度 | 经济切削速度 |
| — efficiency | 經濟效率 | 経済効率 | 经济效率 |
| — engineering | 經濟(學)工程學 | 経済性工学 | 经济(学)工程学 |
| — life-time | 經濟壽命期 | 経済的耐用年数 | 经济寿命期 |
| — load | 經濟負載 | 経済負荷 | 经济负荷 |
| — producing lot | 經濟生產批量 | 経済的製造ロット | 经济生产批量 |
| — ratio | 經濟含鋼率 | 経済鉄筋比 | 经济含钢率 |
| — steel | 冷彎型鋼 | エコンスチール | 冷弯型钢 |
| — usage life | 經濟壽命 | 経済寿命 | 经济寿命 |
| **economizer** | 省煤器；預熱器 | 収熱器 | 预热器 |
| — cycle | 廢氣預熱器周期 | エコノマイザサイクル | 废气预热器周期 |
| — system | 節能系統 | パワー系統 | 节能系统 |
| — tube | 省煤器管 | 節炭器管 | 省煤器管 |
| — valve | 節能閥 | パワー弁 | 节能阀 |
| **Economo** | 一種鉬鋼 | エコノモ | 一种钼钢 |
| **eddy** | 漩渦 | 渦 | 涡流 |
| — flow | 渦流 | 渦流れ | 涡流 |
| — friction | 渦流摩擦 | 渦摩擦 | 涡流摩擦 |
| — heat conduction | 渦流熱傳導 | 渦熱伝導 | 涡流热传导 |
| — kinematic viscosity | 渦流運動黏度 | 乱流動粘度 | 涡流运动黏度 |
| — loss | 渦流損耗 | 渦損失 | 涡流损耗 |
| — mill | 渦流粉碎機 | 渦流粉砕機 | 涡流粉碎机 |
| — motion | 渦流運動；旋渦運動 | 渦運動 | 涡流运动；涡旋运动 |
| — plate | 擋水板 | 水切り板 | 抗涡流板 |
| **eddy-current** | 渦電流 | 渦電流 | 涡电流 |
| — brake | 渦流煞車 | 渦流ブレーキ | 涡电流制动 |
| — clutch | 渦流式離合器 | 渦電流クラッチ | 涡流式离合器 |
| — coupling | 渦流接頭 | 渦電流継手 | 涡流接头 |
| — crack detector | (渦電流)電氣探傷器 | 渦電気探傷装置 | (涡电流)电气探伤器 |
| — examination | 渦流探查 | 渦流探傷検査 | 涡流探查 |
| — flow detection | 渦流探傷 | 渦流探傷試験 | 涡流探伤 |
| — motor | 渦流電動機 | エディカレントモータ | 涡流电动机 |
| — test | 渦流探傷檢查 | 渦流探傷検査 | 涡流探伤检查 |
| — test equipment | 渦流探傷機 | 渦流探傷機 | 涡流探伤机 |
| — testing | 渦電流試驗 | 渦電流試験 | 涡电流试验 |
| — thickness meter | 渦(電)流式測厚儀 | 渦電流式厚さ測定器 | 涡(电)流式测厚仪 |

| 英　　文 | 臺　　灣 | 日　　文 | 大　　陸 |
|---|---|---|---|
| — transducer | 渦流(型)感測器 | 渦電流形変換器 | 涡流(型)传感器 |
| — type dynamometer | 渦流式測力計 | 渦電流式動力計 | 涡流式測力计 |
| **edel metal** | 貴金屬 | 貴金属 | 贵金属 |
| **Eden's flexible strip** | 伊登式平行薄板彈簧 | エデン平行ばね | 伊登式平行薄板弹簧 |
| **edge** | 邊緣;刃 | 辺 | 边 |
| — action | 邊緣作用 | 縁作用 | 边缘作用 |
| — beam | 邊梁 | 縁ばり | 边梁 |
| — belt sander | 端面砂帶磨光機 | エッジベルトサンダ | 端面砂带磨光机 |
| — bending | 板邊彎曲 | エッジベンディンク | 板边弯曲 |
| — board | 肋板 | エッジボード | 肋板 |
| — cam | 沿邊凸輪 | 側面カム | 端面凸轮 |
| — clip system | 邊緣接觸法 | エッジクリップ方式 | 边缘接触法 |
| — crack | 稜角裂紋 | 隅割れ | 棱角裂纹 |
| — curl | 邊緣翹曲 | 縁反り | 边缘翘曲 |
| — cutting | 邊緣切削 | 辺切り | 边缘切削 |
| — damage | 邊緣損傷 | 縁の損傷 | 边缘损伤 |
| — detection | 邊緣檢測 | 端線検出 | 边缘检测 |
| — dislocation | 刃型差排 | 刃状転位 | 刃型位错 |
| — dislocation density | 刃型差排密度 | 刃状転位密度 | 刃型位错密度 |
| — distance | 緣端距離 | 縁端距離 | 缘端距离 |
| — effect | 邊緣效應 | エッジ効果 | 边缘效应 |
| — face | 端面 | へり面 | 端面 |
| — file | 刃用銼 | 刃やすり | 刃锉 |
| — force | 邊緣力 | 縁力 | 边缘力 |
| — former | 捲邊機 | エッジフォーマ | 卷边机 |
| — gluer | 側面膠黏機 | エッジグルーア | 侧面胶黏机 |
| — gluing | 側面膠接 | エッジグルーイング | 侧面胶接 |
| — grinding machine | 石料磨邊機 | 小端ずり機 | 石料磨边机 |
| — grip | 邊側插接 | エッジグリップ | 边侧插接 |
| — guard | 邊緣保護 | エッジガード | 边缘保护 |
| — guide equipment | 邊緣導向裝置 | 耳端案内装置 | 边缘导向装置 |
| — joint | 邊緣接合 | へり継手 | 端接接头 |
| — jointing adhesive | 邊緣連接粘接劑 | へり継用接着剤 | 边缘连接粘接剂 |
| — making machine | 彎邊機 | ロール式縁成形機 | 弯边机 |
| — mill | 輪輾機;混砂機 | 粉砕輪機 | 碾轮式混砂机 |
| — moment | 邊緣彎矩 | 縁モーメント | 边缘弯矩 |
| — nailing | 暗釘 | 隠れ釘打 | 钉暗钉 |
| — notch | 邊緣缺口 | へり切り欠き | 边缘缺口 |
| — planer | 切邊刨床 | 縁削り盤 | 切边刨床 |
| — planing | 刨邊 | 縁削リ | 刨边 |

E

| 英　　文 | 臺　　灣 | 日　　文 | 大　　陸 |
|---|---|---|---|
| ― position control | 邊緣位置控制 | 耳端調整裝置 | 边缘位置控制 |
| ― positioner | 邊緣定位器 | エッジポジショナ | 边缘定位器 |
| ― preparation | 邊緣預加工 | 開先加工 | 边缘整理 |
| ― protector | 護角 | 角金物 | 护角 |
| ― rail | 護輪軌 | エッジレール | 护轮轨 |
| ― reaction | 邊緣反力 | 縁反力 | 边缘反力 |
| ― ring | 邊界環 | エッジリング | 边界环 |
| ― roll | 軋邊輥 | エッジロール | 轧边辊 |
| ― runner | 輪輾機;混砂機 | エッジランナ | 碾碎机 |
| ― seal | 刀口密封 | エッジシール | 刀口密封 |
| ― sealing | 端封 | 端封 | 封边 |
| ― seam | 端面接縫 | エッジシーム | 端面接缝 |
| ― setting | 邊緣調整 | エッジセッティング | 边缘调整 |
| ― stress | 邊緣應力 | 縁応力 | 边缘应力 |
| ― strip | 邊〔緣〕條 | へり目板 | 接缝衬板 |
| ― tool | 削邊刀 | 刃物 | 有刃物 |
| ― trimmer | 修〔切〕邊機 | 耳切り機 | 修〔切〕边机 |
| ― turning | 縁部車削 | 縁旋削 | 缘部车削 |
| ― type strainer | 積層片式過濾器 | エッジタイプストレーナ | 积层片式过滤器 |
| ― veneer | 切邊檔板 | 縁取単板 | 切边档板 |
| ― weld | 邊緣熔接 | へり溶接 | 边缘焊(缝) |
| ― width | 邊緣寬度 | 縁幅 | 边缘宽度 |
| ― wrinkles | 邊緣皺紋 | 口辺しわ | 边缘皱纹 |
| **edge-correction** | 邊緣校正 | 縁端修正 | 边缘校正 |
| **edger** | 修邊器 | 面ごて | 修边器 |
| **edges** | 邊緣 | 端 | 边缘 |
| **edgewise** | 沿邊緣方向 | 沿層方向 | 沿边缘方向 |
| ― compression | 沿(周)邊壓縮 | 沿層圧縮 | 沿(周)边压缩 |
| ― compressive strength | 周邊壓縮強度 | 沿層圧縮強さ | 周边压缩强度 |
| ― load | 沿邊荷載〔重〕 | 沿層荷重 | 沿边荷载〔重〕 |
| ― pressure | 側(向)壓(力) | 側圧 | 側(向)压(力) |
| **edging** | 去飛邊 | 縁取り | 去飞边 |
| ― angle | 切邊角鋼 | 縁取山形材 | 切边角钢 |
| ― machine | 摺邊機 | 耳削り盤 | 刨边机 |
| ― mill | 軋邊機 | エッジングミル | 轧边机 |
| ― pass | 軋邊(軋)槽 | エッジングパス | 轧边(轧)槽 |
| ― roll | 軋邊(軋)輥 | エッジングロール | 轧边(轧)辊 |
| ― strip | 切邊帶鋼 | 縁取ストリップ | 切边带钢 |
| ― trimmer | 修邊機 | 耳切り機 | 修边机 |
| **Edison accumulator** | 鐵鎳蓄電池 | エジソン蓄電池 | 铁镍蓄电池 |

| 英　　文 | 臺　　灣 | 日　　文 | 大　　陸 |
|---|---|---|---|
| educing | 離析（物） | 抽出 | 离析（物） |
| educt | 離析物 | 遊離体 | 离析物 |
| eduction | 排洩 | 排出 | 排出 |
| — pipe | 排洩管 | 配気管 | 排气管 |
| — valve | 排洩閥 | エダクションバルブ | 排泄阀 |
| eductor | 噴射器 | エダクタ | 排泄器 |
| effect | 效應 | 効果 | 效应 |
| — of dimension | 尺寸效應 | 立体効果 | 尺寸效应 |
| — of heat | 熱作用 | 熱作用 | 热作用 |
| — of normal stress | 法線應力效應 | 法線応力効果 | 法线应力效应 |
| — of support movement | 支點移動的影響 | 支点移動の影響 | 支点移动的影响 |
| — of temperature | 溫度變化的影響 | 温度変化の影響 | 温度变化的影响 |
| — of vibration damping | 減振效果 | 制振効果 | 减振效果 |
| effective absorption | 有效吸水量 | 有効吸水量 | 有效吸水量 |
| — advance angle | 有效推進角 | 有効前進角 | 有效推进角 |
| — angle of attack | 有效攻角;有效沖角 | 有効迎え角 | 有效攻角;有效冲角 |
| — angle of friction | 有效摩擦角 | 有効摩擦角 | 有效摩擦角 |
| — aperture | 有效孔徑 | 有効口径 | 有效孔径 |
| — area | 有效面積 | 有効面積 | 有效面积 |
| — aspect ratio | 有效縱橫尺寸比 | 有効アスペクト比 | 有效纵横尺寸比 |
| — belt tension | 有效皮帶張力 | 有効ベルト張力 | 有效皮带张力 |
| — breadth | 有效寬度 | 有効幅 | 有效宽度 |
| — capacity | 有效容量 | 実効容量 | 有效容量 |
| — case depth | 有效硬化深度 | 有効硬化深度 | 有效硬化深度 |
| — chimney height | 煙囪有效高度 | 有効煙突高 | 烟囱有效高度 |
| — compression ratio | 有效壓縮比 | 有効圧縮比 | 有效压缩比 |
| — constant | 有效常數 | 実効定数 | 有效常数 |
| — coverage | 有效作用區域 | 有効通達距離 | 有效作用区域 |
| — cross section | 有效斷〔截〕面（積） | 有効断面〔積〕 | 有效断〔截〕面（积） |
| — cross-sectional area | 有效斷面積 | 有効断面積 | 有效断面积 |
| — cubic capacity | 實際容積 | 実容積 | 实际容积 |
| — cutting length | （拉刀）切削部分長度 | 刃長 | （拉刀）切削部分长度 |
| — damping | 有效阻尼 | 有効減衰 | 有效阻尼 |
| — depth | 有效齒高 | 有効高さ | 有效齿高 |
| — diameter | 有效直徑 | 有効直径 | 有效直径 |
| — diffusivity | 有效擴散係數 | 有効拡散係数 | 有效扩散系数 |
| — distance | 有效距離 | 実効距離 | 有效距离 |
| — distortion | 有效畸變 | 実効ひずみ | 有效畸变 |
| — electric power | 有效（電）功率 | 有効電力 | 有效（电）功率 |
| — energy | 有效能量 | 実効エネルギー | 有效能量 |

| 英　　文 | 臺　　灣 | 日　　文 | 大　　陸 |
|---|---|---|---|
| ─ equivalent section | 有效相當斷面 | 有効等価断面 | 有效等值截面 |
| ─ error | 有效誤差 | 実効誤差 | 有效误差 |
| ─ face width | 有效齒面寬 | 有効歯幅 | 有效啮合长度 |
| ─ feed in motion | 有效進給量 | 有効送り量 | 有效进给量 |
| ─ film | 有效界面 | 有効境膜 | 有效界面 |
| ─ fluid power | 有效流體功率 | 有効流体動力 | 有效流体功率 |
| ─ friction horse power | 摩擦有效馬力 | 摩擦有効馬力 | 摩擦有效马力 |
| ─ grain size | 有效顆粒大小 | 有効径 | 有效粒径 |
| ─ gravity | 有效重力 | 有効重力 | 有效重力 |
| ─ head | 有效落差 | 有効水頭 | 有效落差 |
| ─ heat | 有效熱量 | 有効熱（量） | 有效热量 |
| ─ height | 有效高度 | 有効高さ | 有效高度 |
| ─ height of stack | 煙囪有效高度 | 有効煙突高度 | 烟筒有效高度 |
| ─ horsepower | 有效馬力 | 有効馬力 | 有效马力 |
| ─ inertia-mass | 有效慣性質量 | 有効慣性質量 | 有效惯性质量 |
| ─ input pressure | 有效輸入壓力 | 有効入口差圧 | 有效输入压力 |
| ─ length | 有效長度 | 座屈長さ | 有效长度 |
| ─ length of weld | 焊縫有效長度 | 溶接の有効長さ | 焊缝有效长度 |
| ─ life | 有效壽命 | 実効寿命 | 有效寿命 |
| ─ loading | 有效負載 | 有効荷重 | 有效负载 |
| ─ loading area | 有效荷載面積 | 有効載荷面積 | 有效荷载面积 |
| ─ loss factor | 實際損失係數 | 実効損失係数 | 实际损失系数 |
| ─ machine time | 有效運轉時間 | 有効稼動時間 | 有效运转时间 |
| ─ margin | 有效裕度 | 実効マージン | 有效裕度 |
| ─ mass | 有效質量 | 有効質量 | 有效质量 |
| ─ mass theory | 有效質量理論 | 有効質量理論 | 有效质量理论 |
| ─ measuring range | 有效測定範圍 | 有効測定範囲 | 有效测定范围 |
| ─ molding temperature | 有效成形溫度 | 有効成形温度 | 有效成形温度 |
| ─ noise factor | 有效噪音係數 | 実効雑音指数 | 有效噪声系数 |
| ─ output | 有效輸出 | 有効出力 | 有效输出 |
| ─ output pressure | 有效輸出壓力 | 有効吐き出し差圧 | 有效输出压力 |
| ─ particle diameter | 有效粒子直徑 | 有効粒子径 | 有效粒子直径 |
| ─ pitch | 有效節距 | 有効ピッチ | 有效螺距 |
| ─ porosity | 有效孔隙率 | 有効間げき率 | 有效孔隙率 |
| ─ power | 有效功率 | 有効電力 | 有效功率 |
| ─ pressure | 有效壓力 | 有効圧（力） | 有效压力 |
| ─ prestress | 有效預應力 | 有効プレストレス | 有效预应力 |
| ─ principal stress | 有效主應力 | 有効主応力 | 有效主应力 |
| ─ pull | 有效張力 | 有効張力 | 有效张力 |
| ─ ratio | 有效比 | 実効比 | 有效比 |

| 英　　文 | 臺　　灣 | 日　　文 | 大　　陸 |
|---|---|---|---|
| — ratio of prestress | 預應力有效率 | プレストレスの有効率 | 预应力有效率 |
| — removal cross section | 有效除去斷面積 | 実効除去断面積 | 有效除去断面积 |
| — screw length | 螺紋的有效長度 | スクリューの有効長さ | 螺纹的有效长度 |
| — screwed part | 有效螺紋長度 | 有効ねじ部 | 有效螺纹长度 |
| — seating stress | 有效貼合應力 | 有効締め付け圧力 | 有效贴合应力 |
| — sectional area | 有效剖面積 | 有効断面積 | 有效截面面积 |
| — segregation coefficient | 有效偏析係數 | 実効偏析係数 | 有效偏析系数 |
| — shear modulus | 有效剪切〔切變〕模數 | 実効せん断係数 | 有效剪切〔切变〕模量 |
| — significant strain | 有效應變 | 有効ひずみ | 有效应变 |
| — size | 有效粒徑 | 有効径 | 有效粒径 |
| — size of grain | 有效粒徑 | 有効径 | 有效粒径 |
| — slenderness ratio | 有效細長比 | 有効細長比 | 有效细长比 |
| — slit width | 有效縫隙寬度 | 有効スリット幅 | 有效缝隙宽度 |
| — static pressure | 有效靜壓 | 有効静圧 | 有效静压 |
| — stiffness | 有效剛度 | 補正剛度 | 有效刚度 |
| — stiffness ratio | 有效剛〔勁〕度比 | 有効剛比 | 有效刚〔劲〕度比 |
| — strain | 有效變形〔應變〕 | 有効ひずみ | 有效变形〔应变〕 |
| — strength | 有效強度 | 有効強度 | 有效强度 |
| — stress | 有效應力 | 有効応力 | 有效应力 |
| — stress path | 有效應力線〔途徑〕 | 有効応力径路 | 有效应力线〔途径〕 |
| — stroke | 有效衝程 | 有効行程 | 有效行程 |
| — surface area | 有效表面積 | 有効表面積 | 有效表面积 |
| — target area | 有效反射面積 | 有効反射面積 | 有效反射面积 |
| — temperature | 有效溫度 | 有効温度 | 有效温度 |
| — temperature chart | 有效溫度圖表 | 感覚温度図 | 有效温度图表 |
| — tension | 有效張力 | 有効張力 | 有效张力 |
| — thermal conductivity | 有效熱傳導率 | 有効熱伝導率 | 有效热传导率 |
| — thermal efficiency | 有效熱效率 | 有効熱効率 | 有效热效率 |
| — thermal resistance | 有效熱阻 | 実効熱抵抗 | 有效热阻 |
| — throat depth | 有效焊縫厚度 | 有効のど厚 | 有效焊缝厚度 |
| — throat thickness | 有效喉厚（熔接） | 有効のど厚 | 有效焊缝厚度 |
| — thrust | 有效推力 | 有効スラスト | 有效推力 |
| — time | 有效（工作）時間 | 有効時間 | 有效（工作）时间 |
| — torque | 有效轉矩 | 有効トルク | 有效转矩 |
| — total pressure | 有效總壓力 | 有効全圧 | 有效总压力 |
| — transfer characteristic | 等效轉移特性 | 実効転移特性 | 等效转移特性 |
| — transmission equivalent | 有效傳輸當量 | 実効伝送当量 | 有效传输当量 |
| — travel | 有效行程 | エフェクティブトラベル | 有效行程 |
| — unit weight | 有效單位重量 | 有効単位重量 | 有效单位重量 |
| — value | 有效值 | 実効値 | 有效值 |

E

| 英　　文 | 臺　　灣 | 日　　文 | 大　　陸 |
|---|---|---|---|
| — voltage | 有效電壓 | 実効電圧 | 有效电压 |
| — volume | 有效容積 | 有効容積 | 有效容积 |
| — volumetric capacity | 實際容積 | 実容積 | 实际容积 |
| — wake | 有效尾流 | 有効伴流 | 有效尾流 |
| — wake fraction | 有效尾流分數 | 有効伴流係数 | 有效尾流分数 |
| — work | 有效功 | 有効仕事 | 有效功 |
| **effectiveness** | 有效性 | 効率 | 效率 |
| — engineering | 效率工程師 | 有効性工学 | 有效工程 |
| — factor | 效率因數 | 有効係数 | 有效系数 |
| — of vibration isolation | 防振效果 | 防振効果 | 防振效果 |
| **effervescent mixture** | 發泡劑 | 発泡剤 | 发泡剂 |
| **efficacy** | 效能 | 効能 | 效能 |
| **efficiency** | 效率 | 効率 | 效率 |
| — coefficient | 效率係數 | 効率係数 | 效率系数 |
| — curve | 效率曲線 | 効率曲線 | 效率曲线 |
| — engineer | 效能〔率〕工程師 | 〔能率〕診断技師 | 效能〔率〕工程師 |
| — factor | 效率係數 | 能率係数 | 效率系数 |
| — of boiler | 鍋爐效率 | ボイラの効率 | 锅炉效率 |
| — of combustion | 燃燒效率 | コンバッション効率 | 燃烧效率 |
| — of comminution | 粉碎效率 | 粉砕効率 | 粉碎效率 |
| — of construction | 施工效率 | 施工能率 | 施工效率 |
| — of element | 元件效率 | 素子の効率 | 元件效率 |
| — of fiber | 纖維的性能 | 繊維の性能 | 纤维的性能 |
| — of filtration | 過濾效率 | ろ過効率 | 过滤效率 |
| — of generator | 發電機效率 | 発電機効率 | 发电机效率 |
| — of heat transfer | 傳熱效率 | 伝熱効率 | 传热效率 |
| — of hydraulic turbine | 水輪機效率 | 水車効率 | 水轮机效率 |
| — of ideal propeller | 理想推進器效率 | 理想プロペラ効率 | 理想推进器效率 |
| — of initiator | 引發劑效率 | 開始剤効率 | 引发剂效率 |
| — of joint | 接縫〔合〕效率 | 継手効率 | 接缝〔合〕效率 |
| — of sedimentation | 沈澱〔降〕率 | 沈殿率 | 沈淀〔降〕率 |
| — of thermal storage | 蓄熱效率 | 蓄熱効率 | 蓄热效率 |
| — of transformer | 變壓器的效率 | 変圧器の効率 | 变压器的效率 |
| — of transmission | 傳動效率 | 伝動効率 | 传动效率 |
| — of water turbine | 水輪機效率 | 水車効率 | 水轮机效率 |
| — of work | 工作效率 | 作業効率 | 工作效率 |
| — ratio | 效率比 | 効率比 | 效率比 |
| — test | 效率試驗 | 効率試験 | 效率试验 |
| — type | 集中型 | 集中型 | 集中型 |
| **efficient** circuit | 有效電路 | 有効回路 | 有效电路 |

| 英　　文 | 臺　　灣 | 日　　文 | 大　　陸 |
|---|---|---|---|
| — estimator | 有效估計量 | 有効推定量 | 有效估計量 |
| — point | 有效點 | 有効点 | 有効点 |
| effluent | 流出液〔物〕 | 流出液 | 流出液〔物〕 |
| — disposal | 廢水處理 | 放流処分 | 废水处理 |
| — gas | 廢氣 | 排ガス | 废气 |
| — pipe | 排水管道 | 放流管きょ | 排水管道 |
| effusiometer | 氣體擴散計 | ガス（流出）比重計 | 气体扩散计 |
| eidograph | 縮放儀 | 比例写図器 | 缩放仪 |
| eigenelement | 特徵元素 | 固有元 | 特徵元素 |
| eigenfunction | 特徵函數 | 固有関数 | 特徵函数 |
| eigenspace | 本徵空間 | 固有空間 | 本徵空间 |
| eigenstructure | 固有結構 | 固有構造 | 固有结构 |
| eigenvalue | 特徵值 | 固有値 | 固有值 |
| eigenvector | 特徵向量 | 固有ベクトル | 固有矢量 |
| eighth bend | 45° 彎頭 | 45 度曲り管 | 45° 弯头 |
| Eirich mill | 一種逆流式混砂機 | アイリッヒミル | 一种逆流式混砂机 |
| ejection | 擠出 | 突き出し | 挤出 |
| — adjusting screw | 脫模調整螺釘 | 押出し調整ねじ | 脱模调整螺钉 |
| — capacity | 脫模壓力 | 押出し能力 | 脱模压力 |
| — force | 頂出力 | 突き出し力 | 顶出力 |
| — pad | 脫模墊片 | 突き出しバッド | 脱模垫片 |
| — pin | 起模桿 | 突き出しピン | 起模杆 |
| — plate | 頂出板 | 突き出し板 | 脱模板 |
| — ram | 脫模活塞 | 突き出しラム | 脱模活塞 |
| — stroke | 脫模行程 | 押出しストローク | 脱模行程 |
| ejector | 噴射器；頂出具 | 突き出し装置 | 弹簧顶料装置 |
| — box | 脫模框 | 突き出し箱 | 脱模框 |
| — condenser | 噴射凝結器 | エゼクタ復水器 | 喷射式冷凝器 |
| — connecting bar | 脫模連接桿 | 突き出し連結棒 | 脱模连接杆 |
| — force | 推頂力〔壓縮成形機的〕 | エジェクタ力 | 推顶力〔压缩成形机的〕 |
| — frame | 脫模拉桿架 | 突き出し枠 | 脱模拉杆架 |
| — frame guide | 推頂器框導桿 | 突き出しフレーム案内 | 推顶器框导杆 |
| — mechanism | 推頂機構 | 突き出し機構 | 推顶机构 |
| — mixer | 噴射混合器 | エジェクタかくはん機 | 喷射混合器 |
| — nozzle | 噴嘴 | 噴射ノズル | 喷嘴 |
| — pump | 噴射泵 | 噴射ポンプ | 喷射泵 |
| — rod | 脫模桿 | 突き出し棒 | 抛壳钩杆 |
| — stroke | 推頂距離 | エジェクタストローク | 推顶距离 |
| — system | 推頂方式 | エジェクタ方式 | 推顶方式 |
| — tower | 噴水式冷卻塔 | 水エジェクタ式冷却塔 | 喷水式冷却塔 |

| 英　　文 | 臺　　灣 | 日　　文 | 大　　陸 |
|---|---|---|---|
| ― type agitator | 噴射式攪拌器 | エジェクタ型かくはん器 | 喷射式搅拌器 |
| ― type ventilator | 射流式通風機 | エジェクタ型換気機 | 射流式通风机 |
| ― vacuum pump | 噴射真空泵 | エジェクタ（真空）ポンプ | 喷射真空泵 |
| **elastic** after effect | 彈性餘效 | 弾性余効 | 弹性後效 |
| ― after working | 彈性餘效 | 弾性余効 | 弹性後效 |
| ― axis | 彈性軸（線） | 弾性軸 | 弹性轴（线） |
| ― band | 彈性帶 | 弾性帯 | 弹性带 |
| ― behavio(u)r | 彈性性能 | 弾性挙動 | 弹性性能 |
| ― bending | 彈性彎曲 | 弾性曲げ | 弹性弯曲 |
| ― body | 彈性體 | 弾性体 | 弹性体 |
| ― boiler | 彈性鍋爐 | 弾性ボイラ | 弹性锅炉 |
| ― bond | 彈性黏結劑 | エラスチックボンド | 弹性黏结剂 |
| ― bond wheel | 彈性黏結磨輪 | 弾性と石 | 弹性黏结磨轮 |
| ― break-down | 彈性破壞 | 弾性ヒステリシス | 弹性变形断裂 |
| ― buckling strength | 彈性挫曲強度 | 弾性座屈強度 | 弹性弯曲强度 |
| ― buckling stress | 彈性挫曲應力 | 弾性座屈応力 | 弹性弯曲应力 |
| ― center | 彈性中心 | 弾性重心 | 弹性中心 |
| ― chuck | 彈簧夾頭 | ばねチャック | 弹簧夹头 |
| ― clamp | 彈性固定 | 弾性固定 | 弹性固定 |
| ― coefficient | 彈性係數 | 弾性係数 | 弹性系数 |
| ― collision | 彈性碰撞 | 弾性衝突 | 弹性碰撞 |
| ― compliance | 彈性柔量 | 弾性コンプライアンス | 弹性柔量 |
| ― coupling | 彈性聯軸器 | 弾性継手 | 弹性联轴节 |
| ― cup washer | 彈性杯形墊圈 | 弾性杯形座金 | 弹性杯形垫圈 |
| ― curve | 彈性曲線 | 弾性曲線 | 弹性曲线 |
| ― deformation | 彈性變形 | 弾性変形 | 弹性变形 |
| ― displacement | 彈性位移 | 弾性的変位 | 弹性位移 |
| ― domain | 彈性區域 | 弾性領域 | 弹性区域 |
| ― energy | 彈性能 | 弾性エネルギー | 弹性能 |
| ― equation | 彈性方程（式） | 弾性方程式 | 弹性方程（式） |
| ― equilibrium state | 彈性平衡狀態 | 弾性平衡状態 | 弹性平衡状态 |
| ― failure | 彈性破壞 | 弾性破損 | 弹性破坏 |
| ― fastening device | 彈性固定裝置 | 弾性締結 | 弹性固定装置 |
| ― fatigue | 彈性疲乏 | 弾性疲労 | 弹性疲乏 |
| ― fiber | 彈性纖維 | 弾性繊維 | 弹性纤维 |
| ― flow | 彈性流（動） | 弾性流れ | 弹性流（动） |
| ― force | 彈性力 | 弾（性）力 | 弹性力 |
| ― foundation | 彈性基礎 | 弾性基礎 | 弹性地基 |
| ― ga(u)ge | 彈性壓力計 | 弾性圧力計 | 弹性压力计 |
| ― gel | 彈性凝膠 | 弾性ゲル | 弹性凝胶 |

| 英　文 | 臺　灣 | 日　文 | 大　陸 |
|---|---|---|---|
| — grinding stone | 彈性砂輪 | エラスチックと石 | 弹性砂轮 |
| — gum | 彈性橡膠 | 弾性ゴム | 弹性橡胶 |
| — hardness | 彈性硬度 | 弾性硬さ | 弹性硬度 |
| — hysteresis | 彈性磁滯 | 弾性ヒステリシス | 弹性滞後 |
| — instability | 彈性不穩定(性) | 弾性座屈 | 弹性不稳定(性) |
| — joint | 彈性接合 | たわみ継手 | 弹性接头 |
| — limit | 彈性界限 | 弾性限度 | 弹性极限 |
| — limit test | 彈性極限(應力)試驗 | 耐力試験 | 弹性极限(应力)试验 |
| — line | 彈性曲線 | 弾性曲線 | 弹性曲线 |
| — load method | 彈性荷載法 | 弾性荷重法 | 弹性荷载法 |
| — material | 彈性材料 | 弾性材料 | 弹性材料 |
| — matrix | 彈性矩陣 | 弾性マトリックス | 弹性矩阵 |
| — medium | 彈性介質 | 弾性媒質 | 弹性介质 |
| — melt extruder | 熔融彈性擠出機 | 溶融弾性押出し機 | 熔融弹性挤出机 |
| — memory | (塑料的)彈性記憶 | 弾性記憶 | (塑料的)弹性记忆 |
| — modulus | 彈性模數 | 弾性係数 | 弹性系数 |
| — modulus ratio | 彈性模數比 | 弾性係数比 | 弹性模量比 |
| — nylon | 彈性尼龍 | 弾性ナイロン | 弹性尼龙 |
| — oscillation | 彈性振動 | 弾性振動 | 弹性振动 |
| — packing | 彈性迫緊 | 弾性パッキング | 弹性填料 |
| — plastic bending | 彈塑性彎曲 | 弾塑性曲げ | 弹塑性弯曲 |
| — plastic boundary | 彈塑性邊界 | 弾塑性境界 | 弹塑性边界 |
| — plastic deflection | 彈塑性撓曲 | 弾塑性たわみ | 弹塑性挠曲 |
| — plastic material | 彈塑性物體 | 弾塑性体 | 弹塑性物体 |
| — plastic strain | 彈塑性應變 | 弾塑性ひずみ | 弹塑性应变 |
| — potential | 彈性位能 | 弾性ポテンシャル | 弹性位能 |
| — property | 彈性 | 弾性 | 弹性 |
| — proportional limit | 彈性比例極限 | 弾性比例限度 | 弹性比例极限 |
| — range | 彈性範圍 | 弾性域 | 弹性范围 |
| — ratio | 彈性比 | 弾性率 | 弹性率 |
| — reactance | 彈性阻抗 | 弾性リアクタンス | 弹性阻抗 |
| — recovery | 彈性回復 | 弾性回復 | 弹性复原 |
| — region | 彈性區域 | 弾性域 | 弹性范围 |
| — relaxation | 彈性鬆弛時間 | 弾性緩和時間 | 弹性松弛时间 |
| — resilience | 回彈性 | 弾力 | 回弹性 |
| — response | 彈性反應 | 弾性応答 | 弹性反应 |
| — restraint | 彈性約束 | 弾性固定 | 弹性约束 |
| — rigidity | 彈性剛度 | 弾性剛さ | 弹性刚度 |
| — rubber | 彈性橡膠 | 弾性ゴム | 弹性橡胶 |
| — sealing compound | 彈性密封材料 | 弾性シーリング材 | 弹性密封材料 |

| 英　　文 | 臺　　灣 | 日　　文 | 大　　陸 |
|---|---|---|---|
| — sheet analog | 彈性板模擬（設備） | 弾性板相似 | 弹性板模拟（设备） |
| — sleeve | 彈性套筒 | 弾性スリーブ | 弹性套筒 |
| — solid | 彈性固體 | 弾性固体 | 弹性固体 |
| — spike | 彈性釘 | ばねくぎ | 弹性钉 |
| — stability | 彈性穩定 | 弾性安定 | 弹性稳定 |
| — state | 彈性狀態 | 弾性状態 | 弹性状态 |
| — store | 緩衝存儲器 | エラスティックストア | 缓冲存储器 |
| — strain | 彈性應變;彈性變形 | 弾性ひずみ | 弹性应变;弹性变形 |
| — strain energy | 彈性應變能 | 弾性ひずみエネルギー | 弹性应变能 |
| — strain recovery | 彈性應變恢復 | 弾性ひずみ回復 | 弹性应变恢复 |
| — strength | 彈性強度 | 弾性強さ | 弹性强度 |
| — stress | 彈性應力 | 弾性応力 | 弹性应力 |
| — support | 彈性支承〔座〕 | 弾性支承 | 弹性支承〔座〕 |
| — surface wave | 彈性表面波 | 弾性表面波 | 弹性表面波 |
| — suspension | 彈性吊架 | 弾性支持 | 弹性吊架 |
| — system | 彈性系統 | 弾性系 | 弹性系统 |
| — torsion | 彈性撓曲 | 弾性ねじり | 弹性挠曲 |
| — vibration system | 彈性振動系統 | 弾性振動系 | 弹性振动系统 |
| — washer | 彈簧墊圈 | ばね座金 | 弹簧垫圈 |
| — wave | 彈性波 | 弾性波 | 弹性波 |
| — wave prospecting | 彈性波探測 | 弾性波探査 | 弹性波探测 |
| — wave survey | 彈性波探測 | 弾性波探査 | 弹性波探测 |
| — weight | 彈性荷重 | 弾性荷重 | 弹性荷重 |
| — wheel | 彈性輪 | 弾性輪 | 弹性轮 |
| elastica | 彈力 | 弾性ゴム | 弹力 |
| elastically built-in edge | 彈性固定邊 | 弾性固定縁 | 弹性固定边 |
| — built-in end | 彈性固定端 | 弾性固定端 | 弹性固定端 |
| — supported beam | 彈性支承梁 | 弾性支持ばり | 弹性支承梁 |
| — supported edge | 彈性支承邊 | 弾性支持縁 | 弹性支承边 |
| elasticator | 增彈劑 | 弾性（附与）剤 | 增弹剂 |
| elasticity | 彈性 | 耐屈曲性 | 弹性 |
| — equation | 彈性方程 | 弾性方程式 | 弹性方程 |
| — membrane model | 彈性膜模型 | 弾性膜モデル | 弹性膜模型 |
| — modulus | 彈性模數 | 弾性率 | 弹性模量 |
| — of bending | 彎曲彈性 | 曲げ弾性 | 弯曲弹性 |
| — of compression | 壓縮彈性 | 圧縮弾性 | 压缩弹性 |
| — of elongation | 伸長彈性 | 伸び弾性 | 伸长弹性 |
| — of flexure | 彎曲彈性 | たわみの弾性 | 弯曲弹性 |
| — of shape | 形狀彈性 | 形弾性 | 形状弹性 |
| — of torsion | 扭轉彈性 | ねじり弾性 | 扭转弹性 |

| 英　　文 | 臺　　灣 | 日　　文 | 大　　陸 |
|---|---|---|---|
| — of volume | 容積彈性 | 容積の弾性 | 容积弹性 |
| — tensor | 彈性張量 | 弾性テンソル | 弹性张量 |
| — test | 彈性試驗 | 弾性試験 | 弹性试验 |
| **elasticizer** | 增塑劑 | 弾性剤 | 增塑剂 |
| **Elastite** | 瀝青填料 | エラスタイト | 沥青填料 |
| **elastomer** | 彈性體 | 弾性体 | 合成橡胶 |
| — fiber | 彈性纖維 | 弾性繊維 | 弹性纤维 |
| — seal | 彈性密封 | エラストマシール | 弹性密封 |
| **elastomeric** adhesive | 橡膠系黏合劑 | エラストマ系接着剤 | 橡胶系黏合剂 |
| — material | 合成橡膠材料 | エラストマ材料 | 合成橡胶材料 |
| — plastic(s) | 彈性塑料 | 弾性プラスチック | 弹性塑料 |
| — polymer | 彈性聚合體〔物〕 | 弾性重合体 | 弹性聚合体〔物〕 |
| — resin | 彈性樹脂 | 弾性樹脂 | 弹性树脂 |
| — urethane | 彈性聚氨酯 | 弾性ウレタン | 弹性聚氨酯 |
| **elastomerics** | 彈性體〔物〕 | エラストマ | 弹性体〔物〕 |
| **elastometer** | 彈性測定器 | エラストメータ弾性計 | 弹性测定器 |
| **elastoplast** | 彈性塑料 | 弾塑性体 | 弹性塑料 |
| **elastoplastic** analysis | 彈塑性分析 | 弾塑性解析 | 弹塑性分析 |
| — beam | 彈塑性梁 | 弾塑性ばり | 弹塑性梁 |
| — body | 彈塑性體 | 弾塑性体 | 弹塑性体 |
| — bending | 彈塑性彎曲 | 弾塑性曲げ | 弹塑性弯曲 |
| — boundary | 彈塑性邊界 | 弾塑性境界 | 弹塑性边界 |
| — finite element method | 彈塑性有限元素法 | 弾塑性有限要素法 | 弹塑性有限元法 |
| — material | 彈塑性材料 | 弾塑性材 | 弹塑性材料 |
| — range | 彈塑性範圍 | 弾塑性領域 | 弹塑性范围 |
| — response | 彈塑性反應 | 弾塑性応答 | 弹塑性反应 |
| — response analysis | 彈塑性反應分析 | 弾塑性応答解析 | 弹塑性反应分析 |
| — state | 彈塑性狀態 | 弾塑性状態 | 弹塑性状态 |
| — theory | 彈塑性理論 | 弾性-塑性理論 | 弹塑性理论 |
| — vibration | 彈塑性振動 | 弾塑性振動 | 弹塑性振动 |
| **elasto-plasticity** | 彈塑性 | 弾塑性 | 弹塑性 |
| **elasto-viscosity** | 彈黏性 | 弾粘性 | 弹黏性 |
| **elayl** | 乙烯 | エライル | 乙烯 |
| **elbow** | 肘管;彎管 | ひじ管 | 弯管接头 |
| — amplifier | 雙彎流型放大器 | エルボアンプ | 双弯流型放大器 |
| — board | 窗台(板) | ぜん板 | 窗台(板) |
| — core box | 彎頭芯盒 | エルボコアボックス | 弯头芯盒 |
| — joint | 肘形管 | エルボ継手 | 弯管接头 |
| — piece | 彎頭 | ひじ片 | 弯头 |
| — pipe | 肘形管 | ひじ管 | 弯管 |

| 英　　　文 | 臺　　　灣 | 日　　　文 | 大　　　陸 |
|---|---|---|---|
| ― type combustor | 肘形燃燒室 | エルボ形燃焼器 | 肘形燃烧室 |
| ― type draft tube | 肘形導管 | エルボ形吸出し管 | 肘形导管 |
| **Elcas process** | 二道電泳塗裝法 | エルカス法 | 二道电泳涂装法 |
| **elecemeter** | 電錶 | エルコメータ | 电表 |
| **electric(al) absorption** | 電吸收 | 電気吸収 | 电吸收 |
| ― accumulator | 蓄電池 | 蓄電池 | 蓄电池 |
| ― actuator | 電力傳動裝置 | 電気式アクチュエータ | 电力传动装置 |
| ― air cleaner | 電力空氣淨化裝置 | 電気空気浄化装置 | 电力空气净化装置 |
| ― air heater | 電力空氣加熱器 | 電気空気加熱器 | 电力空气加热器 |
| ― anti-corrosion system | 電防蝕設施 | 電気防食施設 | 电防蚀设施 |
| ― arc | 電弧 | 電弧 | 电弧 |
| ― arc furnace | 電弧爐 | 電気アーク炉 | 电弧炉 |
| ― arc heating | 電弧加熱 | アーク加熱 | 电弧加热 |
| ― arc spraying | 電弧噴射 | アーク式溶射 | 电弧喷射 |
| ― arc welded joint | 電弧焊接頭 | アーク溶接継手 | 电弧焊接头 |
| ― arc welder | 電(弧)焊機 | 電弧溶接機 | 电(弧)焊机 |
| ― arc welding | 電弧熔接 | アーク溶接 | 电弧焊 |
| ― blower | 電動鼓風機 | 電気送風機 | 电动鼓风机 |
| ― boiler | 電熱鍋爐 | 電気ボイラ | 电热锅炉 |
| ― brake | 電力軔 | 電気ブレーキ | 电力制动器 |
| ― brazing | 電熱硬焊 | 電気ろう接 | 电热铜焊 |
| ― brush | 電刷 | 電気ブラシ | 电刷 |
| ― bulb | 電燈泡 | 電球 | 电灯泡 |
| ― cable | 電纜 | 電線 | 电缆 |
| ― calorimeter | 電測熱量計 | 電気熱量計 | 电测热量计 |
| ― cap | 電氣雷管 | 電気雷管 | 电气雷管 |
| ― capacity | 電容量 | 電気容量 | 电容量 |
| ― car | 電車 | 電気自動車 | 电车 |
| ― cartridge heater | 筒式電加熱器 | カートリッジヒータ | 筒式电加热器 |
| ― charge | 電荷 | 電荷 | 电荷 |
| ― chronograph | 電動計時器 | 電気クロノグラフ | 电动计时器 |
| ― condenser | 電容器 | 蓄電器 | 电容器 |
| ― conductance | 電導率 | 電導度 | 电导率 |
| ― conductivity | 導電性 | 電気伝導度〔率〕 | 导电性 |
| ― contact | 電接點 | 電気接点 | 电接点 |
| ― control panel | 配電盤 | 配電盤 | 配电盘 |
| ― convection oven | 對流式電爐 | 電気対流炉 | 对流式电炉 |
| ― corrosion | 電(腐)蝕 | 電食 | 电(腐)蚀 |
| ― corrosion protection | 電氣防蝕(法) | 電気防食 | 电气防蚀(法) |
| ― crane | 電動起重機 | 電気クレーン | 电动起重机 |

| 英　　文 | 臺　　灣 | 日　　文 | 大　　陸 |
|---|---|---|---|
| — crucible furnace | 電熱坩堝爐 | 電気るつぼ炉 | 电热坩埚炉 |
| — dehumidifier | 電乾燥器 | 電子除濕器 | 电乾燥器 |
| — discharge | 放電 | 放電 | 放电 |
| — discharge cutting off | 放電切割 | 放電切断 | 电火花切割 |
| — discharge diesinker | 放電型銑模機 | 放電型彫り機 | 放电型铣模机 |
| — discharge drilling | 放電穿孔 | 放電穴あけ | 电火花穿孔 |
| — discharge forming | 放電成形法 | 放電成形法 | 电火花成形法 |
| — discharge machine | 放電加工機床 | 放電加工機 | 电火花加工机床 |
| — discharge machining | 放電加工 | 放電加工 | 电火花加工 |
| — discharge marking | 放電刻印 | 放電刻印 | 放电刻印 |
| — discharge phenomena | 放電現象 | 放電現象 | 放电现象 |
| — discharge sintering | 放電燒結 | 放電焼結 | 放电烧结 |
| — drill | 電鑽 | 電気削岩機 | 电钻 |
| — dumbwaiter | 電動升降機 | 電動ダムウェータ | 电动升降机 |
| — dynamometer | 電測功計 | 電気動力計 | 电力测力〔功〕计 |
| — dust collector | 電動吸塵器 | 電気集じん器 | 电动吸尘器 |
| — efficiency | 電效率 | 電気効率 | 电效率 |
| — elevator | 電動升降機;電梯 | 電動式エレベータ | 电动升降机;电梯 |
| — energy | 電能 | 電気エネルギー | 电能 |
| — engineering | 電氣工程(學) | 電気工学 | 电气工程(学) |
| — equivalent circuit | 等效電路 | 電気的等価回路 | 等效电路 |
| — erosion | 電腐蝕 | 電食 | 电腐蚀 |
| — erosion arc machining | 放電加工 | 放電加工 | 放电加工 |
| — eye | 電眼 | 光電管 | 电眼 |
| — failure | 絕緣破壞 | 絶縁破壊 | 绝缘破坏 |
| — faults | 漏電 | 電気的故障 | 漏电 |
| — forming | 電鍍成型 | 電気化成 | 电镀成型 |
| — furnace | 電爐 | 電気炉 | 电炉 |
| — fuse | 電保險絲 | 電気ヒューズ | 可熔保险丝 |
| — fuse metal | 電熔化金屬 | ヒューズノタル | 电熔化金属 |
| — gathering | 電熱鐓鍛加工 | エレクトリックギャザリング | 电热镦锻加工 |
| — generating power | 發電功率 | 電気出力 | 发电功率 |
| — hand drill | 手電鑽 | 電気ドリル | 手电钻 |
| — heating furnace | 電熱爐 | 電気炉 | 电炉 |
| — heating panel | 電加熱板 | 電気パネルヒータ | 电加热板 |
| — heating wire | 電熱絲 | 電熱線 | 电热丝 |
| — hoist | 電動吊車 | 電動ホイスト | 电动起重机 |
| — impulse | 電脈沖 | 電気インパルス | 电脉冲 |
| — induction furnace | 感應電爐 | 誘導電気炉 | 感应电炉 |
| — industry | 電氣工業 | 電気工業 | 电气工业 |

**E**

| 英　　文 | 臺　　灣 | 日　　文 | 大　　陸 |
|---|---|---|---|
| — inertia starter | 電動慣性起動器 | 電気慣性始動機 | 电动惯性起动机 |
| — instrument | 電氣測量儀器 | 電気計測器 | 电气测量仪器 |
| — insulant | 電絕緣物〔材料〕 | 電気絶縁物 | 电绝缘物〔材料〕 |
| — insulating medium | 電絕緣介質 | 電気絶縁物 | 电绝缘介质 |
| — insulating treatment | 電絕緣處理 | 電気絶縁処理 | 电绝缘处理 |
| — lead | 導線 | リード線 | 导线 |
| — leak detector | 漏電探測器 | 電気漏せつ探知機 | 漏电探测器 |
| — load | 電負荷〔載〕 | 電気負荷 | 电负荷〔载〕 |
| — machinery | 電力機械 | 電気機械 | 电力机械 |
| — measurement | 電氣測量 | 電気測定 | 电气测量 |
| — motor blower | 電動鼓風機 | 電動送風機 | 电动鼓风机 |
| — oil | 絕緣油 | 絶縁油 | 绝缘油 |
| — oscillograph | 電示波器 | 電気的オシログラフ | 电示波器 |
| — output | 電輸出功率 | 電気出力 | 电输出功率 |
| — painting | 靜電塗裝 | 静電塗装 | 静电涂装 |
| — plating | 電鍍 | 電気めっき | 电镀 |
| — portable drill | 手電鑽 | 電動ポータブルドリル | 手电钻 |
| — potential | 電位 | 電気ポテンシャル | 电位 |
| — potential difference | 電位差 | 電位差 | 电位差 |
| — power drill | 電鑽 | 電気ドリル | 电钻 |
| — power station | 電力站 | 発電所 | 发电所 |
| — power substation | 變電所 | 変電所 | 变电所 |
| — power tool | 電動工具 | 電動工具 | 电动工具 |
| — pressure | 電壓 | 電圧 | 电压 |
| — protection | 電氣防蝕 | 電気防食 | 电气防蚀 |
| — relief valve | 電氣式溢流閥 | 電気式逃し弁 | 电气式溢流阀 |
| — resistance | 電阻 | 電気抵抗 | 电阻 |
| — resistance weld pipe | 電焊管 | 電縫管 | 电焊管 |
| — resistance welding | 電阻焊 | 電気抵抗溶接 | 电阻焊 |
| — robot | 電動機器人 | 電動式ロボット | 电动机器人 |
| — rot | 電腐蝕 | 電気腐食 | 电腐蚀 |
| — seam welding | 縫焊 | 電気シーム溶接 | 缝焊 |
| — sheet | 電工用薄鋼板 | 電気鉄板 | 电工用薄钢板 |
| — shock | 觸電 | 電撃 | 触电 |
| — shock absorber | 電擊吸收器 | 防電撃 | 电击吸收器 |
| — shock resistance | 抗電擊性 | 耐電撃性 | 抗电击性 |
| — shutter | 電斷路器 | 電気シャッタ | 电断路器 |
| — smelting | 電熔煉 | 電気製錬 | 电熔炼 |
| — soldering iron | 電烙鐵 | 電気ごて | 电烙铁 |
| — source | 電源 | 電源 | 电源 |

| 英　　文 | 臺　　灣 | 日　　文 | 大　　陸 |
|---|---|---|---|
| — spark | 電火花 | 電気火花 | 电火花 |
| — spark depositing | 放電硬化 | 放電硬化 | 电火花强化 |
| — spark machine | 放電加工機 | 放電加工機 | 电火花加工机床 |
| — spot welding | 點焊 | 電気スポット溶接 | 点焊 |
| — strain ga(u)ge | 電測應變規 | 電気的ひずみ計 | 电测应变仪 |
| — strength | 絕緣強度 | 耐電圧 | 绝缘强度 |
| — stress tensor | 電應力張量 | 電気ひずみ力テンソル | 电应力张量 |
| — survey | 電探測 | 電気探査 | 电探测 |
| — switch | 開關 | 開閉器 | 开关 |
| — switch cover | 開關罩 | スイッチカバー | 开关罩 |
| — system | 電氣系統 | 電気系統 | 电气系统 |
| — system piezometer | 電壓力計 | 電気式ピエゾメータ | 电压力计 |
| — table interlocker | 台式電氣聯鎖器 | 卓上電気てこ | 台式电气联锁器 |
| — tachometer | 電轉速計 | 電気回転速度計 | 电力转数计 |
| — tape | 絕緣帶 | 絶縁テープ | 绝缘带 |
| — telemetering | 電遙測法 | 電気的遠隔測定法 | 电遥测法 |
| — temperature control | 電氣溫度控制 | 電気温度制御 | 电气温度控制 |
| — tension voltage | 電壓 | 電圧 | 电压 |
| — terminal | 端子 | 電気端子 | 端子 |
| — thermometer | 電溫度計 | 電気式温度計 | 电温度计 |
| — thermostat | 電熱恆溫器 | 電気サーモスタット | 电热恒温器 |
| — tool | 電動工具 | 電動工具 | 电动工具 |
| — transmission | 電力輸送 | 電気式変速装置 | 电气式驱动 |
| — transmitter | 發射機 | 送信機 | 发射机 |
| — travelling crane | 電力移動起重機 | 電気移動クレーン | 移动式电动起重机 |
| — trowel | 電動鏝刀 | 電動ごて | 电动镘刀 |
| — upset forging | 電熱鐵鍛 | 電気据え込み | 电热镦锻 |
| — upsetter | 電熱鐵鍛機 | 電熱式アプセッタ | 电热镦锻机 |
| — vacuum colorimeter | 電真空熱量計 | 電気真空熱量計 | 电真空热量计 |
| — voltage | 電壓 | 電圧 | 电压 |
| — welded tube | 電熔接鋼管 | 電縫鋼管 | 电焊钢管 |
| — welder | 電熔接機 | 電気溶接機 | 电焊机 |
| — welding | 電熔接 | 電気溶接 | 电焊 |
| — welding machine | 電熔接機 | 電気溶接機 | 电焊机 |
| — welding rod | 電熔接條 | 電気溶接棒 | 电焊条 |
| — welding steel pipe | 電熔接鋼管 | 電気溶接鋼管 | 电焊钢管 |
| — winding machine | 電動繞線機 | 電気巻き上げ機 | 电动绕线机 |
| — wire | 電線 | 電線 | 电线 |
| — wiring plan | 電路配置圖 | 電路配置図 | 电路布线图 |
| — zero | 零電位 | 電気的零位 | 零电位 |

E

| 英　　文 | 臺　　灣 | 日　　文 | 大　　陸 |
|---|---|---|---|
| electricator | 電觸式(指示)測微錶 | エレクトリケータ | 电触式(指示)測微表 |
| electrician | 電氣技師 | 電気技師 | 电气技师 |
| electricity | 電氣 | 電気 | 电气 |
| — generation | 發電 | 発電 | 发电 |
| — generator | 發電機 | 発電機 | 发电机 |
| electrification | 帶電 | 帯電 | 带电 |
| — time | 充電時間 | 充電時間 | 充电时间 |
| electro | 電鍍品 | 電気版 | 电镀品 |
| electroactive substance | 電(化學)活性物質 | 電気(化学的)活性物質 | 电(化学)活性物质 |
| electroaffinity | 電親和力 | 電気親和力 | 电亲和力 |
| electroballistics | 電彈道學 | 電気弾道学 | 电弹道学 |
| electrobrightening | 電解拋光 | 光輝仕上げ | 电解抛光 |
| electrocalorimeter | 熱量計 | 電気カロリメータ | 热量计 |
| electrocapillarity | 電毛細(管)現象 | 電気毛管現象 | 电毛细(管)现象 |
| electrocardiogram | 心電圖 | 心電図 | 心电图 |
| electrocast brick | 電鑄磚 | 電鋳れんが | 电铸砖 |
| — product | 電鑄品 | 電鋳品 | 电铸品 |
| — refractories | 電鑄耐火材 | 電融鋳造耐火物 | 电铸耐火材 |
| electrocasting | 電鑄 | 電鋳 | 电铸 |
| electrochemic(al) action | 電化學作用 | 電気化学作用 | 电化学作用 |
| — anti-passivator | 電化學鈍化防止劑 | 電気化学的不動態防止剤 | 电化学钝化防止剂 |
| — appliance | 電化(學)裝置 | 電気化学装置 | 电化(学)装置 |
| — constant | 電解常數 | 電気化学定数 | 电解常数 |
| — corrosion | 電化腐蝕 | 電気化学的腐食 | 电化腐蚀 |
| — discharge machine | 電解加工機床 | 電解放電加工機 | 电解加工机床 |
| — equivalent | 電解當量 | 電気化学当量 | 电解当量 |
| — etching | 電拋光 | 電気化学的腐食 | 电抛光 |
| — grinding | 電化學磨劑 | 電解研削 | 电化学磨剂 |
| — grinding machine | 電解磨床 | 電解研削盤 | 电解磨床 |
| — machine | 電解加工機 | 電解加工機 | 电解加工机 |
| — machining | 電解加工 | 電解加工 | 电解加工 |
| — matt finish | 電解去光處理 | 電解なし地仕上 | 电解去光处理 |
| — milling | 電解加工 | 電解加工 | 电解加工 |
| — oxidation | 電化氧化 | 電気化学的酸化 | 电化氧化 |
| — passivity | 電化(學)鈍性 | 電気化学的不動態 | 电化(学)钝性 |
| — plating | 電(化學)鍍法 | 電気化学めっき法 | 电(化学)镀法 |
| — polarization | 電化學極化(作用) | 電気化学的分極 | 电化学极化(作用) |
| — potential | 電化學勢〔位〕 | 電気化学電位 | 电化学势〔位〕 |
| — process | 電化法 | 電気法 | 电化法 |
| — protection | 電化學防腐〔蝕;護〕 | 電気化学的防食 | 电化学防腐〔蚀;护〕 |

| 英　　文 | 臺　　灣 | 日　　文 | 大　　陸 |
|---|---|---|---|
| — reaction | 電化學反應 | 電気化学反応 | 电化学反应 |
| — waste water treatment | 電化學的廢水處理 | 電気化学的廃水処理 | 电化学的废水处理 |
| electrochemistry | 電化學 | 電気化学 | 电化学 |
| electrocircuit | 電路 | エレクトロサーキット | 电路 |
| electrocoating | 電解被覆法 | 電解被覆法 | 电涂 |
| — equipment | 電著塗裝裝置 | 電着塗装装置 | 电泳涂漆装置 |
| electroconductive | 導電性 | 導電性 | 电导性 |
| — ceramics | 導電陶瓷 | 電子伝導性セラミックス | 导电陶瓷 |
| — epoxy | 導電環氧樹脂 | 導電エポキシ | 导电环氧树脂 |
| — plastics | 導電性塑料 | 導電性プラスチック | 导电性塑料 |
| electrocoppering | 電鍍銅 | 銅電と | 电镀铜 |
| electrocorrosion | 電腐蝕 | 電食 | 电腐蚀 |
| electrocrystallization | 電結晶 | 電析 | 电结晶 |
| electrode | (電)焊條;電極 | 電極〔棒〕 | (电)焊条 |
| — active material | 電極活性材料 | 電極活物質 | 电极活性材料 |
| — characteristic | 電極特性 | 電極特性 | 电极特性 |
| — circle | 電極圓〔電爐〕 | エレクトロードサークル | 电极圆〔电炉〕 |
| — cooling tube | 電極冷卻管 | 電極用水冷管 | 电极冷却管 |
| — dissipation | 電極耗散 | 電極損失 | 电极耗散 |
| — dressing | 電極修整〔飾〕 | 電極ドレッシング | 电极修整〔饰〕 |
| — extension | 電極伸出長度 | 電極突出し長さ | 电极伸出长度 |
| — feeding speed | 電極進給速度 | 電極送り速度 | 电极进给速度 |
| — for exclusive use | 專用電焊條 | 專用棒 | 专用电焊条 |
| — gap | 電極隙 | 電極間げき | 电极隙 |
| — guide | 電極導向 | 電極案内 | 电极导向 |
| — holder | 電焊條夾把 | 溶接棒ホルダ | 焊条夹钳 |
| — impedance | 電極阻抗 | 電極インピーダンス | 电极阻抗 |
| — insulation | 極間絕緣 | 電極絶縁 | 极间绝缘 |
| — kinetics | 電極(過程)動力學 | 電極反応速度論 | 电极(过程)动力学 |
| — life | 電極壽命 | 電極の寿命 | 电极寿命 |
| — matcrial | 電極材料 | 電極材料 | 电极材料 |
| — negative | 陰電極 | 棒マイナス | 阴电极 |
| — plate | 電極板極 | 電極取り付け板 | 电极板极 |
| — positive | 陽電極 | 棒プラス | 阳电极 |
| — potential | 電極電位 | 電極電位 | 电极电势 |
| — pressure | 電極壓 | 電極圧 | 电极压 |
| — size | (塗藥)焊條(芯)直徑 | 電極径 | (涂药)焊条(芯)直径 |
| — skid | (焊點)電極頭滑移 | 電極チップのすべり | (焊点)电极头滑移 |
| — stroke | (點焊)電極行程 | 電極ストローク | (点焊)电极行程 |
| — support | 電極支持體 | 電極支持体 | 电极支持体 |

| 英　　文 | 臺　　灣 | 日　　文 | 大　　陸 |
|---|---|---|---|
| — tip | （點焊機）電極端 | 電極チップ | （点焊机）电极头 |
| — tip holder | 電極接點夾鉗 | 電極チップのホルダ | 电极接点夹钳 |
| — travel | 電極行程 | 電極ストローク | 电极行程 |
| — vibration | 電極振動 | 電極振動 | 电极振动 |
| — vibrator | 電極振動裝置 | 電極振動裝置 | 电极振动装置 |
| — voltage | 電極電壓 | 電極電圧 | 电极电压 |
| — wear | 電極消耗 | 電極消耗 | 电极消耗 |
| — wear ratio | 電極消耗比 | 電極消耗比 | 电极消耗比 |
| — welding rod | 電焊條 | 電極棒 | 电焊条 |
| — wire | 電極導線 | 電極ワイヤ | 电极导线 |
| **electrodeless discharge** | 無電極放電 | 無電極放電 | 无电极放电 |
| **electrodeposit** | 電鍍 | 電気めっき | 电镀 |
| — copper | 電解銅 | 電気分銅 | 电解铜 |
| **electrodeposition** | 電鍍層 | 電着 | 电镀层 |
| — coating | 電著塗料 | 電着塗料 | 电泳涂料 |
| — painting | 電著塗裝 | 電着塗装 | 电泳涂装 |
| — rate | 電沉積速度 | 電着速度 | 电沉积速度 |
| **electrodynamic** | 電動力學 | エレクトロダイナミック | 电动力学 |
| — type relay | 電動式繼電器 | 電流力計型継電器 | 电动式继电器 |
| **electrodynamics** | 電動力學 | 電気力学 | 电动力学 |
| **electrodynamometer** | 電功率計 | 電流力計 | 电功率计 |
| **electroengraving** | 電刻（術；物） | 電気版彫刻 | 电刻（术；物） |
| **electroerosion** | 放電加工 | 放電加工 | 电蚀 |
| **electroformed mold** | 電鑄模型〔在樹脂模上〕 | 電鋳金型 | 电铸模型〔在树脂模上〕 |
| **electroforming** | 電鑄（加工） | 電形法 | 电铸（加工） |
| — refractory | 電鑄耐火物 | 電鋳耐火物 | 电铸耐火物 |
| **electrogalvanization** | 電鍍鋅 | 電気亜鉛めっき | 电镀锌 |
| **electrogalvanizing** | 電鍍鋅 | 電気亜鉛めっき | 电镀锌 |
| **electrogilding** | 電鍍法 | 電気めっき | 电镀法 |
| **electrogranodising** | 電磷化處理 | 電解グラノダイジング | 电磷化处理 |
| **electrograph** | 電刻器 | 電（気記録）図 | 电刻器 |
| **electrograving** | 電刻蝕 | 電気食刻 | 电刻蚀 |
| **electrohydraulic** actuator | 電動液壓執行機構 | 電油アクチュエータ | 电动液压执行机构 |
| — brake equipment | 電液制動裝置 | 電気油圧ブレーキ装置 | 电液制动装置 |
| — control | 電液控制（調節） | 電気-油圧制御 | 电液控制（调节） |
| — forming | 電液成形法 | 液中放電成形法 | 电液成形法 |
| — forming machine | 電液成形機 | 液中放電成形機 | 电液成形机 |
| — pulse motor | 電液脈衝馬達 | 電気-油圧パルスモータ | 电液脉冲马达 |
| — servo valve | 電液伺服閥 | 電気油圧式サーボ弁 | 电液伺服阀 |
| — steering engine | 電動液壓轉向舵機 | 電動油圧操だ機 | 电动液压转向舵机 |

| 英　　文 | 臺　　灣 | 日　　文 | 大　　陸 |
|---|---|---|---|
| electrohydrodynamics | 電流體動力學 | 電気流体力学 | 电流体动力学 |
| electroinsulating coating | 絕緣塗料 | 電気絶縁塗料 | 绝缘涂料 |
| electrokinetic effects | 電動效應 | 動電効果 | 电动效应 |
| — phenomenon | 動電現象 | 動電現象 | 动电现象 |
| electrokinetics | 電動力學 | 動電学 | 电动力学 |
| electroless plating | 化學鍍(層) | 無電解めっき | 化学镀(层) |
| electrolysis | 電解(作用) | 電解 | 电解(作用) |
| — cell | 電解槽 | 電解セル | 电解槽 |
| — in fused salts | 溶解鹽電解 | 溶融塩電解 | 溶解盐电解 |
| — tank | 電解糟 | 電解槽 | 电解糟 |
| — vessel | 電解容器 | 電解容器 | 电解容器 |
| electrolyte | 電解質〔液〕 | 電解質〔液，物〕 | 电解质〔液〕 |
| — acid | 蓄電池用硫酸 | 蓄電池用硫酸 | 蓄电池用硫酸 |
| — contained water | 電解質水溶液 | 電解質水溶液 | 电解质水溶液 |
| — copper | 電解銅 | 電解銅 | 电解铜 |
| — film | 電解隔膜 | 電解質皮膜 | 电解隔膜 |
| electrolytic(al) action | 電解作用 | 電解作用 | 电解作用 |
| — analysis | 電解分析 | 電解分析 | 电解分析 |
| — bath | 電解液〔槽；池〕 | 電解浴〔槽，室〕 | 电解液〔槽；池〕 |
| — brightening | 電解拋光 | 光輝仕上げ | 电解抛光 |
| — cavity sinking | 電解雕模 | 電解型彫り | 电解雕模 |
| — cell | 電解槽 | 電解セル | 电解槽 |
| — charger | 電解液充電器 | 電解充電器 | 电解液充电器 |
| — colo(u)r alumite | 電解著色氧化鋁膜 | 電解発色アルマイト | 电解着色氧化铝膜 |
| — copper | 電(解)銅 | 電気銅 | 电(解)铜 |
| — copper foil | 電解銅箔 | 電解銅はく | 电解铜箔 |
| — corrosion | 電(解腐)蝕(法) | 電〔解腐〕食（法） | 电(解腐)蚀(法) |
| — corrosion test | 電(腐)蝕試驗 | 電解腐食試験 | 电(腐)蚀试验 |
| — corrosion test solution | 電(腐)蝕測試液 | テスト液 | 电(腐)蚀测试液 |
| — cutting | 電解切斷 | 電解切断 | 电解切断 |
| — cyaniding | 電解氰化(法) | 電解青化 | 电解氰化(法) |
| — deburring | 電解去毛刺 | 電解ばり取り | 电解去毛刺 |
| — deburring machine | 電解去毛刺機 | 電解ばり取り機 | 电解去毛刺机 |
| — deposition | 電解沉積 | 電着 | 电解沉积 |
| — derusting | 電解除銹 | 電解脱しょう | 电解除锈 |
| — descaling | 電解除垢 | 電解脱スケール | 电解除垢 |
| — die-sinking | 電解雕模 | 電解型彫り | 电解雕模 |
| — dissociation | 電離(作用) | 電（気解）離 | 电离(作用) |
| — drilling | 電解穿孔 | 電解孔あけ | 电解穿孔 |
| — etch | 電解蝕刻〔浸蝕〕 | 電解エッチ | 电解蚀刻〔浸蚀〕 |

329

| 英　　文 | 臺　　灣 | 日　　文 | 大　　陸 |
|---|---|---|---|
| — etching | 電解浸蝕（法） | 電解エッチング | 电解浸蚀（法） |
| — film | 電解隔膜 | 電解隔膜 | 电解隔膜 |
| — floatation units | 電解式浮選分離裝置 | 電解式浮上分離裝置 | 电解式浮选分离装置 |
| — furnace | 電解爐 | 電解炉 | 电解炉 |
| — generator | 電解用發電機 | 電解用発電機 | 电解用发电机 |
| — grinding machine | 電解磨床 | 電解研削機〔盤〕 | 电解磨床 |
| — hardening | 電解液淬火（法） | 電解焼入れ | 电解液淬火（法） |
| — heating apparatus | 放電加熱裝置 | 放電加熱装置 | 放电加热装置 |
| — lapping | 電解研磨 | 電解ラッピング | 电解抛光 |
| — lathe | 電解車床 | 電解旋盤 | 电解车床 |
| — lead | 電解鉛 | 電解鉛 | 电解铅 |
| — machining | 電解加工 | 電解加工 | 电解加工 |
| — method | 電解法 | 電解法 | 电解法 |
| — milling | 電解銑削 | 電解ミリング | 电解铣削 |
| — oxydation | 電解氧化 | 電解酸化 | 电解氧化 |
| — polishing | 電解拋光 | 電解研磨 | 电解抛光 |
| — polishing test | 電解拋光試驗 | 電解研磨試験 | 电解抛光试验 |
| — process | 電解法 | 電解法 | 电解法 |
| — protection | 電化學保護 | 電気防食 | 电化学保护 |
| — protection current | 電防腐電流 | 電気防食電流 | 电防腐电流 |
| — purification | 電解淨化 | 空電解処理 | 电解净化 |
| — refining | 電解精鍊 | 電解精錬 | 电解精链 |
| — satin finish | 電解去光處理 | 電解なし地仕上げ | 电解去光处理 |
| — sawing | 電解鋸切 | 電解切断 | 电解锯切 |
| — silver | 電解銀 | 電解銀 | 电解银 |
| — solution | 電解液 | 電解液 | 电解液 |
| — solution pressure | 電溶壓 | 電溶圧 | 电解（溶液）压（力） |
| — stripping | 電解剝離 | 電解はく離法 | 电解剥离 |
| — superfinishing | 電解精超加工 | 電解超仕上げ | 电解精超加工 |
| — tank | 電解槽 | 電解槽 | 电解槽 |
| — tin plate | 電鍍馬口鐵 | ブリキ | 电镀马口铁 |
| — tin plated steel | 電鍍錫薄鋼板 | 電気ブリキ | 电镀锡薄钢板 |
| — tinning | 電解鍍錫 | 電解すずめっき | 电解镀锡 |
| — voltage | 電解電壓 | 電解電圧 | 电解电压 |
| — winning | 電解冶金 | 電解採取 | 电解冶金 |
| — zinc | 電鍍鋅 | 電気亜鉛 | 电解锌 |
| **electrolytics** | 電解化學 | 電解化学 | 电解化学 |
| **electrolyzer** | 電解槽 | 電解槽 | 电解槽 |
| **electromagnet** | 電磁鐵 | 電磁石 | 电磁铁 |
| — type detector | 電磁檢測裝置 | 電磁石式検出部 | 电磁检测装置 |

| 英　　文 | 臺　　灣 | 日　　文 | 大　　陸 |
|---|---|---|---|
| **electromagnetic** brake | 電磁制動器 | 電磁ブレーキ | 电磁制动器 |
| — braking | 電磁制動 | 電磁制動 | 电磁制动 |
| — clutch | 電磁離合器 | 電磁クラッチ | 电磁离合器 |
| — constant | 電磁常數 | 電磁定数 | 电磁常数 |
| — contactor | 電磁接觸器 | 電磁接触器 | 电磁接触器 |
| — counter | 電磁測量器 | 電磁カウンタ | 电磁测量器 |
| — crack detector | 電磁探傷機 | 電磁探傷機 | 电磁探伤机 |
| — discharge | 電磁放電 | 電磁放電 | 电磁放电 |
| — distant meter | 電磁波測距儀 | 電磁波測距儀 | 电磁波测距仪 |
| — effect | 電磁作用 | 電磁作用 | 电磁作用 |
| — energy loss | 電磁能損耗 | 電磁的エネルギー損失 | 电磁能损耗 |
| — flux | 電磁通量 | 電磁束 | 电磁通量 |
| — force | 電磁力 | 電磁力 | 电磁力 |
| — force welding machine | 電磁加壓式焊機 | 電磁加圧式溶接機 | 电磁加压式焊机 |
| — forming | 電磁力成形 | 電磁成形 | 电磁成形 |
| — ground detector | 電磁檢漏器 | 電磁検漏器 | 电磁式漏电检验器 |
| — joint | 電磁接頭 | 電磁継手 | 电磁接头 |
| — moment | 電磁矩 | 電磁気モーメント | 电磁矩 |
| — momentum | 電磁動量 | 電磁的運動量 | 电磁动量 |
| — potential | 電磁勢 | 電磁ポテンシャル | 电磁势 |
| — pure iron | 電磁純鐵 | 電磁純鉄 | 电磁纯铁 |
| — separation method | 電磁(質量)分離器 | 電磁質量分離法 | 电磁(质量)分离器 |
| — soft iron | 電磁軟鐵 | 電磁軟鉄 | 电磁软铁 |
| — strain ga(u)ge | 電磁應變規 | 電磁ひずみ計 | 电磁应变仪 |
| — switch | 電磁開關 | 電磁スイッチ | 电磁开关 |
| — testing | 電磁感應試驗 | 電磁誘導試験 | 电磁感应试验 |
| — valve | 電磁閥 | 電磁弁 | 电磁阀 |
| — wave | 電磁波 | 電磁波 | 电磁波 |
| **electromagnetics** | 電磁學 | 電磁気学 | 电磁学 |
| **electromagnetism** | 電磁學 | 電磁気学 | 电磁学 |
| **electromechanical** drive | 機電驅動(裝置) | 電気機械駆動装置 | 机电驱动(装置) |
| — interlocking machine | 機電集中聯鎖裝置 | 電気機械連動装置 | 机电集中联锁装置 |
| — pickup | 機電式感測器 | 電気機械式ピックアップ | 机电式传感器 |
| — stress-cracking | 機電應力裂開 | 電気機械的応力き裂 | 机电应力裂开 |
| — system | 機電系統 | 電気力学系 | 机电系统 |
| **electromelting** | 電熔 | 電融 | 电熔 |
| **electrometallurgy** | 電冶金學 | 電気や金学 | 电冶金学 |
| **electrometry** | 電測學 | 電気測量術 | 电测学 |
| **electromigration** | 電氣泳動 | 電気泳動 | 电气泳动 |
| **electromo(u)lding** | 電鑄(造型) | 電鋳(造型) | 电铸(造型) |

| 英　文 | 臺　灣 | 日　文 | 大　陸 |
|---|---|---|---|
| **electromotive** action | 電動作用 | 動電作用 | 电动作用 |
| — field | 動電場 | 動電場 | 动电场 |
| — force | 電動勢 | 起電力 | 电动势 |
| — force transducer | 電動勢換能器 | 起電力変換器 | 电动势换能器 |
| **electromotor** | 電動機 | 電動機 | 电动机 |
| **electron** | 電子 | 電子 | 电子 |
| — arrangement | 電子配置 | 電子配置 | 电子排布 |
| — ballistics | 電子彈道學 | 電子弾道学 | 电子弹道学 |
| — charge | 電子電荷 | 電子電荷 | 电子电荷 |
| — charge mass ratio | 電子電荷質量比 | 電子の電荷質量比 | 电子电荷质量比 |
| — component | 電子成分 | 電子成分 | 电子成分 |
| — concentration | 電子濃度 | 電子濃度 | 电子浓度 |
| — conduction | 電子傳導 | 電子伝導 | 电子传导 |
| — configuration | 電子配位 | 電子配位 | 电子排布 |
| — current | 電子電流 | 電子電流 | 电子电流 |
| — detector | 電子探測器 | 電子デテクタ | 电子探测器 |
| — device | 電子裝置 | 電子デバイス | 电子装置 |
| — emission microscope | 電子放射顯微鏡 | 電子放射顕微鏡 | 电子放射显微镜 |
| — impact | 電子衝擊 | 電子衝撃 | 电子冲击 |
| — ionization | 電子撞擊離子化 | 電子衝撃イオン化 | 电子撞击离子化 |
| — lens | 電子透鏡 | 電子レンズ | 电子透镜 |
| — mass | 電子質量 | 電子質量 | 电子质量 |
| — micrograph | 電子顯微照片 | 電子顕微鏡写真 | 电子显微照片 |
| — microprobe analyser | 電子顯微分析器 | 微小部分析器 | 电子显微分析器 |
| — microscopy | 電子顯微術 | 電子鏡検法 | 电子显微术 |
| — motion | 電子運動 | 電子運動 | 电子运动 |
| — optics | 電子光學 | 電子光学 | 电子光学 |
| — orbit | 電子軌道 | 電子軌道 | 电子轨道 |
| — photomicrograph | 電子顯微鏡照片 | 電子顕微鏡写真 | 电子显微镜照片 |
| — probe | 電子探針 | 電子プローブ | 电子探针 |
| — radius | 電子半徑 | 電子半径 | 电子半径 |
| — scanning | 電子掃描 | 電子走査 | 电子扫描 |
| — scanning microscope | 電子掃描顯微鏡 | 電子走査顕微鏡 | 电子扫描显微镜 |
| — synchrotron | 電子同步加速器 | 電子シンクロトロン | 电子同步加速器 |
| — system | 電子系統 | 電子系 | 电子系统 |
| — telescope | 電子望遠鏡 | 電子望遠鏡 | 电子望远镜 |
| **electronbeam** | 電子束 | 電子線 | 电子束 |
| — anneal | 電子束退火 | 電子ビームアニール | 电子束退火 |
| — cure process | 電子束固化法 | 電子線硬化法〔工程〕 | 电子束固化法 |
| — curing | 電子束固化 | 電子ビーム硬化 | 电子束固化 |

| 英　　文 | 臺　　灣 | 日　　文 | 大　　陸 |
|---|---|---|---|
| — cutting | 電子束切割 | 電子ビーム切断 | 电子束切割 |
| — drying | 電子束乾燥 | 電子ビーム乾燥 | 电子束乾燥 |
| — evaporation | 電子束蒸發法 | 電子ビーム蒸着 | 电子束蒸发法 |
| — excitation laser | 電子束激勵雷射 | 電子線励起レーザ | 电子束激励激光器 |
| — focusing | 電子束聚焦 | 電子ビーム収束 | 电子束聚焦 |
| — gun | 電子槍 | 電子銃 | 电子枪 |
| — heating | 電子束加熱 | 電子ビーム加熱 | 电子束加热 |
| — heating process | 電子束加熱(法) | 電子線加熱法 | 电子束加热(法) |
| — irradiation | 電子射線照射 | 電子線照射 | 电子射线照射 |
| — lithograph | 電子束蝕刻法 | 電子ビームリソグラフ | 电子束蚀刻法 |
| — lithography | 電子束蝕刻(法) | 電子線描画 | 电子束蚀刻(法) |
| — machine | 電子束加工機 | 電子ビーム加工機 | 电子束加工机 |
| — machining | 電子束加工 | 電子ビーム加工 | 电子束加工 |
| — melting | 電子束熔融 | 電子ビーム溶解 | 电子束熔融 |
| — probe | 電子束探測 | 電子ビームプローブ | 电子束探测 |
| — process | 電子束加工 | 電子ビーム加工 | 电子束加工 |
| — resolution | 電子束熔融法 | 電子線溶解法 | 电子束熔融法 |
| — welding | 電子束熔接 | 電子ビーム溶接 | 电子束熔接 |
| — zone melting | 電子束區熔(融)法 | 電子線帯溶融法 | 电子束区熔(融)法 |
| **electron-bombardment** | 電子衝擊 | 電子衝撃 | 电子冲击 |
| — heating | 電子衝擊加熱 | 電子衝撃加熱 | 电子冲击加热 |
| **electron-discharge** | 電子放電 | 電子放電 | 电子放电 |
| **electronegativeatom** | 負原子 | 陰性原子 | 负原子 |
| — ion | 負離子 | 陰イオン | 负离子 |
| — potential | 負電位 | 陰電位 | 负电位 |
| **electronegativity** | 負電性 | 陰電性 | 负电性 |
| **electronic** abacus | 電子算盤 | 電子そろ盤 | 电子算盘 |
| — attraction | 電子吸引力 | 電子引力 | 电子吸引力 |
| — beam processing | 電子束加工(法) | 電子線加工（法） | 电子束加工(法) |
| — charge | 電子電荷 | 電気素量 | 电子电荷 |
| — circuit | 電子線路 | 電子回路 | 电子线路 |
| — component | 電子元件 | 電子部品 | 电子元件 |
| — computer | 電子計算機 | 電算機 | 电子计算机 |
| — conductance | 電子電導 | 電子コンダクタンス | 电子电导 |
| — conduction | 電子導電 | 電子伝導 | 电子导电 |
| — control equipment | 電子控制裝置 | 電子制御装置 | 电子控制装置 |
| — control system | 電子控制系統 | 電子制御システム | 电子控制系统 |
| — controller | 電子控制器 | 電子制御器 | 电子控制器 |
| — cooling | 電子冷凍 | 電子冷凍 | 电子冷冻 |
| — current | 電子電流 | 電子電流 | 电子电流 |

E

| 英　　文 | 臺　　灣 | 日　　文 | 大　　陸 |
|---|---|---|---|
| — device | 電子設備 | 電子デバイス | 电子设备 |
| — efficiency | 電子效率 | 電子効率 | 电子效率 |
| — friction | 電子摩擦 | 電子摩擦 | 电子摩擦 |
| — fuel controller | 電子式燃料調節器 | 電子式燃料装置 | 电子式燃料调节器 |
| — ga(u)ge | 電子測微儀 | 電子ゲージ | 电子测微仪 |
| — governor | 電子(自動)調速器 | 電子ガバナ | 电子(自动)调速器 |
| — gun | 電子槍 | 電子銃 | 电子枪 |
| — heat sealer | 高週波熱封機 | 高周波熱封機 | 高频热封机 |
| — heating | 電子加熱 | 電子加熱 | 电子加热 |
| — ionization | 電子電離 | 電子電離 | 电子电离 |
| — ionization coefficient | 電子電離係數 | 電子電離係数 | 电子电离系数 |
| — jamming | 電子干擾 | 妨信 | 电子干扰 |
| — jar | 電子爐 | 電子ジャー | 电子炉 |
| — key | 電子開關 | 電子式電けん | 电子开关 |
| — machine | 電子儀器 | 電子機器 | 电子仪器 |
| — magnetometer | 電子磁力計 | 電子磁力計 | 电子磁强计 |
| — measurement | 電子測定 | 電子測定 | 电子测定 |
| — measuring apparatus | 電子測定器 | 電子測定器 | 电子测试仪器 |
| — micrometer | 電子分厘卡 | 電子マイクロメータ | 电子测微计 |
| — mirror | 電子反射鏡 | エレクトロニックミラー | 电子反射镜 |
| — orbit | 電子軌道 | 電子軌道 | 电子轨道 |
| — oscillator | 高週波發生器 | 高周波発生器 | 高频发生器 |
| — part | 電子零件 | 電子部品 | 电子零件 |
| — preheater | 高週波預熱器 | 高周波予熱器 | 高频预热器 |
| — preheating | 高週波預熱 | 高周波予熱 | 高频预热 |
| — relay | 電子繼電器 | 電子継電器 | 电子继电器 |
| — selfbalance recorder | 電子自動平衡記錄器 | 電子自動平衡計 | 电子自动平衡记录器 |
| — semiconductor | 電子半導體 | 電子半導体 | 电子半导体 |
| — sewing machine | 電子式絕緣材料焊接機 | 高周波マシン | 电子式绝缘材料焊接机 |
| — steering | 電子式自動駕駛裝置 | 電子式自動かじ取り装置 | 电子式自动驾驶装置 |
| — stimulator | 電子激勵裝置 | 電子管刺激装置 | 电子激励装置 |
| — structure | 電子構造 | 電子構造 | 电子构造 |
| — switch | 電子開關 | 電子スイッチ | 电子开关 |
| — switching | 電子開關 | 電子切り換え | 电子开关 |
| — switching circuit | 電子開關電路 | 電子開閉回路 | 电子开关电路 |
| — switching system | 電子式交換系統 | 電子開閉システム | 电子式交换系统 |
| — temperature control | 電子溫度調節(器) | 電子温度調節器 | 电子温度调节(器) |
| — tube | 電子管 | 電子管 | 电子管 |
| — typewriter | 電子打字機 | 電子タイプライタ | 电子打字机 |
| — vacancy | 電子空位 | 電子空位 | 电子空位 |

| 英　　文 | 臺　　灣 | 日　　文 | 大　　陸 |
|---|---|---|---|
| ─ voltmeter | 電子電壓計 | 電子電圧計 | 电子电压计 |
| **electronickelling** | （電）鍍鎳 | ニッケル電と | （电）镀镍 |
| **electronics** | 電子學 | 電子工学 | 电子学 |
| ─ industry | 電子工業 | 電子工業 | 电子工业 |
| ─ parts | 電子零件 | エレクトロニクスパーツ | 电子零件 |
| **electronmicroscope** | 電子顯微鏡 | 電子顕微鏡 | 电子显微镜 |
| ─ photograph | 電子顯微鏡照片 | 電子顕微鏡写真 | 电子显微镜照片 |
| **electrontube** | 真空管 | 電子管 | 真空管 |
| ─ type accelerometer | 電子管式加速度計 | 電子管式加速度計 | 电子管式加速度计 |
| ─ voltmeter | 電子管伏特計 | 電子管ボルトメータ | 电子管伏特计 |
| **electron-volt** | 電子伏特 | 電子ボルト | 电子伏特 |
| **electron-voltaic effect** | 電子伏特效應 | 電子起電圧効果 | 电子伏特效应 |
| **electrooxidation** | 電（解）氧化 | 電解酸化 | 电（解）氧化 |
| **electrophoretic** coating | 電泳塗漆 | 電着塗装 | 电泳涂漆 |
| ─ deposition | 電泳塗裝法 | 電泳塗装 | 电泳涂装法 |
| ─ force | 電泳力 | 電気泳動力 | 电泳力 |
| ─ paint | 電泳漆 | 電泳塗料 | 电泳漆 |
| ─ painting | 電泳塗漆 | 電気泳動塗装 | 电泳涂漆 |
| ─ plating | 電泳鍍 | 電気泳動めっき | 电泳镀 |
| **electrophotography** | 電泳照相（術） | 電子写真（技術） | 电泳照相（术） |
| **electroplated** coatings | 電鍍 | 電気めっき | 电镀 |
| ─ coatings of alloy | 合金鍍層 | 合金めっき | 合金镀层 |
| ─ plastic(s) | 電鍍（的）塑料 | 電気めっきプラスチック | 电镀（的）塑料 |
| ─ steel plate | 電鍍（的）鋼板 | 電気めっき鋼板 | 电镀（的）钢板 |
| **electroplating** | 電鍍（術） | 電気めっき | 电镀（术） |
| ─ bath | 電鍍液〔槽〕 | 電解浴 | 电镀液〔槽〕 |
| ─ on plastics | 塑料電鍍 | プラスチックの電気めっき | 塑料电镀 |
| ─ range | 電鍍範圍 | 電気めっき範囲 | 电镀范围 |
| **electropneumatic** control | 電動氣動控制 | 電気空気圧制御 | 电动气动控制 |
| ─ controller | 電動氣動控制器 | 電空制御器 | 电动气动控制器 |
| ─ converter | 電動氣動轉換器 | 電空変換器 | 电动气动转换器 |
| ─ interlocking device | 電動氣動聯鎖裝置 | 電空連動装置 | 电动气动联锁装置 |
| ─ switch | 電動氣動開關 | 電空スイッチ | 电动气动开关 |
| ─ switch machine | 電動氣動轉轍機 | 電空転てつ機 | 电动气动转辙机 |
| ─ valve | 電動氣動閥 | 電空弁 | 电动气动阀 |
| **electropolarized relay** | 極化繼電器 | 電磁極継電器 | 极化继电器 |
| **electropolishing** | 電（化學）拋光 | 電解研磨 | 电（化学）抛光 |
| **electropositive** atom | 正電性原子 | 陽性原子 | 正电性原子 |
| ─ ion | 陽（電性）離子 | 陽イオン | 阳（电性）离子 |
| **electroreduction** | 電（解）還原 | 電解還元 | 电（解）还原 |

335

| 英 文 | 臺 灣 | 日 文 | 大 陸 |
|---|---|---|---|
| electrorefining | 電(解)精煉 | 電気精錬 | 电(解)精炼 |
| electroscope | 驗電器 | 検電器 | 验电器 |
| electroshock | 電擊 | 電気ショック | 电击 |
| — proof | 防電擊(措施) | 防電擊考慮 | 防电击(措施) |
| electrosilvering | 電鍍銀 | 銀電と | 电镀银 |
| electrosizing | 修復尺寸電鍍法 | 肉盛りめっき法 | 修复尺寸电镀法 |
| electrosmelting | 電解精煉 | 電気精錬 | 电解精炼 |
| electrosmosis | 電(內)滲(現象) | 電気浸透 | 电(内)渗(现象) |
| electrosol | 電溶膠 | エレクトロゾル | 电溶胶 |
| electrospark forming | 電爆成形 | 液中放電成形 | 电爆成形 |
| electrostatic altimeter | 靜電高度計 | 静電高度計 | 静电高度计 |
| — attraction | 靜電吸引 | 静電吸引 | 静电吸引 |
| — capacity | 靜電容 | 静電容量 | 静电容量 |
| — charge | 靜電荷 | 静電荷 | 静电荷 |
| — circuit | 靜電回路 | 静電回路 | 静电回路 |
| — coating | 靜電塗裝 | 静電塗装 | 静电涂装 |
| — detearing | 靜電除漆 | 静電除滴 | 静电除漆 |
| — discharge | 靜電放電 | 静電放電 | 静电放电 |
| — dry spray coating | 靜電粉末塗漆法 | 静電乾式吹き付け法 | 静电粉末涂漆法 |
| — dust collector | 靜電集塵器 | 静電型集じん器 | 静电集尘器 |
| — electron lens | 靜電電子透鏡 | 電界型電子レンズ | 静电型电子透镜 |
| — electron microscope | 靜電型電子顯微鏡 | 電界型電子顕微鏡 | 静电型电子显微镜 |
| — energy | 靜電能量 | 静電エネルギー | 静电能量 |
| — field | 靜電場 | 静電場 | 静电场 |
| — field intensity | 靜電場強度 | 静電界の強さ | 静电场强度 |
| — filter | 靜電過濾 | 静電フィルタ | 静电过滤 |
| — finishing | 靜電塗裝 | 静電塗装 | 静电涂复 |
| — force | 靜電力 | 静電気力 | 静电力 |
| — generator | 靜電發電機 | 静電起電機 | 静电发电机 |
| — ground detector | 靜電檢漏器 | 静電検漏器 | 静电检漏器 |
| — induction | 靜電感應 | 静電誘導 | 静电感应 |
| — influence | 靜電感應 | 静電誘導 | 静电感应 |
| — instrument | 靜電儀器 | 静電型計器 | 静电式测试仪 |
| — microscope | 靜電顯微鏡 | 静電顕微鏡 | 静电显微镜 |
| — powder coating | 靜電粉末噴塗〔塗裝〕 | 静電粉末被覆 | 静电粉末喷涂〔涂装〕 |
| — pressure | 靜電壓力 | 静電圧力 | 静电压力 |
| — printer | 靜電印刷機 | 静電プリンタ | 静电印刷机 |
| — printing | 靜電印刷 | 静電印刷 | 静电印刷 |
| — relay | 靜電式繼電器 | 静電リレー | 静电式继电器 |
| — repulsion | 靜電斥力 | 静電反ぼつ | 静电斥力 |

| 英　　文 | 臺　　灣 | 日　　文 | 大　　陸 |
|---|---|---|---|
| — shielding | 靜電屏蔽 | 静電シールド | 静电屏蔽 |
| — spray coating | 靜電噴塗 | 静電吹き付け被覆 | 静电喷涂 |
| — spray equipment | 靜電噴漆機 | 静電吹き付け塗装機 | 静电喷漆机 |
| — spray painting | 靜電噴塗 | 静電塗装法 | 静电喷涂法 |
| — sprayer | 靜電噴塗機 | 静電塗装機 | 静电喷涂机 |
| — strain | 靜電應變 | 静電ひずみ | 静电应变 |
| — stress | 靜電應力 | 静電ストレス | 静电应力 |
| electrostenolysis | 細孔隔膜電解 | 細孔電解 | 膜孔电淀积 |
| electrostriction | 電伸縮現象 | 電縮 | 电致伸缩 |
| — ceramics | 電致伸縮陶瓷 | 電わい磁器 | 电致伸缩陶瓷 |
| — effect | 電致伸縮效應 | 電わい効果 | 电致伸缩效应 |
| — material | 電致伸縮材料 | 電わい材料 | 电致伸缩材料 |
| — phenomenon | 電致伸縮現象 | 電わい現象 | 电致伸缩现象 |
| electrostrictive relay | 電致伸縮繼電器 | 誘電体リレー | 电致伸缩继电器 |
| electrosynthesis | 電合成(法) | 電気合成 | 电合成(法) |
| electrotechnics | 電工學 | 電気技術 | 电工学 |
| electrothermal | 電熱加速 | 電熱加速 | 电热加速 |
| — circuit | 熱電回路 | 熱電回路 | 热电回路 |
| — relay | 電熱繼電器 | 熱リレー | 电热继电器 |
| electrothermic industry | 電熱工業 | 電熱工業 | 电热工业 |
| — process | 電熱法 | 電熱法 | 电热法 |
| electrothermics | 電熱學 | 電熱工学 | 电热学 |
| electrothermography | 電熱(曲線)圖 | エレクトロサーモグラフィ | 电热(曲线)图 |
| electrothermometer | 電熱溫度計 | 電気温度計 | 电热温度计 |
| electrotype | 電鑄板 | 電鋳 | 电铸板 |
| — metal | 電鑄合金 | 電鋳合金 | 电铸版合金 |
| — mold | 電(鑄)版(型) | 電胎版 | 电(铸)版(型) |
| electrotyping | 電鑄版術 | 電鋳 | 电铸 |
| — shell | 電鑄外殼 | 電鋳型 | 电铸外壳 |
| electrowinning | 電解冶金法 | 電解採取 | 电解冶金法 |
| Elema | 矽碳棒 | エレマ | 硅碳棒 |
| Elemass | 電動多尺寸檢查儀 | エレマス | 电动多尺寸检查仪 |
| element | 元素 | 元素 | 元素 |
| — error | 元件誤差 | エレメント誤り | 元件误差 |
| — error control | 誤差控制 | ばらつき制御 | 误差控制 |
| — fuse | 保險絲 | エレメントヒューズ | 保险丝 |
| elemental cell | 單位晶格 | 素電池 | 单位晶格 |
| — charge | 基本電荷 | 素電荷 | 基本电荷 |
| — current | 最小電流 | 最小電流 | 最小电流 |
| elephant ear | 耳形凸緣 | エレファントイヤー | 耳形凸缘 |

| 英　　文 | 臺　　灣 | 日　　文 | 大　　陸 |
|---|---|---|---|
| **elevating** control | 高低操作控制 | 高低操作 | 高低操作控制 |
| — crane | 提升起重機 | 昇降起重機 | 提升起重机 |
| — mechanism | 高低機 | ふ仰装置 | 高低机 |
| **elevation** | 正視圖 | 立面図 | 正视图 |
| — bearing | 仰角方位 | 仰角方位 | 仰角方位 |
| **elevator** | 升降機;電梯 | 昇降機 | 升降机;电梯 |
| — engine room | 電梯機房 | エレベータ機械室 | 电梯机房 |
| **Elianite** | 高矽耐蝕鐵合金 | エリアナイト | 高硅耐蚀铁合金 |
| **Elkaloy** | 一種銅合金焊條 | エルカロイ | 一种铜合金焊条 |
| **Elkonite** | 鎢銅燒結合金 | エルコナイト | 钨铜烧结合金 |
| **Elkonjum** | 一種接點合金 | エルコニウム | 一种接点合金 |
| **ellipse** compasses | 畫橢圓圓規 | だ円コンパス | 画椭圆圆规 |
| — of stress | 應力橢圓 | 応力だ円 | 应力椭圆 |
| **elliptic(al)** spring | 橢圓(形板)彈簧 | だ円ばね | 椭圆(形板)弹簧 |
| — trammels | 橢圓規 | だ円コンパス | 椭圆规 |
| **ellipticity** | 橢圓率 | だ円率 | 椭圆率 |
| **Ellira Verfahren** | 一種埋弧焊法 | エリラ法 | 一种埋弧焊法 |
| **Elmarit** | 鎢銅碳化物刀具合金 | エルマリット | 钨铜碳化物刀具合金 |
| **Elmillimess** | 電動測微儀 | エルミリメス | 电动测微仪 |
| **Elmo type compressor** | 偏心轉子型液封壓縮機 | 偏心ロータ形液封圧縮機 | 偏心转子型液封压缩机 |
| **elongated grain** | 帶狀晶粒 | 展伸粒度 | 带状晶粒 |
| **elongation** | 延伸率 | 伸び率 | 延伸率 |
| — at break | 斷裂(點)延伸率 | 破断点伸び | 断裂(点)延伸率 |
| — at breakage | 斷裂點延伸量 | 破断点伸び | 断裂点延伸量 |
| — at failure | 斷裂伸長度 | 破損点伸び | 断裂伸长度 |
| — at rupture | 斷裂伸長度 | 引き裂き伸張 | 断裂伸长度 |
| — at yield point | 屈服點伸長 | 降伏点伸び | 屈服点伸长 |
| — between ga(u)ges | 標線間伸長 | 標線間伸び | 标线间伸长 |
| — capacity | 延性 | 延性 | 延性 |
| — change | 延伸變化率 | 伸び変化率〔老化后の〕 | 延伸变化率 |
| — in tension | 受拉伸長 | 引張伸び | 受拉伸长 |
| — of yield point | 屈服點延伸 | 降伏点伸び | 屈服点延伸 |
| — percentage | 延展〔伸〕率 | 伸び率 | 延展〔伸〕率 |
| — retention | 延伸量的殘留率 | 伸びの残率 | 延伸量的残留率 |
| — set | 永久伸長 | 永久伸び | 永久伸长 |
| — test | 拉伸試驗 | 伸び試験 | 拉伸试验 |
| **elongator** | (軋管)輾軋機 | エロンゲータ | (轧管)辗轧机 |
| **Elrhardt method** | 愛氏沖管法 | エルハルト法 | 爱氏沖管法 |
| **embedability** | 嵌入性 | 封入性 | 嵌入性 |
| **embedded** insert | 嵌入件 | 埋込みインサート | 嵌入件 |

| 英　　文 | 臺　　灣 | 日　　文 | 大　　陸 |
|---|---|---|---|
| — key | 嵌入鍵 | 埋め込みキー | 嵌入键 |
| — panel | 嵌裝板 | 埋め込みパネル | 嵌装板 |
| **embossed** decoration | 壓花裝飾（品） | 型押し模様 | 压花装饰（品） |
| — design | 模壓花紋 | 型押模様 | 模压花纹 |
| — finish | 壓花潤飾〔加工〕 | 型押し仕上 | 压花润饰〔加工〕 |
| — glass | 浮雕玻璃 | 型ガラス | 浮雕玻璃 |
| — sheet | 壓紋〔花〕板〔片〕 | 型押しシート | 压纹〔花〕板〔片〕 |
| **embossing** | 浮花壓製法 | エンボス加工 | 模压加工 |
| **calender** | 浮花輥壓機 | エンボシングカレンダ | 浮花辊压机 |
| — die | 壓花〔紋〕模 | エンボス型 | 压花〔纹〕模 |
| — machine | 壓花機 | 型押し機 | 模压机 |
| — press | 浮花壓機 | 打出しプレス | 压花机 |
| — retention | 壓花保留〔持久〕性 | しぼの保留（性） | 压花保留〔持久〕性 |
| — roller | 壓花〔紋〕輥 | しぼロール | 压花〔纹〕辊 |
| — typewriter | 刻字打字機 | 刻字タイプライタ | 刻字打字机 |
| **embrittle temperature** | 脆化溫度 | ぜい化温度 | 脆化温度 |
| **embrittlement** | 脆化（度） | ぜい性 | 脆化（度） |
| — point | 脆化點 | ぜい化点 | 脆化点 |
| **emergency alarm** | 緊急警報器 | 非常警報器 | 紧急警报器 |
| — generator system | 自備發電設備 | 自家発電設備 | 自备发电设备 |
| — power off | 緊急切斷電源 | 非常電源切断 | 紧急切断电源 |
| — safety device | 應急安全裝置 | 安全非常装置 | 应急安全装置 |
| — shut-off valve | 應急切斷閥 | 緊急遮断弁 | 应急切断阀 |
| — stop | 緊急停機 | 非常停止 | 紧急停机 |
| — stop protection | 緊急停機保護 | 非常停止保護 | 紧急停机保护 |
| **emery** | 鋼砂；剛石粉 | 金剛砂 | 金钢砂 |
| — buff | 金鋼砂拋光〔研磨〕 | エメリバフ | 金钢砂抛光〔研磨〕 |
| — cloth | （金鋼）砂布 | エメリ研摩布 | （金钢）砂布 |
| — fillet | 金鋼砂布帶 | エメリフィレット | 金钢砂布带 |
| — paper | （鋼）砂紙 | 紙やすり | （钢）砂纸 |
| — powder | 金鋼砂（粉） | 金剛砂 | 金钢砂（粉） |
| — sand | 金鋼砂 | エメリサンド | 金钢砂 |
| — sand paper | （金鋼）砂紙 | エメリー研磨紙 | （金钢）砂纸 |
| — saw | 金鋼砂鋸 | エメリソー | 金钢砂锯 |
| — wheel | 砂輪 | といし車 | 砂轮 |
| **Emmel cast iron** | 一種高級鑄鐵 | エンメル鋳鉄 | 一种高级铸铁 |
| **empire** | 絕緣 | エンパイヤ | 绝缘 |
| — cloth | 絕緣（油）布 | 絶縁クロース | 绝缘（油）布 |
| — paper | 絕緣（油）紙 | 絶縁油紙 | 绝缘（油）纸 |
| — tube | 絕緣套管〔漆管〕 | エンパイヤチューブ | 绝缘套管〔漆管〕 |

| 英　　文 | 臺　　灣 | 日　　文 | 大　　陸 |
|---|---|---|---|
| emulsification | 乳化（作用） | 乳化処理 | 乳化（作用） |
| emulsified oil quenching | 乳化油淬火 | 乳化油焼入れ | 乳化油淬火 |
| emulsion | 乳液〔膠；劑〕 | 乳剤 | 乳液〔胶；剂〕 |
| — coating | 乳膠塗料 | エマルション塗料 | 乳胶涂料 |
| — for mixing | 混合乳劑 | 混合乳剤 | 混合乳剂 |
| — paint | 乳化漆 | エマルション塗料 | 乳化漆 |
| enamel coated mild steel | 搪瓷軟鋼板 | 軟鋼板ほうろう | 搪瓷软钢板 |
| — coatings suitable steel | 搪瓷鋼板 | ほうろう用鋼板 | 搪瓷钢板 |
| — eye | 縮孔 | エナメルアイ | 缩孔 |
| — insulated wire | 漆包線 | エナメル線 | 漆包线 |
| — strip | 塗塑料鋼帶 | エナメルストリップ | 涂塑料钢带 |
| — wire | 漆包線 | エナメル線 | 漆包线 |
| enamel(l)ed cable | 漆包線 | エナメルケーブル | 漆包线 |
| en-block cast | 整體鑄造 | エンブロックキャスト | 整体铸造 |
| encapsulant | 密封劑 | 封入剤 | 密封剂 |
| encapsulating | 密封〔入〕 | 封入 | 密封〔入〕 |
| — compound | 密封材料 | 封入材料 | 密封材料 |
| enclose | 密封 | 囲む | 密封 |
| enclosed accumulator | 密封式蓄電池 | 密閉蓄電池 | 密封式蓄电池 |
| — carbon arc | 封閉式碳弧 | 閉鎖形カーボンアーク | 封闭式碳弧 |
| — compressor | 封閉式壓縮機 | 密閉形圧縮機 | 封闭式压缩机 |
| — fuse | 封閉保險絲 | 包装ヒューズ | 封闭式熔断器 |
| — laser device | 封閉式雷射裝置 | 遮光レーザデバイス | 封闭式激光装置 |
| — L/D ratio | 有效長徑比 | 有効長さ対直径比 | 有效长径比 |
| encroachment | 侵蝕（作用） | 侵入作用 | 侵蚀（作用） |
| end | 端 | 端末 | 端 |
| — angle | 終止角 | エンドアングル | 终止角 |
| — beam | 端梁 | 端ばり | 端梁 |
| — bearing | 端軸承 | エンドベアリング | 端轴承 |
| — brace | 端梁 | 端ばり | 端梁 |
| — cam | 端面凸輪 | 端面カム | 端面凸轮 |
| — clearancce angle | 前鋒留隙角 | 前すきま角 | 端刃後角 |
| — connector | 端接頭〔器〕 | 端コネクタ | 端接头〔器〕 |
| — contact method | 通電磁化法〔磁粉檢查〕 | （軸）通電法〔磁粉検査の〕 | 通电磁化法〔磁粉检查〕 |
| — crater | 放電痕 | つぼ〔溶接〕 | 放电痕 |
| — cutting angle | 端刃角 | 副切り込み角 | 副偏角 |
| — cutting edge | 副切削刃 | 前切れ刃 | 副切削刃 |
| — cutting edge angle | 端刃角；前鋒緣角 | 前切れ刃角 | 副偏角 |
| — elbow | 彎管接頭 | エンドエルボ | 弯管接头 |
| — elevation | 側視圖 | 端面図 | 侧视图 |

| 英　　文 | 臺　　灣 | 日　　文 | 大　　陸 |
|---|---|---|---|
| — face | 端面 | 端面 | 端面 |
| — ga(u)ge | 棒量規 | エンドゲージ | 棒量規 |
| — ga(u)ge pin | 端部定位銷 | 突当てゲージピン | 端部定位銷 |
| — hardening | 頂端淬火(法) | 端面焼入れ | 頂端淬火(法) |
| — housing | 端蓋 | エンドハウジング | 端盖 |
| — land | 刃帶 | 端面ランド | 刃带 |
| — measuring machine | 測長儀 | 測長器 | 测长仪 |
| — moment | 端力矩 | 材端モーメント | 杆端力矩 |
| — plug | 端塞 | 端栓 | 端塞 |
| — position | 終點位置 | 終り位置 | 终点位置 |
| — pulley | 端部滑輪 | エンドプーリー | 端部滑轮 |
| — quenching | 頂端淬火(法) | 端面焼入れ | 頂端淬火(法) |
| — reamer | 前鋒鉸刀 | エンドリーマ | 前锋铰刀 |
| — relief angle | 端讓角 | 第一前逃げ角 | (主)後角 |
| — shear | 切頭剪 | エンドシャー | 切头剪 |
| — sheet | 端板 | 妻板 | 端板 |
| — speed-limit | 速度限制終點 | 速度制限解除 | 速度限制终点 |
| — stand | 端支柱 | エンドスタンド | 端支柱 |
| — standard | 端面基準 | 端面基準 | 端面基准 |
| — stiffen | 端部補強物 | 端補剛材 | 端部加劲物 |
| — stress of member | 桿端應力 | 材端応力 | 杆端应力 |
| — support | 端承 | 中ぐり棒支え | 端承 |
| — surface | 橫截面 | 横断面 | 横截面 |
| — sway bracing | 端部斜支撐 | 端対傾構 | 端部斜支撑 |
| — table | 端平台 | エンドテーブル | 端平台 |
| — terminal | 端線夾 | はめ輪 | 端线夹 |
| — thrust | 軸端推力 | 軸方向スラスト | 轴端推力 |
| — turn | 安裝定位圈 | 座巻 | 安装定位圈 |
| — view | 端視圖 | 側面図 | 侧视图 |
| — wear | 端部損耗 | 端面消耗 | 端部损耗 |
| — wheel press | 偏心沖床 | 偏心式プレス | 偏心压力机 |
| — wrench | 平扳手 | エンドレンチ | 平扳手 |
| **end-area method** | 端面積法 | 端面積法 | 端面积法 |
| **endless** belt | 無縫皮帶 | 継目なしベルト | 无缝皮带 |
| — caterpillar belt | 無端環帶 | カタピラベルト | 无接头履带 |
| — chain | 無端環鏈 | エンドレスチェーン | 环状链 |
| — groove | 環狀槽 | エンドレスグルーブ | 环状槽 |
| — joint | 環狀接合 | エンドレス接合 | 环状接合 |
| — rope | 環繩 | エンドレスロープ | 环绳 |
| — saw | 無端環帶鋸 | 帯のこ | 带锯 |

| 英　　文 | 臺　　灣 | 日　　文 | 大　　陸 |
|---|---|---|---|
| — strap | 環帶 | 輪帶 | 环带 |
| — track vehicle | 履帶車輛 | 履帶付車両 | 履带车辆 |
| — variable capacitor | 環轉可變電容器 | エンドレスバリコン | 环转可变电容器 |
| **endmill** | 端銑刀 | エンドミル | 端铣刀 |
| — arbor | 立銑刀刀柄 | エンドミルアーバ | 立铣刀刀柄 |
| — fraise | 立銑 | エンドミルフライス | 立铣 |
| — head | 立銑頭 | エンドミルヘッド | 立铣头 |
| **end-milling** | 立銑 | エンドミル削り | 立铣 |
| **endoscope** | 鑄件內平面檢查儀 | 内視鏡 | 铸件内平面检查仪 |
| **endothermal reaction** | 吸熱反應 | 吸熱反応 | 吸热反应 |
| **end-plate** | 端板 | 妻けた | 端板 |
| **endplay device** | 搖桿機構 | 揺れ軸装置 | 摇杆机构 |
| **endpoint** | 終點 | 終点 | 终点 |
| — correction | 終點補正 | 終点補正 | 终点校准 |
| — detection | 終點檢知 | 終点検知 | 终点检定 |
| **end-post** | 端壓桿〔桁架〕 | 端柱 | 端压杆〔桁架〕 |
| **end-product** | 成品 | 最終製品 | 成品 |
| **endurance** | 耐久性〔度〕 | 耐久性 | 耐久性〔度〕 |
| — failure | 疲勞破壞 | 耐久破損 | 疲劳破坏 |
| — limit | 疲勞極限 | 耐久限界 | 疲劳极限 |
| — range | 持久限 | 耐久範囲 | 持久限 |
| — ratio | 耐久比 | 耐久比 | 耐久比 |
| — rupture | 疲勞斷裂 | 耐久破壊 | 疲劳断裂 |
| — strength | 持久強度 | 耐久強度 | 持久强度 |
| — tension test | 拉伸耐久(性)試驗 | 耐久引っ張り試験 | 拉伸耐久(性)试验 |
| — test | 耐久試驗 | 耐久試験 | 耐久试验 |
| — torsion test | 扭轉疲勞試驗 | 耐久ねじり試験 | 扭转疲劳试验 |
| **Enduro** | 鎳鉻系耐蝕耐熱鋼 | エンジュロー | 镍铬系耐蚀耐热钢 |
| **energizer** | 滲碳催化劑 | 浸炭促進剤 | 渗碳催化剂 |
| **energy** | 能量 | エネルギー | 能量 |
| — balance | 能量平衡 | エネルギーの精算勘定 | 能量平衡 |
| — budget method | 能量平衡法 | エネルギー収支法 | 能量平衡法 |
| — conservation law | 能量不滅定律 | エネルギー保存の法則 | 能量守恒定律 |
| — conversion | 能量轉換 | エネルギー転換 | 能量转换 |
| — distribution curve | 能量分布曲線 | エネルギー分布曲線 | 能量分布曲线 |
| — efficiency | 能量效率 | エネルギー効率 | 能量效率 |
| — equipartion law | 能量(平)均分(配)定律 | エネルギー等配の法則 | 能量(平)均分(配)定律 |
| — equivalent | 能當量 | エネルギー等価 | 能当量 |
| — expenditure | 能量消耗 | エネルギー消費 | 能量消耗 |
| — input | 能量輸入 | エネルギー入力 | 能量输入 |

| 英　　文 | 臺　　灣 | 日　　文 | 大　　陸 |
|---|---|---|---|
| — loss | 能位損失 | エネルギー損失 | 能耗 |
| — method | 能量法 | 勢力法 | 能量法 |
| — of compression | 壓縮能 | 圧縮エネルギー | 压缩能 |
| — of deformation | 變形能 | 形状変化エネルギー | 变形能 |
| — of fracture | 斷裂能〔功〕 | 破壊エネルギー | 断裂能〔功〕 |
| — of nature | 自然能 | 自然エネルギー | 自然能 |
| — of rupture | 破壞能 | 破壊エネルギー | 破坏能量 |
| — optimization | 能量最佳化 | エネルギー最適化 | 能量最优化 |
| — output | 能量輸出 | エネルギー出力 | 能量输出 |
| — source | 能源 | エネルギー源 | 能源 |
| — surface density | 能量表面密度 | エネルギー表面密度 | 能量表面密度 |
| — theory | 能量原理 | エネルギー原理 | 能量原理 |
| — unit | 能量單位 | エネルギー単位 | 能量单位 |
| **engage** angle | 壓力角 | エンゲージ角 | 压力角 |
| — spring | 嚙合彈簧 | エンゲージスプリング | 啮合弹簧 |
| — switch | 嚙合器 | エンゲージスイッチ | 啮合器 |
| **engagement** | 嚙合 | エンゲージメント | 啮合 |
| — force | 嚙合力 | 押付け力 | 啮合力 |
| — torque | 連結轉矩 | 連結トルク | 连结转矩 |
| **engine** | 發動機 | 機関 | 发动机 |
| — accessory | 發動機輔助裝置 | エンジンアクセサリ | 发动机辅助装置 |
| — base | 機座 | エンジンベース | 机座 |
| — bed | (發動)機座 | 機関台 | (发动)机座 |
| — generator | 引擎發電機 | 機関発電機 | 内燃发电机 |
| — gudgeon pin | 發動機十字頭銷 | エンジンガジョンピン | 发动机十字头销 |
| — lathe | 普通車床 | 普通旋盤 | 普通车床 |
| — mission | 發動機變速箱 | エンジンミッション | 发动机变速箱 |
| — oil | 機油 | 機関油 | 机器油 |
| — room | 機房 | 機関室 | 机房 |
| — speed | 發動機轉速 | エンジン回転速度 | 发动机转速 |
| **engineer** | 工程師 | 技師 | 工程师 |
| **engineering** | 工程學 | 工学 | 机械工程(技术) |
| — analysis | 工程分析 | 工学的解析 | 工程分析 |
| — cast iron | 工程鑄鐵 | 機械鋳鉄 | 工程铸铁 |
| — chromium plating | 工業用鍍鉻(層) | 工業用クロムめっき | 工业用镀铬(层) |
| — design optimization | 工程設計最佳化 | 技術設計最適化 | 工程设计最优化 |
| — development | 技術開發 | 技術開発 | 技术开发 |
| — drawing | 工程書 | 機械製図 | 机械制图 |
| — material | 工程(業)材料 | 工業材料 | 工程(业)材料 |
| — specification | 工業規格 | 工業規格 | 工业规格 |

E

| 英　　文 | 臺　　灣 | 日　　文 | 大　　陸 |
|---|---|---|---|
| — standard | 工業標準 | 工業標準 | 工业标准 |
| — strain | 工程應變 | 工学ひずみ | 工程应变 |
| — stress | 工程應力 | 工学応力 | 工程应力 |
| — surveying | 工程測量 | 工事測量 | 工程测量 |
| — system of units | 工程單位制 | 工学単位系 | 工程单位制 |
| — thermodynamics | 工程熱力學 | 工学熱力学 | 工程热力学 |
| — unit system | 單位系統 | 工学単位系 | 单位系统 |
| **English** spanner | 活(動)扳手 | イギリススパナ | 活(动)扳手 |
| — thread | 英制螺紋 | ウイットウォースねじ | 英制螺纹 |
| **engraved** embossing roll | 雕刻壓紋(花)輥 | 彫刻エンボスロール | 雕刻压纹(花)辊 |
| — roll | 雕(刻)模輥 | 彫刻ロール | 雕(刻)模辊 |
| **Engravers alloy** | 易切削鉛黃銅合金 | エングレーバース合金 | 易切削铅黄铜合金 |
| **engraving** | 雕刻 | 型彫り | 雕刻 |
| — machine | 刻模機 | 彫刻盤 | 刻模机 |
| — miller | 雕刻機 | 彫刻盤 | 雕刻机 |
| **enlarge test** | 擴管試驗 | 拡大試験 | 扩管试验 |
| **enlargement** | 放大圖 | 引伸し | 放大图 |
| **enlarger** | 放大機 | 引伸し機 | 放大机 |
| **enrich gas** | 濃縮氣體 | エンリッチガス | 浓缩气体 |
| **enriched** blast | 富氧鼓風 | 酸素富化ブラスト | 富氧鼓风 |
| — uranium | 濃縮鈾 | 濃縮ウラン | 浓缩铀 |
| **entering** angle | 進入角 | 切り込み角 | (刀具)导角 |
| — edge | 前緣 | 前縁 | 前缘 |
| — side | 受力側 | エンタリングサイド | 受力侧 |
| **enthalpy** | 熱函;焓 | 熱含量 | 热函;焓 |
| **entropy** | 熵 | エントロピー | 熵 |
| — theory | 熵理論 | エントロピー理論 | 熵理论 |
| — unit | 熵單位 | エントロピー単位 | 熵单位 |
| **envelope** | 包絡線 | 包絡線 | 包络线 |
| — surface | 包絡面 | 包絡面 | 包络面 |
| **envenomation** | 接觸老〔陳〕化 | 接触劣化 | 接触老〔陈〕化 |
| **EP lubricant** | 極壓潤滑劑 | 極圧潤滑剤 | 极压润滑剂 |
| **epicycle** | 周轉圓 | エピサイクル | 周转圆 |
| — motor | 行星減速電動機 | エピサイクルモータ | 行星减速电动机 |
| — reduction gear | 行星齒輪減速器 | 遊星歯車減速装置 | 行星齿轮减速器 |
| **epicyclic** gearing | 行星齒輪 | 遊星歯車装置 | 行星齿轮 |
| — train | 周轉輪系 | 遊星歯車装置 | 周转轮系 |
| **epicycloid** | 外擺線 | 外転サイクロイド | 外摆线 |
| **epikote** | 環氧樹脂 | エピコート樹脂 | 环氧树脂 |
| **Epomate** | 環氧樹脂室溫固化劑 | エポメート | 环氧树脂室温固化剂 |

| 英　　文 | 臺　　灣 | 日　　文 | 大　　陸 |
|---|---|---|---|
| **Epon** | (熱硬化性)環氧樹脂 | エポン | (热硬化性)环氧树脂 |
| **epoxidation** | 環氧化作用 | エポキシ化 | 环氧化作用 |
| **epoxide** resin | 環氧樹脂 | エポキシ（ド）樹脂 | 环氧树脂 |
| — resin adhesive | 環氧樹脂黏合劑 | エポキシ樹脂接着剤 | 环氧树脂黏合剂 |
| **epoxidizing agent** | 環氧化劑 | エポキシ化剤 | 环氧化剂 |
| **epoxy** | 環氧樹脂 | エポキシ基 | 环氧树脂 |
| — alloy | 環氧樹脂合金 | エポキシアロイ | 环氧树脂合金 |
| — ga(u)ge | 環氧應變規 | エポキシゲージ | 环氧应变片 |
| — glass | 環氧樹脂玻璃 | エポキシガラス | 环氧树脂玻璃 |
| — mold | 環氧樹脂模 | エポキシモールド | 环氧树脂模 |
| — molding material | 環氧成形材料 | エポキシ成形材料 | 环氧成形材料 |
| — plastic | 環氧塑料 | エポキシプラスチック | 环氧塑料 |
| — plasticizer | 環氧型增塑劑 | エポキシ可塑剤 | 环氧型增塑剂 |
| — resin | 環氧樹脂 | エポキシ樹脂 | 环氧树脂 |
| — resin adhesive | 環氧樹脂系黏接劑 | エポキシ樹脂系接着剤 | 环氧树脂系黏接剂 |
| — resin coating | 環氧(樹脂)塗料 | エポキシ樹脂塗料 | 环氧(树脂)涂料 |
| — resin mold | 環氧樹脂膜 | エポキシ樹脂モールド | 环氧树脂膜 |
| — rubber | 環氧樹膠 | エポキシラバー | 环氧树胶 |
| **equal** angle bar | 等邊角鋼 | 等辺山形材 | 等边角钢 |
| — angle steel | 等邊角鋼 | 等辺山形鋼 | 等边角钢 |
| — area projection | 等積投影(法) | 等積図法 | 等积投影(法) |
| — deflection method | 等偏轉法 | 等偏法 | 等偏转法 |
| — friction method | 均等摩擦(計算)法 | 等摩擦法 | 均等摩擦(计算)法 |
| — pressure method | 等壓法 | 等圧法 | 等压法 |
| — side-angle-iron | 等邊角鐵鋼 | 等辺山形鉄棒 | 等边角铁钢 |
| — temperature process | 等溫過程 | 等温過程 | 等温过程 |
| — velocity method | 等速法 | 等速法 | 等速法 |
| — weight | 等(重)量 | 同量 | 等(重)量 |
| **equalization** | 平衡 | 等化 | 平衡 |
| — box | 壓力平衡箱 | 圧力平均箱 | 压力平衡箱 |
| **equalizer** | 平衡器 | イコライザ | 平衡器 |
| — balancing-device | 平衡器平衡裝置 | 釣り合い装置 | 平衡器平衡装置 |
| — beam | 平衡梁 | ロッカービーム | 平衡梁 |
| — fulcrum | 平衡梁支點 | 釣り合いばり受 | 平衡梁支点 |
| — spring | 平衡(桿)彈簧 | 釣り合いばね | 平衡(杆)弹簧 |
| — bar | 等壓線 | 均圧線 | 等压线 |
| — beam | 平衡梁 | 釣り合いばり | 平衡梁 |
| — beam spring | 均衡梁彈簧 | 釣り合いばね | 均衡梁弹簧 |
| — pipe | 平衡管 | 均圧管 | 平衡管 |
| — piston | 平衡活塞 | 釣り合いピストン | 平衡活塞 |

| 英　　文 | 臺　　灣 | 日　　文 | 大　　陸 |
|---|---|---|---|
| — ring | 均壓環 | 均圧リング | 均压环 |
| — slide valve | 平衡滑閥 | 釣り合いすべり弁 | 平衡滑阀 |
| — spring | 平衡彈簧 | 釣り合いばね | 平衡弹簧 |
| **equation** | 等式 | 方程式 | 等式 |
| — of angular momentum | 角動量方程 | 角運動量式 | 角动量方程 |
| — of angular motion | 角運動方程（式） | 角運動方程式 | 角运动方程（式） |
| — of diffusion | 擴散方程式 | 拡散方程式 | 扩散方程式 |
| — of energy | 能量方程式 | エネルギー方程式 | 能量方程式 |
| — of equilibrium | 平衡方程式 | 平衡方程式 | 平衡方程式 |
| — of Euler | 歐拉方程 | オイラーの方程式 | 欧拉方程 |
| — of Gauss | 高斯方程（式） | ガウスの公式 | 高斯方程（式） |
| — of heat conduction | 熱傳導方程（式） | 熱伝導の方程式 | 热传导方程（式） |
| — of kinetics | 運動方程式 | 運動方程式 | 运动方程式 |
| — of momentum | 動量方程 | 運動量方程式 | 动量方程 |
| — of motion | 運動方程式 | 運動方程式 | 运动方程式 |
| — of oscillation | 振動方程（式） | 振動の方程式 | 振动方程（式） |
| — of state | 狀態方程式 | 状態方程式 | 状态方程式 |
| — of statics | 靜力學的方程式 | 静力学の方程式 | 静力学的方程式 |
| — of three moments | 三彎矩方程式 | 三モーノントの式 | 三弯矩方程式 |
| **equiaxed** crystal | 等軸晶粒 | 等軸結晶 | 等轴晶粒 |
| — grain | 等軸晶粒 | 等軸晶粒 | 等轴晶粒 |
| **equiblast cupola** | 均衡送風化鐵爐 | イクイブラストキュポラ | 均衡送风化铁炉 |
| **equicohesive temperature** | 等強溫度 | 等凝集温度 | 等强温度 |
| **equidistant projection** | 等距離投影 | 等距離投影 | 等距离投影 |
| **equiflux** heater | 均勻加熱器（爐） | イキフラックス加熱炉 | 均匀加热器（炉） |
| — state of stress | 各向等應力狀態 | 等方応力状態 | 各向等应力状态 |
| — triangle | 等邊三角形 | 等辺三角形 | 等边三角形 |
| **equilibrator** | 平衡機 | 平衡機 | 平衡机 |
| **equilibrium** | 平衡 | 平衡 | 平衡 |
| — blast cupola | 均衡鼓風化鐵爐 | 平衡送風キュポラ | 均衡鼓风化铁炉 |
| — concentration | 平衡濃度 | 平衡濃度 | 平衡浓度 |
| — diagram | 平衡狀態圖 | 平衡状態図 | 平衡状态图 |
| — feedback control | 平衡反饋控制 | 均衡フィードバック制御 | 平衡反馈控制 |
| — phase diagram | 平衡狀態圖 | 平衡状態図 | 平衡状态图 |
| — point | 平衡點 | 平衡点 | 平衡点 |
| — solution temperature | 平衡溶液溫度 | 平衡共溶温度 | 平衡溶液温度 |
| — state | 平衡狀態 | 平衡状態 | 平衡状态 |
| — theory | 平衡理論 | 均衡理論 | 平衡理论 |
| **equipment** | 機器 | 機器 | 机器 |
| — appurtenance | 器械配〔零〕件 | 機器取付品 | 器械配〔零〕件 |

| 英　　文 | 臺　　灣 | 日　　文 | 大　　陸 |
|---|---|---|---|
| — compatibility | 設備相容性 | 機器互換性 | 设备相容性 |
| — drawing | 設備圖 | 装置図 | 设备图 |
| — engineering | 設備工程學 | 設備工学 | 设备工程学 |
| — failure | 機器故障 | 機器故障 | 机器故障 |
| **equivalent** | 等值；當量 | 相当量 | 等效 |
| — amount | 當量 | 当量 | 当量 |
| — area method | 等效面積法 | 等価面積法 | 等效面积法 |
| — bending moment | 相當彎矩 | 相当曲げモーメント | 等效弯矩 |
| — composition | 當量組成 | 当量組成 | 当量组成 |
| — concentration | 當量濃度 | 当量濃度 | 当量浓度 |
| — cross section | 相當等效橫截面 | 等価断面積 | 等效横截面 |
| — diameter | 相當直徑 | 相当直径 | 当量直径 |
| — drag area | 相當阻力面積 | 相当抗力面積 | 等效阻力面积 |
| — eccentricity | 等值偏心〔離心〕距 | 等価偏心距離 | 等效偏心〔离心〕距 |
| — elastic modulus | 等值彈性模數 | 等価弾性係数 | 等效弹性模量 |
| — flat-plate area | 等值平板面積 | 等価反射平面 | 等效平板面积 |
| — flexural rigidity | 等值撓曲剛度 | 等価曲げ剛性 | 等价挠曲刚度 |
| — grain size | 等值粒徑 | 等価粒径 | 等效粒径 |
| — heat conductivity | 等值導熱係數 | 等価熱伝導率 | 等效导热系数 |
| — height | 等值高度 | 等価高さ | 等效高度 |
| — length | 等值長度 | 等価長 | 等效长度 |
| — line | 等位線 | 等位線 | 等位线 |
| — load | 等值負載 | 等価荷重 | 等效荷载 |
| — mass | 等值質量 | 等価質量 | 等效质量 |
| — modulus of elasticity | 等值彈性模數 | 相当弾性係数 | 等效弹性模量 |
| — moment of inertia | 等值慣性矩 | 等価慣性モーメント | 等效惯性矩 |
| — nodal force | 等值節點力 | 等価節点力 | 等效节点力 |
| — nozzle area | 等值噴嘴面積 | 相当ノズル面積 | 等效喷嘴面积 |
| — of work | 功當量 | 仕事当量 | 功当量 |
| — ratio | 當量比 | 当量比 | 当量比 |
| — rigidity ratio | 等值剛度比 | 等価剛比 | 等效刚度比 |
| — roughness | 當量粗糙度 | 相当粗度 | 当量粗糙度 |
| — section | 等值截面 | 等価断面 | 等效截面 |
| — shaft horsepower | 相當軸馬力 | 相当軸馬力 | 当量轴马力 |
| — slenderness ratio | 等值長徑比 | 相当細長比 | 等效长径比 |
| — speed of revolution | 相當轉速 | 等価回転数 | 等效转速 |
| — spring | 當量彈簧 | 等価ばね | 当量弹簧 |
| — spur gear | 當量正齒輪 | 相当平歯車 | 当量直齿轮 |
| — stiffness | 等值剛度 | 等価スチフネス | 等效刚度 |
| — strain | 等值應變 | 等価ひずみ | 等效应变 |

**E**

| 英　　文 | 臺　　灣 | 日　　文 | 大　　陸 |
|---|---|---|---|
| ― stress | 相當應力 | 等価応力 | 相当应力 |
| ― stress yield criterion | 相當應力屈服條件 | 相当応力降伏条件 | 等效应力屈服条件 |
| ― thickness | 相當厚度 | 等価厚さ | 等效厚度 |
| ― torsional moment | 等值扭矩 | 等価ねじりモーメント | 等效扭矩 |
| ― transposition | 等效變換法 | 等価変換法 | 等效变换法 |
| ― twisting moment | 等值扭矩 | 等価ねじりモーメント | 等效扭矩 |
| ― uniform load | 等值均怖負載 | 等値等分布荷重 | 等效均布荷载 |
| ― weight | 當量 | 当量 | 当量 |
| Era | 一種耐蝕耐熱合金鋼 | エラ | 一种耐蚀耐热合金钢 |
| erastomer | 橡膠狀物質 | ゴム状物質 | 橡胶状物质 |
| erection allowance | 裝配容許偏差 | 組立許容差 | 装配容许偏差 |
| ― bar | 架立(鋼)筋 | 組立用鉄筋 | 架立(钢)筋 |
| ― bolt | 安裝螺栓 | 仮締めボルト | 组装螺栓 |
| ― by crane | 起重機吊裝法 | クレーン式架設工法 | 起重机吊装法 |
| ― by staging | 搭架式架設 | 足場式架設 | 台架式吊装 |
| ― drawing | 安裝圖 | 組立図 | 装配图 |
| ― girder | 安裝大梁 | エレクションガーダ | 安装大梁 |
| ― jig | 安裝夾具 | 組立ジグ | 安装夹具 |
| ― load | 安裝荷載 | 架設荷重 | 安装荷载 |
| ― man | 裝配工 | 組立工 | 装配工 |
| ― of framing | 安裝構架 | 建前 | 安装构架 |
| ― reference plane | 安裝基準面 | 組立基準面 | 安装基准面 |
| ― stress | 架設應力 | 架設応力 | 架设应力 |
| ― truss | 安裝衍架 | 架設用トラス | 安装衍架 |
| ― welding | 安裝焊接 | 組立溶接 | 安装焊接 |
| eremacausis | 緩慢氧化 | 緩燃 | 缓慢氧化 |
| Ergal | 鋁鎂鋅系合金 | エルゲル | 铝镁锌系合金 |
| ergogram | 測力圖 | エルゴグラム | 测力图 |
| ergograph | 測力器 | エルゴグラフ | 测力器 |
| ergometer | 測功計 | 力量計 | 测功计 |
| erholung | 回復現象 | 回復現象 | 回复现象 |
| Eridite | 電鍍中間拋光液 | イリダイト | 电镀中间抛光液 |
| eriometer | 繞線測微器 | エリオメータ | 绕线测微器 |
| Ermalite | 一種高級鑄鐵 | エルマライト | 一种高级铸铁 |
| erodent | 腐蝕劑 | 腐食剤 | 腐蚀剂 |
| erosion | 沖蝕 | 浸食〔作用〕 | 腐蚀 |
| ― breakdown | 浸食破壞 | 浸食破壊 | 浸食破坏 |
| ― corrosion | 腐蝕磨耗 | エロージョン腐食 | 腐蚀磨耗 |
| ― damage | 剝蝕損壞 | エロージョンダメージ | 剥蚀损坏 |
| ― intensity | 剝蝕強度 | 浸食激しさ | 剥蚀强度 |

| 英　　文 | 臺　　灣 | 日　　文 | 大　　陸 |
|---|---|---|---|
| ― pit | 侵蝕坑 | 浸食ピット | 侵蚀坑 |
| ― products | 腐蝕產物 | 加工そう | 腐蚀产物 |
| ― rate | 加工速度 | 加工速度 | 加工速度 |
| ― ratio | 腐蝕率 | 侵食率 | 腐蚀率 |
| ― resistance | 耐浸蝕性 | 耐浸食性 | 耐浸蚀性 |
| ― scab | 沖蝕結疤 | 腐食肌荒れ | 腐蚀斑痕 |
| ― shield | 浸蝕防護 | 浸食保護 | 浸蚀防护 |
| ― test method | 腐蝕試驗法 | 腐食試験法 | 腐蚀试验法 |
| **erosive burning** | 腐蝕燃燒 | 侵食燃焼 | 腐蚀燃烧 |
| **error** | 誤差 | 誤差 | 误差 |
| ― compensation value | 補正誤差值 | 補正誤差値 | 补正误差值 |
| ― compensator | 誤差補償器 | エラーコンペンセイタ | 误差补偿器 |
| ― control system | 錯誤控制系統 | 誤り制御方式 | 错误控制系统 |
| ― correct | 誤差校正 | エラー訂正 | 误差校正 |
| ― curve | 誤差曲線 | 誤差曲線 | 误差曲线 |
| ― data | 誤差數據 | エラーデータ | 误差数据 |
| ― detection system | 檢錯系統 | エラー検出システム | 检错系统 |
| ― deviation | 控制偏差 | 制御偏差 | 控制偏差 |
| ― distribution curve | 誤差分布曲線 | 誤差分布曲線 | 误差分布曲线 |
| ― due to eccentricity | 偏心誤差〔平板測量〕 | 外心誤差 | 偏心误差〔平板测量〕 |
| ― meter | 誤差測量計 | エラーメータ | 误差测量计 |
| ― of closure | 閉合誤差 | 閉合誤差 | 闭合误差 |
| ― of reading | 讀取誤差 | 読取誤差 | 读取误差 |
| ― of three axis | 三軸誤差 | 三軸誤差 | 三轴误差 |
| ― protection | 錯誤防止 | エラープロテクション | 错误防止 |
| ― range | 誤差範圍 | 誤差範囲 | 误差范围 |
| ― rate | 誤差率 | 誤り率 | 误差率 |
| ― recovery | 錯誤校正 | 誤り回復 | 错误校正 |
| ― theory | 誤差(理)論 | 誤差論 | 误差(理)论 |
| **escape** | 排洩 | 漏せつ | 退刀槽 |
| ― pipe | 排洩管 | 逃し管 | 排泄管 |
| ― valve | 排洩閥 | 安全逃し弁 | 放出阀 |
| ― velocity | 排洩速度 | 脱出速度 | 脱离速度 |
| ― wheel | 擒縱輪 | 逃げ車 | 擒纵轮 |
| **escapement** | 擒縱器 | 脱進機 | 擒纵机构 |
| **escutcheon pin** | 圓頭細釘 | 丸頭細くぎ | 圆头细钉 |
| **esquisse** | 草圖〔稿〕 | エスキス | 草图〔稿〕 |
| **etalon** | 校準器 | エタロン | 校准器 |
| ― interferometer | 標準干涉儀 | エタロン干渉計 | 标准干涉仪 |
| **etch** | 腐蝕 | エッチ | 腐蚀 |

| 英　　文 | 臺　　灣 | 日　　文 | 大　　陸 |
|---|---|---|---|
| — cut method | 腐蝕切割法 | エッチカット法 | 腐蚀切割法 |
| — machining | 腐蝕加工 | 腐食加工 | 腐蚀加工 |
| — pattern | 蝕刻圖形 | エッチパターン | 蚀刻图形 |
| — pit | 浸蝕凹痕 | 腐食孔 | 蚀刻坑 |
| — surface | 腐蝕面 | エッチ面 | 腐蚀面 |
| etchable type | 可蝕型 | エッチャブルタイプ | 可蚀型 |
| etchant | 腐蝕劑 | エッケング液 | 腐蚀剂 |
| etched foil method | 腐蝕銅箔法 | エッチドフォイル法 | 腐蚀铜箔法 |
| — roll | 腐蝕輥 | 食刻ロール | 腐蚀辊 |
| etcher | 腐蝕器 | エッチャ | 腐蚀器 |
| etching | 蝕刻 | 腐食 | 蚀刻 |
| — agent | 腐蝕劑 | 腐食剤 | 腐蚀剂 |
| — equipment | 蝕刻裝置 | 食刻装置 | 蚀刻装置 |
| — ground | 防腐蝕塗料 | 防腐食塗料 | 防腐蚀涂料 |
| — part | 腐蝕零件〔部分〕 | エッチングパーツ | 腐蚀零件〔部分〕 |
| — pattern | 蝕刻圖形 | エッチングパターン | 蚀刻图形 |
| — pit | 蝕刻坑 | エッチングピット | 蚀刻坑 |
| — resist | 抗蝕劑 | エッチングレジスト | 抗蚀剂 |
| — solution | 腐蝕液 | エッチ液 | 腐蚀液 |
| Euler angle | 歐拉角 | オイラー角 | 欧拉角 |
| — buckling | 彈性挫曲 | オイラー座屈 | 弹性压曲 |
| — 's buckling load | 歐拉挫曲臨界負荷 | オイラーの座屈荷重 | 欧拉压曲临界负荷 |
| — number | 歐拉數 | オイラー数 | 欧拉数 |
| — 's stress tensor | 歐拉應力張量 | オイラーの応力テンソル | 欧拉应力张量 |
| — 's theorem | 歐拉定理 | オイラーの定理 | 欧拉定理 |
| — 's theory | 歐拉理論 | オイラー理論 | 欧拉理论 |
| Eutalloy | 一種耐熱鎳鉻鋼 | ユータロイ | 一种耐热镍铬钢 |
| eutectic | 共晶 | 共融混合物 | 共晶 |
| — alloy | 共晶合金 | 共融合金 | 共晶合金 |
| — carbide | 共晶碳化物 | 共晶炭化物 | 共晶碳化物 |
| — cementite | 共晶雪明碳體 | 共晶セメンタイト | 共晶渗碳体 |
| — point | 共晶點 | 共融点 | 共晶点 |
| — reaction | 共晶反應 | 共晶反応 | 共晶反应 |
| — structure | 共晶組織 | 共晶組織 | 共晶组织 |
| — temperature | 共晶溫度 | 共晶温度 | 共晶温度 |
| — transformation | 共晶變態 | 共晶変態 | 共晶变态 |
| — welding | 共晶熔接 | ユーテクチック溶接 | 低温焊接 |
| eutectoid | 共析(晶) | 共析（晶） | 共析(晶) |
| — carbide | 共析碳化物 | 共析炭化物 | 共析碳化物 |
| — cementite | 共析雪明碳鐵 | 共析セメンタイト | 共析渗碳体 |

| 英 文 | 臺 灣 | 日 文 | 大 陸 |
|---|---|---|---|
| — ferrite | 共析肥粒鐵 | 共析フェライト | 共析铁素体 |
| — reaction | 共析反應 | 共析反応 | 共析反应 |
| — steel | 共析鋼 | 共析鋼 | 共析钢 |
| — structure | 共析組織 | 共析組織 | 共析组织 |
| — transformation | 共析變態 | 共析変態 | 共析转变 |
| **Evanohm** | 一種鎳鉻電阻合金 | エバノーム | 一种镍铬电阻合金 |
| **Evans' friction cone** | 錐形摩擦帶環變速輪 | エバンス摩擦車 | 锥形摩擦带环变速轮 |
| **evaporated alloy** | 蒸鍍合金 | 蒸着合金 | 蒸镀合金 |
| **evaporating** apparatus | 蒸發裝置 | 蒸発装置 | 蒸发装置 |
| — rate of heating surface | 傳熱面蒸發率 | 伝熱面蒸発率 | 传热面蒸发率 |
| — evaporation | 汽化 | 揮散 | 汽化 |
| — boiler | 蒸發鍋爐 | 蒸発ボイラ | 蒸发锅炉 |
| — method | 蒸鍍法 | 蒸着法 | 蒸镀法 |
| **evaporative burner** | 蒸發式燃燒器 | 蒸発式バーナ | 蒸发式燃烧器 |
| **evaporativity** | 蒸發度 | 蒸発度 | 蒸发度 |
| — pressure | 蒸發器壓力 | 蒸発器圧力 | 蒸发器压力 |
| — pressure regulator | 蒸發器壓力調整器 | 蒸発圧力調整器 | 蒸发器压力调整器 |
| **even balance** | 盤式天平 | 上ざら天びん | 盘式天平 |
| — fracture | 平坦斷面 | 平たん断面 | 平坦断面 |
| — permutation | 偶置換 | 偶置換 | 偶置换 |
| — tension | 等張力 | 等張力法 | 等张力 |
| **evenness** | 平(坦;面)度 | 平たん性 | 平(坦;面)度 |
| — tester | 均勻度測試機 | 糸むら試験機 | 均匀度测试机 |
| **Ever-brass** | 一種無縫黃銅管 | エバーブラス | 一种无缝黄铜管 |
| **Everbrite** | 一種銅鎳合金 | エバーブライト | 一种铜镍合金 |
| **Everdur** | 耐蝕矽青銅 | エバジュール | 耐蚀硅青铜 |
| **Everest metal** | 一種重型軸承鉛合金 | エベレストメタル | 一种重型轴承铅合金 |
| **evolute** | 展開線 | 縮閉線 | 展开线 |
| **exact stop** | 準確定位 | イグザクトストップ | 准确定位 |
| **exactness** | 正確度 | 正確度 | 正确度 |
| **excavator** | 挖〔掘〕土機 | 掘削機 | 挖〔掘〕土机 |
| **excenter** | 外心 | 傍心 | 外心 |
| **excess** | 過度 | 過多 | 过度 |
| — acetylene flame | 還原焰 | 還元炎 | 还原焰 |
| — carburizing | 過度滲碳 | 過剰浸炭 | 过度渗碳 |
| — heat | 過熱 | 過熱 | 过热 |
| — material | 過剩材料 | 過剰材料 | 过剩材料 |
| — metal | (焊縫)補強金屬 | 余盛 | (焊缝)补强金属 |
| — pressure | 超壓 | 過剰圧力 | 超压 |
| — stroke | 剩餘衝程 | 遊び工程 | 剩余冲程 |

E

| 英　　文 | 臺　　灣 | 日　　文 | 大　　陸 |
|---|---|---|---|
| ― weight | 過重 | 過重 | 过重 |
| ― weld | 補強焊縫 | 余盛 | 补强焊缝 |
| ― weld metal | 焊縫補強金屬 | 余盛 | 焊缝补强金属 |
| exchanger | 交換機〔器〕 | 交換器 | 交换机〔器〕 |
| ― type subcooler | 熱交換器式過冷卻器 | 熱交換器形過冷却器 | 热交换器式过冷却器 |
| excircle | 外圓 | エキスサークル | 外圆 |
| excitation | 勵磁 | 励磁 | 励磁 |
| ― keep-alive electrode | 起弧電極 | 励弧極 | 起弧电极 |
| ― loss | 勵磁損耗 | 励磁損失 | 励磁损耗 |
| ― mechanism | 激勵機構 | 励起機構 | 激励机构 |
| exciter | 勵磁機 | 励磁機 | 励磁机 |
| exfoliation | 剝落 | はく離 | 剥落 |
| ― corrosion | 剝落腐蝕 | 層状腐食 | 剥落腐蚀 |
| exhaust | 排氣〔出〕 | 排気 | 排气〔出〕 |
| ― box | 消音器 | 消音器 | 消音器 |
| ― heat recovery | 廢熱回收 | 排熱回収 | 废热回收 |
| ― pressure | 排氣壓(力) | 排気圧（力） | 排气压(力) |
| exit | 出口 | 出口 | 出口 |
| ― and entrance control | 出入量控制 | 流出入制御 | 出入量控制 |
| ― angle | 出口角 | 出口角 | 出口角 |
| ― area | 出口面積 | 出口面積 | 出口面积 |
| ― pupil | 噴射孔 | 射出孔 | 喷射孔 |
| ― slit | 出口狹縫 | 出口スリット | 出口狭缝 |
| ― turn | 轉彎流出 | 流出転向 | 转弯流出 |
| ― velocity | 流出速度 | 流出速度 | 流出速度 |
| exocondensation | 外縮(成環)作用 | 環形成 | 外缩(成环)作用 |
| exothermic body | 發熱元件 | 発熱体 | 发热元件 |
| ― energy | 放熱能 | 発熱エネルギー | 放热能 |
| ― heat | 發熱;放熱 | 発熱 | 发热;放热 |
| ― reaction | 放熱反應 | 発熱反応 | 放热反应 |
| ― riser | 發熱冒口 | 発熱押湯 | 发热冒口 |
| expand metal | 膨脹合金 | エキスパンドメタル | 膨胀合金 |
| ― test | 鋼管擴口試驗;膨脹試驗 | 押拡げ試験 | 钢管扩口试验;膨胀试验 |
| expandability | 延伸性能 | エキスパンダビリティ | 延伸性能 |
| expanded area | 展開面積 | 展開面積 | 伸张面积 |
| ― area ratio | 展開面積比 | 展開面積比 | 伸张面积比 |
| ― center | 空心 | 開心 | 空心 |
| ― ebonite | 多孔硬質膠 | 硬質フォームラバ | 多孔硬质胶 |
| ― material | 多孔〔泡沫〕材料 | 発泡材料 | 多孔〔泡沫〕材料 |
| ― outline | 展開輪廓 | 展開輪郭 | 伸张轮廓 |

| 英　文 | 臺　灣 | 日　文 | 大　陸 |
|---|---|---|---|
| — plastics | 泡沫塑料 | 海綿状プラスチック | 泡沫塑料 |
| — rubber | 海綿橡膠 | 膨張ゴム | 海绵橡胶 |
| — slag | 多孔爐渣 | 膨張スラグ | 多孔炉渣 |
| **expander** | 擴張器 | しわとり装置 | 撑模器 |
| — ring | 伸縮接頭 | エキスパンダリング | 伸缩接头 |
| **expanding** | 擴管 | 膨張 | 扩管 |
| — arbour | 脹縮心軸 | 拡げ心棒 | 可调心轴 |
| — balloon | 充氣氣囊 | 膨張式気球 | 充气气囊 |
| — bar | 可調心軸 | 押しブローチバー | 可调心轴 |
| — chuck | 彈簧夾頭 | 拡げチャック | 弹簧夹头 |
| — die | 脹形模 | エキスパンダ型 | 胀形模 |
| — forming | 膨脹成形 | 張出し加工 | 膨胀成形 |
| — mandril | 可脹式心軸 | ひろげ心棒 | 可胀式心轴 |
| **expansibility** | 膨脹性 | 膨張性 | 可延伸性 |
| **expansion** | 膨脹 | 膨張 | 膨胀 |
| — agent | 膨脹劑 | 膨張剤 | 膨胀剂 |
| — and contraction | 伸縮 | 伸縮 | 伸缩 |
| — bearing | 活動支承 | 伸縮支承 | 活动支承 |
| — chamber | 膨脹室 | たわみブラケット | 膨胀室 |
| — circuit breaker | 膨脹斷路器 | 膨張室 | 膨胀断路器 |
| — clearance | 伸縮縫隙 | 膨張遮断器 | 伸缩缝隙 |
| — cock | 膨脹氣門 | 膨張すき間 | 膨胀气门 |
| — coefficient | 膨脹係數 | 膨張コック | 膨胀系数 |
| — connector | 擴展連接器 | 膨張コネクター | 扩展连接器 |
| — coupling | 伸縮接頭 | 伸縮カップリング | 伸缩接头 |
| — crack | 膨脹裂痕 | 膨張傷 | 膨胀裂纹 |
| — due to heat | 熱膨脹 | 熱膨張 | 热膨胀 |
| — eccentric | 膨脹偏心 | 膨張偏心 | 膨胀偏心 |
| — joint | 膨脹接頭 | 膨張継手 | 膨胀接头 |
| — lever | 膨脹桿 | 膨張かん | 膨胀杆 |
| — link | 伸縮桿；月牙板 | 調整リンク | 调整杆 |
| — link bracket | 伸縮桿托架 | 調整リンク受 | 伸缩杆托架 |
| — loop | 伸縮圈〔管路的〕 | 伸縮曲管 | 膨胀圈〔管路的〕 |
| — molding | 發泡成形 | 発泡成形 | 发泡成形 |
| — of plastic zone | 塑性區擴展 | 塑性域の拡大 | 塑性区扩展 |
| — pad | 伸縮襯墊〔鍋爐的〕 | 伸縮パッド | 膨胀垫〔锅炉的〕 |
| — pipe | 伸縮管 | 伸縮管 | 伸缩管 |
| — plan | 展開圖 | 展開図 | 伸张图 |
| — ratio | 膨脹比 | 膨張比 | 膨胀比 |
| — reamer | 活動鉸刀 | エキスパンションリーマ | 可调铰刀 |

E

| 英　　文 | 臺　　灣 | 日　　文 | 大　　陸 |
|---|---|---|---|
| — regulator | 溫度調節器 | 温度調節器 | 温度调节器 |
| — ring | 膨脹環 | 伸縮リング | 膨胀环 |
| — scab | 脹痕(鑄造) | 絞られ(鋳) | 夹砂铸痂 |
| — shield | 膨脹螺栓套管 | 開きボールトのさや | 膨胀螺栓套管 |
| — sleeve | 膨脹套管 | 膨張とう管 | 膨胀套管 |
| — slide block | 膨脹滑塊 | 膨張すべり子 | 膨胀滑块 |
| — spacing of rail joint | 軌道脹縮縫隙 | 遊間 | 轨道胀缩缝隙 |
| — stroke | 膨脹衝程 | 膨張行程 | 膨胀冲程 |
| — tap | 可調直徑絲攻 | 調整(式)タップ | 可调直径丝锥 |
| — temperature | 膨脹溫度 | 膨張温度 | 膨胀温度 |
| — test | 膨脹試驗 | 膨張試験 | 膨胀试验 |
| — U bend | 伸縮U形彎管接頭 | ベンド形伸縮管継手 | 伸缩U形弯管接头 |
| — U pipe | U形伸縮管 | U形伸縮管 | U形伸缩管 |
| — under pressure | 加壓發泡 | 加圧発泡 | 加压发泡 |
| — valve | 膨脹閥 | 膨張弁 | 膨胀阀 |
| — vessel | 膨脹容器 | 膨張容器 | 膨胀容器 |
| — worm wheel | 膨脹蝸輪 | 膨張ウォームホィール | 膨胀蜗轮 |
| expansivity | 膨脹性 | 膨張性 | 膨胀性 |
| experimental bench | 試驗台 | 実験ベンチ | 试验台 |
| — equipment | 實驗用機器 | 実験用機器 | 实验用机器 |
| — formula | 經驗公式 | 実験式 | 经验公式 |
| — model | 實驗模型 | 試験模型 | 实验模型 |
| — stress | 實驗應力 | 実験応力 | 实验应力 |
| explorer | 探測器 | エクスプローラ | 探测器 |
| explosion | 爆發;爆炸 | 爆発 | 爆发;爆炸 |
| — bulge test | 爆炸擴管試驗 | 爆発試験 | 爆炸扩管试验 |
| — calorimeter | 爆發熱量計 | 爆発熱量計 | 爆发热量计 |
| — cladding | 爆炸複合 | 爆発圧着 | 爆炸复合 |
| — engine | 爆發式內燃機 | 爆発機関 | 爆发式内燃机 |
| — experiment | 爆炸實驗法 | 爆発実験法 | 爆炸实验法 |
| — forming | 爆炸成形 | 爆発成形法 | 爆炸成形 |
| — hardening | 爆炸硬化 | 爆発硬化法 | 爆炸硬化 |
| — impulse | 爆炸〔發〕衝擊 | 爆発衝撃 | 爆炸〔发〕冲击 |
| — pressure | 爆炸壓(力) | 爆発圧(力) | 爆炸压(力) |
| — stroke | 爆發衝程 | 爆発行程 | 爆发冲程 |
| — temperature | 爆發溫度 | 爆発温度 | 爆发温度 |
| — test | 爆發試驗 | 爆発試験 | 爆发试验 |
| — welding | 爆炸焊接 | 爆発溶接 | 爆炸焊接 |
| — working | 爆炸加工 | 爆発加工 | 爆炸加工 |
| explosive | 爆炸(性)的 | 爆発性の | 爆炸(性)的 |

| 英　　文 | 臺　　灣 | 日　　文 | 大　　陸 |
|---|---|---|---|
| — cladding | 爆炸複合 | 爆発圧着 | 爆炸复合 |
| — engine | 內燃機 | 爆発機関 | 内燃机 |
| — force | 爆炸力 | 爆発力 | 爆炸力 |
| — forging | 爆炸鍛造 | 爆発圧鍛造 | 爆炸锻造 |
| — forming | 爆炸成形(法) | 爆発成形（法） | 爆炸成形(法) |
| — gas mixture | 混合爆炸氣 | 爆発混合気〔ガス〕 | 混合爆炸气 |
| — shaping | 爆炸成形 | 爆発加工法 | 爆炸成形 |
| — welding | 爆炸熔接 | 爆発溶接 | 爆炸焊接 |
| **exposed core** | 焊條夾持端 | つかみ | 焊条夹持端 |
| **expression** | 壓榨〔擠;縮〕 | 圧搾 | 压榨〔挤;缩〕 |
| — mechanism | 壓榨機構 | 圧搾の機構 | 压榨机构 |
| **expulsion** | 排氣 | 排除 | 排气 |
| — fuse | 衝出式熔絲 | 放出ヒューズ | 冲出式熔丝 |
| **exstrolling process** | 滾擠法 | エクストローリング法 | 滚挤法 |
| **extended** area | 展開面積 | 拡張エリア | 伸张面积 |
| — dislocation | 擴張差排 | 拡張転位 | 扩张位错 |
| — elevation | 展開圖 | 展開図 | 伸张图 |
| — exposure test | 持續暴露試驗 | 長期暴露試験 | 持续暴露试验 |
| — interface | 擴充界面 | 拡張インタフェース | 扩充接口 |
| — mandrel | 延長心軸 | 延長マンドレル | 延长心轴 |
| — precision | 擴充精度 | 拡張精度 | 扩充精度 |
| — shaft | 延長軸 | 延長軸 | 延长轴 |
| — surface radiator | 片式散熱器 | フィン付き放熱器 | 片式散热器 |
| **extensibility** | 伸展性 | 伸展性 | 伸长率 |
| — after heat aging | 熱老化後可延伸性〔度〕 | 熱老化後の伸び率 | 热老化后可延伸性〔度〕 |
| **extensimeter** | 變形計 | 伸び計 | 变形计 |
| **extension** | 抽伸 | 伸長 | 抽伸 |
| — at break | 斷裂伸長 | 破断〔切断〕点伸び | 断裂伸长 |
| — bar | 延伸桿 | エキステンションバー | 延伸杆 |
| — boom | 延伸(起重)臂 | 継ぎブーム | 延伸(起重)臂 |
| — boring and turning mill | 大型立式車床 | 大形立て旋盤 | 大型立式车床 |
| — furnace | 外伸爐 | 張出炉 | 伸出炉 |
| — hinge | 加長鉸鏈 | 持出しちょう番 | 加长铰链 |
| — lathe | 延伸車床 | 離れ旋盤 | 伸出座车床 |
| — modulus | 伸長模數 | 伸び率 | 伸长模量 |
| — percentage | 延展〔伸〕率 | 伸び率 | 延展〔伸〕率 |
| — piece | 內外螺紋管接頭 | めすおすソケット | 内外螺纹管接头 |
| — scale | 伸縮尺 | 伸び尺 | 伸缩尺 |
| — spring | 牽引簧 | 引張ばね | 牵引簧 |
| — strain | 拉伸應變 | 伸びひずみ | 拉伸应变 |

E

| 英　　文 | 臺　　灣 | 日　　文 | 大　　陸 |
|---|---|---|---|
| **extensional** test | 拉伸試驗 | 伸び試験 | 拉伸试验 |
| **exterior** angle | 外角 | 外角 | 外角 |
| — cladding | 外表處理 | 外装 | 外表处理 |
| — thread | 外螺紋 | おねじ | 外螺纹 |
| **external** broach | 外拉刀 | 表面ブローチ | 外拉刀 |
| — broaching | 外拉削 | 表面ブローチ削り | 外拉削 |
| — combustion engine | 外燃機 | 外燃機関 | 外燃机 |
| — combustion gas trubine | 外燃式燃氣渦輪 | 外燃ガスタービン | 外燃式燃气涡轮 |
| — common tangent | 外公切線 | 共通外接線 | 外公切线 |
| — condenser | 外冷凝器 | 外部復水器 | 外冷凝器 |
| — cone | 外圓錐 | 外円すい | 外圆锥 |
| — corner | 凸角 | 出隅 | 凸角 |
| — corrosion | 外部〔表〕腐蝕 | 外部腐食 | 外部〔表〕腐蚀 |
| — cover | 外蓋 | 外ぶた | 外盖 |
| — crack | 表面裂紋 | 表面き裂 | 表面裂纹 |
| — diameter | 外徑 | 外径 | 外径 |
| — diameter of thread | 螺紋外徑 | ねじの外径 | 螺纹外径 |
| — dimension | 外形尺寸 | 外部寸法 | 外形尺寸 |
| — elbow | 外肘管 | エクスターナルエルボ | 外弯头 |
| — fiber stress | 外層纖維應力;外緣應力 | 縁応力 | 外层纤维应力;外缘应力 |
| — firing boiler | 外燃鍋爐 | 外炊きボイラ | 外燃锅炉 |
| — force | 外力 | 外力 | 外力 |
| — force line | 外力(作用)線 | 外力線 | 外力(作用)线 |
| — force surface | 外力面 | 外力面 | 外力面 |
| — friction | 外部摩擦 | 外部摩擦 | 外部摩擦 |
| — furnace | 外燃爐 | 外炊き炉 | 炉外燃烧室 |
| — gear | 外齒輪 | 外歯車 | 外齿轮 |
| — gear pump | 外嚙合齒輪泵 | 外接歯車ポンプ | 外啮合齿轮泵 |
| — gearing | 外嚙合 | 外かみあい | 外啮合 |
| — hazard | 外部故障 | 外部障害 | 外部故障 |
| — heat | 外部熱 | 外部熱 | 外部热 |
| — heat exchange reactor | 外部熱交換反應器 | 外部熱交換反応器 | 外部热交换反应器 |
| — heating | 外部加熱法 | 外部加熱 | 外部加热法 |
| — load | 外加負載 | 外部負荷 | 外加负载 |
| — lubricant | 表面潤滑劑 | 表面滑剤 | 表面润滑剂 |
| — micrometer | 外側分厘卡〔測微器〕 | 外側マイクロメータ | 外侧千分尺〔測微器〕 |
| — mold release agent | 表面用外部脱模劑 | 表面用離型剤 | 表面用外部脱模剂 |
| — orthography | 正外立面投影 | 外面図 | 正外立面投影 |
| — pressure | 外壓力 | 外圧（力） | 外压力 |
| — pressure pipe | 外壓管 | 外圧管 | 外压管 |

| 英　　文 | 臺　　灣 | 日　　文 | 大　　陸 |
|---|---|---|---|
| — pressure test | 外壓試驗 | 外圧試験 | 外压试验 |
| — projection | 外投影法 | 外射図法 | 外投影法 |
| — radius | 外半徑 | 外半径 | 外半径 |
| — screw | 外螺紋 | 外ねじ | 外螺纹 |
| — shape | 外形 | 外形 | 外形 |
| — side | 外側 | 外側 | 外侧 |
| — size | 外形尺寸 | 外部寸法 | 外形尺寸 |
| — sizing | 粒度標準〔分級〕 | 外径規制 | 粒度标准〔分级〕 |
| — sleeve | 外(部)套管〔筒〕 | 外部スリーブ | 外(部)套管〔筒〕 |
| — strain | 外(部)應變 | 外部ゆがみ | 外(部)应变 |
| — stress | 外應力 | 外部応力 | 外应力 |
| — structure | 外部結構 | 外部構造 | 外部结构 |
| — surface corrosion | 外表(面)腐蝕 | 外面腐食 | 外表(面)腐蚀 |
| — thread | 外螺紋 | おねじ | 外螺纹 |
| — threading tool | 外螺紋車刀 | おねじ切りバイト | 外螺纹车刀 |
| **externally** fired boiler | 外燃鍋爐 | 外炊きボイラ | 外燃锅炉 |
| — heated arc | 外部加熱弧 | 外部加熱アーク | 外部加热弧 |
| **extra** | 非常的;附加的 | 特別の | 非常的;附加的 |
| — fine | 特細牙(螺紋) | エクストラファイン | 特细牙螺纹 |
| — hard steel | 特硬鋼 | 最硬鋼 | 特硬钢 |
| — mild steel | 特軟鋼 | 極軟鋼 | 特软钢 |
| — small bearing | 超小型軸承 | 小径軸受 | 超小型轴承 |
| — small screw thread | 鐘錶螺紋 | 細密ねじ | 钟表螺纹 |
| — soft steel | 特軟鋼 | 極軟鋼 | 特软钢 |
| — super duralumin | 超杜拉鋁(合金) | 超超ジュラルミン | 超硬铝(合金) |
| **extracter** | (離心)分離機 | エクストラクタ | (离心)分离机 |
| **extraction** | 提取(法) | 抽出 | 提取(法) |
| — check valve | 抽氣逆止閥 | 抽気逆止め弁 | 抽气逆止阀 |
| — efficiency | 提取效率 | 抽出効率 | 提取效率 |
| — gas turbine | 抽氣式燃氣輪機 | 抽気ガスタービン | 抽气式燃气轮机 |
| — pressure governor | 抽氣壓力控制器 | 抽気圧力制御装置 | 抽气压力控制器 |
| — pump | 抽出泵 | 抽出ポンプ | 凝结水泵 |
| — tube | 抽出管 | 抽出管 | 抽出管 |
| **extractive** | 抽出物 | 抽出液 | 抽出物 |
| — metallurgy | 提煉冶金學 | 製錬 | 提炼冶金学 |
| **extractor** | 脫模器 | 抜出し装置 | 脱模器 |
| **extra-heavy** contact | 超負載接點 | 超重荷接点 | 超负载接点 |
| — pipe | 特厚管 | 特厚管 | 特厚管 |
| **extrapure water** | 超純水 | 超純水 | 超纯水 |
| **extrasuper-duralumin** | 特超杜拉鋁 | 超超ジュラルミン | 特超硬铝 |

| 英　　文 | 臺　　灣 | 日　　文 | 大　　陸 |
|---|---|---|---|
| **extreme** | 極端(的) | 極端な | 极端(的) |
| — depth | 最大深度 | 全深 | 最大深度 |
| — high vacuum | 超高真空 | 超高真空 | 超高真空 |
| — length | 總長 | 全長 | 总长 |
| — point | 端點 | 端点 | 端点 |
| — pressure additive | 極壓劑 | 極圧添加剤 | 极压剂 |
| — value | 極值 | 極値 | 极值 |
| — value distribution | 極值分布 | 極値分布 | 极值分布 |
| **extrmely** high frequency | 超高頻 | ミリメートル波 | 超高频 |
| — high temperature | 極高溫 | 極高温 | 极高温 |
| — thick plate | 超厚板 | 超厚板 | 超厚板 |
| **extremity** | 極端 | 極端 | 极端 |
| **extrudability** | 可擠〔壓〕出性 | 押出し適性 | 可挤〔压〕出性 |
| **extrudate** | 擠製製品 | 押出し品 | 挤压制品 |
| — temperature | 擠製物溫度 | 押出し物の温度 | 挤压物温度 |
| **extruded** aluminium | 擠製鋁 | 押出しアルミニウム | 挤压铝 |
| — angle | 擠製角鋼 | 押出し山形材 | 挤压角钢 |
| — article | 擠製製品 | 押出し品 | 挤压制品 |
| — bar | 擠製條 | 押出し棒 | 挤压条 |
| — channel | 擠製槽鋼 | 押出しチャンネル材 | 挤压槽钢 |
| — electrode | 機械壓塗(的)電焊條 | 機械塗装溶接棒 | 机械压涂(的)电焊条 |
| — film | 擠製(薄)膜 | 押出しフィルム | 挤压(薄)膜 |
| — form | 擠製材 | 押出し材 | 挤压材 |
| — goods | 擠製製品 | 押出し製品 | 挤压制品 |
| — graphite | 擠製成形石墨 | 押出し成形黒鉛 | 挤压成形石墨 |
| — hat-sections | 擠製帽形材 | 押出しハット形材 | 挤压帽形材 |
| — part | 擠製零件 | 押出し品 | 挤压零件 |
| — pipe | 擠製管 | 押出しパイプ | 挤压管 |
| — product | 擠製製品 | 押出し物 | 挤压制品 |
| — profile | 擠製型材 | 押出し形材 | 挤压型材 |
| — section | 擠製截面 | 押出し断面 | 挤压截面 |
| — shape | 擠製型材 | 押出し形材 | 挤压型材 |
| — sheet | 擠製板 | 押出しシート | 挤压板 |
| — tape | 擠製膠帶 | 押出しテープ | 挤压胶带 |
| — tube | 擠製管 | 押出しチューブ | 挤压管 |
| **extruder** | 擠製機 | 押出し機 | 压出机 |
| — compounder | 擠製攪拌機 | 押出し配合機 | 挤压搅拌机 |
| — for wire coating | 電線套管擠製機 | 電線被覆用押出し機 | 电线套管挤压机 |
| — head | 擠製機機頭 | 押出し頭部 | 挤压机机头 |
| — hopper | 擠製機給料斗 | 押出し機ホッパ | 挤压机给料斗 |

| 英　文 | 臺　灣 | 日　文 | 大　陸 |
|---|---|---|---|
| — screw | 擠製機螺桿 | 押出しスクリュー | 挤压机螺杆 |
| — stand | 擠製機座 | 押出し機スタンド | 挤压机座 |
| **extruding** | 擠製成形〔加工〕 | 押出し加工 | 挤压成形〔加工〕 |
| — die | 擠製模 | 押出し用ダイス | 挤压模 |
| — end | 擠製端〔尾〕部 | 押出し端 | 挤压端〔尾〕部 |
| — granulation | 擠製製粒 | 押出し造粒 | 挤压制粒 |
| — lay-flat film | 充氣（膜）法 | インフレート法 | 充气（膜）法 |
| — machine | 擠製機 | 押出し機 | 挤压机 |
| — press machine | 擠製機 | 押出し成形機 | 挤压机 |
| **extrusion** | 擠出 | 押出し | 挤出 |
| — blow molding | 擠製吹塑〔塗〕成形 | 押出し吹込み成形 | 挤压吹塑〔涂〕成形 |
| — blowing | 擠製吹塑〔塗〕成形 | 押出し吹込み成形 | 挤压吹塑〔涂〕成形 |
| — capacity | 擠製能力〔容量〕 | 押出し能力 | 挤压能力〔容量〕 |
| — casting process | 擠製鑄造法 | 押出し注型法 | 挤压铸造法 |
| — coater | 擠製鍍膜機 | 押出し被覆機 | 挤压镀膜机 |
| — coating | 擠製貼膠〔塗敷〕 | 押出し塗装 | 挤压贴胶〔涂敷〕 |
| — coating die | 擠製塗敷模 | 押出し被覆用ダイ | 挤压涂敷模 |
| — coating resin | 擠製塗敷樹脂 | 押出し被覆用樹脂 | 挤压涂敷树脂 |
| — damage | 擠出損傷 | はみ出し損傷 | 挤出损伤 |
| — direction | 擠製方向 | 押出し方向 | 挤压方向 |
| — equipment | 擠製裝置 | 押出し装置 | 挤压装置 |
| — force | 擠製力 | 押出し力 | 挤压力 |
| — forging | 擠製鍛造 | 押出し鍛造 | 挤压锻造 |
| — head | 擠製機機頭 | 押出し頭部 | 挤压机机头 |
| — head for tubing | （製）管用擠壓（機）頭 | チューブ用押出し頭部 | （制）管用挤压（机）头 |
| — ingot billet | 擠製鋼錠 | 押出しインゴット | 挤压钢锭 |
| — laminating | 擠製層疊 | 押出しはり合わせ | 挤压层叠 |
| — lamination | 擠製層疊（製品） | 押出しはり合わせ | 挤压层叠（制品） |
| — load | 擠製負載 | 押出し力 | 挤压载荷 |
| — lubricant | 擠製潤滑劑 | 押出し用滑剤 | 挤压润滑剂 |
| — machine | 擠製機 | 押出し機 | 挤压机 |
| — machinery | 擠製機械 | 押出し機械 | 挤压机械 |
| — mandrel | 擠製心軸 | 押出しマンドレル | 挤压心轴 |
| — mark | 擠製刻〔斑；劃〕痕 | 押出しきず | 挤压刻〔斑；划〕痕 |
| — material | 擠製材料 | 押出し材料 | 挤压材料 |
| — method | 頂出法 | 押出し法 | 顶出法 |
| — mo(u)lding | 擠製成形（法） | 押出し成形 | 挤压成形（法） |
| — of lay-flat film | 膨脹（膜）擠壓法 | インフレート法 | 膨胀（膜）挤压法 |
| — process | 擠製法 | 押出し法 | 挤压法 |
| — property | 擠製特性 | 押出し特性 | 挤压特性 |

**E**

| 英　　　文 | 臺　　　灣 | 日　　　文 | 大　　　陸 |
|---|---|---|---|
| — ratio | 擠製比 | 押出し比 | 挤压比 |
| — resin | 擠製樹脂 | 押出し用樹脂 | 挤压树脂 |
| — speed | 擠製速度 | 押出し速度 | 挤压速度 |
| — stress | 擠製應力 | 押出し応力 | 挤压应力 |
| — stretching | 擠製拉伸成形 | 引伸法 | 挤压拉伸成形 |
| — technique | 頂出技術 | 押出し技術 | 顶出技术 |
| — temperature | 擠製溫度 | 押出し温度 | 挤压温度 |
| — test | 擠製試驗 | はみ出し試験 | 挤压试验 |
| — theory | 擠製理論 | 押出し理論 | 挤压理论 |
| — vacuum forming | 擠製真空成形 | 押出し真空成形 | 挤压真空成形 |
| — variable | 擠製變數 | 押出し変数 | 挤压变数 |
| **eye** | 眼狀物 | 目 | 眼状物 |
| — back machine | 捲圓機 | 目玉巻き機 | 卷圆机 |
| — bracket | 帶眼肘板 | アイブラケット | 带眼肘板 |
| — forming machine | 捲圓機 | 目玉巻き機 | 卷圆机 |
| — hang | 吊環 | 目掛け | 吊环 |
| — hook | 有眼鉤 | アイフック | 有眼钩 |
| — line | (透視圖上的)視平線 | 目線 | (透视图上的)视平线 |
| — nut | 環首螺帽 | アイナット | 吊环螺母 |
| — pattern | 穿孔圖〔模式〕 | アイパターン | 穿孔图〔模式〕 |
| — rolling machine | 捲圓機 | 目玉巻き機 | 卷圆机 |
| — shield | 護目鏡 | 保護眼鏡 | 护目镜 |
| — slit | 觀察孔 | アイスリット | 观察孔 |
| **eyeboard** | 穿孔板 | 目板 | 穿孔板 |
| **eyebolt** | 吊環螺栓 | 輪付きボルト | 吊环螺栓 |
| **eye-end** | 有眼端 | アイエンド | 有眼端 |
| **eye-estimation** | 目測 | 目測 | 目测 |
| **eyehole** | 小孔 | のぞき孔 | 小孔 |
| **eyelet** | 觀察孔 | アイレット | 观察孔 |
| — machine | 打孔機 | アイレットマシン | 打孔机 |
| — sealing | 孔眼密封 | はと目シーリング | 孔眼密封 |
| — work | 打孔眼 | アイレットワーク | 打孔眼 |
| **eyeletting machine** | 沖孔〔眼〕機 | はと目打ち機 | 冲孔〔眼〕机 |
| **eye-measurement** | 目測 | 目視觀測 | 目测 |

| 英　　文 | 臺　　灣 | 日　　文 | 大　　陸 |
|---|---|---|---|
| **fabric** | 組織 | 組織 | 组织 |
| — lamination | 布基層壓板 | はり合せ布 | 布基层压板 |
| — reinforcement | 布基增強材料 | 布補強材 | 布基增强材料 |
| — tape | 布基黏膠帶 | 布テープ | 布基黏胶带 |
| **fabrication** | 構製製造 | 製作 | 组装 |
| — of frame | 骨架安裝 | 建込み | 骨架安装 |
| — range | 可成形區 | 成形域 | 可成形区 |
| — variable | 二次加工的可變因素 | 二次加工変数 | 二次加工的可变因素 |
| **face** | 面；齒面 | 表面 | 工作面 |
| — angle | 面角〔刀具的〕 | すくい角 | 前角〔刀具的〕 |
| — area | 端面面積 | 正面面積 | 端面面积 |
| — bar | 緣邊角材 | 面材 | 缘边角材 |
| — bend specimen | 表面彎曲試件 | 表曲げ試験片 | 表面弯曲试件 |
| — bend test | 表面彎曲試驗 | 表曲げ試験 | 表面弯曲试验 |
| — bonding | 平面焊接 | フェースボンディング | 平面焊接 |
| — cam | 端面凸輪 | 正面カム | 端面凸轮 |
| — centered cubic lattice | 面心立方格子 | 面心立方格子 | 面心立方晶格 |
| — chuck | 平面夾頭 | 平チャック | 平面卡盘 |
| — clip system | 正面夾持法 | フェースクリップ方式 | 正面夹持法 |
| — cutter | 面銑刀 | 正面フライス | 端(面)铣刀 |
| — finish | 平面加工 | フェース仕上げ | 平面加工 |
| — gear | 平面齒輪 | 正面歯車 | 端面齿轮 |
| — grinding | 磨端面；平面磨削 | 表面研削 | 磨端面；平面磨削 |
| — hardening | 表面硬化 | 表面硬化 | 表面硬化 |
| — jack | 平面千斤頂 | 切端ジャッキ | 端面千斤顶 |
| — lathe | 落地車床 | 正面旋盤 | 落地车床 |
| — measure | 正面寬度 | 見付き | 正面宽度 |
| — mill | 平面銑刀 | 正面フライス | 端(面)铣刀 |
| — milling | 平面銑削 | 正面フライス削り | 端面铣削 |
| — milling cutter | 平面銑刀 | 正面フライス | 端(面)铣刀 |
| — mo(u)ld | 面部型板 | 面形板 | 面部型板 |
| — moment | (框架的)端部節點彎矩 | フェースモーメント | (框架的)端部节点弯矩 |
| — of shearing edge | 剪切刃面 | せん断刃の正面 | 剪切刃面 |
| — of slope | 坡面 | のり面 | 坡面 |
| — of weld | 焊縫表面 | 溶接表面 | 焊缝表面 |
| — relief | 模具面的退件角 | 工具面の逃げ | 模具面的退件角 |
| — seal | 端面密封 | 端面シール | 端面密封 |
| — shield | 護面罩 | しゃ光保護面 | 防护面罩 |
| — velocity | 面速度 | 面速度 | 面速度 |
| — wear | 前(刀)面磨耗 | すくい面摩耗 | 前(刀)面磨损 |

F

| 英　　文 | 臺　　灣 | 日　　文 | 大　　陸 |
|---|---|---|---|
| — wheel | 平面齒輪 | 面歯車 | 平面齿轮 |
| — width | 齒寬 | 歯幅 | 齿宽 |
| **faceplate** | 面板〔儀錶；控制設備的〕 | 鏡板 | 面板〔仪表；控制设备的〕 |
| **facet** | 倒角 | 結晶面 | 倒角 |
| **facing** | 面料；平面切削 | 面削り | 表面加工 |
| — attachment | 平面切削用裝置 | 面削り裝置 | 倒角装置 |
| — lathe | 平面車床 | 正面旋盤 | 端面车床 |
| — machine | 表面加工機 | 表面仕上機 | 表面加工机 |
| — metal | 面層金屬 | 表金 | 面层金属 |
| — mill | 端銑刀 | 正面フライス | 端铣刀 |
| — ring | 墊圈 | 座金 | 垫圈 |
| — sand | 面砂 | はだ砂 | 面砂 |
| — stop | 縱向行程擋塊 | フェーシングストップ | 纵向行程挡块 |
| — surface | 接面 | 接合面 | 接合面 |
| — tool | 平面切削用刀具 | 面削りバイト | 端面车刀 |
| — up | 面磨合 | すり合せ | 面磨合 |
| **factor** of merit | 質量因數 | 品質係數 | 优质率 |
| — of plate buckling | 板挫曲係數 | 板座屈係數 | 板屈曲系数 |
| — of safety | 安全係數 | 安全率 | 安全系数 |
| — of shrinkage | 收縮率 | 収縮率 | 收缩率 |
| — of stress concentration | 應力集中係數 | 応力集中係數 | 应力集中系数 |
| — out | 析出因數 | ファクタアウト | 析出因数 |
| **Fahralloy** | 一種耐熱鐵鉻鎳鋁合金 | ファラロイ | 一种耐热铁铬镍铝合金 |
| **Fahrig metal** | 法里錫銅軸承合金 | ファーリッグメタル | 法里锡铜轴承合金 |
| **Fahrite** | 耐熱蝕鉻鎳鐵合金 | ファーライト | 耐热蚀铬镍铁合金 |
| **failing** load | 破壞荷重 | 破壊荷重 | 破坏载荷 |
| — stress | 破壞應力 | 破壊応力 | 破坏应力 |
| **failure** | 損壞 | 破損 | 破损 |
| — criterion | 故障判定標準 | 故障判定基準 | 故障判定标准 |
| — in bend | 彎曲斷裂 | 曲げ破壊 | 弯曲断裂 |
| — in torsion | 扭轉斷裂 | ねじり破壊 | 扭转断裂 |
| — load | 破壞荷重 | 破壊荷重 | 破坏载荷 |
| — mechanism | 故障機構 | 故障メカニズム | 故障机理 |
| — of spreading | 擴散破壞 | 広がり破壊 | 扩散破坏 |
| — point | 破壞點 | 破壊点 | 破坏点 |
| — rate | 破損率 | 破損率 | 破损率 |
| — rate curve | 故障率曲線 | 故障率曲線 | 故障率曲线 |
| — strain | 破壞應變 | 破壊ひずみ | 断裂应变 |
| — stress | 破壞應力 | 破壊応力 | 破坏应力 |
| — surface | 破壞面 | 破壊面 | 破坏面 |

| 英　　文 | 臺　　灣 | 日　　文 | 大　　陸 |
|---|---|---|---|
| — theory | 破壞理論 | 破損理論 | 破损理论 |
| — under impact | 衝擊破壞 | 衝擊破壞 | 冲击破坏 |
| **fairing** | 擋板 | 整形 | 挡板 |
| **fall** | 滑車索 | 滑車綱 | 滑车索 |
| — and tackle | 滑車 | 絞ろ | 滑车 |
| — hammer test | 落錘試驗 | ドロップハンマ試験 | 落锤试验 |
| — mixer | 圓筒回轉攪拌機 | 円筒回転混合機 | 圆筒回转搅拌机 |
| **falling** | 降低 | 下降 | 降低 |
| — ball impact test | 落球衝擊試驗 | 落球衝擊試験 | 落球冲击试验 |
| — ball method | 落球法 | 落球法 | 落球法 |
| — ball test | 落球試驗 | 落球試験 | 落球试验 |
| — ball viscometer | 落球黏度計 | 落球粘度 | 落球黏度计 |
| — body | 落體 | 落体 | 落体 |
| — dart test | 落錘衝擊試驗 | 落そう試験 | 落锤冲击试验 |
| — hammer test | 落錘試驗 | 落錘試験 | 落锤试验 |
| — missile method | 落錘法 | 落そう法 | 落锤法 |
| — rate period | 減速階段 | 減率期 | 减速阶段 |
| — sphere viscometer | 落球(式)黏度計 | 落球粘度計 | 落球(式)黏度计 |
| — velocity | 沈降速度 | 沈降速度 | 沈降速度 |
| — viscometer | 落體黏度計 | 落体粘度計 | 落体黏度计 |
| — weight | 落錘 | 落錘 | 落锤 |
| — weight impact strength | 落錘衝擊強度 | 落錘衝擊強さ | 落锤冲击强度 |
| — weight test | 落錘試驗 | 落錘試験 | 落锤试验 |
| **family mo(u)ld** | 成套製品模具 | 組合せ金型 | 成套制品模具 |
| **fan** | 風扇 | 送風機 | 风扇 |
| — belt | 風扇皮帶 | ファンベルト | 风扇皮带 |
| — boring | 擴孔 | ファンボーリング | 扩孔 |
| — pressure | 風壓 | 風圧 | 风压 |
| — pump | 風扇泵 | ファン動翼 | 风扇泵 |
| — stator | 送風機定子 | 送風機の固定子 | 风机定子 |
| — wheel anemometer | 風輪風速計 | 風車風速計 | 风轮风凍计 |
| **fang bolt** | 地腳螺栓 | 鬼ボルト | 地脚螺栓 |
| **fascia** | 儀錶板 | 鼻隠し板 | 仪表板 |
| — board | 儀錶板 | 仕切板 | 仪表板 |
| — panel | 隔板 | 仕切板 | 隔板 |
| — ventilator | 隔板通風口 | 仕切板換気口 | 隔板通风口 |
| **fast head stock** | 主軸箱 | 主軸台 | 主轴箱 |
| — idle | 高速空轉 | ファストアイドル | 高速空转 |
| — idle cam | 快怠速用凸輪 | ファストアイドルカム | 快怠速用凸轮 |
| — joint butt | 固軸鉸鏈 | 固軸丁番 | 固轴铰链 |

| 英　　文 | 臺　　灣 | 日　　文 | 大　　陸 |
|---|---|---|---|
| ─ pin hinge | 樞軸鉸鏈 | ピン丁番 | 枢轴铰链 |
| ─ pulley | 固定皮帶輪 | 取付けベルト車 | 固定皮带轮 |
| ─ setting | 快速固化 | 速硬性 | 快速固化 |
| ─ resin | 速硬樹脂 | 速硬樹脂 | 速硬树脂 |
| **fastening** | 扣接 | 固着 | 连接件 |
| ─ bolt | 緊固螺栓 | 締付けボルト | 紧固螺栓 |
| ─ device | 連接裝置 | 締結裝置 | 连接装置 |
| ─ lug | 安裝用托架 | ファスニングラグ | 安装用托架 |
| ─ nail | 固定釘 | 固着 | 紧固用钉 |
| ─ pad | 固定壓料墊板 | 固定板押えパッド | 固定压料垫板 |
| ─ plate | 壓板 | 止め金具 | 压板 |
| ─ screw | 緊固螺釘 | 締付けねじ | 紧固螺钉 |
| ─ tool | 緊固工具 | ファスナ装着工具 | 紧固工具 |
| ─ torque | 緊固轉矩 | 締付トルク | 紧固转矩 |
| **faster descaling** | 快速除銹劑 | 迅速除せい法 | 快速除锈剂 |
| **fastness** | 耐久性 | 耐久度 | 耐久性 |
| ─ property | 耐久性 | 堅牢性 | 耐久性 |
| ─ to crocking | 耐磨度 | 摩擦堅牢度 | 耐磨度 |
| ─ to heat | 抗熱度 | 耐熱堅牢度 | 抗热度 |
| ─ to rubbing | 耐磨(耗)度 | 摩擦堅牢度 | 耐磨(耗)度 |
| **fatigue** | 疲勞 | 疲労 | 疲劳 |
| ─ allowance | 疲勞容限 | 疲労余裕 | 疲劳容限 |
| ─ behavior | 疲勞狀態 | 疲労挙動 | 疲劳状态 |
| ─ bending test | 疲勞彎曲試驗 | 疲労曲げ試験 | 疲劳弯曲试验 |
| ─ breaking | 疲勞破壞 | 疲労破壊 | 疲劳破坏 |
| ─ corrosion | 疲勞腐蝕 | 疲労腐食 | 疲劳腐蚀 |
| ─ crack | 疲勞破裂 | 疲労き裂 | 疲劳裂纹 |
| ─ damage | 疲勞損傷 | 疲労損傷 | 疲劳损伤 |
| ─ endurance | 疲勞限 | 耐疲労 | 耐疲劳度 |
| ─ failure | 疲勞破壞 | 疲労破損 | 疲劳破坏 |
| ─ fracture | 疲勞破裂面 | 疲労破壊 | 疲劳断裂面 |
| ─ life | 疲勞壽命 | 疲労寿命 | 疲劳寿命 |
| ─ limit | 疲勞限 | 疲労限 | 疲劳限 |
| ─ limit diagram | 疲勞限圖 | 疲れ限度図 | 疲劳极限图 |
| ─ limit of planking | 平面彎曲疲勞限 | 平面曲げ疲れ限度 | 平面弯曲疲劳极限 |
| ─ limit of rotary-bending | 旋轉彎曲疲勞限 | 回転曲げ疲れ限度 | 旋转弯曲疲劳极限 |
| ─ limit of torsion | 扭轉疲勞限 | ねじり疲れ限度 | 扭转疲劳极限 |
| ─ notch factor | 切口疲勞係數 | 切欠き係数 | 切口疲劳系数 |
| ─ of metals | 金屬疲勞 | 金属の疲れ | 金属疲劳 |
| ─ performance | 耐疲勞性能 | 疲れ性能 | 耐疲劳性能 |

| 英　文 | 臺　灣 | 日　文 | 大　陸 |
|---|---|---|---|
| — phenomenon | 疲勞現象 | 疲労現象 | 疲劳现象 |
| — property | 耐疲勞性 | 耐疲労性 | 耐疲劳性 |
| — range | 疲勞範圍 | 疲れ範囲 | 疲劳区范围 |
| — ratio | 疲勞係數 | 疲労係数 | 疲劳系数 |
| — resistance | 疲勞強度 | 疲れ抵抗 | 疲劳强度 |
| — rupture | 疲勞破壞 | 疲労破壊 | 疲劳破坏 |
| — specimen | 疲勞試片 | 疲労試験片 | 疲劳试验片 |
| — strength | 疲勞強度 | 疲労強さ | 疲劳强度 |
| — stress | 疲勞應力 | 疲労応力 | 疲劳应力 |
| — test | 疲勞試驗 | 疲労試験 | 疲劳试验 |
| — tester | 疲勞試驗機 | 疲れ試験機 | 疲劳试验机 |
| — wear | 疲勞磨耗 | 疲労摩耗 | 疲劳磨耗 |
| **fault** | 漏電;缺陷 | 欠点 | 漏电;缺陷 |
| — detector | 探傷器 | 損傷探知器 | 探伤器 |
| **feather** | 冒口 | 雇実 | 冒口 |
| — key | 滑鍵 | フェザーキー | 滑键 |
| **feather-edged** board | 薄邊板 | 長押びき下見板 | 薄边板 |
| — file | 菱形銼 | ひしやすり | 菱形锉 |
| **feathering hinge** | 軸向關節 | フェザリングヒンジ | 轴向关节 |
| **Fecraloy** | 一種電阻絲合金 | フェクラロイ | 一种电阻丝合金 |
| **feed** | 進刀;進給 | 送り量 | 供给量 |
| — assembly | 饋送裝置 | フィードアセンブリ | 馈送装置 |
| — bar | 進給桿 | 送り台 | 进给杆 |
| — block | 夾鉗式送料機構 | 送りブロック | 夹钳式送料机构 |
| — box | 進給變速箱 | 送り変速装置 | 进给变速箱 |
| — cam | 送進凸輪 | 送りカム | 送进凸轮 |
| — change gear box | 進給變速齒輪箱 | 送り変換歯車箱 | 进给变速齿轮箱 |
| — channel | 送料道 | 供給路 | 送料道 |
| — check valve | 進給止回閥 | 給水逆止め弁 | 进给止回阀 |
| — direction | 送料方向 | 送り方向 | 送料方向 |
| — drive | 進給驅動 | フィードドライブ | 进给驱动 |
| — finger | 機械手(爪) | 送り爪 | 机械手 |
| — force | 進給分力 | 送り分力 | 进给分力 |
| — frame | 送料架 | フィードフレーム | 送料架 |
| — function | 進給功能 | 送り機能 | 进给功能 |
| — gear | 進給裝置 | 送り装置 | 进给装置 |
| — gearbox | 走刀(變速)箱 | 送り変速装置 | 走刀(变速)箱 |
| — grinder | 飼料粉碎機 | 飼料粉砕機 | 饲料粉碎机 |
| — grinding | 橫向進給磨削 | 送り込み研削 | 横向进给磨削 |
| — hole | 輸送孔 | 中心孔 | 输送孔 |

| 英　　文 | 臺　　灣 | 日　　文 | 大　　陸 |
|---|---|---|---|
| ― length | 送料長度 | 送り長さ | 送料长度 |
| ― mechanism | 進給機構 | 送り装置 | 进给机构 |
| ― per stroke | 每行程進給量 | 送り量 | 每行程进给量 |
| ― pitch | 傳動導孔間距 | 送りピッチ | 传动导孔间距 |
| ― rack | 進給齒條 | フィードラック | 进给齿条 |
| ― range | 進給行程長度 | 送り範囲 | 进给行程长度 |
| ― rate | 進給速度 | 送り速度 | 进给速度 |
| ― screw | 進給螺旋 | 送りねじ | 进给丝杠 |
| ― speed | 進給速度 | 送り速度 | 进给速度 |
| ― status | 饋送狀態 | フィードステータス | 馈送状态 |
| ― table | 送料台 | 送りテーブル | 送料台 |
| **feedback** | 反饋 | 帰還 | 反馈 |
| ― mechanism | 反饋機構 | フィードバック機構 | 反馈机理 |
| **feeder** | 加料器 | 供給装置 | 加料器 |
| ― head | 補澆冒□ | 押湯 | 冒口 |
| ― hopper | 給料斗 | フィーダホッパ | 给料斗 |
| **feeding** attachment | 送料機構附件 | 送り機構部品 | 送料机构附件 |
| ― effect | 補縮效果 | 押湯効果 | 补缩效果 |
| ― head | 補澆冒□ | 押湯 | 冒口 |
| ― slot | 送料槽 | 送りみぞ案内 | 送料槽 |
| **feed-pump** | 燃料泵;給水泵 | 供給ポンプ | 燃料泵;给水泵 |
| **feedstock** | 原料 | 供給原料 | 原料 |
| **feeler** | 測隙片;觸桿 | 触針 | 触针 |
| ― arm | 送料器觸臂 | 触手 | 送料器触臂 |
| ― ga(u)ge | 厚薄規 | すき間ゲージ | 厚薄规 |
| ― microscope | 接觸式測微顯微鏡 | フィーラ顕微鏡 | 接触式测微显微镜 |
| ― wheel | 仿形輪 | フィーラホイール | 仿形轮 |
| **Fellows** cutter | 一種插齒刀 | フェローカッタ | 一种插齿刀 |
| ― gear shaper | 一種插齒機 | フェロース盤 | 一种插齿机 |
| **felt** backing | 毛氈襯裡 | フェルト裏地 | 毡衬 |
| ― buff | 毛氈拋光 | フェルトバフ | 毛毡抛光 |
| ― calender | 毛氈滾筒 | フェルトカレンダ | 毛毡滚筒 |
| ― disc | 毛氈拋光輪 | フェルトバフ | 毛毡抛光轮 |
| ― pad | 氈襯墊(片;圈) | フェルトパッド | 毡衬垫(片;圈) |
| ― paper | 絕緣紙 | 建築紙 | 绝缘纸 |
| ― polishing disk | 氈製拋光輪 | フェルトバフ | 毡制抛光轮 |
| ― ring | 氈墊圈 | フェルトリング | 毡垫圈 |
| ― washer | 氈環圈 | フェルト座金 | 毡垫圈 |
| **female** die | 母模 | 雌型 | 阴模 |
| ― drape forming | 母模區域成形 | 雌型ドレープ成形 | 阴模区域成形 |

| 英　　文 | 臺　　灣 | 日　　文 | 大　　陸 |
|---|---|---|---|
| — draw forming | 母模拉伸成形 | 雌型圧伸成形 | 阴模拉深成形 |
| — mold | 母模 | 雌型 | 阴模 |
| — screw | 内紋螺桿 | 雌ねじ | 内螺纹 |
| — fender | 擋泥板 | 泥よけ | 挡泥板 |
| **Fenit** | 恒範鋼 | フェニット | 恒范钢 |
| **Fenton metal** | 一種鋅基軸承合金 | フェントンメタル | 一种锌基轴承合金 |
| **Feran** | 覆鋁鋼帶 | フェラン | 覆铝钢带 |
| **Fernichrome** | 鐵鎳鈷鉻合金 | フェルニクロム | 铁镍钴铬合金 |
| **Fernico** | 鐵鎳鈷合金 | ファーニコ | 铁镍钴合金 |
| **Fernite** | 一種耐蝕鎳鉻鐵合金 | フェルナイト | 一种耐蚀镍铬铁合金 |
| **ferreed** | 鐵簧繼電器 | フェリード | 铁簧继电器 |
| — relay | 鐵簧繼電器 | フェリード継電器 | 铁簧继电器 |
| **ferric** hydroxide | 氫氧化鐵 | 水酸化第二鉄 | 氢氧化铁 |
| — oxide | 氧化鐵 | 酸化第二鉄 | 氧化铁 |
| **ferrielectric material** | 鐵電(介質)材料 | フェリ誘電体 | 铁电(介质)材料 |
| **ferriferrous gold sand** | 含鐵砂金 | 含鉄砂金 | 含铁砂金 |
| **ferrimagnetic** coupling | 肥粒鐵磁性耦合 | フェリ磁性結合 | 铁氧体磁性耦合 |
| — lattice | 肥粒鐵磁性格子 | フェリ磁性格子 | 铁氧体磁性点阵 |
| — structure | 肥粒鐵結構 | フェリ磁性構造 | 铁氧体结构 |
| **ferrite** | 純鐵;肥粒鐵 | 地鉄 | 纯铁 |
| — antenna | 肥粒鐵天線 | フェライトアンテナ | 铁氧体天线 |
| — grain size | 肥粒鐵晶粒度 | フェライト結晶粒度 | 铁素体晶粒度 |
| — sheet | 肥粒鐵片 | フェライトシート | 铁氧体片 |
| — single crystal | 肥粒鐵單晶 | フェライト単結晶 | 铁氧体单晶 |
| — steel | 肥粒鐵鋼 | フェライト鋼 | 铁素体钢 |
| — transformer | 肥粒鐵變壓器 | フェライト変成器 | 铁氧体变压器 |
| **ferritic** cast iron | 肥粒鐵鑄鐵 | フェライト鋳鉄 | 铁氧体铸铁 |
| — decarburized depth | 肥粒鐵脱碳層深度 | フェライト脱炭層深さ | 铁素体脱碳层深度 |
| — electrode | 肥粒鐵焊條 | フェライト溶接棒 | 铁氧体焊条 |
| — steel | 肥粒鐵鋼 | フェライト鋼 | 铁素体钢 |
| **ferroalloy** | 鐵合金 | 鉄合金 | 铁合金 |
| — furnace | 鐵合金爐 | フェロアロイ炉 | 铁合金炉 |
| **ferroaluminium** | 鋁鐵(合金) | 鉄アルミニウム合金 | 铝铁(合金) |
| **ferrochrome** | 鉻鐵合金 | クロム鉄 | 铬铁合金 |
| **ferrochromium** | 鉻鐵(合金) | フェロクロム | 铬铁(合金) |
| **ferrocobalt** | 鈷鐵(合金) | フェロコバルト | 钴铁(合金) |
| **ferroferrite** | 四氧化三鐵 | 磁鉄鉱 | 四氧化三铁 |
| **ferromagnetic** | 強磁性 | 強磁性 | 强磁性 |
| — alloy | 強磁性合金 | 強磁性合金 | 强磁性合金 |
| — body | 強磁體 | 強磁性体 | 强磁体 |

**F**

| 英　　文 | 臺　　灣 | 日　　文 | 大　　陸 |
|---|---|---|---|
| — colloid | 強磁性膠質 | 強磁性コロイド | 铁磁性胶质 |
| — material | 強磁性材料 | 強磁性体 | 铁磁性材料 |
| — metal | 強磁性金屬 | 強磁性金属 | 强磁性金属 |
| — oxide | 強磁性氧化物 | 強磁性酸化物 | 铁磁性氧化物 |
| **ferromagnetics** | 強磁質〔體〕 | 強磁性体 | 铁磁质〔体〕 |
| **ferromagnetism** | 強磁性 | 強磁性 | 铁磁性 |
| **ferromaganese** | 錳鐵（合金） | マンガン鉄 | 锰铁（合金） |
| **ferromolybdenum** | 鉬鐵（合金） | フェロモリブデン | 钼铁（合金） |
| **ferronickel** | 鐵鎳合金 | フェロニッケル | 铁镍合金 |
| **ferrosil** | 熱軋矽鋼板 | フェロシル | 热轧硅钢板 |
| **ferrosilicon** | 高矽鑄鐵 | けい素鉄 | 高硅铸铁 |
| — titantum | 矽鈦鐵（合金） | フェロシリコンチタン | 硅钛铁（合金） |
| **ferrostan** | 電鍍錫鋼板 | フェロスタン | 电镀锡钢板 |
| **Ferrotic** | 一種鈦模具鋼 | フェロチック | 一种钛模具钢 |
| **ferrotitanium** | 鈦鐵（合金） | フェロチタン | 钛铁（合金） |
| **ferrotungsten** | 鎢鐵（合金） | タングステン鉄 | 钨铁（合金） |
| **ferrouranium** | 鈾鐵（合金） | フェロウラニウム | 铀铁（合金） |
| **ferrous alloy** | 鐵合金 | 合金鉄 | 铁合金 |
| — brazing filler metal | 鐵的焊填料金屬 | 鉄ろう | 铁的焊填料金属 |
| — material | 鐵材 | 鉄材 | 铁材 |
| — metal | 鐵類金屬 | 鉄属金属 | 铁类金属 |
| — metallurgy | 鋼鐵冶金學 | 鉄や金 | 钢铁冶金学 |
| — oxide | 氧化亞鐵 | 酸化第一鉄 | 氧化亚铁 |
| **ferrovanadium** | 釩鐵（合金） | フェロバナジウム | 钒铁（合金） |
| **ferroxdure** | 永久磁鐵材料 | フェロックスデュア | 永久磁铁材料 |
| **ferroxyl** | 鐵銹 | 赤さび | 铁锈 |
| — test | 孔隙率試驗 | フェロキシル試験 | 孔隙率试验 |
| **Ferry** | 銅鎳合金 | フェリー | 铜镍合金 |
| **fettler** | 精加工機械 | 仕上げ機 | 精加工机械 |
| **fettling** | 清理鑄件 | ばり取り | 清理铸件 |
| **fiber** | 纖維 | 繊維 | 纤维 |
| — abrasion tester | 纖維磨耗試驗機 | 繊維摩耗試験機 | 纤维磨耗试验机 |
| — blending | 混合纖維 | 混綿 | 混合纤维 |
| — bunching | 纖維束 | ファイババンチング | 纤维束 |
| — bundle strength tester | 纖維抗張強度試驗機 | 繊維束引張り試験機 | 纤维抗张强度试验机 |
| — cement board | 纖維水泥板 | 繊維セメント板 | 水泥纤维板 |
| — ceramics | 纖維陶瓷 | 繊維セラミックス | 陶瓷纤维 |
| — composite | 纖維複合材料 | 繊維複合材料 | 纤维复合材料 |
| — direction | 纖維軸方向 | 繊維軸方向 | 纤维轴方向 |
| — duct | 纖維導管 | ファイバダクト | 纤维导管 |

| 英　文 | 臺　灣 | 日　文 | 大　陸 |
|---|---|---|---|
| — flow | (鍛造)纖維流線 | 鍛流線 | (鍛造)纤维流线 |
| — gear | (樹脂)纖維齒輪 | ファイバギヤー | (树脂)纤维齿轮 |
| — grease | 纖維狀潤滑脂 | ファイバグリース | 纤维状润滑脂 |
| — impact tester | 纖維衝擊強度試驗機 | 繊維衝撃試験機 | 纤维冲击强度试验机 |
| — insulation board | 軟質纖維絕緣板 | 軟質繊維板 | 软质纤维绝缘板 |
| — length tester | 纖維長度測定儀 | 繊維長測定器 | 纤维长度测定仪 |
| — loadings | 纖維填料量 | 繊維充てん量 | 纤维填料量 |
| — orientation | 纖維取〔定〕向 | 繊維整列 | 纤维取〔定〕向 |
| — reinforcement | 纖維增強材料 | 繊維強化材 | 纤维增强材料 |
| — size | 光導纖維尺寸 | ファイバサイズ | 光导纤维尺寸 |
| — sorter | 纖維長度測定器 | 繊維長測定器 | 纤维长度测定器 |
| — strain | 纖維應變 | 繊維ひずみ | 纤维应变 |
| — strain in flexure | 纖維彎曲應變 | 曲げ繊維ひずみ | 纤维弯曲应变 |
| — stress | 纖維應力 | 繊維応力 | 纤维应力 |
| — stress in flexure | 纖維彎曲應力 | 曲げ繊維応力 | 纤维弯曲应力 |
| — stress intensity | 纖維應力強度 | 繊維応力度 | 纤维应力强度 |
| — structure | 纖維結構 | 繊維構造 | 纤维结构 |
| — substance | 纖維材料 | 繊維質 | 纤维材料 |
| — tensile strength tester | 纖維抗張強度試驗機 | 単繊維引張り試験機 | 纤维抗张强度试验机 |
| — texture | 纖維組織 | 繊維組織 | 纤维织构 |
| **fiberglass** | 玻璃纖維 | ファイバガラス | 玻璃纤维 |
| — insulation | 玻璃纖維絕緣 | 繊維状ガラス絶縁 | 玻璃纤维绝缘 |
| — lagging | 玻璃纖維保溫層 | ガラス綿保温材 | 玻璃纤维保温层 |
| — laminate | 玻璃纖維層壓物 | ガラス繊維積層品 | 玻璃纤维层压物 |
| — reinforced laminates | 玻璃纖維增強層壓物 | ガラス繊維強化積層品 | 玻璃纤维增强层压物 |
| — reinforced plastic | 玻璃纖維加強塑膠 | 強化プラスチック | 玻璃纤维增强塑料 |
| — reinforcement | 玻璃纖維增強材料 | ガラス繊維強化材 | 玻璃纤维增强材料 |
| **fiber-optic** plate | 光纖板 | 光学繊維プレート | 光纤板 |
| — transmission | 光纖傳導 | 光ファイバ伝送 | 光纤传导 |
| **fiber-reinforced** metals | 纖維強化金屬 | 繊維強化金属 | 纤维强化金属 |
| plastic | 纖維增強塑料 | 繊維強化プラスチック | 纤维增强塑料 |
| **fibrous** bed filter | 纖維層過濾器 | 繊維層フィルタ | 纤维层过滤器 |
| — composite material | 纖維複合材料 | 繊維複合材料 | 纤维复合材料 |
| — glass | 玻璃纖維 | ガラス繊維 | 玻璃纤维 |
| — glass duct | 玻璃纖維導管 | ガラス繊維ダクト | 玻璃纤维导管 |
| — gypsum | 纖維石膏 | 繊維石こう | 纤维石膏 |
| — insulatig materials | 纖維狀保溫材料 | 繊維状保温材 | 纤维状保温材料 |
| — insulator | 纖維狀絕熱體 | 繊維質断熱材 | 纤维状绝热体 |
| — layers filter | 纖維層過濾器 | 繊維層フィルタ | 纤维层过滤器 |
| — packed bed filter | 纖維填充層過濾器 | 繊維充てん層フィルタ | 纤维填充层过滤器 |

F

| 英　　文 | 臺　　灣 | 日　　文 | 大　　陸 |
|---|---|---|---|
| — reinforcing material | 纖維增強〔強化〕材料 | 繊維強化材 | 纤维增强〔强化〕材料 |
| — structure | 纖維狀組織 | 繊維状組織 | 纤维状组织 |
| — tissue | 纖維組織 | 繊維組織 | 纤维组织 |
| **field** | 場；現場 | 現場 | 现场 |
| — assembly | 現場裝配 | 現場組立 | 工地装配 |
| — balance | 現場平衡 | フィールドバランス | 现场平衡 |
| — circuit breaker | 勵磁斷路器 | 界磁しゃ断器 | 励磁断路器 |
| — individual operation | 現場單獨操作 | 機側単独操作 | 现场单独操作 |
| — joint | 現場聯接 | 現場継手 | 现场联接 |
| — magnet | 場磁鐵 | 界磁石 | 励磁磁铁 |
| — measuring | 現場測定 | 現場計量 | 现场计量 |
| — mix | 現場攪拌 | 現場配合 | 现场搅拌 |
| — operation | 現場操作 | 機側操作 | 现场操作 |
| — painting | 工地噴塗 | 現場塗装 | 工地喷涂 |
| — rivet | 工地鉚釘 | 現場びょう | 工地铆钉 |
| — riveting | 現場鉚接 | 現場打ちリベット | 现场铆接 |
| — sketch | 現場用草圖 | 現場用スケッチ図 | 现场用草图 |
| — stress tensor | 場應力張量 | 場のわい力テンソル | 场应力张量 |
| — welding | 現場熔接 | 現場溶接 | 现场焊接 |
| — work | 現場作業 | 現場作業 | 现场作业 |
| **filament** | （纖）絲 | 繊〔線〕条 | （纤）丝 |
| — fiber | 長絲纖維 | フィラメント繊維 | 长丝纤维 |
| — material | 燈絲材料 | 心線材料 | 灯丝材料 |
| — reinforced resin | 長絲纖維強化樹脂 | フィラメント強化樹脂 | 长丝纤维强化树脂 |
| — size | 纖維細度 | フィラメントの繊度 | 纤维细度 |
| — weight ratio | 纖維重量比 | フィラメント重量比 | 纤维重量比 |
| — wound structure | 纖維絲繞製的構件 | フィラメント巻き構造 | 纤维丝绕制的构件 |
| **filar micrometer** | 游絲分厘卡 | 線状測微計 | 游丝测微器 |
| **file** | 銼（刀） | やすり | 锉（刀） |
| — brush | 銼刷 | ヤスリブラシ | 锉刷 |
| — card | 銼刷 | ファイルカード | 锉刷 |
| — carrier | 銼柄 | やすり柄 | 锉柄 |
| — checker | 試銼法硬度測定器 | ファイルチェッカ | 试锉法硬度测定器 |
| — cleaner | 銼用鋼絲刷 | やすり目払い | 锉用钢丝刷 |
| — cutting machine | 銼刀鏟齒機 | やすり目立機 | 锉纹加工机 |
| — dust | 銼屑 | やすりくず | 锉屑 |
| — hardness | 銼刀（檢驗）硬度 | やすり硬度 | 锉刀（检验）硬度 |
| — steel | 銼刀鋼 | やすり鋼 | 锉刀钢 |
| — tester | 銼刀試驗機 | やすり試験機 | 锉刀试验机 |
| — tooth | 銼刀齒 | やすり歯 | 锉刀齿 |

| 英 文 | 臺 灣 | 日 文 | 大 陸 |
|---|---|---|---|
| **filing** | 銼削〔修〕 | やすり仕上げ | 锉削〔修〕 |
| — machine | 銼機 | やすり盤 | 锉床 |
| **fill** | 填充量 | 充てん量 | 填充量 |
| — abjusting nut | 鎖緊螺母 | 充てん調整ナット | 锁紧螺母 |
| — direction | 裝填方向 | 横方向 | 装填方向 |
| **filled** band | 滿帶 | 満ちたバンド | 满带 |
| — metal | 填充金屬 | 溶加金属 | 填充金属 |
| — spandrel girder | 實腹大梁 | 充腹げた | 实腹大梁 |
| **filler** | 填充物〔劑;料〕 | 充てん剤 | 填充物〔剂;料〕 |
| — coat | 填縫塗層 | 目止め塗り | 填缝涂层 |
| — compound | 填料(用)化合物 | 充てん(用)コンパウンド | 填料(用)化合物 |
| — material | 填料 | 充てん材 | 填料 |
| — metal | 金屬焊料;焊條 | 溶加材 | 金属焊料;焊条 |
| — metal test specimen | 金屬焊料試片 | 溶加材試験片 | 金属焊料试样 |
| — plate | 填隙板〔塑料〕 | 装てん板 | 填料板〔塑料〕 |
| — rod | 焊條 | 溶加棒 | 焊条 |
| **fillet** | 內圓角;倒角 | 隅肉 | 圆角;倒角 |
| — curve | 內圓角曲線 | 隅肉曲線 | 圆角曲线 |
| — ga(u)ge | 內圓角規 | 隅肉ゲージ | 圆角规 |
| — height | 填角焊縫高度 | 隅肉の高さ | 填角焊缝高度 |
| — radius | 內圓角半徑 | 隅肉半径 | 圆角半径 |
| — weld | (填)角熔接 | 隅肉溶接 | (填)角焊 |
| — weld in normal shear | 正面角熔接(縫) | 前面隅肉溶接 | 正面角焊(缝) |
| — weld in parallel shear | 側面角熔接(縫) | 側面隅肉溶接 | 侧面角焊(缝) |
| — welded joint | 角熔接接頭 | 隅肉溶接継手 | 角焊接头 |
| — welding | 填角熔接 | 隅肉溶接 | 填角焊 |
| **filling** | 填料 | 充てん剤 | 充填剂 |
| — agent | 填充劑 | 充てん剤 | 填充剂 |
| — machine | 充填機 | 充てん機 | 充填机 |
| — machiney | 填充用機械 | 充てん機械 | 填充用机械 |
| — matcrial | 添加料 | 添加物 | 填充材料 |
| — matter | 填料 | 充てん物 | 填料 |
| — pressure | 充氣壓力 | 充てん圧力 | 充气压力 |
| — slot | (軸承)裝球缺口 | 入れ溝 | (轴承)装球缺口 |
| — tensile strength | 橫向抗張強度 | 横方向引張り強さ | 横向抗张强度 |
| **fillister head screw** | 有槽凸圓頭螺釘 | 半丸小ねじ | 有槽凸圆头螺钉 |
| **film** | 膜;薄膜 | 皮膜 | 膜;薄膜 |
| — blowing | 薄膠吹塑法 | インフレート法 | 薄胶吹塑法 |
| — bubble | 吹膜〔塑〕 | 吹込フィルム | 吹膜〔塑〕 |
| — caliper | 薄膜厚度 | フィルムの厚さ | 薄膜厚度 |

**F**

| 英　　文 | 臺　　灣 | 日　　文 | 大　　陸 |
|---|---|---|---|
| — casting machine | 薄膜澆鑄機 | フィルム流延機 | 薄膜浇铸机 |
| — casting unit | 薄膜澆鑄裝置 | フィルム流延裝置 | 薄膜浇铸装置 |
| — ferrite | 肥粒鐵薄膜 | 薄膜フェライト | 铁氧体薄膜 |
| — formation | 薄膜形成 | 皮膜形成 | 薄膜形成 |
| — forming agent | 成膜劑 | 塗膜形成要素 | 成膜剂 |
| — forming ingredient | 成膜劑 | 塗膜形成要素 | 成膜剂 |
| — forming material | 成膜物 | 皮膜形成物質 | 成膜物 |
| — forming resin | 塗膜形成樹脂 | 皮膜形成樹脂 | 涂膜形成树脂 |
| — forming temperature | 成膜溫度 | 塗膜形成溫度 | 成膜温度 |
| — lamination | 層壓(薄)膜板 | フィルム張り合せ品 | 层压(薄)膜板 |
| — lubrication | 油膜潤滑 | 油膜潤滑 | 油膜润滑 |
| — penetration | 薄膜滲〔穿〕透 | 境膜浸透 | 薄膜渗〔穿〕透 |
| — strength of oil | 油膜強度 | 油膜強度 | 油膜强度 |
| — stripper | 剝膜具 | フィルムストリッパ | 薄膜分离器 |
| — support | 薄膜支承面 | フィルムベース | 薄膜支承面 |
| — tension | 薄膜張力 | フィルム張力 | 薄膜张力 |
| — theory | 薄膜理論 | 境膜説 | 薄膜理论 |
| — thickness ga(u)ge | 膜厚測定儀 | めっき厚さ計 | 膜厚测定仪 |
| — thickness test | (漆)膜厚度檢驗 | 皮膜厚さ試験 | (漆)膜厚度检验 |
| — uniformity | 膜(厚)均匀性 | 皮膜均一性 | 膜(厚)均匀性 |
| **filming** | 鍍膜 | フィルミング | 镀膜 |
| **filmometer** | 抗張強度測定器 | 皮膜計 | 抗张强度测定器 |
| **filter** | 過濾器 | ろ過機 | 过滤器 |
| — basin | 濾池 | ろ過池 | 滤池 |
| — cell | 濾槽 | フィルタセル | 滤槽 |
| — course | 隔斷層 | 遮斷層 | 隔断层 |
| — crucible | 濾堝 | ろ過ルツボ | 滤埚 |
| — diaphragm | 濾膜 | 膜ろ | 滤膜 |
| — gate | 撇渣堰 | あか取りせき | 撇渣堰 |
| — media | 過濾介質 | ろ過材 | 过滤介质 |
| **filterability** | 過濾性能 | ろ過性能 | 过滤性能 |
| **filtration** | 過濾 | ろ過 | 过滤 |
| — degree | 過濾粒度 | ろ過粒度 | 过滤粒度 |
| — effect | 過濾效果 | ろ過効力 | 过滤效果 |
| — of demineralized water | 純(淨)水過濾 | 純水ろ過 | 纯(净)水过滤 |
| — pressure | 過濾壓力 | ろ過圧力 | 过滤压力 |
| — under pressure | 加壓過濾 | 加圧ろ過 | 加压过滤 |
| **filtros plate** | 透氣板 | 散気板 | 透气板 |
| **fin** | 散熱片;(鑄件)飛邊 | 鋳ばり | (铸件)飞边 |
| — cutting | 清除毛刺 | ばり取り | 清除毛刺 |

| 英　　文 | 臺　　灣 | 日　　文 | 大　　陸 |
|---|---|---|---|
| — efficiency | 散熱(片)效應〔率〕 | フィン効果〔率〕 | 散热(片)效应〔率〕 |
| **final** assembly | 總裝配 | 最終組立 | 总装配 |
| — carburization | 二次碳化 | 二次炭化 | 二次碳化 |
| — concentration | 最終濃度 | 終濃度 | 最终浓度 |
| — cure | 最終硬化 | 最終硬化 | 最终硬化 |
| — discharging voltage | 放電終期電壓 | 放電終止電圧 | 放电终止电压 |
| — drive gear | 最後減速齒輪 | 変速歯車 | 传动链末端(的)齿轮 |
| — filter | 最終濾池 | 最終フィルタ | 最终滤池 |
| — gear | 傳動鏈末端(的)齒輪 | ファイナルギヤー | 传动链末端(的)齿轮 |
| — grinder | 微粉輾磨機 | 微粉砕機 | 精细粉碎机 |
| — reduction ratio | 終端減速比 | 終減速比 | 终端减速比 |
| — run | 最終焊道 | 最終パス | 最终焊道 |
| — settling tank | 最終沈澱池 | 最終沈殿池 | 最终沈淀池 |
| — size | 最終尺寸 | 仕上げ寸法 | 最终尺寸 |
| — velocity | 終速度 | 終速（度） | 末速度 |
| — voltage at discharge | 放電終期電壓 | 放電終期電圧 | 放电终止电压 |
| **fine** adjuster | 精密調節器 | ファインアジャスタ | 精密调节器 |
| — adjustment | 微動裝置 | 微調整 | 微动装置 |
| — adjustment screw | 微調螺釘 | 微調整ねじ | 微调螺钉 |
| — alloy | 純粹合金 | ファインアロイ | 纯粹合金 |
| — blanking | 精密沖裁;精密下料 | 精密打ち抜き | 精密冲裁;精密落料 |
| — borer | 精密搪床 | 精密中ぐり盤 | 精密镗床 |
| — boring | 精搪 | 精密中ぐり | 精镗 |
| — boring machine | 精密搪床 | 精密中ぐり盤 | 精密镗床 |
| — ceramics | 精細陶瓷 | ファインセラミックス | 精细陶瓷 |
| — coal | 粉碳 | 粉炭 | 粉炭 |
| — control | 微調 | 細密同調 | 微调 |
| — control element | 精密控制元件 | 微調整要素 | 精密控制元件 |
| — control rod | 微調整棒 | 微調整棒 | 细调棒 |
| — copper | 精銅 | 精銅 | 精铜 |
| — crack | 小裂縫 | 小割れ | 小裂缝 |
| — crusher | 細碎機 | 微砕機 | 细碎机 |
| — crushing | 精細壓碎 | 細粉砕 | 精细压碎 |
| — cut hob | 細刃滾刀 | ファインカットホブ | 细刃滚刀 |
| — delay | 精密延遲 | 細密遅延 | 精密延迟 |
| — etching | 精細腐蝕 | 階調腐食 | 精细腐蚀 |
| — feed | 微量進給 | 微細送り | 微量进给 |
| — filter | 精濾器 | 精密ろ過用フィルタ | 精滤器 |
| — finishing | 精(密)加工 | 上仕上げ | 精(密)加工 |
| — gold | 純金 | 純金 | 纯金 |

**F**

| 英　　文 | 臺　　灣 | 日　　文 | 大　　陸 |
|---|---|---|---|
| — grinding | 精研磨 | 微粉砕 | 精研磨 |
| — leak test | 微量檢漏試驗 | 微量リーク試験 | 微量检漏试验 |
| — lithography | 精細刻蝕術 | ファインリソグラフィ | 精细刻蚀术 |
| — metal | 純金屬 | 純粋な金属 | 纯金属 |
| — particles | 細粒 | 微粉 | 细粒 |
| — pattern | 精細圖形 | ファインパターン | 精细图形 |
| — porosity | 細孔 | 細孔げき | 细孔 |
| — positioning | 精細〔確〕定位 | 精密位置決め | 精细〔确〕定位 |
| — powder | 細粉末 | 細粉末 | 细粉末 |
| — regulating rod | 微調整棒 | 微調整棒 | 微调整棒 |
| — screw thread | 細牙螺紋 | 細目ねじ | 精密螺纹 |
| — silver | 純銀 | 純銀〔99.9%〕 | 纯银 |
| — solder | 優質鉛錫軟焊料 | 良質はんだ | 优质铅锡软焊料 |
| — structure | 精細結構 | 微細構造 | 精细结构 |
| — suspension | 微細懸濁液 | 微細懸濁液 | 微细悬浊液 |
| — thread | 細牙螺紋 | 細目（系）ねじ | 细牙螺纹 |
| — turning | 精車 | ファインターニング | 精车 |
| — wire welding process | 細線溶接法 | 細線溶接法 | 精密细线焊接工艺 |
| — works | 精細工程 | 精細な仕事 | 精细工程 |
| **fined iron** | 精煉鐵 | 精製鉄 | 精炼铁 |
| **fine-grain** | 細晶粒 | 細粒 | 细晶粒 |
| **fineness** | 精度 | 精度 | 精度 |
| — number | 粒度 | 粒度 | 粒度 |
| — ratio | 細長比 | 細長比 | 细长比 |
| — test | 細度試驗 | 粉末度試験 | 细度试验 |
| **finery** | 精煉場 | 精錬所 | 精炼炉 |
| — hearth | 精煉爐 | 精錬炉 | 精炼炉 |
| **finess number** | 粒度號數；篩號 | 粒度指数 | 粒度号数；筛号 |
| **finger** | 指針；鈎爪；測厚規；銷 | つかみ機構 | 指针；钩爪；测厚规；销 |
| — board | 鍵盤 | フィンガボード | 键盘 |
| — clamp | 指形壓板 | フィンガクランプ | 指形压板 |
| — cutter | 指形〔狀〕銑刀 | フィンガカッタ | 指形〔状〕铣刀 |
| — feed | 機械手送料 | フィンガフィード | 机械手送料 |
| — ga(u)ge | 厚薄規 | 手動式爪ゲージ | 手动挡料器 |
| — gate | 枝形澆口 | 枝ぜき | 指形内浇口 |
| — grip | 把手 | つまみ | 把手 |
| — joint | 指形接合 | フィンガジョイント | 指形接合 |
| — pin | 指狀銷 | フィンガピン | 指状销 |
| — stop | 止撥欄 | 爪形突き当て装置 | 手动限位器 |
| — stop lever | 指狀定位器頂桿 | フィンガストップレバー | 指状定位器顶杆 |

| 英　　文 | 臺　　灣 | 日　　文 | 大　　陸 |
|---|---|---|---|
| fingernailing | 焊接變形 | フィンガネーリング | 焊接变形 |
| fining | 精煉 | 精製 | 精炼 |
| — process | 精製法 | 精製法 | 精制法 |
| finis inferior | 下限 | 下限 | 下限 |
| — superior | 上限 | 上限 | 上限 |
| finish | 精加工 | 仕上げ | 精加工 |
| — allowance | 加工裕度 | 仕上代 | 精加工餘量 |
| — blanking | 光邊下料 | 仕上抜き | 光洁冲裁 |
| — cutting | 精密切削 | 仕上げ削り | 精密切削 |
| — file | 細銼 | 仕上げやすり | 细锉 |
| — forging | 精密鍛造 | 仕上げ打ち | 精密锻造 |
| — grinding | 精磨 | 仕上げ研削 | 精磨 |
| — hardware | 精製小五金 | 仕上げ金物 | 精制小五金 |
| — machining | 精切削 | 仕上げ（削り） | 精切削 |
| — mark | 加工符號 | 仕上げ記号 | 加工符号 |
| — rolling | 精軋 | 仕上げ転圧 | 精轧 |
| — schedule | 裝修進度表 | 仕上げ表 | 装修进度表 |
| — size | 成品尺寸 | 仕上げ寸法 | 成品尺寸 |
| — symbol | 精加工符號 | 仕上げ記号 | 精加工符号 |
| — weld | 表面修整焊接 | 仕上げ溶接 | 表面修整焊接 |
| finishability | 表面加工性 | フィニッシャビリティ | 表面加工性 |
| finished article | 成品 | 完成品 | 成品 |
| — bolt | 光製螺栓 | 磨きボルト | 抛光螺栓 |
| — edge | 加工邊緣 | 仕上げ縁 | 加工边缘 |
| — nut | 精製螺母 | 仕上げナット | 精制螺母 |
| — size | 完工尺寸 | 仕上げ寸法 | 完工尺寸 |
| — structure | 最終〔完成〕結構 | 完成構造 | 最终〔完成〕结构 |
| — surface | 加工面 | 仕上げ面 | 加工面 |
| finishing | 拋光 | 仕上げ | 抛光 |
| — agent | 表面處理劑 | 仕上げ剤 | 表面处理剂 |
| — compound | 拋光劑 | 仕上げ剤 | 抛光剂 |
| — cut | 精加工 | 仕上げ削り | 精加工 |
| — die | 精整模 | 仕上げ型 | 精整模 |
| — gear hob | 精加工齒輪滾刀 | 仕上げ用ホブ | 精加工齿轮滚刀 |
| — hand tap | 精加工（手動）絲攻 | 仕上げタップ | 精加工（手动）丝锥 |
| — machining | 精加工 | 仕上げ削り | 精加工 |
| — mill | 精軋機 | 仕上げ圧延機 | 精轧机 |
| — pass | 精軋孔型 | 最終パス | 精轧孔型 |
| — plane | 細刨 | 仕上げがんな | 细刨 |
| — punch | 精密沖壓機 | 仕上げパンチ | 精密冲压机 |

| 英　　文 | 臺　　灣 | 日　　文 | 大　　陸 |
|---|---|---|---|
| ― roll | 精軋輥 | 仕上げロール | 精轧辊 |
| ― room | 成品間 | 仕上げ室 | 成品间 |
| ― stand | 精軋機架 | 仕上げスタンド | 精轧机架 |
| ― tap | 末道螺絲攻 | 仕上げタップ | 精加工丝锥 |
| ― teeth | 精加工齒 | 仕上げ刃 | 精加工齿 |
| ― temperature | 加工溫度 | 仕上げ温度 | 终锻温度 |
| ― tool | 光製刀具 | 仕上げパイト | 精加工车刀 |
| ― work | 精加工 | 仕上げ加工 | 精加工 |
| **finite** deflection | 有限撓度 | 有限たわみ | 有限偏转 |
| ― deformation | 有限變形 | 有限変形 | 有限变形 |
| ― elastic strain | 有限彈性應變 | 有限弾性ひずみ | 有限弹性应变 |
| **Fink truss** | 芬克式桁架 | フィンクトラス | 芬克式桁架 |
| **finned** cooler | 翅片式冷卻器 | ひれ付き冷却器 | 翅片式冷却器 |
| ― cooling pipe | 翅片式冷卻管 | ひれ付き冷却管 | 翅片式冷却管 |
| ― radiator | 翅片式散熱器 | フィン付き放熱器 | 翅片式散热器 |
| ― tube | 凸片管 | ひれ付き管 | 圆翼管 |
| **finness ratio** | 深寬比 | 縦横比 | 深宽比 |
| **finning** | 加肋 | さく | 加肋 |
| **fire** | 火 | 火災 | 燃烧 |
| ― caused by explosion | 爆炸起火 | 爆発火災 | 爆炸起火 |
| ― cement | 耐火水泥 | 耐火セメント | 耐火水泥 |
| ― exit | 太平門 | 非常口 | 太平门 |
| ― experiment | 耐火試驗 | 火災実験 | 耐火试验 |
| ― flue | 焰道 | 炎路 | 焰道 |
| ― furnace | 加熱爐 | 加熱炉 | 加热炉 |
| ― gases | 可燃氣體 | 火災ガス | 可燃气体 |
| ― gilding | 燙金 | 金の焼付 | 烫金 |
| ― hole ring | 爐口環 | たき口枠 | 炉口环 |
| ― insulating brick | 絕熱耐火磚 | 耐火断熱れんが | 绝热耐火砖 |
| ― mold sand | 焙燒過的鑄砂 | 焼粉 | 焙烧过的型砂 |
| ― mortar | 防火泥漿 | 耐火モルタル | 耐火砂浆 |
| ― pot | 坩鍋 | ファイヤポット | 坩锅 |
| ― prevention wall | 防火牆 | 防火壁 | 防火墙 |
| ― rating test | 耐火性等級試驗 | 耐火性等級試験 | 耐火性等级试验 |
| ― ray | 火線 | 火線 | 火线 |
| ― resistance | 耐火性 | 耐火性 | 耐火性 |
| ― resistance efficiency | 耐火性能 | 耐火性能 | 耐火性能 |
| ― resistance test | 耐火試驗 | 耐火試験 | 耐火试验 |
| ― retardance | 耐火性 | 延焼抑制 | 耐火性 |
| ― retardancy | 阻燃性 | 難燃性 | 阻燃性 |

| 英　　文 | 臺　　灣 | 日　　文 | 大　　陸 |
|---|---|---|---|
| ― shovel | 火鏟 | 十能 | 火铲 |
| ― shrinkage | 燒縮度 | 火縮度 | 烧缩度 |
| ― slice | 長柄火鏟 | 火かき棒 | 长柄火铲 |
| ― surface | 加熱面 | 熱面 | 加热面 |
| ― test | 燃燒試驗 | 防火試験 | 燃烧试验 |
| ― tongs | 火鉗 | 火ばし | 火钳 |
| ― tube boiler | 火管鍋爐 | 煙管式ボイラ | 火管锅炉 |
| ― waste | 熔融損失 | 溶融損失 | 熔融损失 |
| ― wire | 導火線 | ファイヤライン | 导火线 |
| **firearmor** | 鎳鉻鐵錳合金 | ファイヤアーマ | 镍铬铁锰合金 |
| **firebox** | 爐膛 | 火室 | 炉膛 |
| **fire-break** | 擋火牆 | 防火界壁 | 挡火墙 |
| **firebrick** | 耐火磚 | 耐火れんが | 耐火砖 |
| ― wall | 耐火磚爐牆 | 耐火れんが壁 | 耐火砖炉墙 |
| **fire-bridge** | (爐內的)火牆 | 火橋 | (炉内的)火墙 |
| **fireclay** | 耐火黏土 | 耐火粘土 | 耐火黏土 |
| ― brick | 耐火磚 | 粘土質耐火れんが | 耐火砖 |
| ― mortar | 耐火灰泥 | 耐火粘土質漆くい | 耐火灰泥 |
| **fire-crack** | 熱裂 | ファイヤクラック | 热裂 |
| **fire-cracker welding** | 橫置式溶接 | クラッカ溶接法 | 躺焊 |
| **fired ceramic coating** | 燒成〔結〕陶瓷塗料 | 焼成セラミック塗料 | 烧成〔结〕陶瓷涂料 |
| **fire-end** | 燃燒端 | 火口端 | 燃烧端 |
| **fire-proof** cable | 防火電纜 | 耐火ケーブル | 防火电缆 |
| ― mortar | 耐火砂漿 | 耐火モルタル | 耐火砂浆 |
| ― paint coat | 耐火塗料塗層 | 耐火塗り | 耐火涂料涂层 |
| ― performance | 防火性能 | 防火性能 | 防火性能 |
| ― sand | 耐火砂 | 耐火砂 | 耐火砂 |
| ― wire | 耐火電線 | 耐火電線 | 耐火电线 |
| **fireproofing** | 防火處理〔加工〕 | 防火処理 | 防火处理〔加工〕 |
| **fireproofness** | 防火性 | 防火性 | 防火性 |
| **fire-refined copper** | 乾式精製銅 | 乾式精製銅 | 火法精炼铜 |
| **fire-resistant** fluid | 難燃性(油壓)油 | 難燃性（油圧）油 | 难燃性(油压)油 |
| ― lubricants | 阻燃潤滑劑 | 不発火潤滑剤 | 阻燃润滑剂 |
| ― material | 耐火材料 | 耐火材料 | 耐火材料 |
| ― oil | 耐燃性油 | 耐燃性油 | 耐燃性油 |
| ― plywood | 防火合板 | 防火合板 | 防火合板 |
| ― properties | 防火性 | 防火性 | 防火性 |
| **fire-retardant** | 防火劑 | 防火剤 | 防火剂 |
| ― additive | 難燃劑 | 難燃剤 | 难燃剂 |
| ― coating | 防火塗料 | 防火塗料 | 防火涂料 |

| 英　　文 | 臺　　灣 | 日　　文 | 大　　陸 |
|---|---|---|---|
| — paint | 防火塗料 | 防火塗料 | 防火涂料 |
| **firesand** | 耐火砂 | 火成砂 | 耐火砂 |
| **firestone** | 耐火用矽石 | 耐火用けい石 | 耐火用硅石 |
| **firewall** | 防火隔板 | 防火壁 | 防火隔板 |
| **firing** | 點火 | 点火 | 点火 |
| — chamber | 燃燒室 | 燃焼室 | 燃烧室 |
| — floor | (鍋爐)火床 | 火床 | (锅炉)火床 |
| — pin | 擊針 | 擊針 | 击针 |
| — pin spring | 擊針簧 | 擊針げね | 击针簧 |
| — pressure | 燃燒壓力 | 燃焼圧 | 燃烧压力 |
| — range | 射距 | 射距離 | 射距 |
| — shovel | 火鏟 | 火たきショベル | 火铲 |
| — temperature | 燒成溫度 | 焼成温度 | 烧成温度 |
| — tool | 點火工具 | 火たき具 | 点火工具 |
| — voltage | 開始放電電壓 | 放電開始電圧 | 开始放电电压 |
| **first** angle method | 第一角法 | 第一角法 | 第一角法 |
| — angle projection | 第一角投影法 | 第一角法 | 第一角投影法 |
| — corner | 第一轉角 | 第一屈曲部 | 第一转角 |
| — dead point | 第一死點 | 第一死点 | 第一死点 |
| — division | 第一次分裂 | 第一分裂 | 第一次裂变 |
| — draw die | 首次拉伸模 | 初絞り型 | 首次拉深模 |
| — gear | 一檔(齒輪);低速檔 | ファーストギヤー | 一档(齿轮);低速档 |
| — hand tap | 一號(手動)絲攻 | 一番タップ | 一号(手动)丝锥 |
| — heat of dissolution | 最初溶解熱 | 溶解初熱 | 最初溶解热 |
| — law of motion | 運動第一定律 | 運動の第一法則 | 第一运动定律 |
| — moment | 一次矩 | 一次のモーメント | 一阶矩 |
| — motion shaft | 第一運動軸 | 第一運動軸 | 第一运动轴 |
| — piece | 粗加工部分 | ファーストピース | 粗加工部分 |
| — quadrant | 第一象限 | 第一象限 | 第一象限 |
| — roughing tap | 一號(粗攻)絲攻 | 一番タップ | 一号(粗攻)丝锥 |
| — skim coat | 底漆 | 下塗り | 底漆 |
| — slag | 第一次熔渣 | 溶落ちスラグ | 第一次熔渣 |
| — speed gear | 頭檔齒輪 | 一速歯車 | 头档齿轮 |
| — stage annealing | 第一階段退火 | 第一段焼なまし | 第一阶段退火 |
| **Firth hardometer** | 富氏硬度計 | ファース硬度計 | 富氏硬度计 |
| **fish-bolt** | 魚尾板螺栓 | 接ぎ板ボルト | 接缝螺栓 |
| **fishery eye** | 銀點(熔接) | フィッシュアイ | 缩孔 |
| **fishhooks** | V形表面缺陷 | V型表面傷 | V形表面缺陷 |
| **fish-joint** | 魚尾板接合 | 添え木継ぎ | 夹板接合 |
| **fish-plate** | 魚尾板 | 継ぎ目板 | 接合板 |

| 英　　文 | 臺　　灣 | 日　　文 | 大　　陸 |
|---|---|---|---|
| **fishtail** | V形縮孔 | V形収縮孔 | V形缩孔 |
| — cutter | 魚尾削刀 | 魚の尾カッタ | 鱼尾形键槽铣刀 |
| — die | 魚尾模 | フィッシュテールダイ | 鱼尾模 |
| **fissility** | 剝離性 | 分裂性 | 剥离性 |
| **fission** | 分裂 | 分裂 | 裂变 |
| — chamber | (原子)核分裂電離箱 | 核分裂電離箱 | (原子)核裂变电离箱 |
| — cross-section | 核分裂截面 | 分裂断面積 | 裂变断面积 |
| — reaction | 分裂反應 | 分裂反応 | 裂变反应 |
| — reactor | 核分裂爐 | 核分裂炉 | 核裂反应堆 |
| **fissure** | 縫隙 | 裂け傷 | 缝隙 |
| **fissured clay** | 縫隙黏土 | ひび割れ粘土 | 缝隙黏土 |
| **fissuring** | 裂縫 | き裂が発生すること | 裂缝 |
| **fistuca** | 落錘 | 落錘 | 落锤 |
| **fit joint** | 配合接頭 | 印ろう継手 | 配合接头 |
| — key | 配合鍵 | フィットキー | 配合键 |
| — symbol | 配合符號 | はめ合い記号 | 配合符号 |
| — system | 配合方式 | はめ合い方式 | 配合方式 |
| — tolerance | 配合公差 | はめ合い公差 | 配合公差 |
| — up | 裝配 | 取付け | 装配 |
| **fitment** | 模具 | 金具 | 模具 |
| **fitness** | 適合度 | 適応度 | 适合度 |
| **fitter** | 裝配工 | 組立て工 | 钳工 |
| — bench | 鉗工工作台 | 仕上げ台 | 钳工工作台 |
| **fitting** | 裝配 | フィッテング | 装配 |
| — factor | 接頭係數 | 金具係数 | 接头系数 |
| — flange | 接頭凸緣 | 取付けフラレジ | 接头凸缘 |
| — list | 配件表 | 建具リスト | 配件表 |
| — pin | 定位銷 | 取付けピン | 定位销 |
| — pipe | 接頭管 | 取付け管 | 接头管 |
| — screw | 裝配螺釘 | 取付けねじ | 装配螺钉 |
| — shop | 裝配工場 | 什上げ工場 | 装配车间 |
| — stool | 裝配用托架 | 仮合せ台 | 装配用托架 |
| — strip | 夾板〔條〕 | はさみ板 | 夹板〔条〕 |
| **fitting-up bolt** | 臨時接合螺栓 | 仮締めボルト | 临时接合螺栓 |
| **five axis machine tool** | 五軸(控制)機床 | 五軸制御工作機械 | 五轴(控制)机床 |
| — roller mill | 五輥(式)軋機 | ファイブローラミル | 五辊(式)轧机 |
| **fix** | 定位 | 位置決定 | 定位 |
| — screw | 固定螺釘 | フィックススクリュー | 固定螺钉 |
| — stopper | 固定擋銷 | フィックスストッパ | 固定挡销 |
| **fixation** | 定位 | 固定 | 定位 |

**F**

| 英　　文 | 臺　　灣 | 日　　文 | 大　　陸 |
|---|---|---|---|
| **fixed** angular table | 固定(三角)工作台 | 固定テーブル | 固定(三角)工作台 |
| — axle | 固定軸 | 固定車軸 | 固定軸 |
| — bearing | 固定支承 | 固定支承 | 固定支承 |
| — blank-holder | 固定式胚緣壓牢器 | 固定しわ押え | 固定式胚缘压牢器 |
| — block | 固定塊 | 固定長ブロック | 固定块 |
| — bolster | 固定承梁 | 固定受け台 | 固定架 |
| — brush | 固定電刷 | 固定ブラシ | 固定电刷 |
| — center | 固定中心 | 固定中心 | 固定顶尖 |
| — connector | 固定連接器 | 固定コネクタ | 固定连接器 |
| — contact | 固定接點 | 固定接点 | 固定接点 |
| — coupler | 固定聯接器 | 固定結合器 | 固定联接器 |
| — coupling | 固定聯接器 | 固定結合 | 固定联轴节 |
| — crane | 固定起重機 | 定置クレーン | 固定式起重机 |
| — die | 固定模 | 固定用ダイス | 固定凹模 |
| — die plate | 固定模板 | 固定板 | 固定模板 |
| — drilling equipment | 固定式鑽探設備 | 固定式掘削装置 | 固定式钻探设备 |
| — edge | 固定邊 | 固定縁〔端〕 | 固定边 |
| — elevation | 固定仰角 | 固定仰角 | 固定仰角 |
| — end | 固定端 | 固定端 | 固定端 |
| — expansion | 固定膨脹 | 定膨脹 | 固定膨胀 |
| — flange | 固定凸緣 | 固定フランジ | 固定凸缘 |
| — gantry crane | 固定龍門起重機 | 固定ガントリクレーン | 固定式龙门起重机 |
| — gap embosser | 固定間隙式壓花機 | 固定間げき式型押し機 | 固定间隙式压花机 |
| — gate | 固定擋板 | フィクスドゲート | 固定式挡板 |
| — jib crane | 固定伸臂起重機 | 固定ジブクレーン | 固定式悬臂起重机 |
| — key | 固定鍵 | 固定キー | 固定键 |
| — liner | 固定襯墊〔里;片;套;板〕 | 張付けライナ | 固定衬垫〔里;片;套;板〕 |
| — load | 定負載 | 固定荷重 | 固定负载 |
| — loss | 固定損耗 | 固定損 | 固定损耗 |
| — path equipment | 固定路線輸送裝置 | 固定経路運搬装置 | 固定路线输送装置 |
| — path feeder | 固定路線送料器 | 固定経路フィーダ | 固定路线送料器 |
| — pin | 固定銷 | 固定ピン | 固定销 |
| — platen | 固定壓板 | 固定台 | 固定压板 |
| — plow | 專用平土機 | 単用プラウ | 专用平土机 |
| — pressure | 固定壓力 | 固定圧（力） | 固定压力 |
| — pulley | 定滑輪 | 定滑車 | 固定滑轮 |
| — rate | 固定比率 | 定率 | 固定比率 |
| — restraction mechanism | 固定節流機構 | 固定絞り機構 | 固定节流机构 |
| — speed | 恒定速率 | 固定速度 | 恒定速率 |
| — stay | 固定扶架 | 固定控え | 固定支撑 |

| 英　　文 | 臺　　灣 | 日　　文 | 大　　陸 |
|---|---|---|---|
| — stripper | 固定模板 | 固定式ストリッパー | 固定模板 |
| — support | 固定支架 | 固定支え | 固定支架 |
| — tentering frame | 固定展寬軋機 | 固定幅出し器 | 固定展宽轧机 |
| — throttle valve | 固定節流閥 | 固定絞り弁 | 固定节流阀 |
| — vector | 固定向〔矢〕量 | 固定ベクトル | 固定向〔矢〕量 |
| — wheel base | 固定軸距 | 固定軸距 | 固定轴距 |
| **fixed-point** of pressure | 固定壓力點 | 圧力定点 | 固定压力点 |
| — of temperature | 溫度定點 | 温度定点 | 温度定点 |
| **fixer** | 固定器 | 定着剤 | 固定器 |
| **fixing** | 固定 | 定着すること | 固定 |
| — apparatus | 固定裝置 | 固定装置 | 固定装置 |
| — moment | 固定力矩 | 固定モーメント | 固定力矩 |
| — pad | 堆焊 | 肉盛り | 堆焊 |
| **fixity coefficient** | 剛性係數 | 固定係数 | 刚性系数 |
| **fixture** | 定位裝置 | 取付け具;治具 | 定位装置 |
| — fitting | 固定 | 取付け | 固定 |
| — welding machine | 固定式焊機 | 定置式溶接機 | 固定式焊机 |
| **flake** | 薄片〔溶融物水冷而成〕 | 薄片 | 薄片〔溶融物水冷而成〕 |
| — composite | 片〔層;鱗〕狀複合材料 | フレーク複合材料 | 片〔层;鳞〕状复合材料 |
| — lead | 鉛白 | 鉛白 | 铅白 |
| — metal powder | 片狀金屬粉 | りん片状金属粉 | 片状金属粉 |
| **flaker** | (冷卻轉鼓式)刨片機 | フレイカ | (冷却转鼓式)刨片机 |
| **flakiness** | 成片性 | へん平度 | 成片性 |
| **flaking** | 剝脫 | 小はがれ | 薄片 |
| — machine | 刨片機 | フレーク製造機 | 刨片机 |
| **flaky** crystal | 片狀結晶 | りん状結晶 | 片状结晶 |
| — graphite | 片狀石墨 | 薄片状石墨 | 片状石墨 |
| — resin | 片狀樹脂 | フレーキレジン | 片状树脂 |
| — texture | 鱗片狀結構 | りん状構造 | 鳞片状结构 |
| **flame** | 火燄 | 火炎 | 火焰 |
| — annealing | 火燄退火 | 火炎焼なまし | 火焰退火 |
| — arrester | 消燄器 | 逆火防止装置 | 火焰消除装置 |
| — bonding | 火燄熔接 | 火炎融着 | 火焰熔接 |
| — brazing process | 火燄銅焊法 | 火炎ろう付け法 | 火焰铜焊法 |
| — carbon | 發(弧)光碳精棒 | 発炎炭素棒 | 发(弧)光碳精棒 |
| — cleaning | 火燄清除 | 炎清掃 | 火焰除污〔净化;除锈〕 |
| — coal | 燄煤 | 有煙炭 | 焰煤 |
| — colo(u)r test | 燄色試驗 | 炎色試験 | 焰色试验 |
| — core | 燄心 | 内部フレーム | 焰心 |
| — curing | 火燄固化 | 火炎硬化 | 火焰固化 |

| 英　　文 | 臺　　灣 | 日　　文 | 大　　陸 |
|---|---|---|---|
| — cutting | 火燄裁割 | フレーム切断 | 火焰切割 |
| — deflector | 火燄偏轉器 | 火炎偏向板 | 火焰偏转器 |
| — descaling | 火燄脫氧化皮法 | 火炎スケール除去 | 火焰脱氧化皮法 |
| — furnace | 反射爐 | 反射炉 | 反射炉 |
| — fusion coating | 火燄噴鍍 | 火炎溶射 | 火焰喷镀 |
| — gouging | 火燄熔割 | 火炎溝切り | 火焰挖槽 |
| — gun | 噴火槍 | フレームガン | 喷灯 |
| — hardening | 火燄(表面)硬化 | 火炎焼入れ | 火焰(表面)硬化 |
| — holding plate | 火燄穩定器 | 保炎板 | 火焰稳定器 |
| — hole | 燄孔 | 炎口 | 火焰孔 |
| — ignition | 火燄點火 | 炎点火 | 火焰点火 |
| — length | 火燄長度 | 火炎長さ | 火焰长度 |
| — light | 火燄光 | 炎光 | 火焰光 |
| — machining | 火燄切削 | 炎切削 | 火焰表面加工 |
| — metal spray | 火燄金屬噴塗法 | 炎溶射法 | 火焰金属喷涂法 |
| — planer | 龍門燄割機 | フレームプレーナ | 龙门式自动气割机 |
| — plating | 火燄噴塗 | 火炎溶射 | 火焰喷涂 |
| — point | 著火點 | 引火点 | 着火点 |
| — reaction | 燄色反應 | 炎色反応 | 焰色反应 |
| — resistance | 耐火燄性 | 耐炎性 | 抗燃性 |
| — resistant composition | 耐燃劑 | 耐燃配合物 | 耐燃剂 |
| — resistant property | 耐燃性 | 耐燃性 | 耐燃性 |
| — retardancy | 阻燃性 | 難燃性 | 阻燃性 |
| — retardant | 難燃劑 | 難燃剤 | 难燃剂 |
| — retarder | 防火劑 | 難燃(性付与)剤 | 防火剂 |
| — scaling | (鋼絲)熱浸鍍鋅 | フレームスケーリング | (钢丝)热浸镀锌 |
| — scarfing | 火燄修切邊緣 | 火炎傷取り | 火焰修切边缘 |
| — shaping | 火燄成形 | 火炎成形 | 火焰成形 |
| — source | 火源 | 炎源 | 火源 |
| — spinning | 火燄加熱旋壓 | 温熱間スピニング加工 | 火焰加热旋压 |
| — spray coating | 火燄噴塗(層) | 溶射法 | 火焰喷涂(层) |
| — spray gun | (金屬)熔融噴槍 | 溶射ガン | (金属)熔融喷枪 |
| — spray painting | 火燄噴塗(層) | フレームスプレー塗装 | 火焰喷涂(层) |
| — spray powder coating | 粉末火燄噴塗 | 粉末溶射 | 粉末火焰喷涂 |
| — spraying process | 火燄噴射呋 | 火炎スプレー掛け法 | 火焰喷射 |
| — stability | 火燄穩定性 | 炎の安定性 | 火焰稳定性 |
| — temperature | 著火溫度 | 火炎温度 | 着火温度 |
| — tempering | 火燄回火 | 火炎焼もどし | 火焰回火 |
| — test | 燄色試驗 | 炎色試験 | 焰色试验 |
| — treating | 火燄熱處理(法) | 火炎処理 | 火焰热处理(法) |

| 英　　文 | 臺　　灣 | 日　　文 | 大　　陸 |
|---|---|---|---|
| — treatment | 火焰熱處理 | 火炎処理 | 火焰热处理 |
| — welding | 火焰熔接 | 火炎溶接 | 火焰焊接 |
| — working | 火焰加工 | 炎工作 | 火焰加工 |
| **flame-proofness** | 耐火性 | 防炎性 | 耐火性 |
| **flammability** | 易燃性 | 燃焼性 | 易燃性 |
| — characteristic | 易燃性特性 | 燃焼特性 | 易燃性特性 |
| — test | 可燃性試驗 | 燃焼試験 | 可燃性试验 |
| **flange** | 凸緣 | 出張り | 凸缘 |
| — angle | 凸緣角鋼 | フランジ山形 | 凸缘角钢 |
| — bending die | 凸緣彎曲模 | 縁曲げ型 | 凸缘弯曲模 |
| — bolt | 凸緣螺栓 | フランジボルト | 凸缘螺栓 |
| — bush | 凸緣襯套 | フランジブッシュ | 凸缘衬套 |
| — chuck | 凸緣夾頭 | 平チャック | 凸缘夹头 |
| — connector | 凸緣連接器 | フランジ管継手 | 凸缘连接器 |
| — coupling | 凸緣聯軸節 | フランジ継手 | 凸缘联轴节 |
| — edge welding | 凸緣邊熔接 | フランジへり溶接 | 弯边焊 |
| — extrusion | 凸緣擠壓 | フランジ押出し | 凸缘挤压 |
| — facing | 凸緣接合面 | フランジの合わせ面 | 法兰接合面 |
| — fitting | 凸緣接頭 | 管フランジ形継手 | 法兰接头 |
| — forming | 折緣加工 | つば付け加工 | 折缘加工 |
| — gasket | 凸緣墊片 | フランジガスケット | 凸缘垫片 |
| — headed screw | 頭部帶緣〔肩〕螺釘 | つば付き（頭）ねじ | 头部带缘〔肩〕螺钉 |
| — insulation gasket | 凸緣絕緣襯墊 | 絶縁フランジガス | 法兰绝缘垫 |
| — joint | 凸緣接合 | つば継手 | 法兰联轴节 |
| — machinery | 彎邊機械 | フランジマシーナリ | 弯边机械 |
| — nut | 凸緣螺帽 | つば付きナット | 凸缘螺母 |
| — packing | 凸緣迫緊 | フランジパッキン | 凸缘密封垫 |
| — rivet | 凸緣鉚釘 | フランジリベット | 凸缘铆钉 |
| — seal | 凸緣密封 | フランジシール | 凸缘密封 |
| — section | 凸緣截面 | フランジ断面 | 凸缘截面 |
| — shaft coupling | 凸緣聯軸器 | フランジ（軸）継手 | 凸缘联轴节〔器〕 |
| — trim die | 凸緣切邊模 | フランジトリム型 | 凸缘切边模 |
| — trimming | 凸緣修邊 | フランジ縁切り加工 | 凸缘修边 |
| — union | 凸緣管接 | 組みフランジ | 法兰管接 |
| — wrinkling | （拉伸件）凸緣起皺 | フランジしわの発生 | （拉深件）凸缘起皱 |
| **flanged** bracket | 折邊肘板 | フランジブラケット | 折边肘板 |
| — eyelet | 帶凸緣孔 | フランジ付きはと目 | 带凸缘孔 |
| — pulley | 凸緣皮帶輪 | フランジ付きベルト車 | 带缘皮带轮 |
| — tube radiator | 凸緣管散熱器 | ひれ付き放熱器 | 翅片式散热器 |
| **flangeway** | 輪緣槽 | フランジウェー | 轮缘槽 |

| 英 文 | 臺 灣 | 日 文 | 大 陸 |
|---|---|---|---|
| — depth | 輪緣槽深度 | フランジウェーの深さ | 轮缘槽深度 |
| — width | 輪緣槽寬度 | フランジウェーの幅 | 轮缘槽宽度 |
| **flanging** | 製成凸緣 | つば出し | 制成凸缘 |
| — press | 壓緣機 | つば出しプレス | 弯缘压床 |
| — quality | 折邊性能 | フランジ材質 | 折边性能 |
| — test | 凸緣試驗 | フランジ試験 | 卷边试验 |
| **flank** | 齒腹 | 歯面 | 齿腹 |
| — angle | 螺腹角 | フランク角 | 压力角 |
| — angle error | 螺腹角誤差 | フランク角誤差 | 啮合角误差 |
| — contact | 齒根接觸點 | フランクコンタクト | 齿根接触点 |
| — form error | 齒形誤差 | 歯形誤差 | 齿形误差 |
| — wear | 側面磨損 | 逃げ面摩耗 | 侧面磨损 |
| **flap** | 轉板 | 水よけ平板 | 铰链板 |
| — wheel | 掬水輪 | すくい車 | 翼片抛光轮〔砂轮〕 |
| **flapper** | 擋葉 | フラッパ | 挡片 |
| — action valve | 舌形閥 | フラッパ弁 | 舌形阀 |
| — valve | 擋板閥 | フラッパバルブ | 挡板阀 |
| **flare** | 閃光信號;喇叭口 | 光はい | 锥形孔 |
| — cut-off | （管端）喇叭口切除 | フレアカットオフ | （管端）喇叭口切除 |
| — groove weld | 喇叭形坡口焊（縫） | フレア溶接 | 喇叭形坡口焊（缝） |
| — welding | 喇叭形（坡口）焊接 | フレア溶接 | 喇叭形（坡口）焊接 |
| **flared** fitting | 擴口式管接頭 | フレア管継手 | 扩口式管接头 |
| — hub | 喇叭形承口 | ラッパ形受け口 | 喇叭形承口 |
| — intersection | 漏斗式交叉（口） | 拡幅交差 | 漏斗式交叉（口） |
| — joint | 擴口管接頭 | ラッパ接合 | 扩口管接头 |
| — tube | 喇叭口（管） | らっぱ口 | 喇叭口（管） |
| **flare-in** | 管端內縮 | 管端の口細め | 管端内缩 |
| **flareless** fitting | 無錐度管接頭 | フレアレス管継手 | 无锥度管接头 |
| — type joint | 無擴口接頭 | 食い込み継手 | 无扩口接头 |
| **flaring** | 管子擴口 | つば出し成形 | 管子扩口 |
| **flash** butt welder | 閃電對頭熔接機 | 火花突合せ溶接機 | 闪光焊机 |
| — butt welding | 閃電對頭熔接 | フラッシュバット溶接 | 闪光对（接）焊 |
| — etching | 光刻 | フラッシュエッチング | 光刻 |
| — gate | 溢流閘 | フラッシュゲート | 溢流闸 |
| — groove | 溢流溝 | 流出溝 | 溢流沟 |
| — land | 溢流面 | 流出面 | 溢流面 |
| — line | （溢）流痕 | 合わせ筋 | （溢）流痕 |
| — mixer | 快速混合機 | 瞬間混合機 | 快速混合机 |
| — mold | 溢出式塑模 | 平押し金型 | 溢出式塑模 |
| — plate | 閃鍍 | フラッシュ | 闪镀 |

| 英　　文 | 臺　　灣 | 日　　文 | 大　　陸 |
|---|---|---|---|
| — plating | 快速鍍層 | フラッシュめっき法 | 快速镀层 |
| — rusting | 閃蝕 | フラッシュさび | 闪蚀 |
| — smelting | 自熔法 | フラッシュ溶錬 | 自熔法 |
| — test | 閃點試驗 | 瞬間試験 | 高压绝缘试验 |
| — time | 熔化時間 | フラッシュタイム | 熔化时间 |
| — trimming die | 修邊模；切除飛邊模 | フラッシュトリム型 | 修边模；切除飞边模 |
| — type mold | 溢料模 | 流出型 | 溢料模 |
| — weld(ing) | 閃電熔接 | 火花溶接 | 闪光对焊 |
| — welder | 閃光對焊機 | 火花突合せ溶接機 | 闪光对焊机 |
| **flashback** | 逆弧 | 引火 | 逆弧 |
| — arrester | (氣焊)回火制止器 | 安全器〔ガスの〕 | (气焊)回火制止器 |
| **flashing** | 閃光 | せん弧 | 闪光 |
| **Flashkut** | 落錘鍛造鋼 | フラッシュクット | 落锤锻造钢 |
| **flashover** | 跳火 | フラッシュオーバ | 跳火 |
| — characteristic | 火花擊穿特性 | フラッシュオーバ特性 | 火花击穿特性 |
| — test | 火花擊穿試驗 | フラッシュオーバ試験 | 火花击穿试验 |
| — voltage | 擊穿電壓 | フラッシュオーバ電圧 | 击穿电压 |
| **flask** | 砂箱 | 型枠 | 砂箱 |
| — bar | 砂箱隔條 | 枠の桟 | 箱挡 |
| — clamp | 砂箱夾 | 枠締め | 砂箱卡子 |
| — feeder | 送箱裝置 | フラスクフィーダ | 送箱装置 |
| — molding | 有箱造模法 | 枠込め法 | 砂箱造型 |
| — pin | 砂箱定位銷 | 合わせピン | 砂箱定位销 |
| — separator | 分箱機 | フラスコセパレータ | 分箱机 |
| **flaskless** molding | 無箱造型 | 抜き枠込め造型 | 无箱造型 |
| — molding machine | 無箱造型機 | 抜き枠造型機 | 无箱造型机 |
| **flat** | 平台 | 床 | 平台 |
| — band | 帶鋼 | ストリップ鋼 | 带钢 |
| — bar joint | 扁鋼拼接〔接合〕板 | 平形継目板 | 扁钢拼接〔接合〕板 |
| — bar steel | 扁鋼 | 平鋼 | 扁钢 |
| — bearing | 雙腳支柱 | フラットベアリング | 双脚支柱 |
| — belt | 平皮帶 | 平ベルト | 平皮带 |
| — bend test | 折彎試驗 | 折曲げ試験 | 折弯试验 |
| — billet | 扁鋼胚 | 平鋼片 | 扁钢胚 |
| — bit | 平口鑽頭 | フラットビット | 扁钻 |
| — bit tongs | (鍛工)平口鉗 | 平やっとこ | (锻工)平口钳 |
| — brush | 扁刷 | 平刷毛 | 扁平刷 |
| — cam | 平板凸輪 | 板カム | 平板凸轮 |
| — chisel | 平鏨 | 平たがね | 平鏨 |
| — die | 平模 | 平金敷 | 平模 |

385

| 英　　文 | 臺　　灣 | 日　　文 | 大　　陸 |
|---|---|---|---|
| — die extrusion | 平模擠出 | フラットダイ押出し | 平模挤出 |
| — die forging | 自由鍛造 | 自由鍛造 | 自由锻造 |
| — dies | 搓絲模 | フラットダイス | 搓丝模 |
| — drag | 修光刃具 | さらい刃 | 修光刃具 |
| — drill | 扁鑽 | 平ぎり | 扁钻 |
| — edge trimmer | 修邊機 | エッジトリマー | 修边机 |
| — end | 平端 | 平面端柱 | 平端 |
| — end electrode | 平頭電極 | 平頭電極 | 平头电极 |
| — face flange | 平面凸緣 | 全面座フランジ | 平面凸缘 |
| — faced fillet weld | 平填角焊 | 平すみ肉溶接 | 平填角焊 |
| — file | 扁(平)銼 | 先細平やすり | 扁(平)锉 |
| — fillister head screw | 平圓柱頭螺釘 | 平小ねじ | 平圆柱头螺钉 |
| — finisher | 平面修〔精〕整機 | フラットフニッシャ | 平面修〔精〕整机 |
| — finishing | 平面塗裝法 | フラット仕上げ法 | 平面涂装法 |
| — gasket | 平板形襯墊 | 平形ガスケット | 平板形密封垫 |
| — gate | 扁澆口 | 板ぜき | 扁浇口 |
| — gauge | 平板規 | 板ゲージ | 板规 |
| — iron | 扁鐵〔鋼〕 | 平鉄 | 扁铁〔钢〕 |
| — joint | 平縫 | さすり目地 | 平缝 |
| — joint bar | 扁板型魚尾板 | たんざく形継目板 | 扁平接缝板 |
| — key | 平鍵 | 平キー | 平键 |
| — lump hammer | 雙刃錘 | 両刃 | 双刃锤 |
| — mill | 邊碾機 | フラットミル | 边碾机 |
| — nail | 平頭釘 | 平頭くぎ | 平头钉 |
| — parison | 塑料型環 | フラットパリソン | 塑料型环 |
| — pass | 矩形環槽 | フラットパス | 扁平孔型 |
| — pin | 平銷 | 平針 | 平销 |
| — pliers | 扁口鉗 | 平プライヤ | 扁口钳 |
| — position of welding | 平焊 | 下向き溶接 | 平焊 |
| — punch | 平沖頭 | フラットポンチ | 平冲头 |
| — rammer | 平撞鎚;平底搗桿 | 平突き棒 | 平头砂冲 |
| — reamer | 平底鉸刀 | 平リーマ | 圆柱直齿铰刀 |
| — roll | 平面軋輥 | フラットロール | 平面轧辊 |
| — scale | 平尺 | 平尺 | 平尺 |
| — scraper | 平刮刀 | 平きさげ | 平刮刀 |
| — series | 水平床身系列〔車床〕 | フラットシリーズ | 水平床身系列〔车床〕 |
| — spiral spring | 發條 | ぜんまい | 发条 |
| — spring | 板片彈簧 | 板ばね | 板弹簧 |
| — steel bar | 扁鋼(條) | 平鋼 | 扁钢(条) |
| — thread | 方螺紋 | 角ねじ | 方螺纹 |

| 英　　文 | 臺　　灣 | 日　　文 | 大　　陸 |
|---|---|---|---|
| — tip | (接觸焊)平頭電極 | 平チップ | (接触焊)平头电极 |
| — tong | 平口鉗 | 平はし | 平口钳 |
| — trowel | 平頭鏝 | 平こて | 平镘刀 |
| — tuning | 粗調 | 鈍同調 | 粗调 |
| — twist drill | 平頭麻花鑽 | 平ねじれぎり | 平头麻花钻 |
| — valve | 平(板)閥 | 平弁 | 平(板)阀 |
| — washer | 平墊圈 | 平座金 | 平垫圈 |
| — welding | 平焊 | 下向き溶接 | 平焊 |
| — wire | 扁鋼絲 | 平線 | 扁钢丝 |
| — work ironer | 軋平機 | 平物仕上機 | 轧平机 |
| — wrench | 扁平扳手 | フラットレンチ | 扁平扳手 |
| **flat-bottomed** hole | 平底孔 | 平底穴 | 平底孔 |
| — punch | 平底沖頭 | 平底ポンチ | 平底冲头 |
| **flat-head** | 平頭 | 皿頭 | 平头 |
| — bolt | 平頭螺栓 | ひらボルト | 平头螺栓 |
| — rivet | 平頭鉚釘 | 平(頭)リベット | 平头铆钉 |
| — wire brad | 平頭釘 | 平頭くぎ | 平头钉 |
| **flat-headed** bolt | 平頭螺釘 | ひら(頭)ボルト | 平头螺钉 |
| — nail | 平頭釘 | 平くぎ | 平头钉 |
| **flatness** | 真平度 | 平面度 | 平坦度 |
| — tester | 平面度檢驗器 | フラットネステスタ | 平面度检验器 |
| **flatten close test** | 管子壓扁試驗 | 偏平密着試験 | 钢管压扁试验 |
| **flattened rivet** | 平(頭)釘 | 平(頭)リベット | 平(头)钉 |
| **flattener** | 矯平軋製機 | 矯正圧延機 | 矫平轧制机 |
| **flattening** | (金屬)薄板校平 | 平面ならし仕上げ | (金属)薄板校平 |
| — die | 校平模 | ならし型 | 校平模 |
| — mill | 矯平機 | フラトニングミル | 压扁机 |
| — press | 矯直壓縮機 | しわ延し圧縮機 | 矫直压缩机 |
| — test | 壓扁〔平〕試驗 | へん平試験 | 压扁〔平〕试验 |
| **flatter** | 平面鎚 | 平へし | 扁条拉模 |
| **flattering tool** | 平套鎚〔鍛造用〕 | 平へし | 平套锤〔锻造用〕 |
| **flatting** agent | (塗料)平光劑 | つや消し剤 | (涂料)平光剂 |
| — down | 打磨消光 | どぎおろし | 打磨消光 |
| — mill | 軋平機 | 平延べ機 | 轧平机 |
| **flat-type** aluminium wire | 扁鋁線 | 平角アルミ | 扁铝线 |
| — copper | 扁平銅線 | 平角銅線 | 扁平铜线 |
| — stranded wire | 扁形多股絞合線 | 平型より線 | 扁形多股绞合线 |
| **flatwise bend** | 平面型彎管 | フラットワイズベンド | 平面型弯管 |
| **flaw** | 裂隙;瑕疵 | 欠陥 | 局部裂缝 |
| — detectability | 探傷能力 | 欠陥検出能 | 探伤能力 |

387

| 英　　文 | 臺　　灣 | 日　　文 | 大　　陸 |
|---|---|---|---|
| — detector | 探傷器 | 探傷器 | 探伤器 |
| — echo | 缺陷回波 | 傷エコー | 缺陷回波 |
| **flex** brittle test | 撓曲脆化試驗 | もじりぜい化試験 | 挠曲脆化试验 |
| — crack resistance | 耐撓裂性 | 耐屈曲き裂性 | 耐挠裂性 |
| — craking test | 撓裂試驗 | 屈曲き裂試験 | 挠裂试验 |
| — plate | 波形板 | フレックスプレート | 波形板 |
| — temperature | 軟化溫度 | 軟化温度 | 软化温度 |
| — testing machine | 彎曲試驗機 | 屈曲試験機 | 弯曲试验机 |
| **flexibility** | 可撓性 | 可とう性 | 屈曲性 |
| — equation | 撓度方程式 | 柔性方程式 | 挠度方程式 |
| **flexible** bag lamination | 膜袋層合法 | バッグ積層成形 | 膜袋层合法 |
| — bag process | 膜袋成形法 | バッグ成形法 | 膜袋成形法 |
| — band | 撓性帶 | 撓性帯 | 挠性带 |
| — batten | 柔性曲線尺 | しない定規 | 柔性曲线尺 |
| — bearing | 撓性軸承 | たわみ軸受 | 挠性轴承 |
| — chain | 軟(性)傳輸鏈 | フレキシブルチェーン | 软(性)传输链 |
| — connection | 撓性連接 | 柔接合 | 挠性联轴节 |
| — connection joint | 柔性接合 | 柔接合 | 柔性接合 |
| — connector | 撓性連接器 | たわみ節 | 挠性连接器 |
| — coupling | 可撓聯結器 | たわみ継手 | 弹性联轴节 |
| — die | 柔性凹模 | ばねダイス | 柔性凹模 |
| — drive | 撓性傳動 | フレキシブルドライブ | 挠性传动 |
| — expansion joint | 柔性伸縮接頭 | フレキシブル伸縮継手 | 柔性伸缩接头 |
| — extrusion | 撓性擠壓物 | 軟質押出し品 | 挠性挤压物 |
| — file | 撓性銼刀 | フレキシブルファイル | 挠性锉刀 |
| — flanged shaft coupling | 撓性凸緣聯軸器 | フレンジたわみ軸継手 | 挠性法兰联轴器 |
| — hose | 撓性軟管 | 可とう管 | 挠性软管 |
| — joint | 撓性接頭 | 可とう継手 | 挠性接头 |
| — material | 軟質材料 | 軟質材料 | 软质材料 |
| — member | 撓性構件 | たわみ部材 | 挠性构件 |
| — metallic conduit | 可撓金屬導管 | たわみ金属管 | 柔性金属管 |
| — mold | 柔性(塑)模 | たわみ型 | 柔性(塑)模 |
| — pipe joint | 撓性管接頭 | たわみ管継手 | 挠性管接头 |
| — plunger molding | 軟質母模成形 | 軟質プランジャ成形 | 软质阴模成形 |
| — punch | 柔性凸模 | 柔軟ポンチ | 柔性凸模 |
| — return | 彈性恢復 | 弾性復原部 | 弹性恢复 |
| — roller | 彈簧滾柱;撓性滾子 | たわみころ | 弹簧滚柱;挠性滚子 |
| — roller bearing | 彈簧滾柱軸承 | たわみころ軸受 | 挠性滚柱轴承 |
| — rubber | 軟質橡膠 | 軟質ゴム | 软质橡胶 |
| — rule | 捲尺 | 自在曲線定規 | 曲线尺 |

| 英　　文 | 臺　　灣 | 日　　文 | 大　　陸 |
|---|---|---|---|
| — shaft | 可撓軸 | たわみ軸 | 挠性轴 |
| — shaft coupling | 撓性聯軸器 | たわみ継手 | 挠性联轴器 |
| — steel wire rope | 柔性鋼索 | 柔軟ワイヤローブ | 柔性钢索 |
| — stranded wire | 多股軟線 | 可とうより線 | 多股软线 |
| — structure | 柔性結構 | 柔構造 | 柔性结构 |
| — thermoplastic | 軟質熱可塑性樹脂 | 軟質熱可塑性樹脂 | 软质热塑性树脂 |
| — tubing | 撓性管路 | たわみ管 | 挠性管路 |
| — V-die | 通用V型彎曲模 | フレキシブルV曲げ型 | 通用V型弯曲模 |
| — wire rope | 撓性鋼索 | 柔軟ワイヤロープ | 挠性钢索 |
| **flexibleness** | 撓性 | たわみ性 | 挠性 |
| **flexing** action | 撓曲作用 | 屈曲作用 | 挠曲作用 |
| — at low temperature | 低溫撓曲性 | 低温屈曲 | 低温挠曲性 |
| — characteristic | 撓曲特性 | 屈曲特性 | 挠曲特性 |
| — fatigue | 撓曲疲勞 | 屈曲疲れ | 挠曲疲劳 |
| — life | 撓曲壽命 | 屈曲寿命 | 挠曲寿命 |
| — property | 撓曲性 | 屈曲特性 | 挠曲性 |
| — resistance | 抗撓性 | 耐屈曲性 | 抗挠性 |
| — strength | 撓曲強度 | 曲げ強さ | 挠曲强度 |
| **flexion** | 曲率 | 曲り | 曲率 |
| **flexiplastic** | 撓性塑料 | たわみプラスチック | 挠性塑料 |
| **flexometer** | 撓曲試驗機 | もみ試験機 | 挠曲试验机 |
| **flexural** buckling | 挫曲 | たわみ座屈 | 座屈 |
| — center | 撓曲中心 | たわみ中心 | 弯曲中心 |
| — elongation | 彎曲拉伸 | 曲げ伸び | 弯曲拉伸 |
| — fatigue | 彎曲疲勞 | 曲げ疲れ | 弯曲疲劳 |
| — fatigue resistance | 彎曲疲勞抗力 | 曲げ疲れ抵抗 | 弯曲疲劳抗力 |
| — fatigue strength | 彎曲疲勞強度 | 曲げ疲れ強さ | 弯曲疲劳强度 |
| — impact test | 衝擊彎曲試驗 | 衝撃曲げ試験 | 冲击弯曲试验 |
| — load(ing) | 彎曲載荷 | 曲げ荷重 | 弯曲载荷 |
| — member | 抗撓構件 | 曲げ材 | 挠性构件 |
| — modulus | 彎曲模數 | 曲げ弾性率 | 弯曲模量 |
| — modulus of elasticity | 彈性彎曲模數 | 曲げ弾性率 | 弹性弯曲模量 |
| — offset yield strength | 彎曲降服強度 | 曲げ耐力 | 弯曲屈服强度 |
| — property | 彎曲特性 | 曲げ特性 | 弯曲特性 |
| — rigidity | 彎曲剛度 | 曲げこわさ | 抗弯刚度 |
| — shock | 衝擊彎曲 | 衝撃曲げ | 冲击弯曲 |
| — stability | 撓曲穩定性 | たわみ安定性 | 挠曲稳定性 |
| — stiffness | 撓曲剛度 | たわみ剛性 | 挠曲刚度 |
| — strength | 彎曲強度 | 曲げ強さ | 抗挠强度 |
| — stress | 彎應力 | 曲げ応力 | 弯曲应力 |

**F**

| 英　　文 | 臺　　灣 | 日　　文 | 大　　陸 |
|---|---|---|---|
| — test | 彎曲試驗 | 曲げ試驗 | 弯曲试验 |
| — vibration | 撓曲振動 | たわみ振動 | 挠曲振动 |
| — yield strength | 彎曲屈服強度 | 曲げ降伏強さ | 弯曲屈服强度 |
| **flexure** | 撓曲 | 曲げ | 挠曲 |
| — formula | 撓度公式 | たわみの式 | 挠度公式 |
| — member | 受彎構件 | 曲げ材 | 受弯构件 |
| — stress | 彎應力 | 曲げ応力 | 弯曲应力 |
| — test | 彎曲試驗 | 曲げ試驗 | 弯曲试验 |
| **flight** | 飛行;行程 | 飛行 | 飞行;行程 |
| — control cylinder | 行程控制缸 | 操縱用作動筒 | 行程控制缸 |
| **flip-chip** | 倒裝(片) | フリップチップ | 倒装(片) |
| — assembly technique | 倒裝(片裝接)技術 | フリップチップ技術 | 倒装(片装接)技术 |
| — bonder | 倒裝焊接器 | フリップチップボンダ | 倒装焊接器 |
| — bonding | 倒裝焊接 | 裏返し | 倒装焊接 |
| — method | 倒裝法 | フリップチップ方式 | 倒装法 |
| **flitch** | 組合板 | フリッチ | 组合板 |
| — beam | 組合梁 | 合せばり | 组合梁 |
| **flitter** | 金屬箔 | フリッタ | 金属箔 |
| **float** | 浮筒 | フロート | 浮动 |
| — arm | 浮筒臂 | フロートアーム | 浮子支撑杆 |
| — axle | 浮動車軸 | 浮動車軸 | 浮动车轴 |
| — ball | 浮球 | フロートボール | 浮球 |
| — bowl | 浮球 | フロート室 | 浮筒 |
| — cut file | 單面銼刀 | 片刃やすり | 单纹锉刀 |
| — expansion valve | 浮式膨脹閥 | フロート膨脹弁 | 浮式膨胀阀 |
| — level ga(u)ge | 浮筒水平檢校儀 | フロート液位計 | 浮子水平检查校正仪 |
| — slime | 浮渣 | 浮さ | 浮渣 |
| — stone | 浮石 | 軽石 | 浮石 |
| — switch | 浮控開關 | 浮子開閉器 | 浮球开关 |
| **floatation** | 浮選法 | 浮上分離法 | 浮选法 |
| — equipment | 浮選分離裝置 | 浮上分離裝置 | 浮选分离装置 |
| **floatator** | 浮選機 | 浮選機 | 浮选机 |
| **floating axle** | 浮動軸 | 浮動軸 | 浮动轴 |
| — body | 浮體 | 浮体 | 浮体 |
| — bolster | 浮動承梁 | 浮動受台 | 浮动支座 |
| — boom | 浮動懸桿 | 浮遊防材 | 浮动悬杆 |
| — bush | 浮動軸襯 | 浮動ブシュ | 浮动衬套 |
| — chuck | 浮動夾頭 | 遊動チャック | 浮动卡盘 |
| — crane | 水上起重機 | 浮きクレーン | 浮式起动机 |
| — crucible method | 漂浮坩堝法 | 浮遊るつぼ法 | 漂浮坩埚法 |

| 英　　文 | 臺　　灣 | 日　　文 | 大　　陸 |
|---|---|---|---|
| — die | 浮動模 | フローティングダイ | 浮动模 |
| — fine particle | 浮游微粒 | 浮遊微粒子 | 浮游微粒 |
| — frame bearing | 浮動軸承 | 浮動軸受 | 浮动轴承 |
| — ga(u)ge | 浮標尺 | 浮尺 | 浮标尺 |
| — holder | 浮動夾具 | フローティングホルダ | 浮动夹具 |
| — junction | 浮動接合 | 浮動接合 | 浮动接合 |
| — knife | 浮動刮刀 | 浮かしナイフ | 浮动刮刀 |
| — linkage | 浮動連接 | 浮動結合 | 浮动连接 |
| — mandrel | 浮心軸 | 遊び心金 | 浮心轴 |
| — melt | 浮區熔融 | 漂遊溶解 | 浮区熔融 |
| — packing | 浮填 | 浮パッキン | 浮动密封件 |
| — pile driver | 浮式打樁機 | くい打込み船 | 浮式打桩机 |
| — piston pin | 浮動活塞銷 | 浮動ピストンピン | 浮动活塞销 |
| — platen | 浮動盤 | 浮動盤 | 浮动盘 |
| — plug | 浮心軸 | 遊び心金 | 浮心轴 |
| — punch | 浮動沖頭〔孔〕 | フローティングポンチ | 浮动冲头〔孔〕 |
| — reamer | 浮動鉸刀 | フローティングリーマ | 浮动铰刀 |
| — suspension | 浮動支持法 | 浮動支持法 | 浮动支持法 |
| — type seal | 浮動密封 | 浮動形シール | 浮动密封 |
| — valve | 浮閥 | フローティングバルブ | 浮球阀 |
| — zero | 可動原點 | 可動原点 | 可动原点 |
| **flogging** chisel | 大齒〔鏨〕〔鑄造用〕 | 大たがね | 大齿〔錾〕〔铸造用〕 |
| — stress | 衝擊應力 | フロッギングストレス | 冲击应力 |
| **flood** level rim | 溢流口 | あふれ線 | 溢流口 |
| — lubrication | 泛流潤滑 | 循環給油 | 溢流式润滑 |
| — valve | 溢流閥 | フラッドバルブ | 溢流阀 |
| **flooding** | 溢流 | いつ流 | 溢流 |
| — valve | 溢流閥 | 張水弁 | 溢流阀 |
| — velocity | 溢流速度 | いつおう速度 | 溢流速度 |
| **floor** | 底板;地面 | 床面 | 楼面 |
| — engine | 臥式內燃機 | フロアエンジン | 卧式内燃机 |
| — engine bus | 裝有臥式發動機的客車 | フロアエンジンバス | 装有卧式发动机的客车 |
| — equation | 剪力平衡方程（式） | 層方程式 | 剪力平衡方程（式） |
| — frame | 地軸承架 | 床枠 | 肋板框架 |
| — hinge | 地面門鉸鏈 | 床付き丁番 | 地面门铰链 |
| — inspection | 現場檢查 | 現場検査 | 现场检查 |
| — plan | 場地佈置圖 | 床配置図 | 平面布置图 |
| — plate bearer | 地板支承 | 床板受 | 地板支承 |
| — push | 閘刀開關 | フロアプッシュ | 闸刀开关 |
| — sander | 地板磨光機 | 床研磨機 | 地板磨光机 |

F

| 英　　文 | 臺　　　灣 | 日　　文 | 大　　陸 |
|---|---|---|---|
| ― shift | 落地式變速操縱桿 | フロアシフト | 落地式变速操纵杆 |
| **flos ferri** | 鐵浮渣 | 鉄浮きかす | 铁浮渣 |
| **flotability** | 浮動性 | 浮遊度 | 浮动性 |
| **flotation** | 浮選 | 浮遊選鉱 | 浮选 |
| ― material | 浮選材料 | 浮遊材料 | 浮选材料 |
| ― method | 泡沫浮選法 | 泡まつ分離法 | 泡沫浮选法 |
| **floturn** | 變薄旋壓 | しごきスピニング | 变薄旋压 |
| **flour adhesive** | 殼粉黏結劑 | 殼粉粘結剂 | 面粉黏结剂 |
| **flourmill** | 製粉機 | 製粉機 | 制粉机 |
| **floury alumina** | 粉狀氧化鋁 | フラワリーアルミナ | 粉状氧化铝 |
| **flow** | 流量 | 流量 | 流量 |
| ― brazing | 熔燒硬焊 | 流しろう付け | 浇焊 |
| ― casting | 中間鑄模法 | 流延 | 中间铸型法 |
| ― coater | 流動塗敷機 | フローコータ | 流动涂敷机 |
| ― control device | 流量調節裝置 | 流量調整裝置 | 流量调节装置 |
| ― control valve | 流量控制閥 | ガス量調節弁 | 流量控制阀 |
| ― direction | 流線方向 | 流れの方向 | 流线方向 |
| ― distance | 流動距離 | 流れ距離 | 流动距离 |
| ― dividing gear motor | 分流式齒輪 | 分流形ギヤモータ | 分流式齿轮 |
| ― dividing valve | 分流閥 | 分流弁 | 分流阀 |
| ― feeder | 流動送料機 | フローフィーダ | 流动送料机 |
| ― form | 旋(轉擠)壓 | フローフォーム | 旋(转挤)压 |
| ― forming | 強力旋壓 | フローフォーミング | 强力旋压 |
| ― graph | 流程圖 | フローグラフ | 流程图 |
| ― index | 流量指數 | 流動指數 | 熔融指数 |
| ― layer | 流層 | ひずみ模様 | 流层 |
| ― mark | 波紋 | 流れ傷 | 波纹 |
| ― measurement | 流量測定 | 流量測定 | 流量测定 |
| ― meter | 流量計 | 流量計 | 流量计 |
| ― mixer | 流體混合器 | 管路かきまぜ機 | 流体混合器 |
| ― model | 氣流模型 | 流れモデル | 气流模型 |
| ― modifier | 流動調節器 | 流れ調整剤 | 流动调节器 |
| ― molding | 傳遞模壓法 | 流し成形 | 传递模压法 |
| ― of control | 控制流 | 制御の流れ | 控制流 |
| ― of heat | 熱流 | 熱の流れ | 热流 |
| ― of multiphase mixture | 混相流 | 混相流 | 混相流 |
| ― of plasticity | 塑性流動 | 塑性流れ | 塑性流动 |
| ― of slag | 熔渣流動〔性〕 | スラグの流動 | 熔渣流动〔性〕 |
| ― optimization problem | 流程最佳化問題 | 流れ最適化問題 | 流程最佳化问题 |
| ― resistance | 流阻 | 流れ抵抗 | 流阻 |

| 英　　文 | 臺　　灣 | 日　　文 | 大　　陸 |
|---|---|---|---|
| — path | 流路 | 流路 | 流路 |
| — pattern | 活動模 | 流動形態 | 活动模 |
| — pipe | 輸送管 | 送り管 | 输送管 |
| — planning | 流線設計 | 動線計画 | 流线设计 |
| — pressure | 流動壓力 | 流れ圧力 | 流动压力 |
| — production | 流水生產線 | 流れ生産 | 流水生产线 |
| — property | 流動(特)性 | 流動性 | 流动(特)性 |
| — proportioner | 流量調節器 | 流量配分器 | 流量调节器 |
| — rate | 流量 | 出水率 | 流量 |
| — rate coefficient | 流量係數 | 流量係数 | 流量系数 |
| — recovery ratio | 流量回收率 | 流量回復率 | 流量回收率 |
| — regulating valve | 節流閥 | 流量調整弁 | 节流阀 |
| — regulator | 流量控制器 | 流量調整装置 | 流量控制器 |
| — seat piping | 管道佈置(圖) | 配管系統図 | 管道布置(图) |
| — sheet | 流程圖〔表〕 | 流れ図 | 流程图〔表〕 |
| — solder | 射流焊料 | フローソルダ | 射流焊料 |
| — solder method | 流動焊劑法 | フローソルダ法 | 流动焊剂法 |
| — soldering system | 射流焊接系統 | 噴流はんだシステム | 射流焊接系统 |
| — speed | 流速 | 流速 | 流速 |
| — stress | 流動應力 | 流れ応力 | 屈服应力 |
| — structure | 塑變組織 | 流れ組織 | 塑变组织 |
| — temperature | 流動溫度 | 流れ温度 | 流动温度 |
| — test | 流動(性)試驗 | 流動試験 | 流动(性)试验 |
| — test device | 流動試驗儀 | 流液法装置 | 流动试验仪 |
| — tester | 流量試驗機 | 流れ試験機 | 流量试验机 |
| — theory | 流動理論 | 流動理論 | 流动理论 |
| — time | 加工時間 | 仕掛け時間 | 加工时间 |
| — tube | 測流量管 | 流管 | 流管 |
| — turning | 強力旋壓 | しごきスピニング | 强力旋压 |
| — type chip | 帶狀切屑 | 流れ形切粉 | 带状切屑 |
| — type gas laser | 流動型氣體雷射 | フロー型ガスレーザ | 流动型气体激光器 |
| — type production | 流水作業 | フロー型生産 | 流水作业 |
| — under load | 有負載的流動 | 荷重流れ | 有负载的流动 |
| — velocity | 流速 | 流速 | 流速 |
| — welding | 熔澆熔接 | フロー溶接 | 浇焊 |
| **flowability** | 流動性 | 流動性 | 流动性 |
| **flowed gasket** | 內流襯墊 | 流し込みガスケット | 内流密封圈〔片〕 |
| **flowing** | 起伏流動 | 流し塗り | 起伏流动 |
| — air | 氣流 | 気流 | 气流 |
| — brazing | 澆焊 | 流しろう付け | 浇焊 |

| 英　　文 | 臺　　灣 | 日　　文 | 大　　陸 |
|---|---|---|---|
| ─ water pressure | 流水壓力 | 流水圧 | 流水压力 |
| **flowmeter** | 流量計 | 流量計 | 流量计 |
| **flow-off** | 溢流冒口 | 揚り | 溢流冒口 |
| ─ casting | 帶（溢流）冒口的鑄件 | 揚り鋳物 | 带（溢流）冒口的铸件 |
| **flow-out** | 流展〔延〕性 | 流展性 | 流展〔延〕性 |
| **flowrator** | 流量錶 | 流量計 | 流量表 |
| **flowsheet** | 流程圖 | 系統図 | 流程图 |
| **fluctuating** current | 起伏電流 | ゆらぎ電流 | 起伏电流 |
| ─ electric field | 起伏電場 | ゆらぎ電界 | 起伏电场 |
| ─ load | 變動載荷 | 変動負荷 | 变动载荷 |
| ─ pressure | 脈動壓力 | 変動圧力 | 脉动压力 |
| ─ resistance coefficient | 脈動阻力係數 | 変動抗力係数 | 脉动阻力系数 |
| ─ strain | 應變 | 変動ひずみ | 应变 |
| ─ stress | 交變應力 | 変動応力 | 交变应力 |
| ─ stress factor | 脈動應力係數 | 応力変動係数 | 脉动应力系数 |
| ─ tensile load | 脈動拉伸載荷 | 部分片振り引張り荷重 | 脉动拉伸载荷 |
| ─ thrust | 變動推力 | 変動推力 | 变动推力 |
| **fluctuation** | 變動 | 変動 | 变动 |
| ─ characteristic | 起伏特性 | ゆらぎ特性 | 起伏特性 |
| ─ stress | 變化應力 | 変動応力 | 变化应力 |
| ─ velocity | 變動速度 | 変動速度 | 变动速度 |
| **flue** | 管道 | 煙道 | 管道 |
| ─ blower | 燄管吹洗器 | 煙管すす吹き器 | 吹灰机 |
| ─ boiler | 燄管鍋爐 | 炎管ボイラ | 火管锅炉 |
| ─ cinder | 煙道渣（塊） | 煙道さい | 烟道渣（块） |
| ─ gas desulfurization | 排煙脫硫 | 排煙脱硫 | 排烟脱硫 |
| ─ gas fire extinguisher | 廢氣滅火裝置 | フリューガス消火装置 | 废气灭火装置 |
| **flueing** | 管壁孔脹形 | パイプの穴張出し成形 | 管壁孔胀形 |
| **fluence** | 能量密度 | フルエンス | 能量密度 |
| **fluerics** | 流體學 | フリュエリクス | 流体学 |
| **fluid** | 流體〔動〕的 | 流体 | 流体〔动〕的 |
| ─ agitator | 流動式攪拌機 | 流動かくはん機 | 流动式搅拌机 |
| ─ bearing | 流體軸承 | フリュードベアリング | 流体轴承 |
| ─ bed | 流動床 | 流動床 | 流动床 |
| ─ bed furnace | 流態化床爐 | 流動床炉 | 流态化床炉 |
| ─ channel | 流路 | 流路 | 流路 |
| ─ clutch | 液體離合器 | 液体クラッチ | 液体离合器 |
| ─ connector | 流體連接器 | 流体節 | 流体连接器 |
| ─ coupling | 流體連結器 | 流体継手 | 流体连结器 |
| ─ damping | 液體制動 | 液体制動 | 液体制动 |

| 英　　文 | 臺　　灣 | 日　　文 | 大　　陸 |
|---|---|---|---|
| — drive | 液壓傳動 | 流体伝動 | 液压传动 |
| — dynamometer | 流體動力計 | 流体動力計 | 流体动力计 |
| — efficiency | 液體效率 | 液体効率 | 液体效率 |
| — elasticity | 流體彈性 | 流体弾性 | 流体弹性 |
| — energy mill | 氣流粉碎機 | 流体エネルギーミル | 气流粉碎机 |
| — film lubrication | 流體薄膜潤滑作用 | 液状薄膜潤滑 | 流体薄膜润滑作用 |
| — fire extinguisher | 液體滅火器 | 液体消火器 | 液体灭火器 |
| — flywheel clutch | 流體飛輪離合器 | 流体クラッチ | 流体飞轮离合器 |
| — force | 流體力 | 流体力 | 流体力 |
| — friction | 流體摩擦 | 流体摩擦 | 流体摩擦 |
| — impedance | 流體阻抗 | 流体インピーダンス | 流体阻抗 |
| — insulation | 絕緣體 | 流体絶縁物 | 绝缘体 |
| — jet machining | 射流加工 | 液体ジェット加工 | 射流加工 |
| — lubrication | 液體潤滑（作用） | 流体潤滑 | 液体润滑（作用） |
| — machinery | 流體機械 | 流体機械 | 流体机械 |
| — material | 液體材料 | 流動材料 | 液体材料 |
| — mechanics | 流體力學 | 流体力学 | 流体力学 |
| — medium | 液體介質 | 流動媒体 | 液体介质 |
| — meter | 流量計 | 流量計 | 流量计 |
| — power | 液壓 | 流体動力 | 液压 |
| — pressure | 流體壓力 | 流体圧 | 流体压力 |
| — pressure laminating | 流壓層壓成形 | 流圧積層成形 | 流压层压成形 |
| — pressure moulding | 液壓模塑法 | 流体圧成形 | 液压模塑法 |
| — punch | 液體凸模 | 液体ポンチ | 液体凸模 |
| — punch process | 液體凸模成形法 | 液体ポンチ法 | 液体凸模成形法 |
| — reactance | 流體阻抗 | 流体リアクタンス | 流体阻抗 |
| — resin | 流體樹脂 | 流動樹脂 | 流体树脂 |
| — rubber | 液體橡膠 | 流動ゴム | 液体橡胶 |
| — sand mixture process | 流態砂造型法 | 流動自硬性鋳型 | 流态砂造型法 |
| — sealant | 液體密封劑〔層〕 | 液状シール | 液体密封剂〔层〕 |
| — slag | 流（動熔）渣 | 流動スラグ | 流（动熔）渣 |
| — state | 流態 | 流動状態 | 流态 |
| — theory | 流體學 | 流体理論 | 流体学 |
| — thermoplastic system | 熱可塑性樹脂液體系 | 熱可塑性樹脂液体系 | 热塑性树脂液体系 |
| — transfer | 流體輸送 | 流体輸送 | 流体输送 |
| **fluid-dynamics** | 流體（動）力學 | 流体力学 | 流体（动）力学 |
| **fluidics** | 射流學〔技術〕 | 流体素子工学 | 射流学〔技术〕 |
| **fluidimeter** | 黏（流）度計 | フルイディメータ | 黏（流）度计 |
| **fluidisation** | 液化 | 液化 | 液化 |
| **fluidity** | 流動性 | 流動度 | 流动性 |

| 英　文 | 臺　灣 | 日　文 | 大　陸 |
|---|---|---|---|
| — coefficient | 流動率 | 流動率 | 流动率 |
| — index | 流動性指數 | 流動性指数 | 流动性指数 |
| — test piece | 旋渦流動試樣 | うず巻き流動試片 | 旋涡流动试样 |
| **fluidization** | 流化(作用) | 流動化 | 流化(作用) |
| **fluidized** bed | 流化床 | 流動層〔床〕 | 流化床 |
| — bed dipping | 流化床浸塗法 | 流動浸漬法 | 流化床浸涂法 |
| — bed furnace | 流化粒子爐 | 流動炉 | 流动粒子炉 |
| — bed gasification | 流化床氣化 | 流動（床）ガス化 | 流化床气化 |
| — bed mixer | 流化(粉料)混合機 | 気流混合機 | 流化(粉料)混合机 |
| — carbonization | 流化床焦化 | 流動乾留 | 流化床焦化 |
| — freezing system | 流態式凍結法 | 流下凍結法 | 流态式冻结法 |
| — granulation | 流動造粒 | 流動造粒 | 流动造粒 |
| — mixer | 流化床混料機 | 流動層混合機 | 流化床混料机 |
| — particle quenching | 流動粒子〔爐〕淬火 | 流動層焼入れ | 流动粒子〔炉〕淬火 |
| — powder bed | 流化床 | 流動層〔床〕 | 流化床 |
| — sand bed | 流態砂床 | 流下式サンドベッド | 流态砂床 |
| **fluidizer** | 熔劑 | （媒）溶剤 | 熔剂 |
| **fluid(o)meter** | 流度計 | フリュードメータ | 流度计 |
| **fluorescence** | 螢光 | フルオレセンス | 萤光 |
| — agent | 螢光劑 | 蛍光剤 | 萤光剂 |
| — analysis | 螢光(分光)分析 | 蛍光（分光）分析 | 萤光(分光)分析 |
| — microscope | 螢光顯微鏡 | 蛍光顕微鏡 | 萤光显微镜 |
| — reagent | 熒光試劑 | 蛍光試薬 | 荧光试剂 |
| — spectrum | 熒光光譜 | 蛍光スペクトル | 荧光光谱 |
| **fluorescent** agent | 螢光劑 | 蛍光剤 | 萤光剂 |
| — brightness | 螢光輝度 | 蛍光輝度 | 萤光辉度 |
| — characteristic | 螢光特性 | 蛍光特性 | 萤光特性 |
| — coating | 螢光塗料 | 蛍光塗料 | 萤光涂料 |
| — colo(u)r | 螢光色 | 蛍光色 | 萤光色 |
| — dye method | 螢光染料法 | 蛍光染料法 | 萤光染料法 |
| — effect | 螢光效果 | 蛍光効果 | 萤光效果 |
| — electrolyte | 螢光電解液 | 蛍光電解液 | 萤光电解液 |
| — glass | 發光玻璃 | 蛍光ガラス | 发光玻璃 |
| — indicator tube | 熒光顯示管 | 蛍光表示管 | 荧光显示管 |
| — lamp | 螢光燈 | 蛍光灯 | 萤光灯 |
| — magnetic powder | 螢光磁粉 | 蛍光磁粉 | 萤光磁粉 |
| — material | 螢光物質 | 蛍光物質 | 萤光物质 |
| — method | 螢光分析法 | 蛍光分析法〔鉱物〕 | 萤光分析法〔矿物〕 |
| — penetrant | 熒光浸透劑 | 蛍光浸透液 | 荧光浸透剂 |
| — penetrant inspection | 螢光探傷檢查 | 蛍光探傷検査 | 渗透检验 |

| 英　　文 | 臺　　灣 | 日　　文 | 大　　陸 |
|---|---|---|---|
| — tube | 螢光管 | 蛍光管 | 蛍光管 |
| — X-ray | 螢光X射線 | 蛍光 X 線 | 蛍光X射线 |
| — X-ray analysis method | X射線螢光分析法 | X 線蛍光分析法 | X线蛍光分析法 |
| **fluoride** | 氟化物 | ふっ素化合物 | 氟化物 |
| **fluorinating agent** | 氟化劑 | ふっ素化剤 | 氟化剂 |
| **fluorocarbon** | 碳氟化合物 | 過ふっ化炭化水素 | 碳氟化合物 |
| — coating | 氟烴樹脂塗料 | フルオロカーボン塗料 | 氟烴树脂涂料 |
| — fiber | 碳氟纖維 | ふっ素系繊維 | 碳氟纤维 |
| **fluoroid** | 螢光體 | 蛍光体 | 蛍光体 |
| **fluorometric analysis** | 螢光分析 | 蛍光分析 | 蛍光分析 |
| **fluorophotometer** | 螢光(光度)計 | 蛍光（光度）計 | 蛍光(光度)计 |
| **fluororubber** | 氟橡膠 | ふっ素ゴム | 氟橡胶 |
| **fluoroscopic machine** | X射線透視裝置 | X 線透視裝置 | X射线透视裝置 |
| **fluoroscopy** | 透視法 | （X 線）透視（法） | 透视法 |
| **fluosolid roasting furnace** | 流動式焙燒爐 | 流動式ばい焼炉 | 流动式焙烧炉 |
| **flush bolt** | 沈頭螺釘 | 皿頭ボルト | 沈头螺钉 |
| — dryer | 氣流乾燥裝置 | フラッシュ乾燥裝置 | 气流乾燥裝置 |
| — fillet | 平填角焊縫 | 平すみ肉 | 平填角焊缝 |
| — fillet weld | 平填角熔接 | 平すみ肉溶接 | 平角焊(缝) |
| — handle | 平把手 | 彫込み取っ手 | 平把手 |
| — joint | 平頭接合 | 平（灰）縫 | 齐平接缝 |
| — pin ga(u)ge | 深淺規 | 押当てピンゲージ | 接触式销规 |
| — plate | 平槽濾板 | フラッシュプレート | 平槽滤板 |
| — plug consent | 嵌入式插座 | 埋込みコンセント | 嵌入式插座 |
| — quenching | 沖水淬火 | フラッシュ焼入れ | 冲水淬火 |
| — rivet | 埋頭鉚釘 | 沈頭びょう | 埋头铆钉 |
| — riveting | 埋頭鉚接 | 皿リベット締め | 埋头铆接 |
| — trim die | 齊邊修邊模 | トリム型 | 齐边修边模 |
| — trimmer | 剔除(毛刺)器 | ばり取り機 | 剔除(毛刺)器 |
| — type | 平齊型 | 埋込み形 | 嵌入式 |
| — type meter | 嵌入式儀錶 | 埋込み形計器 | 嵌入式仪表 |
| — weld | 平熔接 | 仕上げ溶接部 | 精加工焊缝 |
| **flusher** | 淨化器 | フラッシャ | 净化器 |
| **flushing** | 沖洗 | 清浄 | 冲洗 |
| — device | 洗滌裝置 | 洗浄裝置 | 洗涤裝置 |
| — hole | 沖油孔 | 噴流穴 | 冲油孔 |
| — line | 沖洗管路 | フラッシングライン | 冲洗管路 |
| — oil | 沖洗油 | フラッシング油 | 飞溅冷却润滑油 |
| **flute** | 溝;槽 | 溝 | 凹槽 |
| **fluted nut** | 有槽螺帽 | みぞ付きナット | 带槽螺母 |

| 英　　文 | 臺　　灣 | 日　　文 | 大　　陸 |
|---|---|---|---|
| — plane | 槽刨 | みぞ付きかんな | 槽刨 |
| — reamer | 帶槽鉸刀 | みぞ付きリーマ | 带槽铰刀 |
| — roll | 有槽輥 | 溝付きロール | 槽纹辊 |
| — roller | 有槽滾柱 | 筋ローラ | 有槽滚柱 |
| — tube | 波紋管 | 溝付き管 | 波纹管 |
| **fluteless tap** | 擠壓絲攻 | 溝なしタップ | 挤压丝锥 |
| **flutter** | 顫動 | フラッタ | 抖动 |
| — effect | 顫動效應 | フラッタ効果 | 颤动效应 |
| — rate | 顫動率 | フラッタレート | 颤动率 |
| — speed | 顫振速度 | フラッタ速度 | 颤振速度 |
| — test | 顫振試驗 | フラッタ試験 | 颤振试验 |
| **flux** | 焊劑;焊藥 | 溶剤 | 焊剂焊药 |
| — backing | 焊藥墊 | フラックスバッキング | 焊药垫 |
| — coating | 焊劑塗敷 | フラックス塗布 | 焊剂涂敷 |
| — cored electrode | 管狀(電)焊條 | 有心アーク溶接棒 | 管状(电)焊条 |
| — cored filler metal | 藥芯焊絲(條) | フラックス入り溶加材 | 药芯焊丝(条) |
| — cored wire | 藥芯焊絲 | フラックス入りワイヤ | 药芯焊丝 |
| — cutting | 氧熔劑切割 | フラックス切断 | 氧熔剂切割 |
| — cutting process | 氧熔劑切割法 | フラックス切断法 | 氧熔剂切割法 |
| — powder | 防氧粉(熔劑) | 粉状融剤 | 粉状熔剂〔焊剂〕 |
| — screw | 磁通調整螺釘 | フラックススクリュ | 磁通调整螺钉 |
| — temperature | 溶融溫度 | 溶融温度 | 溶融温度 |
| **flux-covering** | 溶劑 | 溶剤 | 溶剂 |
| **fluxer** | 塑化劑 | 可塑化機 | 塑化剂 |
| **fluxing** agent | 融合劑 | 融剤 | 融合剂 |
| — material | 助熔劑 | 溶融合剤 | 助熔剂 |
| — mixer | 可塑性混合料 | 可塑化型ミキサ | 可塑性混合料 |
| — point | 熔點 | 溶融点 | 熔点 |
| — temperature | 熔融溫度 | 溶融温度 | 熔融温度 |
| **fluxless solder** | 無助溶劑焊藥〔錫〕 | 無融剤はんだ | 无助溶剂焊药〔锡〕 |
| **fly** ball governor | 飛球(式)調速器 | フライボールガバナ | 飞球(式)调速器 |
| — by fiber | 光傳操縱(系統) | フライバイファイバ | 光传操纵(系统) |
| — loss | 飛濺損失 | 飛散損失 | 飞溅损失 |
| — nut | 翼形螺帽 | ちょうナット | 翼形螺母 |
| — press | 手動壓機 | はずみプレス | 飞轮式螺旋压力机 |
| — roll | 快速軋製 | フライロール | 快速轧制 |
| — screw | 翼形螺絲 | ちょうねじ | 翼形螺钉 |
| **flyback method** | 快速返回法 | 早戻法 | 快速返回法 |
| **fly-cutter** | 翼形刀 | 舞いカッタ | 高速切削刀具 |
| **flycutting** | 快速切削 | フライカット | 快速切削 |

| 英　　文 | 臺　　灣 | 日　　文 | 大　　陸 |
|---|---|---|---|
| **flying** cut-off device | 移動切斷裝置 | 走行せん断装置 | 移动切断装置 |
| — micrometer | 快速分厘卡 | 走向厚み計 | 快速测微计 |
| — press | 螺旋摩擦沖床 | フライングプレス | 螺旋摩擦压力机 |
| — wire method | 快速引線焊接法 | フライングワイヤ法 | 快速引线焊接法 |
| **flywheel** | 飛輪 | 弾み車 | 飞轮 |
| — axle | 飛輪軸 | 弾み車軸 | 飞轮轴 |
| — bearing | 飛輪軸承 | 弾み車軸受 | 飞轮轴承 |
| — effect | 飛輪效應 | 弾み車効果 | 飞轮效应 |
| — fan | 慣性輪風機 | 弾み車扇風機 | 惯性轮风机 |
| — governor | 飛輪調節器 | フライホイールガバナ | 飞轮调节器 |
| — pulley | 飛輪皮帶輪 | 弾み車ベルト車 | 飞轮皮带轮 |
| — pump | 飛輪泵 | 弾み車ポンプ | 飞轮泵 |
| — rotor | 飛輪轉子 | フライホイールロータ | 飞轮转子 |
| — welding | 慣性摩擦焊 | フライホイール溶接 | 惯性摩擦焊 |
| **F-M process** | 實型鑄造法〔FM法〕 | FM プロセス | 实型铸造法〔FM法〕 |
| **FN-bar process** | 充填藥芯焊條焊接法 | FN バー法 | 充填药芯焊条焊接法 |
| **foam** | 泡沫 | 泡まつ | 泡沫 |
| — adhesive | 發泡黏合劑 | 発泡接着剤 | 发泡黏合剂 |
| — analysis | 泡沫分析 | 気泡分析 | 泡沫分析 |
| — backflowing | 泡沫回流 | 泡の逆流現象 | 泡沫回流 |
| — breaking nozzle | 消泡噴嘴 | 消泡ノズル | 消泡喷嘴 |
| — casting | 發泡鑄模 | 発泡鋳型 | 发泡铸型 |
| — density | 泡沫密度 | フォーム密度 | 泡沫密度 |
| — dispenser | 發泡原料計量裝置 | 発泡原料計量装置 | 发泡原料计量装置 |
| — extinguisher | 泡沫滅火器 | 泡まつ消火器 | 泡沫灭火器 |
| — extinguishing system | 泡沫滅火設備 | 泡消火設備 | 泡沫灭火设备 |
| — formation | 發泡 | 発泡 | 发泡 |
| — fractionation | 泡沫分離法 | 泡まつ分離法 | 泡沫分离法 |
| — glue | 發泡接著劑 | 発泡接着剤 | 发泡胶黏剂 |
| — in-place | 模具內發泡 | 金型内発泡 | 模具内发泡 |
| — in-place molding | 現場發泡成形 | 現場（注入）発泡成形 | 现场发泡成形 |
| — inhibitor | 抑泡劑 | 抑泡剤 | 抑泡剂 |
| — insulation | 泡沫隔音材料 | 気泡遮音材 | 泡沫隔音材料 |
| — laminated fabric | 層壓泡沫〔纖維〕結構 | フォームバック | 层压泡沫〔纤维〕结构 |
| — molding | 發泡成形 | 発泡成形 | 发泡成形 |
| — molding machine | 發泡成形機 | 発泡成形機 | 发泡成形机 |
| — oven | 發泡爐 | 発泡炉 | 发泡炉 |
| — package | 包裝用發泡材料 | フォームパッケージ | 包装用发泡材料 |
| — plastic | 泡沫塑膠 | 気泡プラスチック | 泡沫塑料 |
| — processing | 發泡加工 | 発泡加工 | 发泡加工 |

| 英　　文 | 臺　　灣 | 日　　文 | 大　　陸 |
|---|---|---|---|
| — skimmer | 泡沫分離器 | 泡かき取り器 | 泡沫分离器 |
| — stabilizer | 泡沫安定劑 | 気泡安定剤 | 泡沫稳定剂 |
| — suppressor | 消泡劑 | 泡止め剤 | 消泡剂 |
| — synthetic resin | 泡沫合成樹脂 | 泡状合成樹脂 | 泡沫合成树脂 |
| — tape | 泡沫(橡膠;塑料)帶 | 発泡テープ | 泡沫(橡胶;塑料)带 |
| **foamability** | 發泡性 | 起泡度 | 发泡性 |
| **foamback** | 後續性發泡 | フォームバック | 後续性发泡 |
| **foambacked fabric** | 後續性發泡纖維 | フォームバック繊維 | 後续性发泡纤维 |
| **foamed** coating | 發泡塗料 | 発泡塗料 | 发泡涂料 |
| — material | 發泡材料 | 発泡材料 | 发泡材料 |
| — metal | 發泡金屬〔海綿狀金屬〕 | 発泡金属 | 发泡金属〔海绵状金属〕 |
| — polyethylene | 泡沫聚乙烯 | 発泡ポリエチレン | 泡沫聚乙烯 |
| — slag | 泡沫礦渣 | 泡立ち鉱さい | 泡沫矿渣 |
| **foaming** | 起泡沫 | 泡立ち | 发泡 |
| — agent | 起泡劑 | 発泡剤 | 发泡剂 |
| — mold | 起泡用金屬模具 | 発泡用金型 | 发泡用金属模具 |
| — process | 起泡法 | 発泡法 | 发泡法 |
| — temperature | 起泡溫度 | 発泡温度 | 发泡温度 |
| — tendency | 起泡性 | 泡立ち性 | 发泡性 |
| — test | 起泡試驗 | 泡立ち試験 | 起泡测定 |
| — time | 起泡時間 | 発泡時間 | 发泡时间 |
| **focal area** | 焦點區 | 焦点区域 | 焦点区域 |
| — axis | 焦軸 | 焦軸 | 焦轴 |
| — distance | 焦距 | 焦点距離 | 焦点距离 |
| — point | 焦點 | 焦点 | 焦点 |
| **focus** | 焦點 | 焦点 | 聚焦 |
| — lens | 聚焦透鏡 | フォーカスレンズ | 聚焦透镜 |
| **focussing** | 調焦 | 焦点合わせ | 调焦 |
| — action | 聚焦作用 | 集束作用 | 聚焦作用 |
| — apparatus | 聚焦裝置 | ピント合わせ装置 | 聚焦装置 |
| — control | 聚焦調節 | 集束調節 | 聚焦调节 |
| — lens | 聚焦透鏡 | 合焦点レンズ | 聚焦透镜 |
| — method | 聚焦法 | 合焦点化法 | 聚焦法 |
| — type filament | 聚光燈絲 | 集光フィラメント | 聚光灯丝 |
| **fog** | 模糊 | 雲り | 图像模糊 |
| — cooling | 噴霧冷卻 | 噴霧冷却 | 喷雾冷却 |
| — density | 感光度 | かぶり濃度 | 感光度 |
| — flow | 霧流 | 噴霧流 | 雾流 |
| — nozzle | 噴霧嘴 | 噴霧ノズル | 喷雾喷嘴 |
| — quenching | 噴霧淬火 | 噴霧焼き入れ | 喷雾淬火 |

| 英　　文 | 臺　　灣 | 日　　文 | 大　　陸 |
|---|---|---|---|
| **foil** | 箔；(金屬)薄片 | 金属薄片 | 箔；(金屬)薄片 |
| — bearing | 金屬薄襯墊軸承 | フォイル軸受け | 金属薄衬垫轴承 |
| — coating | 金(屬)箔塗料 | はく用塗料 | 金(属)箔涂料 |
| — detector | 金箔探測器 | はく検出器 | 金箔探测器 |
| — element | 薄片(形)元件 | フォイル形素子 | 薄片(形)元件 |
| — etching method | 箔(金屬片)腐蝕法 | フォイルエッチング法 | 箔(金屬片)腐蚀法 |
| — ga(u)ge | 應變片 | フォイルゲージ | 应变片 |
| — heat treatment | 箔材密封熱處理 | ホイル熱処理 | 箔材密封热处理 |
| — metal | 金屬薄板 | 薄板金 | 金属薄板 |
| — method | 箔(測定)法 | はく測定法 | 箔(測定)法 |
| — printing | 箔片印刷 | フォイル印刷 | 箔片印刷 |
| — seam welding | 墊箔滾焊 | フォイルシーム溶接 | 垫箔滚焊 |
| — stamping | 鑲嵌金屬箔 | はく押し | 镶嵌金属箔 |
| — strain gauge | 箔應變計〔儀〕 | はくひずみ計 | 箔应变计〔仪〕 |
| **Foke block** | 福克塊規 | フォークブロック | 福克块规 |
| **fold** | 折疊；彎曲 | 折り込みきず | 折叠；弯曲 |
| — axis | 褶皺軸 | しゅう曲軸 | 褶皱轴 |
| — joint | (金屬板的)折縫接合 | こはぜ接 | (金属板的)折缝接合 |
| — resistance | 抗折疊性 | 折り畳み抵抗性 | 抗折叠性 |
| — tester | 耐折試驗機 | 耐折試験機 | 耐折试验机 |
| **folding** | 摺疊 | 畳み込み | 折叠 |
| — angle | 摺彎角 | 折り曲げ角 | 折弯角 |
| — apparatus | 摺頁裝置 | 折り畳み装置 | 折页装置 |
| — drum | 摺頁滾筒 | 折り畳み胴 | 折页滚筒 |
| — endurance | 耐摺強度 | 耐折強度 | 耐折强度 |
| — machine | 摺疊機 | 折り曲げ機 | 折弯机 |
| — method | 摺疊法 | 重ね合せ法 | 折叠法 |
| — roller | 摺頁輥 | 折り畳みローラ | 折页辊 |
| — rule | 摺尺 | 折り尺 | 折尺 |
| — scale | 摺尺〔俗稱〕 | 折り尺 | 折尺〔俗称〕 |
| — strength | 摺彎強度 | 耐折強度 | 折弯强度 |
| — test | 摺曲〔彎〕試驗 | 折りたたみ試験 | 折曲〔弯〕试验 |
| **folgerite** | 鎳黃鐵礦 | フォルゲル石 | 镍黄铁矿 |
| **folk stripper** | 簡易卸料板 | フォーク式ストリッパ | 简易卸料板 |
| **follow** blanking die | 連續下料模 | 送り抜き型 | 连续落料模 |
| — board | 嵌模板 | 捨て型 | 模子托板 |
| — current | 持續電流 | 続流 | 持续电流 |
| — die | 連續衝模 | 送り型 | 顺序模 |
| — feed | 連續送料 | フォローフィード | 顺序送料 |
| — rest | 跟刀架 | 後つかみ部 | 跟刀架 |

| 英　　文 | 臺　　灣 | 日　　文 | 大　　陸 |
|---|---|---|---|
| **follower** | 從動輪；從動件 | 被動歯車 | 从动轮 |
| — pin | 從動針〔銷〕 | フォロアピン | 从动针〔销〕 |
| — plate | 從板（鐵器） | 伴板 | 填料函压盖（板） |
| — rod | 從動棒 | 縦動棒 | 从动棒 |
| — spring | 從動彈簧 | フォロアスプリング | 从动机构弹簧 |
| **following** | 跟蹤 | フォローイング | 跟踪 |
| — edge | 後緣 | 後縁 | 后缘 |
| — stretcher bar | 連結桿 | 控え棒 | 连结杆 |
| — tap | 精加工用絲攻 | フォローイングタップ | 精加工用丝锥 |
| **follow-up** | 伺服（系統） | 進度管理 | 伺服（系统） |
| — condition | 保壓條件 | 保圧条件 | 保压条件 |
| — device | 隨動裝置 | 追縦装置 | 随动装置 |
| **fool's gold** | 黃鐵礦 | 黄鉄鉱 | 黄铁矿 |
| **foolproof circuit** | 安全電路 | フールプルーフ回路 | 安全电路 |
| **foot** | 英尺 | 足 | 英尺 |
| — bar | 踏腳 | 踏み棒 | 踏杆 |
| — block | 尾座 | フートブロック | 尾座 |
| — board | （樓梯）踏板 | 踏み板 | （楼梯）踏步板 |
| — brake | 腳踏煞車 | 足踏みブレーキ | 脚踏式制动器 |
| — drill | 腳踏鑽床 | 足踏みボール盤 | 脚踏钻 |
| — lever | 踏桿 | 足踏みレバー | 脚踏杆 |
| — line | 視線的水平投影（線） | 足線 | 视线的水平投影（线） |
| — mounting | 安裝腳座 | フートマウンティング | 安装脚座 |
| — mounting cylinder | 地腳安裝式氣缸 | フート形シリンダ | 地脚安装式气缸 |
| — plate | 支架底板 | 支保工底板 | 支架底板 |
| — point | （垂線的）垂足 | 足点 | （垂线的）垂足 |
| — press | 腳踏壓機 | 足踏みプレス | 脚踏压力机；平刷机 |
| — pump | 腳踏泵 | 踏みポンプ | 脚踏泵 |
| — rule | 折尺 | 折り尺 | 折尺 |
| — screw | 底腳螺釘 | 整脚ねじ | 地脚螺钉 |
| — shear | 腳踏剪床 | 足踏みせん断機 | 脚踏剪床 |
| — stall | 裙形墊座 | はかま腰 | 裙形垫座 |
| — step | 立（臼形）軸承架 | 足掛け | 立（臼形）轴承架 |
| — switch | 腳踏開關 | 足踏みスイッチ | 脚踏开关 |
| — throttle | 加速踏板 | 足踏みアクセル | 加速踏板 |
| — valve | 底閥 | フート弁 | 背压阀 |
| **footing** | 基礎；底腳 | 台石 | 底座〔脚〕 |
| — beam | 底腳梁 | 基礎ばり | 基础梁 |
| — course | 底層 | 根積み層 | 底层 |
| — piece | 底板 | 底板 | 底板 |

| 英　　文 | 臺　　灣 | 日　　文 | 大　　陸 |
|---|---|---|---|
| — slab | 基礎板 | 基礎板 | 基础板 |
| **footlathe** | (小型台式)腳踏車床 | 足踏み旋盤 | (小型台式)脚踏车床 |
| **Footner's process** | 富特納防銹法 | フートナー法 | 富特纳防锈法 |
| **foot-operated** clutch | 腳踏離合器 | 足踏みクラッチ | 脚踏离合器 |
| — switch | 腳踏開關 | 足踏みスイッチ | 脚踏开关 |
| **footpedal** | 腳踏板 | 踏み子 | 脚踏板 |
| **foot-pound** | 英尺-磅〔功的單位〕 | フートポンド | 英尺-磅〔功的单位〕 |
| **footpower lathe** | 腳踏車床 | 足踏み旋盤 | 脚踏车床 |
| **footstep bearing** | 立軸承 | うす軸受け | 立轴承 |
| **force** | 力 | 力 | 力;压力 |
| — and exhaust pump | 壓力排氣泵 | 押込み排出ポンプ | 压力排气泵 |
| — application | 施力 | 加力 | 加力 |
| — balance | 力平衡 | 力の平衡 | 力平衡 |
| — balanced sensor | 力平衡型感測器 | 力平衡形変換器 | 力平衡型传感器 |
| — balancing method | 力平衡法 | 力平衡法 | 力平衡法 |
| — closure | 力鎖合 | 力閉じこめ | 力锁合 |
| — component | 分力 | 力の成分 | 分力 |
| — couple | 力偶 | 偶力 | 力偶 |
| — density | 力密度 | 力密度 | 力密度 |
| — diagram | 力線圖 | ポンチ力線図 | 力线图 |
| — drying | 強制乾燥 | 強制乾燥 | 强制乾燥 |
| — factor | (加)力因數 | 力係数 | (加)力因数 |
| — feed | 壓力進給法 | フォースフィード | 强迫进给 |
| — feed oiler | 壓力注油器 | 押込注油器 | 压力注油器 |
| — feedback | 力反饋 | 力フィードバック | 力反馈 |
| — feedback control | 力反饋控制 | 力フィードバック制御 | 力反馈控制 |
| — fit | 壓入配合 | 圧力ばめ | 压力装配 |
| — free field | 無力場 | 力の及ばない場 | 无力场 |
| — ga(u)ge | 測力規 | フォースゲージ | 测力器 |
| — of attraction | 吸力 | 引力 | 吸力 |
| — of buoyancy | 浮力 | 浮力 | 浮力 |
| — of constraint | 拘束力 | 拘束力 | 拘束力 |
| — of gravity | 重力 | 重力 | 重力 |
| — of inertia | 慣性力 | 慣性抵抗 | 惯性力 |
| — piston | 模塞 | 押型 | 模塞 |
| — plate | 壓模板 | 押型板 | 压模板 |
| — plug | 模塞 | 押込みプラグ | 模塞 |
| — plunger | (擠壓)柱塞 | 押込みプランジャ | (挤压)模塞 |
| — polygon | 力多邊形 | 力の多角形 | 力多边形 |
| — pump | 壓力泵 | 押上〔込〕ポンプ | 压力泵 |

**F**

| 英　　文 | 臺　　灣 | 日　　文 | 大　　陸 |
|---|---|---|---|
| forced action | 強制作用 | 強制作用 | 強制作用 |
| — air | 壓縮空氣 | 押込み空気 | 压缩空气 |
| — air circulation oven | 強制空氣循環爐 | 強制空気循環炉 | 强制空气循环炉 |
| — air cooling | 強迫氣冷 | 強制空冷 | 强迫气冷 |
| — air draft oven | 強制通風爐 | 強制通風炉 | 强制通风炉 |
| — circulating mixer | 強制式攪拌機 | 強制混合ミキサ | 强制式搅拌机 |
| — circulation | 壓流循環 | 強制循環 | 强制循环 |
| — circulation cooling | 壓流循環冷卻 | 強制循環冷却 | 强制循环冷却 |
| — circulation evaporator | 壓流循環蒸發器 | 強制循環形蒸発かん | 强制循环式蒸发器 |
| — circulation mixer | 壓流式攪拌機 | 強制混合ミキサ | 强制式搅拌机 |
| — circulation system | 壓流循環系統〔方式〕 | ポンプ循環式 | 强制循环系统〔方式〕 |
| — convection | 強制對流 | 強制対流 | 强制对流 |
| — cooling | 壓流冷卻 | 急速冷却 | 急速冷却 |
| — deformation | 受力變形 | 強制変形 | 受迫变形 |
| — draft air cooler | 壓力通風空氣冷卻器 | 強制通風形空気冷却器 | 压力通风空气冷却器 |
| — draft condenser | 壓力通風型冷凝器 | 強制通風形凝縮器 | 强制通风型冷凝器 |
| — draft cooler | 壓力通風冷卻器 | 強制通風冷却器 | 强制通风冷却器 |
| — draft front | 壓力通風爐口 | 強制通風たきぐち | 强制通风炉口 |
| — draft furnace | 壓力通風熱風爐 | 強制通風湿気炉 | 强制通风热风炉 |
| — draft oven | 壓力通風爐 | 強制通風炉 | 强制通风炉 |
| — draft system | 壓力通風系統〔方式〕 | 押込み通風式 | 强制通风系统〔方式〕 |
| — drainage | 強制排洩 | 強制排流 | 强制排流 |
| — draught | 強制通風 | 強制通風 | 强制通风 |
| — draught fan | 壓力鼓風機 | 押込み送風機 | 压力鼓风机 |
| — feed | 壓力進給 | 強制送り | 强迫进给 |
| — feed hopper | 壓力供〔加〕料機 | 押込み供給ホッパー | 压力供〔加〕料机 |
| — feed lubrication | 強制潤滑（法） | 強制潤滑 | 强制润滑（法） |
| — feed oiler | 壓力潤滑器 | 押込み注油器 | 压力润滑器 |
| — flue type | 強制通風式 | 強制給排気式 | 强制通风式 |
| — hot air oven | 強迫循環熱風爐 | 強制循環熱風炉 | 强迫循环热风炉 |
| — lubricating equipment | 壓力潤滑裝置 | 軸受強制給油装置 | 强制润滑装置 |
| — lubricating pump | 壓力潤滑泵 | 圧力潤滑ポンプ | 压力润滑泵 |
| — lubrication drawing | 強制潤滑拉伸 | 強制潤滑深絞り法 | 强制润滑拉深 |
| — lubricator | 強制潤滑器 | 押込み注油器 | 强制润滑器 |
| — mixer | 強制式拌和機 | 強制練りミキサ | 强制式拌和机 |
| — stroke | 工作衝程 | 動作歩進 | 工作冲程 |
| — system of ventilation | 壓力通風方式 | 押込み式方式 | 强制通风方式 |
| — ventilating dryer | 壓力通風式乾燥機 | 強制通風式乾燥機 | 强制通风式乾燥机 |
| — ventilation | 壓力通風 | 強制換気〔通風〕 | 强制通风 |
| — vibration | 強迫振動 | 強制振動 | 强制振动 |

| 英　文 | 臺　灣 | 日　文 | 大　陸 |
|---|---|---|---|
| — wind vent | 強制通風排氣 | 風力換気 | 强制通风排气 |
| **forced-oil** cooling | 強制油冷卻 | 送油冷却 | 强制油冷却 |
| — forced-air cool | 油浸風冷式 | 送油風冷式 | 油浸风冷式 |
| — self-cool | 油浸自冷式 | 送油自冷式 | 油浸自冷式 |
| — transformer | 油浸式變壓器 | 送油式変圧器 | 油浸式变压器 |
| — water-cool | 油浸水冷式 | 送油水冷式 | 油浸水冷式 |
| **forcer** | 壓力泵活塞 | 押上ポンプピストン | 压力泵活塞 |
| **forcing** | 擠壓 | 押込み | 挤压 |
| — draft | 強制通風 | 押込通気 | 强制通风 |
| — machine | 擠壓機 | フォーシング機 | 挤压机 |
| — pump | 壓力泵 | 押上ポンプ | 压力泵 |
| — valve | 增壓閥 | 押上弁 | 增压阀 |
| **fore axle** | 前軸 | 前軸 | 前轴 |
| — bearing | 前軸承 | 前軸受 | 前轴承 |
| — blow | 空吹（鑄造） | 空吹き | 预鼓风 |
| — cooler | 預冷器 | 予冷器 | 预冷器 |
| — end of shaft | 軸前端 | 軸先端 | 轴前端 |
| — hearth | 預熱爐 | ため炉 | 预热炉 |
| — pressure | 預抽壓力 | 前圧力 | 预抽压力 |
| — pump | 預抽真空泵 | 前置ポンプ | 预抽真空泵 |
| **forebreast** | 出鐵口泥塞 | 栓前 | 出铁口泥塞 |
| **foreground welding** | 前傾熔接 | 前進溶接 | 前进溶接；左焊法 |
| **forehand welding** | 前傾熔接法 | 前進溶接 | 左向焊接〔气焊〕 |
| **forelock** | 開口銷 | 留桟 | 开口销 |
| — bolt | 帶銷螺栓 | 留桟ボルト | 带销螺栓 |
| **forge** | 鍛工場；鍛爐 | 鍛造 | 锻造 |
| — bellows | 鍛爐風箱 | かじ用ふいご | 锻炉风箱 |
| — coal | 鍛造用煤 | 鍛造用炭 | 锻造用煤 |
| — crane | 鍛造起重機 | かじ用クレーン | 锻造起重机 |
| — fire | 鍛用火爐 | ほど | 锻工炉 |
| — iron | 可鍛鐵 | 可鍛鉄 | 可锻铁 |
| — master | 鍛造加熱控制裝置 | フォージマスタ | 锻造加热控制装置 |
| — pig iron | 鍛生鐵 | パドル用銑鉄 | 锻生铁 |
| — ratio | 鍛造比 | 鍛錬成形比 | 锻造比 |
| — scale | 鍛造氧化皮 | 鍛造スケール | 锻造氧化皮 |
| — shop | 鍛工場 | 鍛工場 | 锻工场 |
| — time | 鍛壓時間 | 鍛圧時間 | 锻压时间 |
| — welder | 鍛接機 | 鍛接器 | 锻焊机 |
| **forgeability** | 可鍛性 | 可鍛性 | 可锻性 |
| **forged** crossing | 鍛造撤叉 | 鍛造クロッシング | 锻造撤叉 |

| 英　　文 | 臺　　灣 | 日　　文 | 大　　陸 |
|---|---|---|---|
| — flange | 軸端鍛造連接凸緣 | 作出しフランジ | 軸端鍛造連接凸缘 |
| — flange shaft coupling | 軸端鍛出凸緣接頭 | 作出しフランジ軸継手 | 軸端鍛出凸缘接头 |
| — hardening | 鍛造後直接淬火 | 鍛造焼入れ | 锻造后直接淬火 |
| — iron | 鍛鐵 | 鍛鉄 | 锻铁 |
| — main disc | 鍛造主板 | 鍛造主板 | 锻造主板 |
| — scrap | 鍛造廢料 | 積み地金 | 锻造废料 |
| — side disc | 鍛造側板 | 鍛造側板 | 锻造侧板 |
| — steel | 鍛鋼 | 鍛鋼 | 锻钢 |
| forge-delay time | （點焊的）加壓滯後時間 | 加圧遅れ時間 | （点焊的）加压滞后时间 |
| forgeweld joint | 鍛焊接頭 | 鍛接継手 | 锻焊接头 |
| forging | 鍛造 | 鍛造 | 锻造 |
| — brass | 可鍛黃銅 | 可鍛黄銅 | 可锻黄铜 |
| — die | 鍛模 | 鍛造型 | 锻模 |
| — drawing | 鍛件圖 | 鍛造図 | 锻件图 |
| — hammer | 鍛錘 | 鍛造ハンマ | 锻锤 |
| — machine | 鍛造機 | 鍛造機 | 锻造机 |
| — manipulator | 鍛造用機械手 | 鍛造用マニプレータ | 锻造用机械手 |
| — press | 鍛壓機 | 鍛造プレス | 锻压机 |
| — roll | 鍛造輥 | フォージングロール | 锻造辊 |
| — steel | 鍛鋼 | 鍛鋼 | 锻钢 |
| — temperature | 鍛造溫度 | 鍛造温度 | 锻造温度 |
| — test | 鍛壓試驗 | 鍛造試験 | 锻压试验 |
| — tongs | 鍛工鉗 | 鍛造用はし | 锻工钳 |
| — tool | 鍛造用工具 | 鍛造用工具 | 锻造用工具 |
| forgings | 鍛件 | 鍛造品 | 锻件 |
| fork | 抓斗；叉 | 三しゃ器 | 抓斗；叉 |
| — arm | 叉臂 | フォークアーム | 叉臂 |
| — connection | 插頭連接 | フォーク結線 | 插头连接 |
| — contact type | 雙接點式 | 双子接点型 | 双接点式 |
| — end | 叉端 | 二又 | 叉端 |
| — ga(u)ge | 叉規 | ホークゲージ | 叉规 |
| — junction | Y形交叉 | フォーク型交差 | Y形交叉 |
| — lift | 叉架升降機；堆高車（機） | フォークリフト | 升降叉车 |
| — link | 叉形活節 | 二又リンク | 叉形杆 |
| — spanner | 堆高車 | 二又スパナ | 叉形扳手 |
| — truck | 叉式起重車 | フォークリフト | 叉式起重车 |
| — weld | 嵌熔接 | 矢はず溶接 | V形坡口焊接〔缝〕 |
| — wrench | 叉形扳手 | 二又ねじ回 | 叉形扳手 |
| forked bent lever | 叉形曲槓桿 | 二又曲りてこ | 叉形曲杠杆 |
| — chain | 支鏈 | さ状炭素鎖 | 支链 |

| 英　　文 | 臺　　灣 | 日　　文 | 大　　陸 |
|---|---|---|---|
| — connecting rod | 叉頭連桿 | 二又連接棒 | 叉头连杆 |
| — strap | V形鐵帶 | V 形金物 | V形铁带 |
| — tenon | 叉接榫舌 | かみ合せほぞ | 叉接榫舌 |
| **form** | 樣式;型 | 型枠 | 模子〔壳〕 |
| — accuracy | 形狀精度 | 形状精度 | 成形精度 |
| — and curl die | 成形捲邊模 | 成形カール型 | 成形卷边模 |
| — bar | 仿形尺 | フォームバー | 仿形尺 |
| — bite | 成形車刀 | 総形バイト | 成形车刀 |
| — block | 成形模 | 成形ダイス | 成形模 |
| — coefficient | 形狀係數 | 形状係数 | 形状系数 |
| — drag coefficient | 形狀阻力係數 | 形状抵抗係数 | 形状阻力系数 |
| — effect | 形狀效應 | 形状効果 | 形状效应 |
| — elasticity | 形狀彈性 | 形状弾性 | 形状弹性 |
| — error | 形狀誤差 | 形状誤差 | 形状误差 |
| — factor | 形狀因數 | 形状（影響）係数 | 形状（影响）系数 |
| — ga(u)ge | 成形件定位裝置 | 成形品用位置決めゲージ | 成形件定位装置 |
| — grinding | 成形磨削 | 総形研削 | 成形磨削 |
| — milling | 型銑法 | 総形フライス削り | 仿形铣削 |
| — mold | 成形塑膜 | 二次成形型 | 成形塑膜 |
| — oil | 脫模劑 | はく離剤 | 脱模剂 |
| — panel | 模板 | 型枠パネル | 模板 |
| — plywood | 模板用膠合板 | 型枠用合板 | 模板用胶合板 |
| — removal | 脫模 | 脱型 | 脱模 |
| — resistance | 形狀阻力 | 形状抵抗 | 形状阻力 |
| — retention | 外形尺寸穩定性 | 形状保留性 | 外形尺寸稳定性 |
| — rolling | 壓延成形 | 成形圧延 | 压延成形 |
| — tolerance | 形狀公差 | 形状公差 | 形状公差 |
| — tracer | 成形靠模 | フォームトレーサ | 成形靠模 |
| — turning | 成形車削 | 総形削り | 成形车削 |
| — vibrator | 模型振動器 | 型枠振動機 | 外部振捣器 |
| **formablity** | 可成形性 | 成形性 | 可成形性 |
| **formed** | 成形加工 | フォームド | 成形加工 |
| — body | 成形體 | 成形体 | 成形体 |
| — conductor | 成形導體 | 成形導体 | 成形导体 |
| — container | 熱成形容器 | 熱成形容器 | 热成形容器 |
| — cutter | 成形銑刀 | 総形フライス | 成形铣刀 |
| — dresser | （砂輪)成形修整器 | フォームドドレッサ | （砂轮)成形修整器 |
| — end mill | 成形立銑刀 | 総形エンドミル | 成形立铣刀 |
| — member | 成形構件 | 形付け材 | 成形构件 |
| — piece | 成形件 | 二次成形品 | 成形件 |

407

| 英　文 | 臺　灣 | 日　文 | 大　陸 |
|---|---|---|---|
| — tool | 成形工具 | 成形工具 | 成形工具 |
| **former** | 彎邊模 | 巻型 | 弯边模 |
| — winding | 模繞法 | 型巻 | 模绕法 |
| **former-wound coil** | 模繞線圈 | 型巻コイル | 模绕线圈 |
| **forming** | 型成 | 成形加工 | 成形加工 |
| — agent | 發泡劑 | 起泡剤 | 发泡剂 |
| — and flattening die | 成形校平模 | 成形-ならし型 | 成形校平模 |
| — box | 造型箱 | フォーミングボックス | 造型箱 |
| — by compression | 壓縮成形 | 圧縮加工 | 压缩成形 |
| — by rolling | 滾軋成形 | 転造加工法 | 滚轧成形 |
| — clay | 鑄模用黏土 | 鋳型用粘土 | 铸模用黏土 |
| — cutter | 型成刀具 | フォーミングカッタ | 成形刀具 |
| — die | 型成模 | 成形型 | 成形模 |
| — dresser | （砂輪）成形修整器 | フォーミングドレッサ | （砂轮）成形修整器 |
| — force | 型成力 | 二次成形力 | 成形力 |
| — mold | 型成塑模 | 二次成形型 | 成形塑模 |
| — of a blank | 胚料成形 | 打抜板の二次成形 | 胚料成形 |
| — package | 型成部件 | 成形パッケージ | 成形部件 |
| — packing | 模壓迫緊 | 成形パッキン | 模压密封圈 |
| — path | 型成過程 | 成形経路 | 成形过程 |
| — performance | 型成性 | 成形能 | 成形性 |
| — process | 型成過程 | 形成過程 | 成形过程 |
| — punch | 型成凸模 | 成形用ポンチ | 成形凸模 |
| — rate | 型成率 | 成形度 | 成形率 |
| — rest | 靠模刀架 | フォーミングレスト | 靠模刀架 |
| — roll | 型成輥 | 成形ロール | 成形轧辊 |
| — tool | 型成工具 | 二次成形用具 | 成形刀（具） |
| **form-relieved cutter** | 鏟齒銑刀 | 二番取りフライス | 铲齿铣刀 |
| **fortuitous distortion** | 偶發畸變 | 不規則ひずみ | 偶发畸变 |
| **forward** | 前向的 | 正方向 | 正向的 |
| — and back extrusion | 正反向擠壓 | 前後方押出し | 正反向挤压 |
| — direction | 正向 | 順方向 | 正向 |
| — eccentric | 推進偏心軸 | 前進偏心輪 | 推进偏心轴 |
| — edge | 前緣 | 前縁 | 前缘 |
| — end | 前端 | 前端 | 前端 |
| — extrusion | 順向擠壓 | 前方押出し | 顺向挤压 |
| — flow | 前進流 | 前進流 | 前进流 |
| — gear | 前進裝置 | 前進装置 | 前进装置 |
| — motion | 前進運動 | 前進運動 | 前进运动 |
| — mutation | 正向突變 | 正突然変異 | 正向突变 |

| 英　　文 | 臺　　灣 | 日　　文 | 大　　陸 |
|---|---|---|---|
| — slope | 正斜面 | 前方斜面 | 正斜面 |
| — stroke | 前進衝程〔行程〕 | 前進行程 | 前进冲程〔行程〕 |
| — tension | 前拉力 | 前方張力 | 前拉力 |
| — welding | 前進熔接 | 前進溶接 | 左向焊接〔气焊〕 |
| **foundation** | 地腳;基礎 | 土台 | 底座 |
| — beam | 基礎梁 | 基礎ばり | 基础梁 |
| — bolt | 底腳螺栓 | 基礎ボルト | 地脚螺丝 |
| — brake gear | 制動傳動裝置 | 基礎ブレーキ装置 | 制动传动装置 |
| — brake rigging | 基本韌基裝置 | 基礎ブレーキ装置 | 制动传动机构 |
| — plate | 底板 | 基礎板 | 基座板 |
| **founding** | 鑄造 | 鋳造 | 铸造 |
| **foundry** | 鑄造;鑄工廠 | 鋳物場 | 铸件 |
| — coke | 鑄焦 | 鋳物用コークス | 铸造用焦炭 |
| — defect | 鑄疵 | 鋳きず | 铸造缺陷 |
| — dressing shop | 鑄件清理工場 | 鋳物仕上げ工場 | 铸件清理车间 |
| — iron | 鑄鐵 | 鋳鉄 | 铸铁 |
| — ladle | 澆筒 | 注湯取べ | 浇(注)包 |
| — losses | 鑄損 | 鋳損じ | 铸造损耗 |
| — mo(u)lding | (鑄模)造型 | 鋳型造形 | (铸模)造型 |
| — nail | 鑄造用釘 | 冷しくぎ | 型钉 |
| — pit | 鑄錠坑 | 鋳物場ピット | 铸锭坑 |
| — pig iron | 鑄用生鐵 | 鋳物用銑鉄 | 铸造生铁 |
| — resin | 鑄造用樹脂 | 鋳物用樹脂 | 铸造用树脂 |
| — sand | 鑄造用砂 | 鋳型砂 | 铸造用砂 |
| — scale | 鑄件尺寸 | 鋳物スケール | 铸件尺寸 |
| — stove | 烘模爐 | 鋳型乾燥炉 | 铸型乾燥炉 |
| — type metal | 鑄造活字合金 | 鋳造活字合金 | 铸造活字合金 |
| **fountain** | 出鋼槽 | 出湯とう | 出钢槽 |
| — equipment | 噴水設備 | 噴水設備 | 喷水设备 |
| — head | 噴水頭 | 噴水頭部 | 喷水头 |
| **four** active gauge method | 四動臂(橋式)應變計法 | 四アクチブゲージ法 | 四动臂(桥式)应变计法 |
| — arm cross handle | 十字手柄 | 十字ハンドル | 十字手柄 |
| — bladed propeller | 四葉螺旋漿 | 四つ羽根プロペラ | 四叶螺旋浆 |
| — stroke | 四衝程 | 四(行程)サイクル | 四冲程 |
| — cycle engine | 四衝程發動機 | 四サイクル機関 | 四冲程发动机 |
| — groove reamer | 四槽鉸刀 | 四つ溝リーマ | 四槽铰刀 |
| — groove drill | 四槽鑽頭 | 四つ溝ぎり | 四槽钻头 |
| — port connection valve | 四通閥 | 四ポート弁 | 四通阀 |
| — position valve | 四位換向閥 | 四位置弁 | 四位换向阀 |
| **four-ball test** | 四球機摩擦試驗 | フォアボールテスト | 四球机摩擦试验 |

| 英　　文 | 臺　　灣 | 日　　文 | 大　　陸 |
|---|---|---|---|
| **four-bowl calender** | 四輥壓延機 | 四本ロールカレンダ | 四辊压延机 |
| **four-high end stand** | 四輥終軋機座 | 四段圧延仕上げスタンド | 四辊终轧机座 |
| — mill | 四輥軋機 | 四段圧延機 | 四辊轧机 |
| — stand | 四輥軋機機座 | 四段圧延スタンド | 四辊轧机机座 |
| **four-pin type die set** | 四導柱式模座 | 四柱式ダイセット | 四导柱式模架 |
| **four-roll calender** | 四輥壓延機 | 四本ロールカレンダ | 四辊压延机 |
| **four-socket cross pipe** | 四承十字管 | 四承十字管 | 四承十字管 |
| **four-way branch** | 四通管 | 四さ管 | 四通管 |
| — die block | 四面有V型槽的模塊 | 四面ダイブロック | 四面有V型槽的模块 |
| — valve | 四通閥 | 四通弁 | 四通阀 |
| **four-wheel brake** | 四輪制動器 | 四輪ブレーキ | 四轮制动器 |
| — drive | 四輪驅動 | 四輪駆動 | 四轮驱动 |
| **fox** | 繩索 | フォックス | 绳索 |
| — bolt | 開尾螺栓 | ありボルト | 开尾螺栓 |
| **foxtail saw** | 手鋸 | 手びきのこぎり | 手锯 |
| **fractional** steel plate | 化學被膜生成處理鋼板 | 化成処理鋼板 | 化学被膜生成处理钢板 |
| — voidage | 孔隙率 | 空間率 | 孔隙率 |
| **fractograph** | 金屬斷面的顯微鏡照片 | 破面〔検査〕写真 | 金属断面的显微镜照片 |
| **fractography** | 斷口組織試驗 | 破面解析 | 断口组织试验 |
| **fracture** | 破裂(面) | 破面 | 断裂(面) |
| — arrest temperature | 止裂溫度 | クラック阻止温度 | 止裂温度 |
| — by separation | 分離斷裂 | 分離破壊 | 分离断裂 |
| — by shock | 衝擊破壞 | 衝撃破壊 | 冲击破坏 |
| — energy | 破壞能量 | 破壊エネルギー | 破坏能量 |
| — initiation temperature | 起裂溫度 | クラック発生温度 | 起裂温度 |
| — load | 破裂負荷 | 破壊荷重 | 破坏载荷 |
| — mechanics | 破裂力學 | 破壊力学 | 断裂力学 |
| — mode | 破裂形式 | 破壊様式 | 断裂形式 |
| — point | 破裂點 | 破断点 | 断裂点 |
| — propagation | 裂紋擴展 | クラックの伝ぱ | 裂纹扩展 |
| — resistance | 耐斷裂能力 | 耐破壊性 | 耐断裂能力 |
| — speed | 破裂速率 | クラック速度 | 断裂速率 |
| — strength | 破裂強度 | 破壊強さ | 断裂强度 |
| — stress | 破裂應力 | 破壊応力 | 断裂应力 |
| — surface | 破裂表面 | 破断面 | 破裂表面 |
| — test | 破裂試驗 | 破面試験 | 断裂试验 |
| — texture | 斷口構造 | 破面模様 | 断口构造 |
| — toughness | 破裂韌性 | 破壊じん性 | 断裂韧性 |
| — transition temperature | 斷口轉變溫度 | 破面遷移温度 | 断口转变温度 |
| — zone | 破裂帶 | 破砕帯 | 断裂带 |

| 英　　文 | 臺　　灣 | 日　　文 | 大　　陸 |
|---|---|---|---|
| **fractured** surface | 斷面 | 破面 | 断面 |
| — zone | 破碎帶 | 破砕帯 | 破碎帯 |
| **fragmentation of grains** | 晶粒碎裂 | 結晶粒微細化 | 晶粒碎裂 |
| **fragmenting** | 破碎 | 細分化 | 破碎 |
| **fraise** | 銑刀;絞刀;擴孔鑽 | フライス | 铣刀;绞刀;扩孔钻 |
| — adapter | 銑床附件 | フライスアダプタ | 铣床附件 |
| — head | 銑頭 | フライスヘッド | 铣头 |
| — jig | 銑床夾具 | フライスジグ | 铣床夹具 |
| — milling | 銑削(加工) | フライス削り | 铣削(加工) |
| — unit | 銑削動力頭 | フライスユニット | 铣削动力头 |
| **frame** | 框架 | 架構 | 框架 |
| — body plan | 框體平面圖 | フレーム正面図 | 肋骨型线图 |
| — cutting | 平行式剪切 | フレームカッテング | 平行式剪切 |
| — ground | 機架接地 | フレーム接地 | 机架接地 |
| — planer | 龍門式自動氣割機 | プレーナ溶断機 | 龙门式自动气割机 |
| — saw | 架鋸 | おさのこ盤 | 架锯 |
| — sawing machine | 多鋸條框鋸機 | おさのこ盤 | 多锯条框锯机 |
| — square sets | 支柱式支架 | 支柱式支保工 | 支柱式支架 |
| — straightener | 車架矯正裝置 | フレーム矯正機 | 车架矫正装置 |
| — structure | 構架結構 | 枠組構造 | 构架结构 |
| — work | 框架(結構) | 架構 | 框架(结构) |
| — work structure | 網狀構造 | 網（目）状構造 | 网状构造 |
| **framed** and braced door | 有支撐的框架門 | 筋違入り組戸 | 有支撑的框架门 |
| — cantilever bridge | 多跨靜定桁架橋 | ゲルバートラス橋 | 多跨静定桁架桥 |
| — girder | 框架梁 | 骨組けた | 框架梁 |
| — vencer saw | 鑲框膠合板鋸 | かぶせ板のこ | 镶框胶合板锯 |
| **framesite** | 黑鑽石 | フレーメス石 | 黑钻石 |
| **framework bogie** | 框架式轉向架 | 枠組ボギー台車 | 框架式转向架 |
| **Francis turbine** | 軸向輻流式水輪機 | フランシス型水車 | 轴向辐流式水轮机 |
| — type pump | 法蘭西式泵 | フランシス形ポンプ | 法兰西式泵 |
| **frangibility** | 脆度 | ぜい性 | 脆度 |
| **fraze** | 端頭銑刀 | 切断まくれ | 端头铣刀 |
| **free** area | 有效面積 | 正味面積 | 有效面积 |
| — atom | 自由原子 | 遊離原子 | 自由原子 |
| — bend test | 自由彎曲試驗 | 自由曲げ試験 | 自由弯曲试验 |
| — bend test specimen | 自由彎曲試片〔樣〕 | 自由曲げ試験片 | 自由弯曲试片〔样〕 |
| — bending | 自由彎曲 | 自由曲げ | 自由弯曲 |
| blow forming | 自由吹脹成形 | フリーブロー成形 | 自由吹胀成形 |
| — body | 分離體 | 自由物体 | 自由体 |
| — body diagrams | 分離體圖 | 切断釣合図 | 自由体图 |

F

411

| 英　　文 | 臺　　灣 | 日　　文 | 大　　陸 |
|---|---|---|---|
| — carbon | 游離碳 | 遊離炭素 | 游离碳 |
| — carbon dioxide | 游離二氧化碳 | 遊離炭酸 | 游离二氧化碳 |
| — cementite | 游離雪明碳鐵 | 遊離セメンタイト | 游离渗碳体 |
| — charge | 自由電荷 | 見掛け電荷 | 自由电荷 |
| — contraction | 自由收縮 | 自由収縮 | 自由收缩 |
| — convection | 自然對流 | 自由対流 | 自然对流 |
| — cooling | 自由冷卻 | フリークーリング | 自由冷却 |
| — corner | 不連角隅 | 自由隅角部 | 不连角隅 |
| — curve roller | 自由彎曲輥式輸送機 | フリーカーブローラ | 自由弯曲辊式输送机 |
| — cutting | 高速〔崩碎〕切屑 | フリーカッティング | 高速〔崩碎〕切屑 |
| — cutting brass | 易切(削)黃銅 | 快削黄銅 | 易切(削)黄铜 |
| — cutting steel | 易切(削)鋼 | 快削鋼 | 易切(削)钢 |
| — diffusion | 自由擴散 | 自由拡散 | 自由扩散 |
| — drawing | 自由拉伸 | フリードロー成形 | 自由拉深 |
| — edge | 無支承邊 | 自由縁 | 无支承边 |
| — electric charge | 自由電荷 | 自由電荷 | 自由电荷 |
| — electron | 自由電子 | 自由電子 | 自由电子 |
| — end | 活動端 | 自由端 | 活动支座 |
| — energy | 自由能 | 自由エネルギー | 自由能 |
| — expansion | 自由膨脹 | 自由膨張 | 自由膨胀 |
| — face | 自由面 | 自由面 | 自由面 |
| — ferrite | 單體肥粒鐵 | 遊離フェライト | 游离铁素体 |
| — field | 自由電場 | フリーフィールド | 自由电场 |
| — fit | 自由配合 | 遊びはめ | 自由配合 |
| — forging | 自由鍛造 | 自由鍛造 | 自由锻造 |
| — forming | 自由成形 | 自由成形 | 自由成形 |
| — gap | 游隙 | フリーギャップ | 游隙 |
| — gas model | 游離氣體模型 | 自由ガス模型 | 游离气体模型 |
| — gear | 游動齒輪 | フリーギヤー | 游动齿轮 |
| — hand drawing | 徒手畫 | 自在画 | 徒手画 |
| — layer | 游離層 | 自由層 | 游离层 |
| — length of spring | 彈簧的自由長度 | ばねの自由長さ | 弹簧的自由长度 |
| — piercing | 自由穿孔 | 自由せん孔 | 自由穿孔 |
| — piston compressor | 自由活塞壓縮機 | 自由ピストン圧縮機 | 自由活塞式压缩机 |
| — piston engine | 自由活塞動力機 | 自由ピストン機関 | 自由活塞式发动机 |
| — punch | 無導向凸模 | ガイドレス-ポンチ | 无导向凸模 |
| — rotation | 自由旋轉 | 自由回転 | 自由转动 |
| — side bearing | 自由側軸承 | 自由側軸受 | 自由侧轴承 |
| — sketch | 徒手畫 | フリースケッチ | 徒手画 |
| — state | 自由狀態 | 遊離状態 | 游离状态 |

| 英　　文 | 臺　　灣 | 日　　文 | 大　　陸 |
|---|---|---|---|
| — stroke | 自由行程 | フリーストローク | 自由行程 |
| — support | 自由支撐 | 自由支持 | 自由支撑 |
| — surface | 自由表面 | 自由水面 | 自由表面 |
| — travel | 自由行程 | 自由走行距離 | 自由行程 |
| — vacuum forming | 自由真空成形 | フリー真空成形 | 自由真空成形 |
| **freedom** | 自由度 | フリードーム | 自由度 |
| **freehand** drawing | 徒手圖 | フリーハンド図 | 徒手图 |
| — grinding | 手持磨削 | 自由研削 | 手持磨削 |
| **free-machinability** | 易切削性能 | 快削性 | 易切削性能 |
| **free-machining material** | 易切削材料 | 快削材料 | 易切削材料 |
| **freewheel** | 游滑輪 | フリーホイール装置 | 游滑轮 |
| **freeze** | 冷凍 | 凍結 | 冷冻 |
| — etching | 冰凍蝕刻 | フリーズエッチング | 冰冻蚀刻 |
| — fracturing | 冰凍斷裂術 | フリーズ分断法 | 冰冻断裂术 |
| — thaw stability | 凍熔穩定性 | 凍解安定性 | 冻熔稳定性 |
| — thaw test | 凍熔試驗 | 凍結融解試験 | 冻熔试验 |
| **freezing** | 凝固 | 凝固 | 凝固 |
| — capacity | 冷凍能力 | 冷凍能力 | 冷冻能力 |
| — curve | 冷凝曲線 | 冰点曲線 | 冷凝曲线 |
| — cycle | 凝固周期 | 凍結サイクル | 凝固周期 |
| — machinery oil | 冷凍機油 | 冷凍機油 | 冷冻机油 |
| — medium | 冷凍劑 | 寒剤 | 冷冻剂 |
| — method | 凍結法 | 凍結工法 | 冻结法 |
| — mixture | 冷凍劑 | 凍結剤 | 冷却剂 |
| — point | 凝固點 | 凝固点 | 凝固点 |
| — point method | 冰點法 | 冰点法 | 冰点法 |
| — store | 冷凍庫 | 冷凍庫 | 冷冻库 |
| — tank | 凍結槽 | 凍結タンク | 冻结槽 |
| — temperature | 凝固溫度 | 凍結温度 | 冻结温度 |
| — test | 冰點的測定 | 凍結試験 | 冰点的测定 |
| — treatment | 凍結處理 | 凍結処理 | 冻结处理 |
| **freezing-in** | 凍結 | 凍結 | 冻结 |
| **French** chalk | 滑石（粉） | フレンチチョーク | 滑石（粉） |
| — curve | 曲線板 | 雲形定規 | 曲线板 |
| — scarf joint | 斜嵌接（頭） | 追掛け継手 | 斜嵌接（头） |
| **frenchman** | 接頭修整工具 | 目地心金 | 接头修整工具 |
| **frequency** | 頻率 | 周波数 | 频率 |
| — filter | 頻率濾波器 | 周波数フィルタ | 频率滤波器 |
| — range | 頻率範圍 | 周波数範囲 | 频率范围 |
| — rate | 頻率變化率 | 度数率 | 频率变化率 |

413

| 英　　文 | 臺　　灣 | 日　　文 | 大　　陸 |
|---|---|---|---|
| ― ratio | 頻率比 | 振動数比 | 频率比 |
| ― relay | 頻率繼電器 | 周波数リレー | 频率继电器 |
| ― response | 頻率響應 | 周波数特性 | 频率响应 |
| ― response curve | 頻率響應曲線 | 周波数応答曲線 | 频率响应曲线 |
| **freshman** | 生手 | フレッシュマン | 生手 |
| **fret** | 格子級;擦蝕 | 斜あや形 | 侵蚀;摩损 |
| ― mill | 摩擦粉碎機 | フレットミル | 摩擦粉碎机 |
| ― sawing machine | 鏤鋸機 | 糸のこ盤 | 线锯床 |
| **fretting** | 微振磨損 | 摩耗 | 微振磨损 |
| ― corrosion | 摩擦腐蝕 | 擦過腐食 | 摩擦腐蚀 |
| **friability** | 易碎性 | フライアビリティ | 易碎性 |
| **friction** | 摩擦 | 摩擦 | 摩擦 |
| ― bolt | 摩擦螺栓 | フリクションボルト | 摩擦螺栓 |
| ― brake | 摩擦制動器 | 摩擦制動 | 摩擦制动器 |
| ― by rolling | 滾動摩擦 | 転り摩擦 | 滚动摩擦 |
| ― by sliding | 滑動摩擦 | 滑り摩擦 | 滑动摩擦 |
| ― calender | 摩擦軋光機 | 摩擦光沢機 | 摩擦轧光机 |
| ― calendering | 摩擦滾壓 | フリクション操作 | 摩擦研光 |
| ― catch | 摩擦掣子 | フリクションキャッチ | 弹簧锁 |
| ― circle analysis | 摩擦圓(分析)法 | 摩擦円法 | 摩擦圆(分析)法 |
| ― clip coupling | 圓柱形摩擦聯軸器 | 摩擦筒形継手 | 圆柱形摩擦联轴节 |
| ― clutch | 摩擦離合器 | 摩擦クラッチ | 摩擦离合器 |
| ― compensation | 摩擦補償 | 摩擦補償 | 摩擦补偿 |
| ― cone | 摩擦圓錐 | 摩擦円すい | 摩擦圆锥 |
| ― coupling | 摩擦聯軸器 | 摩擦継手 | 摩擦联轴节 |
| ― cutting | 摩擦切割〔切斷〕 | 摩擦切断 | 摩擦切割〔切断〕 |
| ― cylinder | 摩擦軋光機〔紡織〕 | フリクションブッシュ | 摩擦轧光机〔纺织〕 |
| ― damper | 摩擦減振器 | 摩擦ダンパ | 摩擦减震器 |
| ― disc | 摩擦圓盤 | 摩擦円板 | 摩擦片 |
| ― disc welding | 摩擦盤焊接法 | 摩擦板溶接 | 摩擦盘焊接法 |
| ― draft gear | 摩擦牽引裝置 | 摩擦引張装置 | 摩擦牵引装置 |
| ― drilling machine | 摩擦鑽床〔機〕 | 摩擦ボール盤 | 摩擦钻床〔机〕 |
| ― drive | 摩擦驅動 | 摩擦駆動 | 摩擦传动 |
| ― drop hammer | 摩擦落錘 | 摩擦落しハンマ | 摩擦落锤 |
| ― dynamometer | 摩擦測力計 | 摩擦動力計 | 摩擦测力计 |
| ― electric machine | 摩擦起電器 | 摩擦起電機 | 摩擦起电器 |
| ― electromagnetic brake | 摩擦式電磁閥 | 摩擦式電磁ブレーキ | 摩擦式电磁阀 |
| ― energy | 摩擦能 | 摩擦エネルギー | 摩擦能 |
| ― factor | 摩擦因數 | 摩擦係数 | 摩擦系数 |
| ― gear | 摩擦機構 | 摩擦車 | 摩擦轮 |

| 英　　文 | 臺　　灣 | 日　　文 | 大　　陸 |
|---|---|---|---|
| — governor | 摩擦調速器 | 摩擦調速機 | 摩擦调速器 |
| — grip | 摩擦夾鉗 | 摩擦つかみ | 摩擦夹紧装置 |
| — grip bolt | 摩擦夾緊螺釘 | 摩擦接合ボルト | 摩擦夹紧螺钉 |
| — hinge | 摩阻鉸鏈 | フリクション丁番 | 摩阻铰链 |
| — horsepower | 摩擦馬力 | 摩擦馬力 | 摩擦功率 |
| — loss coefficient | 摩擦損失係數 | 摩擦損失係数 | 摩擦损失系数 |
| — loss of duct | 管道摩擦損失 | ダクト摩擦損失 | 管道摩擦损失 |
| — material | 摩擦材料 | 摩擦材料 | 摩擦材料 |
| — meter | 摩擦係數測定儀 | 摩擦計 | 摩擦系数测定仪 |
| — of rolling | 滾動摩擦 | 転動摩擦 | 滚动摩擦 |
| — of vibration | 振動摩擦 | 振動摩擦 | 振动摩擦 |
| — oxidation | 摩擦氧化 | 摩擦酸化 | 摩擦氧化 |
| — pad | 摩擦墊片 | 摩擦パッド | 摩擦垫片 |
| — plate | 摩擦板〔片〕 | 摩擦板 | 摩擦板〔片〕 |
| — press | 摩擦式壓機 | 摩擦プレス | 摩擦压力机 |
| — pressure welding | 摩擦〔壓〕焊 | 摩擦圧接 | 摩擦〔压〕焊 |
| — property | 摩擦特性 | 摩擦特性 | 摩擦特性 |
| — pulley | 摩擦輪 | 摩擦車 | 摩擦轮 |
| — ratio | 摩擦泵比 | フリクション比 | 摩擦泵比 |
| — ring | 齒形防鬆墊圈 | 菊座金 | 齿形防松垫圈 |
| — roller | 摩擦滾柱 | 摩擦ころ | 摩擦滚柱 |
| — saw | 摩擦鋸 | 摩擦のこ | 摩擦锯 |
| — sawing machine | 摩擦鋸床 | 高速切断機 | 摩擦锯床 |
| — screw press | 摩擦螺旋壓機 | 摩擦プレス | 摩擦压力机 |
| — sensitivity | 摩擦敏感度 | 摩擦感度 | 摩擦敏感度 |
| — shaft coupling | 摩擦聯軸器〔器〕 | 摩擦継手 | 摩擦联轴节〔器〕 |
| — sheave | 摩擦(偏心)盤 | 摩擦盤 | 摩擦(偏心)盘 |
| — stop | 摩擦限動器 | フリクションストップ | 摩擦限动器 |
| — stopping device | 摩擦停止裝置 | 摩擦停止装置 | 摩擦停止装置 |
| — stress | 摩擦應力 | 摩擦応力 | 摩擦应力 |
| — surface | 摩擦面 | 摩擦面 | 摩擦面 |
| — tape | 摩擦膠帶 | フリクションテープ | 摩擦带 |
| — test | 摩擦試驗 | はく離試験 | 摩擦试验 |
| — tester | 摩擦試驗機 | 摩擦試験機 | 摩擦试验机 |
| — torque | 摩擦扭矩 | 摩擦回転力 | 摩擦扭矩 |
| — transmission | 摩擦傳動 | 摩擦駆動 | 摩擦传动 |
| — velocity | 摩擦速度 | 摩擦速度 | 摩擦速度 |
| — welding | 摩擦熔接 | 摩擦溶接 | 摩擦焊 |
| — wheel | 摩擦輪 | 摩擦車 | 摩擦轮 |
| — winder | 摩擦捲線機 | 摩擦巻取機 | 摩擦卷线机 |

F

| 英　　文 | 臺　　灣 | 日　　文 | 大　　陸 |
|---|---|---|---|
| ― winding | 摩擦提升 | ケーベ巻 | 摩擦提升 |
| **frictional** angle | 摩擦角 | 摩擦角 | 摩擦角 |
| ― characteristic | 摩擦特性 | 摩擦特性 | 摩擦特性 |
| ― coefficient | 摩擦係數 | 摩擦係数 | 摩擦系数 |
| ― corrosion | 摩擦腐蝕 | 擦り腐食 | 摩擦腐蚀 |
| ― crushing | 摩擦破碎 | 摩砕 | 摩擦破碎 |
| ― drag | 摩擦阻力 | 摩擦抗力 | 摩擦阻力 |
| ― flow | 摩擦流動 | 摩擦のある流れ | 摩擦流动 |
| ― force | 摩擦力 | 摩擦力 | 摩擦力 |
| ― head loss | 摩擦頭損失 | 摩擦頭損失 | 摩擦头损失 |
| ― heat | 摩擦熱 | 摩擦熱 | 摩擦热 |
| ― heat generation | 摩擦發熱 | 摩擦発熱 | 摩擦发热 |
| ― heating | 摩擦熱 | 摩擦発熱 | 摩擦热 |
| ― oscillation | 摩擦振動 | 摩擦振動 | 摩擦振动 |
| ― resistance | 摩擦阻力 | 摩擦抵抗 | 摩擦阻力 |
| ― silver plating | 摩擦鍍銀 | 摩擦銀めっき法 | 摩擦镀银 |
| ― spin welding | 旋轉摩擦焊 | 旋回摩擦溶接 | 旋转摩擦焊 |
| ― strain gauge | 摩擦式應變規 | 摩擦型ゲージ | 摩擦式应变仪 |
| ― surface | 摩擦面 | 摩擦面 | 摩擦面 |
| ― wear | 摩損 | 摩耗 | 摩损 |
| ― work | 摩擦功 | 摩擦仕事 | 摩擦功 |
| **frictionless bearing** | 無摩擦軸承 | 無摩擦ベアリング | 无摩擦轴承 |
| **frigory** | 千卡 | フリゴリ | 千卡 |
| **fringe** | 干涉帶 | 干渉しま | 干涉带 |
| ― effect | 邊緣效應 | フリンジエフェクト | 边缘效应 |
| ― method | 干涉帶法 | フリンジ法 | 干涉带法 |
| ― order | (干涉)條紋級數 | しま次数 | (干涉)条纹级数 |
| ― pattern | 干涉圖形 | しま模様 | 干涉图形 |
| ― signal circuit | 干涉信號電路 | フリンジ信号回路 | 干涉信号电路 |
| ― spacing | (干涉)條紋間隔 | しま間隔 | (干涉)条纹间隔 |
| ― stress | 邊緣應力 | フリンジ応力 | 边缘应力 |
| **fringing** | 鑲邊〔重合不良引起〕 | フリンジング | 镶边〔重合不良引起〕 |
| ― effect | 邊緣效應 | 外縁効果 | 边缘效应 |
| **frit** | 玻璃料 | 白玉 | 玻璃料 |
| ― binder | 玻璃料黏合劑 | フリットバインダ | 玻璃料黏合剂 |
| ― hearth | 燒結爐 | 焼付け炉床 | 烧结炉 |
| ― kiln | 燒結爐 | フリット炉 | 烧结炉 |
| ― seal | 玻璃料焊接〔封接〕 | フリットシール | 玻璃料焊接〔封接〕 |
| **fritting** | 燒結 | 焼結（粉） | 烧结 |
| **front** | 正面 | 前面 | 正面 |

| 英　　文 | 臺　　灣 | 日　　文 | 大　　陸 |
|---|---|---|---|
| — axle | 前輪軸 | 前車軸 | 前軸 |
| — axle weight | 前軸載荷 | 前軸荷重 | 前軸載荷 |
| — bearing | 前軸承 | 前軸受 | 前軸承 |
| — brake | 前制動器 | フロントブレーキ | 前制动器 |
| — burner | 端部燃燒器 | 正面バーナ | 端部燃烧器 |
| — clearance angle | （車刀的）前隙角 | 前逃げ角 | （车刀的）副後角 |
| — connection | 端部連接 | 表面接続 | 端部连接 |
| — drive | 前輪驅動 | フロントドライブ | 前轮驱动 |
| — elevation | 正視〔面〕圖 | 前面図 | 正视〔面〕图 |
| — end | 前端 | 前端 | 前端 |
| — engine | 前置發動機 | 前部機関前輪駆動 | 前置发动机 |
| — face | 正面 | 正面 | 正面 |
| — face of flight | 前螺紋面 | ねじ山の前面 | 前螺纹面 |
| — fillet weld | 正面角焊（縫） | 前面すみ肉溶接 | 正面角焊（缝） |
| — focal point | 前焦點 | 前側焦点 | 前焦点 |
| — gear set | 前齒輪組 | フロントギヤーセット | 前齿轮组 |
| — glass | 前面玻璃 | 前面ガラス | 挡风玻璃 |
| — lens | 前透鏡 | フロントレンズ | 前透镜 |
| — of lock | 鎖緊面 | 錠面 | 锁紧面 |
| — panel | 前檔板 | 前板 | 前档板 |
| — platen | 固定模板 | 固定盤 | 固定模板 |
| — print | 正面打印（法） | フロントプリント | 正面打印（法） |
| — rake | 前角 | すくい角 | 前角 |
| — roll | 前輥 | 前ロール | 前辊 |
| — sight | 準星 | 照星 | 准星 |
| — slagging spout | 爐前出渣口〔槽〕 | 前方除さいどい | 炉前出渣口〔槽〕 |
| — slide | 前滑板〔塊〕 | 前送り台 | 前滑板〔块〕 |
| — terminal type | 正面端子型 | 前面端子形 | 正面端子型 |
| — top rake | 前面頂斜角〔車刀的〕 | 前すくい角 | 副前角〔车刀的〕 |
| — travel | 前行程 | フロントトラベル | 前行程 |
| — view | 正視圖 | 正面図 | 正视图 |
| — wheel | 前輪 | 前輪 | 前轮 |
| **frontage** | 正面寬度 | 間口 | 正面宽度 |
| **frontal** | 正面（的） | フロンタール | 正面（的） |
| — area | 迎風面積 | 前面面積 | 正投影面积 |
| — fillet weld | 正面角焊（縫） | 前面すみ肉溶接 | 正面角焊（缝） |
| **froth** | 泡沫 | 浮さい | 浮渣 |
| — degumming | 發泡脫膠 | あわ練り | 发泡脱胶 |
| — fire extinguisher | 泡沫滅火機 | 泡消火器 | 泡沫灭火机 |
| — flotation | 泡沫浮選 | フロス浮選 | 泡沫浮选法 |

| 英　　文 | 臺　　灣 | 日　　文 | 大　　陸 |
|---|---|---|---|
| frothing agent | 起泡劑 | 起泡剤 | 起泡剂 |
| — machine | 發泡機 | 発泡機 | 发泡机 |
| — test | 起泡試驗 | 泡立ち試験 | 起泡试验 |
| FS alloy | 鍛鋼合金 | FS合金 | 锻钢合金 |
| fubular film process | 吹塑薄膜成形法 | インフレーション法 | 吹塑薄膜成形法 |
| fuel | 燃料 | 燃料 | 燃料 |
| — additives | 燃料添加劑 | 燃料添加物 | 燃料添加剂 |
| — burning equipment | 燃燒裝置 | 燃焼装置 | 燃烧装置 |
| — capacity | 燃料容量 | 燃料容量 | 燃料容量 |
| — cell | 燃料電池 | 燃料電池 | 燃料箱 |
| — consumption | 燃料消耗量 | 燃料消費量 | 燃料消耗量 |
| — consumption rate | 燃料消耗率 | 燃料消費率 | 燃料消耗率 |
| — container | 燃料箱 | 燃料容器 | 燃料箱 |
| — control system | 燃料控制系統 | 燃料転換 | 燃料控制系统 |
| — conversion factor | 燃料轉換率 | 燃料転換率 | 燃料转换率 |
| — cost | 燃料費 | 燃料費 | 燃料费 |
| — cycle | 燃料循環 | 燃料サイクル | 燃料循环 |
| — feed pump | 供油泵 | 燃料供給ポンプ | 供油泵 |
| — feed system | 燃料供給系統 | 燃料供給装置 | 燃料供给系统 |
| — filter | 燃料過濾器 | 燃料ろ過器 | 燃料滤清器 |
| — gas | 體燃氣 | 燃料ガス | 气体燃料 |
| — gas firing equipment | 煤氣燃燒裝置 | ガス燃焼装置 | 煤气燃烧装置 |
| — grab | 燃料抓斗 | 燃料グラブ | 燃料抓斗 |
| — handling cask | (核)燃料裝卸容器 | 燃料取扱キャスク | (核)燃料装卸容器 |
| — ignition temperature | 燃料著火溫度 | 燃料着火温度 | 燃料着火温度 |
| — indicator | 油位指示器 | 燃料計 | 油位指示器 |
| — industry | 燃料工業 | 燃料工業 | 燃料工业 |
| — injection pump | 燃油噴射泵 | 燃料噴射ポンプ | 喷油泵 |
| — inventory | 燃料裝載量 | 燃料インベントリー | 燃料装载量 |
| — kernel | 燃料芯核 | 燃料核 | 燃料芯核 |
| — level | 燃料液面高度 | 燃料油面 | 燃料液面高度 |
| — loading | 裝(燃)料 | 燃料装荷 | 装(燃)料 |
| — management | 燃料管理 | 燃料管理 | 燃料管理 |
| — manifold | 燃料歧管 | 燃料マニホールド | 燃料歧管 |
| — meter | 油量錶 | 燃料消耗計 | 油量表 |
| — mixing combustion | 燃料混合燃燒 | 混焼 | 混合燃烧 |
| — mixture ratio | 燃料混合比 | 燃料混合比 | 燃料混合比 |
| — oil | 燃(料)油 | 燃料油 | 燃(料)油 |
| — oil additives | 燃料添加劑 | 燃料油添加物 | 燃料添加剂 |
| — oil booster pump | 燃油增壓泵 | 燃料油ブースタポンプ | 燃油增压泵 |

| 英　　文 | 臺　　灣 | 日　　文 | 大　　陸 |
|---|---|---|---|
| — oil burner | 燃油燃燒器 | 重油バーナ | 燃油燃烧器 |
| — oil control room | 燃油控制室 | 燃料油制御室 | 燃油控制室 |
| — oil distributing box | 燃油分配箱 | 燃料油分配箱 | 燃油分配箱 |
| — oil filter | 燃油過濾器 | 燃料油こし | 燃油过滤器 |
| — oil heater | 重油加熱器 | 重油加熱器 | 重油加热器 |
| — oil stabilizer | 燃油穩定劑 | 重油安定剤 | 燃油稳定剂 |
| — oil strainer | 燃油濾淨器 | 重油ストレーナ | 燃油滤净器 |
| — pin | 燃料元件細棒 | 燃料ピン | 燃料元件细棒 |
| — pressure indicator | 燃料壓力計 | 燃料圧力計 | 燃料压力计 |
| — pump | 燃油泵 | 燃料ポンプ | 燃油泵 |
| — purging system | 燃料清洗裝置 | 燃料パージ装置 | 燃料清洗装置 |
| — quantity ga(u)ge | 燃油計 | 燃料計 | 燃油计 |
| — rating | 燃料(重量)比功率 | 燃料比出力 | 燃料(重量)比功率 |
| — ratio | 燃料成分比 | 燃料比 | 燃料比 |
| — recycle | 燃料再循環 | 燃料リサイクル | 燃料再循环 |
| — reprocessing | (核)燃料再處理 | 燃料再処理 | (核)燃料再处理 |
| — resistance | 耐油性 | 耐燃料油性 | 耐油性 |
| — shutoff valve | 燃料切斷閥 | 燃料遮断弁 | 燃料切断阀 |
| — slug | 燃料塊 | 燃料スラグ | 燃料块 |
| — stick | 燃料棒 | 燃料スティック | 燃料棒 |
| — strainer | 燃油過濾器〔濾清器〕 | 燃料ろ過器 | 燃油过滤器〔滤清器〕 |
| — stringer | 燃料棒 | 燃料ストリンガ | 燃料棒 |
| — supply system | 燃料供給系統 | 燃料供給装置 | 燃料供给装置 |
| — system | 燃料系統 | 燃料系統 | 燃料系统 |
| — tank | 油箱 | 燃料槽 | 油箱 |
| — tank vent system | 油箱通風系統 | 燃料タンク通気系統 | 油箱通风系统 |
| — tar | 燃料焦油 | 燃料タール | 燃料焦油 |
| — transfer hose | 燃料輸送軟管 | 燃料移送ホース | 燃料输送软管 |
| — treating equipment | 燃料處理裝置 | 燃料処理装置 | 燃料处理装置 |
| — value | 燃料值 | 燃料比 | 燃料值 |
| — vapo(u)r | 燃料蒸氣 | 燃料蒸気 | 燃料蒸气 |
| fueling | 裝(燃)料 | 燃料注入 | 装(燃)料 |
| fuelizer | 燃料加熱裝置 | フューエライザ | 燃料加热装置 |
| fuelometer | 燃料消耗計 | 燃料消費計 | 燃料消耗计 |
| fugacity | 揮發性;有效壓力 | 逃散度 | 挥发性;有效压力 |
| — coefficient | 有效壓力係數 | フガシティー係数 | 有效压力系数 |
| Fujicoat | 富士氯乙烯覆面鋼板 | フジコート | 富士氯乙烯覆面钢板 |
| fulcrum | 支承銷 | 支点 | 支承销 |
| — shaft | 轉軸 | 支点軸 | 转轴 |
| full ageing | 完全時效 | 完全時効 | 完全时效 |

F

| 英　　文 | 臺　　灣 | 日　　文 | 大　　陸 |
|---|---|---|---|
| — annealing | 完全退火 | 完全焼なまし | 完全退火 |
| — back arbor | 強力刀柄 | フルバックアーバ | 强力刀柄 |
| — back cutter | 強力切削刀具 | フルバックカッター | 强力切削刀具 |
| — brake | 全制動 | 全制動 | 全制动 |
| — bridge method | 全橋式應變計(測量)法 | 四ゲージ法 | 全桥式应变计(测量)法 |
| — buffer | 全緩衝 | フルバッファ | 全缓冲 |
| — close | 全閉合 | 全閉 | 全闭合 |
| — crawler | 全履帶 | フルクローラ | 全履带 |
| — cure | 充分硫化 | 完全硬化 | 充分硫化 |
| — cycle | 全周期 | 全サイクル | 全周期 |
| — depth tooth | 全齒 | 高歯 | 全齿高齿 |
| — diameter | 外徑 | 外径 | 外径 |
| — diameter of thread | 螺紋外徑 | ねじの外径 | 螺纹外径 |
| — Diesel | 純柴油機 | フルディーゼル | 纯柴油机 |
| — dip process | 全浸法 | フルディップ方式 | 全浸法 |
| — dissociated operation | 完全分離操作 | 完全非対応網構成 | 完全分离操作 |
| — drive | 全驅動 | フルドライブ | 全驱动 |
| — dual system | 完全對偶系統 | 完全デュアルシステム | 完全对偶系统 |
| — elliptic spring | 全橢圓彈簧 | だ円ばね | 全椭圆形钢板弹簧 |
| — face mask | 全面(式面)罩 | 全面式マスク | 全面(式面)罩 |
| — figure | 全圖 | フルフィキュア | 全图 |
| — filled weld | 滿角焊(縫) | 全厚すみ肉溶接 | 满角焊(缝) |
| — fillet weld | 全填角熔接 | 全厚隅肉溶接 | 全焊脚角焊缝 |
| — flash mold | 全溢出式塑膜 | 流出式金型 | 全溢出式塑膜 |
| — floating | 全浮動〔式〕 | 全浮動 | 全浮动〔式〕 |
| — floating axle | (汽車的)全浮式(半)軸 | 全浮動軸 | (汽车的)全浮式(半)轴 |
| — flow | 全開流量 | 全開流量 | 全开流量 |
| — framing | 有支撐的框架 | 筋違入構造 | 有支撑的框架 |
| — fusion thermit welding | 鋁熱劑熔化鑄焊 | 溶融テルミット溶接 | 铝热剂熔化铸焊 |
| — gantry crane | 龍門起重機 | 門形クレーン | 龙门起重机 |
| — hard | 高硬度冷軋板材 | 硬質材 | 高硬度冷轧板材 |
| — hardening | 全硬化 | フルハードニング | 全硬化 |
| — immersion method | 完全浸漬法〔探傷〕 | 全沒水浸法 | 完全浸渍法〔探伤〕 |
| — impulse voltage | 全脈衝電壓 | 全衝撃波電圧 | 全脉冲电压 |
| — lift valve | 全升〔開〕閥 | 全持上げ弁 | 全升〔开〕阀 |
| — line | 實線 | 実線 | 实线 |
| — load | 滿載;全負載 | 全荷重 | 全荷重 |
| — load current | 滿載電流 | 全負荷電流 | 满载电流 |
| — load equivalent hour | 等效全負載時間 | 相当全負荷時間 | 等效全负荷时间 |
| — load operation | 滿(負)載運轉 | 全負荷運転 | 满(负)载运转 |

| 英　　文 | 臺　　灣 | 日　　文 | 大　　陸 |
|---|---|---|---|
| — load running | 滿載運行 | 全負荷運転 | 满载运行 |
| — load saturation curve | 全負載飽和曲線 | 全負荷飽和曲線 | 全负荷饱和曲线 |
| — load troque | 全負載扭矩 | 全負荷トルク | 满载转矩 |
| — mold process | 全模法 | フルモールド法 | 实型铸造法 |
| — open | 全開 | 全開 | 全开 |
| — pattern | 整體模樣 | 丸型 | 整体模样 |
| — penetration | 全焊透 | 完全溶込み | 全焊透 |
| — pipe flowing | 滿管流送〔通〕 | 満管流 | 满管流送〔通〕 |
| — piston | 全活塞 | 全ピストン | 全活塞 |
| — power | 全功率 | 全出力 | 全功率 |
| — running | 滿載運轉 | フル稼動 | 满载运转 |
| — screw | 全螺紋螺釘 | 全スクリュー | 全螺纹螺钉 |
| — set | 全組〔套〕 | フルセット | 全组〔套〕 |
| — setting | 全硬化 | 完全硬化 | 全硬化 |
| — slice system | 整片式 | フルスライス方式 | 整片式 |
| — speed | 全速 | 全速 | 全速 |
| — speed trial | 全速運轉 | 全速力試運転 | 全速运转 |
| — splice | 全編結 | 全添接 | 全拼接〔叠接〕 |
| — strength | 全強度 | 全強度 | 全强度 |
| — stroke | 全衝程 | フルストローク | 全(冲)程 |
| — synchromesh | 全同步嚙合 | 全同期かみ合い式 | 全同步啮合 |
| — temper | 高硬度冷軋板材 | フルテンパー | 高硬度冷轧板材 |
| — thread | 全螺紋 | 完全ねじ部 | 全螺纹 |
| — throttle | 全開節流閥 | 全開 | 全节流 |
| — track vehicle | 全履帶車輛 | 全装軌車（両） | 全履带车辆 |
| — trunk piston | 全裙(式)活塞 | 完全円筒ピストン | 全裙(式)活塞 |
| — type ball bearing | 無保持架滾動軸承 | 総玉軸受 | 无保持架滚动轴承 |
| — V-thread | 尖頂三角螺紋 | 完全Ｖ（山）ねじ | 尖顶三角螺纹 |
| — view | 全視圖 | 全景 | 全视图 |
| — wafer | 整片 | フルウェーハ | 整片 |
| — web beam | 實腹梁 | 充腹ばり | 实腹梁 |
| — web-girder | 實腹大〔主〕梁 | 充腹げた | 实腹大〔主〕梁 |
| — web member | 實腹構件 | 充腹材 | 实腹构件 |
| **full-automatic** control | 全自動控制 | 全自動式制御 | 全自动控制 |
| — prober | 全自動探測器 | フルォートプローバ | 全自动探测器 |
| — welding | 全自動溶接 | 全自動溶接 | 全自动溶接 |
| **fuller** | (半圓形)套柄鐵鎚 | 半丸当てへし | (半圆形)套柄铁锤 |
| **fullest section** | 最大橫斷面 | 最大横断面 | 最大横断面 |
| **fulling grease** | 填塞用油脂 | 縮充用脂 | 填塞用油脂 |
| **full-scale** drawing | 原大(尺寸)圖 | 現尺図 | 原大(尺寸)图 |

| 英　　文 | 臺　　灣 | 日　　文 | 大　　陸 |
|---|---|---|---|
| — fatigue test | 整機疲勞試驗 | 全機疲労試験 | 整机疲劳试验 |
| — manufacture | 全規模生產 | 全規模生産 | 全规模生产 |
| — model | 全尺寸模型 | 実物大模型 | 全尺寸模型 |
| — range | 全刻度範圍 | フルスケールレンジ | 全刻度范围 |
| — specimen | 原尺寸樣品 | 現尺見本 | 原尺寸样品 |
| — test | 滿載試驗 | 現尺試験 | 满载试验 |
| — tset equipment | 實體試驗設備 | 全規模試験装置 | 实体试验设备 |
| — value | 滿度值 | 全目盛値 | 满度值 |
| — wind tunnel | 原尺寸風洞 | 実物風洞 | 原尺寸风洞 |
| **full-size** | 原尺寸圖 | 原寸図 | 原尺寸图 |
| — drawing room | 放大樣場地 | 現寸場 | 放大样场地 |
| — test | 實體試驗 | 実物大試験 | 实体试验 |
| **fully** automated assembly | 全自動裝配 | 完全自動組立 | 全自动装配 |
| — automatic press | 全自動沖床 | 全自動プレス | 全自动压力机 |
| — laden | (最大)滿載狀態 | 最大積載状態 | (最大)满载状态 |
| — plastic moment | 全塑性彎矩 | 全塑性モーメント | 全塑性弯矩 |
| **fully-enclosed motor** | 全封閉式電動機 | 全閉形モータ | 全封闭式电动机 |
| **fully-killed steel** | 全靜鋼 | 完全キルド鋼 | 全镇静钢 |
| **functional** check | 功能檢查〔維修〕 | 機能試験（整備） | 功能检查〔维修〕 |
| — coating | 機能塗料 | 機能塗料 | 机能涂料 |
| — component | 功能元件 | 機能部品 | 功能部件 |
| — controllability | 功能可控(制)性 | 機能可制御性 | 功能可控〔制)性 |
| — design | 機能設計 | 機能設計 | 机能设计 |
| — diagram | 機能線 | 機能図 | 工作原理图 |
| — filler | 功能(性)填料 | 機能充てん剤 | 功能(性)填料 |
| — materials | 機能材料 | 機能材料 | 功能材料 |
| — test | 性能試驗 | 機能試験 | 性能试验 |
| — unit | 功能組件 | 機能ユニット | 功能组件 |
| **funicular polygon** | 索多邊形 | つるし多角形 | 索多边形 |
| **funnel** | 漏斗 | 漏斗 | 漏斗 |
| — brick | 漏斗形磚 | 漏斗れんが | 漏斗形砖 |
| — bulb | 漏斗型管殼 | ファンネルバルブ | 漏斗型管壳 |
| — guy | 煙囱拉索 | 煙突控え | 烟囱拉索 |
| — hood | 煙囱帽蓋 | 煙突ひさし | 烟囱帽盖 |
| — tube | 漏斗管 | 煙突チューブ | 烟囱管 |
| **furnace** | 爐 | 燃焼室 | 燃烧室 |
| — atmosphere | 爐內氣氛 | 炉内雰囲気 | 炉内气氛 |
| — bed | 爐床 | 炉床 | 炉床 |
| — body | 爐體 | 炉体 | 炉体 |
| — bottom | 爐床 | 炉床 | 炉床 |

| 英　文 | 臺　灣 | 日　文 | 大　陸 |
|---|---|---|---|
| — burden | (高爐)裝料 | 高炉装入物 | (高炉)裝料 |
| — charge | (高爐)裝料 | 高炉装入物 | (高炉)裝料 |
| — clinker | 爐渣塊 | 石炭がら | 炉渣 |
| — coke | 高爐用焦碳 | や金用コークス | 冶金用焦炭 |
| — column | 裝料筒 | 装入物柱 | 裝料筒 |
| — cooling | 爐壁冷卻 | 炉冷 | 炉冷 |
| — crown | 爐頂 | 炉の天井 | 炉顶 |
| — deformation indicator | 爐筒變形測定器 | 炉筒変形測定器 | 炉筒变形测定器 |
| — delivery chute | 爐加料槽 | 炉装入管 | 炉加料槽 |
| — door | 爐門 | 装入口 | 加料口 |
| — drying | 烘爐 | 乾燥だき | 烘炉 |
| — flue | 焰管;煙道 | 炎管 | 火焰管 |
| — floor | 爐床 | 炉床 | 炉床 |
| — ga(u)ge | 爐膛變形測量計 | ファーネスゲージ | 炉膛变形测量计 |
| — gas | 煙道氣 | 炉頂ガス | 炉气 |
| — gas engine | 煙道氣發動機 | 炉ガス機関 | 炉气发动机 |
| — hearth | 爐床 | 炉床 | 炉床 |
| — heat release rate | 火爐發熱率 | 火炉熱発生率 | 火炉发热率 |
| — hoist | 爐昇降機 | 炉昇降機 | 炉提升机 |
| — lining | 爐襯 | 炉内ライニング | 炉衬 |
| — platform | 爐台 | 操炉床 | 炉台 |
| — pressure | 爐壓 | 炉圧 | 炉压 |
| — pressure control system | 爐壓控制裝置 | 炉内圧力制御装置 | 炉内压力控制装置 |
| — tube | 火焰管 | 煙管 | 火焰管 |
| — volume | 爐内容積 | 火炉容積 | 火炉容积 |
| — wall | 爐牆 | 炉壁 | 炉壁 |
| furnishing | 裝修 | ファーニッシング | 裝修 |
| — roll | 供料輥 | 供給ロール | 供料辊 |
| furniture | 家具 | 家具 | 家具 |
| — fitting | 小五金 | 建具金物 | 小五金 |
| — hardware | 小五金 | 建具金物 | 小五金 |
| furrow | 深槽 | 深みぞ | 深槽 |
| fusain | 木煤 | フゼイン | 木煤 |
| Fusarc welding | 一種纏絲焊條自動焊 | ヒューザーク溶接 | 一种缠丝焊条自动焊 |
| fuse | 保險絲 | 導火線 | 保险丝 |
| — block | 保險絲座 | ヒューズ箱 | 熔丝断路器 |
| — board | 保險絲板 | ヒューズ盤 | 保险丝盘 |
| — bonding | 熔合法 | 融合ボンド法 | 熔合法 |
| — box | 保險絲盒;熔絲盒 | ヒューズ箱 | 保险丝盒;熔丝盒 |
| — case | 保險絲護罩 | ヒューズケース | 保险丝护罩 |

F

| 英　　文 | 臺　　灣 | 日　　文 | 大　　陸 |
|---|---|---|---|
| — clip | 保險絲夾 | ヒューズクリップ | 保险丝夹头 |
| — cut-out | 熔絲斷器 | 可溶器 | 熔丝断路器 |
| — disconnector | 保險絲斷路器 | 断路形ヒューズ | 保险丝断路器 |
| — element | 保險絲 | ヒューズエレメント | 保险丝 |
| — link | 保險絲 | ヒューズリンク | 保险丝 |
| — metal | 保險絲用合金；易熔金屬 | ヒューズメタル | 保险丝用合金；易熔金属 |
| — plug | 插塞式保險絲 | ヒューズ栓 | 插塞式保险丝 |
| — switch | 熔絲開關 | ヒューズ付きスイッチ | 熔丝开关 |
| — type current limiter | 熔式電流限制器 | ヒューズ式電流制限器 | 熔式电流限制器 |
| — type temperature relay | 熔絲型熱動繼電器 | ヒューズ型温度継電器 | 熔丝型热动继电器 |
| — wire | 熔絲；保險絲 | 糸ヒューズ | 熔丝；保险丝 |
| **fused alloy** | 熔融合金 | 溶融合金 | 熔融合金 |
| — electrolyte | 溶融電解質 | 溶融電解質 | 溶融电解质 |
| — electrolyte cell | 融解電解液電池 | 融解電解液電池 | 融解电解液电池 |
| — ferrite | 熔凝肥粒鐵 | 溶融フェライト | 熔凝铁氧体 |
| — flux | 熔煉焊劑 | 溶成フラックス | 熔炼焊剂 |
| — ring | 縮合環 | 縮合環 | 缩合环 |
| — salt | 熔融鹽 | 溶融塩 | 熔融盐 |
| — salt reactor | 融解鹽反應爐 | 融解塩原子炉 | 融解盐反应堆 |
| — silica refractory | 熔凝矽石耐火材料 | 溶融シリカ耐火物 | 熔凝硅石耐火材料 |
| — slag | 熔渣 | 溶融スラグ | 熔渣 |
| — solid | 熔融固體 | 溶融固体 | 熔融固体 |
| **fusee** | 雙錐形蝸桿 | 信号炎管 | 引信 |
| — signal | 發煙信號 | 発煙信号 | 发烟信号 |
| **fuselage** | 機身頂部 | 胴体 | 机身顶部 |
| **fusibility** | 可熔性 | 可融性 | 可熔性 |
| **fusible alloy** | 易熔合金 | 易融合金 | 易熔合金 |
| — alloy pattern | 易熔合金模 | 低融点合金型 | 易熔合金模 |
| — circuit breaker | 熔絲斷路器 | 可溶遮断器 | 熔丝断路器 |
| — disconnecting | 保險絲斷路器 | ヒューズ付き断路器 | 保险丝断路器 |
| — earth | 易熔黏土 | 易融性土 | 易熔黏土 |
| — lead | 易熔鉛 | 可融鉛 | 易熔铅 |
| — link | 保險絲 | ヒュージブルリンク | 保险丝 |
| — metal | 易熔金屬 | 可融金属 | 易熔金属 |
| — mixture | 易熔混合物 | 溶融合剤 | 易熔混合物 |
| — plug | 熔塞 | 可融栓 | 易熔塞 |
| — powder | 可融性粉末 | 可融性粉末 | 可融性粉末 |
| — solder | 易熔焊料 | フュージブルソルダ | 易熔焊料 |
| **fusing** | 熔合 | 溶断 | 熔合 |
| — agent | 熔劑 | 融剤 | 熔剂 |

| 英　　文 | 臺　　灣 | 日　　文 | 大　　陸 |
|---|---|---|---|
| — current | 熔斷電流 | 溶解電流 | 熔断电流 |
| — factor | 熔斷係數 | 溶断係数 | 熔断系数 |
| — mixture | 熔劑 | 融剤 | 熔剂 |
| — point | 熔點 | 融点 | 熔点 |
| — temperature | 熔化溫度 | 溶融温度 | 熔化温度 |
| — time | 熔化時間 | 溶融時間 | 熔化时间 |
| fusion | 融化 | 融合 | 融合 |
| — bond | 燒結 | 融着させる | 烧结 |
| — casting | 熔化澆注 | 溶融鋳込み | 熔化浇注 |
| — characteristics | 熔化特性 | 融合特性 | 熔化特性 |
| — curve | 熔化曲線 | 溶融曲線 | 熔化曲线 |
| — cycle | 熔化周期 | 融合サイクル | 熔化周期 |
| — face | 坡口面 | 開先面 | 坡口面 |
| — -fission hybrid reactor | 核聚變-裂變式反應爐 | 融合分裂混成炉 | 核聚变-裂变式反应堆 |
| — frequency | 合成頻率 | 融合周波数 | 合成频率 |
| — heat | 熔化熱 | 溶融熱 | 熔化热 |
| — line | 融合線 | 融合線 | 融合线 |
| — nucleus | 融合核 | 融合核 | 融合核 |
| — point | 熔點 | 融点 | 熔点 |
| — pressure welding | 熔融壓焊(法) | 溶融圧接法 | 熔融压焊(法) |
| — range | 熔融範圍 | 溶融範囲 | 熔融范围 |
| — rate | 熔融速度 | 溶融速度 | 熔融速度 |
| — reaction | 核融合反應 | 核融合反応 | 核聚变反应 |
| — thermit welding process | 鋁熱劑熔化鑄焊法 | 溶融テルミット法 | 铝热剂熔化铸焊法 |
| — weld | 熔焊 | 融接 | 熔焊 |
| — weld temperature | 熔(化焊)接溫度 | 融着温度 | 熔(化焊)接温度 |
| — welding method | 熔焊法 | 融接法 | 熔焊法 |
| — zone | 熔化帶 | 融合部 | (点焊)焊核 |
| fust | 柱身 | 柱身 | 柱身 |
| futtock | 肋材 | ろく材 | 肋材 |
| fuze | 熔斷器 | 可溶線 | 熔断器 |
| fuzziness | 模糊性 | あいまい性 | 模糊性 |
| fuzzy algorithm | 模糊算法 | ファジイアルゴルズム | 模糊算法 |
| — automate theory | 模糊自動機理論 | ファジイ自動理論 | 模糊自动机理论 |
| — behavior | 模糊行為 | ファジイ挙動 | 模糊行为 |
| — computability | 模糊可計算性 | ファジイ計算可能性 | 模糊可计算性 |
| — concept | 模糊概念 | ファジイ概念 | 模糊概念 |
| — control system | 模糊控制系統 | ファジイ制御システム | 模糊控制系统 |
| — controller | 模糊控制裝置 | ファジイ制御装置 | 模糊控制装置 |
| — domination structure | 模糊控制結構 | ファジイ支配構造 | 模糊控制结构 |

| 英　文 | 臺　灣 | 日　文 | 大　陸 |
|---|---|---|---|
| — dynamic system | 模糊動態系統 | ファジイ動的システム | 模糊动态系统 |
| — inference system | 模糊推斷系統 | ファジイ推論システム | 模糊推断系统 |
| — linear programming | 模糊線性規劃 | ファジイ線形計画 | 模糊线性规划 |
| — model | 模糊模型 | ファジイモデル | 模糊模型 |
| — optimization | 模糊最佳化 | ファジイ最適化 | 模糊最优化 |
| — robot | 模糊機器人 | ファジイロボット | 模糊机器人 |
| **fuzzyness** | 模糊性 | ファジイネス | 模糊性 |

| 英 文 | 臺 灣 | 日 文 | 大 陸 |
|---|---|---|---|
| G clamp | G型夾具 | G形クランプ | G型夾具 |
| G metal | 銅錫鋅合金 | G-合金 | 铜锡锌合金 |
| G tolerance | 過載容量 | 加速度耐性 | 过载容量 |
| gad | 測桿；尖鏨 | 石割用くさび | 钢楔 |
| gadget | 針鑽 | 付属品 | 附属件 |
| gadgetry | 小機件 | 用具 | 小机件 |
| Gaede rotary pump | 一種回轉油泵 | ゲーデ回転油ポンプ | 一种回转油泵 |
| — vacuum-ga(u)ge | 一種真空計 | ゲーデ真空計 | 一种真空计 |
| gag press | 壓直機 | ガッグプレス | 压直机 |
| gauge | (量)規 | 計器 | (量)规 |
| — adapter | 標準接頭 | ゲージアダプタ | 标准接头 |
| — beam | (量儀的)測量臂 | ゲージビーム | (量仪的)测量臂 |
| — bite | 成形車刀 | ゲージバイト | 成形车刀 |
| — block | 塊規 | 端度器 | 块规 |
| — board | 儀錶板 | 計器板 | 仪表板 |
| — clearance | 軌道的間隙 | 軌道のスラック | 轨道的间隙 |
| — cock | 錶用旋塞 | 検水コック | 压力表阀门 |
| — control | 厚度調節 | 厚み調整 | 厚度调节 |
| — creep | 應變規潛變 | ゲージクリープ | 应变片蠕变 |
| — cut-off valve | 錶計切斷閥 | ゲージカットオフ弁 | 表计切断阀 |
| — datum | 定位基準點 | 零点高 | 定位基准点 |
| — diameter | 基準(直)徑 | 基準径 | 基准(直)径 |
| — error | 儀錶誤差 | 計差 | 仪表误差 |
| — factor | (應變規)靈敏係數 | ゲージ率 | (应变片)灵敏系数 |
| — finger | 測(量觸)頭〔指〕 | ゲージフィンガ | 测(量触)头〔指〕 |
| — guide line | 計量準線 | ゲージ基準線 | 计量准线 |
| — head | 測頭 | ゲージヘッド | 测头 |
| — hole | 定位孔 | ゲージ穴 | 定位孔 |
| — interferometer | 干涉測長儀 | 干渉測長器 | 干涉测长仪 |
| — length | 標距 | 標点距離 | 标距 |
| — mark | 標點 | 標点 | 标点 |
| — nose tool | 鵝頸刀 | 丸のみバイト | 鹅颈刀 |
| — of track | 軌距 | 軌間 | 轨距 |
| — of way | 軌距 | 線路軌間 | 轨距 |
| — panel | 儀錶板〔盤〕 | 計器板 | 仪表板〔盘〕 |
| — pile | 定位樁 | 定規ぐい | 定位桩 |
| — pin | 定(尺)寸銷 | 位置決めピン | 定(尺)寸销 |
| — plate | 儀錶(操縱)板 | ゲージプレート | 仪表(操纵)板 |
| — plate blanking die | 樣板下料模 | はりつけ型ダイ | 样板冲裁模 |
| — point | 標點 | 標点 | 标点 |

427

| 英　　文 | 臺　　灣 | 日　　文 | 大　　陸 |
|---|---|---|---|
| — press | 矯正沖床 | ゲージプレス | 矯正压力机 |
| — pressure | 錶壓力 | ゲージ圧 | 表压力 |
| — profile | 樣板輪廓 | ゲージプロファイル | 样板轮廓 |
| — punch | 定位孔沖頭 | ゲージポンチ | 定位孔冲头 |
| — resistance | 計量電阻 | ゲージ抵抗 | 计量电阻 |
| — ring | 環規 | ゲージリング | 环规 |
| — rod | 標準棒 | 尺づえ | 标准棒 |
| — safety glass | 安全玻璃水位管 | 安全験水管 | 安全玻璃水位管 |
| — setting | 比較儀校準 | ゲージセッティング | 比较仪校准 |
| — setting device | 軌距撥正裝置 | 軌間整正装置 | 轨距拨正装置 |
| — steel | 量具鋼 | ゲージ鋼 | 量具钢 |
| — support | 定位裝置支持板 | ゲージ支持ブロック | 定位装置支持板 |
| — tab | 應變規引板 | ゲージタブ | 应变片引板 |
| — terminal | 應變規接線板 | ゲージ端子 | 应变片接线板 |
| — tester | 壓力計試驗機 | ゲージ試験機 | 压力计试验机 |
| — transformation | 計量變換 | 計量変換 | 计量变换 |
| — travel | 彈簧定位裝置移動量 | ゲージストローク | 弹簧定位装置移动量 |
| — tube | 應變管 | ゲージチューブ | 应变管 |
| — uniformity | 厚度的均勻性 | 厚みの一様性 | 厚度的均匀性 |
| — unit | 測試裝置 | ゲージユニット | 测试装置 |
| — variation | 厚度波動值 | 厚みの変動 | 厚度波动值 |
| — wheel | （前）導輪 | 導輪 | （前）导轮 |
| — width | 計量寬度 | ゲージ幅 | 计量宽度 |
| — zero drift | 計量零點漂移 | ゲージゼロドリフト | 计量零点漂移 |
| **gagger** | 鐵骨 | 釣り金具 | 铁骨 |
| **gauging** | 規測 | ゲージング | 校准 |
| — adjustment | 校準調整 | ゲージ調整 | 校准调整 |
| — board | （混凝土）配料台 | コンクリート調合台 | （混凝土）配料台 |
| — head | （氣動）測頭 | ゲージングヘッド | （气动）测头 |
| — rule | 軌距量規 | 軌間ゲージ | 轨距量规 |
| — V-block | V形定位塊 | 位置決め用Vブロック | V形定位块 |
| **gain** | 楔槽；增量 | 増加 | 增益 |
| — adjustment | 增量調整 | ゲイン調整 | 增益调整 |
| — amplifier | 增量放大器 | 利得増幅器 | 增益放大器 |
| — boundary | 晶界 | 粒界 | 晶界 |
| **galleting** | 塞縫磚塊 | 面戸れんが | 塞缝砖块 |
| **galley** | 船上廚房 | ゲラ刷 | 长方形炉 |
| — proof press | 活版打樣機〔印刷〕 | 活版校正機 | 活版打样机〔印刷〕 |
| — tile | 燒結釉面磚 | クリンカータイル | 烧结釉面砖 |
| **Gallimore metal** | 加里莫亞鎳銅鋅系合金 | ガリモアーメタル | 加里莫亚镍铜锌系合金 |

| 英　　文 | 臺　　灣 | 日　　文 | 大　　陸 |
|---|---|---|---|
| galling | 擦傷壓痕 | かじり | （金属表面）磨損 |
| gallium;Ga | 鎵 | ガリウム | 镓 |
| — arsenide | 砷化鎵 | ガリウムひ素 | 砷化镓 |
| — oxide | 氧化鎵 | 酸化ガリウム | 氧化镓 |
| gallon | 加侖 | ガロン | 加仑 |
| Galloway boiler | 一種鍋爐 | ガロエボイラ | 一种锅炉 |
| galvanic action | 電蝕作用 | 電食作用 | 电蚀作用 |
| — anode method | 動電陽極法 | 流電陽極法 | 动电阳极法 |
| — battery | 蓄電池（組） | ガルバニバッテリ | 蓄电池（组） |
| — corrosion | 電（化銹）蝕 | 電食 | 电（化锈）蚀 |
| — coupling | 電耦合 | 導体結合 | 电耦合 |
| — current | 直流 | カルバニックカレント | 直流 |
| — matrix | 電鑄銅模 | 電鑄母型 | 电铸铜模 |
| — series table | 腐蝕電位列表 | 腐食電池列表 | 腐蚀电位列表 |
| — silvering | 電鍍銀（法） | 電気銀めっき | 电镀银（法） |
| galvanization | 電鍍 | 電気めっき | 电镀 |
| galvanized coating | 鍍鋅塗層 | 溶融亜鉛めっき | 镀锌涂层 |
| — iron | 鍍鋅鐵（皮） | トタン板 | 镀锌铁（皮） |
| — iron pipe | 鍍鋅鋼管 | 亜鉛めっき鋼管 | 镀锌钢管 |
| — iron wire | 鍍鋅鐵絲 | 亜鉛引き鉄線 | 镀锌铁丝 |
| — pipe | 鍍鋅管 | 白管 | 镀锌管 |
| — plate | 鍍鋅鐵皮 | トタン板 | 镀锌铁皮 |
| — sheet | 鍍鋅鐵皮 | トタン板 | 镀锌铁皮 |
| — sheet iron roofing | 鍍鋅鐵板屋面 | 亜鉛めっき鋼板ぶき | 镀锌铁板屋面 |
| — steel | 鍍鋅鋼 | 亜鉛めっき鋼 | 镀锌钢 |
| — steel sheets | 鍍鋅鐵皮 | 亜鉛めっき鉄板 | 镀锌铁皮 |
| — steel wire strands | 鍍鋅鋼絲繩 | 亜鉛めっき鋼ねん線 | 镀锌钢丝绳 |
| — wire | 鍍鋅鐵絲 | 亜鉛引き線 | 镀锌铁丝 |
| galvanizer | 電鍍工 | メッキ工 | 电镀工 |
| galvanizing | 電鍍 | 亜鉛めっき | 电镀 |
| — bath | 鍍鋅（溶）液 | 亜鉛めっき浴 | 镀锌（溶）液 |
| — brittlement | 鍍鋅脆性 | 亜鉛めっきぜい性 | 镀锌脆性 |
| — embrittlement | 鍍鋅脆性 | 亜鉛めっきぜい性 | 镀锌脆性 |
| galvanneal finish | 鍍鋅精飾 | ガルバニール仕上 | 镀锌精饰 |
| galvannealing | 鍍鋅後的退火 | ガルバニーリング | 镀锌后的退火 |
| galvano-chemistry | 電化學 | 電気化学 | 电化学 |
| galvanography | 電鍍法 | 電気製版術 | 电镀法 |
| galvanolysis | 電解 | 電気分解 | 电解 |
| galvanomagnetic effect | 電磁效應 | 電流磁気効果 | 电磁效应 |
| galvanomagnetism | 電磁 | ガルバノマグネチズム | 电磁 |

G

| 英　　文 | 臺　　灣 | 日　　文 | 大　　陸 |
|---|---|---|---|
| **galvanometer** | 電流計 | 検流計 | 电流计 |
| — amplifier | 電流計放大器 | 検流計増幅器 | 电流计放大器 |
| — circuit | 檢流計電路 | 検流計回路 | 检流计电路 |
| **galvanometry** | 電流測定法 | ガルバノメトリ | 电流测定法 |
| **galvanoplasty** | 電鑄 | 電鋳 | 电铸 |
| **galvanoscope** | 驗電器 | 検電器 | 验电器 |
| **gamma** | 加馬（γ）輻射 | ガンマ | γ 辐射 |
| — brass | 加馬（γ）黃銅 | ガンマ黄銅 | γ 黄铜 |
| — camera | 加馬（γ）輻射室 | ガンマカメラ | γ 辐射室 |
| — carbon | 加馬（γ）碳原子 | ガンマ炭素原子 | γ 碳原子 |
| — compound | 加馬（γ）化合物 | ガンマ化合物 | γ 化合物 |
| — iron | 加馬（γ）鐵 | ガンマ鉄 | γ 铁 |
| — iron oxide | 加馬（γ）氧化鐵 | ガンマ酸化鉄 | γ 氧化铁 |
| — radiography | 加馬（γ）射線探傷（法） | ガンマ線検査法 | γ 射线探伤（法） |
| — solid solution | 加馬（γ）固溶體 | ガンマ固溶体 | γ 固溶体 |
| **gamma-ray** | 加馬（γ）射線 | ガンマ放射線 | γ 射线 |
| — radiography equipment | 加馬（γ）射線探傷儀 | ガンマ線透過試験装置 | γ 射线探伤仪 |
| — thickness ga(u)ge | 加馬（γ）射線測厚儀 | ガンマ線厚さ計 | γ 射线测厚仪 |
| **gang** | 共軸;成排;工作班 | ガング | 同轴 |
| — adjustment | 共軸調整 | 連動調整 | 同轴调整 |
| — bonder | 共軸接合器 | ガングボンダ | 同轴接合器 |
| — bonding | 共軸接合 | ガングボンディング | 同轴接合 |
| — control | 共軸控制 | 連結制御 | 同轴控制 |
| — control lever | 共軸控制槓桿 | きょう角調節レバー | 同轴控制杠杆 |
| — cutter | 組合銑刀 | 寄せフライス | 组合铣刀 |
| — dies | 複合模 | ガングダイス | 复合模 |
| — drilling machine | 排式鑽床 | 多頭ボール盤 | 排式钻床 |
| — edger | 圓排鋸 | マルチプルエジャ | 圆排锯 |
| — error | 共軸誤差 | ガングエラー | 同轴误差 |
| — feed | 堆料送進(裝置) | ガング送り装置 | 堆料送进(装置) |
| — flush plug receptacle | 共軸嵌入式插座 | 連用埋込コンセント | 同轴嵌入式插座 |
| — head drilling machine | 組合頭鑽床 | 多頭ボール盤 | 组合头钻床 |
| — mandrel | 串疊鐵心 | ガングマンドレル | 串叠铁心 |
| — milling | 排銑 | ガングミーリング | 排铣 |
| — milling cutter | 組合銑刀 | 組みミリングカッタ | 组合铣刀 |
| — punch | 成排沖孔機 | 集団せん孔 | 成排冲孔机 |
| — saw | 排鋸 | 連きょ | 排锯 |
| — saw machine | 排鋸機 | 大のこ裁断機 | 排锯机 |
| — slitter | 多圓盤剪切機 | ガングスリッタ | 多圆盘剪切机 |
| — slitting machine | 多圓盤剪床 | ガングスリッタ | 多圆盘剪床 |

| 英　　文 | 臺　　灣 | 日　　文 | 大　　陸 |
|---|---|---|---|
| — summary punch | 複穿孔機 | 集団合計せん孔機 | 复穿孔机 |
| — switch | 聯動開關 | 連結スイッチ | 联动开关 |
| — valve | 組合閥 | 集合弁 | 组合阀 |
| gan(n)ister sand | 矽砂 | けい砂 | 硅砂 |
| gantry | (門式)起重機架 | 起重機足場 | (门式)起重机架 |
| — crane | 高架起重機 | 橋形クレーン | 龙门式起重机 |
| — crane with jib crane | 帶懸臂吊車門式起重機 | ジブ式橋形クレーン | 带悬臂吊车门式起重机 |
| gap | 間隙;凹口 | 間隔 | 间隙 |
| — acceptance | 空隙容許量 | ギャップアクセプタンス | 空隙容许量 |
| — adjustment | 間隙調整 | ギャップ調整 | 间隙调整 |
| — bed | 凹口床台 | 切落しベッド | 槽形机座 |
| — bolt | 開縫螺釘 | ギャップボルト | 开缝螺钉 |
| — capacitance | 間隙電容 | 間げき容量 | 间隙电容 |
| — control | 裂縫控制 | ギャップコントロール | 裂缝控制 |
| — correction | 間隙修正 | ギャップ修正 | 间隙修正 |
| — depth | 縫隙深度 | ギャップ深さ | 缝隙深度 |
| — effect | 間隙效應 | ギャップ影響 | 间隙效应 |
| — eliminator | 間隙消除裝置 | ギャップエリミネータ | 间隙消除装置 |
| — factor | 間隙因數 | ギャップファクタ | 间隙因数 |
| — ga(u)ge | 槽寬量規 | 空げき規 | 槽宽量规 |
| — lathe | 凹口車床 | 切落し旋盤 | 马鞍式车床 |
| — length | 隙長 | ギャップ長 | 隙长 |
| — loading | 間隙負載 | ギャップ負荷 | 间隙负载 |
| — loss | 間隙損失 | ギャップ損失 | 间隙损失 |
| — piece | (床身)凹口鑲塊 | ギャップピース | (床身)凹口镶块 |
| — press | 開口沖床 | ギャッププレス | C形单柱压力机 |
| — ratio | 間隙比 | ギャップ比 | 间隙比 |
| — shear | 凹口剪床 | ギャップシャー | 马鞍剪床 |
| — shearing | C形框架剪板機 | ギャップシャーリング | C形框架剪板机 |
| — size | 間隙大小 | 間げきの大きさ | 间隙大小 |
| slide | 滑塊間距 | ギャップスライド | 滑块间距 |
| — spacer | 間隔片 | ギャップスペーサ | 间隔片 |
| — tilt effect | 傾斜效應 | 傾斜効果 | 倾斜效应 |
| — voltage | (電)極間電壓 | 極間電圧 | (电)极间电压 |
| gapfiller | 填隙料〔劑〕 | てんげき剤 | 填隙料〔剂〕 |
| gap-filling adhesive | 空隙充填性黏合劑 | てんげき接着剤 | 空隙充填性黏合剂 |
| garage | 修車間 | 車庫 | 汽车修理间 |
| — jack | 大型千斤頂 | ガレージジャッキ | 大型千斤顶 |
| — lamp | (帶金屬護網的)安全燈 | ガレージランプ | (带金属护网的)安全灯 |
| — man | 汽車修理工 | ガレージマン | 汽车修理工 |

G

| 英　　文 | 臺　　灣 | 日　　文 | 大　　陸 |
|---|---|---|---|
| garnet sand | 金鋼砂 | 金剛砂 | 金钢砂 |
| garnett wire | 鋼刺條 | ガーネットワイヤ | 锯齿钢丝 |
| garter spring | 卡緊彈簧 | ガータスプリング | 卡紧弹簧 |
| gas | 氣體 | 気体 | 气体 |
| — alloying | 氣體合金化處理 | ガスアロイング | 气体合金化处理 |
| — annealing | 氣體退火 | ガス焼なまし | 气体退火 |
| — boiler | 燃氣鍋爐 | ガスボイラ | 燃气锅炉 |
| — booster | 氣體升壓器 | ガスブースタ | 气体升压器 |
| — booster fan | 燃氣加壓風機 | ガスブースタファン | 燃气加压风机 |
| — calorimeter | 煤氣熱量計 | ガス熱量計 | 气体热量计 |
| — carbon | 氣體碳 | ガス炭 | 气碳 |
| — carburizing | 氣體滲碳 | ガス浸炭 | 气体渗碳 |
| — cavity | 氣孔 | 気孔 | 气孔 |
| — centrifuge | 氣體離心機 | ガス遠心分離機 | 气体离心机 |
| — checking | 氣裂 | ガスチェッキング | 气裂 |
| — cheek | 氣致皺紋 | ガスチェック | 气致皱纹 |
| — circuit breaker | 燃氣斷路器 | ガス遮断器 | 燃气断路器 |
| — cleaner | 氣體淨化器 | ガス清浄器 | 燃气净化器 |
| — coal | 煤氣用煤 | ガス用炭 | 气煤 |
| — cock | 燃氣旋塞 | ガス栓 | 燃气旋塞 |
| — coke | 煤氣焦 | ガスコークス | 煤气焦碳 |
| — collecting apparatus | 氣體收集裝置 | ガス捕集装置 | 气体收集装置 |
| — compressor | 氣體壓縮機 | ガス圧縮機 | 气体压缩机 |
| — concentration | 氣體濃度 | ガス濃度 | 气体浓度 |
| — consumption | 燃氣耗量 | ガス消費量 | 燃气耗量 |
| — container | 儲氣器 | 気のう | 气体容器 |
| — content | 氣體含量 | ガス含有量 | 气体含量 |
| — control equipment | 氣體控制裝置 | ガス制御装置 | 气体控制装置 |
| — controller | 氣體調節器 | ガスコントローラ | 气体调节器 |
| — cooler | 氣體冷卻器 | ガス冷却器 | 气体冷却器 |
| — cracking | 氣相裂化〔焦爐的〕 | ガスクラッキング | 气相裂化〔焦炉的〕 |
| — current | 離子電流 | ガス電流 | 离子电流 |
| — cutting | 皺割 | ガス切断 | 气割 |
| — cutting apparatus | 氣割機 | ガス切断機 | 气割机 |
| — cutting crack | 氣割裂紋 | ガス切断割れ | 气割裂纹 |
| — cutting device | 氣割裝置 | ガス切断装置 | 气割装置 |
| — cutting machine | 氣割機 | ガス切断機 | 气割机 |
| — cyaniding | 氣體氰化 | ガス青化 | 气体氰化 |
| — diffusion | 氣體擴散 | ガス拡散 | 气体扩散 |
| — discharger | 氣體放電器 | ガス放電器 | 气体放电器 |

| 英　　文 | 臺　　灣 | 日　　文 | 大　　陸 |
|---|---|---|---|
| — dome | 貯氣室 | ガスドーム | 貯气室 |
| — drier | 氣體乾燥機 | ガス乾燥器 | 气体乾燥机 |
| — ducting | 供氣裝置 | 給気裝置 | 供气裝置 |
| — dynamics | 氣體動力學 | 気体力学 | 气体动力学 |
| — electrode | 氣體電極 | ガス電極 | 气体电极 |
| — engine | 煤氣機 | ガス機関 | 燃气发动机 |
| — escape | 漏氣 | ガス逃し | 漏气 |
| — etch | 氣體腐蝕 | ガスエッチ | 气体腐蚀 |
| — evolution | 氣體散展 | ガス発生 | 气体析出 |
| — exhauster | 排氣機 | ガス排送機 | 排气机 |
| — expelling | 加熱脫氣 | 加熱脫ガス | 加热脱气 |
| — explosion | 氣體爆燃 | ガス爆発 | 气体爆燃 |
| — flame | 氣體火焰 | ガス炎 | 气体火焰 |
| — form | 氣狀〔態〕 | 気状〔態〕 | 气状〔态〕 |
| — furnace | 燃氣爐 | ガス炉 | 燃气炉 |
| — gasoline | 天然氣液化油 | ガスガソリン | 天然气液化油 |
| — governor | 氣體調整器 | ガス調整器 | 气体调节器 |
| — grooves | 氣槽 | ガスみぞ | 气槽 |
| — heater | 燃氣加熱器 | ガス暖房器 | 燃气加热器 |
| — hole | 氣孔 | 排気孔 | 排气孔 |
| — horse power | 燃氣馬力 | ガス出力 | 燃气马力 |
| — jet | 煤氣嘴 | ガスジェット | 煤气喷嘴 |
| — jet propulsion | 噴氣推進 | ガスジェット推進 | 喷气推进 |
| — jet vacuum pump | 氣體噴射(真空)泵 | 気体ジェットボンプ | 气体喷射(真空)泵 |
| — knock | 氣體爆震 | ガスノック | 气体爆震 |
| — law | 氣體定律 | 気体の法則 | 气体定律 |
| — leakage test | 漏氣試驗 | ガス漏えい試験 | 漏气试验 |
| — liquefaction | 氣體液化 | ガス液化 | 气体液化 |
| — liquid equilibrium | 氣液平衡 | 気液平衡 | 气液平衡 |
| — meter | 煤氣錶 | ガス量計 | 燃气表 |
| — mixing | 氣體攪拌 | ガスかくはん | 气体搅拌 |
| — motor | 燃氣(發動)機 | ガス発動機 | 燃气(发动)机 |
| — nitridion | 氣體氮化 | ガス窒化 | 气体氮化 |
| — nozzle | (焊炬)噴嘴 | ガスノズル | (焊炬)喷嘴 |
| — oil ratio | 油氣比 | ガス石油比 | 油气比 |
| — oven | 燃氣爐 | ガスオーブン | 燃气炉 |
| — permeability | 通氣性 | 透気性 | 透气性 |
| — phase carburizing | 氣相碳化 | 気相炭化 | 气相碳化 |
| — phase polymerization | 氣相聚合 | 気相重合 | 气相聚合 |
| — pickling | 氣體腐蝕 | ガス腐食 | 气体腐蚀 |

| 英　　文 | 臺　　灣 | 日　　文 | 大　　陸 |
|---|---|---|---|
| — plasma | 電漿 | ガスプラズマ | 气体等离子区 |
| — plating | 氣相滲鍍 | ガスめっき | 气相渗镀 |
| — pocket | 氣泡〔鑄件的〕 | 過熱きず | 气孔〔铸件的〕 |
| — polarization | 氣體極化 | ガス分極 | 气体极化 |
| — power | 氣體動力 | ガス動力 | 气体动力 |
| — power plant | 燃氣動力廠 | ガス原動所 | 燃气发电厂 |
| — power press | 氣動沖床 | ガス圧プレス | 气动压力机 |
| — pressure | 氣體壓力 | ガス圧力 | 燃气压力 |
| — pressure feed system | 氣體加壓供給系統 | ガス押し式供給システム | 气体加压供给系统 |
| — pressure regulator | 氣壓調節器 | ガス圧力調整器 | 气压调节器 |
| — pressure ring | 氣體壓縮環 | 圧力リング | 气体压缩环 |
| — pressure test | 氣壓試驗 | ガス圧試験 | 气压试验 |
| — pressure welding joint | 加壓氣焊接頭 | ガス圧接継手 | 加压气焊接头 |
| — producer | 煤氣發生爐 | ガス発生炉 | 煤气发生炉 |
| — producing furnace | 煤氣發生爐 | ガス発生炉 | 煤气发生炉 |
| — pump | 氣體泵 | ガスポンプ | 鼓风机 |
| — purification | 氣體淨化 | ガス清浄 | 燃气净化 |
| — quenching | 氣冷淬火 | ガス焼入れ | 气冷淬火 |
| — radiation | 氣體輻射 | ガス放射 | 气体辐射 |
| — reactor | 氣體反應爐 | ガス炉 | 气体反应堆 |
| — recirculating fan | 煙氣再循環風機 | ガス再循環ファン | 烟气再循环风机 |
| — regulator | 氣體調節器 | ガス調節器 | 气体调节器 |
| — relief valve | 放氣閥 | ガス放出弁 | 放气阀 |
| — removal efficiency | 除氣效率 | ガス除去率 | 除气效率 |
| — seal | 氣密；氣封 | ガス封止 | 气密；气封 |
| — seat | 燃氣閥座 | ガスシート | 燃气阀座 |
| — shield | 氣體擋板 | ガスシールド | 气体保护 |
| — shielded arc welding | 氣體遮蔽電弧熔接 | ガスシールドアーク溶接 | 气体保护电弧焊 |
| — shielded weld | 氣體遮蔽熔接 | ガスシールド溶接 | 气体保护焊 |
| — springs | 充氣緩衝裝置 | ガス封入緩衝装置 | 充气缓冲装置 |
| — stream | 氣流 | ガス流 | 气流 |
| — table | 氣體錶 | ガス表 | 燃气表 |
| — tap | 管螺紋絲攻 | 管用タップ | 管螺纹丝锥 |
| — tar | 煤焦油 | ガスタール | 煤焦油 |
| — temperature | 燃氣溫度 | ガス温度 | 燃气温度 |
| — thread | 管螺紋 | 管用ねじ | 管螺纹 |
| — torch | 氣炬 | ガストーチ | 气焊焊炬；气焊焊枪 |
| — transmission rate | 氣體透過度 | 気体透過度 | 气体透过度 |
| — under pressure | 加壓氣體 | 加圧気体 | 加压气体 |
| — valve | （燃）氣閥 | ガス弁 | （燃）气阀 |

| 英　　文 | 臺　　灣 | 日　　文 | 大　　陸 |
|---|---|---|---|
| — volume method | 氣體容〔體〕積法 | 気体容積法 | 气体容〔体〕积法 |
| — welded joint | 氣焊接頭 | ガス継手 | 气焊接头 |
| — welding | 氣體熔接 | ガス溶接 | 气焊 |
| — welding apparatus | 氣焊設備 | ガス溶接装置 | 气焊设备 |
| — welding blowpipe | 氣焊吹管 | ガス溶接トーチ | 气焊吹管 |
| — welding equipment | 氣焊設備 | ガス溶接装置 | 气焊设备 |
| — welding rod | 氣焊焊條（絲） | ガス溶接棒 | 气焊焊条（丝） |
| — welding seam | 氣焊焊縫 | ガス溶接継目 | 气焊焊缝 |
| — welding torch | 氣焊吹管 | ガス溶接トーチ | 气焊吹管 |
| **gas-developing agent** | 發泡劑 | 発泡剤 | 发泡剂 |
| **gas-diesel engine** | 氣體柴油發動機 | ガスディーゼル機関 | 气体柴油发动机 |
| **gaseous** agent | 氣體試劑 | 気体薬剤 | 气体试剂 |
| — ammonia | 氣態氨 | アンモニアガス | 气态氨 |
| — bearing | 空氣軸承 | 気体軸受 | 空气轴承 |
| — conduction | 氣體導電 | 気体電導 | 气体导电 |
| — corrosion | 氣體腐蝕 | 気体腐食 | 气体腐蚀 |
| — fuel | 氣體燃料 | 気体燃料 | 气体燃料 |
| — ion | 氣體離子 | 気体イオン | 气体离子 |
| — pressure | 氣（體）壓（力） | 気体の圧力 | 气（体）压（力） |
| **gas-fired** boiler | 燃氣鍋爐 | ガス燃焼ボイラ | 燃气锅炉 |
| — curing oven | 燃氣加熱固〔熟〕化爐 | ガスだき硬化炉 | 燃气加热固〔熟〕化炉 |
| — furnace | 燃氣爐 | ガスだき炉 | 燃气炉 |
| **gas-flow** | 燃氣流量 | ガス流量 | 燃气流量 |
| — indicator | 氣流指示器 | ガス流指示器 | 气流指示器 |
| — meter | 氣體流量計 | ガス流量計 | 气体流量计 |
| **gash** | 裂紋 | 刃溝 | 裂纹 |
| — angle | 齒縫角〔銑刀〕 | 溝角 | 齿缝角〔铣刀〕 |
| — lead | 齒縫導程 | 溝のリード | 齿缝导程 |
| **gasification** | 氣化（作用） | ガス発生 | 气化（作用） |
| **gasifying** | 氣化 | ガス化すること | 气化 |
| — desulfurization | 氣化脫硫 | ガス化脱硫 | 气化脱硫 |
| **gasket** | 〔密合〕墊片 | ガスケット | 密封垫；填料 |
| — cement | 襯片黏膠 | パッキングセメント | 衬片黏胶 |
| — factor | 密封係數 | カスケット係数 | 密封系数 |
| — groove | 墊圈槽 | ガスケット溝 | 垫圈槽 |
| — joint | 密封接頭 | ガスケットジョイント | 密封接头 |
| — mounting | 填密片板式連接 | ガスケット接続 | 填密片板式连接 |
| — packing | 迫緊 | ガスケットパッキング | 垫片 |
| — seal paste | 固定密封塗料 | ガスケット漏れ止塗料 | 固定密封涂料 |
| — sealed relay | 封裝式繼電器 | 閉鎖形リレー | 封装式继电器 |

| 英　文 | 臺　灣 | 日　文 | 大　陸 |
|---|---|---|---|
| **gasolene** | 汽油 | 揮発油 | 汽油 |
| **gasoline** | 汽油 | ガソリン | 汽油 |
| ― corrosion | 汽油腐蝕 | ガソリン腐食 | 汽油腐蚀 |
| ― engine | 汽油(發動)機 | ガソリン機関 | 汽油(发动)机 |
| ― motor | 汽油機 | ガソリン発電機 | 汽油发动机 |
| ― rammer | 汽油機撞錘 | ガソリンランマ | 汽油机夯锤 |
| ― resistance | 耐(汽)油性 | 耐揮発油性 | 耐(汽)油性 |
| ― rock drill | 汽油鑿岩機 | ガソリンさく岩機 | 汽油凿岩机 |
| **gasometry** | 氣體定量 | ガス定量 | 气体定量 |
| **gaspipe** | (燃)氣管 | ガス管 | (燃)气管 |
| ― fittings | 氣管接頭 | ガス管継手・ | 气管接头 |
| ― hose | 燃氣軟管 | ガスパイプホース | 燃气软管 |
| ― joint | 燃氣管接頭 | ガス管継手 | 燃气管接头 |
| ― pliers | 管鉗 | ガス管やっとこ | 管钳 |
| **gasproof apparatus** | 防爆裝置 | 防爆装置 | 防爆装置 |
| **gas-sensitive** | 氣體檢測器 | ガス検出器 | 气体检测器 |
| **gassiness** | 氣孔 | ガスふくれ | 气孔 |
| **gastight** bulkhead | 氣密艙壁 | 気密隔壁 | 气密舱壁 |
| ― seal | 氣密(封) | ガスタイトシール | 气密(封) |
| ― test | 氣密性試驗 | 気密試験 | 气密性试验 |
| ― thread | 氣密螺紋 | 気密ねじ | 气密螺纹 |
| **gasturbine** automobile | 燃氣輪機汽車 | ガスタービン自動車 | 燃气轮机汽车 |
| ― turbine blade | 燃氣輪機葉片 | ガスタービンブレード | 燃气轮机叶片 |
| ― turbine cycle | 燃氣輪機循環 | ガスタービンサイクル | 燃气轮机循环 |
| ― turbine engine | 燃氣渦輪發動機 | ガスタービンエンジン | 燃气涡轮发动机 |
| **gate** | 澆口;閘口;門 | 湯口 | 浇口 |
| ― chamber | 閘(門)室 | ゲート室 | 闸(门)室 |
| ― cutting | 切除澆口 | 湯口切り | 切除浇口 |
| ― cutting machine | 澆口切除機 | 湯口切断機 | 浇口切除机 |
| ― design | 澆口設計 | ゲートの設計 | 浇口设计 |
| ― freezing | 澆口凍結〔凝固〕 | ゲート凍結 | 浇口冻结〔凝固〕 |
| ― land | 澆口面 | ゲートランド | 浇口面 |
| ― mark | 澆口痕跡 | ゲートマーク | 浇口痕迹 |
| ― model | 澆口模型 | 湯口模型 | 浇口模型 |
| ― restriction | 澆口限度〔極限〕 | ゲート制限 | 浇口限度〔极限〕 |
| ― riser | 流道冒口 | 押湯 | 冒口 |
| ― sheet | 閘門金屬墊片〔密閉用的〕 | 戸当り | 闸门金属垫片〔密闭用的〕 |
| ― size | 澆口大小;澆口尺寸 | ゲートの大きさ | 浇口大小;浇口尺寸 |
| ― splay | 喇叭形澆口 | ゲートスプレー | 喇叭形浇口 |
| ― spoon | (澆口用)曲圓鏝刀 | 湯口べら | (浇口用)曲圆镘刀 |

| 英　文 | 臺　灣 | 日　文 | 大　陸 |
|---|---|---|---|
| — stick | 澆口棒（模） | 湯口棒 | 浇口棒（模） |
| **gated pattern** | 帶澆口（的）鑄模 | せき付き模型 | 带浇口（的）铸模 |
| **gating** system | 澆口方案 | 湯口方案 | 浇注系统 |
| — system plan | 澆注系統設計 | 鋳造方案 | 浇注系统设计 |
| **gatorizing** | 等溫超塑性模鍛 | 等温超塑性型鍛造 | 等温超塑性模锻 |
| **gauze** | 紗網 | 細目網 | 金属丝网 |
| — brush | 網刷 | 網ブラシ | 铜丝布电刷 |
| — wire | 細眼金屬濾網 | 細目金網 | 细眼金属滤网 |
| **GC grindstone** | GC砂輪〔磨石〕 | GCと石 | GC砂轮〔磨石〕 |
| **gear** | 齒輪 | 歯車 | 齿轮 |
| — backlash | 齒背隙 | ギヤーバックラッシュ | 齿侧（间）隙 |
| — blank | 齒輪毛胚 | 歯車素材 | 齿轮毛胚 |
| — box | 齒輪（變速）箱 | 歯車箱 | 齿轮（变速）箱 |
| — broach | 齒輪拉刀 | ギヤーブローチ | 齿轮拉刀 |
| — burnishing machine | 齒輪滾光機 | 歯車バニッシ盤 | 齿轮滚光机 |
| — bush | 齒輪軸套 | ギヤーブッシュ | 齿轮轴套 |
| — case | 齒輪箱 | 歯車箱 | 齿轮箱 |
| — chamfering | 齒輪倒角 | 歯車面取り | 齿轮倒角 |
| — change | 齒輪換檔 | 歯車交換 | 齿轮变速 |
| — clutch | 齒輪離合器 | 歯車クラッチ | 齿轮离合器 |
| — compound | 齒輪油 | 歯車調合油 | 齿轮油 |
| — compounder | 齒輪混合機 | ギヤーコンパウダ | 齿轮混合机 |
| — compressor | 齒輪式壓縮機 | ギヤー圧縮機 | 齿轮式压缩机 |
| — contact ratio | 齒輪接觸比 | 歯当り | 齿轮接触比 |
| — control lever | 齒輪變速控制手柄 | 変速でこ | 齿轮变速控制手柄 |
| — coupling | 齒輪聯軸器 | ギヤーカップリング | 齿轮联轴节 |
| — cutter | 切齒刀具 | 歯切盤 | 齿轮刀具 |
| — cutting | 切齒 | 歯切り | 切齿 |
| — cutting end mill | 銑齒端〔立〕銑刀 | 歯切りエンドミル | 铣齿端〔立〕铣刀 |
| — cutting machine | 齒輪加工機床 | 歯切盤 | 齿轮加工机床 |
| — device | 齒輪裝置 | 歯車装置 | 齿轮装置 |
| — drive | 齒輪驅動 | 歯車駆動 | 齿轮传动 |
| — end | 車頭 | ギヤーエンド | 车头 |
| — finisher | 齒輪光整加工機 | ギヤーフィニッシャ | 齿轮光整加工机 |
| — finishing machine | 齒輪光製機 | 歯車仕上盤 | 齿轮精加工机床 |
| — flank tester | 齒形測量儀 | 歯形試験機 | 齿形测量仪 |
| — flow meter | 齒輪式流量計 | 歯車流量計 | 齿轮式流量计 |
| — gain | 齒輪增速裝置 | ギヤーゲイン | 齿轮增速装置 |
| — grease | 齒輪滑脂 | 歯車潤滑油 | 齿轮润滑油 |
| — grinder | 齒輪磨床 | 歯車研削盤 | 齿轮磨床 |

G

| 英　　文 | 臺　　灣 | 日　　文 | 大　　陸 |
|---|---|---|---|
| ― grinding | 齒輪磨削 | 歯車研削 | 齿轮磨削 |
| ― grinding machine | 齒輪磨床 | 歯車研削盤 | 齿轮磨床 |
| ― hob | 滾齒刀 | ギヤーホブ | 齿轮滚刀 |
| ― hobbing | 齒輪滾削 | 歯切り | 滚齿 |
| ― housing | 齒輪箱 | ギヤーハウジング | 齿轮箱 |
| ― lapping | 齒輪研磨 | ギヤーラッピング | 齿轮研磨 |
| ― lapping machine | 齒輪研磨機 | 歯車ラップ盤 | 齿轮研磨机 |
| ― lever | 變速桿 | 変速てこ | 变速杆 |
| ― lubricant | 齒輪油 | ギヤー油 | 齿轮油 |
| ― mark | (機床)傳動鏈痕跡 | ギヤーマーク | (机床)传动链痕迹 |
| ― material | 齒輪材料 | 歯車材料 | 齿轮材料 |
| ― mesh | 齒輪嚙合 | ギヤーメッシュ | 齿轮啮合 |
| ― milling machine | 齒輪銑床 | 歯割り盤 | 齿轮铣床 |
| ― mission | (汽車的)齒輪變速箱 | ギヤーミッション | (汽车的)齿轮变速箱 |
| ― motor | 齒輪變速電動機 | 歯車モータ | 带减速齿轮的电动机 |
| ― multiplication | 齒輪速比 | 歯車比 | 齿轮速比 |
| ― noise | 齒輪噪音 | 歯車騒音 | 齿轮噪声 |
| ― noise tester | 齒輪聲試驗機 | 歯車騒音試験機 | 齿轮声试验机 |
| ― oil | 齒輪油 | ギヤー油 | 齿轮油 |
| ― oil pump | 齒輪油泵 | ギヤーオイルポンプ | 齿轮油泵 |
| ― operator | 齒輪式控制器 | 歯車式開閉器 | 齿轮式控制器 |
| ― planer | 齒輪鉋床 | ギヤープレーナ | 刨齿机 |
| ― planer cutter | 刨齒刀 | ラックカッタ | 刨齿刀 |
| ― pneumatic motor | 齒輪氣動馬達 | 歯車形空気圧モータ | 齿轮气动马达 |
| ― puller | 齒輪拔取器 | ギヤープーラ | 齿轮拔出器 |
| ― pump | 齒輪泵 | 歯車ポンプ | 齿轮泵 |
| ― rack trolley | 齒條式起重機 | ラック式ホイスト装置 | 齿条式起重机 |
| ― ratio | 齒數比 | 歯車比 | 齿速比 |
| ― reducer | 齒輪減速器 | 減速歯車装置 | 齿轮减速器 |
| ― reduction ratio | 齒輪減速比 | 歯車減速比 | 齿轮减速比 |
| ― reduction starter | 齒輪減速起動機 | リダクションスタータ | 齿轮减速起动机 |
| ― rim | 齒輪輪緣 | ギヤーリム | 齿轮轮缘 |
| ― roughing | 齒輪粗加工 | 荒歯切り | 齿轮粗加工 |
| ― seat | 齒輪座 | 歯車座 | 齿轮座 |
| ― selection rod | 齒輪變速桿 | 歯車入れかえ棒 | 齿轮变速杆 |
| ― set | 齒輪組 | ギヤーセット | 齿轮组 |
| ― shaper | 齒輪刨製機 | 歯車形削り盤 | 插齿机;刨齿机 |
| ― shaper cutter | 插齒刀;刨齒刀 | ピニオンカッタ | 插齿刀;刨齿刀 |
| ― shaping | 刨齒 | 歯車形削り | 刨齿 |
| ― shaping machine | 齒輪刨製機 | 歯車形削り盤 | 刨齿刀 |

| 英　　文 | 臺　　灣 | 日　　文 | 大　　陸 |
|---|---|---|---|
| — shaving machine | 齒輪刮光機 | 歯車シェービング盤 | 剃齿机 |
| — shift | 齒輪變速 | ギヤーシフト | 变速 |
| — shift knob | 變速操縱柄 | 変速ノブ | 变速操纵柄 |
| — shift pedal | 變速踏板 | ギヤーシフトペダル | 变速踏板 |
| — shifter | 變速桿 | ギヤーシフタ | 变速杆 |
| — shifting lever | 齒輪變速桿 | 変速てこ | 齿轮变速杆 |
| — shifting quadrant | 變速扇形齒輪 | 変速コードラント | 变速扇形齿轮 |
| — stand | 齒輪支〔機〕架 | ギヤースタンド | 齿轮支〔机〕架 |
| — stocking | 齒輪粗加工 | 荒歯切り | 齿轮粗加工 |
| — stocking cutter | 齒輪粗銑刀 | 荒歯切カッタ | 粗加工(用)铣刀 |
| — test | 齒輪試驗 | ギヤー試験 | 齿轮试验 |
| — tester | 齒輪試驗儀 | 歯車試験機 | 齿轮检查仪 |
| — testing apparatus | 測齒儀 | 歯車試験機 | 測齿仪 |
| — testing machine | 齒輪試驗機 | 歯車試験機 | 齿轮试验机 |
| — tooth | 輪齒 | 歯車の歯 | 轮齿 |
| — tooth ga(u)ge | 齒距規 | 歯形ゲージ | 齿距规 |
| — tooth vernier caliper | 齒厚游標卡規 | 歯形ノギス | 齿厚游标卡尺 |
| — train | 齒輪系 | 歯車列 | 齿轮系 |
| — tumbler | 齒輪換向器 | ギヤータンブラ | 齿轮换向器 |
| — type flow meter | 齒輪式流量計 | 歯車式流量計 | 齿轮式流量计 |
| **gear-driven** supercharger | 齒輪傳動增壓機〔器〕 | 歯車駆動過給機 | 齿轮传动增压机〔器〕 |
| — supercharging | 機械增壓作用 | 機械過給 | 机械增压作用 |
| — type | 齒輪傳動式 | 歯車駆動式 | 齿轮传动式 |
| **geared** diesel engine | 齒輪減速式柴油機 | ギヤードディーゼル機関 | 齿轮减速式柴油机 |
| — down engine | 減速裝置的發動機 | 減速発動機 | 减速装置的发动机 |
| — elevator | 齒輪傳動升降機 | ギヤードエレベータ | 齿轮传动升降机 |
| — engine | 齒輪傳動發動機 | 連結発動機 | 齿轮传动发动机 |
| — motor | 齒輪電動機 | 歯車電動機 | 齿轮电动机 |
| — pump | 齒輪(傳動)泵 | 歯車伝動ポンプ | 齿轮(传动)泵 |
| — super charger | 機械增壓器 | 機械駆動過給機 | 机械增压器 |
| — system | 變速箱 | 歯車システム | 变速箱 |
| — transmission | 齒輪驅動 | 歯車式動力伝達装置 | 齿轮驱动 |
| — turbine | 減速式燃氣輪機 | 減速形タービン | 减速式燃气轮机 |
| — type shaft coupling | 齒輪聯軸器 | 歯車形軸継手 | 齿轮联轴器 |
| **gearing** | 傳動裝置;齒輪裝置 | 伝動装置 | 齿轮装置 |
| — chain | 傳動鏈 | 伝動鎖 | 传动链 |
| — efficiency | 傳動效率 | 伝動効率 | 传动效率 |
| — shaft | 傳動軸 | かみあい軸 | 传动轴 |
| **gearless** crank press | 無齒輪曲柄沖床 | 素回しクランクプレス | 无齿轮曲柄压力机 |
| — elevator | 無齒輪傳動升降機 | ギヤーレスエレベータ | 无齿轮传动升降机 |

**G**

| 英　　文 | 臺　　灣 | 日　　文 | 大　　陸 |
|---|---|---|---|
| — motor | 直接傳動電動機 | ギヤーレスモータ | 直接传动电动机 |
| **gearwheel drive** | 齒輪傳動裝置 | 歯車伝動装置 | 齿轮传动装置 |
| **gel** | 凝膠（體） | こう化体 | 凝胶(体) |
| — coat | 表面塗漆 | ゲルコート | 表面涂漆 |
| — coating | 凝膠塗料 | ゲル塗料 | 凝胶涂料 |
| — dipping | 凝膠漆浸塗法 | ゲル付け塗り | 凝胶漆浸涂法 |
| — effect | 凝膠效應 | ゲル効果 | 凝胶效应 |
| **gelatination** | 凝膠作用 | ゲル化 | 凝胶作用 |
| **gelatinizer** | 膠凝劑 | ゼラチン化剤 | 胶凝剂 |
| **gelatinous tissue** | 膠狀組織 | こう状組織 | 胶状组织 |
| **gelation** | 凝膠化（作用） | ゲル化 | 凝胶化(作用) |
| **gelcoat** | 凝膠塗層 | ゲルコート | 凝胶涂层 |
| **gelling** | 凝膠化〔作用〕 | ゲル化 | 凝胶化〔作用〕 |
| **gem** | 寶石 | 宝石 | 宝石 |
| **Gemma bearing alloy** | 一種錫基軸承合金 | ゼンマ軸受合金 | 一种锡基轴承合金 |
| **gemstone** | 寶石 | ジェムストン | 宝石 |
| **general** arrangement | 一般配置圖 | 一般配置図 | 总布置图 |
| — assembly | 總組合 | 総組立 | 总装配 |
| — assembly drawing | 總組合圖 | 総組立図 | 总装配图 |
| — collapse | 總體損壞 | 全体圧壊 | 总体损坏 |
| — combining ability | 一般配合力 | 一般組合せ能力 | 一般配合力 |
| — corrosion | 均勻腐蝕 | 全面腐食 | 均匀腐蚀 |
| — dimension | 輪廓尺寸 | 全体寸法 | 轮廓尺寸 |
| — drawing | 總圖 | 一般図 | 总图 |
| — elongation | 均勻延伸 | 一様伸び | 均匀延伸 |
| — error | 總合誤差 | 総合誤差 | 总合误差 |
| — factotum | 擬人機器人 | ぎじんロボット | 拟人机器人 |
| — helix | 一般螺旋線 | 一般ら線 | 一般螺旋线 |
| — plan | 總圖 | 基本計画 | 总平面图 |
| — raise | 軌道總升高度 | 軌道総上げ路 | 轨道总升高度 |
| — shear failure | 一般剪切破壞 | 全般せん断破壊 | 一般剪切破坏 |
| — stress condition | 一般應力狀態 | 一般応力状態 | 一般应力状态 |
| — structural strength | 結構總強度 | 総合構造強さ | 结构总强度 |
| — systems model | 一般系統模型 | 一般システムズモデル | 一般系统模型 |
| — tools | 裝備品 | 装備品 | 装备品 |
| — view | 全體圖 | 一般図 | 全体图 |
| **generalized** coordinate | 廣義座標 | 広義座標 | 广义座标 |
| — displacement | 廣義變位 | 一般化変位 | 广义变位 |
| — momentum | 廣義動量 | 広義の運動量 | 广义动量 |
| — plane stress | 廣義平面應力 | 一般化平面応力 | 广义平面应力 |

| 英　　文 | 臺　　灣 | 日　　文 | 大　　陸 |
|---|---|---|---|
| — strain | 廣義應變 | 一般化ひずみ | 广义应变 |
| — stress | 廣義應力 | 一般化応力 | 广义应力 |
| — stress condition | 廣義應力狀態 | 一般化応力状態 | 广义应力状态 |
| — velocity | 廣義速度 | 一般速度 | 广义速度 |
| **general-purpose** filler | 通用填充劑 | 通常爆弾 | 通用填充剂 |
| — machine | 通用機械 | はん用工作機械 | 通用机械 |
| — machine tool | 通用機床 | はん用工作機械 | 通用机床 |
| — plasticizer | 通用增塑劑 | はん用可塑剤 | 通用增塑剂 |
| — resin | 通用樹脂 | はん用樹脂 | 通用树脂 |
| **genral-service pump** | 輔助泵 | 雑用ポンプ | 辅助泵 |
| **generate** form | 生成形式 | ジェネレート形式 | 生成形式 |
| — gear cutting | 滾齒切削法 | 創成歯切り | 滚齿切削法 |
| **generating** circle | 基圓 | 母円 | 基圆 |
| — efficiency | 發電效率 | 発電効率 | 发电效率 |
| — line | 母線 | 母線 | 母线 |
| — of arc | 引弧 | アーク発生 | 引弧 |
| — pitch line | 切齒的節線 | 歯切ピッチ線 | 切齿的节线 |
| — pitch point | 切齒的節點 | 歯切ビッチ点 | 切齿的节点 |
| **generation set** | 發電機組 | 発電装置 | 发电机组 |
| **generator** | 發電機 | 発電機 | 发电机 |
| — breaker | 發電機斷路器 | ゼネレータブレーカ | 发电机断路器 |
| — efficiency | 發電機效率 | 発電機効率 | 发电机效率 |
| — equipment | 發電裝置 | 発電装置 | 发电装置 |
| — room | 發電室 | 発電室 | 发电室 |
| — voltage | 發電機電壓 | 発電機電圧 | 发电机电压 |
| — with magneto | 磁石發電機 | 磁石発電機 | 水磁发电机 |
| **geneva** cam | (十字輪機構的)星形輪 | ジェネバカム | (十字轮机构的)星形轮 |
| — cross | 十字形接頭 | ジェネバクロス | 十字形接头 |
| — gear | 十字輪機構 | ジェネバ歯車 | 十字轮机构 |
| — motion | 間歇運動 | ジェネバモーション | 间歇运动 |
| — movement | 間歇運動〔送料機構〕 | ジェネバ機構 | 间歇运动〔送料机构〕 |
| — wheel | 馬耳他機構間歇傳動輪 | マルタクロス | 马耳他机构间歇传动轮 |
| **geometric(al) axis** | 幾何軸 | 幾何軸 | 几何轴 |
| — buckling | 幾何形狀挫曲 | 幾何学的バックリング | 几何形状挠曲 |
| — conversion | 幾何轉變 | 幾何異性転位 | 几何转变 |
| — cross section | 幾何斷面 | 幾何学的断面積 | 几何断面 |
| — distortion | 幾何畸變 | 幾何ひずみ | 几何畸变 |
| — error | 幾何誤差 | 幾何学誤差 | 几何误差 |
| — lathe | 靠模車床 | 模様出し旋盤 | 靠模车床 |
| — moment | 截面一次矩 | 幾何モーメント | 截面一次矩 |

G

| 英　　文 | 臺　　灣 | 日　　文 | 大　　陸 |
|---|---|---|---|
| — moment of area | 斷面一次矩 | 断面一次モーメント | 断面一次矩 |
| — moment of inertia | 截面二次矩 | 慣性二次モーメント | 截面二次矩 |
| — optics | 幾何光學 | 幾何光学 | 几何光学 |
| **Gerber** beam | 懸臂（鉸）梁 | ゲルバばり | 悬臂（铰）梁 |
| — bridge | 懸臂梁橋 | ゲルバー橋 | 悬臂梁桥 |
| — 's formula | 蓋貝爾公式 | ゲルバーの式 | 盖贝尔公式 |
| — 's truss | 多跨靜定桁架 | ゲルバートラス | 多跨静定桁架 |
| **German** salt | 德國硝石 | 硝酸アンモニウム | 德国硝石 |
| — silver | 鎳銅鋅合金 | 洋銀 | 镍铜锌合金 |
| — silver plate | 銅鎳鋅合金板 | 洋白板 | 铜镍锌合金板 |
| — silver solder | 白銅焊料 | 洋銀ろう | 白铜焊料 |
| **germanative condition** | 臨界變形狀態 | 臨界ひずみ状態 | 临界变形状态 |
| **germanium;Ge** | 鍺 | ゲルマニューム | 锗 |
| — crystal | 鍺晶體 | ゲルマニウム結晶 | 锗晶体 |
| — semiconductor | 鍺半導體 | ゲルマニウム半導体 | 锗半导体 |
| **getter** | 吸氣器 | ゲッタ | 吸气器 |
| — alloy | 收氣（劑）合金 | ゲッタ合金 | 收气（剂）合金 |
| — ion pump | 吸氣離子泵 | ゲッタイオンポンプ | 吸气离子泵 |
| — pump | 抽氣泵 | ゲッタポンプ | 抽气泵 |
| **geyser** | 熱水器 | 間けつ泉 | 热水器 |
| **ghost line** | 鬼線 | ゴーストライン | 鬼线 |
| **gib** | 嵌條 | ギブ | 拉紧销 |
| — block | 樺 | ジブ | 樺 |
| **gild** | 鍍金 | ギルド | 镀金 |
| — back | 背面蒸金 | ギルドバック | 背面蒸金 |
| **gilding** | 鍍金（術）；電鍍法 | 金めっき | 镀金（术）；电镀法 |
| — metal | 鍍金青銅 | ギルディングメタル | 镀金青铜 |
| — socket | 鍍金插座 | 金メッキソケット | 镀金插座 |
| **gilled** cooler | 凸片式冷卻器 | ひれ付冷却器 | 翅片式冷却器 |
| — radiator | 凸片式散熱器 | ひれ付放熱器 | 翅片式散热器 |
| — ring type economizer | 凸片環形節能器 | ひれ付節炭器 | 翼片环形节能器 |
| — superheater tube | 帶肋過熱管 | つば付過熱管 | 带肋过热管 |
| — tube radiator | 凸管散熱器 | ひれ付管放熱器 | 翅管散热器 |
| **gilsonite** | 天然瀝青 | ギルソン鉱 | 天然沥青 |
| **gilt** | 鍍金（材料） | 金めっき金属 | 镀金（材料） |
| — edge | 切口燙金 | 小口金 | 切口烫金 |
| — finish | 鍍金 | 金めっき仕上げ | 镀金 |
| **gimbal(s)** | 萬向接頭 | 複釣環 | 万向接头 |
| — control | 萬向架控制 | ジンバル制御 | 万向架控制 |
| — joint | 水平自由接頭 | 水平自在継手 | 水平自由接头 |

| 英　　文 | 臺　　灣 | 日　　文 | 大　　陸 |
|---|---|---|---|
| — mechanism | 萬向架機構 | ジンバル機構 | 万向架机构 |
| **gimbaling** | 萬向架連接 | ジンバリング | 万向架连接 |
| **gimlet** | 手鑽 | きり | 手钻 |
| **girder** | 梁;桁 | ガーダ | 横梁 |
| — construction | 梁式結構 | 大ばり式 | 梁式结构 |
| — fork | 桁架叉 | ガーダフォーク | 桁架叉 |
| — radial drilling machine | 梁式搖臂鑽床 | ガーダボール盤 | 梁式摇臂钻床 |
| — space | 桁間隔 | ガーダスペース | 横梁间隔 |
| **girth** | 周圍長度 | 周囲寸法 | 周围尺寸 |
| — welding | 環縫焊接 | ガース溶接 | 环缝焊接 |
| **git** | 澆口 | 湯口 | 浇口 |
| **gland** | 填函蓋 | パッキン押え | 密封垫 |
| — bolt | 填函蓋螺栓 | パッキン押えボルト | 压盖螺栓 |
| — bush | 填函蓋襯套 | グランドブッシュ | 密封垫 |
| — bushing | 壓蓋密封 | グランドブッシュ | 压盖密封 |
| — cock | 有填料旋塞 | グランドコック | 有填料旋塞 |
| — cover | 填料蓋 | グランドカバー | 填料盖 |
| — entry | 密封蓋口 | グランド入口 | 密封盖口 |
| — follower | 密封用壓環〔凸緣板〕 | パッキン押え | 密封用压坏〔法兰板〕 |
| — lining | 壓蓋襯層 | 押しぶた裏付け | 压盖衬层 |
| — nut | 壓緊螺母 | グランドナット | 压紧螺母 |
| — packing | 填函蓋襯墊 | グランドパッキン | 压盖填料 |
| **glass** | 玻璃 | ガラス | 玻璃 |
| — cable | 玻璃絲電纜 | ガラスケーブル | 玻璃丝电缆 |
| — cement | 玻璃膠 | ガラスセメント | 玻璃胶 |
| — cloth laminate(s) | 玻璃布層壓板 | ガラス布積層板 | 玻璃布层压板 |
| — cock | 玻璃栓 | ガラスコック | 玻璃栓 |
| — crucible furnace | 玻璃坩堝爐 | ガラスるつぼ炉 | 玻璃坩埚炉 |
| — etch | 玻璃腐蝕〔刻蝕〕 | ガラスエッチ | 玻璃腐蚀〔刻蚀〕 |
| — filler | 玻璃填料 | ガラス充てん材 | 玻璃填料 |
| — for scaling | 焊封玻璃 | 封着用ガラス | 焊封玻璃 |
| — grinder | 玻璃磨光機 | グラスグラインダ | 玻璃磨光机 |
| — line | 玻璃纖維光路 | ガラス線路 | 玻璃纤维光路 |
| — lubrication process | 玻璃潤滑擠壓法 | ガラス潤滑押出法 | 玻璃润滑挤压法 |
| — marble | 玻璃球〔玻璃纖維原料〕 | ガラスマーブル | 玻璃球〔玻璃纤维原料〕 |
| — pad | 玻璃墊片 | ガラスパッド | 玻璃垫片 |
| — papering machine | 砂紙磨光機 | 紙やすり盤 | 砂纸磨光机 |
| — putty | 錫粉〔磨玻璃或金屬的〕 | グラスパテ | 锡粉〔磨玻璃或金属的〕 |
| — strand | 玻璃原絲 | グラスストランド | 玻璃原丝 |
| — temperature | 玻璃化(轉變)溫度 | ガラス（転移）温度 | 玻璃化(转变)温度 |

**G**

| 英　　文 | 臺　　灣 | 日　　文 | 大　　陸 |
|---|---|---|---|
| ─ thermometer | 玻璃溫度計 | ガラス温度計 | 玻璃温度计 |
| ─ thread | 玻璃纖維 | ガラス繊維 | 玻璃纤维 |
| ─ transition point | 玻璃化點 | ガラス転移点 | 玻璃化点 |
| ─ tube cutter | 玻璃管切割機 | ガラス管切断機 | 玻璃管切割机 |
| ─ welding method | 玻璃熔接法 | ガラス溶接法 | 玻璃熔接法 |
| ─ winding round test | 玻璃捲繞試驗 | ガラス巻きつけ試験 | 玻璃卷绕试验 |
| ─ wool board | 玻璃纖維板 | グラスウール板 | 玻璃纤维板 |
| ─ wool lagging | 玻璃棉保溫材料 | ガラス綿保温材 | 玻璃棉保温材料 |
| ─ wool packing | 玻璃棉迫緊 | グラスウールパッキン | 玻璃棉填料 |
| **glassfiber** | 玻璃纖維 | ガラス繊維 | 玻璃纤维 |
| ─ cloth | 玻璃纖維布 | ガラス繊維布 | 玻璃纤维布 |
| ─ covering | 玻璃絲被覆〔包纏〕 | グラスファイバ覆装 | 玻璃丝被覆〔包缠〕 |
| ─ forming | 玻璃纖維成形 | ガラス繊維成形 | 玻璃纤维成形 |
| ─ laminate | 玻璃纖維層壓製品 | ガラス繊維積層品 | 玻璃纤维层压制品 |
| ─ mat | 玻璃纖維板 | ガラス繊維マット | 玻璃纤维板 |
| ─ mo(u)lding | 玻璃纖維製品 | ガラス繊維成形品 | 玻璃纤维制品 |
| ─ thread | 玻璃纖維線 | ガラス繊維線 | 玻璃纤维线 |
| **glassification** | 玻璃固化 | ガラス固化 | 玻璃固化 |
| **glassing** | 磨光 | グラッシング | 磨光 |
| **glassivation** | 玻璃鈍化 | グラシベーション | 玻璃钝化 |
| **glasspaper** | 玻璃砂紙 | 研磨紙 | 玻璃砂纸 |
| **glassy** carbon | 玻璃石墨 | ガラス状カーボン | 玻璃状碳 |
| ─ mass | 玻璃狀物質 | ガラス状物質 | 玻璃状物质 |
| ─ photoelasticity | 玻璃狀光彈性 | ガラス状光弾性 | 玻璃状光弹性 |
| ─ semiconductor | 玻璃半導體 | ガラス状半導体 | 玻璃半导体 |
| ─ slag | 玻璃狀熔渣 | ガラス状スラグ | 玻璃状熔渣 |
| ─ transition | 玻璃化轉變 | ガラス転移 | 玻璃化转变 |
| **glaze** | 釉 | ゆう薬 | 上光研磨 |
| ─ wheel | 研磨輪 | 研摩輪 | 研磨轮 |
| **glazed alumina** | 塗釉氧化鋁 | グレーズドアルミナ | 涂釉氧化铝 |
| **glazer** | 軋光機 | グレーザ | 抛光轴 |
| **glazing** | 打光 | つや出し | 打光 |
| ─ machine | 光澤機 | グレージングマシン | 抛光机 |
| **glazy pig** | 高矽生鐵 | 高けい素銑鉄 | 高硅生铁 |
| **glidant** | 潤滑劑 | 滑沢剤 | 润滑剂 |
| **glimmer** | 雲母 | グリマ | 云母 |
| **glist** | 雲母 | グリスト | 云母 |
| **glober** lamp | 碳化矽絲燈 | グローバランプ | 碳化硅丝灯 |
| ─ resistance heater | 碳化矽電阻式發熱元件 | グローバ抵抗発熱体 | 碳化硅电阻式发热元件 |
| **globe** | 地球 | 外球 | 地球 |

| 英　　文 | 臺　　灣 | 日　　文 | 大　　陸 |
|---|---|---|---|
| — cam | 球面(形)凸輪 | 球面カム | 球面(形)凸轮 |
| — cock | 球形旋塞 | 球コック | 球形旋塞 |
| — condenser | 球形冷凝器 | 球状冷却器 | 球形冷凝器 |
| — joint | 球形關接 | 球形継手 | 球形接头 |
| — valve | 球(形)閥 | 玉形弁 | 球(形)阀 |
| **Globeloy** | 矽鉻錳耐熱鑄鐵 | グローブロイ | 硅铬锰耐热铸铁 |
| **globoid** cam | 球形凸輪 | グロボイドカム | 球形凸轮 |
| — worm | 球面蝸桿 | グロボイドウォーム | 球面蜗杆 |
| **globular** carbide | 球狀碳化物 | 球状炭化物 | 球状碳化物 |
| — cementite | 球化雪明碳鐵 | 球状セメンタイト | 球化渗碳体 |
| — discharge | 球形放電 | 球形放電 | 球形放电 |
| — powder | 球粒劑 | 粒状粉末 | 球粒剂 |
| — projection | 球狀投影 | 球状図法 | 球状投影 |
| — structure | 球狀結構 | 球状構造 | 球状结构 |
| **globules** | 熔滴〔焊接〕 | グロビュール | 熔滴〔焊接〕 |
| **globurizing** | 球化退火 | 球状化 | 球化退火 |
| **glory-hole** | 爐口 | グローリーホール | 炉口 |
| **gloss** | 光澤 | 光沢 | 上釉〔光〕 |
| — coating | 光澤塗料 | つや塗料 | 光泽涂料 |
| — galvanization | 光亮鍍鋅 | 光沢亜鉛めっき | 光亮镀锌 |
| — head | 測光頭 | 測光ヘッド | 测光头 |
| — measurement | 光澤測定 | 光沢測定 | 光泽测定 |
| **glossiness** | 光澤度 | 光沢度 | 光泽度 |
| **glossmeter** | 光澤測定儀 | 光沢計 | 光泽测定仪 |
| **glove** | 手套 | 手袋 | 手套 |
| — bucket | 挖斗 | グラブバケット | 挖斗 |
| — valve | 球形閥 | 玉形弁 | 球形阀 |
| **glow** | 輝光 | うん光 | 辉光 |
| — corona | 電暈 | うん光コロナ | 电晕 |
| — discharge | 輝光放電 | グロー放電 | 辉光放电 |
| — discharge nitriding | 離子氮化 | グロー放電窒化 | 离子氮化 |
| — electron | 熱電子 | 熱電子 | 热电子 |
| — light | 輝光 | グロー光 | 辉光 |
| — plug | 預墊塞 | グロープラグ | 火花(引火)塞 |
| — plug resistor | 火星塞電阻器 | グロープラグレジスタ | 火花塞电阻器 |
| — potential | 輝光(放電)電位 | グロー電位 | 辉光(放电)电位 |
| — tube | 輝光(放電)管 | グロー管 | 辉光(放电)管 |
| **glue** | 膠 | 接着剤 | 接着剂 |
| — bond | 膠合 | グルーボンド | 胶合 |
| — film | 膠膜 | 接着フィルム | 胶膜 |

| 英　　文 | 臺　　灣 | 日　　文 | 大　　陸 |
|---|---|---|---|
| — gun | 黏合劑用噴槍 | グルーガン | 黏合剂用喷枪 |
| — line | 膠層〔縫〕 | 接着剤層 | 胶层〔缝〕 |
| — line strength | 膠接強度 | 接着強さ | 胶接强度 |
| — mixer | 黏合劑攪拌機 | 接着剤かき混ぜ機 | 黏合剂搅拌机 |
| — pan | 膠盤 | グルーパン | 胶盘 |
| — preparation | 調膠 | 製こ | 调胶 |
| — solution | 膠液 | グルー溶液 | 胶液 |
| — spreading | 塗膠 | グルー塗布 | 涂胶 |
| — stock | 膠料 | にべ | 胶料 |
| — strength | 膠接強度 | 接着強さ | 胶接强度 |
| — water | 膠水 | にかわ水 | 胶水 |
| glued adhesion | 膠合 | こう着接合 | 胶合 |
| gluing | 黏合 | 接着 | 黏合 |
| glut | 止推扁銷 | 詰めごま | 止推扁销 |
| — weld | V形槽焊接 | V みぞ溶接 | V形槽焊接 |
| glycerina | 甘油劑 | グリセリン剤 | 甘油剂 |
| glycerol | 甘油 | グリセロール | 甘油 |
| Glyko metal | 一種鋅基軸承合金 | グリコメタル | 一种锌基轴承合金 |
| go ga(u)ge | 過端量規 | 通りゲージ | 过端量规 |
| — side | （塞規的）過端 | 通り側 | （塞规的）过端 |
| gocart | 手推車 | ゴーカート | 手推车 |
| godet rolls | 導絲輪 | ゴデットロール | 导丝轮 |
| — wheel | 導絲輪 | ゴデットホイル | 导丝轮 |
| goggles | 護目鏡 | 保護めがね | 护目镜 |
| going | 覆蓋長度 | 伏長 | 覆盖长度 |
| Golay cell | 紅外線指示器 | ゴーレイセル | 红外线指示器 |
| — detector | 紅外線檢測器 | ゴーレイ検出器 | 红外线检测器 |
| gold;Au | 金 | 金 | 黄金 |
| — alloy | 金合金 | 金合金 | 金合金 |
| — alloy plating | 金合金電鍍 | 金合金めっき | 金合金电镀 |
| — assay | 金含量的測定 | 金の試金 | 金含量的测定 |
| — back | 背面蒸金 | ゴールドバック | 背面蒸金 |
| — bath | 鍍金（浴；液） | 金めっき | 镀金（浴；液） |
| — beating | 金箔製造 | 金ぱく製造 | 金箔制造 |
| — bronze | 金色銅粉 | 金青銅 | 金色铜粉 |
| — bronze powder | 金色銅粉 | ブロンズ粉 | 金色铜粉 |
| — bullion | 金錠 | 金地金 | 金锭 |
| — chlorination process | 金氯化法 | 金塩化法 | 金氯化法 |
| — -copper alloy plating | 金銅合金電鍍 | 金-銅合金めっき | 金铜合金电镀 |
| — cyanidation process | 金氰化法 | 金青化法 | 金氰化法 |

| 英　　文 | 臺　　灣 | 日　　文 | 大　　陸 |
|---|---|---|---|
| — cyanide | 氰化金 | シアン化金 | 氰化金 |
| — diffusion | 金擴散 | 金拡散 | 金扩散 |
| — diffusion isolation | 金擴散隔離法 | 金拡散分離法 | 金扩散隔离法 |
| — doping | 摻金 | 金ドープ | 掺金 |
| — dredger | 採金船 | 採金船 | 采金船 |
| — dust | 金粉 | 金粉 | 金粉 |
| — film | 金薄膜 | ゴールドフィルム | 金薄膜 |
| — foil | 金箔 | 金ばく | 金箔 |
| — furnace | 敷金電爐 | ゴールドファーネス | 敷金电炉 |
| — gasket | 金密封襯墊 | 金ガスケット | 金密封垫圈 |
| — inlay contact | 插入式鍍金接點 | 金インレイ接点 | 插入式镀金接点 |
| — lacquer | 淡金水 | ゴールドラッカ | 淡金水 |
| — leaf | 金葉 | 金ばく | 金叶 |
| — leaf electrometer | 金箔靜電計 | 金ぱく電位計 | 金箔静电计 |
| — leaf electroscope | 金箔驗電器 | 金ぱく験電器 | 金箔验电器 |
| — leaf stamping | 金箔壓花 | 金ぱく押し | 金箔压花 |
| — ore | 金礦 | 金鉱 | 金矿 |
| — overlay contact | 鍍金接點 | 金張り接点 | 镀金接点 |
| — pigment | 金粉 | 金粉 | 金粉 |
| — placer | 砂金礦床 | 砂金鉱床 | 砂金矿床 |
| — plated | 包金 | 金付け | 包金 |
| — plating | 鍍金 | 金めっき | 镀金 |
| — powder | 金粉 | 金粉 | 金粉 |
| — solder | 金焊料 | 金ろう | 金焊料 |
| — sponge | 海綿狀金 | 海綿状金 | 海绵状金 |
| — stone | 砂金石 | 砂金石 | 砂金石 |
| — varnish | 金色漆料 | 金ニス | 金色漆料 |
| Goldschmidt's process | 一種錫回收法 | ゴールドシュミット法 | 一种锡回收法 |
| gom cushion | 橡膠墊 | ゴムクッション | 橡胶垫 |
| — tape | 橡膠絕緣帶 | ゴムテープ | 橡胶绝缘带 |
| goniometry | 角度測定 | 角測定 | 角度测定 |
| goniophotometry | 測角光度儀 | 測角測光（法） | 测角光度仪 |
| Gooch crucible | 古氏坩堝 | グーチるつぼ | 古氏坩埚 |
| good conductor | 良導體 | 良導体 | 良导体 |
| gooseneck | 鵝頸管 | 送風支管 | 鹅颈管 |
| — bending die | 鵝頸式彎曲模 | グーズネック曲げ型 | 鹅颈式弯曲模 |
| — dolly | 鵝頸式頂托 | がん首当て盤 | 鹅颈式顶托 |
| — press | 鵝頸式沖床 | 片持プレス | 鹅颈式压力机 |
| — tongs | 鵝鋏 | つる首やっとこ | 鹅颈钳 |
| — tool | 彈簧刀 | 丸のみバイト | 弹簧刀 |

G

| 英　　文 | 臺　　灣 | 日　　文 | 大　　陸 |
|---|---|---|---|
| — ventilator | 鵝頸式通風管 | グーズネック形通風筒 | 鹅颈式通风管 |
| **gorge cut** | 凹槽 | ゴージカット | 凹槽 |
| **goudron** | 焦油 | ゲードロン | 焦油 |
| **gouge** | 半圓鑿 | 丸のみ | 凿出的槽〔孔〕 |
| — nose tool | 圓頭刀具 | 丸のみバイト | 圆头刀 |
| **gouging** | 挖槽;挖溝 | 溝切り | 开槽 |
| — blowpipe | 表面氣割炬 | ガウジングトーチ | 表面气割炬 |
| — characteristic | 表面切割特性 | ガウジング特性 | 表面切割特性 |
| — torch | 熔挖氣炬 | ガウジングトーチ | 表面切割割炬 |
| **governor** | 調速器 | 調速機 | 调速器 |
| — control | 調速器控制 | ガバナ制御 | 调速器控制 |
| — gear | 調速機構 | 調速機装置 | 调节装置 |
| — shaft | 調速器軸 | 調速軸 | 调速轴 |
| — sleeve | 調速器套筒 | 調速機すべり筒 | 调速器套筒 |
| — test | 調速器試驗 | 負荷しゃ断試験 | 调速器试验 |
| — valve | 調速閥 | 調速弁 | 调气阀 |
| — weight | 調速器配重 | 調速機おもり | 调速器离心锤 |
| **grab** | 挖浚機 | グラブ | (挖土机)抓斗 |
| — bucket | 抓斗 | グラブバケット | 夹钳;抓斗 |
| — bucket capacity | 抓斗容量 | グラブバケット容量 | 抓斗容量 |
| — bucket excavator | 抓斗挖掘機 | グラブ掘削機 | 抓斗式挖掘机 |
| — closing gear | 抓斗閉合裝置 | グラブ開閉装置 | 抓斗闭合装置 |
| — excavator | 抓斗式挖掘機 | グラブ掘削機 | 抓斗式挖掘机 |
| — hook | 起重鉤 | つかみ上げ機 | 起重钓 |
| — stand | 鑽架 | きり馬 | 钻架 |
| — with teeth | 帶齒抓斗 | つめ付バケット | 带齿抓斗 |
| **grade** | 等級;坡度;淨度 | 等級 | 度 |
| — cutting device | 錐度切削裝置 | こう配削り装置 | 锥度切削装置 |
| — of fit | 配合等級 | はめあい等級 | 配合等级 |
| — temperature | 溫度等級 | グレード温度 | 温度等级 |
| **gradient** | 梯度 | 階調度 | 梯度 |
| — meter | 測斜儀 | こう配計 | 测斜仪 |
| — method | 梯度法 | 傾斜法 | 梯度法 |
| — of slope | 傾斜率 | のりこう配 | 倾斜率 |
| — of vector | 向量梯度 | ベクトルのこう配 | 向量梯度 |
| — parameter | 斜率 | こう配パラメータ | 斜率 |
| — vector | 梯度向量 | こう配ベクトル | 梯度矢量 |
| **grading** | 分級 | 分級 | 分级 |
| — analysis | 粒度分析 | 粒度分析 | 粒度分析 |
| — curve | 粒徑分配曲線 | 粒度分布曲線 | 粒径分配曲线 |

| 英　　文 | 臺　　灣 | 日　　文 | 大　　陸 |
|---|---|---|---|
| — envelope | 粒度範圍 | 粒度範囲 | 粒度范围 |
| — ring | 均壓環 | グレージングリング | 均压环 |
| — tool | 測定磨具硬度工具 | グレージングツール | 測定磨具硬度工具 |
| **graduated** burette | 滴定管 | ビュレット | 滴定管 |
| — circle | 刻度盤 | 目盛盤 | 刻度盘 |
| — flask | 量瓶 | メスフラスコ | 量瓶 |
| — measuring cylinder | 量筒 | メスシリンダ | 量筒 |
| — plate | 刻度盤 | 目盛り盤 | 刻度盘 |
| — scale | 刻度尺 | 目盛り尺 | 刻度尺 |
| — tube | (刻度)量管 | 目盛り管 | (刻度)量管 |
| **graduation** | 刻度 | 目盛り | 刻度 |
| — line | 刻度線 | 目盛り線 | 刻度线 |
| — mark | 刻度線 | 目盛り線 | 刻度线 |
| **graduator** | 分度器 | 目盛り機 | 分度器 |
| **Graface** | 石墨－二硫化鉬固體潤滑劑 | グラフェース | 石墨－二硫化钼固体润滑剂 |
| **grafacon** | 自動製圖機 | グラファコン | 自动制图机 |
| **grafter** | 鏟 | グラフタ | 铲 |
| **grain** | 顆粒;晶粒 | 晶粒 | 晶体 |
| — alcohol | 乙醇;酒精 | グレーンアルコール | 酒精 |
| — belt | 晶粒區 | グレーンベルト | 晶粒区 |
| — boundary | 晶粒邊界 | 結晶粒界 | 晶粒间界 |
| — boundary attack | 晶界腐蝕 | 粒界腐食 | 晶界腐蚀 |
| — boundary carbide | 晶界碳化物 | 結晶粒界炭化物 | 晶界碳化物 |
| — boundary corrosion | 晶界腐蝕 | 結晶粒界腐食 | 晶界腐蚀 |
| — boundary crack | 晶界裂紋 | 結晶界粒界割れ | 晶界裂纹 |
| — boundary diffusion | 晶界擴散 | 粒界拡散 | 晶界扩散 |
| — boundary energy | 晶界能 | 粒界エネルギー | 晶界能 |
| — boundary migration | 晶界移動 | 粒界移動 | 晶界移动 |
| — boundary reaction | 晶界反應 | 粒界反応 | 晶界反应 |
| — boundary sliding | 晶界滑移 | 粒界滑り | 晶界滑移 |
| — composition | 顆粒組成 | 粒度配合 | 颗粒组成 |
| — density | 晶界密度 | 粒子密度 | 晶界密度 |
| — depth of cut | 進刀量 | と粒切込み深さ | 进刀量 |
| — fineness distribution | 粒度分布 | 粒度分布 | 粒度分布 |
| — fineness number | 粒度指數 | 粒度指数 | 晶粒度 |
| — growth | 晶粒生長 | 結晶粒成長 | 晶粒生长 |
| — lead | 粒狀鉛 | 粒状鉛 | 粒状铅 |
| — of ore | 礦石粒 | 鉱石粒 | 矿石粒 |
| — oriented silicon steel | 單向性矽鋼片 | 一方向性けい素鋼板 | 单向性硅钢片 |
| — property | 顆粒特性 | 粒子特性 | 颗粒特性 |

| 英　　文 | 臺　　灣 | 日　　文 | 大　　陸 |
|---|---|---|---|
| — refinement | 晶粒細化 | 結晶粒微細化 | 晶粒细化 |
| — refining | 晶粒細化 | 結晶粒微細化 | 晶粒细化 |
| — refining temperature | 晶粒細化溫度 | 結晶粒微細化温度 | 晶粒细化温度 |
| — retention test | 顆粒保留試驗 | しぼ保留試験 | 颗粒保留试验 |
| — roll | （砂型）鑄鐵軋輥 | 砂型鋳鉄ロール | （砂型）铸铁轧辊 |
| **Grainal** | 一種釩鈦鋁鐵合金 | グレイナル | 一种钒钛铝铁合金 |
| **graininess** | 粒度 | 粒状性 | 粒度 |
| **grain-size** | 粒度 | 粒度 | 粒径 |
| — analysis | 粒度分析 | 粒度分析 | 粒径分析 |
| — characteristic | 粒度特性 | 粒度特性 | 粒径特性 |
| — classification | 晶粒度分級 | 結晶粒度分級 | 晶粒度分级 |
| — control | 晶粒度調整 | 結晶粒度調整 | 晶粒度调整 |
| — distribution curve | 粒徑分布曲線 | 粒径分布曲線 | 粒径分布曲线 |
| — number | 結晶粒度 | 結晶粒度番号 | 结晶粒度 |
| **gram(me)** | 〔公〕克 | グラム | 克 |
| — atom | 克原子 | グラム原子 | 克原子 |
| — calorie | 克卡 | 小カロリー | 克卡 |
| — centimeter | 克厘米 | グラムセンチメートル | 克厘米 |
| — equivalent | 克當量 | グラム当量 | 克当量 |
| — formula weight | 克（化學）式量 | グラム式量 | 克（化学）式量 |
| — molecular volume | 克分子體積 | 分子容 | 克分子体积 |
| **grand clamp** | 大型夾具 | グランドクランプ | 大型夹具 |
| **granite** | 花崗岩 | 花こう岩 | 花岗岩 |
| — plate | 花崗岩平板 | グラプレート | 花岗岩平板 |
| — porphyry | 花崗斑岩 | 花こうはん岩 | 花岗斑岩 |
| **granodising** | 鋅的磷酸處理 | グラノダイジング | 锌的磷酸处理 |
| **granular** ash | 蘇打粒 | ソーダ灰 | 苏打粒 |
| — carbon | 碳（精）粒 | グラニュラカーボン | 碳（精）粒 |
| — compound | 粒狀化合物 | 粒状コンパウンド | 粒状化合物 |
| — drug | 粒劑 | 粒剤 | 粒剂 |
| — fracture | 粒狀斷口 | 粒状破面 | 粒状断口 |
| — interspace | 岩粒間隙 | 岩粒間げき | 岩粒间隙 |
| — material | 粒狀材料 | 粒状材料 | 粒状材料 |
| **granularity** | 粒度 | 粒度 | 粒度 |
| **granulated** active carbon | 粒狀活性碳 | 粒状活性炭 | 粒状活性碳 |
| — carbide | 粒狀碳化物 | 粒状カーバイド | 粒状碳化物 |
| — gas carburizing | 固體滲碳劑-氣體滲碳法 | 固体浸炭剤ガス浸炭法 | 固体渗碳剂-气体渗碳法 |
| — metal | 粒狀金屬 | 粒状金属 | 粒状金属 |
| — slag | 粒狀熔渣 | 高炉水さい | 粒状熔渣 |
| — structure | 粒狀組織 | 粒状組織 | 粒状组织 |

| 英　文 | 臺　灣 | 日　文 | 大　陸 |
|---|---|---|---|
| granulating | 粒化過程 | 造粒 | 粒化过程 |
| granule | 細粒 | 細粒 | 细粒 |
| granulometer | 粒度計 | 粒度計 | 粒度计 |
| granulometry | 粒度測定（法） | 粒度測定 | 粒度测定（法） |
| graph | 圖表 | 図表 | 曲线图 |
| — paper | 方格紙 | グラフ用紙 | 方格纸 |
| — plotter | 繪圖機 | グラフプロッタ | 绘图仪 |
| — structure | 圖形結構 | グラフ構造 | 图形结构 |
| graphic(al) panel | 繪圖板 | グラフィックパネル | 绘图板 |
| — plotter | 製圖機 | グラフィックプロッタ | 制图机 |
| — scale | 刻度比例尺 | 図示尺度 | 刻度比例尺 |
| Graphidox | 一種鐵合金 | グラフィドクス | 一种铁合金 |
| graphite | 石墨 | 石墨 | 石墨 |
| — block | 石墨塊 | 黒鉛ブロック | 石墨块 |
| — bronze | 石墨青銅 | 黒鉛青銅 | 石墨青铜 |
| — cathode | 石墨陰極 | グラファイト陰極 | 石墨阴极 |
| — crucible | 石墨坩鍋 | 黒鉛るつぼ | 石墨坩埚 |
| — electrode | 石墨電極 | 黒鉛電極 | 石墨电极 |
| — fiber | 石墨纖維 | 黒鉛繊維 | 石墨纤维 |
| — flake | 石墨片 | 片状黒鉛 | 片状石墨 |
| — grease | 石墨滑脂 | 黒鉛潤滑脂 | 石墨（润滑）脂 |
| — lubricant | 石墨潤滑劑 | 黒鉛潤滑剤 | 石墨润滑剂 |
| — matrix | 石墨基體 | 黒鉛マトリックス | 石墨基体 |
| — metal | 鉛基軸承合金 | グラファイトメタル | 铅基轴承合金 |
| — moderated reactor | 石墨減速反應爐 | 黒鉛減速炉 | 石墨减速反应堆 |
| — oil | 石墨油 | 黒鉛混入油 | 石墨油 |
| — packing | 石墨襯墊 | 黒鉛パッキング | 石墨填料 |
| — paint | 石墨塗料 | 黒鉛ペイント | 石墨涂料 |
| — pig iron | 灰口鐵 | ねずみせん | 灰口铁 |
| — plumbago | 石墨 | 黒鉛 | 石墨 |
| — powder | 石墨粉 | グラファイトパウダ | 石墨粉 |
| — refractory | 石墨耐火磚 | 黒鉛質耐火物 | 石墨耐火砖 |
| — resistance | 石墨電阻 | 黒鉛抵抗 | 石墨电阻 |
| — rosette | 玫塊花狀石墨 | ばら状黒鉛 | 玫块花状石墨 |
| — schist | 石墨片岩 | 石墨片岩 | 石墨片岩 |
| — sleeve | 石墨套管 | 黒鉛スリーブ | 石墨套管 |
| — treated lubricant | 石墨基潤滑劑 | 黒鉛含有潤滑剤 | 石墨基润滑剂 |
| — tube | 石墨管 | グラファイトチューブ | 石墨管 |
| graphitic acid | 石墨酸 | 石墨酸 | 石墨酸 |
| — carbon | 石墨碳 | 黒鉛炭素 | 石墨碳 |

**G**

| 英　　文 | 臺　　灣 | 日　　文 | 大　　陸 |
|---|---|---|---|
| — cast iron | 灰口鑄鐵 | ねずみ鋳鉄 | 灰口铸铁 |
| — corrosion | 石墨腐蝕 | 黒鉛化腐食 | 石墨腐蚀 |
| — embrittlement | 石墨脆性 | 黒鉛ぜい性 | 石墨脆性 |
| — nitralloy | 石墨氮化鋼 | 黒鉛窒化鋼 | 石墨氮化钢 |
| — steel | 石墨(化)鋼 | 黒鉛鋳鋼 | 石墨(化)钢 |
| **graphitiser** | 促進石墨化元素 | 黒鉛化促進元素 | 促进石墨化元素 |
| **graphitization** | 石墨化(作用) | 石墨化 | 石墨化(作用) |
| — cast iron | 石墨鑄鐵 | 黒鉛鋳鉄 | 石墨铸铁 |
| **graphitizing** | 石墨化(作用) | 黒鉛化 | 石墨化(作用) |
| — annealing | 石墨化退火 | 黒鉛化焼鈍 | 石墨化退火 |
| **graphology** | 圖解法 | グラフォロジー | 图解法 |
| **graphostatics** | 圖解靜力學 | 図解力学 | 图解静力学 |
| **grass-hopper** | 輕型(單翼)飛機 | 小型軽単葉機 | 轻型(单翼)飞机 |
| **grate** | 爐箅;柵欄 | 火格子 | 晶格 |
| — ball mill | 格子排料式球磨機 | グレートボールミル | 格子排料式球磨机 |
| — combustion rate | 火床燃燒率 | 火格子燃焼率 | 火床燃烧率 |
| **graticule** | 十字線 | 綱線 | 十字线 |
| **grating** | 格柵 | 格子 | 格栅 |
| — of gears | 齒輪噪音 | 歯車の騒音 | 齿轮噪音 |
| — space | 晶面間距 | 格子間隔 | 晶面间距 |
| **gravel** hammer | 礫石錘 | 砂利ハンマ | 碎石锤 |
| — scoop | 礫石鏟斗 | 砂利スクープ | 砾石铲斗 |
| **graver** | 刻刀 | 彫刻刀 | 雕刻刀 |
| **gravimetric** analysis | 重量分析 | 重量分析 | 重量分析 |
| — density | 重(量密)度 | 盛込密度 | 重(量密)度 |
| — determination | 重量分析 | 重量分析 | 重量分析 |
| — method | 重量法 | 重量法 | 重力测量法 |
| — thickness | 重量法測定的厚度 | 重量法厚さ | 重量法测定的厚度 |
| — unit | 重力單位 | 重力単位 | 重力单位 |
| **gravisphere** | 重力場 | 引力圏 | 引力场 |
| **gravitation** | 重力;萬有引力 | 引力 | 引力 |
| — constant | 萬有引力常數 | 重力定数 | 引力常数 |
| — potential | 重力勢〔位〕 | 重力ポテンシャル | 引力势〔位〕 |
| **gravitational** acceleration | 重力加速度 | 重力加速度 | 重力加速度 |
| — balancing machine | 重力式平衡試驗機 | 重力式釣合い試験機 | 重力式平衡试验机 |
| — constant | 重力常數 | 重力常数 | 重力常数 |
| — effect | 重力作用 | 重力作用 | 重力作用 |
| — field | 重力場 | 重力場 | 重力场 |
| — force | 重力 | 重力 | 重力 |
| — potential | 重力勢 | 重力ポテンシャル | 重力势 |

| 英　　文 | 臺　　灣 | 日　　文 | 大　　陸 |
|---|---|---|---|
| —unit | 重力單位 | 重力単位 | 重力単位 |
| **gravity** | 重力 | 重力 | 重力 |
| —arc welding | 重力式(電)弧焊;倚焊 | グラビティ溶接 | 重力式(电)弧焊;倚焊 |
| —balance | 重力平衡 | グラビティバランス | 重力平衡 |
| —casting | 重力鑄造法 | 重力鋳造 | 重力浇注 |
| —conveyor | 重力運送機 | 重力コンベヤ | 重力式输送机 |
| —die casting | 重力壓鑄法 | 重力ダイカスト | 金属型铸造 |
| —field | 重力場 | 重力場 | 重力场 |
| —filtration process | 重力過濾法 | 重力ろ過法 | 重力过滤法 |
| —flow | 重力流 | グラビティフロー | 重力流 |
| —force | 重力 | 引力 | 重力 |
| —free condition | 失重條件 | 無重力条件 | 失重条件 |
| —hammer | 重鎚 | ドロップハンマ | 重力锤 |
| —law | 萬有引力定律 | 引力の法則 | 引力定律 |
| —lubrication | 重力潤滑〔注油〕 | 重力潤滑 | 重力润滑〔注油〕 |
| —mixer | 重力式攪拌機 | 重力混和機 | 重力式搅拌机 |
| —oiling | 重力注油 | 重力注油 | 重力加油 |
| —rotary filtration | 重力旋轉過濾 | 重力回転ろ過 | 重力旋转过滤 |
| —separator | 重力分離裝置 | 重力分離装置 | 重力沉降分离器 |
| —system | 自流〔動〕給料系統 | 重力式 | 自流〔动〕给料系统 |
| —tank | 重力槽;重力櫃 | 重力タンク | 自动送料槽 |
| —vacuum transit system | 重力真空輸送系統 | 重力真空輸送システム | 重力真空输送系统 |
| —valve | 重力閥 | 重し弁 | 重力阀 |
| —welding | 重力式電弧焊 | 重力式溶接 | 重力式电弧焊 |
| **gravity-feed** hopper | 重力送料漏斗 | 重力供給ホッパ | 重力送料漏斗 |
| —lubrication | 重力潤滑 | 重力注油 | 重力润滑 |
| **gray** cast iron | 灰(□)鑄鐵 | 灰鋳鉄 | 灰(□)铸铁 |
| —forge pig | 可鍛生鐵 | 可鍛銑鉄 | 可锻生铁 |
| —iron | 灰口鑄鐵 | 灰銑 | 灰口铸铁 |
| —manganese ore | 軟錳礦 | 水マンガン鉱 | 软锰矿 |
| —pig iron | 灰口生鐵 | ねずみ銑 | 灰口铸铁 |
| —slag | 灰色礦渣 | グレイスラグ | 灰色矿渣 |
| —spiegeleisen | 灰色鏡鐵 | 灰色鏡鉄 | 灰色镜铁 |
| —state | 未加工狀態 | 未仕上状態 | 未加工状态 |
| —tin | 灰錫 | 灰色すず | 灰锡 |
| **grease** | 滑脂;黃油 | グリース | 润滑脂 |
| —burnishing | 油脂壓光 | 油磨き | 脂膏抛光 |
| —coating | 油脂塗層 | グリースコーティング | 油脂涂层 |
| —injector | 給油器 | グリース注入器 | 给油器 |
| —lubrication | 滑脂潤滑 | グリース潤滑 | 滑脂润滑 |

G

| 英　　文 | 臺　　灣 | 日　　文 | 大　　陸 |
|---|---|---|---|
| ― marks | 油漬 | グリースマーク | 油漬 |
| ― nipple | 加油脂嘴;黃油嘴 | グリースニップル | 潤滑脂嘴 |
| ― packing | 滑脂襯墊 | グリースパッキン | 润滑脂密封 |
| ― plug | 潤滑脂塞 | グリースプラグ | 润滑脂塞 |
| ― pump | 潤滑油泵 | グリースポンプ | 润滑油泵 |
| ― resistance | 耐油性 | 耐脂性 | 耐油性 |
| ― resistant coating | 防油脂塗料 | 耐脂塗料 | 防油脂涂料 |
| ― resisting properties | 抗〔耐〕油性能〔質〕 | 耐脂性 | 抗〔耐〕油性能〔质〕 |
| ― seal | 滑脂封 | グリースシール | 润滑脂密封 |
| ― tap | 潤滑孔 | グリース注口 | 润滑孔 |
| **greaseproofness** | 防油性 | 防脂性 | 防油性 |
| **greaser** | 潤滑脂注入器 | グリーサ | 润滑脂注入器 |
| **greatest** lower bound | 下限 | 最大下界 | 最大下界 |
| ― value | 最大尺寸 | 最大寸法 | 最大尺寸 |
| **gredag** | 膠體石墨 | グレダッグ | 胶体石墨 |
| **green** | 未加工的 | 未加工の | 未加工的 |
| ― bond | 未加工強度 | 生強度 | 未加工强度 |
| ― castings | 濕模鑄件 | 生型鋳物 | 湿型铸件 |
| ― compact | 壓胚 | 圧粉体 | 压块 |
| ― density | 壓胚密度 | 圧粉密度 | 压粉密度 |
| ― diameter | 原始直徑 | グリーンの直径 | 原始直径 |
| ― epoxy | 未固化環氧樹脂 | グリーンエポキシ | 未固化环氧树脂 |
| ― patina | 銅銹 | 緑皮 | 铜锈 |
| ― rot | 高溫晶間腐蝕裂紋 | 緑色熱間腐食割れ | 高温晶间腐蚀裂纹 |
| ― sand | 濕(型)砂 | 生型砂 | 湿(型)砂 |
| ― sand casting | 濕砂鑄法 | 生型鋳造法 | 湿型铸造 |
| ― sand core | 濕砂型心〔鑄模的〕 | 生中子 | 湿芯〔铸型的〕 |
| ― sand mo(u)ld | 濕(砂)模 | 生型 | 湿(砂)型 |
| ― sand mo(u)lding | 濕砂造模法 | 生型造型法 | 湿砂造型 |
| ― sand permeability | 濕型透氣性 | 湿態通気度 | 湿型透气性 |
| ― strength | 濕強度 | 生強度 | 未加工强度;湿态强度 |
| ― verdigris | 銅綠 | 緑青 | 铜绿 |
| **Greenwalt pan** | 一種燒結機 | グリーナワルト焼結機 | 一种烧结机 |
| **greenland spar** | 冰晶石 | 氷晶石 | 冰晶石 |
| **grid** casting | 芯骨鑄造件 | グリッド鋳物 | 芯骨铸造件 |
| ― formation | 框架結構 | 架構配置設計 | 框架结构 |
| ― iron | 鐵格子 | グリッドアイロン | 铁格子 |
| **griding** | 柵格狀 | グリッディング | 栅格状 |
| **Griffith crack** | 一種裂紋〔縫〕 | グリフィスクラック | 一种裂纹〔缝〕 |
| **grind** | 磨碎;粉碎 | 研削 | 研磨 |

| 英　　文 | 臺　　灣 | 日　　文 | 大　　陸 |
|---|---|---|---|
| — ability | (可)磨削性 | 研削性 | (可)磨削性 |
| — ga(u)ge | 細度計 | 粒ゲージ | 细度计 |
| — leach process | 磨浸過程 | グラインドリーチ法 | 磨浸过程 |
| — stone | 磨石 | と石 | 磨石 |
| **grinder** | 粉碎機;磨床 | 研削盤 | 粉碎机;磨床 |
| — buffing | (粗)砂輪打磨 | グラインダバフ研摩 | (粗)砂轮打磨 |
| **grindery** | 研磨工場 | 研削工場 | 研磨车间 |
| **grinding** | 輪磨;磨光 | 研削仕上 | 研磨(的);磨削加工 |
| — action | 粉碎〔磨碎〕作用 | 粉砕作用 | 粉碎〔磨碎〕作用 |
| — aids | 磨粉輔助品 | 粉砕助材 | 磨料 |
| — allowance | 磨削加工裕度 | 研削しろ | 磨削加工余量 |
| — attachment | 磨削附件 | 研削装置 | 磨削附件 |
| — burn | 磨削燒焦 | 研摩焼け | 磨削烧伤 |
| — condition | 磨削條件 | 研削条件 | 磨削条件 |
| — crack | 磨光裂紋 | 研削割れ | 磨削裂纹 |
| — cutter | 磨斷機 | と石切断機 | 磨断机 |
| — efficiency | 研磨效率 | 粉砕効率 | 研磨效率 |
| — fluid | 研磨液 | 研削液 | 研磨液 |
| — forces | 磨削力 | 研削力 | 磨削力 |
| — layer | 加工變質層 | 加工変質層 | 加工变质层 |
| — lubricant | 研磨液 | 研削液 | 研磨液 |
| — machine | 磨床;研磨機 | 研削盤 | 磨床;研磨机 |
| — material | 磨料 | 研削材 | 磨料 |
| — media | 研磨介質 | 粉砕媒体 | 研磨介质 |
| — mill | 研磨機 | 細砕機 | 研磨机 |
| — ratio | 磨削性 | 研削比 | 磨削性 |
| — resistance | 粉碎阻力 | 粉砕抵抗 | 粉碎阻力 |
| — roll | 磨輥(中速磨) | 練磨ロール | 磨辊(中速磨) |
| — segment wheel | 片狀砂輪 | セグメントと石 | 片状砂轮 |
| — skin | 加工變質層 | 加工変質層 | 加工变质层 |
| — spark | 磨削火花 | スパーク | 磨削火花 |
| — stone | 砂輪;(天然)磨石 | (金)と石 | 砂轮;(天然)磨石 |
| — type resin | 研磨型樹脂 | 練磨型樹脂 | 研磨型树脂 |
| — undercut | (砂輪)過切 | 逃げ | (砂轮)越程槽 |
| — wheel | 砂輪 | と石車 | 砂轮 |
| — wheel carriage | 砂輪滑台 | と石車滑り台 | 砂轮(架)滑座 |
| — wheel dresser | 砂輪修整(器) | と石車目直し | 砂轮修整(器) |
| — wheel fender | 砂輪(保護)罩 | と石車被 | 砂轮(保护)罩 |
| — wheel resin | 砂〔磨〕輪用樹脂 | 研削と石用樹脂 | 砂〔磨〕轮用树脂 |
| — wheel spindle | 砂輪軸 | と石車軸 | 砂轮轴 |

**G**

| 英　　文 | 臺　　灣 | 日　　文 | 大　　陸 |
|---|---|---|---|
| **grinding-in** | 磨合〔配;光〕 | 研合せ | 配研 |
| **grip** | 手柄 | 指の開閉 | 夾具 |
| — action | 固定作用 | 定着作用 | 固定作用 |
| — bolt | 夾持螺栓 | グリップボルト | 夾持螺栓 |
| — die | 夾緊模 | つかみ用割り型 | 夾緊模 |
| — jaw | 鄂形夾爪 | グリップジョー | 鄂形夾爪 |
| — pin | 夾緊銷 | グリップピン | 夾緊銷 |
| — tongs | 平口鉗 | グリップはし | 平口钳 |
| **gripper** | 握爪 | つかみ具 | 夾具 |
| — feed | 夾持進給〔給料〕 | グリッパフィード | 夾持进给〔給料〕 |
| — knob | 控制旋鈕 | ハンドルのノブ | 控制旋钮 |
| **gripping** face | 支承面 | つかみ面 | 支承面 |
| — mechanism | 卡緊裝置 | つかみ機構 | 卡緊裝置 |
| — of gear | 齒輪噪音 | 歯車の騒音 | 齿轮噪声 |
| — power measurement | 夾持力測量 | 粒着力測定 | 夾持力測量 |
| **grit** | 砂礫;粗砂〔粒〕 | 粗粒子 | 砂粒;磨料〔粒〕 |
| — blast | 噴砂 | グリットブラスト | 喷砂 |
| — blasting | 噴粒處理 | グリットブラスト仕上 | 喷砂清理 |
| — chamber | 存砂容器 | 沈砂池 | 存砂容器 |
| — finish | 磨砂處理 | グリット仕上 | 磨砂处理 |
| — stone | 天然砥石 | 天然と石 | 天然磨石 |
| — tank | 沉砂池 | 沈地池 | 沉渣池 |
| **grog** | 耐火材料 | シャモット粉 | 耐火材料 |
| **grommet** | 索環 | グロメット | 垫圈 |
| — sling | 環狀吊具 | 環状スリング | 环状吊具 |
| **groove** | 槽;溝 | 溝 | 槽 |
| — angle | 槽角 | 開先角度 | 槽角 |
| — corrosion | 溝狀腐蝕 | 溝状腐食 | 沟状腐蚀 |
| — cutting | 開槽 | 溝切り | 开槽 |
| — depth | 槽深 | 開先深さ | 槽深 |
| — face | 槽面 | 開先面 | 切口（开槽）面 |
| — milling machine | 開槽銑床 | 溝切りフライス盤 | 开槽铣床 |
| — planer | 槽刨 | しゃくりかんな | 槽刨 |
| — weld | 溝熔接 | グルーブ溶接 | 槽焊 |
| **grooved** and splined joint | 嵌榫拼接 | 雇実はぎ | 嵌榫拼接 |
| — barrel | 槽紋機膛〔壓出機〕 | 溝付きバレル | 槽纹机膛〔压出机〕 |
| — cam | 槽轆 | 溝カム | 槽凸轮 |
| — electrode | 帶槽電極 | みぞ付き電極 | 带槽电极 |
| — friction wheel | 帶槽摩擦輪 | 溝付き摩擦車 | 带槽摩擦轮 |
| — gearing | 槽輪裝置 | 溝車伝動装置 | 楔形槽轮摩擦传动装置 |

| 英　　文 | 臺　　灣 | 日　　文 | 大　　陸 |
|---|---|---|---|
| — pin | 帶槽銷 | グルーブドピン | 带槽销 |
| — plywood | 帶凹槽的膠合板 | グルーブ合板 | 带凹槽的胶合板 |
| — pulley | 有槽帶輪 | 溝車 | 三角皮带轮 |
| — rail | 有槽條軌 | 溝付軌条 | (有)槽(导)轨 |
| — roller | 有槽輥子 | 筋ローラ | 带槽辊 |
| — roller breaker | 有槽輥子揉布機 | 溝ロール柔布機 | 槽纹辊破碎机 |
| — wheel | 槽輪 | 溝車 | 槽轮 |
| **groover** | 成形軋輥機 | 成形ロール機 | 成形轧辊机 |
| **grooving** | 起槽 | 溝付け | 开槽 |
| — and tonguing | 楔口 | サネハギ | 槽舌接缝 |
| — cutter | 開槽銑刀 | 溝切りフライス | 槽铣刀 |
| — machine | 起槽機 | 溝切機 | 开槽机 |
| — plane | (起)槽鉋 | 溝かんな | 起槽刨 |
| — saw | (起)槽鋸 | 溝切りのこ | 开槽锯 |
| — tool | 起槽刀具 | 溝切り | 切槽刀 |
| **gross** | 蘿;總額 | 総体(の) | 全(部)的 |
| — efficiency | 總效率 | 総効率 | 总效率 |
| — horse power | 總功率 | 総馬力 | 总功率 |
| — sectional area | 總斷面積 | 総断面積 | 总断面积 |
| — thrust | 總推力 | グロススラスト | 总推力 |
| **ground** | 接地;研磨的 | 研削の | 大地;研磨的 |
| — bolt | 磨削螺栓 | 研削ボルト | 磨削螺栓 |
| — circle | 基圓 | 基礎円 | 基圆 |
| — clamp | (電焊)地線夾子 | グラウンドクランプ | (电焊)地线夹子 |
| — coke | 粉碎的焦碳 | 粉砕コークス | 粉碎的焦炭 |
| — connection | 接地 | アース接続 | 接地 |
| — drill | 地鑽 | グラウンドドリル | 地钻 |
| — earth line | 接地線 | グランドアース線 | 接地线 |
| — fault current | 漏電電流 | 地絡電流 | 漏电电流 |
| — fault protection | 接地保護 | 地絡保護 | 接地保护 |
| — finish | 精磨加工 | 研削仕上げ | 精磨加工 |
| — hob | 磨齒滾刀 | 研削ホブ | 磨齿滚刀 |
| — line | 基線;地平線 | 地盤線 | 接地线 |
| — protection | 接地保護 | 接地保護 | 接地保护 |
| — return | 接地回路 | 接地 | 接地回路 |
| — screw | 磨光螺紋 | 研削ねじ | 磨光螺纹 |
| — tap | 磨光螺絲攻 | 研削タップ | 磨齿丝锥 |
| — thread | 磨光螺紋 | 研削ねじ | 磨制螺纹 |
| — thread tap | 磨光絲攻 | 研削タップ | 磨齿丝锥 |
| — wire | 地線 | 接地線 | 接地线 |

| 英　　文 | 臺　　灣 | 日　　文 | 大　　陸 |
|---|---|---|---|
| **grounding** | 接地;停飛 | 接地 | 接地 |
| — conductor | 接地導線 | 接地線 | 接地导线 |
| — device | 接地裝置 | 接地装置 | 接地装置 |
| — electrode | 接地電極 | 接地電極 | 接地电极 |
| — protection | 接地保護 | 地絡保護 | 接地保护 |
| — terminal | 接地端子 | 接地端子 | 接地端柱 |
| **group** | 群 | 組 | 组 |
| — machining | 成組加工 | グループ加工 | 成组加工 |
| — system drawing | 一紙多圖制 | 多品一葉図 | 一纸多图制 |
| **grouping** | 部分組立圖 | 部分組立図 | 部分组立图 |
| **grouser** | 履帶齒片 | すべり止め | 履带齿片 |
| **grown crystal** | 晶體生長 | 成長した結晶 | 晶体生长 |
| **growth** | 發展(過程) | 生長 | 发展(过程) |
| — curve model | 成長曲線模型 | 成長曲線モデル | 成长曲线模型 |
| — nucleus | 成長核 | 成長核 | 生长核 |
| — reaction | 成長反應 | 成長反応 | 生长反应 |
| — type crystallizer | 生長型結晶器 | 成長型晶析器 | 生长型结晶器 |
| **grub** saw | 石鋸 | 石切のこ | 石锯 |
| — screw | 埋頭螺釘 | 無頭ねじ | 埋头螺钉 |
| **grummet** | 墊圈 | グラメット | 垫圈 |
| **grunerite** | 鐵閃石 | 鉄せん石 | 铁闪石 |
| **GS alloy** | GS合金〔金;銀合金〕 | GS 合金 | GS合金〔金;银合金〕 |
| **guaranteed** cycle | 保證耐用期限 | 保証寿命 | 保证耐用期限 |
| — performance curve | 保證性能曲線 | 保証性能曲線 | 保证性能曲线 |
| — speed | 保證速度 | 保証速力 | 保证速度 |
| — test | 保證試驗 | 保証試験 | 保证试验 |
| — time | 保證耐用期限 | 保証寿命 | 保证耐用期限 |
| **guard** | 防護罩 | 保護板 | 保护 |
| — angle | 保護角 | 保護角 | 保护角 |
| — bar | 護桿 | 保護棒 | 护杆 |
| — block | 保護塊 | ガードブロック | 保护块 |
| — line | 保護線 | 導線 | 保护线 |
| — net | 保護網 | 保護網 | 保护网 |
| — pipe | 保險管 | ガードパイプ | 保险管 |
| — plate | 安全擋板 | 保護板 | 安全挡板 |
| — relay | 防護繼電器 | ガードリレー | 防护继电器 |
| — sealed method | 保護焊封法 | ガードシールド法 | 保护焊封法 |
| — wire | 保護線 | 保護線 | 隔离钢索 |
| **gudgeon** | 軸頭;桿頭 | つぼ金 | 托架 |
| — pin | 軸頭銷 | ガジョオンピン | 活塞销 |

| 英　　文 | 臺　　灣 | 日　　文 | 大　　陸 |
|---|---|---|---|
| **Guerin process** | 一種橡膠模成形法 | グーリン法 | 一种橡胶模成形法 |
| **Guest worm** | 一種蝸桿 | ゲストウォーム | 一种蝸杆 |
| **guidance** | 導槽;導引 | 誘導 | 引导 |
| **guide** | 導路;導件 | 誘導装置 | 定向 |
| ― angle | 導向角(鋼) | ガイドアングル | 导向角(钢) |
| ― apparatus | 導航裝置 | ガイド装置 | 导航装置 |
| ― bar | 導桿 | すべり棒 | 滑轴 |
| ― bend test | 靠模彎曲試驗 | 型曲げ試験 | 靠模弯曲试验 |
| ― block | 導塊 | 滑り金 | 滑块 |
| ― bolt | 導向螺栓 | ガイドボルト | 导向螺栓 |
| ― bush | 導軸襯;導套 | 案内ブッシュ | 导套 |
| ― clearance | 導承間隙 | ガイドクリアランス | 导承间隙 |
| ― duct | 導風管(道) | 案内道 | 导风管(道) |
| ― edge | 導向邊 | 基準縁 | 导向边 |
| ― elbow | 導向彎頭 | ガイドエルボー | 导向弯头 |
| ― electrode | 引導電極 | 案内極 | 引导电极 |
| ― error sensor | 導向誤差感測器 | ガイドエラーセンサ | 导向误差传感器 |
| ― frame | 導框架 | 導枠 | 导承框〔架〕 |
| ― holder | (大型模具)導向座 | ガイドホルダ | (大型模具)导向座 |
| ― hole | 導(向)孔 | 合せ穴 | 导(向)孔 |
| ― key | 導向鍵 | ガイドキー | 导向键 |
| ― map | 指引圖 | 案内図 | 指引图 |
| ― mast | 導柱 | ガイドマスト | 导柱 |
| ― mill | 導輥軋(制)機 | 案内ロール付き圧延機 | 导辊轧(制)机 |
| ― pad | (深孔鑽的)導向塊 | ガイドパッド | (深孔钻的)导向块 |
| ― pilot | 中心銷 | 中心ピン | 中心销 |
| ― pin | 定位銷 | 枠合せ | 定位销 |
| ― pin bush | 導銷套 | ガイドピンブシュ | 导销套 |
| ― pipe clamp | 導管夾 | ガイドパイプバンド | 导管夹 |
| ― piston | 導活塞 | ガイドピストン | 导向活塞 |
| ― plate | 導板 | 案内板 | 导(向隔)板 |
| ― pole | 導軌柱 | ガイドポール | 导轨柱 |
| ― post | 導標;導栓 | みちぼうず | 导柱 |
| ― post die | 導柱模 | ガイドポスト型 | 导柱模 |
| ― pulley | 導輪 | 案内車 | 压带轮 |
| ― rail | 導軌 | 護輪レール | 导轨 |
| ― ring | 導(向)環 | 案内リング | 导(向)环 |
| ― rod | 導桿 | 案内棒 | 导杆 |
| ― roll(er) | 導滾子 | 案内ロール | 导辊 |
| ― rope | 導繩 | 案内ロープ | 导绳 |

G

| 英　　文 | 臺　　灣 | 日　　文 | 大　　陸 |
|---|---|---|---|
| — sheave | 導槽輪 | 案内綱車 | 有导轨的滑车 |
| — shell | 鑽架跑道 | ガイドシェル | 钻架跑道 |
| — shoe | 滑履 | すべり金 | 滑块 |
| — slipper | 導滑塊 | すべり金 | 导块 |
| — socket | 插座 | ガイドソケット | 插座 |
| — spindle | 導向軸 | 案内軸 | 导向轴 |
| — surface | 導軌面 | 案内面 | 导轨面 |
| — tube | 導管 | 案内管 | 导管 |
| — valve | 導向閥 | 案内弁 | 导向阀 |
| — valve boot | 導閥罩 | 案内弁のボート | 导阀罩 |
| — valve slip | 導閥滑片 | 案内弁スリーブ | 导阀滑片 |
| — way grinding machine | 導軌磨床 | 案内面研削盤 | 导轨磨床 |
| — wheel | 導輪 | 案内車 | 导轮 |
| — wire | 導繩 | ガイドワイヤ | 导绳 |
| **guided** aircraft missile | 機載導彈 | 航空機用誘導弾 | 机载导弹 |
| — center | 旋轉中心 | 旋回中心 | 旋转中心 |
| — cutting apparatus | 型切裝置（錣割） | 型切断装置 | 仿形切割装置 |
| — motion | 導向運轉 | 受動運動 | 导向运转 |
| — spindle | 導軸 | スピンドル | 导轴 |
| **guideless blanking die** | 無導向下料模 | 案内のない抜き型 | 无导向落料模 |
| **guideline** | 指針 | 案内線 | 指针 |
| **guider** | 導向器 | 案内 | 导向器 |
| — tip | 導向梢 | 案内の末回 | 导向梢 |
| **guideway** | 導軌 | ベット滑り（案内）面 | 导轨 |
| — transit system | 軌道輸送系統 | 軌道輸送システム | 轨道输送系统 |
| **guiding** | 導向 | ガイディング | 导向 |
| — axle | 導向軸 | 導軸 | 导向轴 |
| — center | 導向中心 | 旋回中心 | 导向中心 |
| — hole | 導向孔 | ガイディングホール | 导向孔 |
| **guillaume alloy** | 鐵鎳低膨脹係數合金 | ギラウムアロイ | 铁镍低膨胀系数合金 |
| **Guillaume metal** | 一種銅鉍合金 | ゲイラウムメタル | 一种铜铋合金 |
| **guillotine** | 剪斷機 | ギロチン | 剪断机 |
| — cutter | 閘刀式剪切機刀具 | ギロチン断裁機 | 闸刀式剪切机刀具 |
| **guinea-pig** | 實驗品 | モルモット | 实验品 |
| **guitar-shaped tongs** | 拾件鉗〔鍛工用〕 | ひょうたんばし | 拾件钳〔锻工用〕 |
| **gullet** | 切口 | 刃溝 | 切口 |
| — radius | 齒槽底圓弧半徑 | 刃溝底丸み半径 | 齿槽底圆弧半径 |
| **gum** | 膠；橡膠 | ガム質 | 胶质 |
| — adhesive | 膠質黏結劑 | ゴム質接着剤 | 胶质黏结剂 |
| — arabic | 阿拉伯樹膠 | アラビアゴム | 阿拉伯树胶 |

| 英　文 | 臺　灣 | 日　文 | 大　陸 |
|---|---|---|---|
| — artificial | 糊精 | こ精 | 糊精 |
| — asphaltum | 瀝青樹脂 | アスファルト樹脂 | 沥青树脂 |
| — band | 橡膠帶 | ゴムバンド | 橡胶带 |
| — ferrite | 膠質肥粒鐵 | ゴムフェライト | 胶质铁氧体 |
| — plastics | 樹脂塑料 | ゴム質可塑物 | 树脂塑料 |
| — resin | 樹膠脂 | ゴム樹脂 | 树胶脂 |
| — rosin | 松香 | 松やに | 松香 |
| — touch roll | 橡膠接觸輥 | ゴムタッチロール | 橡胶接触辊 |
| — turpentine oil | 松節油 | ガムテレビン油 | 松节油 |
| **gummed** cloth tape | 膠布捲尺 | 布ガムテープ | 胶布卷尺 |
| — fabric tape | 膠布捲尺 | 布ガムテープ | 胶布卷尺 |
| **gun** | 砲;鎗;潤滑油泵 | 吹付け機 | 润滑油泵 |
| — barrel drill | 深孔鑽 | ポンプぎり | 炮管深孔钻 |
| — boring machine | 砲管搪床 | 砲身中ぐり盤 | 炮筒镗床 |
| — bronze | 砲管青銅 | 砲金 | 炮管青铜 |
| — cotton | 硝棉 | 強綿薬 | 硝棉 |
| — cradle | (砲的)搖架 | 揺架 | (炮的)摇架 |
| — drill | 深孔鑽 | ガンドリル | 深孔钻 |
| — drilling machine | 深孔鑽床 | ガンドリリングマシン | 深孔钻床 |
| — feeder | 裝料機 | ガンフィーダ | 装料机 |
| — fire control system | 火砲射擊控制裝置 | 砲塔制御装置 | 火炮射击控制装置 |
| — hoist | 送彈機 | 揚弾機 | 送弹机 |
| — hose | 噴槍軟管 | ガンホース | 喷枪软管 |
| — iron | 砲鐵 | ガンアイアン | 炮铁 |
| — lathe | 砲筒車床 | 砲身旋盤 | 炮筒车床 |
| — launcher | 火箭筒 | 筒型発射機 | 火箭筒 |
| — metal | 砲銅 | 砲銅 | 炮铜 |
| — perforator | (油井)穿孔機 | ガンパー | (油井)穿孔机 |
| — reamer | 槍管鉸刀 | ガンリーマ | 枪管铰刀 |
| — support | 砲座 | 砲支筒 | 炮座 |
| — tackle | 起重滑車 | ガンテークル | 起重滑车 |
| **gunite** | 噴漿 | ガナイト | 喷浆 |
| — gunite shooting | 砂漿噴塗 | モルタル吹付け工 | 砂浆喷涂 |
| **Gunite K** | 一種鑄鐵 | グーナイトケー | 一种铸铁 |
| **gunited material** | 噴漿材料 | 吹付け材 | 喷浆材料 |
| **gusset** | 角奉板 | ひだ | 角(撑)板 |
| — angle bar | 角奉板角鐵 | ガセット山形材 | 节点角铁 |
| — plate | 角奉板 | 筋かい板 | 角撑板 |
| **Guth's stretching test** | 一種引伸試驗 | グース張出し性試験 | 一种引伸试验 |
| **gutter** | 簷邊落水溝 | ひじ台 | 槽 |

| 英　　文 | 臺　　灣 | 日　　文 | 大　　陸 |
|---|---|---|---|
| ― conveyor | 槽式運送機 | とい形コンベヤ | 槽式输送机 |
| ― type dryer | 溝式乾燥機 | 溝型乾燥機 | 沟式乾燥机 |
| **guttering** | 出鐵〔出鋼;出料〕槽 | 側溝 | 出铁〔出钢;出料〕槽 |
| **guy** | 車索;板 | 張り繩 | 拉索 |
| ― block | 牽索滑車 | 控え滑車 | 牵索滑车 |
| ― clamp | 牽索夾子 | 支線クランプ | 拉线夹(板) |
| ― crane | 桅桿轉臂起重機 | 綱張りデリッククレーン | 桅杆转臂起重机 |
| ― rope | 牽繩 | 控え綱 | 钢缆 |
| ― winch | 牽索絞車 | ガイウインチ | 牵索绞车 |
| **gypsum** | 石膏 | 石こう | 石膏 |
| ― board | 石膏板 | 石こう板 | 石膏板 |
| ― cement | 石膏鑄模法 | 石こう鋳型法 | 石膏铸型法 |
| ― cement pattern | 石膏模型 | 石こう模型 | 石膏模型 |
| ― mo(u)ld | 石膏(塑)模 | 石こう鋳型 | 石膏(塑)模 |
| ― mortar | 石膏砂漿 | 石こうモルタル | 石膏砂浆 |
| ― pattern | 石膏模(型) | 石こう型 | 石膏模(型) |
| **gyrating mass** | 迴轉質量 | 回転質量 | 回转质量 |
| **gyratory** | 旋迴破碎機 | ジャイレトリ | 旋回破碎机 |
| ― breaker | 迴轉碎裂機 | 旋回砕鉱機 | 回转碎裂机 |
| **gyro** | 迴轉儀;迴轉運動 | ジャイロ | 陀螺(仪);旋转 |
| ― action | 陀螺作用 | ジャイロアクション | 陀螺作用 |
| ― attachment | 迴轉附件 | ジャイロアタチメント | 回转附件 |
| ― instrument | 迴轉儀錶 | ジャイロ計器 | 陀螺仪表 |
| ― moment | 迴轉力矩 | ジャイロモーメント | 陀螺力矩 |
| ― stabilized platform | 迴轉穩定平台 | ジャイロ安定台 | 陀螺稳定平台 |
| **gyro-compass** | 迴轉儀 | ジャイロコンパス | 陀螺仪 |
| **gyro-frequency** | 旋轉頻率 | ジャイロ周波数 | 旋转频率 |
| **gyrohorizon** | 迴轉地平儀 | ジャイロホライゾン | 陀螺地平仪 |
| ― indicator | 迴轉水平儀 | ジャイロ水平儀 | 陀螺水平仪 |
| **gyromagnetic compass** | 迴轉磁羅盤 | ジャイロ磁気コンパス | 陀螺磁罗盘 |
| **gyrometer** | 迴轉測速儀 | ジャイロメータ | 陀螺测速仪 |
| **gyropilot** | 迴轉自動駕駛儀 | 自動操縦装置 | 陀螺自动驾驶仪 |
| **gyrorudder** | 迴轉自動駕駛儀 | ジャイロラダー | 陀螺自动驾驶仪 |
| **gyroscope** | 迴轉儀 | ジャイロスコープ | 陀螺仪 |
| ― rotor | 迴轉轉子 | ジャイロスコープロータ | 陀螺转子 |
| **gyroscopic** action | 迴轉作用 | ジャイロ作用 | 陀螺作用 |
| ― torque | 迴轉扭矩 | こま運動トルク | 回转扭矩 |
| **gyrotron** | 振動陀螺儀 | ジャイロトロン | 振动陀螺仪 |

| 英　　　文 | 臺　　　灣 | 日　　　文 | 大　　　陸 |
|---|---|---|---|
| H beam | H型(截面)樑 | Hビーム | H型(截面)梁 |
| H bend | H平面彎曲 | H曲り | H平面弯曲 |
| H chart | 末端硬化能曲線圖 | Hチャート | 末端淬透性曲线图 |
| H curve | 硬化能曲線 | 焼入れ性曲線 | 淬透性曲线 |
| H hinge | H型鉸鏈 | Hちょうつがい | H型铰链 |
| H iron | H形鐵 | H形鋼 | H形钢 |
| H line | 硬化能直線 | Hライン | 淬透性直线 |
| H load | 水平負載 | H荷重 | 水平荷载 |
| H section steel | 寬翼緣工字鋼 | H形鋼 | 宽翼缘工字钢 |
| H steel | H形鋼 | H形鋼 | H形钢 |
| hackly fracture | 韌性斷口 | じん性破面 | 韧性断口 |
| hacksaw | 弓鋸 | 弓のこ | 弓锯 |
| — blade | 弓鋸鋸條 | 金のこ刃 | 弓锯锯条 |
| — frame | 弓鋸〔手用〕 | ハックソーフレーム | 弓锯〔手用〕 |
| hair | 游絲 | 毛髪 | 游丝 |
| — crack | 細裂縫 | 毛割れ | 细裂纹 |
| — rock | 緩衝材料 | ヘアロック | 缓冲材料 |
| — seam | 毛縫 | 筋傷 | 毛缝 |
| — spring | 游絲 | ひげぜんまい | 细弹簧 |
| hairpin | 細銷 | ヘアピン | 马蹄形的 |
| — spring | 細絲彈簧 | ヘアピンスプリング | 发卡形弹簧 |
| — reinforcement | U(字)形鋼筋 | ヘアピン鉄筋 | U(字)形钢筋 |
| — valve | U形狀閥 | ヘアピンバルブ | 发卡状阀 |
| halation | 暈光(作用) | ハレーション | 晖光(作用) |
| Halcomb | 哈爾庫姆合金鋼 | ハルコム | 哈尔库姆合金钢 |
| half bond | 半鍵 | 半結合 | 半键 |
| — coating | 半鍍膜 | ハーフコーティング | 半镀膜 |
| — die cutting | 半沖切 | 半抜き | 半冲切 |
| half-and-half solder | 鉛錫焊料〔鉛錫各半〕 | プラムバはんだ | 铅锡焊料〔铅锡各半〕 |
| half-beam | 半樑 | 半ばり | 半梁 |
| half-bearings | 無蓋軸承 | 半軸受け | 无盖轴承 |
| half-blank | 不完整沖裁件 | ハーフブランク | 不完整冲裁件 |
| half-center | 半頂心 | ハーフセンタ | 半(缺)顶尖 |
| half-chisel | 截鏨 | 半切り〔鍛造の〕 | 截錾 |
| half-cone | 半錐體〔形〕 | 半すい | 半锥体〔形〕 |
| half-crossed belt | 半交叉皮帶 | 直角掛けベルト | 半交叉皮带 |
| — belt transmission | 直角掛輪皮帶傳動 | 直角掛けベルト伝動 | 直角挂轮皮带传动 |
| half-done goods | 半成品 | 半製品 | 半成品 |
| half-elliptic spring | 半橢圓彈簧 | 半だ円ばね | 半椭圆形弹簧 |
| half-finished product | 半製品 | 半製品 | 半制品 |

463

| 英　　文 | 臺　　灣 | 日　　文 | 大　　陸 |
|---|---|---|---|
| **half-gantry crane** | 單腳起重機 | 単脚起重機 | 单脚高架起重机 |
| **half-hard steel** | 半硬鋼 | 半硬鋼 | 半硬钢 |
| **half-lap** coupling | 對嵌聯結器 | 半重ね継手 | 半叠接合 |
| — joint | 半疊接接頭 | 相欠き継手 | 半叠接接头 |
| **half-nut** | 對開螺帽 | 半割りナット | 对开螺母 |
| **half-plain work** | 半加工〔鏨平〕 | 半仕上げ | 半加工〔凿平〕 |
| **half-relief** | 半凸浮雕 | 半肉彫り | 半凸浮雕 |
| **half-round** bar | 半圓條 | 半丸棒 | 半圆形钢筋 |
| — bar steel | 半圓(棒)鋼 | 半丸鋼 | 半圆(棒)钢 |
| — file | 半圓銼 | 半丸やすり | 半圆锉 |
| — hardie | 半圓壓肩工具〔鍛造用〕 | 半丸せぎり〔鍛造の〕 | 半圆压肩工具〔锻造用〕 |
| — iron | 半圓形生鐵錠 | 半丸銑鉄 | 半圆形生铁锭 |
| — reamer | 半圓鉸刀 | 半丸リーマ | 半圆铰刀 |
| — scraper | 半圓刮刀 | 半丸スクレーパ | 半圆刮刀 |
| **half-section** | 半剖面 | 半断面 | 半剖面 |
| **half-spherical drawing** | 半球形拉伸 | 半球形絞り | 半球形拉深 |
| **half-temperature** | 半溫 | 半温 | 半温 |
| — time | 半溫時間 | 半温時間 | 半温时间 |
| **Halman** | 一種鋁合金電阻絲 | ハルマン | 一种铝合金电阻丝 |
| **haloes** | 微觀裂紋〔缺陷〕 | 銀点 | 微观裂纹〔缺陷〕 |
| **halt** | 停止 | 休止 | 停止 |
| — circuit | 停機電路 | ホルト回路 | 停机电路 |
| — cycle | 停止周期 | ホルトサイクル | 停止周期 |
| — instruction | 停機指令 | 停止命令 | 停机指令 |
| — state | 停止狀態 | 停止状態 | 停止状态 |
| **halting** | 停機 | ホルティング | 停机 |
| **halved joint** | 對搭接頭 | 相欠き継手 | 半叠接头 |
| **halving** | 對嵌 | 相欠きほぞ | 半叠接 |
| — joint | 對嵌接頭 | 相欠き | 对搭接 |
| — line | 平分線 | 二分線 | 平分线 |
| **halyard** | 吊索 | ハリヤード | 吊索 |
| **hammer** | 鎚;鄉頭 | つち | 锤 |
| — axe | 鎚斧 | つちおの | 锤斧 |
| — block | 錘頭 | つち頭 | 锤头 |
| — crusher | 鎚碎機 | ハンマクラッシャ | 锤(式破)碎机 |
| — die | 鍛模 | ハンマ型 | 锻模 |
| — dressing | 用錘敲平 | ハンマ仕上げ | 用锤敲平 |
| — drill | 鎚打機 | ハンマドリル | 冲钻机 |
| — driver | 錘驅動器 | ハンマドライバ | 锤驱动器 |
| — face | 錘面 | つち面 | 锤面 |

| 英　　　文 | 臺　　　灣 | 日　　　文 | 大　　　陸 |
|---|---|---|---|
| — forging | 鎚鍛 | ハンマ鍛造 | 锤锻 |
| — grab | 錘式抓斗 | ハンマグラブ | 锤式抓斗 |
| — gun | 外擊鐵炮 | 外部擊鉄砲〔銃〕 | 外击铁炮 |
| — handle | 錘柄 | ハンマハンドル | 锤柄 |
| — hardening | 鎚擊硬化 | 打ち固め（金属） | 冷作硬化 |
| — machine | 機動錘 | ハンママシン | 机动锤 |
| — mill | 鎚碎機 | 粉砕ミル | 锤磨机 |
| — oil | 汽錘用潤滑油 | 蒸気ハンマー油 | 汽锤用润滑油 |
| — pin | 擊錘銷 | 擊鉄軸 | 击锤销 |
| — piston | 氣錘活塞 | ハンマピストン | 气锤活塞 |
| — press | 鍛(造)壓(力)機 | ハンマプレス | 锻(造)压(力)机 |
| — rivet | 手(工)鉚 | 手打ちびょう | 手(工)铆 |
| — scale | 鐵屑 | ハンマスケール | 铁屑 |
| — welding | 鍛熔接 | つち打ち溶接 | 锻焊 |
| **hammerhead crane** | 錘頭式起重機 | つち形クレーン | 锤头式起重机 |
| **hammer-headed key** | 錘頭形鍵 | ひきどっこ | 锤头形键 |
| **hammering** | 鎚打 | つち打ち | 锻打 |
| — device | 鎚打裝置 | ハンマリング装置 | 锤打装置 |
| — effect | 鎚擊效應 | つち音 | 锤击效应 |
| — finish | 鍛打 | たたき | 锻打 |
| **hammersmith** | 鍛工 | かじ工 | 锻工 |
| **hamming** | 加重平均〔平衡〕 | ハミング | 加重平均〔平衡〕 |
| **Hancock jig** | 連桿凸輪傳動洮汰機 | ハンコック型ジグ | 联杆凸轮传动跳汰机 |
| **hand** | 手柄 | 手（動） | 手柄 |
| — accelerator | 手動加速器 | 手動の加速器 | 手动加速器 |
| — air pump | 手動汽泵 | ハンドエヤポンプ | 手动汽泵 |
| — auger | 手鑽 | ハンドオーガ | 手钻 |
| — barrow | 手推車 | 手押し車 | 手推车 |
| — bellow | 手風箱 | 手ふいご | 手风箱 |
| — bender | 手動彎曲機 | 手動ベンダ | 手动弯曲机 |
| — block | 手動滑車〔輪〕 | ハンドブロック | 手动滑车〔轮〕 |
| — blown glass | 手工吹製玻璃 | 手吹きガラス | 手工吹制玻璃 |
| — blowpipe | 手工焊〔割〕炬 | 手持ちトーチ | 手工焊〔割〕炬 |
| — bore | 手搖鑽 | ハンドボア | 手摇钻 |
| — brace | 曲柄鑽 | 手回しブレース | 手摇钻 |
| — brake | 手剎車 | 腕力ブレーキ | 手刹车 |
| — brake valve | 手制動閥 | ハンドブレーキバルブ | 手制动阀 |
| — breaker | 手動搗碎機 | ハンドブレーカ | 手动搗碎机 |
| — button | 按扭 | 押しボタン | 按扭 |
| — chisel | 手鑿 | 削り棒 | 手铲 |

| 英　　文 | 臺　　灣 | 日　　文 | 大　　陸 |
|---|---|---|---|
| ─ control | 手控制 | 手動制御 | 手动控制 |
| ─ crank | 手搖曲柄 | 手回しクランク | 手动曲柄 |
| ─ cutter | 手壓切割器 | 押し切り器 | 手压切割器 |
| ─ drawing | 手工繪圖 | 手がき | 手工绘图 |
| ─ drill | 手搖鑽 | 手回しきり | 手摇钻 |
| ─ drive | 手動 | 手動 | 手动 |
| ─ ejection | 人工出胚 | ハンドエジェクション | 人工出胚 |
| ─ electrostatic painting | 手工靜電塗漆 | ハンド静電塗装 | 手工静电涂漆 |
| ─ expansion valve | 手動膨脹閥 | 手動膨張弁 | 手动膨胀阀 |
| ─ feeding | 手進給 | 手送り作業 | 手工进料 |
| ─ file | 手銼 | 平やすり | 平锉 |
| ─ finishing | 手工修整 | 手仕上げ | 人工修整 |
| ─ firing knob | 發射按鈕 | （手動）撃発ボタン | 发射按钮 |
| ─ furnace | 手燒爐 | 手だき炉 | 手烧炉 |
| ─ gear | 手動裝置 | 手動装置 | 手动装置 |
| ─ grenade | 手榴彈 | 手りゅう弾 | 手榴弹 |
| ─ grinding | 手磨 | 手磨き | 手磨 |
| ─ hammer | 榔頭 | 片手ハンマ | 榔头 |
| ─ hydraulic steering gear | 手動液壓操舵裝置 | 人力油圧操だ装置 | 手动液压操舵装置 |
| ─ inertia starter | 手動式慣性起動器 | 手動式慣性起動機 | 手动式惯性起动器 |
| ─ jack | 手搖千斤頂 | 手回しねじ | 手摇千斤顶 |
| ─ ladle | 長柄手勺 | 手持ち取りたべ | 手端包 |
| ─ lap | 手工研磨 | ハンドラップ | 手工研磨 |
| ─ lapper | 手工研具 | ハンドラッパ | 手工研具 |
| ─ lapping | 手工研磨 | ハンドラッピング | 手工研磨 |
| ─ lay-up mo(u)lding | 手工層壓成形 | 手積み成形 | 手工层压成形 |
| ─ level | 手持水平儀 | ハンドレベル | 手持水平仪 |
| ─ lever | 手柄 | ハンドラバー | 手柄 |
| ─ lever shear | 裁刀 | 押し切り | 裁刀 |
| ─ lift | 手動昇降〔提升〕機 | 手動昇降機 | 手动升降〔提升〕机 |
| ─ lubrication | 手工注油 | 手注油 | 手工注油 |
| ─ lubricator | 注油器 | 手油差し | 注油器 |
| ─ mercerizing machine | 螺旋絲光機 | ら旋シルケット機 | 螺旋丝光机 |
| ─ milling machine | 手動銑床 | 手送りフライス盤 | 手动铣床 |
| ─ mo(u)ld | 手工壓模 | 手動型 | 手工压模 |
| ─ mo(u)lding | 手工模壓 | 手動金型 | 手工模压 |
| ─ oiling | 手工潤滑 | 手差し給油 | 手工润滑 |
| ─ operate | 手動操作 | 手動操作 | 手动操作 |
| ─ peening | 手鎚敲擊硬化 | ハンドピーニング | 手锤敲击硬化 |
| ─ plane | 手刨 | 手かんな | 手刨 |

| 英　　文 | 臺　　灣 | 日　　文 | 大　　陸 |
|---|---|---|---|
| — planer | 手電刨 | 手持ち電動かんな | 手电刨 |
| — planing machine | 手動送料刨板機 | 手押し平かんな盤 | 手动送料刨板机 |
| — polishing | 手工拋光 | 手磨き | 手工磨光 |
| — pump | 手壓泵 | 手押しポンプ | 手压泵 |
| — punch | 手動穿孔機 | ハンドパンチ | 手动穿孔机 |
| — rammer | 手搗桿 | ハンドランマ | 手搗锤 |
| — ramming | 手工搗實 | 手突き | 手工搗实 |
| — reamer | 手鉸刀 | ハンドリーマ | 手铰刀 |
| — reaming | 手鉸(孔) | ハンドリーミング | 手铰(孔) |
| — regulation | 手動調整 | 手動調整 | 手动调整 |
| — rivet | 手(工)鉚 | 手締めリベット | 手(工)铆 |
| — riveting | 手力鉚接 | 手打ちリベット締め | 手铆 |
| — riveting hammer | 鉚錘 | リベット用手づち | 铆锤 |
| — saw | 手鋸 | 手のこ | 手锯 |
| — scanner | 手動掃描器 | ハンドスキャナ | 手动扫描器 |
| — screen | 焊工面罩 | ハンドシールド | 焊工面罩 |
| — screw | 手動螺旋 | 手回しねじ | 手动起重器 |
| — screw press | 手動螺旋壓機 | 手動ねじプレス | 手动压力机 |
| — setting | 人工調整 | ハンドセッティング | 人工调整 |
| — shear | 手剪機 | ハンドシャー | 手动剪板〔切〕机 |
| — shield | 手持面罩(熔接) | ハンドシールド | 防护罩 |
| — slide rest | 手動刀架 | ハンドスライドレスト | 手动刀架 |
| — squeezer | 手動壓實造型機 | 手動造形機 | 手动压实造型机 |
| — steering gear | 手動操舵裝置 | 手動かじ取り装置 | 手动操舵装置 |
| — stirring | 手工攪拌 | 手かくはん | 手工搅拌 |
| — stoking | 人工加煤 | 手だき | 手工加煤 |
| — stone | 手用油石 | ハンドストーン | 手用油石 |
| — stop | (手動)擋料器 | ハンドストップ | (手动)挡料器 |
| — stop valve | 手動止動閥 | 手動止め弁 | 手动止动阀 |
| — stroke belt sander | 砂帶磨光機 | ベルトサンダ | 砂带磨光机 |
| — switch | 手動開關 | 手元開閉器 | 手动开关 |
| — tap | 手搬螺絲攻 | 手回しタップ | 手用丝锥 |
| — tool | 手工具 | 手工具 | 手工具 |
| — truck | 手推車 | 手押し車 | 手推车 |
| — type buffing machine | 手工擦光機 | 手作業形バフ研磨機 | 手工拋光机 |
| — valve | 手動閥 | 手動弁 | 手动阀 |
| — vice | 手虎鉗 | 手万力 | 手(虎)钳 |
| — welding | 手熔接 | 手溶接 | 手工焊 |
| — winch | 手絞車 | 手巻きウィンチ | 手摇绞车 |
| — work | 手工 | 手作業 | 手工作业 |

| 英　　文 | 臺　　灣 | 日　　文 | 大　　陸 |
|---|---|---|---|
| handboring | 手鑽 | ハンドボーリング | 手钻 |
| handcar | 手推車 | 手押し車 | 手推车 |
| hand-feed planer | 手進給刨床 | 手押しかんな盤 | 手进给刨床 |
| — pump | 手壓泵 | 手送りポンプ | 手压泵 |
| — punch | 人工饋送穿孔機 | 手動送りせん孔機 | 人工馈送穿孔机 |
| — surfacer | 人工進料平面刨床 | 手押しかんな盤 | 人工进料平面刨床 |
| hand-hold | 旋鈕 | 握り棒 | 旋钮 |
| handhole | 注入口 | ハンドホール | 注入口 |
| handicap | 缺陷 | ハンディキャップ | 缺陷 |
| handkerchief test | 雙層折疊試驗 | 二重折り畳み試験 | 双层折叠试验 |
| handle | 手柄 | 取手 | 把手 |
| — bar | 把手 | ハンドルバー | 把手 |
| — bar gear change | 手桿齒輪變速裝置 | ハンドル歯車入替え装置 | 手杆齿轮变速装置 |
| — box | 控制箱 | ハンドルボックス | 控制箱 |
| — grip | 手柄 | 握り | 手柄 |
| — pin | 手柄銷 | ハンドルピン | 手柄销 |
| — shaft | 手柄軸 | ハンドルシャフト | 手柄轴 |
| — torque | 手柄轉矩;操縱力矩 | ハンドルトルク | 手柄转矩;操纵力矩 |
| — wheel | 駕駛盤 | ハンドル車 | 驾驶盘 |
| handling | 操作;輸送;裝卸 | 風合い | 处理 |
| — apparatus | 操作器具 | 操作器具 | 操作器具 |
| — device | 裝卸機構 | 取り出し装置 | 装卸机构 |
| — hole | 吊環螺釘孔 | 操作用孔 | 吊环螺钉孔 |
| — machine | 裝卸機 | ハンドリングマシン | 装卸机 |
| hand-operated press | 手動沖床 | 手動プレス | 手动压力机 |
| — pump | 手壓〔動〕泵 | 手動ポンプ | 手压〔动〕泵 |
| — push feed | 手推送料 | 手動プッシュフィード | 手推送料 |
| — slide feed | 手動滑板送料 | 手動スライドフィード | 手动滑板送料 |
| — valve | 手動閥 | 手動操作弁 | 手动阀 |
| hand-operating device | 手動裝置 | 手動装置 | 手动装置 |
| — electrostatic sprayer | 手動式靜電噴漆機 | 手動式静電塗装機 | 手动式静电喷漆机 |
| — gear | 手動裝置 | 手動装置 | 手动装置 |
| handpress | 手(動)壓機 | 手動プレス | 手(动)压机 |
| handsaver | 防護〔水〕手套 | 保護手袋 | 防护〔水〕手套 |
| handwheel | 方向盤 | ハンドル | 方向盘 |
| hanger | 吊鉤架懸桿 | 釣りボルト | 吊钩 |
| — adjustment | 吊架調整 | ハンガ調整 | 吊架调整 |
| — blast | 懸掛式噴丸清理機 | ハンガブラスト | 悬挂式喷丸清理机 |
| — bolt | 環首螺栓 | 釣りボルト | 环首螺栓 |
| — bracket | 懸架 | ハンガブラケット | 悬挂支架 |

| 英　　文 | 臺　　灣 | 日　　文 | 大　　陸 |
|---|---|---|---|
| —hook | 吊鉤 | 釣りフック | 吊钩 |
| —lope | 吊索 | ハンガロープ | 吊索 |
| —pin | 掛鉤銷 | ハンガピン | 挂钩销 |
| —rod | 吊桿 | 釣りボルト | 吊杆 |
| hanging | 懸吊 | 釣り込み | 悬吊 |
| —bearing | 懸掛軸承 | 釣り軸受け | 悬挂轴承 |
| —block | 吊裝用滑輪 | 釣り荷用ブロック | 吊装用滑轮 |
| —bolt | 起吊螺栓 | 釣りボルト | 起吊螺栓 |
| —hook | 吊鉤 | 釣り金具 | 吊钩 |
| —post | 吊桿 | 釣り束 | 吊杆 |
| —tongs | 懸吊夾鉗 | 釣りはし | 悬吊夹钳 |
| —truss | 吊柱桁架 | ハンギングトラス | 吊柱桁架 |
| hangnails | 毛刺 | ささくれ | 毛刺 |
| Hangsterfer | (一種)通用切削油 | ハングスターファ | (一种)通用切削油 |
| hangwire | 炸彈保險絲 | ハングワイヤ | 炸弹保险丝 |
| hank | 捲線軸 | ハンク | 卷线轴 |
| Hanover metal | 哈諾維爾軸承合金 | ハノバメタル | 哈诺维尔轴承合金 |
| haplotypite | 鈦鐵礦 | ハプロテイパイト | 钛铁矿 |
| hard adhesive | 硬質黏合劑 | 硬質接着材 | 硬质黏合剂 |
| —alloy | 硬質合金 | 硬質合金 | 硬质合金 |
| —anodized aluminium | 硬質陽極氧化膜鋁 | 硬質アルマイト | 硬质阳极氧化膜铝 |
| —anodizing film | (陽極)氧化膜 | 硬質アルマイト | (阳极)氧化膜 |
| —anodizing process | 硬質陽極化(膜)法 | 硬質皮膜法 | 硬质阳极化(膜)法 |
| —breakdown | 剛性破壞 | 硬破壊 | 刚性破坏 |
| —bronze | 硬質青銅 | 硬質青銅 | 硬质青铜 |
| —cast iron | 硬鑄鐵 | 硬鋳鉄 | 硬铸铁 |
| —cement | 硬性水泥 | ハードセメント | 硬性水泥 |
| —chrome | 硬鉻 | ハードクローム | 硬铬 |
| —chrome mask | 硬鉻掩模 | ハードクロムマスク | 硬铬掩模 |
| —chrome plating | 鍍硬鉻 | 硬質クロムめっき | 镀硬铬 |
| —clay | 特硬黏土 | 硬質クレー | 特硬黏土 |
| —clearance | 頂部餘隙 | 頂部すき間 | 顶部间隙 |
| —chromium plating | 鍍硬鉻 | 硬質クロムめっき | 镀硬铬 |
| —coal | 硬煤 | 無煙炭 | 无烟煤 |
| —coke | 硬質焦煤 | 硬質コークス | 硬质焦煤 |
| —distortion | 剛性變形〔撓曲〕 | ハードひずみ | 刚性变形〔挠曲〕 |
| —dry | 硬化乾燥 | 完全乾燥 | 硬化干燥 |
| —ferrite | 硬質肥粒鐵 | 硬質フェライト | 硬质铁氧体 |
| —fiber | 硬纖維 | 硬毛 | 硬纤维 |
| —fiber-board | 硬(質)纖維板 | 硬質繊維板 | 硬(质)纤维板 |

| 英　文 | 臺　灣 | 日　文 | 大　陸 |
|---|---|---|---|
| — filter paper | 硬濾紙 | 硬ろ紙 | 硬滤纸 |
| — flow | 低流動性 | 難流動性 | 低流动性 |
| — gas circuit breaker | 氣體切斷器 | ガス遮断器 | 气体切断器 |
| — magnetic material | 硬磁材料 | 硬磁性材料 | 硬磁材料 |
| — magnetic substance | 硬磁性材料 | 硬質磁性体 | 硬磁性材料 |
| — mask | 硬(質)掩模 | ハードマスク | 硬(质)掩模 |
| — mask polisher | 硬(質)掩模拋光機 | ハードマスクポリシャ | 硬(质)掩模拋光机 |
| — material | 硬質材料 | 硬質材料 | 硬质材料 |
| — metal | 硬質合金 | 硬質合金 | 硬质合金 |
| — meter | 硬度計 | ハードメータ | 硬度计 |
| — model | 硬件模型 | ハードモデル | 硬件模型 |
| — nickel | 硬鎳 | ハードニッケル | 硬镍 |
| — plaster | 硬質石膏 | 硬質せっこう | 硬质石膏 |
| — plating | 鍍硬鉻 | 硬質クロムめっき | 镀硬铬 |
| — point | 支點 | ハードポイント | 支点 |
| — rolling | 滾壓硬化 | ハードローリング | 滚压硬化 |
| — rubber | 硬橡膠 | 硬質ゴム | 硬质胶 |
| — setting | 硬質金屬加強層 | 硬質金属付け | 硬质金属加强层 |
| — silver | 硬銀 | 硬銀 | 硬银 |
| — solder | 硬質軟焊料 | 硬ろう | 硬焊料 |
| — soldering | 硬焊 | 硬ろう付け | 硬焊 |
| — spot | 硬點 | 硬点 | 硬点 |
| — spring | 硬(化彈)簧 | ハードスプリング | 硬(化弹)簧 |
| — steel | 硬鋼 | 硬鋼 | 硬钢 |
| — steel wire | 硬鋼絲 | 硬鋼線 | 硬钢丝 |
| — stone | 硬石 | 堅石 | 硬石 |
| — surfacing | 耐磨堆焊 | 硬化肉盛り | 耐磨堆焊 |
| — temper | 高硬度冷軋鋼板回火 | ハードテンパ | 高硬度冷轧钢板回火 |
| — tex | 硬質纖維板 | ハードテックス | 硬质纤维板 |
| — tin | 硬錫 | 硬すず | 硬锡 |
| — vacuum | 高真空 | 高真空 | 高真空 |
| — zinc | 硬鋅 | 硬亜鉛 | 硬锌 |
| **hardboard** | 硬質纖維板 | 硬質繊維板 | 硬质纤维板 |
| **harddrawn** copper wire | 硬銅線 | 硬銅線 | 硬铜线 |
| — wire | 冷拉鋼絲 | 硬引き線 | 冷拉钢丝 |
| **hardenability** | 硬化能 | 焼き入れ性 | 可淬性 |
| — band | 淬火能範圍 | 焼き入れ性帯 | 淬透性带 |
| — band steel | 保證硬化能的鋼 | H鋼 | 保证淬透性的钢 |
| — chart | 硬化能曲線圖 | 焼き入れ性チャート | 淬透性曲线图 |
| — curve | 硬化能曲線 | 焼き入れ性曲線 | 淬透性曲线 |

| 英　　文 | 臺　　灣 | 日　　文 | 大　　陸 |
|---|---|---|---|
| — index | 硬化能指數 | 焼き入れ性指数 | 淬透性指数 |
| — line | 硬化能直線 | 焼き入れ性直線 | 淬透性直线 |
| — test | 硬化能試驗（法） | 焼き入れ性試験法 | 淬透性试验（法） |
| **hardened** caoutchouc | 硬化彈性橡膠 | 硬化弾性ゴム | 硬化弹性橡胶 |
| — glass | 硬化玻璃 | 硬化ガラス | 硬化玻璃 |
| — masonry nail | 硬質釘 | 硬質くぎ | 硬质钉 |
| — oil | 硬化油 | 硬化油 | 硬化油 |
| — plate | 淬硬鋼板 | ハーデンドプレート | 淬硬钢板 |
| — steel | 硬化鋼 | 焼き入れ鋼 | 硬化钢 |
| — structure | 淬火組織 | 焼き入れ組織 | 淬火组织 |
| — zone | 硬化區 | 硬化部 | 硬化区 |
| **hardener** | 硬化劑 | 硬化剤 | 硬化劑 |
| **hardening** | 硬化；淬火 | 硬化 | 硬化 |
| — agent | 硬化劑 | 硬膜剤 | 硬化剂 |
| — alloy | 硬化合金 | 母合金 | 硬化合金 |
| — bath | 硬化鹽浴槽 | 硬化浴 | 硬化浴 |
| — carbon | 硬化碳 | 硬化炭素 | 硬化碳 |
| — catalytic agent | 硬化催化劑 | 硬化触媒 | 硬化催化剂 |
| — crack | 淬裂 | 焼き割れ | 淬裂 |
| — depth | 淬火硬化層深度 | 焼き入れ硬化層深さ | 淬火硬化层深度 |
| — facing | 硬質焊敷層 | 硬化肉盛り | 硬质焊敷层 |
| — furnace | 淬火爐 | 硬化炉 | 硬化炉 |
| — kiln | 淬火爐 | 焼き入れかま | 淬火炉 |
| — media | 淬火媒質 | 焼き入れ剤 | 淬硬剂 |
| — of oils | 油的硬化 | 脂油の硬化 | 油的硬化 |
| — penetration | 淬火深度 | 焼き入れ硬化深度 | 淬火深度 |
| — point | 硬化點 | 硬化点 | 硬化点 |
| — rate | 硬化速度 | 硬化速度 | 硬化速度 |
| — reaction | 硬化反應 | 硬化反応 | 硬化反应 |
| — resin | 硬化性樹脂 | 硬化性樹脂 | 硬化性树脂 |
| — shop | 熱處理工場 | 熱処理工場 | 热处理工场 |
| — strain | 淬火變形 | 焼き入れひずみ | 淬火变形 |
| — stress | 淬火應力 | 硬化応力 | 淬火应力 |
| — temperature | 淬火（加熱）溫度 | 焼き入れ温度 | 淬火（加热）温度 |
| — time | 硬化時間 | 硬化時間 | 硬化时间 |
| **hardfacing** | 表面耐磨堆焊層 | 表面硬化肉盛り | 表面耐磨堆焊层 |
| — alloy | 表面硬化合金 | 表面硬化合金 | 表面硬化合金 |
| — electrode | 耐磨堆焊焊條 | 硬化肉盛溶接棒 | 耐磨堆焊焊条 |
| **hardhead** | 硬質巴比合金 | ハードヘッド | 硬质巴比合金 |
| **hardie** | 鏨子 | たがね | 鏨子 |

| 英　　文 | 臺　　灣 | 日　　文 | 大　　陸 |
|---|---|---|---|
| harding | 硬化 | ハーディング | 硬化 |
| Hardinge mill | 錐形球磨機 | ハーディングミル | 锥形球磨机 |
| hardness | 硬度 | 硬さ | 硬度 |
| — at high temperature | 高溫硬度 | 高温硬さ | 高温硬度 |
| — degree | 硬度 | 硬度 | 硬度 |
| — factor | 硬度係數 | 硬度係数 | 硬度系数 |
| — ga(u)ge | 硬度計 | 硬度計 | 硬度计 |
| — grade | 硬度等級 | 硬度等級 | 硬度等级 |
| — meter | 硬度計 | 硬度計 | 硬度计 |
| — number | 硬度數;硬度值 | 硬さ数 | 硬度数;硬度值 |
| — reduction | 軟化 | 軟化 | 软化 |
| — scale | 硬度計 | 硬度計 | 硬度计 |
| — test | 硬度試驗 | 硬さ試験 | 硬度试验 |
| — tester | 硬度試驗機 | 硬さ試験機 | 硬度试验机 |
| — testing by indentation | 壓痕硬度試驗 | 押し込み硬さ試験 | 压痕硬度试验 |
| harware | 小五金 | 建具金物 | 小五金 |
| hardwearing finish | 耐磨加工 | 耐摩耗仕上げ | 耐磨加工 |
| hardwood | 硬木 | 堅木 | 硬木 |
| — peg | 硬木釘 | 硬木くぎ | 硬木钉 |
| — pitch | 硬木樹脂 | 堅木ピッチ | 硬木树脂 |
| harmonic | 諧波 | 高調波 | 谐波 |
| — cam | 諧合運動凸輪 | ハーモニックカム | 谐合运动凸轮 |
| — distortion | 諧波失真 | 高調波ひずみ | 谐波失真 |
| — mean diameter | 調和平均直徑 | 調和平均径 | 调和中项直径 |
| — vibration | 諧和振動 | 調和振動 | 谐和振动 |
| — vibrator | 諧和振子 | 調和振動子 | 谐和振子 |
| — wave | 諧波 | 調和波 | 谐波 |
| — wave factor | 諧波係數 | 調波率 | 谐波系数 |
| harmonica terminal | 口琴式接線柱 | ハーモニカ端子 | 口琴式接线柱 |
| harrisite | 方輝銅礦 | ハリス鉱 | 方辉铜矿 |
| harsh flame | 強焰 | 硬い炎 | 强焰 |
| Hart impact tester | 哈特式衝擊試驗機 | ハルト衝撃試験器 | 哈特式冲击试验机 |
| Harvey steel | 固體滲碳硬化鋼 | ハーベト鋼 | 固体渗碳硬化钢 |
| Harveyizing | 防彈用厚鋼板滲碳硬化法 | ハーベト法 | 防弹用厚钢板渗碳硬化法 |
| hasp | 鎖搭 | 掛け金 | 铁扣 |
| hastelloy | 耐蝕耐熱鎳基合金 | ハステロイ | 耐蚀耐热镍基合金 |
| hat | 隨機編碼 | ハット | 随机编码 |
| — frame | 帽形構架 | ハットフレーム | 帽形构架 |
| hatch | 孔;蓋 | とびら口 | 图画阴影线 |
| hatchet | 小斧 | 手おの | 刮刀 |

| 英　　文 | 臺　　灣 | 日　　文 | 大　　陸 |
|---|---|---|---|
| **hatching** | 剖面線 | 陰影線 | 剖面线 |
| — pattern | 影線圖 | ハッチングパターン | 影线图 |
| **hatchway** | 畫陰影線 | そう口 | 画阴影线 |
| **hauled load** | 牽引荷重 | けん引荷重 | 牵引荷重 |
| **hauling** capacity | 牽引能量 | けん引定数 | 牵引能量 |
| — engine | 牽引機(車) | 巻き上げ機関 | 牵引机(车) |
| **hawse pipe** | 錨鏈孔 | 錨鎖孔 | 锚链孔 |
| **hay baler** | 牧草打包機 | 干し草こん包機 | 干草打包机 |
| **Haynes** | 鈷鉻鎢鎳超級耐熱合金 | ヘイネス | 钴铬钨镍超级耐热合金 |
| — stellite | 鈷鉻鎢系合金 | ヘイネスステライト | 钴铬钨系合金 |
| **HAZ cracking** | 熱影響區裂紋 | ハズ割れ | 热影响区裂纹 |
| **hazard** | 危險 | 危険 | 易爆〔燃〕性 |
| — evaluation | 災害評價 | 災害評価 | 灾害评价 |
| — rate | 危害率 | 危険率 | 危害率 |
| — switch | 應急開關 | ハザードスイッチ | 应急开关 |
| **hazard-free** | 無危險 | ハザードフリー | 无危险 |
| **hazardous** area | 危險區 | 危険場所 | 危险区 |
| — article station | 危險物品管理所 | 危険物取り扱い所 | 危险物品管理所 |
| — building | 危險建築物 | 危険建築物 | 危险建筑物 |
| — material | 危險性物質 | 危険物 | 危险性物质 |
| **head** | 水頭;落差 | 落差 | 落差 |
| — assembly | 主裝(配) | ヘッドアセンブリ | 主装(配) |
| — bolt | 汽缸蓋螺栓 | 上部揚げ落とし金物 | 汽缸盖螺栓 |
| — drop | 落差 | 落差 | 落差 |
| — drum | 磁頭鼓 | ヘッドドラム | 磁头鼓 |
| — flow meter | 差壓流量計 | 差圧式流量計 | 差压流量计 |
| — form | 頭部形狀 | 頭部形状 | 头部形状 |
| — gap | 磁頭(工作間隙) | ヘッドギャップ | 磁头(工作间隙) |
| — loss | 落差損失 | ヘッド損失 | 磁头损耗 |
| — metal | 冒口(補償)殘留金屬 | 押し湯金 | 冒口(补偿)残留金属 |
| — mcter | 落差流量計 | ヘッドメータ | 落差流量计 |
| — of friction loss | 摩阻水頭(損失) | 摩擦損失水頭 | 摩阻水头(损失) |
| — pressure | 噴嘴壓力 | 筒先圧力 | 喷嘴压力 |
| — pulley | 頂部皮帶輪 | ヘッドプーリ | 顶部皮带轮 |
| — traveling mechanism | 主軸頭移動機構 | 主軸頭移動機構 | 主轴头移动机构 |
| — type punch | 圓頭形沖頭 | ヘッド形パンチ | 圆头形冲头 |
| **headdenite** | 鈉磷錳鐵礦 | ヒーデン石 | 钠磷锰铁矿 |
| **header** | 頂蓋;管集箱;鍛頭機 | 頭部 | 顶盖 |
| — blank | 鍛頭胚料 | ヘッダブランク | 镦锻坯料 |
| — bolt | 冷鍛螺栓 | ヘッダボルト | 冷镦螺栓 |

| 英　　文 | 臺　　灣 | 日　　文 | 大　　陸 |
|---|---|---|---|
| — maker | 鍛頭機製造廠 | ヘッダメーカ | 锻头锻机制造厂 |
| — tank | 集水箱 | ヘッダタンク | 集水箱 |
| **Header van** | 冷鍛頭模具鋼 | ヘッダーバン | 冷镦锻用模具钢 |
| **heading** | 鍛頭 | 機首方向 | 镦头 |
| — brittleness test | 熱脆性試驗 | 加熱ぜい性試験 | 热脆性试验 |
| — die | 鍛頭模 | ヘッディングダイ | 镦锻模 |
| — joint | 端接 | 端接ぎ | 端头接合 |
| — prop | 導坑支柱 | 導坑柱 | 导坑支柱 |
| — solid die | 鍛頭整體模 | 圧造丸ダイス | 镦锻整体模 |
| — tool | 鍛頭工具 | アブセッタ用バンチ | 锻头工具 |
| **headless screw** | 無頭螺釘 | 無頭ねじ | 无头螺钉 |
| **headstock** | 主軸箱 | 主軸台 | 主轴箱 |
| **heal bite** | 彈簧車刀 | ヘールバイト | 弹簧车刀 |
| **heap** | 堆(積) | たい積 | 堆(积) |
| — carbonization | 堆攤碳化(處理) | たい積炭焼法 | 堆摊碳化(处理) |
| **heaped capacity** | 裝載容量 | 山積み容量 | 装载容量 |
| **heart** cam | 心形凸輪 | ハートカム | 心形凸轮 |
| — core | 核心 | ハートコア | 核心 |
| — scraper | 心形括刀 | ハートスクレーパ | 心形刮刀 |
| — wheel | 心形輪 | ハート輪 | 心形轮 |
| **hearth** | 爐床;爐底 | ほど | 炉膛 |
| — area | 爐床面積 | 炉床面積 | 炉床面积 |
| — bottom | 爐底 | 炉床 | 炉底 |
| — casing | 爐缸外殼 | 炉床鉄皮 | 炉缸外壳 |
| — efficiency | 爐床效率 | 炉床能率 | 炉床效率 |
| — jacket | 爐床外套 | 炉床ジャケット | 炉缸防护套 |
| — of forehearth | (前爐)爐缸 | 炉床 | (前炉)炉缸 |
| — roaster | 焙燒爐床 | 床ばい焼炉 | 焙烧炉床 |
| — stone | 爐底石 | 灰受け石 | 炉底石 |
| — trimmer | 爐前擱柵端部托梁 | 炉前根太掛け | 炉前搁栅端部托梁 |
| **heat** | 熱 | 熱 | 热 |
| — absorber | 吸熱器 | 吸熱器 | 吸热器 |
| — accumulator | 蓄熱器 | 熱だめ | 蓄热器 |
| — addition | 加熱 | 加熱 | 加热 |
| — aging | 熱老化 | 熱老化 | 加热老化 |
| — air current | 熱氣流 | 熱気流 | 热气流 |
| — balance | 熱量均衡 | 熱平衡 | 热平衡 |
| — balance diagram | 熱平衡圖 | 熱平衡線図 | 热平衡图 |
| — bodying | 熱聚合 | 加熱ボデー化 | 热聚合 |
| — booster | 加熱器 | 昇熱器 | 加热器 |

| 英　　文 | 臺　　灣 | 日　　文 | 大　　陸 |
|---|---|---|---|
| — build-up | 發熱性 | 発熱性 | 发热性 |
| — capacity | 熱容量 | 熱容量 | 热容量 |
| — change | 熱變化 | 熱変化 | 热变化 |
| — changing coil | (冷熱水)熱交換盤管 | 冷温水コイル | (冷热水)热交换盘管 |
| — changing pump | 熱交換泵 | 冷温水ポンプ | 热交换泵 |
| — characteristic | 熱特性(曲線) | 熱特性 | 热特性(曲线) |
| — check | 熱(龜)裂 | 熱き裂 | 热(龟)裂 |
| — compensation | 熱補償作用 | 熱補償作用 | 热补偿作用 |
| — conductance | 熱傳導度 | 熱伝導度 | 热传导 |
| — conduction | 熱傳導 | 熱伝導 | 热传导 |
| — conductivity | 熱傳導度(性);導熱度 | 熱伝導度（性） | 热传导度(性);导热率 |
| — conductor | 熱導體 | 熱導体 | 热导体 |
| — consumption | 耗熱量 | 熱消費量 | 耗热量 |
| — consumption rate | 熱消費率 | 熱消費率 | 热消费率 |
| — content | 焓 | 熱含量 | 焓 |
| — control | 熱管制 | 熱管理 | 热控制 |
| — convection | 熱對流 | 熱対流 | 热对流 |
| — convertible resin | 熱固性樹脂 | 熱転化性樹脂 | 热固性树脂 |
| — cracking | 加熱裂紋 | 加熱割れ | 加热裂纹 |
| — cured system | 熱硬化系統 | 熱硬化系統 | 热固化体系 |
| — curing | 熱硬化 | 熱硬化 | 热固化 |
| — curing catalyst | 熱硫〔硬;固〕化催化劑 | 熱硬化触媒 | 热硫〔硬;固〕化催化剂 |
| — current | 熱流 | 熱流 | 热流 |
| — cycle effect | 熱循環效應 | 熱サイクル効果 | 热循环效应 |
| — cycle test | 熱循環試驗 | 熱サイクル試験 | 热循环试验 |
| — deaerator | 加熱脫氣裝置 | 加熱式脱気装置 | 加热脱气装置 |
| — decomposition point | 熱分解點 | 熱分解点 | 热分解点 |
| — deflection temperature | 加熱彎曲溫度 | 加熱たわみ温度 | 加热弯曲温度 |
| — deformation property | 耐熱變形性 | 耐熱変形性 | 耐热变形性 |
| — deterioration | 加熱劣化 | 熱劣化 | 热老化 |
| — dispersion | 熱散退 | 熱の発散 | 散热 |
| — dissipation | 放熱 | 熱放散 | 放热 |
| — dissipation capacity | 熱放散能力 | 熱放散能力 | 热放散能力 |
| — distortion | 熱扭變 | 加熱ひずみ | 热扭变 |
| — distortion temperature | 加熱變形溫度 | 加熱変形温度 | 加热变形温度 |
| — distortion test | 熱扭變試驗 | 加熱たわみ温度試験 | 热扭变试验 |
| — distribution | 熱分配〔布〕 | 熱分配 | 热分配〔布〕 |
| — drying | 加熱乾燥 | 加熱乾燥 | 加热干燥 |
| — edge effect | 熱邊效果 | 熱縁効果 | 热边效果 |
| — elastic modulus | 熱彈性模數 | 熱弾性係数 | 热弹性模数 |

H

| 英　　文 | 臺　　灣 | 日　　文 | 大　　陸 |
|---|---|---|---|
| — embossing | 熱壓花〔紋〕 | 熱型押し | 热压花〔纹〕 |
| — embrittlement | 熱脆化〔性〕 | 熱ぜい化 | 热脆化〔性〕 |
| — emission | 熱輻射 | 熱放射 | 热辐射 |
| — emissivity coefficient | 熱輻射係數 | 熱放射係数 | 热辐射系数 |
| — emissivity test | 熱輻射（率）測試 | 熱のふく射試験 | 热辐射（率）测试 |
| — endurance | 熱耐久性 | 熱耐久性 | 热耐久性 |
| — energy | 熱能 | 熱エネルギー | 热能 |
| — engine | 熱機 | 熱機関 | 热力发动机 |
| — engineering | 熱工程學 | 熱力学 | 热力学 |
| — equivalent | 熱當量 | 熱当量 | 热当量 |
| — evolution | 放熱 | 発熱 | 放热 |
| — exchange | 熱交換 | 熱交換 | 热交换 |
| — exchange medium | 熱交換介質 | 熱交換媒体 | 热交换介质 |
| — exchange surface | 熱交換面 | 熱交換面 | 热交换面 |
| — exchanger | 換熱器 | 熱交換器 | 换热器 |
| — exchanger method | 熱交換法 | 熱交換法 | 热交换法 |
| — exchanger plate | 傳熱板 | 伝熱板 | 传热板 |
| — exchanger tube | 熱交換管 | 熱交換チューブ | 热交换管 |
| — expansion coefficient | 熱膨脹係數 | 熱膨張係数 | 热膨胀系数 |
| — exposure | 熱曝光 | 熱暴露 | 热曝光 |
| — extraction | 除去熱量 | 除去熱量 | 除去热量 |
| — extraction coefficient | 冷卻係數 | 冷却係数 | 冷却系数 |
| — extractor | 冷卻器 | 冷却器 | 冷却器 |
| — fastness | 耐熱度 | 耐熱堅牢度 | 耐热度 |
| — fatigue | 熱疲勞 | 熱疲労 | 热疲劳 |
| — flow | 熱流 | 熱流 | 热流 |
| — flow chart | 熱流圖 | 熱流れ図 | 热流图 |
| — flow loss | 熱量損失 | 損失熱量 | 热量损失 |
| — flow meter | 熱流計 | 熱流計 | 热流计 |
| — flow rate | 熱流率 | 熱流量 | 热流率 |
| — fluctuation | 熱變動〔起伏〕 | 熱の変動 | 热变动〔起伏〕 |
| — flux | 熱通量 | 熱流束 | 热通量 |
| — forming | 熱成形 | 熱成形 | 热成形 |
| — function | 熱函數 | 熱関数 | 热函数 |
| — fusion | 熔化 | 熱融合 | 熔化 |
| — ga(u)ge | 熱壓力計 | ヒートゲージ | 热压力计 |
| — generation | 發熱 | 発熱 | 发热 |
| — gradient | 熱梯度 | 熱こう配 | 热梯度 |
| — indicating pigment | 示溫顏料 | 示熱顔料 | 示温颜料 |
| — indicator | 熱量指示器 | 水温計 | 温度指示器 |

476

| 英　　文 | 臺　　灣 | 日　　文 | 大　　陸 |
|---|---|---|---|
| — inertia | 熱慣性 | 熱慣性 | 热惯性 |
| — input | 熱量輸入 | 入熱 | 热量输入 |
| — input controlling | 供熱控制 | 入熱制御 | 供热控制 |
| — insulation | 熱絕緣 | 断熱 | 绝热 |
| — insulation filler | 絕熱填料 | 断熱充てん物 | 绝热填料 |
| — insulation method | 熱絕緣法 | 熱絶縁法 | 热绝缘法 |
| — insulation tube | 保溫套 | 保温筒 | 保温套 |
| — insulator | 絕熱體；保溫材料 | 熱絶縁体 | 绝热体 |
| — irradiation | 熱照射 | 熱の照射 | 热照射 |
| — label | 測溫紙 | ヒートラベル | 测温纸 |
| — leak | 熱滲透 | 熱損失 | 热渗透 |
| — load | 熱負載 | 熱負荷 | 热负荷 |
| — loss | 熱損失 | 熱損失 | 热损失 |
| — loss conditions | 熱損失條件 | 熱損失条件 | 热损失条件 |
| — mark | 加熱痕跡 | 加熱傷 | 加热痕迹 |
| — measurement | 熱測量 | 熱計測 | 热测量 |
| — meter | 熱量計 | 熱量計 | 热量计 |
| — of absorption | 熱吸收 | 吸収熱 | 吸附热 |
| — of activation | 活化熱 | 活性化熱 | 活化热 |
| — of admixture | 混合熱 | 混和熱 | 混合热 |
| — of adsorption | 吸附熱 | 吸着熱 | 吸附热 |
| — of combustion | 燃燒熱 | 燃焼熱 | 燃烧热 |
| — of condensation | 凝結熱 | 凝結熱 | 凝结热 |
| — of crystallization | 結晶熱 | 結晶熱 | 结晶热 |
| — of decomposition | 分解熱 | 分解熱 | 分解热 |
| — of dilution | 稀釋熱 | 希釈熱 | 稀释热 |
| — of dissolution | 溶解熱 | 溶解熱 | 溶解热 |
| — of emission | 發射熱 | 放出熱 | 发射热 |
| — of evaporation | 蒸發熱 | 蒸発熱 | 蒸发热 |
| — of formation | 生成熱 | 生成熱 | 生成热 |
| — of friction | 摩擦熱 | 摩擦熱 | 摩擦热 |
| — of fusion | 熔化熱 | 融解熱 | 熔解热 |
| — of liquid | 液體熱 | 液体熱 | 液相热 |
| — of melting | 熔化熱 | 融解熱 | 熔化热 |
| — of mixing | 混合熱 | 混和熱 | 混合热 |
| — of neutralization | 中和熱 | 中和熱 | 中和热 |
| — of oxidation | 氧化熱 | 酸化熱 | 氧化热 |
| — of polymerization | 聚合熱 | 重合熱 | 聚合热 |
| — of radiation | 輻射熱 | ふく射熱 | 辐射热 |
| — of reaction | 反應熱 | 反応熱 | 反应热 |

| 英　　文 | 臺　　灣 | 日　　文 | 大　　陸 |
|---|---|---|---|
| — of solidification | 凝固熱 | 固化熱 | 凝固热 |
| — of solution | 溶解熱 | 溶解熱 | 溶解热 |
| — of swelling | 溶脹熱 | 膨潤熱 | 溶胀热 |
| — of transition | 轉移熱 | 転移熱 | 变态热 |
| — of vaporization | 汽化熱 | 気化熱 | 蒸发热 |
| — output | 熱輸出量 | 熱出力 | 燃烧热 |
| — packing | 絕熱迫緊 | ヒートパッキン | 绝热衬垫 |
| — pattern | 加熱曲線(圖) | ヒートパターン | 加热曲线(图) |
| — penetration | 熱滲透深度 | 熱しん透深さ | 热渗透深度 |
| — pipe | 熱管 | 伝熱管 | 热管 |
| — plasticization | 熱塑化作用 | 熱可塑化 | 热塑化作用 |
| — polymerization | 熱聚合(法) | 熱重合 | 热聚合(法) |
| — press | 熱壓 | 熱間プレス | 热压 |
| — production reactor | 工業用熱原子爐 | 工業用熱原子炉 | 工业用热原子炉 |
| — pump | 熱泵 | 熱ポンプ | 热泵 |
| — pump unit | 熱泵機組 | ヒートポンプユニット | 热泵机组 |
| — quantity | 熱量 | 熱量 | 热量 |
| — quantum | 熱量子 | 熱量子 | 热量子 |
| — radiation | 熱輻射 | 熱放射 | 热辐射 |
| — radiator | 熱輻射器 | ヒートラジェータ | 热辐射器 |
| — range | 熱值範圍 | ヒートレンジ | 热值范围 |
| — rate | 耗熱率 | 熱消費率 | 热耗 |
| — rating | 熱功率 | ヒートレイティング | 热功率 |
| — ray | 熱射線 | ヒートライ | 红外线 |
| — ray sealing | 熱線封接 | 熱線ヒートシール | 热线封接 |
| — reactivity | 熱反應性〔能力〕 | 加熱反応性 | 热反应性〔能力〕 |
| — reactor | 熱原子爐 | 熱原子炉 | 热原子炉 |
| — reclaim pump | 熱回收泵 | 熱回収ヒートポンプ | 热回收泵 |
| — refining | 調質處理 | 熱調質 | 调质处理 |
| — regenerator | 蓄熱式熱交換器 | 蓄熱式交換器 | 蓄热式热交换器 |
| — release | 熱釋放 | 発熱 | 放热 |
| — release value | 放熱量 | 発熱量 | 放热量 |
| — riser | 升溫裝置 | ヒートライザ | 升温装置 |
| — run | 耐熱試驗 | 耐熱試験 | 耐热试验 |
| — seal | 熱密封 | ヒートシール | 热密封 |
| — seal coated paper | 熔焊(性)塗敷紙 | ヒートシール性塗被紙 | 熔焊(性)涂敷纸 |
| — seal strength | 熱封強度 | ヒートシールの強度 | 热封强度 |
| — sealability | 可熔焊〔接〕性 | ヒートシール適性 | 可熔焊〔接〕性 |
| — sealer | 熱封機 | 熱封機 | 热封机 |
| — sensitizer | 熱敏劑 | 感熱剤 | 热敏剂 |

| 英　　文 | 臺　　灣 | 日　　文 | 大　　陸 |
|---|---|---|---|
| — shield | 遮熱板 | 防熱裝置 | 隔热装置 |
| — shock | 熱衝擊 | 熱衝擊 | 热震 |
| — shock test | 熱衝擊試驗 | 熱衝擊試験 | 热冲击试验 |
| — shrinkability | 熱收縮性 | 熱収縮性 | 热收缩性 |
| — shrinkage | 熱收縮 | 熱収縮 | 热收缩 |
| — sink | 散熱片 | 吸熱器 | 散热片 |
| — sink method | 熱吸收法 | 熱吸収法 | 吸热法 |
| — sink tab | 散熱片 | 放熱タブ | 散热片 |
| — sinker | 散熱器 | ヒートシンカ | 散热器 |
| — slinger | 放熱環 | 放熱板 | 放热环 |
| — softened resin | 熱軟化樹脂 | 熱軟化樹脂 | 热软化树脂 |
| — softening properties | 熱軟化性 | 熱軟化性 | 热软化性 |
| — source | 熱源 | 熱源 | 热源 |
| — spacer | 隔熱片 | ヒートスペーサ | 隔热片 |
| — spraying | 加熱噴塗 | 加熱吹き付け | 加热喷涂 |
| — stability | 耐熱性 | 熱安定度 | 耐热性 |
| — stabilization | 熱安定化 | 熱安定化 | 热安定化 |
| — stabilization test | 熱安定試驗 | 熱安定試験 | 热安定试验 |
| — stabilizer | 熱安定劑 | 熱安定剤 | 热安定剂 |
| — sterilization | 加熱滅菌 | 加熱滅菌 | 加热灭菌 |
| — storage | 蓄熱 | 蓄熱 | 蓄热 |
| — storage capacity | 蓄熱量 | 蓄熱量 | 蓄热量 |
| — storage heater | 蓄熱加熱器 | 蓄熱式ストーブ | 蓄热加热器 |
| — storage load | 蓄熱負載 | 蓄熱負荷 | 蓄热负荷 |
| — storage material | 蓄熱材料 | 蓄熱材料 | 蓄热材料 |
| — storage tank | 蓄熱槽 | 蓄熱槽 | 蓄热槽 |
| — straightening | 加熱矯正 | 加熱矯正 | 加热矫正 |
| — strain | 熱應變 | ヒートストレイン | 热应变 |
| — stress | 熱應力 | 熱応力 | 热应力 |
| — sum | 總熱量 | 総熱量 | 总热量 |
| — supply | 供熱 | 給熱 | 供热 |
| — test | 耐熱試驗;溫度試驗 | 加熱試験 | 加热试验 |
| — theorem | 熱法則 | 熱法則 | 热法则 |
| — tints | 回火色 | 加熱色 | 回火色 |
| — training | 熱鍛 | ヒートトレーニング | 热锻 |
| — transmission | 熱之傳遞 | 熱伝達 | 传热 |
| — transmission area | 傳熱面積 | 伝熱面積 | 传热面积 |
| — transmission load | 傳熱負載 | 伝熱負荷 | 传热负荷 |
| — transmitting medium | 傳熱介質 | 伝熱媒体 | 传热介质 |
| — transmitting perimeter | 傳熱周長 | 伝熱辺長 | 传热周长 |

| 英　　文 | 臺　　灣 | 日　　文 | 大　　陸 |
|---|---|---|---|
| — transport | 輸熱 | 熱輸送 | 输热 |
| — treat operation | 熱處理作業 | 熱処理作業 | 热处理作业 |
| — treatability | 熱處理性 | 熱処理性 | 热处理性 |
| — unit | 熱單位 | 熱単位 | 热量单位 |
| — up | 加熱 | 昇温 | 加热 |
| — up time | 加熱時間 | 昇温時間 | 加热时间 |
| — utilization | 熱利用率 | 熱利用率 | 热利用率 |
| — value | 熱值 | 発熱量 | 发热量 |
| — waste | 熱損失 | 溶融損失 | 热损失 |
| — wire saw | 電熱線鋸 | 電熱線のこぎり | 电热线锯 |
| **heat-affected zone** | 熱影響層〔部〕 | 熱変質層 | 热影响层〔部〕 |
| **heated air** | 熱風 | 熱風 | 热风 |
| — bolt | 熱緞螺栓 | 加熱ボルト | 热镦螺栓 |
| — chamber | 加熱室 | 熱室 | 加热室 |
| — jig | 保溫靠模 | 熱ジグ | 保温靠模 |
| — mo(u)ld | 熱鑄模 | 熱金型 | 热铸模 |
| — pre-blender | 加熱預攪拌機 | ホットブレンダ | 加热预搅拌机 |
| — roll | 加熱軋輥 | 熱ロール | 加热轧辊 |
| — tool welding | 熱夾具焊接法 | 熱ジグ溶接 | 热夹具焊接法 |
| — wedge welding | 熱楔焊 | 熱くさび溶接 | 热楔焊 |
| **heater** | 加熱器;暖爐 | 加熱器 | 加热炉 |
| — adapter | 加熱器管接頭 | ヒータアダプタ | 加热器管接头 |
| — block | 加熱部件 | ヒータブロック | 加热部件 |
| — capacity | 加熱器容量 | ヒータ容量 | 加热器容量 |
| — duct | 加熱管道 | ヒータダクト | 加热管道 |
| — element | 加熱器 | 発熱体 | 加热器 |
| — gun | 熱風器 | ヒータガン | 热风器 |
| — plug | (柴油機)預熱塞 | ヒータプラグ | (柴油机)预热塞 |
| — valve | 加熱閥 | ヒータバルブ | 加热阀 |
| — voltage | 燈絲電壓 | ヒータ電圧 | 灯丝电压 |
| **heat-hardenable resin** | 熱硬性樹脂 | 熱硬化性樹脂 | 热固性树脂 |
| **heating** | 加熱 | 加熱 | 加热 |
| — adhesion | 加熱黏合 | 加熱接着 | 加热黏合 |
| — alloy | 合金電熱絲 | 合金発熱体 | 合金电热丝 |
| — apparatus | 加熱器具 | 加熱装置 | 加热装置 |
| — area | 受熱面積 | 加熱面積 | 加热面积 |
| — bath | 加熱槽 | 加熱浴 | 加热槽 |
| — block | 加熱塊 | 加熱ブロック | 加热块 |
| — blowpipe | 加熱焰炬 | 加熱トーチ | 加热焰炬 |
| — boiler | 暖氣鍋爐 | 暖房ボイラ | 暖气锅炉 |

| 英　　文 | 臺　　灣 | 日　　文 | 大　　陸 |
|---|---|---|---|
| — by infrared radiation | 紅外線加熱 | 赤外線加熱 | 红外线加热 |
| — capacity | 熱容量 | ヒータ容量 | 热容量 |
| — chamber | 加熱室 | 加熱室 | 加热室 |
| — cooling draw die | 加熱-冷卻式拉伸模 | 加熱冷却式深絞り型 | 加热-冷却式拉深模 |
| — curve determination | 加熱曲線測定法 | 加熱曲線法 | 加热曲线测定法 |
| — cylinder | 加熱缸 | 加熱シリンダ | 加热缸 |
| — drum | 加熱滾筒 | 加熱ドラム | 加热滚筒 |
| — duct | 加熱導管 | 加熱ダクト | 加热导管 |
| — efficiency | (加)熱效率 | 加熱効率 | (加)热效率 |
| — electrode | 加熱電極 | 加熱用電極 | 加热电极 |
| — furnace | 加熱爐 | 加熱炉 | 加热炉 |
| — fuse | 熱熔絲 | 熱ヒューズ | 热熔丝 |
| — gas | 燃氣 | 燃料ガス | 燃气 |
| — gate | 預熱孔 | 加熱口 | 预热孔 |
| — intensity | 加熱強度 | 加熱の強さ | 加热强度 |
| — jacket | 加熱套 | 加熱マントル | 加热套 |
| — joint | 加熱接合 | 熱間継手 | 加热接合 |
| — limit temperature | 暖房臨界溫度 | 暖房限界温度 | 采暖临界温度 |
| — medium | 傳熱介質 | 熱媒 | 传热介质 |
| — microscope | 加熱顯微鏡 | 加熱顕微鏡 | 加热显微镜 |
| — oven | 加熱爐 | 加熱炉 | 加热炉 |
| — period | 加熱時間 | 加熱時間 | 加热时间 |
| — pin | 電熱插頭 | 加熱ピン | 电热插头 |
| — plate | 加熱板 | 加熱板 | 加热板 |
| — platen | 加熱板 | 熱板 | 加热板 |
| — power | 加熱能力 | 発熱力 | 燃烧热 |
| — section | 加熱區域 | 加熱区画 | 加热区域 |
| — spiral | 電爐絲 | 加熱渦巻き線 | 电炉丝 |
| — stove | 鍛燒爐 | 焼鈍炉 | 锻烧炉 |
| — surface | 受熱面 | 加熱面 | 加热面 |
| — surface area | 傳熱面積 | 伝熱面積 | 传热面积 |
| — temperature | 加熱溫度 | 加熱温度 | 加热温度 |
| — time | 加熱時間 | 加熱時間 | 加热时间 |
| — tongs | 鉚釘夾鉗 | リベットはさみ | 铆钉钳 |
| — under vacuum | 真空加熱 | 真空加熱 | 真空加热 |
| — unit | 發熱器 | 加熱装置 | 发热器 |
| — warpage test | 加熱彎曲試驗 | 加熱わん曲試験 | 加热弯曲试验 |
| — wire | 電熱線 | 電熱線 | 电热线 |
| — worm | 加熱蛇形〔螺旋〕管 | 加熱ウォーム | 加热蛇形〔螺旋〕管 |
| — zone | 加熱帶 | 加熱帯 | 加热带 |

| 英　　　文 | 臺　　　灣 | 日　　　文 | 大　　　陸 |
|---|---|---|---|
| **heat-insulatied** barrier | 隔熱〔套〕 | 断熱層 | 隔热〔套〕 |
| — belt | 保溫帶 | 保温帯 | 保温带 |
| — brick | 保溫磚 | 保温れんが | 保温砖 |
| — coat | 斷熱塗膜 | 断熱塗膜 | 断热涂膜 |
| — efficiency | 保溫效率 | 保温効率 | 保温效率 |
| — glass | 隔熱玻璃 | 防熱ガラス | 隔热玻璃 |
| — material | 熱絕緣材 | 断熱材 | 热绝缘材 |
| — mortar | 保溫砂漿 | 断熱モルタル | 保温砂浆 |
| — mo(u)ld | 保溫筒 | 保温筒 | 保温筒 |
| — property | 保熱性 | 断熱性 | 保温性能 |
| — sleeve | 保溫冒口套 | 絶縁スリーブ | 保温冒口套 |
| — slit | 保溫間隙 | 保温すき間 | 保温间隙 |
| — works | 保溫工程 | 保温工事 | 保温工程 |
| **heat-proof** glass | 絕熱玻璃 | 防熱ガラス | 绝热玻璃 |
| — iron | 耐熱鑄鐵 | 耐熱鋳物 | 耐热铸铁 |
| — porcelain | 耐熱陶瓷 | 耐熱磁器 | 耐热陶瓷 |
| — protected wiring | 耐熱保護配線 | 耐熱保護配線 | 耐热保护配线 |
| **heat-resistance** | 耐熱性 | 耐熱性 | 耐热性 |
| **heat-resistant** alloy | 耐熱合金 | 耐熱合金 | 耐热合金 |
| — aluminum alloy | 耐熱鋁合金 | 耐熱アルミニウム合金 | 耐热铝合金 |
| — cable | 耐熱電纜 | 耐熱ケーブル | 耐热电缆 |
| — cast steel | 耐熱鑄鋼 | 耐熱鋳鋼 | 耐热铸钢 |
| — copper alloy | 耐熱銅合金 | 耐熱銅合金 | 耐热铜合金 |
| — material | 耐熱材料 | 耐熱材料 | 耐热材料 |
| — paint | 耐熱塗料 | 耐熱塗料 | 耐热涂料 |
| — plastics | 耐熱塑料 | 耐熱性プラスチック | 耐热塑料 |
| — polymer | 耐高溫聚合物 | 耐熱性重合体 | 耐高温聚合物 |
| — polystyrene | 耐熱性聚苯乙烯 | 耐熱性ポリスチレン | 耐热性聚苯乙烯 |
| — PVC insulated wire | 耐熱聚氯乙烯絕緣線 | 耐熱ビニル電線 | 耐热聚氯乙烯绝缘线 |
| — steel | 耐熱鋼 | 耐熱鋼 | 耐热钢 |
| **heat-resisting** brick | 耐熱磚 | 耐熱れんが | 耐热砖 |
| — casting | 耐熱鑄件 | 耐熱鋳物 | 耐热铸件 |
| — durability | 耐熱持久性 | 耐熱持久性 | 耐热持久性 |
| — property | 耐熱性 | 耐熱性 | 耐热性 |
| — rubber | 耐熱橡膠 | 耐熱ゴム | 耐热橡胶 |
| — tile | 抗熱瓷磚 | 耐熱タイル | 抗热瓷砖 |
| — wire | 耐熱電線 | 耐熱電線 | 耐热电线 |
| — works | 耐熱工程 | 耐熱工事 | 耐热工程 |
| **heatronic** mo(u)lding | 高頻(率電熱)模塑(法) | 高周波予熱成形 | 高频(率电热)模塑(法) |
| — preheating | 高周波預熱 | 高周波予熱 | 高频预热 |

| 英　　文 | 臺　　灣 | 日　　文 | 大　　陸 |
|---|---|---|---|
| **heat-sealing** coating | 熱封塗料 | ヒートシール性塗料 | 热封涂料 |
| — iron | 熱封性鐵 | ヒートシールアイロン | 热封性铁 |
| — material | 熱封性材料 | ヒートシール性材料 | 热封性材料 |
| — property | 熱封性 | ヒートシール性 | 热封性 |
| — temperature | 熱封溫度 | ヒートシール温度 | 热封温度 |
| — varnish | 熱封漆 | ヒートシールワニス | 热封漆 |
| **heat-sensitive** adhesive | 熱敏黏合劑 | 感熱接着剤 | 热敏黏合剂 |
| — material | 感熱材料 | 感熱材料 | 感热材料 |
| — paint | 熱敏塗料 | 感温（性）塗料 | 热敏涂料 |
| **heat-set film** | 熱定型膜 | ヒートセットフィルム | 热定型膜 |
| **heat-shrinkable tubing** | 熱收縮管（系） | 熱収縮チューブ | 热收缩管（系） |
| **heat-transfer** | 熱傳遞 | 伝熱 | 热传达 |
| — by conduction | 傳導傳熱 | 伝導伝熱 | 传导传热 |
| — by convection | 對流傳熱 | 対流伝熱 | 对流传热 |
| — by natural convection | 自然對流傳熱 | 自然対流熱伝導 | 自然对流传热 |
| — by radiation | 輻射傳熱 | ふく射伝熱 | 辐射传热 |
| — coefficient | 熱傳遞係數 | 熱伝達係数 | 传热系数 |
| — density | 導熱密度 | 伝熱密度 | 导热密度 |
| — efficiency | 傳熱效率 | 伝熱効率 | 传热效率 |
| — factor | 熱傳遞係數 | 熱伝達因子 | 导热系数 |
| — fluid | 傳熱流體 | 熱媒液 | 传热流体 |
| — in stirred tank | 攪拌槽傳熱 | かくはん槽伝熱 | 搅拌槽传热 |
| — medium | 熱傳遞媒質 | 伝熱媒体 | 传热介质 |
| — oil | 傳熱油 | 熱媒油 | 传热油 |
| — pipe | 傳熱管 | 伝熱管 | 传热管 |
| — rate | 傳熱係數 | 熱伝達係数 | 传热系数 |
| — resistance | 傳熱阻力 | 伝熱抵抗 | 传热阻力 |
| — salt | 傳熱（熔）鹽 | 熱媒塩 | 传热（熔）盐 |
| — surface | 熱傳遞面 | 伝熱面 | 传热面 |
| — system | 傳熱系統 | 熱伝達系 | 传热系统 |
| — to boiling liquid | 沸騰傳熱 | 沸騰伝熱 | 沸腾传热 |
| — velocity | 傳熱速度 | 伝熱速度 | 传热速度 |
| **heat-treated** bar | 熱處理鋼棒 | 熱処理鋼棒 | 热处理钢棒 |
| — steel | 熱處理鋼 | 熱処理鋼 | 热处理钢 |
| — structure | 熱處理組織 | 熱処理組織 | 热处理组织 |
| **heat-treating** | 熱處理 | 熱処理 | 热处理 |
| — film | 熱處理氧化膜 | 熱処理被膜 | 热处理氧化膜 |
| — furnace | 熱處理爐 | 熱処理炉 | 热处理炉 |
| **heat-treatment** | 熱處理 | 熱処理 | 热处理 |
| — equipment | 熱處理設備 | 熱処理装置 | 热处理装置 |

| 英　　文 | 臺　　灣 | 日　　文 | 大　　陸 |
|---|---|---|---|
| — of steel | 鋼的熱處理 | 鋼の熱処理 | 钢的热处理 |
| — oxidation | 熱處理氧化 | 熱処理酸化 | 热处理氧化 |
| **heavily-load propeller** | 重載荷螺旋漿 | 高荷重プロ | 重载荷螺旋浆 |
| **heavy alloy** | 重合金 | 重合金 | 重合金 |
| — artillery | 重炮 | 重砲 | 重炮 |
| — boring | 粗搪(孔) | ヘビーボーリング | 粗镗(孔) |
| — caliber gun | 大口徑炮 | 大口径砲 | 大口径炮 |
| — case | 深滲碳層 | しん炭層 | 深渗碳层 |
| — casting | 厚壁鑄件 | 大型鋳物 | 大型铸件 |
| — contact | 重負載接點 | 重荷接点 | 重负载接点 |
| — cutting | 強力切削 | 重切削 | 强力切削 |
| — element | 重元素 | 重元素 | 重元素 |
| — engineering industry | 重機械工業 | 重機械工業 | 重机械工业 |
| — failure | 嚴重故障 | 重故障 | 严重故障 |
| — forging | 大型鍛件 | 大形鍛造品 | 大型锻件 |
| — fuel oil | 重油 | 重油 | 重油 |
| — gravity crude oil | 重質原油 | 重質原油 | 重质原油 |
| — grinding | 重負荷磨削 | 重研削 | 重负荷磨削 |
| — hoist | 起重機 | 揚重機 | 起重机 |
| — industry | 重工業 | 重工業 | 重工业 |
| — iron | 厚鋅層鋼板 | ヘビーアイアン | 厚锌层钢板 |
| — load | 重負載 | 重負荷 | 重负荷 |
| — load adjustment | 重負載調整 | 重負荷調整 | 重负荷调整 |
| — load nominal rating | 重負載標準定額 | 重負荷公称定格 | 重负载标准定额 |
| — metal | 重金屬 | 重金属 | 重金属 |
| — metalion | 重(金屬)離子 | 重金属イオン | 重(金属)离子 |
| — mineral | 重礦物 | 重鉱物 | 重矿物 |
| — oil additives | 重油添加劑 | 重油添加剤 | 重油添加剂 |
| — oil burner | 重油燃燒器 | 重油バーナ | 重油燃烧器 |
| — oil engine | 重油發動機 | 重油機関 | 重油发动机 |
| — oil fired boiler | 重油鍋爐 | 重油燃焼ボイラ | 重油锅炉 |
| — oil firing equipment | 重油燃燒裝置 | 重油燃焼装置 | 重油燃烧装置 |
| — oil heater | 重油加熱器 | 重油加熱器 | 重油加热器 |
| — oil pump | 重油泵 | 重油（噴燃）ポンプ | 重油泵 |
| — oil storage pump | 重油儲油泵 | 重油受け入れポンプ | 重油储油泵 |
| — oil strainer | 重油過濾器 | 重油ストレーナ | 重油过滤器 |
| — oil transfer pump | 重油輸送泵 | 重油移送ポンプ | 重油输送泵 |
| — plate | 厚板 | 厚板 | 厚板 |
| — section | 厚斷面 | ヘビーセクション | 大型断面 |
| — shape steel | 重型鋼材 | 重量形鋼 | 重型钢材 |

| 英　　文 | 臺　　灣 | 日　　文 | 大　　陸 |
|---|---|---|---|
| — tractor | 重型拖拉機 | 重量トラクタ | 重型拖拉机 |
| — voltage | 高電壓 | 重み電圧 | 高电压 |
| — water | 重水 | 重水 | 重水 |
| — water reactor | 重水反應爐 | 重水（型原子）炉 | 重水反应炉 |
| — welding | 重熔接；大斷面焊接 | 重溶接 | 等强焊接；大断面焊接 |
| **heavy-duty** | 重載 | 過負荷 | 重载 |
| — bearing | 重型軸承 | 強力軸受け | 重型轴承 |
| — container | 大容量容器 | 重容器 | 大容量容器 |
| — drilling machine | 重型鑽床 | 強力ボール盤 | 重型钻床 |
| — film | 重型薄膜 | 重質フィルム | 重型薄膜 |
| — granulating machine | 重型軋碎機 | 強力粗砕機 | 重型轧碎机 |
| — lathe | 強力車床 | 強力旋盤 | 重型车床 |
| — operation | 重載運轉 | 強力運転 | 重载运转 |
| — toggle switch | 重載開關 | 強力トグルスイッチ | 重载开关 |
| — wire spring | 高強度游絲〔細簧〕 | 強力線ばね | 高强度游丝〔细簧〕 |
| **Hecnum** | 一種銅鎳電阻合金 | ヘクナム | 一种铜镍电阻合金 |
| **hectog(ram)** | 百克 | ヘクトグラム | 百克 |
| **hectom(eter)** | 百米 | ヘクトメートル | 百米 |
| **heel** | 尾部；後跟（斜齒輪） | 外端部 | 尾部 |
| — air gap | 尾部空氣隙〔繼電器的〕 | 後部エアギャップ | 尾部空气隙〔继电器的〕 |
| — block | 墊塊 | ヒールブロック | 垫块 |
| — contact | 踵形接觸 | ヒールコンタクト | 踵形接触 |
| — end slug | 後部銅環 | 後部銅環 | 後部铜环 |
| — plate seat | 背靠塊座 | ヒールプレート座 | 背靠块座 |
| — post | 門柱 | 門柱 | 门柱 |
| — push fit | 重推入配合 | ヒールプッシュフィット | 重推入配合 |
| **heeling** | 傾斜角 | ヒールング | 倾斜角 |
| — angle | 橫傾角 | 横傾斜角 | 横倾角 |
| — experiment | 傾斜試驗 | 傾斜試験 | 倾斜试验 |
| — moment | 橫傾力矩 | 横傾斜モーメント | 横倾力矩 |
| **height** | 高度 | 高さ | 高度 |
| — adjuster | 高度調節裝置 | ハイトアジャスタ | 高度调节装置 |
| — control | 高度調節 | 高さ調節 | 高度调节 |
| — correction | 高度修正 | 高度補正 | 高度校正 |
| — curve | 高度曲線 | 高度曲線 | 高度曲线 |
| — finder | 測高計〔機〕 | 高度測定器 | 測高计〔机〕 |
| — ga(u)ge | 高度規〔計；尺〕 | 高さゲージ | 高度规〔计；尺〕 |
| — master | 高度規 | ハイトマスタ | 高度规 |
| — micrometer | 高度分厘卡 | ハイトマイクロメータ | 高度千分尺 |
| — of drop hammer | 鎚落高度 | 落高 | 锤落高度 |

| 英　　文 | 臺　　灣 | 日　　文 | 大　　陸 |
|---|---|---|---|
| — of eye | 目視高度 | 目通り | 目視高度 |
| — of fall | 降下高度 | 落下高 | 降下高度 |
| — of suction | 提升高度 | 吸上げ高度 | 提升高度 |
| — of thread | 螺紋牙高(度) | 山の高さ | 螺纹牙高(度) |
| — of tooth | 齒高 | 歯たけ | 齿高 |
| — pattern | 垂直方向性〔圖〕 | ハイトパターン | 垂直方向性〔图〕 |
| **Hele Shaw pump** | 一種徑向柱塞泵 | ヘルショーポンプ | 一种径向柱塞泵 |
| **heliarc welding** | 氫弧焊 | ヘリアーク溶接 | 氢弧焊 |
| **helical** angle | 螺旋角 | つる巻き角 | 螺旋角 |
| — auger | 螺(旋)鑽 | ヘリカルオーガ | 螺(旋)钻 |
| — bevel gear | 螺旋傘齒輪 | ヘリカルベベルギャー | 螺旋锥齿轮 |
| — Bourdon tube | 螺旋彈簧管 | つる巻きブルドン管 | 螺旋弹簧管 |
| — channel | 螺旋槽 | ら旋溝 | 螺旋槽 |
| — coil | 螺線形線圈 | ら線(形)コイル | 螺线形线圈 |
| — compression spring | 螺旋壓縮彈簧 | 圧縮コイルばね | 螺旋压缩弹簧 |
| — cutting | 螺旋切槽 | ら旋切条 | 螺旋切槽 |
| — extrusion | 螺旋擠壓〔靜液壓〕 | ハイドロスピン | 螺旋挤压〔静液压〕 |
| — extension spring | 螺旋拉伸彈簧 | 引張りコイルばね | 螺旋拉伸弹簧 |
| — fin | 螺旋(式)葉片 | ら旋切フィン | 螺旋(式)叶片 |
| — filter | 螺旋形濾波器 | ヘリカルフィルタ | 螺旋形滤波器 |
| — flow | 螺旋流 | ら旋流 | 螺旋流 |
| — flute | 螺旋槽 | ねじれ溝 | 螺旋槽 |
| — fluted reamer | 螺旋槽(式)鉸刀 | はす歯リーマ | 螺旋槽(式)铰刀 |
| — gear | 螺旋齒輪 | はす歯歯車 | 螺旋齿轮 |
| — grinding attachment | 螺旋研磨裝置 | ヘリカル研削装置 | 螺旋研磨装置 |
| — land | 螺旋刃帶 | ヘリカルランド | 螺旋刃带 |
| — line | 螺旋線 | ねじ線 | 螺旋线 |
| — manometer | 螺旋式壓力計 | ヘリカル型圧力計 | 螺旋式压力计 |
| — mixer | 螺旋式混合器 | ら旋型混和機 | 螺旋式混合机 |
| — motion | 螺旋(線)運動 | ら旋運動 | 螺旋(线)运动 |
| — pitch | 螺旋節距 | ねじ刻み | 螺距 |
| — rack | 螺旋齒條 | ヘリカルラック | 斜齿齿条 |
| — reversing gear | 螺旋回動裝置 | ねじ逆動装置 | 螺旋回动装置 |
| — ribbon mixer | 螺旋帶狀攪拌器 | ら旋帯かくはん機 | 螺旋带状搅拌器 |
| — rolling | 橫向螺旋軋製 | ヘリカルローリング | 横向螺旋轧制 |
| — runner | 螺旋葉輪 | ねじ羽根車 | 螺旋叶轮 |
| — scanning | 螺旋掃描 | ら旋走査 | 螺旋扫描 |
| — spring | 螺旋彈簧 | つる巻きばね | 螺旋形弹簧 |
| — spur gear | 螺旋正齒輪 | はす歯平歯車 | 斜齿正齿轮 |
| — structure | 螺旋結構 | ら旋構造 | 螺旋结构 |

| 英　　文 | 臺　　　灣 | 日　　　文 | 大　　陸 |
|---|---|---|---|
| — tooth | 螺旋齒 | ヘリカルツース | 螺旋齿 |
| — tooth cutter | 螺旋刃銑刀 | はす歯フライス | 螺旋齿铣刀 |
| helically-welded tube | 螺旋縫熔接管 | つる巻き溶接管 | 螺旋焊接管 |
| helicoid | 螺旋面〔體〕 | ら旋体 | 螺旋面〔体〕 |
| helicoidal motion | 螺旋運動 | ら旋運動 | 螺旋运动 |
| — surface | 螺旋面 | ら旋面 | 螺旋面 |
| helicoil | 螺旋線圈 | ヘリコイル | 螺旋线圈 |
| heliographic paper | 感光紙 | 感光紙 | 感光纸 |
| helium;He | 氦 | ヘリウム | 氦 |
| — cooling | 氦氣冷卻 | ヘリウム冷却 | 氦气冷却 |
| helix | 螺旋線 | ねじ線 | 螺旋线 |
| — angle | 螺旋角 | つる巻角 | 螺旋角 |
| — angle of thread | 螺紋螺旋角 | ねじのこう配 | 螺旋角 |
| — coil | 螺旋線圈 | ヘリックスコイル | 螺旋线圈 |
| helmet | 頭罩;鋼盔 | 保護帽 | 护面罩 |
| — shield | 遮蔽頭罩〔焊工用〕 | ヘルメットシールド | 护目头罩〔焊工用〕 |
| helper | 輔助機構 | ヘルパ | 辅助机构 |
| — spring | 輔助彈簧 | 補助ばね | 辅助弹簧 |
| hematite | 赤鐵礦 | 赤鉄鉱 | 赤铁矿 |
| — iron | 低磷生鐵 | ヘマタイト銑 | 低磷生铁 |
| — pig iron | 赤鐵礦生鐵 | ヘマタイト銑 | 赤铁矿生铁 |
| hemicycle | 半圓形 | 半円形 | 半圆形 |
| hemimorphism | 半對稱形;異極性 | 異極像 | 半对称形;异极性 |
| heming press | 折邊沖床 | ヘミングプレス | 折边压力机 |
| hemipyramid | 半錐體 | 半すい | 半锥体 |
| hemisphere | 半球 | 半球 | 半球 |
| hemming | 折邊 | 縁曲げ | 折边 |
| — die | 捲邊模 | 縁曲げ型 | 卷边模 |
| HEPA filter | 高效率空氣過濾器 | 超高性能フィルタ | 高效率空气过滤器 |
| heptahedron | 七面體 | 七面体 | 七面体 |
| Herculoy | 一種鍛造銅矽合金 | ハーキュロイ | 一种锻造铜硅合金 |
| hercynite | 鐵尖晶石 | ヘルシン石 | 铁尖晶石 |
| hermaphrodite caliper | 單邊卡鉗 | 片パス | 单边卡钳 |
| hermetic(al) art | 鍊金術 | 錬金術 | 链金术 |
| — case | 密封殼 | ハーメチックケース | 密封壳 |
| — compressor | 密封式壓縮機 | 全密閉圧縮機 | 密封式压缩机 |
| — heat seal | 熱密封 | 気密ヒートシール | 热密封 |
| — motor | 密封電動機 | 密閉形電動機 | 密封电动机 |
| — package | 氣密封裝 | 気密形パッケージ | 气密封装 |
| — purge | 密封淨化 | ハーメチックパージ | 密封净化 |

**H**

| 英　　　文 | 臺　　　灣 | 日　　　文 | 大　　　陸 |
|---|---|---|---|
| — seal | 氣密封接 | 気密封じ | 气密封接 |
| — sealing | 密封 | 気密シール | 密封 |
| — type compressor | 密封式壓縮機 | 密閉形圧縮機 | 密封式压缩机 |
| **hermetically** sealed can | 氣密封箱〔桶；盒〕 | 気密封じ缶 | 气密封箱〔桶；盒〕 |
| — sealded type relay | 密封接點繼電器 | 封入接点形リレー | 密封接点继电器 |
| **Heroult** furnace | 埃魯電弧爐 | エルー炉 | 一种电弧炉 |
| — process | 埃魯電爐煉鋼法 | エルー法 | 一种电炉炼钢法 |
| **herringbone gear** | 人字齒輪 | ヘリングボーン歯車 | 人字齿轮 |
| **hessian crucible** | 三角坩堝 | 三角るつぼ | 三角坩埚 |
| **heteroepitaxy** | 異質外延(生長) | ヘテロエピタキシー | 异质外延(生长) |
| **heterogeneity** | 非均質性 | 不均一性 | 不均匀性 |
| **heterogeneous** body | 非均質體 | 非均質体 | 不均匀体 |
| — combustion | 不均質燃燒 | 不均質燃焼 | 不均质燃烧 |
| — distribution | 非均匀分布 | 不均質分布 | 非均匀分布 |
| — equilibrium | 多相平衡 | 不均質系平衡 | 多相平衡 |
| — laminate | 不同材料層壓板 | 異質積層品 | 不同材料层压板 |
| — mixture | 非均匀混合物 | 不均質混和物 | 非均匀混合物 |
| — radiation | 非單色輻射 | 非均質放射線 | 非单色辐射 |
| — reaction | 多相反應 | 不均一系反応 | 多相反应 |
| — structure | 非均匀組織 | 不均質組織 | 非均匀组织 |
| — substance | 非均匀物質 | 不均質体 | 非均匀物质 |
| — system | 非均匀體系 | 不均質系 | 非均匀体系 |
| **heteropyknosis** | 異常凝縮 | 異常濃縮 | 异固缩 |
| **Heusler's alloy** | 一種錳鋁銅磁性合金 | ホイスラ合金 | 一种锰铝铜磁性合金 |
| **hex** socket screw | 圓柱頭內六角螺釘 | 六角穴付きねじ | 圆柱头内六角螺钉 |
| — washer | 六角墊圈 | ヘックスワッシャ | 六角垫圈 |
| — wrench | 六角扳手 | ヘックスレンチ | 六角扳手 |
| **hexagon** | 六邊形 | 六辺形 | 六边形 |
| — bar | 六角形棒 | 六角形棒 | 六角形棒 |
| — cap nut | 六角頭螺釘 | 六角袋ナット | 六角头螺钉 |
| — ferrite | 六角形肥粒鐵 | ヘキサゴンフェライト | 六角形铁氧体 |
| — head bolt | 六角頭螺栓 | 六角ボルト | 六角头螺栓 |
| — head screw | 六角頭螺釘 | 六角ボルト | 六角头螺钉 |
| — head tapping screw | 六角頭自攻螺釘 | 六角タッピングねじ | 六角头自攻螺钉 |
| — pin spanner | 六角軸銷扳手 | 六角棒スパナ | 六角轴销扳手 |
| — socket head | 內六角頭(螺釘) | 六角穴付き頭 | 内六角头(螺钉) |
| — socket screw | 內六角螺釘 | 六角穴付きねじ | 内六角螺钉 |
| — socket set screw | 六角凹頭止動螺釘 | 六角穴付き止めねじ | 六角凹头止动螺钉 |
| — washer head | 帶(凸)肩的六角頭 | つば付き六角頭 | 带(凸)肩的六角头 |
| **hexagonal** axis | 六角(對稱)軸線 | 六方対称軸 | 六角(对称)轴线 |

| 英　　文 | 臺　　灣 | 日　　文 | 大　　陸 |
|---|---|---|---|
| — barrel mixer | 六角滾筒式混合機 | 六角パレルミキサ | 六角滾筒式混合机 |
| — broach | 六角拉刀 | 六角ブローチ | 六角拉刀 |
| — closepacked lattice | 六方最密格子 | 六方最密格子 | 六角密集点阵 |
| — closepacked structure | 致密六方構造 | ちょう密六方構造 | 致密六方构造 |
| — crystal system | 六方晶系 | 六方晶系 | 六方晶系 |
| — ferrite | 六角晶型肥粒鐵 | 六方晶型フェライト | 六角晶型铁氧体 |
| — lattice | 六方格子 | 六方格子 | 六方格子 |
| — prism | 六角方柱 | 六方柱 | 六角方柱 |
| — pyramid | 六方錐 | 六方すい | 六方锥 |
| — scalenohedron | 六方偏三角面體 | 六方偏三角面体 | 六方偏三角面体 |
| — system | 六方晶系 | 六方晶系 | 六方晶系 |
| — tile | 六角形磁磚 | 六角タイル | 六角形面砖 |
| — wrench key | 內六角扳手 | 六角棒スパナ | 内六角扳手 |
| hexahedral element | 六面體(單)元 | 六面体要素 | 六面体(单)元 |
| hexahedron | 六面體 | 六面体 | 六面体 |
| Heyn etching method | 海因式蝕刻法 | ハイン腐食法 | 海因式蚀刻法 |
| — stresses | 海因應力 | ハイン応力 | 海因应力 |
| HF heating | 高周波加熱 | 高周波加熱 | 高频加热 |
| HF preheating | 高周波預熱 | 高周波予熱 | 高频预热 |
| HF-tube | 高周波管 | 高周波管 | 高频管 |
| HF welding | 高周波焊接 | 高周波溶接 | 高频焊接 |
| hiatus | 間隙 | ハイエータス | 间隙 |
| hickey | 彎管器 | ヒッキー | 弯管器 |
| hidden buffer | 隱式緩衝器 | 見えないバッファ | 隐式缓冲器 |
| — line | 虛線 | 見えない線 | 隐线 |
| — line elimination | 虛線消除 | 隠線除去 | 隐线消除 |
| — line plot | 虛線繪圖 | 隠線プロット | 隐线绘图 |
| — surface removal | 隱藏面消除 | 隠面除去 | 隐藏面消除 |
| hiduminium | 一種鋁銅鎳系鑄造合金 | ヒジュミニウム | 一种铝铜镍系铸造合金 |
| Hidurax | 一種銅合金 | ヒドラックス | 一种铜合金 |
| high accuracy | 高精度 | 高精度 | 高精度 |
| — alloy steel | 高合金鋼 | 高合金鋼 | 高合金钢 |
| — altitude corrosion | 高空腐蝕 | 高層腐食 | 高空腐蚀 |
| — aluminium | 高純度鋁 | ハイアルミ | 高纯铝 |
| — calcium lime | 高鈣石灰 | 高石灰質石灰 | 高钙石灰 |
| — calorie gas | 高熱值燃氣 | 高熱ガス | 高热值燃气 |
| — calorie power | 高發熱值 | 高位発熱量 | 高发热值 |
| — chrome cast iron | 高鉻鑄鐵 | 高クロム鋳鉄 | 高铬铸铁 |
| — chrome steel | 高鉻鋼 | 高クロム鋼 | 高铬钢 |
| — cistern | 高(位)水箱 | ハイシスターン | 高(位)水箱 |

H

| 英　　文 | 臺　　灣 | 日　　文 | 大　　陸 |
|---|---|---|---|
| ― clad steel | 高級複合鋼 | ハイクラット鋼 | 高级复合钢 |
| ― class cast iron | 高級鑄鐵 | 強じん鋳銑 | 高级铸铁 |
| ― conductance | 高電導 | ハイコンダクタンス | 高电导 |
| ― damping alloy | 防振合金 | 制振合金 | 防振合金 |
| ― efficiency | 高效率 | 高効率 | 高效率 |
| ― efficiency filter | 高效過濾器 | 高性能フィルタ | 高效过滤器 |
| ― elasticity | 高彈性 | 高弾性 | 高弹性 |
| ― elongation ga(u)ge | 塑性區應變規 | 塑性域ゲージ | 塑性区应变片 |
| ― enriched fuel | 高濃縮燃料 | 高濃縮燃料 | 高浓缩燃料 |
| ― furnace | 高爐 | 高炉 | 高炉 |
| ― gear | 高速(齒輪)傳動裝置 | 高速ギャ | 高速(齿轮)传动装置 |
| ― hard ball drill | 硬鋼球鑽 | 硬鋼球ドリル | 硬钢球钻 |
| ― head centrifugal pump | 高揚程離心泵 | 高水頭うず巻きポンプ | 高扬程离心泵 |
| ― humidity test | 高濕度試驗 | 高湿度試験 | 高湿度试验 |
| ― impact compound | 耐衝擊化合物 | 耐衝擊コンパウンド | 耐冲击化合物 |
| ― impact material | 耐衝擊材料 | 耐衝擊材料 | 耐冲击材料 |
| ― impact polystyrene | 耐衝擊性聚苯乙烯 | 耐衝擊性ポリスチレン | 耐冲击性聚苯乙烯 |
| ― leaded tin bronze | 高鉛青銅 | 高鉛青銅 | 高铅青铜 |
| ― limit | 上限尺寸;最高限度 | 最大寸法 | 上限尺寸 |
| ― load deformation test | 高載荷變形試驗 | 高荷重変形試験 | 高载荷变形试验 |
| ― manganese steel | 高錳鋼 | 高マンガン銅 | 高锰钢 |
| ― magnesium lime | 高鎂石灰 | 高マグネシウム質石灰 | 高镁石灰 |
| ― mica | 優質雲母 | ハイマイカ | 优质云母 |
| ― molecular compound | 高分子化合物 | 高分子化合物 | 高分子化合物 |
| ― peak current | 峰值電流 | 高ピーク電流 | 峰值电流 |
| ― pedestal jib crane | 高架懸臂起重機 | 門型ジブクレーン | 高架悬臂起重机 |
| ― permeability alloy | 高導磁率合金 | 高透磁率合金 | 高导磁率合金 |
| ― phosphorus pig iron | 高磷生鐵 | 高りん銑鉄 | 高磷生铁 |
| ― pitch propeller | 大螺距螺旋漿 | ハイピッチプロペラ | 大螺距螺旋浆 |
| ― pitch ratio | 大螺距比 | 高ピッチ比 | 大螺距比 |
| ― polymeric substance | 高分子物質 | 高（電）圧試験 | 高分子物质 |
| ― production | 大量生產 | 多量生産 | 大量生产 |
| ― radiativity | 高輻射性 | 高放射性 | 高辐射性 |
| ― refractory oxide | 高耐火性氧化物 | 高耐火性酸化物 | 高耐火性氧化物 |
| ― relief | 凸紋浮雕 | 高肉彫り | 凸纹浮雕 |
| ― sensitivity | 高靈敏度 | 高感度 | 高灵敏度 |
| ― shear viscosity | 高剪切黏度 | 高せん断粘度 | 高剪切黏度 |
| ― side float valve | 高壓浮球閥 | 高圧フロート弁 | 高压浮球阀 |
| ― silicon cast iron | 高矽鑄鐵 | 高けい素鋳鉄 | 高硅铸铁 |
| ― silicon pig iron | 高矽生鐵 | 高けい素銑鉄 | 高硅生铁 |

| 英　　文 | 臺　　灣 | 日　　文 | 大　　陸 |
|---|---|---|---|
| ― silicon steel sheet | 高矽鋼片 | 高けい素鋼板 | 高硅钢片 |
| ― steel | 高碳鋼 | ハイスチール | 高碳钢 |
| ― strain rate forming | 高速成形 | 高ひずみ速度成形 | 高速成形 |
| ― styrene resin | 高苯乙烯樹脂 | ハイスチレン樹脂 | 高苯乙烯树脂 |
| ― super press | 超高速沖床〔沖床〕 | ハイスーパープレス | 超高速冲床〔压力机〕 |
| ― supersonic flow | 高超音速流 | 高超音速流 | 高超音速流 |
| ― tank | 高（位）水箱 | ハイタンク | 高（位）水箱 |
| ― torque | 高扭矩 | 高トルク | 高扭矩 |
| high-alumina brick | 高鋁（耐火）磚 | 高アルミナれんが | 高铝（耐火）砖 |
| ― ceramics | 高鋁〔金屬〕陶瓷 | 高アルミナ磁器 | 高铝〔金属〕陶瓷 |
| high-amperage | 高安培數 | ハイアンペレージ | 高安培数 |
| high-capacity cable | 高容量電纜 | 高容量ケーブル | 高容量电缆 |
| high-carbon steel | 高碳鋼 | 高炭素鋼 | 高碳钢 |
| high-density alloy | 高密度合金 | 高密度合金 | 高密度合金 |
| ― assembly | 高密度組裝 | 高密度実装 | 高密度组装 |
| ― ferrite | 高密度肥粒鐵 | 高密度フェライト | 高密度铁氧体 |
| ― packaging technique | 高密度組裝技術 | 高密度実装技術 | 高密度组装技术 |
| high-dielectric ceramic | 高介電陶瓷 | 高誘電率磁器 | 高介电陶瓷 |
| high-duty cast iron | 高強度鑄鐵 | 強じん鋳鉄 | 高强度铸铁 |
| ― oils | 重負載潤滑油 | HD油 | 重负荷滑油 |
| ― steel | 高強度鋼 | 高張力鋼 | 高强度钢 |
| high-energy accelerator | 高能加速器 | 高エネルギー加速器 | 高能加速器 |
| ― fuel | 高熱值燃料 | 高エネルギー燃料 | 高热值燃料 |
| higher bronze | 高級鋁鐵鎳錳耐蝕青銅 | ハイヤーブロンズ | 高级铝铁镍锰耐蚀青铜 |
| ― heating value | 高發熱量 | 高（位）発熱量 | 高发热量 |
| highfin tube | 寬翅散熱管 | ハイフィンチューブ | 宽翅散热管 |
| high-frequency absorber | 高周波吸收器 | 高周波吸収器〔装置〕 | 高频吸收器 |
| ― arc welder | 高周波電弧焊接機 | 高周波アーク溶接機 | 高频电弧焊接机 |
| ― bonding | 高周波焊接 | 高周波接着 | 高频焊接 |
| ― core stove | 高周波型芯乾燥爐 | 高周波芯乾燥炉 | 高频型芯干燥炉 |
| ― current | 高周波電流 | 高周波電流 | 高频电流 |
| ― dielectric heating | 高周波介質加熱 | 高周波誘電加熱 | 高频介质加热 |
| ― dielectric welding | 高周波介質（塑料）熔接 | 高周波誘電溶接 | 高频介质（塑料）熔接 |
| ― discharge | 高周波放電 | 高周波放電 | 高频放电 |
| ― drying furnace | 高周波乾燥爐 | 高周波乾燥炉 | 高频干燥炉 |
| ― electric current | 高周波電流 | 高周波電流 | 高频电流 |
| ― electric furnace | 高周波電氣爐 | 高周波電気炉 | 高频电气炉 |
| ― electric heating | 高周波加熱 | 高周波加熱 | 高频加热 |
| ― electric source | 高周波電源 | 高周波電源 | 高频电源 |
| ― electric welding | 高周波電焊 | 高周波電気溶接法 | 高频电焊 |

H

| 英　　文 | 臺　　灣 | 日　　文 | 大　　陸 |
|---|---|---|---|
| — flaw detection method | 高周波探傷法 | 高周波探傷法 | 高频探伤法 |
| — furnace | 高周波爐 | 高周波炉 | 高频炉 |
| — gluing | 高周波黏合 | 高周波接着 | 高频黏合 |
| — heat | 高周波加熱 | 高周波加熱 | 高频加热 |
| — heat sealing | 高周波熱封 | 高周波ヒートシール | 高频热封 |
| — heater | 高周波加熱器 | 高周波加熱器 | 高频加热器 |
| — heating machine | 高周波加熱機〔爐〕 | 高周波ミシン | 高频加热机〔炉〕 |
| — induction coil | 高周波感應線圈 | 高周波誘導コイル | 高频感应线圈 |
| — induction furnace | 高周波誘導電氣爐 | 高周波誘導炉 | 高频诱导电气炉 |
| — induction heating | 高周波感應加熱 | 高周波誘導加熱 | 高频感应加热 |
| — induction welding | 高周波感應焊 | 高周波誘導溶接 | 高频感应焊 |
| — pellet-heater | 高周波樹脂粒塊預熱器 | 高周波ペレット予熱器 | 高频树脂粒块预热器 |
| — power | 高周波電力 | 高周波電力 | 高频电力 |
| — preheating | 高周波預熱 | 高周波予熱 | 高频预热 |
| — probe | 高周波探頭 | 高周波プローブ | 高频探头 |
| — quenching | 高周波淬火 | 高周波焼入れ | 高频淬火 |
| — resistance hardening | 高頻率電阻淬火 | 高周波抵抗加熱焼入れ | 高频电阻淬火 |
| — resistance welding | 高頻率電阻焊 | 高周波抵抗溶接 | 高频电阻焊 |
| — sealing machine | 高周波（熱）封閉機 | 高周波（ヒート）シール | 高频（热）封闭机 |
| — thickness meter | 高周波測厚儀 | 高周波厚み計 | 高频测厚仪 |
| — voltmeter | 高周波電壓錶 | 高周波電圧計 | 高频电压表 |
| — wave | 高周波 | 高周波 | 高频 |
| — welder | 高周波焊機 | 高周波溶接機 | 高频焊机 |
| — welding | 高周波溶接 | 高周波溶接 | 高频溶接 |
| **high-grade** cast iron | 高級鑄鐵 | 強じん鋳鉄 | 高级铸铁 |
| — coal | 高品位煤碳 | 高品位炭 | 高品位煤炭 |
| — oil | 高級油 | ハイグレードオイル | 高级油 |
| — ore | 高品位礦 | 上鉱 | 高品位矿 |
| — steel | 高級鋼 | 高級鋼 | 高级钢 |
| **high-low bulb** | 變光燈 | ハイロー電球 | 变光灯 |
| — type mixer | 垂直式攪拌機 | ハイロータイプミキサ | 垂直式搅拌机 |
| **high-order detonation** | 高速完全爆炸 | 完爆 | 高速完全爆炸 |
| **high-performance** | 高性能 | 高性能 | 高性能 |
| **high-power** amplifier | 強力放大器 | ハイパワーアンプ | 大功率放大器 |
| — capacity | 大功率容量 | 大電力容量 | 大功率容量 |
| — engine | 大功率發動機 | ハイパワーエンジン | 大功率发动机 |
| — gas laser | 高能〔功率〕氣體雷射 | 高出力ガスレーザ | 高能〔功率〕气体激光器 |
| — load | 大功率負載 | 大電力負荷 | 大功率负载 |
| **high-precision** | 高精（密）度 | ハイプレシジョン | 高精（密）度 |
| **high-pressure** air starter | 高壓空氣式起動機 | 高圧空気式始動装置 | 高压空气式起动机 |

| 英　　文 | 臺　　灣 | 日　　文 | 大　　陸 |
|---|---|---|---|
| — boiler | 高壓鍋爐 | 高圧ボイラ | 高压锅炉 |
| — burer | 高壓燃燒器 | 高圧バーナ | 高压燃烧器 |
| — casting | 高壓鑄造 | 高（加）圧鋳造 | 高压铸造 |
| — centrifugal pump | 高壓離心泵 | 高圧うず巻きポンプ | 高压离心泵 |
| — check valve | 高壓止回閥 | 高圧チェックバルブ | 高压止回阀 |
| — compressor | 高壓壓縮機 | 高圧圧縮機 | 高压压气机 |
| — controller | 高壓控制器 | 高圧制御器 | 高压控制器 |
| — cylinder | 高壓氣〔油〕缸 | 高圧シリンダ | 高压气〔油〕缸 |
| — ejector pump | 高壓噴射泵 | 高圧噴射ポンプ | 高压喷射泵 |
| — engine | 高壓發動機 | 高圧機関 | 高压发动机 |
| — extruding machine | 高壓壓塗機〔焊條塗覆〕 | 高圧塗装機 | 高压压涂机〔焊条涂覆〕 |
| — fitting | 高壓接頭 | 高圧継手 | 高压接头 |
| — float valve | 高壓浮球閥 | 高圧フロート弁 | 高压浮球阀 |
| — forging | 高壓鍛造 | 高圧鍛造加工 | 高压锻造 |
| — forming | 高壓成形法 | 高圧成形法 | 高压成形法 |
| — furnace | 高壓爐 | 高圧炉 | 高压炉 |
| — gas | 高壓氣體 | 高圧ガス | 高压气体 |
| — ga(u)ge | 高壓計 | 高圧計 | 高压压力表 |
| — heater | 高壓加熱器 | 高圧加熱器 | 高压加热器 |
| — laminated product | 高壓疊層製品 | 高圧積層物 | 高压叠层制品 |
| — metal working | 高壓金屬加工 | 高圧金属加工 | 高压金属加工 |
| — mo(u)lding | 高壓成形 | 高圧成形 | 高压成形 |
| — pipe | 高壓管 | 高圧管 | 高压管 |
| — piston | 高壓活塞 | 高圧ピストン | 高压活塞 |
| — polyethylene | 高壓聚乙烯 | 高圧法ポリエチレン | 高压聚乙烯 |
| — pump | 高壓泵 | 高圧ポンプ | 高压泵 |
| — relay | 高壓繼電器 | 高圧リレー | 高压继电器 |
| — relief valve | 高壓安全閥 | 高圧リリーフ弁 | 高压安全阀 |
| — safety cut-out | 高壓安全切斷器 | 高圧保護開閉器 | 高压安全切断器 |
| — valve | 高壓閥 | 高圧弁 | 高压阀 |
| **high-purity** | 高純度 | 高純度 | 高纯度 |
| — aluminium | 高純度鋁 | 高純度アルミニウム | 高纯铝 |
| — metal | 高純度金屬 | 高純度金属 | 高纯度金属 |
| — silcon | 高純（度）矽 | 高純度シリコン | 高纯（度）硅 |
| **high-resistance alloy** | 高阻合金 | 高抵抗合金 | 高阻合金 |
| **high-speed** aerodynamics | 高速空氣動力學 | 高速空気力学 | 高速空气动力学 |
| — automatic press | 高速自動沖床 | 高速自動プレス | 高速自动压床 |
| — balancing | 高速動平衡 | 高速釣合わせ | 高速动平衡 |
| — buff | 高速擦光輪 | 高速バフ | 高速抛光轮 |
| — centrifuge | 高速離心機 | 高速遠心機 | 高速离心机 |

H

493

| 英　　文 | 臺　　灣 | 日　　文 | 大　　陸 |
|---|---|---|---|
| ─ circuit breaker | 高速斷路器 | 高速度遮断器 | 高速断路器 |
| ─ compressor | 高速壓縮機 | 高速圧縮機 | 高速压缩机 |
| ─ cutter | 高速刀具 | 高速刃物 | 高速刀具 |
| ─ dynamic blancing | 高速動(力)平衡 | 高速釣り合わせ | 高速动(力)平衡 |
| ─ elevator | 高速升降機 | 高速エレベータ | 高速升降机 |
| ─ extruder | 高速擠出機 | 高速押出し機 | 高速挤出机 |
| ─ extrusion | 高速擠壓 | 高速押出し | 高速挤压 |
| ─ flow type mixer | 高速流動型混料機 | 高速流動型混和機 | 高速流动型混料机 |
| ─ forging machine | 高速鍛造機 | 高速鍛造機 | 高速锻造机 |
| ─ fuse | 高速熔絲〔保險絲〕 | 高速度ビューズ | 高速熔丝〔保险丝〕 |
| ─ gill | 高速散熱片 | 高速ギル | 高速散热片 |
| ─ injection mo(u)lding | 高速射出成形 | 高速射出成形 | 高速注射模塑 |
| ─ jet | 高速射流 | 高速ジェット | 高速射流 |
| ─ jet water drilling | 高速噴射水鑽井〔探〕 | 高速ジェット水掘削 | 高速喷射水钻井〔探〕 |
| ─ jetting method | 高速噴射法 | 高速ジェッティング法 | 高速喷射法 |
| ─ lathe | 高速車床 | 高速旋盤 | 高速车床 |
| ─ machining | 高速切削 | 高速切削 | 高速切削 |
| ─ mixer | 高速混合〔攪拌〕機 | 高速ミキサ | 高速混合〔搅拌〕机 |
| ─ mixer grinder | 高速混合粉碎機 | 高速混和粉砕機 | 高速混合粉碎机 |
| ─ plunger mo(u)lding | 高速柱塞模塑 | 高速プランジャ成形 | 高速柱塞模塑 |
| ─ pneumatic grinder | 高速氣動磨頭 | 高速空気グラインダ | 高速风动磨头 |
| ─ printer | 快速印表機 | 高速度プリンタ | 快速印刷机 |
| ─ steel | 高速鋼 | 高速度鋼 | 高速钢 |
| ─ steel broach | 高速鋼拉刀 | 高速度鋼プローチ | 高速钢拉刀 |
| ─ steel chaser | 高速鋼螺紋梳刀 | 高速度鋼チェーザ | 高速钢螺纹梳刀 |
| ─ steel drill | 高速鋼鑽頭 | 高速度鋼ドリル | 高速钢钻头 |
| ─ steel milling cutter | 高速鋼銑刀 | 高速度鋼フライス | 高速钢铣刀 |
| ─ steel reamer | 高速鋼鉸刀 | 高速度鋼リーマ | 高速钢铰刀 |
| ─ steel tap | 高速鋼絲攻 | 高速度鋼タップ | 高速钢丝锥 |
| ─ steel tool | 高速鋼工具 | 高速度鋼工具 | 高速钢工具 |
| ─ stone mill | 高速石磨機 | 高速ストーンミル | 高速石磨机 |
| ─ tachometer | 高速轉速計 | 高速回転速度計 | 高速转速计 |
| ─ tool steel | 高速工具鋼 | 高速度工具鋼 | 高速工具钢 |
| ─ valve | 高速閥 | 高速バリブ | 高速阀 |
| **high-strength** aluminum | 高強度鋁 | 高力アルミニウム | 高强度铝 |
| ─ bar | 高強度鋼筋 | 高強度鉄筋 | 高强度钢筋 |
| ─ brass | 高強度黃銅 | 高力黄銅 | 高强度黄铜 |
| ─ bronze | 高強度青銅 | 高力青銅 | 高强度青铜 |
| ─ bolt | 高強度螺栓 | 高張力ボルト | 高强度螺栓 |
| ─ bolted connections | 高強度螺栓聯結法 | 高力ボルト工法 | 高强度螺栓联结法 |

| 英　　文 | 臺　　灣 | 日　　文 | 大　　陸 |
|---|---|---|---|
| — cast iron | 高強度鑄鐵 | 高級鋳鉄 | 高强度铸铁 |
| — filler | 高強度填料 | 強化材 | 高强度填料 |
| — joint | 高強度接頭 | 高強度継手 | 高强度接头 |
| — laminated plastic(s) | 高強度層壓塑料 | 強化プラスチック | 高强度层压塑料 |
| — low alloy steel | 高強度低合金鋼 | 高（張）力低合金鋼 | 高强度低合金钢 |
| — malleable cast iron | 高強度可鍛鑄鐵 | 高力可鍛鋳鉄 | 高强度可锻铸铁 |
| — steel | 高強度鋼 | 高力鋼 | 高强度钢 |
| — steel cable | 高強度鋼索 | 高力スチールケーブル | 高强度钢丝绳 |
| — steel electrode | 高強度鋼電焊條 | 高力鋼（アール）溶接棒 | 高强度钢电焊条 |
| — steel plate | 高強度鋼板 | 高力鋼板 | 高强度钢板 |
| **high-temperature** | 高溫 | 高温 | 高温 |
| — adhesive | 高溫硬化黏合劑 | 高温硬化接着剤 | 高温硬化黏合剂 |
| — bond strength | 高溫黏合強度 | 高温接着強さ | 高温黏合强度 |
| — carbonization | 高溫碳化 | 高温乾留 | 高温碳化 |
| — carburizing | 高溫滲碳 | 高温浸炭 | 高温渗碳 |
| — characteristic | 耐熱性 | 高温特性 | 耐热性 |
| — coefficient | 高溫係數 | 高温係数 | 高温系数 |
| — corrosion | 高溫腐蝕 | 高温腐食 | 高温腐蚀 |
| — creep | 高溫潛變 | 高温クリープ | 高温蠕变 |
| — curing | 高溫硬化 | 高温硬化 | 高温硬化 |
| — deformation | 高溫變形 | 高温変形 | 高温变形 |
| — deposit | 高溫附著物 | 高温付着物 | 高温附着物 |
| — extensibility | 高溫延伸性 | 高温伸長性 | 高温延伸性 |
| — ga(u)ge | 高溫應變規 | 高温ゲージ | 高温应变片 |
| — grease | 高溫潤滑脂 | 耐熱グリース | 高温润滑脂 |
| — insulation | 保溫材料 | 保温 | 保温材料 |
| — oxidation | 高溫氧化 | 高温酸化 | 高温氧化 |
| — performance | 耐熱性能 | 高温性能 | 耐热性能 |
| — plasticizer | 高溫增塑劑 | 耐熱性可塑剤 | 高温增塑剂 |
| — polymerization | 高溫聚合 | 高温重合 | 高温聚合 |
| — processing | 高溫加工 | 高温加工 | 高温加工 |
| — property | 耐熱性 | 高温特性 | 耐热性 |
| — radiant panel | 高溫輻射板 | 高温ふく射パネル | 高温辐射板 |
| — resin | 耐熱樹脂 | 耐熱樹脂 | 耐热树脂 |
| — resistance | 耐熱性 | 耐熱性 | 耐热性 |
| — scale | 高溫銹〔氧化〕皮 | 高温酸化スケール | 高温锈〔氧化〕皮 |
| — stability | 高溫穩定性 | 高温安定度 | 高温稳定性 |
| — strength | 高溫強度 | 高温強度 | 高温强度 |
| — testing | 高溫試驗 | 高温試験 | 高温试验 |
| — treatment | 高溫處理 | 高熱処理 | 高温处理 |

**H**

| 英 文 | 臺 灣 | 日 文 | 大 陸 |
|---|---|---|---|
| **high-tension** | 張力 | 高圧 | 张力 |
| — arc | 高壓電弧 | 高電圧アーク | 高压电弧 |
| — bolt | 高強度螺栓 | 高張力ボルト | 高强度螺栓 |
| — cable | 高壓電纜 | 高圧ケーブル | 高压电缆 |
| — circuit | 高壓電路 | 高圧回路 | 高压回路 |
| — coil | 高壓線圈 | 高圧コイル | 高压线圈 |
| — current | 高壓電流 | 高圧電流 | 高压电流 |
| — insulator | 高壓絕緣子 | 高圧（用絶縁）がいし | 高压绝缘子 |
| — power | 高壓電力 | 高圧電力 | 高压电力 |
| — switch board | 高壓配電盤 | 高圧配電盤 | 高压配电盘 |
| — transformer | 高壓變壓器 | 高圧変圧器 | 高压变压器 |
| **high-tin alloy** | 高錫合金 | ハイティンアロイ | 高锡合金 |
| **high-vacuum** | 高真空 | 高真空 | 高真空 |
| — distillation | 高真空蒸餾 | 高真空蒸留 | 高真空蒸馏 |
| — electron beam welding | 高真空電子束焊接 | 高真空電子ビーム溶接 | 高真空电子束焊接 |
| — grease | 高真空潤滑脂 | 高真空グリース | 高真空润滑脂 |
| — metal deposition | 真空鍍（金屬）膜 | 真空蒸着 | 真空镀（金属）膜 |
| — metallizing | 真空鍍膜 | 真空蒸着 | 真空镀膜 |
| — pump | 高真空泵 | 高真空ポンプ | 高真空泵 |
| — vanadium steel | 高釩鋼 | ハイバナ | 高钒钢 |
| **high-velocity** | 高速 | 高速 | 高速 |
| — forming | 高速成形 | 高速成形 | 高速成形 |
| — forming die | 高速成形模 | 高速成形型 | 高速成形模 |
| — impact | 高速衝擊 | 高速衝撃 | 高速冲击 |
| — shearing | 高速剪切 | 高速度せん断加工 | 高速剪切 |
| **high-voltage** | 高壓 | 高圧 | 高压 |
| — arc | 高壓電弧 | 高圧アーク | 高压电弧 |
| — corona discharge | 高壓電暈放電 | 高圧コロナ放電 | 高压电晕放电 |
| — current | 高壓電流 | 高圧電流 | 高压电流 |
| — DC power supply | 高壓直流電源 | 高圧直流電源 | 高压直流电源 |
| — electrode | 高壓電極 | 高圧電極 | 高压电极 |
| — meter | 高壓計〔錶〕 | 高圧計 | 高压计〔表〕 |
| — strain insulator | 高壓耐張絕緣子 | 高圧耐張がい子 | 高压耐张绝缘子 |
| — substation | 高壓變電站 | 高圧受変電設備 | 高压变电站 |
| — terminal | 高壓接頭 | 高圧端子 | 高压接头 |
| — test | 高（電）壓試驗 | 高（電）圧試験 | 高（电）压试验 |
| — wire | 高壓線 | 高圧線 | 高压线 |
| — wiring | 高壓配線 | 高圧配線 | 高压布线 |
| **Hi-Lo set plug** | 成組界限塞規 | ハイローセットプラグ | 成组界限塞规 |
| **Hindley** hob | 一種滾刀 | ヒンドレホブ | 一种滚刀 |

| 英　　文 | 臺　　灣 | 日　　文 | 大　　陸 |
|---|---|---|---|
| — worm | 一種蝸桿〔弧面蝸桿〕 | ヒンドレウォーム | 一种蜗杆〔弧面蜗杆〕 |
| **hinge** | 鉸鏈 | ヒンジ | 铰链 |
| — forming die | 鉸鏈成形模 | ヒンジ成形型 | 铰链成形模 |
| — jaw | 鉸鏈顎夾 | ヒンジジョー | 铰接夹头 |
| — mount | 鉸接架〔座〕 | ヒンジマウント | 铰接架〔座〕 |
| **hinged** bearing | 鉸接軸承 | ヒンジ支承 | 铰支承 |
| — boom | 鉸接吊桿 | 起伏げた | 铰接吊杆 |
| — cantilever | 鉸接懸臂 | 可動ブラケット | 铰接悬臂 |
| — end | 鉸（接）端 | こう端 | 铰（接）端 |
| — horn die | 鉸接懸臂凹模 | ピン止めホーン型 | 铰接悬臂凹模 |
| — joint | 鉸節 | ピン継手 | 铰接 |
| — mo(u)lding box | 鉸接合式砂箱 | 抜き枠 | 活砂箱 |
| — support | 轉動支座 | 回転支点 | 转动支座 |
| **Hiperco** | 一種磁性合金 | ヒペルコ | 一种磁性合金 |
| **Hiperloy** | 一種高導磁率合金 | ハイパーロイ | 一种高导磁率合金 |
| **hipernik** | 高導磁率鎳鋼 | ハイパーニック | 高导磁率镍钢 |
| **Hirox** | 一種電阻合金 | ヒロックス | 一种电阻合金 |
| **Hishi-metal** | 氯已烯覆層金屬薄板 | ヒシメタル | 氯已烯覆层金属薄板 |
| **hisingerite** | 矽鐵土 | ヒジンゲル石 | 硅铁土 |
| **hitch** | 繫扣 | ヒッチ結び | 联结 |
| — angle | 聯結角鋼 | ヒッチアングル | 联结角钢 |
| — device | 聯結裝置 | ヒッチデバイス | 联结装置 |
| — feed | 夾持送料 | ヒッチフィード | 夹持送料 |
| — feeder | 爪形送料機 | ヒッチフィーダ | 爪形送料机 |
| — hole | 牽引鉤孔 | ヒッチホール | 牵引钩孔 |
| **HN-cast iron** | 高鎳耐熱鑄鐵 | HN鋳鉄 | 高镍耐热铸铁 |
| **hob** | 滾刀 | 硬質鋼製押型 | 滚刀 |
| — arbor | 刀具心軸 | ホブアーバ | 刀具心轴 |
| — cutter | 滾刀 | ホブカッタ | 滚刀 |
| — head | 滾銑刀架〔座〕 | ホブヘッド | 滚铣刀架〔座〕 |
| — master | 擠壓製模的原模 | ホブ原型 | 挤压制模的原模 |
| — saddle | 滾齒刀架 | ホブサドル | 滚齿刀架 |
| — spindle | 滾銑刀軸 | ホブ主軸 | 滚铣刀轴 |
| — tap | 螺模螺絲攻 | 種タップ | 板牙丝锥 |
| — tester | 滾刀檢查儀 | ホブテスタ | 滚刀检查仪 |
| **hobbed cavity** | 滾削孔 | ホビング孔 | 滚削孔 |
| **hobbing** | 銑齒；滾齒 | ホブ切り | 铣齿 |
| — blank | 滾削模槽胚料 | ホビングブランク | 滚削模槽胚料 |
| — machine | 滾齒機 | ホブ盤 | 滚齿机 |
| — press | 切壓機 | ホビンブプレス | 切压机 |

| 英　　文 | 臺　　灣 | 日　　文 | 大　　陸 |
|---|---|---|---|
| — ring | 滾削環〔槽〕 | ホビングリング | 滚削环〔槽〕 |
| **hodograph** | 速〔度〕端〔點〕曲線 | ホドグラフ | 速度图 |
| — method | 速度面(圖)法 | ホドグラフ法 | 速度面(图)法 |
| — plane | 速度平面 | ホドグラフ面 | 速度平面 |
| **hoist** | 吊重機 | 巻き上げ機 | 起重机 |
| — engine | 提升絞車 | ホイストエンジン | 提升绞车 |
| **hoisting** accessory | 吊具 | つり具 | 吊具 |
| — bucket | 吊桶 | 巻上げバケット | 吊桶 |
| — chain | 起重鏈 | 引上げ鎖 | 起重链 |
| — crane | 吊車起重機 | 巻上げクレーン | 起重机 |
| — hook | 起重機鉤 | ホイスティングフック | 起重机钩 |
| — load | 提升負載 | 釣上げ荷重 | 提升负荷 |
| — speed | 提升速度 | 巻上げ速度 | 提升速度 |
| — winch | 提升絞車 | 巻上げ機 | 提升绞车 |
| **hold** | 船艙 | ホールト | 压紧 |
| — circuit | 保持回路 | 保持回路 | 保持回路 |
| — facility | 保持能力 | ホールトファシリティ | 保持能力 |
| — fast | (夾)鉗 | かすがい | (夹)钳 |
| **holdall** | 工具袋〔箱〕 | 雑のう | 工具袋〔箱〕 |
| **hold-back** | 抑制 | 逆転防止装置 | 抑制 |
| **hold-down** arm | 固定臂 | ホルドダウンアーム | 固定臂 |
| — force | 壓緊力 | 板押え力 | 压紧力 |
| — groove | 定位槽 | 支え溝 | 定位槽 |
| — roll | 定位輥 | 支えロール | 定位辊 |
| — mechanism | 壓緊機構 | ホールドダウン機構 | 压紧机构 |
| **holder** | 夾持具;柄 | 物押さえ | 夹具 |
| — block | 固定框 | ホルダブロック | 固定框 |
| — for valve spring | 閥簧座 | 弁ばね受け | 阀簧座 |
| **holding** action | 保持作用 | 保持作用 | 保持作用 |
| — back | 逆轉防止裝置 | 逆転防止装置 | 防反转装置 |
| — bolt | 地腳螺釘 | 据え付けボルト | 地脚螺钉 |
| — fixture | 夾緊裝置 | 固定板押え | 夹紧装置 |
| — furnace | 保溫爐 | 均質炉 | 保温炉 |
| — jig | 夾具 | 保持具 | 夹具 |
| — pad | 壓料板 | しわ押え | 压料板 |
| — pin | 定位銷 | インサートピン | 定位销 |
| — power | 支撐力 | 静止把駐力 | 支撑力 |
| — valve | 保持閥 | ホールディング弁 | 保持阀 |
| **holding-down** bolt | 地腳螺栓 | 据え付けボルト | 地脚螺栓 |
| — nut | 地腳螺栓用螺母 | 据え付けナット | 地脚螺栓用螺母 |

| 英　　文 | 臺　　灣 | 日　　文 | 大　　陸 |
|---|---|---|---|
| — pad | 壓料板 | 板押え | 压料板 |
| **holding-up** hammer | 鉚釘撐鎚 | 当てづち | 圆边击平锤 |
| — lever | 支持桿 | 据え付けレバー | 支持杆 |
| **hole** | 孔 | 孔 | (空)穴 |
| — base system | 基孔制 | 穴基準式 | 基孔制 |
| — base system of fits | 基孔制配合 | 穴基準はめ合い | 基孔制配合 |
| — bubble | 孔穴狀氣泡 | 巣孔気泡 | 孔穴状气泡 |
| — burning | 燒孔效應 | ホールバーニング | 烧孔效应 |
| — current | 空穴電流 | 正孔電流 | 空穴电流 |
| — diameter | 孔徑 | 穴径 | 孔径 |
| — digger | 鑽孔機〔器〕 | 穴掘り機 | 钻孔机〔器〕 |
| — drill | 螺孔鑽 | ねじ下ぎり | 螺孔钻 |
| — drilling method | 鑽孔法 | 穴あけ法 | 钻孔法 |
| — ga(u)ge | 測孔規 | 穴ゲージ | 塞规 |
| — stone | 圓柱寶石軸承 | ホールストーン | 圆柱宝石轴承 |
| — through spindle | 主軸通孔 | 主軸貫通穴 | 主轴通孔 |
| **hollow anode** | 空心陽極 | ホローアノード | 空心阳极 |
| — axle | 空心軸 | 中空車軸 | 空心轴 |
| — bit | 倒角 | 角のみきり | 倒角 |
| — brick | 空心磚 | 空洞れんが | 空心砖 |
| — bricket | 空心煤磚 | 穴あきれん炭 | 空心煤砖 |
| — casting | 中空鑄造〔件〕 | 中空注型 | 中空铸造〔件〕 |
| — circular cylinder | 空心圓筒 | 中空円筒 | 空心圆筒 |
| — core optical fiber | 中空光導纖維 | 中空光ファイバ | 中空光导纤维 |
| — cutting | 沖孔 | 突切り作業 | 冲孔 |
| — drill | 空心鑽頭 | 中空ぎり | 空心钻 |
| — electrode | 中空電極 | 穴あき電極 | 中空电极 |
| — forging | 中空鍛造 | 中空鍛造 | 中空锻造 |
| — form | 中空模 | 中空型 | 中空模 |
| — lead cutter | 導槽銑刀 | ホローリードカッタ | 导槽铣刀 |
| — mill | 空心銑刀 | ホローミル | 筒形外圆铣刀 |
| — nosed plane | 圓刨 | 丸がんな | 圆刨 |
| — punch | 空心衝鏨 | 筒パンチ | 冲孔器 |
| — punching | 中空穿孔 | 中空押し抜き | 中空穿孔 |
| — rivet | 空心鉚釘 | ホローリベット | 空心铆钉 |
| — roll | 中空(軋)輥 | 中空ロール | 中空(轧)辊 |
| — roller | 空心滾子 | 中空ころ | 空心滚子 |
| — screw | 空心螺釘 | 袋ねじ | 空心螺钉 |
| — shaft | 空心軸 | 中空軸 | 空心轴 |
| — sphere | 空心球 | 中空球 | 中空球 |

| 英　　　文 | 臺　　　灣 | 日　　　文 | 大　　　陸 |
|---|---|---|---|
| — spindle | 空心心軸 | フライス主軸 | 空心主軸 |
| — spindle lathe | 空心軸車床 | 管軸旋盤 | 空心軸车床 |
| — sprue | 空心直澆口〔熔模〕 | ホロースブル | 空心直浇口〔熔模〕 |
| — wave | 空心射流〔焊接〕 | ホローウェーブ | 空心射流〔焊接〕 |
| **hollowchisel mortiser** | 空心榫眼鑿 | 角のみ盤 | 倒角机 |
| **holocamera** | 全像照相機 | ホロカメラ | 全息照相机 |
| **hologamy** | 整體配合 | 全融合 | 整体配合 |
| **hologram** | 全像圖 | ホログラム | 全息图 |
| — image | 全像圖像 | ホログラムイメージ | 全息图像 |
| — scanner | 全像掃描器 | ホログラムスキャナ | 全息扫描器 |
| **holograph** | 全像攝影 | ホログラム | 全息摄影 |
| **holography** | 全像照相術 | ホログラフィー | 全息照相术 |
| — interferometry | 全像干涉量度學〔法〕 | ホログラフィー干渉法 | 全息干涉量度学〔法〕 |
| **holohedral form** | 全對稱形 | 完面像 | 全对称形 |
| **holohedral** crystal | 全對稱晶體 | 完面（像）晶 | 全对称晶体 |
| — face | 全對稱面 | 完面 | 全对称面 |
| **holohedrism** | 全對稱性 | 完面像 | 全对称性 |
| **holohedry** | 全（面）對稱 | 完面像 | 全（面）对称 |
| **holosymmetry** | 全對稱 | 完面対称 | 全对称 |
| **holster** | 機架 | けん銃ケース | 机架 |
| **homogeneous steel** | 均質鋼 | 均質鋼 | 均质钢 |
| **homeomorphism** | 異質同晶（現象） | 異質同像 | 异质同晶（现象） |
| **homeostasis control** | 動態平衡控制 | ホメオスタシス制御 | 动态平衡控制 |
| **homotaxial-output** | 軸向均勻輸出 | ホメタキシャル出力 | 轴向均匀输出 |
| **homing** | 歸位 | 自動追尾 | 归位 |
| — action | 還原動作 | 帰着動作 | 还原动作 |
| — device | 歸航裝置 | 帰着裝置 | 自动引导装置 |
| **homogen** | 均質（合金） | ホモゲン | 均质（合金） |
| — process | 鐵板鉛被覆法 | ホモゲン法 | 铁板铅被覆法 |
| **homogeneity** | 均質性 | 均一（性） | 均质性 |
| — test | 均質性試驗 | 均質性試驗 | 均质性试验 |
| — theorem | 同質性定理 | 同質定理 | 同质性定理 |
| **homogeneous bonding** | 均勻結合 | 均一結合 | 均匀结合 |
| — broademing | 均勻擴展 | 均一な拡がり | 均匀扩展 |
| — carburizing | 穿透滲碳 | 透過浸炭 | 穿透渗碳 |
| — coating | 均勻塗層 | ホモゲン塗装 | 均匀涂层 |
| — combustion | 均質燃燒 | 均質燃焼 | 均质燃烧 |
| — compression | 均勻壓縮 | 均一圧縮 | 均匀压缩 |
| — distribution | 均勻分布 | 均質分布 | 均匀分布 |
| — equilibrium | 均相平衡 | 均一系平衡 | 均相平衡 |

| 英　　文 | 臺　　灣 | 日　　文 | 大　　陸 |
|---|---|---|---|
| — fluid | 均勻流體 | 均一流体 | 均匀流体 |
| — laminate | 均勻層壓製件〔材料;板〕 | 同質積層品 | 均匀层压制件〔材料;板〕 |
| — light | 單色光 | 均質光 | 单色光 |
| — linear change | 均勻線性變形 | 斉一次変形 | 均匀线性变形 |
| — mixture | 均勻混合物 | 均質混和物 | 均匀混合物 |
| — radiation | 均勻輻射 | 均質放射線 | 单色辐射 |
| — reactor | 均質反應器 | 均質（原子）炉 | 均匀反应堆 |
| — single crystal | 均質單晶 | 均質な単結晶 | 均质单晶 |
| — steel | 均質鋼 | 均等性鋼 | 均质钢 |
| — stress | 均勻應力 | 均等応力 | 均匀应力 |
| — X-ray | 單波長射線 | 均質X線 | 单色X射线 |
| **homogenization** | 均質化 | 同質化 | 均质化 |
| **homogenizing** | 均勻化 | 拡散加熱 | 均匀化 |
| **homographic projectio** | 等交比形投影法 | ホモグラフィック図法 | 等交比形投影法 |
| **homoiothermy** | 恒溫性 | 恒温性 | 恒温性 |
| **homokinetic joint** | 等速轉動連桿 | 同速回転リンク | 等速转动联杆 |
| **hone** | 搪磨具 | とぎ上げ | 细磨石 |
| — knock | 搪磨(頭)震動 | ホンノック | 珩磨(头)震动 |
| **honeycomb** | 蜂窩構造 | 豆板 | 蜂窝构造 |
| — beam | 蜂窩形空腹梁 | はちの巣ばり | 蜂窝形空腹梁 |
| — board | 蜂窩夾心膠合板 | ハニカムボード | 蜂窝夹心胶合板 |
| — bonding | 蜂窩膠接 | ハニカム接着 | 蜂窝胶接 |
| — cell | 蜂窩狀單元〔元件;細胞〕 | ハネカムセル | 蜂窝状单元〔元件;细胞〕 |
| — material | 蜂窩狀材料 | ハニカム材料 | 蜂窝状材料 |
| — metal | 蜂窩狀金屬 | ハニカムメタル | 蜂窝状金属 |
| — pore | 蜂窩孔 | 気孔 | 蜂窝孔 |
| — radiator | 蜂窩式散熱器 | はしの巣放熱器 | 蜂窝式散热器 |
| — seal | 蜂窩狀密封 | ハニカムシール | 蜂窝状密封 |
| — structure | 蜂窩結構 | ハニカム構造 | 蜂窝结构 |
| — structure laminate | 蜂窩結構狀層壓製品 | ハニカム構造積層材 | 蜂窝结构状层压制品 |
| **honeycombing** | 內部乾裂 | 内部乾裂 | 内部干裂 |
| **honing** | 搪光 | ホーニング仕上げ | 珩磨 |
| — head | 搪(磨)頭 | ホーン | 珩(磨)头 |
| — hone | 搪磨頭 | ホーニングホーン | 珩磨头 |
| — machine | 搪光機 | ホーニング盤 | 珩磨机 |
| — oil | 搪磨油 | ホーニング油 | 珩磨油 |
| — pressure | (液)體噴砂壓力 | ホーニング圧力 | (液)体喷砂压力 |
| — stone | 搪磨磨石 | 研磨と石 | 珩磨磨条 |
| — stroke | 搪磨行程 | ホーニングストローク | 珩磨行程 |
| — tool | 搪磨工具 | ホーニングツール | 珩磨工具 |

| 英　　文 | 臺　　灣 | 日　　文 | 大　　陸 |
|---|---|---|---|
| hood | 外罩 | フード帽 | 外罩 |
| — ledge | 鋼板棚架 | フードレッジ | 钢板棚架 |
| hook | 鈎 | 縦針 | 吊钩 |
| — action | 鈎作用 | フック作用 | 钩作用 |
| — -and-edge hinge | 鈎扣鐵件 | ひじつぼ蝶番 | 钩扣铁件 |
| — -and-eye fastener | 鈎環扣件 | 掛金 | 钩环扣件 |
| — angle | 前角 | フック角〔タップの〕 | 前角 |
| — block | 有鈎滑車 | かぎ滑車 | 带钩滑轮 |
| — bolt | 鈎頭螺栓 | 釣りボルト | 钩头(地脚)螺栓 |
| — bolt lock | 推拉門鎖 | 出合い錠 | 推拉门锁 |
| — conveyer | 鈎式輸送機 | フックコンバヤ | 钩式输送机 |
| — crack | 環形裂紋 | フッククラック | 环形裂纹 |
| — ga(u)ge | 鈎尺 | フックゲージ | 钩形(量)规;钩形尺 |
| — joint | 鈎式接頭 | かぎ継手 | 钩式接头 |
| — link | 鈎環 | フックリンク鎖 | 钩环 |
| — lock | 折縫接合 | こはぜ掛け | 折缝接合 |
| — nail | 彎頭釘 | 折れくぎ | 弯头钉 |
| — pin | 鈎狀銷 | かぎ形ピン | 钩状销 |
| — rebate | 扣槽 | くい違い召合わせ | 扣槽 |
| — rib lath | 掣爪式肋條網眼鋼板 | かぎ爪付きリブラス | 掣爪式肋条网眼钢板 |
| — rule | 鈎尺 | フックルール | 钩尺 |
| — scraper | 鈎形刮刀 | フックスクレーパ | 钩形刮刀 |
| — screw | 帶鈎螺釘 | かぎねじ | 钩头螺钉 |
| — shaped stripper | 鈎形脫膜器 | はぎ形ストリッパ | 钩形脱膜器 |
| — spanner | 鈎形扳手 | かぎスパナ | 钩形扳手 |
| — structure | 鈎結構 | フック構造 | 钩结构 |
| Hooke | 虎克;萬向接頭 | フック | 虎克;万向接头 |
| — 's elasticity | 虎克彈性 | フック弾性 | 虎克弹性 |
| — 's joint | 萬向接頭 | フック継手 | 万向联轴节〔接头〕 |
| — 's law | 虎克定律 | フックの法則 | 虎克定律 |
| — s material | 符合虎克定律的材料 | フック材料 | 符合虎克定律的材料 |
| — 's strain | 虎克應變 | フックひずみ | 虎克应变 |
| — 's universal joint | 萬向接頭 | フック自在継手 | 万向接头 |
| hooked foundation bolt | 鈎頭地腳螺栓 | かぎ状基礎ボルト | 钩头地脚螺栓 |
| — key | 鈎頭鍵 | かぎ形キー | 钩头键 |
| — nail | 鈎頭釘 | かぎ形くぎ | 钩头钉 |
| — scarf | 鈎形嵌接 | かぎ形スカーフ | 钩形嵌接 |
| hooker | 鈎 | ハッカ | 钩 |
| — extrusion method | 虎克擠壓法 | フッカ法 | 虎克挤压法 |
| hook-on instrument | 鉗形(測量儀)錶 | フックオン形計器 | 钳形(测量仪)表 |

| 英　　文 | 臺　　灣 | 日　　文 | 大　　陸 |
|---|---|---|---|
| — type meter | 懸掛式儀錶 | こう懸型計器 | 悬挂式仪表 |
| **hoop** | 環箍 | 帯鋼 | 带钢 |
| — mill | 帶鋼輥軋機 | 帯鋼圧延機 | 带钢压延机 |
| — steel | 帶鋼 | 帯鋼 | 带钢 |
| — strength | 帶鋼強度 | フープ強度 | 带钢强度 |
| — stress | 周向應力 | フープ応力 | 圆周应力 |
| — strip | 窄帶材 | フープ材 | 窄带材 |
| — tension | 周張力 | たが張り内力 | 周张力 |
| — tie | 環鐵 | 帯鉄筋 | 环铁 |
| **hooped column** | 帶鐵筋柱 | 帯鉄筋柱 | 带铁筋柱 |
| **hoop-iron** | 帶鋼〔鐵〕 | 帯鉄 | 带钢〔铁〕 |
| **hopper** | 漏斗 | 注ぎ手 | 注入工具；漏斗 |
| — bottom furnace | 漏斗爐 | ホッパ炉 | 漏斗状炉底加热炉 |
| — cooling | 蒸發冷卻 | 蒸発冷却 | 蒸发冷却 |
| — dryer | 斗式乾燥器 | ホッパドライヤ | 斗式干燥器 |
| — feeder | 漏斗給料機 | ホッパ給綿機 | 漏斗给料机 |
| — filler | 斗式進料器 | ホッパローダ | 斗式进料器 |
| — furnace | 漏斗狀爐底加熱爐 | ホッパ炉 | 漏斗状炉底加热炉 |
| — vibrator | 料斗振動器 | ホッパバイブレータ | 料斗振动器 |
| **horizon projection** | 水平線投影法 | 地平図法 | 水平线投影法 |
| **horizontal angle** | 水平角 | 水平角 | 水平角 |
| — angle brace | 水平角撐 | 火打 | 水平角撑 |
| — bar | 橫鐵棒 | 鉄棒 | 横铁棒 |
| — barrel plating | 水平式滾（筒）鍍 | 水平式パレルめっき | 水平式滚（筒）镀 |
| — bearing capacity | 水平承載力 | 水平支持力 | 水平承载力 |
| — bench drill | 臥式台鑽 | 卓上横ボール盤 | 卧式台钻 |
| — bench drilling machine | 臥式台鑽 | 卓上横ボール盤 | 卧式台钻 |
| — bending moment | 水平彎矩 | 水平曲げモーメント | 水平弯矩 |
| — boiler | 臥式鍋爐 | 横ボイラ | 卧式锅炉 |
| — boring machine | 臥式搪床 | 横（型）中ぐり盤 | 卧式镗床 |
| — brace | 水平角撐 | 火打 | 水平角撑 |
| — bracing | 水平拉線 | 水平振れ止め | 水平支撑 |
| — branch | 橫向排水支管 | 排水横枝管 | 横向排水支管 |
| — buoyancy | 水平浮力 | 水平浮力 | 水平浮力 |
| — butt welding | 水平對接焊 | 水平突合わせ継手溶接 | 水平对接焊 |
| — cam-actuated horn die | 水平動作斜楔式心棒模 | 水平動カム式ホーン型 | 水平动作斜楔式心棒模 |
| — cat bar | 橫插銷 | 横通い猿 | 横插销 |
| — centering control | 水平位置調整 | 横位置調整 | 水平位置调整 |
| — centrifugal casting | 臥式離心鑄造 | 横型遠心鋳造法 | 卧式离心铸造 |
| — chassis | 臥式底盤 | 水平シャーシ | 卧式底盘 |

| 英　　文 | 臺　　灣 | 日　　文 | 大　　陸 |
|---|---|---|---|
| — check | 橫向校驗 | 水平検査 | 橫向校验 |
| — circle | 水平度盤 | 水平目盛盤 | 水平度盘 |
| — comparator | 臥式側長儀 | 橫測長器 | 卧式侧长仪 |
| — compressor | 臥式壓縮機 | 橫形圧縮機 | 卧式压缩机 |
| — continuous centrifuge | 臥式連續離心分離機 | 橫型連続式遠心分離機 | 卧式连续离心分离机 |
| — coordinates | 水平坐標 | 地平座標 | 水平坐标 |
| — coupling | 水平聯結器 | 水平継手 | 水平联轴节 |
| — cylinder mixer | 臥筒型混料機 | 水平円筒型混和機 | 卧筒型混料机 |
| — deflection | 水平偏轉 | 水平偏向 | 水平偏转 |
| — deflection coefficient | 水平偏轉係數 | 水平偏向係数 | 水平偏转系数 |
| — drilling machine | 臥式鑽床 | 橫ボール盤 | 卧式钻床 |
| — duplex drill | 臥式雙軸鑽床 | 両頭橫ボール盤 | 卧式双轴钻床 |
| — engine | 臥式發動機 | 平形発動機 | 卧式发动机 |
| — fillet welding | 水平填角焊 | 水平すみ肉溶接 | 水平贴角焊 |
| — force | 水平力 | 水平力 | 水平力 |
| — furnace | 水平爐 | 水平炉 | 水平炉 |
| — injection press | 臥式注射機 | 模型射出機 | 卧式注射机 |
| — intensity | 水平強度 | 水平強度 | 水平强度 |
| — load | 水平荷重 | 水平荷重 | 水平荷重 |
| — member | 橫構件 | 橫材 | 水平构件 |
| — milling-machine | 臥式銑床 | 橫フライス盤 | 卧式铣床 |
| — oil hydraulic press | 臥式油壓機 | 橫型油圧プレス | 卧式油压机 |
| — opposed engine | 水平對置發動機 | 一字型発動機 | 水平对置的发动机 |
| — plane of projection | 水平投影面 | 水平投影面 | 水平投影面 |
| — position welding | 水平焊（接） | 水平溶接 | 水平焊（接） |
| — positioning control | 水平定位調節 | 水平位置調節 | 水平定位调节 |
| — pressure | 水平壓力 | 水平圧力 | 橫向压力 |
| — pump | 臥式泵 | 橫型ポンプ | 卧式泵 |
| — radial engine | 臥式星形發動機 | 水平星型発動機 | 卧式星形发动机 |
| — reaction | 水平反力 | 水平反力 | 水平反力 |
| — reinforcement | 橫向鋼筋 | 橫筋 | 橫向钢筋 |
| — resolution | 水平解晰度 | 水平解像力 | 水平清晰度 |
| — retort process | 臥式碳化法 | 水平レトルト法 | 卧式碳化法 |
| — ring induction furnace | 水平環感應爐 | 水平環誘導炉 | 水平环感应炉 |
| — rotary furnace | 臥式轉爐 | 橫型回転式反応炉 | 卧式转炉 |
| — rotational radius | 水平迴轉半徑 | 水平回転半径 | 水平回转半径 |
| — saw | 橫鋸 | 橫のこ | 橫锯 |
| — section | 水平剖面 | 水平断面 | 水平断面 |
| — shaft | 水平軸 | 橫軸 | 水平轴 |
| — shear | 水平剪切 | 水平せん断 | 水平剪切 |

| 英　　文 | 臺　　灣 | 日　　文 | 大　　陸 |
|---|---|---|---|
| — shift | 水平移位 | 水平偏移 | 水平偏移 |
| — shore | 水平支撐 | 陸突張り | 水平支撐 |
| — spacing | 水平間隔 | 水平線間距離 | 水平间隔 |
| — stiffener | 水平防撓材 | 水平スチフナ | 水平防挠材 |
| — strut | 橫梁 | 水平材 | 橫梁 |
| — swing shaft | 水平擺動軸 | 旋回橫軸 | 水平摆动轴 |
| — table filter | 平面過濾機 | 水平テーブル型ろ過器 | 平面过滤机 |
| — thrust | 水平推力 | 水平推力 | 橫向推力 |
| — truss | 水平桁架 | 水平トラス | 水平桁架 |
| — type generator | 臥式發電機 | 橫形発電機 | 卧式发电机 |
| — vibration | 水平振動 | 水平振動 | 水平振动 |
| — welding | 橫向熔接 | 橫向き溶接 | 橫向焊接 |
| — whirler | 臥式塗布機 | 水平型回転塗布機 | 卧式涂布机 |
| **horizontally** sliding door | 平拉門 | 引戸 | 平拉门 |
| — split die | 臥式組合(鍛)模 | 橫割りダイ | 卧式组合(锻)模 |
| **horn** press | 摺縫壓機 | ホーンプレス | 偏心冲床 |
| — spacing | (接觸焊機的)懸臂距離 | ふところ間隔 | (接触焊机的)悬臂距离 |
| — type trimming die | 懸臂式修邊模 | ホーンタイプトリム型 | 悬臂式修边模 |
| **horning die** | 懸臂模 | ホーン型 | 悬臂模 |
| **horse** | 梯桁；馬形支架 | 架台 | 支架 |
| — capstan | 台架絞車 | 馬立て車地 | 台架绞车 |
| **horsepower** | 馬力 | 馬力 | 马力 |
| — -hour | 馬力(小)時 | 馬力時 | 马力(小)时 |
| — of shaft | 軸(輸出)馬力 | 軸馬力 | 轴(输出)马力 |
| — per meter | 馬力每米 | メートル当りの馬力 | 马力每米 |
| **horseshoe** | 蹄鐵 | 馬てい片 | 蹄铁 |
| — gate | 馬蹄形(內)澆口 | 馬ていぜき | 马蹄形(内)浇口 |
| — magnet | 馬蹄形磁鐵 | 馬てい形磁石 | 马蹄形磁铁 |
| — mixer | 馬蹄式混合機 | 馬てい形ミキサ | 马蹄式混合机 |
| — riveter | 馬蹄形鉚釘機 | 馬てい形リベッタ | 马蹄形铆钉机 |
| — shaped section | 馬蹄形截面 | 馬てい形断面 | 马蹄形截面 |
| **horsewhim** | 馬力捲揚機 | 馬力巻上げ機 | 马力卷扬机 |
| **horsing iron** | 長柄鑿 | コーキングたがね | 长柄凿 |
| **hose** | 軟管 | 注水管 | 软管 |
| — connection | 軟管連接(件) | 消火ホース継手 | 软管连接(件) |
| — coupler | 軟管接頭 | じゃ管継手 | 软管接头 |
| — joint | 軟管接頭 | ホース継手 | 软管接头 |
| — nipple | 軟管螺紋接套〔頭〕 | ホースニップル | 软管螺纹接套〔头〕 |
| — protector | 軟管防護套 | ホースプロテクタ | 软管防护套 |
| — shaped spring | 軟管形彈簧 | 細巻きコイルばね | 软管形弹簧 |

| 英　　文 | 臺　　灣 | 日　　文 | 大　　陸 |
|---|---|---|---|
| — support | 軟管支架 | ホースサポート | 软管支架 |
| — valve | 水龍帶閥門 | ホース弁 | 水龙带阀门 |
| **hot alignment** | 熱校直 | ホットアラインメント | 热校直 |
| — application | 加熱塗裝 | 加熱塗裝工 | 热涂操作 |
| — bath quenching | 熱浴淬火 | 熱浴焼入れ | 热浴淬火 |
| — bearing | 加熱軸承 | 加熱軸受 | 加热轴承 |
| — bed | 熱軋用冷床 | 熱延用ベッド | 热轧用冷床 |
| — bend test | 加熱彎曲試驗 | 加熱曲げ試験 | 加热弯曲试验 |
| — bending | 熱彎曲 | 高温曲げ | 热弯曲 |
| — brittleness | 熱脆 | 高温ぜい性 | 热脆 |
| — bulb engine | 熱球式發動機 | 焼玉機関 | 热球式发动机 |
| — casting | 熱鑄 | 高温注型 | 热铸 |
| — chamber | 熱室 | ホットチャンバ | 热室 |
| — channel factor | 熱管係數 | ホットチャネル係数 | 热管系数 |
| — chisel | 熱鏨 | 熱間たがね | 热鏨 |
| — coated | 熱覆膜法 | ホットコーテッド法 | 热覆膜法 |
| — cold work | 中溫加工 | 温間加工 | 中温加工 |
| — compacting | 熱加壓成型 | 熱間加圧成形 | 热加压成型 |
| — compounding | 高溫複合 | 高温配合 | 高温复合 |
| — corrosion | 熱腐蝕;高溫腐蝕 | 熱腐食 | 热腐蚀;高温腐蚀 |
| — crack | 熱裂 | 高温割れ | 高温裂纹 |
| — cupboard | 乾燥器 | 乾燥器 | 干燥器 |
| — cure | 熱硬化;熱硫化 | 熱加硫 | 热硬化;热硫化 |
| — cut system | 熱切割法 | ホットカット法 | 热切割法 |
| — deformation | 熱變形 | 熱間変形 | 热变形 |
| — deseamer | 火焰清理缺陷機 | 火炎傷取り機 | 火焰清理缺陷机 |
| — die | 熱模 | ホットダイ | 热锻模 |
| — ductility test | 高溫延性試驗 | 高温延性試験 | 高温延性试验 |
| — efficiency | 熱效率 | 温熱効率 | 热效率 |
| — electrode | 熱電極 | 熱電極 | 热电极 |
| — end | 熱端 | ホットエンド | 热端 |
| — extrudate | 熱擠出物 | 熱押し出し物 | 热挤出物 |
| — extrusion | 熱擠 | 熱間押し出し | 热挤压 |
| — extrusion molding | 熱擠成形 | 加熱押し出し成形 | 热挤模塑 |
| — face temperature | 熱面溫度 | 加熱面温度 | 热面温度 |
| — finishing | 熱光製 | 高温仕上げ | 高温精加工 |
| — flame | 高溫火焰 | 高温炎 | 高温火焰 |
| — floor | 平底乾燥器 | 熱床 | 平底干燥器 |
| — foil stamping | 熱箔燙印 | はく押し | 热箔烫印 |
| — forged bolt | 熱鍛螺栓 | 鍛造ボルト | 热锻螺栓 |

| 英　　文 | 臺　　灣 | 日　　文 | 大　　陸 |
|---|---|---|---|
| — forging | 熱鍛 | 熱間鍛造 | 热锻 |
| — fragility | 熱脆性 | 熱もろさ | 热脆性 |
| — gilding | 高溫鍍金法 | 高熱めっき法 | 高温镀金法 |
| — glue | 熱熔膠 | 熱接着剤 | 热熔胶 |
| — gluing | 熱黏接 | 熱圧接着 | 热黏接 |
| — hardness | 熱硬度 | 熱間硬度 | 热硬度 |
| — headed rivet | 熱鍛頭鉚釘 | 熱間成形リベット | 热镦成形铆钉 |
| — hobbing | 熱擠壓製模〔槽〕法 | ホットホビング | 热挤压制模〔槽〕法 |
| — hole | 熱空穴 | 熱い正孔 | 热空穴 |
| — implantation | 熱注入 | 昇温注入 | 热注入 |
| — indentation hardness | 熱擠壓硬度 | 熱間押し込み硬度 | 热挤压硬度 |
| — iron saw | 熱鐵鋸 | 熱鉄のこ | 热铁锯 |
| — isostatic pressing | 熱等靜壓壓製 | 熱間静水圧プレス | 热等静压压制 |
| — jet welding | (塑料)熱風焊接 | ホットジェット溶接 | (塑料)热风焊接 |
| — junction | 熱接(端) | 熱接点 | 热接点 |
| — knife welding | 熱切刀焊接 | ホットナイフ溶接 | 热切刀焊接 |
| — lacquer | 熱噴漆 | ホットラッカ | 热喷漆 |
| — leaching | 高溫浸出 | 高温浸出 | 高温浸出 |
| — leaf stamping | 熱(葉)壓印 | はく押し | 热(叶)压印 |
| — leg | 熱(管)段 | ホットレッグ | 热(管)段 |
| — liquid | 熱液體 | 温液 | 热液体 |
| — machining | 高溫切削 | 高温切削 | 高温切削 |
| — melt adhesive | 熱熔型黏合劑 | 熱溶融型接着剤 | 热熔型黏合剂 |
| — melt coating | 熱熔塗層〔遇熱熔化〕 | 熱溶融塗料 | 热熔涂层〔遇热熔化〕 |
| — melt extruder | 熱熔擠出機 | ホットメルト押し出し機 | 热熔挤出机 |
| — melt method | 熱熔黏結法 | 熱溶融接着法 | 热熔黏结法 |
| — melt strength | 熱熔強度 | ホットメルト強度 | 热熔强度 |
| — melts | 熱熔體 | 熱溶融体 | 热熔体 |
| — metal | 熔化生鐵 | 溶融金属 | 熔融金属 |
| — metal car | 鐵水罐車 | 溶銑車 | 铁水罐车 |
| — metal charge | 裝入鐵水 | 溶銑装入 | 装入铁水 |
| — metal ladle | 鐵水包;澆桶 | 溶銑なべ | 铁水包;浇桶 |
| — metal mixer | 混鐵爐 | 混銑炉 | 混铁炉 |
| — mill | 熱軋機 | 熱ロール機 | 热轧机 |
| — mill train | 熱軋機列〔組〕 | 熱間圧延機列 | 热轧机列〔组〕 |
| — mix | 熱攪拌 | ホットミクス | 热搅拌 |
| — mixture | 加熱混合物 | 加熱混和物 | 热拌混合料 |
| — mo(u)ld | 熱模 | 熱金型 | 热模 |
| — mo(u)lded material | 熱模塑材料 | 熱成形物 | 热模塑材料 |
| — oil bath | 熱油浴 | 熱油浴 | 热油浴 |

H

507

| 英　　文 | 臺　　灣 | 日　　文 | 大　　陸 |
|---|---|---|---|
| — oil heater | 熱油式加熱器 | ホットオイルヒータ | 热油式加热器 |
| — oil pump | 熱油泵 | 熱油ポンプ | 热油泵 |
| — oven | 加熱爐 | 加熱炉 | 加热炉 |
| — particle | 強放化射性顆粒 | ホットパーティクル | 强放化射性颗粒 |
| — peening | 高溫噴砂處理 | ホットピーニング | 高温喷砂处理 |
| — penetration method | 熱浸滲法 | 加熱浸透式工法 | 热浸渗法 |
| — penetration test | 熱浸滲試驗 | 熱間浸入試験 | 热浸渗试验 |
| — permeability | 高溫透氣性 | 熱間通気度 | 高温透气性 |
| — piercing | 熱穿孔 | 熱間せん孔 | 热穿孔 |
| — plastic(s) | 熱塑性材料 | 加熱可塑物 | 热塑性材料 |
| — plate | 熱板 | 熱板 | 热板;电炉 |
| — plate dryer | 熱板乾燥機 | 熱板乾燥機 | 热板干燥机 |
| — plate tempering | 熱板回火 | 加熱鉄板もどし | 在热铁〔钢〕板上回火 |
| — plate welding | 熱板焊接 | 熱板溶接 | 热板焊接 |
| — pressure welding | 熱壓焊接 | 熱間圧接 | 热压焊接 |
| — probe | 高溫探針 | 高温探針 | 高温探针 |
| — process | 熱製法 | 熱製法 | 热制法 |
| — processing | 熱加工 | 熱間加工 | 热加工 |
| — pull | 熱裂 | 熱間亀裂 | 热裂 |
| — punch | 熱沖壓 | ホットパンチ | 热冲压 |
| — punching | 熱沖孔 | 熱間打ち抜き | 热冲孔 |
| — quenching | 熱浴淬火 | ホットクェンチ | 分级淬火;热淬 |
| — ram | 熱壓 | ホットラム | 热压 |
| — riveter | 熱鉚(釘)機 | 加熱皿びょう打ち機 | 热铆(钉)机 |
| — rubber | 熱聚合橡膠 | ホットラバ | 热聚合橡胶 |
| — runner | 熱流道 | ホットランナ | 热流道 |
| — runner mo(u)ld | 熱流道塑模 | ホットランナ金型 | 热流道塑模 |
| — runner mo(u)lding | 熱流道模塑 | ホットランナ成形 | 热流道模塑 |
| — saw | 熱鋸 | 熱のこ | 热锯 |
| — scarfer | 熱軋件火焰清理機 | ホットスカーファ | 热轧件火焰清理机 |
| — scarfing | 加熱嵌接 | 火炎傷取り | 火焰清理(表面缺陷) |
| — sealing | 熱密封 | ホットシール | 热密封 |
| — shaping | 熱成形 | 熱成形 | 热成形 |
| — shortness | 熱脆性 | 熱ぜい性 | 热脆性 |
| — side | 熱端 | ホットサイド | 热端 |
| — spinning | 熱旋壓 | 熱間スピニング加工 | 热旋压 |
| — spot | 高熱點 | 過熱点 | 腐蚀点 |
| — spray | 熱噴塗 | ホットスプレー | 热喷涂 |
| — spray gun | 加熱式噴霧器 | 過熱式噴霧器 | 加热式喷雾器 |
| — spray lacquer | 熱噴漆 | ホットスプレーラッカ | 热喷漆 |

| 英　　文 | 臺　　灣 | 日　　文 | 大　　陸 |
|---|---|---|---|
| — spray process | 熱噴塗法 | ホットスプレー法 | 热喷涂法 |
| — spraying | 熱噴塗 | ホットスプレー | 热喷涂 |
| — stamp | 熱壓印 | はく押し | 热压印 |
| — stamping | 熱模壓〔鍛〕 | 熱間型打ち | 热模压〔锻〕 |
| — stamping die | 熱壓印模 | 型押し板 | 热压印模 |
| — stamping foil | 熱壓印片 | 押しはく | 热压印片 |
| — stamping press | 熱壓印機 | はく押し機 | 热压印机 |
| — start | 過熱啟動 | 暖かん起動 | 过热启动 |
| — state electron | 熱態電子 | ホット状態の電子 | 热态电子 |
| — stick | 絕緣操作桿 | ホットスティック | 绝缘操作杆 |
| — stove | 熱風爐 | 熱風炉 | 热风炉 |
| — strength | 高溫強度 | 高温強度 | 高温强度 |
| — stretching | 熱拉伸 | 熱（延）伸 | 热拉伸 |
| — strip | 熱軋帶鋼 | ホットストリップ | 热轧带钢 |
| — strip ammeter | 熱片安培計 | 熱片電流計 | 热片安培计 |
| — strip mill | 帶鋼熱軋機 | 熱間ストリップ圧延機 | 带钢热轧机 |
| — tack | 熱黏合性 | 熱間粘着性〔度〕 | 热黏合性 |
| — tear crack | 熱裂 | 熱間き裂 | 热裂 |
| — tear strength | 熱撕裂強度 | 熱間引裂き強さ | 热撕裂强度 |
| — tensile strength | 熱抗張強度 | 熱間引張り強さ | 热抗张强度 |
| — test | 高溫試驗 | 高熱試験 | 高温试验 |
| — tinning | 熱鍍錫 | 溶融すずめっき | 热镀锡 |
| — top | 保溫冒口圈 | 押し湯型 | 保温冒口圈 |
| — trimming | 熱切邊 | 熱間はつり | 热切边 |
| — vulcanization | 熱硫化 | 熱加硫 | 热硫化 |
| — welding | 熱焊(接) | 熱間溶接 | 热焊(接) |
| — working | 熱加工 | 熱間加工 | 热加工 |
| — working extruding | 熱擠壓 | 熱間押し出し | 热挤压 |
| **hot-air** | 熱空氣 | 熱空気 | 热空气 |
| — aging properties | 耐熱空氣老化性 | 耐熱空気老化性 | 耐热空气老化性 |
| — blower | 熱風鼓風機 | 熱風送風機 | 热风鼓风机 |
| — cure | 熱空氣硬化 | 熱空気硬化 | 热空气硬化 |
| — dryer | 熱風乾燥機 | 熱風乾燥機 | 热风干燥机 |
| — drying chamber | 熱風乾燥室 | ホットエア乾燥室 | 热风干燥室 |
| — drying equipment | 熱風乾燥機 | 熱風乾燥機 | 热风干燥机 |
| — furnace | 熱風爐 | 温風炉 | 热风炉 |
| — hardening | 熱風硬化 | 熱気硬化 | 热风硬化 |
| — heater | 熱風散熱器 | 熱気暖房器 | 热风散热器 |
| — nozzle | 熱空氣噴嘴 | ホットエアノーズル | 热空气喷嘴 |
| — oven heating | 熱風爐加熱 | 熱風炉加熱 | 热风炉加热 |

H

| 英　文 | 臺　灣 | 日　文 | 大　陸 |
|---|---|---|---|
| ─ oven preheating | 熱風爐預熱 | 熱風炉予熱 | 热风炉预热 |
| ─ seasoning | 熱風乾燥 | 熱気乾燥 | 热风干燥 |
| ─ welding | 熱風焊接 | 熱風溶接 | 热风焊接 |
| hotbench test | 熱板試驗 | 熱板試験 | 热板试验 |
| hot-blast | 熱（鼓）風 | 熱鼓風 | 热（鼓）风 |
| ─ cupola | 熱風熔鐵爐 | 熱風キュポラ | 热风化铁炉 |
| ─ heater | 熱風加熱器 | 空気暖め器 | 热风炉 |
| ─ stove | 熱風爐 | 熱風炉 | 热风炉 |
| hot-cast | 熱鑄〔塑〕 | 熱間硬化 | 热铸〔塑〕 |
| hot-dip blik | 熱浸鍍錫鐵片 | ホットディプブリキ | 热浸镀锡铁片 |
| ─ coating | 熱浸鍍層法 | 熱浸めっき | 热浸镀层法 |
| ─ galvanized zinc plating | 熱浸鍍鋅 | 湿式亜鉛めっき | 热浸镀锌 |
| ─ galvanzing | 熔融鍍鋅（法） | 溶融亜鉛めっき | 熔融镀锌（法） |
| ─ lead coating | 熱浸（法）鍍鉛 | 溶融鉛めっき | 热浸（法）镀铅 |
| hot-dipped zinc coating | 熱浸鍍鋅（層） | 溶融亜鉛めっき | 热浸镀锌（层） |
| hot-dipping | 熱浸鍍（層） | 溶融めっき | 热浸镀（层） |
| ─ method | 熱浸法 | 熱浸せき法 | 热浸法 |
| hotdrawn steel pipe | 熱抽鋼管 | 熱間仕上げ管 | 热拉钢管 |
| ─ tube | 熱抽管 | 熱間引抜き管 | 热拉管 |
| hotful drier | 加熱乾燥機 | ホットフルドライヤ | 加热干燥机 |
| hot-gas | 熱氣 | 熱ガス | 热气 |
| ─ bypass | 熱氣旁通管 | ホットガスバイパス | 热气旁通管 |
| ─ drying | 熱風乾燥 | 熱風乾燥 | 热风干燥 |
| ─ welding | 熱空氣焊接 | 熱風溶接 | 热空气焊接 |
| hothouse | 乾燥室 | 温室 | 干燥室 |
| hot-laid plan mix | 熱鋪式攪拌 | 加熱舗設式混和 | 热铺式搅拌 |
| hot-press | 熱壓機 | 熱圧 | 热压机 |
| ─ marking | 熱壓印 | はく押し | 热压印 |
| ─ method | 熱壓法 | ホットプレス法 | 热压法 |
| hot-pressing | 熱壓 | 熱圧 | 热压 |
| ─ tool | 熱壓用工具 | 熱間プレス用工具 | 热压用工具 |
| hot-rolled deformed bar | 熱軋異形鋼筋 | 熱間圧延異形棒鋼 | 热轧异形钢筋 |
| ─ sheet | 熱軋薄板 | 熱間圧延板 | 热轧薄板 |
| ─ steel bar | 熱軋鋼筋 | 熱間圧延棒鋼 | 热轧钢筋 |
| ─ strip steel | 熱軋帶鋼 | 熱間圧延ストリップ鋼 | 热轧带钢 |
| hotroller | 熱滾筒 | ホットローラ | 热滚筒 |
| hot-rolling | 熱軋 | 熱間圧延 | 热轧 |
| ─ bar | 熱軋鋼筋 | 熱間圧延鉄筋 | 热轧钢筋 |
| ─ mill | 熱軋機 | 熱間圧延機 | 热轧机 |
| ─ steel plate | 熱軋鋼板 | 熱間圧延鋼板 | 热轧钢板 |

| 英　　文 | 臺　　灣 | 日　　文 | 大　　陸 |
|---|---|---|---|
| — waste water | 熱軋廢水 | 熱延廃水 | 热轧废水 |
| **hot-set** | 熱固 | 熱間硬化 | 热固化 |
| **hot-setting** | 熱固化 | 熱間硬化 | 热固化 |
| — adhesive | 熱固接著劑 | 高温硬化接着剤 | 热固性黏合剂 |
| **hot-short crack** | 熱脆性裂紋 | 熱ぜい性のひび | 热脆性裂纹 |
| **hot-sizing** | 熱校形 | 熱間サイジング | 热校形 |
| — press | 熱整形沖床 | 熱間矯正プレス | 热整形压力机 |
| **hottest-spot temperature** | 最熱部位(容許)温度 | 最高温部（許容）温度 | 最热部位(容许)温度 |
| **hot-water** | 熱水 | 温水 | 热水 |
| — boiler | 熱水鍋爐 | 温水ボイラ | 热水锅炉 |
| — circulating pump | 熱水循環泵 | 温水循環ポンプ | 热水循环泵 |
| — converter | 熱水用熱交換器 | 温水加熱用熱交換器 | 热水用热交换器 |
| **hot-wire** | 熱線 | 熱線 | 热线 |
| — cutter | 熱線切割機 | 熱線カッタ | 热线切割机 |
| — micrometer | 熱線式分厘卡 | 熱線マイクロメータ | 热线式测微计 |
| — relay | 熱線繼電器 | ホットワイヤリレー | 热线继电器 |
| **Houde damper** | 一種減震器 | フードダンパ | 一种减震器 |
| **housing** | 殼;罩;套;框架 | 架構 | 框架 |
| — cap | 機架蓋 | ハウジングキャップ | 机架盖 |
| — liner | 機架襯墊〔圈〕 | ハウジングライナ | 机架衬垫〔圈〕 |
| — washer | 外圈 | 外輪 | 外圈 |
| **hovercraft** | 氣墊船 | ホバークラフト | 气垫船 |
| **Hoyt metal** | 一種錫銻銅合金 | ホイトメタル | 一种锡锑铜合金 |
| **hub** | 襯套;輪轂 | 受け口 | 衬套;轮毂 |
| — axial runout | 輪轂軸線徑向跳動 | ハブ面の振れ | 轮毂轴线径向跳动 |
| — bolt | 輪轂螺栓 | ハブボルト | 轮毂螺栓 |
| — cap | (輪)轂蓋 | ハブキャップ | (轮)毂盖 |
| — cover | 轂蓋 | ハブカバー | 毂盖 |
| — diameter | 輪轂直徑 | ハブ径 | 轮毂直径 |
| — face | 轂端面 | ハブ面 | 毂端面 |
| — flange | 轂凸緣 | ハブフランジ | 套节凸缘 |
| — key | 轂鍵 | ハブキー | 毂键 |
| — length | 輪轂長 | こしきの長さ | 毂长 |
| — liner | 輪轂襯 | ハブライナ | 轮毂衬套 |
| — micrometer | 中心分厘卡 | ハブマイクロメータ | 中心千分尺 |
| — nut | 輪轂螺帽 | ハブナット | 轮毂螺母 |
| — puller | 輪轂拆卸器 | ハブ取りはずし装置 | 轮毂拆卸器 |
| — wrench | 輪轂螺母扳手 | ハブレンチ | 轮毂螺母扳手 |
| **hubbing** | 模壓 | ホビング | 压制阴模法 |
| **huebnerite** | 鎢錳礦 | マンガン重石 | 钨锰矿 |

| 英　　文 | 臺　　灣 | 日　　文 | 大　　陸 |
|---|---|---|---|
| **Huey** test | 不銹鋼耐蝕試驗 | ヒューイ試験 | 不锈钢耐蚀试验 |
| **humecant** | 濕潤劑 | 湿潤剤 | 湿润剂 |
| **humid** molal heat | 濕摩爾比熱 | 湿りモル比熱 | 湿摩尔比热 |
| — molal volume | 濕摩爾比容 | 湿りモル比容 | 湿摩尔比容 |
| — tropical condition | 高溫高濕狀態 | 高温高湿状態 | 高温高湿状态 |
| — volume | 濕比容;濕體積 | 湿り比容 | 湿空气比容 |
| **humidifying** apparatus | 加濕裝置 | 加湿装置 | 加湿装置 |
| — radiator | 供濕散熱器 | 給湿放熱器 | 供湿散热器 |
| **humidistat** | 濕度調節器 | 湿度調節器 | 湿度调节器 |
| **humidity** | 濕度 | 湿度 | 湿度 |
| — aging characteristic | 耐潮濕老化性 | 耐湿潤老化性 | 耐潮湿老化性 |
| — aging test | 潮濕老化試驗 | 湿潤老化試験 | 潮湿老化试验 |
| — cabinet | 潮濕箱 | 耐湿性試験器 | 潮湿箱 |
| — control | 濕度調整 | 湿度調整 | 湿度调整 |
| — control equipment | 脱水〔濕〕裝置 | 調湿装置 | 脱水〔湿〕装置 |
| — drier | 調濕乾燥器 | 調湿ドライヤ | 湿度调节干燥器 |
| — measurement | 濕度測定 | 湿度測定 | 湿度测量 |
| — of air | 空氣濕度 | 空気の湿り度 | 空气湿度 |
| — pressure | 水蒸氣壓力 | 湿圧 | 水蒸气压力 |
| — pressure difference | 水蒸氣壓力差 | 湿圧差 | 蒸气压力差 |
| — pressure gradient | 水蒸氣壓力梯度 | 湿圧こう配 | 水蒸气压力梯度 |
| — regulation | 濕度調節 | 湿度調整 | 湿度调节 |
| — resistance | 耐濕性 | 耐湿性 | 耐湿性 |
| — stability | 濕穩定性 | 湿潤安定度 | 湿稳定性 |
| — test | 耐濕性試驗 | 耐湿性試験 | 耐湿性试验 |
| **hump** bead | 凹凸不平焊道 | ハンピングビード | 凹凸不平焊道 |
| — speed | 峰值速度 | ハンプ速度 | 峰值速度 |
| — test | 撞擊試驗 | バンプテスト | 撞击试验 |
| **hunk printing machine** | 滾筒印花機 | ローラなっ染機 | 滚筒印花机 |
| **hunt** | 不規則擺動〔振動〕 | ハント | 不规则摆动〔振动〕 |
| **hunting** | 〔調速器〕追逐 | ハンチング | 摆动 |
| — motion | 追逐運動 | ハンチング運動 | 蛇行运动 |
| — time | 追逐時間 | ハンチング時間 | 寻线时间 |
| **hurt** | 傷痕 | 傷付き | 伤痕 |
| **hush pipe** | 消聲管 | 静音筒 | 消声管 |
| **husk** | 殼 | 殻 | 壳 |
| **husker** | 脱殼機 | もみすり機 | 脱壳机 |
| **Husman metal** | 一種錫基軸承合金 | ハスマンメタル | 一种锡基轴承合金 |
| **Hy-Tuf steel** | 一種高強度耐衝擊合金鋼 | ハイタフ鋼 | 一种高强度耐冲击合金钢 |
| **Hybinette process** | 鎳電解精煉 | ヒビネット法 | 镍电解精炼 |

| 英　　文 | 臺　　灣 | 日　　文 | 大　　陸 |
|---|---|---|---|
| **Hybnickel** | 一種加鋁不銹鋼 | ヒブニッケル | 一种加铝不锈钢 |
| **hybrid** | 混合 | 雑種 | 混合 |
| — balance | 混合平衡 | ハイブリッド平衡 | 混合平衡 |
| — composites | 複合材料 | ハイブリッド複合材料 | 复合材料 |
| — failure test | 混合破壞試驗 | 混和破壊試験 | 混合破坏试验 |
| — feedback | 混合反饋 | ハイブリッド帰還 | 混合反馈 |
| — girder | 組合梁 | ハイブリッドガーダ | 组合梁 |
| — materials | 混合材料 | ハイブリッド材料 | 混合材料 |
| — microstructure | 混合微型結構 | 混成小型構造 | 混合微型结构 |
| — resonance heating | 混合共振加熱 | 混成共鳴加熱 | 混合共振加热 |
| — rocket | 混合火箭發動機 | ハイブリッドロケット | 混合火箭发动机 |
| — set | 混合機組 | ハイブリッドセット | 混合机组 |
| **hycolax** | 鈷合金永久磁鐵 | ハイコレックス | 钴合金永久磁铁 |
| **hycomax** | 鋁鎳鈷系永久磁鐵 | ハイコマックス | 铝镍钴系永久磁铁 |
| **hydra-cool** | 液壓冷卻 | ハイドラクール | 液压冷却 |
| **Hydra metal** | 一種合金鋼 | ヒドラメタル | 一种合金钢 |
| **hydrated** alumina | 水合氧化鋁 | 水酸化アルミニウム | 水合氧化铝 |
| — ion | 水合離子 | 水和イオン | 水合离子 |
| — iron oxide | 氫氧化鐵 | 水酸化第二鉄 | 氢氧化铁 |
| **hydration** | 水化作用 | 水和作用 | 水化作用 |
| — degree | 水化度 | 水和度 | 水化度 |
| — heat | 水化熱 | 水和熱 | 水化热 |
| — polishing | 水合精磨〔拋光〕 | 溶液鉱化 | 水合精磨〔拋光〕 |
| **hydratogenesis** | 熱液成礦作用 | 油圧アクチュータ | 热液成矿作用 |
| **hydraulic(al)** actuator | 液壓執行器 | 水封式安全弁 | 液压执行器 |
| — back pressure valve | 水封式安全閥 | 油圧平衡 | 水封式安全阀 |
| — balance | 液壓平衡 | 水圧板曲げ機 | 液压平衡 |
| — bending machine | 液壓彎曲機 | 水硬結合剤〔器〕 | 液力压弯机 |
| — boring | 液力挖孔機 | 水圧せん孔 | 油压钻机 |
| — brake | 液壓煞車;液壓軔 | 油圧ブレーキ | 液压制动器 |
| — breaker | 液壓破碎機 | 水ブレーキ | 液压破碎机 |
| — bronze | 耐蝕鉛錫黃銅 | 鉛青銅 | 耐蚀铅锡黄铜 |
| — buffer stop | 液力緩衝擋板 | 水圧車止め | 液力缓冲挡板 |
| — bulge test | 液壓膨脹試驗 | 液圧バルジ試験 | 液压膨胀试验 |
| — circuit | 油壓回路 | 油圧回路 | 油压回路 |
| — clamp | 液壓夾持器 | 油圧型締め装置 | 液压夹持器 |
| — clamp unit | 油壓合模裝置 | 油圧型締め装置 | 油压合模装置 |
| — clamping | 油壓合模 | 油圧型締め | 油压合模 |
| — clutch | 液動離合器 | 水力クラッチ | 液动离合器 |
| — control valve | 液壓控制閥 | 油圧調整器 | 液压控制阀 |

513

| 英　　文 | 臺　　灣 | 日　　文 | 大　　陸 |
|---|---|---|---|
| — control unit | 液壓控制裝置 | 油圧式制御装置 | 液压控制装置 |
| — controller | 油壓控制器 | 油圧制御器 | 油压控制器 |
| — conveyor | 液壓輸送機 | 水コンベヤ | 液压输送机 |
| — coupling | 液壓(裝配)聯軸器 | 水力継手 | 液压(装配)联轴器 |
| — coupling driven type | 液力耦合器驅動式 | 流体継手駆動式 | 液力耦合器驱动式 |
| — cyclone | 旋液分離〔級〕器 | 液体サイクロン | 旋液分离〔级〕器 |
| — cylinder | 液壓缸 | 水圧シリンダ | 液压缸 |
| — damper | 液壓避震器 | 油圧ダンパ | 液压减震器 |
| — deep drawing | 液壓深拉延(加工) | 液圧深絞り加工 | 液压深拉延(加工) |
| — descaling | 水力去除氧化皮 | 水圧脱スケール | 水力去除氧化皮 |
| — device | 液壓裝置 | 油圧機械 | 液压装置 |
| — downstroke press | 油壓下壓式沖床 | 油圧下押しプレス | 油压下压式压力机 |
| — draft gear | 油壓緩衝器 | 油圧緩衝器 | 油压缓冲器 |
| — drive | 液力驅動 | 液圧伝達 | 液压传动 |
| — efficiency | 水力效率 | 水力効率 | 液压效率 |
| — electrogenerating | 水力發電 | 水力発電 | 水力发电 |
| — elevator | 液壓升降機 | 油圧エレベータ | 液压升降机 |
| — energy | 水能 | 水力学的エネルギー | 水能 |
| — engine | 水力動力機 | 水力機関 | 水力发电机 |
| — entruder | 水壓擠壓機 | 水圧押し出し機 | 水压挤压机 |
| — equipment | 液〔油〕壓裝置 | 油圧機械 | 液〔油〕压装置 |
| — extrusion press | 液壓擠出機 | 油圧押し出し機 | 液压挤出机 |
| — feed | 液壓進給 | 油圧送り | 液压进给 |
| — filter | 液壓濾油器 | 油圧フィルタ | 液压滤油器 |
| — flanging press | 液壓緣機 | 水圧つば出しプレス | 液压折边〔翻边〕压力机 |
| — flattening | 液壓矯平 | 水圧矯正 | 液压矫平 |
| — fluid test | 液力液體試驗 | 作動油試験 | 液压油试验 |
| — forging press | 液力壓鍛機 | 水圧鍛造プレス | 液压锻造机 |
| — forming | 液壓成形 | 油圧成形 | 液压成形 |
| — forming press | 液壓成形沖床 | 液圧成形プレス | 液压成形压力机 |
| — fuel regulator | 液壓的燃油調節器 | 流体式燃料制御装置 | 液压的燃油调节器 |
| — ga(u)ge | 液壓計 | 水圧計 | 水压计 |
| — gantry crane | 液力高架起重機 | 水力ガントリクレーン | 液压门式起重机 |
| — gear | 水壓機構 | 水圧装置 | 液压装置 |
| — giant | 射水機 | 水射機 | 水力冲碎机 |
| — hammer | 液力鎚 | 水圧ハンマ | 液压锤 |
| — hoist | 液壓吊重機 | 水圧ホイスト | 液压提升机〔卷扬机〕 |
| — horse power | 水馬力 | 流体動力 | 液压 |
| — intensifier | 液壓增壓器 | 水力増圧機 | 液压增压器 |
| — jack | 液壓千斤頂 | 油圧ジャッキ | 液压千斤顶 |

| 英　　文 | 臺　　灣 | 日　　文 | 大　　陸 |
|---|---|---|---|
| — lathe | 液壓(變速)車床 | 水圧変速旋盤 | 液压(变速)车床 |
| — leakage | 液壓泄漏 | 油漏れ | 液压泄漏 |
| — lock | 液壓鎖定 | 流体固着現象 | 液压锁定 |
| — locking circuit | 液壓鎖緊回路 | 油圧ロッキング回路 | 液压锁紧回路 |
| — machine | 水力機 | 水圧機械 | 液压机(械) |
| — main | 總水管 | ハイドロリックメーン | 液压总管 |
| — mechanism | 液壓裝置 | 液圧装置 | 液压装置 |
| — medium | 傳壓介質 | 圧媒体 | 传压介质 |
| — mo(u)lding press | 液壓模壓機 | 油圧成形プレス | 液压模压机 |
| — mortar | 水硬泥漿 | 水硬性モルタル | 水硬(性)砂浆 |
| — motor | 水力動力機 | 水力原動機 | 液压马达 |
| — oil | 液壓油 | 圧媒油 | 液压油 |
| — oil cooler | 液壓油冷卻器 | 作動油冷却器 | 液压油冷却器 |
| — oil pipe | 油壓管 | 油圧管 | 油压管 |
| — oil power unit | 油壓動力機組 | 油圧パワーユニット | 油压动力机组 |
| — operating fluid | 液壓油 | 作動油 | 液压油 |
| — overload device | 液壓過載保護裝置 | 液圧式過負荷防止装置 | 液压过载保护装置 |
| — overload protector | 液壓式過負載防止裝置 | 液圧式過負荷防止装置 | 液压式过负荷防止装置 |
| — piercing | 液壓穿孔 | 水圧穴抜き | 液压穿孔 |
| — pile hammer | 液壓打椿錘 | 油圧ハンマ | 液压打椿锤 |
| — pilot control | 液壓先導控制 | 油圧パイロット制御 | 液压先导控制 |
| — piping | 液壓管路 | 油圧配管 | 油压管路 |
| — plate bender | 液壓彎板機 | 水圧板曲げ機 | 液压弯板机 |
| — plate bending press | 液壓彎板機 | 水圧板曲げ機 | 液压弯板机 |
| — positioner | 油壓式定位器 | 油圧式ポジショナ | 油压式定位器 |
| — power | 水力 | 水力 | 液压力 |
| — power brake | 液壓制動力 | 油圧パワーブレーキ | 液压制动力 |
| — power generation | 水力發電 | 水力発電 | 水力发电 |
| — power jack | 水力傳動裝置 | 水力ジャッキ | 水力传动装置 |
| — power system | 液壓系統 | 水力システム | 液压系统 |
| — power unit | 液壓泵站 | 油圧源 | 液压泵站 |
| — press | 液壓機 | 水圧プレス | 液压机 |
| — press bender | 水力彎管機 | 液圧折曲げ機 | 水力弯管机 |
| — pressure | 液壓;水壓 | 液圧 | 油压 |
| — pressure efficiency | 液壓效率 | 圧力効率 | 压力效率 |
| — pressure ga(u)ge | 水壓計 | 水圧計 | 水压计 |
| — pump | 水力泵 | 水圧ポンプ | 液压泵 |
| — ram | 液壓撞錘;衝擊起水機 | 水撃ポンプ | 水锤泵 |
| — reduction gear | 液壓減速裝置 | 水圧減速装置 | 液压减速装置 |
| — refractory | 水硬(性)耐火材料 | 水硬性耐火物 | 水硬(性)耐火材料 |

H

| 英　　文 | 臺　　灣 | 日　　文 | 大　　陸 |
|---|---|---|---|
| — regulator | 液壓式調節器 | 油圧式調節物 | 液压式调节器 |
| — relay valve | 液壓開關閥 | 油圧リレー弁 | 液压开关阀 |
| — reservoir | 液壓油箱 | 蓄圧器 | 液压油箱 |
| — rivet(t)er | 液壓鉚釘機 | 水圧リベッタ | 液压铆接机 |
| — rivet(t)ing | 液壓鉚接 | 水圧リベット締め | 液压铆接 |
| — robot | 液壓機械手 | 油圧式ロボット | 液压机械手 |
| — rock drill | 水力鑿岩機 | 水力さく岩機 | 水力凿岩机 |
| — seal | 水封 | 水封じ | 液压密封 |
| — servo | 液壓伺服 | 油圧サーボ | 液压伺服 |
| — servomechanism | 液壓伺服機構 | 油圧サーボ機 | 液压伺服机构 |
| — servomotor | 液壓伺服電動機 | 油圧サーボモータ | 液压伺服电动机 |
| — set | 液壓裝置 | 水力装置 | 液压装置 |
| — setting refractories | 水凝性耐火材料 | 水硬性耐火物 | 水凝性耐火材料 |
| — shaft coupling | 液力聯軸器 | 水力継手 | 液力联轴器 |
| — shock | 液壓衝擊 | 液圧衝撃 | 液压冲击 |
| — shock absorber | 液壓緩衝裝置 | 油圧緩撃装置 | 液压缓冲装置 |
| — shock strut | 液壓緩衝支柱 | 油圧緩撃支柱 | 液压缓冲支柱 |
| — stamping | 液壓衝壓 | 水圧型押し | 液压冲压 |
| — stuffer press | 油壓活塞擠出機 | 油圧ラム押し出し機 | 油压活塞挤出机 |
| — system | 液壓系統〔裝置〕 | 油圧装置 | 液压系统〔装置〕 |
| — tachometer | 液壓轉速計 | ハイタック | 液压转速计 |
| — tank | 液壓櫃 | 水圧タンク | 压力水箱 |
| — test | 水壓試驗 | 水圧試験 | 液压试验 |
| — torque converter | 液壓扭矩變換器〔速〕器 | 液体変速機 | 液力变矩〔速〕器 |
| — transformer | 液壓變換器 | 水圧減速装置 | 液压变速〔换〕器 |
| — transmission gear | 液力傳動機構 | 液体式伝動装置 | 液压传动装置 |
| — tubing | 油壓用鋼管 | 油圧用鋼管 | 油压用钢管 |
| — turbine | 水輪機 | 水車 | 水轮机 |
| — turbine generator | 水輪發電機 | 水車発電機 | 水轮发电机 |
| — unit | 液壓泵站 | 油圧ユニット | 液压泵站 |
| — valve | 液壓閥 | 油圧弁 | 液压阀 |
| — winch | 液壓絞車〔捲揚機〕 | 油圧ウィンチ | 液压绞车〔卷扬机〕 |
| **hydraulicity** | 水硬性 | 水硬性 | 水硬性 |
| **hydraulics** | 液壓技術;流體力學 | 水力学 | 液压技术;流体力学 |
| **hydraw** | 靜液擠壓拔絲法 | ハイドロー | 静液挤压拔丝法 |
| **hydrion** | 氫離子 | 水素イオン | 氢离子 |
| **hydroabrasion** | 液體研磨 | 液体ホーニング | 液体研磨 |
| — machine | 液體噴砂機 | 液体ホーニング機 | 液体喷砂机 |
| **hydroair** | 液壓氣壓聯動(裝置) | ハイドロエア | 液压气压联动(装置) |
| **hydrobulging** | 液壓形脹法 | 液圧バルジ成形法 | 液压形胀法 |

| 英　　文 | 臺　　灣 | 日　　文 | 大　　陸 |
|---|---|---|---|
| **hydrocarbon** | 碳氫化合物 | 炭化水素 | 碳氫化合物 |
| — compound | 碳氫化合物 | 炭化水素化合物 | 碳氢类化合物 |
| — oil | 石油 | 炭化水素油 | 石油 |
| — plastic(s) | 烴類塑料 | 炭化水素プラスチック | 烃类塑料 |
| — plasticizer | 烴類增塑劑 | 炭化水素可塑剤 | 烃类增塑剂 |
| — polymer | 烴類高聚合物 | 炭化水素ポリマ | 烃类高聚物 |
| — resin | 碳氫樹脂 | 炭化水素レジン | 碳氢树脂 |
| — solvent | 烴類溶劑 | 炭化水素溶剤 | 烃类溶剂 |
| **hydrocheck** | 液壓控制〔檢查〕 | ハイドロチェック | 液压控制〔检查〕 |
| **hydroclave** | 蒸缸液壓 | ハイドロクレーブ | 蒸缸液压 |
| — mo(u)lding | 蒸缸液壓成形 | ハイドロクレーブ成形 | 蒸缸液压成形 |
| **hydrocompound** | 含氫化合物 | ヒドロ化合物 | 含氢化合物 |
| **hydrocone crusher** | 油壓錐形軋碎機 | 中間粉砕機 | 油压锥形轧碎机 |
| **hydrocope** | 液壓上型箱〔頂蓋〕 | ハイドロコップ | 液压上型箱〔顶盖〕 |
| **hydrocracking** | 氫化裂解 | 水素化分解 | 氢化裂解 |
| **hydrocrane** | 液壓起重機 | 油圧クレーン | 液压起重机 |
| **hydrocushion** | 液壓緩衝 | ハイドロクッション | 液压缓冲 |
| **hydrocylinder** | 液壓(油)缸 | ハイドロシリンダ | 液压(油)缸 |
| **hydrodrawing** | 液壓成形法 | 液圧成形法 | 液压成形法 |
| **hydrodynamical** bearing | 動壓軸承 | 動圧軸受 | 动压轴承 |
| — boundary layer | 流體動態附面層 | 速度境界層 | 流体动态附面层 |
| — characteristic | 流體動力特性 | 流力特性 | 流体动力特性 |
| — compressive forming | 液壓鍛造 | 動水圧成形法 | 液压锻造 |
| — drive | 流體傳動 | 動液圧駆動 | 流体传动 |
| — experiment | 流力實驗 | 流力実験 | 流力实验 |
| — extruder | 流體動力擠出機 | 流体力学的押し出し機 | 流体动力挤出机 |
| — force | 流體動力 | 流体力 | 流体动力 |
| — lubrication | 液體動力潤滑 | 流体潤滑 | 液体动力滑润 |
| — model | 流體力學模型 | 流力モデル | 流体力学模型 |
| — moment | 水動力矩 | 流体（力）モーメント | 水动力矩 |
| — power transmission | 液壓傳動 | ターボ式流体伝動装置 | 液压传动 |
| — pressure | 液體動壓力；流體動壓力 | 動水圧 | 动水压力 |
| — retarder | 液力減速器 | 流体式リターダ | 液力减速器 |
| — seal | 動壓式密封 | 動水圧形シール | 动压式密封 |
| — spindle torque | 水動力轉葉扭矩 | 水力スピンドルトルク | 水动力转叶扭矩 |
| — vibrating conveyor | 液壓(式)振動輸送機 | 流体式振動コンベヤ | 液压(式)振动输送机 |
| **hydrodynamics** | 流體力學 | 流体力学 | 流体力学 |
| **hydroelasticity** | 水力彈性 | 水弾性 | 水弹性 |
| **hydroelectricity** | 水力發電 | 水力電気 | 水力发电 |
| **hydroextraction** | 脫水 | 脱水 | 脱水 |

| 英　　文 | 臺　　灣 | 日　　文 | 大　　陸 |
|---|---|---|---|
| **hydrofilter** | 水濾器 | ハイドロフィルタ | 水滤器 |
| **hydrofining** | 氫化處理 | 水素化精製 | 氢化处理 |
| **hydrofluidics** | 流體射流技術 | 油フルイディクス | 流体射流技术 |
| **hydroform** method | 液壓成形法 | ハイドロフォーム法 | 液压成形法 |
| — process | 液壓〔橡皮模〕成形法 | ハイドロフォーム法 | 液压〔橡皮模〕成形法 |
| **hydrogen;H** | 氫 | 水素 | 氢气 |
| — anneal | 氫氣退火 | 水素焼なまし | 氢气退火 |
| — atmosphere furnace | 氫氣爐 | 水素炉 | 氢气炉 |
| — attack | 氫蝕 | 水素腐食 | 氢蚀 |
| — blistering | 氫泡 | 水素ぶくれ | 氢泡 |
| — brittleness | 氫脆 | 水素もろさ | 氢脆 |
| — burner | 氫燃燒器〔嘴〕 | 水素バーナ | 氢燃烧器〔嘴〕 |
| — -carbon ratio | 氫碳比率 | 水素炭素化 | 氢碳比率 |
| — chloride absorber | 氯化氫吸收器 | 塩化水素吸収体 | 氯化氢吸收器 |
| — chloride gas | 氯化氫氣 | 塩化水素ガス | 氯化氢气 |
| — collecting apparatus | 氫氣收集器 | 水素補集器 | 氢气收集器 |
| — cooler | 氫冷卻器 | 水素冷却器 | 氢冷却器 |
| — crack | 含氫裂紋 | 水素割れ | 含氢裂纹 |
| — detection test | 氫發生(量)試驗 | 水素発生試験 | 氢发生(量)试验 |
| — embrittlement | 氫脆 | 水素ぜい化 | 氢脆 |
| — embrittlement crack | 氫脆裂縫 | 水素割れ | 氢脆裂缝 |
| — embrittlement relief | 消除氫脆 | 水素ぜい化除去 | 消除氢脆 |
| — energy | 氫能 | 水素エネルギー | 氢能 |
| — equivalent | 氫當量 | 水素当量 | 氢当量 |
| — explosion | 氫爆炸 | 水素爆発 | 氢爆炸 |
| — fuel | 氫燃料 | 水素燃料 | 氢燃料 |
| — fueled engine | 氫發動機 | 水素エンジン | 氢发动机 |
| — gas | 氫氣 | 水素ガス | 氢气 |
| — ion | 氫離子 | 水素イオン | 氢离子 |
| — ion concentration | 氫離子濃度 | 水素イオン濃度 | 氢离子浓度 |
| — molecule | 氫分子 | 水素分子 | 氢分子 |
| — nitrate | 硝酸 | 硝酸 | 硝酸 |
| — nitride | 氨 | アンモニヤ | 氨 |
| — nucleus | 氫原子核 | 水素原子核 | 氢原子核 |
| — permeation | 氫滲透(作用) | 水素透過 | 氢渗透(作用) |
| — peroxide | 過氧化氫 | 過酸化水素 | 过氧化氢 |
| — plasma | 氫電漿 | 水素プラズマ | 氢等离子区 |
| — polarization | 氫極化 | 水素分極 | 氢极化 |
| — recombiner | 氫氣複合器 | 水素再結合器 | 氢气复合器 |
| — reduction method | 氫還原法 | 水素還元法 | 氢还原法 |

| 英　　文 | 臺　　灣 | 日　　文 | 大　　陸 |
|---|---|---|---|
| — shift polymerization | 氫轉移聚合（作用） | 水素移動重合 | 氢转移聚合（作用） |
| — treating | 加氫處理 | 水素化処理 | 加氢处理 |
| — welding | 氫氣熔接 | 水素溶接 | 氢焊（接） |
| **hydrogenate** | 氫化 | 水素化 | 氢化 |
| **hydrogenated** oil | 氫化油 | 水素化油 | 氢化油 |
| — rubber | 氫化橡膠 | 水素化ゴム | 氢化橡胶 |
| **hydrogenation** | 氫化作用 | 水素化 | 氢化作用 |
| — catalyst | 氫化催化 | 水素化触媒 | 氢化催化 |
| — of coal | 煤的氫化 | 石炭の水素添加 | 煤的氢化 |
| — refining | 氫化處理法 | 水素化精製法 | 氢化处理法 |
| **hydrogen-cooled machine** | 氫冷式電機 | 水素冷却機 | 氢冷式电机 |
| **hydrogenium** | 金屬氫 | 金属水素 | 金属氢 |
| **hydrogenolysis** | 氫解 | 水添分解 | 氢解 |
| **hydrogoethite** | 褐鐵礦 | かつ鉄鉱 | 褐铁矿 |
| **hydrohaematite** | 水赤鐵礦 | 水赤鉄鉱 | 水赤铁矿 |
| **hydrojet** | 噴水射流 | 水噴射 | 喷水射流 |
| **hydrokineter** | 爐水循環加速器 | ハイドロキネタ | 炉水循环加速器 |
| **hydrolizing tank** | 水解池 | 加水分解槽 | 水解池 |
| **hydrolube** | 氫化的潤滑油 | 圧媒油 | 氢化的润滑油 |
| **hydrolysate** | 水解產物 | 水解物 | 水解产物 |
| **hydrolysis** | 水解 | 加水分解 | 水解 |
| **hydrolyst** | 水解催化劑 | 加水分解触媒 | 水解催化剂 |
| **hydrolyte** | 水解質 | 加水分解液 | 水解质 |
| **hydrolytic acidity** | 水解酸度 | 加水分解酸度 | 水解酸度 |
| — action | 水解作用 | 加水分解作用 | 水解作用 |
| — dissociation | 水離解 | 加水解離 | 水离解 |
| — stability | 耐水安定性 | 加水分解安定性 | 耐水安定性 |
| **hydrolyzate** | 水解產物 | 加水分解物 | 水解产物 |
| **hydromagnetics** | 電磁流體動力學 | 液体磁気学 | 电磁流体动力学 |
| **hydromaster** | 壓制動器 | ハイドロマスタ | 液压制动器 |
| **hydromatic elevator** | 液壓式升降機 | 油圧式エレベータ | 液压式升降机 |
| — forming | 液壓成形 | 直接液圧式板成形法 | 液压成形 |
| — process | 液壓自動工作法 | ハイドロマチック法 | 液压自动工作法 |
| — propeller | 液壓自動變距螺旋漿 | 油圧プロペラ | 液压自动变距螺旋浆 |
| **hydromechanical** drawing | 充液拉伸 | 対向液圧成形 | 充液拉深 |
| — fuel control unit | 液壓機械式燃料控制裝置 | 油圧機械式燃料制御装置 | 液压机械式燃料控制装置 |
| — press | 液壓機 | ハイドロメカニカルプレス | 液压机 |
| **hydromechanics** | 流體力學 | 流体力学 | 流体力学 |
| **hydrometer** | 比重計 | 浮きばかり | 比重计 |
| **hydrometry** | 比重測定（法） | 流量測定法 | 比重测定（法） |

| 英 文 | 臺 灣 | 日 文 | 大 陸 |
|---|---|---|---|
| **Hydronalium** | 一種鋁鎂合金 | ハイドロナリウム | 一种铝镁合金 |
| **Hydrone** | 一種鉛鈉合金 | ヒドロン | 一种铅钠合金 |
| **hydronium(ion)** | 水合氫(離子) | 水和水素 | 水合氢(离子) |
| **hydroperoxide** | 氫過氧化物 | ヒドロペルオキシド | 氢过氧化物 |
| **hydrophily** | 親水性 | 水媒 | 亲水性 |
| **hydropower** | 水力(發電) | 水力 | 水力(发电) |
| — plant with reservoir | 蓄水池式發電站〔廠〕 | 貯水池式発電所 | 蓄水池式发电站〔厂〕 |
| — station | 水力發電站〔廠〕 | 水力発電所 | 水力发电站〔厂〕 |
| **hydropress** | 水壓壓榨器 | 水圧プレス | 水压压榨器 |
| **hydropressure** | 液(體)壓(力) | ハイドロプレッシャ | 液(体)压(力) |
| **hydroscope** | 濕度計 | ハイドロスコープ | 湿度计 |
| **hydrospin** | 液壓旋壓 | ハイドロスピン | 液压旋压 |
| **hydrospinning** | 液壓旋壓 | ハイドロスピン | 液压旋压 |
| **hydrostatic(al) axis** | 靜水壓力軸 | 静水圧軸 | 静水压力轴 |
| — bearing | 液體靜力軸承 | 静圧軸受 | 静压轴承 |
| — bulge forming | 靜液壓膨脹成形 | 液圧バルジ成形法 | 静液压膨胀成形 |
| — bulge test | 液壓擴管試驗 | 液圧バルジ試験 | 液压扩管试验 |
| — compacting | 靜液(壓)壓制 | 水圧成形 | 静液(压)压制 |
| — curve | 液體靜壓曲線 | 排水量等曲線図 | 水压曲线 |
| — design stress | 設計靜水應力 | 設計静水応力 | 设计静水应力 |
| — drive | 液壓傳動 | 油圧駆動 | 液压传动 |
| — equilibrium | 浮力平衡 | 浮沈平衡 | 浮力平衡 |
| — excess pressure | 超靜水壓 | 過剰水圧 | 超静水压 |
| — extrusion | 靜液擠壓 | 液圧押し出し | 静液挤压 |
| — flange extrusion | 靜液壓擠壓凸緣 | 液圧フランジ押し出し | 静液压挤压凸缘 |
| — force | 靜浮力 | 静浮力 | 静浮力 |
| — lift bearing | 靜壓支承軸承 | 静圧揚力軸受 | 静压支承轴承 |
| — oil pad bearing | 靜壓油墊〔膜〕軸承 | 静圧浮遊軸受 | 静压油墊〔膜〕轴承 |
| — power transmission | 靜壓傳動 | 油圧伝動装置 | 静压传动 |
| — pressure | 液體靜壓力 | 静水圧 | 液压 |
| — proof testing | 靜水壓試驗 | 静水耐圧試験 | 静水压试验 |
| — seal | 靜壓式密封 | 静水圧形シール | 静压式密封 |
| — stress | 靜液〔壓〕應力 | 静水応力 | 静液〔压〕应力 |
| — test | (靜)水壓(力)試驗 | 静水圧試験 | (静)水压(力)试验 |
| — transmission | 液壓傳動(装置) | 液圧伝動装置 | 液压传动(装置) |
| **hydrostatics** | 流體靜力學 | 静水学 | 流体静力学 |
| **hydrostatimeter** | 水壓計 | 水圧計 | 水压计 |
| **hydrotesting** | 靜水壓試驗 | 静水圧試験 | 静水压试验 |
| **hydrothermal dynamics** | 熱液動力學 | 熱水力学 | 热液动力学 |
| — method | 水熱法 | 水熱法 | 水热法 |

| 英　文 | 臺　灣 | 日　文 | 大　陸 |
|---|---|---|---|
| — reaction | 水熱反應 | 水熱反応 | 水热反应 |
| hydrotimeter | 水硬度計 | 水硬度計 | 水硬度计 |
| hydrovac | 液壓真空制動器 | ハイドロバック | 液压真空制动器 |
| hydrovacum | 液壓真空 | ハイドロバキュウム | 液压真空 |
| — brake | 液壓真空制動器 | 油圧真空併用ブレーキ | 液压真空制动器 |
| hydroxide | 氫氧化物 | 水酸化物 | 氢氧化物 |
| hydroxidion | 氫氧離子 | 水酸イオン | 氢氧离子 |
| hydryzing | 氫氣保護熱處理 | ハイドライジング | 氢气保护热处理 |
| hygremometer | 濕度測定法 | 湿度測定法 | 湿度测定法 |
| hygrometer | 濕度計〔錶〕 | 湿度計 | 湿度计〔表〕 |
| hygroscopicity | 吸濕性 | 吸湿性 | 吸湿性 |
| hygroscopy | 濕度測定法 | 湿度測定法 | 湿度测定法 |
| hynico | 鋁鎳鈷永磁合金 | ハイニコ | 铝镍钴永磁合金 |
| hyperboloid gear | 雙曲面齒輪 | 双曲線体歯車 | 双曲面齿轮 |
| hypercarb process | 過共析滲碳法 | 過共析浸炭法 | 过共析渗碳法 |
| hypercharge | 高負載 | ハイパチャージ | 高负载 |
| hyperco | 鐵鈷系高導磁率合金 | ハイパコ | 铁钴系高导磁率合金 |
| hypereutectic cast iron | 過共晶鑄鐵 | 過共晶鋳鉄 | 过共晶铸铁 |
| hypereutectoid alloy | 過共析合金 | 過共析合金 | 过共析合金 |
| — cast iron | 過共析鑄鐵 | 過共析鋳鉄 | 过共析铸铁 |
| — steel | 過共析鋼 | 過共晶鋼 | 过共析钢 |
| hyperfine resolution | 超細微分辨率 | 超微細分解 | 超细微分辨率 |
| — structure | 超精細結構 | 超微細構造 | 超精细结构 |
| hypergolic fuel | 自燃性燃料 | 自燃性燃料 | 自燃性燃料 |
| — propellant | 自燃推進劑 | 自燃性推薬 | 自燃推进剂 |
| hyperloy | 高導磁率鐵鎳合金 | ハイパロイ | 高导磁率铁镍合金 |
| hypermalloy | 高導磁率鐵鎳合金 | ハイパマロイ | 高导磁率铁镍合金 |
| Hypernic | 一種鐵鎳透磁合金 | ハイパニック | 一种铁镍透磁合金 |
| hyperoxide | 過氧化物 | 超過酸化物 | 过氧化物 |
| hyperpressure | 超高壓力 | 超高圧力 | 超高压力 |
| hypersonic speed | 高超音速 | 極超音速 | 高超音速 |
| — velocity | 高超音速速度 | 極超音速 | 高超音速速度 |
| hypersonics | 高超音速空氣動力學 | 極超音速空気力学 | 高超音速空气动力学 |
| hypersorption | 超吸(附)法 | 超高吸着 | 超吸(附)法 |
| hyperspace | 多維空間 | 超空間 | 多维空间 |
| hyperstability | 超穩定性 | 超安定性 | 超稳定性 |
| hyperstatic unknown | 超靜定未知量 | 一般化未知量 | 超静定未知量 |
| hypoeutectic | 亞共析晶 | 亜共析晶 | 亚共析晶 |
| — cast iron | 亞共析鑄鐵 | 亜共晶鋳鉄 | 亚共析铸铁 |
| hypoeutectoid | 亞共析(的) | 亜共析の | 亚共析(的) |

| 英　文 | 臺　灣 | 日　文 | 大　陸 |
|---|---|---|---|
| ― steel | 亞共析鋼 | 亜共析鋼 | 亚共析钢 |
| **hypogene action** | 內力作用 | 内力作用 | 内力作用 |
| **hypoid** gear | 戟齒輪 | ハイポイド歯車 | 准双曲面齿轮 |
| ― hob | 戟齒輪滾刀 | ハイポイドホブ | 准双曲线齿轮滚刀 |
| **hysteresis** | 遲滯性 | 磁気履歴 | 磁滞(现象) |
| ― characteristic | 遲滯特性 | 復元力特性 | 磁滞特性 |
| ― clutch | 遲滯離合器 | ヒステリシスクラッチ | 磁滞离合器 |
| ― curve | 遲滯曲線 | ヒステリシス曲線 | 磁滞曲线 |
| ― error | 遲滯誤差 | ヒステリシス誤差 | 磁滞误差 |
| ― loss | 遲滯損耗 | 履歴損失 | 磁滞损耗 |
| ― loss coefficient | 遲滯損耗係數 | ヒステリシス損失係数 | 磁滞损耗系数 |
| ― motor | 遲滯電動機 | ヒステリシスモータ | 磁滞电动机 |
| ― phenomenon | 遲滯現象 | ヒステリシス現象 | 磁滞现象 |
| ― set | 滯後變形 | ヒステリシスセット | 滞后变形 |
| **hysteretic** constant | 遲滯常數 | ヒステリシス定数 | 磁滞常数 |
| ― loss | 遲滯損失 | ヒステリシス損失 | 磁滞损失 |
| **hytor** | 抽壓機 | 押し抜き機 | 抽压机 |
| **hyvac oil pump** | 高真空油泵 | 高真空油ポンプ | 高真空油泵 |

| 英　　文 | 臺　　灣 | 日　　文 | 大　　陸 |
|---|---|---|---|
| **I-beam** | 工字樑 | Ⅰ形ばり | 工字梁 |
| **I-beam bridge** | 工字樑橋 | Ⅰ形けた橋 | 工字梁桥 |
| **I-girder** | 工字大樑 | Ⅰガーダ | 工字大梁 |
| **I-groove weld** | I形坡口焊(縫) | Ⅰ形グルーブ溶接 | I形坡口焊(缝) |
| **I-iron** | 工字鋼 | Ⅰ形鋼 | 工字钢 |
| **I-rail** | 工字形鋼軌 | Ⅰ形レール | 工字形钢轨 |
| **I-section steel** | 工字形鋼 | Ⅰ形鋼 | 工字形钢 |
| **I weld** | I形坡口焊(縫) | Ⅰ型溶接 | I形坡口焊(缝) |
| **ice accretion** | 結冰 | 着氷 | 结冰 |
| — **column** | 柱狀冰晶 | 霜柱 | 柱状冰晶 |
| — **crusher** | 碎冰機 | 砕氷機 | 碎冰机 |
| — **crystal impression** | 冰晶痕 | 氷晶こん | 冰晶痕 |
| — **engine** | 製冰機 | 製氷機 | 制冰机 |
| — **forming process** | 冷凍(膨脹)成形法 | 氷結膨張成形法 | 冷冻(膨胀)成形法 |
| — **melting capacity** | 融冰能力 | 融放能力 | 融冰能力 |
| — **melting point** | 冰融(化)點 | 氷の融解点 | 冰融(化)点 |
| — **paper** | 製圖透明紙 | アイスペーパ | 制图透明纸 |
| — **point** | 冰點 | 氷点 | 冰点 |
| — **pressure** | 冰壓 | 氷圧 | 冰压力 |
| **icebox** | 冷箱 | 冷蔵庫 | 冷藏箱 |
| **ichnography** | 平面圖(法) | 平面図法 | 平面图(法) |
| **idea sketch** | 草圖 | アイデアスケッチ | 草图 |
| **ideal** | 理想 | 理想的 | 理想 |
| — **angle of attack** | 理想攻角 | 理想迎角 | 理想攻角 |
| — **burning** | 理想燃燒 | 理想燃焼 | 理想燃烧 |
| — **characteristic** | 理想特性(曲線) | 理想特性 | 理想特性(曲线) |
| — **conductor** | 理想導體 | 理想導体 | 理想导体 |
| — **crystal** | 理想晶體 | 理想結晶 | 理想晶体 |
| — **cycle efficiency** | 理想熱循環效率 | 理論熱効率 | 理想热循环效率 |
| — **detector** | 理想探測器 | 理想的検出器 | 理想探测器 |
| — **diameter** | 理想直徑 | 理想直径 | 理想直径 |
| — **drag coefficient** | 理想阻力係數 | 理想抗力係数 | 理想阻力系数 |
| — **elastic body** | 完全彈性體 | 完全弾性体 | 完全弹性体 |
| — **exhaust velocity** | 理想排氣速度 | 理想排気速度 | 理想排气速度 |
| — **fluid** | 理想流體 | 理想流体 | 理想流体 |
| — **gas** | 理想氣體 | 理想気体 | 理想气体 |
| — **machine** | 理想機 | アイデアルマシン | 理想机 |
| — **plastic material** | 理想塑性材料 | 理想塑性体 | 理想塑性材料 |
| — **plasticity** | 理想塑性 | 理想塑性 | 理想塑性 |
| — **plastoelastic body** | 完全彈塑性體 | 完全弾塑性体 | 完全弹塑性体 |

**I**

| 英　　文 | 臺　　灣 | 日　　文 | 大　　陸 |
|---|---|---|---|
| — refrigerating cycle | 理想制冷循環 | 理想冷凍サイクル | 理想制冷循环 |
| — rigid plastic body | 完全剛塑性體 | 完全剛塑性体 | 完全刚塑性体 |
| — shock pulse | 理想衝擊脈衝 | 理想衝撃パルス | 理想冲击脉冲 |
| — speed | 理想速度 | 理想速度 | 理想速度 |
| — value | 理想值 | 理想値 | 理想值 |
| **Ideal** | 銅鎳合金 | アイデアル | 铜镍合金 |
| **idealized model** | 理想化模型 | 理想化モデル | 理想化模型 |
| **idealoy** | "理想"坡莫合金 | アイディアロイ | "理想"坡莫合金 |
| **identity** component | 單位分量 | 単位(元)成分 | 单位分量 |
| — elastic alloy | 恒彈性合金 | 恒弾性合金 | 恒弹性合金 |
| **idiomorphic crystal** | 自形晶體 | 自形結晶 | 自形晶体 |
| **idle** adjustment | 空轉調整 | アイドリング調整 | 空转调整 |
| — air bleeder | 低速通氣孔 | 低速(空気)ブリード穴 | 低速通气孔 |
| — capacity | 儲備容量 | 予備容力 | 储备容量 |
| — contact | 空接點 | アイドルコンタクト | 空接点 |
| — current | 無效電流 | アイドル電流 | 无效电流 |
| — gear | 惰齒輪 | 遊び歯車 | 惰轮 |
| — hour | 停機時間 | 空き時間 | 停机时间 |
| — member | 不受力桿件 | 遊び材 | 不受力杆件 |
| — period | 休止時間〔脈衝間隔〕 | 休止期間 | 休止时间〔脉冲间隔〕 |
| — pulse | 無效脈衝 | アイドルパルス | 无效脉冲 |
| — running | 空轉 | 空転 | 空转 |
| — running distance | 空行程距離 | 空走距離 | 空行程距离 |
| — state | 停止狀態 | 停止状態 | 停止状态 |
| — station | 停空工位〔連續模〕 | 遊び工程順〔送り型の〕 | 停空工位〔连续模〕 |
| — stroke | 空轉衝程 | アイドルストローク | 空转(怠慢)行程〔冲程〕 |
| — system | 低速系統 | 低速系統 | 低速系统 |
| — temperature | 無效溫度 | アイドル温度 | 无效温度 |
| — time | 停機時間 | 空時間 | 停机时间 |
| — wheel | 惰輪 | なかだち車 | 惰轮 |
| **idler** | 惰(輪) | 遊び車 | 惰(轮) |
| — arm | 空轉臂 | アイドラアーム | 空转臂 |
| — drive system | 惰輪驅動式 | アイドラドライブ方式 | 惰轮驱动式 |
| — gear | 惰輪 | 遊び歯車 | 惰轮 |
| — pulse | 無效脈衝 | アイドラパルス | 无效脉冲 |
| — pulley | 惰輪 | 遊び車 | 惰轮 |
| — roller | 惰輥(輪) | 遊びローラ | 惰辊(轮) |
| — shaft | 空轉輪軸 | アイドラシャフト | 空转轮轴 |
| — tumbler | 惰輪 | 遊動輪 | 惰轮 |
| — wheel | 惰輪 | 遊び車 | 惰轮 |

| 英 文 | 臺 灣 | 日 文 | 大 陸 |
|---|---|---|---|
| **idling** | 空轉 | 無負荷運転 | 空转 |
| — adjustment | 空轉調整 | アイドリング調整 | 空转调节装置 |
| — by-pass valve | 備用旁通閥 | 空転バイパス弁 | 备用旁通阀 |
| — current | 空載電流 | 暗電流 | 空载电流 |
| — jet | 空轉油嘴 | 低速ポート | (汽化器的)怠速喷嘴 |
| — mode | 空轉狀態 | 空転段階 | 空转状态 |
| — power | 空載功率 | アイドリングパワ | 空载功率 |
| — speed | 無負荷回轉數 | 無負荷回転速度 | 无负荷回转数 |
| — system | 慢車裝置 | 緩速装置 | 慢车装置 |
| — valve | 慢速閥 | アイドリング弁 | 慢速阀 |
| **Igatalloy** | 鎢鈷硬質合金 | イゲタロイ | 钨钴硬质合金 |
| **Igelite** | 聚氯乙烯〔塑料〕 | イゲリット | 聚氯乙烯〔塑料〕 |
| **igniter** | 點火器 | 点火器 | 点火器 |
| — cam | 點火凸輪 | 点火カム | 点火凸轮 |
| — discharge | 點火放電 | 点弧子放電 | 点火放电 |
| **igniting** | 點火 | 点火 | 点火 |
| — charge | 點火藥 | 点火薬 | 点火药 |
| — fuse | 點火引線 | 点火導線 | 点火引线 |
| **ignition** | 點火 | 点火 | 点火 |
| — ability | 可燃性 | 着火性 | 可燃性 |
| — advance | 提前點火 | 点火進角 | 提前点火 |
| — apparatus | 點火裝置 | 点火装置 | 点火装置 |
| — burner | 點火噴嘴 | 点火バーナ | 点火喷嘴 |
| — characteristic | 引燃特性 | 点弧特性 | 引燃特性 |
| — coil | 點火線圈 | 点火コイル | 点火线圈 |
| — knock | 點火爆震(音) | イグニションノック | 点火爆震(音) |
| — lag | 點火遲延 | 点火遅れ | 点火延迟 |
| — light oil pump | 點火輕油泵 | 点火用軽油ポンプ | 点火轻油泵 |
| — order | 點火順序 | 点火順序 | 点火顺序 |
| — plug | 點火塞 | 点火プラグ | 火花塞 |
| — pressure | 發火壓力 | 発火圧 | 发火压力 |
| — pulse | 點火脈衝 | イグニションパルス | 点火脉冲 |
| — quality | 點火性 | 発火性 | 点火特性 |
| — residue | 點火殘留物 | 強熱残分 | 燃烧残渣 |
| — speed | 點火轉速 | 点火回転速度 | 点火转速 |
| — switch | 點火開關 | 点火スイッチ | 点火开关 |
| — system | 點火系統 | 発火装置 | 点火系统 |
| — temperature | 著火點 | 点火温度 | 着火点 |
| — timing | 點火正時 | 点火時期 | 点火时间 |
| — timing adjustment | 點火定時調整 | 点火時期調整 | 点火定时调整 |

I

| 英　　文 | 臺　　灣 | 日　　文 | 大　　陸 |
|---|---|---|---|
| — torch | 點火嘴 | 点火トーチ | 点火嘴 |
| ignitionability | 點火性 | 着火性 | 点火性 |
| IK process | 固體滲鉻法 | インクロム法 | 固体渗铬法 |
| Illium | 鎳鉻合金 | イリウム | 镍铬合金 |
| illumination | 照射 | 照明 | 照射 |
| — by diffused light | 漫射照度 | 拡散照度 | 漫射照度 |
| — by direct light | 直接照度 | 直接照度 | 直接照度 |
| — efficiency | 照明效率 | 照明効率 | 照明效率 |
| — meter | 照度計 | 照度計 | 照度计 |
| illuminator | 照明裝置 | 照明装置 | 照明装置 |
| illuminometer | 照度計 | 照度計 | 照度计 |
| ilmenite | 鈦鐵礦 | チタン鉄鉱 | 钛铁矿 |
| — sand | 鈦鐵礦砂 | チタン鉄砂 | 钛铁矿砂 |
| iluminite | 鋁電解研磨法 | イルミナイト | 铝电解研磨法 |
| image | 像 | 映像 | 影像 |
| — amplifier | 圖像放大器 | 像増幅器 | 图像放大器 |
| — device | 圖像裝置 | イメージデバイス | 图像装置 |
| — engineering | 圖像工(學) | 画像工学 | 图像工(学) |
| — filter | 鏡像濾波器 | イメージフィルタ | 镜像滤波器 |
| — force | 像力 | 鏡像力 | 镜像力〔金相〕 |
| — forming system | 成像系統 | 作像方式 | 成像系统 |
| — pick-up | 攝影 | 撮像 | 摄影 |
| — pick-up tube | 攝像管 | 撮像管 | 摄像管 |
| — pattern | 圖像 | 影像パターン | 图像 |
| — point | 像點 | 像素 | 像素 |
| — ratio | 影像比 | 影像比 | 镜像比 |
| — scanner | 圖像掃描器 | イメージスキャナ | 图像扫描器 |
| — sectoin | 圖像部分 | イメージセクション | 图像部分 |
| — sensing device | 攝像裝置 | 撮像装置 | 摄像装置 |
| — tube | 攝像管 | イメージ管 | 摄像管 |
| imager | 圖像裝置 | イメージャ | 图像装置 |
| imaginary base surface | 假想(滑動)基底面 | 仮想基礎底面 | 假想(滑动)基底面 |
| — component | 無功分量 | 虚数成分 | 无功分量 |
| — cross section | 假想截〔斷〕面圖 | 仮想断面図 | 假想截〔断〕面图 |
| — earth | 假想接地 | イマジナリアース | 假想接地 |
| — hinge | 虛鉸;假想鉸 | 仮想ヒンジ | 虚铰;假想铰 |
| — line | 假想線 | イメージング | 假想线 |
| imaging | 顯像 | 想像線 | 显像 |
| imbedding | 嵌入 | 埋め込み | 嵌入 |
| imbibing | 吸收作用 | 吸入 | 吸收作用 |

| 英　　文 | 臺　　灣 | 日　　文 | 大　　陸 |
|---|---|---|---|
| **imbibition** | 吸入〔收；液〕 | 吸収 | 吸入〔收；液〕 |
| — process | 吸液法 | インビビション法 | 吸液法 |
| — water | 吸收水 | 膨潤水 | 吸收水 |
| **imitate** | 模仿 | イミテート | 模仿 |
| **imitation** cinnabar | 人造朱砂 | 模造朱 | 人造朱砂 |
| — diamond | 人造金剛石 | 模造ダイヤモンド | 人造金刚石 |
| — die stamping | 壓凸印刷 | 盛り上げ印刷 | 压凸印刷 |
| — leather | 人造革 | 模造皮 | 人造革 |
| — marble | 人造大理石 | 人造大理石 | 人造大理石 |
| — parts | 仿造的零件 | イミテーションパーツ | 仿造的零件 |
| — red lead | 假紅丹 | 擬鉛丹 | 假红丹 |
| **imitator** | 模擬器 | イミテータ | 模拟器 |
| **Immadium** | 高強度黃銅 | イマジウム | 高强度黄铜 |
| **immersion** | 浸漬 | 浸せき | 浸渍 |
| — coating | 浸鍍 | 浸し塗り | 浸镀 |
| — compression test | 浸水抗壓試驗 | 水浸圧縮試験 | 浸水抗压试验 |
| — couple | 浸沒式熱電偶 | 浸せき形熱電対 | 浸没式热电隅 |
| — electrode | 浸液電極 | 浸液電極 | 浸液电极 |
| — plating | 浸（漬）鍍（金）法 | 浸せきめっき法 | 浸（渍）镀（金）法 |
| — stability | 浸水穩定性試驗 | 水浸安定度試験 | 浸水稳定性试验 |
| — thermocouple | 浸液式熱電偶 | 浸せき型熱電対 | 浸液式热电隅 |
| — type probe | 浸漬型探頭 | 水浸探触子 | 浸渍型探头 |
| — type thermocouple | 浸入式熱電偶 | 浸せき型熱電対 | 浸入式热电隅 |
| **immiscibility** | 不混合性 | 不混和性 | 不混合性 |
| **immunity** | 不敏感性 | 不感性 | 不敏感性 |
| — region | （腐蝕）不敏感區 | 不感性域 | （腐蚀）不敏感区 |
| **immunizing** | 退敏熱處理 | 免疫熱処理 | 退敏热处理 |
| **IMO pump** | 一種螺桿泵 | IMO ポンプ | 一种螺杆泵 |
| **impact** | 衝擊 | 衝擊 | 碰撞 |
| — abrasion | 衝擊磨耗 | 衝擊摩り減り | 冲击磨耗 |
| — accelerometer | 衝擊加速度計 | 衝擊加速度計 | 冲击加速度计 |
| — bend test | 衝擊彎曲試驗 | 衝擊曲げ試験 | 冲击弯曲试验 |
| — bending test | 衝擊彎曲試驗 | 衝擊曲げ試験 | 冲击弯曲试验 |
| — boring machine | 衝擊式鑽機 | 衝擊式ボーリング機械 | 冲击式钻机 |
| — breaker | 衝擊破碎機 | 衝擊式破碎機 | 冲击破碎机 |
| — brittleness | 衝擊脆性 | 衝擊ぜい性 | 冲击脆性 |
| — coefficient | 衝擊係數 | 衝擊係数 | 冲击系数 |
| — compression test | 衝擊壓縮試驗 | 衝擊圧縮試験 | 冲击压缩试验 |
| — crusher | 衝擊式破碎機 | 衝擊粉砕 | 冲击式破碎机 |
| — cushioning roller | 緩衝輥 | 緩衝ローラ | 缓冲辊 |

**I**

527

| 英　　文 | 臺　　灣 | 日　　文 | 大　　陸 |
|---|---|---|---|
| — damper | 避震器 | インパクトダンパ | 減震器 |
| — driver | 衝擊式螺絲攻 | インパクトドライバ | 冲击式螺丝攻锥 |
| — elasticity | 衝擊彈性 | 衝擊弾性 | 冲击弹性 |
| — energy | 衝擊能 | 衝擊エネルギー | 冲击能 |
| — extruding | 衝擊擠壓成形法 | 衝擊押出し法 | 冲击挤压成形法 |
| — extruding press | 衝擠沖床 | 衝擊押出し（加工） | 冲挤压力机 |
| — factor | 衝擊係數 | 衝擊係數 | 冲击系数 |
| — force | 衝擊力 | 衝擊力 | 冲击力 |
| — fraction | 衝擊係數 | 衝擊係數 | 冲击系数 |
| — grinder | 衝擊式粉碎機 | 衝擊粉碎器 | 冲击式粉碎机 |
| — hardness test | 衝擊硬度試驗法 | 衝擊硬さ試験法 | 冲击硬度试验法 |
| — heat sealing | 脈衝加熱封閉 | インパルスシール | 脉冲加热封闭 |
| — in bending | 衝擊彎曲 | 衝擊曲げ | 冲击弯曲 |
| — load | 衝擊荷重 | 衝擊荷重 | 冲击荷重 |
| — mill | 衝擊式粉碎機 | 衝擊式粉碎機 | 冲击式粉碎机 |
| — noise | 衝擊噪音 | 衝擊騒音 | 冲击噪音 |
| — pad | 緩衝器 | イシパクトパッド | 缓冲器 |
| — pressure | 衝擊壓力 | 衝擊圧（力） | 冲击压力 |
| — proof | 耐衝擊性 | 耐衝擊 | 耐冲击性 |
| — pulverizer | 衝擊粉碎機 | 衝擊式製粉機 | 冲击式制粉机 |
| — resilience test | 回彈性試驗 | 反発弾性試験 | 回弹性试验 |
| — resistance | 耐衝擊性 | 耐衝擊性 | 耐冲击性 |
| — resistance value | 衝擊抵抗值 | 衝擊值 | 冲击值 |
| — rupture | 衝擊破壞 | 衝擊破壞 | 冲击破坏 |
| — strength | 衝擊強度 | 衝擊強度 | 冲击强度 |
| — stress | 衝擊應力 | 衝擊応力 | 冲击应力 |
| — stroke | 衝擊行程 | インパクトストローク | 冲击行程 |
| — tensile test | 衝擊拉伸試驗 | 衝擊引張試験 | 冲击拉伸试验 |
| — tension test | 衝擊拉伸試驗 | 衝擊引張試験 | 冲击拉伸试验 |
| — test hammer | 衝擊試驗錘 | テストハンマ | 冲击试验锤 |
| — test piece | 衝擊試驗片 | 衝擊試験片 | 冲击试验片 |
| — testing machine | 衝擊試驗機 | 衝擊試験機 | 冲击试验机 |
| — toughness | 衝擊韌性 | 衝擊じん性 | 冲击韧性 |
| — value | 衝擊值 | 衝擊值 | 冲击值 |
| — velocity | 衝擊速度 | 衝突速度 | 冲击速度 |
| — wrench | 衝擊扳手 | インパクトレンチ | 套筒扳手 |
| **impaction efficiency** | 碰撞效率 | 衝突効率 | 碰撞效率 |
| **impactor** | 臥式鍛造機 | インパクタ | 卧式锻造机 |
| **impedance** | 阻抗 | インピーダンス | 阻抗 |
| — drop | 阻抗電壓降 | インピーダンス降下 | 阻抗电压降 |

| 英　　文 | 臺　　灣 | 日　　文 | 大　　陸 |
|---|---|---|---|
| — factor | 阻抗係數 | インピーダンス係数 | 阻抗系数 |
| — matching | 阻抗匹配 | インピーダンス整合 | 阻抗匹配 |
| — meter | 阻抗計 | インピーダンス計 | 阻抗计 |
| — relay | 阻抗繼電器 | インピーダンス継電器 | 阻抗继电器 |
| — stability | 阻抗穩定性 | インピーダンス安定性 | 阻抗稳定性 |
| — transformer | 阻抗變壓器 | インピーダンス変成器 | 阻抗变压器 |
| — voltage | 阻抗(電)壓降 | インピーダンス電圧 | 阻抗(电)压降 |
| — watt | 短路損耗功率 | インピーダンスワット | 短路损耗功率 |
| **impedometer** | 阻抗計 | インピーダンス計 | 阻抗计 |
| **impeller** | 動葉輪 | 羽根車 | 压缩器;涡轮 |
| — blade | 動葉片 | （羽根車の）羽根 | 叶片 |
| — breaker | 動葉輪式碎石機 | インペラブレーカ | 叶轮式碎石机 |
| — casing | 拋砂頭罩蓋 | 羽根車ケーシング | 拋砂头罩盖 |
| — diameter | 翼輪直徑 | インペラ直径 | 翼轮直径 |
| — driving motor | 葉輪驅動電機 | インペラ駆動モータ | 叶轮驱动电机 |
| — eye | 葉輪入〔進〕口 | 羽根車入口 | 叶轮入〔进〕口 |
| — head | 拋砂葉輪 | インペラヘッド | 拋砂叶轮 |
| — thrust | 葉輪推力 | インペラ推力 | 叶轮推力 |
| — watermeter | 葉輪式水量計 | 翼車形水量計 | 叶轮式水量计 |
| **impelling power** | 推力 | 推進力 | 推力 |
| **impending plastic flow** | 急湍塑性流動 | 焦眉の塑性流動 | 急湍塑性流动 |
| **impenetrability** | 不滲透性 | 不可入性 | 不渗透性 |
| **imperfect** combustion | 不完全燃燒 | 不完全燃焼 | 不完全燃烧 |
| — compression loss | 不完全壓縮損失 | 不完全圧縮損失 | 不完全压缩损失 |
| — contact | 不良接點 | 不良接点 | 不良接点 |
| — crystal | 不完全結晶 | 不完全結晶 | 不完全结晶 |
| — crystal formation | 不完全晶型 | 不完全結晶成形 | 不完全晶型 |
| — diffusion | 不完全擴散 | 不完全拡散 | 不完全扩散 |
| — dislocation | 不完全差排〔晶體中的〕 | 不完全転位 | 不完全位错〔晶体中的〕 |
| — earth | 接地不良 | 半地気 | 接地不良 |
| — elastic body | 不完全彈性體 | 不完全弾性体 | 不完全弹性体 |
| **imperfection** | 不完全〔整〕性 | 不完全度 | 不完全〔整〕性 |
| — in crystal | 晶體內的缺陷 | 結晶不完全性 | 晶体内的缺陷 |
| **impermeability** | 不滲透性 | 不浸透性 | 不渗透性 |
| **impermeater** | 自動注油器 | インパーミータ | 自动注油器 |
| **impervious** blanket | 不透水層 | 不透水層 | 不透水层 |
| — graphite | 不滲透性石墨 | 不浸透性黒鉛 | 不渗透性石墨 |
| — layer | 不透水層 | 不透水層 | 不透水层 |
| — sheath | 電纜護套 | インパービアスシース | 电缆护套 |
| — stratum | 不滲透層 | 不浸透層 | 不渗透层 |

**I**

| 英　　文 | 臺　　灣 | 日　　文 | 大　　陸 |
|---|---|---|---|
| — water proofing | 不滲透性防水 | 不通気性防水 | 不渗透性防水 |
| **imperviousness** | 不滲透性 | 不浸透性 | 不渗透性 |
| **impinge** | 衝擊 | 衝撃 | 冲击 |
| — method | 衝擊法 | インピンジャー法 | 冲击法 |
| **impingement** | 衝擊 | 衝突 | 冲击 |
| — attack | 衝擊腐蝕 | 衝撃腐食 | 冲击腐蚀 |
| — corrosion | 衝射腐蝕 | 衝撃腐食 | 冲击腐蚀 |
| — efficiency | 衝擊效率 | 衝突効率 | 冲击效率 |
| **implant** | 注入 | インプラント | 注入 |
| — test | 低溫抗裂試驗〔焊接〕 | インプラント試験 | 低温抗裂试验〔焊接〕 |
| **implement** | 工具 | 工具 | 工具 |
| **implementation** | 工具 | 実現 | 工具 |
| **imporosity** | 無孔性 | 無孔性 | 无孔性 |
| **impoverishment** | 損耗（合金元素） | 欠乏 | 损耗（合金元素） |
| **impregnated** cable | 浸漬電纜 | 含浸ケーブル | 浸渍电缆 |
| — cathode | 浸漬陰極 | 含浸カソード | 浸渍阴极 |
| — charcoal | 浸漬活性碳 | 添着活性炭 | 浸渍活性炭 |
| **impregnating** | 浸漬 | インプレグネーティング | 浸透 |
| — bath | 浸漬浴 | 含浸浴 | 浸渍浴 |
| — compound | 浸漬（用）化合物 | 含浸用混合物 | 浸渍（用）化合物 |
| — method | 滲透探傷 | 浸透探傷法 | 渗透探伤 |
| **impregnation** | 浸透 | 注入 | 浸透 |
| — accelerator | 浸透促進劑 | 透浸促進剤 | 浸透促进剂 |
| — test | 浸透（剝離）試驗 | 浸透はく離試験 | 浸透（剥离）试验 |
| **impressed** pressure | 外加壓力 | 印加圧力 | 外加压力 |
| — voltage | 外加電壓 | 印加電圧 | 外加电压 |
| — water mark | 壓痕〔金屬加工〕 | プレスマーク | 压痕〔金属加工〕 |
| **impression** | 凹度；壓痕 | 押込み | 压痕 |
| — cylinder | 壓花滾筒 | 圧シリンダ | 压花滚筒 |
| — plaster | 模型用石膏 | 型用石こう | 模型用石膏 |
| — roller | 加壓輥 | インプレッションローラ | 加压辊 |
| **imprinter** | 刻印機 | インプリンタ | 刻印机 |
| **imprinting** | 壓印法 | なつ印法 | 压印法 |
| **improving** | 軟鉛 | 柔鉛 | 软铅 |
| **impulse** | 衝動；脈衝 | 衝撃 | 脉冲 |
| — action | 脈衝作用 | 衝撃作用 | 脉冲作用 |
| — cam | 脈衝凸輪 | インパルスカム | 脉冲凸轮 |
| — force | 衝擊（壓）力 | 衝撃圧力 | 冲击（压）力 |
| — heat sealing | 脈衝熱封 | インパルスシール | 脉冲热封 |
| — inertia | 衝擊慣性 | インパルス慣性 | 冲击惯性 |

| 英　　文 | 臺　　灣 | 日　　文 | 大　　陸 |
|---|---|---|---|
| — method | 脈衝法 | インパルス法 | 脉冲法 |
| — ratio | 脈衝比 | 衝撃比 | 脉冲比 |
| — reaction turbine | 衝動反動式汽輪機 | 衝反動タービン | 冲动反动式汽轮机 |
| — sparkover voltage | 脈衝放電開始電壓 | 衝撃放電開始電圧 | 脉冲跳火电压 |
| — speed | 脈衝速度 | インパルス速度 | 脉冲速度 |
| — steam turbine | 沖動式汽輪機 | 衝動蒸気タービン | 冲动式汽轮机 |
| — stroke | 沖動衝程 | 衝動行程 | 冲动冲程 |
| — testing machine | 衝撃試驗機 | インパルス試験機 | 冲击试验机 |
| — turbine | 衝撃式汽輪機 | 衝動タービン | 冲击式汽轮机 |
| — voltage characteristic | 脈動電壓特性 | 衝撃電圧特性 | 脉动电压特性 |
| — voltage generator | 脈衝電壓發生器 | 衝撃電圧発生器 | 脉冲电压发生器 |
| — water turbine | 脈動式水輪機 | 衝動水車 | 脉动式水轮机 |
| — wave | 脈衝波 | 衝撃波 | 脉冲波 |
| — welding | 脈衝焊 | インパルス溶接 | 脉冲焊 |
| — wheel | 衝撃輪 | 吹付け車 | 冲击轮 |
| — withstand voltage | 脈衝耐壓 | インパルス耐電圧 | 脉冲耐压 |
| **impulsion** | 衝動 | 衝撃 | 脉冲 |
| **impulsive** control | 脈衝(的)控制 | インパルシブ制御 | 脉冲(的)控制 |
| — discharge | 脈衝放電 | 衝撃放電 | 脉冲放电 |
| — load | 衝撃荷重 | 衝撃荷重 | 冲击荷重 |
| — noise | 衝撃噪音 | 衝撃雑音 | 冲击噪音 |
| — pressure | 衝撃壓(力) | 衝撃圧（力） | 冲击压(力) |
| **impurity** | 不純物 | 不純物 | 不纯物 |
| **inblock cast** | 整體鑄造 | インブロックカスト | 整体铸造 |
| **inboard** bearing | 驅動側軸承 | 駆動側軸受 | 驱动侧轴承 |
| — shaft | 內側軸 | 内側軸 | 内侧轴 |
| — turning | 內旋 | 内回り | 内旋 |
| **inca stone** | 黃鐵礦 | インカストーン | 黄铁矿 |
| **inch** dimension | 英制尺寸 | インチ寸法 | 英制尺寸 |
| — module | 英制模數 | インチモジュール | 英制模数 |
| — screw | 英制螺紋 | インチねじ | 英制螺纹 |
| — size | 英制尺寸 | インチサイズ | 英制尺寸 |
| — system thread | 英制螺紋 | インチねじ | 英制螺纹 |
| **inching** | 微動 | 寸動 | 微动 |
| — device | 微動調整裝置 | 微動調整装置 | 微动调整装置 |
| — operation | 寸動操作 | 寸動操作 | 寸动操作 |
| — switch | 微動開關 | インチングスイッチ | 微动开关 |
| — valve | 微動閥 | インチング弁 | 微动阀 |
| **incidence angle** | 入射角 | 入射角 | 入射角 |
| **incident** | (偶發)事故 | 事故 | (偶发)事故 |

**I**

| 英　文 | 臺　灣 | 日　文 | 大　陸 |
|---|---|---|---|
| — angle | 攻角 | 入射角 | 攻角 |
| — beam | 入射光線 | 入射ビーム | 入射光线 |
| — energy | 入射能量 | 入射エネルギー | 入射能量 |
| — ray | 入射光線 | 入射光線 | 入射光线 |
| — wave | 入射波 | 投射波 | 入射波 |
| **incineration** | 焚化 | 焼却 | 焚烧 |
| — installation | 焚化爐 | 焼却装置 | 焚化炉 |
| — plant | 焚化裝置 | 焼却装置 | 焚化装置 |
| **incipient** knocking | 初爆極限 | ノック限界 | 初爆极限 |
| — plastic flow | 初期塑性流動 | 初発塑性流れ | 初期塑性流动 |
| — reaction | 初期反應 | 初期反応 | 初期反应 |
| **incircle** | 內切圓 | 内接円 | 内切圆 |
| **incised** slab | 銘板 | 銘板 | 标牌 |
| — work | 雕刻 | 線彫り | 雕刻 |
| **inclinable press** | 傾斜式壓縮 | 傾頭式プレス | 倾斜式压缩 |
| **inclination** | 傾斜 | 傾斜 | 倾斜 |
| — angle | 傾角 | 傾角 | 倾角 |
| — axis | 傾斜軸 | 傾斜軸 | 倾斜轴 |
| — limit angle | 傾斜限界角 | 傾斜限界角 | 倾斜限界角 |
| — slop | 斜度 | のり | 斜度 |
| — test | 傾斜試驗 | 傾斜試験 | 倾斜试验 |
| **incline** | 傾斜 | 傾斜 | 倾斜 |
| — impact test | 傾斜衝擊試驗 | 傾斜衝撃試験 | 倾斜冲击试验 |
| — molding | 傾斜澆模 | 傾斜鋳込み | 倾斜浇注 |
| **inclined** adit | 斜坑 | 斜坑 | 斜坑 |
| — plane | 斜面 | 傾斜面 | 倾斜面 |
| — position welding | 傾斜焊 | 傾斜溶接 | 倾斜焊 |
| — punch die | 傾斜式衝模 | 傾斜パンチ型 | 倾斜式冲模 |
| — rotary hopper | 傾斜式旋轉料斗 | 傾斜式回転ホッパ | 倾斜式旋转料斗 |
| — shaft type | 斜軸式 | 斜軸形 | 斜轴式 |
| — shore | 傾斜支撐 | 傾斜張り | 倾斜支撑 |
| — stress | 傾斜應力 | 傾斜応力 | 倾斜应力 |
| — weld | 傾斜溶接 | 傾斜溶接 | 倾斜溶接 |
| — Z type calender | 傾斜Z型壓延機 | 傾斜Z形カレンダ | 倾斜Z型压延机 |
| **inclining** experiment | 傾斜實驗 | 傾斜試験 | 倾斜试验 |
| — moment | 傾斜力矩 | インクリニングモーメント | 倾斜力矩 |
| **inclinometer** | 傾斜儀 | こう配定規 | 倾斜仪 |
| **included angle** | 螺紋牙形角 | ねじ山の角度 | 螺纹牙形角 |
| **inclusion** | 夾雜物 | 包有物 | 包含物 |
| — body | 封入體 | 封入体 | 内合体 |

| 英　　文 | 臺　　灣 | 日　　文 | 大　　陸 |
|---|---|---|---|
| — compound | 包合(化合)物 | 包接化合物 | 包合(化合)物 |
| **Inco** chrome nickel | 鎳鉻耐熱合金 | インコクロムニッケル | 镍铬耐热合金 |
| — nickel | 因科鎳;可鍛鎳 | インコニッケル | 因科镍;可锻镍 |
| **incoherence** | 非干涉性 | 非コヒーレンス | 非干涉性 |
| **Incoloy** | 耐熱耐蝕鎳鉻鐵合金 | インコロイ | 耐热耐蚀镍铬铁合金 |
| **incombustibility** | 難燃性 | 難燃性 | 难燃性 |
| **incombustible** material | 不燃材料 | 不燃性材料 | 不燃材料 |
| — transaction | 耐火處理 | 難燃処理 | 耐火处理 |
| **incompatibility** | 不相溶性 | 不相溶性 | 不相溶性 |
| **incompatibilizing effect** | 不相溶效應 | 不相溶効果〔作用〕 | 不相溶效应 |
| **incomplete** beta function | 不完全 β 函數 | 不完全ベータ関数 | 不完全 β 函数 |
| — combustion | 不完全燃燒 | 不完全燃焼 | 不完全燃烧 |
| — diffusion | 不完全擴散 | 不完全拡散 | 不完全扩散 |
| — expansion | 不完全膨脹 | 不完全膨脹 | 不完全膨胀 |
| — fusion | 不完全熔化;不完全熔合 | 融合不良 | 未焊透 |
| — lubrication | 不完全潤滑 | 不完全潤滑 | 不完全润滑 |
| — overflow | 不完全溢流 | 不完全越流 | 不完全溢流 |
| — penetration | 不完全透入 | 溶け込み不良 | 未焊透 |
| — root penetration | 根部未焊透 | 不完全なルート溶込み | 根部未焊透 |
| — thread | 不完全螺紋 | 不完全ねじ部 | 不完整螺纹 |
| — thread portion | 不完全螺紋牙形 | 不完全（ねじ）山部 | 不完整螺纹牙形 |
| **incompressibility** | 不可壓縮性 | 非圧縮性 | 不可压缩性 |
| **incompressible flow** | 不可壓縮流 | 非圧縮性流れ | 不可压缩流 |
| — fluid | 非壓縮性流體 | 非圧縮性流体 | 非压缩性流体 |
| — gas | 不可壓縮氣體 | 非圧縮性気体 | 不可压缩气体 |
| — volume | 非壓縮(性)的體〔容〕積 | 非圧縮性容積 | 非压缩(性)的体〔容〕积 |
| **incondensability** | 不冷凝性 | 不凝縮性 | 不冷凝性 |
| **Inconel** | 英高鎳 | インコネル合金 | 镍铬铁耐热耐蚀合金 |
| — electrode | 因科鎳合金焊條 | インコネル溶接棒 | 因科镍合金焊条 |
| — X | 鎳鉻鐵耐熱耐蝕合金 | インコネルエックス | 镍铬铁耐热耐蚀合金 |
| **incongruence** | 不相容性 | 不調和性 | 不相容性 |
| **inconsistency** | 不相容性 | 不一致 | 不相容性 |
| **incorrodibility** | 非腐蝕性 | 非腐食性 | 非腐蚀性 |
| **incramute** | 防振合金 | インクラミュート | 防振合金 |
| **increased safety switch** | 安全防爆開關 | 安全増防爆形スイッチ | 安全防爆开关 |
| **increaser** | 漸大管 | 漸大管 | 渐大管 |
| **increasing pitch** | 遞增螺距 | 逓増ら距 | 递增螺距 |
| **increment** | 增量;增值 | インクリメント | 增量 |
| — load procedure | 載荷增量法 | 荷重増分法 | 载荷增量法 |
| — starter | 分級增壓起動裝置 | 増分始動装置 | 分级增压起动装置 |

| 英　　文 | 臺　　灣 | 日　　文 | 大　　陸 |
|---|---|---|---|
| **incremental** collapse | (變形)漸增破壞 | 変形漸増崩壊 | (变形)渐增破坏 |
| — compaction | 增量壓縮 | 増分圧縮 | 增量压缩 |
| — extrusion | 分段擠壓(法) | 段階押出し | 分段挤压(法) |
| — loading | 增量負載〔加載〕 | 増分負荷 | 增量负荷〔加载〕 |
| — magnetic flux density | 增量磁通量密度 | 増分磁束密度 | 增量磁通量密度 |
| — method | 增量式 | インクリメンタル方式 | 增量式 |
| — mode | 增量方式 | インコリメンタルモード | 增量方式 |
| — quantity | 增量 | 増分量 | 增量 |
| — strain theory | 應變增量理論 | ひずみ増分理論 | 应变增量理论 |
| — vector | 增量向量 | 増分ベクトル | 增量向量 |
| **incrustation** | 水銹;水垢;垢渣 | 湯あか | 镶嵌 |
| **indalloy** | 銦合金焊料 | インダロイ | 铟合金焊料 |
| **indent** | 凹槽;壓痕 | インデント | 凹槽;压痕 |
| **indentation** | 壓痕〔印〕;凹槽 | 圧こん | 压痕〔印〕;凹槽 |
| — hardness | 壓痕硬度 | 圧こん硬度 | 压痕硬度 |
| — hardness index | 壓痕硬度指數 | くぼみ硬度指数 | 压痕硬度指数 |
| — hardness test | 壓痕硬度試驗 | 押込み硬さ試験 | 压痕硬度试验 |
| — hardness tester | 壓痕硬度試驗機 | 押込み硬さ試験機 | 压痕硬度试验机 |
| — load | 壓痕重量 | くぼみ荷重 | 压痕重量 |
| — machine | 壓痕硬度計 | 押込み硬度計 | 压痕硬度计 |
| — recovery | 壓痕回復 | くぼみ回復 | 压痕回复 |
| — resistance | 耐壓痕 | くぼみ抵抗 | 耐压痕 |
| — test | 壓入試驗 | 貫入試験 | 压入试验 |
| **indented** bar | 刻痕鋼筋 | 凹凸面棒 | 刻痕钢筋 |
| — girder | 嚙合桁 | かみ合せげた | 啮合梁 |
| — pattern | 壓痕形狀 | くぼみ模様 | 压痕形状 |
| — wire | 齒紋鋼絲 | インデンテッドワイヤ | 齿纹钢丝 |
| **indenter** | (硬度)試驗壓頭 | 圧子 | (硬度)试验压头 |
| — point | 壓入針 | くぼみ針 | 压入针 |
| **indenting** | 壓痕〔凹;入〕 | へこみ | 压痕〔凹;入〕 |
| — of cone | 圓錐形壓痕 | 円すい押込み | 圆锥形压痕 |
| **independent** assortment | 自由組合 | 自由組合せ | 自由组合 |
| — brake valve | 獨立制動閥 | 単独ブレーキ弁 | 独立制动阀 |
| — chuck | 四爪夾頭 | 単独チャック | 四爪卡盘 |
| — contact | 單獨接點 | 独立接点 | 单独接点 |
| — control system | 獨立控制系統 | 単独制御方式 | 独立控制系统 |
| — measurement | 單獨測量 | 独立測定 | 单独测量 |
| — suspension system | 獨立懸掛方式 | 独立懸架方式 | 独立悬挂方式 |
| — wheel | 獨立車輪 | 独立車輪 | 独立车轮 |
| **index** cam | 間歇凸輪 | インデックスカム | 间歇凸轮 |

| 英　　文 | 臺　　灣 | 日　　文 | 大　　陸 |
|---|---|---|---|
| — chuck | 分度夾頭 | インデックスチャック | 分度卡盘 |
| — error | 分度誤差 | 指示誤差 | 分度误差 |
| — feed | 分度送料 | 割出し送り装置 | 分度送料 |
| — gear mechanism | 分度齒輪機構 | 割出し歯車装置 | 分度齿轮机构 |
| — hole | 分度孔 | インデックス孔 | 分度孔 |
| — method | 分度法 | インデックス法 | 分度法 |
| — miller | 分度式銑床 | インデックスミラー | 分度式铣床 |
| — of heating effect | 加熱指數 | 加熱指数 | 加热指数 |
| — of plastic deformation | 塑性變形指數 | 塑性変形指数 | 塑性变形指数 |
| — of refraction | 折射率 | 屈折率 | 折射率 |
| — of turning ability | 回轉性指數 | 旋回力の指数 | 回转性指数 |
| — point | 基點 | 基点 | 基点 |
| — shaper | 分度式牛頭刨床 | インデックスシェーパ | 分度式牛头刨床 |
| — table | 分度工作台 | 索引表 | 分度工作台 |
| — time | 間隔時間 | インデックスタイム | 间隔时间 |
| — tool | (分度)轉位刀夾 | インデックスツール | (分度)转位刀夹 |
| — unit | 分度裝置 | インデックスユニット | 分度装置 |
| **indexer** | 分度器 | インデキサ | 分度器 |
| **indexing** | 分度 | インデックシング | 分度 |
| — accuracy | 分度精度 | 割出し精度 | 分度精度 |
| — drum automatic | 轉鼓式自動切換裝置 | ドラム切替自動盤 | 转鼓式自动切换装置 |
| — head | 分度頭 | 割出し台 | 分度台 |
| — horn die | 回轉式懸臂模具 | 割出し式ホーン型 | 回转式悬臂模具 |
| **indicated** efficiency | 指示效率 | 図示効率 | 图示效率 |
| — horse power | 指示馬力 | 図示馬力 | 指示马力 |
| — power | 圖示功率 | 図示動力 | 图示功率 |
| — pressure | 指示壓力 | 指示圧力 | 指示压力 |
| — strain | 顯示應變 | 指示ひずみ | 显示应变 |
| — thermal efficiency | 指示熱效率 | 図示熱効率 | 指示热效率 |
| — thrust | 指示推力 | 指示スラスト | 指示推力 |
| — work | 指示功 | 図示仕事 | 指示功 |
| **indicating** | 指示 | 指示 | 指示 |
| — apparatus | 指示器〔儀錶〕 | 表示器具 | 指示器〔仪表〕 |
| — diagram | 顯示圖 | 指示図 | 显示图 |
| — micrometer | 指示分厘卡 | 指示マイクロメータ | 指示千分尺 |
| **indifferent** air mass | 中性氣團 | 不偏気団 | 中性气团 |
| — electrode | 惰性電極 | 不反応電極 | 惰性电极 |
| — electrolyte | 惰性電解質 | 無関係電解質 | 惰性电解质 |
| — gas | 惰性氣(體) | 不活性ガス | 惰性气(体) |
| **indirect** action | 間接作用 | 間接作用 | 间接作用 |

**I**

| 英　　文 | 臺　　灣 | 日　　文 | 大　　陸 |
|---|---|---|---|
| — adaptive control | 間接自適應控制 | 間接適応制御 | 間接自适应控制 |
| — arc furnace | 間接電弧爐 | 間接アーク炉 | 間接电弧炉 |
| — autoxidation | 間接自動氧化 | 間接自働酸化 | 間接自动氧化 |
| — coupling | 間接結合 | 間接結合 | 間接结合 |
| — distance surveying | 間接距離測量〔量距〕 | 間接距離測量 | 間接距离测量〔量距〕 |
| — drive | 間接驅〔傳〕動 | 間接駆〔伝〕動 | 間接驱〔传〕动 |
| — extrusion | 反向擠壓 | 逆押出し | 反向挤压 |
| — fired furnace | 間接加熱爐 | 間接加熱炉 | 間接加热炉 |
| — governor | 間接調速器 | 間接調速機 | 間接调速器 |
| — heat exchanger | 間接熱交換器 | 間接式熱交換器 | 間接热交换器 |
| — heating boiler | 間接加熱鍋爐 | 間接加熱ボイラ | 間接加热锅炉 |
| — heating dryer | 間接加熱乾燥器 | 間接加熱乾燥炉 | 間接加热乾燥器 |
| — material | 間接材料 | 間接材料 | 間接材料 |
| — transformation | 間接轉變 | 間接変態 | 間接转变 |
| — transmission | 間接傳動 | 間接伝動 | 間接传动 |
| — welding | 單面點焊 | インダイレクト溶接 | 单面点焊 |
| **indissolubility** | 不熔解性 | 不溶解性 | 不熔解性 |
| **individual** | 個別(的) | 個体 | 单一(的) |
| — atom | 孤立原子 | 孤立原子 | 孤立原子 |
| — load | 集中負載 | 集中荷重 | 集中荷重 |
| — measurement | 單一測定值 | 単一測定値 | 单一测定值 |
| — member | 獨立構件 | 独立部材 | 独立构件 |
| — operation | 單獨運轉 | 単独運転 | 单独运转 |
| — punch retainer | 單個凸模固定板 | 単一式ポンチリテーナ | 单个凸模固定板 |
| — running | 單獨運轉 | 単独運転 | 单独运转 |
| — system drawing | 單張零件圖 | 一品一葉図面 | 单张零件图 |
| — type air conditioner | 單獨式空氣調節器 | 個別式空気調和装置 | 单独式空气调节器 |
| — driven rollers | 單獨傳動輥 | 単独駆動ロール | 单独传动辊 |
| **indoor** | 室內 | 室内 | 室内 |
| — boiler | 室內鍋爐 | 屋内ボイラ | 室内锅炉 |
| **induce** | 電感 | インデュース | 电感 |
| **induced** charge | 感應電荷 | 誘導電荷 | 感应电荷 |
| — crystallization | 誘發結晶 | 芽晶作用 | 诱发结晶 |
| — current | 感應電流 | 誘導電流 | 感应电流 |
| — electricity | 感應電 | 誘導電気 | 感应电 |
| — electromagnetic field | 感應電磁場 | 誘導電磁界 | 感应电磁场 |
| — electromotive force | 感應電動勢 | 感応動電力 | 感应电动势 |
| — field current | 磁感應電流 | 誘導界磁電流 | 磁感应电流 |
| — flow wind tunnel | 引射式風洞 | 誘導式風洞 | 引射式风洞 |
| — magnetism | 感應磁性 | 誘導磁気 | 感应磁性 |

| 英　　文 | 臺　　灣 | 日　　文 | 大　　陸 |
|---|---|---|---|
| — magnetization | 感應磁化 | 誘導磁化 | 感应磁化 |
| — nuclear reaction | 感應核反應 | 誘導核反応 | 感应核反应 |
| — power | 誘導功率 | 誘導馬力 | 诱导功率 |
| — stress | 誘導應力 | 誘導応力 | 诱导应力 |
| — test | 誘導試驗 | 誘導試験 | 感应试验 |
| — voltage | 誘導電壓 | 誘導電圧 | 诱导电压 |
| **inductance** | 電感;感應係數 | 感応率 | 电感 |
| — coil | 電感線圈 | インダクタンスコイル | 电感线圈 |
| — conversion | 電感變換 | インダクタンス変換 | 电感变换 |
| — coupled amplifier | 電感耦合放大器 | 誘導結合増幅器 | 电感耦合放大器 |
| — coupling | 電感耦合 | 誘導結合 | 电感耦合 |
| — device | 電感器件 | インダクタンス部品 | 电感器件 |
| — meter | 電感計 | インダクタンス計 | 电感计 |
| **inducting circuit** | 施感電路 | インダクティング回路 | 施感电路 |
| **induction** | 感應 | 感応 | 感应 |
| — acceleration | 感應加速 | 誘導加速度 | 诱导加速器 |
| — brake | 誘導制動機 | 誘導制動機 | 诱导制动机 |
| — burner | 感應燃燒器 | 誘導燃焼器 | 感应燃烧器 |
| — check valve | 入口止回閥 | 吸入用逆流防止弁 | 入口止回阀 |
| — coil | 感應線圈 | 誘導コイル | 感应线圈 |
| — current | 電磁感應電流 | （電磁）誘導電流 | 电磁感应电流 |
| — effect | 誘導效應 | 誘導効果 | 诱导效应 |
| — electricity | 感應電 | 感応電気 | 感应电 |
| — factor | 感應係數 | 感応係数 | 感应系数 |
| — field | 感應場(物) | 誘導磁界 | 感应电场 |
| — furnace | 感應電爐 | 誘導電気炉 | 感应电炉 |
| — generator | 感應發電機 | 誘導発電機 | 感应发电机 |
| — hardening | 感應淬火 | 高周波焼入れ | 感应淬火 |
| — heater | 感應加熱器 | 誘導加熱器 | 感应加热器 |
| — heating furnace | 感應加熱電爐 | 誘導加熱炉 | 感应加热电炉 |
| — hum | 交流聲 | インダクションハム | 交流声 |
| — interence | 感應干擾 | 誘導妨害 | 感应干扰 |
| — machine | 感應電機 | 誘導機 | 感应电机 |
| — motor | 感應電動機 | 誘導電動機 | 感应电动机 |
| — regulator | 感應式穩壓器 | 誘導（電圧）調整器 | 感应式稳压器 |
| — system | 感應系統 | 誘導方式 | 感应系统 |
| — tempering | 感應加熱回火 | 誘導加熱焼もどし | 感应加热回火 |
| — type altermator | 感應式(交流)發電機 | 誘導型発電機 | 感应式(交流)发电机 |
| — type instrument | 感應式儀錶 | 誘導形計器 | 感应式仪表 |
| — unit | 誘導器系統 | 二次誘引ユニット式 | 诱导器系统 |

| 英　　　文 | 臺　　　灣 | 日　　　文 | 大　　　陸 |
|---|---|---|---|
| — valve | 進氣閥 | 吸入弁 | 吸入阀 |
| — voltage regulator | 感應電壓調整器 | 誘導電圧調整器 | 感应式调压器 |
| — welding | 感應(加熱)熔接 | 誘導溶接 | 感应(加热)焊接 |
| **inductionless conductor** | 無感導體 | 無誘導導体 | 无感导体 |
| **inductive** | (電)感性 | 誘導性 | (电)感性 |
| — action | 感應作用 | 誘導作用 | 感应作用 |
| — capacity | 誘導率〔能力〕 | 誘導率 | 诱导率〔能力〕 |
| — heating apparatus | 感應加熱器 | 誘導加熱器 | 感应加热器 |
| — kick | 感應衝擊 | インダクティブキック | 感应冲击 |
| — reactance | 感抗 | 誘導リアクタンス | 感抗 |
| — resistance | 有感電阻 | 誘導抵抗 | 感抗 |
| **inductometer** | 電感計 | 誘導計 | 电感计 |
| **inductor** | 感應體 | 誘導子 | 感应体 |
| **inductothermy** | 感應電熱器 | インダクトテルミ | 感应电热器 |
| **induration** | 硬化(作用) | 硬化 | 硬化(作用) |
| **induatrial** alcohol | 工業用酒精 | 工業用アルコール | 工业酒精 |
| — chromium plating | 工業用鍍鉻 | 工業用クロムめっき | 工业用镀铬 |
| — design | 工業設計 | 工業デザイン | 工业设计图 |
| — eye shield | 工業安全眼鏡 | 工業用保護めがね | 工业劳保眼镜 |
| — furnace | 工業用電爐 | 工業用炉 | 工业用电炉 |
| — iron plating | 工業用鍍鋅鐵板 | 工業用鉄めっき | 工业用镀锌铁板 |
| — laminated sheet | 工業用層壓板 | 工業用積層板 | 工业用层压板 |
| — lubricant | 工業潤滑油 | 工業(用)潤滑油 | 工业润滑油 |
| — manipulator | 工業機械手 | 工業用マニプレータ | 工业机械手 |
| — mask | 工業(用)面具 | 工業(用)マスク | 工业(用)面具 |
| — material | 工業材料 | 工業材料 | 工业材料 |
| — oil | 工業(用)油 | 工業(用)油 | 工业(用)油 |
| — plastic(s) | 工業(用)塑料 | 工業プラスチック | 工业(用)塑料 |
| — poisoning | 工業中毒 | 工業中毒 | 工业中毒 |
| — pure iron | 工業用純鐵 | 工業用純鉄 | 工业用纯铁 |
| — resin | 工業用樹脂 | 工業用樹脂 | 工业用树脂 |
| — robot | 工業用自動機〔機器人〕 | 工業用ロボット | 工业用自动机〔机器人〕 |
| — safety | 工業安全 | 工業安全 | 工业安全 |
| — sheet | 工業(用)板材 | 工業用板 | 工业(用)板材 |
| — solvent | 工業(用)溶劑 | 工業(用)溶剤 | 工业(用)溶剂 |
| — standard | 工業標準 | 工茉標準 | 工业标准 |
| — standardization | 工業標準化 | 工業標準化 | 工业标准化 |
| — structure | 產業結構 | 産業構造 | 产业结构 |
| — technology transfer | 工業技術移轉 | 工業技術移転 | 工业技术移转 |
| — tire | 工業用輪胎 | 産業車両用タイヤ | 工业用轮胎 |

| 英　　文 | 臺　　灣 | 日　　文 | 大　　陸 |
|---|---|---|---|
| — viscosimeter | 工業黏度計 | 工業（用）粘度計 | 工业黏度计 |
| — waste water | 工業廢水 | 工業廃水 | 工业废水 |
| **industry** | 工業；實業 | 工業界 | 工业界 |
| **inelastic action** | 非彈性作用 | 非弾性的作用 | 非弹性作用 |
| — bending | 非彈性彎曲 | 非弾性曲げ | 非弹性弯曲 |
| — buckling | 非彈性挫曲 | 弾塑性座屈 | 非弹性失稳 |
| — collision | 非彈性碰撞 | 非弾性衝突 | 非弹性碰撞 |
| — deformation | 非彈性變形 | 非弾性変形 | 非弹性变形 |
| — dynamic response | 非彈性動力〔態〕反應 | 非弾性動的応答 | 非弹性动力〔态〕反应 |
| — range | 非彈性範圍 | 非弾性範囲 | 非弹性范围 |
| — region | 非彈性區域 | 非弾性領域 | 非弹性领域 |
| — strain | 非彈性應變 | 非弾性ひずみ | 非弹性应变 |
| — stress | 非彈性應力 | 非弾性応力 | 非弹性应力 |
| **inelasticity** | 非彈性 | 非弾性 | 非弹性 |
| **inert additive** | 惰性添加劑 | 不活性添加剤 | 惰性添加剂 |
| — anode | 惰性陽極 | 不活性アノード | 惰性阳极 |
| — atmosphere | 惰性氣氛 | 不活用雰囲気 | 惰性气氛 |
| — coating | 惰性膜 | 不活性被覆 | 惰性膜 |
| — element | 惰性元素 | 不活性元素 | 惰性元素 |
| — filler | 惰性填料 | 不活性充てん材 | 惰性填料 |
| — -free gas | 無惰性氣體 | 無含不活性成分ガス | 无惰性气体 |
| — gas | 鈍氣 | 不活性ガス | 惰性气体 |
| — gas arc welding | 鈍氣弧熔接 | イナートガスアーク溶接 | 惰性气体保护（电弧）焊 |
| — gas fan | 惰（性）氣（體）鼓風機 | イナートガス送風機 | 惰（性）气（体）鼓风机 |
| **inertia** | 慣性；慣量 | 慣性 | 惯量 |
| — action | 慣性動作 | 慣性動作 | 惯性动作 |
| — brake | 慣性煞車 | 慣性ブレーキ | 惯性制动（器） |
| — coefficient | 慣性係數 | 慣性係数 | 惯性系数 |
| — compensation | 慣性補償 | 慣性補償 | 惯性补偿 |
| — constant | 慣性常數 | 慣性定数 | 惯性常数 |
| — control | 慣性控制 | 慣性制御 | 惯性控制 |
| — coupling | 慣性耦合 | 慣性連成 | 惯性耦合 |
| — diagram | 慣性線圖 | 慣性線図 | 惯性线图 |
| — drive | 慣性驅動裝置 | イナーシャドライブ | 惯性驱动装置 |
| — factor | 慣性因數 | 慣性ファクタ | 惯性因数 |
| — force | 慣性力 | 慣性力 | 惯性力 |
| — governor | 慣性調速器 | 慣性調速機 | 惯性调速机 |
| — hammer | 慣性錘 | 慣性ハンマ | 惯性锤 |
| — lock | 慣性自鎖 | 慣性ロック | 惯性自锁 |
| — mass | 慣性質量 | 慣性質量 | 惯性质量 |

I

| 英　　文 | 臺　　灣 | 日　　文 | 大　　陸 |
|---|---|---|---|
| ― principle | 慣性法則 | 慣性の原理 | 惯性法则 |
| ― reactance | 慣性抵抗 | 慣性抵抗 | 惯性抵抗 |
| ― speed | 慣性速度 | 慣性速度 | 惯性速度 |
| ― starter | 慣性起動機 | 慣性始動機 | 惯性起动机 |
| ― starter gear | 慣性起動裝置 | 慣性始動装置 | 惯性起动装置 |
| ― supercharging | 慣性增壓 | 慣性過給 | 惯性增压 |
| ― turning test | 慣性回轉試驗 | 惰力旋回試験 | 惯性回转试验 |
| ― welding | 慣性(摩擦)焊 | イナーシャ（摩擦）溶接 | 惯性(摩擦)焊 |
| inertial classifier | 慣性分級機 | 慣性分級機 | 惯性分级机 |
| ― force | 慣性力 | 慣性力 | 惯性力 |
| ― load | 慣性負載 | 慣性負荷 | 惯性负荷 |
| ― mass | 慣性質量 | 慣性質量 | 惯性质量 |
| ― reactance | 慣性反作用力 | 慣性リアクタンス | 惯性反作用力 |
| ― reaction | 慣性阻力 | 慣性反作用 | 惯性阻力 |
| ― stability | 慣性安定度 | 慣性安定度 | 惯性安定度 |
| ― torque | 慣性轉矩 | 慣性トルク | 惯性转矩 |
| ― wheel | 慣性輪 | イナーシャルホール | 惯性轮 |
| inertness | 惰性 | 不活性 | 惰性 |
| inextensional buckling | 非伸長性挫曲 | 非伸張性座屈 | 非伸长性压曲 |
| infeed | 橫向進給 | インフィード送り | 横向进给 |
| ― cam | 橫進給凸輪 | インフィードカム | 横进给凸轮 |
| ― device | 進刀裝置 | 切込み装置 | 进刀装置 |
| ― method grinding | 橫磨法 | 送り込み研削 | 横磨法 |
| ― rate | 橫切速率 | インフィードレート | 横切速率 |
| inferior | 下限;劣的 | 下限 | 下限;劣的 |
| ― coal | 低質煤 | 劣等炭 | 低质煤 |
| ― fuel | 低質燃料 | 劣等燃料 | 低质燃料 |
| ― limit | 下極限 | 下極限 | 下极限 |
| ― planet | 內行星 | 内惑星 | 内行星 |
| ― trochoid | 短幅外擺線 | 短縮トロコイド | 短幅外摆线 |
| infilling | 填充〔實;塞〕 | 充てん | 填充〔实;塞〕 |
| infiltration | 滲透(作用) | 浸透 | 渗透(作用) |
| ― capacity | 滲透量 | 浸入能 | 渗透量 |
| ― efficiency | 透水性〔效率〕 | 透水性 | 透水性〔效率〕 |
| ― heat load | 滲入熱負載 | すき間風負荷 | 渗入热负荷 |
| ― load | 滲入風負載 | すき間風負荷 | 渗入风负荷 |
| ― method | 浸透法 | 浸透法 | 浸透法 |
| ― treatment | 浸透處理 | 浸透処理 | 浸透处理 |
| infiltrometer | 浸透計 | 浸透計 | 浸透计 |
| infinite | 無限 | 無限 | 无限 |

| 英　　文 | 臺　　灣 | 日　　文 | 大　　陸 |
|---|---|---|---|
| — automation | 無限自動機 | 無限オートマトン | 无限自动机 |
| — heat sink | 理想散熱片 | 無限大放射板 | 理想散热片 |
| — thickness | 無限厚 | 無限厚み | 无限厚 |
| — time delay | 無限時間延遲 | 無限時間遅れ | 无限时间延迟 |
| **infinitely** | 無限 | 無限 | 无限 |
| — variable gear | 無段變速裝置 | 無段変速装置 | 无段变速装置 |
| **infinitesimal** | 無限小 | 無限小 | 无限小 |
| — deformation theory | 微小變形理論 | 微小変形理論 | 微小变形理论 |
| — displacement | 微小變位 | 微小変位 | 微小变位 |
| **inflammability** | 易燃性 | 引火性 | 易燃性 |
| — limit | 燃燒極限 | 可燃限界 | 燃烧极限 |
| **inflammable air** | 可燃空氣 | 引火性空気 | 可燃空气 |
| — gas | 易燃氣體 | 引火性ガス | 易燃气体 |
| — gas detector | 易燃氣體測試儀〔裝置〕 | 可燃性ガス検知装置 | 易燃气体测试仪〔装置〕 |
| — limit | 著火極限 | 可燃限界 | 着火极限 |
| **inflammation** | 燃著;發火 | 伝火 | 燃烧 |
| — point | 引火點 | 引火点 | 引火点 |
| **inflatable structure** | 膨脹式構造 | 膨脹式構造（物） | 膨胀式构造 |
| **inflated** slag | 有孔渣 | ふくらみスラグ | 有孔渣 |
| — tyre | 充氣胎 | 膨脹タイヤ | 充气胎 |
| **inflating** agent | 膨脹〔發泡〕劑 | 膨脹剤 | 膨胀〔发泡〕剂 |
| — pressure | 輪胎壓力 | タイヤ圧 | 轮胎压力 |
| **inflation** | 充氣;膨脹 | 膨脹 | 膨胀 |
| — agent | 發泡劑 | 膨脹剤 | 发泡剂 |
| — of tube | 管的充氣 | チューブの空気圧入り | 管的充气 |
| — pressure | (輪胎)充氣壓力 | タイヤ圧 | (轮胎)充气压力 |
| — process | 充氣法 | インフレーション法 | 充气法 |
| **inflator** | 增壓泵 | 空気ポンプ | 增压泵 |
| **infloat switch** | (帶)浮子開關 | インフロートスイッチ | (带)浮子开关 |
| **inflow** | 内流;流入(量) | 流入（量） | 流入(量) |
| — angle | 流入角 | 流入角 | 流入角 |
| — discharge | 流入流量 | 流入流量 | 流入流量 |
| — velocity | 流入速度 | 流入速度 | 流入速度 |
| **influence** | 影響 | 影響 | 影响 |
| — area | 影響範圍 | 影響面積 | 影响面积 |
| — line of reaction | 反力影響線 | 反作用の影響線 | 反力影响线 |
| — line of stress | 應力影響線 | 応力の影響線 | 应力影响线 |
| — machine | 感應電機 | 誘導起電機 | 感应电机 |
| **influential sphere** | 影響範圍 | 影響圏 | 影响范围 |
| **information** | 資訊 | 情報 | 信息 |

I

| 英　　文 | 臺　　灣 | 日　　文 | 大　　陸 |
|---|---|---|---|
| — control system | 信息控制系統 | 情報制御システム | 信息控制系统 |
| — feedback system | 信息反饋系統 | 情報帰還方式 | 信息反馈系统 |
| — system analysis | 信息系統分析 | 情報システム解析 | 信息系统分析 |
| **infrared** absorption | 紅外線吸收 | 赤外線吸収 | 红外线吸收 |
| — baking | 紅外線烘〔烤〕乾 | 赤外線焼付け | 红外线烘〔烤〕乾 |
| — communication | 紅外線通信 | 赤外線通信 | 红外线通信 |
| — desiccation | 紅外線乾燥（作用） | 赤外線乾燥 | 红外线乾燥（作用） |
| — detector | 紅外線檢測器 | 赤外線式検知器 | 红外线检测器 |
| — dryer | 紅外線乾燥器 | 赤外線乾燥器 | 红外线乾燥器 |
| — finder | 紅外線探測器 | 赤外線検知機 | 红外线探测器 |
| — guidance | 紅外誘導 | 赤外線誘導 | 红外制导 |
| — heater | 紅外線加熱器 | 赤外線加熱器 | 红外线加热器 |
| — heating oven | 紅外線加熱爐 | 赤外線加熱炉 | 红外线加热炉 |
| — interferometry | 紅外線干涉儀 | 赤外線干渉法 | 红外线干涉仪 |
| — laser spectrometer | 紅外線雷射分光儀 | レーザ赤外分光計 | 红外线激光分光仪 |
| — microscope | 紅外線顯微鏡 | 赤外線顕微鏡 | 红外线显微镜 |
| — oven | 紅外線乾燥爐 | 赤外線炉 | 红外线乾燥炉 |
| — preheater | 紅外線預熱器 | 赤外線予熱器 | 红外线预热器 |
| — pyrometer | 紅外線高溫計 | 赤外線高温計 | 红外线高温计 |
| — radar | 紅外（線）雷達 | 赤外線レーダ | 红外（线）雷达 |
| — radiometer | 紅外線輻射計 | 赤外線放射計 | 红外线辐射计 |
| — ray | 紅外線 | 赤外線 | 红外线 |
| — ray baking | 紅外線烤（箱） | 赤外線焼付け | 红外线烤（箱） |
| — ray burner | 紅外線燃燒器 | 赤外線バーナ | 红外线燃烧器 |
| — search system | 紅外線探測系統 | 赤外線探知系 | 红外线探测系统 |
| — stove | 紅外線烘（乾）爐 | 赤外幾乾燥炉 | 红外线烘（乾）炉 |
| — welding | 紅外線焊接 | 赤外線溶接 | 红外线焊接 |
| **infundibulum** | 漏斗 | 漏斗 | 漏斗 |
| **infusibility** | 不熔性 | 不融性 | 不熔性 |
| **infusion** | 浸漬法 | 浸漬法 | 浸漬法 |
| **ingate** | 澆口 | 湯口 | 浇口 |
| **ingot** | 鑄錠 | 鋳塊 | 铸锭 |
| — bar | 鑄錠棒 | インゴットバー | 铸块 |
| — blank | 錠胚 | インゴットブランク | 锭胚 |
| — bleeding | 鋼錠冒頂（回漲） | インゴット湯漏れ | 钢锭冒顶（回涨） |
| — bloom | 初軋鋼錠〔胚〕 | 分塊鋼片 | 初轧钢锭〔胚〕 |
| — buggy | 鋼錠搬運車 | 鋼塊運搬車 | 钢锭搬运车 |
| — butt | 鋼錠切頭 | インゴットバット | 钢锭切头 |
| — car | 錠車 | インゴットカー | 锭车 |
| — case | 鑄錠模 | 鋳型 | 铸型 |

| 英　　文 | 臺　　灣 | 日　　文 | 大　　陸 |
|---|---|---|---|
| — chariot | 鋼塊搬運車 | 鋼塊搬運車 | 钢块搬运车 |
| — copper | 銅錠 | 型銅 | 铜锭 |
| — core | 鑄塊心型 | 鋳塊心型 | 铸块心型 |
| — corner segregation | 鋼錠角偏析 | 隅角偏析 | 钢锭角偏析 |
| — crane | 運錠起重機 | 鋳塊用クレーン | 运锭起重机 |
| — cylinder | （碳化矽）結晶圓筒 | インゴットシリンダ | （碳化硅）结晶圆筒 |
| — dog | （鋼）錠（夾）鉗 | インゴットドッグ | （钢）锭（夹）钳 |
| — gripper | （鋼）錠（夾）鉗 | インゴットグリッパ | （钢）锭（夹）钳 |
| — hanging crane | 鋼錠吊車 | 鋼塊クレーン | 钢锭吊车 |
| — iron | 熟鐵；工業用純鐵 | 溶製鉄 | 锭铁 |
| — metal | 金屬錠 | 鋳込み地金 | 金属锭 |
| — mo(u)ld car | 鑄錠車 | 鋳型車 | 铸锭车 |
| — pattern | 鋼錠模型偏析 | インゴットパターン | 钢锭模型偏析 |
| — piping | 鑄管 | 引け巣 | 铸管 |
| — pusher | 鋼錠推出機 | 鋼塊押出し機 | 钢锭推出机 |
| — skin | 錠皮 | インゴットスキン | 锭皮 |
| — slab | 扁鋼錠 | インゴットスラブ | 扁钢锭 |
| — steel | 鋼錠 | 溶製鋼 | 钢锭 |
| — stool | 鑄錠底盤 | 定盤 | 铸锭底盘 |
| — stripper | 鑄錠脫模機 | 鋳塊機 | 铸锭机 |
| — structure | 鋼錠組織 | 鋳塊組織 | 钢锭组织 |
| — tilter | 翻錠機 | インゴットチルタ | 翻锭机 |
| — tilting device | 翻錠機 | インゴットチッパ | 翻锭机 |
| — tipper | 翻錠機 | インゴットチッパ | 翻锭机 |
| — tong | （鋼）錠鉗 | 鋳塊挟み | （钢）锭钳 |
| — tumbler | 翻錠機 | 鋳塊転覆機 | 翻锭机 |
| — yard | 鋼錠堆置場 | 鋳塊置場 | 钢锭堆置场 |
| ingotism | 鋼錠偏析 | 過大鋳造組織 | 钢锭偏析 |
| ingotting | 鑄錠 | なまこ造り | 铸锭 |
| ingredient | 成分 | 成分 | 成分 |
| ingress | 入口 | 立入り | 入口 |
| — pipe | 導入管 | 導入管 | 导入管 |
| inhaler | 濾氣泵 | 呼吸保護器 | 滤气泵 |
| inhaling | 吸入 | 吸入 | 吸入 |
| inherent adhesion | 特性黏合 | 固有接着 | 特性黏合 |
| — grain size | 原始晶粒度 | 先天的粒度 | 原始晶粒度 |
| — initial stress | 固有初應力 | 固有初期応力 | 固有初应力 |
| — instability | 固有的不穩定性 | 固有の不安定性 | 固有的不稳定性 |
| — regulation | 自動調節 | 固有変動率 | 自动调节 |
| — stability | 固有穩定性 | 固有安定性 | 固有稳定性 |

I

| 英　　文 | 臺　　灣 | 日　　文 | 大　　陸 |
|---|---|---|---|
| — weakness failure | 固有缺陷 | 固有欠陥故障 | 固有缺陷 |
| **inhibitive pigment** | 防銹顏料 | さび止め顔料 | 防锈颜料 |
| **inhibitory action** | 抑制效應 | 抑制剤の機能 | 抑制效应 |
| **inhomogeneity** | 不勻一性 | 不均一性 | 不勻一性 |
| **inhomogeneous flow** | 不勻(性的)流動 | 非均一流動 | 不勻(性的)流动 |
| **initial** action | 初反應 | 初反応 | 初反应 |
| — adhesive strength | 初始黏合強度 | 初期接着力 | 初始黏合强度 |
| — balance | 初期平衡 | 初期平衡 | 初期平衡 |
| — breaking | 初期破壞 | 初期破壊 | 初期破坏 |
| — charge | 初進料;初電荷 | 初充電 | 起始充电 |
| — compression modulus | 初始壓縮彈性係〔模〕數 | 初期圧縮弾性率 | 初始压缩弹性系〔模〕数 |
| — compressive modulus | 初始壓縮模數 | 初期圧縮弾性率 | 初始压缩模量 |
| — condition | 初期條件 | 初期条件 | 初始条件 |
| — crack | 初期裂紋〔縫〕 | 初期ひび割れ | 初期裂纹〔缝〕 |
| — cracking load | 初始裂縫負載 | 初期ひび割れ荷重 | 初始裂缝荷载 |
| — creep | 初始潛變 | 初期クリープ | 初始蠕变〔徐变〕 |
| — crusher | 初級壓碎機 | 初期クラッシャ | 初级压碎机 |
| — current | 起始電流 | イニシアル電流 | 起始电流 |
| — dead load | 初始靜負載 | 初始荷重 | 初始静负载 |
| — deflection | 初始撓度 | 初期たわみ | 初始挠度 |
| — direction | 起始方向 | 零方向 | 起始方向 |
| — displacement | 初始位移 | 初期変位 | 初始位移 |
| — firing | 點火 | 初期励磁装置 | 点火 |
| — flexural strength | 初始撓曲強度 | 初期曲げ強さ | 初始挠曲强度 |
| — force | 初始力 | 初期力 | 初始力 |
| — friction | 固有摩擦 | 固有摩擦 | 固有摩擦 |
| — hardness | 初始硬度 | 初硬度 | 初始硬度 |
| — ignition | 起始著火 | 初引火 | 起始着火 |
| — impulse | 初始衝〔動〕量 | 初衝撃 | 初始冲〔动〕量 |
| — phase angle | 初始相位角 | 初(期)位相角 | 初始相位角 |
| — point | 起點 | 始点 | 起点 |
| — position | 初始位置 | 初(期)位置 | 初始位置 |
| — preload | 初始預加負載 | 初期予荷重 | 初始预加荷载 |
| — pressure | 初始壓力 | 初(期)圧(力) | 初始压力 |
| — prestress | 初始預應力 | 初期緊張力 | 初始预应力 |
| — pulse | 初始脈衝 | 送信パルス | 初始脉冲 |
| — reduction | 粗粉碎 | 荒押し | 粗粉碎 |
| — resistance | 初始電阻 | 初抵抗 | 初始电阻 |
| — rolling | 初滾壓 | 初転圧 | 初滚压 |
| — speed | 初速率 | 初(期)速(度) | 初(期)速(度) |

| 英　文 | 臺　灣 | 日　文 | 大　陸 |
|---|---|---|---|
| — strain | 初應變 | 初期ひずみ | 初(始)应变 |
| — stress | 初應力 | 初応力 | 初始应力 |
| — tearing strength | 邊緣撕裂強度 | 縁端引裂き強さ | 边缘撕裂强度 |
| — tensile modulus | 初(始)抗張彈性模數 | 初期引張り弾性率 | 初(始)抗张弹性系数 |
| — tension | 初拉力;初張力 | 初期張力 | 初期张力 |
| — test temperature | 初始測試溫度 | 初期試験温度 | 初始测试温度 |
| — value | 初值 | 初期値 | 始值 |
| — velocity current | 初速電流 | 初速度電流 | 初速电流 |
| — voltage | 起始電壓 | 初電圧 | 起始电压 |
| — wear | 早期磨損 | 初期摩耗 | 早期磨损 |
| initiation | 引爆;發起 | 起爆 | 起爆 |
| initiator | 引爆藥;發起人 | 起爆剤 | 起爆药 |
| injection | 噴射;注射 | 注射 | 注射 |
| — air | 噴射空氣 | 噴射用空気 | 喷油用压缩空气 |
| — blow moding machine | 噴射充〔吹〕氣成形機 | 射出ブロー成形機 | 喷射充〔吹〕气成形机 |
| — cam | 噴射凸輪 | 噴射カム | 喷射凸轮 |
| — capacity | 射出能力 | 射出能力 | 射出能力 |
| — carburet(t)or | 噴霧式氣化器 | 噴射気化器 | 喷雾式气化器 |
| — condenser | 噴射冷凝器 | 噴射復水器 | 喷射冷凝器 |
| — cycle | 射出周期 | 射出サイクル | 注射周期 |
| — cylinder | 射出輥〔圓〕筒 | 射出シリンダ | 注射辊〔圆〕筒 |
| — die | 射出成形用模具 | 射出成形用金型 | 注射成形用模具 |
| — efficiency | 注入效率 | 注入(効)率 | 注入效率 |
| — flow method | 射出流動方法 | 注流方法 | 注射流动方法 |
| — flushing | 強迫沖油 | 注入噴流 | 强迫冲油 |
| — force | 射出力 | 射出力 | 注射力 |
| — forming | 注入成形(法) | インジェクション成形 | 注入成形(法) |
| — mechanism | 射出機構 | 射出機構 | 注射机构 |
| — machine | 射出成形機 | 射出成形機 | 注射成形机 |
| — mo(u)ld | 注射模具 | 押出し鋳型 | 注射模具 |
| — mo(u)lded article | 射出成形品 | 射出成形品 | 注射成形品 |
| — mo(u)lded material | 射出成形材料 | 射出成形物質 | 注射成形材料 |
| — mo(u)lded specimen | 射出成形試驗片 | 射出成形試験片 | 注射成形试验片 |
| — mo(u)lded thread | 射出成形螺桿 | 射出成形ねじ | 注射成形螺杆 |
| — mo(u)lder | 射出成形機 | 射出成形機 | 注射成形机 |
| — mo(u)lding | 注射塑製 | 射出成形 | 塑料注射成形(法) |
| — mo(u)lding condition | 射出成形條 | 射出成形条件 | 注射成形条 |
| — mo(u)lding cycle | 射出成形周期 | 射出成形サイクル | 注射成形周期 |
| — mo(u)lding cylinder | 射出成形輥〔圓〕筒 | 射出シリンダ | 注射成形辊〔圆〕筒 |
| — mo(u)lding equipment | 射出成形設備 | 射出成形装置 | 注射成形设备 |

545

| 英　　文 | 臺　　灣 | 日　　文 | 大　　陸 |
|---|---|---|---|
| — mo(u)lding nozzle | 射出成形機噴嘴〔管;頭〕 | 射出成形ノズル | 注射成形机喷嘴〔管;头〕 |
| — mo(u)lding powder | 射出成形粉料 | 射出成形粉 | 注射成形粉料 |
| — mo(u)lding press | 射出成形〔模壓〕機 | 射出成形機 | 注射成形〔模压〕机 |
| — mo(u)lding pressure | 射出成形壓(力) | 射出成形圧（力） | 注射成形压(力) |
| — mo(u)lding technique | 射出成形技術 | 射出成形技術 | 注射成形技术 |
| — nozzle | 噴嘴;注射嘴 | 噴射ノズル | 注射式喷嘴 |
| — period | 噴射期間 | 噴射期間 | 喷射期间 |
| — pipe | 噴射管 | 噴射管 | 喷射管 |
| — plunger | 噴射柱塞 | 注流プランジャ | 注射柱塞 |
| — power | 射出成形能力 | 射出力 | 注射成形能力 |
| — press | 壓鑄機 | 射出成形機 | 注射成形机 |
| — pressure | 噴射壓力 | 噴射圧力 | 喷射压力 |
| — pump | 噴射泵 | 注入ポンプ | 喷射泵 |
| — ram | 射出(機)壓頭〔活塞〕 | 射出ラム | 注射(机)压头〔活塞〕 |
| — rate | 射出率 | 射出率 | 注射率 |
| — ratio | 注入比 | 注入比 | 注入比 |
| — speed | 射出速度 | 射出速度 | 注射速度 |
| — stroke | 射出行〔衝〕程 | 射出行程 | 注射行〔冲〕程 |
| — syringe | 射出管〔器〕 | 注射器 | 注射管〔器〕 |
| — system | 射出方式 | 射出方式 | 注射方式 |
| — temperature | 射出溫度 | 射出温度 | 注射温度 |
| — time | 射出時間 | 射出時間 | 注射时间 |
| — timing | 噴油定時 | 噴射時期 | 喷油定时 |
| — timing device | 噴油定時調節器 | 噴射時期調節機 | 喷油定时调节器 |
| — timing gear | 注油定時器 | 注入管理装置 | 注油定时器 |
| — torpedo | 發射用魚雷 | 射出用トーピード | 发射用鱼雷 |
| — transfer mo(u)lding | 射出轉移成形(法) | 射出トランスファ形成 | 注射传动〔输〕成形(法) |
| — type lubricator | 射出給油器 | 射出給油器 | 注射给油器 |
| — unit | 射出裝置 | 射出装置 | 注射装置 |
| — welding | 噴射熔〔焊;黏〕接 | 射出溶接 | 喷射熔〔焊;黏〕接 |
| injector | 噴射器 | 噴射機 | 喷射器 |
| — type gas burner | 噴射型氣體燃燒器 | 誘導混合式ガスバーナ | 喷射型气体燃烧器 |
| injury | 損傷 | 損傷 | 损伤 |
| ink | 墨水 | 墨 | 墨水 |
| — agitator | 油墨攪拌器 | インキアジテータ | 油墨搅拌器 |
| — cell | 著墨孔〔凹板〕 | インキセル | 着墨孔〔凹板〕 |
| — cylinder | 油墨滾筒 | インキ円筒 | 油墨滚筒 |
| — distributing roller | 勻墨輥 | インキ練リローラ | 匀墨辊 |
| — -drying conveyor | 油墨乾燥〔輸〕送機〔帶〕 | インキ乾燥コンベヤ | 油墨乾燥〔输〕送机〔带〕 |
| — duct roller | 墨斗輥 | インキ出しローラ | 墨斗辊 |

| 英　　文 | 臺　　灣 | 日　　文 | 大　　陸 |
|---|---|---|---|
| — eraser | 修正劑 | インキ消し | 消字录 |
| — jet type | 噴墨式 | インクジェット式 | 喷墨式 |
| — mill | 碾墨機 | インキ練り機 | 碾墨机 |
| — plotter | 墨水繪圖機 | インクプロッダ | 墨水绘图器 |
| — pocket | 著墨孔〔凹板〕 | インキセル | 着墨孔〔凹板〕 |
| — roll | 墨輥 | インキロール | 墨辊 |
| — stick | (中國)墨 | 墨 | (中國)墨 |
| **inker** | 電信印字機(油)墨輥 | 印字機 | (油)墨辊 |
| **inking** | 上墨 | インキ着け | 上墨 |
| — device | 著墨裝置 | インキ着け装置 | 着墨装置 |
| — roller | 墨輥 | インキ着けローラ | 墨辊 |
| — system | 著墨裝置 | インキ装置 | 着墨装置 |
| **inkrom process** | 固體滲鉻法 | インクロム法 | 固体渗铬法 |
| **inlet** | 入口 | 入口 | 输入量 |
| — angle | 入口角 | 入口角 | 入口角 |
| — bend | 入口彎管 | 入口曲管 | 入口弯管 |
| — blade angle | 葉片入口角 | 羽根入口角 | 叶片入口角 |
| — cam | 進氣(閥)凸輪 | 吸気カム | 吸气(阀)凸轮 |
| — camber angle | 入口彎曲角 | 入口そり角 | 入口弯曲角 |
| — casing | 入口套管 | 吸込みケーシング | 入口套管 |
| — check valve | 吸入止回閥 | 吸込みチェック弁 | 吸入止回阀 |
| — close | 吸氣閉合 | インレットクローズ | 吸气闭合 |
| — cock | 進口旋塞 | 吸口コック | 进口旋塞 |
| — connector | 入口接頭 | 入口継手 | 入口接头 |
| — counter current | 進口回流 | 入口逆流 | 进口回流 |
| — cover | 入口罩 | 吸込みカバー | 入口罩 |
| — entrance length | 進口長度 | 前駆流動区間 | 进口长度 |
| — flow angle | 入口流角度 | 入口流れ角 | 入口流角度 |
| — gas | 入口氣體 | 入気体 | 入口气体 |
| — gas pressure | 進氣壓力 | 吸込みガス圧 | 进气压力 |
| — gas temperature | 進氣溫度 | 入口ガス温度 | 进气温度 |
| — nozzle | 進氣噴嘴 | 入口ノズル | 进气喷嘴 |
| — open | (閥門的)入口開放 | インレットオープン | (阀门的)入口开放 |
| — passage | 進氣通路 | 吸込み路 | 吸入通道 |
| — pipe | 進氣管 | 入口管 | 吸气管 |
| — Reynolds number | 入口雷諾數 | 入口レイノルズ数 | 入口雷诺数 |
| — safety valve | 進口安全閥 | インレット安全弁 | 进口安全阀 |
| — screen | 入口(過濾)篩網 | 入口ろ過スクリーン | 入口(过滤)筛网 |
| — shear flow | 入口剪切流 | 入口せん断流れ | 入口剪切流 |
| — stroke | 進氣衝程 | インレットストローク | 吸气行程(冲程) |

I

| 英　　文 | 臺　　灣 | 日　　文 | 大　　陸 |
|---|---|---|---|
| — swirl flow | 入口旋渦流 | 入口旋回流れ | 入口旋涡流 |
| — system | 進氣系統 | 吸気系統 | 进气系统 |
| — temperature | 入口溫度 | 入口温度 | 入口温度 |
| — total pressure | 吸入口總壓 | 吸込み口全圧 | 吸入口总压 |
| — valve | 進氣閥 | 入口弁 | 进气阀 |
| — velocity | 吸入速度 | 吸込み速度 | 吸入速度 |
| inline | (液壓)進油(管)路 | インライン | (液压)进油(管)路 |
| — block | 軸向排列組件 | インラインブロック | 轴向排列组件 |
| — booster | 序列式增壓器 | インラインブースタ | 序列式增压器 |
| — type | 直列式 | インライン形 | 轴向式 |
| in-molded strain | 殘留成形應變 | 残留成形ひずみ | 残留成形应变 |
| innage | 剩(餘)油量 | 液尺〔石油〕 | 剩(馀)油量 |
| inner | 內部(的) | インナ | 内部(的) |
| — area | 內面積 | 内面積 | 内面积 |
| — bearing | 內軸承 | インナベアリング | 内轴承 |
| — casing | 內(汽)缸 | 内部ケーシング | 内(汽)缸 |
| — cover | 保護層 | 保護被膜 | 保护层 |
| — crystal crack | 晶粒內部裂縫〔解〕 | 結晶粒内割れ | 晶粒内部裂缝〔解〕 |
| — dead point | 內死點;內止點 | 内死点 | 内死点;内止点 |
| — diameter | 內徑 | 内径 | 内径 |
| — diametric cutting | 內圓式切割 | 内周型切断 | 内圆式切割 |
| — disk | 內摩擦片 | インナディスク | 内摩擦片 |
| — electrical resistance | 內電阻 | 内部抵抗 | 内电阻 |
| — end | 內端 | 内端 | 内端 |
| — equilibrium | 內平衡 | 内平衡 | 内平衡 |
| — face | 內面 | 内面 | 内面 |
| — filtration | 內過濾 | 内部ろ過 | 内过滤 |
| — force | 內力 | 内電場の強さ | 内力 |
| — friction | 內部摩擦 | 内部摩擦 | 内部摩擦 |
| — gearing | 內嚙合 | 内かみあい | 内啮合 |
| — granular crack | 晶體內部裂縫〔解〕 | (結晶)粒内割れ | 晶体内部裂缝〔解〕 |
| — insulator | 內部絕緣體 | 内部絶縁物 | 内部绝缘体 |
| — lead bonder | 內引線接合機 | インナリードボンダ | 内引线接合机 |
| — lead wire | 內導線 | 内部導入線 | 内导线 |
| — liner | 內襯 | インナライナ | 内衬 |
| — membrane | 內膜 | 内膜 | 内膜 |
| — mo(u)ld | 內模 | 内型 | 内模 |
| — packaging | 內(部)組〔包〕裝 | 内装 | 内(部)组〔包〕装 |
| — plating | 內鍍層 | 内層板 | 内层板 |
| — probe coil | 內探頭線圈 | インナプローブコイル | 内探头线圈 |

| 英　　文 | 臺　　灣 | 日　　文 | 大　　陸 |
|---|---|---|---|
| — punch | 內沖頭 | インナポンチ | 内冲头 |
| — ring | 〔軸承〕內環 | 内輪 | 内圈 |
| — rotor | 內齒輪 | インナロータ | 内齿轮 |
| — section | 內部斷面 | 内部断面 | 内空截面 |
| — shaft | 內軸 | 内側軸 | 内侧轴 |
| — shell | 內隔板 | 内部ケーシング | 内隔板 |
| — shoe | 內托板 | インナシュー | 内托板 |
| — side | 內側 | 内側 | 内侧 |
| — sleeve | 內套筒 | インナスリーブ | 内套筒 |
| — slide | 內滑塊〔滑板;導板〕 | インナスライド | 内滑块〔滑板;导板〕 |
| — slope | 內側尺寸 | 内のり | 内侧尺寸 |
| — spring | 內彈簧 | インナスプリング | 内弹簧 |
| — stress | 內應力 | 内応力 | 内应力 |
| — stroke | 內行程 | 内方行程 | 内行程 |
| — structure | 內構造 | 内部構造 | 内构造 |
| — surface | 內表面 | 内部表面 | 内部表面 |
| — surface inspection | 內表面檢查 | 内面検査 | 内表面检查 |
| — swell | 內部型脹 | 内部型張り | 内部型胀 |
| — turning | 內旋 | 内回り | 内旋 |
| — valve | 內閥 | インナバルブ | 内阀 |
| — vent | 內通氣口 | インナベント | 内通气口 |
| — wall materials | 內壁材料 | 内壁材 | 内壁材料 |
| inoculant | 接種劑 | 接種剤 | 孕育剂 |
| inoculated cast iron | 接種鑄鐵 | 接種鋳鉄 | 孕育铸铁 |
| inoculating crystal | 種結晶 | 種結晶 | 种结晶 |
| inoculation | 接種 | 接種 | 接种;孕育 |
| inoculatum | 接種材料 | 接種材料 | 接种材料 |
| inoculum | 接種材料 | 接種材料 | 接种材料 |
| — solution | 接種液 | 植種液 | 接种液 |
| inoperable time | 停工時間 | 動作不能時間 | 停工时间 |
| inordinate wear | 異常摩耗 | 異常摩耗 | 异常摩耗 |
| inorganic acid | 無機酸 | 無機酸 | 无机酸 |
| — deruster | 無機脫〔除〕銹劑 | 無機脱せい剤 | 无机脱〔除〕锈剂 |
| — fiber board | 無機纖維板 | 無機質織維板 | 无机纤维板 |
| — filler | 無機填料 | 無機充てん剤 | 无机填料 |
| — insulating materials | 無機絕緣材料 | 無機絶緑材料 | 无机绝缘材料 |
| — plastic(s) | 無機塑料 | 無機プラスチック | 无机塑料 |
| — rust preventive film | 無機物防銹薄〔皮〕膜 | 無機質防せい皮膜 | 无机物防锈薄〔皮〕膜 |
| — waste water | 無機廢水 | 無機廃水 | 无机废水 |
| inoxidizability | 耐腐蝕性 | 不可被酸化性 | 耐腐蚀性 |

I

| 英　　文 | 臺　　灣 | 日　　文 | 大　　陸 |
|---|---|---|---|
| **inphase** | 同相位 | 同位相 | 同相位 |
| — component | 同相分量 | 同相分 | 同相分量 |
| — compression ratio | 同相壓縮比 | 同相圧縮比 | 同相压缩比 |
| — mode | 同相模式 | 同相モード | 同相模式 |
| **in-place foaming** | 現場發泡 | 現場発泡 | 现场发泡 |
| **in-plane vibration** | 平面內振動 | 面内振動 | 平面内振动 |
| **in-process cost** | 加工費用 | 仕掛費用 | 加工费用 |
| — ga(u)ge | 加工中測量 | インプロセスゲージ | 加工中测量 |
| — inspection | 加工中檢查 | 中間検査 | 加工中检查 |
| — material | 半成品 | 仕掛品 | 半成品 |
| — measurement | 加工中測定 | インプロセス測定 | 加工中测定 |
| — product | 中間生成物 | 中間生成物 | 中间生成物 |
| — size control | 加工尺寸控制 | インプロセス寸法制御 | 加工尺寸控制 |
| — time | 加工時間 | 仕掛時間 | 加工时间 |
| **input** | 輸入 | 投入 | 输入 |
| — buffer | 輸入緩衝器 | 入力バッファ | 输入缓冲器 |
| — capacity | 輸入容量 | 入力キャパシティ | 输入容量 |
| — configuration | 輸入結構 | 入力構造 | 输入结构 |
| — control unit | 輸入控制器 | 入力制御装置 | 输入控制器 |
| — current | 輸入電流 | 入力電流 | 输入电流 |
| — device | 輸入裝置 | 入力機器 | 输入装置 |
| — equipment | 輸入設備 | 入力装置 | 输入设备 |
| — gap | 輸入(電極)間隙 | 入力ギャップ | 输入(电极)间隙 |
| — method | 輸入法 | インプット方法 | 输入法 |
| — -output control unit | 輸入輸出控制裝置 | 入出力制御装置 | 输入输出控制装置 |
| — -output controller | 輸入輸出控制器 | 入出力制御装置 | 输入输出控制器 |
| — power | 輸入功率 | 入力動力〔電力〕 | 输入功率 |
| — pull-down | 輸入降壓(法) | 入力プルダウン | 输入降压(法) |
| — pulse | 輸入脈衝 | 入力パルス | 输入脉冲 |
| — range | 輸入範圍 | 入力レンジ | 输入范围 |
| — reactance | 輸入電抗 | 入力リアクタンス | 输入电抗 |
| — resistance | 輸入電阻 | 入力抵抗 | 输入电阻 |
| — resistor | 輸入電阻 | 入力抵抗 | 输入电阻 |
| — shaft | 輸入軸 | 入力軸 | 输入轴 |
| — speed | 輸入速度 | 読込み速度 | 输入速度 |
| — stand | 供料架 | 供給スタンド | 供料架 |
| — table | 輸入台 | 入力卓 | 输入台 |
| — torque | 輸入轉矩 | 入力トルク | 输入转矩 |
| — transformer | 輸入變壓器 | 入力変圧〔成〕器 | 输入变压器 |
| **inrush current** | 突入電流 | インラッシュ電流 | 突入电流 |

| 英　　文 | 臺　　灣 | 日　　文 | 大　　陸 |
|---|---|---|---|
| inscribed angle | 圓周角 | （円）周角 | 圓周角 |
| — circle | 內切圓 | 内接円 | 内切圓 |
| — polygon | 內接多邊〔角〕形 | 内接多角形 | 内接多边〔角〕形 |
| inscription | 內切 | 内接 | 内切 |
| insensitiveness | 不靈敏度 | 不感度 | 不灵敏度 |
| insensitivity | 不靈敏性 | 不感受性 | 不灵敏性 |
| insert | 嵌入物；內嵌 | 差込み棒 | 内冷铁；镶铸物 |
| — bearing | 互換式軸承 | インサートベアリング | 互换式轴承 |
| — bit | 嵌入刀尖塊 | インサートビット | 嵌入式钻头 |
| — blade | 嵌刃銳刀 | インサートブレード | 嵌入式车刀 |
| — carrying pin | 插入承載桿〔針〕 | インサートピン | 插入承载杆〔针〕 |
| — chip | 鑲裝刀片 | インサートチップ | 镶装刀片 |
| — core | 大氣冒口芯 | さし中子 | 大气冒口芯 |
| — die | 插入模 | 入子型 | 插入模 |
| — ga(u)ge | 塞規 | インサートゲージ | 塞规 |
| — holder pin | 插夾針 | はめ込留め釘 | 插夹针 |
| — holding power | 鑲嵌保持力 | インサート保持力 | 镶嵌保持力 |
| — in | 插入 | はの込み | 插入 |
| — key | 插入鍵 | インサートキー | 插入键 |
| — metal process | 夾條（焊接）法 | インサートメタル法 | 夹条（焊接）法 |
| — mo(u)lding | 鑲嵌成形〔造型〕 | インサート成形 | 镶嵌成形〔造型〕 |
| — pin | 嵌件定位針 | インサートピン | 嵌件定位针 |
| — punch | 鑲入沖頭；嵌入沖頭 | インサートポンチ | 镶入冲头；嵌入冲头 |
| — ring | （焊接接口）嵌條 | インサートリング | （焊接接口）嵌条 |
| — socket | 插座〔套；口〕 | インサートソケット | 插座〔套；口〕 |
| — tool | 機械夾固式刀具 | インサートツール | 机械夹固式刀具 |
| inserted blade tap | 鑲齒絲攻 | 植刃タップ | 镶齿丝锥 |
| — chaser die | 鑲齒板牙 | 植刃ダイス | 镶齿板牙 |
| — chaser tap | 鑲齒絲攻 | 植刃タップ | 镶齿丝锥 |
| — drills | 鑲刃鑽頭 | 差し込みドリル | 镶刃钻头 |
| — ga(u)ge pin | 嵌入式定位銷 | 埋込み式ゲージピン | 嵌入式定位销 |
| — teeth cutter | 鑲齒銑刀 | 植刃フライス | 镶齿铣刀 |
| — type punch shank | 嵌入式模柄 | 埋込み式ポンチシャンク | 嵌入式模柄 |
| — valve seat | 嵌入式氣門座 | はめ込み弁座 | 嵌入式气门座 |
| inserter | 嵌入物 | インサータ | 嵌入物 |
| inserting machine | 封裝機 | 封入機 | 封装机 |
| insertion | 嵌入 | 挿入 | 嵌入 |
| — head | 裝配機頭〔自動裝配〕 | インサーションヘッド | 装配机头〔自动装配〕 |
| — loss | 插入損耗 | 挿入損（失） | 插入损耗 |
| — machine | 裝配機 | 自動装着装置 | 装配机 |

**I**

| 英　　文 | 臺　　灣 | 日　　文 | 大　　陸 |
|---|---|---|---|
| ― pressure | 插入壓力〔裝配的〕 | 圧入力 | 插入压力〔裝配的〕 |
| **in-shot valve** | 限壓閥 | 抑圧弁 | 限压阀 |
| **insiccation** | 乾燥 | 乾燥 | 乾燥 |
| **inside** | 內部 | インサイド | 内部 |
| ― band | （套箍）帶（鑄造） | バンド | 砂型加固圈 |
| ― blade | 內側刀齒 | インサイドブレード | 内侧刀齿 |
| ― butt strap | 內對接搭板 | 内側目板 | 内对接搭板 |
| ― calipers | 內卡鉗 | 裏カリパス | 内卡钳 |
| ― clearance ratio | 內徑比 | 内径比 | 内径比 |
| ― corner | 內角 | 内角 | 内角 |
| ― crank | 內曲柄 | インサイドクランク | 内曲轴 |
| ― cylinder | 內氣缸 | インサイドシリンダ | 内气缸 |
| ― damper | 內部阻尼器 | 内側ダンパ | 内部阻尼器 |
| ― diameter | 內徑 | 内径 | 内径 |
| ― diameter calibration | 內徑校準〔正〕 | 内径規制 | 内径校准〔正〕 |
| ― dimension | 內部大小〔尺寸〕 | 内部寸法 | 内部大小〔尺寸〕 |
| ― distance | 內尺寸 | 内のり | 内尺寸 |
| ― drill | 內側孔電鑽 | インサイドドリル | 内侧孔电钻 |
| ― force | 內側力 | インサイドフォース | 内侧力 |
| ― ga(u)ge | 內徑量規 | 内側計器 | 内径量规 |
| ― indicator ga(u)ge | 內徑千分錶 | シリンダゲージ | 内径千分表 |
| ― mandrel | 內部心軸 | 内部マンドレル | 内部心轴 |
| ― measure | 內容積；內側尺寸 | 内のり | 内侧尺寸 |
| ― measurement | 內測定 | 内のり | 内侧测量 |
| ― micrometer | 內分厘卡 | 内マイクロメータ | 内侧千分尺 |
| ― nonius | 內徑（游標）卡尺 | インサイドノギス | 内径（游标）卡尺 |
| ― observer | 內側觀測器 | 内部観測器 | 内侧观测器 |
| ― plug | 中栓（塞） | 中栓 | 中栓（塞） |
| ― screw type valve | 內螺紋式閥 | 内ねじ式弁 | 内螺纹式阀 |
| ― seam | 內接縫 | 内側シーム | 内接缝 |
| ― sleeve | 內套筒〔管；環；墊〕 | 内そで | 内套筒〔管；环；墊〕 |
| **in-out** filter | 外流式過濾器 | 外流式ろ過器 | 外流式过滤器 |
| ― redrawing | 反向再拉伸 | 逆再絞り加工 | 反向再拉深 |
| **insolubility** | 不溶（解）性 | 不溶（解）性 | 不溶（解)性 |
| **insolubilization** | 不溶解 | 不溶化 | 不溶解 |
| **insolubilizer** | 不溶黏料〔塗料用〕 | 不溶化剤 | 不溶黏料〔涂料用〕 |
| **insoluble anode** | 不溶性陽極 | 不溶性陽極 | 不溶性阳极 |
| ― matter | 不溶物 | 不溶物 | 不溶物 |
| ― rust prevention | 難溶性防銹膜 | 難溶性保護皮膜 | 难溶性防锈膜 |
| **insolubles** | 不溶物 | 不溶物〔分〕 | 不溶物 |

| 英　　文 | 臺　　灣 | 日　　文 | 大　　陸 |
|---|---|---|---|
| inspectability | 可檢測性 | 検査性 | 可检测性 |
| inspection | 檢驗 | 検査 | 检查 |
| — after construction | 成品檢驗 | 出来上り検査 | 成品检验 |
| — between processes | 生產過程間檢查 | 工程間検査 | 生产过程间检查 |
| — during construction | 施工中檢驗 | 製造中検査 | 施工中检验 |
| — error | 檢驗誤差 | 検査エラー | 检验误差 |
| — hole | 檢驗孔 | 検査穴 | 检查孔 |
| — jig | 檢驗夾具 | インスペクションジグ | 检验夹具 |
| — nipple | 檢驗螺紋接套 | 点検ニップル | 检验螺纹接套 |
| — projector | 投影檢查機 | 投影検査機 | 投影检查机 |
| — robot | 檢驗用機器人 | 検査ロボット | 检验用机器人 |
| — section | 探傷斷面 | 探傷断面 | 探伤断面 |
| — system | 檢測系統 | 測定システム | 检测系统 |
| — technique | 檢查技術 | 査察技術 | 检查技术 |
| — test | 檢查試驗 | 検査試験 | 检查试验 |
| inspiration | 吸氣 | インスピレーション | 吸气 |
| inspirator | 噴汽注水器 | 呼吸器 | 喷汽注水器 |
| — type gas burner | 注射式燃氣噴燈 | 誘導混合式ガスバーナ | 注射式燃气喷灯 |
| inspired air | 吸(空)氣 | 吸気 | 吸(空)气 |
| inspissation | 濃縮 | 凝結 | 浓缩 |
| instability | 不穩定性 | 不安定（性） | 不稳定性 |
| — constant | 不穩定常數 | 不安定定数 | 不稳定常数 |
| — criterion | 不穩定度準則 | 不安定判定基準 | 不稳定度准数 |
| instable equilibrium | 非穩定平衡 | 不安定平衡 | 非稳定平衡 |
| installation | 裝置 | 設備 | 装配 |
| — drawing | 裝置圖 | すえ付け図 | 装配图 |
| — error | 安裝誤差 | （計器の）取付け誤差 | 安装误差 |
| — plan | 設備佈置圖 | 装置図 | 设备布置图 |
| — works | 安裝工程 | すえ付け工事 | 安装工程 |
| installed capacity | 裝置容量 | 設備能力 | 设备能力〔容量〕 |
| — load | 安裝負載 | すえ付け荷重 | 安装荷重 |
| installing wire | 拉線 | 張り線 | 拉线 |
| instant | 瞬時 | 瞬時 | 瞬时 |
| — burst test | 瞬時爆〔破〕裂試驗 | 瞬間破裂試験 | 瞬时爆〔破〕裂试验 |
| — switch | 瞬時開關 | インスタントスイッチ | 瞬时开关 |
| instantaneous action | 瞬時作用 | 瞬時作用 | 瞬时作用 |
| — adhesive agent | 瞬時接著劑 | 瞬間接着剤 | 瞬时接着剂 |
| — angular frequency | 瞬時角頻率 | 瞬時角周波数 | 瞬时角频率 |
| — angular velocity | 瞬時角速度 | 瞬時角速度 | 瞬时角速度 |
| — axis | 瞬時軸線 | 瞬間軸線 | 瞬时轴线 |

I

| 英　　文 | 臺　　灣 | 日　　文 | 大　　陸 |
|---|---|---|---|
| — center | 瞬時(轉)中心 | 瞬間中心 | 瞬时(转)中心 |
| — combustion | 瞬時燃燒 | 瞬間燃燒 | 瞬时燃烧 |
| — compressor | 瞬時壓縮器 | 瞬時圧縮器 | 瞬时压缩器 |
| — current | 瞬時電流 | 瞬時電流 | 瞬时电流 |
| — discharge | 瞬時放電 | 瞬時放電 | 瞬时放电 |
| — elastic deformation | 瞬間彈性變形 | 瞬間弾性変形 | 瞬间弹性变形 |
| — elastic recovery | 瞬時彈性回復 | 瞬間弾性回復 | 瞬时弹性回复 |
| — elongation | 瞬時延伸 | 瞬間伸び | 瞬时延伸 |
| — force | 瞬間力 | 瞬間力 | 瞬间力 |
| — impulse | 瞬時脈衝 | 瞬時インパルス | 瞬时脉冲 |
| — loading | 瞬時負載 | 瞬時載荷 | 瞬时荷重 |
| — speed | 瞬間速度 | 瞬間速度 | 瞬间速度 |
| — strain | 瞬間應變 | 瞬間ひずみ | 瞬间应变 |
| — strength | 瞬時強度 | 瞬間強度 | 瞬时强度 |
| — stress | 瞬時應力 | 瞬間応力 | 瞬时应力 |
| — torque | 瞬間力矩 | 瞬間トルク | 瞬间力矩 |
| — trip | 即時跳開 | 即時引きはずし | 即时跳开 |
| — turning radius | 瞬時回轉半率 | 瞬間の旋回半径 | 瞬时回转半率 |
| — voltage | 瞬時電壓 | 瞬時電圧 | 瞬时电压 |
| **Instron** | 一種(材料)試驗機 | インストロン試験機 | 一种(材料)试验机 |
| — type testing machine | 萬能精密拉伸試驗機 | インストロン型試験機 | 万能精密拉伸试验机 |
| **instrument** | 儀器;器具 | 計測器 | (計量)仪器 |
| — calibration test | 儀錶校正試驗 | 計器校正試験 | 仪表校正试验 |
| — casing | 儀錶箱 | 計器箱 | 仪表箱 |
| — design | 儀錶設計 | 計器設計 | 計器设计;仪表设计 |
| — error | 儀器誤差 | 器械誤差 | 仪器误差 |
| — for analysis | 分析儀器 | 分析機器 | 分析仪器 |
| — panel | 儀錶板 | 計器板 | 操纵板 |
| — range | 儀錶量程 | 計器(指示)領域 | 仪表量程 |
| — reading | 儀錶讀數 | 器材(計器)の読み | 仪表读数 |
| — testing room | 計量室 | 計器室 | 計量室 |
| — transformer | 儀錶變比器 | 計器用変成器 | 仪表(用)变压器 |
| **instrumental** analysis | 儀器分析 | 機器分析 | 仪器分析 |
| — drawing | 機械製圖 | 用器画 | 机械制图 |
| — error | 儀器〔錶〕誤差 | 器差 | 仪器〔表〕误差 |
| **instrumentation** | 儀器規化 | 機器化 | 仪表化 |
| — technology | 測試技術 | 計測工学 | 测试技术 |
| **insufflator** | 噴注器 | 吹込み器 | 喷注器 |
| **insulated** aluminum wire | 絕緣鋁線 | 絶縁アルミ線 | 绝缘铝线 |
| — bearing | 絕緣軸承 | 絶縁軸受 | 绝缘轴承 |

| 英　　文 | 臺　　灣 | 日　　文 | 大　　陸 |
|---|---|---|---|
| — body | 隔熱體 | 防熱体 | 隔热体 |
| — cable | 絕緣電纜 | 絶縁ケーブル | 绝缘电缆 |
| — conductor | 絕緣導體 | 絶縁導線 | 绝缘导线 |
| — electrical conductor | 絕緣導線 | 絶縁導線 | 绝缘导线 |
| — return | 絕緣回路 | 絶縁帰線 | 绝缘回线 |
| — system | 非接地系統 | 非接地方式 | 非接地系统 |
| — wire | 絕緣線 | 絶縁電線 | 绝缘线 |
| **insulating** | 絕緣 | 絶縁 | 绝缘 |
| — adhesive | 絕緣黏〔膠〕合劑 | 絶縁用接着剤 | 绝缘黏〔胶〕合剂 |
| — block | 絕緣塊 | 絶縁ブロック | 绝缘块 |
| — bolt | 絕緣螺栓 | 絶縁ボルト | 绝缘螺栓 |
| — bush | 絕緣套管 | 絶縁ブッシュ | 绝缘套管 |
| — cap | 絕熱帽〔蓋;罩〕 | 断熱キャップ | 绝热帽〔盖;罩〕 |
| — characteristic | 絕緣特性 | 絶縁特性 | 绝缘特性 |
| — clamp | 絕緣夾 | 絶縁クランプ | 绝缘线夹 |
| — cloth | 絕緣布 | 絶縁布 | 绝缘布 |
| — coat | 絕緣塗層 | 絶縁塗料 | 绝缘涂层 |
| — compound | 絕緣混合物 | 絶縁混合物 | 绝缘剂 |
| — container | 保溫容器 | 断熱容器 | 保温容器 |
| — coupling | 絕緣聯結器 | 絶縁継手 | 绝缘联轴节 |
| — element | 絕緣元件 | 絶縁要素 | 绝缘元件 |
| — feeder method | 絕緣饋電法 | 絶縁給電法 | 绝缘馈电法 |
| — fire brick | 絕熱耐火磚 | 耐火断熱れんが | 隔热耐火砖 |
| — handle | 絕緣(手)柄 | 絶縁ハンドル | 绝缘(手)柄 |
| — layer | 絕熱層 | 絶縁膜 | 绝缘膜 |
| — mat | 絕緣墊 | 絶縁マット | 绝缘垫 |
| — material | 絕緣物質 | 絶縁材（料） | 绝缘物质 |
| — medium | 絕緣介質 | 絶縁材（料） | 绝缘介质 |
| — oil | 絕緣油 | 絶縁油 | 绝热油 |
| — pad | 保溫襯墊〔填料〕 | 断熱用詰め物 | 保温衬垫〔填料〕 |
| — panel | 斷熱板 | 断熱板 | 断热板 |
| — paste | 絕緣膠 | 絶縁ペースト | 绝缘胶 |
| — performance | 絕緣性能 | 絶縁性能 | 绝缘性能 |
| — powder | 絕緣粉末 | 絶縁粉末 | 绝缘粉末 |
| — puncture tester | 絕緣耐壓試驗器 | 絶縁耐圧試験器 | 绝缘耐压试验器 |
| — rod | 絕緣棒 | 絶縁かん | 绝缘棒 |
| — rubber tape | 絕緣橡膠帶 | 電気用ゴムテープ | 绝缘橡皮带 |
| — sheet | 絕緣板 | 絶縁板 | 绝缘板 |
| — sleeve | 絕緣套管 | 絶縁スリーブ | 绝缘套管 |
| — stand | 絕緣台 | 絶縁台 | 绝缘台 |

| 英　　文 | 臺　　灣 | 日　　文 | 大　　陸 |
|---|---|---|---|
| — tank | 保溫桶 | 断熱ダンク | 保温桶 |
| — tape | 絕緣(用膠)帶 | 絶縁テープ | 绝缘(用胶)带 |
| — transformer | 絕緣變壓器 | 絶縁変圧器 | 绝缘变压器 |
| — tube | 絕緣管 | 絶縁管 | 绝缘管 |
| **insulation** | 絕緣(材料) | 絶縁（材） | 绝缘(材料) |
| — breakdown | 絕緣破壞 | 絶縁破壊 | 绝缘破坏 |
| — core | 斷熱心材 | 断熱心材 | 断热心材 |
| — cover inspection | 絕緣層檢查 | 絶縁覆い点検 | 绝缘层检查 |
| — detector | 絕緣檢出器 | 絶縁検出器 | 绝缘检验器 |
| — effectiveness | 保溫效果 | 保温効果 | 保温效果 |
| — failure | 絕緣破損 | 絶縁破損 | 绝缘破损 |
| — film | 絕緣薄膜 | 絶縁薄膜 | 绝缘薄膜 |
| — flange | 絕緣凸緣盤 | 絶縁フランジ | 绝缘法兰盘 |
| — joint | 絕緣接頭 | 絶縁接続 | 绝缘接头 |
| — joint box | 絕緣接頭箱 | 絶縁接続箱 | 绝缘接头箱 |
| — material | 絕緣材料 | 絶縁材料 | 绝缘材料 |
| — measurement | 絕緣(電阻)測量 | 絶縁測定 | 绝缘(电阻)测量 |
| — sleeve | 絕緣套筒 | 絶縁スリーブ | 绝缘套筒 |
| — strength test | 絕緣強度試驗 | 絶縁耐力試験 | 绝缘强度试验 |
| — tester | 絕緣試驗器 | 絶縁試験器 | 绝缘试验器 |
| — varnish | 絕緣漆 | 絶縁ワニス | 绝缘漆 |
| — washer | 絕緣墊圈 | 絶縁座 | 绝缘垫圈 |
| **insulator** | 絕緣體 | 絶縁体 | 绝缘体 |
| — device | 絕緣子組合件 | がい子装置 | 绝缘子组合件 |
| — pin | 絕緣子心軸 | がい子ピン | 绝缘子心轴 |
| — set | 絕緣體裝置 | がい子装置 | 绝缘体装置 |
| — spindle | 絕緣子心軸 | がい子真棒 | 绝缘子心轴 |
| **int. joule** | 國際焦耳 | 国際ジュール | 国际焦耳 |
| **int. liter** | 國際升 | 国際リットル | 国际升 |
| **int. ohm** | 國際歐姆 | 国際オーム | 国际欧姆 |
| **int. volt** | 國際伏特 | 国際ボルト | 国际伏特 |
| **intake** | 吸入 | 吸入 | 吸入 |
| — air flow | 吸入空氣流量 | 吸入空気流量 | 吸入空气流量 |
| — air heater | 進氣加熱器 | 吸気加熱器 | 进气加热器 |
| — air temperature | 吸入溫度 | 吸入温度 | 吸入温度 |
| — charge | 充氣 | 入気 | 充气 |
| — gas | 吸氣 | 吸気 | 吸气 |
| — pipe | 進氣管;進入管 | 取水管 | 吸气管 |
| — port | 進氣口 | 吸気口 | 吸气口 |
| — pressure control | 進氣壓力調節 | 吸気圧力制御 | 进气压力调节 |

| 英　　文 | 臺　　灣 | 日　　文 | 大　　陸 |
|---|---|---|---|
| — pump | 吸水泵 | 取水ポンプ | 吸水泵 |
| — resistance | 吸氣阻力 | 入抵抗 | 吸气阻力 |
| — screen | 進(氣)口濾網 | 入スクリーン | 进(气)口滤网 |
| — stroke | 進氣衝程 | 吸気行程 | 进气冲程 |
| — temperature | 進氣溫度 | 吸気温度 | 吸气温度 |
| **intandem** | (軋鋼機)串聯 | インタンデム | (轧钢机)串联 |
| **intarometer** | (測盲孔用)分厘卡 | インタロメータ | (測盲孔用)千分尺 |
| **integral** bit | 整體鑽頭 | インテグラルビット | 整体钻头 |
| — cast | 整體鑄造 | インテグラルキャスト | 整体铸造 |
| — colo(u)r anodizing | 陽極氧化著色 | 自然発色陽極酸化 | 阳极氧化着色 |
| — curvature | 總曲率 | 総曲率 | 总曲率 |
| — extrusion | 整體擠出 | 一体押し出し | 整体挤出 |
| — fan | (電機等的)連軸風扇 | インテグラルファン | (电机等的)连轴风扇 |
| — heat | 總熱 | 総熱 | 总热 |
| — heat sink type | 整體散熱式 | 放熱体値付き形 | 整体散热式 |
| — horsepower motor | 大於1馬力(的)電動機 | 整数馬力電動機 | 大於1马力(的)电动机 |
| — metal | 整體軸承 | インテグラルメタル | 整体轴承 |
| — mo(u)ld | 整體模 | 一体金型 | 整体模 |
| — pump | 複合泵 | インテグラルポンプ | 复合泵 |
| — shaft | 實心軸 | インテグラルシャフト | 实心轴 |
| — spar | 整體〔翼〕梁 | 一体けた | 整体〔翼〕梁 |
| — structue | 整體結構 | 一体構造 | 整体结构 |
| — type reactor | 整體型反應爐 | 一体(構造)型炉 | 整体型反应炉 |
| — waterproofing | 完全防水 | 完全防水 | 完全防水 |
| **integrated** alarms system | 綜合報警系統 | 総合警報システム | 综合报警系统 |
| — circuit processing | 積體電路加工(過程) | 集積回路加工 | 集成电路加工(过程) |
| — designing system | 綜合設計系統 | 総合設計システム | 综合设计系统 |
| — distribution system | 綜合輸送系統 | システム輸送 | 综合输送系统 |
| — intelligent robot | 綜合智能機器人 | 総合知能ロボット | 综合智能机器人 |
| — machining system | 綜合機械加工系統 | 総合機械加工システム | 综合机械加工系统 |
| — man-machine system | 綜合人-機系統 | 総合人間—機械システム | 综合人-机系统 |
| — switching system | 綜合交換系統 | 複合交換システム | 综合交换系统 |
| — system control | 綜合系統控制 | 総合システム制御 | 综合系统控制 |
| — unit of control valve | 集中控制閥單元 | 集中制御弁ユニット | 集中控制阀单元 |
| **intelligence** | 智能 | インテリジェンス | 智能 |
| — intensive production | 知識密集型生產 | 知識集約形生産 | 知识密集型生产 |
| **intelligent** aiding system | 智能輔助系統 | 知能援助システム | 智能辅助系统 |
| — remote manipulator | 智能遙控機械手 | 知能遠隔マニプレータ | 智能遥控机械手 |
| — robot | 智能機器人 | 知識ロボット | 智能机器人 |
| **intense** current | 大電流 | 強電流 | 大电流 |

| 英　　文 | 臺　　灣 | 日　　文 | 大　　陸 |
|---|---|---|---|
| — ultrasonic wave | 強超音波 | 強力超音波 | 强超声波 |
| **intensification** | 增強 | 強化 | 增强 |
| — factor | 增強係數 | 增感率 | 增强系数 |
| **intensified pressure** | 增壓壓力 | 增圧圧力 | 增压压力 |
| **intensifier** | 增壓機〔器〕 | 增幅器 | 增压机〔器〕 |
| — circuit | 增壓電路 | 增圧回路 | 增压电路 |
| **intensity** | 強度 | 強度 | 亮度 |
| — control | 強度控制 | 輝度調整 | 强度控制 |
| — interferometer | 光強度干涉儀 | 光強度干涉計 | 光强度干涉仪 |
| — of activation | 放射性強度 | 放射化の強さ | 放射性强度 |
| — of electric current | 電流強度 | 電流の強さ | 电流强度 |
| — of electric field | 電界強度 | 電界の強さ | 电场强度 |
| — of flock | 短纖維強度 | フロック強度 | 短纤维强度 |
| — of flow | 流動強度 | 流れの強さ | 流动强度 |
| — of light | 光強度 | 光の強さ | 亮度 |
| — of magnetic field | 磁場強度 | 磁場の強さ | 磁场强度 |
| — of magnetization | 磁化強度 | 磁化の強さ | 磁化强度 |
| — of normal stress | 法向應力強度 | 垂直応力度 | 法向应力强度 |
| — of pressure | 壓力強度 | 圧力度 | 单位(面积)压力 |
| — of radiation | 輻射強度 | ふく射の強さ | 辐射强度 |
| — of restraint | 拘束度 | 拘束度 | 拘束度 |
| — of stress | 應力強度 | 応力度 | 应力强度 |
| — variable | 強度變量 | 強さ変量 | 强度变量 |
| **intensive drying** | 充分乾燥 | 強烈な乾燥 | 充分乾燥 |
| — mixer | 高效攪拌機〔器〕 | 強カミキサ | 高效搅拌机〔器〕 |
| **intented wire** | 刻痕鋼絲 | インテンテッド線 | 刻痕钢丝 |
| **interaction** | 相互作用 | 相互干渉 | 相互干涉 |
| — factor | 干涉係數 | 干渉係数 | 干涉系数 |
| — gap | 互作用隙 | 相互作用ギャップ | 互作用隙 |
| — region | 干涉領域 | 相互作用領域 | 干涉领域 |
| **interactive CAD** | 交互式電腦輔助設計 | 対話形CAD | 交互式计算机辅助设计 |
| — computer-aided design | 交互式電腦輔助設計 | 会話形計算機援用設計 | 交互式计算机辅助设计 |
| — graphics | 交互式繪圖 | 会話形グラフィックス | 交互式绘图 |
| — pattern analysis | 交互式圖形分析 | 会話形パターン解析 | 交互式图形分析 |
| — pattern recognition | 交互式圖形辨識 | 会話形パターン認識 | 交互式图形辨识 |
| **interannealed wire** | 中間退火線材 | 中間焼鈍線材 | 中间退火线材 |
| **intercalation** | 插入 | 挿入 | 插入 |
| — compound | 夾雜化合物 | 内位添加化合物 | 夹染化合物 |
| **intercept** | 截取〔斷〕 | 傍受 | 截取〔断〕 |
| — point | 截斷點 | 会敵点 | 截断点 |

| 英　　文 | 臺　　灣 | 日　　文 | 大　　陸 |
|---|---|---|---|
| — valve | 截流閥 | 中間弁 | 截流阀 |
| **interceptor** | 攔截〔阻止〕器 | 阻集器 | 拦截〔阻止〕器 |
| **interchange** | 轉換 | 互換 | 转换 |
| — ability | 可交換性 | 互換性 | 可交换性 |
| — instability | 互(交)換不穩定性 | 交換不安定性 | 互(交)换不稳定性 |
| — of heat | 熱交換 | 熱交換 | 热交换 |
| — power | 互換功率 | 融通電力 | 互换功率 |
| **interchangeability** | 可互換性 | 互換性 | 互换性 |
| **interchangeable** bushing | 可互換襯套〔套管〕 | 互換性ブッシング | 可互换衬套〔套管〕 |
| — manufacture | 可互換性製造 | 互換工作 | 互换性制造 |
| — piercing punch | 可互換的沖孔凸模 | 交換性穴あけポンチ | 可互换的冲孔凸模 |
| — wiring device | 互換接線電器 | 連用器具 | 互换接线电器 |
| **interchanged power** | 互換功率 | 融通電力 | 互换功率 |
| **inter-coagulation** | 相互凝聚 | 相互凝集 | 相互凝聚 |
| **intercoat** | 中間塗層 | 中塗り | 中间涂层 |
| **intercondenser** | 中間冷凝器 | 中間凝縮器 | 中间冷凝器 |
| **interconnecting** cable | 連接電纜 | 中間ケーブル | 连接电缆 |
| — feeder | 互連饋(電)線 | 連結給電線 | 互连馈(电)线 |
| — pipe | 內連管 | 連絡管 | 内连管 |
| — tube | 內部連接管 | 連結管 | 内部连接管 |
| **interconnection** | 相互連結 | 相互連絡 | 相互连结 |
| — pattern | 接線圖形 | 結線パターン | 接线图形 |
| **interconnector** | (內部)連接管 | 連結管 | (内部)连接管 |
| **interconverse** | 相互轉換 | 相互変換 | 相互转换 |
| **intercool** | 中間冷卻 | 中間冷却 | 中间冷却 |
| **intercooled cycle** | 中間冷卻循環 | 中間冷却サイクル | 中间冷却循环 |
| **intercooling** | 中間冷卻 | 中間冷却 | 中间冷却 |
| **intercrystalline** | (沿)晶界的 | 結晶間 | (沿)晶界的 |
| — corrosion | 晶間腐蝕 | 粒界腐食 | 晶间腐蚀 |
| — crack | 晶界破壞 | 結晶粒界破壊 | 晶界破坏 |
| — fracture | 晶間破裂 | 粒界破断 | 晶间破裂 |
| **intercycle** | 中間循環 | インタサイクル | 中间循环 |
| **interdendritic attack** | 枝晶間腐蝕 | 樹枝状晶間腐食 | 枝晶间腐蚀 |
| — segregation | 枝晶間偏析 | 樹枝状偏析 | 枝晶间偏析 |
| **interdented structnre** | 鋸齒構造 | この歯状構造 | 锯齿构造 |
| **interdiffusion** | 相互擴散 | 相互拡散 | 相互扩散 |
| **interelectrode** | 極間 | インタエレクトロード | 极间 |
| — capacity | 極間電容 | 電極間容量 | 极间电容 |
| **interface** | 界面 | 界面 | 界面 |
| — analysis | 界面分析 | インタフェース解析 | 接口分析 |

| 英　　文 | 臺　　灣 | 日　　文 | 大　　陸 |
|---|---|---|---|
| — boundary | 界面 | 境界面 | 界面 |
| — layer | 中間層 | 中間層 | 中间层 |
| — layer resistance | 層間電阻 | 中間層抵抗 | 层间电阻 |
| — reaction | 界面反應 | 界面反応 | 界面反应 |
| — resistance | 界面間電阻 | インタフェース抵抗 | 界面间电阻 |
| — tension | 界面張力 | 界面張力 | 界面张力 |
| — termination | 界面終端 | インタフェース終端 | 接口终端 |
| **interfacial** active agent | 界面活性劑 | 界面活性剤 | 界面活性剂 |
| — angle | 界面角 | 面角 | 界面角 |
| — boundary | 界面境界 | 境界面 | 界面境界 |
| — connection | 層間連接 | 層間接続 | 层间连接 |
| — effect | 界面效應 | 界面効果 | 界面效应 |
| — energy | 界面能(量) | 界面エネルギー | 界面能(量) |
| — film | 界面(薄)膜 | 界面膜 | 界面(薄)膜 |
| — force | 界面力 | 界面力 | 界面力 |
| — phenomenon | 界面現象 | 界面現象 | 界面现象 |
| — polycondensation | 界面縮聚 | 界面重縮合 | 界面缩聚 |
| — polymerization | 界面聚合 | 界面重合 | 界面聚合 |
| — potential | 界面電位差 | 相間起電力 | 界面电位差 |
| — resistance | 界面阻力 | 界面抵抗 | 界面阻力 |
| — tension | 界面張力 | 界面張力 | 界面张力 |
| — work | 界面(摩擦)功 | 界面摩擦仕事 | 界面(摩擦)功 |
| **interference** | 干涉 | 干渉 | 干涉 |
| — band | 干涉帶 | 干渉帯 | 干涉条纹 |
| — body bolt | 干涉配合高強度螺栓 | 打込み式高力ボルト | 过盈配合高强螺栓 |
| — colo(u)r | 干涉色 | 干渉色 | 干涉色 |
| — current | 干擾電流 | 混信電流 | 干扰电流 |
| — dilatometer | 光干涉式熱膨脹計 | 光干渉熱膨脹計 | 光干涉式热膨胀计 |
| — drag | 干擾阻力 | 干渉抗力 | 干扰抗力 |
| — effect | 干擾影響 | 干渉効果 | 干扰影响 |
| — eliminator | 干擾抑制器 | 妨害エリミネータ | 干扰抑制器 |
| — fading | 干涉性消失 | 干渉性フェジンク | 干涉性消失 |
| — figure | 干涉圖 | 干渉模様 | 干涉图 |
| — filter | 干擾濾波器 | 干渉フィルタ | 干扰滤波器 |
| — fringe | 干涉光柵 | 干渉じま | 干涉条纹 |
| — light | 可干涉光 | 可干渉光 | 可干涉光 |
| — microscope | 干涉顯微鏡 | 干渉顕微鏡 | 干涉显微镜 |
| — noise | 干涉噪音 | 干渉雑音 | 干涉噪音 |
| — of equal thickness | 等厚(度)干涉 | 等厚の干渉 | 等厚(度)干涉 |
| — of light | 光的干涉 | 光の干渉 | 光的干涉 |

| 英　　文 | 臺　　灣 | 日　　文 | 大　　陸 |
|---|---|---|---|
| — of tooth | 齒的干涉 | 歯の干渉 | 齿的干涉 |
| — pattern | 干涉圖 | 干渉パターン | 干涉图 |
| — phenomenon | 干涉現象 | 干渉現象 | 干涉现象 |
| — point | 干涉點 | 干渉点 | 干涉点 |
| — polarizer | 干涉偏振(光)鏡 | 干渉偏光器 | 干涉偏振(光)镜 |
| — ratio | 干擾比 | 混信比 | 干扰比 |
| — reducer | 干擾控制器 | 干渉抑圧器 | 干扰控制器 |
| — refractometer | 干涉折射計 | 干渉屈折計 | 干涉折射计 |
| — wave | 干擾波 | 妨害電波 | 干扰波 |
| **interferent** component | 干涉成分 | 干渉成分 | 干涉成分 |
| — energy | 干擾能量 | 妨害エネルギー | 干扰能量 |
| **interferogram** | 干涉圖 | インタフェログラム | 干涉图 |
| **interferometer** | 干涉儀 | 干渉計 | 干涉仪 |
| — method | 干涉法 | 干渉法 | 干涉法 |
| **interfibrilliar substance** | 纖維素間物質 | 繊維素間物質 | 纤维素间物质 |
| **inter-filling** | 中間填間 | 間詰め | 中间填间 |
| **interflection** | 相互反射 | 相互反射 | 相互反射 |
| **interflow** | 交流 | 中間流出 | 交流 |
| **interframe collapse** | 肋間壓環 | ろっ骨間圧潰 | 肋间压环 |
| **interfusion** | 融合 | 溶合 | 融合 |
| **intergranular** corrosion | 晶(粒)間腐蝕 | 粒界腐食 | 晶(粒)间腐蚀 |
| — crack | 晶間裂紋 | 粒界割れ | 晶间裂纹 |
| — fracture | 晶內斷裂 | 粒内破壊 | 晶内断裂 |
| — penetration | 粒晶滲透 | 粒界しん透 | 粒晶渗透 |
| — pressure | (晶)粒間壓力 | 粒子間圧力 | (晶)粒间压力 |
| — stress | (晶)粒間應力 | 粒子間応力 | (晶)粒间应力 |
| — structure | 晶粒間組織 | 結晶粒界組織 | 晶粒间组织 |
| **intergrowth of crystals** | 結晶粗大化 | 結晶の共晶 | 结晶共生 |
| **interheater** | 中間加熱器 | 中間加熱器 | 中间加热器 |
| **interior** | 室內(的) | 屋内 | 室内(的) |
| — angle | 內角 | 内角 | 内角 |
| — container | 內裝容器 | 内装容器 | 内装容器 |
| — elevation | 室內展開圖 | 室内展開図 | 室内立面图 |
| — glue | 內部用黏結劑 | 内部用接着剤 | 内部用黏结剂 |
| — pressure | 內壓力 | 内圧力 | 内压力 |
| — shell | 內殼 | 内殻 | 内壳 |
| — trim | 淨尺寸配件安裝 | 内部装備品 | 净尺寸配件安装 |
| — width | 內側尺寸 | 内のり | 内侧尺寸 |
| **interlaminar** bonding | 層間結合 | 層間結合 | 层间结合 |
| — shear | 層間剪切 | 層間せん断 | 层间剪切 |

I

| 英　　文 | 臺　　灣 | 日　　文 | 大　　陸 |
|---|---|---|---|
| ― strength | 層間剝離強度 | 層間結合〔接着〕強さ | 层间剥离强度 |
| **interlayer** | 中間層 | 中間層 | 中间层 |
| ― temperature | 層間溫度 | 層間溫度 | 层间温度 |
| **interleaf** | 夾層 | 挾み紙 | 夹层 |
| ― friction | 板間滑動摩擦 | インタリーフフリション | 板间滑动摩擦 |
| **interleave** | 交錯 | 挾み込み | 交错 |
| **interleaving** | 隔行(掃描) | インタリービング | 隔行(扫描) |
| **interlinkage** | 鏈接 | 鎖交 | 链接 |
| **interlinking** | 鏈接 | インタリンキング | 链接 |
| **interlock** | 聯鎖裝置 | 連鎖 | 联动〔锁〕装置 |
| ― alarm | 聯鎖報警器 | インタロックアラーム | 联锁报警器 |
| ― arrangement | 聯鎖(安全)裝置 | 連動裝置 | 联锁(安全)装置 |
| ― bypass | 互鎖分路 | インタロックバイパス | 互锁分路 |
| ― circuit | 聯鎖電路 | インタロック回路 | 联锁电路 |
| ― contact | 閉鎖觸點 | 鎖錠接点 | 闭锁触点 |
| ― interrupt | 互鎖中斷 | インタロック割込み | 互锁中断 |
| ― pin | 聯鎖銷 | インタロックピン | 联锁销 |
| ― socket | 聯鎖插座 | インタロックソケット | 联锁插座 |
| ― system | 互鎖方式 | インタロック方式 | 互锁方式 |
| **interlocked** circuit breaker | 聯鎖斷路器 | 連動遮斷器 | 联锁断路器 |
| ― earth(ing) | 聯鎖接地 | 連接アース | 联锁接地 |
| ― ring pattern | 連環套紋 | 組輪違い | 连环套纹 |
| **interlocking** | 聯鎖 | 連鎖 | 联锁 |
| ― bar | 聯動桿 | 連動かん | 联动杆 |
| ― block system | 聯鎖閉塞系統 | 連動閉そく式 | 联锁闭塞系统 |
| ― control valve | 聯鎖控制閥 | 連動弁 | 联锁控制阀 |
| ― cutter | 扣聯銑刀 | かみ合いフライス | 组合错齿槽铣刀 |
| ― electromagnet | 聯鎖電磁閥 | 連動電磁石 | 联锁电磁阀 |
| ― frame | 聯鎖機 | 鎖錠盤 | 联锁机 |
| ― gear | 聯鎖機構 | 連動裝置 | 联锁机构 |
| ― installation | 聯動〔鎖〕裝置 | 連動裝置 | 联动〔锁〕装置 |
| ― lever | 聯鎖〔動〕桿 | 連動鎖錠てこ | 联锁〔动〕杆 |
| ― machine | 連動機 | 連動機 | 连动机 |
| ― milling cutter | 交齒銑刀 | 組合せ側フライス | 交齿铣刀 |
| ― operation | 聯動運轉 | 連動運転 | 联动运转 |
| ― plant | 聯鎖裝置 | 連動裝置 | 联锁装置 |
| ― relay | 聯鎖繼電器 | 連動リレー | 联锁继电器 |
| ― side milling cutter | 扣聯側銑刀 | 組合せ側フライス | 交齿侧铣刀 |
| ― signalling | 聯鎖信號機 | 連動信号機 | 联锁信号机 |
| ― table | 聯鎖圖表 | 連動図表 | 联锁图表 |

| 英　　文 | 臺　　灣 | 日　　文 | 大　　陸 |
|---|---|---|---|
| ─ test | 互鎖試驗 | インタロック試験 | 互锁试验 |
| **intermediate** | 中間產品 | 中間生成物 | 中间产品 |
| ─ beam | 中間梁 | 中間ビーム | 中间梁 |
| ─ bearing | 中間軸承 | 中間軸受 | 中间轴承 |
| ─ casing | 中套〔殼〕 | 中間ケーシング | 中套〔壳〕 |
| ─ connector | 中間聯接器 | 中間連結器 | 中间联接器 |
| ─ contact | 中間接點 | 中間接点 | 中间接点 |
| ─ cooling | 中間冷卻 | 中間冷却 | 中间冷却 |
| ─ coupling device | 中間聯結〔耦合〕裝置 | 中間連結裝置 | 中间联结〔耦合〕装置 |
| ─ density polyethylene | 中密度聚乙烯 | 中密度ポリエチレン | 中密度聚乙烯 |
| ─ desulfurization | 中間脫硫 | 中間脱硫 | 中间脱硫 |
| ─ draft gear | 中間緩衝器 | 中間緩衝器 | 中间缓冲器 |
| ─ frequency furnace | 中頻感應電爐 | 中周波誘導炉 | 中频感应电炉 |
| ─ gear | 惰輪 | 中間歯車 | 惰轮 |
| ─ heat exchanger | 中間熱交換器 | 中間熱交換器 | 中间热交换器 |
| ─ hoop | 中間箍筋 | 中間帯鉄筋 | 中间箍筋 |
| ─ nucleus | 複合核 | 複合核 | 复合核 |
| ─ pressure compressor | 中壓壓縮機 | 中圧圧縮機 | 中压压气机 |
| ─ pressure cylinder | 中壓(汽)缸 | 中圧シリンダ | 中压(汽)缸 |
| ─ pressure turbine | 中壓汽輪機 | 中間タービン | 中压汽轮机 |
| ─ principal stress | 中間主應力 | 中間主応力 | 中间主应力 |
| ─ relay | 中間繼電器 | 中間継電器 | 中间继电器 |
| ─ rolling mill | 中間壓延機 | 中間圧延機 | 中间压延机 |
| ─ shaft | 中間軸 | 中間軸 | 中间轴 |
| ─ shaft bearing | 中間軸(軸)承 | 中間軸受 | 中间轴(轴)承 |
| ─ shaft coupling | 中間聯軸器 | 中間軸継手 | 中间联轴节 |
| ─ solid solution | 中間固溶體 | 中間固溶体 | 中间固溶体 |
| ─ stiffener | 中間補強肋 | 中間補剛材 | 中间加劲肋 |
| ─ stringer | 中間梁 | 副縦通材 | 中间梁 |
| ─ stop valve | 中間斷流閥 | 中間止め弁 | 中间断流阀 |
| ─ sway bracing | 中間橫撐架 | 中間対傾構 | 中间横撑架 |
| ─ temperature glue | 中溫(硬化)黏著劑 | 中温硬化接着剤 | 中温(硬化)黏着剂 |
| **intermesh** | 嚙合 | かみ合う | 啮合 |
| **intermeshing** feed screw | 嚙合進料螺桿 | かみ合い供給スクリュー | 啮合进料螺杆 |
| ─ pitch circle | 節圓 | かみ合いピッチ円 | 节圆 |
| ─ pressure angle | 嚙合壓力角 | かみ合い圧力角 | 啮合压力角 |
| **intermetallic compound** | 金屬間化合物 | 金属間化合物 | 金属间化合物 |
| **intermetallics** | 金屬間化合物 | インタメリクス | 金属间化合物 |
| **intermiscibility** | 互溶性 | 相互混合性 | 互溶性 |
| **intermittent** action | 間歇運動 | 間欠動作 | 间歇运动 |

| 英　　文 | 臺　　灣 | 日　　文 | 大　　陸 |
|---|---|---|---|
| — arc | 間歇電弧 | 断続アーク | 间歇电弧 |
| — charge | 間歇充電 | と切れ充電 | 间歇充电 |
| — control | 間歇控制 | 点制御 | 间歇控制 |
| — control action | 間歇(控制)動作 | 間欠動作 | 间歇(控制)动作 |
| — current | 間歇電流 | と切れ電流 | 间歇电流 |
| — discharge | 間歇放電 | 間欠放電 | 间歇放电 |
| — driven blower | 間歇驅動鼓風機 | 断続ブロワ | 间歇驱动鼓风机 |
| — feed | 間歇進給 | 間欠送り | 断续进给 |
| — fillet weld | 間歇填角熔接 | 断続すみ肉溶接 | 断续角焊(缝) |
| — filtration | 間歇過濾 | 間欠ろ過 | 间歇过滤 |
| — filtration system | 間歇過濾法 | 間欠ろ床法 | 间歇过滤法 |
| — injection | 間歇噴射 | 間欠噴射 | 间歇喷射 |
| — motion | 間歇運動 | 間欠運動 | 间歇运动 |
| — motion mechanism | 間歇運動機構 | 間欠機構 | 间歇运动机构 |
| — movement | 間歇運動 | 間欠運動 | 间歇运动 |
| — operation | 間歇操作 | 間欠作業 | 间断操作 |
| — operation life test | 斷續工作壽命試驗 | 断続寿命試験 | 断续工作寿命试验 |
| — point welding | 斷續點焊 | 断続点溶接 | 断续点焊 |
| — running | 斷續運轉 | 断続運転 | 断续运转 |
| — seam welding | 斷續縫焊 | 断続シーム溶接 | 断续缝焊 |
| — spot welding | 斷續點焊 | スティッチ溶接 | 断续点焊 |
| — stress | 斷續應力 | 断続応力 | 断续应力 |
| — type meter | 間歇式(測量)儀錶 | 間欠型計器 | 间歇式(测量)仪表 |
| — weld | 間斷焊(縫) | 断続溶接 | 间断焊(缝) |
| **internal** bond | 內聚力 | 凝集力 | 内聚力 |
| — break | 內部破壞 | 内側ブレーキ | 内部破坏 |
| — broach | 內拉刀 | 内面ブローチ | 内拉刀 |
| — broaching machine | 內面拉床 | 内面ブローチ盤 | 内拉床 |
| — centerless grinding | 內圓無心磨削 | 心なし内面研削 | 内圆无心磨削 |
| — chill | 內冷鐵 | 鋳ぐるみ | 内冷铁 |
| — clearance | (軸承的)內間距 | (軸受の)内部すき間 | (轴承的)内间距 |
| — combustion engine | 內燃機 | 内燃機関 | 内燃机 |
| — combustion pump | 內燃泵 | 内燃ポンプ | 内燃泵 |
| — commontangent | 內公切線 | 共通内接線 | 内公切线 |
| — cone | 內圓錐 | 内円すい | 内圆锥 |
| — connection | 內部連接 | 内部接続 | 内部连接 |
| — cooler | 內部冷卻器 | 内蔵形冷却器 | 内部冷却器 |
| — cooling grinding | 內冷卻磨削 | 液通研削 | 内冷却磨削 |
| — corner | 凹角 | 内角 | 凹角 |
| — corrosion | 內部腐蝕 | 内部腐食 | 内部腐蚀 |

| 英　　文 | 臺　　灣 | 日　　文 | 大　　陸 |
|---|---|---|---|
| — crack | 內部龜裂〔裂紋〕 | 内部亀裂 | 内部龟裂〔裂纹〕 |
| — cylinder | 軸襯；內筒 | 内筒 | 轴衬；内筒 |
| — diameter | 內徑 | 内径 | 内径 |
| — die pressure | 模具內壓 | 型内圧力 | 模具内压 |
| — dimentions | 內部尺寸 | 内のり寸法 | 内部尺寸 |
| — discharge | 內部放電 | 内部放電 | 内部放电 |
| — displacement | 內部位移 | 内部変位 | 内部位移 |
| — drop | 內(部電)壓降 | 内部電圧降下 | 内(部电)压降 |
| — drying test | 內部乾燥試驗 | 内部乾燥試験 | 内部乾燥试验 |
| — efficiency | 內(部)效率 | 内部効率 | 内(部)效率 |
| — elbow | 內彎頭 | インタナルエルボ | 内弯头 |
| — energy | 內能 | 内部エネルギー | 内能 |
| — entropy | 內部熵 | 内部エントロピー | 内部熵 |
| — expanding brake | 內脹煞車 | 内部拡張式ブレーキ | 内胀式制动器 |
| — feed (water) pipe | 給水內管 | 給水内管 | 给水内管 |
| — fired boiler | 內燃式鍋爐 | 内だきボイラ | 内火室锅炉 |
| — fissure | 內部龜裂〔裂紋〕 | 内部亀裂 | 内部龟裂〔裂纹〕 |
| — flexibility | 內部柔軟性 | 内部柔軟性 | 内部柔软性 |
| — flow | 內(部液)流 | 内部流れ | 内(部液)流 |
| — flue | 內煙道 | 内部炎管 | 内部焰管 |
| — flue boiler | 內煙道鍋爐 | 炉筒ボイラ | 内部烟道锅炉 |
| — force | 內力；內應力 | 内力 | 内力；内应力 |
| — force vector | 內力向量 | 内力ベクトル | 内力矢量 |
| — form | 內部形式 | インタナルフォーム | 内部形式 |
| — friction | 內摩擦(力) | 内部摩擦 | 内摩擦(力) |
| — friction coefficient | 內摩擦係數 | 内部摩擦数 | 内摩擦系数 |
| — friction theory | 內摩擦理論 | 内部摩擦説 | 内摩擦理论 |
| — frictional angle | 內摩擦角 | 内部摩擦角 | 内摩擦角 |
| — frictional force | 內摩擦力 | 内部摩擦力 | 内摩擦力 |
| — furnace | 爐膽 | 内炉 | 炉胆 |
| — gear drive | 內齒輪傳動 | 内歯車伝動 | 齿轮传动 |
| — gear motor | 內嚙合齒輪式電動機 | 内接歯車モータ | 内啮合齿轮式电动机 |
| — gear pump | 內嚙合齒輪泵 | 内接歯車ポンプ | 内啮合齿轮泵 |
| — gearing | 內嚙合 | 内歯車駆動 | 内啮合 |
| — grinder | 內磨床 | 内面研削盤 | 内圆磨床 |
| — grinding | 內輪磨 | 内面研削 | 内圆磨削 |
| — grinding attachment | 內輪磨裝置 | 内面研削装置 | 内面研削装置 |
| — grinding machine | 內磨床 | 内面研削盤 | 内圆磨床 |
| — heat | 內熱 | 内部熱 | 内部热量〔能〕 |
| — heat build-up | 內部發熱 | 内部発熱 | 内部发热 |

| 英　　文 | 臺　　灣 | 日　　文 | 大　　陸 |
|---|---|---|---|
| ― induction | 內部誘導 | 内部誘引 | 内部诱导 |
| ― intercooling | 內部冷卻 | 内部中間冷却 | 内部冷却 |
| ― interrupt | 內(部)中斷 | 内部割み | 内(部)中断 |
| ― isothermal efficiency | 內部等溫效率 | 内部等温効率 | 内部等温效率 |
| ― latent heat | 內部潛熱 | 内部潜熱 | 潜热 |
| ― leakage loss | 內部泄漏損失 | 内部漏れ損失 | 内部泄漏损失 |
| ― line-up clamp | 內夾緊 | 内面クランプ | 内夹紧 |
| ― loss power | 內部損失功率 | 内部損失動力 | 内部损失功率 |
| ― measuring ability | (機器人)內部計測機能 | 内界計測機能 | (机器人)内部计测机能 |
| ― mixer | 密閉式混合機 | 密閉式混合機 | 密闭式混合机 |
| ― orthography | 內面正投影圖 | 内面図 | 内面正投影图 |
| ― oxidation | 內部氧化 | 内部酸化 | 内部氧化 |
| ― phase angle | 內相角 | 内部位相角 | 内相角 |
| ― pinion | 內齒輪 | インタナルピニオン | 内齿轮 |
| ― plasticizer | (分子)內增塑劑 | 分子内可塑剤 | (分子)内增塑剂 |
| ― polymerization | 內部聚合 | 内部重合 | 内部聚合 |
| ― porosity | 內部氣孔 | 腐れ | 内部缩松 |
| ― power | 內部功率 | 内部動力 | 内部功率 |
| ― pressure pipe | 內壓管 | 内圧管 | 内压管 |
| ― recessing tool | 內槽〔溝〕刀具〔刻刀〕 | リセッシングバイト | 内槽〔沟〕刀具〔刻刀〕 |
| ― release agent | 內脫模〔分型〕劑 | 内部用離型剤 | 内脱模〔分型〕剂 |
| ― resistance | 內阻力 | 内部抵抗 | 内阻 |
| ― rib | 加強筋;凸緣 | 内部リブ | 加强筋;凸缘 |
| ― schema | 內(部)模式 | 内部スキーマ | 内(部)模式 |
| ― screw thread | 內螺紋 | めねじ | 内螺纹 |
| ― shaving | 內形整〔精〕修 | 穴形シェービング | 内形整〔精〕修 |
| ― shrinkage | 內縮孔 | 内引け巣 | 内部缩孔 |
| ― stability | 內部穩定性 | 内部安定性 | 内部稳定性 |
| ― strain | 內應變 | 内部ひずみ | 内应变 |
| ― stress corrosion | 內應力腐蝕 | 内力腐食 | 内应力腐蚀 |
| ― structure | 內部構造 | 内部構造 | 内部构造 |
| ― supercharger | 內增壓器 | 内部過給機 | 内增压器 |
| ― thread | 內螺紋 | めねじ | 内螺纹 |
| ― threading bite | 內螺紋車刀 | めねじ切りバイト | 内螺纹车刀 |
| ― vibrator | 內部振搗器 | 棒状バイブレータ | 内部振捣器 |
| ― voltage | 內部電壓 | 内部電圧 | 内部电压 |
| ― work | 內功 | 内部仕事 | 内功 |
| **interparticle spacing** | 粒子間隔 | 粒子間隔 | 粒子间隔 |
| **interpass annealing** | 中間退火 | 中間焼鈍 | 中间退火 |
| ― temperature | 層間溫度 | パス間温度 | 层间温度 |

| 英　　文 | 臺　　灣 | 日　　文 | 大　　陸 |
|---|---|---|---|
| **interpenetration** | 互相(貫)穿透 | 相互貫入 | 互相(貫)穿透 |
| — twin | 穿插雙晶 | 貫通双晶 | 穿插双晶 |
| **inter-process annealing** | 中間退火 | 工程間焼なまし | 中间退火 |
| **inter-reaction** | 相互反應 | 相互反応作用 | 相互反应 |
| **interrupt** | 切斷 | 割み | 切断 |
| — button | 中斷電鈕 | インタラプトボタン | 中断电钮 |
| — capabilities | 中斷能力 | 割込み能力 | 中断能力 |
| — latch | 中斷鎖定 | 割込みラッチ | 中断锁定 |
| — trigger | 中斷觸發器 | インタラプトトリガ | 中断触发器 |
| **interrupted aging** | 分斷時效 | 中断時効 | 断续时效 |
| — arc method | 斷續電弧法 | 断続弧光法 | 断续电弧法 |
| — continuous wave | 斷續連續波 | 断続連続波 | 断续连续波 |
| — current method | 斷續電流法 | 断続電流法 | 中断电流法 |
| — electroplating | 間歇電鍍 | 断続めっき | 间歇电镀 |
| — ignition | 間歇〔斷〕點火 | 時限点火 | 间歇〔断〕点火 |
| — machining | 斷續切削 | 断続切削 | 断续切削 |
| — quenching | 分斷淬火 | 引上げ焼入れ | 间断淬火 |
| — spot weld | 斷續點焊 | 断続点溶接 | 断续点焊 |
| — thread | 槽螺絲 | 溝ねじ | 槽螺丝 |
| **interruption** | 斷路 | 中断 | 断路 |
| — governor | 斷續調速器 | 続き調速機 | 断续调速器 |
| — key | 斷續電鍵 | 断続電けん | 断续电键 |
| — on the track | 線路中斷 | 線路閉鎖 | 线路中断 |
| **intersection** | 相交 | 共通部分 | 交点 |
| — angle | 交(叉)角 | 交差角 | 交(叉)角 |
| — point | 交點 | 交点 | 交点 |
| — speed controller | 交叉口車速控制器 | 交さ点速度制御機 | 交叉口车速控制器 |
| **intersectional** force | 斷面力 | 断面力 | 断面力 |
| — friction | 交叉阻力 | 交さ抵抗 | 交叉阻力 |
| **intersertal** | 填隙 | てん間状 | 填隙 |
| **interspace** | 間隙〔隔;距〕 | 間げき | 间隙〔隔;距〕 |
| **interstage** | 級間 | インタステージ | 级间 |
| — annealing | 中間退火 | 工程焼なまし | 中间退火 |
| — bushing | 中間襯套 | 中間ブシュ | 中间衬套 |
| — diaphragm | 中間隔膜 | 仕切り板 | 中间隔膜 |
| — punching | 隔行穿孔 | 奇数段せん孔 | 隔行穿孔 |
| — sleeve | 中間套筒〔閥套〕 | 中間スリーブ | 中间套筒〔阀套〕 |
| — transformer | 中間變壓器 | 中(段)間変成器 | 级间变压器 |
| — valve | 級間閥 | 段間弁 | 级间阀 |
| **interstice** | 裂縫 | 割れ目 | 裂缝 |

I

| 英　　文 | 臺　　灣 | 日　　文 | 大　　陸 |
|---|---|---|---|
| **interstitial** | 填隙 | 格子間の（占拠） | 填隙 |
| — alloy | 插入型合金 | 割込み型合金 | 填隙式合金 |
| — atom | 填隙原子 | 格子間原子 | 间隙原子 |
| — compound | 侵入型化合物 | 間げき充てん化合物 | 侵入型化合物 |
| — distance | 格子間距離 | 格子間距離 | 格子间距离 |
| — fraction | 隙間比 | 間げき比 | 隙间比 |
| — material | 填隙物質 | 間げき物質 | 填隙物质 |
| — solid solution | 間隙固溶體 | 侵入型固溶体 | 间隙固溶体 |
| — volume | 間隙體積 | 間げき体積 | 间隙体积 |
| **inter-switching** | 相互切換 | 相互切換え | 相互切换 |
| **interval** | 間隔 | 間隔 | 间隔 |
| — pulse | 間隔脈衝 | インタバルパルス | 间隔脉冲 |
| — scan | 間隔掃描 | インタバルスキャン | 间隔扫描 |
| **intervane burner** | 旋流葉片式噴燃器 | インタベーンバーナ | 旋流叶片式喷燃器 |
| **intraconnector** | 內部連接器 | イントラコネクタ | 内部连接器 |
| **intragranular fracture** | 晶內破斷 | 粒内破断 | 晶内破断 |
| **intramicellar swelling** | 微胞內溶脹 | ミセル内膨潤 | 微胞内溶胀 |
| **intramolecular** force | 分子內力 | 分子内力 | 分子内力 |
| — reaction | 分子內反應 | 分子内反応 | 分子内反应 |
| — rearrangement | 分子內重排 | 内分内転位 | 分子内重排 |
| **intra-particle diffusion** | 粒子內擴散 | 粒子内拡散 | 粒子内扩散 |
| **intrasonic** | 超低頻 | イントラソニック | 超低频 |
| **intrinsic** | 固有（的） | 固有 | 固有（的） |
| — angular momentum | 固有角動量 | 固有角運動量 | 固有角动量 |
| — charge | 固有電荷 | 固有電荷 | 固有电荷 |
| — conduction | 本徵導電 | 真性伝導〔電導〕 | 本征导电 |
| — conductivity | 固有電導率 | 真性伝導度〔電導度〕 | 固有电导率 |
| — defect | 固有缺陷 | 固有欠陥 | 固有缺陷 |
| — efficiency | 固有效率 | 固有効率 | 固有效率 |
| — electric strength | 固有電擊穿強度 | 真性電気破壊の強さ | 固有电击穿强度 |
| — vector | 固有向量 | 内部ベクトル | 固有矢量 |
| **introfier** | 加速浸透劑 | 透浸促進剤 | 加速浸透剂 |
| **intrusion** | 晶內偏析 | 入りり〔疲労〕 | 晶内偏析 |
| **intumescence** | 膨脹 | 膨張 | 膨胀 |
| **intumescent** coating | 膨脹型（防火）塗料 | 膨張型（防火）塗料 | 膨胀型(防火)涂料 |
| — paint | 發泡性耐燃漆 | 発泡性防炎ペイント | 发泡性耐燃漆 |
| **invagination** | 內陷 | 陥入 | 内陷 |
| **invar** | 恆範鋼〔鐵鎳合金〕 | 不変鋼 | 不胀钢〔铁镍合金〕 |
| — piston | 恆範鋼活塞 | アンバピストン | 殷钢活塞 |
| — steel | 恆範鋼 | アンバ鋼 | 殷钢 |

| 英　　文 | 臺　　灣 | 日　　文 | 大　　陸 |
|---|---|---|---|
| ─ tape | 恆範鋼帶尺 | インバールテープ | 殷钢带尺 |
| ─ -wire | 鎳鐵合金線 | インバール尺 | 镍铁合金线 |
| **invariable** plane | 不變面 | 不変面 | 不变面 |
| ─ steel | 恆範鋼〔鐵鎳合金〕 | 不変鋼 | 不胀钢〔铁镍合金〕 |
| **invariance** | 不變性 | 不変性 | 不变性 |
| **invariant** | 不變量 | 不変式 | 不变量 |
| **inventory** | 備品目錄 | 備品目録 | 备品目录 |
| ─ level | 庫存量 | 在庫水準 | 库存量 |
| ─ management system | 庫存管理體系 | 在庫管理体系 | 库存管理体系 |
| ─ of product | 產品庫存 | 製品在庫 | 产品库存 |
| ─ optimization | 庫存量最佳化 | 在庫量最適化 | 库存量最佳化 |
| **inverse** annealing | 析出硬化;反退火 | 逆焼なまし | 析出硬化;反退火 |
| ─ cam | 反凸輪 | 逆さカム | 逆向凸轮 |
| ─ change | 逆變化 | 逆変化 | 逆变化 |
| ─ chill | 反淬火 | 逆チル | 反淬火 |
| ─ connection | 反向接線 | 逆結線 | 反向接线 |
| ─ current | 反向電流 | 逆方向電流 | 反向电流 |
| ─ draft | 反模模斜度 | 逆さこう配 | 反拔模斜度 |
| ─ flow | 反向流 | 逆流 | 反向流 |
| ─ hardening | 負硬化 | 負硬化 | 负硬化 |
| ─ metal masking | 反型金屬掩蔽法 | 反転メタルマスキング | 反型金属掩蔽法 |
| ─ method | 反轉法 | 逆法 | 反转法 |
| ─ perspective | 反透視畫法 | 逆遠近法 | 反透视画法 |
| ─ phase | 反相 | 逆位相 | 反相 |
| ─ photo-electric effect | 逆光電效應 | 逆光電効果 | 逆光电效应 |
| ─ piezoelectric effect | 逆壓電效應 | 逆圧電効果 | 逆压电效应 |
| ─ proportion | 反比例 | 反比例 | 反比例 |
| ─ ratio | 反比 | 逆スパッタエッチング | 反比 |
| ─ reaction | 逆反應 | 反比 | 逆反应 |
| ─ repulsion motor | 反推斥電動機 | 逆反応 | 反推斥电动机 |
| ─ rod | 反向拉桿 | 逆反発電動機 | 反向拉杆 |
| ─ segregation | 逆偏析 | インバースロッド | 逆偏析 |
| ─ sputter etching | 反濺射腐蝕 | 逆偏析 | 反溅射腐蚀 |
| ─ suppressor | 逆(電壓)抑制器 | 逆電圧抑制器 | 逆(电压)抑制器 |
| ─ time relay | 反比時限繼電器 | 反限時リレー | 反比时限继电器 |
| ─ vector | 逆向量 | 逆ベクトル | 逆矢量 |
| ─ voltage | 反向電壓 | 逆方向電圧 | 反向电压 |
| **inversion** | 反轉;轉換 | 逆転 | 反转 |
| ─ axis | 反轉軸 | 反転軸 | 反转轴 |
| ─ mode | 倒轉方式 | インバーションモード | 倒转方式 |

I

| 英　　　文 | 臺　　　灣 | 日　　　文 | 大　　　陸 |
|---|---|---|---|
| — set | 反轉裝置 | 反転装置 | 反转装置 |
| — symmetry | 反性對稱 | 反転対称 | 反性对称 |
| — temperature | 轉化溫度 | 転換温度 | 转化温度 |
| **inverted** angle | 倒角材 | 逆付け山形材 | 倒角材 |
| — blanking die | 反向下料模 | さかさ抜き型 | 反向冲裁模 |
| — chamfering | 倒圓角 | R面取り | 倒圆角 |
| — die | 倒置模具 | 逆向き型 | 倒置模具 |
| — drawing | 反拉伸 | 逆絞り加工 | 反拉深 |
| — engine | 倒置式發動機 | 倒立発動機 | 倒置式发动机 |
| — mold | 倒轉模具 | 逆金型 | 倒转模具 |
| — neutrodyne | 反轉中和 | 反転中和 | 反转中和 |
| — queen post truss | 倒雙柱桁架 | 逆クインポストトラス | 倒双柱桁架 |
| — S shaped curve | 反 S 形曲線 | 逆 S 字形曲線 | 反 S 形曲线 |
| — siphon | 虹吸管 | 逆サイフォン | 虹吸管 |
| — valve | 單向閥 | インバーテッドバルブ | 单向阀 |
| **inverter** | 變流器 | 反転器 | 换流器 |
| — buffer | 倒相緩衝器 | インバータバッファ | 倒相缓冲器 |
| **invertibility** | 可逆性 | 可逆性 | 可逆性 |
| **investment** casting | 包模(精密)鑄造 | 焼流し精密鋳造 | 蜡模(精密)铸造 |
| — moulding | 包模造模法 | ろう型鋳造法 | 蜡模铸造法 |
| — pattern | 蠟模 | ろう型 | 蜡模 |
| **invisible** defect | 隱傷 | 隠れ傷 | 隐伤 |
| — hinge | 暗鉸鏈 | 隠し丁〔蝶〕番 | 暗铰链 |
| — line | 虛線 | 隠線 | 隐线 |
| — radiation | 不可見輻射 | 見えない放射 | 不可见辐射 |
| **involute** | 漸開線 | 伸開線 | 渐开线 |
| — broach | 漸開線拉刀 | インボリュートブローチ | 渐开线拉刀 |
| — cam | 漸開線凸輪 | インボリュートカム | 渐开线凸轮 |
| — curve | 漸開(曲)線 | インボリュート曲線 | 渐开(曲)线 |
| — equalizer | 螺旋式均壓線 | インボリュート均圧線 | 螺旋式均压线 |
| — rotor | 漸開線轉子 | インボリュートロータ | 渐开线转子 |
| — standard gear | 漸開線標準齒輪 | インボリュート標準歯車 | 渐开线标准齿轮 |
| — tester | 漸開線試驗儀 | インボリュート試験機 | 渐开线试验仪 |
| — tooth profile | 漸開線齒形 | インボリュート歯形 | 渐开线齿形 |
| **inwall** | 內壁 | 内壁 | 内壁 |
| **inward** flange | 內向凸緣 | 内向きフランジ | 内凸缘 |
| — normal | 內向法線 | 内向法線 | 内向法线 |
| — turning | 內(向旋)轉 | 内回り〔プロペラ〕 | 内(向旋)转 |
| — turning propeller | 內旋螺旋槳 | 内回りプロペラ | 内旋螺旋桨 |
| **I/O control method** | 輸入輸出控制方法 | 入出力装置の制御 | 输入输出控制方法 |

| 英　　文 | 臺　　灣 | 日　　文 | 大　　陸 |
|---|---|---|---|
| **I/O control signal** | 輸入輸出控制信號 | I／O 制御信号 | 输入输出控制信号 |
| **I/O interface** | 輸入輸出界面 | 入出力インタフェース | 输入输出接口 |
| **I/O port buffer** | 輸入輸出緩衝器 | I／O ポートバッファ | 输入输出缓冲器 |
| **I/O status** | 輸入輸出狀態 | 入出力ステータス | 输入输出状态 |
| **I/O switching module** | 輸入輸出轉換模組 | 入出力切換え機構 | 输入输出转换机构 |
| ion | 離子 | イオン | 离子 |
| — accelerating voltage | 離子加速電壓 | イオン加速電圧 | 离子加速电压 |
| — accelerator | 離子加速器 | イオン加速装置 | 离子加速器 |
| — association | 離子結合 | イオン会合 | 离子结合 |
| — atomosphere | 離子(保護)氣氛 | イオン雰囲気 | 离子(保护)气氛 |
| — beam anneal | 離子束退火 | イオンビームアニール | 离子束退火 |
| — beam heating | 離子束加熱 | イオンビーム加熱 | 离子束加热 |
| — beam machining | 離子束加工 | イオンビーム加工 | 离子束加工 |
| — beam source | 離子束源 | イオンビーム源 | 离子束源 |
| — catalyst | 離子催化劑 | イオン触媒 | 离子催化剂 |
| — chamber | 電離室〔箱〕 | 電離箱 | 电离室〔箱〕 |
| — charge | 離子電荷 | イオン電荷 | 离子电荷 |
| — collector | 離子收集器 | イオンコレクタ | 离子收集器 |
| — concentration | 離子濃度 | イオン濃度 | 离子浓度 |
| — conductor | 離子導體 | イオン伝導体 | 离子导体 |
| — density | 離子密度 | イオン密度 | 离子密度 |
| — diffusion | 離子擴散 | イオン拡散 | 离子扩散 |
| — energy | 離子能 | イオンエネルギー | 离子能 |
| — engine | 離子發動機 | イオンエンジン | 离子发动机 |
| — exchange agent | 離子交換劑 | イオン交換剤 | 离子交换剂 |
| — exchange apparatus | 離子交換裝置 | イオン交換装置 | 离子交换装置 |
| — exchange capacity | 離子交換容量 | イオン交換容量 | 离子交换容量 |
| — exchange filtration | 離子交換過濾 | イオン交換ろ過 | 离子交换过滤 |
| — exchange membrane | 離子交換膜 | イオン交換膜 | 离子交换膜 |
| — exchange process | 離子交換處理〔過程〕 | イオン交換法 | 离子交换处理〔过程〕 |
| — exchange reaction | 離子交換反應〔作用〕 | イオン置換反応 | 离子交换反应〔作用〕 |
| — exchange resin | 離子交換樹脂 | イオン交換樹脂 | 离子交换树脂 |
| — exchange treatment | 離子交換處理 | イオン交換処理 | 离子交换处理 |
| — exchange unit | 離子交換裝置 | イオン交換装置 | 离子交换装置 |
| — exchanger | 離子交換劑 | イオン交換剤 | 离子交换剂 |
| — floatation | 離子泡沫分離(法) | イオン浮選 | 离子泡沫分离(法) |
| — flow | 離子流 | イオン流 | 离子流 |
| — ga(u)ge | 離子壓力計 | イオンゲージ | 离子压力计 |
| — getter pump | 離子吸氣泵 | イオンゲッタポンプ | 离子吸气泵 |
| — gun | 離子槍 | イオン銃 | 离子枪 |

**I**

| 英　　文 | 臺　　灣 | 日　　文 | 大　　陸 |
|---|---|---|---|
| — implantation | 離子注入 | イオン打込み | 离子注入 |
| — laser | 離子雷射 | イオンレーザ | 离子激光器 |
| — meter | 電離壓強計 | イオンメータ | 电离压强计 |
| — microscope | 離子顯微鏡 | イオン顕微鏡 | 离子显微镜 |
| — milling | 離子銑削 | イオンミリング | 离子铣削 |
| — model | 離子模型 | イオン模型 | 离子模型 |
| — plating | 離子電鍍 | イオンめっき | 离子电镀 |
| — plating equipment | 離子鍍膜裝置 | イオンプレーティング装置 | 离子镀膜装置 |
| — polymerization | 離子聚合 | イオン重合 | 离子聚合 |
| — probe | 離子探針 | イオンプローブ | 离子探针 |
| — propulsion engine | 離子發動機 | イオンエンジン | 离子发动机 |
| — pulse chamber | 離子脈衝電離箱 | イオンパルス電離箱 | 离子脉冲电离箱 |
| — pump | 離子泵 | イオンポンプ | 离子泵 |
| — scavenger | 離子清除〔淨化〕劑 | イオンスカベンジャ | 离子清除〔净化〕剂 |
| — separator | 離子分離器 | イオン分離器 | 离子分离器 |
| — sputtering | 離子塗覆 | イオンスパッタリング | 离子涂覆 |
| — X-ray tube | 離子X光管 | イオンX－線管 | 离子X射线管 |
| **ionic** action | 離子作用 | イオン作用 | 离子作用 |
| — centrifuge | 離子離心機 | イオン遠心器 | 离子离心机 |
| — conductivity | 離子電導率 | イオン電導率 | 离子电导率 |
| — conductor | 離子導電體 | イオン伝導体 | 离子导电体 |
| — crystal | 離子(型)結晶 | イオン結晶 | 离子(型)结晶 |
| — current | 離子電流 | イオン電流 | 离子电流 |
| — discharge | 離子放電 | イオン放電 | 离子放电 |
| — force | 離子引力 | イオン力 | 离子引力 |
| — lattice | 離子晶格 | イオン格子 | 离子晶格 |
| — theory | 電離理論 | イオン説 | 电离理论 |
| — valence | 離子價 | イオン価 | 离子价 |
| — -wind voltmeter | 離子風電壓錶 | イオン風電圧計 | 离子风电压表 |
| **ionicity** | 離子性 | イオン性 | 离子性 |
| **ionics** | 離子學 | イオニクス | 离子学 |
| **ionitriding** | 離子氮化法 | イオン窒化法 | 离子氮化法 |
| **ionization** | 游離 | イオン化 | 电离 |
| — by collision | 碰撞電離 | 衝突イオン化 | 碰撞电离 |
| — current | 游離電流 | イオン化電流 | 电离电流 |
| — degree | 游離度 | 電離度 | 电离度 |
| — density | 游離密度 | 電離密度 | 电离密度 |
| — efficiency curve | 游離效率曲線 | イオン化効率曲線 | 电离效率曲线 |
| — energy | 游離能 | 電離エネルギー | 电离能 |
| — foaming | 離子化發泡 | イオン化発泡 | 离子化发泡 |

| 英　　文 | 臺　　灣 | 日　　文 | 大　　陸 |
|---|---|---|---|
| —phenomenon | 游離現象 | イオン化現象 | 电离现象 |
| —radiation | 游離輻射 | 電離放射線 | 电离辐射 |
| —rate | 游離率 | イオン化率 | 电离率 |
| —vacuum meter | 游離真空計 | 電離真空計 | 电离真空计 |
| ionized air | 游離空氣 | イオン化空気 | 电离空气 |
| —atmosphere | 離子化氣氛 | イオン化雰囲気 | 离子化气氛 |
| —atom | 游離化原子 | イオン化原子 | 游离化原子 |
| —gas | 游離的氣體 | 電離ガス | 电离的气体 |
| —layer | 游離層 | イオン層 | 电离层 |
| —state | 游離(狀)態 | 電離状態 | 电离(状)态 |
| ionizer | 游離器 | イオナイザ | 电离器 |
| ionizing agent | 離子化試劑 | イオン化剤 | 离子化试剂 |
| —collision | 離子碰撞 | イオン化衝突 | 离子碰撞 |
| —medium | 游離介質 | 電離媒体 | 电离介质 |
| ionogen | 電解質 | 電解質 | 电解质 |
| ionography | 電離射線照相法 | 粒子線写真 | 电离射线照相法 |
| ionometer | 離子計 | イオン測定器 | 离子计 |
| ionophoreisis | (離子)電泳 | イオン電泳 | (离子)电泳 |
| ionosphere | 電離層 | イオン圏 | 电离层 |
| iosiderite | 方鐵礦 | 鉄さび石 | 方铁矿 |
| iozite | 方鐵礦 | 鉄さび石 | 方铁矿 |
| IR-drop compensation | 電阻壓降補償 | IR降下補償 | 电阻压降补偿 |
| iron | 鐵 | 鉄 | 铁 |
| —accumulator | 鐵蓄電池 | 鉄電池 | 铁蓄电池 |
| —alloy plating | 鐵合金電鍍 | 鉄合金めっき | 铁合金电镀 |
| —-aluminum alloy | 鐵鋁合金 | 鉄アルミ合金 | 铁铝合金 |
| —andradite | 鐵榴石 | 鉄灰鉄ざくろ石 | 铁榴石 |
| —arc lamp | 鐵弧燈 | 鉄弧光灯 | 铁弧灯 |
| —band | 鐵箍〔帶〕 | 鉄帯 | 铁箍〔带〕 |
| —base alloy | 鐵基合金 | 鉄基合金 | 铁基合金 |
| —base superalloy | 鐵基超耐熱合金 | 鉄基超耐熱合金 | 铁基超耐热合金 |
| —black | 鐵墨 | 黒色鉄の粉 | 黑色铁粉 |
| —blue pigment | 鐵青色 | 紺青 | 铁青色 |
| —bog bath | 鐵粉浴 | 鉄泥浴 | 铁粉浴 |
| —bolt | 鐵(螺)栓 | アイアンボルト | 铁(螺)栓 |
| —boride | 硼化鐵 | ほう化鉄 | 硼化铁 |
| —brucite | 鐵滑石 | 鉄水滑石 | 铁滑石 |
| —buff | 氫氧化鐵 | 鉄黄 | 氢氧化铁 |
| —cacodylate | 卡可基酸鐵 | カコジル酸 {第二} 鉄 | 卡可基酸铁 |
| —carbide | 碳化鐵 | 炭化鉄 | 碳化铁 |

I

| 英　文 | 臺　灣 | 日　文 | 大　陸 |
|---|---|---|---|
| — -carbon diagram | 鐵-碳狀態圖〔平衡圖〕 | 鉄炭素状態図 | 铁碳状态图〔平衡图〕 |
| — carbonate spring | 碳酸鐵礦泉 | 炭酸鉄泉 | 碳酸铁矿泉 |
| — casting | 鐵鑄件 | 鉄鋳物 | 铁铸件 |
| — chloride | 氯化鐵 | 塩化鉄 | 氯化铁 |
| — chromate | 鉻酸鐵 | クロム酸鉄 | 铬酸铁 |
| — -cobalt alloy | 鐵鈷合金 | 鉄コバルト合金 | 铁钴合金 |
| — -cobalt ferrite | 鐵鈷肥粒鐵 | 鉄コバルトフェライト | 铁钴铁氧体 |
| — concrete | 鋼筋混凝土 | 鉄筋コンクリート | 钢筋混凝土 |
| — -concretion | 鐵固結粒 | 鉄結粒 | 铁固结粒 |
| — construction | 鋼結構 | 鉄骨構造 | 钢结构 |
| — -copper alloy | 鐵-銅合金 | 鉄－銅合金 | 铁-铜合金 |
| — -copper calcanthite | 硫酸銅鐵礦 | 鉄銅胆ばん | 硫酸铜铁矿 |
| — core | 鐵心 | 鉄心 | 铁芯 |
| — core choking coil | 鐵心扼流圈 | 鉄心チョークコイル | 铁心扼流圈 |
| — core coil | 鐵心線圈 | 鉄心線輪 | 铁芯线圈 |
| — core loss | 鐵心損耗 | 鉄心損失 | 铁芯损耗 |
| — core material | 鐵心材料 | 鉄心材料 | 铁芯材料 |
| — core reactor | 鐵心扼流圈 | 鉄心リアクトル | 铁芯扼流圈 |
| — covering | 鐵套〔罩;蓋〕 | 鉄被覆 | 铁套〔罩;盖〕 |
| — crow | 鐵桿 | 鉄てこ | 铁杆 |
| — cutting saw | 截鐵鋸 | 鉄のこ | 截铁锯 |
| — dichloride | 氯化亞鐵 | 塩化第一鉄 | 氯化亚铁 |
| — dichromate | 重鉻酸鐵 | 重クロム酸（第二）鉄 | 重铬酸铁 |
| — dissolution test | 鐵溶出試驗 | 鉄溶出試験 | 铁溶出试验 |
| — disulfide | 二硫化鐵 | 黄鉄鉱 | 二硫化铁 |
| — dog | 兩爪釘 | かすがい | 两爪钉 |
| — dust | 鐵屑 | 鉄粉 | 铁屑 |
| — dust core | (粉末冶金)壓製鐵芯 | アイアンダストコア | (粉末冶金)压制铁芯 |
| — earth | 含鐵土 | 含鉄土 | 含铁土 |
| — electroforming | 鐵電鑄 | 鉄電鋳 | 铁电铸 |
| — ethiops | 四氧化三鐵 | 四三酸化鉄 | 四氧化三铁 |
| — ferrocyanide | 亞氰化鐵 | フェロシアン化第二鉄 | 亚氰化铁 |
| — filler | 鐵質填料 | アイアンフィラー | 铁质填料 |
| — fillings | 鐵銼屑 | くず金 | 铁〔切〕屑 |
| — flowers | 三氯化鐵 | 無水塩化第二鉄 | 三氯化铁 |
| — forth | 海綿赤鐵礦 | 微細海綿状赤鉄鉱 | 海绵赤铁矿 |
| — foundry | 鑄造廠 | 鋳造工場 | 铸造厂 |
| — frame | 鐵架 | 鉄フレーム | 铁架 |
| — funnel | 鐵漏斗 | 鉄漏斗 | 铁漏斗 |
| — gallotannate | 鞣酸鐵 | タンニン酸鉄 | 鞣酸铁 |

574

| 英　　文 | 臺　　灣 | 日　　文 | 大　　陸 |
|---|---|---|---|
| — garnet | 鐵榴石 | 鉄ざくろ石 | 铁榴石 |
| — glance | 鏡鐵礦 | 鏡鉄鉱 | 镜铁矿 |
| — gray | 鐵灰色 | 鉄色 | 铁灰色 |
| — grid resistance | 柵狀電阻器 | 格子形抵抗器 | 栅状电阻器 |
| — grist mill | 鐵臼製粉機 | 鉄うす製粉機 | 铁臼制粉机 |
| — group elements | 鐵族元素 | 鉄族元素 | 铁族元素 |
| — halide | 鹵化鐵 | ハロゲン化鉄 | 卤化铁 |
| — hand | 機械手 | アイアンハンド | 机械手 |
| — hoop | 鐵箍 | 鉄たが | 铁箍 |
| — hydrate | 氫氧化鐵 | 水酸化第二鉄 | 氢氧化铁 |
| — hydride | 氫化鐵 | 水素化鉄 | 氢化铁 |
| — hypersthene | 鐵輝石 | 鉄紫そ輝石 | 铁辉石 |
| — kaolinite | 法鐵高嶺石 | 鉄カオリナイト | 法铁高岭石 |
| — loss | 鐵損 | 鉄損 | 铁损 |
| — lozenge | 鐵錠(還原)劑 | (還元)鉄錠剤 | 铁锭(还原)剂 |
| — meteorite | 鐵隕石 | 鉄いん石 | 铁陨石 |
| — mill | 煉鐵工廠 | 製鉄工場 | 炼铁工厂 |
| — minium | 赭土 | 鉄丹 | 赭土 |
| — mo(u)ld | 鐵斑 | 鉄さび | 铁斑 |
| — monosulfide | 硫化亞鐵 | 一硫化鉄 | 硫化亚铁 |
| — mordant | 鐵(質)媒染劑 | 鉄腐食剤 | 铁(质)媒染剂 |
| — nail | 金屬釘 | 金くぎ | 金属钉 |
| — -nickel alloy | 鐵鎳合金 | 鉄ニッケル合金 | 铁镍合金 |
| — notch | 出鐵口 | 出湯口 | 出铁口 |
| — ore | 鐵礦石 | 鉄鉱石 | 铁矿石 |
| — ore-bed | 鐵礦層 | 鉄鉱層 | 铁矿层 |
| — oxalate | 草酸亞鐵 | しゅう酸(第一)鉄 | 草酸亚铁 |
| — oxide | 氧化鐵 | 酸化鉄 | 氧化铁 |
| — oxide covering | 氧化鐵覆蓋 | 酸化鉄被覆 | 氧化铁覆盖 |
| — oxide layer | 氧化鐵層 | 鉄酸化物層 | 氧化铁层 |
| — oxide red | 三氧化二鐵 | ベンガラ | 三氧化二铁 |
| — pattern | 鐵模型 | 鉄模型 | 铁模(样) |
| — perchloride | 氯化鐵 | 塩化第二鉄 | 氯化铁 |
| — pipe | 鐵管 | 鉄管 | 铁管 |
| — plaster | 鐵(硬)膏 | 含鉄硬こう | 铁(硬)膏 |
| — plating | 電鍍鐵 | 鉄めっき | 电镀铁 |
| — powder | 鐵粉 | 鉄粉 | 铁粉 |
| — powder cement | 鐵粉水泥 | 鉄粉セメント | 铁粉水泥 |
| — powder magnet | 鐵粉磁鐵 | 鉄粉磁石 | 铁粉磁铁 |
| — powder type electrod | 鐵粉型焊條 | 鉄粉系溶接棒 | 铁粉型焊条 |

I

575

| 英　　文 | 臺　　灣 | 日　　文 | 大　　陸 |
|---|---|---|---|
| — pressing plate | 壓製鐵板 | 圧搾鉄板 | 压制铁板 |
| — protocarbonate | 碳酸亞鐵 | プロト炭酸鉄 | 碳酸亚铁 |
| — protosulfide | 硫化亞鐵 | プロト硫化鉄 | 硫化亚铁 |
| — protoxide | 氧化亞鐵 | プロト酸化鉄 | 氧化亚铁 |
| — pyrite | 黃鐵礦 | 黄鉄鉱 | 黄铁矿 |
| — red | 氧化鐵紅 | 鉄丹 | 氧化铁红 |
| — ring of pile | 鐵製樁箍 | くいの金輪 | 铁制椿箍 |
| — round nail | 圓鐵釘 | 鉄丸くぎ | 圆铁钉 |
| — rubber | 鐵質橡膠 | アイアンラバー | 铁质橡胶 |
| — rust | 鐵銹 | 鉄さび | 铁锈 |
| — saffron | 三氧化二鐵 | インド赤 | 三氧化二铁 |
| — sand | 鐵砂 | 砂鉄 | 铁矿砂 |
| — scale | 鐵鱗皮;鐵銹皮 | 鉄のスケール | (铁)氧化皮 |
| — scrap | 廢鐵 | 故銑 | 铁屑 |
| — scraper | 鐵刮刀 | アイアンスクレーパ | 刮铁刀 |
| — separator | 鐵(成分)分離機 | 鉄分分離機 | 铁(成分)分离机 |
| — sesquioxide | 三氧化二鐵 | 三二酸化鉄 | 三氧化二铁 |
| — sesquisulfide | 三硫化二鐵 | 三二酸化鉄 | 三硫化二铁 |
| — sheet duct | 鋼板導管 | 鉄板ダクト | 钢板导管 |
| — shot | 鐵球(鑄造) | たまがね | 钢球 |
| — -silicon alloy | 鐵矽合金 | 鉄けい素合金 | 铁硅合金 |
| — slag | 鐵熔渣 | 鉄溶さい | 铁熔渣 |
| — sodium oxalate | 草酸鐵鈉 | しゅう酸鉄ナトリウム | 草酸铁钠 |
| — solid pillar | 實心鋼柱 | 鉄製むくピラー | 实心钢柱 |
| — spar | 球菱鐵礦 | 球菱鉄鉱 | 球菱铁矿 |
| — speck | 鐵斑 | 鉄さび染め | 铁斑 |
| — sponge | 海綿狀鐵 | 海綿状鉄 | 海绵状铁 |
| — stain | 鐵銹斑 | 鉄染み | 铁斑 |
| — stearate | 硬脂酸鐵 | ステアリン酸(第二)鉄 | 硬脂酸铁 |
| — still | 鐵製蒸餾鍋 | 鉄製蒸留器 | 铁制蒸馏锅 |
| — strap | 帶鋼 | 帯鉄 | 带钢 |
| — sulfide | 硫化鐵 | 硫化第一鉄 | 硫化铁 |
| — sulphide | 硫化鐵 | 硫化鉄 | 硫化铁 |
| — system element | 鐵族元素 | 鉄族元素 | 铁族元素 |
| — system ion | 鐵族離子 | 鉄族イオン | 铁族离子 |
| — tannate | 鞣酸鐵 | タンニン酸第二鉄 | 鞣酸铁 |
| — tower | 鐵塔 | 鉄塔 | 铁塔 |
| — trioxide | 三氧化二鐵 | 三酸化鉄 | 三氧化二铁 |
| — wire | 鐵絲 | 鉄線 | 铁丝 |
| — work(s) | 鐵工(廠) | 鉄骨工事 | 钢铁工程 |

| 英　　文 | 臺　　灣 | 日　　文 | 大　　陸 |
|---|---|---|---|
| **Ironac** | 一種高矽鑄鐵 | アイロナック | 一种高硅铸铁 |
| **iron-clad battery** | 鐵殼電池 | アイアンクラッド電池 | 铁壳电池 |
| **ironic acetate** | 乙酸鐵 | 酢酸第二鉄 | 乙酸铁 |
| — hydroxide | 氫氧化鐵 | 水酸化第二鉄 | 氢氧化铁 |
| — oxide | 三氧化二鐵 | 酸化第二鉄 | 三氧化二铁 |
| — sulfate | 硫酸鐵 | 硫酸第二鉄 | 硫酸铁 |
| **ironing** | 熨平;壓平 | しごき加工 | 拉深;压平 |
| — board | 鍛台 | アイロン台 | 锻台 |
| — pad | 擠拉台(架) | アイロン台 | 挤拉台(架) |
| — room | 鍛工房 | アイロン室 | 锻工房 |
| **ironmongery goods** | 五金器材 | 金物 | 五金器材 |
| **ironstone** | 富鐵岩石 | アイアンストーン | 富铁岩石 |
| **irradiance** | 輻照度 | 放射照度 | 辐照度 |
| **irradiated** coating | (射線)照射固化塗層 | 照射塗膜 | (射线)照射固化涂层 |
| — fuel | 照射(過的)燃料 | 照射済み燃料体 | 照射(过的)燃料 |
| — material | 輻照過的物質 | 照射済み物質 | 辐照过的物质 |
| — plastic | 照射塑料;光滲塑料 | 照射プラスチック | 照射塑料;光渗塑料 |
| **irradiation** | 輻照 | 日射 | 辐照 |
| — contraction | 輻照收縮 | 照射収縮 | 辐照收缩 |
| — embrittlement | 輻射脆化 | 照射ぜい化 | 辐射脆化 |
| — growth | 輻照生長 | 照射成長 | 辐照生长 |
| — hardening | 照射硬化 | 照射硬化 | 照射硬化 |
| **irregular** chattering | 不規則顫震 | 不定反跳 | 不规则颤震 |
| — curve | 曲線板 | 雲形定規 | 曲线板 |
| — inclination of rail | 鐵軌傾斜 | レール小返り | 铁轨倾斜 |
| — pitch | 不等螺距 | 不等ピッチ | 不等螺距 |
| — rigid frame | 不規則剛架 | 不整形ラーメン | 不规则刚架 |
| — shape drawing | 異形體拉伸 | 異形大物絞り | 异形体拉深 |
| **irregularity** | 不規則性 | 不規則性 | 不规则性 |
| **irreversibility** | 不可逆性 | 非可逆性 | 不可逆性 |
| **irreversible adsorption** | 不可逆吸收 | 不可逆吸着 | 不可逆吸收 |
| — alloy | 不可逆合金 | 非可逆合金 | 不可逆合金 |
| — change | 不可逆變化 | 不可逆変化 | 不可逆变化 |
| — cycle | 不可逆循環 | 不可逆サイクル | 不可逆循环 |
| — decomposition | 不可逆分解 | 不可逆分解 | 不可逆分解 |
| — electrode reaction | 不可逆電極作用〔反應〕 | 非可逆電極反応 | 不可逆电极作用〔反应〕 |
| — element | 非可逆元件 | 非可逆(性)素子 | 非可逆元件 |
| — engine | 不可逆轉式發動機 | 非可逆機関 | 不可逆转式发动机 |
| — process | 不可逆過程 | 非可逆過程 | 不可逆过程 |
| — reaction | 不可逆反應 | 不可逆反応 | 不可逆反应 |

**I**

577

| 英　　文 | 臺　　灣 | 日　　文 | 大　　陸 |
|---|---|---|---|
| — steel | 不可逆鋼 | 不可逆鋼 | 不可逆钢 |
| irvingite | 鈉鋰雲母 | アービング雲母 | 钠锂云母 |
| isa | 錳銅〔電阻用合金〕 | イサ | 锰铜〔电阻用合金〕 |
| — bellin | 錳系電阻合金 | イサベリン | 锰系电阻合金 |
| isabellite | 鎂納鈣閃石 | リヒター角せん石 | 镁纳钙闪石 |
| isallobar | 等變壓線 | 気圧等変化線 | 等变压线 |
| isallotherm | 等變溫線 | 等温等変化線 | 等变温线 |
| isenthalpic expansion | 等焓膨脹 | 等エネルギー膨脹 | 等焓膨胀 |
| isentropic change | 等熵變化 | 等エントロピー変化 | 等熵图 |
| — chart | 等熵圖 | 等温位面天気図 | 等熵压缩 |
| — compression | 等熵壓縮 | 等エントロピー圧縮 | 等熵线 |
| — curve | 等熵線 | 等エントロピー線 | 等熵效率 |
| — efficiency | 等熵效率 | 等エントロピー効率 | 等熵效率 |
| — head | 等熵頭 | 断熱ヘッド | 等熵头 |
| — power | 等熵功率 | 等エントロピーガス動力 | 等熵功率 |
| — work | 等熵功 | 等エントロピーヘッド | 等熵功 |
| iserine | 鈦鐵砂 | アイセリン | 钛铁砂 |
| isinglass | 雲母 | 魚こう | 云母 |
| ISO inch screw thread | ISO英制螺紋 | ISO インチねじ | ISO英制螺纹 |
| ISO pipe thread | ISO規定的管螺紋 | ISO 管用ねじ | ISO规定的管道螺栓 |
| ISO recommendation | ISO推荐規格 | ISO 推薦規格 | ISO推荐规格 |
| ISO screw thread | ISO螺栓 | ISO ねじ | ISO螺栓 |
| isobar | 等壓線 | 等圧線 | 等压线 |
| isocandle diagram | 等光度圖 | 等光度図 | 等光度图 |
| isocenter | 等角點 | 等角点 | 等角点 |
| isochoric change | 等容變化;體積變化 | 等容変化 | 等容变化;体积变化 |
| isochronism | 同步 | 等期 | 同步 |
| — speed governor | 同步調速器 | 等時性調速機 | 同步调速器 |
| isochronous | 同步加速器 | 等時加速器 | 同步加速器 |
| — distortion | 未同步畸變 | 等時性ひずみ | 未同步畸变 |
| — governor | 同步調節器 | 等時性調速機 | 同步调节器 |
| isoclinal line | 等偏角線 | 等伏角線 | 等偏角线 |
| isocline | 等傾線 | 等傾線 | 等斜〔傾〕线 |
| isoclinic | 等傾線 | 等傾線 | 等傾线 |
| isocorrosion chart | 等腐蝕線圖 | 等食線図 | 等腐蚀线图 |
| isoda metal | 鉛基巴氏合金 | イソダメタル | 铅基巴氏合金 |
| isodynamic law | 等力定律 | 等力定律 | 等力定律 |
| — lines | 等磁力線 | 等磁力線 | 等磁力线 |
| isoefficiency curve | 等效率曲線 | 等効率曲線 | 等效率曲线 |
| isoentropic change | 等熵變化 | 等エントロピー変化 | 等熵变化 |

| 英　　文 | 臺　　灣 | 日　　文 | 大　　陸 |
|---|---|---|---|
| — curve | 等熵線 | 等エントロピー線 | 等熵线 |
| — efficiency | 等熵效率 | 等エントロピー効率 | 等熵效率 |
| — expansion | 等熵膨脹 | 等エントロピー膨脹 | 等熵膨胀 |
| — flow | 等熵流 | 等エントロピー流れ | 等熵流 |
| — process | 等熵過程 | イソエントロピー過程 | 等熵过程 |
| — variety | 等熵變化 | 等エントロピー変化 | 等熵变化 |
| — wave | 等熵波 | 等エントロピー波 | 等熵波 |
| **isoentropy** | 等熵 | 等エントロピー | 等熵 |
| **isoepitaxia** | 同質外延(的) | イソエピタキシャル | 同质外延(的) |
| — growth | 同質延生長 | イソエピタキシャル成長 | 同质延生长 |
| **isoflow heater** | 等流加熱爐〔器〕 | イソフロー加熱炉 | 等流加热炉〔器〕 |
| **isogal map** | 等重力線圖 | 等重力線図 | 等重力线图 |
| **isogon(e)** | 等角體 | 等角体 | 等角体 |
| **isogonal transformation** | 等角變化 | 等角変換 | 等角变化 |
| **isogonic** | 等偏角線 | 等偏角線 | 等偏角线 |
| — line | 等偏角線 | 等偏角線 | 等偏角线 |
| **isogonism** | 等角(現象) | イソゴニズム | 等角(现象) |
| **isogram** | 等值線(圖) | 等位曲線 | 等值线(图) |
| **isogyre** | 等旋干涉紋 | イソジャイア | 等旋干涉纹 |
| **isohardness diagram** | 等硬度曲線圖 | 恒硬度線図 | 等硬度曲线图 |
| **isolated** base | 絕緣底座 | 分離基礎 | 绝缘底座 |
| — gate | 絕緣柵 | イソレーテッドゲート | 绝缘栅 |
| — point | 孤立點 | 孤立点 | 孤立点 |
| — pulse | 孤立脈衝 | 孤立バルス | 孤立脉冲 |
| — wire | 絕緣導線 | 絶縁線 | 绝缘导线 |
| **isolating** condenser | 隔(直)流電容器 | 分離コンデンサ | 隔(直)流电容器 |
| — construction | 絕緣結構 | 隔離構造 | 绝缘结构 |
| — mechanism | 隔離機構 | 隔離機構 | 隔离机构 |
| — switch | 斷路器 | 断路器 | 断路器 |
| — valve | 隔離閥 | 分離弁 | 隔离阀 |
| **isolation** | 絕緣 | 隔離 | 绝缘 |
| — breakdown voltage | 絕緣擊穿電壓 | 絶縁破壊電圧 | 绝缘击穿电压 |
| — diffusion | 絕緣擴散 | イソレーション拡散 | 绝缘扩散 |
| — layer | 絕緣層 | イソレーション層 | 绝缘层 |
| — valve | 隔離閥 | 遮断弁 | 隔离阀 |
| — voltage | 隔離電壓 | 絶縁耐圧 | 隔离电压 |
| **isolator** | 絕緣體 | 絶縁体 | 绝缘体 |
| **isologous series** | 同構(異素)系 | 同級列 | 同构(异素)系 |
| **isolog(ue)** | 同構(異素)體 | 同級体 | 同构(异素)体 |
| **Isomax process** | 加氫裂化法 | イソマックス法 | 加氢裂化法 |

| 英　　文 | 臺　　灣 | 日　　文 | 大　　陸 |
|---|---|---|---|
| **isomer** | 同素異構物 | 異性核 | 同质异能素 |
| **isomeric** change | 異構化 | 異性転位 | 异构化 |
| — compound | 異構(化合)物 | 異性化合物 | 异构(化合)物 |
| **isomerism** | (同分)異構(現象) | 異性 | (同分)异构(现象) |
| **isomerization** | 異構化 | 異性化 | 异构化 |
| **isometric** | 等角圖法 | 等角図法 | 等角图法 |
| — change | 等容變化 | 定容变化 | 等容变化 |
| — crystal system | 等軸晶系 | 等軸晶系 | 等轴晶系 |
| — drawing | 等角投影圖 | 等角投影図 | 等角投影图 |
| — perspective drawing | 等軸透視圖 | 平行透視図 | 等轴透视图 |
| — projection | 等角投影 | 等角画法 | 等角投影 |
| — scale | 等角尺度 | 等角尺度 | 等角尺度 |
| — system | 立方晶系 | 立方晶系 | 立方晶系 |
| — transformation | 等長變換 | 等長変換 | 等长变换 |
| **isometry** | 等距〔軸;容〕 | 等長 | 等距〔轴;容〕 |
| **isomorph** | 同形體 | 同形体 | 同形体 |
| **isomorphous** element | 同晶型元素 | 同形元素 | 同晶型元素 |
| — mixture | 固溶晶 | 晶溶体 | 固溶晶 |
| — solution | 等滲透壓溶液 | 等しん圧溶液 | 等渗透压溶液 |
| **isopachite** | 等厚線 | 等層厚線 | 等厚线 |
| **isopachous** map | 等厚線圖 | 等層厚線図 | 等厚线图 |
| **isoperm** alloy | 恒導磁率鐵鎳鈷合金 | イソパーム | 恒导磁率铁镍钴合金 |
| **isopicnic** line | 等密度線 | 等密度線 | 等密度线 |
| **isoplanar** structure | 等平面結構 | イソプレーナ構造 | 等平面结构 |
| **isopycnic** surface | 等密度面 | 等密度面 | 等密度面 |
| **isopycnosis** | 等固縮現象 | 常凝縮 | 等固缩现象 |
| **isosmotic** solution | 等浸透壓溶液 | 等張 {溶} 液 | 等浸透压溶液 |
| **isostatic** press | 等壓沖床 | 等圧板 | 等压压力机 |
| — slab | 等靜力(平)板 | イソスタチックスラブ | 等静力(平)板 |
| **isotachophoresis** | 等速電泳 | 等速電気泳動 | 等速电泳 |
| **isotactic** mo(u)lding | 等靜壓成形 | イソタクチック成長 | 等静压成形 |
| — pressing | 等壓壓縮 | 等圧圧縮 | 等压压缩 |
| **isotensoid** | 等張力界面 | 等張面 | 等张力界面 |
| **isotherm** | 等溫線 | 等温 | 等温线 |
| **isothermal** annealing | 等溫退火 | 恒温焼なまし | 等温退火 |
| — change | 等溫變化 | 等温変化 | 等温变化 |
| — compression | 等溫壓縮 | 等温圧縮 | 等温压缩 |
| — compressor | 等溫壓縮機 | 等温圧縮機 | 等温压缩机 |
| — cooling | 等溫冷卻 | 恒温冷却 | 等温冷却 |
| — curve | 等溫曲線 | 等温曲線 | 等温曲线 |

| 英　　文 | 臺　　灣 | 日　　文 | 大　　陸 |
|---|---|---|---|
| ― diffusion | 溫度擴散 | 等温拡散 | 温度扩散 |
| ― efficiency | 等溫效率 | 等温効率 | 等温效率 |
| ― expansion | 等溫膨脹 | 等温膨脹 | 等温膨胀 |
| ― extrusion | 等溫(緩速)擠壓 | 等温緩速押出し | 等温(缓速)挤压 |
| ― fluid | 等溫流體 | 等温流体 | 等温流体 |
| ― forging | 等溫鍛造 | 等温鍛造 | 等温锻造 |
| ― gas efficiency | 等溫氣體效率 | 内部等温効率 | 等温气体效率 |
| ― growth | 等溫成長 | 恒温成長 | 等温成长 |
| ― hardening | 等溫淬火 | 恒温焼入れ | 等温淬火 |
| ― head | 等溫頭〔線〕 | 等温ヘッド | 等温头〔线〕 |
| ― heat treatment | 恒溫熱處理 | 恒温熱処理 | 等温热处理 |
| ― line | 等溫線 | 等熱線 | 等温线 |
| ― normalizing | 等溫正常化 | 恒温焼ならし | 等温正火 |
| ― power | 等溫(氣體)功率 | 等温（ガス）動力 | 等温(气体)功率 |
| ― process | 等溫過程 | 等温過程 | 等温过程 |
| ― quenching | 等溫淬火 | 恒温焼入れ | 等温淬火 |
| ― reaction | 等溫反應 | 等温反応 | 等温反应 |
| ― region | 等溫層 | 等温圏 | 等温层 |
| ― secant bulk modulus | 等溫正割體積彈性模數 | 等温平均体積弾性係数 | 等温正割体积弹性模数 |
| ― spheroidizing | 等溫球化 | 恒温粒状化 | 等温球化 |
| ― strain | 等溫變形 | 等温ひずみ | 等温变形 |
| ― surface | 等溫面 | 等温面 | 等温面 |
| ― tangent bulk modulus | 等溫正切體積彈性模數 | 等温正接体積弾性係数 | 等温正切体积弹性模数 |
| ― tempering | 等溫回火 | 恒温焼もどし | 等温回火 |
| ― trans-stressing | 等溫形變熱處理 | 恒温変態負荷処理 | 等温形变热处理 |
| ― transformation | 等溫轉變 | 恒温変態 | 等温转变 |
| ― treatment | 等溫加工熱處理 | 恒温加工熱処理 | 等温加工热处理 |
| isothermosphere | 等溫層圈 | 等温層圏 | 等温层圈 |
| isothermy | 等溫 | 恒温 | 等温 |
| isotonic coefficient | 等滲〔壓;張〕係數 | 等張係数 | 等渗〔压;张〕系数 |
| isotope | 同位素;同位核 | 同位体 | 同位(异量)素 |
| ― concentrate | 濃縮同位素 | 濃縮同位元素 | 浓缩同位素 |
| ― exchange reaction | 同位素交換反應 | 同位体交換反応 | 同位素交换反应 |
| ― principle | 同位素原理 | 同位元素原理 | 同位素原理 |
| isotopic abundance | 同位素存在度 | 同位体存在度 | 同位素存在度 |
| ― carbon material | 各向同性碳材 | 等方性カーボン | 各向同性碳材 |
| ― composition | 同位素成分 | 同位体組成 | 同位素成分 |
| ― point | 各向同性點 | 等方点 | 各向同性点 |
| ― weight | 同位素量 | 同位原子量 | 同位素量 |
| isotrope | 各向同性晶體 | 等方性体 | 各向同性晶体 |

I

| 英　　文 | 臺　　灣 | 日　　文 | 大　　陸 |
|---|---|---|---|
| isotropic antenna | 無方向性天線 | 等方向性アンテナ | 无方向性天线 |
| ─ body | 各向同性體 | 等方性体 | 各向同性体 |
| ─ elastic body | 各向同性彈性體 | 等方弾性体 | 各向同性弹性体 |
| ─ filler | 各向同性填充劑 | 等方性充てん剤 | 各向同性填充剂 |
| ─ laminate | 各向同性層壓板 | 等方性ラミネート | 各向同性层压板 |
| ─ materials | 各向同性材料 | 等方性材料 | 各向同性材料 |
| ─ mineral | 均質礦物 | 等方性鉱物 | 均质矿物 |
| ─ tensor | 各向同性張量 | 等方テンソル | 各向同性张量 |
| ─ turbulence | 各向同性紊流 | 等方向性乱流 | 各向同性紊流 |
| isotropy | 等方性；均質 | 等方性 | 均质 |
| isovolumetric change | 等容變化 | 定容変化 | 等容变化 |
| IT diagram | 等溫轉變曲線 | IT 曲線 | 等温转变曲线 |
| ital-itaipain disease | 鎘中毒症 | イタイイタイ病 | 镉中毒症 |
| itinerary lever | 電鎖閉控制桿 | 電気鎖錠挺 | 电锁闭控制杆 |
| it-plate | 石棉橡膠板 | 石綿ゴム板 | 石棉橡胶板 |
| Izett steel | 一種非時效鋼 | イゼット鋼 | 一种非时效钢 |
| izod impact test | 艾式衝擊試驗 | アイゾッド衝撃試験 | 悬臂梁式冲击试验 |
| ─ impact tester | 艾式衝擊試驗機 | アイゾッド衝撃試験機 | 悬臂梁式冲击试验机 |
| ─ notch | Ｖ型缺口 | アイゾッドノッチ | Ｖ型缺口 |

| 英　　文 | 臺　　灣 | 日　　文 | 大　　陸 |
|---|---|---|---|
| **J-groove butt welding** | J型坡口對焊 | J形突き合わせ溶接 | J型坡口对焊 |
| **Jacama metal** | 一種鉛基軸承合金 | ジャカナメタル | 一种铅基轴承合金 |
| **jack** | 千斤頂 | こう重機 | 插口；千斤顶 |
| — board | 起重盤 | ジャック盤 | 插孔排 |
| — bolt | 千斤頂高螺栓 | ジャッキボルト | 定位螺栓 |
| — cylinder | 起重油缸 | ジャッキシリンダ | 起重油缸 |
| — pile puller | 千斤頂拔樁機 | ジャッキくい抜き機 | 千斤顶拔桩机 |
| — pin | 塞孔銷 | ジャックピン | 塞孔销 |
| — screw | 螺栓千斤頂 | ねじ起重機 | 螺栓起重器 |
| — shaft | 中間動軸 | ジャック軸 | 传动轴 |
| — star | 三角鐵 | ジャックスター | 三角铁 |
| — strip | 撐板條 | ジャックストリップ | 塞孔簧片 |
| **jackbit** | 可卸式鑽頭 | 付け替えビット | 可卸式钻头 |
| **jack-down** | (用千斤頂)降下 | ジャッキダウン | (用千斤顶)降下 |
| **jack-hammer** | 手持式鑿岩機 | 手持ち削岩機 | 手持式凿岩机 |
| — drill | 衝鑽 | 手持ち削岩機 | 冲钻 |
| **jack-plane** | 粗鉋 | 粗かんな | 粗刨 |
| **jack-up** | (用千斤頂)頂高〔起〕 | 揚げ前 | (用千斤顶)顶高〔起〕 |
| — rig | 自升式鑽井平台 | ジャッキアップリグ | 自升式钻井平台 |
| **jacket** | 外皮 | 被覆 | 外皮 |
| — boat | (砂箱)補助框 | ジャケットボート | (砂箱)补助框 |
| — cock | 套管旋塞 | 汽筒活栓 | 套管旋塞 |
| — cooling | 套管冷卻 | ジャケット冷却法 | 套管冷却 |
| — inlet | 水套進水口 | ジャケットインレット | 水套进水口 |
| — type evaporator | 套層蒸發器 | 外とう加熱式蒸発かん | 套层蒸发器 |
| — valve | 套層閥 | ジャケットバルブ | 套层阀 |
| — water cooler | 外套水冷卻器 | ジャケット水冷却器 | 套层式水冷却器 |
| **jackfield** | 插孔板 | ジャックフィールド | 插孔板 |
| **jacking** force | 千斤頂張拉力 | 作業緊張力 | 千斤顶张拉力 |
| — pads | 千斤頂墊塊 | ジャッキ受け | 千斤顶垫块 |
| **jackmanizing** | 深滲碳熱處理法 | ジャックマナイジング | 深渗碳热处理法 |
| **Jackson** conveyor | 一種輸送機 | ジャクソンコンベヤ | 一种输送机 |
| — 's method | 一種結構程序設計方法 | ジャクソン法 | 一种结构程序设计方法 |
| **jackstay** | 撐桿 | ジャッキステー | 撑杆 |
| **Jacob's ladder** | 軟梯 | 網ばし子 | 软梯 |
| — method | 雅科布法 | ジャコブス法 | 雅科布法 |
| — taper | 雅科布錐度 | ジャコブステーパ | 雅科布锥度 |
| **jade** | 硬玉 | 硬玉 | 硬玉 |
| — stone | 硬玉 | 硬玉 | 硬玉 |
| **jadeitite** | 硬玉岩 | 硬玉岩 | 硬玉岩 |

**J**

| 英　　文 | 臺　　灣 | 日　　文 | 大　　陸 |
|---|---|---|---|
| Jae metal | 一種銅鎳合金 | ジェーメタル | 一种铜镍合金 |
| jalpaite | 輝銅銀礦 | ヤンパ鉱 | 辉铜银矿 |
| Jalten | 一種錳銅低合金鋼 | ジャルタン | 一种锰铜低合金钢 |
| Jam | 阻塞 | ジャム | 阻塞 |
| — nut | 鎖緊螺母 | 低ナッナ | 锁紧螺母 |
| — type packing | 壓緊式迫緊 | ジャムタイプパッキン | 压紧式填料 |
| — up | 阻塞 | 材料のつまり | 阻塞 |
| Janney motor | 一種軸向柱塞液壓馬達 | ジャンネモータ | 一种轴向柱塞液压马达 |
| Jar | 電瓶 | ジャー | 电瓶 |
| — mill | 缸式磨機 | びん洗い器 | 缸式磨机 |
| jarring machine | 振實(式)造型機 | ジャリングマシン | 振实(式)造型机 |
| — mark | 震動痕 | 振動こん | 震动痕 |
| jaw | 顎夾；爪 | あご | 夹紧装置 |
| — block | 破碎機顎塊 | ジョーブロック | 破碎机颚块 |
| — breaker | 顎式破碎機 | かみ込や粗砕機 | 颚式破碎机 |
| — chuck | 爪(式)夾頭 | あごチャック | 爪(式)卡盘 |
| — clutch | 顎夾離合器 | 爪クラッチ | 爪式离合器 |
| — coupling | 顎夾聯結器 | ジョーカップリング | 爪盘联轴节 |
| — pressure | 夾緊壓力 | あご圧力 | 夹紧压力 |
| — riveter | 顎式鉚機 | ジョーリベッタ | 颚式铆机 |
| — type press | 顎式壓機 | 片持ちプレス | 颚式压机 |
| — vice | 虎鉗 | ジョーバイス | 虎钳 |
| jelletite | 綠鐵榴石 | ゼレット石 | 绿铁榴石 |
| Jellif | 一種鎳鉻電阻合金 | ジェリフ | 一种镍铬电阻合金 |
| jenny | 移動式起重機〔吊車〕 | ハエナワ導車 | 移动式起重机〔吊车〕 |
| Jereal | 一種高導電率鋁合金 | イエレアル | 一种高导电率铝合金 |
| jerk | 衝擊 | ジャーク | 冲击 |
| — pump | 高壓燃油噴射泵 | ジャーク式噴射ポンプ | 高压燃油喷射泵 |
| jerking machine | 振動機 | 振動テーブル | 振动机 |
| — table | 振動台 | 振動テーブル | 振动台 |
| jerky flow | 不連續變形 | 不連続変形 | 不连续变形 |
| Jessop-H40 | 一種肥粒鐵耐熱鋼 | ジェソップ$H_{40}$ | 一种铁素体耐热钢 |
| jet | 噴射；噴嘴 | 噴射 | 喷嘴 |
| — action valve | 噴射閥 | ジェット弁 | 喷射阀 |
| — blast | 噴流 | ジェット噴流 | 喷流 |
| — blower | 噴氣鼓風機 | 噴射送風機 | 喷气鼓风机 |
| — brake | 噴射制動器 | ジェットブレーキ | 喷射制动(装置) |
| — carbureter | 噴霧汽化器 | 霧吹き気化器 | 喷雾式化油器 |
| — coal | 長焰煤 | ジェット炭 | 长焰煤 |
| — compressor | 噴射壓縮機 | 噴射圧縮機 | 喷射压缩机 |

| 英 文 | 臺 灣 | 日 文 | 大 陸 |
|---|---|---|---|
| — condenser | 噴射凝結器 | ジェット複水器 | 喷射(式)冷凝器 |
| — control | 噴流控制 | ジェットコントロール | 喷流控制 |
| — crusher | 噴射式粉碎機 | 噴射式粉砕機 | 喷射式粉碎机 |
| — cutting | 噴流切割 | 噴流切削 | 喷流切割 |
| — diffusion | 噴流擴散 | 噴流の拡散 | 喷流扩散 |
| — etching | 噴射腐蝕法 | ジェットエッチング法 | 喷射腐蚀法 |
| — flow | 射流 | 射流 | 射流 |
| — granulator | 噴射製粒機 | 噴射造粒機 | 喷射制粒机 |
| — hardening | 噴水淬火 | ジェット焼き入れ | 喷水淬火 |
| — lubrication | 噴氣潤滑 | ジェット潤滑 | 喷气润滑 |
| — mill | 射流粉碎機 | ジェット粉砕機 | 射流粉碎机 |
| — mixer | 噴射混合器 | ジェット混合器 | 喷射混合器 |
| — molding | 注射模塑法〔塑料〕 | 噴射成形 | 注射模塑法〔塑料〕 |
| — piercing | 噴焰穿孔 | 噴炎せん孔 | 喷焰穿孔 |
| — pipe | 噴(射)管 | 噴射管 | 喷(射)管 |
| — pipe servomechanism | 射流管式伺服機構 | 噴射管式油圧サーボ | 射流管式伺服机构 |
| — pipe servomotor | 射流管式伺服電動機 | 噴射管サーボモータ | 射流管式伺服电动机 |
| — polishing | 噴射拋光 | ジェットポリッシング | 喷射抛光 |
| — powered gas turbine | 噴氣燃氣渦輪 | ジェットガスタービン | 喷气燃气涡轮 |
| — process | 噴射法 | ジェット法 | 喷射法 |
| — propeller | 噴射螺旋槳 | 噴射推進器 | 喷气式推进器〔螺栓浆〕 |
| — pump | 噴射泵 | 噴流ポンプ | 喷射泵 |
| — steering | 噴氣操縱 | ジェットステアリング | 喷气操纵 |
| — stream ventilation | 噴流通風(裝置) | 噴流式換気 | 喷流通风(装置) |
| — tapping | 爆破法出鋼〔鐵〕 | 爆破湯口開け | 爆破法出钢〔铁〕 |
| — test | 噴流試驗〔測厚法〕 | 噴流試験 | 喷流试验〔测厚法〕 |
| — theory | 噴流理論 | 噴流理論 | 喷流理论 |
| — thrust | 噴射推力 | ジェットスラスト | 喷射推力 |
| — type abrasion test | 噴砂磨損試驗 | 噴射摩耗試験 | 喷砂磨损试验 |
| — valve | 噴射閥 | 噴射弁 | 射流阀 |
| — vane | 噴射導流控制片 | ジェット翼 | 喷射导流控制片 |
| — velocity | 噴射速度 | 噴射速度 | 喷射速度 |
| jetevator | 導流片 | ジェッタベータ | 导流片 |
| jetometer | 潤滑油腐蝕性測定計 | 潤滑油腐食性測定計 | 润滑油腐蚀性测定计 |
| Jet-O-Mizer | 噴射式微粉磨機 | ジェットオマイザ | 喷射式微粉磨机 |
| jetting | 噴射 | ジェッティング | 喷射 |
| — method | 水力鑽探法 | ジェット工法 | 水力钻探法 |
| jettison | 投擲 | 射出 | 投掷 |
| jewel | 寶石 | 宝石 | 宝石 |
| — bearing | 寶石軸承 | 宝石軸受け | 宝石轴承 |

| 英　　文 | 臺　　灣 | 日　　文 | 大　　陸 |
|---|---|---|---|
| ― block | 球滑輪 | 玉入り滑車 | 球滑轮 |
| jiant breaker | 巨型破碎機 | ジャイアントブレーカ | 巨型破碎机 |
| jib | 伸梁;伸臂 | 突張り | 起重杆 |
| ― arm | 旋臂 | ジブアーム | 旋臂 |
| ― boom | 起重桿 | ジブブーム | 起重杆 |
| ― crane | 伸臂起重機 | 釣り下げクレーン | 旋臂起重机 |
| ― cylinder | 轉臂油缸 | ジブシリンダ | 转臂油缸 |
| ― fitting angle | 旋臂安裝角 | ジブ取り付け角度 | 旋臂安装角 |
| ― length | 旋臂長度 | ジブ長さ | 旋臂长度 |
| ― loader | 旋臂裝料機 | ジブローダ | 旋臂装料机 |
| ― mast | 旋臂支柱 | ジブ支柱 | 旋臂支柱 |
| ― operating radius | 旋臂工作半徑 | ジブ作業半径 | 旋臂工作半径 |
| ― strut | 旋臂支柱 | ジブ支柱 | 旋臂支柱 |
| jig | 工模;鑽模 | 型持ち | 钻模 |
| ― borer | 工模搪床 | ジグ中ぐり盤 | 坐标镗床 |
| ― boring | 工模搪削 | ジグボーリング | 坐标镗削 |
| ― boring machine | 工模搪床 | ジグ中ぐり盤 | 坐标镗床 |
| ― design | 鑽模設計 | ジグ設計 | 钻模设计 |
| ― grinder | 工模磨床 | ジグ研削盤 | 坐标磨床 |
| ― grinding | 工模磨削 | ジグ研削 | 坐标磨削 |
| ― grinding machine | 工模磨床 | ジグ研削盤 | 坐标磨床 |
| ― management | 夾具管理 | ジダ管理 | 夹具管理 |
| ― mill | 靠模銑床 | ジグミル | 靠模铣床 |
| ― plate | 平板夾具 | ジグプレート | 平板夹具 |
| ― saw | 線鋸 | 細帯のこ | 线锯 |
| ― welding | 夾具焊接 | ジグ溶接 | 夹具焊接 |
| jigger bars | (路面)搓板帶 | しま突起 | (路面)搓板带 |
| ― pin | 頂料銷 | ジガーピン | 顶料销 |
| ― pin die | 帶頂料裝置的模具 | ジガーピン付きダイス | 带顶料装置的模具 |
| jigging | 波振選礦法 | ジグ選炭 | 簸选跳汰选煤法 |
| ― test | 篩選試驗 | ジッギング試験 | 筛选试验 |
| jiggle bar | 搖手柄 | チャッタバー | 摇手柄 |
| jitter | 顫動 | ジッタ | 颤动 |
| job | 工作 | 工事現場 | 工作 |
| ― design | 工程設計 | 職務設計 | 工程设计 |
| ― lot manufacture | 批量生產 | ロット生産 | 批量生产 |
| ― management | 作業管理〔控制〕 | ジョブ管理 | 作業管理〔控制〕 |
| ― manufacturing | 零件生產 | 個別生産 | 零件生产 |
| ― mix | 現場拌合 | 現場配合 | 现场拌合 |
| ― pack area | 作業裝配區 | ジョブパック領域 | 作業装配区 |

| 英　　文 | 臺　　灣 | 日　　文 | 大　　陸 |
|---|---|---|---|
| — shop | 多品種小批量生產工廠 | ジョブショップ | 多品种小批量生产工厂 |
| — site | 施工現場 | ジョブサイト | 施工现场 |
| — specification | 施工規範 | 職務明細書 | 施工规范 |
| — step | 工作步驟 | ジョブステップ | 工作步骤 |
| — time limit | 作業時間界限 | ジョブタイムリミット | 作业时间界限 |
| — work | 現場作業 | 現場作業 | 现场作业 |
| **Jobber's reamer** | 機用精鉸刀 | ジョバースリーマ | 机用精铰刀 |
| **jobbing** plate | 中厚板 | 中厚板 | 中厚板 |
| — plate mill | 中厚板軋機 | 中厚板圧延機 | 中厚板轧机 |
| — production | 單件小批生產 | 少量生産 | 单件小批生产 |
| **jockey** | 機器操作者 | ジョッキー | 机器操作者 |
| **jogging** | 微動 | 段付け | 微动 |
| **joggle** | 榫接;合釘 | 合いくぎ | 销钉 |
| — die | 階梯形彎邊模 | ジョグル型 | 阶梯形弯边模 |
| — joint | 榫接接合 | 瀬切り継手 | 榫接 |
| — piece | 榫接桿件 | 真づか | 榫接杆件 |
| **joggled** lap weld | 壓肩焊接 | 段付き重ね継手 | 压肩焊接 |
| — strake | 折曲搭接列板 | 段付き条板 | 折曲搭接列板 |
| **joggling** | 榫接 | 瀬切り | 啮合 |
| **johnstonotite** | 石榴石 | ジョンストンざくろ石 | 石榴石 |
| **join** | 結合 | 接合 | 结合 |
| — line | 焊接線 | 接合線 | 焊接线 |
| **joiner** | 接合材料 | ジョイナ | 接合材料 |
| **joining** | 接縫 | 接合 | 接缝 |
| — area | 接合面 | 接合部 | 接合面 |
| — piece | 接合片 | 接合片 | 接合片 |
| — shackle | 聯接鉤環〔鎖扣〕 | 連結用シャックル | 联接钩环〔锁扣〕 |
| **joint** | 接縫〔合;頭〕 | 目地 | 接缝〔合;头〕 |
| — aligning jig | 對中用夾具 | センタリングジグ | 对中用夹具 |
| — area | 接合面 | 接合面 | 接合面 |
| — block | 連接塊 | ジョイントブロック | 连接块 |
| — bolt | 插銷螺栓 | ジョイントボルト | 插销螺栓 |
| — box | 接線盒 | 接続箱 | 接线盒 |
| — cap | 密封蓋 | ジョイントキャップ | 密封盖 |
| — center | (萬向接頭的)十字頭 | ジョイントセンタ | (万向接头的)十字头 |
| — clearance | 接合間隙 | すき間 | 接合间隙 |
| — compound | 接縫劑〔料〕 | 目地材 | 接缝剂〔料〕 |
| — conditioning time | 接合期 | (接着の)後硬化時間 | 接合期 |
| — cover | 接頭罩 | 継手カバー | 接头罩 |
| — cross | (萬向接頭的)十字頭 | ジョイントクロス | (万向接头的)十字头 |

| 英　　文 | 臺　　灣 | 日　　文 | 大　　陸 |
|---|---|---|---|
| — cutter | 接縫切除機 | 目地切り機 | 接缝切除机 |
| — displacement | 節點變位 | 節点移動 | 节点变位 |
| — drive | 萬向接頭傳動 | ジョイントドライブ | 万向节传动 |
| — efficiency | 接合效率 | 継手効率 | 接缝效率 |
| — face | 摺緣面；合模面 | 見切り線 | 分型面 |
| — factor | 接合係數 | 接着係数 | 接合系数 |
| — filler | 填縫料 | 目地材 | 填缝料 |
| — filling material | 焊縫劑〔料〕 | 目地材 | 焊缝剂〔料〕 |
| — finishing | 勾縫 | 目地仕上げ | 勾缝 |
| — flange | 連接凸緣 | 接合フランジ | 连接法兰 |
| — gap | 接縫間隙〔寬度〕 | すき間 | 接缝间隙〔宽度〕 |
| — glue | 接合膠 | 接着にかわ | 接合胶 |
| — grease | 接頭潤滑劑 | 接点潤滑油 | 接头润滑剂 |
| — hinge | 接合鉸鏈 | 帯かすがい | 接合铰链 |
| — line | 合模線 | 継ぎ目 | 接缝〔口〕；焊缝〔口〕 |
| — meter | 接縫測定儀 | 継ぎ目計 | 接缝测定仪 |
| — mixture | 接頭劑 | 目地剤 | 接头剂 |
| — of framework | (構件)節點 | 節点 | (构件)节点 |
| — of pipe | 管的接合 | 管の継手 | 管的接合 |
| — operating device | 並聯運轉裝置 | 結合運転装置 | 并联运转装置 |
| — packing | 接合填料 | ジョイントパッキチグ | 联接密封 |
| — pin | 節銷 | 継手ピン | 接头销 |
| — plate | 接合板 | ジョイントプレート | 连接板 |
| — ring | 接合密封〔填密〕環 | パッキンリング | 接合密封〔填密〕环 |
| — sealer | 封縫器 | 目地用シーラ | 封缝器 |
| — sealing | 接頭填封；合模填縫 | 目塗り | 密封填充物 |
| — sheet | 接合墊片 | ジョイントシート | 接合垫片 |
| — spacing | 接縫間距 | 目地間隔 | 接缝间距 |
| — spider | (萬向接頭的)十字叉 | ジョイントスパイダ | (万向接头的)十字叉 |
| — strap | 結合〔點〕用帶狀鐵件 | 帯金物 | 结合〔点〕用带状铁件 |
| — strength | 接頭強度 | 継手強さ | 接头强度 |
| — surface | 合模面 | 合い口 | 接合缝 |
| — translation angle | 偏轉角；變位角 | 部材角 | 偏转角；变位角 |
| — width | 接縫寬度 | 目地幅 | 接缝宽度 |
| — with ball and socket | 球窩萬向接頭 | 玉形自在継手 | 球窝万向节 |
| — yoke | (接頭軸的)叉槽 | ジョイントヨーク | (接头轴的)叉槽 |
| **jointer** | 鉋木機 | 接続者 | 连接工具 |
| **jointing** | 接合 | 目地仕上げ | 接合 |
| — clamp | 接線夾 | 接続クランプ | 接线夹 |
| — paste | 焊縫加工用膏 | 目地仕上げ用ペースト | 焊缝加工用膏 |

| 英　　文 | 臺　　灣 | 日　　文 | 大　　陸 |
|---|---|---|---|
| —plane | 修邊刨 | 長台かんな | 修边刨 |
| —rule | 接縫用靠尺 | 目地定規 | 接缝用靠尺 |
| —sleeve | 連接套筒 | 接続スリーブ | 连接套筒 |
| **jointless** core | 無接縫鐵芯 | ジョイントレスコア | 无接缝铁芯 |
| —(steel) pipe | 無縫鋼管 | 無接合管 | 无缝钢管 |
| —piping | 未填縫管道 | 空目地配管 | 未填缝管道 |
| **joist** | 工字鋼 | 根太 | 工字钢 |
| —support | 梁支架 | はり受け | 梁支架 |
| **joke plate** | 座板 | ヨークプレート | 座板 |
| **jolt** | 顛簸 | ジョルト | 颠簸 |
| —capacity | 撞擊能力 | ジョルトキャパシティ | 撞击能力 |
| —molding machine | 振實造型機 | ジョルト造型機 | 振实造型机 |
| —piston | 振實活塞 | ジョルトピストン | 振实活塞 |
| —pressure | 振實力 | ジョルトプレッシャー | 振实力 |
| —stroke | 振擊行程 | ジョルトストローク | 振击行程 |
| —table | 振動台 | ジョルトテーブル | 振动台 |
| **Jominy** curve | 頂端淬火曲線 | ジョミテー曲線 | 顶端淬火曲线 |
| —distance | 頂端淬火距離 | ジョミニー距離 | 顶端淬火距离 |
| —test | 頂端淬透性試驗 | ジョミニー試験 | 顶端淬透性试验 |
| **Jordan engine** | 錐形精磨機 | 精砕〔整〕機 | 锥形精磨机 |
| **Joule** | 焦耳〔能量單位〕 | ジュール | 焦耳〔能量单位〕 |
| —nickel plating | 焦耳鍍鎳 | ジュールニッケルめっき | 焦耳镀镍 |
| —second | 焦耳秒 | ジュールセカンド | 焦耳秒 |
| **Joule** effect | 焦耳效應 | ジュール効果 | 焦耳效应 |
| —'s equivalent | 焦耳(熱功)當量 | ジュール当量 | 焦耳(热功)当量 |
| —heat | 焦耳熱 | ジュール熱 | 焦耳热 |
| —'s law | 焦耳定律 | ジュール法則 | 焦耳定律 |
| —loss | 焦耳損耗 | ジュール損失 | 焦耳损耗 |
| **Joulemeter** | 焦耳計 | ジュールメータ | 焦耳计 |
| **journal** | 軸頸 | ジャーナル | 轴颈 |
| —bearing wedge | 軸頸軸承楔 | 軸受け押さえ | 轴颈轴承楔 |
| —box wedge | 軸頸箱楔 | 軸受け押さえ | 轴颈箱楔 |
| —center | 軸頸中心 | ジャーナル中心 | 轴颈中心 |
| —jack | 軸樞千斤頂 | ジャーナルジャッキ | 轴枢千斤顶 |
| —metal | 軸頸合金 | 軸受け金 | 轴颈合金 |
| —rest | 軸頸支承 | ジャーナルレスト | 轴颈支承 |
| —roll | 軸頸輥 | ジャーナルロール | 轴颈辊 |
| **joystick** | 控制桿 | ジョイスティック | 控制杆 |
| **judder** | 強烈振動 | ジャダー | 强烈振动 |
| **juicer mixer** | 攪拌混合器 | ジューサミキサ | 搅拌混合器 |

**J**

| 英　　文 | 臺　　灣 | 日　　文 | 大　　陸 |
|---|---|---|---|
| jumbo roll | 巨型軋機 | ジャンボロール | 巨型轧机 |
| jump | 豎鍛 | 飛び越し | 跳动 |
| — coupling | 筒形聯結器 | ジャンプカプリング | 跳合联轴节 |
| — feed | 跳躍式進給 | ジャンプ送り | 跳跃式进给 |
| — index | 跳越分度 | ジャンプインデックス | 跳越分度 |
| — joint | T-接合 | 鍛接 | 锻接〔焊〕 |
| — test | 可鍛(性)試驗 | ジャンプ試験〔可鍛性〕 | 可锻(性)试验 |
| jumper | 長鑽 | ジャンパ | 长钻 |
| — cable | 接續器電纜 | ジャンパケーブル | 跨接电缆 |
| — cord | 跨接軟線 | ジャンパコード | 跨接软线 |
| — hose | 跨接軟管 | ジャンパホース | 跨接软管 |
| — ring | 跨接圈〔環〕 | ジャンパリング | 跨接圈〔环〕 |
| — wire | 跳線 | ジャンパ線 | 跳线 |
| jumping | 跳動 | ジャンピング | 跳动 |
| — bar | 跳桿 | 跳躍バー | 跳杆 |
| — circuit | 跳線電路 | 跳躍回路 | 跳线电路 |
| — effect | 突變效應 | ジャンピング効果 | 突变效应 |
| junction | 連接(點) | 接合部 | 连接(点) |
| — bow | 弓形連接 | つなぎ弓 | 弓形连接 |
| — box | 接線盒;分線盒 | 接続箱 | 接线盒;分线盒 |
| — capacitor | 結型電容器 | 接合形キャパシタ | 结型电容器 |
| — circuit | 中繼電路 | ジャンクション回路 | 中继电路 |
| — line | 中繼線 | ジャンクションライン | 中继线 |
| — point | 接(合)點 | 接（触）点 | 接(合)点 |
| — return loss | 中繼線回程損耗 | 中間反射リターンロス | 中继线回程损耗 |
| — seal | 結的密封 | ジャンクションシール | 结的密封 |
| — temperature | 接合(部)溫度 | 接合（部）温度 | 接合(部)温度 |
| — valve | 連接閥 | 接合弁 | 连接阀 |
| junctor | 連接機 | ジャンクタ | 连接机 |
| juncture | 連接點 | ジャンクチャ | 连接点 |
| Jungner cell | 鐵鎳蓄電池 | ユングナ電池 | 铁镍蓄电池 |
| junior beam | 小鋼胚 | ジュニアビーム | 小钢胚 |
| — machine | 新式機床 | ジュニアマシン | 新式机床 |
| juxtaposition | 併置 | 併置 | 并置 |
| — metamorphose | 接觸變形 | 接触変形 | 接触变形 |
| — twin | 併置雙晶 | 併存双晶 | 并置双晶 |

| 英　　文 | 臺　　灣 | 日　　文 | 大　　陸 |
|---|---|---|---|
| K-crossing | K形交叉 | K型てっさ | K形交叉 |
| K display | 移位距離顯示 | K（形）表示 | 移位距离显示 |
| K-groove weld | 雙斜角槽焊 | K形グルーブ溶接 | 双斜角槽焊 |
| K-truss | K形桁架 | Kトラス | K形桁架 |
| kady mill | 一種研磨機 | ケデーミル | 一种研磨机 |
| Kahlbaum iron | 一種純鐵 | カールバウム鉄 | 一种纯铁 |
| Kaiserzinn | 一種錫基合金 | カイザーすず | 一种锡基合金 |
| kakoxene | 磷鐵礦 | カコクセナイナ | 磷铁矿 |
| kail | 苛性鉀 | カリ | 苛性钾 |
| — glass | 鉀玻璃 | カリガラス | 钾玻璃 |
| kampometer | 熱幅射計 | 熱ふく射計 | 热幅射计 |
| Kani's method | 卡尼法〔鋼架解法之一〕 | カーニ法 | 卡尼法〔钢架解法之一〕 |
| Kanigen process | 觸媒反應化學鍍鎳法 | カニゼン法 | 触媒反应化学镀镍法 |
| Kanthal alloy | 一種合金 | カンタル合金 | 一种合金 |
| — super | 一種高級電阻絲 | カンタルスーパ | 一种高级电阻丝 |
| kaolin(e) | 高嶺土 | 磁土 | 高岭土 |
| Kaplan turbine | 一種水輪機 | カプラン水車 | 一种水轮机 |
| Karmalloy | 一種鎳鉻電阻絲 | カーマロイ | 一种镍铬电阻丝 |
| Karmash alloy | 銻銅鋅軸承合金 | カルマルシュ合金 | 锑铜锌轴承合金 |
| Karnaugh chart | 卡諾圖 | カルノー図表 | 卡诺图 |
| karstenite | 硬石膏 | 硬石こう | 硬石膏 |
| karygamy | 核融合 | 核融合 | 核融合 |
| karyokinesis | 核分裂 | 核分裂 | 核分裂 |
| kasolite | 矽鉛鈾礦 | カソロ石 | 硅铅铀矿 |
| kata cooling effect | 卡他冷卻率 | カタ冷却率 | 卡他冷却率 |
| kata-condensed rings | 微位縮合環 | 微位縮合環 | 微位缩合环 |
| katamorphism | 破碎變質現象 | 圧砕変質 | 破碎变质现象 |
| katathermometer | 低溫溫度計 | カタ温度計 | 低温温度计 |
| kathode | 陰極 | 陰極 | 阴极 |
| kation | 陽離子 | 陽イオン | 阳离子 |
| keep | 保持 | 押え | 保持 |
| —plate | 壓緊板 | 押え板 | 压紧板 |
| — relay | 保護繼電器 | キープリレー | 保护继电器 |
| keep-alive | 保弧 | キープアライブ | 保弧 |
| — circuit | 保弧電路 | 保弧回路 | 保弧电路 |
| — contact | 電流保持接點 | 電離保持接点 | 电流保持接点 |
| — electrode | 保弧電極 | 電離保持電極 | 保弧电极 |
| keeper | 保持器 | 保持器 | 保持器 |
| — current | 保持電流 | キーパ電流 | 保持电流 |
| — electrode | 保持電極 | キーパ電極 | 保持电极 |

K

| 英　　文 | 臺　　灣 | 日　　文 | 大　　陸 |
|---|---|---|---|
| — voltage | 保持器電壓 | キーパ電圧 | 保持器电压 |
| **keeping quality** | 倉儲性能 | 保存性 | 保存时质量 |
| — warmth heater | 保溫電熱器 | 保温電熱器 | 保温电热器 |
| — warmth space | 保溫空間 | 保温すき間 | 保温空间 |
| — warmth works | 保溫工程 | 保温工事 | 保温工程 |
| **keg** | 圓鐵桶 | 小たる | 圆铁桶 |
| **Keller duplicator** | 自動機械雕刻機 | ケラー型彫機 | 自动机械雕刻机 |
| — machine | 自動雕刻機 | ケラーマシン | 自动雕刻机 |
| — process | 凱勒法 | ケラー法 | 凯勒法 |
| — type die sinker | 凱勒式靠模銑床 | ケラー形型彫り盤 | 凯勒式靠模铣床 |
| **Kelly bar** | 多角鑽桿 | ケリーバー | 多角钻杆 |
| **kelmet** | 鉛青銅軸承合金 | ケルメット | 铅青铜轴承合金 |
| **Kelvin** | 絕對溫度 | ケルビン | 绝对温度 |
| — degree | 克耳文溫標 | ケルビン度 | 开耳芬温标 |
| — effect | 克耳文效應 | ケルビン効果 | 集肤效应 |
| — electrometer | 克耳文型檢流計 | ケルビン形検流計 | 开耳芬型检流计 |
| — law | 克耳文定律 | ケルビンの法則 | 开耳芬定律 |
| — scale | 克耳文溫標 | ケルビン目盛 | 开耳芬温标 |
| — temperature | 克耳文溫度 | ケルビン温度 | 开氏温度 |
| **Kemidol** | 細石灰粉 | ケミドール | 细石灰粉 |
| **Kemler metal** | 一種鋁銅鋅合金 | ケムラーメタル | 一种铝铜锌合金 |
| **kenel** | 型芯 | ケネル | 型芯 |
| **Kennametal** | 一種鎢鈦鈷類硬質合金 | ケンナメタル | 一种钨钛钴类硬质合金 |
| **Kennedy extractor** | 一種抽取器 | ケネディ抽出器 | 一种抽取器 |
| — key | 一種切向鍵 | ケネディキー | 一种切向键 |
| **kent** | 繪圖紙 | ケント | 绘图纸 |
| **Kentanium** | 一種硬質合金 | ケンタニウム | 一种硬质合金 |
| **kerasin** | 角鉛礦 | ケラシン | 角铅矿 |
| **kerf** | 切痕 | 切溝 | 切痕 |
| **kerites** | 煤油瀝青 | 石油アスファルト | 煤油沥青 |
| **kernel** | 核 | 核 | 核 |
| — migration | （分子內原子）核移動 | 燃料核移動 | （分子内原子）核移动 |
| — of section | 截面中心 | 断面の核 | 截面中心 |
| **kerogen** | 油母岩 | 油母 | 油母岩 |
| — shale | 油頁岩 | 油母けつ岩 | 油页岩 |
| **kerosene** | 煤油 | 灯油 | 煤油 |
| — engine | 煤油機 | 石油機関 | 煤油机 |
| — extraction | 煤油萃取 | ケロシン抽出 | 煤油萃取 |
| — oil | 煤油 | ケロシンオイル | 煤油 |
| — raffinate | 精製煤油 | 精製石油 | 精制煤油 |

| 英　　文 | 臺　　灣 | 日　　文 | 大　　陸 |
|---|---|---|---|
| — stove | 煤油爐 | 石油ストーブ | 煤油炉 |
| — sulfur test | 煤油中硫的測定 | 石油中硫化物検査 | 煤油中硫的测定 |
| — tank | 煤油箱;燃油箱 | 軽油タンク | 煤油箱;燃油箱 |
| — test | 煤油試驗 | ケロシン試験 | 煤油试验 |
| **kerotenes** | 焦化瀝青質 | ケロテン | 焦化沥青质 |
| **Kewanee boiler** | 一種鍋爐 | 機関車形ボイラ | 一种锅炉 |
| **key** | 鍵 | かぎ | 键 |
| — bar | 鍵條 | キーバー | 键条 |
| — bed | 鍵座 | キー床 | 键座 |
| — boss | 鍵(槽)輪轂 | キーボス | 键(槽)轮毂 |
| — break | 鍵斷 | キー割れ | 键断 |
| — broach | 鍵槽拉刀 | キーブローチ | 键槽拉刀 |
| — buffer | 電鍵緩衝器 | キーバッファ | 电键缓冲器 |
| — cabinet | 電鍵控制盒 | キーキャビネット | 电键控制盒 |
| — card punch | 鍵控卡片穿孔機 | けん盤カードせん孔機 | 键控卡片穿孔机 |
| — chattering | 鍵振動 | キーチャタリング | 键振动 |
| — component | 關鍵成分 | 限界成分 | 关键组分 |
| — contact time | 鍵觸時間 | キーコンタクト時間 | 键触时间 |
| — drift | 拔鍵工具 | キー抜き棒 | 拔键工具 |
| — driver | 搗搥 | 胴突き | 搗搥 |
| — groove | 鍵槽 | キー溝 | 键槽 |
| — groove mill | 鍵槽加工 | キーみぞきり | 键槽加工 |
| — hammer | 栓錘 | せんづち | 栓锤 |
| — holder | 鍵座 | キーホルダ | 键座 |
| — jack | 鍵插口 | キージャック | 键插口 |
| — joint | 楔形接縫 | えぐり目地 | 楔形接缝 |
| — lever | 電鍵桿 | キーレバー | 电键杆 |
| — lock system | 鍵鎖定系統 | キーロックシステム | 键锁定系统 |
| — locking | 鍵(閉)鎖 | キーロック | 键(闭)锁 |
| — mat | 鍵墊 | キーマット | 键垫 |
| — material | 關鍵材料 | キーマテリアル | 关键材料 |
| — off | 切斷 | キーオフ | 切断 |
| — on | 接通 | キーオン | 接通 |
| — out | 切斷 | キーアウト | 切断 |
| — panel | 電鍵盤 | キーパネル | 电键盘 |
| — pointing | 楔形接縫 | 承目地 | 楔形接缝 |
| — relay | 鍵控繼電器 | キーリレー | 键控继电器 |
| — slot end mill | 鍵槽指形銑刀 | キー溝エンドミル | 键槽指形铣刀 |
| — socket | 電鍵插座 | キーソケット | 电键插座 |
| — spacer | 電鍵隔板 | 電けんふさぎ板 | 电键隔板 |

| 英　　文 | 臺　　灣 | 日　　文 | 大　　陸 |
|---|---|---|---|
| ― spring | 鍵簧 | 錠前のばね | 键簧 |
| ― station | 主控台 | キーステーション | 主控台 |
| ― stroke | 鍵觸擊 | キーストローク | 键触击 |
| ― strutting | 主要支撐 | 振れ止め | 主要支撑 |
| ― switch | 按〔電〕鍵開關 | キースイッチ | 按〔电〕键开关 |
| ― tape punch | 鍵盤式紙帶穿孔機 | けん盤テープせん孔機 | 键盘式纸带穿孔机 |
| ― wrench | 套管扳手 | 箱スパナ | 套管扳手 |
| **keyboard** | 鍵盤 | けん盤 | 键盘 |
| ― operator console | 鍵盤操作台 | けん盤操作卓 | 键盘操作台 |
| **key-driven machine** | 鍵控機 | 打けん式機械 | 键控机 |
| **keyed** amplifier | 鍵控放大器 | キード増幅器 | 键控放大器 |
| ― beam | 銷接(合成)梁 | 栓差しばり | 销接(合成)梁 |
| ― girder | 銷接(合成)大梁 | しゃち合成げた | 销接(合成)大梁 |
| ― joint | 鍵連接 | ジベル接合 | 键连接 |
| ― pulse | 鍵控脈衝 | キードパルス | 键控脉冲 |
| **keyer** | 電鍵電路 | キーヤ | 电键电路 |
| **keyhole** | 鍵槽 | キー溝 | 键槽 |
| ― assembly system | 基準孔裝配體系 | 基準孔組立方式 | 基准孔装配体系 |
| ― calipers | 鍵槽卡鉗 | キー溝カリパス | 键槽卡钳 |
| ― saw | 鍵孔鋸 | けん孔用先細のこ | 键孔锯 |
| **key-in** | 鍵盤輸入 | キーイン | 键盘输入 |
| **keying** | 按鍵 | 打けん | 按键 |
| ― board | 鍵盤 | 送符盤 | 键盘 |
| ― circuit | 鍵控電路 | 開閉回路 | 键控电路 |
| ― frequency | 鍵控頻率 | キーイング周波数 | 键控频率 |
| ― strength | 咬合強度 | 定着力 | 咬合强度 |
| **keyless** propeller | 無鍵(連接)螺旋漿 | キーレスプロペラ | 无键(连接)螺旋浆 |
| ― socket | 無鍵插口 | キーレスソケット | 无键插口 |
| **keymat** | 鍵控桿 | キーマット | 键控杆 |
| **keypunch** | 打孔機 | せん孔機 | 打孔机 |
| **keyseat** milling cutter | 鍵槽銑刀 | キー溝フライス | 键槽铣刀 |
| ― milling machine | 鍵槽銑床 | キー溝フライス盤 | 键槽铣床 |
| **keyseater** | 鍵槽加工機床 | キー溝盤 | 键槽加工机床 |
| **keyseating** | 鍵槽加工 | キー溝削り | 键槽加工 |
| ― cutter | 鍵槽銑刀 | キー溝フライス | 键槽铣刀 |
| **keyshelf** | 鍵座 | けん棚 | 键座 |
| **keystone** | 關鍵 | 要石 | 关键 |
| ― plate | 波紋鋼板 | キーストンプレート | 波纹钢板 |
| **keyway** | 鍵槽 | 歯形キー | 键槽 |
| ― broach | 鍵槽拉刀 | キー溝ブローチ | 键槽拉刀 |

| 英　　文 | 臺　　灣 | 日　　文 | 大　　陸 |
|---|---|---|---|
| — cutter | 鍵槽銑刀 | キー溝フライス | 键槽铣刀 |
| — end mill | 鍵槽立銑刀 | キー溝エンドミル | 键槽立铣刀 |
| — fraise machine | 鍵槽銑床 | キー溝フライス盤 | 键槽铣床 |
| kibbler | 粉碎機 | 粉砕機 | 粉碎机 |
| kick | 跳動 | け出し | 跳动 |
| — board | 踏腳板 | けこみ板 | 踏脚板 |
| — circuit | 突跳電路 | キック回路 | 突跳电路 |
| — plate | 踢板〔門腳護板〕 | けり板 | 踢板〔门脚护板〕 |
| — press | 腳踏沖床 | フットプレス | 脚踏压力机 |
| kickback | 回彈 | キックバック | 回弹 |
| kickdown switch | 自動跳合開關 | キックダウンスイッチ | 自动跳合开关 |
| kicking | 逆轉 | キッキング | 逆转 |
| kickless cable | 防斷絕緣電纜 | キックレスケーブル | 防断绝缘电缆 |
| kickoff | 撥料機 | 始動 | 拨料机 |
| kick-pressure | 斷開壓力 | キックオフプレッシャー | 断开压力 |
| — temperature | 引發溫度 | 立上り温度 | 引发温度 |
| kick-out | 排件裝置 | はね出し装置 | 排件装置 |
| kickup | 向上彎曲 | キックアップ | 向上弯曲 |
| kidney | 轉爐的附著物 | 転炉の附着物 | 转炉的附着物 |
| — stone | 軟玉 | 軟玉 | 软玉 |
| kilkenny coal | 無煙煤 | 無煙炭 | 无烟煤 |
| killed ingot | 淨靜鋼錠 | キルド鋳塊 | 镇静钢锭 |
| — steel | 脫氧鋼 | 鎮静鋼 | 脱氧钢 |
| killer | 斷路器 | 抑制体 | 断路器 |
| — circuit | 熄滅電路 | キラーサーキット | 熄灭电路 |
| — switch | 斷路器開關 | キラースイッチ | 断路器开关 |
| killing | 切斷 | 切断 | 切断 |
| kiln | 窯;烘乾爐 | 窯 | 窑 |
| — brick | 窯烘磚 | 窯れんが | 窑烘砖 |
| — drying | 人工乾燥 | 人工乾燥 | 人工乾燥 |
| — wall | 窯壁 | かま壁 | 窑壁 |
| kiloammeter | 千安(培)錶 | キロアンメータ | 千安(培)表 |
| kiloampere | 千安(培) | キロアンペア | 千安(培) |
| kilocalorie | 千卡 | キロカロリ | 千卡 |
| kilocyle | 千周(赫) | キロサイクル | 千周(赫) |
| kiloelectron-volt | 千電子伏(特) | キロ電子ボルト | 千电子伏(特) |
| kilogauss | 千高斯 | キロガウス | 千高斯 |
| kilogram(me) | 千克 | キログラム | 千克 |
| kilogrammeter | 千克米 | キログラムメートル | 千克米 |
| kilohertz | 千赫(茲) | キロヘルツ | 千赫(兹) |

**K**

| 英　文 | 臺　灣 | 日　文 | 大　陸 |
|---|---|---|---|
| kilojoule | 千焦耳 | キロジュール | 千焦耳 |
| kilolambda | 毫升 | キロラムダ | 毫升 |
| kiloliter | 千升 | キロリットル | 千升 |
| kilometer | 公里 | キロメートル | 公里 |
| kiloohm | 千歐(姆) | キロオーム | 千欧(姆) |
| kilovolt | 千伏(特) | キロボルト | 千伏(特) |
| kilovolt-ampere | 千伏(特)安(培) | キロボルトアンペア | 千伏(特)安(培) |
| kilovolt meter | 千伏(特)錶 | キロボルトメータ | 千伏(特)表 |
| kilowatt | 千瓦(特) | キロワット | 千瓦(特) |
| kindling temperature | 燃點 | 発火温度 | 燃点 |
| kinematic(al) chain | 運動鏈 | 連鎖 | 运动链系 |
| — control | 運動控制 | 運動制御 | 运动控制 |
| — element | 運動要素 | 対偶索 | 运动要素 |
| — force | 運動力 | 運動力 | 运动力 |
| — friction | 動摩擦 | 動摩擦 | 动摩擦 |
| — mechanism | 運動機構 | 運動学的メカニズム | 运动机构 |
| — pair | 運動對 | 対偶 | 对偶 |
| — viscometer | 動黏度計 | 動粘度計 | 运动黏度计 |
| — viscosity | 動黏度 | 動粘度 | 运动黏度 |
| — viscosity coefficient | 動黏度係數 | 動粘度数 | 运动黏度系数 |
| kinematics | 運動學 | 運動学 | 运动学 |
| kinemograph | 流速座標圖 | キネモグラフ | 流速座标图 |
| kinemometer | 流速錶〔計〕 | キネモメータ | 流速表〔计〕 |
| kinetic energy | 動能 | 運動のエネルギー | 动能 |
| — friction | 動摩擦 | 運動摩擦 | 动摩擦 |
| — potential | 運動勢 | 運動ポテンシャル | 运动势 |
| — pressure bearing | 動壓軸承 | 動圧軸受け | 动压轴承 |
| — pump | 動力泵 | 回転形ポンプ | 动力泵 |
| — rotation of disk | 圓盤的慣性旋轉 | 円板の慣性回転 | 圆盘的惯性旋转 |
| — theory | 運動學理論 | 運動論 | 运动学理论 |
| kinetics | 動力學 | 動力学 | 动力学 |
| kingbolt | 大螺栓 | 心皿中心ピン | 大螺栓 |
| Kinghoren metal | 銅鋅合金 | キングホンメタル | 铜锌合金 |
| kingpin | 中心銷;中心立軸 | 中心ピン | 中心销;中心立轴 |
| — angle | 主銷傾角 | キングピンアングル | 主销倾角 |
| — bush | 主銷襯套 | キングピンブシュ | 主销衬套 |
| — inclination | 中心立軸傾度 | キングピン傾角 | 中心立轴倾度 |
| kingpost | 桁架中柱 | 真づか | 桁架中柱 |
| — truss | 單柱桁架 | 真づか小屋組 | 单柱桁架 |
| kink | 缺陷 | キンク | 缺陷 |

| 英　　文 | 臺　　灣 | 日　　文 | 大　　陸 |
|---|---|---|---|
| **Kinzel test** | 一種焊件缺口 | キンゼル試験 | 一种焊件缺口 |
| **Kirsite** | 一種鋅合金 | カーサイト | 一种锌合金 |
| **kish** | (生鐵內的)集結石墨 | キッシュ | (生铁内的)集结石墨 |
| — graphite | 凝析石墨 | キッシュ黒鉛 | 初生石墨 |
| **kisser** | 氧化鐵皮斑點 | キッサ | 氧化铁皮斑点 |
| **kit** | 全套〔工具;設備〕 | 装具 | 全套〔工具;设备〕 |
| **kneader** | 捏和機 | ねつか機 | 捏和机 |
| **kneading** action | 捏和作用 | 混錬作用 | 捏和作用 |
| — and mixing machinery | 捏煉混合機 | ねつ和混合機 | 捏炼混合机 |
| — machine | 攪拌機 | こねまぜ機 | 搅拌机 |
| — mill | 攪拌機 | ニーディングミル | 搅拌机 |
| **knee** | 膝台;曲管;膝型 | 膝 | (铣床的)升降台;角铁 |
| — bend | 彎(管接)頭 | がん首 | 弯(管接)头 |
| — brake | 曲柄制動器 | ニーブレーキ | 曲柄制动器 |
| — height | 膝部高度 | ひざの高さ | 膝部高度 |
| — joint | 膝形接 | ひじ継手 | 弯头接合 |
| — lifter bell crank | 肘桿 | ひざ上げ | 肘杆 |
| — loss | 彎曲(水頭)損失 | 屈折損失 | 弯曲(水头)损失 |
| — pipe | 曲管〔頭〕 | ニーパイプ | 弯管〔头〕 |
| — point | 曲線彎曲點 | ニーポイント | 曲线弯曲点 |
| — voltage | 曲線膝部電壓 | ニー電圧 | 曲线膝部电压 |
| **knife** | 切割器 | 刃物 | 切割器 |
| — bar | 刀桿 | ナイフバー | 刀杆 |
| — bearing | 刀口墊座 | 刃受け | 刀口垫座 |
| — bed | 刀槽 | ナイフベッド | 刀槽 |
| — blade | 刀片 | ナイフブレード | 刀片 |
| — clip | 壓刀板 | 刃押え | 压刀板 |
| — coating | 刮塗 | ナイフ塗布 | 刮涂 |
| — file | 刀形銼 | 刃形やすり | 刀锉 |
| — grinder | 磨刀機(工人) | 手動かんな刃研削盤 | 磨刀石〔工人〕 |
| — holder | 刀把;刀柄 | 刃押え | 刀架 |
| — lapping machine | 刨刀刃磨機 | かんな刃ラップ盤 | 刨刀刃磨机 |
| — scale | 刀銷 | ナイフのさや | 刀销 |
| — section | 三角刃 | ナイフセクション | 刃口 |
| — switch | 閘刀開關 | 刃形スイッチ | 闸刀开关 |
| — tool | 刀具 | 片刃バイト | 刀具 |
| **knife-edge** | 刀刃 | 刃形 | 刀刃 |
| — bearing | 刀口支承 | 刃受け | 刀口支承 |
| — contact | 刀形觸點 | 刃形接点 | 刀形触点 |
| — die | 尖刃模 | 突っ切り型 | 尖刃模 |

K

| 英　　文 | 臺　　灣 | 日　　文 | 大　　陸 |
|---|---|---|---|
| — effect | 刀口效應 | ナイフエッジ効果 | 刀口效应 |
| — supporter | 刀口支座 | ナイフエッジ受石 | 刀口支座 |
| **knob** | 把手 | 目くぎ | 球形柄 |
| — bolt | 球形柄門閂 | 握り玉付き空錠 | 球形柄门闩 |
| — latch | 圓形把手鎖 | 握り玉付き錠前 | 圆形把手锁 |
| **knobbled iron** | 熟鐵 | 錬鉄 | 熟铁 |
| **knock** | 敲擊;爆震 | ノッキング | 敲打;爆震 |
| — compound | 抗震劑 | 消撃剤 | 抗震剂 |
| — inhibitor | 抗震劑 | 消撃剤 | 抗震剂 |
| — pin | 頂出銷 | 目くぎ | 顶出杆 |
| — rating | 爆震率 | アンチノック価 | 爆震率 |
| **knocker** | 門環〔錘〕 | 戸叩き | 门环〔锤〕 |
| **knockoff** | 敲落 | 仕事終り | 敲落 |
| — feeder head | 易割冒口 | ノックオフ押し湯 | 易割冒口 |
| **knockon** | 撞擊 | ノックオン | 撞击 |
| — effect | 撞擊效應 | ノックオン効果 | 撞击效应 |
| **knockout** | (模具)頂出器 | 押し出し | (模具)顶出器 |
| — actuated stripper | 打料機構帶動的卸料板 | 可動式ストリッパ | 打料机构带动的卸料板 |
| — bar | 起模棒 | 突出し連結棒 | 起模棒 |
| — beam | 打料橫桿 | ノックアウトビーム | 打料横杆 |
| — cylinder | 脫模軸 | ノックアウトシリンダ | 脱模轴 |
| — device | 脫模裝置 | ノックアウト装置 | 脱模装置 |
| — die | 帶頂出器的模具 | ノックアウト型 | 带顶出器的模具 |
| — frame | 頂出框架 | 突出しフレーム | 顶出框架 |
| — machine | 脫模機 | ノックアウトマシン | 脱模机 |
| — pin | 頂出桿 | 突出しピン | 顶出杆 |
| — plate | 脫模板 | ノックアウト板 | 脱模板 |
| — rod | 頂出桿 | ノックアウトロッド | 顶出杆 |
| — spring | 打料簧 | ノックアウトばね | 打料簧 |
| **Knoop** hardness | 努氏硬度 | ヌープ硬さ | 努氏硬度 |
| — microhardness test | 努氏顯微硬度試驗 | ヌープ微小硬度試験 | 努氏显微硬度试验 |
| **knotter column** | 連接柱 | 結節柱 | 连接柱 |
| **knotter** | 打節機 | ノッタ | 打结器 |
| **knuckle** | 鉤爪關節 | ナックル | 关节 |
| — arm | 關節臂 | ナックルアーム | 关节臂 |
| — bender | 曲柄連桿式彎曲機 | ナックルベンダ | 曲柄连杆式弯曲机 |
| — bolt | 萬向接頭插銷 | ナックルピン | 万向接头插销 |
| — drive | 肘節傳動 | ナックルドライブ | 肘节传动 |
| — joint | 關節接合 | ナックル継手 | 肘接头 |
| — joint press | 曲柄連桿式沖床 | ナックルジョイントプレス | 曲柄连杆式压力机 |

| 英　　文 | 臺　　灣 | 日　　文 | 大　　陸 |
|---|---|---|---|
| — pin | 鉤銷;關節銷 | リストピン | (万向)接头插销 |
| — pivot pin | 轉向節銷 | ナックルピボットピン | 转向节销 |
| — screw thread | 圓螺紋 | 丸ねじ | 圆螺纹 |
| — spindle | 前輪軸 | ナックルスピンドル | 前轮轴 |
| — support | (獨立懸架)轉向節支架 | ナックルサポート | (独立悬架)转向节支架 |
| knuckleless hinger | 整體鉸鏈 | つぼなし丁番 | 整体铰链 |
| knurl | 滾花 | 刻み | 压花 |
| knurled head | 滾花頭〔螺釘〕 | 刻み付き（頭） | 滚花头〔螺钉〕 |
| — nut | 滾花螺帽 | 刻み付きナット | 滚花螺母 |
| — piston | 滾花活塞 | ナールドピストン | 滚花活塞 |
| — roller | 突紋輥 | ローレットローラ | 突纹辊 |
| — screw | 滾花螺釘 | ナールドスクリュー | 滚花螺钉 |
| knurling | 壓花加工 | ローレット切り | 滚花加工 |
| — tool | 壓花刀 | ルーレット | 滚花刀 |
| knurlizer | 壓花刀 | ナーライザ | 滚花刀 |
| koerflex | 半硬質磁性材料 | ケルフレックス | 半硬质磁性材料 |
| Kommerell bend test | 焊縫縱向彎曲試驗 | コマレル試験 | 焊缝纵向弯曲试验 |
| Konal | 一種鎳鈷合金 | コナル | 一种镍钴合金 |
| Konel alloy | 一種合金 | コネル合金 | 一种合金 |
| kongsbergite | 汞銀礦 | コングスベルグ鉱 | 汞银矿 |
| Konik | 一種鎳錳鋼 | コニック | 一种镍锰钢 |
| Konstruktal | 高強度鋁鎂鋅合金 | コンストラクタル | 高强度铝镁锌合金 |
| Kovar | 一種鐵鎳鈷合金 | コバール | 一种铁镍钴合金 |
| — alloy | 低膨脹係數合金 | コバール合金 | 低膨胀系数合金 |
| Kramers degeneration | 克拉麻斯退化 | クラマース縮退 | 克拉麻斯退化 |
| Kromarc | 一種焊接不銹鋼 | クロマーク | 一种焊接不锈钢 |
| Krupp mill | 一種軋鋼機 | クルップミル | 一种轧钢机 |
| kryolite | 冰晶石 | 氷晶石 | 冰晶石 |
| kryometer | 低溫計 | 低温計 | 低温计 |
| kryptol | 粒狀碳 | クリプトール | 粒状碳 |
| krypton;Kr | 氪 | クリプトン | 氪 |
| — arc lamp | 氪弧光燈 | クリプトンアークランプ | 氪弧光灯 |
| — discharge tube | 氪放電管 | クリプトン放電管 | 氪放电管 |
| — lamp | 氪燈 | クリプトンランプ | 氪灯 |
| — laser | 氪雷射 | クリプトンレーザ | 氪激光器 |
| KS bronze | KS高彈性耐腐蝕鎳青銅 | ＫＳ青銅 | KS高弹性耐腐蚀镍青铜 |
| — magnetic steel | KS磁力鋼 | ＫＳ鋼 | KS磁性钢 |
| Kufil | 一種銀焊料 | キュフィール | 一种银焊料 |
| Kumanal | 錳鋁銅標準電阻合金 | キュマナール | 锰铝铜标准电阻合金 |
| Kumial | 含鋁銅鎳彈簧合金 | クミアル | 含铝铜镍弹簧合金 |

| 英　　文 | 臺　　灣 | 日　　文 | 大　　陸 |
|---|---|---|---|
| **Kumium** | 高電〔熱〕導率銅鋁合金 | クミウム | 高电〔热〕导率铜铬合金 |
| **Kunial** | 含鋁銅鎳彈簧合金 | クニアール | 含铝铜镍弹簧合金 |
| — copper | 一種銅 | クニアルカッパ | 一种铜 |
| **Kunifer** | 銅鎳合金 | クニファ | 铜镍合金 |
| **Kurie plot** | 居里曲線 | キュリープロット | 居里曲线 |
| **Kuromore** | 一種鎳鉻耐熱合金 | クロモア | 一种镍铬耐热合金 |
| **Kuttern** | 一種銅碲合金 | クッターン | 一种铜碲合金 |

| 英　　文 | 臺　　灣 | 日　　文 | 大　　陸 |
|---|---|---|---|
| L antenna | L形天線 | L形アンテナ | L形天线 |
| L cathode | 多孔隔板陰極 | L陰極 | 多孔隔板阴极 |
| L head cylinder | L形頭氣缸 | 側弁式機関 | L形头气缸 |
| L steel | L形鋼 | L形鋼 | L形钢 |
| La Mont boiler | 拉蒙式鍋爐 | ラモントボイラ | 拉蒙式锅炉 |
| labile equilibrium | 不穩平衡 | 不安定平衡 | 不稳平衡 |
| laboratory | 實驗室 | 実験室 | 实验室 |
| — equipment | 實驗室設備 | 実験装置 | 实验装置 |
| — -table | 實驗台 | 実験台 | 实验台 |
| labyrinth box | 曲徑密封箱 | ラビリンス箱 | 迷宫式密封箱 |
| — collar | 曲徑密封環 | ラビリンスカラー | 迷宫式密封环 |
| — cylinder | 曲徑密封油缸 | ラビリンスシリンダ | 带有迷宫式密封的油缸 |
| — packing | 曲徑填封 | ラビリンスパッキング | 曲折轴垫 |
| — piston | 曲徑活塞 | ラビリンスピストン | 带有迷宫密封的活塞 |
| — plate | 曲徑密封板 | ラビリンスブレート | 迷宫式密封板 |
| — prevention | 曲徑阻漏〔軸墊〕 | 回り込み防止 | 迷宫阻漏〔轴垫〕 |
| — seal | 曲徑軸封 | ラビリンス | 曲路密封 |
| lace | 絲帶機;飾帶織機 | レース | 穿孔带 |
| — card | 穿孔卡帶 | レースカード | 穿孔卡带 |
| lack of fusion | 未熔合 | 融合不足 | 未熔合 |
| — of joint penetration | 未焊透 | 溶込み不良 | 未焊透 |
| — of penetration | 未焊透 | 溶込み不良 | 未焊透 |
| — of root fusion | 根部未焊透 | ルートの融合不良 | 根部未焊透 |
| — of side fusion | 側面未熔合 | 側面融合不足 | 侧面未熔合 |
| ladder chute | 梯形滑槽 | ラダーシュート | 梯形滑槽 |
| — diagram | 順序控制圖 | ラダーダイヤグラム | 顺序控制图 |
| — excavator | 斗式挖掘機 | パケット掘削機 | 斗式挖掘机 |
| — fire | 試射 | 試射 | 试射 |
| ladle | 澆桶;澆斗;鐵水包 | 取りべ | 盛钢桶 |
| — analysis | 澆斗分析 | 取りべ分析 | 浇包取样分析 |
| — board | 澆桶板 | 取りべ板 | 铁水包板 |
| — car | 澆斗車 | 取りべ車 | 盛钢桶车 |
| — chill | 包內冷卻 | なべ冷却 | 包内冷却 |
| — cover | 澆包蓋 | 取りべおおい | 浇包盖 |
| — crane | 澆桶起重機 | 取りべクレーン | 铁水包吊车 |
| — drier | 鐵水包烘乾器 | なべ乾燥機 | 铁水包烘乾器 |
| — hank | 澆包架 | 蓮台 | 浇包架 |
| — pit | 出鋼坑 | レードルピット | 出钢坑 |
| — refining | 桶中精煉 | ろ外精錬 | 桶中精炼 |
| — shank | 澆桶拉架 | 取りべ棒 | 浇包架 |

L

| 英　文 | 臺　灣 | 日　文 | 大　陸 |
|---|---|---|---|
| ─ slag | 桶渣 | 取りべさい | 桶渣 |
| **lag** | 遲延;滯後 | 遅れ | （自动控制的)滯後 |
| ─ angle | 滯延角 | ラグ角 | 滯後角 |
| ─ bolt | 方頭(木)螺栓 | ラグボルト | 方头(木)螺栓 |
| ─ screw | 方頭木螺釘 | ラグ木ねじ | 方头木螺钉 |
| ─ time | 延遲時間 | 遅延時間 | 滯後时间 |
| **lagging** | 包層;遲延 | 外装板 | 保温套 |
| ─ cover | 隔熱包層蓋 | ラギング被 | 绝缘层 |
| ─ heat insulator | 保溫材料 | 保温材 | 保温材料 |
| ─ jacket | 包層套 | ラギングジャケット | (气缸)保温套 |
| ─ material | 隔熱包層材料 | 外衣材 | 保温材料 |
| **Lala** | 拉拉康銅 | ララ | 拉拉康铜 |
| **lamda ratio** | 縮尺比 | ラムダ比 | 缩尺比 |
| **lamella** | 薄片 | 薄片 | 薄片 |
| ─ -spring | 薄板〔片〕彈簧 | ラメラスプリング | 薄板〔片〕弹簧 |
| ─ structure | 層狀結構 | ラメラ構造 | 层状结构 |
| **lamellae** | 片(層) | ラメラ | 片(层) |
| **lamellar** boundary slip | 界面層的滑移 | 層状境界滑り | 界面层的滑移 |
| ─ magnet | 薄磁鐵 | 薄葉磁石 | 薄磁铁 |
| ─ pearlite | 層狀波來鐵 | 層状パーライト | 片状珠光体 |
| ─ pyrite | 白鐵礦;片狀黃鐵礦 | 白鉄鉱 | 白铁矿;片状黄铁矿 |
| ─ spring | 疊板彈簧 | 重ね板ばね | 钢板弹簧 |
| ─ structure | (金屬材料的)層狀組織 | 層状組織 | (金属材料的)层状组织 |
| ─ tear | 層狀撕裂 | ラメラテアー | 层状撕裂 |
| ─ tissue | 層狀組織 | 層組織 | 层状组织 |
| **lamina** | 疊層;薄片〔層;板〕 | 単層 | 薄片〔层;板〕 |
| **laminaography** | 斷層X光照相 | X線断層撮影法 | 断层X射线照相 |
| **laminar** aerofoil | 層流翼剖面 | 層流翼型 | 层流翼型 |
| ─ boundary layer | 層流邊界層 | 層流境界層 | 层流边界层 |
| ─ cavitation | 片狀空泡 | 層流キャビテーション | 片状空泡 |
| ─ composite | 層壓複合材料 | 積層複合材料 | 层压复合材料 |
| ─ convection | 分層對流 | 成層対流 | 分层对流 |
| ─ flow effect | 層流影響 | 層流の影響 | 层流影响 |
| ─ grating | 層狀結晶 | 薄片格子 | 层状结晶 |
| ─ heat transfer | 層流熱傳遞 | 層流熱伝達 | 层流热传导 |
| ─ jet | 層流射流 | 層流噴流 | 层流射流 |
| **laminare** | 層流 | 層流 | 层流 |
| **laminate** | 疊片 | 積層板 | 层压板 |
| ─ bond strength | 層壓黏接強度 | 積層接着強さ | 层压黏接强度 |
| ─ mo(u)lding | 層壓法 | 積層成形 | 层压法 |

| 英　　文 | 臺　　灣 | 日　　文 | 大　　陸 |
|---|---|---|---|
| — panel | 層壓板 | 積層パネル | 层压板 |
| — ply | 單層 | 単層 | 单层 |
| — sheet | 積層板 | 積層板 | 积层板 |
| **laminated** antenna | 疊層天線 | 成層アンテナ | 叠层天线 |
| — armature | 疊片電樞 | 成層電機子 | 叠片电枢 |
| — bar | 層壓桿 | 積層棒 | 层压杆 |
| — beam | 疊層梁 | 板層ばり | 叠层梁 |
| — brush | 疊片電刷 | 成層ブラシ | 叠片电刷 |
| — cloth | 積層布 | 積層布 | 积层布 |
| — core | 疊片鐵芯 | 成層鉄心 | 叠片铁芯 |
| — fabric | 層壓片 | 積層布 | 层压片 |
| — foil | 層壓箔片 | ラミネーテドフィリム | 层压箔片 |
| — insulation | 層間絕緣 | 層間絶縁 | 层间绝缘 |
| — insulator | 疊片絕緣物 | 積層絶縁物 | 叠片绝缘物 |
| — layers method | 積層法 | 積層法 | 积层法 |
| — lumber | 多層膠合板 | 集成材 | 多层胶合板 |
| — magnet | 疊片磁鐵 | 成層磁石 | 叠片磁铁 |
| — material | 積層物〔材〕 | 積層物〔材〕 | 积层物〔材〕 |
| — metal | 雙金屬板 | 合せ板 | 双金属板 |
| — mo(u)lded section | 積層形材 | 積層形材 | 积层形材 |
| — mo(u)lding | 積層成形;層壓成形 | 積層成形 | 积层成形;层压成形 |
| — plate | 積層板 | 積層板 | 积层板 |
| — product | 層壓材料 | 積層物 | 层压材料 |
| — section | 積層形材 | 積層形材 | 积层形材 |
| — sheet | 積層板 | 積層板 | 积层板 |
| — shim | 層疊薄墊 | 重ねシム | 层叠薄垫 |
| — spring | 疊板彈簧 | 合せ板ばね | 叠板弹簧 |
| — structure | 分層構造 | 薄層構造 | 分层构造 |
| — tempered glass | (疊層)膠合強化玻璃 | 合せ強化ガラス | (叠层)胶合强化玻璃 |
| — tube | 積層管 | 積層管 | 积层管 |
| — wood | 層壓板 | 合せ材 | 层压板 |
| **laminater** | 層壓機 | ラミネータ | 层压机 |
| **laminating** | 層合〔壓〕(法) | はり合せ | 层合〔压〕(法) |
| — agent | 積層用樹脂 | 積層用樹脂 | 积层用树脂 |
| — layer | 積層 | 積層 | 积层 |
| — machine | 層壓機 | 積層機 | 层压机 |
| — roll | 層壓用輥 | 積層用ロール | 层压用辊 |
| — varnish | 層壓用漆 | 積層用ワニス | 层压用漆 |
| **lamination** | 夾層 | はり合せ | 夹层 |
| — fault | 分層缺陷 | 重ね板 | 分层缺陷 |

**L**

603

| 英　　文 | 臺　　灣 | 日　　文 | 大　　陸 |
|---|---|---|---|
| ― plane | 積層面 | 積層面 | 积层面 |
| **laminator** | 疊合機 | はり合せ機 | 胶合机 |
| **laminography** | X光分層法 | ラミノグラフィ | X射线分层法 |
| **laminometer** | 膜厚測試計 | ラミノメータ | 膜厚测试计 |
| **lamp** | 燈 | ランプ | 灯 |
| ― house | 光源 | ランプハウス | 光源 |
| ― test | 燈試法〔試硫用〕 | ランプ試験 | 灯试法〔试硫用〕 |
| **lampblack** | 軟質碳黑 | 灰墨 | 软质炭黑 |
| **lanarkite** | 黃鉛礦 | ラナーク石 | 黄铅矿 |
| **Lancashire boiler** | 一種鍋爐 | ランカシャボイラ | 一种夏锅炉 |
| **lance** and bend punch | 切口和彎曲凸模 | 突曲げ用ポンチ | 切口和弯曲凸模 |
| ― cutting | 氣割 | 酸素溶断 | 气割 |
| ― punch | 切口凸模 | ランスポンチ | 切口凸模 |
| ― slit | 切口 | ランススリット | 切口 |
| ― through out die | 穿孔模 | 突破りバーリング型 | 穿孔模 |
| **lancet** | 砂鉤〔修砂型用工具〕 | へら | 砂钩〔修砂型用工具〕 |
| **lancing** | (衝壓)切口 | 切曲げ | (冲压)切口 |
| **land** leveler | 平地機 | 地ならし機 | 平地机 |
| ― plaster | (粉狀)石膏 | 粉状石こう | (粉状)石膏 |
| ― roller | 壓地機 | 鎮圧機 | 压地机 |
| ― shaper | 土地平整機 | 地ならし機 | 土地平整机 |
| ― width | 齒背寬 | ランド幅 | 齿背宽 |
| **landed** force | 突緣模塞 | ランド付け押し型 | 突缘模塞 |
| ― mold | 凸緣塑模 | 食い切り型 | 凸缘塑模 |
| **landing edge** | 縱向接頭 | 縦継手 | 纵向接头 |
| **Landis chaser** | 一種螺紋梳刀 | ランディスチェザー | 一种螺纹梳刀 |
| **landmark** | 輪廓線 | 陸標 | 轮廓线 |
| **lang lay** | 順捻 | ラングより | 顺捻 |
| ― lay rope | 順捻鋼索 | ラングよりロープ | 顺捻钢丝绳 |
| ― lay twist | S型絞 | ラングより | S型绞 |
| **Langaloy** | 一種高鎳鑄造合金 | ランガロイ | 一种高镍铸造合金 |
| **lantern** pinion | 滾柱小齒輪 | 灯ろう歯車 | 滚柱小齿轮 |
| ― ring | 套環 | ランタンリング | 套环 |
| **lanthanum;La** | 鑭 | ランタン | 镧 |
| ― carbide | 碳化 | 炭化ランタン | 碳化镧 |
| **lap** | 鋒面;重搭;重疊 | 重なり | 研磨〔具〕;搭接;重叠 |
| ― angle | 鋒面角 | ラップアングル | 搭接角 |
| ― dovetail | 鳩尾榫 | 包みあし | 鸠尾榫连接〔如抽屉〕 |
| ― equipment | 研磨裝置 | ラップ装置 | 研磨装置 |
| ― fit | 搭接配合 | ラップはめ | 搭接配合 |

604

| 英　　文 | 臺　　灣 | 日　　文 | 大　　陸 |
|---|---|---|---|
| — gate | 疊邊進模□ | ちょん掛け | 压边浇口 |
| — holder | 研磨架 | ラップホルダ | 研磨架 |
| — joint | 搭接 | 重ね接合 | 搭接接头 |
| — laying | 搭接 | よろいばり | 搭接 |
| — machine | 卷棉機 | ラップ巻機 | 重叠卷取机 |
| — mark | 折皺 | ラップマーク | 折皱 |
| — position | 遮蓋位置 | ラップポジション | (滑阀的)遮断位置 |
| — ratio | 重疊比 | ラップ比 | 重叠比 |
| — resistance welding | 搭接電阻焊 | 重ね抵抗溶接 | 搭接电阻焊 |
| — riveting | 搭接鉚 | 重ねリベット | 搭接铆 |
| — seam weld | 搭接縫焊(焊道) | 重ね縫合せ溶接 | 搭接缝焊(焊道) |
| — tube | 拋光管 | ラップチューブ | 抛光管 |
| — wafer | 晶片拋光〔研磨〕 | ラップウェーハ | 晶片抛光〔研磨〕 |
| — weld | 搭鍛接;搭熔接 | 重ね溶接 | 搭(接)焊 |
| — winding | 疊繞法 | 重ね巻き | 叠绕法 |
| — work | 搭接 | ラップワーク | 搭接 |
| **lapless** | 無重疊 | ラップレス | 无重叠 |
| **lapped** butt | 搭接 | 重ね横縁 | 搭接 |
| — seam | 搭接縱縫 | 重ね継手 | 搭接纵缝 |
| — wafer | 磨光片 | ラップドウェハ | 磨光片 |
| **lapper** | 研磨機 | ラッパ | 研磨机 |
| **lapping** | 搭接;研光 | ラップ仕上げ | 搭接;研磨 |
| — compound | 研光劑 | ラップ剤 | 研磨剂 |
| — damage layer | 研光損傷層 | ラッピングダメージ層 | 研磨损伤层 |
| — fluid | 研光液 | ラッピング液 | 研磨液 |
| — machine | 研光機 | ラップ盤 | 研磨机 |
| — oil | 研光油 | ラッピングオイル | 研磨油 |
| — plate | 研光平板 | ラップ板 | 研磨平板 |
| — powder | 研光粉 | ラッピングパウダ | 研磨粉 |
| — tool | 研光工具 | ラッピングツール | 研磨工具 |
| — wheel | 研光輪 | ラッピングホイール | 研磨轮 |
| — work | 研光作業 | ラップ作業 | 研磨作业 |
| **lapse** | (溫度)遞減 | (気温の)順伝 | (温度)递减 |
| — rate | (溫度)遞減率 | 逓減率 | (温度)递减率 |
| **large-angle** instrument | 大角度儀器 | 広角形計器 | 大角度仪器 |
| — bell | 大鐘〔高爐上料機構〕 | 大鐘〔高炉〕 | 大钟〔高炉上料机构〕 |
| — calory | 千卡 | ラージカロリ | 千卡 |
| — curvature beams | 大曲率梁 | 大曲率はり | 大曲率梁 |
| — deflection theory | 大撓度理論 | 大たわみ理論 | 大挠度理论 |
| — diameter pipe | 大直徑管 | 大径管 | 大直径管 |

**L**

| 英 文 | 臺 灣 | 日 文 | 大 陸 |
|---|---|---|---|
| — elongation ga(u)ge | 大型伸長儀 | 大型ひずみゲージ | 大型伸长仪 |
| — end | （連桿的）大端〔頭〕 | ビグエンド | （连杆的）大端〔头〕 |
| — group connecton | 多組合連接 | 大代表コネクション | 多组合连接 |
| — ladle | 大型澆包 | 大とりべ | 大型浇包 |
| — orifice | 大噴嘴 | 大オリフィス | 大喷嘴 |
| — scale production | 大規模生產 | 大規模生産 | 大规模生产 |
| — scale system design | 大（型）系統設計 | 大規模システム設計 | 大（型）系统设计 |
| — span structure | 大跨度結構 | 大張間構造 | 大跨度结构 |
| — type receptacle | 大型塞孔 | 大型コンセント | 大型塞孔 |
| **laser** | 雷射 | レーザ | 激光 |
| — action | 雷射作用 | レーザ作用 | 激光作用 |
| — aligner | 雷射校準器 | レーザアライナ | 激光校准器 |
| — annealing | 雷射退火 | レーザアニーリング | 激光退火 |
| — beam | 雷射束 | レーザビーム | 激光束 |
| — beam scan | 雷射掃描 | レーザビームスキャン | 激光扫描 |
| — beam welding | 雷射焊接 | レーザ溶接 | 激光焊接 |
| — cutting | 雷射切割 | レーザ切断 | 激光切割 |
| — detecting and ranging | 雷射探測和測距 | レーザレータ | 激光探测和测距 |
| — device | 雷射裝置 | レーザデバイス | 激光装置 |
| — diode | 雷射二極管 | レーザダイオード | 激光二极管 |
| — drilling | 雷射打孔 | レーザ穴あけ | 激光打孔 |
| — energy source | 雷射能源 | レーザエネルギー源 | 激光能源 |
| — engraving | 雷射雕刻〔刻模〕 | レーザ彫刻 | 激光雕刻〔刻模〕 |
| — geodimeter | 雷射測距器 | レーザジオジメータ | 激光测距器 |
| — head | 雷射頭 | レーザヘッド | 激光头 |
| — heating | 雷射加熱 | レーザ加熱 | 激光加热 |
| — instrumentation | 雷射測量 | レーザ計測 | 激光测量 |
| — interferometer | 雷射干涉儀 | レーザ干渉計 | 激光干涉仪 |
| — levelmeter | 雷射水平〔準〕儀 | レーザレベルメータ | 激光水平〔准〕仪 |
| — light | 雷射光 | レーザ光 | 激射光 |
| — machining | 雷射加工 | レーザ加工 | 激光加工 |
| — measuring | 雷射測量 | レーザメス | 激光测量 |
| — printer | 雷射印表機 | レーザプリング | 激光打印机 |
| — probe | 雷射探針 | レーザプローブ | 激光器探针 |
| — probing | 雷射探測 | レーザプロービング | 激光探测 |
| — processing | 雷射加工 | レーザ加工 | 激光加工 |
| — pulse | 雷射脈衝 | レーザパルス | 激光脉冲 |
| — range finder | 雷射測距儀 | レーザ測距器〔装置〕 | 激光测距仪 |
| — rifle | 雷射槍 | レーザライフル | 激光枪 |
| — rod | 雷射棒 | レーザロッド | 激光棒 |

| 英　　文 | 臺　　灣 | 日　　文 | 大　　陸 |
|---|---|---|---|
| — ruby | 雷射紅寶石 | レーザルビー | 激光红宝石 |
| — scanner | 雷射掃描器 | レーザスキャナ | 激光扫描器 |
| — scriber | 雷射劃線器 | レーザスクライバ | 激光划线器 |
| — sensing | 雷射探測 | レーザセンシング | 激光探测 |
| — welding | 雷射焊接 | レーザ溶接 | 激光焊接 |
| — zenith meter | 雷射垂直儀 | レーザ鉛直儀 | 激光垂直仪 |
| **lasermask repair** | 雷射掩模修理 | レーザマスクリペア | 激光掩模修理 |
| **lasurite** | 青金石 | 青金石 | 青金石 |
| **latch** | 門鎖搭機 | 掛金 | 把手门锁 |
| — gearing | 門鎖裝置 | 掛金裝置 | 闩锁装置 |
| — hook | 彈簧鉤 | ラッチフック | 弹簧钩 |
| — locking | 彈簧鎖定 | ラッチ鎖錠 | 插销锁定 |
| — nut | (帶有鎖槽的)防鬆螺母 | 角付きナット | (帶有锁槽的)防松螺母 |
| — plate | 壓板 | 留め板 | 压板 |
| — stop | 門式擋料裝置 | ラッチ式停止裝置 | 闩式挡料装置 |
| **latching** | 鎖住 | ラッチング | 锁住 |
| — current | 閉鎖電流 | ラッチング電流 | 闭锁电流 |
| — state | 閉鎖狀態 | ラッチング状態 | 闭锁状态 |
| **latence** | 潛伏狀態 | 潜伏状態 | 潜伏状态 |
| **latent** heat | 潛熱 | 潜熱 | 潜热 |
| — solvent | 助溶劑 | 潜溶剤 | 助溶剂 |
| **lateral** acceleration | 橫向加速度 | 左右加速度 | 横向加速度 |
| — adaptation | 橫向適應 | 横順応 | 横向适应 |
| — area | 側面積 | 側面積 | 侧面积 |
| — axis | 橫軸 | 側軸 | 横向轴(线) |
| — balance | 橫向平衡 | ラテラルバランス | 横向平衡 |
| — bending moment | 橫向彎矩 | 横曲げモーメント | 横向弯矩 |
| — branch | 橫向支管 | 横枝 | 横向支管 |
| — buckling | 橫向挫曲 | 横倒れ座屈 | 横向压曲 |
| — contraction | 橫縮 | 横縮み | 横向收缩 |
| — crack | 橫(向)裂(縫) | 横裂け | 横(向)裂(缝) |
| — curvature | 橫方向曲率 | 横方向曲率 | 横方向曲率 |
| — deflection | 橫向撓度 | 側方偏向 | 横向偏转 |
| — deformation | 橫向變形 | 軸向き変形 | 侧向变形 |
| — deviation | 橫偏差 | 方向偏向 | 方向偏差 |
| — direction | 橫向 | 横方向 | 横向 |
| — distance | 橫向距離 | 横方向距離 | 横向距离 |
| — erosion | 橫向侵蝕 | 横侵食 | 横向侵蚀 |
| — extensometer | 橫向應變〔伸長〕計 | 横伸び計 | 横向应变〔伸长〕计 |
| — extrusion | 水平擠壓 | 横押出し | 水平挤压 |

**L**

| 英　　文 | 臺　　灣 | 日　　文 | 大　　陸 |
|---|---|---|---|
| ― face | 橫面；側面 | 側面 | 側面 |
| ― fillet | 側面角焊縫 | 側面すみ肉 | 側面角焊縫 |
| ― fillet weld | 側面角焊縫 | 側面すみ肉溶接 | 側面角焊縫 |
| ― force coefficient | 橫向力係數 | 橫すべり抵抗係數 | 側向力系數 |
| ― guide | 橫導路 | サイドガイド〔壓延〕 | 側导板 |
| ― load | 橫向負載 | 橫荷重 | 橫向載荷 |
| ― locator | (工作台)縱向定位器 | ラテラルロケータ | (工作台)纵向定位器 |
| ― plate | 側板 | 側板 | 側板 |
| ― position of propeller | 螺旋漿橫向位置 | プロペラの橫方向位置 | 螺旋浆橫向位置 |
| ― pressure stress | 側壓應力 | 側圧応力 | 側压应力 |
| ― probe movement | 左右掃描〔超音波探傷〕 | 左右走査〔超音波探傷の〕 | 左右扫描〔超声探伤〕 |
| ― reinforcement | 水平鋼筋 | 橫鉄筋 | 水平钢筋 |
| ― resistance | 橫向阻力 | 橫抵抗 | 橫向阻力 |
| ― scan | 橫向掃描 | 左右走査 | 橫向扫描 |
| ― section | 橫截面 | 橫断面 | 橫截面 |
| ― separation | 橫向分離 | 橫方向分離 | 橫向分离 |
| ― shake | 側面震動 | ラテラルシェイク | 側面震動 |
| ― slide mold | 旁滑式(注射)塑模 | 橫滑り型 | 旁滑式(注射)塑模 |
| ― stiffness | 橫向剛性 | 側鋼性 | 側向刚性 |
| ― strain intensity | 橫向應變強度 | 橫ひずみ度 | 橫向应变强度 |
| ― stress | 橫向應力 | 橫応力 | 側向应力 |
| ― structure | 橫向結構 | ラテラル構造 | 橫向结构 |
| ― thrust | 橫向推力 | 橫推力 | 橫向推力 |
| ― tie | 橫向拉桿 | 帯状鉄筋 | 橫向拉杆 |
| ― vibration | 橫向振動 | 橫振動 | 橫向振动 |
| latex | 橡膠 | 乳樹脂 | 橡胶 |
| ― deposited article | 膠乳沉積製品 | ラテックス沈積製品 | 胶乳沉积制品 |
| ― film | 膠乳膜 | ラテックス膜 | 胶乳膜 |
| ― mo(u)ld | 浸膠塑模 | ラテックス型 | 浸胶塑膜 |
| ― paint | 乳膠漆 | ラテックス塗料 | 乳胶漆 |
| ― proofing | 塗膠乳 | ラテックス防護 | 涂胶乳 |
| ― rubber | 膠乳橡膠 | ラテックスゴム | 胶乳橡胶 |
| ― stabilization | 膠乳穩定化 | ラテックスの安定化 | 胶乳稳定化 |
| ― thickener | 膠乳增黏劑 | ラテックス増粘剤 | 胶乳增黏剂 |
| lathe | 車床 | 旋盤 | 车床 |
| ― carrier | 車床牽轉具 | レースキャリャ | 鸡心夹头 |
| ― center | 車床頂尖 | 旋盤センタ | 车床顶尖 |
| ― chuck | 車床夾頭 | 旋盤チャック | 车床卡盘 |
| ― dog | 車床牽轉具 | 回し金 | 鸡心夹头 |
| ― drill | 鑽孔車床；臥式鑽床 | さん孔旋盤 | 钻孔车床；卧式钻床 |

| 英　文 | 臺　灣 | 日　文 | 大　陸 |
|---|---|---|---|
| — tool | 車刀 | 旋盤バイト | 车刀 |
| lather | 起泡 | 起泡 | 起泡 |
| latitude | 寬容度 | 寬容度 | 寬容度 |
| Lattens | 一種鋅銅合金 | ラテン | 一种锌铜合金 |
| lattice | 格子 | 格子 | 晶格 |
| — conduction | 格子傳導 | 格子伝導 | 点阵传导 |
| — constant | 晶格常數 | 格子定数 | 晶格常数 |
| — defect | 格子缺陷 | 格子欠陥 | 晶格缺陷 |
| — design | 格子設計 | 格子柄 | 点阵结构 |
| — distance | 晶面間距 | 格子面間隔 | 晶面间距 |
| — distortion theory | 格子畸變理論 | 格子ひずみ説 | 晶格畸变理论 |
| — effect | 格子效應 | 格子効果 | 晶格效应 |
| — energy | 格子能（量） | 結晶格子エネルギー | 晶格能（量） |
| — formation | 格子形成 | 格子形成 | 晶格形成 |
| — friction stress | 格子摩擦應力 | 格子摩擦応力 | 晶格摩擦应力 |
| — hole | 格子空孔 | 格子空孔 | 点阵空孔 |
| — imperfection | 格子缺陷 | 格子不安全性 | 晶格缺陷 |
| — ion | 格子離子 | 格子イオン | 点阵离子 |
| — misfit | 格子錯合 | 格子不一致 | 晶格错合 |
| — mobility | 格子遷移率 | 格子移動度 | 晶格迁移率 |
| — model | 格子模型 | 格子模型 | 点阵模型 |
| — parameter | 格子常數 | 格子定数 | 晶格常数 |
| — pitch | 格子間距 | 格子ピッチ | 晶格间距 |
| — plane | 格子平面 | 格子面 | 晶格平面 |
| — point problem | 格子點問題 | 格子点問題 | 格点问题 |
| — scattering | 格子散射 | 格子散乱 | 晶格散射 |
| — spacing | 格子間距 | 格子間隔 | 晶格间距 |
| — spectrum | 格子光譜 | 格子スペクトル | 晶格光谱 |
| — structure | 格子結構 | 格子構造 | 晶格结构 |
| — substitution | 格子置換 | 格子置換 | 点阵置换 |
| — system | 格子系 | 格子系 | 点阵系 |
| — type filter | 橋型濾波器 | 格子説 | 桥型滤波器 |
| — unit | 單位晶格 | 単位格子 | 单位晶格 |
| — vacancy | 格子空位 | 格子空間 | 晶格空位 |
| — wound coil | 蜂房式線圈 | 格子巻コイル | 蜂房式线圈 |
| launcher | 發射裝置 | 発射台〔装置〕 | 发射装置 |
| launching | 下水；發射 | 打上げ | 发射 |
| — angle | 發射角 | 発射角 | 发射角 |
| — cradle | 發射架 | 進水クレードル | 发射架 |
| — rail | 發射軌 | 発射レール | 发射轨 |

| 英　　文 | 臺　　灣 | 日　　文 | 大　　陸 |
|---|---|---|---|
| — way | 滑道 | 進水台 | 滑道 |
| launder | 流槽（礦） | 出湯とい | 出鋼〔鉄〕槽 |
| — classifier | 洗滌分級器 | 洗浄分級器 | 洗涤分级器 |
| Lautal | 一種鋁銅矽合金 | ラウタル | 一种铝铜硅合金 |
| lautite | 輝砷銅礦 | ラウタ鉱 | 辉砷铜矿 |
| law | 定律 | 法則 | 定律 |
| — of absorption | 收吸定律 | 吸収の法則 | 收吸定律 |
| — of acceleration | 加速度定律 | 加速度の法則 | 加速度定律 |
| — of energy conservaton | 能量不滅定律 | エネルギー保存則 | 能量守恒定律 |
| — of friction | 摩擦定律 | 摩擦の法則 | 摩擦定律 |
| — of gravitation | 萬有引力定律 | 重力の法則 | 万有引力定律 |
| — of inertia | 慣性定律 | 慣性の法則 | 惯性定律 |
| — of irreversibility | 不可逆定律 | 不可逆の法則 | 不可逆定律 |
| — of mass action | 質量作用定律 | 質量作用の法則 | 质量作用定律 |
| — of motion | 運動（定）律 | 運動法則 | 运动（定）律 |
| — of partial pressure | 分壓（定）律 | 分圧の法則 | 分压（定）律 |
| — of reflection | 反射定律 | 反射の法則 | 反射定律 |
| — of refraction | 折射定律 | 屈折の法則 | 折射定律 |
| — of superposition | 疊加原理 | 重畳の理 | 叠加原理 |
| — of symmetry | 對稱性定律 | 対称律 | 对称性定律 |
| — of thermodynamics | 熱力學定律 | 熱力学の法則 | 热力学定律 |
| — of thermoneutrality | 熱中和性定律 | 熱中性の法則 | 热中和性定律 |
| — of universal gravitation | 萬有引力定律 | 万有引力の法則 | 万有引力定律 |
| — of velocity distribution | 速度分配定律 | 速度分布則 | 速度分配定律 |
| layer | 層 | 層 | 层 |
| — board | 多層板 | 広こまい | 多层板 |
| — cable | 分層（絞合）電纜 | レイアケーブル | 分层（绞合）电缆 |
| — growth | 層狀生長 | レイア生成 | 层状生长 |
| — insulation test | 層間絕緣試驗 | 層間絶縁試験 | 层间绝缘试验 |
| — lattice | 層形格子 | 層状格子 | 层形点阵 |
| — lines | 層線 | 層線 | 层线 |
| — of discontinuity | 間斷層 | 躍層 | 间断层 |
| — of oxide | 氧化膜 | 酸化皮膜層 | 氧化膜 |
| — of weld | 熔焊層 | 溶着部 | 熔焊层 |
| — stranded cable | 分層絞合電纜 | 層ねんケーブル | 分层绞合电缆 |
| — winding | 分層繞組 | レイアワインディング | 分层绕组 |
| layer-built cell | 疊層式電池 | 積層電池 | 叠层式电池 |
| laying | 敷設 | 敷設 | 衬垫 |
| — gap | 間隙 | 遊間 | 间隙 |
| — speed | 施工速度 | 施行速度 | 施工速度 |

| 英　　文 | 臺　　灣 | 日　　文 | 大　　陸 |
|---|---|---|---|
| Laying-off | 放樣 | 材料取り | 下料 |
| layout | 配置 | 配置 | 配置 |
| — design | 電路圖設計 | レイアウト設計 | 电路图设计 |
| — drawing | 總平面圖 | 配置図 | 总平面图 |
| — machine | 測繪縮放儀 | レイアウトマシン | 测绘缩放仪 |
| — of machines | 機床配置 | 機械配置 | 机床配置 |
| — pattern | 設計圖 | レイアウトパターン | 设计图 |
| — plan | 平面佈置圖 | 配置計画図 | 平面布置图 |
| layshaft | 中間軸 | 副軸 | 中间轴 |
| layup | 成層 | レイアップ | 接头 |
| LD converter | 氧氣頂吹轉爐 | ＬＤ転炉 | 氧气顶吹转炉 |
| LD plant | 氧氣頂吹煉鋼工廠 | ＬＤ製鋼工場 | 氧气顶吹炼钢工厂 |
| LD process | 純氧頂吹轉爐法 | 純酸素上吹き転炉法 | 纯氧顶吹转炉法 |
| leaching | 過濾浸出 | 浸出 | 浸出 |
| — agent | 浸出劑 | 浸出剤 | 浸出剂 |
| — fluid | 浸出液 | 浸出液 | 浸出液 |
| — method | 浸出法 | リーチング法 | 浸出法 |
| — process | 濕法冶金 | 湿式精錬 | 湿法冶金 |
| — property | 浸出性 | 浸出性 | 浸出性 |
| — residue | 濾渣 | 浸出残さい | 滤渣 |
| — tank | 浸出槽 | 浸出タンク | 浸出槽 |
| lead(Pb) | 鉛 | 鉛〔Pb〕 | 铅 |
| — accumulator | 鉛蓄電池 | 鉛蓄電池 | 铅蓄电池 |
| — acetate | 醋酸鉛 | 酢酸鉛 | 乙酸铅 |
| — allergy | 鉛過敏症 | 鉛異常敏感性 | 铅过敏症 |
| — alloy | 鉛合金 | 鉛合金 | 铅合金 |
| — alloy sheathing | 鉛合金覆皮 | 鉛被 | 铅包层 |
| — angle of thread | 螺紋導程角 | リード角〔ねじ〕 | 螺纹升〔导〕角 |
| — annealing | 鉛浴退火 | 鉛焼なまし | 铅浴退火 |
| — anode | 鉛陽極 | 鉛陽極 | 铅阳极 |
| — antimony alloy | 鉛銻合金 | アンチモン鉛 | 铅锑合金 |
| — ash | 鉛灰 | 鉛灰 | 铅灰 |
| — base alloy | 鉛基合金 | 鉛基合金 | 铅基合金 |
| — bath quench | 鉛浴淬火 | 鉛浴焼き入れ | 铅浴淬火 |
| — battery | 鉛蓄電池 | 鉛二次電池 | 铅蓄电池 |
| — bearing steel | 含鉛易切削鋼 | 鉛快削鋼 | 含铅易切削钢 |
| — bonding | 引線接合(法) | リード線接着 | 引线接合(法) |
| — brass | 鉛黃銅 | 鉛黄銅 | 铅黄铜 |
| — bronze bearing | 鉛青銅軸承 | レッドブロンズベアリング | 铅青铜轴承 |
| — brush | 鉛刷 | レッドブラシ | 铅刷 |

L

| 英　　文 | 臺　　灣 | 日　　文 | 大　　陸 |
|---|---|---|---|
| — bullion | 粗鉛錠〔含有銀的鉛錠〕 | 粗鉛〔金銀を含む〕 | 粗鉛錠〔含有銀的鉛錠〕 |
| — burning | 鉛熔(低溫)焊接 | 鉛溶着法 | 铅熔(低温)焊接 |
| — cable | 鉛包電纜 | 鉛被ケーブル | 铅包电缆 |
| — cast | 重鑄鉛版〔印刷〕 | 鉛版 | 重铸铅版〔印刷〕 |
| — cathode | 鉛陰極 | 鉛陰極 | 铅阴极 |
| — chamber crystals | 鉛室結晶 | 鉛室結晶 | 铅室结晶 |
| — chloride | 氯化鉛 | 塩化鉛 | 氯化铅 |
| — coat | 鉛被層〔包皮〕 | 鉛被 | 铅被层〔包皮〕 |
| — coating | 鉛皮 | 鉛被覆 | 铅皮 |
| — connector | 引線連接器 | リードコネクタ | 引线连接器 |
| — cutting edge | 主切削刃 | リードカッティングエッジ | 主切削刃 |
| — deposit | 鉛沉積 | 鉛たい積 | 铅沉积 |
| — desilverization | 加鉛提銀 | 脱銀〔鉛精錬〕 | 加铅提银 |
| — diethyl | 二乙基鉛 | 二エチル鉛 | 二乙基铅 |
| — dimethide | 二甲基鉛 | 二メチル鉛 | 二甲基铅 |
| — dioxide | 二氧化鉛 | 二酸化鉛 | 过氧化铅 |
| — dross | 鉛熔渣 | 鉛溶さい | 铅熔渣 |
| — dust | 鉛粉〔末〕 | 鉛粉 | 铅粉〔末〕 |
| — encasing press | 套鉛機 | 被鉛機 | 套铅机 |
| — equivalent | 鉛當量 | 鉛当量 | 铅当量 |
| — ethide | 乙基鉛 | エチル鉛 | 乙基铅 |
| — extruding press | 壓鉛機 | 鉛押出しプラス | 压铅机 |
| — fatigue test | 引線疲勞試驗 | リード線疲労試験 | 引线疲劳试验 |
| — flat nail | 鉛頭釘 | 鉛頭くぎ | 铅头钉 |
| — flux | 鉛焊劑 | 鉛の融剤 | 铅焊剂 |
| — former | 引線成形機 | リードフォーマ | 引线成形机 |
| — frame | 引線(骨)架 | リードフレーム | 引线(骨)架 |
| — fuse wire | 保險鉛絲 | ヒューズ鉛線 | 保险铅丝 |
| — ga(u)ge | 螺距規 | リードゲージ | 螺距规 |
| — glance | 方鉛礦 | 方鉛鉱 | 方铅矿 |
| — glass | 鉛玻璃 | 鉛ガラス | 铅玻璃 |
| — glaze | 鉛釉 | 鉛ぐすり | 铅釉 |
| — grease | 鉛皂潤滑脂 | 鉛グリース | 铅皂润滑脂 |
| — hammer | 鉛錘 | 鉛ハンマ | 铅锤 |
| — hot dipping | 熱浸鉛 | 溶融鉛めっき | 热浸铅 |
| — hydrate | 氫氧化鉛 | 水(酸)化鉛 | 氢氧化铅 |
| — integrity test | 引線強度試驗 | 端子強度試験 | 引线强度试验 |
| — joint | 鉛接 | 鉛継手 | 填铅接头〔口;缝〕 |
| — limit switch | 行程限位開關 | リードリミットスイッチ | 行程限位开关 |
| — lining | 鉛襯 | 鉛内張り | 铅衬 |

| 英　　文 | 臺　　灣 | 日　　文 | 大　　陸 |
|---|---|---|---|
| — loss | 鉛（皮損）耗 | 鉛皮損 | 铅（皮损）耗 |
| — matte | 粗鉛 | 鉛かわ | 粗铅 |
| — monoxide | 一氧化鉛 | 一酸化鉛 | 氧化铅 |
| — mordant | 鉛媒染劑 | 鉛媒染剤 | 铅媒染剂 |
| — nail | 鉛釘 | 鉛くぎ | 铅钉 |
| — of screw | 螺旋導程 | ねじのリード | 螺旋导程 |
| — patenting | 鉛浴等溫淬火 | 鉛パテンチング | 铅浴等温淬火 |
| — peroxide | 過氧化鉛 | 過酸化鉛 | 二氧化铅 |
| — pig | 鉛錠 | 生子鉛 | 铅锭 |
| — pipe | 鉛管 | 鉛管 | 铅管 |
| — plaster | 鉛〔硬〕膏 | 鉛硬こう | 铅〔硬〕膏 |
| — plate | 鉛板〔皮〕 | 鉛板 | 铅板〔皮〕 |
| — plating | 鍍鉛 | と鉛 | 镀铅 |
| — plug | 易爆塞 | 鉛せん | 铅塞 |
| — poisoning | 中鉛毒 | 鉛中毒 | 铅中毒 |
| — press | 包鉛機 | 被鉛機 | 包铅机 |
| — print | 鉛印法 | レッドプリント | 铅印法 |
| — protoxide | 一氧化鉛 | 一酸化鉛 | 一氧化铅 |
| — quenching | 鉛浴淬火 | 鉛焼き入れ | 铅浴淬火 |
| — red | 紅丹；鉛丹 | 鉛丹 | 铅丹 |
| — relay | 引導繼電器 | リードリレー | 引导继电器 |
| — response | 受鉛性 | 鉛反応性 | 受铅性 |
| — rubber | 含鉛橡膠 | 鉛ゴム | 含铅橡胶 |
| — safety plug | 鉛安全塞 | 可溶せん | 铅安全塞 |
| — scraper | 刮鉛刀 | レッドスクレーパ | 刮铅刀 |
| — screen | 鉛屏蔽 | 鉛遮へい | 铅屏蔽 |
| — screw | 導螺桿 | 親ねじ | 导螺杆 |
| — sensitivity | 受鉛性 | 鉛アレルギー | 受铅性 |
| — sesquioxide | 三氧化二鉛 | 三二酸化鉛 | 三氧化二铅 |
| — sheath | 鉛包（皮） | 鉛被 | 铅包（皮） |
| — sheathed cable | 鉛包皮電纜 | 鉛被ケーブル | 铅包电缆 |
| — sheathed wire | 鉛包套線 | 鉛被線 | 铅包线 |
| — sheathing | 鉛包皮 | 被鉛 | 铅包皮 |
| — sheet | 鉛板 | レッドシート | 铅皮 |
| — shield | 鉛屏〔防放射線用〕 | 鉛遮へい | 铅屏〔防放射线用〕 |
| — -silver electrode | 鉛-銀電極 | 鉛－銀電極 | 铅-银电极 |
| — smelting | 鉛（的）熔煉 | 鉛溶錬 | 铅（的）熔炼 |
| — solder | 鉛焊料 | 鉛ろう | 铅焊料 |
| — spacing ga(u)ge | 鉛包線間距規 | レッド線間隔ゲージ | 铅包线间距规 |
| — spar | 白鉛礦 | 白鉛鉱 | 白铅矿 |

**L**

| 英　　文 | 臺　　灣 | 日　　文 | 大　　陸 |
|---|---|---|---|
| — stone | 磁性氧化鐵 | 酸化磁鉄 | 磁性氧化铁 |
| — strainer | 引線矯正機;拉線機 | リードストレーナ | 引线矫正机;拉线机 |
| — sugar | 乙酸鉛 | 鉛糖 | 乙酸铅 |
| — sulfate | 硫酸鉛 | 硫酸鉛 | 硫酸铅 |
| — sulphide | 硫化鉛 | 硫化鉛 | 硫化铅 |
| — susceptibility | 感鉛性 | 加鉛効果 | 感铅性 |
| — switch | 先導開關 | リードスイッチ | 先导开关 |
| — tapping machine | 引線抽頭機 | リードテーピング機 | 引线抽头机 |
| — tellurium | 鉛碲合金 | 鉛テルル合金 | 铅碲合金 |
| — terminal | 引線端子 | リード端子 | 引线端子 |
| — tester | 導程測定器 | リードテスタ | 导程检查仪 |
| — tube | 鉛(包)管 | 鉛管 | 铅(包)管 |
| — wash | 鉛洗滌物 | 鉛水 | 铅洗涤物 |
| — white | 鉛白 | 鉛白 | 铅白 |
| — width | 引線寬度 | リート幅 | 引线宽度 |
| — wire | 鉛絲;保險絲 | リード線 | 引线 |
| — wire connection | 鉛絲連接 | リード線接続 | 引线连接 |
| — wire inductance | 鉛絲電感 | リード線インダクタンス | 引线电感 |
| — wire pressing | 鉛絲壓焊 | リード線圧着 | 引线压焊 |
| — wool | 鉛纖維 | 繊維状鉛 | 纤维状铅 |
| — yellow | 氧化鉛 | 鉛黄 | 氧化铅 |
| — -zine accumulator | 鉛-鋅蓄電池 | 鉛－亜鉛蓄電池 | 铅-锌蓄电池 |
| **lead-covered cable** | 鉛包電纜 | 鉛被ケーブル | 铅包电缆 |
| **leaded** bronze | 鉛青銅 | 鉛入り青銅 | 铅青铜 |
| — fuel | 加鉛燃料 | 加鉛燃料 | 加铅燃料 |
| — joint | 鉛接 | 鉛継ぎ | 铅接 |
| — red brass | 鉛黃銅 | 鉛入り黄銅 | 铅黄铜 |
| — value | 加鉛值 | 加鉛価 | 加铅值 |
| — zinc oxide | 鉛化鋅 | 含鉛亜鉛華 | 铅化锌 |
| **leader** | 引線;導管〔桿〕 | 引出し線 | 导管〔杆〕 |
| — cable | 主電纜 | 誘導ケーブル | 主电缆 |
| — line | 引出線 | 引出し線 | 引出线 |
| — pin | 導銷 | 案内ピン | 导销 |
| — tap | 導引絲攻 | 案内付きタップ | 导引丝锥 |
| **lead-free gasoline** | 無鉛汽油 | 無鉛ガソリン | 无铅汽油 |
| **lead-in** | 引進〔入〕 | 引込み | 引进〔入〕 |
| — bushing | 引入套管 | 引込みブッシング | 引人套管 |
| — clamp | 引入線夾〔柱〕 | 引込みクランプ | 引人线夹〔柱〕 |
| — gate device | 進線(配線)裝置 | 引込み口装置 | 进线(配线)装置 |
| — inductance | 引線電感 | 導入線インダクタンス | 引线电感 |

| 英　文 | 臺　灣 | 日　文 | 大　陸 |
|---|---|---|---|
| — insulator | 引線絕緣子 | 引込みがい子 | 引线绝缘子 |
| — screw | 引入螺釘 | リードインスクリュー | 引入螺钉 |
| — wire | 引入線 | 導入線 | 引入线 |
| **leading** | 主要的 | 先行の | 主要的 |
| — axle | 導軸 | 先車軸 | 引导轴 |
| — block | 導滑車 | 導滑車 | 导滑车 |
| — block of chain | 導鏈滑車 | 導鎖車 | 导链滑车 |
| — bogie | 前轉向架 | 導輪台車 | 前转向架 |
| — chain | 導鏈 | 導鎖 | 导链 |
| — edge of land | 齒刃前緣 | リーディングエッジ | 齿刃前缘 |
| — edge pulse time | 脈衝上升時間 | 前縁パルス時間 | 脉冲上升时间 |
| — edge radius | 導邊半徑 | 前縁半径 | 导边半径 |
| — edge rib | 前緣肋條 | 前縁リプ | 前缘肋条 |
| — pole | 導磁極 | リーディングポール | 导磁极 |
| — pulley | 導滑輪 | 親滑車 | 导向滑轮 |
| — screw | 導螺桿 | 親ねじ | 导螺杆 |
| — wheel | 導輪 | 先輪 | 导轮 |
| **leading-in** cable | 引入電纜 | 引込み用ケーブル | 引入电缆 |
| — line | 引導線 | 入口線 | 引导线 |
| — pole | 引入桿 | 引込み柱 | 引入杆 |
| — tube | 引入線套管 | 導入管 | 引入线套管 |
| **leadless dies** | 無導程板牙 | リードレスダイス | 无导程板牙 |
| **lead-lined hoods** | 掛鉛管帽 | 鉛内張りフード | 挂铅管帽 |
| **leadman's platform** | 測深(平)台 | 測鉛手台 | 测深(平)台 |
| **lead-out** | 引出線 | リードアウト | 引出线 |
| **leaf** | 葉 | 薄片 | 薄片〔板;膜〕 |
| — chain | 薄片鏈 | リーフチェーン | 薄片链 |
| — condenser | 箔電容器 | はく蓄電器 | 箔电容器 |
| — cutter | 切葉器 | リーフカッタ | 切叶器 |
| — electrometer | 金箔靜電器 | はく検電器 | 箔验电器 |
| — filter | 葉式濾機(器) | 葉状ろ過機 | 叶式滤机(器) |
| — sight | 瞄準表尺 | 表尺 | 瞄准表尺 |
| — spring | 板片彈簧 | 板ばね | 板簧 |
| — stamping | 箔片燙印 | はく押し | 箔片烫印 |
| — test | 薄片試驗 | リーフテスト | 薄片试验 |
| — tin | 錫箔 | リーフチン | 锡箔 |
| — valve | 翼閥 | 扉弁 | 簧片阀 |
| **leafing** | 浮起 | リーフィング | 浮起 |
| **leak** | 漏洩 | 漏電 | 漏出量 |
| — alarm device | 洩漏警報器 | 漏電警報器 | 漏电报警器 |

**L**

615

| 英　　文 | 臺　　灣 | 日　　文 | 大　　陸 |
|---|---|---|---|
| — breaker | 漏電斷路器 | 漏電遮断器 | 漏电断路器 |
| — check | 泄漏檢驗 | リークチェック | 泄漏检验 |
| — detection method | 檢漏法 | 漏れ探知法 | 检漏法 |
| — jacket | 防漏套 | リークジャケット | 防漏套 |
| — prevention | 防漏 | 漏水防止 | 防漏 |
| — resistance | 漏電阻 | リーク抵抗 | 漏电阻 |
| — valve | 泄漏閥 | リークパルブ | 泄漏阀 |
| **leakage** | 漏 | 漏れ | 漏电 |
| — conductance | 漏電導 | 漏えいコンダクタンス | 漏电导 |
| — current | 漏洩電流 | リーケージ電流 | 漏泄电流 |
| — discharge | 漏洩放電 | 漏れ放電 | 漏泄放电 |
| — field | 漏電場 | 漏れ電界 | 漏电场 |
| — flux | 漏洩磁束 | 漏れ磁束 | 漏磁通 |
| — indicator | 檢漏計 | 漏れ指示器 | 检漏计 |
| — inductance | 漏洩感應 | 漏れインダクタンス | 磁漏电感 |
| — interference | 漏電干擾 | 漏れ妨害 | 漏电干扰 |
| — loss power | 漏洩損失動力 | 漏れ損失動力 | 漏泄损失动力 |
| — test | 漏洩試驗 | 漏れ試験 | 渗漏试验 |
| **leakance** | 漏泄(傳導)係數 | リーカンス | 漏泄(传导)系数 |
| **leak-off** | 漏泄 | リークオフ | 漏泄 |
| **leakproof joint** | 防漏泄接頭 | 漏れ止め継手 | 防漏泄接头 |
| — seal | 止漏密封 | 漏れ止めシール | 止漏密封 |
| **lean** | 偏〔傾〕斜 | 廃り | 偏〔倾〕斜 |
| — coal | 低級煤 | 貧石炭 | 低级煤 |
| — coke | 劣質焦碳 | 下等がい炭 | 劣质焦炭 |
| — gas | 貧乏氣 | 発生炉ガス | 发生炉煤气 |
| — lime | 水硬性石灰 | 水硬性石灰 | 水硬性石灰 |
| — ore | 貧礦 | 貧鉱 | 贫矿 |
| **least** | 最小 | 最小の | 最小 |
| — energy principle | 最小能量原理 | 最小エネルギーの原理 | 最小能量原理 |
| — work principle | 最小功原理 | 最小仕事の原理 | 最小功原理 |
| **leather** | 皮革 | 皮革 | 皮革 |
| — collar press | 皮圈壓縮機 | 革つば圧縮機 | 皮圈压缩机 |
| — hose | 皮(革)軟管 | 革じゃ管 | 皮(革)软管 |
| — machine | 皮革製造機 | 皮革製造機 | 皮革制造机 |
| — packing | 皮填襯 | 皮パッキング | 皮革填料〔密封件〕 |
| — roller | 皮輥 | 皮ローラ | 皮辊 |
| — seal | 皮革密封 | レザーシール | 皮革密封 |
| — slitting machine | 皮革切割機 | 皮そぎ機 | 皮革切割机 |
| — strap | 皮帶 | 革帯 | 皮带 |

| 英　　文 | 臺　　灣 | 日　　文 | 大　　陸 |
|---|---|---|---|
| leathercloth | 人造革 | レザークロス | 人造革 |
| leatherette | 人造革 | 革布 | 人造革 |
| Leclanche battery | 一種電池 | レクランシェ電池 | 一种电池 |
| Ledloy | 一種易切削鋼 | レッドロイ | 一种易切削钢 |
| Ledrite | 一種鉛黃銅 | レドライト | 一种铅黄铜 |
| left | 左側 | 左 | 左側 |
| — endpoint | 左端(點) | 左端 | 左端(点) |
| left-hand flight | 左旋螺紋 | 左ねじ | 左旋螺纹 |
| — rule | 左手定則 | 左手の法則 | 左手定则 |
| — screw | 左旋紋螺紋 | 左ねじ | 左旋螺纹 |
| — tap | 左旋紋螺絲攻 | 左ねじタップ | 左旋丝锥 |
| — thread | 左螺紋 | 左ねじ | 左旋螺纹 |
| — three finger rule | 左手三指定則 | 左手三指の法則 | 左手三指定则 |
| — turning | 左旋 | 左回り | 左旋 |
| left-handed polarization | 左偏振光 | 左偏光 | 左偏振光 |
| — propeller | 左旋螺旋漿 | 左回りプロペラ | 左旋螺旋浆 |
| — system | 左手系 | 左手系 | 左手系 |
| left-lay rope | 左順捻鋼索 | Sよりロープ | 左順捻钢丝绳 |
| leftover | 廢屑〔料〕 | 残り物 | 废屑〔料〕 |
| left-right control | 左右偏位調整器 | 左右調整器 | 左右偏位调整器 |
| — deviation | 左右偏差 | 左右偏差 | 左右偏差 |
| left-turn piston | 左轉活塞 | レフトターンピストン | 左转活塞 |
| leftward welding | 左焊法 | 左進溶接 | 左焊法 |
| leg | 腳;腿 | 脚 | 支管〔柱〕 |
| — drill | 支柱式鑽機 | レッグドリル | 支柱式钻机 |
| — length | (角焊縫)焊腳長度 | 脚長 | (角焊缝)焊脚长度 |
| — pipe | 支管 | 送風支管〔高炉〕 | 送风支管〔高炉的〕 |
| — stay | 支柱撐條 | レッグステー | 支柱撑条 |
| — vice | 長腳老虎鉗 | 足付き万力 | 长腿虎钳 |
| legibility | 易讀性 | 可読性 | 易读性 |
| lehr | (玻璃)退火爐 | 徐冷がま | (玻璃)退火炉 |
| Lemarquand | 銅鋅基錫鎳鈷合金 | レマルカンド | 铜锌基锡镍钴合金 |
| length | 長度 | 長さ | 长短 |
| — bar | 標準棒 | 標準棒ゲージ | 标准棒 |
| — breadth ratio | 長寬比 | 長さ幅比 | 长宽比 |
| — depth ratio | 長深比 | 長さ深さ比 | 长深比 |
| — diameter ratio | 徑長比 | ロータ長さ比 | 径长比 |
| — factor | 長度係數 | 長さの係数 | 长度系数 |
| — for heading | 插入長度 | すえ込み長さ | 插入长度 |
| — ga(u)ge | 長度規〔計〕 | レングスゲージ | 长度规〔计〕 |

L

| 英　　文 | 臺　　灣 | 日　　文 | 大　　陸 |
|---|---|---|---|
| — measuring machine | 測長儀 | 測長機 | 測长仪 |
| — of corner cut | 切角長度 | 隅切り長さ | 切角长度 |
| — of cut | 切削長度 | 切断長さ | 切削长度 |
| — of fetch | 吹送距離 | 吹送り距離 | 吹送距离 |
| — of slope | 斜坡長度 | のり長さ | 斜坡长度 |
| — of time | 持續時間 | 延時間 | 持续时间 |
| — overall | 全長 | 全長 | 总长 |
| — scan | 縱向掃描 | 平行走査 | 纵向扫描 |
| — to diamater ratio | 細長比 | 長さ対直径比 | 细长比 |
| — to width ratio | 長寬比 | 長さ比 | 长宽比 |
| — unit | 長度單位 | 長さの単位 | 长度单位 |
| **lengthener** | 延長器 | レングスナ | 延长器 |
| **lengthening coil** | 加長線圈 | 延長線輪 | 加长线圈 |
| **lengthwise direction** | 長度方向 | 長さ方向 | 长度方向 |
| **lens** | 透鏡 | レンズ | 透镜 |
| — axis | 透鏡光軸 | レンズ光軸 | 透镜光轴 |
| — center | 透鏡中心 | レンズ中心 | 透镜中心 |
| — cloth | 拭鏡布 | レンズふき布 | 拭镜布 |
| — disc | 透鏡盤 | レンズ板 | 透镜盘 |
| — efficiency | 透鏡效率 | レンズ効率 | 透镜效率 |
| — focus | 透鏡焦點 | レンズフォーカス | 透镜焦点 |
| — guide | 透鏡束導 | レンズ導波管 | 透镜束导 |
| — hood | 物鏡遮光罩 | レンズフード | 物镜遮光罩 |
| — meter | 焦度計 | レンズメータ | 焦度计 |
| — mount | 透鏡框架 | レンズマウント | 透镜框架 |
| — multiplication factor | 透鏡放大倍數 | レンズ増倍率 | 透镜放大倍数 |
| — paper | 拭鏡紙 | レンズ紙 | 拭镜纸 |
| — reflector | 透鏡反射器 | レンズリフレクタ | 透镜反射器 |
| — stereoscope | 透鏡式立體鏡 | レンズ式実体鏡 | 透镜式立体镜 |
| — tester | 透鏡檢驗儀 | レンズテスタ | 透镜检验仪 |
| — tissue | 拭鏡頭紙 | レンズ手入紙 | 拭镜头纸 |
| — tube | 鏡筒 | 鏡筒 | 镜筒 |
| **lens-barrel** | 鏡筒 | 鏡筒 | 镜筒 |
| **Lenz's law** | 楞次定律 | レンツの法則 | 楞次定律 |
| **less** consumable electrode | 無消耗電極 | 不消耗電極 | 无消耗电极 |
| — noble metal | 次貴金屬〔易氧化金屬〕 | 卑金属 | 贱金属〔易氧化金属〕 |
| — noble metal coating | 次貴金屬鍍層 | 卑な金属被覆 | 较贱金属镀层 |
| — noble potential metal | 低電位金屬 | 低電位金属 | 低电位金属 |
| **let-off** | 導出 | 巻出し | 导出 |
| — gear | 導出裝置 | 巻出し装置 | 导出装置 |

| 英　　文 | 臺　　灣 | 日　　文 | 大　　陸 |
|---|---|---|---|
| — motion | 送經裝置 | 送出し裝置 | 送经装置 |
| — roll | 導出輥 | 巻出口ロール | 导出辊 |
| — spindle | 導出軸 | 巻出しスピンドル | 导出轴 |
| leucoscope | 光學高溫計 | 光学高温計 | 光学高温计 |
| level | 水平儀;水平 | 水準器 | 水平仪 |
| — adjustment system | 水平調整裝置 | 水平位置調整装置 | 水平调整装置 |
| — bar | 水平〔準〕尺 | レベルバー | 水平〔准〕尺 |
| — check | 電平檢驗 | レベルチェック | 电平检验 |
| — clinometer | 水平儀式傾斜儀 | 水準器式傾斜計 | 水平仪式倾斜仪 |
| — comparator | 水平比測儀 | レベルコンパレータ | 水平比测仪 |
| — control | 水平控制 | 水平制御 | 水平控制 |
| — detection | 電平檢測 | 踏切り保安装置 | 电平检测 |
| — detector | 電平探測器 | レベル検出器 | 电平探测器 |
| — flip-flop | 電平觸發器 | レベルフリップフロップ | 电平触发器 |
| — ga(u)ge | 水平計;液面計 | 水位計 | 水平规 |
| — indicator | 水位指示器;液位計 | レベル計 | 电平指示器 |
| — line | 水平線 | 水準線 | 水平线 |
| — manometer | 壓力水準器 | 圧力水準器 | 压力水准器 |
| — measurement | 電平測量 | レベル測定 | 电平测量 |
| — measuring equipment | 電平測量設備 | レベル測定盤 | 电平测量设备 |
| — meter | 水平儀 | レベル測定器 | 水平仪 |
| — of defectiveness | 不良率 | 不良率 | 不良率 |
| — point | 落點 | 落点 | 落点 |
| — pressure control | 基準壓力調節 | 圧力レベル制御 | 基准压力调节 |
| — range | 電平測量範圍 | レベルレンジ | 电平测量范围 |
| — receiver | 電平接收器 | レベルレシーバ | 电平接收器 |
| — regulating device | 電平調節裝置 | レベル調整装置 | 电平调节装置 |
| — regulating valve | 液面調節閥 | 液位調整弁 | 液面调节阀 |
| — rod | 標尺 | 箱尺 | 标尺 |
| — surface | 水平面 | 水準面 | 水平面 |
| — switch | 液位開關 | レベルスイッチ | 液位开关 |
| — tell | 水平計 | レベルテル | 水平计 |
| — translation | 電平變換 | レベル変換 | 电平变换 |
| — trier | 電平測試器 | 試準器 | 电平测试器 |
| — vial | 水平儀 | 水準器 | 垂线测平器 |
| — wind device | 均勻捲線裝置 | 均等巻き装置 | 均匀卷线装置 |
| level(l)ing | 定水平 | 水準測量 | 矫正〔直;平〕 |
| — adjustment | 水準調整 | レベル調整 | 水准调整 |
| — agent | 光滑劑 | 平滑剤 | 光滑剂 |
| — arrangement | 整平裝置 | 整準装置 | 整平装置 |

| 英　　文 | 臺　　灣 | 日　　文 | 大　　陸 |
|---|---|---|---|
| — block | 水平校正塊 | レベリングブロック | 水平校正块 |
| — bolt | 調（正水）平螺釘 | レベリングボルト | 调（正水）平螺钉 |
| — instrument | 水準器 | 水準器 | 水准器 |
| — machine | 鋼板矯平機 | レベリングマシン | 钢板矫平机 |
| — pad | 調平墊片〔襯墊；底座〕 | レベリングパアッド | 调平垫片〔衬垫；底座〕 |
| — planer | 木工刨床 | むら取りかんな盤 | 木工刨床 |
| — plate | 水平（調整）板 | 水平板 | 水平（调整）板 |
| — rod | 標尺 | 標尺 | 标尺 |
| — rolls | 矯直輥 | 矯正ロール | 矫直辊 |
| — screw | 準平螺釘 | 調整ねじ | 水平调整螺钉 |
| — set | 水準測定裝置 | レベリング装置 | 水准测定装置 |
| — solution | 整平型電鍍液 | 平滑めっき浴 | 整平型电镀液 |
| — staff | 水準標尺 | スタッフ | 水准标尺 |
| — valve | 調平閥 | レベリングバルブ | 调平阀 |
| **leveller** | 矯直機 | 矯正圧延機 | 矫直机 |
| **level-up** | 提高到同一水平 | レベルアップ | 提高到同一水平 |
| **lever** | 桿；槓桿 | てこ棒 | 操纵杆 |
| — arm | 桿臂 | レバーアーム | 杆臂 |
| — balance | 槓桿天平 | こうかん天びん | 杠杆天平 |
| — block | 桿滑車 | レバーブロック | 闭塞杆 |
| — brake | 桿軔；槓桿煞車 | レバーブレーキ | 杠杆制动 |
| — change | 變速桿 | レバーチェンジ | 变速杆 |
| — chuck | 帶臂夾頭 | レバーチャック | 带臂夹头 |
| — clamp | 偏心夾具 | レバークランプ | 偏心夹具 |
| — crank mechanism | 曲柄搖桿機構 | てこクランク機構 | 杠杆曲轴机构 |
| — guide | 槓桿導承〔槽〕 | てこ案内 | 杠杆导承〔槽〕 |
| — gun | 槓桿式油槍 | レバーガン | 杠杆式油枪 |
| — handle pin | 槓桿手柄銷 | レバーハンドルピン | 杠杆手柄销 |
| — indicator | 槓桿式指示器 | レバーインジケータ | 杠杆式指示器 |
| — jack | 槓桿千斤頂 | レバー式ジャッキ | 杠杆千斤顶 |
| — key | 槓桿電鍵 | てこ電けん | 杠杆电键 |
| — of stability by weights | 重量穩性臂 | 重力復原てこ | 重量稳性臂 |
| — pin | 桿銷 | レバーピン | 杆销 |
| — press | 槓桿壓機 | てこプレス | 杠杆式压床 |
| — punch | 槓桿衝床 | レバーパンチ | 杠杆式冲床 |
| — ratio | 槓桿比 | てこ比 | 杠杆比 |
| — riveter | 槓桿鉚（接）機 | てこリベット締め機 | 杠杆式铆（接）机 |
| — rock switch | 槓桿式搖臂開關 | レバー式ロッカースイッチ | 杠杆式摇臂开关 |
| — rule | 槓桿定律 | てこの原理 | 杠杆定律 |
| — safety valve | 槓桿式安全閥 | レバー式安全弁 | 杠杆式安全阀 |

| 英　　文 | 臺　　灣 | 日　　文 | 大　　陸 |
|---|---|---|---|
| — shaft | 槓桿軸 | レバーシャフト | 杠杆轴 |
| — shears | 槓桿式剪切機 | 大はさみ | 杠杆式剪切机 |
| — spring | 槓桿彈簧 | レバーばね | 杠杆弹簧 |
| — steering | 槓桿式轉向機構 | レバースティアリング | 杠杆式转向机构 |
| — type dial test indicator | 槓桿式千分錶 | てこ式ダイヤルゲージ | 杠杆式千分表 |
| — valve | 槓桿閥 | てこ弁 | 杠杆阀 |
| leverage | 槓桿作用 | てこ比 | 杠杆作用 |
| levigated abrasive | 粉末状研磨劑 | 粉末状研磨剤 | 粉末状研磨剂 |
| lewis | 吊楔;方塊吊桿 | 釣りくさび | 起重爪 |
| — bolt | 吊楔螺栓 | レウィスボルト | 地脚螺栓 |
| — hole | 吊楔孔 | 釣りくさび穴 | 吊楔孔 |
| lewisson | 地脚螺栓 | くさびボルト | 地脚螺栓 |
| Ley | 錫鉛軸承合金 | 錫鉛軸承合金 | 锡铅轴承合金 |
| Leydenfrost phenomenon | 萊頓福洛斯特現象 | ライデンフロスト現象 | 莱顿福洛斯特现象 |
| liberating tank | 分離槽 | 分離タンク | 分离槽 |
| liberation | 游離 | 遊離 | 游离 |
| — damper | 釋放阻尼裝置 | リベレーションダンパ | 释放阻尼装置 |
| liberator | 排氣裝置 | リベレータ | 排气装置 |
| libra | 磅 | ライブラ | 磅 |
| libration | 保持平衡 | ひょう動 | 保持平衡 |
| — vibration | (保持)平衡振動 | ひょう動振動 | (保持)平衡振动 |
| life | 壽命 | 寿命 | 寿命 |
| — curve | 壽命曲線 | ライフカーブ | 寿命曲线 |
| — cycle | 壽命周期 | ライフサイクル | 寿命周期 |
| — cycle cost | 全壽命(周期)費用 | ライフサイクルコスト | 全寿命(周期)费用 |
| — cycle test | 交變負載耐久試驗 | ライフサイクルテスト | 交变载荷耐久试验 |
| — end point | 壽命終止點 | 寿命終止点 | 寿命终止点 |
| — expectancy | 預計使用壽命〔期限〕 | 推定寿命 | 预计使用寿命〔期限〕 |
| — exponent | 壽命指數〔指標〕 | 寿命指数 | 寿命指数〔指标〕 |
| — limit | 壽命極限 | 廃棄限界 | 寿命极限 |
| — longevity | 壽命 | 寿命 | 寿命 |
| — performance curve | 壽命特性曲線 | 動程曲線 | 寿命特性曲线 |
| — span | 使用壽命 | 予想寿命 | 使用寿命 |
| — test data | 壽命試驗數據 | ライフテストデータ | 寿命试验数据 |
| — time parameter | 壽命數據 | ライフタイムパラメータ | 寿命数据 |
| — time tester | 壽命測試器 | ライフタイム測定器 | 寿命测试器 |
| lifetime | 壽命 | 寿命 | 寿命 |
| lift | 升降梯;電梯;升程 | 型上げ | 电梯 |
| — and carry transfer | 提升移送裝置 | 持上げ送り式移送装置 | 提升移送装置 |
| — and force pump | 抽水壓力泵 | 吸上げ加圧ポンプ | 抽水压力泵 |

**L**

| 英　　文 | 臺　　灣 | 日　　文 | 大　　陸 |
|---|---|---|---|
| ― bank | 電梯組 | リフトバンク | 电梯组 |
| ― bolt | 起升螺栓 | リフトボルト | 起升螺栓 |
| ― cock | 升降式旋塞〔開關〕 | リフトコック | 升降式旋塞〔开关〕 |
| ― coefficient | 升力係數 | 揚力係數 | 升力系数 |
| ― conveyor | 提升式運輸機〔器〕 | リフトコンベア | 提升式运输机〔器〕 |
| ― curve | 升力曲線 | 揚力曲線 | 升力曲线 |
| ― cylinder | 升降液壓缸 | リフトシリンダ | 升降液压缸 |
| ― distribution | 升力分布 | 揚力分布 | 升力分布 |
| ― engine | 氣墊風扇發動機 | リフトエンジン | 气垫风扇发动机 |
| ― factor | 壽命係數 | 寿命係数 | 寿命系数 |
| ― fan | 墊升風扇 | 浮上用ファン | 垫升风扇 |
| ― fitting | 提升接頭 | 吸上げ継手 | 提升接头 |
| ― gate | 升降門 | 引上げゲート | 升降门 |
| ― gate weir | 升降門堰 | 引上げぜき | 提升闸门式堰 |
| ― hammer | 落錘 | リフトハンマ | 落锤 |
| ― head | 揚程 | ポンプの揚程 | 扬程 |
| ― latch | 兼作拉手的插銷 | 引手を兼ねた戸締り | 兼作拉手的插销 |
| ― lever | 提升桿 | 揚げてこ〔偏心輪の〕 | 提升杆 |
| ― magnet | 起重磁鐵 | 釣上げ磁石 | 起重磁铁 |
| ― pipe | 揚水管 | 揚水管 | 扬水管 |
| ― pump | 揚升泵 | 吸上げポンプ | 抽水泵 |
| ― pumping equipment | 揚水設備 | 揚水設備 | 扬水设备 |
| ― roller | 提升滾輪 | リフトローラ | 提升滚轮 |
| ― tower | 升降塔 | リフトタワー | 升降塔 |
| ― truck | 升降運送車 | 持上げ車 | 自动装货车 |
| ― valve | 升閥 | 持上げ弁 | 提升阀 |
| ― wire | 提升用鋼索 | 飛行張り線 | 提升用钢丝绳 |
| **lifter** | 升降桿;堆高機 | 揚げ返し機 | 升降机 |
| ― cam | 升降機凸輪 | リフタカム | 升降机凸轮 |
| ― lever | 提升桿 | 上げてこ | 提升杆 |
| ― roller | 挺桿滾輪 | リフタローラ | 挺杆滚轮 |
| ― truck | 升降式裝卸車 | リフタトラック | 升降式装卸车 |
| **lifting** | 提升 | 起こし | 提升 |
| ― apparatus | 吊具 | 釣具 | 吊具 |
| ― beam | 起重橫梁 | つり上げビーム | 起重横梁 |
| ― body | （浮）升體 | リフティングボディ | （浮）升体 |
| ― bolt | 起重螺桿 | 引上げボルト | 起重螺杆 |
| ― brake | 起重制動器 | リフティングブレーキ | 起重制动器 |
| ― chain | 起重鏈 | リフトチェーン | 起重链 |
| ― cord | 吊索 | 釣上げコード | 吊索 |

| 英　　文 | 臺　　灣 | 日　　文 | 大　　陸 |
|---|---|---|---|
| — device | 升降裝置 | 昇降装置〔材料の〕 | 升降装置 |
| — drum | 提升機捲筒 | リフティングドラム | 提升机卷筒 |
| — gear | 升降機構 | 弁上げ装置 | 起重装置 |
| — guide | 提升導柱 | 釣上げ用案内要具 | 提升导柱 |
| — height | 揚程 | 揚程 | 扬程 |
| — hook | 吊鉤 | ボートつりフック | 起重钩 |
| — injector | 吸引射水器 | 吸上げインジェクタ | 进口注水〔油〕器 |
| — jack | 千斤頂 | 押上げ万力 | 千斤顶 |
| — motor | 捲揚電動機 | 巻上げ電動機 | 升降电动机 |
| — nozzle | 升力噴管 | 吹上げノズル | 升力喷管 |
| — pin | 提重銷 | 型上げピン | 起模顶杆 |
| — power | 起重力 | 揚げ能力 | 提升力 |
| — press | 提升壓緊裝置 | リフティングプレス | 提升压紧装置 |
| — ram | 提升油缸 | リフトラム | 提升油缸 |
| — rod | 提升桿 | 釣り棒 | 提升杆 |
| — rope | 起重用鋼繩 | 巻上げロープ | 起重用钢绳 |
| — screw | 起重螺桿;提模螺釘 | 引上げボルト | 千斤顶 |
| — slings | 起重系索 | 釣上げ金具 | 起重系索 |
| — speed | 起重速度 | 巻上げ速度 | 起重速度 |
| — surface | 揚力面 | 揚力面 | 升力面 |
| — table | 平行升降台 | リフティングテーブル | 平行升降台 |
| — tackle | 起重滑車 | 釣上げ金具 | 起重滑车 |
| — tongs | 起重夾鉗 | リフティングトング | 起重夹钳 |
| lift-off | 發射 | 発射 | 发射 |
| — process | 分離法 | リフトオフプロセス | 分离法 |
| lift-out | 脫模 | ボトムノックアウト | 脱模 |
| — bolt | 頂出螺栓 | リフトアウトボルト | 顶出螺栓 |
| — plate | 頂出板 | ノックアウトプレート | 顶出板 |
| — plunger | 提升柱塞 | リフトアウトプランジャ | 提升柱塞 |
| lift-up method | 頂升法 | リフトアップ工法 | 顶升法 |
| — plug | 提升式排水塞子 | 押上げ排水プラグ | 提升式排水塞子 |
| ligament | 帶 | じん帯 | 带 |
| light | 光 | 光 | 光 |
| — absorber | 吸光劑 | 吸光剤 | 吸光剂 |
| — absorbing pigment | 吸光顏料 | 吸光顔料 | 吸光颜料 |
| — activated element | 光敏元件 | 光感度素子 | 光敏元件 |
| — activated switch | 光敏開關 | 光感度スイッチ | 光敏开关 |
| — ageing | 光致老化 | 光老化 | 光致老化 |
| — alloy | 輕合金 | 軽合金 | 轻合金 |
| — alloy castings | 輕合金鑄件 | 軽合金鋳物 | 轻合金铸件 |

L.

623

| 英　　文 | 臺　　灣 | 日　　文 | 大　　陸 |
|---|---|---|---|
| — alloy mold | 輕合金模具 | 軽合金金型 | 轻合金模具 |
| — alloy plate | 輕合金板 | 軽合金板 | 轻合金板 |
| — beam | 光柱 | 光柱 | 光束 |
| — beam remote control | 光束式遙控 | 光線式遠隔操作 | 光束式遥控 |
| — carburetted hydrogen | 甲烷 | メタン | 甲烷 |
| — casting | 薄壁鑄件 | 薄手鋳物 | 薄壁铸件 |
| — cell | 光電管 | ライトセル | 光电管 |
| — channel steel | 輕型槽鋼 | 軽溝形鋼 | 轻型槽钢 |
| — coated electrode | 薄敷電熔接條 | 薄被覆溶接棒 | 薄药皮焊条 |
| — colo(u)red lettering | 淺色印鐵油墨 | 淡色レタリング | 浅色印铁油墨 |
| — communication | 光通信 | 光波通信 | 光通信 |
| — continuous welding | 輕連續焊接 | 軽連続溶接 | 轻连续焊接 |
| — corpuscle | 光粒子 | 光粒子 | 光粒子 |
| — current | 光電流 | 光電流 | 光电流 |
| — cut method | 光截法〔表面粗糙度的〕 | 光切断法 | 光截法〔表面粗糙度的〕 |
| — cutting | 精加工 | 軽切削 | 精加工 |
| — cycle oil | 輕循環油 | 軽循環油 | 轻循环油 |
| — diesel fuel | 輕質柴油燃料 | 軽ディーゼル燃料 | 轻质柴油燃料 |
| — diffusion | 光漫射 | 光拡散 | 光漫射 |
| — efficiency | 光效率 | 光効率 | 光效率 |
| — electron | 光電子 | 発光電子 | 光电子 |
| — element | 輕元素 | 軽い元素 | 轻元素 |
| — emission | 光輻射 | ライトエミッション | 光辐射 |
| — energy | 光能 | 光エネルギー | 光能 |
| — etch | 輕（微）腐蝕 | ライトエッチ | 轻（微）腐蚀 |
| — exposure | 曝光（量） | 露光（量） | 曝光（量） |
| — exposure property | 耐光性 | 耐光性 | 耐光性 |
| — exposure test | 耐光性試驗 | 耐光性試験 | 耐光性试验 |
| — fastness | 耐光性〔度〕 | 耐光性 | 耐光性〔度〕 |
| — fillet weld | 小填角焊（縫） | 軽すみ肉溶接 | 小填角焊（缝） |
| — fire brick | 輕耐火磚 | 軽量耐火れんが | 轻耐火砖 |
| — flash | 閃光 | ライトフラッシュ | 闪光 |
| — flux | 光通量 | 光束 | 光通量 |
| — fuel oil | 輕燃料油 | A重油 | 轻燃料油 |
| — fugitiveness | 不耐光性 | 易光変性 | 不耐光性 |
| — ga(u)ge steel | 輕型型鋼 | 軽量形鋼 | 轻型型钢 |
| — ga(u)ge steel structure | 輕鋼結構 | 軽量鉄骨構造 | 轻钢结构 |
| — gas oil | 輕粗柴油 | 軽量ガス粗重油 | 轻粗柴油 |
| — gravity crude oil | 輕質原油 | 軽質原油 | 轻质原油 |
| — grazing | 精磨 | 光沢仕上げ | 精磨 |

| 英　　文 | 臺　　灣 | 日　　文 | 大　　陸 |
|---|---|---|---|
| — guide | 光導 | 光導体 | 光导 |
| — industry | 輕工業 | 軽工業 | 轻工业 |
| — ligroin | 石油醚 | 石油エーテル | 石油醚 |
| — load adjustment | 輕負載調整 | 軽負荷調整 | 轻负荷调整 |
| — metal | 輕金屬 | 軽金属 | 轻金属 |
| — meter | 光度計 | ライトメータ | 照度计 |
| — microscope | 光學顯微鏡 | 光学顕微鏡 | 光学显微镜 |
| — microsecond | 光微秒 | マイクロ光秒 | 光微秒 |
| — oil | 輕油 | 軽油 | 轻油 |
| — oil cracking | 輕(質)油裂化 | 軽油分留 | 轻(质)油裂化 |
| — oil distillate | 輕油餾份 | 軽油留出物 | 轻油馏份 |
| — oil heater | 輕油加熱器 | 軽油加熱器 | 轻油加热器 |
| — oil still | 輕油蒸餾器 | 軽油蒸留塔 | 轻油蒸馏炉 |
| — oil tank | 輕油槽 | 軽油タンク | 轻油槽 |
| — pencil | 光束 | 光束 | 光束 |
| — permeability | 透光性 | 光の透過性 | 透光性 |
| — petroleum | 石油醚 | 石油エーテル | 石油醚 |
| — pipe | 光導管 | 光導パイプ | 光导管 |
| — piping | 光傳送 | 光伝送（性） | 光传送 |
| — plate mill | 中厚(鋼)板軋機 | 中厚板圧延機 | 中厚(钢)板轧机 |
| — platinum metal | 鉑類輕金屬 | 白金類軽金属 | 铂类轻金属 |
| — polarizer | (光的)偏振片〔子〕 | 偏光子 | (光的)偏振片〔子〕 |
| — pulse trigger | 光脈衝觸發器 | 光パルストリガ | 光脉冲触发器 |
| — quantity | 光量 | 光量 | 光通量 |
| — quantum | 光(量)子 | 光子 | 光(量)子 |
| — radiation | 光輻射 | 光のふく射 | 光辐射 |
| — ray | 光線 | 光線 | 光线 |
| — ray welding | 紅外線加熱焊接 | 光ビーム溶接 | 红外线加热焊接 |
| — recording system | 光記錄裝置 | 光記録装置 | 光记录装置 |
| — reflectance | 光的反射率 | 光の反射率 | 光的反射率 |
| — reflector | 反射鏡 | 反射鏡 | 反射镜 |
| — relay | 光繼電器 | 光継電器 | 光继电器 |
| — remote control | 光遙控 | 光リモコン | 光遥控 |
| — -resistance test | 耐光性試驗 | 耐光性試験 | 耐光性试验 |
| — running | 輕載運轉 | ライトランニング | 轻载运转 |
| — section method | 光切(斷)法 | 光切断法 | 光切(断)法 |
| — sensitiveness | 感光性 | 感光性 | 感光性 |
| — slushing oil | 鑄模用潤滑油 | 鋳型潤滑油 | 铸模用润滑油 |
| — source | 光源 | 光源 | 光源 |
| — spectrum | 光譜 | 光スペクトル | 光谱 |

**L**

| 英　　文 | 臺　　灣 | 日　　文 | 大　　陸 |
|---|---|---|---|
| — spot | 光點 | ライトスポット | 光点 |
| — transmission | 光透射率 | 光透過率 | 光透射率 |
| — transmitting fiber | 光導纖維 | 光伝送繊維 | 光导纤维 |
| — value | 曝光值 | 光量値 | 曝光值 |
| — velocity | 光速 | 光速度 | 光速 |
| — water reactor | 輕水反應爐 | 軽水炉 | 轻水反应堆 |
| — wave | 光波 | 光波 | 光波 |
| — welding | 淺填焊接 | 軽溶接 | 浅填焊接 |
| light-duty cable | 輕載電纜 | ライトデューティケーブル | 轻载电缆 |
| lighter | 發光器 | 点火トーチ | 发光器 |
| lighting | 照明 | 採光 | 照明 |
| — circuit | 電燈迴路 | ライティング回路 | 照明电路 |
| — design | 照明設計 | 照明設計 | 照明设计 |
| — load | 電燈負載 | 電灯負荷 | 电灯负荷 |
| — power | 照明功率 | ライティングパワー | 照明功率 |
| — switch | 燈開關 | ライティングスイッチ | 灯开关 |
| — unit | 照明裝置 | 照明装置 | 照明装置 |
| lightmeter | 照度計 | 照度計 | 照度计 |
| lightness | 光(亮)度 | 明るさ | 光(亮)度 |
| lightning | 閃電 | 雷放電 | 闪电 |
| — arrester | 避雷針 | 避雷器 | 避雷针 |
| — discharge | 雷閃放電 | 雷放電 | 雷闪放电 |
| — equipment | 避雷裝置 | 避雷設備 | 避雷装置 |
| — rod | 避雷針 | 避雷針 | 避雷针 |
| light-sensitive cell | 光敏電池 | 光電池 | 光敏电池 |
| — coating | 感光膜 | 感光膜 | 感光膜 |
| lightweight | 輕重量的 | 軽荷重量 | 轻重量的 |
| — angle steel | 輕型角鋼 | 軽山形鋼 | 轻型角钢 |
| — brick | 輕質磚 | 軽量れんが | 轻质砖 |
| — construction | 輕質構造〔結構〕 | 軽量構造 | 轻质构造〔结构〕 |
| — fire brick | 輕質耐火磚 | 軽量耐火れんが | 轻质耐火砖 |
| — metal | 輕金屬 | 軽金属 | 轻金属 |
| — plywood | 輕質膠合板 | 軽量合板 | 轻质胶合板 |
| — property | 輕量性 | 軽量性 | 轻量性 |
| — refractory | 輕質耐火材料 | 軽量耐火物 | 轻质耐火材料 |
| ligneous asbestos | 木質狀石棉 | 木質状石綿 | 木质状石棉 |
| — fiber | 木質纖維 | 木質繊維 | 木质纤维 |
| lignite | 褐煤 | 亜炭 | 褐煤 |
| — carbonization | 褐煤乾餾 | 褐炭乾留 | 褐煤干馏 |
| — coke | 褐煤焦碳 | 亜炭コークス | 褐煤焦炭 |

| 英　文 | 臺　灣 | 日　文 | 大　陸 |
|---|---|---|---|
| — gas | 褐煤氣 | 亜炭ガス | 褐煤气 |
| ligroin(e) | 揮發油 | リグロイン | 挥发油 |
| lillhammerite | 鎳黃鐵礦 | 硫鉄ニッケル鉱 | 镍黄铁矿 |
| lime | 石灰 | ライム鋳型法 | 石灰砂铸型法 |
| — brick | 石灰磚 | 石灰れんが | 石灰砖 |
| — content | 石灰含量 | 石灰含有量 | 石灰含量 |
| — glue | 骨膠 | 骨にかわ | 骨胶 |
| — grease | 鈣基潤滑油 | 石灰基潤滑グリース | 钙基润滑油 |
| — lead glass | 鈣鉛玻璃 | 石灰鉛ガラス | 钙铅玻璃 |
| — mortar | 石灰砂漿 | 石灰モルタル | 石灰砂浆 |
| — powder | 石灰粉 | 石灰粉 | 石灰粉 |
| — slaking | 石灰熟化 | 石灰消和 | 石灰熟化 |
| — sulfur solution | 石灰硫黃液 | 石灰硫黄液 | 石灰硫黄液 |
| — water | 石灰水 | 石灰水 | 石灰水 |
| lime-kiln | 石灰窯 | 石灰がま | 石灰窑 |
| limes inferiores | 下極限 | 下極限 | 下极限 |
| — superiores | 上極限 | 上極限 | 上极限 |
| lime-sand brick | 矽石磚 | 石灰れんが | 硅石砖 |
| — plaster | 砂子石灰漿 | 砂しっくい | 砂子石灰浆 |
| limestone | 石灰岩 | 石灰岩 | 石灰岩 |
| liminal value | 極限值 | 界限値 | 极限值 |
| liming | 浸灰法 | 石灰づけ | 浸灰法 |
| limit | 限度 | 限界 | 限度 |
| — analysis | 極限分析 | 極限解析 | 极限分析 |
| — axial force | 極限軸向力 | 極限軸力 | 极限轴向力 |
| — bending moment | 極限彎曲 | 極限曲げモーメント | 极限弯曲 |
| — cone diameter | 極限圓錐直徑 | 許容限界円すい直径 | 极限圆锥直径 |
| — curve | 極限曲線 | 限界曲線 | 极限曲线 |
| — design method | 最大強度設計法 | リミット設計法 | 最大强度设计法 |
| — ga(u)ge | 限規 | 限界ゲージ | 极限量规 |
| — linc | 極限(界)線 | 限界線 | 限界线 |
| — load fan | 限荷風扇 | リミットロードファン | 限荷风扇 |
| — measurement | 界限尺寸 | 限界寸法 | 界限尺寸 |
| — micrometer | 極限分厘卡 | リミットマイクロメータ | 极限千分尺 |
| — moment | 極限力矩 | 極限モーメント | 极限力矩 |
| — of coverage | 有效範圍 | 有効範囲 | 有效范围 |
| — of creep | 潛變極限 | クリープ限界 | 蠕变极限 |
| — of elasticity | 彈性極限 | 弾性限度 | 弹性极限 |
| — of fatigue | 疲勞極限 | 疲労限界 | 疲劳极限 |
| — of flammability | 可燃性極限 | 燃性限度 | 可燃性极限 |

L

| 英　　文 | 臺　　灣 | 日　　文 | 大　　陸 |
|---|---|---|---|
| — of friction | 摩擦極限 | 摩擦極限 | 摩擦极限 |
| — of inflammability | 可燃限界 | 不燃限度 | 可燃性极限 |
| — of precision | 精密限界 | 精密限度 | 精密限度 |
| — of proportionality | 比例限界 | 比例限度 | 比例极限 |
| — of temperature rise | 溫度上升限度 | 温度上昇限度 | 温度上升限度 |
| — of tolerance | 公差極限 | 公差限度 | 公差极限 |
| — output | 極限輸出功率 | 制限出力 | 极限输出功率 |
| — point | 極限點 | 極限点 | 极限点 |
| — ring | 限制環 | 制限リング | 止动环 |
| — rod | 極限桿 | リミットロッド | 极限杆 |
| — size | 極限尺寸 | 限界寸法 | 极限尺寸 |
| — slenderness ratio | 極限細長比 | 限界細長比 | 极限细长比 |
| — stop | 限位擋塊 | リミットストップ | 限位挡块 |
| — stress | 極限應力 | 限界応力 | 极限应力 |
| — switch | 極限開關 | 極限スイッチ | 限位开关 |
| — torque | 極限轉矩 | 限界トルク | 极限转矩 |
| — twisting moment | 極限扭矩 | 極限ねじりモーメント | 极限扭矩 |
| — value | 極限值 | 極限値 | 极限值 |
| — valve | 極限閥 | リミットバルブ | 极限阀 |
| **limitation** | 限制〔度〕 | 限度 | 限制〔度〕 |
| — of signal to noise ratio | 容許信噪比 | 許容ＳＮ比 | 容许信噪比 |
| **limitator** | 限制器 | リミットケータ | 电触式极限传感器 |
| **limiting** | 限制 | リミッティング | 限制 |
| — angle of rolling | 滾壓極限 | 食込み角 | 滚压极限 |
| — aperture | 限制孔徑 | 制限開口 | 限制孔径 |
| — current | 極限電流 | 制限電流 | 极限电流 |
| — density | 極限密度 | 制限密度 | 极限密度 |
| — device | 限制裝置 | 限定装置 | 限制装置 |
| — drawing ratio | 極限拉伸係數 | 限界絞り比 | 极限拉深系数 |
| — error | 極限誤差 | 極限誤差 | 极限误差 |
| — horsepower curve | 極限功率曲線 | 出力限度曲線 | 极限功率曲线 |
| — power | 極限功率 | リミッティングパワー | 极限功率 |
| — pressure | 臨界壓力 | 限界圧力 | 临界压力 |
| — speed | 限制速度;極限速率 | 制限速度 | 极限速度 |
| — static friction | 靜摩擦極限 | 限界静摩擦 | 静摩擦极限 |
| — strain | 極限應變 | 極限ひずみ | 极限应变 |
| — stream line | 極限流線 | 限界流線 | 极限流线 |
| — stress | 臨界應力 | 限界応力 | 临界应力 |
| — surface | 極限界面 | 極限表面 | 极限界面 |
| — value | 極限值 | 極限値 | 极限值 |

| 英　　文 | 臺　　灣 | 日　　文 | 大　　陸 |
|---|---|---|---|
| — valve | 限位閥 | リミッティングバルブ | 限位阀 |
| — velocity | 極限速度 | 制限速度 | 极限速度 |
| **limonitogelite** | 膠褐鐵礦 | こう質かっ鉄鉱 | 胶褐铁矿 |
| **linac** | 直線加速器 | 直線加速器 | 直线加速器 |
| **linchpin** | 開口銷 | さしこみ軸 | 开口销 |
| **line** | 線;線路 | 直線 | 直线 |
| — adapter | 接合器 | 回線アダプタ | 接合器 |
| — bar | 搪桿 | 中ぐり棒 | 镗杆 |
| — bearing | 線支承 | 線支承 | 线支承 |
| — borer | 直線搪床 | ラインボアラ | 直线搪床 |
| — breaker | 斷路器 | 断流器 | 断路器 |
| — chain conductor | 直鏈傳導體 | 直鎖伝導体 | 直链传导体 |
| — circuit breaker | 線路斷路器 | 線路遮断器 | 线路断路器 |
| — concentrator | 集線裝置 | 集線装置 | 集线装置 |
| — connector | 繼電器 | ラインコネクタ | 继电器 |
| — contact | 線接觸 | 線接触 | 线接触 |
| — control | 線路控制 | 回線制御 | 线路控制 |
| — defect | 線狀缺陷 | 線状欠陥 | 线状缺陷 |
| — diagram | 線路圖 | 線路図 | 线路图 |
| — disconnecting switch | 線路斷電開關 | 線路断路器 | 线路断电开关 |
| — drawing | 線圖 | 線画 | 线条 |
| — drilling | 直線鑽孔(法) | ラインドリリング工法 | 直线钻孔(法) |
| — element | 線(元)素 | 線素 | 线(元)素 |
| — etch | 線狀腐蝕 | ラインエッチ | 线状腐蚀 |
| — fault localization | 線路故障位置測定 | 線路故障点測定法 | 线路故障位置测定 |
| — frame | 線路連接器 | 回線接続装置 | 线路连接器 |
| — ground | 線路接地 | ライングランド | 线路接地 |
| — heat source | 線熱源 | 線熱源 | 线热源 |
| — heating bend method | 線狀加熱彎曲法 | 線状加熱曲げ加工法 | 线状加热弯曲法 |
| — impedance | 線路阻抗 | 線路インピーダンス | 线路阻抗 |
| — imperfection | 線狀缺陷 | 線欠陥 | 线状缺陷 |
| — in common use | 共用線 | 共用線 | 共用线 |
| — inclusion | 鏈狀夾雜物 | 線状介在物 | 链状夹杂物 |
| — insulator | 線路絕緣子 | 線路絶縁物 | 线路绝缘子 |
| — interface unit | 線路界面裝置 | 回路インタフェース装置 | 线路接口装置 |
| — length | 線路長度 | 線路こう長 | 线路长度 |
| — load | 線路負載 | 回線負荷 | 线路负载 |
| — loss | 線路損耗 | 線路損 | 线路损耗 |
| — maintenance | 現場維修 | 列線整備 | 现场维修 |
| — milling | 直線銑削 | ラインミーリング | 直线铣削 |

| 英　　文 | 臺　　灣 | 日　　文 | 大　　陸 |
|---|---|---|---|
| — monitoring equipment | 線路監控裝置 | 線路監視裝置 | 线路监控装置 |
| — of center | 聯心線；軸線 | 中心線 | 中心线 |
| — of contact | 接觸線 | 接触線 | 接触线 |
| — of creep | 潛變線 | クリープ線 | 蠕变线 |
| — of curvature | 曲率線 | 曲率線 | 曲率线 |
| — of cut | 切割線 | 切断線 | 切割线 |
| — of demarcation | 分界線 | 限界線 | 分界线 |
| — of discontinuity | 不連續線 | 不連続線 | 不连续线 |
| — of division | 分界線 | 分界線 | 分界线 |
| — of equal thickness | 等厚線 | 等厚線 | 等厚线 |
| — of flow | 流線 | 流線 | 流线 |
| — of flux | 通量線 | 束線 | 通量线 |
| — of force | 力線 | 力線 | 力线 |
| — of fusion | 熔合線 | 融合線 | 熔合线 |
| — of gravity | 重心線 | 重心線 | 重心线 |
| — of induction | 感應線 | 感応線 | 感应线 |
| — of juncture | 聯結線 | 継ぎ目 | 联结线 |
| — of magnetic force | 磁力線 | 磁力線 | 磁力线 |
| — of magnetic induction | 磁感應線 | 磁束線 | 磁感应线 |
| — of magnetization | 磁力線 | 磁化線 | 磁力线 |
| — of resistance | 電阻線 | 抵抗線 | 电阻线 |
| — of rivet | 鉚釘〔合〕線 | リベット線 | 铆钉〔合〕线 |
| — of rupture | 斷裂線 | 破壊線 | 断裂线 |
| — of segregation | 偏析線 | 偏析線 | 偏析线 |
| — of shearing stress | 剪(斷)應力線 | せん断応力線 | 剪(切)应力线 |
| — of sight through | 透視線 | 透視線 | 透视线 |
| — of tangency | 切線 | 接線 | 切线 |
| — of torsion | 扭力線 | ねじれ率線 | 螺旋线 |
| — of weld | 焊接線 | かみあわせ溶接 | 焊接线 |
| — optimization | 線路最佳化 | 回線最適化 | 线路最佳化 |
| — pitch | 直線節距 | ラインピッチ | 直线节距 |
| — polygon | 索多邊形 | 連力図 | 索多边形 |
| — pressure | 輸送管壓力 | 輸送管圧力 | 输送管压力 |
| — protective device | 線路保護裝置 | 回路保護装置 | 线路保护装置 |
| — protector | 線路安全裝置 | 保安器 | 线路安全装置 |
| — pull | 線拉伸力 | ロープ引張り力 | 线拉伸力 |
| — reaming | 鉸同心孔 | ラインリーミング | 铰同心孔 |
| — resistance | 線性阻抗 | 線形抵抗 | 线性阻抗 |
| — section | 線路部分 | ラインセクション | 线路部分 |
| — shaft | 總軸；主軸 | 伝動軸 | 主传动轴 |

| 英　　文 | 臺　　灣 | 日　　文 | 大　　陸 |
|---|---|---|---|
| — shafting | 傳動軸系 | 伝動軸系 | 传动轴系 |
| — standard | 刻線尺 | 線基準 | 刻线尺 |
| — stop time | （流水線的）停線時間 | ラインストップ時間 | （流水线的）停线时间 |
| — switch | 線路開關 | 線路開閉器 | 线路开关 |
| — -to-line voltage | 線間電壓 | 線間電圧 | 线间电压 |
| — trace mill | 跟蹤（式)仿削銑床 | ライントレースミル | 跟踪（式)仿形铣床 |
| — transmission | 線路傳輸 | 線路伝送 | 线路传输 |
| — voltage | 線路電壓 | 線間電圧 | 电源电压 |
| — width | 線幅 | 線幅 | 线幅 |
| **lineal** acceleration | 線加速度 | 線加速度 | 线加速度 |
| — heating | 線狀加熱 | 線状加熱 | 线状加热 |
| — speed | 線速率 | 線速度 | 线速度 |
| **linear** acceleration | 直線加速度 | 直線加速度 | 直线加速度 |
| accelerator | 直線加速器 | 線状加速器〔機〕 | 直线加速器 |
| — accelerometer | 線性加速計〔錶〕 | 直線加速度計 | 线性加速计〔表〕 |
| — analysis | 線性分析 | 線形解析 | 线性分析 |
| — backlash | 直線齒隙 | リニアバックラッシュ | 直线齿隙 |
| — bending strain | 線性彎曲應變 | 線形曲げひずみ | 线性弯曲应变 |
| — condensation | 線型縮合 | 線状縮合 | 线型缩合 |
| — condensed ring | 線型縮合環 | 線状縮合環 | 线型缩合环 |
| — control system | 線性控制系統 | 線状制御系 | 线性控制系统 |
| — displacement | 線位移 | 直線変位 | 线位移 |
| — distance | 直線距離 | 直線距離 | 直线距离 |
| — distortion | 線畸變 | 線形ひずみ | 线性畸变 |
| — effect | 線性效應 | 一次効果 | 线性效应 |
| — elastic | 線性彈性 | 線形弾性 | 线性弹性 |
| — elongation | 線性伸長 | 線伸び | 线性伸长 |
| — equalization | 線性平衡 | 線形等化 | 线性平衡 |
| — expansion coefficient | 線膨脹係數 | 線膨張係数 | 线膨胀系数 |
| — expansion limit | 線膨脹界限 | 線膨張限界 | 线膨胀界限 |
| — force | 直線力 | 直線力 | 直线力 |
| — fracture mechanics | 線性斷裂力學 | 線形破壊力学 | 线性断裂力学 |
| — graded junction | 線型接合 | 直線傾斜（状）接合 | 线性缓变结 |
| — heating | 線形加熱 | 線状加熱 | 线形加热 |
| — high polymer | 線型高聚物 | 線状高重合体 | 线型高聚物 |
| — impedance relay | 線性阻抗繼電器 | 直線インピーダンス継電器 | 线性阻抗继电器 |
| — length | 線性長度 | 延び尺 | 线性长度 |
| — line balancing | 線性平衡路線 | 線形ライン編成 | 线性平衡路线 |
| — load | 單位長度負載 | リニアロード | 单位长度负荷 |
| — membrane strain | 線性薄膜應變 | 線形膜ひずみ | 线性薄膜应变 |

L

| 英　文 | 臺　灣 | 日　文 | 大　陸 |
|---|---|---|---|
| — motion | 線運動 | 線運動 | 线性运动 |
| — motor | 線型馬達 | リニアモータ | 线性电动机 |
| — plan | 線性平面 | リニアプラン | 线性平面 |
| — polariscope | 線性偏振光鏡 | 直線偏光器 | 线性偏振光镜 |
| — polymerization | 線型聚合(作用) | 線状重合 | 线型聚合(作用) |
| — power density | 線性功率密度 | 線出力密度 | 线性功率密度 |
| — pressure | 線(性)壓(力) | 線圧(力) | 线(性)压(力) |
| — process | 線性過程 | 線形過程 | 线性过程 |
| — regulator | 線性穩壓器 | リニアレギュレータ | 线性稳压器 |
| — relationship | 比例關係 | 比例関係 | 比例关系 |
| — rigidity | 線性剛度 | 線剛性 | 线性刚度 |
| — scale | 直尺 | 等分目盛 | 直尺 |
| — scan | 直線掃描 | 線走査 | 直线扫描 |
| — scanner | 線性掃描器 | 線スキャナ | 线性扫描器 |
| — sensor | 線性感測器 | リニアセンサ | 线性传感器 |
| — shrinkage | 線縮量;線縮量限界 | 線形収縮 | 线性收缩 |
| — space | 向量空間 | 線形空間 | 矢量空间 |
| — speed method | 線速度法 | 線速度法 | 线速度法 |
| — stability theory | 線性穩定性理論 | 線形安定性理論 | 线性稳定性理论 |
| — step motor | 直線步進電動機 | リニアステップモータ | 直线步进电动机 |
| — structure | 線型結構 | 直線型構造 | 线型结构 |
| — superposition | 線性疊加 | 線形重畳 | 线性叠加 |
| — tensile strength | 線性拉伸強度 | 線引張り強さ | 线性拉伸强度 |
| — trace | 線性掃描 | リニアトレース | 线性扫描 |
| — transformer | 線性變壓器 | リニアトランス | 线性变压器 |
| — unit | 線性裝置 | 線形ユニット | 线性装置 |
| — vibration | 線性振動 | 線形振動 | 线性振动 |
| — viscoelasticity | 線性黏彈性 | 線形粘弾性 | 线性黏弹性 |
| — viscous damping | 線性黏性阻尼 | 線形粘性減衰 | 线性黏性阻尼 |
| — wave | 線性波 | 線形波 | 线性波 |
| — zone | 線性區 | リニアゾーン | 线性区 |
| **linearity** | 線性 | 直線性 | 直线性 |
| — accelerator | 線性加速器 | 直線性加速器 | 线性加速器 |
| — checker | 線性檢查儀 | 直線性試験器 | 线性检查仪 |
| — control | 線性控制 | 直線性調節 | 线性控制 |
| — correction | 線性校正 | 直線性校正 | 线性校正 |
| — curve | 線性曲線 | リニアリティカーブ | 线性曲线 |
| — error | 線性誤差 | リニアリティエラー | 线性误差 |
| — region | 線性範圍 | 直線域 | 线性范围 |
| — sector | 直線區 | 直線的象限 | 直线区 |

| 英　　文 | 臺　　灣 | 日　　文 | 大　　陸 |
|---|---|---|---|
| — variohm | 線性可變電阻器 | リニアリティバリオーム | 线性可变电阻器 |
| linearization | 線性化 | 線形化 | 线性化 |
| liner | 襯墊;套筒;直線規 | 敷金 | 衬垫;套筒;直线规 |
| — bushing | 鑽模襯套 | ライナブッシング | 钻模衬套 |
| — metal | 金屬嵌〔隔〕片 | ライナメタル | 金属嵌〔隔〕片 |
| — plate | 墊板 | ライナプレート | 垫板 |
| — ring | 套筒環 | ライナリング | 套筒环 |
| lines | 線型圖 | 曲面線図 | 线型图 |
| — of force | 磁力線 | 力線 | 磁力线 |
| lining | 襯料;襯層 | 覆工 | 镀覆 |
| — board | 加襯板 | 羽目板 | 衬板 |
| — cement | 襯片黏結劑 | ライニングセメント | 衬片黏结剂 |
| — fire brick | 爐襯耐火磚 | 内張りれんが | 炉衬耐火砖 |
| — method of tank | 襯槽法 | 槽ライニング法 | 衬槽法 |
| — stripper | (制動器)襯片剝離器 | ライニングストリッパ | (制动器)衬片剥离器 |
| link | 連桿;月牙板 | 接点 | 铰链 |
| — adjusting gear | 連桿調節裝置 | リンク調整装置 | 连杆调节装置 |
| — analysis | 連接分析 | リンク解析 | 连接分析 |
| — bar | 連接桿 | カッペ | 连接杆 |
| — block | 環塊(滑塊) | リンクブロック | 连接滑块 |
| — bolt | 鏈節螺栓 | リンクボルト | 链节螺栓 |
| — brass | 連桿銅軸襯 | リンクブラス | 连杆铜轴衬 |
| — break cutout | 熔絲斷裂 | リンク切断カットアウト | 熔丝断裂 |
| — circuit | 中繼電路 | リンク回線 | 中继电路 |
| — control | 連接控制 | リンク制御 | 连接控制 |
| — coupling | 鏈耦合 | リンク結合 | 链耦合 |
| — drive | 連桿式動力傳動裝置 | リンク式動力伝達装置 | 连杆式动力传动装置 |
| — fuse | 鏈熔線〔絲〕 | つめ付きヒューズ | 链熔线〔丝〕 |
| — hanger | 滑動懸桿;月牙板吊桿 | リンクつり | 连杆吊架 |
| — housing | 連桿套 | リンクハウジング | 连杆套 |
| — lever | 搖桿 | リンクレバー | 摇杆 |
| — line circuit breaker | 連接線電路斷電器 | 連絡線遮断器 | 连接线电路断电器 |
| — line equipment | 連絡中繼設備 | 連絡中継設備 | 连络中继设备 |
| — mechanism | 連桿機構 | リンク機構 | 连杆机构 |
| — motion | 連桿運動(裝置) | リンク装置 | 连杆运动(装置) |
| — pin | 導銷 | リンクピン | 导销 |
| — plate | 鏈板 | リンクプレート | 链节板 |
| — polygon | 索多邊形 | リンク多角形 | 索多边形 |
| — press | 連桿式沖床 | リンクプレス | 连杆式压力机 |
| — rod | 輔連桿 | リンクロッド | 连接杆 |

L

| 英　文 | 臺　灣 | 日　文 | 大　陸 |
|---|---|---|---|
| — saddle | 滑塊鞍 | リンクサドル | 滑动鞍 |
| — span | 連接架 | リンクスパン | 连接架 |
| — spanner | 連桿扳手 | リンクスパナ | 连杆扳手 |
| — stopper | 擋塊 | リンクストッパ | 挡块 |
| — toothsaw | 鏈式(自動)鋸 | 鎖歯式自動のこ | 链式(自动)锯 |
| — type pipe cutter | 連桿形切管機 | リンク形パイプカッタ | 连杆形切管机 |
| — work | 連桿運動機構 | リンク仕掛け | 联杆运动机构 |
| **linkage** | 連桿組 | 連動装置 | 传动机构 |
| — equilibrium | 連鎖平衡 | 連鎖平衡 | 连锁平衡 |
| — heat | 鍵合熱 | 連鎖熱 | 键合热 |
| — point | 結合點 | 結合点 | 结合点 |
| — unit | 連接裝置 | リンケージユニット | 连接装置 |
| **linked** forging machine | 聯動鍛造機 | 鍛造加工ライン | 联动锻造机 |
| — suspension system | 聯動吊索系統 | 関連懸架方式 | 联动吊索系统 |
| — switch | 聯動開關 | 連動開閉器 | 联动开关 |
| **linking** | 結合 | 結合 | 结合 |
| — module | 連接模塊 | リンキングモジュール | 连接模块 |
| **linking-up** | 連動 | リンクアップ | 结合 |
| **Linotype** | 鑄造排鑄機(印刷) | ライノタイプ | 一种排铸机 |
| — metal | 一種排鑄機鉛字用合金 | ライノタイプメタル | 一种排铸机铅字用合金 |
| **Linz-Donawitz process** | 氧氣頂吹煉鋼法 | 純酸素上吹き転炉法 | 氧气顶吹炼钢法 |
| **Lion metal** | 一種錫基軸承合金 | ライオンメタル | 一种锡基轴承合金 |
| **lip** | 鑽刃;刀刃;唇 | 切れ刃 | 悬臂;切削刃 |
| — channel | 捲邊薄壁槽鋼 | リップ溝形鋼 | 卷边薄壁槽钢 |
| — clearance | 鑽刃餘隙 | リップクリアラアンス | 背角 |
| — die | 唇狀口模 | リップダイ | 唇状口模 |
| — formation | 唇部形成 | リップ生成 | 唇部形成 |
| — height | 切削刃高度 | リップハイト | 切削刃高度 |
| — packing | 唇形迫緊 | リップパッキン | 唇形密封圈 |
| — seal | 唇邊式密封 | リップシール | 唇边式密封 |
| **lipobiolic coal** | 殘留碳 | 残留炭 | 残留碳 |
| **lipophilic** nature | 親油性 | 親油性 | 亲油性 |
| — property | 親油性 | 親油性 | 亲油性 |
| **Lipowitz alloy** | 一種低溫易熔合金 | リポウィツ合金 | 一种低温易熔合金 |
| **liquated surface** | 偏析面 | 溶出面〔逆偏析〕 | 偏析面 |
| **liquation** | 熔析;熔離 | 溶離 | 偏析 |
| — lead | 熔析鉛 | 溶離鉛 | 熔析铅 |
| — slag | 熔析礦渣 | 溶離鉱さい | 熔析矿渣 |
| **liquefacient** | 熔解物 | 溶解剤 | 熔解物 |
| **liquefaction** | 液化 | 液化 | 液化 |

| 英　　文 | 臺　　灣 | 日　　文 | 大　　陸 |
|---|---|---|---|
| — failure | 液化破壞 | 液状化破壞 | 液化破坏 |
| — heat | 液化熱 | 液化熱 | 液化热 |
| — of gases | 氣體液化 | ガスの液化 | 气体液化 |
| **liquefactive apparition** | 液化現象 | 流砂現象 | 液化現象 |
| **liquefied** cooling medium | 液態冷卻介質 | 液冷媒 | 液态冷却介质 |
| — gas storage tank | 液化氣貯藏箱 | 液化ガス貯蔵タンク | 液化气贮藏箱 |
| — manometer | 液柱壓力計 | 液柱圧力計 | 液柱压力计 |
| — membrane | 液膜 | 液体膜 | 液膜 |
| — natural gas | 液化天然氣 | 液化天然ガス | 液化天然气 |
| — nitrogen | 液(化)氮 | 液化窒素 | 液(化)氮 |
| — seal | 液封 | 液封 | 液封 |
| **liquefier** | 液化裝置 | 液化剤 | 液化装置 |
| **liquefying gas** | 液化氣體 | 液化ガス | 液化气体 |
| **liquescence** | 可液化性 | 易液化性 | 可液化性 |
| **liquid** | 液體 | 液体 | 液体 |
| — absorbent | 液體吸收劑 | 液体吸収剤 | 液体吸收剂 |
| — air | 液態空氣 | 液体空気 | 液态空气 |
| — alloy | 液體合金 | 液体合金 | 液体合金 |
| — ammonia | 液體氨 | 液体アンモニア | 氨水 |
| — bath | 液浴 | 液浴 | 液浴 |
| — bearing | 流體軸承 | 流体軸受 | 流体轴承 |
| — blasting | 液吹法 | 液吹き法 | 液吹法 |
| — blowing agent | 液體發泡劑 | 液体発泡剤 | 液体发泡剂 |
| — calorimeter | 液體熱量計 | 液体熱量計 | 液体热量计 |
| — capacitor | 液體(介質)電容器 | 液体コンデンサ | 液体(介质)电容器 |
| — carbon dioxide | 液態二氧化碳 | 液体炭酸 | 液态二氧化碳 |
| — carbonitriding | 液體碳氮共滲法 | 液体浸炭窒化法 | 液体碳氮共渗法 |
| — carburizer | 液體滲碳劑 | 液体浸炭剤 | 液体渗碳剂 |
| — carburizing | 液體滲碳法 | 液体浸炭法 | 液体渗碳法 |
| — circulation system | 液體循環系統 | 液循環方式 | 液体循环系统 |
| — clutch | 液體離合器 | リキッドクラッチ | 液体离合器 |
| — coal | 液(化)煤 | 液化石灰 | 液(化)煤 |
| — container | 液體容器 | リキッドコンテーナ | 液体容器 |
| — contraction | 冷卻收縮 | 凝固収縮 | 冷却收缩 |
| — cooler | 液體冷卻器 | 液冷却器 | 液体冷却器 |
| — crystal display | 液晶顯示 | 液晶ディスプレイ | 液晶显示 |
| — crystal sensor | 液晶感測元件 | 液晶センサ | 液晶敏感元件 |
| — damping | 液體阻尼 | 液体制動 | 液力〔压〕制动 |
| — dielectric | 液體介電質 | 液体誘電体 | 液体介电质 |
| — displacement method | 液體置換法 | 液体置換法 | 液体置换法 |

L

| 英　　文 | 臺　　灣 | 日　　文 | 大　　陸 |
|---|---|---|---|
| — element | 液態元素 | 液体元素 | 液态元素 |
| — filter | 液體過濾器 | 液体フィルタ | 液体过滤器 |
| — flame hardening | 液焰淬火 | 液炎焼入れ | 液体火焰淬火 |
| — flow meter | 液體流量〔速〕計 | 液体流量〔速〕計 | 液体流量〔速〕计 |
| — flywheel | 液力飛輪 | リキッドフライホイール | 液力飞轮 |
| — friction | 液〔流〕體摩擦 | 液体摩擦 | 液〔流〕体摩擦 |
| — fuel | 液體燃料 | 液体燃料 | 液体燃料 |
| — gas | 液化煤氣 | 液化ガス | 液态煤气 |
| — gasket | 液體襯墊 | 液体パッキン | 液体填料 |
| — glue | 液體膠 | 液状グリュー | 液体胶 |
| — grease | 液體滑脂 | リキッドグリース | 液体润滑脂 |
| — heat exchanger | 液相熱交換器 | 液相熱交換器 | 液相热交换器 |
| — helium | 液(化)氦 | 液体ヘリウム | 液(化)氦 |
| — honing machine | 液體搪磨機 | 液体ホーニング盤 | 水砂抛光机 |
| — hydrogen | 液氫 | 液体水素 | 液氢 |
| — insulator | 液體絕緣物 | 液体絶縁物 | 液体绝缘物 |
| — jet machining | 液體噴射加工 | 液体ジェット加工 | 液体喷射加工 |
| — jet vacuum pump | 液體噴射真空泵 | 液体ジェットポンプ | 液体喷射真空泵 |
| — laser | 液體雷射 | 液体レーザ | 液体激光器 |
| — level alarm | 液位警報器 | 液面警報器 | 液位警报器 |
| — level controller | 液體開關 | 液面電極 | 液体开关 |
| — level sensor | 液面感測器 | 液面センサ | 液面传感器 |
| — line | 液相線 | 液相線 | 液相线 |
| — -liquid equilibrium | 液-液平衡 | 液-液平衡 | 液-液平衡 |
| — lubrication | 液體潤滑(法) | リキッドルブリカント | 液体润滑(法) |
| — manometer | 液體壓力計 | 液柱圧力計 | 液体压力计 |
| — material | 液狀物 | 液状物質 | 液状物 |
| — measure | 液量 | 液量〔量単位測定容量〕 | 液体测(定)量 |
| — medium | 液體介質 | 液体培地 | 液体介质 |
| — metal coolant | 液金屬冷卻劑 | 液体金属冷却材 | 液态金属冷却剂 |
| — metal corrosion | 液金屬腐蝕 | 液体金属の腐食 | 液态金属腐蚀 |
| — metal forging | 液金屬鍛造 | 溶湯鍛造 | 液态金属锻造 |
| — metal fuel | 液金屬燃料 | 液体金属燃料 | 液态金属燃料 |
| — metal pump | 液金屬泵 | 液体金属ポンプ | 液态金属泵 |
| — nitriding | 液氮化法 | 液体窒化法 | 液态氮化法 |
| — nitrogen | 液(態)氮 | 液体窒素 | 液(态)氮 |
| — oxidizer | 液氧化劑 | 液体酸化剤 | 液态氧化剂 |
| — oxygen explosive | 液氧炸藥 | 液酸爆薬 | 液(态)氧炸药 |
| — packing | 液體密封 | 液体パッキン | 液体填料 |
| — penetrant examination | 液體滲透探傷 | 液体浸透探傷検査 | 液体渗透探伤 |

| 英　　文 | 臺　　灣 | 日　　文 | 大　　陸 |
|---|---|---|---|
| — penetrant inspection | 滲透法探傷 | 浸透探傷試驗 | 渗透法探伤 |
| — penetrant test | 液體滲透探傷 | 液体浸透探傷検査 | 液体渗透探伤 |
| — phase reaction | 液相反應 | 液相反応 | 液相反应 |
| — phase sintering | 熔融燒結 | 溶融焼結 | 熔融烧结 |
| — polishing agent | 液體拋光劑 | 液状つや出し剤 | 液体抛光剂 |
| — power | 汽油 | 液体燃料 | 汽油 |
| — pressure | 液壓 | 液圧 | 液压 |
| — refrigerant | 液體致冷劑 | 液冷媒 | 液体致冷剂 |
| — regulating resistor | 液體(介質)可變電阻器 | 液体調整抵抗器 | 液体(介质)可变电阻器 |
| — resin | 液體樹脂 | 液状樹脂 | 液体树脂 |
| — resistance | 液態(時)阻力 | 液体抵抗 | 液态(时)阻力 |
| — ring compressor | 液封壓縮機 | 液封圧縮機 | 液封压缩机 |
| — seal | 液封式軸封 | 液封形軸封 | 液封式轴封 |
| — seal compressor | 液封壓縮機 | 液封圧縮機 | 液封压缩机 |
| — sealant | 液態密封劑 | 液状シーラント | 液态密封剂 |
| — silver | 水銀 | 水銀 | 水银 |
| — slag | 熔融渣 | 溶融スラグ | 熔融渣 |
| — starter | 液壓起動機 | 液体起動器 | 液压起动机 |
| — state | 液態 | 液態 | 液态 |
| — subcooler | 液態低溫冷卻器 | 液過冷却器 | 液态低温冷却器 |
| — vapo(u)r interface | 液體-氣體界面 | 液体-気体界面 | 液体-气体界面 |
| — viscosimeter | 液體黏度計 | 液体粘度計 | 液体黏度计 |
| **liquid-cooled** engine | 液冷發動機 | 液冷エンジン | 液冷发动机 |
| — generator | 液冷發電機 | 液体冷却発電機 | 液冷发电机 |
| — reactor | 液體冷卻反應爐 | 液体冷却形原子炉 | 液体冷却反应堆 |
| **liquid-film** coefficient | 液膜係數 | 液境膜係数 | 液膜系数 |
| — resistance | 液膜阻力 | 液境膜抵抗 | 液膜阻力 |
| **liquidiness** | 流動性 | 液体性 | 流动性 |
| **liquidity index** | 液性指數 | 液性指数 | 液性指数 |
| **liquidoid** | 開始析出固相的溫度線 | リクイドイド | 开始析出固相的温度线 |
| **liquidometer** | 液面測量計 | 液面流出計 | 液面测量计 |
| **liquidus** | 液相線 | 液相線 | 液相线 |
| — curve | 液相(曲)線 | 液相線 | 液相(曲)线 |
| — line | 液相(曲)線 | 液相線 | 液相(曲)线 |
| **liquif(ic)ation** | 液化 | 液化 | 液化 |
| — of coal | 煤液化 | 石炭液化 | 煤液化 |
| **liquified** chlorine gas | 液(態)氯 | 液体塩素ガス | 液(态)氯 |
| — hydrogen | 液(化)氫 | 液体水素 | 液(化)氢 |
| **liquor** | 溶液 | 液体 | 溶液 |
| — finishing | 鋼絲染紅處理 | リカーフィニッシング | 钢丝染红处理 |

L

| 英　文 | 臺　灣 | 日　文 | 大　陸 |
|---|---|---|---|
| **Litz wire** | 絞合線 | リッツ線 | 绞合线 |
| **live ammunition** | 實彈 | さく薬てん実弾 | 实弹 |
| — axle | 動軸 | 活軸 | 驱动轴 |
| — bolt | 活動螺栓 | から締めボルト | 活动螺栓 |
| — center | 活頂心 | 回りセンタ | 活顶尖 |
| — circuit | 通電電路 | 生き回路 | 通电电路 |
| — end | 加電端 | 有響端 | 加电端 |
| — lime | 生石灰 | 生石灰 | 生石灰 |
| — load | 活動負載 | 活荷重 | 工作负载 |
| — rollers | 從動輥子 | 駆動ロール | 传动辊 |
| — spindle | 活動心軸 | ライブスピンドル | 旋转轴 |
| **livered oil** | 硬化油 | 硬化油 | 硬化油 |
| **LNG cold heat** | 液化天然氣制冷 | ＬＮＧ冷熱 | 液化天然气制冷 |
| **LNG compressor** | 液化天然氣壓縮機 | ＬＮＧ圧縮機 | 液化天然气压缩机 |
| **load** | 負載 | 負荷 | 负载 |
| — adjusting device | 負載調整裝置 | 負荷調整装置 | 负载调整装置 |
| — analysis | 負載分析 | 負荷分析 | 负载分析 |
| — at break | 斷裂負載 | 破断点荷重 | 断裂负荷 |
| — balance | 負載平衡 | 負荷平衡 | 负载平衡 |
| — bar | 負載桿 | ロードバー | 负载杆 |
| — bearing capacity | 支承力;負載能力 | 耐（荷）力 | 支承力;负荷能力 |
| — bearing characteristics | 耐荷特性 | 耐力特性 | 耐荷特性 |
| — bearing structure | 承重結構 | 耐力構造 | 承重结构 |
| — break cutout | 負載切斷器 | 負荷遮断カットアウト | 负载切断器 |
| — break switch | 負載(斷路)開關 | 負荷開閉器 | 负载(断路)开关 |
| — calibrating device | 測力計 | 荷重検出器 | 测力计 |
| — capacity | 負載量 | 負荷容量 | 负载容量 |
| — cell | 測力器 | ロードセル | 负载传感器 |
| — chain | 載重鏈 | ロードチェーン | 载荷链 |
| — change test | 變負載試驗 | 負荷変動試験 | 变负荷试验 |
| — chart | 工作負載圖 | 荷重曲線 | 负载曲线图 |
| — clamp | 負載夾緊裝置 | クラップ | 负载夹紧装置 |
| — compensating device | 負載補償〔調整〕裝置 | 応荷重装置 | 负载补偿〔调整〕装置 |
| — concentration | 負載集中 | 荷重集中 | 荷重集中 |
| — condition | 滿載狀態 | 満載状態 | 满载状态 |
| — control | 負載控制 | 荷重制御 | 荷载控制 |
| — current | 負載電流 | ロード電流 | 负载电流 |
| — curve | 負載曲線 | 負荷曲線 | 负荷曲线 |
| — -deflection curve | 負載-變位線 | 荷重－たわみ曲線 | 荷载-挠度曲线 |
| — -deflection diagram | 負載-變位線圖 | 荷重－たわみ曲線 | 载荷-挠度图 |

| 英　　文 | 臺　　灣 | 日　　文 | 大　　陸 |
|---|---|---|---|
| — -deformation curve | 負載變形曲線 | 荷重－変位曲線 | 载荷变形曲线 |
| — dispatcher | 配電器 | 給電指令員 | 配电器 |
| — dispatching board | 配電盤 | 給電盤 | 配电盘 |
| — dispacement curve | 荷載位移曲線 | 荷重変位曲線 | 荷载位移曲线 |
| — distribution | 荷載分布 | 荷重分布 | 荷载分布 |
| — diversity | 負載不等率 | 負荷不等率 | 负载不等率 |
| — dividing valve | 負載分配閥 | 負荷分配弁 | 载荷分配阀 |
| — duration curve | 負載持續時間曲線 | 負荷持続曲線 | 负载持续时间曲线 |
| — dynamics | 負載動力學 | 負荷動特性 | 负载动力学 |
| — -elongation curve | 負載-伸長曲線 | 荷重－伸び曲線 | 负载-伸长曲线 |
| — -elongation diagram | 負載-伸長圖 | 荷重－伸び線図 | 负载-伸长图 |
| — facility | 負載能力 | ロードファシリティ | 负载能力 |
| — factor | 負載因數 | 負荷率 | 负载系数 |
| — fluctuation | 負載波動 | 負荷変動 | 负载波动 |
| — fraction | 負載變化率 | 負荷変化率 | 载荷变化率 |
| — impedance | 負載阻抗 | 負荷インピーダンス | 负载阻抗 |
| — in bending | 彎曲負載 | 曲げ荷重 | 弯曲载荷 |
| — in compression | 壓縮負載 | 圧縮荷重 | 压缩载荷 |
| — in tension | 拉伸負載 | 引張り荷重 | 拉伸载荷 |
| — incremental method | 荷載遞增法 | 荷重増分法 | 荷载递增法 |
| — intensity | 負載強度 | 荷重強度 | 载荷强度 |
| — interrupter switch | 負載中斷開關 | 負荷遮断開閉器 | 负载中断开关 |
| — limit valve | 負載限制閥 | 負荷制限弁 | 负载限制阀 |
| — limiter | 負載限制器 | 負荷制限器 | 载荷限制器 |
| — map | 負載圖 | ロードマップ | 负载图 |
| — meter | 測壓計 | 自重計 | 测压计 |
| — module | 裝入模塊 | 読込みモジュール | 装入模块 |
| — open circuit | 負載開路〔斷開〕 | 負荷開放 | 负载开路〔断开〕 |
| — partition method | 荷載分配法 | 荷重分割法 | 荷载分配法 |
| — peak | 高峰負載量 | 負荷頂点 | 高峰负荷量 |
| — port | 負載孔 | 負荷ポート | 负载孔 |
| — range | 負載(調整)範圍 | 負荷調整範囲 | 负荷(调整)范围 |
| — rating | 負載率 | 動定格荷重 | 负载率 |
| — regulation | 負載調整 | 角荷変動分 | 负荷调整 |
| — regulator | 負載調整器 | 負荷調整装置 | 负载调节器 |
| — rejection | 切斷負載 | 負荷遮断 | 切断负荷 |
| — relay | 負載繼電器 | ロードリレー | 负荷继电器 |
| — resistance | 負載電阻 | ロード抵抗 | 负载电阻 |
| — sensing element | 負載檢測元件 | 荷重検出素子 | 负荷检测元件 |
| — sensing transducer | 負載檢測變換器 | 荷重検出変換器 | 负荷检测变换器 |

| 英　　文 | 臺　　灣 | 日　　文 | 大　　陸 |
|---|---|---|---|
| — sensing valve | 負載檢測閥 | 測重弁 | 负载检测阀 |
| — sensitive element | 負載感測元件 | 負荷感応形素子 | 负荷敏感元件 |
| — short circuit | 負載短路 | 負荷短絡 | 负载短路 |
| — system program | 裝配系統程序 | 負荷開閉器 | 装配系统程序 |
| — tension point | 應力拉伸區 | 荷重けん引部 | 应力拉伸区 |
| — time | 載重時間 | ロードタイム | 载重时间 |
| — torque | 負載轉矩 | 負荷トルク | 负荷转矩 |
| — transducer | 負載轉換器 | 荷重変換器 | 负荷转换器 |
| — voltage | 負載電壓 | 負荷電圧 | 负载电压 |
| **load-back method** | 反饋法 | 返還負荷法 | 反馈法 |
| **load-carrying capacity** | 負載能力 | 許容荷重 | 负载能力 |
| **loaded** condition | 負載情況 | 負荷状態 | 负载状态 |
| — governor | 重錘式調速機 | おもり調速機 | 重锤式调速机 |
| — impedance | 負載阻抗 | 負荷時インピーダンス | 负荷阻抗 |
| — line | 加載線路 | 装荷線路 | 加载线路 |
| — rubber | 填料橡膠 | 充てん材ゴム | 填料橡胶 |
| — stock | 填料 | 充てん材 | 填料 |
| **loader** | 裝載〔料〕機 | 積込み機 | 装载〔料〕机 |
| — bucket | 荷載斗〔桶〕 | ローダバケット | 荷载斗〔桶〕 |
| — -digger | 挖掘裝載兩用機 | ローダディッガ | 挖掘装载两用机 |
| — -unloader | 裝卸機 | ローダアンローダ | 装卸机 |
| **loading** | 裝載〔料〕 | 装てん | 装载〔料〕 |
| — agent | 填充劑 | 増量剤 | 填充剂 |
| — analysis | 裝載分析 | 搭載分析 | 装载分析 |
| — apron | 加載墊板 | ローディングエプロン | 加载垫板 |
| — arm | 上料臂 | ローディングアーム | 上料臂 |
| — back | 負載反饋(法) | 負荷返還法 | 负荷反馈(法) |
| — board | 裝料盤 | 装てん盤 | 装料盘 |
| — chamber | 裝填室 | 装てん室 | 装填室 |
| — coil | 負載線圈 | 装荷線輪 | 加载线圈 |
| — condition | 負載條件 | 荷重条件 | 加载条件 |
| — diagram | 負載線圖 | 荷重線図 | 加载曲线图 |
| — duration | 充電時間 | 荷電時間 | 充电时间 |
| — endurance | 耐疲勞度 | 耐力 | 耐疲劳度 |
| — guide | 裝料導板 | ローディングガイド | 装料导板 |
| — hopper | 裝料(漏)斗 | 装入ホッパ | 装料(漏)斗 |
| — machine | 裝料機 | 燃料装入機 | 装料机 |
| — material | 填料 | 充てん剤 | 填料 |
| — oil pressure | 承載油壓 | 最低常用油圧 | 承载油压 |
| — path | 加載過程 | 負荷経路 | 加载过程 |

| 英　　文 | 臺　　灣 | 日　　文 | 大　　陸 |
|---|---|---|---|
| — plate | 裝載板 | 載荷板 | 荷載板 |
| — platform | 裝卸站台 | 乗降場 | 裝卸站台 |
| — pole | 加載導柱〔桿〕 | ローディングポール | 加載导柱〔杆〕 |
| — program | 裝配程序 | ローディングプログラム | 裝配程序 |
| — range | 負載極限 | 荷重限 | 负荷极限 |
| — shovel | 裝載機鏟斗 | ローディングショベル | 裝載机铲斗 |
| — skid | 裝料滑道 | ローディングスキッド | 裝料滑道 |
| — stick | 搗棒 | 込め棒 | 搗棒 |
| — tray | 裝料盤 | 装てん板〔盤〕 | 裝料盘 |
| — unit | 裝料機構 | 装入ユニット | 裝料机构 |
| — velocity | 裝載速度 | ローディング速度 | 裝載速度 |
| **loam** | 泥沙漿 | 真土 | 亚砂土 |
| — block mould | 黏土鑄模 | 真土型 | 黏土铸型 |
| — board | （鑄造）刮漿板 | ひき型板 | （铸造）刮板 |
| — casting | 泥型鑄造（件） | 泥型鋳造 | 泥型铸造（件） |
| — core | 型心 | どろ型心 | 型心 |
| — lute | 封泥 | 封泥 | 封泥 |
| — mould | 泥沙模 | 真土型 | 黏土铸型 |
| — moulding | 泥沙造型法 | 真土型造型法 | 黏土（型）造型法 |
| — sand | 泥砂 | 真土砂 | 黏泥砂 |
| **lobe** | 瓣；輪葉瓣；凸起 | ふく射葉 | 凸起 |
| — clearance | 凸輪餘隙 | ロープ間すきま | 凸轮间隙 |
| — plate | 凸輪板 | 突子板 | 凸轮板 |
| **lobed** arch | 扁圓拱 | ローブドアーチ | 扁圆拱 |
| — pump | 凸輪泵 | ローブポンプ | 凸轮泵 |
| **lobster back** | 曲折管 | 曲げ管 | 曲折管 |
| **local** annealing | 局部退火 | 局部焼なまし | 局部退火 |
| — buckling | 局部挫曲 | 局部座屈 | 局部屈曲 |
| — buckling stress | 局部挫曲應力 | 局部座屈応力 | 局部座屈应力 |
| — case-hardening | 局部表面硬化 | 部分（表面）焼入法 | 局部表面硬化 |
| — cavitation | 局部空泡現象 | 部分的空洞現象 | 局部空泡现象 |
| — cell corrosion | 局部電池腐蝕 | 局部電池腐食 | 局部电池腐蚀 |
| — collapse | 局部破壞 | 局部圧壊 | 局部破坏 |
| — contraction | 局部收縮 | 局部収縮 | 局部收缩 |
| — damage | 局部損壞 | 局部損傷 | 局部损坏 |
| — discharge system | 局部放電方式 | 局所放出方式 | 局部放电方式 |
| — elongation | 局部伸長 | 局部伸び | 局部伸长 |
| — error | 局部誤差 | 局所誤差 | 局部误差 |
| — extension | 局部延伸 | 局部伸び | 局部延伸 |
| — failure | 局部破壞 | 局部破壊 | 局部破坏 |

**L**

| 英　　文 | 臺　　灣 | 日　　文 | 大　　陸 |
|---|---|---|---|
| — frictional resistance | 局部摩擦阻力 | 局部摩擦抵抗 | 局部摩擦阻力 |
| — hardening | 局部淬火 | 局部焼入れ | 局部淬火 |
| — heat forming | 局部加熱成形法 | 局部加熱成形法 | 局部加热成形法 |
| — heat transfer | 局部傳熱 | 局部熱伝達 | 局部传热 |
| — heating | 局部加熱 | 局部暖房 | 局部加热 |
| — hot spots | 局部過熱點 | 局部過熱点 | 局部过热点 |
| — metamorphism | 局部變質作用 | 接触変成作用 | 局部变质作用 |
| — operation | 局部操作 | 局操 | 局部操作 |
| — overheating | 局部過熱 | 局部過熱 | 局部过热 |
| — pressure | 局部壓力 | 局部圧力 | 局部压力 |
| — processing | 局部處理 | ローカル処理 | 局部处理 |
| — reinforcement | 局部補強 | 局部補強 | 局部加强 |
| — resistance | 局部阻力 | 局部抵抗 | 局部阻力 |
| — resonance | 局部共振 | 局部共振 | 局部共振 |
| — section | 局部斷面 | 局部断面 | 局部断面 |
| — shear failure | 局部剪切破壞 | 局部せん断破壊 | 局部剪切破坏 |
| — specific resistance | 局部阻力係數 | 局部比抵抗 | 局部阻力系数 |
| — stability | 局部穩定性 | 局所安定 | 局部稳定性 |
| — strain | 局部變形〔應變〕 | 局部ひずみ | 局部变形〔应变〕 |
| — strength | 局部強度 | 局部強さ | 局部强度 |
| — stress | 局部應力 | 局部応力 | 局部应力 |
| — thermal equilibrium | 局部熱平衡 | 局所熱平衡 | 局部热平衡 |
| — unit stress | 局部單位應力 | 局部応力度 | 局部单位应力 |
| — variable | 局部變量 | ローカル変数 | 局部变量 |
| — velocity | 局部流速 | 局部流速 | 局部流速 |
| — ventilating fan | 局部通風機 | 局部扇風機 | 局部通风机 |
| — ventilation | 局部通〔換〕氣 | 局所排気 | 局部通〔換〕气 |
| — weight | 局部重量 | 局部重量 | 局部重量 |
| **localiaztion** | 定位 | 局在化 | 定位 |
| — of faults | 故障定位 | 障害位置測定 | 故障定位 |
| **localized tempering** | 局部回火 | 局部焼戻し | 局部回火 |
| **localizer** | 定位器 | ローカライザ | 定位器 |
| **localizing diffusion** | 局部擴散 | 部分拡散 | 局部扩散 |
| **locate** function | 定位功能 | 位置づけ機能 | 定位功能 |
| — mode | 定位方式 | 位置指定モード | 定位方式 |
| **locating** | 定位 | 位置決め | 定位 |
| — center punch | 定位中心衝 | 位置決めセンタポンチ | 定位中心冲头 |
| — hole | 定位孔 | 定位孔 | 定位孔 |
| — lug | 定位環〔柄;把〕 | ロケーティングラグ | 定位环〔柄;把〕 |
| — pin | 定位銷 | 位置決めピン | 定位销 |

| 英　　文 | 臺　　灣 | 日　　文 | 大　　陸 |
|---|---|---|---|
| ― plate | 定位板 | ロケーティングプレート | 定位板 |
| ― plug | 定位塞 | 位置決めプラグ | 定位塞 |
| ― ring | 定位環 | 定位リング | 定位环 |
| ― snap ring | 定位彈簧環 | （軸受の）止め輪 | 定位弹簧环 |
| location | 定位 | 位置選定 | 定位 |
| ― bolt | 定位螺栓 | ロケーションボルト | 定位螺栓 |
| ― deviation | 定位偏差 | 建込み偏差 | 定位偏差 |
| ― of measurement | 測定位置 | 測定位置 | 測定位置 |
| ― survey | 定位測量 | 測量 | 定位测量 |
| locator | 定位器 | 探知器 | 定位器 |
| ― key | 定位銷〔鍵〕 | 位置決めキー | 定位销〔键〕 |
| ― slide | 定位滑道 | 位置決め用スライド | 定位滑道 |
| lock | 鎖；閘 | 封鎖 | 锁定装置 |
| ― arm | 鎖臂 | ロックアーム | 锁臂 |
| ― bar | 鎖桿 | ロックバー | 锁杆 |
| ― beading | 捲邊接合 | ビード接合 | 卷边接合 |
| ― bolt | 鎖緊螺栓 | 締付けボルト | 锁紧螺栓 |
| ― free system | 無鎖定方式 | ロックフリー方式 | 无锁定方式 |
| ― gate | 閘門 | かんぬき門 | 闸门 |
| ― handle | 鎖緊手柄 | ロックハンドリ | 锁紧手柄 |
| ― head | 閘門室 | 扉室 | 闸门室 |
| ― joint | 咬口接合 | こはぜ掛け | 咬口接合 |
| ― lift | 鎖銷提臂 | 錠上げ〔錠揚げ〕 | 锁销提臂 |
| ― loop | 鎖定環 | ロックループ | 锁定环 |
| ― mode | 鎖定方式 | ロックモード | 锁定方式 |
| ― nut washer | 併緊螺帽墊圈 | ロックナットワッシャ | 防松螺帽垫圈 |
| ― of fusion | 融合不良 | 融合不良 | 融合不良 |
| ― pin | 鎖銷 | 止めピン | 止动销 |
| ― plate | 鎖板 | ロックプレート | 锁板 |
| ― position | 鎖定位置 | ロックポジション | 锁定位置 |
| ― ring | 鎖環 | 止め輪 | 锁环 |
| ― screw | 鎖緊螺釘 | 止めねじ | 锁紧螺钉 |
| ― seam sleeve | 捲邊接縫套管 | ロックシームスリーブ | 卷边接缝套管 |
| ― seaming | 捲邊接縫 | シーム継ぎ | 卷边接缝 |
| ― washer | 鎖緊墊圈 | 止め座金 | 防松垫圈 |
| locked cock | 鎖緊旋塞 | 錠付きコック | 锁紧旋塞 |
| ― coil wire rope | 光面嵌緊索 | ロックワイヤロープ | 密封钢丝绳 |
| ― position | 鎖緊位置 | 錠掛け位置 | 锁紧位置 |
| ― up stress | 剩留應力 | ロックドアップストレス | 紧锁应力 |
| locked-in oscillator | 同步振盪器 | ロックイン発振器 | 同步振荡器 |

**L**

locked-rotor

| 英　　文 | 臺　　灣 | 日　　文 | 大　　陸 |
|---|---|---|---|
| — strain | 殘留變形 | 残留ひずみ | 残余变形 |
| — stress | 殘留應力 | 残留応力 | 残余应力 |
| locked-rotor torque | 鎖定轉矩 | 回転子拘束トルク | 锁定转矩 |
| locker | 鎖櫃 | ロッカ | 锁扣装置 |
| locker-in circuit | 自保持電路 | 自己保持回路 | 自保持电路 |
| — range | 鎖定範圍 | ロックイン範囲 | 锁定范围 |
| — synchronism | 鎖定同步 | ロックインシンクロ | 锁定同步 |
| locking | 鎖緊;閘斷 | 閉鎖 | 锁紧 |
| — action | 緊固作用 | 型締め作用 | 紧固作用 |
| — apparatus | 閉鎖裝置 | 鎖錠装置 | 闭锁装置 |
| — block | 鎖塊 | ロッキングブロック | 锁块 |
| — circuit | 自保持電路 | ロック回路 | 自保持电路 |
| — contact | 鎖定接點 | ロック接点 | 锁定接点 |
| — device | 鎖緊裝置 | 固定装置 | 锁紧装置 |
| — dog | 牽轉具 | ドッグ | 销定爪 |
| — force | 合模力 | 型締め力 | 合模力 |
| — key | 鎖緊鍵 | 倒れ切り電けん | 止动键 |
| — lever | 止動桿 | 連動鎖錠てこ | 联锁杆 |
| — lip | 制動唇〔軸承襯圈的〕 | ロッキングリップ | 制动唇〔轴承衬圈的〕 |
| — mechanism | 鎖緊裝置止動機構 | 型締め機構 | 制动机构 |
| — pressure | 合模壓力 | 型締め圧力 | 合模压力 |
| — ram | 壓緊活塞 | 圧締めラム | 压紧活塞 |
| — signal | 同步信號 | たね信号 | 同步信号 |
| — switch | 鎖定開關 | ロッキングスイッチ | 锁定开关 |
| lockout | 鎖定 | 閉そく | 锁定 |
| — circuit | 閉鎖電路 | 閉さい回路 | 闭锁电路 |
| — cylinder | 閉鎖汽缸 | ロックアウトシリンダ | 闭锁汽缸 |
| — device | 閉鎖裝置 | ロックアウト装置 | 闭锁装置 |
| — magnet valve | 切斷電磁閥 | 締切り電磁弁 | 切断电磁阀 |
| — pulse | 同步脈衝 | ロックアウトパルス | 同步脉冲 |
| — relay | 閉鎖繼電器 | 阻止リレー | 闭锁继电器 |
| lock-up clutch | 鎖緊離合器 | ロックアップ機構 | 锁紧离合器 |
| — relay | 自保持繼電器 | ロックアップ継電器 | 自保持继电器 |
| locmotive | 火車頭 | 機関車 | 火车头 |
| locus | 軌跡 | 軌跡 | 轨迹 |
| — of impedance | 阻抗軌跡 | インピーダンス軌跡 | 阻抗轨迹 |
| — of metacenters | 穩心曲線 | メタセンタ軌跡 | 稳心曲线 |
| lodox | 微粉末磁鐵 | ロードックス | 微粉末磁铁 |
| loftman | 放樣工 | 現図工 | 放样工 |
| logic | 邏輯性 | 論理 | 逻辑性 |

| 英　　文 | 臺　　灣 | 日　　文 | 大　　陸 |
|---|---|---|---|
| — amplifier | 邏輯放大器 | ロジックアンプ | 逻辑放大器 |
| — analysis | 邏輯分析 | 論理分析〔解析〕 | 逻辑分析 |
| — cell | 邏輯單元 | ロジックセル | 逻辑单元 |
| — component | 邏輯元件 | ロジックコンポーネント | 逻辑元件 |
| — control | 邏輯控制 | 論理制御 | 逻辑控制 |
| — design system | 邏輯設計系統 | 論理設計システム | 逻辑设计系统 |
| — device | 邏輯電路 | 論理機構 | 逻辑电路 |
| — element | 邏輯元件 | 論理素子 | 逻辑元件 |
| — layout system | 邏輯設計圖系統 | 論理レイアウトシステム | 逻辑设计图系统 |
| **Logotype** | 一種鉛字合金 | ロゴタイプ | 一种铅字合金 |
| **Lohse** bridge | 直懸桿式剛性拱梁橋 | ローゼ橋 | 直悬杆式刚性拱梁桥 |
| — girder | 空腹桁架 | ローゼげた | 空腹桁架 |
| **Lohys** | 一種矽鋼片 | ロイス | 一种硅钢片 |
| **loll** | 靜止角 | 静止角 | 静止角 |
| **Lomas nut** | 一種螺母 | ローマスナット | 一种螺母 |
| **long** | 全長 | 長い | 全长 |
| — acceleration | 持續加速度 | 長期加速度 | 持续加速度 |
| — arc | 長弧 | ロングアーク | 长弧 |
| — arm | 長臂 | ロングアーム | 长臂 |
| — base line | 長基線 | ロングベースライン | 长基线 |
| — bearing boss bushing | 長導向的帶凸台導套 | ベアリングボス式ブシュ | 长导向的带凸台导套 |
| — chisel | 長鑿 | 長たがね | 长凿 |
| — chord | 長弦 | 長弦 | 长弦 |
| — column | 長柱 | 長柱 | 长柱 |
| — direction | 長度方向 | 長さ方向 | 长度方向 |
| — drain oil | 長效潤滑油 | ロングドレンオイル | 长效润滑油 |
| — drill | 深孔鑽頭 | ロングドリル | 深孔钻头 |
| — duration test | 疲勞試驗 | 耐久試験 | 疲劳试验 |
| — flame | 長(火)燄 | 長炎 | 长(火)焰 |
| — flame coal | 長燄煤 | 長炎炭 | 长焰煤 |
| — floor frame | 長底肋材 | 長ろっ根材 | 长底肋材 |
| — grain | 粗粒 | ロンググレン | 粗粒 |
| — life coolant | 長效冷卻劑 | ロングライフクーラント | 长效冷却剂 |
| — loaf molder | 長塊模 | 長塊鋳型 | 长块模 |
| — nose plier | 長嘴鉗 | ロングノーズプライヤ | 长嘴钳 |
| — nose-rail | 長端鋼軌 | 鼻端長レール | 长端钢轨 |
| — pitch winding | 長距繞組 | 長節巻 | 长距绕组 |
| — polyvinyl sheet | 長乙烯樹脂軟片 | 長尺ビニルシート | 长乙烯树脂软片 |
| — pulse | 長脈衝 | 長いパルス | 长脉冲 |
| — radius elbow | 大半徑彎頭 | 大曲りエルボ | 大半径弯头 |

L

| 英　　文 | 臺　　灣 | 日　　文 | 大　　陸 |
|---|---|---|---|
| — radius fittings | 大彎接頭〔配件〕 | 大曲り管継手 | 大半径弯头接头〔配件〕 |
| — rail | 長軌 | 長大レール | 长钢轨 |
| — rod insulator | 長桿絕緣子 | 長かんがい子 | 长杆绝缘子 |
| — roller bearing | 長圓柱滾子軸承 | 棒状ころ軸受け | 长圆柱滚子轴承 |
| — screw nipple | 長螺紋套筒 | 長ねじニップル | 长螺纹套筒 |
| — shackle | 長連結環 | 長シャックル | 长连结环 |
| — shank tap | 長柄絲攻 | ロング（シャンク）タップ | 长柄丝锥 |
| — shift | 長移位 | ロングシフト | 长移位 |
| — slag | 酸性渣 | ロングスラグ | 酸性渣 |
| — slide | 長滑塊 | ロングスライド | 长滑块 |
| — span structure | 大跨度結構 | 大スパン構造 | 大跨度结构 |
| — spatula | 長柄鏟刀〔修型工具〕 | 長べら | 长柄镘刀〔修型工具〕 |
| — staple fiber | 長纖維 | ロングステープル | 长纤维 |
| — stem | 長桿〔柄〕 | ロングステム | 长杆〔柄〕 |
| — stroke | 長衝程 | ロングストローク | 长行程〔冲程〕 |
| — sustained loading | 長期荷重 | 長期荷重 | 长期荷重 |
| — sweep | 長彎頭 | 長曲エルボ | 长弯头 |
| — tooth | 長齒 | 高歯 | 长齿 |
| — tube evaporator | 長管蒸發器 | 長管形蒸発缶 | 长管蒸发器 |
| — tube microscope | 長筒顯微鏡 | 長筒顕微鏡 | 长筒显微镜 |
| — vernier | 長游標 | ロングバーニヤ | 长游标 |
| — wheel base | 長軸距 | 長軸間距離 | 长轴距 |
| **longer direction** | 縱向 | 長手方向 | 纵向 |
| **longevity** | 長壽命 | 耐用寿命 | 长寿命 |
| **longitude** | 經度 | 経度 | 横距 |
| **longitudinal** | 縱樑 | 縦通材 | 纵梁 |
| — acceleration | 縱向加速度 | 前後加速度 | 纵向加速度 |
| — axis | 縱向軸線 | 軸線 | 纵向轴线 |
| — baffle | 縱擋板 | 縦衝板 | 纵挡板 |
| — bar | 縱桿；主筋 | 軸方向鉄筋 | 轴向钢筋 |
| — bead bend test | 縱向焊縫彎曲試驗 | 縦ビード曲げ試験 | 纵向焊缝弯曲试验 |
| — beam | 縱樑 | 縦ビーム | 纵梁 |
| — bending deformation | 縱向彎曲變形 | 縦曲り変形 | 纵向弯曲变形 |
| — bending moment | 縱向彎距 | 縦曲げモーメント | 纵向弯距 |
| — bending strain | 縱彎曲應變 | 縦曲げひずみ | 纵弯曲应变 |
| — bending stress | 縱向彎曲應力 | 縦曲げ応力 | 纵向弯曲应力 |
| — circuit | 縱向電路 | 縦回路 | 纵向电路 |
| — coefficient | 縱向係數 | 柱形係数 | 纵向系数 |
| — comparator | 縱向運動比較器 | 縦動比較器 | 纵向运动比较器 |
| — compression test | 縱向壓縮試驗 | 縦圧縮試験 | 纵向压缩试验 |

| 英　文 | 臺　灣 | 日　文 | 大　陸 |
|---|---|---|---|
| — contraction | 縱向收縮 | 縦収縮 | 纵向收缩 |
| — crack | 縱向裂紋 | 縦割れ | 纵向裂纹 |
| — curl | 縱向捲曲 | 縦反り | 纵向卷曲 |
| — curvature | 縱向曲率 | 縦曲げ率 | 纵向曲率 |
| — cut sawing | 縱向鋸(開) | 長手びき | 纵向锯(开) |
| — deviation | 縱(向)偏差 | 縦の偏差 | 纵(向)偏差 |
| — direction | 長度方向 | 長さ方向 | 长度方向 |
| — dispersion | 縱向擴散 | 混合拡散 | 纵向扩散 |
| — distribution | 縱(向)分佈 | 縦分布 | 纵(向)分布 |
| — ductility | 縱向延展性 | 縦方向延性 | 纵向延展性 |
| — effect | 縱向效應 | 縦効果 | 纵向效应 |
| — expansion | 縱(向)膨脹 | 縦膨張 | 纵(向)膨胀 |
| — expansion joint | 縱向伸縮縫 | 伸縮縦目地 | 纵向伸缩缝 |
| — extension | 縱(向)伸長 | 縦伸び | 纵(向)伸长 |
| — fiber | 縱纖維 | 縦繊維 | 纵纤维 |
| — fin | 縱向肋片 | 縦形フィン | 纵向肋片 |
| — force | 縱向力 | 縦力 | 纵向力 |
| — frame | 縱構架 | 縦フレーム | 纵构架 |
| — framing system | 縱構架式 | 縦ろっ骨式 | 纵构架式 |
| — girder | 縱桁 | 縦げた | 纵桁 |
| — inclination pitching | 縱向傾斜角 | 縦方向揺れ | 纵向倾斜角 |
| — joint | 伸(縮)縱接頭 | 縦継目 | 纵向接头 |
| — levelling | 縱斷面測量 | 縦断測量 | 纵断面测量 |
| — load | 軸向負載 | 縦荷重 | 轴向载荷 |
| — magnetization | 縱向磁化 | 長さ方向磁化 | 纵向磁化 |
| — member | 縱構件 | 縦部材 | 纵向构件 |
| — metacenter | 縱穩心 | 縦メタセンタ | 纵稳心 |
| — modulus | 縱彈性模數 | 縦弾性率 | 纵弹性模量 |
| — motion | 縱方向運動 | 縦方向運動 | 纵方向运动 |
| — movement | 縱向運動 | 縦運動 | 纵向运动 |
| — piezoelectric effect | 縱向壓電效應 | ピエゾ電気的縦効果 | 纵向压电效应 |
| — plan | 縱剖面圖 | 縦面図 | 纵剖面图 |
| — pressure | 縱壓力 | 縦圧 | 纵压力 |
| — profile | 縱剖面 | 縦断面形状 | 纵剖面 |
| — reinforcement | 軸向加強材 | 軸方向鉄筋 | 轴向钢筋 |
| — rib | 縱肋 | 縦リブ | 纵肋 |
| — riveted joint | 縱向鉚接縫 | リベット縦縁 | 纵向铆接缝 |
| — seam | 縱(向焊)縫 | 縦縁 | 纵(向焊)缝 |
| — seam welding machine | 縱縫焊接機 | 縦シーム溶接機 | 纵缝焊接机 |
| — section | 縱斷面〔剖面〕圖 | 縦断面図 | 纵断面〔剖面〕图 |

| 英　　文 | 臺　　灣 | 日　　文 | 大　　陸 |
|---|---|---|---|
| ― separation | 縱向間隔 | 縱方向分離 | 纵向间隔 |
| ― shear | 縱(向)剪切 | 縱せん断 | 纵(向)剪切 |
| ― shirinkage | 縱向收縮 | 縱收縮 | 纵向收缩 |
| ― stability | 縱向穩定性 | 縱安定（性） | 纵向稳定性 |
| ― stiffener | 縱向加強材 | 縱補剛材 | 纵向加劲杆 |
| ― stiffness | 縱向剛度 | 縱剛性 | 纵向刚度 |
| ― strain | 縱向應變 | 縱ひずみ | 纵向应变 |
| ― strength | 縱(向)強度 | 縱強度 | 纵(向)强度 |
| ― stress | 縱(向)應力 | 縱応力 | 纵(向)应力 |
| ― tensile strain | 縱向拉伸應變 | 縱引張りひずみ | 纵向拉伸应变 |
| ― tool carriage | 縱刀架 | 縱刃物台 | 纵刀架 |
| ― truss | 縱向桁架 | 縱けた | 纵向桁架 |
| ― unit strain | 單位縱向應變 | 縱ひずみ度 | 单位纵向应变 |
| ― velocity | 縱向速度 | 縱速度 | 纵向速度 |
| ― vibration | 縱向振動 | 縱振動 | 纵向振动 |
| ― warpage | 縱向扭曲 | 縱反り | 纵向扭曲 |
| ― wave probe | 縱波探頭 | 縱波探触子 | 纵波探头 |
| ― wave technique | 縱波技術〔探傷〕 | 縱波法 | 纵波技术〔探伤〕 |
| ― winding | 縱向捲繞 | 縱巻き | 纵向卷绕 |
| **long-range** detection | 遠距離探測 | 長距離探知 | 远距离探测 |
| ― elasticity | 長程彈性 | 広範囲弾性 | 长程弹性 |
| ― outdoor exposure test | 長時間屋外暴露試驗 | 長時間屋外暴露試験 | 长时间屋外暴露试验 |
| **long-run** | 長期運行 | 長時間運転 | 长期运行 |
| ― test | 長期試驗 | 長期試験 | 长期试验 |
| **long-term** ageing test | 長期老化試驗 | 長期老化試験 | 长期老化试验 |
| ― change | 長期變化 | 長期変化 | 长期变化 |
| ― corrosion prevention | 長時間防蝕〔腐〕 | 長期間防せい | 长时间防蚀〔腐〕 |
| ― effect | 長期效應 | 長時間効果 | 长期效应 |
| ― heat resistance | 長時間耐熱性 | 長時間耐熱性 | 长时间耐热性 |
| ― outdoor weatherability | 長期室外耐候性 | 長期屋外耐候性 | 长期室外耐候性 |
| ― protection | 長期防護 | 長期保護 | 长期防护 |
| ― reactivity change | 長期反應性變化 | 反応度の長時間変化 | 长期反应性变化 |
| ― rust prevention | 長期防銹 | 長時間防せい | 长期防锈 |
| ― stability | 長期穩定性 | 長時間安定度 | 长期稳定性 |
| ― static fatigue failure | 長期靜態疲勞破損 | 長期静的疲れ破損 | 长期静态疲劳破损 |
| ― stress resistance | 耐長期應力破壞能力 | 長期応力破壊抵抗 | 耐长期应力破坏能力 |
| ― tension | 長時間拉力 | 長時間張力 | 长时间拉力 |
| ― weathering test | 長期暴露試驗 | 長期暴露試験 | 长期暴露试验 |
| **long-time** base | 長時基〔掃描〕 | 長時間軸 | 长时基〔扫描〕 |
| ― effect | 長期效應 | 長時間効果 | 长期效应 |

| 英　　文 | 臺　　灣 | 日　　文 | 大　　陸 |
|---|---|---|---|
| — loading | 長期負載 | 長期荷重 | 长期载荷 |
| — stability | 長時間穩定性 | 長時間安定度 | 长时间稳定性 |
| — test | 耐久試驗 | クリープ試験 | 耐久试验 |
| **lonnealing** | 低溫退火 | 低温焼きなまし | 低温退火 |
| **look-in** | 探測 | ルックイン | 探测 |
| **lookout** | 監視 | 見張り | 监视 |
| — assist device | 輔助監視裝置 | 見張り補助装置 | 辅助监视装置 |
| **loop** | 迴線；圈；循環 | 環（状）線 | 循环 |
| — analysis | 回路分析 | ループ解析 | 回路分析 |
| — bracket | 環形托架 | ループブラケット | 环形托架 |
| — bridge | 環形電橋 | 環線橋絡 | 环形电桥 |
| — circuit | 迴路 | ループ回路 | 环形电路 |
| — connected system | 迴路連通系統 | ループ結合システム | 环路连通系统 |
| — control | 穿孔帶指令控制 | ループ制御 | 穿孔带指令控制 |
| — dryer | 回旋式烘乾機 | ループ乾燥機 | 回旋式烘干机 |
| — dynamometer | 環狀動力計（儀） | 環状力計 | 环状动力计（仪） |
| — earth current | 接地環路電流 | ループアース電流 | 接地环路电流 |
| — expansion joint | 環形伸縮接頭 | ループ形伸縮継手 | 环形伸缩接头 |
| — feeder | 環形饋（電）線 | ループ給電線 | 环形馈（电）线 |
| — inductance | 環路電感 | ループインダクタンス | 环路电感 |
| — loss | 迴線損失 | 絞り損〔失〕 | 回路损耗 |
| — mill rolling | 環軋法 | ループミルローリング | 环轧法 |
| — motor | 環流電動機 | ループモータ | 环流电动机 |
| — seal | 環（形）封（口） | ループシール | 环（形）封（口） |
| — sensor | 環形感測器 | ループセンサ | 环形传感器 |
| — strength | 互扣強度 | 互制強度 | 互扣强度 |
| — strength ratio | 支架強度比 | 引掛け強力比 | 支架强度比 |
| — stress | 周方向應力 | 周方向応力 | 周方向应力 |
| — system closed | 閉（迴）路系統 | クローズドループシステム | 闭（回）路系统 |
| — table | 環形工作台 | ループテーブル | 环形工作台 |
| — time | 循環時間 | ループ時間 | 循环时间 |
| — -type clamp | 環形夾 | ループ形クランプ | 环形夹 |
| — vent pipe | 環形通氣管 | 環状通気管 | 环形通气管 |
| — wire | 迴線 | 環線 | 回线 |
| **looper** | 環頂器 | ルーパ | 环顶器 |
| **looping** | 環圈 | ルーピング | （构）成环（形） |
| — channel | 捲料槽 | ルーピングチャネル | 卷料槽 |
| — mill | 線材滾軋機 | 線材圧延機 | 线材滚轧机 |
| — pit | 環形孔〔軋鋼機的〕 | 巻き溝 | 环形孔〔轧钢机的〕 |
| **loose bar** | 敲（模）棒 | 抜き型子 | 敲（模）棒 |

L

| 英　　文 | 臺　　灣 | 日　　文 | 大　　陸 |
|---|---|---|---|
| — blade propeller | 可裝卸輪葉螺旋槳 | 取り外し式羽根プロペラ | 可拆卸桨叶螺旋桨 |
| — bush | 可換襯套 | ルースブッシュ | 可换衬套 |
| — cavity plate | 帶空腔活動模板 | ルースキャビティプレート | 帶空腔活动模板 |
| — contact | 鬆接觸 | 弛み接触 | 接触不良 |
| — core | 活芯〔壓鑄模中〕 | ルースコアー | 活芯〔压铸型中〕 |
| — coupler | 鬆耦合器 | 疎結合器 | 松耦合器 |
| — coupling | 鬆聯結器 | ルース継手 | 松动接合 |
| — eccentric | 滑動偏心輪 | 遊動偏心器 | 浮动偏心轮 |
| — filler | 疏鬆填料 | 疎散充てん材料 | 疏松填料 |
| — fit | 鬆配合 | 動きばめ | 间隙配合 |
| — flange | 鬆套凸緣〔法蘭盤〕 | 遊合フランジ | 松套凸缘〔法兰盘〕 |
| — hole | 鬆孔〔鬆螺絲眼〕 | ばか穴 | 松孔〔松螺丝眼〕 |
| — joint | 鬆木接 | ルースジョイント丁番 | 可伸缩接头 |
| — joint butt | 活鉸鏈 | ルースジョイント丁番 | 活铰链 |
| — joint hinge | 活接鉸鏈 | ルースジョイント丁番 | 活铰链 |
| — key | 活動鍵 | ルースキー | 活动键 |
| — lock | 咬口接合 | こはぜ接ぎ | 咬口接合 |
| — material | 散料 | ばら材料 | 散粒料 |
| — micelle | 粗膠(質)粒(子) | 疎ミセル | 粗胶(质)粒(子) |
| — packing | 疏鬆迫緊 | 荒充てん | 疏松填充 |
| — pattern | 分割模型 | 分割模型 | 粗制模型 |
| — piece | (木模)鬆件 | 抜き型子 | (木模)活块 |
| — pin | 活銷 | ルースピン | 活动(定位)销 |
| — pin hinge | 插芯鉸鏈 | ピン丁番 | 插芯铰链 |
| — porosity | 粗孔隙〔性;度;率〕 | 粗細げき | 粗孔隙〔性;度;率〕 |
| — powder sintering | 無加壓燒結 | 無加圧焼結 | 无加压烧结 |
| — propeller blade | 可拆卸螺旋漿漿葉 | ルースプロペラブレード | 可拆卸螺旋桨桨叶 |
| — pulley | 游輪 | から回し車 | 空转〔套〕(皮带)轮 |
| — punch | 鬆配公模 | ルースパンチ | 松配阳模 |
| — rolls | 縱動軋輥 | 遊びロール | 纵动轧辊 |
| — wire | 鬆弛的金屬線 | たるみ線 | 松弛的金属线 |
| **loosened carbon** | 分散的碳粒 | 疎散炭素 | 分散的炭粒 |
| **loosest packing** | 最鬆迫緊 | 最疎充てん | 最松填充 |
| **loseyite** | 藍鋅錳礦 | ロージ石 | 蓝锌锰矿 |
| **loss** | 損耗〔失〕 | 減量 | 损耗〔失〕 |
| — angle | 損耗角 | 損失角 | 损耗角 |
| — by evaporation | 蒸發損失 | 蒸発減量 | 蒸发损失 |
| — by Joulian heat | 焦耳熱損失 | ジュール損失 | 焦耳热损失 |
| — by volatilization | 揮發損失 | 揮発減量 | 挥发损失 |
| — coefficient | 損耗係數 | 損失係数 | 损耗系数 |

| 英　　文 | 臺　　灣 | 日　　文 | 大　　陸 |
|---|---|---|---|
| — constant | 損耗常數 | 損失定数 | 损耗常数 |
| — current | 損耗電流 | 損失電流 | 损耗电流 |
| — elastic modulus | 損失彈性模數 | 損失弾性率 | 损失弹性模量 |
| — factor | 損失係數 | 損失係数 | 损失系数 |
| — film | 邊料損耗 | ロスフィルム | 边料损耗 |
| — head | 水頭損失 | 損失ヘッド | 水头损失 |
| — in mechanical strength | 機械強度損失 | 機械的強度損失 | 机械强度损失 |
| — in pipe | 管道(水頭)損失 | 管損失 | 管道(水头)损失 |
| — in strength | 強度損失 | 強度損失 | 强度损失 |
| — in weight | 重量損失〔減少〕 | 重量減 | 重量损失〔减少〕 |
| — in weight on drying | 乾燥減量〔損失〕 | 乾燥減量 | 乾燥减量〔损失〕 |
| — in weight on heating | 加熱減量〔損失〕 | 加熱減量 | 加热减量〔损失〕 |
| — measurement | 損失測量 | 損失測定 | 损失测量 |
| — of charge | 充電損失 | 充電損失 | 充电损失 |
| — of direct current | 直流損耗 | 直流損失 | 直流损耗 |
| — of head | 落差損失 | 損失水頭 | 落差损失 |
| — of internal friction | (機械的)內摩擦損失 | 内部摩擦損失 | (机械的)内摩擦损失 |
| — of prestress | 預應力損失 | プレストレスの損失 | 预应力损失 |
| — of transmission | 透過率降低 | 透過率の損失低下 | 透过率降低 |
| — of vacuum | 真空度減少 | 真空度の低下 | 真空度减少 |
| — of volatiles on heating | 加熱減量〔損失〕 | 加熱減量 | 加热减量〔损失〕 |
| — of voltage | 電壓損失 | 電圧損失 | 电压损失 |
| — of weight | 重量減少 | 目減り | 失重 |
| — of work | 功損失 | 作業損失 | 无效功 |
| — on drying | 乾燥減量〔損失〕 | 乾燥減量 | 乾燥减量〔损失〕 |
| — on heating | 加熱損失 | 加熱減量 | 加热损失 |
| — on oven aging | 熱致老化減量〔損失〕 | オーブン老化減量 | 热致老化减量〔损失〕 |
| — on welding | 熔焊損失 | 溶損 | 熔焊损失 |
| — probability | 損耗概率 | 損失確率 | 损耗概率 |
| — rate | 損耗率 | 損耗率 | 损耗率 |
| — shear modulus | 損失剪切模數 | 損失せん断弾性率 | 损失剪切模量 |
| — through volatilization | 揮發減量 | 揮発減量 | 挥发减量 |
| — time | 空載時間 | ロス時間 | 空载时间 |
| — torque | 損失力矩 | 損失トルク | 损失力矩 |
| — variation | 損耗變動〔變化〕 | 損失変動 | 损耗变动〔变化〕 |
| — Young's modulus | 損耗揚氏(彈性)模數 | 損失ヤング率 | 损耗扬氏(弹性)模量 |
| lossenite | 菱鉛鐵釩 | ロッセン石 | 菱铅铁钒 |
| Lossev effect | 洛塞夫效應 | ロゼフ効果 | 洛塞夫效应 |
| loss-free dielectric | 無損耗介質 | 無損誘電体 | 无损耗介质 |
| — line | 無損耗線 | ロスフリーライン | 无损耗线 |

L

| 英　　文 | 臺　　灣 | 日　　文 | 大　　陸 |
|---|---|---|---|
| lossless cable | 無損耗電纜 | 無損ケーブル | 无损耗电缆 |
| lost buoyancy | 損失浮力 | 減少浮力 | 损失浮力 |
| — cooling time | 損耗冷卻時間 | 損失冷却時間 | 损耗冷却时间 |
| — cycle time | 損耗周期時間 | 損失サイクル時間 | 损耗周期时间 |
| — head | 減損落差 | 損失水頭 | 损失水头 |
| — motion | 無效運動 | から動き | 空运转 |
| — time | 損耗時間 | 遅れ時間 | 损耗时间 |
| — wax casting | 脫蠟(精密)鑄造 | ロストワックス鋳造 | 失蜡(精密)铸造 |
| — wax mo(u)lding | 脫蠟造模法 | ろう型鋳造法 | 熔模(失蜡)法造型 |
| — wax process | 脫蠟鑄造(法) | ロストワックク法 | 失蜡铸造(法) |
| lot | 批 | 画地 | 批量 |
| — inspection | 分批檢驗 | 仕切り検査 | 批量检查 |
| — tolerance | 批量容(許偏)差 | ロット許容差 | 批量容(许偏)差 |
| lotus metal | 洛特斯鉛銻錫軸承合金 | ロータスメタル | 洛特斯铅锑锡轴承合金 |
| loundness | 響度 | 音の大きさ | 音量 |
| — control | 音量調整器 | 音量調整器 | 音量调整器 |
| loup(e) | 精煉鐵塊 | かき回し精錬鉄塊 | 精炼铁块 |
| louver | 百葉窗 | 空気取入れ口 | 通气孔〔缝〕 |
| — board | 散熱片 | しころ板 | 散热片 |
| — damper | 百葉式調節風門 | ルーバ型ダンパ | 百页式调节风门 |
| — diffuser | 百葉式空氣散流器 | ルーバ型ディフューザ | 百页式空气散流器 |
| — separator | 百葉式除塵器 | ルーバ型集じん器 | 百页式除尘器 |
| — type classifier | 百葉窗式分級機 | ルーバ型分級機 | 百页窗式分级机 |
| low | 低的 | 低気圧 | 低的 |
| — alloy cast iron | 低合金鑄鐵 | 低合金鋳鉄 | 低合金铸铁 |
| — alloy steel | 低合金鋼 | 低合金鋼 | 低合金钢 |
| — alloy tool steel | 低合金工具鋼 | 低合金工具鋼 | 低合金工具钢 |
| — angle boundary | 小角度晶界 | 小角粒界 | 小角度晶界 |
| — bake finish | 低溫烘烤面漆 | 低温焼付け上塗 | 低温烘烤面漆 |
| — boiling (point) solvent | 低沸點溶劑 | 低沸点溶剤 | 低沸点溶剂 |
| — brake | 低速制動器 | ローブレーキ | 低速制动器 |
| — brass | 低鋅黃銅 | 丹銅 | 低锌黄铜 |
| — calorie gas | 低熱值燃氣 | 低熱ガス | 低热值燃气 |
| — calorific power | 低發熱量 | 低発熱量 | 低发热量 |
| — calorific value | 低熱值 | 低発熱量 | 低发热量 |
| — calory gas | 低熱值煤氣 | 低カロリーガス | 低热值煤气 |
| — capacitance cable | 低電容電纜 | 低容量ケーブル | 小容量电缆 |
| — carbon residue oil | 低焦值油 | 低残炭価油 | 低焦值油 |
| — carbon steel | 低碳鋼 | 低炭素鋼 | 低碳钢 |
| — combustibility | 低(度)可燃性 | 低度の可燃性 | 低(度)可燃性 |

| 英　　文 | 臺　　灣 | 日　　文 | 大　　陸 |
|---|---|---|---|
| — consumption cathode | 低耗陰極 | 消耗の少ない陰極 | 低耗阴极 |
| — control limit | 控制下限 | 下方管理限界 | 控制下限 |
| — cost | 低成本 | ローコスト | 低成本 |
| — cost die | 簡易模具 | 簡易型 | 简易模具 |
| — cost filler | 廉價填充劑 | 安価な充てん剤 | 廉价填充剂 |
| — cycle fatigue test | 低循環疲勞試驗 | 低周波疲れ試験 | 低循环疲劳试验 |
| — density polyethylene | 低密度聚乙稀 | 低密度ポリエチレン | 低密度聚乙稀 |
| — elasticity | 低彈性 | 低弾性 | 低弹性 |
| — expansion alloy | 低膨脹合金 | 低膨張合金 | 低膨胀合金 |
| — expansion glass | 低膨脹玻璃 | 低膨張ガラス | 低膨胀玻璃 |
| — flow | 低流動性 | 低水 | 低流动性 |
| — flow alarm | 低水位報警器 | 低水報知機 | 低水位报警器 |
| — flow observation | 低流量觀測 | 低水観測 | 低流量观测 |
| — flux | 低熔點焊劑 | 低フラックス | 低熔点焊剂 |
| — frictional property | 低摩擦性 | 低摩擦性 | 低摩擦性 |
| — fusing alloy | 低熔合金 | 易融合金 | 易熔合金 |
| — gear | 低速齒輪 | 最下速歯車 | 低速齿轮 |
| — grade coal | 劣質媒 | 低品位炭 | 劣质媒 |
| — grade ore | 貧礦 | 貧鉱 | 低级矿 |
| — grade polymer | 低聚合體 | 低重合体 | 低聚合体 |
| — head | 低水頭 | 低水頭 | 低水头 |
| — humidity test | 低濕度試驗 | 低温度試験 | 低湿度试验 |
| — hystresis steel | 低磁滯矽鋼 | 低ヒステリシス鋼 | 低磁滞硅钢 |
| — idle | 低速空轉 | ローアイドル | 低速空转 |
| — inertia motor | 小慣量電動機 | ローイナーシャモータ | 小惯量电动机 |
| — jet | 低速噴嘴 | ロージェット | 低速喷嘴 |
| — leakage capacitor | 低漏電電容器 | 低漏れコンデンサ | 低漏电电容器 |
| — limit frequency | 最低頻率 | 最低周波数 | 最低频率 |
| — manganese steel | 低錳鋼 | 低マンガン鋼 | 低锰钢 |
| — oxygen buring | 低氧燃燒 | 低酸素燃焼 | 低氧燃烧 |
| — phosphorus pig iron | 低磷(鑄)鐵 | 低りん鉄 | 低磷(铸)铁 |
| — pitch propeller | 低螺距螺旋漿 | 低ピッチプロペラ | 低螺距螺旋浆 |
| — potential metal | 低電位金屬 | 低電位金属 | 低电位金属 |
| — power load | 小功率負載 | 小電力負荷 | 小功率负载 |
| — power loss material | 低功率損耗材料 | 低電力損材料 | 低功率损耗材料 |
| — power measurement | 小功率測量 | 小電力測定 | 小功率测量 |
| — power pile | 低功率反應爐 | 低出力炉 | 低功率反应堆 |
| — power range | 低功率範圍 | 低出力領域 | 低功率范围 |
| — production | 小量生產 | 少量生産 | 小量生产 |
| — quantity fabrication | 小量製造 | 町工場仕事 | 小量制造 |

L

| 英　　文 | 臺　　灣 | 日　　文 | 大　　陸 |
|---|---|---|---|
| — resistance | 低電阻 | ローレジスタンス | 低电阻 |
| — shear viscosity | 低剪切黏度 | 低せん断粘度 | 低剪切黏度 |
| — side float valve | 低壓浮球閥 | 低圧フロート弁 | 低压浮球阀 |
| — specific resistance | 低電阻率 | 低比抵抗 | 低电阻率 |
| — speed | 低速 | 微速 | 低速 |
| — speed balancing | 低速平衡 | 低速釣合わせ | 低速平衡 |
| — speed control valve | 低速控制閥 | 低速調整弁 | 低速控制阀 |
| — speed cutting | 低速切削 | 低速カッティング | 低速切削 |
| — speed engine | 低速發動機 | 低速機関 | 低速发动机 |
| — speed jet | 低速噴嘴 | ロースピードジェット | 低速喷嘴 |
| — speed line | 低速線路 | 低速度回線 | 低速线路 |
| — speed nozzle | 低速噴嘴 | 低速ジェットノズル | 低速喷嘴 |
| — speed operation | 低速運轉 | 低速度運転 | 低速运转 |
| — speed port | 低速噴口 | 低速ポート | 低速喷口 |
| — speed sand filtration | 慢速砂過濾法 | 緩速砂ろ過法 | 慢速砂过滤法 |
| — speed wind tunnel | 低速風洞 | ロースピード風どう | 低速风洞 |
| — sulfur cure | 低硫黃硫化〔對橡膠〕 | 低硫黄加硫 | 低硫黄硫化〔对橡胶〕 |
| — sulfur crude oil | 低硫原油 | 低硫黄原油 | 低硫原油 |
| — sulfur heavy oil | 低硫重油 | 低硫黄重油 | 低硫重油 |
| — sulfur oil | 低硫油 | 低硫黄油 | 低硫油 |
| — tank | 低（位）水箱 | ロータンク | 低（位）水箱 |
| — temperature annealing | 低溫退火 | 低温焼きなまし | 低温退火 |
| — temperature behavior | 低溫性質 | 低温挙動 | 低温性质 |
| — temperature brittleness | 低溫脆性 | 低温ぜい性 | 低温脆性 |
| — temperature clinkering | 低溫燒結 | 低温乾留 | 低温烧结 |
| — temperature coefficient | 低溫係數 | 低温係数 | 低温系数 |
| — temperature corrosion | 低溫腐蝕 | 低温腐食 | 低温腐蚀 |
| — temperature crack | 冷裂 | 低温割れ | 冷裂 |
| — temperature cure | 低溫固〔硫〕化 | 低温硬化 | 低温固〔硫〕化 |
| — temperature deposit | 低溫沈積 | 低温付着 | 低温沈积 |
| — temperature drier | 低溫乾燥機 | 低温乾燥機 | 低温乾燥机 |
| — temperature efficiency | 冷凍效率 | 冷凍効率 | 冷冻效率 |
| — temperature flame | 低溫火焰 | 低温炎 | 低温火焰 |
| — temperature flex | 低溫撓曲性〔度〕 | 低温柔軟度 | 低温挠曲性〔度〕 |
| — temperature flexibility | 低溫撓性 | 低温たわみ性 | 低温挠性 |
| — temperature grease | 耐低溫潤滑脂 | 耐寒性グリース | 耐低温润滑脂 |
| — temperature grinding | 低溫粉碎 | 低温粉砕 | 低温粉碎 |
| — temperature hardening | 低溫淬火 | 低温焼入れ | 低温淬火 |
| — temperature insulation | 低溫隔熱材料 | 保冷材 | 低温隔热材料 |
| — temperautre lubricant | 低溫潤滑油 | 耐寒性潤滑油 | 低温润滑油 |

| 英　文 | 臺　灣 | 日　文 | 大　陸 |
|---|---|---|---|
| — temperature oven | 低溫爐 | 低温炉 | 低温炉 |
| — temperature oxidation | 低溫氧化 | 低温酸化 | 低温氧化 |
| — temperature physics | 低溫物理學 | 低温物理学 | 低温物理学 |
| — temperature plasticizer | 低溫增塑劑 | 耐寒性可塑剤 | 低温增塑剂 |
| — temperature resistance | 耐寒性 | 耐寒性 | 耐寒性 |
| — temperature scale | 低溫溫標 | 低温スケール | 低温温标 |
| — temperature separation | 低溫分離 | 深冷分離 | 低温分离 |
| — temperature stability | 低溫穩定性 | 低温安定性 | 低温稳定性 |
| — temperature strength | 低溫強度 | 低温強度 | 低温强度 |
| — temperature tempering | 低溫回火 | 低温焼戻し | 低温回火 |
| — temperature toughness | 低溫韌性 | 低温じん性 | 低温韧性 |
| — vacuum | 低真空 | 低真空 | 低真空 |
| — vacuum pump | 低真空泵 | 低真空ポンプ | 低真空泵 |
| — velocity | 低速 | 低速 | 低速 |
| — zinc cyanide plating | 低氰鍍鋅 | 低濃度シアン亜鉛めっき | 低氰镀锌 |
| **lower** acceptance value | 下限接受值 | 下限合格判定値 | 下限接受值 |
| — base | 下底 | 下底 | 下底 |
| — bolster | 下墊板 | 下ボルスタ | 下垫板 |
| — boom | 下吊桿 | 下部ブーム | 下吊杆 |
| — bound | 下限 | 下界 | 下限 |
| — caloric power | 低發熱量 | 低位発熱量 | 低发热量 |
| — calorific value | 低熱值 | 真発熱量 | 低热值 |
| — cone pulley | 下部錐〔塔〕輪 | ローアコーンプーリ | 下部锥〔塔〕轮 |
| — control-arm | 下懸架臂 | ローアコントロールアーム | 下悬架臂 |
| — crank case | 下曲軸箱 | ローアクランクケース | 下曲轴箱 |
| — critical cooling speed | 下部臨界冷卻速度 | 下部臨界冷却速度 | 下部临界冷却速度 |
| — dead-center | 下死點 | ローアデッドセンタ | 下死点 |
| — deviation | 下偏差 | 下の寸法差 | 下偏差 |
| — die | 下模 | 下型 | 下模 |
| — heating value | 低熱值 | 低発熱量 | 较低的发热量 |
| — index worm wheel | 工作台分度蝸輪 | 下部割出しウォーム歯車 | 工作台分度蜗轮 |
| — lamination | 下層 | 下層 | 下层 |
| — limit | 下限 | 下限寸法 | 下限 |
| — limit variation | 下偏差 | 下の寸法差 | 下偏差 |
| — motion | 下部運動 | 下部運動 | 下部运动 |
| — oxide film | 低級氧化物薄膜 | 低級酸化物薄膜 | 低级氧化物薄膜 |
| — pair | 低對 | 面対偶 | 低副 |
| — pan | 下部盤〔發動機的〕 | 下部さら〔機関の〕 | 下部盘〔发动机的〕 |
| — polymer | 低聚(合)物 | 低重合体 | 低聚(合)物 |
| — punch | 下沖頭 | 下パンチ | 下冲头 |

**L**

| 英　　文 | 臺　　灣 | 日　　文 | 大　　陸 |
|---|---|---|---|
| — shaft | 下(部的)軸 | 下部軸 | 下(部的)軸 |
| — shoe | 下模座 | 下型シュー | 下模座 |
| — suction valve | 下部吸氣閥 | 下部吸入弁 | 下部吸气阀 |
| — tool holder | 下刀架 | 下部刃物台 | 下刀架 |
| — tool slide | 下刀架滑板 | 下部刃物すべり台 | 下刀架滑板 |
| — yield(ing) point | 下屈服點 | 下降伏点 | 下屈服点 |
| **lowest** gear | (最)低速齒輪 | 最下速歯車 | (最)低速齿轮 |
| — point | 最低點 | 天底点 | 最低点 |
| **low-frequency** generator | 低週波發電機 | 低周波発電機 | 低频发电机 |
| — heating | 低週波加熱 | 低周波加熱 | 低频加热 |
| — induction furnace | 低週波感應電爐 | 低周波誘導炉 | 低频感应电炉 |
| — range | 低週波範圍 | 低音域 | 低频范围 |
| — stress | 低週波應力 | 低周波応力 | 低频应力 |
| **low-loss** coil | 低損耗線圈 | 低損失コイル | 低损耗线圈 |
| — cable | 低損耗電纜 | 低損失ケーブル | 低损耗电缆 |
| — insulant | 低耗絕緣物質 | 低損失絶縁物 | 低耗绝缘物质 |
| **low-melting alloy** | 易熔合金 | 可融合金 | 易熔合金 |
| **low-molecular** compound | 低分子化合物 | 低分子化合物 | 低分子化合物 |
| — weight | 低分子量 | 低分子量 | 低分子量 |
| — wieght compound | 低分子量化合物 | 低分子量化合物 | 低分子量化合物 |
| — weight polyethylene | 低分子量聚乙稀 | 低分子量ポリエチレン | 低分子量聚乙稀 |
| **low-order burst** | 低效率爆炸 | 不完(全)爆(発) | 低效率爆炸 |
| **low-pressure air burner** | 低壓空氣燃燒器 | 低圧空気式バーナ | 低压空气燃烧器 |
| — ball tap | 低壓球形塞 | 低圧ボールタップ | 低压球形塞 |
| — beam | 低壓梁 | 低圧ばり | 低压梁 |
| — blowpipe | 低壓焊炬 | 低圧トーチ | 低压焊炬 |
| — boiler | 低壓鍋爐 | 低圧ボイラ | 低压锅炉 |
| — casing spray | 低壓缸噴霧器 | 低圧車室スプレス | 低压缸喷雾器 |
| — casting | 低壓鑄造(法) | 低圧鋳造(法) | 低压铸造(法) |
| — centrifugal pump | 低壓離心泵 | 低圧遠心ポンプ | 低压离心泵 |
| — compressor | 低壓壓縮機 | 低圧圧縮機 | 低压空压机 |
| — controller | 低壓控制器 | 低圧制御器 | 低压控制器 |
| — cylinder | 低壓缸 | 低圧シリンダ | 低压缸 |
| — die-casting | 低壓鑄造(法) | 低圧鋳造法 | 低压铸造(法) |
| — engine | 低壓縮比發動機 | 低圧機関 | 低压缩比发动机 |
| — fan | 通風機 | 送風機 | 通风机 |
| — float valve | 低壓浮球閥 | 低圧フロート弁 | 低压浮球阀 |
| — ga(u)ge | 低壓壓力計 | 低圧圧力計 | 低压压力计 |
| — gas discharge | 低壓氣體放電 | 低気圧放電 | 低压气体放电 |
| — heater | 低壓加熱器 | 低圧加熱器 | 低压加热器 |

| 英　　文 | 臺　　灣 | 日　　文 | 大　　陸 |
|---|---|---|---|
| — injection molding | 低壓注(射)模(塑)法 | 低圧射出成形 | 低压注(射)模(塑)法 |
| — laminate | 低壓層合品 | 低圧積層物 | 低压层合品 |
| — laminating | 低壓層壓(法) | 低圧積層 | 低压层压(法) |
| — mo(u)lding | 低壓成形 | 低圧成形 | 低压成形 |
| — pipe | 低壓管 | 低圧管 | 低压管 |
| — piston | 低壓活塞 | 低圧ピストン | 低压活塞 |
| — plastic(s) | 低壓(模塑)塑料 | 低圧成形プラスチック | 低压(模塑)塑料 |
| — polyethlene | 低壓(法)聚乙稀 | 低圧法ポリエチレン | 低压(法)聚乙稀 |
| — polymerization | 低壓聚合 | 低圧重合 | 低压聚合 |
| — pump | 低壓泵 | 低圧ポンプ | 低压泵 |
| — relay | 低壓繼電器 | 低圧リレー | 低压继电器 |
| — resin | 低壓樹脂 | 低圧形樹脂 | 低压树脂 |
| — safety cut out | 低壓安全保險器 | 低圧開閉器 | 低压安全保险器 |
| — safety valve | 低壓安全閥 | 低圧安全弁 | 低压安全阀 |
| — sheet forming | 片材低壓成形 | シートの低圧成形 | 片材低压成形 |
| — side | 低壓側 | 低圧側 | 低压侧 |
| — steam pipe | 低壓蒸氣管 | 低圧蒸気管 | 低压蒸气管 |
| — torch | 低壓焊炬 | 低圧トーチ | 低压焊炬 |
| low-tension arc | 低壓電弧 | 低電圧アーク | 低压电弧 |
| — battery | 低壓電池 | 低圧電池 | 低压电池 |
| — cable | 低壓電纜 | 低圧ケーブル | 低压电缆 |
| — circuit | 低壓迴路 | ローテンション回路 | 低压回路 |
| — coil | 低壓線圈 | ローテンションコイル | 低压线圈 |
| — insulator | 低壓絕緣子 | 低圧用絶縁がい子 | 低压绝缘子 |
| — knob insulator | 低壓球〔鼓〕形絕緣子 | 低圧がい子ノブ | 低压球〔鼓〕形绝缘子 |
| lumeter | 照度計 | ルーメータ | 照度计 |
| lumialloy | 魯米阿羅伊牙科用合金 | ルミアロイ | 鲁米阿罗伊牙科用合金 |
| luminance | 亮度;照度 | 輝度 | 亮度;照度 |
| luminescence | 冷光 | 蛍光 | 冷光 |
| luminometer | 光度計 | ルミノメータ | 光度计 |
| luminous absorption | 光吸收 | 蛍光吸収 | 光吸收 |
| — discharge | 輝光放電 | 蛍光放電 | 辉光放电 |
| — effect | 發光效應 | 蛍光効果 | 发光效应 |
| — efficiency | 發光效率 | 蛍光効率 | 发光效率 |
| — flux density | 發光通量密度 | 光束密度 | 光通量密度 |
| — phenomenon | 發光現象 | 発光現象 | 发光现象 |
| — plastic(s) | 螢光塑料 | 夜光プラスチック | 萤光塑料 |
| radiance | 光輻射率 | 光束発散度 | 光辐射率 |
| — rays | 光線 | 光線 | 光线 |
| — sensitivity | 光敏度 | 感光度 | 光敏度 |

L

| 英 文 | 臺 灣 | 日 文 | 大 陸 |
|---|---|---|---|
| — source | 發光源 | 光源 | 光源 |
| **lump** | 塊 | 塊 | 块 |
| — breaker | 碎塊機 | 碎塊機 | 碎块机 |
| — burner | 塊礦(燒結)爐 | 塊鉱炉 | 块矿(烧结)炉 |
| — coal | 塊媒 | 塊炭 | 块媒 |
| — coke | 塊焦 | 塊コークス | 块焦炭 |
| — ore | 塊礦 | 塊鉱 | 块矿 |
| — peat | 塊狀泥碳 | 塊状泥炭 | 块状泥炭 |
| **lumped** characteristic | 集中特性 | 集中特性 | 集中特性 |
| — loading | 集中負載 | 集中装荷 | 集总负载 |
| — mass matrix | 集中質量矩陣 | ランプドマスマトリックス | 集中质量矩阵 |
| — mass system | 集中質點〔量〕系 | 集中質量系 | 集中质点〔量〕系 |
| — system | 集總〔集中〕系統 | 集中システム | 集总〔集中〕系统 |
| **lundbye process** | 高速鋼鍍鉻法 | ランドバイ法 | 高速钢镀铬法 |
| **luppen** | 粒狀還原鐵 | ルッペ | 粒状还原铁 |
| **Lurgi metal** | 鉛基鈣銀軸承合金 | ルルギメタル | 铅基钙钡轴承合金 |
| **lustering** | 拋光 | つや出し | 抛光 |
| — agent | 拋光劑 | つや出し剤 | 抛光剂 |
| — machine | 拋光機 | 光沢機 | 抛光机 |
| **lyddite** | 立德炸藥 | リダイト | 立德炸药 |
| **Lymar** | 光子鉛板 | ライマ | 光子铅板 |
| **lyotrope** | 易溶物 | 離液質 | 易溶物 |
| **lyotropic liquid crystal** | 易溶液晶 | ライオトロピック液晶 | 易溶液晶 |

| 英　　文 | 臺　　灣 | 日　　文 | 大　　陸 |
|---|---|---|---|
| **Maag gear** | 馬格齒輪 | マーグギヤー | 马格齿轮 |
| — gear cutter | 馬格齒輪加工機 | マーグ歯切り盤 | 马格齿轮加工机床 |
| **macadam** | 碎石（路） | マカダム | 碎石（路） |
| — foundation | 碎石基礎 | 割ぐり地業 | 碎石基础 |
| — method | 碎石路面施工方法 | マカダム工法 | 碎石路面施工方法 |
| — pavment | 碎石路面 | マカダム舗装 | 碎石路面 |
| — paving | 碎石路〔鋪〕面 | 砂石舗道 | 碎石路〔铺〕面 |
| — road | 碎石路 | マカダム道 | 碎石路 |
| — roller | 碎石壓路機 | マカダムローラ | 碎石压路机 |
| **macaroni** fiber | 中空纖維 | 中空繊維 | 中空纤维 |
| — rayon | 中空人造纖維 | 中空人絹 | 中空人造纤维 |
| **macersting** | 浸漬〔解〕 | 浸せき | 浸渍 |
| — fabric | 浸漬織物 | 布粉 | 浸渍织物 |
| **maceration** | 浸解 | 浸せき | 浸解 |
| **Mach** | 馬赫數 | マッハ | 马赫数 |
| — angle | 馬赫角 | マッハ角 | 马赫角 |
| — effect | 馬赫效應 | マッハ効果 | 马赫效应 |
| **Mache unit** | 馬謝單位 | マッヘ単位 | 马谢单位 |
| **machicolation** | 堞眼〔口〕 | はね出し狭間 | 雉堞式射击口 |
| **machicoulis** | 堞眼 | はね出し狭間 | 堞眼 |
| **machinability** | 切削性 | マシナビリティ | 切削 |
| **machinable** cast iron | 可削鑄鐵 | 可削鋳鉄 | 可削铸铁 |
| — ceramics | 可加工陶磁 | 加工性セラミックス | 可加工陶磁 |
| — service | 可用計算機的服務 | マシナブルサービス | 可用计算机的服务 |
| **machine** | 機械；機器 | マシン，機械 | 机械；机器；设备 |
| — address | 機器位址 | 機械語アドレス | 机器地址 |
| — aided analysis | 機器輔助分析 | 機械援用解析 | 机器辅助分析 |
| — aided cognition | 計算機輔助識別 | 機械援用認知 | 计算机辅助识别 |
| — alarm | 機器警報（信號） | マシンアラーム | 机器报警（信号） |
| — arm | 機械手臂 | 機械腕 | 机械臂 |
| — arrangement | 機械布置〔配置〕 | 機械配置 | 机械布置〔配置〕 |
| — axis | 機器軸線 | 機械の座標軸 | 机器轴线 |
| — base | 機器底座 | マシンベース | 机器底座 |
| — body | 機體；機架 | 本体 | 机体；机架 |
| — bolt | 機製螺栓；帶頭螺栓 | マシンボルト | 机制螺栓；带头螺栓 |
| — buff | 拋光輪 | マシンバフ | 抛光轮 |
| — check interruption | 機械檢查中斷 | 機械チェック割込み | 机械检查中断 |
| — code | 機器代碼 | マシンコード | 机器代码 |
| — coding | 機器編碼 | マシンコーディング | 机器编码 |
| — cognition | 機器識別 | 機械認知 | 机器识别 |

| 英　　文 | 臺　　灣 | 日　　文 | 大　　陸 |
|---|---|---|---|
| — complex | 機械組合體 | 機械複合体 | 机械组合体 |
| — component | 機器元件 | 機械部品 | 机器部件 |
| — configuration | 機器構造 | 機械構成 | 机器构造 |
| — control | 計算機控制 | マシンコントロール | 计算机控制 |
| — control character | 機器控制字元 | 機械制御文字 | 机器控制字符 |
| — control system | 機床控制系統 | 機械制御システム | 机床控制系统 |
| — coordinate system | 機械座標系統 | 機械の座標系 | 机械坐标系 |
| — cutting | 機械切削 | 機械切削 | 机械切削 |
| — cycle | 機械工作周期 | マシンサイクル | 机械工作周期 |
| — decision making | 機械式策略 | 機械意思決定 | 机械式决策 |
| — dependence | 機械相關性 | 機械依存性 | 机械相关性 |
| — description language | 機器描述語言 | 機械記述言語 | 机器描述语言 |
| — design | 機械設計 | 機械設計 | 机械设计 |
| — drawing | 機械製圖 | 機械図 | 机械图 |
| — drill | 鑿岩機 | さく岩機 | 凿岩机 |
| — drilling | 機械挖掘 | 機械掘り | 机械挖掘 |
| — dyeing | 機器染色 | 機械染色 | 机器染色 |
| — dynamics | 機械動態特性 | 機械動特性 | 机械动态特性 |
| — element | 機械元件 | マシンエレメント | 机械要素 |
| — engineering | 機械製造工藝學 | 機械工学 | 机械制造工艺学 |
| — equation | 計算機（運算）方程（式） | 演算方程式 | 计算机（运算）方程（式） |
| — error | 機器誤差 | マシンエラー | 机器误差 |
| — etching | 機器腐蝕 | 機械腐食 | 机器腐蚀 |
| — factory | 機器工廠 | 機械工場 | 机器工厂 |
| — finish | 機械光製 | 機械加工仕上げ | 机械加工〔整修〕 |
| — finished paper | 機上光澤紙 | マシン仕上げ紙 | 机上光泽纸 |
| — floor | 機械設備樓層 | 設備階 | 机械设备楼层 |
| — foaming | 機械發泡 | 機械発泡 | 机械起泡 |
| — for extrusion of cores | 擠芯機 | 押出し中子造型 | 挤芯机 |
| — forging | 機器鍛造 | 機械鍛造 | 机器锻造 |
| — grinding | 機械研磨 | マシングラインディング | 机械研磨 |
| — guard system | 機器防護系統 | 機械防護システム | 机器防护系统 |
| — hammer | 機力鎚 | マシンハンマ | 机动锤 |
| — hand | 機械手 | マシンハンド | 机械手 |
| — hatch | 機器檢查孔 | マシンハッチ | 机器检查孔 |
| — head | 主軸箱 | マシンヘッド | 主轴箱 |
| — height | （機器）設備高度 | 機械の高さ | （机器）设备高度 |
| — instruction | 機器指令 | 機械命令 | 机器指令 |
| — insurance | 機器保險 | 機械保険 | 机器保险 |
| — intelligence | 機器智慧 | 機械知能 | 机器智能 |

| 英　　文 | 臺　　灣 | 日　　文 | 大　　陸 |
|---|---|---|---|
| — interface | 機器界面 | マシンインタフェース | 机器接口 |
| — keeper | 機器管理員 | マシンキーパ | 机器管理员 |
| — language | 機器語言 | マシン言語 | 机器语言 |
| — layout | 機器配置 | 機械配置 | 机器配置 |
| — learning | 機器學習 | 機械学習 | 机器学习 |
| — level | 機器等級 | マシンレベル | 机器等级 |
| — load | （機械）設備的負載 | 機械負荷 | （机械）设备的负荷 |
| — load card | （機械）設備負載表（卡） | 機械負荷カード | （机械）设备负荷表〔卡〕 |
| — lock | 機械鎖緊 | マシンロック | 机械锁紧 |
| — -machine communication | 機器間通信 | 機械-機械通信 | 机器间通信 |
| — maintenance system | 機械維修系統 | 機械保全システム | 机械维修系统 |
| — maker | 機械工廠 | マシンメーカ | 机械工厂 |
| — malfunction | 機器故障 | 機械誤動作 | 机器故障 |
| — manufacturer | 機械製造者 | 機械製作者 | 机械制造者 |
| — mass | 機器質量 | 機械質量 | 机器质量 |
| — minder | 照看機器的人 | 印刷機械担当者 | 照看机器的人 |
| — model | 機器模型 | 機械モデル | 机器模型 |
| — molding | 機器製模 | 機械込め | 机器造型 |
| — noise | 機器噪音 | 機器雑音 | 机器噪音 |
| — oil | 機油 | 機械油 | 机械油 |
| — operating ratio | 機器操作率 | 機械稼働率 | 机器运行率 |
| — operation | 機器操作 | 計算機操作 | 机器操作 |
| — operator | 機工 | 機械操作員 | 机器操作员 |
| — parts | 機械零件 | マシンバーツ | 机械零件 |
| — perception | 機械式感覺 | 機械知覚 | 机械式感觉 |
| — performance | 機械的性能 | 機械の性能 | 机械的性能 |
| — pistol | 自動手槍；衝鋒槍 | 機関けん銃 | 自动手枪；冲锋枪 |
| — plate | 上機印版 | テーブル | 上机印版 |
| — platen | 機床工作台 | 定盤 | 机床工作台 |
| — polishing | 機器拋〔磨〕光 | バフ磨き | 机器抛〔磨〕光 |
| — positioning accuracy | 機器定位精度 | 機械位置決め確度 | 机器定位精度 |
| — printing | 機器印染 | 機械なせん | 机器印染 |
| — program | 機器程式 | マシンプログラム | 机器程序 |
| — readable data | 機器可讀數據 | 機械可読データ | 机器可读数据 |
| — readable medium | 機器可讀媒体 | 機械読取り可能媒体 | 机器可读媒体 |
| — readable medium | 機器可讀媒体 | 機械可読媒体 | 机器可读媒体 |
| — reamer | 機力鉸刀 | マシンリーマ | 机用铰刀 |
| — recognition | 機器識別 | 機械認識 | 机器识别 |
| — reel | 機器捲盤 | マシンリール | 机器卷盘 |
| — register | 機器暫存器 | 機械レジスタ | 机器寄存器 |

| 英　　文 | 臺　　灣 | 日　　文 | 大　　陸 |
|---|---|---|---|
| ─ rigidity | 機器剛性 | 機械剛性 | 机器刚性 |
| ─ ringing | 機器信號 | 自動信号 | 机器振铃（信号） |
| ─ riveting | 機械鉚接 | 機械締め | 机器铆接 |
| ─ room | 機房 | 機械室 | 机房 |
| ─ run | 機器運行 | マシンラン | 机器运行 |
| ─ safety regulation | 機器安全操作條例 | 機械安全規則 | 机器安全操作条例 |
| ─ saw | 鋸床 | マシンソー | 锯床 |
| ─ sequencing problem | 加工排序問題 | 機械順序づけ問題 | 机加工排序问题 |
| ─ setting | 機器安裝〔調整〕 | マシンセッティング | 机床安装〔调整〕 |
| ─ shearing | 機械剪切 | 機械せん断 | 机械剪切 |
| ─ shop | 機械廠;機械工場 | 機械工場 | 机械厂 |
| ─ shop tool | 工具 | 工具 | 工具 |
| ─ shot capacity | 機器射出能力 | 射出能力 | 机器注射能力 |
| ─ size | 設備尺寸 | 機械の大きさ | 设备尺寸 |
| ─ speed | 機械速度;切削速度 | 機械の速度 | 机器速度;切削速度 |
| ─ straightening | 機械矯直 | 機械矯正 | 机械矫直 |
| ─ structural carbon steel | 機械結構用鋼 | 機械構造用炭素鋼 | 机械结构用碳钢 |
| ─ system engineering | 機械系統工程 | 機械システム工学 | 机械系统工程 |
| ─ table | 工作台 | 工作台 | （机床）工作台 |
| ─ tap | 機力螺絲攻 | マシンダップ | 机用丝锥 |
| ─ temperature profile | 機器溫度分布圖 | 成形機の温度分布 | 机床温度分布图 |
| ─ time | 機械運轉時間 | マシン時間 | 机械运转时间 |
| ─ tool | 工具機 | マシンツール | 机床;工作机械 |
| ─ tool coordinate system | 機械座標系統 | 工作機械の座標系 | 机床坐标系 |
| ─ tool down time | 停機時間 | 工作機械停止時間 | 停机时间 |
| ─ tool for general purpose | 通用機具 | 汎用機 | 通用机床 |
| ─ tool life | 機器壽命 | 工作機械耐用年数 | 机床寿命 |
| ─ tool noise | 機器噪音 | 工作機械騒音 | 机床噪音 |
| ─ total weight | 機器總重 | 総重量 | 机器总重 |
| ─ translation | 機器翻譯 | 機械翻訳 | 机器翻译 |
| ─ utilization | 機械利用率 | 機械効率 | 机械利用率 |
| ─ vice | 機用虎鉗 | マシン万力 | 机用虎钳 |
| ─ vision system | 機械式視覺系統 | 機械視覚システム | 机械式视觉系统 |
| ─ wear | 機器磨損 | 機械の摩耗 | 机器磨损 |
| ─ weaving | 機織 | 機織 | 机织 |
| ─ welding | 機器銲接 | 機械溶接 | 机器焊接 |
| ─ work | 機械加工 | 機械加工 | 机械加工 |
| ─ works | 機械廠 | 機械工場 | 机械厂 |
| **machined** bolt | 切削螺栓 | 切削ボルト | 切制螺栓 |
| ─ cage | 切製保持架 | もみ抜き保持器 | 切制保持架 |

| 英　　文 | 臺　　灣 | 日　　文 | 大　　陸 |
|---|---|---|---|
| — laminated tube | 機械加工層壓〔合〕管 | 機械加工積層管 | 机械加工层压〔合〕管 |
| — nut | 切削螺母 | 切削ナット | 切制螺母 |
| — part | 機械加工零件 | 切削部品 | 机械加工零件 |
| — skin | 銑切毛胚 | マシンドスキン | 铣切蒙皮 |
| — surface | 加工面 | 切削仕上げ面 | 加工面 |
| — thread | 機械加工螺紋 | 機械加工ねじ | 机械加工螺纹 |
| **machinegun** | 機關槍 | 機関銃 | 机关枪 |
| **machinehours** | 機器運轉時間 | 延運転時間 | 机器运转时间 |
| **machinery** | 機器;機械裝置;發動機 | マシナリ | 机器;机械装置;发动机 |
| — arrangement | 機器佈置 | 機械配置 | 机器布置 |
| — belting | 機械傳動皮帶 | 機械用ベルト | 机械传动皮带 |
| — casing | 機艙圍壁 | 機関室囲壁 | 机舱围壁 |
| — cost | 機械設備費 | 機械設備費 | （机械）设备费 |
| — equipment | 機器設備 | 機械設備 | 机器设备 |
| — fitting design | 發動機裝備設計 | 機関ぎ装設計 | 发动机装备设计 |
| — foundation | 機械（設備）基礎 | 機械基礎 | 机械（设备）基础 |
| — function design | 發動機功能設計 | 機関機能設計 | 发动机功能设计 |
| — initial design | 發動機初步設計 | 機関基本設計 | 发动机基本设计 |
| — product design | 發動機生產設計 | 機関生産設計 | 发动机生产设计 |
| — room | 機艙 | 機関室 | 机舱 |
| — space | 機艙 | 機関スペース | 机舱 |
| — space opening | 機艙上通風口 | 機関室口 | 机舱上通风口 |
| — specification | 機器說明書 | 機関仕様書 | 机器说明书 |
| — steel | 機械用（結構）鋼 | 機械用鋼 | 机械制造用（结构）钢 |
| **machinescrew** | 機器螺釘 | 機械ねじ | 机制螺钉 |
| **machining** | 機械加工;切削加工 | マシニング | 机械加工;切削加工 |
| — accuracy | 加工精度 | 工作精度 | 加工精度 |
| — allowance | 切削裕度 | 削り代 | 切削余量 |
| — center | 加工中心機;切削中心機 | マシニングセンタ | 自动换刀数控机床 |
| — conditions | 機械加工條件 | 機械加工条件 | 机械加工条件 |
| — cost | 機械加工費 | 加工費 | 机械加工费用 |
| — data bank | 加工數據庫 | 加工データバンク | 加工数据库 |
| — economics | 加工經濟性 | 加工の経済性 | 加工经济性 |
| — efficiency | 加工效率 | 加工能率 | 加工效率 |
| — information center | 加工訊息中心 | 加工情報センタ | 加工信息中心 |
| — layout | 加工工藝路線圖 | マシニングレイアウト | 加工工艺路线图 |
| — oil | 切削油 | 切削油 | 切削油 |
| — perfomance | 加工性能 | 加工性能 | 加工性能 |
| — plan | 加工計劃 | マシニングプラン | 加工计划 |
| — process | 機械加工過程 | 加工工程 | 机械加工过程 |

| 英　　文 | 臺　　灣 | 日　　文 | 大　　陸 |
|---|---|---|---|
| — productivity index | 機械加工生產率指數 | 生産性指数 | 机械加工生产率指数 |
| — quality | 可切削性 | 機械加工性 | 可切削性 |
| — robot | 加工機器人 | 機械加工ロボット | 机加工机器人 |
| — routing | 加工程式 | 加工手順 | 加工程序 |
| — schedule | 機械加工時間表 | 加工スケジュール | 机械加工时间表 |
| — sequence | 加工順序 | マシニングシーケンス | 加工顺序 |
| — stage | 加工階段 | 加工段階 | 加工阶段 |
| — system | 加工系統 | マシニングシステム | 加工系统 |
| — technique | 機械加工技術 | 機械加工技術 | 机械加工技术 |
| — time | 加工時間 | 加工時間 | 加工时间 |
| **machinist** | 機匠 | 機械工 | 机械师 |
| **Macht metal** | 一種銅鋅合金 | マハトメタル | 马赫特铜锌合金 |
| **mackintosh** | 防水膠布 | マッキントッシュ | 防水胶布 |
| — blanket cloth | 防水膠布 | 防水ゴム引布 | 防水胶布 |
| **macle** | 雙晶 | 金剛石双晶 | 双晶；矿物中暗斑 |
| **Macleod gage** | 麥克勞德(壓力)計 | マクラウドゲージ | 麦克劳德(压力)计 |
| **macro** | 宏觀；巨觀 | マクロ | 宏观；宏汇 |
| — diagnosis | 巨集診斷 | マクロ診断 | 宏诊断 |
| — expansion | 巨集(指令)展開 | マクロ展開 | 宏(指令)展开 |
| — phase | 巨集階段；巨集處理過程 | マクロフェーズ | 宏阶段；宏处理过程 |
| **macro-axis** | 長軸 | マクロ軸 | 长轴 |
| **macro-clastic rock** | 粗屑岩石 | 粗砕くず岩 | 粗屑岩石 |
| **macrocosm** | 宏觀世界 | マクロコスモス | 宏观世界 |
| **macrocrystal** | 大塊結晶；粗晶 | 巨大結晶 | 大块结晶；粗晶 |
| **macrocrystalline** | 粗晶質 | 巨大結晶 | 粗晶(质) |
| **macrodeclaration** | 巨集(指令)說明 | マクロ宣言 | 宏(指令)说明 |
| **macrodefintion** | 巨集定義 | マクロ定義 | 宏定义 |
| **macrodispersoid** | 粗粒分散膠體 | 粗粒分散コロイド | 粗粒分散胶体 |
| **macrodome** | 長軸坡面 | 長軸ひ面 | 长轴坡面 |
| **macroelement** | 巨集元素 | マクロ要素 | 宏元素 |
| **macroetch** | 巨觀(組織)侵蝕 | マクロ腐食 | 宏观(组织)侵蚀 |
| **macroetching method** | 巨觀(組織)侵蝕法 | マクロ腐食法 | 宏观(组织)侵蚀法 |
| **macrofeature** | 巨集功能特性 | マクロ特徴 | 宏功能特性 |
| **macrograph** | 巨觀組織照片 | 肉眼組織写真 | 宏观组织照片 |
| **macrographic** examination | 巨觀組織檢查 | マクロ組織検査 | 宏观(粗观)组织检查 |
| **macrography** | 巨觀組織檢查 | マクロ組織検査 | 宏观组织检查 |
| **macro-hierarchy** | 巨觀階層 | マクロ階層 | 宏观阶层 |
| **macro-instability** | 巨觀不穩定性 | マクロ不安定性 | 宏观不稳定性 |
| **macroinstruction** | 巨集指令 | マクロ命令 | 宏指令 |
| **macroion** | 高(分子)離子；巨離子 | 高分子イオン | 高(分子)离子 |

| 英　　文 | 臺　　灣 | 日　　文 | 大　　陸 |
|---|---|---|---|
| macrolide | 大環內酯 | マクロライド | 大环内酯 |
| macromethod | 常量分析法 | 常量分析法 | 常量分析法 |
| macrometer | 測遠儀 | 測遠機 | 測远仪 |
| macromolecular compound | 高分子化合物 | 高分子化合物 | 大分子化合物 |
| — grating | 高分子格子 | 高分子格子 | 高分子格子 |
| — lattice | 巨分子格子 | 高分子格子 | 大分子格子 |
| — material | 高分子材料 | 高分子材料 | 高分子材料 |
| — rupture | 巨分子破裂 | 高分子破壊 | 大分子破裂 |
| — substance | 高分子物質 | 高分子物質 | 高分子物质 |
| macromolecule | 巨分子 | 巨大分子 | 巨分子 |
| macronucleus | 巨大原子核 | 巨大原子核 | 巨大原子核 |
| macroparameter | 巨集參數 | マクロパラメータ | 宏参数 |
| macropinacoid | 長軸（軸）面 | 長軸面 | 长轴（轴）面 |
| macropore | 大孔 | マクロ細孔 | 大孔 |
| macroporous resin | 大孔（離子交換）樹脂 | マクロポーラス | 大孔（离子交换）树脂 |
| macroprism | 長軸柱 | 長軸柱 | 长轴柱 |
| macroprogram | 巨集程式 | マクロプログラム | 宏程序 |
| macroprogramming | 巨集程式設計 | マクロプログラミング | 宏程序设计 |
| macropyramid | 長軸錐 | 長軸角すい | 长轴锥 |
| macroroutine | 巨集程式 | マクロルーチン | 宏程序 |
| maroscopic(al) analysis | 巨觀分析 | 巨視的分析 | 宏观分析 |
| — cross-section | 巨觀截面 | マクロ断面積 | 宏观截面 |
| — examination | 巨觀組織檢查 | マクロ組織検査 | 宏观组织检查 |
| — field | 巨觀場 | 巨視的な場 | 宏观场 |
| — instability | 巨觀不穩定性 | マクロ不安定性 | 宏观不稳定性 |
| — mixing | 巨觀混合 | 巨視的の混合 | 宏观混合 |
| — phenomenon | 巨觀現象 | 巨視的現象 | 宏观现象 |
| — physics | 巨觀物理學 | 巨視的物理学 | 宏观物理学 |
| — property | 巨觀性能 | 巨視的性質 | 宏观性能 |
| — state | 巨觀狀態 | 巨視的状態 | 宏观状态 |
| — stress | 巨觀應力 | 巨視応力 | 宏观应力 |
| — test | 巨觀檢驗 | 肉眼試験 | 宏观检验 |
| marcosection | 巨觀斷面 | マクロ断面 | 宏观断面 |
| macrosegregation | 巨觀偏析 | マクロ偏析 | 宏观偏析 |
| macro-state | 巨觀狀態 | マクロ状態 | 宏观状态 |
| macrostructure | 巨觀結構 | マクロ組織 | 宏观结构 |
| macrosymbol | 巨集符號 | マクロシンボル | 宏符号 |
| macroviscosity | 高黏度 | マクロ粘度 | 高粘度 |
| made block | 組合滑車 | 組枠滑車 | 组合滑车 |
| made-to-order elevator | 特製電梯 | オーダ形エレベータ | 特制电梯 |

665

**M**

| 英　　文 | 臺　　灣 | 日　　文 | 大　　陸 |
|---|---|---|---|
| **mafic** component | 鎂鐵質成分 | 苦鉄質成分 | 镁铁质成分 |
| — mineral | 鎂鐵質礦物 | 鉄苦土鉱物 | 镁铁质矿物 |
| — rock | 鎂鐵質岩 | 苦鉄質岩 | 镁铁质岩 |
| **MAG welding** | 金屬極活性氣體電弧銲 | マグ溶接 | 金属极活性气体电弧焊 |
| **magamp** | 磁放大器 | マグアンプ | 磁放大器 |
| **magazine** | 倉庫;倉匣;彈匣 | マガジン | 工具箱;料斗 |
| — attachment | 自動送料裝置 | マガジン装置 | 自动送料装置 |
| — creel | 複式徑軸架 | マガジンクリール | 复式径轴架 |
| — feed | 料斗送料 | マガジンフィード | 料斗送料 |
| — feed mechanism | 送料機構 | マガジン送り機構 | 送料机构 |
| — feeder | 送料器 | マガジンフィーダ | 送料器 |
| — grinder | 倉匣進料 | マガジングラインダ | 库式磨木机 |
| — pocket | 彈匣袋 | 弾入れ | 弹匣袋 |
| — train describer | (自動)列車運行記錄器 | 自記式列車運行記録器 | (自动)列车运行记录器 |
| **Magclad** | 耐蝕包層雙鎂合金板 | マグクラッド | 耐蚀包层双镁合金板 |
| **magdynamo** | 直流發電機組〔充電用〕 | マグダイナモ | 直流发电机组〔充电用〕 |
| **magdyno** | 直流發電機組 | マグダイノ | 直流发电机组 |
| **magenta** | 桃紅色 | マゼンタ | 桃红色 |
| **maggie** | 不純煤 | 不純炭 | 不纯煤 |
| **maghemite** | 磁赤鐵礦 | マグヘマイト | 磁赤铁矿 |
| **magic** chuck | 快換夾具 | マジックチャック | 快换夹头 |
| — code | 幻碼 | マジックコード | 幻码 |
| — eye | 光調諧指示器 | マジックアイ | (光调谐指示管的)电眼 |
| — filter | 幻式濾波器 | マジックフィルタ | 幻式滤波器 |
| — hand | 機械〔人造〕手 | マジックハンド | 机械手 |
| — ink | 印標記油墨 | マジックインキ | 印标记油墨 |
| — lamp | 幻燈 | 幻灯 | 幻灯 |
| — line | 光調諧指示線 | マジックライン | 光调谐指示线 |
| — list | 雙向表 | マジックリスト | 双向表 |
| — number | 幻數 | マジックナンバ | 幻数 |
| — tee | Ｔ型波導支路 | マジックティー | Ｔ型波导支路 |
| — vail | 邊框 | マジックベール | 边框 |
| **magistral** | 焙燒黃銅礦 | ばい焼黄銅鉱 | 焙烧黄铜矿 |
| **magma** | 岩漿 | マグマ | 岩浆 |
| — -glass ashes | 岩漿玻璃灰 | マグマガラス灰 | 岩浆玻璃灰 |
| **magmatic** assimilation | 岩漿(的)同化(作用) | マグマ同化 | 岩浆(的)同化(作用) |
| — corrosion | 岩漿(的)腐蝕 | マグマ腐食 | 岩浆(的)腐蚀 |
| — differentiation | 岩漿(的)分化(作用) | マグマ分化 | 岩浆(的)分化(作用) |
| — gas | 岩漿氣體 | マグマガス | 岩浆气体 |
| — intrusion | 岩漿侵入作用 | マグマ貫入 | 岩浆侵入作用 |

| 英　　文 | 臺　　灣 | 日　　文 | 大　　陸 |
|---|---|---|---|
| — ore | 岩漿礦 | 岩しょう分化鉱石 | 岩浆矿 |
| — rock | 岩漿岩 | 岩しょう岩 | 岩浆岩 |
| — segregation | 岩漿(的)分凝(作用) | マグマ分離 | 岩浆(的)分凝(作用) |
| — segregation deposit | 岩漿分凝礦床 | マグマ鉱床 | 岩浆分凝矿床 |
| — water | 岩漿水 | マグマ水 | 岩浆水 |
| magmeter | 直讀式頻率計 | マグメータ | 直读式频率计 |
| Magnacard | 磁性鑿孔卡裝置 | マグナカード | 磁性凿孔卡装置 |
| magnaflux | 磁粉探傷法 | マグナフラックス法 | 磁粉探伤法 |
| Magnaglo | 馬格納格洛磁性粉末 | マグナグロ | 马格纳格洛磁性粉末 |
| Magnavue card | 磁圖像存儲卡片 | マグナビューカード | 磁图像存储卡片 |
| magnechuck | 電磁夾頭 | マグネチャック | 电磁吸盘(卡盘) |
| magneform machine | 電磁壓力成形機 | マグネフォーム機 | 电磁压力成形机 |
| magnescale | 磁性刻度 | マグネスケール | 磁性刻度 |
| magnesensor | 磁敏感元件 | マグネセンサ | 磁敏感元件 |
| magnesia | 氧化鎂;鎂氧;菱苦土 | マグネシア | 氧化镁;镁氧;菱苦土 |
| — alba | 白鎂氧 | 白色マグネシア | 白镁氧 |
| — alum | 苦土明礬 | 苦土明ばん | 苦土明矾 |
| — blythite | 鎂錳榴石 | マグネシアブリス石 | 镁锰榴石 |
| — brick | 鎂磚 | マグネシアれんが | 镁氧耐火砖 |
| — cement board | 鎂水泥板 | マグネシアセメント板 | 镁氧水泥板 |
| — chrome brick | 鎂鉻磚 | マグネシアクロムれんが | 镁铬砖 |
| — glass | 鎂玻璃 | マグネシアガラス | 镁玻璃 |
| — mica | 氧化鎂雲母 | 金雲母 | 氧化镁云母 |
| — mixture | 鎂氧混合劑 | マグネシア混液 | 镁氧混合剂;镁剂 |
| — porcelain | 鎂質瓷器 | マグネシア磁器 | 镁质瓷器 |
| — quicklime | 含鎂生石灰 | マグネシア生石灰 | 含镁生石灰 |
| magnesio-anthophyllite | 鎂直閃石 | 苦土直せん石 | 镁直闪石 |
| magnesio-chromite | 鎂鉻鐵礦 | マグネシオクロマイト | 镁铬铁矿 |
| magnesioferrite | 鎂鐵礦 | 苦土磁鉄鉱 | 镁铁矿 |
| magnesio-ludwigite | 富鎂硼鐵礦 | 苦土ルードウィッグ石 | 富镁硼铁矿 |
| magnesio-scheelite | 鎂白鎢礦 | 苦土重石 | 镁白钨矿 |
| magnesio-sussexite | 白硼鎂錳石 | 苦土サセックス石 | 白硼镁锰石 |
| magnesite | 菱鎂石 | マグネサイト | 菱镁矿 |
| — brick | 鎂磚 | マグネシアれんが | 镁砖 |
| — clinker | 鎂砂熔塊 | マグネシアクリンカ | 镁砂熔块 |
| magnasium,Mg | 鎂 | マグネシウム | 镁 |
| — acetate | 乙酸鎂 | 酢酸マグネシウム | 乙酸镁 |
| — alba | 白鎂氧 | 白色マグネシア | 白镁氧 |
| — alloy | 鎂合金 | マグネシウム合金 | 镁合金 |
| — anode | 鎂合金陽極 | マグネシワム合金陽極 | 镁合金阳极 |

M

| 英 文 | 臺 灣 | 日 文 | 大 陸 |
|---|---|---|---|
| — aurate | 金酸鎂 | 金酸マグネシウム | 金酸镁 |
| — bicarbonate | 碳酸氫鎂 | 炭酸水素マグネシウム | 碳酸氢镁 |
| — bomb | 鎂燃燒彈 | マグネシウム焼い弾 | 镁燃烧弹 |
| — borate | 硼酸鎂 | ほう酸マグネシウム | 硼酸镁 |
| — boride | 硼化鎂 | ほう化マグネシウム | 硼化镁 |
| — bromate | 溴酸鎂 | 臭素酸マグネシウム | 溴酸镁 |
| — bromide | 溴化鎂 | 臭化マグネシウム | 溴化镁 |
| — carbide | 碳化鎂 | 炭化マグネシウム | 碳化镁 |
| — cell | 鎂電池 | マグネシウム電池 | 镁电池 |
| — chlorate | 氯酸鎂 | 塩素酸マグネシウム | 氯酸镁 |
| — chloride | 氯化鎂 | 塩化マグネシウム | 氯化镁 |
| — chromate | 鉻酸鎂 | クロム酸マグネシウム | 铬酸镁 |
| — cyanide | 氰化鎂 | シアン化マグネシウム | 氰化镁 |
| — dry cell | 鎂乾電池 | マグネシウム乾電池 | 镁干电池 |
| — dust | 鎂屑〔粉〕 | マグネシウム粉 | 镁屑〔粉〕 |
| — ethide | (二)乙基鎂 | エチルマグネシウム | (二)乙基镁 |
| — ferrate | 鐵酸鎂 | 鉄酸マグネシウム | 铁酸镁 |
| — flash light | 鎂閃光燈 | マグネシウムせん光 | 镁闪光(灯) |
| — fluoride | 氟化鎂 | ふっ化マグネシウム | 氟化镁 |
| — grease | 鎂基脂 | マグネシウムクリース | 镁基脂 |
| — hardness | 鎂硬度 | マグネシウム硬度 | 镁硬度 |
| — hydride | 二氫化鎂 | 水素化マグネシウム | 二氢化镁 |
| — hydrosulfide | 氫硫化鎂 | 水硫化マグネシウム | 氢硫化镁 |
| — hydroxide | 氫氧化鎂 | 水酸化マグネシウム | 氢氧化镁 |
| — hyposulfite | 連二亞硫酸鎂 | 次亜硫酸マグネシウム | 连二亚硫酸镁 |
| — iodate | 碘酸鎂 | よう素酸マグネシウム | 碘酸镁 |
| — iodide | 碘化鎂 | よう化マグネシウム | 碘化镁 |
| — ion | 鎂離子 | マグネシウムイオン | 镁离子 |
| — light | 鎂光 | マグネシウム光 | 镁光 |
| — lime | 鎂質石灰 | マグネシア石灰 | 镁质石灰 |
| — limestone | 白雲石 | 苦土石灰岩 | 白云石 |
| — nitrate | 硝酸鎂 | 硝酸マグネシウム | 硝酸镁 |
| — oxide cement | 鎂質水泥 | MO セメント | 镁质水泥 |
| — oxychloride cement | 鎂氧水泥 | マグネシアセメント | 镁氧水泥 |
| — peroxide | 過氧化鎂 | 過酸化マグネシウム | 过氧化镁 |
| — phosphate | 磷酸鎂 | りん酸マグネシウム | 磷酸镁 |
| — powder | 鎂粉 | マグネシウム粉 | 镁粉末 |
| — ribbon | 鎂帶 | マグネシウムリボン | 镁带 |
| — soap | 鎂皂 | マグネシウム石けん | 镁皂 |
| — sulfate | 硫酸鎂 | 硫酸マグネシウム | 硫酸镁 |

| 英　　文 | 臺　　灣 | 日　　文 | 大　　陸 |
|---|---|---|---|
| — sulfide | 硫化鎂 | 硫化マグネシウム | 硫化镁 |
| — sulfite | 亞硫酸鎂 | 亜硫酸マグネシウム | 亚硫酸镁 |
| — thiosulfate | 硫代硫酸鎂 | 硫酸マグネシウム | 硫代硫酸镁 |
| **magne-switch** | 磁(力)開關 | マグネスイッチ | 磁(力)开关 |
| **magnesyn** | 磁自動同步機 | マグネシン | 磁自动同步机 |
| **magnet** | 磁石;磁體 | マグネット | 磁铁;磁体 |
| — alloy | 磁鐵合金 | 磁石合金 | 磁铁合金 |
| — band | 磁帶 | マグネットバンド | 磁带 |
| — bar | 磁棒 | マグネットバー | 磁棒;磁条 |
| — bar code | 磁條碼 | マグネットバーコード | 磁棒码 |
| — base | 磁力座;磁性座 | マグネットベース | 磁力座;磁性座 |
| — bearing | 磁性軸承 | 磁気軸受 | 磁性轴承 |
| — bell | 磁石電鈴;極化電鈴 | 磁石電鈴 | 磁石电铃;极化电铃 |
| — brake | 電磁軔 | マグネットブレーキ | 电磁制动器 |
| — checker | 磁性檢驗器 | マグネットチェッカ | 磁性检验器 |
| — chuck | 電磁吸盤〔夾頭〕 | マグネットチャック | 电磁吸盘〔卡盘〕 |
| — clutch | 電磁離合器 | 電磁クラッチ | 电磁离合器 |
| — coil | 激磁線圈 | 電磁コイル | 激磁线圈 |
| — core | 磁(鐵)芯 | 磁鉄心 | 磁(铁)芯 |
| — crane | 電磁起重機 | 磁気起重機 | 磁力起重机 |
| — diode | 磁敏二極管 | マグネットダイオード | 磁敏二极管 |
| — discharge valve | 電磁釋放閥 | 電磁吐出し弁 | 电磁释放阀 |
| — driver | 磁鐵驅動器 | マグネットドライバ | 磁铁驱动器 |
| — erasing | 磁鐵抹音 | マグネット消去 | 磁铁抹音 |
| — filter | 磁性過濾器 | マグネットフィルタ | 磁性过滤器 |
| — force | 磁動勢 | 起磁力 | 磁动势 |
| — frame | 磁框 | マグネットフレーム | 磁框 |
| — gap | 磁隙 | マグネットギャップ | 磁隙 |
| — holder | 磁性表架 | マグネットホルダ | 磁性表架 |
| — housing | 磁鐵殼 | マグネットハウジング | 磁铁壳 |
| — meter | 磁力計 | 磁石計 | 磁力计 |
| — pull | 磁鐵吸引力 | マグネットプル | 磁铁吸引力 |
| — relay | 磁力繼電器 | マグネットリレー | 磁力继电器 |
| — resistor | 磁阻器 | マグネットレジスタ | 磁阻器 |
| — ring | 磁滯回線 | マグネットリング | 磁滞回线 |
| — scale | 磁尺 | マグネットスケール | 磁尺 |
| — separator | 磁力分離機 | 磁気分離器 | 磁力分离机;磁选机 |
| — stability | 磁鐵穩定性 | 磁石の安定性 | 磁铁稳定性 |
| — stand | 磁性(力)支架 | マグネットスタンド | 磁性(力)支架 |
| — steel | 磁鋼 | 磁石(用)鋼 | 磁钢 |

| 英　　文 | 臺　　灣 | 日　　文 | 大　　陸 |
|---|---|---|---|
| — stopper | 電磁制動器 | マグネットストッパ | 电磁制动器 |
| — telephone set | 磁石式電話機 | 磁石式電話機 | 磁石式电话机 |
| — valve | 電磁閥 | 磁気バルブ | 电磁阀 |
| **magnetic** action | 磁性作用 | 磁気作用 | 磁作用 |
| — after effect | 剩磁效應 | 磁気余効 | 剩磁效应 |
| — ageing | 磁性失效 | 磁気時効 | 磁的老化 |
| — alloy | 磁性合金 | 磁気合金 | 磁性合金 |
| — amplifier | 磁性增幅器 | マグアンプ | 磁放大器 |
| — analysis | 磁性分析 | 磁気分析 | 磁分析法 |
| — anisotropy | 磁各向異性 | 磁気異方性 | 磁各向异性 |
| — annealing | 磁場退火 | 磁場焼なまし | 磁场退火 |
| — annealing effect | 磁致冷卻效應 | 磁界中冷却効果 | 磁致冷却效应 |
| — anode | 磁性陽極 | 磁性陽極 | 磁性阳极 |
| — anomaly | 磁異常 | 磁気異常 | 磁异常 |
| — attraction | 磁性吸引;磁性引力 | 磁石引力 | 磁吸引;磁引力 |
| — axis | 磁軸 | 磁軸 | 磁轴 |
| — azimuth | 磁方位 | 磁方位 | 磁方位 |
| — balance | 磁力天平 | 磁気 | 磁力天平 |
| — base | 磁力座;磁性座 | 磁気ベース | 磁力座;磁性座 |
| — bearing | 電磁力軸承 | 磁気軸受 | 电磁力轴承 |
| — bias | 磁偏 | 磁気バイアス | 磁偏 |
| — biasing | 磁偏法 | 磁気バイアス | 磁偏法 |
| — blow | 磁吹;弧偏吹 | 磁気吹き | 磁吹;弧偏吹 |
| — blow-out | 磁吹消;磁性熄弧 | 磁気吹き | 磁偏吹;磁性熄弧 |
| — body | 磁性體 | 磁性体 | 磁性体 |
| — bottle | 磁瓶 | 磁気ボトル | 磁瓶 |
| — braking | 磁制動 | 磁気制動 | 磁制动 |
| — bridge | 磁橋 | 残留磁橋 | 磁桥 |
| — card reader | 磁卡(片)閱讀機 | 磁気カードリーダ | 磁卡(片)阅读机 |
| — cell | 磁存儲單元 | 磁気セル | 磁存储单元 |
| — center of gap | 磁隙中心 | ギャップ磁気中心 | 磁隙中心 |
| — ceramics | 磁性陶瓷 | 磁気磁器 | 磁性陶瓷 |
| — charge | 磁荷;磁量 | 磁荷 | 磁荷;磁量 |
| — charge density | 磁荷密度 | 磁荷密度 | 磁荷密度 |
| — change point | 磁性變態點 | 磁気変態点 | 磁性变态点 |
| — chuck | 磁力夾頭 | 磁気チャック | 电磁卡盘〔吸盘〕 |
| — circuit | 磁路 | マグネチック回路 | 磁路 |
| — closure | 磁閉鎖〔合〕 | 磁気閉鎖 | 磁闭锁〔合〕 |
| — clutch | 電磁離合器 | 磁気クラッチ | 电磁离合器 |
| — coating | 磁性塗料 | 磁性塗料 | 磁性涂料 |

| 英　　文 | 臺　　灣 | 日　　文 | 大　　陸 |
|---|---|---|---|
| — coercive force | 矯頑力 | 抗磁力 | 矫顽力 |
| — coil | 電磁線圈 | 電磁コイル | 电磁线圈 |
| — comcentrator | 磁力選礦機 | 磁力選鉱機 | 磁力选矿机 |
| — compass | 磁羅盤 | 磁気コンパス | 磁罗盘 |
| — component | 磁成分 | 磁気分 | 磁成分〔分量〕 |
| — concentration | 磁力選礦 | 磁力選鉱 | 磁力选矿 |
| — conductance | 磁導 | 磁気コンダクタンス | 磁导 |
| — conductivity | 導磁率 | 磁気伝導率 | 导磁率 |
| — conductor | 磁導體 | 磁気導体 | 磁导体 |
| — constant | 磁性常數 | 磁気定数 | 磁性常数 |
| — contactor | 磁接觸器 | 磁気接触器 | 磁接触器 |
| — counter | 磁計數器 | 電磁カウンタ | 磁计数器 |
| — course | 磁航線 | 磁針航〔経〕路 | 磁罗经航向 |
| — crack detection | 磁性(裂紋)探傷 | 磁気探傷検査 | 磁力(裂纹)探伤 |
| — cirtical temperature | 磁臨界溫度 | 磁気臨界温度 | 磁临界温度 |
| — crystal | 磁性晶體 | 磁気結晶 | 磁性晶体 |
| — cup | 磁屏 | 磁気カップ | 磁屏 |
| — current | 磁流;磁通 | 磁流 | 磁流;磁通 |
| — current density | 磁流密度 | 磁流密度 | 磁流密度 |
| — cutter | 磁刻紋頭〔唱機〕 | 電磁形カッタ | 磁刻纹头〔唱机〕 |
| — cycle | 磁化循環 | 磁気サイクル | 磁化循环 |
| — cylinder | 磁性滾筒 | 磁気シリンダ | 磁性滚筒 |
| — damper | 磁阻尼器 | 磁気ダンパ | 磁力减振器 |
| — damping | 磁力制動;磁性阻尼 | 磁気制動 | 磁力制动 |
| — declination | 磁偏角 | 磁気方位角 | 磁偏角 |
| — decontamination | 磁性純化 | 磁性純化 | 磁性纯化 |
| — deflection | 磁偏轉 | 磁界偏向 | 磁场致偏 |
| — deflection system | 磁偏轉系統 | 磁界型偏向系 | 磁致偏转系统 |
| — deformation | 磁致伸縮 | 磁気変形 | 磁致伸缩 |
| — delay line | 磁延遲線 | 磁気遅延線 | 磁延迟线 |
| — detection | 磁性探測 | 磁気探知 | 磁性探测 |
| — detector | 磁檢器 | 磁気検波器 | 磁性检波器 |
| — deviation | 磁偏差 | 磁針誤差 | 磁偏差 |
| — differential | 磁通差動 | 磁束差動 | 磁通差动 |
| — dip | 磁傾角 | マグネチックディップ | 磁倾角 |
| — dipole | 磁偶極 | 磁気ダイポール | 磁偶极子 |
| — dipole moment | 磁偶極矩 | 磁気双極子モーメント | 磁偶极矩 |
| — disc | 磁盤 | 磁気ディスク | 磁盘 |
| — disc control unit | 磁盤控制裝置 | 磁気ディスク制御装置 | 磁盘控制装置 |
| — disc drive | 磁盤驅動器 | 磁気ディスク装置 | 磁盘驱动器 |

**M**

| 英　　文 | 臺　　灣 | 日　　文 | 大　　陸 |
|---|---|---|---|
| — disc memory | 磁盤記憶體 | 磁気ディスク記憶装置 | 磁盘存储器 |
| — disc storage | 磁盤儲存器 | 磁気ディスク記憶装置 | 磁盘存储器 |
| — disc unit | 磁盤機 | 磁気ディスク装置 | 磁盘机 |
| — dispersion | 漏磁 | 磁気分散 | 磁漏 |
| — displacement | 磁(位)移 | 磁気変位 | 磁(位)移 |
| — dissipation factor | 磁耗散係數 | 磁気消散係数 | 磁耗散系数 |
| — disturbance | 磁干擾 | 磁気じょう乱 | 磁(干)扰 |
| — domain model | 磁鑄模型 | 磁区模様 | 磁铸模型 |
| — domain pattern method | 磁鑄圖形法 | 磁区図形法 | 磁铸图形法 |
| — domain theory | 磁疇理論 | 磁区理論 | 磁畴理论 |
| — double layer | 雙磁層 | 磁気二重層 | 双磁层 |
| — double refraction | 磁雙折射 | 磁気複屈折 | 磁双折射 |
| — doublet | 磁偶極 | 磁流ダブレット | 磁偶极子 |
| — driven arc | 磁起弧 | 磁気駆動アーク | 磁起弧 |
| — drum | 磁鼓 | マグネチックドラム | 磁鼓 |
| — dust core | 磁性鐵粉芯 | 磁気圧粉心 | 磁性铁粉芯 |
| — electron lens | 磁電子透鏡 | 磁界電子レンズ | 磁电子透镜 |
| — element | 磁性元件 | 磁性素子 | 磁性元件 |
| — energy | 磁能 | 磁気エネルギー | 磁能 |
| — exploration | 磁探勘 | 磁気探査 | 磁勘探 |
| — fatigue | 磁性疲勞 | 磁気の疲れ | 磁性疲劳 |
| — fault find method | 磁力探傷法 | 磁気探傷法 | 磁力探伤法 |
| — feeder | 充磁機 | 電磁フィーダ | 充磁机 |
| — ferric oxide | 磁性氧化鐵 | 四三酸化鉄 | 磁性氧化铁 |
| — field | 磁場 | 磁場 | 磁场 |
| — field annealing | 磁場退火 | 磁界焼なまし | 磁场退火 |
| — field cooling | 磁場冷卻 | 磁界冷却 | 磁场冷却 |
| — field equalizer | 磁場均衡器 | 磁界等化器 | 磁场均衡器 |
| — field examination | 磁力探傷 | 磁気探傷検査 | 磁力探伤 |
| — field quenching | 磁場(力)淬火 | 磁界焼入れ | 磁场(力)淬火 |
| — field test | 磁力探傷 | 磁気探傷検査 | 磁力探伤 |
| — field test equipment | 磁力探傷機 | 磁気探傷機〔装置〕 | 磁力探伤机〔装置〕 |
| — flaw detecting | 磁性探傷法 | 磁気探傷法 | 磁性探伤法 |
| — flaw detector | 磁性探傷器 | 磁気探傷器 | 磁性探伤器 |
| — fluid | 磁流體 | 磁流体 | 磁流体 |
| — fluid clutch | 磁流體離合器 | 磁気流体クラッチ | 磁流体离合器 |
| — flux | 磁通 | 磁束 | 磁通(量) |
| — flux density | 磁通(量)密度 | 磁束密度 | 磁通(量)密度 |
| — flux inspection | 磁力探傷法 | 磁気検査 | 磁力探伤法 |
| — force tube | 磁力管 | 磁力管 | 磁力管 |

| 英 文 | 臺 灣 | 日 文 | 大 陸 |
|---|---|---|---|
| — forming machine | 電磁成形機 | 磁気成形機 | 电磁成形机 |
| — freezer | 磁製冷凍機 | 磁気冷凍機 | 磁制冷机 |
| — friction coupling | 電磁摩擦聯接器 | 磁気摩擦継手 | 电磁摩擦联接器 |
| — generator | 永久磁鐵發電機 | 磁石発電機 | 永磁发电机 |
| — heat treatment | 磁場熱處理 | 磁場熱処理 | 磁场热处理 |
| — hydraulic clutch | 磁性液體離合器 | 磁気流体クラッチ | 磁性液体离合器 |
| — hysteresis | 磁滯(現象) | 磁気ヒステリシス | 磁滞(现象) |
| — induction | 磁感應 | 磁気誘導 | 磁感应 |
| — induction bonding | 磁感應銲接 | 電磁誘導ヒートシール | 磁感应焊接 |
| — inspection | 磁力探傷 | 磁気探傷試験 | 磁力探伤 |
| — inspection equipment | 磁力探傷儀 | 磁気探傷試験装置 | 磁力探伤仪 |
| — insulation | 磁絕緣 | 磁気絶縁 | 磁绝缘 |
| — iron ore | 磁鐵礦 | 磁鉄鉱 | 磁铁矿 |
| — leak | 磁漏 | 磁気漏えい | 磁漏 |
| — leakage | 磁漏 | 磁気漏れ | 磁漏 |
| — logging | 磁力測井 | 磁気検層 | 磁力测井 |
| — loss | 磁損失 | 磁気損失 | 磁损耗 |
| — loss angle | 磁損失角 | 磁気損失角 | 磁损耗角 |
| — Mach number | 磁馬赫數 | 磁気マッハ数 | 磁马赫数 |
| — metal powder | 磁鐵粉 | 磁性鉄粉 | 磁铁粉 |
| — mineral filler | 磁性無機填料 | 磁性無機充てん剤 | 磁性无机填料 |
| — mirror | 磁鏡 | 磁気ミラー | 磁镜 |
| — moment | 磁矩 | 磁気能率 | 磁矩 |
| — nozzle | 磁噴管 | 磁気ノズル | 磁喷管 |
| — oil | 磁性油 | 磁気オイル | 磁性油 |
| — ore | 磁鐵礦 | 磁鉄鉱 | 磁铁矿 |
| — oxide of iron | 磁性氧化鐵 | 磁性酸化鉄 | 磁性氧化铁 |
| — particle | 磁粉 | 磁粉 | 磁粉 |
| — particle examination | 磁粉探傷 | 磁粉探傷試験 | 磁粉探伤 |
| — particle inspection | 磁粉探傷法 | 磁粉検査 | 磁粉探伤法 |
| — particle test | 磁粉探傷 | 磁気探傷検査 | 磁粉探伤 |
| — permeability | 導磁性 | 導磁性 | 导磁性 |
| — permeance | 導磁性 | 磁気パーミアンス | 导磁性 |
| — plug | 磁性塞〔棒〕 | マグネチックプラグ | 磁性塞〔棒〕 |
| — polarity | 磁極性 | 磁極性 | 磁极性 |
| — polarizability | 磁極化率 | 磁気分極率 | 磁极化率 |
| — polarization | 磁極化 | 磁気旋光 | 磁极化 |
| — pole | 磁極 | 磁極 | 磁极 |
| — potential | 磁位 | 磁気ポテンシァル | 磁势 |
| — powder | 磁粉 | 磁粉 | 磁粉 |

**M**

| 英　文 | 臺　灣 | 日　文 | 大　陸 |
|---|---|---|---|
| — powder flux | 磁粉銲劑 | 磁性フラックス | 磁粉焊剂 |
| — powder indication | 磁粉顯示 | 磁粉模様 | 磁粉显示 |
| — prospecting | 磁性探勘；磁性探礦 | 磁気探鉱 | 磁性勘探；磁性探矿 |
| — pyrite | 磁黃鐵礦 | 磁硫鉄鉱 | 磁黄铁矿 |
| — refrigerator | 磁製冷 | 磁気冷凍 | 磁制冷 |
| — relay | 電磁繼電器 | 電磁継電器 | 电磁继电器 |
| — resolution | 磁性分離 | 磁性分離 | 磁性分离 |
| — resonance | 磁共振 | 磁気共鳴 | 磁共振 |
| — rotary power | 磁性旋轉 | 磁気回転力 | 磁性旋转 |
| — rotating arc welding | 磁旋弧銲接 | 磁気駆動アーク溶接 | 磁旋弧焊接 |
| — saturation | 磁性飽和 | 磁気飽和 | 磁饱和 |
| — scale | 磁尺 | マグネチックスケール | 磁尺 |
| — screen | 磁屏幕 | 磁気遮へい | 磁屏幕 |
| — screening | 磁性遮蔽 | 磁気遮へい | 磁屏蔽 |
| — separation | 磁選；磁分離 | 磁力選鉱 | 磁选；磁分离 |
| — shear | 磁剪切 | 磁気のずれ | 磁剪切 |
| — shielding | 磁屏蔽 | 磁気遮へい | 磁屏蔽 |
| — sparking plug | 磁性火星塞 | 電磁点火栓 | 磁性火花塞 |
| — specific heat | 磁比熱 | 磁気比熱 | 磁比热 |
| — steel | 磁鋼（片） | 磁石鋼 | 磁钢（片） |
| — strain | 磁應變 | 磁気ひずみ | 磁应变 |
| — strain torquemeter | 磁應變扭矩計 | 磁気ひずみトルクメータ | 磁应变扭矩计 |
| — stress | 磁應力 | 磁気応力 | 磁应力 |
| — stress tensor | 磁應力張量 | 磁気わいカテンソル | 磁应力张量 |
| — striction | 磁致伸縮 | 磁気ひずみ | 磁致伸缩 |
| — substance | 磁性材料 | 磁性体 | 磁性材料 |
| — superconductor | 磁性超導體 | 磁性超電導体 | 磁性超导体 |
| — survey | 磁力測量 | 磁力調査 | 磁力测量 |
| — susceptibility | 磁化率〔係數〕 | 磁気感受率 | 磁化率〔系数〕 |
| — test | 磁性能試驗 | 磁気試験 | 磁性能试验 |
| — thermal effect | 磁熱效應 | 磁気熱量効果 | 磁热效应 |
| — thickness gage | 磁力測厚儀 | 磁力式膜厚計 | 磁力测厚仪 |
| — torque | 磁轉矩 | 磁気回転モーメント | 磁转矩 |
| — treatment | 磁力處理〔防污垢〕 | 磁気處理 | 磁力处理〔防污垢〕 |
| — type density meter | 磁力式密度計 | 磁気力式密度計 | 磁力式密度计 |
| — viscosity | 磁黏滯性 | 磁気粘性 | 磁性粘性 |
| **megnetics** | 磁學；磁性元件 | 磁気学 | 磁学；磁性元件 |
| **megnetism** | 磁性 | 磁気 | 磁性；磁学 |
| **magnetite** | 磁鐵礦 | 磁鉄鉱 | 磁铁矿 |
| — electrode | 磁性（氧化鐵）電極 | 磁性酸化鉄電極 | 磁性（氧化铁）电极 |

| 英　　文 | 臺　　灣 | 日　　文 | 大　　陸 |
|---|---|---|---|
| — film | 四氧化三鐵銹層（膜） | 四三酸化鉄皮膜 | 四氧化三铁锈层（膜） |
| — sand | 磁鐵礦砂 | 砂鉄 | 磁铁矿砂 |
| **magnetizability** | 磁化能力 | 磁化能 | 磁化能力 |
| **magnetization** | 磁化 | 着磁 | 磁化 |
| — characteristic curve | 磁化特性曲線 | 磁化特性曲線 | 磁化特性曲线 |
| — cycle | 磁化週期 | 磁化周期 | 磁化循环 |
| — direction | 磁化方向 | 磁化方向 | 磁化方向 |
| — mechanism | 磁化機構 | 磁化機構 | 磁化机构 |
| — method | 磁化方法 | 磁化方法 | 磁化方法 |
| — phenomenon | 磁化現象 | 磁化現象 | 磁化现象 |
| — process | 磁化過程 | 磁化過程 | 磁化过程 |
| — rotation | 磁化旋轉 | 磁化回転 | 磁化旋转 |
| — time | 磁化時間 | 着磁時間 | 磁化时间 |
| — vector | 磁化向量 | 磁化ベクトル | 磁化失量 |
| **magnetizer** | 磁化器 | マグネタイザ | 磁导体 |
| **magnetizing** coil | 磁化線圈 | 磁化コイル | 磁化线圈 |
| — current | 磁化電流 | 磁化電流 | 磁化电流 |
| — curve | 磁化曲線 | 磁化曲線 | 磁化曲线 |
| — equipment | 磁化裝置 | 磁化装置 | 磁化装置 |
| — force | 磁化力 | 磁化力 | 磁化力 |
| — inductance | 磁化電感 | 磁化インダクタンス | 磁化电感 |
| — pattern | 磁化模型 | 磁化パターン | 磁化模型 |
| — roasting | 磁化焙烘 | 磁化ばい焼 | 磁化焙烧 |
| **magneto** | 磁石發電機 | マグネット発電機 | 磁石发电机 |
| — dynamo | 直流發電機組〔充電用〕 | マグネットダイナモ | 直流发电机组〔充电用〕 |
| — electricity | 磁電 | 磁電気 | 磁电 |
| — grease | 磁電機用潤滑脂 | マグネットグリース | 磁电机用润滑脂 |
| — ignition | 磁電機點火 | マグネット点火 | 磁电机点火 |
| — instrument | 磁石發電機 | 磁気発電機 | 磁石发电机 |
| — resistance effect | 磁組效應 | 磁気抵抗効果 | 磁组效应 |
| **magneto-caloric effect** | 磁熱效應 | 磁気熱量効果 | 磁致热效应 |
| **megneto-elastic** energy | 磁彈性能 | 磁気弾性エネルギー | 磁弹性能 |
| **magnetoelectric** device | 電磁變換裝置 | 磁電変換素子 | 电磁变换器件 |
| — generator | 磁石發電機 | 磁電発電機 | 电磁式发电机 |
| — ignition | 磁電機點火 | マグネット点火 | 磁电机点火 |
| — transducer | 磁電轉換器（件） | 磁電変換素子 | 磁电转换器（件） |
| **magnetofluid dynamics** | 電磁流體力學 | 電磁流体力学 | 电磁流体力学 |
| **magnetofluidmechanics** | 磁流體力學 | 電磁流体力学 | 磁流体力学 |
| **magnetogenerator** | 永久磁鐵發電機 | マグネット発電機 | 永磁发电机 |
| **magnetogram** | 磁力圖 | マグネトグラム | 磁力图 |

**M**

| 英　　　文 | 臺　　　灣 | 日　　　文 | 大　　　陸 |
|---|---|---|---|
| magnetograph | 磁強記錄儀 | 磁気記録 | 磁强记录仪 |
| magnetohydrodynamics | 磁流體力學 | 磁気流体力学 | 磁流体力学 |
| magneto-ionic effect | 磁離子效應 | 磁気イオン効果 | 磁离子效应 |
| — medium | 磁電離介質 | 磁気イオン媒質 | 磁电离介质 |
| magneto-mechanical effect | 磁力學效應 | 磁気力学効果 | 磁力学效应 |
| magnetometer | 磁力計;地磁計 | 磁力計 | 磁力计;地磁计 |
| magnetometry | 測磁學 | マグネトメトリ | 测磁学 |
| magnetomotive force | 磁通勢 | 起磁力 | 磁通势 |
| magnetoplasma | 磁電漿 | マグネトプラズマ | 磁等离子体 |
| magnetoplumbite | 氧化鉛鐵淦氧磁體 | マグネトプランバイト | 氧化铅铁淦氧磁体 |
| magnetorotation | 磁旋光 | 磁気旋光 | 磁旋光 |
| magnetoscope | 驗磁器 | マグネトスコープ | 验磁器 |
| magnetostatics | 靜磁學 | 靜磁気学 | 静磁学 |
| magnetostriction | 磁致伸縮 | 磁気ひずみ | 磁致伸缩 |
| — alloy | 磁致伸縮合金 | 磁わい合金 | 磁致伸缩合金 |
| — compass | 磁致伸縮羅盤 | 磁気ひずみコンパス | 磁致伸缩罗盘 |
| — constant | 磁致伸縮常數 | 磁わい定数 | 磁致伸缩常数 |
| magnetostrictive action | 磁致伸縮作用 | 磁わい作用 | 磁致伸缩作用 |
| — torquemeter | 磁致伸縮扭矩計 | 磁わい形トルクメータ | 磁致伸缩扭矩计 |
| magnetron | 磁控管 | 磁電管 | 磁控管 |
| magnification | 放大;增加;放大率 | 擴大倍率 | 放大;增加;放大率 |
| — factor | 放大率 | 増幅率 | 放大率 |
| — ratio | 放大比 | 倍率 | 放大比 |
| magnified sweep | 放大掃描 | 拡大掃引 | 放大扫描 |
| magnifier | 放大鏡 | ルーペ | 放大镜 |
| magnify | 放大;增加 | マグニフィ | 放大;增加 |
| magnifying glass | 放大鏡 | ルーペ | 放大镜 |
| — lens | 放大透鏡;凸透鏡 | ルーペ | 放大透镜;凸透镜 |
| magni-scale | 放大比率尺 | マグニスケール | 放大比率尺 |
| magnistor | 電磁開關 | マグニスタ | 电磁开关 |
| magnitude | 大小;數量 | マグニチュード | 大小;数量 |
| — comparison | 振幅比較 | 振幅比較 | 振幅比较 |
| — contour | 振幅軌跡〔形狀〕 | 振幅軌跡 | 振幅轨迹〔形状〕 |
| — of earthquake | 地震震級 | マグニチュード | 地震震级 |
| — of ultrasonic reflection | 超音波(探傷)回波高度 | エコー高さ | 超声(探伤)回波高度 |
| — scale | 振幅標度 | 振幅尺度 | 振幅标度 |
| Magno | 馬格諾鎳錳合金 | マグノ | 马格诺镍锰合金 |
| magnochromite | 鎂鉻鐵礦 | マグノクロマイト | 镁铬铁矿 |
| magnoferrite | 鎂鐵礦 | 苦土磁鉄鉱 | 镁铁矿 |
| magnolia metal | 鉛銻錫(軸承)合金 | マグノリア合金 | 铅锑锡(轴承)合金 |

| 英　　文 | 臺　　灣 | 日　　文 | 大　　陸 |
|---|---|---|---|
| **Magnox** | 鎂基合金 | マグノックス | 镁基合金 |
| ― fuel | 鎂諾克斯反應燃料 | マグノックス燃料 | 镁诺克斯反应燃料 |
| **mail** | 信件；郵件 | メイル，郵便 | 信件；邮件 |
| **main** | 主要的 | メイン，幹線 | 主要的；干线 |
| ― air compressor | 主空器壓縮機 | 主空気圧縮機 | 主空器压缩机 |
| ― air duct | 主風管；總風道 | 主ダクト | 主风管；总风道 |
| ― air ejector | 主空氣噴射器 | 主空気エゼクタ | 主空气喷射器 |
| ― air jet | 主空氣噴口 | 主空気ジェット | 主空气喷口 |
| ― air reservoir | 主儲氣瓶 | 主空気だめ | 主储气瓶；主储气器 |
| ― air valve | 主(空)汽閥 | メインエアバルブ | 主(空)汽阀 |
| ― aisle | 主通道 | 主通路 | 主通道 |
| ― alloying component | 合金主成分 | 合金主成分 | 合金主成分 |
| ― amplifier circuit | 主放大器電路 | 主増幅器回路 | 主放大器电路 |
| ― anchor | 主固定支架 | メインアンカ | 主固定支架 |
| ― axis | 主軸 | 主軸 | 主轴 |
| ― bar | 主鋼筋 | 主筋 | 主钢筋 |
| ― base | 主座〔架〕 | メインベース | 主座〔架〕 |
| ― battery | 主電池 | 主電池 | 主电池 |
| ― bearing | 主軸承 | 主軸受 | 主轴承 |
| ― blast pipe | 主送風管 | 送風主管 | 主送风管 |
| ― body | 主體 | 主体 | 主体 |
| ― boiler | 主鍋爐 | 主ボイラ | 主锅炉 |
| ― bolster | 主樑 | 縦根太 | 主梁 |
| ― boom | 主吊臂 | メインブーム | 主吊臂 |
| ― breaking time | 主制動時間 | 主制動時間 | 主制动时间 |
| ― breaking zone device | 主制動裝置 | 主ブレーキング装置 | 主制动装置 |
| ― burner | 主噴燃器 | メインバーナ | 主喷燃器 |
| ― carriage | 主曳引車 | 主えい引車 | 主曳引车；主拖车 |
| ― chain | 主鎖；主鏈 | 主鎖 | 主锁；主链 |
| ― check valve | 主止回閥 | 主逆止め弁 | 主止回阀 |
| ― circuit | 主要電路 | メイン回路 | 主要电路 |
| ― circulating pump | 主循環泵 | 主循環ポンプ | 主循环泵 |
| ― control | 主控(制) | 主制御 | 主控(制) |
| ― control program | 主控制程式 | 主制御プログラム | 主控制程序 |
| ― control room | 中央控制室 | 中央制御室 | 中央控制室 |
| ― control unit | 主控制器 | 主制御装置 | 主控制器 |
| ― control valve | 主控制閥 | 主配圧弁 | 主控制阀 |
| ― controller | 主控制器 | 主制御器 | 主控制器 |
| ― crank | 主曲柄(軸) | メインクランク | 主曲柄(轴) |
| ― cylinder | 主汽(油)缸 | メインシリンダ | 主汽(油)缸 |

**M**

| 英　　文 | 臺　　灣 | 日　　文 | 大　　陸 |
|---|---|---|---|
| — diesel engine | 主柴油機 | 主ディーゼル機関 | 主柴油机 |
| — discharge nozzle | 主噴嘴 | 主ノズル | 主喷口 |
| — driving axle | 主驅動軸 | 主動軸 | 主驱动轴 |
| — driving wheel | 主動輪 | 主動輪 | 主动轮 |
| — eccenter | 主偏心輪 | 主偏心器 | 主偏心轮 |
| — eccentric-rod | 主偏心棒 | 主偏心棒 | 主偏心杆 |
| — edge | 主切削刃 | 主切刃 | 主切削刃 |
| — feed dog | 主進給爪 | 主送り歯 | 主进给爪 |
| — frame | 主機架 | 正フレーム | 主机架 |
| — gear | 主齒輪 | 主歯車 | 主齿轮 |
| — gear box | 主齒輪箱 | 主歯車箱 | 主齿轮箱 |
| — girder | 主桁 | 主げた | 主梁 |
| — governor | 主調壓氣 | 主調速機 | 主调压气 |
| — guide bearing | 主軸承 | 主軸受 | 主轴承 |
| — heater | 主加熱器 | メインヒータ | 主加热器 |
| — hoisting | 主起升 | 主巻き | 主起升 |
| — inertia term | 主慣性項 | 主慣性項 | 主惯性项 |
| — injection valve | 主噴射閥 | 主噴射弁 | 主喷射阀 |
| — jet | 主噴口 | 主噴流 | 主射流 |
| — jib | 起重臂 | ブーム | 起重臂 |
| — landing gear | 主起落架 | 主脚 | 主起落架 |
| — lobe | 主極 | 主ローブ | 主极 |
| — longitudinal girder | 主縱樑 | 主縦通材 | 主纵梁 |
| — material | 主要材料 | 主原料 | 主要材料 |
| — monitoring panel | 主監視盤 | 中央監視盤 | 主监视盘 |
| — motor | 主電動機 | 駆動電動機 | 主电动机 |
| — nozzle | 主噴嘴 | 主ノズル | 主喷嘴 |
| — oil pump | 主油泵 | 主油ポンプ | 主油泵 |
| — oil tank | 主油箱 | 主油タンク | 主油箱 |
| — operating panel | 主操作盤 | 中央操作盤 | 主操作盘 |
| — polymer chain | 聚合物的主鏈 | 重合体の主鎖 | 聚合物的主链 |
| — pressure | 主壓力 | 元圧力 | 主压力 |
| — procedure | 主過程 | 主手続き | 主过程 |
| — process pump | 主運行泵 | 主ポンプ | 主运行泵 |
| — processor | 主處理器 | 主プロセッサ | 主处理器 |
| — program | 主程式 | 主プログラム | 主程序 |
| — pump unit | 主泵機組 | 主ポンプユニット | 主泵机组 |
| — rail | 主軌(條) | 主レール | 主轨(条) |
| — ram | 主活塞 | 主ラム | 主活塞 |
| — raw material | 主原料 | 主原料 | 主原料 |

| 英　　文 | 臺　　灣 | 日　　文 | 大　　陸 |
|---|---|---|---|
| — reduction gear | 主減速裝置 | 主減速裝置 | 主减速装置 |
| — reinforcement | 主加強筋 | 主鉄筋 | 主加强筋 |
| — rod | 主桿 | 主棒 | 主杆 |
| — rope | 主繩 | 親綱 | 主钢索 |
| — rotary pump | 主旋轉泵 | メインロータリポンプ | 主旋转泵 |
| — rotor | 主旋翼 | 主回転翼 | 主旋翼 |
| — servomotor | 主伺服電動機 | 主サーボモータ | 主伺服电动机 |
| — shaft | 主心軸 | 主軸 | 主轴 |
| — shroud | 主板 | 主板 | 主板 |
| — sill | 主樑 | 縦根太 | 主梁 |
| — slide | 導向器 | スライド | 导向器 |
| — slide valve | 主滑閥 | 主滑弁 | 主滑阀 |
| — spar | 主(翼)樑 | 主けた | 主(翼)梁 |
| — spindle | 主軸 | ホブ主軸 | 主轴 |
| — spring | 主彈簧 | ぜんまい | 主弹簧 |
| — stack | 主管 | 本管 | 主管 |
| — starting valve | 主啓動閥 | 主始動弁 | 主启动阀 |
| — stay | 主撐條 | 主支柱 | 主牵条 |
| — steam control valve | 主蒸汽調節閥 | 蒸気加減弁 | 主蒸汽调节阀 |
| — steam turbine | 主汽輪機 | 主蒸気タービン | 主汽轮机 |
| — steering gear | 主操舵裝置 | 主操だ装置 | 主操舵装置 |
| — stop valve | 主停止閥 | 主止め弁 | 主截止阀 |
| — stream | 主流 | 主流 | 主流 |
| — structural part | 主要結構部份 | 主要構造部 | 主要结构部份 |
| — structure | 主體結構 | 主構 | 主体结构 |
| — switch board | 主開關盤 | メインスイッチボード | 主开关盘 |
| — system | 主系統 | メインシステム | 主系统 |
| — system failure | 主系統故障 | 主システム故障 | 主系统故障 |
| — tangent | 主切線 | 主接線 | 主切线 |
| — throttle valve | 正線(鐵路) | 主蒸気止め弁 | 主气阀 |
| — track | 本線路 | 本線 | 本线路 |
| — trap | 總存水彎 | 主トラップ | 总存水弯 |
| — truck | 主要卡車 | 主台車 | 主要卡车 |
| — trunk line | 主要幹線管路 | 主要幹線管路 | 主要干线管路 |
| — truss | 主構架 | 主構 | 主体构架 |
| — variable | 主變量 | 主変数 | 主变量 |
| — venturi | 主喉管 | メインベンチュリ | 主喉管 |
| — wheel | 主(車)輪 | 主輪 | 主(车)轮 |
| — winding | 主線圈 | 主巻線 | 主绕组 |
| **maintainability** | 可維護〔修〕性 | 保守度〔性〕 | 可维护〔修〕性 |

**M**

| 英　　文 | 臺　　灣 | 日　　文 | 大　　陸 |
|---|---|---|---|
| — analysis | 可維修性分析 | 保全性解析 | 可维修性分析 |
| — design parameter | 可維修性設計參數 | 保全性設計バラメータ | 可维修性设计参数 |
| — engineering | 可維修性工程 | 保全性工学 | 可维修性工程 |
| — function | 可維護度函數 | 保全性機能 | 可维护度函数 |
| — prediction | 可維修性預測 | 保全性予測 | 可维修性预测 |
| — program | 可維修性圖表 | 保全性プログラム | 可维修性图表 |
| **maintained** contact | 可維持接點 | メインティンドコンタクト | 可维持接点 |
| — position contact | 保持形接點 | 保持形接点 | 保持形接点 |
| **maintenance** | 保養;維護 | 整備 | 保全;维护 |
| — action analysis | 維護作用分析 | 保全アクション解析 | 维护作用分析 |
| — apron | 修配用檔板 | 整備用エプロン | 修配用档板 |
| — coating | 維修塗料 | メインテナンス塗料 | 维修涂料 |
| — contract | 維修合約 | 保守契約 | 维修合同 |
| — dictionary | 維修(代碼)辭典 | 保守用辞書 | 维修(代码)辞典 |
| — effectiveness | 維修有效性 | 保全有効性 | 维修有效性 |
| — effectiveness analysis | 維修有效性分析 | 保全有効性解析 | 维修有效性分析 |
| — equipment | 維修用設備 | 整備用機器 | 维修用设备 |
| — factor | 保養因數 | 保全係数 | 维修率〔系数〕 |
| — frequency | 維修頻度 | 保修頻度 | 维修频度 |
| — inspection | 維修檢查 | 保守検査 | 维修检查 |
| — manual | 維修手冊 | 保守基準 | 维修手册 |
| — methods | 維修方法 | メインテナンス方法 | 维修方法 |
| — painting | 維修塗裝 | メインテナンス塗装 | 维修涂装 |
| — panel | 維護板 | 保守パネル | 维护板 |
| — period | 保養周期 | 整備時間限界 | 保养周期 |
| — prevention | 維修預防 | 保全予防 | 维修预防 |
| — ratio | 維護率 | 保全率 | 维护率 |
| — robot | 維修機械人 | 保守ロボット | 维修机器人 |
| — shop | 維修工廠 | 修理工場 | 维修工厂 |
| — strategy | 維修策略 | 保全戦略 | 维修策略 |
| — vehicle | 保養車 | 整備用車両 | 保养车 |
| **major** accident | 重大事故 | 重大事故 | 重大事故 |
| — angle | 優角 | 優角 | 优角 |
| — auxiliary circle | 大輔助圓 | 大副円 | 大辅助圆 |
| — axis | 車軸 | 主軸 | 主轴 |
| — component | 主要成份 | 主成分 | 主要成份 |
| — control break | 主要控制斷路 | 大制御の切れ目 | 主要控制断路 |
| — control change | 高位控制改變 | 高位制御変更 | 高位控制改变 |
| — control field | 主要控制字段 | 主制御フィールド | 主要控制字段 |
| — critical revolution | 主臨界轉速 | 主危険回転数 | 主临界转速 |

| 英　　文 | 臺　　灣 | 日　　文 | 大　　陸 |
|---|---|---|---|
| — cutting edge | 主切削刃 | 主切れ刃 | 主切削刃 |
| — cycle | 主週期 | 主サイクル | 主周期 |
| — defect | 主要缺點 | 主欠点 | 主要缺点 |
| — diameter | 外徑 | 外径 | 外径 |
| — diameter of nut | 螺帽的外徑 | 雌ねじの谷の径 | 螺母的外径 |
| — diameter of thread | 螺栓外徑 | ねじの外径 | 螺纹外径 |
| — failure | 重大故障 | 重故障 | 重大故障 |
| — flank | (刀具的)主後隙面 | 主逃げ面 | (刀具的)主后隙面 |
| — loop | 主循環 | 主要ループ | 主循环 |
| — overhaul | 總檢修 | メジャーオーバホール | 总检修 |
| — repair | 大修 | 大修理 | 大修 |
| — section | 主要部分〔截面〕 | メジャーセクション | 主要部分〔截面〕 |
| — structure | 主結構 | 大ストラクチュア | 主结构 |
| **majority** | 大多數 | 過半数 | 大多数;过半数 |
| — circuit | 多數決定回路 | 多数決回路 | 多数决定回路 |
| — decision theory | 多數決定理論〔邏輯〕 | 多数決論理 | 多数决定理论〔逻辑〕 |
| — function | 多數決定函數 | 多数決関数 | 多数决定函数 |
| — principle | 多數決定原理 | 多数決原理 | 多数决定原理 |
| — redundancy | 多數冗餘度 | 多数決冗長性 | 多数冗余度 |
| **make-and-break** | 開關;斷續 | 電路開閉 | 开关;断续 |
| — contact | 開閉接點 | 開閉接点 | 开闭接点 |
| — ignition | 斷續火花點火 | 電路開閉点火 | 断续火花点火 |
| — mechanism | 開關機構 | 開閉機構 | 开关机构 |
| **make-busy** | 閉塞;占線 | メークビジイ | 闭塞;占线 |
| **maker** | 接合器 | メーカ | 接合器 |
| — 's certificate | 製造廠証書 | 製造者発行証明書 | 制造厂证书 |
| **making** | 接通;製造 | メーキング | 接通;制造 |
| — gap by arc | 電弧放電加工 | 放電加工 | 电弧放电加工 |
| — machine | 成形機 | 成形機 | 成形机 |
| — penetration | 深熔銲接 | 溶込み | 深熔焊接 |
| **making-up** | 裝配;包裝 | 制造 | 装配;包装 |
| — feed (water) pipe | 補給水管 | 補給水管 | 补给水管 |
| — fuel | 補充燃料 | 補給燃料 | 补充燃料 |
| — heat | 補充加熱 | メークアップヒート | 补充加热 |
| — oil | 補足油 | 補充油 | 补足油 |
| — vavle | 補償閥 | 補給弁 | 补偿阀 |
| **malachite** | 孔雀石;石綠 | マラカイト | 孔雀石;石绿 |
| **malakograph** | 軟化率計 | 軟化度計 | 软化率计 |
| **malcolmizing** | 不銹鋼表面氮化處理 | マルコルマイジング | 不锈钢表面氮化处理 |
| **maldonite** | 黑鉍金礦 | マルドナイト | 黑铋金矿 |

**M**

| 英 文 | 臺 灣 | 日 文 | 大 陸 |
|---|---|---|---|
| male | 凸模;公模 | メール | 凸模 |
| — adapter | 凸形墊環〔填料的〕 | 雄アダプタ | 凸形垫环〔填料的〕 |
| — blade | 壓板式端子 | 平形雄端子 | 压板式端子 |
| — contact | 插頭接點 | 雄コンタクト | 插头接点 |
| — contactor | 插塞接觸器 | 雄形接触子 | 插塞接触器 |
| — cross | 十字接頭 | 雄十字 | 十字接头 |
| — elbow | 陽肘節 | 雄エルボ | 阳肘节 |
| — die | 公模 | 雄型 | 阳模 |
| — female flange | 凸凹嵌接式法欄（盤） | はめ込み形フランジ | 凸凹嵌接式法栏（盘） |
| — plug | 插頭 | 雄型プラグ | 插头 |
| — rotor | 凸形轉子 | 雄ロータ | 凸形转子 |
| — screw | 外螺旋〔紋〕 | 雄ねじ | 外螺旋〔纹〕 |
| — tee | 外螺紋三通管接頭 | 雄T | 外螺纹三通管接头 |
| — thread | 螺釘 | 雄ねじ | 螺钉 |
| — tool | 壓入式陽模 | 雄型プラグ | 压入式阳模 |
| maleability | 可塑性 | 展性 | 可塑性 |
| Malenit impregnation | 馬林特浸漬法 | マレニット注入法 | 马林特浸渍法 |
| malformation | 變形 | 変形 | 变形 |
| malfunction | 故障 | 誤動作 | 故障 |
| — detection | 故障檢測 | 異常検出 | 故障检测 |
| — routine | 故障檢查程式 | 故障検査ルーチン | 故障检查程序 |
| maline tie | 繩索紮結 | マリンタイ | 绳索扎结 |
| malleability | 展性 | 展性 | 展性 |
| — test | 可鍛性試驗 | 鍛造性試験 | 可锻性试验 |
| malleable brass | 可鍛黃銅 | 可鍛黄銅 | 可锻黄铜 |
| — cast iron | 可鍛鑄鐵 | 可鍛鋳鉄 | 可锻铸铁 |
| — fitting | 可鍛鑄鐵接頭 | 可鍛鋳鉄継手 | 可锻铸铁接头 |
| — iron | 可鍛鑄鐵 | 可鍛鉄 | 可锻铸铁 |
| — pig-iron | 可鍛鑄鐵用生鐵 | 可鍛鋳鉄用銑鉄 | 可锻铸铁用生铁 |
| malleablizing | 韌鐵退火 | 可鍛化焼なまし | 韧铁退火 |
| — anneal | 可鍛化退火 | 可鍛化焼なまし | 可锻化退火 |
| mallet | 木槌 | 木づち | 木槌 |
| Mallory metal | （馬洛里）青銅 | マロリーメタル | （马洛里）青铜 |
| malmstone | 砂岩〔耐火用〕 | 耐火用けい石 | 砂岩〔耐火用〕 |
| maloperation | 不正確操作 | 不要動作 | 不正确操作 |
| man | 人（們） | 人間 | 人（们） |
| — and machine chart | 人-機（時間）關係圖 | マンマシンチャート | 人-机（时间）关系图 |
| — -assisting system | 人-輔助完成系統 | 人間助成システム | 人-辅助完成系统 |
| — -day | 工日 | 工数 | 工日 |
| — -machine allocation | 人-機分配 | 人間-機械配分 | 人-机分配 |

| 英　　文 | 臺　　灣 | 日　　文 | 大　　陸 |
|---|---|---|---|
| — -machine character | 人-機字符 | 人間-機械文字 | 人-机字符 |
| — -machine communciatio | 人-機通信 | 人間-機械通信 | 人-机通信 |
| — -machine complex | 人-機組合(體) | 人間-機械複合体 | 人-机组合(体) |
| — -machine control | 人-機聯合控制 | 人間-機械制御 | 人-机联合控制 |
| — -machine interaction | 人-機相互關係 | マン-マシン相互関係 | 人-机相互关系 |
| — -machine research | 人-機研究 | 人間-機械研究 | 人-机研究 |
| — -machine synergism | 人-機(最佳)協同作用 | 人間-機械相助作用 | 人-机(最佳)协同作用 |
| — -machine system | 人-機系統 | 人間-機械系 | 人-机系统 |
| — supervisory system | 人監控系統 | 人間監視システム | 人监控系统 |
| — trolley | 帶操縱室的小車 | マントロリ | 带操纵室的小车 |
| — -vehicle control | 人-車控制 | 人間-乗物制御 | 人-车控制 |
| **manaccanite** | 磁鐵鈦礦 | マナカン鉱 | 磁铁钴矿 |
| **management** | 管理 | 管理 | 管理;控制 |
| — by objective | 目標管理 | 目標管理 | 目标管理 |
| — criteria | 管理標準 | 管理基準 | 管理标准 |
| — cycle | 管理周期 | 管理サイクル | 管理周期 |
| — data | 管理數據 | 管理データ | 管理数据 |
| — for designing | 設計管理 | 設計管理 | 设计管理 |
| — gap | 管理差距 | 経営格差 | 管理差距 |
| — guide | 管理指南〔手冊〕 | 職務権限規定 | 管理指南〔手册〕 |
| — model | 管理模型 | マネジメントモデル | 管理模型 |
| — science | 管理科學 | 経営科学 | 管理科学 |
| — strategy | 管理策略 | マネジメント戦略 | 管理对策 |
| — system | 管理系統 | 管理システム | 管理系统 |
| — system engineering | 管理系統工程 | 管理システム工学 | 管理系统工程 |
| **manager** | 程式設計管理者 | マネージャ | 程式设计管理人 |
| **managerial accounting** | 管理會計 | 管理会計 | 管理会计 |
| — system | 管理系統 | 管理システム | 管理系统 |
| **Mance's method** | 曼斯測法 | マンス法 | 曼斯测法 |
| **mandatory forbidding sign** | 禁止標誌 | 禁止標識 | 禁止标志 |
| **mandrel** | 鐵芯 | マンドレル | 铁芯;心轴 |
| — and plate | 心軸和金屬板 | マンドレルとプレート | 心轴和金属板 |
| — carrier | 心軸支架 | マンドレルキャリヤ | 心轴支架 |
| — forging | 帶心棒鍛造 | 中空鍛錬 | 带心棒锻造 |
| — forming | 心軸成形 | マンドレル成形 | 心轴成形 |
| — test | 緊軸壓入試驗 | マンドレル試験 | 紧轴压入试验 |
| **maneuver** | 操縱 | マヌーバ | 操纵;运用 |
| — margin | 機動裕度 | 操縦余裕 | 机动裕度 |
| — point | 機動點 | 操縦中立点 | 机动点 |
| **maneuverability** | 操縱性 | 操縦性 | 可操纵性 |

| 英　　　文 | 臺　　　灣 | 日　　　文 | 大　　　陸 |
|---|---|---|---|
| — test | 可操縱性試驗 | 操縦性試験 | 可操纵性试验 |
| **maneuvering air** | 操縱用壓縮空氣 | 操縦用空気 | 操纵用压缩空气 |
| — air compressor | 操縱用壓氣機 | 操縦用空気圧縮機 | 操纵用压气机 |
| — air reservoir | 操縱用（壓縮）空氣筒 | 操縦用空気だめ | 操纵用(压缩)空气筒 |
| — box | 操縱箱 | 操縦箱 | 操纵箱 |
| — chain | 操縱鏈 | 操縦鎖 | 操纵链 |
| — gear | 操縱裝置 | 操縦装置 | 操纵装置 |
| — platform | 操縱台 | 操縦台 | 操纵台 |
| — target | 機動目標 | 移動目標 | 机动目标 |
| — valve | 操縱閥 | 手動弁 | 操纵阀 |
| — winch | 操縱絞盤 | 操縦ウインチ | 操纵绞盘 |
| **mangan-blende** | 硫錳礦 | 硫マンガン鉱 | 硫锰矿 |
| **manganese, Mn** | 錳 | マンガン | 锰 |
| — alloys | 錳合金 | マンガン合金 | 锰合金 |
| — binoxide | 二氧化錳 | 二酸化マンガン | 二氧化锰 |
| — bismuth | 錳鉍 | マンガンビスマス | 锰铋 |
| — bismuth magnet | 錳鉍磁鐵 | マンガンビスマス磁石 | 锰铋磁铁 |
| — borate | 硼酸錳 | ほう酸マンガン | 硼酸锰 |
| — boride | 硼化錳 | ほう化マンガン | 硼化锰 |
| — boron | 錳硼合金 | マンガンほう素合金 | 锰硼合金 |
| — brass | 錳黃銅 | マンガン黄銅 | 锰黄铜 |
| — bronze | 錳青銅 | マンガン青銅 | 锰青铜 |
| — carbide | 碳化錳 | マンガン炭化物 | 一碳化三锰 |
| — cast steel | 高錳鑄鋼 | 高マンガン鋳鋼 | 高锰铸钢 |
| — cell | 錳乾電池 | マンガン乾電池 | 锰干电池 |
| — chloride | 二氯化錳 | 塩化マンガン | 二氯化锰 |
| — content | 含錳量 | マンガン分 | 含锰量 |
| — copper | 錳銅 | マンガン銅 | 锰铜 |
| — dioxide | 二氧化錳 | 二酸化マンガン | 二氧化锰 |
| — drier | 錳乾燥劑 | マンガンドライヤ | 锰干料 |
| — dry battery | 錳乾電池 | マンガン乾電池 | 锰干电池 |
| — dry cell | 錳乾電池 | マンガン乾電池 | 锰干电池 |
| — glass | 錳質玻璃 | マンガンガラス | 锰质玻璃 |
| — green | 綠錳 | マンガン緑 | 绿锰 |
| — iron | 錳鐵 | マンガン鉄 | 锰铁 |
| — monoxide | 一氧化錳 | 一酸化マンガン | 一氧化锰 |
| — mordant | 錳媒染劑 | マンガン媒染剤 | 锰媒染剂 |
| — mud | 錳礦渣 | マンガン鉱泥 | 锰矿渣 |
| — ocher | 錳赭石 | マンガン土 | 锰赭石 |
| — ore | 錳礦 | マンガン鉱 | 锰矿 |

| 英 文 | 臺 灣 | 日 文 | 大 陸 |
|---|---|---|---|
| — oxide | 氧化錳 | 酸化マンガン | 氧化锰 |
| — peroxide | 二氧化錳 | 過酸化マンガン | 二氧化锰 |
| — powder | 錳粉 | マンガン粉 | 锰粉 |
| — protoxide | 氧化亞錳 | 酸化第一マンガン | 氧化亚锰 |
| — removal | 除錳 | マンガン除去 | 除锰 |
| — sand | 錳砂 | マンガン砂 | 锰砂 |
| — soap | 錳皂 | マンガン石けん | 锰皂 |
| — spar | 菱錳礦 | 菱マンガン鉱 | 菱锰矿 |
| — steel | 錳鋼 | マンガン鋼 | 锰钢 |
| — sulfide | 硫酸錳 | 硫化マンガン | 硫酸锰 |
| — tetrachloride | 四氯化錳 | 四塩化マンガン | 四氯化锰 |
| — titanium | 錳鈦合金 | マンガンチタン合金 | 锰钛合金 |
| manganesian garnet | 錳榴石 | マンガンざくろ石 | 锰榴石 |
| mangangarnet | 錳榴石 | マンガンざくろ石 | 锰榴石 |
| manganilmenite | 錳鈦鐵礦 | マンガンチタン鉄鉱 | 锰钛铁矿 |
| manganin | 錳鎳銅 | マンガニン | 锰铜 |
| — alloy | 錳鎳銅合金 | マンガニンアロイ | 锰镍铜合金 |
| — pressure gage | 錳銅壓力計 | マンガニン圧力計 | 锰铜压力计 |
| — wire | 錳銅線 | マンガニン線 | 锰铜线 |
| manganmagnetite | 錳鐵磁礦 | マンガン鉄鉱 | 锰铁磁矿 |
| manganoferrite | 黑錳鐵礦 | マンガン鉄鉱 | 黑锰铁矿 |
| manganosite | 方錳礦 | 緑マンガン鉱 | 方锰矿 |
| manganous acetate | 乙酸錳 | 酢酸マンガン | 乙酸锰 |
| — nitrate | 硝酸錳 | 硝酸マンガン | 硝酸锰 |
| — oxide | 一氧化錳 | 酸化第一マンガン | 一氧化锰 |
| mangelinvar | 鈷鐵鎳錳合金 | マンゲリンバ | 钴铁镍锰合金 |
| manger board | 擋水板 | 波よけ | 挡水板 |
| mangetic brake | 磁鐵制動器 | 電磁ブレーキ | 磁铁制动器 |
| — bridge | 測磁電橋 | マグネチックブリッジ | 测磁电桥 |
| mangle | 輾壓機 | マングル | 轧液机 |
| — roller | 擠壓輥 | 圧搾ローラ | 挤压辊 |
| — wheel | 呀光輪 | マングルホイール | 呀光轮 |
| **Mangonic** | 鎳基錳合金 | マンゴニック | 镍基锰合金 |
| mangualdite | 錳磷灰石 | マングアルド石 | 锰磷灰石 |
| manhandling | 人工操作 | 人力処理 | 人工操纵 |
| manhole | 人孔 | マンホール | 人孔 |
| — cover | 檢修孔蓋 | マンホールカバー | 检修孔盖 |
| lid | 檢查井蓋 | マンホールふた | 检查井盖 |
| — packing | 人孔迫緊 | マンホールパッキン | 人孔填密 |
| — plate | 人孔蓋 | マンホールふた | 人孔盖 |

| 英　　文 | 臺　　灣 | 日　　文 | 大　　陸 |
|---|---|---|---|
| **manhour** | 工時 | 労働時間 | 人工小时 |
| **manifest** | 載貨單 | 積荷目録 | 载货单 |
| **manifold** | 歧管 | マニホールド | 复式接头 |
| — air pressure | 進氣壓力 | 吸気圧力 | 进气压力 |
| — block | 多用途砌塊 | マニホールド | 多用途砌块 |
| — injection system | 集氣管噴射方式 | 吸気管噴射方式 | 集气管喷射方式 |
| — insulation | 歧管絕緣 | マニホールド絶縁 | 歧管绝缘 |
| — mold | 歧管式模具 | マニホールド金型 | 歧管式模具 |
| — plug | 歧管塞 | マニホールドプラグ | 歧管塞 |
| — pressure gage | 歧管壓力錶 | 吸気圧力計 | 进气压力表 |
| — spacer | 歧管墊片 | マニホールドスペーサ | 歧管垫片 |
| — valve | 多管閥 | マニホールド弁 | 多管阀 |
| — valve mounting | 多管閥支架 | マニホールド取付け | 多管阀支架 |
| **manipulated variable** | 操縱(變)量 | 操作量 | 操纵(变)量 |
| **manipulater** | 操縱型機器人 | マニピュレータ | 操纵型机器人 |
| **manipulation** | 操縱;操作 | マニピュレーション | 操纵;操作 |
| — of electrode | (銲條)運條銲 | 運棒(法) | (焊条)运条焊 |
| **manipulator** | 自動操作 | マニピュレータ | 机器手 |
| — control | 操縱裝置控制 | マニピュレータ制御 | 操纵装置控制 |
| — for forging | 鍛造操作機 | 鍛造マニピュレータ | 锻造操作机 |
| — rack | 推床齒條 | マニピュレータラック | 推床齿条 |
| **manmade** diamond | 人造金剛石 | 人造ダイヤモンド | 人造金刚石 |
| **manner** | 樣式;方法 | 方式 | 样式;方法 |
| **mannerism** | 特殊風格 | マンネリズム | 特殊风格 |
| **Mannesman** effect | 曼內斯曼效應 | マンネスマン効果 | 曼内斯曼效应 |
| — mill | 曼內斯曼軋鋼機 | マンネスマン圧延機 | 曼内斯曼轧钢机 |
| — piercing mill | 曼內斯曼打孔軋製機 | マンネスマンせん孔圧延機 | 曼内斯曼穿孔轧制机 |
| — tube | 曼內斯曼管 | マンネスマン管 | 曼内斯曼管 |
| **Mannheim gold** | 曼海姆金 | マンハイムゴールド | 曼海姆金 |
| **Mannich** base | 曼尼期鹼 | マンニッヒ塩基 | 曼尼期硷 |
| — reaction | 曼尼期反應 | マンニッヒ反応 | 曼尼期反应 |
| **manning requirements** | (技術)人員配備要求 | マニング要件技術 | (技术)人员配备要求 |
| **manocryometer** | 融解壓力計 | 加圧融点計 | 融解压力计 |
| **manoeuvreing** gear | 操縱裝置 | 操縦装置 | 操纵装置 |
| — load factor | 機動負載因素 | 運動荷重倍数 | 机动载荷因素 |
| — motion | 操縱運動 | 操縦運動 | 操纵运动 |
| — performance | 操縱性能 | 操縦性能 | 操纵性能 |
| — period | 運轉階段 | 転だ期 | 转舵阶段 |
| — pond | 操縱水池 | 旋回水槽 | 操纵水池 |
| — simulator | 操縱模擬器 | 操縦シミュレータ | 操纵模拟器 |

| 英　　文 | 臺　　灣 | 日　　文 | 大　　陸 |
|---|---|---|---|
| — test | 操縱試驗 | 操縱試験 | 操纵试验 |
| — trial | 操縱性試航 | 操縱性試運転 | 操纵性试航 |
| — valve | 調節閥 | 操縱弁 | 调节阀 |
| **manoeuvreability** indices | 操縱性指數 | 操縱性（能）指数 | 操纵性指数 |
| — test | 操縱性（能）試驗 | 操縱性（能）試験 | 操纵性（能）试验 |
| **manograph** | 壓力記錄器 | マノグラフ | 压力记录器 |
| **manometer** | 壓力計 | マノメータ | 压力计 |
| — water column | 壓力計水柱 | マノメータ水柱 | 压力计水柱 |
| **manometric efficiency** | 壓力效率 | 圧力効率 | 压力效率 |
| **manoscope** | 氣體密度測定儀 | マノスコープ | 气体密度测定仪 |
| **manoscopy** | 氣體密度測定 | 人力（じんりょく） | 气体密度测定 |
| **manostat** | 壓力穩定器 | マノスタット | 压力稳定器 |
| **manpower** | 人力 | マンパウア | 人力；劳动力 |
| — scheduling | 人力調度〔配〕 | 配員計画 | 人力调度〔配〕 |
| **manrope** | 扶索 | マンロープ | 扶索 |
| **mansard** roof | 折線形屋頂 | マンサード屋根 | 折线形屋顶 |
| — roof construction | 折線形屋頂構造 | 腰折り小屋組 | 折线形屋顶构造 |
| — truss | 折線形桁架 | マンサードトラス | 折线形桁架 |
| **mantissa** | 假數；尾數 | マンティッサ | 假数；尾数 |
| **mantle** | 外殼 | マントル | 罩；套；外壳 |
| — board | 壁爐蓋 | 夏ぶた | 壁炉盖 |
| — convection | 表層對流 | マントル対流 | 表层对流 |
| — heater | 罩形加熱器 | マントルヒータ | 罩形加热器 |
| — ring | 墊環 | 鉄帯〔高炉〕 | 垫环 |
| **mantlet** | 防盾 | 防たて | 防盾 |
| **manual** | 手冊 | マニュアル | 手册；说明书 |
| — adaptive control model | 手控自適應控制模型 | 手動適応制御モデル | 手控自适应控制模型 |
| — adaptive system | 手控自適應系統 | 手動適応システム | 手控自适应系统 |
| — alarm system | 手動警報系統 | 手動警報装置 | 手摇警报系统 |
| — assembly | 手工裝配 | 手作業組立 | 手工装配 |
| — back-up | 人工後援 | 手動バックアップ | 人工后援 |
| — block signal system | 手動閉塞信號方式 | 手動閉そく信号方式 | 手动闭塞信号方式 |
| — book | 手冊 | マニュアルブック | 手册；指南 |
| — brake | 人力煞車 | 人力ブレーキ | 手控制动器 |
| — card | 人工打孔卡片 | マニュアルカード | 人工穿孔卡片 |
| — closing operation | 人工接續操作 | 手動投入操作 | 人工接续操作 |
| — control | 人工控制 | 手動制御 | 人工控制 |
| — control switch | 手（動）控（制）開關 | 制御用操作スイッチ | 手（动）控（制）开关 |
| — control system lag | 手控系統延遲〔滯後〕 | 手動制御システム遅れ | 手控系统延迟〔滞后〕 |
| — cut | 人工切割 | マニュアルカット | 人工截割 |

**M**

manual

| 英　　文 | 臺　　灣 | 日　　文 | 大　　陸 |
|---|---|---|---|
| ― data input | 手動資料輸入 | 手動データ入力 | 手動数据输入 |
| ― desk | 人工交換台 | 手動台 | 人工交换台 |
| ― examination | 手工(探傷)檢查 | 手動探傷 | 手工(探伤)检查 |
| ― feed | 手動進給 | 手送り | 手动进给 |
| ― fire alarm system | 手動火災報警裝置 | 手動式火災警報装置 | 手动火灾报警装置 |
| ― firing control | 人工擊發裝置 | 手動撃発装置 | 人工击发装置 |
| ― handler | 人工處理機 | マニュアルハンドラ | 人工处理机 |
| ― gain control | 手動增益控制 | 手動利得調整 | 手动增益控制 |
| ― ignition control | 手動點火控制 | 手動点火制御 | 手动点火控制 |
| ― input unit | 人工輸入設備 | 手動入力装置 | 人工输入设备 |
| ― logging | 人工記錄 | マニュアルロギング | 人工记录 |
| ― office | 人工辦公室 | 手動局 | 人工局 |
| ― operation | 人工操作 | 手動操作 | 手动操作 |
| ― operative method | 手動控制法 | 手動運転 | 手动控制法 |
| ― optimization | 手動最佳化 | 手動最適化 | 手动最优化 |
| ― oxygen cutting | 手動氧割 | 手動ガス切断 | 人工吹氧切割 |
| ― potentiometer | 手動電位差計 | 手動ポテンショメータ | 手动电位差计 |
| ― press | 手壓機 | 手動プレス | 手压机 |
| ― pressure | 手(控)壓(力) | 指圧 | 手(控)压(力) |
| ― prober | 手動探測器 | マニュアルプローバ | 手动探测器 |
| ― programmer | 人工程式編製器 | マニュアルプログラマ | 人工程序编制器 |
| ― pump | 手動泵 | マニュアルポンプ | 手摇泵 |
| ― reaper | 人力收割機 | 人力刈取り機 | 人力收割机 |
| ― regulation | 手動調整 | 手動調整 | 手动调整 |
| ― release | 人工解鎖 | 手動復帰 | 人工解锁 |
| ― request | 人工要求 | 手動要求 | 人工要求 |
| ― reset | 手動重整 | 手動リセット | 手动复位 |
| ― reset relay | 手動復位繼電器 | 手動復帰リレー | 手动复位继电器 |
| ― return | 手動復位 | 手動復帰 | 手动复位 |
| ― return contact | 手動復位接點 | 手動復帰接点 | 手动复位接点 |
| ― ringing | 人工振鈴(信號) | 手動信号 | 人工振铃(信号) |
| ― rivet | 手工鉚接 | 手締めリベット | 手工铆接 |
| ― setting | 手調 | 手動設定 | 手调 |
| ― signal | 手動信號(機) | 手動の信号(機) | 手动信号(机) |
| ― starter | 手動起動器 | 手動始動器 | 手动起动器 |
| ― steering | 人工操縱 | 人力操だ | 人工操舵 |
| ― switch | 手動開關 | 手動スイッチ | 手控开关 |
| ― system | 手動系統 | 手動式 | 手动系统 |
| ― system control | 手動系統控制 | 手動システム制御 | 手动系统调节 |
| ― temperature control | 人工溫度控制〔調節〕 | 手動温度調節 | 人工温度控制〔调节〕 |

| 英　文 | 臺　灣 | 日　文 | 大　陸 |
|---|---|---|---|
| — transportation | 人力運輸 | 人力搬送 | 人力运输 |
| — trigger | 手動觸發器 | 人工触発器 | 手动触发器 |
| — tripping device | 手動保安裝置 | ハンドトリップ装置 | 手动保安装置 |
| — tuning | 手動調諧 | 手動同調 | 手动调谐 |
| — valve | 手動閥 | 手動弁 | 手动阀 |
| — voltage regulator | 手動電壓調整器 | 手動電圧調整器 | 手动电压调整器 |
| — weight batcher | 手動重量配料斗 | 手動計量装置 | 手动重量配料斗 |
| — weld | 手(工)銲(縫) | 手溶接 | 手(工)焊(缝) |
| — welding | 手動熔接 | 手溶接 | 手工焊 |
| **manufactory** | 製造(工)廠 | 製造所 | 制造(工)厂 |
| **manufacture** | (機械)製造 | 製造 | (机械)制造 |
| — of pig iron | 冶煉生鐵 | 製銑 | 冶炼生铁 |
| — process | 製造法 | 製造プロセス | 制造法 |
| **manufactured** article | 產品;製品 | 製品 | 产品;制品 |
| — goods | 產品;製品 | 製品 | 产品;制品 |
| — product | 製(成)品 | 製品 | 制(成)品 |
| **manufacturer** | 製造者〔廠〕 | 製造業者 | 制造者〔厂〕 |
| **manufacturers test** | 工廠試驗 | 工場試験 | 工厂试验 |
| **manufacturing** condition | 生產條件 | 製造条件 | 生产条件 |
| — cost | 製造成本 | 生産費 | 工厂成本 |
| — cycle | 生產週期 | 製造サイクル | 生产周期 |
| — district | 工業區 | 工業地 | 工业区 |
| — engineer | 製造工程師 | 製造技師 | 制造工程师 |
| — facilities | 製造設備〔裝置〕 | 製造設備〔装置〕 | 制造设备〔装置〕 |
| — facility layout | 工業設備配置 | 製造設備レイアウト | 工业设备配置 |
| — forecast | 工業預測(量) | 製造予測量 | 工业预测(量) |
| — industry | 製造(工)業 | 製造工業 | 制造(工)业 |
| — installation | 加工設備 | 製造装置 | 加工设备 |
| — license | 生產權 | 製造権 | 生产权 |
| — measurement | 加工尺寸 | 製造寸法 | 加工尺寸 |
| — milling machine | 專用銑床 | 生産フライス盤 | 专用铣床 |
| — operation | 生產操作 | 製造作業 | 生产操作 |
| — order | 製造命令 | 製造指図書 | 生产任务书 |
| — planning | 加工計劃 | 製造計画 | 加工计划 |
| — principle | 生產原理 | 製造原理 | 生产原理 |
| — procedure | 製造程式 | 製造手順 | 制造程序 |
| — process | 製造工藝 | 製造工程 | 制造工艺 |
| — scale | 生產規模 | 製造規模 | 生产规模 |
| — system | 製造(業)系統 | 生産加工システム | 制造(业)系统 |
| — technique | 製造技術 | 製造技術 | 制造技术 |

| 英　　文 | 臺　　灣 | 日　　文 | 大　　陸 |
|---|---|---|---|
| — tolerance | 製造公差 | 製造許容差 | 制造公差 |
| **many-body** problem | 多體問題 | 多体問題 | 多体问题 |
| **many-dimensioned syste** | 多維系統 | 多次元システム | 多维系统 |
| **map** | 地圖 | 写像，地図 | 地图 |
| — code | 映像碼 | マップコード | 映像码 |
| — compilation | 地圖編輯 | 地図編集 | 地图编制 |
| — grid | 地圖方格 | 地図方眼 | 地图方格 |
| — list | 變換表 | マップリスト | 变换表 |
| — method | 映像法 | マップ法 | 映像法 |
| — projection | 地圖投影法 | 地図射影法 | 地图投影法 |
| — scale | 地圖比例尺 | 地図の縮尺 | 地图比例尺 |
| — table | 映像表 | マップテーブル | 映像表 |
| **mapper** | 繪圖員 | マッパ | 绘图员 |
| **mapping** array | 映像陣列 | マッピングアレイ | 映像阵列 |
| — block number | 變換程式段數 | マッピングブロック数 | 变换程序段数 |
| — device | 映像裝置 | マッピング装置 | 映像装置 |
| — fault | 變換故障 | マッピングフォールト | 变换故障 |
| — mode | 變換方式 | マッピングモード | 变换方式 |
| — table | 變換表 | マッピング表 | 变换表 |
| **mar** proof | 耐劃痕 | 損傷抵抗 | 耐划痕 |
| — resistance | 耐擦傷性 | 表面摩耗抵抗 | 耐擦伤性 |
| **maraging** | 高強度熱處理 | マルエージング | 高强度热处理 |
| — steel | 高鎳合金鋼 | マルエージング鋼 | 高镍合金钢 |
| **marble** | 大理石 | 大理石 | 大理石 |
| **marcasite** | 白鐵礦 | 白鉄鉱 | 白铁矿 |
| **marceline** | 染褐錳礦 | マーセル石 | 染褐锰矿 |
| **marching type** | 步進式 | 前進形 | 步进式 |
| **marconite** | 碳粒導電體 | マルコナイト | 碳粒导电体 |
| **marcylite** | 黑銅礦 | マルシライト | 黑铜矿 |
| **marform process** | 橡皮模壓製成形法 | マルフォームプロセス | 橡皮模压制成形法 |
| **Marforming** | 麻田散鐵區形變熱處理 | マルフォーミング | 马氏体区形变热处理 |
| **margarin(e)** | 人造黃油 | マルガリン | 人造黄油 |
| **margarosanite** | 針矽鈣鉛礦 | マーガロサナイト | 针硅钙铅矿 |
| **margin** | 邊緣〔界〕;邊際 | マージン | 边缘〔界〕 |
| — angle | 邊界角 | マージンアングル | 边缘角 |
| — control | 容限控制 | マージン制御 | 容限控制 |
| — curve | 容限曲線 | マージンカーブ | 容限曲线 |
| — for line | 行邊緣 | 行の限界 | 行边缘 |
| — for page | 頁界(限) | ページの限界 | 页界(限) |
| — line | 臨界線 | 限界線 | 临界线 |

| 英　文 | 臺　灣 | 日　文 | 大　陸 |
|---|---|---|---|
| — of error | 誤差界線 | 誤差限界 | 误差界线 |
| — of power | 功率極限 | （機械の）余力 | 功率极限〔机器的〕 |
| — of revolution | 轉速裕度 | 回転マージン | 转速裕度 |
| — of safety | 安全係數 | 安全余裕 | 安全系数 |
| — plank | (木製夾板)邊緣板條 | マージンプランク | (木制夹板)边缘板条 |
| — plate | 內底邊板 | マージンプレート | 内底边板 |
| — stop | 極限擋塊 | マージンストップ | 极限挡块 |
| — test | 極限試驗 | マージンテスト | 极限试验 |
| — time of commutation | 整流容限時間 | 転流余裕時間 | 整流容限时间 |
| — voltage | 容許極限電壓 | 余裕電圧 | 容限电压 |
| — width | 刀口寬 | マージン幅 | 刃带宽 |
| **marginal** adjustment | 邊際調整 | 限界調整 | 边际调整 |
| — checking | 邊界檢查 | 限界試験 | 边界检查 |
| — cost | 邊際成本 | 限界原価〔費用〕 | 边际成本 |
| — costing | 邊際成本計算 | 限界原価計算 | 边际成本核算 |
| — discharge | 邊緣放電 | 限界放電 | 边缘放电 |
| — fault | 邊緣故障 | マージナル故障 | 边缘故障 |
| — frequency | 邊際頻率數 | 周辺度数 | 边际频数 |
| — income | 邊際收益 | 限界利益 | 边际收益 |
| — mode | 邊際模型 | 限界モデル | 边限模型 |
| — oscillator | 臨界振蕩器 | マージナル発振器 | 临界振荡器 |
| — performance | 極限性能 | 限界性能 | 极限性能 |
| — probability | 邊際機率 | 周辺確率 | 边际概率 |
| — productivity | 邊際生產性 | 限界生産性 | 边际生产性 |
| — profit ratio | 邊際利潤率 | 限界利益率 | 边际利润率 |
| — ray | 周邊光線 | 周縁光線 | 周边光线 |
| — state | 臨界狀態 | 限界状態 | 临界状态 |
| — supply capability | 備用電力 | 供給予備力 | 备用电力 |
| — test | 界限檢驗 | 限界試験 | 界限检验 |
| — utility | 邊際效用 | 限界効用 | 边际效用 |
| **margoza oil** | 棕樹油 | マルゴサ油 | 棕树油 |
| **maria-glass** | 石膏 | 透石こう | 石膏 |
| **Mariloy** | 馬里洛鋼板 | マリロイ | 马里洛钢板 |
| **marionite** | 水鋅礦 | 亜鉛華 | 水锌矿 |
| **mark** | 符號 | マーク | 标记〔示〕;符号 |
| — card | 標記卡片 | マークカード | 标记卡片 |
| — check | 標記檢查 | マークチェック | 标记检查 |
| — counting check | 標記計數校驗 | マーク計数検査 | 标记计数校验 |
| — hold | 標記保存〔持〕 | マークホールド | 标记保存〔持〕 |
| — ink | 打印墨 | マークインク | 打印墨 |

| 英　文 | 臺　灣 | 日　文 | 大　陸 |
|---|---|---|---|
| — line | 對合線 | マークライン | 对合线 |
| — pen | 符號記錄筆 | マークペン | 符号记录笔 |
| — position | 標記位置 | マークポジション | 标记位置 |
| — reader | 標記閱讀器 | マークリーダ | 标记阅读器 |
| — reading station | 標記讀出機構 | マーク読取り機構 | 标记读出机构 |
| — scan(ning) | 標記掃描 | マークスキャン | 标记扫描 |
| — scraper | 劃線器 | マークスクレーパ | 划线器 |
| — sensing | 標記讀出 | マーク読取り | 标记读出 |
| — sensing card | 標記讀出卡片 | マーク読取りカード | 标记读出卡片 |
| — sensing punch | 符號讀出打孔機 | マーク読取りせん孔機 | 符号读出穿孔机 |
| — sensing sheet | 標記讀出頁 | マークセンシングシート | 标记读出页 |
| — sheet | 標記圖 | マークシート | 标记图 |
| — sheet reader | 標記頁讀出器 | マークシート読取り機 | 标记页读出器 |
| — zone | 標記區 | マークゾーン | 标记区 |
| **marked** line | 標線 | 標線 | 标线 |
| — ratio | 標識比 | 記載変成比 | 标识比 |
| **marker** | 標記 | マーカ，標識 | 标记;指示(器) |
| — bit | 標記位 | マーカビット | 标记位 |
| — circuit | 標記電路 | マーカ回路 | 标记电路 |
| — lamp | 標記燈 | マーカランプ | 标记灯 |
| — light | 標記燈 | マーカライト | 标记灯 |
| — pen | 標記筆 | マーカペン | 标记笔 |
| — switch | 指示燈開關 | マーカスイッチ | 指示灯开关 |
| — target | 目標 | 目標 | 目标 |
| **market** | 市場 | マーケット | 市场;销路 |
| — brass | 普通黃銅 | 普通黄銅 | 普通黄铜 |
| — development | 市場開發 | 市場開発 | 市场开发 |
| — experiment | 市場實驗 | 市場実験 | 市场实验 |
| — mechanism | 市場調節機能 | 市場機構 | 市场调节职能 |
| — potential | 潛在市場 | 潜在市場 | 潜在市场 |
| — research | 市場(調查)研究 | 市場調査 | 市场(调查)研究 |
| — survey | 市場調查 | 市場調査 | 市场调查 |
| — test(ing) | 市場試驗 | 市場試験 | 市场试验 |
| **marketing** | 銷售 | マーケティング | 销售 |
| — needs | 市場需求 | 市場の要求 | 市场需求 |
| — position | 市場行情 | 市況 | 市场行情 |
| — research | 市場研究 | 市場研究 | 市场研究 |
| **marking** | 記號 | マーキング | 打印;记号 |
| — awl | 打印錐 | 寸法取り用きり | 打印锥 |
| — device | 劃線規 | マーキングデバイス | 划线规 |

| 英　　文 | 臺　　灣 | 日　　文 | 大　　陸 |
|---|---|---|---|
| ― disk | 彈痕標釘 | 示点かん | 弹痕标钉 |
| ― gage | 劃線規 | マーキングゲージ | 划线规 |
| ― hammer | 打印鎚 | 印づち | 打印锤 |
| ― ink | 打印墨水 | 記標インキ | 打印墨水 |
| ― iron | 烙印鐵 | 印鉄 | 烙印铁 |
| ― pen | 劃線筆 | サインペン | 划线笔 |
| ― punch | 標記沖孔 | 刻印ポンチ | 标记冲孔 |
| ― roll | 印壓滾筒 | マーキングロール | 印压滚筒 |
| ― stud contact | 標誌接點 | 記号接点 | 标志接点 |
| marking-off | 劃線 | マーキングオフ | 划线 |
| ― diamond | 鑽石刀 | け引ダイヤモンド | 钻石刀 |
| ― pin | 劃線針 | けがき針 | 划线针 |
| ― table | 劃線(平)台 | けがき台 | 划线(平)台 |
| marking-on | 劃線 | マーキングオン | 划线 |
| Markite | 導電(性)塑料 | マーカイト | 导电(性)塑料 |
| marksmanship | 射擊術 | 射撃術 | 射击术 |
| marlin(e) | (雙股)油麻繩 | 油麻縄 | (双股)油麻绳 |
| marlite | 泥灰岩 | 泥灰石 | 泥灰岩 |
| marmatite | 鐵閃鋅岩 | マーマタイト | 铁闪锌岩 |
| marmem alloy | 瑪梅姆合金 | マルメム合金 | 玛梅姆合金 |
| marmolite | 白蛇紋石 | マーモライト | 白蛇纹石 |
| marmorization | 大理石化(作用) | 大理石化作用 | 大理石化(作用) |
| maroon | 褐紅色 | マルーン | 褐红色 |
| marquee | 大門罩 | 出入口ひさし | 大门罩 |
| marquench | 分級淬火 | マルクエンチ | 分级淬火 |
| marquetry | 嵌木細工 | ぞうがん | 嵌木细工 |
| married fall method | 雙滑車起重法 | けんか巻き荷役法 | 双滑车起重法 |
| ― fall system | 繩索升降裝置 | けんか巻き | 绳索升降装置 |
| marrying wedge | 楔形墩木 | 矢盤木 | 楔形墩木 |
| marseilles soap | 絲光皂 | マルセル石けん | 丝光皂 |
| Marshall stability | 馬歇爾穩定度 | マーシャル安定度 | 马歇尔稳定度 |
| ― test machine | 馬歇爾試驗機 | マーシャル試験機 | 马歇尔试验机 |
| ― test value | 馬歇爾試驗值 | マーシャル試験値 | 马歇尔试验值 |
| marshalling | 調車;調配擠送 | マーシャリング | 排列整齐 |
| ― plan | 編組計劃 | 編成計画 | 编组计划 |
| marshite | 碘銅礦 | よう銅鉱 | 碘铜矿 |
| marstraining | 麻田散鐵變形時效 | マルストレーニング | 马氏体变形时效 |
| martemper | 分級淬火 | マルテンパ | 分级淬火 |
| ― oil | 分級淬火用油 | マルテンプオイル | 分级淬火用油 |
| martenaging | 麻田散鐵時效 | マルテン時効 | 马氏体时效 |

| 英　　文 | 臺　　灣 | 日　　文 | 大　　陸 |
|---|---|---|---|
| **Martens** hardness test | 馬頓斯硬度試驗 | マルテンス硬さ試験 | 马顿斯硬度试验 |
| — mirror extensometer | 馬頓斯鏡式應變儀 | マルテンス鏡式伸び計 | 马顿斯镜式应变仪 |
| — temperature | 馬頓斯溫度 | マルテンス温度 | 马顿斯温度 |
| **martensite** | 麻田散鐵 | マルテンサイト | 马丁散铁 |
| — rang | 麻田散鐵變態區 | マルテンサイト区域 | 马氏体转变区 |
| — structure | 麻田散鐵結構 | マルテンサイト構造 | 马氏体结构 |
| **martensitic** cast iron | 麻田散鐵鑄鐵 | マルテンサイト鋳鉄 | 马氏体铸铁 |
| — transformation | 麻田散鐵變態 | マルテンサイト変態 | 马氏体转变 |
| **Martin** | 馬丁爐 | マルチン炉 | 马丁炉 |
| — furnace | 平爐 | マルチン炉 | 平炉 |
| — steel | 平爐鋼 | マルチン鋼 | 平炉钢 |
| — stoker | 平爐加〔推〕料器 | マルチン式ストーカ | 平炉加〔推〕料器 |
| **martingale** | 弓形拉線 | マルチンゲール | 弓形拉线 |
| **Martino alloy** | 偽鉑合金 | マルチノ合金 | 伪铂合金 |
| **martite** | 假像赤鐵礦 | マルタイト | 假像赤铁矿 |
| **marworking** | 形變熱處理 | マルワーキング | 形变热处理 |
| **mash** | 磨碎;混合 | マッシュ | 磨碎;混合 |
| — alkalization | 漿狀鹼化 | 汁状アルカリ化 | 浆状硷化 |
| — hammer | 小鐵鎚 | マッシュハンマ | 小铁锤 |
| — seam welding | 壓薄滾銲 | マッシュシーム溶接 | 压薄滚焊 |
| **mask** | 掩蔽;屏蔽 | マスク | 掩蔽;屏蔽 |
| — action | 掩蔽動作 | マスク作用 | 掩蔽动作 |
| — alignment | 掩模對準〔重合〕 | マスク合せ | 掩模对准〔重合〕 |
| — analyzer | 掩模分析器 | マスクアナライザ | 掩模分析器 |
| — artwork | 掩模原圖 | マスク原図 | 掩模原图 |
| — cleaner | 掩模清洗機 | マスク洗浄機 | 掩模清洗机 |
| — coater | 掩模塗料器 | マスクコータ | 掩模涂料器 |
| — design | 掩模設計 | マスクデザイン | 掩模设计 |
| — edge | 掩模邊緣 | マスクエッジ | 掩模边缘 |
| — etching | 掩蔽腐蝕 | マスクエッチング | 掩蔽腐蚀 |
| — frame | 掩模框 | マスクフレーム | 掩模框 |
| — material | 掩蔽材料 | マスク材料 | 掩蔽材料 |
| — pattern | 掩模圖形 | マスクパターン | 掩模图案;掩模图形 |
| — pitch | 屏蔽距 | マスクピッチ | 屏蔽距 |
| — plate | 掩模板 | マスクプレート | 掩模板;屏蔽板 |
| — program | 掩模程式 | マスクプログラム | 掩模程序 |
| — set | 掩模組 | マスクセット | 掩模组 |
| — size | 掩模尺寸 | マスクサイズ | 掩模尺寸 |
| **masking** | 遮蔽;掩蔽 | マスキング | 遮蔽;掩蔽;屏蔽;伪装 |
| — agent | 遮蔽劑 | マスキング剤 | 掩蔽剂;遮蔽剂 |

| 英　　文 | 臺　　灣 | 日　　文 | 大　　陸 |
|---|---|---|---|
| — material | 防護材料 | マスキング材料 | 化妆材料;防护材料 |
| — method | 掩蔽法 | マスキング法 | 掩蔽法 |
| — paper | 遮蔽紙 | マスキング紙 | 遮蔽纸 |
| — reagent | 隱蔽劑 | マスキング剤 | 隐蔽剂 |
| — sheet | 掩片 | マスキングシート | 掩片 |
| — shield | 屏蔽板;防護板 | マスキングシールド | 屏蔽;屏蔽板;防护板 |
| maskless | 無掩模 | マスクレス | 无掩模 |
| mason | 泥水匠;石匠 | れんが工 | 瓦工;石工 |
| masonry | 泥瓦砌工 | メーソンリ | 砌石工;砌石 |
| mass | 質量;大量 | マス | 多量;质量;大量 |
| — ablation rate | 質量燒蝕速率 | 質量損失速度 | 质量消融速率 |
| — absorption | 質量吸收 | 質量吸収 | 质量吸收 |
| — absorption coefficient | 質量吸收係數 | 質量吸収係数 | 质量吸收系数 |
| — acceleration | 質量加速度 | 質量加速度 | 质量加速度 |
| — action | 質量作用 | 質量作用 | 质量作用 |
| — analysis | 質量分析 | 質量分析 | 质量分析 |
| — analyzer | 質譜分析器 | マスアナライザ | 质谱分析器 |
| — balance | 質量平衡 | マスバランス | 质量平衡;配重 |
| — center | 質量中心 | 質量中心 | 质量中心 |
| — coefficient | 質量係數 | 質量係数 | 质量系数 |
| — concentration | 質量濃度 | 質量濃度 | 质量浓度 |
| — conservation | 質量守恒 | 質量保存 | 质量守恒;质量不变 |
| — data | 大量數據 | マスデータ | 大量数据 |
| — density | 質量密度 | 質量密度 | 质量密度 |
| — deviation | 質量偏差 | 質量偏差 | 质量偏差 |
| — distribution | 質量分布 | 質量分布 | 质量分布 |
| — eccentricity | 質偏心 | 偏重心 | 质偏心 |
| — energy | 質能(關係) | 質量エネルギー | 质能(关系) |
| — equilibrium | 質量平衡 | 質量の釣合い | 质量平衡 |
| — fabrication | 大量生產 | 大量加工 | 大量加工;大量生产 |
| — filter | 質量過濾;質量篩選 | マスフィルタ | 质量过滤;质量筛选 |
| — force | 慣性力 | 質量力 | 质量力;惯性力 |
| — identification | 物質識別;物質鑑定 | 物質の同定 | 物质识别;物质监定 |
| — law | 質量法則;質量定律 | 質量法則 | 质量法则;质量定律 |
| — marker | 質量數指示器 | マスマーカ | 质量数指示器 |
| — motion | 質量運動 | 質量運動 | 整体运动 |
| — nucleus | 質量核心 | 質量核 | 质核;质量核心 |
| — number | (原子)質量數 | 質量数 | (原子)质量数 |
| — planting | 群植 | 群植 | 群植 |
| — point | 質點 | 質点 | 质点 |

**M**

| 英　　文 | 臺　　灣 | 日　　文 | 大　　陸 |
|---|---|---|---|
| — principle | 質量原理 | 質量原理 | 质量原理 |
| — radiation | 質量輻射 | 質量ふく射 | 质量辐射 |
| — separation | 質量分離 | 質量分離 | 质量分离 |
| — soldering | 成批鐵銲 | マスソルダリング | 成批　焊 |
| — spectrograph | 分光計;質譜儀 | 質量分析器 | 分光计;质谱仪 |
| — spectrometer | 質譜分析器 | マススペクトロメータ | 质谱分析器 |
| — spectrometry | 質譜測定法 | 質量分析法 | 质谱测定法 |
| — spectroscope | 質量分析器;質譜儀 | 質量分析器 | 质量分析器;质谱仪 |
| — spectroscopy | 質量分析學;質譜學 | 質量分析学 | 质量分析学;质谱学 |
| — spectrum | 質譜 | マススペクトル | 质谱 |
| — stress | 質量應力 | 質量応力 | 质量应力 |
| — tensor | 質量張量 | 質量テンソル | 质量张量 |
| **massicot** | 黃丹〔俗〕 | マシコート | 密陀僧;黄丹〔俗〕 |
| **mast** | 桅;門型架 | マスト | 桅;杆;柱 |
| — crane | 桅桿起重機 | マストクレーン | 桅杆起重机 |
| — heel | 桅腳 | マストヒール | 桅脚 |
| — hoop | 桅箍;掛帆環 | マストフープ | 桅箍;挂帆环 |
| **master** | 模範;師傅 | マスタ | 船长;主要的 |
| — alloy | 母合金 | マスタアロイ | 中间合金;姆合金 |
| — bar | 校對棒;標準棒 | マスタバー | 校对棒;标准棒 |
| — block | 沖頭夾持器;主模座 | 型金受け | 冲头夹持器;主模座 |
| — clutch | 總離合器;主離合器 | マスタクラッチ | 总离合器;主离合器 |
| — cylinder | 主缸 | マスタシリンダ | 主缸 |
| — die | 模範螺模 | マスタダイ | 标准模;母模;主模 |
| — form | 靠模;仿削模 | 原型 | 靠模;仿型模 |
| — gage | 標準規;校對規 | マスタゲージ | 标准规;校对规;总表 |
| — gear | 主齒輪;基準齒輪 | マスタギアー | 主齿轮;基准齿轮 |
| — guide | 基本指南;基本手冊 | 基本準則 | 基本指南;基本手册 |
| — holder | 主刀夾 | マスタホルダ | 主刀夹 |
| — hole | 基準孔 | 基準穴 | 基准孔 |
| — jaw | （標準）卡爪座 | マスタジョー | （标准）卡爪座 |
| — leaf | 主〔彈簧〕鋼片 | 親板 | 钢板弹簧主片;顶板 |
| — mask | 主掩模;母板;主屏蔽 | マスタマスク | 主掩模;母板;主屏蔽 |
| — mask set | 主掩模組 | マスタマスクセット | 主掩模组 |
| — model | 標準模;母模 | マスタモデル | 原模型;标准模;母模 |
| — mold | 標準模;母模 | マスタモールド | 标准模;母模 |
| — nozzle | 測量噴嘴;校對噴嘴 | マスタノズル | 测量喷嘴;校对喷嘴 |
| — operation | 主操作 | マスタオペレーション | 主操作;主要工序 |
| — patent | 基本專利 | 基本特許 | 基本专利 |
| — plate | 樣板 | マスタプレート | 样板;通用型板 |

| 英　文 | 臺　灣 | 日　文 | 大　陸 |
|---|---|---|---|
| — ring gage | 校對環規 | マスタリングゲージ | 校对环规 |
| — roller | 觸輪 | マスタローラ | 范凸轮滚子;触轮 |
| — rotor | 標準轉子 | マスタロータ | 主转子;标准转子 |
| — scheduler | 主調度程式 | マスタスケジューラ | 主调度程序 |
| — screw | 標準螺旋 | 親ねじ | 标准螺旋 |
| — standard gas | 基準的標準氣 | 基準標準ガス | 基准的标准气 |
| — station | 主控台 | 主局 | 主局;总站;主控台 |
| — switch | 主控開關;總開關 | マスタスイッチ | 主控开关;总开关 |
| — switch control | 主開關控制 | 親開閉器制御 | 主开关控制 |
| — trip | 主停車裝置 | マスタトリップ | 主停车装置 |
| — unit | 主元件 | マスタユニット | 主部件 |
| — valve | 導閥;控制閥 | マスタバルブ | 主阀;导阀;控制阀 |
| — variable | 主變數 | 主変数 | 主变数;主变量 |
| — viscometer | 標準黏度計 | マスタ粘度計 | 标准粘度计 |
| **mastergroup** | 主群 | 主群 | 主群 |
| **mastication** | 素煉(橡膠);捏合 | 素練り | 素炼(橡胶);捏合 |
| **masticator** | 撕捏機;捏和機 | マスチケータ | 撕捏机;捏和机 |
| **masut** | 重油 | 重油 | 重油 |
| **mat** | 消光;無光澤;席墊 | マット | 消光;无光泽;席垫 |
| — binder | 面層黏結劑 | マット結合剤 | 面层粘结剂 |
| — embos | 底面粗化 | マットエンボス | 底面粗化 |
| — etching | 消光處理;無光澤加工 | つや消し仕上げ | 消光处理;无光泽加工 |
| — fracture | 無光澤斷面 | 無光沢破面 | 无光泽断面 |
| — glass | 磨砂玻璃 | マットガラス | 磨砂玻璃 |
| — molding | 無光澤造形 | マット成形 | 无光泽造形 |
| — surface | 無光面 | つや消し面 | 消光青面;无光面 |
| **match** | 模型;配合;符合 | マッチ | 匹配;比赛;火柴 |
| — boarding | 配合接頭;企口接口 | さねはぎ板 | 企口接合板;钉企口板 |
| — head | 配合軸頸 | マッチの軸頭 | 配合轴颈 |
| — joint | 企口接合;舌槽接合 | さねはぎ | 企口接合;舌槽接合 |
| — plate | 模型板 | マッチプレート | 双面模板;模板 |
| — plate dies | 模板鑄模 | マッチプレートダイス | 双面模板模;模板铸模 |
| — seal | 配合密封 | マッチシール | 配合密封 |
| **matched attenuator** | 匹配衰減器 | 整合減衰器 | 匹配衰减器 |
| — die | 配合模;匹配擠壓模 | はめ合せ型 | 配合模;匹配挤压模 |
| — die tool | 組合金屬模具 | マッチドダイ金型 | 组合金属模具 |
| — metal die | 組合金屬模 | マッチドメタルダイ | 组合金属模 |
| — metal mold | 組合金屬模 | はめ合せ金型 | 组合金属模 |
| — mold forming | 組合模成形法 | マッチドモールド成形 | 组合模成形法 |
| **matching** | 對照 | マッチング | 整合;匹配;对照 |

| 英　　文 | 臺　　灣 | 日　　文 | 大　　陸 |
|---|---|---|---|
| — assembly | 配合裝配 | 適合組立て | 配合裝配 |
| — diaphragm | 匹配膜片 | 整合隔膜 | 匹配膜片 |
| — iris | 匹配膜片 | 整合絞り | 匹配膜片;匹配窗 |
| **mate** | 配合;嚙合 | メート | 配合;啮合;成对 |
| **mated gear** | 嚙合齒輪 | メーテッドギアー | 齿轮副;啮合齿轮 |
| **material** | 材料 | マテリアル | 材料;物质;原料 |
| — accountancy | （核）物料衡算管理 | 物質計量管理 | （核）物料衡算管理 |
| — age | 材料使用期限 | 材齢 | 材料使用期限 |
| — bleed | 材料滲出 | 材料放出 | 材料渗出 |
| — buckling | 材料曲率 | 材料バックリング | 材料曲率 |
| — characteristic | 材料特性 | 材料特性 | 材料特性 |
| — degradation | 材料的老化 | 材料の劣化 | 材料的老化 |
| — drifting | 斜向進料 | 斜め送り | 斜向进料 |
| — handling equipment | 材料搬運設備 | 荷役機械設備 | 材料搬运设备 |
| — inventory | 材料庫存量 | 材料インベントリー | 材料库存量 |
| — mechanical test | 材料機械性能試驗 | 材料機械的試驗 | 材料机械性能试验 |
| — mechanice | 材料力學 | 材料力学 | 材料力学 |
| — performance | 材料性能 | 材料の性能 | 材料性能 |
| — point | 質點 | 質点 | 质点 |
| — science | 材料科學 | マテリアルサイエンス | 材料科学 |
| — segregation | 材料分離 | 材料分離 | 材料分离;材料离析 |
| — sorting | 材料分類;材料鑑別 | 材質判別 | 材料分类;材料监别 |
| — specification | 材料規格〔標準〕 | 材料規格 | 材料规格〔标准〕 |
| — standard | 材料規格;材料標準 | 材料標準規格 | 材料规格;材料标准 |
| — store | 材料庫;資料庫 | マテリアルストア | 材料库;资料库 |
| — supppplier | 材料供應部門 | 材料供給者 | 材料供应部门 |
| — supply system | 材料供應系統 | 資材供給システム | 材料供应系统 |
| — testing | 材料試驗 | 材料試験 | 材料试验 |
| — testing machine | 材料試驗機 | 材料試験機 | 材料试验机 |
| — testing reactor | 材料試驗反應爐 | 材料試験炉 | 材料试验反应堆 |
| — volume | 材料體積 | 材積 | 材积;材（料体）积 |
| **materialization** data | 數據實體化 | データ実体化 | 数据实体化 |
| **Mathar method** | 小孔釋放法 | マタール法 | 小孔释放法 |
| **mathematical** analogy | 數學類似性 | 数学的類似性 | 数学类似性 |
| — analysis | 數理分析;數學分析 | 数理解析 | 数理分析;数学分析 |
| — axiom | 數學公理 | 数学的な公理 | 数学公理 |
| — check | 數學檢驗 | 数学的検査 | 数学检验 |
| — control mode | 數學控制方式 | 数理制御モード | 数学控制方式 |
| — control theory | 數學控制理論 | 数理制御理論 | 数学控制理论 |
| — decision analysis | 數學決策分析 | 数理的決定解析 | 数学决策分析 |

| 英 文 | 臺 灣 | 日 文 | 大 陸 |
|---|---|---|---|
| — estimation model | 數學估計模型 | 数学的推定モデル | 数学估计模型 |
| — expression | 數式 | 数式 | 数式 |
| — function | 數學函數 | 数学関数 | 数学函数 |
| — induction | 數學歸納法 | 数学的帰納法 | 数学归纳法 |
| — linguistics | 數理語言學 | 数理言語学 | 数理语言学 |
| — model | 數學模式 | 数学模型 | 数学模型 |
| — optimization problem | 數學最佳化問題 | 数理最適化問題 | 数学最佳化问题 |
| — pattern recognition | 數學模式識別〔認辨〕 | 数理パターン認識 | 数学模式识别〔认辨〕 |
| — probadility | 數學機率 | 数学的確率 | 数学概率 |
| — routine | 數學程式 | 数値計算用ルーチン | 数学程序 |
| **methematics** | 數學 | 数学 | 数学 |
| **mating** | 配合 | 交配 | 交配;配合 |
| — continuum | 配合群 | 交配連合 | 交配群 |
| — die | 耦合模具 | メイティングダイス | 耦合模具 |
| — gear | 嚙合齒輪 | かみ合い歯車 | 啮合齿轮 |
| — surface | 接著面;接觸面 | 合わせ面 | 接着面;接触面;接缝 |
| — teeth | 嚙合齒 | かみ合い歯 | 啮合齿 |
| **matlockite** | 角鉛礦;氟氯鉛礦 | マトロカイト | 角铅矿;氟氯铅矿 |
| **matricon** | 陣選管 | マトリコン | 阵选管 |
| **matrix** | 矩陣;基地(金相);母型 | マトリックス | 矩阵;真值表;矿脉 |
| — analysis | 矩陣分析法 | マトリックス解析 | 矩阵分析法 |
| — card | 矩陣卡片 | マトリックスカード | 矩阵卡片 |
| — cell | 矩陣(單)元 | マトリックスセル | 矩阵(单)元 |
| — check | 矩陣檢驗 | マトリックスチェック | 矩阵检验 |
| — constituent | 母材成分 | 母材成分 | 母材成分 |
| — cuttting machine | 銅模雕刻機 | 母型彫刻機 | 铜模雕刻机 |
| — magazine | 字模庫〔鑄排機〕 | マガジン | 字模库〔铸排机〕 |
| — metal | 基地金屬(金相) | マトリックスメタル | 粘结金属 |
| — method | 矩陣法 | マトリックス法 | 矩阵法 |
| — representation | 矩陣表示 | 行列表現 | 矩阵表示 |
| — size | 矩陣大小 | マトリックスサイズ | 矩阵大小 |
| **Matrix alloy** | 鉍銻鉛錫合金 | マトリックス合金 | 铋锑铅锡合金 |
| **matt finish** | 去光澤處理;毛面處理 | マット仕上げ法 | 无光精饰;消光精饰 |
| — frosting | 消光;無光 | つや消し | 消光;无光 |
| — lacquer | 無光漆 | つや消しラッカ | 无光漆 |
| **mattamore** | 地下室;地下室〔倉庫〕 | 地下室 | 地下室;地下室〔仓库〕 |
| **matte** | 暗光面;硫碴;無光澤 | マット，かわ | 硫化物;无光泽 |
| — fall | 冰銅出產率 | マット率 | 冰铜出产率 |
| — surface | 消光面;無光澤表面 | つや消し面 | 消光面;无光泽表面 |
| **matter** | 物質;印刷品 | マター | 物质;材料;印刷品 |

M

| 英　　文 | 臺　　灣 | 日　　文 | 大　　陸 |
|---|---|---|---|
| **matting** | 消光;褪光;墊席 | つや消し | 消光;褪光;墊席;麻袋 |
| — agent | 消光劑 | つや消し剤 | 消光剂 |
| **Mattisolda** | 馬蒂索爾達銀銲料 | マッティソルダ | 马蒂索尔达银焊料 |
| **mattress** | 褥墊;墊子;鋼筋網 | マットレス | 褥墊;墊子;钢筋网 |
| — foundation | 沉床基礎 | 沈床基礎 | 沉床基础 |
| **maturing temperature** | 成熟溫度 | 熟成温度 | 成熟温度;熟化温度 |
| **maturity** | 成熟度〔黏膠的〕 | 成熟度 | 成熟度〔粘胶的〕 |
| **maul** | （大）木槌 | 掛矢 | （大）木槌 |
| — hammer | 大（緞）槌 | 大ハンマ | 大（缎）锤 |
| **Mauss filter** | 莫斯過濾機 | マウスろ過機 | 莫斯过滤机 |
| **maximin** machine | 極大極小化機器 | マキシミン機械 | 极大极小化机器 |
| — principle | 最大最小原理 | マキシミン原理 | 最大最小原理 |
| — strategy | 最大最小戰〔策〕略 | マキシミン戦略 | 最大最小战〔策〕略 |
| **maximizing** sequence | 極大化序列 | 最大化序列 | 极大化序列 |
| **maximum** | 最大值;極大值 | マキシマム | 最大值;极大值 |
| — admissible load | 最大容許負載 | 最大限度荷重 | 最大容许负载 |
| — advance | 最大縱距 | 最大縦距 | 最大纵距 |
| — allowable limit | 許可限度;最大允許量 | 最大許容度 | 许可限度;最大允许量 |
| — ascending speed | 最大上升速度 | 最大上昇速度 | 最大上升速度 |
| — azeotrope | 最高共沸混合物 | 最高共沸混合物 | 最高共沸混合物 |
| — bending moment | 最大彎矩 | 最大曲げモーメント | 最大弯矩 |
| — bending stress | 最大彎曲應力 | 最大曲げ応力 | 最大弯曲应力 |
| — blade thickness | 最大葉片厚度 | 最大翼厚 | 最大叶片厚度 |
| — blade width ratio | 最大葉寬比 | 最大翼幅比 | 最大叶宽比 |
| — boiling point mixture | 最高沸點混合物 | 最高沸点混合物 | 最高沸点混合物 |
| — camber | 最大曲度 | マキシマムキャンバ | 最大曲度 |
| — capacity | 最大容量 | 最大容量 | 最大容量 |
| — concentration | 最大濃度 | 最大濃度 | 最大浓度 |
| — continuous horsepower | 最大持續馬力 | 連続最大馬力 | 最大持续马力 |
| — continuous output | 最大持續功率 | 連続最大出力 | 最大持续功率 |
| — continuous speed | 最大連續運行轉速 | 連続最大速度 | 最大连续运行转速 |
| — curising power | 最大連續巡航功率 | 連続最大出力 | 最大连续巡航功率 |
| — curising rating | 最大巡航功率額定值 | 最大巡航定格 | 最大巡航功率额定值 |
| — cutting depth | 最大切削深度 | 最大掘削深度 | 最大切削深度 |
| — cutting diameter | 最大挖掘孔徑 | 最大掘削口径 | 最大挖掘孔径 |
| — diameter | 最大直徑 | 最大直径 | 最大直径 |
| — digging depth | 最大挖掘深度 | 最大掘削深さ | 最大挖掘深度 |
| — dimension | 最大尺寸 | 最大寸法 | 最大尺寸 |
| — distortion | 最大失真;最大畸變 | マキシマムひずみ | 最大失真;最大畸变 |
| — drag cenfficient | 最大阻力係數 | 最大抗力係数 | 最大阻力系数 |

| 英　　文 | 臺　　灣 | 日　　文 | 大　　陸 |
|---|---|---|---|
| — drawbar pull | 最大牽引力 | 最大けん引力 | 最大牽引力 |
| — duty | 連續負載 | 最大定格 | 连续工况;连续载荷 |
| — efficiency | 最大效率 | 最高効率 | 最大效率 |
| — elevation | 最大射角;最大仰角 | 最大射角 | 最大射角;最大仰角 |
| — flexural strength | 最大彎曲強度 | 最大曲げ強さ | 最大弯曲强度 |
| — gear ratio | 最大齒輪比 | 最高歯車比 | 最大齿轮比 |
| — grade | 最大坡度 | 最急こう配 | 最大坡度 |
| — hardness | 最大硬度 | 最高硬さ | 最大硬度 |
| — heat resistance | 最高耐熱度 | 最高耐熱度 | 最高耐热度 |
| — height | 最大高度 | 最大高さ | 最大高度 |
| — lift | 最大揚程 | 総揚程 | 最大扬程 |
| — lifting load | 最大舉升負載 | 最大つり上げ荷重 | 最大提升载荷 |
| — loading | 最大負載 | 最大積載量 | 最大积载量;最大负载 |
| — measurable difference | 最大可測偏差 | 最大可測差 | 最大可测偏差 |
| — measurement | 最大容許尺寸 | 最大寸法 | 最大容许尺寸 |
| — mold space | 最大模具間距 | 最大金型間隔 | 最大模具间距 |
| — non-fusing current | 最大不熔斷電流 | 最大不溶断電流 | 最大不熔断电流 |
| — norm | 最大定額〔規格〕 | 最大ノルム | 最大定额〔规格〕 |
| — output level | 最大輸出電平〔功率〕 | 最大出力レベル | 最大输出电平〔功率〕 |
| — output power | 最大輸出功率 | 最大出力 | 最大输出功率 |
| — payload | 最大載重量 | 最大積載重量 | 最大载重量 |
| — phenomenon | 極大現象 | 極大現象 | 极大现象 |
| — plastic resistance | 最大抗塑力 | 最大塑性抵抗 | 最大抗塑力 |
| — power dissipation | 最大(容許)功率損耗 | 最大許容損失 | 最大(容许)功率损耗 |
| — pressure | 最高〔大〕壓力 | 最高圧力 | 最高〔大〕压力 |
| — principal strain | 最大主應變 | 最大主ひずみ | 最大主应变 |
| — principal stress | 最大主應力 | 最大主応力 | 最大主应力 |
| — punch length | 最大沖孔長度 | 最大ポンチ長さ | 最大冲孔长度 |
| — reliability | 最大可靠性 | 最大信頼性 | 最大可靠性 |
| — removal rate | 最大切削速度 | 最大加工速度 | 最大切削速度 |
| — revolution | 最大回轉數 | 最大回転数 | 最人回转数;最大转速 |
| — shaft speed | 最大回轉速度 | 最高回転速度 | 最大回转速度 |
| — slope of scarf | 最大崁接斜度 | 最大スロープ傾斜 | 最大　接斜度 |
| — steering angle | 最大轉向角 | 最大かじ取り角度 | 最大转向角 |
| — strain hypothesis | 主應變假說 | 主変形仮説 | 主应变假说 |
| — strength | 最大強度 | 最大強さ | 最大强度 |
| — surface stress | 最大表面應力 | 最大表面応力 | 最大表面应力 |
| — tangential stree | 最大接面應力 | 最大接面応力 | 最大接面应力 |
| — tension | 最大張〔拉〕力 | 最大張力 | 最大张〔拉〕力 |
| — thrust | 最大推力 | 最大推力 | 最大推力 |

**M**

| 英　　文 | 臺　　灣 | 日　　文 | 大　　陸 |
|---|---|---|---|
| ─ torque | 最大轉矩 | マキシマムトルク | 最大转矩 |
| ─ trial speed | 最大試航速度 | 試運転最大速力 | 最大試航速度 |
| ─ twist number | 扭斷值 | 最大耐ねん数 | 扭断值 |
| ─ twisting moment | 最大扭矩 | 最大曲げモーメント | 最大扭矩 |
| ─ utility | 最大效用 | 最大効用 | 最大效用 |
| ─ velocity | 最高速度 | 最大速度 | 最大速度;最高速度 |
| **May press** | 梅氏沖床 | マイプレス | 梅氏压力机 |
| **mazout** | 燃料(重)油 | 燃料（重）油 | 燃料(重)油 |
| **mazut** | 重油 | マズート | 重油 |
| **McGill metal** | 麥吉爾鋁鐵青銅 | マクギルメタル | 麦吉尔铝铁青铜 |
| **mean** | 平均值 | 平均 | 平均值;中项;中数 |
| ─ absolute deviation | 平均絕對偏差 | 平均絶対偏差 | 平均绝对偏差 |
| ─ absolute error | 平均(絕對)誤差 | 平均誤差 | 平均(绝对)误差 |
| ─ angle | 平均角直 | 平均測角値 | 平均角直 |
| ─ anomaly | 平均近點角 | 平均近点離角 | 平均近点角 |
| ─ camber line | 平均弧線 | 中心線 | 平均弧线;中弧线 |
| ─ cone distance | 平均圓錐距 | 平均円すい距離 | 平均圆锥距 |
| ─ curvature | 平均曲率 | 平均曲率 | 平均曲率 |
| ─ degree of polymerization | 平均聚合度 | 平均重合度 | 平均聚合度 |
| ─ deviation | 平均偏差〔偏移〕 | 平均偏差 | 平均偏差〔偏移〕 |
| ─ distance | 平均距離 | 平均距離 | 平均距离 |
| ─ effective load | 平均有效負載 | 平均有効荷重 | 平均有效负载 |
| ─ effective pitch | 平均有效螺距 | 平均有効ピッチ | 平均实数螺距 |
| ─ effective pressure | 平均有效壓力 | 平均有効圧力 | 平均有效压力 |
| ─ error | 平均誤差 | 平均誤差 | 平均误差 |
| ─ flow | 平均流量 | 平均流量 | 平均流量 |
| ─ friction radius | 平均摩擦半徑 | 平均摩擦半径 | 平均摩擦半径 |
| ─ gradient | 平均梯度〔陡度〕 | 平均こう配 | 平均梯度〔陡度〕 |
| ─ height of burst | 平均(爆)炸高(度) | 平均破裂高 | 平均(爆)炸高(度) |
| ─ kinetic energy | 平均動能 | 平均運動エネルギー | 平均动能 |
| ─ line | 拱線;翼型中線 | 翼型中心線 | 拱线;翼型中线 |
| ─ load | 平均荷重 | 平均荷重 | 平均荷重;平均负载 |
| ─ motion | 平均運動 | 平均運動 | 平均运动 |
| ─ normal stress | 平均垂直應力 | 平均垂直応力 | 平均正应力 |
| ─ path | 平均行程 | 平均行路 | 平均行程 |
| ─ pitch | 平均螺距 | 平均ピッチ | 平均螺距 |
| ─ pressure | 平均壓力 | 平均圧力 | 平均压力 |
| ─ proportional | 幾何平均;比例中項 | 幾何平均 | 几何平均;比例中项 |
| ─ rigidity | 平均剛性 | 平均剛性 | 平均刚性 |
| ─ specific heat | 平均比熱 | 平均比熱 | 平均比热 |

| 英　　文 | 臺　　灣 | 日　　文 | 大　　陸 |
|---|---|---|---|
| — strain | 平均應變 | 平均ひずみ | 平均応変 |
| — stress | 平均應力 | 平均応力 | 平均应力 |
| — temperature | 平均溫度 | 平均温度 | 平均温度 |
| — value | 算術平均值 | 平均値 | 平均;算术平均值 |
| — velocity | 平均速度;平均流速 | 平均速度 | 平均速度;平均流速 |
| meander channel | 蛇狀溝道;彎曲溝道 | ミアンダチャネル | 蛇状沟道;弯曲沟道 |
| meandering | 曲徑 | ミアンダ | 河曲;弯曲河床;曲径 |
| measurability | 可測性 | 可測性 | 可測性 |
| measurand | 測定量 | 測定量 | 測定量 |
| measuration | 測量法 | 測定法 | 測定法;測量法;求积法 |
| measure | 度量;測量;公約數 | メジャー | 尺寸;測量;公約数 |
| — analysis | 容量分析 | 容量分析 | 容量分析 |
| — of effectiveness | 有效性測量 | 有効性測度 | 有效性測量 |
| — of resistance | 抵抗測定;阻力測定 | 抵抗測定 | 抵抗測定;阻力測定 |
| — of tension difference | 張力差測定 | 張力差測定 | 張力差測定 |
| —preserving transformation | 保測變換 | 保測変換 | 保測变换 |
| — zero | 度量起點;測量起點 | 測度零 | 度量起点;測量起点 |
| measured daywork | 基準工作量 | メジャードデイワーク | 基准工作量 |
| — drawing | 實測圖 | 実測図 | 实測图 |
| — point | 實測點;測量部位 | 実測点 | 实測点;測量部位 |
| — quantity | 實測量;被測定量〔値〕 | 測られた量 | 实測量;被測定量〔值〕 |
| — value | 測定值;實測值 | 測定値 | 測定值;实測值 |
| measurement | 測定;測量 | 測定 | 測定;測量 |
| — capacity | 載貨容積 | 載貨容積 | 載货容积;丈量容积 |
| — deviation | 測量偏差 | 測定偏差 | 測量偏差 |
| — device | 測定設備;測量設備 | 測定設備 | 測定设备;測量设备 |
| — diameter | 檢尺徑 | 検尺径 | 检尺径 |
| — of angle | 角度測量 | 角測定 | 角測定;測角;角度測量 |
| — of distance | 距離測量 | 距離測量 | 距离測量 |
| — of heat transfer | 傳熱測定 | 熱伝達測定 | 传热測定 |
| — of spot welding currents | 點銲電流測量 | 点溶接電流測定 | 点焊电流測量 |
| — system | 測量系統 | 計測システム | 測量系統 |
| — ton | 容積噸;丈量噸 | 容積トン | 容积吨;丈量吨 |
| — tonnage | 載貨容積噸位 | 載貨容積トン数 | 載货容积吨位 |
| — value | 測定值;測量〔定〕值 | 測定値 | 測定值;測量〔定〕值 |
| measures | 計量槽 | 計量とう | 計量槽 |
| measuring | 測定;計量;測量 | メジャリング | 測定;計量;測量 |
| — accuracy | 測量精度 | 測定の精度 | 測量精度 |
| — apparatus | 測量儀器;量儀 | 測定器 | 測量仪器;量仪 |
| — area | 有效面;測量面 | 有効面 | 有效面;測量面 |

M

| 英　　文 | 臺　　灣 | 日　　文 | 大　　陸 |
|---|---|---|---|
| — halance | 測定天秤 | 計測天びん | 測力天秤 |
| — by sight | 目測 | 目測 | 目測 |
| — device | 測定裝置〔工具〕 | 測定器 | 測量儀器〔工具〕 |
| — equipment | 測定器；測量儀器 | 測定器 | 計測器；測量仪器 |
| — error | 測量誤差 | 測定誤差 | 測量误差 |
| — gage | 計器；量規 | メスゲージ | 計器；量規 |
| — jet | 計量噴嘴 | メジャリングジェット | 計量喷嘴 |
| — junction | 熱接點；測量接點 | メスジャンクション | 热接点；测量接点 |
| — mechansim | 測定機構；測量機構 | 測定機構 | 测定机构；测量机构 |
| — meter | 計量器；測量儀 | 計器 | 計量器；測量仪 |
| — method | 測定方法；測量方法 | 測定方法 | 测定方法；测量方法 |
| — method of thrust | 推力測定法 | 推力測定法 | 推力测定法 |
| — of angle | 角度測量 | 測角 | 測角；角度测量 |
| — pin | 量針；油量控制針 | メジャリングピン | 量针；油量控制针 |
| — pipette | 計量吸管 | メスピペット | 量液吸移管；計量吸管 |
| — pressure | 測定壓力 | 測定圧 | 測量压力 |
| — projector | 投影測量儀 | 投影檢査器 | 投影測量仪 |
| — rod | 測棒；測深桿；量桿 | 測深ロッド | 測棒；測深杆；測杆 |
| — system | 測量系統 | 測定システム | 測量系统 |
| — vessel | 量器；計量槽 | 計量槽 | 量器；計量槽 |
| **meatus** | 導管 | 管（かん） | 管；道；导管 |
| **mechanic** | 機匠〔員〕 | メカニック | 机械师〔員〕 |
| **mechanic(al) action** | 機械（的）作用 | 機械（的）作用 | 机械（的）作用 |
| — adhesion | 機械黏著力 | 機械的接着 | 机械粘合〔结〕 |
| — agitation method | 機械攪拌法 | 機械式練り混ぜ法 | 机械搅拌法 |
| — agitator | 機械攪拌器 | 機械か | 机械搅拌器 |
| — anchbor | 機械的異方性 | メカニカルアンカ | 机械的异方性 |
| — aptitude test | 機械技術適應性測驗 | 機械技術適性検査 | 机械技术适应性测验 |
| — arm | 機械臂 | 機械腕 | 机械腕；机械臂 |
| — assembly | 機械裝配 | 自動組立て | 机械装配 |
| — axis | 機械軸 | 機械軸 | 机械轴；力轴 |
| — back-to-back test | 機械聯接式效率試驗 | 機械的負荷返還法 | 机械联接式效率试验 |
| — behavior | 機械特性 | 機械的挙動 | 机械特性 |
| — bench press | 台式機械沖床 | 卓上形機械プレス | 台式机械压力机 |
| — blowing | 機械發泡 | 機械的発泡 | 机械发泡 |
| — blowpipe | 自動銲炬；自動割炬 | 自動機用ガストーチ | 自动焊炬；自动割炬 |
| — bond | 機械黏結；機械連接 | 機械的接着 | 机械粘结；机械连接 |
| — booster | 機械增力器 | メカニカルブースタ | 机械增力器 |
| — brake | 機械軔 | 機械式ブレーキ | 机械制动器〔闸〕 |
| — bulging die | 機械式膨脹模 | バルジ成形用割り型 | 机械式膨胀模 |

| 英　　文 | 臺　　灣 | 日　　文 | 大　　陸 |
|---|---|---|---|
| — burner | 機械爐 | 機械炉 | 机械炉 |
| — cable type | 機械吊索式 | 機械式 | 机械吊索式 |
| — calorimeter | 機械式量熱器 | 機械式熱量計 | 机械式量热器 |
| — carbon structural steel | 機械結構用碳素鋼 | 機械構造用炭素鋼 | 机械结构用碳素钢 |
| — catalyzer | 機械催化劑 | 機械的触媒 | 机械催化剂 |
| — change | 機械變化 | 機械的変化 | 机械变化 |
| — characteristic | 機械（的）特性〔性能〕 | 機械的特性 | 机械（的）特性〔性能〕 |
| — charging | 機械裝入；機械添料 | 機械裝入 | 机械装入；机械加料 |
| — chopper | 機械斷路器 | メカチョッパ | 机械断路器 |
| — classifier | 機動選粒機 | 機械分級機 | 机动选粒机 |
| — clutch | 機械離合器 | 機械的クラッチ | 机械离合器 |
| — plating | 機械鍍的金保護層 | 機械的金属被覆 | 机械镀的金保护层 |
| **median** barrier | 分隔帶護欄 | 分離帯用防護さく | 分隔带护栏；路中护栏 |
| — dislocation line | 中央轉換〔位〕線 | 中央構造線 | 中央转换〔位〕线 |
| **mediant** | 中間數 | 中間数 | 中间数 |
| **medium** | 介質；中間（物） | メディアム | 介质；中间（物）；方法 |
| — carbon steel | 中碳鋼 | 中（位）炭素鋼 | 中碳钢 |
| — consistency | 中度攪拌；中稠度 | 中練り | 中度搅拌；中等稠度 |
| — crushing | 中級壓碎；二次破碎 | 中碎 | 中级压碎；二次破碎 |
| — gloss | 半光澤 | 半光沢 | 半光泽 |
| — misfit angle | 中間失配角 | 中位不整合角 | 中间失配角 |
| — pearlite | 細波來鐵 | 中パーライト | 细珠光体 |
| — phosphoric iron | 中磷（鑄）鐵 | 中りん鋳鉄 | 中磷（铸）铁 |
| — sand | 中粒砂 | 中目砂 | 中粒砂 |
| — section | 中等壁厚的型鋼 | 中肉形鋼 | 中等壁厚的型钢 |
| — steel | 中碳鋼 | 中鋼 | 中碳钢 |
| — vacuum | 中等真空 | 中真空 | 中等真空 |
| — viscosity | 中等黏度 | 中粘度 | 中等粘度 |
| **meehanite** | 密烘鑄鐵；孕育鑄鐵 | ミーハナイト | 密烘铸铁；孕育铸铁 |
| **meeting** | 會議；集合；接合 | ミーティング | 会议；集合；接合 |
| — rail | 滑動窗框的橫檔 | 出合い機 | 滑动窗框的横档 |
| — stile | 合梃；碰頭梃 | 召し合せ | 合梃；碰头梃 |
| **mega** | 百萬 | メガ | 大；兆〔百万〕 |
| **megacycle** | 百萬周 | メガサイクル | 兆周 |
| **megaerg** | 百萬爾格 | メガエルグ | 兆尔格 |
| **megaevolution** | 巨進化；種外進化 | 大進化 | 巨进化；种外进化 |
| **megajoule** | 百萬焦耳 | メガジュール | 兆焦耳 |
| **meganucleus** | 大核 | 大核 | 大核 |
| **Megaperm** | 梅格珀姆鎳錳合金 | メガパーム | 梅格珀姆镍锰合金 |
| **Megapyr** | 梅格派洛鐵鋁鉻合金 | メガパイル | 梅格派洛铁铝铬合金 |

| 英　　文 | 臺　　灣 | 日　　文 | 大　　陸 |
|---|---|---|---|
| **megaton** | 百萬噸 | メガトン | 兆吨 |
| **megerg** | 百萬爾格 | メグエルグ | 兆尔格 |
| **megohm** | 百萬歐(姆) | メグオーム | 兆欧(姆) |
| — box | 高(電)阻箱 | 高抵抗箱 | 高(电)阻箱 |
| — bridge | 高阻電橋 | メグオームブリッジ | 高阻电桥 |
| — sensitivity | 兆歐(靈)敏度 | メグオーム感度 | 兆欧(灵)敏度 |
| **megohmmeter** | 絕緣電阻錶 | 絶縁抵抗計 | 绝缘电阻表 |
| **meionite** | 灰柱石;鈣柱石 | 灰柱石 | 灰柱石;钙柱石 |
| **melaconite** | 黑銅礦;土黑銅礦 | 黒銅鉱 | 黑铜矿;土黑铜矿 |
| **Melan arch** | 鋼筋混凝土拱 | メランアーチ | 钢筋混凝土拱 |
| **melanotekite** | 矽鉛鐵礦 | メラノテカイト | 硅铅铁矿 |
| **melatope** | 光軸點 | 光軸点 | 光轴点 |
| **meldometer** | (測熔點用)高溫溫度計 | 溶融点測定器 | (测溶点用)高温温度计 |
| **melilite** | 黃長石 | 黄長石 | 黄长石 |
| **melilitite** | 黃長岩 | メリリト岩 | 黄长岩 |
| **melinose** | 鉬鉛礦 | モリブデン鉛鉱 | 钼铅矿 |
| **melnikovite-pyrite** | 膠黃鐵礦 | メルニコフ黄鉄鉱 | 胶黄铁矿 |
| **melt** | 熔化(物) | メルト | 熔化(物);软化 |
| — adhesive | 熔融膠黏劑;熱熔膠 | 溶融接着剤 | 熔融胶粘剂;热熔胶 |
| — back | 再熔融;反覆熔煉 | メルトバック | 再溶融;反覆熔炼 |
| — backing | 銲劑墊;銲藥墊 | メルトバッキング | 焊剂垫;焊药垫 |
| — coating | 熔化塗裝;熱噴塗 | 溶融塗装 | 熔融涂装;热喷涂 |
| — cooling granulation | 熔液冷卻製粉 | 溶融造粒 | 熔液冷却制粉 |
| — down | 完全熔化;熔毀 | 溶け落ち | 烧穿〔焊接时〕;熔化 |
| — extractor | 熔料分料梭 | メルトエキストラクタ | 熔料分料梭 |
| — extrusion | 熔融紡絲 | 溶融押出し | 熔融纺丝 |
| — fracture | 熔融破壞;熔體斷裂 | メルトフラクチャー | 熔融破坏;熔体断裂 |
| — grawn | 熔體生長 | メルトグローン | 熔体生长 |
| — index | 熔化指數;熔融指數 | メルトインデックス | 熔化指数;熔融指数 |
| **menakanitc** | 鈦鐵砂 | チタン鉄砂 | 钛铁砂 |
| **mend** | 修理〔補;正〕 | メンド | 修理〔补;正〕 |
| **Mendeleev chart** | 門得列夫周期表 | メンデレエフの周期表 | 门捷列夫周期表 |
| — group | 門捷列夫族;元素族 | メンデレエフの元素族 | 门捷列夫族;元素族 |
| — law | 門捷列夫周期律;周期律 | メンデレエフの周期律 | 门捷列夫周期律;周期律 |
| **mendelevium,Md** | 鍆 | メンデレビウム | 钔 |
| **mendeleyevite** | 鈣鈮鈦鈾礦 | メンデレエフ石 | 钙铌钛铀矿 |
| **mender** | 訂正者;報廢板材 | メンダ | 订正者;报废板材 |
| **mending** | 修補;校正 | つくろい縫い | 修整;修理工作;校正 |
| — plate | 帶形加固板 | 短冊型補修鉄板 | 带形加固板 |
| — tape | 膠接磁帶 | メンディングテープ | 胶接磁带 |

| 英　　文 | 臺　　灣 | 日　　文 | 大　　陸 |
|---|---|---|---|
| mendipite | 白氯鉛礦 | メンジップ石 | 白氯铅矿 |
| mendozite | 鈉明礬;水鈉鋁礬〔礦〕 | メンドザ石 | 钠明矾;水钠铝矾〔矿〕 |
| meneghinite | 輝銻鉛礦 | メネギナイト | 辉锑铅矿 |
| mengite | 獨居石 | モノズ石 | 铌铁矿;独居石 |
| meniscus | 彎月面;凹凸透鏡 | メニスカス | 弯月形(零件) |
| menstruum | 溶媒;溶劑;溶(藥)劑 | メンストロウム | 溶媒;溶剂;溶(药)剂 |
| mephitic air | 二氧化碳 | 二酸化炭素 | 二氧化碳 |
| Meral | 米拉爾鋁合金 | メラル | 米拉尔铝合金 |
| Mercast process | 水凍水銀模鑄造 | マーカスト法 | 水冻水银模铸造 |
| Mercator chart | 麥卡托投影圖 | メルカトール式投影図 | 麦卡托投影图 |
| merchromizing | 鍍硬鉻法 | マークロマイジング | 镀硬铬法 |
| Mercoloy | 默科洛伊銅鎳鋅合金 | マーコロイ | 默科洛伊铜镍锌合金 |
| mercomatic | (汽車用)變速器 | マーコマチック | (汽车用)变速器 |
| mercurate | 汞化;汞化產物 | 水銀化 | 汞化;汞化产物 |
| mercuration | 加汞作用;汞化作用 | 水銀化 | 加汞作用;汞化作用 |
| mercuride | 汞化物 | 水銀化物 | 汞化物 |
| mercury,Hg | 水銀;汞 | マーキュリ | 水银;汞 |
| — alloy | 汞合金 | アマルガム | 汞合金;汞齐 |
| — arc lamp | 水銀弧光燈;汞弧燈 | 水銀ランプ | 水银弧光灯;汞弧灯 |
| — arrester | 水銀避雷器 | 水銀避雷器 | 水银避雷器 |
| — balance manostat | 汞平衡衡壓器 | 水銀平衡調圧定流装置 | 汞平衡衡压器 |
| — battery | 水銀電池;汞電池 | 水銀電池 | 水银电池;汞电池 |
| — bearing waste | 水銀廢水;含汞廢水 | 水銀廢水 | 水银废水;含汞废水 |
| — bulb | 水銀球;汞球管 | 水銀球 | 水银球;汞球管 |
| — cell | 水銀電池;汞極電池 | 金銀電池 | 水银电池;汞极电池 |
| — circuit breaker | 水銀遮斷器;汞斷路器 | 水銀遮断器 | 水银遮断器;汞断路器 |
| — lamp | 水銀燈;汞弧燈 | 水銀ランプ | 水银灯;汞弧灯 |
| — light | 水銀光;汞光 | 水銀光 | 水银光;汞光 |
| — manometer | 水銀壓力計 | 水銀マノメータ | 水银压力计 |
| — meter | 水銀溫度計 | 水銀温度計 | 水银温度计 |
| — pressure gage | 水銀壓力計 | 水銀圧力計 | 水银压力计 |
| — relay | 水銀繼電器 | マーキュリリレー | 水银继电器 |
| — thermometer | 水銀溫度計 | 水銀温度計 | 水银温度计 |
| — zinc cell | 水銀電池;汞電池 | 水銀電池 | 水银电池;汞电池 |
| merged point | 熔合點;匯流點 | 合流点 | 熔合点;汇流点 |
| merger | 合併;歸併;聯合組織 | 合併 | 合并;归并;联合组织 |
| — diagram | 狀態合併圖 | マージャダイヤグラム | 状态合并图 |
| merging | 熔合;匯合;合併 | マージング | 熔合;汇合;合并 |
| — combination | 組合;配合;複合;結合 | 組合せ | 组合;配合;复合;结合 |
| — order | 合併序 | マージオーダ | 合并序 |

M

| 英　　文 | 臺　　灣 | 日　　文 | 大　　陸 |
|---|---|---|---|
| **meridian** | 子午線 | 子午線 | 子午线 |
| — altitude | 子午圈高度 | 子午線高度 | 子午圈高度 |
| — angle | 子午線角 | 子午線角 | 子午线角 |
| — circle | 子午環〔圈〕 | 子午環〔円〕 | 子午环〔圈〕 |
| — convergence | 子午線收斂角 | 子午線収差 | 子午线收敛角 |
| — determination | 子午線測量 | 子午線測量 | 子午线测量 |
| — plane | 子午面 | 子午線面 | 子午面 |
| — radius of curvature | 子午線曲率半徑 | 子午線曲率半径 | 子午线曲率半径 |
| — ray | 子午光線 | 子午的光線 | 子午光线 |
| — stream line | 子午面流線 | 子午面流線 | 子午面流线 |
| — transit | 子午儀；中天 | 子午儀 | 子午仪；中天 |
| — velocity | 子午線速度 | メリディアン | 子午线速度 |
| **meridional** circulation | 子午圈環流；經向環流 | 子午線循環 | 子午圈环流；经向环流 |
| — image surface | 子午像面 | メリジオナル像面 | 子午像面 |
| — line | 子午線；南北線 | 子午線 | 子午线；南北线 |
| — plane | 子午面 | メリジオナル平面 | 子午面 |
| — stress | 經線應力 | 子午線応力 | 经线应力 |
| — unit stress | 經線單位應力 | 子午線単位応力 | 经线单位应力 |
| — velocity | 子午線速度 | メリジオナル速度 | 子午线速度 |
| **meristele** | 分體中柱 | 分柱 | 分体中柱 |
| **merit** | 優點；標準；準則 | メリット | 标准；准则；特徵；价值 |
| **merocrystalline** | 半晶質 | 半晶質 | 半晶质 |
| **merohedrism** | （結晶）缺面體；缺面性 | 欠面像 | （结晶）缺面体；缺面性 |
| **meromixis** | 局部融合 | メロミキシス | 局部融合 |
| **merozygote** | 部分合子；半合子 | メロザイゴート | 部分合子；半合子 |
| **merron** | 質子 | メロン | 质子 |
| **mesa** | 台面；台地 | メサ | 台面；台地 |
| — bevel structure | 台形斜面結構 | メサベベル構造 | 台形斜面结构 |
| — etch | 台面腐蝕 | メサエッチ | 台面腐蚀 |
| — isolation | 台面隔離 | メサアイソレーション | 台面隔离 |
| — junction | 台面型結 | メサ型接合 | 台面型结 |
| — mask | 台面掩模 | メサマスク | 台面掩模 |
| — structure | 台面結構 | メサ構造 | 台面结构 |
| — technique | 台面技術 | メサ技術 | 台面技术 |
| **mesabite** | 赭計鐵礦 | メサビ石 | 赭计铁矿 |
| **mesentery** | 隔膜；腸系數 | 隔膜 | 隔膜；肠系数 |
| **mesh** | 網目；篩孔；嚙合 | メッシュ | 网眼；网状结构；啮合 |
| — analysis | 篩孔分析 | 分粒試験 | 筛析 |
| — belt | 網眼皮帶 | メッシュベルト | 网状带 |
| — connection | 網狀連接 | メッシュ結線 | 网状连接 |

| 英　　文 | 臺　　灣 | 日　　文 | 大　　陸 |
|---|---|---|---|
| — grid | 網形柵極 | 網状格子 | 网形栅极 |
| — sieve | 篩眼 | メッシュふるい | 筛眼 |
| — size | 篩號(銲劑的);粒度 | 網目の大きさ | 筛号(焊剂的);粒度 |
| — structure | 網狀構造; | 網状構造 | 网状构造; |
| **mesitine** | 鐵菱鎂礦 | 菱鉄苦土鉱 | 铁菱镁矿 |
| **mesitite** | 菱鐵鎂礦 | 菱鉄苦土鉱 | 菱铁镁矿 |
| **meson** | 介子 | メソン | 介子 |
| — factory | 介子工廠 | 中間子工場 | 介子工厂 |
| **mesophase** | 中間相 | 中間相 | 中间相;介相 |
| **mesoplasm** | 中質 | メソプラズム | 中质 |
| **mesoplasma** | 介電漿 | メソプラズマ | 介等离子体 |
| **mesotomism** | 分割;分開 | 分割 | 分割;分开 |
| **mesotomy** | 分割;內消旋體離析 | 分割 | 分割;内消旋体离析 |
| **mesozoic** | 中生代 | 中生代 | 中生代 |
| **metal alkylene** | 亞烴基金屬 | 金属アルキレン | 亚烃基金属 |
| — amide | 氨基金屬 | 金属アミド | 氨基金属 |
| — arc | 金屬極電弧 | 金属アーク | 金属极电弧 |
| — arc cutting | 金屬弧截割 | 金属アーク切断 | 金属极电弧切割 |
| — arc electrode | 金屬極電弧銲條 | 金属アーク溶接棒 | 金属极电弧焊条 |
| — arc welding | 金屬弧熔接 | 金属アーク溶接 | 金属极电弧焊 |
| — aryl | 芳基金屬 | アリル（化）金属 | 芳基金属 |
| — back | 金屬殼〔襯墊〕 | メタルバック | 金属壳〔衬垫〕 |
| — back screen | 金屬背螢光屏 | メタルバック蛍光面 | 金属背荧光屏 |
| — bar | 金屬棒 | 金属棒 | 金属棒 |
| — base | 金屬基底〔襯底〕 | メタルベース | 金属基底〔衬底〕 |
| — bead | 金屬壓邊條 | 押縁金物 | 金属压边条 |
| — belt | 金屬帶 | 金属ベルト | 金属带 |
| — bolometer | 金屬輻射熱計 | メタルボロメータ | 金属辐射热计 |
| — bond | 金屬鍵 | メタルボンド | 金属粘接(剂);金属键 |
| — bonding | 金屬膠接 | 金属接着 | 金属胶接 |
| — boundary | 金屬境界(面) | 金属境界（面） | 金属界面 |
| — box | 軸承架 | メタルボックス | 轴承架;金属箱 |
| — cage | 金屬筐〔網;箱〕 | 金属かご | 金属筐〔网;箱〕 |
| — can | 金屬罐 | 金属缶 | 金属罐 |
| — case | 金屬(管)殼 | メタルケース | 金属(管)壳 |
| — casting | (金屬)鑄造 | 鋳造 | (金属)铸造 |
| — catalyst | 金屬催化劑 | 金属触媒 | 金属催化剂 |
| — cement | 金屬水泥;金屬硬化物 | メタルセメント | 金属水泥;金属硬化物 |
| — clad | 金屬包層 | メタルクラッド | 金属包层;装甲;铠装 |
| — clamp | 夾緊鐵件 | しめ金 | 夹紧铁件 |

**M**

| 英　　文 | 臺　　灣 | 日　　文 | 大　　陸 |
|---|---|---|---|
| — cluster | 金屬絡離子;金屬離子群 | 金属クラスタ | 金属络离子 |
| — coating | 金屬塗層;金屬鍍膜 | 金属被覆 | 金属涂层;金属镀膜 |
| — complex | 金屬配合物 | 金属錯塩 | 金属配合物 |
| — complex ion | 金屬配離子 | 金属錯イオン | 金属配离子 |
| — conditioner | 磷化底漆;洗淨底漆 | メタルコンディショナ | 磷化底漆;洗净底漆 |
| — connector | 金屬連接器 | メタルコネクタ | 金属连接器 |
| — consent | 金屬接觸;金屬插座 | メタルコンセント | 金属接触;金属插座 |
| — corrosion | 金屬腐蝕 | 金属腐食 | 金属腐蚀 |
| — crown | 超硬合金鑽頭〔碳化鎢〕 | メタルクラウン | 超硬合金钻头〔碳化钨〕 |
| — cut saw | 切金屬用鋸 | メタルカットソー | 切金属用锯 |
| — cutting machine tool | 金屬切削機床 | 工作機械 | 金属切削机床 |
| — deactivator | 金屬鈍化劑(防蝕) | 金属不活性剤 | 金属钝化剂(防蚀) |
| — decorating | 馬口鐵印刷 | ブリキ印刷 | 马口铁印刷;印铁 |
| — deposit | 金屬沉積物 | 金属沈殿物 | 金属沉积物 |
| — deposition | 金屬噴鍍 | 金属付着（法） | 金属喷镀 |
| — die | 金屬模具 | 金属製ダイ | 金属模具;金属压型 |
| — die casting | 金屬壓鑄(件) | ダイカスト | 金属压铸(件) |
| — dip brazing | 金屬浸鐵銲 | 浸せきろう付け法 | 金属浸　焊 |
| — distribution ratio | 金屬分布〔配〕比 | 金属分布比 | 金属分布〔配〕比 |
| — electrode | 金屬電極 | 金属アーク溶接棒 | 金属电极 |
| — etching | 金屬腐蝕;金屬刻蝕 | メタルエッチング | 金属腐蚀;金属刻蚀 |
| — fastener | 加固鐵件;連接鐵件 | 補強鉄 | 加固铁件;连接铁件 |
| — filings | 金屬(切)屑 | 金属くず | 金属(切)屑 |
| — finish seam welding | 單面平滑縫銲 | ～ようせつ | 单面平滑缝焊 |
| — finishing | 金屬表面處理 | 金属仕上げ | 金属表面处理 |
| — fog | 金屬霧 | 金属霧 | 金属雾 |
| — foil | 金屬箔 | メタルフォイル | 金属箔 |
| — foil mask | 金屬箔掩模 | メタルフォイルマスク | 金属箔掩模 |
| — form | 金屬模(板) | メタルフォーム | 金属模(板) |
| — forming | 金屬成形 | 金属成形加工 | 金属成形 |
| — forming tool | 金屬成形工具 | 金属成形用工具 | 金属成形工具 |
| — foundry | 金屬鑄造廠;鑄造工場 | 金属鋳物場 | 金属铸造厂;铸造车间 |
| — framework | 金屬骨架;金屬框架 | 金属骨組 | 金属骨架;金属框架 |
| — frit | 金屬熔合;金屬燒結 | メタルフリット | 金属熔合;金属烧结 |
| — gauze | 金屬網;鋼絲網 | 金網 | 金属网;钢丝网 |
| — hanger | 金屬鉤 | 釣り金物 | 金属钩 |
| — hose | 金屬軟管 | 金属ホース | 金属软管;金属蛇形管 |
| — insert | 鑲嵌金屬;金屬配件 | 埋め金 | 镶嵌金属;金属配件 |
| — jacket | 金屬外殼 | メタルジャケット | 金属套;金属外壳 |
| — lath | 鋼絲網 | メタルラス | 钢丝网 |

| 英　文 | 臺　灣 | 日　文 | 大　陸 |
|---|---|---|---|
| — layer | 金屬層 | 金属層 | 金属层 |
| — lining | 金屬襯套；軸承襯 | 金属ライニング | 金属衬套；轴承衬 |
| — loaded paint | 金屬粉塗料 | 金属粉塗料 | 金属粉涂料 |
| — mask | 金屬屏蔽 | メタルマスク | 金属屏蔽 |
| — mesh | 金屬網 | メタルメッシュ | 金属网 |
| — mesh filter | 金屬濾網 | 金属メッシュろ材 | 金属滤网 |
| — mist | 金屬霧 | 金属霧 | 金属雾 |
| — mixer | 生鐵混合爐 | 混銑ろ | 混铁炉 |
| — mold | 金屬鑄模；金屬模型 | 金型 | 金属铸模；金属模型 |
| — mold panel | 金屬製（定型）模板 | 金属製型枠パネル | 金属制（定型）模板 |
| — nozzel | （銲炬）金屬噴嘴 | メタルノズル | （焊炬）金属喷嘴 |
| — organic compound | 金屬有機化合物 | 金属有機化合物 | 金属有机化合物 |
| — oxide film | 金屬氧化物膜 | 金属酸化物皮膜 | 金属氧化物膜 |
| — package | 金屬封裝 | メタルパッケージ | 金属封装 |
| — paint | 金屬粉塗料 | 金属粉ペンキ | 金属粉涂料 |
| — panel | 金屬鑲〔面〕板 | 金属パネル | 金属镶〔面〕板 |
| — paste | 金屬膏〔糊〕 | 金属ペースト | 金属膏〔糊〕 |
| — pattern | 金屬模板 | 金属パターン | 金属模板 |
| — pellet | 金屬珠〔圓片〕 | 金属ペレット | 金属珠〔圆片〕 |
| — penetration | 金屬滲透 | 湯もれ | 漏箱；金属渗透 |
| — plate | 金屬板 | メタルプレート | 金属板 |
| — plating | 鍍金；敷金；包金 | めっき | 镀金；敷金；包金 |
| — plug | 金屬塞；出鐵口凍結 | 金属栓 | 金属塞；出铁口冻结 |
| — polish | 金屬拋光磨料 | メタルポリッシ | 金属抛光磨料 |
| — polishing plate | （金屬）拋光板 | つや出し用金属板 | （金属）抛光板 |
| — powder | 金屬粉末 | メタルパウダ | 金属粉末 |
| — pretreatment | 金屬預處理 | 金属前処理 | 金属预处理 |
| — pretreatment coating | 金屬預處理底漆 | 金属前処理塗料 | 金属预处理底漆 |
| — print | 印鐵 | メタルプリント | 印铁 |
| — protection | 金屬防護〔蝕〕 | 金属防食 | 金属防护〔蚀〕 |
| — pyrometer | 金屬高溫計 | 金属高温計 | 金属高温计 |
| — reduction method | 金屬還原法 | 金属還元法 | 金属还原法 |
| — reflector | 金屬反射器〔輻射器〕 | 金属反射がさ | 金属反射器〔辐射器〕 |
| — reinforced plastics | 金屬強化塑料 | 金属強化プラスチック | 金属强化塑料 |
| — removal | 金屬切削量 | 切削量 | 金属切削量 |
| — removal rate | 金屬切削率 | 切削率 | 金属切削率 |
| — replacement | 金屬置換 | 金属置換 | 金属置换 |
| — roller coating | 金屬輥塗法 | 金属ロール被覆 | 金属辊涂法 |
| — salt | 金屬鹽 | 金属塩 | 金属盐 |
| — sawing machine | 金工鋸床 | 金切りのこ盤 | 金工锯床 |

**M**

711

| 英　　　文 | 臺　　　灣 | 日　　　文 | 大　　　陸 |
|---|---|---|---|
| ― scraper | 金屬刮刀;金屬刮板 | メタルスクレーパ | 金属刮刀;金属刮板 |
| ― sealing | 金屬熔封 | メタルシーリング | 金属熔封 |
| ― shears | 金屬剪 | 金ばさみ | 金属剪 |
| ― sheet | 金屬板 | 金属板 | 金属板;金属外皮 |
| ― shell | 金屬外殼 | メタルシェル | 金属外壳 |
| ― skin | 金屬鍍層〔覆蓋物〕 | めっき層 | 金属镀层〔覆盖物〕 |
| ― sleeve | 金屬套管 | メタルスリーブ | 金属套管 |
| ― slitting saw | 金屬開縫鋸 | メタルソー | 金属开缝锯 |
| ― soap | 金屬皂 | 金属石けん | 金属皂 |
| ― solvent | 金屬溶劑 | 金属溶媒 | 金属溶剂 |
| ― sorter | 金屬鑑別儀 | メタルソータ | 金属鉴别仪 |
| ― sorting | 金屬分類 | 異材鑑別 | 金属分类 |
| ― spinning | 金屬旋壓;旋壓成形 | メタルスピニング | 金属旋压;旋压成形 |
| ― spinning process | 金屬旋壓加工法 | ろくろ加工 | 金属旋压加工法 |
| ― spray | 金屬熔射;金屬噴鍍 | メタルスプレー | 金属溶射;金属喷镀 |
| ― spray process | 金屬噴塗法 | 金属吹付け法 | 金属喷涂法 |
| ― spraying | 金屬熔融噴塗 | メタリコン | 金属熔融喷涂 |
| ― spring | 金屬彈簧 | 金属ばね | 金属弹簧 |
| ― stabilizer | 金屬穩定劑 | 金属安定剤 | 金属稳定剂 |
| ― stamping | 金屬沖壓;金屬模鍛 | メタルスタンピング | 金属冲压;金属模锻 |
| ― strap | 扁鐵帶;鐵皮帶 | 帯金物 | 扁铁带;铁皮带 |
| ― strap hanger | 吊鐵;吊架 | 釣り金物 | 吊铁;吊架 |
| ― structure | 金屬結構 | 金属構造 | 金属结构 |
| ― surface treatment | 金屬表面處理 | 金属表面処理 | 金属表面处理 |
| ― waste | 金屬廢屑 | 金属くず | 金属废屑 |
| ― wire | 金屬線 | 金属線 | 金属线 |
| ― wiring duct | 金屬導線管 | 金属ダクト | 金属导线管 |
| ― wool | 金屬纖維 | メタルウール | 金属纤维 |
| ― work(s) | 鐵件裝飾;小五金 | 金属工事 | 铁件装饰;小五金 |
| ― working | 金屬加工 | 金属加工 | 金属加工 |
| ― working lubricant | 冷卻潤滑液 | 工作用潤滑油 | 冷却润滑液 |
| ― working operation | 金屬加工工序 | 金属工作作業 | 金属加工工序 |
| ― working tool | 金工工具 | 金属工作工具 | 金工工具 |
| **metalation** | 金屬化作用 | メタレーション | 金属化作用 |
| **metal-enclosed** bus | 金屬封閉母線 | 閉鎖母線 | 金属封闭母线 |
| **metalepsis** | 取代(作用) | 置換 | 取代(作用) |
| **metalic fires** | 金屬火災 | 金属火災 | 金属火灾 |
| ― non-slip | 樓梯踏步用金屬防滑條 | 階段用角金物 | 楼梯踏步用金属防滑条 |
| **metalikon** | (金屬)噴塗〔噴鍍〕 | メタリコン | (金属)喷涂〔喷镀〕 |
| ― process | (金屬)噴塗〔噴鍍〕法 | メタリコン法 | (金属)喷涂〔喷镀〕法 |

| 英　文 | 臺　灣 | 日　文 | 大　陸 |
|---|---|---|---|
| metalization | 金屬(薄膜)化 | 金属薄膜化 | 金属(薄膜)化 |
| metallation | 金屬置換 | 金属置換 | 金属置换;金属取代 |
| metalled road | 碎石鋪面的路 | 舗装道路 | 碎石铺面的路 |
| metallic absorption | 金屬吸收 | 金属吸収 | 金属吸收 |
| — arc | 金屬電弧 | 金属アーク | 金属电弧 |
| — atom | 金屬原子 | 金属原子 | 金属原子 |
| — binding | 金屬結合 | 金属結合 | 金属结合;金属键联 |
| — bond | 金屬鍵 | 金属結合 | 金属键 |
| — brown | 鍛燒鐵棕 | メタリックブラウン | 锻烧铁棕 |
| — brush | 金屬電刷;鋼絲刷 | 金属ブラシ | 金属电刷;钢丝刷 |
| — carbide | 金屬碳化物 | 炭化金属 | 金属碳化物 |
| — cement | 金屬黏接劑 | 金属セメント | 金属粉腻子 |
| — cementation | 金屬滲碳法;噴鍍金屬 | 金属浸透法 | 渗金属法;喷镀金属 |
| — cloth | 金屬布 | 金属布 | 金属布 |
| — coating | 金屬塗層;金屬鍍層 | めっき | 金属涂层;金属镀层 |
| — compound | 金屬化合物 | 金属化合物 | 金属化合物 |
| — conductor | 金屬導體 | 金属導体 | 金属导体 |
| — conduit | 金屬導管 | 金属管 | 金属管道 |
| — contact | 金屬接觸 | 金属接触 | 金属接触 |
| — crystal | 金屬結晶 | 金属結晶 | 金属结晶 |
| — deposit | 金屬鍍層 | めっき層 | 金属镀层 |
| — diaphragm | 金屬膜片 | 金属隔膜 | 金属膜片 |
| — dust | 金屬粉末 | 金属粉 | 金属粉末 |
| — element | 金屬元素 | 金属元素 | 金属元素 |
| — fiber | 金屬纖維 | 金属繊維 | 金属纤维 |
| — filler | 金屬填充劑;金屬填料 | 金属充てん剤 | 金属填充剂;金属填料 |
| — film | 金屬膜 | 金属膜 | 金属膜 |
| — flour mill | 鐵臼磨粉機 | 鉄うす製粉機 | 铁粉磨机 |
| — foil | 金屬箔 | 金属はく | 金属箔 |
| — fuel | 金屬燃料 | 金属燃料 | 金属燃料 |
| — fumes | 金屬蒸氣 | 金属蒸気 | 金属蒸气 |
| — gasket | 金屬襯墊;金屬墊片 | 金属ガスケット | 金属填密片;金属垫片 |
| — graphite carbon | 金屬碳刷 | グラファイトカーボン | 金属碳刷 |
| — grit | 鋼砂〔噴砂處理用〕 | メタリックグリット | 钢砂〔喷砂处理用〕 |
| — hydride | 金屬氫化物 | 金属水素化物 | 金属氢化物 |
| — impurity | 金屬染質 | 金属性不純物 | 金属染质 |
| — ink | 金粉油墨 | 金属粉インキ | 金粉油墨 |
| — ion | 金屬離子 | 金属イオン | 金属离子 |
| — joiner | 金屬接縫條 | 目地金物 | 金属接缝条 |
| — joint | 金屬接合;金屬接頭 | メタリックジョイント | 金属接合;金属接头 |

| 英　　文 | 臺　　灣 | 日　　文 | 大　　陸 |
|---|---|---|---|
| — lacquer | 金屬噴漆 | メタルラッカ | 金属亮漆；金属喷漆 |
| — luster | 金屬光澤 | 金属光沢 | 金属光泽 |
| — material | 金屬材料 | 金属材料 | 金属材料 |
| — mineral | 金屬礦物 | 金属鉱物 | 金属矿物 |
| — mordant | 金屬媒染劑 | 金属媒染剤 | 金属媒染剂 |
| — nature | 金屬性；金屬特徵 | 金属性 | 金属性；金属特征 |
| — oxide | 金屬氧化物 | メタリックオキシド | 金属氧化物 |
| — packing | （容器用）金屬迫緊 | 金属パッキング | （容器用）金属密封件 |
| — paint | 金屬塗料 | 金属粉塗料 | 金属涂料 |
| — paper | 金屬箔紙 | 金属紙 | 金属箔纸 |
| — part | 金屬零件 | 金属部品 | 金属零件 |
| — pearly luster | 金屬珍珠光澤 | 金属真珠光沢 | 金属珍珠光泽 |
| — pigment | 金屬粉顏料 | 金属粉顔料 | 金属粉颜料 |
| — pipe | 金屬管 | 金属管 | 金属管 |
| — poison | 金屬毒（物） | 金属毒 | 金属毒（物） |
| — powder | 金屬粉（末） | 金属粉（末） | 金属粉（末） |
| — reflecting mirror | 金屬反射鏡 | 金属反射鏡 | 金属反射镜 |
| — roller | 金屬軋輥；金屬滾子 | メタリックローラ | 金属轧辊；金属滚子 |
| — sheen | 金屬光澤 | 金属光沢 | 金属光泽 |
| — shield coating | 金屬屏蔽塗層 | シールドコーテング | 金属屏蔽涂层 |
| — shot | 鋼丸〔噴砂處理用〕 | メタリックショット | 钢丸〔喷丸处理用〕 |
| — spatula | 金屬刮刀；鋼刮刀 | 金べら | 金属刮刀；钢刮刀 |
| — sponge | 金屬海綿 | 金属海綿 | 金属海绵 |
| — substance | 金屬材料 | 金属材料 | 金属材料 |
| — suflide | 金屬硫化物 | 金属硫化物 | 金属硫化物 |
| — surface | 金屬表面 | 金属表面 | 金属表面 |
| — thermometer | 金屬溫度計 | 金属温度計 | 金属温度计 |
| — tin | 金屬錫 | 金属すず | 金属锡 |
| — -to-metal contact | 金屬接間觸 | 金属間接触 | 金属接间触 |
| — uranium | 金屬軸 | 金属ウラン | 金属轴 |
| — valve | 金屬閥 | 金属製バルブ | 金属阀 |
| — vapor | 金屬蒸氣 | 金属蒸気 | 金属蒸气 |
| — yarn | 金屬線〔絲〕 | 金属糸 | 金属线〔丝〕 |
| metallikon | 噴鍍法 | メタリコン | 喷镀法 |
| metallization | 金屬化；金屬噴鍍 | 金属化 | 金属化；金属喷镀 |
| metallized alumina | 噴塗氧化鋁 | メタライズドアルミナ | 喷涂氧化铝 |
| — carbon | 金屬滲碳 | 金属化炭素 | 金属渗碳 |
| — film | 蒸發鍍膜；真空鍍膜 | 蒸着フィルム | 蒸发镀膜；真空镀膜 |
| — layer | 金屬化鍍層 | メタライズ層 | 金属化镀层 |
| metallizing | 真空鍍膜；金屬噴鍍 | 金属蒸着 | 真空镀膜；金属喷镀 |

| 英　文 | 臺　灣 | 日　文 | 大　陸 |
|---|---|---|---|
| — apparatus | 蒸發鍍膜裝置 | 蒸着裝置 | 蒸发镀膜装置 |
| — by evaporation | 金屬蒸發法 | 金属蒸着 | 金属蒸发法 |
| — plating | 金屬噴鍍;真空鍍膜 | 鍍覆 | 金属喷镀;真空镀膜 |
| metallocene | 茂金屬 | メタロセン | 茂金属;金属茂 |
| metallogenetic element | 成礦元素 | 造鉱元素 | 成矿元素 |
| — examination | 金相檢驗 | 金属組織試験 | 金相检验 |
| metallography | 金相學 | 金相学 | 金学相;金相学 |
| metalloid | 準金屬;類金屬 | メタロイド | 准金属;类金属 |
| metalloscope | 金相顯微鏡 | 金属顕微鏡 | 金相显微镜 |
| metallurgic(al) bonding | 金屬鍵 | 金属結合 | 金属键;金属结合 |
| — coal | 煉焦煤;冶金用媒 | 原料炭 | 炼焦煤;冶金用媒 |
| — coke | 高爐(用)焦(炭) | 製司コークス | 高炉(用)焦(炭) |
| — furnace | 冶金爐 | や金ろ | 冶金炉 |
| — microscope | 金屬顯微鏡 | 金属顕微鏡 | 金属显微镜 |
| — technology | 金屬工藝學 | 金属加工学 | 金属工艺学 |
| — works | 金屬精鍊工廠 | 金属精錬工場 | 金属精链工厂 |
| metallurgist | 冶金學家 | や金技術者 | 冶金工作者;冶金学家 |
| metallurgy | 冶金學 | メタラジー | 金属工学;冶金学 |
| metaloscope | 金相顯微鏡 | メタルスコープ | 金相显微镜 |
| metamic | 鉻鋁金屬陶瓷 | メタミック | 铬铝金属陶瓷 |
| metamorphic deposit | 變質礦床 | 変成鉱床 | 变质矿床 |
| — differentiation | 變質分異作用 | 変成分化作用 | 变质分异作用 |
| — material | 改良材料 | 変態材料 | 改良材料 |
| metamorphose | 變形;變態 | メタモルフォーゼ | 变形;变态;变质;变性 |
| metamorphosis | 變形;變態 | 変質作用 | 变形;变态 |
| metamorphy | 變質作用 | 変質作用 | 变质作用 |
| metaplasia | 組織變形;組織轉化 | 化生 | 组织变形;组织转化 |
| metarals | 單相(組織) | メタラルス | 单相(组织) |
| metasome | 交代礦物;代替礦物 | 交代鉱物 | 交代矿物;代替矿物 |
| metastability | 次穩定性 | 準安定 | 亚稳定性;亚稳定 |
| metastibnite | 準輝銻礦 | メタ輝安鉱 | 准辉锑矿 |
| metastructure | 次顯微組織 | 準顕微組織 | 次显微组织 |
| metataxis | 機械力變化 | 動力変成 | 机械力变化 |
| metazeunerite | 準翠砷銅鈾礦 | メタヒ銅ウラン石 | 准翠砷铜铀矿 |
| meter | 公尺;測量儀器〔錶〕 | メートル | 米;测量仪器〔表〕 |
| — board | 儀錶盤 | 計器盤 | 仪表盘 |
| — coil | 錶頭線圈 | メータコイル | 表头线圈 |
| — connector | 儀錶接插件 | メータコネクタ | 仪表接插件 |
| — control room | 量器管理室 | 計器管理室 | 量器管理室 |
| — display | 儀錶指〔顯〕示 | 計器表示 | 仪表指〔显〕示 |

**M**

715

| 英　　文 | 臺　　灣 | 日　　文 | 大　　陸 |
|---|---|---|---|
| ── error | 儀錶誤差 | 計器誤差 | 仪表误差 |
| ── oil | 計器油；計量器用油 | メータ油 | 计器油；计量器用油 |
| ── room | 計量儀錶室 | 計器室 | 计量仪表室 |
| ── rule | 公制 | メートル尺 | 米尺 |
| ── scale | 儀錶刻度〔標度〕 | メータスケール | 仪表刻度〔标度〕 |
| ── sensitivity | 儀錶靈敏度 | メータ感度 | 仪表灵敏度 |
| ── system | 公制 | メートル法 | 米制 |
| **meter-ampere** | 公尺-安培 | メートルアンペア | 米-安 |
| **metering** | 記錄；計數；統計 | メータリング | 记录；计数；统计 |
| ── device | 計量裝置 | 計量裝置 | 计量装置 |
| ── end | 計量端 | 計量端 | 计量端 |
| ── jet | 限油噴嘴；定油嘴 | 流量調整ジェット | 限油喷嘴；定油嘴 |
| ── needle | 調節計(閥)；測針(閥) | メータリングニードル | 调节计(阀)；测针(阀) |
| ── pin | 調節針閥；量針 | 計量針 | 调节针阀；量针 |
| ── valve | 配量閥；計量閥 | 調整針弁 | 配量阀；计量阀 |
| **meter-kilogram** | 公尺-公斤；公尺-千克 | メートルキログラム | 米-公斤；米-千克 |
| **methanol** | 甲醇 | メタノール | 甲醇 |
| **method** | 方法 | 方法 | 方法；程序；分类法 |
| ── of averaging | 平均法；統計法 | 平均法 | 平均法；统计法 |
| ── of calibration | 檢度法；標定法 | 検量線を作子方法 | 检度法；标定法 |
| ── of conformal mapping | 保角映射法 | 等角写像法 | 保角映射法 |
| ── of conjugate direction | 共軛方向法 | 共役方向法 | 共轭方向法 |
| ── of cooling | 冷卻方法 | 冷却法 | 冷却方法 |
| ── of dilution | 稀釋處理法 | 薄め処分法 | 稀释处理法 |
| ── of dissection | 截面法；剖面法 | 切断法 | 截面法；剖面法 |
| ── of elastic center | 彈性中心法 | 弾性重心法 | 弹性中心法 |
| ── of elastic weight | 彈性負載法 | 弾性荷重法 | 弹性荷载法 |
| ── of estimate | 估算法 | 推定法 | 估算法 |
| ── of heat isolation | 隔熱法；熱絕緣法 | 断熱法 | 隔热法；热绝缘法 |
| ── of hypercubes | 超立方體法 | 超立方体法 | 超立方体法 |
| ── of intersection angle | 交(叉)角法 | 交角法 | 交(叉)角法 |
| ── of moment | 矩量法 | モーメント法 | 矩量法 |
| ── of rotating coordinates | 旋轉座標法 | 回転座標法 | 旋转坐标法 |
| ── of section | 截面法 | 断面法 | 截面法 |
| ── of substitution | 置換法 | 置換法 | 置换法 |
| ── of superposition | 重疊法；疊合法 | 重ね合わせ法 | 重叠法；叠合法 |
| ── of test | 試驗方法 | 試験法 | 试验方法 |
| **methyl** | 木精基；甲基 | メチル | 木精基；甲基 |
| ── alcohol | 甲醇；木醇 | メチルアルコール | 甲醇；木醇 |
| ── ester | 甲酯 | メチルエステル | 甲酯 |

| 英　　文 | 臺　　灣 | 日　　文 | 大　　陸 |
|---|---|---|---|
| ─ ether | 甲基醚 | メチルエーテル | 甲基醚 |
| ─ hydrate | 甲醇 | メチルアルコール | 甲醇 |
| ─ ketone | 甲基酮 | メチルケトン | 甲基酮 |
| ─ orange | 甲基橙;金蓮橙 | メチルオレンジ | 甲基橙;金莲橙 |
| ─ oxide | 甲醚 | 酸化メチル | 甲醚 |
| ─ red | 甲基紅 | メチルレッド | 甲基红 |
| **methylate** | 甲醇金屬;加入甲醇 | メチラート | 甲醇金属;加入甲醇 |
| **methylation** | 甲基化(作用) | メチル化 | 甲基化(作用) |
| **methylbenzene** | 甲苯 | メチルベンゾール | 甲苯 |
| **methylic alcohol** | 甲醇 | メチルアルコール | 甲醇 |
| **metric chain** | 測鏈 | メートルチェーン | 测链 |
| ─ coarse thread | 公制粗牙螺紋 | メートル並目ねじ | 米制粗牙螺纹 |
| ─ extra fine thread | 公制特細牙螺紋 | メートル極細目ねじ | 米制特细牙螺纹 |
| ─ fine thread | 公制細牙螺紋 | メートル細目ねじ | 米制细牙螺纹 |
| ─ series | 公制系列 | メートルシリーズ | 米制系列 |
| ─ size | 公制尺寸 | メトリックサイズ | 米制尺寸 |
| ─ space | 距離空間;度量空間 | 距離空間 | 距离空间;度量空间 |
| ─ system | 公制 | メートル法 | 米制 |
| ─ taper | 公制錐度 | メートルテーパ | 米制锥度 |
| ─ ton | 公噸〔1000kg〕 | メトリックトン | 公吨〔1000kg〕 |
| ─ trapezoidal screw thread | 公制梯形螺紋 | メートル台形ねじ | 米制梯形螺纹 |
| ─ unit system | 公制單位制 | メートル制単位 | 米制单位制 |
| **metrication** | 公制化 | メートル化法 | 米制化 |
| **metrology** | 精密測定 | メトロロジー | 计量学 |
| **metron** | 密特朗〔計量信息單位〕 | メトロン | 密特朗〔计量信息单位〕 |
| **mho** | 姆歐 | モー | 姆欧 |
| **miarolitic** | 晶洞(狀);洞隙 | ミアロリティック | 晶洞(状);洞隙 |
| ─ structure | 晶洞狀構造 | ミアロリティック構造 | 晶洞状构造 |
| ─ texture | 晶洞結構 | 晶洞組織 | 晶洞结构 |
| **mica** | 雲母 | マイカ | 云母 |
| ─ board | 雲母板;雲母片 | 雲母板 | 云母板;云母片 |
| ─ cloth | 雲母箔 | マイカクロス | 云母箔 |
| ─ condenser | 雲母電容器 | マイカコンデンサ | 云母电容器 |
| ─ flake | 雲母碎片 | マイカフレーク | 云母片 |
| ─ grease | 雲母(潤滑)脂 | マイカグリース | 云母(润滑)脂 |
| ─ heater | 雲母加熱器 | マイカヒータ | 云母加热器 |
| ─ insulation | 雲母絕緣 | マイカ絶縁 | 云母绝缘 |
| ─ insulator | 雲母絕緣子 | マイカがい子 | 云母绝缘子 |
| **micadon** | 雲母電容器 | マイカドン | 云母电容器 |
| **micalex** | 雲母玻璃 | マイカレックス | 云母玻璃 |

| 英　　文 | 臺　　灣 | 日　　文 | 大　　陸 |
|---|---|---|---|
| **micanite** | 絕緣石〔人造雲母〕 | マイカナイト | 绝绝石〔人造云母〕 |
| **micarex** | （壓黏）雲母石；雲母板 | マイカレックス | 云母石；云母板 |
| **micro** | 超小型；微；百萬分之一 | マイクロ | 超小型；微；百万分之一 |
| — alloy | 微合金 | マイクロアロイ | 微合金 |
| — balancer | （轉子）精密平衡機 | マイクロバランサ | （转子）精密平衡机 |
| — bearing | 微型軸承 | マイクロベアリング | 微型轴承 |
| — bore unit | 精密搪刀頭；精調刀頭 | マイクロボアユニット | 精密镗刀头；精调刀头 |
| — burnish | 微細擠光（加工） | マイクロバニシュ | 微细挤光（加工） |
| — crack | 微裂紋〔縫〕 | マイクロ割れ | 微裂纹〔缝〕 |
| — erg | 微爾格 | マイクロエルグ | 微尔格 |
| — etching | 微腐蝕 | マイクロエッチング | 微腐蚀 |
| — hardness | 顯微硬度 | マイクロ硬さ | 显微硬度 |
| — hardness test | 顯微硬度試驗 | 微小硬さ試験 | 显微硬度试验 |
| — hardness tester | 顯微硬度計 | 微小硬さ試験機 | 显微硬度计 |
| — instability | 微觀不穩定性 | マイクロ不安定 | 微观不稳定性 |
| — measuring apparatus | 微量測定裝置 | 微量測定装置 | 微量测定装置 |
| — mesa mask | 微台面掩模 | 微小メサマスク | 微台面掩模 |
| — plotter | 微（型）描繪器 | マイクロプロッタ | 微（型）描绘器 |
| — stresses | 微應力 | 微小応力 | 微应力 |
| — swivel | 精密回轉工作台 | マイクロスイベル | 精密回转工作台 |
| — Vickers | 顯微維氏硬度計 | マイクロビッカース | 显微威氏硬度计 |
| — wax | 微晶石蠟 | ミクロワックス | 微晶石蜡 |
| **microadjustment** | 微調；精（密）調（整） | 微小調節 | 微调；精（密）调（整） |
| **microanalyser** | 微量分析器 | マイクロアナライザ | 微量分析器 |
| **microanalysis** | 微量分析 | マイクロ分析 | 微量分析 |
| **micro-balance** | 微量天平；微量秤 | 微量てんびん | 微量天平；微量秤 |
| **microbonding** | 微銲 | マイクロボンド | 微焊 |
| **microbore** | 精密（微調）搪刀頭 | マイクロボアー | 精密（微调）镗刀头 |
| **microcallipers** | 分厘卡；測微計〔器〕 | マイクロカリパス | 千分尺；测微计〔器〕 |
| **microcartridge** | 微調夾具；微動夾頭 | マイクロカートリッジ | 微调夹具；微动卡盘 |
| **microcator** | 指針式測微計 | マイクロケータ | 指针式测微计 |
| **microcharacter** | 顯微劃痕硬度計 | マイクロキャラクタ | 显微划痕硬度计 |
| **microchecker** | （槓桿式）微米校驗台 | マイクロチェッカ | （杠杆式）微米校验台 |
| **microcollar** | 微動軸環 | マイクロカラー | 微动轴环 |
| **microcomponent** | 微型元件 | 超小型構成部品 | 微型部件 |
| **microcomputer** | 微型（計算）機 | マイコン | 微型（计算）机 |
| **microcone penetrator** | 微型針入度計 | 微針入度計 | 微型针入度计 |
| **microcopy** | 縮微底片 | マイクロコピー | 缩微底片 |
| **microcosm** | 微觀世界；縮圖 | ミクロコスモス | 微观世界；缩图 |
| **microcreep** | 微觀潛變 | マイクロクリープ | 微观蠕变 |

| 英　　文 | 臺　　灣 | 日　　文 | 大　　陸 |
|---|---|---|---|
| microcrystal | 微晶（體） | 微（小）結晶 | 微晶（体） |
| microcrystalline | 微晶質 | 微晶質 | 微晶质 |
| microcrystallinity | 微晶度 | 微小結晶度 | 微晶度 |
| microial | 精密刻度〔標度〕盤 | マイクロダイヤル | 精密刻度〔标度〕盘 |
| microdispenser | 微量配合器〔分配器〕 | マイクロディスペンサ | 微量配合器〔分配器〕 |
| microdissection | 顯微解剖 | 顕微解剖 | 显微解剖 |
| microdrilling | 微量鑽削 | マイクロドリリング | 微量钻削 |
| microelement | 微型元件 | 超小型素子 | 微型元件 |
| microetch | 微蝕刻；顯微侵蝕 | マイクロエッチ | 微蚀刻；显微侵蚀 |
| microfeed | 微動送料 | マイクロフィード | 微动送料 |
| microfilm | 縮微膠卷；超薄膜 | 超薄膜 | 缩微胶卷；超薄膜 |
| microfilming | 顯微攝影 | マイクロフィルミング | 显微摄影 |
| microfissure | 顯微裂紋 | マイクロ割れ | 显微裂纹 |
| micro-gap welding | 微隙並列雙極單點銲 | マイクロギャップ溶接 | 微隙并列双极单点焊 |
| micrograph | 顯微照片 | 顕微鏡写真 | 显微照片 |
| microgaraphy | 顯微檢驗 | マイクロ組織検査 | 显微检验 |
| microheight gage | 測微高度規 | マイクロハイトゲージ | 高度千分尺 |
| microinch | 微英寸 | マイクロインチ | 微英寸 |
| microinstruction | 微指令 | マイクロ命令 | 微指令 |
| microlevel | 微級 | マイクロレベル | 微级 |
| mcroliter | 微升 | マイクロリットル | 微升 |
| micromachining | 微切削加工 | マイクロ加工 | 微切削加工 |
| micromanipulation | 顯微操作 | 顕微操作 | 显微操作 |
| micromanipulator | 顯微檢測裝置 | 微動操作機〔器〕 | 显微检测装置 |
| micromerigraph | 空氣塵粒徑測定儀 | マイクロメリグラフ | 空气尘粒径测定仪 |
| micromeritics | 微晶學 | 粉体工学 | 微晶学；粉末工艺学 |
| micrometer | 測微計；分厘卡 | マイクロメータ | 测微计；千分尺 |
| — caliper | 外分厘卡 | 外側マイクロメータ | 千分（卡）尺；千分卡规 |
| — dial gage | 帶錶分厘卡；測微儀 | 測微ダイヤルゲージ | 带表千分尺；测微仪 |
| — eyepiece | 測微目鏡 | 測微接眼レンズ | 测微目镜 |
| — gage | 分厘規；測微器 | マイクロメータゲージ | 千分尺；测微器 |
| — head | 分厘頭 | マイクロメータヘッド | 测微头 |
| — microscope | 測微顯微鏡 | 測微接眼レンズ | 测微显微镜 |
| — ocular | 測微目鏡 | 測微接眼レンズ | 测微目镜 |
| — screw | 螺旋測微器；分厘卡 | ら旋測微器 | 螺旋测微器；千分尺 |
| micromigration | 微移動 | 微移動 | 微移动 |
| microminiaturization | 超小型化；微型化 | 超微小化 | 超小型化；微型化 |
| micromodule | 微型組件 | マイクロモジュール | 微型组件 |
| micromotion | 微動；分解動作 | 微動 | 微动；分解动作 |
| micromotor | 微型電動機 | マイクロモータ | 微型电动机 |

M

| 英　　文 | 臺　　灣 | 日　　文 | 大　　陸 |
|---|---|---|---|
| micron | 微粒;微公尺 | マイクロン | 微粒 |
| — hob | 小磨模數滾刀 | マイクロンホブ | 小磨模数滚刀 |
| — mill | 微粉磨機 | マイクロンミル | 微粉磨机 |
| — order | 微米(數量)級;精密級 | マイクロンオーダ | 微米(数量)级;精密级 |
| micronizer | 微粉磨機 | 超微粉砕機 | 微粉磨机 |
| micronucleus | 小核;微核 | 小核 | 小核;微核 |
| microorder | 微指令 | マイクロオーダ | 微指令 |
| microphone | 話筒;擴音器;送話機 | マイク | 话筒;扩音器;送话机 |
| microphotography | 顯微照相(術) | マイクロ写真 | 显微照相(术) |
| micropipet(te) | 微量吸移管 | ミクロピペット | 微量吸移管 |
| microplasma | 微電漿 | マイクロプラズマ | 微等离子体〔区〕 |
| — arc welding | 微束電漿弧銲接 | マイクロプラズマ溶接 | 微束等离子弧焊接 |
| micropoiariscope | 偏光顯微鏡 | 測微旋光器 | 偏光显微镜 |
| micropolisher | 微細研磨機 | マイクロポリッシャ | 微细研磨机 |
| micropore | 微孔;氣孔 | ミクロポア | 微孔;气孔 |
| microporosity | 微孔性〔率〕;顯微疏鬆 | 微孔質 | 微孔性〔率〕;显微疏松 |
| microporous membrane | 超微孔(隔)膜 | 超微孔膜 | 超微孔(隔)膜 |
| — rubber | 微孔(性)橡膠 | 微孔性ゴム | 微孔(性)橡胶 |
| micropositioner | 微型夾具 | マイクロポジショナ | 微型夹具 |
| microprobe | 微探針 | マイクロプローブ | 微探针 |
| microprober | 微探測器 | マイクロプローバ | 微探测器 |
| microprocessor | 微處理機〔器〕;微電腦 | マイクロプロセッサ | 微处理机〔器〕;微电脑 |
| microprogram | 微程式 | マイクロプログラム | 微程序 |
| micropulverizer | 微粉磨機 | 超微粉砕機 | 微粉磨机 |
| micropyle | 珠孔 | 珠孔 | 珠孔;卵门;卵孔 |
| microscale | 微刻〔尺;標〕度 | マイクロスケール | 微刻〔尺;标〕度 |
| microscope | 顯微鏡 | 顕微鏡 | 显微镜 |
| microscopic analysis | 顯微鏡分析 | 顕微鏡分析 | 显微镜分析 |
| — cross section | 微觀截面 | 微視的断面積 | 微观截面 |
| — dimension | 微觀尺寸 | 顕微鏡的寸法 | 微观尺寸 |
| — state | 微觀狀態 | 微視的状態 | 微观状态 |
| — stress | 微觀應力 | 微視的応力 | 微观应力 |
| microsecond | 微秒 | ミクロセカンド | 微秒 |
| microsection | 磨片〔金相的〕 | 検鏡試片 | 磨片〔金相的〕 |
| microsegregation | 微小偏析;微觀偏析 | 微小偏析 | 微小偏析;微观偏析 |
| microsize | 自動定尺寸;微小尺寸 | マイクロサイズ | 自动定尺寸;微小尺寸 |
| microsoldering | 微銲 | マイクロソルダリング | 微焊 |
| microspindle | 千分螺桿 | マイクロスピンドル | 千分螺杆 |
| microstate | 微觀狀態 | ミクロ状態 | 微观状态 |
| microstep | 微步 | マイクロステップ | 微步 |

| 英　　文 | 臺　　灣 | 日　　文 | 大　　陸 |
|---|---|---|---|
| **microstoning** | 超精加工 | マイクロストーニング | 超精加工 |
| **microstroke** | 微動行程 | マイクロストローク | 微动行程 |
| **microswitch** | 微動開關 | マイクロスイッチ | 微动开关 |
| **micorsyn** | 微動同步〔協調〕器 | マイクロシン | 微动同步〔协调〕器 |
| **microviscometer** | 微黏度儀;微型黏度計 | マイクロビスコメータ | 微粘度仪;微型粘度计 |
| **microviscosity** | 微黏度 | ミクロ粘度 | 微粘度 |
| **microware** | 微件 | マイクロウェア | 微件 |
| **microwatt** | 微瓦(特) | マイクロワット | 微瓦(特) |
| **microwave** | 微波 | マイクロウエーブ | 微波 |
| — band | 微波波段 | マイクロ波領域帯 | 微波波段 |
| — drying equipment | 微波烘乾裝置 | 高周波乾燥装置 | 微波烘干装置 |
| — ferrite | 微波鐵氧體 | マイクロ波フェライト | 微波铁氧体 |
| — heating | 微波加熱 | マイクロ波加熱 | 微波加热 |
| — heating element | 微波發熱元件 | マイクロ波発熱体 | 微波发热元件 |
| — localizer | 微波定位器 | マイクロ波ローカライザ | 微波定位器 |
| — machining | 微波加工 | マイクロ波加工 | 微波加工 |
| — oven | 微波爐 | 電子レンジ | 微波炉 |
| — strip | 微波帶狀線 | マイクロ波ストリップ | 微波带状线 |
| **microwelding** | 顯微銲;微件銲接 | マイクロ溶接 | 显微焊;微件焊接 |
| **middle** | 中間〔部;等;央〕 | ミドル | 中间〔部;等;央〕 |
| — bearing | 中軸承 | ミドルベアリング | 中轴承 |
| — break | 中斷 | ミドルブレーク | 中断 |
| — gear | 中間齒車 | ミドルギヤー | 中间齿车 |
| — hoop | 中間箍筋 | 中間帯鉄筋 | 中间箍筋 |
| — layer | 中心層 | 中心層 | 中心层 |
| — oil | 中(級)油 | 中油 | 中(级)油 |
| — ordinate | 中(央縱)距 | 中央縦距 | 中(央纵)距 |
| — ply | 中間層 | 中間層 | 中间层 |
| — pressure hose | 中壓軟管 | 中圧（用）ホース | 中压软管 |
| — principal stresss | 中間主應力 | 中間主応力 | 中间主应力 |
| — rail | 中檔;中冒頭 | 中がまち〔ざん〕 | 中档;中冒头 |
| — shaft | 中間軸 | 中間軸 | 中间轴 |
| — wave | 中波 | 中波 | 中波 |
| **mid-gear** | 閥動中位;中檔(速率) | 中間歯車 | 中间齿轮;中档(速率) |
| **middling** | 普通的;中間產品 | 粗粉 | 普通的;中间产品;粗粉 |
| **midget** | 小型物;小型銲槍 | ミゼット | 小型物;小型焊枪 |
| — electric motor | 小型電動機 | 小型モータ | 小型电动机 |
| — molder | 小型(射出)成形機 | 小型（射出）成形機 | 小型(注射)成形机 |
| — motor | 小型電動機 | ミゼットモートル | 小型电动机 |
| — plant | 小型工廠 | ミゼットプラント | 小型工厂 |

**M**

| 英　　文 | 臺　　灣 | 日　　文 | 大　　陸 |
|---|---|---|---|
| **midnight** | 夜間；午夜 | ミッドナイト | 夜间；午夜 |
| **midperpendicular** | 中垂線 | 垂直二等分線 | 中垂线 |
| **mid-point** | 中點 | 中点 | 中点 |
| **mid-range** | 中列數 | 中点値 | 中列数 |
| **mid-section** | 中間截面 | ミッドセクション | 中间截面 |
| **midsquare method** | 中平方法 | 平方採中法 | 中平方法 |
| **midwall cloumn** | 牆內柱 | 壁內柱 | 墙内柱 |
| **miedziankite** | 鋅勤銅礦 | ミージアンカ鉱 | 锌勤铜矿 |
| **midrsite** | 黃碘銀礦 | ミールス鉱 | 黄碘银矿 |
| **MIG arc cutting** | MIG切割法 | ミグ切断 | MIG切割法 |
| **MIG arc welding** | 金屬極惰性氣體電弧銲 | ミグ溶接 | 金属极惰性气体电弧焊 |
| **MIG spot welding** | 惰性氣體金屬極點銲 | ミグスポット溶接 | 惰性气体金属极点焊 |
| **mighty post** | 序動作連續沖壓沖床 | マイティポスト | 序动作连续冲压压力机 |
| **migrate** | 移動；轉移 | 移動 | 移动；转移 |
| **migration** | 遷移；進位 | 移動 | 迁移；进位；徙动 |
| — area | 遷移面積；徙動面積 | 移動領域 | 迁移面积；徙动面积 |
| — effect | 遷移效應 | 移動効果 | 迁移效应 |
| — length | 移動距離；遷移長度 | 移動距離 | 移动距离；迁移长度 |
| — rate | 移動速率 | 移行速度 | 移动速率 |
| — resistance | 移動阻力；徙動阻力 | 移行抵抗 | 移动阻力；徙动阻力 |
| — velocity | 移動速度 | 移動速度 | 移动速度 |
| **mike** | 傳聲器；送話器；測微器 | マイク | 传声器；送话器；测微器 |
| **Mikrokator** | 扭簧式比較儀 | ミクロケータ | 扭簧式比较仪 |
| **Mikrolit** | 邁克羅利克陶瓷刀具 | ミクロリット | 迈克罗利克陶瓷刀具 |
| **mil** | 密耳〔千分之一英吋〕 | ミル | 密耳〔千分之一英寸〕 |
| **milage indicator** | 里程計（量錶） | 距離計 | 里程计（量表） |
| **mild acid** | 弱酸 | 弱酸 | 弱酸 |
| — carbon steel | 低碳鋼 | 低炭素鋼 | 低碳钢 |
| — carburizer | 緩和滲碳劑 | 緩和浸炭剤 | 缓和渗碳剂 |
| — carburizing | 緩和滲碳 | 緩和浸炭 | 缓和渗碳 |
| — iron | 軟鐵 | 軟鉄 | 软铁 |
| — steel | 軟鋼；低碳鋼 | 軟鋼 | 软钢；低碳钢 |
| — steel drum | 低碳鋼罐 | ドラム缶 | 低碳钢罐 |
| — steel sheet | 軟鋼板 | 軟鋼板 | 软钢板 |
| **mile** | 英里；哩 | マイル | 英里 |
| **mileage** | 按英里計算的運費 | マイレージ | 按英里计算的运费 |
| **milk** | 乳狀液；乳劑；牛奶 | ミルク | 乳状液；乳剂；牛奶 |
| **milkiness** | 乳狀〔性〕；乳白色 | 乳濁 | 乳状〔性〕；乳白色 |
| **mill** | 製造廠；加工場；粉碎機 | ミル，製造所 | 粉碎机；滚轧机；铣 |
| — base | 研磨料 | ミルベース | 研磨料 |

| 英　　文 | 臺　　灣 | 日　　文 | 大　　陸 |
|---|---|---|---|
| — cake | 磨餅 | ミル砕粉固塊 | 磨饼 |
| — cinder | 軋屑；二次鐵鱗 | ミルスケール | 轧屑；二次铁鳞 |
| — crane | 製鋼用吊車 | 製鋼クレーン | 制钢用吊车 |
| — edge | 熱軋緣邊 | ミルエッジ | 热轧缘边 |
| — engraving machine | 研磨鐫板機 | ミル彫刻機 | 研磨镌板机 |
| — finish | 銑光；軋光 | 圧延仕上げ | 压光；滚光 |
| — floor | 工廠地面；工場地面 | 工場床 | 工厂地面；车间地面 |
| — furnace cinder | 均熱爐渣；氧化皮 | 煙道さい | 均热炉渣；氧化皮 |
| — hardening | 軋〔鍛〕後餘熱淬火 | ミル焼入れ | 轧〔锻〕后余热淬火 |
| — housing | 軋機機架 | ミルハウジング | 轧机机架 |
| — limit | 軋製公差 | ミルリミット | 轧制公差 |
| — mixer | 攪拌混合器 | ミルミキサ | 搅拌混合器 |
| — motor | 壓延用電動機 | ミルモータ | 压延用电动机 |
| — opening | 軋輥開度 | ロール間げき | 轧辊开度 |
| — oxide | 軋鋼鱗片 | ミルスケール | 轧制氧化皮 |
| — pack | 疊軋板 | 積層圧延板 | 叠轧板 |
| — process | 直接煉〔鋼〕法 | 直接製鉄法 | 直接炼〔钢〕法 |
| — roll scale | 軋製鐵鱗；軋製氧化皮 | ミルロールスケール | 轧制铁鳞；轧制氧化皮 |
| — scale | 軋鋼鱗片 | ミルスケール | 轧制氧化皮 |
| — shape | 機加工用坯料 | 圧延鋼 | 机加工用坯料 |
| — shrinkage | 軋製收縮 | ミル収縮 | 轧制收缩 |
| — star | 星鐵 | スター | 星铁 |
| — tap | 軋製鐵鱗 | ミルタップ | 轧制铁鳞 |
| — train | 軋機機組 | ミルトレイン | 轧机机组 |
| — width | 滾軋寬度 | ミル幅 | 滚轧宽度 |
| **millbar** | 熱鐵初軋條 | ミルバール | 熟铁初轧条 |
| **millboard** | 石棉板；馬糞紙；麻絲板 | ミルボード | 石棉板；马粪纸；麻丝板 |
| **milled** clay | 漂白土 | 漂白土 | 漂白土 |
| — finishing | 精（整）軋 | ミルド仕上げ | 精（整）轧 |
| — head | 滾壓頭 | ミルドヘッド | 滚压头 |
| — helicoid | 銑削出的螺旋面 | ミルドヘリコイド | 铣削出的螺旋面 |
| — lead | 軋製鉛板；滾花鉛板 | 延鉛板 | 轧制铅板；滚花铅板 |
| — sheet | 軋製（薄）板 | ミルドシート | 轧制（薄）板 |
| — soap | 研製皂 | 機械練りせっけん | 研制皂 |
| — twist drill | 麻花鑽 | ミルドツイストドリル | 麻花钻 |
| **miller** | 銑床〔工〕 | ミラ | 铣床〔工〕 |
| **millerite** | 針鎳礦 | 硫ニッケル鉱 | 针镍矿 |
| **milliard** | 十億 | 十億 | 十亿 |
| **milligram** | 毫克 | ミリグラム | 毫克 |
| **millimass unit** | 千分之一原子質量單位 | ミリ質量単位 | 千分之一原子质量单位 |

| 英　　文 | 臺　　灣 | 日　　文 | 大　　陸 |
|---|---|---|---|
| **Millimess** | 米里麥斯測微儀 | ミリメス | 米里麦斯测微仪 |
| **millimeter** | 公厘 | ミリメートル | 毫米 |
| — gage | 毫米線規 | ミリメートルゲージ | 毫米线规 |
| **millimole** | 毫克分子(量) | ミリモル | 毫克分子(量) |
| **milling** | 銑削 | ミリング | 铣削；轧制；混练；选矿 |
| — attachment | 銑削裝置〔附件〕 | フライス装置 | 铣削装置〔附件〕 |
| — axis | 軋製軸線；軋製方向 | 圧延方向 | 轧制轴线；轧制方向 |
| — chuck | 銑刀夾頭 | ミリングチャック | 铣刀夹头 |
| — condition | 混煉條件 | 練り条件 | 混炼条件 |
| — cutter | 銑刀 | ミリングカッタ | 铣刀 |
| — cutter for gear cutting | 齒輪銑刀 | 歯切り用フライス | 齿轮铣刀 |
| — head | 銑頭 | ミリングヘッド | 主轴头；铣(刀)头 |
| — lathe | 銑床 | ミリングレース | 铣床 |
| — machine | 銑床 | ミリングマシン | 铣床 |
| — operation | 銑削(加工) | フライス作業 | 铣削(加工) |
| — ore | 人造礦石 | 選鉱粗鉱 | 人造矿石 |
| — property | (碾)磨性 | 縮充性 | (碾)磨性 |
| — rolls | 混煉輥 | 練りロール | 混炼辊 |
| — spindle | 銑刀(主)軸 | フライス主軸 | 铣刀(主)轴 |
| — tool | 銑刀 | 辺刻器 | 铣刀 |
| — unit | 銑削(動力)頭 | ミリングユニット | 铣削(动力)头 |
| **million** | 兆 | ミリオン | 兆 |
| **millisecond** | 毫秒 | ミリセカンド | 毫秒 |
| **millivolt** | 毫伏(特) | ミリボルト | 毫伏(特) |
| **millivoltmeter** | 毫伏計 | ミリボルトメータ | 毫伏计 |
| **milliwatt** | 毫瓦(特) | ミリワット | 毫瓦(特) |
| **mils error** | 密〔米〕位誤差 | ミル誤差 | 密位误差 |
| **mimetic crystal** | 擬晶 | 擬晶 | 拟晶 |
| **mimetite** | 氯砷鉛礦 | 黄鉛鉱 | 氯砷铅矿 |
| **mimic bus** | 模擬母線 | 模擬母線 | 模拟母线 |
| **mimicry** | 擬晶 | 擬晶 | 拟晶 |
| **minable ore** | 可採礦存量 | 可採鉱量 | 可采矿存量 |
| **Minalpha** | 錳銅標準阻絲合金 | ミナルファ | 锰铜标准阻丝合金 |
| **Minargent** | 尼娜金特銅鎳合金 | ミナージェント | 尼娜金特铜镍合金 |
| **mindigite** | 銅水鈷礦 | ミンディジャイト | 铜水钴矿 |
| **mine** | 地雷；礦山；水雷 | 地雷 | 地雷；矿山；水雷 |
| — accident | 礦山(偶然)事故 | 鉱山変災 | 矿山(偶然)事故 |
| — action | 爆破作用 | 地雷作用 | 爆破作用 |
| — car | 運礦車 | 鉱車 | 矿车 |
| — claim | 礦區 | 鉱区 | 矿区 |

| 英　　文 | 臺　　灣 | 日　　文 | 大　　陸 |
|---|---|---|---|
| — conscession | 礦區 | 鉱区 | 矿区 |
| — evaluation | 礦山評價 | 鉱山評価 | 矿山评价 |
| — lot | 礦區 | 鉱区 | 矿区 |
| — run | 原礦 | 元鉱 | 原矿 |
| — smalls | 粉礦 | 粉鉱 | 粉矿 |
| — surveying | 礦山測量 | 鉱山測量 | 矿山测量 |
| — wagon | 礦(石運輸)車 | 鉱車 | 矿(石运输)车 |
| **miner's lamp** | 安全燈;礦燈 | 安全灯 | 安全灯;矿灯 |
| **mineral** | 礦物 | 鉱物 | 矿物 |
| **mineralization** | 礦化(作用);成礦 | 鉱化作用 | 矿化(作用);成矿 |
| **mineralized bubble** | 礦化氣泡 | 鉱化気泡 | 矿化气泡 |
| **mineralizer** | 礦化劑 | 鉱化剤 | 矿化剂 |
| **mineralography** | 礦相學 | 鉱相学 | 矿相学 |
| **mineralogy** | 礦物學 | 鉱物学 | 矿物学 |
| **miniature** ball bearing | 微型滾珠軸承 | ミニアチュア玉軸受け | 微型球轴承 |
| — bearing pivot | 小型軸承軸尖 | 微型軸承支点 | 小型轴承轴尖 |
| — cartridge fuse | 小型保險絲管 | 管型ヒューズ | 小型保险丝管 |
| — drill | 小型鑽孔機 | ミニドリル | 小型钻孔机 |
| — motor | 小型電動機 | ミニアチュアモータ | 小型电动机 |
| — screw thread | 微型螺釘 | ミニアチュアねじ | 微型螺钉 |
| — snap switch | 小型快動開關 | ミニスナップスイッチ | 小型快动开关 |
| **miniclad** | 小型變電機 | ミニクラッド | 小型变电机 |
| **minicrystal** | 微晶 | ミニクリスタル | 微晶 |
| **minigroove** | 密紋 | ミニグルーブ | 密纹 |
| **minimal** basis | 極小基 | 最小基 | 极小基 |
| — configuration | 最小組態;最小造型 | さいしょう〜 | 最小组态;最小造型 |
| — mean number of inquiry | 最小平均詢問次數 | 最小平均質問回数 | 最小平均询问次数 |
| — order controller | 最小指令控制裝置 | 最小命令制御装置 | 最小指令控制装置 |
| — solution | 最小解 | 最小解 | 最小解 |
| — state adaptive controller | 最小狀態自適應制裝置 | 最小状態適応制御装置 | 最小状态自适应制装置 |
| — system design criterion | 最小系統設計標準 | 最小システム設計基準 | 最小系统设计标准 |
| — time control | 最短時間控制 | 最短時間制御 | 最短时间控制 |
| — value | 極小值 | 極小値 | 极小值 |
| **minimality** | 極小性;最小性 | 極小性 | 极小性;最小性 |
| **minimax** | 極大極小〔機率論用語〕 | ミニマックス | 极大极小〔概率论用语〕 |
| — control | 極大極小控制 | ミニマックス制御 | 极大极小控制 |
| — optimization | 極大極小最優化 | ミニマックス最適化 | 极大极小最优化 |
| — strategy | 極大極小戰略〔策略〕 | ミニマックス戦略 | 极大极小战略〔策略〕 |
| — system | 極大極小系統 | ミニマックスシステム | 极大极小系统 |
| **minimization** | 最簡化 | 最小化 | 最简化 |

| 英　　　文 | 臺　　　灣 | 日　　　文 | 大　　　陸 |
|---|---|---|---|
| — process | 求極小值法 | 最小化行程 | 求极小值法 |
| **minimum** | 最小(值) | ミニマム | 最小(值) |
| — access | 最快存取 | ミニマムアクセス | 最快存取 |
| — allowable oil pressure | 允許最小油壓 | 許容最低油圧 | 允许最小油压 |
| — area | 最小區域 | 最小領域 | 最小区域 |
| — bearing life | 軸承最小壽命 | 最小軸受け寿命 | 轴承最小寿命 |
| — bending radius | 最小彎曲半徑 | 最小曲げ半径 | 最小弯曲半径 |
| — clearance | 最小游隙〔間隙〕 | 最小すき間 | 最小游隙〔间隙〕 |
| — creep rate | 最小潛變率 | 最小クリープ速度 | 最小变动速度 |
| — curve length | 最小曲線長〔鐵路〕 | 最小曲線長 | 最小曲线长〔铁路〕 |
| — curve radius | 最小曲線半徑 | 最小曲線半径 | 最小曲线半径 |
| — cut set | 最小截集〔割集〕 | 最小カットセット | 最小截集〔割集〕 |
| — detectable distance | 最小探傷距離 | 最小探傷距離 | 最小探伤距离 |
| — deviation | 最小偏差 | 最小偏差 | 最小偏向角;最小漂移 |
| — diameter of punch | 最小沖頭直徑 | 最小パンチ径 | 最小冲头直径 |
| — form | 最簡形式 | 最簡形 | 最简形式 |
| — grade | 最小梯〔坡〕度 | 最小こう配 | 最小梯〔坡〕度 |
| — heater | 小型加熱器;小型電爐 | ミニヒータ | 小型加热器;小型电炉 |
| — idling speed | 空載最小轉數 | 無負荷最低回転数 | 空载最小转数 |
| — ignition energy | 最小點〔著〕火能量 | 最小発火エネルギー | 最小点〔着〕火能量 |
| — injection limit | 最小噴射極限 | 最小噴射量 | 最小喷射极限 |
| — ionization | 最小電離 | ミニマムイオン化 | 最小电离 |
| — jack | 小型千斤頂 | 豆ジャッキ | 小型千斤顶 |
| — limit of size | 最小允許尺寸 | 最小許容寸法 | 最小允许尺寸 |
| — measurement | 最小容許尺寸 | 下限寸法 | 最小容许尺寸 |
| — octane rating | 最低辛烷值 | 最低オクタン定格値 | 最低辛烷值 |
| — port size | 最小孔徑 | 最小口径 | 最小孔径 |
| — principal stress | 最小主應力 | 最小主応力 | 最小主应力 |
| — scale value | 最小刻度值 | 最小目盛り値 | 最小刻度值 |
| — size | 最小尺寸 | ミニマムサイズ | 最小尺寸 |
| — stress | 最小應力 | 最小応力 | 最小应力 |
| — value | 最小值;極小值 | 最小値 | 最小值;极小值 |
| **minimun-cost allocation** | 最小費用分配 | 最小費用配分 | 最小费用分配 |
| — cutting speed | 最經濟切削速度 | カッティングスピード | 最经济切削速度 |
| **mining** | 採礦;礦業 | マイニング | 采矿;矿业 |
| — area | 礦區 | 鉱区 | 矿区 |
| **minitrim** | 微調 | ミニトリム | 微调 |
| **minitype** | 微型 | ミニタイプ | 微型 |
| **Minofar** | 餐具錫合金 | ミノファ | 餐具锡合金 |
| **minophyric** | 細斑狀 | 細粒はん状 | 细斑状 |

| 英　　文 | 臺　　灣 | 日　　文 | 大　　陸 |
|---|---|---|---|
| **minor aisle** | 小通道;走廊;過道 | 小入り側 | 小通道;走廊;过道 |
| — auxiliary circle | 小輔助(參考)圓 | 小幅円 | 小辅助(参考)圆 |
| — critical speed | 次臨界轉數 | 副危険回転数 | 次临界转数 |
| — cutting edge | 副切削刃 | 副切れ刃 | 副切削刃 |
| — cutting edge angle | (刀具)副導角 | 副切込み角 | (刀具)副导角 |
| — flank | (刀具的)副後(隙)面 | 副逃げ面 | (刀具的)副后(隙)面 |
| — thread diameter | 齒元圓直徑;螺紋内徑 | 雄ねじの谷径 | 齿元圆直径;螺纹内径 |
| — tune-up | 部分調整;局部改進 | マイナチューナップ | 部分调整;局部改进 |
| **minority** | 少數 | マイノリティ | 少数 |
| **Minovar** | 低膨脹高鎳鑄鐵 | ミノバー（ル） | 低膨胀高镍铸铁 |
| **mint** | 造幣廠 | 造幣局 | 造币厂 |
| **minterm** | 最小項 | ミンターム | 最小项 |
| **minus** | 減;減號;負號;負的 | マイナス | 减;减号;负号;负的 |
| — camber | (車輪)負外傾 | マイナスキャンバ | (车轮)负外倾 |
| — caster | 前傾角 | マイナスキャスタ | 前倾角 |
| — screw | 一字槽頭螺釘 | マイナススクリュー | 一字槽头螺钉 |
| — thread | 負螺紋 | マイナスねじ | 负螺纹 |
| **minute** | 分〔時間;角度〕 | ミニット | 分〔时间;角度〕 |
| — bonder | 精密接合〔連接〕器 | ミニットボンダ | 精密接合〔连接〕器 |
| — of arc | 分〔一度的六十分之一〕 | 分 | 分〔一度的六十分之一〕 |
| **Minvar** | 鎳鉻(低膨脹)鑄鐵 | ミンバール | 镍铬(低膨胀)铸铁 |
| **Mira** | 米拉銅合金 | ミラ | 米拉铜合金 |
| — metal | 米拉耐蝕銅合金 | ミラメタル | 米拉耐蚀铜合金 |
| **mirror** | 鏡;反射鏡 | ミラー | 镜;反射镜 |
| — ball | 小型球面反射鏡 | ミラーボール | 小型球面反射镜 |
| — finishing | 鏡面精加工 | 鏡面仕上げ | 镜面精加工 |
| — foil | 鏡面銀箔 | ミラーホイル | 镜面银箔 |
| — image relationship | 鏡像關係 | 鏡像関系 | 镜像关系 |
| — plate | 鏡面板;有光板 | 鏡面板 | 镜面板;有光板 |
| — point | (鏡)反射點 | 反射点 | (镜)反射点 |
| — polish | 鏡面拋光 | ミラーポリッシュ | 镜面抛光 |
| — scale | 鏡面刻度尺〔度盤〕 | 鏡面スケール | 镜面刻度尺〔度盘〕 |
| — surface | 鏡面;反射面 | ミラーサーフェス | 镜面;反射面 |
| — symmetry | 鏡面對稱 | 鏡面対称 | 镜面对称 |
| — wheel | 鏡輪 | 鏡車 | 镜轮 |
| **misalignment** | 欠對準 | ミスアラインメント | 不同心度;不平行度 |
| **miscella** | 溶劑(混合)油 | ミセラ | 溶剂(混合)油 |
| **Mischrome** | 鐵鉻系不銹鋼 | ミスクロム | 铁铬系不锈钢 |
| **miscibility** | 混合性;摻混性 | ミシビリティ | 可混性;掺混性 |
| — gap | 共溶間隙 | 混合間げき | 共溶间隙 |

M

727

| 英　文 | 臺　灣 | 日　文 | 大　陸 |
|---|---|---|---|
| — test | 混和性試驗 | 混和性試驗 | 混和性试验 |
| **misclosure** | 閉合差〔測量〕 | 閉合誤差 | 闭合差〔测量〕 |
| **miscuts** | 誤沖切;錯切割 | ミスカット | 误冲切;错切割 |
| **misfit** | 不適配 | ミスフィット | 不适配;不吻合 |
| — dislocation | 失配差排 | ミスフィット転位 | 失配位错 |
| — value | 配錯值 | 値の違い | 配错值 |
| **mismatch** | 不協調;錯箱〔鑄造〕 | ミスマッチ | 不协调;错箱〔铸造〕 |
| — error | 失配誤差 | 不整合誤差 | 失配误差 |
| — in mould | 錯箱;佔移〔鑄件缺陷〕 | 羽組み | 错箱;占移〔铸件缺陷〕 |
| **mismatching** | 不匹配;失配;失諧 | ミスマッチング | 不匹配;失配;失谐 |
| **mispairing** | 錯對;錯配 | 誤対合 | 错对;错配 |
| **miss** | 差錯 | ミス | 差错;弄错;失误;脱靶 |
| — chucking | （錯）誤夾緊 | ミスチャッキング | （错）误夹紧 |
| — cut | 誤切 | ミスカット | 误切 |
| — punch | 錯位沖孔〔導向不良〕 | ミスポンチ | 错位冲孔〔导向不良〕 |
| **missing** | 缺失;錯過;未命中 | ミッシング | 遗漏;损失;未命中 |
| — value | 欠測值 | 誤測値 | 欠测值 |
| **mission** | 使命;（汽車的）變速箱 | ミッション | 使命;（汽车的）变速箱 |
| — case | 變速箱體 | ミッションケース | 变速箱体 |
| **mist** | （煙;油;塵;輕）霧 | ミスト | （烟;油;尘;轻）雾 |
| — catcher | 煙霧收集器 | ミストキャッチャ | 烟雾收集器 |
| — coolant | 油霧冷卻劑 | ミストクーラント | 油雾冷却剂 |
| — eliminator | 消霧器 | ミストエリミネータ | 消雾器 |
| — flow | 噴霧 | 霧流 | 喷雾 |
| — generating nozzle | 噴霧嘴 | 噴霧ノズル | 喷雾嘴 |
| — lubrication | 油霧潤滑 | ミスト潤滑法 | 油雾润滑 |
| — spray | 噴霧 | ミストスプレー | 喷雾 |
| — sprayer | 噴霧器 | ミスト機 | 喷雾器 |
| **mistake** | 誤解 | まちがい | 误解;失策;错误 |
| **mistreatment** | 誤處理 | 酷使 | 误处理 |
| **mistrimmed forging** | 過鍛製品 | 過鍛造品 | 过锻制品 |
| **mitchellite** | 鎂鉻鐵礦 | ミッチェライト | 镁铬铁矿 |
| **miter and butt** | 對頭斜角接合 | 入込み留め | 对头斜角接合 |
| — and feather | 舌樺斜角接合 | さね留め | 舌榫斜角接合 |
| — and rebate(d) joint | 半槽斜角接合 | 半留め | 半槽斜角接合 |
| — clamping | 斜夾板;板端斜接 | 留め端ばみ | 斜夹板;板端斜接 |
| — crib | 斜交框架 | 合掌わく | 斜交框架 |
| — cut | 斜切45度角 | 45度隅切り | 斜切45度角 |
| — dovetail (joint) | 角部斜接暗樺 | 隠しあり | 角部斜接暗榫 |
| — elbow | 斜角對接彎管接頭 | 突付けエルボ | 斜角对接弯管接头 |

| 英　　文 | 臺　　灣 | 日　　文 | 大　　陸 |
|---|---|---|---|
| — fillet weld | 平角銲 | 平すみ肉溶接 | 平角焊 |
| — gate | 斜接 | マイタゲート | 人字闸门 |
| — gear | 斜方齒輪 | マイタギヤー | 等径圆锥齿轮 |
| — joint | 斜接合 | マイタジョイント | 斜接头;斜接缝;斜接合 |
| — post | 斜柱 | マイタ柱 | 斜接柱 |
| — square | 45度尺;斜角尺 | 45度定規 | 45度尺;斜角尺 |
| — valve | 錐形閥 | マイタバルブ | 锥形阀 |
| — welding | 斜接頭閃光銲 | マイタ溶接 | 斜接头闪光焊 |
| — wheel | 斜方輪 | マイタホイール | 等径圆锥齿轮 |
| **mitis** casting | 可鍛鐵鑄造〔鑄件〕 | 鍛鉄鋳物 | 可锻铁铸造〔铸件〕 |
| — metal | 可鍛鑄鐵 | マイチスメタル | 可锻铸铁 |
| **Mitsche's effect** | 米謝效應 | ミッチェ効果 | 米谢效应 |
| **mix** | 混合(物) | ミックス | 混合(物);配合 |
| — muller | (擺輪式)混砂機 | ミックスマラー | (摆轮式)混砂机 |
| — proportion | 配合比 | 調合比 | 配合比 |
| — value | 混合值 | ミックス値 | 混合值 |
| **mixed** acid | 混合酸 | 混酸 | 混酸 |
| — adhesive | 混合膠黏劑 | 混合接着剤 | 混合胶粘剂 |
| — air | (空調的)混合空氣 | 混合空気 | (空调的)混合空气 |
| — area | 混合面積 | 混合領域 | 混合面积 |
| — assembly | 混合組裝;混合裝配 | 混成組立て | 混合组装;混合装配 |
| — carbide fuel | 混合碳化物燃料 | 混合炭化物燃料 | 混合碳化物燃料 |
| — catalyst | 混合催化劑 | 混合触媒 | 混合催化剂 |
| — condenser | 混合冷凝器 | 混合凝縮器 | 混合冷凝器 |
| — control | 混合控制 | 混合支配 | 混合控制 |
| — control type corrosion | 混合控制型腐蝕 | 混合支配形腐食 | 混合控制型腐蚀 |
| — current | 混流 | 錯流 | 混流;错流 |
| — difference | 混合差分 | 混合差分 | 混合差分 |
| — dislocation | 混合差排;合成差排 | 混合転位 | 混合位错;合成位错 |
| — distribution | 混合分布 | 混合分布 | 混合分布 |
| — engine | 複合循環電動機 | 複合サイクル機関 | 复合循环电动机 |
| — feeder | 混合進料裝置 | 混合供給装置 | 混合进料装置 |
| — firing | 混(合燃)燒 | 混焼 | 混(合燃)烧 |
| — flow | 混流 | 混合流 | 混流 |
| — goods | 混合織物 | 混合織物 | 混合织物 |
| — grade | 異級混合物 | 異級混合物 | 异级混合物 |
| — isomers | 混合同分異構體 | 混合異性体 | 混合同分异构体 |
| — joint | 混合接頭;複合接頭 | 混用継ぎ手 | 混合接头;复合接头 |
| — liquor | 混合液 | 混合液 | 混合液 |
| — lubrication | 混合潤滑 | 混合潤滑 | 混合润滑 |

**M**

| 英　　文 | 臺　　灣 | 日　　文 | 大　　陸 |
|---|---|---|---|
| — metal | 發火合金 | ミッシュメタル | 发火合金 |
| — paint | 調合漆 | 調合ペイント | 调合漆 |
| — rags | 成形;裝置;組合 | 成形 | 成形;装置;组合 |
| **mixer** | 混合機;攪拌機 | ミキサ | 混合装置;搅拌机 |
| — car | 攪拌車 | ミキサカー | 搅拌车 |
| — metal | 混鐵爐生鐵 | 混銑炉銑 | 混铁炉生铁 |
| — truck | 攪拌機 | ミキサトラック | 搅拌机 |
| **mixing** | 混合;調合;攪拌 | 混合 | 混合;调合;搅拌 |
| — action | 混合作用 | 混合作用 | 混合作用 |
| — agent | 調合劑;混加劑 | 調合剤 | 调合剂;混加剂 |
| — aid | 混合助媒 | 混合助媒 | 混合助媒;助混剂 |
| — air | 混合用空氣 | 混合用空気 | 混合用空气 |
| — carbon | 混合碳 | 混合炭素 | 混合碳 |
| — chamber | 混合室;預燃室 | 混合室〔器〕 | 混合室;预燃室 |
| — cylinder | 混合缸 | 混合筒 | 混合缸 |
| — equipment | 混合設備 | 混合装置 | 混合设备 |
| — funnel | 混合漏斗 | 混合ロート | 混合漏斗 |
| — machine | 混合機;攪拌機 | ミキサ | 混砂机;搅拌机 |
| — method | 混合法 | 混合法 | 混合法 |
| — mill | 混合碾機;攪拌機 | ミキサ | 混合辊;搅拌机 |
| — nozzle | 混合噴嘴 | ミキシングノズル | 混合喷嘴 |
| — point | 混合點 | 混合点 | 混合点 |
| — proportion | 混合比;調合 | 混合比 | 混合比;调合 |
| — ratio | 拌和比;混合比 | 調合比 | 配比;拌和比;混合比 |
| — roll mill | 混煉機 | 錬りロール機 | 混炼机 |
| — tank | 攪拌槽;混料罐 | 調合槽 | 搅拌槽;混料罐 |
| — time | 攪拌時間 | 錬り交ぜ時間 | 搅拌时间;混合时间 |
| **mixite** | 砷鉍銅礦 | ミキサ石 | 砷铋铜矿 |
| **mixtruder** | 混煉擠出機 | ミクストルーダ | 混炼挤出机 |
| **mixture** | 混合物 | 混合 | 混合物 |
| — control | 混合物控制 | 混合比制御 | 混合比控制 |
| — method lubrication | (滑油燃油)混合潤滑法 | 混合潤滑 | (滑油燃油)混合润滑法 |
| — of gases | 混合氣(體) | 混合気（体） | 混合气(体) |
| — ratio control | 混合比控制 | 混合比制御 | 混合比控制 |
| — strength | 混合氣濃度 | 混合比 | 混合强度 |
| **MKS system** | 米-千克-秒單位制 | MKS 単位系 | 米-千克-秒单位制 |
| **mm-wave** | 毫米波 | ミリ波 | 毫米波 |
| **mobile antenna** | 移動式天線 | モービルアンテナ | 移动式天线 |
| — belt | 活動帶 | 変動帯 | 活动带 |
| — crane | 移動式起重機 | 移動クレーン | 移动式起重机 |

| 英　文 | 臺　灣 | 日　文 | 大　陸 |
|---|---|---|---|
| — dislocation | 可動差排 | 可動転位 | 可动位错 |
| — equlibrium | 動態平衡 | 可動平衡 | 动态平衡 |
| — gas turbine | 移動式燃氣輪機 | 移動ガスタービン | 移动式燃气轮机 |
| — grease | 車用潤滑脂 | 内燃機用グリース | 车用润滑脂 |
| — machine | 活動機械 | モービルマシン | 活动机械 |
| — phase | 移動相 | 移動相 | 流动相 |
| — unit | 移動式設備 | 可搬式装置 | 移动式设备 |
| **mobility** | 可動性;流動性 | モビリティ | 机动性;灵活性 |
| — gap | 遷移距離 | モビリティギャップ | 迁移距离 |
| **mobiloader** | 機動裝卸機 | モビローダ | 机动装卸机 |
| **mobiloil** | 機油;潤滑油 | モビル油 | 流性油;机油;润滑油 |
| **Mock gold** | 莫克鉑銅合金 | モックゴールド | 莫克铂铜合金 |
| — platina | 莫克高鋅黃銅 | モックプラチナ | 莫克高锌黄铜 |
| — silver | 錫銻銅合金 | ブリタニア金 | 锡锑铜合金;莫克白银 |
| **mockup** | 模型打樣 | 実物大模型 | 实际尺寸模型 |
| — model | 實際尺寸模型 | モックアップ | 实际尺寸模型 |
| — test | 模型試驗 | モックアップ試験 | 模型试验 |
| **modal analysis** | 振型分析 | モーダル解析 | 振型分析 |
| — analysis program | 模態分析程式 | モーダルアナリシス | 模态分析程序 |
| — balancing | 振型平衡 | モード釣合わせ | 振型平衡 |
| — flexibility | 狀態柔度 | フレキシビリティ | 状态柔度 |
| — split model | 模態剖分模型 | スプリットモデル | 模态剖分模型 |
| **modality** | 模態 | 様相 | 模态 |
| **modderite** | 砷鈷礦 | モーダー石 | 砷钴矿 |
| **mode** | 方法;方式 | モード | 方法;方式;波形;波模 |
| — chart | 振蕩模圖表;模式圖 | モード図表 | 振荡模图表;模式图 |
| — interference | 振蕩模干擾 | モード干渉 | 振荡模干扰 |
| — jump | 振蕩模跳變 | モードジャンプ | 振荡模跳变 |
| — matching | 模匹配 | モードマッチング | 模匹配 |
| — of buckling | 壓曲式;縱彎式 | 座屈形 | 压曲式;纵弯式 |
| — shape | 固有振動 | 振動モードの形 | 固有振动 |
| — shift | 模移 | モードシフト | 模移 |
| — volume | 模體積〔容量〕 | モードボリューム | 模体积〔容量〕 |
| **model** | 模型;標本 | モデル | 靠模;样品〔机〕;样板 |
| — base | 模型庫;模型基;模座 | モデルベース | 模型库;模型基 |
| — building | 模型構成 | モデル作成 | 模型构成 |
| — for prediction | 預測模型 | 予測モデル | 预测模型 |
| — fringe value | 模型邊緣值 | 模型フリンジ値 | 模型边缘值 |
| — hierarchy | 模型體系;模型層次 | モデル階層 | 模型体系;模型层次 |
| — making | 模型化;模型製作 | 模型化 | 模型化;模型制作 |

**M**

| 英　　文 | 臺　　灣 | 日　　文 | 大　　陸 |
|---|---|---|---|
| — method | 模型法 | モデル法 | 模型法 |
| — of full size | 實體模型 | 実大模型 | 实体模型 |
| — scale | 模型比例尺 | 模型縮尺 | 模型比例尺 |
| — scrutinization | 模型仔細研究 | モデル吟味 | 模型仔细研究 |
| — set | 模型 | モデルセット | 模型 |
| — size | 模型尺寸 | 模型寸法 | 模型尺寸 |
| — synthesis | 模型綜合法 | モデル総合 | 模型综合法 |
| — test | 模型試驗 | モデルテスト | 模型试验 |
| **modelization** | 模型化 | モデル化 | 模型化 |
| **modelling** | 模型製造;靠模加工 | モデリング | 模型制造;模拟试验 |
| — bar | (縮放儀)比例桿 | モデリングバー | (缩放仪)比例杆 |
| — clay | 模型製作用黏土 | 模型製作用粘土 | 模型制作用粘土 |
| — sand | 鑄砂 | 鋳型砂 | 型砂 |
| **moderated reactor** | 減速反應堆 | 減速原子炉 | 减速反应堆 |
| **moderating** material | 減速物質 | 減速物質 | 减速物质 |
| — power | 慢化能力 | 減速能 | 慢化能力 |
| — ratio | 減速率〔比〕 | 適切化率 | 减速率〔比〕 |
| **moderation** | 減速 | 減速 | 减速;慢化 |
| — ratio | 減速比 | 減速比 | 减速比;减速系数 |
| **moderator** | 緩和劑;減速劑;調整器 | モデレータ | 缓和剂;减速剂;调整器 |
| — coolant | 慢化冷卻劑 | 減速冷却材 | 慢化冷却剂 |
| — material | 減速劑;減速材料 | 減速材〔物質〕 | 减速剂;减速材料 |
| **modification** | 變更;變形;修改;改進(型) | モディフィケーション | 变形;修改;改进(型) |
| — level | 修改級;調正電平 | 修正レベル | 修改级;调正电平 |
| **modified** address | 修改地址 | 修飾化アドレス | 修改地址 |
| — area | 等效面積;修正面積 | 適正化した面積 | 等效面积;修正面积 |
| — austempering | 改進的等溫淬火 | 改良オーステンパ | 改进的等温淬火 |
| — bit | 修改位 | モディファイドビット | 修改位 |
| — cross-section yarn | 異形截面紗 | 異形断面糸 | 异形截面纱 |
| — drawing | 變更圖;修正圖 | 変更図 | 变更图;修正图 |
| — drying oil | 變性乾性油 | 改性乾性油 | 变性乾性油 |
| — engine | 改型發動機 | 改型発動機 | 改型发动机 |
| — marquenching | 改進的分級淬火 | 改良マルクェンチ | 改进的分级淬火 |
| — polyconic projection | 改良多圓錐投影 | 修正多円すい図法 | 改良多圆锥投影 |
| — stiffness | 修正剛度 | 補正剛度 | 修正刚度 |
| — stress | 修正應力 | 修整応力 | 修正应力 |
| — tooh profile | 修正齒形 | 修整歯形 | 修正齿形 |
| — tooth profile gear hob | 修正齒形滾刀 | 修整歯形ホブ | 修正齿形滚刀 |
| — Tresca yield criterion | 最大剪應力條件 | 修正トレスカ降伏条件 | 最大剪应力条件 |
| **modifier** | 變性劑;調整劑;變址數 | モディファイア | 变性剂;调节剂;变址数 |

| 英　　文 | 臺　　灣 | 日　　文 | 大　　陸 |
|---|---|---|---|
| **modifying** adduct | 附加改良劑 | 付加改質剤 | 附加改良劑 |
| — agent | 改質劑;修性劑 | 改質剤 | 改质剂;修性剂 |
| — factor | 修正係數 | 修正係数 | 修正系数 |
| — gene | 修飾基因;修飾因子 | 変更遺伝子 | 修饰基因;修饰因子 |
| **modillion** | 飛檐托;托檐石;托飾 | モディリオン | 飞檐托;托檐石;托饰 |
| **moding** | 模變 | モーディング | 模变;跳模;振荡模的 |
| **modularity** | 積木性 | モジュラリティ | 积木性;调制性 |
| **modulated** amplifier | 被調制放大器 | 被変調整 | 被调制放大器 |
| **modulating** amplifier | 調制放大器 | 変調増幅器 | 调制放大器 |
| — valve | 調節閥 | 調整弁 | 调节阀 |
| **modulation** | 調制〔整;節;諧;幅〕 | モデュレーション | 调制〔整;节;谐;幅〕 |
| **modulator** | 調節器;調幅器 | モジュレータ | 调制器;调幅器 |
| **module** | 模數;係數 | モジュール | 模件;组件;模块 |
| — grid | 模數網格 | モデュール格子 | 模数网格 |
| — modulus | 模數;(微型)組件;率 | モジュール | 模量;(微型)组件;率 |
| — in bending | 彎曲彈性模數 | 曲げ弾性率 | 弯曲弹性模量 |
| — in compression | 壓縮彈性模數 | 圧縮弾性率 | 压缩弹性模量 |
| — in flexure | 彎曲彈性模數 | 曲げ弾性率 | 弯曲弹性模量 |
| — in shear | 剪切彈性模數〔係數〕 | 横弾性係数 | 剪切弹性模量〔系数〕 |
| — in tension | 拉伸彈性模數 | 引張り弾性率 | 拉伸弹性模量 |
| — of compressibility | 壓縮率 | 圧縮率 | 压缩率 |
| — of deformation | 變形模數 | 変形係数 | 变形模量 |
| — of elasticity | 彈性模數〔量〕 | 弾性係数 | 弹性模数〔量〕 |
| — of elongation | 拉伸彈性模數 | 伸び弾性率 | 拉伸弹性模量 |
| — of linear elasticity | 線彈性模數〔係數〕 | 線弾性率 | 线弹性模量〔系数〕 |
| — of resilience | 彈性能係數 | 弾性エネルギー係数 | 弹性能系数 |
| — of rigidity | 剛性係數;橫彈性模數 | せん断弾性係数 | 刚性系数;横弹性模量 |
| — of rupture | 折斷係數;斷裂模數 | 曲げ強度 | 折断系数;断裂模数 |
| — of section | 截面係數;斷面模數 | 断面係数 | 截面系数;断面模量 |
| — of stiffness | 彎曲剛性模數 | 曲げ剛性率 | 弯曲刚性模量 |
| — of strain hardening | 加工硬化係數 | ひずみ硬化係数 | 加工硬化系数 |
| — of stretch | 拉伸彈性模數 | 伸張弾性率 | 拉伸弹性模量 |
| — of tensile strength | 抗拉強度模數 | 引張り強さ係数 | 抗拉强度模量 |
| — of torsional rupture | 扭轉破壞係數 | ねじり破壊係数 | 扭转破坏系数 |
| — of transverse elasticity | 橫彈性模數 | 横弾性係数 | 横弹性模量 |
| — of volume change | 體積變化模數 | 体積変化率 | 体积变化模量 |
| — of volume elassticity | 體積彈性率〔模數〕 | 体積弾性率 | 体积弹性率〔模量〕 |
| — ratio | 彈性模數比 | 弾性率比 | 弹性模量比 |
| **Modutrol motor** | 莫杜特羅爾電動機 | モジュトロールモータ | 莫杜特罗尔电动机 |
| **Moelinvar** | 莫林瓦合金 | モイリンバ | 莫林瓦合金 |

| 英　　文 | 臺　　灣 | 日　　文 | 大　　陸 |
|---|---|---|---|
| **mogul base** | 大型管座；大型燈頭 | 大形口金 | 大型管座；大型灯头 |
| **Mohsscale** | 莫氏硬度計 | モース硬度計 | 莫氏硬度計 |
| **moisture** | 潮濕；濕氣；潤濕；水分 | モイスチュア | 潮湿；湿气；润湿；水分 |
| — absorbent | 吸濕劑 | 吸湿剤 | 吸湿剂 |
| — absorption | 吸濕性 | 湿気吸収 | 吸湿性；吸湿量；吸湿 |
| — absorption test | 吸濕試驗 | 吸湿試験 | 吸湿试验 |
| — apparatus | 測濕器 | 測湿器 | 測湿器 |
| — barrier | 防濕層 | 防湿層 | 防湿层 |
| — barrier property | 防濕性 | 防湿性 | 防湿性 |
| — conductance | 傳濕；濕氣傳導 | 湿気コンダクタンス | 传湿；湿气传导 |
| — content | 含水率〔量〕；濕量〔度〕 | 水分率 | 含水率〔量〕；湿量〔度〕 |
| — desorption | 脫濕 | 脱湿 | 脱湿 |
| — factor | 含水係數；濕度係數 | 含水係数 | 含水系数；湿度系数 |
| — impermeability | 不透濕性；防（潮）濕性 | 不透湿性 | 不透湿性；防（潮）湿性 |
| — membrane | 防濕膜 | 防湿シート | 防湿膜 |
| — penetration | 透濕性 | 透湿 | 透湿 |
| — permeability | 透濕性〔率〕 | 透湿性〔度〕 | 透湿性〔率〕 |
| — permeance factor | 透濕係數 | 透湿係数 | 透湿系数 |
| — permeation | 透濕 | 透湿 | 透湿 |
| — ratio | 水分比；含水比 | 水分比 | 水分比；含水比 |
| — retention | 保水〔濕〕性 | 保湿（性） | 保水〔湿〕性 |
| — seal | 防濕密封劑；防濕裝置 | 防湿シール | 防湿密封剂；防湿装置 |
| — vapor | 水蒸氣 | 水蒸気 | 水蒸气 |
| **moistureproofness** | 耐濕性 | 耐湿性 | 耐湿性 |
| **mol(e)** | 莫耳 | モル | 摩尔；衡分子 |
| — percent | 莫耳百分數 | 分子パーセント | 摩尔百分数 |
| — percentage | 莫耳百分率〔數〕 | モル百分率 | 摩尔百分率〔数〕 |
| **molality** | 克分子濃度 | 重量モル濃度 | 重模；重量摩尔浓度 |
| **molar addition** | 分子加成（作用） | 分子添加 | 分子加成（作用） |
| — fraction | 克分子數 | モル分率 | （体积）摩尔分数 |
| — heat | 克分子熱 | モル熱 | 分子热；摩尔热 |
| — mass | 莫耳質量 | モル質量 | 摩尔质量 |
| **molarity** | 容模；體積莫耳濃度 | モル濃度 | 容模；体积摩尔浓度 |
| **molconcentration** | 莫耳濃度 | モル濃度 | 摩尔浓度 |
| **mold** | 模；鑄模 | モールド | （模）型；铸模；样板 |
| — area | 成形面 | 成形面 | 成形面 |
| — assembly | 鑄模裝配 | 被せ前 | 铸型装配 |
| — base | 金屬模底〔墊〕板 | 金型ベース | 金属模底〔垫〕板 |
| — block | 模具元件 | 金型ブロック | 模具部件 |
| — board | 造模板 | 土工板 | 型板；样板 |

734

| 英　　文 | 臺　　灣 | 日　　文 | 大　　陸 |
|---|---|---|---|
| — bumping | 模型除氣 | ガス抜き | 模型除气 |
| — case | 砂箱 | モールドケース | 砂箱 |
| — cathode | 模型陰極 | モールドカソード | 模型阴极 |
| — cavity | (鑄模)模穴 | 鋳型空げき部 | (铸型)型腔 |
| — chiller | 鑄模激冷件 | モールドチラー | 铸模激冷装置 |
| — chilling | 鑄模激冷 | 金型冷却 | 铸模激冷 |
| — clamp | (砂)箱卡；壓鐵 | 型締め | (砂)箱卡；压铁 |
| — clamping force | 模具夾緊力 | 型締め力 | 模具夹紧力 |
| — clamping mechanism | 合模機構 | 型締め機構 | 合模机构 |
| — clamping pressure | 合模壓力 | 型締め圧 | 合模压力 |
| — clamping speed | 閉模速度；合模速度 | 型締め速度 | 闭型速度；合模速度 |
| — clamping stroke | 合模行程 | 型締め行程 | 合模行程 |
| — cleaner | 模除垢劑；模清潔劑 | 型清浄剤 | 模除垢剂；模清洁剂 |
| — closed time | 合模時間 | 型締め時間 | 合型时间 |
| — closing mechanism | 合模機構 | 型締め機構 | 合模机构 |
| — coating | 塗膜料 | 金型塗布剤 | 模具涂层；脱模剂 |
| — component | 模具組件 | 金型部品 | 模具组件 |
| — construction | 模具結構 | 金型構造 | 模具结构 |
| — conveyer | 鑄模輸送機 | モールドコンベヤ | 铸型输送机 |
| — cooling passage | 金屬模冷卻水路 | 金型冷却水路 | 金属模冷却水路 |
| — cooling time | 金屬模冷卻時間 | 金型冷却時間 | 金属模冷却时间 |
| — cooling water | 金屬模冷卻水 | 金型冷却水 | 金属模冷却水 |
| — core | 型芯 | 金型コア | 型芯 |
| — cramp | 鑄模夾鉗 | 型締め具 | 铸型夹钳 |
| — crane | 鑄模起重機 | モールドクレーン | 铸型起重机 |
| — curing | 模型固化 | 型硬化 | 模型固化 |
| — deposit | 模內沉著物 | 金型付着物 | 模内沉着物 |
| — design | 模具設計 | 金型の設計 | 模具设计 |
| — die plate | 金屬模(型)支承板 | 金型取付け板 | 金属模(型)支承板 |
| — dilatation | 鑄模膨脹 | 鋳型張り | 铸型膨胀 |
| — dimension | 金屬模(型)尺寸 | 金型寸法 | 金属模(型)尺寸 |
| — dismantling | 打箱 | 型ばらし | 打箱 |
| — face | 金屬模(型)表面 | 金型合せ面 | 金属模(型)表面 |
| — face temperature | 金屬模(型)表面溫度 | 金型表面温度 | 金属模(型)表面温度 |
| — facing | 塗膜料 | モールドフェーシング | 热模压表面镶片 |
| — frame | 砂箱 | 型わく | 砂箱 |
| — goods | 模製品 | 成形品 | 模制品 |
| — impression | 模具模穴 | 金型キャビティ | 模具型腔 |
| — jacket | 砂模框 | 被せ枠 | 铸型套箱 |
| — life | 模具壽命 | 金型寿命 | 模具寿命 |

M

| 英　　文 | 臺　　灣 | 日　　文 | 大　　陸 |
|---|---|---|---|
| ─ location dowel | 合模定位銷 | 合せピン | 合模定位銷 |
| ─ locking force | 閉模力;鎖模力 | 型締め力 | 閉型力;销模力 |
| ─ lubricant | 模油 | 型油離型剤 | 模润滑剂;脱模剂 |
| ─ making | 模具製作 | 金型製作 | 模具制作 |
| ─ mark | 模痕 | モールドマーク | 模型伤痕;模损 |
| ─ material | 模具材料 | 型材料 | 模具材料 |
| ─ open time | 開模時間 | 型開き時間 | 开模时间 |
| ─ opening force | 開模力 | 型開き力 | 开模力 |
| ─ opening speed | 開模速度 | 型開き速度 | 开模速度 |
| ─ opening stroke | 開模行程 | 型開き行程 | 开模行程 |
| ─ packing | 模壓迫緊 | モールドパッキン | 模压密封件 |
| ─ paint | 鑄模塗料 | 鋳型塗料 | 铸型涂料 |
| ─ parting agent | 脫模劑 | 離型剤 | 脱模剂 |
| ─ plate | 模具裝配〔固定〕板 | 引型（ひきがた） | 模具装配〔固定〕板 |
| ─ platen | 平台;模座;壓模板 | 定盤 | 平台;模座;压模板 |
| ─ pressure | 成形壓力 | 成形圧（力） | 成形压(力) |
| ─ proof paint | 護模塗料 | 防かびペンキ | 护模涂料 |
| ─ reaction | 鑄模反應 | 鋳型反応 | 铸型反应 |
| ─ release | 脫模(劑) | 離型 | 脱模(剂) |
| ─ release material | 脫模劑 | 離型剤 | 脱模剂 |
| ─ setting | 模具調整 | 金型整定 | 模具调整 |
| ─ shift | 砂模偏移 | 型ずれ | 错箱;错位;偏芯 |
| ─ shrinkage | 成形收縮 | 成形収縮 | 成形收缩 |
| ─ shrinkage factor | 成形收縮率 | 成形収縮率 | 成形收缩率 |
| ─ slide | 模具滑塊 | 金型スライダ | 模具滑块 |
| ─ steel | 模具鋼 | 金型鋼 | 模具钢 |
| ─ stool | 錠盤;潮芯托板 | 定盤 | 锭盘;潮芯托板 |
| ─ surface | 成形面;模具表面 | 成形面 | 成形面;模具表面 |
| ─ temperature | 模具溫度 | 金型温度 | 模具温度 |
| ─ tool | 金屬模具 | 金型 | 金属模具 |
| **moldcasting** | 鑄模鑄造 | 型鋳造 | 铸型铸造 |
| **molded article** | 模製件 | 成形品 | 模制件 |
| ─ base line | 造模基線 | 型基線 | 造型基线 |
| ─ breadth | 型寬;模寬 | 型幅 | 型宽;模宽 |
| ─ cathode | 模製陰極 | モールド（形）陰極 | 模制阴极 |
| ─ component | 模製元件 | 成形品 | 模制部件 |
| ─ displacement | 型排水量 | 型排水量 | 型排水量 |
| ─ gasket | 模製密封墊;模壓填料 | モールドガスケット | 模制密封垫;模压填料 |
| ─ in insert | 預埋(插入)件 | 埋込みインサート | 预埋(插入)件 |
| ─ in rib | 整體成形加強筋 | 一体成形リブ | 整体成形加强筋 |

| 英　文 | 臺　灣 | 日　文 | 大　陸 |
|---|---|---|---|
| ― lines | 模線 | 型ライン | 型线 |
| ― lug | 模製肋 | 成形ラグ | 模制肋 |
| ― packing | 模製迫緊 | モールドパッキン | 模制密封圈 |
| ― part | 模製品 | 成形品 | 模制品 |
| ― product | 模製品 | 成形品 | 模制品 |
| ― resin | 模製樹脂 | 型抜き樹脂 | 模制树脂 |
| ― section | 壓模成形;壓延成形 | 成形圧延 | 压模成形;压延成形 |
| **molder** | 鑄工 | モールダ | 铸工;制模工(人) |
| ― 's rule | 鑄造縮尺 | 鋳物尺 | 铸造缩尺 |
| **molding** | 造模;鑄模 | モールディング | 模塑;造型;铸模 |
| ― abrasion | 成形擦傷 | 成形摩耗 | 成形擦伤 |
| ― additive | 模製品的添加劑 | 成形品の添加剤 | 模制品的添加剂 |
| ― box | 砂箱 | 鋳型枠 | 砂箱 |
| ― box pin | (砂箱)定位銷;導銷 | 案内ピン | (砂箱)定位销;导销 |
| ― capacity | 成形能力 | 成形能力 | 成形能力 |
| ― clay | 鑄模黏土 | 鋳型粘土 | 铸型粘土 |
| ― condition | 成形條件 | 成形条件 | 成形条件 |
| ― control | 成形控制 | 成形制御 | 成形控制 |
| ― defect | 成形缺陷 | 成形欠点 | 成形缺陷;成形毛病 |
| ― direction | 成形方向 | 成形方向 | 成形方向 |
| ― fault | 成形缺陷;成形毛病 | 成形欠点 | 成形缺陷;成形毛病 |
| ― flash | 毛邊 | ばり | 毛刺;飞边 |
| ― flask | 砂箱;型箱 | 鋳型枠 | 砂箱;型箱 |
| ― force | 成形力 | 成形力 | 成形力 |
| ― heat | 成形熱 | 成形熱 | 成形热 |
| ― in loam | 黏土造模 | へな土鋳型法 | 粘土造型 |
| ― machine | 倒稜機;成形機 | 面取り盤 | 倒棱机;成形机 |
| ― material | 造模材料 | 鋳型材料 | 造型材料 |
| ― pin | 塑孔栓 | 中心銷 | 塑孔栓 |
| ― plane | 線腳鉋 | 繰り形かんな | 线脚刨 |
| ― plow | 培土犁 | 培土プラウ | 培土犁 |
| ― powder | 塑(料)粉 | 成形粉末 | 塑(料)粉 |
| ― sand | 鑄砂 | 鋳物砂 | 型砂;铸造(用)砂 |
| ― strain | 成形畸變;成形應變 | 成形ひずみ | 成形畸变;成形应变 |
| ― viscosity | 成形黏度 | 成形粘度 | 成形粘度 |
| **moldings** | 模製品;模壓品 | 成形品 | 模制品;模压品 |
| **moldwash** | 鑄模塗料 | 塗型材 | 铸型涂料 |
| **molecular** acidity | 分子酸度 | 分子酸性度 | 分子酸度 |
| ― action | 分子作用 | 分子作用 | 分子作用 |
| ― adhesion | 分子附著 | 分子付着 | 分子附着 |

**M**

| 英　　文 | 臺　　灣 | 日　　文 | 大　　陸 |
|---|---|---|---|
| — adsorption | 分子吸附 | 分子吸着 | 分子吸附 |
| — association | 分子締合（現象） | 分子会合 | 分子缔合（现象） |
| — asymmetry | 分子不對稱（性） | 分子不相称 | 分子不对称（性） |
| — attraction | 分子吸引 | 分子吸引 | 分子吸引 |
| — bond | 分子鍵 | 分子結合 | 分子键 |
| — concentration | 分子濃度 | 分子濃度 | 分子浓度 |
| — distillation | 分子蒸餾；高真空蒸餾 | 分子蒸留 | 分子蒸馏；高真空蒸馏 |
| — force | 分子（間）力 | 分子力 | 分子（间）力 |
| — formula | 分子式 | 分子式 | 分子式 |
| — grating | 分子晶格 | 分子格子 | 分子晶格 |
| — ionization | 分子電離（作用） | モルイオン化 | 分子电离（作用） |
| — number | 分子序數 | 分子基 | 分子序数 |
| **molecularity** | 分子性；分子狀態 | 分子性 | 分子性；分子状态 |
| **molecule** | 分子 | 分子 | 分子 |
| **molion** | 分子離子 | 分子イオン | 分子离子 |
| **mollerizing** | 液體滲鋁 | モレライジング | 液体渗铝 |
| **mollient** | 緩和劑；鎮靜劑 | 軟化剤 | 缓和剂；镇静剂；缓和药 |
| **mollifier** | 緩和劑；鎮靜劑 | 軟化剤 | 缓和剂；镇静剂 |
| **molten** bead sealing | 熔珠銲接；熔珠密封 | 溶融ビードシール | 熔珠焊接；熔珠密封 |
| — iron | 鐵水 | 溶銑 | 铁水 |
| — lead | 熔融鉛；鉛液 | 溶融鉛 | 溶融铅；铅液 |
| — metal | 熔融金屬 | 溶金 | 溶融金属 |
| — pool | 熔穴；熔池 | 溶融池 | 熔穴；熔池 |
| — slag | 熔渣 | 溶融スラッグ | 熔渣 |
| — steel | 鋼水 | 溶鋼 | 钢水；钢液 |
| **molybdenum, Mo** | 水鉛；鉬 | モリブデン | 水铅；钼 |
| **molybdenyl** | 氧鉬基 | モリブデニル基 | 氧钼基 |
| **moment** | 磁矩；力矩；動量 | モーメント | 磁矩；力矩；动量 |
| — area | 力矩面積 | 力率面積 | 力矩面积 |
| — arm | 矩臂；力臂 | モーメントアーム | 矩臂；力臂 |
| — coefficient | 力矩係數 | モーメント係数 | 力矩系数 |
| — limiter | 力矩限制器 | モーメントリミッタ | 力矩限制器 |
| — load | 力矩負載 | モーメント荷重 | 力矩荷载 |
| — of flexion | 彎矩 | 屈折モーメント | 弯矩 |
| — of flexure | 撓矩；彎矩 | 曲げモーメント | 挠矩；弯矩 |
| — of force | 力矩 | 力のモーメント | 力矩 |
| — of friction | 摩擦力矩 | 摩擦力率 | 摩擦力矩 |
| — of inertia | 慣性矩；轉動慣量 | 慣性能率 | 惯性矩；转动惯量 |
| — of momentum | 動量矩；角動量 | 運動量モーメント | 动量矩；角动量 |
| — of rupture | 斷裂力矩 | 破壊モーメント | 断裂力矩 |

| 英　文 | 臺　灣 | 日　文 | 大　陸 |
|---|---|---|---|
| — of torsion | 扭矩 | ねじれモーメント | 扭矩 |
| **momental ellipse** | 慣性橢圓 | 慣性だ円 | 惯性椭圆 |
| **momentum** | 動量 | 運動量 | 动量 |
| — balance | 動量平衡 | モーメンタムバランス | 动量平衡 |
| — drag | 動量阻力；動量阻尼 | モーメンタムドラグ | 动量阻力；动量阻尼 |
| — grade | 動量梯度 | 惰力こう配 | 动量梯度 |
| — of inertia | 慣性動量 | 慣性運動量 | 惯性动量 |
| — of rotation | 旋轉動量 | 回転運動量 | 旋转动量 |
| — thrust | 動量推力 | 運動量推力 | 动量推力 |
| **monad** | 一價物；一價基 | 一価元素 | 一价物；一价基 |
| **Monel metal** | 蒙納合金 | モネルメタル | 蒙乃尔合金 |
| **monheimite** | 鐵菱鋅礦 | モンハイム石 | 铁菱锌矿 |
| **Monimax** | 蒙尼馬克斯高導磁合金 | モニマックス | 蒙尼马克斯高导磁合金 |
| **monitor** | 監測器；(噴)水槍 | モニタ | 监测器；(喷)水枪 |
| **monitoring** | 監聽；監控；檢查；操縱 | モニタリング | 监听；监控；检查；操纵 |
| **monobed** | 單(一)床 | モノベッド | 单(一)床 |
| **monoblock** | 單體；單層炮管 | モノブロック | 单体；单层炮管 |
| — valve | 整體式複合閥 | 複合弁 | 整体式复合阀 |
| **monochip** | 單片 | モノチップ | 单片 |
| **monochrom** | 單色 | モノクローム | 单色 |
| **monocline** | 單向傾斜 | 単斜 | 单向倾斜 |
| **monoclinic** axis | 單斜軸 | 単斜軸 | 单斜轴 |
| — dome | 單斜坡面 | 単斜ひ面 | 单斜坡面 |
| **monocoque** | 硬殼式車身〔無骨架〕 | モノコック | 硬壳式车身〔无骨架〕 |
| **monocrystal** | 單結晶 | モノクリスタル | 单结晶 |
| **monocycle** | 獨輪車；單輪車 | モノサイクル | 独轮车；单轮车 |
| **monoenergy** | 單一能量 | 単一エネルギー | 单一能量 |
| **monogram** | 拼合文字 | 組合せ文字 | 拼合文字 |
| **monograph** | 專題論文 | モノグラフ | 专题论文；专题着作 |
| **monoion** | 一價離子 | 一価イオン | 一价离子 |
| **monojet** | 單體噴嘴 | モノジェット | 单体喷嘴 |
| **monolayer** | 單層；單分子〔原子〕層 | モノレヤ | 单层；单分子〔原子〕层 |
| **monolever** | 單手柄 | モノレバー | 单手柄 |
| **monolith** | 整塊石料；整體式 | モノリス | 整块石料；整体式 |
| **monolithic** audio amplifier | 單片式音頻放大器 | モノリシック | 单片式音频放大器 |
| — molding | 整體成形 | 一体成形 | 整体成形 |
| **monolock** | 單閘門；單鎖 | モノロック | 单闸门；单锁 |
| **monomer** | 單元結構；單基〔聚〕物 | モノマ | 单元结构；单基〔聚〕物 |
| **monomeric** cement | 單體黏合劑 | モノマセメント | 单体粘合剂 |
| **monomerics** | 低分子增塑劑 | 低分子量可塑剤 | 低分子增塑剂 |

**M**

| 英　　文 | 臺　　灣 | 日　　文 | 大　　陸 |
|---|---|---|---|
| monomeride | 單體 | 単量体 | 单体 |
| monomorph | 單形物;單晶物 | 単形物 | 单形物;单晶物 |
| monomorphism | 單態 | 単形 | 单态 |
| monophase | 單相(的) | モノフェーズ | 单相(的) |
| — current | 單相電流 | 単相交流 | 单相电流 |
| — equilibrium | 單相平衡 | 単相平衡 | 单相平衡 |
| monopodium | 單生軸 | 単軸 | 单生轴 |
| monopolar DC dynamo | 單極直流發電機 | 単極直流発電機 | 单极直流发电机 |
| monopole | 單極 | モノポール | 单极 |
| monopress | 專用沖床 | モノプレス | 专用压力机 |
| monorail | 單軌鐵路;單頻道 | モノレール | 单轨铁路;单频道 |
| — car | 單軌(卡)車 | モノレールカー | 单轨(卡)车 |
| — hoist | 單軌電動滑車 | モノレールホイスト | 单轨电动滑车 |
| monospar | 單梁 | 単けた | 单梁 |
| — structure | 單梁結構 | 単けた構造 | 单梁结构 |
| monotectic | 偏晶體 | 偏晶 | 偏晶体 |
| monotone | 單調;單色 | モノトーン | 单调;单色;单音 |
| monotonicity | 單調性 | モノトニシティ | 单调性 |
| monotron | 莫諾速調管 | モノトローン | 莫诺速调管 |
| Monotype | 莫諾單字排鑄機 | モノタイプ | 莫诺单字排铸机 |
| — metal | 單字排鑄機鉛字用合金 | モノタイプメタル | 单字排铸机铅字用合金 |
| monrepite | 重鐵雲母 | モンレポス石 | 重铁云母 |
| monstrosity | 畸形 | 奇形 | 畸形 |
| Montegal alloy | 蒙蒂蓋爾鋁合金 | モンテガル合金 | 蒙蒂盖尔铝合金 |
| montejus | 蛋形升液器 | モンジュ | 蛋形升液器 |
| moon | 月狀物 | 月(つき) | 月;月球;月状物 |
| — knife | 月牙刀 | 三日月刀 | 月牙刀 |
| — vehicle | 月面車 | 月面走行車 | 月面车 |
| moor | 沼煤;沼澤土;澤地 | ムウア | 沼煤;沼泽土;泽地 |
| mooring | 停泊;雙錨泊 | 停泊(ていはく) | 停泊;双锚泊 |
| moorish arch | 馬蹄拱 | 馬てい形アーチ | 马蹄拱 |
| mop polishing | 拋光;磨光 | バフ磨き | 抛光;磨光 |
| mopping | 拋光 | バフ磨き | 抛光 |
| mordant | 媒染劑 | 媒染剤 | 媒染剂 |
| mordanting | 媒染;浸蝕;腐蝕 | モーダンティング | 媒染;浸蚀;腐蚀 |
| — assistant | 媒染助染劑 | 媒染助剤 | 媒染助染剂 |
| Morgoil | 摩戈伊爾鋁錫軸承合金 | モーゴイル | 摩戈伊尔铝锡轴承合金 |
| morph | 變種 | モルフ | 变种 |
| morpheme | 詞態 | 形態素 | 词态;词素〔语言的〕 |
| morphogenesis | 形態發生 | 形態形成 | 形态发生 |

| 英　　文 | 臺　　灣 | 日　　文 | 大　　陸 |
|---|---|---|---|
| **morphosis** | 形態形成 | 形態発生 | 形态形成 |
| **morphotropy** | 雙晶影響 | 異形影響 | 变晶影响 |
| **Morse** apparatus | 莫氏裝置 | モールス装置 | 莫尔斯装置 |
| — taper | 莫氏錐度 | モールステーパ | 莫氏锥度 |
| — taper reamer | 莫氏錐度鉸刀 | モールステーパリーマ | 莫氏锥度铰刀 |
| **mortality** | 報廢率 | 廃却率 | 报废率 |
| **mortar** | 迫擊炮 | モルタル | 迫击炮;臼炮 |
| **mortise** | 榫眼〔槽〕 | モーチス | 榫眼〔槽〕 |
| — and tenon | 榫接;透榫接合 | ほぞ差し | 榫接;透榫接合 |
| — and tenon joint | 鑲榫接合;榫接合 | ほぞ穴結合 | 镶榫接合;榫接合 |
| — bolt | 平插銷 | 彫込み猿 | 平插销 |
| — chisel | 榫齒 | ほぞのみ | 榫齿 |
| — gage | 榫規;劃榫線具 | ほぞ穴用け引き | 榫规;划榫线具 |
| — joint | 榫接 | モーチスジョイント | 榫接 |
| — lock | 插鎖 | 彫込み箱錠 | 插锁 |
| — wheel | 鑲齒齒輪 | はめ歯歯車 | 镶齿齿轮 |
| **mortised block** | 鑲輪滑車 | くりわく滑車 | 镶轮滑车 |
| **mortising machine** | 榫眼機;製榫機 | モザイク | 榫眼机;制榫机 |
| **mosaic** | 鑲嵌;感光鑲嵌幕 | モザイク | 镶嵌;感光镶嵌幕 |
| — cathode | 鑲嵌陰極 | モザイク陰極 | 镶嵌阴极 |
| — egg | 鑲嵌卵 | モザイク卵 | 镶嵌卵 |
| — gold | 馬賽克銅鋅合金 | モザイクゴールド | 马赛克铜锌合金 |
| **Mota metal** | 內燃機軸承合金 | モタメタル | 内燃机轴承合金 |
| **Motaloy** | 莫達洛伊錫合金 | モータロイ | 莫达洛伊锡合金 |
| **mother** | 母模 | マザー | 母亲;母模;航空母机 |
| — alloy | 母合金 | マザーアロイ | 母合金 |
| — blank | 母坯料;母板 | 種板原板 | 母坯料;母板 |
| — liquer | 母液 | 母液 | 母液 |
| — machine | 機床;工作母機 | マザーマシン | 机床;工作母机 |
| — metal | 母材;基體金屬 | 母材 | 母材;基体金属 |
| — oil | 原油 | 原油 | 原油 |
| **motif** | 主題〔文藝作品〕;圖案 | モチーフ | 主题〔文艺作品〕;图案 |
| **motion** | 運動;動作;擺動;竄動 | モーション | 运动;动作;摆动;窜动 |
| — analysis | 動作分析;運行分析 | 動作分析 | 动作分析;运行分析 |
| — command | 動作命令 | モーションコマンド | 动作命令 |
| — control | 運動控制;動作控制 | 運動制御 | 运动控制;动作控制 |
| — monitor | 運動監測器 | モーションモニタ | 运动监测器 |
| — of electrode tip | 銲條運行方式 | 運棒法 | 焊条运行方式 |
| **motive** | 移動的 | モーティブ | 移动的;不固定的 |
| — axle | 運動軸 | 運動軸 | 运动轴 |

M

| 英　　文 | 臺　　灣 | 日　　文 | 大　　陸 |
|---|---|---|---|
| **moto-bug** | 電機干擾 | モトバッグ | 电机干扰 |
| **motor** | 電動機;發動機 | モータ | 电动机;发动机;摩托车 |
| — alternator | 電動交流發電機 | 電動交流発電機 | 电动交流发电机 |
| — bearing | 電動機軸承 | モータベアリング | 电动机轴承 |
| — belt | 電動機皮帶 | 電動機ベルト | 电动机皮带 |
| — boodter | 電動升壓機 | 電動ブースタ | 电动升压机 |
| — circuit | 電動機回路;動力電路 | モータ回路 | 电动机回路;动力电路 |
| — control | 電動機控制 | モータコントロール | 电动机控制 |
| — controller | 電動機控制器 | 電動機制御器 | 电动机控制器 |
| — damper | 電動避震器 | モータダンパ | 电动减震器 |
| — drill | 手電鑽 | モータドリル | 手电钻 |
| — drive | 電機驅動(裝置) | モータドライブ | 电机驱动(装置) |
| — driven blower | 電動送風機 | 電動送風機 | 电动送风机 |
| — fuel | 汽車燃料;發動機燃料 | 自動車ガソリン | 汽车燃料;发动机燃料 |
| — gasoline | 車用汽油 | モータガソリン | 车用汽油 |
| — generator | 電動發電機 | モータジェネレータ | 电动发电机 |
| — grease | 電動機潤滑油 | モータグリース | 电动机润滑油 |
| — grinder | 電動砂輪機 | モータクラインダ | 电动砂轮机 |
| — hoist | 電動吊車;電動起重機 | モータホイスト | 电动吊车;电动起重机 |
| — pedestal | 電動機台座 | モータ台 | 电动机台座 |
| — shaft | 電動機軸 | 電動機軸 | 电动机轴 |
| — siren | 電動警笛 | モータサイレン | 电动警笛 |
| — spirit | 車用汽油 | 自動車ガソリン | 车用汽油 |
| — sprinkler | 噴水車 | 散水車 | 喷水车 |
| — starter | 電動起動機 | モータスタータ | 电动起动机 |
| **motorcar** body | 汽車車身 | 自動車の車体 | 汽车车身 |
| — engine | 汽車發動機 | 自動車エンジン | 汽车发动机 |
| **motoring** | 汽車運輸;汽車駕駛 | モータリング | 汽车运输;汽车驾驶 |
| **motorization** | 機械化 | モータリゼーション | 机械化;普及汽车 |
| **motorized** adjusting screw | 電動調整螺絲 | 電動調整ねじ | 电动调整螺丝 |
| — valve | 電動閥 | モータバルブ | 电动阀 |
| **mottled** appearance | 花斑;斑點;表面麻點 | まだら | 花斑;斑点;表面麻点 |
| — cast iron | 斑鑄鐵 | まだら鋳鉄 | 麻口(铸)铁 |
| — grain | 斑紋;斑點木紋 | まだらもく | 斑纹;斑点木纹 |
| — iron | 斑鑄鐵 | まだら鋳鉄 | 麻口(铸)铁 |
| — pig iron | 斑鑄鐵 | まだら銑 | 麻口铁〔马口铁〕 |
| **moulage** | 模壓法;澆鑄法 | ムラージュ法 | 模压法;浇铸法 |
| **moulting** | 脫皮 | 脱皮(だっぴ) | 脱皮 |
| **mounting** | 安裝;裝配 | 実装(じっそう) | 安装;装配 |
| — bar | 裝配閂 | マウンティングバー | 装配闩 |

| 英　　文 | 臺　　灣 | 日　　文 | 大　　陸 |
|---|---|---|---|
| — base | 安裝基座 | 取付け基部 | 安装基座 |
| — distance | （齒輪的）裝配距離 | 組立て距離 | （齿轮的）装配距离 |
| — hole | 安裝孔;固定孔 | 取付け穴 | 安装孔;固定孔 |
| — screw | 裝配螺釘 | 取付けねじ | 装配螺钉 |
| — torque | 安裝扭矩〔力矩〕 | 取付けトルク | 安装扭矩〔力矩〕 |
| **movabitity** | 可動性;遷移率 | 可動性 | 可动性;迁移率 |
| **movable** accordion door | 滑動折疊門 | 可動折たたみ戸 | 滑动折叠门 |
| — bearing | 可動支承;可動軸受 | 可動支承 | 可动支承;可动轴受 |
| — coupling | 活動聯軸器 | 動き連結機 | 活动联轴器 |
| — crane | 橋式吊車 | 動き起重機 | 桥式吊车 |
| — die | 活動模具 | 移動金敷 | 活动模具 |
| — forg | 活動轍叉〔岔〕 | 可動てっさ | 活动辙叉〔岔〕 |
| — pulley | 滑動輪 | 動き調車 | 滑动轮 |
| — skip | 傾卸斗;翻轉式箕斗 | 可動スキップ | 倾卸斗;翻转式箕斗 |
| — support | 活動支座〔架〕 | 移動支点 | 活动支座〔架〕 |
| **move** | 運動;轉送 | ムーブ | 运动;转送;传送;运转 |
| — mode | 移動方式;傳送方式 | ムーブモード | 移动方式;传送方式 |
| **movement** | 運動;運轉 | ムーブメント | 运动;运转;机构 |
| — area | 行動區域 | 行動区域 | 行动区域 |
| — of air | 空氣流動;氣體運動 | 気動 | 空气流动;气体运动 |
| **mover** | 發動機;推進器 | ムーバ | 发动机;推进器 |
| **movie** | 影片 | 映画フィルム | 影片 |
| **moving** | 移動;活動 | 移動（いどう） | 移动;活动 |
| — apparatus | 移動裝置 | 移動装置 | 移动装置 |
| — axes (system) | 運動座標（系） | 運動座標（系） | 运动坐标（系） |
| — belt | 活動皮〔布;鋼;引〕帶 | 移動ベルト | 活动皮〔布;钢;引〕带 |
| — blade | 轉動葉片 | 回転羽根 | 转动叶片 |
| — brush | 活動電刷;可移動電刷 | 可動ブラシ | 活动电刷;可移动电刷 |
| — coil motor | 動圈式電動機 | 可動コイルモータ | 动圈式电动机 |
| — contact | 活動觸點;活動接點 | 可動接点 | 活动触点;活动接点 |
| — coordinate (system) | 運動座標（系） | 運動座標（系） | 运动坐标（系） |
| — die | 移動式模具 | 可動ダイス | 移动式模具 |
| — element | 可動部分 | 可動部 | 可动部分 |
| — form | 移動式模板 | 移動型わく | 移动式模板 |
| — mass | 運動質量 | 運動質量 | 运动质量 |
| — part | 可動部分 | 可動部分 | 可动部分 |
| — range | 移動範圍〔質量管理〕 | 移動範囲 | 移动范围〔质量管理〕 |
| — saw | 移動鋸;活動鋸 | 移動のこ | 移动锯;活动锯 |
| — system | 運動系統 | 運動系 | 运动系统 |
| — table | 移動式工作台 | 可動テーブル | 移动式工作台 |

**M**

| 英　　文 | 臺　　灣 | 日　　文 | 大　　陸 |
|---|---|---|---|
| — without load | 空運轉 | 空運搬 | 空运转 |
| **moving-magent** | 動磁鐵;動磁 | ムービングマグネット | 动磁铁;动磁 |
| **Ms quench** | 麻田散鐵等溫淬火 | Ms クエンチ | 马氏体等温淬火 |
| **M.T. magnet** | 鐵鋁碳合金磁鐵 | M.T.磁石 | 铁铝碳合金磁铁 |
| **mucilage** | 黏質;膠水 | ムシレージ | 粘质;胶水 |
| **mucin** | 黏素;黏質;黏蛋白 | ムシン | 粘素;粘质;粘蛋白 |
| **muck** | 廢渣;熟鐵扁條 | 肥土（ひど） | 废渣;熟铁扁条 |
| — bar | 壓條 | 錬鉄素材 | 压条;碾条;熟铁条 |
| — iron | 壓條;碾條 | 可鍛の塊鉄 | 压条;碾条 |
| **mudflap** | 刮泥板 | 泥のけフラップ | 刮泥板 |
| **mudguard** | 擋泥板 | どろよけ | 挡泥板 |
| **muff** coupling | 套筒聯軸節 | マッフカップリング | 套筒联轴节 |
| **muffle** | 套筒 | マッフル | 套筒;马弗炉;隔焰炉 |
| — furnace | 馬弗爐;烙室爐 | マッフル炉 | 马弗炉;套炉 |
| **mull** | 軟布;混砂 | マル | 软布;混砂;黑泥土 |
| **muller** | 研磨機;混砂機 | マラー | 研磨机;混砂机;研杵 |
| **mulling** | 混練;研磨 | 混練 | 混练;研磨 |
| **multiaperture** | 多孔 | マルチアパーチャ | 多孔 |
| **multiaxial strain gage** | 多軸應變儀 | 多軸ゲージ | 多轴应变仪 |
| — stress condition | 多軸應力條件 | 多軸応力状態 | 多轴应力条件 |
| — stretching | 多軸拉伸 | 多軸延伸 | 多轴拉伸 |
| **multiaxis machine tools** | 多軸工作母機 | 多軸制御工作機械 | 多轴工作母机 |
| **multiaxle bogie car** | 多軸轉向車 | 複式ボギー車 | 多轴转向车 |
| **multicavity** flash type mold | 多模穴溢料式模具 | 数個取り流出し式金型 | 多型腔溢料式模具 |
| — klystron | 多腔速調管 | 多空胴クライストロン | 多腔速调管 |
| — mold | 多穴金屬模具 | 多数個取り金型 | 多腔金属模具 |
| — tool(ing) | 多模穴模具 | 数個取り成形型 | 多型腔模具 |
| **multichain polymer** | 多鏈聚合物 | 多連鎖重合体 | 多链聚合物 |
| **multichip** | 多片 | マルチチップ | 多片 |
| — device | 多片(組裝)器件 | マルチチップデバイス | 多片(组装)器件 |
| **multicoating** | 多層塗膜 | マルチコーティング | 多层涂膜 |
| **multicoil model** | 多級螺旋模型 | 多重らせんモデル | 多级螺旋模型 |
| **multicollar thrust bearing** | 多環式止推軸承 | スラストつば軸受 | 多环式推力轴承 |
| **multicolumn** | 多層柱 | 多層カラム | 多层柱 |
| **multiconnector** | 複式連接器 | マルチコネクタ | 复式连接器 |
| **multicontrol** | 集中控制;多(點)控制 | マルチ制御 | 集中控制;多(点)控制 |
| **multicooler** | 多級冷卻器 | マルチクーラ | 多级冷却器 |
| **multicorner bending die** | 多角彎曲膜 | 多重曲げ型 | 多角弯曲膜 |
| **multicrank-engine** | 多曲柄式發動機 | 多クランク機関 | 多曲柄式发动机 |
| **multicut** | 多刀切削 | マルチカット | 多刀切削 |

| 英　　文 | 臺　　灣 | 日　　文 | 大　　陸 |
|---|---|---|---|
| — lathe | 多刀車床 | マルチカットレース | 多刃旋盤;多刀车床 |
| **multicutter** | 多刀 | マルチカッタ | 多刀 |
| — turner | 多刀刀架 | マルチカッタターナ | 多刀刀架;多刀旋转器 |
| **multicylinder** engine | 多缸發動機 | 多シリンダ機関 | 多缸发动机 |
| — piston pump | 多缸活塞泵 | 多筒ピストンポンプ | 多缸活塞泵 |
| **multidecision** | 多重決策 | 多重決定 | 多重决策 |
| **multidevelopment** | 多次展開 | 多回展開 | 多次展开 |
| **multidiameter** | 多徑 | 多段軸 | 多径 |
| **multidimensional** coding | 多維編碼 | 多次元符号化 | 多维编码 |
| — pattern classification | 多維模式分類(法) | 多次元パターン分類 | 多维模式分类(法) |
| — state-space model | 多維狀態空間模型 | 多次元状態空間モデル | 多维状态空间模型 |
| **multidirection** | 多方向 | マルチディレクション | 多方向 |
| **multidrill** head | 多軸鑽床主軸箱 | マルチドリルヘッド | 多轴钻床主轴箱 |
| **multidrive** | 多重驅動 | マルチドライブ | 多重驱动 |
| **multiedged tool** | 多刃工具 | 多刃バイト | 多刃工具 |
| **multientry** | 多(路)入口 | マルチエントリ | 多(路)入口 |
| **multierror** | 多錯誤 | 多重誤り | 多错误 |
| **multiflame torch** | 多焰噴嘴 | 多炎トーチ | 多焰喷嘴;多焰焊炬 |
| — welding | 多焰銲接 | 多炎溶接 | 多焰焊接 |
| **mulfiflute end mill** | 多刃立銑刀 | 多刃エンドミル | 多刃立铣刀 |
| **multifuel boiler** | (多種燃料的)混燒鍋爐 | 混燃ボイラ | (多种燃料的)混烧锅炉 |
| — engine | 多種燃料發動機 | 多(種)燃料機関 | 多种燃料发动机 |
| **multifunction** | 多功能 | マルチファンクション | 多功能 |
| **multigage equipment** | 多軌距車輛 | 多軌間用(鉄道)車両 | 多轨距车辆 |
| **multigating** | 多點澆口 | マルチゲート | 复式浇口;多点浇口 |
| **multihead** automatic lathe | 多工作頭自動車床 | 多頭形自動旋盤 | 多工作头自动车床 |
| — drilling machine | 多軸鑽床 | 多頭ボール盤 | 多轴钻床 |
| — stamping unit | 多頭沖孔裝置 | 多頭打ちぬき装置 | 多头冲孔装置 |
| — tenoner | 多(主)軸開榫機 | 多軸ほぞ取り盤 | 多(主)轴开榫机 |
| **multihearth furnace** | 多層爐 | 多段床炉 | 多层炉 |
| **multiimpression mold** | 多模穴模具 | 数個取り金型 | 多型腔模具 |
| — molding | 多模穴模塑 | 数個取り成形 | 多型腔模塑 |
| **multijet type** | 多噴嘴式 | 多射形 | 多喷嘴式 |
| **multilayer** | 多層;多分子層 | マルチレイヤ | 多层;多分子层 |
| — chromium plating | 多層鍍鉻 | 多層クロムめっき | 多层镀铬 |
| — coil | 多層線圈 | 多層コイル | 多层线圈 |
| — construction | 多層結構 | 多層構造 | 多层结构 |
| — insulation | 多層絕熱 | 多層断熱 | 多层绝热 |
| — nickel plating | 多層鍍鎳 | 多層ニッケルめっき | 多层镀镍 |
| — plating | 多層鍍 | 多層めっき | 多层镀 |

**M**

| 英　　文 | 臺　　灣 | 日　　文 | 大　　陸 |
|---|---|---|---|
| 一 weld(ing) | 多層熔接 | 多層溶接 | 多层熔接;多层焊(接) |
| **multilevel** | 多級 | マルチレベル | 多级 |
| 一 automation | 多級自動化 | 多重レベル自動化 | 多级自动化 |
| **multiload** | 多負載 | マルチロード | 多负载 |
| **multimachine** | 多機 | 多重ループ通信網 | 多机 |
| 一 system | 多機系統 | マルチマシン | 多机系统 |
| **multimode** | 多態 | 多機械システム | 多态;多波型;多模式 |
| **multineme model** | 多線模型 | マルチモード | 多线模型 |
| **multinest** | 多嵌套 | 多糸モデル | 多嵌套 |
| **multipart mold** | 多組件模具 | マルチネスト | 多组件模具 |
| **multipartitioned solution** | 多重分割解 | 数個割り型 | 多重分割解 |
| **multipass** | 多通路 | 多重分割解 | 多通路;多次行程 |
| 一 heat exchanger | 多流熱交換器 | 多通路 | 多流热交换器 |
| **multiphase** | 多階段 | 多流熱交換器 | 多阶段;多相的 |
| **multipiece mold** | 多構件模具 | マルチフェーズ | 多构件模具 |
| 一 ring | 組合式油環 | 数個構成金型 | 组合式油环 |
| **multiple** access | 多路通信 | マルチピースリング | 多路通信 |
| 一 bank | 複接排 | マルチプルアクセス | 复接排 |
| 一 belt | 多條皮帶(傳動) | 多接点バンク | 多条皮带(传动) |
| 一 bend die | 多折彎曲模 | マルチプルベルト | 多折弯曲模 |
| 一 bonding | 多引線銲接 | 多数同時曲げ型 | 多引线焊接 |
| 一 cavity mold | 多模穴模具 | マルチボンディング | 多型腔模具 |
| 一 clutch | 複式離合器 | 数個取り金型 | 复式离合器 |
| 一 connection | 並聯連接 | マルチプルクラッチ | 多头接合;并联连接 |
| 一 contact | 複式接點 | 集合接続 | 复式接点 |
| 一 cutting | 多刀切削 | 複式接点 | 多刀切削 |
| 一 cylinder | 複式氣缸 | 重ね裁ち | 多(气)缸;复式气缸 |
| 一 diameter drill | 階梯鑽頭 | マルチプルシリンダ | 复合钻头;阶梯钻头 |
| 一 die | 多工件模 | ダイヤメータドリル | 多工件模 |
| 一 disc clutch | 多片(式)離合器 | マルチプル型 | 多片(式)离合器 |
| 一 drill | 多軸鑽床 | 多板クラッチ | 多轴钻床 |
| 一 drive | 多路驅動 | 複式ボール盤 | 多路驱动 |
| 一 forge die | 複式鍛模 | マルチプル駆動 | 复式锻模 |
| 一 fork | 多叉連接器 | 多数個打ち型 | 多叉连接器 |
| 一 gating | 多點澆口 | マルチフォーク | 复式浇口;多点浇口 |
| 一 hit | 多擊 | マルチゲート | 多击 |
| 一 hole die | 多孔模〔模鍛用〕 | 多ヒット | 多孔模〔模锻用〕 |
| 一 impression die | 多型槽鍛模 | 多孔型〔型鍛造用〕 | 多型槽锻模 |
| 一 impulse welding | 脈衝銲(接) | パルセーション溶接 | 脉冲焊(接) |
| 一 ionization | 多次電離 | 多重イオン化 | 多次电离 |

| 英　　文 | 臺　　灣 | 日　　文 | 大　　陸 |
|---|---|---|---|
| ― layer welding | 多層銲 | 多層溶接 | 多层焊 |
| ― operation | 多重操作 | 多重操作 | 多重操作 |
| ― operation die | 多工序模具 | 多段成形型 | 多工序模具 |
| ― process | 多段精錬法 | 多段精錬法 | 多段精链法 |
| ― processing | 多重處理 | 多重処理 | 多重处理;多道处理 |
| ― punching machine | 多頭沖床 | 複式押抜き機 | 多头冲床;多头冲压机 |
| ― regression | 多重回歸 | 重回帰 | 多重回归 |
| ― rest | 複式刀架 | 複式刃物台 | 复式刀架 |
| ― riveting die | 多點鉚釘接模 | 多列リベット接合型 | 多点铆钉接模 |
| ― row blanking | 多排沖裁 | 多列抜き | 多排冲裁 |
| ― seated valve | 多座閥 | 多数座弁 | 多座阀 |
| ― shearing machine | 複式剪床 | 複式シャー | 复式剪床 |
| ― start screw | 多頭螺紋 | 八重ねじ | 多头螺纹 |
| ― strands chain | 多排鏈條 | 多列チェーン | 多排链条 |
| ― thread | 多頭螺紋 | 多条ねじ | 多头螺纹 |
| ― tthread screw | 多頭螺紋 | 多条ねじ | 多头螺纹 |
| ― thread tap | 多頭螺紋絲攻 | 多条ねじタップ | 多头螺纹丝锥 |
| **multiple-effect** | 多效 | 多面効果 | 多效 |
| ― refrigerator | 多效製冷機 | 多効冷却器 | 多效制冷机 |
| **multiple-spindle** drilling | 多軸鑽孔 | 多軸穴あけ | 多轴钻孔 |
| ― drilling mcahine | 多軸鑽床 | 多軸ボール盤 | 多轴钻床 |
| ― mcahine tools | 多軸機床 | 多軸工作機械 | 多轴机床 |
| ― milling machine | 多軸銑床 | 多軸フライス盤 | 多轴铣床 |
| ― type | 多軸型 | 多軸形 | 多轴型 |
| **multiple-spot** scanning | 多光點掃描 | 多重スポット走査 | 多光点扫描 |
| ― welding | 多點點銲 | 多極スポット溶接 | 多点点焊;多极点焊 |
| **multiplex** | 多路複用;多工(操作) | マルチプレックス | 多路复用;多工(操作) |
| ― heat treatment | 反複熱處理 | 多段熱処理 | 反复热处理 |
| ― system | 多路方式 | 多重方式 | 多路方式;多工制 |
| **multiplexer** | 多路掃描器 | マルチプレクサ | 多路扫描器 |
| **multiplication** | 增值 | 乗算 | 增值;乘法;倍增 |
| **multiplicity** | 重複性 | 重複度 | 重复性;多重性 |
| ― cutting | 二次切割 | セカンドカット | 二次切割 |
| **multiplier** | 倍增器 | 逓倍器 | 倍增器;乘法器 |
| **multipoint** adsorption | 多點吸附 | 多点吸着 | 多点吸附 |
| **multipolar** armature | 多極式電樞 | 多極式発電子 | 多极式电枢 |
| ― dynamo | 多極直流發動機 | 多極直流発電機 | 多极直流发动机 |
| ― generator | 多極發動機 | 多極発電機 | 多极发动机 |
| **multiposition** action | 多位(置)控制 | 多位置動作 | 多位(置)控制 |
| **multiprecision** | 多倍精度 | 多重精度 | 多倍精度 |

747

| 英　　文 | 臺　　灣 | 日　　文 | 大　　陸 |
|---|---|---|---|
| **multiprobe** | 多探針（法） | マルチプローブ | 多探针（法） |
| **multiprocessing** | 多重處理；多道處理 | 多重プロセシング | 多重处理；多道处理 |
| **multiprogram** | 多道程式 | マルチプログラム | 多道程序 |
| **multirange** instrument | 多量程儀錶 | 多重範囲計器 | 多量程仪表 |
| ― meter | 多量程儀錶 | マルチレンジメータ | 多量程仪表 |
| **multirow** bearing | 多列軸承 | 多列軸受け | 多列轴承 |
| ― redial engine | 多重星形發動機 | 多重星形発動機 | 多重星形发动机 |
| **multirun welding** | 多道銲 | マルチパス溶接 | 多道焊 |
| **multishaft** compressor | 多轉子壓縮機 | 多軸圧縮機 | 多转子压缩机 |
| ― gas turbine | 多軸燃氣輪機 | 多軸形ガスタービン | 多轴燃气轮机 |
| ― type | 多軸型 | 多軸形 | 多轴型 |
| **multisize collet** | 鑲爪筒夾；可換爪筒夾 | マルチサイズコレット | 镶爪筒夹；可换爪筒夹 |
| **multisocket** | 多插口〔孔〕 | マルチソケット | 多插口〔孔〕 |
| **multispeed** control action | 多速控制〔調整〕作用 | 多速度動作 | 多速控制〔调整〕作用 |
| ― epicyclic gear box | 多速行星齒輪裝置 | 多段速度遊星歯車装置 | 多速行星齿轮装置 |
| ― motor | 多速電動機 | 多速度電動機 | 多速电动机 |
| **multispindle** automatic lathe | 多軸自動車床 | 多軸自動旋盤 | 多轴自动车床 |
| ― drilling machine | 多軸鑽床 | 多軸ボール盤 | 多轴钻床 |
| ― head machine | 多主軸箱機床 | ヘッドマシン | 多主轴箱机床 |
| ― head unit | 多軸頭裝置 | 多軸ヘッドユニット | 多轴头装置 |
| ― machine tools | 多軸機床 | 多軸工作機械 | 多轴机床 |
| ― winder | 多軸卷繞機 | 多軸巻取り機 | 多轴卷绕机 |
| **multispot** welding | 多點點銲 | 多極点溶接 | 多点点焊 |
| ― welding machine | 多點點銲機 | マルチスポット溶接機 | 多点点焊机 |
| **multistage** | 多段 | マルチステージ | 多段；多级；级联的 |
| ― deep drawing | 多工位連續深拉深 | 多工程絞り | 多工位连续深拉深 |
| ― die | 多工位連續模 | マルチステージダイス | 多工位连续模 |
| ― gear pump | 多級齒輪泵 | 多段式歯車ポンプ | 多级齿轮泵 |
| ― machining | 多級加工 | 多工程加工 | 多级加工 |
| ― model | 多段階模型 | 多段階模型 | 多段阶模型 |
| ― tools | 多工位連續模 | 多段送り型 | 多工位连续模 |
| **multistation** | 多工位 | マルチステーション | 多工位；多台；多站 |
| ― special purpose machine | 多工位專用機床 | 専用工作機械 | 多工位专用机床 |
| **multitap** | 多插頭插座 | マルチタップ | 多插头插座 |
| ― connector | 多插頭接插件 | マルチタップコネクタ | 多插头接插件 |
| **multitask** | 多重任務 | マルチタスク | 多重任务 |
| ― system | 多任務系統 | 多重タスクシステム | 多任务系统 |
| **multithread** gear hob | 多頭（齒輪）滾刀 | 多条ホブ | 多头（齿轮）滚刀 |
| ― screw | 多線螺紋；多頭螺紋 | 八重ねじ | 多线螺纹；多头螺纹 |
| **multitool** cutting | 多刀切削 | 多刃削り | 多刀切削 |

| 英　　文 | 臺　　灣 | 日　　文 | 大　　陸 |
|---|---|---|---|
| — lathe | 多刀車床 | 多刃旋盤 | 多刀车床 |
| — rest | 多刀刀架 | 多刃刃物台 | 多刀刀架 |
| **multivariant system** | 多變系 | 多変系 | 多变系 |
| **multivariate** analysis | 多變量分析 | 多変量解析 | 多变量分析 |
| **multivector** | 多重向〔矢〕量 | マルチベクトル | 多重向〔矢〕量 |
| **multivoltage** generator | 多電壓發電機 | 多電圧発電機 | 多电压发电机 |
| **multiway** access | 多路存取 | 多方向アクセス | 多路存取 |
| **multiwheel** | 多砂輪 | マルチホイール | 多砂轮;多轮 |
| **multizone** relay | 分段限時繼器 | 段限時継電器 | 分段限时继器 |
| **mundic** | 磁黃鐵礦 | 磁硫鉄鉱 | 磁黄铁矿 |
| **Mungoose metal** | 芒戈斯銅鎳鋅合金 | マングースメタル | 芒戈斯铜镍锌合金 |
| **muntin** | 窗格條 | 組子 | 窗格条 |
| **muntz metal** | 四-六黃銅 | マンツ金 | 四-六黄铜;铜锌合金 |
| **Murex hot cracking test** | 穆勒克斯熱裂試驗 | 高温割れ試験 | 穆勒克斯热裂试验 |
| **muschketowite** | 六方磁鐵礦 | ムシュケトフ石 | 六方磁铁矿 |
| **muscle** | 肌肉 | 筋肉 | 肌肉 |
| **museum** | 博物館 | 博物館 | 博物馆 |
| **mush** | 噪音 | ムッシュ | 噪音;干扰;分诸波 |
| **Mushet steel** | 自硬鋼;高碳素錳鋼 | マセット鋼 | 自硬钢;高碳素锰钢 |
| **mushroom** | 蘑菇;蘑菇狀物〔煙雲〕 | マッシュルーム | 蘑菇;蘑菇状物〔烟云〕 |
| — follower | (凸輪的)菌形隨動片 | 曲面従節 | (凸轮的)菌形随动片 |
| — valve | 菌形閥 | マッシュルーム弁 | 菌形阀 |
| **mutamer** | 變構物;旋光異構物 | 変性体 | 变构物;旋光异构物 |
| **mutamerism** | 變旋光現象 | 突然変異性 | 变旋光现象 |
| **mutant** | 突變體;突變型 | 突然変異株 | 突变体;突变型;突变种 |
| **Mutemp** | 鐵鎳合金 | ミュテンプ | 铁镍合金 |
| **muting** | 靜噪 | ミューティング | 静噪 |
| **mutual action** | 相互作用 | 相互作用 | 相互作用 |
| — attraction | 互相吸引 | 相互吸引 | 互相吸引 |
| — bearing | 相互方位 | 相互方位 | 相互方位 |
| — complementation | 互補 | 相互補償 | 互补 |
| — effect | 相互作用 | 相互作用 | 相互作用 |
| — mass | 相互質量 | 相互質量 | 相互质量 |
| — reaction | 相互反應 | 相互反応 | 相互反应 |
| — recursion | 相互遞歸〔迴〕 | 相互回帰 | 相互递归 |
| **muzzle** | 炮口 | 火身口 | 炮口;枪口 |
| **myopia** | 近視 | 近視 | 近视 |
| **myriabit** | 萬位 | ミリアビット | 万位 |
| **myriagram** | 萬克 | ミリアグラム | 万克 |
| **myrialiter** | 萬升 | ミリアリットル | 万升 |

749

**myriametre**

| 英　文 | 臺　灣 | 日　文 | 大　陸 |
|--------|--------|--------|--------|
| **myriametre** | 萬米;超長 | ミリアメートル | 万米;超长 |

| 英　文 | 臺　灣 | 日　文 | 大　陸 |
|---|---|---|---|
| **Nade** | 納德銅基合金 | ネーダ | 纳德铜基合金 |
| **nadorite** | 氯銻鉛礦 | ナドーライト | 氯锑铅矿 |
| **nail** | (鐵)釘 | くぎ | (铁)钉；型钉；圆钉 |
| — claw | 拔釘鉗 | くぎのつめ | 拔钉钳；钉爪 |
| — extractor | 起釘器；拔釘器 | くぎ抜き | 起钉器；拔钉器 |
| — hammer | 釘錘 | ネールハンマ | 钉锤 |
| — puller | 拔釘器 | くぎ抜き | 拔钉器 |
| — punch | 釘形沖頭 | ネールパンチ | 钉形冲头 |
| — rod | 製釘用礦 | くぎ材 | 制钉用矿 |
| — set | 釘釘器 | くぎ締め | 钉钉器 |
| **nailed joint** | 釘結合 | くぎ継ぎ手 | 钉结合；钉接头 |
| **nailhead** | 釘頭〔帽〕 | ネールヘッド | 钉头〔帽〕 |
| — medallion | 裝飾性釘頭蓋板〔釘帽〕 | くぎ隠し | 装饰性钉头盖板〔钉帽〕 |
| **Nak** | 鈉鉀共晶合金 | ナック | 钠钾共晶合金 |
| **nano** | 納諾〔$10^{-9}$〕 | ナノ | 纳（诺） |
| **nanosecond** | 納秒 | ナノセカンド | 纳秒 |
| **nanovolt** | 納伏 | ナノボルト | 纳伏 |
| **nanowatt** | 納瓦 | ナノワット | 纳瓦 |
| **nap** | 細毛 | 毛羽立て | 细毛；绒；起毛 |
| **napalm** | 納旁〔一種鋁皂〕 | ナパーム | 纳旁〔一种铝皂〕 |
| **napelline** | 烏頭 | ナペリン | 乌头 |
| **naphtha** | 石腦油；(粗)揮發油 | ナフサ | 石脑油；(粗)挥发油 |
| **naphthalide** | 奈基金屬 | ナフサライド | 奈基金属 |
| **nappe** | 溢流水舌；推覆體 | ナップ | 溢流水舌；推覆体 |
| — structure | 推覆構造 | デッケ構造 | 推覆构造 |
| **napping machine** | 起絨機 | ナッピング機 | 起绒机；起毛机 |
| **narcissin(e)** | 水仙 | ナルシッシン | 水仙 |
| **Narite** | 納里特鋁青銅 | ネライト | 纳里特铝青铜 |
| **narki metal** | 耐酸鐵矽合金 | ナルキメタル | 耐酸铁硅合金 |
| **narrow angle diffusion** | 窄角擴散 | 狭角拡散 | 窄角扩散 |
| — angle luminaire | 窄角照明設備 | 狭角照明器具 | 窄角照明设备 |
| — base | 薄基底 | ナローベース | 薄基底 |
| — fraction | 窄餾份 | 狭搾分留 | 窄馏份 |
| — gage | 窄軌 | 狭軌 | 窄轨 |
| — gap welding | 狹(窄)間隙銲接 | ナロウギャップ溶接 | 狭(窄)间隙焊接 |
| — guide | 窄導軌〔槽〕 | ナローガイド | 窄导轨〔槽〕 |
| — neck | 狹頸 | ナローネック | 狭颈 |
| — scale | 窄尺；條尺 | ナロースケール | 窄尺；条尺 |
| — V belt | 窄三角帶 | 細幅Ｖベルト | 窄三角带 |
| **narrowband** | 窄(頻)帶 | 狭帯域 | 窄(频)带 |

| 英　　文 | 臺　　灣 | 日　　文 | 大　　陸 |
|---|---|---|---|
| **narrow-mouthed** bottle | 細口瓶 | 細口びん | 细口瓶 |
| nascency | 初生態；新生態 | 発生機 | 初生态；新生态 |
| nasturan | 方鈾礦 | れき青ウラン鉱 | 方铀矿 |
| **national** atlas | 國家地圖集 | ナショナルアトラス | 国家地图集 |
| — coarse thread | (美)國家標準粗牙螺紋 | アメリカ規格並目ねじ | (美)国家标准粗牙螺纹 |
| — taper | 國家標準錐度 | ナショナルテーパ | 国家标准锥度 |
| **native** amalgam | 天然汞合金 | 天然アマルガム | 天然汞合金 |
| — antimony | 自然銻 | 自然アンチモン | 自然锑 |
| — bismuth | 天然鉍 | 自然ビスマス | 天然铋 |
| — coke | 天然焦炭〔煤〕 | 天然コークス | 天然焦炭〔煤〕 |
| — copper | 自然銅 | 自然銅 | 自然铜 |
| — element | 自然元素 | 自然元素 | 自然元素 |
| — gold | 自然金 | 自然金 | 自然金 |
| — iron | 自然鐵 | 自然鉄 | 自然铁 |
| — metal | 天然金屬 | 自然金属 | 天然金属 |
| — platinum | 天然白金 | 自然白金 | 天然白金 |
| — silver | 自然銀 | 自然銀 | 自然银 |
| **natrium, Na** | 鈉 | ナトリウム | 钠 |
| **naturadioisotope** | 天然放射性同位素 | 自然放射性同位元素 | 天然放射性同位素 |
| **natural** abrasive | 天然磨料 | 天然研削材 | 天然磨料 |
| — abundance | 自然豐度 | 自然存在度 | 自然丰度 |
| — accelerator | 天然(硫化)催化劑 | 天然（加硫）促進剤 | 天然(硫化)催化剂 |
| — aging | 自然時效 | 自然時効 | 自然时效；常温时效 |
| — alloy | 天然合金 | 天然合金 | 天然合金 |
| — daylight | (白天)自然採光 | 自然照明 | (白天)自然采光 |
| — desiccate | 風乾；自然乾燥 | 風乾 | 风乾；自然乾燥 |
| — element | 天然元素 | 天然元素 | 天然元素 |
| — emery | 自然金鋼砂 | 天然エメリ | 自然金钢砂 |
| — environment | 自然環境 | 自然環境 | 自然环境 |
| — error | 自然誤差 | 自然誤差 | 自然误差 |
| — gas | 天然氣 | 天然ガス | 天然气 |
| — gas industry | 天然氣工業 | 天然ガス工業 | 天然气工业 |
| — hardness | 自然硬度 | 自然硬度 | 自然硬度 |
| — head | 自然落差 | 自然落差 | 自然落差 |
| — high polymer | 天然(的)高分子(物質) | 天然高分子 | 天然(的)高分子(物质) |
| — law | 自然法則 | 自然法則 | 自然法则 |
| — light | 自然光 | 自然光 | 自然光；天然光 |
| — logarithm | 自然對數 | 自然対数 | 自然对数 |
| — mica | 天然雲母 | 生マイカ | 天然云母 |
| — model | 自然模型 | 自然なモデル | 自然模型 |

| 英　　文 | 臺　　灣 | 日　　文 | 大　　陸 |
|---|---|---|---|
| — number | 自然數 | 自然数 | 自然数 |
| — oscillation | 固有振動;自然振動 | 固有振動 | 固有振动;自然振动 |
| — power generation | 地熱發電 | 地熱発電 | 地热发电 |
| — resource | 天然資源 | 天然資源 | 天然资源;自然资源 |
| — sand | 天然砂 | 天然砂 | 天然砂 |
| — size | 實寸;原尺寸 | 現尺 | 实寸;原尺寸 |
| — stopping | 慣性前進距離 | 惰性前進距離 | 惯性前进距离 |
| — strain | 固有應變 | 自然ひずみ | 固有应变 |
| — unit | 自然單位 | 自然単位 | 自然单位 |
| — uranium | 天然鈾 | 天然ウラン | 天然铀 |
| naturally aspirated engine | 自然吸氣發動機 | 無過給機関 | 自然吸气发动机 |
| — hardened steel | 空冷硬化鋼;自硬鋼 | 自然焼入り鋼 | 空冷硬化钢;自硬钢 |
| naturalness | 自然度;逼真度 | 自然度 | 自然度;逼真度 |
| nature | 自然;本性 | 自然 | 自然;本性;特性 |
| naught | 零 | 零（れい） | 零;无价值 |
| naumannite | 硒銀礦 | セレン銀鉛鉱 | 硒银矿 |
| naval architect | 造船技師 | 造船技師 | 造船技师 |
| — brass | 海軍黃銅;船用黃銅 | ネーバルブラス | 海军黄铜;船用黄铜 |
| nave | 輪鼓;套;中廊〔堂〕 | ネイブ | 轮鼓;套;中廊〔堂〕 |
| navigation | 航法;導航;海上交通 | ナビゲーション | 航法;导航;海上交通 |
| navigator | 導航儀;領航員;航海家 | ナビゲータ | 导航仪;领航员;航海家 |
| navipendulum | 減搖擺 | ナビペンデュラム | 减摇摆 |
| navvy | 土木工人 | 工夫（こうふ） | 土木工人;挖齿机 |
| navy | 海軍(人員;部) | ネービー | 海军(人员;部);藏青色 |
| — bronze | 海軍青銅 | ネービーブロンズ | 海军青铜 |
| NC contact | 常閉接點 | NC 接点 | 常闭接点;常闭触点 |
| NC cutting machine | 數控剪床 | NC 切断機 | 数控剪床 |
| NC diesinking machine | 數控刻模機 | 数値制御ダイシンカ | 数控刻模机 |
| NC machine tools | 數控機床 | 数値制御工作機械 | 数控机床 |
| NC mcahining system | 數控機加工系統 | NC 機械加工システム | 数控机加工系统 |
| NC profiler | 數控型面銑床 | N/ C プロファイラ | 数控型面铣床 |
| NC robot | 數控機器人 | 数値制御ロボット | 数控机器人 |
| NC tape | 數控帶 | NC テープ | 数控带 |
| NC-thread | 美國標準〔普通〕螺紋 | アメリカ並目ねじ | 美国标准〔普通〕螺纹 |
| near | (接)近;鄰接 | ニア | (接)近;邻接;附近 |
| — collision | 相撞危險 | 衝突危険 | 相撞危险 |
| — infrared | 近紅外 | 近赤外線 | 近红外 |
| nearly | 概略地 | ニアリ | 概略地;(接)近;大约 |
| mear-miss | 幾乎相撞 | 衝突危険 | 几乎相撞 |
| nearside lane | 外側車道 | 外側車線 | 外侧车道 |

| 英　　文 | 臺　　灣 | 日　　文 | 大　　陸 |
|---|---|---|---|
| **neat** cement | 純水泥 | 純セメント | 纯水泥 |
| **neatness** | 純淨度 | 純浄度 | 纯净度 |
| **nebulization** | 噴霧(作用) | 噴霧 | 喷雾(作用) |
| **nebulizer** | 噴霧器 | ネブライザ | 喷雾器 |
| **necessity** | 必要(性) | 必要（性） | 必要(性);需要;必需品 |
| **neck** | 頸彎;凹槽 | ネック | 颈弯;凹槽;短管;窄路 |
| — bear(ing) | 頸軸承 | ネックベアリング | 弯颈轴承 |
| — bush | 內襯套;軸頸套 | ネックブシュ | 内衬套;轴颈套 |
| — collar | 軸頸環;軸承環 | ネックカラー | 轴颈环;轴承环 |
| — diameter | 頸口直徑 | ネックの径 | 颈口直径 |
| — grease | 頸口潤滑油 | ネックグリース | 颈口润滑油 |
| — in | (邊緣)向內彎曲; | ネックイン | (边缘)向内弯曲; |
| — length | 頸口長度 | ネックの長さ | 颈口长度 |
| — rest | 軸頸支座 | ネックレスト | 轴颈支座 |
| **necking** | 頸部;縮頸(現象) | ネッキング | 颈部;缩颈(现象) |
| — bite | 切槽車刀 | ネッキングバイト | 切(退刀)槽车刀 |
| — down | 頸縮 | ネックダウン | 颈缩;断面收缩;缩口 |
| — down method | 頸縮法 | ネッキングダウン法 | 颈缩法 |
| **needle** | 指針;探針 | ニードル | 指针;探针;针;针状物 |
| — arc welding | 微束電鎔銲 | ニードルアーク溶接 | 微束等离子焊 |
| — bearing | 滾針軸承 | ニードルベアリング | 滚针轴承 |
| — blow | 針吹法 | 注射針吹込み | 针吹法 |
| — cam | 針凸輪 | ニードルカム | 针凸轮 |
| — crystal | 針狀結晶 | 針状結晶 | 针状结晶 |
| — etching | 針刻 | ニードルエッチング | 针刻 |
| — gagep | 針規 | ニードルゲージ | 针规 |
| — file | 什錦銼 | 共柄やすり | 什锦锉;针锉 |
| — piston | 針形活塞 | ニードルピストン | 针形活塞 |
| — point | 針尖 | ニードルチップ | 针尖 |
| — punch | 針狀凸模 | ニードルポンチ | 针状凸模;细针冲头 |
| — roller | (軸承的)滾針 | ニードルローラ | (轴承的)滚针 |
| — roller cup | 滾針帽 | ニードルローラカップ | 滚针帽 |
| — valve | 針閥 | ニードルバルブ | 针阀;针塞;油针 |
| — valve seat | 針(閥)座 | ニードルバルブシート | 针(阀)座 |
| **Needle bronze** | 尼德爾鉛青銅 | ニードルブロンズ | 尼德尔铅青铜 |
| **NEF-thread** | 特細牙螺紋〔美國標準〕 | アメリカ極細目ねじ | 特细牙螺纹〔美国标准〕 |
| **negation** | 否定 | （論理）否定 | 否定;非 |
| **negative** | 陰性(的) | ネガ | 阴性(的);负性〔的〕 |
| — acceleration | 負加速度 | 負加速度 | 负加速度 |
| — damping | 負阻尼 | 負の減衰 | 负阻尼 |

| 英　文 | 臺　灣 | 日　文 | 大　陸 |
|---|---|---|---|
| — die | 陰模 | 雌型 | 阴模 |
| — element | 陰性元件 | 陰性元素 | 阴性元件 |
| — film | 底片 | ネガチブフィルム | 底片；负片 |
| — friction | 負摩擦(阻)力 | ネガチブフィルタ | 负摩擦(阻)力 |
| — glow | 陰極輝光 | 負グロー | 阴极辉光 |
| — group | 負(電)根 | 陰(電)性根 | 负(电)根；负(性)基 |
| — hardening | 軟化淬火處理 | ネガチブ焼入れ | 软化淬火处理 |
| — model | 陰模 | 陰原型 | 阴模 |
| — number | 負數 | 負(の)数 | 负数 |
| — polarity | 負極性 | 負(の)極性 | 负极性 |
| — pole | 負極 | ネガチブポール | 负极；阴极 |
| — potential | 負電位 | 陰電位 | 负电位 |
| — reinforcement | 負彎矩鋼筋 | 負鉄筋 | 负弯矩钢筋 |
| — replica | 複製陰模 | ネガレプリカ | 复制阴模 |
| — side rake | 負側傾角 | ネガチブサイドレーキ | 负(刃)侧倾角 |
| — sign | 負號 | 負号 | 负号 |
| — slip | 負滑距 | 負失脚 | 负滑距；负滑脱 |
| — stress | 負應力 | 負応力 | 负应力 |
| negion | 陰離子 | ネギオン | 阴离子 |
| neglect | 忽略 | ネグレクト | 忽略；忽视；遗漏 |
| Nehr's method | 涅爾法 | ネールの方法 | 涅尔法 |
| neighborhood | 鄰域；鄰近 | 近傍 | 邻域；邻近 |
| neighboring element | 相鄰(單)元 | 隣接要素 | 相邻(单)元；相邻要素 |
| nemalite | 纖水滑石；氫氧化鎂 | 繊維水滑石 | 纤水滑石；氢氧化镁 |
| Neogen | 內奧根黃銅 | ネオゼン | 内奥根黄铜 |
| neogenesis | 新生；再生 | 新生 | 新生；再生 |
| Neolithic Age | 新石器時代 | 新石器時代 | 新石器时代 |
| Neomagnal | 鋁鎂鋅耐蝕合金 | ネオマグナール | 铝镁锌耐蚀合金 |
| neon,Ne | 氖；霓虹燈 | ネオン | 氖；霓虹灯 |
| — arc lamp | 氖弧燈；熱陰極氖燈 | ネオンアーク灯 | 氖弧灯；热阴极氖灯 |
| — bulb | 氖管 | ネオン管 | 氖管 |
| — charge | 充氖 | ネオン充てん | 充氖 |
| — filling | 充氖 | ネオン充てん | 充氖 |
| — gas | 氖氣 | ネオンガス | 氖气 |
| — indicator | 氖指示燈 | ネオン指示管 | 氖指示灯 |
| — lamp | 氖管〔燈〕；霓虹燈 | ネオンランプ | 氖管〔灯〕；霓虹灯 |
| — tube lamp | 氖管燈；霓虹燈 | ネオン管ランプ | 氖管灯；霓虹灯 |
| Neonalium | 內奧納利烏姆鋁合金 | ネオナリウム | 内奥纳利乌姆铝合金 |
| neopurpurite | 異磷鐵錳礦 | ネオパープライト | 异磷铁锰矿 |
| Neo-Roman | 新羅馬式 | ネオローマン | 新罗马式 |

| 英　　文 | 臺　　灣 | 日　　文 | 大　　陸 |
|---|---|---|---|
| neotantalite | 黃鉭鐵礦 | ネオタンタル石 | 黄钽铁矿 |
| neotype | 新模式標本 | 新基準標本 | 新模式标本 |
| nep | 棉結 | ネップ | 棉结;白星;毛结 |
| neper | 奈培〔衰減單位〕 | ネーパ | 奈培〔衰减单位〕 |
| nephrite | 軟玉 | 軟玉 | 软玉 |
| neptunism | (岩石)水成論 | 主水説 | (岩石)水成论 |
| Nergandin | 內甘丁7:3黃銅 | ナーガンディン | 内甘丁7:3黄铜 |
| Nernst diffusion layer | 能斯脫擴散層 | ネルンスト拡散層 | 能斯脱扩散层 |
| — glower | 能斯脫發光元件 | ネルンストグロア | 能斯脱发光元件 |
| nerve | 神經;回縮性 | ナーブ | 神经;回缩性 |
| nervous system | 神經系統 | 神経系 | 神经系统 |
| nest | 座;組;群;礦巢 | ネスト | 座;组;群;矿巢;窝;穴 |
| — of roller | 滾柱窩 | ころ穴 | 滚柱窝 |
| nestable container | 嵌合容器 | はめあわせようき | 嵌合容器 |
| — cell | 嵌套單元 | ネステッドセル | 嵌套单元 |
| — stack automaton | 嵌套棧自動機 | いれこしき〜 | 嵌套栈自动机 |
| — structure | 嵌套結構 | 入れ子構造 | 嵌套结构 |
| nesting | 成套;套裝;(構成)嵌套 | 入れ子構成 | 成套;套装;(构成)嵌套 |
| — error | 嵌套錯誤 | ネスティングエラー | 嵌套错误 |
| net | 網狀的;淨的 | ネット | 网状的;净的;纯(净)的 |
| — acceleration | 正味加速度;淨加速度 | 正味加速度 | 正味加速度;净加速度 |
| — amount | 淨總值 | 正味 | 净总值;净数 |
| — area | 淨面積 | 正味面積 | 净面积 |
| — benefit | 純受益 | 純便益 | 纯受益 |
| — capacity | 淨容量 | 正味容量 | 净容量 |
| — capital | 淨資本 | 正味資本 | 净资本 |
| — density | 淨密度 | 純密度 | 净密度 |
| — effect | 淨效應 | 正味効率 | 净效应 |
| — efficiency | 淨效率;有效效率 | 正味効果 | 净效率;有效效率 |
| — energy | 淨能量 | 正味エネルギー | 净能量 |
| — horsepower | 淨馬力;有效馬力 | 正味馬力 | 净马力;有效马力 |
| — lace | 網狀帶 | チュールレース | 网状带 |
| — lift | 有效升程;有效揚程 | ネットリフト | 有效升程;有效扬程 |
| — load | 淨負載 | 正味荷重 | 净载荷 |
| — loss | 淨損耗 | ネットロス | 净损耗 |
| — making machine | 製網機 | 製網機 | 制网机 |
| — output | 淨輸出 | 送電端出力 | 净输出 |
| — price | 實價;淨價 | ネットプライス | 实价;净价 |
| — profit | 淨利潤;純利潤 | 純利益 | 净利润;纯利润 |
| — pump head | 淨揚程 | 全揚程 | 净扬程 |

| 英　　文 | 臺　　灣 | 日　　文 | 大　　陸 |
|---|---|---|---|
| — rating | 純（額定）功率 | ネットレーチング | 纯（额定）功率 |
| — sectional area | 有效截面面積 | 純断面積 | 有效截面面积 |
| — sling | 網形吊具 | ネットスリング | 网形吊具 |
| — stock | 淨庫存（量） | 正味在庫量 | 净库存（量） |
| — thrust | 實效推力；淨推力 | 有効推力 | 实效推力；净推力 |
| — time | 加工時間；有效時間 | 正味時間 | 加工时间；有效时间 |
| — ton | 淨噸；美噸 | ネットトン | 净吨；美吨 |
| — tonnage | 淨噸位 | 純トン数 | 净吨位 |
| — vehicle weight | 車輛淨重 | 正味車両重量 | 车辆净重 |
| — velocity | 淨速度 | 正味速度 | 净速度 |
| — weight | 淨重 | 正味重量 | 净重 |
| — work | 淨功；有效功 | ネットワーク | 净功；有效功 |
| **nettying** | 結網 | 網状結合 | 结网 |
| **network** | 網狀組織〔構造〕；網路 | ネットワーク | 网状组织〔构造〕；网路 |
| — cementite | 網狀雪明碳鐵 | 網状セメンタイト | 网状渗碳体 |
| — connect | 網絡連接 | ネットワークコネクト | 网络连接 |
| — control | 網絡控制 | ネットワーク制御 | 网络控制 |
| — like connection | 網狀連結 | ネットワーク状接続 | 网状连结 |
| — mode | 網絡模式 | ネットワークモード | 网络模式 |
| — model | 網絡模型 | ネットワークモデル | 网络模型 |
| — node | 網絡結點 | ネットワークノード | 网络结点 |
| — polymer | 網狀聚合物 | 網状重合体 | 网状聚合物 |
| — structure | 網狀構造；網狀組織 | 網状組織 | 网状构造；网状组织 |
| **neurone** | 神經元；軸索 | ニューロン | 神经元；轴索；轴突 |
| **neuter** | 中性；無性 | 中性 | 中性；无性 |
| **neutral** | 中性的；中（性）線 | ニュートラル | 中性的；中（性）线 |
| — absorber | 中性吸收器 | 中性吸収器 | 中性吸收器 |
| — angle | 中心角 | ニュートラルアングル | 中心角 |
| — atom | 中性原子 | 中性原子 | 中性原子 |
| — axis | 中性軸 | 中立軸 | 中性轴 |
| — axis depth ratio | 中性軸比 | 中立軸比 | 中性轴比 |
| — axis of the beam | 橫梁中性軸 | はりの中立軸 | 横梁中性轴 |
| — axis ratio | 中性軸比 | 中立軸比 | 中性轴比 |
| — body | 中性體 | 中性体 | 中性体 |
| — burning | 等面燃燒；定推力燃燒 | 定面燃焼 | 等面燃烧；定推力燃烧 |
| — catalyst | 中性觸媒；中性催化劑 | 中性触媒 | 中性触媒；中性催化剂 |
| — corpuscle | 中性微粒；中性粒子 | 中性微粒子 | 中性微粒；中性粒子 |
| — curve | 中性曲線 | 中性曲線 | 中性曲线 |
| — earthing | 中性點接地 | 中性点接地 | 中性点接地 |
| — element | 中性元素 | 中性元素 | 中性元素 |

| 英　　文 | 臺　　灣 | 日　　文 | 大　　陸 |
|---|---|---|---|
| — equilibrium | 中性平衡 | 中立平衡 | 中性平衡;随遇平衡 |
| — flame | 中性火焰;標準火焰 | 中性炎 | 中性火焰;标准火焰 |
| — line | 中性線 | 中立線 | 中性线 |
| — loading | 中性負載 | 中立負荷 | 中和负载;中性负载 |
| — meson | 中性介子 | 中性中間子 | 中性介子 |
| — molecule | 中性分子 | 中性分子 | 中性分子 |
| — oil | 中性(潤滑)油 | ニュートラル油 | 中性(润滑)油 |
| — particle | 中性粒子 | 中性粒子 | 中性粒子 |
| — pitch | 中和螺距 | 中立ピッチ | 中和螺距 |
| — plane | 中性面 | 中立面 | 中性面;中和面 |
| — point | 中性點 | 中立点 | 中性点;中和点 |
| — position | 中性位置 | 中立 | 中性位置;空档 |
| — pressure | 中性壓力 | 中立圧力 | 中性压力 |
| — sand | 中性砂 | 中立砂 | 中性砂 |
| — stress | 中和應力 | 中立応力 | 中和应力 |
| — surface | 中性面 | 中立面 | 中性面;中和面 |
| — temperature | (熱電偶)中性溫度 | 中性温度 | (热电偶)中性温度 |
| — terminal | 中性點接線端 | Nターミナル | 中性点接线端 |
| — zone | 中性區 | 中立帯 | 中性区;无作用区 |
| neutrality | 中性 | ニュートラリティ | 中性;中和 |
| — condition | 中性〔和〕條件 | 中性条件 | 中性〔和〕条件 |
| neutralization | 中和作用 | 中性化 | 中和作用 |
| neutralizer | 中和器〔劑〕 | 中和器 | 中和器〔剂〕; |
| neutret(to) | 中(性)介子 | ニュートリノ | 中(性)介子 |
| neutrino | 中性微子 | ニュートリノ | 中性微子 |
| neutron | 中子 | 中性子 | 中子 |
| new-look | 最新樣式 | ニュールック | 最新样式 |
| Newloy | 一種耐蝕銅鎳合金 | ニューロイ | 纽洛伊耐蚀铜镍合金 |
| Newman chart | 紐曼線圖 | ニューマン線図 | 纽曼线图 |
| — furnace | 紐曼爐〔煉鉛用〕 | ニューマン炉 | 纽曼炉〔炼铅用〕 |
| newton | 牛頓〔力的單位〕 | ニュートン | 牛顿〔力的单位〕 |
| Newton alloy | 牛頓鉍鉛錫易熔合金 | ニュートン合金 | 牛顿铋铅锡易熔合金 |
| — diameter | 牛頓直徑 | ニュートン径 | 牛顿直径 |
| — efficiency | 牛頓效率 | ニュートン効率 | 牛顿效率 |
| — law | 牛頓定律 | ニュートンの法則 | 牛顿定律 |
| — law of motion | 牛頓運動定律 | ニュートンの運動法則 | 牛顿运动定律 |
| — metal | 錫鋁鉍合金 | ニュートンスメタル | 锡铝铋合金 |
| — method | 牛頓法 | ニュートン法 | 牛顿法 |
| — ring | 牛頓環 | ニュートンリング | 牛顿环 |
| Newtonian body | 牛頓黏度 | ニュートン粘性 | 牛顿粘度 |

| 英　文 | 臺　灣 | 日　文 | 大　陸 |
|---|---|---|---|
| — folw | 牛頓型流動 | ニュートン流れ | 牛顿型流动 |
| — fluid | 牛頓流體 | ニュートン流体 | 牛顿流体 |
| — force | 牛頓引力 | ニュートンの引力 | 牛顿引力 |
| — liquid | 牛頓液體 | ニュートン液体 | 牛顿液体 |
| — mechanics | 牛頓力學 | ニュートン力学 | 牛顿力学 |
| — substance | 牛頓物質 | ニュートン物質 | 牛顿物质 |
| — viscosity | 牛頓黏滯性 | ニュートン粘性 | 牛顿粘滞性 |
| **NF-thread** | (美制)細牙螺紋 | アメリカ細目ねじ | (美制)细牙螺纹 |
| **NFB margin** | 負反饋裕度 | NFB マージン | 负反馈裕度 |
| **Niag** | 一種含鉛黃銅 | ニアーグ | 尼阿格含铅黄铜 |
| **nib** | 字模;孔眼 | ニブ（ス） | 字模;孔眼;爪;钢笔尖 |
| **nibbler** | 步衝輪廓機 | ニブラ | 步冲轮廓机 |
| **nibbling** | 步衝輪廓法 | ニブリング | 步冲轮廓法 |
| — apparatus | 步衝輪廓機 | ニブリング装置 | 步冲轮廓机 |
| — machine | 步衝輪廓機 | ニブリングマシン | 步冲轮廓机 |
| — shear | 分段剪切 | ニブリングシャー | 分段剪切 |
| **Nicalloy** | 鎳錳鐵合金 | ニッカロイ | 镍锰铁合金 |
| **nicarbing** | (氣體)碳氮共滲 | 浸炭窒化 | (气体)碳氮共渗 |
| **niche** | 適當的位置 | ニッチ | 适当的位置 |
| **nichrome** | 鎳鉻耐熱合金 | ニクロム | 镍铬耐热合金 |
| — heater | 鎳鉻合金加熱器 | ニクロムヒータ | 镍铬合金加热器 |
| — resistor | 鎳鉻電阻(器) | ニクロム抵抗 | 镍铬电阻(器) |
| — wire | 鎳鉻電熱絲 | ニクロム線 | 镍铬电热丝 |
| **nick** | 刻痕;缺口 | ニック | 刻痕;缺口;裂纹;缝隙 |
| — bend test | 缺口彎曲試驗 | 切欠き曲げ試験 | 缺口弯曲试验 |
| — break test | 缺口斷裂試驗 | 切欠き破断試験 | 缺口断裂试验 |
| **nickel,Ni** | 鎳 | ニッケル | 镍 |
| — alloy | 鎳合金 | ニッケルアロイ | 镍合金 |
| — aluminide | 鎳鋁合金;鋁化鎳 | ニッケルミナイド | 镍铬合金;铝化镍 |
| — aluminium | 鎳鋁;三鋁化鎳 | ニッケルアルミニウム | 镍铝;三铝化镍 |
| — ammine | 鎳的氨合物 | ニッケルアンミン | 镍的氨合物 |
| — base | 鎳基底 | ニッケルベース | 镍基底 |
| — bath | 鍍鎳浴 | ニッケルめっき浴 | 镀镍浴 |
| — cast iron | 含鎳鑄鐵 | ニッケル鋳鉄 | 含镍铸铁 |
| — cast steel | 鎳鑄鋼 | ニッケル鋳鋼 | 镍铸钢 |
| — catalyzer | 鎳催化劑 | ニッケル触媒 | 镍催化剂 |
| — chemical plating | 化學鍍鎳 | ニッケル化学めっき | 化学镀镍 |
| — chrome alloy steel | 鎳鉻合金鋼 | ニッケルクロム合金鋼 | 镍铬合金钢 |
| — cobalt alloy | 鎳鈷合金 | ニッケルコバルト合金 | 镍钴合金 |
| — dioxide | 二氧化鎳 | 二酸化ニッケル | 二氧化镍 |

| 英　　文 | 臺　　灣 | 日　　文 | 大　　陸 |
|---|---|---|---|
| — electrode | 鎳電極 | ニッケル（アーク） | 镍电极；镍焊条 |
| — electroforming | 鎳電鑄 | ニッケルの電鑄 | 镍电铸 |
| — facing | 鍍鎳 | ニッケルめっき | 镀镍 |
| — ion | 鎳離子 | ニッケルイオン | 镍离子 |
| — layer | 鎳層 | ニッケル層 | 镍层 |
| — ore | 鎳礦 | ニッケル鉱 | 镍矿 |
| — oreide | 鎳黃銅 | ニッケルオレイド | 镍黄铜 |
| — oxide | 氧化鎳 | 酸化ニッケル | 氧化镍 |
| — pellet | 鎳粒 | 粒状ニッケル | 镍粒 |
| — plating | 鍍鎳 | ニッケルめっき | 镀镍 |
| — print | 鎳印痕法 | ニッケルプリント | 镍印痕法 |
| — seal | 鎳密封 | ニッケルシール | 镍密封；镍焊封 |
| — silver | 鋅白銅；銅鎳鋅合金 | ニッケルシルバ | 锌白铜；铜镍锌合金 |
| — steel | 鎳鋼 | ニッケルスチール | 镍钢 |
| nickel chromium cast iron | 鎳鉻鑄鐵 | ニッケルクロム鋳鉄 | 镍铬铸铁 |
| — cast steel | 鎳鉻鑄鋼 | ニッケルクロム鋳鋼 | 镍铬铸钢 |
| — steel | 鎳鉻鋼 | ニッケルクロム鋼 | 镍铬钢 |
| nucjek clad copper | 鍍鎳銅 | ニッケル被覆銅 | 镀镍铜 |
| — iron plate | 覆鎳鋼板 | 被ニッケル鋼板 | 覆镍钢板 |
| Nickelex | 光澤鍍鎳法 | ニッケルックス | 光泽镀镍法 |
| Nickelin | 一種銅基耐蝕合金 | ニッケリン | 尼格林铜基耐蚀合金 |
| Nickeline | 一種錫基合金 | ニッケライン | 尼克拉英锡基合金 |
| nickelizing | 電（解）鍍鎳 | ニッケライジング | 电（解）镀镍 |
| Nickeloy | 一種鎳鐵合金 | ニッケロイ | 尼克罗伊镍铁合金 |
| nicking | 刻痕 | ニッキング | 刻痕 |
| nickname | 俗名 | ニックネーム | 俗名；外号 |
| Nickoline | 一種銅鎳合金 | ニコライン | 尼克林铜镍合金 |
| Nicla | 一種鉛黃銅 | ニクラ | 尼克拉铅黄铜 |
| Niclad | 包鎳耐蝕高強度鋼板 | ニクラッド | 包镍耐蚀高强度钢板 |
| Nicloy | 一種鐵鎳合金 | ニクロイ | 尼克洛伊铁镍合金 |
| Nico | 一種鉛銻合金 | ニコ | 尼科铅锑合金 |
| nicofer | 鎳可鐵 | ニコファ | 镍可铁 |
| nicopyrite | 鎳黃鐵礦 | 硫鉄ニッケル鉱 | 镍黄铁矿 |
| Nicral | 一種鋁合金 | ニクラル | 尼克拉尔铝合金 |
| Nicrobraz | 鎳鉻銲料合金 | ニクロブラッズ | 镍铬焊料合金 |
| Nicrosilal | 鎳鉻矽耐蝕合金鑄鐵 | ニクロシラール | 镍铬硅耐蚀合金铸铁 |
| Nida | 一種（拉製用）青銅 | ニーダ | 尼达（拉制用）青铜 |
| Nihard | 鎳鉻冷硬鑄鐵 | ニハード | 镍铬冷硬铸铁 |
| Nikalium | 一種鎳鋁青銅 | ニカリウム | 尼卡利姆镍铝青铜 |
| nil | 零（點） | ニル | 零（点）；无 |

| 英　　文 | 臺　　灣 | 日　　文 | 大　　陸 |
|---|---|---|---|
| **Nilex** | 一種鎳鐵合金 | ニレックス | 镍利克斯镍铁合金 |
| **Nilo** | 鎳鉻低膨脹係數合金 | ニロ | 镍铬低膨胀系数合金 |
| **Nilstain** | 一種鎳鉻耐蝕合金 | ニルステーン | 镍尔斯坦镍铬耐蚀合金 |
| **Nilvar** | 一種鐵鎳合金 | ニルバ | 镍尔瓦铁镍合金 |
| **Nimalloy** | 鎳錳系高導磁率合金 | ニマロイ | 镍锰系高导磁率合金 |
| **Nimol** | 耐蝕高鎳鑄鐵 | ニモル | 耐蚀高镍铸铁 |
| **Nimonic alloy** | 鎳鉻鈦耐熱合金 | ニモニック合金 | 镍铬钛耐热合金 |
| **ninety-five-day** discharge | 豐水(流)量 | 豊水量 | 丰水(流)量 |
| — water level | 豐水(流)量 | 豊水量 | 丰水(流)量 |
| **ning circuit** | 自勵行掃描電路 | 自励線走査回路 | 自励行扫描电路 |
| **ningyoite** | 人形石 | ニンギョウ石 | 人形石 |
| **nip** | 夾 | ニップ | 夹;剪;切断 |
| — adjustment | 軋輥間隙調整 | ロール間げき調整 | 轧辊间隙调整 |
| — angle | 咬入角 | 食込み角 | 咬入角 |
| — bending | 壓彎 | はな曲げ | 压弯 |
| — pressure | 鉗口壓力;切斷壓力 | ニップ圧力 | 钳口压力;切断压力 |
| — roller | 壓送輥 | ニップローラ | 压送辊;咬入辊 |
| — rolls | 壓送輥 | ニップロール | 压送辊;咬入辊 |
| — stress | 剪切應力 | ニップ応力 | 剪切应力 |
| **Nipermag** | 鎳鋁鈦永磁合金 | ニッパーマグ | 镍铝钛永磁合金 |
| **nipper(s)** | 鉗子;鑷子 | ニッパ | 钳子;镊子;夹子;剪钳 |
| **nipping** chisel | 榫眼去屑鑿 | 割たがね | 榫眼去屑錾 |
| — roller | 折頁夾輥 | ニップロール | 折页夹辊 |
| **nipple** | 螺紋接頭;管接頭 | ニップル | 螺纹接头;管接头;喷嘴 |
| — joint | 螺紋接頭;管接頭 | ニップル継手 | 螺纹接头;管接头 |
| — nut | 管接頭螺母 | ニップルナット | 管接头螺母 |
| **Niranium** | 鈷鎳鉻牙科用鑄造合金 | ニラニウム | 钴镍铬牙科用铸造合金 |
| **Niron** | 鎳鐵合金 | ナイロン | 镍铁合金 |
| **Nirosta** | 一種高鉻鑄鐵 | ニロスタ | 尼罗斯达高铬铸铁 |
| **Niseko process** | 鍛件晶粒細化熱處理法 | ニセコ法 | 锻件晶粒细化热处理法 |
| **nitersteel** | 氮化鋼 | 窒化鋼 | 氮化钢 |
| **niton,Rn** | 鐳射氣 | ニトン | 镭射气 |
| **Nitralloy** | 氮化鋼 | ニトラロイ | 氮化钢 |
| — steel | 氮化鋼 | 窒化鋼 | 氮化钢;渗氮钢 |
| **nitric acid** | 硝酸 | 発煙硝酸 | 硝酸 |
| **nitridation** | 氮化(作用)法 | 窒化硬化法 | 氮化(作用)法;渗氮 |
| **nitrid(e)** | 氮化;氮化物 | ニトライト | 氮化;氮化物 |
| — film | 氮化膜 | 窒化皮膜 | 氮化膜 |
| **nitrided mold** | 氮化模具 | 窒化金型 | 氮化模具 |
| — steel | 氮化鋼 | 窒化鋼 | 渗氮钢;氮化钢 |

| 英　　文 | 臺　　灣 | 日　　文 | 大　　陸 |
|---|---|---|---|
| — structure | 氮化組織 | 窒化組織 | 氮化组织 |
| **nitriding** | 氮化 | 窒化 | 氮化;渗氮 |
| — treatment | 氮化處理 | 窒化処理 | 渗氮处理;氮化处理 |
| **nitridizing** | 氮化法 | 窒化法 | 氮化法 |
| **nitrizing** | 氮化 | 窒化 | 渗氮 |
| **nitrocarburizing** | 氮化滲碳法 | 浸炭窒化 | 碳氮共渗 |
| **nitrogen,N** | 氮(氣) | ニトロゲン | 氮(气) |
| — apparatus | 定氮裝置 | 窒素定量装置 | 定氮装置 |
| — arc | 氮弧 | 窒素アーク | 氮弧 |
| — chain | 氮鏈 | 窒素連鎖 | 氮链 |
| — compound | 氮化物 | 窒素化合物 | 氮化物;含氮化合物 |
| — gas | 氮氣 | 窒素ガス | 氮气 |
| — hardening | 氮化(處理) | 窒化 | 氮化(处理) |
| — laser | 氮(分子)雷射器 | 窒素レーザー | 氮(分子)激光器 |
| **nitrogenated oil** | 氮化油 | 含窒素油 | 氮化油 |
| **nitrogenation oven** | 氮化爐 | 窒化炉 | 氮化炉 |
| **nitrogenization** | 氮化(作用) | 窒素化合 | 氮化(作用) |
| **nitrogenizing** | 氮化 | 窒素化 | 氮化 |
| **nitrohydrochloric acid** | 王水 | 王水 | 王水 |
| **nitro-sulfuric acid** | 混酸;硝基硫酸 | 混酸 | 混酸;硝基硫酸 |
| **Nivaflex** | 一種發條合金 | ニバフレックス | 镍瓦弗列克斯发条合金 |
| **nivarox** | 尼瓦洛克斯合金 | ニバックス | 尼瓦洛克斯合金 |
| **nivation** | 雪蝕作用 | 雪食 | 雪蚀作用 |
| **niveau line** | 等位線 | 等位線 | 等位线 |
| — surface | 等位面 | 等位面 | 等位面 |
| **NN junction** | NN結 | NN接合 | NN结 |
| **no bias** | 無偏壓 | ノーバイアス | 无偏压 |
| — carbon paper | 無碳複寫紙 | ノーカーボン紙 | 无碳复写纸 |
| — contact | 無接點 | 非接点 | 无接点 |
| — crack cement | 無裂縫水泥 | NC セメント | 无裂缝水泥 |
| — draft surface | (模具的)無斜度面 | 無こう配合 | (模具的)无斜度面 |
| — effect level | (毒物的)安全量 | 安全量 | (毒物的)安全量 |
| — failure temperature | 無破損溫度 | 無破損温度 | 无破损温度 |
| — gas open arc welding | 無氣體保護弧銲 | ノーガスオープン溶接 | 无气体保护弧焊 |
| — hinge arch | 無鉸拱;固定拱 | 固定アーチ | 无铰拱;固定拱 |
| — hub joint | 無中軸接頭 | ノーハブジョイント | 无中轴接头 |
| — leak | 無漏泄 | ノーリーク | 无漏泄 |
| — lift angle | 無升力角 | 無揚力角 | 无升力角 |
| — lift direction | 無升力方向 | 無揚力方向 | 无升力方向 |
| — relief thread | 無退刀槽螺紋 | 逃げなしねじ | 无退刀槽螺纹 |

| 英　　文 | 臺　　灣 | 日　　文 | 大　　陸 |
|---|---|---|---|
| ― slip point | 非滑移點 | ノースリップポイント | 非滑移点；中性点 |
| ― spangle | 無鋅花鍍鋅鋼板 | ノースパングル | 无锌花镀锌钢板 |
| **nobbing** | 擠壓模具模穴 | ノッビング | 挤压模具型腔 |
| **noble gas** | 稀有氣體；惰性氣體 | 希有ガス | 稀有气体；惰性气体 |
| ― gases | 惰性氣體 | 貴ガス類 | 惰性气体 |
| ― metal | 貴重金屬 | ノーブルメタル | 贵重金属 |
| ― metal coating | 貴金屬鍍層 | 貴な金属被覆 | 贵金属镀层 |
| ― metal plating | 貴金屬電鍍 | 貴なめっき | 贵金属电镀 |
| ― potential metal | 高電位金屬 | 高電位金属 | 高电位金属 |
| **Nobel Prize** | 諾貝爾獎金 | ナーベル賞 | 诺贝尔奖金 |
| **nocturnal** cooling | 夜間冷卻 | 夜間冷却 | 夜间冷却 |
| ― radiation | 夜間輻射 | 夜間ふく射 | 夜间辐射 |
| **nodular** cast iron | 球墨鑄鐵 | 球状黒鉛鋳鉄 | 球墨铸铁 |
| **nodulizer** | 成粒機；球化劑 | ノジュライザ | 成粒机；球化剂 |
| **nodulizing** | 球化；燒結作用 | 団塊化 | 球化；烧结作用 |
| **no-fuse breaker** | 無熔絲斷路器 | ノーヒューズブレーカ | 无熔丝断路器 |
| **Noil** | 一種高錫青銅 | ノイル | 诺尔高锡青铜 |
| **noise** | 噪音；雜音 | 騒音 | 噪音；杂音；染波 |
| ― barrier | （路旁的）隔音牆 | 遮音壁 | （路旁的）隔音墙 |
| ― blanker | 噪音消除器 | ノイズブランカ | 噪音消除器 |
| ― cancelling | 噪音消除 | 雑音消去 | 噪音消除 |
| ― clipper | 噪音削限器 | 雑音クリッパ | 噪音削限器 |
| ― cover | 消聲罩 | 防音覆い | 消声罩 |
| ― dose | 噪聲量 | 騒音量 | 噪声量 |
| ― exposure level | 噪聲暴露級 | 騒音暴露レベル | 噪声暴露级 |
| ― exposure meter | 噪聲暴露計 | 騒音暴露計 | 噪声暴露计 |
| ― figure | 噪聲係數 | 雑音指数 | 噪声系数 |
| ― immunity | 雜音排除性；抗擾性 | 雑音余裕度 | 杂音排除性；抗扰性 |
| ― insulation factor | 遮音度（係數） | 遮音度 | 遮音度（系数） |
| ― jamming | 雜波干擾 | 雑音妨害 | 杂波干扰 |
| ― level | 噪聲級 | 騒音レベル | 噪声级；噪声电平 |
| ― limit | 噪聲限度 | 騒音限度 | 噪声限度 |
| ― margin | 噪聲容限〔裕度〕 | ノイズマージン | 噪声容限〔裕度〕 |
| ― muting | 噪聲抑制 | ノイズミューティング | 噪声抑制 |
| ― nuisance | 噪聲污染 | 騒音障害 | 噪声污染 |
| ― pollution | 噪聲污染 | 騒音公害 | 噪声污染 |
| ― prevention | 噪聲防止 | 騒音防止 | 噪声防止 |
| ― proof cover | 消聲罩 | 防音覆い | 消声罩 |
| ― protector | 噪聲防止器 | 雑音防止器 | 噪声防止器 |
| ― quieting | 噪聲抑制 | 雑音抑圧 | 噪声抑制 |

| 英　　文 | 臺　　灣 | 日　　文 | 大　　陸 |
|---|---|---|---|
| — quieting sensitivity | 噪聲抑制靈敏度 | 雑音抑圧感度 | 噪声抑制灵敏度 |
| — rating curve | 噪聲等級曲線 | 雑音 | 噪声等级曲线 |
| — rating number | 噪聲等級數 | NR 数 | 噪声等级数 |
| — receive point | 收音點 | 受雑音点 | 收音点 |
| — record | 噪聲記錄 | ノイズレコード | 噪声记录 |
| — reduce | 降噪(聲) | 噪声降低 | 降噪(声) |
| — reducer | 噪聲抑制器 | 噪声抑制器 | 噪声抑制器 |
| — reduction | 減噪 | 減音量 | 减噪 |
| — reduction coefficient | 噪聲降低〔減輕〕係數 | 騒音減少率 | 噪声降低〔减轻〕系数 |
| — reduction cushion | 減聲墊 | 騒音防止用当物 | 减声垫 |
| — reduction factor | 噪聲降低係數 | 遮音度 | 噪声降低系数 |
| — regulation law | 噪聲管制法 | 騒音規則法 | 噪声管制法 |
| — reject | 噪聲抑制 | ノイズリジェクト | 噪声抑制 |
| — rejection ratio | 噪聲抑制比 | 雑音除去比 | 噪声抑制比 |
| — resistance | 噪聲電阻 | ノイズ抵抗 | 噪声电阻 |
| — response | 噪聲響應(曲線) | ノイズレスポンス | 噪声响应(曲线) |
| — sensitivity | 噪聲靈敏度 | 雑音感度 | 噪声灵敏度 |
| — silencer | 靜噪器;噪聲抑制器 | ノイズサイレシサ | 静噪器;噪声抑制器 |
| — silencing ratio | 噪音吸收率 | 騒音吸収率 | 噪音吸收率;静噪率 |
| — simulator | 噪聲模擬器 | ノイズシミュレータ | 噪声模拟器 |
| — sound analyzer | 噪聲分析器 | 騒音分装置 | 噪声分析器 |
| — source | 雜音源;噪聲源 | 雑音源 | 杂音源;噪声源 |
| — spectrum | 噪聲譜 | ノイズスペクトラム | 噪声谱 |
| — squelch | 噪聲消除器〔抑制器〕 | 雑音遮断器 | 噪声消除器〔抑制器〕 |
| — standard | 噪聲標準 | 騒音基準 | 噪声标准 |
| — streak | 噪聲條紋 | ノイズストリーク | 噪声条纹 |
| — suppressor | 噪聲消除器 | ノイズサプレッサ | 噪声消除器 |
| — suppressor effect | 噪聲抑制效應 | ノイズサプレッサ効果 | 噪声抑制效应 |
| — survey meter | 直讀式簡易噪聲計 | 指示形騒音計簡易級 | 直读式简易噪声计 |
| — test | 噪音測試 | ノイズテスト | 噪音测试 |
| — trouble | 噪聲干擾 | ノイズトラブル | 噪声干扰 |
| — tube | 噪聲管 | 雑音管 | 噪声管 |
| — under consideration | 對象噪聲 | 対象騒音 | 对象噪声 |
| — unit | 雜音單位 | 雑音単位 | 杂音单位 |
| — voltage meter | 噪音電壓錶 | 雑音電圧計 | 噪音电压表 |
| — weighting circuit | 噪音加權電路 | 雑音加重回路 | 噪音加权电路 |
| **noisiness** | 噪音 | 音のやかましさ | 噪声性;吵闹 |
| **no-load** | 無負載 | 無荷重 | 无负荷;空载 |
| — device | 無負載裝置 | 無荷重装置 | 无负荷装置 |
| — loss | 無載損耗;空載損耗 | 無負荷損 | 无载损耗;空载损耗 |

| 英　　文 | 臺　　灣 | 日　　文 | 大　　陸 |
|---|---|---|---|
| — release | 無載釋放 | ノーロードリリーズ | 无载释放 |
| — running | 空載運行 | 無負荷運転 | 空载运行;空转 |
| — speed | 空載速度 | 無負荷速度 | 空载速度 |
| — work | 無載功 | 無荷重作業 | 无载功 |
| **Nomag** | 非磁性高電阻合金鑄鐵 | ノマーグ | 非磁性高电阻合金铸铁 |
| **nominal** angle of contact | 標稱接觸角 | 公称接触角 | 标称接触角 |
| — area of section | 標稱載面積;額定截面積 | 公称断面積 | 标称载面积;额定截面积 |
| — cross section | 標稱截面 | 公称断面 | 标称截面;规定截面 |
| — diameter | 基本直徑 | ノミナルダイヤメータ | 基本直径 |
| — dimension | 基本尺寸 | モデュール呼び寸法 | 基本尺寸 |
| — horsepower | 公稱馬力;額定馬力 | 公称馬力 | 公称马力;额定马力 |
| — intensity of stress | 標稱應力強度 | 公称内力強さ | 标称应力强度 |
| — largest size | 最大(基本)尺寸 | （公称）最大寸法 | 最大(基本)尺寸 |
| — length | 額定長度;標稱長度 | 呼び長さ | 额定长度;标称长度 |
| — perimeter | 標稱周長;規定周長 | 公称周長 | 标称周长;规定周长 |
| — pitch ratio | 公稱螺距比 | ノミナルピッチ比 | 公称螺距比 |
| — pill-in torque | 標稱牽入轉矩 | 公称引入れトルク | 标称牵入转矩 |
| — rating | 額定值 | 公称定格 | 额定值 |
| — size | 基本直徑;基本尺寸 | 呼び径 | 基本直径;基本尺寸 |
| — slip ratio | 標稱滑距比 | 公称スリップ比 | 标称滑距比 |
| — speed | 額定速率;額定轉速 | 定格回転数 | 额定速率;额定转速 |
| — steepness | 標稱斜度 | 規約しゅん度 | 标称斜度 |
| — strain | 標稱應變 | 公称ひずみ | 标称应变;名义应变 |
| — strength | 標稱強度;額定強度 | 公称強度 | 标称强度;额定强度 |
| — stress | 標稱應力 | 公称応力 | 标称应力;名义应力 |
| — thickness | 基本厚度 | 呼称厚さ | 基本厚度 |
| — value | 標稱值;額定值 | 定格値 | 标称值;额定值 |
| — volume | 標稱容量 | 掛け量 | 标称容量;名义容量 |
| **nonabsorbent** material | 非吸濕性材料 | 不浸材料 | 非吸湿性材料 |
| — medium | 不吸收性介質 | 不吸収媒体 | 不吸收性介质 |
| **nonalloy steel** | 碳素鋼 | 炭素鋼 | 碳素钢 |
| **nonaxial trolley** | 旁滑接輪 | 側方トロリー | 旁滑接轮 |
| **nonbaking coal** | 非黏結煤;非煉焦煤 | 不粘結炭 | 非粘结煤;非炼焦煤 |
| **nonbearing panel** | 非承重板;非受力板 | 非耐力パネル | 非承重板;非受力板 |
| **nonblock additive** | 防黏劑;抗黏劑 | 不粘著剤 | 防粘剂;抗粘剂 |
| **nonbreak** A.C. power plan | 無中斷交流電源設備 | 交流無停電装置 | 无中断交流电源设备 |
| — contact | 無中斷接點 | ノンブレーク接点 | 无中断接点 |
| — power supply | 無中斷電源 | 無停電電源 | 无中断电源 |
| **noncaking coal** | 非黏結煤 | 非粘結炭 | 非粘结煤 |
| **noncentral** conics | 無心二次(圓錐)曲線 | 無心二次 | 无心二次(圆锥)曲线 |

| 英　　文 | 臺　　灣 | 日　　文 | 大　　陸 |
|---|---|---|---|
| — quadrics | 無心二次曲面 | 無心二次曲面 | 无心二次曲面 |
| **noncoherent** radiation | 非相干放射 | 非コヒーレント放射 | 非相干放射 |
| — rotation | 非一致旋旋轉 | 非一様回転 | 非一致旋旋转 |
| **noncoking** coal | 不黏結炭;不結焦媒 | 不固結炭 | 不粘结炭;不结焦媒 |
| **noncombustiblility** | 不燃性 | 不然性 | 不燃性 |
| **noncombustion** | 不燃燒;耐火 | 不燃化 | 不燃烧;耐火 |
| **nonconductive** material | 絕緣體 | 不導体 | 绝缘体;非导体 |
| **nonconductivity** | 不傳導性 | 不導性 | 不传导性 |
| **nonconductor** | 非導體;絕緣體 | 不導体 | 非导体;绝缘体 |
| **nonconforming** article | 不合格品 | 不良品 | 不合格品;废品 |
| **nonconservative motion** | 非守恆運動 | 非保存運動 | 非守恒运动 |
| **nonconstant lead** | 變距 | 変動ピッチ | 变距 |
| **noncontact** controller | 無觸控制器 | 無接点式制御器 | 无触控制器 |
| **noncontradiction** | 無矛盾(性) | 無矛盾（性） | 无矛盾(性) |
| **noncore** choking coil | 無鐵芯扼流圈 | 空げきそく流線輪 | 无铁芯扼流圈 |
| — drilling | 無岩心鑽進 | ノンコア試すい | 无岩心钻进 |
| **noncorrosion paper** | 防銹紙 | 防せい紙 | 防锈纸 |
| **noncorrosive** material | 耐腐蝕材料 | 無腐食性材料 | 耐腐蚀材料 |
| — pipe | 耐腐蝕管 | 防食管 | 耐腐蚀管 |
| **noncorrosiveness** | 不銹性 | 不しゅう性 | 不锈性;无腐蚀性 |
| **noncorrosivity** | 無腐蝕性;不銹性 | 不しゅう性 | 无腐蚀性;不锈性 |
| **noncutting stroke** | 非切削行程;空行程 | から行程 | 非切削行程;空行程 |
| **nondefective** | 合格品 | 無欠陥の良品 | 良品;合格品 |
| **nondegenerate** | 非退化;非簡并 | 非縮退 | 非退化;非简并 |
| **nondestructive** addition | 非破壞(信息)加法 | 非破壊加算 | 非破坏(信息)加法 |
| — analysis | 無損分析 | 非破壊分析 | 无损分析 |
| — examination | 無損探傷;無損檢驗 | 非破壊検査 | 无损探伤;无损检验 |
| — inspection | 非破壞檢查 | 非破壊検査 | 非破坏检查;无损探伤 |
| — measurement | 非破壞性測量;無損測定 | 非破壊測定 | 非破坏性测量;无损测定 |
| **nondetachable screw cap** | 不脫式螺帽 | 非可脱式ねじぶた | 不脱式螺帽 |
| **nonelastic** buckling | 非彈性壓曲 | 非弾性座屈 | 非弹性压曲 |
| — collision | 非彈性碰撞 | 非弾性衝突 | 非弹性碰撞 |
| — cross section | 非彈性截面 | 非弾性断面積 | 非弹性截面 |
| — deformation | 非彈性形變 | 非弾性変形 | 非弹性形变 |
| — gel | 非彈性凝膠 | 非弾性ゲル | 非弹性凝胶 |
| — strain | 非彈性變形 | 非弾性ひずみ | 非弹性变形 |
| **nonequality** | 不等式 | 不等式 | 不等式;不相等 |
| **nonequilibrium** force | 不平衡力 | 不釣り合い力 | 不平衡力 |
| — formula | 非平衡公式 | 非平衡公式 | 非平衡公式 |
| — ionization | 非平衡電離 | 非平衡電離 | 非平衡电离 |

| 英　　文 | 臺　　灣 | 日　　文 | 大　　陸 |
|---|---|---|---|
| — thermodynamics | 非平衡熱力學 | 非平衡熱力学 | 非平衡熱力学 |
| **nonequivalence** | 非等價 | 不等価 | 非等价 |
| **nonexclusive tool** | 非專用模具 | 非独専金型 | 非专用模具 |
| **nonferrous alloy** | 非鐵合金 | 非鉄合金 | 非铁合金 |
| — electrode | 有色金屬銲條 | 非鉄金属溶接棒 | 有色金属焊条 |
| — metal | 非鐵金屬 | 非鉄金属 | 非铁金属;有色金属 |
| — metallurgy | 有色金屬冶金 | 非鉄や金 | 有色金属冶金 |
| — scrap | 有色金屬廢料 | 非鉄金属くず | 有色金属废料 |
| **nonfluid lubrication** | 非流體潤滑 | 非流体潤滑 | 非流体润滑 |
| — oil | 不流動潤滑油 | 不流動油 | 不流动润滑油;脂膏 |
| **nonfluxing mixer** | 非熔融型混合機 | 非可塑化型ミキサ | 非熔融型混合机 |
| **nonfreezing dynamite** | 不凍黃色炸藥 | 不凍ダイナマイト | 不冻黄色炸药;防冻炸药 |
| — lube | 不凍潤滑油 | 耐寒性潤滑油 | 不冻润滑油 |
| **nonfriction guide** | 滾動導軌 | ノンフリクションガイド | 滚动导轨;非摩擦导轨 |
| **nongrounding system** | 非接地制 | 非接地方式 | 非接地制 |
| **nonhazardous area** | 安全區 | 安全区 | 安全区 |
| **nonhomogenous system** | 非均勻體系 | 不均一システム | 非均匀体系 |
| **nonhygroscopicity** | 不吸潮性 | 非吸湿性 | 不吸潮性 |
| **noninflammable coal** | 不燃性煤 | 不燃性炭 | 不燃性煤 |
| — hydraulic fluid | 不可燃傳動液體 | 不可燃流動液体 | 不可燃传动液体 |
| — oil | 非燃性油 | 不燃性油 | 非燃性油 |
| **noninvert** | 非反相 | ノンインバート | 非反相;非倒置 |
| **nonion** | 非離子 | 非イオン | 非离子 |
| **nonionic active agent** | 非子(表面)活性劑 | 非イオン | 非子(表面)活性剂 |
| — **reaction** | 非離子反應 | 非イオン反応 | 非离子反应 |
| **nonionizing radiation** | 非電離輻射 | 非電離放射 | 非电离辐射 |
| — solvent | 不電離溶劑 | 不電離溶剤 | 不电离溶剂 |
| **noniron metal** | 非鐵金屬 | 非鉄金属 | 非铁金属 |
| **nonlinear amplifier** | 非線性放大器 | 非線形増幅器 | 非线性放大器 |
| — automatic control | 非線性自動控制 | 非線形自動制御 | 非线形自动控制 |
| — balancing | 非線形平衡 | 非線形バランシング | 非线形平衡 |
| — coupling | 非線性耦合 | 非線形結合 | 非线性耦合 |
| — damping | 非線性阻尼 | 非線形ダンピング | 非线性减衰;非线性阻尼 |
| — device | 非線性器件 | ノンリニア素子 | 非线性器件 |
| — effect | 非線性效應 | 非線形効果 | 非线性效应 |
| — fracture mechanics | 非線性斷裂力學 | 非線形破壊力学 | 非线性断裂力学 |
| — heating | 非線性加熱 | 非線形加熱 | 非线性加热 |
| — macor-molecule | 非線型高分子 | 非線状高分子 | 非线型高分子 |
| — model | 非線性模型 | 非線形モデル | 非线性模型 |
| — optimization | 非線性最佳化 | 非線形最適化 | 非线性最佳化 |

| 英　　文 | 臺　　灣 | 日　　文 | 大　　陸 |
|---|---|---|---|
| — parameter | 非線性參數 | 非線形パラメータ | 非线性参量 |
| — restoring force | 非線性恢復力 | 非線形復原力 | 非线性恢复力 |
| — scale | 非線性刻度 | 非線形目盛 | 非线性刻度 |
| — spring | 非線性彈簧 | 非線形ばね | 非线性弹簧 |
| — strain | 非線性應變 | 非線形ひずみ | 非线性应变 |
| — system | 非線性系統 | 非線形系 | 非线性系统 |
| — vibration | 非線性振動 | 非線形振動 | 非线性振动 |
| — viscoelasticity | 非線性黏彈性 | 非線形粘弾性 | 非线性粘弹性 |
| **nonlinearity** | 非直線性 | ノンリニアリティ | 非直线性 |
| — distortion | 非線性失真 | 非直線ひずみ | 非线性失真 |
| **nonliquid oil** | 不流動潤滑劑 | 不流動潤滑 | 不流动润滑剂 |
| **nonmechanical system** | 非機械系統 | 非機械システム | 非机械系统 |
| **nonmetal** | 非金屬 | 非金属 | 非金属 |
| — pipe | 非金屬管 | 非金属管 | 非金属管 |
| — powder | 非金屬粉末 | 非金属粉 | 非金属粉末 |
| **nonmetallic** cable | 非金屬電纜 | ノンメタリックケーブル | 非金属电缆 |
| — element | 非金屬元素 | 非金属元素 | 非金属元素 |
| — gasket | 非金屬密封片 | 非金属ガスケット | 非金属密封片 |
| — grinding medium | 非金屬粉碎介質 | 非金属粉砕媒体 | 非金属粉碎介质 |
| — impurities | 非金屬雜質 | 非金属不純物 | 非金属杂质 |
| — material | 非金屬材料 | 非金属材料 | 非金属材料 |
| — minerals | 非金屬礦物類 | 非金属鉱物類 | 非金属矿物类 |
| — mould | 非金屬鑄模 | 非金属鋳型 | 非金属铸型 |
| — packing | 非金屬迫緊 | 非金属パッキン | 非金属填料 |
| **nonmultiple jack** | 非複式塞孔 | 非複式ジャック | 非复式塞孔 |
| **nonoleogenous lubricant** | 非油性潤滑劑 | 非油性潤滑剤 | 非油性润滑剂 |
| **nonphysical model** | 非物理模型 | 非物理モデル | 非物理模型 |
| **nonpolarity** | 無極性 | ノンポーラリティ | 无极性 |
| **nonpolluting industry** | 無公害工業 | 無公害産業 | 无公害工业 |
| **nonpolymeric material** | 非聚合材料 | 非重合材料 | 非聚合材料 |
| **nonpressure flow** | 重力流 | 自然流下 | 无压力流(动);重力流 |
| — welding | 不加壓銲接法 | 非加圧溶接 | 不加压焊接法 |
| **nonrandom assortment** | 非自由組合 | 選択組合せ | 非自由组合 |
| **nonreflection attenuation** | 非反射衰減 | 非反射減衰量 | 非反射衰减 |
| — glass | 防反射玻璃 | 無反射ガラス | 防反射玻璃 |
| **nonrefractory alloy** | 耐熱性差的合金 | 非耐熱合金 | 耐热性差的合金 |
| **nonreturn flow** | 止逆球閥 | 逆止め玉弁 | 止逆球阀;单向球阀 |
| — check valve | 止回閥 | 逆止め弁 | 止回阀;单向阀 |
| — falp valve | 止回閥 | 逆止め弁 | 止回阀;单向阀 |
| — trap | 不可逆汽流 | 不逆流トラップ | 不可复汽阱 |

| 英　文 | 臺　灣 | 日　文 | 大　陸 |
|---|---|---|---|
| ─ valve | 止回閥 | 逆止め弁 | 止回阀；单向阀 |
| nonreusable medium | 不可重用(的存儲)媒體 | 再使用不可能 | 不可重用(的存储)媒体 |
| nonreversibility | 不可逆性 | 非可逆性 | 不可逆性 |
| nonreversible engine | 不可逆轉式發動機 | 非可逆機関 | 不可逆转式发动机 |
| ─ fading | 非可逆性衰落 | 非可逆性フェージング | 非可逆性衰落 |
| ─ power converter | 不可逆功率變換裝置 | 非可逆電力変換装置 | 不可逆功率变换装置 |
| ─ reaction | 不可逆反應 | 不可逆反応 | 不可逆反应 |
| nonsaponifying oil | 不皂化(潤滑)油 | 不けん化油 | 不皂化(润滑)油 |
| nonseparable bearing | 不可分離型軸承 | 非分離形軸受 | 不可分离型轴承 |
| nonshatterable glass | 安全玻璃；不破碎玻璃 | 安全ガラス | 安全玻璃；不破碎玻璃 |
| nonsizing | 尺寸過大〔金屬絲〕 | 寸法過大 | 尺寸过大〔金属丝〕 |
| nonskid | 防滑的；防滑裝置 | ノンスキッド | 防滑的；防滑装置 |
| ─ chain | 防滑鏈 | ノンスキッドチェーン | 防滑链 |
| ─ flooring | 防滑地板 | 滑り止めフローリング | 防滑地板 |
| ─ pattern | 防滑花紋 | ノンスキッドパターン | 防滑花纹 |
| ─ tire | 防滑輪胎 | ノンスキッドタイヤ | 防滑轮胎 |
| nonslip band | 防滑地帶 | 滑り止め地 | 防滑地带 |
| nontraditional machining | 特種加工 | 特殊加工 | 特种加工 |
| nontransfered arc | 非移動電弧 | 非移送形アーク | 非移动电弧 |
| ─ type plasma arc cutting | 不動型電漿電弧切割 | 非移送形プラズマ | 不动型等离子电弧切割 |
| nontranspareney | 不透明性 | 不透明性 | 不透明性 |
| nontreated steel plate | 無塗層鋼板 | 裸鉄板 | 无涂层钢板 |
| nonuniform capacity | 不均勻電容〔同軸線內〕 | 不平等容量 | 不均匀电容〔同轴线内〕 |
| ─ corrosion | 不均勻腐蝕 | 不均一腐食 | 不均匀腐蚀 |
| ─ hardening | 不均勻淬火 | 不均一焼入れ | 不均匀淬火 |
| ─ heat flux | 不均勻熱通量〔熱流〕 | 不均一熱流束 | 不均匀热通量〔热流〕 |
| ─ pitch propellor | 變距螺旋槳 | 変動ピッチプロペラ | 变距螺旋桨 |
| ─ surface | 不均勻表面 | 不均一表面 | 不均匀表面 |
| nonuniformity | 不均勻性 | 不均一性 | 不均匀性 |
| nonvariant system | 不變物系 | 不変(体)系 | 不变物系 |
| nonviscous distillate | 低黏度餾出物 | 低粘度留出物 | 低粘度馏出物 |
| ─ flow | 非黏滯流動 | 非粘性流動 | 非粘滞流动 |
| ─ fluid | 非黏性流體 | 非粘性流体 | 非粘性流体 |
| ─ neutral oil | 不黏中性油 | 不粘中性油 | 不粘中性油 |
| nonvolatile content | 不揮發分 | 不揮発分 | 不挥发分 |
| ─ matter | 不揮發物質 | 不揮発物 | 不挥发物质 |
| nonvolatililty | 不揮發性 | 不揮発性 | 不挥发性 |
| nonvoltage contact | 無電壓接點 | 無電圧接点 | 无电压接点 |
| ─ release system | 失壓釋放方式 | 無電圧釈放方式 | 失压释放方式 |
| nonwarp | 無變形黏合劑 | 無変形性接着剤 | 无变形粘合剂 |

| 英　　文 | 臺　　灣 | 日　　文 | 大　　陸 |
|---|---|---|---|
| **nonweldable steel** | 不可銲鋼 | 不可溶接鋼 | 不可焊钢 |
| **nonzero** | 非零 | 零でない | 非零 |
| **nook** | 凹角處 | 室隅 | 凹角处;角上的房间 |
| **Noral** | 一種鋁錫軸承合金 | ノラル | 诺拉尔铝锡轴承合金 |
| **norm** | 準則;標準礦物成分 | ノルム | 准则;标准矿物成分 |
| — space | 範數空間;規範空間 | ノルム空間 | 范数空间;规范空间 |
| **Normagal** | 鋁鎂耐火材料 | ノルマガール | 铝镁耐火材料 |
| **normal** acceleration | 法向加速度 | 法線加速度 | 法向加速度 |
| — arc | 標準弧 | 標準アーク | 标准弧 |
| — atmosphere | 標準大氣壓 | 標準大気圧 | 标准大气压 |
| — atom | 正常原子 | 常態原子 | 正常原子 |
| — band | 基帶 | 基底帯 | 基带 |
| — base pitch | 法向基節距 | 歯直角法線ピッチ | 法向基节距 |
| — beam technique | 垂直(探傷)法 | 垂直法 | 垂直(探伤)法 |
| — beam testing | 垂直(探傷)法 | 垂直法 | 垂直(探伤)法 |
| — bend | 90度彎管 | ノーマルベンド | 直角弯头;90度弯管 |
| — benzine | 標準揮發油 | 標準ベンジン | 标准挥发油 |
| — bundle | 法線(束) | 法束 | 法线(束) |
| — carbon chain | 正碳鏈 | 炭素正鎖 | 正碳链;直碳链 |
| — chain | 正規鏈 | 正規鎖 | 正规链 |
| — circular pitch | 法向周節 | 歯直角ピッチ | 法向周节 |
| — close contact | 常閉觸點 | b接点 | 常闭触点 |
| — close valve | 常閉閥 | ノーマルクローズバルブ | 常闭阀 |
| — cone | (圓錐齒輪的)法錐 | 垂直円すい | (圆锥齿轮的)法锥 |
| — connection | 正規連接 | 正接続 | 正规连接 |
| — consistence | 正常稠度 | 標準軟度 | 正常稠度 |
| — coordinate | 標準座標 | 正規座標 | 正规坐标;标准坐标 |
| — curvature | 法(向)曲率 | 法曲率 | 法(向)曲率 |
| — data | 標準數據 | ノーマルデータ | 正常数据;标准数据 |
| — density | 正常密度 | 正常密度 | 正常密度 |
| — dimension | 基本尺寸 | 呼び寸法 | 基本尺寸 |
| — distribution | 正態分布 | 正規分布 | 正则分布;正态分布 |
| — emission | 正常放射 | 正規放出 | 正常放射 |
| — energy level | 正常能級 | 基底エネルギー準位 | 正常能级 |
| — erosion | 常態侵蝕 | 正常侵食 | 常态侵蚀;流水侵蚀 |
| — fault | 正斷層 | 正断層 | 正断层 |
| — fire | 正常化 | 焼準 | 正火;常化 |
| — flame velocity | 正常火焰燃燒速度 | 燃焼速度 | 正常火焰燃烧速度 |
| — force | 正交力 | 垂直力 | 垂向力;法向力;正交力 |
| — force coefficient | 正交力系數 | 垂直圧力係数 | 正交力系数 |

| 英　　文 | 臺　　灣 | 日　　文 | 大　　陸 |
|---|---|---|---|
| — force effect | 法向力效應 | 法線力効果 | 法向力效应 |
| — form | 正規形式;規格化形式 | 正規形 | 正规形式;规格化形式 |
| — fracture | 正常破裂 | 分離破壊 | 正常破裂;正常断口 |
| — gash angle | 法向齒隙角 | 直角落溝角 | 法向齿隙角 |
| — glow discharge | 正常輝光放電 | 正規グロー放電 | 正常辉光放电 |
| — grinding force | 法向磨削力 | 法線研削抵抗 | 法向磨削力 |
| — helical gear | 法向斜齒齒輪 | 歯直角方式はすば歯車 | 法向斜齿齿轮 |
| — helix | 正常螺旋線 | 歯直角つる巻き線 | 正常螺旋线 |
| — horsepower | 標準馬力 | 正規馬力 | 标准马力;额定马力 |
| — image | 正像 | 正像 | 正像 |
| — incidence | 垂直入射 | 法線入射 | 垂直入射 |
| — induction curve | 常規磁感應曲線 | 常規磁束曲線 | 常规磁感应曲线 |
| — input | 標準輸入 | ノーマル入力 | 标准输入 |
| — lamp | 標準燈 | 標準灯 | 标准灯 |
| — line | 法線 | 法線 | 法线 |
| — load | 額定負載 | 常用荷重 | 额定负载;垂直负载 |
| — locking | 定位鎖閉 | 定位鎖錠 | 定位锁闭 |
| — matrix | 正規矩陣 | 正規行列 | 正规矩阵 |
| — module | 法向模數 | ノーマルモジュール | 法向模数;法面模数 |
| — octane | 正辛烷 | ノーマルオクタン | 正辛烷 |
| — open contact | 常開接點 | a接点 | 常开接点 |
| — operation loss | 正常運行損耗 | 正常加工損耗 | 正常运行损耗 |
| — operation test | 正常運行試驗 | 正常動作試験 | 正常运行试验 |
| — pin | 垂直銷 | ノーマルピン | 垂直销;止动销 |
| — pitch | 法向齒距〔節距;周節〕 | ノーマルピッチ | 法向齿距〔节距;周节〕 |
| — pitch error | 法向齒距誤差 | 法線ピッチ誤差 | 法向齿距误差 |
| — plane | 垂直面;法向面 | 歯直角平面 | 垂直面;法向面 |
| — pressure | 法向壓力 | 常用圧力 | 法向压力;常用压力 |
| — probe | 垂直探頭 | 垂直探触子 | 垂直探头 |
| — product | 正規積 | 正規積 | 正规积 |
| — rake angle | 法向前角 | 垂直すくい角 | 法向前角 |
| — reaction | 垂直反力;法向反力 | 垂直反力 | 垂直反力;法向反力 |
| — sample | 正規抽樣〔樣本〕 | ノーマルサンプル | 正规抽样〔样本〕 |
| — section | 法向斷面 | 直切り口 | 法向断面 |
| — sensibility | 標準靈敏度 | ノーマル感度 | 标准灵敏度 |
| — sight | 正視 | 直視 | 正视 |
| — size | 基本尺寸 | 呼び寸法 | 基本尺寸 |
| — space | 合適的空間 | 適正空間 | 合适的空间 |
| — speed | 正常速度 | 常規速度 | 正常速度 |
| — spin | 正常螺旋 | ノーマルスピン | 正常螺旋;正常绕转 |

| 英　　文 | 臺　　灣 | 日　　文 | 大　　陸 |
|---|---|---|---|
| — strain | 垂直應變 | 正常ひずみ | 垂直应变;正应变 |
| — strain intensity | 法向應變強度 | 垂直ひずみ度 | 法向应变强度 |
| — strength | 標準強度 | 標準強度 | 标准强度 |
| — stress | 垂直應力 | 垂直応力 | 垂直应力;正应力 |
| — stree effect | 正應力效應 | 法線応力効果 | 正应力效应 |
| — tension | 正常張力 | 通常張力 | 正常张力 |
| — thrust | 額定推力 | 常用スラスト | 额定推力;正常推力 |
| — tooth profile | 法面齒形 | 歯直角歯形 | 法面齿形 |
| — valve position | 閥的正常位置 | ノーマル位置 | 阀的正常位置 |
| — variation | 正常變化 | 正規変動 | 正常变化 |
| — vector | 法線向量 | ノーマルベクトル | 法线矢量;标准矢量 |
| — velocity | 法線速度 | 法線速度 | 法线速度 |
| — vibration | 標準振動 | 正規振動 | 正常振动;标准振动 |
| — vision | 正視 | 正常規 | 正视 |
| **normality** | 正態性 | 正規性 | 正态性 |
| **normalization** | 標準化 | ノーマリゼーション | 正规化;规则化;标准化 |
| **normalize** | 正常化;標準化;規格化 | ノーマライズ | 正常化;标准化;规格化 |
| — condition | 標準條件 | 標準状態 | 标准状态;标准条件 |
| — tempering | 正常化-回火處理 | ノルテン | 正火-回火处理 |
| **normalizing** furnace | 正常化爐 | 焼ならし炉 | 正火炉 |
| — steel | 正常化鋼 | 焼ならし鋼 | 正火钢 |
| **normally** aspirated engine | 自然吸氣發動機 | 無過給機関 | 自然吸气发动机 |
| — consolidated clay | 正常壓實黏土 | 正規圧密粘土 | 正常压实粘土 |
| **north** latitude | 北緯 | 北緯 | 北纬 |
| — pole | 北極 | ノースポール | 北极 |
| **nose** | 刀尖 | ノーズ | 刀尖;突出物;弹头 |
| — angle | 頭部錐角;刀尖角 | ノーズ角 | 头部锥角;刀尖角 |
| — circle | 凸輪的頂端圓;凸輪鼻 | せん端円 | 凸轮的顶端圆;凸轮鼻 |
| — cone | 頭錐 | ノーズコーン | 头锥 |
| — end | 管口端(頭) | ノーズエンド | 管口端(头);孔端 |
| — fairing | 機頭整流罩 | ノーズフェヤリング | 机头整流罩 |
| — gear steering | 前起落架轉向操縱裝置 | 前輪操向装置 | 前起落架转向操纵装置 |
| — height | 刀尖高度 | 刃先の高さ | 刀尖高度 |
| — key | 鉤頭楔 | ノーズキー | 钩头楔 |
| — landing gear | 前起落架 | 前脚 | 前起落架 |
| — of angle | 刀尖角 | 切先角 | 刀尖角 |
| — of blast-pipe | 吸管頭 | 吹出し管の鼻 | 吸管头 |
| — of cam | 凸輪鼻 | せん端 | 凸轮鼻 |
| — of diverging end | 分流端頭〔部〕 | 分流端 | 分流端头〔部〕 |
| — of mandrel | 心棒鼻子 | 心棒の鼻 | 心棒鼻子 |

| 英　　文 | 臺　　灣 | 日　　文 | 大　　陸 |
|---|---|---|---|
| — radius | 刀尖半徑 | ノーズ半径 | 刀尖半径;端点半径 |
| — wedge | 暗楔 | 隠し | 暗楔 |
| — wheel | 前輪 | 前車輪 | 前轮 |
| **nose-dive** | 垂直下降〔俯沖〕;直降 | ノーズダイブ | 垂直下降〔俯沖〕;直降 |
| **nosepiece** | 測頭管殼;噴嘴 | ノーズピース | 测头管壳;喷嘴 |
| **nose-pipe** | (排氣)管口 | 衝風管 | (排气)管口 |
| **nosing** | 機頭;突緣 | ノージング | 机头;突缘 |
| **not-go end** | (量規的)止端;不通端 | 止り側 | (量规的)止端;不通端 |
| — (end) gage | 止端量規;不通過量規 | 止り側ゲージ | 止端量规;不通过量规 |
| **notation** | 表示法;符號;記號 | 表記法 | 表示法;符号;记号 |
| **notch** | 等級;階梯 | ノッチ | 等级;阶梯;蚀点;档 |
| — adjustment | 刻痕調整 | ノッチ調整 | 刻痕调整 |
| — board | 凹板;(樓梯)攔板 | 階段側げた | 凹板;(楼梯)搁板 |
| — brittleness | 切口脆性;刻擊脆性 | 切欠きもろさ | 切口脆性;刻击脆性 |
| — characteristic | 凹陷特性 | ノッチ特性 | 凹陷特性 |
| — coefficient | 切口(有效應力集中) | 切欠き係数 | 切口(有效应力集中) |
| — cutting | 切槽;切凹口 | ノッチング | 切槽;切凹口 |
| — ductility | 凹口塑性 | 切欠き延性 | 凹口塑性;切口延性 |
| — effect | 切口效應 | ノッチ効果 | 切口效应 |
| — extension crack | 切口裂紋擴展 | 切欠き割れ | 切口裂纹扩展 |
| — factor | 應力集中系數 | ノッチ係数 | 应力集中系数 |
| — impact strength | 切口沖擊強度 | ノッチ付き衝撃強さ | 切口冲击强度 |
| — impact test | 切口沖擊試驗 | ノッチ付き衝撃試験 | 切口冲击试验 |
| — pin | 缺口銷 | ノッチピン | 缺口销;凹口销 |
| — ratio | 凹口比;換級比 | ノッチ比 | 凹口比;换级比 |
| — root | 切口根部;凹口根部 | 切欠き底部 | 切口根部;凹口根部 |
| — stability | 缺口韌性 | 切欠きじん性 | 缺口韧性 |
| — tension test | 缺口拉伸試驗 | ノッチテンシルテスト | 缺口拉伸试验 |
| — toughness | 切口韌性 | 切欠きじん性 | 切口韧性;刻击韧性 |
| — wheel | 棘輪 | 切欠き歯車 | 棘轮 |
| **notched bar** | 帶缺口試驗 | ノッチ付き試験片 | 带缺口试验 |
| — bar impact test | 缺口沖擊試驗 | 切欠き衝撃試験 | 缺口冲击试验 |
| — beam | 開槽梁 | ノッチドビーム | 开槽梁 |
| — joint | 相交搭接〔咬合〕 | 渡りえら | 相交搭接〔咬合〕 |
| — serrated sickle | 缺口齒形切割器 | のこぎりがま | 缺口齿形切割器 |
| — specimen | 切口試樣 | 切欠き試験片 | 切口试样 |
| — test specimen | 缺口沖擊試驗試樣 | ノッチ付き試験片 | 缺口冲击试验试样 |
| — wedge impact | 切口楔衝擊 | 切欠きくさび打撃 | 切口楔冲击 |
| **notching** | 切口;開槽 | ノッチング | 切口;开槽;局部冲裁 |
| — curve | 下凹曲線;階梯曲線 | ノッチ曲線 | 下凹曲线;阶梯曲线 |

| 英　　文 | 臺　　灣 | 日　　文 | 大　　陸 |
|---|---|---|---|
| ― die | 沖槽模；沖缺□模 | 切欠き型 | 冲槽模；冲缺□模 |
| ― press | 局部沖裁沖床 | ノッチングプレス | 局部冲裁压力机 |
| ― punch | 凹□沖頭 | ノッチングポンチ | 凹□冲头 |
| **Novalite** | 一種鋁銅合金 | ノバライト | 诺瓦莱特铝铜合金 |
| **Novikov gear hob** | 圓弧齒輪滾刀 | ノービコフギヤーホブ | 圆弧齿轮滚刀 |
| **Novokonstant** | 標準電阻合金 | ノボコンスタント | 标准电阻合金 |
| **nozzle** | 噴絲頭；筒□；鑄□ | ノズル | 喷丝头；筒□；铸□ |
| ― angle | 噴嘴(傾斜)角 | ノズル角 | 喷嘴(倾斜)角 |
| ― area | 管道通路面積 | ノズル面積 | 管道通路面积 |
| ― area coefficient | 噴嘴面積系數 | ノズル面積係数 | 喷嘴面积系数 |
| ― blade | 噴嘴葉片 | ノズル羽根 | 喷嘴叶片 |
| ― body | 噴嘴本體 | ノズルパイプ | 喷嘴本体 |
| ― box | 噴嘴箱 | ノズルボックス | 喷嘴箱 |
| ― coefficient | 噴嘴系數 | ノズル係数 | 喷嘴系数 |
| ― efficiency | 噴嘴效率 | ノズル効率 | 喷嘴效率 |
| ― exit angle | 噴管出□角 | ノズル出口角 | 喷管出□角 |
| ― exit area | 噴管出□面積 | ノズル出口面積 | 喷管出□面积 |
| ― form | 噴管形狀 | ノズルの形状 | 喷管形状 |
| ― group | 噴管組 | ノズル群 | 喷管组 |
| ― head | 噴嘴頭 | 筒先 | 喷嘴头 |
| ― hole | 噴嘴 | 噴口 | 喷射孔；喷嘴 |
| ― loss | 噴嘴損失 | ノズル損失 | 喷嘴损失 |
| ― sleeve | 噴嘴套管 | ノズルスリーブ | 喷嘴套管 |
| ― stub | 短管 | 管台 | 短管 |
| ― throat | 噴嘴喉部 | ノズルののど | 喷嘴喉部 |
| ― thrust | 導管推力 | ノズル推力 | 导管推力 |
| ― tip | 油嘴；噴管出□截面 | ノズルチップ | 油嘴；喷管出□截面 |
| ― valve | 噴嘴閥 | ノズルバルブ | 喷嘴阀 |
| ― wrench | 噴嘴扳手〔化油器專用〕 | ノズルレンチ | 喷嘴扳手〔化油器专用〕 |
| **Nubrite** | 光澤鍍鎳法 | ヌブライト | 光泽镀镍法 |
| **nuclear** accident | 核事故 | 原子力事故 | 核事故 |
| ― atom | 核原子〔剝去電子〕 | 核原子 | 核原子〔剥去电子〕 |
| ― binding energy | 核結合能 | 原子核結合エネルギー | 核结合能 |
| ― bomb | 核(炸)彈 | 核爆弾 | 核(炸)弹 |
| ― center | (原子的)核心 | 核心 | (原子的)核心 |
| ― collision | 核碰撞 | 核衝突 | 核碰撞 |
| ― column | 蕈狀雲〔核爆炸〕 | 核カラム | 蘑菇云〔核爆炸〕 |
| ― decay | 核衰變 | 核崩壊 | 核衰变 |
| ― dispersal | 核擴散 | 核拡散 | 核扩散 |
| ― division | 核分裂；核裂變 | 核分裂 | 核分裂；核裂变 |

| 英　　文 | 臺　　灣 | 日　　文 | 大　　陸 |
|---|---|---|---|
| — energy | 核能;原子能 | 核エネルギー | 核能;原子能 |
| — explosion | 核爆炸 | 核爆発 | 核爆炸 |
| — fission | 核裂變 | 核分裂 | 核裂变 |
| — force | 核力 | 核力 | 核力 |
| — fuel | 核燃料 | 核燃料 | 核燃料 |
| — fuel management | 核燃料管理 | 核燃料管理 | 核燃料管理 |
| — fuel material | 核燃料物質 | 核燃料物質 | 核燃料物质 |
| — fusion | 核聚變 | 核融合 | 核聚变 |
| — level | 核能級 | 核準位 | 核能级 |
| — loss | 核損耗 | 核的損耗 | 核損耗 |
| — magnetic resonance | 核磁共振 | 核磁気共鳴 | 核磁共振 |
| — material | 核物質 | 核物質 | 核物质 |
| — particle | 核粒子 | 核（粒）子 | 核粒子 |
| — pile | 核反應堆 | 原子炉 | 核反应堆 |
| — poison | 核毒物〔有害吸收劑〕 | ポイズン | 核毒物〔有害吸收剂〕 |
| — power | 核動力;原子能 | 原子動力 | 核动力;原子能 |
| — properties | 核特性;核的性質 | 核特性 | 核特性;核的性质 |
| — reaction energy | 核反應能 | 核反応エネルギー | 核反应能 |
| — reactor | （核）反應堆 | 原子炉 | （核）反应堆 |
| — safety | 核安全 | 核的安全（性） | 核安全 |
| — segregation | 核分離現象 | 核分離 | 核分离现象 |
| — steelmaking | 原子能煉鋼 | 原子力製鉄 | 原子能炼钢 |
| — substance | 核質 | 核質 | 核质 |
| — substitution | 核置換 | 核置換 | 核置换 |
| — synthesis | 核合成 | 核合成 | 核合成 |
| **nucleole** | 小核;核仁 | ヌクレオル | 小核;核仁;核小体 |
| **nucleon** | 核子;單子 | 核（粒）子 | 核子;单子 |
| — number | 核子數;質量數 | 核子数 | 核子数;质量数 |
| **nucleoplasm** | 核槳;核質 | 核原形質 | 核桨;核质 |
| **nucleus** | 核;原子團;原子核 | 核（かく） | 核;原子团;原子核 |
| — center | 核中心 | 核中心 | 核中心 |
| — formation | （原子）核生成（作用） | 核形成 | （原子）核生成（作用） |
| — of flame | 火花;火焰中心 | 火花 | 火花;火焰中心 |
| **nugget** | 天然塊金 | 天然金属塊 | 天然块金;疙疸金 |
| — Star | 熔接校驗儀〔商品名〕 | ノゲットスター | 熔接校验仪〔商品名〕 |
| **nuisance** | 公害 | ニューサンス | 公害;妨害;损害 |
| **null adjustment** | 零位調整 | 零位調整 | 零位调整 |
| — bias current | 零偏置電流 | 中立点バイアス電流 | 零偏置电流 |
| — balance | 零平衡 | 零平衡 | 零平衡 |
| — detector | 零值檢測器 | ゼロ検出器 | 零值检测器 |

| 英　　文 | 臺　　灣 | 日　　文 | 大　　陸 |
|---|---|---|---|
| — direction | 零方位 | 零位 | 零方位 |
| — indicator | 零(位)指示器 | ヌルイシジケータ | 零(位)指示器 |
| — instrument | 示零器;平衡點測定器 | 示零器 | 示零器;平衡点测定器 |
| — line | 零線 | 零線 | 零线 |
| — meter | 零位指示器 | ヌルメータ | 零位指示器 |
| — method | 零位法 | 零位法 | 零位法 |
| — position | 零位 | 零位 | 零位;零点 |
| — set | 空集 | 空集合 | 空集;零集 |
| — shift | 零點移動 | 中立点変動 | 零点移动 |
| **nulliplex** | 零式(型);無顯性組合 | 零式型 | 零式(型);无显性组合 |
| **nullition** | 中微子 | ニュートリノ | 中微子 |
| **nullity** | 零度;零維 | ヌリティ | 零度;零维;无效 |
| **number** | 數;號碼 | ナンバ;数 | 数;号码 |
| — attribute | 數字屬性 | 数属性 | 数字属性 |
| — average | 數平均 | 数平均 | 数平均 |
| — format | 數格式 | 数の書式 | 数格式 |
| — key | 數字鍵 | ナンバキー | 数字键 |
| — of axles | 車軸數 | 車軸数 | 车轴数 |
| — of charges | 電荷數 | 荷電数 | 电荷数 |
| — of crimp | 波紋數 | けん縮数 | 波纹数 |
| — of cycles | 頻率;周數;循環數 | サイクル数 | 频率;周数;循环数 |
| — of digit | 位數 | けた数 | 位数 |
| — of division | 分度數;刻度數 | 目数 | 分度数;刻度数 |
| — of double bends | 彎曲次數 | 屈曲回数 | 弯曲次数 |
| — of flexings | 彎曲次數 | 屈曲回数 | 弯曲次数 |
| — of flute | (刃)溝數 | 刃数 | (刃)沟数 |
| — of grams | 克數 | グラム数 | 克数 |
| — of impressions | 模穴數 | キャビティ数 | 模腔数 |
| — of layers | 層數 | 層数 | 层数 |
| — of oscillation | 振蕩次數 | 振動数 | 振荡次数 |
| — of periods | 周期數;振動數 | 周期数 | 周期数;振动数 |
| — of poles | 極數 | 極数 | 极数 |
| — of revolution | 轉數;轉速 | 回転数 | 转数;转速 |
| — of spring coils | 彈簧圈數 | ばねの巻き数 | 弹簧圈数 |
| — of strokes | 行程次數 | ストローク数 | 行程次数 |
| — of teeth | 齒數 | 歯数 | 齿数 |
| — of threads | 螺紋頭數 | 条数 | 螺纹头数 |
| — of times | 倍數;乘數 | 回数 | 倍数;乘数 |
| — of tooth | (刀具的)齒數 | 刃数 | (刀具的)齿数 |
| — of turns | 匝數 | 巻き数 | 圈数;匝数 |

| 英　文 | 臺　灣 | 日　文 | 大　陸 |
|---|---|---|---|
| — of twist | 捻度 | より数 | 捻度 |
| — one bar | 熟鐵條 | 錬鉄素材 | 熟铁条 |
| — vector | 數向量 | 数ベクトル | 数向量 |
| **numer** center | 加工中心（機床） | ニューメリセンタ | 加工中心（机床） |
| — mite | 數控鑽床 | ニューメリマイト | 数控钻床 |
| **numeral** | 數字；數字的 | ニューメラル | 数字；数字的 |
| — control | 數值控制 | 数字コントロール | 数字控制；数值控制 |
| **numeric** bit | 數值位 | 数値ビット | 数值位 |
| — check | 數值檢驗 | ニューメリックチェック | 数值检验 |
| — code | 數字代碼 | ニューメリックコード | 数字代码 |
| — data code | 數字數據代碼 | 数字データコード | 数字数据代码 |
| — operand | 數字操作數 | 数値演算数 | 数字操作数 |
| — value | 數值 | 数値 | 数值 |
| — word | 數值字 | 数値語 | 数值字 |
| **numerical** analysis | 數值分析 | 数値解析 | 数值分析 |
| — aperture | 數值口徑〔孔徑〕 | 開口数 | 数值口径〔孔径〕 |
| — control | 數值控制 | 数値制御 | 数字控制；数值控制 |
| — control lathe | 數控車床 | 数値制御（NC）旋盤 | 数控车床 |
| — control machine | 數控機床 | 数値制御（NC）工作機械 | 数控机床 |
| — control robot | 數控機器人 | NC ロボット | 数控机器人 |
| — control router | 數控特形銑床 | 数値制御ルータ | 数控特形铣床 |
| — control system | 數（字）控（制）系統 | 数値制御システム | 数（字）控（制）系统 |
| — control tape | 數控磁帶 | 数値制御テープ | 数控磁带 |
| — difference | 數值差（分） | 数値差 | 数值差（分） |
| — method | 數值計算法 | 数値計算法 | 数值计算法；数式解法 |
| — model | 數值模型 | 数値モデル | 数值模型 |
| — optimization | 數值最優化 | 数値最適化 | 数值最优化 |
| — problem | 數值問題 | 数値的問題 | 数值问题 |
| — range | 數值範圍 | 数域 | 数值范围；数值域 |
| — register | 數值寄存器 | 数値レジスタ | 数值寄存器 |
| — scale | 數字尺〔標〕度 | 数字目盛 | 数字尺〔标〕度 |
| — simulation | 數值模擬 | 数値シミュレーション | 数值模拟 |
| **numerically-controlled** | 數控 | 数値制御中ぐり盤 | 数控 |
| — drafting machine | 數控自動繪圖機 | NC 自動製図機 | 数控自动绘图机 |
| — drilling machine | 數控鑽床 | 数値制御ボール盤 | 数控钻床 |
| — gear cutting machine | 數控切齒機 | 数値制御歯切り盤 | 数控切齿机 |
| — grinding machine | 數控磨床 | 数値制御研削盤 | 数控磨床 |
| — lathe | 數控車床 | 数値制御旋盤 | 数控车床 |
| — machine tools | 數控機床 | 数値制御工作機械 | 数控机床 |
| — machining | 數控加工 | NC 加工 | 数控加工 |

| 英　　　文 | 臺　　　灣 | 日　　　文 | 大　　　陸 |
|---|---|---|---|
| — machining center | 數控加工中心 | NC マシニングセンタ | 数控加工中心 |
| — milling machine | 數控銑床 | 数値制御フライス盤 | 数控铣床 |
| — planing machine | 數控鉋床 | 数値制御平削り盤 | 数控刨床 |
| **numericenter** | 數控加工中心 | ニューメリセンタ | 数控加工中心 |
| **Nural** | 一種鋁合金 | ニュラル；ヌラル | 纽拉尔铝合金 |
| **nut** | 螺母；堅果 | ナット | 螺母；坚果 |
| — bolt | 帶帽螺栓 | ナットボルト | 带帽螺栓 |
| — cap | 蓋帽；封緊帽 | ナットキャップ | 盖帽；封紧帽；死螺帽 |
| — clamp | 螺母夾 | ナットクランプ | 螺母夹 |
| — collar | 螺母墊圈 | ナットカラー | 螺母垫圈 |
| — former | 螺母鐓鍛機 | ナットホーマ | 螺母镦锻机 |
| — lock | 螺母鎖緊 | ナットロック | 螺母锁紧；制动螺帽 |
| — mandrel | 螺母心軸 | ナットマンドレル | 螺母心轴 |
| — piercing | 螺母沖孔 | ナット穴抜き | 螺母冲孔 |
| — shaping machine | 螺母加工機 | ナット削り機 | 螺母加工机 |
| — spinner | 電動螺母扳手 | ナットスピンナ | 电动螺母扳手 |
| — tap | 螺母絲攻 | ナットタップ | 螺母丝锥 |
| — tongs | 螺母鍛造夾鉗 | ナットはし | 螺母锻造夹钳 |
| — trunnions | 蝶形螺母 | ナットトラニオン | 蝶形螺母 |
| — washer | 螺母墊圈 | ナット座金 | 螺母垫圈 |
| — wrench | 螺母扳手 | ナットレンチ | 螺母扳手 |
| **Nykrom** | 高強度低鎳鉻合金鋼 | ナイクロム | 高强度低镍铬合金钢 |
| **nylon** | 尼龍 | ナイロン | 尼龙 |
| — block | 尼龍版 | ナイロン版 | 尼龙版 |
| — bush | 尼龍襯套 | ナイロンブシュ | 尼龙衬套 |
| — coating | 尼龍塗層 | ナイロンコーティング | 尼龙涂层 |
| — fiber | 尼龍纖維 | ナイロン繊維 | 尼龙纤维 |
| — fiber paper | 尼龍纖維紙 | ナイロンファイパ紙 | 尼龙纤维纸 |
| — gear | 尼龍齒輪 | ナイロンギヤー | 尼龙齿轮 |
| — nut | 尼龍螺母 | ナイロンナット | 尼龙螺母 |
| — plastic(s) | 尼龍塑膠 | ナイロンプラスチック | 尼龙塑胶 |
| — rivet | 尼龍鉚釘 | ナイロンリベット | 尼龙铆钉 |
| — staple | 尼龍纖維 | ナイロンステープル | 尼龙纤维 |
| — tube | 尼龍管 | ナイロンチューブ | 尼龙管 |

| 英　　文 | 臺　　灣 | 日　　文 | 大　　陸 |
|---|---|---|---|
| **O-ring** | O形環;密封圈 | オーリング | O形环;密封圈 |
| **object** | 物體;目標 | オブジェクト | 物体;对象;目标 |
| — distance | 物距 | 物体距離 | 物距 |
| — line | 外形線;可見輪廓線 | 見える線 | 外形线;可见轮廓线 |
| — module | 目標模塊 | 目的モジュール | 目标模块 |
| — space | 物體空間 | 物空間 | 物体空间;物方 |
| **objective** | 目標 | 目標 | 目标;目的 |
| — lens | 物鏡 | 対物レンズ | 物镜 |
| **oblate spheroid** | 扁橢球體〔面〕 | 偏平回転だ円体 | 扁椭球体〔面〕;扁球 |
| **oblique** air photograph | 傾斜航空照片 | 斜（空中）写真 | 倾斜航空照片 |
| — angle | 傾斜角 | 傾斜角 | 倾斜角 |
| — axonometry | 軸測斜投影 | 斜軸図法 | 轴测斜投影 |
| — butt joint | 斜面接頭 | そぎ継ぎ | 斜面接头 |
| — butt weld | 斜對接銲（縫） | 斜め衝合溶接 | 斜对接焊（缝） |
| — circular cone | 斜圓錐 | 斜円すい | 斜圆锥 |
| — cone | 斜錐面 | 斜すい面 | 斜锥面 |
| — crossing | 斜（形）交（叉） | 斜架 | 斜（形）交（叉） |
| — cutting | 斜刃切削 | 三次元切削 | 斜刃切削 |
| — drawing | 斜視圖 | 斜角図 | 斜角图;斜视图 |
| — edge tool | 斜刃車刀 | 傾斜切り刃バイト | 斜刃车刀 |
| — fault | 斜斷層 | 斜交断層 | 斜断层 |
| — fillet | 斜角銲縫 | 斜め隅肉 | 斜角焊缝 |
| — fillet weld | 斜（交）角銲（縫） | 斜交〔方〕隅肉溶接 | 斜（交）角焊（缝） |
| — force | 斜向力 | 斜傾力 | 斜向力 |
| — halving | 斜嵌;斜接 | 斜め相欠き | 斜嵌;斜接 |
| — incidence | 斜入射 | 斜め入射 | 斜入射 |
| — key | 斜鍵〔銷;楔;栓〕 | こう配キー | 斜键〔销;楔;栓〕 |
| — keyed beam | 斜榫梁 | 斜打ばり | 斜榫梁 |
| — line | 斜線 | 斜線 | 斜线 |
| — load | 偏壓;斜載 | 偏圧 | 偏压;斜载 |
| — notching | 開斜槽 | 傾き彫り | 开斜槽 |
| — perspective | 斜透視（圖;畫法） | 斜透視 | 斜透视（图;画法） |
| — pile | 斜樁 | 斜めくい | 斜桩 |
| — prism | 斜棱柱 | 斜角プリズム | 斜棱柱 |
| — projection | 斜投影 | 斜投影 | 斜投影 |
| — ray | 斜射〔光〕線 | 斜光線 | 斜射〔光〕线 |
| — scarf joint | 斜嵌接 | 追掛継ぎ | 斜嵌接 |
| — scarf with key | 明企口斜嵌接 | 金輪継ぎ | 明企口斜嵌接 |
| — section | 斜截面;斜斷面 | 斜め断面 | 斜截面;斜断面 |
| — slicing method | 傾斜切片法 | 斜め切断法 | 倾斜切片法 |

| 英　　文 | 臺　　灣 | 日　　文 | 大　　陸 |
|---|---|---|---|
| — stress | 斜(向)應力 | 斜め応力度 | 斜(向)应力 |
| — tenon | 斜榫 | 斜めほぞ | 斜榫 |
| — triangle | 斜三角形 | 非直角三角形 | 斜三角形 |
| — weir | 斜堰 | 斜めぜき | 斜堰 |
| **obliqueness** | 傾角 | 傾角 | 倾角;倾斜 |
| **obliquity** | 斜度 | オブリキティ | 斜度;倾斜 |
| — factor | 傾斜因數 | 斜め率 | 倾斜因数 |
| **oblong** | 長方形;長橢圓型 | オブロング | 长方形;长椭圆型 |
| **obscuration** | 模糊 | オブスキュレーション | 模糊;阴暗 |
| **obscred glass** | 毛玻璃 | すりガラス | 毛玻璃;磨砂玻璃 |
| **observation** | 觀測 | 観測 | 观测;观察 |
| — angle | 觀測角 | 観測角 | 观测角 |
| — door | 窺窗;視孔 | のぞき扉 | 窥窗;视孔 |
| — error | 觀測誤差 | 観測誤差 | 观测误差;观察误差 |
| **observatory** | 天文台;觀測所〔台〕 | 観測所 | 天文台;观测所〔台〕 |
| **observed altitude** | 觀測高度 | 観測高度 | 观测高度;实高度 |
| — data | 觀測資料;測量數據 | 観測資料 | 观测资料;测量数据 |
| — value | 觀測值;測量值 | 観測値 | 观测值;测量值 |
| **observer** | 觀察員 | オブザーバ | 观察员;观测员 |
| **observing interval** | 觀測間隔時間 | 観測(時間)間隔 | 观测间隔时间 |
| **obstacle** | 障礙(物) | オブスタックル | 障碍(物);雷达目标 |
| — detection | 障礙探測 | 障害探知 | 障碍探测 |
| — indicator | 障礙示器 | 障害指示器 | 障碍示器 |
| **obstruction** | 障礙(物) | 障害 | 障碍(物);阻塞;干扰 |
| — clearance | 障礙物間隙〔餘隙〕 | 障害物余裕 | 障碍物间隙〔馀隙〕 |
| — signal | 故障信號 | 障害信号 | 故障信号;事故信号 |
| **obturation** | 氣密;閉塞 | 閉そく | 气密;闭塞;紧塞 |
| **obturator** | 緊塞器;氣密裝置 | 閉そく環 | 紧塞器;气密装置 |
| **obtuse angle** | 鈍角 | 鈍角 | 钝角 |
| — arch | 鈍拱 | 鈍せんアーチ | 钝拱 |
| — bisectrix | 鈍角等分線 | 鈍角等分線 | 钝角等分线 |
| — file | 鈍角銼刀 | 鈍角やすり | 钝角锉刀 |
| — triangle | 鈍角三角形 | 鈍角三角形 | 钝角三角形 |
| **OC curve** | 使用特性曲線 | OC カーブ | 使用特性曲线 |
| **OC-gate** | 開集極電路 | 開放コレクタゲート | 开集(电极)门电路 |
| **occupancy** | 占有(率) | 占有 | 占有(率);占用 |
| — factor | 居留因子 | 占拠率 | 居留因子;占有因数 |
| **occupation** | 占有;占領 | 占有権 | 占有;占领;占用 |
| **occurrence** | 出現(率);當前值 | 産出 | 出现(率);当前值 |
| — frequency | 發生率;發生頻率 | 出現率 | 发生率;发生频率 |

| 英　　文 | 臺　　灣 | 日　　文 | 大　　陸 |
|---|---|---|---|
| ocean | 海洋 | オーシャン | 海洋 |
| oceanium,Hf | 鉿 | オセアニウム | 铪 |
| oceanography | 海洋學 | 海洋学 | 海洋学 |
| Ocpan | 錫基白合金 | オクパン | 锡基白合金 |
| OCR | 光學字符讀出器 | 光学的文字読取り | 光学字符读出器 |
| OCR system | 光(學字)符讀出器系統 | OCR システム | 光(学字)符读出器系统 |
| octagon(al) | 八角形 | オクタゴ（ナル）ン | 八角形 |
| ─ scale | 劃八角形的尺子 | 八角形用物差 | 划八角形的尺子 |
| ─ steel bar | 八角條鋼 | 八角鋼 | 八角条钢 |
| octahedral borax | 八面體硼砂 | オクタベドラルほう砂 | 八面体硼砂 |
| ─ linear strain | 八面體垂直應變 | 八面体垂直ひずみ | 八面体垂直应变 |
| ─ normal stress | 八面體正應力 | 八面体垂直応力 | 八面体正应力 |
| ─ plane | 八面體平面 | 正八面体面 | 八面体平面 |
| ─ shearing strain | 八面體剪應變 | 八面体せん断ひずみ | 八面体剪应变 |
| octahedron | 八面體 | 八面体 | 八面体 |
| octal addition | 八進制加法 | 八進加算 | 八进制加法 |
| ─ base | 八腳管座 | オクタルベース | 八脚管座 |
| octane | (正)辛烷;辛(級)烷 | オクタン | (正)辛烷;辛(级)烷 |
| ─ curve | 辛烷曲線 | オクタン曲線 | 辛烷曲线 |
| ─ value | 辛烷值 | オクタンバリュー | 辛烷值 |
| octant | 卦限;八分體;八分儀 | オクタント | 卦限;八分体;八分仪 |
| ─ altitude | 八分儀高度 | 八方儀高度 | 八分仪高度 |
| ─ error | 八分圓誤差 | 八分円誤差 | 八分圆误差 |
| octaploid | 八倍體 | 八倍体 | 八倍体 |
| octave | 八音度 | オクターブ | 八音度;倍频程〔八度〕 |
| octet(te) | 八位(二進制)字節 | オクテット | 八位(二进制)字节 |
| octofoil | 八瓣形飾板〔蓋〕 | 八葉 | 八瓣形饰板〔盖〕 |
| octoid tooth form | 奧克托齒形 | オクトイド歯車 | 奥克托齿形 |
| ocular | 目鏡 | オクラ | 目镜;目镜的 |
| oculus | 眼洞窗 | 円窓 | 眼洞窗 |
| Oda metal | 奧達銅鎳耐蝕合金 | オダメタル | 奥达铜镍耐蚀合金 |
| odd check | 奇(數)校驗 | 奇数検査 | 奇(数)校验 |
| ─ dress | 附加修整 | 替えドレス | 附加修整 |
| ─ level | 奇數層 | 奇数段 | 奇数层;奇数级 |
| ─ mode | 奇次模 | 奇モード | 奇次模 |
| ─ nucleus | 奇核 | 奇核 | 奇核 |
| ─ number | 奇數 | 奇数 | 奇数 |
| ─ permutation | 奇置換〔排列〕 | 奇置換 | 奇置换〔排列〕 |
| ─ term | 奇數項 | 奇数項 | 奇数项 |
| ─ triangle | 奇三角形 | 奇三角形 | 奇三角形 |

| 英　　文 | 臺　　灣 | 日　　文 | 大　　陸 |
|---|---|---|---|
| **odd-leg calipers** | 單腳規 | 段用パス | 単脚規 |
| **oddment** | 殘廢物 | オッドメント | 残废物;零碎物;库存量 |
| **oddside** | 副箱〔鑄造用的〕 | 捨型 | 副箱〔铸造用的〕 |
| **odontograph** | 畫齒規 | オドントグラフ | 画齿规 |
| **odontometer** | 漸開線齒輪法線測量儀 | オドントメータ | 渐开线齿轮法线测量仪 |
| **OF cable** | 油浸電纜 | 油入ケーブル | 油浸电缆 |
| **off** band | 截止頻帶 | オフバンド | 截止频带 |
| — gage | 等外件 | 寸法外れ | 等外件;不合条件 |
| — limit | 限度外 | オフリミット | 限度外;禁止入内 |
| — normal lower | 下限越界 | オフノーマルロワー | 下限越界 |
| — normal spring | 離位簧 | オフノーマルばね | 离位簧 |
| — normal upper | 上限越界 | オフノーマルマッパ | 上限越界 |
| — period | 斷開期間 | 非導通期間 | 断开期间 |
| **off-center** | 偏心(的) | オフセンタ | 偏心(的) |
| **off-contact** | 觸點斷開 | オフコンタクト | 触点断开 |
| **off-cut** | 切餘紙〔板;鋼板〕 | 裁ち落とし | 切馀纸〔板;钢板〕 |
| **offer** | 提供 | オッファ | 提供;插入;发生 |
| **offering** | 插入 | オファリング | 插入;介入 |
| — connector | 插入連接器 | オファリングコネクタ | 插入连接器 |
| **off-gas** | 廢氣 | オフガス | 废气;排气 |
| — treatment | 廢氣處理 | 気体廃棄物処理 | 废气处理 |
| **off-grade** | 低級 | オフグレード | 低级;等外品 |
| — metal | 等外金屬 | 規格外地金 | 等外金属 |
| **off-heat** | 溶解不良 | 製錬不良 | 溶解不良;熔炼不合格 |
| **office** | 辦事處;營業所;辦公室 | オフィス | 办事处;营业所;办公室 |
| — building | 辦公樓 | オフィスビルディング | 办公楼 |
| — engineering | 事務(處理)工程 | オフィス工学 | 事务(处理)工程 |
| — layout | 辦公室內部佈置〔設計〕 | オフィスレイアウト | 办公室内部布置〔设计〕 |
| **official** assay | 法定試驗 | 公定試験 | 法定试验 |
| — plan | 法定規劃;正式規劃 | 法定計画 | 法定规划;正式规划 |
| — price | 法定價格;正式價格 | 公示価格 | 法定价格;正式价格 |
| **off-iron** | 鑄鐵廢品 | 不良銑鉄 | 铸铁废品 |
| **off-loader** | 卸載機 | オフローダ | 卸载机 |
| **off-position** | 斷路位置 | オフポジション | 断路位置;OFF位置 |
| **offset** | 殘留誤差 | オフセット | 残留误差;胶印 |
| — addrses | 位移地址 | オフセットアドレス | 位移地址 |
| — angle | 偏斜角 | オフセットアングル | 偏斜角 |
| — bit | 偏移位 | オフセットビット | 偏移位 |
| — cam | 偏心凸輪 | オフセットカム | 偏心凸轮 |
| — cylinder | 偏置氣缸 | オフセットシリンダ | 偏置气缸 |

| 英　　文 | 臺　　灣 | 日　　文 | 大　　陸 |
|---|---|---|---|
| — die | Z形折彎模 | オフセットダイ | Z形折弯模 |
| — distance | 迂回距離;偏移距離 | 離隔距離 | 迂回距离;偏移距离 |
| — error | 偏移誤差 | オフセットエラー | 偏移误差 |
| — joint | 偏心接合 | 心違い継手 | 偏心接合 |
| — knife tool | 偏刃刀具 | 片刃バイト | 偏刃刀具 |
| — method | 永久變形應力測定法 | オフセット法 | 永久变形应力测定法 |
| — molding | 側位壓鑄成形 | オフセット成形 | 側位压铸成形 |
| — null | 偏置零 | オフセットナル | 偏置零 |
| — position | 偏移位置 | オフセット位置 | 偏移位置 |
| — point | 偏移點 | オフセット点 | 偏移点 |
| — shaft | 偏心軸 | 心ずれ軸 | 偏心轴 |
| — shovel | 偏心鏟 | オフセットショベル | 偏置铲;偏心铲 |
| — tool | 鵝頸刀 | 片刃バイト | 偏刀;鹅颈刀 |
| — U bend | 脹縮彎管 | たこベンド | 胀缩弯管 |
| — variable | 位移變量;偏置變量 | ずれ変数 | 位移变量;偏置变量 |
| — yield stress | 殘餘變形降伏應力 | オフセット降伏応力 | 残馀变形屈服应力 |
| offsetting | 支距測法 | オフセッティング | 不均匀性;支距测法 |
| offside | 右邊〔車、馬等的〕 | オフサイド | 右边〔车、马等的〕 |
| off-site control | 非現場控制 | オフサイト制御 | 非现场控制 |
| off-state | 截止狀態 | オフ状態 | 截止状态 |
| off-time | 斷開時間 | オフタイム | 断开时间 |
| — delay | 返回延遲 | 復帰遅延 | 返回延迟 |
| Ogalloy | 一種含油軸承 | オガロイ | 奥格洛含油轴承 |
| ogee | 雙彎曲形(的) | オジー | 双弯曲形(的) |
| — arch | 內外四心桃尖拱 | オジーアーチ | 内外四心桃尖拱 |
| — curve | S形曲線 | オジーカーブ | S形曲线 |
| — washer | S形墊片 | オジー座金 | S形垫片 |
| — wing | S形前緣機翼 | オジー翼 | S形前缘机翼 |
| ogival arch | 尖拱 | せん頭アーチ | 尖拱 |
| — section | 弓形剖面 | 弓形断面 | 弓形剖面 |
| ogive-cylinder | 尖頭柱 | せん頭柱 | 尖头柱 |
| ohm | 歐姆 | オーム | 欧姆 |
| ohmal | 一種銅鎳錳電阻合金 | オーマル | 哦玛尔铜镍锰电阻合金 |
| ohmax | 一種耐熱合金 | オーマックス | 欧马克斯耐热合金 |
| — alloy | 一種〔電阻〕合金 | オーマックス合金 | 欧马克斯〔电阻〕合金 |
| oil | 油 | オイル;油 | 油;石油;润滑油 |
| — absorbency | 吸油度 | 油吸収度 | 吸油度 |
| — absorber | 油吸收劑 | 油吸収剤 | 油吸收剂 |
| — absorption | 吸油量 | 吸油量 | 吸油量 |
| — and fat | 油脂 | 油脂 | 油脂 |

783

| 英　　文 | 臺　　灣 | 日　　文 | 大　　陸 |
|---|---|---|---|
| — and grease | 油脂類 | 油類 | 油脂类 |
| — atomizer | 噴油器;油霧化器 | オイルアトマイザ | 喷油器;油雾化器 |
| — basin | 油槽;油槽〔箱;罐〕 | 油槽 | 油槽;油槽〔箱;罐〕 |
| — bath | 油浴;油浴器 | オイルバス | 油浴;油浴器 |
| — bath lubrication | 油浴潤滑法 | 油浴潤滑 | 油浴润滑法 |
| — bloom | 油霜 | 油霜 | 油霜 |
| — box | 油箱 | オイルボックス | 油箱 |
| — brake | 液壓制動器;油壓閘 | オイルブレーキ | 液压制动器;油压闸 |
| — brake cylinder | 油壓制動缸 | 油圧ブレーキシリンダ | 油压制动缸 |
| — bronze | 油青銅 | オイルブロンズ | 油青铜 |
| — burner | 燃油爐;油燃燒器 | オイルバーナ | 燃油炉;油燃烧器 |
| — can | 油罐 | オイルキャン | 油罐 |
| — catcher | 集油器 | 油取り | 集油器;盛油器 |
| — chamber | 油箱 | オイルチャンバ | 润滑油室;油箱 |
| — change | 換油 | オイルチェンジ | 换油 |
| — changer | 潤滑油更換裝置 | オイルチェンジャ | 润滑油更换装置 |
| — circuit breaker | 油斷路器 | 油入り遮断器 | 油断路器 |
| — clarifier | 濾油器 | 油クラリファイヤ | 净油器;滤油器 |
| — cleaner | 潤滑油過濾器 | オイルクリーナ | 润滑油过滤器 |
| — clot | 油塊 | 油塊 | 油块 |
| — collector | 潤滑油收集器 | オイルコレクタ | 润滑油收集器 |
| — conditioner | 淨油機 | 油清浄機 | 净油机 |
| — conservator | 貯油器 | コンサベータ | 贮油器 |
| — consumption | 油耗量 | 油消費量 | 油耗量 |
| — content | 含油量 | 油含有量 | 含油量 |
| — controller | 油量調節裝置 | 油量調整装置 | 油量调节装置 |
| — coolant | 冷卻油 | 冷却油 | 冷却油 |
| — cooled piston | 油冷活塞 | 油冷ピストン | 油冷活塞 |
| — cooler | 油冷卻器 | オイルクーラ | 油冷却器 |
| — cooler pump | 冷油器泵 | 油冷却ポンプ | 冷油器泵 |
| — cup | 油杯 | オイルカップ | 油杯 |
| — cutout | 油浸斷路器 | 油入カットアウト | 油浸断路器 |
| — cylinder | 油壓缸 | オイルシリンダ | 油压缸 |
| — cylinder valve | 油缸驅動閥 | 油圧シリンダ弁 | 油缸阀;油缸驱动阀 |
| — damper | 油避震器 | オイルダンパ | 油减震器 |
| — damping | 油制動 | オイルダンピング | 油制动;油减震;油缓冲 |
| — degradation | 油老化 | 油老化 | 油老化 |
| — dent | 油壓凹痕 | 油くぼみ | 油压凹痕 |
| — dishing | 碟形凸起缺陷 | オイルディッシング | 碟形凸起缺陷 |
| — drag loss | 油摩擦損失 | 油の摩損 | 油摩擦损失 |

| 英　　文 | 臺　　灣 | 日　　文 | 大　　陸 |
|---|---|---|---|
| — drain cock | 放油旋塞 | オイルレインコック | 放油旋塞;泄油阀 |
| — drain tank | 聚油槽;排油箱 | 油ドレインタンク | 聚油槽;排油箱 |
| — dryer | 油性乾燥劑 | 油性ドライヤ | 油性乾燥剤 |
| — engine | 柴油機 | オイルエンジン | 柴油机 |
| — expeller | 除油器 | オイルエキスペラ | 除油器 |
| — feed | 加油 | 給油 | 加油;供油 |
| — film | 油膜 | オイルフィルム | 油膜 |
| — filter | 濾油器 | オイルフィルタ | 滤油器 |
| — firing | 燃油 | 油だき | 燃油;烧油 |
| — foam | 油(生成)泡沫 | 油泡 | 油(生成)泡 |
| — fog | 油霧 | 油霧 | 油雾 |
| — fuel | 油燃料 | オイルフューエル | 油燃料 |
| — gallery | 油溝 | オイルギャラリ | 油沟;回油孔 |
| — gas | 石油氣;油(煤)氣 | オイルガス | 石油气;油(煤)气 |
| — gear | (甩)油齒輪 | オイルギヤー | (甩)油齿轮 |
| — gear pump | 齒輪油泵 | オイルギヤーポンプ | 齿轮油泵 |
| — gravity tank | 重力油柜 | 油重力タンタ | 重力油柜 |
| — groove | (滑)油槽;油溝 | オイルグルーブ | (滑)油槽;油沟 |
| — gun | 油槍;注油器 | オイルガン | 油枪;注油器 |
| — hardening | 油淬(火) | 油焼入れ | 油淬(火) |
| — hydraulic actuator | 油壓傳動裝置 | 油圧アクチュエータ | 油压传动装置 |
| — hydraulic cylinder | 油壓缸 | 油圧シリンダ | 油压缸 |
| — hydraulic motor | 液壓馬達 | 油圧モータ | 液压马达 |
| — hydraulic press | 油壓機 | 油圧プレス | 油压机 |
| — jet | 噴油嘴〔冷卻活塞用〕 | オイルジェット | 喷油嘴〔冷却活塞用〕 |
| — keeper | 油承 | 軸箱油受 | 油承 |
| — level gage | 油面指示器 | オイルレベルゲージ | 油面指示器 |
| — lubricated type | 油潤滑式 | 油潤滑式 | 油润滑式 |
| — meter | 油量計 | オイルメータ | 油量计 |
| — motor | 液壓馬達;油壓馬達 | オイルモータ | 液压马达;油马达 |
| — of tra | 焦油 | タール油 | 焦油 |
| — operated gearbox | 油壓操縱箱 | 油圧操作装置箱 | 油压操纵箱 |
| — overflow plug | 放油栓 | 油逃し栓 | 放油栓 |
| — pad | 油墊;潤滑填料 | オイルパッド | 油垫;润滑填料 |
| — pipe | (輸)油管 | オイルパイプ | (输)油管 |
| — pit | 油箱 | 油だめ | 油箱;油池;油槽 |
| — pressure | 油壓 | オイルプレッシャー | 油压 |
| — pressure tank | 壓力油罐 | 圧力油槽 | 压力油罐 |
| — pudding | 油懸浮皂 | オイルプディング | 油悬浮皂 |
| — purging | 排油 | 排油 | 排油 |

| 英　　文 | 臺　　灣 | 日　　文 | 大　　陸 |
|---|---|---|---|
| — quantity | 油量 | 油量 | 油量 |
| — rectifier | 油精餾器 | 油冷媒分離器 | 油精馏器 |
| — removing | 除油 | 油抜き | 除油 |
| — retainer | 護油圈;擋油器 | 油止めリング | 护油圈;挡油器 |
| — retaining bearing | 含油軸承 | 含油軸受 | 含油轴承 |
| — seal | 油封 | オイルシール | 油封;护油圈 |
| — sight | 外視油量計 | オイルサイト | 外视油量计 |
| — site | 潤滑點;潤滑部位 | オイルサイト | 润滑点;润滑部位 |
| — slick | 油膜 | 油膜 | 油膜 |
| — spill | 漏油 | 油もれ | 漏油 |
| — spit hole | (連桿)承油孔 | オイルスピットホール | (连杆)承油孔 |
| — splasher | 擋油板 | 油すくい | 挡油板 |
| — sprayer | 噴油器 | 噴油器 | 喷油器 |
| — tank | 儲油槽 | オイルタンク | 储油槽;油罐 |
| — temper | 油回火 | オイルテンパ | 油回火 |
| — temper wire | 油回火鋼絲 | オイルテンパ線 | 油回火钢丝 |
| — valve | 油閥 | オイルバルブ | 油阀 |
| oil-can | 注油器 | オイルキャン | 注油器;油罐 |
| oildag | 石墨潤滑劑;膠體石墨 | オイルダグ | 石墨润滑剂;胶体石墨 |
| oiled finish | 油調質;油中淬火處理 | 油調質 | 油调质;油中淬火处理 |
| oiler | 加油器;(加)油船 | オイラ | 加油器;(加)油船 |
| oil-filled bushing | 油浸套管;充油套管 | 油入りブッシング | 油浸套管;充油套管 |
| oil-immersed breaker | 噴油式斷路器 | 油衝型遮断器 | 喷油式断路器 |
| oil-impregnated cable | 油浸電纜 | 油入りケーブル | 油浸电缆 |
| — metal | 燒結含油軸承〔合金〕 | 焼結含油軸受 | 烧结含油轴承〔合金〕 |
| oiliness | (含)油性;潤滑性 | オイリネス | (含)油性;润滑性 |
| oiling | 注油 | オイリング | 注油;加油;润滑 |
| — agent | 加油劑 | オイリング剤 | 加油剂 |
| — bath | 加油槽 | オイリングバス | 加油槽 |
| — nozzle | 注油噴管 | オイリングノズル | 注油喷管 |
| oilite | 石墨青銅軸承合金 | オイライト | 石墨青铜轴承合金 |
| oilless air compressor | 無油式空氣壓縮機 | オイルレス空気圧縮機 | 无油式空气压缩机 |
| — bearing | 含油軸承 | オイルレスベアリング | 含油轴承 |
| Oker | 鑄造改良黃銅 | オーカ | (阿克尔)铸造改良黄铜 |
| Oldsmoloy | 一種銅鎳鋅合金 | オルズモロイ | 奥尔兹莫洛铜镍锌合金 |
| oleometer | 油量計 | オレオメータ | 油量计;验油计 |
| oleosol | 固體潤滑油;潤滑脂 | オレオゾル | 固体润滑油;润滑脂 |
| oleostrut | 油液空氣避震柱 | オレオ緩衝支柱 | 油液空气减震柱 |
| oligodynamics | 微動作用 | 微動作用 | 微动作用 |
| oliver | 腳踏(鐵)錘 | 足踏み金づち | 脚踏(铁)锤 |

| 英　　文 | 臺　　灣 | 日　　文 | 大　　陸 |
|---|---|---|---|
| — filter | 鼓式真空過濾機〔器〕 | オリバフィルタ | 鼓式真空过滤机〔器〕 |
| **omission** | 省略 | オミッション | 省略;遗漏 |
| **omni-bearing** converter | 全向方位變換器 | オムニ方位変換器 | 全向方位变换器 |
| — indicator | 全方位指示器 | オムニ方位指示器 | 全方位指示器 |
| **omnibus** | 總括的;多用途的 | オムニバス | 总括的;多用途的 |
| — bar | 母線 | 母線 | 母线;汇流条 |
| — box | 池座〔劇場的〕 | 追い込み席 | 池座〔剧场的〕 |
| **on address** | 接通地址 | オンアドレス | 接通地址 |
| — calender laminating | 在輪壓機上層壓成形 | オンカレンダはり合せ | 在轮压机上层压成形 |
| — center | 中心距 | 中心かよ中心まで | 中心距 |
| — chatter | 鍵振動 | オンチャッタ | 键振动 |
| — stream pressure | 操作壓力 | 操作圧力 | 操作压力 |
| — time | 接通時間 | オンタイム | 接通时间 |
| **ON level** | ON電平;通導電平 | オンレベル | ON电平;通导电平 |
| **on-air** | 正在廣播;實況轉播 | オンエア | 正在广播;实况转播 |
| **once-through** boiler | 直流鍋爐 | 貫流ボイラ | 直流锅炉 |
| — conversion | 單程轉化;非循環過程 | 単流操作 | 单程转化;非循环过程 |
| — cooling system | 單程冷卻方式 | 一過式冷却方式 | 单程冷却方式 |
| — cycle | 一次循環 | 使い捨て方式 | 一次循环 |
| **one action** | 單作用 | ワンアクション | 单作用 |
| — active gage method | 單動臂（橋式）應變計法 | 一アクチブゲージ法 | 单动臂（桥式）应变计法 |
| — block | 整體;單塊 | ワンブロック | 整体;单块 |
| — cavity mold | 單模穴模 | 一個取り型 | 单型腔模 |
| — chip | 單片 | ワンチップ | 单片 |
| — chucking | 一次裝卡 | ワンチャッキング | 一次装卡 |
| — cylinder | 單氣缸 | ワンシリンダ | 单气缸 |
| — division | 單分度〔刻度〕 | ワンディビジョン | 单分度〔刻度〕 |
| — group model | 單群模型;單組模型 | 一群模型 | 单群模型;单组模型 |
| — heat forging | 一次加熱鍛造 | ワンヒード鍛造 | 一次加热锻造 |
| — hit | 一次繫中 | ワンヒット | 一次系中 |
| — hole nozzle | 單口噴嘴 | 単口ノズル | 单口喷嘴 |
| — lever | 單手炳 | ワンレバー | 单手炳 |
| — machine | 單機 | ワンマシン | 单机 |
| — motor system | 單缸方式〔系統〕 | ワンモータ方式 | 单缸方式〔系统〕 |
| — push start | 一次起動 | ワンプッシュスタート | 一次起动 |
| — set | 一組 | ワンセット | 一组;一套 |
| — setting | 一次調整;一次安裝 | ワンセッチング | 一次调整;一次安装 |
| — side weding | 單面銲 | 片面溶接法 | 单面焊 |
| — touch | 一次操作;一次調節 | ワンタッチ | 一次操作;一次调节 |
| — touch key | 單觸鍵 | ワンタッチキー | 单触键 |

| 英　　文 | 臺　　灣 | 日　　文 | 大　　陸 |
|---|---|---|---|
| — turn cap | 一轉蓋頭 | 一ひねりのキャップ | 一转盖头 |
| — turn stair | 單轉樓梯 | 全折階段 | 单转楼梯 |
| **one-dimensional** | 一維 | 一次 | 一维 |
| — compression test | 單維壓縮試驗 | 単純圧縮試験 | 单维压缩试验 |
| — model | 一維模型 | 一次元モデル | 一维模型 |
| — stress | 單向應力 | 一次元応力 | 单向应力 |
| **one-pass** | 一次走刀;一次通過 | ワンパス | 一次走刀;一次通过 |
| — weld | 單道銲縫 | 一つパス溶着部 | 单道焊缝 |
| **one-piece** camera | 單體照相機 | ワンピースカメラ | 单体照相机 |
| — mold | 整體模 | 一個構成金型 | 整体模 |
| — molding | 整體成型 | 一体成形 | 整体成型 |
| **one-point** | 注視點;重點突出 | ワンポイント | 注视点;重点突出 |
| — earth | 一點接地 | ワンポイントアース | 一点接地 |
| — method | 一點法 | 一点法 | 一点法 |
| **one-sided** abrupt junction | 單邊突變結 | 単側階段接合 | 单边突变结 |
| — face | 單側曲面 | 単側曲面 | 单侧曲面 |
| — limit | 單側極限 | 片側極限 | 单侧极限 |
| **one-step mask** | 一次掩模 | ワンステップマスク | 一次掩模 |
| — method | 單步法 | 一段法 | 单步法 |
| **one-stroke** | 一次行程;單行程 | ワンストローク | 一次行程;单行程 |
| — boring length | 單行程鑽齒長度 | 一作動掘進長さ | 单行程钻齿长度 |
| **one-to-one** correspondence | 一一對應 | 一対一対応 | 一一对应;逐一对应 |
| **one-way** air valve | 單向空氣閥 | 単向空気弁 | 单向空气阀 |
| — clutch | 單向超越離合器 | ワンウェイクラッチ | 单向超越离合器 |
| — cock | 止回旋塞 | 一方コック | 止回旋塞;单向旋塞 |
| — drawing | 單向拉延 | 一軸延伸 | 单向拉延 |
| — grade | 單(向)坡 | 片こう配 | 单(向)坡 |
| — merge | 單向合併 | ワンウェイマージ | 单向合并 |
| — ram | 單作用油缸;單程油缸 | ワンウェイラム | 单作用油缸;单程油缸 |
| — shear | 單向剪切 | 片側シャー | 单向剪切 |
| — valve | 單向閥 | 逆止め弁 | 单向阀 |
| **on-line** alarm | 在線報警 | オンラインアラーム | 在线报警;联机报警 |
| — control | 聯機控制 | オンライン制御 | 联机控制 |
| — diagnosis | 聯機診斷 | オンライン診断 | 联机诊断 |
| — direct control | 在線直接控制 | オンライン直接制御 | 在线直接控制 |
| — job | 聯機作業 | オンラインジョブ | 联机作业 |
| — maintenance | 聯機維修 | オンライン保全 | 联机维修;不停机维修 |
| — mode | 聯機方式 | オンラインモード | 联机方式 |
| — model | 聯機模型 | オンラインモデル | 联机模型 |
| — operation | 聯機操作 | 直結動作 | 联机操作;在线操作 |

| 英　　文 | 臺　　灣 | 日　　文 | 大　　陸 |
|---|---|---|---|
| ― output | 聯機輸出 | オンライン出力 | 联机输出 |
| ― process | 聯機處理 | オンライン処理 | 联机处理;在线处理 |
| ― service | 聯機服務 | オンラインサービス | 联机服务 |
| ― state | 聯機狀態 | オンライン状態 | 联机状态 |
| ― system | 聯機系統 | オンラインシステム | 联机系统 |
| ― treatmtnt | 聯機處理 | オンライン処理 | 联机处理 |
| **on-load** pressure | 加載壓力 | オンロード圧力 | 加载压力 |
| ― refuel(l)ing | 帶負載換料 | 運転時燃料交換 | 带负载换料;不停堆换料 |
| ― voltage | 加載電壓 | オンロード電圧 | 加载电压;有载电压 |
| **on-off** action | 開關動作 | オンオフ動作 | 开关动作;通断动作 |
| ― control | 開關控制 | オンオフ制御 | 开关控制 |
| ― delay | 開關延遲 | 動作時復帰時遅延 | 开关延迟;通-断延迟 |
| ― switch | 轉換開關 | 点滅スイッチ | 通断开关;转换开关 |
| ― system | 開關系統 | オンオフ式 | 开关系统;通断装置 |
| ― valve | 開關閥 | 開閉弁 | 开关阀 |
| **on-site** control | 現場控制 | オンサイト制御 | 现场控制 |
| ― fabrication | 現場製造 | 現場製作 | 现场制造;现场加工 |
| ― plant | 現場裝置〔設備〕 | オンサイトプラント | 现场装置〔设备〕 |
| ― welding | 現場銲接 | 現場溶接 | 现场焊接;工地焊接 |
| **on-state** characteristic | 導通狀態特性 | オン状態特性 | 导通状态特性 |
| ― current | 正向電流 | オン状態電流 | 通态电流;正向电流 |
| ― voltage | 通態電壓 | オン電圧 | 通态电压 |
| **Ontario** | 一種高鉻合金工具鋼 | オンタリオ | 安大略高铬合金工具钢 |
| **opacifying** agent | 不透明〔光〕劑;遮光劑 | 不透明剤 | 不透明〔光〕剂;遮光剂 |
| ― effect | 遮光效應〔作用〕 | 隠ぺい効果 | 遮光效应〔作用〕 |
| **opacite** | 不透明體 | 暗黒物 | 暗黑体;不透明体 |
| **opacity** | 不透明度 | 不透明度 | 不透明度;暗度 |
| **opalescent** glass | 乳白玻璃 | オパレセントグラス | 乳白玻璃 |
| **opaque** | 不傳導的 | オペーク | 不传导的;暗的 |
| ― body | 不透明體 | 不透明体 | 不透明体 |
| ― glass | 不透明玻璃 | 不透明ガラス | 不透明玻璃 |
| **opaqueness** | 不透明度 | 不透明度 | 不透明度;不透明性 |
| **open** | 室外 | オープン | 室外;空地;露天 |
| ― annealing | 氧化退火 | 黒かわ焼鈍 | 氧化退火;开式退火 |
| ― arc | 開弧 | 開弧 | 开弧 |
| ― arc welding | 明弧銲 | オープンアーク溶接 | 明弧焊 |
| ― area | 穴面積 | 穴面積 | 穴面积;空地地区 |
| ― area ratio | 開口面積比 | 開口比 | 开口面积比 |
| ― base | 開基 | 開基 | 开基 |
| ― belt | 開式傳動皮帶 | 開きベルト | 开式传动皮带 |

| 英　　文 | 臺　　灣 | 日　　文 | 大　　陸 |
|---|---|---|---|
| — binder | 鬆級配結合層 | 粗結合層 | 松级配结合层 |
| — butt process | 開式對接法 | オープンバット法 | 开式对接法 |
| — cell type | 連續微孔型 | 連続気泡型 | 连续微孔型 |
| — center | H型機能換向（閥） | オープンセンタ | H型机能换向(阀) |
| — center valve | H型機能換向閥 | オープンセンタ弁 | H型机能换向阀 |
| — collet | 彈簧套筒夾頭 | オープンコレット | 弹簧套筒夹头 |
| — compressor | 開放式壓縮機 | 開放形圧縮機 | 开放式压缩机 |
| — contact | 開路接點 | 開路接点 | 开路接点 |
| — cutout | 開路切斷 | 開放形カットアウト | 开路切断 |
| — defect | 表面缺陷 | 表面欠点 | 表面缺陷 |
| — die | 拼合式螺栓鍛模 | オープンダイ | 拼合式螺栓锻模 |
| — die forging | 自由鍛 | 自由鍛造 | 自由锻 |
| — exposure | 開放式暴露 | 開放暴露 | 开放式暴露 |
| — face mold | 開口模具 | 開口型 | 开口模具 |
| — fire | 明火;活火 | 裸火 | 明火;活火 |
| — form | 開式成形 | 開形 | 开式成形 |
| — front | 開口 | オープンフロント | 开口;开式;前开口 |
| — gate | 導通門 | オープンゲート | 导通门;通门;敞开门 |
| — height | 開口高度 | オープンハイト | 开口高度 |
| — hole insert | 透孔嵌件 | 開口インサート | 透孔嵌件 |
| — impeller | 開式葉輪 | オープン羽根（車） | 开式叶轮 |
| — interstice | 明氣孔 | 開放気孔 | 明气孔;明间隙 |
| — joint | 明接頭;有間隙接頭 | オープンジョイント | 明接头;有间隙接头 |
| — layer | （土的）開層 | 開いた層 | （土的）开层 |
| — levee | 不連續堤 | かすみ堤 | 不连续堤 |
| — line | 開通路線 | オープンライン | 开通路线 |
| — list | 開型表 | オープンリスト | 开型表 |
| — loop automatic control | 開環自動控制 | 開回路自動制御 | 开环自动控制 |
| — loop gain | 開環增益 | 開ループゲイン | 开环增益 |
| — loop response | 開環響應 | 開いた系の応答 | 开环响应 |
| — machine | 開式電動機 | 開放形電動機 | 开式电动机 |
| — mesh | 粗大篩孔〔網眼〕 | 目の荒いメッシュ | 粗大筛孔〔网眼〕 |
| — mold | 明澆鑄模;敞開鑄模 | 開放式金型 | 明浇铸型;敞开铸型 |
| — nozzle | 開式噴（油）嘴 | 開放ノズル | 开式喷(油)嘴 |
| — pipe | 開口管 | 開管 | 开口管 |
| — position | 開（放）位置 | 開（放）位置 | 开(放)位置 |
| — pot | 開口坩堝 | 開口るつぼ | 开口坩埚 |
| — radiator | 開路輻射器 | 開路ふく射器 | 开路辐射器 |
| — routine | 直接插入程式 | オープンルーチン | 直接插入程序 |
| — sand | 粗砂 | オープンサンド | 粗砂;多孔砂 |

| 英　　文 | 臺　　灣 | 日　　文 | 大　　陸 |
|---|---|---|---|
| — sand casting | 門澆(注) | 流し注ざ | 门浇(注) |
| — section | 開口截面〔斷面〕 | 開断面 | 开口截面〔断面〕 |
| — section member | 開口截面構件 | 開断面材 | 开口截面构件 |
| — service | 開放服務 | オープンサービス | 开放服务 |
| — shed | 全開口 | 全開口 | 全开口 |
| — side type | 單臂式 | 片持ち形 | 单柱式；单臂式 |
| — sided press | 單臂沖床 | 片持ちプレズ | 单臂压力机 |
| — sphere | 開口球 | 開球 | 开口球 |
| — steam | 直接蒸氣 | 直接蒸気 | 直接蒸气 |
| — steam cure | 直接蒸氣硫化 | 直接蒸気硬化 | 直接蒸气硫化 |
| — steel | 沸騰鋼 | 不完全脱酸鋼 | 沸腾钢 |
| — surface | 開曲面 | 開曲面 | 开曲面 |
| — tank | 敞口槽〔罐〕 | 開放タンク | 敞口槽〔罐〕 |
| — tap mold | 上澆注鑄模 | 上注ぎ鋳型 | 上浇注铸型 |
| — track | 直通線 | 直通線 | 直通股道；直通线 |
| — tube | 開(口)管 | 開口管 | 开(口)管 |
| — vessel | 開口容器 | 開放容器 | 开口容器 |
| — wiring | 明線配置(工程) | 露出配線工事 | 明线配置(工程) |
| — work | 透雕；漏空雕刻 | 透かし彫 | 透雕；漏空雕刻 |
| **open-air** boiler | 室外鍋爐 | 室外用ボイラ | 露天锅炉；室外锅炉 |
| — works | 明線工程 | 露出工事 | 明线工程；露天开挖 |
| **open-channel** | 明渠 | 開水路 | 明渠 |
| **open-circuit** admittance | 開路導納 | 開路アドミタンス | 开路导纳 |
| — contact | 斷路接點 | 開路接点 | 断路接点 |
| — control | 開路控制 | 開路制御 | 开路控制 |
| — current | 開路電流 | 開路電流 | 开路电流 |
| — line | 開路線 | 開路線 | 开路线 |
| — wind tunnel | 非回流風洞 | 非回流式風洞 | 非回流风洞 |
| **open-end** bucket | 活底斗；活底吊桶 | オープンエンドバケット | 活底斗；活底吊桶 |
| — design | 終端開路設計 | 拡張可能な設計 | 终端开路设计 |
| — spanner | 開口(形)扳手 | ナットスパナ | 开口(形)扳手 |
| — system | 可擴充系統〔裝置〕 | オープンエンデッド | 可扩充系统〔装置〕 |
| — tube | 開口管 | 開口管 | 开口管 |
| **opener** | 扳直機；出鐵口開孔機 | オープナ | 扳直机；出铁口开孔机 |
| **open-hearth** | 平爐 | 平炉 | 平炉；马丁炉 |
| — pig iron | 平爐煉鋼(用)生鐵 | 平炉用銑 | 平炉炼钢(用)生铁 |
| — process | 平爐煉鋼法 | 平炉法 | 平炉炼钢法 |
| — slag | 平爐渣 | 平炉さい | 平炉渣 |
| — steel | 平爐鋼；馬丁爐鋼 | 平炉鋼 | 平炉钢；马丁炉钢 |
| **opening** | 孔洞〔隙〕 | オープニング | 开口；孔洞〔隙〕；断路 |

| 英　　文 | 臺　　灣 | 日　　文 | 大　　陸 |
|---|---|---|---|
| — bit | 鉸刀 | 拡孔きり | 扩钻;铰刀 |
| — cycle | 開模周期 | 型開きサイクル | 开模周期 |
| — force | 開模力 | 型開力 | 开模力 |
| — ratio | 開口比 | 開口比 | 开口比 |
| — section | 開放區間;供用區 | 供用区間 | 开放区间;供用区 |
| — surface | 合模面 | 合せ面 | 合模面 |
| — shock | 開傘衝擊 | 開傘衝擊 | 开伞冲击 |
| — velocity | 開放速度 | 開放速度 | 开放速度 |
| **open-rod press** | 柱式沖床 | 支柱式プレス | 柱式压力机 |
| **open-type** bearing | 開式軸承 | 開放軸受 | 开式轴承 |
| — coining | 開式壓印 | 開放形コイニング | 开式压印 |
| — compressor unit | 開放式壓縮機組 | 開放形圧縮機 | 开放式压缩机组 |
| — feed water heater | 開放式給水加熱器 | 開放形給水加熱器 | 开放式给水加热器 |
| — fuel valve | 開式燃料閥 | 開放形燃料弁 | 开式燃料阀 |
| — induction motor | 開式感應電動機 | 開放形誘導電動機 | 开式感应电动机 |
| — knife switch | 開放型刀閘 | 開放ナイフスイッチ | 开放型刀闸 |
| — machine | 開式機械 | 開放形機械 | 开式机械 |
| — mold | 開式鑄模 | 開放式金型 | 开式铸型 |
| — rack | 開式機架 | 片面架 | 单面机架;开式机架 |
| — thrust bearing | 開式止推軸承 | 開放形スラスト軸受 | 开式推力轴承 |
| **open-web column** | 空腹柱 | 帯板柱 | 空腹柱 |
| **operability** | 可操作性 | オペラビリティ | 可操作性;可用性 |
| **operameter** | 運轉計 | オペラメータ | 动数计;运转计 |
| **operand** | 運轉數 | 演算数 | 运转数;操作数 |
| — buffer | 操作數緩衝器 | オペランドバッファ | 操作数缓冲器 |
| — value | 操作數值 | オペランドバリュー | 操作数值;运算数值 |
| — word | 操作數字 | オペランドワード | 操作数字 |
| **operating** angle | 工作角 | 作動角度 | 工作角 |
| — board | 工作台 | 運転台 | 工作台 |
| — capacity | 工作能力 | 交換容量 | 工作能力;互换能力 |
| — circuit | 工作電路 | 操作回路 | 工作电路 |
| — condition | 工作條件 | 操作条件 | 操作条件;工作条件 |
| — contact | 工作接點 | 動作接点 | 工作接点 |
| — control | 操作控制裝置 | 運転管理 | 操作控制装置 |
| — cycle | 操作周期 | 操作期間 | 操作周期;运转周期 |
| — device | 操縱裝置 | 操縦装置 | 操纵装置 |
| — distance | 有效距離 | 作動距離 | 有效距离;作用距离 |
| — factor | 使用率 | 使用率 | 使用率;运转率 |
| — feature | 操作特點 | 操作特徴 | 操作特点;工作特点 |
| — floor | 操作台 | 作業台 | 操作台 |

| 英　　文 | 臺　　灣 | 日　　文 | 大　　陸 |
|---|---|---|---|
| — handle | (高窗等的)把手 | こうかん握り | (高窗等的)把手 |
| — lever | 操縱桿 | 操作ハンドル | 操纵杆 |
| — life | 工作壽命 | 動作寿命 | 动作寿命;工作寿命 |
| — manual | 操作書明書 | 運転指導書 | 操作书明书 |
| — method | 操作法 | 操業法 | 操作法 |
| — mode | 操作方式 | 運転モード | 操作方式;经营方式 |
| — overload | 操作過載 | 動作過電流 | 操作过载 |
| — physical force | 操作力 | 操作力 | 操作力 |
| — pitch circle | 工作節圓 | かみ合いピッチ円 | 工作节圆 |
| — platform | 操作台 | 操業床 | 操作台 |
| — point | 運行點 | 運転点 | 运行点;工作点 |
| — power | 運行功率 | 運転出力 | 运行功率 |
| — power source | 工作電源 | 操作電源 | 工作电源 |
| — pressure | 操作壓力 | 操作圧力 | 操作压力;工作压力 |
| — pressure angle | (齒輪)嚙合角 | かみ合い圧力角 | (齿轮)啮合角 |
| — pressure range | 作動壓力範圍 | 作動圧力範囲 | 作动压力范围 |
| — radius | 工作半徑 | 作業半径 | 工作半径 |
| — regulations | 操作規程 | 運転規定 | 操作规程 |
| — reliability | 運轉可靠性 | 使用信頼度 | 运转可靠性 |
| — room | 交換室 | 交換室 | 交换室;手术室;工作室 |
| — state | 運轉狀態;操作狀態 | 作動状態 | 运转状态;操作状态 |
| — status | 運轉狀態;工作狀態 | 作動状態 | 运转状态;工作状态 |
| — stress | 工作應力 | 使用応力 | 工作应力 |
| — table | 操作台 | 操作台 | 操作台;工作台 |
| — technique | 運行技術;操作技術 | 運転技術 | 运行技术;操作技术 |
| — theater | 手術室 | 手術室 | 手术室 |
| — time | 操作時間 | 使用時間 | 操作时间;工作时间 |
| — trouble | 運行故障 | 運転事故 | 运行故障 |
| — unit | 操縱裝置;調節機構 | 操作部 | 操纵装置;调节机构 |
| — valve | 操作閥;調節閥 | オペレーティングバルブ | 操作阀;调节阀 |
| **operation** | 操作;動作;運算 | 操作 | 操作;动作;运算 |
| — analysis | 工作分析;作業分析 | オペレーション分析 | 工作分析;作业分析 |
| — card | 工藝卡;運算卡 | 操作カ | 工艺卡;运算卡 |
| — curve | 運行曲線 | 運転曲線 | 运行曲线 |
| — data | 工作數據;運算數據 | 演算データ | 工作数据;运算数据 |
| — flow sheet | 操作順序圖 | 作業系統図 | 操作顺序图 |
| — indicator | 動作顯示器 | 動作表示器 | 动作显示器 |
| — list | 作業(流程)表 | 工程経路表 | 作业(流程)表 |
| — mechanism | 工作機構;操作機構 | 動作機構 | 工作机构;操作机构 |
| — mistake | 操作錯誤 | ミステーク | 操作错误 |

| 英　　文 | 臺　　灣 | 日　　文 | 大　　陸 |
|---|---|---|---|
| ─ point | 作業點 | 作業点 | 作业点 |
| ─ scheduling | 生產調度 | スケジューリング | 生产调度 |
| ─ sheet | 運算卡片 | 作業指示票 | 运算卡片;操作卡片 |
| ─ switch | 操作開關 | 操作開閉器 | 操作开关 |
| ─ test | 操作試驗 | 運行試驗 | 操作试验;运转试验 |
| ─ torque | 工作轉矩 | 動作トルク | 工作转矩 |
| **operationality** | 操作性 | 操作性 | 操作性 |
| **operative** side | 運算側 | 映写側 | 运算侧;工作端 |
| ─ temperature | 工作溫度 | 作用温度 | 工作温度;操作温度 |
| ─ weldability | 操作工藝性〔銲接的〕 | 作業的溶接性 | 操作工艺性〔焊接的〕 |
| **operator** | 服務員 | オペレータ | 算符;服务员;话务员 |
| ─ console | 操作員控制台 | オペレータ制御卓 | 操作员控制台 |
| ─ control law | 操作員控制律 | オペレータ制御法則 | 操作员控制律 |
| ─ control panel | 操縱板 | オペレータ制御盤 | 操纵板;控制台 |
| ─ guide | 操作指南 | オペレータガイド | 操作指南 |
| ─ set-op time | 操作員準備時間 | 操作員準備時間 | 操作员准备时间 |
| ─ state | 操作狀態 | オペレータ状態 | 操作状态 |
| ─ symbol | 操作符號 | オペレータシンボル | 操作符号;运算符号 |
| ─ time | 操作員工時 | オペレータ時間 | 操作员工时 |
| ─ welding | 銲工 | オペレータウェルジング | 焊工 |
| **operon** | 操縱子 | オペロン | 操纵子 |
| **ophthalmoscope** | 檢眼鏡;眼膜曲率鏡 | 検眼鏡 | 检眼镜;眼膜曲率镜 |
| **opportunity** | 機會成本 | 機会原価 | 机会费用;机会成本 |
| ─ loss | 機會損失 | 機会損失 | 机会损失;机会费用 |
| **opposed alignment** | 兩側對向排列 | 向い合せ配列 | 两侧对向排列 |
| ─ cylinder engine | 對置汽缸(型)發動機 | 対向シリンダ(形)機関 | 对置汽缸(型)发动机 |
| **opposing force** | 反(作用)力 | 反力 | 反(作用)力;反向力 |
| ─ torque | 反抗轉矩 | 反抗トルク | 反抗转矩;反抗力矩 |
| **opposite arrangement** | 兩側對向排列 | 向い合せ配列 | 两侧对向排列 |
| ─ directions | 相反方向 | 反対方向 | 逆方向;相反方向 |
| ─ phase | 反相 | 逆相 | 反相 |
| ─ phase mode | 反相模 | 逆相モード | 反相模 |
| ─ reaction | 對抗反應 | 反対反応 | 对抗反应;对峙反应 |
| **opposition** | 對抗;對置 | オポジション | 对抗;对置;移相;反接 |
| **optical** absorption | 光學吸收 | 光学吸収 | 光学吸收 |
| ─ alignment | 光學調整;光學校正 | 光学調整 | 光学调整;光学校正 |
| ─ analysis | 光學分析 | 光学分析 | 光学分析 |
| ─ anomaly | 光學異常 | 光学異常 | 光学异常 |
| ─ axial angle | 光軸角 | 光軸角 | 光轴角 |
| ─ axial plane | 光軸面 | 光軸面 | 光轴面 |

| 英　　文 | 臺　　灣 | 日　　文 | 大　　陸 |
|---|---|---|---|
| — axis | 光軸(線) | 光軸 | 光轴(线) |
| — bias | 光學偏置 | 光学バイアス | 光学偏置 |
| — cavity | 光諧振腔 | 光共振器 | 光谐振腔 |
| — center | 光心;光中心 | オプチカルセンタ | 光心;光中心 |
| — character | 光學特性 | 光学特性 | 光学特性 |
| — characteristic | 光學特性 | 光学特性 | 光学特性 |
| — check | 光學檢驗 | オプチカルチェック | 光学检验;视查 |
| — chiasma | 視交叉 | 視神経交さ | 视交叉 |
| — computer | 光計算機 | 光コンピュータ | 光计算机 |
| — corrector | 光校正器 | オプチカルコレクタ | 光校正器 |
| — cutting method | 光學切割法 | 光切断法 | 光学切割法 |
| — deflection | 光偏轉 | 光偏向 | 光偏转 |
| — distance | 光程 | 光学距離 | 光程 |
| — distance measurement | 光學測距 | 光学的測距 | 光学测距 |
| — elastic axis | 光測彈性軸 | 光学的弾性軸 | 光测弹性轴 |
| — fiber | 光學纖維 | 光ファイバ | 光学纤维 |
| — filter | 濾光器 | オプチカルフィルタ | 泸光器 |
| — glass | 光學玻璃 | 光学ガラス | 光学玻璃 |
| — guide | 光波導 | 光導波路 | 光波导 |
| — horizon | 直視地平(線) | 視水平線 | 直视地平(线) |
| — illusion | 視錯覺 | 錯視 | 视错觉;视幻觉 |
| — information | 光信息 | 光学情報 | 光信息 |
| — instrument | 光學儀器 | 光学器械 | 光学仪器 |
| — inversion | 偏振轉向(現象) | 光学転化 | 偏振转向(现象) |
| — lens | 光學透鏡 | 光学レンズ | 光学透镜 |
| — mask alignment unit | 光刻掩模對準裝置 | 光調刻装置 | 光刻掩模对准装置 |
| — mateial | 光學材料 | 光学材料 | 光学材料 |
| — measuring method | 光學測定法 | 光学的測定法 | 光学测定法 |
| — normal | 光軸面法線 | 光学的法線 | 光轴面法线 |
| — normal axis | 光學法線軸 | 光学法線軸 | 光学法线轴 |
| — null method | 光學零法點 | 光学的零位法 | 光学零法点 |
| — orientation | 光學取〔定〕向 | 光学的方位 | 光学取〔定〕向 |
| — orientation axis | 光學方位軸 | 光学的方位軸 | 光学方位轴 |
| — pass | 光(通)路 | オプチカルパス | 光(通)路 |
| — path | 光路;光程 | 光学距離 | 光路;光程;光径 |
| — path length | 光學距離 | 光学距離 | 光学距离;光程长度 |
| — photon | (光學)光子 | 光学光子 | (光学)光子 |
| — plane | 光學平面 | 光学面 | 光学平面 |
| — plumb | 光學懸線 | オプチカルプラム | 光学悬线;光学测锤 |
| — plummet | 光測懸錘 | オプチカルプラメット | 光测悬锤 |

| 英　　文 | 臺　　灣 | 日　　文 | 大　　陸 |
|---|---|---|---|
| — polish | 光學拋光 | 光学磨き | 光学拋光 |
| — probe | 光學探測器 | 光学プローブ | 光学探測器 |
| — profile grinder | 光學仿形磨床 | 光学式ならい研削盤 | 光学仿形磨床 |
| — prijection | 光學投影（法） | 光学的投影 | 光学投影（法） |
| — reflection | 光的反射 | 光の反射 | 光的反射 |
| — refraction | 光的折射 | 光の屈折 | 光的折射 |
| — rotation | 旋光度 | 光学旋転度 | 旋光度；旋光性 |
| — scanner | 光掃描器 | 光学式走査器 | 光扫描器 |
| — sensor | 光傳感器 | オプチカルセンサ | 光传感器 |
| — spectroscopy | 分光法；光譜學 | 分光法 | 分光法；光谱学 |
| — spectrum | 光學光譜 | 光学スペクトル | 光学光谱 |
| — square | 直角旋光鏡 | 光く | 直角旋光镜 |
| — strain | 光學變形 | 光学ひずみ | 光学变形；光学应变 |
| — strain meter | 光學應變儀 | 光学的ひずみ計 | 光学应变仪 |
| — stress analysis | 光學應力分析 | 光学的応力解析 | 光学应力分析 |
| — surface | 光學曲面 | 光学的曲面 | 光学曲面 |
| — tracking | 光跟縱 | 光学追跡 | 光跟纵 |
| — wand | 光學棒 | 光学読取り棒 | 光学棒 |
| **optically** active crystal | 旋光性晶體 | 旋光性結晶 | 旋光性晶体 |
| — biaxial crystal | 雙光軸結晶 | 双光軸結晶 | 双光轴结晶 |
| — isoaxial crystal | 等光軸結晶 | 等光軸結晶 | 等光轴结晶 |
| — uniaxial crystal | 單光軸結晶 | 単光軸結晶 | 单光轴结晶 |
| **optidress** | 光學修正 | オプチドレス | 光学修正 |
| **optimal** | 最優〔佳〕 | 最適適応閉じループ制御 | 最优〔佳〕 |
| — adaptive control system | 最優自適應控制系統 | 最適適応制御システム | 最优自适应控制系统 |
| — algorithm | 最優〔佳〕算法 | 最適アルゴリズム | 最优〔佳〕算法 |
| — characteristic | 最優〔佳〕特性 | 最適特性 | 最优〔佳〕特性 |
| — control | 最優〔佳〕控制 | 最適制御 | 最优〔佳〕控制 |
| — control vector | 最優〔佳〕控制向量 | 最適制御ベクトル | 最优〔佳〕控制矢量 |
| — decision | 最佳判定 | 最適性の判定 | 最佳判定；最优决策 |
| — design | 最優設計 | 最適設計 | 最优设计 |
| — fuzzy control | 最優〔佳〕模糊控制 | 最適ファジィ制御 | 最优〔佳〕模糊控制 |
| — gain | 最優〔佳〕盈餘 | 最適利得 | 最优〔佳〕盈馀 |
| — linear control | 最優〔佳〕線性控制 | 最適線形制御 | 最优〔佳〕线性控制 |
| — locus | 最優〔佳〕（點的）軌跡 | 最適軌道 | 最优〔佳〕（点的）轨迹 |
| — observation | 最優〔佳〕觀測 | 最適観測 | 最优〔佳〕观测 |
| — parameter | 最優〔佳〕參數 | 最適パラメータ | 最优〔佳〕叁数 |
| — path | 最優〔佳〕路徑 | 最適経路 | 最优〔佳〕路径 |
| — period | 最佳周期 | 最適周期 | 最佳周期 |
| — programming | 最優〔佳〕程式設計 | 最適プログラミング | 最优〔佳〕程序设计 |

| 英　　文 | 臺　　　灣 | 日　　文 | 大　　陸 |
|---|---|---|---|
| — stationary control | 最佳平穩控制 | 最適定常制御 | 最佳平穩控制 |
| — steady-state | 最佳平穩狀態 | 最適定常状態 | 最佳平穩状态 |
| — strategy | 最佳策略 | 最適戦略 | 最优策略 |
| — structure | 最佳結構 | 最適構造 | 最佳结构 |
| — value | 最佳值 | 最適値 | 最佳值 |
| **optimality** | 最優〔佳〕性 | 最適性 | 最优〔佳〕性 |
| — principle | 最優〔佳〕性原理 | 最適原理 | 最优〔佳〕性原理 |
| **optimization** | 最佳化 | 最適化 | 最佳化 |
| — control | 最佳化控制 | 最適化制御 | 最优化控制 |
| — criterion | 最優〔佳〕化準則 | 最適化基準 | 最优〔佳〕化准则 |
| — model | 最優〔佳〕化模型 | 最適化モデル | 最优〔佳〕化模型 |
| — phase | 最佳(化)階段 | 最適化相 | 最佳(化)阶段 |
| — program | 最優〔佳〕化計劃 | 最適化プログラム | 最优〔佳〕化计划 |
| — techhnique | 最優化技術 | 最適化手法 | 最优化技术 |
| **optimizing** control | 最優化控制 | 最適化制御 | 最优化控制 |
| — level | 最佳電平 | 最適化レベル | 最佳电平 |
| **optimum** | 最佳(的) | オプチマム | 最佳(的) |
| — air gap | 最佳空隙 | 最適空げき | 最佳空隙 |
| — amount | 最優〔佳〕量 | 最適量 | 最优〔佳〕量 |
| — condition | 最佳條件 | 最適条件 | 最佳条件 |
| — cutting conditions | 最佳切削條件 | 最適切削条件 | 最佳切削条件 |
| — cutting speed | 最佳切削速率 | 最適切削速度 | 最佳切削速率 |
| — depth of cut | 最優〔佳〕切割深度 | 最適切込み | 最优〔佳〕切割深度 |
| — diameter | 最佳直徑 | 最適直径 | 最佳直径 |
| — diameter ratio | 最佳直徑比 | 最適直径比 | 最佳直径比 |
| — die proportions | 最佳模具尺寸 | 最適型寸法 | 最佳模具尺寸 |
| — dimension ratio | 最佳尺寸比 | 最適寸法比 | 最佳尺寸比 |
| — diverging angle | 最佳擴張角 | 最適広がり角 | 最佳扩张角 |
| — eccentricity | 最佳偏心度〔距;率〕 | 最適偏心度 | 最佳偏心度〔距;率〕 |
| — efficiency | 最優〔佳〕效率 | 最適効率 | 最优〔佳〕效率 |
| — layout | 最佳規〔計〕劃 | 最適レイアウト | 最佳规〔计〕划 |
| — match condition | 最佳匹配條件 | 最適整合条件 | 最佳匹配条件 |
| — material | 最佳材料 | 最適材料 | 最佳材料 |
| — module | 最優〔佳〕模塊 | 最適モジュール | 最优〔佳〕模块 |
| — pipe diameter | 最佳管徑 | 最適管径 | 最佳管径 |
| — pitch distribution | 最佳螺距分布 | 最適ピッチ分布 | 最佳螺距分布 |
| — property | 最優〔佳〕特性 | 最適特性 | 最优〔佳〕特性 |
| — proportion | 最優〔佳〕比(例;率) | 最適比率 | 最优〔佳〕比(例;率) |
| — quantity | 最優〔佳〕量 | 最適量 | 最优〔佳〕量 |
| — seeking | 最優〔佳〕探索 | 極植探索 | 最优〔佳〕探索 |

| 英　　文 | 臺　　灣 | 日　　文 | 大　　陸 |
|---|---|---|---|
| — selection | 最優〔佳〕選擇 | 最適選択 | 最优〔佳〕选择 |
| — setting | 最佳調整 | 最適調整 | 最佳调整 |
| — solution | 最佳解 | 最適解 | 最佳解;最优解 |
| — state | 最優〔佳〕狀態 | 最適状態 | 最优〔佳〕状态 |
| — structural design | 最優〔佳〕結構設計 | 最適設計 | 最优〔佳〕结构设计 |
| **option** | 選擇方案 | オプション | 选择方案;备选方案 |
| — board | 任選板 | オプションボート | 任选板 |
| — card | 任選插件 | オプションカード | 任选插件 |
| — function | 選擇功能 | オプション機能 | 选择功能 |
| — interface | 元件界面〔儀器〕 | 任選接口 | 部件接口〔仪器〕 |
| — panel | 元件面板;選擇板 | オプションパネル | 部件面板;选择板 |
| — unit | 選擇單元 | オプションユニット | 选择单元 |
| **optocoupler** | 光耦合器 | オプトカプラ | 光耦合器 |
| **optoelectronics** | 光電子學 | 光電子工学 | 光电子学 |
| **optoisolator** | 光隔離器 | オプトアイソレータ | 光隔离器 |
| **optoscale** | 光標度 | オプトスケール | 光标度 |
| **optosensor** | 光傳感器 | オプトセンサ | 光传感器 |
| **OR gate** | ”或”閘 | オアゲート | ”或”门 |
| **OR NOT gate** | ”或非”閘 | OR NOT ゲート | ”或非”门 |
| **orange** | 橙色 | オレンジ色 | 橙色 |
| **orbicular structure** | 球狀構造 | 球状構造 | 球状构造 |
| **orbit** | 軌道;彈道 | 軌道 | 轨道;弹道 |
| — closure | 軌道閉合 | 軌道閉包 | 轨道闭合 |
| — control | 軌道控制 | 軌道制御 | 轨道控制 |
| — determination | 軌道測定;軌道確定 | 軌道決定 | 轨道测定;轨道确定 |
| — space | 軌道空間 | 軌道空間 | 轨道空间 |
| **orbital angular** momentum | 軌道角動量 | 軌道角運動量 | 轨道角动量 |
| — curve | 軌道曲線 | 軌道曲線 | 轨道曲线 |
| — direction | 軌道方向 | 軌道の方向 | 轨道方向 |
| — energy | 軌道能量 | 軌道エネルギー | 轨道能量 |
| — plane | 軌道平面 | 軌道面 | 轨道平面 |
| — radius | 軌道半徑 | 軌道半径 | 轨道半径 |
| — sander | 回轉噴砂〔打磨〕機 | オービタルサンダ | 回转喷砂〔打磨〕机 |
| — scan | 軌道掃描(探傷) | 振子走査 | 轨道扫描(探伤) |
| **orbitron** | 軌旋管 | オービトロン | 轨旋管 |
| **order** | 指令 | オーダ | 指令;订货〔购;制〕 |
| — card | 指令卡 | オーダカード | 指令卡 |
| — code | 指令碼 | オーダコード | 指令码 |
| — format | 指令格式 | オーダフォーマット | 指令格式 |
| — of life time | 壽命級 | 寿命のオーダ | 寿命级 |

| 英　　文 | 臺　　灣 | 日　　文 | 大　　陸 |
|---|---|---|---|
| — of magnitude | 數量級 | 等級数 | 数量级 |
| — of reaction | 反應級（數） | 反応等級 | 反应级（数） |
| — set | 指令系統〔表〕 | オーダセット | 指令系统〔表〕 |
| **ordered** azimuth | 命令方位角 | 指令方位角 | 命令方位角 |
| — inspection | 順序檢查 | 順序検査 | 顺序检查 |
| — rudder angle | 指令舵角 | 命令だ角 | 指令舵角 |
| — set | 順序集 | 順序集合 | 顺序集 |
| — structure | 有序結構 | 規則構造 | 有序结构 |
| **ordering** | 有序化轉變 | オーダリング | 有序化转变 |
| **ordinal** inspection | 順序檢查 | 順序検査 | 顺序检查 |
| — number | 序數 | 順序数 | 序数 |
| — test | 定序試驗 | 序列試験 | 定序试验；定目试验 |
| **ordinance** | 規則 | 規則 | 规则；条令 |
| **ordinary** anchor | 普通固〔錨〕定器 | ストックアンカ | 普通固〔锚〕定器 |
| — bleach | 普通漂白 | 並さらし | 普通漂白 |
| — bond | 單價鍵 | 通常結合 | 单价键 |
| — construction | 普通構造 | 通常構造 | 普通构造 |
| — flow | 正常流 | 正常流 | 正常流 |
| — hand tap | 等徑手用絲攻 | 等径ハンドタップ | 等径手用丝锥 |
| — lay | 普通扭絞 | 普通より | 普通扭绞；逆捻 |
| — light | 普通光 | 通常光 | 普通光 |
| — maintenance | 日常維修 | 日常保修 | 日常维修 |
| — plane of symmetry | 主對稱面 | 常対稱面 | 主对称面 |
| — pressure | （尋）常壓（力） | 常圧 | （寻）常压（力） |
| — rudder | 普通不平衡舵 | 普通だ | 普通不平衡舵 |
| — solution | 通（常）解 | 正常解 | 通（常）解 |
| — state | 常態 | 常態 | 常态 |
| — steel | 普通鋼 | 普通鋼 | 普通钢；碳素钢 |
| — tap | 等（中）直徑絲攻 | 等径タップ | 等（中）直径丝锥 |
| **ordinate** | 縱座標 | オルジネート | 纵坐标 |
| — axis | 縱座標軸 | 縦（座標）軸 | 纵坐标轴 |
| **ordination** number | 原子序（數） | 原子序数 | 原子序（数） |
| **ordnance** | 兵器；武器；軍械 | 兵器 | 兵器；武器；军械 |
| **ordonnance** | 配置 | 配置 | 配置；布置 |
| **ore** | 礦石 | オア | 矿石；矿 |
| — analysis | 礦石分析 | 鉱石分析 | 矿石分析 |
| — assay | 礦石（定量）分析 | 鉱石分析 | 矿石（定量）分析 |
| — bearing rock | 含礦岩 | 含鉱岩 | 含矿岩 |
| — burner | 礦石熔煉爐 | 焼鉱炉 | 矿石熔炼炉 |
| — chute | 礦石溜井；溜礦槽 | 落し | 矿石溜井；溜矿槽 |

| 英　文 | 臺　灣 | 日　文 | 大　陸 |
|---|---|---|---|
| — crusher | 碎礦機 | オアクラッシャ | 碎矿机 |
| — deposit | 礦床 | 鉱床 | 矿床 |
| — furnace | 礦石熔煉爐 | 溶鉱炉 | 矿石熔炼炉 |
| — process | 礦石(平爐)法 | 鉱石法 | 矿石(平炉)法 |
| — reserve | 礦石儲量 | 埋藏鉱量 | 矿石储量 |
| — smelting | 生料熔煉法 | 鉱石溶錬 | 生料溶炼法 |
| oreing | (高碳鋼)礦石脫碳法 | オアリング | (高碳钢)矿石脱碳法 |
| organ | 器官 | オルガン | 器官 |
| organic accelerator | 有機促進劑 | 有機促進剤 | 有机促进剂 |
| — acid | 有機酸 | 有機酸 | 有机酸 |
| — clay | 有機(質)黏土 | 有機質粘土 | 有机(质)粘土 |
| — cleaner | 有機清潔淨劑 | 有機(系)清浄剤 | 有机清洁净剂 |
| — fiber | 有機纖維(板) | 有機質繊維(板) | 有机纤维(板) |
| — metal compound | 金屬有機化合物 | 金属有機化合物 | 金属有机化合物 |
| — phosphorous | 有機磷 | 有機りん | 有机磷 |
| — pigment | 有機顏料 | 有機顔料 | 有机颜料 |
| — polymer | 有機聚合體〔物〕 | 有機重合体 | 有机聚合体〔物〕 |
| — rock | 有機岩 | 有機岩 | 有机岩 |
| — solubility | 有機溶解性 | 有機溶解性 | 有机溶解性;有机溶度 |
| — solution | 有機溶液 | 有機溶液 | 有机溶液 |
| — synthesis | 有機合成 | 有機合成 | 有机合成 |
| organism | 有機體;生物(體) | 有機体 | 有机体;生物(体) |
| organization | 機構 | 組織 | 机构;机体组成 |
| organizational behavior | 組織的行動 | 組織的挙動 | 组织的行动;组织行为 |
| — science | 組織科學 | 組織科学 | 组织科学 |
| organolite | 離子交換樹脂 | オルガノライト | 离子交换树脂 |
| organometallic catalyst | 有機金屬催化劑 | 有機金属触媒 | 有机金属催化剂 |
| — compound | 有機金屬化合物 | 有機金属化合物 | 有机金属化合物 |
| — polymer | 有機金屬高分子 | 有機金属高分子 | 有机金属高分子 |
| — stabilizer | 有機金屬穩定劑 | 有機金属安定剤 | 有机金属稳定剂 |
| orgar press machine | 螺旋擠壓成形機 | オーガ成形機 | 奥加(螺旋挤压)成形机 |
| orientation | 取向 | オリエンテーション | 取向;定向;方位 |
| — birefringence | 取向雙折射 | 配向複屈折 | 取向双折射 |
| — effect | 方向效應 | 配向効果 | 方向效应 |
| — factor | 取向因數 | 配向因子 | 取向因数 |
| — law | 定向(定)律 | 配向(定)律 | 定向(定)律 |
| — strain | 定向變形〔應變〕 | 配向ひずみ | 定向变形〔应变〕 |
| — stress | 定向應力 | 配向応力 | 定向应力 |
| oriented adsorption | 取向吸附 | 定位吸着 | 取向吸附 |
| — arc | 有向弧 | 有向弧 | 有向弧 |

O

| 英　文 | 臺　灣 | 日　文 | 大　陸 |
|---|---|---|---|
| — circle | 有向圓 | 有向円 | 有向圓 |
| — ejection | 定向放〔排;噴〕出 | 整列取出し | 定向放〔排;噴〕出 |
| — film | 定向膜 | 配向膜 | 定向膜 |
| — layer | 定向層 | 配向層 | 定向层 |
| — plane | 有向平面 | 有向平面 | 有向平面 |
| — region | 取向區 | 定位区 | 取向区 |
| — silicon steel band | 各向異性矽鋼片 | 方向性けい素鋼帯 | 各向异性硅钢片 |
| — silicon steel strip | 各向異性矽鋼片〔帶〕 | 方向性けい素鋼帯 | 各向异性硅钢片〔带〕 |
| — surface | 有向曲面 | 有向曲面 | 有向曲面 |
| **orienting** line | 方向基線 | 基本線 | 方向基线 |
| — point | 校準點 | 標定点 | 校准点;方位基准点 |
| — station | 定向位置 | 基本測点 | 定向位置 |
| **orifice** | 流孔 | オリフィス | 流孔;排泄口〔孔〕 |
| — block | 節流板 | オリフィスブロック | 节流板 |
| — diameter | 口徑 | 口径 | 口径;孔径 |
| — metering | 孔板流量測定法 | オリフィスメタリング | 孔板流量测定法 |
| — method | (計量的)銳孔法 | オリフィス法 | (计量的)锐孔法 |
| — mixer | 孔板塔(形)混合器 | オリフィスミキサ | 孔板塔(形)混合器 |
| — ring | 孔環 | オリフィスリング | 孔环 |
| — support tube | 銳孔支管 | オリフィス支持管 | 锐孔支管 |
| **origin** | 起始地址 | オリジン | 起始地址;发送源 |
| — bench-mark | 原始水準基點 | 水準原点 | 原始水准基点 |
| — of coordinates | 座標原點 | 座標原点 | 坐标原点 |
| — of fire | 火災起火點 | 火元 | 火灾起火点 |
| **original** area | 初始面積 | 最初の面積 | 初始面积 |
| — bearing area | 初始支承面積 | 原支持面積 | 初始支承面积 |
| — coal | 原煤 | 原炭 | 原煤 |
| — crosssection | 原剖面 | 原横断面 | 原剖面 |
| — data | 原始數據 | オリジナルデータ | 原始数据 |
| — dimension | 原始尺寸 | 原寸 | 原始尺寸 |
| — drawing | 原圖;底圖 | 原図 | 原图;底图 |
| — length | 原長度 | 原長 | 原长度;最初长度 |
| — material | 原物質 | 原物質 | 原物质 |
| — model | 原(始)模型 | 原モデル | 原(始)模型 |
| — mold | 原型 | 原型 | 原型 |
| — point | 起點 | 始点 | 起点;原点 |
| — shape | 原形;最初形狀 | 原形 | 原形;最初形状 |
| — size | 初始尺寸 | 原寸 | 初始尺寸 |
| — state | 常態 | 常態 | 常态 |
| — stiffness equation | 原始剛度方程 | 初期剛性方程式 | 原始刚度方程 |

| 英　　文 | 臺　　灣 | 日　　文 | 大　　陸 |
|---|---|---|---|
| — stiffness matrix | 原始剛度矩陣 | 初期剛性マトリクス | 原始刚度矩阵 |
| originator | 創始者 | オリジネータ | 创始者;发明者 |
| ormolu | 銅鋅錫合金;鍍金物 | オルモル | 铜锌锡合金;镀金物 |
| ormulu | 奧姆拉銅鋅錫合金 | オルムル | 奥姆拉铜锌锡合金 |
| ornamental gilding | 裝飾性鍍金 | 装飾金めっき | 装饰性镀金 |
| — gold plating | 裝飾鍍金 | 装飾用金めっき | 装饰镀金 |
| — radiator | 裝飾性散熱器 | 模様付き放熱器 | 装饰性散热器 |
| oroide | 銅錫鋅裝飾用合金 | オロイド | 铜锡锌装饰用合金 |
| orthobaric density | 標準密度 | 規圧密度 | 标准密度 |
| — volume | 標準容〔體〕積 | 規圧容積 | 标准容〔体〕积 |
| orthocenter | 垂心 | 垂心 | 垂心 |
| orthodome | 正軸坡面 | 正軸ひ面 | 正轴坡面 |
| orthoform | 原仿 | オルトフォルム | 原仿 |
| orthogonal aeolotropy | 正交各向異向 | 直交異方性 | 正交各向异向 |
| — array | 正交配置 | 直交配列表 | 正交配置;正交排列 |
| — axes | 正交軸 | 直交軸 | 正交轴 |
| — basis | 正交基 | 直交基 | 正交基 |
| — clearance angle | 法向後角 | 垂直逃げ角 | 法向后角 |
| — cross section | 正交截面 | 直切面 | 正交截面;正交切面 |
| — cutting | 垂直切削 | 二次元切削 | 垂直切削 |
| — expansion | 正交展開 | 直交展開 | 正交展开 |
| — pressure | 垂直壓力 | 垂直圧 | 垂直压力 |
| — projection | 正交投影圖 | 直角投影 | 正交投影图 |
| — rake | 法向前角 | 垂直すくい角 | 法向前角 |
| — series | 正交級數 | 直交級数 | 正交级数 |
| orthogonality | 正交性 | 正交性 | 正交性;直交性 |
| — condition | 正交條件 | 直交条件 | 正交条件 |
| — system | 規格化正交系 | 正規直交系 | 规格化正交系 |
| orthograph | 正投影圖 | オルソグラフ | 正视图;正投影图 |
| orthographic drawing | 正投影圖 | 正投影図 | 正投影图 |
| — projection diagram | 正交投影圖 | 正射投影法図 | 正交投影图 |
| orthography | 正交投影 | オーソグラフィー | 正射法;正交射影 |
| orthohydrogen | 反轉氫(分子) | オルト水素 | 反转氢(分子) |
| orthophotomap | 正射投影地圖 | オルソフォトマップ | 正射投影地图 |
| orthopinacoid | 正軸面(體) | 正軸卓面 | 正轴面(体) |
| orthoprism | 正軸柱 | 正軸柱 | 正轴柱;正棱柱体 |
| orthopyramid | 正稜錐 | 正軸すい | 正棱锥 |
| orthostichy | 直列線 | 直列線 | 直列线 |
| orthotropic plate | 正交各向異性板 | 直交異方性板 | 正交各向异性板 |
| — shell | 正交各向異性殼 | 直交異方性シェル | 正交各向异性壳 |

| 英　　文 | 臺　　灣 | 日　　文 | 大　　陸 |
|---|---|---|---|
| orthotropy | 正交各向異性 | 直交異方性 | 正交各向异性 |
| oscillate | 振盪；擺動 | 振動 | 振荡；摆动；颤振 |
| oscillating actuator | 搖擺（執行）元件 | 揺動形アクチュエータ | 摇摆（执行）元件 |
| — agitator | 擺動攪拌器 | 振動かき混ぜ器 | 摆动搅拌器 |
| — arc | 振盪電弧 | 発振アーク | 振荡电弧 |
| — armature | 搖動電樞 | 揺り発電子 | 摇动电枢 |
| — compressor | 振動式壓縮機 | 振動形圧縮機 | 振动式压缩机 |
| — condition | 振盪條件 | 発振条件 | 振荡条件 |
| — current | 振盪電流 | 振動電流 | 振荡电流 |
| — cylinder | 擺動氣缸 | 揺動シリンダ | 摆动气缸 |
| — die press | 振動模用沖床 | 振動型用プレス | 振动模用压力机 |
| — drum | 振動式滾筒 | 揺りドラム | 振动式滚筒 |
| — engine | 擺缸式發動機 | 筒振り機関 | 摆缸式发动机 |
| — lubricator | 擺動潤滑器 | 振動潤滑器 | 摆动润滑器 |
| — mill | 振動式碾磨機 | 振動ミル | 振动式碾磨机 |
| — orbit | 吻切軌道 | 接触軌道 | 吻切轨道 |
| — process | 振〔擺〕動銲接法 | オシレート法 | 振〔摆〕动焊接法 |
| — type | 振動型 | 振動型 | 振动型；摆动式 |
| oscillation | 振動；振盪 | 動揺 | 振动；振荡；摆动 |
| — casting | 振動鑄造（法） | 振動鋳造法 | 振动铸造（法） |
| — characteristic | 振盪特性 | 発振特性 | 振荡特性 |
| — energy | 振動能 | 振動エネルギー | 振动能 |
| — method | 振動法 | 振動法 | 振动法 |
| — number | 振動數 | 振動数 | 振动数 |
| oscillator | 振盪器 | オシレータ | 振荡器；振动器 |
| — crystal | 振盪器晶體 | 発振器水晶 | 振荡器晶体 |
| — strength | 振（動）子強度 | 振動子強度 | 振（动）子强度 |
| oscillatory agitator | 擺動攪拌器 | 振動かき混ぜ器 | 摆动搅拌器 |
| — discharge | 振盪放電 | 振動放電 | 振荡放电 |
| — feeder | 擺動進料器 | 振動フィーダ | 摆动进料器 |
| — pressure pick-up | 振動壓力傳感器 | 圧力振動検出器 | 振动压力传感器 |
| — wave | 振動〔盪〕波 | 振動波 | 振动〔荡〕波 |
| oscillograph | 示波器 | オシログラフ | 示波器 |
| oscilloscope | 示波器〔管〕 | オシロスコープ | 示波器〔管〕 |
| Osmayal | 一種鋁錳合金 | オスメヤール | 欧斯玛铝锰合金 |
| osmiridium | 銥鋨礦；銥鋨合金 | オスミリジウム | 铱锇矿；铱锇合金 |
| osmite | 天然鋨 | オスマイト | 天然锇 |
| osmium,Os | 鋨 | オスミウム | 锇 |
| osmometer | 滲透壓力計 | オスモメータ | 渗透压力计；渗压计 |
| osmometry | 滲透壓力測定（法） | 浸透圧測定 | 渗透压力测定（法） |

O

| 英　　文 | 臺　　灣 | 日　　文 | 大　　陸 |
|---|---|---|---|
| **osmond iron** | 沃斯田鐵 | 良質の鉄 | 优质铁；奥氏体铁 |
| **osmos tube** | X射線管硬度調節裝置 | オスモスチューブ | X射线管硬度调节装置 |
| **osmoscope** | 滲透試驗器 | 浸透試験器 | 渗透试验器 |
| **osmose** | 滲透 | オスモーズ | 渗透；渗透性(作用) |
| **osmosis** | 滲透(作用) | 浸透 | 渗透(作用) |
| **osmotaxis** | 趨滲性 | 浸透性 | 趋渗性 |
| **osmotic** agent | 滲透劑 | 浸透剤 | 渗透剂 |
| ─ pressure | 滲透壓(力) | 浸透圧 | 渗透压(力) |
| **osram** | 燈泡鎢絲 | オスラム | 灯泡钨丝 |
| ─ lamp | (鵝)鎢絲燈 | オスラムランプ | (锇)钨丝灯 |
| **Otto** cycle | 鄂圖循環 | オットーサイクル | 奥托循环；等容循环 |
| ─ engine | 四沖程循環內燃機 | 定容サイクル機関 | 四冲程循环内燃机 |
| ─ cycle thermal efficiency | 等容循環熱效率 | 奥托循環熱効率 | 等容循环热效率 |
| **ounce** | 盎司〔重量單位〕 | オンス | 盎司〔重量单位〕 |
| ─ metal | 盎司鑄造黄銅 | オンスメタル | 盎司铸造黄铜 |
| ─ strength | 英兩強度 | オンス強度 | 英两强度 |
| **out** amplifier | 輸出放大器 | アウトアンプ | 输出放大器 |
| ─ cable | 露出張拉鋼索 | アウトケーブル | 露出张拉钢索 |
| ─ crop | 露頭 | 露頭 | 露头 |
| ─ end plummer block | 止推軸承外端 | 軸台外端 | 止推轴承外端 |
| ─ end plunger block | 外端軸座 | 外端軸台 | 外端轴座 |
| ─ flow pressure | 流出壓力 | 流出圧力 | 流出压力 |
| ─ gate | 輸出門(電路) | アウトゲート | 输出门(电路) |
| ─ line | 輪廓線 | 輪郭 | 输廓线 |
| ─ of center | 偏心 | 中心ずれ | 偏心 |
| ─ of control | 失控 | 管理はずれ | 失控 |
| ─ of order | 發生故障 | 故障 | 发生故障 |
| ─ of plumb | 不垂直 | 不鉛直 | 不垂直 |
| ─ of round | 不圓 | 不真円 | 不圆 |
| ─ of sync | 不同步 | アウトオブシンク | 失步；不同步 |
| ─ of true | 扭曲 | ねじれ | 扭曲；不直 |
| ─ rigger | 懸臂梁 | はね木 | 悬臂梁；外伸支架 |
| ─ seal | 外密封 | アウトシール | 外密封 |
| ─ well | 傾析 | (上澄液)傾注 | 倒去；倾析 |
| **outage** | 排出量 | アウデージ | 排出量；预留容积 |
| **ortcome** | 產量；排出口 | 結果 | 产量；排出口 |
| ─ function | 結果函數 | 成果関数 | 结果函数 |
| **outconnector** | 外接符 | 出結合子 | 外接符；改接符 |
| **ortcrop** | 露頭 | 露頭 | 露头；露出 |
| **outdiffusion** | 向外擴散 | 外方拡散 | 向外扩散 |

| 英　　文 | 臺　　灣 | 日　　文 | 大　　陸 |
|---|---|---|---|
| ― method | 向外擴散法 | 外部拡散法 | 向外扩散法 |
| **outdoor** aging | 室外老化 | 屋外老化 | 室外老化 |
| ― arrester | 室外避雷器 | 屋外避雷器 | 室外避雷器 |
| ― boiler | 露天鍋爐 | 屋外ボイラ | 露天锅炉 |
| ― condition | 室外條件 | 外気条件 | 外气条件;室外条件 |
| ― exposure test | 全天候性試驗 | 屋外暴露試験 | 全天候性试验 |
| ― lighting | 室外照明 | 屋外照明 | 室外照明 |
| ― location | 室外安裝 | 屋外取付け | 室外安装;室外场地 |
| ― piping | 室外布管;室外管道 | 屋外配管 | 室外布管;室外管道 |
| ― protection | 室外保護 | 屋外保護 | 室外保护 |
| ― sign | 室外標誌〔廣告〕照明 | 屋外サイン | 室外标志〔广告〕照明 |
| ― wiring | 室外布線 | 屋外配線 | 室外布线 |
| **outer** area | 外面積 | 外面積 | 外面积 |
| ― bauquette | 外護坡道〔堤〕 | 表小段 | 外护坡道〔堤〕 |
| ― bearing | 外側軸承 | アウタベヤリング | 外侧轴承 |
| ― bottom | 外底 | 外底 | 外底 |
| ― brush | 外電刷 | アウタブラッシ | 外电刷 |
| ― capacity | 外容量 | 外容量 | 外容量 |
| ― casing | 外殼;容器;外汽缸 | 外部ケーシング | 外壳;容器;外汽缸 |
| ― cone | （火焰的）外層;外錐 | 外部フレーム | （火焰的）外层;外锥 |
| ― cover | 蒙皮 | 外皮 | 蒙皮 |
| ― diameter | 外徑 | 外径 | 外径 |
| ― dimension | 外直徑尺寸 | 外のり寸法 | 外直径尺寸 |
| ― driver | 外部傳動裝置 | アウタドライバ | 外部传动装置 |
| ― flame | 外層焰 | 外炎 | 外层焰 |
| ― hull | 外殼 | 外殼 | 外壳 |
| ― packaging | 外包裝 | 外装 | 外包装 |
| ― periphery | 周邊;外圍 | 外周 | 周边;外围 |
| ― rail | 外軌 | アウタレール | 外轨 |
| ― ring | 外圈;外環 | アウタリング | 外圈;外环 |
| ― ring flange | （帶凸緣軸承的）凸緣 | フランジ | （带凸缘轴承的）凸缘 |
| ― rotor | 外轉子;外葉輪 | アウタロータ | 外转子;外叶轮 |
| ― shaft | 外側軸 | 外側軸 | 外侧轴 |
| ― shape | 外形 | 外形 | 外形 |
| ― sheet | 外層片 | 外層シート | 外层片 |
| ― shoe | 外支塊〔托板〕 | アウタシュー | 外支块〔托板〕 |
| ― skin | 表皮;外殼;模板 | 表板 | 表皮;外壳;模板 |
| ― slide | 外滑塊 | アウタスライド | 外滑块 |
| ― spring | 外彈簧 | アウタスプリング | 外弹簧 |
| ― strake | 搭接外列板 | 外層板 | 搭接外列板 |

| 英　　　文 | 臺　　　灣 | 日　　　文 | 大　　　陸 |
|---|---|---|---|
| ― surface | 外層;表面層 | 外面 | 外层;表面层 |
| ― volume | 外(部)體積 | 外部体積 | 外(部)体积 |
| **outer-product** | 外積;向積;向量積 | 外積 | 外积;矢积;向量积 |
| **outer-shell** | 外殼層 | 外殼 | 外壳层 |
| **outfall** | 排出口 | 吐き口 | 排出口 |
| **outfit** | 裝備 | アウトフィット | 装备 |
| **outflow** | 流出量 | アウトフロー | 流出量;流出(物) |
| **outgrowth** | 副產物 | 自然産物 | 副产物;增生产品 |
| **outlet** | 引線;輸出端 | アウトレット | 引线;输出端;排泄管 |
| ― air angle | 空氣出口角 | 空気出口角 | 空气出口角 |
| ― air pipe | 排氣管 | 出口気管 | 排气管 |
| ― bend | 出口彎管 | 吐出しベンド | 出口弯管 |
| ― box | 配線盒;出線盒 | アウトレットボックス | 配线盒;出线盒 |
| ― casing | 排氣缸 | 吐出しケーシング | 排气缸 |
| ― cock | 出口旋塞 | 送出しコック | 出口旋塞 |
| ― conduit | 排水(管)道 | 放水管（路） | 排水(管)道 |
| ― connector | 出口接頭 | 出口ユニオン | 出口接头 |
| ― gas pressure | 排氣壓力 | 出口ガス圧力 | 排气压力 |
| ― joint | 出口接頭 | アウトレット継手 | 出口接头 |
| ― pipe | 出口管;排出管 | 出口管 | 出口管;排出管 |
| ― plate | 出口端平台 | 出口プレート | 出口端平台 |
| ― port | 排出口〔孔〕 | 出口ポート | 排出口〔孔〕 |
| ― pressure | 出口壓力 | 出口圧力 | 出口压力 |
| ― safery valve | 出口安全閥 | アウトレット安全弁 | 出口安全阀 |
| ― sluice | 排水閘 | 流出水門 | 排水闸 |
| ― structure | 排放設備 | 放流設備 | 排放设备 |
| ― tube | 排出管 | 排出管 | 排出管 |
| ― valve | 出口閥;排放閥 | 出口弁 | 出口阀;排放阀 |
| ― valve-cone | 出口閥心 | 出口弁心 | 出口阀心 |
| ― works | 排放設施 | 放流設備 | 排放设施 |
| **outline** | 略圖;外形(線);輪廓 | アウトライン | 略图;外形(线);轮廓 |
| ― design | 初步設計 | アウトラインデザイン | 初步设计 |
| ― drawing | 輪廓圖;外形圖 | 輪郭図 | 轮廓图;外形图 |
| ― flowchart | 簡略流程圖 | 概略流れ図 | 简略流程图 |
| ― map | 略圖;輪廓圖 | アウトライン図 | 略图;轮廓图 |
| **ort-of-line** | 超行;超線 | アウトオブライン | 超行;超线 |
| **out-of-roundness** | 不圓度;欠圓度 | 欠円度 | 不圆度;欠圆度 |
| **out-of-sphericity** | 真球度;正球度 | 真球度 | 真球度;正球度 |
| **outplane buckling** | 面外挫曲〔翹曲〕 | 面外座屈 | 面外挫曲〔翘曲〕 |
| **output** | 輸出(量);產量 | アウトプット;出力 | 输出(量);产量 |

| 英　　文 | 臺　　灣 | 日　　文 | 大　　陸 |
|---|---|---|---|
| ― area | 輸出緩衝區;輸出範圍 | アウトプットエリア | 输出缓冲区;输出范围 |
| ― assignment | 輸出指定〔分配〕 | 出力割当て | 输出指定〔分配〕 |
| ― break | 輸出中斷 | 出力中断 | 输出中断 |
| ― capacity | 注塑成形能力 | 産出能力 | 注塑成形能力 |
| ― class | 輸出級 | 出力クラス | 输出级 |
| ― coupling | 輸出耦合 | 出力結合 | 输出耦合 |
| ― coupling device | 輸出耦合裝置 | 出力結合装置 | 输出耦合装置 |
| ― decay | 輸出衰減 | 出力減衰（率） | 输出衰减 |
| ― density | 釋能密度;功率密度 | 出力密度 | 释能密度;功率密度 |
| ― device | 輸出設備 | 出力装置 | 输出设备 |
| ― efficiency | 輸出效率 | 出力効率 | 输出效率 |
| ― end | 擠出端 | 押出し端 | 挤出端 |
| ― level | 輸出電平 | 出力レベル | 输出电平 |
| ― line | 輸出線 | 出力ライン | 输出线 |
| ― list | 輸出表〔清單〕 | アウトプットリスト | 输出表〔清单〕 |
| ― load | 輸出負載 | 出力負荷 | 输出负载 |
| ― meter | 輸出測量錶 | アウトプットメータ | 输出测量表 |
| ― module | 輸出模塊 | 出力モジュール | 输出模块 |
| ― neck | 輸出頸 | アウトプットネック | 输出颈 |
| ― order | 輸出指令 | アウトプットオーダ | 输出指令 |
| ― part | 輸出部分 | 出力部 | 输出部分 |
| ― pressure | 輸出壓力 | 出口側圧力 | 输出压力 |
| ― precessing | 輸出處理 | 出力処理 | 输出处理 |
| ― program | 輸出程式 | 出力プログラム | 输出程序 |
| ― punch | 輸出打孔板 | 出力せん孔機 | 输出穿孔板 |
| ― queue | 輸出排隊〔隊列〕 | 出力待ち行列 | 输出排队〔队列〕 |
| ― range | 輸出範圍 | 出力範囲 | 输出范围 |
| ― response | 輸出響應(特性) | 出力応答 | 输出响应(特性) |
| ― routine | 輸出程式 | アウトプットルーチン | 输出程序 |
| ― shaft | 輸出軸 | 出力軸 | 输出轴 |
| ― signal | 輸出信號 | 出力信号 | 输出信号 |
| ― stability | 輸出穩定性 | 出力安定度 | 输出稳定性 |
| ― stream | 輸出流 | 出力の流れ | 输出流 |
| ― table | 輸出（圖）表 | 出力表 | 输出(图)表;输出台 |
| ― terminal | 輸出端 | 出力端子 | 输出端 |
| ― torque | 輸出扭矩 | 出力トルク | 输出扭矩 |
| ― unit | 輸出裝置;輸出元件 | 出力装置 | 输出装置;输出部件 |
| ― work queue | 輸出（工作）排隊 | 出力作業待ち行列 | 输出(工作)排队 |
| **outreach** | 極限伸距;起重機臂 | アウトリーチ | 极限伸距;起重机臂 |
| **outrigger** | 外伸叉架〔托梁〕 | アウトリガ | 外伸叉架〔托梁〕 |

| 英　　文 | 臺　　灣 | 日　　文 | 大　　陸 |
|---|---|---|---|
| ─ scaffold | 挑出腳手架 | はね出し足場 | 挑出脚手架 |
| **outside** | 外部(的);外側(的) | アウトサイド | 外部(的);外側(的) |
| ─ air | 新鮮空氣;外界空氣 | 外気 | 新鮮空气;外界空气 |
| ─ angle | 外角;凸角 | 出隅 | 外角;凸角 |
| ─ axle box | 外軸箱 | 外軸箱 | 外軸箱 |
| ─ calipers | 外卡鉗〔規〕 | 外パス | 外卡钳〔规〕 |
| ─ chaser | 外螺紋梳刀 | アウトサイドチェーザ | 外螺纹梳刀 |
| ─ corner | 外角;凸角 | 出隅 | 外角;凸角 |
| ─ crank | 外曲柄 | アウトサイドクランク | 外曲柄 |
| ─ curling die | 外緣卷邊模 | 外側カーリング型 | 外缘卷边模 |
| ─ cylinder | 外(側)氣缸 | 外シリンダ | 外(側)气缸 |
| ─ diameter | 外徑 | 外径 | 外径 |
| ─ dimension | 外側尺寸 | 外法 | 外包〔側〕尺寸 |
| ─ face | 表面 | 外面 | 表面 |
| ─ lap | 表面拋光 | 外側ラップ | 外馀面;表面拋光 |
| ─ layer | 外層 | 外層 | 外层 |
| ─ mandrel | 外部心軸 | 外部マンドレル | 外部心轴 |
| ─ micrometer | 外徑分厘卡 | 外マイクロメータ | 外径千分尺 |
| ─ pedestal | 外軸承座 | 外側軸受 | 外軸承座 |
| ─ plate | 外板;罩板 | 外板 | 外板;罩板 |
| ─ seam | 外縫 | 外側シーム | 外缝 |
| ─ sizing | 外部尺寸額定值 | 外径規制 | 外部尺寸額定值 |
| ─ turning method | 外圓車削法 | 外周削り法 | 外圆车削法 |
| ─ view | 外形圖 | 外形図 | 外形图;外观图 |
| **outstanding leg** | (角鋼等的)突出肢 | 突出脚 | (角钢等的)突出肢 |
| **out-to-out** | 外廓尺寸;全長 | 最大寸法 | 外廓尺寸;全长;全宽 |
| **outturn** | 產量 | 生産高 | 产量 |
| **outward** | 外表;外形;向外的 | アウトウォード | 外表;外形;向外的 |
| ─ flange | 外凸緣 | 外向きフランジ | 外凸缘 |
| ─ heeling | 外傾 | 外方傾斜 | 外倾 |
| **oval** | 橢圓形 | 卵形線 | 卵形线(的);椭圆形 |
| ─ cam | 橢圓形凸輪 | オーバルカム | 椭圆形凸轮 |
| ─ chain | 橢圓形鏈條 | オーバルチェーン | 椭圆形链条 |
| ─ characteristic | 橢圓特性 | だ円特性 | 椭圆特性 |
| ─ cup | 橢圓形杯;橢圓形容器 | 卵形容器 | 椭圆形杯;椭圆形容器 |
| ─ cylinder | 橢圓形缸 | オーバルシリンダ | 椭圆形缸;卵形缸 |
| ─ die | 橢圓型模 | だ円ダイス | 椭圆型模 |
| ─ file | 橢圓銼 | 両甲丸やすり | 椭圆锉 |
| ─ flange | 橢圓凸緣 | だ円フランジ | 椭圆凸缘 |
| ─ flat-head screw | 扁圓頭螺釘 | 丸平小ねじ | 扁圆头螺钉 |

| 英　　文 | 臺　　灣 | 日　　文 | 大　　陸 |
|---|---|---|---|
| — gear flowmeter | 橢圓齒輪式流量計 | オーバル歯車流量計 | 椭圆齿轮式流量计 |
| — head screw | 扁圓頭螺釘 | オーバル頭ねじ | 扁圆头螺钉 |
| — lathe | 橢圓車床 | だ円旋盤 | 椭圆车床 |
| — neck | 橢圓形軸頸 | こぶ付き連結部 | 椭圆形轴颈 |
| — scale | 橢圓尺 | はまぐり尺 | 椭圆尺 |
| — section | 橢圓面〔截面〕 | だ円形断面 | 椭圆面〔截面〕 |
| — shape | 橢圓形 | 小判胴形 | 椭圆形 |
| — valve diagram | 橢圓閥動圖 | だ円弁線図 | 椭圆阀动图 |
| ovality | 橢圓度〔率〕 | 長円度 | 椭圆度〔率〕 |
| ovalization | 橢圓化 | だ円化 | 椭圆化 |
| ovaloid | 卵形面 | 卵形面 | 卵形面 |
| oven | 爐;烘爐〔箱〕 | オーブン | 炉;烘炉〔箱〕 |
| — cure | 烘爐硫化;爐內固化 | 炉内養生 | 烘炉硫化;炉内固化 |
| — dryer | 乾燥爐〔箱〕 | オーブン乾燥器 | 乾燥炉〔箱〕 |
| — drying | 烘(箱)乾(燥) | オーブン乾燥 | 烘(箱)乾(燥) |
| — fusion | 爐溫熔合 | オーブン融合 | 炉温熔合 |
| — gas | 焦(炭)爐氣 | コークス炉ガス | 焦(炭)炉气 |
| — heat | 爐(加)熱 | 炉熱 | 炉(加)热 |
| ovenstone | 耐火石 | 耐火石 | 耐火石 |
| over aging | 過(度)老化 | 過時効 | 过(度)老化 |
| — carburizing | 過滲碳 | 過剰浸炭 | 过渗碳 |
| — control | 超調現象 | 過制御現象 | 超调现象 |
| — etch | 過量腐蝕 | オーバエッチ | 过量腐蚀 |
| — packing | 多餘包裝 | オーバパッキング | 多馀包装;过量填充 |
| — press | 過壓 | オーバプレス | 过压 |
| — protector | 過載保護器 | 過負荷防止装置 | 过载保护器 |
| — rev | 超速運轉 | オーバレブ | 超速运转 |
| — shipment | 超運;超載 | 過剰出荷 | 超运;超载 |
| — top-gear | 超過速齒輪 | オーバトップキヤー | 超过速齿轮 |
| overall accuracy | 總準確度;綜合精度 | 総合精度 | 总准确度;综合精度 |
| — approximation | 全域近似法 | 全域近似法 | 全域近似法 |
| — capacity | 總能力;綜合能力 | 全能力 | 总能力;综合能力 |
| — charactiristic | 總特性 | 総合特性 | 总特性 |
| — coefficient | 總合係數 | 総合係数 | 总合系数 |
| — composition | 總成分 | 総成分 | 总成分 |
| — density | 總密度 | 総合密度 | 总密度 |
| — efficiency | 總效率;綜合效率 | オーバオール効率 | 总效率;综合效率 |
| — error | 總誤差 | 総合誤差 | 总误差 |
| — gain | 總增益 | 総合利得 | 总增益 |
| — height | 全高;總高 | オーバオールハイト | 全高;总高 |

809

| 英　文 | 臺　灣 | 日　文 | 大　陸 |
|---|---|---|---|
| ― length | 全長;總長 | オーバオールレングス | 全长;总长 |
| ― load | 總負載 | 綜合負荷 | 总负荷〔载〕 |
| ― loss | 總損耗 | 総合損失 | 总损耗 |
| ― pressure ratio | 總壓力比 | 総圧力比 | 总压力比 |
| ― quality | 綜合質量〔品質〕 | 総合品質 | 综合质量〔品质〕 |
| ― reaction | 總反應 | 全反応 | 总反应 |
| ― shrinkage | 總收縮量 | 全収縮 | 总收缩量 |
| ― strength | 總合強度;總強度 | 総合強度 | 总合强度;总强度 |
| ― structure | 整體結構 | オーバオール構造 | 整体结构 |
| ― weight | 總重量 | 総重量 | 总重量 |
| **overarm** | 懸臂 | 上腕 | 横杆;悬臂 |
| ― brace | 橫梁支架〔臥銑〕 | 上腕ブレース | 横梁支架〔卧铣〕 |
| **overbending** | 過彎〔補償回跳〕 | オーバ曲げ加工 | 过弯〔补偿回跳〕 |
| **overbridge** | 天橋;跨線橋 | 架道橋 | 天桥;跨线桥 |
| **overcharge** | 過載;超裝;過量充電 | オーバチャージ | 过载;超装;过量充电 |
| ― of valves | 閥的過載 | 弁の過負荷 | 阀的过载 |
| **overcompaction** | 過壓實〔縮〕 | 締固め過ぎ | 过压实〔缩〕 |
| **overcompensation** | 過補償;補償過度 | 過補償 | 过补偿;补偿过度 |
| **overcoupling** | 過耦合 | 過結合 | 过耦合 |
| **overcrushing** | 過度粉碎 | 過砕 | 过度粉碎 |
| **overcure** | 固化過度;過硫化 | 過硬化 | 固化过度;过硫化 |
| **overcurrent** | 過(量)電流;過載電流 | 過電流 | 过(量)电流;过载电流 |
| ― breaker | 過載斷流器 | 過電流遮断機 | 过载断流器 |
| **overdamping** | 過阻尼;過度衰減 | オーバダンピング | 过阻尼;过度衰减 |
| **overdischarge** | 過放電 | オーバディスチャージ | 过放电 |
| **overdraft** | 軋件上彎 | 圧延反り | 轧件上弯 |
| **overdrive** | 超速傳動〔行駛〕 | オーバドライブ | 超速传动〔行驶〕 |
| ― gear | 超速(傳動)齒輪 | 増速歯車 | 超速(传动)齿轮 |
| **overfeed(ing)** | 供給過剩;供料過量 | オーバフィード | 供给过剩;供料过量 |
| **overfill** | 過量填注;毛邊 | オーバフィル | 过量填注;毛边 |
| **overflash** | 閃絡;飛弧 | オーバフラッシュ | 闪络;飞弧 |
| **overflow** | 溢流;溢出 | オーバフロー | 溢流;溢出 |
| ― area | 溢出區 | あふれ域 | 溢出区 |
| ― chain | 溢出鏈 | オーバフローチェーン | 溢出链 |
| ― channel | 溢流口;出氣口 | 揚り | 溢流口;出气口 |
| ― cock | 溢流龍頭;溢流栓 | あふれコック | 溢流龙头;溢流栓 |
| ― condition | 溢出條件 | オーバフロー条件 | 溢出条件 |
| ― hole | 溢流孔 | オーバフロー口 | 溢流孔 |
| ― mold | 溢流模 | 流出型 | 溢流模 |
| ― pipe | 越流管;溢流管 | オーバフロー管 | 越流管;溢流管 |

| 英 文 | 臺 灣 | 日 文 | 大 陸 |
|---|---|---|---|
| — position | 溢出位 | あふれ用のけた | 溢出位 |
| — spillway | 溢流泄水道 | 越流余水路 | 溢流泄水道 |
| — tank | 溢流槽 | オーバフロータンク | 溢流槽 |
| — type | 溢流式 | 越流式 | 溢流式 |
| — valve | 溢流閥 | あふれ弁 | 溢流阀 |
| **overfocus** | 過焦(點) | オーバフォーカス | 过焦(点) |
| **overhang** | 懸垂(物);伸出(物) | 張出し | 悬垂(物);伸出(物) |
| — door | 吊門 | 釣り戸 | 吊门 |
| — press | 懸臂式沖床 | C形ギャッププレス | 悬臂式压力机 |
| — wheel | 外伸輪 | オーバハングホイール | 外伸轮 |
| **overhanging** beam | 懸臂梁 | 張出しばり | 悬臂梁;外伸梁 |
| — cutting knife | 外伸切削刀 | 釣り刃 | 外伸切削刀 |
| **overhaul** | 大修;超運 | オーバホール | 大修;超运 |
| — inspection | 分解檢查;拆檢 | 開放検査 | 分解检查;拆检 |
| — life | 大修周期 | オーバホールライフ | 大修周期 |
| — period | 翻修周期 | オーバホール時間限界 | 翻修周期 |
| **overhauled engine** | 翻修過的發動機 | 済み発動機 | 翻修过的发动机 |
| **overhead** | 管理費;輔助操作 | オーバヘット | 管理费;辅助操作 |
| — bin | 高架倉 | オーバヘッドタンク | 高架仓 |
| — camshaft engine | 跨式凸輪軸發動機 | 頭上カム軸機関 | 跨式凸轮轴发动机 |
| — clearance | (橋下)淨空 | 空き高 | (桥下)净空 |
| — conveyer | 高架軌道輸送機 | オーバヘッドコンベヤ | 高架轨道输送机 |
| — crane | 高架起重機;橋式吊車 | オーバヘッドクレーン | 高架起重机;桥式吊车 |
| — crossing | 上跨交叉;立叉 | 高路交さ | 上跨交叉;立叉 |
| — drive press | 上傳動沖床 | 上部駆動式プレス | 上传动压力机 |
| — fillet welding | 仰角銲 | 上向き隅肉溶接 | 仰角焊 |
| — projector OHP | 過頭頂的放映機 | 頭上投映機 | 过头顶的放映机 |
| — system | 架空電網;架空線式 | 天井式 | 架空电网;架空线式 |
| — tank | 高位(水)槽;壓力罐 | 高架タンク | 高位(水)槽;压力罐 |
| — travel(l)er | 橋式吊車;天車 | 天井クレーン | 桥式吊车;天车 |
| — valve | 頂閥 | 頭弁 | 顶阀 |
| — welding | 仰銲 | 上向き溶接 | 仰焊 |
| — wire | 架空電線 | 架空電線 | 架空电线 |
| **overhearing** | 串音;偶而聽到 | オーバヒアリング | 串音;偶而听到 |
| **overheat** | 過熱 | オーバヒート | 过热 |
| — protection | 過熱保護 | 過熱保護 | 过热保护 |
| — switch | 熱繼電器;過熱開關 | オーバヒートスイッチ | 热继电器;过热开关 |
| — zone | 過熱區 | オーバヒートゾーン | 过热区 |
| **overheated steel** | 過燒鋼 | 焼過ぎ鋼 | 过烧钢 |
| — structure | 過熱組織 | 過熱組織 | 过热组织 |

| 英　文 | 臺　灣 | 日　文 | 大　陸 |
|---|---|---|---|
| **overheater** | 過熱器〔爐〕 | 過熱器 | 过热器〔炉〕 |
| **overlaid wood** | 貼面膠合板 | オーバレイド合板 | 贴面胶合板 |
| **overlap** | 重疊 | 縦の重複部分 | 重叠 |
| — action | 重疊動作 | 重複動作 | 重叠动作 |
| — angle | 重疊繞包角 | 重なり角 | 重叠绕包角 |
| — joint | 搭接 | オーバラップ継手 | 搭接 |
| — of route | 路線重疊 | 路線の重複 | 路线重叠 |
| **overlapping** angle | 重疊角 | 重なり角 | 重叠角 |
| — contact | 搭接點;重疊接點 | オーバラップ接点 | 搭接点;重叠接点 |
| — sublist | 重複子表 | 重複部分リスト | 重复子表 |
| **overlay** | 表層;(照片)輪廓紙 | オーバレイ | 表层;(照片)轮廓纸 |
| — area | 覆蓋區 | オーバレイエリア | 覆盖区 |
| — clad | 堆銲覆層 | 肉盛りクラッド | 堆焊覆层 |
| — material | 塗層材料 | オーバレイ材料 | 涂层材料 |
| — segment | 重疊段;覆蓋段 | オーバレイセグメント | 重叠段;覆盖段 |
| — structure | 重疊結構 | オーバレイ構造 | 重叠结构 |
| — welding | 堆銲 | 肉盛り溶接 | 堆焊 |
| **overload** | 過載;超載 | 過負荷 | 过载;超载 |
| — alarm | 超載報警裝置 | 過負荷警報装置 | 超载报警装置 |
| — capacity | 過載能力;超載量 | 過負荷容量 | 过载能力;超载量 |
| — circuit breaker | 過載斷路器 | 過負荷遮断器 | 过载断路器 |
| — current | 過載電流 | 過電流 | 过载电流 |
| — limiter | 過載限制裝置 | オーバロードリミッタ | 过载限制装置 |
| — monitor | 過載監控 | 過負荷監視器 | 过载监控 |
| — protection | 過載保護 | 過負荷防止 | 过载保护 |
| — protector | 過載保險裝置 | 過負荷安全装置 | 过载保险装置 |
| — running | 過載運轉 | 過負荷運転 | 过载运转 |
| — simulator | 過載模擬器 | 過負荷シミュレータ | 过载模拟器 |
| — stud | 過載安全銷;過載螺栓 | オーバロードスタッド | 过载安全销;过载螺栓 |
| — test | 超載試驗 | 過負荷試験 | 超载试验 |
| — trip device | 過載跳閘裝置 | 超載脱開装置 | 过载跳闸装置 |
| — valve | 超負載調節閥 | 過負荷弁 | 超负荷调节阀 |
| — wear | 超載磨損 | 過負荷磨損 | 超载磨损 |
| **overlock machine** | 鎖縫機;拷邊機 | かがり縫いミシン | 锁缝机;拷边机 |
| **overmask** | 蝕透 | 食込み | 蚀透 |
| **overpolishing** | 超級磨光 | 磨き過ぎ | 超级磨光 |
| **overpower** | 過功率 | オーバパワー | 过功率 |
| — protection | 過載保護 | 過電力保護 | 过载保护 |
| **overpressure** | 超過壓力;過壓 | オーバプレッシャー | 超过压力;过压 |
| **overpunching** | 三行區打孔;附加打孔 | オーバパンチング | 三行区穿孔;附加穿孔 |

| 英　　文 | 臺　　灣 | 日　　文 | 大　　陸 |
|---|---|---|---|
| overreduced steel | 過脫氧鋼 | 過脫酸鋼 | 过脱氧钢 |
| overrelaxation | 超鬆弛;過度修正 | 過剰緩和 | 超松弛;过度修正 |
| — method | 超鬆弛法 | 過緩和法 | 超松弛法 |
| override | 超過;過載;不考慮 | オーバライド | 超过;过载;不考虑 |
| — control | 超馳控制 | オーバライド制御 | 超驰控制 |
| — pressure | 超載壓力 | オーバライド圧力 | 超载压力 |
| overrun | 越程;超過;溢流 | オーバラン | 越程;超过;溢流 |
| — coupling | 超速聯軸節 | オーバランカップリング | 超速联轴节 |
| — detector | 超越檢測器 | オーバランデテクタ | 超越检测器 |
| — error | 超越誤差 | オーバランエラー | 超越误差 |
| oversaturation | 過飽和 | 過飽和 | 过饱和 |
| overshoot | 過輻射 | 行過ぎ量 | 过辐射;励作过度 |
| overshot wheel | 上射水輪機 | 上掛け上車 | 上射水轮机 |
| oversize | 超差;篩上(物)料 | 過大寸法 | 超差;筛上(物)料 |
| — grain | 粗大顆粒 | 粗大粒子 | 粗大颗粒 |
| — particle | 過大顆粒 | ふるい上 | 过大颗粒 |
| overspeed | 超速 | 超過速度 | 超速 |
| — governor | 超速調速機 | 非常調速機 | 超速调速机 |
| — limit | 超速限度 | 超過速度限界 | 超速限度 |
| — limiter | 限速裝置 | 速度制限装置 | 限速装置 |
| — protection | 超速保護 | 過速度保護 | 超速保护 |
| — protective device | 過速防護裝置 | 超速保安装置 | 过速防护装置 |
| — relay | 過速繼電器 | 過速度リレー | 过速继电器 |
| — switch | 超速開關 | 過速度スイッチ | 超速开关 |
| — test | 超速試驗 | 超過速度試験 | 超速试验 |
| — valve | 超速閥 | 超速弁 | 超速阀 |
| oversteer | 過度轉向 | オーバステア | 过度转向 |
| overstrain | 過度應變;殘餘應變 | オーバストレーン | 过度应变;残馀应变 |
| overstress(ing) | 超限應力 | 過大応力 | 超限应力 |
| — failure | 過應力故障 | 超過ストレス故障 | 过应力故障 |
| overthrust | 上衝斷層;仰衝斷層 | 押しかぶせ断層 | 上冲断层;仰冲断层 |
| overtone | 泛音;諧音 | オーバトーン | 泛音;谐音 |
| overtravel | 過調;再調整 | オーバトラベル | 过调;再调整 |
| — protection | 過調保護 | 行過ぎ保護 | 过调保护 |
| overtrimming | 過微調 | オーバトリミング | 过微调 |
| overturning moment | 傾覆力矩 | 転覆モーメント | 倾覆力矩 |
| — stability | 防傾覆性能 | 転覆安全性 | 防倾覆性能 |
| overview | 觀察;綜述 | オーバビュー | 观察;综述 |
| overweight | 超過重量;過重;超重 | 超過重量 | 超过重量;过重;超重 |
| overwrap | 外包裝 | オーバラップ | 外包装 |

| 英　　　文 | 臺　　　灣 | 日　　　文 | 大　　　陸 |
|---|---|---|---|
| **ovoid** | 卵形體 | 卵形体 | 卵形体 |
| **ovolo** | (建築物)圓凸形線腳 | 卵状くり形 | (建筑物)圓凸形线脚 |
| **owner** | 所有者;建築業主 | オーナ | 所有者;建筑业主 |
| **ownership right** | 所有權 | 所有権 | 所有权 |
| **Oxford** | 牛津大學 | オックスフォード | 牛津大学 |
| **oxidability** | 可氧化性 | 酸化可能性 | 可氧化性 |
| **oxidant** | 氧化劑 | 酸化剤 | 氧化剂 |
| ― analyzer | 氧化劑分析器 | オキシダント計 | 氧化剂分析器 |
| ― inhibitor | 氧化抑止劑 | 酸化防止剤 | 氧化抑止剂 |
| **oxidation** | 氧化(作用) | 酸化 | 氧化(作用) |
| ― agent | 氧化劑 | 酸化剤 | 氧化剂 |
| ― decomposing | 氧化分解 | 酸化分解 | 氧化分解 |
| ― ditch | 循環水溝曝氣法 | 酸化溝 | 循环水沟曝气法 |
| ― film treating | 氧化膜處理 | 酸化皮膜処理 | 氧化膜处理 |
| ― flame | 氧化焰 | 酸化フレーム | 氧化焰 |
| ― inhibited oil | 氧化抑制油 | 酸化抑制オイル | 氧化抑制油 |
| ― inhibitor | 氧化抑制劑 | 酸化防止剤 | 氧化抑制剂 |
| ― loss | 氧化損失 | 酸化損失 | 氧化损失 |
| ― magnet | 氧化磁鐵 | 酸化金属磁石 | 氧化磁铁 |
| ― reaction | 氧化反應 | 酸化反応 | 氧化反应 |
| ― treatment | 氧化處理 | 酸化処理 | 氧化处理 |
| **oxidative aging** | 氧(化性)老化 | 酸化老化 | 氧(化性)老化 |
| ― attack | 氧化侵蝕 | 酸化浸食 | 氧化侵蚀 |
| ― catalyst | 氧化催化劑 | 酸化触媒 | 氧化催化剂 |
| ― effect | 氧化作用 | 酸化作用 | 氧化作用 |
| ― scission | 氧化裂斷 | 酸化分断 | 氧化裂断 |
| **oxide** | 氧化物 | オキサイド | 氧化物 |
| ― cathode | 氧化物陰極 | オキサイドカソード | 氧化物阴极 |
| ― coating | 氧化物覆膜法 | 酸化物被覆法 | 氧化物覆膜法 |
| ― filament | 氧化物燈絲 | 酸化物フィラメント | 氧化物灯丝 |
| ― film | 氧化膜 | 酸化物皮膜 | 氧化膜 |
| ― film treatment | 氧化膜處理法 | 酸化被膜法 | 氧化膜处理法 |
| ― fuel | 氧化物燃料 | 酸化物燃料 | 氧化物燃料 |
| ― ion | 氧化物離子 | オキサイドイオン | 氧化物离子 |
| ― material | 氧化物材料 | 酸化物材料 | 氧化物材料 |
| ― print | 氧印法 | オキサイドプリント | 氧印法 |
| ― tool | 陶瓷刀具 | オキサイドツール | 陶瓷刀具;氧化物刀具 |
| ― zone | 氧化帶(層) | 酸化帯(層) | 氧化带(层) |
| **oxidized** form | 氧化狀態 | 酸化形 | 氧化状态 |
| ― oil | 氧化油 | 吹込み油 | 氧化油 |

| 英　　文 | 臺　　灣 | 日　　文 | 大　　陸 |
|---|---|---|---|
| oxidizer | 氧化劑 | オキサダイザ | 氧化剂 |
| oxidizing acid | 氧化(性)酸 | 酸化 (性) 酸 | 氧化(性)酸 |
| — agent | 氧化劑 | 酸化剤 | 氧化剂 |
| — chamber | 氧化室 | 酸化槽 | 氧化室 |
| — condition | 氧化條件 | 酸化性条件 | 氧化条件 |
| — flux | 氧化銲劑 | 酸化フラックス | 氧化焊剂 |
| — intensity | 氧化強度 | 酸化強度 | 氧化强度 |
| — melting | 氧化熔煉 | 酸化溶解 | 氧化熔炼 |
| — refining | 氧化精煉;沸騰精煉 | 酸化精錬 | 氧化精炼;沸腾精炼 |
| — roasting | 氧化焙燒 | 酸化ばい焼 | 氧化焙烧 |
| — slag | 氧化(爐)渣 | 酸化性スラグ | 氧化(炉)渣 |
| — smelting | 氧化熔煉 | 酸化よう錬 | 氧化熔炼 |
| — substance | 氧化性物質 | 酸化性物質 | 氧化性物质 |
| oxone | 發氧方 | オクソン | 发氧方 |
| oxy-acetylene welding | 氧-乙炔銲;氣銲 | 酸素アセチレン溶接 | 氧-乙炔焊;气焊 |
| oxyarc cutting | 氧-電弧切割 | 酸素アーク切断 | 氧-电弧切割 |
| oxydation | 氧化(作用) | 酸化 | 氧化(作用) |
| oxydol | 雙氧水 | オキシドール | 双氧水 |
| oxi-ferrite | 含氧鐵素體 | オキシフェライト | 含氧铁素体 |
| oxyful | 雙氧水 | オキシフル | 双氧水 |
| oxygen,O | 氧;氧氣 | 酸素 | 氧;氧气 |
| — absorbent | 吸氧劑 | 酸素吸収剤 | 吸氧剂 |
| — analyzer | 氧分析器 | 酸素濃度計 | 氧分析器 |
| — arc cutting | 氧弧切割 | 酸素アーク切断 | 氧弧切割 |
| — atom | 氧原子 | 酸素原子 | 氧原子 |
| — bleaching | 氧漂白 | 酸素漂白 | 氧漂白 |
| — bottle | 氧氣瓶 | 酸素びん | 氧气瓶 |
| — consumed | 氧氣消耗量 | 酸素消費量 | 氧气消耗量 |
| — cutting | 氧化切割;氣割 | 酸素切断 | 氧化切割;气割 |
| — cylinder | 氧氣瓶〔筒〕 | 酸素容器 | 氧气瓶〔筒〕 |
| — gas | 氧氣 | 酸素ガス | 氧气 |
| — gasification | 氧氣化 | 酸素ガス化 | 氧气化 |
| — -hydrogen cell | 氫氧電池 | 水素酸素電池 | 氢氧电池 |
| — index | 氧指數 | 酸素指数 | 氧指数 |
| — lance | 氧氣切割炬 | 酸素やり | 氧气割炬;氧矛 |
| — lance cutting | 氧氣切割 | 酸素やり切断 | 氧矛切割 |
| — mask | 氧氣面具 | 酸素マスク | 氧气面具 |
| — permeability | 氧滲透率〔性〕 | 酸素透過度 | 氧渗透率〔性〕 |
| — purity | 氧氣純度 | 酸素純度 | 氧气纯度 |
| — sensor | 測氧器 | 酸素センサ | 测氧器 |

| 英　　文 | 臺　　灣 | 日　　文 | 大　　陸 |
|---|---|---|---|
| — steel | 氧氣頂吹轉爐鋼 | 酸素転炉鋼 | 氧气顶吹转炉钢 |
| — value | 氧值 | 酸素価 | 氧值 |
| — welding | 氧銲(接);氣銲 | 酸素溶接 | 氧焊(接);气焊 |
| **oxygenant** | 氧化劑 | オキシジェナント | 氧化剂 |
| **oxygenating** | 充氧;氧化;氧氣處理 | 酸素添加 | 充氧;氧化;氧气处理 |
| **oxygenation** | 充氧(作用) | オキシゲネーション | 充氧(作用) |
| **oxygenizement** | 充氧(作用) | 酸素添加 | 充氧(作用);氧气处理 |
| **oxygon(e)** | 銳角三角形 | オキシゴン | 锐角三角形 |
| **oxyhydrogen** | 氫氧氣 | オキシヒドロジェン | 氢氧气 |
| — blowpipe | 氫氧吹管 | 酸水素吹管 | 氢氧吹管 |
| — flame | 氫氧焰 | 酸水素炎 | 氢氧焰 |
| — light | 氫氧(碳)光 | 石灰光 | 氢氧(碳)光 |
| — welding | 氫氧(焰)銲(接) | 酸水素溶接 | 氢氧(焰)焊(接) |
| **oxyluminescence** | 氧化發光 | 酸素発光 | 氧化发光 |
| **oxymeter** | 量氧計 | オキシメータ | 量氧计 |
| **oxypathor** | 氧解毒器;氧治療器 | 酸解毒器 | 氧解毒器;氧治疗器 |
| **oxypathy** | 酸中毒 | 酸中毒 | 酸中毒 |
| **oxypropane cutting** | 氧丙烷切割 | 酸素プロパン切断 | 氧丙烷切割 |
| **oxysome** | 氧化體 | オキシソーム | 氧化体;嗜酸体 |
| **oxy-spear cutting** | 氧矛切割 | 酸素やり切断 | 氧矛切割 |
| **oxytropism** | 向氧性 | 向酸素性 | 向氧性 |
| **ozonator** | 臭氧化器 | オゾネータ | 臭氧化器 |
| **ozone** | 臭氧 | オゾン | 臭氧 |
| — absorption | 臭氧吸收 | オゾン吸取 | 臭氧吸收 |
| — attack | 臭氧侵蝕 | オゾン攻撃 | 臭氧侵蚀 |
| — belaching | 臭氧漂白 | オゾン漂白 | 臭氧漂白 |
| — crack | 臭氧龜裂 | オゾンクラック | 臭氧龟裂 |
| — treatment | 臭氧處理 | オゾン処理 | 臭氧处理 |
| **ozonidation** | 臭氧化(作用) | オゾン化物生成 | 臭氧化(作用) |
| **ozonide** | 臭氧化物 | オゾニド | 臭氧化物 |
| **ozonization** | 臭氧處理 | オゾン処理 | 臭氧处理 |
| — plant | 臭氧處理裝置 | オゾン処理装置 | 臭氧处理装置 |
| — process | 臭氧化法 | オゾン酸化法 | 臭氧化法 |
| **ozonizer** | 臭氧發生器 | オゾナイザ | 臭氧发生器 |
| **ozonolysis** | 臭氧分解 | オゾン分解 | 臭氧分解 |
| **ozonosphere** | 臭氧層 | オゾン層 | 臭氧层 |

| 英　　文 | 臺　　灣 | 日　　文 | 大　　陸 |
|---|---|---|---|
| **P action** | 比例動作 | 比例動作 | 比例动作 |
| **P cock** | 小旋塞 | P コック | 小旋塞;排气阀;油门 |
| **P-type channel** | P(形)溝道 | P 形チャネル | P(形)沟道 |
| **PA key** | 程式注意鍵 | PA キー | 程序注意键 |
| **PAB connection** | (液壓閥的)PAB接通 | PAB 接続 | (液压阀的)PAB接通 |
| **pace** | 步測 | ペース | 步測;梯台 |
| — rating | 步距評估;速度定額 | ペース評定 | 步距评估;速度定额 |
| **pachimeter** | 測重機 | 重ひょう量機 | 测重机 |
| **pacing** | 定速〔步〕 | ペーシング | 定速〔步〕;整速 |
| **pack** | 背包;捆包 | パック | 背包;捆包 |
| — annealing | 堆疊退火 | 箱なまし | 堆叠退火 |
| — carburizing | 固體滲碳 | 固体浸炭 | 固体渗碳 |
| — fong | 一種方鋅白銅 | パックフォング | 帕克方锌白铜 |
| — heat treatment | 包裝熱處理 | パック熱処理 | 包装热处理 |
| **package** | 封裝(電路) | パッケージ | 封装(电路);管壳;包装 |
| — conveyor | 包裝輸送機 | パッケージコンベヤ | 包装输送机 |
| — leak | 管殼漏氣 | パッケージリーク | 管壳漏气 |
| — shell | 封裝外殼 | パッケージシェル | 封装外壳 |
| — trouble | 封裝故障 | パッケージトラブル | 封装故障 |
| **packaged adhesive** | 封裝黏合劑 | 容器入り接着剤 | 封装粘合剂 |
| — boiler | 整〔快〕裝鍋爐 | パッケージボイラ | 整〔快〕装锅炉 |
| — equipment | 小型裝置 | パッケージ形装置 | 小型装置 |
| **packager** | 包裝者 | 包装者 | 包装者 |
| **packaging** | 包裝 | パッケージング | 包装;组装;封装 |
| — density | 組裝密度 | 実装密度 | 组装密度 |
| — industry | 包裝工業 | 包装工業 | 包装工业;包装行业 |
| — machine | 包裝機 | 包装機 | 包装机 |
| — machinery | 包裝機械 | 包装機械 | 包装机械 |
| — material | 包裝材料 | 包装材料 | 包装材料 |
| — sheath | 封裝 | 外装 | 封装;外层覆盖;包装 |
| **packed array** | 合併數組 | 詰込み配列 | 合并数组 |
| — attribute | 壓縮屬性 | パック属性 | 压缩属性 |
| — goods | 包裝貨物 | 包装貨物 | 包装货物 |
| **packer** | 包裝機 | 土ならし | 包装机;压土机 |
| **packet** | 捆;束;郵船 | パケット | 捆;束;邮船;子弹 |
| — control | 包控制 | パケット制御 | 包控制 |
| — transmission | 包傳輸 | パケット伝送 | 包传输 |
| **pack-house** | 倉庫;堆棧;包裝加工廠 | パックハウス | 仓库;堆栈;包装加工厂 |
| **packing** | 迫緊;包裝;填料 | パッキン | 包装;填料;存储 |
| — block | 密封(墊)塊;迫緊塊 | パッキンブロック | 密封(垫)块 |

| 英　　　文 | 臺　　　灣 | 日　　　文 | 大　　　陸 |
|---|---|---|---|
| ― bolt | 密封〔迫緊〕螺栓 | パッキンボルト | 密封螺栓 |
| ― box | 包裝箱 | パッキン箱 | 包裝箱 |
| ― component | 填充成分 | 充てん部分 | 填充成分;填充组分 |
| ― density | 存儲密度 | 充てん密度 | 存儲密度;记录密度 |
| ― flange | 密封(用)凸緣盤 | パッキンフランジ | 密封(用)法兰盘 |
| ― fluid | 密封液 | 遮断液 | 密封液 |
| ― groove | 填料糟 | パッキン溝 | 填料糟 |
| ― hook | 密封圈鉤 | パッキンフック | 密封圈钩 |
| ― layer | 填充層 | 充てん層 | 填充层 |
| ― material | 填充劑〔料〕 | 充てん剤 | 填充剂〔料〕 |
| ― model | 填充模型 | 充てん模型 | 填充模型 |
| ― unt | 密封螺母 | パッキンナット | 密封螺母 |
| ― piece | 迫緊片 | 植え金 | 填密片 |
| ― plate | 墊板 | パッキン詰め板 | 垫板 |
| ― press | 填料壓機 | 充てん材圧縮機 | 填料压机 |
| ― procedure | 填充手續 | 充てん手順 | 填充手续 |
| ― ring | 填密環;墊圈 | パッキンリング | 填密环;垫圈 |
| ― scale | 包裝秤;定量填充機 | パッキンスケール | 包裝秤;定量填充机 |
| ― screw | 襯墊螺旋 | パッキンフック | 衬垫螺旋 |
| ― seal | 填充密封 | パッキンシール | 填充密封 |
| ― sheet | 填密片 | パッキンシート | 填密片 |
| ― sleeve | 圓環軸套〔填料用〕 | パッキン部スリーブ | 圆环轴套〔填料用〕 |
| ― spring | 密封彈簧;填充彈簧 | パッキンスプリング | 密封弹簧;填充弹簧 |
| ― washer | 密封〔迫緊〕墊圈 | パッキンワッシャ | 密封垫圈 |
| **packless** expansion joint | 無密封伸縮接頭 | パックレス伸縮継手 | 无密封伸缩接头 |
| ― seal | 無包紮密封 | 未包装密封 | 无包扎密封 |
| ― valve | 無填料閥;非密封閥 | パックレスバルブ | 无填料阀;非密封阀 |
| **pad** | 緩衝器 | パッド | 缓冲器;发射台;底座 |
| ― bearing | 襯墊軸承;帶油墊軸承 | パッド軸受 | 衬垫轴承;带油垫轴承 |
| ― control | 衰耗器控制;墊整調節 | パッド制御 | 衰耗器控制;垫整调节 |
| ― deluge | 發射台沖水冷却 | パッド散水 | 发射台冲水冷却 |
| ― lubrication | 襯墊潤滑 | パッド注油 | 衬垫润滑 |
| ― roll | 填料輥 | パッドロール | 填料辊 |
| ― stone | 墊石 | はり受け石 | 垫石 |
| ― travel | 墊枕位移 | パッドストローク | 垫枕位移 |
| **padding** | 填塞 | パディング | 填塞;填料 |
| ― curve | 統調(跟蹤)曲線 | パディング曲線 | 统调(跟踪)曲线 |
| ― data | 裝填數據;填料數據 | パディングデータ | 装填数据;填料数据 |
| ― error | 統調(跟蹤)誤差 | パディング誤差 | 统调(跟踪)误差 |
| ― material | 填料 | 詰め物材料 | 填料 |

| 英　　文 | 臺　　灣 | 日　　文 | 大　　陸 |
|---|---|---|---|
| — overlaying | 堆銲;銲縫隆起 | 肉盛り（にくもり） | 堆焊;焊缝隆起 |
| **paddle** aeration tank | 葉輪式曝氣池 | パドル式ばっ気槽 | 叶轮式曝气池 |
| — fan | 徑向直葉風扇 | パドルファン | 径向直叶风扇 |
| — mixer | 螺旋槳式混合機 | かい式混合機 | 桨式混合机 |
| — type mixer | 螺旋槳式混合機 | パドルミキサ | 桨式混合机 |
| — wheel | 明輪;槳輪 | パドルボイール | 明轮;桨轮 |
| — wheel ship | 明輪船 | 外車船 | 明轮船 |
| **padlock** | 荷包鎖;掛鎖 | パドロック | 荷包锁;挂锁 |
| **page** access time | 頁面抓取時間 | ページアクセスタイム | 页面取数时间 |
| — alignment | 頁面調換〔調整〕 | ページ替え | 页面调换〔调整〕 |
| — cord | 捆版線 | くくり系 | 捆版线 |
| — entry | 頁面入口 | ページエントリ | 页面入口 |
| — fix | 頁面固定 | ページ固定化 | 页面固定 |
| — group | 頁組 | ページグループ | 页组 |
| — in | 進頁面 | ページイン | 进页面 |
| — number | 頁碼 | ページ番号 | 页码;页编号 |
| **pageable area** | 可分頁區 | ページ可能領域 | 可分页区 |
| **paging** | 分頁法 | ページング | 分页法;记页码 |
| — device | 分頁裝置 | ページング装置 | 分页装置 |
| — machine | 分頁機 | ページング機械 | 分页机 |
| — technique | 分頁技術 | ページング技法 | 分页技术 |
| **pagoda** | (佛)塔;(寶)塔 | パゴダ | (佛)塔;(宝)塔 |
| **pail** | 小漆桶 | ペール | 小漆桶;提桶 |
| **paint** | 塗料;(塗)漆 | ペイント | 涂料;(涂)漆;油漆 |
| — atomizer | 噴漆器〔槍〕 | 噴霧機 | 喷漆器〔枪〕 |
| — brush | 漆刷 | ペイントブラシ | 漆刷 |
| — coat | 塗膜;油漆膜 | ペンキの被膜 | 涂膜;油漆膜 |
| — film | 塗膜;塗料薄膜 | 塗料皮膜 | 涂膜;涂料薄膜;漆膜 |
| — guide | (噴槍)塗料導管 | 塗料ガイド | (喷枪)涂料导管 |
| — gun | 噴漆槍;噴漆器 | ペイントスプレーヤ | 喷漆枪;喷漆器 |
| — mixer | 塗料調和機〔器〕 | ペイントミキサ | 涂料调和机〔器〕 |
| — roughness | 船體外板油漆層粗糙度 | ペイント粗度 | 船体外板油漆层粗糙度 |
| — thinner | 塗料稀釋劑 | ペイントシンナ | 涂料稀释剂 |
| **painted** glass | 塗色玻璃 | 染付けガラス | 涂色玻璃 |
| — hides | 漆皮 | 塗上げ皮 | 漆皮 |
| **painter** | 油漆工具 | 漆工 | 油漆工具 |
| **painting** | 顏料;著色 | ペイント塗り | 颜料;着色 |
| — defect | 塗漆缺陷〔疵點〕 | 塗装不良 | 涂漆缺陷〔疵点〕 |
| — robot | 塗漆機器人〔自動機〕 | 塗装ロボット | 涂漆机器人〔自动机〕 |
| — technique | 上色技術 | 彩色技術 | 上色技术 |

| 英 文 | 臺 灣 | 日 文 | 大 陸 |
|---|---|---|---|
| paint-off | 塗膜剝落 | 塗膜はがれ | 涂膜剥落 |
| pair | 組；對偶 | ペア | 组；对偶；双 |
| ── bloc casting | 成對鑄造 | 対鋳造 | 成对铸造 |
| ── twist | 對絞（電纜） | 対より | 对绞（电缆） |
| pairing | 行偏對偶現象 | ペアリング | 行偏对偶现象 |
| ── index | 配對率；配對數 | 対合率 | 配对率；配对数 |
| paktong | 白銅 | 洋銀 | 白铜 |
| palaecoene | 古新世 | 暁新世 | 古新世 |
| palagonite | 橙玄玻璃 | パラゴナイト | 橙玄玻璃 |
| palau | 金鈀合金 | パロー | 金钯合金 |
| pale bluish green | 淺藍綠色；海藍色 | 薄い青緑 | 浅蓝绿色；海蓝色 |
| ── color | 淡色；淺色 | 淡色 | 淡色；浅色 |
| ── fence | 圍柵；柵欄 | 木さく | 围栅；栅栏 |
| palette | 調色板 | パレット | 调色板 |
| ── knife | 調色刀；調漆刀 | パレットナイフ | 调色刀；调漆刀 |
| Palid | 派利德鉛基軸承合金 | パリッド | 派利德铅基轴承合金 |
| palladium,Pd | 鈀 | パラジウム | 钯 |
| ── contact point | 鈀接觸點 | パラジウム接点 | 钯接触点 |
| ── copper | 鈀銅合金 | パラジウム銅合金 | 钯铜合金 |
| ── gold | 鈀金（熱電偶）合金 | パラジウム金合金 | 钯金（热电偶）合金 |
| ── plating | 鍍鈀 | パラジウムめっき | 镀钯 |
| ── silver | 鈀銀合金 | パラジウム銀合金 | 钯银合金 |
| pallador | 鉑鈀熱電偶 | パラドール | 铂钯热电偶 |
| pallasite | 石鐵隕石〔鐵鎳合金〕 | パラサイト | 石铁陨石〔铁镍合金〕 |
| pallet | 平板架；集裝箱 | パレット | 平板架；集装箱；托板 |
| ── changer | 貨架變換裝置 | パレットチェンジャ | 货架变换装置 |
| ── conveyer | 板架式輸送機 | パレットコンベヤ | 板架式输送机 |
| ── dolly | 托盤搬運車 | パレットドーリ | 托盘搬运车 |
| ── feed | 板台進給 | パレット移送 | 板台进给 |
| ── fork | 托盤裝運器 | パレットフォーク | 托盘装运器 |
| ── height | 貨架高度 | パレットの高さ | 货架高度 |
| ── loader | 托盤裝載機 | パレットローダ | 托盘装载机 |
| ── rack | （貨物）托盤支架 | パレットラック | （货物）托盘支架 |
| ── service | 集裝箱運輸 | パレット輸送 | 集装箱运输 |
| ── shrink | （貨物）托盤收縮 | パレットシュリンク | （货物）托盘收缩 |
| ── sling | 托盤吊具 | パレットスリング | 托盘吊具 |
| ── type conveyor | 板式運送機 | パレットコンベヤ | 板式运送机 |
| palletization | 隨貨托架運輸 | パレタイゼーション | 随货托架运输 |
| palletizer | 堆列（鋪設）機 | パレタイザ | 堆列（铺设）机 |
| palliative | 防腐劑 | 緩合剤 | 减尘剂；防腐剂 |

| 英　　文 | 臺　　灣 | 日　　文 | 大　　陸 |
|---|---|---|---|
| palp | 觸鬚 | 小がくしゅ | 触官;触须 |
| palstance | 角速度 | パルスタンス | 角速度 |
| pamphlet | 小冊子 | パンフレット | 小册子;论文 |
| pan | 盤形凹地;沼澤 | パン | 盘形凹地;沼泽;母岩 |
| — arrest | 盤形制動器 | 皿止め | 盘形制动器 |
| — balance | 盤秤 | 上皿ばかり | 盘秤 |
| — breaker | 鍋式破碎機 | パンブレーカ | 锅式破碎机 |
| — burner | 盤爐 | 金銀鉱鉄なべ炉 | 盘炉 |
| — control | 全景調整 | パンコントロール | 全景调整 |
| — conveyer | 盤式輸送機 | パンコンベヤ | 盘式输送机 |
| — focus | 遠近景同時攝影法 | パンフォーカス | 远近景同时摄影法 |
| — furnace | 罐爐;坩堝爐 | なべ炉 | 罐炉;坩埚炉 |
| — rack | 鍋架 | なべ掛け | 锅架 |
| — roll | 碾機輥 | うすひきローラー | 碾机辊 |
| — scale | 鍋垢 | ボイラースケール | 锅垢 |
| — straddle | 容器支架 | なべ掛け腕木 | 容器支架 |
| pane | 鑲板;方格 | ドアガラス | 镶板;方格;窗玻璃 |
| panel | (傘衣)幅段;信號布板 | パネル | (伞衣)幅段;信号布板 |
| — absorber | 吸聲板材 | パネル吸収体 | 吸声板材 |
| — bed | 面板座;控制盤底座 | パネルベッド | 面板座;控制盘底座 |
| — board | 配電箱〔盤〕 | パネルボード | 配电箱〔盘〕 |
| — body | 封閉式車廂 | パネルボディ | 封闭式车厢 |
| — breaker | 配電盤的(自動)斷電器 | パネルブレーカ | 配电盘的(自动)断电器 |
| — construction | 大板結構〔建築〕 | パネル構造 | 大板结构〔建筑〕 |
| — design | 面板設計 | パネルデザイン | 面板设计 |
| — display | 平板顯示器 | パネルディスプレイ | 平板显示器 |
| — door | 嵌板門 | パネルドア | 嵌板门;格板门 |
| — handling | (在)板上傳遞〔移動〕 | パネル移送作業 | (在)板上传递〔移动〕 |
| — jack | 面板塞孔〔插口;插座〕 | パネルジャック | 面板塞孔〔插口;插座〕 |
| — lamp | 儀錶盤照明燈 | パネルランプ | (仪表)盘照明灯 |
| — layout | 面板配置(圖) | パネルレイアウト | 面板配置(图) |
| — mounting valve | 屏裝閥 | パネル取付け弁 | 屏装阀 |
| — seam | 接縫;板縫 | パネルシーム | 接缝;板缝 |
| — shear | 節間剪力 | 格間せん断力 | 节间剪力 |
| — stress | 板格應力;節間應力 | パネル応力 | 板格应力;节间应力 |
| — strip | 嵌條;壓縫(板)條 | 目板 | 嵌条;压缝(板)条 |
| — strip joint | 嵌條接合〔節點〕 | 目板断手 | 嵌条接合〔节点〕 |
| — switch | 面板開關 | パネルスイッチ | 面板开关 |
| — van | 廂式貨物運輸車 | パネルバン | 厢式货物运输车 |
| — vibration | 面板振動 | パネル振動 | 面板振动 |

| 英　　文 | 臺　　灣 | 日　　文 | 大　　陸 |
|---|---|---|---|
| — wall | 板(狀銲接)壁 | 板状溶接壁 | 板(状焊接)壁 |
| — zone | 梁柱連接分的受剪區 | パネルゾーン | 梁柱连接分的受剪区 |
| panelled ceiling | 薄板壓邊頂棚 | さお縁天井 | 薄板压边顶棚 |
| — door | 鑲板門 | 唐戸 | 鑲板门 |
| panelling | 木板飾面;鑲板細工 | パネル | 木板饰面;鑲板细工 |
| pan-head rivet | 平頭鉚釘;鍋頭鉚釘 | 平リベット | 平头铆钉;锅头铆钉 |
| — screw | 平頭螺釘 | なべね | 平头螺钉 |
| panic bar | 太平門栓 | パニックバー | 太平门栓 |
| Pantal | 一種鋁合金 | パンタル | 潘塔尔铝合金 |
| panting | 拍擊;撓振 | パンチング | 拍击;挠振;脉动 |
| — arrangement | 抗拍結構;防撓振結構 | パンチング構造 | 抗拍结构;防挠振结构 |
| — beam | 抗拍擊梁;強胸橫梁 | パンチングビーム | 抗拍击梁;强胸横梁 |
| — stress | 拍擊應力 | パンチング応力 | 拍击应力 |
| pantograph | 縮放儀;繪圖儀 | パンタグラフ | 缩放仪;绘图仪 |
| pantomill | 縮放式雕刻機 | パントミル | 缩放式雕刻机 |
| pants | 整流罩 | パンッ | 整流罩 |
| — press | 熱模精壓 | パンップレス | 热模精压 |
| panzer | 裝甲車 | パンザ | 装甲车;装甲的 |
| papaver | 罌粟 | けし | 罂粟 |
| paper | 紙 | ペーパ | 纸;论文;报纸 |
| — backing | 紙墊;紙襯 | ペーパバッキング | 纸垫;纸衬;底纸 |
| — board | 紙板 | 板紙 | 纸板 |
| — braid | 紙帶 | 紙さなだ | 纸带 |
| — card | 紙卡(片) | 紙カード | 纸卡(片) |
| — card output unit | 打孔卡片輸出機 | 紙カード出力機器 | 穿孔卡片输出机 |
| — carrier | 紙載體 | ペーパキャリヤ | 纸载体 |
| — carton | 紙盒 | カートン | 纸盒 |
| — converting | 紙張加工 | 紙加工 | 纸张加工 |
| — cutter | 切紙機 | 断裁機 | 切纸机 |
| — fastener | 紙夾 | とじびょう | 纸夹 |
| — filter | 紙濾器 | ペーパフィルタ | 纸滤器 |
| — gasket | 紙襯;紙填料 | ペーパガスケット | 纸衬;纸填料 |
| — header | 紙端板 | ペーパヘッダー | 纸端板 |
| — industry | 造紙工業 | 製紙工業 | 造纸工业 |
| — insulation | 紙絕緣 | 紙絶縁 | 纸绝缘 |
| — matrix | 紙模 | 紙型 | 纸模 |
| — mica tape | 紙(底)雲母帶 | ペーパマイカテープ | 纸(底)云母带 |
| — mock-up | 理論模型;造紙模型 | ペーパモックアップ | 理论模型;造纸模型 |
| — mold | 紙(鑄)模 | 紙鋳型 | 纸(铸)型 |
| — perforator | 紙打孔機 | 紙せん孔機 | 纸穿孔机 |

| 英 文 | 臺 灣 | 日 文 | 大 陸 |
|---|---|---|---|
| — sack | 紙袋 | 大形紙袋 | 纸袋 |
| — shale | 紙板 | 板紙 | 纸板 |
| — shredder | 廢紙撕碎機;切廢紙機 | 文書細断機 | 废纸撕碎机;切废纸机 |
| — size | 紙張規格 | 紙の寸法 | 纸张规格;纸的尺码 |
| — sleeve | 紙套管 | 紙管 | 纸套管;纸套筒 |
| — siew | 超行距送紙 | ペーパ送出し | 超行距走纸 |
| — speck | 紙斑 | 紙葉はん点 | 纸斑 |
| — stock | 紙漿 | 製紙原料 | 纸浆;纸料 |
| — strip | 濾紙條 | ろ紙ストリップ | 滤纸条;条形纸 |
| — tape puncher | 紙帶打孔機 | 紙テープパンチャ | 纸带穿孔机 |
| — tape unit | 紙帶機 | 紙テープ装置 | 纸带机 |
| — treatment | 紙處理 | 紙処理 | 纸处理 |
| — ware | 紙器 | 紙器 | 纸器;纸制品 |
| — wax | 紙蠟 | 紙ろう | 纸蜡 |
| — yarn | 紙繩 | 紙糸 | 纸绳 |
| **parabola** | 拋物線 | パラボラ | 抛物线 |
| — of cohesion | 内聚力拋物線 | 凝集力放物線 | 内聚力抛物线 |
| **parabolic(al) antenna** | 拋物面天線 | パラボリックアンテナ | 抛物面天线 |
| — arch | 拋物線拱 | パラボリックアーチ | 抛物线拱 |
| — band | 拋物面帶 | パラボリックバンド | 抛物面带 |
| — cam | 拋物線凸輪 | パラボリックカム | 抛物线凸轮 |
| — critical line | 臨界拋物線 | 臨界放物線 | 临界抛物线 |
| — curve | 拋物線 | 放物曲線 | 抛物线 |
| — cusp | 拋物線的尖點 | 放物的せん点 | 抛物线的尖点 |
| — equation | 拋物線方程 | 放物形方程式 | 抛物线方程 |
| — governor | 拋物線形調速器 | 放物線形調速機 | 抛物线形调速器 |
| — law | 拋物線法則 | 放物線則 | 抛物线法则 |
| — mirror | 拋物柱面(反射)鏡 | 放物面鏡 | 抛物柱面(反射)镜 |
| — point | 拋物線的拐點 | 放物的点 | 抛物线的拐点 |
| — quadrics | 二次拋物曲面 | 放物形二次曲面 | 二次抛物曲面 |
| — reflector | 拋物面反射器 | 放物面反射装置 | 抛物面反射器 |
| **paraboloid** | 拋物面(天線);拋物體 | パラボロイド | 抛物面(天线);抛物体 |
| — antenna | 拋物面天線 | パラボロイドアンテナ | 抛物面天线 |
| — condenser | 拋物面聚光鏡 | パラボロイト集光器 | 抛物面聚光镜 |
| **paraboloidal coordinates** | 拋物面座標 | 放物面座標 | 抛物面坐标 |
| **parachute** | 降落傘 | パラシュート | 降落伞 |
| **paraclase** | 斷層 | 断層 | 断层 |
| **paradise** | 樂園 | 楽園 | 乐园 |
| **paraffinic** acid | 石蠟族酸 | パラフィン酸 | 石蜡族酸 |
| — butter | 石蠟脂 | パラフィン脂肪 | 石蜡脂 |

P

| 英　　文 | 臺　　灣 | 日　　文 | 大　　陸 |
|---|---|---|---|
| ─ embedding | 石蠟打底 | パラフィン埋込み | 石蜡打底 |
| ─ gas | 烷烴氣體；石蠟氣體 | パラフィンガス | 烷烃气体；石蜡气体 |
| ─ iron | 塗蠟鐵 | パラフィンアイロン | 涂蜡铁 |
| **paragenesis** | 共生 | 共生 | 共生 |
| **paragraph** | 段；節 | パラグラフ | 段；节；尺寸段 |
| ─ header | 段頭；段落題目 | パラグラフヘッダ | 段头；段落题目 |
| ─ name | 節名；段名 | パラグラフ名 | 节名；段名 |
| **parallax** | 視差；方位差 | パララックス | 视差；方位差 |
| ─ bar | 視差（測）桿 | 視差測定かん | 视差（测）杆 |
| ─ barrier | 視差屏 | パララックスバリア | 视差屏 |
| ─ correction | 視差校正 | 視誤差修正 | 视差校正 |
| ─ error | 視差；判讀誤差 | 視差 | 视差；判读误差 |
| **parallel** | 並聯〔列；行〕的 | パラレル | 并联〔列；行〕的 |
| ─ arrangement | 平行裝置 | 平行装置 | 平行装置 |
| ─ bar | 平行桿 | 平行棒 | 平行杆 |
| ─ basin | 平行谷 | 平行状流域 | 平行谷 |
| ─ bench vice | 平口（台）鉗 | 横万力 | 平口（台）钳 |
| ─ block | 平行塊〔台〕 | 金升 | 平行块〔台〕 |
| ─ capacitance | 平行板電容 | 平行板コンデンサ | 平行板电容 |
| ─ carrier | 平行夾頭〔托架〕 | パラレルキャリヤ | 平行夹头〔托架〕 |
| ─ channel | 並行通道 | パラレルチャネル | 并行通道 |
| ─ circle | 緯度圈 | 平行圏 | 纬度圈；平行圈 |
| ─ circuit | 並聯電路 | パラレルサーキット | 并联电路 |
| ─ coordinates | 平行座標 | 平行座標 | 平行坐标 |
| ─ coupling | 並聯耦合 | 並列結合 | 并联耦合 |
| ─ cut | Y切割〔晶體〕；平行切割 | 平行カット | Y切割〔晶体〕；平行切割 |
| ─ deflection plate | 平行致偏板 | 平衡偏向板 | 平行致偏板 |
| ─ deformation | 平行變形 | 平形变形 | 平行变形 |
| ─ displacement | 平行位移 | 平行移動 | 平行位移 |
| ─ effect | 並聯效應 | 並列効果 | 并联效应 |
| ─ extinction | 正消光 | 正消光 | 正消光 |
| ─ flow | 並流；平行流 | パラレルフロー | 并流；平行流；顺流 |
| ─ group | 平行連晶 | 平形連晶 | 平行连晶 |
| ─ growth | 平行生長 | 並行成長 | 平行生长；并生 |
| ─ hierarchy | 並列層次 | 並列階層 | 并列层次；并行层次 |
| ─ line | 平行線（路） | パラレルライン | 平行线（路） |
| ─ merging | 並行合並 | 並列併合 | 并行合并 |
| ─ mode | 平行方式 | パラレルモード | 平行方式 |
| ─ model | 並行模型 | 並列モデル | 并行模型 |
| ─ mount | 並行安裝 | パラレルマウント | 并行安装 |

| 英　　文 | 臺　　灣 | 日　　文 | 大　　陸 |
|---|---|---|---|
| — move | 平移 | 平行移動 | 平移 |
| — perspective | 平行透視(圖) | 平行透視 | 平行透视(图) |
| — piping | 並列式配〔布〕管 | 並行式配管 | 并列式配〔布〕管 |
| — plane | 平行平面 | 平行平面 | 平行平面 |
| — ray | 平行光線 | 平行光線 | 平行光线 |
| — reaction | 並發反應;並行反應 | 並発反応 | 并发反应;并行反应 |
| — reamer | (圓柱)直槽鉸刀 | パラレルリーマ | (圆柱)直槽铰刀 |
| — rod | 平行連桿 | 平行連接棒 | 平行连杆 |
| — roller | 圓柱滾子 | 円筒ころ | 圆柱滚子 |
| — ruler | 平行規 | 平行定規 | 平行规 |
| — running | 並聯工作〔運轉〕 | パラレルランニング | 并联工作〔运转〕 |
| — scanning | 平行掃描 | 平行走査 | 平行扫描 |
| — shaft | 平行軸 | 並列軸 | 平行轴 |
| — side notch | 平行側邊缺口 | パラレルサイドノッチ | 平行侧边缺口 |
| — silde | 平行尺 | 平行定規 | 平行尺 |
| — slide valve | 平行滑閥 | パラレルスライド弁 | 平行滑阀 |
| — spring | 平行簧片 | 並行ばね | 平行簧片 |
| — straight-edge | 平行尺 | 平行定規 | 平行尺 |
| — strip | 平行條 | 平行条 | 平行条 |
| — system | 並行(雙重)系統 | 並列システム | 并行(双重)系统 |
| — test | 平行試驗 | 平行試験 | 平行试验 |
| — track | 平行軌道 | 平行軌道 | 平行轨道 |
| — trench | 平行塹壕 | 平行ごう | 平行堑壕 |
| — vice | 平口虎鉗 | 箱万力 | 平口虎钳 |
| — welding | 平行銲接 | ストレートビード溶接 | 平行焊接;直线焊接 |
| — wire strand | 平行鋼絲束 | 平行線ケーブル | 平行钢丝束 |
| **parallelepiped** | 平行六面體 | 平行六面体 | 平行六面体 |
| **parallelism** | 平行度 | パラレリズム | 平行度;平行性 |
| — detection | 並行處理檢測 | 並行処理検出 | 并行处理检测 |
| **parallelogram** | 平行四邊形 | パラレログラム | 平行四边形 |
| **parallelopiped** | 平行六面體 | 平行六面体 | 平行六面体 |
| **parallelotope** | 超平行體 | 平形体 | 超平行体 |
| **parameter** | 參數 | パラメータ | 叁数;叁量 |
| — analysis | 參數分析 | パラメータ分析 | 叁数分析 |
| — control | 參數控制 | パラメータ制御 | 叁数控制 |
| — estimation | 參數估算 | パラメータ推定 | 叁数估算 |
| — of axial load | 軸向負載參數 | 軸荷重パラメータ | 轴向荷载叁数 |
| — optimization | 參數最優化 | パラメータ最適化 | 叁数最优化 |
| — sensitvity | 參數靈敏度(分析) | パラメータ感度 | 叁数灵敏度(分析) |
| — space | 參數空間 | 母数空間 | 叁数空间 |

| 英　　文 | 臺　　灣 | 日　　文 | 大　　陸 |
|---|---|---|---|
| — word | 參數字 | パラメータワード | 叁数字 |
| **parametral** plane | 標軸面〔結晶〕 | 標軸面〔結晶〕 | 标轴面〔结晶〕 |
| — ratio | （晶標）軸率 | 軸標比 | （晶标）轴率 |
| **parametric** amplification | 參數〔量〕放大 | パラメトリック増幅 | 叁数〔量〕放大 |
| — amplifier | 參數放大器 | パラメトリックアンプ | 叁量放大器 |
| — effect | 參數效應 | パラメトリック効果 | 叁量效应 |
| — function | 參數函數 | 母数関数 | 叁数函数 |
| — gain | 參數增益 | パラメトリックゲイン | 叁量增益 |
| — oscillation | 參數振蕩 | パラメトリック発振 | 叁量振荡 |
| **paramutation** | 副突變 | 疑似突然変異 | 副突变 |
| **paranucleus** | 副核 | 副核 | 副核 |
| **parapet** | 護牆；防波牆 | パラペット | 护墙；防波墙；栏墙 |
| — gutter | 壓檐牆天溝；箱形水溝 | パラペットとい | 压檐墙天沟；箱形水沟 |
| — levee | 防波堤 | 胸壁堤 | 防波堤 |
| — wall | 壓檐牆；防波牆 | パラペット | 压檐墙；防波墙 |
| **paraphysis** | 側絲 | 側系 | 侧丝 |
| **paraplasm** | 副質 | 副形質 | 副质；原生质液 |
| **parasite** | 寄生蟲 | パラサイト | 寄生虫；寄生物 |
| — airplane | 機載飛機 | パラサイト飛行機 | 机载飞机 |
| **parasitic(al)** absorption | 寄生吸收 | 寄生吸収 | 寄生吸收 |
| — capture | 寄生捕獲〔俘獲〕 | 寄生捕獲 | 寄生捕获〔俘获〕 |
| — channel | 寄生溝道 | 寄生チャネル | 寄生沟道 |
| — effect | 寄生效應 | 寄生効果 | 寄生效应 |
| — mass | 寄生質量 | 寄生質量 | 寄生质量 |
| — oscillation | 寄生振蕩 | パラスティック振動 | 寄生振荡 |
| — radiation | 寄生輻射 | 寄生放射 | 寄生辐射 |
| **parasitics** | 寄生現象〔效應〕 | パラスティックス | 寄生现象〔效应〕 |
| **parastichy** | 斜列線 | 斜列線 | 斜列线 |
| **paratooite** | 染水磷鋁鐵礦 | パラトウ石 | 染水磷铝铁矿 |
| **paratype** | 副模（標本） | 従基準標本 | 副模（标本）；副型 |
| **paraurichalcite** | 羥碳銅鋅礦；水鋅礦 | パラ緑亜鉛鉱 | 羟碳铜锌矿；水锌矿 |
| **paravivianite** | 次監鐵礦 | パラ藍鉄鉱 | 次监铁矿 |
| **paraxial** focus | 近軸焦點 | 近軸焦点 | 近轴焦点 |
| — ray | 近軸光線 | 近軸光線 | 近轴光线 |
| — region | 近軸範圍〔區域〕 | 近軸範囲 | 近轴范围〔区域〕 |
| **parazitic** | 寄生現象〔效應〕 | パラジティック | 寄生现象〔效应〕 |
| **parcel** car | 小件行李車 | 小荷物車 | 小件行李车 |
| — rack | 包裹架 | パーセルラック | 包裹架 |
| **parch** | 焦乾；烘炒 | パーチ | 焦乾；烘炒 |
| **parchment** | 植物羊皮紙 | パーチメント | 植物羊皮纸 |

| 英　　　文 | 臺　　　灣 | 日　　　文 | 大　　　陸 |
|---|---|---|---|
| parenchyma | 實質;柔軟組織 | 柔組織 | 实质;柔软组织 |
| parent | 母體 | 親 | 母体;根源;父母 |
| — body | 母體 | 母体 | 母体 |
| — form | 原型 | 原型 | 原型 |
| — ion | 母離子 | 親イオン | 母离子 |
| — material | 原料 | 原料 | 原料;原材料 |
| — metal | 母材 | ペアレントメタル | 母材;基本金属 |
| parental generation | 親代 | 親世代 | 亲代 |
| — type | 親代類型 | 両親型 | 亲代类型 |
| parenthesis | 圓括弧〔號〕 | 小括弧 | 圆括弧〔号〕 |
| parget | 石膏 | 石こう | 石膏;灰泥;抹灰 |
| paring | 灰切片〔屑〕 | ひきくず | 灰切片〔屑〕;包花 |
| — chisel | 扁鑿〔鏟〕;刻刀 | つきのみ | 扁凿〔铲〕;刻刀 |
| — machine | 剝皮機 | 皮はぎ機 | 剥皮机 |
| paris metal | 一種鎳銅合金 | パリスメタル | 帕里斯镍铜合金 |
| — red | 紅丹 | ベンガラパリ赤 | 巴黎红;红丹;铅丹 |
| parison | 型坯 | パリソン | 型坯 |
| — cutter | 型坯刀具〔割斷機〕 | パリソンカッタ | 型坯刀具〔割断机〕 |
| — mandrel | 型坯心軸 | パリソンマンドレル | 型坯心轴 |
| — mold | 型坯成形用模具 | パリソン成形用金型 | 型坯成形用模具 |
| — swell | 坯料膨脹 | パリソンスエル | 坯料膨胀 |
| parity | 同等性 | パリティ | 同等性;比价 |
| park | 停車場 | パーク | 停车场;停留〔放〕 |
| parkerized steel | 磷化處理鋼 | パーカライズ処理鋼 | 磷化处理钢 |
| parkerizing | 帕克法磷化表面處理 | パーカライジング | 帕克法磷化表面处理 |
| — process | 磷酸鹽防銹處理法 | パーカライジング法 | 磷酸盐防锈处理法 |
| Parkes process | 派克斯法 | パークス法 | 派克斯法 |
| parking | 停車;車輛停放(處) | パーキング | 停车;车辆停放(处) |
| — capacity | 停車容量 | 駐車容量 | 停车容量 |
| — garage | (停)車庫 | 公衆用貨車庫 | (停)车库;存车场 |
| — load | 停車負載 | 駐車荷重 | 停车荷载 |
| parlour | 起居室 | パーラー | 起居室;会客室 |
| parol | 石蠟燃料 | パーオール | 石蜡燃料 |
| parquet | 拼花地板;席紋地板 | パーケット | 拼花地板;席纹地板 |
| — block | 鑲木地板塊〔條〕 | パーケットブロック | 镶木地板块〔条〕 |
| — floor(ing) | 拼花地板;鑲木地板 | 寄木張り | 拼花地板;镶木地板 |
| parquetry | 鑲木細工 | パーケットリ | 镶木细工 |
| parsec | 秒差距 | パーセック | 秒差距 |
| parser | 語法分析程式 | パーザ | 语法分析程序 |
| — construction | 分析程式結構 | パーザ構築 | 分析程序结构 |

| 英　　文 | 臺　　灣 | 日　　文 | 大　　陸 |
|---|---|---|---|
| **parsley camphor** | 歐芹梓腦;芹菜腦 | パセリ精 | 欧芹梓脑;芹菜脑 |
| **parsonsite** | 斜磷鉛鈾礦 | パーソンス石 | 斜磷铅铀矿 |
| **part** | 成分;零件 | パート | 成分;零件;部件 |
| — assembly drawing | 組件裝配圖 | 部分組立て図 | 组件装配图 |
| — burnishing | 擠光部 | 型あたり | 挤光部 |
| — by volume | 容積部分〔分量〕 | 容量部 | 容积部分〔分量〕 |
| — design | 零(部)件設計 | 部品設計 | 零(部)件设计 |
| — drawing | 零件圖 | 部分図 | 部件图;零件图 |
| — expansion | 零件展開 | 部品展開 | 零件展开 |
| — geometry | 成品形狀尺寸 | 成形品の形状寸法 | 成品形状尺寸 |
| — load | 部分負載 | 部分負荷 | 部分载荷;部分负载 |
| — program | 零件加工程式 | パートプログラム | 零件加工程序 |
| — quality | 成品質量 | 成形品の品質 | 成品质量 |
| — size | 成品尺寸 | 成形品の寸法 | 成品尺寸 |
| — strength | 成品強度 | 成形品の強度 | 成品强度 |
| **parthenocarpy** | 單性結實 | 単為結実 | 单性结实 |
| **partial admission** | 局部進入 | 部分流入 | 局部进入;部分进汽 |
| — analysis | 局部分析 | 部分分析 | 局部分析 |
| — austenitizing | 部分沃斯田鐵化 | 部分オーステナイト化 | 部分奥氏体处理 |
| — balancing | 局部平衡 | 部分つりあい | 局部平衡 |
| — blank | 部分熄滅脈衝 | 半端ブランク | 部分熄灭脉冲 |
| — burn out | 部分燒毀 | 部分焼 | 部分烧毁 |
| — combustion | 局部燃燒 | 部分燃焼 | 部分燃烧;局部燃烧 |
| — condensation | 部分冷凝 | 分縮 | 部分冷凝 |
| — contact | 部分接觸 | パーシャルコンタクト | 部分接触;半接触 |
| — contract | 局部合同 | 部分請負い | 局部合同;部分合同 |
| — corrosion | 部分腐蝕 | 部分的腐食 | 部分腐蚀;局部腐蚀 |
| — cure | 部分固化 | 部分硬化 | 部分固化;局部固化 |
| — dehydration | 部分脫水 | 部分脱水 | 部分脱水;局部脱水 |
| — discharge | 局部放電 | 部分放電 | 部分放电 |
| — dislocation | 部分差排 | 部分転位 | 部分位错;局部位错 |
| — dissolution | 部分溶解 | 部分溶解 | 部分溶解;局部溶解 |
| — drying | 部分乾燥 | 部分乾燥 | 部分干燥 |
| — earth | 部分接地 | 部分接地 | 部分接地 |
| — error | 局部誤差 | 部分誤差 | 局部误差 |
| — excavation | 部分開挖 | 一部掘削 | 部分开挖 |
| — flume | 局部引水溝〔槽〕 | パーシャルフリューム | 局部引水沟〔槽〕 |
| — hardening | 部分固化 | 部分硬化 | 部分固化;局部固化 |
| — hardening die | 局部淬火模 | 局部焼入れ型 | 局部淬火模 |
| — heat | 微分熱 | 部分熱 | 微分热 |

| 英　　文 | 臺　　灣 | 日　　文 | 大　　陸 |
|---|---|---|---|
| — heating | 部分加熱 | 部分加熱 | 部分加热 |
| — hip-roof | 半四坡屋頂 | 半寄せ棟屋根 | 半四坡屋顶 |
| — ionization | 局部電離 | 部分電離 | 局部电离 |
| — match | 部分匹配 | 部分的一致 | 部分匹配 |
| — node | 部分結點 | 部分節 | 部分结点 |
| — output | 部分輸出 | 分（出）力 | 部分输出 |
| — penetration | 部分熔透 | 部分溶込み | 部分熔透 |
| — plating | 部分鍍 | 部分めっき | 部分镀；局部镀 |
| — pressure | 部分壓力 | 分圧 | 部分压力；局部压力 |
| — pressure gradient | 分壓梯度 | 分圧こう配 | 分压梯度 |
| — projection | 局部投影 | 局部投影 | 局部投影 |
| — pyritic smelting | 半自熱熔煉法〔銅礦〕 | 半生鉱吹き | 半自热熔炼法〔铜矿〕 |
| — reaction | 部分反應 | 部分反応 | 部分反应 |
| — release | 分級釋放 | 段階ゆるめ | 分级释放 |
| — setting | 局部硬化 | 部分硬化 | 部分硬化；局部硬化 |
| — solvent | 非理想溶劑 | 不完全溶剤 | 非理想溶剂 |
| — spent | 部分報廢 | 部分廃棄 | 部分报废；局部耗损 |
| — splice | 局部拼接 | 部分添接 | 局部拼接；部分拼接 |
| — tides | 分潮 | 分潮 | 分潮 |
| — vacuum | 部分真空；未盡真空 | 部分真空 | 部分真空；未尽真空 |
| — wear of rail | 鋼軌偏磨損 | レール偏摩耗 | 钢轨偏磨损 |
| **partially** alloyed powder | 部分的合金粉 | 部分的合金粉 | 部分的合金粉 |
| — purified crepe | 輕化度精煉級 | 軽度純化クレープ | 轻化度精炼级 |
| **particle** | 粒子；質點 | パーティクル | 粒子；质点；颗粒 |
| — accelerator | 粒子加速器 | （粒子）加速器 | 粒子加速器 |
| — density | 顆粒密度；粉末密度 | 粒子密度 | 颗粒密度；粉末密度 |
| — diameter | 粒子直徑 | 粒子直径 | 粒子直径 |
| — distribution | 粒子分布 | 粒子分布 | 粒子分布 |
| — flux density | 粒子通量密度 | 粒子束密度 | 粒子通量密度 |
| — hardened alloy | 彌散強化合金 | 粒子強化合金 | 弥散强化合金 |
| — pendulum | 質點擺 | 質点振り子 | 质点摆；单摆 |
| — radius | 顆粒半徑 | 粒子半径 | 颗粒半径 |
| — shape | 顆粒形狀 | 粒子形状 | 颗粒形状 |
| — size range | 粒度範圍 | 粒度範囲 | 粒度范围 |
| **particular load** | 特殊負載 | 特殊荷重 | 特殊负荷 |
| **particularity** | 特殊性 | パティキュラリティ | 特殊性；特质 |
| **particulate** composite | 顆粒複合材料 | 粒子複合材料 | 颗粒复合材料 |
| — concentration | 粉塵濃度 | 粉じん濃度 | 粉尘浓度；散粒浓度 |
| — material | 分散粒子 | 分散粒子 | 分散粒子 |
| — matter | 粉體〔末〕；顆粒物質 | 粉粒体 | 粉体〔末〕；颗粒物质 |

| 英　　文 | 臺　　灣 | 日　　文 | 大　　陸 |
|---|---|---|---|
| ― molding material | 粒狀成形材料 | 粒状成形材料 | 粒状成形材料 |
| **particulates** | 微粒 | 微粒 | 微粒 |
| ― of asbestos | 石棉粉塵 | 石綿粉じん | 石棉粉尘 |
| **parting** | 分離劑 | パーティング | 分离剂;金银分开 |
| ― agent | 離型劑;脫模劑;分模劑 | 離型剤 | 离型剂;脱模剂 |
| ― bead | 小窄隔板 | 溝島 | 小窄隔板;隔条 |
| ― chisel | 削鑿刀 | 削りのみ | 削凿刀 |
| ― compound | 分離劑 | 離型剤 | 分离剂;分型剂 |
| ― die | 剖切模 | パーティング型 | 剖切模;切开模 |
| ― down | 挖砂分模 | パーティングダウン | 挖砂分型 |
| ― face | 接縫 | 合せ目 | 接缝;分型面 |
| ― furnace | 分離爐 | 分銀炉 | 分离炉 |
| ― limit | 分支界限;分離界限 | 作用限 | 分支界限;分离界限 |
| ― line | 接合面;分模線〔面〕 | パーティングライン | 接合面;分型线〔面〕 |
| ― paper | 離型紙 | 見切り紙 | 离型纸 |
| ― plane | 分模面;界面 | 分割面 | 分型面;界面;际面 |
| ― powder | 離型劑;脫模劑; | パーティングパウダ | 离型剂;脱模剂; |
| ― sand | 分模砂;分離砂 | 什切り砂 | 分型砂;分离砂;界砂 |
| ― slip | 金屬隔板;隔間板 | 仕切り板 | 金属隔板;隔间板 |
| ― strip | 隔片 | 分銅隔て板 | 隔片 |
| ― surface | 分離面;分界面 | 分離面 | 分离面;分界面 |
| ― tool | 切斷(車)刀 | 突切りバイト | 切断(车)刀 |
| **Partinium** | 一種鋁合金 | パーチニウム | 帕蒂尼鸟姆铝合金 |
| **partition** | 劃分;分割〔離〕 | パーティション | 划分;分割〔离〕;隔板 |
| ― board | 隔板;隔壁 | パーティションボード | 隔板;隔壁 |
| ― construction | 分離結構 | 仕切り構え | 分离结构 |
| ― curtain | 間壁屏障 | 間仕切りカーテン | 间壁屏障 |
| ― post | 隔斷柱 | 仕切り柱 | 隔断柱 |
| **partly alternation load** | 部分交變負載 | 部分両振荷重 | 部分交变载荷 |
| ― alternation stress | 部分交變應力 | 部分交番応力 | 部分交变应力 |
| ― excavation | 局部開挖 | 抜き掘り | 局部开挖;半开挖 |
| ― pulsating stress | 部分脈動應力 | 部分片振り応力 | 部分脉动应力 |
| **parton** | 部分子 | パートン | 部分子 |
| **parts** | 零件 | パーツ | 零件;成分 |
| ― guide | 元器件手冊 | パーツガイド | 元器件手册 |
| ― list | 零件表 | 部品表 | 零件表 |
| **pass** | 銲道;孔形 | パス | 焊道;孔形;轧道〔槽〕 |
| ― efficiency | 通過效率 | 通過率 | 通过效率 |
| ― fail test | 合格與否試驗 | 合否試験 | 合格与否试验 |
| ― schedule | 軋製(程式)表 | 圧延計画 | 轧制(程序)表 |

| 英　　文 | 臺　　灣 | 日　　文 | 大　　陸 |
|---|---|---|---|
| — sequence | 多層銲縫的銲接順序 | パスの順序 | 多层焊缝的焊接顺序 |
| — the test | 通過此項試驗 | 本試験合格 | 通过此项试验 |
| passage | 通道〔路〕;航行 | パッセージ | 通道〔路〕;航行 |
| passameter | 外徑指示規 | パッサメータ | 外径指示规 |
| passette | 泡罩 | 小ろ過器 | 泡罩 |
| passing | 合格的 | パッシング | 合格的;偶然的 |
| — ability | 通過能力 | 追い抜き加速能力 | 通过能力 |
| — arbor | 浮動軸 | 遊動軸 | 浮动轴 |
| — material | 合格材料 | 合格材料 | 合格材料 |
| — member | 貫通構件 | 貫通部材 | 贯通构件 |
| — standard | 現行標準 | 合格標準 | 现行标准 |
| passivating agent | 鈍化劑 | 不動態化剤 | 钝化剂 |
| — film | 鈍化膜 | 受動態化皮膜 | 钝化膜 |
| passivation | 鈍化(作用) | 不動態化 | 钝化(作用) |
| — effect | 鈍化效應 | パッシベーション効果 | 钝化效应 |
| passivator | 鈍化劑 | パッシベータ | 钝化剂 |
| passive antenna | 無源(振子)天線 | パッシブアンテナ | 无源(振子)天线 |
| — components | 無源元件 | 受動部品 | 无源部件 |
| — control | 被動式控制 | 受動的制御 | 被动式控制 |
| — iron | 鈍態鐵 | 不動化鉄 | 钝态铁 |
| — metal | 鈍態金屬 | 受動態化金属 | 钝态金属 |
| — sleeve | 鈍態套管 | パッシブスリーブ | 钝态套管 |
| — sonar | 無源聲納 | パッシブソナー | 无源声纳 |
| — state | 被動態 | 不動態 | 被动态 |
| — zone | 鈍態區域 | 受動態域 | 钝态区域 |
| passivity | 鈍態〔性〕 | 不動態化 | 钝态〔性〕;无源性 |
| paste | 軟膏 | ペースト | 软膏 |
| — carburizing | 塗糊滲碳;膏劑滲碳 | ペースト浸炭 | 涂糊渗碳;膏剂渗碳 |
| — filler | 膏狀填孔劑 | ウッドフィラー | 膏状填孔剂 |
| — molding | 漿料成形 | ペースト成形 | 浆料成形 |
| — PVC resin | 聚氯乙烯糊樹脂 | 塩ビペースト樹脂 | 聚氯乙烯糊树脂 |
| pastille | 錠劑 | 錠剤 | 锭剂 |
| pasting | 裱糊 | ペースト化 | 裱糊 |
| pasty mass | 糊狀物質 | のり状物質 | 糊状物质 |
| — sludge | 糊狀殘渣 | のり状残さ | 糊状残渣 |
| pat | 小塊 | パット | 小块 |
| patch bay | 插線架;接插板 | パッチベイ | 插线架;接插板 |
| — bolt | 補件螺栓 | パッチボルト | 补件螺栓 |
| — felt | 救急帶 | 救急帯 | 救急带;修理带 |
| — pin | 插銷 | パッチピン | 插销;插头 |

P

| 英　　文 | 臺　　灣 | 日　　文 | 大　　陸 |
|---|---|---|---|
| — thermocouple | 接觸熱電偶 | パッチ熱電対 | 接触热电偶 |
| — welding | 鑲銲;補綴銲 | はめこみ溶接 | 镶焊;补缀焊 |
| **patching** | 修補(法);接線;插入 | パッチング | 修补(法);接线;插入 |
| **pate** | 頭部 | 頭脳 | 头部;前额 |
| **patent** | 專利權;專利品 | パテント | 专利权;专利品 |
| — office | 專利局 | 特許局 | 专利局 |
| — right | 專利權 | 特許権 | 专利权 |
| **patented roll** | 鏡面加工輥 | 鏡面仕上げロール | 镜面加工辊 |
| — steel wire | 鉛淬火鋼絲 | パテント処理鋼線 | 铅淬火钢丝 |
| **patenting** | 糙斑鐵化處理 | パテンチング | 索氏体化处理 |
| **patentor** | 專利認可人 | 特許を認可する人 | 专利认可人 |
| **path** | 通路;路徑;軌跡 | パス | 通路;路径;轨迹 |
| — analysis | 路線分析;路徑分析 | 経路解析 | 路线分析;路径分析 |
| — blockade | 通路鎖定〔堵塞〕 | 歩き止り | 通路锁定〔堵塞〕 |
| — control | 路徑控制;軌道控制 | 経路制御 | 路径控制;轨道控制 |
| — length | 路徑長度 | パスレングス | 路径长度 |
| **patina** | 銅綠 | パチナ | 铜绿;绿锈 |
| **patrix** | 陽模 | 父型 | 阳模 |
| **patrol** | 巡視 | パトロール | 巡视 |
| **pattern** | 特性曲線;圖表 | パターン | 特性曲线;图表;图像 |
| — analysis | 模式分析;圖形分析 | パターン解析 | 模式分析;图形分析 |
| — approval | 類型認可〔批准〕 | 型式(の)承認 | 类型认可〔批准〕 |
| — board | 模板 | 模型定盤 | 模板 |
| — card | 紋板〔提花機的〕 | パターンカード | 纹板〔提花机的〕 |
| — control | 模式控制;圖形控制 | パターン制御 | 模式控制;图形控制 |
| — design | 圖形設計 | パターン設計 | 图形设计 |
| — draft | 拔模斜度 | 抜けこう配 | 起模斜度;拔模斜度 |
| — draw | 拔模 | パターンドロー | 起模;拔模 |
| — gap | 圖形間隙 | パターンギャップ | 图形间隙 |
| — maker | 木模工 | 木型工 | 木模工 |
| — metal | 金屬模(型)材料 | パターンメタル | 金属模(型)材料 |
| — plate | 模板 | パターンプレート | 模板 |
| — processor | 圖形處理機 | パターンプロセッサ | 图形处理机 |
| — recognition | 圖形辨識 | パターン認識 | 图形辨识 |
| — room | 模型室 | 模型室 | 模型室 |
| — sheet | 塑料貼面板 | パターンシート | 塑料贴面板 |
| — template | 刻花模板 | 型板 | 刻花型板 |
| **patterner** | 木模工 | 木型工 | 木模工 |
| **patternmaker's allowance** | 收縮裕量 | 縮み代 | 收缩馀量 |
| — lathe | 木工車床 | 木工旋盤 | 木工车床 |

| 英　　文 | 臺　　灣 | 日　　文 | 大　　陸 |
|---|---|---|---|
| — rule | (模樣)縮尺 | 伸び尺 | (模样)缩尺 |
| **paulin** | 防水布 | 防水布 | 防水布 |
| **pause** | 間歇;暫停 | ポーズ | 间歇;暂停 |
| — button | 暫停按鈕 | ポーズボタン | 暂停按纽 |
| — status | 間歇狀態 | 休止状態 | 间歇状态 |
| **pavement** | 鋪面道路;路面 | ペーブメント | 铺面道路;路面 |
| — breaker | 路面破碎機 | 舗装破砕機 | 路面破碎机 |
| **pavilion** | 休息廳;帳幕 | パビリオン | 休息厅;帐幕 |
| **paving** | 鋪路〔砌;設〕 | 舗設 | 铺路〔砌;设〕 |
| **pawl** | 棘爪;制動爪 | ポール | 棘爪;制动爪;爪;钩 |
| — feed | 棘輪進給(機構) | ポールフィード | 棘轮进给(机构) |
| — spring | 制動簧片 | 爪押しばね | 制动簧片 |
| — washer | 爪式墊圈 | つめ付き座金 | 爪式垫圈 |
| **pay** | 工資;報酬 | ペイ | 工资;报酬 |
| **payload** | 有效負載;淨重 | ペイロード | 有效负载;净重 |
| **payment** | 支付 | ペイメント | 支付 |
| **payoff configuration** | 回收構成;收益構成 | 利得構成 | 回收构成;收益构成 |
| **payroll** | 工資單 | ペイロール | 工资单 |
| **PC board** | 印刷電路板 | PC板 | 印刷电路板 |
| **PC bridge** | 預應力混凝土橋 | PC橋 | 预应力混凝土桥 |
| **PCE value** | 高溫三角錐等值 | 耐火度 | 高温三角锥等值 |
| **peak** | 峰值 | ピーク | 峰值 |
| — capacity | 最大容量;高峰容量 | ピーク容量 | 最大容量;高峰容量 |
| — contact | 齒頂接觸;齒頂嚙合 | ピークコンタクト | 齿顶接触;齿顶啮合 |
| — energy | 峰值能量 | ピークエネルギー | 峰值能量 |
| — heat load | 高峰熱負載 | ピーク熱負荷 | 高峰热负荷 |
| — holding | 峰值保持 | ピークホールディング | 峰值保持 |
| — induction | 陡化感應;最大感應 | ピークインダクション | 陡化感应;最大感应 |
| — limiter | 峰值限制器;限幅器 | ピークリミタ | 峰值限制器;限幅器 |
| — load | 尖峰負載;最大負載 | せん頭負荷 | 尖峰负荷;最大荷载 |
| — power | 最大功率;峰值功率 | ピークパワー | 最大功率;峰值功率 |
| — ratio | 峰值比 | ピーク率 | 峰值比 |
| — roof | 尖屋頂;有脊屋頂 | 棟のある屋根 | 尖屋顶;有脊屋顶 |
| — stress | 峰值應力 | ピーク応力 | 峰值应力 |
| — tank | 尖艙 | ピークタンク | 尖舱 |
| — torque | 最大轉矩 | ピークトルク | 最大转矩 |
| — traffic | 高峰(時間)交通量 | ピーク交通量 | 高峰(时间)交通量 |
| — value | 峰值;巔值 | 波高値 | 峰值;巅值 |
| — width | 峰寬 | ピーク幅 | 峰宽 |
| **peaking** | 峰化;高頻提升 | ピーキング | 峰化;高频提升 |

**P**

| 英　　文 | 臺　　灣 | 日　　文 | 大　　陸 |
|---|---|---|---|
| — effect | 峰化效應 | ピーキング効果 | 峰化效应 |
| **peakness** | 峰值;尖端 | とがり | 峰值;尖端 |
| **peamafy** | 一種高導磁率合金 | パーマフィ | 坡莫菲高导磁率合金 |
| **pearl** | 珍珠色 | パール | 珍珠色 |
| — white | 珍珠白 | 塩化ビスマス | 珍珠白 |
| **pearlescent** lacquer | 珠光漆 | 真珠光沢塗料 | 珠光漆 |
| — pigment | 珠光顏料 | 真珠顔料 | 珠光颜料 |
| **pearling agent** | 珍珠劑 | 真珠ばく | 珍珠剂 |
| **pearlite** | 波來鐵 | パーライト | 珠光体 |
| **pearly luster** | 珍珠光澤 | 真珠光沢 | 珍珠光泽 |
| **peat** | 泥炭;泥煤 | ピート | 泥炭;泥煤 |
| — coke | 泥炭焦 | 泥炭コークス | 泥炭焦 |
| — marl | 泥炭泥灰岩 | 泥炭マアル | 泥炭泥灰岩 |
| — soil | 泥炭〔煤〕土 | 泥炭土 | 泥炭〔煤〕土 |
| — tar | 泥煤焦油 | 泥炭タール | 泥煤焦油 |
| — wax | 泥煤蠟 | 泥炭ろう | 泥煤蜡 |
| **pebble** | 卵〔礫〕石 | ペブル | 卵〔砾〕石 |
| **pebbles** | 橘皮效應;粗皮效應 | 梨地効果 | 橘皮效应;粗皮效应 |
| **pebbly appearance** | 卵石狀銹蝕 | ゆずはだ | 卵石状锈蚀 |
| — structure | 多石子〔卵石〕構造 | 含れき構造 | 多石子〔卵石〕构造 |
| **pechka** | 壁爐 | ペチカ | 壁炉 |
| **pecker** | 簧片;鶴嘴鋤 | ペッカ | 簧片;鹤嘴锄 |
| **pedal** | 垂足線;垂足面;踏板 | ペダル | 垂足线;垂足面;踏板 |
| — adjusting cone | 踏板調整吊錐 | ペダル玉押し | 踏板调整吊锥 |
| — bracket | 踏板托架 | ペダルブラケット | 踏板托架 |
| — curve | 垂足曲線 | ペダルカーブ | 垂足曲线 |
| — operation | 足踏操縱 | 足踏み操作 | 足踏操纵 |
| — pad | 踏腳墊 | ペダルパッド | 踏脚垫 |
| — perssure | 踏板壓力 | ペダル踏み力 | 踏板压力 |
| — pusher | 腳踏推進器 | ペダルプッシャ | 脚踏推进器 |
| — shaft | 踏板軸 | ペダルシャフト | 踏板轴 |
| — valve | 腳踏閥;踏板閥 | 足踏み弁 | 脚踏阀;踏板阀 |
| **pedal-dynamo** | 腳踏發電機 | ペダルダイナモ | 脚踏发电机 |
| **pedestal** | 支架;底座;軸箱導板 | ペデスタル | 支架;底座;轴箱导板 |
| — base | 機座;機架 | ペデスタルベース | 机座;机架 |
| — block | 軸架;底座 | 軸まくら | 轴架;底座 |
| — bracket | 支架;支柱 | ペデスタルブラケット | 支架;支柱 |
| — tie bar | 軸箱(架)拉桿 | 軸箱もり控え | 轴箱(架)拉杆 |
| — type | 支架;台座;支座;柱腳 | 脚付け型 | 支架;台座;支座;柱脚 |
| — type bearing | 托架軸承 | ペデスタル形軸受 | 托架轴承 |

| 英　　文 | 臺　　灣 | 日　　文 | 大　　陸 |
|---|---|---|---|
| — wera plate | 軸箱〔架〕防磨損板 | 軸箱もりすり板 | 軸箱〔架〕防磨损板 |
| pedicab | 三輪車 | ペディキャブ | 三轮车 |
| pedion | 單面(晶) | 単斜卓面 | 单面(晶) |
| pedionite | 熔岩台地 | ペディオニーテ | 溶岩台地 |
| pedrail | 履帶 | 無限軌条 | 履带 |
| peek-a-boo | 同位打孔〔一組卡片的〕 | ピーカブー | 同位穿孔〔一组卡片的〕 |
| peel | 剝皮;剝離 | 装入シャベル | 剥皮;剥离 |
| peeling | 漆膜剝落試驗 | ピーリング | 漆膜剥落试验 |
| — machine | 剝皮機 | ピーリングマシン | 剥皮机 |
| — resistance | 耐剝離性 | はく離抵抗 | 耐剥离性 |
| peen | (錘的)尖頭 | ピーン | (锤的)尖头 |
| — hammer | 斧錘;尖錘 | ピーンハンマ | 斧锤;尖锤 |
| — head punch | 鉚頭凸模 | 皿座フランジ付ポンチ | 铆头凸模 |
| — plating | (金屬粉末)擴散滲鍍法 | ピーンプレーティング | (金属粉末)扩散渗镀法 |
| peening | 噴砂硬化;錘擊(硬化) | ピーニング | 喷丸硬化;锤击(硬化) |
| — hammer | 表面強化用錘;點擊錘 | ピーニングハンマ | 表面强化用锤;点击锤 |
| — machine | 噴砂器;噴砂機;錘擊機 | ピーニングマシン | 喷丸器;喷砂机;锤击机 |
| — shot | 噴砂用鋼珠 | ピーニングショット | 喷丸用钢丸 |
| peep glass | 窺視鏡 | のぞきガラス | 窥视镜 |
| — hole | 觀察孔;觀測孔 | ピープホール | 观察孔;观测孔 |
| — sight | 照門 | 穴照門 | 照门 |
| — window | 窺視窗;觀察孔 | のぞき窓 | 窥视窗;观察孔 |
| peg | 木栓;(木)釘 | ペッグ | 木栓;(木)钉 |
| — chip method | 鎖片法 | ペグチップ法 | 锁片法 |
| — nail | 木釘〔栓〕 | 木くぎ | 木钉〔栓〕 |
| — rammer | 風沖子;平頭錘〔搗砂〕 | ペグランマ | 风冲子;平头锤〔搗砂〕 |
| — structure | 栓釘結構 | くぎ状構造 | 栓钉结构 |
| — wire | 螺母防鬆(用)鐵絲 | ペグワイヤ | 螺母防松(用)铁丝 |
| pek | 油漆;塗料 | ペンキ | 油漆;涂料 |
| pellet | 小球;彈珠 | ペレット | 小球;弹丸;粒;晶片 |
| — bonder | 銲片機;裝片機 | ペレットボンダ | 焊片机;装片机 |
| — bonding | 球式接合;球銲 | ペレットボンディング | 球式接合;球焊 |
| — method | 壓片法 | 錠剤法 | 压片法 |
| — press | 壓丸器;壓片器 | 圧縮結粒器 | 压丸器;压片器 |
| pelleter | 製粒機;壓片機 | ペレッタ | 制粒机;压片机 |
| pelletierme | 石榴鹼 | パレチエリン | 石榴硷 |
| pelletizer | 製球機 | ペレタイザ | 制球机 |
| pelletizing drum | 製丸鼓 | 丸粒製造ドラム | 制丸鼓 |
| — machine | 顆粒製造機 | ペレタイザ | 颗粒制造机 |
| pellicle | 薄膜;膜;(照像)軟片 | 薄膜 | 薄膜;膜;(照像)软片 |

| 英　　文 | 臺　　灣 | 日　　文 | 大　　陸 |
|---|---|---|---|
| pellucidity | 透明度;透明性 | 透明度 | 透明度;透明性 |
| Pellux | 一種脫氧劑 | ペラックス | 佩尔克斯脱氧剂 |
| pelorus | 羅經刻度盤;方位儀 | ダムカード | 罗经刻度盘;方位仪 |
| pan | 筆(尖) | ペン | 笔(尖) |
| — metal | 含錫黃銅 | ペンメタル | 含锡黄铜 |
| pencil | 鉛筆 | ペンシル | 铅笔;光束;光纤维 |
| — beam | 銳方向性射束 | ペンシルビーム | 锐方向性射束 |
| — rod | 細鐵芯 | 細鉄棒 | 细铁芯 |
| — tester | 鉛筆硬度計 | 鉛筆硬度測定器 | 铅笔硬度计 |
| pendant | 吊燈;三角旗 | ペンダント | 吊灯;三角旗 |
| — cord | 吊燈纜〔線〕 | ペンダントコード | 吊灯缆〔线〕 |
| — fitting | 懸吊式配件 | ペンダント取付け具 | 悬吊式配件 |
| — lamp | 吊燈 | ペンダントランプ | 吊灯 |
| — panel | 懸吊式控制模 | ペンダントパネル | 悬吊式控制模 |
| — rope | 吊繩 | ブーム支持ロープ | 吊绳 |
| pendent chain | 吊鏈;懸鏈 | 釣り鎖 | 吊链;悬链 |
| pendentive | 穹隅 | ペンデンチブ | 穹隅 |
| pendular state | 擺動態;懸垂態 | ペンデュラ域 | 摆动态;悬垂态 |
| pendulum | 擺;振動子;鉛錘 | ペンジュラム | 摆;振动子;铅锤 |
| — bearing | 搖動支承 | 振り子支承 | 摇动支承 |
| — compressor | 擺動式壓縮機 | 振り子圧縮機 | 摆式压缩机 |
| — cross-cut saw | 擺動式截鋸 | 振子式丸のこ盤 | 摆式截锯 |
| — hammer | 擺動式落錘 | 振子型ハンマ | 摆式落锤 |
| — saw | 擺動鋸 | 振り子のこ | 摆锯 |
| — shaft | 擺動軸 | ペンデュラムシャフト | 摆轴 |
| — swing | 擺動 | 振動 | 摆动 |
| — viscosimeter | 擺錘黏度計 | 振子式粘性計 | 摆锤粘度计 |
| penetrability | 貫穿性;穿透性 | 貫通性 | 贯穿性;穿透性;透明度 |
| penetrant | 浸透液;浸透劑 | 浸透液 | 浸透液;浸透剂 |
| — inspection | 滲透檢查 | 浸透検査 | 渗透检查 |
| — method | 穿透法 | 透過法 | 穿透法 |
| — remover | 浸滲洗淨液 | 洗浄液 | 浸渗洗净液 |
| — test | 滲透(探傷)檢驗 | 浸透(探傷)試験 | 渗透(探伤)检验 |
| penetrater | (硬度計)壓頭 | ペネトレータ | (硬度计)压头 |
| penetrating | 穿透;滲透 | だれ | 穿透;渗透;贯穿 |
| — agent | 浸透劑;滲透劑 | 浸透剤 | 浸透剂;渗透剂 |
| — connectors | 貫穿接頭 | 貫通金物 | 贯穿接头 |
| — orbit | 貫通軌道 | 貫通軌道 | 贯通轨道 |
| penetration | 穿透;銲透;熔深 | 透過 | 穿透;焊透;熔深 |
| — bead | 根部銲道 | 裏波ビード | 根部焊道 |

| 英　　文 | 臺　　灣 | 日　　文 | 大　　陸 |
|---|---|---|---|
| — coefficient | 穿透係數;滲透係數 | 突抜け係数 | 穿透系数;渗透系数 |
| — degree | 針入度 | 針入度 | 针入度 |
| — depth | 熔化層深度;滲透深度 | 溶融層深さ | 熔化层深度;渗透深度 |
| — method | 貫入法;灌漿法 | 浸透探傷法 | 贯入法;灌浆法 |
| — theory | 滲透理論 | 浸透説 | 渗透理论 |
| — zone | 貫入層;滲入區 | 浸透層 | 贯入层;渗入区 |
| **penetrativity** | 滲透性;穿透性;貫穿性 | 透入性 | 渗透性;穿透性;贯穿性 |
| **penetrator** | 穿透器;壓頭 | ペネトレータ | 穿透器;压头 |
| **penetrometer** | 透光計;針入度計 | ペネトロメータ | 透光计;针入度计 |
| **penstock** | 壓力(水)管;消火栓 | ペンストック | 压力(水)管;消火栓 |
| **pentadecagon** | 十五角〔邊〕形 | 十五角〔辺〕形 | 十五角〔边〕形 |
| **pentagon** | 五邊形 | ペンタゴン | 五边形;五角形 |
| — prism | 五角棱鏡 | ペンタゴンプリズム | 五角棱镜 |
| **pentagonal dodecahedron** | 五角十二面體 | 五角十二面体 | 五角十二面体 |
| — icositetrahedron | 五角二十四面體 | 五角三八面体 | 五角二十四面体 |
| **pentagram** | 五角星形 | ペンタグラム | 五角星形 |
| **pentamirror** | 五面鏡 | ペンタミラ | 五面镜 |
| **pentaploid** | 五倍體 | 五倍体 | 五倍体 |
| **pentaprism** | 五棱鏡 | ペンタプリズム | 五棱镜 |
| **peptization** | 膠溶(作用) | ペプチゼーション | 胶溶(作用) |
| **peptizator** | 膠溶劑;膠化劑 | ペプタイザー | 胶溶剂;胶化剂 |
| **peptizer** | 膠化劑;塑解劑 | ペプタイザ | 胶化剂;塑解剂 |
| **peptonized iron** | 鍊化鐵 | ペプトン鉄 | 链化铁 |
| **per** | 每 | 毎に | 每;按;由 |
| — mill | 千分率 | パーミル | 千分率 |
| — unit system | 單機系統 | パーユニット系 | 单机系统 |
| **Peraluman** | 優質鎂鋁錳合金 | ペラルマン | 优质镁铝锰合金 |
| **perbromo-carbon** | 全溴化碳 | 全臭化炭素 | 全溴化碳 |
| **percent** | 百分率;百分比 | パーセント | 百分率;百分比;百分数 |
| — average error | 百分(數)平均誤差 | 百分率平均誤差 | 百分(数)平均误差 |
| — brightness | 亮度百分率 | 明度パーセント | 亮度百分率 |
| — consolidation | 壓密度;固結度 | 圧密度 | 压密度;固结度 |
| — conversion | 轉化率;反應率 | 転化率 | 转化率;反应率 |
| — correction | 百分(數)校正 | 百分率補正 | 百分(数)校正 |
| — defectives | 不合格百分率 | 不良率パーセント | 不合格百分率 |
| — elongation | 伸長率 | 破断伸び | 延伸率 |
| — error | 百分(數)誤差 | 百分率誤差 | 百分(数)误差 |
| — failure | 破損百分率 | 破損パーセント | 破损百分率 |
| — of vacuum | 真空度 | 真空度 | 真空度 |
| — off set | 殘留誤差百分率 | オフセットパーセント | 残留误差百分率 |

| 英　　文 | 臺　　灣 | 日　　文 | 大　　陸 |
|---|---|---|---|
| ― order | 百分數極 | パーセントオーダ | 百分数极 |
| ― point | 百分點 | パーセント点 | 百分点 |
| **percentage** | 百分率;比率;率 | 百分率 | 百分率;比率;率 |
| ― by volume | 容量百分率 | 容量百分率 | 容量百分率 |
| ― by weight | 重量百分率 | 重量パーセント | 重量百分率 |
| ― change | 變化百分率 | 変化百分率 | 变化百分率 |
| ― crimp | 卷曲率 | けん縮率 | 卷曲率 |
| ― humidity | 相對濕度 | 飽湿度 | 百分湿度;相对湿度 |
| ― of capacity | 負載係數;操作率 | 操業度 | 负荷系数;操作率 |
| ― of contraction | 收縮率 | 縮み率〔断面の〕 | 收缩率 |
| ― of elongation | 延伸率 | 伸び率 | 延伸率 |
| ― of penetrating | 穿透率;貫穿率 | くい込み率 | 穿透率;贯穿率 |
| ― of rejects | 不合格率 | 不良率 | 不合格率;废品率 |
| ― of shrinkage | 收縮(百分)率 | 収縮百分率 | 收缩(百分)率 |
| ― of voids | 空隙率 | 空げき率 | 空隙率 |
| **perception** | 感受;理解 | 覚知 | 感受;理解;体会 |
| **perch** | 棒;(連)桿;桿 | パーチ | 棒;(连)杆;杆 |
| **percolate** | 滲出液;濾出液 | パーコレート | 渗出液;滤出液 |
| **percolater** | 滲濾器;砂濾器 | 抽出器 | 渗滤器;砂滤器 |
| **percolation** | 提取過濾;過濾;滲透 | パーコレーション | 提取过滤;过滤;渗透 |
| **percolator** | 滲濾器;過濾器;滲流器 | パーコレータ | 渗滤器;过滤器;渗流器 |
| **percussion** | 撞擊;振動;碰撞 | パーカッション | 撞击;振动;碰撞 |
| ― drill | 衝擊式鑽機 | パーカッションドリル | 冲击式钻机 |
| ― energy | 衝擊能 | 打撃エネルギー | 冲击能 |
| ― hammer | 擊鐵 | 撃鉄 | 击铁 |
| ― method | 頓鑽法;衝擊(鑽井)法 | パーカッション法 | 顿钻法;冲击(钻井)法 |
| ― press | (上移式)螺旋力機 | パーカッションプレス | (上移式)螺旋力机 |
| ― welding | 儲能銲;衝擊銲接;鍛銲 | 衝撃溶接 | 储能焊;冲击焊接;锻焊 |
| **perfect** absorbing surface | 全吸收面 | 完全吸収面 | 全吸收面 |
| ― crystal | 完美晶體;完整晶體 | 完全結晶 | 完美晶体;完整晶体 |
| ― dislocation | 全差排 | 完全転位 | 全位错 |
| ― elasticity | 理想彈性 | 完全弾性 | 理想弹性 |
| ― fluid | 理想流體 | 完全流体 | 理想流体 |
| ― plasticity | 理想塑性 | 完全塑性 | 理想塑性 |
| ― square | 完全平方 | 完全平方 | 完全平方 |
| ― weld | 穿透銲接 | 完全融合 | 焊透 |
| **perfection** | 完整性;完全 | パーフェクション | 完整性;完全 |
| **perforated** acoustic board | 多孔吸音板 | 孔あき吸音板 | 多孔吸音板 |
| ― beam | 打孔梁;有孔梁 | 有孔ばり | 穿孔梁;有孔梁 |
| ― board | 有孔板;打孔板 | 孔あき板 | 有孔板;穿孔板 |

| 英　　文 | 臺　　灣 | 日　　文 | 大　　陸 |
|---|---|---|---|
| — brick | 多孔磚 | 孔あきれんが | 多孔砖 |
| — metal form | 打孔金屬模 | パンチングメタル型 | 打孔金属模 |
| — metal sheet | 多孔鋼板 | 多孔鋼板 | 多孔钢板 |
| — panel | 打孔板 | 有孔板 | 穿孔板 |
| — pipe | 多孔管 | 穴あき管 | 多孔管 |
| — piston | 多孔活塞 | 多孔ピストン | 多孔活塞 |
| — plate | 多孔板 | 穴あき板 | 多孔板 |
| — sheet iron | 多孔鐵皮 | 多孔葉鉄 | 多孔铁皮 |
| **perforating** action | 成孔作用 | 穴打抜き作用 | 成孔作用 |
| — adder | 打孔加法機 | さん孔加算機 | 穿孔加法机 |
| — machine | 沖孔機;打孔機 | さん孔機 | 冲孔机;穿孔机 |
| **perforation** | 打孔;打眼;孔眼 | パーフォレーション | 穿孔;打眼;孔眼 |
| **perforator** | 打孔器;打孔機 | パーフォレータ | 穿孔器;穿孔机 |
| **performance** | 特性(曲線);運行 | パーフォーマンス | 特性(曲线);运行 |
| **Perglow** | 光澤鍍鎳法的添加劑 | パーグロー | 光泽镀镍法的添加剂 |
| **peri-bridge** | 迫位橋 | せり持ち橋 | 迫位桥 |
| **pericycloid** | 周擺線 | ペリシクロイド | 周摆线 |
| **peridium** | 子殼;包被 | 子殻 | 子壳;包被 |
| **perigee** | 近地點;最近點 | ペリジー | 近地点;最近点 |
| — altitude | 近地點高度 | ペリジー高度 | 近地点高度 |
| **perigon** | 周角〔360°〕 | 周角〔360°〕 | 周角〔360°〕 |
| **periheilon** | 近日點 | 近日点 | 近日点 |
| **peril** | 損失 | ペリル | 损失 |
| **perimeter** | 周長;周邊;目場計 | 外周 | 周长;周边;目场计 |
| — load | 周邊負載 | ペリメータ負荷 | 周边负荷〔荷载〕 |
| — ratio | 周長比 | 輪郭比 | 周长比 |
| — zone | 周邊區;外圍區 | ペリメータゾーン | 周边区;外围区 |
| **period** | 周期;循環;階段 | ピリオド | 周期;循环;阶段 |
| — analysis | 周期分析 | 周期解析 | 周期分析 |
| — cycling | 循環周期 | サイクリング周期 | 循环周期 |
| — of decay | 衰變期 | 減衰寿命 | 衰变期 |
| — of rolling | 橫搖周期 | 横揺れ周期 | 横摇周期 |
| — of service | 使用期;服務期 | 使用期間 | 使用期;服务期 |
| **periodc(al)** acid | 高碘酸 | 過よう素酸 | 高碘酸 |
| — chain | 周期鏈 | 周期鎖 | 周期链 |
| — chart | 周期表 | 周期表 | 周期表 |
| — coupler | 周期耦合器 | ピリオディックカプラ | 周期耦合器 |
| — family | 周期族 | 周期族 | 周期族 |
| — law | 周期律 | 周期律 | 周期律 |
| — quantity | 周期變量 | 周期変量 | 周期变量 |

| 英　　文 | 臺　　灣 | 日　　文 | 大　　陸 |
|---|---|---|---|
| ― sequence | 周期序列 | 周期系列 | 周期序列 |
| ― stress | 周期應力 | 周期的応力 | 周期应力 |
| ― table | 周期表 | 周期表 | 周期表 |
| ― vibration | 周期振動 | 周期振動 | 周期振动 |
| **peripheral** apparatus | 外圍設備;外部設備 | 周辺機器 | 外围设备;外部设备 |
| ― blow hole | 周界氣泡 | 周辺気泡 | 周界气泡 |
| ― cam | 盤形凸輪 | 周辺カム | 盘形凸轮 |
| ― equipment | 外圍設備 | 周辺装置 | 外围设备 |
| ― fault | 環周斷層;邊緣斷層 | 周辺断層 | 环周断层;边缘断层 |
| ― grinding | 周邊磨削 | 円周研削 | 周边磨削 |
| ― milling | 圓周銑削 | 外周削り | 圆周铣削 |
| ― rake | 外圍傾角 | 外周すくい角 | 外围倾角 |
| ― speed | 圓周速度;周邊速度 | 周速 | 圆周速度;周边速度 |
| ― velocity | 周速度;周邊速度 | 円周方面速度 | 周速度;周边速度 |
| ― vision | (視野)邊緣視緣 | 周縁視覚 | (視野)边缘视缘 |
| **periphery** | 周邊;圓柱體的外面 | ペリフェリィ | 周边;圆柱体的外面 |
| ― cam | 平凸輪;盤形凸輪 | 周辺カム | 平凸轮;盘形凸轮 |
| **periscope** | 潛望鏡 | ペリスコープ | 潜望镜 |
| **perished metal** | 過燒金屬 | 過焼金属 | 过烧金属 |
| **peritectoid** | 包析 | 包析 | 包析 |
| ― reaction | 包析反應 | 包析反応 | 包析反应 |
| **perlit** | 高強度波來鐵鑄鐵 | パーリット | 高强度珠光体铸铁 |
| **permaclad** | 碳素鋼複合鋼板 | パーマクラッド | 碳素钢复合钢板 |
| **permalloy** | 坡莫合金 | パーマロイ | 坡莫合金 |
| ― bar | 坡莫合金條 | パーマロイバー | 坡莫合金条 |
| ― dust | 坡莫合金粉末 | パーマロイダスト | 坡莫合金粉末 |
| ― pattern | 坡莫合金模(型) | パーマロイパターン | 坡莫合金模(型) |
| ― plating | 坡莫合金電鍍 | パーマロイめっき | 坡莫合金电镀 |
| ― thin film | 坡莫合金薄膜 | パーマロイ薄膜 | 坡莫合金薄膜 |
| **permanence** | 耐久度;永久性;穩定度 | パーマネンス | 耐久度;永久性;稳定度 |
| ― property | 耐久性 | 耐久性 | 耐久性 |
| **permanent address** | 永久地址 | パーマネントアドレス | 永久地址 |
| ― bend | 永久彎曲 | 永久曲げ | 永久弯曲 |
| ― center | 不變中心;恒心 | パーマネントセンタ | 不变中心;恒心 |
| ― damage | 永久性損壞 | 永久損傷 | 永久性损坏 |
| ― deformation | 永久變形;餘留應變 | パーマネントひずみ | 永久变形;徐留应变 |
| ― kiln | 永久窯 | 万年窯 | 永久窑 |
| ― load | 永久負載 | 不変荷重 | 永久负荷 |
| ― lubrication | 持久潤滑 | 耐久潤滑 | 持久润滑;恒定润滑 |
| ― magnet alloy | 永久磁合金 | 永久磁石合金 | 永久磁合金 |

| 英　文 | 臺　灣 | 日　文 | 大　陸 |
|---|---|---|---|
| — magnetism | 永(久)磁(性) | 残留磁気 | 永(久)磁(性) |
| — mould casting | 永久模鑄造 | 金型鋳造 | 永久型铸造 |
| — mould die | 金屬模;永久模 | 金型 | 金属模;永久型 |
| — set | 塑性變形 | パーマネントセット | 塑性变形;残留变形 |
| — speed | 恒速 | 整定速度 | 恒速 |
| — state | 永久狀態 | パーマネントステート | 永久状态;持久状态 |
| — strain | 塑性變形 | 永久ひずみ | 残馀变形;塑性变形 |
| — stress | 固定應力 | 不変応力 | 固定应力;恒定压力 |
| — alloy | 高導磁率合金 | 高度磁率合金 | 高导磁率合金 |
| — method | 滲透法 | 透過法 | 渗透法 |
| permeable dike | 透水壩 | 透過水制 | 透水坝 |
| permeameter | 導磁計 | パーミアメータ | 导磁计;透水试验仪 |
| permeance | 磁導率 | パーミアンス | 磁导率 |
| permeation | 浸透;透氣 | 透過 | 浸透;透气 |
| — constant | 滲透係數 | 透過係数 | 渗透系数 |
| Permenorm | 一種高磁鐵鎳合金 | ペルメノルム | 波明诺姆高磁铁镍合金 |
| Permet | 一種銅鎳鈷永磁合金 | パーメット | 珀米塔铜镍钴永磁合金 |
| permill | 千分之一 | パーミル | 千分之一 |
| permillage | 千分率 | ブロミル | 千分率;千分比 |
| Perminvar | 一種高導磁率合金 | パーミンバ | 珀明伐高导磁率合金 |
| permissible building area | 建築(面積高度)限定區 | 建築制限地区 | 建筑(面积高度)限定区 |
| — clearance | 容許間隙 | 許容空き | 容许间隙 |
| — deviation | 容許偏差 | 許容偏差 | 容许偏差 |
| — error | 容許誤差;公差 | パーミッシブルエラー | 容许误差;公差 |
| — length | 許用長度 | 可許長 | 许用长度 |
| — level | 容許標準 | 許容基準 | 容许标准;容许级 |
| — limit | 容許限度 | 許容限度 | 容许限度 |
| — load | 容許負載 | 許容荷量 | 容许载荷 |
| — strain | 容許應變 | 許容ひずみ | 容许应变 |
| — tolerance | 容許誤差;公差 | 許容差 | 容许误差;公差 |
| — variation | 容許誤差 | 許容差 | 容许误差 |
| permission | 許可;允許 | パーミッション | 许可;允许 |
| permutation | 倒置;置換 | パーミュテーミョン | 倒置;置换 |
| permutator | 旋轉磁場型變流器 | 回転磁界型変流機 | 旋转磁场型变流器 |
| permutoid | 交換體 | パームトイド | 交换体 |
| — reaction | 交換體沉澱反應 | パームトイド反応 | 交换体沉淀反应 |
| perpective | 透視 | 透視 | 透视 |
| perpendicular | 垂線;垂直 | 垂線 | 垂线;垂直 |
| — cut | 垂直截割 | 垂直カット | 垂直截割 |
| — force | 垂直力 | 垂直力 | 垂直力 |

| 英　文 | 臺　灣 | 日　文 | 大　陸 |
|---|---|---|---|
| — lay-out | 垂直式(溝渠)布置 | 直角式 | 垂直式(沟渠)布置 |
| — line | 垂直線;鉛垂線 | 垂直線 | 垂直线;铅垂线 |
| — system | 直角系;正交系(統) | 垂線形 | 直角系;正交系(统) |
| **perpetual** mobile | 永動機 | 永久機関 | 永动机 |
| — motion | 永恒運動 | 永久運動 | 永恒运动 |
| — screw | 蝸桿 | 万年ねじ | 蜗杆;转回螺旋 |
| **perpetuation** | 永久化;永久存在 | 永続化 | 永久化;永久存在 |
| **persistence** | 持久性;保留時間 | パーシステンス | 徐辉;持久性;保留时间 |
| — of vision | 視覺暫留 | 残像性 | 徐像现象;视觉暂留 |
| **persistent** current | 持續電流 | 永続電流 | 持续电流;恒定电流 |
| — line | 駐留譜線 | 永存線 | 驻留谱线 |
| **personal** affairs system | 人事系統 | 人事システム | 人事系统 |
| — error | 操作人誤差;人為誤差 | パーソナルエラー | 操作人误差;人为误差 |
| **personnel** | 人員;成員 | パーソネル | 人员;成员 |
| — assignment | 人員分配 | 人員配置 | 人员分配 |
| — management | 人事管理 | 人事管理 | 人事管理 |
| — protection | 人員保護 | 人員保護 | 人员保护 |
| **perspective** axis | 投影軸 | 投影軸 | 投影轴 |
| — drawing | 透視圖 | パースペクティブ | 透视图 |
| — projection | 透視投影 | 透視投像 | 透视投影 |
| — view | 透視圖 | 透視図 | 透视图 |
| pert program | 附屬程式 | パートプログラム | 附属程序 |
| **PERT** critical path analysis | 評審-關鍵路線分析 | パート限界経路解析 | 评审-关键路线分析 |
| **perturbance** | (陀螺)進動;擾動 | 摂動 | (陀螺)进动;扰动 |
| **perturbant velocity** | 擾動速度 | 摂動速度 | 扰动速度 |
| **perturbation** | 擾動 | 摂動 | 扰动 |
| — control | 擾動控制 | 摂動制御 | 扰动控制 |
| — method | 擾動法 | 摂動法 | 扰动法 |
| **pet cock** | 小旋塞;小龍頭 | ペットコック | 小旋塞;小龙头 |
| **petrochemical** industry | 石油化學工業 | 石油化学工業 | 石油化学工业 |
| — reactions | 石油化學反應 | 石油化学反応 | 石油化学反应 |
| **petrol** | 揮發油;汽油 | ペトロール | 挥发油;汽油 |
| — engine | 汽油發動機 | ガソリン機関 | 汽油发动机 |
| — filler | 汽油注入器 | ペトロールフィラ | 汽油注入器 |
| — gas | 揮發油氣 | エアーガス | 挥发油气 |
| — jet | 汽油噴射器 | 燃料ジェット | 汽油喷射器 |
| **petrolatum** | 礦脂;凡士林 | ペトロラタム | 矿脂;凡士林 |
| **petroleum** | 石油 | 石油 | 石油 |
| — benzene | 石油苯;焦苯 | 石油ベンセン | 石油苯;焦苯 |
| — chemicals | 石油化學產品 | 石油化学製品 | 石油化学产品 |

| 英　　文 | 臺　　灣 | 日　　文 | 大　　陸 |
|---|---|---|---|
| — chemistry | 石油化學 | 石油化学 | 石油化学 |
| — ether | 石油醚 | 石油エーテル | 石油醚 |
| — industry | 石油工業 | 石油産業 | 石油工业 |
| — ointement | 凡士林;礦脂 | ワセリン | 凡士林;矿脂 |
| — production | 採油 | 採油 | 采油 |
| — refining | 石油加工 | 石油精製 | 石油加工 |
| pewter | 鉛鍚 | ピュータ | 焊鍚 |
| PGS alloy | 鉑金銀合金 | PGS 合金 | 铂金银合金 |
| phaeton | 敞篷汽車 | フェトン | 敞篷汽车 |
| phantom | 錯覺 | ファントム | 错觉;仿真;模型 |
| pharos | 燈塔;航標燈 | ファロス | 灯塔;航标灯 |
| phase | 相(位);階段;狀態 | フェース | 相(位);阶段;状态 |
| — adapter | 相位變換附加器 | フェーズアダプタ | 相位变换附加器 |
| — angle difference | 相角差 | 位相角差 | 相角差 |
| — boundary | 相界 | 相界 | 相界 |
| — change | 相轉變;相變態 | 相変化 | 相转变;相变态 |
| — control circuit | 相位控制電路 | 位相制御回路 | 相位控制电路 |
| — correction | 相位校正(補償) | 位相補正 | 相位校正(补偿) |
| — corrector | 相位校正器 | 位相修正器 | 相位校正器 |
| — difference | 相(位)差 | 位相差 | 相(位)差 |
| — factor | 相位因數 | 相因子 | 相位因数 |
| — inversion | 倒相;相位倒置 | 転相 | 倒相;相位倒置 |
| — inverter | 倒相器;倒相電路 | フェーズインバータ | 倒相器;倒相电路 |
| — jitter | 相位抖動 | 位相ジッタ | 相位抖动 |
| — lag | 相位滯後 | 位相の遅れ | 相位滞后 |
| — lead | 相位超前 | 位相進み | 相位超前 |
| — lock | 鎖相 | フェーズロック | 锁相 |
| — matching | 相位匹配 | 位相整合 | 相位匹配 |
| — modifier | 調相器;相位調節器 | 調相機 | 调相器;相位调节器 |
| — relay | 相繼電器 | フェーズリレー | 相继电器 |
| — rotation | 相位旋轉 | 相回転 | 相位旋转 |
| — rule | 相律 | 相律 | 相律 |
| — stability | 位相穩定度 | 位相安定度 | 位相稳定度 |
| — swing | 相位擺動 | 位相変動 | 相位摆动 |
| — synchronization | 相位同步 | 位相同期 | 相位同步 |
| — trajectory | 相軌跡 | 位相軌跡 | 相轨迹 |
| phasemass | 相位量 | 位相量 | 相位量 |
| phase-shift | 相移 | フェーズシフト | 相移 |
| — delay | 相移遲延 | 移相遅延 | 相移迟延 |
| — detection | 相移檢波 | 移相検波 | 相移检波 |

| 英　　　文 | 臺　　　灣 | 日　　　文 | 大　　　陸 |
|---|---|---|---|
| phasing adjustment | 定相調整 | 整相調整 | 定相调整 |
| — circuit | 定相電路 | 整相回路 | 定相电路 |
| — link | 定相環 | 整相リンク | 定相环 |
| phene | 苯 | フェン | 苯 |
| phenide | 苯基金屬 | フェニン化金属 | 苯基金属 |
| phenolphthalein | 酚太 | フェノールフタレイン | 酚太 |
| phenomenon | 現象;徵兆 | フェノメノン | 现象;徵兆 |
| Philisim | 一種炮銅 | フィリシム | 菲利西姆炮铜 |
| Phillips beaker | 菲利普燒杯 | フィリップス氏ビーカ | 菲利普烧杯 |
| — driver | 十字螺絲起子 | フィリップスドライバ | 十字螺丝起子 |
| — gauge | 菲利普真空計 | フィリップスゲージ | 菲利普真空计 |
| — screw | 十字槽頭螺釘 | フィリップスねじ | 十字槽头螺钉 |
| philosophy | 特點;哲學 | フィロソフィ | 特点;哲学;基本原理 |
| phone | 電話(機);送受話器 | フォン | 电话(机);送受话器 |
| phoneme | 語音 | フォニーム | 音素;语音 |
| phonetic | 語音學 | フォネティックス | 语音学 |
| phone-bronze | 銅錫系合金 | フォノブロンズ | 铜锡系合金 |
| phonogram | 唱片 | フォノグラム | 唱片;话传电报 |
| phonograph | 留聲機;電唱機 | フォノグラフ | 留声机;电唱机 |
| phonon | 聲子〔振動能的量子〕 | フォノン | 声子〔振动能的量子〕 |
| Phoral | 一種鋁磷合金 | フォラール | (福拉尔)铝磷合金 |
| phos-copper | 磷銅銲料 | フォスカッパ | 磷铜焊料 |
| phosphated metal | 磷酸鹽化金屬 | りん酸塩化成金属 | 磷酸盐化金属 |
| phosphating | 磷酸鹽處理 | りん酸処理 | 磷酸盐处理 |
| — coat | 磷化膜 | 防食化成被覆 | 磷化膜 |
| — process | 磷化處理法 | りん酸塩皮膜化成法 | 磷化处理法 |
| phosphatization | 磷酸鹽(處理) | りん酸塩化 | 磷酸盐(处理) |
| phosphometal | 含磷金屬 | 含りん金属 | 含磷金属 |
| phosphor | 螢光體;黃磷 | 蛍りん光体 | 萤光体;黄磷 |
| — bomb | 磷炸彈 | りん爆弾 | 磷炸弹 |
| — bronze wire | 磷青銅線 | りん青銅線 | 磷青铜线 |
| — bruning | 螢光粉燒毀 | りん光体焼け | 荧光粉烧毁 |
| — copper | 磷銅(合金) | りん銅 | 磷铜(合金) |
| — nickel | 磷鎳合金 | りんニッケル合金 | 磷镍合金 |
| — tin | 磷錫合金 | りんすず合金 | 磷锡合金 |
| — zine | 鋅磷合金 | りん亜鉛合金 | 锌磷合金 |
| phosphorescent coating | 磷光漆;夜光漆 | りん光(性)塗料 | 磷光漆;夜光漆 |
| — material | 磷光物質 | りん光物質 | 磷光物质 |
| — paint | 磷光漆 | りん光ペイント | 磷光漆 |
| phosphorimetry | 磷光測定(法) | りん光測定(法) | 磷光测定(法) |

| 英　　文 | 臺　　灣 | 日　　文 | 大　　陸 |
|---|---|---|---|
| phosphorized copper | 磷銅 | りん処理銅 | 磷铜 |
| phosphorus,P | 磷 | りん | 磷 |
| — bomb | 黃磷炸彈 | （黃）りん爆弾 | 黄磷炸弹 |
| — bronze | 磷青銅 | りん（青）銅 | 磷青铜 |
| photic analysis | 光分析 | 光分析 | 光分析 |
| — zone | 透光層 | 透光蒂 | 透光层 |
| photo | 像片；攝影的 | フォト | 像片；摄影的 |
| — amplifier | 光電放大器 | フォトアンプ | 光电放大器 |
| — detector | 光檢測器 | フォトデテクタ | 光检测器 |
| — drawing | 光學繪圖 | フォトドローイング | 光学绘图 |
| photoactivation | 光敏化；用光催化 | 光活性化 | 光敏化；用光催化 |
| photoaging | 光老化 | 光老化 | 光老化 |
| photocatalysis | 光催化（作用） | 光触媒作用 | 光催化（作用） |
| photocatalyst | 光催化劑 | 光触媒 | 光催化剂 |
| photocell | 光電管；光電元件 | フォトセル | 光电管；光电元件 |
| — conductance | 光電管電導 | 光電管コンダクタンス | 光电管电导 |
| photochemical absorption | 光化學吸收 | 光化学吸収 | 光化学吸收 |
| — action | 光化學作用 | 光化学作用 | 光化学作用 |
| — activity | 光化（學）活性 | 光化学的活性 | 光化（学）活性 |
| — cell | 光化學電池 | 光化学電池 | 光化学电池 |
| — cycle | 光化學循環 | 光化学サイクル | 光化学循环 |
| — effect | 光化學效應 | 光化学効果 | 光化学效应 |
| — efficiency | 光化學效率 | 光化学効率 | 光化学效率 |
| — equivalent | 光化當量 | 光化学当量 | 光化当量 |
| — excitation | 光化激發 | 光化学刺激 | 光化激发 |
| — machining | 光化學加工 | 光化学加工 | 光化学加工 |
| photochemistry | 光化學 | 光化学 | 光化学 |
| photocomposition | 照相排版 | 写真植字 | 照相排版；光学排字 |
| photocon | 光（電）導元件 | フォトコン | 光（电）导元件 |
| photoconduction | 光電導（率；性） | 光導電 | 光电导（率；性） |
| photoconductive cell | 光（電）導器件 | ホトセル | 光（电）导器件 |
| — compound | 光（電）導（性）化合物 | 光電導性化合物 | 光（电）导（性）化合物 |
| — film | 光敏薄膜 | 光電導薄膜 | 光敏薄膜 |
| — layer | 光電導層 | 光導電膜 | 光电导层 |
| — material | 光電導材料 | 光導電材料 | 光电导材料 |
| — tube | 光（電）導管 | 光導電管 | 光（电）导管 |
| photoconductivity | 光（電）導性 | 光伝導性 | 光（电）导性 |
| photoconductor | 光（電）導體 | フォトコンダクタ | 光（电）导体；光敏电阻 |
| photocopy | 照相複製品 | フォトコピー | 照相复制品 |
| photocoupler | 光耦合器 | フォトカプラ | 光耦合器 |

| 英　　文 | 臺　　灣 | 日　　文 | 大　　陸 |
|---|---|---|---|
| **photodiode** | 光電二極管 | フォトダイオード | 光电二极管 |
| **photoelectric** absorption | 光電吸收 | 光電吸収 | 光电吸收 |
| — amplifier | 光電放大器 | 光電増幅器 | 光电放大器 |
| — controller | 光電控制器 | 光電制御装置 | 光电控制器 |
| — effect | 光電效應 | 光電効果 | 光电效应 |
| — microscope | 光電顯微鏡 | 光電顕微鏡 | 光电显微镜 |
| — relay | 光控繼電器 | 光線リレー | 光控继电器 |
| — resistance | 光敏電阻 | 光電抵抗 | 光敏电阻 |
| — transducer | 光電變換器 | 光電気変換器 | 光电变换器 |
| **photoelectron** | 光電子 | フォトエレクトロン | 光电子 |
| **photoetch pattern** | 光刻圖案〔圖形〕 | フォトエッチパターン | 光刻图案〔图形〕 |
| **photo-FET** | 光控場效應晶體管 | フォトFET | 光控场效应晶体管 |
| **photofiber** | 光學〔導〕纖維 | フォトファイバ | 光学〔导〕纤维 |
| **photoflash** | 照相閃光燈 | フォトフラッシュ | 照相闪光灯 |
| — lamp | (照相)閃光燈 | せん光ランプ | (照相)闪光灯 |
| **photogene** | 餘像 | 残像 | 馀像 |
| **photograph** | 照相;照片 | 写真 | 照相;照片 |
| **photography** | 照相術 | フォトグラフィ | 照相术 |
| — measurement | 攝影測量 | 写真測定 | 摄影测量 |
| **photogravure** | 照相凹版 | グラビア | 照相凹版 |
| **photohyalography** | 照相蝕刻術 | 光食刻術 | 照相蚀刻术 |
| **photoionization** | 光(致)電離 | 光電離 | 光(致)电离 |
| **photoisolator** | 光電隔離器 | フォトアイソレータ | 光电隔离器 |
| **photolith** | 光刻(的) | 写真平板 | 光刻(的) |
| **photolithography** | 影印法 | フォトリソグラフィ | 影印法;光刻法 |
| **photology** | 光學 | フォトロジィ | 光学 |
| **photomap** | 空中攝影地圖 | フォトマップ | 空中摄影地图 |
| **photomask** | 光掩模 | フォトマスク | 光掩模 |
| — set | 光掩模組 | フォトマスクセット | 光掩模组 |
| **photometric** analysis | 光度分析 | 光分析 | 光度分析 |
| — axis | 測光軸 | 測光軸 | 测光轴 |
| — balance | 光度平衡 | 測光バランス | 光度平衡 |
| — quantity | 光度值 | 測光量 | 光度值 |
| **photometry** | 測光(法) | フォトメトリ | 测光(法) |
| **photomultiplier** | 光電倍增器〔管〕 | フォトマルチプライヤ | 光电倍增器〔管〕 |
| **photon** | 光量子;光電子 | フォトン | 光量子;光电子 |
| — drag | 光子牽引 | フォトンドラッグ | 光子牵引 |
| **photoneutron** | 光激中子 | 光中性子 | 光激中子 |
| — reaction | 光(致)核反應 | 光核反応 | 光(致)核反应 |
| — source | 光激中子源 | 光中性子源 | 光激中子源 |

| 英　　文 | 臺　　灣 | 日　　文 | 大　　陸 |
|---|---|---|---|
| **photoprocessing** | 光刻法 | フォトプロセッシング | 光刻法 |
| **photoreaction** | 光致反應 | 光反応 | 光致反应 |
| **photoresistor** | 光敏電阻(器) | フォトレジスタ | 光敏电阻(器) |
| **photoscope** | 透視鏡 | フォトスコープ | 透视镜 |
| **photosensitiser(s)** | 感光劑;光敏劑 | 感光剤 | 感光剂;光敏剂 |
| **photosensitive area** | 光敏面積 | 光電感面責 | 光敏面积 |
| — diode | 光敏二極管 | 光感度ダイオード | 光敏二极管 |
| **photosensitivity** | 感光性;感光靈敏度 | 光敏感度 | 感光性;感光灵敏度 |
| **photosensitizer** | 光敏劑 | 光増感剤 | 光敏剂 |
| **photosensor** | 光敏器件;光電讀出器 | フォトセンサ | 光敏器件;光电读出器 |
| **phototimer** | 曝光計 | フォトタイマ | 曝光计 |
| **phrase** | 成語;詞組 | フレーズ | 成语;词组;短语 |
| **phugoid mode** | 起伏型運動方式 | 縦の長周期運動 | 起伏型运动方式 |
| **physical absorption** | 物理吸收;物理吸附 | 物理的吸収 | 物理吸收;物理吸附 |
| — action | 物理作用 | 物理作用 | 物理作用 |
| — adsorption | 物理吸著 | 物理吸着 | 物理吸着 |
| — agent | 物理(作用)因素 | 物理的作因 | 物理(作用)因素 |
| — analysis | 物理分析 | 物理的分析法 | 物理分析 |
| — catalyst | 物理觸媒 | 物理触媒 | 物理触媒 |
| — change | 物理變化 | 物理変化 | 物理变化 |
| — circuit | 實線電路 | 実回線 | 实线电路 |
| — constant | 物理常數 | 物理定数 | 物理常数 |
| — design | (機械的)結構設計 | 物理的設計 | (机械的)结构设计 |
| — device | 實際設備 | 物理的デバイス | 实际设备 |
| — driver | 物理驅動器 | 物理的ドライバ | 物理驱动器 |
| — equilibrium | 物理平衡 | 物理平衡 | 物理平衡 |
| — error | 物理誤差;實際誤差 | 物理的エラー | 物理误差;实际误差 |
| — etch | 物理腐蝕 | フィジカルエッチ | 物理腐蚀 |
| — inventory | 實際庫存 | 実在庫 | 实际库存 |
| — mechanism | 物理機構 | 物理機構 | 物理机构 |
| — metallurgy | 金相學;物理冶金(學) | 物理や金学 | 金相学;物理冶金(学) |
| — model | 物理模型;實際模型 | 物理モデル | 物理模型;实际模型 |
| — pendulum | 復擺;物理擺 | 物理振り子 | 复摆;物理摆 |
| — phenomenon | 物理現象 | 物理現象 | 物理现象 |
| — plane | 物理平面 | 物理面 | 物理平面 |
| — science | 自然科學 | 自然科学 | 自然科学 |
| — shock | 物理衝擊 | 物理的衝撃 | 物理冲击 |
| — simulator | 物理模擬器 | 物理的シミュレータ | 物理模拟器 |
| — strength | 物理強度 | 物理的強度 | 物理强度 |
| — stress | 物理應力 | 物理的応力 | 物理应力 |

| 英　　文 | 臺　　灣 | 日　　文 | 大　　陸 |
|---|---|---|---|
| — system | 物理系統；物資系統 | 物理システム | 物理系统；物资系统 |
| — weathering | 機械風化（作用） | 物理的風化 | 机械风化（作用） |
| **physician** | 醫生 | 医師 | 医生；大夫 |
| **physicist** | 物物理學家 | 物理学者 | 物物理学家 |
| **physics** | 物理（學） | フィジックス | 物理（学） |
| **piano** | 鋼琴 | ピアノ | 钢琴 |
| — wire | 琴絲線；硬鋼絲 | ピアノワイヤ | 钢琴丝；硬钢丝 |
| — wire concrete | 高強鋼絲混凝土 | 鋼弦コンクリート | 高强钢丝混凝土 |
| **piazza** | 步廊；長廊〔有頂的〕 | ピアッツァ | 步廊；长廊〔有顶的〕 |
| **pick** | 鶴嘴鋤；鎬 | ピック | 鹤嘴锄；镐 |
| — finder | 尋線器 | ピックファインダ | 寻线器 |
| — hammer | 尖頭齒岩錘〔鑽孔機〕 | ピックハンマ | 尖头齿岩锤〔钻孔机〕 |
| **pickax(e)** | 十字鎬；尖鎬 | つるはし | 十字镐；尖镐 |
| **pickbreaker** | 風鎬 | ピック | 风镐 |
| **picker** | 取模針 | ピッカ | 取模针 |
| **picking** | 掘；選擇 | ピッキング | 掘；选择；清棉 |
| — arm | 投梭棒 | ピッキングアーム | 投梭棒 |
| — crane | 挖掘起重機 | ピッキングクレーン | 挖掘起重机 |
| — tappet | 投梭凸輪 | ピッキングタペット | 投梭凸轮；投梭桃盘 |
| **pickling** | 酸洗；酸漬 | ピックリング | 酸洗；酸渍 |
| — agent | 酸洗劑；酸浸劑 | 酸洗剤 | 酸洗剂；酸浸剂 |
| **picknometer** | 比重瓶；比重管 | 比重計 | 比重瓶；比重管 |
| **pick-up** | 拾音〔波〕；傳感器 | ピックアップ | 拾音〔波〕；传感器 |
| — gear | 鉤起裝置 | ピックアップキャー | 钩起装置 |
| — head | 拾音頭；拾像頭 | ピックアップヘッド | 拾音头；拾像头 |
| — loop | 拾波環；耦合環 | ピックアップループ | 拾波环；耦合环 |
| — tongs | 拾物鉗 | つまみやっとこ | 拾物钳 |
| **picnometer** | 比重瓶 | ピクノメータ | 比重瓶 |
| **picowatt** | 皮（可）瓦（特） | ピコワット | 皮（可）瓦（特） |
| **pictogram** | 繪畫圖表 | ピクトグラム | 绘画图表 |
| **pictograph** | 統計圖表 | ピクトグラフ | 统计图表 |
| **picture** | 照片；形像 | ピクチャ | 照片；形像；概念 |
| — character | 圖像符號 | ピクチャ文学 | 图像符号 |
| — quality | 圖像質量 | 画像品質 | 图像质量 |
| — search | 圖像搜索 | ピクチャサーチ | 图像搜索 |
| — signal | 圖像信號 | ピクチャシグナル | 图像信号 |
| — varnish | 繪畫用漆 | 絵画用ワニス | 绘画用漆 |
| **PID control** | 比例積分微分控制 | PID 制御 | 比例积分微分控制 |
| **piece** | 件；零件 | ピース | 件；零件 |
| — angle | 接合用角鋼；接頭角鋼 | ピースアングル | 接合用角钢；接头角钢 |

| 英　　文 | 臺　　灣 | 日　　文 | 大　　陸 |
|---|---|---|---|
| — handling | 單件作業 | ピースハンドリング | 单件作业 |
| — work | 計件工作;單件生產 | ピースワーク | 计件工作;单件生产 |
| **piedmont** | 山麓;山前地帶 | 山ろく | 山麓;山前地带 |
| **pien rafter** | 角椽〔木〕 | 隅木 | 角椽〔木〕 |
| **piend roof** | 尖脊屋頂;四坡頂 | 方形屋根 | 尖脊屋顶;四坡顶 |
| **pier** | 支柱;橋墩 | ピア | 支柱;桥墩;码头 |
| — arch | 墩拱;柱拱 | 柱アーチ | 墩拱;柱拱 |
| — basement | 橋墩基礎 | ピア基礎 | 桥墩基础 |
| — stud | 橋墩柱 | 脚柱 | 桥墩柱 |
| **pierced** brick | 空心磚 | 孔あきれんが | 空心砖 |
| — plank | 有孔鋼板 | せん孔板 | 有孔钢板 |
| **piercer** | 沖孔機 | ピーサ | 冲孔机 |
| **piercing** die | 沖孔模 | ピアーシングダイ | 冲孔模 |
| — press | 打孔沖床 | ピアーシングプレス | 穿孔压力机 |
| — punch | 沖孔沖頭 | ピアーシングポンチ | 冲孔冲头 |
| — welding | 穿透熔〔鎔〕接 | 貫通溶接 | 穿透熔〔焊〕接 |
| **Pierott metal** | 一種鋅基軸承合金 | ピエロットメタル | 皮尔奥特锌基轴承合金 |
| **piezoeffect** | 壓電效率 | ピエゾ効果 | 压电效率 |
| **piezoelectric(al)** ceramics | 壓電陶瓷 | 圧電磁器 | 压电陶瓷 |
| — coupler | 壓電耦合器 | 圧電結合子 | 压电耦合器 |
| — cutter | 壓電式刻紋頭 | 圧電形カッタ | 压电式刻纹头 |
| — material | 壓電材料 | 圧電材料 | 压电材料 |
| — monitor | 壓電監視器 | ピエゾ電気監視器 | 压电监视器 |
| — tuning-fork | 壓電音叉 | 圧電音さ | 压电音叉 |
| **piezometer** | 壓力計;壓強計 | ピエゾメータ | 压力计;压强计 |
| — tube | 測壓管 | ピエゾメータ管 | 测压管 |
| **piezometric** head | 測壓管〔計〕水頭 | ピエゾ水頭 | 测压管〔计〕水头 |
| — ring | 壓力計環 | 圧力計環 | 压力计环 |
| **piezometry** | 壓力測定 | ピエゾメトリ | 压力测定 |
| **piezomic** | 壓電元件 | ピエゾミック | 压电元件 |
| **piezoresistance** | 壓敏電阻 | ピエゾ抵抗 | 压敏电阻 |
| **piezoresistor** | 壓電電阻器 | ピエゾ抵抗器 | 压电电阻器 |
| **pig** | 生鐵(塊) | ペッグ | 生铁(块) |
| — bed | (高爐)鑄床;砂坑 | 鋳銑床 | (高炉)铸床;砂坑 |
| — boiling process | 生鐵沸騰法 | 銑鉄沸騰法 | 生铁沸腾法 |
| — casting machine | 鑄錠機 | 鋳銑機 | 铸锭机 |
| — gage | 栓規 | 管系験水栓 | 栓规 |
| — iron | 生鐵;鐵錠 | なまこ銑 | 生铁;铁锭 |
| — iron ladle car | 鐵水罐車 | 溶銑車 | 铁水罐车 |
| — iron mixer | 混鐵爐 | 混銑炉 | 混铁炉 |

| 英　　文 | 臺　　灣 | 日　　文 | 大　　陸 |
|---|---|---|---|
| ― lead | 鉛錠 | 粗鉛 | 铅锭 |
| ― machine | 鑄錠機 | 鋳銑機 | 铸锭机 |
| ― metal | 熔煉金屬錠 | 製れん金属塊 | 熔炼金属锭 |
| ― mold | 生澆金屬鑄模;錠模 | 金属鋳込み鋳型 | 生浇金属铸模;锭模 |
| ― skin | 豬皮;返粗〔油漆的〕 | ピッグスキン | 猪皮;返粗〔油漆的〕 |
| ― tin | 生錫;錫錠 | ずくすず | 生锡;锡锭 |
| ― washing | 生鐵精煉 | 銑鉄精製 | 生铁精炼 |
| **pigeon** hole | （鋼錠內）空穴 | 鳩小屋式仕切り棚 | （钢锭内）空穴 |
| ― holed arch | 多孔火拱 | 多孔式アーチ | 多孔火拱 |
| **pigging** | 管道內部的清管器清理 | なまこ造り | 管道内部的清管器清理 |
| ― back | 生鐵增碳 | 銑鉄添加 | 生铁增碳 |
| ― up | 生鐵增碳 | ブロッキング | 生铁增碳 |
| **PIGMA welding** | PIGMA銲接 | PIGMA 溶接 | PIGMA焊接 |
| **pigment** | 顏料;色素 | 顔料 | 颜料;色素 |
| ― content | 顏料分成 | 顔料分 | 颜料分成 |
| ― finish | 塗顏料 | 顔料仕上げ | 涂颜料 |
| ― laser | 色素雷射 | 色素レーザ | 色素激光 |
| **pike** | 針;十字鎬;鶴嘴鋤 | パイク | 针;十字镐;鹤嘴锄 |
| ― noise | 尖噪聲 | パイクノイズ | 尖噪声 |
| ― pole | 桿鈎〔叉〕 | 刺すまた | 杆钩〔叉〕 |
| **pile** | 堆積;整齊堆集物 | パイル | 堆积;整齐堆集物 |
| ― cap | 椿帽 | パイルキャップ | 桩帽 |
| ― collar | 椿箍〔環〕 | くい輪 | 桩箍〔环〕 |
| ― drawer | 拔椿機 | くい抜き機 | 拔桩机 |
| ― driver | 打椿機 | パイルドライバ | 打桩机 |
| ― driving hammer | 夯錘;打椿錘 | くい打ちハンマ | 夯锤;打桩锤 |
| ― dyke | 打椿提壩 | くい打ち水制 | 打桩提坝 |
| ― head | 椿頭 | くい頭 | 桩头 |
| ― hoop | 椿箍 | くい輪 | 桩箍 |
| ― ring | 椿箍 | くい環 | 桩箍 |
| ― shoe | 椿靴 | くいぐつ | 桩靴 |
| **piled** barrels | 堆積桶 | たい積おけ | 堆积桶 |
| ― plate cutting | 垛板切斷 | 束ね板切断 | 垛板切断 |
| **piler** | 堆布機;堆垛機 | パイラ | 堆布机;堆垛机 |
| **Pilger** mill | 皮爾格式軋機 | ピルガミル | 皮尔格式轧机 |
| ― rolls | 皮爾格滾筒 | ピルガロール | 皮尔格滚筒 |
| ― step by step welding | 往復式銲接 | スキップ溶接 | 往复式焊接 |
| **piling** | 椿;打椿 | パイリング | 桩;打桩 |
| ― crane | 堆垛用吊車 | パイリングクレーン | 堆垛用吊车 |
| ― engine | 打椿機 | くい打ち機 | 打桩机 |

| 英　　文 | 臺　　灣 | 日　　文 | 大　　陸 |
|---|---|---|---|
| — machine | 打樁機 | パイレン | 打桩机 |
| **pillar** | 支柱 | ポスト | 支柱 |
| — bracket bearing | 柱上托架軸承 | 柱掛け軸受 | 柱上托架轴承 |
| — buoy | 柱形浮標 | 円柱ブイ | 柱形浮标 |
| — cock | 豎向龍頭;支柱式龍頭 | 台付き水栓 | 竖向龙头;支柱式龙头 |
| — crane | 轉柱起重機 | ポスト形ジブクレーン | 转柱起重机 |
| — die set | 導柱模架 | ダイス組みセット | 导柱模架 |
| — file | 柱形銼 | 平角やすり | 柱形锉 |
| **pillow air** | 氣墊 | ピローエア | 气垫 |
| — block | 軸台 | ピローブロック | 轴台 |
| — case | 軸承座 | ピロケース | 轴承座 |
| — container | 枕形容器 | 枕形容器 | 枕形容器 |
| — cover | 軸枕蓋 | まくらカバー | 轴枕盖 |
| **pilot** | 輔助的;實驗性的 | パイロット | 辅助的;实验性的 |
| — arc | 導引電弧;維(持)電弧 | パイロットアーク | 导引电弧;维(持)电弧 |
| — bar | 駕駛桿;導向桿 | パイロットバー | 驾驶杆;导向杆 |
| — bearing | 導軸承 | パイロットベアリング | 导轴承 |
| — bell | 監視鈴 | 監視ベル | 监视铃 |
| — boring | 導鑽 | 先進ボーリング | 导钻 |
| — burner | 引燃噴嘴 | パイロットバーナ | 引燃喷嘴 |
| — bush | 導套 | パイロットブッシュ | 导套 |
| — check valve | 控制止回閥 | パイロットチェック弁 | 控制止回阀 |
| — drill | 定心鑽 | 案内ドリル | 定心钻 |
| — flame | 起動火舌;導焰 | パイロットフレーム | 起动火舌;导焰 |
| — gage | 銷式定位裝置 | パイロットゲージ | 销式定位装置 |
| — hole | 導孔;定位孔 | パイロットホール | 导孔;定位孔 |
| — lamp | 信號燈;指示橙 | パイロットランプ | 信号灯;指示橙 |
| — lever | 控制手炳 | パイロットレバー | 控制手炳 |
| — model | 試驗模型 | パイロットモデル | 试验模型 |
| — mold | 實驗模型 | 実験型 | 实验模型 |
| — motor | 伺服電動機 | パイロットモータ | 伺服电动机 |
| — nut | 導樞螺姆〔帽〕 | パイロットナット | 导枢螺姆〔帽〕 |
| — pin | 導銷 | パイロットピン | 导销 |
| — piston | 導向活塞 | パイロットピストン | 导向活塞 |
| — plunger | 導閥柱塞 | パイロットプランジャ | 导阀柱塞 |
| — poppet | (液壓)控制提升閥 | パイロットポペット | (液压)控制提升阀 |
| — punch | 導向沖頭 | パイロットパンチ | 导向凸模 |
| — reamer | 帶導柱鉸刀 | パイロットリーマ | 带导柱铰刀 |
| — relay | 監控中繼器 | パイロットリレー | 监控中继器 |
| — run | 引導操作 | パイロットラン | 引导操作 |

| 英　　文 | 臺　　灣 | 日　　文 | 大　　陸 |
|---|---|---|---|
| — shaft | 導井 | パイロットシャフト | 导井 |
| — sleeve | 導向套筒 | パイロットスリーブ | 导向套筒 |
| — system | 引導系統；駕駛員系統 | パイロットシステム | 引导系统；驾驶员系统 |
| — tap | 帶導向柱絲攻 | パイロットタップ | 带导向柱丝锥 |
| — tape | 導帶 | パイロットテープ | 导带 |
| — tunnel | （隧道）導洞 | パイロットトンネル | （隧道）导洞 |
| — valve | 控制閥；控制伺服閥 | パイロットバルブ | 控制阀；控制伺服阀 |
| — wire | 操作線；輔助導線 | パイロットワイヤ | 操作线；辅助导线 |
| **pilotage** | 領航；引水；引水費 | 水先案内 | 领航；引水；引水费 |
| **pilotherm** | 恒溫箱 | ピロサーム | 恒温箱 |
| **piloting** | 導向；導銷 | パイロッチング | 导向；导销 |
| **pimeson** | π介子 | π-中間子 | π介子 |
| **pin** | 針；銷；栓 | 針 | 针；销；栓 |
| — and hole type cam die | 銷孔式凸輪模 | ピンホール式カム型 | 销孔式凸轮模 |
| — bar | 滲碳細鋼絲〔製特殊針用〕 | ピンバー | 渗碳细钢丝〔制特殊针用〕 |
| — bearing | 樞軸支承；滾柱軸承 | ピン軸受 | 枢轴支承；滚柱轴承 |
| — bolt | 銷釘；帶（開口）銷螺栓 | ピンボルト | 销钉；带（开口）销螺栓 |
| — boss | 銷轂〔活塞銷的〕 | ピンボス | 销毂〔活塞销的〕 |
| — circle | 圓銷 | ピンサークル | 圆销 |
| — contact | 針孔式接頭 | ピンコンタクト | 针孔式接头 |
| — dot matrix | 點陣（式） | ピンドットマトリクス | 点阵（式） |
| — dirll | 銷孔鑽 | ピンドリル | 销孔钻 |
| — face gear | 冕狀齒輪 | ピンフェースギヤー | 冕状齿轮 |
| — face wrench | 叉形帶銷扳手 | かに目スパナ | 叉形带销扳手 |
| — file | 針銼 | ピンやすり | 针锉 |
| — gage | 栓規；銷規 | ピンゲージ | 栓规；销规 |
| — gate | 插頭座；插孔 | ピンゲート | 插头座；插孔 |
| — gear | 針形齒輪 | ピン歯車 | 针形齿轮 |
| — guide | 導銷 | ピンガイド | 导销 |
| — head | 針頭 | ピンヘッド | 针头 |
| — hinge | 銷鉸；樞軸鉸 | ピンちょうつがい | 销铰；枢轴铰 |
| — joint | 樞接；鉸（鏈連）接 | ピンジョイント | 枢接；铰（链连）接 |
| — metal | 銷釘用黃銅 | ピンメタル | 销钉用黄铜 |
| — mill | 鋼針（衝擊）研磨機 | ピンミル | 钢针（冲击）研磨机 |
| — plate | 栓接板 | ピンプレート | 栓接板 |
| — plug | 針狀插頭 | ピンプラグ | 针状插头 |
| — punch | 尖沖頭 | ピンパンチ | 尖冲头 |
| — rack | 銷齒條；針齒條 | ピンラック | 销齿条；针齿条 |
| — rammer | 扁頭砂錘 | ピンランマ | 扁头夯砂锤 |
| — seat | 軸座；銷座 | ピンシート | 轴座；销座 |

| 英　　文 | 臺　　灣 | 日　　文 | 大　　陸 |
|---|---|---|---|
| — spanner | 叉形扳手;帶銷扳手 | ピンスパナ | 叉形扳手;带销扳手 |
| — spindle | 銷軸 | ピンスピンドル | 销轴 |
| — splice | 銷栓連接〔鉸接〕(節點) | シャーピン継手 | 销栓连接〔铰接〕(节点) |
| — stop | 定位銷〔連續沖裁模的〕 | ピンストップ | 定位销〔连续冲裁模的〕 |
| — truss | 桁架 | ピントラス | 桁架 |
| — tumbler lock | 轉向銷子鎖 | ピンタンブラ錠 | 转向销子锁 |
| — vavle | 針閥 | ピンバルブ | 针阀 |
| — vise | 針鉗 | ピンバイス | 针钳 |
| — wheel | 針輪;銷輪 | ピンホイール | 针轮;销轮 |
| — wrench | 帶銷扳手 | ピンレンチ | 带销扳手 |
| **pinacoid** | 軸面體 | 卓面 | 轴面体 |
| **pincers** | 鉗子;拔釘鉗 | ピンサース | 钳子;拔钉钳 |
| — spot welding head | X型點銲鉗 | X形ガン | X型点焊钳 |
| **pinch** | 箍縮 | ピンチ | 箍缩 |
| — bar | 撬桿〔桿;棍〕 | こじり棒 | 撬杆〔杆;棍〕 |
| — bending | 壓緊彎曲 | ピンチ曲げ | 压紧弯曲 |
| — cock | 彈簧夾;活嘴夾 | ピンチコック | 弹簧夹;活嘴夹 |
| — pass mill | 平整軋機 | 調質圧延機 | 平整轧机 |
| — roll | 夾送輥;夾緊輥 | ピンチロール | 夹送辊;夹紧辊 |
| — roller | 壓緊(帶)輪 | ピンチローラ | 压紧(带)轮 |
| — trimming | 沖模修邊 | ピンチトリミング | 冲模修边 |
| — valve | 壓緊閥 | ピンチ弁 | 压紧阀 |
| **pinchers** | 鉗子;剪線鉗 | ペンチ | 钳子;剪线钳 |
| **pin-connected** constructio | 鉸接構造;樞接構造 | ピン構造 | 铰接构造;枢接构造 |
| — truss | 鉸接桁架 | ピントラス | 铰接桁架 |
| **ping-pong** | 來回搖動;乒乓球 | ピンポン | 来回摇动;乒乓球 |
| **pinhead** | 針頭;插頭 | ピンヘッド | 针头;插头 |
| — blister | 針孔〔鑄造缺陷〕 | ピンヘッドブリスタ | 针孔〔铸造缺陷〕 |
| **pinhole** | 小孔;針孔;氣孔 | ピンホール | 小孔;针孔;气孔 |
| — camera | 無透鏡照相機 | ピンホールカメラ | 无透镜照相机 |
| — collimator | 針孔准直儀 | ピンホールコリメータ | 针孔准直仪 |
| — grinder | (活塞)銷孔磨床 | ピンホールグラインダ | (活塞)销孔磨床 |
| — surface | 針孔表面;粗糙表面 | なばた面 | 针孔表面;粗糙表面 |
| **pinion** | 小齒輪;齒桿 | ピニオン | 小齿轮;齿杆 |
| — cutter | 小齒輪銑刀;插齒刀 | ピニオンカッタ | 小齿轮铣刀;插齿刀 |
| — gear | 小齒輪;游星齒輪 | ピニオンギヤー | 小齿轮;游星齿轮 |
| — gear shaper | 小齒輪插〔鉋〕齒機 | ピニオン形歯切り盤 | 小齿轮插〔刨〕齿机 |
| — housing | 齒輪機架〔座〕 | ピニオンハウジング | 齿轮机架〔座〕 |
| — mate | 嚙合小齒輪 | ピニオンメイト | 啮合小齿轮 |
| — rack | 齒輪齒條 | ピニオンラック | 齿轮齿条 |

| 英　　文 | 臺　　灣 | 日　　文 | 大　　陸 |
|---|---|---|---|
| — shaft | 小齒輪軸 | 小歯車軸 | 小齿轮轴 |
| — stand | 齒輪機架；齒輪座 | ピニオンスタンド | 齿轮机架；齿轮座 |
| pinless hinge | 無軸鉸鏈 | ピンなしちょうつがい | 无轴铰链 |
| pinning | 銷住；銷連接；支撐 | ピンニング | 销住；销连接；支撑 |
| — center | 束縛中心 | ピン止め中心 | 束缚中心 |
| — force | 束縛力；釘紮力 | ピン止め力 | 束缚力；钉扎力 |
| pinning-in | 填塞 | 石飼い | 填塞 |
| pintle | 樞軸；軸 | ピントル | 枢轴；轴 |
| — chain | 扁節鏈；鉸接鏈 | ピントルチェーン | 扁节链；铰接链 |
| — hook | 連接器 | ピントルフック | 连接器 |
| — nozzle | 針式噴嘴 | ピントルノズル | 针式喷嘴 |
| pinwheel | 風車 | 風車 | 风车 |
| pion | π粒子 | パイ中性子 | π介子 |
| pioneer equipment | 輕工兵裝備 | 土工用具 | 轻工兵装备 |
| pip | 脈衝；光點 | ピップ | 脉冲；光点 |
| pipe | （鑄件）縮孔；輸送管 | パイプ | （铸件）缩孔；输送管 |
| — arch | 鋼管肋拱 | パイプアーチ | 钢管肋拱；管拱 |
| — arrangement | 配管；管線 | 配管 | 配管；管线 |
| — bearer | 管道托架；管支座 | パイプ支持 | 管道托架；管支座 |
| — bell | 一端擴口的接頭 | パイプベル | 一端扩口的接头 |
| — bend | 管彎頭；彎管接頭 | パイプベンド | 管弯头；弯管接头 |
| — bender | 彎管機 | パイプベンダ | 弯管机 |
| — bending roll | 彎管滾子 | パイプ曲げロール | 弯管滚子 |
| — boom | 起重臂；伸臂 | パイプブーム | 起重臂；伸臂 |
| — bracket | 管托架 | パイプ支持 | 管托架 |
| — bridge | 水管橋 | 管路橋 | 水管桥 |
| — cap | 管帽 | パイプキャップ | 管帽 |
| — carriers | 管架；管道支架 | 管支持物 | 管架；管道支架 |
| — casing | 管罩〔套〕 | 管ケーシング | 管罩〔套〕 |
| — clip | 管鈎；管夾 | パイプクリップ | 管钩；管夹 |
| — closer | 管閘；管塞子 | 管閉器 | 管闸；管塞子 |
| — conduit | 管路〔道〕 | 管路 | 管路〔道〕 |
| — connection | 管節 | 管継ぎ | 管节 |
| — connector | 導管連接器 | 管継ぎ手 | 导管连接器 |
| — cooler | 管式冷卻器 | 管式冷却器 | 管式冷却器 |
| — coupling | 管連接 | 管接手 | 管连接 |
| — cutter | 截管器 | パイプカッタ | 截管器 |
| — diameter | 管徑 | 管径 | 管径 |
| — diffuser | 管式擴壓器 | パイプディフューザ | 管式扩压器 |
| — duct | 管道〔溝；渠〕 | パイプダクト | 管道〔沟；渠〕 |

| 英　　文 | 臺　　灣 | 日　　文 | 大　　陸 |
|---|---|---|---|
| — extrusion | 管子擠壓成形 | パイプ押出し | 管子挤压成形 |
| — flare | 管端喇叭口 | パイプフレア | 管端喇叭口 |
| — flexibility | 管子韌性 | 管の屈とう性 | 管子韧性 |
| — former | 管子成形機 | パイプフォーマ | 管子成形机 |
| — grid | 管格子;管架 | パイプグリッド | 管格子;管架 |
| — gripper | 管扳手 | パイプグリッパ | 管扳手 |
| — header | 管接頭 | パイプヘッダ | 管接头 |
| — holder | 管支架 | 管受 | 管支架 |
| — joint | 管接頭;管接縫 | パイプジョイント | 管接头;管接缝 |
| — leak | 管裂縫 | 管漏れ | 管裂缝 |
| — locator | 管道定位器 | パイプロケータ | 管道定位器 |
| — mark | 鋼管缺陷 | パイプきず | 钢管缺陷 |
| — nipple | 管螺紋接套 | パイプニップル | 管螺纹接套 |
| — nonius | 管式卡尺 | パイプノギス | 管式卡尺 |
| — plier | 管鉗;管子扳手 | パイプレンチ | 管钳;管子扳手 |
| — quenching | 噴水淬火 | 管焼き入れ | 喷水淬火 |
| — reamer | 管子鉸刀 | パイプリーマ | 管子铰刀 |
| — reducer | 漸縮管 | 管径縮小ソケット | 渐缩管 |
| — roller | 管式滾筒 | 管ローラ | 管式滚筒 |
| — saw | 管鋸 | 管用のこ | 管锯 |
| — scraper | 刮管刀;管道刮削機 | 管路平削機 | 刮管刀;管道刮削机 |
| — section | 管材 | 管材 | 管材 |
| — size | 配管口徑〔尺寸〕 | 配管口径 | 配管口径〔尺寸〕 |
| — sleeve | 管套 | パイプスリーブ | 管套 |
| — spaner | 管扳手 | パイプスパナ | 管扳手 |
| — support | 鋼管桿 | パイプサポート | 钢管杆 |
| — tap | 管螺紋絲攻 | 管用タップ | 管螺纹丝锥 |
| — tax | 管道負載 | 配管負荷 | 管道负荷 |
| — thread chaser | 管螺紋梳刀 | パイプねじチェーザ | 管螺纹梳刀 |
| — threading machine | 管螺紋切削機 | パイプねじ切り盤 | 管螺纹切削机 |
| — tong wrench | 管鉗;管扳手 | パイプやっとこ | 管钳;管扳手 |
| — tongs | 管鉗（子） | パイプトング | 管钳（子） |
| — tool | 裝管工具 | パイプツール | 装管工具 |
| — trench | 管溝 | 配管用溝 | 管沟 |
| — valve | 管道閥門 | パイプバルブ | 管道阀门 |
| — vice | 管鉗 | パイプバイス | 管钳 |
| — wall | 管壁 | 管壁 | 管壁 |
| — wrench | 管扳手 | パイプレンチ | 管扳手 |
| **pipelayer** | 管道敷設機 | パイプレヤー | 管道敷设机 |
| **pipeline** | 管線〔路;道〕 | パイプライン | 管线〔路;道〕 |

| 英　　文 | 臺　　灣 | 日　　文 | 大　　陸 |
|---|---|---|---|
| — compressor | 增壓壓縮機 | パイプライン圧縮機 | 增压压缩机 |
| — cradles | 管道搖架 | 管路揺り受け台 | 管道摇架 |
| — processing | 流水線處理 | パイプライン処理 | 流水线处理 |
| **pipeliner** | 管道工人 | 管路工具 | 管道工人 |
| **pipet** | 吸引管；吸量管 | ピペット | 吸引管；吸量管；球管 |
| — method | 吸管法 | ピペット法 | 吸管法 |
| **pipette** | 吸移管；吸量管 | ピペット | 吸移管；吸量管 |
| — method | 吸管法 | ピペット法 | 吸管法 |
| **piping** | 管道輸送 | パイプ | 管道输送 |
| — design | 管道設計 | 配管設計 | 管道设计 |
| — diagram | 管道布置圖 | 管系図 | 管道布置图 |
| — installation | 管道安裝〔施工〕 | 配管施工 | 管道安装〔施工〕 |
| — material | 配管材料 | 配管材料 | 配管材料 |
| — rupture | 管道破裂 | 配管破断 | 管道破裂 |
| — stress | 配管應力 | 配管応力 | 配管应力 |
| — trench | 管溝 | 配管用トレンチ | 管沟 |
| — works | 配管工程 | 配管工事 | 配管工程 |
| **pirn** | 纖絲；纏繞線管 | ピーン | 纤丝；缠绕线管 |
| — winding | 卷繞 | 管巻き | 卷绕 |
| **pisang oil** | 香蕉油 | バナナ油 | 香蕉油 |
| — wax | 香蕉臘 | ピサングろう | 香蕉腊 |
| **pistol** | 深水炸彈發火裝置 | ピストル | 深水炸弹发火装置 |
| **pistomesite** | 菱鎂鐵礦 | 若土菱鉄鉱 | 菱镁铁矿 |
| **piston** | 活塞 | ピストン | 活塞 |
| — acceleration | 活塞加速度 | ピストン加速度 | 活塞加速度 |
| — action | 活塞動作 | ピストン運動 | 活塞动作 |
| — area | 活塞面積 | ピストン面積 | 活塞面积 |
| — attenuator | 活塞式衰減器 | ピストン減衰器 | 活塞式衰减器 |
| — body | 活塞體 | ピストンボディ | 活塞体 |
| — bolt | 活塞螺栓 | ピストンボルト | 活塞螺栓 |
| — boss | 活塞銷座；活塞銷套 | ピストンボス | 活塞销座；活塞销套 |
| — bush | 活塞襯套 | ピストンブシュ | 活塞衬套 |
| — clearance | 活塞間隙 | ピストンすきま | 活塞间隙 |
| — compression | 活塞壓縮；機械壓製 | ピストン圧縮 | 活塞压缩；机械压制 |
| — compressor | 活塞式壓縮機 | ピストン形圧縮機 | 活塞式压缩机 |
| — crown | 活塞頭；活塞頂 | ピストンクラウン | 活塞头；活塞顶 |
| — cup | 活塞皮碗 | ピストンカップ | 活塞皮碗 |
| — cylinder | 活塞式汽缸 | ピストン形シリンダ | 活塞式汽缸 |
| — drill | 活塞式鑿岩機 | ピストンドリル | 活塞式凿岩机 |
| — end clearance | 活塞端隙 | ピストンすきま | 活塞端隙 |

| 英　　文 | 臺　　灣 | 日　　文 | 大　　陸 |
|---|---|---|---|
| — engine | 活塞式發動機 | ピストンエンジン | 活塞式发动机 |
| — flow | 擠壓流;壓出流 | ピストンフロー | 挤压流;压出流 |
| — force | 活塞力 | ピストン力 | 活塞力 |
| — gage | 活塞壓力計 | ピストン圧力計 | 活塞压力计 |
| — head | 活塞頭 | ピストンヘッド | 活塞头 |
| — hole | 活塞孔 | ピストンホール | 活塞孔 |
| — lock pin | 活塞鎖銷 | ピストンロックピン | 活塞锁销 |
| — manometer | 活塞壓力計 | ピストン圧力計 | 活塞压力计 |
| — oil ring | 活塞(刮)油環 | ピストンオイルリング | 活塞(刮)油环 |
| — pin | 活塞銷;十字頭銷 | ピストンピン | 活塞销;十字头销 |
| — plate | 活塞板 | ピストンプレート | 活塞板 |
| — play | 活塞游隙 | ピストン遊げき | 活塞游隙 |
| — rod | 活塞桿 | ピストン棒 | 活塞杆 |
| — seal | 活塞密封 | ピストンシール | 活塞密封 |
| — seat | 活塞座;柱塞座 | ピストンシート | 活塞座;柱塞座 |
| — shell | 活塞殼 | ピストンシェル | 活塞壳 |
| — size | 活塞尺寸 | ピストンサイズ | 活塞尺寸 |
| — slap | 活塞撞擊聲 | ピストンスラップ | 活塞撞击声 |
| — stop | 活塞止桿;活塞停止器 | ピストンストップ | 活塞止杆;活塞停止器 |
| — stopper | 活塞停止器;活塞止桿 | ピストンストッパ | 活塞停止器;活塞止杆 |
| — stroke | 活塞衝程;活塞行程 | ピストンストローク | 活塞冲程;活塞行程 |
| — supercharger | 活塞式增壓器 | ピストン過給機 | 活塞式增压器 |
| — valve | 活塞閥;柱塞閥 | ピストンバルブ | 活塞阀;柱塞阀 |
| — vise | 活塞專用虎鉗 | ピストンバイス | 活塞专用虎钳 |
| — wall | 活塞壁 | ピストンウォール | 活塞壁 |
| — washer | 活塞墊圈 | ピストンワッシャ | 活塞垫圈 |
| — wrench | 活塞扳手 | ピストンレンチ | 活塞扳手 |
| **pit** | 管溝;電梯井坑;穴 | ピット | 管沟;电梯井坑;穴 |
| — casting | 地坑鑄造 | 土間鋳込み | 地坑铸造 |
| — corrosion | 點狀腐蝕 | 孔食 | 点状腐蚀 |
| — furnace | 豎爐;井式爐 | 竪形炉 | 竖炉;井式炉 |
| — kiln | 煉焦爐 | 穴焼き窯 | 炼焦炉 |
| — lathe | 地坑車床 | ピット旋盤 | 地坑车床 |
| — prevention agent | 凹痕防止劑 | ピット防止剤 | 凹痕防止剂 |
| — punch | 落地式沖床 | ピットパンチ | 落地式冲床 |
| — saw | 大鋸 | 台切りおが | 大锯 |
| **pitch** | 樹脂;音調;俯仰 | ピッチ | 树脂;音调;俯仰 |
| — angle | 傾(斜)角;螺距角 | ピッチアングル | 倾(斜)角;螺距角 |
| — attitude | 俯仰姿態 | ピッチ角 | 俯仰姿态 |
| — back wheel | 背節式水輪機 | 胸かけ水車 | 背节式水轮机 |

| 英　　文 | 臺　　灣 | 日　　文 | 大　　陸 |
|---|---|---|---|
| — circle | 節圓〔齒輪的〕 | ピッチサークル | 节圆〔齿轮的〕 |
| — cone | 節錐〔圓錐齒輪的〕 | ピッチコーン | 节锥〔圆锥齿轮的〕 |
| — correction | 螺距修正 | ピッチ修正 | 螺距修正 |
| — diameter | （齒輪的）中徑 | ピッチ円直径 | （齿轮的）中径 |
| — error | 齒距誤差；螺距誤差 | ピッチエラー | 齿距误差；螺距误差 |
| — gage | 螺距規；螺紋樣板 | ピッチゲージ | 螺距规；螺纹样板 |
| — helix | 節距螺旋線 | ピッチつる巻き線 | 节距螺旋线 |
| — line | 分度線；齒距線 | ピッチライン | 分度线；齿距线 |
| — moment | 俯仰力矩 | ピッチモーメント | 俯仰力矩 |
| — of nick | 刻痕間距 | ニックのピッチ | 刻痕间距 |
| — of screw (thread) | 螺距 | ねじの刻み | 螺距 |
| — ratio | 螺距比 | ら距比 | 螺距比 |
| — roll axis | 俯仰滾動軸 | ピッチロール軸 | 俯仰滚动轴 |
| — scale | 俯仰角度規 | こう配定規 | 俯仰角度规 |
| — stick | 總距操縱桿 | ピッチレバー | 总距操纵杆 |
| — surface | （齒輪）節面 | ピッチ面 | （齿轮）节面 |
| — template | 螺距（樣）板 | ピッチ板 | 螺距（样）板 |
| — up | 上仰；上仰力矩 | ピッチアップ | 上仰；上仰力矩 |
| **pitched chain** | 節鏈；短環鏈 | ピッチチェーン | 节链；短环链 |
| **pitching** | 縱向振動 | ピッチング | 纵向振动 |
| — moment | 俯仰力矩；縱擺力矩 | ピッチングモーメント | 俯仰力矩；纵摆力矩 |
| — stress | 縱搖應力 | 縦揺れ応力 | 纵摇应力 |
| **pitching-in** | 吃刀；切口；空刀距離 | ピッチングイン | 吃刀；切口；空刀距离 |
| **pitchometer** | 螺距儀 | ピッチ計 | 螺距仪 |
| **pitchup** | 上仰 | ピッチアップ | 上仰 |
| **pitfall** | 陷坑〔井〕 | 落し穴 | 陷坑〔井〕 |
| **pitman** | 連桿；礦工；機工 | ピットマン | 连杆；矿工；机工 |
| — arm | 連桿搖臂 | ピットマンアーム | 连杆摇臂 |
| — screw | 連桿螺釘；搖桿螺釘 | ピットマンスクリュー | 连杆螺钉；摇杆螺钉 |
| **pitot comb** | 皮托管；梳狀空速管 | くし型ピトー管 | 皮托管；梳状空速管 |
| **pitprop** | 豎井安全柱 | たて坑安全柱 | 竖井安全柱 |
| **pitsawfile** | 半圓銼 | 半丸やすり | 半圆锉 |
| **pitted surface** | 坑面；麻面；腐蝕表面 | 毛孔面 | 坑面；麻面；腐蚀表面 |
| **pitting** | 腐蝕坑；局部腐蝕；孔蝕 | ピッティング | 腐蚀坑；局部腐蚀；孔蚀 |
| — corrosion depth | 點蝕深度 | 孔食深さ | 点蚀深度 |
| — corrosion speed | 點蝕速度 | 孔食速度 | 点蚀速度 |
| **pivot** | 支點；旋轉中心 | ピボット | 支点；旋转中心 |
| — bearing | 軸尖支承 | ピボット軸受 | 轴尖支承 |
| — bolt | 樞軸螺栓；尖軸栓 | ピボットボルト | 枢轴螺栓；尖轴栓 |
| — distance | 樞軸距離 | ピボット距離 | 枢轴距离 |

| 英　　文 | 臺　　灣 | 日　　文 | 大　　陸 |
|---|---|---|---|
| — gate | 旋轉（閘）門 | ピボットゲート | 旋转（闸）门 |
| — hinge | 樞軸鉸鏈；吊軸鉸鏈 | ピボットヒンジ | 枢轴铰链；吊轴铰链 |
| — journal | 樞軸頸 | ピボットジャーナル | 枢轴颈 |
| — key | 軸銷；轉銷 | 旋回キー | 轴销；转销 |
| — light | 旋轉窗 | 回転窓 | 旋转窗 |
| — pin | 樞梢 | ピボットピン | 枢梢 |
| — plunger | 樞軸活塞 | ピボットプランジャ | 枢轴活塞 |
| — shaft | 樞軸 | ピボットシャフト | 枢轴 |
| — suspension | 樞軸懸置 | ピボット支え | 枢轴悬置 |
| — turn | 樞軸轉動 | ピボットターン | 枢轴转动 |
| **pivotal fault** | 樞紐斷層；樞轉斷層 | 旋回断層 | 枢纽断层；枢转断层 |
| **pivoted** armature | 樞軸銜鐵 | ピボット接極子 | 枢轴衔铁 |
| **pix** | 照片 | ピックス | 照片 |
| **pixel** | 像素 | ピクセル | 像素 |
| **place** | 區域；場所；空間；位 | プレース | 区域；场所；空间；位 |
| **plain** antenna transmitter | 簡單天線的發射機 | プレーンアンテナ送信機 | 简单天线的发射机 |
| — ball | 普通滾珠 | プレーンボール | 普通滚珠 |
| — bearing | 滑動軸承 | 平軸受 | 滑动轴承 |
| — bore | 普通搪削 | プレインボア | 普通镗削 |
| — broach | 平面拉刀 | 平ブローチ | 平面拉刀 |
| — butt weld | 平頭對接銲縫 | 平形突合せ溶着部 | 平头对接焊缝 |
| — carbon steel | 普通碳素鋼 | 普通たん鋼 | 普通碳素钢；碳素钢 |
| — cutter | 平銑刀 | プレーンカッタ | 平铣刀 |
| — drill | 普通鑽頭 | プレーンドリル | 普通钻头 |
| — face | 平面 | 平面 | 平面 |
| — fraise | 平銑刀 | 平フライス | 平铣刀 |
| — joint | 平接 | てっかり | 平接 |
| — metal | 普通金屬 | プレーンメタル | 普通金属 |
| — milling | 平面銑削 | プラインミーリング | 平面铣削 |
| — nut | 普通螺母 | プレーンナット | 普通螺母 |
| — tapered bore | 普通錐孔 | プレーンボア | 普通锥孔 |
| — trolley | 普通手推車 | プレーントロリ | 普通手推车 |
| — vice | 平口鉗；簡式虎鉗 | プレーンバイス | 平口钳；简式虎钳 |
| — washer | 普通墊圈 | プレーンワッシャ | 普通垫圈 |
| **plait** mill | 卷料機；卷取機 | プレイトミル | 卷料机；卷取机 |
| — point | 臨界點；褶點 | プレイトポイント | 临界点；褶点 |
| **plan** | 計劃；方案；平面圖 | プラン | 计划；方案；平面图 |
| **planar** anisotropy | 平面各向導性（現象） | 面内異方性 | 平面各向导性（现象） |
| — chip | 平面片 | プレーナチップ | 平面片 |
| — coupling | 平面結合 | プレーナカップリング | 平面结合 |

| 英　　文 | 臺　　灣 | 日　　文 | 大　　陸 |
|---|---|---|---|
| — dimension | 平面尺寸 | 面積 | 平面尺寸 |
| — point | 平面點 | 平面点 | 平面点 |
| — structure | 平面結構〔半導體的〕 | プレーナ型構造 | 平面结构〔半导体的〕 |
| **Planck constant** | 普朗克常數 | プランクの定数 | 普朗克常数 |
| **plane** | 投影；鉋；飛機；機翼 | プレーン | 投影；刨；飞机；机翼 |
| — angle | 面角 | 面角 | 面角 |
| — bearing | 平面（止推）軸承 | 平面軸受 | 平面（推力）轴承 |
| — bending | 平面彎曲 | 平面曲げ | 平面弯曲 |
| — carm | 平面凸輪 | 平面カム | 平面凸轮 |
| — coordinates | 平面座標 | 平面座標 | 平面坐标 |
| — curve | 平面曲線 | 平面曲線 | 平面曲线 |
| — deformation | 平面變形 | 平面変形 | 平面变形 |
| — domain | 平面形磁疇 | 平面状ドメイン | 平面形磁畴 |
| — finish | 鉋光 | かんな仕上げ | 刨光 |
| — fracture | 平面破裂〔碎〕 | 平面分裂 | 平面破裂〔碎〕 |
| — imperfection | 面缺陷 | 面欠陥 | 面缺陷 |
| — knife | 鉋刀 | かんな刃 | 刨刃；刨身 |
| — mirror | 平面鏡 | 平面鏡 | 平面镜 |
| — of composition | 接合面 | 接面 | 接合面 |
| — of contact | 接觸面 | 接触面 | 接触面 |
| — of rupture | 斷裂面 | 破壊面 | 断裂面 |
| — of union | 結合面 | 結合面 | 结合面 |
| — scarf | 平面嵌接 | 平面スカーフ | 平面嵌接 |
| — stock | 鉋床架 | かんな台 | 刨台；刨床架 |
| — strain | 平面應變 | 平面ひずみ | 平面应变 |
| — stress | 平面應力；二維應力 | 平面応力 | 平面应力；二维应力 |
| — structure | 平面結構 | 平面構造物 | 平面结构 |
| — type bush | 平面型軸襯 | プレーン形ブッシュ | 平面型轴衬 |
| — with back iron | 雙刃鉋 | 二枚がんな | 双刃刨 |
| — with cap iron | 雙刃鉋；帶蓋刃鉋 | 二枚がんな | 双刃刨；带盖刃刨 |
| **planed edge** | 鉋（成）邊；平整邊 | 仕上げ縁 | 刨（成）边；平整边 |
| **planeness** | 平面度 | 平面度 | 平面度 |
| **planer** | 鉋床；鉋工 | プレーナ | 刨床；刨工 |
| — chippings | 鉋屑 | 機械かんなくず | 刨屑 |
| — finish | 鉋光面 | かんなかけ | 刨光面 |
| — saw | 鉋鋸 | かんなのこ | 刨锯 |
| — table | 鉋床工作台 | 削り台 | 刨床工作台 |
| **planet** | 行星 | プラネット | 行星 |
| — gear | 行星齒輪 | プラネットギヤー | 行星齿轮 |
| **planetable** | 平板儀 | 測板 | 平板仪 |

| 英　　文 | 臺　　灣 | 日　　文 | 大　　陸 |
|---|---|---|---|
| **planimeter** | 面積計;測面儀 | プラニメータ | 面积计;测面仪;积分器 |
| **planimetric** features | 地物;地平面面貌 | 地物 | 地物;地平面面貌 |
| — map | 平面(地)圖 | 平面（地）図 | 平面(地)图 |
| **planimetry** | 測面法;平面測量 | 面積測定 | 测面法;平面测量 |
| **planing** | 鉋削 | 平削り | 刨削 |
| — bench | 鉋台 | かんな掛け台 | 刨台 |
| — machine | 鉋床 | 仕上げかんな盤 | 刨床 |
| — tool | 鉋刀 | 平削り盤用バイト | 刨刀 |
| **planishing** | 精軋;錘光;打平 | プラニシング | 精轧;锤光;打平 |
| — mill | 軋光機;精軋機 | 矯正圧延機 | 轧光机;精轧机 |
| — roll | 精軋輥 | プラニシングロール | 精轧辊 |
| — stand | 精軋機座;平整軋機座 | 矯正圧延機 | 精轧机座;平整轧机座 |
| **plank** | 板;木板;厚板 | プランク | 板;木板;厚板 |
| **planking** | 鋪板;板材 | 板張り | 铺板;板材 |
| **planner** | 規劃人員;設計者 | プラナ | 规划人员;设计者 |
| **planning** | 設計;規劃 | プランニング | 设计;规划 |
| — drawing | 計劃設計圖 | 計画設計図 | 计划设计图 |
| — grid | (平面草圖)設計網格 | プランニンググリッド | (平面草图)设计网格 |
| **plano-concave lens** | 平凹透鏡 | 平凹レンズ | 平凹透镜 |
| **plano-condenser lens** | 平凸聚光透鏡 | 平凸収れんレンズ | 平凸聚光透镜 |
| **planogrinder** | 龍門磨床 | プラノグラインダ | 龙门磨床 |
| **planometer** | 測平儀;平面規 | プラノメータ | 测平仪;平面规 |
| **planomiller** | 龍門銑床 | プラノミラ | 龙门铣床 |
| **planomilling machine** | 龍門銑床 | 平削り型フライス盤 | 龙门铣床;刨式铣床 |
| **plant** | 電源裝置;工廠;庫間 | プラント | 电源装置;工厂;库间 |
| — accident | 工廠事故 | 工場災害 | 工厂事故 |
| — box | 工具箱〔盒〕 | プラントボックス | 工具箱〔盒〕 |
| — design | 工廠設計 | プラントデザイン | 工厂设计 |
| — equipment | 固定設備 | プラント機器 | 固定设备 |
| — industry | 設備安裝工業 | 設備系工業 | 设备安装工业 |
| — layout | 設備配置 | プラントレイアウト | 库间布置;设备配置 |
| — model | 生產模型 | プラントモデル | 生产模型 |
| — secruity | 設備安全性 | 保安施設 | 设备安全性 |
| **plasma** | 電漿 | プラズマ | 等离子体〔区〕 |
| — arc | 電漿電弧 | プラズマアーク | 等离子电弧 |
| — arc cutting | 電漿(電弧)切割 | プラズマアーク切断 | 等离子(电弧)切割 |
| — arc welding | 電漿(弧)銲接 | プラズマアーク溶接 | 等离子(弧)焊接 |
| — coating | 電漿鍍膜 | プラズマコーティング | 等离子镀膜 |
| — confinement | 電漿界限 | プラズマ閉じ込め | 等离子界限 |
| — cutting | 電漿切割 | プラズマ切断 | 等离子切割 |

| 英　　文 | 臺　　灣 | 日　　文 | 大　　陸 |
|---|---|---|---|
| — etch | 電漿腐蝕 | プラズマエッチ | 等离子腐蚀 |
| — etching | 電漿蝕刻 | プラズマエッチング | 等离子蚀刻 |
| — heating | 電漿加熱 | プラズマ加熱 | 等离子体加热 |
| — machine | 電漿機 | プラズママシン | 等离子机 |
| — model | 電漿模型 | プラズマモデル | 等离子体模型 |
| — nozzle | 電漿氣體噴嘴 | プラズマノズル | 等离子气体喷嘴 |
| — plug | 電漿火花塞 | プラズマプラグ | 等离子火花塞 |
| — sensor | 電漿探測器 | プラズマセンサ | 等离子体探测器 |
| — torch | 電漿噴槍 | プラズマトーチ | 等离子喷枪 |
| — welding | 電漿銲接 | プラズマ溶接 | 等离子焊接 |
| **plasmatron** | 電漿電銲機 | プラズマトロン | 等离子电焊机 |
| **plaster** | 灰泥〔漿〕;熟石膏;抹灰 | プラスタ | 灰泥〔浆〕;熟石膏;抹灰 |
| — former | 石膏模 | 石こう型 | 石膏模 |
| — master | 石膏母模 | 石こう原型 | 石膏母模 |
| — model | 石膏模(型) | 石こう模型 | 石膏模(型) |
| — mold | 石膏模 | 石こう鋳型 | 石膏型 |
| **plastic** analysis | 塑性分析 | 塑性解析 | 塑性分析 |
| — article | 塑料製品 | プラスチック製品 | 塑料制品 |
| — bearing | 塑料軸承 | プラスチック軸受 | 塑料轴承 |
| — bobbin | 塑料軸心;塑料繞線管 | プラスチックボビン | 塑料轴心;塑料绕线管 |
| — bronze | 塑性青銅;軸承青銅 | プラスチックブロンズ | 塑性青铜;轴承青铜 |
| — character | 可塑性;成形性 | 成形性 | 可塑性;成形性 |
| — clay | 塑性黏土 | プラスチッククレー | 塑性粘土 |
| — coefficient | 塑性係數 | 塑性係数 | 塑性系数 |
| — condition | 塑性條件 | 塑性条件 | 塑性条件 |
| — design | 塑性設計 | 塑性設計 | 塑性设计 |
| — elongation | 塑性伸長 | 塑性伸び | 塑性伸长 |
| — extruder | 塑料擠出機 | プラスチック押出し機 | 塑料挤出机 |
| — flow curve | 塑性應力-應變曲線 | 変形抗曲線 | 塑性应力-应变曲线 |
| — flow stress | 塑變應力 | 流れ応力 | 塑流应力;塑变应力 |
| — grip | 塑料夾子 | プラスチックグリップ | 塑料夹子 |
| — hammer | 塑料錘 | プラスチックハンマ | 塑料锤 |
| — hose | 塑料軟管 | プラスチックホース | 塑料软管 |
| — liquid | 塑性液體 | 塑性流体 | 塑性液体 |
| — load | 塑性(變形)負載 | 終局荷重 | 塑性(变形)荷载 |
| — material | 塑性材料 | 塑性材料 | 塑性材料 |
| — metal | 軸承合金 | プラスチックメタル | 轴承合金 |
| — model | 塑(料)模(型) | プラモデル | 塑(料)模(型) |
| — mold | 塑料模 | プラスチックモールド | 塑　模 |
| — nozzle | 塑料噴嘴 | プラスチックノズル | 塑料喷嘴 |

| 英　　文 | 臺　　灣 | 日　　文 | 大　　陸 |
|---|---|---|---|
| — pattern | 塑料模 | 樹脂型模型 | 塑料模 |
| — pipe | 塑料管 | プラスチックスパイプ | 塑料管 |
| — plow | 塑料刮板 | プラスチックプラウ | 塑料刮板 |
| — powder | 塑料粉末 | プラスチック粉末 | 塑料粉末 |
| — quench | 塑性淬火劑淬火 | プラスチッククエンチ | 塑性淬火劑淬火 |
| — refractory | 塑性耐火材料 | プラスチック耐火物 | 塑性耐火材料 |
| — seal | 塑料密封 | 樹脂封止 | 塑料密封 |
| — strain | 塑性變形 | 塑性ひずみ | 塑性变形 |
| — stress | 塑性應力 | 塑性応力 | 塑性应力 |
| — viscosity | 塑性黏度 | 可塑性粘度 | 塑性粘度 |
| — ware | 塑料器具 | 塑造器物 | 塑料器具 |
| — welder | 塑料用銲接機 | プラスチック用溶接機 | 塑料用焊接机 |
| — zone | 壓縮區 | プラスチックゾーン | 压缩区 |
| **plasticating** capacity | 塑化能力 | 可塑化能力 | 塑化能力 |
| — cycle | 塑化周期 | 可塑化サイクル | 塑化周期 |
| **plastication** | 塑化;塑煉 | 可塑化 | 塑化;塑炼 |
| **plasticator** | 塑煉機;壓塑機 | プラスチケータ | 塑炼机;压塑机 |
| **plasticiser** | 增塑劑 | 可塑剤 | 增塑剂;塑化剂 |
| **plasticity** | 可塑性 | プラスティシティ | 塑性;可塑性 |
| — agent | 增塑劑 | 可塑剤 | 增塑剂 |
| **plasticization** | 塑化;增塑 | 可塑化 | 塑化;增塑;塑炼 |
| **plasticzer** | 塑性劑;增塑劑 | 可塑剤 | 塑性剂;增塑剂 |
| — extender | 輔(增)塑劑 | 補助塑剤 | 辅(增)塑剂 |
| **plastics** | 塑料製品 | プラスチック | 塑料制品 |
| — bearing | 塑料軸承 | プラスチック軸受 | 塑料轴承 |
| — composite | 塑料複合材料 | プラスチック複合材料 | 塑料复合材料 |
| **plasto-elasticity** | 塑彈性 | 塑弾性 | 塑弹性 |
| **plastograph** | 塑料變形圖描記器 | プラストグラフ | 塑料变形图描记器 |
| **plastomer** | 塑料 | プラストマ | 塑料 |
| **plate** | 板;片;鋼板;極板 | プレート | 板;片;钢板;极板 |
| — bearing test | 平板承載試驗 | 平板載荷試験 | 平板承载试验 |
| — bender | 彎板機 | プレートベンダ | 弯板机 |
| — bending roll | 彎板機軋輥;彎板機 | 板曲げロール | 弯板机轧辊;弯板机 |
| — calender | 平板紙砑光機 | プレートカレンダ | 平板纸砑光机 |
| — cam | 平板凸輪 | 板カム | 平板凸轮 |
| — clutch | 圓盤式離合器 | プレートクラッチ | 圆盘式离合器 |
| — cutter | 載板機 | プレートカッタ | 载板机 |
| — dowel | 板(接合)暗銷 | 板ジベル | 板(接合)暗销 |
| — edge planer | 鉋邊機 | へり削り盤 | 刨边机 |
| — electrode | 板極 | 電極板 | 板极 |

| 英　　文 | 臺　　灣 | 日　　文 | 大　　陸 |
|---|---|---|---|
| ― fan | 板狀翼片通風機 | ラジアルファン | 板状翼片通风机 |
| ― feeder | 板式送料器 | プレートフィーダ | 板式送料器 |
| ― fin | 薄板翼片;套片 | プレートフィン | 薄板翼片;套片 |
| ― gage | 樣板;板規 | プレートゲージ | 样板;板规 |
| ― girder | (鋼)板梁 | プレートガーダ | (钢)板梁 |
| ― grab | 鋼板抓斗 | プレートグラブ | 钢板抓斗 |
| ― iron | 鐵板;鐵皮 | 板鉄 | 铁板;铁皮 |
| ― keel | 平板龍骨 | プレートキール | 平板龙骨 |
| ― loading test | 負載板試驗 | 平板載荷試験 | 荷载板试验 |
| ― mangle | 軋板機;碾壓機 | 板くせ取り機 | 轧板机;碾压机 |
| ― material | 板材 | 板材 | 板材 |
| ― mill | 軋板機 | プレートミル | 轧板机 |
| ― mill roll | 鋼板軋輥 | プレートミルロール | 钢板轧辊 |
| ― mill stand | 鋼皮軋機機座 | プレートミルスタンド | 钢皮轧机机座 |
| ― mold | 模板造模 | 数枚構金型 | 模板造型 |
| ― molding | 模板造模(法) | 板付け鋳型法 | 模板造型(法) |
| ― nut | 板式螺母 | プレートナット | 板式螺母 |
| ― orifice | 板穴;銳孔板 | 板穴 | 板穴;锐孔板 |
| ― pewter | 錫銻合金板 | 白ろう板 | 锡锑合金板 |
| ― piston | 板狀活塞 | 板状ピストン | 板状活塞 |
| ― pliers | 平鉗 | プレートプライア | 平钳 |
| ― rail | 板軌;平軌 | プレートレール | 板轨;平轨 |
| ― roll | 鋼板校平輥 | 板ロール | 钢板校平辊 |
| ― roller | 滾板機 | プレートローラ | 滚板机 |
| ― shearing machine | 剪板機 | 直刃せん断機 | 剪板机 |
| ― shears | 剪板機 | プレートシア | 剪板机 |
| ― steel | 板鋼 | 板鋼 | 板钢 |
| ― structure | 平板結構;薄板結構 | 薄板構造 | 平板结构;薄板结构 |
| ― valve | 片閥;板閥 | プレートバルブ | 片阀;板阀 |
| ― vibration | 板振動 | 板の振動 | 板振动 |
| ― washer | 平板墊圈 | 板座金 | 平板垫圈 |
| ― work | 板金工作 | 板金仕事 | 板金工作 |
| **plateau** | 台地;平頂 | プラトー | 台地;平顶;高原;坪 |
| **plated** finish | 電鍍加工 | めっき仕上げ | 电镀加工 |
| ― liner | 鍍覆氣缸套 | プレーテッドライナ | 镀覆气缸套 |
| ― part | 電鍍製品 | めっき部品 | 电镀制品 |
| **platelet** | 片晶 | 薄片 | 片晶;血小板 |
| **platen** | 機床工作台;壓板;滑塊 | プラテン | 机床工作台;压板;滑块 |
| ― closing | 熱盤閉鎖;壓板閉合 | 熱盤閉鎖 | 热盘闭锁;压板闭合 |
| ― press | 平壓印刷機;印壓機 | 平圧印刷機 | 平压印刷机;印压机 |

| 英　　文 | 臺　　灣 | 日　　文 | 大　　陸 |
|---|---|---|---|
| **plater** | 金屬板工;電鍍工人 | プラッタ | 金属板工;电镀工人 |
| — mother board | 鍍覆原板 | プラッタマザーボード | 镀覆原板 |
| **platform** | 工作台 | プラットフォーム | 工作台;站台 |
| — crane | 台式起重機 | 台車クレーン | 台式起重机 |
| — scale | 台秤 | 台ばかり | 台秤 |
| **platformer** | 鉑重整裝置 | プラットフォーマ | 铂重整装置 |
| **platforming** process | 鉑重整過程 | 白金再整過程 | 铂重整过程 |
| — reactions | 鉑重整反應 | 白金再整反応 | 铂重整反应 |
| **platina** | 粗鉑;白金 | プラチナ | 粗铂;白金 |
| **platine** | (裝佈用)銅鋅合金 | プレチン | (裝布用)铜锌合金 |
| **plating** | (電)鍍;鍍(敷) | プンーティング | (电)镀;镀(敷) |
| — barrel | 電鍍槽 | めっき用バレル | 电镀槽 |
| — bath | 電鍍電解液;電鍍槽 | プレーティングバス | 电镀电解液;电镀槽 |
| — contact | 電鍍接點 | めっき接点 | 电镀接点 |
| — effluent | 電鍍污〔廢〕水 | めっき排水 | 电镀污〔废〕水 |
| — jig | 電鍍架〔工具〕 | 引掛け | 电镀架〔工具〕 |
| — process | 電鍍加工過程 | めっきプロセス | 电镀加工过程 |
| — rack | 電鍍架 | 引掛け | 电镀架 |
| — sintering | 鍍敷燒結 | めっきシンタリング | 镀敷烧结 |
| — solution | 電鍍(溶)液 | めっき液 | 电镀(溶)液 |
| — vat | 電鍍瓮;電鍍箱 | 電気めっき大おけ | 电镀　;电镀箱 |
| **platinic** acid chloride bath | 氯化鉑酸浴 | 塩化白金酸浴 | 氯化铂酸浴 |
| **platiniridium** | (天然)鉑銥合金 | 白金イリジウム | (天然)铂铱合金 |
| **platinization** | 鍍鉑 | 白金めっき | 镀铂;披铂 |
| **platinized asbestos** | 披鉑石棉;鉑石棉 | 白金石綿 | 披铂石棉;铂石棉 |
| **platinizing** | 鍍鉑 | プラチナイジング | 镀铂;披铂 |
| — bath | 鍍鉑浴 | 白金めっき浴 | 镀铂浴 |
| **platino** | 金鉑合金 | プラチノ | 金铂合金 |
| **platinoid** | 鎳銅鋅電阻合金 | プラチノイド | 镍铜锌电阻合金 |
| **platinum,PT** | 鉑;白金 | プラチナム | 铂;白金 |
| — cone | 白金錐 | 白金すい | 白金锥 |
| — contact | 白金接點;鉑接點 | 白金接点 | 白金接点;铂接点 |
| — fuse | 鉑保險絲 | 白金ヒューズ | 铂保险丝 |
| — lamp | 鉑燈 | 白金灯 | 铂灯 |
| — metals | 鉑族金屬 | 白金族金属 | 铂族金属 |
| — plating | 鍍鉑〔白金〕 | 白金めっき | 镀铂〔白金〕 |
| — sheet | 白金片 | 白金薄板片 | 白金片 |
| — silver | 鉑銀合金 | 白金銀合金 | 铂银合金 |
| **platter** | 未切邊的模鍛件 | 鍛材総量 | 未切边的模锻件 |
| **play** | 活動;作用 | プレイ | 活动;作用;游隙;间隙 |

865

| 英　　文 | 臺　　灣 | 日　　文 | 大　　陸 |
|---|---|---|---|
| **platback** | 放音;重放 | プレイバック | 放音;重放;读出 |
| — accuracy | 重複精度 | 位置再確精度 | 重复精度 |
| **pleat skirt** | 縱向切槽活塞裙 | プリットスカート | 纵向切槽活塞裙 |
| **pleated sheet** | 折疊片 | プリテッドシート | 折叠片 |
| **plenum** | 壓力送風系統 | プリナム | 压力送风系统 |
| — chamber | 充氣室 | プレイムチェンバ | 充气室;分配室 |
| **pleomorph** | 多晶;同質異形 | 多形 | 多晶;同质异形 |
| **pliability** | 塑性;可撓性 | たわみ性 | 塑性;可挠性;揉曲性 |
| — test | 韌性試驗 | 柔軟性試験 | 塑性试验;韧性试验 |
| **pliers** | 鉗子;扁嘴鉗 | ペンチ | 钳子;扁嘴钳;克丝钳 |
| **plinth** | 底座;柱基 | プリンス | 底座;柱基;勒脚 |
| **plodding** | 模壓 | 型鍛造 | 模压 |
| **plot** | 土地劃分;地段;用地 | プロット | 土地划分;地段;用地 |
| **plotter** | 繪圖機;圖形顯示器 | プロッタ | 绘图机;图形显示器 |
| **plotting** | 標示航線;求讀數 | プロッティング | 标示航线;求读数 |
| — board | 標圖板 | 標定板 | 标图板 |
| — bevice | 曲線繪製器 | プロット用具 | 曲线绘制器 |
| **plough** | 犁;路犁 | プラウ | 犁;路犁 |
| — bolt | 防鬆螺栓 | プラウボルト | 防松螺栓 |
| — groove | 槽溝 | 溝彫り | 槽沟 |
| — plane | 槽鉋 | 溝かんな | 槽刨 |
| — planer | 槽鉋 | 溝かんな | 槽刨 |
| **ploughing blade** | 犁刀(片) | プラウ板 | 犁刀(片) |
| — machine | 旋轉耕耘機 | プラウイングマシン | 旋转耕耘机 |
| **plug** | 火花塞;插頭;襯套 | プラグ | 火花塞;插头;衬套 |
| — cap | 插塞接頭 | プラグキャップ | 插塞接头 |
| — connector | 插塞接頭 | プラグコネクタ | 插塞接头 |
| — contact | 插頭 | プラグコンタクト | 插头 |
| — gap | 火花塞的火花間隙 | プラグギャップ | 火花塞的火花间隙 |
| — jack | 插口;塞孔 | プラグジャック | 插口;塞孔 |
| — mandrel | 空徑心軸 | プラグマンドレル | 空径心轴 |
| — mill | 心棒軋管機 | プラグミル | 心棒轧管机 |
| — nozzle | 塞式噴管 | プラグノズル | 塞式喷管 |
| — pin | 插頭〔鞘〕 | プラグピン | 插头〔鞘〕 |
| — radius | 柱塞半徑 | 栓半径 | 柱塞半径 |
| — reamer | 塞形鉸刀 | プラグリーマ | 塞形铰刀 |
| — socket | 插座;塞孔 | プラグソケット | 插座;塞孔 |
| — to plug | 插板−插板連接 | プラグーープラグ | 插板−插板连接 |
| — wedge | 楔形塞 | くさび栓 | 楔形塞 |
| — weld | 塞鉀;電鉚鉀 | プラグ溶接 | 塞焊;电铆焊 |

| 英　　文 | 臺　　灣 | 日　　文 | 大　　陸 |
|---|---|---|---|
| — wrench | 火花塞專用扳手 | プラグレンチ | 火花塞专用扳手 |
| **plugcock** | 有栓旋塞 | 栓コック | 有栓旋塞 |
| **plug-in** amplifier | 插入式放大器 | プラグイン増幅器 | 插入式放大器 |
| **plumb** | 鉛錘;測錘;垂直 | プラム | 铅锤;测锤;垂直 |
| — bob | 鉛錘;測錘 | なばん | 铅锤;测锤 |
| — bob collimation | 鉛錘測量 | 下げ振り測量 | 铅锤测量 |
| — bob line | 鉛錘線 | 下げ振り系 | 铅锤线 |
| — joint | 填鉛界面;填鉛管接頭 | 鉛詰め継手 | 填铅接口;填铅管接头 |
| — level | 測錘水準器 | プラムレベル | 测锤水准器 |
| — point | 垂准點 | 鉛直点 | 垂准点 |
| — rule | 測垂尺規;吊線 | 下げ振り定規 | 测垂尺规;吊线 |
| **plumber** | 水暖工;管工 | 鉛工 | 水暖工;管工 |
| — solder | 鉛錫銲料 | プランバ半田 | 铅锡焊料 |
| — white | 銅鋅鎳合金 | プランバホワイト | 铜锌镍合金 |
| **plumbery** | 鉛器工藝;管子工場 | 鉛細工 | 铅器工艺;管子车间 |
| **plumbing** | 鉛錘測量;管道工程 | プラミング | 铅锤测量;管道工程 |
| — arm | 求心器 | 求心器 | 求心器 |
| — fork | 求心器 | 求心器 | 求心器 |
| — system | 給排水系統 | 給排水系統 | 给排水系统 |
| — trap | 回水彎;防臭閥 | 防臭トラップ | 回水弯;防臭阀 |
| **plumbline** deviation | 鉛直（線）偏差 | 鉛直線偏差 | 铅直(线)偏差 |
| — level | 水平〔準〕儀 | 水平器 | 水平〔准〕仪 |
| **plumbsol** | 銀錫軟銲料 | プラムソール | 银锡软焊料 |
| **plumbum,Pb** | 鉛 | 鉛 | 铅 |
| **plummer block** | 止推軸承;軸台 | 押止め軸受 | 推力轴承;轴台 |
| **plummet** | 測錘;準繩;測規 | 下げ振り鉛 | 测锤;准绳;测规 |
| **Plumrite** | 普通姆里特黃銅 | プラムライト | 普通姆里特黄铜 |
| **plunge** | 切入;下降;倒轉 | プランジ | 切入;下降;倒转 |
| — cut | 切入（式）磨削 | プランジカット | 切入(式)磨削 |
| — cut grinding | 切入（式）磨削 | プランジカット研削 | 切入(式)磨削 |
| — cutting | 切入法切削 | プランジ研削 | 切入法切削 |
| — rolling | 切入法滾軋 | プランジローリング | 切入法滚轧 |
| **plunger** | 撞針;插棒式鐵心 | プランジャ | 撞针;插棒式铁心 |
| — bucket | 柱塞斗 | 突込みバケット | 柱塞斗 |
| — mold | 柱塞(壓鑄)模 | プランジャ成形用金型 | 柱塞(压铸)模 |
| — packing | 柱塞迫緊;滑閥迫緊 | プランジャパッキン | 柱塞填料;滑阀垫圈 |
| — piston | 柱塞 | 棒ピストン | 柱塞 |
| — press | 柱塞式注射機 | プランジャ成形機 | 柱塞式注射机 |
| — punch | 柱塞式凸模 | プランジャポンチ | 柱塞式凸模 |
| — spring | 滑閥彈簧;柱塞彈簧 | プランジャスプリング | 滑阀弹簧;柱塞弹簧 |

| 英　　文 | 臺　　灣 | 日　　文 | 大　　陸 |
|---|---|---|---|
| **pluramelt** | 包(不銹鋼)層鋼板 | プルラメルト | 包(不锈钢)层钢板 |
| **plus** | 增益;正的;陽性的 | プラス | 增益;正的;阳性的 |
| — driver | 十字螺絲刀 | プラスドライバ | 十字螺丝刀 |
| — ion | 正離子 | プラスイオン | 正离子 |
| — screw | 十字槽頭螺釘 | プラススクリュー | 十字槽头螺钉 |
| — sight | 後視 | 正視 | 后视 |
| — thread | 右旋螺紋 | プラススレッド | 右旋螺纹 |
| **plus-minus** | 正負;加減 | プラスマイナス | 正负;加减;调整 |
| — screw | 調整螺絲 | プラスマイナスねじ | 调整螺丝 |
| **plutonium,Pu** | 鈽 | プルトニウム | 钚 |
| — alloy | 鈽合金 | プルトニウム合金 | 钚合金 |
| **ply** | 層(片);繩股;折疊 | プライ | 层(片);绳股;折叠 |
| **plying-up** | 貼合 | 張合せ | 贴合 |
| **playmetal** | 包鋁層板 | 合せ板 | 包铝层板 |
| **plywood** | 層壓板;夾板 | プライウッド | 层压板;夹板 |
| — form | 膠合板模板 | 合板型わく | 胶合板模板 |
| **pneumatic** actuator | 氣壓傳動(裝置) | 空気圧アクチュエータ | 气压传动(装置) |
| — bearing | 空氣軸承 | 空気軸受 | 空气轴承 |
| — brake | 氣壓制動器 | エアブレーキ | 气压制动器;风闸 |
| — buzzer | 汽笛 | 空気圧ブザー | 汽笛 |
| — capstan | 氣動輪〔磁帶傳動〕 | 空気キャプスタン | 气动轮〔磁带传动〕 |
| — chisel | 氣齒;風鏟 | ニューマチックチゼル | 气齿;风铲 |
| — clutch | 氣動離合器 | 空気圧クラッチ | 气动离合器 |
| — control valve | 氣動控制閥 | 空気式調節弁 | 气动控制阀 |
| — crane | 氣動起重機 | 圧縮空気クレーン | 气动起重机 |
| — cushion | 氣墊 | 空気クッション | 气垫 |
| — cylinder | 氣壓缸 | エアシリンダ | 气压缸 |
| — drill | 空氣打樁機 | ニューマチックドリル | 空气打桩机;风钻 |
| — driver | 氣動打樁機 | 圧縮空気くい打ち機 | 气动打桩机 |
| — hammer | 空氣錘 | ニューマチックハンマ | 空气锤 |
| — jig | 氣動夾具 | 空気ジグ | 气动夹具 |
| — machine | 空氣壓縮機 | 空気機械 | 风动机械;空气压缩机 |
| — mechanism | 氣動機構 | ニューマチック機構 | 气动机构 |
| — power hammer | 氣錘 | ニューマチックハンマ | 气锤 |
| — press | 氣動沖床 | エアプレス | 气动压力机 |
| — pressure | 氣壓 | 空気圧 | 气压 |
| — rammer | 氣動搗錘;風錘 | ニューマチックランマ | 气动捣锤;风锤 |
| — rivet(t)er | 氣動鉚機〔槍〕 | 空気リベッタ | 气动铆机〔枪〕 |
| — screw driver | 氣動螺絲刀 | 空気ドライバ | 气动螺丝刀 |
| — sensor | 氣動傳感器 | 空気圧センサ | 气动传感器 |

| 英　　文 | 臺　　灣 | 日　　文 | 大　　陸 |
|---|---|---|---|
| — servo valve | 氣壓伺服閥 | 空気圧サーボ弁 | 气压伺服阀 |
| — squeezer | 氣動壓彎機 | 空気スクイザ | 气动压弯机 |
| — tire | 充氣輪胎 | ニューマチックタイヤ | 气胎；充气轮胎 |
| — tool | 風動工具 | ニューマチックツール | 风动工具 |
| — valve | 氣閥；風門 | 空動弁 | 气阀；风门 |
| — vice | 氣動虎鉗 | エアバイス | 气动虎钳 |
| — wrench | 氣壓扳手 | 空気レンチ | 气压扳手 |
| **pocket** | 袖珍的；小型的 | ポケット | 袖珍的；小型的；紧凑的 |
| — computer | 袖珍計算機 | ポケットコンピュータ | 袖珍计算机 |
| — milling | 槽穴銑削 | ポケット削り | 槽穴铣削 |
| — tester | 小型測試器 | 小型テスタ | 小型测试器 |
| — wrench | 小型螺絲扳手 | ポケットレンチ | 小型螺丝扳手 |
| **pocketing** | 模具模穴擠壓 | ポケッティング | 模具型腔挤压；压坑 |
| **poid** | 形心〔曲線〕；擬正弦線 | ホイド | 形心〔曲线〕；拟正弦线 |
| **point** | 小數點；尖端；指針 | ポイント | 小数点；尖端；指针 |
| — analysis | 點分析 | 点分析 | 点分析 |
| — angle | 鑽頭角；頂角；錐尖角 | ポイント角 | 钻头角；顶角；锥尖角 |
| — bearing | 點支承 | 先端支持 | 点支承 |
| — corrosion | 點蝕 | 点伏腐食 | 点蚀 |
| — defect | 點缺陷 | 点欠陥 | 点缺陷 |
| — gage | 軸尖式量規；量棒 | ポイントゲージ | 轴尖式量规；量棒 |
| — load | 集中負載 | 点荷重 | 集中载荷 |
| — nose bent tool | 彎頭尖刀 | 隅バイト | 弯头尖刀 |
| — of burst | 炸點 | 破裂点 | 炸点 |
| — of conflict | 交會點〔指道路〕 | さくそう点 | 交会点〔指道路〕 |
| — of contact | 接觸點；切點 | 接点 | 接触点；切点 |
| — of failure | 破損點 | 破損点 | 破损点 |
| — of fusion | 熔點 | 融点 | 熔点 |
| — of inflection | 拐點；反彎點；回歸點 | 内屈曲点 | 拐点；反弯点；回归点 |
| — of junction | 接連點 | 接合点 | 接连点 |
| — of rotation | 轉動點 | 回転点 | 转动点 |
| — of sight | 視點 | 視点 | 视点 |
| — of tangency | 觸點；接點；切點 | 接点 | 触点；接点；切点 |
| — of tangent | 曲線終點 | 曲線終点 | 曲线终点 |
| — support | （節）點支承 | 点支持 | （节）点支承 |
| — symmetry | 點對稱 | 点対称 | 点对称 |
| — welding machine | 點銲機 | 点溶接機 | 点焊机 |
| **pointer** | 指針；指示字 | ポインタ | 指针；指示字 |
| **pointing** | 削尖；瞄準；(砌磚)勾縫 | ポインティング | 削尖；瞄准；(砌砖)勾缝 |
| — error | 瞄準誤差 | 照準誤差 | 瞄准误差 |

| 英　　文 | 臺　　灣 | 日　　文 | 大　　陸 |
|---|---|---|---|
| — nail | 圓鐵釘;勾縫釘 | 目地心金 | 圆铁钉;勾缝钉 |
| — tool | 倒棱工具 | 面取りパイト | 倒棱工具 |
| **pointor** | 指示器;指針 | 指示子 | 指示器;指针 |
| **poise** | 平衡;砝碼 | ポイズ | 平衡;砝码;镇静 |
| **poising action** | 平衡作用 | 平衡作用 | 平衡作用 |
| **poison** | 毒質;毒物 | ポイズン | 毒质;毒物 |
| **poke** | 撥火;添火 | ポーキング | 拨火;添火 |
| — hole | 撥火孔 | 火かき棒孔 | 拨火孔 |
| — welding | 手動銲鉗點銲 | 手押し点溶接 | 手动焊钳点焊 |
| **poker** | 火鉗;撥火棒;攪拌桿 | ポーカ | 火钳;拨火棒;搅拌杆 |
| **poking** | 攪拌 | ポーキング | 搅拌;拨火 |
| — hole | 攪拌孔 | ポーキングホール | 搅拌孔 |
| — rod | 攪拌棒 | ポーキングロッド | 搅拌棒 |
| **polar** action | 雙極性效應 | 双極性効果 | 双极性效应 |
| — angle | 極座標角 | （極座標の）角座標 | 极坐标角 |
| — arc | 極弧 | ポーラアーク | 极弧 |
| — axis | 連接二極的軸;極軸 | 極軸 | 连接二极的轴;极轴 |
| — conics | 極二次曲線 | 極円すい曲線 | 极二次曲线 |
| — contact | 極性觸點 | 有極接点 | 极性触点 |
| — coordinates | 極座標 | 極座標 | 极坐标 |
| — curve | 極曲線;升阻曲線 | ポーラ曲線 | 极曲线;升阻曲线 |
| — plane | 極面 | 極平面 | 极面 |
| — plot method | 極座標定位法 | 極座標法 | 极座定位法 |
| — ray | 極射線;極線 | 極射線 | 极射线;极线 |
| — reaction | 極性反應 | 極性反応 | 极性反应 |
| **polarine** | 發動機潤滑油 | 発動機潤滑油 | 发动机润滑油 |
| **polarity** | 極性 | ポラリティ | 极性 |
| — effect | 極化效應 | 極性効果 | 极化效应 |
| — test | 極性試驗 | 極性試験 | 极性试验 |
| **Polarium** | 一種鈀金合金 | ポラリウム | 波拉里姆钯金合金 |
| **polarization** | 偏振;極化;極化度 | 偏光 | 偏振;极化;极化度 |
| — diagram | 極化圖 | 分極図 | 极化图 |
| — effect | 極化效應 | 分極効果 | 极化效应 |
| — error | 極化誤差 | 偏波誤差 | 极化误差 |
| **polarized** action | 有極作用;極化作用 | 有極作用 | 有极作用;极化作用 |
| — armature | 極化銜鐵〔繼電器的〕 | 有極接極子 | 极化衔铁〔继电器的〕 |
| — ion | 極化離子 | 偏極イオン | 极化离子 |
| — magnet | 有極磁鐵;極化磁鐵 | 有極磁石 | 有极磁铁;极化磁铁 |
| — plug | 有極(性)插頭 | 有極プラグ | 有极(性)插头 |
| — segregation | 極性分離 | 極性分離 | 极性分离 |

| 英　　文 | 臺　　灣 | 日　　文 | 大　　陸 |
|---|---|---|---|
| polaron | 極化子 | ポーラロン | 极化子 |
| pole | 磁極；電極 | ポール | 磁极；电极；柱；杆 |
| — arc | 磁極弧 | ポールアーク | 磁极弧 |
| — brace | 撐桿；支柱 | 支柱 | 撑杆；支柱 |
| — change | 換極；變極 | ポールチェンジ | 换极；变极 |
| — coil | 極化線圈 | 極コイル | 极化线圈 |
| — distance | 極距 | 極距離 | 极距 |
| — guy | 電桿拉索 | 支柱 | 电杆拉索 |
| — magnetic | 磁極鐵芯 | 磁極鉄心 | 磁极铁芯 |
| — pitch | 磁極距；極距 | ポールピッチ | 磁极距；极距 |
| — strip | 尺桿；棒狀直尺 | 棒定規 | 尺杆；棒状直尺 |
| — terminal | 電極端頭 | 極端子 | 电极端头 |
| poling | 支撐；立桿 | ポーリング | 支撑；立杆 |
| — bar | 撐桿 | 矢木 | 撑杆 |
| polish | 擦亮劑 | ポリッシュ | 擦亮剂 |
| — etch | 拋光浸蝕 | 研磨腐食 | 抛光浸蚀 |
| — finish | 拋光飾面；磨光飾面 | 磨き仕上げ | 抛光饰面；磨光饰面 |
| — finishing | 拋光處理；磨光處理 | 研磨仕上げ | 抛光处理；磨光处理 |
| — powder | 拋光粉 | 研磨用粉末 | 抛光粉 |
| — roll | 壓光輥；上光輥 | つや出しロール | 压光辊；上光辊 |
| polishability | 拋光性 | つや出し性 | 抛光性 |
| polished face | 磨光面 | 研磨面 | 磨光面 |
| — plate | 冷軋薄鋼板 | 磨き板 | 冷轧薄钢板 |
| polisher | 拋光機；磨光器 | ポリシャ | 抛光机；磨光器 |
| polishing | 研磨；拋光；磨光 | ポリッシュ仕上げ | 研磨；抛光；磨光 |
| — agent | 擦亮劑；磨光劑 | つや出し剤 | 擦亮剂；磨光剂 |
| — bob | 拋光輪 | 研磨振動ボブ | 抛光轮 |
| — cloth | 磨光布；拋光布 | 研磨布 | 磨光布；抛光布 |
| — disk | 研磨機；磨床 | 研磨盤 | 研磨机；磨床 |
| — felt | 磨光用氈 | 研磨用フェルト | 磨光用毡 |
| — lap | 磨光機；拋光輪 | 磨き盤 | 磨光机；抛光轮 |
| — lathe | 拋光機 | ポリシングレース | 抛光机 |
| — medium | 磨光劑〔介質〕 | つや出し剤 | 磨光剂〔介质〕 |
| — oil | 擦亮油 | つや出し油 | 擦亮油 |
| — red | 磨光用鐵丹 | ポリシングベンガラ | 磨光用铁丹 |
| — roll | 拋光輥 | つや出しロール | 抛光辊 |
| — wax | 上光蠟 | ポリシングワックス | 上光蜡 |
| pollution | 污染；沾污；渾濁 | ポリューション | 污染；沾污；浑浊 |
| pollutional index | 污染指數〔標〕 | 汚濁指数 | 污染指数〔标〕 |
| polycondensation | 縮聚（作用） | ポリ縮合 | 缩聚（作用） |

| 英　　文 | 臺　　灣 | 日　　文 | 大　　陸 |
|---|---|---|---|
| **polyethylene** | 聚乙烯 | ポリエチレン | 聚乙烯 |
| **polygon** | 多角形；多邊形 | 多角形 | 多角形；多边形 |
| — mirror | 多面反射體〔鏡〕 | ポリゴンミーラ | 多面反射体〔镜〕 |
| — prism | 多面反射棱鏡 | ポリゴンプリズム | 多面反射棱镜 |
| **polygonal** broach | 多邊形拉刀 | 角形プローチ | 多边形拉刀 |
| — coil | 多角形線圈 | ポリゴナルコイル | 多角形线圈 |
| — column | 多邊〔角〕柱 | 多角柱 | 多边〔角〕柱 |
| — domain | 多角形域 | 多角形領域 | 多角形域 |
| — line | 折線 | 折れ線 | 折线 |
| **polygonization** | 多邊化 | ポリゴニゼーション | 多边化 |
| **polyhedron** | 多面體 | 多面体 | 多面体；可剖分空间 |
| **polyight** | 多燈絲燈泡 | ポリライト | 多灯丝灯泡 |
| **polymer** | 聚合物〔體〕 | ポリマー | 聚合物〔体〕 |
| **polymeride** | 聚合物 | 重合体 | 聚合物 |
| **polymerization** | 聚合〔作用〕 | ポリメリゼーション | 聚合〔作用〕 |
| — accelerator | 聚合加速劑 | 重合加速剤 | 聚合加速剂 |
| — catalyst | 聚合催化劑 | 重合触媒 | 聚合催化剂 |
| — furnace | 聚合爐 | 重合炉 | 聚合炉 |
| **polynomial** | 多項式 | 多項式 | 多项式 |
| — series | 多項式級數 | 多項式級数 | 多项式级数 |
| — solution | 多項式解 | 多項式解 | 多项式解 |
| **polyphase** | 多相(的) | ポリフェーズ | 多相(的) |
| — current | 多相(交變)電流 | 多相（交）流 | 多相(交变)电流 |
| — generator | 多相發電機 | 多相発電機 | 多相发电机 |
| — heating | 多相加熱 | 多相加熱 | 多相加热 |
| — machine | 多相電機 | 多相機 | 多相电机 |
| — motor | 多相電動機 | 多相電動機 | 多相电动机 |
| — sort | 多相分類 | ポリフェーズソート | 多相分类 |
| **polyreaction** | 聚合反應 | 重合反応 | 聚合反应 |
| **polytropic** change | 多變變化 | ポリトロープ変化 | 多变变化；多方变化 |
| — compression | 多向壓縮 | ポリトロープ圧縮 | 多向压缩 |
| — curve | 多變曲線 | ポリトロープ曲線 | 多变曲线 |
| — efficiency | 多變效率 | ポリトロープ効率 | 多变效率 |
| — exponent | 多變指數 | ポリトロープ指数 | 多变指数 |
| — index | 多變指數 | ポリトロープ指数 | 多变指数 |
| — power | 多變功率 | ポリトロープガス動力 | 多变功率 |
| — process | 多變過程 | ポリトロープ変化 | 多变过程 |
| **polytropy** | 多變性 | 多応変性 | 多变性 |
| **polyvinyl** | 聚乙烯 | ポリビニル | 聚乙烯 |
| **pommel** | 球(形端)節 | プランジャー | 球(形端)饰 |

| 英　　文 | 臺　　灣 | 日　　文 | 大　　陸 |
|---|---|---|---|
| pond | 池；塘 | 池 | 池；塘 |
| ponderomotive action | 有質動力作用 | 動重作用 | 有质动力作用 |
| — force | 有質動力 | ポンデルモーティブ力 | 有质动力 |
| pontoon | 浮舟；浮橋；起重機船 | ポンツーン | 浮舟；浮桥；起重机船 |
| pony bridge | 半穿過式橋 | ポニー橋 | 半穿过式桥 |
| — roll | 筒（子）；卷軸 | 筒 | 筒（子）；卷轴 |
| — rougher | 粗軋機；預軋機 | 仕上げ前圧延機 | 粗轧机；预轧机 |
| — truck | 拖車；小型轉向架 | ポニートラック | 拖车；小型转向架 |
| pool | 池塘；游泳池 | プール | 池塘；游泳池；停车场 |
| poor compression | 壓縮不良 | 圧縮不良 | 压缩不良 |
| — conductor | 不良導體 | 不良導体 | 不良导体 |
| — material | 劣質材料 | 不良材料 | 劣质材料 |
| — penetration | 未銲透 | 溶込み不良 | 未焊透 |
| — solvent | 不良溶劑；貧溶劑 | 貧溶媒 | 不良溶剂；贫溶剂 |
| — stop | 制動距離〔時間〕長 | プーアストップ | 制动距离〔时间〕长 |
| — weld | 銲接不良 | 溶接不良 | 焊接不良 |
| pop art | 流行藝術 | ポップアート | 流行艺术 |
| — down | 下壓 | ポップダウンする | 下压 |
| — rivet | 波普空心鉚釘 | 爆発びょう | 波普空心铆钉 |
| — safety valve | 緊急式安全閥 | ポップ式安全弁 | 紧急式安全阀 |
| — valve | 緊急閥 | ポップバルブ | 紧急阀 |
| pop-off | 溢流（冒）口 | あがり | 溢流（冒）口 |
| poppet | 托架；提升閥 | ポペット | 托架；提升阀 |
| — pressure | 墊架壓力；下水架壓力 | ポペット圧 | 垫架压力；下水架压力 |
| — seat | 提動閥座 | ポペットシート | 提动阀座 |
| — valve | 提升閥；提動閥 | ポペットバルブ | 提升阀；提动阀 |
| pop-up | 彈跳裝置；發射 | ポッフアップ | 弹跳装置；发射 |
| — indicator | 機械指示器 | 機械指示計 | 机械指示器 |
| porcelain | 瓷（料） | ポーセレン | 瓷（料） |
| — clay | 陶土；瓷土 | 磁土 | 陶土；瓷土 |
| porch | 邊緣；門廊 | ポーチ | 边缘；门廊 |
| pore | 氣孔；細孔；針孔 | ポーア | 气孔；细孔；针孔 |
| — diffusion | 細孔擴散 | 細孔拡散 | 细孔扩散 |
| — size | 孔隙大小 | 間げきの大きさ | 孔隙大小 |
| — space | 間隙；空隙 | 間げき | 间隙；空隙 |
| — test | 針孔試驗；針孔測定 | ピンホール試験 | 针孔试验；针孔测定 |
| — water head | 孔隙水頭 | 間げき水頭 | 孔隙水头 |
| — water pressure | 孔隙水壓力 | 間げき水圧 | 孔隙水压力 |
| porosity | 孔隙率〔度〕 | 有孔性 | 孔隙率〔度〕 |
| — metal | 多孔金屬 | 発泡金属 | 多孔金属 |

| 英　　　文 | 臺　　　灣 | 日　　　文 | 大　　　陸 |
|---|---|---|---|
| **porous** acoustic material | 多孔吸音材料 | 多孔質吸音材料 | 多孔吸音材料 |
| — air diffuser | 多孔擴散器 | 多孔拡散装置 | 多孔扩散器 |
| — alumina film | 多孔氧化鋁膜 | 多孔質アルミナ皮膜 | 多孔氧化铝膜 |
| — barrier | 多孔膜 | 多孔性隔膜 | 多孔膜 |
| — bearing | 多孔性軸承 | 多孔質軸受 | 多孔性轴承 |
| — brick | 多孔磚 | 散気れんが | 多孔砖 |
| — bronze | 多孔青銅 | ポーラスブロンズ | 多孔青铜 |
| — chrome hardening | 多孔性硬鍍鉻 | 多孔性硬質クロムめっき | 多孔性硬镀铬 |
| — chromium coatings | 多孔性鍍鉻層 | ポーラスクロムめっき | 多孔性镀铬层 |
| — chromium plating | 鬆孔鍍鉻 | ポーラスクロムめっき | 松孔镀铬 |
| — metal | 多孔金屬 | ポーラスメタル | 多孔金属 |
| — tungsten | 多孔鎢;微孔鎢 | ポーラスタングステン | 多孔钨;微孔钨 |
| — wall | 多孔壁 | 多孔性壁 | 多孔壁 |
| **porpezite** | 鈀金 | ポルペザイト | 钯金 |
| **port** | 口;孔;窗 | ポート | 口;孔;窗;港口 |
| — plate | 閥板;配流盤 | ポートプレート | 阀板;配流盘 |
| — width | 孔口寬度 | ポート幅 | 孔口宽度 |
| **portable** | 攜帶式;手提式 | ポータブル | 便携式;手提式 |
| — ammeter | 攜帶式電流錶 | 携帯式電流表 | 携带式电流表 |
| — bonder | 便攜式接合機 | ポータブルボンダ | 便携式接合机 |
| — conveyer | 輕便式運輸機 | ポータブルコンベア | 轻便式运输机 |
| — crane | 移動式起重機 | ポータブルクレーン | 移动式起重机 |
| — crusher | 輕便破碎機 | ポータブルクラッシャ | 轻便破碎机 |
| — drill | 輕型鑽床;可移式鑽床 | ポータブルドリル | 轻型钻床;可移式钻床 |
| — forge | 活動鍛爐 | 持運びほど | 活动锻炉 |
| — hoist | 可移式絞車 | ポータブルホイスト | 可移式绞车 |
| — lamp | 手提燈 | 手さげ灯 | 手提灯;工作手灯 |
| — lathe | 輕便車床 | 持運び旋盤 | 轻便车床 |
| — machine | 輕便機器 | ポータブルマシン | 轻便机器 |
| — milling machine | 輕便銑床 | 持運びフライス盤 | 轻便铣床 |
| — ramp | 活動斜板 | ポータブルランプ | 活动斜板 |
| — resistance welder | 移動式電阻電銲機 | ポータブル抵抗溶接機 | 移动式电阻电焊机 |
| — riveter | 輕便鉚接機 | ポータブルリベッタ | 轻便铆接机 |
| — saw | 輕便鋸;移動式圓鋸 | ポータブルソー | 轻便锯;移动式圆锯 |
| — winch | 輕便絞車 | ポータブルウインチ | 轻便绞车 |
| **portability** | 輕便性;可攜帶性 | ポータブル性 | 轻便性;可携带性 |
| **portal** | 門架式 | ポータル | 门架式;正门;大门 |
| — crane | 龍門吊車 | ポータルクレーン | 龙门吊车 |
| — frame | 門式框架 | ポータルフレーム | 门式框架 |
| — frame press | 龍門形沖床〔壓床〕 | 門形フレームプレス | 龙门形冲床〔压床〕 |

| 英　　文 | 臺　　灣 | 日　　文 | 大　　陸 |
|---|---|---|---|
| **porter** | 房屋管理人（員） | 管理人 | 房屋管理人（员） |
| — bar | 鋼錠夾具 | インゴット挟み | 钢锭夹具 |
| **position** | 方位；狀態 | ポジション | 职位；方位；状态 |
| — angle | 高低角 | 位置角 | 高低角 |
| — compensation | 位置補償 | 位置補償 | 位置补偿 |
| — computation | 位置計算 | 経緯度計算 | 位置计算 |
| — control method | 位置控制法 | 位置制御方式 | 位置控制法 |
| — correction | 位置修正量 | 位置修正量 | 位置修正量 |
| — error | 位置誤差〔偏差〕 | 位置誤差 | 位置误差〔偏差〕 |
| — lamp | 指示燈 | 席ランプ | 指示灯；座席灯 |
| — light | 位置標示光；航行燈 | 航空灯 | 位置标示光；航行灯 |
| — of weld | 銲接位置 | 溶接姿勢 | 焊接位置；焊接姿势 |
| — sensitive detector | 光位置檢測器〔半導體〕 | 光位置検出器 | 光位置检测器〔半导体〕 |
| **sensitivity** | 位置靈敏度 | ポジション感度 | 位置灵敏度 |
| — sensor | 位置傳感器 | ポジションセンサ | 位置传感器 |
| — stopping | 定位停止 | 定位置停止 | 定位停止 |
| — system | 定位方式〔遠距離測定〕 | 位置方式 | 定位方式〔远距离测定〕 |
| **positional** accuracy | 位置精度 | 位置精度 | 位置精度 |
| — deviation | 位置誤差〔偏差〕 | 位置偏差 | 位置误差〔偏差〕 |
| — servomechanism | 定位伺服機構 | 位置サーボ系 | 定位伺服机构 |
| — stability | 位置穩定性 | 位置安定性 | 位置稳定性 |
| — tolerance | 位置公差 | 位置公差 | 位置公差 |
| **positioner** | 定位控制器；反饋裝置 | ポジショナ | 定位控制器；反馈装置 |
| **positioning** | 位置控制；轉位；配置 | ポジショニング | 位置控制；转位；配置 |
| — accuracy | 定位精度 | 位置決め精度 | 定位精度 |
| — arm | 定位臂 | ポジショニングアーム | 定位臂 |
| — circuit | 定位電路 | ポジショニング回路 | 定位电路 |
| — device | 定位裝置 | 位置決め装置 | 定位装置 |
| — dowel | 定位銷 | ほぞ | 定位销；榫头 |
| — fillet welding | 角銲縫位置銲接 | ポジションド隅肉溶接 | 角焊缝位置焊接 |
| — of stock | 材料定位 | 材料の位置決め | 材料定位；坯料定位 |
| — precision | 位置控制精度 | 位置繰返し精度 | 位置控制精度 |
| — slot | 定位槽 | 位置決め溝 | 定位槽 |
| — spigot | 定位插銷 | 位置決め用栓形パッド | 定位插销；定位栓塞 |
| **positive** acknowledge | 肯定應答 | 肯定応答 | 肯定应答 |
| — actuation | 起動 | 正作動 | 正动作；起动 |
| — arc | 正弧 | 正アーク | 正弧 |
| — catalyst | 正催化劑 | 正触媒 | 正催化剂 |
| — charge | 陽電荷 | ポジティブチャージ | 阳电荷；阳电荷 |
| — clutch | 剛性離合器 | ポジティブクラッチ | 刚性离合器 |

| 英　　　文 | 臺　　　灣 | 日　　　文 | 大　　　陸 |
|---|---|---|---|
| — current | 正電流 | 正電流 | 正电流 |
| — drive | 強制傳動 | 確実伝動 | 强制传动 |
| — feed | 強制進料；機械進料 | 確動（原材料）給送 | 强制进料；机械进料 |
| — hole | 正孔；空穴 | ポジティブホール | 正孔；空穴 |
| — infinity | 正無限大 | 正の無限大 | 正无限大 |
| — line | 正線 | 正線 | 正线 |
| — mold | 陽模 | 陽性モデル | 阳模；阳压模 |
| — motion | 強制運動 | ポジティブモーション | 强制运动 |
| — motion cam | 確動凸輪 | 確動カム | 确动凸轮 |
| — mould | 陽壓模 | 確実鋳型 | 阳压模；不溢式压模 |
| — prime | 離心吸入 | 自然迎え水 | 自然回水；离心吸入 |
| — reinforcement | 受拉鋼筋 | 正鉄筋 | 受拉钢筋；正弯曲钢筋 |
| — sign | 正號 | 正号 | 正号 |
| — stripper | 剛性卸料板 | 固定式ストリッパ | 刚性卸料板 |
| — terminal | 正（極）端 | ポジティブターミナル | 正（极）端 |
| — value | 正值 | 正値 | 正值 |
| **positivity** | 正值性 | 正値性 | 正值性 |
| **possibility** | 可能性 | ポシビリティ | 可能性 |
| — of trouble | 障礙率；故障率 | 事故率 | 障碍率；故障率 |
| **possible** capacity | 可能交通量 | 可能通行容量 | 可能交通量 |
| — output | 可能輸出 | 可能出力 | 可能输出 |
| **post** | 支柱；定位 | ポスト | 支柱；定位；位置；站 |
| — and rail | 柵欄 | 木さく | 栅栏 |
| — brake | 桿閘 | ポストブレーキ | 杆闸 |
| — flux | 接頭銲劑 | ポストフラックス | 接头焊剂 |
| — guided press | 柱式導向沖床 | ポストガイドプレス | 柱式导向压力机 |
| — hole auger | 柱孔螺旋鑽 | ポストホールオーガ | 柱孔螺旋钻 |
| **post-conditioning** | 後處理 | 後処理 | 后处理 |
| **postcure** | 後硬化〔塑料〕 | アフターキュア | 后硬化〔塑料〕；后硫化 |
| **posterior** | 後面的 | 後部 | 后面的 |
| — maintenance | 事後維護 | 事後保守 | 事后维护 |
| — probability | 後驗機率 | 事後確率 | 后验概率 |
| — risk | 後驗風險 | 事後危険 | 后验风险 |
| **post-mortem** | 事後剖析 | ポストモルテム | 事后剖析；事后的 |
| — check | 事後檢查 | 事後チェック | 事后检查 |
| **post-processing** | 後加工；後處理 | ポストプロセシング | 后加工；后处理 |
| **post-tensioning** | （預應力混凝土）後張法 | ポストテンショニング | （预应力混凝土）后张法 |
| **post-treatment** | 後處理 | 後仕上げ | 后处理 |
| **pot** | 坩鍋；箱 | ポット | 坩锅；箱；电位计 |
| — annealing | 裝箱退火 | ポット焼なまし | 装箱退火 |

| 英　文 | 臺　灣 | 日　文 | 大　陸 |
|---|---|---|---|
| — broach | 筒形拉刀 | ポットブローチ | 筒形拉刀 |
| — calcination | 裝罐鍛燒 | ポットか焼 | 装罐锻烧 |
| — crusher | 罐式壓碎機 | かん式破砕機 | 罐式压碎机 |
| — experiment | 釜試驗 | ポット試験法 | 釜试验 |
| — galvanizing | 熱鍍鋅(作用) | 熱亜鉛引き | 热镀锌(作用) |
| — head | 終端套管;配電箱 | ポットヘッド | 终端套管;配电箱 |
| — life | 適用期;活化壽命 | ポットライフ | 适用期;活化寿命 |
| — metal | 銅鉛合金 | ポットメタル | 铜铅合金 |
| — mill | 罐(形)磨機 | ポットミル | 罐(形)磨机 |
| — motor | 高轉速電動機 | ポットモータ | 高转速电动机 |
| — quenching | 固體滲碳直接淬火 | ポット焼入れ | 固体渗碳直接淬火 |
| — steel | 坩堝鋼 | ポットスチール | 坩埚钢 |
| — valve | 罐閥 | かんバルブ | 罐阀 |
| potassa | 氫氧化鉀;苛性鉀 | ポタッサ | 氢氧化钾;苛性钾 |
| potassium,K | 鉀 | カリウム | 钾 |
| potence | 力;效力;效能 | ポテンス | 力;效力;效能 |
| potency | 效力;效能;潛力 | ポテンシー | 效力;效能;潜力 |
| potential acidity | 潛在酸性 | 潜酸性 | 潜在酸性 |
| — box model | 電位箱模型 | 箱型模型 | 电位箱模型 |
| — difference | 電位差 | 電位差 | 电位差 |
| — drop | 電壓降;電位降 | ポテンシャルドロップ | 电压降;电位降 |
| — energy | 位能;勢能 | 位置エネルギー | 位能;势能 |
| — heat | 潛熱 | 保有熱 | 潜热 |
| — result | 預想結果 | 予想結果 | 预想结果 |
| — temperature | 位溫;勢溫 | 温位 | 位温;势温 |
| potentiality | 可能性 | ポテンシャリティ | 可能性 |
| potentially reactivity | 潛反應性 | 潜在反応性 | 潜反应性 |
| potentiation | 勢差現象 | 位差現象 | 势差现象 |
| potentiometer | 電位(差)計;分壓計 | ポテンシオメータ | 电位(差)计;分压计 |
| potentiostat | 穩壓器;電勢恒定器 | ポテンシオスタット | 稳压器;电势恒定器 |
| pother | 煙霧;塵霧〔令人窒息的〕 | 煙霧 | 烟雾;尘雾〔令人窒息的〕 |
| potin | 銅鋅錫合金 | ポタン | 铜锌锡合金 |
| potted article | 密封材料 | 注封品 | 密封材料 |
| pottery | 陶器 | ポッタリ | 陶器 |
| potting agent | 澆灌劑 | ポッティング剤 | 浇灌剂 |
| — compound | 注封材料 | 注封材料 | 注封材料 |
| — material | 注封材料 | 注封材料 | 注封材料 |
| Poulson arc | 浦爾生電弧 | パウルゼンアーク | 浦尔生电弧 |
| pound | 磅 | ポント | 磅 |
| poundal | 磅達 | パウンダル | 磅达 |

| 英　　文 | 臺　　灣 | 日　　文 | 大　　陸 |
|---|---|---|---|
| **poundaing stress** | 衝擊應力 | パウンディング応力 | 冲击应力 |
| **pour** density | 傾（注）密度 | 盛込み密度 | 傾（注）密度 |
| — into | 注入；倒入 | 注入 | 注入；倒入；傾入；灌入 |
| — point | 流點；傾倒點 | 流動点 | 流点；倾倒点 |
| — spout | 注入口 | 注ぎ口 | 注入口 |
| **pourability** | 鑄塑能力；注入容積 | 注型適性 | 铸塑能力；注入容积 |
| **pourbaix** corrosion diagra | 腐蝕圖 | 腐食図 | 腐蚀图 |
| **pouring** basin | 池形外澆口；澆口杯 | たまりぜき | 池形外浇口；浇口杯 |
| — beaker | 澆口杯 | 注ぎ口付きゴブレット | 浇口杯 |
| — case | 澆入箱體 | 流し込み箱 | 浇入箱体 |
| — cup | 漏斗形外澆口 | ポーリングカップ | 漏斗形外浇口 |
| — density | 注入密度 | 盛込み密度 | 注入密度 |
| — drum | 傾出鼓 | 流出しドラム | 倾出鼓 |
| — gate | 直澆口 | 湯口 | 直浇口 |
| — mould | 澆注鑄模 | 流し鋳型 | 浇注铸型 |
| — pit | 鑄錠坑；澆注坑 | 鋳込みピット | 铸锭坑；浇注坑 |
| — platform | 澆注平台 | 鋳込み床 | 浇注平台 |
| **powder** | 火藥；粉末〔劑〕 | 粉体 | 火药；粉末〔剂〕 |
| — binder | 粉末黏結劑 | 粉末結合剤 | 粉末粘结剂 |
| — blend | 粉末混合；粉末混合物 | パウダブレンド | 粉末混合；粉末混合物 |
| — coal | 煤粉；粉煤 | 炭粉 | 煤粉；粉煤 |
| — compact | 壓縮粉 | 圧縮粉 | 压缩粉 |
| — cutting | 粉末切割 | パウダ切断 | 粉末切割；氧熔剂切割 |
| — density | 粉密度 | 粉密度 | 粉密度 |
| — filler | 粉狀填充劑；填充粉 | 粉状充てん材 | 粉状填充剂；填充粉 |
| — flame spraying | 粉末熱熔噴鍍（法） | 粉末式溶射 | 粉末热熔喷镀（法） |
| — fuel | 粉狀燃料 | 粉状燃料 | 粉状燃料 |
| — lancing | 熔劑氧矛切割 | パウダランシング | 熔剂氧矛切割 |
| — metal forging | 粉末鍛造 | 粉末鍛造 | 粉末锻造 |
| — metallurgy | 粉末冶金 | 粉末や金 | 粉末冶金 |
| — mortar | 研缽 | 乳鉢 | 研钵 |
| — processing | 粉末加工 | 粉末加工 | 粉末加工 |
| — rolling | 粉末軋製 | 粉末圧延 | 粉末轧制 |
| — sinter molding | 粉末燒結成形 | 粉末焼結成形 | 粉末烧结成形 |
| **powdered** activated carbon | 粉末活性碳 | 粉末活性炭 | 粉末活性碳 |
| — aluminum | 鋁粉 | 粉末アルミニウム | 铝粉 |
| — ferrite | 粉狀鐵氧體 | 粉末フェライト | 粉状铁氧体 |
| — graphite | 粉末石墨 | 粉末黒鉛 | 粉末石墨 |
| — silver | 銀粉 | 銀粉 | 银粉 |
| **powdering** | 粉化；粉碎 | パウダリング | 粉化；粉碎；风化 |

| 英　文 | 臺　灣 | 日　文 | 大　陸 |
|---|---|---|---|
| — machine | 粉碎機 | 粉碎機 | 粉碎机 |
| **powderless etching** | 無粉腐蝕 | パウダレスエッチング | 无粉腐蚀 |
| **powellizing** | 浸硬 | 確動浸透 | 浸硬 |
| **power** | 放大率;威力〔火藥的〕 | パワー | 放大率;威力〔火药的〕 |
| — absorption | 功率吸收 | 吸収電力 | 功率吸收 |
| — aging | 功率老化 | 電力エージング | 功率老化 |
| — agreement | 動力協定 | 動力協定 | 动力协定 |
| — amplifier | 功率放大器 | パワーアンプ | 功率放大器 |
| — angle | 功率角;負載角 | 負荷角 | 功率角;负载角 |
| — assembly | 動力裝置 | パワーアセンブリ | 动力装置 |
| — box | 電源箱 | パワーボックス | 电源箱 |
| — brake | 動力制動器;機動閘 | パワーブレーキ | 动力制动器;机动闸 |
| — circuit | 電力電路;電源電路 | パワー回路 | 电力电路;电源电路 |
| — clamp | 機動卡緊 | パワークランプ | 机动卡紧 |
| — clutch | 機械助力操縱離合器 | パワークラッチ | 机械助力操纵离合器 |
| — coefficient | 輸出係數;功率係數 | パワー係数 | 输出系数;功率系数 |
| — compensation | 功率補償 | 馬力補償 | 功率补偿 |
| — consumption | 電力消耗量 | パワー消費量 | 电力消耗量 |
| — control | 電力調整;動力控制 | パワーコントロール | 电力调整;动力控制 |
| — cylinder | 動力油缸 | パワーシリンダ | 动力油缸 |
| — density | 功率密度;能量密度 | 出力密度 | 功率密度;能量密度 |
| — dissipation | 功(率消)耗 | パワーデスペーション | 功(率消)耗 |
| — down | 切斷電源;電源故障 | パワーダウン | 切断电源;电源故障 |
| — drill | 動力鑽 | 動力ぎり | 动力钻 |
| — equipment | 動力設備;電源設備 | 動力設備 | 动力设备;电源设备 |
| — factor | 功率係數;功率因數 | パワーファクタ | 功率系数;功率因数 |
| — fuel | 動力燃料 | 動力燃料 | 动力燃料 |
| — generation | 發電 | 発電 | 发电 |
| — hammer | 動力錘 | パワーハンマ | 动力锤 |
| — house | 動力間〔房;廠〕 | 動力室 | 动力间〔房;厂〕 |
| — lathe | 普通車床 | 動力旋盤 | 普通车床 |
| — level | 功率級 | パワーレベル | 功率级;电平 |
| — limit | 功率極限 | 極限電力 | 功率极限 |
| — line | 動力線;輸電線;電力線 | パワーライン | 动力线;输电线;电力线 |
| — load | 動力負載 | 動力負荷 | 动力负荷 |
| — mandrel | 動力心軸 | パワーマンドレル | 动力心轴 |
| — matching | 功率匹配 | パワーマッチング | 功率匹配 |
| — output | (功率)輸出 | 出力 | (功率)输出 |
| — panel | 電源板;配電盤 | パワーパネル | 电源板;配电盘 |
| — pipe cutter | 動力切管機 | 動力パイプカッタ | 动力切管机 |

879

| 英　　文 | 臺　　灣 | 日　　文 | 大　　陸 |
|---|---|---|---|
| ― piston | 動力活塞 | パワーピストン | 动力活塞 |
| ― plant | 動力設備；發電廠（站） | 原動所 | 动力设备；发电厂（站） |
| ― press | 機械（傳動）沖床 | パワープレス | 机械（传动）压力机 |
| ― rolling | 強力旋壓；變薄旋壓 | しごきスピニング | 强力旋压；变薄旋压 |
| ― running | 動力運行 | 力行 | 力行；动力运行 |
| ― saw | 動力鋸；電鋸 | 動力のこ | 动力锯；电锯 |
| ― servo | 傳動伺服機構 | パワーサーボ機構 | 传动伺服机构 |
| ― shaft | 動力軸 | パワーシャフト | 动力轴 |
| ― shift | 液壓（控制）變速器 | パワーシフト | 液压（控制）变速器 |
| ― source | 電源；功率源；動力源 | パワーソース | 电源；功率源；动力源 |
| ― spinning | 強力旋壓 | パワースピンニング | 强力旋压 |
| ― spring | 動力彈簧 | ぜんまいばね | 动力弹簧 |
| ― station | 發電廠；動力廠〔站〕 | 原動所 | 发电厂；动力厂〔站〕 |
| ― steering | 動力轉向裝置 | パワーステアリング | 动力转向装置 |
| ― supply | 供電 | パワーサプライ | 供电 |
| ― take-off | 動力輸出 | パワーテイクオフ | 动力输出 |
| ― train | 動力傳動系 | パワートレイン | 动力传动系 |
| ― transmission shaft | 動力軸 | 伝動軸 | 动力轴 |
| ― valve | 增力閥 | パワーバルブ | 增力阀 |
| ― washing | 氧熔劑表面清理 | パウダウォッシング | 氧熔剂表面清理 |
| ― winch | 動力絞車 | 動力ウインチ | 动力绞车 |
| ― wrench | 動力扳手 | パワーレンチ | 动力扳手 |
| power-on reset | 電源接通復位 | パワーオンリセット | 电源接通复位 |
| ― stall | 有動力失速 | パワーオン失速 | 有动力失速 |
| power-operated control | 動力驅動裝置 | 機力操縦装置 | 动力驱动装置 |
| ― valve | 動力操縱閥 | 動力操作弁 | 动力操纵阀 |
| practicability | 實踐性；可能性；實施性 | 実際性 | 实践性；可能性；实施性 |
| practice | 實施；練習 | プラクチス | 实施；练习；实习；习惯 |
| praseodymium,Pr | 錯 | プラセオジム | 镨 |
| prasin(e) | 假孔雀石 | 偽くじゃく石 | 假孔雀石 |
| preaeration | 預曝氣 | 前エアレーション | 预曝气 |
| ― tank | 預曝氣池〔槽〕 | 前ばっ気槽 | 预曝气池〔槽〕 |
| pre-amp | 前置放大器 | プリアンプ | 前置放大器 |
| preanalysis | 預分析 | 事前分析 | 预分析 |
| prebake | 前烘；預烘 | プリベーク | 前烘；预烘 |
| prebaking | 預烘焙 | プリベーキング | 预烘焙；前烘 |
| prebend | 預彎 | プリベンド | 预弯 |
| prebending die | 預彎模 | 荒曲げ型 | 预弯模 |
| preblow | 前吹（煉）；預吹 | 前吹き | 前吹（炼）；预吹 |
| preburn | 預放電 | 予備放電 | 预放电 |

| 英　　文 | 臺　　灣 | 日　　文 | 大　　陸 |
|---|---|---|---|
| **precast** beam | 預製梁 | プレキャストげた | 预制梁 |
| **precaution** | 小心;注意;預防(措施) | プレカーション | 小心;注意;预防(措施) |
| **precedence** | 優先;領先 | プリシーデンス | 优先;领先 |
| **prechamber** | 預燃室 | プレチャンパ | 预燃室 |
| — engine | 預燃式發動機 | 予燃焼室機関 | 预燃式发动机 |
| **precharge** | 預充電 | プリチャージ | 预充电 |
| **precheck** | 預檢驗 | プリチェック | 预检验 |
| **precinct** | 區域 | プレシンクト | 区域;管区;围场 |
| **precious** garnet | 貴榴石 | 貴ざくろ石 | 贵榴石 |
| — metal | 貴金屬 | プレシアスメタル | 贵金属 |
| **precipitation** | 析出;沈澱 | 析出 | 析出;沈淀;脱溶 |
| — alloy | 沈澱合金 | 析出型合金 | 沈淀合金 |
| — hardening | 沉澱硬化 | 析出硬化 | 沉淀硬化 |
| — hardening magnet alloy | 析出硬化磁鐵合金 | 析出硬化磁合金 | 析出硬化磁铁合金 |
| — hardening stainless steel | 沉澱硬化不銹鋼 | 析出硬化型ステンレス | 沉淀硬化不锈钢 |
| — hardening type magnet | 析出硬化型磁鐵 | 析出硬化型磁石 | 析出硬化型磁铁 |
| — heat treatment | 沉澱熱處理 | 析出熱処理 | 沉淀热处理 |
| — particles | 析出粒子 | 析出粒子 | 析出粒子 |
| — permanent magnet | 沉澱型永久磁鐵 | 析出型永久磁石 | 沉淀型永久磁铁 |
| **precise** examination | 精密探傷 | 精密探傷 | 精密探伤 |
| — levelling | 精密水準測量 | 精密水準測量 | 精密水准测量 |
| **precision** | 精度;準確度 | 精度 | 精度;准确度 |
| — adjustment | 精調 | 精密修正 | 精调 |
| — angle measurement | 精密測角 | 精密測角 | 精密测角 |
| — boring machine | 精密搪床 | 精密中, ぐり盤 | 精密镗床 |
| — casting | 精密鑄造 | 精密鋳造 | 精密铸造 |
| — file | 精密銼 | 精密やすり | 精密锉 |
| — finishing | 精密加工 | 精密仕上げ | 精密加工 |
| — forging press | 精密鍛壓機 | 精密鍛造プレス | 精密锻压机 |
| — gage | 精密量規 | 精密計 | 精密量规 |
| — gear | 精密齒輪 | 精密歯車 | 精密齿轮 |
| — grinding | 精密磨削 | 精密研削 | 精密磨削 |
| — instrument oil | 精密儀器油 | 精密機械油 | 精密仪器油 |
| — investment casting | 精密熔模鑄造 | 精密鋳造 | 精密熔模铸造 |
| — jig | 精密夾具〔鑽模〕 | 精密ジグ | 精密夹具〔钻模〕 |
| — lathe | 精密車床 | 精密旋盤 | 精密车床 |
| — machinery | 精密機械 | 精密機械 | 精密机械 |
| — machining | 精密加工 | 精密加工 | 精密加工 |
| — measurement | 精密測量 | 精密測定 | 精密测量 |
| — mold | 精密模具 | 精密金型 | 精密模具 |

| 英　　文 | 臺　　灣 | 日　　文 | 大　　陸 |
|---|---|---|---|
| — moulding | 精密模製 | 精密鑄造 | 精密模制 |
| — scanning | 精密探傷;精測掃描 | 精測走査 | 精密探伤;精测扫描 |
| — slide valve | 精密滑閥 | 精密すべり弁 | 精密滑阀 |
| — welding | 精密銲接 | 精密溶接 | 精密焊接 |
| precoated metal sheet | 預塗層金屬板 | プリコート金属板 | 预涂层金属板 |
| — sand | 合成砂 | 合成砂 | 合成砂 |
| precompression | 預壓縮 | プリコンプレッション | 预压缩 |
| preconditioner | 預處理機 | プリコンディショナ | 预处理机 |
| preconing angle | 預錐角 | プリコニング角 | 预锥角 |
| precooling | 預冷(卻) | プリクーリング | 预冷(却) |
| precuring | 預熱化;預固化 | 予熟化 | 预热化;预固化 |
| precut | 預割〔切;開〕 | プレカット | 预割〔切;开〕 |
| predicate | 謂詞 | 述語 | 谓词 |
| prediction | 預測;預報 | 予測 | 预测;预报 |
| — equation | 預報方程 | 予測方程式 | 预报方程 |
| — variable | 預測變量 | 予測変数 | 预测变量 |
| predictive analysis | 預測分析法 | 予想分析法 | 预测分析法 |
| — control | 預測控制 | 予測制御 | 预测控制 |
| — model | 預測模型 | 予測モデル | 预测模型 |
| predictor | 預示算子;預測值 | プリジクタ | 预示算子;预测值 |
| predischarge | 預放電 | 予備放電 | 预放电 |
| predistortion | 預失真;頻應預矯 | 逆ひずみ | 预失真;频应预矫 |
| — method | 反變形法 | 逆ひずみ法 | 反变形法 |
| predrive | 預激勵;預驅動 | プリドライブ | 预激励;预驱动 |
| predriver | 預激勵器 | プリドライバ | 预激励器 |
| pre-etching | 預(先)腐蝕 | プリエッチング | 预(先)腐蚀 |
| pre-expander | 預發泡機 | 予備発泡機 | 预发泡机 |
| prefabricate | 預製品 | プレハブ | 预制品 |
| prefill | 預先充滿 | プリフィル | 预先充满 |
| — valve | (預)充液閥;滿油閥 | プリフィルバルブ | (预)充液阀;满油阀 |
| prefilling press | 成型預壓機 | 成形予圧機 | 成型预压机 |
| prefix | 前綴;首標;預先指定 | プリフィックス | 前缀;首标;预先指定 |
| preflex system | 預彎工字鋼法 | プレフレックス工法 | 预弯工字钢法 |
| preflux | 預銲劑 | プリフラックス | 预焊剂 |
| prefoaming | 預發泡 | 予備発泡 | 预发泡 |
| preform | 初加工成品 | プレフォーム | 初加工成品 |
| — solder | 預成型銲料 | プレフォームハンダ | 预成型焊料 |
| pregrounding | 粗壓碎 | 粗圧砕 | 粗压碎 |
| prehandling | 前處理 | 前処理 | 前处理 |
| preharden steel | 預硬化鋼 | プレハードン鋼 | 预硬化钢 |

| 英　　文 | 臺　　灣 | 日　　文 | 大　　陸 |
|---|---|---|---|
| prehardened steel | 預硬化鋼 | 予備焼入れ鋼 | 预硬化钢 |
| prehardening | 預固化 | 予備硬化 | 预固化 |
| preheat | 預熱 | プリヒート | 预热 |
| — chamber | 預熱室 | プリヒートチャンバ | 预热室;预热箱 |
| — temperature | 預熱溫度 | 予熱温度 | 预热温度 |
| preheater | 預熱器 | プレヒータ | 预热器 |
| preheating flame | 預熱火焰 | 予熱炎 | 预热火焰 |
| — furnace | 預熱爐 | 予熱炉 | 预热炉 |
| — hopper | 預熱料斗 | 予熱ホッパ | 预热料斗 |
| preignition | 提前點火 | 過早発火 | 提前点火 |
| preknock | 預爆震 | 早期ノック | 预爆震 |
| preliminary adjustment | 初步調整 | 予備調整 | 初步调整 |
| — breaker | 初軋(碎)機 | 粗砕機 | 初轧(碎)机 |
| — design | 初步設計 | 初期設計 | 初步设计 |
| — drawing | 初步設計圖 | 基本設計図 | 初步设计图 |
| — wxamination | 初步探傷 | 粗探傷 | 初步探伤 |
| preload | 預壓 | 予圧 | 预压;预加载 |
| — ball | 預加載鋼球 | プレロードボール | 预加载钢球 |
| premaloy | 普累馬洛依合金 | プレマロイ | 普累马洛依合金 |
| premature brittle fracture | 早期脆性破壞 | 早期ぜい性破壊 | 早期脆性破坏 |
| — condensation | 初始縮合 | 早期縮合 | 初始缩合 |
| — crack | 早期裂紋〔縫〕 | 初期亀裂 | 早期裂纹〔缝〕 |
| — cure | 初始硫化 | 早期加硫 | 初始硫化 |
| — firing | 過早點火 | 早過ぎ点火 | 过早点火 |
| premelting | 預熔化 | 前融解 | 预熔化 |
| premium | 獎金;優質 | プレミアム | 奖金;优质;保险费 |
| premix | 預先混合;預混合料 | プリミックス | 预先混合;预混合料 |
| premixer | 預混合機 | プレミキサ | 预混合机 |
| preparation | 處理;配置 | プレパレーション | 处理;配置 |
| — before welding | 銲前處理 | 溶接前処理 | 焊前处理;焊前开坡口 |
| — of machinging | 機加工準備 | 加工準備 | 机加工准备 |
| preparatory plan | 準備計劃 | 段取り | 准备计划;安排程序 |
| prepared atmosphere | 調節氣氛 | 調節雰囲気 | 调节气氛 |
| — edge | 預先加工面 | 開先加工面 | 坡口加工面 |
| preplasticizing | 預塑化 | 予備可塑化 | 预塑化 |
| preplating treatment | 鍍前處理 | 空電解 | 镀前处理 |
| prepreg | 半固化片;預浸處理 | プリプレグ | 半固化片;预浸处理 |
| prepressing | 預加壓處理 | 予備プレス | 预加压处理 |
| preprocess | 預先加工;先行處理 | プリプロセス | 预先加工;先行处理 |
| prepunch | 預先打孔 | プリパンチ | 预先穿孔 |

| 英　文 | 臺　灣 | 日　文 | 大　陸 |
|---|---|---|---|
| **preroller** | 初軋輥 | プリローラ | 初轧辊 |
| **prerotation** | 預旋〔轉〕 | 予旋回 | 预旋〔转〕 |
| **presenter** | 推荐者;發送器 | プレゼンタ | 推荐者;发送器 |
| **preservation** | 貯藏;貯存 | 保存 | 贮藏;贮存 |
| **preservative** | 保護料;防銹劑 | 防腐剤 | 保护料;防锈剂 |
| **preserver** | 保護裝置;安全裝置 | プリザーバ | 保护装置;安全装置 |
| **preset** code | 預置碼 | プリセットコート | 预置码 |
| — counter | 預置計數器 | プリセットカウンタ | 预置计数器 |
| — knob | 預調旋鈕 | プリセットつまみ | 预调旋钮 |
| — signal | 預置信號 | プリセット信号 | 预置信号 |
| **presetter** | 機外對刀裝置 | プリセッタ | 机外对刀装置 |
| **press** | 沖床 | プレス | 压力机;冲床 |
| — bending | 壓彎 | プレス曲げ | 压弯 |
| — bolt | 壓緊螺栓 | 押付けボルト | 压紧螺栓 |
| — bond | 壓力接合;軌端壓接 | 圧端ボンド | 压力接合;轨端压接 |
| — brake | 板料折彎沖床 | プレスブレーキ | 板料折弯压力机 |
| — call | 鍵式撥號 | プレスコール | 键式拨号 |
| — contact | 壓力接點 | プレスコンタクト | 压力接点 |
| — crown | 沖床橫梁 | プレス頭部 | 压力机横梁 |
| — cure | 加壓硫化;壓榨處治 | プレスキュア | 加压硫化;压榨处治 |
| — cutter | 沖切機 | 打抜きプレス | 冲切机 |
| — cylinder | 沖床油缸 | プレスシリンダ | 压力机油缸 |
| — die | 壓模 | プレス型 | 压模 |
| — embossing | 壓印 | プレス型押し | 压印 |
| — finishing | 壓光;軋光 | プレス仕上げ | 压光;轧光 |
| — fittings | 壓接配件〔節點〕 | プレス継手 | 压接配件〔节点〕 |
| — forging | 壓力鍛造 | プレスフォージング | 压力锻造 |
| — forming | 加壓成形 | プレス成形 | 加压成形 |
| — frame | 沖床床身 | プレスフレーム | 压力机床身 |
| — joint | 壓(力)接(合) | 突合せ目地 | 压(力)接(合) |
| — line | 沖壓線 | プレスライン | 冲压线 |
| — machine | 壓機 | プレスマシン | 压机 |
| — mold(ing) | 壓模;加壓模塑 | 圧搾型 | 压模;加压模塑 |
| — notch | 壓口;壓製切口 | プレスノッチ | 压口;压制切口 |
| — oil | 壓力油 | プレスオイル | 压力油 |
| — pan | 沖床枕木 | プレスパン | 压力机枕木 |
| — polish | 壓力拋光 | プレス磨き | 压力抛光 |
| — preloader | 壓力預加料器 | プレス用プレローダ | 压力预加料器 |
| — quenching | 加壓淬火;夾持淬火 | プレス焼れ | 加压淬火;夹持淬火 |
| — roll | 加壓輥 | プレスロール | 加压辊 |

| 英　　文 | 臺　　灣 | 日　　文 | 大　　陸 |
|---|---|---|---|
| — tempering | 模壓回火;加壓回火 | プレステンパ | 模压回火;加压回火 |
| — tool | 沖壓用工具;沖壓模 | プレス用工具 | 冲压用工具;冲压模 |
| — type brake | 板料折彎沖床 | プレスタイプブレーキ | 板料折弯压力机 |
| — working | 壓力加工 | プレス加工 | 压力加工 |
| **pressbutton** | 按鈕 | 押しボタン | 按钮 |
| **pressed** brick | 壓製磚 | 圧搾れんが | 压制砖 |
| — finish | 壓光面飾 | 圧仕上げつや出し | 压光面饰 |
| — glass | 鑄壓玻璃 | 押し形ガラス | 铸压玻璃 |
| — steel | 壓製鋼 | 型押し鋼 | 压制钢 |
| **presser** | 承壓滾筒;模壓工 | プレッサ | 承压滚筒;模压工 |
| — bar pressure | 壓桿壓力 | 押え圧力 | 压杆压力 |
| — cam | (針織)壓片凸輪 | プレッサカム | (针织)压片凸轮 |
| — wheel | (針織)壓針輪 | プレッサホイール | (针织)压针轮 |
| **pressing** | 壓製;沖壓;壓製件 | プレッシング | 压制;冲压;压制件 |
| — pressure | 壓實〔緊接〕壓力 | 圧縮圧力 | 压实〔紧接〕压力 |
| — skin | 壓製薄膜 | 圧縮肌 | 压制薄膜 |
| — speed | 壓製速度 | プレス速度 | 压制速度 |
| **pressure** | 壓力 | プレッシャー | 压力 |
| — angle | 壓力角;嚙合角 | プレッシャーアングル | 压力角;啮合角 |
| — at failure | 破損壓力 | 破損圧力 | 破损压力 |
| — at rest | 靜壓力 | 静止圧力 | 静压力 |
| — at right angle | 垂直壓力 | 垂直圧力 | 垂直压力 |
| — attachment | 加壓裝置附件;模具墊 | ダイクッション | 加压装置附件;模具垫 |
| — bar | 夾緊棒;壓板〔桿〕 | プレッシャーバー | 夹紧棒;压板〔杆〕 |
| — bar spring | 壓桿彈簧 | 押えばね | 压杆弹簧 |
| — boost | 增加壓力;增壓 | 圧力推進 | 增加压力;增压 |
| — bowl | 承壓滾筒 | プレッシャーボール | 承压滚筒 |
| — bulkhead | 耐壓艙壁 | 耐圧壁 | 耐压舱壁 |
| — cast patterrn | 壓鑄模型 | 圧力鋳造模型 | 压铸模型 |
| — cell | 壓(力靈)敏元件 | 圧力セル | 压(力灵)敏元件 |
| — change | 壓力變化 | 圧力変化 | 压力变化 |
| — characteristic | 壓力特性 | 圧力特性 | 压力特性 |
| — cone | 壓力錐 | 圧力円すい | 压力锥 |
| — contact | 壓力接點 | 圧力接点 | 压力接点 |
| — control servovalve | 壓力控制伺服閥 | 圧力制御サーボ弁 | 压力控制伺服阀 |
| — control valve | 壓力控制〔調節〕閥 | 圧力制御弁 | 压力控制〔调节〕阀 |
| — cooker | 壓力鍋;高壓鍋 | プレッシャークッカ | 压力锅;高压锅 |
| — curve | 壓力曲線 | 圧力曲線 | 压力曲线 |
| — cylinder | 壓力油缸 | 圧力シリンダ | 压力油缸 |
| — delay | 壓力滯後 | 圧力遅れ | 压力滞后 |

| 英　　　文 | 臺　　　灣 | 日　　　文 | 大　　　陸 |
|---|---|---|---|
| — die | 壓緊模 | 押付けダイス | 压紧模 |
| — die casting | 壓力鑄造 | ダイカスト鑄造法 | 压力铸造 |
| — dividing valve | 分壓閥 | 圧力分配弁 | 分压阀 |
| — drag | 壓差阻力 | 圧力抗力 | 压差阻力 |
| — efficiency | 壓力效率 | 圧力効率 | 压力效率 |
| — effect | 壓力效應 | 圧効果 | 压力效应 |
| — energy | 壓力能 | 圧力エネルギー | 压力能 |
| — fissure | 加壓裂縫 | 圧縮裂か | 加压裂缝 |
| — gage | 壓力計 | 圧力計 | 压力计 |
| — gain | 壓力增益;壓力放大 | 圧力ゲイン | 压力增益;压力放大 |
| — gas | 壓縮氣體 | プレッシャーガス | 压缩气体 |
| — gas welding | 加壓氣銲 | ガス圧接 | 加压气焊 |
| — governor | 調壓機 | プレッシャーガバナ | 调压机 |
| — gun | 黃油槍 | バタースポット | 黄油枪 |
| — height | 壓力高度 | 圧力高度 | 压力高度 |
| — hose | 耐壓軟管 | 圧力ホース | 耐压软管 |
| — indicator | 壓力錶 | 圧力計 | 压力表 |
| — intensity | 壓強 | 圧力の強さ | 压强 |
| — joint | 壓接;壓力接合 | 圧着結合 | 压接;压力接合 |
| — jump | 壓力劇變 | プレッシャージャンプ | 压力剧变;压力跃变 |
| — kettle | 壓力鍋 | 加圧がま | 压力锅 |
| — lifting | 壓力升高 | 圧力高昇 | 压力升高 |
| — lubrication | 加壓潤滑;強制潤滑 | 圧力潤滑 | 加压润滑;强制润滑 |
| — molding | 加壓成形 | 加圧成形 | 加压成形 |
| — nip | 壓力鉗 | 加圧ニップ | 压力钳 |
| — override | 壓力過載 | 圧力オーバライド | 压力过载 |
| — pad | 壓料墊;托板 | プレッシャーパッド | 压料垫;托板;顶板 |
| — padforce | 壓料力;壓板壓力 | 板押え力 | 压料力;压板压力 |
| — proof test | 耐壓試驗 | 耐圧試験 | 耐压试验 |
| — reducing set | 減壓裝置 | 減圧装置 | 减压装置 |
| — reducing station | 減壓站 | 減圧所 | 减压站 |
| — reducing valve | 減壓閥 | 減圧弁 | 减压阀 |
| — reduction | 減壓;降壓 | 減圧 | 减压;降压 |
| — vrduction valve | 減壓閥 | 減圧弁 | 减压阀 |
| — regulater | 調壓器 | 整圧器 | 调压器 |
| — regulating valve | 調壓閥;壓力調整閥 | アンローダ弁 | 调压阀;压力调整阀 |
| — resistance | 抗壓強度 | 圧力抵抗 | 压阻力;抗压强度 |
| — return | 壓力恢復 | 圧力復帰 | 压力恢复 |
| — rise | 升壓 | 昇圧 | 升压 |
| — schedule | 壓力錶 | 圧力表 | 压力表 |

| 英　文 | 臺　灣 | 日　文 | 大　陸 |
|---|---|---|---|
| — sensitivity | 壓力敏感度 | 圧力感度 | 压力敏感度 |
| — sensor | 壓力傳感器 | プレッシャーセンサ | 压力传感器 |
| — spacer | 受壓墊片 | 圧力受け | 受压垫片 |
| — tank | 高壓罐;高壓箱 | 圧力タンク | 高压罐;高压箱 |
| — tansor | 壓力張量 | 圧力テンソル | 压力张量 |
| — texture | 壓縮結構 | 圧縮構造 | 压缩结构 |
| — thermit welding | 加壓鋁熱劑銲接 | 加圧テルミット溶接 | 加压铝热剂焊接 |
| — tight casting | 耐壓鑄件 | 耐圧鋳物 | 耐压铸件 |
| — tight test | 耐壓試驗 | 気圧試験 | 耐压试验;气压试验 |
| — vacuum gage | 真空壓力計 | 真空圧力計 | 真空压力计 |
| — vent valve | 壓力安全閥 | 圧力逃し弁 | 压力安全阀 |
| — vessel | 壓力容器 | 圧力容器 | 压力容器 |
| — vulcanization | 加壓硫化 | プレッシャー加硫 | 加压硫化 |
| — welding | 壓銲;加壓銲接 | 圧接 | 压焊;加压焊接 |
| **pressure-feed** | 加壓裝料;壓力給料 | プレッシャーフィード | 加压装料;压力给料 |
| **pressurization** | 加壓;增壓 | 与圧 | 加压;增压 |
| — process | 加壓(防腐)處理法 | 加圧処理法 | 加压(防腐)处理法 |
| **ptessurizer** | 加壓器;穩壓器 | 加圧器 | 加压器;稳压器 |
| **pressurizing** agent | 噴射劑;升壓劑 | 加圧剤 | 喷射剂;升压剂 |
| — chamber | 高壓室 | 加圧室 | 高压室 |
| **prestrain** | 逆變壓 | 予ひずみ | 逆变压 |
| **prestress** | 預應力 | 予応力 | 预应力 |
| **prestressing** bar | 預應力鋼筋 | PC 鋼棒 | 预应力钢筋 |
| — cable | 預應力鋼絲纜 | PS ケーブル | 预应力钢丝缆 |
| — steel | 預應力鋼材 | PS 鋼材 | 预应力钢材 |
| — strand | 預應力鋼絲束 | PS ストランド | 预应力钢丝束;钢绞线 |
| — wire | 預應力鋼絲 | PC 鋼線 | 预应力钢丝 |
| **prestretched** film | 預拉伸膜 | 延伸フィルム | 预拉伸膜 |
| — sheet | 拉伸片 | 延伸シート | 拉伸片 |
| **presumption** | 推測;假定 | 推定 | **推测;假定** |
| **presuperheater** | 預過熱器 | 初過熱器 | 预过热器 |
| **pretensioning** | 預加拉力 | プレテンショニング | 预加拉力 |
| **pretreatment** | 預處理 | 前処理 | 预处理 |
| **preventer** | 阻止器;輔助索 | プリベンタ | 阻止器;辅助索 |
| — guy | 保險索 | プリベンタガイ | 保险索 |
| **prevention** | 防止;預防 | 防止 | 防止;预防 |
| **preview** | 預觀 | プレビュー | 预观 |
| **prewarming** | 預熱 | 予熱 | 预热 |
| **price index** | 物價指數 | 物価指数 | 物价指数 |
| **prick punch** | 中心衝 | プリックパンチ | 中心冲头;冲心錾 |

| 英　　文 | 臺　　灣 | 日　　文 | 大　　陸 |
|---|---|---|---|
| **prickle** | 刺;棘 | とげ | 刺;棘 |
| **prill** | 金屬小球 | 金属小粒 | 金属小球 |
| **primary** accelerator | 主要的促進劑 | 主促進劑 | 主要的促进剂 |
| — air | 一次(進)風;主空氣 | 一次空気 | 一次(进)风;主空气 |
| — barrel | 主腔 | プライマリバレル | 主腔 |
| — battery | 一次電池;原電池 | 一次電池 | 一次电池;原电池 |
| — cementite | 初晶雪明碳鐵 | 一次セメンタイト | 初生渗碳体 |
| — clock | 母鐘 | プライマリクロック | 母钟 |
| — coat | 中間塗層;二道漿 | 下塗り | 中间涂层;二道浆 |
| — compression | 一次壓密;初步壓縮 | 一次圧密 | 一次压密;初步压缩 |
| — console | 主控制台 | プライマリコンソール | 主控制台 |
| — constant | 一次常數 | 一次定数 | 一次常数 |
| — constituent | 主要成分 | 初析成分 | 主要成分 |
| — cracking | 初級裂化 | 一次分留 | 初级裂化 |
| — creep | 第一階段潛變 | 一次クリープ | 第一阶段蠕变 |
| — crusher | 粗碎機 | 粗碎機 | 粗碎机;初碎机 |
| — energy | 最初的(電子)能量 | 一次エネルギー | 最初的(电子)能量 |
| — form | 原形 | 原形 | 原形 |
| — function | 主功能 | 一次機能 | 主功能 |
| — ingredient | 主成分 | 主成分 | 主成分 |
| — ion | 初級離子 | 一次イオン | 初级离子 |
| — lining | 第一道襯砌 | 一次覆工 | 第一道衬砌 |
| — load | 主(要)負載 | 主荷量 | 主(要)荷载〔载荷〕 |
| — material | 原料〔質〕 | 原質 | 原料〔质〕 |
| — mold | 原模 | 一次モールト | 初模;原模 |
| — pinion | 第一級小齒輪 | 一段小歯車 | 第一级小齿轮 |
| — pipe | 初次縮孔〔鑄錠〕 | 一次気孔 | 初次缩孔〔铸锭〕 |
| — piston | 主活塞 | プライマリピストン | 主活塞 |
| — pollutant | 初次污染 | 一次汚染物 | 初次污染 |
| — pollution | 初次污染 | 一次汚染 | 初次污染 |
| — pressure | 一次壓力;初始壓力 | 一次圧（力） | 一次压力;初始压力 |
| — prestress | 初始預應力 | 一次プレストレス | 初始预应力 |
| — quenching | 一次淬火〔滲碳件的〕 | 一次焼入れ | 一次淬火〔渗碳件的〕 |
| — reaction | 主要反應 | 一次反応 | 初级反应;主要反应 |
| — retrieval | 預檢索 | 事前検索 | 预检索 |
| — runner | 初級葉輪;初級轉子 | 一次ランナ | 初级叶轮;初级转子 |
| — scale | 主尺;基本比例尺 | 主尺 | 主尺;基本比例尺 |
| — seal | 初級封閉;主密封 | プライマリシール | 初级封闭;主密封 |
| — shield | 一次屏蔽層 | 一次遮へい | 一次屏蔽层 |
| — side | 原邊;初級側 | 一次側 | 原边;初级侧 |

| 英　　文 | 臺　　灣 | 日　　文 | 大　　陸 |
|---|---|---|---|
| — silver | 原銀 | 原銀 | 原銀 |
| — solvent | 主要溶劑 | 主要溶剤 | 主要溶剂 |
| — stabilizer | 初級穩定劑 | 一次安定剤 | 初级稳定剂 |
| — station | 主局 | 一次局 | 主局 |
| — stress | 一次應力;主應力 | 一次応力 | 一次应力;主应力 |
| — system | 主系統 | 一次系 | 主系统 |
| — target | 主要目標 | 主目標 | 主要目标 |
| — prime coat | 第一道抹灰;瀝青透層 | 下塗り | 第一道抹灰;沥青透层 |
| — power | 原動力 | 原動力 | 原动力 |
| — pump | 起動(注油)〔水〕泵 | プライムポンプ | 起动(注油)〔水〕泵 |
| **primer** | 始爆器;塗底料〔漆〕 | プライマ | 始爆器;涂底料〔漆〕 |
| — line | 灌注管路 | 起動管路 | 灌注管路 |
| **primes** | (鋼板的)一級品; | プライムス | (钢板的)一级品; |
| **priming** | 起動注水;底漆 | プライミング | 起动注水;底漆 |
| — action | 起爆作用;傳爆作用 | 起爆作用 | 起爆作用;传爆作用 |
| — by vacuum | 真空起動〔泵的〕 | 真空起動 | 真空起动〔泵的〕 |
| — can | 注油器 | 注油器 | 注油器 |
| — chamber | 起動室 | 起動屋 | 起动室 |
| — cup | 起爆旋塞 | 呼び水口 | 起爆旋塞 |
| — ejector | 起動抽氣機 | プライミングエゼクタ | 起动抽气机 |
| — fluid | 起動液 | 起動液 | 起动液 |
| — fuel | 起動燃料 | 始動燃料 | 起动燃料 |
| — oil | 打底用油 | プライマ油 | 打底用油 |
| — pump | 引液泵;起動(注油)泵 | プライミングポンプ | 引液泵;起动(注油)泵 |
| — valve | 加油閥;起動閥 | 呼び水弁 | 加油阀;起动阀 |
| **primitive** | 原始的;基本的;原函數 | プリミティブ | 原始的;基本的;原函数 |
| — parallelogram | 原始平行四邊形 | 原始平行四辺形 | 原始平行四边形 |
| — parallelopipedon | 原始平行六面體 | 原始平行六面体 | 原始平行六面体 |
| **principal** | 主材;主構;主要的 | プリンシパル | 主材;主构;主要的 |
| — agent | 主劑 | 主剤 | 主剂 |
| — angle of incidence | 主入射角 | 主入射角 | 主入射角 |
| — axis | (截面)主軸(線) | (断面)主軸 | (截面)主轴(线) |
| — azimuth | 主方位角 | 主方位角 | 主方位角 |
| — central axis | 重心主軸;形心主軸 | 重心主軸 | 重心主轴;形心主轴 |
| — circle of stress | 主應力圓 | 主応力円 | 主应力圆 |
| — contour | 主等高線 | 主曲線 | 主等高线 |
| — coordinates | 主座標 | 主座標 | 主坐标 |
| — curvature | 主曲率 | 主曲率 | 主曲率 |
| — curvature radius | 主曲率半徑 | 主曲率半径 | 主曲率半径 |
| — dimensions | 主要尺寸 | 主要寸法 | 主要尺寸 |

| 英　　文 | 臺　　灣 | 日　　文 | 大　　陸 |
|---|---|---|---|
| — direction | 主方向 | 主方向 | 主方向 |
| — direction of stress | 主應力方向 | 応力の主軸 | 主应力方向 |
| — horizontal line | 主水平線 | 主水平線 | 主水平线 |
| — load | 主要負載 | 主荷重 | 主要载荷 |
| — mode | 主模式 | プリンシパルモート | 主模式 |
| — mode of vibration | 主要振動模式 | 主振動形 | 主要振动模式 |
| — moment | 主(力)矩 | 主モーメント | 主(力)矩 |
| — moment of inertia | 主慣性矩 | 主慣性モーメント | 主惯性矩 |
| — normal | 主法線 | 主法線 | 主法线 |
| — normal direction | 主法線方向 | 主法級方向 | 主法线方向 |
| — plane of stress | 主應力平面 | 主応方面 | 主应力平面 |
| — pressure | 主壓力 | 主圧力 | 主压力 |
| — radius of curvature | 主曲率半徑 | 主曲率半径 | 主曲率半径 |
| — reaction | 主要反應 | 主要反応 | 主要反应 |
| — section | 主斷面;主剖面 | 主断面 | 主断面;主剖面 |
| — shear plane | 主剪切面 | 主せん断面 | 主剪切面 |
| — shearing strain | 主剪應變 | 主せん断ひずみ | 主剪应变 |
| — shearing stress | 主剪應力 | 主せん断応力 | 主剪应力 |
| — slice | 主斷面剖切 | 主断面スライス | 主断面剖切 |
| — strain | 主應變〔變形〕 | 主ひずみ | 主应变〔变形〕 |
| — stress | 主應力 | 主応力 | 主应力 |
| — stress trajectory | 主應力線 | 主応力線 | 主应力线 |
| — truss | 主結構 | 主結構 | 主结构 |
| — unit stress | 單位主應力 | 主応力度 | 单位主应力 |
| — vertical | 主垂線〔航空照相的〕 | 主垂直線 | 主垂线〔航空照相的〕 |
| **principle** | 原則;(要)素 | プリンシプル | 原则;(要)素 |
| — of Archimedes | 阿基米德原理 | アルキメデスの原理 | 阿基米德原理 |
| — of Pascal | 帕斯卡原理 | パスカルの原理 | 帕斯卡原理 |
| — of Saint Venant | 經維南原理 | サンブナンの原理 | 经维南原理 |
| **print** | 印刷;印畫〔照片等〕 | プリント | 印刷;印画〔照片等〕 |
| **printed** antenna | 印刷天線 | 印刷空中線 | 印刷天线 |
| — board | 印製電路板 | プリントボード | 印制电路板 |
| — circuit board | 印刷電路板 | プリント配線回路 | 印刷电路板 |
| **priority** | 優先權;優先數;優先級 | プリイオリティ | 优先权;优先数;优先级 |
| — interrupt | 優先中斷 | 優先割込み | 优先中断 |
| **prism** | 稜晶;稜鏡;稜柱(式) | プリズム | 棱晶;棱镜;棱柱(式) |
| **prismatic** binocular | 稜鏡雙筒望眼鏡 | プリズム双眼鏡 | 棱镜双筒望眼镜 |
| — plane | 等載面 | 柱面 | 等载面 |
| **prismatoid** | 旁面三角台 | 角台 | 旁面三角台 |
| **prismlike structure** | 柱狀結構〔構造〕 | 柱状構造 | 柱状结构〔构造〕 |

| 英　　　文 | 臺　　　灣 | 日　　　文 | 大　　　陸 |
|---|---|---|---|
| **prismoid** | 平截頭棱錐體 | 角すい台 | 平截头棱锥体 |
| **privileged** access | 特許存取 | 特権的アクセス | 特许存取 |
| — module | 特許模塊 | 特権モジュール | 特许模块 |
| **probabilistic** algorithm | 機率算法 | 確率的アルゴリズム | 概率算法 |
| — analysis | 機率分析 | 確率的解析 | 概率分析 |
| — inference | 機率推論 | 確率的推論 | 概率推论 |
| **probability** | 機率 | プロバビリティ | 概率;几率 |
| — accident | 事故機率 | 確率－事故 | 事故概率 |
| — curve | 機率曲線 | 確率曲線 | 概率曲线 |
| — scale | 機率尺度 | 確率目盛り | 概率尺度 |
| — space | 機率空間 | 確率空間 | 概率空间 |
| **probable** area | 機率區域 | 推定区域 | 概率区域 |
| — deviation | 概差 | 確率誤差 | 概差 |
| — error | 概差;或然誤差 | 確率誤差 | 概差;或然误差 |
| **probe** | 指示器;探頭 | プローブ | 指示器;探头 |
| — current | 探測電流 | プローブ電流 | 探测电流 |
| — electrode | 探針電極 | 探針電極 | 探针电极 |
| — loading | 探針負載 | プローブローディング | 探针负载 |
| — method | 探針(測試)法 | 探極法 | 探针(测试)法 |
| — needle | 探針 | プローブニードル | 探针 |
| — pin | 探針 | プローブピン | 探针 |
| — unit | 檢測器;測頭 | プローブユニット | 检测器;测头 |
| **prober** | 探測器;探針 | プローバ | 探测器;探针 |
| — checker | 探測式檢驗器 | プローバチェッカ | 探测式检验器 |
| **probing** | 檢驗〔查〕;測試 | プロービング | 检验〔查〕;测试;摸索 |
| — mcahine | 探測機 | プロービングマシン | 探测机 |
| — ring | 檢驗環 | プロービングリング | 检验环 |
| **problem** | 問題 | プロブレム | 问题;难题;题目 |
| — solving program | 解題程式 | 問題解決プログラム | 解题程序 |
| **problem-oriented analysis** | 針對問題的分析 | 問題指向解析 | 针对问题的分析 |
| **procedural** interface | 過程界面 | 手順インタフェース | 过程接口 |
| — language | 過程語言 | 手順向き言語 | 过程语言 |
| — model | 過程模型 | 手続き模型 | 过程模型 |
| **procedure** | 製程 | プロシージャ | 工艺规程;过程 |
| — analysis | 過程分析 | 手順分析 | 过程分析 |
| — declaration | 過程說明 | 手続きの宣言 | 过程说明 |
| — diagram | 加工流程圖 | 工作図 | 工艺过程图 |
| **proceed** signal | 行進信號 | 進行信号 | 行进信号 |
| **process** | 工序;加工 | プロセス | 工序;加工;方法;手续 |
| — aid | 操作助劑 | 加工助剤 | 操作助剂 |

| 英　　文 | 臺　　灣 | 日　　文 | 大　　陸 |
|---|---|---|---|
| — air-conditioning | 工業用空氣調節 | 工業用空気調和 | 工业用空气调节 |
| — alloys | (合金)添加劑 | 差し物 | (合金)添加剂 |
| — analysis | 過程分析 | プロセス解析 | 过程分析 |
| — annealing | 中間退火 | 中間焼きなまし | 中间退火 |
| — average quality | 加工平均質量 | 工程平均品質 | 加工平均质量 |
| — behavior | 過程行為;加工行為 | プロセス挙動 | 过程行为;加工行为 |
| — chart | 加工流程圖 | プロセスチャート | 工艺流程图 |
| — console | 過程控制台 | プロセスコンソール | 过程控制台 |
| — control | 加工程式控制 | プロセスコントロール | 工艺程序控制 |
| — cost | 加工成本〔費用〕 | プロセスコスト | 加工成本〔费用〕 |
| — data and material | 工程資料;工藝資料 | 加工資料 | 工程资料;工艺资料 |
| — flow | 加工流程 | プロセスフロー | 工艺流程 |
| — heater | 過程加熱器 | プロセスヒータ | 过程加热器 |
| — industry | 加工工業;製造工業 | プロセス工業 | 加工工业;制造工业 |
| — inspection | 工程檢查 | 工程検査 | 工程检查 |
| — loss | 加工損失 | プロセスロス | 加工损失 |
| — metallurgy | 冶金法;熔煉法 | 製錬 | 冶金法;熔炼法 |
| — method | 處理方法 | 処理法 | 处理方法 |
| — optimization | 流程最優化 | プロセス最適化 | 流程最优化 |
| — period | 加工時間 | 加工時間 | 加工时间 |
| — piping | 加工管路 | 加工管線 | 加工管路 |
| — plant | 製煉廠 | プロセスプラント | 制炼厂 |
| — redundancy | 加工裕量;加工裕度 | プロセス冗長 | 加工馀量;加工裕度 |
| — side | 處理端;加工面 | プロセスサイト | 处理端;加工面 |
| **processability** | 加工性 | 加工性 | 加工性 |
| **processing** | 加工;操作;調整 | プロセッシング | 加工;操作;调整 |
| — ability | 處理能力 | 処理能力 | 处理能力 |
| — aid | 操作助劑 | 加工助剤 | 操作助剂 |
| — characteristic | 加工性 | 加工特性 | 加工性 |
| — condition | 加工條件 | 加工条件 | 加工条件 |
| — cost | 加工費 | 加工費 | 加工费 |
| — cycle | 加工周期 | 加工サイクル | 加工周期 |
| — heat | 加工熱 | 加工熱 | 加工热 |
| — ingredient | 摻合劑 | 配合剤 | 掺合剂 |
| — machine | 加工設備 | 加工機 | 加工设备 |
| — machinery | 加工機械 | 加工機械 | 加工机械 |
| — operation | 加工作業 | 加工作業 | 加工作业 |
| — pressure | 加工壓力 | 加工圧力 | 加工压力 |
| — variable | 加工變量 | 作業変数 | 加工变量 |
| **precession** | (陀螺)進動;擾動 | プレセッション | (陀螺)进动;扰动 |

892

| 英　　文 | 臺　　灣 | 日　　文 | 大　　陸 |
|---|---|---|---|
| **processor** | 處理程式;加工機械 | プロセッサ | 处理程序;加工机械 |
| **procetane** | 柴油的添加劑 | プロセタン | 柴油的添加剂 |
| **prod** | 刺;錐子 | プロッド | 刺;锥子 |
| **produce** | 產品 | 生産物 | 产品 |
| **prodcer** | (煤氣)發生爐;生產者 | 発生器 | (煤气)发生炉;生产者 |
| — furnace | 煤氣發生爐 | ガス発生炉 | 煤气发生炉 |
| — gas | 發生爐煤氣 | プロデューサガス | 发生炉煤气 |
| **producibility** | 可生產性 | 生産性 | 可生产性 |
| **product** | 產物〔品〕 | プロダクト | 产物〔品〕;乘积 |
| — analysis | 產品分析 | 製品解析 | 产品分析 |
| — cost | 產品成本 | 製品原価 | 产品成本 |
| — life | 產品壽命 | 製器寿命 | 产品寿命 |
| — metallurgy | 加工冶金學;冶金法 | 製錬 | 工艺冶金学;冶金法 |
| **production** | 生產;製作;產量 | プロダクション | 生产;制作;产量 |
| — capacity | 生產能力 | 生産能力 | 生产能力 |
| — costs | 生產成本 | 製造原価 | 生产成本 |
| — cycle | 生產周期 | 生産サイクル | 生产周期 |
| — error | 生產誤差 | 生産エラー | 生产误差 |
| — floor | 生產工場 | 生産フロア | 生产车间 |
| — mask | 生產掩模 | プロダクションマスク | 生产掩模 |
| — routing | 生產線 | 生産手順 | 生产线 |
| — scale | 生產規模 | 生産規模 | 生产规模 |
| — speed | 生產速度 | 生産速度 | 生产速度 |
| **productive** capacity | 生產能力;生產量 | 生産容量 | 生产能力;生产量 |
| — facilities | 生產設備 | 生産設備 | 生产设备 |
| **productivity** | 生產率 | 生産性 | 生产率 |
| — index | 生產指標〔指數〕 | 産出指数 | 生产指标〔指数〕 |
| — of material | 原材料生產率 | 原材料生産性 | 原材料生产率 |
| **proeutectoid** | 先共析體 | 初析晶 | 先共析体 |
| — cementite | 先共析雪明碳鐵 | 初析セメンタイト | 先共析渗碳体 |
| — ferrite | 先共析肥粒鐵 | 初析フェライト | 先共析铁素体 |
| **profession** | 職業;專業 | プロフェッション | 职业;专业 |
| **profile** | 縱斷面圖;輪廓 | プロファイル | 纵断面图;冀型 |
| — board | (剖面)模板 | 輪郭板 | (剖面)模板 |
| — calender | 胎面機 | プロファイルカレンダ | 胎面机 |
| — chart | 剖面圖 | 見通し図 | 剖面图 |
| — copy grinding | 仿形磨削;靠模磨削 | ならい研削 | 仿形磨削;靠模磨削 |
| — curve | 剖面曲線 | 断面曲線 | 剖面曲线 |
| — dies | 異形(絲)拉模 | 異形押出しダイ | 异形(丝)拉模 |
| — drag | 輪廓阻力;型阻 | プロファイル抗力 | 轮廓阻力;型阻 |

P

| 英　　文 | 臺　　灣 | 日　　文 | 大　　陸 |
|---|---|---|---|
| — drag coefficient | 翼形阻力係數 | 形状抵抗係数 | 翼形阻力系数 |
| — gage | 樣板;輪廓量規 | プロファイルゲージ | 样板;轮廓量规 |
| — graph | 剖視圖 | プロファイルグラフ | 剖面图 |
| — grinder | 光學曲線磨床 | ならい研削盤 | 光学曲线磨床 |
| — grinding | 成形磨削 | 輪郭研削 | 成形磨削 |
| — irregularity | 面粗糙度 | 面粗さ | 面粗糙度 |
| — level(l)ing | 縱斷水準測量 | 縦断測量 | 纵断水准测量 |
| — loss | 翼型損失 | 翼形損失 | 翼型损失 |
| — machine | 仿形機床;靠模銑床 | ならい工作機械 | 仿形机床;靠模铣床 |
| — magnification | 垂直放大倍率 | 縦位率 | 垂直放大倍率 |
| — map | 透視圖 | プロフィルマップ | 剖面图;透视图 |
| — meter | 表面測量儀 | プロフィルメータ | 表面测量仪 |
| — milling | 仿形銑削;靠模銑削 | ならいフライス削り | 仿形铣削;靠模铣削 |
| — modification | 齒形修整 | 歯形修整 | 齿形修整 |
| — plane | 輪廓形狀;外形 | 輪郭形状 | 轮廓形状;外形 |
| — sander | 模面砂帶磨床 | 曲面サンダ | 型面砂带磨床 |
| — shaft | 栓槽軸 | みぞ付き軸 | 花键轴 |
| — sheeting | 成形板材 | プロファイル板材 | 成形板材 |
| — shell | 壓型輥 | 押し型胴ロール | 压型辊 |
| — shift | 變位 | 転位 | 变位 |
| — shifted gears | 變位齒輪 | 転位歯車 | 变位齿轮 |
| — shifted spur gears | 變位正齒輪 | 転位平歯輪車 | 变位正齿轮 |
| **profiler** | 靠模工具機;靠模銑床 | プロフィラ | 靠模工具机;靠模铣床 |
| **profiling** | 仿形切削;靠模加工 | プロファイリング | 仿形切削;靠模加工 |
| — lathe | 仿形車床 | ならい旋盤 | 仿形车床 |
| — machine | 仿形機床 | ならい盤 | 仿形机床 |
| — mechanism | 靠模裝置;仿形裝置 | ならい装置 | 靠模装置;仿形装置 |
| — roll | 壓型輥 | 押し型胴ロール | 压型辊 |
| **profit** | 收益;利潤 | 利潤 | 收益;利润 |
| — rate | 利潤率 | 利潤率 | 利润率 |
| **prognosis** | 預測 | 予測 | 预测 |
| **program** | 程式 | プログラム | 程序;业务计划 |
| — analysis | 程式分析 | プログラム解析 | 程序分析 |
| — automatic computer | 程式自動計算機 | プログラム自動計算機 | 程序自动计算机 |
| — card | 程式卡片 | プログラムカード | 程序卡片 |
| — check | 程式校驗 | プログラムチェック | 程序校验 |
| — decision | 程式判定 | プログラム決定 | 程序判定 |
| — error | 程式錯誤 | プログラムエラー | 程序错误 |
| — identification | 程式標識 | プログラム識別 | 程序标识 |
| — interrupt control | 程式中斷控制 | プログラム割込み制御 | 程序中断控制 |

| 英　　文 | 臺　　灣 | 日　　文 | 大　　陸 |
|---|---|---|---|
| ─ list | 程式表 | プログラムリスト | 程序表 |
| ─ manipulation | 程式處理〔操作〕 | プログラム処理 | 程序处理〔操作〕 |
| ─ miss | 程式錯誤 | プログラムミス | 程序错误 |
| ─ run | 程式運行 | プログラムラン | 程序运行 |
| ─ state | 程式狀態 | プログラム状態 | 程序状态 |
| **programmability** | 可編程式性 | プログラムビリティ | 可编程序性 |
| **programmable** aid | 編程(序)工具 | プログラムブル援用 | 编程(序)工具 |
| ─ control | 程式控制 | プログラムブル制御 | 程序控制 |
| ─ instruction | 程控教學 | プログラム教育 | 程控教学 |
| ─ link | 程式鏈路 | プログラムブルリンク | 程序链路 |
| **programmed** acceleration | 程控加速度 | プログラム加速 | 程控加速度 |
| ─ grammar | 程式設計文法 | プログラム文法 | 程序设计文法 |
| **programmer** | 程式(設計)員 | プログラム | 程序(设计)员 |
| **programming** | 編程式;程式設計 | プログラミング | 编程序;程序设计 |
| ─ tool | 程式設計工具 | プログラミングツール | 程序设计工具 |
| **progress** | 進行;發展;進度 | プログレス | 进行;发展;进度 |
| ─ and time schedule | 進度表 | 工程表 | 进度表 |
| ─ chart | 進度表 | 進度表 | 进度表 |
| **progressive** aging | 分段時效 | 促進時効 | 分段时效 |
| ─ austempering | 分級恒溫淬火 | 昇温オーステンパ | 分级等温淬火 |
| ─ block welding sequence | (順序)多段多層銲 | 漸進ブロック法 | (順序)多段多层焊 |
| ─ burning | 增面燃燒 | 增面燃燒 | 增面燃烧 |
| ─ change gear | 順序變速齒輪 | 順送り変速歯車 | 顺序变速齿轮 |
| ─ development | 逐步展開 | 流出展開 | 逐步展开 |
| ─ die | 連續模;級進模;順序模 | プログレシブ型 | 连续模;级进模;顺序模 |
| ─ drawing die | 級進拉深模 | 順送り絞り型 | 级进拉深模 |
| ─ failure | 逐步損壞 | 逐次破損 | 逐步损坏 |
| ─ forming | 順序(分段)成形 | 順ぐり成形 | 順序(分段)成形 |
| ─ fracture | 逐步破壞 | 進行破壞 | 逐步破坏 |
| ─ gage | 分級規 | 順送りゲージ | 分级规 |
| ─ gear | 順序變速齒輪 | 順送り変速歯車 | 顺序变速齿轮 |
| ─ motion | 漸進運動 | 漸進運動 | 渐进运动 |
| ─ quenching | 順序淬火 | 順ぐり焼入れ | 顺序淬火 |
| ─ settlement | 進展性沉降 | 進行性沈下 | 进展性沉降 |
| ─ slide | 逐漸滑坡〔坍;動〕 | 進行性すべり | 逐渐滑坡〔坍;动〕 |
| ─ spot welding | 連續點銲 | 連続点溶接 | 连续点焊 |
| ─ welding | 分段銲接 | 漸進溶接 | 分段焊接 |
| **prohibit** | 禁止;阻止 | プロヒビット | 禁止;阻止 |
| **project** | 草圖;投影 | プロジェクト | 草图;投影;伸出 |
| ─ control | 計劃控制;計劃管理 | プロジェクト管理 | 计划控制;计划管理 |

| 英　　文 | 臺　　灣 | 日　　文 | 大　　陸 |
|---|---|---|---|
| — drawing | 工程圖（紙） | 実施設計図 | 工程图（纸） |
| — graph | 計劃圖表 | プロジェクトグラフ | 计划图表 |
| — group | 投影群 | プロジェクトグループ | 投影群 |
| — review | 計劃審查 | プロジェクト審査 | 计划审查 |
| **projected** area | 投影面積 | 型打ち面積 | 投影面积 |
| — area ratio | 投影面積比 | 投影面積比 | 投影面积比 |
| — contour | 投影輪廓 | 投影輪郭 | 投影轮廓 |
| — cut-off | 投影〔射〕截止點 | 投射遮断 | 投影〔射〕截止点 |
| — image | 投影圖像 | 投映像 | 投影图像 |
| — length | 投影長度 | 投影長さ | 投影长度 |
| — outline | 投影輪廓 | 投影輪郭 | 投影轮廓 |
| — plan | 投影圖 | 投影図 | 投影图 |
| **projection** | 規劃；預測；具體化 | プロジェクション | 规划；预测；具体化 |
| — angle | 投射角 | 映写角 | 投射角 |
| — board | 投影板；描圖桌 | 透写台 | 投影板；描图桌 |
| — drawing | 投影圖；投影法 | 投影図法 | 投影图；投影法 |
| — grinder | 光學曲線磨床 | 投影式研削盤 | 光学曲线磨床 |
| — method | 投影法 | 射影法 | 投影法 |
| — surface | 投影面 | 投影面 | 投影面 |
| — weld | 凸銲；凸銲銲接 | プロジェクション溶接 | 凸焊；凸焊焊接 |
| **projective** collineation | 投影直射變換 | 射影的共線写像 | 投影直射变换 |
| — coordinates | 射影座標 | 射影座標 | 射影坐标 |
| — geometry | 射影幾何學 | 射影幾何学 | 射影几何学 |
| — line | 射影直線 | 射影直線 | 射影直线 |
| — space | 射影空間 | 射影空間 | 射影空间 |
| **projector** | 放映機；幻燈機 | プロゼクタ | 放映机；幻灯机 |
| — distance | 投影距離；投射距離 | 投写距離 | 投影距离；投射距离 |
| **proknock** | 誘震劑 | ノッキング誘発剤 | 诱震剂 |
| **prolate cycloid** | 長幅旋輪線；延長擺線 | スーパトロコイド | 长幅旋轮线；延长摆线 |
| **prolongation** | 延長；拉長 | 接続 | 延长；拉长 |
| **Promal** | 特殊高強度鑄鐵 | プロマル | 特殊高强度铸铁 |
| **prometacenter** | 前定傾中心；副穩心 | プロメタセンタ | 前定倾中心；副稳心 |
| **promethium,Pm** | 鉕 | プロメチウム | 钷 |
| **promoter** | 助催化劑；助聚劑 | プロモータ | 助催化剂；助聚剂 |
| **prompt** critical | 即發臨界 | 即発臨界 | 即发临界 |
| — tempering | 快速回火 | 焼入れ直接後焼戻し | 快速回火 |
| **prong** | 爪型；齒尖 | プロング | 爪型；齿尖 |
| **proof** | 試驗 | プルーフ | 试验；试管；坚固性 |
| — bend test | 抗彎試驗 | 耐曲げ試験 | 抗弯试验 |
| — by pressure | 壓力試驗 | 圧力試験 | 压力试验 |

| 英　　文 | 臺　　灣 | 日　　文 | 大　　陸 |
|---|---|---|---|
| — load | 保證負載；試驗負載 | 保証荷重 | 保证负荷；试验载荷 |
| — pressure | 安全壓力 | 安全圧力 | 安全压力 |
| — reading | 校正讀碼 | 校正 | 校正读码 |
| — strength | 保證強度；允許強度 | 保証強さ | 保证强度；允许强度 |
| — stress | 降伏點；試驗應力 | 耐力 | 屈服点；试验应力 |
| — test | 耐久試驗；檢驗 | プルーフテスト | 耐久试验；检验 |
| prooxidant | 助氧劑；氧化強化劑 | 酸化増進剤 | 助氧剂；氧化强化剂 |
| prop | （臨時）支柱 | 大だつ | （临时）支柱 |
| — post | 支柱 | 打ち柱 | 支柱 |
| **propagating stall** | 旋轉失速；傳播失速 | 旋回失速 | 旋转失速；传播失速 |
| **propagation** | 增殖；傳播；增長 | プロパゲーション | 增殖；传播；增长 |
| — energy | （裂紋）擴展能量 | 伝搬エネルギー | （裂纹）扩展能量 |
| — path | 傳播路徑 | 伝搬経路 | 传播路径 |
| **propel** | 推進；推動 | プロペル | 推进；推动 |
| **propellant** | 火箭推進劑；燃料 | 発射薬 | 火箭推进剂；燃料 |
| — force | 噴射力 | 噴射力 | 喷射力 |
| **propeller** | 螺旋槳；推進器 | プロペラ | 螺旋桨；推进器 |
| — balance | 螺旋槳平衡 | プロペラバランス | 螺旋桨平衡 |
| — blade | 螺旋槳葉 | プロペラ羽根 | 螺旋桨叶 |
| — bracket | 螺旋槳尾軸架 | プロペラブラケット | 螺旋桨尾轴架 |
| — cap | 推進器轂帽 | プロペラキャップ | 推进器毂帽 |
| — cuffs | 螺旋槳根套 | プロペラカフス | 螺旋桨根套 |
| — force | 螺旋槳力 | プロペラ力 | 螺旋桨力 |
| — horse power | 推進器馬力 | プロペラ馬力 | 推进器马力 |
| — in nozzle | 導管螺旋槳 | ノズル中のプロペラ | 导管螺旋桨 |
| — load | 螺旋槳負載 | プロペラ荷重度 | 螺旋桨负荷 |
| — lock nut | 螺旋槳鎖緊螺母 | プロペラロックナット | 螺旋桨锁紧螺母 |
| — shaft | （汽車）驅動軸 | プロペラシャフト | （汽车）驱动轴 |
| — synchronizer | 螺旋槳同步器 | プロペラ同調器 | 螺旋桨同步器 |
| — thrust | 螺旋槳推力；翼輪推力 | プロペラスラスト | 螺旋桨推力；翼轮推力 |
| — torque | 螺旋槳扭矩 | プロペラトルク | 螺旋桨扭矩 |
| — turbine | 軸流定槳式水輪機 | プロペラタービン | 轴流定桨式水轮机 |
| **propelling** chain | 運轉鏈 | 走行チェーン | 运转链 |
| — force | 推力 | 推進力 | 推力 |
| — nozzle | 推力噴管；尾噴管 | 推進ノズル | 推力喷管；尾喷管 |
| — power | 推進力 | 推進力 | 推进力 |
| **proper** conduction | 固有導電 | 固有伝導 | 固有导电；本征导电 |
| — fuel | 合格的燃料 | 適格燃料 | 合格的燃料 |
| — mass | 靜質量 | 靜質量 | 静质量 |
| — speed | 基準速率〔度〕 | 基準速度 | 基准速率〔度〕 |

| 英　　　文 | 臺　　　灣 | 日　　　文 | 大　　　陸 |
|---|---|---|---|
| — vibration | 固有振動 | 固有振動 | 固有振动 |
| **property** | 財產;所有(物;權) | 性質 | 财产;所有(物;权) |
| **propjet** | 渦輪螺旋槳噴射發動機 | プロップジェット | 涡轮螺旋桨喷气发动机 |
| **proplatina** | 鎳鉍銀合金〔裝飾用〕 | プロプラチナ | 镍铋银合金〔装饰用〕 |
| **proplatium** | 鎳鉍銀合金〔裝飾用〕 | プロプラチウム | 镍铋银合金〔装饰用〕 |
| **proportion** | 比例;配合 | プロポーション | 比例;配合 |
| — by weight | 重量比 | 重量比 | 重量比 |
| — detective | 不合格率 | 不良率 | 不合格率 |
| — method | 比例法 | 接分法 | 比例法 |
| **proportional** action | 比例動作 | P動作 | 比例动作 |
| — directional valve | 比例流量調節閥 | 比例流量調整弁 | 比例流量调节阀 |
| — dividers | 比例規〔分配器〕 | 比例コンパス | 比例规〔分配器〕 |
| — loading | 比例負載 | 比例載荷 | 比例荷载 |
| — meter | 比例尺;比例計 | プロポーションメータ | 比例尺;比例计 |
| — piston | 比例活塞 | 比例ピストン | 比例活塞 |
| — scale | 比例尺 | 比例尺 | 比例尺 |
| — sensitivity | 比例靈敏度 | 比例感度 | 比例灵敏度 |
| — shifting | 比例偏移 | 比例推移 | 比例偏移 |
| **proportionality** | 比例性 | 比例関係 | 比例性 |
| **proportioning** | 配比設計 | プロポーショニング | 配比设计 |
| — feeder | 定量進料器 | 定量フィーダ | 定量进料器 |
| — hopper | 比例漏斗 | 比例ホッパ | 比例漏斗 |
| — ratio | 配合比 | 配合比 | 配合比 |
| **proposal** | 提議 | プロポーザル | 提议;投标 |
| **propulsion** | 動力;推進器 | プロパルジョン | 动力;推进器 |
| — auxiliary machinery | 推進輔機;動力輔機 | 推進補機 | 推进辅机;动力辅机 |
| — efficiency | 推進效率 | 推進効率 | 推进效率 |
| — machinery | 動力機械 | 主機 | 动力机械 |
| **propyne** | 丙炔 | プロピン | 丙炔 |
| **prorata** | 按比例 | 按分比例 | 按比例 |
| **prospecting** | 找礦;勘探;勘查 | 探鉱 | 找矿;勘探;勘查 |
| **protactinium,Pa** | 鏷 | プロトアクチニウム | 镤 |
| **protectant** | 保護劑 | 保護剤 | 保护剂 |
| — machine | 保護式電機 | 保護形電機 | 保护式电机 |
| **protecting** cap | 保險帽 | 保護帽 | 保险帽 |
| — coating | 保護塗層〔料〕 | 防食塗装 | 保护涂层〔料〕 |
| — glasses | 防護眼鏡 | 保護眼鏡 | 防护眼镜 |
| **protection** | 保護;防護 | プロテクション | 保护;防护 |
| — by metallic coating | 金屬塗層保護法 | 金属塗装保護（法） | 金属涂层保护法 |
| — check | 保護檢驗 | 保護チェック | 保护检验 |

| 英　文 | 臺　灣 | 日　文 | 大　陸 |
|---|---|---|---|
| — coating of steel | 鋼的表面保護處理 | 鋼の防食処理 | 钢的表面保护处理 |
| — fuse | 保護熔絲 | 保護ヒューズ | 保护熔丝 |
| — helmet | 防護頭兜 | 保護（頭）ヘルメット | 防护头兜 |
| — mechanism | 保護機構 | 保護機構 | 保护机构 |
| **protective** action | 保護作用 | 保護作用 | 保护作用 |
| — cap | 安全帽 | 保安帽 | 安全帽 |
| — clothing | 防護衣 | 防護服 | 防护衣 |
| — construction | 保護結構 | 保護構造 | 保护结构 |
| — cover | （塑料）防毒套 | 防護覆い | （塑料）防毒套 |
| — deck | 防護甲板;裝甲甲板 | 防御甲板 | 防护甲板;装甲甲板 |
| — earth | 保護接地 | 保安接地 | 保护接地 |
| — gap | 保護放電器;安全間隙 | 保護ギャップ | 保护放电器;安全间隙 |
| — gear | 保護裝置 | 保護装置 | 保护装置 |
| — ground | 保護接地(線) | Pアース | 保护接地(线) |
| — mask | 保護膜〔罩〕;防毒面具 | 保護マスク | 保护膜〔罩〕;防毒面具 |
| — net | 保護網 | 保護網 | 保护网 |
| — screen | 保護網;防護屏 | 防護用遮へい | 保护网;防护屏 |
| — sleeve | 安全套〔筒;管;環;墊〕 | アームカバー | 安全套〔筒;管;环;垫〕 |
| — spark gap | 保護火花隙 | 保安火花間げき | 保护火花隙 |
| — zinc | 防護用鋅 | 保護亜鉛 | 防护用锌 |
| **protector** | 保護具〔裝置〕;防護器 | プロテクタ | 保护具〔装置〕;防护器 |
| **protoactinium,Pa** | 鏷 | プロトアクチニウム | 镤 |
| **proton** | （正）質子;氫核 | プロトン | （正）质子;氢核 |
| **protonation** | 加質子作用 | 陽子化作用 | 加质子作用 |
| **prototype** | 原型;主型 | プロトタイプ | 原型;主型 |
| — model | 樣機模型 | プロトタイプモデル | 样机模型 |
| — mold | 原模型 | 原形型 | 原模型 |
| **protoxide** | 低氧化物 | プロトオキサイド | 氧化亚(某);低氧化物 |
| — of iron | 氧化亞鐵 | 酸化第一鉄 | 氧化亚铁 |
| **protracted** heating | 延長加熱 | 延長加熱 | 延长加热 |
| — test | 持續試驗 | 疲労試験 | 持续试验 |
| **protractor** | 量角器;角規;半圓規 | プロトラクタ | 量角器;角规;半圆规 |
| **protruded packing** | 多孔迫緊;沖壓迫緊 | 多とつおう物のてん材 | 多孔填料;冲压填料 |
| **protrusion** | 凸起 | 突起 | 凸起 |
| **protuberance** | 突起;隆起;節疤 | プロチュバランス | 突起;隆起;节疤 |
| **proximate** analysis | 組份分析;實用分析 | 近似分析 | 组份分析;实用分析 |
| **proximity** | 接近;鄰近 | プロキシミティ | 接近;邻近 |
| **pruning** | 刪除;刪改 | せん定 | 删除;删改;剪裁 |
| **Prussian** black | 鐵黑〔氧化鐵加炭黑〕 | プルシアンブラック | 铁黑〔氧化铁加炭黑〕 |
| — brown | 鐵棕 | プルシアンブラウン | 铁棕 |

| 英　　文 | 臺　　灣 | 日　　文 | 大　　陸 |
|---|---|---|---|
| PS cable | 預應力鋼絲纜 | プレストレスケーブル | 预应力钢丝缆 |
| PS wire | 預應力鋼絲 | PS 鋼線 | 预应力钢丝 |
| pseudo-carburizing | 偽滲碳 | 擬似浸炭 | 伪渗碳 |
| pseudo-catalysis | 假催化(作用) | 擬接触反応 | 假催化(作用) |
| pseudo-concave | 偽凹 | 擬凹 | 伪凹 |
| pseudo-convex | 偽凸 | 擬凸 | 伪凸 |
| pseudo-elastic properties | 假彈性 | 擬似弾性 | 假弹性 |
| pseudo-equilibrium | 假平衡 | 擬平衡 | 假平衡 |
| pseudo-isometric crystal | 假等軸晶 | 擬等軸晶 | 假等轴晶 |
| pseudo-isotope | 假同位素 | 擬同位元素 | 假同位素 |
| pseudo-metal | 假金屬 | 擬金属 | 假金属 |
| pseudo-plastic | 假塑性(的);假塑體 | 擬塑性 | 假塑性(的);假塑体 |
| — flow | 假塑性流動 | 擬塑性流体 | 假塑性流动 |
| pseudo-processor | 偽處理機 | 擬処理装置 | 伪处理机 |
| pseudo-solution | 假溶液;膠體溶液 | 擬溶液 | 假溶液;胶体溶液 |
| pseudo-vector | 偽向量 | 擬ベクトル | 伪矢量 |
| pucherite | 釩鉍礦 | プッチャー石 | 钒铋矿 |
| puddle | 攪煉(法) | パッドル | 搅炼(法) |
| — ball | 攪煉鐵塊 | かくれん鉄塊 | 搅炼铁块 |
| — bar | 攪煉鐵條 | かくれん鉄棒 | 搅炼铁条 |
| — furnace | 攪煉爐 | パッドル炉 | 搅炼炉 |
| — iron | 攪煉鍛鐵 | パッドル錬鉄 | 搅炼锻铁 |
| — mill | 熟鐵軋機 | パッドルミル | 熟铁轧机 |
| — mixer | 攪拌機;混砂機 | パッドルミキサ | 搅拌机;混砂机 |
| — process | 攪煉(熟鐵)法 | かくれん | 搅炼(熟铁)法 |
| — slag | 攪煉爐渣 | パッドル鉄さい | 搅炼炉渣 |
| puddled clay | 夯實黏土 | パッドルクレイ | 夯实粘土 |
| — steel | 攪煉鋼 | かくれん鋼 | 搅炼钢 |
| puddler | 攪煉爐 | かくれん炉 | 搅炼炉 |
| puddling | 攪煉(作用) | パッドリング | 搅炼(作用) |
| — cinder | 攪煉法(金屬)熔渣 | かくれん法ようさい | 搅炼法(金属)溶渣 |
| — furnace-bed | 攪煉爐底〔床〕 | かくれん炉床 | 搅炼炉底〔床〕 |
| — slag | 攪煉爐渣 | かくれん炉さい | 搅炼炉渣 |
| puff drying | 膨脹乾燥 | パフ乾燥 | 膨胀干燥 |
| puffed bar | 起泡(缺陷的)棒材 | 膨れきず棒 | 起泡(缺陷的)棒材 |
| pug | 捏土;捏土機 | パッグ | 捏土;捏土机 |
| — mill | 捏土磨機 | パグミル | 捏土磨机 |
| pugging | 捏和 | パギング | 捏和 |
| pull | 拉;拉力;牽引 | プール | 拉;拉力;牵引 |
| — broach | 拉刀 | プレブローチ | 拉刀 |

| 英　　文 | 臺　　灣 | 日　　文 | 大　　陸 |
|---|---|---|---|
| — broaching | 拉削 | 引きブローチ削り | 拉削 |
| — cracks | 熱裂 | 引き割れ | 热裂 |
| — feed | 拉式送料 | プルフィード | 拉式送料 |
| — grader | 拖式平地機 | プルグレーダ | 拖式平地机 |
| — rod | 牽引桿;拉桿 | プルロッド | 牵引杆;拉杆 |
| — stud | (螺紋)拉桿;牽引螺栓 | プルスタッド | (螺纹)拉杆;牵引螺栓 |
| — test | 拉伸試驗;拉力試驗 | プルテスト | 拉伸试验;拉力试验 |
| — tractor | 牽引拖拉機 | プルトラクタ | 牵引拖拉机 |
| — type slitter | 拉力型縱剪切機 | プルタイプスリッタ | 拉力型纵剪切机 |
| **pull-back** | 拉回;拖遲;阻止物 | 引込み | 拉回;拖迟;阻止物 |
| — arm | 頂回桿〔柄;臂〕 | 引戻しアーム | 顶回杆〔柄;臂〕 |
| — bar | 拉桿 | プルパックバー | 拉杆 |
| — ram | 回程活塞〔柱塞〕 | 引戻しラム | 回程活塞〔柱塞〕 |
| — spring | 拉回彈簧 | プルパックスプリング | 拉回弹簧 |
| **pulled surface** | 皺裂(表)面 | しお裂けの表面 | 皱裂(表)面 |
| **puller** | 拆卸器 | プーラ | 拆卸器;拉单晶机 |
| **pulley** | 滑輪〔車〕;皮帶輪 | プーリ | 滑轮〔车〕;皮带轮 |
| — block | 滑輪組 | プーリブロック | 滑轮组 |
| — boss | 皮帶輪轂 | プーリボス | 皮带轮毂 |
| — bracket | 滑輪托架 | 滑車ブラケット | 滑轮托架 |
| — check | 滑輪制動器 | 滑車しめ機 | 滑轮制动器 |
| — cover | 皮帶輪罩 | プーリカバー | 皮带轮罩 |
| — drive | 皮帶輪傳動 | プーリードライブ | 皮带轮传动 |
| — gear | 滑輪裝置 | 滑車装置 | 滑轮装置 |
| — hoist | 起重滑輪 | 滑車ホイスト | 起重滑轮 |
| — in step | 塔輪 | 段滑車 | 塔轮 |
| — rim | 皮帶輪輞;滑輪輪緣 | プーリリム | 皮带轮辋;滑轮轮缘 |
| — set | 滑輪裝置 | せみ | 滑轮装置 |
| — sheave | 三角皮帶輪;滑車滑輪 | みぞ付き滑車輪 | 三角皮带轮;滑车滑轮 |
| — stile | 滑輪〔車〕槽 | 羽根車かまち | 滑轮〔车〕槽 |
| — support | 滑輪支架;皮帶輪支架 | プーリサポート | 滑轮支架;皮带轮支架 |
| — tap | 皮帶輪絲維 | プーリタップ | 皮带轮丝维 |
| — torque | 滑輪轉矩;皮帶輪轉矩 | プーリトルク | 滑轮转矩;皮带轮转矩 |
| — wheel | 滑輪 | プーリホイール | 滑轮 |
| — wiper | 滑輪擦淨器 | プーリスクレーパ | 滑轮擦净器 |
| **pull-in** | 進入同步;引入 | プルイン | 进入同步;引入;接通 |
| — torque | 牽入轉矩 | プルイントルク | 牵入转矩 |
| **pulling** | 同步;拉;拖;拔 | プルイング | 同步;拉;拖;拔 |
| — force | 拉力;牽引力 | 引張り力 | 拉力;牵引力 |
| — jack | 拉力千斤頂 | プリングジャッキ | 拉力千斤顶 |

| 英　　文 | 臺　　灣 | 日　　文 | 大　　陸 |
|---|---|---|---|
| — strength | 拉伸強度 | 引張り強さ | 拉伸强度 |
| — stress | 拉應力 | 引張り応力 | 拉应力 |
| — test | 抗拔力試驗 | 引抜き試験 | 抗拔力试验 |
| — test of pile | 樁的抗拔力試驗 | くい引抜き試験 | 桩的抗拔力试验 |
| **pull-out** | 拔拉〔出〕;拉伸〔起〕 | 引抜き | 拔拉〔出〕;拉伸〔起〕 |
| — torque | 失步轉矩;拉出轉矩 | プルアウトルク | 失步转矩;拉出转矩 |
| — type fracture | 剝落破壞;撕裂 | はく離破壊 | 剥落破坏;撕裂 |
| **pull-over** | 遞回;撥送;撥送機 | プルオーバ | 递回;拨送;拨送机 |
| — mill | 遞回式軋機 | プルオーバミル | 递回式轧机 |
| — roll | 遞回軋輥 | プルオーパロール | 递回轧辊 |
| **pull-up** | 拉起;急升;吸引;張力 | プルアップ | 拉起;急升;吸引;张力 |
| — torque | 最小起動力矩 | プルアップトルク | 最小起动力矩 |
| **pulpit** | 操縱室〔台〕;講台 | パルピット | 操纵室〔台〕;讲台 |
| **pulsation** | 脈動;波動;振動 | パルセーション | 脉动;波动;振动;跳动 |
| — dumper | 脈動緩衝器 | 脈動緩衝器 | 脉动缓冲器 |
| **pulse** | 脈衝;脈動 | パルス | 脉冲;脉动;冲量 |
| — annealing | 周期退火 | パルス焼なまし | 周期退火 |
| — divider | 脈衝分壓電路 | パルス分圧回路 | 脉冲分压电路 |
| — emission | 脈動發射 | パルスエミッション | 脉动发射 |
| — energy | 脈衝能量 | パルスエネルギー | 脉冲能量 |
| — forming | 脈衝形成 | パルス形成 | 脉冲形成 |
| — heat system | 脈衝加熱式 | パルスヒート方式 | 脉冲加热式 |
| — laser anneal | 脈衝雷射退火 | パルスレーザアニール | 脉冲激光退火 |
| — motor | 脈衝電動機;脈衝馬達 | パルスモータ | 脉冲电动机;脉冲马达 |
| — signal | 脈衝信號 | パルス信号 | 脉冲信号 |
| — system | 脈衝制;脈衝增壓 | パルス方式 | 脉冲制;脉冲增压 |
| — transformer | 脈衝變壓器 | パルストランス | 脉冲变压器 |
| — voltage | 脈衝電壓 | パルス電圧 | 脉冲电压 |
| **pulsed** arc welding | 脈衝電弧銲 | パルスアーク溶接 | 脉冲电弧焊 |
| — attenuator | 脈衝衰減器 | パルス減衰器 | 脉冲衰减器 |
| — current | 脈衝電流 | パルス電流 | 脉冲电流 |
| **pulser** | 脈衝發生器;脈衝裝置 | パルサ | 脉冲发生器;脉冲装置 |
| **pulsifier's method** | 攪煉法〔鋼〕 | パドル法 | 搅炼法〔钢〕 |
| **pulverability** | （可)粉化性 | 粉化性 | （可)粉化性 |
| **pulverised coal** | 煤粉 | 粉炭 | 煤粉 |
| **pulverization** | 粉碎;粉化 | （微)粉碎 | 粉碎;粉化 |
| **pulverizator** | 粉碎機〔器〕 | 微粉（碎)機 | 粉碎机〔器〕 |
| **pulverized chalk** | 細磨粉筆 | 微粉碎チョーク | 细磨粉笔 |
| — coal feeder | 供煤粉機 | 微粉炭フィーダ | 供煤粉机 |
| — coal firing | 煤粉燃燒 | 微粉炭燃焼 | 煤粉燃烧 |

| 英　　文 | 臺　　灣 | 日　　文 | 大　　陸 |
|---|---|---|---|
| — coal pipe | 煤粉管 | 微粉炭管 | 煤粉管 |
| — coal separator | 煤粉分離器 | 微粉炭 サイクロン | 煤粉分离器 |
| — dirt | 粉狀屑 | 微粉 | 粉状屑 |
| — fuel | 粉狀燃料 | 微粉燃料 | 粉状燃料 |
| — powder | 碎粉 | 粉砕粉 | 碎粉 |
| — product | 粉狀製品 | 砕製物 | 粉状制品 |
| **pulverizer** | 磨粉機;噴霧器 | パルバライサ | 磨粉机;喷雾器 |
| **pulverizing** mill | 粉磨機;碎粉機 | 微粉機 | 粉磨机;碎粉机 |
| — milling | 粉碎;磨粉 | 粉砕 | 粉碎;磨粉 |
| **pumice** | 輕石;浮石 | パミス | 轻石;浮石 |
| **pump** | 泵 | ポンプ | 泵 |
| — arm | 泵臂 | ポンプアーム | 泵臂 |
| — barrel | 泵筒;泵殼 | ポンプ胴 | 泵筒;泵壳 |
| — bearing | 泵軸承 | ポンプベアリング | 泵轴承 |
| — caliber | 水泵口徑 | ポンプ口径 | 水泵口径 |
| — cover | 泵蓋 | ポンプカバー | 泵盖 |
| — cylinder | 泵缸 | ポンプシリンダ | 泵缸 |
| — down | 抽氣〔空〕;降壓 | ポンプダウン | 抽气〔空〕;降压 |
| — drain cock | 泵放水旋塞 | ポンプドレンコック | 泵放水旋塞 |
| — drive gear | 泵傳動齒輪 | ポンプドライブギアー | 泵传动齿轮 |
| — duty | 泵輸送量;泵的功能 | ポンプ仕事率 | 泵输送量;泵的功能 |
| — efficiency | 泵效率 | ポンプ効率 | 泵效率 |
| — engine | 泵發動機 | ポンプエンジン | 泵发动机 |
| — gear | 泵齒輪 | ポンプ連動機 | 泵齿轮 |
| — head | 泵壓頭;泵的壓力 | ポンプヘッド | 泵压头;泵的压力 |
| — impeller | 泵輪;泵推動器 | ポンプインペラ | 泵轮;泵推动器 |
| — loop | 泵回路 | ポンプループ | 泵回路 |
| — lubrication | 泵潤滑;強制潤滑 | ポンプ注油 | 泵润滑;强制润滑 |
| — nozzle | 泵噴口 | ポンプノズル | 泵喷口 |
| — oil seal | 泵(的)油封 | ポンプオイルシール | 泵(的)油封 |
| — output | 泵排量 | ポンプ出力 | 泵排量 |
| — over | 唧送;泵送 | ポンプ送出 | 唧送;泵送 |
| — pipe | 泵管 | ポンプパイプ | 泵管 |
| — piston | 泵活塞 | ポンプピストン | 泵活塞 |
| — pressure | 泵壓力 | ポンプ圧 | 泵压力 |
| — ram | 泵柱塞 | ポンプピストン | 泵柱塞 |
| — rotor | 泵轉子 | ポンプロータ | 泵转子 |
| — shaft | 泵軸 | 主軸 | 泵轴 |
| — sleeve | 泵套筒 | ポンプスリーブ | 泵套筒 |
| — spindle | 泵軸 | ポンプスピンドル | 泵轴 |

P

| 英　　　文 | 臺　　　灣 | 日　　　文 | 大　　　陸 |
|---|---|---|---|
| ― spring | 泵彈簧 | ポンプスプリング | 泵彈簧 |
| ― stroke | 泵行程 | ポンプストローク | 泵行程 |
| ― tube | 泵用管 | ポンプ管 | 泵用管 |
| ― turbine | 水泵-水輪機;渦輪機 | ポンプタービン | 水泵-水轮机;涡轮机 |
| ― valve | 泵閥 | ポンプバルブ | 泵阀 |
| **pumping** | 泵唧;泵送 | ポンプ作動 | 泵唧;泵送 |
| ― action | 抽水作用;吸泥作用 | ポンプングアクション | 抽水作用;吸泥作用 |
| ― darinage | 水泵排水 | ポンプ排水 | 水泵排水 |
| ― energy | 激勵能;抽運能 | ポンピングエネルギー | 激励能;抽运能 |
| ― equipment | 揚水設備;抽水設備 | ポンプ設備 | 扬水设备;抽水设备 |
| ― losses | 泵損失 | ポンプ損失 | 吸排气损失;泵损失 |
| ― pit | 泵吸水井 | ポンプピット | 泵吸水井 |
| ― plant | 抽水裝置;抽水站 | ポンプ装置 | 抽水装置;抽水站 |
| **punch** | 沖頭;打孔機 | パンチ | 冲头;穿孔机;冲床 |
| ― adaptor | 沖頭夾持器 | ポンチアダプタ | 冲头夹持器 |
| ― assembly | 凸模裝置;凸模組件 | ポンチアセンブリ | 凸模装置;凸模组件 |
| ― block | 凸模壞料 | パンチブロック | 凸模坏料 |
| ― box | 成卷機〔紡織〕 | パンチボックス | 成卷机〔纺织〕 |
| ― bulging | 凸模脹形加工 | 型張出し加工 | 凸模胀形加工 |
| ― cam | 打孔凸輪 | パンチカム | 穿孔凸轮 |
| ― card | 打孔卡片 | パンチカード | 穿孔卡片 |
| ― carrier | 凸模移動滑座 | ポンチキャリヤ | 凸模移动滑座 |
| ― cutter | 沖頭 | 押抜き機 | 冲头 |
| ― cutting machine | 陽模雕刻機 | 父型彫刻機 | 阳模雕刻机 |
| ― die | 沖模 | ポンチダイ | 冲模 |
| ― displacement | 凸模行程;沖頭位移 | ポンチストローク | 凸模行程;冲头位移 |
| ― failure | 凸模破損;沖頭損壞 | ポンチ破損 | 凸模破损;冲头损坏 |
| ― flange | 沖頭固定凸緣 | ポンチフランジ | 冲头固定凸缘 |
| ― guide | 凸模導向裝置 | ポンチガイド | 凸模导向装置 |
| ― hammer | 打孔錘 | パンチハンマ | 穿孔锤 |
| ― heel | 凸模背靠塊 | ポンチヒール | 凸模背靠块 |
| ― holder | 凸模固定板;上模板 | ポンチホルダ | 凸模固定板;上模板 |
| ― holder shank | 凸模柄 | ポンチホルダシャンク | 凸模柄 |
| ― hole | 沖孔 | パンチホール | 穿孔 |
| ― inclosure | 沖頭安全罩 | ポンチ覆い | 冲头安全罩 |
| ― knife | 打孔刀 | パンチナイフ | 穿孔刀 |
| ― land | 凸模面刃口寬度 | ポンチランド | 凸模面刃口宽度 |
| ― machine | 沖床 | ポンチマシン | 冲床;压力机 |
| ― mark | 沖標記;打標記 | ポンチマーク | 冲标记;打标记 |
| ― nose angle | 凸模圓角（半徑） | ポンチラジアス | 凸模圆角（半径） |

| 英　　文 | 臺　　灣 | 日　　文 | 大　　陸 |
|---|---|---|---|
| — nose radius | 凸模圓角（半徑） | ポンチラジアス | 凸模圓角（半径） |
| — pad | 凸模壓板；沖壓墊 | ポンチパッド | 凸模压板；冲压垫 |
| — pin | 打孔頭；沖頭 | パンチピン | 穿孔头；冲头 |
| — plate | 沖頭接板；凸模固定板 | ポンチプレート | 冲头接板；凸模固定板 |
| — press | 沖壓機；打孔沖床 | パンチプレス | 冲压机；穿孔压力机 |
| — profile radius | 沖頭圓角半徑 | ポンチラジアス | 冲头圆角半径 |
| — raiser | 凸模墊高塊 | ポンチレイザ | 凸模垫高块 |
| — rate | 打孔速率 | せん孔速度 | 穿孔速率 |
| — retainer | 凸模夾持板 | ポンチリテーナ | 凸模夹持板 |
| — shank | 凸模柄；沖頭柄 | ポンチシャンク | 凸模柄；冲头柄 |
| — shear | 沖孔剪割機 | ポンチシャー | 冲孔剪割机 |
| — shoe | 凸模座；凸模固定板 | 上型シュー | 凸模座；凸模固定板 |
| — slide | 沖頭滑板；沖床滑塊 | ポンチスライド | 冲头滑板；冲床滑块 |
| — strength | 凸模強度；沖頭強度 | ポンチ強度 | 凸模强度；冲头强度 |
| — table | 萬能沖壓台 | ポンチ自在台 | 万能冲压台 |
| — travell | 凸模行程；沖頭行程 | ポンチストローク | 凸模行程；冲头行程 |
| **punchability** | 沖壓加工性 | 打抜き加工性 | 冲压加工性 |
| **punched** card | 打孔卡片 | パンチカード | 穿孔卡片 |
| — cavity | 沖製孔 | ホビング孔 | 冲制孔 |
| — matrix | 沖壓字模 | パンチ母型 | 冲压字模 |
| — scrap | （沖剪）邊角料 | うち抜きくず | （冲剪）边角料 |
| **puncheon** | 中間柱 | 補助柱 | 中间柱；立筋；粗制背板 |
| **puncher** | 打孔機〔員〕；沖床 | ポンチングマシン | 穿孔机〔员〕；冲床 |
| **punching** | 打孔；沖切；沖壓 | パンチング | 穿孔；冲切；冲压 |
| — and shearing machine | 聯合沖剪機 | ポンチングプレス | 联合冲剪机 |
| — block | 沖孔墊板；打孔台 | 穴抜き台 | 冲孔垫板；穿孔台 |
| — board | 沖孔板 | 有孔板 | 冲孔板 |
| — depth | 沖壓深度 | かみ合い深さ | 冲压深度 |
| — die | 沖孔模；沖裁模 | ポンチングダイ | 冲孔模；冲裁模 |
| — head | 沖頭 | ポンチングヘッド | 冲头 |
| — machine | 沖壓機；沖孔機 | パンチングマシン | 冲压机；冲孔机 |
| — mechanism | 打孔機構 | せん孔機構 | 穿孔机构 |
| — metal | 沖孔金屬板 | パンチングメタル | 冲孔金属板 |
| — position | 沖孔位置；打孔位置 | せん孔位置 | 冲孔位置；穿孔位置 |
| — press | 沖床；沖壓機 | ポンチングプレス | 冲床；冲压机 |
| — quality | 沖切性能 | 打抜き加工性 | 冲切性能 |
| — shear | 沖剪〔切〕 | パンチングシャー | 冲剪〔切〕 |
| — shear stress | 沖切力；沖剪應力 | 押抜きせん断力 | 冲切力；冲剪应力 |
| — stock | 沖切用材料 | 打抜き用素材 | 冲切用材料 |
| — stress | 沖切應力；沖孔應力 | ポンチングストレス | 冲切应力；冲孔应力 |

**P**

| 英　　文 | 臺　　灣 | 日　　文 | 大　　陸 |
|---|---|---|---|
| ― system | 打孔裝置；沖切裝置 | パンチシステム | 穿孔裝置；冲切裝置 |
| ― tool | 沖裁模；沖孔工具 | 打抜き型 | 冲裁模；冲孔工具 |
| ― working | 沖孔加工 | パンチング加工 | 冲孔加工 |
| **punchings** | 沖切下角料 | ポンチングス | 冲切下角料 |
| **punchless drawing** | 擠壓拉深 | ポンチレス絞り | 挤压拉深 |
| **punch-though** | 擊穿（現象） | パンチスルー | 击穿（现象） |
| **puncture** resistance | 耐破壞性 | 破壊抵抗 | 耐破坏性 |
| ― tester | 耐壓試驗器 | パンクチュアテスタ | 耐压试验器 |
| **purchase** | 滑輪組；起重裝置 | パーチェス | 滑轮组；起重装置 |
| **pure** alcohol | 無水酒精；無水乙醇 | 純アルコール | 无水酒精；无水乙醇 |
| ― aluminum | 純鋁 | 純アルミニ | 纯铝 |
| ― bending | 純彎曲 | 均等曲げ | 纯弯曲 |
| ― coal | 純煤 | 純炭 | 纯煤 |
| ― copper | 純銅 | 純銅 | 纯铜；红铜 |
| ― metal | 純金屬 | 純金属 | 纯金属 |
| ― metallic cathode | 純金屬陰極 | 純金属陰極 | 纯金属阴极 |
| ― metallic contact | 純金屬接觸點 | 純金属接触点 | 纯金属接触点 |
| ― nickel electrode | 純鎳銲條 | 純ニッケル | 纯镍焊条 |
| ― solvent | 純溶劑 | 純溶媒 | 纯溶剂 |
| ― torsion | 純扭（轉） | 単純ねじり | 纯扭（转） |
| ― tungsten | 純鎢 | 純タングステン | 纯钨 |
| **pureness** | 純度 | 純度 | 纯度 |
| **purge** | 清洗；清除 | パージ | 清洗；清除；使清洁 |
| ― valve | 排氣閥 | パージ弁 | 清洗阀；排气阀 |
| **purification** | 純化 | 精製 | 纯化；提纯 |
| **purified cellulose** | 精製纖維素 | 精製セルロース | 精制纤维素 |
| **purifier** | 淨化器 | ピュリファイヤ | 提纯器；净化器 |
| **purifying agent** | 清淨劑 | 清浄剤 | 清净剂 |
| **purity** | 純度；純潔 | ピュリティ | 纯度；纯洁 |
| **Purnell quenching process** | 珀內爾淬火法 | パーネル焼入れ法 | 珀内尔淬火法 |
| **puron** | 高純度鐵 | ピュロン | 高纯度铁 |
| **purpose** | 目的；用途；效果 | パーパス | 目的；用途；效果 |
| **push** | 按；推進；促進；衝擊 | プッシュ | 按；推进；促进；冲击 |
| ― bending die | 沖彎模；彎曲模 | 突曲げ型 | 冲弯模；弯曲模 |
| ― broach | 推刀 | プッシュブローチ | 推刀 |
| ― broaching | 推削 | 押しブローチ削り | 推削 |
| ― rod cup | 推桿頭 | プッシュロッドカップ | 推杆头 |
| ― rod seal | 推桿墊圈 | プッシュロッドシール | 推杆垫圈 |
| ― roll | 送料輥；推料輥 | プッシュロール | 送料辊；推料辊 |
| ― through draw die | 單動拉深模 | 単動絞り型 | 单动拉深模 |

| 英　　文 | 臺　　灣 | 日　　文 | 大　　陸 |
|---|---|---|---|
| ― welding | 手動點銲 | 手押しスポット溶接 | 手动点焊 |
| **push-button** | 按扭;自動復位開關 | プッシュボタン | 按扭;自动复位开关 |
| **push-down** | 後進先出(方式) | プッシュダウン | 后进先出(方式) |
| **pusher** | 推進機;推桿;推鋼料機 | プッシャ | 推进机;推杆;推钢料机 |
| ― bar | 推出器;推扞;壓料銷 | プッシャバー | 推出器;推捍;压料销 |
| ― dog | 撥爪 | プッシャドッグ | 拨爪 |
| **pushing** | 推;推擠;推焦 | プッシング | 推;推挤;推焦 |
| ― broach | 推刀 | 押しブローチ | 推刀 |
| ― device | 推鋼機;推床 | プッシングデバイス | 推钢机;推床 |
| **push-pull** amplification | 推挽放大 | プッシュプル増幅 | 推挽放大 |
| ― type torch | 推拉式銲炬 | プッシュプルトーチ | 推拉式焊炬 |
| **push-up** | 上推;掉砂〔鑄件缺陷〕 | プッシュアップ | 上推;掉砂〔铸件缺陷〕 |
| **putting gold leaf** | 貼金箔 | はく押し | 贴金箔 |
| **pycnometer** | 比重瓶 | ピクノメータ | 比重瓶 |
| **pyknometer** | 比重瓶 | 比重びん | 比重瓶 |
| **pylon** | 埃及式塔門 | ピロン | 埃及式塔门 |
| **pyramid** | 角錐(體);錐形;四面體 | ピラミッド | 角锥(体);锥形;四面体 |
| ― bolt | 錐形螺栓 | ピラミッドボルト | 锥形螺栓 |
| ― carry | 錐形進位 | ピラミッドキャリー | 锥形进位 |
| ― circuit | 錐形(矩陣)電路 | ピラミッド回路 | 锥形(矩阵)电路 |
| ― column | 錐形柱 | ピラミッドコラム | 锥形柱 |
| ― crane | 三角架起重機 | 角すいクレーン | 三角架起重机 |
| ― cut | 角錐式鑽眼 | ピラミッドカット | 角锥式钻眼 |
| ― diffuser | 錐形擴壓器 | 角すいディフューザ | 锥形扩压器 |
| ― indenter | 棱錐形(硬度試驗)壓頭 | 正四角すい圧子 | 棱锥形(硬度试验)压头 |
| **pyramidion** | 小型金字塔 | 小ピラミッド | 小型金字塔 |
| **pyrasteel** | 派拉鉻鎳耐蝕耐鋼 | パイラスチール | 派拉铬镍耐蚀耐钢 |
| **pyrite** | 黃鐵礦 | パイライト | 黄铁矿 |
| **pyritic smelting** | 黃鐵礦熔煉;高溫冶煉 | 生鉱吹き | 黄铁矿熔炼;高温冶炼 |
| ― sulphur | 黃鐵礦硫 | 黄鉄鉱の硫黄 | 黄铁矿硫 |
| **pyrochemical processing** | 高溫化學處理 | 高温化学処理 | 高温化学处理 |
| **pyrochemistry** | 高溫化學 | 高温化学 | 高温化学 |
| **pyrology** | 熱工學 | 熱工学 | 热工学 |
| **pyromax** | 派羅馬克斯電熱絲合金 | ピロマックス | 派罗马克斯电热丝合金 |
| **pyrometallurgical process** | 高溫冶金處理 | 高温や金処理 | 高温冶金处理 |
| **pyrometallurgy** | 熱冶學 | 高温や金 | 热冶学 |
| **pyrometer** | 高溫計 | パイロメータ | 高温计 |
| **pyrometric cone** | (示溫)熔錐 | パイロメトリック | (示温)熔锥 |
| **Pyromic** | 派羅米克鎳鉻耐熱合金 | ピロミック | 派罗米克镍铬耐热合金 |
| **pyrophoric alloy** | 引火合金 | 発火合金 | 引火合金 |

| 英　　文 | 臺　　灣 | 日　　文 | 大　　陸 |
|---|---|---|---|
| — iron | 引火鐵 | 発火鉄 | 引火铁 |
| — lead | 引火鉛 | 発火鉛 | 引火铅 |
| — reaction | 引火反應 | 発火反応 | 引火反应 |
| **pyrophoricity** | 自燃性 | 自燃性 | 自燃性 |
| **Pyros** | 派羅斯耐熱鎳鉻合金 | ピロス | 派罗斯耐热镍铬合金 |
| **pyrostat** | 恒溫槽;高溫調節器 | パイロスタット | 恒温槽;高温调节器 |
| **pyrovoltage** | 熱電壓 | 熱電圧 | 热电压 |
| **pyroxylic spirit** | 甲醇 | 木精 | 甲醇 |

| 英 文 | 臺 灣 | 日 文 | 大 陸 |
|---|---|---|---|
| Q tempering | 淬火回火處理 | Qテンパ | 淬火回火处理 |
| quad | 四心線繞組〔電纜〕 | クワッド | 四心线绕组〔电缆〕 |
| quadrangle | 四角形;四邊形 | クワッドラングル | 四角形;四边形 |
| quadrant | 象限;象限儀 | クワッドラント | 象限;象限仪 |
| — angle | 象限角;射角 | 象限角 | 象限角;射角 |
| — iron | 方鋼 | 四分円鉄材 | 方钢 |
| quadrate | 平方 | クワッドレート | 平方;二次;正方形 |
| quadratic cone | 二次錐面 | 二次すい面 | 二次锥面 |
| — control problem | 二次控制問題 | 二次制御問題 | 二次控制问题 |
| — curve | 二次曲線 | 二次曲面 | 二次曲线 |
| — surface | 二次曲面 | 二次曲面 | 二次曲面 |
| quadrature | 轉向差;正交 | 求積（法） | 转向差;正交 |
| — axis reactance | 正交軸電抗 | 横軸リアクタンス | 正交轴电抗 |
| quadric crank chain | 鉸鏈四桿機構 | 四節回転機構 | 铰链四杆机构 |
| — crank mechanism | 四連桿機構 | 四節回転機構 | 四连杆机构 |
| quadruple | 四倍量 | 四倍数〔量〕 | 乘以四;四倍量 |
| quadruplex | 四路多工系統 | 四重式 | 四路多工系统 |
| quake resisting wall | 抗震墙 | 耐震壁 | 抗震墙 |
| qualification | 限定;鑑定 | クォリフィケーション | 限定;监定 |
| qualitative analysis | 定性分析〔試驗〕 | 定性分析〔試験〕 | 定性分析〔试验〕 |
| — game | 定性對策 | 定性的ゲーム | 定性对策 |
| — test | 定性試驗 | 定性試験 | 定性试验 |
| — variation | 品質變異 | 品質変動 | 品质变异 |
| quality | 質量;屬性;特性 | クォリティ | 质量;属性;特性 |
| — audit | 質量檢查 | 品質監査 | 质量检查 |
| — characteristic | 質量特性 | 品質特性 | 质量特性 |
| — coefficient | 質量系數 | 品質係数 | 质量系数 |
| — determination | 質量鑑定;質量檢驗 | 品質測定 | 质量监定;质量检验 |
| — of fuel | 燃料的質量 | 燃料品質 | 燃料的质量 |
| quantification | 以數量表示;定量 | 数量化 | 以数量表示;定量 |
| quantitative absorption | 定量吸收;定量吸附 | 定量的吸着 | 定量吸收;定量吸附 |
| — analysis | 定量分析 | 定量分析 | 定量分析 |
| — test | 定量試驗 | 定量試験 | 定量试验 |
| quantity | 數量;定量 | クォリティティ | 数量;定量 |
| — of evaporation | 蒸發量 | 蒸発量 | 蒸发量 |
| quantization | 量子化;量化 | 定量化 | 量子化;量化 |
| quantum | 量子 | クワンタム | 量子;时间片 |
| — collision | 量子碰撞 | 量子衝突 | 量子碰撞 |
| — mechanics | 量子力學 | 量子力学 | 量子力学 |
| quartation | 金銀的硝酸析銀法 | 金銀の硝酸分解法 | 金银的硝酸析银法 |

**Q**

| 英　　文 | 臺　　灣 | 日　　文 | 大　　陸 |
|---|---|---|---|
| **quarter** | 四等分；船尾部 | クォータ | 四等分；船尾部 |
| ― bend | 直角彎頭 | 90度ベンド | 直角弯头 |
| ― bridge method | 單臂應變計（測量）法 | ―ゲージ法 | 单臂应变计（测量）法 |
| ― grain | 四開木材紋 | まさ目 | 四开木材纹 |
| ― hammer | 方錘 | 四角ハンマ | 方锤 |
| **quartering** | 四分法；四等分取樣法 | 四分法 | 四分法；四等分取样法 |
| ― machine | 曲柄軸鑽孔機 | クォータリングマシン | 曲柄轴钻孔机 |
| **quartermaster** | 舵手〔工〕 | かじ取り手 | 舵手〔工〕 |
| ― alloy | 四元合金 | 四元合金 | 四元合金 |
| **quartz** | 水晶；石英 | クォーツ | 水晶；石英 |
| ― pressure gage | 石英壓力計 | 石英圧（力）計 | 石英压力计 |
| ― refractories | 石英耐火材料 | けい石質耐火物 | 石英耐火材料 |
| ― tube | 石英管 | 石英管 | 石英管 |
| ― wedge | 石英楔 | 石英くさび | 石英楔 |
| **Quarzal** | 一種鋁基軸承合金 | クオルザル | 夸尔扎耳铝基轴承合金 |
| **quasi-elastic** force | 準彈性力 | 準弾性的力 | 准弹性力 |
| ― scattering | 準彈性散射 | 準弾性散乱 | 准弹性散射 |
| **quasi-particle model** | 准粒子模型 | 準粒子模型 | 准粒子模型 |
| **quasi-rigid rotor** | 準剛性轉子 | 準剛性ロータ | 准刚性转子 |
| **quasi-setting** | 半凝固；半硬化 | 準硬化 | 半凝固；半硬化 |
| **quasi-sinusoid** | 準正弦量 | 準正弦量 | 准正弦量 |
| **quasi-stationary** | 似穩態（的） | 準定常 | 似稳态（的） |
| **quasi-steady** cavity | 準定常空泡 | 準定常キャビティ | 准定常空泡 |
| ― moment | 準定常力矩 | 準定常モーメント | 准定常力矩 |
| ― moment coefficient | 準定常力矩係數 | 準定常モーメント係数 | 准定常力矩系数 |
| **quaternary alloy** | 四元合金 | 四元合金 | 四元合金 |
| **quaternion** | 四元數；四元法 | クォターニォン | 四元数；四元法 |
| **quench** | 淬火 | クェンチ | 骤冷；淬火；抑制；阻尼 |
| ― aging | 麻田散鐵時效處理 | 焼入れ時効 | 马氏体时效处理 |
| ― and fracture test | 淬火及斷口試驗 | 焼入れぜい性試験 | 淬火及断口试验 |
| ― annealing | 水淬軟化；水韌處理 | 急冷焼きなまし | 水淬软化；水韧处理 |
| ― bath | 淬火槽；驟冷槽 | 急冷浴 | 淬火槽；骤冷槽 |
| ― crack | 淬火裂紋 | 焼割れ | 淬火裂纹 |
| ― delay | 淬火延遲時間 | 急冷遅らせ時間 | 淬火延迟时间 |
| ― hardening | 淬火硬化；淬火 | 焼入れ硬化 | 淬火硬化；淬火 |
| ― oil | 淬火油 | 焼入れ油 | 淬火油 |
| ― pulse | 熄滅脈沖 | 消灯パルス | 熄灭脉冲 |
| ― softening | 水淬軟化；水韌處理 | 急冷軟化 | 水淬软化；水韧处理 |
| ― tank | 驟冷槽；淬火槽 | 急冷槽 | 骤冷槽；淬火槽 |
| ― time | 淬火時間 | 急冷時間 | 淬火时间 |

| 英　　文 | 臺　　灣 | 日　　文 | 大　　陸 |
|---|---|---|---|
| — tower | 驟冷塔；急冷塔 | クェンチタワー | 驟冷塔；急冷塔 |
| — water | 淬火水 | 急冷水 | 淬火水 |
| — water bath | 淬火水槽 | 急冷水槽 | 淬火水槽 |
| **quenchant** | 急冷劑；淬火劑 | 急冷剤 | 急冷剂；淬火剂 |
| **quenched** bronze | 淬火青銅 | 焼入れ青銅 | 淬火青铜 |
| — charcoal | 熄火炭 | 消し炭 | 熄火炭 |
| — mode | 猝滅模 | クェンチドモード | 猝灭模 |
| — sorbite | 淬火糙斑鐵 | 焼入れソルバイト | 淬火索氏体 |
| — spark gap | 猝熄火花隙 | 瞬滅火花間げき | 猝熄火花隙 |
| — troostite | 淬火吐粒散鐵 | 焼入れトルースタイト | 淬火屈氏体 |
| **quencher** | 熄滅器；猝熄物 | クェンチャ | 熄灭器；猝熄物 |
| **quenching** | 猝熄；熄滅 | クェンチング | 猝熄；熄灭 |
| — agent | 淬火劑 | 焼入れ液 | 淬火剂 |
| — bath | 淬火浴 | 急冷浴 | 淬火浴 |
| — circuit | 猝滅電路 | 消滅回路 | 猝灭电路 |
| — condition | 淬火條 | 急冷条件 | 淬火条 |
| — crack | 淬裂 | 焼割れ | 淬裂 |
| — crack susceptibility | 淬裂敏感性 | 焼割れ感受性 | 淬裂敏感性 |
| — crane | 淬火起重機 | 焼入れクレーン | 淬火起重机 |
| — degree | 急冷度；淬透性 | 急冷度 | 急冷度；淬透性 |
| — diagram | 淬火轉變圖；熱處理圖 | 焼入れ変態図 | 淬火转变图；热处理图 |
| — distortion | 淬火變形 | 焼入れ変形 | 淬火变形 |
| — effect | 淬火效應；驟冷效應 | 急冷効果 | 淬火效应；骤冷效应 |
| — gas | 熄滅氣體 | 消止め気体 | 熄灭气体 |
| — hardening magnet steel | 淬火硬化磁鋼 | 焼入れ硬化磁石鋼 | 淬火硬化磁钢 |
| — liquid | 淬火劑；淬火液 | 焼入れ液 | 淬火剂；淬火液 |
| — matter | 消光物質 | 消光物質 | 消光物质 |
| — media | 淬火劑 | 焼入れ液 | 淬火剂 |
| — medium | 驟冷劑；淬火劑 | 急冷剤 | 骤冷剂；淬火剂 |
| — method | 淬火法 | 急冷法 | 淬火法 |
| — of arc | 熄弧；滅弧 | 消弧 | 熄弧；灭弧 |
| — oil | 淬火油 | 急冷油 | 淬火油 |
| — photometry | 消光光度計 | 消光光度法 | 消光光度计 |
| — rate | 淬火速度 | 焼入れ速度 | 淬火速度 |
| — strain | 淬火應變 | 焼きひずみ | 淬火应变 |
| — stress | 淬火應力 | 急冷応力 | 淬火应力 |
| — temperature | 淬火溫度 | 急冷温度 | 淬火温度 |
| **quenchometer** | 冷卻速度試驗器 | クェンチョメータ | 冷却速度试验器 |
| **quetch** | 壓碎機 | 圧碎機 | 压碎机 |
| **queue** | 隊列；排隊 | キュー | 队列；排队 |

**Q**

| 英　　文 | 臺　　灣 | 日　　文 | 大　　陸 |
|---|---|---|---|
| **quick-opening** lever | 速啓槓桿 | 速開てこ | 速启扛杆 |
| — radiator valve | 快開散熱器閥 | 急開放熱器弁 | 快开散热器阀 |
| — valve | 速啓閥 | 早開き弁 | 速启阀 |
| **quicksilver** | 汞；水銀 | クィックシルバ | 汞；水银 |
| **quiescing** | 停頓；禁止（操作） | 静止 | 停顿；禁止（操作） |
| **quiet** arc | 靜弧 | 沈黙アーク | 静弧 |
| — steel | 全淨靜鋼 | キルド鋼 | 全镇静钢 |
| **quieting ramp** | 消聲錐面 | クワェティングランプ | 消声锥面 |
| **quill** | 套管（筒）軸；襯套 | クイル | 套管（筒）轴；衬套 |
| — bearing | 滾針軸承 | クイルベアリング | 滚针轴承 |
| — pilot | 導向軸 | キルパイロット | 导向轴 |
| — shaft | 套筒軸 | たわみ軸 | 套筒轴 |
| — spindle | 套筒主軸 | クイルスピンドル | 套筒主轴 |
| — system drive | 空心軸（式）驅動 | クイル式駆動方式 | 空心轴（式）驱动 |
| — type punch | 套筒式凸模 | キル形ポンチ | 套筒式凸模 |
| **Quimby pump** | 雙螺桿泵 | クインビーポンプ | 双螺杆泵 |

| 英　文 | 臺　灣 | 日　文 | 大　陸 |
|---|---|---|---|
| **R-dimension** | R維 | R ディメンション | R维 |
| **R-port** | 回油口 | R ポート | 回油口 |
| **rabbet** | 槽口;嵌槽;插孔 | ラベット | 槽口;嵌槽;插孔 |
| — connector | 槽舌連接;樺接 | ラベットコネクタ | 槽舌连接;樺接 |
| — joint | 嵌接;槽舌接合 | さねはぎ | 嵌接;槽舌接合 |
| **rabble** | 攪拌棍 | ラップル | 搅拌棍 |
| — roaster | 攪拌焙燒爐 | かくはんろ | 搅拌焙烧炉 |
| **race** | 環;圈;品種;軌道 | レース | 环;圈;品种;轨道 |
| — cam | 競賽汽車閥用特殊凸輪 | レースカム | 竞赛汽车阀用特殊凸轮 |
| — grinder | 軸承滾道磨床 | レースグラインダ | 轴承滚道磨床 |
| **raceway** | (軸承)座圈;燃燒帶 | レースウェイ | (轴承)座圈;燃烧带 |
| — surface | 軌道面 | 軌道面 | 轨道面 |
| — track | 軌道 | 軌道 | 轨道 |
| **racing** | 超速;控制不穩;紊亂 | レーシング | 超速;控制不稳;紊乱 |
| **rack** | (支)架;掛物架;炸彈架 | ラック | (支)架;挂物架;炸弹架 |
| — and pinion jack | 齒條齒輪起重器 | ラック駆動ジャッキ | 齿条齿轮起重器 |
| — and pinion press | 齒輪齒條傳動沖床 | ラックプレス | 齿轮齿条传动压力机 |
| — broach | 齒條拉刀 | ラックブローチ | 齿条拉刀 |
| — case | 齒條箱 | ラックケース | 齿条箱 |
| — cutting machine | 切齒條機 | ラック歯切り盤 | 切齿条机 |
| — driven planer | 齒條(傳動)式龍門鉋床 | ラック式平削り盤 | 齿条(传动)式龙门刨床 |
| — earth | 機殼接地 | ラックアース | 机壳接地 |
| — feed | 齒條進給 | ラックの送り | 齿条进给 |
| — gear | 齒條式傳動裝置 | ラックギヤー | 齿条式传动装置 |
| — guide | 齒條導板〔軌〕 | ラックガイド | 齿条导板〔轨〕 |
| — hook with screw | 帶螺紋的固定掛具 | ねじ止め引っかけ | 带螺纹的固定挂具 |
| — jack | 齒條起重器〔千斤頂〕 | ラック | 齿条起重器〔千斤顶〕 |
| — mount | 安裝架;固定架 | ラックマウント | 安装架;固定架 |
| — pinion press | 齒條齒條傳動沖床 | ラックピニオンプレス | 齿条齿条传动压力机 |
| — process | 掛鍍(法);吊鍍(法) | ラック方式 | 挂镀(法);吊镀(法) |
| — rail | 齒軌 | ラックレール | 齿轨 |
| — railway | 齒軌鐵道 | 歯車式鉄道 | 齿轨铁道 |
| — reception | 分離多徑接收 | ラックレセプション | 分离多径接收 |
| — saw | 闊齒鋸 | 広刃のこ | 阔齿锯 |
| — scafford | 台架式腳手架 | 棚足場 | 台架式脚手架 |
| — shaping machine | 齒條加工機 | ラック歯切り盤 | 齿条加工机 |
| — sleeve | 主軸套筒 | 主軸スリーブ | 主轴套筒 |
| — support | 支架 | 立て金物 | 支架 |
| — type cutter | 齒條形剃齒刀 | ラックタイプカッタ | 齿条形剃齿刀 |
| — wheel | (齒條傳動)齒輪 | ラック歯車 | (齿条传动)齿轮 |

R

| 英　　文 | 臺　　灣 | 日　　文 | 大　　陸 |
|---|---|---|---|
| ─ work | 齒條加工 | ラック細工 | 齿条加工 |
| **racking** | 台架；船體橫向扭曲 | ラッキング | 台架；船体橫向扭曲 |
| ─ load | 擠壓負載 | ラッキング荷重 | 挤压负荷 |
| ─ stage | 可移動的載物台 | 可動物置棚 | 可移动的载物台 |
| ─ stress | 橫（向）扭（曲）應力 | ラッキング応力 | 横（向）扭（曲）应力 |
| **radial** admission | 徑向進氣；徑向引入 | 心向き送入 | 径向进气；径向引入 |
| ─ bearing | 向心軸承 | ラジアルベアリング | 向心轴承 |
| ─ boring machine | 懸臂鑽床 | 風見形ボール盤 | 摇臂钻床 |
| ─ chaser | 徑向螺紋梳刀 | ラジアルチェーザ | 径向螺纹梳刀 |
| ─ depth | 徑向深度 | ラジアルデップス | 径向深度 |
| ─ displacement | 徑向位移 | 半径方向変位 | 径向位移 |
| ─ draw deformation | 徑向拉伸變形 | ラジアルドロー | 径向拉伸变形 |
| ─ drawing | 徑向拉伸 | しごきスピニング | 径向拉伸 |
| ─ drill | 懸臂鑽床 | ラジアルドリル | 摇臂钻床 |
| ─ float | 定蹼 | 固定フロート | 定蹼 |
| ─ grooved filter plate | 輻射凹紋濾板 | 放射溝切こし板 | 辐射凹纹滤板 |
| ─ line | 輻射線 | 放射状の線 | 辐射线 |
| ─ line control | 輻射線定位 | 放射線修正 | 辐射线定位 |
| ─ outward flow turbine | 離心式渦輪機 | 外向き半径流タービン | 离心式涡轮机 |
| ─ relief | 徑向後角 | 外周逃げ角 | 径向后角 |
| ─ roller bearing | 向心滾子軸承 | ラジアルころ軸受 | 向心滚子轴承 |
| ─ saw | 不定向圓鋸；轉向鋸 | ラジアル丸のこ盤 | 不定向圆锯；转向锯 |
| ─ shear | 徑向剪斷 | 放射状せん断 | 径向剪断 |
| ─ spoke | 徑向輪輻；徑向輻條 | ラジアルスポーク | 径向轮辐；径向辐条 |
| ─ stress | 徑向應力 | 半径方向応力 | 径向应力 |
| ─ symmetry | 徑向對稱 | 放射対称 | 径向对称 |
| ─ triangulation | 輻射三角測量 | 放射三角測量 | 辐射三角测量 |
| ─ unit stress | 徑向單位應力 | 半径方向応力度 | 径向单位应力 |
| ─ varying pitch | 徑向變螺距 | 半径方向変動ピッチ | 径向变螺距 |
| ─ velocity | 徑向速度 | 半径方向速度 | 径向速度 |
| **radian** | 弧度 | ラジアン | 弧度 |
| **radiant** boiler | 輻射式鍋爐 | 放射ボイラ | 辐射式锅炉 |
| ─ heat | 輻射熱 | ラジアントヒート | 辐射热 |
| ─ heat transfer | 輻射傳熱 | ふく射伝熱 | 辐射传热 |
| ─ quantit | 輻射量 | 放射量 | 辐射量 |
| ─ ray | 輻射線 | ふく射線 | 辐射线 |
| **radiated heat** | 輻射熱 | ふく射熱 | 辐射热 |
| **radiation** | 輻射；放射 | ラジエーション | 辐射；放射 |
| ─ arc furnace | 間接電弧爐 | 間接アーク炉 | 间接电弧炉 |
| ─ area | 輻射面積 | ふく射面 | 辐射面积 |

| 英 文 | 臺 灣 | 日 文 | 大 陸 |
|---|---|---|---|
| — contamination | 放射性污染 | 放射能汚染 | 辐射性污染 |
| — cure | 輻射硬化;輻射熱化 | 放射線硬化 | 辐射硬化;辐射热化 |
| — curing | 輻射熱化;輻射處理 | 放射線キュアリング | 辐射熱化;辐射处理 |
| — heat | 輻射熱 | ラジエーションヒート | 辐射热 |
| — heating | 輻射加熱 | ふく射加熱 | 辐射加热 |
| — pollution | 輻射污染 | 放射線公害 | 辐射污染 |
| — quantity | 輻射量 | 放射線の量 | 辐射量 |
| — ratio | 輻射率 | 放射率 | 辐射率 |
| — shield | 輻射屏蔽層 | 遮へい | 辐射屏蔽层 |
| — shielding | 輻射屏蔽 | 放射線遮へい | 辐射屏蔽 |
| — survey | 輻射調查;輻射探查 | 放射線サーベイ | 辐射调查;辐射探查 |
| **radiator** | 輻射體;振蕩器;散熱器 | ラジエータ | 辐射体;振荡器;散热器 |
| — bracket | 散熱器托架 | 放熱器ブラケット | 散热器托架 |
| — fin | 散熱片 | 放熱フィン | 散热片 |
| — nipple | 散熱器螺紋界面 | 放熱器ニップル | 散热器螺纹接口 |
| — paint | 散熱器用漆 | 放熱機用塗料 | 散热器用漆 |
| — valve | 散熱器閥 | 放熱器弁 | 散热器阀 |
| **radical** | 基礎;根本的;原子團的 | ラジカル | 基础;根本的;原子团的 |
| — axis | 基軸;主軸 | 根軸 | 基轴;主轴 |
| **radio** | 無線電;無線電收音機 | ラジオ | 无线电;无线电收音机 |
| **radioactinium,Th** | 射鋼〔釷的同位素〕 | ラジオアクチニウム | 射锕〔钍的同位素〕 |
| **radioactive anomaly** | 放射性異常 | 放射能異常 | 放射性异常 |
| — effect | 輻射效應 | 放射性効果 | 辐射效应 |
| — element | 放射(性)元素 | 放射性元素 | 放射(性)元素 |
| — half-life | 放射性半衰期 | 放射性半減期 | 放射性半衰期 |
| — pollution | 放射性污染 | 放射能汚染 | 放射性污染 |
| — ray room | X光室 | 放射線室 | X光室 |
| **radioactivity** | 放射性;放射強度 | ラジオアクティビティ | 放射性;放射强度 |
| **radiocarbon** | 放射性碳 | ラジオカーボン | 放射性碳 |
| — dating | 放射性碳測定年齡 | 放射性炭素年代測定 | 放射性碳測定年龄 |
| — test | 射碳試驗 | ラジオカーボンテスト | 射碳试验 |
| **radio-frequency** | 射頻;無線電頻率;高頻 | 無線周波数 | 射频;无线电频率;高频 |
| — current | 射頻電流 | 高周波電流 | 射频电流 |
| — heating | 射頻加熱;高頻加熱 | 高周波加熱 | 射频加热;高频加热 |
| — power | 射頻功率 | 高周波電力 | 射频功率 |
| — welding | 高頻熔銲 | 高周波溶接 | 高频熔焊 |
| **radiometal** | 無線電高導磁性合金 | 放射線合金 | 无线电高导磁性合金 |
| **radiometallography** | 放射金相學 | X線金属組織学 | 放射金相学 |
| **radiometallurgy** | 射線冶金學 | 放射線金属学 | 射线冶金学 |
| **radioscopy** | 放射性測定 | X線試験法 | 放射性测定 |

R

| 英　　文 | 臺　　灣 | 日　　文 | 大　　陸 |
|---|---|---|---|
| **radiotoxicity** | 放射毒性 | 放射（能）毒性 | 放射毒性 |
| **radium,Ra** | 鐳 | ラジウム | 镭 |
| **radius** | 回轉半徑；轉彎半徑 | 半径 | 回转半径；转弯半径 |
| — bar | 半徑桿；曲拐臂 | 突張り棒 | 半径杆；曲拐臂 |
| — die | 弧形成形模；彎弧模 | アール曲げ型 | 弧形成形模；弯弧模 |
| — end mill | 圓弧立銑刀 | ラジアスエンドミル | 圆弧立铣刀 |
| — gage | 圓角規；R規；半徑規 | ラジアスゲージ | 圆角规；R规；半径规 |
| — grinding attachment | 半徑磨削附件〔裝置〕 | 半径研削装置 | 半径磨削附件〔装置〕 |
| — link | 搖桿；滑靴 | ラジアスリンク | 摇杆；滑靴 |
| — of curvature | 曲率半徑 | 曲率半径 | 曲率半径 |
| — of curve | 曲線半徑 | 曲線半径 | 曲线半径 |
| — of gyration | 回轉半徑；轉動半徑 | 回転半径 | 回转半径；转动半径 |
| — of gyration of area | 斷面回轉〔慣性〕半徑 | 断面二次半径 | 断面回转〔惯性〕半径 |
| — of inertia | 慣性半徑 | 慣性半径 | 惯性半径 |
| — of rupture | 斷裂半徑 | 破面半径 | 断裂半径 |
| — of turn | 旋轉半徑 | 旋回半径 | 旋转半径 |
| — of vertical curve | 豎曲線半徑 | 縦断曲線半径 | 竖曲线半径 |
| — rod | 半徑桿 | 心向き棒 | 半径杆 |
| — truing device | 半徑修整裝置 | 半径修正装置 | 半径修整装置 |
| — under bead | 銲縫半徑 | 首下丸み・ | 焊缝半径 |
| — vector | 矢徑；向量徑 | ラジアスベクトル | 矢径；向量径 |
| **radix** | 基數；根值數 | ラディックス | 基数；根值数 |
| **radon,Rn** | 氡 | ラドン | 氡 |
| **radphot** | 輻射輻透〔照度單位〕 | ラドフォト | 辐射辐透〔照度单位〕 |
| **raflo** | 徑向擠壓 | 半径押出し | 径向挤压 |
| **raft** | 籌模 | ラフト | 铸型；浮桥；木排 |
| **rafter** | 椽子 | たるき | 椽子 |
| **rag** | 軌槽堆銲；擦布；磨石 | ラグ | 轨槽堆焊；擦布；磨石 |
| — bolt | 棘螺栓；錨栓 | ラッグボルト | 棘螺栓；锚栓 |
| **rail** | 鋼軌；鐵道；欄杆；橫木 | レール | 钢轨；铁道；栏杆；横木 |
| — adhesion | 鋼軌附著力 | レール粘着力 | 钢轨附着力 |
| — batter low | 低接頭〔鋼軌的〕 | 継目落ち | 低接头〔钢轨的〕 |
| — beam | 鋼軌梁 | レールげた | 钢轨梁 |
| — brace | 鋼軌支撐；軌撐 | レール支材 | 钢轨支撑；轨撑 |
| — brake | 軌條減速器；軌閘 | レールブレーキ | 轨条减速器；轨闸 |
| — cross-cut saw | 鋼軌鋸；鋼軌鋸床 | レールのこ盤 | 钢轨锯；钢轨锯床 |
| — cut | 軌枕壓傷；軌枕切壓 | 食込み〔鉄道〕 | 轨枕压伤；轨枕切压 |
| — gage | 軌距尺；鐵路道尺 | レールゲージ | 轨距尺；铁路道尺 |
| — grinding car | 鋼軌打〔研〕磨車 | レール研削車 | 钢轨打〔研〕磨车　　・ |
| — guide | 導軌 | レールガイド | 导轨 |

| 英　　文 | 臺　　灣 | 日　　文 | 大　　陸 |
|---|---|---|---|
| — head | （鉋床）垂直刀架 | レールヘッド | （刨床）垂直刀架 |
| — joint | 鋼軌接頭 | レール継手 | 钢轨接头 |
| — pressure | 軌道壓力 | レール圧力 | 轨道压力 |
| — punch | 鋼軌沖壓機 | 軌条圧せん器 | 钢轨冲压机 |
| — replacer | 換軌器 | レール交換機 | 换轨器 |
| — span | 軌距 | レールスパン | 轨距 |
| — square | 準軌尺 | 大がね | 准轨尺 |
| — steel | 鋼軌;軌用鋼 | レール鋼 | 钢轨;轨用钢 |
| — thermit | 鋼軌銲接用鋁熱劑 | レールテルミット | 钢轨焊接用铝热剂 |
| **railroad** | 鐵路;鐵道 | 鉄道 | 铁路;铁道 |
| **railway** | 鐵道;鐵路 | レールウェイ | 铁道;铁路 |
| **rain** | 電子流 | レーン | 电子流;雨;雨水 |
| **raindrop erosion** | 雨水腐蝕 | 雨滴侵食 | 雨水腐蚀 |
| **raise** | 提高;舉起;向上掘進 | 上昇 | 提高;举起;向上掘进 |
| **raised** and sunken system | （列板）内外搭接式 | 内外張 | （列板）内外搭接式 |
| **raiser** | 抬起器;挖掘機;浮起物 | レイザ | 抬起器;挖掘机;浮起物 |
| **raising** | 提升;加高 | 起こし | 提升;加高 |
| — cam | 上升凸輪 | 上げカム | 上升凸轮 |
| — gear | 升降裝置 | レージングギヤー | 升降装置 |
| — machine | 拉絨機;刮絨機 | 起毛機 | 拉绒机;刮绒机 |
| **rake** | 傾斜;傾角;前傾面 | レーキ | 倾斜;倾角;前倾面 |
| — angle | 傾斜角;前角 | レーキアングル | 倾斜角;前角 |
| — face | 前（刀）面;傾斜面 | すくい面 | 前（刀）面;倾斜面 |
| — out | 勾縫;勾出 | 目地かき | 勾缝;勾出 |
| — ratio | 縱斜比;傾斜率 | 傾斜比 | 纵斜比;倾斜率 |
| **raked** bow | 前傾型（船）首;傾斜船首 | 傾斜船首 | 前倾型（船）首;倾斜船首 |
| — gear hob | 有前角的齒輪滾刀 | すくい角付きホブ | 有前角的齿轮滚刀 |
| — joint | 刮縫;凹縫;臥縫 | 凹目地 | 刮缝;凹缝;卧缝 |
| **Rakel metal** | 雷克銅鋁合金 | レケルメタル | 雷克铜铝合金 |
| **raker** | 耙路機〔工〕;撐腳;支柱 | レーカ | 耙路机〔工〕;撑脚;支柱 |
| **ram** | 頂桿;活塞;滑枕 | ラム | 顶杆;活塞;滑枕 |
| — adaptor | 沖頭夾持器 | ラムアダプタ | 冲头夹持器 |
| — air turbine | 沖壓式氣輪機 | ラムエアタービン | 冲压式气轮机 |
| — away | 錯位 | 型込めずれ | 错位 |
| — bending | 壓床壓彎 | ラムベンディング | 压力机压弯 |
| — cylinder | 柱塞驅動油缸 | ラムシリンダ | 柱塞驱动油缸 |
| — drag | 沖壓阻力 | ラム抗力 | 冲压阻力 |
| — effect | 沖壓效力 | ラム効果 | 冲压效力 |
| — head | 沖頭;滑枕刀架 | ラムヘッド | 冲头;滑枕刀架 |
| — hoist | 千斤頂 | ジャッキ | 千斤顶 |

| 英　　文 | 臺　　灣 | 日　　文 | 大　　陸 |
|---|---|---|---|
| — 's horn test | 落錘試驗 | 落つち試驗 | 落錘試驗 |
| — lift | 沖壓升力;活塞起重器 | ラムリフト | 冲压升力;活塞起重器 |
| — off | 錯位;模樣偏移 | 型込めずれ | 错位;模样偏移 |
| — piston | 沖床活塞 | ラムピストン | 压力机活塞 |
| — stroke | 滑塊行程;錘頭衝程 | ラムストローク | 滑块行程;锤头冲程 |
| — travel(l) | 滑塊行程;錘頭行程 | ラムトラベル | 滑块行程;锤头行程 |
| — type turret lathe | 滑枕式轉塔(六角)車床 | ラム型タレット旋盤 | 滑枕式转塔(六角)车床 |
| — velocity | 活塞速度 | ラム速度 | 活塞速度 |
| **ramet** | 碳化鉭;金屬陶瓷 | ラーメット | 碳化钽;金属陶瓷 |
| **ramification** | 分支 | 分枝 | 分支 |
| **rammer** | 造模機 | ランマ | 造型机 |
| — process | 搗錘法 | ランマ法 | 捣锤法 |
| **ramming** | 衝擊;搗固 | ラミング | 冲击;捣固;夯实 |
| — arm | 拋砂頭橫臂 | ラミングアーム | 抛砂头横臂;夯把手 |
| — head | 拋砂頭 | ラミングヘッド | 抛砂头 |
| — material | 壓實材料 | ラミング材 | 压实材料 |
| **ramollescence** | 軟化作用 | 軟化作用 | 软化作用 |
| **ramp** | 斜面滑道 | ランプ | 斜面滑道 |
| — angle | 滑道斜角 | ランプ角 | 滑道斜角 |
| — rail | 斜軌;斜順軌 | ランプレール | 斜轨;斜顺轨 |
| — rate | 緩變率〔速度〕;傾斜率 | ランプレート | 缓变率〔速度〕;倾斜率 |
| **ramshorn hook** | 雙鉤 | 両フック | 双钩 |
| **random** access | 隨機存取 | ランダムアクセス | 随机存取 |
| — data | 隨機數據 | ランダムデータ | 随机数据 |
| — distribution | 隨機分佈 | ランダム分布 | 随机分布 |
| — model | 隨機模型 | ランダムモデル | 随机模型 |
| — motion | 不規則運動 | ランダム運動 | 不规则运动 |
| — number | 隨機數 | 乱数 | 随机数 |
| — order | 隨機次序 | ランダムオーダ | 随机次序 |
| — path length | 自由行程 | 自由行路 | 自由行程 |
| — processing | 隨機處理 | ランダムプロセシング | 随机处理 |
| — sample | 隨機抽樣;隨機樣本 | ランダムサンプル | 随机抽样;随机样本 |
| — sampling | 隨意取樣;隨機抽樣 | ランダムサンプリング | 随意取样;随机抽样 |
| **range** | 範圍;量程;射程 | レンジ | 范围;量程;射程 |
| — ability | 航程;飛行距離 | レンジアビリティ | 航程;飞行距离 |
| — aperture | 距離孔 | 距離アパーチャ | 距离孔 |
| — check | 範圍檢查;區域檢查 | レンジチェック | 范围检查;区域检查 |
| — determination | 距離測定 | 距離の決定 | 距离测定 |
| — deviation | 距離偏差 | 距離上の偏差 | 距离偏差 |
| — difference | 距離差 | 距離差 | 距离差 |

| 英　文 | 臺　灣 | 日　文 | 大　陸 |
|---|---|---|---|
| — distribution | 距離分佈 | 距離分布 | 距离分布 |
| — of stress | 應力範圍 | 応力範囲 | 应力范围 |
| — rake | T形距離尺 | T型測角板 | T形距离尺 |
| — safety | 靶場安全 | 射場安全 | 靶场安全 |
| — scale | 距離(標)度 | レンジスケール | 距离(标)度 |
| ranging | 測距;距離調整 | レンジング | 测距;距离调整 |
| rank | 級;秩;等級 | ランク | 级;秩;等级 |
| raphide | 針晶 | 束晶 | 针晶 |
| rapid accelerator | 快速催速劑 | 迅速促成剤 | 快速催速剂 |
| — ageing | 快速老化 | 速急老化 | 快速老化 |
| — decompression | 快速減壓 | 急速減圧 | 快速减压 |
| — dryer | 快速乾燥器 | ラピッドドライヤ | 快速乾燥器 |
| — fastener | 快速緊固裝置 | 急速締付け装置 | 快速紧固装置 |
| — feed | 快速進給 | ラピッドフィード | 快速馈电;快速进给 |
| — freezer | 快速冷凍機 | 急速凍結機 | 快速冷冻机 |
| — heating | 快速加熱 | 急熱 | 快速加热 |
| — heating crack | 速熱斷裂 | 急熱断裂 | 速热断裂 |
| — steel | 高速鋼 | 高速度鋼 | 高速钢 |
| — stripping method | 快速脫模法 | 即時脱型工法 | 快速脱模法 |
| — tool steel | 高速鋼;高速工具鋼 | 高速度鋼 | 高速钢;高速工具钢 |
| rapping | 起模(操作) | 型上げ操作 | 起模(操作) |
| — bar | 起模棒 | 型抜き棒 | 起模棒 |
| — hole | 敲模孔 | 型抜き穴 | 敲模孔 |
| — pin | 起模鈎;起模棒 | 型上げ棒 | 起模鈎;起模棒 |
| Raschel machine | 拉舍爾經編機 | ラッシェル編機 | 拉舍尔经编机 |
| — net making machine | 拉舍爾編網機 | ラッシェル網機 | 拉舍尔编网机 |
| rasp | 粗銼 | ラスプ | 木锉;粗锉 |
| rasp-cut | 粗銼紋 | ラスプカット | 粗锉纹 |
| — file | 粗齒銼 | わさび目やすり | 木锉;粗齿锉 |
| rasper | 銼床;銼機 | ラスパ | 锉床;锉机 |
| rasping machine | 磨光機 | 石目やすり掛磨機 | 磨光机 |
| ratch(et) | 棘輪(機構);齒桿 | ラチェット | 棘轮(机构);齿杆 |
| — brace | 棘輪搖鑽;手搖鑽 | ハンドボール | 棘轮摇钻;手摇钻 |
| — broach | 棘輪拉刀 | ラチェットブローチ | 棘轮拉刀 |
| — cylinder | 棘爪(驅動)油缸 | ラチェットシリンダ | 棘爪(驱动)油缸 |
| — driver | 棘輪式螺絲起子 | ラチェットドライバ | 棘轮式螺丝起子 |
| — handle | 棘爪手柄 | ラチェットハンドル | 棘爪手柄 |
| — pawl | 棘輪爪;止回棘爪 | ラチェットポール | 棘轮爪;止回棘爪 |
| — valve | 組合可調整單向閥 | ラチェットバルブ | 组合可调整单向阀 |
| rate | 速率 | レート | 速率;程度;估价;运费 |

| 英　　　文 | 臺　　　灣 | 日　　　文 | 大　　　陸 |
|---|---|---|---|
| — effect | 速率效應 | レート効果 | 速率效应 |
| — equation | 比例方程式 | レートイクエーション | 比例方程式 |
| — of call loss | 呼(叫)損(失)率 | 呼び損率 | 呼(叫)損(失)率 |
| — of carbon drop | 脫碳速度 | 脱炭速度 | 脱碳速度 |
| — of climb | 上升率;爬升率 | 上昇率 | 上升率;爬升率 |
| — of compression | 壓縮率;壓縮速率 | 圧縮率 | 压缩率;压缩速率 |
| — of cooling | 冷却速率 | 冷却率 | 冷却速率 |
| — of corrosion | 腐蝕速率 | 腐食率 | 腐蚀速率 |
| — of deflection | 撓曲率;彎曲速度 | たわみ率 | 挠曲率;弯曲速度 |
| — of deformation | 變形速度 | 変形速度 | 变形速度 |
| — of descent | 下降率 | 降下率 | 下降率 |
| — of elongation | 伸長率 | 伸び率 | 伸长率 |
| — of expansion | 膨脹比 | 膨張速度 | 膨胀比 |
| — of extension | 拉伸率 | 伸長率 | 拉伸率 |
| — of flow | 流速;流量 | 流速 | 流速;流量 |
| — of heating | 加熱速度 | 加熱速度 | 加热速度 |
| — of operation | 運行率;作業率 | 稼働率 | 运行率;作业率 |
| — of permeability | 滲透率 | 透過度 | 渗透率 |
| — of reaction | 反應速率 | 反応率 | 反应速率 |
| — of rise | 上升速度 | 上昇の割合 | 上升速度 |
| — of shearing strain | 剪切應變速度〔率〕 | せん断ひずみ速度 | 剪切应变速度〔率〕 |
| — of taper | 錐度 | テーパ比 | 锥度 |
| — of turning | 回轉角速度 | 旋回角速度 | 回转角速度 |
| **rated** accuracy | 額定精度 | 定格確度 | 额定精度 |
| — horsepower | 額定馬力〔功率〕 | 正規馬力 | 额定马力〔功率〕 |
| — life | 額定壽命 | 定格寿命 | 额定寿命 |
| — output | 額定輸出 | 定格出力 | 额定输出 |
| — pressure | 額定壓力 | 定格圧力 | 额定压力 |
| — speed | 額定速度;額定轉速 | レーテッドスピード | 额定速度;额定转速 |
| — torque | 額定轉矩 | 定格トルク | 额定转矩 |
| **rating** | 評定;估價;定額;標稱 | レイティング | 评定;估价;定额;标称 |
| — curve | 水位流量關係曲線 | 定格曲線 | 水位流量关系曲线 |
| **ratio** | 系數;率;比率;比(例) | レシオ | 系数;率;比率;比(例) |
| — analysis | 比率分析 | レシオアナリシス | 比率分析 |
| — arm | 比例臂 | 比例辺 | 比例臂 |
| — arm box | 比率臂箱〔電橋〕 | 比例辺箱 | 比率臂箱〔电桥〕 |
| — arm bridge | 比率臂電橋 | レシオアームブリッジ | 比率臂电桥 |
| — control | 比率控制 | レシオコントロール | 比率控制 |
| — cutting machine | 放大切割機 | 拡大切断機 | 放大切割机 |
| — gear | 變速齒輪 | 比歯車 | 变速齿轮 |

| 英　　文 | 臺　　灣 | 日　　文 | 大　　陸 |
|---|---|---|---|
| — of moduli of elasticity | 彈性模數比 | 弾性係数比 | 弹性模量比 |
| — of pressure loss | 壓力損失比 | 圧力損失比 | 压力损失比 |
| — of shear reinforcing bar | 抗剪鋼筋比 | せん断補強筋比 | 抗剪钢筋比 |
| — of shrinkage swelling | 伸縮率 | 収縮膨張率 | 伸缩率 |
| — of size reduction | 磨碎比;粉碎率 | 粉砕比 | 磨碎比;粉碎率 |
| — of specific heat | 比熱比 | 比熱比 | 比热比 |
| **rattail file** | 圓銼 | 丸やすり | 圆锉 |
| **rattler** | 貨運列車;有軌電車 | ラトラ | 货运列车;有轨电车 |
| **raw blank** | 毛坯;粗製材 | 粗形材 | 毛坯;粗制材 |
| — coal | 原煤 | 粗炭 | 原煤 |
| — iron | 生鐵 | 生鉄 | 生铁 |
| — material | 原(材)料;坯料 | 素材 | 原(材)料;坯料 |
| — pig iron | 鑄造用生鐵 | 鋳造用銑鉄 | 铸造用生铁 |
| **ray** | 光線;放射線 | 光線 | 光线;放射线 |
| **Rayo** | 雷邀鎳鉻合金 | レーヨー | 雷邀镍铬合金 |
| **rayon** | 人造纖維;人造絲 | レーヨン | 人造纤维;人造丝 |
| **reach** | 有效半徑;可達範圍 | リーチ | 有效半径;可达范围 |
| — lever | 操件桿 | リーチレバー | 操件杆 |
| — roller | 導輥 | リーチローラ | 导辊 |
| **reachability** | 可達性;能達到性 | 到達可能性 | 可达性;能达到性 |
| **reach-through** | 透過;穿透 | リーチスルー | 透过;穿透 |
| **reaction** | 反應;反衝;反饋 | リアクション | 反应;反冲;反馈 |
| — chain | 反應鏈 | 反応連鎖 | 反应链 |
| — condition | 反應條件 | 反応条件 | 反应条件 |
| — control | 反力控制;反饋控制 | リアクション制御 | 反力控制;反馈控制 |
| — coordinate | 反應座標 | 反応座標 | 反应坐标 |
| — cross section | 反應截面(積) | 反応断面積 | 反应截面(积) |
| — curve | 反應曲線 | 反応曲線 | 反应曲线 |
| — energy | 反應能 | 反応エネルギー | 反应能 |
| — gear | 反轉齒輪 | リアクションギヤー | 反转齿轮 |
| — heat | 反應熱 | 反応熱 | 反应热 |
| — kinetics | 反應動力學 | 反応動力学 | 反应动力学 |
| — motor | 反應式電動機 | リアクションモータ | 反应式电动机 |
| — pressure | 反應壓力 | 反応圧 | 反应压力 |
| — rate | 反應速率〔度〕 | 反応速度 | 反应速率〔度〕 |
| — sintering | 反應燒結 | 反応焼結 | 反应烧结 |
| — solder | 反應銲料;還原銲料 | 反応ろう | 反应焊料;还原焊料 |
| — torque | 反作用轉矩 | リアクショントルク | 反作用转矩 |
| — water turbine | 反力〔動〕式水輪機 | 反動水車 | 反力〔动〕式水轮机 |
| — wheel | 反轉輪;反擊式葉輪 | リアクションホイール | 反转轮;反击式叶轮 |

R

| 英　　文 | 臺　　灣 | 日　　文 | 大　　陸 |
|---|---|---|---|
| **reactivation** | 再活化(作用) | 回復 | 再活化(作用);重激活 |
| **reactive** adhesive | 活性黏合劑 | 反応性接着剤 | 活性粘合剂 |
| — curing agent | 活性固化劑 | 反応性硬化剤 | 活性固化剂 |
| — load | 無功負載 | リアクタンス負荷 | 无功负载 |
| — metal | 活性金屬 | 活性金属 | 活性金属 |
| **reactivity** | 反應性 | 反応度〔原子炉の〕 | 反应性 |
| — power coefficient | 反應性功率系數 | 反応度出力係数 | 反应性功率系数 |
| — ratio | (單體)反應競聚率 | 反応率 | (单体)反应竞聚率 |
| **reactor** | 反應堆(器) | リアクトル | 反应堆(器) |
| **read** | 讀;讀出 | リード | 读;读出 |
| — back | 讀回 | リードバック | 读回 |
| — cursor | 讀數光標 | リードカーソル | 读数光标 |
| — halt | 讀出停止 | 読込み休止 | 读出停止 |
| — modify | 讀出修改 | リードモディファイ | 读出修改 |
| — signal | 讀信號 | リードグナル | 读信号 |
| — time | 讀出時間 | 読出し時間 | 读出时间 |
| **readability** | 明瞭度;清晰度;可讀性 | リーダビリティ | 明了度;清晰度;可读性 |
| **reader** | 閱讀機 | リーダ | 阅读机 |
| **read-in** | 讀入 | リードイン | 读入 |
| **reading** | 閱讀;讀數;讀出 | リーディング | 阅读;读数;读出 |
| — beam | 顯示電子束 | 解読ビーム | 显示电子束 |
| — duration | 讀出時間 | 読取り時間 | 读出时间 |
| — scan | 讀出掃描 | 解読走査 | 读出扫描 |
| **reading-aid** | 助讀器 | 補読器 | 助读器 |
| **readjustment** | 重調;再調整 | リアジャストメント | 重调;再调整 |
| **read-only** data | 只讀數據 | リードオンリデータ | 只读数据 |
| — memory | 只讀存儲器 | リードオンリメモリ | 只读存储器 |
| **readout** | 讀出〔取〕;數字顯示器 | 読取り | 读出〔取〕;数字显示器 |
| — command | 讀出命令 | リードアウトコマンド | 读出命令 |
| — error | 讀出錯誤 | リードアウトエラー | 读出错误 |
| **reae-write** | 讀寫 | リードライト | 读写 |
| — amplifier | 讀寫放大器 | リードライトアンプ | 读写放大器 |
| — command | 讀寫命令 | リードライト命令 | 读写命令 |
| — cycle | 讀寫周期 | リードライトサイクル | 读写周期 |
| **ready** | 準備就緒 | レディ | 准备就绪 |
| — condition | 就緒狀態 | レディコンディション | 就绪状态 |
| — flag | 就緒標誌 | レディフラグ | 就绪标志 |
| — mix | 預拌;預混;預配 | レディミックス | 预拌;预混;预配 |
| — program | 就緒態程式 | レディ状態プログラム | 就绪态程序 |
| — queue | 就緒隊列 | レディ列 | 就绪队列 |

| 英　　文 | 臺　　灣 | 日　　文 | 大　　陸 |
|---|---|---|---|
| — state | 就緒狀態 | レディステート | 就绪状态 |
| — task | 就緒任務 | レディタスク | 就绪任务 |
| **Ready Flo** | 雷迪弗洛銀銲料 | レディフロー | 雷迪弗洛银焊料 |
| **reagent** | 試劑 | 試薬 | 试剂 |
| **real address** | 實地址 | リアルアドレス | 实地址 |
| — analysis | 實分析;實解析 | 実解析 | 实分析;实解析 |
| — axis | 實軸 | 実軸 | 实轴 |
| — function | 實函數 | 実関数 | 实函数 |
| — junction | 實結 | 現実の接合 | 实结 |
| — layer | 實層 | 実層 | 实层 |
| — line | 實線 | 実（数）線 | 实线 |
| — moment of inertia | 實慣性矩 | 真の慣性モーメント | 实惯性矩 |
| — operating | 實操作;實運轉 | 実稼働 | 实操作;实运转 |
| — part | 實數部份 | 実数部 | 实数部份 |
| — root | 實根 | 実根 | 实根 |
| — thing | 實物 | 実物 | 实物 |
| **reality** | 真實性;現實性 | 真実性 | 真实性;现实性 |
| **realizability** | 實現性 | 実現性 | 实现性 |
| **realm** | 領域;範圍 | 領域 | 领域;范围 |
| **real-time** adaptive model | 實時自適應模型 | 実時間適応モデル | 实时自适应模型 |
| — decision | 實時決策〔判定〕 | 実時間決定 | 实时决策〔判定〕 |
| — event | 實時事件 | 実時間事象 | 实时事件 |
| — I/O system | 實時輸入輸出系統 | 実時間入出力システム | 实时输入输出系统 |
| — job | 實時作業 | リアルタイムジョブ | 实时作业 |
| — language | 實時語言 | 実時間言語 | 实时语言 |
| — lock | 實時鎖定 | リアルタイムロック | 实时锁定 |
| — model | 實時模型 | 実時間モデル | 实时模型 |
| — monitoring | 實時監控〔視〕 | 実時間監視 | 实时监控〔视〕 |
| — output | 實時輸出 | 実時間出力 | 实时输出 |
| — processing system | 實時處理系統 | 実時間処理システム | 实时处理系统 |
| — program control | 實時程式控制 | 実時間プログラム制御 | 实时程序控制 |
| — trace | 實時跟蹤 | リアルタイムトレース | 实时跟踪 |
| **ream** | 令〔紙張單位〕;鉸孔 | リーム | 令〔纸张单位〕;铰孔 |
| **reamer** | 鉸刀 | リーマ | 铰刀 |
| — bolt | 鉸螺栓;密配合螺栓 | リーマボルト | 铰螺栓;密配合螺栓 |
| — chuck | 鉸刀夾套 | リーマチャック | 铰刀夹套 |
| — pin | 銷形鉸刀 | リーマピン | 销形铰刀 |
| — tap | 鉸孔攻絲複合刀具 | リーマタップ | 铰孔攻丝复合刀具 |
| **reaming** | 鉸孔;鉸刀加工;擴孔 | リーミング | 铰孔;铰刀加工;扩孔 |
| — bit | 鉸孔鑽 | リーミングビット | 铰孔钻 |

**R**

| 英　　文 | 臺　　灣 | 日　　文 | 大　　陸 |
|---|---|---|---|
| — head | （深孔）擴孔刀頭 | リーミングヘッド | （深孔）扩孔刀头 |
| — machine | 鉸孔機 | リーマ盤 | 铰孔机 |
| **rear** | 背面（的）；後面（的） | リヤー | 背面（的）；后面（的） |
| — axle | 後車軸 | リヤーアクスル | 后车轴；后桥 |
| — axle drive gear | （後軸）變速齒輪 | 変速歯車 | （后轴）变速齿轮 |
| — axle gear | 後橋主降速齒輪機構 | リヤーアクスルギヤー | 后桥主降速齿轮机构 |
| — axle lubricant | 後軸潤滑劑 | 後軸潤滑剤 | 后轴润滑剂 |
| — axle support | 後（車）軸支架 | 後車軸支え | 后（车）轴支架 |
| — axle weight | 後橋負載 | 後軸荷重 | 后桥荷载 |
| — bearing | 後軸承 | リヤーベアリング | 后轴承 |
| — block | 後（刀）座 | リヤーブロック | 后（刀）座 |
| — brake | 後輪制動器 | リヤーブレーキ | 后轮制动器 |
| — brake band | 後制動帶 | リヤーブレーキバンド | 后制动带 |
| — drive | 後輪驅動 | リヤードライブ | 后轮驱动 |
| — drum | 後滾筒 | 後ドラム | 后滚筒 |
| — gear set | 後（橋）齒輪組 | リヤーギヤーセット | 后（桥）齿轮组 |
| — hub | 後輪轂 | 後ハブ | 后轮毂 |
| — rollr | 後滾子；後卷軸 | リヤーローラ | 后滚子；后卷轴 |
| — shoe | 後支〔托〕塊；模板 | リヤーシュー | 后支〔托〕块；模板 |
| — spring | （汔車）後鋼板彈簧 | リヤースプリング | （汔车）后钢板弹簧 |
| — sun gear | 後橋半軸齒輪 | リヤーサンギヤー | 后桥半轴齿轮 |
| — tool post | 後刀架〔座〕 | リヤーツールポスト | 后刀架〔座〕 |
| **reason** | 理由；原因 | 理由 | 理由；原因 |
| **reassemble** | 重裝配；重彙編 | リアセンブル | 重装配；重汇编 |
| **rebabbitting** | 重澆軸承鉛 | リバンビッチング | 重浇轴承铅 |
| **rebanding** | 更換；翻新 | リバンディング | 更换；翻新 |
| **rebated** joint | 企口接合；槽舌接合 | びんた欠き | 企口接合；槽舌接合 |
| — miter joint | 企口斜接；槽舌斜接 | びんた欠き隅留接 | 企口斜接；槽舌斜接 |
| — plane | 窄槽木鉋；企口鉋 | しゃくりかんな | 窄槽木刨；企口刨 |
| **rebating** | 企口接合；做企口 | 合じゃくり | 企口接合；做企口 |
| **rebound** | 跳回；回彈 | リボウンド | 跳回；回弹 |
| — elasticity | 回彈性 | 反発弾性 | 回弹性 |
| — hardness | 反彈硬度；回跳硬度 | ショア硬さ | 反弹硬度；回跳硬度 |
| **recarbonization** | 再滲碳 | 再炭化 | 再渗碳 |
| **recarburizer** | 增碳劑 | 複炭剤 | 增碳剂 |
| **recarburizing agent** | 增碳劑 | 与炭剤 | 增碳剂 |
| **recast** | 另算；重鑄 | リカスト | 另算；重铸 |
| — layer | 熔化層 | 溶融層 | 熔化层 |
| **receipt** | 接收；領取；驗收 | ンシート | 接收；领取；验收 |
| **receiver** | 接收機；受話機；聽筒 | ンシーバ | 接收机；受话机；听筒 |

924

| 英　　文 | 臺　　灣 | 日　　文 | 大　　陸 |
|---|---|---|---|
| receiving | 接收 | レシービング | 接收 |
| receptacle | 插座〔孔〕 | レセプタクル | 插座〔孔〕 |
| — box | 火炮的分電箱 | 栓受け箱 | 火炮的分电箱 |
| — connect | 插座連接器 | レセプタクルコネクタ | 插座连接器 |
| — plate | 插座板 | コンセントプレート | 插座板 |
| receptance | 動柔度;敏感率;接受率 | レセプタンス | 动柔度;敏感率;接受率 |
| reception | 接收;接待 | レセプション | 接收;接待 |
| receptive phase | 可接受狀態 | 受容的局面 | 可接受状态 |
| recess | 凹口;凹進部分 | 溝 | 凹口;凹进部分 |
| — of press ram | 沖床滑塊上的模柄孔 | プレスラムのリセス | 压力机滑块上的模柄孔 |
| — well | 凹穴 | くぼみ | 凹穴;回陷 |
| recessed arch | 疊內拱;凹進的層疊拱 | 段層アーチ | 叠内拱;凹进的层叠拱 |
| recessing | 凹槽;後退 | リセッシング | 凹槽;后退 |
| — machine | 割槽機;切槽機 | リセッシングマシン | 割槽机;切槽机 |
| — tool | 切槽刀具;切口刀 | リセッシングツール | 切槽刀具;切口刀 |
| recing | 空轉〔發動機的〕 | レーシング | 空转〔发动机的〕 |
| recipro compressor | 往復壓縮機 | 往復圧縮機 | 往复压缩机 |
| — feeder | 往復式給料機 | レシプロフィーダ | 往复式给料机 |
| reciprocal | 倒數;互逆;相互的 | 逆数 | 倒数;互逆;相互的 |
| — law | 可逆定理;互易定理 | 相反則 | 可逆定理;互易定理 |
| — stress | 反向應力 | 相反応力 | 反向应力 |
| reciprocate | 往復;互換(位置) | レシプロケート | 往复;互换(位置) |
| — valve | 往復閥;滑動(式)閥 | レシプロケートバルブ | 往复阀;滑动(式)阀 |
| reciprocator | 往復式發動機 | レシプロケータ | 往复式发动机 |
| — theorem | 互易定理;可逆定理 | 可逆定理 | 互易定理;可逆定理 |
| recirculate | 回流;信息重複循環 | 再循環 | 回流;信息重复循环 |
| recirculating | 再循環;複循環 | 再循環 | 再循环;复循环 |
| — air damper | 再循環空氣阻尼器 | 再循環空気ダンパ | 再循环空气阻尼器 |
| — water pipe | 再循環水管 | 復水再循環水管 | 再循环水管 |
| recirculation | 再循環 | リサーキュレーション | 再循环 |
| reckon | 計算;估算 | レッコン | 计算;估算 |
| reclaim | 矯正;改正;收回 | リクレイム | 矫正;改正;收回 |
| reclaimed fiber | 再生纖維 | 再生繊維 | 再生纤维 |
| — material | 回收材料;再生材料 | 再生材料 | 回收材料;再生材料 |
| — oil | 再生油 | 再生油 | 再生油 |
| — water | 再生水 | 再生水 | 再生水 |
| reclaimer | 回收設備 | リクレーマ | 回收设备 |
| reclamation | 回收;再生;填築;開墾 | リクラメーション | 回收;再生;填筑;开垦 |
| — cycle | 再生循環 | 再生サイクル | 再生循环 |
| Reco | 鋁鎳鈷鐵磁合金 | レコ | 铝镍钴铁磁合金 |

| 英　　文 | 臺　　灣 | 日　　文 | 大　　陸 |
|---|---|---|---|
| **recoal** | 再新供煤;重新裝媒 | 新規給炭 | 再新供煤;重新裝媒 |
| **recogging** | 重接合 | 再接合 | 重接合 |
| **recognition** | 識別 | レコグニション | 识别 |
| **recoil** | 反衝;後退;彈回 | リコイル | 反冲;后退;弹回 |
| — energy | 反衝能量 | リコイルエネルギー | 反冲能量 |
| — mechanism | 駐退機構 | 駐退装置 | 驻退机构 |
| — oil | 反衝油;後座油 | 反跳油 | 反冲油;后座油 |
| — valve | 反衝閥 | リコイルバルブ | 反冲阀 |
| **recombination** | 複合;再結合 | リコンビネーション | 复合;再结合 |
| **recompacting** | 再壓縮 | 再圧縮 | 再压缩 |
| **recompression** | 再壓縮 | 再圧縮 | 再压缩 |
| **reconfiguration** | (機器)重新組合 | 機器再構成 | (机器)重新组合 |
| — program | 重(新)組(合)程式 | 再構成プログラム | 重(新)组(合)程序 |
| **reconfirm** | 噴鍍 | 溶射 | 喷镀 |
| **reconstruction** | 重新配置;重新組合 | リコンストラクション | 重新配置;重新组合 |
| **record** | 錄音;記錄;備忘錄 | リコード | 录音;记录;备忘录 |
| **recorder** | 記錄器;印碼電報機 | リコーダ | 记录器;印码电报机 |
| — pen | 記錄(器)筆 | リコーダペン | 记录(器)笔 |
| **recording** | 記錄;錄音;錄像 | リコーディング | 记录;录音;录像 |
| — board | 記錄台 | リコーディングボード | 记录台 |
| — density | 記錄密度 | 書込み密度 | 记录密度 |
| — drum | 記錄滾筒 | リコーディングドラム | 记录滚筒 |
| — head | 錄音頭;磁頭 | リコーディングヘッド | 录音头;磁头 |
| — material | 記錄材料 | 記録材料 | 记录材料 |
| **recover** | 恢復;復原;再現;補償 | 回収 | 恢复;复原;再现;补偿 |
| **recoverability** | (可)修復性;可復性 | 回復性 | (可)修复性;可复性 |
| **recoverable** coal reserves | 可回收的碳量 | 実収炭量 | 可回收的碳量 |
| **recovered** fiber | 再生纖維 | 故繊維 | 再生纤维 |
| **recovery** | 復原;修復;回收率 | リカバリ | 复原;修复;回收率 |
| — boiler | 回收(的)鍋爐 | 回収ボイラ | 回收(的)锅炉 |
| — characteristic | 恢復特性 | 回復特性 | 恢复特性 |
| — point | 回復點 | 回復点 | 回复点 |
| — pressure | 恢復壓力;回復壓力 | 回復圧力 | 恢复压力;回复压力 |
| — process | 故障處理功能 | 障害処理機能 | 故障处理功能 |
| — time | 復原時間;回掃時間 | リカバリタイム | 复原时间;回扫时间 |
| **recracking** | 再裂化 | 再クラッキング | 再裂化 |
| **recreation** | 改造;修訂;重做 | レクリエーション | 改造;修订;重做 |
| **recrystallize** | 再結晶 | 再結晶 | 重结晶;再结晶 |
| **recrystallized** layer | 再結晶層 | 再結晶層 | 再结晶层 |
| — silicon carbide | 再結晶碳化矽 | 再結晶炭化けい素 | 再结晶碳化硅 |

| 英　　文 | 臺　　灣 | 日　　文 | 大　　陸 |
|---|---|---|---|
| rectangle | 長方形;矩形 | 長方形 | 长方形;矩形 |
| rectangular arrangement | 矩形排列 | 碁盤目配列 | 矩形排列 |
| — beam | 矩形(斷面)梁 | く形ばり | 矩形(断面)梁 |
| — bent | 直角彎頭 | くけいラーメン | 直角弯头 |
| — broach | 矩形拉刀 | 四角ブローチ | 矩形拉刀 |
| — coordinate system | 直角座標系 | 直角座標系 | 直角坐标系 |
| — drawing | 矩形拉深 | 角筒絞り | 矩形拉深 |
| — head | 矩形頭;方頭 | 四角(頭) | 矩形头;方头 |
| — orifice | 矩形口 | 長方形オリフィス | 矩形口 |
| — parallelopiped | 長方體 | 直方体 | 长方体 |
| — scanning | 矩形掃描 | 方形走査 | 矩形扫描 |
| — section | 矩形剖面 | 長方形断面 | 矩形剖面 |
| — shank tool | 矩形刀柄車刀 | 長方形シャンクバイト | 矩形刀柄车刀 |
| — shape | 方體形 | 角胴形 | 方体形 |
| — spline | 矩齒形栓槽(軸) | 角スプライン | 矩齿形花键(轴) |
| — triangle | 直角三角形 | 直角三角形 | 直角三角形 |
| rectifier | 整流器;檢波器 | レクチファイア | 整流器;检波器;精馏器 |
| rectiformer | 整流變壓器 | 整流変圧器 | 整流变压器 |
| rectify | 整流;檢波;矯正;校準 | 整流 | 整流;检波;矫正;校准 |
| rectilinear hoop | 環箍筋;螺旋箍筋 | 角型フープ | 环箍筋;螺旋箍筋 |
| recuperability | 恢復力;可回收性 | 修復率 | 恢复力;可回收性 |
| recuperation | 恢復;復原;再生 | 回復 | 恢复;复原;再生 |
| recurrence | 復現;循環;回到 | リカレンス | 复现;循环;回到 |
| recurvature point | 轉向點 | 転向点 | 转向点 |
| recycle | 再循環 | リサイクル | 再循环 |
| — feed | (再)循環原(材)料 | 循環原料 | (再)循环原(材)料 |
| — oil | (再)循環油 | 循環油 | (再)循环油 |
| — ratio | (再)循環比 | (再)循環比 | (再)循环比 |
| red algae | 紅藻 | 紅藻類 | 红藻 |
| — brass | 紅色黃銅 | レッドブラス | 红色黄铜 |
| — bronze | 紅銅 | レッドブロンズ | 红铜 |
| — hardness | 熱硬性;紅硬性 | 赤熱硬度 | 热硬性;红硬性 |
| — heat | 赤熱 | レッドヒート | 赤热 |
| — metal | 紅銅〔含 Cu>80%〕 | レッドメタル | 红色黄铜〔含 Cu>80%〕 |
| — oxide | 紅色氧化物;紫紅漆 | ベンガラ | 红色氧化物;紫红漆 |
| — rust | 紅銹;鐵銹 | 赤さび | 红锈;铁锈 |
| redistribution | 再分布;再分配 | 再分布 | 再分布;再分配 |
| redox | 氧化還原作用 | レドックス | 氧化还原作用 |
| redoxide of copper | 氧化亞銅 | 酸化銅 | 氧化亚铜 |
| redrawing | 再拉深;再拉拔 | 再絞り | 再拉深;再拉拔 |

R

| 英　　　文 | 臺　　　灣 | 日　　　文 | 大　　　陸 |
|---|---|---|---|
| ― rate | 再拉深率 | 再絞り率 | 再拉深率 |
| ― test | 再拉深試驗 | 円筒再絞り試験 | 再拉深试验 |
| **Redray** | 雷德里鎳鉻合金 | レットレイ | 雷德里镍铬合金 |
| **redress** | 調整;修整;矯正 | リドレス | 调整;修整;矫正;纠正 |
| **reducer** | 稀釋劑;還原劑 | リジューサ | 稀释剂;还原剂;退粘剂 |
| ― casing | 減速箱 | レデューサケーシング | 减速箱 |
| ― plate | 墊板 | リデューサプレート | 垫板 |
| ― spacer | 減速箱調整墊 | レデューサスペーサ | 减速箱调整垫 |
| **reducibility** | 還原性;還原能力 | レジューサビリティ | 还原性;还原能力 |
| **reducing** | 縮小;縮徑;縮口 | レデューシング | 缩小;缩径;缩口;还原 |
| ― agent | 還原劑 | 還元剤 | 还原剂 |
| ― atmosphere | 還原氣層 | 還元雰囲気 | 还原气层 |
| ― bath | 還原浴 | 還元浴 | 还原浴 |
| ― bend | 縮徑彎頭 | 径違いベンド | 缩径弯头 |
| ― cross | 異徑十字形(管)接頭 | 径違い十字継手 | 异径十字形(管)接头 |
| ― die | 縮徑模;縮口模;拉絲模 | 口絞り型 | 缩径模;缩口模;拉丝模 |
| ― elbow | 異徑彎頭 | 径違いエルボ | 异径弯头 |
| ― fitting | 異徑接頭 | 径違い継手 | 异径接头 |
| ― machine | 磨碎機;粉碎機 | 磨砕機 | 磨碎机;粉碎机 |
| ― mill | 拉力減徑機〔管材的〕 | 絞り圧延機 | 拉力减径机〔管材的〕 |
| ― nipple | 異徑螺紋管接頭 | 径違いニップル | 异径螺纹管接头 |
| ― pipe | 漸縮管 | 異径管 | 渐缩管 |
| ― press | 縮口用沖床 | レデューシングプレス | 缩口用压力机 |
| ― smelting | 還原熔煉 | 還元吹き | 还原熔炼 |
| ― valve | 減壓閥 | レデューシングバルブ | 减压阀 |
| **reductant** | 還原劑;還原體 | 還元剤 | 还原剂;还原体 |
| **reduction** | 還原作用 | 還元 | 还原作用;减少;缩减 |
| ― factor | 衰減系數;折減系數 | 低減率 | 衰减系数;折减系数 |
| ― gear | 減速裝置;減速齒輪 | リダクションギヤー | 减速装置;减速齿轮 |
| ― gear ratio | 減速比 | 減速比 | 减速比 |
| ― gearing | 減速齒輪傳動裝置 | 減速歯車装置 | 减速齿轮传动装置 |
| ― in area | 斷面收縮率 | 断面収縮率 | 断面收缩率 |
| ― of area | 斷面收縮率 | 断面縮少率 | 断面收缩率 |
| ― of cross section | 斷面壓縮〔收縮〕 | 断面圧縮 | 断面压缩〔收缩〕 |
| ― of prestress | 預應力減小 | プレストレスの減退 | 预应力减小 |
| ― of section | 斷面收縮 | 断面収縮 | 断面收缩 |
| ― percentage | 面縮率 | 減面率 | 面缩率 |
| ― pulley | 減速滑輪 | 減速プーリー | 减速滑轮 |
| ― ratio | 粉碎(比)率;減速比 | リダクションレーショ | 粉碎(比)率;减速比 |
| ― train | 減速裝置 | 減速装置 | 减速装置 |

| 英　　文 | 臺　　灣 | 日　　文 | 大　　陸 |
|---|---|---|---|
| — valve | 減速〔壓〕閥 | 減圧バルブ | 減速〔压〕阀 |
| **Redulith** | 雷德利思含鋰合金 | レダリス | 雷德利思含锂合金 |
| **redundancy** | 冗餘碼;冗餘技術 | リダンダンシー | 冗馀码;冗馀技术 |
| **redundant** allocation | 冗餘分配 | 冗長割当て | 冗馀分配 |
| **reed** | 振動片;簧片 | リード | 振动片;簧片 |
| — armature | 舌簧銜鐵 | リードアーマチュア | 舌簧衔铁 |
| — holder | 舌簧夾 | リードホルダ | 舌簧夹 |
| — organ | 銜鐵機構;簧片機構 | リードオルガン | 衔铁机构;簧片机构 |
| — unit | 舌簧元件;舌簧管 | リードユニット | 舌簧元件;舌簧管 |
| — valve | 簧片閥 | リードバルブ | 簧片阀 |
| **reeking** | 鋼錠模表面熏塗 | リーキング | 钢锭模表面熏涂 |
| **reel** | 浪筒 | リール | 滚筒 |
| — bat | 拔禾輪;拔禾板 | リールバット | 拔禾轮;拔禾板 |
| — cap | 帶軸帽 | リールキャップ | 带轴帽 |
| **reeled riveting** | 交錯鉚 | リールドリベット締め | 交错铆 |
| **reentrant** | 可重入的;再進入的 | リエントラント | 可重入的;再进入的 |
| — angle | 凹角 | 凹入角 | 凹角 |
| — cylindrical cavity | 半同軸空腔 | 半同軸空胴 | 半同轴空腔 |
| — mold | 凹角膜;凹穴膜 | 凹角金型 | 凹角膜;凹腔膜 |
| — type | 凹腔型〔微波管結構〕 | リエントラント形 | 凹腔型〔微波管结构〕 |
| **reentry** | 重入;返回 | リエントリー | 重入;返回 |
| — nosecone | 再入頭錐 | 再突入ノーズコーン | 再入头锥 |
| — point | 再入點 | 再入点 | 再入点 |
| **reface** | 更換摩擦片;重磨 | リフェース | 更换摩擦片;重磨 |
| **refacer** | 表面修整器 | リフェーサ | 表面修整器 |
| **reference** | 基準(點);座標;標記 | リファレンス | 基准(点);坐标;标记 |
| — accuracy | 基準精度 | 基準確度 | 基准精度 |
| — axis | 參考軸;基準軸 | 参考軸 | 叁考轴;基准轴 |
| — azimuth | 基準方位(角) | 基準方位 | 基准方位(角) |
| — circle | 參考圓 | 参考円 | 叁考圆 |
| — data | 參考數據;參考資料 | レファレンスデータ | 叁考数据;参考资料 |
| — direction | 基準方向;參考方向 | 基準方向 | 基准方向;叁考方向 |
| — edge | 基準邊 | レファレンスエッジ | 基准边 |
| — fuel | 標準燃料 | 標準燃料 | 标准燃料 |
| — grid | 基準網格 | 基準格子 | 基准网格 |
| — line | 基準線;參考線 | レファレンスライン | 基准线;叁考线 |
| — model | 參考模型;基準模型 | レファレンスモデル | 叁考模型;基准模型 |
| — pitch angle | 基準俯仰角 | 基準ピッチ角 | 基准俯仰角 |
| — plane | 基準面 | 基準面 | 基准面 |
| — plate | 基準面;參考面 | レファレンスプレート | 基准面;叁考面 |

**R**

| 英　　文 | 臺　　灣 | 日　　文 | 大　　陸 |
|---|---|---|---|
| — point | 參考點；基準點 | 基準点 | 叁考点；基准点 |
| — rigidity | 標準剛度；參考剛度 | 基準剛度 | 标准刚度；叁考刚度 |
| — standard | 參考標準；標準器 | 照合標準器 | 叁考标准；标准器 |
| — stiffness | 參考剛度；基準剛度 | 基準剛度 | 叁考刚度；基准刚度 |
| — strain | 對比（標準）應變 | 校正ひずみ | 对比（标准）应变 |
| **referring point** | 標定點；參考點 | 標点 | 标定点；叁考点；引证点 |
| **refine** | 提存；精製 | 精製 | 提存；精制 |
| — oil | 重煉油；精煉油 | リファインオイル | 重炼油；精炼油 |
| **refined** bar iron | 精製棒鐵 | 精製棒鉄 | 精制棒铁 |
| — coat iron | 精製鑄鐵 | 精製鋳鉄 | 精制铸铁 |
| — copper | 精製銅；純銅 | 精銅 | 精制铜；纯铜 |
| — iron | 精煉〔製〕鐵 | 精錬〔製〕鉄 | 精炼〔制〕铁 |
| — oil | 精煉油；精製油 | 精製油 | 精炼油；精制油 |
| — pig iron | 精製生鐵 | 精製銑鉄 | 精制生铁 |
| — silver | 純銀 | 純銀 | 纯银 |
| — steel | 精煉鋼 | 精練鋼 | 精炼钢 |
| — tin | 精煉錫 | 純すず | 精炼锡 |
| — zone | （銲接）細晶區 | 微細化部 | （焊接）细晶区 |
| **refinement** | 提純；精煉 | リファインメント | 提纯；精炼 |
| **refiner** | 精磨機；精製〔選〕機 | リファイナ | 精磨机；精制〔选〕机 |
| **refining** | 精製（法）；精煉（法） | 精製 | 精制（法）；精炼（法） |
| — depth | 精製深度 | 精製深度 | 精制深度 |
| — forge | 精煉鍛爐 | 精練火床 | 精炼锻炉 |
| — furnace | 精煉爐 | 精練炉 | 精炼炉 |
| — heat | 調整晶粒的加熱 | 調粒加熱 | 调整晶粒的加热；正火 |
| — mill | 精軋機；精研機 | 精砕機 | 精轧机；精研机 |
| — process | 精煉法 | 精練法 | 精炼法 |
| — steel | 調質鋼 | 調質鋼 | 调质钢 |
| **reflect** | 反射；反映；反響 | リフレクト | 反射；反映；反响 |
| **Reflectal** | 鍛造鋁合金 | リフレクタル | 锻造铝合金 |
| **reflectiometer** | 反射率計 | 反射率計 | 反射率计 |
| **reflection** | 反射 | レフレクション | 反射 |
| — angle | 反射角 | 反射角 | 反射角 |
| — coefficient | 反射系數 | 反射係数 | 反射系数 |
| — density | 反射密度 | 反射濃度 | 反射密度 |
| — error | 反射誤差 | 反射誤差 | 反射误差 |
| — goniometer | 反射測角器 | 反射測角器 | 反射测角器 |
| — plane | 反射平面；折射平面 | 反射平面 | 反射平面；折射平面 |
| **reflective ability** | 反射性能 | 反射性能 | 反射性能 |
| — heat insulation | 反射絕熱 | 反射断熱 | 反射绝热 |

| 英　　文 | 臺　　灣 | 日　　文 | 大　　陸 |
|---|---|---|---|
| — surface | 反射面 | 反射面 | 反射面 |
| **reflectivity** | 反射率〔系數〕 | 反射率 | 反射率〔系数〕 |
| **reflector** | 反射極;反射鏡;反射器 | レフレクタ | 反射极;反射镜;反射器 |
| — glass | 反射鏡 | 反射鏡 | 反射镜 |
| **reflex** | 反射;來復;回復 | リフレックス | 反射;来复;回复 |
| — action | 反射作用 | 反射作用 | 反射作用 |
| **reflexion** | 自反;反射 | 裏返し | 自反;反射 |
| **reflow** | 逆流;反流 | リフロー | 逆流;反流 |
| — furnace | 反射爐 | リフロー炉 | 反射炉 |
| **refluence** | 反流;逆流;反向電流 | 反流 | 反流;逆流;反向电流 |
| **reflux** | 回流;反流 | 還流 | 回流;反流 |
| — conderser | 回流冷凝器 | 還流冷却器 | 回流冷凝器 |
| **refluxing** | 回流 | 回流 | 回流 |
| **refract** | 折射;曲折 | レフラクト | 折射;曲折 |
| **Refractaloy** | 鎳基耐熱合金 | レフラクタロイ | 镍基耐热合金 |
| **refracting** grating | 折射光柵 | 屈折格子 | 折射光栅 |
| **refraction** | 折射;屈折 | 屈折 | 折射;屈折 |
| — axis | 折射軸 | 屈折軸 | 折射轴 |
| — coefficient | 折射係數〔率〕 | 屈折率 | 折射系数〔率〕 |
| — constant | 折射常數 | 屈折定数 | 折射常数 |
| **refractiveness** | 折射性 | 屈折性 | 折射性 |
| **refractometric** analysis | 折射分析 | 屈折計分析 | 折射分析 |
| **refractoriness** | 耐熱度;耐火性 | 耐火度 | 耐热度;耐火性 |
| **refractory** | 耐火材料;耐熔的 | レフラクトリ | 耐火材料;耐熔的 |
| — alloys | 難熔合金 | 耐火合金 | 难溶合金 |
| — arch | 耐火拱;耐火爐墻 | 耐火アーチ | 耐火拱;耐火炉墙 |
| — brick | 耐火磚 | 耐火れんが | 耐火砖 |
| — casting | 耐熱鑄件 | 耐熱鋳物 | 耐热铸件 |
| — lining | 耐火襯板;耐火爐襯 | 耐火裏張り | 耐火衬板;耐火炉衬 |
| — material | 耐火物;耐火材料 | 耐火物 | 耐火物;耐火材料 |
| — metal | 耐熱金屬;難熔金屬 | 耐火金属 | 耐热金属;难熔金属 |
| — paint | 耐火塗料 | 耐火塗料 | 耐火涂料 |
| — value | 耐火率 | 耐火率 | 耐火率 |
| — wash | 耐火泥漿;耐火塗料 | コーチング材 | 耐火泥浆;耐火涂料 |
| **refrax** | 金鋼砂磚 | 金剛砂れんが | 金钢砂砖 |
| **refresh** | 再生;更新 | リフレッシュ | 再生;更新 |
| **refrex** | 碳化矽(高級)耐火物 | リフレックス | 碳化硅(高级)耐火物 |
| **refrigerant** | 冷媒;冷卻液 | 冷凍剤 | 冷媒;冷却液 |
| — carrier | 冷媒;製冷劑 | 冷媒 | 冷媒;制冷剂 |
| **refrigerated** air dryer | 冷凍式空氣乾燥器 | 冷凍式エアドライヤ | 冷冻式空气乾燥器 |

R

| 英　　文 | 臺　　灣 | 日　　文 | 大　　陸 |
|---|---|---|---|
| **refrigerating** agent | 製冷劑;冷媒 | 冷凍動原 | 制冷剂;冷媒 |
| — capacity | 冷凍能力;製冷能力 | 冷凍能力 | 冷冻能力;制冷能力 |
| — cycle | 製冷循環;冷凍循環 | 冷凍サイクル | 制冷循环;冷冻循环 |
| — effect | 冷凍效果;製冷效果 | 冷凍効果 | 冷冻效果;制冷效果 |
| **refrigerator** | 冷庫;電冰箱;製冷機 | レフリジェレータ | 冷库;电冰箱;制冷机 |
| **refrizing cycle** | 製冷循環 | 冷凍サイクル | 制冷循环 |
| **refuse** | 再熔化;廢品 | リフューズ | 再熔化;废品 |
| **refusion** | 再熔;重熔 | 再融解 | 再熔;重熔 |
| **regain** | 回收 | 回収 | 回收 |
| **Regel metal** | 利格爾錫銻銅軸承合金 | リーゲルメタル | 利格尔锡锑铜轴承合金 |
| **regeneration** | 再生;回收;重發;反饋 | 再生 | 再生;回收;重发;反馈 |
| — brake | 回生制動;再生制動器 | 回生ブレーキ | 回生制动;再生制动器 |
| — cycle | 再生循環 | 再生サイクル | 再生循环 |
| — factor | 再生因子 | 再生率 | 再生因子 |
| **regenerative** action | 再生作用 | 再生作用 | 再生作用 |
| — blower | 回熱壓縮機 | か流ブロワ | 回热压缩机 |
| — control | 再生控制 | 回生制御 | 再生控制 |
| — quenching | 二次淬火〔滲碳件的〕 | 再度焼入れ | 二次淬火〔渗碳件的〕 |
| **regild** | 再飾金;再塗金 | 金ぱく再被覆 | 再饰金;再涂金;再飞金 |
| **regime** | 制度;狀態;方式 | レジーム | 制度;状态;方式 |
| — theory | 狀態理論 | レジーム理論 | 状态理论 |
| **region** | 區域;範圍;領域 | 領域 | 区域;范围;领域 |
| **regist** | 記錄 | レジスト | 记录 |
| **register** | 計數器;計量器 | レジスタ | 计数器;计量器 |
| **registering** apparatus | 自動記錄器;記數器 | 記録装置 | 自动记录器;记数器 |
| **registraton** | 讀數;記錄;配準;定位 | レジストレーション | 读数;记录;配准;定位 |
| **registry** | 登記;註冊 | 登録 | 登记;注册 |
| **regrinding** | 重磨削;修磨 | リグラインディング | 重磨削;修磨 |
| **regular** | 正規〔則;常〕(的) | レギュラ | 正规〔则;常〕(的) |
| — bolt | 標準螺栓 | 並ボルト | 标准螺栓 |
| — distribution | 正規分佈 | 正則分布 | 正规分布 |
| — element | 循環要素;正則元素 | 循環要素 | 循环要素;正则元素 |
| — inspection | 定期檢查 | 定期検査 | 定期检查 |
| — nut | 標準螺母 | 並ナット | 标准螺母 |
| — octahedron | 正八面體 | 正八面体 | 正八面体 |
| — polyhedron | 正多面體 | 正多面体 | 正多面体 |
| — polygon | 正多角形; 正多邊形 | 正多角形 | 正多角形; 正多边形 |
| — size | 標準尺寸;固定尺寸 | レギュラサイズ | 标准尺寸;固定尺寸 |
| — tape | 通用絲攻 | 等径タップ | 通用丝锥 |
| — tie | 通用軌枕;標準軌枕 | 並まくら木 | 通用轨枕;标准轨枕 |

| 英　　文 | 臺　　灣 | 日　　文 | 大　　陸 |
|---|---|---|---|
| — welding | 正規銲接 | 本溶接 | 正规焊接 |
| **regularity** | 規律性 | 正則性 | 规律性 |
| **regulating ability** | 調節能力 | 調整能力 | 调节能力 |
| — block | 調節裝置 | 調整裝置 | 调节装置 |
| — cell | 調節電池 | 調整電池 | 调节电池 |
| — member | 微調元件 | 微調整要素 | 微调元件 |
| — rod | 調節桿;控制棒 | 調整棒 | 调节杆;控制棒 |
| **regulation** | 調整〔節〕;規則〔法〕 | レギュレーション | 调整〔节〕;规则〔法〕 |
| — cap | 調節帽 | 制帽 | 调节帽 |
| — cock | 調節栓 | 調整栓 | 调节栓 |
| — control | 定值控制 | 定値制御 | 定值控制 |
| — factor | 調節系數〔率〕 | 調整率 | 调节系数〔率〕 |
| — ring | 調整環 | 調整輪 | 调整环 |
| — rod | 微調桿 | 調整棒 | 微调杆 |
| — speed | 正常速度;限制速度 | 制限速度 | 正常速度;限制速度 |
| **regulator** | 穩壓器;控制器 | レギュレータ | 稳压器;控制器 |
| — valve | 調節閥 | レギュレータバルブ | 调节阀 |
| **regulus** | 硫化複鹽;金屬熔渣塊 | かわ | 硫化复盐;金属熔渣块 |
| — metal | 鉛銻合金(含Sb 6%以上) | レギュラスメタル | 铅锑合金(含Sb 6%以上) |
| **rehabilitation** | 修復;復原;修理;整頓 | レハビリテーション | 修复;复原;修理;整顿 |
| **reheat** | 再(加)熱 | リヒート | 再(加)热 |
| — boiler | 再熱鍋爐 | 再熱ボイラ | 再热锅炉 |
| — control | 再熱控制 | 再熱制御 | 再热控制 |
| — crack | 再熱裂紋 | 再加熱割れ | 再热裂纹 |
| — cycle | 再熱循環 | 再熱サイクル | 再热循环 |
| — shrinkage | 再熱收縮率 | 再加熱収縮率 | 再热收缩率 |
| — stop valve | 再熱蒸氣截止閥 | リヒートストップ弁 | 再热蒸气截止阀 |
| — treating | 再加熱處理 | 再加熱処理 | 再加热处理 |
| **Reich's bronze** | 萊希鋁青銅 | ライヒスブロンズ | 莱希铝青铜 |
| **reignition** | 逆弧;二次點燃 | 再着火 | 逆弧;二次点燃 |
| **reinforced** brick | 加筋磚 | 鉄筋れんが | 加筋砖 |
| — material | 加強(材)料 | 強化材料 | 加强(材)料 |
| — plastic mold | 增強塑料模具 | 強化プラスチック型 | 增强塑料模具 |
| — stress | 強化應力;增強應力 | 強化応力 | 强化应力;增强应力 |
| **reinforcement** | 加強筋;加強物;加固件 | 補強盛 | 加强筋;加强物;加固件 |
| — member | 加固構件 | 補強材 | 加固构件 |
| — of weld | 銲縫加強高;銲縫餘高 | 補強盛 | 焊缝加强高;焊缝馀高 |
| — rib | 加強肋 | 補強リブ | 加强肋 |
| **reinforcer** | 增強劑 | 強化材〔剤〕 | 增强剂 |
| **reinforcing** action | 補強作用 | 強化作用 | 补强作用 |

| 英　　文 | 臺　　灣 | 日　　文 | 大　　陸 |
|---|---|---|---|
| — bar | 補強(鋼)筋 | 補強筋 | 补强(钢)筋 |
| — bar placer | 鋼筋工 | 鉄筋工 | 钢筋工 |
| — materials | 增強材料 | 補強剤 | 增强材料 |
| — metal | 鋼筋 | 鉄筋 | 钢筋 |
| — steel | 鋼筋 | 鉄筋 | 钢筋 |
| **reject** | 除去;廢品;衰減;抑制 | リジェクト | 除去;废品;衰减;抑制 |
| — rate | 廢品率 | 不良率 | 废品率 |
| **rejected** material | 不合格材料 | 不合格材料 | 不合格材料 |
| — product | 不合格品;廢品 | 不合格品 | 不合格品;废品 |
| **rejection** | 拒收;排除;阻止;衰減 | リジェクション | 拒收;排除;阻止;衰减 |
| **rejector** | 阻抗陷波器;抑制器 | リジェクタ | 阻抗陷波器;抑制器 |
| **rejoining** | 再接合;再融合 | 再結合 | 再接合;再融合 |
| **relation** | 比例關係;關係(式) | リレーション | 比例关系;关系(式) |
| — expression | 關係表達式 | 関係式 | 关系表达式 |
| **relax** | 鬆弛 | リラックス | 松弛 |
| **relaxant** | 緩衝劑 | 緩和剤 | 缓冲剂 |
| **relaxation** | 鬆弛(作用);應力鬆弛 | リラクセーション | 松弛(作用);应力松弛 |
| — phenomenon | 張弛現象 | 緩和現象 | 张弛现象 |
| — process | 鬆弛過程 | 緩和過程 | 松弛过程 |
| — test | 鬆弛試驗 | 応力緩和試験 | 松弛试验 |
| **relay** | 繼電器;中繼;轉換 | リレー | 继电器;中继;转换 |
| — valve | 繼動閥;自動轉換閥 | リレーバルブ | 继动阀;自动转换阀 |
| — welding process | 交替銲接法 | リレー溶接法 | 交替焊接法 |
| **releasability** | 剝離性;脫模性 | はく離性 | 剥离性;脱模性 |
| **releasant** | 剝離劑;脫膜劑 | はく離剤 | 剥离剂;脱膜剂 |
| **release** | 發射;分離;斷開 | レリーズ | 发射;分离;断开 |
| — altitude | 發射高度;釋放高度 | 投下高度 | 发射高度;释放高度 |
| — bearing | 分離(式)軸承 | リリーズベアリング | 分离(式)轴承 |
| — characteristic | 剝離性;脫模性 | はく離性 | 剥离性;脱模性 |
| — cock | 放氣活門;放洩旋塞 | リリーズコック | 放气活门;放泄旋塞 |
| — collar | (離合器)離合套 | リリーズカラー | (离合器)离合套 |
| — lever | (離合器)分離桿 | リリーズレバー | (离合器)分离杆 |
| — medium | 脫模劑 | 離型剤 | 脱模剂 |
| — moment | 釋放力矩 | 解放モーメント | 释放力矩 |
| — of mold | 開模 | 金型の開放 | 开模 |
| — of stress | 應力釋放;應力分離 | 応力の除去 | 应力释放;应力分离 |
| — property | 脫模性 | はく離性 | 脱模性 |
| — spring | 復位彈簧;釋放彈簧 | レリーズバネ | 复位弹簧;释放弹簧 |
| — valve | 放洩閥;洩氣閥;安全閥 | リリーズバルブ | 放泄阀;泄气阀;安全阀 |
| **releasing** agent | 防黏劑;釋放劑 | 離型剤 | 防粘剂;释放剂 |

| 英　文 | 臺　灣 | 日　文 | 大　陸 |
|---|---|---|---|
| — device | 分離裝置;釋放裝置 | 吐出し装置 | 分离装置;释放装置 |
| — lever | 脫開桿;斷開桿 | リリーズレバー | 脱开杆;断开杆 |
| — time | 釋放時間;復原時間 | 復旧時間 | 释放时间;复原时间 |
| — valve | 泄放閥;安全閥 | 除圧弁 | 泄放阀;安全阀 |
| reliability | 可靠性 | 信ぴょう性 | 可靠性 |
| reliable communication | 可靠通信 | 高信頼通信 | 可靠通信 |
| relic coil | 殘留螺旋 | 残存コイル | 残留螺旋 |
| relict | 殘渣 | 残存種 | 残渣 |
| relief | 減輕;釋放;凸紋;凹凸 | レリーフ | 减轻;释放;凸纹;凹凸 |
| — angle | 後角;刃口斜角 | リリーフアングル | 后角;刃口斜角 |
| — annealing | 消除應力退火 | ひずみ残り焼鈍 | 消除应力退火 |
| — cylinder | 保險氣缸 | リリーフシリンダ | 保险气缸 |
| — engraving machine | 浮凸彫刻機 | レリーフ彫刻機 | 浮凸雕刻机 |
| — groove | 卸荷槽;壓力平衡槽 | 逃げ溝 | 卸荷槽;压力平衡槽 |
| — hole | 止裂孔 | 割れ止め穴 | 止裂孔 |
| — lever | 釋放操作手柄 | リリーフレバー | 释放操作手柄 |
| — lines | 鉋削刀痕 | 平削り傷 | 刨削刀痕 |
| — notch | 退刀槽 | リリーフノッチ | 退刀槽 |
| — piston | 衝擊式緩衝器 | リリーフピストン | 冲击式缓冲器 |
| — pressure control valve | 安全控制閥 | リリーフ弁 | 安全控制阀 |
| — pressure valve | 減壓閥;安全閥 | （圧力）リリーフ弁 | 减压阀;安全阀 |
| — set pressure | （安全閥）全開額定壓力 | リリーフセット圧力 | （安全阀）全开额定压力 |
| — valve | 安全閥;溢流閥 | リリーフ弁 | 安全阀;溢流阀 |
| relieving arch | 隱蔽拱;輔助(載重)拱 | リリービングアーチ | 隐蔽拱;辅助(载重)拱 |
| — attachment | 鏟齒附件 | 二番取り装置 | 铲齿附件 |
| — lathe | 鏟背車床;鏟齒車床 | リリービングレース | 铲背车床;铲齿车床 |
| — tool | 鏟背車刀;鏟齒刀 | 二番取りバイト | 铲背车刀;铲齿刀 |
| relinquish | 放棄;撤回;停止;鬆手 | リリンキッシュ | 放弃;撤回;停止;松手 |
| reloading | 再加載;再負載 | カットイン | 再加载;再负载 |
| — pressure | 加載壓力 | カットイン圧力 | 加载压力 |
| relocation | 浮動;再定位 | リロケーション | 浮动;再定位 |
| remachining | 重新機械加工 | リマシニング | 重新机械加工 |
| remains | 殘渣 | 残さい | 残渣 |
| remalloy | 磁性合金 | レマロイ | 磁性合金 |
| remark | 注視;備考 | リマーク | 注视;备考;附注;评论 |
| remelt | 重熔 | リーメルト | 重熔 |
| — alloy | 重熔合金 | 再よう融合金 | 重熔合金 |
| — soldering | 重熔軟銲 | リメルトはんだ付け | 重熔钎焊 |
| remelted pig iron | 重熔生鐵;回用生鐵 | 再生銑 | 重熔生铁;回用生铁 |
| remelting | 重熔 | 再溶解 | 重熔 |

| 英　　文 | 臺　　灣 | 日　　文 | 大　　陸 |
|---|---|---|---|
| **remission** | 緩和;鬆弛 | レミッション | 缓和;松弛 |
| **remnant** | 殘餘 | レムナント | 残馀;剩地 |
| **remodeling** | 改建;改造;改裝 | 改裝 | 改建;改造;改装 |
| **remolding** | 重鑄;重塑;改造 | 再成形 | 重铸;重塑;改造 |
| **remote** access | 遠程存取 | リモートアクセス | 远程存取;远程访问 |
| — action | 遙控動作 | 遠隔作用 | 遥控动作 |
| — batch job | 遠程成批作業 | リモートバッチジョブ | 远程成批作业 |
| — computer | 遠程計算機 | 遠隔計算機 | 远程计算机 |
| — console | 遙控台 | リモートコンソール | 遥控台 |
| — control | 遠距離控制;遙控 | リモートコントロール | 远距离控制;遥控 |
| — indicator | 遙示器 | リモートインジケータ | 遥示器 |
| — manipulation | 遠程操作 | 遠隔操作 | 远程操作 |
| — manual operation | 遠程人工操作 | 遠隔手動操作 | 远程人工操作 |
| — measuring device | 遙測設備 | 遠隔測定裝置 | 遥测设备 |
| — metering | 遙測 | 遠隔測定 | 遥测 |
| — operated valve | 遠程操作閥 | 遠隔操作弁 | 远程操作阀 |
| — probe | 遠程探測 | リモートプローブ | 远程探测 |
| — processing | 遠程處理 | 遠隔処理 | 远程处理 |
| — sensing | 遙感 | リモートセンシング | 遥感 |
| — signal | 遙程信號;遙控信號 | リモートシグナル | 遥程信号;遥控信号 |
| — trip | 遙控(自動)跳閘 | 遠端トリップ | 遥控(自动)跳闸 |
| **remould** | 重塑 | リモールド | 重塑 |
| **removability** | 可拆性;可移動性 | 再はく離性 | 可拆性;可移动性 |
| — of slag | 脫渣性 | スラグのはく離性 | 脱渣性 |
| **removable** arm rest | 可拆操作桿支架 | ひじ当て〔取外し式〕 | 可拆操作杆支架 |
| — plate | 可拆板 | リムーバブルプレート | 可拆板 |
| **removal** | 排除 | 排除 | 排除;迁居;移去 |
| — by filtration | 濾除 | ろ過除去 | 滤除 |
| — by suction | 抽除 | 吸引除去 | 抽除 |
| — cross section | 移出截面;移除截面 | 除去断面積 | 移出截面;移除截面 |
| — from the mold | 脫模 | 型からの取出し | 脱模 |
| — of air | 排氣;放氣 | 排気 | 排气;放气 |
| — of form | 拆除模板;拆模 | 脱型 | 拆除模板;拆模 |
| — of iron | 除鐵 | 除鉄 | 除铁 |
| — of load | 卸荷 | 荷重除去 | 卸荷 |
| — of stress | 消除應力 | 応力の除去 | 消除应力 |
| **removed section** | 分移出剖面圖 | 取出し断面図 | 分移出剖面图 |
| **remover** | 脫(塗)膜劑;洗淨劑 | リムーバ | 脱(涂)膜剂;洗净剂 |
| **removing** | 轉移;清除 | 移転 | 转移;清除 |
| **renew** | 更新;恢復 | リニュー | 更新;恢复 |

| 英　　文 | 臺　　灣 | 日　　文 | 大　　陸 |
|---|---|---|---|
| **Reniks metal** | 雷尼克斯鎢基鎳合金 | レニックスメタル | 雷尼克斯钨基镍合金 |
| **renovation** | 革新;修理;改造 | 革新 | 革新;修理;改造 |
| **rent** | 租金;租費;用費 | 使用料 | 租金;租费;用费 |
| **Renyx** | 雷尼克斯壓鑄鋁合金 | レニクス | 雷尼克斯压铸铝合金 |
| **reopen** | 再斷開;重開 | リオープン | 再断开;重开 |
| **repack** | 重新包裝;改裝 | リーパック | 重新包装;改装 |
| **repair** | 修理;修補;修復 | 修理 | 修理;修补;修复 |
| — cycle | 修理周期 | 修復期間 | 修理周期 |
| — dock | 修船塢 | リペアドック | 修船坞 |
| — man | 修理員 | 修理員 | 修理员 |
| — manual | 修理指南〔手冊〕 | リペアマニュアル | 修理指南〔手册〕 |
| — rate | 修復率 | 修理率 | 修复率 |
| **reparation** | 修理;修繕;修復 | リパレーション | 修理;修缮;修复 |
| **repat** | 再現;轉發;中繼 | リピート | 再现;转发;中继 |
| — analysis | 重複分析 | 繰返し分析 | 重复分析 |
| — feed | 重複進給;分級進給 | リピートフィード | 重复进给;分级进给 |
| **repeated** assembly | 重複組裝 | 繰返し組立 | 重复组装 |
| — bending | 重複彎曲 | 繰返し曲げ | 重复弯曲 |
| — bending test | 反複彎曲試驗 | 繰返し曲げ試験 | 反复弯曲试验 |
| — blow test | 反複衝擊試驗 | 繰返し衝撃試験 | 反复冲击试验 |
| — combination | 重複組合 | 重複組合せ | 重复组合 |
| — compression test | 反複壓縮試驗 | 繰返し圧縮試験 | 反复压缩试验 |
| — cyclic stress | 重複循環應力 | 繰返し循環応力 | 重复循环应力 |
| — deflection | 反複撓曲 | 繰返したわみ変位 | 反复挠曲 |
| — hardening | 重複淬火;多次淬火 | 繰返し焼入れ | 重复淬火;多次淬火 |
| — impact test | 反複衝擊試 | 繰返し衝撃試験 | 反复冲击试 |
| — sweep | 重複掃描 | 繰返しスイープ | 重复扫描 |
| — tempering | 多次回火;多級回火 | 繰返し焼戻し | 多次回火;多级回火 |
| — twisting test | 重複扭轉試驗 | 繰返しねじり試験 | 重复扭转试验 |
| — unit stress | 重複單位應力 | 繰返し応力度 | 重复单位应力 |
| — varying load | 重複變載 | 繰返し変動荷重 | 重复变载 |
| **repeater** | 增音機;循環小數 | リピータ | 增音机;循环小数 |
| **repeating** | 循環;連發 | リピーティング | 循环;连发 |
| — data | 重複數據 | 繰返しデータ | 重复数据 |
| **repercolation** | 再滲濾(作用) | 再浸出 | 再渗滤(作用) |
| **repetend** | (小數的)循環節 | 循環小数 | (小数的)循环节 |
| **repetition** | 重複;再顯 | レピティション | 重复;再显 |
| — accuracy | 重複精度 | 反復精度 | 重复精度 |
| — of the test | 重複試驗 | 試験の繰返し | 重复试验 |
| — period | 重複周期 | 繰返し周期 | 重复周期 |

R

937

| 英　　　文 | 臺　　　灣 | 日　　　文 | 大　　　陸 |
|---|---|---|---|
| **repetitional** precision | 重複精度;再生精度 | 繰返し精度 | 重复精度;再生精度 |
| — operation | 重複操作;重複運算 | 繰返し演算 | 重复操作;重复运算 |
| — stress | 重複應力 | 繰返し応力 | 重复应力 |
| **repiece** | 再拼合;再裝配 | 再びつづり合せ | 再拼合;再装配 |
| **replacement** | 置換;取代;更換;更新 | リプレースメント | 置换;取代;更换;更新 |
| — method | 替換法;換土施工法 | 置換工法 | 替换法;换土施工法 |
| — model | 置換模型 | 取替えモデル | 置换模型 |
| — theory | 置換理論 | 取替え理論 | 置换理论 |
| **replenisher** | 補充液 | 補充液 | 补充液 |
| — solution | 補充液 | 増し液 | 补充液 |
| **replenishment** | 補充;補給 | 補給 | 补充;补给 |
| **repletion** | 充滿;飽滿;充足 | 充満 | 充满;饱满;充足 |
| **replicate** determination | 重複測定 | 反復測定 | 重复测定 |
| — run | 重複試驗 | 反復試験 | 重复试验 |
| **replication** | 重複;複製 | 反復 | 重复;复制 |
| **replicative** form | 複製型 | 複製型 | 复制型 |
| — intermediate | 複製中間產物 | 複製中間体 | 复制中间产物 |
| **reply** | 回答;答覆 | リプライ | 回答;答复 |
| **repoint** | 重新尖銳;更新尖端 | 新たにとがらせる | 重新尖锐;更新尖端 |
| **repolish** | 再磨光 | 更に磨く | 再磨光 |
| **report** | 報告;通知;報表 | レポート | 报告;通知;报表 |
| **reporter** | 指示器 | レポータ | 指示器 |
| **reposition** | 再定位;復原位 | レポジション | 再定位;复原位 |
| — routine | 復原程序 | レポジションルーチン | 复原程序 |
| **repour** | 再斟;更注 | 再び注ぐ | 再斟;更注 |
| **repressing** | 再壓縮;補充加壓 | 再圧縮 | 再压缩;补充加压 |
| **repression** | 阻遏;抑制 | 抑制 | 阻遏;抑制 |
| **reprocessed material** | 再生材料 | 再生材料 | 再生材料 |
| **reprocessing** | 再處理;再加工 | 再処理 | 再处理;再加工 |
| — loss | 再處理損失 | 再処理中の損失 | 再处理损失 |
| — plant | 再處理工廠 | 再処理工場 | 再处理工厂 |
| — step | (核燃料)後處理階段 | 再処理工程 | (核燃料)后处理阶段 |
| **reproduce** | 重現;再生 | リプロデュース | 重现;再生 |
| **reproduction** | 再生產;複製品;繁殖 | リプロダクション | 再生产;复制品;繁殖 |
| — curve | 繁殖曲線;再生產曲線 | 増殖曲線 | 繁殖曲线;再生产曲线 |
| — factor | 重現因數;倍增因子 | 増倍係数 | 重现因数;倍增因子 |
| — form | 再現形式 | 再現形態 | 再现形式 |
| — speed | 再生速度 | 再生速度 | 再生速度 |
| **repulsion** | 斥力 | リパルジョン | 斥力;排斥 |
| **repulsive force** | 斥力 | 斥力 | 斥力 |

| 英 文 | 臺 灣 | 日 文 | 大 陸 |
|---|---|---|---|
| request analysis | 請求分析 | 要求分析 | 请求分析 |
| — handling | 請求處理 | リクエスト処理 | 请求处理 |
| — service | 請求服務;請求維修 | リクエストサービス | 请求服务;请求维修 |
| requester | 請求者 | リクエスタ | 请求者 |
| require | 要求;需求 | リクェア | 要求;需求 |
| requirement | 規格;需要;需要量 | リクゥイアメント | 规格;需要;需要量 |
| reread | 重讀;再讀 | リリード | 重读;再读 |
| rerolled bar | 二次軋製棒鋼 | 再生棒鋼 | 二次轧制棒钢 |
| — steel bar | 再軋鋼筋 | 再生棒鋼 | 再轧钢筋 |
| rerun | 再運行;重算;重新運行 | やり直し | 再运行;重算;重新运行 |
| reschedule | 重調度;重新安排 | リスケジュール | 重调度;重新安排 |
| research | 研究 | リサーチ | 研究 |
| — approach | 科研途徑;研究方法 | リサーチアプローチ | 科研途径;研究方法 |
| — center | 研究中心 | 研究センタ | 研究中心 |
| — game | 研究對策 | 研究ゲーム | 研究对策 |
| — method | 研究方法 | リサーチ法 | 研究方法 |
| reseat pressure | 復座壓力;關閉壓力 | 復座圧力 | 复座压力;关闭压力 |
| reseater | 閥座修正工具 | リシータ | 阀座修正工具 |
| reservation | 保留;限制;預約 | リザーベーション | 保留;限制;预约 |
| reserve | 備用金;專款;儲藏量 | 積立金 | 备用金;专款;储藏量 |
| — machine | 備用機 | 予備機器 | 备用机 |
| — material | 儲備物質 | 貯蔵物質 | 储备物质 |
| — strength | 備用強度 | 余裕強度 | 备用强度 |
| reservoir | 畜水池;水庫;貯存箱 | リザーバ | 畜水池;水库;贮存箱 |
| reset | 復位;清除 | リセット | 复位;清除;置"0" |
| — action | 重調動作 | リセット動作 | 重调动作 |
| — signal | 復位信號 | リセット信号 | 复位信号 |
| — switch | 復位開關 | リセットスイッチ | 复位开关;置"0"开关 |
| resetting cam | 回動凸輪 | 復旧カム | 回动凸轮 |
| — torque | 恢復轉矩 | 復帰トルク | 恢复转矩 |
| residual | 剩餘(的);殘差;偏差 | レシジュアル | 剩馀(的);残差;偏差 |
| — capacity | 剩餘容量 | 残留容量 | 剩馀容量 |
| — carbon | 殘(留)碳 | 残留炭素 | 残(留)碳 |
| — cementite | 殘餘雪明碳鐵 | 残留セメンタイト | 残馀渗碳体 |
| — compression stress | 剩餘壓縮應力 | 残留圧縮応力 | 剩馀压缩应力 |
| — crack | 殘留裂縫 | 残留亀裂 | 残留裂缝 |
| — curvature | 殘餘曲率;殘餘曲率 | 残留曲率 | 残馀曲率;残馀曲率 |
| — deflection | 剩餘撓度 | 残留たわみ | 剩馀挠度 |
| — deformation | 殘餘變形 | 残留変形 | 残馀变形 |
| — elasticity | 彈性後效;剩餘彈性 | 残り弾性 | 弹性后效;剩馀弹性 |

| 英　　文 | 臺　　灣 | 日　　文 | 大　　陸 |
|---|---|---|---|
| — elongation | 殘留〔餘〕伸長 | 残留伸び | 残留〔徐〕伸长 |
| — energy | 剩餘能量 | 残留エネルギー | 剩餘能量 |
| — gravity | 剩餘重力 | 残留重力 | 剩餘重力 |
| — hardness | 殘餘硬度 | 残余硬度 | 残徐硬度 |
| — heat | 殘熱;餘熱 | 残留熱 | 残热;徐热 |
| — internal stress | 殘餘內應力 | 残留内部応力 | 残徐内应力 |
| — oil | 殘餘油 | 残留油 | 残徐油 |
| — oil cracking | 殘油式裂化(過程) | 重質油分解 | 残油式裂化(过程) |
| — pressure | 剩餘壓力 | 残留圧力 | 剩餘压力 |
| — rate | 剩餘率 | 残存率 | 剩餘率 |
| — shear strength | 殘餘剪切強度 | 残留せん断強度 | 残徐剪切强度 |
| — stock removal | 餘料切除 | 切残し量 | 徐料切除 |
| — strain | 永久變形;塑性變形 | 残留ひずみ | 永久变形;塑性变形 |
| — unit stress | 剩餘單位應力 | 残留単位応力 | 剩餘单位应力 |
| **resilience** | 衝擊韌性;彈性 | レジリエンス | 冲击韧性;弹性 |
| — energy | 彈性能 | 弾性エネルギー | 弹性能 |
| **resiliency** | 回彈性〔能力〕 | レジリエンス | 回弹性〔能力〕 |
| **resillage** | 網狀裂紋 | レジレージ | 网状裂纹 |
| **resin** | 樹脂 | レジン | 树脂 |
| **resinene** | 中性樹脂 | 中性樹脂 | 中性树脂 |
| **resintering** | 再燒結 | 再焼結 | 再烧结 |
| **Resisco** | 雷齊斯科銅鋁合金 | リジスコ | 雷齐斯科铜铝合金 |
| **resist** | 抗蝕劑 | リジスト | 抗蚀剂 |
| — baking | 保護膜烘焙 | リジストベーキング | 保护膜烘焙 |
| — bulk | 保護體〔層;物質〕 | リジストバルク | 保护体〔层;物质〕 |
| — coating | 抗蝕塗層;塗光刻膠 | リジストコーティング | 抗蚀涂层;涂光刻胶 |
| — ink | 抗蝕油墨 | リジストインク | 抗蚀油墨 |
| — lift off | 光致抗蝕劑剝離(法) | リジストリフトオフ | 光致抗蚀剂剥离(法) |
| — pattern | (光致)抗蝕圖形 | リジストパターン | (光致)抗蚀图形 |
| — permalloy | 高電阻坡莫合金 | リジストパーマロイ | 高电阻坡莫合金 |
| **Resista** | 雷齊斯塔鐵基銅合金 | レジスタ | 雷齐斯塔铁基铜合金 |
| **Resistal** | 雷西斯塔爾鋁青銅 | レジスタル | 雷西斯塔尔铝青铜 |
| **Resistaloy** | 雷西斯塔洛伊黃銅 | レジスタロイ | 雷西斯塔洛伊黄铜 |
| **resistance** | 電阻;阻力 | レジスタンス | 电阻;阻力 |
| — alloy | 電阻合金 | 抵抗合金 | 电阻合金 |
| — body | 抵抗體 | 抵抗体 | 抵抗体 |
| — butt welding | 電阻對接銲 | 抵抗突合せ溶接 | 电阻对接焊 |
| — coefficient | 電阻系數 | 抵抗係数 | 电阻系数 |
| — constant | 阻力常數 | 抵抗定数 | 阻力常数 |
| — flash butt welding | 閃光對接銲 | 火花突合せ溶接 | 闪光对接焊 |

| 英　　文 | 臺　　灣 | 日　　文 | 大　　陸 |
|---|---|---|---|
| — force | 阻力 | 抵抗力 | 阻力 |
| — moment | 阻力矩;阻尼力矩 | 抵抗モーメント | 阻力矩;阻尼力矩 |
| — temperature coefficient | 電阻溫度系數 | 抵抗温度係数 | 电阻温度系数 |
| — test | 阻力試驗 | 抵抗試験 | 阻力试验 |
| — to abrasion | 磨蝕阻力 | 耐磨耗性 | 磨蚀阻力 |
| — to aging | 耐老化性 | 耐老化性 | 耐老化性 |
| — to arc | 耐弧性 | 耐アーク性 | 耐弧性 |
| — to burning | 耐燃性 | 耐燃性 | 耐燃性 |
| — to compression | 壓縮變形阻力 | 耐圧縮性 | 压缩变形阻力 |
| — to corrosion | 抗腐蝕能力 | 耐しょく性 | 抗腐蚀能力 |
| — to cracking | 耐龜裂性;抗龜裂性 | 耐亀裂性 | 耐龟裂性;抗龟裂性 |
| — to crushing | 抗壓碎性 | 耐圧さい性 | 抗压碎性 |
| — to exposure to seawater | 耐海水(腐蝕)性 | 耐海水暴露性 | 耐海水(腐蚀)性 |
| — to fatigue | 疲勞強度 | 耐疲労性 | 疲劳强度 |
| — to fire | 耐火性 | 耐火性 | 耐火性 |
| — to heat | 耐熱性 | 耐熱性 | 耐热性 |
| — to hydraulic shock | 液壓衝擊阻力 | 耐液圧衝撃性 | 液压冲击阻力 |
| — to rolling | 滾動阻力 | 走行抵抗 | 滚动阻力 |
| — to shock | 抗震性 | 耐衝撃性 | 抗震性 |
| — to wear | 耐磨性 | 耐摩耗性 | 耐磨性 |
| — to welding | 難銲性 | 耐溶着性 | 难焊性 |
| — to wind flap | 耐風蝕性 | 耐風打性 | 耐风蚀性 |
| — welding | 電阻銲 | 抵抗溶接 | 电阻焊 |
| — welding machine | 電阻銲機;接觸銲機 | 抵抗溶接機 | 电阻焊机;接触焊机 |
| — welding time | (接觸銲的)通電時間 | 通電時間 | (接触焊的)通电时间 |
| **resistant coefficient** | 電阻系數;電阻率 | 抵抗係数 | 电阻系数;电阻率 |
| **resister** | 電阻器 | 電気抵抗器 | 电阻器 |
| **Resistin** | 雷齊斯廷銅錳電阻合金 | レジスティン | 雷齐斯廷铜锰电阻合金 |
| **resisting** force | 抵抗力;阻力 | 抵抗力 | 抵抗力;阻力 |
| — torque | 抗扭矩;抗扭力矩 | 抵抗トルク | 抗扭矩;抗扭力矩 |
| **resistive component** | 電阻部分〔分量〕 | 抵抗分 | 电阻部分〔分量〕 |
| — heating | 電阻加熱 | 抵抗加熱 | 电阻加热 |
| **resistivity** | 電阻率 | 比抵抗 | 电阻率 |
| **Resioto** | 雷齊斯托鎳鐵鉻合金 | レジスト | 雷齐斯托镍铁铬合金 |
| **resistor** | 電阻(器) | レジスタ | 电阻(器) |
| **resoluble method** | 再熔接法 | 再湿接着法 | 再溶接法 |
| **resolution** | 解析;分辨率;清晰度 | レゾルーション | 解析;分辨率;清晰度 |
| — error | 分辨誤差;分解誤差 | 分解能誤差 | 分辨误差;分解误差 |
| — graph | 分解圖 | 分解図 | 分解图 |
| — of a force | 力的分解 | 力の分解 | 力的分解 |

R

| 英　　文 | 臺　　灣 | 日　　文 | 大　　陸 |
|---|---|---|---|
| **resolvability** | 可溶解性 | 分解性 | 可溶解性 |
| **resolved shear stress** | 分解剪應力;分切應力 | 分解せん断応力 | 分解剪应力;分切应力 |
| **resolvent** | 預解式;溶劑〔媒〕 | レゾルベント | 预解式;溶剂〔媒〕 |
| **resolver** | 分解器;解析器;求解儀 | レゾルバ | 分解器;解析器;求解仪 |
| **resonance** | 諧振;共振;共鳴 | レゾナンス | 谐振;共振;共鸣 |
| — absorption phenomena | 諧振吸收現象 | 共鳴吸收現象 | 谐振吸收现象 |
| — characteristic | 調諧特性;諧振特性 | 同調特性 | 调谐特性;谐振特性 |
| — cross-section | 共振截面積 | 共鳴断面積 | 共振截面积 |
| — efficiency | 共振效率;諧振效率 | 共振効率 | 共振效率;谐振效率 |
| — frequency | 共振頻率;諧振頻率 | 共鳴振動数 | 共振频率;谐振频率 |
| — phenomenon | 共振現象 | 共振現象 | 共振现象 |
| — range | 諧振範圍 | 共振範囲 | 谐振范围 |
| — region effect | 共振區效應 | 共鳴領域効果 | 共振区效应 |
| — screen | 共振篩 | 共振振動ふるい | 共振筛 |
| — sharpness | 諧振銳度 | 共振鋭敏度 | 谐振锐度 |
| — state | 共振態 | 共鳴状態 | 共振态 |
| — test | 共振試驗 | 共振試験 | 共振试验 |
| — type bend fatique test | 共振式彎曲疲勞試驗 | 共振型曲げ疲れ試験 | 共振式弯曲疲劳试验 |
| — vibration | 共振振動;諧振 | 共振振動 | 共振振动;谐振 |
| **resonant absorber** | 共鳴吸音體〔消音器〕 | 共鳴吸音体 | 共鸣吸音体〔消音器〕 |
| — absorption | 共振吸收;諧振吸收 | 共鳴吸収 | 共振吸收;谐振吸收 |
| — absorptive energy | 共振吸收能 | 共鳴吸収エネルギー | 共振吸收能 |
| — energy | 共振能 | 共鳴エネルギー | 共振能 |
| — gap | 諧振空隙 | 共振ギャップ | 谐振空隙 |
| — mode | 諧振模式 | 共振モード | 谐振模式 |
| **resonating structure** | 共鳴結構;共振結構 | 共鳴構造 | 共鸣结构;共振结构 |
| **resonator** | 諧振器;共鳴器;諧振子 | レゾネータ | 谐振器;共鸣器;谐振子 |
| **resource** | 方法;手段;資源 | レソース | 方法;手段;资源 |
| — availability | 資源有用性 | 資源利用性 | 资源有用性 |
| — control | 資源管理;資源控制 | 資源管理 | 资源管理;资源控制 |
| — distribution | 資源分配 | 資源配分 | 资源分配 |
| — recovery | 資源回收 | 資源回収 | 资源回收 |
| — sharing | 資源共享 | 資源共用 | 资源共享 |
| — utilization factor | 資源利用率 | 資源利用率 | 资源利用率 |
| **respiration** | 呼吸;呼吸作用 | 呼吸 | 呼吸;呼吸作用 |
| **respiratory chain** | 呼吸鏈 | 呼吸鎖 | 呼吸链 |
| **respond** | 反應;相適應;回答 | リスポンド | 反应;相适应;回答 |
| **responder** | 應答機 | リスポンダ | 应答机 |
| — action | 應答動作 | 応答動作 | 应答动作 |
| **response** | 反應;感應 | 応答 | 反应;感应;反响 |

| 英　文 | 臺　灣 | 日　文 | 大　陸 |
|---|---|---|---|
| — analysis | 反應分析 | 応答解析 | 反应分析 |
| — displacement | 反應位移 | 応答変位 | 反应位移 |
| — shear | 反應剪力 | 応答せん断力 | 反应剪力 |
| — speed | 響應速率 | 応答速度 | 响应速率 |
| — strategy | 對策 | 応答戦略 | 对策 |
| — surface | 響應曲面 | 応答曲面 | 响应曲面 |
| — time | 響應時間;作用時間 | レスポンスタイム | 响应时间;作用时间 |
| — time closing | 閉合響應時間 | 閉じ応答時間 | 闭合响应时间 |
| — time of valve | 閥的響應時間 | バルブの応答時間 | 阀的响应时间 |
| responsibility | 責任 | 責任 | 责任 |
| responsivity | 響應度 | リスポンシビテイ | 响应度 |
| rest | 架;台;座;支柱;其餘 | レスト | 架;台;座;支柱;其馀 |
| — coordinate system | 靜止座標系 | 静止座標系 | 静止坐标系 |
| — energy | 靜(止)能(量) | 静止エネルギー | 静(止)能(量) |
| — mass | 靜止質量;靜質量 | 静止質量 | 静止质量;静质量 |
| — system | 靜止系統 | 静止系 | 静止系统 |
| restandardization | 再標準化;改訂標準 | 再標準化 | 再标准化;改订标准 |
| restart | 重新開始 | リスタート | 重新开始 |
| — condition | 再起動條件 | 再開条件 | 再起动条件 |
| — control | 再起動控制 | リスタート制御 | 再起动控制 |
| — up | 重起動 | リスタートアップ | 重起动 |
| restarting a weld | (銲接)再引弧 | 溶接の再スタート | (焊接)再引弧 |
| restitution | 恢復;復原取代 | レスチチューション | 恢复;复原取代 |
| — nucleus | 再組核;重建核 | 復旧核 | 再组核;重建核 |
| restock | 再補充 | 再補充 | 再补充 |
| restoration | 修復;復位〔原;舊;興〕 | 回復 | 修复;复位〔原;旧;兴〕 |
| restorative | 補品;補劑 | 回復剤 | 补品;补剂 |
| restore | 恢復;翻修;還原 | リストア | 恢复;翻修;还原 |
| restoring division | 還原除法 | 回復型除算 | 还原除法 |
| — force | 恢復力 | 復元力 | 恢复力 |
| — lever | 復原力臂 | 復原でこ | 复原力臂 |
| — organ | 恢復機構;復位機構 | 回復機構 | 恢复机构;复位机构 |
| restrainer | 抑制劑 | 抑制剤 | 抑制剂 |
| restraining moment | 約束力矩;固端力矩 | 拘束モーメント | 约束力矩;固端力矩 |
| restraint | 約束 | 抑制 | 约束 |
| — force | 約束力 | 拘束力 | 约束力 |
| — stress | 約束應力 | 拘束应力 | 约束应力 |
| — weld | 拘束銲接 | 拘束溶接 | 拘束焊接 |
| restrict | 限制 | 制限 | 限制 |
| restricted diffusion | 限定擴散 | 限定拡散 | 限定扩散 |

| 英　　文 | 臺　　灣 | 日　　文 | 大　　陸 |
|---|---|---|---|
| ── gate | 限制澆口；窄澆口 | 制限ゲート | 限制澆口；窄澆口 |
| ── orifice | 阻力孔 | 制限オリフィス | 阻力孔 |
| ── sight distance | 限定視距 | 制約視距 | 限定視距 |
| **restricting factor** | 限制因素 | 制限要因 | 限制因素 |
| **restriction** | 限制；限定；約束 | リストリクション | 限制；限定；约束 |
| ── section | 阻力區 | 制流部 | 阻力区 |
| **restrictor** | 節流閥；限流器 | リストリクタ | 节流阀；限流器；限制器 |
| ── bar | 節流栓 | リストリクターバー | 节流栓 |
| ── ring | 扼流圈 | リストリクターリング | 扼流圈 |
| ── valve | 節流閥 | リストリクタ弁 | 节流阀 |
| **restriking** | 打擊整形 | リストライキング | 打击整形 |
| **result** | 得數；終於；結束 | リザルト | 得数；终於；结束 |
| **resultant** | 合（成）力；生成物；產物 | 結果 | 合（成）力；生成物；产物 |
| ── error | 合成誤差 | 合成誤差 | 合成误差 |
| ── gear ratio | 總齒輪比 | 総歯車比 | 总齿轮比 |
| ── moment | 合力矩 | 合モーメント | 合力矩 |
| ── of forces | 合力 | レザロタント | 合力 |
| ── of parallel forces | 平行力的合成（力） | 平行力の合成 | 平行力的合成（力） |
| ── pressure | 總壓力 | 全圧力 | 总压力 |
| ── stress | 合應力 | 合応力 | 合应力 |
| ── unbalance force | 非平衡合力 | 合不釣合い力 | 非平衡合力 |
| ── vector | 合成向量 | 合成ベクトル | 合成向量〔矢量〕 |
| **resume** | 概要；收回；取回；恢復 | 回復 | 概要；收回；取回；恢复 |
| **resuscitation** | 復蘇；復活；回生 | そ生 | 复苏；复活；回生 |
| **resynthesis** | 再合成 | 再合成 | 再合成 |
| **retainer** | 護圈；止動器 | リテーナ | 护圈；止动器 |
| ── board | 固定板 | 圧締盤 | 固定板 |
| ── cup | 固定座〔槽〕 | 保持カップ | 固定座〔槽〕 |
| ── pin | 嵌件固定銷 | インサートピン | 嵌件固定销 |
| ── plate | 保持板；固定板 | リテーナプレート | 保持板；固定板 |
| ── ring | 護環；加固套 | リテーナリング | 护环；加固套 |
| **retaining bar** | 扣環鋼條；擋桿 | リテーニングバー | 扣环钢条；挡杆 |
| ── mold | 定型模具 | 型込 | 定型模具 |
| ── nut | 止動螺母 | 止めナット | 止动螺母 |
| ── plate | 制動板 | リテーニングプレート | 制动板 |
| ── screw | 固定螺絲；止動螺絲 | 押えねじ | 固定螺丝；止动螺丝 |
| ── shield | 遮護板；護罩 | ケース | 遮护板；护罩 |
| **retardation** | 延遲；阻滯；減速 | レターデション | 延迟；阻滞；减速 |
| **retarded** commutation | 延遲整流 | 遅れ整流 | 延迟整流 |
| ── elasticity | 推遲彈性 | 遅延弾性 | 推迟弹性 |

| 英　　文 | 臺　　灣 | 日　　文 | 大　　陸 |
|---|---|---|---|
| retarder | 緩結劑;緩凝劑 | リターダ | 缓结剂;缓凝剂 |
| — assembly | 緩衝元件 | リターダアセンブリ | 缓冲部件 |
| — solvent | 緩衝溶劑;防潮溶劑 | リターダ溶媒 | 缓冲溶剂;防潮溶剂 |
| retarding agent | 阻滯劑;遲延劑;抑制劑 | 減速剤 | 阻滞剂;迟延剂;抑制剂 |
| — basin | 緩衝池;滯洪水庫 | 遊水池 | 缓冲池;滞洪水库 |
| — torque | 制動矩 | リターディングトルク | 制动矩 |
| retention | 保持;保持率 | 保持 | 保持;保持率 |
| — analysis | 保留分析 | 保留分析 | 保留分析 |
| — coefficient | 保持系數 | 保持係数 | 保持系数 |
| — time | 保持時間;保留時間 | リテンションタイム | 保持时间;保留时间 |
| retentivity | 剩磁性;頑磁性;保持性 | レテンティビティ | 剩磁性;顽磁性;保持性 |
| retest | 重複試驗;複驗 | 再試験 | 重复试验;复验 |
| reticle | 標線;十字線;分劃板 | レチクル線 | 标线;十字线;分划板 |
| reticulation | 網狀結構;網皺 | 網状組織 | 网状结构;网皱 |
| reticulosome | 網織體 | レチクロソーム | 网织体 |
| retorting | 蒸餾;乾餾 | レトルト処理 | 蒸馏;干馏 |
| retouch | 修飾;潤色 | リタッチ | 修饰;润色 |
| retouching | 修版 | 修整 | 修版 |
| retrace blanking | 逆程消隱 | 帰線消去 | 逆程消隐 |
| — characteristic | 回描特性;逆程特性 | 帰線特性 | 回描特性;逆程特性 |
| retract | 拉回;退回;退刀;回程 | リトラクト | 拉回;退回;退刀;回程 |
| retracter | 復位桿;收縮器 | リトラクタ | 复位杆;收缩器 |
| retracting mechanism | 復位裝置 | 引戻し装置 | 复位装置 |
| — system | 回動系統 | 引込み装置 | 回动系统 |
| retraction | 後退;返位;收縮(力) | リトラクション | 后退;返位;收缩(力) |
| — valve | 收縮閥;移回閥 | 吸戻し弁 | 收缩阀;移回阀 |
| retreating | 再加熱處理 | 再加熱処理 | 再加热处理 |
| retrieve | 檢索 | リトリーブ | 检索 |
| retrograde condensation | 反縮合 | 逆縮合 | 反缩合 |
| — motion | 後退;反向運動 | 逆運動 | 后退;反向运动 |
| — ray | 逆行線 | 退行線 | 逆行线 |
| retrogression | 逆反應;反向運動 | レトログレッション | 逆反应;反向运动 |
| retrogressive erosion | 向源侵蝕;溯源侵蝕 | 頭部侵食 | 向源侵蚀;溯源侵蚀 |
| retro-reflection | 反光;向後反射 | 指向性反射 | 反光;向后反射 |
| return | 返回;歸還;反射;恢復 | リターン | 返回;归还;反射;恢复 |
| — air | 回氣;循環空氣 | リターンエア | 回气;循环空气 |
| — bend | U型彎頭;回轉彎頭 | リターンベンド | U型弯头;回转弯头 |
| — buffer | 返回緩衝器 | リターンバッファ | 返回缓冲器 |
| — cam | 復歸凸輪;回退凸輪 | 戻しカム | 复归凸轮;回退凸轮 |
| — cock | 回水閥 | リターンコック | 回水阀 |

R

945

| 英　　文 | 臺　　灣 | 日　　文 | 大　　陸 |
|---|---|---|---|
| — contact | 回復接點 | 復帰接点 | 回复接点 |
| — feed valve | 回流給水閥 | 戻り給水弁 | 回流给水阀 |
| — flanging die | 折疊式彎曲模;鵝頸模 | 折返しフランジ成形型 | 折叠式弯曲模;鹅颈模 |
| — idler | 從動惰輪 | リターンローラ | 从动惰轮 |
| — link | 返回連接 | リターンリンク | 返回连接 |
| — mechanism | 復位機構;復歸裝置 | 復帰機構 | 复位机构;复归装置 |
| — motion | 返回運動;回程運動 | リターンモーション | 返回运动;回程运动 |
| — pin | 回程銷 | 戻しピン | 回程销 |
| — point | 返回點 | 復帰点 | 返回点 |
| — port | 回油口;回氣口 | リターンポート | 回油口;回气口 |
| — pressure of safety valve | 安全閥回座壓力 | 安全弁吹止り圧力 | 安全阀回座压力 |
| — scrap | 回爐料 | 返し地金 | 回炉料 |
| — spring | 回動彈簧;回程彈簧 | リターンスプリング | 回动弹簧;回程弹簧 |
| — trap | 回水彎(管);回水活門 | リターントラップ | 回水弯(管);回水活门 |
| — tube | 溢流管;回油管;回水管 | リターンチューブ | 溢流管;回油管;回水管 |
| — valve | 回流閥;回水閥 | リターンバルブ | 回流阀;回水阀 |
| **reunion** | 再結合;(斷裂)複合 | 再結合 | 再结合;(断裂)复合 |
| **reuse** | 再(使)用;再利用 | リューズ | 再(使)用;再利用 |
| — of waste | 廢物利用 | 廃棄物再利用 | 废物利用 |
| **Revalon** | 雷瓦朗銅鋅合金 | レバロン | 雷瓦朗铜锌合金 |
| **reverberate** | 反射 | リバーブ | 混响;反射 |
| **reverberatory** | 反射爐 | 反射炉 | 反射炉 |
| — smelting | 反射爐冶煉 | 反射炉製錬 | 反射炉冶炼 |
| **reversal** | 改變符號;重複信號 | リバーサル | 改变符号;重复信号 |
| — bounded machine | 倒轉限制機械 | 反転制限機械 | 倒转限制机械 |
| — development | 反轉現象 | 反転現像 | 反演;反转现象 |
| — process | 反轉過程 | 反転過程 | 反转过程 |
| — stress | 反向應力 | 相反応力 | 反向应力 |
| — stress member | 反向應力構件 | 相反応力部材 | 反向应力构件 |
| **reverse** | 反向;倒轉 | レバース | 反向;倒转;反演 |
| — acting | 反向動作;逆動作 | 逆動作 | 反向动作;逆动作 |
| — acting valve | 回動閥 | 逆動作バルブ | 回动阀 |
| — action | 反向動作 | 逆作動 | 反向动作 |
| — and reduction gear | 反轉減速裝置 | 逆転減速装置 | 反转减速装置 |
| — annealing curve | 逆退火曲線 | 逆焼なまし曲線 | 逆退火曲线 |
| — bearing | 反方位 | 逆方位 | 反方位 |
| — bending test | 反複彎曲試驗 | リバース曲げ試験 | 反复弯曲试验 |
| — bevel groove | 反斜面坡口 | 逆ベベルグルーブ | 反斜面坡口 |
| — blower | (翼片)反彎鼓風機 | リバース型送風機 | (翼片)反弯鼓风机 |
| — chill | 反白口 | 逆チル | 反白口 |

| 英　　文 | 臺　　灣 | 日　　文 | 大　　陸 |
|---|---|---|---|
| — clutch | 反向離合器 | リバースクラッチ | 反向离合器 |
| — direction flow | 反向流程(圖) | 逆方向流れ | 反向流程(图) |
| — drag | 反拖拽;逆牽引 | ドラッグしゅう曲 | 反拖拽;逆牵引 |
| — draw forming | 反拉成形 | リバースドロー成形 | 反拉成形 |
| — drive | 回程;逆行程;換向傳動 | レバースドライブ | 回程;逆行程;换向传动 |
| — fault | 逆斷層 | 逆断層 | 逆断层 |
| — flighted screw | 正反螺紋螺桿 | 正逆ねじスクリュー | 正反螺纹螺杆 |
| — gear | 倒車齒輪;反轉裝置 | リバースギヤー | 倒车齿轮;反转装置 |
| — gearbox | 可逆變速(齒輪)箱 | リバースギアボックス | 可逆变速(齿轮)箱 |
| — grade | 反向坡度;逆坡 | 反向こう配 | 反向坡度;逆坡 |
| — horn gate | 倒牛角澆口 | 逆ホーンゲート | 倒牛角浇口 |
| — osmosis | 反(向)滲透 | 逆浸透 | 反(向)渗透 |
| — osmosis equipment | 反滲透裝置 | 逆浸透装置 | 反渗透装置 |
| — osmosis membrane | 反滲透膜 | 逆浸透膜 | 反渗透膜 |
| — osmotic film | 反滲透膜 | 逆浸透膜 | 反渗透膜 |
| — position | 換向位置 | 反位 | 换向位置 |
| — roll | 倒轉輥 | リバースロール | 倒转辊 |
| — rotation | 反轉 | 逆転 | 反转 |
| — side bead | 根部銲道;熔透銲道 | 裏波ビード | 根部焊道;溶透焊道 |
| — sight | 逆視;反視 | 反視 | 逆视;反视 |
| — state | 反位 | 反位 | 反位 |
| — taper | 倒錐 | 逆テーパ | 倒锥 |
| — thrust | 反推力 | 逆推力 | 反推力 |
| reversed arch | 仰拱 | 仰きょう | 仰拱 |
| — (angle) bar | 反向角材 | 副山形材 | 反向角材 |
| — bending | 反向彎曲 | 逆曲げ | 反向弯曲 |
| — blanking | 反向沖裁;反向落料 | リバースブランキング | 反向冲裁;反向落料 |
| — control | 反控制 | 逆制御 | 反控制 |
| — gear | 逆轉裝置 | リバースドギヤー | 逆转装置 |
| — polarity | 轉換極性〔銲接的〕 | 逆極性 | 转换极性〔焊接的〕 |
| — spiral test | 逆螺線試驗 | 逆スパイラル試験 | 逆螺线试验 |
| — stress | 交變應力 | 交番応力 | 交变应力 |
| — turning | 反向回轉;逆轉 | 逆旋 | 反向回转;逆转 |
| reverser | 方向轉換開關 | リバーサ | 方向转换开关 |
| — starter | 反向起動器 | 逆スタータ | 反向起动器 |
| reversibility | 可逆性;反轉忄生 | 可逆性 | 可逆性;反转性 |
| — principle | 可逆性原理 | 可逆性の原理 | 可逆性原理 |
| reversible absorption | 可逆吸附 | 可逆吸着 | 可逆吸附 |
| — alloy | 可逆合金 | 可逆合金 | 可逆合金 |
| — effect | 可逆效應 | 可逆効果 | 可逆效应 |

R

| 英　　文 | 臺　　灣 | 日　　文 | 大　　陸 |
|---|---|---|---|
| — fading | 可逆性 | 可逆性フェージング | 可逆性；衰落 |
| — motor | 可逆電動機 | 可逆電動機 | 可逆电动机 |
| — pattern plate | 組合模板；可換模板 | 分割マッチプレート | 组合模板；可换模板 |
| — process | 可逆(反應)過程 | リバーシブルプロセス | 可逆(反应)过程 |
| — reation | 可逆反應 | 可逆反応 | 可逆反应 |
| reversing circuit | 反轉電路 | 逆転回路 | 反转电路 |
| — clutch | 反轉離合器 | 逆転クラッチ | 反转离合器 |
| — contactor | 可逆接觸器 | 可逆接触器 | 可逆接触器 |
| — controller | 反向控制器 | 逆制御装置 | 反向控制器 |
| — damper | 換向閥 | 転換ダンパ | 换向阀；换向挡板 |
| — device | 反向裝置 | 逆転装置 | 反向装置 |
| — gear | 換向齒輪 | リバーシングギヤー | 换向齿轮；换向机构 |
| — hand wheel | 反轉手輪 | 逆転ハンドル車 | 反转手轮 |
| — handle | 反轉手輪；換向手柄 | リバーシングハンドル | 反转手轮；换向手柄 |
| — mill | 可逆(式)軋機 | リバーシングミル | 可逆(式)轧机 |
| — press | 可逆式沖床 | 逆転プレス | 可逆式压力机 |
| — process | 可逆過程 | リバーシングプロセス | 可逆过程 |
| — rollers | 反轉輥 | 逆転ローラ | 反转辊 |
| — rolling mill | 可逆(式)軋機 | 可逆圧延機 | 可逆(式)轧机 |
| — rotation | 反轉 | 逆転 | 反转 |
| — valve | 換向閥；可逆閥；回動閥 | リバーシングバルブ | 换向阀；可逆阀；回动阀 |
| revert | 復原 | 回復 | 复原 |
| revet | 保壘；護岸；擋土墻 | 防さい | 保垒；护岸；挡土墙 |
| — cutter | 鉚釘切斷器 | リベット切り | 铆钉切断器 |
| revision | 校對；訂正；修正 | リビション | 校对；订正；修正 |
| revive | 還原成金屬 | 金属還元 | 还原成金属；复活 |
| revivification | 復活(作用)；再生 | 再生 | 复活(作用)；再生 |
| revolve | 旋轉；還行；周轉 | レボルブ | 旋转；还行；周转 |
| — center | 旋轉中心；活頂尖 | 回りセンタ | 旋转中心；活顶尖 |
| revolver | 旋轉器〔體〕；轉爐 | レボルバ | 旋转器〔体〕；转炉 |
| revolving arm | 回轉臂 | 回転アーム | 回转臂 |
| — armature | 回轉電樞 | 回転発電子 | 回转电枢 |
| — dial | 回轉台；回轉分度盤 | 回転ダイヤル | 回转台；回转分度盘 |
| — drum | 轉筒 | 回転ドラム | 转筒 |
| — furnace | 回轉爐 | 回転炉 | 回转炉 |
| — roll | 旋轉輥 | 回転ロール | 旋转辊 |
| — screw | 旋轉螺桿 | 回転スクリュー | 旋转螺杆 |
| — shaft | 回轉軸 | 回転軸 | 回转轴 |
| — superstructure | 旋轉結構 | 旋回体 | 旋转结构 |
| — system | 旋轉系統 | リボルビングシステム | 旋转系统 |

| 英　文 | 臺　灣 | 日　文 | 大　陸 |
|---|---|---|---|
| rewelding | 返修銲接 | 再溶接 | 返修焊接 |
| rewind | 複卷;重繞;倒帶〔片〕 | リワインド | 复卷;重绕;倒带〔片〕 |
| Rezistal | 雷齊斯塔爾鎳格鋼 | レジスタール | 雷齐斯塔尔镍格钢 |
| RF heater | 射頻加熱器 | 高周波加熱器 | 射频加热器 |
| RF welding | 高頻銲接 | 高周波溶接 | 高频焊接 |
| rheopecticity | 震凝能變性 | レオペクシ | 震凝能变性 |
| rheopexy | 震凝(現象) | レオペクシ | 震凝(现象) |
| rheostan | 高電阻銅合金 | レオスタン | 高电阻铜合金 |
| Rheotan | 雷奧坦電阻銅合金 | レオタン | 雷奥坦电阻铜合金 |
| rhinemetal | 銅錫合金 | ラインメタル | 铜锡合金 |
| rhodite | 銠金礦;銠金 | ロジト | 铑金矿;铑金 |
| rhodium,Rh | 銠 | ロジウム | 铑 |
| rhombic amphibole | 斜方角閃石 | 斜方角せん石 | 斜方角闪石 |
| — prism | 斜方棱柱 | 斜方柱 | 斜方棱柱 |
| — truss | 菱形桁架 | ひし形トラス | 菱形桁架 |
| rhombohedra | 菱面體 | 斜方六面体 | 菱面体 |
| rhombohedron | 菱面體;菱形六面體 | 斜方六面体 | 菱面体;菱形六面体 |
| rhomboid | 長菱形 | 偏りょう形 | 长菱形 |
| rhometal | 鎳鉻矽鐵磁性合金 | ローメタル | 镍铬硅铁磁性合金 |
| rhythm | 韻律;律動;調和;協調 | リズム | 韵律;律动;调和;协调 |
| rhythmical image | 韻律感 | 律動感 | 韵律感 |
| rib | 肋;傘骨;加強肋 | リブ | 肋;伞骨;加强肋 |
| — dome | 帶肋穹頂;帶肋圓蓋 | リブドーム | 带肋穹顶;带肋圆盖 |
| — lath | 肋條網眼鋼板 | リブラス | 肋条网眼钢板 |
| — plate | 肋板 | リブプレート | 肋板 |
| ribbed and grooved section | 肋和凹槽斷面 | リブ付き断面 | 肋和凹槽断面 |
| — arch | 肋拱 | リブアーチ | 肋拱 |
| — bar | 壓良鋼筋 | リブドバー | 压良钢筋 |
| — wire | 壓痕鋼絲;刻痕鋼絲 | リブドワイヤ | 压痕钢丝;刻痕钢丝 |
| ribbing | 加肋;散熱片 | リブ | 加肋;起棱;散热片 |
| ribbon | 鋼卷尺;發條;帶鋸 | リボン | 钢卷尺;发条;带锯 |
| — bond | 帶狀連接 | リボンボンド | 带状连接 |
| — flight conveyor screw | 螺旋帶式輸送器螺桿 | リボンスクリュー | 螺旋带式输送器螺杆 |
| — gage | 帶規;帶狀應變片 | 帯状ゲージ | 带规;带状应变片 |
| — lap machine | 帶式研磨機 | リボンラップマシン | 带式研磨机 |
| — saw | 帶鋸;曲線鋸 | リボンソー | 带锯;曲线锯 |
| — scale | 帶形磁尺 | リボンスケール | 带形磁尺 |
| — steel | 帶鋼 | リボンスチール | 带钢 |
| right adjoint | 右伴隨 | 右随伴 | 右伴随 |
| — angle | 直角 | ライトアングル | 直角 |

R

| 英　　文 | 臺　　灣 | 日　　文 | 大　　陸 |
|---|---|---|---|
| — angle bend | 直角彎管 | 直角曲り目 | 直角弯管 |
| — pedal spindle | 右踏板軸 | 右ペダル軸 | 右踏板軸 |
| — projection | 正投影 | 垂直投影 | 正投影 |
| — rudder | 右舵 | 面かじ | 右舵 |
| — tooth flank | 右齒面 | 右歯面 | 右齿面 |
| — triangle | 直角三角形 | 直角三角形 | 直角三角形 |
| **right-hand** adder | 右側數加法器 | ライトハンドアダー | 右侧数加法器 |
| — flight | 右旋螺紋 | 右ねじ | 右旋螺纹 |
| — helical tooth | 右向螺旋齒 | 右ねじれ刃 | 右向螺旋齿 |
| — helix twist drills | 右旋麻花鑽 | 右ねじれドリル | 右旋麻花钻 |
| — lay | 右轉扭絞 | 右側ねじり | 右转扭绞 |
| — propeller | 右旋螺旋槳 | ライトハンドプロペラ | 右旋螺旋桨 |
| — thread | 台螺紋 | 右ねじ | 台螺纹 |
| — turning | 右旋 | 右回り | 右旋 |
| **righting** arm | 復原力臂 | 復原てこ | 复原力臂 |
| — couple | 恢復力偶 | 復原偶力 | 恢复力偶 |
| — lever | 復原力臂 | 復原てこ | 复原力臂 |
| — moment | 恢復力距 | 復原力モーメント | 恢复力距 |
| **right-lay rope** | 右旋鋼絲繩 | Zよりロープ | 右旋钢丝绳 |
| **right-turn** piston | 右轉活塞 | ライトターンピストン | 右转活塞 |
| — ramp | 右轉坡道;右彎坡道 | 右折ランプ | 右转坡道;右弯坡道 |
| **right-ward** heeling | 右傾 | 右げん傾斜 | 右倾 |
| — welding | 右銲法 | 右進溶接 | 右焊法 |
| **rigid** adhesive | 剛性黏合劑 | 剛性接着剤 | 刚性粘合剂 |
| — axle | 剛性車軸 | リジッドアクスル | 刚性车轴 |
| — bearing | 剛定支承;固定軸承 | リジッドベアリング | 刚定支承;固定轴承 |
| — body | 剛體 | 剛体 | 刚体 |
| — bond | 剛性黏結 | 剛性接着 | 刚性粘结 |
| — condition | 剛性狀態 | 剛性状態 | 刚性状态 |
| — connection | 剛性連接 | 剛節 | 刚性连接 |
| — crossing | 剛性交叉 | 固定クロッシング | 刚性交叉 |
| — deformation | 剛體變形 | 剛体変形 | 刚体变形 |
| — die | 硬模 | 硬質型 | 硬模 |
| — frog | 固定轍叉 | 固定てっさ | 固定辙叉 |
| — honing | 強制珩磨 | リジッドホーニング | 强制珩磨 |
| — joint | 固定接合;剛性節點 | 剛接合 | 固定接合;刚性节点 |
| — material | 硬材料 | 硬質材料 | 硬材料 |
| — metal conduit | 金屬導管 | 金属管 | 金属导管 |
| — mill | 強力銑床 | リジッドミル | 强力铣床 |
| — mold | 硬模 | 硬質型 | 硬模 |

| 英　　文 | 臺　　灣 | 日　　文 | 大　　陸 |
|---|---|---|---|
| — plasticity | 剛塑性 | 剛塑性 | 刚塑性 |
| — return | 剛性恢復 | 剛性復原 | 刚性恢复 |
| — rod | 剛性棒 | 剛性棒 | 刚性棒 |
| — rolls | 剛性壓輥 | 剛性ロール | 刚性压辊 |
| — section | 硬質型材 | 硬質形材 | 硬质型材 |
| — shaft | 剛性軸 | 剛性軸 | 刚性轴 |
| — support | 剛性支承 | 剛性支保 | 刚性支承 |
| — wheel base | 固定軸距 | 固定軸距 | 固定轴距 |
| — zone | 剛性區;剛域 | 剛性域 | 刚性区;刚域 |
| **rigid-frame** | 剛性(車;框)架 | リジッドフレーム | 刚性(车;框)架 |
| **rigidity** | 剛性;硬度;定軸性 | 剛性 | 刚性;硬度;定轴性 |
| — agent | 硬化劑 | 硬化剤 | 硬化剂 |
| — coefficient | 剛性系數 | 剛性率 | 刚性系数 |
| — in bending | 彎曲剛性 | 曲げ剛性 | 弯曲刚性 |
| — modulus | 剛性模數 | 剛性率 | 刚性模量 |
| **rigidometer** | 剛度計;硬度計 | 剛性計 | 刚度计;硬度计 |
| **rim** | 凸緣;輪緣;齒圈;墊圈 | リム | 凸缘;轮缘;齿圈;垫圈 |
| — band | 輪緣帶 | リムバンド | 轮缘带 |
| — brake | 輪緣制動器 | リムブレーキ | 轮缘制动器 |
| — clutch | 脹圈式離合器 | リムクラッチ | 胀圈式离合器 |
| — collar | 輪緣環 | リムカラー | 轮缘环 |
| — cut | 胎鋼圈斷裂;輪緣斷裂 | リムカット | 胎钢圈断裂;轮缘断裂 |
| — drive | 邊緣驅動 | リムドライブ | 边缘驱动 |
| — latch | 彈簧鎖 | 面付け錠 | 弹簧锁 |
| — pull | 車輪回轉力 | リムプル | 车轮回转力 |
| — quenching | 輪緣淬火 | とう面焼入れ | 轮缘淬火 |
| — speed | 圓周速度 | 周速(度) | 圆周速度 |
| — stress | 邊緣應力;外緣應力 | 縁応力 | 边缘应力;外缘应力 |
| — wrench | 輪緣板手 | リムレンチ | 轮缘板手 |
| **rimmed** steel | 沸騰鋼 | リムド鋼 | 沸腾钢 |
| — steel sheet | 沸騰鋼鋼板 | リムド鋼板 | 沸腾钢钢板 |
| **ring** | 環;輪圈 | リング | 环;轮圈;振铃;呼叫 |
| — bolt | 帶環螺栓;環首螺栓 | リングボルト | 带环螺栓;环首螺栓 |
| — breakage | 開環;環之破裂 | 環の破壊 | 开环;环之破裂 |
| — crush | 環式破碎試驗 | リングクラッシュ | 环式破碎试验 |
| — dowel | 環形暗榫 | 輪形ジベル | 环形暗榫 |
| — flutter | 活塞環顫動 | リングフラッタ | 活塞环颤动 |
| — forging | 環形件鍛造;環形鍛件 | リングフォージング | 环形件锻造;环形锻件 |
| — formation | 成環(作用) | 環形成 | 成环(作用) |
| — fracture | 環狀破裂;環狀斷裂 | 環状裂か | 环状破裂;环状断裂 |

R

| 英　　文 | 臺　　灣 | 日　　文 | 大　　陸 |
|---|---|---|---|
| — gasket | 環形襯墊;襯圈;墊圈 | リングガスケット | 环形衬垫;衬圈;垫圈 |
| — gate | 輪形閥門;輪形閘門 | リングゲート | 轮形阀门;轮形闸门 |
| — gear | 內齒輪;齒圈;冕狀齒輪 | リングギヤー | 内齿轮;齿圈;冕状齿轮 |
| — nut | 圓螺母;環形螺母 | リングナット | 圆螺母;环形螺母 |
| — oiled bearing | 油杯(潤滑)軸承 | リング注油軸受 | 油杯(润滑)轴承 |
| — piston | 筒形活塞;環形活塞 | リングピストン | 筒形活塞;环形活塞 |
| — porous wood | 環孔材 | 環孔材 | 环孔材 |
| — roll mill | 環輥式磨機 | リングロールミル | 环辊式磨机 |
| — rolling mill | 環形軋鋼機 | リングロールミル | 环形轧钢机 |
| — structure | 環形結構 | リング構造 | 环形结构 |
| — valve | 環形閥 | リング弁 | 环形阀 |
| **ringer** | 電鈴;振鈴器;信號器 | リンガ | 电铃;振铃器;信号器 |
| **rip** | 洗滌器;刮板 | リップ | 洗涤器;刮板 |
| — cord | 開傘索 | ひき索 | 开伞索 |
| — cord grip | 開傘索柄 | えい索の握り | 开伞索柄 |
| — saw | 粗齒鋸;縱剖鋸 | リッパ | 粗齿锯;纵剖锯 |
| **ripper** | 鬆土機;粗齒鋸 | リッパ | 松土机;粗齿锯 |
| **ripping** chisel | 細長齒(刃) | 削りのみ | 细长齿(刃) |
| — panel | 開裂式氣門板〔氣球的〕 | 引裂き弁 | 开裂式气门板〔气球的〕 |
| **ripple** | 脈動;波紋;交流聲 | リプル | 脉动;波纹;交流声 |
| — amplitude | 波紋振幅 | 脈動振幅 | 波纹振幅 |
| — voltage | 波紋電壓;脈動電壓 | リップル電圧 | 波纹电压;脉动电压 |
| — weld | 波狀銲縫;鱗狀銲縫 | 波模様溶接 | 波状焊缝;鳞状焊缝 |
| **rippled** glass | 波紋玻璃 | リップルドグラス | 波纹玻璃 |
| — surface | 波形表面;波皺面 | 波形表面 | 波形表面;波皱面 |
| **riprap** | 防衝堆石;拋石護岸 | リップラップ | 防冲堆石;抛石护岸 |
| **ripsaw** | 縱割鋸;粗齒鋸 | 縱びきのこ | 纵割锯;粗齿锯 |
| **rise** | 上升;增長;踏步高 | ライズ | 上升;增长;踏步高 |
| — time | 上升時間;建立時間 | ライズタイム | 上升时间;建立时间 |
| **riser** | 冒口;溢水口;氣門 | ライザ | 冒口;溢水口;气门 |
| — bar | 整流子片;換向器片 | ライザバー | 整流子片;换向器片 |
| — pad | 冒口根;冒口補貼 | ライザパッド | 冒口根;冒口补贴 |
| — pipe | 堅管;連接用立管 | ライザパイプ | 坚管;连接用立管 |
| — runner | 補縮橫澆口;盛鐵澆口 | ライザランナ | 补缩横浇口;盛铁浇口 |
| — tubes | 升降筒〔油缸〕;上升管 | ライザチューブ | 升降筒〔油缸〕;上升管 |
| **rising butt** | 升降鉸鏈 | 昇降ちょうつがい | 升降铰链 |
| — butt hinge | 升降鉸鏈 | 昇降ちょうつがい | 升降铰链 |
| **risk** | 危險;危害 | リスク | 危险;危害 |
| — control | 風險控制 | リスク制御 | 风险控制 |
| — estimation | 風險估計 | リスク推定 | 风险估计 |

| 英　　文 | 臺　　灣 | 日　　文 | 大　　陸 |
|---|---|---|---|
| —factor | 危險度系數;危險因素 | リスク係数 | 危险度系数;危险因素 |
| **rival** | 競爭(者);對手 | ライバル | 竞争(者);对手;敌手 |
| **river** | 河流 | 河川 | 河流 |
| —pitch | 鉚釘間距 | リベットピッチ | 铆钉间距 |
| **rivet** | 鉚釘;鉚接 | リベット | 铆钉;铆接;固定 |
| —bar | 鉚釘鋼 | リベット材 | 铆钉钢 |
| —buster | 鉚釘切斷機 | リベット切取り機 | 铆钉切断机 |
| —catcher | 接鉚器;鉚釘接受器 | リベット受け | 接铆器;铆钉接受器 |
| —collar | 鉚釘套杯 | リベットカラー | 铆钉套杯 |
| —connection | 鉚接 | リベット接ぎ | 铆接 |
| —cutter | 鉚釘切刀 | リベット切り | 铆钉切刀 |
| —cutting | 鉚釘切割 | リベット切り | 铆钉切割 |
| —diameter | 鉚釘直徑 | リベット径 | 铆钉直径 |
| —forge | 鉚釘爐 | びょうふいご | 铆钉炉 |
| —furnace | 熱鉚爐;鉚釘(加熱)爐 | リベット焼き用炉 | 热铆炉;铆钉(加热)炉 |
| —gage | 鉚釘行距 | リベットゲージ | 铆钉行距 |
| —grip | 鉚接(鋼板的)總厚度 | リベットグリップ | 铆接(钢板的)总厚度 |
| —hammer | 鉚(釘)錘;鉚槍 | リベットハンマ | 铆(钉)锤;铆枪 |
| —head | 鉚釘頭 | リベットヘッド | 铆钉头 |
| —heater | 鉚釘加熱爐 | リベット加熱炉 | 铆钉加热炉 |
| —holder | 鉚釘托;鉚釘頂棒 | 当て型 | 铆钉托;铆钉顶棒 |
| —hole | 鉚釘孔 | リベットホール | 铆钉孔 |
| —in multiple shear | 多面剪切鉚釘 | 多面せん断リベット | 多面剪切铆钉 |
| —iron | 鉚釘鐵 | びょう鉄 | 铆钉铁 |
| —joint | 鉚接;鉚釘接合 | びょうつづり | 铆接;铆钉接合 |
| —length | 鉚釘長度 | リベットの長さ | 铆钉长度 |
| —line | 鉚接線 | びょう線 | 铆接线 |
| —list | 鉚釘表 | リベット表 | 铆钉表 |
| —material | 鉚釘材料 | リベット材 | 铆钉材料 |
| —point | 鉚釘尖;鉚釘端部 | リベット先 | 铆钉尖;铆钉端部 |
| —seam | 鉚縫 | びょう継目 | 铆缝 |
| —shank | 鉚釘體 | リベットシャンク | 铆钉体 |
| —snap | 鉚釘模 | リベットスナップ | 铆钉模 |
| —spacing | 鉚釘間距 | リベットピッチ | 铆钉间距 |
| —squeezer | 壓鉚機 | びょう締め機 | 压铆机 |
| —steel | 鉚接鋼 | リベットスチール | 铆接钢 |
| —test | 鉚接試驗 | リベット試験 | 铆接试验 |
| —truss | 鉚接桁架 | リベットトラス | 铆接桁架 |
| —value | 鉚釘容許強度 | リベット値 | 铆钉容许强度 |
| —work | 鉚 | びょう打ち | 铆 |

R

| 英　　文 | 臺　　灣 | 日　　文 | 大　　陸 |
|---|---|---|---|
| **riveted** bond | 鉚接;鉚釘接合 | びょう接ぎ | 铆接;铆钉接合 |
| ― lap joint | 鉚釘搭接 | リベット重断手 | 铆钉搭接 |
| ― pipe | 鉚合管;鉚接管 | リベット接合管 | 铆合管;铆接管 |
| ― ship | 鉚接船 | リベット船 | 铆接船 |
| ― structure | 鉚接結構 | リベット構造物 | 铆接结构 |
| ― truss | 鉚接桁架 | リベットトラス | 铆接桁架 |
| **rivet(t)er** | 鉚工;鉚釘機(槍) | リベッタ | 铆工;铆钉机(枪) |
| **rivet(t)ing** | 鉚接(法) | びょう接ぎ | 铆接(法) |
| ― die | 鉚接模 | びょう打ち | 铆接模 |
| ― forge | 鉚釘加熱爐 | リベット加熱炉 | 铆钉加热炉 |
| ― gun | 鉚槍 | びょう打ち銃 | 铆枪 |
| ― machine | 鉚(接)機 | びょう打ち機 | 铆(接)机 |
| ― punch | 鉚接用沖頭 | かしめポンチ | 铆接用冲头 |
| ― set | 鉚接裝置 | びょう型 | 铆接装置 |
| **rivetless chain** | 非鉚接鏈 | リベットレスチェーン | 非铆接链 |
| **road** | 道路;公路 | ロード | 道路;公路;土路 |
| **roadway** | 車行道;道路;車道 | ロードウェイ | 车行道;道路;车道 |
| **roaster** | 烘烤器;焙燒爐;烤肉器 | ロストル | 烘烤器;焙烧炉;烤肉器 |
| **roasting** dish | 鍛燒皿 | か焼皿 | 锻烧皿 |
| **robot** | 機器人 | ロボット | 机器人;自动装置 |
| ― assembly system | 機器人組裝系統 | ロボット組立システム | 机器人组装系统 |
| ― geometry | 機器人幾何學 | ロボット幾何学 | 机器人构型学 |
| ― hand | 機械手 | ロボットハンド | 机械手 |
| ― station | 自動輸送站 | ロボットステーション | 自动轮送站 |
| ― strategy | 機器人(研發)戰略 | ロボット戦略 | 机器人(研发)战略 |
| ― system | 機器人系統 | ロボットシステム | 机器人系统 |
| ― tutor | 機器人教師 | ロボット教師 | 机器人教师 |
| **robotics** | 模擬機器人 | ロボティックス | 模拟机器人 |
| **rogoting machine** | 機器人;機械手 | ロボッティングマシン | 机器人;机械手 |
| **robotization** | 機器人化;(使)自動化 | ロボット化 | 机器人化;(使)自动化 |
| **robotlogy** | 自動機學;自控機學 | ロボットロジー | 自动机学;自控机学 |
| **robust** balancing | 強力平衡 | ロバストバランシング | 强力平衡 |
| **robustness** | 強度;堅固性;耐久性 | ロバストネス | 强度;坚固性;耐久性 |
| **rock** | 岩石;礁石 | ロック | 岩石;礁石 |
| ― bit | 硬岩鑽頭 | ロックビット | 硬岩钻头 |
| ― bolt | 岩石錨(固螺)栓 | ルークボルト | 岩石锚(固螺)栓 |
| ― drill | 鑽石機;衝擊鑽 | ロックドリル | 钻石机;冲击钻 |
| ― shaft | 搖臂軸 | ロックシャフト | 摇臂轴 |
| **rocker** | 搖桿〔軸〕;搖擺器 | ロッカ | 摇杆〔轴〕;摇摆器 |
| ― arm | 搖桿;搖臂 | ロッカアーム | 摇杆;摇臂 |

| 英　　文 | 臺　　灣 | 日　　文 | 大　　陸 |
|---|---|---|---|
| — arm support | 搖擺支架(座) | ロッカアームサポート | 摇摆支架(座) |
| — bearing | 搖動支座 | ロッカ支承 | 摇动支座 |
| — box | 搖桿箱 | 揺れ腕箱 | 摇杆箱 |
| — fulcrum shaft | 支軸;浮動轉軸 | 支点軸 | 支轴;浮动转轴 |
| — pin | 搖臂銷 | ロッカピン | 摇臂销 |
| — shaft | 搖軸 | ロッキングシャフト | 摇轴 |
| **rocket** | 火箭;火箭(炮)彈 | ロケット | 火箭;火箭(炮)弹 |
| **rocking** arc furnace | 搖擺式電弧爐 | ロッキングアーク炉 | 摇摆式电弧炉 |
| — die forging | 擺動鍛造 | 揺動鍛造 | 摆动锻造 |
| — equipment | 震蕩裝置 | 振動装置 | 震荡装置 |
| **rockwell** hardness | 洛氏硬度 | ロックウェル硬さ | 洛氏硬度 |
| — scale | 洛氏(硬度)標度 | ロックウェルスケール | 洛氏(硬度)标度 |
| **rod** | 桿;連桿;標尺;圓鋼 | ロッド | 杆;连杆;标尺;圆钢 |
| — chisel | 棒狀鏨子 | 柄のみ | 棒状錾子 |
| — clamp | 棒鉗 | ロッドバンド | 棒钳 |
| — copper | 銅棒 | 棒銅 | 铜棒 |
| — crack | 縱向裂紋 | 縦きず | 纵向裂纹 |
| — die | 棒材模 | 棒押出ダイ | 棒材模 |
| — end bearing | 桿端軸承 | ロッドエンド軸受 | 杆端轴承 |
| — extrusion | 棒料擠壓 | 棒押出し | 棒料挤压 |
| — gage | 棒規;標準棒;標準量桿 | ロッドゲージ | 棒规;标准棒;标准量杆 |
| — guide | 導塊;導桿 | ロッドガイド | 导块;导杆 |
| — iron | 鐵棒;鐵條 | 棒鉄 | 铁棒;铁条 |
| — mill | 線材軋機 | ロッドミル | 线材轧机 |
| — pass | 線材孔形 | ロッドパス | 线材孔形 |
| — reducer | 鑽桿異徑接頭 | ロッドレジューサ | 钻杆异径接头 |
| — rolling | 線材軋製 | ロッドローリング | 线材轧制 |
| — solder | 釬銲條 | 棒はんだ | 钎焊条 |
| — wire | 線材 | 線材 | 线材 |
| — work | 桿裝配 | 棒組立 | 杆装配 |
| **rodman** | 跑尺測工 | ロッドマン | 跑尺测工 |
| **Roentgen** | 倫琴〔放射量單位〕 | レントゲン | 伦琴〔放射量单位〕 |
| **roily oil** | 濁油 | 濁油 | 浊油;混浊的油 |
| **roke** | 深口〔一種表面缺陷〕 | ローク | 深口〔一种表面缺陷〕 |
| **roll** | 軋輥;軋製;壓延 | ロール | 轧辊;轧制;压延;卷 |
| — and filler molding | 帶狀卷飾 | 平縁付き円繰形 | 带状卷饰 |
| — angle | 滾動角 | ロール角 | 滚动角 |
| — back | 重新還行;重繞;反轉 | ロールバック | 重新还行;重绕;反转 |
| — bender | 軋輥彎曲機 | ロールベンダ | 轧辊弯曲机 |
| — bending of tube | 管子滾彎 | 管のロール曲げ | 管子滚弯 |

| 英　　文 | 臺　　灣 | 日　　文 | 大　　陸 |
|---|---|---|---|
| — bite | 輥筒間隙 | ロール間げき | 辊筒间隙 |
| — breaker | 輥式破碎機 | ロールブレーカ | 辊式破碎机 |
| — brush | 輥刷 | ロールブラッシュ | 辊刷 |
| — cam | 滾子凸輪 | ロールカム | 滚子凸轮 |
| — cam feed | 滾注凸輪進給〔送料〕 | ロールカムフィード | 滚注凸轮进给〔送料〕 |
| — camber | 輥身凸度;輥型 | ロールキャンバ | 辊身凸度;辊型 |
| — center | 輥心 | ロールセンタ | 辊心 |
| — changing | 換輥 | ロール交換 | 换辊 |
| — chock | 軋輥軸承座 | ロールチョック | 轧辊轴承座 |
| — cone | 滾錐 | ロールコーン | 滚锥 |
| — control | 滾動控制;滾軋控制 | 回転制御 | 滚动控制;滚轧控制 |
| — diameter | 輥的直徑;卷取直徑 | ロールの直径 | 辊的直径;卷取直径 |
| — dies | (螺)絲輥(子);搓絲模 | ロールダイス | (螺)丝辊(子);搓丝模 |
| — face | 軋輥表面 | ロールフェース | 轧辊表面 |
| — feed | 滾子進給;輥式送料 | ロールフィード | 滚子进给;辊式送料 |
| — fender | 軋輥護板 | ロールフェンダ | 轧辊护板 |
| — flanging | 凸緣滾形 | ロールフランジング | 凸缘滚形 |
| — forging | 輥鍛 | ロール鍛造 | 辊锻 |
| — former | 輥鍛機 | ロールホーマ | 辊锻机 |
| — forming | 輥軋成形 | ロールフォーミング | 辊轧成形 |
| — grinder | 軋輥磨床;卷帶拋光機 | ロールグラインダ | 轧辊磨床;卷带抛光机 |
| — grinding machine | 軋輥磨床;卷帶拋光機 | ロール研削盤 | 轧辊磨床;卷带抛光机 |
| — heater | 旋轉式加熱器 | ロールヒータ | 旋转式加热器 |
| — joint | 滾軋接合 | ロール継手 | 滚轧接合 |
| — kneader | 碾滾式捏和機 | ロール型ねつ和機 | 碾滚式捏和机 |
| — knobbling | 輥軋法 | ロール圧平法 | 辊轧法 |
| — lift | 軋輥上升距離 | ロールリフト | 轧辊上升距离 |
| — mark | 軋痕;壓痕 | ロールマーク | 轧痕;压痕 |
| — milling | 軋製 | ロール練り | 轧制 |
| — molding | 凸圓線腳 | 円繰形 | 凸圆线脚 |
| — neck grease | 輥頸潤滑脂;輥頸黃油 | ロールネックグリース | 辊颈润滑脂;辊颈黄油 |
| — nip | (兩輥之間)輥隙;滾距 | ロール間げき | (两辊之间)辊隙;滚距 |
| — opening | 輥隙;輥距 | ロール間げき | 辊隙;辊距 |
| — pin | 柱塞;滾針 | 円筒栓 | 柱塞;滚针 |
| — profile | 輥型;軋軋縱剖面 | ロールプロフィル | 辊型;轧轧纵剖面 |
| — release | 脫輥;壓輥分離 | ロールリリーズ | 脱辊;压辊分离 |
| — seam | 輥隙;輥距 | ロールシーム | 辊隙;辊距 |
| — separating force | 壓輥分離力 | ロール分離力 | 压辊分离力 |
| — set | 軋輥組;軋鋼機組 | ロールセット | 轧辊组;轧钢机组 |
| — slicing | 輥式切片法 | ロールスライス | 辊式切片法 |

| 英　　文 | 臺　　灣 | 日　　文 | 大　　陸 |
|---|---|---|---|
| — spacing | 輥隙;輥距 | ロール間げき | 辊隙;辊距 |
| — spindle | 輥軸 | ロール軸 | 辊铀 |
| — spinning | 滾旋;旋壓 | ロールスピンニング | 滚旋;旋压 |
| — spot welding | 滾點銲 | ロールスポット溶接 | 滚点焊 |
| — spring | 軋輥彈性變形 | ロールスプリング | 轧辊弹性变形 |
| — stand | 工作機座;軋機架 | ロールスタンド | 工作机座;轧机架 |
| — surface | 輥筒表面 | ロール表面 | 辊筒表面 |
| — to death | 重壓;重軋 | 重圧 | 重压;重轧;死轧 |
| — wear | 軋輥磨損 | ロールウェア | 轧辊磨损 |
| — welding | 熱輥壓銲接 | ロール溶接 | 热辊压焊接 |
| — **wiper** | 輥刷 | ロールワイパ | 辊刷 |
| **rolled alloy** | 軋製合金 | 圧延合金 | 轧制合金 |
| — dies | 輥鍛模;滾絲模 | 転造ダイス | 辊锻模;滚丝模 |
| — edge | 軋製邊 | 圧延縁 | 轧制边 |
| — gold | 包金軋製板 | 金被覆圧延板 | 包金轧制板 |
| — hardening | 軋製淬火 | 圧延焼入れ | 轧制淬火 |
| — hemming | 軋製折邊 | 三つ巻き縫い | 轧制折边 |
| — iron and steel | 軋製鋼 | 圧延鋼 | 轧制钢 |
| — lead | 薄鉛板;軋製鉛板 | 圧延鉛 | 薄铅板;轧制铅板 |
| — mill edge | 軋製邊 | 圧延縁 | 轧制边 |
| — plate | 壓延板;軋製鋼板 | 圧延板 | 压延板;轧制钢板 |
| — sheet | 輥壓片材;壓延片材 | ロールドシート | 辊压片材;压延片材 |
| — steel | 軋製鋼(材);型鋼 | 圧延鋼(材) | 轧制钢(材);型钢 |
| — steel beam | 軋製鋼樑;型鋼樑 | 形鋼ばり | 轧制钢梁;型钢梁 |
| — steel column | 軋製鋼柱;型鋼柱 | 形鋼柱 | 轧制钢柱;型钢柱 |
| — steel member | 型鋼構件〔元件〕 | 形鋼部材 | 型钢构件〔部件〕 |
| — steel pipe | 軋製鋼管 | 圧延管 | 轧制钢管 |
| — steel plate | 軋製鋼板;輥軋鋼板 | 圧延鋼板 | 轧制钢板;辊轧钢板 |
| — stock | 軋材 | 圧延材 | 轧材 |
| — thread | 滾壓螺紋;滾絲 | 転造ねじ | 滚压螺纹;滚丝 |
| — thread tap | 滾壓絲攻 | 転造仕上げタップ | 滚压丝锥 |
| — tube | 軋製管 | 圧延管 | 轧制管 |
| **roller** | 滾柱;軋輥;碾壓機 | ローラ | 滚柱;轧辊;碾压机 |
| — analysis | 滾柱分析 | ローラ分析 | 滚柱分析 |
| — band | 滾鈾傳送帶 | ローラバンド | 滚铀传送带 |
| — band saw | 自動滾柱帶鋸 | 自動ローラ帯のこ盤 | 自动滚柱带锯 |
| — bearing | 滾子鈾承;滾針軸承 | ローラベアリング | 滚子铀承;滚针轴承 |
| — bearing box | 滾子鈾承箱 | ころ軸受箱 | 滚子铀承箱 |
| — bed | 輥道 | ローラベッド | 辊道 |
| — bend test | 滾柱彎曲試驗 | ローラ曲げ試験 | 滚柱弯曲试验 |

| 英　　文 | 臺　　灣 | 日　　文 | 大　　陸 |
|---|---|---|---|
| — box tool | 跟刀架 | ローラターナバイト | 跟刀架 |
| — cage | (軸承的)保持架 | ローラケージ | (軸承的)保持架 |
| — chamfer | 滾柱倒角 | (ころの)面取り | 滾柱倒角 |
| — clearance | 輥軸間隙 | ローラクリアランス | 辊轴间隙 |
| — clutch | 滾子離合器 | ローラクラッチ | 滚子离合器 |
| — compacter | 滾壓機 | ローラコンパクタ | 滚压机 |
| — conveyer | 滾軸式輸送機 | ローラコンベヤ | 滚轴式输送机 |
| — crusher | 輥式破碎機 | ローラクラッシャ | 辊式破碎机 |
| — cutting machine | 轉刀分切機 | スリッタ | 转刀分切机 |
| — dies | 輥輪拉絲模 | ローラダイス | 辊轮拉丝模 |
| — draft | 輥壓下量 | ローラドラフト | 辊压下量 |
| — end | 滾軸端;轉動端 | ローラ端 | 滚轴端;转动端;移动端 |
| — flaker | 輥式鉋片機 | ローラ式薄片はく離機 | 辊式刨片机 |
| — gage | 兩輥中心距〔紡織機〕 | ローラゲージ | 两辊中心距〔纺织机〕 |
| — ironing | 旋鍛;旋轉打薄 | 回転しごき加工 | 旋锻;旋转打薄 |
| — jar mill | 活軸球磨 | 回転しかめうす | 活轴球磨 |
| — lubrication | 滾子潤滑 | ころ注油 | 滚子润滑 |
| — machine | 輥壓機;輥煉機;壓延機 | ローラ機 | 辊压机;辊炼机;压延机 |
| — mill | 軋製機;軋鋼廠 | ローラミル | 轧制机;轧钢厂 |
| — press | 滾壓成形機 | ローラプレス | 滚压成形机 |
| — retainer | (軸承的)滾子保持架 | ローラリテーナ | (軸承的)滚子保持架 |
| — sander | 砂紙輥打磨機 | ローラサンダ | 砂纸辊打磨机 |
| — scraper | (混砂機)刮砂板 | ローラスクレーパ | (混砂机)刮砂板 |
| — shear | 輥式切斷 | ローラシャー | 辊式切断 |
| — slide | 滾子滑板;滾輪滑動 | ローラスライド | 滚子滑板;滚轮滑动 |
| — speed | 滾輪速度 | ローラスピード | 滚轮速度 |
| — table | 輥道 | ローラテーブル | 辊道 |
| — turner bite | 滾壓車刀 | ローラターナバイト | 滚压车刀 |
| — type mast | 滾柱式支座 | ローラマスト | 滚柱式支座 |
| **rollhousing** | 軋機機架 | ロールハウジング | 轧机机架 |
| **rolling** | 碾壓;軋製;壓延;滾壓 | ローリング | 碾压;轧制;压延;滚压 |
| — action | 滾動作用 | ローリング作用 | 滚动作用 |
| — bearing | 滾動軸承 | ローリングベアリング | 滚动轴承 |
| — billet | 軋製用鋼坯 | ローリングビレット | 轧制用钢坯 |
| — car | 平板車 | ローリングカー | 平板车 |
| — circle | 滾動圓;(齒輪的)基圓 | ローリングサークル | 滚动圆;(齿轮的)基圆 |
| — compaction | 滾動壓實 | 転圧締め | 滚动压实 |
| — defect | 軋製缺陷 | ロールきず | 轧制缺陷 |
| — dies phase adjusting | 滾絲輪相位調整 | ピッチ合せ | 滚丝轮相位调整 |
| — door | 滾動門;卷升門 | シャッター | 滚动门;卷升门 |

| 英　　文 | 臺　　灣 | 日　　文 | 大　　陸 |
|---|---|---|---|
| — effluent | 軋鋼廢水 | 圧延排水 | 轧钢废水 |
| — fatigue | 軋製疲勞 | 転がり疲れ | 轧制疲劳 |
| — force | 軋製力;壓延力 | ローリングフォース | 轧制力;压延力 |
| — form | 輥軋成形 | 転造加工 | 辊轧成形 |
| — ingot | (軋製用)鋼錠 | ローリングインゴット | (轧制用)钢锭 |
| — machine | 滾軋機〔對皮革;鋼鐵〕 | 圧延機 | 滚轧机〔对皮革;钢铁〕 |
| — oil | 軋製用油;碾油;輥子油 | ローリングオイル | 轧制用油;碾油;辊子油 |
| — on | 穿軋 | ローリングオン | 穿轧 |
| — power | 軋製功率;壓延功率 | ローリングパワー | 轧制功率;压延功率 |
| — press | 矯平沖床 | ローリングプレス | 矫平压力机 |
| — resistance | 滾動阻力 | 転がり抵抗 | 滚动阻力 |
| — speed | 軋製速度;滾軋速度 | ローリングスピード | 轧制速度;滚轧速度 |
| — steel | 軋製鋼材 | 圧延鋼材 | 轧制钢材 |
| — torque | 轉製力距;壓延力距 | ローリングトルク | 转制力距;压延力距 |
| — velocity | 滾轉速度 | 転がり速度 | 滚转速度 |
| — wear test | 滾動磨耗試驗 | 転がり摩耗試験法 | 滚动磨耗试验 |
| — roll-off | 碾軋;機翼自動傾斜 | ロールオフ | 碾轧;机翼自动倾斜 |
| — rate | 滾降率 | ロールオフレート | 滚降率 |
| roll-out | 延伸;軋平;讀出;轉出 | ロールアウト | 延伸;轧平;读出;转出 |
| roll-over | 翻轉;轉台 | ロールオーバ | 翻转;转台 |
| — board | 翻轉板 | 反転板 | 翻转板 |
| — machine | 翻箱式造模機 | ロールオーバマシン | 翻箱式造型机 |
| roll-up blind | 卷(升)帘 | 巻上げブラインド | 卷(升)帘 |
| — door | 卷升門 | 巻上げ戸 | 卷升门 |
| Roman arch | 羅馬式拱;半圓拱 | ローマ風アーチ | 罗马式拱;半圆拱 |
| — brass | 羅馬含錫黃銅〔Su 1%〕 | ローマンブラス | 罗马含锡黄铜〔Su 1%〕 |
| Romanium | 羅馬尼姆鋁基合金 | ローマニウム | 罗马尼姆铝基合金 |
| roof | 車棚;箱頂 | ルーフ | 车棚;箱顶 |
| roofing | 鋪蓋屋面;屋面材料 | ルーフィング | 铺盖屋面;屋面材料 |
| Roofloy | 魯夫洛伊耐蝕鉛合金 | ルーフロイ | 鲁夫洛伊耐蚀铅合金 |
| room | 室;房間;空間 | ルーム | 室;房间;空间 |
| root | 根 | ルート | 根 |
| — angle | 角圓錐齒輪底角 | 歯底円すい角 | 角圆锥齿轮底角 |
| — circle | 齒根圓 | 歯元円 | 齿根圆 |
| — cone | 齒根圓錐〔圓錐齒輪〕 | 歯底円すい | 齿根圆锥〔圆锥齿轮〕 |
| — crack | (銲縫)根部裂紋 | ルート割れ | (焊缝)根部裂纹 |
| — defect of welding | 銲根缺陷 | ルート欠陥 | 焊根缺陷 |
| — diameter | 齒輪根圓直徑 | ねじの谷径 | 齿轮根圆直径 |
| — face | 鈍邊 | ルートフェース | 钝边 |
| — gap | (銲縫)根部間隙 | ルート間隔 | (焊缝)根部间隙 |

| 英　　文 | 臺　　灣 | 日　　文 | 大　　陸 |
|---|---|---|---|
| — of weld(ing) | 銲縫根部 | 溶接のルート | 焊縫根部 |
| — opening | （銲縫）根部間隙 | ルート間隔 | （焊縫）根部间隙 |
| — run(ning) | 封底銲；背面銲道 | 裏溶接 | 封底焊；背面焊道 |
| **rooter** | 除根機；翻土機 | ルータ | 除根机；翻土机 |
| — machine | 壁板溝槽銑床〔木工〕 | ルータマシン | 壁板沟槽铣床〔木工〕 |
| **rope** | 繩；索；纜 | ロープ | 绳；索；缆 |
| **Rose alloy** | 洛滋合金 | ローゼアロイ | 洛滋合金 |
| **rosette** | 薔薇花紋樣 | ローゼット | 蔷薇花纹样 |
| — copper | 盤銅；花式銅 | 円盤状銅 | 盘铜；花式铜 |
| **Rossi alpha method** | 羅西α法 | ロッシα法 | 罗西α法 |
| — process | 羅西連續鑄鋼法 | ロッシプロセス | 罗西连续铸钢法 |
| **Rosslyn metal** | 羅斯林耐熱覆合銅板 | ロッスリンメタル | 罗斯林耐热覆合铜板 |
| **rotay** | 輪轉；旋轉；翻轉；回轉 | ロロタリ | 轮转；旋转；翻转；回转 |
| — air compressor | 旋轉式空氣壓縮機 | 回転式空気圧縮機 | 旋转式空气压缩机 |
| — apparatus | 旋轉裝置 | 回転装置 | 旋转装置 |
| — axis | 回轉軸 | 回転運動軸 | 回转轴 |
| — bender | 轉模彎曲機 | ロータリベンダ | 转模弯曲机 |
| — bending die | 回轉彎曲模 | ロータリ曲げ型 | 回转弯曲模 |
| — bob | 轉子 | ロータ | 转子 |
| — cam switch | 旋轉凸輪開關 | ロータリカムスイッチ | 旋转凸轮开关 |
| — chopper | 轉刀切碎機 | ロータリチョッパ | 转刀切碎机 |
| — crane | 回轉式起重機 | ロータリクレーン | 回转式起重机 |
| — cut | 回轉切割 | ロータリカット | 回转切割 |
| — cutter | 回轉切斷器 | ロータリカッタ | 回转切断器 |
| — cutting veneer | 旋削薄板 | むきベニヤ | 旋削薄板 |
| — die | 旋轉模 | ロータリダイ | 旋转模 |
| — disc valve | 轉盤閥 | 回転盤バルブ | 转盘阀 |
| — drill | 旋轉式鑿岩機 | ロータリドリル | 旋转式凿岩机 |
| — drum | 滾筒；轉筒 | 回転胴 | 滚筒；转筒 |
| — expander | 滾壓擴管機 | ロータリエキスパンダ | 滚压扩管机 |
| — grinder | 圓台平面磨床 | ロータリグラインダ | 圆台平面磨床 |
| — impulse | 旋轉衝力〔量〕 | 回転力積 | 旋转冲力〔量〕 |
| — inertia | 旋轉慣量 | 回転慣性 | 旋转惯量 |
| — ironing | 旋轉打薄；旋轉擠拉 | 回転しごき加工 | 旋转打薄；旋转挤拉 |
| — lathe | （木工用）車床 | ロータリレース | （木工用）车床 |
| — machine | 回轉機械；旋轉式機械 | ロータリテーブル | 回转机械；旋转式机械 |
| — moment | 旋轉力矩 | 回転能率 | 旋转力矩 |
| — momentum | 回轉衝力〔量〕 | 回転力積 | 回转冲力〔量〕 |
| — piercing | 旋轉打孔 | 回転せん孔 | 旋转穿孔 |
| — pipe cutter | 旋轉切管器 | ロータリパイプカッタ | 旋转切管器 |

| 英　　文 | 臺　　灣 | 日　　文 | 大　　陸 |
|---|---|---|---|
| — sander | 砂輪機 | 回転サンダ | 砂轮机 |
| — screw | 旋轉螺桿 | 回転スクリュー | 旋转螺杆 |
| — shear | 回轉剪切 | ロタリシャー | 回转剪切 |
| — speed | 回轉速度 | 回転速度 | 回转速度 |
| — surface grinder | 回轉工作台平面磨床 | 回転平面研削盤 | 回转工作台平面磨床 |
| — swager | 旋轉模鍛機 | ロタリスエージャ | 旋转模锻机 |
| — swivel | 旋轉鉸接頭;旋轉接頭 | ロタリスイベル | 旋转铰接头;旋转接头 |
| — teeth | 回轉齒;旋轉齒 | 回転歯 | 回转齿;旋转齿 |
| — throttle | 回轉節流閥 | ロタリスロットル | 回转节流阀 |
| — tool | 回轉車刀 | 回転バイト | 回转车刀 |
| — trencher | 旋轉式挖溝機 | ロタリトレンチャ | 旋转式挖沟机 |
| — twisting die | 回轉扭曲模 | ロタリッイスト型 | 回转扭曲模 |
| — upsetting process | 回轉鐵鍛加工 | 回転すえ込み加工 | 回转镦锻加工 |
| — valve | 回轉閥 | ロタリバルブ | 回转阀 |
| **rotating** amplifier | 旋轉放大器 | 回転増幅器 | 旋转放大器 |
| — mandrel | 旋轉心軸 | 回転マンドレル | 旋转心轴 |
| — mass | 回轉質量 | 回転質量 | 回转质量 |
| — screw | 旋轉螺桿 | 回転スクリュー | 旋转螺杆 |
| — sector | 旋轉扇形齒輪 | 回転セクタ | 旋转扇形齿轮 |
| — shaft | 回轉軸 | 回転軸 | 回转轴 |
| — stall | 旋轉失速;旋轉分離 | 旋回失速 | 旋转失速;旋转分离 |
| **rotation** | 旋轉;轉動;循環;交替 | ローテーション | 旋转;转动;循环;交替 |
| **rotational** deformatiom | (銲接)旋轉變形 | 溶接の回転変形 | (焊接)旋转变形 |
| — energy | 轉動能 | 回転エネルギー | 转动能 |
| — inertia | 轉動慣量〔性〕 | 回転慣性 | 转动惯量〔性〕 |
| — molding | 旋轉成形〔模塑〕 | 回転成形 | 旋转成形〔模塑〕 |
| **rotative** distortion | 旋轉變形;旋轉扭曲 | 回転変形 | 旋转变形;旋转扭曲 |
| — velocity | 旋轉速度 | 回転速度 | 旋转速度 |
| **rotator** | 轉子;旋轉反射爐 | ローテータ | 转子;旋转反射炉 |
| **rotatory** dispersion | 旋光散色 | 旋光分散 | 旋光散色 |
| — fault | 旋轉斷層 | 旋回断層 | 旋转断层 |
| **rotoarc welding** | 旋轉電弧銲 | ロートアーク溶接 | 旋转电弧焊 |
| **rotocasting** | 旋轉淺鑄法 | 回転注型（法） | 旋转浅铸法 |
| **rotomolding** | 旋轉成形法 | 回転成形（法） | 旋转成形法 |
| **roton** | 旋子 | ロトン | 旋子 |
| **rotor** | 轉子;電樞;旋翼;葉輪 | ロータ | 转子;电枢;旋翼;叶轮 |
| — inertia | 轉動慣量 | ロータイナーシャ | 转动惯量 |
| — mast | 旋翼主軸 | 回転翼支柱 | 旋翼主轴 |
| — shaft | 轉子軸 | ロータ軸 | 转子轴 |
| — spindle | 轉子軸 | ロータ軸 | 转子轴 |

R

| 英　　文 | 臺　　灣 | 日　　文 | 大　　陸 |
|---|---|---|---|
| **rotovalve** | 旋轉閥 | ロート弁 | 旋转阀 |
| **rough** | 粗糙(的)；凸凹不平 | ラフ | 粗糙(的)；凸凹不平 |
| — file | 粗齒銼 | 鬼荒目やすり | 粗齿锉 |
| — finishing | 粗加工 | 荒仕上げ | 粗加工 |
| — forging | 粗鍛 | 荒地打ち | 粗锻 |
| — machining | 粗加工 | 荒削り | 粗加工 |
| — metal | 粗錫〔Sn 85%；Fe 10%〕 | 荒すず | 粗锡〔Sn 85%；Fe 10%〕 |
| — planing | 粗鉋；大鉋 | 荒削り | 粗刨；大刨 |
| — rolling | 粗軋 | ラフローリング | 粗轧 |
| — sheet | 粗加工片材 | 荒シート | 粗加工片材 |
| **rough-cutting** | 粗加工 | 荒仕上げ | 粗加工 |
| — oil | 粗切削油 | 粗製切削油 | 粗切削油 |
| **roughened** surface | 粗糙面 | 粗面 | 粗糙面 |
| **roughener** | 粗加工軋機 | 粗仕上げ圧延機 | 粗加工轧机 |
| **rougher** | 預鍛模；粗軋機 | ラッファ | 预锻模；粗轧机 |
| **roughing** | 粗加工；開坯 | ラフィング | 粗加工；开坯 |
| — bite | 粗加工車刀 | ラフィングバイト | 粗加工车刀 |
| — broach | 粗拉刀 | 荒ブローチ | 粗拉刀 |
| — cut | 粗切；粗加工 | 荒切り | 粗切；粗加工 |
| — cutter | 粗加工刀具 | ラフィングカッタ | 粗加工刀具 |
| — end mill | 粗加工用立銑刀 | ラフィングエンドミル | 粗加工用立铣刀 |
| — formed cutting edge | 粗製切削刃 | ラフィング切れ刃 | 粗制切削刃 |
| — gear hob | 粗加工齒輪滾刀 | 荒加工用ホブ | 粗加工齿轮滚刀 |
| — machine | 粗選機 | 粗選機 | 粗选机 |
| — mill | 粗軋機 | ラフィングミル | 粗轧机 |
| — rack type cutter | 粗加工用齒條式銑刀 | 荒加工用ラックカッタ | 粗加工用齿条式铣刀 |
| — roll | 粗軋機；開坯機 | 荒引き圧延機 | 粗轧机；开坯机 |
| — teeth | 粗切齒 | 荒刃 | 粗切齿 |
| — tool | 粗加工刀具 | 荒削り工具 | 粗加工刀具 |
| **roughness** | 粗糙度；不平度 | ラフネス | 粗糙度；不平度 |
| — file | 粗齒銼 | 粗やすり | 粗齿锉 |
| — resistance | 粗糙度阻力 | 粗度抵抗 | 粗糙度阻力 |
| **roulette** | 旋輪線；轉跡線 | ルーレット | 旋轮线；转迹线 |
| — holder | 滾花刀夾；壓花刀夾 | ルーレットホルダ | 滚花刀夹；压花刀夹 |
| — roller | 滾花刀；壓花滾輪 | ルーレットローラ | 滚花刀；压花滚轮 |
| **round** | 圓的；整數的；圓形物 | ラウンド | 圆的；整数的；圆形物 |
| — bar steel | 圓鋼 | 丸鋼 | 圆钢 |
| — broach | 圓形拉刀 | ラウンドブローチ | 圆形拉刀 |
| — chisel | 半圓鏨子；圓鏨 | ラウンドチゼル | 半圆錾子；圆錾 |
| — die block | 圓形模塊 | 円形ダイブロック | 圆形模块 |

962

| 英　　文 | 臺　　灣 | 日　　文 | 大　　陸 |
|---|---|---|---|
| — flange | 圓凸緣 | 丸フランジ | 圆凸缘 |
| — flatter | 圓頭平面錘 | 丸へし | 圆头平面锤 |
| — gutter cutter | 圓形剁刀〔鍛造用的〕 | 丸みぞ切り | 圆形剁刀〔锻造用的〕 |
| — iron | 圓鐵 | 丸鉄 | 圆铁 |
| — mandrel | 圓形心軸 | 丸心金 | 圆形心轴 |
| — neck | 圓軸頸 | 丸首 | 圆轴颈 |
| — nut | 圓螺母 | 丸ナット | 圆螺母 |
| — plane | 圓鉋 | 丸刃かんな | 圆刨 |
| — punch | 圓形打孔器 | 丸パンチ | 圆形穿孔器 |
| — scraper | 圓形刮刀 | 丸スクレーパ | 圆形刮刀 |
| — slicker | 圓角刮刀 | 丸りすわ | 圆角刮刀 |
| — steel | 圓鋼 | 丸鋼 | 圆钢 |
| — thread | 圓螺紋 | 丸ねじ | 圆螺纹 |
| — tooth | 圓齒 | 丸刃 | 圆齿 |
| — tup | 圓錘頭〔動力錘的〕 | 丸タップ | 圆锤头〔动力锤的〕 |
| **rounded** aggregate | 天然骨料〔稜角〕 | 天然骨材 | 天然骨料〔棱角〕 |
| — corner bent tool | 圓角彎頭車刀 | 先丸すみバイト | 圆角弯头车刀 |
| — corner boring tool | 圓角搪刀 | 先丸穴ぐりバイト | 圆角镗刀 |
| — corner straight tool | 圓角直頭車刀 | 先丸剣バイト | 圆角直头车刀 |
| **roundhead** bolt | 半圓頭螺釘 | 先丸棒 | 半圆头螺钉 |
| — rivet | 圓頭鉚釘 | 丸頭びょう | 圆头铆钉 |
| — screw | 半圓頭螺釘 | 丸頭ねじ | 半圆头螺钉 |
| **rounding** | 捨入成整數 | ランディング | 舍入成整数 |
| **roundness** | 圓度 | ラウンドネス | 圆度 |
| **route** | 路;路線;航路;航線 | ルート | 路;路线;航路;航线 |
| **routine** | 常規;程序;過程 | ルーチン | 常规;程序;过程 |
| — analysis | 日常（工作）分析 | 日常（作業）分析 | 日常（工作）分析 |
| **routing** | 路徑選擇;路由選擇 | ルーチング | 路径选择;路由选择 |
| — control | 路徑選擇控制 | ルーチング制御 | 路径选择控制 |
| **row** | 行 | ロー | 行 |
| **RR alloy** | RR銅鎳系耐熱鋁合金 | RR 合金 | RR铜镍系耐热铝合金 |
| **rub** | 擦;摩擦 | ラブ | 擦;摩擦 |
| — off constant | 耐擦常數 | 摩擦落ち定数 | 耐擦常数 |
| — off resistance | 耐摩擦性 | 摩擦落ち抵抗 | 耐摩擦性 |
| — proofness | 耐摩（擦）程度 | 耐摩（擦）性 | 耐摩（擦）程度 |
| — test | 摩擦試驗 | 摩擦試験 | 摩擦试验 |
| **rubber** | 橡皮;橡膠;磨擦物 | ゴム | 橡皮;橡胶;磨擦物 |
| **rubber-like** elasticity | 似橡膠（狀）彈性 | ゴム状弾性 | 似橡胶（状）弹性 |
| **rubbing** agent | 研磨劑 | 研磨剤 | 研磨剂 |
| — board | 刮板〔造模工具〕 | なで板 | 刮板〔造型工具〕 |

R

| 英　　文 | 臺　　灣 | 日　　文 | 大　　陸 |
|---|---|---|---|
| ── compound | 研磨劑;拋光膏 | ラビングコンパウンド | 研磨剂;抛光膏 |
| ── contact | 摩擦接觸 | ラビングコンタクト | 摩擦接触 |
| ── down | 磨平;擦乾淨 | とぎおろし | 磨平;擦乾净 |
| ── finisher | 研磨機 | ラビングフィニッシャ | 研磨机 |
| ── friction | 滑動摩擦 | こすり摩擦 | 滑动摩擦 |
| ── keel | 背板龍骨 | スラブキール | 背板龙骨 |
| ── motion | 摩擦運動 | ラビングモーション | 摩擦运动 |
| ── oil | 摩擦用油 | 摩擦油 | 摩擦用油 |
| ── stone | 研磨磨石;研磨砂輪 | ラビングストーン | 研磨磨石;研磨砂轮 |
| ── strip | 摩擦帶材 | すれ材 | 摩擦带材 |
| ── surface | 摩擦面 | ラビングサーフェース | 摩擦面 |
| ── test | 摩擦試驗 | 摩擦試験 | 摩擦试验 |
| **rubble** | 毛石;碎磚 | 野石 | 毛石;碎砖 |
| **rubidium,Rb** | 銣 | ルビジウム | 铷 |
| **ruby** | 紅寶石 | ルビー | 红宝石 |
| **rudder** | 舵 | ラッダ | 舵 |
| **rugosity** | 粗糙(度);凹凸不平 | ルゴシティ | 粗糙(度);凹凸不平 |
| **rule** | 定則;法則;條例;尺 | ルール | 定则;法则;条例;尺 |
| ── cutter | 裁鉛條機 | けい切り器 | 裁铅条机 |
| **ruled** paper | 方格紙;座標紙 | け引紙 | 方格纸;坐标纸 |
| ── surface | 直紋曲面 | ルールドサーフェス | 直纹曲面 |
| **ruler** | 直尺;劃線板;直角尺 | ルーラ | 直尺;划线板;直角尺 |
| **ruling** | 刻度;劃線;管理;支配 | ルーリング | 刻度;划线;管理;支配 |
| ── grade | 限制坡度 | 制限こう配 | 限制坡度 |
| ── machine | 刻線機 | ルーリングマシン | 刻线机 |
| **rumbler** | 清理滾筒;滾磨機 | ランブラ | 清理滚筒;滚磨机 |
| **run** | 工作;運行;操作;運轉 | ラン | 工作;运行;操作;运转 |
| ── back | 反流 | 反流 | 反流 |
| ── idle | 空轉 | ランアイドル | 空转 |
| **runaway** | 逃跑;破壞;失控;逸出 | ランアウェイ | 逃跑;破坏;失控;逸出 |
| ── energy | 逃逸能量 | 暴走エネルギー | 逃逸能量 |
| ── reaction | 失控反應 | 暴走反応 | 失控反应 |
| **run-down** | 掃描;下降;停止;衰弱 | ランダウン | 扫描;下降;停止;衰弱 |
| **rung** | 梯級 | 横さん | 梯级 |
| **runner** | 轉子(葉輪);導向滑輪 | ランナ | 转子(叶轮);导向滑轮 |
| ── wheel | 輾輪 | ランナホイール | 辗轮 |
| **running** | 工作;運轉;流動;行程 | ラニング | 工作;运转;流动;行程 |
| ── accuracy | 旋轉精度 | 回転精度 | 旋转精度 |
| ── efficiency | 運轉效率 | 運転効率 | 运转效率 |
| ── speed | 運轉速度;運行速度 | 走行速度 | 运转速度;运行速度 |

| 英　　文 | 臺　　灣 | 日　　文 | 大　　陸 |
|---|---|---|---|
| — status | 運行狀態 | ランニングステータス | 运行状态 |
| — time | 運轉時間;動作時間 | ランニングタイム | 运转时间;动作时间 |
| — valve | 出水閥 | 流出弁 | 出水阀 |
| — welding | 跑銲;粗銲 | 走り溶接 | 跑焊;粗焊 |
| — without load | 空轉 | 空回り | 空转 |
| **running-in** | 試車;跑合運轉 | ランニングイン | 试车;跑合运转;配研 |
| **run-off** | 流出;逃逸部分;溢出 | ランーオフ | 流出;逃逸部分;溢出 |
| — casting | 溢流鑄造 | あがり鋳物 | 溢流铸造 |
| **run-of-mine** coal | 原煤 | 原炭 | 原煤 |
| **run-out** | 伸出;流出;偏心 | ランアウト | 伸出;流出;偏心 |
| — groove | 引出(紋)槽 | ランアウトグルーブ | 引出(纹)槽 |
| — of end face | 端面振擺〔跳動〕 | 端面の振れ | 端面振摆〔跳动〕 |
| — of thread | 不完整螺紋部 | 不完全ねじ部 | 不完整螺纹部 |
| **runtime** | 運行時間 | ランタイム | 运行时间 |
| **runtiming** | 運行時序 | ランタイミング | 运行时序 |
| **run-up** | 起轉;試運轉;試車 | ランアップ | 起转;试运转;试车 |
| **runway** | 懸索道;滑道;吊車道 | ランウェイ | 悬索道;滑道;吊车道 |
| **rupture** | 斷裂;破裂;絕緣擊穿 | ラプチャ | 断裂;破裂;绝缘击穿 |
| — cross-section | 斷裂面 | 破断断面 | 断裂面 |
| — in bending | 彎曲破壞 | 曲げ破壊 | 弯曲破坏 |
| — life | 斷裂壽命 | 破断寿命 | 断裂寿命 |
| — line | 破壞包絡線 | 破壊包絡線 | 破坏包络线 |
| — strength | 斷裂強度;抗斷強度 | ラプチャ強さ | 断裂强度;抗断强度 |
| — stress | 破壞應力;斷裂應力 | 破壊応力 | 破坏应力;断裂应力 |
| — test | 破壞試驗;斷裂試驗 | 破壊試験 | 破坏试验;断裂试验 |
| **rupturing** capacity | 斷裂容量〔功率〕 | 破裂能力 | 断裂容量〔功率〕 |
| **rush** | 突進 | ラッシュ | 突进 |
| **rust** | 銹;鐵銹;生銹 | ラスト | 锈;铁锈;生锈 |
| — bloom | 銹霜 | ラストブルーム | 锈霜 |
| — corrosion | 銹蝕 | さび食 | 锈蚀 |
| — inhibiting paint | 防銹漆 | さび止めペイント | 防锈漆 |
| — oil | 防銹油 | 防せい油 | 防锈油 |
| — prevention | 防銹 | さび止め | 防锈 |
| — preventive plating | 防銹鍍層 | 防せいめっき | 防锈镀层 |
| — resistance | 耐銹性;抗腐蝕性 | 耐しゅう性 | 耐锈性;抗腐蚀性 |
| — spot | 銹點;銹跡 | さび染み | 锈点;锈迹 |
| **rustless** iron | 鐵鉻耐蝕合金;不銹鋼 | ステンレス鉄 | 铁铬耐蚀合金;不锈钢 |
| — process | 無銹處理 | ラストレス法 | 无锈处理 |
| — steel | 不銹鋼 | ラストレススチール | 不锈钢 |
| **rust-proof** agent | 防銹劑 | 防せい剤 | 防锈剂 |

**R**

| 英　　文 | 臺　　灣 | 日　　文 | 大　　陸 |
|---|---|---|---|
| — material | 防銹材料 | 防せい材料 | 防锈材料 |
| — oil | 抗腐蝕油 | さび止め油 | 抗腐蚀油 |
| — paint | 防銹漆 | 防せい塗料 | 防锈漆 |
| **rust-resisting steel** | 不銹鋼 | ステンレス鋼 | 不锈钢 |
| **rut** | 車轍;輪距;凹槽;壓痕 | ラット | 车辙;轮距;凹槽;压痕 |

| 英　　　文 | 臺　　　灣 | 日　　　文 | 大　　　陸 |
|---|---|---|---|
| S-hook | S形鉤 | S形かぎ | S形钩 |
| sack | 裝袋;包裝機 | 揚袋機 | 扬袋机 |
| — making machine | 製盒機 | 製缶機 | 制盒机 |
| — packermachine | 裝袋機 | 袋詰め機 | 装袋机 |
| — sewing machine | 縫袋機 | 袋閉じミシン | 缝袋机 |
| saddle | 滑動座架;軸鞍;滑座;臺 | サドル;台 | 滑动座架;鞍座;支管架 |
| — base | 鞍座 | サドル台 | 鞍座 |
| — cam | 溜板凸輪;鞍座凸輪 | サドルカム | 溜板凸轮 |
| — clamp | 床鞍夾緊;大刀架夾緊 | サドルクランプ | 床鞍夹紧器 |
| — clip | 管箍;扒釘 | 分岐帯 | 管箍;管卡 |
| — joint | 鞍形接合;咬口接頭;鞍接 | くら目地 | 鞍形接头 |
| — key | 鞍形鍵;空鍵 | くらキー | 鞍形键 |
| — rail | 鞍形軌條 | くら形レール | 鞍形轨 |
| — stroke | 床鞍行程;大刀架行程 | サドルストローク | 床鞍行程;拖板行程 |
| — table | 滑鞍式工作台 | サドルテーブル | 滑鞍式工作台 |
| — tee | 馬鞍形三通管 | くら形T接ぎ手 | 马鞍形三通管 |
| — top | 滑座頂 | サドルトップ | 滑座顶 |
| — type turret lathe | 滑鞍式轉塔車床 | サドル形タレット旋盤 | 滑鞍式转塔车床 |
| SAE standard | 美國汽車工程師學會標準 | SAE規格 | 汽车工程师学会标准 |
| safe | 安全的;可靠的;保險箱 | セーフ;蔵;金庫 | 安全的;可靠的;保险箱 |
| — carrying capacity | 容許負載量;安全載流量 | 安全電流 | 容许负荷量 |
| — distance | 安全距離 | 安全距離 | 安全距离 |
| — factor of buckling | 挫曲安全係數 | 座屈安全率 | 压曲安全系数 |
| — level | 安全量 | 安全量 | 安全量 |
| — life | 安全壽命 | 安全寿命 | 安全寿命 |
| — light | 安全燈 | 安全ランプ | 安全灯 |
| — load | 安全負載 | 安全荷重 | 安全载荷 |
| — mass | 安全質量 | 安全質量 | 安全质量 |
| — operation | 安全操作 | 安全操作 | 安全操作 |
| — rope | 安全帶;安全繩 | 安全ロープ | 安全带;安全绳 |
| — sign color | 安全標誌色 | 安全標識色 | 安全标志色 |
| — stress | 安全〔容許〕應力 | 安全応力 | 安全应力 |
| — wedge | 安全楔 | 安全くさび | 安全楔 |
| — working load | 容許工作負載 | 安全使用荷重 | 安全许用负载 |
| — working pressure | 容許工作壓力 | 安全使用圧力 | 安全工作压力 |
| — working strength | 容許工作強度 | 安全使用強さ | 安全工作强度 |
| safeguard | 安全裝置;護欄 | 安全装置 | 安全装置 |
| — circuit | 保安電路 | 保安回路 | 保安电路 |
| — inspection | 安全防護檢查 | 安全審査 | 安全防护检查 |
| — inspectorate | 核監督檢查 | 原子力調査規則 | 核监督检查 |

S

| 英　　文 | 臺　　灣 | 日　　文 | 大　　陸 |
|---|---|---|---|
| — system | 安全系統 | 保障措置システム | 安全措置制度 |
| — technology | 安全技術 | 保障措置技術 | 安全保障技術 |
| **safety** | 安全;保險裝置;安全設備 | 安全 | 安全;保險裝置 |
| — alarm device | 安全警報器 | 安全警報装置 | 安全警报装置 |
| — allowance | 安全補償 | 安全在庫量 | 安全裕度;保险徐量 |
| — analysis | 安全分析 | 安全解析 | 安全分析 |
| — angle | 安全角 | 安全角 | 安全角 |
| — arch | 分載拱 | セーフティアーチ | 分载拱 |
| — assembly | 安全裝置 | 安全アセンブリ | 安全装置 |
| — attachment | 安全裝置 | 安全装置 | 安全装置 |
| — bag | 安全氣囊 | 安全バッグ | 安全袋 |
| — band | 安全〔保險〕帶 | 安全ベルト | 安全带 |
| — belt | 安全〔保險〕帶 | 安全帯 | 安全带 |
| — block | 安全板 | 安全ブロック | 安全板 |
| — box | 安全器;安全盒 | 安全器 | 安全器;安全盒 |
| — brake | 安全制動器;保險閘 | 安全制動機 | 安全制动器;保险闸 |
| — breaker | 安全斷電器 | 安全ブレーカ | 安全断电器 |
| — butts | 安全鉸鏈 | 安全丁番 | 安全铰链 |
| — cabinet | 安全櫃 | 安全キャビネット | 安全柜 |
| — cap | 安全帽;安全罩 | 安全キャップ | 安全帽;安全罩 |
| — car | 安全汽車 | 安全自動車 | 安全汽车 |
| — catch | 安全扣;擋塊 | 安全つかみ | 安全制子;挡块 |
| — certificate | 安全證書 | 安全証書 | 安全证书 |
| — circuit | 安全電路 | 安全回路 | 安全电路 |
| — circuit for sinker load | 防重錘下落回路 | 自重落下防止回路 | 防重锤下落回路 |
| — clutch | 安全離合器 | 安全装置組 | 安全离合器 |
| — clutch bushing | 安全離合器襯套 | 安全装置受け | 安全离合器衬套 |
| — clutch pawl | 安全離合器爪 | 安全装置つめ | 安全离合器爪 |
| — clutch spring | 安全離合器彈簧 | 安全装置スプリング | 安全离合器弹簧 |
| — coal reserves | 安全煤貯量 | 安全炭量 | 安全煤贮量 |
| — cock | 安全旋塞 | 安全コック | 安全旋塞;安全栓 |
| — code | 安全規定 | 安全規定 | 安全规定 |
| — coefficient | 安全係數;保險係數 | 安全係数 | 安全系数;保险系数 |
| — color | 安全標誌色;安全色彩 | 安全カラー | 安全标志色;安全色彩 |
| — control | 安全控制 | 安全管理 | 安全控制 |
| — control equipment | 安全控制設備 | 防災設備 | 安全控制设备 |
| — control system | 防災裝置 | 防災装置 | 防灾装置 |
| — cord | 安全繩索 | 安全ひも | 安全绳索 |
| — cost | 安全成本 | 安全コスト | 安全成本 |
| — cover | 防護罩;安全罩 | 安全覆いふた | 防护罩;安全罩 |

| 英　　文 | 臺　　灣 | 日　　文 | 大　　陸 |
|---|---|---|---|
| — crank | 安全曲柄 | 安全クランク | 安全曲柄 |
| — criteria review | 安全規則審查 | 安全基準審査 | 安全规则审查 |
| — cut out | 保安器;熔絲斷路器 | 安全器 | 保安断电器;熔断器 |
| — cylinder | 安全保護油缸 | セーフティシリンダ | 安全保护油缸 |
| — degree | 安全度 | 安全度 | 安全度 |
| — design load | 安全設計負載 | 安全設計荷重 | 安全设计荷载 |
| — device | 安全裝置 | 非常止め | 安全装置;紧急刹车 |
| — device adjustment | 安全裝置調整 | 保安装置調整 | 安全装置调整 |
| — distance | 安全距離 | 安全間隔 | 安全距离 |
| — door | 安全門 | 安全扉 | 安全门 |
| — enclosed switch | 金屬盒開關 | 金属箱開閉器 | 金属盒开关 |
| — engineer | 安全管理員 | 安全管理者 | 安全管理者 |
| — engineering | 安全工程 | 安全工学 | 安全工程 |
| — equipment | 安全設備;防護裝置 | 保護装置 | 安全设备;防护装置 |
| — facilities | 安全設施 | 安全施設 | 安全设施 |
| — factor | 安全因數;安全係數 | 安全（超過）量（率） | 安全因数;安全系数 |
| — fence | 防護柵欄 | 防護さく | 防护栅栏 |
| — for earthquake | 耐震安全性 | 耐震安全性 | 耐震安全性 |
| — for sliding | 滑動穩定 | 滑動安定 | 滑动稳定 |
| — fuel | 安全燃料 | 安全燃料 | 安全燃料 |
| — function | 安全函數 | 安全関数 | 安全函数 |
| — funnel tube | 安全漏斗管 | 安全漏斗管 | 安全漏斗管 |
| — fuse | 安全導火線;保險絲 | 導火線 | 安全导火线 |
| — gap | 安全間隙;保安放電器 | 安全間げき | 安全隙;保安放电器 |
| — gear | 安全裝置 | 安全装置 | 安全装置 |
| — glass | 安全玻璃 | 安全ガラス | 安全玻璃 |
| — goggles | 安全護目鏡;護目鏡 | 保護眼鏡 | 护目镜 |
| — governor | 安全調節 | 安全調速機 | 安全调节 |
| — ground | 安全接地 | セーフティグラウンド | 安全接地 |
| — guard | 保險板;護欄;安全護件 | 安全覆い | 安全保护装置 |
| — handling | 安全操作 | 安全操作 | 安全操作 |
| — head | 安全頂蓋 | 安全ふた | 安全顶盖 |
| — helmet | 安全帽 | 安全帽 | 安全帽 |
| — hoist | 安全起重機 | 安全ホイスト | 安全卷扬机 |
| — holder | 安全夾具 | 安全ホルダ | 安全夹具 |
| — hook | 安全鉤 | 安全フック | 安全钩 |
| — index | 安全性指標 | 安全性指標 | 安全性指标 |
| — interlock | 安全連鎖裝置 | 安全停止装置 | 安全连锁装置 |
| — inventory | 安全庫存 | 安全在庫 | 安全库存 |
| — lamp | 安全燈 | 安全灯 | 安全灯 |

| 英　　文 | 臺　　灣 | 日　　文 | 大　　陸 |
|---|---|---|---|
| — lever | 保險桿 | 安全レバー | 保险杆 |
| — light | 安全燈 | 安全光 | 安全光 |
| — lighting | 安全照明 | 安全照明 | 安全照明 |
| — line | 安全線 | 安全線 | 安全线 |
| — link | 安全連接 | セーフティリンク | 安全连接 |
| — load | 安全負載;容許負載 | 安全荷重 | 安全负载;容许负载 |
| — lock | 保險鎖 | 安全子 | 保险机 |
| — management | 安全管理 | 安全管理 | 安全管理 |
| — manager | 安全管理員 | 安全管理者 | 安全管理员 |
| — margin | 安全率;安全界限 | 安全率 | 安全率;安全界限 |
| — mark color | 安全標色 | 安全標識色 | 安全标色 |
| — mechanism | 安全機構 | 安全機構 | 安全机构 |
| — member | 安全要素 | 安全要素 | 安全要素 |
| — net | 安全網 | 防護ネット | 安全网 |
| — nut | 安全螺母;保險螺母 | 安全ナット | 安全螺母;保险螺母 |
| — operating area | 安全工作區 | 安全動作域 | 安全工作区 |
| — operation manual | 安全操作手冊 | 安全作業基準 | 安全作业手册 |
| — optimization design | 安全最佳化設計 | 安全最適化設計 | 安全最佳化设计 |
| — pad | 安全墊;保險墊 | 安全パッド | 安全垫;保险垫 |
| — pin | 安全銷;別針;保險針 | 安全ピン | 安全销 |
| — pipe | 安全管 | セーフティパイプ | 安全管 |
| — plug | 安全塞;安全插頭 | 安全プラグ | 安全塞;熔丝塞 |
| — pole | 安全桿 | 安全ポール | 安全杆 |
| — post | 安全導標 | 視線誘導標 | 安全导标 |
| — profile | 安全曲線圖 | 安全プロフィール | 安全曲线图 |
| — program | 安全計劃 | 安全計画 | 安全计划 |
| — regulations | 安全條例 | 保安規程 | 安全条例 |
| — ring | 安全環 | 安全環 | 安全环 |
| — rod | 安全棒 | 安全棒 | 安全棒 |
| — rope | 安全帶;保險繩 | 腰網 | 安全带;保险绳 |
| — rule | 安全規則 | 安全規則 | 安全规则 |
| — science | 安全科學 | 安全科学 | 安全科学 |
| — screen | 安全網罩;保險遮板 | セーフティスクリーン | 安全网罩;保险遮板 |
| — separation | 安全距離 | 安全間隔 | 安全距离 |
| — shoes | 安全鞋 | セーフティシューズ | 安全靴 |
| — shut-off time | 安全切斷時間 | 安全遮断時間 | 安全切断时间 |
| — shut-off valve | 安全切斷閥 | 安全遮断弁 | 安全切断阀 |
| — siding | 安全邊線 | 安全側線 | 安全副线 |
| — sign | 安全標識 | 誘導標識 | 安全标识 |
| — signal | 安全信號 | 安全信号 | 安全信号 |

| 英　　文 | 臺　　灣 | 日　　文 | 大　　陸 |
|---|---|---|---|
| — signplate | 安全標識牌 | 安全標識 | 安全标识牌 |
| — spark gap | 安全火花間隙 | 安全火花ギャップ | 安全火花间隙 |
| — speed | 安全速度 | 安全速度 | 安全速度 |
| — standards | 安全標準 | 安全規格 | 安全标准 |
| — stay | 安全牽條 | 安全控え | 安全牵条 |
| — stock | 安全庫存 | 安全在庫 | 安全库存 |
| — stop | 安全擋塊;安全停止 | 安全止め | 安全挡块;安全停止 |
| — strip | 安全地帶;安全區 | 安全地帯 | 安全地带;安全区 |
| — switch | 安全開關;保險開關 | 安全スイッチ | 安全开关;保险开关 |
| — system | 安全系統 | 安全系 | 安全系统 |
| — tap | 安全旋塞 | 安全コック | 安全旋塞 |
| — technical personnel | 安全技術員 | 保安技術職員 | 安全技术员 |
| — testing | 安全性試驗 | 安全性試験 | 安全性试验 |
| — trip | 安全釋放機構 | 安全トリップ | 安全释放机构 |
| — tube | 安全管 | 安全管 | 安全管 |
| — valve | 安全閥 | 安全バルブ | 安全阀 |
| — valve lever | 安全閥桿 | 安全弁てこ | 安全阀杆 |
| — valve operation test | 安全閥動作試驗 | 安全弁作動試験 | 安全阀动作试验 |
| — valve set pressure | 安全閥設定壓力 | 安全弁調整圧力 | 安全阀开启压力 |
| — valve setting | 安全閥壓力設定 | 安全弁封鎖 | 安全阀定压 |
| — varible | 安全變數 | 安全変数 | 安全变数 |
| — voltage | 安全電壓 | 安全電圧 | 安全电压 |
| — water tube boiler | 安全水管鍋爐 | 安全水管ボイラ | 安全水管锅炉 |
| — weight | 安全重量 | セーフティウエート | 安全重量 |
| — work standard | 安全作業標準 | 安全作業基準 | 安全作业标准 |
| — zone | 安全區域 | セーフティゾーン | 安全区域 |
| **S.A.F.T. battery** | 石墨粉陽極蓄電池 | S.A.F.T.蓄電池 | 石墨粉阳极蓄电池 |
| **sag** | 垂度;彎曲;鑄件截面減薄 | サグ;垂れ | 垂度 |
| — bolt | 防垂螺栓 | サグボルト | 防垂螺栓 |
| — core | 砂心下垂 | 中子垂れ | 砂心下垂 |
| — ratio | 垂跨比 | サグ比 | 垂跨比 |
| — tester | 流掛試驗機 | 垂れ試験機 | 流挂试验机 |
| **sailcloth** | 帆布 | 帆布 | 帆布 |
| **sal** | 鹽 | サラ双樹 | 盐 |
| — ammoniac | 氯化銨 | 塩化アンモニウム | 氯化铵 |
| — ammoniac cell | 氯化銨電池 | 塩化アンモニウム電池 | 氯化铵电池 |
| **salamander** | 烤爐;焙燒爐 | 肉焼き器 | 铸件淬火炉 |
| **saleratus** | 碳酸氫鉀 | 重炭酸ナトリウム | 碳酸氢钾 |
| **sales** | 銷售 | 売上高 | 销售 |
| — management | 銷售管理 | 販売管理 | 销售管理 |

| 英　　文 | 臺　　灣 | 日　　文 | 大　　陸 |
|---|---|---|---|
| — message | 銷售信息;銷售信件 | 販売伝言書 | 销售信息;销售信件 |
| — planning | 銷售計劃 | 販売計画 | 销售计划 |
| — requirement | 銷售要求條件 | 販売の要求条件 | 销售要求条件 |
| — unit | 銷售單位 | 販売単位 | 销售单位 |
| **salesman** | 推銷員;營業員 | 推銷員 | 推销员 |
| **salfur dioxide** | 二氧化硫 | 二酸化硫黄 | 二氧化硫 |
| **Salge metal** | 一種鋅基軸承合金 | サルジメタル | 萨尔吉锌基轴承合金 |
| **salic** | 矽鋁質 | けいばん質 | 硅铝质 |
| **salient** | 凸出;凸〔顯〕極性 | 突角;凸出部 | 凸角;凸出部 |
| **salimeter** | 鹽液比重計 | 塩液比重計 | 盐液比重计 |
| **salimetry** | 鹽分析法 | 塩分測定 | 盐分析法 |
| **saline** | 鹽水;含鹽的 | 塩水;塩溶液 | 盐水;含盐的 |
| — flux | 鹽類熔劑;含鹽銲劑 | 塩類融剤 | 盐类熔剂;含盐焊剂 |
| — water intrusion | 鹽水滲入;鹹水侵入 | 塩水侵入 | 盐水渗入;咸水侵入 |
| **salineness** | 含鹽度 | 含塩度 | 含盐度 |
| **salinometer** | 測鹽計;鹽量計;鹽重計 | 検塩器 | 测盐计;盐量计;盐重计 |
| — valve | 鹽重計閥 | 検塩弁 | 盐重计阀 |
| **salitre** | 硝石;鈉硝;硝酸鈉 | 銷石 | 硝石;钠硝;硝酸钠 |
| **salmiac** | 氯化銨 | 塩化アンモニウム | 氯化铵 |
| **salometer** | 鹽(液比)重計 | 検塩器 | 测盐计〔测比重;浓度〕 |
| **salpeter** | 硝石 | 銷石 | 硝石 |
| **salsoda** | 蘇打;十水碳酸鈉 | 洗濯ソーダ | 苏打;十水碳酸钠 |
| **salt** | 鹽;食鹽;鹽類 | 食塩;塩類 | 盐;食盐;盐类 |
| — bath | 鹽浴〔爐〕;鹽槽 | 塩浴 | 盐浴 |
| — bath cleaning | 鹽浴清洗 | 塩浴清浄 | 盐浴清洗 |
| — bath furnace | 鹽浴爐 | 塩浴炉 | 盐浴炉 |
| — bath heat treatment | 鹽浴熱處理 | 塩浴熱処理 | 盐浴热处理 |
| — bath quench | 鹽浴淬火 | 熱浴焼入れ | 盐浴淬火 |
| — bridge | 鹽橋 | 塩橋 | 盐桥 |
| — gage | 鹽水比重計 | 検塩計 | 盐水比重计 |
| — lime | 石膏;硫酸鈣 | 石こう | 石膏;硫酸钙 |
| — patenting | 鹽浴韌化處理 | ソルトパテンチング | 盐浴韧化处理 |
| — quenching | 鹽浴淬火 | 塩浴焼入れ | 盐浴淬火 |
| — solution | 鹽溶液 | 塩溶液 | 盐溶液 |
| — water resistance | 耐鹽水性 | 耐塩水性 | 耐盐水性 |
| — water resistant test | 耐鹽水試驗 | 耐塩水試験 | 耐盐水试验 |
| — water sponge | 鹽水海綿 | 海綿 | 盐水海绵 |
| — works | 鹽廠 | 製塩工場 | 盐厂 |
| **saltation** | 跳躍;跳動;突動 | サルテーション | 跳跃;跳动;突动 |
| **saltpetre** | 硝石;鉀硝;硝酸鉀 | 硝石;硝酸カリ | 硝石;钾硝;硝酸钾 |

| 英　　文 | 臺　　灣 | 日　　文 | 大　　陸 |
|---|---|---|---|
| ― salt | 硝石鹽 | 硝石塩 | 硝石盐 |
| ― mine | 硝石礦 | 硝石坑 | 硝石矿 |
| **saltus** | 急變 | 振幅；跳躍 | 振幅；跃度 |
| ― function | 不連續的函數 | 跳躍関数 | 跳跃函数 |
| ― of function | 函數的振幅 | 関数の振幅 | 函数的振幅 |
| ― point | 跳躍點 | 跳躍点 | 跳跃点 |
| **salvage** material | 回收材料 | 回収材料 | 回收材料 |
| ― plating | 尺寸鍍復 | 肉盛めっき法 | 尺寸镀复 |
| **sam** | 受潮；均濕 | 湿潤 | 受潮；均湿 |
| **same** phase | 同相（位） | 同位相 | 同相 |
| ― sign | 同符號 | 同符号 | 同符号 |
| ― size | 相同尺寸 | セームサイズ | 相同画幅 |
| ― system | 同系統 | 同系統 | 同系统 |
| **sammet blende** | 絹針鐵礦 | 絹針鉄鉱 | 绢针铁矿 |
| **samming** | 均濕法；陳化作用 | 湿潤法 | 均湿法；陈化作用 |
| ― machine | 均濕機 | 湿潤機 | 均湿机 |
| **sample** | 樣本；標本；取樣 | サンプル；標本；見本 | 样本；标本 |
| ― data | 抽樣數據 | サンプルデータ | 抽样数据 |
| ― distribution | 採擇〔樣品；取樣〕分布 | 標本分布 | 样品分布 |
| ― drawing | 抽樣品 | 試料抽収品 | 抽样品 |
| ― function | 樣本函數；樣品函數 | サンプル関数 | 样本函数；样品函数 |
| ― heater | 試料加熱爐 | 試料加熱炉 | 试料加热炉 |
| ― molding | 樣品模壓；樣品造型 | 見本成形 | 样品模压；样品造型 |
| ― number | 抽樣號碼；樣品號 | サンプル番号 | 抽样号码；样品号 |
| ― pattern | 樣品圖 | サンプルパターン | 样品图 |
| ― point | 抽樣點 | 見本点 | 抽样点 |
| ― process | 抽樣過程 | 見本過程 | 抽样过程 |
| ― program | 抽樣程序 | サンプルプログラム | 抽样程序 |
| ― quantity | 樣品數量 | サンプル量 | 样品数量 |
| ― quartering | 四分法取樣 | 試料四分法 | 四分法取样 |
| ― rack | 樣品架 | 試料架 | 样品架 |
| ― rate | 抽樣率 | サンプルレート | 抽样率 |
| ― reduction | 試樣還原；試料縮分 | 試料還元；試料縮分 | 试样还原；试料缩分 |
| ― reservation | 試樣保存 | 試料保存 | 试样保存 |
| ― size | 樣本量 | サンプルサイズ | 抽样量 |
| ― size letter | 樣本量字碼 | サンプルサイズレター | 试样尺寸码 |
| ― space | 取樣空間 | 標本空間 | 取样空间 |
| ― splitter | 試料劈裂器 | 試料分取器 | 试料分取器 |
| ― standard deviation | 樣本標準偏差 | 試料標準偏差 | 样本标准偏差 |
| ― statistic | 樣品統計量 | 統計量 | 样品统计量 |

| 英　　文 | 臺　　灣 | 日　　文 | 大　　陸 |
|---|---|---|---|
| — subgroup | 樣品亞組 | 試料の組 | 样品亚组 |
| — thief | 取樣器 | 試料採取器 | 取样器 |
| — tree | 取樣樹 | サンプルトリー | 取样树 |
| — unit | 取樣單位 | サンプリング単位 | 取样单位 |
| — value | 樣本值 | 標本値 | 样本值 |
| — variance | 樣本方差;樣品離散 | サンプル分散 | 样本方差;样品离散 |
| — wafer | 樣片 | サンプルウェーハ | 样片 |
| **sampled-data** | 抽樣數據 | サンプル化した値 | 抽样数据 |
| — control | 抽樣數據控制 | サンプル値制御 | 采样数据控制 |
| — mode | 抽樣數據方式 | サンプルドデータモード | 抽样数据方式 |
| — theory | 抽樣數據理論 | サンプル値データ理論 | 抽样数据理论 |
| **sampling** | 取樣;抽樣 | 抜取り;試料抽出 | 取样;抽样 |
| — action | 脈衝作用;選〔抽;取〕樣 | 間欠動作 | 间歇动作;取样动作 |
| — at random | 隨機取樣 | ランダムサンプルング | 随机取样 |
| — base | 取樣時基 | サンプリングベース | 取样时基 |
| — cell | 取樣單元 | サンプリングセル | 取样单元 |
| — control | 選擇控制;取樣控制 | サンプル値制御 | 选择控制;取样控制 |
| — distribution | 抽樣分布 | 標本分布 | 抽样分布 |
| — error | 取樣誤差;抽樣誤差 | サンプリング誤差 | 取样误差;抽样误差 |
| — frequency | 抽樣頻率;取樣頻率 | サンプリング周波数 | 抽样频率;取样频率 |
| — inspection by variable | 計量抽樣檢查 | 計量抜取り検査 | 计量抽样检查 |
| — inspection plan | 抽樣檢查方式 | 抜取り検査方式 | 抽样检查方式 |
| — inspection table | 抽樣檢查表 | 抜取り検査表 | 抽样检查表 |
| — mechanism | 取樣機構;觀測機構 | 観測機構 | 取样机构;观测机构 |
| — method | 試料採取法 | サンプリング法 | 试料采取法 |
| — mill | 試料粉碎器 | 試料を作るための粉砕器 | 试料粉碎器 |
| — normal distribution | 抽樣常態分布 | 標本正規分布 | 抽样正态分布 |
| — period | 取樣周期;抽樣周期 | サンプリング周期 | 取样周期;抽样周期 |
| — procedure | 取樣程序;抽樣 | 抽出方式 | 取样程序;抽样 |
| — process | 抽樣過程;取樣過程 | サンプリングプロセス | 抽样过程;取样过程 |
| — speed | 取樣速度 | サンプリングスピード | 取样速度 |
| — survey method | 抽樣調查法 | 標本調査法 | 抽样调查法 |
| — test | 抽樣試驗 | 抜取り試験 | 抽样试验 |
| — theorem | 抽樣定理 | 標本化定理 | 抽样定理 |
| — valve | 採樣閥 | 試料採取弁 | 采样阀 |
| — window | 取樣窗 | サンプリングウインドウ | 取样窗 |
| **Samson post** | 中支柱;桁架中柱 | サムソンポスト | 中支柱;桁架中柱 |
| **sand** | 砂;鑄砂 | 砂 | 砂 |
| — abrasion test | 耐砂磨損試驗 | 砂摩耗試験 | 耐砂磨损试验 |
| — bath | 砂浴;噴砂清洗 | 砂浴 | 砂浴;喷砂清洗 |

| 英　　文 | 臺　　灣 | 日　　文 | 大　　陸 |
|---|---|---|---|
| — bath tempering | 砂浴回火 | 砂浴もどし | 砂浴回火 |
| — bellows | 噴砂 | 砂吹き | 噴砂 |
| — binder | 鑄砂用黏合劑 | 鋳物砂用粘結剤 | 型砂用粘合剂 |
| — blast | 噴砂；砂磨 | 砂吹付け | 喷砂；砂磨 |
| — blast gun | 噴砂槍 | サンドブラストガン | 喷砂枪 |
| — blast machine | 噴砂機 | サンドブラスト機 | 喷砂机 |
| — blast nozzle | 噴(砂)嘴 | サンドブラストノズル | 喷(砂)嘴 |
| — blasting | 噴砂；砂磨 | 砂吹き加工；噴砂 | 喷砂；砂磨 |
| — blasting machine | 噴砂機 | サンドブラスト機 | 喷砂机 |
| — blender | 混砂設備；拋射鬆砂機 | サンドブレンダ | 混砂设备；抛射松砂机 |
| — blister | 砂眼〔鑄造缺陷〕 | サンドブリスタ | 砂眼〔铸造缺陷〕 |
| — block | 砂箱墩 | 砂盤木 | 砂箱墩 |
| — blower | 噴砂器 | 砂吹き；砂噴機 | 喷砂器 |
| — blowing machine | 噴砂機 | 噴砂機 | 喷砂机 |
| — box | 砂箱 | サンドボックス；砂箱 | 砂箱 |
| — breaker | 鬆砂機 | サンドブレーカ | 松砂机 |
| — buckle | 嚴重鼠尾(缺陷)；夾砂 | 絞られ | 严重鼠尾(缺陷)；夹砂 |
| — burning | 機械黏砂；燒結黏砂 | 焼付き；差込み | 机械粘砂；烧结粘砂 |
| — cast | 鑄模鑄造 | 砂型鋳造 | 砂型铸造 |
| — cast pig iron | 鑄模鑄造生鐵 | 砂型銑 | 砂型铸造生铁 |
| — casting | 鑄模鑄件 | 砂型鋳物 | 砂型铸物 |
| — cloth | 研摩布；砂布 | 布やすり | 研摩布；砂布 |
| — coal | 砂煤 | 砂石炭 | 砂煤 |
| — coker | 混砂煉焦爐 | サンドコーカ | 混砂炼焦炉 |
| — cone | 錐形濕式分級器 | サンドコーン | 锥形湿式分级器 |
| — container | 射砂筒；儲砂容器 | サンドコンテナ | 射砂筒；储砂容器 |
| — control | 砂處理；鑄砂控制 | 砂調整 | 砂处理；型砂控制 |
| — cooler | 砂冷卻 | 鋳物砂の冷却機 | 砂冷却 |
| — core | 砂心 | サンドコア | 砂芯 |
| — cracker | 碎砂機 | サンドクラッカ | 碎砂机 |
| — cutter | 碎砂機；移動式混砂機 | サンドカッタ | 碎砂机；移动式混砂机 |
| — cutting | 拌砂；鬆砂 | 砂ほごし | 拌砂；松砂 |
| — disintegrator | 鬆砂機 | 砂ほごし機 | 松砂机 |
| — drier | 烘砂器；鑄砂乾燥爐 | サンドドライヤ | 烘砂器；型砂干燥炉 |
| — dry | 表乾；鑄砂乾燥爐 | 上乾き | 表干；型砂干燥炉 |
| — dryer | 烘砂器；烘砂爐 | 鋳物砂乾燥機 | 烘砂器；烘砂炉 |
| — equivalent test | 含砂當量試驗 | 砂当量試験 | 含砂当量试验 |
| — expansion ratio | 砂膨脹率 | 砂膨張比 | 砂膨胀率 |
| — feeder | 給砂機；送砂機 | サンドフィーダ | 给砂机；送砂机 |
| — figure | 砂粒形狀 | 砂図 | 砂粒形状 |

S

| 英　　文 | 臺　　灣 | 日　　文 | 大　　陸 |
|---|---|---|---|
| — float finish | 鑄模修飾 | 砂ずり | 砂型修飾 |
| — for dry mold | 乾模用砂 | 乾燥型砂 | 干型用砂 |
| — fraction | 砂粒級；砂組成 | 砂分 | 砂粒级；砂组成 |
| — grain | 砂粒 | 砂粒 | 砂粒 |
| — grinder | 砂磨機 | サンドグラインダ | 砂磨机 |
| — hole | 砂孔〔鑄造缺陷〕 | サンドホール | 砂眼〔铸造缺陷〕 |
| — hopper | 儲砂斗 | サンドホッパ | 储砂斗 |
| — inclusion | 夾砂 | 砂かみ；巻込み | 夹砂 |
| — jack | 砂箱千斤頂 | サンドジャッキ | 砂箱千斤顶 |
| — jet | 噴砂口；噴砂器 | 噴砂器 | 喷砂嘴；喷砂器 |
| — jetting | 噴砂方式 | 砂吹込み方式 | 喷砂方式 |
| — kneader | 葉片式混砂機 | サンドニーダ | 叶片式混砂机 |
| — lance | 噴砂槍 | サンドランス | 喷砂枪 |
| — mark | 夾砂 | サンドマーク；砂傷 | 夹砂 |
| — mill | 碾砂機 | サンドミル；混砂機 | (碾轮式)混砂机 |
| — mixer | 混砂機；和砂機 | 砂混ぜ機 | 混砂机 |
| — mold | 鑄模 | 砂型 | 砂型 |
| — mold binder | 鑄模用黏結劑 | 砂型用粘結剤 | 砂型用粘结剂 |
| — mold casting | 鑄模鑄造 | 砂型鋳造 | 砂型铸造 |
| — molding | 鑄模法 | 砂型製造 | 砂型制造 |
| — muller | 混砂機；和砂機 | サンドマラー | 混砂机 |
| — mulling | 混砂 | 混砂 | 混砂 |
| — permeability | 砂透氣性；砂滲透性 | 砂通気性 | 砂透气性；砂渗透性 |
| — preparation | 混砂；鑄砂製備 | 調砂 | 混砂；型砂制备 |
| — reservoir | 貯砂器；砂庫 | サンドレザーバー | 贮砂器；砂库 |
| — roll | 鑄模鑄輥 | サンドロール | 砂型铸造轧辊 |
| — rolling | 鑄砂混碾 | 回転砂磨き | 型砂混碾 |
| — scale | 砂垢 | 砂あか | 砂垢 |
| — scraper | 砂刮板 | サンドスクレーパ | 砂刮板 |
| — screen | 砂篩；砂篩機 | サンドスクリーン | 砂筛；筛砂机 |
| — separator | 分砂器；鑄砂分選裝置 | サンドセパレータ | 分砂器；型砂分选装置 |
| — set | 一次加砂量 | サンドセット | 一次加砂量 |
| — shaker | 砂篩；砂篩機 | 砂ふるい機 | 砂筛；筛砂机 |
| — shoot valve | 射砂閥 | サンドシュートバルブ | 射砂阀 |
| — sieve grading | 砂篩分級 | 粒度分級 | 砂筛分级 |
| — sieving machine | 砂篩；砂篩機 | 砂落しふるい | 筛砂机 |
| — sifter | 砂篩；砂篩機 | 砂落しふるい | 砂筛；筛砂机 |
| — skin | 砂殼 | 砂肌 | 砂壳 |
| — slinger | 拋砂機 | 型込め機 | 抛砂机 |
| — storage pit | 砂坑 | 砂ます | 砂坑 |

| 英　　文 | 臺　　灣 | 日　　文 | 大　　陸 |
|---|---|---|---|
| — tank | 砂斗;砂槽 | サンドタンク | 砂斗;砂槽 |
| — tempering | 鑄砂濕度調節 | 砂湿度調整 | 型砂湿度调节 |
| — test | 砂試驗 | サンドテスト | 型砂试验 |
| — wash | 沖砂;鑄模塗料 | 磨食肌荒れ | 冲砂;砂型涂料 |
| — washer | 洗砂器 | 砂洗い機械 | 洗砂机械 |
| — washing installation | 洗砂裝置 | 洗砂装置 | 洗砂裝置 |
| — washing machine | 洗砂機 | 洗砂機 | 洗砂机 |
| **sander** | 噴砂器;砂紙磨光機 | 砂まき器;砂まき | 喷砂裝置;打磨器 |
| **sanding** | 砂研磨 | サンディング | 砂研磨;砂纸打磨 |
| — disc | 磨盤;砂輪 | 研磨ディスク | 磨盘;砂轮 |
| — machine | 噴砂機;打磨機 | 床仕上げ機 | 喷砂机;打磨机 |
| — property | 研磨性 | サンディング性;研磨性 | 研磨性 |
| **sandpapering** | 砂紙打磨 | 紙やすり研ぎ | 砂纸打磨 |
| — machine | 砂紙磨光機;砂帶磨床 | 紙やすり盤 | 砂纸磨光机;砂带磨床 |
| — with water | 水磨 | 水研ぎ | 水磨 |
| **sandy clay** | 砂質黏土 | 砂質粘土 | 砂质粘土 |
| — seal | 〔加熱爐〕砂封 | 砂質密封 | 〔加热炉〕砂封 |
| **sanforizing** | 機械防縮處理 | サンホライジング | 机械防缩处理 |
| **santodex** | 黏度指數改進劑 | サンドデックス | 粘度指数改进剂 |
| **santopour** | 凝固點降低劑 | サントポーア | 凝固点降低剂 |
| **sapphire** | 藍寶石 | サファイア | 蓝宝石 |
| — quartz | 藍石英 | サファイアクオーツ | 蓝石英 |
| **sapphirine** | 假藍寶石 | サフィリン;青玉 | 假蓝宝石 |
| **sarcopside** | 磷鈣鐵錳礦 | サルコプサイド | 磷钙铁锰矿 |
| **sarkinite** | 紅砷錳礦 | サーキナイト | 红砷锰矿 |
| **sartorite** | 脆硫砷鉛礦 | サルトリウス石 | 脆硫砷铅矿 |
| **sash** | 窗框 | サッシ;サッシュ | 窗;窗扇 |
| — center pivot | 旋窗樞軸 | 回転窓軸受 | 旋窗枢轴 |
| — lock | 窗銷 | 窓錠 | 窗止动杆 |
| — pin | 窗扇釘 | サッシュピン | 窗扇钉 |
| — pulley | 窗滑輪 | 釣り車;窓車 | 吊窗滑轮 |
| — roller | 窗扇滑輪 | サッシュローラ;戸車 | 窗扇滑轮 |
| — sheave | 窗扇滑輪 | 戸車 | 窗扇滑轮 |
| — weight | 窗配重 | 分銅 | 吊窗(平衡)锤 |
| **sassolite** | 天然硼酸 | ほう酸石 | 天然硼酸 |
| **Satco metal** | 一種鉛基軸承合金 | サトコメタル | 萨特科铅基轴承合金 |
| **satellite** | 人造衛星;衛星 | サテライト方式 | 人造卫星;卫星 |
| — mill | 行星式粉碎機 | 遊星型粉碎機 | 行星式粉碎机 |
| **satin** | 磨光;無光光飾 | サテン仕上げ | 磨光;无光光饰 |
| — finished surface | 拋光面 | なし地 | 抛光面 |

| 英　　文 | 臺　　灣 | 日　　文 | 大　　陸 |
|---|---|---|---|
| ― finishing | 拋光；擦亮 | サテンフィニッシング | 抛光；擦亮 |
| ― gypsum | 纖維石膏 | しゅ子石こう | 纤维石膏 |
| ― polishing | 拋光；擦亮；研光 | サテン仕上げ | 抛光；擦亮；研光 |
| ― spar | 纖維石膏 | 繊維石こう | 纤维石膏 |
| **satining apparatus** | 拋光裝置 | つや出し装置 | 抛光装置 |
| **satinizing** | 磨褪；打磨處理 | なし地処理 | 磨褪；打磨处理 |
| **satisfaction** | 滿足；補償 | 満足 | 满足；补偿 |
| **satisfied** compound | 飽和化合物 | 飽和化合物 | 饱和化合物 |
| **saturable** core | 可飽和鐵芯 | 可飽和鉄心 | 可饱和铁芯 |
| ― magnetic circuit | 磁飽和電路 | 飽和磁気回路 | 磁饱和电路 |
| ― transformer | 飽和變壓器 | 可飽和トランス | 饱和变压器 |
| **saturated** | 飽和絕對濕度 | 飽和絶対湿度 | 饱和绝对湿度 |
| ― compound | 飽和化合物 | 飽和化合物 | 饱和化合物 |
| ― curve | 飽和曲線 | 飽和曲線 | 饱和曲线 |
| ― density | 飽和密度 | 表乾比重 | 饱和密度 |
| **saturation** | 飽和(度) | 飽和 | 饱和(度) |
| ― degree of carbon | 鑄鐵共晶度；碳飽和度 | 炭素飽和度 | 铸铁共晶度；碳饱和度 |
| ― index | 飽和指數 | 飽和指数 | 饱和指数 |
| ― isotherm | 飽和異構 | 飽和異性 | 饱和异构 |
| ― limit | 飽和極限 | 飽和限度 | 饱和极限 |
| ― phenomenon | 飽和現象 | 飽和現象 | 饱和现象 |
| ― point | 飽和點 | 飽和点 | 饱和点 |
| ― power | 飽和能力 | 飽和出力 | 饱和能力 |
| ― pressure | 飽和壓力 | 飽和圧 | 饱和压力 |
| ― state | 飽和狀態 | 飽和状態 | 饱和状态 |
| ― temperature | 飽和溫度 | 飽和温度 | 饱和温度 |
| ― vapor pressure | 飽和蒸汽壓 | 飽和蒸気圧 | 饱和蒸汽压 |
| ― value | 飽和值 | 飽和値 | 饱和值 |
| **Saturn red** | 鉛丹；四氧化三鉛 | 鉛丹 | 铅丹；四氧化三铅 |
| **saturnism** | 鉛中毒 | 鉛中毒 | (中)铅毒 |
| **saucer** | 碟；盤 | ソーサ；受皿 | 碟；盘 |
| **save** | 貯存；節省 | セーブ；退避 | 贮存；节省 |
| ― energy | 節能 | 省エネルギー | 节能 |
| ― tape | 複錄磁帶 | セーブテープ | 复录磁带 |
| ― value | 保存值 | セーブバリュー | 保存值 |
| **save-all** | 承油盤；防濺器 | 補じゅう器 | 承油盘；防溅器 |
| ― boxes | 防濺箱；擋霧罩 | 泥水のはねよけ箱 | 防溅箱；挡雾罩 |
| **saved system** | 保存系統 | 保管システム | 保存系统 |
| **Savonius current meter** | 薩窩尼亞斯流速計 | サボニアス流速計 | 萨窝尼亚斯流速计 |
| **saw** | 鋸；鋸開 | ソー；ひく；のこぎり | 锯；锯开 |

| 英　　文 | 臺　　灣 | 日　　文 | 大　　陸 |
|---|---|---|---|
| — arbor | 圓鋸心軸 | 丸のこの軸 | 锯轴 |
| — bench | 鋸台 | 丸のこ台 | 锯台 |
| — blade | 鋸條 | ソーブレード；のこ身 | 锯条 |
| — cutting machine | 鋸齒修〔刃〕磨機 | のこ目立機 | 锯齿修〔刃〕磨机 |
| — file | 鋸銼；修鋸銼 | のこ目立やすり | 锯锉；修锯锉 |
| — frame | 鋸架 | のこ枠 | 锯架 |
| — gage | 鋸規 | のこゲージ | 锯规 |
| — gin | 鋸齒軋機 | ソージン | 锯齿轧机 |
| — grinding machine | 鋸齒修磨機 | のこ目立機 | 锯齿修磨机 |
| — hammer | 鋸錘 | のこ仕上げハンマ | 锯锤 |
| — kerf | 鋸口；鋸痕 | ひき目 | 锯口；锯痕 |
| — levelling block | 鋸床校準塊 | 腰入れ定盤 | 锯床校准块 |
| — mark | 鋸齒標記 | ソーマーク | 锯齿标记 |
| — notch | 鋸痕 | 切傷 | 锯痕 |
| — pitch | 鋸齒齒距 | のこ歯ピッチ | 锯齿齿距 |
| — procedure | 鋸材 | 木取り | 锯材 |
| — set | 整鋸機 | 目振り器；のこ目立器 | 锯齿修整器 |
| — set pliers | 整鋸鉗 | ソーセットプライヤ | 整锯钳 |
| — setter | 鋸齒修整器；整鋸器 | 目振り器 | 锯齿修整器；整锯器 |
| — setting machine | 整鋸器 | のこ目振機 | 整锯器 |
| — sharpener | 銳鋸機；鋸齒磨床 | のこ目立盤 | 锯齿磨床 |
| — spindle | 鋸軸 | のこ軸 | 锯轴 |
| — velocity | 鋸削速度 | のこ引き速度 | 锯削速度 |
| sawdust | 鋸屑；木屑 | のこくず；おがくず | 锯屑；木屑 |
| — cleaning | 鋸屑清理 | おがくず法 | 锯屑清理 |
| — collector | 鋸屑吸集器 | おがくず吸出し機 | 锯屑集吸器 |
| sawed finish | 露鋸痕的加工面層 | のこ目を残した仕上げ | 露锯痕的加工面层 |
| — surface | 鋸開面 | ひき面 | 锯开面 |
| sawing | 鋸解；鋸法 | ソーイング；のこびき | 锯削 |
| — machine | 鋸床；鋸機 | のこぎり盤 | 锯床 |
| sawkerf | 鋸截口 | ひき目 | 锯截口 |
| sawtooth | 鋸齒 | のこ歯 | 锯齿 |
| — bit | 鋸齒錯開量 | カッタクラウン | 锯齿错开量 |
| — punch | 鋸齒沖床 | のこ歯形形打抜機 | 锯齿冲床 |
| — roller | 棘輪 | ソーチスローラ | 棘轮 |
| — side dresser | 鋸齒側面修整機 | 帯のこ歯側面研削盤 | 锯齿侧面修整机 |
| — truss | 鋸齒形桁架 | のこぎり歯形トラス | 锯齿形桁架 |
| Saxonia metal | 鋅基軸承合金 | サキソニアメタル | 锌基轴承合金 |
| scab | 疤；鑄件表面黏砂 | 鋳張れ | 铸痂〔表面粘砂〕 |
| scabbling | 粗琢；粗加工 | 粗こしらえ | 粗琢；粗加工 |

| 英　　文 | 臺　　灣 | 日　　文 | 大　　陸 |
|---|---|---|---|
| scalar | 純量；標量；無向量 | スカラ；数量 | 纯量；标量；非向量 |
| — field | 純量場 | スカラ場 | 纯量场 |
| — function | 純量函數 | スカラ関数 | 纯量函数 |
| — potential | 非向量位能 | スカラポテンシャル | 非向量位能 |
| — product | 標（量）積；內積 | スカラ積 | 标（量）积；内积 |
| — quantity | 純量；數量 | スカラ量 | 纯量；数量 |
| — triple product | 純量三重積 | スカラ三重積 | 纯量三重积 |
| scale | 比例尺；水垢；刻度 | 縮尺；目盛；分画 | 比例尺；锅垢；刻度 |
| — borer | 水垢剝落器 | 汽缶湯あか落し器 | 锅垢剥落器 |
| — breaker | 碎水垢器 | スケール除去機 | 锅垢清除器 |
| — build-up | 污垢沈積 | スケール沈積 | 污垢沈积 |
| — deflection | 刻度偏差 | 刻度偏差 | 刻度偏差 |
| — diagram | 比例圖 | 尺度図 | 比例图 |
| — down | 按比例縮小 | スケールダウン | 按比例缩小 |
| — drawing | 縮尺圖 | 縮尺図 | 缩尺图 |
| — hammer | 去鏽錘 | スケールハンマ | 去锈锤 |
| — length | 刻度長度 | 目盛の長さ | 刻度长度 |
| — loss | 氧化膜損耗 | スケールロス | 氧化皮损耗 |
| — micrometer | 刻度分厘卡 | 度盛マイクロメータ | 刻度测微计 |
| — of hardness | 硬度標 | 硬さの度合い | 硬度标度 |
| — of measurement | 測量的尺度 | 測定の尺度 | 测量的尺度 |
| — of production | 生產規模 | 生産規模 | 生产规模 |
| — of reduction | 縮尺；縮小比例尺 | 縮尺 | 缩尺；缩小比例尺 |
| — of roughness | 粗糙度 | 荒仕上げ度；粗造度 | 粗糙标度 |
| — paper | 方格紙；方眼紙；坐標紙 | スケールペーパ | 方格纸 |
| — plate | 刻度板 | 目盛板 | 刻度板 |
| — prevention method | 氧化膜防止法 | スケール防止法 | 氧化皮防止法 |
| — projector | 刻度投影器；刻度放大器 | スケールプロジェクタ | 刻度投影器 |
| — ratio | 比例；尺度比；縮尺比 | 寸法比 | 尺度比；缩尺比 |
| — ring | 刻度環 | スケールリング | 刻度环 |
| — spacing | 刻度間距 | 目幅 | 刻度间距 |
| — span | 刻度間距 | 目盛スパン | 刻度间距 |
| — value | 標度值 | 測定規準値 | 标度值 |
| — zero point | 零點 | 目盛のゼロ点 | 零点 |
| scale-off | 剝落；麟落；片落 | りん片はく落 | 剥落 |
| scaler | 定標器；水垢淨化器 | スケーラ | 定标器 |
| scale-up | 擴大；增加 | スケールアップ | 扩大；增加 |
| scaling | 定標；表皮氧化；除鏽 | 基準化；表層はく離 | 定标；表皮氧化；除锈 |
| — bar | 除鏽棒 | さび落し棒 | 除锈棒 |
| — furnace | 鐵皮鍍錫爐 | 鉄肌すずめっき炉 | 铁皮镀锡炉 |

| 英　　文 | 臺　　灣 | 日　　文 | 大　　陸 |
|---|---|---|---|
| ― method | 比例法 | スケーリング法 | 比例法 |
| ― point | 定標點 | スケーリングポイント | 定标点 |
| ― position | 刻度位置;小數點位置 | スケールけた | 刻度位置;小数点位置 |
| ― rate | 水垢產生率 | スケール生成率 | 水垢产生率 |
| ― temperature | 產生氧化皮溫度 | スケール生成温度 | 产生氧化皮温度 |
| ― up | 按比例增加 | 拡大 | 按比例增加 |
| **scallop** | 扇形 | 帆立て具 | 弧形缺口;粗糙度 |
| **scalping** | 刮光 | スカルピング;皮むき | 刮光 |
| **scanning** | 掃描 | 掃引;走査;監視 | 扫描 |
| ― electron microscope | 掃描式電子顯微鏡 | 走査電子顕微鏡 | 扫描式电子显微镜 |
| ― laser radiation | 掃描雷射輻射 | 走査レーザ放射 | 扫描激光辐射 |
| **scantling** | 標準尺度 | 小口寸法 | 草图;样品 |
| **scar** | (鋼錠)縮裂;凹痕〔鑄痂〕 | 鋳傷;傷あと | (钢锭)缩裂;凹痕 |
| **scarat** | 尿素合成樹脂 | 尿素合成樹脂 | 尿素合成树脂 |
| **scarce metal** | 稀有金屬 | 希小金属 | 稀有金属 |
| **scarf** | 嵌接;斜面;斜角;斜嵌槽 | そぎ継ぎ;面そぎ接合 | 嵌接;斜面;斜角;斜嵌槽 |
| ― joint | 嵌接頭;斜接;楔面接 | スカーフ継手;そぎ継ぎ | 嵌接;斜接;楔面接 |
| ― weld(ing) | 嵌銲接;斜面熔銲 | 斜面溶接 | 嵌焊接;斜面焊接 |
| **scarfed area** | 傾斜面 | 傾斜面 | 倾斜面 |
| **scarfer** | (銲接件)坡口切割機 | スカーファ | (焊接件)坡口切割机 |
| **scarfing** | 氣割(澆冒口);嵌接 | スカーフィング | 气割(浇冒口);嵌接 |
| **scarph** | 斜面嵌接;斜嵌槽 | そぎ継ぎ | 斜面嵌接;斜嵌槽 |
| **scatter** | 散射;色散;驅散 | 散射;分散;拡散 | 散射;色散;驱散 |
| **scattered reflection** | 散射光譜 | 乱反射 | 散射光谱 |
| **scavenge** | 驅氣;清除 | 清掃;排気;融剤精錬 | 换气;清除 |
| ― line | 驅氣管道 | スカベンジライン | 换气管道 |
| ― pipe | 排出管 | 排出管 | 排出管 |
| ― port | 掃氣口 | 掃気口 | 扫气口 |
| ― suction pipe adapter | 油泵抽出管連接器 | 油ポンプ吸上管受接管 | 油泵抽出管连接器 |
| **scavenging** | 清除廢氣;驅氣 | 掃気;清掃 | 清除废气;换气 |
| ― port | 掃氣孔(口) | 掃気孔;掃気口 | 扫气孔(口) |
| ― stroke | 掃氣衝程 | 掃気行程 | 扫气冲程 |
| ― valve | 掃氣閥 | 掃気弁;掃除弁 | 扫气阀 |
| **schedule** | 程式表;時間表;一覽表 | 明細書;日程 | 程序表;时间表;一览表 |
| ― drawing | 工程圖 | 工程図 | 工程图 |
| ― optimization | 進程最優〔佳〕化 | スケジュール最適化 | 进程最优〔佳〕化 |
| ― speed | 規定速率;預定速率 | 表定速度 | 规定速率;预定速率 |
| ― system | 生產進度系統 | スケジュールシステム | 生产进度系统 |
| **scheduled** check | 定期檢查;定期檢修 | 定期点検 | 定期检查;定期检修 |
| ― maintenance | 定期維修;預定維修 | 定期保守;定期保全 | 定期维修;预定维修 |

S

| 英　　　文 | 臺　　　灣 | 日　　　文 | 大　　　陸 |
|---|---|---|---|
| — outage | 檢修停機 | 補修停止；計画停電 | 检修停机 |
| **scheduler** | 程式機〔生產用計算機〕 | 計画ルーチン | 程序机〔生产用计算机〕 |
| **scheduling** | 進度；日程安排 | 日程計画 | 进度；日程安排 |
| **schema** | 模式；圖解 | 固有データ構造記述 | 模式；图解 |
| — chart | 模式圖；輪廓圖 | スキーマ図 | 模式图；轮廓图 |
| **schematic** diagram | 示意圖；原理圖；略圖 | 概略図；説明図 | 示意图；原理图；略图 |
| — model | 圖解模型 | 図式モデル | 图解模型 |
| — plan | 平面草圖；平面示意圖 | 基本平面計画 | 平面草图；平面示意图 |
| **scheme** | 方案；綱要；計劃；簡圖 | 計画；概要；模型；図解 | 方案；纲要；计划；简图 |
| — drawing | 草圖 | 計画図 | 草图 |
| **Schenck fatigue test** | 申克疲勞試驗 | シェンク疲れ試験 | 申克疲劳试验 |
| **Schopper** folding tester | 朔柏折疊試驗機 | ショッパ耐折試験機 | 朔柏折叠试验机 |
| — tensile test | 朔柏拉伸試驗機 | ショッパ引張試験機 | 朔柏拉伸试验机 |
| **Schwedler truss** | 施威德勒式桁架 | シュウェドラトラス | 施威德勒式桁架 |
| **sciagraphy** | 投影法；X光照相術 | 投影画法 | 投影法；X光照相术 |
| **scission of bonds** | 鍵的裂開 | 結合の分裂 | 键的裂开 |
| **scissoring** | 剪切；修整 | シザリング | 剪切；修整 |
| — vibration | 剪式振動 | はさみ振動 | 剪式振动 |
| **scissors** | 剪形裝置 | シザース；はさみ | 剪形装置 |
| — bond | 剪式接合 | シザースボンド | 剪式接合 |
| — bonder | 剪刀接合器 | シザースボンダ | 剪刀接合器 |
| — crossing | 剪式交叉 | 交差渡り線 | 剪式交叉 |
| — cut | 剪式切割 | シザースカット | 剪式切割 |
| **sclerolac** | 紫膠樹脂 | 硬ラック樹脂 | 紫胶树脂 |
| **sclerometer** | 反跳硬度計 | 硬さ試験器 | 硬度计 |
| **scleroscope** | 反跳〔蕭氏〕硬度試驗計 | 反発硬度計 | 回跳硬度计〔肖氏〕 |
| — hardness | 蕭氏硬度 | 用球硬度 | 肖氏硬度 |
| — hardness test | （蕭氏）反跳硬度試驗 | 反発硬度試験 | （肖氏）回跳硬度试验 |
| **scope** | 範圍 | 範囲；場所 | 范围 |
| **score** | 刻痕；刮痕；劃線器 | 傷あと | 刻痕；划痕；划线器 |
| **scorification** | 鉛析（金銀）法；渣化法 | 焼溶分析；灰吹試金法 | 铅析（金银）法；渣化法 |
| — assay | 熔融試金法 | 溶融試金 | 熔融试金法 |
| **scorifier** | 試金坩堝；渣化皿 | 焼融皿；試金るつぼ | 试金坩埚；渣化皿 |
| **scorifying** | 燒熔（試金法） | 灰吹試金 | 烧熔（试金法） |
| **scoring** | 擦傷；劃傷；刻痕 | 引っかき傷 | 擦伤；划伤；刻痕 |
| — test | 刮痕試驗 | スコーリングテスト | 划痕试验 |
| **scotch** | 壓碎；粉碎；轄 | スコッチ；車輪止め | 压碎；粉碎 |
| — yoke | 停車器軛 | スコッチヨーク | 停车器轭 |
| **scotograph** | X光照片 | 放射線写真 | X射线照片 |
| **scour** | 擦光；打磨；洗淨 | 洗い流し；磨き | 擦光；打磨；洗净 |

| 英　　文 | 臺　　灣 | 日　　文 | 大　　陸 |
|---|---|---|---|
| scourer | 沖洗機 | 水洗機；洗濯機 | 冲洗机 |
| scrag test | 永久變形試驗 | 永久変形試験 | 永久变形试验 |
| scrap | 廢料；切屑；回爐料；碎片 | くず金；切くず | 切屑；回炉料；碎片 |
| — allowance | 允許廢料量 | スクラップ許容度 | 允许废料量 |
| — baling press | 廢鋼壓塊機 | くず鉄圧縮機 | 废钢压块机 |
| — baller | 廢鋼壓塊機 | スクラップボーラ | 废钢压块机 |
| — brass | 碎黃銅 | くず真ちゅう | 碎黄铜 |
| — chopper | 廢料切碎機 | スクラップチョッパ | 废料切碎机 |
| — conveyer | 廢屑輸送機 | スクラップコンベヤ | 废屑输送机 |
| — copper | 廢銅；碎銅 | くず銅 | 废铜；碎铜 |
| — cutter | 廢料切斷裝置 | スクラップ切断装置 | 废料切断装置 |
| — granulator | 廢料粗碎機 | スクラップ粗砕機 | 废料粗碎机 |
| — grinder | 廢料粉碎機 | スクラップ粉砕機 | 废料粉碎机 |
| — iron | 廢鐵；鐵屑 | くず鉄 | 废铁；铁屑 |
| — metal | 廢金屬料；金屬切屑 | くず金；古金 | 废金属料；金属切屑 |
| — press | 廢料壓塊機 | ベイリングプレス | 废料压块机 |
| — process | 廢鋼法 | スクラップ製鋼法 | 废钢法 |
| — reclamation | 廢料利用 | スクラップ再生 | 废料利用 |
| — recovery | 廢料回收 | スクラップ回収 | 废料回收 |
| — reel | 廢料捲取機 | スクラップリール | 废料卷取机 |
| — returns | 回爐料 | 返し地金 | 回炉料 |
| — ribbon | 條狀廢料 | スクラップリボン | 条状废料 |
| — shear | 廢鋼剪床 | スクラップシャー | 废钢剪床 |
| — sheet | 廢料片 | スクラップシート | 废料片 |
| — steel | 廢鋼鐵 | くず鉄 | 废钢铁 |
| — stop | 衝裁卡料 | かす詰まり | 冲裁卡料 |
| — tin | 廢錫 | くずすず | 废锡 |
| scrape | 刮；刮研；刮削加工；摩擦 | こすり落し；かき取り | 刮研；刮削加工；摩擦 |
| scrape edge | 切邊 | 隅取り角 | 切边 |
| scraper | 刮刀；刮板；刮削工具 | きさげ；かき取り機 | 刮刀；刮板；刮削工具 |
| — blade | 刮刀片 | 精密仕上刃 | 刮刀片 |
| — chasing | 跟隨刮刀 | 付属仕上刃物 | 跟随刮刀 |
| — conveyer | 刮板輸送機 | むかでコンベヤ | 刮板输送机 |
| — knife grinder | 刮刀磨床 | かんな刃研削盤 | 刮刀磨床 |
| — ring | 刮油脹圈；油環 | 油かきリング | 刮油胀圈；油环 |
| scraping | 刮研〔削〕；刮削加工 | きさげ什上げ | 刮研〔削〕；刮削加工 |
| — ring | 刮油脹圈；油環 | スクレーピングリング | 刮油胀圈；油环 |
| scrapings | 金屬渣；切屑 | 削りくず；くず金 | 金属渣；切屑 |
| scratch | 劃痕；刮痕；刻痕；擦傷 | すりきず；引っかき | 划痕；刮痕；刻痕；擦伤 |
| — awl | 畫針 | （金属）引っかき針 | 画针 |

| 英　　文 | 臺　　灣 | 日　　文 | 大　　陸 |
|---|---|---|---|
| — hardness | 刮痕硬度 | そうこん硬度 | 划痕硬度 |
| — lathe | 磨光車床;擦光機 | 研磨旋盤 | 磨光车床;擦光机 |
| — mark | 劃傷;拉傷 | 引っかききず | 刬伤;拉伤 |
| — polish | 研磨 | たく磨 | 研磨 |
| — resistance | 耐刮痕性 | 耐引っかき性 | 耐划痕性 |
| — start | 起弧;點弧 | スクラッチスタート | 起弧;点弧 |
| — test | 刮痕(硬度)試驗 | 引っかき硬さ試験 | 划痕(硬度)试验 |
| **scratcher** | 刮痕器 | スクラッチャ | 划痕器 |
| **scratching machine** | 研磨機 | たく磨機 | 研磨机 |
| **screen** | 網目;網篩 | 映写幕;遮壁;障壁 | 网目;网筛 |
| — analysis | 篩析 | ふるい分析 | 筛(分分)析 |
| — aperture | 網目孔徑;篩徑 | スクリーンの開き | 网目孔径;筛径 |
| — banks | 篩組;成套篩子 | ふるいセット | 筛组;成套筛子 |
| — classifier | 篩分機 | ふるい分け機 | 筛分机 |
| — distance | 網目距離 | スクリーン距離 | 网目距离 |
| — filter | 篩濾 | ふるいこし板 | 筛滤器 |
| — grating | 格眼篩 | 格子スクリーン | 格眼筛 |
| — material | 篩網材料 | ふるい材料 | 筛网材料 |
| — opening | 篩孔;篩眼 | ふるい穴;ふるい目 | 筛孔;筛眼 |
| — size | 篩尺寸;篩號 | ふるい番号;ふるい寸法 | 筛尺寸;筛号 |
| — tailings | 篩屑 | ふるい残さ | 筛屑 |
| **screening** | 零件分〔篩〕選 | 部品選別;ふるい分け | 零件分〔筛〕选 |
| — efficiency | 篩分效率 | ふるい分け効率 | 筛分效率 |
| — machine | 篩分機 | ふるい分け機 | 筛分装置 |
| — mesh | 網目;篩眼;篩號 | ふるい網 | 网目;筛眼;筛号 |
| **screw** | 螺旋;螺旋槳;螺栓;螺釘 | スクリュー;ねじ;推進器 | 螺旋桨;推进器;螺钉 |
| — adjustment | 螺旋調整 | ねじ調整 | 螺丝〔钉〕调整 |
| — agitator | 螺旋攪拌機 | スクリューかくはん機 | 螺旋搅拌机 |
| — assembly | 螺桿總成 | スクリュー装置 | 丝杠总成 |
| — auger | 螺旋木鑽 | ボートぎり | 螺旋钻 |
| — axis | 螺旋軸 | らせん軸 | 螺旋轴 |
| — blade | 螺旋葉片 | ねじ刃 | 螺旋叶片 |
| — blast machine | 渦旋鼓風機 | らせん送風機 | 涡旋鼓风机 |
| — bolt | 螺栓〔釘;桿〕 | ねじボルト | 螺栓〔钉;杆〕 |
| — cap | 有蓋螺帽 | ねじ込みキャップ | 螺帽 |
| — channel depth | 螺槽深度 | スクリュー溝の深さ | 螺槽深度 |
| — channel width | 螺槽寬度 | スクリュー溝の幅 | 螺槽宽度 |
| — characteristic curve | 螺桿特性曲線 | スクリュー特性曲線 | 丝杠特性曲线 |
| — clamp | 螺旋夾鉗 | ねじクランプ | 螺旋夹紧装置 |
| — closure | 螺紋鎖合 | ねじ込みクロージャー | 螺纹锁合 |

| 英　　文 | 臺　　灣 | 日　　文 | 大　　陸 |
|---|---|---|---|
| — compression ratio | 螺桿壓縮比 | スクリュー圧縮比 | 丝杠压缩比 |
| — compressor | 螺旋式壓縮機 | スクリュー圧縮機 | 螺旋式压缩机 |
| — configuration | 螺桿形式 | スクリューの形状 | 丝杠形式 |
| — connection | 螺旋連接 | ねじ込み式接続 | 螺旋连接 |
| — connector | 螺旋式連接器 | ねじ形接続器 | 螺旋式连接器 |
| — conveyor | 螺旋輸送機 | ねじコンベヤ | 螺旋输送机 |
| — cooling system | 螺旋冷卻系統 | スクリュー冷却方式 | 螺旋冷却系统 |
| — core pin | 帶螺紋的中心銷 | ねじ付きコアーピン | 带螺纹的中心销 |
| — coupler | 螺旋聯接器 | ねじ連結器 | 螺旋联接器 |
| — coupling | 螺旋聯結 | ねじ連結器 | 螺旋联接器 |
| — crusher | 螺旋壓碎機 | スクリュークラッシャ | 螺旋压碎机 |
| — current | 螺旋槳流 | スクリューカレント | 螺旋桨流 |
| — cutter | 螺紋刀 | スクリューカッタ | 螺纹刀具 |
| — cutting gear | 螺紋〔旋〕切削裝置 | ねじ切り装置 | 螺纹切削装置 |
| — cutting lathe | 螺紋〔旋〕車床 | ねじ切り旋盤 | 螺纹车床 |
| — cutting machine | 螺紋〔旋〕切削機 | ねじ切り盤 | 螺纹切削机 |
| — cutting mechanism | 螺紋〔旋〕切削裝置 | ねじ切り装置 | 螺纹切削装置 |
| — design | 螺桿設計 | スクリューの設計 | 丝杠设计 |
| — diameter | 螺桿直徑 | スクリューの直径 | 丝杠直径 |
| — dies | 板牙 | 雄ねじ切り | 板牙 |
| — dimensions | 螺桿尺寸 | スクリュー寸法 | 丝杠尺寸 |
| — dislocation | 螺旋差排 | らせん転位 | 螺型位错 |
| — efficiency | 螺桿效率 | スクリュー効率 | 丝杠效率 |
| — end | 螺桿頭 | スクリュー端 | 丝杠头 |
| — end pointing machine | 螺釘端部加工機床 | ねじ先付け盤 | 螺钉端部加工机床 |
| — extruder | 螺旋擠壓機 | スクリュー押出機 | 螺旋挤压机 |
| — extrusion | 螺旋擠壓 | スクリュー押出（法） | 螺旋挤压 |
| — feeder | 螺旋加料器 | ねじ送給器 | 螺旋加料器 |
| — fittings | 螺紋連接器 | ねじ込み継手 | 螺纹连接器 |
| — flight | 螺桿的螺紋 | スクリューのねじ山 | 丝杠的螺纹 |
| — flight conveyor | 螺旋式傳送裝置 | スクリューコンベヤ | 螺旋式传送装置 |
| — form | 螺桿形狀 | スクリューの形状 | 丝杠形状 |
| — forming die | 螺絲成形板 | ねじ成形型 | 螺丝成形板 |
| — gage | 螺紋〔旋〕規 | ねじ定規 | 螺纹（量）规 |
| — gage segment | 螺紋量塊 | ねじゲージセグメント | 螺纹量块 |
| — gear | 螺旋齒輪 | ねじ歯車 | 螺旋齿轮 |
| — gearing | 螺旋齒輪傳動裝置 | スクリューギヤリング | 螺旋齿轮传动装置 |
| — grommet | 螺釘用墊圈 | ねじ用グロメット | 螺钉用垫圈 |
| — guide | 螺旋導桿 | ねじガイド | 螺旋导杆 |
| — gun | 螺旋式油槍 | スクリューガン | 螺旋式油枪 |

S

| 英　　　文 | 臺　　　灣 | 日　　　文 | 大　　　陸 |
|---|---|---|---|
| ― head | 螺釘頭 | ねじ頭 | 螺钉头 |
| ― header | 螺釘頭鐓鍛機 | ねじ頭ヘッダ | 螺钉头镦锻机 |
| ― helicoid | 軸向直廓螺旋面 | スクリューヘリコイド | 轴向直廓螺旋面 |
| ― hole | 螺（紋）孔 | ねじ穴 | 螺（纹）孔 |
| ― impeller pump | 螺槳泵 | スクリュー羽根ポンプ | 螺桨泵 |
| ― jack | 螺旋千斤頂 | ねじジャッキ | 螺旋千斤顶 |
| ― joint | 螺絲套管接頭 | ねじ継手 | 螺丝套管接头 |
| ― key | 螺絲起子〔扳手〕；螺旋鍵 | ねじキー | 螺丝起子〔扳手〕 |
| ― length | 螺桿長度 | スクリューの長さ | 丝杠长度 |
| ― lever | 螺桿 | ねじてこ | 丝杠 |
| ― machine | 螺釘機 | ねじ切盤 | 螺纹加工机 |
| ― mandrel lathe | 螺紋心軸車床 | ねじ心棒旋盤 | 螺纹心轴车床 |
| ― mechanism | 螺旋機構 | ねじ機構 | 螺旋机构 |
| ― micrometer | 螺旋分厘卡 | ねじマイクロメータ | 螺旋千分尺 |
| ― mixer | 螺旋式混合器 | スクリューミキサ | 螺旋式混合器 |
| ― motion | 螺旋運動 | らせん運動 | 螺旋运动 |
| ― mouthpiece | 螺桿頭 | スクリュー口金 | 丝杠头 |
| ― nut | 螺母；螺帽 | ねじナット | 螺母 |
| ― pair | 螺旋對；絲桿螺母對 | ねじ対偶 | 丝杆螺母副；螺旋副 |
| ― picket | 螺旋樁 | らせんぐい | 螺旋椿 |
| ― pile | 螺旋管 | ねじぐい | 螺旋椿 |
| ― pitch | 節距；螺距 | スクリューピッチ | 螺距 |
| ― pitch gage | 節距樣板；節距規 | スクリューピッチゲージ | 螺距样板；螺距规 |
| ― plate | 螺旋模板；板牙；搓絲板 | ねじ羽子板 | 板牙；搓丝板 |
| ― plug | 螺旋塞 | ねじ込みプラグ | 螺旋塞 |
| ― point | 螺旋端 | ねじ先 | 螺旋端 |
| ― press | 螺旋壓機；螺旋壓搾機 | ねじ圧縮機 | 螺旋压力机 |
| ― pressure | 螺桿壓力 | スクリュー圧力 | 丝杠压力 |
| ― propeller | 螺旋槳；推進器 | らせん推進器 | 螺旋桨；推进器 |
| ― pump | 螺旋泵 | ねじポンプ | 螺旋泵 |
| ― revolution speed | 螺桿轉數〔速〕 | スクリュー回転速度 | 丝杠转数〔速〕 |
| ― rivet | 螺旋鉚釘 | ねじびょう | 螺旋铆钉 |
| ― rod | 螺桿 | ねじ棒 | 丝杆 |
| ― root | 螺桿中心軸 | スクリューの谷底 | 丝杠中心轴 |
| ― rotating direction | 螺桿旋轉方向 | スクリュー回転方向 | 丝杠旋转方向 |
| ― rotor | 螺旋轉子 | ねじロータ | 螺旋转子 |
| ― seal | 螺旋密封 | ねじシール | 螺旋密封 |
| ― set | 螺釘定位 | スクリューセット | 螺钉定位 |
| ― shaft | 螺旋軸 | プロペラ軸 | 螺旋轴 |
| ― shank nail | 平頭螺絲釘 | 平頭ねじくぎ | 平头螺丝钉 |

| 英　　文 | 臺　　灣 | 日　　文 | 大　　陸 |
|---|---|---|---|
| — shell | 螺旋套管 | ねじ込み受金 | 螺旋套管 |
| — size | 螺桿尺寸 | スクリューの大きさ | 丝杠尺寸 |
| — slotting cutter | 螺旋開槽 | すりわりフライス | 螺旋开槽 |
| — slotting machine | 螺旋開槽機 | すりわり盤 | 螺旋开槽机 |
| — spanner | 螺旋扳手;活動扳手 | 自在スパナ | 活扳手 |
| — speed adjustment | 螺桿速度調節 | スクリュー速度調整 | 丝杠速度调节 |
| — spin structure | 螺旋型自旋結構 | らせん型スピン構造 | 螺旋型自旋结构 |
| — steel | 螺絲鋼 | スクリュースチール | 螺丝钢 |
| — stem | 螺桿中心軸 | スクリューの心軸 | 丝杠中心轴 |
| — stock | 螺旋坯料;板牙架 | スクリューストック | 板牙架 |
| — stud | 雙頭螺栓 | 植込みボルト | 双头螺栓 |
| — tap | 絲攻 | 親タップ | 丝锥;螺丝攻 |
| — terminal | 螺紋端子 | ねじ込み端子 | 螺纹端子 |
| — thread | 螺紋 | ねじ山 | 螺纹 |
| — thread cutting | 螺紋切削 | ねじ切り | 螺纹切削 |
| — thread limit gage | 螺紋極限規 | ねじ用限界ゲージ | 螺纹极限规 |
| — torque | 螺桿扭矩 | スクリュートルク | 丝杠扭矩 |
| — vice | 螺旋虎鉗 | ねじ万力 | 螺旋虎钳 |
| — water wheel | 螺旋水輪機 | ねじ水車 | 螺旋水轮机 |
| — wheel | 蝸輪 | ねじ歯車 | 螺旋齿轮 |
| — wheel gearing | 蝸輪傳動裝置 | ねじ歯車装置 | 螺旋齿轮传动装置 |
| — with eye | 環首螺栓;吊環螺栓 | 眼付きねじ | 环首螺栓;吊环螺栓 |
| — wrench | 螺旋〔活絡〕扳手 | 自在スパナ | 活扳手 |
| **screwdown** | （螺旋）壓下機構 | 圧下調整ねじ | 压下装置 |
| — tap | 螺絲口旋塞 | ねじ締め水栓 | 螺丝口旋塞 |
| — valve | 螺桿閥;螺旋閥 | ねじ下げ弁 | 丝杠阀;螺旋阀 |
| **screw-driven** planer | 螺桿傳動刨床 | ねじ式平削り盤 | 丝杠传动刨床 |
| — shaper | 螺桿傳動牛頭刨 | ねじ式形削り盤 | 丝杠传动牛头刨 |
| — slotter | 螺桿傳動插床 | ねじ式立て削り盤 | 丝杠传动插床 |
| **screwdriver** | （螺絲）起子;旋鑿;改錐 | ねじ回し | 螺丝起子 |
| — handle | 螺絲起子把手 | ねじ回しの柄 | 螺丝起子手把 |
| **screwed** bolt | 螺栓〔釘〕 | ねじ込みボルト | 螺栓〔钉〕 |
| — collar joint | 螺紋套管接頭 | ねじ付き管継手 | 螺纹套管接头 |
| — joint | 螺紋接頭 | ねじ（込み）継手 | 螺纹接头 |
| — nipple | 螺紋聯接管 | ねじ付きニップル | 螺纹联接管 |
| — pipe | 螺紋管 | ねじ付き管 | 螺纹管 |
| — pipe fittings | 螺紋管連接器 | ねじ込み管継手 | 螺纹管连接器 |
| — plug | 螺紋塞 | ねじ込みプラグ | 螺纹塞 |
| — runner | 螺紋孔 | ねじ穴 | 螺纹孔 |
| — socket | 螺紋套管 | ねじ付きソケット | 螺纹套管 |

S

| 英　　文 | 臺　　灣 | 日　　文 | 大　　陸 |
|---|---|---|---|
| ― stop valve | 螺旋止水閥 | ねじ止め弁 | 螺旋止水阀 |
| ― type shaft coupling | 螺紋連軸節 | ねじ込み形軸継手 | 螺纹连轴节 |
| **screwing** machine | 螺紋加工機 | ねじ切り盤 | 螺纹加工机械 |
| ― tool | 螺紋加工工具 | ねじ切り工具 | 螺纹加工工具 |
| **screwless extruder** | 無螺桿式擠出機 | スクリューレス押出機 | 无丝杠式挤出机 |
| **scribe** | 劃線;劃片 | け引 | 划线;划片 |
| ― board | 刻劃台〔板〕 | スクライブボード | 刻划台〔板〕 |
| ― holder | 劃線架 | スクライブホルダ | 划线架 |
| **scriber** | 劃線器;劃線針 | けがき針 | 划线器;划线针 |
| ― tool | 劃片器〔工具〕 | スクライバツール | 划片器〔工具〕 |
| **scribing** block | 劃針〔線〕盤 | 台付きけがき針 | 划针〔线〕盘 |
| ― tool | 劃線器 | トースカン | 划线器 |
| **scroll chuck** | 三爪夾頭;三爪卡盤 | スクロールチャック | 三爪卡盘 |
| ― chuck lathe | 三爪夾頭車床 | スクロール旋盤 | 三爪卡盘车床 |
| ― iron | 卷鐵 | ばねつり受け | 卷铁 |
| ― lathe | 盤絲車床 | スクロール旋盤 | 盘丝车床 |
| ― saw | 線鋸;雲形截鋸 | 糸のこ | 钢丝锯 |
| ― sheet | 成卷薄鋼板 | 背板 | 成卷薄钢板 |
| **scruff** | （鍍錫槽內形成的）氧化錫 | スクラッフ | （镀锡槽内形成的）氧化锡 |
| **scuff** mark | （齒輪）咬接;劃傷;磨損 | こすり傷 | 擦伤;磨损 |
| ― resistance | 耐磨損性;抗揉搓性 | スカーフ抵抗性 | 耐磨损性;抗揉搓性 |
| **scuffing** | 齒輪咬接;劃痕;塑性變形 | かじり | 划痕;划伤;胶着;烧剥 |
| **sculpture** | 雕刻;雕塑;刻蝕;風化 | 彫刻 | 雕刻;雕塑 |
| **sculptured** effect | 雕刻花樣;雕刻外觀 | 彫刻模様 | 雕刻花样;雕刻外观 |
| ― surface | 雕刻面;雕塑面;風化面 | 彫刻面;自由曲面 | 雕刻面;雕塑面;风化面 |
| **sea** coal | 軟煤;煤粉 | 石炭粉 | 软煤;煤粉 |
| ― mile | 海里;浬 | 海里 | 海里 |
| **seal** | 封口;密封;絕緣;墊圈 | シール;密封 | 封口;密封;绝缘;垫圈 |
| ― air fan | 氣封用風機 | 封入空気ファン | 气封用风机 |
| ― area | 密封面 | 封止面 | 密封面 |
| ― box | 密封箱 | 密封箱 | 密封箱 |
| ― cap | 密封蓋 | シールキャップ | 密封盖 |
| ― case | 密封蓋〔盒〕 | シールケース | 密封盖〔盒〕 |
| ― cement | 固封接合劑 | 密封セメント | 固封接合剂 |
| ― coat | 密封層;封閉層 | 封鎖塗 | 密封层;封闭层 |
| ― destruction | 啟封;拆封 | 破封 | 启封;拆封 |
| ― diaphragm | 密封膜片〔薄膜〕 | シールダイヤフラム | 密封膜片〔薄膜〕 |
| ― disc | 密封盤 | シールディスク | 密封盘 |
| ― edge | 封邊 | シールエッジ | 封边 |
| ― face material | 封面材料 | シール面材料 | 封面材料 |

| 英　　文 | 臺　　灣 | 日　　文 | 大　　陸 |
|---|---|---|---|
| — glass | 密封玻璃 | シールガラス | 密封玻璃 |
| — groove | 密封槽 | シール溝 | 密封槽 |
| — gum | 密封(用橡)膠 | シールゴム | 密封(用橡)胶 |
| — line | 密封線 | シールライン | 密封线 |
| — metal | 封銲金屬 | シール金具 | 封焊金属 |
| — method | 密封方法 | シール方法 | 密封方法 |
| — pipe | 密封管 | 封じ管 | 密封管 |
| — pot | (測蒸汽壓力用)水箱 | シールポット | (測蒸汽压力用)水箱 |
| — retaining snap ring | 密封扣環 | シール止め輪 | 密封扣环 |
| — retainer | 密封護圈 | シールリテイナ | 密封护圈 |
| — ring | 密封環〔圈〕;封口圈 | シール環 | 密封环〔圈〕;封口圈 |
| — tape | 密封帶 | シールテープ | 密封带 |
| — test | 氣密性試驗 | 気密性試験 | 气密性试验 |
| — washer | 密封墊圈 | シールワッシャ | 密封垫圈 |
| — weld | 緻密〔密封〕銲縫 | シール溶接 | 密封焊 |
| — welder | 密封銲機 | シールウェルダ | 密封焊机 |
| sealability | 密封能力 | ヒートシール適性 | 密封能力 |
| sealant | 密封膠〔劑〕 | もり止め剤;密封剤 | 密封胶〔材料〕 |
| — tape | 密封膠帶 | シーラントテープ | 密封胶带 |
| sealed bag | 密封袋 | シールバッグ | 密封袋 |
| — ball bearing | 密封滾珠軸承 | シール玉軸受 | 密封球轴承 |
| — bearing | 密封軸承;封油軸承 | シール軸受 | 密封轴承;封油轴承 |
| — package | 密封裝置;密封接頭 | シールパッケージ | 密封装置;密封接头 |
| — vessel | 密封容器 | 密封容器 | 密封容器 |
| sealer | 密封器;密封劑 | 目止め押え | 密封器;密封剂 |
| sealing | 密封;封接 | 密封;封止 | 密封;封接 |
| — arrangement | 密封裝置 | 密封装置 | 密封装置 |
| — bead | 密封銲道 | シーリングビード | 密封焊道 |
| — device | 密封裝置;封止裝置 | 密封装置 | 密封装置;封止装置 |
| — end | 封端;銲接端〔器件〕 | シーリングエンド | 封端;焊接端〔器件〕 |
| — equipment | 銲封設備 | 溶封機 | 焊封设备 |
| — joint | 密封接頭 | 封止継手 | 密封接头 |
| — machine | 封銲機 | シーリングマシン | 封焊机 |
| — materials | 密封材料;填充材料 | シーリング材 | 密封材料;填充材料 |
| — medium | 密封介質 | 封止材 | 密封介质 |
| — member | 封縫材料 | 成形目地材 | 封缝材料 |
| — performance | 密封性能 | 密封性 | 密封性能 |
| — pincers | 密封鉗 | 封印ペンチ | 密封钳 |
| — process | 封接技術〔加工〕 | シーリングプロセス | 封接工艺〔加工〕 |
| — property | 密封牲 | 封止性 | 密封性 |

| 英　　文 | 臺　　灣 | 日　　文 | 大　　陸 |
|---|---|---|---|
| — run | 封底銲道;密封銲道 | 漏れ止め溶接 | 封底焊道;密封焊道 |
| — sleeve | 密封襯套 | ゴムスリーブ | 密封衬套 |
| — strength | 密封強度 | シールの強さ | 密封强度 |
| — strip | 密封帶〔片〕 | 面戸板 | 密封带〔片〕 |
| — surface | 密封面 | 封止面 | 密封面 |
| — tank | 密封槽 | 封孔槽 | 密封槽 |
| — tape | 密封帶 | 封かんテープ | 密封带 |
| — treatment | 密封處理 | 封孔処理 | 密封处理 |
| — wad | 密封填料 | キャップライナ | 密封填料 |
| — water pump | 封閉水泵 | 注水ポンプ | 封闭水泵 |
| — wax | 封口蠟 | 封ろう | 封口蜡 |
| — works | 封閉工程;密封工程 | シーリング工事 | 封闭工程;密封工程 |
| **sealless** | 非密封 | シールレス | 非密封 |
| **seam** | (接;銲;凸)縫;輕度冷隔 | シーム;継目 | 焊缝;轻度冷隔 |
| — line | 銲縫軸線 | 縫い目線 | 焊缝轴线 |
| — soldering | 銲縫;線銲 | シーム溶接 | 焊缝;线焊 |
| — strength | 接縫強度 | 縫い目強さ | 接缝强度 |
| — weld | 縫銲(縫) | シームウエルド | 缝焊(缝) |
| — weld seal | 縫銲密封 | シームウエルドシール | 缝焊密封 |
| — welder | 線銲機 | シーム溶接機 | 缝焊机 |
| **seamed pipe** | 有縫管 | 継目管 | 有缝管 |
| **seamer** | 封口〔縫〕機 | シーマ | 封口机;缝纫机 |
| **seamfree** | 無縫 | 継目のない | 无缝 |
| **seaming** bow | 接縫彎邊 | 縫い目曲がり | 接缝弯边 |
| — die | 咬口模;搭接模;縫合模 | はぜ継ぎ型 | 咬口模;搭接模;缝合模 |
| **seamless** band saw | 無接頭環形帶鋸 | シームレスバンドソー | 无接头环形带锯 |
| — belt | 環形皮帶 | 継目なしベルト | 环形皮带 |
| — brass pipe | 無縫黃銅管 | 継目なし黄銅管 | 无缝黄铜管 |
| — pipe | 無縫管 | 継目なし管 | 无缝(钢)管 |
| — sleeve | 無縫套管 | シームレススリーブ | 无缝套筒 |
| — steel pipe | 無縫鋼管 | 継目なし鋼管 | 无缝钢管 |
| **searcher** | 厚薄規;測隙規;探針 | すきまゲージ | 塞尺;厚薄规;测隙规 |
| **searching surface** | 探傷面 | 探傷面 | 探伤面 |
| **season** crack | 應力腐蝕裂縫;風乾裂縫 | 置割れ;自然割れ | 自然裂缝;风干裂缝 |
| — distortion | 時效變形 | 置狂い | 时效变形 |
| **seasonal load** | 季節性負載 | 季節負荷 | 季节性负荷 |
| **seasoning** | 時效(處理);氣候處理 | 枯し | 时效(处理) |
| — crack | 乾裂;自然裂紋 | 時期割れ;乾裂 | 干裂;自然裂纹 |
| **seat** cutter | 閥座修整刀具 | シートカッタ | 阀座修整刀具 |
| — face | 接觸面;支承面 | 座面 | 接触面;支承面 |

| 英 文 | 臺 灣 | 日 文 | 大 陸 |
|---|---|---|---|
| — grinder | 閥座磨床 | シートグラインダ | 阀座磨床 |
| — of valve | 閥座 | 弁座 | 阀座 |
| — packing | 密封墊〔圈〕；迫緊 | シートパッキング | 密封垫〔圈〕 |
| — reamer | 閥座修整鉸刀 | シートリーマ | 阀座修整铰刀 |
| — ring | （閥）座環〔圈〕 | 座環 | （阀）座环〔圈〕 |
| — spring | 座墊彈簧 | 座席ばね | 座垫弹簧 |
| **seating** | 底座；支架 | 座席配置；座 | 底座；支架 |
| — active valve | 座閥 | シート弁 | 座阀 |
| — valve | 座閥 | シート弁 | 座阀 |
| **seawater** bronze | 耐（海水腐）蝕青銅 | 耐海水青銅 | 耐（海水腐）蚀青铜 |
| **secant** | 正割；割線 | 割線；正割 | 正割；割线 |
| — law | 正割定律 | セカント法則 | 正割定律 |
| — method | 正割法 | セカント法 | 正割法 |
| — modulus | 正割模量；割線系數 | 割線モジュラス | 割线模量；割线系数 |
| — modulus of easticity | 割線彈性模量 | 割線弾性係数 | 割线弹性模量 |
| **second** Bessel function | 第二貝塞爾函數 | 第二種のベッセル関数 | 第二贝塞尔函数 |
| — break | 二次切割；二次中斷 | セカンドブレーク | 二次切割；二次中断 |
| — cut file | 中細銼；中號銼 | 中目やすり | 中细锉；中号锉 |
| — difference | 二階微分 | 第二差分 | 二阶差分 |
| — grade resin | 二級樹脂 | 二級樹脂 | 二级树脂 |
| — handtap | 二號絲攻；第二攻 | 二番タップ | 中丝锥；二（号）锥 |
| — law of motion | 第二運動定律 | 運動の第二法則 | 运动第二定律 |
| — mean value theorem | 第二均值定理 | 第二平均値定理 | 第二均值定理 |
| — moment | 二次〔階〕矩 | 二次モーメント | 二阶矩 |
| — moment of area | 面積的二次矩 | 慣性二次モーメント | 面积的二次矩 |
| — moment of inertia | 二次慣性矩 | 断面二次モーメント | 二次惯性矩 |
| — rolling | 二次碾壓 | 二次転圧 | 二次碾压 |
| — stage annealing | 第二階段退火 | 第二段焼なまし | 第二阶段退火 |
| — tap | 二號絲攻；第二攻 | 二番タップ | 中丝锥；二（号）锥 |
| **secondary** air unit | 二次送風機組 | 二次送風ユニット式 | 二次送风机组 |
| — arcing contact | 二次引弧接點 | 二次アーキング接点 | 二次起弧接点 |
| — axis | 副軸（線） | 副軸 | 副轴 |
| — bainite | 二次變韌鐵 | 二次ベイナイト | 二次贝氏体 |
| — blast | 二次送風 | 二次送風 | 二次送风 |
| — breakdown | 二次擊穿 | 二次ブレークダウン | 二次击穿 |
| — combustion chamber | 副燃燒室 | 補助燃焼室 | 副燃烧室 |
| — coolant | 二次冷卻 | 二次冷却材 | 二次冷却 |
| — coolant circuit | 二次冷卻回路 | 二次冷却材回路 | 二次冷却回路 |
| — crystal | 二次結晶 | 二次結晶 | 二次结晶 |
| — decomposition | 二次分解 | 再分解；二次分解 | 再度分解 |

S

| 英　　文 | 臺　　灣 | 日　　文 | 大　　陸 |
|---|---|---|---|
| — discharge | 二次放電 | 二次放電 | 二次放电 |
| — eutectoid carbide | 共晶碳化物 | 二次析出炭化物 | 次生碳化物 |
| — fiber | 再生纖維 | 再使用繊維 | 再生纤维 |
| — graphitizing | 共晶石墨化 | 二次黒鉛化 | 二次石墨化 |
| — hardening | 二次淬火;回火硬化 | 二次硬化 | 二次淬火;回火硬化 |
| — heat exchanger | 二次熱交換器 | 二次熱交換器 | 二次热交换器 |
| — inclusion | 二次夾雜物 | 二次介在物 | 二次夹杂物 |
| — lower punch | 第二下模衝頭 | 下第二パンチ | 第二下模冲头 |
| — map | 輔助圖 | セカンダリマップ | 辅助图 |
| — member | 副桿;次要桿件 | 二次部材 | 副杆;次要杆件 |
| — metal | 再生金屬 | 二次金属 | 再生金属 |
| — pipe | 二次縮孔〔鋼錠〕 | 二次気泡 | 二次缩孔〔钢锭〕 |
| — product | 二次產物;副產品 | 二次産物 | 次要产物;副产物 |
| — quenching | 二次淬火 | 二次焼入れ | 二次淬火 |
| — rake face | (刀具的)第二前面 | 第二すくい面 | (刀具的)第二前面 |
| — recrystallization | 二次再結晶 | 二次再結晶 | 二次再结晶 |
| — relief | (刀具)副後(隙)面 | セカンダリレリーフ | (刀具)副后(隙)面 |
| — shaft | 第二軸 | セカンダリシャフト | 第二轴 |
| — shearing | 二次剪切 | 二次せん断 | 二次剪切 |
| — sorbite | 二次糙斑鐵 | 二次ソルバイト | 二次索氏体 |
| — standard | 二次標準;副標準 | 副規格 | 二次标准;副标准 |
| — stress | 二次應力;次應力 | 二次応力 | 二次应力;次应力 |
| — structure | 二次組織 | 二次構造 | |
| — test board | 輔助測試台 | 二次試験台 | 辅助测试台 |
| — troostite | 二次吐粒散鐵 | 二次トルースタイト | 二次屈氏体 |
| — twinning | 共晶雙晶 | 二次双晶 | 次生孪晶 |
| — twist | 二次加捻 | 中より | 二次加捻 |
| second-order control | 二階控制 | 二次制御 | 二阶控制 |
| — convergence | 二次收斂 | 二次収束 | 二次收敛 |
| — cybernetics | 二階控制論 | 二次サイバネティックス | 二阶控制论 |
| — differential equation | 二階微分方程 | 二階微分方程式 | 二阶微分方程 |
| — system | 二階系統 | 二次系 | 二阶系统 |
| — transition temperature | 二級轉變溫度 | 二次転移温度 | 二级转变温度 |
| secret dovetailing | 暗楔榫;暗鳩尾榫接頭 | 隠し包きゅう尾接ぎ | 暗楔榫;暗鸠尾榫接头 |
| — hinge | 暗鉸鏈 | 隠し丁番 | 暗铰链 |
| — miter | 暗斜接頭 | 隠し留め | 暗斜接头 |
| — miter dovetailing | 斜接暗榫 | 隠しありほぞ | 暗马牙榫;斜接暗榫 |
| — miter joint | 暗榫斜接 | 内ほぞ留め | 暗榫斜接 |
| — mitre | 暗斜角縫 | 隠し留め | 暗斜角缝 |
| — nail | 暗釘 | 忍くぎ;隠しくぎ | 暗钉 |

| 英　　文 | 臺　　灣 | 日　　文 | 大　　陸 |
|---|---|---|---|
| **Secretan** | 塞克萊坦鋁青銅 | セクレタン | 塞克坦铝青铜 |
| **sectility** | 切剖;切斷性 | 切断性 | 切断性 |
| **section** | 截面;剖視;磨片;切片 | 断面;切り口 | 断面;切片 |
| — area | 剖面面積 | 断面積 | 剖面面积 |
| — crack | 斷面裂縫 | 断面割れ | 断面裂缝 |
| — cutter | 切片機 | 断片機 | 切片机 |
| — force | 截面力;內力 | 断面力 | 截面力;内力 |
| — form | 斷面形狀;剖面形狀 | 断面形状 | 断面形状;剖面形状 |
| — levelling | 斷面水準測量 | 線水準測量 | 断面水准测量 |
| — line | 剖面線 | セクションライン | 剖面线 |
| — mark | 斷面標記 | 巻きしま | 断面标记 |
| — members | 切斷材 | 切断材 | 切断材 |
| — meter | 斷面儀 | セクションメータ | 断面仪 |
| — mill | 型鋼軋機 | 形圧延機 | 型钢轧机 |
| — modulus | 斷面模量;剖面系數 | 断面係数 | 断面模量;剖面系数 |
| — paper | 坐標紙;方格紙 | 方眼紙 | 坐标纸;方格纸 |
| — profile projector | 斷面輪廓投影機 | 断面輪郭投影機 | 断面轮廓投影机 |
| — roll | 型材軋輥 | セクションロール | 型材轧辊 |
| — steel | 型鋼 | 型鋼 | 型钢 |
| — stiffness | 斷面剛性 | 断面剛性 | 断面刚性 |
| — thickness | 斷面厚度;壁厚 | 断面の厚さ | 断面厚度;壁厚 |
| **sectional-area** curve | 斷面積曲線 | 断面積曲線 | 断面积曲线 |
| — drawing | 斷面圖;剖視圖 | 断面図 | 断面图;剖视图 |
| — material | 型材 | 型材 | 型材 |
| — mold | 組合模;拼合模 | 組立て金型 | 组合模;拼合模 |
| — stress | 截面應力 | 断面応力 | 截面应力 |
| — strip material | 異形帶材 | 異形ストリップ材料 | 异形带材 |
| — tolerance | 斷面公差 | 断面公差 | 断面公差 |
| — type(thread cutting)di | 組合衝模 | 付刃ダイス | 组合冲模 |
| — type tap | 組合絲攻 | 接ぎ柄タップ | 组合丝锥 |
| — view | 截面圖;剖視圖 | 断面図 | 截面图;剖视图 |
| — width | 斷面寬度 | 断面幅 | 断面宽度 |
| **sections** | 型材;切斷材;零件 | 切断材 | 型材;切断材;零件 |
| **sector** gear | 扇形齒輪 | 扇形歯車 | 扇形齿轮 |
| — roller | 扇形輥輪 | セクタローラ | 扇形轧辊 |
| — shaft | 扇形齒輪軸 | セクタシャフト | 扇形齿轮轴 |
| — wheel | 扇形齒輪 | セクタ歯車 | 扇形齿轮 |
| **secular** change | 時效變化 | 経年変化 | 时效变化 |
| — distortion | 永久變形 | 経年変形 | 永久变形 |
| — equation | 特徵方程式 | 永年方程式 | 特徵方程 |

| 英　　文 | 臺　　灣 | 日　　文 | 大　　陸 |
|---|---|---|---|
| **securing** ring | 安全環;固定環 | 固定環 | 安全环;固定环 |
| **security** alarm system | 安全報警系統 | 防犯設備 | 安全报警系统 |
| — brake equipment | 安全制動裝置 | 保安ブレーキ装置 | 安全制动装置 |
| — coefficient | 安全係數 | 安全係数 | 安全系数 |
| — management | 安全管理 | 保安管理 | 安全管理 |
| — window | 安全窗;保險窗 | 安全窓 | 安全窗;保险窗 |
| **Seebeck** coefficient | 西貝克係數 | ゼーベック係数 | 塞贝克系数 |
| — effect | 西貝克(溫差電動勢)效應 | ゼーベック効果 | 塞贝克效应 |
| **seed** | 晶種;點火源 | ジード；晶種 | 晶种;点火源 |
| — crystal | 晶種;籽晶;晶粒;點火區 | ジード結晶；単結晶種 | 晶种;籽晶 |
| — crystal plate | 晶種片;籽晶片 | 種結晶板 | 籽晶片 |
| — glass | 晶粒玻璃;顆粒玻璃 | 種ガラス | 晶粒玻璃;颗粒玻璃 |
| — grain | 結晶母粒 | 結晶種粒 | 结晶母粒 |
| **seeded** solution | 引晶溶液;接種溶液 | 結晶核を入れた溶液 | 引晶溶液;接种溶液 |
| **seeding** | 放入晶種 | 結晶種付け | 放入晶种 |
| — polymerization | 接種聚合(作用) | 接種重合（作用） | 接种聚合(作用) |
| **seeing** | 明晰度;視力;能見度 | シーイング | 明晰度;视力 |
| **Segall method** | 西格爾法 | シーガル法 | 西格尔法 |
| **segment** | 弓形;扇形齒輪 | 線分；弓形；断片 | 弓形;扇形齿轮 |
| — bend | 彎管 | 曲げ管 | 弯管 |
| — ring | 扇形襯砌圈 | セグメントリング | 扇形衬砌圈 |
| **segmental** blade | 弧形刀片 | セグメントブレード | 弧形刀片 |
| — block lining | 砌塊(鑲)襯 | ブロックライニング | 砌块(镶)衬 |
| — circular saw | 扇形圓鋸 | セグメントソー | 扇形圆锯 |
| **segmentation** | 分段;扇形;段;整流子 | セグメンテーション | 分段;扇形;段;整流子 |
| — mechanism | 分段機構 | セグメンテーション機構 | 分段机构 |
| — module | 分段模塊 | 区分化機能単位 | 分段模块 |
| **segments** | 弧板拼合(環形木模)法 | 輪っぱ積み | 弧板拼合(环形木模)法 |
| **segregation** | (鑄件的)偏析;分離 | 分離；偏析 | (铸件的)偏析;分离 |
| — coefficient | 偏析係數 | 偏析係数 | 偏析系数 |
| — constant | 偏析常數 | 偏析定数 | 偏析常数 |
| — crack | 偏析裂紋 | 偏析割れ | 偏析裂纹 |
| — line | 偏析線 | 偏析線 | 偏析线 |
| — process | 分離法 | よう離法 | 分离法 |
| **Seiot** | 油回火鋼絲 | セイオット | 油回火(高强度)钢丝 |
| **seission** | 裂開;切開〔斷;割〕 | 切断；分割 | 裂开;切开〔断;割〕 |
| **seize** heater | 吸熱器 | シーズヒータ | 吸热器 |
| **seizing** | 燒結;磨損 | 摩損；焼付き | 烧结;磨损 |
| — wire | 鋼紮絲 | かがり針金 | 钢扎丝 |
| **seizure delay method** | 延遲膠住法 | 遅延こう着法 | 延迟胶住法 |

| 英　　文 | 臺　　灣 | 日　　文 | 大　　陸 |
|---|---|---|---|
| **sekurit** | 鋼化玻璃 | セキュリット | 钢化玻璃 |
| **select lever** | 變速桿 | セレクトレバー | 变速杆 |
| **selection gear** | 選擇齒輪 | セレクションギヤー | 选择齿轮 |
| **selective** annealing | 局部退火 | 局部焼鈍 | 局部退火 |
| — carburizing | 局部滲碳 | 局部浸炭 | 局部渗碳 |
| — gear | 滑動變速齒輪 | 選択かみ合い歯車 | 滑动变速齿轮 |
| — hardening | 局部淬火 | 局部焼入れ | 局部淬火 |
| — nitriding | 局部氮化 | 局部窒化 | 局部氮化 |
| — quenching | 局部淬火 | 部分焼入れ | 局部淬火 |
| — tempering | 局部回火 | 局部焼もどし | 局部回火 |
| **self-acting** brake | 自動制動器 | 自動ブレーキ | 自动制动器 |
| — lubricator | 自動潤滑器 | 自動注油器 | 自动润滑器 |
| — movement | 自動運動 | 自動運動 | 自动运动 |
| — type | 動壓式;自動式 | 動圧形 | 动压式;自动式 |
| **self-actuated** control | 自行控制 | 自力制御 | 自行控制 |
| — controller | 自動控制器 | 自動制御器 | 自动控制器 |
| **self-adjusting valve** | 自動調整閥 | 自動調整弁 | 自动调整阀 |
| **self-align** structure | 自對準結構 | セルフアライン構造 | 自对准结构 |
| — technology | 自調整技術 | セルフアライン技術 | 自调整技术 |
| **self-aligning** | 自動調心 | 自動調心 | 自动调心 |
| — ball bearing | 自動調心滾珠軸承 | 自動調心玉軸受 | 自动调心球轴承 |
| — bearing | 自動調心軸承 | 自動調心型軸受 | 自动调心轴承 |
| — roller bearing | 自動調心滾子軸承 | 自動調心ころ軸受 | 自动调心滚子轴承 |
| **self-alignment** | 自動調心 | 自己整合性;自動調心 | 自动调心 |
| **self-annealing** | 自行退火 | 自己焼なまし | 自行退火 |
| **self-balancing device** | 自動平衡〔補償〕裝置 | 自己釣合せ装置 | 自动平衡装置 |
| **self-centering** | 自動定〔調〕心 | セルフセンタリング | 自动定〔调〕心 |
| **self-climbing crane** | 自升起重機 | クライミングクレーン | 自升起重机 |
| **self-closing** | 自動關閉;自接通(的) | 自動閉止装置の | 自动关闭;自接通(的) |
| — cock | 自閉水龍頭;自閉旋塞 | 自閉水栓 | 自闭水龙头;自闭旋塞 |
| — valve | 自(動關)閉閥 | 自動閉鎖弁 | 自(动关)闭阀 |
| **self-contained press** | 自控式沖床 | 自給式プレス | 自控式压力机 |
| **self-cure** | 自固化;自硫化 | 自己硬化 | 自固化;自硫化 |
| **self-curing adhesive** | 自固化黏合劑 | 自己硬化接着剤 | 自固化粘合剂 |
| **self-demagnetization** | 自行消磁作用 | 自己消磁 | 自行退磁作用 |
| — force | 自行消磁力 | 自己減磁力 | 自行退磁力 |
| **self-discharge** | 自身放電;自動卸載 | 自己放電 | 自(身)放电 |
| **self-drive** | 自動;自己起動 | 自己歩進 | 自动步进;自己驱动 |
| **self-extinguishing plasti** | 自熄性塑料 | 自消性プラスチック | 自熄性塑料 |
| — polymer | 自熄性聚合物 | 自己消火性ポリマー | 自熄性聚合物 |

| 英　　文 | 臺　　灣 | 日　　文 | 大　　陸 |
|---|---|---|---|
| — resin | 自熄性樹脂 | 自消性樹脂 | 自熄性树脂 |
| self-feed | 自動送料 | セルフフィード | 自动送料 |
| self-feeder | 自動進給〔送料〕裝置 | セルフフィーダ | 自动进给〔送料〕装置 |
| self-flexing hinge | 自動開關鉸鏈 | 自己開閉丁番 | 自动开关铰链 |
| self-forming | 自成模板 | セルフフォーミング | 自成模板 |
| self-gliding | 自(行)滑動 | セルフグライディング | 自(行)滑动 |
| self-grind | 自磨〔磨床研磨磁性夾頭〕 | セルフグラインド | 自磨〔磨床磨电磁吸盘〕 |
| self-hardening | 自硬化;空氣硬化 | 自硬化 | 自硬化;空气硬化 |
| — mold | 自硬(砂)鑄模 | 自硬性鋳型 | 自硬(砂)铸型 |
| — property | 自硬性 | 自硬性 | 自硬性 |
| — steel | 氣冷硬化鋼;風鋼;自硬鋼 | 自さい鋼;自硬鋼 | 自硬钢;气冷硬化钢 |
| self-heating | 自動加〔發〕熱;自熱(式) | 自動加熱 | 自(动加)热 |
| self-hinge | 整體鉸鏈 | 一体形丁番 | 整体铰链 |
| self-hold | 自(保)持;自鎖;自動夾緊 | 自己保持 | 自(保)持 |
| — circuit | 自保(持)電路;自鎖迴路 | 自己保持回路 | 自保持电路 |
| self-improving system | 自改進系統 | 自己改善システム | 自改进系统 |
| self-lighting type | 自動復原式 | 自動復原形 | 自动复原式 |
| self-load | 自動裝載〔料;彈〕 | 自己読込み;自重 | 自重 |
| self-loading feature | 自動裝填機構 | 自動装てん機構 | 自动装填机构 |
| self-lock | 自鎖;自同步;自動制動 | 単動;自動締り | 自锁 |
| — pin | 自鎖銷 | セルフロックピン | 自锁销 |
| self-locking | 自鎖;自同步 | 自縛;戻り止め | 自锁;自同步 |
| — nut | 自鎖螺母 | 自動止めナット | 自锁螺母 |
| — screw | 自鎖螺釘 | 戻り止めねじ | 自锁螺钉 |
| self-lubricating alloy | 自潤滑合金 | 自己潤滑性合金 | 自润滑合金 |
| — bearing | 自潤滑軸承 | 多孔性軸受 | 自润滑轴承 |
| — composite | 自潤滑複合材料 | 自己潤滑性複合材料 | 自润滑复合材料 |
| — plastic | 自潤滑塑料〔可用於軸承〕 | 自己潤滑性プラスチック | 自润滑塑料〔可用於轴承〕 |
| — property | 自潤滑性 | 内部潤滑性 | 自润滑性 |
| self-lubrication | 自動潤滑 | 自動注油;自動潤滑 | 自动润滑 |
| self-lubricative material | 自潤滑材料 | 自己潤滑性材料 | 自润滑材料 |
| self-maintenance | 自維護;自保全 | 自己保全 | 自维护;自保全 |
| self-moving | 自動 | 自動 | 自动 |
| self-oil feeder | 自動給油裝置 | 自動給油装置 | 自动给油装置 |
| self-oiling bearing | 自潤滑軸承 | 自動注油軸受 | 自润滑轴承 |
| self-operated control | 自行控制 | 自力式自動制御 | 自行控制 |
| — controller | 自行控制裝置 | 自力制御装置 | 自行控制装置 |
| — regulating valve | 自動調節閥 | 調整弁 | 自动调节阀 |
| — regulator | 自動調整器 | 自動調節器 | 自动调整器 |
| self-optimizing control | 自優化控制 | 自己最適化制御 | 自优化控制 |

| 英　　文 | 臺　　灣 | 日　　文 | 大　　陸 |
|---|---|---|---|
| — control system | 自優化控制系統 | 最適化自動制御系 | 自优化控制系统 |
| — model | 自優化模型 | 自己最適化モデル | 自优化模型 |
| — systems | 自優化系統 | 自己最適化システム | 自优化系统 |
| **self-polymerization** | 整體聚合 | 塊（状）重合 | 整体聚合 |
| **self-propelled** scraper | 自動進給刮研機 | 自走式スクレーパ | 自动进给刮研机 |
| — stretcher | 自動推進擴展器 | 自動ストレッチャ | 自动推进扩展器 |
| **self-recording** meter | 自動記錄儀錶 | 自記（録）計 | 自动记录仪表 |
| — pyrometer | 自記高溫計 | 自記高温計 | 自记高温计 |
| — thermometer | 自記溫度計 | 自記温度計 | 自记温度计 |
| **self-regulating** system | 自調節系統 | 自己調整システム | 自调节系统 |
| — valve | 自動調節閥 | 自動弁 | 自动调节阀 |
| **self-regulation** | 自動調整 | 自己調整；自己制御性 | 自动调整 |
| **self-reset** | 自動復原式 | 自己復帰型 | 自动复原式 |
| **self-return** | 自返回 | 自己復帰 | 自返回 |
| — switch | 自回復開關 | 自己復帰スイッチ | 自回复开关 |
| **self-seal** | 自封 | セルフシール | 自封 |
| **self-sealing** | 自封；自動封閉 | 自動閉鎖；自動密封 | 自封；自动封闭 |
| — band | 自封帶 | セルフシールベルト | 自封带 |
| — coupling | 自（動）封閉管接頭 | セルフシール継手 | 自（动）封闭管接头 |
| — type seal | 自封式封銲 | 自緊式シール | 自封式封焊 |
| **self-strain** | 自應變 | 自己ひずみ | 自应变 |
| — stress | 自應變應力 | 自己ひずみ応力 | 自应变应力 |
| **self-tapping screw** | 自攻螺釘 | タッピングねじ | 自攻（丝）螺钉 |
| **self-vulcanizing** | 自硫化 | 自己硬化 | 自硫化 |
| — adhesive | 自固化〔硫化〕黏結劑 | 自然加硫接着剤 | 自固化〔硫化〕粘结剂 |
| **Seller thread** | 塞勒螺紋〔美制60°〕 | セラーねじ | 塞勒螺纹〔美制60°〕 |
| **semianthracite coal** | 半無煙煤 | 半無煙炭 | 半无烟煤 |
| **semiauto bonder** | 半自動接合器 | セミオートボンダ | 半自动接合器 |
| **semi-automatic** control | 半自動控制 | 半自動制御 | 半自动控制 |
| — controller | 半自動控制裝置 | 半自動制御装置 | 半自动控制装置 |
| — cycle | 半自動循環 | 半自動サイクル | 半自动循环 |
| — molding machine | 半自動成形機 | 半自動成形機 | 半自动成形机 |
| — press | 半自動沖床 | 半自動プレス | 半自动压力机 |
| — welding | 半自動銲接 | 半自動溶接 | 半自动焊接 |
| **semiautomation** | 半自動化 | セミオートメーション | 半自动化 |
| **semi-chilled** cast iron | 半激冷鑄鐵 | セミチルド鋳鉄 | 半激冷铸铁 |
| — roll | 半冷硬軋輥 | セミチルドロール | 半冷硬轧辊 |
| **semicircular** bent pipe | 半圓彎管 | 半円曲り管 | 半圆弯管 |
| — conductor | 半圓形心線 | 半円形心線 | 半圆形心线 |
| — column | 半圓柱 | 半円柱 | 半圆柱 |

S

| 英　　　文 | 臺　　　灣 | 日　　　文 | 大　　　陸 |
|---|---|---|---|
| — dial | 半圓形（刻）度盤 | 半円形目盛板 | 半圓形（刻）度盘 |
| — error | 半圓誤差 | 半円誤差 | 半圆误差 |
| — protractor | 半圓分度〔量角〕器 | 半円分度器 | 半圆分度〔量角〕器 |
| **semi-circumference** | 半圓周 | 半円周 | 半圆周 |
| **semiclosed** cycle | 半封閉式循環 | 半密閉サイクル | 半封闭式循环 |
| — loop | 半閉環（系統） | セミクローズドループ | 半闭环（系统） |
| **semi-coke** | 半焦（炭） | 半成コークス | 半焦（炭） |
| **semi-coking** | 半焦化;低溫煉焦 | 半粘結 | 半焦化;低温炼焦 |
| — firing | 半焦化燒燃 | 半ガス燃焼 | 半焦化烧燃 |
| **semi-continuity** | 半連續性 | 半連続性 | 半连续性 |
| **semi-continuous mill** | 半連續軋機 | 半連続圧延機 | 半连续轧机 |
| **semi-cure** | 半硫化 | 半加硫 | 半硫化 |
| **semi-destructive test** | 半斷裂試驗 | 準破壊試験 | 半断裂试验 |
| **semidisc** | 半圓板 | 半円板 | 半圆板 |
| **semi-durable adhesive** | 半耐久性接著劑 | 半耐久性接着剤 | 半耐久性接着剂 |
| **semi-ebonite** | 半硬質膠 | セミエボナイト | 半硬质胶 |
| **semielliptic spring** | 半橢圓鋼板彈簧 | 弓形ばね | 半椭圆钢板弹簧 |
| **semi-fabricated produc** | 半成品 | 半製品 | 半成品 |
| **semifinish** | 半精加工 | セミフィニッシュ | 半精加工 |
| — parts | （零件的）半成品 | セミフィニッシュパーツ | （零件的）半成品 |
| **semifinished bolt** | 半精〔光〕製螺栓 | 半仕上げボルト | 半精〔光〕制螺栓 |
| — flat | 薄板坯;粗軋板 | 荒延べ板 | 薄板坯;粗轧板 |
| — goods | 半成品 | 半製品 | 半成品 |
| — nut | 半精〔光〕製螺母 | 半仕上げナット | 半精〔光〕制螺母 |
| — product | 半成品 | 半製品 | 半成品 |
| **semifloating axle** | 半浮動軸 | 半浮動軸 | 半浮动轴 |
| **semifluid** grease | 半流潤滑脂 | 半流体グリース | 半流润滑脂 |
| — material | 半流動材料 | 半流動質 | 半流动材料 |
| — substance | 半流動物質 | 半流動質 | 半流动物质 |
| **semifossil resin** | 半化石樹脂;半礦物樹脂 | 半化石樹脂 | 半化石树脂;半矿物树脂 |
| **semi-hard drying** | 半硬乾燥 | 半硬化乾燥 | 半硬干燥 |
| — rubber | 半硬橡膠 | 半硬質ゴム | 半硬橡胶 |
| — steel | 半硬鋼 | 半硬鋼 | 半硬钢 |
| **semi-hardening** | 半硬化（處理）;半焠火 | 半硬化処理 | 半硬化（处理）;半　火 |
| **semi-jig boring** | 半座標搪削 | セミジグボーリング | 半坐标镗削 |
| **semikilled steel** | 半鎮靜鋼;半脫氧鋼 | 半鎮静鋼 | 半镇静钢;半脱氧钢 |
| **semimetallic gasket** | 半金屬襯墊 | セミメタリックガスケット | 半金属填密片 |
| — lining | 半金屬摩擦襯片 | セミメタリックライニング | 半金属摩擦衬片 |
| — packing | 組合式迫緊;半金屬迫緊 | セミメタリックパッキン | 半金属密封件 |
| **semi-mild steel** | 中碳鋼;軟鋼 | 中炭素鋼;軟鋼 | 中碳钢;软钢 |

| 英　　文 | 臺　　灣 | 日　　文 | 大　　陸 |
|---|---|---|---|
| semiminor axis | 半短軸 | 短半径 | 半短轴 |
| semi-muffle furnace | 半馬弗爐 | セミマッフル炉 | 半马弗炉 |
| semi-open center | (閥的)中立半開位置 | セミオープンセンタ | (换向阀的)"X"型滑机能 |
| semipermanent mold | 半金屬模;半永久模 | 半永久鋳型 | 半金属型;半永久型 |
| semiperimeter | 半圓周長 | 半周長 | 半圆周长 |
| semi-plastic material | 半塑性材料 | 半塑性物質 | 半塑性材料 |
| semiportal crane | 單腳高架起重機 | 半門形ジプクレーン | 单脚高架起重机 |
| semi-random access | 半隨機存取 | セミランダムアクセス | 半随机存取 |
| semi-real time | 半實時;延時實時 | セミリアルタイム | 半实时;延时实时 |
| semi-reinforcing agent | 半促進劑 | 半補強剤 | 半促进剂 |
| semirigid joint | 半剛性結〔接〕合 | 半剛節 | 半刚性结〔接〕合 |
| — mold | 半硬模 | 半硬質型 | 半硬模 |
| — plastic | 半硬質塑料 | 半硬質プラスチック | 半硬质塑料 |
| — PVC | 半硬質聚氯乙烯 | 半硬質塩ビ | 半硬质聚氯乙烯 |
| — structure | 半剛性結構 | セミリジッド構造 | 半刚性结构 |
| — vinyl | 半硬質乙烯樹脂 | 半硬質ビニル | 半硬质乙烯树脂 |
| semi-round mandrel | 半圓心軸;半圓型芯骨 | 半丸心金 | 半圆心轴;半圆型芯骨 |
| semi-section | 半剖面 | 補足台 | 半剖面 |
| semisteel | 高級〔鋼性;高強度〕鑄鐵 | 高級鋳鉄 | 高强度铸铁;钢性铸铁 |
| — casting | 半鋼鑄鐵件;鋼性鑄鐵件 | 半鋼鋳物 | 半钢铸铁件;钢性铸铁件 |
| — pipe | 鋼性鑄鐵管 | 高級鋳鉄管 | 钢性铸铁管 |
| semi-topping gear hob | 半切頂齒輪滾刀 | セミトッピング付きホブ | 半切顶齿轮滚刀 |
| semi-vulcanization | 半硫化(作用) | 半和硫作用 | 半硫化(作用) |
| semiwater gas | 半水煤氣 | 半水ガス | 半水煤气 |
| Sendait metal | 一種高級強韌鑄鐵 | センダイトメタル | 森德特高级强韧铸铁 |
| Sendalloy | 一種硬質合金 | センダロイ | 仙台硬质合金 |
| senegal | 阿拉伯樹脂 | 遠志樹脂 | 阿拉伯树脂 |
| sense | 檢測;指示方向 | 知覚;検測 | 检测;指示方向 |
| senser | 感測器;傳感元件;探測器 | センサ | 传感器;传感元件;探测器 |
| sensibility | 靈敏度;敏感性 | センシビリティ | 灵敏度;敏感性 |
| — limit | 檢測極限;靈敏極限 | 検出限界 | 检测极限;灵敏极限 |
| — ratio | 靈敏度比 | 鋭敏比 | 灵敏度比 |
| sensing | 讀出;傳感;測向;敏感的 | 検出 | 读出;传感 |
| — and switching device | 讀出轉換裝置 | 検出切換え装置 | 读出转换装置 |
| — circuit | 讀出回路;檢測電路 | 検知回路 | 读出回路;检测电路 |
| sensitive analysis | 靈敏度分析 | 感度分析 | 灵敏度分析 |
| — axis | 靈敏軸 | 敏感軸;受感軸 | 灵敏轴 |
| — bench drill | 靈敏(手進給)台鑽 | センシティブベンチドリル | 灵敏(手进给)台钻 |
| — feed | 手動微進給 | 微動手送り | 手动微进给 |
| — instrument | 感知裝置;敏感裝置 | 感知装置 | 感知装置;敏感装置 |

S

| 英　　文 | 臺　　灣 | 日　　文 | 大　　陸 |
|---|---|---|---|
| **sensitiveness** | 靈敏度 | 鋭敏度；感度 | 灵敏度 |
| **sensitivity** | 靈敏性；敏感性 | 感度；鋭敏性 | 灵敏性；敏感性 |
| — analysis | 靈敏度分析 | 感度分析 | 灵敏度分析 |
| — coefficient | 靈敏度係數 | 感度係数 | 灵敏度系数 |
| — factor | 敏感係數 | センシティビティファクタ | 敏感系数 |
| — limit | 靈敏性極限 | 検出限度 | 灵敏性极限 |
| — of measurement | 測試靈敏度 | 測定感度 | 测试灵敏度 |
| — ratio | 靈敏度比；敏銳比 | 鋭敏比 | 灵敏度比；敏锐比 |
| — settling | 靈敏度調整 | 感度調整 | 灵敏度调整 |
| — test | 靈敏度試驗 | 感度試験 | 灵敏度试验 |
| **sensitizing** heat treatmen | 敏化熱處理 | 鋭敏化処理 | 敏化热处理 |
| **sensor** | 感測器；敏感元件 | 検出器 | 传感器；敏感元件 |
| — element | 傳感元件 | センサエレメント | 传感元件 |
| **sensory temperature** | 感覺溫度；體感溫度 | 体感温度 | 感觉温度；体感温度 |
| **sentinel pyrometer** | 高溫計 | 高温計 | 高温计 |
| **separable** bearing | 分離軸承 | 分離形軸受 | 分离轴承 |
| — flask | 可分離鑄砂箱；分離燒瓶 | セパラブルフラスコ | 可分离型砂箱；分离烧瓶 |
| — plug | 連結插頭 | セパラブルプラグ | 连结插头 |
| **separate** cast test bar | 分離鑄造試樣 | 別枠試料 | 分离铸造试样 |
| — lubrication | 局部潤滑；點潤滑 | 局部潤滑 | 局部润滑；点润滑 |
| — oiling system | 分離潤滑系統 | 分離潤滑 | 分离润滑系统 |
| — platform | 分離式工作台 | 分離ホーム | 分离式工作台 |
| **separating** agent | 分離劑 | 分離剤 | 分离剂 |
| — chute | 選件槽 | 選別式シュート | 选件槽 |
| **separation spring** | 分離彈簧 | 分離スプリング | 分离弹簧 |
| **sequence** bonder | 順序聯接{接合}器 | シーケンスボンダ | 顺序联接{接合}器 |
| — chart | 順序圖 | シーケンス図 | 顺序图 |
| — control | 順序控制 | 逐次制御 | 顺序控制 |
| — control mode | 順序控制方式 | 逐次制御方式 | 顺序控制方式 |
| — controller | 順序控制器 | シーケンスコントローラ | 顺序控制器 |
| — diagram | 順序圖 | シーケンス図 | 顺序图 |
| — of crystallization | 結晶順序 | 晶出順序 | 结晶顺序 |
| — of operation | 操作序列；工作序列 | 動作系列 | 操作序列；工作序列 |
| — program valve | 順序凸輪閥；順序程序閥 | シーケンスプログラム弁 | 顺序凸轮阀；顺序程序阀 |
| — programmer | 順序程式編制器 | シーケンスプログラマ | 顺序程序编制器 |
| — valve | 順序(動作)閥 | シーケンス弁 | 顺序(动作)阀 |
| **sequential** operation | 順序操作 | 順次動作 | 顺序操作 |
| — starting | 順序啓動 | 順序始動 | 顺序启动 |
| **serial access** | 順序存取；串列存取 | 順次アクセス | 顺序存取；串行存取 |
| — input | 串列輸入 | シリアルインプット | 串行输入 |

| 英　　文 | 臺　　灣 | 日　　文 | 大　　陸 |
|---|---|---|---|
| — interface | 串列界面 | 直列インタフェース | 串行接口 |
| **series** arc furnace | 串電弧爐 | 直列アーク炉 | 串电弧炉 |
| — arc welding | 串聯弧銲 | シリーズアーク溶接 | 串联弧焊 |
| — architecture | 串行結構 | シリーズアーキテクチャ | 串行结构 |
| — welding | 串聯銲接 | 直列溶接 | 串联焊接 |
| — winding | 串聯繞組 | 直列巻線 | 串(联)绕(组) |
| **serrated shaft** | 鋸齒形栓槽軸 | セレーション軸 | 锯齿形花键轴 |
| **serration** | 鋸齒(形);細齒 | のこ歯 | 锯齿(形);细齿 |
| — broach | 鋸齒栓槽拉刀 | セレーションブローチ | 锯齿花键拉刀 |
| — gage | 栓槽量規 | セレーションゲージ | 花键量规 |
| — hob | 鋸齒滾刀;細齒滾刀 | セレーションホブ | 锯齿滚刀;细齿滚刀 |
| — milling cutter | 鋸齒銑刀 | セレーションフライス | 锯齿铣刀 |
| — pitch | 鋸齒齒距;細齒齒距 | セレーションピッチ | 锯齿齿距;细齿齿距 |
| — tooth | 鋸齒 | セレーション刃 | 锯齿 |
| **servant brake** | 伺服閘;隨動閘 | サーバントブレーキ | 伺服闸;随动闸 |
| **service** air compressor | 輔助空氣壓縮機 | 空気源圧縮機 | 辅助空气压缩机 |
| — bolt | 常用螺栓 | 仮締めボルト | 工艺螺栓 |
| — brake | 腳制動器;常用制動器 | 常用ブレーキ | 脚制动器;常用制动器 |
| — depot | 修理站;服務站 | 給油所;修理所 | 修理站;服务站 |
| — durability | 耐久度;耐用性 | 耐久性;耐久度 | 耐久度;耐用性 |
| — free | 無需保養 | サービスフリー | 无需保养 |
| — life | 使用期限;使用壽命 | 保守年数;耐用年数 | 使用期限;使用寿命 |
| — life limit | 使用期限;使用壽命極限 | 廃棄限界 | 使用期限;使用寿命极限 |
| — load | 使用負載 | 使用荷重 | 使用负荷 |
| — manual | 修理手冊;使用指南 | サービスマニュアル | 修理细则;使用指南 |
| — parts | 修理用零件;備品 | サービス部品 | 修理用零部件;备品 |
| — point | 檢修測試點 | サービスポイント | 检修测试点 |
| — station | 加油站;服務站 | 給油所 | 加油站;服务站 |
| — stress | 使用應力 | 使用応力 | 使用应力 |
| — switch | 維修開關 | サービススイッチ | 维修开关 |
| — technic | 修理技術 | サービステクニック | 修理技术 |
| — tee | T形管接合 | 雌雄T(継手) | T形管接合 |
| — temperature | 使用溫度 | 使用温度 | 使用温度 |
| — test | 運行試驗;動態試驗 | サービス試験 | 运行试验;动态试验 |
| — trial | 實用性試驗 | 実用試験 | 实用性试验 |
| — valve | 輔助閥 | サービスバルブ | 辅助阀 |
| **serviceable tool** | 適用工具;耐用工具 | サービシアブルツール | 适用工具;耐用工具 |
| **serviceman** | 技術服務人員 | サービスマン | 技术服务人员 |
| **servo** | 伺服機構;隨動系統 | サーボ | 伺服机构;随动系统 |
| — compensator | 伺服機構補償器 | サーボ補償器 | 伺服机构补偿器 |

S

| 英　　文 | 臺　　灣 | 日　　文 | 大　　陸 |
|---|---|---|---|
| — function generator | 伺服函數產生器 | サーボ関数発生器 | 伺服函数发生器 |
| — theory | 伺服理論 | サーボ理論 | 伺服理论 |
| **servo-action** | 隨動作用；伺服作用 | サーボアクション | 随动作用；伺服作用 |
| **servo-actuated control** | 伺服控制；從動控制 | 他力制御 | 伺服控制；从动控制 |
| **servo-actuator** | 伺服執行機構 | サーボアクチュエータ | 伺服执行机构 |
| **servo-arm** | 伺服臂；隨動臂 | サーボアーム | 伺服臂；随动臂 |
| **servo-assist brake** | 伺服輔助刹車 | サーボアシストブレーキ | 助力刹车 |
| **servo-balancing type** | 伺服平衡式；隨動平衡式 | 追従比較形 | 伺服平衡式；随动平衡式 |
| **servo-board** | 伺服機構試驗台 | サーボ卓 | 伺服机构试验台 |
| **servo-brake** | 伺服制動（器） | サーボブレーキ | 伺服制动（器） |
| **servo-clutch** | 隨動離合器 | サーボクラッチ | 随动离合器 |
| **servocontrol** | 伺服控制；隨動控制 | サーボ制御 | 伺服控制；随动控制 |
| — mechanism | 伺服控制機構 | サーボ制御機構 | 伺服控制机构 |
| **servo-cylinder** | 伺服液壓缸 | サーボシリンダ | 伺服液压缸 |
| **servo-detent** | 伺服制動器 | サーボディテント | 伺服制动器 |
| **servo-disk** | 伺服磁盤 | サーボディスク | 伺服磁盘 |
| **servodrive** | 伺服驅動 | サーボ駆動 | 伺服驱动 |
| — system | 伺服驅動系統 | サーボドライブシステム | 伺服驱动系统 |
| **servo-feedback** | 伺服反饋 | サーボフィードバック | 伺服反馈 |
| **servo-logic** | 伺服邏輯 | サーボロジック | 伺服逻辑 |
| **servo-loop** | 伺服回路〔系統〕 | サーボループ | 伺服回路〔系统〕 |
| **servomechanism** | 伺服機構；隨動機構 | サーボ機構 | 伺服机构；随动机构 |
| **servo-motion** | 伺服運動 | サーボモーション | 伺服运动 |
| **servo-piston** | 伺服活塞；隨動活塞 | サーボピストン | 伺服活塞；随动活塞 |
| **servo-relief valve** | 伺服安全閥；繼動安全閥 | サーボリリーフバルブ | 伺服安全阀；继动安全阀 |
| **servo-stabilization** | 伺服穩定 | サーボ安定 | 伺服稳定 |
| **servosystem** | 伺服系統；從動系統 | サーボ方式 | 伺服系统；从动系统 |
| **servounit** | 伺服機構 | サーボユニット | 伺服机构 |
| **servo-valve** | 伺服閥 | サーボ弁 | 伺服阀 |
| **sespa drive** | 皮帶自動張緊裝置 | セスパドライブ | 皮带自动张紧装置 |
| **set** | 凝定；固化；安裝；（一）組 | セット；組 | 凝定；固化；安装；（一）组 |
| — and locking screw | 鎖緊螺釘 | 押締めねじ | 锁紧螺钉 |
| — bolt | 固定螺栓 | 押しボルト | 固定螺栓 |
| — collar | 定位環；固定環 | セットカラー | 定位环；固定环 |
| — copper | 飽和銅；凹銅 | セットカッパ | 饱和铜；凹铜 |
| — design | 裝置設計 | セットデザイン | 装置设计 |
| — dial | 調整度盤 | セットダイアル | 调整度盘 |
| — enable | 可調整 | セットイネーブル | 可调整 |
| — feeler | 定位觸點；調整觸點 | セットフィーラ | 定位触点；调整触点 |
| — filling | 磨銳鋸齒；銼鋸齒 | 目立て | 磨锐锯齿；锉锯齿 |

| 英　　文 | 臺　　灣 | 日　　文 | 大　　陸 |
|---|---|---|---|
| — hammer | 擊平錘;堵縫錘 | へし | 击平锤;堵缝锤 |
| — iron | 金屬樣板 | 型板金 | 金属样板 |
| — key | 鑲鍵;柱螺栓鍵 | 植込みキー | 镶键;柱螺栓键 |
| — lever | 鎖緊手柄 | セットレバー | 锁紧手柄 |
| — maker | 設備製造廠 | セットメーカ | 设备制造厂 |
| — piece | 定位塊;調整塊 | セットピース | 定位块;调整块 |
| — piston | 調整活塞 | セットピストン | 调整活塞 |
| — ring | 調整環;定位環 | セットリング | 调整环;定位环 |
| — screw | 調整螺釘;定位螺釘 | ノブ止めビス；止めねじ | 调整螺钉;定位螺钉 |
| — solid | 凝固;凝結 | 凝固；凝結 | 凝固;凝结 |
| — spring | 固定彈簧;調整彈簧 | セットスプリング | 固定弹簧;调整弹簧 |
| — tap | 成套絲攻 | 組タップ | 成套丝锥 |
| — tester | 試驗器;測試儀 | セット試驗器 | 试验器;测试仪 |
| — time | 凝結時間;規定時間 | 凝結時間 | 凝结时间;规定时间 |
| **setback hinge** | 制動鉸鏈 | あおり止め丁番 | 制动铰链 |
| **setscrew** | 頂緊螺釘 | 押しねじ | 顶紧螺钉 |
| **setsquare** | 三角板 | 三角定規 | 三角板 |
| **sett grease** | 冷煮潤滑脂 | 冷製グリース | 冷煮润滑脂 |
| **setter** | 定位器 | セッタ | 定位器 |
| **setting** | 調整;固化;凝固 | 凝固；硬化；規正 | 调整;固化;凝固 |
| — adjuster | 調整部分;設定部分 | 設定部 | 调整部分;设定部分 |
| — agent | 硬化劑 | 硬化剤 | 硬化剂 |
| — angle | 安裝角 | 取付け角 | 安装角 |
| — by deflection angle | 偏轉角設置法 | 偏角設置法 | 偏转角设置法 |
| — device | 安裝裝置 | すえ付け装置 | 安装装置 |
| — dial | 儀器標尺 | 測定器目盛板 | 仪器标尺 |
| — die | 可調沖模 | セット型 | 可调冲模 |
| — drawing | 裝置圖 | 取付け図 | 装置图 |
| — error | 設定誤差 | 設定誤差 | 设定误差 |
| — expansion | 凝固膨脹 | 凝結膨張 | 凝固膨胀 |
| — gage | 定位(量)規;校正(量)規 | 調整用ゲージ | 定位(量)规;校正(量)规 |
| — gib | 定位凹字楔;定位拉緊銷 | 止めジブ | 定位凹字楔;定位拉紧销 |
| — point | 凝固點 | 設定点 | 凝固点 |
| — position | 設置位置 | セッティングポジション | 设置位置 |
| — pressure | 設定壓力 | 設定圧力 | 设定压力 |
| — retarder | 緩凝劑 | 凝結遅延剤 | 缓凝剂 |
| — shrinkage crack | 凝結收縮裂縫 | 凝固収縮ひび割れ | 凝结收缩裂缝 |
| — speed | 固化速度 | 硬化速度 | 固化速度 |
| — temperature | 凝膠化溫度;硬化溫度 | 硬化温度 | 凝胶化温度;硬化温度 |
| — test | 凝結試驗 | 凝結試驗 | 凝结试验 |

| 英　　文 | 臺　　灣 | 日　　文 | 大　　陸 |
|---|---|---|---|
| — thread plug gage | 可調螺紋塞規 | 調整ねじプラグゲージ | 可调螺纹塞规 |
| — value | 設定值 | 値の設定 | 设定值 |
| settled grease | 澄清的油脂 | 清澄なグリース | 澄清的油脂 |
| settling sump | 沈降油槽〔箱〕 | 沈殿タンク | 沈降油槽〔箱〕 |
| set-up | 組裝；硬化 | 組立て；硬化 | 组装；硬化 |
| — box | 組合箱 | 組立て箱 | 组合箱 |
| seven three brass | 七三黃銅 | 七三黃銅 | 七三黄铜 |
| severity of quench | 急冷度 | 急冷度 | 急冷度 |
| Sevron ring | 塞夫隆〔夾布山形〕填密環 | セブロンリング | 塞夫隆〔夹布山形〕填密环 |
| sewage disposal system | 污水處理裝置 | 汚物処理装置 | 污水处理装置 |
| — examination | 污水檢驗 | 下水試験 | 污水检验 |
| sewed buff | 拋光輪 | 縫いバフ | 抛光轮 |
| sewing line strength | 接縫強度 | 縫目強さ | 接缝强度 |
| Seymourite | 一種耐蝕銅鎳鋅合金 | セイモライト | 西摩里特耐蚀铜镍锌合金 |
| shackle | 帶銷U形環；鉤環 | つかみ | 带销U形环；钩环 |
| — bar | 鉤桿；連桿；車鉤 | 連接棒 | 钩杆；连杆；车钩 |
| — block | 帶鉤環滑輪 | シャックルブロック | 带钩环滑轮 |
| — bolt | 鉤環螺栓；連鉤螺栓 | シャックルボルト | 钩环螺栓；连钩螺栓 |
| — pin | 鉤環銷；鏈鉤銷；吊鉤軸 | シャックルピン | 钩环销；链钩销；吊钩轴 |
| shaft | (傳動)軸；爐身 | シャフト；軸 | (传动)轴；炉身 |
| — alley | 軸隧 | 軸路 | 轴隧 |
| — angle | 軸角 | 軸角 | 轴角 |
| — arm pin | 軸臂銷 | シャフトアームピン | 轴臂销 |
| — base system | 基軸制 | 軸基準式 | 基轴制 |
| — basis | 基軸制 | 軸基準 | 基轴制 |
| — bearing | 軸承 | 軸受 | 轴承 |
| — bearing seat | 軸承座 | 軸の軸受座 | 轴承座 |
| — bossing | 軸包套；軸包架 | シャフトボシング | 轴包套；轴包架 |
| — box | 軸套管 | 管胴材 | 轴套管 |
| — bracket | 尾軸架；軸支架 | 軸ブラケット | 尾轴架；轴支架 |
| — cases | 軸箱 | 軸箱 | 轴箱 |
| — center | 軸心 | 軸心 | 轴心 |
| — center sighting | 軸心瞄準 | 軸心見通し | 轴心瞄准 |
| — collar | 軸環 | 軸帯 | 轴环 |
| — contact | 軸接點 | 軸接点 | 轴接点 |
| — coupling | 聯軸器 | 軸継手 | 联轴器 |
| — encoder | 轉軸編碼器 | 回転形エンコーダ | 轴符号器；转轴编码器 |
| — end output | 軸端功率 | 軸端出力 | 轴端功率 |
| — frame | 軸座 | 軸枠 | 轴座 |
| — furnace | 鼓風爐；高爐 | シャフト炉 | 鼓风炉；竖炉 |

| 英　　文 | 臺　　灣 | 日　　文 | 大　　陸 |
|---|---|---|---|
| — gland | 軸(密封)壓蓋 | シャフトグランド | 軸(密封)压盖 |
| — governor | 軸向(作用)調速器 | 軸調速機 | 轴向(作用)调速器 |
| — guard | 軸檔;軸罩 | 軸ガード | 轴档;轴罩 |
| — guard pipe | 護軸套管 | シャフト保護管 | 护轴套管 |
| — horsepower | 軸輸出功率 | 軸動力 | 轴输出功率 |
| — horsepower meter | 軸功率計 | 軸馬力計 | 轴功率计 |
| — journal | 軸頸 | シャフトジャーナル | 轴颈 |
| — lathe | 製軸車床 | 軸旋盤 | 制轴车床 |
| — line | 軸線 | 軸線 | 轴线 |
| — liner | 軸襯 | 軸ライナ | 轴衬 |
| — machine | 軸類加工自動機 | シャフトマシン | 轴类加工自动机 |
| — of agitator | 攪拌軸 | かくはん軸 | 搅拌轴 |
| — of ribbed vault | 肋拱支柱 | リブ柱 | 肋拱支柱 |
| — output | 軸(輸出)功率 | 軸出力 | 轴(输出)功率 |
| — packing | 軸迫緊 | 軸パッキン | 轴密封 |
| — pin | 軸銷 | シャフトピン | 轴销 |
| — position indicator | 軸向位移指示器 | 軸位置計 | 轴向位移指示器 |
| — power coefficient | 軸功率係數 | 軸動力係數 | 轴功率系数 |
| — power curve | 軸動力曲線 | 軸動力曲線 | 轴动力曲线 |
| — power meter | 軸功率計 | 軸馬力計 | 轴功率计 |
| — rake | 軸傾角〔斜度〕 | 軸傾斜 | 轴倾角〔斜度〕 |
| — seal | 軸密封;軸封裝置 | 軸封裝置 | 轴密封;轴封装置 |
| — seal part | 軸密封部位 | 軸封部 | 轴密封部位 |
| — shoulder | 軸肩 | 軸の肩 | 轴肩 |
| — sleeve | 軸(襯)套 | 軸スリーブ | 轴(衬)套 |
| — speed | 軸轉速 | 回転速度 | 轴转速 |
| — stool | 軸承座 | 軸受台 | 轴承座 |
| — trunk | 軸隧 | 軸路 | 轴隧 |
| — tunnel | 軸隧 | 軸路 | 轴隧 |
| — vibration | 軸振動 | 軸振動 | 轴振动 |
| — work | 軸功 | 軸仕事 | 轴功 |
| shafting | 軸系 | 軸系 | 轴系 |
| — arrangement | 軸系布置 | 軸系配置 | 轴系布置 |
| — efficiency | 軸系效率 | 軸系効率 | 轴系效率 |
| — oil | 傳動油 | 軸系油;軸材油 | 传动油 |
| shaftless type | 無軸式 | 無軸形 | 无轴式 |
| shake rot | 裂紋腐蝕 | 割れ目腐食 | 裂纹腐蚀 |
| — table test | 振動台試驗 | 振動台試験 | 振动台试验 |
| shakedown | 試運轉;〔新工藝的〕試驗 | ならし運転 | 试运转;〔新工艺的〕试验 |
| shaker | 振動機;振動篩 | 振動テーブル | 振动机;振动筛 |

| 英　　文 | 臺　　灣 | 日　　文 | 大　　陸 |
|---|---|---|---|
| **shaking** apparatus | 振動器;搖動器 | 振り混ぜ機 | 振动器;摇动器 |
| — conveyor | 振動輸送機 | 機械振動コンベヤ | 振动输送机 |
| — feeder | 振動供料裝置 | 振動供給裝置 | 振动供料装置 |
| — machine | 振動器 | 振動機 | 振动器 |
| — screen | 搖(動)篩 | 振動ふるい | 摇(动)筛 |
| — sieve | 搖(動)篩 | 振動ふるい | 摇(动)筛 |
| — table | 振動台;搖床 | 振動台 | 振动台;摇床 |
| — test | 搖動試驗 | 搖すぶり試驗 | 摇动试验 |
| **shallow hardening** | 淺層淬火 | 淺燒き | 浅层淬火 |
| **shammy** | 麂皮;油鞣革 | シャミ皮 | 麂皮;油鞣革 |
| **shank** | 軸;桿;柄 | 柄;軸部 | 轴;杆;柄 |
| — angle | 彎頭角度 | シャンクアングル | 弯头角度 |
| — diameter | 刀桿直徑 | シャンク径 | 刀杆直径 |
| — end | 刀桿頂端;柄尖 | シャンクエンド | 刀杆顶端;柄尖 |
| — guide | 刀桿導套 | 胴受け | 刀杆导套 |
| — length | 刀柄長 | シャンクの長さ | 刀柄长 |
| — of bolt | 螺栓的無螺紋部分 | ボルト軸部 | 螺栓的无螺纹部分 |
| — reamer | 帶柄鉸刀 | シャンクリーマ | 带柄铰刀 |
| — type gear hob | 柄式齒輪滾刀 | シャンク形ホブ | 柄式齿轮滚刀 |
| — type milling cutter | 柄式銑刀 | シャンクタイプフライス | 柄式铣刀 |
| **shankless die** | 無柄模具 | シャンクなしダイス | 无柄模具 |
| **shape** | 模型;整形;形狀 | 整形;形削りする | 模型;整形;形状 |
| — accuracy | 形狀精度 | 形狀精度 | 形状精度 |
| — change | 變形 | 変形 | 变形 |
| — cutting | 仿削 | 形切断 | 仿形切割 |
| — error | 形狀誤差 | 形狀誤差 | 形状误差 |
| — memory alloy | 形狀記憶合金 | 形狀記憶合金 | 形状记忆合金 |
| — memory ceramics | 形狀記憶陶瓷 | 形狀記憶セラミクス | 形状记忆陶瓷 |
| — parameter | 形狀參數;幾何形狀參數 | 形狀パラメータ | 形状叁数;几何形状叁数 |
| — rolling mill | 型鋼軋機 | 形圧延機 | 型钢轧机 |
| — steel | 型鋼;型材 | 形鋼;型材 | 型钢;型材 |
| — tolerance | 形狀公差 | 形狀公差 | 形状公差 |
| — tube | 異形管 | 異形管 | 异形管 |
| **shaped** laminate | 層壓成形製品;層壓型材 | 積層成形品 | 层压成形制品;层压型材 |
| — section | 異型材 | 異形材 | 异型材 |
| **shaper** | 牛頭刨床;成形機;模鍛錘 | 形削り盤 | 牛头刨床;整形器;模锻锤 |
| — wheel | 整形輪 | シェーパホイール | 整形轮 |
| **shaping** | 形成;造型;成形;修刨 | 形削り;造型 | 形成;造型;成形;修刨 |
| — die | 成形沖〔壓〕模 | フォーミングダイ | 成形冲〔压〕模 |
| — machine | 牛頭刨床 | 形削り盤 | 牛头刨床 |

| 英　　文 | 臺　　灣 | 日　　文 | 大　　陸 |
|---|---|---|---|
| — operation | 整形作用 | 整形作用 | 整形作用 |
| — tool | 刨刀〔刨床用〕 | 平削り盤用バイト | 刨刀〔刨床用〕 |
| **shared** control | 共用控制 | 共用制御 | 共用控制 |
| — control unit | 共用控制器 | 共用制御装置 | 共用控制器 |
| **sharp** angle | 銳角 | 鋭角 | 锐角 |
| — bend | 突轉彎頭 | シャープベンド | 突转弯头 |
| — crested orifice | 銳緣孔;刃形測流孔 | 刃形オリフィス | 锐缘孔;刃形(测)流孔 |
| — thread | 三角螺紋 | 三角ねじ | 三角螺纹 |
| — V thread | 非截頂三角螺紋 | 完全Vねじ | 非截顶三角螺纹 |
| **shatter** | 粉碎;擊碎;破壞 | 粉砕;支離滅裂 | 粉碎;击碎;破坏 |
| — test | 硬度墜落試驗;破碎試驗 | 破砕試験 | 硬度坠落试验;破碎试验 |
| **shattered crack** | 微細龜裂;髮裂 | 毛割れ;微細き裂 | 微细龟裂;发裂 |
| **shaver** | 刮刀;刨刀 | かんな削り機 | 刮刀;刨刀 |
| **shaving** allowance | 整修裕量;芯頭間隙量 | シェービング代 | 整修裕量;芯头间隙量 |
| — arbor | 剃齒心軸 | シェービングアーバ | 剃齿心轴 |
| — cutter | 剃齒刀 | シェービングカッタ | 剃齿刀 |
| — dies | 切邊模;修邊模 | シェービングダイス | 修边模;精整冲裁模 |
| — hob | 蝸輪剃齒刀;齒輪滾刀 | シェービングホブ | 蜗轮剃齿刀;齿轮滚刀 |
| — machine | 刨皮機;修整機 | かんな削り機 | 刨皮机;修整机 |
| — press | 整修沖床 | シェービングプレス | 整修压力机 |
| — stock | 剃齒留量 | シェービング代 | 剃齿留量 |
| **shavings** | 切屑;屑片 | 削りくず | 切屑;屑片 |
| **Shaw process** | 陶瓷模〔蕭氏精密〕鑄造法 | ショープロセス | 陶瓷型〔肖氏精密〕铸造法 |
| **shear** | 剪斷;剪切;切力 | せん断;せん断力 | 剪断;剪切;切力 |
| — action | 剪切作用 | せん断作用 | 剪切作用 |
| — adhesion | 剪切附著力 | 保持力 | 剪切附着力 |
| — apparatus | 剪斷設備 | せん断試験機 | 剪切设备 |
| — blade | 剪切刀片 | シャーブレード | 剪切刀片 |
| — bolt | 保險螺栓 | せん断ボルト | 保险螺栓 |
| — brittleness | 剪切脆度 | せん断ぜい性 | 剪切脆度 |
| — buckling | 剪切挫曲 | せん断座屈 | 剪切屈曲 |
| — center | 剪切中心 | せん断中心 | 剪切中心 |
| — connector | 抗剪結合環〔件〕 | ずれ止め | 抗剪结合环〔件〕 |
| — crack | 剪切裂縫 | せん断クラック | 剪切裂缝 |
| — cut tap | 螺旋槽絲攻 | ねじれ溝タップ | 螺旋槽丝锥 |
| — cutter | 剪切機 | せん断機 | 剪切机 |
| — deformation | 剪切變形 | せん断変形 | 剪切变形 |
| — delay | 剪切延遲 | せん断遅れ | 剪切延迟 |
| — diagram | 剪力圖 | せん断図 | 剪力图 |
| — edge | 剪切刃 | 食切り刃 | 剪切刃 |

| 英　　文 | 臺　　灣 | 日　　文 | 大　　陸 |
|---|---|---|---|
| — equation | 剪力平衡方程(式) | せん力方程式 | 剪力平衡方程(式) |
| — failure | 剪切破損；剪斷破壞 | せん断破壞 | 剪切破损；剪断破坏 |
| — fault | 剪切式斷層 | せん断型欠陥 | 剪切式断层 |
| — field | 剪切場 | せん断場 | 剪切场 |
| — flow | 剪流；剪切流動 | せん断流 | 剪流；剪切流动 |
| — flow theory | 剪切流理論 | せん断流理論 | 剪切流理论 |
| — fold | 剪切褶皺 | せん断しゅう曲 | 剪切褶皱 |
| — force | 剪(切)力 | せん断力 | 剪(切)力 |
| — force diagram | 剪力圖 | せん断力線図 | 剪力图 |
| — fracture | 剪切斷裂 | せん断破壞 | 剪切断裂 |
| — height | 斜刃高度 | シャー高さ | 斜刃高度 |
| — index | 剪切指數；切變指數 | せん断指数 | 剪切指数；切变指数 |
| — lag | 剪切滯後 | せん断遅れ | 剪切滞后 |
| — leg crane | 動臂起重機 | 二またクレーン | 动臂起重机 |
| — line | 剪切流程；剪切生產線 | シャーライン | 剪切流程；剪切生产线 |
| — lip | 剪切邊緣；剪切唇 | シャーリップ | 剪切边缘；剪切唇 |
| — load | 剪切負載 | せん断荷重 | 剪切负载 |
| — mode | 剪切振蕩模 | 滑りモード | 剪切振荡模 |
| — modulus | 切變彈性模量 | ずり弾性率 | 切变弹性模量 |
| — pin | 安全銷；剪斷保險銷 | せん断ピン | 安全销；剪断保险销 |
| — pin splice | 銷接；樞接 | シャーピン継手 | 销接；枢接 |
| — plane | 剪切面 | せん断面 | 剪切面 |
| — plate | 剪切板〔沖床超負荷保險〕 | シャープレート | 剪边的中原板；剪切板 |
| — property | 剪切特性 | せん断特性 | 剪切特性 |
| — rate | 剪切速率；切應變速率 | ずり率 | 剪切速率；切应变速率 |
| — reinforcement | 抗剪鋼筋 | せん断補強筋 | 抗剪钢筋 |
| — response | 剪力反應 | せん断力応答 | 剪力反应 |
| — rigidity | 剪切剛度 | せん断剛性 | 剪切刚度 |
| — span-depth ratio | 剪切高跨比 | せん断スパン高さ比 | 剪切高跨比 |
| — span ratio | 剪切跨度比 | せん断スパン比 | 剪切跨度比 |
| — spinning | 強力旋壓；變薄旋壓 | しごきスピニング加工 | 强力旋压；变薄旋压 |
| — stability | 剪切穩定性 | せん断安定性 | 剪切稳定性 |
| — stiffness | 剪切剛性〔度〕 | せん断剛性 | 剪切刚性〔度〕 |
| — tenacity | 剪切韌性〔度〕 | せん断じん性 | 剪切韧性〔度〕 |
| — test | 剪切試驗 | せん断試験 | 剪切试验 |
| — test apparatus | 剪切試驗儀 | せん断試験機 | 剪切试验仪 |
| — thixotropy | 剪切觸變性 | ずりシキソトロピー | 剪切触变性 |
| — type cutting-off die | 剪式切斷模 | 切断式切り落とし型 | 剪式切断模 |
| — ultimate strength | 極限剪切強度 | 極限せん断強さ | 极限剪切强度 |
| — vibration | 剪切振動 | 滑り振動 | 剪切振动 |

| 英　　文 | 臺　　灣 | 日　　文 | 大　　陸 |
|---|---|---|---|
| — web | 抗剪腹板 | せん断ウェッブ | 抗剪腹板 |
| — wires | 剪切保險絲 | せん断張線 | 剪切保险丝 |
| — yield stress | 剪切屈服應力 | せん断降伏応力 | 剪切屈服应力 |
| — zone | 剪切區;剪切帶 | せん断域 | 剪切区;剪切带 |
| **sheared** edge | 剪斷的毛邊 | せん断縁 | 剪断的毛边 |
| — length | 剪切長度 | せん断長さ | 剪切长度 |
| — plate | 切邊鋼板 | せん断板 | 切边钢板 |
| — strip | 剪切的帶材 | 裁ち落とし短冊板 | 剪切的带材 |
| — surface | 受剪面;剪切面 | せん断面 | 受剪面;剪切面 |
| **shearer** | 剪切機 | シャーラ | 剪切机 |
| **shearing** | 剪切〔斷〕 | せん断加工 | 剪切〔断〕 |
| — defect | 剪切缺陷 | シャーリング傷 | 剪切缺陷 |
| — deflection | 剪切撓度 | せん断たわみ | 剪切挠度 |
| — die | 剪切模 | せん断型 | 剪切模 |
| — frame | 剪床架 | シャーリングフレーム | 剪床架 |
| — instability | 切變不穩定性 | わい力不安定性 | 切变不稳定性 |
| — machine | 剪床;剪切機 | せん断機 | 剪床;剪切机 |
| — mark | 切痕 | シャーリングむら | 切痕 |
| — panel | 剪力板;受剪板 | せん断パネル | 剪力板;受剪板 |
| — resistance | 抗剪力 | せん断抵抗 | 抗剪力 |
| — strain | 剪(切)應變 | せん断ひずみ | 剪(切)应变 |
| — strength | 抗剪強度;剪切強度 | せん断強さ | 抗剪强度;剪切强度 |
| — stress | 剪應力 | ずり応力 | 剪应力 |
| — stress in torsion | 扭轉剪應力 | せん断応力 | 扭转剪应力 |
| — stress of fluid | 流體剪應力 | 流体せん断応力 | 流体剪应力 |
| — surface | 剪切面 | せん断面 | 剪切面 |
| — unit stress | 單位剪應力 | せん断応力度 | 单位剪应力 |
| — velocity | 切變速度;剪切速度 | ずれの速度 | 切变速度;剪切速度 |
| — vibration | 剪切振動 | せん断振動 | 剪切振动 |
| — work | 剪切加工 | せん断加工 | 剪切加工 |
| **shears** | 剪切機 | せん断機 | 剪切机 |
| **sheathing tape** | 鎧裝鋼帶 | 外装鋼帯 | 铠装钢带 |
| **sheave** | 繩輪;皮帶輪;滑輪;滑車 | 溝車 | 绳轮;皮带轮;滑轮;滑车 |
| **shedder** | 頂件器;卸件器 | 突出し金具 | 顶件器;卸件器 |
| **sheen** | 表面光滑 | 光輝 | 表面光滑 |
| **sheet** | 鋼板;薄板 | 葉;図表 | 钢板;薄板 |
| — asbesto | 石棉片 | シートアスベスト | 石棉片 |
| — bar | 薄板坯 | 薄板用鋼片 | 薄板坯 |
| — bar mill | 薄板坯軋機 | シートバー圧延機 | 薄板坯轧机 |
| billet | 薄板坯 | 薄板素材 | 薄板坯 |

| 英　　文 | 臺　　灣 | 日　　文 | 大　　陸 |
|---|---|---|---|
| — billet mill | 薄板坯軋機 | シートバー圧延機 | 薄板坯轧机 |
| — brass | 薄黃銅板 | 薄真ちゅう板 | 薄黄铜板 |
| — clipping | 剪下鋼板 | シートクリッピング | 剪下钢板 |
| — copper | 薄銅板 | 薄銅板 | 薄铜板 |
| — cutting | 板材切割 | 断裁；板取り | 板材切割 |
| — extruder | 螺桿壓片機 | シート押出し機 | 丝杠压片机 |
| — feed | 板料送進 | シートフィード | 板料送进 |
| — feeder | 板料送進器 | シートフィーダ | 板料送进器 |
| — feeding | 板料送料裝置 | シート送り装置 | 板料送料装置 |
| — finishing | 薄板精整 | 薄板仕上げ | 薄板精整 |
| — forming | 薄板成形；板材成形 | シート成形 | 薄板成形；板材成形 |
| — forming mold | 片材成形模 | シート成形型 | 片材成形模 |
| — forming technique | 片材成形法 | シート成形法 | 片材成形法 |
| — forming tool | 片材成形工具 | シート成形用具 | 片材成形工具 |
| — gasket | 密封墊圈片 | シートガスケット | 密封垫圈片 |
| — gold | 金板 | 金板 | 金板 |
| — iron | 薄鋼板 | 鉄皮；薄鋼板 | 薄钢板 |
| — iron shear | 鐵皮剪床 | シートアイアンシャー | 铁皮剪床 |
| — gage | 厚薄規；板規 | シートゲージ | 厚薄规；板规 |
| — lead | 鉛皮 | 薄鉛板；鉛板 | 铅皮 |
| — leveller | 薄板校平機 | シートレベラ | 薄板校平机 |
| — loader | 薄板裝料機 | シートローダ | 薄板装料机 |
| — material | 片材；板材 | シート材料 | 片材；板材 |
| — metal | 薄板；金屬薄板 | 板金；薄板金 | 薄板；金属薄板 |
| — metal container | 薄板容器 | 板金容器 | 薄板容器 |
| — metal gage | 金屬板規 | ゲージ | 金属板规 |
| — metal screw | 薄板螺釘 | 薄板タップねじ | 薄板螺钉 |
| — metal smoothing rolle | 薄板校平輥 | 薄板くせ取りロール | 薄板校平辊 |
| — metal strip | 薄板帶材 | シートメタルストリップ | 薄板带材 |
| — metal worker | 板金工 | 薄板工 | 板金工 |
| — metal working | 薄板加工；板金加工 | 薄板加工 | 薄板加工；板金加工 |
| — mill | 薄板軋機 | 薄板圧延機 | 薄板轧机 |
| — nickel | 電解鎳板 | シートニッケル | 电解镍板 |
| — pack | 疊鋼皮；鋼皮捆 | シートパック | 叠钢皮；钢皮捆 |
| — packing | 迫緊片 | シートパッキン | 填密片；垫片 |
| — roll | 薄板軋輥 | 薄板圧延ロール | 薄板轧辊 |
| — rolling mill | 薄板軋機 | 薄板圧延機 | 薄板轧机 |
| — screw | 薄板螺釘 | 薄板タップねじ | 薄板螺钉 |
| — separation | 〔銲後〕板的翹離 | 板の浮上がり | 〔焊后〕板的翘离 |
| — stamping | 薄板沖壓 | シートスタンピング | 薄板冲压 |

| 英　　文 | 臺　　灣 | 日　　文 | 大　　陸 |
|---|---|---|---|
| ─ steel | 薄鋼板 | 鋼板 | 薄钢板 |
| ─ strip | 帶鋼 | シートストリップ | 带钢 |
| ─ temper mill | 片狀結構 | シートテンパーミル | 片状结构 |
| ─ tin | 薄板平整機 | すず板 | 薄板平整机 |
| ─ zinc | 錫板；馬口鐵皮 | 薄亜鉛板 | 锡板；马口铁皮 |
| **sheeter** | 壓片機 | シータ | 压片机 |
| **sheeting die** | 壓片模 | シート押出しダイ | 压片模 |
| **sheffield plate** | 鍍銀桐板；包銀銅板 | シェフィールドプレート | 镀银桐板；包银铜板 |
| **shelf angle** | 座角鋼 | シェルフアングル | 座角钢 |
| **shell** | 外殼；套（管）；殼 | シェル；かく；殻 | 外壳；套（管）；壳 |
| ─ casting | 殼模鑄件 | シェル形鋳物 | 壳型铸件 |
| ─ drill | 筒形鑽；套式擴孔鑽 | 筒形きり | 筒形钻；套式扩孔钻 |
| ─ end mill | 空心端銑刀 | 筒形底フライス | 圆筒形端铣刀 |
| ─ mold casting | 殼模鑄造 | シェル形鋳物 | 壳型铸造 |
| ─ mold machine | 殼模機 | シェルモールドマシン | 壳型机 |
| ─ molding | 殼模鑄造（法） | シェル型造形 | 壳型铸造（法） |
| ─ reamer | 套裝（式）鉸刀 | シェルリーマ | 套装（式）铰刀 |
| **shellac bonded wheel** | 蟲膠結合劑磨具〔砂輪〕 | シェラックと石 | 虫胶结合剂磨具〔砂轮〕 |
| **shelly crack** | 黑點龜裂 | 黒（点亀）裂 | 黑点龟裂 |
| **shield** | 保護；護罩 | 遮へい；遮へい体 | 保护；护罩 |
| **shielded** arc-electrode | 有保護電弧銲條 | シールドアーク溶接棒 | 有保护（电）弧焊条 |
| ─ arc welding | 保護電弧銲 | シールドアーク溶接 | 保护电弧焊 |
| ─ ball bearing | 帶防護墊圈的滾珠軸承 | シールド玉軸受 | 带防护垫圈的滚珠轴承 |
| ─ bearing | 有護圈軸承 | シールド軸受 | 有护圈轴承 |
| ─ metal arc welding | 氣體保護金屬極電弧銲 | 被覆アーク溶接 | 气体保护金属极电弧焊 |
| **shielding material** | 密封材料 | 封着材料 | 密封材料 |
| **shift** | 移程量；變換 | けた移動；移程量 | 移程量；变换 |
| ─ coupling | 變速聯軸節；接合器 | 送りカップリング | 变速联轴节；接合器 |
| ─ lever | 變速桿〔變速箱〕；撥齒桿 | シフトレバー | 变速杆〔变速箱〕；拨齿杆 |
| **shifted gear** | 換檔；交換齒輪 | 転位歯車 | 调档；交换齿轮 |
| **shifter** | 移動裝置；轉換機構 | シフタ | 移动装置；转换机构 |
| ─ fork | 變速撥叉；撥叉；換檔撥叉 | シフタホーク | 变速拨叉；拨叉；换档拨叉 |
| ─ hub | 撥叉凹口 | シフタハブ | 拨叉凹口 |
| ─ lever | 變速桿 | シフタレバー | 变速杆 |
| ─ rod | 變速桿 | シフタロッド | 变速杆 |
| **shim** | 軸承襯；軸承墊片；填隙片 | 軸受はさみ金 | 轴承衬；轴承垫片；填隙片 |
| ─ block | 墊片；楔塊 | はさみ金具 | 垫片；楔块 |
| **shingling hammer** | 鍛錘；鍛鐵錘 | 鍛鉄ハンマ | 锻锤；锻铁锤 |
| **shiplap joint** | 錯縫接合；搭接 | 合じゃくり接合 | 错缝接合；搭接 |
| **shock** | 衝擊；震動；爆音；激波 | 衝撃 | 冲击；震动；爆音；激波 |

S

| 英　　文 | 臺　　灣 | 日　　文 | 大　　陸 |
|---|---|---|---|
| ─ absorber | 衝擊吸收器;減震器 | 緩衝装置 | 冲击吸收器;减震器 |
| ─ absorbing efficiency | 衝擊吸收(效)率 | 衝撃吸収率 | 冲击吸收(效)率 |
| ─ absorbing ruber | 消震橡膠 | 緩衝ゴム | 消震橡胶 |
| ─ absorbing spring | 緩衝彈簧 | 緩衝ばね | 缓冲弹簧 |
| ─ absorption | 減震;消震;緩衝作用 | 緩衝作用 | 减震;消震;缓冲作用 |
| ─ action | 衝擊作用 | 衝撃作用 | 冲击作用 |
| ─ arrester | 緩衝器;消震器 | ショックアレスタ | 缓冲器;消震器 |
| ─ bending test | 衝擊彎曲試驗 | 衝撃曲げ試験 | 冲击弯曲试验 |
| ─ burst | 輪胎爆破 | ショックバースト | 轮胎爆破 |
| ─ cooling | 急冷;驟冷 | 衝撃冷却 | 急冷;骤冷 |
| ─ curing | 衝擊固化 | 衝撃硬化 | 冲击固化 |
| ─ driver | 衝擊起子 | ショックドライバ | 冲击式螺丝刀 |
| ─ elasticity | 衝擊彈性 | 衝撃弾性 | 冲击弹性 |
| ─ eliminator | 緩衝器;減震器 | ショックエリミネータ | 缓冲器;减震器 |
| ─ factor | 衝擊係數 | 衝撃係数 | 冲击系数 |
| ─ heating | 衝擊加熱 | 衝撃加熱 | 冲击加热 |
| ─ loading | 衝擊負載 | 衝撃荷重 | 冲击负荷 |
| ─ machine | 衝擊試驗機 | 衝撃試験機 | 冲击试验机 |
| ─ mark | 再拉深形成的環形接紋 | ショックマーク | 再拉深形成的环形接纹 |
| ─ motion | 衝擊運動 | 衝撃運動 | 冲击运动 |
| ─ mount | 減震架;衝擊設備;防震座 | 衝撃装置 | 减震架;冲击设备;防震座 |
| ─ noise | 振動噪音 | ショックノイズ | 振动噪声 |
| ─ pressure | 衝擊壓力 | 衝撃圧（力） | 冲击压力 |
| ─ proof mounting | 耐震台座;防震台座 | 耐震取付け台 | 耐震台座;防震台座 |
| ─ pulse | 衝擊脈衝 | 衝撃パルス | 冲击脉冲 |
| ─ resistance | 抗震性;抗衝擊能力 | 耐衝撃 | 抗震性;抗冲击能力 |
| ─ resistant | 耐震;耐衝擊 | 耐衝撃 | 耐震;耐冲击 |
| ─ sensitivity | 衝擊靈敏度 | 衝撃感度 | 冲击灵敏度 |
| ─ strength | 抗衝擊強度 | 衝撃強さ | 抗冲击强度 |
| ─ stress | 衝擊應力 | 衝撃応力 | 冲击应力 |
| ─ strut | 衝擊支柱 | 緩衝支柱 | 冲击支柱 |
| ─ surface | 衝擊面 | 衝撃面 | 冲击面 |
| ─ synthesis | 衝擊合成(法) | 衝撃圧縮合成 | 冲击合成(法) |
| ─ test | 衝擊試驗 | 衝撃試験 | 冲击试验 |
| ─ tester | 衝擊試驗機 | 衝撃試験機 | 冲击试验机 |
| ─ wave forming | 爆炸成形法 | 爆発成形 | 爆炸成形法 |
| **shockless** braking | 緩衝制動;無衝擊制動 | 緩衝制動 | 缓冲制动;无冲击制动 |
| ─ engaging | 離合器無衝擊齧合 | 緩衝連結 | 离合器无冲击啮合 |
| **shoe** angle | 柱腳角鋼 | 柱脚山形鋼 | 柱脚角钢 |
| ─ brake | 靴式制動器 | くつブレーキ | 闸瓦制动器;蹄式制动器 |

| 英　　文 | 臺　　灣 | 日　　文 | 大　　陸 |
|---|---|---|---|
| — plate | 蹄片；支撐板 | シュープレート | 閘瓦；蹄片；支撑板 |
| shoegear | 制動器 | シュー装置 | 制动器 |
| shoot | 槽；滑動面 | 落とし | 槽；滑动面 |
| shooting capacity | 射出能力 | 射出能力 | 压射能力 |
| — chamber | 射出室 | 射出室 | 压射室〔腔〕 |
| — cylinder | 射出缸 | 射出シリンダ | 压射缸 |
| shop | 工作場；機構；工作 | 工作場 | 工作场；机构；工作 |
| — assembling | 工廠裝配；工場裝配 | 工場組立て | 工厂装配；车间装配 |
| — drawing | 裝配圖；工作圖；生產圖 | 工作図 | 装配图；工作图；生产图 |
| — fabrication | 工廠製造；工場製造 | 工場製作 | 工厂制造；车间制造 |
| — gage | 工作量規 | 工作ゲージ | 工作量规 |
| — trial | 工廠試車；工場試車 | 工場試運転 | 工厂试车；车间试车 |
| shopwork | 工場加工 | 工場加工（品） | 车间加工 |
| Shore hardness | 蕭氏硬度 | ショアー硬さ | 肖氏硬度 |
| — hardness number | 蕭氏硬度數 | ショアー硬度数 | 肖氏硬度数 |
| — hardness test | 蕭氏硬度試驗 | ショアー硬さ試験 | 肖氏硬度试验 |
| — scleroscope | 蕭氏硬度計 | ショアー反発硬度計 | 肖氏硬度计 |
| short base | 短軸距 | ショートベース | 短轴距 |
| — iron | 脆性鐵 | ぜい鉄 | 脆(性)铁 |
| — lever | 短桿 | 短機 | 短杆 |
| — link | 短鏈環 | 短鎖環 | 短链环 |
| — link chain | 短節鏈 | ショートリンクチェーン | 短节链 |
| — nipple | 短螺紋接套 | ショートニップル | 短螺纹接套 |
| — stroke | 短衝程 | ショートストローク | 短冲程 |
| — taper | 短錐度 | ショートテーパ | 短锥度 |
| — teeth | 短齒〔齒輪〕 | ショートティース | 短齿〔齿轮〕 |
| — terne | 鍍鉛錫防蝕鋼板 | ショートターン | 镀铅锡防蚀钢板 |
| shortage | 短缺；缺陷；缺點 | 不足 | 短缺；缺陷；缺点 |
| short-circuit | 短路；短接 | 短絡 | 短路；短接 |
| — brake | 短路制動器 | 短絡ブレーキ | 短路制动器 |
| shortness | 脆性；缺乏；壓製不足 | ぜい性；もろさ | 脆性；缺乏；压制不足 |
| short-run mold | 短期生產用模具 | 短時間運転用金型 | 短期生产用模具 |
| shot | 衝擊；爆破；射程 | 爆破 | 冲击；爆破；射程 |
| — ball peening | 噴砂硬化 | ショットボールピーニング | 喷丸硬化 |
| — blast | 噴砂處理 | ショットブラスト | 喷丸〔砂〕处理 |
| — blast chamber | 噴砂室 | ショットブラストチャンバ | 喷丸〔砂〕室 |
| — boring | 鑽粒鑽進；鋼珠鑽探 | 鋼球ボーリング | 钻粒钻进；钢珠钻探 |
| — capacity | 壓射能力 | 射出能力 | 压射能力 |
| — cleaning | 噴砂清理；拋丸清理 | ショットクリーニング | 喷丸清理；抛丸清理 |
| — cylinder | 壓射缸 | ショットシリンダ | 压射缸 |

| 英　　文 | 臺　　灣 | 日　　文 | 大　　陸 |
|---|---|---|---|
| ― defect | 汗珠狀固溶析出物 | 汗玉 | 汗珠状固溶析出物 |
| ― molding | 壓射成形；注塑 | ショット成形 | 压射成形；注塑 |
| ― peening | 噴砂硬化 | ショットピーニング | 喷丸硬化 |
| ― tumblast | 抛砂清理滾筒 | ショットタンブラスト | 抛丸清理滚筒 |
| **shoulder** | 軸肩；肩；凸出部；肩角 | 肩 | 轴肩；肩；凸出部；台肩 |
| ― guard | 防護鋼板 | 肩当て | 防护钢板 |
| ― of crank | 曲柄軸肩 | クランクシャフトの肩 | 曲柄轴肩 |
| ― pilot | 帶台階的導銷 | 肩付きパイロット | 带台阶的导销 |
| ― punch | 台階式凸模；帶肩沖頭 | 肩付きポンチ | 台阶式凸模；带肩冲头 |
| ― ring | 軸肩擋圈 | 肩リング | 轴肩挡圈 |
| **shredder** | 切碎機；纖維梳散機 | 粉砕機 | 切碎机；纤维梳散机 |
| **shrink** | 收縮；收縮率 | 収縮；収縮率 | 收缩；收缩率 |
| ― bob | 補縮冒口；暗冒口 | シュリンクボブ | 补缩腔〔包〕；暗冒口 |
| ― characteristic | 收縮性 | 収縮性 | 收缩性 |
| ― film | 收縮薄膜 | 収縮フィルム | 收缩薄膜 |
| ― fit | 熱壓配合；燒嵌；熱套 | 焼きばめ | 热压配合；烧嵌；热套 |
| ― fitting | 燒嵌 | 焼ばめ | 烧嵌 |
| ― fixture | 防縮器 | 冷やしジグ | 防缩器 |
| ― flange | 收縮器 | シュリンクフランジ | 收缩器 |
| ― flanging die | 收縮凸緣 | 縮みフランジ成形型 | 收缩凸缘 |
| ― head | 收縮翻邊模；收縮折緣模 | シュリンクヘッド | 收缩翻边模；收缩折缘模 |
| ― hole | 冒口；補縮頭 | 引け巣 | 冒口；补缩头 |
| ― mark | 縮孔 | 収縮しわ | 缩孔 |
| ― overwrap | 收縮皺紋 | 収縮包装 | 收缩皱纹 |
| ― package | 收縮包裝 | シュリンク包装 | 收缩包装 |
| ― proofing | 收縮包裝 | 防縮加工 | 收缩包装 |
| ― property | 防縮（處理） | 収縮性 | 防缩（处理） |
| ― resistance | 收縮性 | 防縮性 | 收缩性 |
| ― ring | 抗縮性 | 焼ばめたが | 抗缩性 |
| ― rule | 縮尺 | 伸び尺 | 缩尺 |
| ― scale | 縮尺 | 伸び尺 | 缩尺 |
| **shrinkage** | 收縮量；縮孔 | 収縮；鋳縮み | 收缩（量）；缩孔 |
| ― allowances | 收縮容許量 | 収縮余裕 | 收缩容许量 |
| ― bar | 收縮鋼筋　. | 収縮バー | 收缩钢筋 |
| ― cavity | 縮孔 | 収縮孔 | 缩孔 |
| ― coefficient | 收縮係數 | 収縮係数 | 收缩系数 |
| ― control | 收縮控制 | 収縮抑制 | 收缩控制 |
| ― crack | 收縮裂紋 | 収縮ひび割れ | （收）缩裂（纹） |
| ― depression | 收縮凹陷 | 外引け | （收）缩（凹）陷 |
| ― factor | 收縮係數；收縮率 | 収縮係数；縮み率 | 收缩系数；收缩率 |

| 英　　文 | 臺　　灣 | 日　　文 | 大　　陸 |
|---|---|---|---|
| — fit cylinder | 熱壓配合圓筒 | 焼ばめ円筒 | 热压配合圆筒 |
| — hole | 縮孔 | 収縮巣 | 缩孔 |
| — index | 收縮指數 | 収縮指数 | 收缩指数 |
| — limit | 收縮極限；縮限 | 収縮限界 | 收缩极限；缩限 |
| — mark | 收縮皺紋 | 収縮しわ | 收缩皱纹 |
| — on aging | 老化時收縮 | 老化収縮 | 老化时收缩 |
| — percentage | 收縮率 | 収縮率 | 收缩率 |
| — pool | 縮陷 | 収縮くぼみ | 缩陷 |
| — pressure | 收縮壓力 | 収縮圧 | 收缩压力 |
| — rate | 收縮速度 | 収縮速度 | 收缩速度 |
| — ratio | 收縮比 | 収縮比 | 收缩比 |
| — scale | 縮尺〔鑄造用〕 | 鋳物尺 | 缩尺〔铸造用〕 |
| — strain | 收縮應變 | 縮みひずみ | 收缩应变 |
| — stress | 收縮應力 | 縮み応力 | 收缩应力 |
| — test | 收縮試驗 | 収縮試験 | 收缩试验 |
| — void | 收縮孔隙 | 収縮ボイド | 收缩孔隙 |
| **shrinker** | 補縮冒口；收縮機 | シュリンカ | （补缩）冒口；收缩机 |
| **shrinking** measure | 收縮度量 | 収縮度量 | 收缩度量 |
| — -on | 熱壓配合 | 焼ばめ | 热压配合 |
| — percentage | 收縮百分率 | 縮み率；収縮率 | 收缩百分率 |
| **shroud ring** | 箍環；包箍；護環；圍帶 | 囲い輪 | 箍环；包箍；护环；围带 |
| **shrouded gear** | 帶有端面凸緣的齒輪 | 壁付き歯車 | 带有端面凸缘的齿轮 |
| **shunt cam** | 分路凸輪 | 分流カム | 分路凸轮 |
| **shut** | 關閉；閉鎖；封閉 | シャット | 关闭；闭锁；封闭 |
| — height | 合模高度 | シャットハイト | 闭合高度 |
| **shutoff** | 關閉；切斷；停止 | シャットオフ締切 | 关闭；切断；停止 |
| — cock | 切斷旋塞 | シャットオフコック | 切断旋塞 |
| **shuttle** chuck | 梭動夾頭；多位夾頭 | シャットルチャック | 梭动夹头；多位夹头 |
| — driver | 往復驅動器 | シャットルドライバ | 往复驱动器 |
| — stop motion | 往復停止裝置 | シャットル停止装置 | 往复停止装置 |
| — valve | 往復閥；梭動閥 | シャットル弁 | 往复阀；梭动阀 |
| **shuttling** | 往復運動；梭動 | シャットリング | 往复运动；梭动 |
| **sichromal** | 鋁鉻矽耐熱鋼 | シクロマル | 铝铬硅耐热钢 |
| **sickle pump** | 鐮式泵 | かま形弁ポンプ | 镰式泵 |
| **sicromal** | 鋁鉻矽耐熱鋼 | シクロマル | 铝铬硅耐热钢 |
| **side action die** | 側動模具；側楔模具 | 横動型 | 侧动模具；侧楔模具 |
| — angle | 邊緣角鋼；夾緊角鋼 | 柱脚山形鋼 | 边缘角钢；夹紧角钢 |
| — bearing | 側端軸承 | スラスト軸受 | 侧端轴承 |
| — bend specimen | 側彎曲試片 | 側曲げ試験片 | 侧弯曲试片 |
| — bend test | 側彎曲試驗 | 側曲げ試験 | 侧弯曲试验 |

S

| 英　　文 | 臺　　灣 | 日　　文 | 大　　陸 |
|---|---|---|---|
| ─ clearance | 側後隙；側隙；經向間隙 | 側面の逃げ | 側后隙；側隙；经向间隙 |
| ─ clearance angle | 副後角；第二後角 | 側面の逃げ角 | 副后角；第二后角 |
| ─ cut punch | 側切沖頭 | サイドカットパンチ | 侧切冲头 |
| ─ cut shears | 切邊機 | サイドカットシャー | 切边机 |
| ─ cutter | 三側〔面〕刃銑刀；偏銑刀 | 側フライス | 三侧〔面〕刃铣刀；偏铣刀 |
| ─ cutting edge | 斜切削刃；付切削刃 | 横切れ刃 | 斜切削刃；付切削刃 |
| ─ elevation | 側視圖；側面圖 | 側面図 | 侧视图；侧面图 |
| ─ erosion | 側面侵蝕；橫向侵蝕 | 側方侵食 | 侧面侵蚀；横向侵蚀 |
| ─ etch | 側面蝕刻；邊緣腐蝕 | サイドエッチ | 侧面蚀刻；边缘腐蚀 |
| ─ etching | 側向腐蝕；邊緣腐蝕 | サイドエッチング | 侧向腐蚀；边缘腐蚀 |
| ─ fillet weld | 側面填角銲縫 | 側面隅肉溶接 | 侧面填角焊（缝） |
| ─ force | 水平分力；橫向力；側向力 | 横方向力 | 水平分力；横向力；侧向力 |
| ─ form relief | 側刃的後角 | 側刃の逃げ | 侧刃的后角 |
| ─ friction | 側面摩擦 | 側面摩擦 | 侧面摩擦 |
| ─ gear | 側面齒輪 | サイドギヤー | 侧面齿轮 |
| ─ girder | 邊桁 | 側ガーダ | 边桁 |
| ─ grinder | 側面磨床 | サイドグラインダ | 侧面磨床 |
| ─ grinding head | 平面磨床的側磨頭 | 横と石頭 | （平面磨床的）侧磨头 |
| ─ guard | 側護導板 | サイドガード | 侧护（导）板 |
| ─ guide | 側導板 | 横当て | 侧导板 |
| ─ head | 側刀架 | 横刃物台 | 侧刀架 |
| ─ hole | 側方鑽孔 | 払い穴 | 侧方钻孔 |
| ─ key | 防側推力擋鍵 | サイドキー | 防侧推力挡键 |
| ─ key way | 側面鍵槽 | 端面キー溝 | 侧面键槽 |
| ─ knock | 活塞鬆動 | サイドノック | 活塞松动 |
| ─ liner | 側襯板 | サイドライナ | 侧衬板 |
| ─ milling | 側面刃銑刀銑削 | 側フライス削り | 侧面刃铣刀铣削 |
| ─ milling cutter | 三面刃銑刀；盤銑刀 | 側フライス | 三面刃铣刀；盘铣刀 |
| ─ panel | 側面板 | サイドパネル | 侧面板 |
| ─ plate rivet | 側板鉚釘 | 側板リベット | 侧板铆钉 |
| ─ plate with screw | 帶有螺釘的側板 | ねじぶた | 带有螺钉的侧板 |
| ─ projection | 側投影圖 | 側投影図 | 侧投影图 |
| ─ seam | 邊縫；界面 | わき縫い | 边缝；接口 |
| ─ shaft | 側軸 | 側軸 | 侧轴 |
| ─ slide | 側滑塊；副滑塊 | サイドスライド | 侧滑块；副滑块 |
| ─ strut | 側向支撐；橫向支撐 | 横支柱 | 侧向支撑；横向支撑 |
| ─ thrust | 側向推力；側推力；側壓 | 側面スラスト | 侧向推力；侧推力；侧压 |
| ─ tool | 側刀；偏刃 | 片刃バイト | 侧刀；偏刃 |
| ─ tool bar | 橫刀桿 | 横刃物棒 | 横刀杆 |
| ─ tool slide | 側刀架 | 横工具送り台 | 侧刀架 |

| 英 文 | 臺 灣 | 日 文 | 大 陸 |
|---|---|---|---|
| — trim unit | 修邊機 | サイドトリマ | 修边机 |
| — trimmer | 側邊修邊機;端面剪切機 | 端面せん断機 | 侧边修边机;端面剪切机 |
| — valve | 旁閥 | サイドバルブ | 旁阀 |
| — view | 側視圖 | 側面図 | 侧视图 |
| — web | 側軸頸頰板 | 側軸ウェップ | 侧轴颈颊板 |
| — wheel head | 側向磨頭 | 横と石頭 | 侧向磨头 |
| sided timber | 邊角加工方材 | 押角 | 边角加工方材 |
| siderazot | 氮鐵礦 | 天産の窒化鉄 | 氮铁矿 |
| siderit | 菱鐵礦 | りょう鉄鉱 | 菱铁矿 |
| sideroferrite | 自然鐵 | 自然鉄 | 自然铁 |
| siderology | 冶鐵學;鋼鐵冶金學 | 鉄や金学 | 冶铁学;钢铁冶金学 |
| Siemens heat | 西門子熱 | ジーメンス熱 | 西门子热 |
| — method | 西門子法 | ジーメンス法 | 西门子法 |
| — process | 西門子煉鐵法 | ジーメンス法 | 西门子(炼铁)法 |
| — steel | 西門子鋼 | ジーメンス鋼 | 西门子钢 |
| Siemens-Martin furnace | 西門子-馬丁爐;平爐 | 平炉 | 西门子-马丁炉;平炉 |
| — process | 平爐法;馬丁爐法煉鋼 | 平炉法 | 平炉法(炼钢);马丁炉法 |
| — steel | 平爐鋼 | 平炉鋼 | 平炉钢 |
| sieve | 篩子 | ふるい | 筛子 |
| — mesh | 篩孔;篩眼;篩目 | ふるい眼 | 筛孔;筛眼;筛目 |
| — plate | 篩板 | ろ板 | 筛板 |
| — shaker | 搖篩機 | ふるい揺動機 | 摇筛机 |
| — shaking machine | 振動篩分機 | ふるい振動機 | 振动筛分机 |
| — tray | 篩盤 | 綱目板 | 筛盘 |
| sifter | 機械篩;過濾器 | 機械ふるい | 机械筛;过滤器 |
| sifting machine | 機械篩;過濾篩 | 機械ふるい | 机械筛;过滤筛 |
| sight check | 目視檢查 | 視覚検査 | 目视检查 |
| — feed | 供油指示器 | 見送り供給 | 供油指示器 |
| — feed lubricator | 明給潤滑器 | 見送り注油器 | 明给润滑器 |
| — feed oiling | 可視給油法 | 可視滴下給油 | 可视给油(法) |
| — glass | 觀察窗;窺視孔 | のぞき眼鏡 | 观察窗;窥视孔 |
| — hole | 窺視孔;檢查孔 | サイトホール | 窥视孔;检查孔 |
| SIGMA welding | 惰性氣體金屬極電弧銲 | シグマ溶接 | 惰性气体金属极电弧焊 |
| sigmoid curve | S形曲線 | S字状曲線 | S形曲线 |
| signal alarm | 警報器;信號警報 | シグナルアラーム | 警报器;信号警报 |
| significant factor | 有效因素 | 有意要因 | 有效因素 |
| — surface | 有效電鍍面;有效被鍍面 | めっき有効面 | 有效电镀面;有效被镀面 |
| Sil-Ten steel | 西爾-坦低合金高強度鋼 | シルテン鋼 | 西尔-坦低合金高强度钢 |
| Silal V | 西拉爾鋁基合金 | シラルブイ | 西拉尔铝基合金 |
| Silanca | 銀銻合金 | シランカ | 银锑合金 |

| 英　　文 | 臺　　灣 | 日　　文 | 大　　陸 |
|---|---|---|---|
| silastic | 矽橡膠 | シラスチック | 硅橡胶 |
| silchrome steel | 矽鉻耐熱鋼 | シルクロム鋼 | 硅铬耐热钢 |
| silcoat | 銀塗料 | シルコート | 银涂料 |
| Silcurdur | 耐蝕銅矽合金 | シルカーダー | 耐蚀铜硅合金 |
| silence | 無聲；靜寂；抑制 | 静寂 | 无声；静寂；抑制 |
| — effect | 消音效應 | 消音効果 | 消音效应 |
| silencer | 消聲器；靜噪器 | 消音器 | 消声器；静噪器 |
| silencing device | 消音器；減聲器 | 消音装置 | 消音器；减声器 |
| silent arc | 靜弧；無聲電弧 | 無音アーク | 静弧；无声电弧 |
| — block | 防音裝置；隔聲裝置 | サイレントブロック | 防音装置；隔声装置 |
| — blowoff valve | 無聲放氣閥 | 消音吹出し弁 | 无声放气阀 |
| — chain | 無聲鏈；無聲傳動裝置 | 音無し鎖 | 无声链；无声传动装置 |
| — discharge | 無聲放電 | 無声放電 | 无声放电 |
| — electric discharge | 無聲放電 | 無声放電 | 无声放电 |
| — fan | 無聲風扇 | サイレントファン | 无声风扇 |
| — feed | 無噪音進料 | サイレント送り | 无噪声进料 |
| — gear | 無聲齒輪 | 音無し歯車 | 无声齿轮 |
| — point | 靜點；無感點 | 無感点 | 静点；无感点 |
| — running | 消聲運轉；消聲行車 | 静音運転 | 消声运转；消声行车 |
| — seal | 靜密封 | サイレントシール | 静密封 |
| — switch | 靜噪開關 | サイレントスイッチ | 静噪开关 |
| silentalloy | 防振合金；無聲合金 | サイレンタロイ | 防振合金；无声合金 |
| silex glass | 石英玻璃 | 石英ガラス | 石英玻璃 |
| Silfbronze | 錫鎳4-6黃銅 | シルフブロンズ | 锡镍4-6黄铜 |
| Silfos | 西爾福斯銅銀合金 | シルフォス | 西尔福斯铜银合金 |
| silica | 矽石；氧化矽 | けい石 | 硅石；氧化硅 |
| — brick | 矽磚 | けい石れんが | 硅砖 |
| — coke oven | 矽石煉焦爐 | けい石製コークス炉 | 硅石炼焦炉 |
| — crucible | 矽石坩堝 | シリカるつぼ | 硅石坩埚 |
| — fiber | 矽纖維 | シリカファイバ | 硅纤维 |
| — fire brick | 矽石耐火磚 | けい石耐火れんが | 硅石耐火砖 |
| — gel | （氧化）矽膠 | けい酸ゲル | （氧化）硅胶 |
| — gel column | 矽膠柱 | シリカゲルカラム | 硅胶柱 |
| — gel grease | 矽膠填充潤滑脂 | シリカゲルグリース | 硅胶填充润滑脂 |
| — oxide | 氧化矽 | シリカオキサイド | 氧化硅 |
| — powder | 石英粉；矽砂粉 | シリカ粉末 | 石英粉；硅砂粉 |
| — refractories | 矽土耐火製件 | けい石耐火材料 | 硅土耐火制件 |
| — removal | 脫矽；除矽 | 脱けい | 脱硅；除硅 |
| — removal agent | 脫矽劑 | 脱けい剤 | 脱硅剂 |
| silica-alumina catalyst | 矽鋁催化劑 | けいアルミナ触媒 | 硅铝催化剂 |

| 英　　文 | 臺　　灣 | 日　　文 | 大　　陸 |
|---|---|---|---|
| **silicagel** | 矽膠 | シリカゲル | 硅胶 |
| — column | 矽膠柱 | シリカゲルカラム | 硅胶柱 |
| — desiccator | 矽膠式乾燥器 | シリカゲル除湿器 | 硅胶式干燥器 |
| **silicate** | 矽酸鹽〔酯〕 | けい酸塩 | 硅酸盐〔酯〕 |
| — bonded wheel | 矽酸鹽黏結劑砂輪 | シリケートと石車 | 硅酸盐粘结剂砂轮 |
| — flux | 矽酸鹽銲劑 | シリケートフラックス | 硅酸盐焊剂 |
| — gel | 矽(酸鹽)凝膠 | けい酸ゲル | 硅(酸盐)凝胶 |
| — wheel | 矽酸鹽砂輪 | シリケートと石車 | 硅酸盐砂轮 |
| **silichrome steel** | 矽鉻鋼 | シリクロム鋼 | 硅铬钢 |
| **silicic acid** | 矽酸 | けい酸 | 硅酸 |
| — acid gel | 矽酸凝膠 | けい酸ゲル | 硅酸凝胶 |
| **silicoferrite** | 矽鐵固溶體 | シリコフェライト | 硅铁固溶体 |
| **silicomanganese steel** | 矽錳鋼 | けい素マンガン鋼 | 硅锰钢 |
| **silicon,Si** | 矽 | けい素 | 硅 |
| — brass | 矽黃銅 | けい素黄銅 | 硅黄铜 |
| — bronze | 矽青銅 | 含けい銅；けい素青銅 | 硅青铜 |
| — carbide | 碳化矽 | 炭化けい素 | 碳化硅 |
| — carbide abrasive grain | 碳化矽磨料 | C系と粒 | 碳化硅磨料 |
| — carbide fiber | 碳化矽纖維 | 炭化けい素繊維 | 碳化硅纤维 |
| — carbide grain | 碳化矽磨粒 | C系と粒 | 碳化硅磨粒 |
| — copper | 矽銅合金 | けい素銅 | 硅铜(合金) |
| — cup | 矽坩堝；矽密封帽 | シリコンカップ | 硅坩埚；硅(密封)帽 |
| — dioxide | 二氧化矽 | 二酸化けい素 | 二氧化硅 |
| — gum | 矽橡膠 | シリコンゴム | 硅橡胶 |
| — iron | 矽鐵(合金) | けい素鉄 | 硅铁(合金) |
| — killed steel | 矽鎮靜鋼 | けい素鎮静鋼 | 硅镇静钢 |
| — main rectifier | 矽主整流器 | シリコン主整流器 | 硅主整流器 |
| — manganese | 矽錳合金 | けい素マンガン合金 | 硅锰合金 |
| — manganese steel | 矽錳鋼 | シリコンマンガン鋼 | 硅锰钢 |
| — monooxide | 一氧化矽 | 一酸化けい素 | 一氧化硅 |
| — nickel alloy | 矽鎳合金 | けい素ニッケル合金 | 硅镍合金 |
| — oil | 矽油 | シリコン油 | 硅油 |
| — oxide | 二氧化矽 | 酸化シリコン | 二氧化硅 |
| — oxide film | 矽氧化膜 | シリコン酸化膜 | 硅氧化膜 |
| — oxide layer | 氧化矽層 | 酸化シリコン層 | 氧化硅层 |
| — rubber | 矽橡膠 | けい素ゴム | 硅橡胶 |
| — steel band | 矽鋼帶 | けい素鋼帯 | 硅钢带 |
| — steel lamination | 矽鋼 | けい素鋼板 | 硅钢 |
| — steel plate | 矽鋼板 | けい素鋼板 | 硅钢板 |
| — steel sheet | 矽鋼片 | けい素鋼板 | 硅钢片 |

S

| 英　　文 | 臺　　灣 | 日　　文 | 大　　陸 |
|---|---|---|---|
| — surface processing | 矽表面處理 | シリコン表面処理 | 硅表面处理 |
| **silicone** | 有機矽樹脂 | けい素樹脂 | 硅酮;聚硅酮;有机硅树脂 |
| — fluid | 矽油 | シリコーン油 | 硅油 |
| — hose | 聚矽氧塑料軟管 | シリコーンホース | 聚硅氧塑料软管 |
| — insulation | 矽樹脂絕緣 | シリコーン樹脂絶縁 | 硅树脂绝缘 |
| — mold | 矽模 | シリコーン型 | 硅模 |
| — oil | 矽油 | シリコーン油 | 硅油 |
| — resin | 矽樹脂;有機矽樹脂 | けい素樹脂 | 硅(酮)树脂;有机硅树脂 |
| — resin coating | 有機矽樹脂塗料 | シリコーン樹脂塗料 | 有机硅树脂涂料 |
| — rubber | 矽(氧)橡膠 | シリコーンゴム | 硅(氧)橡胶 |
| — sealant | 有機矽樹脂密封劑 | シリコーンシーラント | 有机硅树脂密封剂 |
| — slicer | 矽切片機 | シリコーンスライサ | 硅切片机 |
| — sponge rubber | 矽海綿橡膠 | シリコーンスポンジゴム | 硅海绵橡胶 |
| **siliconeisen** | 低矽鐵合金 | シリコナイゼン | 低硅铁合金 |
| **siliconized** iron plate | 矽化(處理)鐵板 | シリコナイズド鉄板 | 硅化(处理)铁板 |
| — plate | 矽鋼片 | シリコナイズド鉄板 | 硅钢片 |
| — steel sheet | 滲矽鋼片;矽鋼板 | シリコナイズド鉄板 | 渗硅钢片;硅钢板 |
| **siliconizing** | 矽化處理;擴散滲矽處理 | 浸けい | 硅化处理;扩散渗硅 |
| **silicospiegel** | 矽鏡鐵 | シリコスピーゲル | 硅镜铁 |
| **silite** | 碳化矽 | シリット | 碳化硅 |
| **sill anchor** | 基礎錨固螺栓;地腳螺絲 | 基礎埋込みボールト | 基础锚固螺栓;地脚螺丝 |
| **Silmalec** | 西爾瑪雷克鋁矽鎂合金 | シルマレック | 西尔玛雷克铝硅镁合金 |
| **Silmanal** | 銀錳鋁特種磁性合金 | シルマナール | 银锰铝特种磁性合金 |
| **Silmelec** | 西爾梅倫克矽鋁耐蝕合金 | シルメレック | 西尔梅伦克硅铝耐蚀合金 |
| **silmet** | 板狀鎳銀;帶狀鎳銀 | シルメット | 板状镍银;带状镍银 |
| **silver,Ag** | 銀;銀色;銀器 | シルバ;銀 | 银;银色;银器 |
| — alloy | 銀合金 | 銀合金 | 银合金 |
| — alloy brazing | 銀合金(銅)銲 | 銀ろう付け | 银合金(铜)焊 |
| — alloy plating | 銀合金電鍍 | 銀の合金めっき | 银合金电镀 |
| — amalgam | 銀汞合金 | 銀アマルガム | 银汞合金 |
| — bell alloy | 銀鈴合金 | シルバベル合金 | 银铃合金 |
| — leaf | 銀箔 | 銀ぱく | 银箔 |
| — plating | 鍍銀 | 銀めっき | 镀银 |
| — solder | 銀銲料 | 銀ろう | 银焊料 |
| — soldering | 銀銲 | 銀ろう付け | 银焊 |
| — spraying | 銀噴鍍 | 銀鏡吹付け | 银喷镀 |
| — steel | 銀亮鋼 | 銀鋼 | 银亮钢 |
| — streak(ing) | 銀絲;銀白笆絛紋 | 銀線 | 银丝;银白笆条纹 |
| — white | 銀白 | 銀白 | 银白 |
| **Silverine** | 銅鎳耐蝕合金 | シルベライン | 铜镍耐蚀合金 |

| 英　　文 | 臺　　灣 | 日　　文 | 大　　陸 |
|---|---|---|---|
| **silveriness** | 銀白 | 銀白性 | 银白 |
| **silvering** | 鍍銀 | 銀めっき；と銀 | 镀银 |
| **silverware** | 銀器 | 銀器 | 银器 |
| **silvery pig iron** | 高矽銑鐵 | シルバリー銑鉄 | 高硅铣铁 |
| **silvestrite** | 氮鐵 | シルベストリ石 | 氮铁 |
| **silzin bronze** | 矽青銅 | シルジン青銅 | 硅青铜 |
| **Simanal** | 矽錳鋁鐵合金 | シマナール | 硅锰铝铁合金 |
| **Simgal** | 矽鎂鋁合金 | シムガール | 硅镁铝合金 |
| **Similor** | 含錫黃銅 | シミラ | 含锡黄铜 |
| **simple** alloy steel | 普通合金鋼 | 単純合金鋼 | 普通合金钢 |
| — beam method | 簡支梁法 | 単純ばり法 | 简支梁法 |
| — carbon steel | 普通碳素鋼 | 単純炭素鋼 | 普通碳素钢 |
| — cylindrical projection | 單圓柱投影法 | 単円柱図法 | 单圆柱投影法 |
| — element | 簡單元件 | 単純素子 | 简单元件 |
| — girder | 簡支(大)梁 | 単純けた | 简支(大)梁 |
| — hanging truss | 單柱桁架 | キングポストトラス | 单柱桁架 |
| — harmonic motion | 簡諧運動 | 単弦運動 | 简谐运动 |
| — harmonic motion cam | 簡諧波運動凸輪 | 単弦運動カム | 简谐波运动凸轮 |
| — harmonic quantity | 簡諧量；正弦量 | 単純調和量 | 简谐量；正弦量 |
| — harmonic vibration | 簡諧振動 | 単純調和振動 | 简谐振动 |
| — impulse turbine | 單級衝動式渦輪機 | 単式衝動タービン | 单级冲动式涡轮机 |
| — integral | 簡單積分 | 単（一）積分 | (简)单积分 |
| — lens | 單透鏡 | 単レンズ | 单透镜 |
| — pendulum | 單擺 | 単純振り子 | 单摆 |
| — pitch error | 單節距誤差 | 単一ピッチ誤差 | 单节距误差 |
| — pump | 單缸泵 | 単シリンダポンプ | 单缸泵 |
| — refraction | 單折射 | 単屈折 | 单折射 |
| — reversed truss | 倒單柱桁架 | 逆キングポストトラス | 倒单柱桁架 |
| — shear | 純剪切 | 単純せん断 | 纯剪切 |
| — structure | 簡單結構 | 単純構造 | 简单结构 |
| — torsion | 純扭轉 | 単純ねじり | 纯扭(转) |
| — truss bridge | 簡支桁架橋 | 単純トラス橋 | 简支桁架桥 |
| — nozzle | 單式噴嘴 | 単式ノズル | 单式喷嘴 |
| — operation | 單工操作 | 単向動作 | 单工操作 |
| **simplification** | 簡單化；簡易性；簡化 | 単純化；簡素化 | 简单化；简易性；简化 |
| **simply** supported beam | 簡支梁 | 単純ばり | 简支梁 |
| — edge | 簡支邊 | 単純支持縁 | 简支边 |
| — rigid frame | 簡支剛架 | 単純ばり型ラーメン | 简支刚架 |
| **simulate** | 模擬 | 再現；擬態 | 模拟 |
| **simulation** structure | 模擬結構 | シミュレーション構造 | 模拟结构 |

| 英　　文 | 臺　　灣 | 日　　文 | 大　　陸 |
|---|---|---|---|
| — test | 模擬試驗 | 模擬実験 | 模拟试验 |
| **sine** | 正弦 | サイン；正弦 | 正弦 |
| — bar | 正弦尺〔規〕 | サインバー | 正弦尺〔規〕〔窄面的〕 |
| — curve | 正弦曲線 | 正弦曲線 | 正弦曲线 |
| — curve gear pump | 正弦齒輪泵 | 正弦曲線歯車ポンプ | 正弦齿轮泵 |
| — curve hob | 正弦曲線滾刀 | サインカーブホブ | 正弦曲线滚刀 |
| — law | 正弦定律 | 正弦法則 | 正弦定律 |
| — plate | 正弦規〔板〕 | サインプレート | 正弦规〔板〕 |
| — protractor | 正弦量角規 | サインプロトラクタ | 正弦量角规 |
| — rule | 正弦法則 | 正弦法則 | 正弦法则 |
| — wave | 正弦波 | 正弦波 | 正弦波 |
| **single arc furnace** | 單極電弧爐 | 単アーク炉 | 单极电弧炉 |
| — axis knee joint | 單軸彎頭鉸鏈 | 単軸ひざ | 单轴弯头铰链 |
| — bar link | 單桿連桿 | 一枚リンク | 单杆连杆 |
| — bend test | 單向彎曲試驗機 | 一方向曲げ試験 | 单向弯曲试验机 |
| — bevel groove | 單斜角坡口；半V形坡口 | V形グルーブ | 单斜角坡口；半V形坡口 |
| — block | 單輪滑車；單程式段 | 単滑車 | 单轮滑车；单程序段 |
| — cam | 單凸輪軸 | シングルカム軸 | 单凸轮轴 |
| — capstan | 單傳動輪 | シングルキャプスタン | 单传动轮 |
| — cavity die | 單腔模具 | 一個取り金型 | 单腔模具 |
| — cog | 單面齒 | シングルコッグ | 单面齿 |
| — cogging | 凸接 | あご掛け | 凸接 |
| — crank | 單曲柄〔曲軸〕 | シングルクランク | 单曲柄〔曲轴〕 |
| — cut file | 單切齒銼刀 | 筋目やすり | 单纹锉 |
| — cutter turner | 單刀刀架 | シングルカッタターナ | 单刀刀架 |
| — cylinder | 單缸 | シングルシリンダ | 单缸 |
| — cylinder piston pump | 單缸活塞泵 | 単筒ピストンポンプ | 单缸活塞泵 |
| — cylinder turbine | 單筒渦輪機 | 単シリンダタービン | 单筒涡轮机 |
| — die | 簡單模具 | 単型 | 简单模具 |
| — disc friction clutch | 單盤摩擦離合器 | 単板式摩擦クラッチ | 单盘摩擦离合器 |
| — disc clutch | 單片離合器 | シングルディスククラッチ | 单片离合器 |
| — draw | 簡單拉深 | 単動絞り | 简单拉深 |
| — drive | 單向驅動 | シングル駆動 | 单向驱动 |
| — fillet welding | 單面角銲 | 片面隅肉溶接 | 单面角焊 |
| — fighted screw | 單頭螺紋螺桿 | 一条ねじスクリュー | 单头螺纹丝杠 |
| — gage | 單口卡規；C形卡規 | 片口ゲージ | 单口卡规；C形卡规 |
| — gear | 單級齒輪裝置 | 一段歯車装置 | 单级齿轮装置 |
| — gear drive | 單級齒輪傳動 | 一段歯車駆動 | 单级齿轮传动 |
| — gripper feed | 單邊夾鉗送料 | シングルグリッパフィード | 单边夹钳送料 |
| — groove | 銲縫的單面坡口 | 片面グルーブ | （焊缝的）单面坡口 |

| 英　　文 | 臺　　灣 | 日　　文 | 大　　陸 |
|---|---|---|---|
| — groove joint | 單槽接合 | 片面グルーブ継手 | 单槽接合 |
| — head wrench | 單頭扳手 | シングルヘッドレンチ | 单头扳手 |
| — helical gear | 單斜齒輪;螺旋齒輪 | 単はすば歯車 | 单斜齿轮;螺旋齿轮 |
| — hub | 單端承口 | 一端承口 | 单端承口 |
| — indexing attachment | 單齒分度裝置 | 単歯割出し装置 | 单齿分度装置 |
| — lap | 鑄皺皮〔缺陷〕;冷隔 | 鋳じわ | 铸皱皮〔缺陷〕;冷隔 |
| — lath | 薄板條 | 薄木ずり | 薄板条 |
| — line ropeway | 單線式(架空)索道 | 単線式索道 | 单线式(架空)索道 |
| — machine operation | 單機運轉 | 片肺運転 | 单机运转 |
| — module | 單模塊 | 単体モジュール | 单模块 |
| — nozzle | 單式噴嘴 | 単式ノズル | 单式喷嘴 |
| — part production | 單件生產 | 単品生産 | 单件生产 |
| — pitch error | 單節距誤差 | 単一ピッチ誤差 | 单节距误差 |
| — plate friction clutch | 單盤摩擦離合器 | 単板式摩擦クラッチ | 单盘摩擦离合器 |
| — ported slide valve | 單孔滑閥 | 単孔滑り弁 | 单孔滑阀 |
| — position hob | 單圈滾刀;蝸形滾刀 | シングルポジションホブ | 单圈滚刀;蝸形滚刀 |
| — precision | 單精度 | 単精度 | 单精度 |
| — probe method | 單探頭法〔超音波探傷〕 | 一探触子法 | 单探头法〔超声波探伤〕 |
| — probe technique | 單探頭法〔超音波探傷〕 | 一探触子法 | 单探头法〔超声波探伤〕 |
| — pulley drive | 單皮帶傳動 | 単ベルト駆動 | 单皮带传动 |
| — rib grinding wheel | 單線螺紋砂輪 | 一山ねじ研削と石 | 单线螺纹砂轮 |
| — riveted joint | 單行鉚接(頭) | 一列リベット継手 | 单行铆接(头) |
| — riveting | 單行鉚接 | 単式リベット | 单行铆接 |
| — rod cylinder | 單桿汽缸 | 片ロッド(油圧)シリンダ | 单杆汽缸 |
| — roll breaker | 單輥破碎機 | シングルロール砕鉱機 | 单辊破碎机 |
| — roll crusher | 單輥破碎機 | シングルロール砕鉱機 | 单辊破碎机 |
| — roll turner | 單刀滾花輪 | シングルロールターナ | 单刀滚花轮 |
| — roller | 單輥磨 | 一本ロール | 单辊磨 |
| — runner type | 單輪式 | 単輪形 | 单轮式 |
| — screw thread | 單線螺紋 | 一条ねじ | 单(头)螺纹 |
| — screw pump | 單軸螺旋泵 | 一軸ねじポンプ | 单轴螺旋泵 |
| — shear | 單面剪切 | 一面せん断 | 单面剪切 |
| — shear rivet | 單剪鉚釘 | 一面せん断リベット | 单剪铆钉 |
| — shear strength | 單剪強度 | 単せん耐力 | 单剪强度 |
| — sinter process | 一次燒結 | 単一焼結法 | 一次烧结 |
| — skew notch | 單斜凹槽接合 | 一段かたぎ入れ | 单斜凹槽接合 |
| — spindle | 單軸 | シングルスピンドル | 单轴 |
| — split mold | 雙切口對開式模具 | 二つ割り形 | 双切口对开式模具 |
| — spot welding | 單點銲 | シングルスポット溶接 | 单点焊 |
| — strand | 單股線 | 単一ストランド | 单股线 |

| 英　　文 | 臺　　灣 | 日　　文 | 大　　陸 |
|---|---|---|---|
| — strand chain | 單股鏈 | 単列チェーン | 单股链 |
| — stroke | 單行程；單筆劃 | 一行程 | 单行程；单笔划 |
| — stylus | 單描(繪)針 | シングルスタイラス | 单描(绘)针 |
| — suction pump | 單向吸入泵；單吸式泵 | 片吸込み形ポンプ | 单向吸入泵；单吸式泵 |
| — surface planer | 自動單面刨床 | 自動一面かんな盤 | 自动单面刨床 |
| — traverse technique | 直射法〔探傷〕 | 直射法 | 直射法〔探伤〕 |
| — treating | 單一處理 | 一段処理 | 单一处理 |
| — tube boiler | 單管鍋爐 | 単管式ボイラ | 单管锅炉 |
| — turbine | 單級式渦輪機 | 単段タービン | 单级式涡轮机 |
| — twist yarn | 單層加撚絲 | 片より糸 | 单层加捻丝 |
| — unit | 機組；聯動機 | シングルユニット | 机组；联动机 |
| — unit system | 整體機構〔裝置〕 | 単一ユニットシステム | 整体机构〔装置〕 |
| — V-belt drive | 單根三角皮帶傳動 | 一本掛けVベルト駆動 | 单根三角皮带传动 |
| — V-butt weld | 單面V形坡口對接銲縫 | 一面V突合せ継手 | 单面V形坡口对接焊(缝) |
| — V-die | 單V形彎曲模 | 単一V曲げ形 | 单V形弯曲模 |
| — V groove | 單面V型坡口 | V形開先 | 单面V型坡口 |
| — way linkage | 單向聯動裝置；單向連接 | 片方向リンケージ | 单向联动；单向连接 |
| — weld | 單面銲 | 片面溶接 | 单面焊 |
| — winch | 單卷筒絞車 | 単胴ウインチ | 单卷筒绞车 |
| — wire | 單引線 | シングルワイヤ | 单(引)线 |
| — wire armored cable | 單線鎧裝電纜 | 単重鉄線外装ケーブル | 单线铠装电缆 |
| — yarn breaking strength | 單線抗斷強度 | 単糸引張り強さ | 单线抗断强度 |
| — yarn-strength tester | 線抗拉強度試驗機 | 糸引張り試験機 | 线抗拉强度试验机 |
| — zone furnance | 單熔區爐 | 一ゾーン炉 | 单(熔)区炉 |
| **single-acting** air pump | 單動氣泵；單作用氣泵 | 単動空気ポンプ | 单动气泵；单作用气泵 |
| — centrifugal pump | 單動離心泵 | 単動渦巻ポンプ | 单动离心泵 |
| — compressor | 單動壓縮機 | 単動圧縮機 | 单动压缩机 |
| — (pneumatic) cylinder | 單動式(氣動)氣缸 | 単動(空気圧)シリンダ | 单动式(气动)气缸 |
| — disc harrow | 單動圓盤耙 | 単動ディスクハロー | 单动圆盘耙 |
| — hammer | 單動鍛錘 | 単動ハンマ | 单动锻锤 |
| — plunger pump | 單動柱塞泵 | 単動プランジャポンプ | 单动柱塞泵 |
| — press | 單動沖床 | 単動プレス | 单动压力机 |
| — pump | 單動泵；單作用泵 | 単動ポンプ | 单动泵；单作用泵 |
| **single-action** booster | 單作用增壓器 | 単動増圧器 | 单作用增压器 |
| — compacting | 單動壓製成型 | 単動圧縮 | 单动压制成型 |
| — crank press | 單動曲柄沖床 | 単動クランクプレス | 单动曲柄压力机 |
| — die | 單動模具 | 単動型 | 单动模具 |
| — drawing die | 單動拉延模 | 単動絞り型 | 单动拉延模 |
| — hydraulic press | 單動式水壓機 | 単動水圧プレス | 单动式水压机 |
| — intensifier | 單作用增壓器 | 単動増圧器 | 单作用增压器 |

| 英　　文 | 臺　　灣 | 日　　文 | 大　　陸 |
|---|---|---|---|
| — link press | 單動聯桿式沖床 | 単動リンクプレス | 单动联杆式压力机 |
| — oil hydraulic press | 單動油壓機 | 単動油圧プレス | 单动油压机 |
| **single-column** | 單(立)柱 | シングルコラム | 单(立)柱 |
| — type | 單柱式 | 片持形 | 单柱式 |
| **single-crystal** bar | 單晶棒 | 単結晶棒 | 单晶棒 |
| — evaporation | 單晶蒸發 | 単結晶蒸着 | 单晶蒸发 |
| — film | 單晶膜 | 単結晶膜 | 单晶膜 |
| — grain | 單晶;單晶粒〔磨料〕 | 単結晶と粒 | 单晶;单晶粒〔磨料〕 |
| — growth | 單晶生長;單晶製備 | 単結晶の育成 | 单晶生长;单晶制备 |
| — seed | 單籽晶 | 単結晶種子 | 单籽晶 |
| **single-end stud** | 單端螺栓 | 片ねじボルト | 单端螺栓 |
| **single-ended gage** | 單頭量規 | 片口ゲージ | 单头量规 |
| — wrench | 單頭(固定)扳手 | 片口スパナ | 单头(死)扳手 |
| **single-entry compressor** | 單面進氣壓縮機 | 片側吸込み圧縮機 | 单面进气压缩机 |
| **single-leaf spring** | 單板簧 | テーバリーフスプリング | 单板簧 |
| **single-point** cutting tool | 單刃刀具 | 単刃工具 | 单刃刀具 |
| — thread tool | 單刃螺紋刀具 | 一山バイト | 单刃螺纹刀具 |
| — tool | 單刃刀具 | バイト | 单刃刀具 |
| **single-purpose** lathe | 專用車床;單能車床 | 単能旋盤 | 专用车床;单能车床 |
| — machine | 專用機 | 単能機 | 专用机 |
| — machine tool | 專用機床;單能機 | 単能工作機械 | 专用机床;单能机 |
| **single-row** | 單列;單排 | 単列 | 单列;单排 |
| — bearing | 單列軸承 | 単列軸受 | 单列轴承 |
| — rivet | 單行鉚釘 | 単列リベット | 单行铆钉 |
| — riveted butt joint | 單行鉚釘對接 | 一列リベット突合せ継手 | 单行铆钉对接 |
| — riveted joint | 單行鉚接 | 一列びょう接 | 单行铆接 |
| — riveted lap joint | 單行鉚釘搭接 | 一列リベット重ね継手 | 单行铆钉搭接 |
| — rolling bearing | 單列滾柱軸承 | 単列ころがり軸受 | 单列滚柱轴承 |
| **single-run welding** | 單道銲 | ワンパス溶接 | 单道焊 |
| **single-seated valve** | 單座差動閥 | 単座二方弁 | 单座差动阀 |
| **single-shaft gas turbine** | 單軸燃氣渦輪機 | 一軸形ガスタービン | 单轴燃气涡轮机 |
| **single-side** cutter | 單面銑刀 | シングルサイドカッタ | 单面铣刀 |
| — disk | 單面磁盤 | 片面型ディスク | 单面磁盘 |
| — pattern plate | 單面模板 | 片面型付きプレート | 单面模板 |
| — rack | 單面機架 | 片面台 | 单面机架 |
| **single-stage** compressor | 單級壓縮機 | 単段圧縮機 | 单级压缩机 |
| — die | 單級模;單工位模 | 単発型 | 单级模;单工位模 |
| — nitriding | 單級氮化〔普通氮化法〕 | 一重ちっ化法 | 单级氮化〔普通氮化法〕 |
| — process | 單級製備法〔酚醛樹脂〕 | 一段法 | 单级制备法〔酚醛树脂〕 |
| — pump | 單級泵 | 一段ポンプ | 单级泵 |

| 英 文 | 臺 灣 | 日 文 | 大 陸 |
|---|---|---|---|
| — quenching | 一步法淬火；單級淬火 | 一段焼入れ | 一步法淬火；单级淬火 |
| — radial compressor | 單級離心式壓縮機 | 単段ラジアルコンプレッサ | 单级离心式压缩机 |
| **single-step joint** | 單斜槽接合 | 一段かたぎ入れ | 单斜槽接合 |
| **single-thread** gear hob | 單頭齒輪滾刀 | 一条ホブ | 单头齿轮滚刀 |
| — milling cutter | 單頭螺紋銑刀 | 一山ねじフライス | 单头螺纹铣刀 |
| — screw | 單線螺紋；單頭螺紋 | 一条ねじ | 单(线)螺纹；单头螺纹 |
| — spiral | 單鏈螺旋 | 一本糸らせん | 单链螺旋 |
| **single-throw** crank-shaft | 單拐曲軸 | 単連クランク軸 | 单拐曲轴 |
| **singular point** | 奇異點 | 特異点 | 奇异点 |
| **sink mark** | 凹痕；凹陷；縮痕 | ひけマーク | 凹痕；凹陷；缩痕 |
| **sinker** | 薄板坯 | おもり | 薄板坯 |
| — cam | 衝鑽凸輪；測深錘凸輪 | シンカカム | 冲钻凸轮；测深锤凸轮 |
| — nail | 埋頭釘；皿形頭釘 | 皿頭くぎ | 埋头钉；皿(形)头钉 |
| — wheel frame | 衝鑽輪機架 | つり機 | 冲钻轮机架 |
| **sinkhead** | 補縮冒口 | 押湯 | 补缩冒口 |
| **sinking** | 印壓；凹處；降低 | くぼみ；印圧 | 印压；凹处；降低 |
| **sinter** | 燒結；燒結礦 | シンタ；焼結鉱 | 烧结；烧结矿 |
| — coating | 燒結被覆層 | 焼結被覆 | 烧结涂覆层 |
| — forging | 燒結鍛造 | 粉末鍛造 | 烧结锻造 |
| — forging process | 燒結鍛造 | 焼結鍛造 | 烧结锻造 |
| — forming | 燒結成形 | 焼結成形 | 烧结成形 |
| — molding | 燒結成形方法 | 焼結成形法 | 烧结成形方法 |
| — point | 燒結點 | 焼結点 | 烧结点 |
| — pot | 燒結坩堝 | 焼結なべ | 烧结坩埚 |
| — skin | 燒結表面層 | 焼結表面層 | 烧结表面层 |
| **sinterable powder** | 燒結性粉末 | 焼結性粉末 | 烧结性粉末 |
| **sintered** alumina | 燒結氧化鋁 | 焼結アルミナ | 烧结氧化铝 |
| — body | 燒結體 | 焼結体 | 烧结体 |
| — carbide | 燒結碳化物 | 半融カーバイド | 烧结碳化物 |
| — carbide die | 硬質合金模具 | 超硬ダイス | 硬质合金模具 |
| — carbide tool | 硬質合金工具 | 超硬工具 | 硬质合金工具 |
| — compact | 燒結體 | 焼結体 | 烧结体 |
| — corundum | 半融剛玉；燒結剛玉 | 半融鋼玉 | 半融刚玉；烧结刚玉 |
| — density | 燒結密度 | 焼結密度 | 烧结密度 |
| — flux | 燒結銲劑 | 焼結フラックス | 烧结焊剂 |
| — fly ash | 燒結粉煤灰；粉煤灰陶粒 | 焼成フライアッシュ | 烧结粉煤灰；粉煤灰陶粒 |
| — friction material | 燒結摩擦材料 | 焼結摩擦材料 | 烧结摩擦材料 |
| — friction strip | 燒結合金滑板〔塊〕 | 焼結合金すり板 | 烧结合金滑板〔块〕 |
| — hard alloy | 硬質合金 | 超硬合金 | 硬质合金 |
| — iron | 燒結鐵 | 焼結鉄 | 烧结铁 |

| 英　　文 | 臺　　灣 | 日　　文 | 大　　陸 |
|---|---|---|---|
| — magnesia | 燒結氧化鎂 | 焼結マグネシア | 烧结氧化镁 |
| — magnet | 燒結磁鐵 | 焼結磁石 | 烧结磁铁 |
| — magnetic alloy | 燒結磁性合金 | 焼結磁性合金 | 烧结磁性合金 |
| — metal friction material | 燒結金屬摩擦材料 | 焼結金属摩擦材料 | 烧结金属摩擦材料 |
| — metallic core | 金屬陶瓷磁芯 | 焼結金属磁心 | 烧结金属磁芯 |
| — metallic filter | 燒結金屬過濾器 | 焼結金属フィルタ | 烧结金属过滤器 |
| — metallic filter element | 燒結金屬過濾元件 | 焼結金属エレメント | 烧结金属过滤元件 |
| — metallic magnet | 金屬陶瓷磁體 | 焼結金属磁石 | 烧结金属磁体 |
| — oil retaining bearing | 燒結含油軸承 | 焼結含油軸受 | 烧结含油轴承 |
| — oilless bearing | 燒結含油軸承 | 焼結含油軸受 | 烧结含油轴承 |
| — plastic(s) | 燒結塑料 | 焼結プラスチック | 烧结塑料 |
| — powder magnet | 燒結粉末磁鐵 | 焼結粉末磁石 | 烧结粉末磁铁 |
| — product | 燒結產品 | 焼結製品 | 烧结产品 |
| — ring | 燒結環 | 焼結リング | 烧结环 |
| — stainless steel | 燒結不銹鋼 | 焼結ステンレス鋼 | 烧结不锈钢 |
| — steel | 燒結鋼 | 焼結鋼 | 烧结钢 |
| — structural part | 焙燒機械零件 | 焼結機械部品 | 焙烧机械零件 |
| **sintering** activity | 燒結活性 | 焼結能 | 烧结活性 |
| — alloy | 燒結合金 | 焼結合金 | 烧结合金 |
| — crack | 燒結裂紋 | 焼結割れ | 烧结裂纹 |
| — equipment | 熔融焙燒裝置 | 溶融焼成装置 | (熔融)焙烧装置 |
| — furnace | 燒結爐 | 焼結炉 | 烧结炉 |
| — line | 燒結機組;燒結生產線 | 焼結工程 | 烧结机组;烧结生产线 |
| — machine | 燒結爐;燒結機 | 焼結炉 | 烧结炉;烧结机 |
| — metal | 燒結金屬 | 焼結金属 | 烧结金属 |
| — method | 燒結法 | 焼結法 | 烧结法 |
| — process | 燒結法 | 焼結法 | 烧结法 |
| — temperature | 燒結溫度;聚合溫度 | 焼結温度 | 烧结温度;聚合温度 |
| — zone | 燒結帶 | 焼成帯 | 烧结带 |
| **sintetics** | 合成產品 | 合成製品 | 合成产品 |
| **Sintex** | 陶瓷刀具 | シンテックス | 烧结氧化铝刀具 |
| **Sintox** | 陶瓷車刀 | シントックス | 烧结氧化铝车刀 |
| **Sintropac** | 辛特羅佩克鐵銅粉末 | シントロパック | 辛特罗佩克铁铜粉末 |
| **sinus** | 正弦;彎缺 | 正弦；欠刻 | 正弦;弯缺 |
| **sinusoid** | 正弦曲線 | 正弦曲線 | 正弦曲线 |
| **sinusoidal** law | 正弦定律 | 正弦律 | 正弦定律 |
| — manoeuvre | 正弦操縱試驗 | 正弦操だ試験 | 正弦操纵试验 |
| — motion | 正弦運動 | 正弦的な運動 | 正弦运动 |
| — vibration | 正弦振動 | 正弦振動 | 正弦振动 |
| **siphon** | 虹吸管 | サイホン管 | 虹吸管 |

| 英　　文 | 臺　　灣 | 日　　文 | 大　　陸 |
|---|---|---|---|
| — action | 虹吸作用 | サイフォン作用 | 虹吸作用 |
| — lubrication | 虹吸潤滑；油繩潤滑 | サイホン気圧計 | 虹吸润滑；油绳润滑 |
| — lubricator | 虹吸潤滑；毛細供油器 | サイホン潤滑 | 虹吸润滑；毛细供油（器） |
| — pump | 虹吸泵 | サイホンポンプ | 虹吸泵 |
| — tube | 虹吸管 | サイホンチューブ | 虹吸管 |
| siphonage | 虹吸能力；虹吸作用 | サイホン作用 | 虹吸能力；虹吸作用 |
| siren | 報警器 | サイレン | 报警器 |
| — valve | 警笛閥 | サイレンバルブ | 警笛阀 |
| Sirius | 鎳鉻鈷耐熱合金 | シリアル | 镍铬钴耐热合金 |
| sisal buff | 劍麻拋光輪 | サイザルバフ | 剑麻抛光轮 |
| sister hook | 抱鉤；抓鉤 | シルタフック | 抱钩；抓钩 |
| sitaparite | 方鐵錳礦 | シタパール石 | 方铁锰矿 |
| site diary | 工地日誌；現場日誌 | 現場日誌 | 工地日志；现场日志 |
| — fabrication | 現場加工 | プラント建設用地の選定 | 现场加工 |
| — test | 現場試驗 | 現場試験 | 现场试验 |
| — welding | 現場銲接 | 現場溶接 | 现场焊接 |
| — work | 現場施工 | 現場施工 | 现场施工 |
| situational control | 環境控制 | 状況制御 | 环境控制 |
| six cylinder | 六缸〔發動機〕 | シックスシリンダ | 六缸〔发动机〕 |
| — four brass | 六四黃銅 | 六四黄銅 | 六四黄铜 |
| size | 大小；尺寸；纖度；膠料 | 大小；寸法；糊付け | 大小；尺寸；纤度；胶料 |
| — analysis | 粒度分析 | 粒度分析 | 粒度分析 |
| — change | 尺寸變換 | 尺寸変換 | 尺寸变换 |
| — classification | 粒度分級 | 粒度分級 | 粒度分级 |
| — control | 尺寸控制 | サイズコントロール | 尺寸控制 |
| — controller | 尺寸控制器 | サイズコントローラ | 尺寸控制器 |
| — distribution | 大小分布；粒度分布 | 粒度分布 | 大小分布；粒度分布 |
| — distribution law | 粒度分布定律 | 粒度分布則 | 粒度分布定律 |
| — effect | 尺寸效應 | 寸法効果 | 尺寸效应 |
| — error condition | 長度錯誤條件 | けたあふれ条件 | 长度错误条件 |
| — finder | 尺寸顯示裝置 | サイズファインダ | 尺寸显示装置 |
| — fraction | 粒度分級；粒群 | 粒度分率 | 粒度分级；粒群 |
| — level control device | 液面控制裝置 | 液面調節装置 | 液面控制装置 |
| — limit | 尺寸範圍 | サイズリミット | 尺寸范围 |
| — of chamfered corner | 倒角的大小 | 面取りの大きさ | 倒角的大小 |
| — of fillet weld | 角銲縫尺寸 | 隅肉のサイズ | 角焊缝尺寸 |
| — of granulation | 粒度 | 粒度 | 粒度 |
| — of greatest particle | 最大粒徑 | 最大粒径 | 最大粒径 |
| — of particles | 粒度 | 粒度 | 粒度 |
| — of space | 間隔尺寸 | 間隔尺度 | 间隔尺寸 |

| 英　　文 | 臺　　灣 | 日　　文 | 大　　陸 |
|---|---|---|---|
| — of square | 矩形尺寸 | 四角部の幅 | 矩形尺寸 |
| — of tool | 刀具尺寸;工具尺寸 | バイトの大きさ | 刀具尺寸;工具尺寸 |
| — reduction | 粉碎 | 粉砕 | 粉碎 |
| — scale | 粒度比;分級比 | サイズスケール | 粒度比;分级比 |
| — segregation | 粒度偏析 | 粒度偏析 | 粒度偏析 |
| — select | 尺寸選擇 | サイズセレクト | 尺寸选择 |
| sizer | 定徑機 | 定径圧延機 | 定径机 |
| sizing | 精壓加工;整形;定尺寸 | 寸法規制;分粒 | 精压加工;整形;定尺寸 |
| — agent | 膠黏劑 | どう砂剤 | 胶粘剂 |
| — device | 定尺寸裝置 | 定寸装置 | 定尺寸装置 |
| — die | 精整模;校正模 | 仕上げ型 | 精整模;校正模 |
| — equipment | 定尺寸裝置 | 定寸装置 | 定尺寸装置 |
| — gage | 控制尺寸量規 | サイジングゲージ | 控制尺寸量规 |
| — instrument | 尺寸測定裝置 | 定寸装置 | 尺寸测定装置 |
| — mandrel | 擠管芯軸 | サイジングマンドレル | 挤管芯轴 |
| — mill | 定徑機 | 定径圧延機 | 定径机 |
| —-plate | 定徑板 | サイジングプレート | 定径板 |
| — press | 精整沖床 | サイジングプレス | 精整压力机 |
| — roller | 上漿滾 | サイジングローラ | 上浆滚 |
| — rolls | 精軋機 | 寸法仕上げ圧延機 | 精轧机 |
| — screen | 分級篩 | サイジングスクリーン | 分级筛 |
| — system | 擠出冷卻定型 | サイジングシステム | 挤出冷却定型 |
| — tool | 篩分機 | サイジングツール | 筛分机 |
| skate | 滑軌;滑座;滑動裝置 | スケート | 滑轨;滑座;滑动装置 |
| — machine | 滑動裝置 | スケート装置 | 滑动装置 |
| skater conveyer | 滾輪式輸送機 | スケータコンベヤ | 滚轮式输送机 |
| skein | 一絞〔軸〕線 | 一束の糸 | 一绞〔轴;桄〕线 |
| skeletal code | 輪廓標記 | 骨組みコード | 轮廓标记 |
| skeleton | 骨架;構架;輪廓 | 骨組 | 骨架;构架;轮廓 |
| — construction | 鋼骨結構 | 鉄骨構造 | 钢骨结构 |
| — forming | 快速反吸真空成形 | スケルトン成形 | 快速反吸真空成形 |
| — pattern | 骨架模型 | 骨型;骨取り | 骨架模(型) |
| — spanner | 起刺螺母扳手 | 薄手スパナ | 起刺螺母扳手 |
| — structure | 骨架結構 | 骨格構造 | 骨架结构 |
| sketch | 示意圖;草圖;底版 | 略画;版下 | 示意图;草图;底版 |
| — board | 繪圖板 | 見取図板 | 绘图板 |
| — design | 設計簡圖 | 設計略図 | 设计简图 |
| sketching | 畫草圖;畫加工線 | スケッチング | 画草图;画加工线 |
| skew | 斜的;扭曲的;變形;時滯 | 斜めの | 斜的;扭曲的;变形;时滞 |
| — angle | 斜交角;側斜角 | スキュー角 | 斜交角;侧斜角 |

S

1029

| 英　　文 | 臺　　灣 | 日　　文 | 大　　陸 |
|---|---|---|---|
| ― bevel gear | 雙曲面圓錐齒輪 | 食違い歯車 | 交錯軸(双曲面)圓錐齿轮 |
| ― bevel wheel | 斜圓錐齒輪 | 食違い傘歯車 | 斜圆锥齿轮 |
| ― coordinates | 斜座標 | 斜交座標 | 斜坐标 |
| ― correction | 歪斜修正 | スキュー修正 | 歪斜修正 |
| ― curve | 撓曲線;空間曲線 | スキューカーブ | 挠曲线;空间曲线 |
| ― distortion | 偏斜失真;歪斜失真 | スキューひずみ | 偏斜失真;歪斜失真 |
| ― factor | 歪斜係數;槽扭因數 | スキュー係数 | 歪斜系数;槽扭因数 |
| ― gear | 交錯軸齒輪;螺旋齒輪 | 食違い歯車 | 交错轴齿轮;螺旋齿轮 |
| ― ratio | 斜角;斜率 | 斜角比;斜度 | 斜角;斜率 |
| ― rolling mill | 斜軋機 | スキューローリングミル | 斜轧机 |
| ― slab | 斜板 | 斜めスラブ | 斜板 |
| ― wheel | 交錯軸摩擦輪 | スキュー車 | 交错轴摩擦轮 |
| **skewback saw** | 彎〔加強〕背手鋸 | 曲線背金のこ | 弯(加强)背手锯 |
| **skewed** ring dowel | 斜向環銷 | 斜め輪形ジベル | 斜向环销 |
| ― slot | 斜槽;斜溝 | 斜めスロット | 斜槽;斜沟 |
| **skewing** | 歪扭;彎曲;偏移;相位差 | スキューイング | 歪扭;弯曲;偏移;相位差 |
| **skewness** | 畸變;失真度;歪斜度 | ひずみ度 | 畸变;失真度;歪斜度 |
| ― function | 偏斜度函數 | ひずみ度関数 | 偏斜度函数 |
| **skiascope** | 視網膜保護鏡 | スキアスコープ | 视网膜保护镜 |
| **skid** | 滑動;滑移;滑動器材 | 滑走;下敷支材 | 滑动;滑移;滑动器材 |
| ― base | 滑座 | 腰下 | 滑座 |
| ― friction coefficient | 滑動摩擦係數 | 滑り摩擦係数 | 滑动摩擦系数 |
| ― rail | 滑道 | スキッドレール | 滑道 |
| ― table | 滑台 | スキッドテーブル | 滑台 |
| **skidding** | 滑溜;滑行 | 横滑り | 滑溜;滑行 |
| ― distance | 滑行距離 | 滑り距離 | 滑行距离 |
| **skige** | 滑動;滑動台〔輥〕 | スキージ | 滑动;滑动台〔辊〕 |
| ― blade | 滑動刀片 | スキージブレード | 滑动刀片 |
| ― stroke | 滑動(台)行程 | スキージストロック | 滑动(台)行程 |
| ― velocity | 滑動(台)速度 | スキージ速度 | 滑动(台)速度 |
| **skill** | 技巧;特殊技術;熟練工人 | 技巧〔能〕 | 技巧;特殊技术;熟练工人 |
| ― hierarchy | 技能層次 | スキル階層 | 技能层次 |
| **skilled worker** | 熟練工人 | 熟練工 | 熟练工人 |
| **skim** | 撇去;掬;去垢;浮渣 | 浮かすすくい取り | 撇去;掬;去垢;浮渣 |
| ― bob | 集渣包;除渣暗冒口 | 盲押湯 | 集渣包;除渣暗冒口 |
| ― gate | 擋渣澆口;除渣器 | あか取り湯口 | 挡渣浇口;除渣器 |
| ― riser | 除渣冒口 | かす揚り | 除渣冒口 |
| ― rubber | 去渣橡膠 | スキムラバー | 去渣橡胶 |
| **skimmer** | 擋渣澆道;撇渣器 | あか取り;すくい取り器 | 挡渣浇道;撇渣器 |
| ― core | 擋渣芯 | あか取り | 挡渣芯 |

| 英　　文 | 臺　　灣 | 日　　文 | 大　　陸 |
|---|---|---|---|
| — gate | 擋渣澆口 | かす取り湯口 | 挡渣浇口 |
| **skimming** | 撇取熔渣;集渣包;擋渣 | 溶さいのすくい取り | 撇取熔渣;集渣包;挡渣 |
| — device | 擋渣裝置 | スキミング装置 | 挡渣装置 |
| — tank | 撇渣池;撇油池;除渣池 | スキミングタンク | 撇渣池;撇油池;除渣池 |
| **skin** | 外皮(層);表皮(層);皮 | 表皮;外皮 | 外皮(层);表皮(层);皮 |
| — bending stress | 表面〔最大〕彎曲應力 | 外べり曲げ応力 | 表面〔最大〕弯曲应力 |
| — depth | 集膚深度 | 表皮深度 | 趋表深度 |
| — drag | 表面摩擦 | 摩擦抵抗 | 表面摩擦 |
| — dried mold | 表面乾燥模 | 素あぶり型 | 表(面)干(燥)型 |
| — dried sand casting | 表乾模鑄造 | あぶり型鋳造 | 表干型铸造 |
| — drying | 表面乾燥法 | 素あぶり | 表面干燥(法) |
| — effect | 表面效應;集膚效應 | 表皮効果 | 表面效应;趋肤效应 |
| — error | 集膚效應誤差 | 表皮誤差 | 集肤效应误差 |
| — friction | 表面摩擦;周面摩擦 | 表面摩擦 | 表面摩擦;周面摩擦 |
| — friction drag | 表面摩擦阻力 | 摩擦抵抗 | 表面摩擦阻力 |
| — hardness | 表面硬度 | 表面硬度 | 表面硬度 |
| — horsepower | 表面摩擦有效馬力 | 摩擦有効馬力 | 表面摩擦有效马力 |
| — mill | 表皮光軋機〔冷軋〕 | スキンミル | 表皮光轧机〔冷轧〕 |
| — miller | 表皮銑床;表皮光軋機 | スキンミラー | 表皮铣床;表皮光轧机 |
| — milling | 光整冷軋 | スキンミリング | 光整冷轧 |
| — pass mill | 表皮光軋機;平整軋機 | スキンパスミル | 表皮光轧机;平整轧机 |
| — pass roll | 表皮光軋機;平整機 | スキンパスロール | 表皮光轧机;平整机 |
| — pass rolling | 表皮光軋;光整冷軋 | 調質圧延 | 表皮光轧;光整冷轧 |
| — patch test | 黏著試驗 | はり付け試験 | 粘着试验 |
| — resistance | 表面摩擦阻力 | 表面摩擦抵抗 | 表面摩擦阻力 |
| — shrinkage | 表皮收縮 | 表皮収縮 | 表皮收缩 |
| — strain | 表面應變 | 表皮ひずみ | 表面应变 |
| — temperature | 表皮溫度 | 表皮温度 | 表皮温度 |
| **skinning** | 結皮;削皮 | 被覆はぎ | 结皮;削皮 |
| **skip** | 跳躍;傾卸斗 | 装入バケット | 跳跃;倾卸斗 |
| — dress | 砂輪的間隔修整 | スキップドレス | (砂轮的)间隔修整 |
| — feed | 斷續進給 | ジャンプ送り | 断续进给 |
| — welding | 跳銲 | スキップ溶接 | 跳焊 |
| — welding sequence | 跳銲法 | 飛石法 | 跳焊法 |
| **skirt packing** | 環形迫緊 | スカートパッキン | 环形密封圈 |
| **skirted fender** | 絕緣子外裙;活塞裙 | スカーテットフェンダ | 绝缘子外裙;(活塞)裙 |
| **skiving** cutter | 車齒刀;旋刮刀 | スカイビングカッタ | 车齿刀;旋刮刀 |
| — tool | 成形刀具 | スカイビングバイト | 成形刀具 |
| **skleron** | 硬合金;一種鋁基合金 | スクレロン | 斯克列隆铝基合金 |
| **skull** | 爐瘤;熔鐵上的渣 | とりべかす | 炉瘤;熔铁上的渣 |

| 英　　文 | 臺　　灣 | 日　　文 | 大　　陸 |
|---|---|---|---|
| — cracker | 落錘 | 落下錘 | 落錘 |
| **Skydrol** | 一種特殊液壓傳動油 | スカイドロール | 一种特殊液压传动油 |
| **skylight quadrant** | 天窗開關裝置 | 天窓支え | 天窗开关装置 |
| **skyline** | 天際線;空中輪廓 | 輪郭線 | 天际线;空中轮廓 |
| **slab** | 板;片;坯 | スラブ | 板;片;坯 |
| — broach | 平面拉刀 | 平ブローチ | 平面拉刀 |
| — conditioning | 板表面加工 | スラブ表面仕上げ | 板表面加工 |
| — fraise machine | 扁鋼坯銑床 | 平板フライス盤 | 扁钢坯铣床 |
| — grinder | 磨鋼板機 | スラブグラインダ | 磨钢板机 |
| — heating | 扁鋼坯加熱;板坯加熱 | スラブヒーティング | 扁(钢)坯加热;板坯加热 |
| — ingot | 扁錠;初軋板坯用鋼錠 | へん平鋼塊 | 扁锭;(初轧板坯用)钢锭 |
| — mill | 平面銑刀;扁鋼坯軋機 | スラブミル | 平面铣刀;扁(钢)坯轧机 |
| — milling | 平面銑削 | 外周削り | 平面铣削 |
| — model | 板狀模型 | スラブモデル | 板状模型 |
| — pile | 扁坯堆;扁鋼坯堆 | スラブパイル | 扁坯堆;扁钢坯堆 |
| — reheating furnace | 扁坯再加熱爐 | スラブ再加熱炉 | 扁坯再加热炉 |
| — shear blade | 扁鋼坯剪切機刀片 | スラブシャーブレード | 扁(钢)坯剪切机刀片 |
| — shears | 扁坯剪切機 | スラブせん断機 | 扁坯剪切机 |
| **slabber** | 分塊機;切塊機 | 厚板切断機 | 分块机;切块机 |
| — cutter | 圓柱形銑刀 | 平削りフライス | 圆柱形铣刀 |
| — edger | 扁鋼坯軋邊機 | スラバエッジャ | 扁(钢)坯轧边机 |
| — mill | 扁鋼坯軋機;板坯初軋機 | スラブ圧延機 | 扁钢坯轧机;板坯初轧机 |
| — pass | 扁鋼坯軋輥孔型 | スラビングパス | 扁坯轧辊孔型;扁平孔型 |
| — roll | 扁鋼坯軋輥 | スラビングロール | 扁(钢)坯轧辊 |
| **slabstock** | 平板厚片材 | スラブ材 | 平板厚片材 |
| **slack** | 煤粉;拔模間隙;熄火 | 粉炭 | 煤粉;(起模)间隙;熄火 |
| — adjuster | 間隙調整器;鬆緊調整器 | スラックアジャスタ | 间隙调整器;松紧调整器 |
| — quench | 不完全淬火 | スラッククェンチ | 不完全淬火 |
| — side | 皮帶鬆邊;皮帶從動邊 | ゆるみ側 | 皮带松边;皮带从动边 |
| **slacking test** | 風化試驗 | 風化試驗 | 风化试验 |
| **slag** | 爐渣;礦渣 | スラグ；鉱さい | 炉渣;矿渣 |
| — action | 爐渣浸蝕作用 | スラグアクション | 炉渣(浸蚀)作用 |
| — ash | 爐渣 | スラグ | 炉渣 |
| — block | 渣塊 | スラグブロック | 渣块 |
| — blowhole | 渣孔〔鑄造缺陷〕 | スラグブローホール | 渣孔〔铸造缺陷〕 |
| — breaker | 碎渣機 | スラグブレーカ | 碎渣机 |
| — brick | 爐渣磚;礦渣磚 | 鉱さいれんが | 炉渣砖;矿渣砖 |
| — car | 渣車 | スラグカー | 渣车 |
| — control | 爐渣控制 | スラグコントロール | 炉渣控制 |
| — crusher | 碎渣機 | スラグ破砕機 | 碎渣机 |

| 英　　文 | 臺　　灣 | 日　　文 | 大　　陸 |
|---|---|---|---|
| — detachability | 脫渣性 | スラグはく離性 | 脱渣性 |
| — fall | 爐渣率 | スラグ率 | 炉渣率 |
| — hammer | 銲接用除渣錘 | スラグハンマ | （焊接用）除渣錘 |
| — hole | 渣孔；渣口 | 出さい口 | 渣孔；渣口 |
| — inclusion | 夾渣；渣孔 | スラグ巻込み | 夹渣；渣孔 |
| — loss | 渣中損失 | スラグ損失 | 渣（中）損失 |
| — notch | 渣口；出渣槽 | スラグノッチ | 渣口；出渣槽 |
| — off | 除渣；扒渣 | スラグオフ | 除渣；扒渣 |
| — peeling | 脫渣 | スラグのはく離 | 脱渣 |
| — pin hole | 渣孔〔鑄造缺陷〕 | スラグピンホール | 渣孔〔铸造缺陷〕 |
| — pocket | 除渣暗冒口；集渣包 | かす取り盲目押湯 | 除渣暗冒口；集渣包 |
| — removal | 除渣 | スラグ除去 | 除渣 |
| — runner | 爐渣出渣槽 | 鉱さいどい | 炉渣出渣槽 |
| — sand | 渣砂 | 鉱さい砂 | 渣砂 |
| — spout | 爐渣出口 | 鉱さいどい | 炉渣出口 |
| — tap | 出渣 | スラグタップ | 出渣 |
| **slagging** | 除渣；放渣；造渣；成渣 | スラグ化 | 除渣；放渣；造渣；成渣 |
| — medium | 銲劑；助熔劑 | 造かん促進剤 | 焊剂；助熔剂 |
| **slamp test** | 流動性試驗〔鑄砂〕 | スランプ試験 | 流动性试验〔型砂〕 |
| **slant** distance | 斜距 | 傾斜距離 | 斜距 |
| — face | 斜面 | 斜面 | 斜面 |
| — height | 斜高 | 斜高 | 斜高 |
| — line | 斜線 | 母線 | 斜线 |
| — range | 斜距 | 立体距離 | 斜距 |
| **slash** | 刀口；螺紋滾壓；深砍 | スラッシュ | 刀口；螺纹滚压；深砍 |
| — molding | 螺紋滾壓成形 | スラッシュ成形 | （螺纹）滚压成形 |
| **slashing** | 螺紋滾壓〔旋壓〕法 | 切りひろげ | （螺纹）滚压〔旋压〕（法） |
| **slat conveyor** | 鏈板式輸送機 | スラットコンベヤ | 链板式输送机 |
| **slave cylinder** | 從動液壓缸；附屬液壓缸 | スレーブシリンダ | 从动液压缸；附属液压缸 |
| — unit | 伺服單元〔電機〕 | スレーブユニット | 伺服单元〔电机〕 |
| — valve | 液壓自控換向閥；從動閥 | スレーブバルブ | 液（压自）控换向阀 |
| **sleaker** | 刮子 | 研磨具 | 刮子 |
| **sledge** | 大錘 | 大鉄つち | 大锤 |
| — hammer | 手用大錘 | 大ハンマ | 手用大锤 |
| **sleeker** | 拋光；彎鏝刀；角光子 | 曲りこて；押しへら | 抛光；弯镘刀；角光子 |
| **sleeve** | 套筒；軸套；襯套；嵌入件 | スリーブ；入子 | 套筒；轴套；衬套；嵌入件 |
| — bearing | 滑動軸承 | 滑り軸受 | 滑动轴承 |
| — cock | 帶套筒旋塞 | スリーブコック | 带套筒旋塞 |
| — connector | 套筒接合器；套管連接器 | 結合装置 | 套筒接合器；套管连接器 |
| — coupling | 套筒聯軸節；套接頭 | さや継手 | 套筒联轴节；套接头 |

| 英　　文 | 臺　　灣 | 日　　文 | 大　　陸 |
|---|---|---|---|
| — ejector | 套筒脫模梢 | 突出しスリーブ | 套筒脫模梢 |
| — expansion joint | 套筒伸縮接頭 | スリーブ伸縮継手 | 套筒伸缩接头 |
| — joint | 套筒聯軸節;套接頭 | さや継手 | 套筒联轴节;套接头 |
| — link | 套筒連接 | カフスボタン | 套筒连接 |
| — nut | 套筒螺母 | 締寄せナット | 套筒螺母 |
| — pin | 套筒銷 | スリーブピン | 套筒销 |
| — pipe | 套筒;套管 | さや管 | 套筒;套管 |
| — port | 套筒口 | スリーブポート | 套(筒)口 |
| — pump | 套筒活塞泵 | スリーブポンプ | 套筒活塞泵 |
| — stub | 套管短柱 | スリーブスタブ | 套管短柱 |
| — type shaft coupling | 套筒型連軸節 | スリーブ形軸継手 | 套筒型连轴节 |
| — valve | 滑閥;套閥 | スリーブ弁 | 滑阀;套阀 |
| — with brim | 凸緣套筒 | つば付きスリーブ | 凸缘套筒 |
| **sleeved type punch** | 套筒式沖頭;導套式凸模 | スリーブ式ポンチ | 套筒式冲头;导套式凸模 |
| **sleeving** | 套管;編織層 | 絶縁チューブ | 套管;编织层 |
| **slender ratio** | 細長比 | スレンダ比 | 细长比 |
| **slenderness** | 細長度 | 縦横比 | 细长(度) |
| — ratio | 細長比 | スレンダー比 | 细长比 |
| **slewing** | 旋轉 | 旋回 | 旋转 |
| — crane | 旋臂起重機;回轉起重機 | 回転クレーン | 旋臂起重机;回转起重机 |
| — gear | 水平旋轉裝置 | 水平回転装置 | 水平旋转装置 |
| — joint | 旋轉接頭 | 旋回継手 | 旋转接头 |
| — mechanism | 旋轉裝置 | 回転装置 | 旋转装置 |
| — motion | 旋轉運動 | 旋回運動 | 旋转运动 |
| — roller | 旋轉滾子 | 旋回ローラ | 旋转滚子 |
| **slick** | 修光工具;修光 | スリック | 修光工具;修光 |
| — joint | 滑動接頭 | 滑動継手 | 滑动接头 |
| **slicken-side** | 滑面;鏡面 | スリッケンサイド | 滑面;镜面 |
| **slide** | 滑動;滑板;導板;滑動面 | 滑り | 滑动;滑板;导板;滑动面 |
| — abrasion | 滑動磨損 | 滑り摩耗 | 滑动磨损 |
| — adjusting device | 滑板〔座〕調整裝置 | スライド調整装置 | 滑板〔座〕调整装置 |
| — adjustment | 滑塊調節裝置 | プレススライド調整量 | 滑块调节装置 |
| — and gib type cam die | 滑塊-導軌式斜楔模 | スライドジブ式カム型 | 滑块-导轨式斜楔模 |
| — arm | 滑臂;撥叉 | しゅう動腕 | 滑臂;拨叉 |
| — assembly | 滑動裝置 | スライドアセンブリ | 滑动装置 |
| — axis | 滑動軸 | 滑り軸 | 滑动轴 |
| — balancer | 滑塊平衡器〔裝置〕 | スライドバランサ | 滑块平衡器〔装置〕 |
| — bar | 滑軸〔桿〕 | 滑り棒 | 滑轴〔杆〕 |
| — base | 滑動底座 | スライドベース | 滑动底座 |
| — bearing | 滑動軸承 | 滑り軸受 | 滑动轴承 |

| 英　　文 | 臺　　灣 | 日　　文 | 大　　陸 |
|---|---|---|---|
| — block | 滑塊〔枕〕 | 滑りまくら | 滑块〔枕〕 |
| — caliper | 游標卡尺 | ノギス | 游标卡尺 |
| — carriage | 滑座;溜板 | スライドキャリッジ | 滑座;溜板 |
| — cover | 滑動保護罩 | スライドカバー | 滑动保护罩 |
| — eccentric | 滑動偏心輪 | 滑り偏心輪 | 滑动偏心轮 |
| — face dimension | 滑動面尺寸 | スライド面寸法 | 滑动面尺寸 |
| — feed | 滑動送料裝置 | スライドフィード | 滑动送料装置 |
| — fit | 滑動配合 | 滑りばめ | 滑动配合 |
| — gage | 游標卡尺 | スライドゲージ | 滑尺;游标卡尺 |
| — gate cylinder | 滑閥筒 | スライドゲートシリンダ | 滑阀筒 |
| — gear | 滑動裝置;滑動齒輪 | 滑り装置 | 滑动装置;滑动齿轮 |
| — gib | 導軌鑲條 | スライドギブ | 导轨镶条 |
| — guide | 滑座;導軌 | 滑り座 | 滑座;导轨 |
| — joint | 滑動接頭 | 滑り継手 | 滑动接头 |
| — lathe | 滑架車床 | 滑り旋盤 | 滑架车床 |
| — micrometer | 滑動分厘卡;游標分厘卡 | スライドマイクロメータ | 滑动千分尺;游标千分尺 |
| — mold | 帶滑動平台的模具 | 滑り台付き金型 | 带滑动平台的模具 |
| — piece | 滑動件;滑塊 | スライドピース | 滑动件;滑块 |
| — position | 滑塊位置 | スライド位置 | 滑块位置 |
| — rail | 滑軌;導軌 | 滑り軌条 | 滑轨;导轨 |
| — recess cap | 滑塊模柄壓緊蓋 | シャンク押え | 滑块模柄压紧盖 |
| — regulator | 滑動調整〔校準〕器 | スライドレギュレータ | 滑动调整〔校准〕器 |
| — rod | 滑桿導承 | 滑り棒 | 滑杆导承 |
| — rule | 計算尺 | 計算尺 | 计算尺 |
| — runner | 滑動軌道 | 滑り子 | 滑动轨道 |
| — shaft | 滑動軸 | 滑り軸 | 滑动轴 |
| — skidding | 導軌〔板〕;滑移;滑差率 | 滑り | 导轨〔板〕;滑移;滑差率 |
| — speed | 滑動速度 | スライド速度 | 滑动速度 |
| — stop | 滑塊停止裝置 | スライド停止装置 | 滑块停止装置 |
| — tool | 滑動刀具 | 滑りバイト | 滑动刀具 |
| — unit | 滑動元件 | スライドユニット | 滑动部件 |
| — valve | 滑閥 | 滑り弁 | 滑阀 |
| — valve balance weight | 滑閥平衡重量 | 滑り弁釣合い重量 | 滑阀平衡重量 |
| — valve box | 滑閥盒 | 滑り弁箱 | 滑阀盒 |
| — valve case | 滑閥箱 | 滑り弁箱 | 滑阀箱 |
| — valve chest | 滑閥箱 | 滑り弁箱 | 滑阀箱 |
| — valve crosshead | 滑閥十字頭 | 滑り弁クロスヘッド | 滑阀十字头 |
| — valve motion | 滑閥運動 | 滑り弁運動 | 滑阀运动 |
| — valve rod | 滑閥桿 | 滑り弁棒 | 滑阀杆 |
| — valve spindle | 滑閥桿 | 滑り弁棒 | 滑阀杆 |

**S**

| 英　　文 | 臺　　灣 | 日　　文 | 大　　陸 |
|---|---|---|---|
| ― valve with lead | 導柱式滑閥 | 先開き滑り弁 | 导柱式滑阀 |
| ― way | 滑道〔槽;台〕 | スライドウェイ | 滑道〔槽;台〕 |
| **slider** | 滑塊;滑尺;游標 | しゅう触子 | 滑块;滑尺;游标 |
| ― contact noise | 滑動噪音 | しゅう動雑音 | 滑动噪声 |
| ― crank chain | 滑塊曲柄機構 | スライダクランク連鎖 | 滑块曲柄机构 |
| ― crank mechanism | 滑座曲柄機構 | スライダクランク機構 | 滑座曲柄机构 |
| **sliding** | 滑動;滑動軸承 | 滑り;滑り軸受 | 滑动;滑动轴承 |
| ― action | 滑動作用 | 滑り作用 | 滑动作用 |
| ― apparutus | 滑動裝置 | 滑り装置 | 滑动装置 |
| ― bearing bush | 滑動軸承軸襯 | 滑り軸受 | 滑动轴承轴衬〔瓦〕 |
| ― bed lathe | 床身可伸縮的車床 | 離し旋盤 | 床身可伸缩的车床 |
| ― bed mold | 帶滑動平台的模具 | 滑り台付き金型 | 带滑动平台的模具 |
| ― bevel | 斜量角規;歪角曲尺 | 斜角定規 | 斜(量)角规;歪角曲尺 |
| ― bolster | 移動工作台;活動墊板 | スライディングボルスタ | 移动工作台;活动垫板 |
| ― brake block | 滑閥塊 | 滑り制動子 | 滑阀块 |
| ― contact | 滑動接觸〔接點〕 | 滑り接触 | 滑动接触〔接点〕 |
| ― die | 滑動凹模;可調板牙 | スライディングダイス | 滑动凹模;可调板牙 |
| ― die upset | 滑動模壓縮;鐓粗 | 滑りダイス圧縮 | 滑动模压缩;镦粗 |
| ― end | 滑動端 | 滑り端 | 滑动端 |
| ― form | 滑動模板;滑模 | 滑動型枠 | 滑动模板;滑模 |
| ― form method | 滑動模板施工法 | 滑動型枠工法 | 滑动模板施工法 |
| ― friction | 滑動摩擦 | 滑り摩擦 | 滑动摩擦 |
| ― guard | 滑動式防護裝置 | 滑りカバー | 滑动式防护装置 |
| ― guide way | 滑動導軌 | 滑り面 | 滑动导轨 |
| ― hammer | 滑動錘 | スライディングハンマ | 滑动锤 |
| ― jack | 移動式千斤頂 | 送りジャッキ | 移动式千斤顶 |
| ― joint | 滑動接合;滑動縫 | 滑り面接合 | 滑动接合;滑动缝 |
| ― key | 滑鍵 | スライドキー | 滑键 |
| ― movement | 滑動 | 滑り運動 | 滑动 |
| ― piece | 滑動件 | スライディングピース | 滑动件 |
| ― rest | 滑動刀架;滑座 | 送り台 | 滑动刀架;滑座 |
| ― ring | 滑環 | 滑り環 | 滑环 |
| ― shoe | 滑動支承 | 滑り支承 | 滑动支承 |
| ― spool | 滑動柱塞 | スライディングスプール | 滑动柱塞 |
| ― spool valve | 滑閥 | スプール弁 | 滑阀 |
| ― surface | 滑動面 | 滑り面 | 滑动面 |
| ― table | 滑動工作台 | 滑りテーブル | 滑动工作台 |
| ― valve gear | 滑閥裝置 | 滑り弁装置 | 滑阀装置 |
| ― vane compressor | 滑片壓縮機 | 可動翼圧縮機 | 滑片压缩机 |
| ― velocity | 滑移速度 | 滑り速度 | 滑移速度 |

| 英　　文 | 臺　　灣 | 日　　文 | 大　　陸 |
|---|---|---|---|
| **sling** | 鏈鉤；吊索 | スリング | 链钩；吊索 |
| — firring | 吊重裝置 | つり上げ金具 | 吊重装置 |
| — hook | 吊鉤 | ボートつりフック | 吊钩 |
| — rope | 吊繩；吊索 | スリングロープ | 吊绳；吊索 |
| **slinger** | 抛砂機；吊環；抛擲裝置 | スリンガ；油切り | 抛砂机；吊环；抛掷装置 |
| — head | 抛砂頭 | スリンガヘッド | 抛砂头 |
| **slinginger** | 抛砂機 | スリンジンガ | 抛砂机 |
| **slip** | 滑動；滑移 | スリップ；滑り | 滑动；滑移 |
| — band | 滑移帶〔線〕 | 滑り帯 | 滑移带〔线〕 |
| — bolt | 伸縮螺栓 | 戸締りボルト | 伸缩螺栓 |
| — cap | 滑套 | スリップキャップ | 滑套 |
| — casting | 灌漿成形鑄造〔陶瓷模〕 | スリップ鋳造 | 灌浆成形铸造〔陶瓷型〕 |
| — crack | 滑動裂紋；壓縮裂紋 | 滑り亀裂 | 滑动裂纹；压缩裂纹 |
| — deformation | 滑動變形 | 滑り変形 | 滑动变形 |
| — detect | 空轉檢測 | 滑り検出 | 空转检测 |
| — detecting | 空轉檢測裝置 | 空転検出装置 | 空转检测装置 |
| — detector | 空轉指示〔檢驗〕裝置 | 空転検知装置 | 空转指示〔检验〕装置 |
| — direction | 滑動方向 | 滑り方向 | 滑动方向 |
| — dovetail | 雙楔形銷釘 | 千切止め | 双楔形销钉 |
| — expansion joint | 套筒伸縮式接頭 | 滑り伸縮形管継手 | 套筒伸缩(式)接头 |
| — factor | 滑移係數；滑動率 | 滑り率 | 滑移〔动〕系数；滑动率 |
| — fit | 滑配合；動配合 | 滑りばめ | 滑配合；动配合 |
| — flask | 滑脫式砂箱 | スリップ枠 | 滑脱式砂箱 |
| — gage | 量塊；塊規 | スリップゲージ | 量块；块规 |
| — growth | 滑移生長〔晶體〕 | 滑りの成長 | 滑移生长〔晶体〕 |
| — jacket | 鑄模套箱 | かぶせ枠 | 铸型套箱 |
| — joint | 伸縮接頭；滑動接頭 | 滑り接合 | 伸缩接头；滑动接头 |
| — lamellae | 滑移層〔晶體的〕 | 滑り層 | 滑移层〔晶体的〕 |
| — lid | 滑套 | かぶせぶた | 滑套 |
| — model | 滑動模型 | スリップモデル | 滑动模型 |
| — pan | 剪切斷口 | せん断破面 | 剪切断口 |
| — plane | 滑動面；滑移面；側滑面 | 滑り面 | 滑动面；滑移面；侧滑面 |
| — plane breaking | 剪切滑動破壞；剪移破壞 | せん断滑り破壊 | 剪切滑动破坏；剪移破坏 |
| — ring | 滑環 | 滑動環 | 滑环 |
| — support | 滑動支承 | 滑り支承 | 滑动支承 |
| — surface | 滑移面 | 滑り面 | 滑移面 |
| — test | 泵的負載特性試驗 | 滑り試験 | 泵的负载特性试验 |
| — vector | 滑動向量 | 滑りベクトル | 滑移矢(量) |
| — velocity | 滑動速度 | 滑り速度 | 滑动速度 |
| **slipcover** | 罩；保護層；套；蓋 | カバー | 罩；保护层；套；盖 |

S

| 英　　文 | 臺　　灣 | 日　　文 | 大　　陸 |
|---|---|---|---|
| **slip-in bearing** | 鑲套（滑動）軸承 | スリップインベアリング | 镶套（滑动）轴承 |
| **slip-on** flange | 插入式凸緣 | 差込みフランジ | 插入式凸缘 |
| ― welding flange | 插入銲接式凸緣 | 差込み溶接フランジ | 插入焊接式法兰 |
| **slippage** | 滑動量；滑程；滑動 | 滑り；滑り損 | 滑动量；滑程；滑动 |
| **slipper** | 滑動部分；滑板；制動塊 | 滑り金 | 滑动部分；滑板；制动块 |
| ― block | 蹄片；卡尺游標；滑塊 | スリッパブロック | 阀瓦；（卡尺）游标；滑块 |
| ― piston | 滑板〔塊〕式活塞 | スリッパピストン | 滑板〔块〕式活塞 |
| ― pump | 滑動泵；滑塊式轉子泵 | スリッパポンプ | 滑动泵；滑块式转子泵 |
| ― socks | 滑動套管 | スリッパソックス | 滑动套管 |
| **slipperiness** | 光滑性；平滑性 | スリップ性 | 光滑性；平滑性 |
| **slipping** agent | 潤滑劑；增滑劑 | スリッピング剤 | 润滑剂；增滑剂 |
| ― cam | 滑動凸輪 | 滑りカム | 滑动凸轮 |
| ― clutch | 摩擦離合器 | 摩擦クラッチ | 摩擦离合器 |
| **slit** | 縫隙；切口；槽；鑽出的孔 | せつ線；切れ目 | 缝；切口；槽；钻出的孔 |
| ― die | 縫模 | スリットダイ | 缝模 |
| ― gage | 狹縫規 | スリットゲージ | 狭缝规 |
| ― gate | 縫口 | スリットゲート | 缝口 |
| ― guide plate | 窄槽導板 | スリットガイド | 窄槽导板 |
| ― image method | 縫隙成像法 | スリット結像法 | 缝隙成像法 |
| ― shearing | 縱向切斷〔縫〕 | スリット切断 | 纵向切断〔缝〕 |
| ― type cracking test | 間隙式抗裂試驗 | スリット割れ試験 | 间隙式抗裂试验 |
| ― width | 縫隙寬度 | スリット幅 | 缝隙宽度 |
| **slitter** | 縱切機 | スリッタ | 纵切机 |
| **slitting** | 縱向剪切；切口 | すり割り；溝削り | 纵向剪切；切口 |
| ― and bending die | 縱切彎曲模 | 切曲げ型 | 纵切弯曲模 |
| ― attachment | 切槽裝置 | すり割り装置 | 切槽装置 |
| ― saw | 開槽鋸 | すり割りのこ | 开槽锯 |
| ― serration | 剃齒刀齒 | すり割りセレーション | 剃齿刀齿 |
| ― shear | 縱切剪機 | スリッティングシャー | 纵切剪机 |
| ― wheel | 縱切圓盤 | 突切り円盤 | 纵切圆盘 |
| **sliver** | 裂片；裂縫 | 皮きず | 裂片；裂缝 |
| ― lapper | 條卷機 | スライバラップマシン | 条卷机 |
| **slivering** | 輥痕〔帶材表面熱軋缺陷〕 | 切れ | 辊痕〔带材表面热轧缺陷〕 |
| **slop** | 廢油；污水 | こぼれ汚水 | 废油；不合格石油产品 |
| ― oil | 廢油；不合格石油產品 | スロップ油 | 废油；不合格石油产品 |
| **slope** | 傾斜；斜度 | 傾斜；斜面 | 倾斜；斜度 |
| ― angle of deflection | 變位角；偏轉角 | とう角 | 变位角；偏转角 |
| ― circle | 斜面內圓；坡圓 | 斜面内円 | 斜面内圆；坡圆 |
| ― control | 斜度調整；陡度調整 | スロープコントロール | 斜度调整；陡度调整 |
| ― controller | 坡度控制器 | スロープコントローラ | 坡度调节装置 |

| 英　　文 | 臺　　灣 | 日　　文 | 大　　陸 |
|---|---|---|---|
| — deflection method | 角變位移法;傾角位移法 | たわみ角法 | 角变位移法;倾角位移法 |
| — deviation | 傾斜偏差;斜率偏移 | 傾斜偏差 | 倾斜偏差;斜率偏移 |
| — of thread | 螺紋牙側面 | ねじ山の斜面 | 螺纹牙侧面 |
| — taping | 斜距測量 | 傾斜地間接巻尺測量 | 斜距測量 |
| **sloping** | 斜;斜面;傾斜;斜坡 | スローピング | 斜;斜面;倾斜;斜坡 |
| — desk | 傾斜台;傾斜面板 | 傾斜台 | 倾斜台;倾斜面板 |
| **slot** | 縫;槽;切槽 | すり割り;溝穴 | 缝;槽;切槽 |
| — welding | 槽銲 | スロット溶接 | 槽焊 |
| — width | 縫寬 | スロット幅 | 缝宽 |
| **slotless** | 無裂口〔縫隙〕;無槽〔溝〕 | スロットレス | 无裂口〔缝隙〕;无槽〔沟〕 |
| **slotted** collar | 開口墊圈 | スロッテッドカラー | 开口垫圈 |
| — crosshead | 有槽〔溝〕十字頭 | 溝付きクロスヘッド | 有槽〔沟〕十字头 |
| — head screw | 槽〔頭〕螺釘 | 溝付きねじ | 槽〔头〕螺钉 |
| — hole | 細長槽孔 | スロッテッドホール | 细长槽孔 |
| — link | 槽孔鏈節 | 溝付きリンク | 槽孔链节 |
| — nut | 帶槽螺母 | 溝付きナット | 带槽螺母 |
| — round nut | 開槽圓形螺母 | すり割り付き丸ナット | 开槽圆形螺母 |
| — section | 開槽段 | スロット区間 | 开槽段 |
| — washer | 開口墊圈;長圓孔墊圈 | 溝付き座金 | 开口垫圈;长圆孔垫圈 |
| — web | 開槽腹板 | 切込みウェッブ | 开槽腹板 |
| **slotter** | 插床;立式刨床 | 立削り盤 | 插床;立刨(床) |
| **slotting** | 插削;打孔〔卡片上〕 | 立削り | 插削;打孔〔卡片上〕 |
| — bite | 插刀 | スロッティングバイト | 插刀 |
| — machine | 插床 | 立削り盤 | 插床 |
| — milling cutter | 槽銑刀 | 溝フライス | 槽铣刀 |
| — tool | 插刀 | 立削り盤用バイト | 插刀 |
| **slow butt welding** | 電阻對銲 | スローバット溶接 | 电阻对焊 |
| — motion screw | 微動螺旋;微動螺絲 | 微動ねじ | 微动螺旋;微动螺丝 |
| — running | 低速運轉 | 低速運転 | 低速运转 |
| — shear test | 慢剪試驗 | 緩速せん断試験 | 慢剪试验 |
| **slowdown** | 銲絲慢送起弧裝置;減速 | スローダウン | 焊丝慢送起弧装置;减速 |
| **slug** | 鍛屑;壓鑄剩餘料頭 | 棒状素材 | 锻屑;(压铸剩馀)料头 |
| — breaker | 廢料切斷刀 | スラグブレーカ | 废料切断刀 |
| — clearance hole | 排屑孔;沖裁廢料漏料孔 | 抜きかす落し穴 | 排屑孔;冲裁废料漏料孔 |
| — die | 切斷模 | 分断型 | 切断模 |
| — disposing | 沖孔廢料處理;切屑處理 | 抜きかす除去法 | 冲孔废料处理;切屑处理 |
| — hole | 排料孔 | スラグホール | 排料孔 |
| — slot | 出屑槽;沖裁廢料漏料孔 | 抜きかす落し穴 | 出屑槽;废料漏料孔 |
| — tap furnace | 出渣爐 | スラグタップファーネス | 出渣炉 |
| — type cutting-off die | 分斷式沖裁落料模 | 分断式抜き落し型 | 分断式冲裁落料模 |

| 英　　文 | 臺　　灣 | 日　　文 | 大　　陸 |
|---|---|---|---|
| — upending test | 可鍛性試驗 | 可鍛性試驗 | 可锻性试验 |
| slugging machine | 成渣機 | スラッギングマシン | 成渣机 |
| slump test | 坍落度試驗;消沈試驗 | スランプ試験 | 坍落度试验;消沈试验 |
| slumpability | 黏稠性〔油脂的〕 | スランパビリティ | 粘稠性〔油脂的〕 |
| slush | 脂膏;煤泥;油灰;污水 | スラッシュ;油泥 | 脂膏;煤泥;油灰;污水 |
| — compound | 抗蝕潤滑劑 | スラッシュ剤 | 抗蚀润滑剂 |
| — metal | 軟合金;易熔合金 | スラッシュメタル | 软合金;易熔合金 |
| slushing compound | 防銹膏 | さび止めコンパウンド | 防锈膏 |
| — oil | 抗蝕油 | 防しゅう油 | 抗蚀油 |
| SM alloy | 銲接用鋁合金銲絲 | SM合金 | SM铝焊丝 |
| small casting | 小鑄件 | 小物 | 小铸件 |
| — coal | 粉煤;薄煤層 | 粉炭 | 粉煤;薄煤层 |
| — cupola | 小型衝天〔化鐵;熔鐵〕爐 | こしき炉 | 小型冲天〔化铁;熔铁〕炉 |
| — gap | 小間隙 | 微小間げき | 小间隙 |
| — jack | 小型千斤頂 | 豆ジャッキ | 小型千斤顶 |
| — pit | 小槽;小洞;小孔 | まめます | 小槽;小洞;小孔 |
| — test | 小型試驗 | スモールテスト | 小型试验 |
| — tool | 小型工具 | スモールツール | 小型工具 |
| small-angle boundary | 小角度晶界 | 小角度粒界 | 小角度晶界 |
| — grain boundary | 小角度晶(粒邊)界 | 小角度粒界 | 小角度晶(粒边)界 |
| — twist boundary | 小角度扭轉邊界 | 小角度ねじれ境界 | 小角度扭转边界 |
| smallest limit | 下極限 | 下極限 | 下极限 |
| small-lot production | 小規模生產 | 小規模生産 | 小规模生产 |
| small-scale test | 小型試驗 | 小型試験 | 小型试验 |
| smart console | 靈巧的控制台 | スマートコンソール | 灵巧的控制台 |
| — instrument | 靈巧測量儀 | スマート計測器 | 灵巧测量仪 |
| — sensor | 靈敏感測器 | スマートセンサ | 灵敏传感器 |
| smear density | 有效密度 | スミヤデンシティ | 有效密度 |
| — test | 塗敷試驗 | ふき取り試験 | 涂敷试验 |
| Smelter | 冶煉廠;熔化工;熔化爐 | 製錬者 | 冶炼厂;熔化工;熔化炉 |
| smeltery | 熔煉廠 | 製錬所 | 熔炼厂 |
| smelting | 煉製;熔化;熔煉 | 溶融;製錬 | 炼制;熔化;熔炼 |
| — furnace | 熔爐 | 製錬炉 | 熔炉 |
| — point | 熔點 | 溶錬融点 | 熔点 |
| — pot | 熔煉坩堝 | 溶融焼結なべ炉 | 熔炼坩埚 |
| — works | 熔煉廠 | 製錬所 | 熔炼厂 |
| smith forge | 鍛工爐 | 鍛造火床 | 锻工炉 |
| — forging | 自由鍛造 | 鍛造 | 自由锻造 |
| — hearth | 鍛工〔冶〕爐 | ほど | 锻工〔冶〕炉 |
| — helper | 鍛工徒工〔助手〕 | 先手 | 锻工徒工〔助手〕 |

| 英　　文 | 臺　　灣 | 日　　文 | 大　　陸 |
|---|---|---|---|
| — shop | 鍛造工場 | 鍛工場 | 锻造车间 |
| — tongs | 鍛工鉗 | かじ火ばし | 锻工钳 |
| — welding | 鍛銲 | 鍛接 | 锻焊 |
| — work | 鍛造(加工) | 火造り工事 | 锻造(加工) |
| smithy | 鍛造工場 | かじ工場 | 锻造车间 |
| — scale | 鍛冶鐵鱗;四氧化三鐵 | ついりん | 锻冶铁鳞;四氧化三铁 |
| smog forecast | 煙霧預報 | スモッグ予報 | 烟雾预报 |
| smoke | 煙 | 煙;ばい煙 | 烟 |
| — condenser | 聚煙器 | 集煙器 | 聚烟器 |
| — consuming apparatus | 消煙裝置 | 無煙装置 | 消烟装置 |
| — density meter | 煙氣濃度測定器 | ばいじん量測定器 | 烟气浓度测定器 |
| — pipe fire alarm system | 煙氣報警裝置 | 煙管式火災警報装置 | 烟气报警装置 |
| — test | 廢氣含煙量試驗 | スモーク試験 | 废气含烟量试验 |
| smooth finish | 平滑加工 | 平滑仕上げ | 平滑加工 |
| — fracture | 平滑斷口 | 平滑断口 | 平滑断口 |
| — surface | 平滑表面 | 平滑面 | 平滑表面 |
| smoother | 整平工具;平面校正器 | スムーザ | 整平工具;平面校正器 |
| smoothered arc furnace | 直接電弧爐 | 直接アーク炉 | 直接电弧炉 |
| — arc welding | 潛弧銲 | 覆光溶接 | 埋弧焊;遮弧焊,隐弧焊 |
| smoothers | 潤滑粉 | 潤滑粉剤 | 润滑粉 |
| smoothing | 精加工;(鑄模)抹光;校平 | 平滑化 | 精加工;(铸型)抹光;校平 |
| — device | 平滑裝置 | 平滑装置 | 平滑装置 |
| — iron | 烙鐵;熨斗 | スムーシングアイロン | 烙铁;熨斗 |
| — mill | 精整軋機 | 整厚圧延機 | 精整轧机 |
| — plane | 細〔精〕刨子 | 仕上げかんな | 细〔精〕刨子 |
| — press | 壓平機 | スムーザ | 压平机 |
| — tool | 光刀;精加工車刀 | 上仕上げバイト | 光刀;精加工车刀 |
| smoothness | 平滑性〔度〕;光潔度 | 平滑度 | 平滑性〔度〕;光洁度 |
| smooths oil | 研磨用潤滑油 | スムースオイル | 研磨用润滑油 |
| SMS card | 標準模塊式插件板 | ＳＭＳカード | 标准模块式插件板 |
| smut | 污物〔點;跡〕;酸洗殘渣 | すすの塊り;異物 | 污物〔点;迹〕;酸洗残渣 |
| smutty | 污垢〔表面處理〕 | 残さ | 污垢〔表面处理〕 |
| SN curve | 疲勞曲線 | 応力繰返し数曲線 | 疲劳曲线 |
| snagging cam | 蝸形調整凸輪 | 渦形カム | 蜗形调整凸轮 |
| snake | 鋼塊瑕疵〔斑點〕 | スネーク | 钢块瑕疵〔斑点〕 |
| snap | 鉚頭模;小平齒;繪圖抓點 | ばね仕掛の;速く動く | 铆头模;小平齿;突然折断 |
| — flask | 鉸接式砂箱;卸開式脫箱 | 抜き枠 | 铰接式砂箱;卸开式脱箱 |
| — gage | 卡規 | はさみゲージ | 卡规 |
| — hammer | 鉚錘 | 当てハンマ | 铆锤 |
| — hand jet | 帶柄(外徑)氣動卡規 | スナップハンドジェット | 带柄(外径)气动卡规 |

| 英　　文 | 臺　　灣 | 日　　文 | 大　　陸 |
|---|---|---|---|
| — jet | 氣動測頭〔量規〕 | スナップジェット | 气动测头〔量规〕 |
| — pin | 開口銷 | スナップピン | 开口销 |
| — remover | 開口環裝卸器 | スナップリムーバ | 开口环装卸器 |
| — retainer | 鉚頭模護圈 | スナップリテーナ | 铆头模护圈 |
| — rivet head | 圓頭鉚釘;鉚釘半圓頭 | スナップリベットヘッド | 圆头铆钉;铆钉半圆头 |
| — seal | 彈簧密封接合 | ばね密封接手 | 弹簧密封接合 |
| — tempering | 快速回火 | 引上げ焼もどし | 快速回火 |
| — tie | 鉚釘頭壓模 | スナップタイ | 铆钉头压模 |
| — valve | 快動閥 | スナップ弁 | 快动阀 |
| **snap-action thermostat** | 快速動作恆溫器 | 速切り恒温器 | 快速动作恒温器 |
| **snap-down** | 排〔放;流〕出 | スナップダウン | 放出;流出 |
| **snap-lever oiler** | 有彈簧蓋的潤滑器 | ばねてこ油差し | 有弹簧盖的润滑器 |
| **snap-out** | 排〔放;流〕出 | スナップアウト | 排出;放出;流出 |
| **snapped rivet** | 圓頭鉚釘 | 丸びょう | 圆头铆钉 |
| **snap-ring** | 開口環;彈性擋環 | 止め輪 | 开口环;弹性挡环 |
| — groove | 開口環槽 | 輪溝 | 开口环槽 |
| — thickness | 開口環厚度 | 止め輪の幅 | 开口环厚度 |
| **snatch force** | 拉伸衝擊 | 伸張衝撃 | 拉伸冲击 |
| **Snead process** | 史耐德直接電熱熱處理法 | スニード法 | 斯尼德直接电热热处理法 |
| **Snell's law** | 斯涅耳折射定律 | スネルの法則 | 斯涅耳定律 |
| **snift valve** | 吸氣〔排氣;取樣〕閥 | スニフト弁 | 排〔泄〕气阀 |
| **snifting end** | 剪斷端 | スニップ端 | 剪断端 |
| — screw | 放氣螺釘〔旋塞〕 | 漏しねじ | 放气螺钉〔旋塞〕 |
| — valve | 泄氣〔水〕閥 | 漏し弁 | 泄气〔水〕阀 |
| **snip** | 剪斷〔片;去〕;剪切小片 | スニップ | 剪断〔片〕 |
| — off | 剪斷〔片;去〕 | はさみ切る | 剪断;剪开 |
| **snow white** | 鋅白;氧化鋅;雪白的 | 雪白亜鉛華 | 锌白;氧化锌 |
| **snug fit** | 滑動配合;密配合 | 滑りばめ | 滑动配合 |
| — washer | 平墊圈 | スナグワッシャ | 平垫圈 |
| **soaking pit** | 均熱爐 | 均熱炉 | 均热炉 |
| — pit crane | 鋼錠起重機 | 鋼塊クレーン | 钢锭起重机 |
| **socket** | 承窩;槽;穴;插座;管套 | 受口;軸孔 | 管套;轴孔;承口 |
| — and spigot joint | 窩接;插承接合 | ソケット継手 | 套筒接合;承插接合 |
| — and spigot pipe | 套筒接頭管;承插接頭管 | 印ろう管 | 套筒接头管;承插接头管 |
| — bend | 管節〔接〕彎頭 | ソケットベンド | 承插弯头 |
| — capscrew | 内六角螺釘 | ソケットキャップねじ | 圆柱头内六角螺钉 |
| — driver | 套筒改錐 | ナットまわし | 套筒改锥 |
| — faucet | 插座;插口;注入口 | 受口 | 插座;插口;注入口 |
| — fitting | 套管接頭 | ソケット適合 | 套管接头 |
| — joint | 套筒連接 | ソケット継手 | 套筒连接 |

| 英　　文 | 臺　　灣 | 日　　文 | 大　　陸 |
|---|---|---|---|
| —pin | 插銷 | ソケットピン | 插销 |
| —ring | 座〔套〕環 | ソケットリング | 座环;套环 |
| —screw | 凹頭〔承接〕螺釘 | ソケットスクリュー | 承接螺丝 |
| —spanner | 套筒扳手 | 箱スパナ | 套筒扳手 |
| —technology | 插接技術 | ソケット技術 | 插接技术 |
| —welding pipe fitting | 套銲式管接頭 | 差込み溶接式管継手 | 套焊式管接头 |
| —wrench | 套筒扳手 | 箱スパナ | 套筒扳手 |
| **socks press machine** | 沖壓機 | ブレス式くつ下仕上げ機 | 冲压机 |
| **SOD test** | 脆性斷裂試驗 | ＳＯＤ試験 | 脆性断裂试验 |
| **soda** | 碳酸鈉;蘇打;鹼;純鹼 | 炭酸ナトリウム | 碳酸钠;苏打;硷;纯硷 |
| —bath | 鹼浴;蘇打浴 | ソーダバース | 硷浴;苏打浴 |
| —cock | 蘇打旋塞 | ソーダコック | 苏打旋塞 |
| —glass | 鈉玻璃 | ソーダガラス | 钠玻璃 |
| —grease | 鈉基潤滑脂;鈉皂潤滑脂 | ナトリウム基グリース | 钠基润滑脂;钠皂润滑脂 |
| **sodium,Na** | 鈉 | ナトリウム | 钠 |
| —chloride | 氯化鈉;食鹽 | 塩化ナトリウム | 氯化钠;食盐 |
| —hydroxide | 氫氧化鈉;苛性鈉;燒鹼 | か性ソーダ | 氢氧化钠;苛性钠;烧硷 |
| **soft** | 金屬等的低硬度;軟體 | 柔らかい;細工しやすい | 金属等的低硬度;软件 |
| —annealing | 軟化退火 | 軟化焼鈍 | 软化退火 |
| —arc | 軟電弧 | ソフトアーク | 软电弧 |
| —blast | 噴軟粒(處理) | ソフトブラスト | 喷软粒(处理) |
| —breakdown | 軟性破壞〔擊穿〕 | 軟破壊 | 软性破坏;软(性)击穿 |
| —bronze | 青銅 | 砲銅 | 青铜 |
| —cast iron | 易削鑄鐵 | 可削鋳鉄 | 易切削铸铁 |
| —facing | 軟堆銲 | 軟化肉盛 | 软堆焊 |
| —facing alloy | 表面軟化合金 | 表面軟化合金 | 表面软化合金 |
| —flame | 文火;小火 | ソフトフレーム | 文火 |
| —flow | 易流動性 | 易流動性 | 易流动性 |
| —iron | 軟鐵 | 軟鉄 | 软铁 |
| —jaw chuck | 鐵〔軟鋼〕卡爪夾頭;生爪 | ソフトジョーチャック | 软爪卡盘 |
| —junction | 軟結 | ソフト接合 | 软结 |
| —lead | 軟鉛 | 軟鉛 | 软铅 |
| —metal | 軟金屬;軸承用減磨合金 | 軟質金属 | 软金属;轴承用减磨合金 |
| —model | 軟體模型 | ソフトモデル | 软件模型 |
| —nitriding | 軟氮法 | 軟窒化 | 软氮法 |
| —oil | 軟油 | 軟油 | 软油 |
| —pig iron | 軟生鐵 | 軟銑鉄 | 软生铁 |
| —polymer | 軟質聚合物 | 軟質重合体 | 软质聚合物 |
| —resin | 軟樹脂 | 軟質樹脂 | 软树脂 |
| —rubber | 軟橡膠 | 軟質ゴム | 软橡胶 |

| 英　　文 | 臺　　灣 | 日　　文 | 大　　陸 |
|---|---|---|---|
| ― shoe | 軟(鋼)卡爪;生爪 | ソフトシュー | 软(钢)卡爪 |
| ― solder | 軟銲料;銲錫 | 軟質はんだ | 软焊料;焊锡 |
| ― soldering | 軟銲;錫銲 | 軟ろう付け | 软焊;锡焊 |
| ― spring | 軟化彈簧 | ソフトスプリング | 软(化弹)簧 |
| ― steel | 軟〔低碳〕鋼 | 軟鋼 | 软钢;低碳钢 |
| ― weld | 鑄鐵用銅鎳銲條 | ソフトウェルド | 铸铁用铜镍焊条 |
| **softened rubber** | 軟化橡膠 | 軟化ゴム | 软化橡胶 |
| **softener** | 軟化器;軟化劑〔爐〕;墊木 | 軟化装置 | 软化器;软化剂 |
| **softening** | 變軟;軟化;塑性化 | 軟化 | 精炼铅;软化;真空恶化 |
| ― action | 軟化作用 | 軟化作用 | 软化作用 |
| ― anneal | 軟化退火 | 軟化焼なまし | 软化退火 |
| ― degree | 軟化度 | 軟化度 | 软化度 |
| ― point | 軟化點 | 軟化点 | 软化点 |
| ― power | 軟化能力 | 軟化力 | 软化能力 |
| ― range | 軟化點範圍 | 軟化点範囲 | 软化点范围 |
| ― temperature | 軟化溫度 | 軟化温度 | 软化温度 |
| **softtin** | 軟錫銲料 | ソフトティン | 软锡焊料 |
| **software** | 軟體;方案;設計計算方法 | ソフトウェア | 软件 |
| ― module | 軟體模塊 | ソフトウェアモジュール | 软件模块 |
| **soil release finish** | 防污處理 | 防污加工 | 防污处理 |
| **solar** cell | 太陽能電池 | 太陽電池 | 太阳能电池 |
| ― sensor | 日光感測器 | ソーラセンサ | 日光传感器 |
| **solder** | 軟〔錫;銀〕銲;銲料〔劑〕 | はんだろう | 软焊料 |
| ― ability test | 銲接性試驗 | はんだ付着度試験 | 焊接性试验 |
| ― backing | 銀銲料 | 銀ろう張り | 银焊料 |
| ― ball | 銲球 | はんだボール | 焊球 |
| ― bar | 銲棒;銲條 | ろう棒 | 焊棒;焊条 |
| ― bath | 銲料熔液槽 | はんだバス | 焊料熔液槽 |
| ― cleaner | 銲劑清除器 | ソルダクリーナ | 焊剂清除器 |
| ― cream | 銲糊;銲膏 | はんだクリーム | 焊糊;焊膏 |
| ― dip | 銲料浸漬;浸銲 | はんだディップ | 焊料浸渍;浸焊 |
| ― embrittlement | 銲接脆化 | ろうぜい化 | 焊接脆化 |
| ― joint | 銲接〔接縫〕 | はんだ継手 | 软焊接头 |
| ― machine | 銲接機 | ソルダマシン | 焊接机 |
| ― mask | 銲接防護罩 | ソルダマスク | 焊接防护罩 |
| ― mount | 銲接裝配法;銲接支架 | はんだマウント | 焊接装配法;焊接支架 |
| ― paste | 銲膏;銲油;銲劑;銲藥 | ソルダペースト | 焊膏;焊油;焊剂;焊药 |
| ― resist | 抗銲劑 | ソルダレジスト | 抗焊剂 |
| ― seal | 銲封 | ソルダシール | 焊封 |
| ― sleeve | 銲接套(管) | ソルダスリープ | 焊接套(管) |

| 英　　文 | 臺　　灣 | 日　　文 | 大　　陸 |
|---|---|---|---|
| ― tool | 銲接工具 | ソルダトール | 焊接工具 |
| **solderability** | 可銲性 | はんだ付け適性 | 可焊接性 |
| **soldered joint** | 銲接接頭 | はんだ継手 | 焊接接头 |
| **soldergraph** | 銲接圖 | ソルダグラフ | 焊接图 |
| **soldering** acid | 銲劑;氯化鋅水溶液 | ろう付け用酸 | 氯化锌水溶液 |
| ― bit | 烙鐵 | はんだごて | 烙铁 |
| ― copper | 〔紫銅〕烙鐵 | はんだごて | 铜烙铁 |
| ― flux | 銲劑〔料〕 | はんだ付け溶剤 | (软)焊剂 |
| ― iron | 烙〔銲〕鐵 | はんだごて | 烙铁 |
| ― joint | 軟銲;軟銲接頭 | はんだ継手 | 软焊;软焊接头 |
| ― machine | 銲接機 | ソルダリングマシン | 焊接机 |
| ― pan | 銲錫;銲盤 | はんだ用さら | 锡焊盘 |
| ― paste | 銲膏;銲油;銲劑;銲藥 | はんだペースト | 焊膏;焊油;焊剂;焊药 |
| ― pencil | 銲筆;銲接光束 | ソルダリングペンシル | 焊(接)笔;焊(接光)束 |
| ― pipe | 錫銲管 | はんだ用管 | 锡焊管 |
| ― pot | 銲料罐;銲料鍋 | ソルダリングポット | 焊料罐;焊料锅 |
| ― salt | 銲接用鹽 | ろう付け用塩 | 焊接用盐 |
| ― seam | 軟銲縫 | はんだ継目 | (软)焊接缝 |
| ― temperature | 錫銲溫度 | はんだ付け温度 | 锡焊温度 |
| **solderless** assembly | 無銲裝配 | ソルダレスアセンブリ | 无焊装配 |
| ― connection | 無銲連接 | 無はんだ接続 | 无焊连接 |
| ― joint | 無銲連接;機械連接 | 無はんだ接続 | 无焊连接;机械连接 |
| ― terminal | 無銲接點;壓接接頭 | 圧着端子 | 无焊接点;压接接头 |
| ― terminal pincers | 壓接鉗 | 圧着ペンチ | 压接钳 |
| **solene** | 汽油 | ガソリン | 汽油 |
| **solenoid** brake | 螺旋形線圈制動器 | 電磁ブレーキ | 螺旋形线圈制动器 |
| ― pilot | 電磁導向閥 | ソレノイドパイロット | 电磁导向(阀) |
| ― valve | 電磁閥〔活門〕 | ソレノイド弁 | 电磁阀(活门) |
| **solenoid-operated valve** | 電磁控制〔操縱〕閥 | 電磁操作弁 | 电磁〔操纵〕阀 |
| **solid** analytical geometry | 立體解析幾何 | 立体解析幾何 | 立体解析几何 |
| ― angle method | 立體角法 | 立体角法 | 立体角法 |
| ― armor | 整體封裝 | 一体外装 | 整体封装 |
| ― borer | 鑽頭 | ソリッドボーラ | 钻头 |
| ― boring | 鑽孔 | ソリッドボーリング | 钻孔 |
| ― boring bar | 深孔鑽桿 | ソリッドボーリングバー | 深孔钻杆 |
| ― broach | 整體拉刀 | むくブローチ | 整体拉刀 |
| ― bushing | 簡單固結式套管 | 単一形ブシング | 简单固结式套管 |
| ― cam | 立體凸輪 | 立体カム | 立体凸轮 |
| ― carbide | 固體碳化物 | ソリッドカーバイド | 固体碳化物 |
| ― carbon | 固體碳;實心碳棒 | 固形炭素 | 固体碳;实心碳棒 |

| 英　　文 | 臺　　灣 | 日　　文 | 大　　陸 |
|---|---|---|---|
| — carbon dioxide | 實心碳精棒電極 | 固体炭酸 | 固体碳;固心碳棒 |
| — carburizing | 固體滲碳 | 固体浸炭 | 固体渗碳 |
| — casting | 實體模澆注;整體鑄件 | 充実注型 | 实型浇注;整体铸件 |
| — construction press | 整體結構沖床 | 一体フレーム式プレス | 整体结构压力机 |
| — contraction | 固體收縮 | 固体収縮 | 固体收缩 |
| — cord | 實心繩索 | 金剛打ひも | 实心绳索 |
| — crank | 整體曲柄 | 一体クランク | 整体曲柄 |
| — crystal | 固態結晶 | 固晶 | 固态结晶 |
| — density | 固體密度 | 固相密度 | 固体密度 |
| — die block | 整體模 | 一体型 | 整体模 |
| — dies | 整體模;整體板牙 | 無くダイス | 整体模;整体板牙 |
| — end mill | 整體端銑刀 | ソリッドエンドミル | 整体立铣刀 |
| — figure | 立體形 | 立体図形 | 立体形 |
| — flange | 整體凸緣 | 作出しフランジ | 整体凸缘〔法兰〕 |
| — forging | 整體鍛造;實鍛 | 丸打ち | 整体锻造;实锻 |
| — forming die | 整體式成形模 | 一体構造式成形型 | 整体式成形模 |
| — forward extrusion | 整體正擠壓;實心正擠壓 | 中実前方押出し法 | 整体正挤压;实心正挤压 |
| — fraise | 整體銑刀 | ソリッドフライス | 整体铣刀 |
| — frame | 整體框架;粗實框;實心框 | 実わく | 整体框架;粗实框;实心框 |
| — frame press | 整體結構式沖床 | 一体構造式プレス | 整体结构式压力机 |
| — gear hob | 整體齒輪滾刀 | 無くホブ | 整体齿轮滚刀 |
| — geometry | 立體幾何(學) | 立体幾何学 | 立体几何(学) |
| — head piston | 整體活塞頂活塞 | ソリッドヘッドピストン | 整体活塞顶活塞 |
| — jaw | 整體卡爪;固定卡爪 | ソリッドジョー | 整体卡爪;固定卡爪 |
| — line | 實線;固相線 | 実線 | 实线;固相线 |
| — lubricant | 固體潤滑劑;潤滑脂;黃油 | 固体潤滑剤 | 固体润滑剂;润滑脂;黄油 |
| — lubrication | 固體潤滑 | 固体潤滑 | 固体润滑 |
| — mandrel | 整體心軸;實心心軸 | ソリッドマンドレル | 整体心轴;实心心轴 |
| — mechanics | 固體力學 | 固体力学 | 固体力学 |
| — member | 整體構件;單一構件 | 単一材 | 整体构件;单一构件 |
| — metal flat gasket | 實心金屬墊片 | 金属平形ガスケット | 实心金属垫片 |
| — milling cutter | 整體銑刀 | 無くフライス | 整体铣刀 |
| — model | 實體模型 | ソリッドモデル | 实体模型 |
| — mold | 實體鑄模;整體鑄模 | 造り出し繰形 | 实体铸型;整体铸型 |
| — natural rubber | 固態天然橡膠 | 固形天然ゴム | 固态天然橡胶 |
| — oil | 固態潤滑油;潤滑脂 | 固形潤滑油 | 固态润滑油;润滑脂 |
| — pack carburizing | 固體滲碳 | 固体浸炭 | 固体渗碳 |
| — pattern | 固體模型;實體〔樣〕模 | 現型 | 固体模型;实体〔样〕模 |
| — pattern mold | 整體模鑄模;實體模鑄模 | 込型 | 整体模铸型;实体模铸型 |
| — phase | 固相 | 固相 | 固相 |

| 英　　文 | 臺　　灣 | 日　　文 | 大　　陸 |
|---|---|---|---|
| — phase bonding | 固相壓銲 | 固相溶接 | 固相压焊 |
| — phase diffusion | 固相擴散 | 固相拡散 | 固相扩散 |
| — phase epitaxy | 固相取向;固相外延 | 固相エピタクシー | 固相取向;固相外延 |
| — phase polymerization | 固相聚合 | 固相重合 | 固相聚合 |
| — phase reaction | 固相反應 | 固相反応 | 固相反应 |
| — phase welding | 固相壓銲 | 固相溶接 | 固相压焊 |
| — pillar | 實心支柱 | 中実りょう柱 | 实心支柱 |
| — piston | 整體活塞 | 一体ピストン | 整体活塞 |
| — point | 凝固點 | 凝固点 | 凝固点 |
| — polymer | 固相聚合物 | 固体重合体 | 固相聚合物 |
| — polymerization | 固相聚合法 | 固相重合 | 固相聚合法 |
| — pulley | 整體皮帶輪 | ソリッドプーリ | 整体皮带轮 |
| — punch | 整體凸模;實心沖頭 | 一体式パンチ | 整体凸模;实心冲头 |
| — rack type cutter | 整體齒條式銑刀 | 無くラックカッタ | 整体齿条式铣刀 |
| — reamer | 整體鉸刀 | 無くリーマ | 整体铰刀 |
| — resin | 實體樹脂;未發泡樹脂 | 固体樹脂 | 实体树脂;未发泡树脂 |
| — ring gage | 整體環規 | ソリッドリングゲージ | 整体环规 |
| — rivet | 實心鉚釘 | 充実びょう | 实心铆钉 |
| — roll | 實心輥;實心滾筒 | 中実ロール | 实心辊;实心滚筒 |
| — roller | 整體滾子 | ソリッドローラ | 整体滚子 |
| — rotor | 實心轉子 | ソリッドロータ | 实心转子 |
| — rubber | 硬(質)橡膠 | 硬質ゴム | 硬(质)橡胶 |
| — screw | 實心螺桿 | 中実スクリュー | 实心丝杠 |
| — shaft | 實心軸 | 実体軸 | 实心轴 |
| — shim | 整體墊片 | ソリッドシム | 整体垫片 |
| — shoot | 整體滑槽 | くりどい | 整体滑槽 |
| — shrinkage | 固體收縮 | 固体収縮 | 固体收缩 |
| — solubility | 固溶度 | 固溶度 | 固溶度 |
| — solution alloy | 固溶體合金 | 固溶体合金 | 固溶体合金 |
| — solution effect | 固溶效應 | 固溶効果 | 固溶效应 |
| — solution hardening | 固溶體硬化 | 固溶体硬化 | 固溶体硬化 |
| — solution treatment | 固溶處理 | 溶体化処理 | 固溶处理 |
| — steel | 鎮靜鋼 | 鎮静鋼 | 镇静钢 |
| — stock guide | 固定式導料裝置 | 固定式ストックガイド | 固定式导料装置 |
| — stop | 固定式擋料裝置 | 固定式ストップ | 固定式挡料装置 |
| — tap | 整體絲攻 | 無くタップ | 整体丝锥 |
| — tool | 整體刀具 | 無くバイト | 整体刀具 |
| — trussed beam | 實體桁架式樑 | 実構成ばり | 实体桁架式梁 |
| — wedge-type valve | 整體楔形閥 | 一体くさび形弁 | 整体楔形阀 |
| — wire | 單(股)線;實線;實芯銲絲 | 単線 | 单(股)线;实线;实芯焊丝 |

S

| 英　　文 | 臺　　灣 | 日　　文 | 大　　陸 |
|---|---|---|---|
| soliddrawn steel pipe | 拉製無縫鋼管 | 引抜き鋼管 | 拉制无缝钢管 |
| solidifiability | 凝固性;固體化性 | 可凝固性 | 凝固性;固体化性 |
| solidification | 固化(作用);凝固 | 固体化;凝固 | 固化(作用);凝固 |
| — contraction | 凝固收縮 | 凝固収縮 | 凝固收缩 |
| — equipment | 固化裝置 | 固化装置 | 固化装置 |
| — range | 凝固範圍 | 凝固範囲 | 凝固范围 |
| — shrinkage | 凝固收縮率 | 凝固収縮率 | 凝固收缩率 |
| solidifying | 凝固 | 凝固 | 凝固 |
| — point | 凝固點 | 固化点 | 凝固点 |
| — segregation | 凝固偏析 | 凝固偏析 | 凝固分离 |
| solidity | 實度;立體性;體積;容積 | 体積;剛率 | 实度;立体性;体积;容积 |
| solids | 固體粒子;硬粒;固體樹脂 | 固形粒子 | 固体粒子;硬粒;固体树脂 |
| solidus | 固相線 | 固相線 | 固相线 |
| — curve | 固相(曲)線 | 固相線 | 固相(曲)线 |
| — line | 固相線 | 固相線 | 固相线 |
| solitary crystal | 單晶 | 単晶 | 单晶 |
| solubility | 溶(解)度;溶解性 | 溶解性 | 溶(解)度;溶解性 |
| — characteristic | 溶解性 | 溶解性 | 溶解性 |
| soluble copolymer | 可溶性共聚物 | 可溶性共重合体 | 可溶性共聚物 |
| — cutting fluid | 水溶性切削油 | 水溶性切削油剤 | 水溶性切削油 |
| — iron | 可溶性鐵 | 溶解性鉄 | 可溶性铁 |
| — oil paste | 切削用糊狀潤滑冷卻液 | 溶性油ペースト | 切削用糊状润滑冷却液 |
| — oil-cutting fluid | 溶性油質切削液;調水油 | 溶性油切削液 | 溶性油质切削液 |
| — resin | 可溶性樹脂 | 可溶性樹脂 | 可溶性树脂 |
| solution | 溶液;溶解;溶體;解(法) | 溶液;溶解 | 溶液;溶解;溶体;解(法) |
| — annealing | 固溶退火 | 溶体化焼なまし | 固溶退火 |
| — hardening | 固溶硬化 | 固溶硬化 | 固溶硬化 |
| — heat treatment | 固溶(熱)處理 | 溶体化処理 | 固溶(热)处理 |
| — plane | 溶解面 | 溶解面 | 溶解面 |
| — polymeriztion | 溶液聚合 | 溶液重合 | 溶液聚合 |
| — resin | 溶液型樹脂 | 溶解型樹脂 | 溶液型树脂 |
| — welding | (塑料的)溶解銲接 | ソリューション溶接 | (塑料的)溶解焊接 |
| solvent | 有溶解能力的;溶劑;溶媒 | 溶剤 | 有溶解能力的;溶剂;溶媒 |
| — cleaning | 溶劑清洗;溶劑除油 | 溶剤クリーニング | 溶剂清洗;溶剂除油 |
| — epoxy varnish | 溶劑型環氧(樹脂)漆 | 溶剤型エポキシワニス | 溶剂型环氧(树脂)漆 |
| — metal | 溶劑金屬 | 溶媒金属 | 溶剂金属 |
| — polymerization | 溶解〔劑;液〕聚合 | 溶剤重合 | 溶解〔剂;液〕聚合 |
| somerset | 調頭 | サマセット | 调头 |
| sonde | 探測器;探棒;探針;探頭 | ゾンデ | 探测器;探棒;探针;探头 |
| sonic method | 共振法〔非破壞試驗的〕 | ソニック方法;共振法 | 共振法〔非破坏试验的〕 |

| 英 文 | 臺 灣 | 日 文 | 大 陸 |
|---|---|---|---|
| — prospecting method | 音波探傷法 | 音波探査法 | 声波探伤法 |
| **soniscope** | 超音(波)探傷法 | ソニスコプ | 超声(波)探伤法 |
| **sonitector** | 超音波探測器 | ソニテクタ | 超声波探测器 |
| **soot** | 煙灰;炭黑;油煙;煤煙 | ばい煙 | 烟灰;炭黑;油烟;煤烟 |
| **sooty coal** | 泥煤;劣質軟煤 | 劣等泥質炭 | 泥煤;劣质软煤 |
| **sorbite** | 糙斑鐵 | ソルバイト | 索氏体 |
| — rail | 糙斑鐵鋼軌 | ソルバイトレール | 索氏体钢轨 |
| **sorbitic** cast iron | 糙斑鐵鑄鐵 | ソルバイト鋳鉄 | 索氏体铸铁 |
| — fracture | 糙斑鐵斷口 | ソルバイト状破面 | 索氏体断口 |
| **sorption** | 吸著(作用);吸附 | 収着 | 吸着(作用);吸附 |
| — pump | 吸附泵 | 収着ポンプ | 吸附泵 |
| **sosoloid** | 固溶體;固態溶液 | 固溶体 | 固溶体;固态溶液 |
| **souesite** | 鐵鎳礦 | スーエ鉱 | 铁镍矿 |
| **sound velocity** | 聲速;音速 | 音速 | 声速;音速 |
| **soundness** | 堅固度;堅牢性 | 安定性 | 坚固度;坚牢性 |
| **source** | 起源;來源;源極 | 源;わき出し | 起源;来源;源极 |
| — nipple | 短管接頭;螺紋接頭 | ソースニップル | 短管接头;螺纹接头 |
| — of energy | 能源 | エネルギー源 | 能源 |
| — of heat | 熱源 | 熱源 | 热源 |
| — of vibration | 振動源 | 振動源 | 振动源 |
| **sow** | 高爐鐵水主流槽 | なまこ原型 | 高炉铁水主流槽 |
| — bolck | 鉗口罩;砧墊 | 口金 | 钳口垫片;砧垫 |
| **space** lattice | 立體格子;立體晶格 | 空間格子 | 立体格子;立体晶格 |
| — phase | 空間相位 | 空間位相 | 空间相位 |
| — polymer | 立體聚合物 | 立体重合体 | 立体聚合物 |
| — stress | 空間應力 | 空間応力 | 空间应力 |
| — truss | 空間桁架 | 立体トラス | 空间桁架 |
| — vector | 空間向量 | 空間ベクトル | 空间矢量 |
| — welding | 有空隙銲接 | 空間溶接 | 有空隙焊接 |
| **spacer** | 襯墊;定位架;墊片 | 飼板 | 衬垫;调整垫;垫片;横柱 |
| — block | 墊塊 | スペーサブロック | 垫块 |
| — frame | 調整墊結構;隔離框架 | スペーサフレーム | 调整垫结构;隔离框架 |
| — pin | 隔離銷;調整銷 | スペーサピン | 隔离销;调整销 |
| — plate | 分離板 | 分離板 | 分离板 |
| — ring | 間隔圈;分隔圈 | スペーサリング | 间隔圈;分隔圈 |
| — shaft | 機間軸 | スペーサ軸 | 机间轴 |
| **spacial configuration** | 立體構型;立體配置 | 空間配置 | 立体构型;立体配置 |
| **spacing** | 間隔;空隙;跨距 | 心距 | 间隔;空隙;跨距 |
| — collar | 間隔套(環) | スペーシングカラー | 间隔套(环) |
| — of cracks | 裂縫間距〔隔〕 | ひび割れ間隔 | 裂缝间距〔隔〕 |

| 英 文 | 臺 灣 | 日 文 | 大 陸 |
|---|---|---|---|
| — of lattice | 晶格間隔 | 晶格間隔設置 | 晶格间隔 |
| — ring | 隔圈 | スペーサリング | 隔圈 |
| **spade** drill | 扁鑽;平鑽 | スペードドリル | 扁钻;平钻 |
| — drill adapter | 扁鑽接長桿 | スペードドリルアダプタ | 扁钻接长杆 |
| — reamer | 雙刃鉸刀;扁鑽形鉸刀 | スペードリーマ | 双刃铰刀;扁钻形铰刀 |
| **span saw** | 框鋸 | スパンソー | 框锯 |
| **spangle** | 鍍鋅板花紋;鋅花 | 花模様 | 镀锌板花纹;锌花 |
| **spanner** | 扳緊器 | スパナ | 扳紧器 |
| — broach | 扳手拉刀 | スパナブローチ | 扳手拉刀 |
| **spare** detail | 備用零件;備份件 | 予備部品 | 备用零件;备份件 |
| — instrument | 備用儀器 | 予備計器 | 备用仪器 |
| — machine | 備用儀〔機〕器 | スペアマシン | 备用仪〔机〕器 |
| — module | 備用模件 | スペアモジュール | 备用模件 |
| — parts | 備件 | 予備品 | 备件 |
| **spark** | 火花〔星〕;閃光;金剛石 | 火花 | (电)火花;闪光;金刚石 |
| — discharge | 火花放電 | スパーク放電 | 火花放电 |
| — discharge forming | 電火花加工成形 | 放電成形 | 电火花加工成形 |
| — discharger | 火花放電器 | 火花放電器 | 火花放电器 |
| — distance | 火花距離 | 火花距離 | 火花距离 |
| — erosion | 電火花加工;火花浸蝕 | 火花かい食 | 电火花加工;火花浸蚀 |
| — erosion machine | 電火花加工機(床) | 放電加工機 | 电火花加工机(床) |
| — frequency | 火花放電振蕩頻率 | 火花度数 | 火花放电振荡频率 |
| — hard facing | 電火花表面堆銲強化 | 放電硬化肉盛 | 电火花表面堆焊强化 |
| — hardened layer | 電火花硬化〔淬火〕層 | 放電硬化層 | 电火花硬化〔淬火〕层 |
| — hardened surface | 電火花硬化表面 | 放電硬化面 | 电火花硬化表面 |
| — hardening | 電火花硬化;電火花淬火 | スパーク硬化法 | 电火花硬化;电火花淬火 |
| — hardening rate | 電火花硬化速度 | 放電硬化速度 | 电火花硬化速度 |
| — machine | 電火花加工 | 放電加工 | 电火花加工 |
| — out | 無火花磨削;停止火花 | スパークアウト | 无火花磨削;停止火花 |
| — out device | 無火花磨削機構 | スパークアウト機構 | 无火花磨削机构 |
| — sintering method | 放電燒結 | 放電焼結法 | 放电烧结 |
| — test | 火花試驗 | 火花試験 | 火花试验 |
| — tester | 火花試驗器 | スパークテスタ | 火花试验器 |
| — toughening | 電火花韌化(處理) | 放電硬化 | 电火花韧化(处理) |
| **sparker** | 火星塞;電火花器 | スパーカ | 火花塞;电火花器 |
| **spark-gap** | 火花間隙;放電器 | 火花ギャップ | 火花(间)隙;放电器 |
| — length | 火花隙長度;放電器長度 | 電極距離 | 火花隙长度;放电器长度 |
| — type rectifier | 火花隙式整流器 | 放電間げき型整流器 | 火花隙式整流器 |
| **sparking** potential | 擊穿電壓;跳火電壓 | 火花電圧 | 击穿电压;跳火电压 |
| — voltage | 擊穿電壓;放電電壓 | スパーキング電圧 | 击穿电压;放电电压 |

| 英　　　文 | 臺　　　灣 | 日　　　文 | 大　　　陸 |
|---|---|---|---|
| spark-over | 火花放電;跳火;絕緣擊穿 | 火花連絡 | 火花放电;跳火;绝缘击穿 |
| — test | 火花放電試驗 | フラッシオーバ試験 | 火花放电试验 |
| sparry iron | 球菱鐵礦 | 球状りょう鉄鉱 | 球菱铁矿 |
| spats | 罩;機輪減阻罩 | スパッツ | 罩;机轮减阻罩 |
| spatter | 噴濺;飛濺 | スパッタ;しぶき | 喷溅;飞溅 |
| spatula | 刮勺〔鏟〕;鑄模修理工具 | へら | 刮勺〔铲〕;铸型修理工具 |
| specer | 隔片;隔板;間隔物 | スペーサ | 隔片;隔板;间隔物 |
| special alloy steel | 特殊〔種〕合金鋼 | 特殊合金鋼 | 特殊〔种〕合金钢 |
| — aluminum bronze | 特種鋁青銅 | 特殊アルミニウム青銅 | 特种铝青铜 |
| — appliance | 專用設備;特種設備 | 特殊設備 | 专用设备;特种设备 |
| — bearing | 特種軸承 | 特殊軸受 | 特种轴承 |
| — brass | 特種黃銅 | 特殊黄銅 | 特种黄铜 |
| — bronze | 特種青銅 | 特殊青銅 | 特种青铜 |
| — carrier | 特種夾頭;專用支座 | スペシャルキャリヤ | 特种夹头;专用支座 |
| — cast iron | 特種鑄鐵 | 特殊鋳物 | 特种铸铁 |
| — casting | 特殊鑄件 | 特殊鋳物 | 特殊铸件 |
| — drill | 特殊鑽頭 | 特殊ドリル | 特殊钻头 |
| — fittings | 特種接頭 | 特殊継手 | 特种接头 |
| — flexible wire rope | 特軟鋼索〔絲繩〕 | 特殊柔軟ワイヤロープ | 特软钢索〔丝绳〕 |
| — form | 特殊模板;專用模板 | 特殊型枠 | 特殊模板;专用模板 |
| — high tensile brass | 特種高抗拉黃銅 | 特殊高力黄銅 | 特种高抗拉黄铜 |
| — jaw | 特殊卡爪;專用卡爪 | 特殊ジョー | 特殊卡爪;专用卡爪 |
| — joint | 異型接合;異型拼接 | 異形継目 | 异型接合;异型拼接 |
| — machine | 專用單能機 | 特殊機械;専用機 | 专用单能机 |
| — model | 特殊模型 | スペシャルモデル | 特殊模型 |
| — nozzle | 特種噴嘴 | 特殊ノズル | 特种喷嘴 |
| — pig iron | 特殊生鐵〔低銅低磷生鐵〕 | 特殊銑 | 特殊生铁〔低铜低磷生铁〕 |
| — purpose | 專用;單一用途;特殊用途 | 単能 | 专用;单一用途;特殊用途 |
| — purpose machine | 專用機床 | 専用工作機械 | 专用机床 |
| — purpose processor | 專用處理機 | 専用プロセッサ | 专用处理机 |
| — pump | 特種泵 | 特殊ポンプ | 特种泵 |
| — shaft | 特製軸;特殊柱身 | スペシャルシャフト | 特制轴;特殊柱身 |
| — silicon bronze | 特種矽青銅 | 特殊けい素青銅 | 特种硅青铜 |
| — splice plate | 異型拼接板 | 異形継目板 | 异型拼接板 |
| — structural steel | 特殊結構鋼 | 構造用特殊鋼 | 特殊结构钢 |
| — surface | 特殊曲面 | 特殊曲面 | 特殊曲面 |
| — tool steel | 特殊工具鋼 | 特殊工具鋼 | 特殊工具钢 |
| — tools | 特殊工具 | 特殊工具 | 特殊工具 |
| specific(al) gravity | 比重 | 比重 | 比重 |
| gravity test | 比重試驗 | 比重試験 | 比重试验 |

S

| 英　　文 | 臺　　灣 | 日　　文 | 大　　陸 |
|---|---|---|---|
| — grinding force | 比磨削抗力 | 比研削抵抗 | 比磨削抗力 |
| — power | 比功率 | 比出力 | 比功率 |
| — pressure | 比壓;單位壓力 | 比圧；單位圧 | 比压;单位压力;压强 |
| — punch diameter | 凸模相對直徑 | 相対ポンチ直径 | 凸模相对直径 |
| — refraction | 折射率 | 比屈折 | 折射率 |
| — refractive power | 折射率 | 比屈折率 | 折射率;比折射力 |
| — refractivity | 折射率係數 | 比屈折 | 折射率系数;折射率差度 |
| — rotating speed | 比轉數 | 比較回転度 | 比转数 |
| — sliding | 比滑〔齒面間相對滑動〕 | すべり率 | 比滑〔齿面间相对滑动〕 |
| — speed | 比轉速;比速 | 比較回転数 | 比转速;比速 |
| — stiffness | 比剛性;剛性係數 | 比剛性 | 比刚性;刚性系数 |
| — strength | 比強度;強度係數 | 比強度 | 比强度;强度系数 |
| — stress | 比應力 | 比応力 | 比应力 |
| — thrust | 比推力 | 比推力 | 比推力 |
| — torsional rigidity | 比扭曲剛性 | 比ねじり剛性 | 比扭曲刚性 |
| — viscosity | 比黏度 | 比粘度 | 比粘度 |
| — weight | 比重 | 比重量 | 比重 |
| — Young's modulus | 比楊氏模量 | 比ヤング率 | 比杨氏模量 |
| **specification** | 規格;分類;說明書 | 仕様 | 规格;分类;说明书 |
| — material | 標準材料 | 規格材料 | 标准材料 |
| **specified** length | 規定尺寸〔長度〕 | 定尺 | 规定尺寸〔长度〕 |
| — load | 額定負載 | 指定荷重 | 额定荷载 |
| — lubricant | 合規格潤滑劑 | 規定潤滑剤 | 合规格润滑剂 |
| — measuring method | 特定測量法 | 指定計測法 | 特定测量法 |
| — mix | 標準〔規定〕配合(比) | 示方配合 | 标准〔规定〕配合(比) |
| — pressure | 規定壓力 | 規定圧力 | 规定压力 |
| — sensitivity | 規定靈敏度 | 規定感度 | 规定灵敏度 |
| — speed | 限定轉速 | 規定回転数 | 限定转速 |
| — substance | 指定物質 | 特定物質 | 指定物质 |
| — temperature | 規定溫度 | 規定温度 | 规定温度 |
| — time | 規定時間 | 規定時間 | 规定时间 |
| **specimen** | 試樣〔件〕;樣本;樣品 | 試験片；試料 | 试样〔件〕;样本;样品 |
| — carrier | 試樣裝置架 | 試料取付け台 | 试样装置架 |
| — chamber | 試件室 | 試料室 | 试件室 |
| — clamp | 試樣夾 | 試料クランプ | 试样夹 |
| — diameter | 試樣直徑 | 試験片の直径 | 试样直径 |
| — geometry | 試樣幾何形狀 | 試験片の形状寸法 | 试样几何形状 |
| — holder | 試樣支架 | 試料ホルダ | 试样支架 |
| — material | 試樣材料 | 試料物質 | 试样材料 |
| — size | 試樣尺寸 | 試験片の大きさ | 试样尺寸 |

| 英　　文 | 臺　　灣 | 日　　文 | 大　　陸 |
|---|---|---|---|
| — stage | 試件(微動)台 | 試料微動台 | 试件(微动)台 |
| — support | 試樣支架 | 試驗片支え | 试样支架 |
| — temperature | 試樣溫度 | 試料温度 | 试样温度 |
| — test | 試樣試驗 | 試料試験 | 试样试验 |
| — under test | 在試試樣 | 供試試料 | 在试试样 |
| — weight | 試樣重量 | 試験片の重量 | 试样重量 |
| **speck** | 污點;斑點;微粒 | スペーク;ぼろ | 污点;斑点;微粒 |
| **speckle** | 斑紋;小斑點 | まだら紋 | 斑纹;小斑点 |
| **speckled metal** | 有斑點的金屬 | あばた面金属 | 有斑点的金属 |
| **spectacle floor** | 開孔肋板 | めがね形フロア | 开孔肋板 |
| **spectral** analysis | 光譜分析;頻譜分析 | 分光分析 | 光谱分析;频谱分析 |
| — analyzer | 光譜分析儀;頻譜分析儀 | 直視形分析器 | 光谱分析仪;频谱分析仪 |
| — atlas | 光譜圖譜集 | スペクトル図表 | 光谱图谱集 |
| — band | 光譜帶 | スペクトル帯 | 光谱带 |
| — band intensity | 光譜強度 | スペクトル強度 | 光谱强度 |
| — band width | 光譜帶寬 | スペクトル幅 | 光谱带宽 |
| — character | 光譜特性 | 分光感度特性 | 光谱特性 |
| — characteristics | 光譜特性 | スペクトル特性 | 光谱特性 |
| — chart | 光譜圖表 | スペクトルチャート | 光谱图表 |
| — concentration | 光譜密度 | 分光密度 | 光谱密度 |
| — curve | 光譜曲線 | 分光曲線 | 光谱曲线 |
| — distribution | 光譜分布 | 分光分布 | 光谱分布 |
| — interference | 光譜干擾 | 分光干涉 | 光谱干扰 |
| — light | 光譜光 | スペクトル光 | 光谱光 |
| — line | 光譜線;譜線 | スペクトル線 | 光谱线;谱线 |
| — line half width | 光譜線半值寬度 | スペクトル半値幅 | 光谱线半值宽度 |
| — line width | 頻線寬度 | スペクトル線幅 | 频线宽度 |
| — position | 光譜位置 | スペクトル位置 | 光谱位置 |
| — property | 光譜特性 | 分光特性 | 光谱特性 |
| — purity | 光譜純度 | スペクトル純度 | 光谱纯度 |
| — range | 光譜範圍;頻譜範圍 | スペクトル範囲 | 光谱范围;频谱范围 |
| — reflectance | 光譜反射率 | 分光反射率 | 光谱反射率 |
| — reflection curve | 光譜反射曲線 | スペクトル反射曲線 | 光谱反射曲线 |
| — reflection factor | 光譜反射係數 | スペクトル反射率 | 光谱反射系数 |
| — transmission | 光譜透射率 | 分光透過率 | 光谱透射率 |
| — transmission curve | 光譜透射曲線 | 分光透過曲線 | 光谱透射曲线 |
| — transmission factor | 光譜透射係數 | スペクトル透過率 | 光谱透射系数 |
| — transmittance | 光譜透射率 | 分光透過率 | 光谱透射率 |
| — tube | 光譜管 | スペクトル管 | 光谱管 |
| — type | 光譜類型 | スペクトル型 | 光谱类型 |

S

| 英　　文 | 臺　　灣 | 日　　文 | 大　　陸 |
|---|---|---|---|
| **spectrocomparator** | 光譜比較儀 | スペクトロコンパレータ | 光谱比较仪 |
| **spectrogram** | 光譜圖 | 分光写真 | 光谱图 |
| **spectrograph** | 光譜儀;攝譜儀 | 分光写真機 | 光谱仪;摄谱仪 |
| **spectrography** | 攝譜學;分光照相術 | 分光写真術 | 摄谱学;分光照相术 |
| **spectrometer** | 光譜儀;攝譜儀;分光儀 | 分光計 | 光谱仪;摄谱仪;分光仪 |
| **spectrometry** | 光譜測定法;頻譜測定法 | スペクトロメトリ | 光谱测定法;频谱测定法 |
| **spectroscope** | 光譜儀;攝譜儀;分光計 | 分光器 | 光谱仪;摄谱仪;分光计 |
| **spectroscopy** | 光譜學;分光學;頻譜學 | 分光分析法 | 光谱学;分光学;频谱学 |
| **spectrum** atlas | 光譜圖 | スペクトル図表 | 光谱图 |
| — chart | 光譜圖集 | スペクトルチャート | 光谱图集 |
| — distribution | 頻譜分布;光譜分布 | スペクトル分布 | 频谱分布;光谱分布 |
| **specular** angle | 反射率 | 鏡反射角 | 反射率 |
| — bronze | 鏡青銅 | 鏡銅 | 镜青铜 |
| — cast iron | 鏡鐵礦 | 輝鉄鉱 | 镜铁矿 |
| — defect | 鏡反射缺陷 | スペキュラデフェクト | 镜反射缺陷 |
| — hematite | 鏡鐵礦 | 鏡鉄鉱 | 镜铁矿 |
| — iron | 鏡鐵礦 | 鏡鉄鉱 | 镜铁矿 |
| — surface | 鏡面 | 鏡面 | 镜面 |
| **specularite** | 鏡鐵礦 | 鏡鉄鉱 | 镜铁矿 |
| **speculum** | 鏡用合金;銅錫合金 | 金属鏡 | 镜用合金;铜锡合金 |
| — metal | 銅錫合金;鏡(青)銅 | 鏡銅 | 铜锡合金;镜(青)铜 |
| **speed** | 速率〔度〕;轉速 | 速度;回転速度 | 速率〔度〕;转速 |
| — accuracy | 轉速準確度 | 回転数精度 | 转速准确度 |
| — adjusting device | 速度調節裝置 | 速度調整装置 | 速度调节装置 |
| — belt | 變速皮帶 | スピードベルト | 变速皮带 |
| — brake | 離心制動器;刹車板 | スピードブレーキ | 离心制动器;刹车板 |
| — capability | 速率範圍 | 速度範囲 | 速率范围 |
| — change area | 車輛變速區段 | 変速区間 | (车辆)变速区段 |
| — change gear box | 變速齒輪箱 | 速度変換歯車箱 | 变速齿轮箱 |
| — change gears | 變速裝置 | 変速歯車装置 | 变速装置 |
| — change lever | 變速手柄;變速桿 | スピードチェンジレバー | 变速手柄;变速杆 |
| — change system | 變速裝置 | 変速装置 | 变速装置 |
| — changer | 速度調節裝置 | 速度調整装置 | 速度调节装置 |
| — cone | 變速錐;塔輪;測速標(桿) | 段車 | 变速锥;塔轮;测速标(杆) |
| — control board | 速度控制盤 | 速度制御盤 | 速度控制盘 |
| — control system | 速度控制系統〔裝置〕 | 速度制御装置 | 速度控制系统〔装置〕 |
| — control unit | 轉速控制裝置 | 回転ガバナ | 转速控制装置 |
| — control valve | 速度控制閥;調速閥 | 速度制御弁 | 速度控制阀;调速阀 |
| — controller | 調速器 | スピードコントローラ | 调速器 |
| — counter | 速度計 | 速度計 | 速度计 |

| 英　　文 | 臺　　灣 | 日　　文 | 大　　陸 |
|---|---|---|---|
| — decreasing gear | 減速裝置 | 減速裝置 | 减速装置 |
| — gage | 速度錶〔計〕；轉速錶 | 速度計 | 速度表〔计〕；转速表 |
| — gear | 變速齒輪；高速齒輪 | スピードギヤー | 变速齿轮；高速齿轮 |
| — governing divice | 調速裝置 | 調速裝置 | 调速装置 |
| — governor | 調速器 | 調速機 | 调速器 |
| — lathe | 高速車床 | スピードレース | 高速车床 |
| — length ratio | 速長比 | 速長比 | 速长比 |
| — limiting device | 限速裝置 | 速度制限裝置 | 限速装置 |
| — of action | 作用速度 | 作用速度 | 作用速度 |
| — of flow | 流速 | 流速 | 流速 |
| — of operation | 運轉速度 | 運転速度 | 运转速度 |
| — of piston transfer | 活塞移動速度 | ピストンの前進速度 | 活塞移动速度 |
| — of revolution | 轉速 | 回転速度 | 转速 |
| — of rotation | 轉速 | 回転数 | 转速 |
| — of testing | 試驗速度；測試速度 | 試驗速度 | 试验速度；测试速度 |
| — of torque | 回轉速度；扭矩速度 | 回転速度 | 回转速度；扭矩速度 |
| — of translation | 平移速度；轉換速度 | 並進速度 | 平移速度；转换速度 |
| — pulley | 變速皮帶輪；變速滑輪 | スピードプーリー | 变速皮带轮；变速滑轮 |
| — range | 速度範圍；變速範圍 | 速度範囲 | 速度范围；变速范围 |
| — rate | 速率 | スピードレート | 速率 |
| — ratio | 轉速比 | 回転比 | 转速比 |
| — reduction | 減速；速度降低；速度損失 | 速度低下 | 减速；速度降低；速度损失 |
| — regulating valve | 速度控制閥 | 速度調整弁 | 速度控制阀 |
| — regulating factor | 速度調節率 | 速度変動率 | 速度调节率 |
| — regulator | 速度調節器 | 調速機 | 速度调节器 |
| — test | 速度試驗 | 速度試驗 | 速度试验 |
| — -time curve | 速度-時間曲線 | 速度-時間曲線 | 速度-时间曲线 |
| — torque characteristics | 轉速轉矩特性曲線 | 速度トルク特性 | 转速转矩特性（曲线） |
| — variation | 速率變化 | 速度変化 | 速率变化 |
| — variator | 變速機 | 変速機 | 变速机 |
| **speed-down** | 減速 | スピードダウン | 减速 |
| **speeder** | 調速裝置 | スピーダ | 调速装置 |
| — unit | 調速裝置 | スピーダユニット | 调速装置 |
| **speed-up** | 加快；升速 | 昇速 | 加快；升速 |
| **spell** | 輪班；工作時間；吸引力 | スペル | 轮班；工作时间；吸引力 |
| **spelter** | 鋅（塊）；粗鋅 | 亜鉛鋳塊 | 锌（块）；粗锌 |
| — solder | 鋅銅銲料；鋅銲藥 | 亜鉛半田 | 锌铜焊料；锌焊药 |
| **spermaceti oil** | 鯨腦油；鯨蠟 | まっこう鯨油 | 鲸脑油；鲸蜡 |
| **Sperry metal** | 一種鉛基軸承合金 | スペリーメタル | 斯佩里铅基轴承合金 |
| **spew** | 壓鑄硫化；壓（溢）出 | 圧力鋳造硫化 | 压铸硫化；压（溢）出 |

| 英　　文 | 臺　　灣 | 日　　文 | 大　　陸 |
|---|---|---|---|
| **sphere** | 球;球體;範圍 | 球;球面 | 球;球体;范围 |
| — gap | 球間隙;球狀放電器 | 球状間げき | 球间隙;球状放电器 |
| **spheric(al) angle** | 球面角 | 球面角 | 球面角 |
| — bearing | 球面軸承 | 球面軸受 | 球面轴承 |
| — cam | 球面凸輪 | 球面カム | 球面凸轮 |
| — cementite | 球形〔狀〕雪明碳鐵 | 球形セメンタイト | 球形〔状〕渗碳体 |
| — chain | 球面運動鏈 | 球面運動連鎖 | 球面运动链 |
| — crank mechanism | 球面曲柄機構 | 球面回転機構 | 球面曲柄机构 |
| — coordinate | 球面座標 | 球面座標 | 球面坐标 |
| — curve | 球面曲線 | 球面曲線 | 球面曲线 |
| — guide | 球面導軌 | スフェリカルガイド | 球面导轨 |
| — joint | 球叉式萬向節;球鉸接頭 | スフェリカルジョイント | 球叉式万向节;球铰接头 |
| — mechanism | 球面運動機構 | 球面運動機構 | 球面运动机构 |
| — motion mechanism | 球面運動機構 | 球面運動機構 | 球面运动机构 |
| — punch | 球狀凸模;球底凸模 | 球頭ポンチ | 球状凸模;球底凸模 |
| — rectangular coordinat | 球面直角座標 | 球面直角座標 | 球面直角坐标 |
| — roller bearing | 球面滾子軸承 | 球面ころ軸受 | 球面滚子轴承 |
| — safe valve | 球形安全閥 | 球形安全弁 | 球形安全阀 |
| — seat bearing unit | 球面座軸承 | 球面座軸受ユニット | 球面座轴承 |
| — strain | 球面應變 | 球形ひずみ | 球面应变 |
| — stress | 球面應力 | 球形応力 | 球面应力 |
| — surface | 球面 | 球面 | 球面 |
| — valve | 球形閥 | 玉形弁 | 球形阀 |
| — washer | 球面墊圈 | 球面座金 | 球面垫圈 |
| **sphericity** | 球狀〔體〕;球(形)度 | 真球度 | 球状〔体〕;球(形)度 |
| **sphericizer** | 整粒機;球化機 | 整粒機 | 整粒机;球化机 |
| **spheroidal** carbide | 球狀碳化物 | 球状炭化物 | 球状碳化物 |
| — cementite | 球狀雪明碳鐵 | 球状セメンタイト | 球状渗碳体 |
| — graphite | 球狀石墨 | 球状黒鉛 | 球状石墨 |
| — graphite cast iron | 球墨鑄鐵 | ダクタイル鋳鉄 | 球墨铸铁 |
| — riser | 球狀冒口 | 球形押湯 | 球状冒口 |
| **spheroidite** | 球狀滲碳體 | スフェロイダイト | 球状渗碳体 |
| **spheroidization** | 球化處理 | 球状化処理 | 球化处理 |
| **spheroidized** cementite | 球狀雪明碳鐵 | 球状セメンタイト | 球状渗碳体 |
| — graphite cast-iron | 球墨鑄鐵 | 高延性鋳鉄 | 球墨铸铁 |
| **spheroidizing** annealing | 球化退火 | 球状化焼なまし | 球化退火 |
| — treatment | 球化處理 | 球状化処理 | 球化处理 |
| **spherojoint** | 球接頭 | スフェロジョイント | 球接头 |
| **spherulite** | 球晶;(晶體)球粒 | 球晶 | 球晶;(晶体)球粒 |
| **spiculite** | 針狀晶 | 紡錘状晶子 | 针状晶 |

| 英　　文 | 臺　　灣 | 日　　文 | 大　　陸 |
|---|---|---|---|
| **spider** | 輻;星輪;機架;十字叉架 | 四つ手 | 辐;星轮;机架;十字叉架 |
| — bonding | 輻射形銲接;輻式鍵合 | スパイダボンディング | 辐射形焊接;辐式键合 |
| — die | 異形孔擠壓模 | スパイダダイ | 异型孔挤压模 |
| — gear | 星形齒輪 | スパイダギヤー | 星形齿轮 |
| — spring | 十字形彈簧 | スパイダスプリング | 十字形弹簧 |
| **spiegel** | 鏡鐵;鐵錳合金;低錳鐵 | 鏡鉄 | 镜铁;铁锰合金;低锰铁 |
| — iron | 鏡鐵;鐵錳合金;低錳鐵 | 鏡鉄 | 镜铁;铁锰合金;低锰铁 |
| **spiegeleisen** | 鏡鐵;鐵錳合金;低錳鐵 | 鏡鉄 | 镜铁;铁锰合金;低锰铁 |
| **spigot** | 塞子;插口;嵌入;聯接器 | 差口 | 塞子;插口;嵌入;联接器 |
| — bearing | 輕載軸承;導向軸承 | スピゴットベアリング | 轻载轴承;导向轴承 |
| — die | 導向鍛造模 | 差込み型 | 导向(锻造)模 |
| — joint | 套管接合;窩接 | いんろう継手 | 套管接合;窝接 |
| **spike dowel** | 嵌入式環形銷 | 圧入ジベル | 嵌入式环形销 |
| **spiked ring dowel** | 齒〔爪〕形環銷;裂環榫 | つめ付き輪形ジベル | 齿〔爪〕形环销;裂环榫 |
| **spill** | 薄片;小栓 | こぼれ | 薄片;小栓 |
| — guard | 溢流防護裝置 | スピルガード | 溢流防护装置 |
| **spillage** | 泄漏;泄漏量 | 漏えい | 泄漏;泄漏量 |
| — oil | 流出油 | 流出油 | 流出油 |
| **spillover valve** | 溢流閥 | スピルオーバ弁 | 溢流阀 |
| **spin** | 旋轉;自旋 | 自転 | 旋转;自旋 |
| — angular momentum | 自旋角動量 | スピン角運動量 | 自旋角动量 |
| — axis | 轉軸 | スピン軸 | 转轴 |
| — machine | 旋轉拉絲機 | スピンドロー機 | 旋转拉丝机 |
| — finishing | 旋轉研磨 | ろくろ研磨 | 旋转研磨 |
| — hard heat treatment | 旋轉工件表面淬火(法) | 回転表面焼入れ | 旋转工件表面淬火(法) |
| — hardening | 工件旋轉加熱淬火 | 回転焼入れ | 工件旋转加热淬火 |
| — head | 旋轉頭 | スピンヘッド | 旋转头 |
| — welding | 旋轉銲接 | 回転溶接 | 旋转焊接 |
| **spindle** | 主軸;軸;心軸;推桿 | 心棒;主軸 | 主轴;轴;心轴;推杆 |
| — band | 主軸套 | スピンドルバンド | 主轴套 |
| — bore | 主軸內;主軸孔 | スピンドルボア | 主轴内;主轴孔 |
| — brake | 主軸制動器 | スピンドルブレーキ | 主轴制动器 |
| — bush | 主軸套筒 | 主軸ブッシュ | 主轴套筒 |
| — carrier | 主軸箱;床頭;軸支持裝置 | スピンドルキャリヤ | 主轴箱;床头;轴支持装置 |
| — center | 主軸中心;主軸頂尖 | スピンドルセンタ | 主轴中心;主轴顶尖 |
| — collar | 軸環〔套〕 | 軸輪 | 轴环〔套〕 |
| — drive | 主軸傳動機構 | スピンドルドライブ | 主轴传动机构 |
| — gage | 軸式量規 | スピンドルゲージ | 轴式量规 |
| — gage head | 軸式測頭 | スピンドル式検出器 | 轴式测头 |
| — gill box | 主軸箱 | スピンドルギル | 主轴箱 |

| 英　　　文 | 臺　　　灣 | 日　　　文 | 大　　　陸 |
|---|---|---|---|
| — head | 主軸箱 | 工作主軸台 | 主軸箱 |
| — head saddle | 主軸箱托架 | 主軸サドル | 主軸箱托架 |
| — hole | 主軸孔 | スピンドル孔 | 主軸孔 |
| — housing | 主軸套 | スピンドルハウジング | 主軸套 |
| — metal | 主軸軸承 | スピンドルメタル | 主軸軸承 |
| — molder | 齒輪倒角機 | 面取り盤 | (齒輪)倒角机 |
| — oil | 軸(潤滑)油 | スピンドル油 | 軸(润滑)油 |
| — press | 螺旋沖床 | スピンドルプレス | 螺旋压力机 |
| — rail | 主軸導軌 | スピンドルレール | 主軸导轨 |
| — saddle | 主軸滑動座架 | 主軸サドル | 主軸滑动座架 |
| — sander | 砂輪磨光機 | スピンドルサンダ | 砂轮磨光机 |
| — set pin | 分度盤上軸定位銷 | スピンドルセットピン | (分度盘上)軸定位销 |
| — slide | 主軸滑座 | 主軸サドル | 主軸滑座 |
| — speed regulator | 主軸變速裝置 | スピンドル変速装置 | 主軸变速装置 |
| — stock | 主軸座 | 主軸台 | 主軸座 |
| — stopper | 主軸定位器 | スピンドルストッパ | 主軸定位器 |
| — taper hole | 主軸錐孔 | 主軸穴 | 主軸锥孔 |
| — torque | 主軸扭矩 | スピンドルトルク | 主軸扭矩 |
| — unit | 主軸元件〔裝置〕 | 主軸ユニット | 主軸部件〔裝置〕 |
| — vibration | 軸振動 | 軸振動 | 軸振动 |
| **spinforming** | 旋壓 | 回転成形 | 旋压 |
| **spining station** | 旋轉台 | スピニングステーション | 旋转台 |
| **spinner** | 電動扳手;快速回轉工具 | スピンナ | 电动扳手;快速回转工具 |
| — gate | 離心集渣澆口 | 回しぜき | 离心集渣浇口 |
| **spinning** former | 旋壓成形機 | スピニングフォーマ | 旋压成形机 |
| — motion | 旋轉運動 | スピン運動 | 旋转运动 |
| — process | 旋壓法 | スピニング法 | 旋压法 |
| — tube | 旋壓管 | 糸道ダクト | 旋压管 |
| — unit | 旋壓裝置 | スピニングユニット | 旋压装置 |
| **spintable** | 旋轉台 | スピンテーブル | 旋转台 |
| **spiracle** | 通氣孔;氣門 | 気門 | 通气孔;气门 |
| **spiral** | 螺旋(管);螺線 | ら線 | 螺旋(管);螺线 |
| — agitator | 螺旋攪拌機 | ら旋帯かくはん機 | 螺旋搅拌机 |
| — angle | 螺旋角 | ねじれ角 | 螺旋角 |
| — auger | 螺旋鑽 | ら旋状オーガ | 螺旋钻 |
| — bevel gear | 螺旋錐齒輪 | はすば傘歯車 | 螺旋锥齿轮 |
| — bevel gear cutter | 螺旋錐齒輪銑刀 | まがり歯傘歯車用カッタ | 螺旋锥齿轮铣刀 |
| — bevel gear generator | 螺旋錐齒輪切齒機 | まがり歯傘歯車歯切盤 | 螺旋锥齿轮切齿机 |
| — Bourdon tube | 螺旋(形)彈簧管;波登管 | 渦巻ブルドン管 | 螺旋(形)弹簧管;波登管 |
| — broach | 螺旋拉刀 | スパイラルブローチ | 螺旋拉刀 |

| 英　　文 | 臺　　灣 | 日　　文 | 大　　陸 |
|---|---|---|---|
| — cam | 螺旋凸輪；圓柱螺線凸輪 | スパイラルカム | 螺旋凸轮；圆柱螺线凸轮 |
| — chute | 螺旋式滑道 | ら旋形滑り台 | 螺旋式滑道 |
| — column | 螺旋形柱；麻花形柱 | ねじれ柱 | 螺旋形柱；麻花形柱 |
| — connector | 螺旋連接器 | スパイラルコネクタ | 螺旋连接器 |
| — conveyer | 螺旋輸送機 | ねじコンベヤ | 螺旋输送机 |
| — cut | 螺旋切削 | スパイラルカット | 螺旋切削 |
| — cutter | 螺旋(齒)銑刀 | はすばフライス | 螺旋(齿)铣刀 |
| — cutting | 螺旋形切削 | スパイラルカッティング | 螺旋形切削 |
| — dislocation | 螺旋形差排 | 渦巻状転位 | 螺旋型位错 |
| — drill | 螺旋鑽 | ら旋ぎり | 螺旋钻 |
| — gear | 螺旋齒輪 | スパイラルギヤー | 螺旋齿轮 |
| — growth | 螺旋生長 | 渦巻成長 | 螺旋生长 |
| — line | 螺旋線；渦線；螺紋 | 渦巻線 | 螺旋线；涡线；螺纹 |
| — machine | 螺旋線切割機 | スパイラルマシン | 螺旋线切割机 |
| — mill | 螺旋(齒)銑刀 | スパイラルミル | 螺旋(齿)铣刀 |
| — mixer | 螺旋式混合機〔器〕 | リボンブレンダ | 螺旋式混合机〔器〕 |
| — point angle | 螺旋錐尖角 | スパイラルポイント角 | 螺旋锥尖角 |
| — pointed tap | 刃傾角絲攻；螺尖絲攻 | ガンタップ | 刃倾角丝锥；螺尖丝锥 |
| — polishing machine | 螺旋拋光機 | 渦巻機 | 螺旋抛光机 |
| — propeller | 螺旋推進器 | スパイラルプロペラ | 螺旋推进器 |
| — pump | 螺旋泵 | ら旋ポンプ | 螺旋泵 |
| — reamer | 螺旋(槽；齒)銑刀 | ねじれリーマ | 螺旋(槽；齿)铣刀 |
| — ring | 螺旋環 | ら旋環 | 螺旋环 |
| — roller | 螺旋滾子〔托輥〕 | スパイラルローラ | 螺旋滚子〔托辊〕 |
| — spring | 盤簧；卷簧 | 渦巻ばね | 盘簧；卷簧 |
| — surface | 螺旋面 | ら旋面 | 螺旋面 |
| — taper reamer | 螺旋槽式錐鉸刀 | スパイラルテーパリーマ | 螺旋槽式锥铰刀 |
| — test | (流動性)螺線試驗(法) | 渦巻試験法 | (流动性)螺线试验(法) |
| — trimming | 螺旋式微調 | スパイラルトリミング | 螺旋式微调 |
| — twist | 螺旋形捻度 | ら旋より | 螺旋形捻度 |
| — valve | 螺旋閥 | ら旋弁 | 螺旋阀 |
| — wire | 螺旋線 | スパイラル線 | 螺旋线 |
| — wound gasket | 螺旋形襯墊〔密封墊〕 | 渦巻形ガスケット | 螺旋形衬垫〔密封垫〕 |
| — wound roller bearing | 螺旋滾拉軸承 | たわみころ軸受 | 螺旋滚拉轴承 |
| **spiralization** | 螺旋形成 | ら旋化 | 螺旋形成 |
| **spirally welded tube** | 螺旋銲縫管 | スパイラル溶接管 | 螺旋焊缝管 |
| **spire** | 螺旋；螺線；錐形體 | 渦巻；ら旋 | 螺旋；螺线；锥形体 |
| **spiro-union** | 螺接 | スピロ結合 | 螺接 |
| **spirt** | 沖；濺；噴進 | 噴出 | 冲；溅；喷进 |
| **spitting** | 爆出火花；吐出 | スピッチング | 爆出火花；吐出 |

S

| 英　文 | 臺　灣 | 日　文 | 大　陸 |
|---|---|---|---|
| **splash** | 濺射；噴霧 | スプレーしぶき | 溅射；喷雾 |
| — bar | 攪拌 | かき混ぜ棒 | 搅拌 |
| — casting | 噴濺式澆注 | スプラッシュ注型 | 喷溅式浇注 |
| — lubrication | 飛濺潤滑 | 飛まつ給油 | 飞溅润滑 |
| — system | 飛濺潤滑系統；飛濺法 | スプラッシュシステム | 飞溅润滑系统；飞溅法 |
| — trough | 飛濺潤滑油池；飛濺槽 | スプラッシュトラフ | 飞溅润滑油池；飞溅槽 |
| **splashings** | 噴濺物；鐵豆〔鑄造缺陷〕 | 飛まつ粒 | 喷溅物；铁豆〔铸造缺陷〕 |
| **splat** | 壓縫板條；薄板 | 目板；薄板 | 压缝板条；薄板 |
| **splayed joint** | 斜面接頭；楔形面接頭 | そぎ継ぎ | 斜面接头；楔形面接头 |
| — spring | 喇叭狀配置彈簧 | スプレードスプリング | 喇叭状配置弹簧 |
| **splice** | 接頭；鑲接；黏接；拼接 | ない継ぎ；継手 | 接头；镶接；粘接；拼接 |
| — joint | 夾板接合；拼接板接頭 | 挟み継ぎ | 夹板接合；拼接板接头 |
| — piece | 拼接板；鑲接板；鐵夾板 | 添金物 | 拼接板；镶接板；铁夹板 |
| **splicer** | 接合器；接帶器 | 継ぎ台 | 接合器；接带器 |
| **splicing angle** | 拼接角鋼 | 添継ぎ山形鋼 | 拼接角钢 |
| **spline** | 栓槽；曲線板；鑲榫；鍵 | 雲形定規 | 花键；曲线板；镶榫；键 |
| — batten | 活動曲線規 | しない定規 | 活动曲线规 |
| — broach | 栓槽拉刀 | スプラインブローチ | 花键拉刀 |
| — by butter fly | 雙楔形銷釘 | 千切り | 双楔形销钉 |
| — gage | 栓槽量規 | スプラインゲージ | 花键量规 |
| — grinding | 栓槽磨削 | スプライン研削 | 花键磨削 |
| — grinding machine | 栓槽磨床 | スプライン研削盤 | 花键磨床 |
| — hob | 栓槽滾刀 | スプライン切り用ホブ | 花键滚刀 |
| — milling cutter | 栓槽銑刀 | スプラインフライス | 花键铣刀 |
| — milling machine | 栓槽銑床 | 溝切フライス盤 | 花键铣床 |
| — plug gage | 栓槽塞規 | スプラインプラグゲージ | 花键塞规 |
| — rack type cutter | 齒條式栓槽插刀 | スプラインラックカッタ | 齿条式花键插刀 |
| — ring gage | 栓槽環規 | スプラインリングゲージ | 花键环规 |
| — shaft | 栓槽軸 | スプライン軸 | 花键轴 |
| — tooth | 栓槽齒 | スプライン刃 | 花键齿 |
| **splinter** | 碎片〔塊；屑〕 | 破片；砕片 | 碎片〔块；屑〕 |
| **splintery fracture** | 粗糙斷面 | 裂木状断口 | 粗糙断面 |
| **split** | 裂縫；裂紋；分解 | 割目 | 裂缝；裂纹；分解 |
| — aging | 兩段時效〔常用於鋁合金〕 | スプリットエージング | 两段时效〔常用於铝合金〕 |
| — axle | 分（離）軸 | スプリット形車軸 | 分（离）轴 |
| — bearing | 可調軸承；對開式軸承 | 割軸受 | 可调轴承；对开式轴承 |
| — bearing ring single-cut | 單切口剖分式軸承套圈 | 割れ目入り軌道輪 | 单切口剖分式轴承套圈 |
| — belt pulley | 拼合皮帶輪 | 割ベルト車 | 拼合皮带轮 |
| — body valve | 主體剖分式閥 | 主体分割型弁 | 主体剖分式阀 |
| — bolt | 開尾螺栓 | スプリットボルト | 开尾螺栓 |

| 英　　文 | 臺　　灣 | 日　　文 | 大　　陸 |
|---|---|---|---|
| — bulging die | 扇形塊脹形模 | バルジ成形用割り型 | 扇形块胀形模 |
| — cavity mold | 分裂槽式模具 | 割り型 | 分裂槽式模具 |
| — chaining field | 分離鏈接字段 | 分割連鎖フィールド | 分离链接字段 |
| — chuck | 彈簧夾頭 | スプリットチャック | 弹簧卡盘 |
| — clutch | 開口環離合器 | 割輪クラッチ | 开口环离合器 |
| — collet | 彈簧(套筒)夾頭 | スプリットコレット | 弹簧(套筒)夹头 |
| — cone | 對開式錐體 | スプリットコーン | 对开式锥体 |
| — contact | 雙頭接點 | 分割接点 | 双头接点 |
| — cotter pin | 開口〔尾〕銷 | 割ピン | 开口〔尾〕銷 |
| — die | 組合模;拼合模 | 組型 | 组合模;拼合模 |
| — drum | 裂筒式;分開式滾筒 | スプリットドラム | 裂筒式;分开式滚筒 |
| — face | 開裂面;分塊面 | スプリットフェース | 开裂面;分块面 |
| — gear | 拼合齒輪 | 割り歯車 | 拼合齿轮 |
| — mold | 拼合模;組合模;對開鑄模 | 割り型 | 拼合模;组合模;对开铸模 |
| — muff coupling | 開口套筒聯軸節 | 抱き締め継手 | 开口套筒联轴节 |
| — nut | 拼合螺母;開縫螺母 | 割りナット | 拼合螺母;开缝螺母 |
| — off | 分離;分裂 | 分離 | 分离;分裂 |
| — part | 組合元件 | 割り部品 | 组合部件 |
| — pattern | 分塊模;對分模;組合模 | 分割模型 | 分块模;对分模;组合模 |
| — pin | 開口〔尾〕銷 | 割りピン | 开口〔尾〕銷 |
| — pipe | 裂縫管 | 割管 | 裂缝管 |
| — pulley | 拼合皮帶輪 | 割ベルト車 | 拼合皮带轮 |
| — punch pad | 可分式凸模壓板 | 分割式ポンチパッド | 可分式凸模压板 |
| — rivet | 開口鉚釘 | 足割りリベット | 开口铆钉 |
| — spring | 開口彈簧 | 割ればね | 开口弹簧 |
| — test | 劈裂試驗 | 割裂試験 | 劈裂试验 |
| — thimble | 拼裝套管 | 割り継輪 | 拼装套管 |
| — unit system | 分開〔隔〕組件方式 | スプリットユニット方式 | 分开〔隔〕组件方式 |
| **split-ring dowel** | 裂縫環榫;開縫環形暗銷 | 切れ目付き輪形ジベル | 裂缝环榫;开缝环形暗销 |
| **splitter** | 劈尖;分裂器 | か流防止壁 | 劈尖;分裂器 |
| — angle | 分離器角度 | スプリッタ角 | 分离器角度 |
| **splitting** stress | 劈裂應力 | 割裂応力 | 劈裂应力 |
| — tensile strength | 劈裂強度;撕裂強度 | 割裂引張り強度 | 劈裂强度;撕裂强度 |
| — test | 開裂試驗;劈裂試驗 | 圧裂試験 | 开裂试验;劈裂试验 |
| **spoiling** | 鋼的碳化物分解變壞 | スポイリング | 钢的碳化物分解变坏 |
| **spoke** handle | 輻式手輪〔輪盤〕 | スポークハンドル | 辐式手轮〔轮盘〕 |
| — key | 輻條扳手 | スポークキー | 辐条扳手 |
| — ring | 輻環 | スポークリング | 辐环 |
| — wheel | 輻式車輪;輻輪 | スポーク車輪 | 辐式车轮;辐轮 |
| — wire | 輻條鋼絲 | スポーク線 | 辐条钢丝 |

S

| 英　文 | 臺　灣 | 日　文 | 大　陸 |
|---|---|---|---|
| **sponge** grease | 海綿狀潤滑脂 | 海綿状グリース | 海绵状润滑脂 |
| — iron | 海綿鐵 | 海綿鉄 | 海绵铁 |
| — lead | 海綿鉛 | 海綿鉛 | 海绵铅 |
| — metal | 海綿金屬；多孔金屬 | スポンジメタル；かわ | 海绵金属；多孔金属 |
| — plastics | 多孔塑料 | 海綿状プラスチック | 多孔塑料 |
| — platinum | 海綿鉑；鉑絨 | 海綿状白金 | 海绵铂；铂绒 |
| — rubber | 海綿（狀）橡膠 | 海綿状ゴム | 海绵（状）橡胶 |
| — titanium | 海綿（狀）鈦 | 海綿状チタン | 海绵（状）钛 |
| **sponging agent** | 發泡劑；海綿化劑 | 発泡剤 | 发泡剂；海绵化剂 |
| **spongy** platinum | 海綿狀鉑 | 白金海綿 | 海绵状铂 |
| — structure | 海綿狀結構 | 海綿状構造 | 海绵状结构 |
| **spontaneous** annealing | 自身退火 | 自鈍 | 自身退火 |
| — coagulation | 自凝固 | 自然凝固 | 自凝固 |
| — crystalliztion | 自發結晶 | 自発結晶 | 自发结晶 |
| — fracture | 自發破壞〔無外力作用〕 | 自然発生破壊 | 自发破坏〔无外力作用〕 |
| — polymerization | 自然聚合；自聚 | 自然重合 | 自然聚合；自聚 |
| **spool type valve** | 滑閥 | スプール弁 | 滑阀 |
| **spot** | 斑點；點；場所；位置 | はん点 | 斑点；点；场所；位置 |
| — check | 局部探傷 | 部分探傷 | 局部探伤 |
| — cooling | 局部冷卻 | スポットクーリング | 局部冷却 |
| — explosive bonding | 點爆炸接合法 | 点爆接 | 点爆炸接合法 |
| — hole | 定位孔 | 押し穴 | 定位孔 |
| — map | 現場圖 | 現場（地）図 | 现场图 |
| — welder | 點銲機 | スポット溶接機 | 点焊机 |
| — welding | 點銲 | 点溶接 | 点焊 |
| — welding machine | 點銲機 | 点溶接機 | 点焊机 |
| — welding primer | 點銲底漆 | 点溶接プライマ | 点焊底漆 |
| — welding sealer | 點銲用密封材料 | スポット溶接用シーラ | 点焊用密封材料 |
| — welding timer | 點銲時間調整器 | 点溶接時間調整器 | 点焊时间调整器 |
| **spotter** | 中心鑽；測位儀；除污機 | スポッタ | 中心钻；测位仪；除污机 |
| **spotting** press | 修整沖模沖床 | スポッティングプレス | 修整冲模压力机 |
| — tool | 中心鑽 | 心立てバイト | 中心钻 |
| **spotting-in** | 鑽中心孔；配刮（削）加工 | 型合せ；型調整 | 钻中心孔；配刮（削）加工 |
| **spout** | 出鐵口；流出槽 | 注ぎ口；流れ口 | 出铁口；流出槽 |
| **spray** burnishing | 噴射拋光〔磨光〕 | スプレーバフ | 喷射抛光〔磨光〕 |
| — gun | 噴射電子槍；噴槍 | 噴霧器 | 喷射电子枪；喷枪 |
| — hardening | 噴水淬火 | 噴水焼入れ | 喷水淬火 |
| — polishing | 噴射拋光〔磨光〕 | スプレーバフ | 喷射抛光〔磨光〕 |
| — quenching | 噴水淬火 | スプレー焼入れ | 喷水淬火 |
| — washer | 噴射〔水〕式清洗機 | 水洗装置 | 喷射〔水〕式清洗机 |

| 英　　文 | 臺　　灣 | 日　　文 | 大　　陸 |
|---|---|---|---|
| — water control valve | 噴水調節閥 | スプレー調節弁 | 喷水调节阀 |
| **sprayed metal coating** | 金屬熔融噴鍍(塗)層 | 金属溶射被覆 | 金属熔融喷镀(涂)层 |
| **sprayer** | 噴射裝置;噴霧器 | 霧吹き;噴霧器 | 喷射装置;喷雾器 |
| **spraying** | 噴鍍;噴霧;噴塗 | 吹付け塗り;溶射 | 喷镀;喷雾;喷涂 |
| **spread** | 延伸;展開;範圍 | 展開 | 延伸;展开;范围 |
| **spreader** | 擴張器;敷展劑 | のり引機 | 扩张器;敷展剂 |
| **spreading** | 延展;擴孔鍛造;展寬 | 展開 | 延展;扩孔锻造;展宽 |
| — calender | 等速滾壓機 | 等速つや出しロール機 | 等速滚压机 |
| — phenomenon | 擴散現象 | 拡がり現象 | 扩散现象 |
| **sprigging** | 插釘 | ピン止め | 插(型)钉 |
| **spring** | 彈簧;彈回;軋輥彈起度 | スプリング;ばね | 弹簧;弹回;轧辊弹起度 |
| — action | 彈簧作用 | ばね作用 | 弹簧作用 |
| — action cock | 彈簧旋塞 | ばね水栓 | 弹簧旋塞 |
| — assembly | 彈簧裝配(件) | スプリング部品 | 弹簧装配(件) |
| — attachment | 彈簧壓緊裝置 | ばねアタッチメント | 弹簧压紧装置 |
| — bar | 簧桿 | ばね棒 | 簧杆 |
| — beam | 大樑;系樑 | 大ばり | 大梁;系梁 |
| — bearing | 彈簧支架 | ばね受け | 弹簧支架 |
| — bender | 彈簧折彎機 | ばね曲げ | 弹簧折弯机 |
| — bolt | 彈簧栓;棘螺栓 | 鬼ボルト | 弹簧栓;棘螺栓 |
| — box | 彈簧盒;彈簧箱 | ばね箱 | (弹)簧盒;弹簧箱 |
| — brake | 彈簧制動器 | スプリングブレーキ | 弹簧制动器 |
| — bracket | 彈簧托架 | スプリングブラケット | (弹)簧(托)架 |
| — brass | 彈簧黃銅 | ばね黄銅 | 弹簧黄铜 |
| — buckle | 彈簧箍 | 胴締めばね | (弹)簧箍 |
| — buffer | 彈簧緩衝器 | ばね緩衝器 | 弹簧缓冲器 |
| — bush | 彈簧襯套;彈性襯套 | スプリングブッシュ | 弹簧衬套;弹性衬套 |
| — caliper | 彈簧卡鉗 | スプリングキャリパ | 弹簧卡钳 |
| — cap | 彈簧帽〔罩〕;彈簧上座 | スプリングカップ | 弹簧帽〔罩〕;弹簧上座 |
| — capacity | 彈簧容量 | ばね容量 | 弹簧容量 |
| — center | 彈簧頂心 | スプリングセンタ | 弹簧顶尖 |
| — center punch | 彈簧中心沖頭 | スプリングセンタポンチ | 弹簧中心冲头 |
| — centered valve | 彈簧中心閥 | スプリングセンタ式弁 | 弹簧中心阀 |
| — chuck | 彈簧夾頭 | スプリングチャック | 弹簧夹头 |
| — clutch | 彈簧離合器 | スプリングクラッチ | 弹簧离合器 |
| — coil | 簧圈 | スプリングコイル | 簧圈 |
| — coiling machine | 卷簧機 | ばね巻機 | 卷簧机 |
| — collar | 彈簧擋圈 | スプリングカラー | 弹簧挡圈 |
| — collet | 彈性夾套(頭) | スプリングコレット | 弹性夹套(头) |
| — compasses | 彈簧圓規 | ばねコンパス | 弹簧圆规 |

S

| 英　　文 | 臺　　灣 | 日　　文 | 大　　陸 |
|---|---|---|---|
| ― constant | 彈簧常數〔剛度〕 | ばね定数 | 弹簧常数〔刚度〕 |
| ― contact | 彈簧接點;彈簧接觸 | ばね接点 | 弹簧接点;弹簧接触 |
| ― control | 彈簧控制;游絲調整 | ばね制御 | 弹簧控制;游丝调整 |
| ― cotter | 彈簧銷 | 割ピン | 弹簧销 |
| ― cushion | 彈簧墊;彈性緩衝器 | ばね式クッション | 弹簧垫;弹性缓冲器 |
| ― cut-off tool | 彈性切斷刀 | ヘール突切りバイト | 弹性切断刀 |
| ― dies | 可調式板牙 | ばねダイス | 可调式板牙 |
| ― dividers | 彈簧分規;彈簧兩腳規 | ばね形ディバイダ | 弹簧分规;弹簧两脚规 |
| ― effect | 彈簧效能;發條效能 | スプリングエフェクト | 弹簧效能;发条效能 |
| ― equalizing device | 彈簧平衡裝置 | ばね釣り合い装置 | 弹簧平衡装置 |
| ― eye | 簧眼;鋼板彈簧卷耳 | ばね耳 | 簧眼;钢板弹簧卷耳 |
| ― finger | 彈簧爪式定位裝置 | ばね付きフィンガ | 弹簧爪式定位装置 |
| ― for driving shaft | 傳動軸用彈簧 | クラッチばね | 传动轴用弹簧 |
| ― force | 彈力;回彈力 | ばね力 | 弹力;回弹力 |
| ― forming machine | 簧片成形機 | ばね板曲げ機 | 簧片成形机 |
| ― gage | 彈性擋料裝置 | ばねゲージ | 弹性挡料装置 |
| ― gear | 彈簧裝置 | ばね装置 | 弹簧装置 |
| ― governor | 彈簧式(離心)調速器 | ばね調速機 | 弹簧式(离心)调速器 |
| ― hammer | 彈簧錘 | ばねハンマ | 弹簧锤 |
| ― hanger bracket | 彈簧支柱架 | ばねつり受け | 板簧悬挂装置 |
| ― hinge | 彈簧鉸鏈;自由鉸鏈 | 自由丁番 | 弹簧铰链;自由铰链 |
| ― hole | 彈簧窩 | ばね穴 | 弹簧窝 |
| ― hook | 彈簧鉤 | スプリングフック | 弹簧钩 |
| ― index | 彈簧指數 | ばね指数 | 弹簧指数 |
| ― key | 彈簧鍵 | ばねキー | 弹簧键 |
| ― leaf | 鋼板彈簧主片;簧片 | 板ばね | 钢板弹簧主片;簧片 |
| ― lever | 彈簧桿 | スプリングレバー | 弹簧杆 |
| ― load | 彈簧承載量 | ばね上重量 | 弹簧承载量 |
| ― loaded ball valve | 彈簧球閥 | 吹出しボールバルブ | 弹簧球阀 |
| ― loaded brake | 彈簧制動器 | スプリングブレーキ | 弹簧制动器 |
| ― loaded shedder | 彈簧卸料裝置 | はね式突き落とし装置 | 弹簧卸料装置 |
| ― mass system | 彈簧質量系統 | ばね質量系 | 弹簧质量系统 |
| ― mattress | 彈簧墊 | ばね入敷布団 | 弹簧垫 |
| ― moter | 發條驅動;發條傳動裝置 | ばねモータ | 发条驱动;发条传动装置 |
| ― mount | 彈性安裝〔支撐〕 | スプリングマウント | 弹性安装〔支撑〕 |
| ― mounting | 彈簧墊架 | ばねマウント | 弹簧垫架 |
| ― pad | 彈簧墊 | スプリングパッド | 弹簧垫 |
| ― peg | 彈簧栓 | ばね掛け | 弹簧栓 |
| ― perches | 裝彈簧的夾具 | スプリングパーチェス | 弹簧安装架 |
| ― piece | 彈簧片 | スプリングピース | 弹簧片 |

| 英 文 | 臺 灣 | 日 文 | 大 陸 |
|---|---|---|---|
| — pilot | 彈簧退讓式導銷 | スプリングパイロット | 弹簧退让式导销 |
| — pin | 彈簧銷 | スプリングピン | 弹簧销 |
| — pivot | 彈簧心軸 | スプリングピボット | 弹簧心轴 |
| — plank | 彈板;支承枕簧的橫樑 | ばね受けばり | 弹板;支承枕簧的横梁 |
| — plug | 彈簧塞 | スプリングプラグ | 弹簧塞 |
| — return | 彈簧復位 | ばね復帰 | 弹簧复位 |
| — return cylinder | 彈簧回程缸 | ばね復帰シリンダ | 弹簧回程缸 |
| — return valve | 彈簧回流閥 | スプリング戻り式弁 | 弹簧回流阀 |
| — rigging | 彈簧裝置 | ばね装置 | 弹簧装置 |
| — ring | 彈簧環;彈簧圈 | スプリングリング | 弹簧环;弹簧圈 |
| — ring dowel | 彈簧環銷 | ばね輪形ジベル | 弹簧环销 |
| — roller | 彈簧滾柱 | スプリングローラ | 弹簧滚柱 |
| — saddle | 彈簧座 | ばね台 | 弹簧座 |
| — safety valve | 彈簧安全閥 | ばね安全弁 | 弹簧安全阀 |
| — seat | 彈簧座 | ばね座 | 弹簧座 |
| — setter | 彈簧調節器 | ばね調節器 | 弹簧调节器 |
| — shackle | 彈簧鉤環;鋼板彈簧吊耳 | ばねつり手 | 弹簧钩环;钢板弹簧吊耳 |
| — sheet holder | 簧片支銷〔架〕 | スプリングシートホルダ | 簧片支销〔架〕 |
| — shock absorber | 彈簧緩衝〔減震〕器 | ばね緩衝器 | 弹簧缓冲〔减震〕器 |
| — shoe | 彈簧支架 | ばね受け | 弹簧支架 |
| — spreader | 彈簧擴張器 | スプリングスプレッダ | 弹簧扩张器 |
| — steel | 彈簧鋼 | ばね鋼 | 弹簧钢 |
| — stock gage | 彈簧式坯料定位裝置 | ばね式材料送り案内 | 弹簧式坯料定位装置 |
| — stock guide | 彈簧式導料板 | ばね式材料送り案内 | 弹簧式导料板 |
| — swage | 彈簧陷型模 | ばねタップ | 弹簧陷型模 |
| — take-up | 彈簧鬆緊裝置 | スプリングテークアップ | 弹簧松紧装置 |
| — tension | 彈簧張力 | ばね張力 | 弹簧张力 |
| — tester | 彈簧疲勞試驗器 | スプリングテスタ | 弹簧疲劳试验器 |
| — tool | 彈簧車刀 | ばねバイト | 弹簧车刀 |
| — type sensor | 彈簧式感測器 | スプリング形センサ | 弹簧式传感器 |
| — U bolt | 彈簧U形螺栓 | スプリングユーボルト | 弹簧U形螺栓 |
| — washer | 彈簧墊圈 | ばね座金 | 弹簧垫圈 |
| — wire | 彈簧鋼絲 | スプリングワイヤ | 弹簧钢丝 |
| **spring-back** | 彈性變形回復;回彈 | ばねかえり | 弹性变形回复;回弹 |
| — cylinder | 彈簧回程氣壓缸 | ばね復帰シリンダ | 弹簧回程缸 |
| **spring-backed pilot** | 彈性導正銷 | ばね押え式パイロット | 弹性导正销 |
| — quill | 彈性套管 | ばね押え式キル | 弹性套管 |
| — type indirect pilot | 彈簧式間接導正銷 | ばね圧式間接パイロット | 弹簧式间接导正销 |
| **spring-balance pull** | 彈簧拉伸負載 | ばねばかり引張り荷重 | 弹簧拉伸负荷 |
| — type servovalve | 彈簧平衡式伺服閥 | ばね平衡形サーボ弁 | 弹簧平衡式伺服阀 |

| 英　　文 | 臺　　灣 | 日　　文 | 大　　陸 |
|---|---|---|---|
| **springing** | 彈性裝置;彈性;反跳 | 弾性 | 弹性装置;弹动;弹性 |
| — weight | 彈簧承重 | ばね上重量 | 弹簧承重 |
| **sprocket** | 鏈輪 | 起動輪 | 链轮 |
| — chain | 鏈輪環鏈;扣齒鏈 | 鎖止め | 链轮环链;扣齿链 |
| — crank | 鏈輪曲柄 | スプロケットクランク | 链轮曲柄 |
| — drive | 鏈傳動 | スプロケット駆動 | 链传动 |
| — feed | 鏈輪傳動 | スプロケットフィード | 链轮传动 |
| — gear | 鏈輪 | スプロケットホイール | 链轮 |
| — hob | 鏈輪滾刀 | スプロケットホブ | 链轮滚刀 |
| — hole | 鏈輪孔;定位孔;導孔 | スプロケット孔 | 链轮孔;定位孔;导孔 |
| — milling cutter | 鏈輪銑刀 | スプロケットフライス | 链轮铣刀 |
| — track | 鏈輪輪距 | 繰出し孔トラック | 链轮轮距 |
| — wheel | 鏈輪 | 鎖車 | 链轮 |
| — wheel cover | 鏈輪罩 | 歯形ベルトカバー | 链轮罩 |
| **sprue** | 澆道;澆口 | 湯口；湯道 | 浇铸道;浇口 |
| — base | 直澆口窩 | 湯口底 | 直浇口窝 |
| — bush | 澆道套 | スプルーブッシュ | 浇道套 |
| — cup | 澆口杯 | 受け湯輪 | 浇口杯 |
| — cutter | 澆口切斷機;澆道銑刀 | 湯口切断機 | 浇口切断机:浇道铣刀 |
| — cutting | 澆口切除 | 湯口切断 | 浇口切除 |
| — gate | 直澆口 | スプルーゲート | 直浇口 |
| — groove | 直澆道環槽 | 湯溝；鋳道 | 直浇道环槽 |
| — hole | (直)澆口窩;直澆口 | 湯口穴 | (直)浇口窝;直浇口 |
| — lock pin | 鑄模鎖栓 | スプルーロックピン | 铸型锁栓 |
| — plug valve | 柱塞〔閥〕;澆口柱塞 | ストッパ | 柱塞〔阀〕;浇口柱塞 |
| — runner | 澆口;(注射塑模的)流道 | スプルーランナ | 浇口;(注射塑模的)流道 |
| — shearing | 澆口切除 | 湯口取り | 浇口切除 |
| **spruing** | 打澆冒口 | 湯口取り | 打浇冒口 |
| **sprung axle** | 拱形軸;彎曲軸 | スプラングアクスル | 拱形轴;弯曲轴 |
| **spun bearing** | 離心澆鑄軸承 | スパンベアリング | 离心浇铸轴承 |
| **spun-in metal** | 離心澆鑄軸承〔合金〕 | スパンインメタル | 离心浇铸轴承〔合金〕 |
| **spur** | 支架;齒輪;壓桿 | スパー；スプル | 支架;齿(轮);压杆 |
| — bevel gear | 直齒錐齒輪 | 食違い歯車 | 直齿锥齿轮 |
| — furnace | 帶前爐的化鐵爐 | スパー式前床付よう鉱炉 | 带前炉的化铁炉 |
| — gear | 正齒輪;直齒圓柱齒輪 | 平歯車 | 正齿轮;直齿圆柱齿轮 |
| — gearing | 正齒輪傳動裝置 | 平歯車装置 | 正齿轮传动装置 |
| — pinion | 小正齒輪 | 拍車小歯車 | 小正齿轮 |
| — wheel | 正齒輪;直齒圓柱齒輪 | 平歯車 | 正齿轮;直齿圆柱齿轮 |
| **spurt** | 濺散;噴出 | 噴出 | 溅散;喷出 |
| **sputter** | 濺射;噴射;飛濺 | 飛まつ作用 | 溅射;喷射;飞溅 |

| 英　　文 | 臺　　灣 | 日　　文 | 大　　陸 |
|---|---|---|---|
| — ion pump | 濺射離子泵 | スパッタイオンポンプ | 濺射离子泵 |
| **sputtered layer** | 蒸鍍層；濺射層 | 蒸着層 | 蒸镀层；濺射层 |
| **sputtering** of metal | 金屬噴鍍 | 金属噴射めっき | 金属喷镀 |
| — unit | 噴鍍裝置 | スパッタリング装置 | 喷镀装置 |
| **square** | 直角尺；正方形 | 直角定規 | 直角尺；正方形 |
| — bar | 方鋼；方鐵條 | 角鋼 | 方钢；方铁条 |
| — bar grating | 方鋼格子 | 角鋼格子 | 方钢格子 |
| — bolt | 方螺栓 | 角ボルト | 方螺栓 |
| — broach | 方孔拉刀 | 四角ブローチ | 方孔拉刀 |
| — butt weld | 無坡口對接銲 | Ⅰ形突合せ溶接 | 无坡口对接焊 |
| — center | 正方形中心 | 四つ目センタ | 正方形中心 |
| — coupling | 方頭聯軸節 | 方頭継手 | 方头联轴节 |
| — crossing | 十字形交叉；直角交叉 | 直角交差 | 十字形交叉；直角交叉 |
| — cut | 直角切割 | 直角切断 | 直角切割 |
| — die | 方形板牙 | 角ダイス | 方形板牙 |
| — drift | 方沖頭 | 角ドリフト | 方冲头 |
| — edge | 直角邊 | 直角へり | 直角边 |
| — edged orifice | 正方孔 | 方孔 | （正）方孔 |
| — elbow | 直角彎管接頭 | スクェアエルボー | 直角弯管接头 |
| — end mill | 方端銑刀 | スクェアエンドミル | 方端铣刀 |
| — file | 方銼 | 角やすり | 方锉 |
| — groove weld | Ⅰ型坡口銲接；平頭對接銲 | Ⅰ形突合せ溶接 | Ⅰ型坡口焊接；平头对接焊 |
| — head bolt | 方頭螺栓 | 四角ボルト | 方头螺栓 |
| — head set screw | 方頭固定螺釘 | 四角止めねじ | 方头固定螺钉 |
| — heading joint | 對接接頭；碰頭接 | 突付け端接ぎ | 对接接头；碰头接 |
| — inch | 平方英寸 | 平方インチ | 平方英寸 |
| — key | 矩形鍵 | 角キー | 矩形键 |
| — joint | 通縫；直線接縫 | いも目地 | 通缝；直线接缝 |
| — matrix | 方形矩陣；方陣 | 正方マトリクス | 方形矩阵；方阵 |
| — nose bent tool | 方頭彎頭車刀 | 向きバイト | 方头弯头车刀 |
| — nose straight tool | 切槽刀；精車刀 | 平剣バイト | 切槽刀；精车刀 |
| — nut | 方(形)螺母 | 四角ナット | 方(形)螺母 |
| — pipe | 方形管 | 角パイプ | 方形管 |
| — plate | 正方形板 | 正方形板 | 正方形板 |
| — pole | 方形管 | 四角柱 | 方形管 |
| — punch | 方沖頭 | 角パンチ | 方冲头 |
| — ram | 方形壓頭；方形撞桿 | スクェアラム | 方形压头；方形撞杆 |
| — saw | 方鋸 | 角のこ | 方锯 |
| — scale | 角尺 | 角尺 | 角尺 |
| — shear | 龍門剪床 | スクェアシャー | 龙门剪床 |

S

| 英 文 | 臺 灣 | 日 文 | 大 陸 |
|---|---|---|---|
| — shouldered punch | 方形台肩沖頭 | 角形ショルダ付きポンチ | 方形台肩冲头 |
| — socket | 矩形插口;矩形管套 | 四角穴 | 矩形承窝;矩形管套 |
| — steel | 方鋼 | 角鋼 | 方钢 |
| — steel bar | 方鋼條〔筋〕 | 角棒鋼 | 方钢条〔筋〕 |
| — table | 方形工作台 | 角テーブル | 方形工作台 |
| — tap | 方形絲攻 | スクェアタップ | 方形丝锥 |
| — thread | 方形螺紋;矩形(牙)螺紋 | 角ねじ | 方螺纹;矩形(牙)螺纹 |
| — tongs | 方口鉗 | 角はし | 方口钳 |
| — tool rest | 四方刀架 | 四角刃物台 | 四方刀架 |
| — turret | 四方刀架 | 四角刃物台 | 四方刀架 |
| — washer | 方墊圈 | 角(形)座金 | 方垫圈 |
| **squareness** | 垂直度 | 直角度 | 垂直度 |
| **squeegee pump** | 擠壓泵 | スクイジーポンプ | 挤压泵 |
| **squeeze** | 擠壓;壓實造模機;彎曲機 | つぶししろ | 挤压;压实造型机;弯曲机 |
| — board | 壓實板〔震壓造模機上的〕 | 締め定盤 | 压实板〔震压造型机上的〕 |
| — machine | 壓實造模機;壓實機 | スクイーズマシン | 压实造型机;压实机 |
| — molding | 擠壓造模;壓實造模 | 圧搾造型 | 挤压造型;压实造型 |
| — plate | 壓頭;壓實板;正壓板 | スクイーズプレート | 压头;压实板;正压板 |
| — rammer | 壓實造模機 | スクイーズラマー | 压实造型机 |
| — riveter | 壓鉚機 | ひょう締め機 | 压铆机 |
| — roll | 擠壓軋輥 | 絞りロール | 挤压轧辊 |
| — tube | 擠壓管材 | 絞り出し | 挤压管材 |
| — valve | 擠壓閥;壓實閥 | スクイーズバルブ | 挤压阀;压实阀 |
| **squeezed joint** | 壓緊接合;擠壓接合 | 圧搾接ぎ | 压紧接合;挤压接合 |
| **squeezer** | 壓實機;彎板機;壓彎機 | 押曲げ器 | 挤压机;弯板机;压弯机 |
| **squeezing** dies | 擠壓模;壓印模 | スクイージングダイス | 挤压模;压印模 |
| — process | 擠壓加工;壓印加工法 | スクイーズ法 | 挤压加工;压印加工法 |
| — roller | 擠壓輥 | 絞りロール | 挤压辊 |
| — test | 壓扁試驗 | 圧かい試験 | 压扁试验 |
| **squill vice** | 弓形夾鉗;C型夾鉗 | しゃこ万力 | 弓形夹钳;C型夹钳;卡兰 |
| **squint** | 窺視窗;斜視角 | 斜視角 | 窥视窗;斜视角 |
| **squirt hole** | 噴油孔 | スクワートホール | 喷油孔 |
| **squish** | 壓扁;壓碎 | スキッシュ | 压扁;压碎 |
| **stab screw thread** | 粗製螺紋 | 低山ねじ | 粗制螺纹 |
| **stabilising anneal** | 消除內應力退火 | 応力除去焼なまし | 消除内应力退火 |
| **stability** | 穩定性;復原力;穩性 | 安定性 | 稳定性;复原力;稳性 |
| — augmentation | 增穩裝置 | 自動安全装置 | 增稳装置 |
| — constant | 穩定常數 | 安定定数 | 稳定常数 |
| — criterion | 穩定準則;穩定性判別式 | 安定性判別式 | 稳定准则;稳定性判别式 |
| — test | 穩定性試驗 | 安定性試験 | 稳定性试验 |

| 英　　文 | 臺　　灣 | 日　　文 | 大　　陸 |
|---|---|---|---|
| **stabilized** stainless steel | 穩定化不銹鋼 | 安定化ステンレス鋼 | 稳定化不锈钢 |
| — steel sheet | 非時效鋼板 | 安定処理鋼板 | 非时效钢板 |
| **stabilizer unit** | 穩定裝置 | スタビライザユニット | 稳定装置 |
| **stabilizing** | 穩定;蒸氣壓力調節 | 蒸気圧調節;安定化 | 稳定;蒸气压力调节 |
| — annealing | 穩定化退火 | 安定化焼なまし | 稳定化退火 |
| — ring | 定位環 | 位置決め輪 | 定位环 |
| — treatment | 穩定處理;時效 | 安定化処理 | 稳定处理;时效 |
| **stable arc** | 穩定電弧 | 安定アーク | 稳定电弧 |
| **stack** | 爐身;煙囪 | たい積 | 炉身;烟囱 |
| **stacked valve** | 組合閥 | 集合弁 | 组合阀 |
| **stadiometer** | 測距儀 | スタジオメータ | 测距仪 |
| **staff** | 標尺;小軸 | 標尺 | 标尺;小轴 |
| **stage** | 載物台;等級;階段 | ステージ;段 | 载物台;等级;阶段 |
| — pressure | 級間壓力 | 段圧(力) | 级间压力 |
| — pump | 多級泵 | ステージポンプ | 多级泵 |
| — temperature | 級溫 | 段温度 | 级温 |
| — temperature drop | 級溫降 | 段温度降下 | 级温降 |
| — temperature rise | 級溫升 | 段温度上昇 | 级温升 |
| — turbine | 多級渦輪 | ステージタービン | 多级涡轮 |
| **stagger** angle | 交錯角 | 食い違い角 | 交错角 |
| — blanking | 交錯沖裁;鋸齒形沖裁 | ジグザグ抜き作業 | 交错冲裁;锯齿形冲裁 |
| — cut press | 交錯沖切沖床 | ジグザグプレス | 交错冲切压力机 |
| — riveting | 交錯鉚接 | 千鳥リベット締め | 交错铆接 |
| **stainless** | 不銹鋼 | 不しゅう性の | 不锈钢 |
| — belt | 不銹鋼帶 | ステンレスベルト | 不锈钢带 |
| — cast steel | 不銹鑄鋼 | ステンレス鋼鋳鋼 | 不锈铸钢 |
| — clad | 不銹鋼被覆層 | ステンレスクラッド | 不锈钢被覆层 |
| — clad steel | 不銹包層鋼板 | ステンレスクラッド鋼 | 不锈包层钢板 |
| — iron | 不銹鐵;鐵鉻耐蝕合金 | ステンレス鉄 | 不锈铁;铁铬耐蚀合金 |
| — pipe | 不銹鋼管 | ステンレスパイプ | 不锈钢管 |
| — ring | 不銹鋼環 | ステンレスリング | 不锈钢环 |
| — spring | 不銹鋼彈簧 | ステンレススプリング | 不锈钢弹簧 |
| — steel | 不銹鋼 | ステンレス鋼 | 不锈钢 |
| — steel electrode | 不銹鋼銲條 | ステンレス鋼溶接棒 | 不锈钢焊条 |
| — steel pipe | 不銹鋼鋼管 | ステンレス鋼パイプ | 不锈钢钢管 |
| — steel platc | 不銹鋼鋼板 | ステンレス鋼板 | 不锈钢钢板 |
| — steel sheet | 不銹鋼鋼板 | ステンレス鋼板 | 不锈钢钢板 |
| — steel wire | 不銹鋼絲 | ステンレス鋼線材 | 不锈钢丝 |
| **stair vice** | 階梯虎鉗 | 階段万力 | 阶梯虎钳 |
| **staking die** | 鉚接凹模;齒縫凹模 | つぶし型 | 铆接凹模;齿缝凹模 |

| 英　　文 | 臺　　灣 | 日　　文 | 大　　陸 |
|---|---|---|---|
| — punch | 鉚接凸模;齒縫凸模 | かしめ型 | 铆接凸模;齿缝凸模 |
| stalk | 軸;桿;柱;高煙囪 | 軸 | 轴;杆;柱;高烟囱 |
| stall torque | 停轉轉矩;最大轉矩 | 停動トルク | 停转转矩;最大转矩 |
| stalloy | 薄鋼片;矽鋼片;矽鋼(片) | スタロイ | 薄钢片;硅钢片;硅钢(片) |
| stamp | 壓(製);沖頭;模具 | 打込機械 | 压(制);冲头;模具 |
| — forging | 模鍛;型鍛 | 型鍛造 | 模锻;型锻 |
| — material | 壓製材料 | スタンプ材 | 压制材料 |
| — mill | 搗碎機;搗磨機 | 胴つき機械 | 捣碎机;捣磨机 |
| — work | 模鍛件 | 型打物 | 模锻件 |
| stamped sheet metal | 沖壓板料 | 打抜板金 | 冲压板料 |
| stamper | 壓模;模(沖)壓工 | つききね | 压模;模(冲)压工 |
| stamping | 沖壓;模鍛;壓印 | 型打ち;型鍛造 | 冲压;模锻;压印 |
| — design | 模鍛件設計 | スタンピングデザイン | 模锻件设计 |
| — die | 模鍛模;沖壓模;壓印模 | 鍛造打型 | 模锻模;冲压模;压印模 |
| — foil | 沖壓金屬薄片;沖壓箔 | 押はく | 冲压金属薄片;冲压箔 |
| — machine | 沖壓機;熱模鍛沖床 | 型打機 | 冲压机;热模锻压力机 |
| — press | 沖壓機;熱模鍛沖床 | スタンピングプレス | 冲压机;热模锻压力机 |
| — unit | 沖壓裝置 | 打抜き裝置 | 冲压装置 |
| stanchion | 支柱;柱子 | 支柱 | 支柱;柱子 |
| stand | 座;台;架;支架;試驗台 | スタンド | 座;台;架;支架;试验台 |
| — roller | 機架滾子 | スタンドローラ | 机架滚子 |
| — spring | 支架彈簧 | スタンドばね | 支架弹簧 |
| — type bearing unit | 立式軸承裝置 | スタンド形軸受ユニット | 立式轴承装置 |
| standard | 基準;規格;標準器;標準 | 標準;基準;規格 | 基准;规格;标准器;标准 |
| — annealed copper | 標準軟銅 | 標準軟銅 | 标准软铜 |
| — bar | 標準軸;檢驗棒 | 標準棒 | 标准轴;检验棒 |
| — bearing | 標準軸承 | 基本軸受 | 标准轴承 |
| — bending moment | 標準彎矩 | 標準曲げモーメント | 标准弯矩 |
| — block of hardness | 標準硬度塊 | 硬さ基準片 | 标准硬度块 |
| — boiling point | 標準沸點 | 標準沸点 | 标准沸点 |
| — cone | 標準錐 | 標準円すい | 标准锥 |
| — coordinate system | 標準座標系 | 標準座標系 | 标准坐标系 |
| — copper | 標準銅 | 標準銅 | 标准铜 |
| — cylindrical specimen | 圓筒形標準試驗體 | 標準円柱供試体 | 圆筒形标准试验体 |
| — datum plane | 基準面 | 基準面 | 基准面 |
| — design strength | 標準設計強度 | 設計基準強度 | 标准设计强度 |
| — dimension | 標準尺寸 | 標準寸法 | 标准尺寸 |
| — dust | 標準粉粒 | 標準粉体 | 标准粉粒 |
| — form | 標準形 | 標準形 | 标准形 |
| — gage | 標準量規;標準計〔規〕 | 基準ゲージ | 标准量规;标准计〔规〕 |

| 英　　文 | 臺　　灣 | 日　　文 | 大　　陸 |
|---|---|---|---|
| — gate | 標準澆口 | 標準ゲート | 标准浇口 |
| — gear | 標準齒輪 | 標準歯車 | 标准齿轮 |
| — gradation | 標準粒度 | 標準粒度 | 标准粒度 |
| — height | 標準高度 | 基準高 | 标准高度 |
| — instrument | 標準測試儀器 | 標準計器 | 标准测试仪器 |
| — interface | 標準界面 | 標準結合 | 标准接口 |
| — isobaric surface | 標準等壓面 | 標準等圧面 | 标准等压面 |
| — laboratory atmospher | 標準實驗室大氣壓 | 標準実験室環境 | 标准实验室(大)气压 |
| — layout | 標準布局;標準配置 | 標準配置 | 标准布局;标准配置 |
| — length | 標準長度 | 標準長さ | 标准长度 |
| — length rail | 標準長度鋼軌;定長鋼軌 | 定尺レール | 标准长度钢轨;定长钢轨 |
| — lever | 調節桿 | 標準てこ | 调节杆 |
| — load | 標準負〔載〕荷 | 標準荷重 | 标准负〔载〕荷 |
| — measure | 標準量度 | 標準測度 | 标准量度 |
| — meter | 標準米〔計〕 | 標準メートル | 标准米〔计〕 |
| — module | 標準模塊〔件〕 | 標準モジュール | 标准模块〔件〕 |
| — molar volume | 標準摩爾體積 | 標準分子容 | 标准摩尔体积 |
| — notched bar | 標準帶缺口試驗片 | 標準ノッチ付き試験片 | 标准带缺口试验片 |
| — of derusting | 防銹的標準 | さび落し基準 | 防锈的标准 |
| — parts | 標準零件 | 標準部品 | 标准零件 |
| — pattern | 標準模〔型〕 | 標準模型 | 标准模〔型〕 |
| — periodical inspection | 大修 | 標準定修 | 大修 |
| — pipe plug | 標準管塞 | 標準管用ねじプラグ | 标准管塞 |
| — pitch | 標準螺距 | 基準ピッチ | 标准螺距 |
| — pitch circle | 節圓 | 基準ピッチ円 | 分度圆 |
| — powder | 標準粉末 | 標準粉体 | 标准粉末 |
| — pressure | 標準壓力 | 標準圧力 | 标准压力 |
| — pressure angle | 標準壓力角 | 基準圧力角 | 标准压力角 |
| — projection | 標準投影 | 標準投影 | 标准投影 |
| — rigidity | 標準剛度 | 標準剛度 | 标准刚度 |
| — safety apparatus | 標準安全設備 | 規格安全装置 | 标准安全设备 |
| — sample | 標準(試)樣 | 標準試料 | 标准(试)样 |
| — scale | 標準刻度;標準尺;基準尺 | 標準尺度 | 标准刻度;标准尺;基准尺 |
| — screw thread gage | 標準螺紋規 | 標準ねじゲージ | 标准螺纹规 |
| — sea level | 基準平面;水準基面 | 基本水準面 | 基准平面;水准基面 |
| — section | 標準型材 | 標準形材 | 标准型材 |
| — size | 標準尺寸 | 標準寸法 | 标准尺寸 |
| — size brick | 標準尺寸磨塊 | 標準形れんが | 标准尺寸磨块 |
| — soft copper | 標準軟銅 | 標準軟銅 | 标准软铜 |
| — specification | 標準規程〔格〕;技術標準 | 標準仕様書 | 标准规程〔格〕;技术标准 |

S

| 英 文 | 臺 灣 | 日 文 | 大 陸 |
|---|---|---|---|
| — specimen | 標準試樣 | 標準試驗片 | 标准试样 |
| — speed | 標準速度 | 標準速度 | 标准速度 |
| — spline | 標準栓槽 | スタンダードスプライン | 标准花键 |
| — structure | 標準組織 | 標準組織 | 标准组织 |
| — subroutine | 標準子程式 | 標準サブルーチン | 标准子程序 |
| — taper | 標準錐度 | 標準テーパ | 标准锥度 |
| — temperature | 標準溫度 | 標準温度 | 标准温度 |
| — tensile bar | 標準拉伸試桿 | 標準引張り試驗片 | 标准拉伸试杆 |
| — tensile specimen | 標準拉伸試樣 | 標準引張り試驗片 | 标准拉伸试样 |
| — tension | 標準張力 | 標準張力 | 标准张力 |
| — test | 標準試驗 | 標準試驗 | 标准试验 |
| — test bar | 標準試桿 | 標準試驗片 | 标准试杆 |
| — test block | 標準試塊 | 標準試驗片 | 标准试块 |
| — test piece | 標準試樣 | 標準試料 | 标准试样 |
| — thermometer | 標準溫度計 | 標準温度計 | 标准温度计 |
| — thread | 標準螺紋 | 標準ねじ山 | 标准螺纹 |
| — thread gage | 標準螺紋量規 | 標準ねじゲージ | 标准螺纹量规 |
| — tin | 標準錫 | 標準すず | 标准锡 |
| — tolerance | 標準公差 | 標準公差 | 标准公差 |
| — tooth form | 標準齒形 | 標準歯形 | 标准齿形 |
| — torque | 標準轉矩;基準轉矩 | 基準トルク | 标准转矩;基准转矩 |
| — type construction | 標準型結構 | 標準形構造 | 标准型结构 |
| — unit | 標準單位 | 標準ユニット | 标准单位 |
| — value | 標準值 | 標準値 | 标准值 |
| — vector space | 標準向量空間 | 基準ベクトル空間 | 标准向量空间 |
| — wire gage | 標準線規 | スタンダード線番号 | 标准线规 |
| — work unit | 標準工作基數 | 標準工数 | 标准工作基数 |
| **standardization** | 標準化 | 定形化 | 标准化 |
| **standardized** componen | 標準化構件 | 規格構成材 | 标准化构件 |
| — pitch distribution | 標準螺距分布 | 標準ピッチ分布 | 标准螺距分布 |
| **standardizing box** | 標準負載測定機;檢定器 | 容積形検定器 | 标准负荷测定机;检定器 |
| **standards** for design | 設計標準 | 設定基準 | 设计标准 |
| — setting | 標準定位 | 標準設定 | 标准定位 |
| **stand-by** | 等待;準備;備用設備 | 待機 | 等待;准备;备用设备 |
| — facility | 備用設備 | 予備設備 | 备用设备 |
| — operation | 備用運行〔工作〕 | 待機運転 | 备用运行〔工作〕 |
| — plant | 備用設備 | 予備設備 | 备用设备 |
| — power source | 備用電源 | 予備電源 | 备用电源 |
| — pump | 主機啓動泵 | 待機ポンプ | 主机启动泵 |
| — safety system | 備用安全系統 | 待機安全システム | 备用安全系统 |

| 英　　文 | 臺　　灣 | 日　　文 | 大　　陸 |
|---|---|---|---|
| — switching feature | 備用轉換機構 | 予備切替機構 | 备用转换机构 |
| — system | 備用系統 | 待機システム | 备用系统 |
| — time | 備用時間;閒置時間 | 待機時間 | 备用时间;闲置时间 |
| **standing** | 位置;放置;不變的 | 放置;静置 | 位置;放置;固定的 |
| — block | 定滑車 | 固定滑車 | 定滑车 |
| — crop | 現存量 | 現存量 | 现存量 |
| — point | 測量點 | 測量点 | 测量点 |
| — seam | 豎向咬口接縫 | 立てはぜ継ぎ | 竖向咬口接缝 |
| — test | 靜止試驗 | 試験台上の静的試験 | 静止试验 |
| — to cool | 接續冷卻 | 放冷 | 接续冷却 |
| — vice | 固定虎鉗;台鉗 | 取付け万力 | 固定虎钳;台钳 |
| — wave | 駐波 | 定常波 | 驻波 |
| — way | 固定滑車;固定台架 | 固定台 | 固定滑车;固定台架 |
| **stand-off** | 基準距;傳輸線固定器 | スタンドオフ | 基准距;传输线固定器 |
| — error | 變位誤差 | 偏位誤差 | 变位误差 |
| — operation | 間接式爆炸成形 | 間接式爆発成形法 | 间接式爆炸成形 |
| **Stanniol** | 高錫耐蝕合金 | スタニオル | 高锡耐蚀合金 |
| **stannizing** | 滲錫;鍍錫 | 浸すず | 渗锡;镀锡 |
| **stannum** | 錫;一種高錫軸承合金 | スタナム;すず | 锡;一种高锡轴承合金 |
| **staple** | U形釘;肘釘;纖維 | また釘 | U形钉;肘钉;纤维 |
| **star** | 滾筒用星形鐵 | がら星 | 滚筒用星形铁 |
| — antimony | 精製銻 | 精選アンチモニ | 精制锑 |
| — drill | 星形〔花〕錐;小孔鑽 | 星形せん孔すい | 星形〔花〕锥;小孔钻 |
| — gear | 星形齒輪;星輪 | 星形車 | 星形齿轮;星轮 |
| — handle | 星形手輪 | スターハンドル | 星形手轮 |
| — handwheel | 星形手輪 | 星形ハンドル車 | 星形手轮 |
| — hole | 星形孔 | スターホール | 星形孔 |
| — molding | 星形壓模;星形壓製件 | 星形繰形 | 星形压模;星形压制件 |
| — section | 星形斷面 | 星形断面 | 星形断面 |
| — shake | 星形裂紋 | 星割れ | 星形裂纹 |
| — shaped defect | 星形腐蝕 | 星状腐食 | 星形腐蚀 |
| — valve | 星形閥 | スターバルブ | 星形阀 |
| — wheel | 星形手輪 | スターホイール | 星形手轮 |
| **start** | 啓動;開動;起點 | 始動;起動 | 启动;开动;起点 |
| — air valve | 啓動氣閥 | スタートエアバルブ | 启动气阀 |
| — angle | 起始角 | スタートアングル | 起始角 |
| — button | 啓動按鈕 | 起動ボタン | 启动按钮 |
| — distance | 啓動距離 | スタートディスタンス | 启动距离 |
| — key | 啓動鍵 | 起動キー | 启动键 |
| — knob | 啓動按鈕 | スタートノブ | 启动按钮 |

| 英　　文 | 臺　　灣 | 日　　文 | 大　　陸 |
|---|---|---|---|
| ― pump | 啓動泵 | スタートポンプ | 启动泵 |
| ― sensor | 啓動感測器 | スタートセンサ | 启动传感器 |
| ― valve | 啓動閥 | 始動弁 | 启动阀 |
| ― vector | 起始向量 | スタートベクトル | 起始向量 |
| **starter** | 啓動裝置;啓動器〔機〕 | 始動裝置 | 启动装置;启动器〔机〕 |
| ― cam | 啓動凸輪 | 始動カム | 启动凸轮 |
| ― clutch | 啓動離合器 | スタータクラッチ | 启动离合器 |
| ― pinion | 啓動機小齒輪 | スタータピニオン | 启动机小齿轮 |
| ― shaft | 啓動機軸 | スタータシャフト | 启动机轴 |
| ― valve | 啓動閥 | 始動混合気弁 | 启动阀 |
| **starting** | 啓動;開動;開始 | 起動；始動 | 启动;开动;开始 |
| ― acceleration | 啓動加速度 | 始動加速度 | 启动加速度 |
| ― aids | 啓動輔助裝置 | 始動補助裝置 | 启动辅助装置 |
| ― air compressor | 啓動空氣壓縮機 | 始動用空気圧縮機 | 启动空气压缩机 |
| ― air control valve | 啓動空氣控制閥 | 始動空気管制弁 | 启动空气控制阀 |
| ― air distributor | 啓動空氣分配閥 | 始動空気分配弁 | 启动空气分配阀 |
| ― air pilot valve | 啓動空氣導閥 | 始動空気管制弁 | 启动空气导阀 |
| ― air pipe | 啓動空氣管 | 始動用空気管 | 启动空气管 |
| ― air reservoir | 啓動氣瓶 | 始動空気だめ | 启动气瓶 |
| ― block | 啓動裝置〔設備〕 | スターティングブロック | 启动装置〔设备〕 |
| ― board | 啓動盤 | 始動盤 | 启动盘 |
| ― bolt | 拆卸用螺釘 | スターティングボルト | 拆卸用螺钉 |
| ― coefficient of friction | 啓動摩擦係數 | 始動摩擦係数 | 启动摩擦系数 |
| ― crank | 啓動曲柄 | 始動クランク | 启动曲柄 |
| ― device | 啓動裝置 | 始動裝置 | 启动装置 |
| ― dog | 啓動用凸塊;啓動爪 | スターティングドッグ | 启动用凸块;启动爪 |
| ― drill | 中心孔鑽頭;粗鑽頭 | スターティングドリル | 中心孔钻头;粗钻头 |
| ― equipment | 啓動裝置 | 起動裝置 | 启动装置 |
| ― friction | 啓動摩擦 | 起動摩擦 | 启动摩擦 |
| ― gear | 啓動裝置 | 始動裝置 | 启动装置 |
| ― handle | 啓動搖把〔手柄〕 | 始動ハンドル | 启动摇把〔手柄〕 |
| ― handle hole | 啓動手柄孔 | 始動ハンドル孔 | 启动手柄孔 |
| ― heater | 啓動加熱器 | 始動加熱器 | 启动加热器 |
| ― lubricant | 啓動潤滑劑 | 始動減摩材 | 启动润滑剂 |
| ― mechanism | 啓動機構 | 始動裝置 | 启动机构 |
| ― moment | 啓動轉矩 | 始動トルク | 启动转矩 |
| ― performance | 啓動特性 | 起動特性 | 启动特性 |
| ― power | 啓動功率 | 起動出力 | 启动功率 |
| ― pressure | 啓動壓力 | 始動圧力 | 启动压力 |
| ― rod | 啓動桿 | 始動軸 | 启动杆 |

| 英　　文 | 臺　　灣 | 日　　文 | 大　　陸 |
|---|---|---|---|
| — shaft | 啓動軸 | 始動軸 | 启动轴 |
| — switch | 啓動開關 | 起動スイッチ | 启动开关 |
| — system | 啓動裝置;啓動系統 | 始動裝置 | 启动装置;启动系统 |
| — tests | 啓動試驗 | 起動試驗 | 启动试验 |
| — time | 啓動時間 | 起動時間 | 启动时间 |
| — torque | 啓動轉矩 | 始動回転力 | 启动转矩 |
| — tractive effort | 啓動牽引力 | 出発けん引力 | 启动牵引力 |
| — tractive power | 啓動牽引力 | 出発けん引力 | 启动牵引力 |
| — valve | 啓動閥 | 始動弁 | 启动阀 |
| — working point | 起始工作點 | 動作しはじめる点 | 起始工作点 |
| start-stop button | 啓停按鈕 | スタートストップボタン | 启停按钮 |
| — system | 啓停系統 | スタートストップ方式 | 启停系统 |
| — time | 啓停時間 | 起動停止時間 | 启停时间 |
| start-up | 啓動;開動 | 運転開始 | 启动;开动 |
| — feed (water) pump | 啓動給水泵 | 起動給水ポンプ | 启动给水泵 |
| — system | 啓動系統 | 起動系 | 启动系统 |
| — time | 啓動時間 | 始動時間 | 启动时间 |
| starvation | 缺乏;未吸滿;油量不足 | スターベーション | 缺乏;未吸满;油量不足 |
| starved area | 不足部分 | 不足部分 | 不足部分 |
| — feed(ing) | 供料不足 | 供給不足 | 供料不足 |
| — state | 材料不足狀態 | 材料不足状態 | 材料不足状态 |
| stat bearing | 靜壓軸承 | スタットベアリング | 静压轴承 |
| state | 狀態;情況;位置 | 状態 | 状态;情况;位置 |
| — coordinate | 狀態座標 | 状態座標 | 状态坐标 |
| — diagram | 狀態圖 | 状態図 | 状态图 |
| — feedback control | 狀態反饋控制 | 状態フィードバック制御 | 状态反馈控制 |
| — function | 狀態函數 | 状態関数 | 状态函数 |
| — model | 狀態模型 | 状態モデル | 状态模型 |
| — of complete mixing | 安全混合狀態 | 完全混合状態 | 安全混合状态 |
| — of cure | 硫化程度;固化程度 | 加硫状態 | 硫化程度;固化程度 |
| — of elastic equilibrium | 彈性平衡狀態 | 弾性平衡状態 | 弹性平衡状态 |
| — of plane deformation | 平面變形狀態 | 平面変形状態 | 平面变形状态 |
| — of plane stress | 平面應力狀態 | 平面応力状態 | 平面应力状态 |
| — of principal stress | 主應力狀態 | 主応力状態 | 主应力状态 |
| — of rest | 靜止狀態 | 静止状態 | 静止状态 |
| — of stress | 應力狀態 | 応力状態 | 应力状态 |
| — vector | 狀態向量 | 状態ベクトル | 状态向量 |
| state-of-the-art | 技術發展水平 | 技術的現状 | 技术发展水平 |
| static(al) analysis | 靜態分析 | 静的解析 | 静态分析 |
| — balance tester | 靜平衡試驗機〔器〕 | 静釣合い試験機 | 静平衡试验机〔器〕 |

S

| 英　　文 | 臺　　灣 | 日　　文 | 大　　陸 |
|---|---|---|---|
| — coefficient of friction | 靜摩擦係數 | 静摩擦係数 | 静摩擦系数 |
| — condition | 靜止狀態 | 静的条件 | 静止状态 |
| — control | 靜態控制;定位控制 | 定位制御 | 静态控制;定位控制 |
| — controlled system | 定位控制系統 | 定位制御対象 | 定位控制系统 |
| — controller | 固定控制器 | 定位制御機 | 固定控制器 |
| — derivative | 靜(態)導數;線速度導數 | 静的微係数 | 静(态)导数;线速度导数 |
| — determinate | 靜定 | 静定 | 静定 |
| — equilibrium | 靜力平衡;靜定平衡 | 静的平衡 | 静力平衡;静定平衡 |
| — extrusion | 靜擠壓 | 緩速押出し | 静挤压 |
| — fatigue failure | 靜態疲勞破壞 | 静的疲労破損 | 静态疲劳破坏 |
| — fatigue test | 靜疲勞試驗 | 静疲労試験 | 静疲劳试验 |
| — force derivative | 力的(線)速度導數 | 力の線速度微係数 | 力的(线)速度导数 |
| — friction | 靜摩擦 | 静止摩擦 | 静摩擦 |
| — friction torque | 靜摩擦力矩 | 静摩擦トルク | 静摩擦力矩 |
| — governor | 固定調節器;靜定調速器 | 定位調速機 | 固定调节器;静定调速器 |
| — load | 靜負載;靜態負載 | 静荷重 | 静负载;静态负载 |
| — load rating | 靜負載額定值 | 静的定格荷重 | 静载荷额定值 |
| — load test | 靜載試驗 | 静荷重試験 | 静载试验 |
| — margin | 靜穩定度 | 静安定余裕 | 静稳定度 |
| — mass | 靜態質量 | 静止質量 | 静态质量 |
| — metamorphism | 靜止變形作用 | 静的変成作用 | 静止变形作用 |
| — modulus of elasticity | 靜彈性模量 | 静弾性係数 | 静弹性模量 |
| — moment | 靜力矩 | 静的モーメント | 静力矩 |
| — notch test | 切〔缺〕口靜力試驗 | 切欠き静的試験 | 切〔缺〕口静力试验 |
| — penetration test | 靜力貫入度試驗 | 静的貫入試験 | 静力贯入度试验 |
| — port | 靜壓孔 | 静圧孔 | 静压孔 |
| — position | 靜止位置 | 静止位置 | 静止位置 |
| — pressure | 靜壓 | 静圧(力) | 静压 |
| — pressure controller | 靜壓控制器 | 静圧制御器 | 静压控制器 |
| — pressure gradient | 靜壓梯度 | 静圧こう配 | 静压梯度 |
| — pressure loss | 靜壓損失 | 静圧損失 | 静压损失 |
| — pressure ratio | 靜壓比 | 静圧比 | 静压比 |
| — pressure tap | 靜壓孔 | 静圧孔 | 静压孔 |
| — quenching | 靜態淬火 | 静的焼入れ法 | 静态淬火 |
| — regulation | 靜態調節 | 静的変動率 | 静态调节 |
| — rigidity | 靜態剛度 | 静的剛性 | 静态刚度 |
| — scale-model | 靜態比例模型 | 静的スケールモデル | 静态比例模型 |
| — shock | 靜電擊;觸電 | スタティックショック | 静电击;触电 |
| — sounding | 靜力測探〔觸探〕 | 静的サウンディング | 静力测探〔触探〕 |
| — space truss | 靜定空間桁架 | 静定立体トラス | 静定空间桁架 |

| 英　　文 | 臺　　灣 | 日　　文 | 大　　陸 |
|---|---|---|---|
| ― stability | 靜穩性〔度〕;靜力穩定 | 静的安定 | 静稳性〔度〕;静力稳定 |
| ― stiffness | 靜剛度 | 静スチフネス | 静刚度 |
| ― strain indicator | 靜態應變儀 | 静的ひずみ指示計 | 静态应变仪 |
| ― strain meter | 靜態應變儀 | 静的ひずみ指示計 | 静态应变仪 |
| ― strength | 靜強度 | 静的強度 | 静强度 |
| ― strength test | 靜強度試驗 | 静的強度試験 | 静强度试验 |
| ― stress | 靜應力 | 静的応力 | 静应力 |
| ― stress-strain curve | 靜態應力-應變曲線 | 静的応力-ひずみ曲線 | 静态应力-应变曲线 |
| ― stress-strain test | 靜態應力-應變試驗 | 静的応力-ひずみ試験 | 静态应力-应变试验 |
| ― temperature | 靜溫度 | 静的温度 | 静温度 |
| ― test | 靜力試驗 | 静止試験 | 静力试验 |
| ― thrust | 靜推力 | 静止スラスト | 静推力 |
| ― thrust coefficient | 靜推力係數 | 静止スラスト係数 | 静推力系数 |
| ― unbalance | 靜失衡;靜力不平衡 | 静的不釣合い | 静失衡;静力不平衡 |
| ― vent | 靜壓管 | 静圧孔 | 静压管 |
| statics | 靜力學;靜態 | 静力学 | 静力学;静态 |
| ― of elasticity | 彈性靜力學 | 弾性静力学 | 弹性静力学 |
| ― of structure | 結構靜力學 | 構造静力学 | 结构静力学 |
| station | 場所;位置;廠;站 | 装置;駐とん地 | 场所;位置;厂;站 |
| ― machine | 多工位機床 | ステーションマシン | 多工位机床 |
| ― meter | 標準量具〔米尺〕;基準儀 | 元メートル | 标准量具〔米尺〕;基准仪 |
| ― pointer | 三桿分度儀〔規〕;示點器 | 三脚分度器 | 三杆分度仪〔规〕;示点器 |
| stationary axle | 固定車軸 | 固定車軸 | 固定车轴 |
| ― contact | 固定接觸〔觸點〕 | 固定接点 | 固定接触〔触点〕 |
| ― current | 恆(定)流;穩態流 | 恒流 | 恒(定)流;稳态流 |
| ― deformation | 固定變形 | 定常変形 | 固定变形 |
| ― extrusion | 恆定擠壓〔伸延〕 | 定常押出し | 恒定挤压〔伸延〕 |
| ― fit | 靜配合 | 締りばめ | 静配合 |
| ― flat dies | 固定平板模〔搓絲用〕 | 固定平ダイス | 固定平板模〔搓丝用〕 |
| ― flow | 穩定流;均勻流 | 定常流 | 稳定流;均匀流 |
| ― frame | 固定構架 | 固定フレーム | 固定构架 |
| ― load | 固定負載 | 常時荷重 | 固定荷载 |
| ― machine | 固定式機器;定置機 | 据置機械 | 固定式机器;定置机 |
| ― mold | 固定模 | 固定型 | 固定模 |
| ― part | 固定部分;靜止部分 | 固定部分 | 固定部分;静止部分 |
| phase | 靜止相;固定相 | 静止相 | 静止相;固定相 |
| ― platen | 固定台〔壓板〕;固定盤 | 固定盤 | 固定台〔压板〕;固定盘 |
| ― ratchet gear | 固定棘輪裝置 | 止めつめ車装置 | 固定棘轮装置 |
| ― ratchet train | 固定棘輪系 | 止めつめ車装置 | 固定棘轮系 |
| ― ring | 靜環 | ステーショナリリング | 静环 |

| 英　　文 | 臺　　灣 | 日　　文 | 大　　陸 |
|---|---|---|---|
| ― running | 固定位置運動 | 定位置維持運転 | 固定位置运动 |
| ― screen | 固定篩 | 固定ふるい | 固定筛 |
| ― shearing load | 恒定剪切負載 | 定常せん断荷重 | 恒定剪切荷载 |
| ― solid phase | 固體固定相 | 固定相固体 | 固体固定相 |
| ― state | 穩定狀態;定態;靜態 | 定常状態 | 稳定状态;定态;静态 |
| ― swing | 穩態旋轉 | 据切り | 稳态旋转 |
| ― test | 穩態試驗 | 定常試験 | 稳态试验 |
| ― welding machine | 固定式(電)銲機 | 定置溶接機 | 固定式(电)焊机 |
| **statistic** control system | 統計的控制系統 | 統計的制御システム | 统计的控制系统 |
| ― error | 統計誤差 | 統計誤差 | 统计误差 |
| ― estimation theory | 統計估算理論 | 統計的推定理論 | 统计估算理论 |
| ― experimental design | 統計試驗設計 | 統計的実験計画 | 统计试验设计 |
| ― failure analysis | 統計故障分析 | 統計的故障解析 | 统计故障分析 |
| ― mechanics | 統計力學 | 統計力学 | 统计力学 |
| **stator** | 定子;定葉;定片 | 固定子 | 定子;定叶;定片 |
| ― frame | 定子架 | 固定子枠 | 定子架 |
| ― plate | 固定(金屬)板 | 固定板 | 固定(金属)板 |
| **status** | 狀態;情況 | ステータス | 状态;情况 |
| ― reset | 狀態重置 | ステータスリセット | 状态置零 |
| **statute** | 規定;法規;法令;章程 | 規則 | 规定;法规;法令;章程 |
| **stay** | 拉條;撐條;拉線 | 控えぐい | 拉条;撑条;拉线 |
| ― bar | 半徑桿;推桿 | 控え棒 | 半径杆;推杆 |
| ― plate | 墊板 | ステープレート | 垫板 |
| ― putt | 帶鋼球定位裝置式換向閥 | ステープット | 带钢球定位装置式换向阀 |
| ― ring | (水輪機)速度環 | ステーリング | (水轮机)速度环 |
| ― rod | 鎖定桿 | 控え貫 | 锁定杆 |
| ― screw | 錨定螺絲 | 控えねじ | 锚定螺丝 |
| ― tap | 鉸孔攻絲複合刀具 | ステータップ | 铰孔攻丝复合刀具 |
| ― vane | 導向;(水輪機)固定導葉 | 案肉羽根 | 导向;(水轮机)固定导叶 |
| **stay-bolt tap** | 撐螺栓絲攻 | 控えボルトタップ | 撑螺栓丝锥 |
| **Staybrite** | 鎳鉻耐蝕可鍛鋼 | ステーブライト | 镍铬耐蚀可锻钢 |
| **staying** | 結合;緊固 | ステイング | 结合;紧固 |
| ― power | 堅持力;耐久力 | 耐久力 | 坚持力;耐久力 |
| **steadite** | 史帝田鐵 | ステダイト | 斯氏体;磷共晶体 |
| **steady arm** | 定位銷;定位器;支持桿 | 振れ止 | 定位销;定位器;支持杆 |
| ― bearing | (攪拌軸端)軸承 | ステディ軸受 | (搅拌轴端)轴承 |
| ― creep | 穩定潛變 | 定常クリープ | 稳定蠕变 |
| ― distribution | 穩定分布 | 定常分布 | 稳定分布 |
| ― heat conduction | 穩定熱傳導;穩定導熱 | 定常熱伝導 | 稳定热传导;稳定导热 |
| ― moment | 穩定力矩 | 定常モーメント | 稳定力矩 |

| 英　　文 | 臺　　灣 | 日　　文 | 大　　陸 |
|---|---|---|---|
| — moment coefficient | 穩定力矩係數 | 定常モーメント係数 | 稳定力矩系数 |
| — motion | 穩定運動;定常運動 | 定常運動 | 稳定运动;定常运动 |
| — oscillation | 穩態振動〔蕩〕 | 定常振動 | 稳态振动〔荡〕 |
| — pertubation | 穩定擾動 | 定常かく乱 | 稳定扰动 |
| — position deviation | 穩定位置偏差 | 定常位置偏差 | 稳定位置偏差 |
| — reaction | 穩定反應 | 定常反応 | 稳定反应 |
| — strain | 穩定形變;穩定應變 | ステディストレン | 稳定形变;稳定应变 |
| — stress component | 平均應力 | 平均応力 | 平均应力 |
| — turning diameter | 定常回轉直徑 | 定常旋回径 | 定常回转直径 |
| — vibration | 穩態振動 | 定常振動 | 稳态振动 |
| — wear | 穩態磨損 | 定常摩耗 | 稳态磨损 |
| **steady-state** analysis | 穩(定狀)態分析 | 定常状態解析 | 稳(定状)态分析 |
| — characteristic | 穩態特性(曲線) | 定常特性 | 稳态特性(曲线) |
| — condition | 穩態條件 | 定態条件 | 稳态条件 |
| — creep | 穩定狀態潛變 | 定常クリープ | 稳定状态蠕变 |
| — governing speedband | 穩態調速範圍 | 定常態調速範囲 | 稳态调速范围 |
| — life test | 穩態壽命試驗 | 定常寿命試験 | 稳态寿命试验 |
| — operation life test | 穩態操作壽命試驗 | 定常寿命試験 | 稳态操作寿命试验 |
| — optimal control | 穩(定狀)態最優控制 | 定常状態最適制御 | 稳(定状)态最优控制 |
| — optimization problem | 穩(定狀)態最優化問題 | 定常状態最適化問題 | 稳(定状)态最优化问题 |
| — solution | 穩態解;定常解;靜態解 | 定常解 | 稳态解;定常解;静态解 |
| — theory | 定常狀態理論 | 定常状態理論 | 定常状态理论 |
| — vibration | 穩態振動 | 定常振動 | 稳态振动 |
| **steam** air heater | 蒸氣(加熱)空氣預熱器 | 蒸気式空気予熱器 | 蒸气(加热)空气预热器 |
| — bath | 蒸氣浴 | 蒸気浴 | 蒸气浴 |
| — cylinder | 汽缸 | 蒸気シリンダ | 汽缸 |
| — hydraulic press | 蒸氣液壓機 | 蒸気水圧プレス | 蒸气液压机 |
| — injection equipment | 蒸氣噴射裝置 | 蒸気噴射装置 | 蒸气喷射装置 |
| — lubrication | 蒸氣潤滑 | 蒸気潤滑 | 蒸气润滑 |
| — machinery | 蒸氣機械 | スチームマシーナリ | 蒸气机械 |
| — molding | 蒸氣成形法 | 蒸気成形 | 蒸气成形法 |
| — piston | 蒸氣活塞 | 蒸気ピストン | 蒸气活塞 |
| — piston ring | 蒸氣活塞環 | スチームピストンリング | 蒸气活塞环 |
| — platen press | 蒸氣平壓;熱板式印壓機 | 熱盤式プレス | 蒸气平压;热板式印压机 |
| — power plant | 火力發電廠 | 蒸気原動機 | 火力发电厂 |
| — press | 蒸氣沖床 | 蒸気プレス | 蒸气压力机 |
| — pressure | 蒸氣壓(力);汽壓 | 蒸気圧（力） | 蒸气压(力);汽压 |
| — pump | 蒸氣泵 | 蒸気ポンプ | 蒸气泵 |
| — quenching | 蒸氣淬火 | 蒸気焼入れ | 蒸气淬火 |
| — riveter | 蒸氣鉚機 | 蒸気びょう締め機 | 蒸气铆机 |

**S**

| 英　　文 | 臺　　灣 | 日　　文 | 大　　陸 |
|---|---|---|---|
| — stamp | 蒸氣沖壓機;蒸氣搗礦機 | 蒸気力とう鉱機 | 蒸气冲压机;蒸气搗矿机 |
| — temperature | 蒸氣溫度 | 蒸気温度 | 蒸气温度 |
| — tempering | 蒸氣回火 | 蒸気焼もどし | 蒸气回火 |
| — winch | 蒸氣絞車 | 蒸気ウィンチ | 蒸气绞车 |
| **steamer** | 蒸氣產生器 | 汽船 | 蒸气发生器 |
| **stearine** oil | 硬脂油 | ステアリン油 | 硬脂油 |
| — paste | 硬脂膏 | ステアリン硬こう | 硬脂膏 |
| **steatite** | 滑石;凍石 | 凍石 | 滑石;冻石 |
| **steel** | 鋼鐵;鋼 | 鋼鉄 | 钢铁;钢 |
| — abutment | 鋼台座 | スチールアバット | 钢台座 |
| — alloy | 合金鋼 | 合金鋼 | 合金钢 |
| — arch support | 鋼拱支撐 | 鋼アーチ支保工 | 钢拱支撑 |
| — arched timbering | 鋼拱支撐 | 鋼アーチ支保工 | 钢拱支撑 |
| — ball | 鋼珠〔球〕 | 鋼球 | 钢珠〔球〕 |
| — ball peening | 噴砂清理〔處理〕 | ショットピーニング | 喷丸清理〔处理〕 |
| — ball penetrator | 鋼球硬度計壓頭 | 鋼球圧子 | 钢球硬度计压头 |
| — band | 鋼帶 | 鋼ベルト | 钢带 |
| — band belt | 鋼帶;載重帶 | スチールベルト | 钢带;载重带 |
| — bar | 棒鋼;圓鋼;鋼條;鋼筋 | 棒鋼 | 棒钢;圆钢;钢条;钢筋 |
| — bay | 鋼材堆放場 | 鋼材置場 | 钢材堆放场 |
| — belt | 鋼帶 | 鋼ベルト | 钢带 |
| — belt conveyer | 鋼帶輸送帶 | スチールベルトコンベヤ | 钢带输送带 |
| — billet | 鋼坯 | 鋼片 | 钢坯 |
| — bloom | 鋼錠〔坯;塊〕 | ブルーム | 钢锭〔坯;块〕 |
| — boiler | 鋼板鍋爐 | 鋼板ボイラ | 钢板锅炉 |
| — bond | 鐵粉結合劑 | スチールボンド | 铁粉结合剂 |
| — cable | 鋼絲繩 | 鋼線 | 钢丝绳 |
| — cast | 鑄鋼(品) | 鋳鋼 | 铸钢(品) |
| — casting(s) | 鑄鋼件;鑄鋼 | 鋼鋳物 | 铸钢件;铸钢 |
| — casting machine | 鑄鋼機 | 鋼鋳造機 | 铸钢机 |
| — chip | 鋼屑 | 鋼くず | 钢屑 |
| — cleat | 鋼夾具;鋼楔 | スチールクリート | 钢夹具;钢楔 |
| — construction | 鋼結構 | 鉄骨構造 | 钢结构 |
| — core | 鋼心 | 鋼心 | 钢心 |
| — cored aluminum cable | 鋼心鋁線 | 鋼心アルミニウム線 | 钢心铝线 |
| — cotter | 鋼銷 | 鋼コッタ | 钢销 |
| — crossarm | 托架;支承架 | 腕金 | 托架;支承架 |
| — cylinder | 鋼筒;高壓儲氣瓶 | ボンベ | 钢筒;高压储气瓶 |
| — die | 鋼製模具;鋼模 | スチールダイ | 钢制模具;钢模 |
| — engraving | 鋼板雕刻 | 鋼板彫刻 | 钢板雕刻 |

| 英　文 | 臺　灣 | 日　文 | 大　陸 |
|---|---|---|---|
| ─ erector | 鋼結構安裝機 | スチールエレクタ | 钢结构安装机 |
| ─ file | 鋼銼 | 鉄工やすり | 钢锉 |
| ─ finery | 鋼精煉爐 | 鋼精錬炉 | 钢精炼炉 |
| ─ foil | 鋼箔 | スチールフォイル | 钢箔 |
| ─ form | 鋼模板 | 鉄製型枠 | 钢模板 |
| ─ form panel | 鋼模板用板 | 鋼製型枠パネル | 钢模板用板 |
| ─ framed construction | 鋼框架結構 | 鉄骨構造 | 钢框架结构 |
| ─ framed structure | 鋼框架結構 | 鉄骨構造 | 钢框架结构 |
| ─ furnace | 煉鋼爐 | 製鋼炉 | 炼钢炉 |
| ─ girder | 鋼樑 | スチールガーダ | 钢梁 |
| ─ grade | 鋼的品級 | 鋼の品位 | 钢的品级 |
| ─ hammer | 鋼錘 | スチールハンマ | 钢锤 |
| ─ hardening oil | 鋼材淬火油 | 鋼材焼入れ油 | 钢材淬火油 |
| ─ hawser | 大鋼纜 | 大鋼索 | 大钢缆 |
| ─ ingot | 鋼錠 | 鋼塊 | 钢锭 |
| ─ key | 鋼鍵〔楔〕 | スチールキー | 钢键〔楔〕 |
| ─ liner | 鋼襯 | スチールライナ | 钢衬 |
| ─ magnet | 磁鋼〔鐵〕 | 鋼鉄磁石 | 磁钢〔铁〕 |
| ─ making | 煉鋼 | 製鋼 | 炼钢 |
| ─ mantle | 鋼殼〔罩〕 | 鉄皮 | 钢壳〔罩〕 |
| ─ manufacture | 煉鋼 | 製鋼 | 炼钢 |
| ─ mill | 煉鋼廠 | 製鋼所 | 炼钢厂 |
| ─ mold | 鋼鑄模;鋼壓型 | 鋼金型 | 钢铸型;钢压型 |
| ─ molten | 鋼水 | 溶融鋼 | 钢水 |
| ─ ore | 優質鐵礦 | 鋼鉱 | 优质铁矿 |
| ─ pallet | 鋼製托盤 | スチールパレット | 钢制托盘 |
| ─ pipe | 鋼管 | 鋼管 | 钢管 |
| ─ pipe structure | 鋼管結構 | 鋼管構造 | 钢管结构 |
| ─ pipe support | 鋼管支柱 | 鋼管支柱 | 钢管支柱 |
| ─ plate structure | 鋼柱結構 | 鉄板接合構造 | 钢柱结构 |
| ─ pole | 鐵柱〔桿〕 | 鉄柱 | 铁柱〔杆〕 |
| ─ powder | 鋼粉末 | 鋼粉 | 钢粉末 |
| ─ prop | 鋼製支柱 | 鉄柱 | 钢制支柱 |
| ─ protractor | 鋼製量角器 | スチールプロトラクタ | 钢制量角器 |
| ─ puddling | 鋼的攪煉 | 鋼の溶錬 | 钢的搅炼 |
| ─ pulley | 鋼板皮帶輪 | 板金調車 | 钢板皮带轮 |
| ─ rail | 鋼軌 | 鋼レール | 钢轨 |
| ─ ratio | 鋼筋比率;配筋百分率 | 鉄筋比 | 钢筋比率;配筋百分率 |
| ─ ring | 鋼環 | スチールリング | 钢环 |
| ─ roll | 鋼輥 | 鋼ロール | 钢辊 |

| 英　　文 | 臺　　灣 | 日　　文 | 大　　陸 |
|---|---|---|---|
| ─ rope | 鋼索 | 鋼索 | 钢索 |
| ─ rule | 鋼（板）尺 | スチールルール | 钢（板）尺 |
| ─ rule die | 鋼帶沖模 | スチールルールダイ | 钢带冲模 |
| ─ scrap | 鋼屑；廢鋼 | くず鉄 | 钢屑；废钢 |
| ─ scraper | 鋼刮刀；刮（板）刀 | スチールスクレーパ | 钢刮刀；刮（板）刀 |
| ─ sheet | （薄）鋼板 | 鋼板 | （薄）钢板 |
| ─ shop work | 鋼料工場加工 | 鉄骨工場加工 | 钢料车间加工 |
| ─ shot | 鋼粒〔噴砂清理用〕 | スチールショット | 钢丸；钢粒〔喷丸清理用〕 |
| ─ skeleton construction | 鋼框架結構 | 鉄骨構造 | 钢框架结构 |
| ─ sphere | 鋼球 | 鋼球 | 钢球 |
| ─ spring | 鋼板彈簧 | 鋼ばね | 钢板弹簧 |
| ─ stock | 鋼材 | 鋼材 | 钢材 |
| ─ strapping | 鋼帶 | 帯金 | 钢带 |
| ─ strip | 鋼帶；帶鋼 | 帯鋼 | 钢带；带钢 |
| ─ structure | 鋼結構 | 鉄骨構造 | 钢结构 |
| ─ support | 鋼（製）支架 | 鋼製支保工 | 钢（制）支架 |
| ─ tap hole | 出鋼口 | 出鋼口 | 出钢口 |
| ─ tape | 鋼卷尺；鋼帶 | 鋼製巻尺 | 钢卷尺；钢带 |
| ─ taper ring | 錐形鋼環 | スチールテーパリング | 锥形钢环 |
| ─ tapping spout | 出鋼槽 | 出鋼どい | 出钢槽 |
| ─ thimble | 鋼套管 | スチールシンブル | 钢套管 |
| ─ timbering | 鋼支架；鋼撐 | 鋼製支保工 | 钢支架；钢撑 |
| ─ tower | 鐵塔 | 鉄塔 | 铁塔 |
| ─ truss | 鋼桁架 | 鉄骨小屋組 | 钢桁架 |
| ─ tube | 鋼管 | 鋼管 | 钢管 |
| ─ wedge | 鋼楔 | 鋼くさび | 钢楔 |
| ─ wheel | 鋼輪 | スチールホイール | 钢轮 |
| ─ wire | 鋼線；鋼絲 | 鋼線 | 钢线；钢丝 |
| ─ wire armoured cable | 鋼線鎧裝電纜 | 線外装ケーブル | 钢线铠装电缆 |
| ─ wire brush | 鋼絲刷 | 鋼線ブラシ | 钢丝刷 |
| ─ wire drawn | 鋼絲拉製 | 鋼線の引抜き | 钢丝拉制 |
| ─ wire rope | 鋼絲繩；鋼纜 | 鋼索 | 钢丝绳；钢缆 |
| ─ work | 煉鋼廠；鋼結構工程 | 製鋼所 | 炼钢厂；钢结构工程 |
| ─ working tool | 鋼結構工程工具 | 鉄工道具 | 钢结构工程工具 |
| **steeling** | 包鋼；鍍鐵 | 被鉄 | 包钢；镀铁 |
| **Steelmet** | 鐵基燒結機械零件合金 | スチールメット | 铁基烧结机械零件合金 |
| **steelness** | 鋼鐵性 | 鋼鉄性 | 钢铁性 |
| **steely iron** | 硬鐵 | 硬鉄 | 硬铁 |
| **steepest** ascent method | 最陡斜度法 | 最急傾斜法 | 最陡斜度法 |
| ─ descent method | 最速下降法 | 最急降下法 | 最速下降法 |

| 英　　文 | 臺　　灣 | 日　　文 | 大　　陸 |
|---|---|---|---|
| **steeping** fluid | 浸漬液 | 浸せき液 | 浸漬液 |
| — liquor | 浸漬液 | 浸せき液 | 浸漬液 |
| **steepness** | 陡度;斜度 | 斜度 | 陡度;斜度 |
| **steer** | 控制(方向);轉向 | ステア | 控制(方向);转向 |
| **steering** | 操縱方向;駕駛 | 操だ法 | 操纵方向;驾驶 |
| — brake | 轉向制動器 | かじ取りブレーキ | 转向制动器 |
| — clutch | 轉向離合器 | ステアリングクラッチ | 转向离合器 |
| — handle | 轉向手柄 | ステアリングハンドル | 转向手柄 |
| — pin | 轉向銷 | キングピン | 转向销 |
| — pivot | 轉向樞軸 | かじ取りピボット | 转向枢轴 |
| — pivot pin | 垂直梢;鉸接銷 | 垂直ピン | 垂直梢;铰接销 |
| — rack | 轉向齒條 | ステアリングラック | 转向齿条 |
| **stem** | 棒;套筒;桿;心柱;塞;頭部 | 心棒;心軸 | 棒;套筒;杆;心柱;头部 |
| — control | 桿式控制 | ステムコントロール | 杆式控制 |
| — extrusion | 擠壓桿擠壓 | ステム押出 | 挤压杆挤压 |
| — valve | 桿閥 | ステムバルブ | 杆阀 |
| **stemming** | 填塞物;堵塞物 | 込め物 | 填塞物;堵塞物 |
| **stenosation** | 加強抗張處理 | 強固抗張化 | 加强抗张处理 |
| **stent** | 展伸;展幅 | 伸張拡大 | 展伸;展幅 |
| **stenter** | 拉幅機 | 幅出機 | 拉幅机 |
| **stenting roll** | 手動張緊輥 | 手動枠張りロール | 手动张紧辊 |
| **step** | 級;階段;步位;梯級 | 歩み;階段 | 级;阶段;步位;梯级 |
| — back welding | 分段退銲 | 後退溶接 | 分段退焊 |
| — bearing | 階〔立〕式(止推)軸承 | 垂直軸受 | 阶〔立〕式(止推)轴承 |
| — bolt | 半圓頭方頸螺栓 | 足場ボルト | 半圆头方颈螺栓 |
| — brass | 蹄片 | 受金 | 闸瓦 |
| — brazing | 分段銲接;層次銲接 | ステップろう付け | 分段焊接;层次焊接 |
| — drill | 階級鑽頭 | ステップドリル | 阶梯钻头 |
| — drilling | (深孔)分段鑽削 | ステップドリリング | (深孔)分段钻削 |
| — feed | 周期進結〔三維仿形銑削〕 | ステップ送り | 分级进给;周期进结 |
| — feed drilling | 分級進給鑽削 | ステップ送り穴あけ | 分级进给钻削 |
| — feeler gage | 台階式測隙規 | ステップフィーラゲージ | 台阶式测隙规 |
| — gage | 階梯規;二階規 | ステップゲージ | 阶梯规;二阶规 |
| — gate | 階梯澆口 | 段湯口 | 阶梯浇口 |
| — joint-bar | 異形拼接板;異形接合夾板 | 異形継目板 | 异形接合夹板 |
| — mill cutter | 階梯形端銑刀 | ステップミルカッタ | 阶梯形端铣刀 |
| — milling | 步進式銑削 | ステップミリング | 步进式铣削 |
| — ring | 環形接紋 | ステップリング | 环形接纹 |
| — shelf | 階式台架 | 段棚 | 阶式台架 |
| — size | 步進尺寸 | ステップサイズ | 步进尺寸 |

| 英　　文 | 臺　　灣 | 日　　文 | 大　　陸 |
|---|---|---|---|
| ― stress test | 步進應力試驗 | ステップストレステスト | 步进应力试验 |
| ― test | 分級試驗 | 段階試験 | 分级试验 |
| ― type spot welder | 腳踏式點銲機 | 足踏式スポット溶接機 | 脚踏式点焊机 |
| ― valve | 階式閥;級閥 | ステップバルブ | 阶式阀;级阀 |
| ― wire | 台階形線;台階形金屬絲 | ステップワイヤ | 台阶形线;台阶形金属丝 |
| **step-by-step test** | 步進(制)試驗;逐步試驗 | 段階試験 | 步进(制)试验;逐步试验 |
| **Stephenson's valve gear** | 斯蒂芬森式閥裝置 | スチフンソンリンク装置 | 斯蒂芬森式阀装置 |
| **stepless** control | 連續控制;均勻調整 | ステップレス制御 | 连续控制;均匀调整 |
| ― speed change device | 無段變速器 | 無段変速機 | 无级变速器 |
| ― speed variation | 無段變速 | 無段変速 | 无级变速 |
| **stepped** annealing | 分段退火 | 段階焼鈍 | 分段退火 |
| ― austenitizing | 分段沃斯田鐵化 | 階段オーステナイト化 | 分段奥氏体化 |
| ― cam | 分級凸輪;分級鑲條 | ステップドカム | 分级凸轮;分级镶条 |
| ― cavity mold | 分段型腔模具 | 段付きキャビティ金型 | 分段型腔模具 |
| ― cone | 塔輪 | 段車 | 塔轮 |
| ― cooling | 分級冷卻 | 階段冷却 | 分级冷却 |
| ― driving pulley | 塔輪 | 段車 | 塔轮 |
| ― drum | 階梯形鼓輪 | 段付き胴 | 阶梯形鼓轮 |
| ― extrusion | 分段擠壓 | 段階押出し | 分段挤压 |
| ― gear | 塔形齒輪 | 段歯車 | 塔形齿轮 |
| ― hardening | 分級淬火 | 引上げ焼入れ | 分级淬火 |
| ― pulley | 級輪;塔輪 | 段車 | 级轮;宝塔(皮带)轮 |
| ― quenching | 分級淬火 | 階段焼入れ | 分级淬火 |
| ― runner | 分段澆口;階梯澆口 | 段湯道 | 分段浇口;阶梯浇口 |
| ― shaft | 階梯軸 | 段付き軸 | 阶梯轴 |
| ― side gate | 階梯側澆口 | 段湯口 | 阶梯侧浇口 |
| ― sprue | 階梯直澆口 | 段湯口 | 阶梯直浇口 |
| ― test bar | 階梯試塊 | 階段状試験片 | 阶梯试块 |
| **stepping** | 分級;步進;逐步變化的 | 段切り;步進 | 分级;步进;逐步变化的 |
| ― stage | 步進工作台 | ステッピングステージ | 步进工作台 |
| ― time | 步進時間 | ステッピングタイム | 步进时间 |
| **step-up** | 升壓;升高 | ステップアップ | 升压;升高 |
| ― austempering | 升溫恒溫淬火 | 昇温オーステンパー | 升温等温淬火 |
| ― cure | 分段硫化 | 逐増和硫 | 分段硫化 |
| **stereobate** | 柱基座;台基 | 台座 | 柱基座;台基 |
| **stereocomparagraph** | 立體座標測圖儀 | 簡易図化器 | 立体坐标测图仪 |
| **stereogoniometer** | 立體量角儀 | ステレオゴニオメータ | 立体量角仪 |
| **stereograph** | 實體圖 | 立体式 | 实体图 |
| **stereographic** projection | 立體投影;球面投影 | 平射投影法 | 立体投影;球面投影 |
| ― triangle | 立體儀三角形 | ステレオ三角形 | 立体仪三角形 |

| 英　文 | 臺　灣 | 日　文 | 大　陸 |
|---|---|---|---|
| stereomicrometer | 立體分厘卡 | 実体測微器 | 立体測微器 |
| stereoprojection | 立體投影；球面投影 | ステレ投影図法 | 立体投影；球面投影 |
| stereostructure | 立體結構 | 立体構造 | 立体结构 |
| stereotype | 鉛版 | 鉛版 | 铅版 |
| — casting machine | 鉛版澆注機 | 鉛版鋳造機 | 铅版浇注机 |
| Sterlin | 斯特林銅鎳鋅合金 | スターリン | 斯特林铜镍锌合金 |
| stern bush | 船尾軸襯套 | 船尾管ブシュ | 船尾轴衬套 |
| — shaft | 船尾軸 | 船尾軸 | 船尾轴 |
| — tube sealing | 船尾軸管軸封 | 船尾管軸封装置 | 船尾轴管轴封 |
| — tube seat | 船尾軸管軸座 | 船尾管座金 | 船尾轴管轴座 |
| — tube shaft | 船尾軸管軸 | 船尾管軸 | 船尾轴管轴 |
| stewartite | 鐵鑽石；斯圖爾特石 | スチュワート石 | 铁钻石；斯图尔特石 |
| stibium,Sb | 銻 | スチビウム | 锑 |
| stibonium | 銻〔指有機五價銻化合物〕 | スチボニューム | 锑〔指有机五价锑化合物〕 |
| stick | （砂輪）修整棒；卡死；槓桿 | つえ；粘着；遅延 | （砂轮）修整棒；卡死；杠杆 |
| — bite | 切斷〔槽〕刀 | ステッキバイト | 切断〔槽〕刀 |
| — circuit | 保持電路；自保電路 | ステッキ回路 | 保持电路；自保电路 |
| — in cavity | 脫模不良 | 離型不良 | 脱模不良 |
| — in mold | 脫模不良 | 離型不良 | 脱模不良 |
| — perforator | 錘擊穿孔機 | きねさん孔機 | 锤击穿孔机 |
| — slip | 黏附滑動；蠕動；爬行 | 焼付きすべり | 粘附滑动；蠕动；爬行 |
| sticker | 修模工具；多肉 | 繰形をえぐる機械 | 修型工具；多肉 |
| stickness | 黏著力；黏著性 | 粘着性 | 粘着力；粘着性 |
| sticking | 黏合；吸附 | 粘着；接着 | 粘合；吸附 |
| — agent | 黏著劑 | 固着剤 | 粘着剂 |
| — friction | 黏附摩擦 | 付着摩擦 | 粘附摩擦 |
| stiction | 靜摩擦 | 静摩擦 | 静摩擦 |
| Stiefel mill | 自動軋管機 | スティーフェルミル | 自动轧管机 |
| — process | 斯蒂弗爾自動軋管法 | スチーフェルプロセス | 斯蒂弗尔自动轧管法 |
| stiff fibre | 硬纖維 | 硬繊維 | 硬纤维 |
| — grease | 黏稠潤滑脂 | 粘厚グリース | 粘稠润滑脂 |
| — leg | 剛性支柱 | 剛脚 | 刚性支柱 |
| stiffened cylinder | 加肋圓柱殼；加肋圓筒 | 補強円筒殻 | 加肋圆柱壳；加肋圆筒 |
| — flange | 加筋凸緣 | 補強フランジ | 加筋法兰 |
| — plate | 加筋板；加強板 | 補強板 | 加筋板；加强板 |
| stiffener | 硬化劑；加勁構件 | 硬化剤 | 硬化剂；加劲构件 |
| stiffening | 剛性；補強；加強 | 剛化 | 刚性；补强；加强 |
| — agent | 硬化劑 | 剛化剤 | 硬化剂 |
| — angle | 加強角鋼 | 山形鋼スチフナー | 加劲角钢 |
| — angle iron | 加強角鐵 | 補強山形材 | 加劲角铁 |

**S**

| 英　　文 | 臺　　灣 | 日　　文 | 大　　陸 |
|---|---|---|---|
| — girder | 加強樑 | 補剛ガーダ | 加劲梁 |
| — member | 加強構件;防撓構件 | 補剛部材 | 加强构件;防挠构件 |
| — plate | 加強板 | 強め板 | 加强板 |
| — rib | 加強肋;防撓肋 | 補強リブ | 加强肋;防挠肋 |
| — ring | 加強環 | 補剛環 | 加劲环 |
| — temperature | 硬化溫度 | ぜい化温度 | 硬化温度 |
| — truss | 加強桁架 | 補剛構 | 加劲桁架 |
| **stiffner** | 加強板 | スチフナ | 加强板 |
| **stiffness** | 剛性;剛度 | 強じん性;剛性 | 刚性;刚度 |
| — characteristic | 剛性 | 剛性 | 刚性 |
| — coefficient | 剛性係數 | スチフネス係数 | 刚性系数 |
| — control | 勁度控制;剛度控制 | スティフネス制御 | 劲度控制;刚度控制 |
| — equation | 剛度方程(式) | 剛性方程式 | 刚度方程(式) |
| — in bend | 彎曲剛度 | 曲げ剛性 | 弯曲刚度 |
| — in flexure | 彎曲剛度 | 曲げ剛性 | 弯曲刚度 |
| — in torsion | 扭轉剛度 | ねじり剛性 | 扭转刚度 |
| — matrix | 剛度矩陣 | 剛性マトリクス | 刚度矩阵 |
| — modulus | 剛度模數 | 曲げ剛性率 | 刚度模数 |
| — property | 剛性 | 剛性 | 刚性 |
| — ratio | 剛性比;剛度比;勁度比 | こわさ比 | 刚性比;刚度比;劲度比 |
| — weight ratio | 剛性重量比 | 剛性対重量比 | 刚性重量比 |
| **stigma** | 瑕疵;烙痕 | スチグマ | 瑕疵;烙痕 |
| **still plating** | 靜噴鍍 | 静止めっき法 | 静喷镀 |
| **stillson wrench** | 管子鉗;管扳手 | 管回し | 管子钳;管扳手 |
| **stilpnosiderite** | 膠褐鐵礦 | 鉄れき青 | 胶褐铁矿 |
| **stilt** | 高架;支撐材;高蹻 | 高脚台 | 高架;支撑材;高跷 |
| **stirlingite** | 紅鋅礦;鋅錳鐵橄欖石 | スターリン石 | 红锌矿;锌锰铁橄榄石 |
| **stirred tank** | 攪拌槽 | かくはん槽 | 搅拌槽 |
| **stirrer** | 攪拌機 | かき混ぜ機 | 搅拌机 |
| **stirring** | 攪拌;攪動 | かき混ぜ | 搅拌;搅动 |
| — apparatus | 攪拌裝置 | かくはん装置 | 搅拌装置 |
| — hole | 攪拌孔;混合(出入)口 | かき混ぜ口 | 搅拌孔;混合(出入)口 |
| — machine | 攪拌機 | かくはん機 | 搅拌机 |
| — mill | 攪拌機 | かくはん機 | 搅拌机 |
| — rod | 攪棒 | かき混ぜ棒 | 搅棒 |
| **stirrup** | U形螺栓附件;箍筋 | ろっ筋 | U形螺栓附件;箍筋 |
| — bolt | 系板螺栓 | 羽子板ボルト | 系板螺栓 |
| — plate | 肋板 | ろく帯板 | 肋板 |
| **stitch** cam | 縫級凸輪 | 度山 | 缝纫凸轮 |
| — rivet | 連接鉚釘;綴合鉚釘 | とじ合せリベット | 连接铆钉;缀合铆钉 |

| 英　　文 | 臺　　灣 | 日　　文 | 大　　陸 |
|---|---|---|---|
| — welding | 斷續滾銲;自動連續點銲 | ステッチ溶接 | 断续滚焊;自动连续点焊 |
| **stitched seam** | 針腳式銲縫 | ステッチドシーム | 针脚式焊缝 |
| **stitchless seam** | 無針腳式銲縫 | ステッチレスシーム | 无针脚式焊缝 |
| **stochastic** automation | 隨機自動化 | 確率的自動化 | 随机自动化 |
| — control system | 隨機控制系統 | 確率制御システム | 随机控制系统 |
| — control theory | 隨機控制理論 | 確率制御理論 | 随机控制理论 |
| — design problem | 隨機(的)設計問題 | 確率的設計問題 | 随机(的)设计问题 |
| — optimal control | 隨機最優控制 | 確率的最適制御 | 随机最优控制 |
| — optimal controller | 隨機最優控制裝置〔器〕 | 確率的最適制御装置 | 随机最优控制装置〔器〕 |
| **stock** | 座;毛坯;架;庫存;杆 | 株;在庫 | 座;毛坯;架;库存;杆 |
| — allowance | 毛坯公差 | 取り代 | 毛坯公差 |
| — column | 高爐内裝入的爐料柱 | 高炉内装入材料 | (高炉内)装入的炉料柱 |
| — cutter | 切料機 | 素材せん断機 | 切料机 |
| — feed mechanism | 棒料進給機構 | 棒材送り機構 | 棒料进给机构 |
| — feeder | 送料器〔裝置〕 | 材料送り装置 | 送料器〔装置〕 |
| — gage | 定尺剪切坯料擋板 | ストックゲージ | 定尺剪切坯料挡板 |
| — guide | 板料導向裝置;導尺 | 材料の送り案内装置 | 板料导向装置;导尺 |
| — layout | 沖裁排樣;排料 | 板取り | (冲裁)排样;排料 |
| — lifter | 連續沖裁用板料升降器 | ストックリフタ | (连续冲裁用)板料升降器 |
| — oiler | 座架加油裝置;塗油裝置 | 潤滑装置 | 座架加油装置;涂油装置 |
| — pusher | 坯料彈簧側壓裝置 | ストックプッシャ | 坯料弹簧侧压装置 |
| — removal | 磨削量 | 研削量 | 磨削量 |
| — screw | 擠料螺桿 | ストックスクリュー | 挤料丝杠 |
| — stand | 存料架〔台〕 | 棒材スタンド | 存料架〔台〕 |
| — stop | 擋料器 | 材料位置決め装置 | 挡料器 |
| — support | 材料支架;帶座支架 | 材料支え | 材料支架;带座支架 |
| — taking | 存貨盤點 | 棚おろし | 存货盘点 |
| — thickness | 坯料厚度;材料厚度 | 材料厚さ | 坯料厚度;材料厚度 |
| — utilization | 材料利用率 | 材料利用率 | 材料利用率 |
| — vice | 台式虎鉗 | ストックバイス | 台式虎钳 |
| **stocker** | 堆料機;儲料機 | ストッカ | 堆料机;储料机 |
| **stocking cutter** | 柄式銑刀 | ストッキングカッタ | 柄式铣刀 |
| **stockline** | 料柱〔煉鐵〕 | 装入線 | 料柱〔炼铁〕 |
| — height | 送料高度 | 材料線高さ | 送料高度 |
| **stockpiling** | 貯存物 | 貯蔵物 | 贮存物 |
| **Stokes** diameter | 斯托克斯徑 | ストークス半径 | 斯托克斯径 |
| — flow | 斯托克斯流動 | ストークス流 | 斯托克斯流动 |
| — fluid | 斯托克斯流體 | ストークス流体 | 斯托克斯流体 |
| — formula | 斯托克斯公式 | ストークスの公式 | 斯托克斯公式 |
| — law of drag | 斯托克斯阻力定律 | ストークスの抵抗法則 | 斯托克斯阻力定律 |

| 英　　文 | 臺　　灣 | 日　　文 | 大　　陸 |
|---|---|---|---|
| **stoking** | 鼓上磨擊 | 火かき立て | 鼓上磨击 |
| — tool | 燒火工具；加煤工具 | 火だき道具 | 烧火工具；加煤工具 |
| **stone** coal | 無煙(塊)煤 | 無煙炭 | 无烟(块)煤 |
| — drill | 鑽石機 | さん石機 | 钻石机 |
| — hammer | 鐵錘；石工錘 | 玄能 | 铁锤；石工锤 |
| — head | 砂輪頭〔架〕 | と石ヘッド | 砂轮头〔架〕 |
| — holder | 砂輪托架 | と石保持台 | 砂轮托架 |
| — mill | 平磨；石磨；碎石機 | 石うす | 平磨；石磨；碎石机 |
| — pressure | 砂輪工作壓力 | と石圧力 | 砂轮工作压力 |
| — wheel | 砂輪 | ストーンホイール | 砂轮 |
| **stone-cutter** | 割石機 | 石切機 | 割石机 |
| **stoning** | 油石研磨 | 油と研磨 | 油石研磨 |
| **Stoodite** | 斯圖迪特銲條合金 | ストーダイト | 斯图迪特焊条合金 |
| **Stoody** | 斯圖迪鉻鎢鈷銲條合金 | ストーディ | 斯图迪铬钨钴焊条合金 |
| **stool** | 托架；底板 | ストウール | 托架；底板 |
| **stop** | 停止；斷流閥；銷；擋；塞住 | 停止装置 | 停止；断流阀；销；挡；塞住 |
| — ability | 制動能力 | ストップアビリティ | 制动能力 |
| — button | 停機按鈕；制動按鈕 | 停止ボタン | 停机按钮；制动按钮 |
| — check valve | 截止止回兩用閥 | ストップチェックバルブ | 截止止回两用阀 |
| — collar | 限動環 | ストップカラー | 限动环 |
| — control card | 停止控制卡片 | 停止制御カード | 停止控制卡片 |
| — dog | 擋塊；碰停塊 | ストップドッグ | 挡块；碰停块 |
| — element | 制動元件 | ストップエレメント | 制动元件 |
| — gage | 擋料裝置 | ストップゲージ | 挡料装置 |
| — gear | 停止裝置 | ストップギヤー | 停止装置 |
| — holder | 擋料裝置固定器 | ストップホルダ | 挡料装置固定器 |
| — key | 停機鍵 | ストップキー | 停机键 |
| — lever | 制動操作桿；止動桿 | 手ブレーキ | 制动操作杆；止动杆 |
| — motion | 停止逼動；停止裝置 | ストップモーション | 停止运动；停止装置 |
| — motion disc | 制動盤 | クラッチ台 | 制动盘 |
| — motion lever shaft | 制動手柄軸 | クラッチ軸 | 制动手柄轴 |
| — nut | 止動器螺母 | 戻り止めナット | 止动器螺母 |
| — pin | 止動銷；擋銷；限動銷 | 位置決めピン | 止动销；挡销；限动销 |
| — plate | 制動板 | 軸端受 | 制动板 |
| — ring | 止動環 | ストップリング | 止动环 |
| — rod | 止動桿 | ストップロッド | 止动杆 |
| — roll | 碰停轉筒 | ストップロール | 碰停转筒 |
| — screw | 止動螺釘；定位螺釘 | 止めねじ | 止动螺钉；定位螺钉 |
| — sleeve | 停止套筒 | ストップスリーブ | 停止套筒 |
| — slide valve | 止流閥 | スルース弁 | 止流阀 |

| 英　　文 | 臺　　灣 | 日　　文 | 大　　陸 |
|---|---|---|---|
| —valve | 斷流閥;關閉閥 | 止め弁 | 断流阀;关闭阀 |
| **stopcock** | 停止旋塞;活栓 | 締切コック | 停止旋塞;活栓 |
| **stop-off** lacquer | 電鍍隔絕塗料;防鍍漆 | めっきよけラッカ | 电镀隔绝涂料;防镀漆 |
| —material | 電鍍屏蔽材料 | めっき絶縁材 | 电镀屏蔽材料 |
| **stopper** | 制動器;澆口塞;停止劑 | 湯口栓;密栓 | 制动器;浇口塞;停止剂 |
| —bell | 料鐘 | 小鐘 | 料钟 |
| —end | 制動端 | ストッパエンド | 制动端 |
| —head | 制動器頭 | ストッパヘッド | 制动器头 |
| —pin | 限動銷;止動銷;擋銷 | ストッパピン | 限动销;止动销;挡销 |
| —rod | 塞桿;定程桿 | 栓止め棒 | 塞杆;定程杆 |
| —screw | 止動螺釘;緊定螺絲 | ストッパねじ | 止动螺钉;紧定螺丝 |
| **stopping** | 停止;制動;阻塞;抑制 | 停止 | 停止;制动;阻塞;抑制 |
| —bar | 泥塞桿;渣口塞桿 | 湯止め棒 | 泥塞杆;渣口塞杆 |
| —device | 停車〔止〕裝置 | 停止装置 | 停车〔止〕装置 |
| —motion | 制動運動;停車運動 | 停止運動 | 制动运动;停车运动 |
| —power | 制動功率 | 阻止能 | 制动功率 |
| —property | 密閉性;密封性 | 充てん性 | 密闭性;密封性 |
| —switch | 制動開關 | 停止開閉器 | 制动开关 |
| —time | 停止時間;制動時間 | 停止時間 | 停止时间;制动时间 |
| —valve | 斷流閥;閉路閥 | ストッピングバルブ | 断流阀;闭路阀 |
| **stopple** | 塞;栓;用塞塞住 | 栓 | 塞 |
| **storage** | 存儲器;存儲量 | 保管;貯蔵 | 存储器;存储量 |
| —battery | 蓄電池 | 蓄電池 | 蓄电池 |
| —battery plant | 蓄電池設備 | 蓄電池設備 | 蓄电池设备 |
| —cell | 蓄電池;存儲單元 | 蓄電池 | 蓄电池;存储单元 |
| —hopper | 儲料斗 | 貯蔵ホッパ | 储料斗 |
| —shear modulus | 儲存剪切彈性模量 | 貯蔵せん断弾性率 | 储存剪切弹性模量 |
| —spring constant | 儲備彈簧常數 | 貯蔵ばね定数 | 储备弹簧常数 |
| —temperature | 儲藏溫度 | 貯蔵温度 | 储藏温度 |
| —test | 儲藏試驗 | 貯蔵試験 | 储藏试验 |
| —unit | 存儲器;存儲元件〔單元〕 | 記憶単位 | 存储器;存储部件〔单元〕 |
| **stored** charge | 存儲電荷 | 蓄積電荷 | 存储电荷 |
| —data | 存儲數據 | 記憶データ | 存储数据 |
| —energy welding | 貯能銲 | 蓄勢式溶接 | 贮能焊 |
| —routine | 存儲程式 | 内蔵ルーチン | 存储程序 |
| **storm** | 阻力突變;擾動 | 暴風雨 | 阻力突变;扰动 |
| **Stormer** viscometer | 斯托瑪黏度計 | ストーマー氏粘度計 | 斯托玛粘度计 |
| —viscosity | 斯托瑪黏性 | ストーマー粘性 | 斯托玛粘性 |
| **stove** bolt | 爐用螺栓;短螺栓 | ストーブボルト | 炉用螺栓;短螺栓 |
| —coil | 爐用盤管;火爐盤管 | ストーブコイル | 炉用盘管;火炉盘管 |

**S**

| 英　　文 | 臺　　灣 | 日　　文 | 大　　陸 |
|---|---|---|---|
| **straddle** | 支柱;跨 | ストラドル | 支柱;跨 |
| — cutter | 雙面銑刀 | またぎフライス | 双面铣刀 |
| — truck | 龍門式吊運車 | ストラッドルトラック | 龙门式吊运车 |
| **straight** air brake | 直通氣閘 | 直通空気ブレーキ | 直通气闸 |
| — axle | 直軸 | 真直車軸 | 直轴 |
| — bead welding | 平行銲接;直線銲接 | ストレートビード溶接 | 平行焊接;直线焊接 |
| — beam | 直樑 | 直線ばり | 直梁 |
| — beam method | 直探法 | 垂直（探傷）法 | 直探法 |
| — beam probe | 直探頭 | 垂直探触子 | 直探头 |
| — bed | 直通(機)床身 | 通しベッド | 直通(机)床身 |
| — bevel gear | 直齒錐齒輪 | すぐ歯傘歯車 | 直齿锥齿轮 |
| — bevel gear generator | 直齒錐齒輪加工機床 | すぐ歯傘歯車歯切盤 | 直齿锥齿轮加工机床 |
| — binary notation | 直接二進制記數法 | 直二進表記法 | 直接二进制记数法 |
| — boiler | 平頂鍋爐 | ストレートボイラ | 平顶锅 |
| — boiler tap | 直柄帶鉸刀鍋爐絲攻 | ストレートボイラタップ | 直柄带铰刀锅炉丝锥 |
| — bore | 直孔〔口;膛;腔〕;搪直孔 | ストレート穴 | 直孔〔口;膛;腔〕;镗直孔 |
| — carbon steel | 普通(碳)鋼 | 普通鋼 | 普通(碳)钢 |
| — chain | 正鏈〔鍵〕;直鏈〔鍵〕 | 正鎖 | 正链〔键〕;直链〔键〕 |
| — circuit | 直接式電路;直通電路 | ストレート回路 | 直接式电路;直通电路 |
| — collet | 直夾套 | ストレートコレット | 直夹套 |
| — cut control system | 直線切削控制方式 | 直線切削制御方式 | 直线切削控制方式 |
| — cutter holder | 直角裝刀式刀桿〔夾〕 | ストレートカッタホルダ | 直角装刀式刀杆〔夹〕 |
| — delvery gate | 直澆口 | ストレートゲート | 直浇口 |
| — die | 直機頭 | ストレートダイ | 直机头 |
| — dipping process | 直接浸漬方法 | 直接浸せき方法 | 直接浸渍方法 |
| — drill | 直柄鑽頭 | ストレートドリル | 直柄钻头 |
| — edge | 直規〔尺;緣〕;平尺 | 直定規 | 直规〔尺;缘〕;平尺 |
| — fitting | 同徑接頭 | 同径継手 | 同径接头 |
| — flange | 直邊 | 直線フランジ | 直边 |
| — flanging | 直彎邊;直翻邊 | 直線曲げ | 直弯边;直翻边 |
| — flow valve | 直口流量閥 | ロータリー弁 | 直口流量阀 |
| — flute gear hob | 直槽齒輪滾刀 | 直溝ホブ | 直槽齿轮滚刀 |
| — fluted die | 直溝板牙 | 直溝ダイス | 直沟板牙 |
| — fluted drill | 直槽鑽頭 | 縦溝ドリル | 直槽钻头 |
| — fluted reamer | 直槽〔齒〕鉸刀 | 直刃リーマ | 直槽〔齿〕铰刀 |
| — forming | 陰模成形 | ストレート成形 | 阴模成形 |
| — foward machine | 專用機;單能機 | 単能機械 | 专用机;单能机 |
| — frame | 平行直樑式車架 | 直台枠 | 平行直梁式车架 |
| — gage | 直線規 | ストレートゲージ | 直线规 |
| — gash | 直裂紋;直溝 | 直線溝 | 直裂纹;直沟 |

1090

| 英　　文 | 臺　　灣 | 日　　文 | 大　　陸 |
|---|---|---|---|
| — guide | 直導軌 | ストレートガイド | 直导轨 |
| — joint | 直線接縫；通縫 | 芋目地 | 直线接缝；通缝 |
| — land | （拉刀的）鋒後導緣 | ストレートランド | （拉刀的）锋后导缘 |
| — merge | 直接合幷 | 直接的併合 | 直接合并 |
| — nickel steel | 純鎳鋼 | 純ニッケル鋼 | 纯镍钢 |
| — nozzle | 直線型噴嘴 | ストレートノズル | 直线型喷嘴 |
| — pin | 圓柱銷 | 平行ピン | 圆柱销 |
| — pipe | 直管 | 直管 | 直管 |
| — polarity | 正接（銲條負極）；正極性 | 正極性 | 正接（焊条负极）；正极性 |
| — punch | 直沖頭 | ストレートパンチ | 直冲头 |
| — reamer | 直槽〔齒〕鉸刀 | 直刃リーマ | 直槽〔齿〕铰刀 |
| — reel | 普通滾筒 | 棒がせ | 普通滚筒 |
| — roller | 普通軋輥 | 直線ローラ | 普通轧辊 |
| — ruler | 直尺 | 直定規 | 直尺 |
| — sawing | 直線鋸法 | 直線ひき | 直线锯法 |
| — scale | 直線刻度 | 直線目盛 | 直线刻度 |
| — scarf joint | 對開接頭 | 相欠き継手 | 对开接头 |
| — screw | 圓柱螺釘 | 平行ねじ | 圆柱螺钉 |
| — sequence | 直進銲接法 | 前進法 | 直进焊接法 |
| — shearing machine | 直刃剪床 | 直刃せん断機 | 直刃剪床 |
| — slide | 直線移動滑板 | ストレートスライド | 直线移动滑板 |
| — strut | 直支柱 | 直支材 | 直支柱 |
| — tail dog | 雞心夾頭 | 回し金 | 鸡心夹头 |
| — thread | 圓柱螺紋 | 平行ねじ | 圆柱螺纹 |
| — thread plug | 圓柱螺塞 | 平行ねじプラグ | 圆柱螺塞 |
| — thread screw | 圓柱螺桿 | 平行ねじスクリュー | 圆柱丝杠 |
| — tool | 直頭（外圓）車刀 | 剣バイト | 直头（外圆）车刀 |
| — tooth | 直齒 | 直刃 | 直齿 |
| — top boiler | 圓筒形鍋爐 | 円筒形ボイラ | 圆筒形锅炉 |
| — track | 直線軌道 | 直線軌道 | 直线轨道 |
| — tube boiler | 直管式鍋爐 | 直管式ボイラ | 直管式锅炉 |
| — union joint | 直管活接頭 | 一字ユニオン継手 | 直管活接头 |
| — vacuum forming | 簡易真空成型 | ストレート真空成形 | 简易真空成型 |
| — vortex filament | 直線渦線 | 直線渦糸 | 直线涡线 |
| — water tube boiler | 直管式水管鍋爐 | 直管式水管ボイラ | 直管式水管锅炉 |
| — welded joint | 直縫銲接接頭；對接銲縫 | 芋接 | 直缝焊接接头；对接焊缝 |
| — welded pipe | 直縫銲管；電阻對銲管 | 芋接管 | 直缝焊管；电阻对焊管 |
| **straightening** device | 矯直設備 | 整流装置 | 矫直设备 |
| — machine | 矯直〔正〕機 | ひずみ矯正機 | 矫直〔正〕机 |
| — press | 矯直壓力機；手壓直機 | 手動伸直機 | 矫直压力机；手压直机 |

| 英 文 | 臺 灣 | 日 文 | 大 陸 |
|---|---|---|---|
| — roll | 矯直輥;輥式矯直機 | くせ取りロール | 矫直辊;辊式矫直机 |
| **straight-line** bending | 直線彎曲 | 直線曲げ | 直线弯曲 |
| — chart | 計算圖表 | 計算図表 | 计算图表 |
| — coding | 直接式程式編碼 | 直線的コーディング | 直接式程序编制 |
| — flow fan | 筒型離心風機 | チューブ形遠心ファン | 筒型离心风栈 |
| — formula | 線性方程 | 直線公式 | 线性方程 |
| — furnace | 直線爐 | 直（線配）列炉 | 直线炉 |
| — motion | 直線運動 | 直線運動機構 | 直线运动 |
| — motion mechanism | 直線運動棧機構 | 直線運動機構 | 直线运动栈机构 |
| — relationship | 線性關係;直線關係 | 直線関係 | 线性关系;直线关系 |
| — tapered transformer | 直線式錐形變換器 | 直線テーパ変成器 | 直线式锥形变换器 |
| **straightness** | 平直度;直線度〔性〕 | 真直度 | 平直度;直线度〔性〕 |
| **straight-side press** | 雙柱沖床;雙柱壓床 | ストレートサイドプレス | 双柱压力机;双柱压床 |
| **straight-through hole** | 直通孔 | ストレートスルーホール | 直通孔 |
| **straightway valve** | 直通閥 | じか道弁 | 直通阀 |
| **strain** | 變形;應變 | ひずみ | 变形;应变 |
| — age brittleness | 應變時效脆性 | ひずみ時効ぜい性 | 应变时效脆性 |
| — age embrittlement | 應變時效脆性 | ひずみ時効ぜい性 | 应变时效脆性 |
| — ageing | 應變時效 | ひずみ時効 | 应变时效 |
| — ageing effect | 應變時效 | ひずみ時効 | 应变时效 |
| — amplifier | 應變放大器 | ストレーンアンプ | 应变放大器 |
| — amplitude | 應變振幅 | ひずみ振幅 | 应变振幅 |
| — at failure | 破壞應變 | 破壊ひずみ | 破坏应变 |
| — axis | 應變軸 | ひずみ軸 | 应变轴 |
| — circle | 應變圓 | ひずみ円 | 应变圆 |
| — component | 應變分量 | ひずみ成分 | 应变分量 |
| — compound tensor | 複合應變張量 | 混合ひずみテンソル | 复合应变张量 |
| — concentration | 應變集中 | ひずみ集中 | 应变集中 |
| — constant | 應變常數 | ひずみ定数 | 应变常数 |
| — control | 應變控制 | ひずみ制御 | 应变控制 |
| — crack | 應變裂縫 | ひずみ亀裂 | 应变裂缝 |
| — detector | 應變檢測器 | ひずみ検査器 | 应变检测器 |
| — deviation | 應變偏差 | 偏差ひずみ | 应变偏差 |
| — -displacement relation | 應變-位移關係 | ひずみ-変位関係 | 应变-位移关系 |
| — distribution | 應變分布 | ひずみ分布 | 应变分布 |
| — ellipse | 應變橢圓 | ひずみだ円 | 应变椭圆 |
| — ellipsoid | 應變橢圓面 | ひずみだ円体 | 应变椭圆面 |
| — energy | 應變能 | ひずみエネルギー | 应变能 |
| — energy function | 應變能函數 | ひずみエネルギー関数 | 应变能函数 |
| — energy method | 應變能法 | ひずみエネルギー法 | 应变能法 |

| 英　　文 | 臺　　灣 | 日　　文 | 大　　陸 |
|---|---|---|---|
| — energy of dilation | 膨脹應變能 | 膨張ひずみエネルギー | 膨胀应变能 |
| — energy of distortion | 變形(應變)能 | 偏差ひずみエネルギー | 变形(应变)能 |
| — figure | 應變圖 | ひずみ模様 | 应变图 |
| — increment | 應變增量 | ひずみ増分 | 应变增量 |
| — indicating lacquer | 應變塗料;測應變漆 | ひずみ表示塗料 | 应变涂料;测应变漆 |
| — indicator | 應變指示儀 | ひずみ計 | 应变指示仪 |
| — input | 應變輸入 | ひずみ入力 | 应变输入 |
| — insulator | 耐張力物體;耐疲勞物體 | 耐張用がい子 | 耐张力物体;耐疲劳物体 |
| — intensity | 應變強度 | ひずみ強度 | 应变强度 |
| — lag | 應變滯後 | ひずみの遅れ | 应变滞后 |
| — limit | 應變極限 | ひずみ限界 | 应变极限 |
| — line | 應變線 | ひずみ線 | 应变线 |
| — matrix | 應變矩陣 | ひずみマトリクス | 应变矩阵 |
| — measurement | 應變測定 | ひずみ測定 | 应变测定 |
| — measuring device | 應變儀 | ひずみ測定器 | 应变仪 |
| — meter | 應變儀 | ひずみ計 | 应变仪 |
| — pacer | 定速應變試驗裝置 | ストレーンペーサ | 定速应变试验装置 |
| — path | 應變途徑〔路線;軌跡〕 | ひずみ経路 | 应变途径〔路线;轨迹〕 |
| — pattern | 應變圖 | ひずみ模様 | 应变图 |
| — plate | 拉線板 | ストレーンプレート | 拉线板 |
| — point | 應變點 | ストレーンポイント | 应变点 |
| — quadrin | 應變二次曲面 | ひずみ二次曲面 | 应变二次曲面 |
| — quantity | 應變量 | ひずみ量 | 应变量 |
| — rate | 應變速度 | ひずみ速度 | 应变速度 |
| — recovery | 應變回復 | ひずみ回復 | 应变回复 |
| — relaxation | 應變鬆弛 | ひずみ緩和 | 应变松弛 |
| — relief | 溢流(出氣)冒口 | ストレーンリリーフ | 溢流(出气)冒口 |
| — relief anneal | 消除應變退火 | ひずみ取り焼なまし | 消除应变退火 |
| — relief tempering | 消除應變回火 | ひずみ取り焼もどし | 消除应变回火 |
| — resistance wire | 應變電阻絲 | ひずみ抵抗線 | 应变电阻丝 |
| — rigidity | 應變剛度 | ひずみ剛性 | 应变刚度 |
| — sensitivity | 應變速度敏感性 | ひずみ感度 | 应变速度敏感性 |
| — sheet | 應變表 | ひずみ表図 | 应变表 |
| — softening | 消除應變退火 | ひずみ軟化 | 消除应变退火 |
| — telemeter | 遙測應變儀 | ストレーンテレメータ | 遥测应变仪 |
| — tempering | 應變回火 | ひずみ焼もどし | 应变回火 |
| — tensor | 應變張量 | ひずみテンソル | 应变张量 |
| — theory | 應變學說;張力學說 | ひずみ理論 | 应变学说;张力学说 |
| — transducer | 應變感測器 | 感圧素子 | 应变传感器 |
| — tube | 應變管〔筒〕 | ストレーンチューブ | 应变管〔筒〕 |

S

| 英　　文 | 臺　　灣 | 日　　文 | 大　　陸 |
|---|---|---|---|
| — under tension | 拉伸變形 | 引張りひずみ | 拉伸变形 |
| — velocity | 變形速度 | ひずみ速度 | 变形速度 |
| **strained** casting | 變形鑄件 | 揚り鋳物 | 变形铸件 |
| — ring | 張力環 | 張力環 | 张力环 |
| — rubber | 應變橡膠 | 応変ゴム | 应变橡胶 |
| **strainer** | 濾器;網濾 | ごみよけ箱 | 滤器;网滤 |
| — chamber | 粗濾室;濾清室 | 脱水室 | 粗滤室;滤清室 |
| — core | 濾渣芯子 | あか取り中子 | 滤渣芯子 |
| — filter | 粗濾室;濾片濾器 | ろ過器 | 粗滤室;滤片滤器 |
| — plate | 過濾板 | ストレーナプレート | 过滤板 |
| **straingage** | 應變儀;變形測量儀 | 接着形ひずみ計 | 应变仪;变形测量仪 |
| — material | 應變量規材料 | ストレーンゲージ材料 | 应变量规材料 |
| — transducer | 應變片轉換器 | ストレーンゲージ変換器 | 应变片转换器 |
| — type torque transduce | 電阻式應變測扭儀 | 抵抗線式トルク計 | 电阻式应变测扭仪 |
| **strain-hardening** | 加工硬化 | ひずみ硬化 | 加工硬化 |
| — exponent | 應變硬化指數 | ひずみ硬化指数 | 应变硬化指数 |
| — material | 應變硬化材料 | ひずみ硬化体 | 应变硬化材料 |
| — theory | 應變〔加工〕硬化理論 | ひずみ硬化説 | 应变〔加工〕硬化理论 |
| **straining** beam | 雙層樑;跨腰樑 | 二重ばり | 双层梁;跨腰梁 |
| — piece | 支柱〔撐〕;挺〔吊〕桿 | 突張り | 支柱〔撑〕;挺〔吊〕杆 |
| — pulley | 張力輪 | 張り車 | 张力轮 |
| — rate | 應變速度;伸長速度 | ひずみ速度 | 应变速度;伸长速度 |
| — sill | 聯系樑上的副樑 | 添ばり | 联系梁上的副梁 |
| **strainless** resin | 無應變樹脂〔磁帶基材〕 | ストレーンレスレジン | 无应变树脂〔磁带基材〕 |
| — ring | 未應變環;無張力環 | 無応力（変形）環 | 未应变环;无张力环 |
| **strait flange** | 窄凸緣 | ストレイトフランジ | 窄凸缘 |
| **strake** | 板;板條 | 条板 | 板;板条 |
| **strand** | 絞繩;絞線 | より線 | 绞绳;绞线 |
| — mill | 多輥型鋼軋機;成形機架 | ストランドミル | 多辊型钢轧机;成形机架 |
| — rope | 股絞繩 | より縄 | 股绞绳 |
| — tensile strength | 絲束拉伸強度 | ストランド引張り強さ | 丝束拉伸强度 |
| — wire bond | 多股絞線連接 | より線ボンド | 多股绞线连接 |
| **stranded** conductor | 絞線 | より線 | 绞线 |
| — wire | 絞線 | ストランド線 | 绞线 |
| — wire spring | 絞線盤簧 | より線ばね | 绞线盘簧 |
| **strander** | 繩纜搓絞機 | ストランダ | 绳缆搓绞机 |
| **stranding** connection | 絞接;絞合 | より合せ接続 | 绞接;绞合 |
| — machine | 製繩機 | リード編機 | 制绳机 |
| **strangler valve** | 阻氣閥 | チョーク弁 | 阻气阀 |
| **strap** | 帶形鐵板;帶材 | あぶみ金物 | 带形铁板;带材 |

| 英　文 | 臺　灣 | 日　文 | 大　陸 |
|---|---|---|---|
| — iron | 帶鐵;帶形鐵皮 | 帯鉄 | 带铁;带形铁皮 |
| — joint | 蓋板接頭 | ストラップジョイント | 盖板接头 |
| — pipe-hanger | 吊管帶鐵;吊管扁鐵帶 | 管釣帯金物 | 吊管带铁;吊管扁铁带 |
| — pulley | 皮帶滑車 | 帯滑車 | 皮带滑车 |
| — ring | 耦合環 | ストラップリング | 耦合环 |
| — stiffner | 緊固帶鐵 | ストラップスチフナ | 紧固带铁 |
| **strapping** | 皮帶拋光;圍測;捆帶條 | 胴縁打ち | 皮带抛光;围测;捆带条 |
| **stratification sampling** | 分層取樣 | 層別サンプリング | 分层取样 |
| **stratified** charge | 分層進氣 | 層状給気 | 分层进气 |
| — plastic | 層壓塑料 | 層状プラスチックス | 层压塑料 |
| — sampling | 分層抽樣 | 層別サンプリング | 分层抽样 |
| **Strauss test** | 史特勞斯試驗 | ストラウス試験 | 斯特劳斯试验 |
| **streak** fissure | 條痕;條狀裂紋 | 地傷 | 条痕;条状裂纹 |
| — flaw | 條(狀裂)痕 | 地傷 | 条(状裂)痕 |
| — plate | 條痕板 | 条こん板 | 条痕板 |
| — test | 痕色試驗 | 条こん試験 | 痕色试验 |
| **streaky** structure | 條狀組織 | 条こん組織 | 条状组织 |
| **stream** handling | 連續進料或輸送 | 流れの処理 | 连续进料或输送 |
| — velocity | 流速 | 流速 | 流速 |
| **streamline** | 流線 | 流線 | 流线 |
| — analysis | 流線分析 | 流線解析 | 流线分析 |
| — body | 流線形物體;流線形車身 | 流線形物体 | 流线形物体;流线形车身 |
| — valve | 流線形閥 | ストリームラインバルブ | 流线形阀 |
| **streamlined** motion | 流線運動 | 流線運動 | 流线运动 |
| — return-bend headers | 流線形回彎頭 | 流線形帰り接手管寄せ | 流线形回弯头 |
| **street socket** | 帶內外螺紋的套管 | 雄雌ソケット | 带内外螺纹的套管 |
| **strengite** | 紅磷鐵礦 | 紅りん鉄鉱 | 红磷铁矿 |
| **strength** | 強度;力量;濃度 | 強度;強さ | 强度;力量;浓度 |
| — beam | 強樑;特設橫樑 | 特設ビーム | 强梁;特设横梁 |
| — characteristic | 強度特性 | 強度特性 | 强度特性 |
| — coefficient | 強度係數 | 強さ係数 | 强度系数 |
| — criterion | 強度標準 | 強度標準 | 强度标准 |
| — evaluation | 強度評定 | 耐力診断 | 强度评定 |
| — function | 強度函數 | 強度関数 | 强度函数 |
| — imparting material | 增加強度物料 | 流線増加物質 | (增)加强(度)物料 |
| — in compression | 壓縮強度 | 圧縮強さ | 压缩强度 |
| — in shear | 剪切強度 | せん断強さ | 剪切强度 |
| — limit | 強度極限 | 強さ限界 | 强度极限 |
| — member | 強力構件 | 強力メンバ | 强力构件 |
| — of bond | 連接強度;黏結強度 | 接着強さ | 连接强度;粘结强度 |

| 英　　文 | 臺　　灣 | 日　　文 | 大　　陸 |
|---|---|---|---|
| — of material | 材料強度;材料力學 | 材料強度 | 材料强度;材料力学 |
| — per unit area | 單位面積強度 | 単位面積当たりの強度 | 单位面积强度 |
| — property | 強度特性 | 強度特性 | 强度特性 |
| — ratio | 脆裂強度 | 比破裂度 | 脆裂强度 |
| — reduction | 強度削減 | 強度低下 | 强度削减 |
| — requirement | 強度要求;強度規範 | 強度規程 | 强度要求;强度规范 |
| — test | 強度試驗 | 強度試験 | 强度试验 |
| — theory | 強度學說 | 強さ学説 | 强度学说 |
| — weld | 高強度銲（縫） | 耐力溶接 | 高强度焊（缝） |
| **strengthened glass** | 鋼化玻璃 | 強化ガラス | 钢化玻璃 |
| **strengthening** agent | 增強劑 | 補強剤 | 增强剂 |
| — boss | 增強輪轂 | 補強ボス | 增强轮毂 |
| — rib | 補強肋 | 補強リブ | 补强肋 |
| — ring | 加強環〔箍〕 | 補強リング | 加强环〔箍〕 |
| **stress** | 應力 | 応力 | 应力 |
| — adding method | 應力加法 | 応力付加（方）法 | 应力加和法 |
| — aging | 應力時效 | 応力時効 | 应力时效 |
| — alternation | 應力更迭 | 応力交代 | 应力更迭 |
| — analysis | 應力分析 | 応力解析 | 应力分析 |
| — axis | 應力軸 | 応力軸 | 应力轴 |
| — block | 應力塊;應力區 | 応力ブロック | 应力块;应力区 |
| — calculation | 應力計算 | 応力計算 | 应力计算 |
| — circle | 應力圓 | 応力円 | 应力圆 |
| — coat | 應力塗料;脆性塗料 | 応力亀裂塗料 | 应力涂料;脆性涂料 |
| — coating | 應力分布塗層檢驗法 | 応力塗膜測定法 | 应力分布涂层检验法 |
| — component | 應力分量 | 応力成分 | 应力分量 |
| — concentration | 應力集中 | 応力集中 | 应力集中 |
| — concentration factor | 應力集中係數 | 応力集中係数 | 应力集中系数 |
| — concentration method | 應力集中法 | 応力集中法 | 应力集中法 |
| — concentrator | 應力集中區 | 応力集中器 | 应力集中区 |
| — condition | 應力條件;應力狀態 | 応力條件 | 应力条件;应力状态 |
| — cone | 應力錐 | ストレスコーン | 应力锥 |
| — conic | 應力二次曲線 | 応力二次曲線 | 应力二次曲线 |
| — control | 應力控制 | 応力制御 | 应力控制 |
| — corrosion | 應力腐蝕 | 応力腐食 | 应力腐蚀 |
| — corrosion cracking | 應力腐蝕裂紋 | 応力腐食割れ | 应力腐蚀裂纹 |
| — corrosion fracture | 應力腐蝕破斷 | 応力腐食破断 | 应力腐蚀破断 |
| — corrosion test | 應力腐蝕試驗 | 応力腐食試験 | 应力腐蚀试验 |
| — crack | 應力龜裂 | 応力亀裂 | 应力龟裂 |
| — crack resistance | 拉應力龜裂性 | 耐応力亀裂性 | 拉应力龟裂性 |

| 英　　文 | 臺　　灣 | 日　　文 | 大　　陸 |
|---|---|---|---|
| — cracking agent | 應力龜裂試劑 | 応力亀裂剤 | 应力龟裂试剂 |
| — cracking environment | 應力開裂環境 | 応力亀裂環境 | 应力开裂环境 |
| — cracking resistance | 耐應力開裂性 | 耐応力亀裂性 | 耐应力开裂性 |
| — crazing | 應力裂紋 | 応力ひび割れ | 应力裂纹 |
| — cycle | 應力循環 | 応力サイクル | 应力循环 |
| — decay | 應力鬆弛 | 応力減衰 | 应力松弛 |
| — deformation diagram | 應力-應變線圖 | 応力変形線図 | 应力-应变线图 |
| — deviation | 應力偏差〔量〕;偏差應力 | 応力偏差 | 应力偏差〔量〕;偏差应力 |
| — diagram | 應力圖 | 応力図 | 应力图 |
| — distribution | 應力分布 | 応力分布 | 应力分布 |
| — due to vibration | 振動應力 | 振動で生じる応力 | 振动应力 |
| — ellipse | 應力橢圓 | 応力だ円 | 应力椭圆 |
| — ellipsoid | 應力橢球 | 応力だ円体 | 应力椭球 |
| — -endurance curve | 應力-耐久曲線 | 応力繰返し曲線 | 应力-耐久曲线 |
| — -endurance diagram | 應力-耐久曲線 | 応力繰返し曲線 | 应力-耐久曲线 |
| — energy | 應力能 | 応力エネルギー | 应力能 |
| — equalizing anneal | 應力均勻化退火 | 応力ならし焼なまし | 应力均匀化退火 |
| — fatigue | 應力疲勞 | 応力疲労 | 应力疲劳 |
| — field | 應力場 | 応力場 | 应力场 |
| — fixation method | 應力凍結法 | 応力凍結法 | 应力冻结法 |
| — for sustained loading | 長期負載應力 | 長期負荷で生じる応力 | 长期荷载应力 |
| — for temporary loading | 短期負載應力 | 短期負荷で生じる応力 | 短期荷载应力 |
| — freezing | 應力凍結 | 応力凍結 | 应力冻结 |
| — freezing method | 應力凍結法 | 応力凍結法 | 应力冻结法 |
| — function | 應力函數 | 応力関数 | 应力函数 |
| — gage | 應力計 | 応力ゲージ | 应力计 |
| — gradient | 應力梯度 | 応力こう配 | 应力梯度 |
| — heating | 加載加熱法 | 荷重加熱法 | 加载加热法 |
| — history | 應力(隨時間的)變化 | 応力履歴 | 应力(随时间的)变化 |
| — in compression | 壓縮應力 | 圧縮応力 | 压缩应力 |
| — in electrod deposits | 電鍍層內應力 | 電着応力 | (电)镀层(内)应力 |
| — in flexure | 彎曲應力 | 曲げ応力 | 弯曲应力 |
| — in tension | 應力拉伸 | 引張り応力 | 应力拉伸 |
| — in three-dimension | 三維應力 | 三次元応力 | 三维应力 |
| — increment | 應力增大;應力增額 | 応力増加率 | 应力增大;应力增额 |
| — indcx | 應力指數 | 応力指数 | 应力指数 |
| — intensity | 應力強度 | 応力強度 | 应力强度 |
| — intensity factor | 應力強度因數 | 応力強度係数K値 | 应力强度因子 |
| — level | 應力級;應力水平 | 応力レベル | 应力级;应力水平 |
| — matrix | 應力矩陣 | 応力マトリクス | 应力矩阵 |

| 英　文 | 臺　灣 | 日　文 | 大　陸 |
|---|---|---|---|
| ─ measurement | 應力測量 | 応力測定 | 应力测量 |
| ─ meter | 應力計 | 応力計 | 应力计 |
| ─ method | 應力法 | 応力法 | 应力法 |
| ─ of compression | 壓縮應力 | 圧縮応力 | 压缩应力 |
| ─ of tangent modulus | 切線模量應力 | 接線係数応力 | 切线模量应力 |
| ─ parameter | 應力參數 | ストレスパラメータ | 应力参数 |
| ─ pattern | 應力圖 | 応力図形 | 应力图 |
| ─ peening | 應力強化;噴砂強化 | ストレスピーニング | 应力强化;喷丸强化 |
| ─ propagation | 應力傳播 | 応力伝搬 | 应力传播 |
| ─ quadric | 應力二次曲面 | 応力二次曲面 | 应力二次曲面 |
| ─ raiser | 應力集中部位 | 応力強化部 | 应力集中部位 |
| ─ range | 應力範圍 | 応力範囲 | 应力范围 |
| ─ rate | 應力速度;拉伸速度 | 応力速度 | 应力速度;拉伸速度 |
| ─ ratio method | 應力比例法 | 応力比例法 | 应力比(例)法 |
| ─ relaxation | 應力鬆弛 | 応力緩和 | 应力松弛 |
| ─ relaxation response | 應力鬆弛反應 | 応力緩和応答 | 应力松弛反应 |
| ─ relief annealing | 消除內應力退火 | 応力除去焼なまし | 消除内应力退火 |
| ─ relief annealing crack | 再熱裂紋 | 応力除去割れ | 再热裂纹 |
| ─ relief heat treatment | 消除應力熱處理 | 応力除去熱処理 | 消除应力热处理 |
| ─ relief tempering | 消除應力退火 | ひずみ取り焼なまし | 消除应力退火 |
| ─ relieving by furnace | 爐內消除應力法 | 炉内応力除去 | 炉内消除应力(法) |
| ─ relieving furnace | 應力消除爐 | 応力除去炉 | 应力消除炉 |
| ─ resultant | 合應力 | 合応力 | 合应力 |
| ─ ring test | 應力環試驗 | ストレスリングテスト | 应力环试验 |
| ─ rivet | 受力鉚釘;傳力鉚釘 | 耐力リベット | 受力铆钉;传力铆钉 |
| ─ rupture | 應力斷裂 | 応力破断 | 应力断裂 |
| ─ rupture strength | 應力斷裂強度 | 応力破断強さ | 应力断裂强度 |
| ─ rupture test | 應力-破壞試驗 | 応力-破壊試験 | 应力-破坏试验 |
| ─ sensitivity | 應力靈敏度 | 応力感度 | 应力灵敏度 |
| ─ similitude | 應力相似 | 応力相似性 | 应力相似 |
| ─ skin | 應力外皮 | 応力表皮 | 应力外皮 |
| ─ skin construction | 外殼受力結構 | 応力外皮構造 | 外壳受力结构 |
| ─ sorption cracking | 應力吸附裂紋 | 応力吸着割れ | 应力吸附裂纹 |
| ─ -strain characteristic | 應力-應變特性 | 応力-ひずみ特性 | 应力-应变特性 |
| ─ -strain curve | 應力-應變曲線 | 応力ひずみ曲線 | 应力-应变曲线 |
| ─ -strain diagram | 應力-應變圖 | 応力ひずみ図形 | 应力-应变图 |
| ─ -strain measurements | 應力-應變關係值的測定 | 応力-ひずみ関係測定値 | 应力-应变关系值的测定 |
| ─ -strain rate | 應力-應變速度 | 応力-ひずみ速度 | 应力-应变速度 |
| ─ -strain ratio | 應力-應變比 | 応力対ひずみ比 | 应力-应变比 |
| ─ surface | 應力丘;應力曲面 | 応力面 | 应力丘;应力曲面 |

| 英　　文 | 臺　　灣 | 日　　文 | 大　　陸 |
|---|---|---|---|
| — tensor | 應力張量 | 応力テンソル | 应力张量 |
| — trajectory | 應力圖 | 応力線 | 应力图 |
| — under compression | 壓縮應力 | 圧縮応力 | 压缩应力 |
| — vector | 應力向量 | 応力ベクトル | 应力矢量 |
| — wave | 應力波 | 応力波 | 应力波 |
| — weld | 高強度銲接〔縫〕 | 耐力溶接 | 高强度焊接〔缝〕 |
| — whitening | 應力白化現象 | 応力白化 | 应力白化现象 |
| — wrinkle | 應力紋 | 応力じわ | 应力纹 |
| — zyglo | 應力螢光探傷〔器〕 | ストレスザイグロ | 应力荧光探伤〔器〕 |
| **stretch** | 直尺;拉伸;延展;直規 | 伸び | 直尺;拉伸;延展;直规 |
| — -bending | 拉伸彎曲 | 延伸曲げ | 拉伸弯曲 |
| — draw die | 張拉成形模 | ストレッチドローダイス | 张拉成形模 |
| — expand forming | 拉伸膨脹成形;膨脹拉形 | 引張り-張出し成形 | 拉伸膨胀成形;膨胀拉形 |
| — fabric | 拉伸坯料 | 伸縮生地 | 拉伸坯料 |
| — factor | 伸長係數 | 引伸し率 | 伸长系数 |
| — film | 拉伸薄膜 | ストレッチフィルム | 拉伸薄膜 |
| — flange | 伸展凸緣 | ストレッチフランジ | 伸展凸缘 |
| — forming | 拉形 | 引張り成形法 | 拉形 |
| — forming press | 拉形機 | 引張り成形機 | 拉形机 |
| — levelling | 張拉矯平;張拉矯直 | 引張り矯正 | 张拉矫平;张拉矫直 |
| — machine | 拉伸機;延伸機 | 延伸機 | 拉伸机;延伸机 |
| — modulus | 拉伸彈性模量 | 伸張弾性率 | 拉伸弹性模量 |
| — planishing | 強力旋壓;變薄旋壓 | ストレッチプラニシング | 强力旋压;变薄旋压 |
| — property | 拉伸性能 | 伸縮性 | 拉伸性能 |
| — ratio | 延伸率;伸長比 | 延伸比 | 延伸率;伸长比 |
| — reducer | 拉伸縮徑軋機 | ストレッチレデューサ | 拉伸缩径轧机 |
| — ribbon | 延伸帶 | 伸縮リボン | 延伸带 |
| — roll | 張力輥 | 張りロール | 张力辊 |
| — rotary forming | 張拉回轉成形;轉台式拉形 | 回転引張り成形法 | 张拉回转成形 |
| — test | 拉伸試驗 | 伸張試験 | 拉伸试验 |
| — thrust | 引伸逆斷層 | 伸長衝上 | 引伸逆断层 |
| — -wrap forming | 張拉卷纏成形 | 引張り巻付け成形法 | 张拉卷缠成形 |
| **stretchability** | 拉伸性;抽伸性 | 可伸張性 | 拉伸性;抽伸性 |
| **stretched** sheeting | 單向拉伸片 | 延伸シート | 单向拉伸片 |
| — zone | 伸張區 | ストレッチトゾーン | 伸张区 |
| **stretcher** | 伸張器;薄板矯直機 | 伸張機 | 伸张器;薄板矫直机 |
| — forming | 張拉-模壓成形加工 | ストレッチャフォーミング | 张拉-模压成形加工 |
| — leveler | 拉伸矯直機 | 引張り矯正機 | 拉伸矫直机 |
| — levelling | 拉伸校直 | 引張り矯正 | 拉伸校直 |
| — line | 引伸線;應變圖 | ストレッチャライン | 引伸线;应变图 |

S

| 英　　文 | 臺　　灣 | 日　　文 | 大　　陸 |
|---|---|---|---|
| — strain | 拉伸應變 | ひずみ模様 | 拉伸应变 |
| **stretching** apparatus | 拉伸機 | 伸張機 | 拉伸机 |
| — device | 拉伸裝置 | 伸展裝置 | 拉伸装置 |
| — effect | 伸長效應 | 引伸効果 | 伸长效应 |
| — force | 拉伸力;延伸力 | 延伸力 | 拉伸力;延伸力 |
| — machine | 拉伸矯直機 | 引張り矯正機 | 拉伸矫直机 |
| — over former | 彎曲成形 | わん曲成形 | 弯曲成形 |
| — property | 延展性 | 伸縮性 | 延展性 |
| — pulley | 皮帶張緊輪 | 張り車 | 皮带张紧轮 |
| — screw | 調整螺釘〔桿〕;拉緊螺釘 | 調整ねじ | 调整螺钉〔杆〕;拉紧螺钉 |
| — strain | 拉伸應變 | 引張りひずみ | 拉伸应变 |
| — stress | 拉伸應力 | 引張り応力 | 拉伸应力 |
| — test | 抽伸試驗 | 緊張試驗 | 抽伸试验 |
| — vibration | 伸縮振動 | 伸縮振動 | 伸缩振动 |
| **stria** | 條紋 | 条線 | 条纹 |
| **strickle** | 刮板;刮模器 | 引き板 | 刮板;刮型器 |
| — arm | 刮板臂 | 引板支持板 | 刮板臂 |
| — board | 刮板 | 引板 | 刮板 |
| — board support | 刮板座 | 引板支持板 | 刮板座 |
| **strickling core** | 刮製芯;車製芯 | かき中子 | 刮制芯;车制芯 |
| **striction** | 緊縮;收縮 | ストリクション | 紧缩;收缩 |
| **strike** | 起弧;放電;打;觸擊電鍍 | 同盟罷業 | 起弧;放电;打;触击电镀 |
| — copper plating | 沖擊鍍銅層;閃鍍銅層 | ストライク銅めっき | 冲击镀铜(层);闪镀铜 |
| — figure | 投影 | 打像 | 投影 |
| — number | 貨幣鑄造次數 | 鋳造一回分なべ数 | (货币)铸造次数 |
| — pan | 刮板底座;精煉鍋 | 仕上げがま | 刮板底座;精炼锅 |
| **strikeback** | (煤氣燈的)回火 | 逆火 | (煤气灯的)回火 |
| **striker** | 大鐵錘;撞針 | 先細つち | 大铁锤;撞针 |
| — opening | 衝擊口 | 受座の口 | 冲击口 |
| **striking arm** | 衝擊桿 | 打擊アーム | 冲击杆 |
| — current | 起弧電流;擊穿電流 | 始動電流 | 起弧电流;击穿电流 |
| — current of arc | 起弧電流 | 点弧電流 | 起弧电流 |
| — distance | 放電距離 | 放電距離 | 放电距离 |
| — edge | 衝擊面 | 打擊面 | 冲击面 |
| — end of electrode | 銲條引弧端 | アーク発生端 | 焊条引弧端 |
| — energy | 衝擊能量 | 衝擊エネルギー | 冲击能量 |
| — machine | 擴展機;延伸器 | 引伸し機 | 扩展机;延伸器 |
| — member | 衝擊元件 | 打擊体 | 冲击元件 |
| — of arch | 拆除拱模〔架〕 | せり枠外し | 拆除拱模〔架〕 |
| — out | 劃線;標線 | 墨掛け | 划线;标线 |

| 英　　文 | 臺　　灣 | 日　　文 | 大　　陸 |
|---|---|---|---|
| — pendulum | 衝擊錘〔擺〕 | 打擊振子 | 冲击锤〔摆〕 |
| — plating | 門鎖碰板;門鎖舌孔板 | ストライクめっき | 门锁碰板;门锁舌孔板 |
| — power | 衝擊力 | 打擊力 | 冲击力 |
| — voltage | 起弧電壓 | 点弧電压 | 起弧电压 |
| — wrench | 衝擊式扳手 | ストライキングレンチ | 冲击式扳手 |
| **string** | 鑽具組;列 | ストリング | 钻具组;列 |
| — bead | 線狀銲縫 | ストリングビード | 线状焊缝 |
| — filter | 線式濾油器 | ストリングフィルタ | 线式滤油器 |
| **stringer** | 縱樑 | ストリンガ | 纵梁 |
| — angle | 縱樑角鋼 | ストリンガ山形材 | 纵梁角钢 |
| — bracket | 縱樑托座 | 縦げたブラケット | 纵梁托座 |
| **strip** | 板條;剝傷 | 帯板 | 板条;剥伤 |
| — bridge | 帶料沖裁邊 | さん | 带料冲裁边 |
| — calender | 條膠壓延機 | ゴム板片圧延機 | 条胶压延机 |
| — conductor | 條狀導體 | 条導体 | 条状导体 |
| — development | 帶料展開;條料排樣 | 帯板展開寸法 | 带料展开;条料排样 |
| — die | 帶材擠壓模 | ストリップ押出しダイ | 带材挤压模 |
| — feed | 帶料送進 | ストリップフィード | 带料送进 |
| — fuse | 片狀保險絲;片狀熔絲 | 板ヒューズ | 片状保险丝;片状熔丝 |
| — heating | 單面氧-乙炔焰線狀加熱 | 線条加熱 | 单面氧-乙炔焰线状加热 |
| — ingot | 軋製用金屬錠 | 圧延用の金属塊 | 轧制用金属锭 |
| — iron | 冷軋帶鋼;帶鐵 | 帯鉄 | 冷轧带钢;带铁 |
| — machine | 脫模機;粗加工機床 | ストリップマシン | 脱模机;粗加工机床 |
| — mill | 帶材軋機 | ストリップ圧延機 | 带材轧机 |
| — out diameter | 條狀延伸直徑 | ストリップアウト直径 | 条状延伸直径 |
| — pin | 起模銷;起模桿 | ストリップピン | 起模销;起模杆 |
| — sample | 帶條試樣 | ストリップ試料 | 带条试样 |
| — specimen | 矩形試樣 | ストリップ試験片 | 矩形试样 |
| — splitter | 條材剪裁機 | リボン材縦切断機 | 条材剪裁机 |
| — steel | 帶鋼;鋼帶 | ストリップ鋼 | 带钢;钢带 |
| — structure | 帶條結構 | ストリップ構造 | 带条结构 |
| — winder | 卷帶機 | ストリップ巻取機 | 卷带机 |
| — winding machine | 卷帶機 | ストリップ巻取機 | 卷带机 |
| **strippable plastic** | 可剝性塑料 | 可はく性プラスチック | 可剥性塑料 |
| **stripped** coal | 條紋〔狀〕煤炭 | しま炭 | 条纹〔状〕煤炭 |
| — gear | 輪齒斷缺的齒輪 | ストリップドギヤー | 轮齿断缺的齿轮 |
| — joint | 刮平縫;軋縫 | 押し目地 | 刮平缝;轧缝 |
| — nut | 斷牙螺母;鎖緊圓螺母 | ストリップドナット | 断牙螺母;锁紧圆螺母 |
| **stripper** | 沖孔模;脫模機;卸料器 | はがし工具 | 冲孔模;脱模机;卸料器 |
| — bust | 脫模襯套;卸料襯套 | ストリッパブッシュ | 脱模衬套;卸料衬套 |

| 英　　　文 | 臺　　　灣 | 日　　　文 | 大　　　陸 |
|---|---|---|---|
| — machine | 脫模裝置;起模裝置 | ストリッパマシン | 脱模装置;起模装置 |
| — pin | 起模頂桿;頂料銷 | ストリッパピン | 起模顶杆;顶料销 |
| — plate | 卸料板;脫模板 | はね出し板 | 卸料板;脱模板 |
| — plate mold | 漏模鑄模;漏模造模 | 抜取り板付き金型 | 漏模铸型;漏模造型 |
| — pump | 殘油泵 | 残油ポンプ | 残油泵 |
| — punch | 脫模沖頭;頂件沖頭 | 押出しパンチ | 脱模冲头;顶件冲头 |
| — tank | 脫模器槽 | 種板槽 | 脱模器槽 |
| — tongs | 脫錠鉗 | ストリッパトング | 脱锭钳 |
| **stripping** | 起模操作;漏模 | 型上げ操作 | 起模操作;漏模 |
| — device | 脫模工具 | 型抜工具 | 脱模工具 |
| — force | 卸料力;退料力 | かす取り力 | 卸料力;退料力 |
| — fork | 鉤式卸料裝置 | はね出し用フォーク | 钩式卸料装置 |
| — machine | 脫模機 | ストリッピングマシン | 脱模机 |
| — metallic coating | 金屬鍍層退除法 | めっきはく離法 | 金属镀层退除法 |
| — of nickel plating | 鎳鍍層退除 | ニッケルめっきのはく離 | 镍镀层退除 |
| — plate | 脫模板;起模板;導板 | 案内板 | 脱模板;起模板;导板 |
| — pressure | 卸料力;脫料力 | かす取り力 | 卸料力;脱料力 |
| — solvent | 脫模溶劑 | はく離用溶剤 | 脱模溶剂 |
| — test | 剝落試驗;剝離試驗 | はく離試験 | 剥落试验;剥离试验 |
| — tool | 脫模工具;剝片工具 | はく離用工具 | 脱模工具;剥片工具 |
| **stroke** | 行程;衝程;筆劃 | 行程 | 行程;冲程;笔划 |
| — adjustment | 行程調整 | ストローク調整 | 行程调整 |
| — alteration | 滑塊調整;行程改變 | ラム調整 | 滑块调整;行程改变 |
| — bore ratio | 衝程缸徑比 | 行程内径比 | 冲程缸径比 |
| — control | 行程控制;衝程控制 | ストロークコントロール | 行程控制;冲程控制 |
| — dog | 行程擋塊 | ストロークドッグ | 行程挡块 |
| — down | 下行〔衝〕程 | ストロークダウン | 下行〔冲〕程 |
| — edge | 筆劃邊緣 | ストロークの縁 | 笔划边缘 |
| — end | 行程末端;;衝程末端 | ストロークエンド | 行程末端;;冲程末端 |
| — limit | 行程極限〔範圍〕 | ストロークリミット | 行程极限〔范围〕 |
| — limiter | 行程限制器 | 行程制限器 | 行程限制器 |
| — limiting device | 限程裝置 | 開度制限装置 | 限程装置 |
| — method | 衝擊法;打擊法 | ストローク方式 | 冲击法;打击法 |
| — milling | 直線走刀曲面仿形銑 | ストロークミリング | 直线走刀曲面仿形铣 |
| — motor | 衝程電動機 | ストロークモータ | 冲程电动机 |
| — of a press | 沖床行程 | プレスの行程 | 压力机行程 |
| — of piston | 活塞行程 | ピストンの行程 | 活塞行程 |
| — of slide | 滑動行程;滑座衝程 | ストローク長さ | 滑动行程;滑座冲程 |
| — sander | 往復打磨機;往復噴砂機 | ストロークサンダ | 往复打磨机;往复喷砂机 |
| — volume | 衝程容積 | 行程容積 | 冲程容积 |

| 英　文 | 臺　灣 | 日　文 | 大　陸 |
|---|---|---|---|
| **strong** acid | 強酸 | 強酸 | 强酸 |
| — alkali | 強鹼 | 強アルカリ | 强碱 |
| — beam | 強力樑 | 高強度ばり | 强力梁 |
| — coal | 硬煤 | 強火力石炭 | 硬煤 |
| — crystal field | 強晶體場 | 強い結晶場 | 强晶体场 |
| — glass | 鋼化玻璃 | 強化ガラス | 钢化玻璃 |
| **strongly caking coal** | 強黏結煤〔炭〕 | 強粘結炭 | 强粘结煤〔炭〕 |
| **strop** | （滑車的）環索；滑車帶 | ストロップ | （滑车的）环索；滑车带 |
| **strophoid** | 環索線 | ストロフォイド | 环索线 |
| **stropped joint** | 搭板接頭；墊板銲接頭 | 当て金継手 | 搭板接头；垫板焊接头 |
| **struck joint** | 斜勾縫；刮縫 | ストラックジョイント | 斜勾缝；刮缝 |
| **structural** alloy steel | 合金結構鋼 | 構造用合金鋼 | 结构用合金钢 |
| — aluminum alloy | 結構用鋁合金 | 構造用アルミニウム合金 | 结构用铝合金 |
| — analysis | 結構分析 | 構造分析 | 结构分析 |
| — analysis control | 結構分析控制 | 構造解析制御 | 结构分析控制 |
| — annealing | 組織穩定退火 | 組織安定化焼なまし | 组织稳定退火 |
| — arrangement | 結構布置 | 構造配置 | 结构布置 |
| — calculation | 結構計算 | 構造計算 | 结构计算 |
| — cast steel | 結構用鑄鋼 | 構造用鋳鋼 | 结构用铸钢 |
| — change | 結構改變 | 構造変化 | 结构改变 |
| — chart | 結構圖 | 機構図 | 结构图 |
| — component | 構件 | 構造部材 | 构件 |
| — composite | 結構用複合材料 | 構造用複合材料 | 结构用复合材料 |
| — constitution | 組織成分 | 組織成分 | 组织成分 |
| — controllability | 結構的可控制性 | 構造的可制御性 | 结构的可控制性 |
| — cost optimization | 結構費用最優化 | 構造的費用最適化 | 结构费用最优化 |
| — damage | 結構損壞 | 構造損傷 | 结构损坏 |
| — damping | 結構減震〔阻尼〕 | 構造減衰 | 结构减震〔阻尼〕 |
| — design drawing | 結構設計圖 | 構造設計図 | 结构设计图 |
| — discontinuity | 結構間斷；結構不連續性 | 構造不連続 | 结构间断；结构不连续性 |
| — dynamics analysis | 結構動態分析 | 構造動特性解析 | 结构动态分析 |
| — element | 結構元素；結構構件 | 構成元素 | 结构元素；结构构件 |
| — engineering | 結構工程學 | 構造工学 | 结构工程学 |
| — examination | 結構檢查 | 構造検査 | 结构检查 |
| — experiment | 結構試驗 | 構造実験 | 结构试验 |
| — fabrication | 結構裝配 | 構造組立 | 结构装配 |
| — failure | 結構物的斷裂 | 構造物の破壊 | 结构物的断裂 |
| — fatigue | 結構疲勞 | 構造疲労 | 结构疲劳 |
| — feature | 結構特徵 | 構造特性 | 结构特征 |
| — flow chart | 結構流程圖 | 構造流れ図 | 结构流（程）图 |

| 英　文 | 臺　灣 | 日　文 | 大　陸 |
|---|---|---|---|
| ― frame | 結構骨架 | 構造骨組 | 结构骨架 |
| ― gasket | 結構用密封墊;結構用填料 | 構造用ガスケット | 结构用密封垫 |
| ― hardening alloy | 組織硬化合金 | 組織硬化合金 | 组织硬化合金 |
| ― insulation | 結構絕熱;結構用絕熱材料 | 構造断熱 | 结构用绝热材料 |
| ― life-time | 結構壽命;結構使用期限 | 構造的耐用命数 | 结构寿命;结构使用期限 |
| ― loss | 結構損耗 | 構造損失 | 结构损耗 |
| ― material | 結構材料 | 構造材料 | 结构材料 |
| ― mechanics | 結構力學 | 構造力学 | 结构力学 |
| ― mill | 型材軋機 | 形圧延機 | 型材轧机 |
| ― model test | 結構模型試驗 | 構造模型実験 | 结构模型试验 |
| ― molding | 結構模製件;結構鑄造物 | 構造用成形品 | 结构模制件;结构铸造物 |
| ― optimization | 結構最優化 | 構造最適化 | 结构最优化 |
| ― panel | 結構用板 | 構造用パネル | 结构用板 |
| ― part | 結構件 | 構造部品 | 结构件 |
| ― performance | 結構性能 | 構造性能 | 结构性能 |
| ― plastic(s) | 結構用塑料 | 構造用プラスチック | 结构用塑料 |
| ― process pattern | 結構過程模式 | 構造プロセスパターン | 结构过程模式 |
| ― promotor | 結構促進劑 | 構造助触媒 | 结构促进剂 |
| ― property | 結構特性 | 構造特性 | 结构特性 |
| ― rigidity | 結構剛度 | 構造剛性 | 结构刚度 |
| ― roughness | 結構粗糙度 | 構造粗度 | 结构粗糙度 |
| ― safety model | 結構安全模型 | 構造的安全モデル | 结构安全模型 |
| ― sensitivity analysis | 結構靈敏度分析 | 構造的感度解析 | 结构灵敏度分析 |
| ― shape | 結構用型材 | 構造用形材 | 结构用型材 |
| ― sheet | 結構用板材 | 構造用板 | 结构用板材 |
| ― special steel | 結構用特殊鋼 | 構造用特殊鋼 | 结构用特殊钢 |
| ― stability | 結構穩定性 | 構造的安定性 | 结构稳定性 |
| ― steel | 結構鋼 | 構造鋼 | 结构钢 |
| ― steel plate | 結構用鋼板 | 構造用鋼板 | 结构(用)钢板 |
| ― strength | 結構強度 | 構造強さ | 结构强度 |
| ― stress | 結構應力 | 構造応力 | 结构应力 |
| ― support | 結構用支承材料 | 構造用支持材 | 结构用支承材料 |
| ― synthesis | 結構合成 | 構造総合 | 结构合成 |
| ― system | 結構體系 | 構造システム | 结构体系 |
| ― system analysis | 結構系統分析 | 構造システム解析 | 结构系统分析 |
| ― test | 結構試驗 | 構造物試験 | 结构试验 |
| ― testing machine | 結構試驗機 | 構造物試験機 | 结构试验机 |
| ― unit | 結構單位;結構單元 | 構造単位 | 结构单位;结构单元 |
| ― viscosity | 結構黏度;內黏度 | 構造粘性 | 结构粘度;内粘度 |
| ― weakness | 結構缺陷 | 構造的弱点 | 结构缺陷 |

| 英　　文 | 臺　　灣 | 日　　文 | 大　　陸 |
|---|---|---|---|
| — weight | 結構重量 | 構造物重量 | 结构重量 |
| **structure** | 結構;組織;裝置;構造 | 組織；構造 | 结构;组织;装置;构造 |
| — analysis | 結構分析 | 構造解析 | 结构分析 |
| — cleavage | 結構的斷裂 | 構造の斷裂 | 结构的断裂 |
| — control theory | 結構控制理論 | 構造制御理論 | 结构控制理论 |
| — diagram | 構造圖 | 構造図 | 构造图 |
| — division | 結構部分 | 構造部 | 结构部分 |
| — equation | 結構方程 | 構造方程式 | 结构方程 |
| — factor | 結構因數 | 構造因子 | 结构因数 |
| — form | 結構形式 | ストラクチャフォーム | 结构形式 |
| — formula | 結構公式 | 構造公式 | 结构公式 |
| — function | 結構函數 | 構造関数 | 结构函数 |
| — graph | 結構圖(表) | 構造グラフ | 结构图(表) |
| — limited payload | 結構極限有效負載 | 構造限界ペイロード | 结构极限有效载荷 |
| — member | 結構元件 | 構造体の構成要素 | 结构部件 |
| — qualification | 結構限定 | 構造体修飾 | 结构限定 |
| — steel for welding | 銲接用結構鋼 | 溶接用鋼材 | 焊接用结构钢 |
| — texture | 結構組織 | 組織 | 结构组织 |
| **strum box** | 過濾箱 | ごみよけ箱 | 过滤箱 |
| **strut** | 支柱;抗壓構件;撐桿 | 支材；支柱 | (支)柱;抗压构件;撑杆 |
| — bar | 支撐桿 | ストラットバー | 支撑杆 |
| — bearing | 支桿軸承 | 張出し軸受 | 支杆轴承 |
| — frame | 支柱架 | 突張り枠 | 支柱架 |
| — suspension rope | 支柱吊繩 | ジブ支柱支持ロープ | 支柱吊绳 |
| **strutted beam bridge** | 斜撐托樑橋 | 方づえ橋 | 斜撑托梁桥 |
| **strutting** | 穩定支撐;橫撐;水平支撐 | 振れ止め；切張り | 稳定支撑;横撑;水平支撑 |
| **Strux** | 斯特魯斯高強度鋼 | ストラックス | 斯特鲁斯高强度钢 |
| **stub** | 導體棒;短截線 | 切取り部分 | 导体棒;短截线 |
| — axle | 轉向節;短軸;心軸 | スタブアクスル | 转向节;短轴;心轴 |
| — bar | 料頭;剩餘的材料 | スタブバー | 料头;剩馀的材料 |
| — boring bar | 懸臂搪桿 | 片持ち中ぐり棒 | 悬臂镗杆 |
| — gear tooth | 短齒 | 低歯 | 短齿 |
| — teeth | 短齒 | スタブティース | 短齿 |
| — tenon | 短粗榫 | 短ほぞ | 短粗榫 |
| — tool | 短型刀具 | スタブツール | 短型刀具 |
| — tooth gear | 短齒齒輪 | 低歯歯車 | 短齿齿轮 |
| **stubby driver** | 大柄木螺絲起子 | スタビードライバ | 大柄木螺丝起子 |
| **stud bolt** | 螺樁;雙頭螺栓;嵌入螺栓 | 埋込みボルト | 双头螺栓;嵌入螺栓 |
| — chain | 柱環節鏈;有檔平環鏈 | スタッドチェーン | 柱环节链;有档平环链 |
| — dowel | 合縫釘;暗榫 | スタッドジベル | 合缝钉;暗榫 |

| 英　　文 | 臺　　灣 | 日　　文 | 大　　陸 |
|---|---|---|---|
| ─ extractor | 雙頭螺栓撐出〔入〕器 | スタッドエクストラクタ | 双头螺栓拧出〔入〕器 |
| ─ remover | 雙頭螺栓撐出〔入〕器 | スタッドリムーバ | 双头螺栓拧出〔入〕器 |
| ─ saw | 鑲齒鋸 | 植のこ | 镶齿锯 |
| ─ setter | 雙頭螺栓撐出〔入〕器 | スタッドセッタ | 双头螺栓拧出〔入〕器 |
| ─ tube | （銲）銷釘管 | スタッドチューブ | （焊）销钉管 |
| ─ welding | 螺柱銲 | スタッド溶接 | 螺柱焊 |
| ─ work | 間柱結構 | 木組 | 间柱结构 |
| **Studal** | 斯特德爾鍛造鋁基合金 | スタデール | 斯特德尔锻造铝基合金 |
| **studded tube** | 銷釘管 | スタッドチューブ | 销钉管 |
| **studding** | 螺柱銲接〔中間加固〕 | ボルト溶接 | 螺柱焊接〔中间加固〕 |
| **studio** | 工作間 | スタジオ；制作室 | 工作间 |
| **studless link chain** | 無銷鏈 | スタッド無しチェーン | 无销链 |
| **stuff** | 材料；原料；本質；要素 | スタッフ | 材料；原料；本质；要素 |
| **stuffing** | 加脂；填充；填料 | 加脂；詰物 | 加脂；填充；填料 |
| ─ box | 填料箱；填料函 | パッキン箱 | 填料箱；填料函 |
| ─ box bushing | 密封套 | ネックブシュ | 密封套 |
| ─ box follower | 密封壓環 | パッキン押え | 密封压环 |
| ─ box gland | 填料函壓蓋 | パッキン押え | 填料函压盖 |
| ─ box nut | 填料函螺母 | パッキン押えナット | 填料函螺母 |
| **Stupalox** | （美國的一種）陶瓷刀 | ストゥーパロックス | （美国的一种）陶瓷刀 |
| **stylolitic structure** | 縫合構造；柱狀構造 | 縦しま柱状構造 | 缝合构造；柱状构造 |
| **styrene** | 苯乙烯；苯次乙基 | スチレン | 苯乙烯；苯次乙基 |
| ─ alkyd (resin) | 苯乙烯醇酸樹脂 | スチレンアルキド樹脂 | 苯乙烯醇酸树脂 |
| ─ alloy | 苯乙烯合脂 | スチレンアロイ | 苯乙烯合脂 |
| ─ butadiene rubber | 丁苯橡膠 | スチレンブタジエンゴム | 丁苯橡胶 |
| **styrol plastic** | 苯乙烯塑料 | スチロールプラスチック | 苯乙烯塑料 |
| **subbeam** | 副樑；次樑 | サブビーム | 副梁；次梁 |
| **subbolster** | 輔助模座；輔助墊板 | サブボルスタ | 辅助模座；辅助垫板 |
| **subboundary** | 亞晶界；次晶界 | 亜粒界 | 亚晶界 |
| ─ structure | 亞晶界組織 | サブ粒界組織 | 亚晶界组织 |
| **subcell** | 子晶胞；子單元；亞晶胞 | サブセル | 子晶胞；子单元；亚晶胞 |
| **subcool** | 深冷（卻）；低溫冷卻 | 過冷却 | 过冷（却）；低温冷却 |
| **subcooled boiling** | 深冷沸騰 | サブクール沸騰 | 过冷沸腾 |
| ─ temperature | 深冷溫度 | サブクール温度差 | 过冷温度 |
| ─ water | 深冷水 | サブクールされた水 | 过冷水 |
| **subcritical annealing** | 臨界點以下退火 | 変態点下焼鈍 | 临界点以下退火 |
| ─ assembly | 次臨界裝置 | 臨界未満集合体 | 次临界装置 |
| ─ facility | 次臨界裝置 | 臨界未満実験装置 | 次临界装置 |
| ─ limit | 次臨界限度 | 臨界未満限界値 | 次临界限度 |
| ─ pressure boiler | 亞臨界壓力鍋爐 | 亜臨界圧ボイラ | 亚临界压力锅炉 |

| 英　　文 | 臺　　灣 | 日　　文 | 大　　陸 |
|---|---|---|---|
| — pressure turbine | 亞臨界壓力汽輪機 | 亜臨界圧タービン | 亚临界压力汽轮机 |
| — treatment | 轉變點以下的等溫處理 | 変態点下処理 | 转变点以下的等温处理 |
| subcriticality | 次臨界 | 臨界未満 | 次临界 |
| subdrilling | 初鑽 | 予備きりもみ | 初钻 |
| subelement | 小元件；子元件 | サブエレメント | 小元件；子元件 |
| subframe | 副架；底架；輔助構造 | 副枠 | 副架；底架；辅助构造 |
| subgrain | 亞晶粒；次晶粒 | サブグライン | 亚晶粒 |
| subgravity | 亞重力；次重力 | 低重力；亜重力 | 亚重力；次重力 |
| subindividual | 晶片 | 晶片 | 晶片 |
| subject | 主題；題目；主體；重點 | サブジェクト | 主题；题目；主体；重点 |
| subjet | 輔助噴口 | サブジェット | 辅助喷口 |
| subland drill | （多刃）階梯鑽頭 | 複溝段付きドリル | （多刃）阶梯钻头 |
| sublattice | 亞晶格；子晶格 | 副格子 | 亚晶格；子晶格 |
| sublimabibiliby | 昇華性 | 昇華性 | 升华性 |
| sublimation | 昇華 | 昇華 | 升华 |
| — curve | 昇華曲線 | 昇華曲線 | 升华曲线 |
| — pressure | 昇華壓力 | 昇華圧 | 升华压力 |
| — pump | 昇華泵 | サブリメーションポンプ | 升华泵 |
| subline | 輔助線；副線 | サブライン | 辅助线；副线 |
| submerged bearing | 浸入式軸承 | 水中軸受 | 浸入式轴承 |
| submodel | 分模型；子模型 | 部分模型 | 分模型；子模型 |
| submodular size | 輔助模數尺寸 | サブモデュール寸法 | 辅助模数尺寸 |
| submodule | 輔助模數；分模數；分組件 | サブモジュール | 辅助模数；分模数；分组件 |
| submolecule | 鏈段 | 亜区分 | 链段 |
| subnetwork | 粒界網狀組織；子網絡 | サブネットワーク | 粒界网状组织；子网络 |
| subnozzle | 副噴嘴 | サブノズル | 副喷嘴 |
| subpanel | 補助板；副板 | サブパネル | 补助板；副板 |
| subpermanent set | 亞永久變形 | 非永久変形 | 亚永久变形 |
| subpress | 半成品沖床；小型沖床 | サブプレス | 半成品压力机；小压机 |
| — die | 小沖床模 | サブプレス型 | 小压力机模 |
| subpunch | 預沖孔 | サブポンチ | 预冲孔 |
| subrack | 分機架 | サブラック | 分机架 |
| subscale | 副標度 | サブスケール | 副标度 |
| — mark | 副標度〔線〕；輔助刻度 | 子目盛線 | 副标度〔线〕；辅助刻度 |
| subsealing | 封底處理 | サブシーリング | 封底处理 |
| subsidence | 陷落；沈降 | 沈下；陥没 | 陷落；沈降 |
| subsider | 沈降槽 | 沈でん槽 | 沈降槽 |
| subsidiary | 輔助的；次要的；子公司 | 補助の | 辅助的；次要的；子公司 |
| — equation | 輔助方程 | 補助方程式 | 辅助方程 |
| — graticule | 輔助刻度 | 補助目盛板 | 辅助刻度 |

S

| 英　　文 | 臺　　灣 | 日　　文 | 大　　陸 |
|---|---|---|---|
| — main track | 副幹線 | 副本線 | 副干线 |
| — material | 輔助材料 | 副資材 | 辅助材料 |
| — reaction | 副反應 | 副反応 | 副反应 |
| — scale mark | 輔助刻度線 | 補助目盛線 | 辅助刻度线 |
| **subsidies** | 補助金；津貼 | 補助金 | 补助金；津贴 |
| **subsiding velocity** | 沈澱速度 | 沈殿速度 | 沈淀速度 |
| **subsieve** | 微粉；亞篩 | サブシーブ | 微粉；亚筛 |
| **subslide** | 橫進給刀架 | サブスライド | 横进给刀架 |
| **subsolidus data** | 亞固線數據 | 亜固相資料 | 亚固线数据 |
| **subsonic** airplane | 次音速飛機 | 亜音速機 | 亚音速飞机 |
| — flow | 次音速流 | 亜音速流 | 亚音速流 |
| — nozzle | 次音速噴嘴 | 亜音速ノズル | 亚音速喷嘴 |
| — velocity | 次音〔聲〕速 | 亜音速 | 亚音〔声〕速 |
| **substage** | 顯微鏡（載物）台 | サブステージ | 显微镜（载物）台 |
| — condenser | 顯微鏡台下聚光鏡 | 顕微鏡台下集光レンズ | 显微镜台下聚光镜 |
| — microlamp | 顯微鏡台下燈 | 顕微鏡台下灯 | 显微镜台下灯 |
| **substance** | 物質；材料；物體 | 物質 | 物质；材料；物体 |
| **substandard** | 副標準（器）；複製標準 | 副原器 | 副标准（器）；复制标准 |
| **substantivity** | 直接性 | 直接性 | 直接性 |
| **substation** | 變電所；分站；支局 | 変電所 | 变电所；分站；支局 |
| — capacity | 變電所輸出功率 | 変電所容量 | 变电所输出功率 |
| **substitude** | 代用品；代用的 | 代用品 | 代用品；代用的 |
| — load | 置換負載 | 置換荷重 | 置换荷载 |
| — lubricant | 潤滑劑代用品 | 代用潤滑剤 | 润滑剂代用品 |
| — processing | 替換處理 | 代行処理 | 替换处理 |
| **substituted member** | 置換構件；置換桿件 | 置換部材 | 置换构件；置换杆件 |
| **substitution** | 代替；代用；代換 | 置換；代替 | 代替；代用；代换 |
| — detector | 置換檢測裝置 | 置換検出装置 | 置换检测装置 |
| — galvanizing | 置換電鍍法；浸鍍 | 置換めっき法 | 置换电镀法；浸镀 |
| — property | 可置換性 | 代入可能性 | 可置换性 |
| **substitutional** atom | 置換原子 | 置換（型）原子 | 置换原子 |
| — impurity atom | 置換型不純物原子 | 置換型不純物原子 | 置换型不纯物原子 |
| — solid solution | 置換型固溶體 | 置換型固溶体 | 置换型固溶体 |
| **substrate** | 基體；底板〔材；層〕 | 基質 | 基体；底板〔材；层〕 |
| — crystal | 基片晶體；襯底晶體 | 基板結晶 | 基片晶体；衬底晶体 |
| — material | 基板材料；支承材料 | 支持材料 | 基板材料；支承材料 |
| **substratum** | 基體；底板〔材；層〕 | 基層；基体 | 基体；底板〔材；层〕 |
| **substruction** | 下部結構〔構造〕 | 下部構造 | 下部结构〔构造〕 |
| **substructure** | 下部結構〔構造〕 | 下部構造 | 下部结构〔构造〕 |
| — method | 子結構法 | 部分構造法 | 子结构法 |

| 英　　文 | 臺　　灣 | 日　　文 | 大　　陸 |
|---|---|---|---|
| — work | 下部工程 | 下部工事 | 下部工程 |
| **substrut** | 副撐 | 副柱材 | 副撐 |
| **subsurface corrosion** | 表面下腐蝕 | 表面下腐食 | 表面下腐蚀 |
| **subswitch** | 輔助機鍵 | サブスイッチ | 辅助机键 |
| **subsystem** | 子系統;分系統 | サブシステム | 子系统;分系统 |
| **subtasking** | 執行子任務 | 副タスク | 执行子任务 |
| **subtend** | 對向 | 対向 | 对向 |
| **subtense** | 弦;對邊 | 対辺 | 弦;对边 |
| — bar | 橫測尺 | 水平標尺 | 横测尺 |
| **subterranean deposit** | 隱伏礦床 | 潜在鉱床 | 隐伏矿床 |
| **subtie** | 副系桿;副拉桿 | 副引張り材 | 副系杆;副拉杆 |
| **subtransmission** | 副變速器;輔助變速器 | サブトランスミッション | 副变速器;辅助变速器 |
| **sub-truss** | 輔助桁架;副桁架 | サブトラス | 辅助桁架;副桁架 |
| **subunit** | 子單位;亞單位 | サブユニット | 子单位;亚单位 |
| **subvertical** | 副豎桿 | 副垂直材 | 副竖杆 |
| **subzero coolant** | 冷處理用冷卻劑 | サブゼロ冷却剤 | 冷处理用冷却剂 |
| — cooling | 深冷處理 | サブゼロ処理 | 低温处理 |
| — equipment | 深冷設備 | サブゼロ装置 | 低温设备 |
| — process | 深冷處理 | サブゼロ処理 | 低温处理 |
| — tempareture | 零下溫度 | 零下温度 | 零下温度 |
| — treatment | 深冷處理;深凍處理 | サブゼロ処理 | 低温处理;深冻处理 |
| — working | 深冷加工;深冷軋製 | サブゼロ塑性加工 | 低温加工;超低温轧制 |
| **suck** | 吸入 | 吸込み | 吸入 |
| **sucker** | 吸氣管 | 吸い口 | 吸气管 |
| — rob | 活塞桿 | サッカロッド | 活塞杆 |
| **sucking** | 吸引;抽入 | 吸引;吸込み | 吸引;抽入 |
| — jet pump | 吸引噴嘴泵 | 吸上げジェットポンプ | 吸引喷嘴泵 |
| — piston | 吸入活塞 | 吸込みピストン | 吸入活塞 |
| — port | 吸入口;進口 | 吸込み口 | 吸入口;进口 |
| — pump | 吸入泵 | 吸込みポンプ | 吸入泵 |
| **suction** | 吸入;吸取;吸力 | 吸込み | 吸入;吸取;吸力 |
| — act | 吸入作用;吸引作用 | 吸引作用 | 吸入作用;吸引作用 |
| — air | 吸入空氣 | 吸込み空気 | 吸入空气 |
| — air chamber | 抽吸空氣室 | 空気吸込み室 | 抽吸空气室 |
| — air tank | 吸入空氣儲槽 | 吸気タンク | 吸入空气储槽 |
| — air vessel | 吸氣器 | 吸気かま | 吸气器 |
| — and force pump | 壓力泵 | 押上げポンプ | 压力泵 |
| — apparatus | 吸引裝置;吸引設備 | 吸引設備 | 吸引装置;吸引设备 |
| — bell | 吸入口;喇叭口 | 吸込みベル | 吸入口;喇叭口 |
| — casting | 抽吸澆注;真空吸鑄(法) | 減圧鋳造 | 抽吸浇注;真空吸铸(法) |

S

| 英　　文 | 臺　　灣 | 日　　文 | 大　　陸 |
|---|---|---|---|
| — check ball | 吸入止回球 | 吸込みチェックボール | 吸入止回球 |
| — cock | 吸入口旋塞 | 吸込みコック | 吸入口旋塞 |
| — cone | 進氣錐體 | 吸込みコーン | 进气锥体 |
| — cover | 進氣蓋〔殼;罩〕 | 吸込みカバー | 进气盖〔壳;罩〕 |
| — cup | 吸盤 | サクションカップ | 吸盘 |
| — damper | 進氣調節器(板) | 吸込みダンパ | 进气调节器(板) |
| — draft | 抽引通風 | 吸込み通風 | 抽引通风 |
| — drying | 真空乾燥 | 減圧乾燥 | 真空干燥 |
| — efficiency | 吸入效率 | 吸入効率 | 吸入效率 |
| — elbow | 進氣彎管接頭 | 吸込みエルボ | 进气弯管接头 |
| — feed type gun | 吸入式噴槍 | 吸上げ型ガン | 吸入式喷枪 |
| — filter | 吸濾器 | 吸込みフィルタ | 吸滤器 |
| — flow resistance | 吸流阻力 | 吸込み抵抗 | 吸流阻力 |
| — funnel | 吸入漏斗 | 吸引漏斗 | 吸入漏斗 |
| — gas | 吸氣;進氣 | 吸引ガス | 吸气;进气 |
| — gas engine | 吸入式煤氣發動機 | サクションガス機関 | 吸入式煤气发动机 |
| — gate | 吸入口;進口 | 吸込み口 | 吸入口;进口 |
| — gun | 抽吸式噴射器 | サクションガン | 抽吸式喷射器 |
| — header | 吸入集管 | 吸込み管寄せ | 吸入集管 |
| — method of cleaning | 抽吸清洗法;真空清洗法 | 吸気掃除法 | 抽吸清洗法;真空清洗法 |
| — mill | 吸磨機 | 吸気摩砕機 | 吸磨机 |
| — nozzle | 吸嘴;進氣嘴 | 吸込みノズル | 吸嘴;进气嘴 |
| — pad | 吸盤;吸附板 | 吸着盤 | 吸盘;吸附板 |
| — passage | 吸入通道 | 吸込み流路 | 吸入通道 |
| — pick up | 吸氣式檢拾器 | 吸込み抜取具 | 吸气式检拾器 |
| — pipe | 吸管 | 吸込み管 | 吸管 |
| — piping | 吸入管道 | 吸込み配管 | 吸入管道 |
| — port | 吸口 | 吸気口 | 吸口 |
| — press | 真空壓榨;吸水壓榨 | 真空圧搾 | 真空压榨;吸水压榨 |
| — press roll | 吸壓輥 | 吸気圧搾ロール | 吸压辊 |
| — pressure | 吸入壓力 | 吸入圧力 | 吸入压力 |
| — pressure gage | 吸入壓力錶 | 吸気圧力計 | 吸入压力表 |
| — pump | 吸入泵 | 吸引ポンプ | 吸入泵 |
| — pyrometer | 真空高溫計 | 吸引高温計 | 真空高温计 |
| — resistance | 吸入阻力 | 吸気抵抗 | 吸入阻力 |
| — screen | 吸入濾網 | 吸込み金網 | 吸入滤网 |
| — seal | 吸入密封 | 吸力密閉 | 吸入密封 |
| — side | 吸入邊;吸入側;負壓面 | 負圧面 | 吸入边;吸入侧;负压面 |
| — slot | 吸氣縫口 | 吸込み孔 | 吸气缝口 |
| — socket | 抽吸式管座 | 吸着式ソケット | 抽吸式管座 |

| 英　　文 | 臺　　灣 | 日　　文 | 大　　陸 |
|---|---|---|---|
| — specific speed | 吸入比速度 | 吸込み比速度 | 吸入比速度 |
| — strainer | 吸濾器 | 吸込みろ過器 | 吸滤器 |
| — strength | 負壓強度 | 減圧耐力 | 负压强度 |
| — stroke | 吸入衝程;進氣衝程 | 吸込み行程 | 吸入冲程;进气冲程 |
| — surface | 負壓面 | 負圧面 | 负压面 |
| — system | 吸氣裝置〔系統〕 | 吸気装置 | 吸气装置〔系统〕 |
| — temperature | 吸入溫度 | 吸込み温度 | 吸入温度 |
| — temperature control | 吸入溫度控制 | 吸込み温度制御 | 吸入温度控制 |
| — throttle unloader | 吸氣節流卸載裝置 | 吸気閉鎖式アンローダ | 吸气节流卸载装置 |
| — valve | 吸入閥;吸氣閥 | 吸込み弁 | 吸入阀;吸气阀 |
| — valve seat | 吸入閥座 | 吸込み弁座 | 吸入阀座 |
| — valve unloader | 真空(泵)卸載 | 吸気閉鎖式アンローダ | 真空(泵)卸荷 |
| sudden closure | 突然關閉 | 急閉鎖 | 突然关闭 |
| — discharge | 瞬時放電;驟然放電 | 瞬間放電 | 瞬时放电;骤然放电 |
| — expansion | 急速膨脹 | 急拡大 | 急速膨胀 |
| — stoppage | 急停;驟停 | 急閉鎖 | 急停;骤停 |
| suds | 黏稠介質中之氣泡 | 難溶泡まつ | 粘稠介质中之气泡 |
| suet | 硬蠟;板油;脂肪 | 固形脂肪 | 硬蜡;板油;脂肪 |
| suitable level | 最適等級 | 最適レベル | 最适等级 |
| — paint for aluminium | 適合鋁的塗料 | アルミニウム材用塗料 | 适合铝的涂料 |
| — paint for light alloy | 輕合金用塗料 | 軽合金用塗料 | 轻合金用涂料 |
| — paint for metal sheet | 金屬板用塗料 | 金属板用塗料 | 金属板用涂料 |
| sulfate of alumina | 明礬;硫酸礬土 | 硫酸アルミナ | 明矾;硫酸矾土 |
| sulfide | 硫化物 | 硫化物 | 硫化物 |
| sulfocarbons | 硫碳化合物 | 硫炭化合物 | 硫碳化合物 |
| sulfocompound | 含硫化合物 | スルフォ化合物 | 含硫化合物 |
| sulfonamide resin | 磺醯胺樹脂 | スルフォンアミド樹脂 | 磺醯胺树脂 |
| sulfur | 硫黃;硫(磺) | 硫黄 | 硫黄;硫(磺) |
| — band | 硫磺帶〔鋼材〕 | スルファバンド | 硫磺带〔钢材〕 |
| — chlorinated cutting oil | 含硫氯化切削油 | 含硫塩化切削油 | 含硫氯化切削油 |
| — compound | 硫的化合物 | 硫黄化合物 | 硫的化合物 |
| — corrosion | 硫(化合物)腐蝕作用 | 硫黄化合物腐食作用 | 硫(化合物)腐蚀作用 |
| — crack | 硫裂〔銲接缺陷〕 | スルファクラック | 硫裂〔焊接缺陷〕 |
| — free fuel | 無硫燃料 | 無硫燃料 | 无硫燃料 |
| — fuel | 含硫燃料 | 含硫燃料 | 含硫燃料 |
| — vulcanization | 硫化作用 | 硫黄ゴム硬化 | 硫化作用 |
| sulfurized cutting oil | 硫化切削油 | 硫化切削油 | 硫化切削油 |
| sullage | (澆包)殘渣;(桶中)浮渣 | 取べさい | (浇包)残渣;(桶中)浮渣 |
| sulphur,S | 硫 | 硫黄 | 硫 |
| — band | 硫偏析帶 | サルファバンド | 硫偏析带 |

| 英　　文 | 臺　　灣 | 日　　文 | 大　　陸 |
|---|---|---|---|
| —— free cutting steel | 含硫易削鋼 | 硫黄快削鋼 | 含硫易削钢 |
| **summer** | 夏季;大樑;加法器 | 大ばり | 夏季;大梁;加法器 |
| —— black oil | 夏季用黑機油 | 夏季用黑機油 | 夏季用黑机油 |
| —— crack | 夏季龜裂 | 夏期亀裂 | 夏季龟裂 |
| —— grade gasoline | 夏季級汽油 | 夏季級ガソリン | 夏季级汽油 |
| —— petrol | 夏季用汽油 | 夏季ガソリン | 夏季用汽油 |
| —— white oil | 夏季用白油 | 夏季白油 | 夏季用白油 |
| —— yellow oil | 夏季用黃油 | 夏（季）黄油 | 夏季用黄油 |
| **summit** | 凸處;頂端;最高峰 | 凸部;頂点 | 凸处;顶端;最高峰 |
| —— of thread | 螺紋牙頂 | ねじ山の頂 | 螺纹牙顶 |
| **sun and planet gear** | 行星齒輪 | 遊星歯車装置 | 行星齿轮 |
| —— crack | 曬裂 | 日光割れ | 晒裂 |
| —— cracking | 曬裂;日光龜裂 | 日光亀裂 | 晒裂;日光龟裂 |
| —— gear | 恆星齒輪;中心齒輪 | 中心歯車 | 恒星齿轮;中心齿轮 |
| —— sensor | 日光感測器 | サンセンサ | 日光传感器 |
| —— test | 日曬試驗 | 耐日光試験 | 日晒试验 |
| **Sun metal** | 氯乙烯(表皮)層壓金屬板 | サンメタル | 氯乙烯(表皮)层压金属板 |
| —— steel | 壓花鋼板 | サンスチール | 压花钢板 |
| **Sundstrand pump** | 組合泵 | サンドストランドポンプ | 组合泵 |
| **sunk drill** | 埋頭鑽 | サンクドリル | 埋头钻 |
| —— fillet | 嵌入平壓條 | 入込み平縁 | 嵌入平压条 |
| —— head rivet | 埋頭鉚釘 | 沈みリベット | 埋头铆钉 |
| —— key | 槽鍵;埋頭鍵;嵌入鍵 | 沈みキー | 槽键;埋头键;嵌入键 |
| —— rivet | 埋頭鉚釘 | 沈めびょう | 埋头铆钉 |
| —— screw | 埋頭螺絲釘 | 沈みねじ | 埋头螺丝钉 |
| —— spot | 氣孔;縮孔 | ひけ | 气孔;缩孔 |
| —— work | 鑲嵌細工 | 沈め細工 | 镶嵌细工 |
| **sunshine** | 日照;陽光 | 日照 | 日照;阳光 |
| —— arc | 日光型電弧 | サンシャイン型アーク | 日光型电弧 |
| —— carbon arc | 日光型碳弧 | サンシャイン型炭素アーク | 日光型碳弧 |
| **super** | 特級〔大〕的;最高(級)的 | スーパ | 特级〔大〕的;最高(级)的 |
| —— abrasive | 超級磨料 | 超と粒 | 超级磨料 |
| —— gasket | 耐熱襯墊 | スーパガスケット | 耐热填密片 |
| —— gleamax | 超光澤鍍鎳法 | スーパグリーマックス | 超光泽镀镍法 |
| —— low temperature | 超低溫 | 超低温 | 超低温 |
| —— low temperature alloy | 超低溫合金〔材料〕 | スーパ低温材料 | 超低温合金〔材料〕 |
| —— material | 超級材料 | 超材料 | 超级材料 |
| —— micrometer | 超級測微儀 | スーパマイクロメータ | 超级测微仪 |
| —— optic | 超級萬能光學測長機 | スーパオプティック | 超级万能光学测长机 |
| —— welder | 超精密小型銲接機 | スーパウェルダ | 超精密小型焊接机 |

| 英　　文 | 臺　　灣 | 日　　文 | 大　　陸 |
|---|---|---|---|
| **superalloy** | 超合金 | 超合金 | 超合金 |
| **super-anthracite** | 超級無煙煤 | 超級無煙炭 | 超级无烟煤 |
| **Super-ascoloy** | 超級沃斯田鐵耐熱不銹鋼 | スーパアスコロイ | 超级奥氏体耐热不锈钢 |
| **super-blower** | 增壓鼓風機 | 過給送風機 | 增压鼓风机 |
| **supercalender** | 超級輾光機;高度矽光機 | 高度つや出機 | 超级辗光机;高度矽光机 |
| **supercarburize** | 過度滲碳 | 過度しん炭 | 过度渗碳 |
| **supercentrifuge** | 超速離心機;高速離心機 | 超遠心分離機 | 超速离心机;高速离心机 |
| **supercharge** pressure | 增壓壓力 | 押込み圧力 | 增压压力 |
| — pump | 增壓泵 | 過給ポンプ | 增压泵 |
| **supercharged** air | 增壓空氣 | 過給空気 | 增压空气 |
| — boiler | 增壓鍋爐;正壓鍋爐 | 過給ボイラ | 增压锅炉;正压锅炉 |
| — engine | 增壓發動機 | 過給機関 | 增压发动机 |
| **supercharger** | 增壓器 | 過給機 | 增压器 |
| **supercharging** | 增壓;增壓作用 | 過給 | 增压;增压作用 |
| **supercold separation** | 深冷分離 | 深冷分離 | 深冷分离 |
| **superconducting** alloy | 超導合金材料 | 合金系超電導材料 | 超导合金材料 |
| — element | 超導元件 | 超伝導素子 | 超导元件 |
| — magnet | 超導磁體 | 超伝導マグネット | 超导磁体 |
| — material | 超導材料 | 超伝導材料 | 超导材料 |
| — state | 超導電狀態 | 超電導状態 | 超导电状态 |
| — thin film | 超(電)導薄膜 | 超電導薄膜 | 超(电)导薄膜 |
| — transition temperature | 超(電)導轉變溫度 | 超電導遷移温度 | 超(电)导转变温度 |
| — tunnel effect | 超導隧道效應 | 超電導的トンネル効果 | 超导隧道效应 |
| **superconduction** | 超導 | 超伝導 | 超导 |
| **superconductive** elemen | 超導元件 | 超電導素子 | 超导元件 |
| — magnet | 超導磁體 | 超電導磁石 | 超导磁体 |
| — material | 超導材料 | 超電導材料 | 超导材料 |
| — phenomenon | 超導現象 | 超伝導現象 | 超导现象 |
| — switch element | 超導換接元件 | 超電導スイッチング素子 | 超导换接元件 |
| **superconductivity** | 超導性 | 超電導性 | 超导性 |
| **superconductor** | 超導體 | 超電導体 | 超(电)导体 |
| **supercooled austenite** | 過冷沃斯田鐵 | 過冷オーステナイト | 过冷奥氏体 |
| — condition | 過冷狀態 | 過冷却の状態 | 过冷(却)状态 |
| — graphite | 過冷石墨 | 過冷黒鉛 | 过冷石墨 |
| — liquid | 過冷液(體) | 過冷液体 | 过冷液(体) |
| — vapor | 過冷蒸汽 | 過冷蒸気 | 过冷蒸汽 |
| **supercooling** | 過冷 | 過冷 | 过冷 |
| **supercrest tap** | 高牙特殊絲攻 | 山高タップ | 高牙特殊丝锥 |
| **supercritical** flow | 超臨界流動 | 超臨界流 | 超临界流动 |
| — pressure steam | 超臨界蒸氣壓力 | 超臨界圧蒸気 | 超临界蒸气压力 |

| 英　　文 | 臺　　灣 | 日　　文 | 大　　陸 |
|---|---|---|---|
| — pressure turbine | 超臨界壓力汽輪機 | 超臨界圧タービン | 超临界压力汽轮机 |
| **superduralumin** | 超硬鋁；超強鋁 | 超ジュラルミン | 超硬铝；超强铝 |
| **superficial** area | 表面積 | 表面積 | 表面积 |
| — carbonization | 表面碳化 | 表面炭化 | 表面炭化 |
| — dilatation | 表面積膨脹 | 表面膨張 | 表面积膨胀 |
| — expansion | 表面膨脹係數 | 表面膨張係数 | 表面膨胀系数 |
| **superfine** | 超微粉 | 超微粉 | 超微粉 |
| — file | 精密銼刀 | 精密やすり | 精密锉刀 |
| **superfines** | 超細顆粒 | 超微粉 | 超细颗粒 |
| **superfinish** | 超精(度)加工 | スーパフィニッシュ | 超精(度)加工 |
| **superfinisher** | 超精加工機床 | 超仕上げ盤 | 超精加工机床 |
| **superfinishing** machine | 超精加工機床 | 超仕上げ盤 | 超精加工机床 |
| — unit | 超精加工裝置 | 超仕上げユニット | 超精加工装置 |
| **supergene water** | 循環水 | 天水 | 循环水 |
| **supergrinding** | 超精磨 | スーパグラインディング | 超精磨 |
| **superhard material** | 超硬材料 | 超硬材料 | 超硬材料 |
| **superheat** | 過熱 | 過熱 | 过热 |
| **superheated** boiler | 過熱鍋爐 | 過熱ボイラ | 过热锅炉 |
| — steam | 過熱蒸氣 | 過熱蒸気 | 过热蒸气 |
| — vapor | 過熱蒸氣 | 過熱蒸気 | 过热蒸气 |
| **superheater** | 過熱器 | 過熱器 | 过热器 |
| — by pass valve | 過熱器旁通閥 | 過熱器バイパス弁 | 过热器旁通阀 |
| **superheating apparatus** | 過熱裝置 | 過熱装置 | 过热装置 |
| **superhelix** | 超螺旋 | 高次ら旋 | 超螺旋 |
| **superhigh** band | 超高頻帶 | スーパハイバンド | 超高频带 |
| — frequency | 超高頻 | 超高周波 | 超高频 |
| — pressure boiler | 超高壓鍋爐 | 超高圧ボイラ | 超高压锅炉 |
| — tensile steel | 超高強(度)鋼 | 超高張力鋼 | 超高强(度)钢 |
| **superimpose effect** | 疊加效應 | 重畳効果 | 叠加效应 |
| **superimposition** | 疊加；重疊；附加；添上 | スーパインポジション | 叠加；重叠；附加；添上 |
| **superinvar** | 超級低膨脹合金 | 超アンバ | 超级低膨胀合金 |
| **superior angle** | 優角 | 優角 | 优角 |
| — arc | 優弧 | 優弧 | 优弧 |
| — cutting | 優質切割 | 良質切断 | 优质切割 |
| — grease | 超級潤滑油 | 特級グリース | 超级润滑油 |
| — limit | 上(極)限 | 上極限 | 上(极)限 |
| **super-isoperm** | 超級導磁鋼 | スーパイソパーム | 超级导磁钢 |
| **superlattice** | 超(結晶)格子；超點陣 | 超 (結晶) 格子 | 超(结晶)格子；超点阵 |
| — type magnet | 規則點陣型磁鐵 | 規則格子型磁石 | 规则点阵型磁铁 |
| **superlinear** | 超線性的 | スーパリニア | 超线性的 |

| 英　　文 | 臺　　灣 | 日　　文 | 大　　陸 |
|---|---|---|---|
| **superloy** | 超硬熔敷面用管狀銲條 | スーパロイ | 超硬熔敷面用管状焊条 |
| **super-magaluma** | 超級鋁鎂合金 | スーパマガルマ | 超级铝镁合金 |
| **supermatic drive** | 高度自動化傳動 | スーパマチックドライブ | 高度自动化传动 |
| **supermicroscope** | 超級顯微鏡 | 超顕微鏡 | 超级显微镜 |
| **Supernickel** | 銅鎳耐蝕合金 | スーパニッケル | 铜镍耐蚀合金 |
| **Supernilvar** | 鐵鎳鈷(低膨脹)合金 | スーパニルバ | 铁镍钴(低膨胀)合金 |
| **superoxide** | 過氧化物 | 過酸化物 | 过氧化物 |
| **superparamagnetism** | 超順磁性 | 超常磁性 | 超顺磁性 |
| **super-permalloy** | 超(級)導磁合金 | 超パーマロイ | 超(级)导磁合金 |
| **superplastic forming** | 超塑成形 | 超塑性成形 | 超塑成形 |
| **superplasticity** | 超塑性 | 超塑性 | 超塑性 |
| — forming | 超塑性成形(加工) | 超塑性加工 | 超塑性成形(加工) |
| **superposition** | 疊加;疊合;重疊 | 重ね合せ | 叠加;叠合;重叠 |
| — method | 疊加法 | 重ね合せ法 | 叠加法 |
| **superpower** | 超大功率 | 超大出力 | 超大功率 |
| **superpressure** | 超壓 | 超圧力 | 超压 |
| **superquench** | 超淬火 | 超焼入れ | 超淬火 |
| **supersaturated** solution | 過飽和溶液 | 過飽和溶液 | 过饱和溶液 |
| — steam | 過飽和蒸氣 | 過飽和蒸気 | 过饱和蒸气 |
| — vapor | 過飽和蒸氣 | 過飽和蒸気 | 过饱和蒸气 |
| **supersaturation** | 過飽和 | 過飽和 | 过饱和 |
| — curve | 過飽和曲線 | 過溶解度曲線 | 过饱和曲线 |
| **super-sendust** | 超鐵鋁矽磁合金 | スーパセンダスト | 超铁铝硅磁合金 |
| **supersolid** | 超立體;超三維體;多維體 | 超立体 | 超立体;超三维体;多维体 |
| **supersolidification** | 過凝固 | 過凝固 | 过凝固 |
| **supersolubility** | 過溶度 | 過溶解性 | 过溶度 |
| **supersonic** aging | 超音波時效 | 超音波時効 | 超声波时效 |
| — compressor | 超音速壓縮機 | 超音速圧縮機 | 超音速压缩机 |
| — detector | 超音波探傷儀 | 超音波探傷器 | 超声波探伤仪 |
| — flaw detecting | 超音波探傷(法) | 超音波探傷 | 超声波探伤(法) |
| — flaw detector | 超音波探傷器〔儀〕 | 超音波探傷器 | 超声波探伤器〔仪〕 |
| — frequency | 超音頻 | 超音波周波数 | 超声频率 |
| — heat treatment | 超音波熱處理 | 超音波熱処理 | 超声波热处理 |
| — inspection | 超音波探傷;超音速檢驗 | 超音波検査 | 超声波探伤;超声速检验 |
| — liquid carburizing | 超音波液體滲碳〔氰化〕 | 超音波液浸 | 超声波液体渗碳〔氰化〕 |
| — machinery | 超音波機械 | 超音波加工機 | 超声波机械 |
| — method | 超音波法 | 超音波法 | 超声波法 |
| — nitriding | 超音波氮化 | 超音波ちっ化 | 超声波氮化 |
| — quenching | 超音波淬火 | 超音波焼入れ | 超声波淬火 |
| — tempering | 超音波回火 | 超音波焼もどし | 超声波回火 |

| 英　　文 | 臺　　灣 | 日　　文 | 大　　陸 |
|---|---|---|---|
| ― thickness gauge | 超音波測厚〔厚度〕儀 | 超音波厚さ計 | 超声波测厚〔厚度〕仪 |
| ― vibration | 超音波振動 | 超音波振動 | 超声波振动 |
| ― working | 超音波加工 | 超音波加工 | 超声波加工 |
| **supersound** | 超音波 | 超音（波） | 超声（波） |
| **Superston** | 耐蝕高強度銅合金 | スーパーストン | 耐蚀高强度铜合金 |
| **supersurfacer** | 精刨床 | 超仕上げかんな盤 | 精刨床 |
| **supertension** | 超高壓 | 超高電圧 | 超高压 |
| **supertwist** | 超扭曲 | 高次よじれ | 超扭曲 |
| **supervisor** | 監控器；管理人；檢查員 | 監視用プログラム | 监控器；管理人；检查员 |
| ― mode | 管理狀態 | スーパバイザモード | 管理状态 |
| ― program | 管理程式 | 監視用プログラム | 管理程序 |
| ― routine | 管理程式 | 監督ルーチン | 管理程序 |
| **supervisory circuit** | 監視電路 | 監視回路 | 监视电路 |
| ― control panel | 監控盤〔台〕 | 監視盤 | 监控盘〔台〕 |
| ― equipment | 監控裝置〔設備〕 | 制御監視装置 | 监控装置〔设备〕 |
| ― panel | 監視信號盤 | 監視信号盤 | 监视信号盘 |
| ― process control | 過程監控控制 | 監視プロセス制御 | 过程监控控制 |
| ― program | 管理程式 | 監視プログラム | 管理程序 |
| ― remote-control syste | 遙控監控系統 | 監視遠隔制御システム | 遥控监控系统 |
| ― routine | 管理程式 | 監視ルーチン | 管理程序 |
| ― signal device | 監視信號裝置〔設備〕 | 監視信号装置 | 监视信号装置〔设备〕 |
| ― system | 監控系統 | 監視システム | 监控系统 |
| **superweight alloy** | 超重合金 | 超重合金 | 超重合金 |
| **Supiron** | 高矽耐酸鐵 | スーピロン | 高硅耐酸铁 |
| **supplement** | 增補；補充；補角 | 補遺 | 增补；补充；补角 |
| **supplemental equipme** | 補充設備 | 補充設備 | 补充设备 |
| **supplementary angle** | 補角 | 補角 | 补角 |
| ― equation | 補充方程（式） | 補足方程式 | 补充方程（式） |
| ― twinning | 補充雙晶 | 補充双晶 | 补充孪晶 |
| ― valve | 補償閥；補給水閥 | 補給弁 | 补偿阀；补给水阀 |
| **suppleness** | 柔軟性 | 柔軟性 | 柔软性 |
| **supplied air** | 供氣；送氣；送風 | 送気 | 供气；送气；送风 |
| ― energy | 供給能量 | 供給エネルギー | 供给能量 |
| ― material | 供給材料 | 支給材料 | 供给材料 |
| **supply** | 供給；補充；電源 | 供給 | 供给；补充；电源 |
| ― air | 供氣；送氣；充氣 | 給気 | 供气；送气；充气 |
| ― air outlet | 送風口；送氣口 | 給気吹出し口 | 送风口；送气口 |
| ― and disposal services | 供應及處理設施 | 供給処理施設 | 供应及处理设施 |
| ― capability | 供給能力；供給功率 | 供給力 | 供给能力；供给功率 |
| ― circuit | 電源電路 | 電源回路 | 电源电路 |

| 英 文 | 臺 灣 | 日 文 | 大 陸 |
|---|---|---|---|
| — guide roller | 供帶導輪 | サプライガイドローラ | 供带导轮 |
| — of material | 材料供給 | 材料支給 | 材料供给 |
| — package | 供應元件;給料包 | 供給パッケージ | 供应部件;给料包 |
| — power | 供給動力 | 供給パワー | 供给动力 |
| — pressure | 供給壓力 | 供給圧力 | 供给压力 |
| — ring | 供油環;進料圈 | 給油かん | 供油环;进料圈 |
| — roll | 供料輥 | 供給用巻取 | 供料辊 |
| — services | 供料裝備;供應裝備 | 供給施設 | 供料装备;供应装备 |
| — stand | (線材)供料裝置 | サプライスタンド | (线材)供料装置 |
| — system | 供應系統 | 供給系統 | 供应系统 |
| — transformer | 電源變壓器 | サプライトランス | 电源变压器 |
| — valve | 供給閥 | 給水弁 | 供给阀 |
| — ventilating fan | 供氣通風機 | 給気通風機 | 供气通风机 |
| — voltage | 電源電壓 | 電源電圧 | 电源电压 |
| — voltage variation | 電源電壓變動 | 電源変動 | 电源电压变动 |
| **support** | 支撐;支架;支點 | 支え点 | 支撑;支架;支点 |
| — bending moment | 支點彎矩 | 支点曲げモーメント | 支点弯矩 |
| — block | 支撐塊 | 支持ブロック | 支撑块 |
| — guide | 支架導桿 | サポートガイド | 支架导杆 |
| — handle | 刀架手柄 | スボールハンドル | 刀架手柄 |
| — joint | 托式接頭 | 支端継目 | 托式接头 |
| — leg | 支架〔柱〕 | 脚 | 支架〔柱〕 |
| — lug | 支承肋;支承突緣 | 支持耳 | 支承肋;支承突缘 |
| — material | 支承材料 | 保持体 | 支承材料 |
| — metal | 支架 | 台金 | 支架 |
| — model | 支持模型 | 支持モデル | 支持模型 |
| — of crown lagging | 防護套層頂部支撐 | こつばり | 防护套层顶部支撑 |
| — pillar | 支柱 | 支柱 | 支柱 |
| — plate | 底板;支承板 | 支持板 | 底板;支承板 |
| — post | 支柱 | 支柱 | 支柱 |
| — resource | 保障資源;支持資源 | 支援資源 | 保障资源;支持资源 |
| — ring | 支承環;承墊 | サポートリング | 支承环;承垫 |
| — rod | 支柱 | 支柱 | 支柱 |
| — roll | 支持輪;支承滾子 | 支持ロール | 支持轮;支承滚子 |
| — software | 支援軟體 | 支援ソフトウェア | 支援软件 |
| — tool | 支援工具 | 支援ツール | 支援工具 |
| — tube | 支承管 | 支持管 | 支承管 |
| **supportability** | 支援能力;保障能力 | 支援性 | 支援能力;保障能力 |
| **supporter** | 支架;支持件〔物〕;載體 | 支柱 | 支架;支持件〔物〕;载体 |
| **supporting arm** | 支承臂 | サポーティングアーム | 支承臂 |

| 英　　　文 | 臺　　　灣 | 日　　　文 | 大　　　陸 |
|---|---|---|---|
| — column | 支柱 | 支柱 | 支柱 |
| — film | 內襯膜 | 裏付フィルム | 内衬膜 |
| — force | 支承力 | 支持力 | 支承力 |
| — joint | 支承接頭〔鋼軌的〕 | 支え継ぎ | 支承接头〔钢轨的〕 |
| — medium | 負載介質 | 負担媒質 | 负载介质 |
| — member | 支承構件 | 支持部材 | 支承构件 |
| — plug | 支承柱塞〔限位柱塞〕 | 押えプラグ | 支承柱塞〔限位柱塞〕 |
| — point | 支點 | 支点 | 支点 |
| — power of track | 軌道支承力;軌條承載力 | 軌道負担力 | 轨道支承力;轨条承载力 |
| — quill | 支承套管軸 | サポーティングクイル | 支承套管轴 |
| — surface | 支承〔持〕面 | 支持面 | 支承〔持〕面 |
| — trestle | 翻箱架 | 柄 | 翻箱架 |
| **suppressed scale** | 無零位度標;壓縮刻度 | 圧縮目盛 | 压缩度盘;压缩刻度 |
| **suppressor** | 抑制器;消除器 | サプレッサ | 抑制器;消除器 |
| **supraconduction** | 超導 | 超電気伝導 | 超导 |
| **surcharge** | 超載;過載;附加負載 | 載荷重 | 超载;过载;附加荷载 |
| **surface** | 界面;表面;面;外表 | 表面 | 界面;表面;面;外表 |
| — abrasion | 表面磨耗 | 表面摩耗 | 表面磨耗 |
| — abrasion resistance | 表面磨耗性 | 平面摩耗強さ | 表面磨耗性 |
| — abrasion test | 表面磨耗試驗 | 表面摩耗試験 | 表面磨耗试验 |
| — action | 表面作用;集膚作用 | 表面作用 | 表面作用;集肤作用 |
| — area | 表面面積;曲面面積 | 表（面）面積 | 表面面积;曲面面积 |
| — as forged | 黑皮;鍛造面 | 黒皮 | 黑皮;锻造面 |
| — bearing | 平面支承 | 平面支承 | 平面支承 |
| — blemish | 表面缺陷 | 表面欠陥 | 表面缺陷 |
| — blister | 表面砂眼 | 表面ふくれ | 表面砂眼 |
| — blow-off cock | 表面吹泄旋塞〔鍋爐的〕 | 水面吹出しコック | 表面吹泄旋塞〔锅炉的〕 |
| — boiling | 表面沸騰 | 表面沸騰 | 表面沸腾 |
| — bolt | 明裝插銷 | 面付け揚落し金物 | 明装插销 |
| — bonding strength | 表面結合強度 | 界面結合強度 | 表面结合强度 |
| — boundary | 界面 | 界面 | 界面 |
| — breakdown | 表面擊穿;表面破壞 | 表面破壊 | 表面击穿;表面破坏 |
| — brightness | 表面亮度〔輝度〕 | 表面輝度 | 表面亮度〔辉度〕 |
| — brittleness | 表面脆性 | 表面ぜい性 | 表面脆性 |
| — broach | 平面拉刀;外拉刀 | 外面ブローチ | 平面拉刀;外拉刀 |
| — broaching | 平面拉削;外拉法 | 表面ブローチ削り | 平面拉削;外拉法 |
| — broaching machine | 平面拉床 | 表面ブローチ盤 | 平面拉床 |
| — carbonization | 表面滲碳 | 表面炭化 | 表面渗碳 |
| — carbureter | 表面汽化器;表面增碳器 | 表面気化器 | 表面汽化器;表面增碳器 |
| — charge | 表面電荷 | 表面帯電 | 表面电荷 |

| 英　　文 | 臺　　灣 | 日　　文 | 大　　陸 |
|---|---|---|---|
| — charge density | 表面電荷密度 | 面電荷密度 | 表面电荷密度 |
| — checking | 表面龜裂 | 表面ひび割れ | 表面龟裂 |
| — chill | 表面冷卻;表面冷淬 | 表面凍結 | 表面冷却;表面冷淬 |
| — cladding | 表面黏附 | 表面被着 | 表面粘附 |
| — coat | 表面層 | 表面被覆 | 表面层 |
| — coating | 表面塗〔鍍〕層 | 表面被覆 | 表面涂〔镀〕层 |
| — cock | 液面控制旋塞 | 液面制御コック | 液面控制旋塞 |
| — compound | 表面化合物 | 表面化合物 | 表面化合物 |
| — conductance | 表面電導;表面導熱係數 | 表面コンダクタンス | 表面电导;表面导热系数 |
| — conduction | 表面電導 | 表面電導 | 表面电导 |
| — contact | (表)面接觸 | 表面接触 | (表)面接触 |
| — contact system | 表面接觸式 | 表面接触式 | 表面接触式 |
| — converting | 表面淬火 | 表面焼入れ | 表面淬火 |
| — cooling | 表面冷卻 | 表面冷却 | 表面冷却 |
| — corona | 表面電暈〔放電〕 | 沿面コロナ | 表面电晕〔放电〕 |
| — corrosion | 表面腐蝕 | 表面腐食 | 表面腐蚀 |
| crack | 表面裂紋 | 表面亀裂 | 表面裂纹 |
| — craze | 表面龜裂 | 表面ひび割れ | 表面龟裂 |
| — decarburization | 表面脫碳作用 | 表面脱炭作用 | 表面脱碳作用 |
| — defect | 表面缺陷〔疵點〕 | 表面傷 | 表面缺陷〔疵点〕 |
| — density | 表面密度 | 面積密度 | 表面密度 |
| — deposit | 表層堆積物 | 表層たい積物 | 表层堆积物 |
| — depression | 表面凹陷 | 表面くぼみ | 表面凹陷 |
| — deterioration | 表面劣化 | 表面劣化 | 表面劣化 |
| — diffusion | 表面擴散 | 表面拡散 | 表面扩散 |
| — discharge | 表面放電 | 表面放電 | 表面放电 |
| — discontinuity | 表面不連續性 | 表面の不連続性 | 表面缺陷 |
| — effect | 表面效應 | 表皮作用;表面効果 | 表面效应 |
| — elasticity | 表面彈性 | 表面弾性 | 表面弹性 |
| — erosion | 表面腐蝕 | 表面浸食 | 表面腐蚀 |
| — excess | 表面過剩 | 表面超過量 | 表面过剩 |
| — extensometer | 表面伸長計;表面應變計 | 地表伸縮計 | 表面伸长计;表面应变计 |
| — exudation | 表面滲出 | 表面しん出 | 表面渗出 |
| — factor | 表面係數 | 表面係数 | 表面系数 |
| — fatigue | 表面疲勞 | 表面疲れ | 表面疲劳 |
| — finish | 表面修整 | 仕上げ面性状 | 表面整饰 |
| — finishing | 表面處理〔加工;精整〕 | 表面仕上げ | 表面处理〔加工;精整〕 |
| — force | 表面力 | 表面力 | 表面力 |
| — fracture | 表面破壞 | 表面破壊 | 表面破坏 |
| — friction | 表面摩擦 | 表面摩擦 | 表面摩擦 |

| 英　　　文 | 臺　　　灣 | 日　　　文 | 大　　　陸 |
|---|---|---|---|
| — friction drag | 表面摩擦阻力 | 表面摩擦抵抗 | 表面摩擦阻力 |
| — friction resistance | 表面摩擦阻力;摩擦阻力 | 表面摩擦抵抗 | 表面摩擦阻力;摩擦阻力 |
| — gage | 平面規;平面找正器 | サーフェースゲージ | 平面規;平面找正器 |
| — gloss | 表面光澤 | 表面光沢 | 表面光泽 |
| — grinder | 表面磨床 | 平面研削盤 | 表面磨床 |
| — grinding | 表面磨削 | 平面研削 | 表面磨削 |
| — grinding machine | 表面磨床 | 平面研削盤 | 表面磨床 |
| — hardening | 表面淬火;表面硬化法 | 表面焼入れ | 表面淬火;表面硬化法 |
| — hardness | 表面硬度 | 表面硬度 | 表面硬度 |
| — heat exchanger | 表面式熱交換器 | 表面式熱交換器 | 表面式热交换器 |
| — heat transmission | 表面傳熱 | 表面伝熱 | 表面传热 |
| — heater | 表面加熱器;熱面器 | 表面加熱機 | 表面加热器;热面器 |
| — hole | 表面孔眼;表面缺陷 | 面穴 | 表面孔眼;表面缺陷 |
| — impedance | 表面阻抗 | 表面インピーダンス | 表面阻抗 |
| — imperfection | 表面缺陷 | 表面欠陥 | 表面缺陷 |
| — indentation | 表面凹陷 | 表面くぼみ | 表面凹陷 |
| — irregularities | 表面不平度 | 表面不整 | 表面不平度 |
| — lamination | 表面層 | 表面層 | 表面层 |
| — lattice | 表面格子;表面晶格 | 表面格子 | 表面格子;表面晶格 |
| — layer | 表層;面層 | 表層 | 表层;面层 |
| — layer conduction | 表面層電導 | 表面層電導 | 表面层电导 |
| — lifting | 表面剝落;表面剝離 | 表面はく離 | 表面剥落;表面剥离 |
| — load | 表面負載 | 表面負荷 | 表面负荷;表面荷载 |
| — loading | 表面負載 | 水面負荷率 | 表面负荷 |
| — lubricant | 表面潤滑劑;下模劑 | 離型剤 | 表面润滑剂;下模剂 |
| — luster | 表面光澤 | 表面つや | 表面光泽 |
| — mark | 表面傷痕 | 表面傷 | 表面伤痕 |
| — material | 表面材料;表層材料 | 表面材料 | 表面材料;表层材料 |
| — of equal parallax | 等視面 | 等視差面 | 等视面 |
| — of perfect black body | 完全黑體表面 | 完全黒体面 | 完全黑体表面 |
| — of revolution | 旋轉面;回轉面 | 回転面 | 旋转面;回转面 |
| — of rupture | 破壞面;滑動面 | 崩壊面 | 破坏面;滑动面 |
| — oxidation | 表面氧化 | 表面酸化 | 表面氧化 |
| — oxide | 氧化膜 | 酸化皮膜 | 氧化膜 |
| — passivation | 表面鈍化 | 表面不活性化 | 表面钝化 |
| — permeability | 面積滲透率 | 表面浸水率 | 面积渗透率 |
| — phase | 表面相 | 表面相 | 表面相 |
| — planer | 刨床 | かんな削り機 | 刨床 |
| — plate | 平台〔板〕 | 定盤 | 平台〔板〕 |
| — porosity | 表面孔率;表面孔隙度 | 表面多孔性 | 表面孔率;表面孔隙度 |

| 英　　　文 | 臺　　　灣 | 日　　　文 | 大　　　陸 |
|---|---|---|---|
| — pressed working up | 表面滾擠加工 | 押付け加工 | 表面滾挤加工 |
| — pressure | 表面壓力 | 表面圧 | 表面压力 |
| — profile | 表面形狀 | 表面形状 | 表面形状 |
| — property | 表面特性 | 表面特性 | 表面特性 |
| — pyrometer | 表面高溫計 | 表面高温計 | 表面高温计 |
| — quality | 表面質量 | 表面の品質 | 表面质量 |
| — reaction | 表面反應 | 表面反応 | 表面反应 |
| — rolling | 表面滾壓 | 表面ロール仕上げ | 表面滚压 |
| — roughness | 表面粗糙度 | 表面粗さ | 表面粗糙度 |
| — roughness corrosion | 表面粗糙腐蝕 | 表面粗さ腐食 | 表面粗糙腐蚀 |
| — roughness curve | 表面粗糙曲線 | 表面粗さ曲線 | 表面粗糙曲线 |
| — roughness scale | 表面粗糙度刻度 | 表面粗さ標準片 | 表面粗糙度刻度 |
| — roughness speciment | 表面粗糙度樣塊 | 表面粗さ標準片 | 表面粗糙度样块 |
| — roughness tester | 表面粗糙度檢查儀 | 表面粗さ測定器 | 表面粗糙度检查仪 |
| — seal | 表面密封 | 表面シール | 表面密封 |
| — sheet | 面層薄板 | 表面シート | 面层薄板 |
| — sink | 縮孔；氣孔 | ひけ | 缩孔；气孔 |
| — skin | 表皮層 | スキン皮層 | 表皮层 |
| — slip | 表面滑移 | 表面滑り | 表面滑移 |
| — smoothness | 表面光滑度〔性〕 | 表面平滑性 | 表面光滑度〔性〕 |
| — speed | 表面速度；線速度 | 表面速度 | 表面速度；线速度 |
| — spreading method | 表面展開法 | 界面展開法 | 表面展开法 |
| — storage | 地面積水地表蓄水 | 地面貯留 | 地面积水地表蓄水 |
| — strength | 表面強度 | 表面強さ | 表面强度 |
| — stress | 表面應力 | 表面応力 | 表面应力 |
| — structure | 表面結構 | 表面構造 | 表面结构 |
| — table | 平板〔台〕；劃線台 | 定盤 | 平板〔台〕；划线台 |
| — tackiness | 表面黏性 | 粘着性 | 表面粘性 |
| — temperature | 表面溫度 | 表面温度 | 表面温度 |
| — tempering | 表面回火 | 表面焼もどし | 表面回火 |
| — thermal conductivity | 表面導熱率 | 表面伝熱率 | 表面导热率 |
| — thermometer | 表面溫度計 | 表面温度計 | 表面温度计 |
| — to be machined | 被加工表面；已加工表面 | 被削面 | 被加工表面；已加工表面 |
| — to volume ratio | 表面積與體積之比 | 表面積対体積比 | 表面积与体积之比 |
| — toughness | 表面韌性 | 表面じん性 | 表面韧性 |
| — traction | 表面引力 | 面力 | 表面引〔外〕力 |
| — treated steel | 表面處理鋼 | 表面処理鋼 | 表面处理钢 |
| — treatment film | 表面處理膜 | 表面処理皮膜 | 表面处理膜 |
| — treatment technic | 表面處理技術 | 表面技術 | 表面处理技术 |
| — treatment technology | 表面處理技術 | 表面処理工法 | 表面处理工艺 |

| 英　　文 | 臺　　灣 | 日　　文 | 大　　陸 |
|---|---|---|---|
| ── type attemperator | 表面式降溫器 | 表面冷却式過熱低減器 | 表面式降温器 |
| ── type desuperheater | 表面式減溫器 | 表面冷却式過熱低減器 | 表面式减温器 |
| ── type meter | 面板用儀錶 | 表面型計器 | 面板用仪表 |
| ── vapor resistance | 表面(滲透)阻力 | 表面透湿抵抗 | 表面(渗透)阻力 |
| ── velocity | 表面流速 | 表面流速 | 表面流速 |
| ── vibrator | 表面振搗器;平板振搗器 | 表面振動機 | 表面振搗器;平板振搗器 |
| ── viscosity | 表面黏度 | 表面粘度 | 表面粘度 |
| ── -volume ratio | 表面-體積比 | 液面比 | 表面-体积比 |
| ── wash pump | 表面清洗泵 | 表洗ポンプ | 表面清洗泵 |
| ── washing installation | 表面沖洗設備 | 表面洗浄装置 | 表面冲洗设备 |
| ── wave mode | 表面波型 | 表面波モード | 表面波型 |
| ── wave probe | 表面波探頭 | 表面波探触子 | 表面波探头 |
| ── wave technique | 表面波探傷法 | 表面波法 | 表面波法(探伤) |
| ── wear characteristics | 表面耐磨耗性 | 耐表面摩耗性 | 表面耐磨耗性 |
| ── wettability | 表面潤濕性 | 表面湿潤性 | 表面润湿性 |
| ── winder | 表面卷線〔取〕機 | 表面巻取機 | 表面卷线〔取〕机 |
| **surfacer** | 整面塗料;平面鉋〔磨〕床 | 地塗り塗料 | 整面涂料;平面刨〔磨〕床 |
| **surfacing** | 表面磨削;表面加工 | 正面削り | 表面磨削;表面加工 |
| ── and boring machine | 車面搪孔兩用機床 | 正面削り中ぐり盤 | 车面镗孔两用机床 |
| ── feed | 橫向進刀 | 横送り | 横向进刀 |
| ── lathe | 落地車床;端面車床 | 正面削り旋盤 | 落地车床;端面车床 |
| ── welding electrode | 堆銲銲條 | サーフェーシング溶接棒 | 堆焊焊条 |
| ── welding rod | 堆銲填充絲〔棒〕 | サーフェーシング溶接棒 | 堆焊填充丝〔棒〕 |
| **surfactant** | 表面活化劑 | 表面活化剤 | 表面活化剂 |
| **surfboard** | 配電面盤;儀錶盤 | サーフボード | 配电面盘;仪表盘 |
| **surge** | 浪湧;驟增;衝擊波 | サージ | 浪涌;骤增;冲击波 |
| ── damper | 減震器;擋板 | 波動風戸 | 减震器;挡板 |
| ── damping valve | 減震閥;緩衝閥 | サージ減衰弁 | 减震阀;缓冲阀 |
| ── noise | 衝擊噪音 | サージノイズ | 冲击噪声 |
| ── of reciprocating pump | 往復泵的脈動作用 | 往復ポンプの脈動 | 往复泵的脉动作用 |
| ── pressure | 衝擊壓力 | サージ圧 | 冲击压(力) |
| ── pulse | 衝擊脈衝 | サージパルス | 冲击脉冲 |
| **surplus** | 餘量;剩餘額;超過額 | 積立金 | 馀量;剩馀额;超过额 |
| ── capacity | 剩餘容量;設備過剩能力 | サープラスキャパシティ | 剩馀容量;过剩能力 |
| ── material | 剩餘材料 | 余剰資材 | 剩馀材料 |
| ── power | 剩餘功率 | 余剰電力 | 剩馀功率 |
| ── stock | 剩餘原料 | 余剰原料 | 剩馀原料 |
| ── time | 剩餘時間 | 余裕時間 | 剩馀时间 |
| ── value | 剩餘價值 | サープラスバリュー | 剩馀价值 |
| ── valve | 溢流閥 | サープラスバルブ | 溢流阀 |

| 英　　文 | 臺　　灣 | 日　　文 | 大　　陸 |
|---|---|---|---|
| —— variable | 剩餘變量 | サープラス変数 | 剩餘变量 |
| **suroundings** | 環境;外界 | 環境 | 环境;外界 |
| **surveillance** | 監督;監視 | 監視 | 監督;監視 |
| —— equipment | 監視機 | 監視機器 | 監視机 |
| —— system | 監視系統 | 監視システム | 監視系统 |
| —— test | 監視試驗 | 監視試験 | 監視试验 |
| **survey** | 測量;檢查;觀察;調查 | 測量;探査 | 測量(图);检查;观察 |
| —— instrument | 測量儀器 | 測量器具 | 測量仪器 |
| —— meter | 測量器〔儀〕 | 測量器 | 測量器〔仪〕 |
| **surveyed** drawing | 實測圖 | 実測図 | 实測图 |
| —— map | 實(際)測(量)圖 | 実測図 | 实(际)測(量)图 |
| **surveying** | 測量(學;術) | 測量 | 測量(学;术) |
| —— equipment | 測量器械;測量儀器 | 測量機械 | 測量器械;測量仪器 |
| —— instrument | 測量儀器 | 測量器械 | 測量仪器 |
| **survival** | 非斷裂;殘值;存活;;生存 | 非破壊 | 非断裂;残值;存活;;生存 |
| —— curve | 殘存曲線 | 残存曲線 | 残存曲线 |
| —— error | 殘留誤差 | 残存誤差 | 残留误差 |
| **susceptibility** | 磁化率;敏感性;感受性 | 磁化率 | 磁化率;敏感性;感受性 |
| —— factor | 敏感因素 | 磁化係数 | 敏感因素 |
| **susceptor** | 加熱台〔試件的〕;基座 | 加熱台;支持台 | 加热台〔试件的〕;基座 |
| **Susini** | 一種高強度鋁合金 | サジニ | 萨西尼高强度铝合金 |
| **suspend** | 懸;暫停;中止;懸浮 | 中断 | 悬;暂停;中止;悬浮 |
| —— macro | 中止〔暫停〕巨集指令 | サスペンドマクロ | 中止宏指令;暂停宏指令 |
| **suspended** beam | 懸樑;吊樑 | つりげた | 悬梁;吊梁 |
| —— call | 中止呼叫 | サスペンデッドコール | 中止呼叫 |
| —— centrifugal machine | 懸浮式離心機 | 懸垂式遠心分離機 | 悬浮式离心机 |
| —— form | 懸掛模;吊模 | つり型枠 | 悬挂模;吊模 |
| —— iron | 懸浮鐵 | 懸濁状鉄 | 悬浮铁 |
| **suspender** | 吊桿;吊索;掛鉤 | サスペンダ | 吊杆;吊索;挂钩 |
| **suspending** wire | 牽索;控制纜繩;拉索 | 控え網 | 牵索;控制缆绳;拉索 |
| **suspense** | 懸掛;中止;暫時停止 | サスペンス | 悬挂;中止;暂时停止 |
| **suspension** arm | 懸臂;懸架系統定位臂 | リンク引棒腕 | 悬臂;悬架系统定位臂 |
| —— bar | 懸掛樑 | つりかご棒 | 悬挂梁 |
| —— cable | 懸索;吊索 | 立上りケーブル | 悬索;吊索 |
| —— construction | 懸掛結構 | サスペンション構造 | 悬挂结构 |
| —— cord | 吊索 | つり索 | 吊索 |
| —— line | 吊索 | つり索 | 吊索 |
| —— link | 吊桿;懸桿 | つりリンク | 吊杆;悬杆 |
| —— rod | 懸桿;拉桿 | つり(鉄)棒 | 悬杆;拉杆 |
| —— scale | 懸秤;吊秤 | つりばかり | 悬秤;吊秤 |

S

| 英　　文 | 臺　　灣 | 日　　文 | 大　　陸 |
|---|---|---|---|
| — spring | 懸簧;支承彈簧 | 担いばね | 悬簧;支承弹簧 |
| — structure | 懸掛結構 | サスペンション構造 | 悬挂结构 |
| — system | 懸浮體系;懸掛裝置 | 懸濁体系 | 悬浮体系;悬挂装置 |
| — weigher | 懸秤;吊秤 | つりばかり | 悬秤;吊秤 |
| — wire | 鋼絲吊索 | つり線 | 钢丝吊索 |
| sustain | 支持;持續;保持;吸持 | 保指 | 支持;持续;保持;吸持 |
| — control | 持續控制 | サステインコントロール | 持续控制 |
| sustained arc | 持續弧 | 持続アーク | 持续弧 |
| — load | 持續負載 | 持続荷重 | 持续负荷 |
| — vibration | 持續振動 | 持続振動 | 持续振动 |
| sustainer | 支點〔座〕 | サステーナ | 支点〔座〕 |
| sustaining voltage | 持續電壓;保持電壓 | 持続電圧 | 持续电压;保持电压 |
| sutured texture | 縫合結構 | 縫合せ構造 | 缝合结构 |
| SVC argument | 管理程式調用自變量 | ＳＶＣアーギューメント | 管理程式调用自变量 |
| SVC interruption | 管理程式調用中斷 | ＳＶＣ割込み | 管理程序调用中断 |
| SVC routine | 管理程式調用程式 | ＳＶＣルーチン | 管理程序调用程序 |
| swab | 〔鑄工用〕刷水筆 | 棒雑きん；水刷毛 | 〔铸工用〕刷水笔 |
| swabbing | 塗敷水層〔鑄工用〕;擦洗 | すり付け | 涂敷水层〔铸工用〕;擦洗 |
| swage | 型鋼;陷型模;鐓鍛;模鍛 | 火造型スウェージ | 型钢;陷型模;镦锻;模锻 |
| swaged file | 梯形銼 | しのぎやすり | 棱锉;梯形锉 |
| — welding tip | 模鍛銲嘴 | スエージ溶接火口 | 模锻焊嘴 |
| swager | 錘鍛機;旋鍛機 | スエージ | 锤锻机;旋锻机 |
| swaging die | 型砧〔模〕 | スエージ加工型 | 型砧〔模〕 |
| — machine | 旋鍛機 | 転打機械 | 旋锻机 |
| swallow | 耗盡;吸收;取消;吞;吸孔 | スワロー | 耗尽;吸收;取消;吞;吸孔 |
| swan base | 卡口燈座〔接頭〕 | 挿入口金 | 卡口灯座〔接头〕 |
| — neck press | 鵝頸式沖床 | 片持プレス | 鹅颈式压力机 |
| — neck tool | 鵝頸(彈性)車刀 | 腰折れバイト | 鹅颈(弹性)车刀 |
| swap | 對換;交換〔流〕;更換拖輪 | スワップ | 对换;交换〔流〕;更换拖轮 |
| swapping control | 交換控制 | スワッピング制御 | 交换控制 |
| swarf | 金屬切削(鐵屑);切屑 | 金属の削りくず | 金属切削(铁屑);切屑 |
| swash | 沖濺;飛濺;急轉 | スワッシュ | 冲溅;飞溅;急转 |
| — plate | 斜板;旋轉斜板;隔板 | 回転斜板 | 斜板;旋转斜板;隔板 |
| — plate cam | 斜板凸輪 | 斜板カム | 斜板凸轮 |
| — plate engine | 斜盤式發動機 | 斜板機関 | 斜盘式发动机 |
| — plate pump | 擺盤式活塞泵 | 斜板ポンプ | 摆盘式活塞泵 |
| sway | 橫蕩;傾斜;搖動 | 左右揺れ | 横荡;倾斜;摇动 |
| — bar | 擺(穩定)桿;橫向穩定器 | スウェイバー | 摆(稳定)杆;横向稳定器 |
| — brace | 橫向剛性支撐 | つなぎ材 | 横向刚性支撑 |
| swaying defacement | 偏向毀〔磨〕損;偏向損傷 | 片減り | 偏向毁〔磨〕损;偏向损伤 |

| 英　　文 | 臺　　灣 | 日　　文 | 大　　陸 |
|---|---|---|---|
| **sweat(ing)** | 銲接;煆燒;熱析;滲出 | よう接;鍛焼 | 焊接;煅烧;热析;渗出 |
| ― iron | 銲鐵 | 鉄加熱接合 | 焊铁 |
| ― joint | 銲藥接合 | 半田継手 | 焊药接合 |
| **sweating** heat | 銲接熱;熔化熱 | よう接熱 | 焊接热;熔化热 |
| ― process | 銲接法;發汗法 | 発汗法 | 焊接法;发汗法 |
| ― soldering | 熱熔銲接 | よう融ろう着 | 热熔焊接 |
| **swedge** | 錘鍛;陷型模;鐵模 | 火造型スウェージ | 锤锻;陷型模;铁模 |
| **swedging** | 旋鍛;輪轉鍛造;滾摔 | スエッジング | 旋锻;轮转锻造;滚摔 |
| **Swedish iron** | 瑞典生鐵 | スウェーデン銑 | 瑞典生铁 |
| **sweep** | 掃描;彎曲 | 走査;わん曲 | 扫描;弯曲 |
| ― board | 刮板;車板 | 引型板 | 刮板;车板 |
| ― guard | 推出式安全裝置 | 払いのけ式安全装置 | 推出式安全装置 |
| ― safety device | 護身安全裝置 | 手払い式安全装置 | 护身安全装置 |
| **sweeping** | 掃描;清掃;掃除 | 掃引 | 扫描;清扫;扫除 |
| ― core | 刮板芯;車製(砂)芯 | かき中子 | 刮板芯;车制(砂)芯 |
| ― dislocation | 掃描差排 | 掃引転位 | 扫描位错〔错位〕 |
| ― mold | 刮板鑄模 | 引型 | 刮板铸型;车板型 |
| ― tool | 刮除用具 | スイーピングツール | 刮除用具 |
| **swell** | 膨脹;脹箱〔鑄造缺陷〕 | 型張り | 膨涨;胀箱〔铸造缺陷〕 |
| ― characteristic | 膨脹性 | 膨張性 | 膨胀性 |
| ―-neck pan-head rivet | 粗頸盤頭鉚釘 | 太首なべリペット | 粗颈盘头铆钉 |
| ― test | 膨脹試驗 | 膨張試験 | 膨胀试验 |
| ― up coefficient | 膨脹係數;隆起係數; | 盛上り係数 | 膨胀系数;隆起系数; |
| **swelling** | 膨脹〔潤〕;隆起;溶脹 | 盤ぶくれ | 膨胀〔润〕;隆起;增大 |
| ― agent | 膨潤劑;溶脹劑 | 膨張剤 | 膨润剂;溶胀剂 |
| ― capacity | 溶脹度;溶脹性;泡脹性 | 膨張度 | 溶胀度;溶胀性;泡胀性 |
| ― effect | 膨潤效應 | 膨潤作用 | 膨润效应 |
| ― heat | 膨脹熱 | 膨張熱 | 膨胀热 |
| ― index | 膨脹指數 | 膨潤指数 | 膨胀指数 |
| ― power | 膨脹力;泡脹本領 | 膨張力 | 膨胀力;泡胀本领 |
| ― pressure | 膨脹壓力 | 膨潤圧 | 膨胀压力 |
| ― property | 膨脹性(質) | 膨張性 | 膨胀性(质) |
| ― reclaiming process | 溶脹回收法 | 膨張回収法 | 溶胀回收法 |
| ― strain | 膨脹應變 | 膨張ひずみ | 膨胀应变 |
| ― test | 膨脹試驗 | 吸水膨張試験 | 膨胀试验 |
| ― value | 溶脹值;膨脹值 | 膨潤値 | 溶胀值;膨胀值 |
| ― volume | 膨脹體積 | 膨潤容積 | 膨胀体积 |
| ― water | 膨潤水;溶脹水 | 膨潤水 | 膨润水;溶胀水 |
| **swench** | 彈簧衝擊扳手 | スウェンチ | 弹簧冲击扳手 |
| **swift feed** | 油壓式滑板送料 | 油圧式スライドフィード | 油压式滑板送料 |

S

| 英　　文 | 臺　　灣 | 日　　文 | 大　　陸 |
|---|---|---|---|
| swimming roll | 浮輥 | スイミングロール | 浮辊 |
| swing | 搖擺;旋回;振擺;旋轉 | 振り | 摇摆;旋回;回转;振摆 |
| — angle | 回轉角 | 旋回角度 | 回转角 |
| — arm type unloader | 搖臂式取件裝置 | 揺動アーム式取出し装置 | 摇臂式取件装置 |
| — bar | 回轉桿;吊桿 | スイングバー | 回转杆;吊杆 |
| — bearing | 擺動支承;搖擺支承 | 旋回ベアリング | 摆动支承;摇摆支承 |
| — bolster | 搖枕;擺動承樑 | 揺れまくら | 摇枕;摆动承梁 |
| — boom method | 旋轉吊桿法 | 振り回し荷役法 | 旋转吊杆法 |
| — boom system | 擺動式(吊桿) | 振回し方式 | 摆动式(吊杆) |
| — brake | 旋轉制動器 | 旋回ブレーキ | 旋转制动器 |
| — check valve | 回轉止回閥 | スイング逆止め弁 | 回转止回阀 |
| — circle | 擺動圓;(曲柄的)轉動圓 | 旋回サークル | 摆动圆;(曲柄的)转动圆 |
| — crane | 旋臂式起重機 | スイングクレーン | 旋臂式起重机 |
| — device | 擺動裝置;旋轉裝置 | 旋回装置 | 摆动装置;旋转装置 |
| — die | 旋轉式模頭 | スイングダイ | 旋转式模头 |
| — forklift | 擺動叉式起重車 | スイングフォークリフト | 摆动叉式起重车 |
| — frame | 旋架;擺動架;吊台 | 釣下げ台 | 旋架;摆动架;吊台 |
| — grinder | 擺動式砂輪機 | スインググラインダ | 摆动式砂轮机 |
| — hammer mill | 擺錘式破碎機;擺錘磨 | 釣下げつち粉砕器 | 摆锤式破碎机;摆锤磨 |
| — head | 旋轉盤 | スイングヘッド | 旋转盘 |
| — jaw | 動顎板〔顎式破碎機的〕 | スイングジョー | 动颚板〔颚式破碎机的〕 |
| — joint | 旋轉接合;回轉接回 | スイングジョイント | 旋转接合;回转接回 |
| — lever | 吊桿;搖桿;回轉桿 | スイングレバー | 吊杆;摇杆;回转杆 |
| — line | 吊管;擺管 | 釣下げ線 | 吊管;摆管 |
| — motion | 搖擺運動 | 揺動運動 | 摇摆运动 |
| — motor | 搖擺液壓馬達 | 揺動モータ | 摇摆液压马达 |
| — plate | 振動平板;搖動平板 | スイングプレート | 振动平板;摇动平板 |
| — platen | 回轉盤 | 旋回盤 | 回转盘 |
| — saw | 擺動鋸 | 振子式丸のこ盤 | 摆动锯 |
| — span | 旋開跨度 | 旋開幅 | 旋开跨度 |
| — speed | 旋轉速度 | 旋回速度 | 旋转速度 |
| — tray | 吊盤;旋轉盤 | トレー | 吊盘;旋转盘 |
| — vane pump | 旋轉葉片泵;轉葉泵 | スイングベーンポンプ | 旋转叶片泵;转叶泵 |
| — wire | 懸掛鋼絲索;懸掛電線 | スイングワイヤ | 悬挂钢丝索;悬挂电线 |
| swinging beam tester | 擺銲硬度計 | 振かん硬度計 | 摆焊硬度计 |
| — conveyer | 擺動運輸機 | 揺さ振り運搬器 | 摆动运输机 |
| — link | 搖桿 | 揺りリンク | 摇杆 |
| — pendulum | 擺 | 振子 | 摆 |
| — pendulum test | 擺式衝擊試驗 | 振子式衝撃試験 | 摆式冲击试验 |
| — roll | 搖擺式輥筒 | 回しロール | 摇摆式辊筒 |

| 英　　文 | 臺　　灣 | 日　　文 | 大　　陸 |
|---|---|---|---|
| ― strength | 擺動力量 | 揺さ振りの強さ | 摆动力量 |
| ― table | 推旋台 | 押回し台 | 推旋台 |
| **swirl** | 渦旋〔腐蝕坑分布〕;渦流 | 旋回;渦巻 | 涡旋〔腐蚀坑分布〕;涡流 |
| **Swiss cheese** | 鈕扣狀器件 | スイスチーズ | 钮扣状器件 |
| **switch** | 開關;換接;轉換器 | 開閉器 | 开关;换接;转换器 |
| ― apparatus | 開關裝置 | 開閉装置 | 开关装置 |
| ― block | 開關組合;開關元件 | スイッチブロック | 开关组合;开关部件 |
| ― bolt | 開關螺栓 | 開閉器ボルト | 开关螺栓 |
| ― box | 轉換開關箱;配電箱 | 切替箱 | 转换开关箱;配电箱 |
| ― button | 開關按鈕 | スイッチボタン | 开关按钮 |
| ― cabinet | 轉換開關盒 | スイッチキャビネット | 转换开关盒 |
| ― case | 開關盒〔箱〕 | スイッチケース | 开关盒〔箱〕 |
| ― characteristic | 開關特性;轉換特性 | スイッチ特性 | 开关特性;转换特性 |
| ― chassis | 開關櫃〔箱〕 | スイッチフレーム | 开关柜〔箱〕 |
| ― cock | 開閉旋塞 | 開閉活栓 | 开闭旋塞 |
| ― console | 開關控制台;轉換控制台 | スイッチ制御コンソール | 开关控制台;转换控制台 |
| ― desk | 開關台;控制台 | スイッチ台 | 开关台;控制台 |
| ― element | 開關元件 | スイッチ素子 | 开关元件 |
| ― in | 接入;接通;合閘 | スイッチイン | 接入;接通;合闸 |
| ― jack | 機鍵塞口;機鍵插孔 | スイッチジャック | 机键塞口;机键插孔 |
| ― key | 轉換開關;開關鍵 | スイッチキー | 转换开关;开关键 |
| ― lever | 開關手柄 | 転換レバー | 开关手柄 |
| ― off | 斷路;斷開;扳斷 | スイッチオフ | 断路;断开;扳断 |
| ― off delay time | 切斷滯後時間 | スイッチオフ遅れ時間 | 切断滞后时间 |
| ― oil | 開關油;變壓器油;電閘油 | 開閉器油 | 开关油;变压器油;电闸油 |
| ― on | 接入;接通;連入 | スイッチオン | 接入;接通;连入 |
| ― on-off | 接通－斷開;開關通斷 | スイッチオンオフ | 接通－断开;开关通断 |
| ― out | 斷開;斷電;斷路 | スイッチアウト | 断开;断电;断路 |
| ― panel | 開關面板;配電板 | 配電盤 | 开关面板;配电板 |
| ― piston | 開關活塞 | スイッチピストン | 开关活塞 |
| ― plant | 開關設備 | スイッチプラント | 开关设备 |
| ― rack | 開關架;機鍵 | スイッチラック | 开关架;机键 |
| ― sensor | 開關探測器;開關感測器 | スイッチセンサ | 开关探测器;开关传感器 |
| ― speed | 開關速度;轉換速度 | スイッチ速度 | 开关速度;转换速度 |
| ― status condition | 開關狀態條件 | スイッチ状態条件 | 开关状态条件 |
| ― stop | 開關制動銷 | 止め金具 | 开关制动销 |
| ― unit | 轉換裝置〔單元〕 | スイッチユニット | 转换装置〔单元〕 |
| ― valve | 轉換開關;轉換閥 | 転換弁 | 转换开关;转换阀 |
| **switchboard jack** | 交換機塞孔 | 交換機ジャック | 交换机塞孔 |
| **switcher** | 轉換開關 | スイッチャ | 转换开关 |

S

| 英　　文 | 臺　　灣 | 日　　文 | 大　　陸 |
|---|---|---|---|
| — set | 轉換裝置 | スイッチャセット | 转换装置 |
| **switchgear** | 開關裝置 | 開閉裝置 | 开关装置 |
| **switchhook** | 鉤鍵 | フック | 钩键 |
| **switching** | 開關;轉換;交換;切換 | 交換 | 开关;转换;交换;切换 |
| — assembly | 轉換元件;切換元件 | スイッチングアセンブリ | 转换部件 |
| — circuit | 開關電路;轉換電路 | スイッチング回路 | 开关电路;转换电路 |
| — core | 開關磁芯 | スイッチングコアー | 开关磁芯 |
| — cycle | 開關操作循環;轉換周期 | 切換え周期 | 开关操作循环;转换周期 |
| — device | 轉換裝置;開關裝置 | スイッチ素子 | 转换装置;开关装置 |
| — element | 開關元件 | 開閉子 | 开关元件 |
| — equipment | 轉換裝置;交換機 | 交換機 | 转换装置;交换机 |
| — input | 開關輸入 | スイッチングインプット | 开关输入 |
| — loss | 開關損耗;轉換損耗 | スイッチング損失 | 开关损耗;转换损耗 |
| — mode | 開關方式 | スイッチングモード | 开关方式 |
| — module | 開關組件;轉換組件 | スイッチングモジュール | 开关组件;转换组件 |
| — motion | 轉換動作;開閉動作 | スイッチングモーション | 转换动作;开闭动作 |
| — performance | 轉換性能;轉接質量 | 接続品質 | 转换性能;转接质量 |
| — position | 轉換位置 | スイッチングポジション | 转换位置 |
| — power | 轉換功率 | スイッチング電力 | 转换功率 |
| — pressure | 轉換壓力 | 切換圧力 | 转换压力 |
| — process | 轉換過程;開關過程 | スイッチングプロセス | 转换过程;开关过程 |
| — tongue | 閘刀開關銅片 | スイッチせん端 | 闸刀开关铜片 |
| **switchover panel** | 轉接盤;轉接面板 | スイッチオーバパネル | 转接盘;转接面板 |
| **switchpoint** | 開關接點;開關觸點 | 開閉点 | 开关接点;开关触点 |
| **swivel** | 回轉環;旋轉裝置 | 回り継手 | 回转环;旋转装置 |
| — base | 轉動底座;旋轉支承基面 | 旋回台 | 转动底座;旋转支承基面 |
| — bearing | 旋轉軸承 | 自在軸受 | 旋转轴承 |
| — belt sander | 回轉砂帶磨床 | 自在ベルトサンダ | 回转砂带磨床 |
| — block | 旋轉軸承;轉環滑車 | 自在軸受 | 旋转轴承;转环滑车 |
| — chute | 回轉溜槽 | スイベルシュート | 回转溜槽 |
| — cock | 旋轉龍頭 | 自在水栓 | 旋转龙头 |
| — cowl | 旋轉式通風帽;搖頭風帽 | 首振り換気帽 | 旋转式通风帽;摇头风帽 |
| — elbow | 活彎頭;回轉彎管接頭 | 回りエルボ | 活弯头;回转弯管接头 |
| — fitting | 旋轉配合 | めがね継手 | 旋转配合 |
| — frame | 回轉架 | 回りフレーム | 回转架 |
| — head | 回轉頭;旋轉頭 | スイベルヘッド | 回转头;旋转头 |
| — hook | 旋鉤 | 回りフック | 旋钩 |
| — joint | 旋轉接合;轉環接合;鉸接 | まわり継手 | 旋转接合;转环接合;铰接 |
| — mount | 轉座;轉台 | スイベルマウント | 转座;转台 |
| — pin | 鉸接銷 | スイベルピン | 铰接销 |

| 英　　文 | 臺　　灣 | 日　　文 | 大　　陸 |
|---|---|---|---|
| — pipe | 旋轉管 | 回転管 | 旋转管 |
| — pipe joint | 旋轉管接頭 | 輪形管継手 | 旋转管接头 |
| — plate | 轉盤;旋轉板;分度板 | スイベルプレート | 转盘;旋转板;分度板 |
| — scan | 擺動掃描探傷 | 振子走査 | 摆动扫描探伤 |
| — shoot | 回轉溜槽;溜槽彎脖 | 海老どい | 回转溜槽;溜槽弯脖 |
| — slide | 旋轉滑板;轉盤 | 旋回台 | 旋转滑板;转盘 |
| — table | 回轉工作台;萬能轉台 | 自在テーブル | 转台;回转工作台 |
| — vice | 旋轉虎鉗;旋轉座老虎鉗 | 回り万力 | 旋转虎钳;旋转座老虎钳 |
| — wheel | 旋回車 | 旋回車 | 旋回车 |
| — wheel head | 可轉角砂輪架 | 旋回といし台 | (可)转角(度)砂轮架 |
| — work head | 可轉角主軸箱 | 旋回工作主軸台 | (可)转角(度)主轴箱 |
| — yoke | 回轉柄 | スイベルヨーク | 回转柄 |
| **swivelling** | 轉動 | 旋回すること | 转动 |
| — angular table | 轉角工作台 | 万能テーブル | 转角工作台 |
| — nozzle | 可轉向噴管;旋轉噴管 | 首ふりノズル | 可转向喷管;旋转喷管 |
| — speed | 轉速 | 回転速度 | 转速 |
| — table | 回轉工作台 | 旋回テーブル | 回转工作台 |
| **sycee** | 銀錠 | 銀錠 | 银锭 |
| **sychrotron** | 同步加速器 | シンクロトロン | 同步加速器 |
| **Sylcum** | 一種高強度鋁合金 | シルカム | 赛尔卡姆(高强度)铝合金 |
| **symmetric(al) aerofoil** | 對稱翼型 | 対称翼型 | 对称翼型 |
| — aerofoil section | 對稱流線型切面 | 対称翼型断面 | 对称流线型切面 |
| — arrangement | 對稱排列 | 対称排列 | 对称排列 |
| — axis | 對稱軸 | 対称軸 | 对称轴 |
| — bending | 對稱式彎曲 | 対称曲げ | 对称式弯曲 |
| — center | 對稱中心 | 対称中心 | 对称中心 |
| — clothoid | 對稱回轉曲線 | 対称型クロソイド | 对称回转曲线 |
| — component | 對稱分量 | 対称分 | 对称分量 |
| — coordinate | 對稱座標 | 対称座標 | 对称坐标 |
| — coordinates' method | 對稱座標法 | 対称座標法 | 对称坐标法 |
| — distortion | 對稱失真;對稱變形 | 対称変形 | 对称失真;对称变形 |
| — figure | 對稱圖形 | 対称図形 | 对称图形 |
| — four terminal network | 對稱四端網絡 | 対称四端子網 | 对称四端网络 |
| — frame | 對稱框架 | 対称骨組 | 对称框架 |
| — law | 對稱法則 | 対称法則 | 对称法则 |
| — leaf spring | 對稱片簧 | 対称ばね | 对称片簧 |
| — linear structure | 對稱直線型結構 | 対称直線型構造 | 对称直线型结构 |
| — linkage system | 對稱連接系統 | 対称リンケージシステム | 对称连接系统 |
| — load | 對稱負載 | 対称負荷 | 对称载荷 |
| — matching | 對稱匹配 | 対称整合 | 对称匹配 |

| 英　文 | 臺　灣 | 日　文 | 大　陸 |
|---|---|---|---|
| ─ matrix | 對稱矩陣 | 対称マトリクス | 对称矩阵 |
| ─ method | 對稱法 | 対称法 | 对称法 |
| ─ rigid frame | 對稱剛構;對稱剛架 | 対称ラーメン | 对称刚构;对称刚架 |
| ─ ring | 對稱環 | 対称環 | 对称环 |
| ─ stress distribution | 對稱應力分布 | 対称応力分布 | 对称应力分布 |
| ─ system | 對稱系統 | 対称システム | 对称系统 |
| ─ transducer | 對稱換能器 | 対称的トランスジューサ | 对称换能器 |
| ─ vibration | 對稱振動 | 対称振動 | 对称振动 |
| ─ welding sequence | 對稱銲接程序 | 対称溶接法 | 对称焊接程序 |
| **symmetricity** | 對稱性 | 対称性 | 对称性 |
| **symmetrization** | 對稱化 | 対称化 | 对称化 |
| **symmetry** | 對稱(性);勻稱;調和 | 対称 | 对称(性);勻称;调和 |
| ─ of revolution | 旋轉對稱 | 回転対称 | 旋转对称 |
| ─ operation | 對稱操作 | 対称操作 | 对称操作 |
| **sympathetic vibration** | 共鳴振動;共振 | 共鳴振動 | 共鸣振动;共振 |
| **sympiesometer** | 彎管流體壓力計 | わん管流圧計 | 弯管流体压力计 |
| **symplex structure** | 對稱結構 | 対称構造 | 对称结构 |
| **sympodium** | 合軸 | 仮軸 | 合轴 |
| **sync** | 同步 | シンク | 同步 |
| ─ driver | 同步驅動器 | シンクドライバ | 同步驱动器 |
| ─ split | 同步分離 | シンクスプリット | 同步分离 |
| **synchro** | 同步;同步傳送;同步機 | シンクロ電機 | 同步;同步传送〔转动〕 |
| **synchrobox** | 同步裝置 | シンクロボックス | 同步装置 |
| **synchro-control** | 同步控制 | 同期制御 | 同步控制 |
| ─ transformer | 同步控制變壓器 | シンクロ制御変圧機 | 同步控制变压器 |
| **synchro-counter** | 同步計數器 | シンクロカウンタ | 同步计数器 |
| **synchro-cut** | 同步切削 | シンクロカット方式 | 同步切削 |
| **synchrocyclotron** | 同步回轉加速器 | シンクロサイクロトロン | 同步回转加速器 |
| **synchrodrive** | 同步傳動 | 同期駆動 | 同步传动 |
| **synchro-fazotron** | 同步相位加速器 | シンクロファゾトロン | 同步相位加速器 |
| **synchro-indicator** | 同步指示器 | シンクロインジケータ | 同步指示器 |
| **synchromesh** | 同步配合;同步嚙合 | シンクロメッシュ | 同步配合;同步啮合 |
| ─ change gear | 同步變速齒輪 | 同期かみ合い式変速歯車 | 同步变速齿轮 |
| **synchrometer** | 同步指示器 | シンクロメータ | 同步指示器 |
| **synchronism** | 同步(性) | 同調作用 | 同步(性) |
| ─ detection | 同步檢查 | 同期検定 | 同步检查 |
| ─ deviation | 同步偏差 | 同期偏差 | 同步偏差 |
| ─ indicator | 同步指示儀 | 同期検定器 | 同步指示仪 |
| **synchronization** | 同步 | 同期 | 同步 |
| ─ error | 同步誤差 | 同期誤差 | 同步误差 |

| 英　　文 | 臺　　灣 | 日　　文 | 大　　陸 |
|---|---|---|---|
| **synchronized** indicator | 同步指示器;同步測試器 | 同期檢定器 | 同步指示器;同步測試器 |
| — operation | 同步運轉 | 同期運転 | 同步运转 |
| — sweep | 同步掃描 | 同期掃引 | 同步扫描 |
| — system | 同步系統 | シンクロシステム | 同步系统 |
| — test machine | 同步試驗機 | 同期試驗機 | 同步试验机 |
| **synchronizer** | 同步指示儀;同步器〔機〕 | 同期裝置 | 同步指示仪;同步器 |
| **synchronizing** cycle | 同步周期 | 同期周期 | 同步周期 |
| — lamp | 同步指示燈 | 同期檢定灯 | 同步指示灯 |
| — linkage | 同步機構 | 同期裝置 | 同步机构 |
| — primitive command | 同步的基本命令 | 同期基本命令 | 同步的基本命令 |
| **synchronoscope** | 同步指示儀;同步示波器 | 同期檢定器 | 同步指示仪;同步示波器 |
| **synchronous** buffer | 同步緩衝器 | 同期バッファ | 同步缓冲器 |
| — control strategy | 同步控制策略 | 同期制御戰略 | 同步控制策略 |
| — control system | 同步控制系統 | 同期制御システム | 同步控制系统 |
| — counter | 同步計數器 | 同期式カウンタ | 同步计数器 |
| — coupling | 同步耦合 | 同期繼手 | 同步耦合 |
| — discharge | 同步放電 | 同期放電 | 同步放电 |
| — division | 同步分裂 | 同調分裂 | 同步分裂 |
| — driving | 同步運轉 | 同期運転 | 同步运转 |
| — interface | 同步界面 | 同期インタフェース | 同步接口 |
| — load | 同步負載 | シンクロナスロード | 同步负载 |
| — machine | 同步機 | 同期機 | 同步机 |
| — mode | 同步方式 | 同期モード | 同步方式 |
| — motor with clutch | 帶離合器的同步電動機 | クラッチ付き同期電動機 | 带离合器的同步电动机 |
| — multimachine system | 多機同步系統 | 同期多機械システム | 多机同步系统 |
| — operation | 同步操作 | 同調操作 | 同步操作 |
| — processing | 同步處理 | 同期処理 | 同步处理 |
| — revolution | 同步旋轉 | 同期回転 | 同步旋转 |
| — rotary switch | 同步旋轉開關 | 同期回転スイッチ | 同步旋转开关 |
| — running | 同步運轉 | シンクロナスランニング | 同步运转 |
| — spark-gap | 同步火花放電器 | 同期火花ギャップ | 同步火花放电器 |
| — speed | 同步速度 | 同期速度 | 同步速度 |
| — starting method | 同步起動方式 | 同期始動方式 | 同步起动方式 |
| — timer | 同步定時器 | 同期式タイマ | 同步定时器 |
| — torque | 同步轉矩;同步力矩 | 同期トルク | 同步转矩;同步力矩 |
| — transfer | 同步傳遞〔送〕 | 同期移送 | 同步传递〔送〕 |
| — transmission method | 同步傳輸方式 | 同期式伝送方式 | 同步传输方式 |
| — type vibrator | 同步式振動器 | 同期型バイブレータ | 同步式振动器 |
| — working | 同步工作 | 同期動作 | 同步工作 |
| **synchros** | 同步器 | シンクロ | 同步器 |

S

| 英　　文 | 臺　　灣 | 日　　文 | 大　　陸 |
|---|---|---|---|
| **synchroscope** | 同步示波器；同步測試儀 | シンクロスコープ | 同步示波器；同步测试仪 |
| **synchro-spark** | 同步火花 | シンクロスパーク | 同步火花 |
| **synchro-switch** | 同步開關 | シンクロスイッチ | 同步开关 |
| **synchro-system** | 同步系統 | シンクロ系 | 同步系统 |
| **synchro-trace** | 仿形加工；聯動刻模銑 | シンクロトレース | 仿形加工；联动刻模铣 |
| **synchrotrans** | 同步轉換；同步變壓器 | シンクロトランス | 同步转换；同步变压器 |
| **synchrotron** | 同步加速器 | シンクロトロン | 同步加速器 |
| **syndiotacticity** | 間規性〔度〕 | シンジオタクチック性 | 间规性〔度〕 |
| **syndrome** | 出故障；校驗位 | 症候群 | 出故障；校验位 |
| — check | 故障檢查 | シンドロームチェック | 故障检查 |
| **synergistic** action | 協合作用 | 相乗作用 | 协合作用 |
| — control principle | 協同控制原理 | 相助制御原理 | 协同控制原理 |
| **synoptic(al) analysis** | 摘要分析 | 総觀解析 | 摘要分析 |
| **syntactic(al)** analysis | 語法分析 | 構文解析 | 语法分析 |
| — entity | 語法實體 | 構文要素 | 语法实体 |
| — error | 語法錯誤 | シンタクティックエラー | 语法错误 |
| — structure | 語法結構 | 構文構造 | 语法结构 |
| — unit | 語法單位 | 構文単位 | 语法单位 |
| **syntax** | 語法 | 構文法 | 语法 |
| — analyzer | 語法分析程式 | 構文解析 | 语法分析程序 |
| — check | 語法檢查 | 構文チェック | 语法检查 |
| — control | 語法控制 | 構文制御 | 语法控制 |
| — controlled generator | 語法控制的生成程式 | 構文制御型ジェネレータ | 语法控制的生成程序 |
| — directed compiler | 語法制導的編譯程式 | 構文制御型コンパイラ | 语法制导的编译程序 |
| — error | 語法錯誤 | シンタックスエラー | 语法错误 |
| — language | 語法語言 | 構文言語 | 语法语言 |
| — notation | 語法表示法 | 構文記法 | 语法表示法 |
| — rule | 語法規則 | 構文則 | 语法规则 |
| **syntellac** | 焦油酸合成樹脂 | タール酸合成樹脂 | 焦油酸合成树脂 |
| **synthesis** | 合成；綜合；拼合 | 合成；総合 | 合成；综合；拼合 |
| **synthesized** fiber | 合成纖維 | 合成繊維 | 合成纤维 |
| — material | 合成材料 | 合成物質 | 合成材料 |
| **synthesizer** | 合成器 | シンセサイザ | 合成器 |
| **synthetic(al)** asbestos | 合成石棉 | 合成石綿 | 合成石棉 |
| — diamond | 人造金剛石 | 人造ダイヤモンド | 人造金刚石 |
| — elastomer | 合成彈性體 | 合成エラストマ | 合成弹性体 |
| — ester lubricant | 合成酯類潤滑劑 | 合成エステル潤滑剤 | 合成酯类润滑剂 |
| — fiber | 合成纖維 | 合成繊維 | 合成纤维 |
| — gem | 合成寶石 | 合成宝石 | 合成宝石 |
| — (oil) grease | 合成油潤滑脂 | 合成油潤滑グリース | 合成油润滑脂 |

| 英　　文 | 臺　　灣 | 日　　文 | 大　　陸 |
|---|---|---|---|
| — gypsum | 合成石膏 | 合成せっこう | 合成石膏 |
| — hydraulic fluid | 合成液壓油 | 合成作動油 | 合成液压油 |
| — insulating oil | 合成絕緣油 | 合成絶縁油 | 合成绝缘油 |
| — iron | 合成鐵;再生鐵 | 合成鋳鉄 | 合成铁;再生铁 |
| — iron oxide | 合成氧化鐵紅 | 合成ベンガラ | 合成氧化铁红 |
| — leather | 合成革;人造(皮)革 | 合成皮革 | 合成革;人造(皮)革 |
| — lubricant | 合成潤滑油 | 合成潤滑油 | 合成润滑油 |
| — lubricant fluid | 合成潤滑液體 | 合成潤滑液 | 合成润滑液体 |
| — lubricating oil | 合成潤滑油 | 合成潤滑油 | 合成润滑油 |
| — material | 合成材料;合成物質 | 合成物質 | 合成材料;合成物质 |
| — metal | 合成金屬 | 合成金属 | 合成金属 |
| — method | 合成(方)法 | 合成方法 | 合成(方)法 |
| — mica | 人造雲母;合成雲母 | 人造マイカ | 人造云母;合成云母 |
| — mineral | 合成礦物 | 合成鉱物 | 合成矿物 |
| — model | 綜合模型 | 合成モデル | 综合模型 |
| — molding sand | 合成鑄砂 | 合成砂 | 合成型砂 |
| — motor oil | 合成機油 | 合成モータ油 | 合成机油 |
| — natural rubber | 合成天然橡膠 | 合成天然ゴム | 合成天然橡胶 |
| — oil | 合成油 | 合成油 | 合成油 |
| — plastics | 合成塑料;合成塑膠 | 合成プラスチック | 合成塑料;合成塑胶 |
| — polymer | 合成聚合物 | 合成重合体 | 合成聚合物 |
| — quartz | 合成石英 | 合成水晶 | 合成石英 |
| — resin | 合成樹脂 | 合成樹脂 | 合成树脂 |
| — resin adhesive (agent) | 合成樹脂黏合劑 | 合成樹脂接着材 | 合成树脂粘合剂 |
| — resin cement | 合成樹脂膠接劑 | 合成樹脂セメント | 合成树脂胶接剂 |
| — resin glue | 合成樹脂(類)黏合劑 | 合成樹脂系接着剤 | 合成树脂(类)粘合剂 |
| — resin plastics | 合成樹脂塑料 | 合成樹脂可塑物 | 合成树脂塑料 |
| — resin polymer | 合成樹脂聚合物 | 合成樹脂重合体 | 合成树脂聚合物 |
| — resin varnish | 合成樹脂漆 | 合成樹脂ワニス | 合成树脂漆 |
| — rubber | 合成橡膠 | 合成ゴム | 合成橡胶 |
| — rubber adhesive | 合成橡膠黏合劑 | 合成ゴム接着剤 | 合成橡胶粘合剂 |
| — steel | 複合鋼;合成鋼;包層鋼 | 合せ鋼 | 复合钢;合成钢;包层钢 |
| **synthetics** | 合成品 | 合成物質 | 合成品 |
| **syntholube** | 合成潤滑油 | シンソリューブ | 合成润滑油 |
| **synthon** | 合成纖維 | 合成繊維 | 合成纤维 |
| **syntony** | 共振;調諧;諧振 | 同調 | 共振;调谐;谐振 |
| **syphon lubrication** | 虹吸潤滑 | サイフォン潤滑 | 虹吸润滑 |
| **syringe** | 注射器;壓油器;手壓泵 | 注射器 | 注射器;压油器;手压泵 |
| — type pump | 注射型泵 | 押出し型ポンプ | 注射型泵 |
| **system** | 系統;制度;體系 | 系統 | 系统;制度;体系 |

| 英　　文 | 臺　　灣 | 日　　文 | 大　　陸 |
|---|---|---|---|
| — automatic monitor | 系統自動監控裝置 | システム自動モニタ | 系统自动监控装置 |
| — automation | 系統自動化 | システム自動化 | 系统自动化 |
| — control | 系統控制 | システム制御 | 系统控制 |
| — control center | 設備控制中心 | 設備制御センタ | 设备控制中心 |
| — control command | 系統控制命令 | システム制御コマンド | 系统控制命令 |
| — control engineering | 系統控制工程 | システム制御工学 | 系统控制工程 |
| — control position | 系統控制台 | システム管理席 | 系统控制台 |
| — control processor | 系統控制處理裝置 | システム制御プロセッサ | 系统控制处理装置 |
| — control program | 系統控制程式 | システム制御プログラム | 系统控制程序 |
| — controller | 系統控制器 | システム制御裝置 | 系统控制器 |
| — coordinates | 系統座標(系) | システム座標系 | 系统坐标(系) |
| — failure | 系統故障 | システム障害 | 系统故障 |
| — failure analysis | 系統故障分析 | システム故障解析 | 系统故障分析 |
| — failure effect | 系統故障影響 | システム故障効果 | 系统故障影响 |
| — failure rate | 系統故障率 | システム故障率 | 系统故障率 |
| — failure-success model | 系統故障-成功模型 | システム故障-成功モデル | 系统故障-成功模型 |
| — fallback | 系統退出;系統不執行 | システムフォールバック | 系统退出;系统不执行 |
| — library | 系統程式庫 | システムライブラリ | 系统程序库 |
| — life | 系統壽命 | システム寿命 | 系统寿命 |
| — limit | 系統極限 | システム限界 | 系统极限 |
| — load | 系統負載 | システム負荷 | 系统负载 |
| — loader | 系統裝入程式 | システムローダ | 系统装入程序 |
| — of crystals | 晶系 | 結晶系 | 晶系 |
| — parameter | 系統參數 | システム変数 | 系统叁数 |
| — reset | 系統重置 | システムリセット | 系统复位 |
| — software | 系統軟體 | システムソフトウェア | 系统软件 |
| — support | 系統支援〔保障〕 | システム支援 | 系统支援〔保障〕 |
| **systematic(al) code** | 系統碼 | 組織符号 | 系统码 |
| **systems** analysis | 系統分析 | システム分析 | 系统分析 |
| — compatibility | 系統相容性 | システムズ互換性 | 系统互换性 |

| 英　　文 | 臺　　灣 | 日　　文 | 大　　陸 |
|---|---|---|---|
| T-abutment | T形橋台 | T形橋台 | T形桥台 |
| T-bar | T形鋼材 | T形材；T形鋼 | T形钢材 |
| T-beam | T形樑 | T形ばり | T形梁 |
| T bolt | T形螺栓 | Tボルト | T形螺栓 |
| T branch | T形管 | T字管 | T形管 |
| T-cock | T形閥 | Tコック | T形阀 |
| T-contact | T接點 | T接点 | T接点 |
| T-fillet weld | 填角銲；T形角銲縫熔敷區 | T形隅肉溶着部 | 填角焊；T形角焊缝溶敷区 |
| T (bar)frame | T形(材)肋骨 | T形フレーム | T形(材)肋骨 |
| T-grade separation | T形立體交叉 | T形立体交さ | T形立体交叉 |
| T-head bolt | T形螺栓 | Tボルト | T形螺栓 |
| T-head extrusion | T形頭擠壓 | Tヘッド押出し | T形头挤压 |
| T-head nail | T形釘 | T字くぎ | T形钉 |
| T-hinge | T形鉸鏈 | T形丁つがい | T形铰链 |
| T-intersection | T形交叉口 | T形交さ | T形交叉口 |
| T iron | T形鐵 | T形鉄 | T形铁 |
| T-joint | T形接頭 | T継手 | T形接头 |
| T junction | T形連接；T形接頭 | T接合器 | T形连接；T形接头 |
| T knee | T形鐵件 | T形金物 | T形铁件 |
| T-load | T負載 | T荷重 | T荷载 |
| T-network | T形節 | Tネットワーク | T形节 |
| T-nut | T形螺母 | Tナット | T形螺母 |
| T-piece | T形管接頭；三通 | T継手 | T形管接头；三通 |
| T pipe(tube) | T形管；三通 | T字管 | T形管；三通 |
| T rail | T形鋼軌 | T軌条 | T形钢轨 |
| T-ring | T形密封環 | Tリング | T形密封环 |
| T-section | T形截面 | T形断面 | T形截面 |
| T-shapes | T形鋼 | T形鋼 | T形钢 |
| T-shaped pipe | T形管 | T字管 | T形管 |
| T-slot | T形槽 | T形溝 | T形槽 |
| T-slot broach | T形槽拉刀 | T溝ブローチ | T形槽拉刀 |
| T-slot die | T形機頭 | Tダイ | T形机头 |
| T-slot (milling) cutter | T形槽銑刀 | T溝フライス | T形槽铣刀 |
| T-slot nut | T形槽螺母 | T溝ナット | T形槽螺母 |
| T splice | T形接線 | T形結線 | T形接线 |
| T-square | 丁字尺 | T定規 | 丁字尺 |
| T-steel | T形鋼 | T形鋼 | T形钢 |
| T tube | T形管 | T字管 | T形管 |
| T-type dowel | T形暗榫；T形暗銷 | T形ジベル | T形暗榫；T形暗销 |
| T-type hydraulic filter | T形液力過濾器 | T形油圧フィルタ | T形液力过滤器 |

| 英　　文 | 臺　　灣 | 日　　文 | 大　　陸 |
|---|---|---|---|
| **T-type manifold die** | T形歧管機頭 | マニホールド形Tダイ | T形歧管机头 |
| **T-type ruler** | 丁字尺 | T形定規 | 丁字尺 |
| **T union joint** | T形管接頭接合 | Tユニオン継手 | T形管接头接合 |
| **T-welded joint** | T形銲接接頭〔縫〕 | T溶接継手 | T形焊接接头〔缝〕 |
| **tab** | 組合件;附錄;薄片 | ダブ | 组合件;附录;薄片 |
| — gate | 柄形澆口 | タブゲート | 柄形浇口 |
| — plate | 組合件;調整片 | タブ | 组合件;调整片 |
| — receptacle | 板狀插座 | 平形めす端子 | 板状插座 |
| **table** | 平台;工作台;圖表 | テーブル;定盤 | 平台;工作台;图表 |
| — area | 台面面積 | テーブル面積 | 台面面积 |
| — band saw | 台式帶鋸 | テーブル帯のこ盤 | 台式带锯 |
| — blast | 轉台式拋〔噴〕砂清理機 | テーブルブラスト | 转台式抛〔喷〕丸清理机 |
| — clamp | 台(用夾)鉗 | 取付け金具 | 台(用夹)钳 |
| — clamping screw | 工作台固定螺栓 | テーブル固定用ねじ | 工作台固定螺栓 |
| — concentrator | 搖床;淘汰盤 | 振動テーブル | 摇床;淘汰盘 |
| — conveyer | 台式傳送帶 | テーブルコンベヤ | 台式传送带 |
| — dog lever | 台擋手柄 | テーブルドッグレバー | 台挡手柄 |
| — driving mechanism | 工作台驅動機構 | テーブル駆動機構 | 工作台驱动机构 |
| — feeder | 盤式送料機;圓盤給煤機 | テーブル給炭機 | 盘式送料机;圆盘给煤机 |
| — flotation | 搖床浮選 | テーブル浮選 | 摇床浮选 |
| — gear | 輥道齒輪 | テーブルギヤー | 辊道齿轮 |
| — guide way | 工作台導軌 | テーブルガイドウェイ | 工作台导轨 |
| — interlocker | 台式聯鎖裝置 | 卓上連動機 | 台式联锁装置 |
| — lead screw | 縱工作台進給螺桿 | 左右送りねじ | 纵工作台进给丝杠 |
| — lift | 升降平台 | テーブルリフト | 升降平台 |
| — lock | 工作台鎖緊 | テーブルロック | 工作台锁紧 |
| — of common logarithm | 常用對數表 | 常用対数表 | 常用对数表 |
| — of contents | 目次〔錄〕 | 目次 | 目次〔录〕 |
| — of natural logarithms | 自然對數表 | 自然対数表 | 自然对数表 |
| — rack | 工作台機架 | テーブルラック | 工作台机架 |
| — rest | 工作台支座 | テーブルレスト | 工作台支座 |
| — reverse dog | 工作台換向擋鐵 | テーブルリバースドッグ | 工作台换向挡铁 |
| — saddle | 工作台滑鞍〔滑座〕 | テーブルサドル | 工作台滑鞍〔滑座〕 |
| — setting | 工作台緊固〔定位〕 | テーブルセッティング | 工作台紧固〔定位〕 |
| — speed | 工作台(移動)速度 | テーブル速度 | 工作台(移动)速度 |
| — stroke | 工作台行程 | テーブルストローク | 工作台行程 |
| — support | 工作台支架 | テーブル前支え | 工作台支架 |
| — tap | 插銷板;台式插座盤 | テーブルタップ | 插销板;台式插座盘 |
| — top | 桌面;台面 | テーブルトップ | 桌面;台面 |
| — travel | 工作台行程 | テーブルの行程 | 工作台行程 |

| 英　　文 | 臺　　灣 | 日　　文 | 大　　陸 |
|---|---|---|---|
| — type buffing machine | 台式拋光機 | 卓上形バフ研磨機 | 台式拋光机 |
| **tabled fish-plate splice** | 齒形連接板拼接 | 段付き継目板継手 | 齿形连接板拼接 |
| — joint | 嵌接；榫接 | くい込接ぎ | 嵌接；榫接 |
| **tablet** | 小塊〔片〕 | タブレット | 小块〔片〕 |
| — input | 圖形輸入板輸入 | タブレット入力 | 图形输入板输入 |
| — pattern | 輸入圖形 | タブレットパターン | 输入图形 |
| **tabu** | 引板 | タブ | 引板 |
| **tabular crystal** | 平片狀結晶 | 平板状結晶 | 平片状结晶 |
| **tabulating equipment** | 穿孔卡片設備 | せん孔カード装置 | 穿孔卡片设备 |
| **tabulation** | 製表；列表 | 欄送り；作表 | 制表；列表 |
| — set | 製表裝置 | タブレーションセット | 制表装置 |
| **tabulator** | 製表機 | 製表機 | 制表机 |
| **tacamahac** | 橄欖科植物的天然樹脂 | タカマハック | 橄榄科植物的天然树脂 |
| **tacharanite** | 易變矽鈣石 | タカラナイト | 易变硅钙石 |
| **tachiol** | 氟化銀 | ふっ化銀 | 氟化银 |
| **tachogenerator** | 轉速傳感器 | 速度発電機 | 转速（表）传感器 |
| **tachogram** | 速度(記錄)圖 | タコグラム | 速度（记录）图 |
| **tachograph** | 速度(圖)表；速度記錄 | 速度記録 | 速度（图）表；速度记录 |
| — paper | 速度記錄紙；轉速記錄紙 | 引っかき紙 | 速度记录纸；转速记录纸 |
| **tachometer** | 轉速計；流速計 | 回転速度計 | 转速计；流速计 |
| — generator | 轉速錶發電機 | 回転計発電機 | 转速表发电机 |
| — head | 測速磁頭 | タコメータヘッド | 测速磁头 |
| — signal | 測速信號；轉速信號 | タコメータ信号 | 测速信号；转速信号 |
| **tachymeter** | 視距儀 | スタジア測量器 | 视距仪 |
| **tachymetry** | 視距測量；准距快速測量 | スタジア測量 | 视距测量；准距快速测量 |
| **tachystoscope** | 測速顯示器 | タキストスコープ | 测速显示器 |
| **tack** | 黏性；方法；圖釘 | タック | 黏性；方法；图钉 |
| — bolt | 裝配螺栓 | 仮付けねじ | 装配螺栓 |
| — development | 黏性研究 | 粘着発現 | 黏性研究 |
| — hole | 釘孔 | タック穴 | 钉孔 |
| — range | 黏性期 | 適度粘着時間 | 黏性期 |
| — reduction | 黏性保持率 | 粘着性低下 | 黏性保持率 |
| — strength | 黏合力 | 粘着力 | 黏合力 |
| — temperature | 黏合溫度 | 粘着温度 | 黏合温度 |
| — testing device | 黏性試驗裝置 | タック試験装置 | 黏性试验装置 |
| — weld | 定位銲；點固銲 | 仮付け溶接 | 定位焊；点固焊 |
| **tacker** | 定位銲工 | タッカ | 定位焊工 |
| **tack-free test** | 不發黏試驗；不剝落試驗 | 不粘着試験 | 不发黏试验；不剥落试验 |
| — time | 不剝落期 | 不粘着時間 | 不剥落期 |
| **tackifier** | 增黏劑 | 粘着剤 | 增黏剂 |

| 英　　文 | 臺　　灣 | 日　　文 | 大　　陸 |
|---|---|---|---|
| tackiness | 膠黏性;附著力 | 粘着力 | 胶黏性;附着力 |
| tacking | 點固銲;定位銲 | 仮付け | 点固焊;定位焊 |
| tackle | 滑輪組;轆轤 | 滑車装置 | 滑轮组;轆轳 |
| tackle-block | 起重機用滑輪;開口滑輪 | 起重機用滑車 | 起重机用滑轮;开口滑轮 |
| tacky adhesion | 黏著;膠黏 | 粘着 | 黏着;胶黏 |
| — producer | 增黏劑 | 粘性付与剤 | 增黏剂 |
| tacnode | 互切點 | 二重接点 | 互切点 |
| tact | 間歇式 | タクト | 间歇式 |
| — switch | 觸覺開關 | タクトスイッチ | 触觉开关 |
| — system | 流水作業線 | タクトシステム | 流水作业线 |
| tactic | 立體異構 | タクティック | 立体异构 |
| — polymer | 立體異構聚合物 | 序列立体異性重合体 | 立体异构聚合物 |
| tactile controlled robot | 觸覺控制機器人 | 触覚制御ロボット | 触觉控制机器人 |
| — information | 觸覺信息 | 触覚情報 | 触觉信息 |
| — property | 觸感性 | 触質性 | 触感性 |
| — sense | 觸覺 | 触覚 | 触觉 |
| — sensor | 觸覺傳感器 | 触覚センサ | 触觉传感器 |
| tactometer | 觸覺測驗器 | タクトメータ | 触觉测验器 |
| tag | 標記;標籤 | タグ;タッグ;札 | 标记;标签 |
| — architecture | 特徵結構 | タグアーキテクチャ | 特徵结构 |
| — block | 接線板 | 端子板 | 接线板 |
| — check | 特徵檢驗 | タグチェック | 特徵检验 |
| — contact | 終端接〔觸〕點 | 端子接点 | 终端接〔触〕点 |
| — machine | 特徵機 | タグマシン | 特徵机 |
| tagged top | 鍍錫鐵皮蓋 | ブリキ上ぶた | 镀锡铁皮盖 |
| tagging | 標記;磨銳;軋尖 | 標識付け | 标记;磨锐;轧尖 |
| taghole | 銷孔 | 端子孔 | 销孔 |
| Taglibue hydrometer | 泰格密度計 | タグリブ液体比重計 | 泰格密度计 |
| — viscosimeter | 泰格黏度計 | タグリブ粘度計 | 泰格黏度计 |
| tail assay | (級聯)尾料(試樣)分析 | 廃棄濃度 | (级联)尾料(试样)分析 |
| — block | 帶索滑車〔輪〕;頂尖座 | テール滑車 | 带索滑车〔轮〕;顶尖座 |
| — boom | 尾撐〔樑〕 | 尾部支材 | 尾撑〔梁〕 |
| — bracket | 後托架 | テールブラケット | 后托架 |
| — cut | 椽端鋸截法 | たるき鼻の切り方 | 椽端锯截法 |
| — edge | 縮徑量;地腳切口;地腳 | 切り落とし | 缩径量;地脚切口;地脚 |
| — gas | 尾氣;廢氣 | 廃残ガス | 尾气;废气 |
| — gear | 尾輪 | 尾脚 | 尾轮 |
| — out | (磁帶)尾端脫開 | テールアウト | (磁带)尾端脱开 |
| — pin | 尾銷 | テールピン | 尾销 |
| — pulley | (尾部)導輪 | テールプーリ | (尾部)导轮 |

| 英　　　文 | 臺　　　灣 | 日　　　文 | 大　　　陸 |
|---|---|---|---|
| — radius of crane | (起重機)尾部旋轉半徑 | 後部旋回半径 | (起重机)尾部旋转半径 |
| — separation factor | 尾部分離係數 | 尾部分離係数 | 尾部分离系数 |
| — spindle | 尾架套筒 | 心押し軸 | 尾架套筒 |
| — valve | 漏氣閥;逸氣閥;尾閥 | 漏気弁 | 漏气阀;逸气阀;尾阀 |
| **tailboard** | 貨車尾板;後擋〔箱〕板 | 後板 | 货车尾板;后挡〔箱〕板 |
| **tail-end cover** | 尾端罩〔蓋〕 | エンドカバー | 尾端罩〔盖〕 |
| **tailing** | 尾材;尾渣;篩餘物 | テイリング | 尾材;尾渣;筛馀物 |
| **tailless bonding** | 無尾壓銲 | テールレスボンディング | 无尾压焊 |
| **tails** | 尾砂;最後(末端)排放物 | 端末排出物 | 尾砂;最后(末端)排放物 |
| — assay | 廢棄濃度 | 廃棄濃度 | 废弃浓度 |
| **tailshaft** | 尾軸;槳軸;推進軸 | 尾軸 | 尾轴;桨轴;推进轴 |
| **tailstock** barrel | 尾架套筒;頂尖套 | 心押し軸 | 尾架套筒;顶尖套 |
| — spindle | 尾架套筒;頂尖套 | 心押し軸 | 尾架套筒;顶尖套 |
| **Tainton process** | 泰恩頓(提鋅)法 | テイントン法 | 泰恩顿(提锌)法 |
| **take** | 描劃;記錄;拍照 | テーク | 描划;记录;拍照 |
| — away pump | 送料泵 | テークアウェーポンプ | 送料泵 |
| — charge | (機械等)失控;汽車失控 | テークチャージ | (机械等)失控;汽车失控 |
| — fire | 點火;著火;引火;發火 | 引火 | 点火;着火;引火;发火 |
| **take-off** | 輸出;抑制;牽引 | 離昇 | 输出;抑制;牵引 |
| — conveyor | 牽引傳送機 | 引取りコンベヤ | 牵引传送机 |
| — gear | 牽引裝置 | 引取り装置 | 牵引装置 |
| — godet | 牽引拉伸 | テークオフゴデット | 牵引拉伸 |
| — mechanism | 牽引設備 | 引取り装置 | 牵引设备 |
| — tension | 牽引張力 | 引取り張力 | 牵引张力 |
| — unit | 牽引裝置 | 引取り装置 | 牵引装置 |
| **take-up** | 拉緊裝置;卷(帶) | 緊張装置;卷取り | 拉紧装置;卷(带) |
| — conveyer | 卷帶(傳送)裝置 | テークアップコンベヤ | 卷带(传送)装置 |
| — gear | 牽引裝置 | 引取り装置 | 牵引装置 |
| — machine | 卷帶裝置;纏繞機 | テークアップ装置 | 卷带装置;缠绕机 |
| — mechanism | 牽引設備 | 引取り装置 | 牵引设备 |
| — motion | 卷帶裝置 | 卷取り装置 | 卷带装置 |
| — pulley | 張緊輪 | テークアッププーリ | 张紧轮 |
| — rate | 卷取速度 | 卷取り速度 | 卷(取)速(度) |
| — tower | (吹塑薄膜)牽引塔架 | 引取り塔 | (吹塑薄膜)牵引塔架 |
| — tumbler | 張緊輪 | 遊動輪 | 张紧轮 |
| — unit | 張緊裝置 | 引取り装置 | 张紧装置 |
| — winder | 卷線機 | テークアップワインダ | 卷线机 |
| **taking** inventory | 核實在庫量 | 在庫量確認 | 核实在库量 |
| — of samples | 取樣 | 試料の採取 | 取样 |
| **Talbot steel process** | 塔爾波特平爐煉鋼法 | タルボット製鋼法 | 塔尔波特平炉炼钢法 |

| 英　　文 | 臺　　灣 | 日　　文 | 大　　陸 |
|---|---|---|---|
| talc(um) | 滑石(粉) | 滑石 | 滑石(粉) |
| — powder | 滑石粉 | 滑石粉 | 滑石粉 |
| talcite | 塊滑石 | 塊状滑石 | 块滑石 |
| talha gum | 阿拉伯樹膠 | アラビヤゴム | 阿拉伯树胶 |
| Talide | 一種燒結碳化鎢超硬合金 | タライド | 一种烧结碳化钨超硬合金 |
| tall oil | 妥爾油 | トール油 | 妥尔油 |
| tallois-desmi | 電鍍荷蘭黃銅 | めっきしたオランタ黄銅 | 电镀荷兰黄铜 |
| tallow | 牛脂;(動物)脂 | 獣脂 | 牛脂;(动物)脂 |
| — oil | (動物)脂油 | 牛脂油 | (动物)脂油 |
| Tallyrondo | 圓度檢查儀 | タリロンド | 圆度检查仪 |
| Talmi-gold | 鍍金(荷蘭)黃銅 | 黄銅 | 镀金(荷兰)黄铜 |
| talus | 廢料 | テーラス | 废料 |
| Talysurf | 粗糙度檢查儀 | タリサーフ | 粗糙度检查仪 |
| tama fat | 奶油樹脂 | 乳脂樹脂 | 奶油树脂 |
| tamanite | 三斜磷鈣鐵礦 | タマン石 | 三斜磷钙铁矿 |
| tammite | 鎢鐵 | タム石 | 钨铁 |
| tamper | 振動夯;干擾;反射層 | タンパ | (振动)夯;干扰;反射层 |
| Tampico brush | 坦比哥拋光刷 | タンピコブラシ | 坦比哥抛光刷 |
| tamping | 夯實;填塞;搗固 | 締固め | 夯实;填塞;捣固 |
| — bar | 搗(實)棒;振搗棒 | 突き棒 | 捣(实)棒;振捣棒 |
| — machine | 夯實機;搗固機 | 突固め機 | 夯实机;捣固机 |
| — pick | 夯實機;搗實棒 | ビータ | 夯实机;捣实棒 |
| — pole | 搗實棒 | 込め棒 | 捣(实)棒 |
| — rod | 搗實棒;搗固棒 | 込め棒 | 捣实棒;捣固棒 |
| — tool | 搗固機;舂砂機 | 突固め機 | 捣固机;舂砂机 |
| Tamtam | 一種錫青銅 | タムタム | 一种锡青铜 |
| tan | 鞣革;棕黃色 | タンニン液 | 鞣革;棕黄色 |
| tandem axle | 串列輪軸 | タンデム車軸 | 串列轮轴 |
| — axle load | 串列輪軸負載;雙軸負載 | タンデム軸荷重 | 串列轮轴载荷;双轴载荷 |
| — band saw machine | 串聯帶鋸機 | タンデム帯のこ盤 | 串联带锯机 |
| — brush | 串聯電刷 | タンデムブラシ | 串联电刷 |
| — center | 中間卸荷閥;M型滑閥功能 | タンデムセンタ | 中间卸荷阀;M型滑阀功能 |
| — compound turbine | 串聯渦輪機 | 直列流形タービン | 串联涡轮机 |
| — connected system | 串聯系統 | タンデム形接続システム | 串联系统 |
| — construction | 串聯結構 | タンデム構造 | 串联结构 |
| — control | 串聯控制 | タンデム制御 | 串联控制 |
| — cylinder | 串列式缸 | タンデム形シリンダ | 串列式缸 |
| — die | 串聯式模具;複式拉深模 | タンデム型 | 串联式模具;复式拉深模 |
| — drive | 串聯傳動 | タンデム駆動 | 串联传动 |
| — duplex bearing | 雙列軸承 | 並列組合せ軸受 | 双列轴承 |

| 英　　文 | 臺　　灣 | 日　　文 | 大　　陸 |
|---|---|---|---|
| — engine | 串聯式發動機 | タンデム機関 | 串联式发动机 |
| — follow die | 串聯式連續模 | 二段順送り型 | 串联式连续模 |
| — ironing die | 串聯式(變薄)拉深模 | 多段しごき型 | 串联式(变薄)拉深模 |
| — master-cylinder | 串聯主油缸 | タンデムマスタシリンダ | 串联(制动)主油缸 |
| — mill | 串列式軋鋼機 | タンデム圧延機 | 串列式轧(钢)机 |
| — mounting | 串聯安裝 | 並列取付け | 串联安装 |
| — operation | 串列操作 | タンデム操作 | 串列操作 |
| — piston | 串聯活塞 | タンデムピストン | 串联活塞 |
| — processor | 串行處理機 | タンデムプロセッサ | 串行处理机 |
| — propeller | 串列式螺旋槳 | タンデムプロペラ | 串列式螺旋桨 |
| — pump | 雙聯泵 | タンデム型ボンプ | 双联泵 |
| — scan | 雙探頭串聯掃描 | タンデム走査 | 双探头串联扫描 |
| — technique | 雙探頭串聯掃描 | タンデム走査 | 双探头串联扫描 |
| — turbine | 串級式渦輪機 | タンデムタービン | 串级式涡轮机 |
| — type connection | 串聯接法;串列聯接 | くし形接続方式 | 串联接法;串列联接 |
| — type rollers | 串列式滾子 | タンデムローラ | 串列式滚子 |
| **Tandem metal** | 坦德姆錫青銅 | タンデムメタル | 坦德姆锡青铜 |
| **tangeite** | 釩鈣銅礦 | タンゲ石 | 钒钙铜矿 |
| **tangency** | 相切;毗連;鄰接 | 接触 | 相切;毗连;邻接 |
| **tangent** | 切線;正切 | 接線;正接 | 切线;正切 |
| — angle | 切線角 | 接線角 | 切线角 |
| — bar | 正切尺;切線棒 | タンジェントバー | 正切尺;切线棒 |
| — bender | 切線折彎機;切線彎板機 | タンジェントベンダ | 切线折弯机;切线弯板机 |
| — cam | 切線凸輪 | 接線カム | 切线凸轮 |
| — chart | 正切曲線圖 | タンジェントチャート | 正切曲线图 |
| — compass | 正切羅盤;切向羅盤 | 接線羅針盤 | 正切罗盘;切向罗盘 |
| — cone method | 切錐法 | 接すい法 | 切锥法 |
| — curve | 正切曲線 | 正接曲線 | 正切曲线 |
| — deflection | 切線偏距 | 接線偏距 | 切线偏距 |
| — flexural modulus | 彎曲切線模量 | 曲げ接線モジュラス | 弯曲切线模量 |
| — length | 切線長度 | 接線長 | 切线长度 |
| — line | 切線 | 切線;接線 | 切线 |
| — method | 正切法 | 正切法 | 正切法 |
| — modulus of elasticity | 切線彈性模量 | 接線弾性係数 | 切线弹性模量 |
| — modulus stress | 切線彈性應力 | 接線係数応力 | 切线弹性应力 |
| — of the loss angle | 介質衰耗因數 | 損失正接 | 介质衰耗因数 |
| — offset | 切線偏移(量);切向偏距 | タンジェントオフセット | 切线偏移(量);切向偏距 |
| — plane | 切平面 | 接平面 | 切平面 |
| — point | 切點 | 接点 | 切点 |
| — screw | 測微螺桿;微調螺旋 | 微動ねじ | 测微螺杆;微调螺旋 |

T

| 英　　文 | 臺　　灣 | 日　　文 | 大　　陸 |
|---|---|---|---|
| — tensile modulus | 拉伸切線模量 | 引張り接線モジュラス | 拉伸切线模量 |
| — track | 直線軌道 | 直線軌道 | 直线轨道 |
| — wedge method | 切楔法 | 接けい法 | 切楔法 |
| **tangential** acceleration | 切向加速度 | 接線加速度 | 切向加速度 |
| — approach principle | 切線近似法 | 接線進入法 | 切线近似法 |
| — brush | 切向配置電刷 | タンジェンシャルブラシ | 切向配置电刷 |
| — component | 切線分量 | 接線成分 | 切线分量 |
| — direction | 切線方向 | 接線方向 | 切线方向 |
| — equation | 切線方程 | 接線方程式 | 切线方程 |
| — fan | 切向送風機 | 横流ファン | 切向送风机 |
| — feed attachment | 切向進給裝置 | 接線送り装置 | 切向进给装置 |
| — feed grinding method | 切向進給磨削法 | 接線送り研削法 | 切向进给磨削法 |
| — feed opening | 切向供給口 | 接線供給口 | 切向供给口 |
| — flow turbine | 切向流動汽〔水〕輪機 | 接線流れタービン | 切向流动汽〔水〕轮机 |
| — force | 切向力 | 接線力 | 切向力 |
| — grinding force | 切向磨削抗力 | 接線研削抵抗 | 切向磨削抗力 |
| — lead chamber | 切線式鉛室 | 接線式鉛室 | 切线式铅室 |
| — line integral | 切線線積分 | 接線線積分 | 切线线积分 |
| — load | 切線負載 | 接線荷重 | 切向载荷 |
| — plane | 切平面 | 接平面 | 切平面 |
| — reaction | 切線反力 | 接線反力 | 切线反力 |
| — stiffness method | 切線剛度法 | 接線剛性法 | 切线刚度法 |
| — strain | 切向應變;剪應變 | 接線ひずみ | 切向应变;剪应变 |
| — stress | 切向應力;剪應力 | 接線応力 | 切向应力;剪应力 |
| — turning tool | 切向刀具 | ローラターナバイト | 切向刀具 |
| — velocity | 切向速度 | 接線速度 | 切向速度 |
| — wave | 切線波 | 接線波 | 切线波 |
| **tangueite** | 釩鈣銅礦 | タンゲ石 | 钒钙铜矿 |
| **tank** | 水箱;油箱;槽;坦克 | 戦車;槽 | 水箱;油箱;槽;坦克 |
| — air-mover | 油罐空氣驅除器 | 油缶空気排出器 | 油罐空气驱除器 |
| — block | 箱座;玻璃熔池耐火磚 | タンクブロック | 箱座;玻璃熔池耐火砖 |
| — body | 油槽本體;液罐本體 | タンク本体 | 油槽本体;液罐本体 |
| — boiler | 櫃形鍋爐 | タンクボイラ | 柜形锅炉 |
| — bottom emulsion | 罐底乳化液 | 缶底乳液 | 罐底乳化液 |
| — bottom heater | 箱底加熱器 | ボトムヒータ | 箱底加热器 |
| — calibration | 油罐校正 | 油缶目盛り検査 | 油罐校正 |
| — capacity | 箱容量;槽容量 | タンク容量 | 箱容量;槽容量 |
| — cleaning hole | 油罐清洗孔 | タンククリーニングホール | 油罐清洗孔 |
| — cleaning system | 油罐清洗裝置 | タンククリーニング装置 | 油罐清洗装置 |
| — cleanings | 油罐洗出物 | 油缶洗出物 | 油罐洗出物 |

| 英　　　文 | 臺　　　灣 | 日　　　文 | 大　　　陸 |
|---|---|---|---|
| — coating | 油罐涂料;貯罐涂料 | タンク用塗料 | 油罐涂料;貯罐涂料 |
| — cock | 水箱龍頭;水箱旋塞 | タンクコック | 水箱龙头;水箱旋塞 |
| — connections | 油罐連接管 | 油缶連接管 | 油罐连接管 |
| — container | 罐式集裝箱 | タンクコンテナ | 罐式集裝箱 |
| — cover | 箱蓋 | タンクカバー | 箱盖 |
| — crystallization | 槽式結晶作用 | 槽式結晶作用 | 槽式结晶作用 |
| — crystallizer | 槽式結晶器 | タンク式晶析器 | 槽式结晶器 |
| — filter | 槽式過濾機 | タンクろ過器 | 槽式过滤机 |
| — frame | 油罐架 | タンク一体形フレーム | 油罐架 |
| — furnace | 槽爐 | 槽よう | 槽炉 |
| — heater | 油罐加熱裝置 | 暖槽器 | 油罐加热装置 |
| — heating coil | 油罐加熱螺旋管 | タンク加熱管 | 油罐加热螺旋管 |
| — heating pipe | 油罐加熱管 | タンク加熱管 | 油罐加热管 |
| — iron | 製筒鐵皮 | 槽板 | 制筒铁皮 |
| — lining | 油罐襯裡 | タンクライニング | 油罐衬里 |
| — manhole | 油罐入孔 | 油缶入孔 | 油罐入孔 |
| — port | 水箱孔;油箱孔 | タンクポート | 水箱孔;油箱孔 |
| — shell | 油罐殼體 | 油缶胴体 | 油罐壳体 |
| — side frame | 油罐邊架 | タンクサイドフレーム | 油罐边架 |
| — sprayer | 罐式噴霧器 | 据置き噴霧機 | 罐式喷雾器 |
| — strainer | 油槽過濾器;水槽過濾器 | タンクストレーナ | 油槽过滤器;水槽过滤器 |
| — strap connection | 油罐環箍連接線 | 油缶たが輪連結線 | 油罐环箍连接线 |
| — table | 箱形台 | タンクテーブル | 箱形台 |
| — top | 油罐頂蓋 | 油缶屋根ぶた | 油罐顶盖 |
| — type circuit breaker | 槽形斷路器 | タンク形遮断器 | 槽形断路器 |
| — type liquid cooler | 箱形液體冷卻器 | タンク形液冷却器 | 箱形液体冷却器 |
| — valve | 櫃閥 | タンク弁 | 柜阀 |
| — vent pipe | 油槽通風管 | タンク通気管 | 油槽通风管 |
| **tankage** | 箱容量;儲存器;容器沈積 | タンク貯蔵 | 箱容量;储存器;容器沈积 |
| **tantcopper** | 矽銅 | 銅の耐酸合金 | 硅铜 |
| **tantiron** | 高矽耐熱耐酸鑄鐵 | タンチロン | 高硅耐热耐酸铸铁 |
| **tantnickel** | 含鎳耐酸合金 | ニッケルの耐酸合金 | 含镍耐酸合金 |
| **tap** | 絲攻;陷型模;出鋼〔渣〕 | タップ;出銑 | 丝锥;陷型模;出钢〔渣〕 |
| — aspirator | 水流泵 | 水流ポンプ | 水流泵 |
| — bars | 檢查(滲碳過程的)試棒 | 肌焼き試験棒 | 检查(渗碳过程的)试棒 |
| — bolt | 緊固螺栓 | 押えボルト | 紧固螺栓 |
| — borer | 螺紋底孔鑽頭 | ねじ下ぎり | 螺纹底孔钻头 |
| — chaser | 絲攻梳刀片 | タップチェーザ | 丝锥梳刀片 |
| — chuck | 絲攻夾頭 | タップチャック | 丝锥夹头 |
| — cinder | 攪煉爐渣;鐵口渣 | かくはん炉さい | 搅炼炉渣;铁口渣 |

| 英　　文 | 臺　　灣 | 日　　文 | 大　　陸 |
|---|---|---|---|
| ― die holder | 絲攻板牙兩用夾頭 | タップダイホルダ | 丝锥板牙两用夹头 |
| ― drill | 螺紋底孔鑽頭 | ねじ下ぎり | 螺纹底孔钻头 |
| ― driver | 絲攻驅動套 | タップドライバ | 丝锥驱动套 |
| ― end stud | 雙頭螺栓 | 植込みボルト | 双头螺栓 |
| ― grinder | 絲攻磨床 | タップグラインダ | 丝锥磨床 |
| ― handle | 絲攻扳手;水栓扳手 | タップハンドル | 丝锥扳手;水栓扳手 |
| ― holder | 攻絲夾頭 | タップホルダ | 攻丝夹头 |
| ― hole | 出渣口;出鐵口;塞孔 | 出湯口 | 出渣口;出铁口;塞孔 |
| ― hole gun | 鐵口泥炮〔高爐〕 | 湯口閉そく機 | 铁口泥炮〔高炉〕 |
| ― hole plug stick | (泥)塞桿〔高爐〕 | せん止め棒 | (泥)塞杆〔高炉〕 |
| ― rivet | 螺紋鉚釘 | ねじ込みリベット | 螺纹铆钉 |
| ― sand | 分型砂;界砂 | タップ砂 | 分型砂;界砂 |
| ― wrench | 絲攻扳手;鉸槓 | タップ回し | 丝锥扳手;铰杠 |
| **tape** | 卷尺;帶;磁帶 | テープ;巻き尺 | 卷尺;带;磁带 |
| ― armored cable | 鋼帶鎧裝電纜 | 鋼帶外裝ケーブル | 钢带铠装电缆 |
| ― compiling routine | 磁帶編譯程序 | テープの編集 | 磁带编译程序 |
| ― control | 帶控制 | テープ制御 | 带控制 |
| ― control mechanism | 紙帶(程序)控制機構 | テープ制御機構 | 纸带(程序)控制机构 |
| ― control unit | 帶控制器 | テープ制御装置 | 带控制器 |
| ― copy | 帶複製;磁帶拷貝 | テープコピー | 带复制;磁带拷贝 |
| ― core | 擴口管接頭 | テープコア継ぎ手 | 扩口管接头 |
| ― count scale | 磁帶長度計數標尺 | テープカウントスケール | 磁带长度计数标尺 |
| ― cutter | 切帶器 | テープカッタ | 切带器 |
| ― drive mechanism | 帶驅動機構 | テープ送行機構 | 带驱动机构 |
| ― drive roller | 帶驅動輪 | テープ駆動ローラ | 带驱动(滚)轮 |
| ― editor | 帶編輯程式 | テープエディタ | 带编辑程序 |
| ― entry | 磁帶入口 | テープエントリー | 磁带入口 |
| ― eraser | 磁帶消磁器;磁帶抹磁器 | テープ消磁器 | 磁带消磁器;磁带抹磁器 |
| ― error | 磁帶錯誤 | テープエラー | 磁带错误 |
| ― feed motor | 送帶電動機;卷帶電動機 | テープフィードモータ | 送带电动机;卷带电动机 |
| ― guide | 帶導向輪;導帶桿;導帶柱 | テープガイド | 带导向轮;导带杆;导带柱 |
| ― guide servo | 導帶伺服機構 | テープガイドサーボ | 导带伺服机构 |
| ― guide post | 磁帶導向柱;導帶柱 | テープガイドポスト | 磁带导向柱;导带柱 |
| ― handling | 磁帶處理 | テープハンドリング | 磁带处理 |
| ― head | 磁帶錄像頭;磁帶錄音頭 | テープヘッド | 磁带录像头;磁带录音头 |
| ― holder | 帶夾;帶架 | テープホルダ | 带夹;带架 |
| ― input | 磁帶輸入 | テープ入力 | 磁带输入 |
| ― laminator | 層帶壓製機 | テープラミネータ | 层带压制机 |
| ― librarian | 磁帶(程式)庫管理程式 | テープライブラリアン | 磁带(程序)库管理程序 |
| ― mark | 磁帶標記 | テープマーク | 磁带标记 |

| 英　　文 | 臺　　灣 | 日　　文 | 大　　陸 |
|---|---|---|---|
| — measure | 卷尺 | 巻き尺 | 卷尺 |
| — memory | 磁帶存儲器 | テープ記憶装置 | 磁带存储器 |
| — oriented system | 磁帶取向系統 | テープ向きシステム | 磁带取向系统 |
| — parity check | 磁帶奇偶校驗 | テープパリティチェック | 磁带奇偶校验 |
| — pool | 磁帶庫 | テーププール | 磁带库 |
| — producing machine | 製帶機 | テープ製造機 | 制带机 |
| — program | 帶程式 | テーププログラム | 带程序 |
| — programmer | 紙帶編程器 | テーププログラマ | 纸带编程器 |
| — read head | 讀帶磁頭 | テープ読取りヘッド | 读带磁头 |
| — reader | 讀帶機 | テープ読取り機 | 读带机 |
| — reader input | 讀帶輸入 | テープリーダインプット | 读带输入 |
| — reader puncher | 讀帶穿孔機 | テープリーダパンチャ | 读带穿孔机 |
| — recording technique | 磁帶記錄方式 | テープ記録方式 | 磁带记录方式 |
| — reel | 帶盤 | テープリール | 带盘 |
| — reproducer | 磁帶拷貝裝置 | テープ複製装置 | 磁带拷贝装置 |
| — reservoir | 磁帶緩衝器 | テープレザーバ | 磁带缓冲器 |
| — rewind | 倒帶;帶重繞 | テープリワインド | 倒带;带重绕 |
| — rule | 卷尺 | 巻き尺 | 卷尺 |
| — running accuracy | 走帶精度 | テープ走行の精度 | 走带精度 |
| — running direction | 走帶方向 | テープ走行方向 | 走带方向 |
| — running speed | 走帶速度 | テープ走行速度 | 走带速度 |
| — search | 磁帶檢索 | テープサーチ | 磁带检索 |
| — selection switch | 磁帶選擇開關 | テープ切換えスイッチ | 磁带选择开关 |
| — selector | 磁帶選擇器 | テープセレクタ | 磁带选择器 |
| — span | 帶寬 | テープスパン | 带宽 |
| — speed | 走帶速度 | テープ速度 | 走带速度 |
| — splicer | 接帶器 | テープスプライサ | 接带器 |
| — storage bin | 儲帶箱 | テープ貯蔵箱 | 储带箱 |
| — synchronizer | 帶同步器 | テープ同期装置 | 带同步器 |
| — transport mechanism | 走帶機構 | テープ駆動機構 | 走带机构 |
| — travel | 帶前進;控帶讀出方向 | テープトラベル | 带前进;控带读出方向 |
| — unit | 磁帶機;走帶機構 | テープ装置 | 磁带机;走带机构 |
| — width | 帶寬度 | テープ幅 | 带宽度 |
| — winder | 卷帶機 | テープ巻取り機 | 卷带机 |
| **taper** | 錐度;拔模斜度;拉拔角 | 朝顔;引抜き角 | 锥度;拔模斜度;拉拔角 |
| — attachment | 錐度切削裝置 | テーパ削り装置 | 锥度切削装置 |
| — block | 錐形枕座 | こう配台 | 锥形枕座 |
| — bolt | 錐形螺栓 | テーパボルト | 锥形螺栓 |
| — bore | 錐孔;錐孔搪頭 | テーパボアー | 锥孔;锥孔镗头 |
| boring | 錐孔搪削 | テーパボーリング | 锥孔镗削 |

| 英　　文 | 臺　　灣 | 日　　文 | 大　　陸 |
|---|---|---|---|
| ― bush | 錐形軸襯 | テーパブッシュ | 锥形轴衬 |
| ― cone | 圓錐 | テーパコーン | 圆锥 |
| ― control | 錐形控制；遞變控制 | テーパコントロール | 锥形控制；递变控制 |
| ― cutting device | 錐度切削裝置 | テーパ削り装置 | 锥度切削装置 |
| ― drill | 錐柄麻花鑽 | テーパドリル | 锥柄麻花钻 |
| ― drum | 錐形滾筒〔卷筒〕 | テーパドラム | 锥形滚筒〔卷筒〕 |
| ― eliminator | 錐度消除裝置 | テーパエリミネータ | 锥度消除装置 |
| ― end mill | 錐形立銑刀；錐形端銑刀 | テーパエンドミル | 锥形立铣刀；锥形端铣刀 |
| ― file | 圓錐銼 | 先細やすり | 圆锥锉 |
| ― fit | 錐度配合 | テーパフィット | 锥度配合 |
| ― flange | 錐形凸緣盤 | テーパフランジ | 锥形法兰盘 |
| ― flask | 滑脫砂箱；脫箱 | 抜き枠 | 滑脱砂箱；脱箱 |
| ― flat file | 錐形平銼 | 先細平やすり | 锥形扁锉 |
| ― gas tap | 管螺紋絲攻 | 管用テーパタップ | 管螺纹丝锥 |
| ― gage | 錐度量規 | こう配ゲージ | 锥度量规 |
| ― gear hob | 圓錐齒輪滾刀 | テーパホブ | 圆锥齿轮滚刀 |
| ― hand tap | 錐形手用絲攻；第一攻 | 先タップ | 锥形手用丝锥；头锥 |
| ― increaser | 錐形擴大器 | すい形拡大器 | 锥形扩大器 |
| ― joint | 錐形連接〔電纜的〕 | テーパ接続 | 锥形连接〔电缆的〕 |
| ― key | 楔鍵；釣頭楔鍵 | こう配キー | 楔键；钓头楔键 |
| ― knock | 圓錐頂銷 | テーパノック | 圆锥顶销 |
| ― land bearing | 錐面軸承 | テーパランド軸受 | 锥面轴承 |
| ― line | 錐形線（路） | テーパ線路 | 锥形线（路） |
| ― liner | 錐度套筒 | テーパライナ | 锥度套筒 |
| ― mandrel | 錐度心軸；帶梢心軸 | テーパ心金 | 锥度心轴；带梢心轴 |
| ― matching | 錐形匹配 | テーパ整合 | 锥形匹配 |
| ― neck rivet | 斜頸鉚釘 | テーパネックリベット | 斜颈铆钉 |
| ― needle | 圓錐滾針 | テーパニードル | 圆锥滚针 |
| ― nut | 錐形螺母 | テーパナット | 锥形螺母 |
| ― of core diameter | 螺紋內徑錐度 | 溝底のテーパ | 螺纹内径锥度 |
| ― per foot | 錐度極〔頂〕點 | テーパパーフート | 锥度极〔顶〕点 |
| ― pin | 錐(形)銷 | テーパピン | 锥(形)销 |
| ― pin hole | 錐(形)銷孔 | テーパピンホール | 锥(形)销孔 |
| ― pin punch | 錐形沖頭 | テーパピンポンチ | 锥形冲头 |
| ― pipe | 異徑管；錐形管 | 異径管；先細管 | 异径管；锥形管 |
| pipe thread | 錐管螺紋 | 管用テーパねじ | 锥管螺纹 |
| piston | 錐形活塞 | テーパピストン | 锥形活塞 |
| plug | 錐形塞 | こう配プラグ | 锥形塞 |
| plug gage | 錐形塞規 | テーパプラグゲージ | 锥形塞规 |
| ratio | 梯形比；尖削比；錐度比 | テーパ比 | 梯形比；尖削比；锥度比 |

| 英　　文 | 臺　　灣 | 日　　文 | 大　　陸 |
|---|---|---|---|
| ― reamer | 錐形鉸刀 | こう配リーマ | 锥形铰刀 |
| ― ring | 錐形環;斜面環 | テーパリング | 锥形环;斜面环 |
| ― ring gage | 錐度環規 | テーパリングゲージ | 锥度环规 |
| ― roller bearing | 圓錐滾子軸承 | 円すいころ軸受 | 圆锥滚子轴承 |
| ― roller conveyer | 圓錐滾柱輸送機 | テーパローラコンベヤ | 圆锥滚柱输送机 |
| ― rolling machine | 斜坡軋製機;錐形軋機 | テーパロールマシン | 斜坡轧制机;锥形轧机 |
| ― rolls | 錐形輥軋機 | テーパロール | 锥形辊轧机 |
| ― screw | 錐(形)螺紋 | テーパねじ | 锥(形)螺纹 |
| ― screw chuck | 錐形螺旋夾頭 | ねじ込みチャック | 锥形螺旋夹头 |
| ― screw plug | 錐形螺旋塞 | こう配ねじ栓 | 锥形螺旋塞 |
| ― serration | 斜鋸齒形;錐形鍵廓 | テーパセレーション | 斜锯齿形;锥形键廓 |
| ― shank drill | 錐柄鑽頭 | テーパシャンクドリル | 锥柄钻头 |
| ― shank fraise | 錐柄銑刀 | テーパシャンクフライス | 锥柄铣刀 |
| ― shank milling cutter | 錐柄銑刀 | テーパシャンクフライス | 锥柄铣刀 |
| ― shank punch | 錐柄沖頭 | テーパシャンクポンチ | 锥柄冲头 |
| ― shank reamer | 錐柄鉸刀 | テーパシャンクリーマ | 锥柄铰刀 |
| shank tap | 錐柄絲攻 | テーパシャンクタップ | 锥柄丝锥 |
| ― sleeve | 錐套 | テーパスリーブ | 锥套 |
| ― slot | 斜溝 | 傾斜溝 | 斜沟 |
| ― tap | 管用錐形絲攻 | 管用テーパタップ | 管用锥形丝锥 |
| ― tester | 錐度測量器 | テーパ測定器 | 锥度测量器 |
| ― thread | 錐(形)螺紋 | テーパねじ | 锥(形)螺纹 |
| ― thread tap | 錐形絲攻 | テーパタップ | 锥形丝锥 |
| ― turning | 錐度切削 | テーパ削り | 锥度切削 |
| ― wire | 錐形線;錐度金屬絲 | テーパワイヤ | 锥形线;锥度金属丝 |
| **tapered** adapter sleeve | 錐形連接套管 | アダプタスリーブ | 锥形连接套管 |
| ― ball (nosed) end mill | 錐形球端立銑刀 | テーパボールエンドミル | 锥形球端立铣刀 |
| ― closure | 錐形密封蓋 | テーパクロージャ | 锥形密封盖 |
| ― die | 錐形凹模 | 円すいダイス | 锥形凹模 |
| ― edge | 斜邊 | テーパへり | 斜边 |
| ― file | 尖銼 | 先細やすり | 尖锉 |
| ― pole | 錐形桿;錐形柱;錐形柱燈 | テーパポール | 锥形杆;锥形柱;锥形柱灯 |
| ― washer | 錐形墊圈 | テーパード座金 | 锥形垫圈 |
| **tapering press** | 縮徑沖床 | テーパーリングプレス | 缩径压力机 |
| **taphole** | 熔液出口〔爐的〕 | 湯出し口 | 熔液出口〔炉的〕 |
| **taping** | 卷尺測量 | 巻き尺測量 | 卷尺测量 |
| **tap-out bar** | 出渣棒 | 栓抜き棒 | 出渣棒 |
| **tapper** | 輕擊錘;攻絲機 | タッパ | 轻击锤;攻丝机 |
| ― chuck | 絲攻夾頭 | タッパチャック | 丝锥夹头 |
| ― tap | 機用絲攻 | タッパタップ | 机用丝锥 |

**T**

| 英 文 | 臺 灣 | 日 文 | 大 陸 |
|---|---|---|---|
| **tappet** | 挺桿 | つつき棒 | 挺杆 |
| — clearance | 閥挺桿(和閥座之間)間隙 | タペットクリアランス | 阀挺杆(和阀座之间)间隙 |
| — drum | 凸輪鼓〔盤〕 | タペットドラム | 凸轮鼓〔盘〕 |
| — guide | 挺桿導套 | タペット案内 | 挺杆导套 |
| — plunger | 閥門提桿;閥門挺桿 | タペットプランジャ | 阀门提杆;阀门挺杆 |
| — rod | 推桿;挺桿 | タペット棒 | 推杆;挺杆 |
| — roller | (汽門)推桿滾柱 | タペットローラ | (汽门)推杆滚柱 |
| — spanner | 閥挺桿(專用)扳手 | タペットスパナ | 阀挺杆(专用)扳手 |
| — wrench | 挺桿(專用)扳手 | タペットレンチ | 挺杆(专用)扳手 |
| **tapping** | 攻絲;出鐵;出鋼;出渣 | 出銑;出湯 | 攻丝;出铁;出钢;出渣 |
| — chuck | 絲攻夾頭 | タッピングチャック | 丝锥夹头 |
| — drill | 螺紋底孔鑽頭 | タッピングドリル | 螺纹底孔钻头 |
| — floor | 澆注區 | 鋳込み場 | 浇注区 |
| — furnace | 放液爐;液流電爐 | くみ注ぎ炉 | 放液炉;液流电炉 |
| — head | 攻絲頭 | タッピングヘッド | 攻丝头 |
| — hole | 出鐵口;壓鑄澆(注)口 | 湯出し口 | 出铁口;压铸浇(注)口 |
| — machine | 攻絲機 | ねじ立て盤 | 攻丝机 |
| — paste | 攻絲潤滑劑 | タッピングペースト | 攻丝润滑剂 |
| — point | 分接點;抽頭 | タッピングポイント | 分接点;抽头 |
| — sample | 熔液取樣;爐前取樣; | 湯口試料 | 熔液取样;炉前取样; |
| — screw | 自攻螺釘 | タッピングねじ | 自攻螺钉 |
| — sleeve | 鑽孔套管;穿孔套管 | 分岐帯 | 钻孔套管;穿孔套管 |
| — spindle | 攻絲主軸 | ねじ立て主軸 | 攻丝主轴 |
| — spout | 出鋼槽 | 出湯どい | 出钢槽 |
| — temperature | 出爐溫度 | 出湯温度 | 出炉温度 |
| — torque | 攻絲扭矩 | ねじ立てトルク | 攻丝扭矩 |
| — unit | 組合攻絲機;攻絲動力頭 | タッピングユニット | 组合攻丝机;攻丝动力头 |
| **tar** acid resin | 焦油酸樹脂 | タール酸樹脂 | 焦油酸树脂 |
| — asphalt | 焦油瀝青 | タールれき青 | 焦油沥青 |
| **taramellite** | 纖矽鋇高鐵石 | タラメリ石 | 纤硅钡高铁石 |
| **taramite** | 綠閃石;綠鐵閃石 | タラマ石 | 绿闪石;绿铁闪石 |
| **tarbuttite** | 三斜磷鋅礦 | 三斜りん亜鉛鉱 | 三斜磷锌矿 |
| **tardiness** | 遲緩 | 納期遅れ | 迟缓 |
| **tare** | 皮重;自重;配衡體 | 自重 | 皮重;自重;配衡体 |
| — shot | 配衡小球 | 釣合い小粒重り | 配衡小球 |
| — weight | 皮重;毛重;空車重量 | 風袋重量 | 皮重;毛重;空车重量 |
| **target** | 靶;目標 | 標的 | 靶;目标 |
| — cathode | 靶陰極 | ターゲット陰極 | 靶阴极 |
| — characteristic | 目標特性 | 目標特性 | 目标特性 |
| — electrode | 靶電極 | 的電極 | 靶电极 |

| 英　　文 | 臺　　灣 | 日　　文 | 大　　陸 |
|---|---|---|---|
| — model | 目標模型 | 目標モデル | 目标模型 |
| — position | 目標位置 | 目標位置 | 目标位置 |
| — tube | 窺視管 | のぞき管 | 窥视管 |
| — uncertainty | 目標不確定性 | 目標不確実性 | 目标不确定性 |
| — value | 目標值 | 目標値 | 目标值 |
| — variable | 指標變量 | 目標変数 | 指标变量 |
| **tarnish** | （表面）變色 | 変色 | （表面）变色 |
| — film | 銹膜；氧化膜 | 無光沢フィルム | 锈膜；氧化膜 |
| **tarnishing** | 變色；失去光澤 | 変色 | 变色；失（去）光泽 |
| **tarnowitzite** | 鉛霰石 | 鉛さん石 | 铅霰石 |
| **tarred steel sheet** | 涂焦油的薄鋼板 | タール処理鋼板 | 涂焦油的薄钢板 |
| **tartan** | 合成橡膠材料 | タータン | 合成橡胶材料 |
| **tasimeter** | 微壓計 | 微圧計 | 微压计 |
| **task** | 任務；職務；作業 | 仕事 | 任务；职务；作业 |
| — allocation | 任務分配 | タスク配分 | 任务分配 |
| — analysis | 任務分析 | タスク分析 | 任务分析 |
| — assignment | 任務分配 | タスク割当て | 任务分配 |
| — function design | 任務功能設計 | タスク機能設計 | 任务功能设计 |
| — location | 任務分配 | タスクロケーション | 任务分配 |
| — program | 任務程式 | タスクプログラム | 任务程序 |
| — structure | 任務結構 | タスク構造 | 任务结构 |
| — system | 任務體系；任務系統 | タスクシステム | 任务体系；任务系统 |
| **tassel hook** | 纓鉤；承樑木鉤 | タッセルフック | 缨钩；承梁木钩 |
| **tautness** | 緊固度 | 緊縮性 | 紧固度 |
| **tautochrone** | 等時曲線 | 等時曲線 | 等时曲线 |
| **tautochronism** | 等時性 | 等時性 | 等时性 |
| **tautomer** | 互變（異構）體 | 互変異性体 | 互变（异构）体 |
| **tautomeride** | 互變（異構）體 | 互変異性体 | 互变（异构）体 |
| **tautomerism** | 互變異構性；互變現象 | 互変異性 | 互变异构性；互变现象 |
| **tautomerization** | （結構）互變作用 | 互変 | （结构）互变作用 |
| **tautozonal face** | 同晶帶面 | 同晶帯面 | 同晶带面 |
| **tawara machine** | 銀器磨光機 | 銀器みがき機 | 银器磨光机 |
| **taxable horsepower** | 收稅馬力〔機動車輛的〕 | 課税馬力 | 收税马力〔机动车辆的〕 |
| **Taylor brace** | 泰勒手搖曲柄鑽 | 胸腰仙つい装具 | 泰勒手摇（曲柄）钻 |
| — expansion | 泰勒展開式 | テイラー展開 | 泰勒展开式 |
| — number | 泰勒數 | テイラー数 | 泰勒数 |
| — principle | 泰勒原理 | テイラーの原理 | 泰勒原理 |
| — series | 泰勒級數 | テイラー級数 | 泰勒级数 |
| — series expansion | 泰勒級數展開式 | テイラー級数展開 | 泰勒级数展开式 |
| — system | 泰勒體制；泰勒制 | テイラーシステム | 泰勒体制；泰勒制 |

| 英　　文 | 臺　　灣 | 日　　文 | 大　　陸 |
|---|---|---|---|
| ― theorem | 泰勒定理 | テイラー原理 | 泰勒定理 |
| ― wake fraction | （泰勒）伴流係數 | テイラー伴流係数 | （泰勒）伴流系数 |
| **teaching** | 示教；教 | 教示 | 示教；教 |
| ― analyzer | 教學用分析儀 | ティーチングアナライザ | 教学用分析仪 |
| ― machine | 教學機械；示教機 | 教育機械 | 教学机械；示教机 |
| ― program | 教學程式 | ティーチングプログラム | 教学程序 |
| **teallite** | 硫錫鉛礦 | チール石 | 硫锡铅矿 |
| **team** | 小組；隊；班；機組 | チーム | 小组；队；班；机组 |
| ― design | 成套設計 | チームデザイン | 成套设计 |
| ― work | 協同動作；協作；配合 | チームワーク | 协同动作；协作；配合 |
| **tear** | 裂開；破裂 | 破断；割れ | 裂开；破裂 |
| ― down | 分解；拆卸 | 分解 | 分解；拆卸 |
| ― fault | 裂斷層 | 裂け断層 | 裂断层 |
| ― index | 抗裂係數 | 比引裂き強さ | 抗裂系数 |
| ― initiation | 撕裂開始 | 裂け始め | 撕裂开始 |
| ― off | 裂開；撕去；扯下 | ティアーオフ | 裂开；撕去；扯下 |
| ― propagation | 撕裂（傳播） | 引裂き | 撕裂（传播） |
| ― propagation strength | 撕裂（傳播）強度 | 引裂き強さ | 撕裂（传播）强度 |
| ― propagation test | 撕裂（傳播）試驗 | 引裂き試験 | 撕裂（传播）试验 |
| ― property | 撕裂特性 | 引裂き特性 | 撕裂特性 |
| ― resistance | 抗扯裂性；抗撕裂性 | 耐引裂き性 | 抗扯裂性；抗撕裂性 |
| ― string | 拆封帶 | 開封ひも | 拆封带 |
| ― strip | 拆封帶 | 開封ストリップ | 拆封带 |
| ― tape | 拆封帶 | 開封テープ | 拆封带 |
| ― test | 扯裂試驗 | 裂け目試験 | 扯裂试验 |
| ― tester | 撕裂試驗 | 引裂き試験機 | 撕裂试验 |
| **tearability** | 可撕性 | 裂け易さ | 可撕性 |
| **tearing** action | 撕裂作用 | 引裂き作用 | 撕裂作用 |
| ― instability | 撕裂不穩定性 | ちぎれ不安定性 | 撕裂不稳定性 |
| ― strength | 撕裂強度 | 引裂き強さ | 撕裂强度 |
| **Te-Bo gage** | 球面型雙限塞規 | テボゲージ | 球面型双限塞规 |
| **technic(al) advice** | 技術建議 | 技術的助言 | 技术建议 |
| ― adviser | 技術顧問 | 技術顧問 | 技术顾问 |
| ― analysis | 工業分析 | 工業分析 | 工业分析 |
| ― assistance | 技術協作 | 技術提携 | 技术协作 |
| ― bulletin | 技術報告 | 技術報告 | 技术报告 |
| ― center | 技術中心 | 技術センタ | 技术中心 |
| ― characteristic | 技術特性 | 技術特性 | 技术特性 |
| ― committee | 技術委員會 | 専門委員会 | 技术委员会 |
| ― control | 技術管理；工業管理 | 技術的制御 | 技术管理；工业管理 |

| 英　　文 | 臺　　灣 | 日　　文 | 大　　陸 |
|---|---|---|---|
| ― cybernetics | 技術控制論 | 技術サイバネティックス | 技术控制论 |
| ― data | 技術資料 | 技術資料 | 技术资料 |
| ― determinism | 技術決定論 | 技術決定論 | 技术决定论 |
| ― development | 技術開發 | 技術開発 | 技术开发 |
| ― director | 技術指導;技師 | テクニカルディレクタ | 技术指导;技师 |
| ― grade | 工業級;工業用 | 工業級；工業用 | 工业级;工业用 |
| ― group | 技術組 | 技術系 | 技术组 |
| ― innovation | 技術革新 | 技術革新 | 技术革新 |
| ― inspection | 技術檢查 | 技術検査 | 技术检查 |
| ― intelligence | 技術情報 | 技術情報 | 技术情报 |
| ― isooctane | 工業異辛烷 | 工業イソオクタン | 工业异辛烷 |
| ― know-how | 技術竅門〔情報;知識〕 | 技術情報 | 技术窍门〔情报;知识〕 |
| ― literature | 技術文獻;專門文獻 | 技術文献 | 技术文献;专门文献 |
| ― monopoly | 技術壟斷〔專利〕 | 技術的独占 | 技术垄断〔专利〕 |
| ― order | 技術規範〔說明;指令〕 | テクニカルオーダ | 技术规范〔说明;指令〕 |
| ― performance | 技術性能 | 技術的性能 | 技术性能 |
| ― problem | 技術問題 | 技術的問題 | 技术问题 |
| ― progress | 技術進步 | 技術的進步 | 技术进步 |
| ― rationalization | 技術合理化 | 技術的合理化 | 技术合理化 |
| ― requirement | 技術要求 | 技術的要求 | 技术要求 |
| ― research division | 技術研究部門 | 技術研究部 | 技术研究部门 |
| ― service | 技術服務 | 技術サービス | 技术服务 |
| ― skill | 技術技巧;技術熟練 | 技術的手腕 | 技术技巧;技术熟练 |
| ― specification(s) | 技術條件;技術規格 | 専門規格 | 技术条件;技术规格 |
| ― standard | 技術規格〔標準〕 | 技術規格 | 技术规格〔标准〕 |
| ― strategy | 技術策略 | 技術的戦略 | 技术策略 |
| ― system | 技術系統 | 技術システム | 技术系统 |
| ― term | 技術名詞;專門名詞;術語 | 専門用語 | 技术名词;专门名词;术语 |
| **technicality** | 專門;專門事項 | 専門性 | 专门;专门事项 |
| **technician** | 技術人員 | 技術者 | 技术人员 |
| **technics** | 技術;工藝(學) | 技術 | 技术;工艺(学) |
| **technique** | 技術〔巧〕;技能;方法 | 技法 | 技术〔巧〕;技能;方法 |
| ― level | 技術水平 | 技術レベル | 技术水平 |
| **technochemistry** | 工業化學 | 工業化學 | 工业化学 |
| **technocracy** | 技術主義;技術管理 | 技術主義 | 技术主义;技术管理 |
| **technological advance** | 技術進步 | 技術的進步 | 技术进步 |
| ― approach | 工藝方法〔手段〕 | 技術表現手法 | 工艺方法〔手段〕 |
| ― development | 技術開發〔發展〕 | 技術開発 | 技术开发〔发展〕 |
| ― information | 技術情報 | 技術情報 | 技术情报 |
| ― information system | 技術情報系統 | 技術情報システム | 技术情报系统 |

T

| 英　文 | 臺　灣 | 日　文 | 大　陸 |
|---|---|---|---|
| — innovation | 技術革新 | 技術革新 | 技术革新 |
| — model | 技術模型 | 技術モデル | 技术模型 |
| — rationalism | 技術合理主義 | 技術的合理主義 | 技术合理主义 |
| — uncertainty | 技術的不確定性 | 技術的不確定性 | 技术的不确定性 |
| **technologist** | 技術人員;工程技術幹部 | 技術者 | 技术人员;工程技术干部 |
| **technology** | 工藝學;生產技術 | 工芸學 | 工艺学;生产技术 |
| — assessment | 技術評價 | 技術（再）評価 | 技术评价 |
| — development | 技術開發 | 技術開発 | 技术开发 |
| — forecasting | 技術預測 | 技術予測 | 技术预测 |
| — impact | 技術影響 | 技術インパクト | 技术影响 |
| — transfer | 技術轉移 | 技術転移 | 技术转移 |
| **technopolis** | 技術集中都市 | テクノポリス | 技术集中都市 |
| **technostructure** | 技術專家管理體制 | テクノストラクチャ | 技术专家管理体制 |
| **tectofacies** | 構造相 | テクトファジス | 构造相 |
| **tectonic axis** | 構造軸 | 構造軸 | 构造轴 |
| **teeming** | 鑄造;鑄件;澆注 | 鋳込み；鋳鋼 | 铸造;铸件;浇注 |
| — lap | 澆注重皮;澆注折疊 | 鋳じわ | 浇注重皮;浇注折叠 |
| — temperature | 澆注溫度 | 鋳込み温度 | 浇注温度 |
| **tees** | 丁字鋼;岐形管接頭 | チーズ | 丁字钢;岐形管接头 |
| **teeter chamber** | 攪拌室 | かくはん室 | 搅拌室 |
| **teeth** | 牙齒;齒 | 歯 | 牙齿;齿 |
| — cutting machine | 切齒機 | 歯裁断機 | 切齿机 |
| **teflon** | 鐵弗龍;聚四氟乙烯 | テフロン | 特氟隆;聚四氟乙烯 |
| — aspirator | 鐵弗龍吸收器 | テフロンアスピレータ | 聚四氟乙烯吸收器 |
| — coating | 鐵弗龍塗層 | テフロンコーティング | 聚四氟乙烯涂层 |
| — coaxial cable | 鐵弗龍同軸電纜 | テフロン同軸ケーブル | 聚四氟乙烯同轴电缆 |
| — hose | 鐵弗龍軟管 | テフロンホース | 特氟隆软管 |
| — insert | 鐵弗龍夾入物 | テフロンインサート | 特氟隆夹入物 |
| — insulated wire | 鐵弗龍絕緣電線 | テフロン電線 | 聚四氟乙烯绝缘电线 |
| — pipe | 鐵弗龍塑膠管 | テフロンパイプ | 特氟隆乙烯管 |
| — resin | 鐵弗龍樹脂 | テフロン樹脂 | 特氟隆树脂 |
| — seal ring | 鐵弗龍密封環 | テフロンシールリング | 特氟隆密封环 |
| — seal tape | 鐵弗龍密封帶 | テフロンシールテープ | 特氟隆密封带 |
| — sheet | 鐵弗龍薄板 | テフロンシート | 聚四氟乙烯薄板 |
| — tube | 鐵弗龍乙烯管 | テフロンチューブ | 特氟隆乙烯管 |
| **Tego** | 一種鉛基軸承合金 | テゴ | 一种铅基轴承合金 |
| **Telcoseal** | 一種鐵鎳鈷合金 | テルコシール | 一种铁镍钴合金 |
| **Telcuman** | 一種銅鎳錳合金 | テルクマン | 一种铜镍锰合金 |
| **telebar** | 棒料自動送進裝置 | テレバ | 棒料自动送进装置 |
| **Teleconst** | 一種銅鎳合金 | テレコンスト | 一种铜镍合金 |

| 英　　　文 | 臺　　　灣 | 日　　　文 | 大　　　陸 |
|---|---|---|---|
| tele-hoist | 伸縮式升降機 | テレホイスト | 伸缩式升降机 |
| telemetry | 遙測技術 | 遠隔測定 | 遥测技术 |
| telescope tube | 伸縮套管 | テレスコープチューブ | 伸缩套管 |
| telescopic(al) boom | 可伸縮吊桿〔起重臂〕 | 伸縮ブーム | 可伸缩吊杆〔起重臂〕 |
| ─ chute | 伸縮斜槽 | 伸縮シュート | 伸缩斜槽 |
| ─ cover | 可伸縮蓋 | テレスコピックカバー | 可伸缩盖 |
| ─ cylinder | 伸縮筒 | テレスコープ形シリンダ | 伸缩筒 |
| ─ flow | 層(狀)流(動) | 層流 | 层(状)流(动) |
| ─ form | 套筒式模板 | テレスコピック型枠 | 套筒式模板 |
| ─ girder | 伸縮樑 | テレスコピックガーダ | 伸缩梁 |
| ─ jib | 可伸縮起重機臂 | 伸縮ブーム | 可伸缩起重机臂 |
| ─ joint | 伸縮接合；套管接合 | 抜差し継ぎ手 | 伸缩接合；套管接合 |
| ─ motion | 伸縮運動 | 伸縮 | 伸缩运动 |
| ─ pipe | 伸縮套管 | 入れ子管 | 伸缩套管 |
| ─ shaft coupling | 伸縮式聯軸節 | 伸縮軸継ぎ手 | 伸缩式联轴节 |
| ─ tube | 伸縮套管 | 入れ子管 | 伸缩套管 |
| telescoping gage | 可伸縮內徑規 | テレスコッピングゲージ | 可伸缩内径规 |
| telethermometer | 遙測溫度計 | 電気温度計 | 遥测温度计 |
| telltale | 計數器；信號裝置 | 表示器 | 计数器；信号装置 |
| ─ indicator | 計數器；信號裝置；指示器 | 表示器 | 计数器；信号装置；指示器 |
| ─ light | 指示燈 | 表示灯 | 指示灯 |
| Tempaloy | 耐蝕銅鎳合金 | テンパロイ | 耐蚀铜镍合金 |
| temper | 回火；調質；平整 | 焼戻し | 回火；调质；平整 |
| ─ bend test | 加熱彎曲試驗 | 加熱曲げ試験 | 加热弯曲试验 |
| ─ brittleness | 回火脆性 | 焼戻しぜい性 | 回火脆性 |
| ─ carbon | 回火碳 | 焼戻し炭素 | 回火碳 |
| ─ crack | 回火裂紋 | 焼戻れ割れ | 回火裂纹 |
| ─ designations | 回火標誌 | 調質記号 | 回火标志 |
| ─ hardening | 回火硬化 | 焼戻し硬化 | 回火硬化 |
| ─ moisture | 回性水分；最佳水分 | 最適水分 | 回性水分；最佳水分 |
| ─ pass mill | 平整軋機 | 調質圧延機 | 平整轧机 |
| ─ roll | 平整軋輥 | テンパーロール | 平整轧辊 |
| ─ rolling | 回火軋製；調質軋製 | 調質圧延 | 回火轧制；调质轧制 |
| ─ stressing | 回火強化 | 焼戻し強化法 | 回火强化 |
| ─ time | 回火時間 | 焼戻し時間 | 回火时间 |
| temperature | 溫度 | 温度 | 温度 |
| ─ alarm | 過熱報警 | 過熱警報 | 过热报警 |
| ─ and humidity control | 溫濕度控制 | 温湿度制御 | 温湿度控制 |
| ─ balance | 溫度平衡 | 温度平衡 | 温度平衡 |
| ─ band | 溫度帶；溫度範圍 | 温度帯 | 温度带；温度范围 |

| 英　　文 | 臺　　灣 | 日　　文 | 大　　陸 |
|---|---|---|---|
| ― change | 溫度變化 | 温度変化 | 温度变化 |
| ― characteristic | 溫度特性 | 温度特性 | 温度特性 |
| ― coefficient | 溫度係數 | 温度係数 | 温度系数 |
| ― compensating device | 溫度補償裝置 | 温度補償装置 | 温度补偿装置 |
| ― compensation circuit | 溫度補償電路 | 温度補償回路 | 温度补偿电路 |
| ― compensator | 溫度補償器 | 温度補正器 | 温度补偿器 |
| ― conditions | 溫度條件 | 温度条件 | 温度条件 |
| ― conductivity | 導熱性；熱導率 | 温度伝導性 | 导热性；热导率 |
| ― constant | 溫度常數 | 温度常数 | 温度常数 |
| ― constant operation | 等溫運行；恆溫操作 | 温度ベース運転 | 等温运行；恒温操作 |
| ― control circuit | 溫度控制電路 | 温度制御回路 | 温度控制电路 |
| ― control device | 溫度調節〔控制〕裝置 | 気温調整装置 | 温度调节〔控制〕装置 |
| ― control medium | 調溫介質 | 温度調節媒体 | 调温介质 |
| ― control relay | 溫度(控制)繼器 | 温度継電器 | 温度(控制)继器 |
| ― control system | 溫度調節系統 | 温度調節系 | 温度调节系统 |
| ― control unit | 溫度調節裝置 | 温度調節装置 | 温度调节装置 |
| ― control valve | 溫度調節閥；調溫閥 | 温度調整弁 | 温度调节阀；调温阀 |
| ― controlled bath | 恆溫槽 | 恒温槽 | 恒温槽 |
| ― controller | 溫度控制器 | 温度調節器 | 温度控制器 |
| ― correction | 溫度修正 | 温度補正 | 温度修正 |
| ― cracking | 溫度裂縫 | 温度ひび割れ | 温度裂缝 |
| ― curve | 溫度曲線 | 温度曲線 | 温度曲线 |
| ― cycle | 溫度循環 | 温度サイクル | 温度循环 |
| ― cycling test | 溫度循環試驗 | 温度サイクル試験 | 温度循环试验 |
| ― departure | 溫度偏差 | 気温偏差 | 温度偏差 |
| ― dependence | 溫度依從關係 | 温度依存性 | 温度依从关系 |
| ― dependence of energy | 能量對溫度的依從關係 | エネルギーの温度依存性 | 能量对温度的依从关系 |
| ― derating | 降溫率 | 高温減定格 | 降温率 |
| ― deviation alarm | 溫度偏差警報器 | 偏差温度警報器 | 温度偏差警报器 |
| ― difference | 溫(度)差 | 温度差 | 温(度)差 |
| ― diffusivity | 溫度擴散率 | 温度伝導度 | 温度扩散率 |
| ― distribution | 溫度分布 | 温度分布 | 温度分布 |
| ― drift | 溫度漂移 | 温度ドリフト | 温度漂移 |
| ― drop | 溫降 | 温度降下 | 温降 |
| ― effect | 溫度效應 | 温度効果 | 温度效应 |
| ― effectiveness | 溫度效率 | 温度効率 | 温度效率 |
| ― efficiency | 溫度效率 | 温度効率 | 温度效率 |
| ― equilibrium | 溫度平衡 | 温度平衡 | 温度平衡 |
| ― error | 溫度誤差 | 温度誤差 | 温度误差 |
| ― expansion coefficient | 溫度膨脹係數 | 温度膨張係数 | 温度膨胀系数 |

| 英　　文 | 臺　　灣 | 日　　文 | 大　　陸 |
|---|---|---|---|
| — expansion valve | 溫度膨脹閥 | 温度式膨張弁 | 温度膨胀阀 |
| — factor | 溫度係數;溫度因數 | 温度係数 | 温度系数;温度因数 |
| — factor of permeability | 導磁率的相對溫度係數 | 透磁率の相対温度係数 | 导磁率的相对温度系数 |
| — fall | 溫度下降 | 温度降下 | 温度下降 |
| — fluctuation | 溫度波動 | 温度の変動 | 温度波动 |
| — gage | 溫度計 | 温度計 | 温度计 |
| — gage unit | 計溫單位 | 温度測定単位 | 计温单位 |
| — gradient method | 溫度梯度法 | 温度こう配法 | 温度梯度法 |
| — humidity index | 溫度指數 | 温湿指数 | 温度指数 |
| — -impact curve | 溫度-衝擊曲線 | 温度-衝撃値曲線 | 温度-冲击曲线 |
| — indicator | 溫度指示器 | 温度指示計 | 温度指示器 |
| — lapse rate | 溫度遞減率 | 気温減率 | 温度递减率 |
| — level | 溫度位 | 温度レベル | 温度位 |
| — limit | 溫度限制〔極限〕 | 温度制限 | 温度限制〔极限〕 |
| — limited region | 溫度限制範圍 | 温度制限領域 | 温度限制范围 |
| — load | 溫度負載 | 温度荷重 | 温度荷载 |
| — loss | 溫度損失 | 温度損失 | 温度损失 |
| — measurement | 溫度測定 | 温度測定 | 温度测定 |
| — measuring device | 溫度測定器 | 温度測定器 | 温度测定器 |
| — measuring instrument | 溫度測定器 | 温度測定器 | 温度测定器 |
| — measuring junction | 測溫接點 | 測温接点 | 测温接点 |
| — of transformation | 轉變溫度;變態溫度 | 転移温度 | 转变温度;变态温度 |
| — -pressure curve | 溫度-壓力曲線 | 温度-圧力曲線 | 温度-压力曲线 |
| — probe | 溫度探頭〔針〕 | 温度探針 | 温度探头〔针〕 |
| — profile | 溫度輪廓;溫度分布 | 温度輪郭 | 温度轮廓;温度分布 |
| — radiation | 溫度輻射;熱輻射 | 温度放射 | 温度辐射;热辐射 |
| — radiator | 熱輻射體 | 熱放射体 | 热辐射体 |
| — range | 溫度範圍;溫度極差 | 温度範囲 | 温度范围;温度极差 |
| — rating | 額定溫度 | 温度定格 | 额定温度 |
| — ratio | 溫度比 | 温度比 | 温度比 |
| — recorder | 溫度記錄器 | 温度記録器 | 温度记录器 |
| — recovery factor | 溫度恢復係數 | 温度回復係数 | 温度恢复系数 |
| — reduction | 溫度下降〔降低〕 | 温度降下 | 温度下降〔降低〕 |
| — reductioner | 降溫器 | 温度低減器 | 降温器 |
| — region | 溫度範圍 | 温度域 | 温度范围 |
| — regulating relay | 溫度調節繼電器 | 温度調整リレー | 温度调节继电器 |
| — regulating valve | 溫度調節閥 | 温度調整弁 | 温度调节阀 |
| — regulation | 溫度調節 | 温度調整 | 温度调节 |
| — regulator | 溫度調節器 | 温度調整器 | 温度调节器 |
| — relay | 溫度繼電器;熱繼電器 | 温度継電器 | 温度继电器;热继电器 |

**T**

| 英　　文 | 臺　　灣 | 日　　文 | 大　　陸 |
|---|---|---|---|
| — resistance | 耐熱性;耐熱度 | 耐熱性 | 耐热性;耐热度 |
| — resistant material | 耐熱材料 | 耐熱材料 | 耐热材料 |
| — resistant tape | 耐熱膠帶 | 耐熱テープ | 耐热胶带 |
| — rise | 溫度上升〔升高〕 | 温度上昇 | 温度上升〔升高〕 |
| — rise coefficient | 溫升係數 | 温度上昇係数 | 温升系数 |
| — rise curve | 溫升曲線 | 温度上昇曲線 | 温升曲线 |
| — rise factor | 溫度上升係數 | 温度上昇係数 | 温度上升系数 |
| — rise ratio | 溫升比 | 温度上昇比 | 温升比 |
| — rise test | 溫升試驗 | 温度上昇試験 | 温升试验 |
| — saturation | 溫度飽和 | 温度飽和 | 温度饱和 |
| — scale | 溫度刻度;溫標 | 温度目盛り | 温度刻度;温标 |
| — scattering | 熱散射 | 熱散乱 | 热散射 |
| — sensitivity | 溫度敏感度 | 温度感度 | 温度敏感度 |
| — sensor | 溫度感測器;熱敏元件 | 温度検出器 | 温度传感器;热敏元件 |
| — stability | 溫度穩定性 | 温度安定性 | 温度稳定性 |
| — stress | 溫度應力 | 温度応力 | 温度应力 |
| — susceptibility | 感溫性 | 感温性 | 感温性 |
| — susceptibility factor | 感溫性指〔係〕數 | 感温性指数 | 感温性指〔系〕数 |
| — susceptibility ratio | 感溫比 | 感温比 | 感温比 |
| — switch | 溫度繼電器 | 温度開閉器 | 温度继电器 |
| — test | 溫度試驗 | 温度試験 | 温度试验 |
| — -time factor | 溫度-時間因數 | 温度-時間率 | 温度-时间因数 |
| — tolerance | 溫度公差 | 温度許容度 | 温度公差 |
| — up | 升溫 | 昇温 | 升温 |
| — variation | 溫度變化 | 温度変化 | 温度变化 |
| — -viscosity curve | 溫度-黏度曲線 | 温度-粘度曲線 | 温度-黏度曲线 |
| — warping | 溫度翹曲;溫度扭曲 | 温度わい曲 | 温度翘曲;温度扭曲 |
| — zone | 溫度範圍 | 温度帯 | 温度范围 |
| **tempered** air | 預熱空氣 | 予熱空気 | 预热空气 |
| — glass | 強化玻璃 | 強化ガラス | 强化玻璃 |
| — martensite | 回火麻田散鐵 | 焼戻しマルテンサイト | 回火马氏体 |
| — sorbite | 回火糙斑鐵 | 焼戻しソルバイト | 回火索氏体 |
| — steel | 回火鋼 | 焼戻し鋼 | 回火钢 |
| — structure | 回火組織 | 焼戻し組織 | 回火组织 |
| — troostite | 回火吐粒散鐵 | 焼戻しトルースタイト | 回火屈氏体 |
| **tempering** | 回火 | 焼戻し | 回火 |
| — bath | 回火浴 | 焼戻し浴 | 回火浴 |
| — coil | 調溫盤管 | 温度調節コイル | 调温盘管 |
| — color | 回火色;水性塗料 | 焼戻し色 | 回火色;水性涂料 |
| — compound | 調質劑 | 調質剤 | 调质剂 |

| 英　　文 | 臺　　灣 | 日　　文 | 大　　陸 |
|---|---|---|---|
| — crack | 回火裂紋 | 焼戻し割れ | 回火裂纹 |
| — curve | 回火曲線 | 焼戻し性能曲線 | 回火曲线 |
| — furnace | 回火爐 | 焼戻し炉 | 回火炉 |
| — heat | 回火熱 | 焼戻し熱 | 回火热 |
| — oil | 回火油;調合油 | 焼戻し油 | 回火油;调合油 |
| — sand | 回性砂;調濕砂 | 調整砂 | 回性砂;调湿砂 |
| — stress | 回火應力 | 焼戻し応力 | 回火应力 |
| — temperature | 回火溫度 | 焼戻し温度 | 回火温度 |
| **Temperite alloy** | 鉛錫鉍鎘易熔合金 | テンパライトアロイ | 铅锡铋镉易熔合金 |
| **tempil** | 測溫劑 | テンピル；テンパイル | 测温剂 |
| **template** | 樣規;樣板 | 形板 | 样规;样板 |
| — gage | 樣規 | テンプレートゲージ | 样规 |
| — jig | 鑽模板;模板式鑽模 | テンプレートジグ | 钻模板;模板式钻模 |
| — matching | 模板比較 | テンプレート突合せ | 模板比较 |
| — method | 模板法;靠模法 | 形板法 | 模板法;靠模法 |
| — molding | 樣板造型 | 型鋳造 | 样板造型 |
| — shop | 樣板工場;放樣場地 | 原寸場 | 样板车间;放样场地 |
| **templin chuck** | 楔形夾頭〔拉力試驗用〕 | テンプリンチャック | 楔形夹头〔拉力试验用〕 |
| **temporal coherence** | 時間相關性;時間相干性 | 時間的コヒーレンス | 时间相关性;时间相干性 |
| **temporary** assembly | 試裝配;試組裝 | 仮組立て | 试装配;试组装 |
| — assignment | 暫時分配 | 一時割当て | 暂时分配 |
| — data set | 暫時數據集 | 一時的データセット | 暂时数据集 |
| — device assignment | 臨時分配設備 | 一時装置割当て | 临时分配设备 |
| — die | 簡易模;小量生產模 | 簡易型 | 简易模;小量生产模 |
| — emergency lighting | 應急照明燈 | 緊急照明灯 | 应急照明灯 |
| — erection | 臨時安裝;預裝配 | 仮組み | 临时安装;预装配 |
| — error | 暫時的錯誤 | 一時的エラー | 暂时的错误 |
| — file | 暫時文卷〔件〕 | 一時的ファイル | 暂时文卷〔件〕 |
| — fitting | 預裝配;預組裝 | 仮締め | 预装配;预组装 |
| — fixture | 臨時性用具 | 暫時備品 | 临时性用具 |
| — form | 臨時模板;簡易模板 | 仮型 | 临时模板;简易模板 |
| — hardness | 暫時硬度 | 一時硬度 | 暂时硬度 |
| — hole | 暫時孔洞;暫設孔道 | 一時的開口 | 暂时孔洞;暂设孔道 |
| — induction | 暫時性感應;瞬時感應 | 一時的感応 | 暂时性感应;瞬时感应 |
| — joint | 臨時連接 | 一時継ぎ手 | 临时连接 |
| — magnet | 暫時磁鐵 | 一時磁石 | 暂时磁铁 |
| — magnetism | 暫時磁性 | 一次磁気 | 暂时磁性 |
| — material | 臨時用料;暫設工程用料 | 仮設材料 | 临时用料;暂设工程用料 |
| — material expenses | 暫設工程材料損耗 | 仮設損料 | 暂设工程材料损耗 |
| — memory area | 暫存區 | 一時記憶域 | 暂(时)存(储)区 |

| 英　　　文 | 臺　　　灣 | 日　　　文 | 大　　　陸 |
|---|---|---|---|
| — memory circuit | 暫存電路 | 一時記憶回路 | 暫(时)存(储)电路 |
| — mold | 臨時模具 | 臨時型 | 临时模具 |
| — pattern | 簡易模樣 | 仮型 | 简易模样 |
| — plug | 臨時插頭 | 臨時プラグ | 临时插头 |
| — power | 臨時供電 | 臨時電力 | 临时供电 |
| — register | 暫存器 | 一時レジスタ | 暫(寄)存器 |
| — repair | 臨時修理 | 臨時修理 | 临时修理 |
| — rust prevention | 臨時防銹;暫時防銹 | 一時防せい | 临时防锈;暂时防锈 |
| — set | 彈性變形 | 弾性変形 | 弹性变形 |
| — shed | 臨時性工棚;簡易工棚 | 仮小屋 | 临时性工棚;简易工棚 |
| — shelter | 臨時工棚 | バラック | 临时工棚 |
| — signal | 臨時信號 | 臨時信号 | 临时信号 |
| — standard | 暫定標準〔規格〕 | 暫定規格 | 暂定标准〔规格〕 |
| — standard time | 規定時間 | 規定時間 | 规定时间 |
| — storage | 短時存儲;暫存 | 一時的記憶 | 短时存储;暂(时)存(储) |
| — support | 臨時支柱 | 仮支柱 | 临时支柱 |
| — tightening | 臨時固定 | 仮締め | 临时固定 |
| — use | 暫時使用 | 一時使用 | 暂时使用 |
| — works | 臨時工程;暫設工程 | 仮設工事 | 临时工程;暂设工程 |
| — works expenses | 臨時工程費;暫設工程費 | 仮設費 | 临时工程费;暂设工程费 |
| **tenacity** | 韌性;黏(韌)性 | じん性 | 韧性;黏(韧)性 |
| — -elongation curve | 韌性-伸長度曲線 | 強伸度曲線 | 韧性-伸长度曲线 |
| **tenaplate** | 塗膠鋁箔 | テナプレート | 涂胶铝箔 |
| **tenazit** | 一種焦油酸合成樹脂 | タール酸合成樹脂の一種 | 一种焦油酸合成树脂 |
| **tendency** | 傾向;趨向 | 傾向 | 倾向;趋向 |
| — to oxidize | 氧化傾向 | 酸化傾向 | 氧化倾向 |
| **tender** | 煤水車;招標;投標 | 炭水車 | 煤水车;招标;投标 |
| — system | 投標制度 | 入札制度 | 投标制度 |
| **tendering unit** | 軟值 | 柔軟値 | 软值 |
| **tenebrescence** | 變色螢光 | 変色蛍光 | 变色荧光 |
| **Tenelon** | 高錳高氮不銹鋼 | テネロン | 高锰高氮不锈钢 |
| **tenifer process** | (液體)軟氮化 | 軟窒化 | (液体)软氮化 |
| **tennantite** | 砷黝銅礦 | ひゆう銅鉱 | 砷黝铜矿 |
| **tenon** | 凸榫;榫(頭) | ほぞ | 凸榫;榫(头) |
| — and mortise | 雌雄榫 | ほぞとほぞ穴 | 雌雄榫 |
| — bar splice | 棍板榫接法 | 鉄ほぞ接合 | 棍板榫接法 |
| — cutter | 製榫刀 | ほぞ切り機 | 制榫刀 |
| — joint | 榫接 | ほぞ継ぎ手 | 榫接 |
| — saw | 開榫鋸 | ほぞびきのこ | 开榫锯 |
| **tenon-cutting machine** | 開榫機 | ほぞ突き盤 | 开榫机 |

| 英　　文 | 臺　　灣 | 日　　文 | 大　　陸 |
|---|---|---|---|
| **tenoner** | 開榫機 | 横軸ほぞ取り盤 | 开榫机 |
| **tenoning machine** | 開榫機 | ほぞ突き盤 | 开榫机 |
| **tenorite** | 黑銅礦 | 黒銅鉱 | 黑铜矿 |
| **tensibility** | 可伸長性 | 伸長性 | 可伸长性 |
| **tensible rigidity** | 拉伸剛性 | 伸び剛性 | 拉伸删性 |
| **tenside** | 界面活性劑 | 界面活性剤 | 界面活性剂 |
| **tensile** creep test | 拉伸潛變試驗 | 引張りクリープ試験 | 拉伸蠕变试验 |
| — elongation | 抗張伸展率 | 抗張伸長 | 抗张伸展率 |
| — energy | 拉伸能量 | 引張りエネルギー | 拉伸能量 |
| — failure | 拉伸破壞;拉伸斷裂 | 引張り破壊 | 拉伸破坏;拉伸断裂 |
| — fatigue strength | 拉伸疲勞強度 | 引張り疲れ強さ | 拉伸疲劳强度 |
| — force | 拉力;張力 | 引張り力 | 拉力;张力 |
| — fracture | 拉伸斷裂;拉伸破壞 | 引張り破壊 | 拉伸断裂;拉伸破坏 |
| — gage | 張力計 | テンシルゲージ | 张力计 |
| — heat distortion | 熱變形;加熱撓曲 | 熱変形 | 热变形;加热挠曲 |
| — impact energy | 拉伸衝擊能量 | 衝撃引張りエネルギー | 拉伸冲击能量 |
| — impact stress | 拉伸衝擊應力 | 引張り衝撃応力 | 拉伸冲击应力 |
| — impact test | 拉伸衝擊試驗 | 衝撃引張り試験 | 拉伸冲击试验 |
| — instability | 拉伸不穩定性 | 引張り不安定 | 拉伸不稳定性 |
| — load | 拉伸負載 | 引張り荷重 | 拉伸负荷;拉伸载荷 |
| — machine | 拉伸試驗機 | 引張り試験機 | 拉伸试验机 |
| — modulus of elasticity | 拉伸彈性模量 | 引張り弾性率 | 拉伸弹性模量 |
| — product | 抗張積 | 抗張積 | 抗张积 |
| — property | 抗拉性能;拉伸特性 | 引張り特性 | 抗拉性能;拉伸特性 |
| — pull | 拉伸力 | 引張り荷重 | 拉伸力 |
| — reinforcement | 受拉鋼筋;抗拉鋼筋 | 引張り鉄筋 | 受拉钢筋;抗拉钢筋 |
| — rigidity | 拉伸剛度;抗拉剛度 | 伸び剛性 | 拉伸刚度;抗拉删度 |
| — rupture | 拉伸破壞;拉斷 | 引張り破壊 | 拉伸破坏;拉断 |
| — shear | 拉伸剪切 | 引張りせん断 | 拉伸剪切 |
| — shear strength | 拉剪強度 | 引張りせん断強さ | 拉剪强度 |
| — shear test | 拉伸抗切試驗 | 引張りせん断試験 | 拉伸抗切试验 |
| — specimen | 拉伸試樣 | 引張り試験片 | 拉伸试样 |
| — strain | 拉伸應變 | 伸び率 | 拉伸应变 |
| — strength at break | 拉伸斷裂強度 | 破断点引張り強さ | 拉伸断裂强度 |
| — strength at fracture | 拉伸斷裂強度 | 破断点引張り強さ | 拉伸断裂强度 |
| — strength at yield point | 拉伸降伏強度 | 降伏点引張り強さ | 拉伸屈服强度 |
| — strength tester | 拉伸試驗機 | 引張り試験機 | 拉伸试验机 |
| — stress | 拉伸應力 | 引張り応力 | 拉伸应力 |
| — stress at yield | 拉伸降伏應力 | 降伏点引張り応力 | 拉伸屈服应力 |
| — stress intensity | 單位拉應力 | 引張り応力度 | 单位拉应力 |

| 英　　文 | 臺　　灣 | 日　　文 | 大　　陸 |
|---|---|---|---|
| — stress relaxation | 拉伸應力鬆弛 | 引張り応力緩和 | 拉伸应力松弛 |
| — stress-strain curve | 拉伸應力-應變曲線 | 引張り応力-ひずみ曲線 | 拉伸应力-应变曲线 |
| — stress-strain diagram | 拉伸應力-應變曲線圖 | 引張り応力-ひずみ線図 | 拉伸应力-应变曲线图 |
| — test curve | 拉伸試驗曲線 | 引張り試験曲線 | 拉伸试验曲线 |
| — test diagram | 拉伸試驗曲線圖 | 引張り試験線図 | 拉伸试验曲线图 |
| — test piece | 拉力試樣 | 引張り試験片 | 拉力试样 |
| — tester | 拉伸試驗機 | 引張り試験機 | 拉伸试验机 |
| — viscosity | 延伸黏性係數 | 伸び粘性率 | 延伸黏性系数 |
| — yield | 拉伸降伏 | 引張り降伏 | 拉伸屈服 |
| — yield point | 拉伸降伏點 | 降伏点 | 拉伸屈服点 |
| — yield strain | 拉伸降伏應變 | 引張り降伏ひずみ | 拉伸屈服应变 |
| — yield strength | 拉伸降伏強度 | 引張り降伏強さ | 拉伸屈服强度 |
| — yield stress | 拉伸降伏應力 | 引張り降伏応力 | 拉伸屈服应力 |
| — zone | (構件)受拉區 | 部材引張り部 | (构件)受拉区 |
| **Tensilite** | 一種耐蝕高強度鑄造黃銅 | テンシライト | 一种耐蚀高强度铸造黄铜 |
| **tensility** | 延性 | 伸張性 | 延性 |
| **tension** | 萬能拉力機 | テンシロン | 万能拉力机 |
| **tensimeter** | 壓力計〔流體 | テンシメータ | 压力计〔流体 |
| **tension** | 應力;張力;壓力;膨脹力 | 張力 | 应力;张力;压力;膨胀力 |
| — adjuster | 游絲調節器 | テンションアジャスター | 游丝调节器 |
| — adjustment | 張力調整〔節〕 | 張力調整 | 张力调整〔节〕 |
| — arm | 張力臂 | テンションアーム | 张力臂 |
| — bar | 拉桿;抗拉鋼筋 | 引張り鉄筋 | 拉杆;抗拉钢筋 |
| — bending | 拉伸彎曲 | 引張り曲げ | 拉伸弯曲 |
| — bolt | 受拉螺栓;拉力螺栓 | 引張りボルト | 受拉螺栓;拉力螺栓 |
| — bond strength | 拉伸黏合強度 | 引張り接着強さ | 拉伸黏合强度 |
| — break strength | 拉伸斷裂強度 | 引張り破断強さ | 拉伸断裂强度 |
| — brittleness | 拉伸脆性 | 引張りぜい性 | 拉伸脆性 |
| — characteristic | 拉伸特性 | 引張り特性 | 拉伸特性 |
| — coil spring | 螺旋形拉簧 | 引張りコイルばね | 螺旋形拉簧 |
| — compliance | 拉伸柔量 | 引張りコンプライアンス | 拉伸柔量 |
| — control | 拉力控制 | 張力調整装置 | 拉力控制 |
| — cracking | 拉伸裂紋 | つり切れ | 拉伸裂纹 |
| — creep | 拉伸潛變 | 引張りクリープ | 拉伸蠕变 |
| — device | 拉伸裝置 | テンション装置 | 拉伸装置 |
| — difference | 張力差 | 張力差 | 张力差 |
| — dynamometer | 拉力測力計 | 引張り動力計 | 拉力测力计 |
| — field theory | 張力場理論 | 張力場理論 | 张力场理论 |
| — flange | 受拉翼緣;受拉凸緣 | 抗張フランジ | 受拉翼缘;受拉法兰 |
| — gage | 張力計 | 引張り計 | 张力计 |

| 英　　文 | 臺　　灣 | 日　　文 | 大　　陸 |
|---|---|---|---|
| — gear | 張緊裝置;牽引裝置 | 伸張裝置 | 张紧装置;牵引装置 |
| — impact machine | 拉伸衝擊試驗機 | 衝擊引張り試驗機 | 拉伸冲击试验机 |
| — impact specimen | 拉伸衝擊試樣〔片〕 | 衝擊引張り試驗片 | 拉伸冲击试样〔片〕 |
| — impact strength | 拉伸衝擊強度 | 衝擊引張り強さ | 拉伸冲击强度 |
| — impact value | 拉伸衝擊值 | 引張り衝擊值 | 拉伸冲击值 |
| — impulse | 電壓脈衝 | 電圧インパルス | 电压脉冲 |
| — lever | 拉桿 | テンションレバー | 拉杆 |
| — link | 拉桿;牽引桿 | テンションリンク | 拉杆;牵引杆 |
| — load | 拉伸負載 | 引張り荷重 | 拉伸载荷 |
| — member | 受拉構件;抗拉構件 | 引張り材 | 受拉构件;抗拉构件 |
| — meter | 張力計;拉力計 | 張力計 | 张力计;拉力计 |
| — modulus | 拉伸彈性模量 | 引張り彈性率 | 拉伸弹性模量 |
| — pole | 張力桿;張力柱 | テンションポール | 张力杆;张力柱 |
| — pulley | 皮帶張緊輪 | 張り車 | 张紧(皮带)轮 |
| — regulator | 張力調節器 | テンション裝置 | 张力调节器 |
| — reinforcement | 受拉鋼筋;抗拉鋼筋 | 引張り（鉄）筋 | 受拉钢筋;抗拉钢筋 |
| — ring | 拉力環 | 張りリング | 拉力环 |
| — roll | 張緊輪 | テンションロール | 张紧辊 |
| — rod | 拉桿 | 引張り棒 | 拉杆 |
| — servo mechanism | 張力伺服機構 | テンションサーボ機構 | 张力伺服机构 |
| — set | 張力定形;永久變形 | 殘留伸び | 张力定形;永久变形 |
| — side | 皮帶主動〔張緊〕邊 | 引張り側 | 皮带主动〔张紧〕边 |
| — specimen | 拉伸試樣〔片〕 | 引張り試驗片 | 拉伸试样〔片〕 |
| — spring | 拉簧;牽簧;調線彈簧 | 引張りばね | 拉簧;牵簧;调线弹簧 |
| — strength machine | 抗張強度試驗機 | 抗張力試驗機 | 抗张强度试验机 |
| — stress | 拉應力 | 引張り応力 | 拉应力 |
| — structure | 受拉結構 | 張力構造 | 受拉结构 |
| — test | 拉伸試驗;抗拉試驗 | 引張り試驗 | 拉伸试验;抗拉试验 |
| — test curve | 抗拉試驗曲線 | 引張り試驗曲線 | 抗拉试验曲线 |
| — test diagram | 抗拉試驗（曲線）圖 | 引張り試驗図 | 抗拉试验（曲线）图 |
| — test piece | 拉伸試件 | 引張り試驗片 | 拉伸试件 |
| — tester | 拉伸試驗機 | 引張り試驗機 | 拉伸试验机 |
| — ultimate strength | 極限拉伸強度 | 引張り極限強さ | 极限拉伸强度 |
| — unit | 張緊裝置 | テークアップ裝置 | 张紧装置 |
| — value | 拉伸試驗值 | 引張り試驗值 | 拉伸试验值 |
| washer | 彈性墊圈 | 彈性止め座金 | 弹性垫圈 |
| — weight | 張緊配重;平衡重 | 緊張錘 | 张紧配重;平衡重 |
| — winch | 纜繩絞車 | 張索ウインチ | 缆绳绞车 |
| **tensional stiffness** | 抗張剛性 | 引張り剛性 | 抗张刚性 |
| **tensioner** | 張緊器;拉緊器 | 張り車 | 张紧器;拉紧器 |

| 英　　文 | 臺　　灣 | 日　　文 | 大　　陸 |
|---|---|---|---|
| tensiometer | 張力計；拉力計 | 引張り計 | 张力计；拉力计 |
| tensor | 張量 | テンソル量 | 张量 |
| — algebra | 張量代數 | テンソル代數 | 张量代数 |
| — analysis | 張量分析 | 張力分析 | 张量分析 |
| — calculus | 張量計算 | テンソル計算 | 张量计算 |
| — ellipsoid | 張量橢圓 | テンソルだ円面 | 张量椭圆 |
| — equation | 張量方程式 | テンソル方程式 | 张量方程式 |
| — force | 張力 | テンソル力 | 张力 |
| — interaction term | 張量相互作用項 | テンソル相互作用項 | 张量相互作用项 |
| — notation | 張量符號 | テンソル記号 | 张量符号 |
| — operator | 張量算符 | テソソル形の演算子 | 张量算符 |
| — product | 張量積 | テンソル積 | 张量(乘)积 |
| — quadric | 張量二次曲面 | テンソル二次曲面 | 张量二次曲面 |
| tentative assembly | 試裝配 | 仮組立て | 试装配 |
| — experiment | 預先試驗 | 先行試験 | 预先试验 |
| — specifications | 暫行規格 | 仮規格 | 暂行规格 |
| — standard | 暫行標準 | 仮規格 | 暂行标准 |
| tentelometer | 磁帶張力計 | テンテロメータ | 磁带张力计 |
| tenter roll | 拉伸滾筒；平拉輥 | テンタロール | 拉伸滚筒；平拉辊 |
| Tenual | 特紐阿爾高強度鋁銅合金 | テヌーアル | 特纽阿尔高强度铝铜合金 |
| Tenzaloy | 一種鋁鋅鑄造合金 | テンザロイ | 一种铝锌铸造合金 |
| terazzo | 水磨 | テラゾ | 水磨 |
| Tercod | 特格德碳化矽耐火材料 | ターコード | 特格德碳化硅耐火材料 |
| terephthalate | 對苯二酸鹽〔酯〕 | テレフサル酸塩 | 对苯二酸盐〔酯〕 |
| terephthalic aldehyde | 對苯二醛 | テレフサルアルデヒド | 对苯二醛 |
| term | 項；條 | 項 | 项；条 |
| — list | 項表 | タームリスト | 项表 |
| — of doublet | 二重項 | 二重項 | 二重项 |
| — of durability | 耐用年限 | 耐用年数 | 耐用年限 |
| — of multiplet | 多重項 | 多重項 | 多重项 |
| — of works | 工期 | 工期 | 工期 |
| terminal | 末端的；終端設備 | 末端；端子 | 末端的；终端设备 |
| — analog | 終端模擬 | ターミナルアナログ | 终端模拟 |
| — assembly | 接線板 | 端子板 | 接线板 |
| — block | 接線板；接線盒 | 端子盤 | 接线板；接线盒 |
| — board | 接線板；接線盤 | 端子台 | 接线板；接线盘 |
| — bond | 終端接頭；端鍵 | 端子ボンド | 终端接头；端键 |
| — box | 分線箱；接線匣 | 端子箱 | 分线箱；接线匣 |
| — cap | 端帽 | 終端キャップ | 端帽 |
| — cheek | 端面板；蓄電池側板 | 端板 | 端面板；蓄电池侧板 |

| 英　　文 | 臺　　灣 | 日　　文 | 大　　陸 |
|---|---|---|---|
| — clamp | 終端線夾 | 端子クランプ | 终端线夹 |
| — condition | 終端條件 | 終端条件 | 终端条件 |
| — control unit | 終端控制設備〔器〕 | 端末制御装置 | 终端控制设备〔器〕 |
| — cover | 端柱扣蓋 | ターミナルカバー | 端柱扣盖 |
| — decision | 最後判決;最後決定 | 最終決定 | 最后判决;最后决定 |
| — delay | 終點遲滯 | 終点遅滞 | 终点迟滞 |
| — device | 終端設備 | 端末装置 | 终端设备 |
| — end | 終端 | 終端 | 终端 |
| — equipment | 終端設備 | 端末装置 | 终端设备 |
| — handler | 終端處理程序 | ターミナルハンドラ | 终端处理程序 |
| — indicator | 終端指示器 | 終端指示器 | 终端指示器 |
| — input-output device | 終端輸入輸出設備 | 端末入出力装置 | 终端输入输出设备 |
| — insulator | 絕緣端子 | 引留めがい子 | 接线柱绝缘体 |
| — knife edge | 端尾刀刃 | 端刃 | 端尾刀刃 |
| — length | 極限長度;終端長度 | 終局の長さ | 极限长度;终端长度 |
| — load | 終端負載 | 終端負荷 | 终端负载 |
| — loss | 終端損耗 | 終端損 | 终端损耗 |
| — parameter | 終值參數 | 端末パラメータ | 终值叁数 |
| — pin | 尾銷 | ターミナルピン | 尾销 |
| — pitch | 端子間距 | 端子ピッチ | 端子间距 |
| — plate | 接線板 | 端子板 | 接线板 |
| — point | 接線點;終點 | 終点 | 接线点;终(接)点 |
| — pole | 終端桿;極柱 | 極柱 | 终端杆;极柱 |
| — pressure | 終壓 | 終端圧 | 终压 |
| — processor | 終端處理機 | ターミナルプロセッサ | 终端处理机 |
| — socket | 端子插座 | 端子ソケット | 端子插座 |
| — strength test | 接線強度試驗 | 端子強度試験 | 接线强度试验 |
| — strip | 接線條;端子板 | 端子台 | 接线条;端子板 |
| — subsystem | 終端子系統 | ターミナルサブシステム | 终端子系统 |
| — system | 終端系統 | ターミナルシステム | 终端系统 |
| — time | 終端時間;終止時間 | ターミナルタイム | 终端时间;终止时间 |
| — unit | 終端設備 | 端末装置 | 终端设备 |
| — value | 終結值 | 端末バリュー | 终结值 |
| — voltage | 終端電;端子電壓;極電壓 | ターミナル電圧 | 终端电;端子电压;极电压 |
| **terminate line** | 終端線路 | 終端線路 | 终端线路 |
| **terminating** circuit | 終端電路 | 終端回路 | 终端电路 |
| — plug | 終端塞子 | 成端プラグ | 终端塞子 |
| **termination** | 終端;結束 | 成端 | 终端;结束 |
| — of block | 程式塊終止;分程式終止 | ブロックの完了 | 程序块终止;分程序终止 |
| — of contract | 合同〔契約〕滿期 | 契約解除 | 合同〔契约〕满期 |

| 英 文 | 臺 灣 | 日 文 | 大 陸 |
|---|---|---|---|
| — symbol | 結束符號;終結符 | 終記号 | 结束符号;终结符 |
| terminator | 結束程式;終端負載 | 終止プログラム | 结束程序;终端负载 |
| terminology | 專門名詞;術語;詞匯 | 専門用語 | 专门名词;术语;词汇 |
| terminus | 終點;界限 | ターミナス | 终点;界限 |
| termipoint | 端接;端點 | ターミポイント | 端接;端点 |
| Termite | 一種鉛基軸承合金 | ターマイト | 一种铅基轴承合金 |
| termi-twist | 終端扭轉接頭 | ターミツイスト | 终端扭转接头 |
| termostate oil cooler | 恒溫油冷卻器 | 恒温油冷却器 | 恒温油冷却器 |
| terms | 條件;關係 | 関係;条件 | 条件;关系 |
| — of estimate | 估算條件;預算條件 | 見積り条件 | 估算条件;预算条件 |
| termwise differentiation | 逐項微分 | 項別微分 | 逐项微分 |
| — integration | 逐項積分 | 項別積分 | 逐项积分 |
| ternary alloy | 三元合金 | 三元合金 | 三元合金 |
| — eutectic | 三元共晶 | 三元共晶 | 三元共晶 |
| — steel | 三元鋼 | 三元鋼 | 三元钢 |
| — system | 三元分系;三元系 | 三成分系 | 三元分系;三元系 |
| terne metal | 鉛錫合金 | ターン合金 | 铅锡合金 |
| — plate | 鍍鉛錫鋼板 | ブリキ板 | 镀铅锡钢板 |
| — plating | 鉛錫合金電鍍(層) | ターンめっき | 铅锡合金电镀(层) |
| — sheet | 鍍鉛錫板 | ターンシート | 镀铅锡板 |
| ternitrate | 三硝酸酯;三硝酸鹽 | 三硝酸塩 | 三硝酸酯;三硝酸盐 |
| terotechnology | (設備)使用保養技術 | テロテクノロジー | (设备)使用保养技术 |
| terrace die | 凸模 | テラスダイ | 凸模 |
| territory | 分擔地區;承包地區 | 受け持ち区域 | 分担地区;承包地区 |
| Tertiarium | 錫鉛銲料 | ターチアリウム | 锡铅焊料 |
| teriary alloy | 三元合金 | 三元合金 | 三元合金 |
| — mixture | 三元混合物 | 三級混合物 | 三元混合物 |
| — treatment | 三級處理 | 三次処理 | 三级处理 |
| — treatment of sewage | 污水的三級處理 | 下水三次処理 | 污水的三级处理 |
| — winding | 三次繞組;第三繞組 | 三次巻き線 | 三次绕组;第三绕组 |
| terylene | 特麗綸;滌綸〔聚酯纖維〕 | テリーレン | 特丽纶;涤纶〔聚酯纤维〕 |
| tesla | 特斯拉 | テスラ | 特斯拉 |
| Tesla coil | 特斯拉(空心)變壓器 | テスラ線輪 | 特斯拉(空心)变压器 |
| — induction coil | 特斯拉感應線圈 | テスラ誘導コイル | 特斯拉感应线圈 |
| — transformer | 特斯拉變壓器 | テスラ変圧器 | 特斯拉变压器 |
| tesseral system | 等軸晶系 | 等軸晶系 | 等轴晶系 |
| test | 試驗;測試;假設檢驗 | 仮説検定;検定 | 试验;测试;假设检验 |
| — adapter | 測試接合器 | テストアダプタ | 测试接合器 |
| — aid | 測試設備 | テストエイド | 测试设备 |
| — amplifier | 測試用放大器 | 試験増幅器 | 测试用放大器 |

| 英　　文 | 臺　　灣 | 日　　文 | 大　　陸 |
|---|---|---|---|
| — analysis | 測試分析 | 試験解析 | 測試分析 |
| — and repair processor | 測試與修理信息處理機 | 修理試験プロセッサ | 測試与修理信息处理机 |
| — anvil | 測砧 | テストアンビル | 測砧 |
| — apparatus | 試驗裝置 | 試験装置 | 試驗裝置 |
| — approach | 試驗方法 | テストアプローチ | 試驗方法 |
| — area | 試驗區域 | 試験区域 | 試驗区域 |
| — at elevated pressure | 升壓試驗 | 昇圧試験 | 升压試驗 |
| — atmosphere | 試驗環境 | 試験環境 | 試驗环境 |
| — bar | 試棒 | 試験片 | 試棒 |
| — batch | 分組後的各組試樣 | 試験バッチ | 分组后的各組試樣 |
| — bed | 試驗台;試驗台架 | 試験台 | 試驗台;試驗台架 |
| — bench | 試驗台 | 試験台 | 試驗台 |
| — bench running | 試驗台運轉 | 試験台運転 | 試驗台运转 |
| — block | 試塊;試片 | 切取り試片 | 試块;試片 |
| — blow | 試擊 | 試撃 | 試击 |
| — board | 測試板 | テストボード | 測試板 |
| — board bay | 測試台機架 | 試験台ベイ | 測試台机架 |
| — boiler | 試驗鍋爐 | 試験ボイラ | 試驗锅 |
| — boring | 試鑽鑽孔;試鑽 | 試験ボーリング | 試钻钻孔;試钻 |
| — box | 測試盒;試驗盒 | 試験箱 | 測試盒;試驗盒 |
| — by wet mortar | 稀拌砂漿試驗 | 軟練りモルタル試験 | 稀拌砂浆試驗 |
| — case | 檢查實例 | テストケース | 检查实例 |
| — cell | 測試用單元 | テスト用セル | 測試用单元 |
| — certificate | 試驗證明書 | 試験証明書 | 試驗证明书 |
| — chain | 鏈式砝碼;鏈式秤砣 | テストチェーン | 链式砝码;链式秤砣 |
| — chamber | 試驗箱〔室〕 | 試験室 | 試驗箱〔室〕 |
| — clamp | 測試(用)夾具;測試線夾 | 試験用クランプ | 測試(用)夹具;測試线夹 |
| — clip | 試驗旋塞 | 試験クリップ | 試驗旋塞 |
| — cock | 試驗規則;試驗法 | 試験コック | 試驗规则;試驗法 |
| — code | 試驗線圈 | テストコード | 試驗线圈 |
| — composition | 試驗組份〔成〕 | 試験組成 | 試驗组份〔成〕 |
| — computer | 測試計算機 | テストコンピュータ | 測試计算机 |
| — condition | 實驗條件;試驗狀態 | 実験条件 | 实验条件;試驗状态 |
| — coupon | 試樣〔棒;片〕 | 試験片 | 試樣〔棒;片〕 |
| — cube | 立方試樣 | 試料立方体 | 立方試樣 |
| — current | 試驗電流;測試電流 | 試験電流 | 試驗电流;測試电流 |
| — curve | 試驗曲線 | 試験曲線 | 試驗曲线 |
| — cycle | 試驗週期 | 試験サイクル | 試驗周期 |
| — cylinder | 圓筒形試驗體 | 円筒形試体 | 圆筒形試驗体 |
| — data | 試驗數據 | 試験データ | 試驗数据 |

| 英　　文 | 臺　　灣 | 日　　文 | 大　　陸 |
|---|---|---|---|
| — desk | 試驗台 | テストデスク | 试验台 |
| — device | 試驗裝置 | テストデバイス | 试验装置 |
| — distributor | 測試分配器 | 試験ディストリビュータ | 测试分配器 |
| — drum | 曝曬試驗用試驗架 | 試験ドラム | 曝晒试验用试验架 |
| — dummy | 試驗模型 | 試験用人形 | 试验模型 |
| — duration | 試驗時間 | 試験期間 | 试验时间 |
| — electrode | 試驗電極 | 試験電極 | 试验电极 |
| — engine data | 試驗機數據 | 試験内燃機関データ | 试验机数据 |
| — environment | 試驗環境 | 試験環境 | 试验环境 |
| — engineering | 試驗工程 | 試験工学 | 试验工程 |
| — equipment | 測試設備 | 試験裝置 | 测试设备 |
| — fee | 測試費 | 試験料金 | 测试费 |
| — fence exposure | 試驗架曝曬 | 試験架台暴露 | 试验架曝晒 |
| — figures | 試驗數字 | 試験数字 | 试验数字 |
| — fixture | 試驗裝置;測試裝置 | テストフィクスチャ | 试验装置;测试装置 |
| — for flame retardance | 防燃性試驗 | 耐炎試験 | 防燃性试验 |
| — for flammability | 燃燒試驗 | 燃焼試験 | 燃烧试验 |
| — for instrumental error | 儀錶誤差檢驗 | 器差試験 | 仪表误差检验 |
| — for notch ductility | 缺口韌性試驗 | 切欠き延性試験 | 缺口韧性试验 |
| — for paint film | 塗膜試驗法 | 塗膜試験法 | 涂膜试验法 |
| — for pattern approval | 定型試驗 | 型式試験 | 定型试验 |
| — for specific gravity | 比重試驗 | 比重試験 | 比重试验 |
| — for tensile strength | 抗拉試驗 | 引張り強度試験 | 抗拉试验 |
| — for unit weight | 單位重量試驗 | 単位容積質量試験 | 单位重量试验 |
| — for zinc plating | 鍍鋅測試 | 亜鉛めっき試験法 | 镀锌测试 |
| — frame | 測試架;試驗架 | テストフレーム | 测试架;试验架 |
| — frequency | 試驗頻率 | 試験周波数 | 试验频率 |
| — function | 測試功能 | テストファンクション | 测试功能 |
| — furnace | 試驗爐 | 試験炉 | 试验炉 |
| — gage | 試驗壓力計 | 試験ゲージ | 试验压力计 |
| — head connector | 測試頭連接器 | テストヘッドコネクタ | 测试头连接器 |
| — hole | 檢驗孔 | 試掘孔 | 检验孔 |
| — indicator | 指針測微儀 | 指針測微器 | 指针测微仪 |
| — instrument | 試驗用的計測儀器 | 試験用計測器 | 试验用的计测仪器 |
| — jack | 測試塞孔 | 試験ジャック | 测试塞孔 |
| — jar | 試驗缸 | 試験びん | 试验缸 |
| — lamp | 試驗燈;測試燈 | 試験ランプ | 试验灯;测试灯 |
| — lap | 試驗研磨;試樣研磨 | テストラップ | 试验研磨;试样研磨 |
| — lead | 試金用(的)鉛;試驗導線 | 試金用鉛 | 试金用(的)铅;试验导线 |
| — length | 試樣長度 | 試長 | 试样长度 |

| 英　　　文 | 臺　　　灣 | 日　　　文 | 大　　　陸 |
|---|---|---|---|
| — light | 檢修燈 | 点検灯 | 检修灯 |
| — limit | 試驗限度 | 試験限度 | 试验限度 |
| — liquid | 試驗液體 | 試験液 | 试验液体 |
| — litharge | 試金用密陀僧〔氧化鉛〕 | 試金用密だ僧 | 试金用密陀僧〔氧化铅〕 |
| — load | 試驗負載 | 試験荷重 | 试验载荷 |
| — lug | 本體試塊 | テストラグ | 本体试块 |
| — machine | 材料試驗機 | 材料試験機 | 材料试验机 |
| — material | 試驗材料 | 試験材料 | 试验材料 |
| — medium | 試驗浴介質 | 試験液 | 试验浴介质 |
| — message | 測試信息 | テストメッセージ | 测试信息 |
| — metal | 試驗用金屬 | 試験用金属 | 试验用金属 |
| — meter | 試驗儀錶 | 試験測定器 | 试验仪表 |
| — method | 試驗方法 | 試験方法 | 试验方法 |
| — miss | 測試誤差 | テストミス | 测试误差 |
| — mixer | 試驗混合器 | 試験混合器 | 试验混合器 |
| — mixture | 試驗混合物 | 試験混合物 | 试验混合物 |
| — mode | 試驗方法 | テストモード | 试验方法 |
| — model | 試驗模型 | 試験模型 | 试验模型 |
| — module | 測試模塊〔件〕 | テストモジュール | 测试模块〔件〕 |
| — mold | 試驗用模具 | 試験用金型 | 试验用模具 |
| — molding | 試製品 | 試験成形品 | 试制品 |
| — object | 強度試驗物體 | 強度試験物体 | 强度试验物体 |
| — of free oscillation | 自由振蕩試驗 | 自由動揺試験 | 自由振荡试验 |
| — of material | 材料試驗 | 材料試験 | 材料试验 |
| — of plasticity | 塑性試驗 | 塑性試験 | 塑性试验 |
| — of rated performance | 試驗規定性能 | 定格試験 | 试验规定性能 |
| — of sewage | 污水試驗法;下水試驗法 | 下水試験法 | 污水试验法;下水试验法 |
| — of significance | 有效測試 | 有意性検定 | 有效测试 |
| — of oil | 試驗油 | 試験油 | 试验油 |
| — OK | 無故障;正常;檢驗合格 | 異常なし | 无故障;正常;检验合格 |
| — panel | 測試板;試板 | 試験用配電盤 | 测试板;试板 |
| — parameter | 試驗參數 | 試験パラメータ | 试验叁数 |
| — pattern | 測試圖;試驗圖 | テストパターン | 测试图;试验图 |
| — performance | 試驗性能 | 試験性能 | 试验性能 |
| — period | 試驗期 | 試験期 | 试验期 |
| — piece | 試樣;試片;試件 | 試験片 | 试样;试片;试件 |
| — pin | 測試插頭;測試腳 | テストピン | 测试插头;测试脚 |
| — plant | 試驗工場;試驗裝置 | 試験工場 | 试验车间;试验装置 |
| — plate | 試驗板;檢驗片 | 試験板 | 试验板;检验片 |
| — plug | 試驗插頭;試驗放泄塞 | テストプラグ | 试验插头;试验放泄塞 |

| 英　　文 | 臺　　灣 | 日　　文 | 大　　陸 |
|---|---|---|---|
| — point | 試驗點；測試點 | 試験点 | 试验点；测试点 |
| — portion | 試樣；測試用試樣 | 測定試料 | 试样；测试用试样 |
| — powder | 試驗用粉末 | 試験用粉体 | 试验用粉末 |
| — pressure | 試驗壓力 | 試験圧力 | 试验压力 |
| — printing | 試印；印刷 | 試刷 | 试印；印刷 |
| — problem | 檢驗問題；考題 | テスト用問題 | 检验问题；考题 |
| — procedure | 試驗順序 | 試験手順 | 试验顺序 |
| — prod | 測試用探棒 | 試験用プロッド | 测试用探棒 |
| — program | 試驗程式；檢驗程式 | 検査プログラム | 试验程序；检验程序 |
| — pulse | 測試脈衝 | テストパルス | 测试脉冲 |
| — pump | 試驗泵 | 試験ポンプ | 试验泵 |
| — quantity | 試驗量 | 試験量 | 试验量 |
| — rack | 試驗架 | 試験架台 | 试验架 |
| — range | 測定範圍 | 測定範囲 | 测定范围 |
| — rate | 試驗速率；測試速度 | 試験速度 | 试验速率；测试速度 |
| — record | 測試記錄 | テストレコード | 测试记录 |
| — recording table | 測試記錄表 | 計測記録表 | 测试记录表 |
| — replacement | 檢查替代；檢查替換 | テストリプレースメント | 检查替代；检查替换 |
| — report | 試驗報告 | 試験報告 | 试验报告 |
| — reproducibility | 試驗重複性 | 試験再現性 | 试验重复性 |
| — result | 試驗結果 | 試験結果 | 试验结果 |
| — rig | 試驗裝置；試驗設備 | 試験ループ | 试验装置；试验设备 |
| — roll mill | 試驗用輥煉機 | 試験用ロール練り機 | 试验用辊炼机 |
| — room | 試驗室 | 実験室 | 试验室 |
| — routine | 試驗程序；檢驗程序 | 検査ルーチン | 试验程序；检验程序 |
| — run | 試運行 | 試運転 | 试运行 |
| — sample | 試樣 | 試料 | 试样 |
| — screw | 試驗螺釘 | 試験ねじ | 试验螺钉 |
| — section | 試驗段；測量段；工作段 | 測定部 | 试验段；测量段；工作段 |
| — set | 測試裝置 | テストセット | 测试装置 |
| — sieve analysis | （試驗）篩析 | 試験ふるい分析 | （试验）筛析 |
| — signal | 測試信號 | 試験信号 | 测试信号 |
| — simulator | 試驗模擬器 | テストシミュレータ | 试验模拟器 |
| — site | 試驗場 | テストサイト | 试验场 |
| — slice | 試驗片；測試片 | テストスライス | 试验片；测试片 |
| — socket | 測試插座 | テストソケット | 测试插座 |
| — solution | 試（驗溶）液 | 試（験溶）液 | 试（验溶）液 |
| — specification | 試驗規格〔標準〕 | 試験規格 | 试验规格〔标准〕 |
| — specimen | 試片〔樣〕 | 試験片 | 试片〔样〕 |
| — speed | 測試速度 | テストスピード | 测试速度 |

| 英　　文 | 臺　　灣 | 日　　文 | 大　　陸 |
|---|---|---|---|
| — spring | 試驗彈簧;測試彈簧 | 試驗弾器 | 試验弹簧;测试弹簧 |
| — stand | 試驗台;試車台 | 試驗台 | 试验台;试车台 |
| — station | 試驗台;測試站 | 試驗場 | 试验台;测试站 |
| — step | 試驗工序;測試工序 | テストステップ | 试验工序;测试工序 |
| — surface | 探傷面 | 探傷面 | 探伤面 |
| — switch | 測試(用)開關 | 試驗スイッチ | 测试(用)开关 |
| — tap | 測試用插頭 | 試驗用端子 | 测试用插头 |
| — technique | 試驗技術 | 試驗技術 | 试验技术 |
| — time | 測試時間 | 試驗時間 | 测试时间 |
| — to failure | 故障前試驗 | 故障までの試驗 | 故障前试验 |
| — tool | 測試工具 | テストツール | 测试工具 |
| — translator | 試驗用翻譯程序 | テスト翻訳プログラム | 试验用翻译程序 |
| — under repeated stress | 交變應力試驗 | 繰返し応力試驗 | 交变应力试验 |
| — unit | 試驗裝置;試驗單元 | 試驗裝置 | 试验装置;试验单元 |
| — value | 試驗值 | 試驗值 | 试验值 |
| — valve | 試驗閥 | テスト弁 | 试验阀 |
| — vehicle | 試驗車輛 | テストビークル | 试验车辆 |
| — wafer | 測試片;陪片 | テストウエーハ | 测试片;陪片 |
| — weight | 試驗用的重物 | 試驗用重り | 试验用的重物 |
| — work | 試驗工作 | 試驗作業 | 试验工作 |
| — working | 試(驗)運轉;試車 | 試運転 | 试(验)运转;试车 |
| — zone | 測試區 | テストゾーン | 测试区 |
| **testability** | 可測試性 | 可試驗性 | 可测试性 |
| **tested sensitivity** | 檢定感量;試驗靈敏度 | 檢定感量 | 检定感量;试验灵敏度 |
| **tester** | 試驗器;檢驗器;測定器 | 測定機器 | 试验器;检验器;测定器 |
| — maker | 測通器 | テスタメーカ | 测通器 |
| **testing** | 試驗;測試;檢驗;檢查 | 試驗;檢查 | 试验;测试;检验;检查 |
| — agent | 試劑 | 試薬 | 试剂 |
| — battery | 檢驗電池組 | 試驗電池 | 检验电池组 |
| — bell | 測試鈴 | 試驗ベル | 测试铃 |
| — campaign | 試驗循環 | 試驗運動 | 试验循环 |
| — certificate | 試驗檢定證書 | 檢定証明書 | 试验检定证书 |
| — duct | 試驗管道 | 試驗管路 | 试验管道 |
| — field | 試驗場 | 試驗場 | 试验场 |
| — laboratory | 檢驗室 | 実験場 | 检验室 |
| — lever | 檢驗棒;檢驗(槓)桿 | 試驗てこ | 检验棒;检验(杠)杆 |
| — of weights | 砝碼的檢驗 | 分銅の檢定 | 砝码的检验 |
| — position | 測試(員)座席 | 試驗席 | 测试(员)座席 |
| — press | 試驗壓機 | 試驗プレス | 试验压机 |
| — sieve shaker | 車驗篩振動機 | 実験ふるい振動機 | 车验筛振动机 |

T

| 英　　文 | 臺　　灣 | 日　　文 | 大　　陸 |
|---|---|---|---|
| ― table | 試驗台 | 試験台 | 试验台 |
| ― temperature | 試驗溫度 | 試験温度 | 试验温度 |
| ― terminal | 測試端子；測試接線柱 | 試験端子 | 测试端子；测试接线柱 |
| ― track | 試驗軌道（裝置） | 試験走路 | 试验轨道（装置） |
| ― transformer | 試驗用變壓器 | 試験用変圧器 | 试验用变压器 |
| ― voltage | 試驗電壓；測試電壓 | 試験電圧 | 试验电压；测试电压 |
| tetartohedral crystal | 四分面晶體 | 四半面像結晶 | 四分面晶体 |
| ― face | 四分面表面 | 四分の一完面 | 四分面表面 |
| ― form | 四分面形 | 四半面像 | 四分面形 |
| Tetmajer | 一種鋁矽青銅 | テトマイヤ | 一种铝硅青铜 |
| ― 's formula | 蒂特邁杰壓曲應力公式 | テトマイヤの式 | 蒂特迈杰压曲应力公式 |
| tetra-atomic ring | 四元環 | 四員環 | 四元环 |
| tetraedrite | 黝銅礦 | 四面銅鉱 | 黝铜矿 |
| tetraethide | 四乙基金屬 | テトラエチル化金属 | 四乙基金属 |
| tetragon | 四角形；四邊形 | 四角〔辺〕形 | 四角形；四边形 |
| tetragonal | 正方錐體 | 正方すい体 | 正方锥体 |
| ― bisphenoid | 正方雙楔 | 正方両せつ体 | 正方双楔 |
| ― crystal | 四方晶體 | 正方晶 | 四方晶体 |
| ― ferrite | 正方晶型鐵氧體 | 正方晶型フェライト | 正方晶型铁氧体 |
| ― holohedral class | 正方全對稱〔全面〕像晶族 | 正方完面像晶族 | 正方全对称〔全面〕像晶族 |
| ― prism | 正方柱體 | 正方柱 | 正方柱体 |
| ― pyramid | 正方錐 | 正方すい | 正方锥 |
| ― symmetry | 正方對稱；四面對稱 | 正方対称 | 正方对称；四面对称 |
| ― system | 正方晶系；四角晶系 | 正方晶系 | 正方晶系；四角晶系 |
| ― tetartohedral class | 正方四分面像晶族 | 正方四半面像晶族 | 正方四分面像晶族 |
| tetrahedral anvil | 四面加壓式鑽模 | テトラヘドラルアンビル | 四面加压式钻模 |
| ― container | 四面體容器 | 四面体容器 | 四面体容器 |
| ― element | 四面體元素 | 四面体要素 | 四面体元素 |
| tetrahedron | 四面體 | （正）四面体 | 四面体 |
| tetramorphism | 四晶（現象） | 四晶現象 | 四晶（现象） |
| tetraploid | 四倍體；四倍體的 | 四倍体 | 四倍体；四倍体的 |
| tetrapod | 四腳錐體 | テトラポッド | 四脚锥体 |
| tetratomic ring | 四元環 | 四員環 | 四元环 |
| tex | 特克斯〔纖度單位〕 | テックス | 特克斯〔纤度单位〕 |
| texrope | 三角皮帶 | 三角皮帯 | 三角皮带 |
| text | 原文；正文；題目 | 原文；本文 | 原文；正文；题目 |
| card | 正文卡片 | テキストカード | 正文卡片 |
| compression | 文本壓縮 | テキスト圧縮 | 文本压缩 |
| editor | 本文編輯程式 | 編集プログラム | 本文编辑程序 |
| file | 正文文卷〔件〕 | テキストファイル | 正文文卷〔件〕 |

| 英　　文 | 臺　　灣 | 日　　文 | 大　　陸 |
|---|---|---|---|
| — processing | 文本處理 | テキスト処理 | 文本处理 |
| — section | 正文段 | テキストセクション | 正文段 |
| **textile** machine | 紡織機 | 繊維機械 | 纺织机 |
| — machinery | 紡織機械 | 繊維機械 | 纺织机械 |
| — materials | 紡織材料 | 繊維材料 | 纺织材料 |
| — raw material | 紡織原料 | 紡織り繊維 | 纺织原料 |
| **texttolite** | 織物酚醛塑膠 | テキストライト | 织物酚醛塑胶 |
| **texture** | 組織(結構);外觀;質感 | 構造 | 组织(结构);外观;质感 |
| — finishing | 結構整理;整理 | 構造仕上げ | 结构整理;整理 |
| — pebble finish | 斑紋漆;疙瘩漆 | 露玉塗料 | 斑纹漆;疙瘩漆 |
| **textured** finish | 拋光加工;壓光加工 | 型押し仕上げ | 抛光加工;压光加工 |
| — pattern | 表面花紋(模) | 表面模様 | 表面花纹(模) |
| — roll | 花輥 | なし地ロール | 花辊 |
| **Thalassal** | 撒拉薩爾鋁合金 | サラザール | 撒拉萨尔铝合金 |
| **thaw** | 融化;熔化 | 融解 | 融化;熔化 |
| **thawing** | 融解;融化;解凍 | 融解 | 融解;融化;解冻 |
| — index | 融解〔化〕指數 | 融解指数 | 融解〔化〕指数 |
| **Theisen** gas washer | 泰森式氣體淨化器 | タイゼンガス洗浄機 | 泰森式气体净化器 |
| — washer | 泰森洗淨器 | タイゼン式洗浄器 | 泰森洗净器 |
| **theme** | 主題;題目 | 主題 | 主题;题目 |
| **thenardite** | 天然無水芒硝 | ぼう硝石 | 天然无水芒硝 |
| **theorem** | 定理 | 定理 | 定理 |
| — for safety factor | 安全係數定理 | 安全率に関する定理 | 安全系数定理 |
| — of least dissipation | 最小熱耗散定理 | 最小発熱の定理 | 最小热耗散定理 |
| — of least work | 最小功定理 | 最小仕事の定理 | 最小功定理 |
| — of Maxwell | 麥克斯韋定理 | マクスウェルの定理 | 麦克斯韦定理 |
| **theoretical** air | 理論空氣量 | 理論空気量 | 理论空气量 |
| — amount | 理論量 | 理論量 | 理论量 |
| — analysis | 理論分析 | 理論的解析 | 理论分析 |
| — boundary | 理論邊界 | 理論境界 | 理论边界 |
| — characteristic curve | 理論特性曲線 | 理論特性曲線 | 理论特性曲线 |
| — compression work | 理論壓縮功 | 理論圧縮仕事 | 理论压缩功 |
| — cylinder force | 理論上的汽缸力 | 理論上のシリンダ力 | 理论上的汽缸力 |
| — delivery | 理論流量 | 理論流量 | 理论流量 |
| — density | 理論密度 | 理論密度 | 理论密度 |
| — design analysis | 理論設計分析 | 理論的フィールド解析 | 理论设计分析 |
| — displacement | 理論排出量 | 理論押しのけ容積 | 理论排出量 |
| — distribution | 理論分布 | 理論的分布 | 理论分布 |
| — effective pressure | 理論有效壓力 | 理論有効圧力 | 理论有效压力 |
| — efficiency | 理論效率 | 理論効率 | 理论效率 |

| 英　　文 | 臺　　灣 | 日　　文 | 大　　陸 |
|---|---|---|---|
| — equivalent | 理論當量 | 理論当量 | 理论当量 |
| — error | 理論誤差 | 理論誤差 | 理论误差 |
| — flow coefficient | 理論流量係數 | 理論流量係数 | 理论流量系数 |
| — flow rate | 理論流量 | 理論流量 | 理论流量 |
| — fluid | 理論流體 | 理論流体 | 理论流体 |
| — input torque | 理論輸入力矩 | 理論入力トルク | 理论输入力矩 |
| — isothermal power | 理論等溫壓縮功率 | 理論等温圧縮動力 | 理论等温压缩功率 |
| — lead | 理論超前量 | 理論リード長 | 理论超前量 |
| — logic | 理論邏輯 | 理論的論理 | 理论逻辑 |
| — margin | 理論限度;理論界限 | 理論マージン | 理论限度;理论界限 |
| — mixture ratio | 理論混合比 | 理論混合比 | 理论混合比 |
| — model | 理論模型 | 理論モデル | 理论模型 |
| — noise | 理論噪音 | 理論ノイズ | 理论噪音 |
| — optimization | 理論最佳化 | 理論的最適化 | 理论最优化 |
| — output torque | 理論輸出力矩 | 理論出力トルク | 理论输出力矩 |
| — physics | 理論物理學 | 理論物理学 | 理论物理学 |
| — point | 理論交點 | 理論的交点 | 理论交点 |
| — porosity | 理論的孔隙率 | 理論的孔げき率 | 理论的孔隙率 |
| — power | 理論動力〔功率〕 | 理論出力 | 理论动力〔功率〕 |
| — pressure distribution | 理論壓力分布 | 理論圧力分布 | 理论压力分布 |
| — profile | (螺紋的)理論牙形 | 基本山形 | (螺纹的)理论牙形 |
| — programming | 理論程式設計 | 理論プログラミング | 理论程序设计 |
| — pump head | 理論泵的壓頭 | 理論揚程 | 理论泵的压头 |
| — quantity | 理論量 | 理論量 | 理论量 |
| — rate of flow | 理論流量 | 理論流量 | 理论流量 |
| — reaction temperature | 理論反應溫度 | 理論反応温度 | 理论反应温度 |
| — stock removal | 理論磨除量;設定磨除量 | 設定研削量 | 理论磨除量;设定磨除量 |
| — system analysis | 理論系統分析 | 理論的システム解析 | 理论系统分析 |
| — system design | 理論系統設計 | 理論的システム設計 | 理论系统设计 |
| — system theory | 理論的系統理論 | 理論システムズ理論 | 理论的系统理论 |
| — thermal efficiency | 理論熱效率 | 理論熱効率 | 理论热效率 |
| — torque | 理論力矩 | 理論トルク | 理论力矩 |
| — value | 理論值 | 理論値 | 理论值 |
| — volume | 理論體積〔容積〕 | 理論的体積 | 理论体积〔容积〕 |
| — water power | 理論水力 | 理論水力 | 理论水力 |
| — work | 理論工作 | 理論仕事 | 理论工作 |
| — yield | 理論產量 | 理論収量 | 理论(上)产量 |
| **theory** | 理論 | 理論 | 理论 |
| — of analogy | 相似理論 | アナロジー理論 | 相似理论 |
| — of breaking | 破壞理論 | 破壊理論 | 破坏理论 |

| 英　　　文 | 臺　　　灣 | 日　　　文 | 大　　　陸 |
|---|---|---|---|
| — of comminution | 粉碎理論 | 粉砕理論 | 粉碎理论 |
| — of computation | 計算理論 | 計算理論 | 计算理论 |
| — of consolidation | 壓實理論;滲壓理論 | 圧密理論 | 压实理论;渗压理论 |
| — of contact | 接觸理論 | 接触論 | 接触理论 |
| — of corresponding state | 對應狀態理論 | 対応状態理論 | 对应状态理论 |
| — of creep buckling | 潛變壓曲理論 | クリープ座屈理論 | 蠕〔徐〕变压曲理论 |
| — of cross-flow | 橫向流動理論 | クロスフローの理論 | 横向流动理论 |
| — of elasticity | 彈性學;彈性理論 | 弾性学 | 弹性学;弹性理论 |
| — of error | 誤差理論 | 誤差の法則 | 误差理论 |
| — of finite deformation | 有限變形理論 | 有限変形理論 | 有限变形理论 |
| — of large scale system | 大系統理論 | 大規模システム理論 | 大系统理论 |
| — of layout | 布置理論;布局理論 | 配列理論 | 布置理论;布局理论 |
| — of local similarity | 局部相似理論 | 局所相似理論 | 局部相似理论 |
| — of mechanism | 機構理論;機構學 | 機構学 | 机构理论;机构学 |
| — of optimal algorithm | 最佳算法理論 | 最適アルゴリズム理論 | 最优算法理论 |
| — of optimal control | 最佳控制理論 | 最適制御理論 | 最佳控制理论 |
| — of optimal growth | 最佳增長理論 | 最適成長理論 | 最优增长理论 |
| — of osmotic pressure | 滲透壓理論 | 透しん庄の理論 | 渗透压理论 |
| — of planning | 規劃理論 | 計画論 | 规划理论 |
| — of plasticity | 塑性理論 | 塑性学 | 塑性理论 |
| — of plate | 平板理論 | 平板理論 | 平板理论 |
| — of probability | 機率論 | 確率論 | 概率论 |
| — of programming | 程式設計理論 | プログラミング理論 | 程序设计理论 |
| — of quantification | 數量化理論;定量理論 | 数量化理論 | 数量化理论;定量理论 |
| — of relativity | 相對論;相對性論 | 相対性理論 | 相对论;相对性论 |
| — of scheduling | 調度(程序)理論 | スケジューリング理論 | 调度(程序)理论 |
| — of servo-mechanism | 伺服機構理論 | サーボ理論 | 伺服机构理论 |
| — of sets | 集合論 | 集合論 | 集合论 |
| — of similarity | 相似理論 | 相似の理 | 相似理论 |
| — of space | 空間理論 | 空間論 | 空间理论 |
| — of special relativity | 特殊相對論 | 特殊相対論 | 特殊相对论 |
| — of stability | 穩定理論 | 安定性の理論 | 稳定理论 |
| — of statistical inference | 統計推斷理論 | 統計的推論理論 | 统计推断理论 |
| — of stochastic process | 隨機過程理論 | 確率過程の理論 | 随机过程理论 |
| — of strain energy | 變形能理論 | ひずみエネルキー説 | 变形能理论 |
| — of structures | 結構力學 | 構造力学 | 结构力学 |
| — of surface area | 表面積理論 | 表面積理論 | 表面积理论 |
| **therblig** | 基本動作要素 | 動素 | 基本动作要素〔工艺操作〕 |
| **Therlo** | 一種銅鋁錳合金 | セルロ | 西罗铜铝锰合金 |
| **therm** | 英制熱量單位 | 熱量単位 | 英制热量单位 |

| 英　　文 | 臺　　灣 | 日　　文 | 大　　陸 |
|---|---|---|---|
| **thermal** | 熱的；熱氣泡 | サーマル | 热的；热气泡 |
| — absorption | 吸熱 | 熱吸収 | 吸热 |
| — acceptor | 熱接受體 | 熱的アクセプタ | 热接受体 |
| — acoustic fatigue test | 熱-聲疲勞試驗 | 熱音響疲労試験 | 热-声疲劳试验 |
| — action | 熱作用 | 熱作用 | 热作用 |
| — activation | 熱活性化反應 | 熱活性化 | 热活性化反应 |
| — activation process | 熱活化過程 | 熱活性化過程 | 热活化过程 |
| — adhesion | 熱黏合 | 熱接着 | 热黏合 |
| — ageing resistance | 耐熱老化性 | 耐熱老化性 | 耐热老化性 |
| — agitation | 熱騷動；熱攪拌 | 熱じょう乱 | 热骚动；热搅拌 |
| — agitation noise | 熱噪聲〔雜音〕 | 熱雑音 | 热噪声〔杂音〕 |
| — analysis | 熱分析 | 熱分析 | 热分析 |
| — balance | 熱平衡；熱計算 | 熱平衡 | 热平衡；热计算 |
| — barrier | 絕熱層 | 熱の障壁 | 绝热层 |
| — battery | 熱電池 | 熱電池 | 热电池 |
| — behavior | 熱行為；熱性能 | 熱的挙動 | 热行为；热性能 |
| — boundary layer | 熱邊界層；溫度邊界層 | 温度境界層 | 热边界层；温度边界层 |
| — bubble | 熱氣泡 | 熱気泡 | 热气泡 |
| — buckling | 熱屈曲 | 熱座屈 | 热屈曲 |
| — burden rating | 熱負載額定值 | 熱負担定格 | 热负载额定值 |
| — camera | 熱感照相機 | 熱像カメラ | 热感照相机 |
| — capability | 加熱能力 | 加熱能力 | 加热能力 |
| — capacity | 熱容量 | 熱容量 | 热容量 |
| — cell | 熱電池 | 熱電池 | 热电池 |
| — change | 熱變化 | 熱変化 | 热变化 |
| — circuit breaker | 熱動式電路保護器 | 熱動遮断器 | 热动式电路保护器 |
| — coagulation | 熱凝固 | 熱凝固 | 热凝固 |
| — components | 熱機元件 | 熱機器 | 热机部件 |
| — conductance | 導熱係數 | 熱伝導係数 | 导热系数 |
| — conduction | 熱傳導 | 熱伝導 | 热传导 |
| — conductivity | 熱傳導率 | 熱伝導率 | 热传导率 |
| — conductivity cell | 熱導電池 | 熱伝導度セル | 热导电池 |
| — conductivity method | 熱導率法 | 熱伝導率法 | 热导率法 |
| — conductor | 熱導體 | 熱伝導体 | 热导体 |
| — constant | 熱常數 | 熱定数 | 热常数 |
| — contact | 熱接觸 | 熱接触 | 热接触 |
| — contact resistance | 接觸熱阻 | 接触熱抵抗 | 接触热阻 |
| — content | 熱含量 | 熱含量 | 热含量 |
| — contraction | 熱收縮 | 熱収縮 | 热收缩 |
| — control unit | 溫控裝置 | 温度制御装置 | 温控装置 |

| 英　　　文 | 臺　　　灣 | 日　　　文 | 大　　　陸 |
|---|---|---|---|
| — conversion | 熱變換 | 熱変換 | 热变换 |
| — converter | 熱變換器 | 熱変換器 | 热变换器 |
| — copying machine | 熱敏仿形機 | 感熱複写機 | 热敏仿形〔拷贝〕机 |
| — coupling | 熱耦合 | 熱結合 | 热耦合 |
| — crack | 熱裂紋;熱裂化 | 熱的亀裂 | 热裂纹;热裂化 |
| — cracking | 熱分解;熱(裂)解 | 熱分解 | 热分解;热(裂)解 |
| — creep | 熱力潛變 | 熱的クリープ | 热力蠕变 |
| — critical point | 熱臨界點 | 熱臨界点 | 热临界点 |
| — cure | 熱固化 | 熱硬化 | 热固化 |
| — current | 熱流 | 熱流 | 热流 |
| — cut-off | 熱斷開;熱熔斷器 | サーマルカットオフ | 热断开;热熔断器 |
| — cutout | 熱熔斷 | 熱形カットアウト | 热熔断 |
| — cutting | 熱切割 | 熱切断 | 热切割 |
| — cycle | 熱循環 | 熱サイクル | 热循环 |
| — cycling effect | 熱循環效應 | 熱サイクル効果 | 热循环效应 |
| — decomposition | 熱(力分)解(作用) | 熱分解 | 热(力分)解(作用) |
| — decomposition plating | 熱分解鍍金 | 熱分解めっき | 热分解镀金 |
| — defect | 熱缺陷 | 熱的欠陥 | 热缺陷 |
| — deformation | 熱變形(作用) | 熱変形 | 热变形(作用) |
| — degradation | 熱降解;熱裂解 | 熱崩壊 | 热降解;热裂解 |
| — dehydration | 熱力脫水作用 | 熱脱水 | 热力脱水作用 |
| — delay relay | 熱延遲繼電器 | 温度遅延継電器 | 热延迟继电器 |
| — depolymerization | 熱解聚作用〔法〕 | 熱反重合 | 热解聚(作用)〔法〕 |
| — dereusting | 熱除〔脫〕銹 | 熱的脱せい | 热除〔脱〕锈 |
| — design | 熱設計 | 熱設計 | 热设计 |
| — detector | 熱檢波器〔探測器〕 | 熱検出器 | 热检波器〔探测器〕 |
| — diffusibility | 熱擴散率 | 熱の拡散率 | 热扩散率 |
| — diffusion length | 熱擴散距敵 | 熱拡散距離 | 热扩散距敌 |
| — diffusion method | 熱擴散法 | 熱拡散法 | 热扩散法 |
| — diffusion tube | 熱擴散管 | 熱分離管 | 热扩散管 |
| — diffusivity | 溫度擴散係數 | 温度拡散率 | 温度扩散系数 |
| — dilation | 熱膨脹 | 熱膨張 | 热膨胀 |
| — dilatometer | 熱膨脹儀 | 熱膨張計 | 热膨胀仪 |
| — discharge | 熱排水 | 温排水 | 热排水 |
| — dispersion | 熱散逸 | 熱の分散 | 热散逸 |
| — disposal | 焚燒處埋 | 焼却処理 | 焚烧处理 |
| — dissociation | 熱力離解作用 | 熱解離 | 热力离解作用 |
| — distribution | 溫度分布 | 温度分布 | 温度分布 |
| — dust precipitator | 熱式塵埃計 | 温熱式じんあい計 | 热式尘埃计 |
| — duty of units | 設置之熱能率 | 設備の熱能率 | 设置之热能率 |

| 英　　文 | 臺　　灣 | 日　　文 | 大　　陸 |
|---|---|---|---|
| — effect | 熱效應 | 熱効果 | 热效应 |
| — efficiency | 熱效率 | 熱効率 | 热效率 |
| — electromotive force | 溫差電動勢 | 熱起電力 | 温差电动势 |
| — electron | 熱（發射）電子 | 熱電子 | 热（发射）电子 |
| — embrittlement | 熱脆化 | 熱ぜい化 | 热脆化 |
| — emissivity | 熱發射率 | 放射率 | 热发射率 |
| — endurance | 耐熱老化 | 熱耐久性 | 耐热老化 |
| — energy | 熱能 | 熱エネルギー | 热能 |
| — energy region | 熱能區 | 熱エネルギーの領域 | 热能区 |
| — engine | 熱機 | 熱機関 | 热机 |
| — entrance region | 熱（量）進入區 | 温度助走区間 | 热（量）进入区 |
| — equilibrium | 熱平衡 | 熱平衡 | 热平衡 |
| — equilibrium state | 熱平衡狀態 | 熱平衡状態 | 热平衡状态 |
| — equivalent | 熱當量 | 熱当量 | 热当量 |
| — equivalent of work | 熱功當量 | 仕事の熱当量 | 热功当量 |
| — expansibility | 熱膨脹性 | 熱膨張率 | 热膨胀性 |
| — expansion coefficient | 熱膨脹係數 | 熱膨張率 | 热膨胀系数 |
| — expansivity | 熱膨脹係數 | 熱膨張度 | 热膨胀系数 |
| — explosion | 熱爆炸 | 熱爆発 | 热爆炸 |
| — factor | 感熱因素 | 温熱要素 | 感热因素 |
| — fatigue fracture | 熱疲勞斷裂 | 熱疲れ破壊 | 热疲劳断裂 |
| — fatigue test | 熱疲勞試驗 | 熱疲労試験 | 热疲劳试验 |
| — flow | 熱流 | 熱流 | 热流 |
| — fluctuation | 熱波動 | 熱的変動 | 热波动 |
| — flux | 熱流 | 熱流束 | 热流 |
| — forming | 熱賦能;熱成形 | 温度化成 | 热赋能 |
| — fraction | 熱量分率〔數〕 | 熱量分率 | 热量分率〔数〕 |
| — fuse | 熱熔斷器 | 温度ヒューズ | 热熔断器 |
| — gradient | 熱梯度;溫度梯度 | 熱傾度 | 热梯度;温度梯度 |
| — hardening | 熱固化 | 熱硬化 | 热固化 |
| — hysteresis | 熱滯後〔現象〕 | 熱ヒステリシス | 热滞后〔现象〕 |
| — impulse | 冷熱驟變 | 熱衝撃 | 冷热骤变 |
| — impulse heat sealing | 脈衝熱銲接 | 熱衝撃ヒートシール | 脉冲热焊接 |
| — impulse heater | 脈衝加熱器 | 熱衝撃ヒータ | 脉冲加热器 |
| — impulse welding | 熱衝擊銲;熱脈衝銲 | 熱衝撃溶接 | 热脉冲焊 |
| — inertia | 熱慣性;餘熱 | 熱慣性 | 热惯性;馀热 |
| insert | 熱裝;熱套;熱壓配合 | 焼きばめ | 热装;热套;热压配合 |
| — instability | 熱不穩定性 | 熱的不安定性 | 热不稳定性 |
| — insulant | 隔（絕）熱材料 | 断熱材 | 隔（绝）热材料 |
| insulating coating | 隔熱塗料 | 断熱塗料 | 隔热涂料 |

| 英 文 | 臺 灣 | 日 文 | 大 陸 |
|---|---|---|---|
| ― insulating material | 絕熱材料;保溫材料 | 断熱材（料） | 绝热材料;保温材料 |
| ― insulating property | 絕熱性質 | 熱絶縁性 | 绝热性质 |
| ― insulation | 絕熱材料;絕熱 | 熱絶縁 | 绝热材料;绝热 |
| ― insulation value | 絕熱值;隔熱值 | 断熱価 | 绝热值;隔热值 |
| ― insulator | 絕熱器;絕熱體 | 断熱材 | 绝热器;绝热体 |
| ― intake length | 熱量引入區 | 温度助走区間 | 热量引入区 |
| ― lag | 熱遲滯;熱傳導遲緩 | 加熱遅れ | 热迟滞;热传导迟缓 |
| ― limit | 熱極限 | 熱的制限 | 热极限 |
| ― line printer | 感熱式行式印字機 | サーマルラインプリンタ | 感热式行式印字机 |
| ― load | 熱負載 | 熱負荷 | 热负荷 |
| ― loop | 熱回路 | 熱ループ | 热回路 |
| ― loss | 熱損失〔耗〕 | 熱損（失） | 热损失〔耗〕 |
| ― metamorphism | 熱變質（作用） | 熱変成作用 | 热变质（作用） |
| ― motion | 熱運動 | 熱運動 | 热运动 |
| ― output | 熱輸出功率 | 熱出力 | 热输出功率 |
| ― oxidation | 熱氧化 | 熱酸化 | 热氧化 |
| ― oxidative stability | 熱氧化穩定性 | 熱酸化安定度 | 热氧化稳定性 |
| ― oxide film | 熱氧化膜 | 熱酸化膜 | 热氧化膜 |
| ― parameter | 熱變參數 | 熱パラメータ | 热变（叁）量 |
| ― pinch effect | 熱收縮效應 | サーマルピンチ効果 | 热收缩效应 |
| ― plasticity | 熱塑性 | 熱塑性 | 热塑性 |
| ― plug | 熱塞子 | 熱栓 | 热塞子 |
| ― polymerization | 熱(能)聚合(作用) | 熱重合 | 热(能)聚合(作用) |
| ― press | 熱壓機 | 熱プレス | 热压机 |
| ― pressure | 熱壓 | 熱圧 | 热压 |
| ― pretreatment | 預熱處理 | 予備熱処理 | 预热处理 |
| ― processing | 熱處理 | 熱加工 | 热处理 |
| ― proof test | 熱穩定試驗 | 熱安定試験 | 热稳定试验 |
| ― property | 熱性質 | 熱的性質 | 热性质 |
| ― protection structure | 防熱結構 | 断熱構造 | 防热结构 |
| ― protection system | 防熱系統 | 耐熱構造 | 防热系统 |
| ― pumping | 熱泵作用 | 熱的ポンピング | 热泵作用 |
| ― radiation | 熱輻射 | 熱ふく射 | 热辐射 |
| ― radiator | 熱輻射體 | 熱放射体 | 热辐射体 |
| ― ratio | 溫度比 | 温度効率 | 温度比 |
| ― reaction | 熱反應;熱化學反應 | 熱的反応 | 热反应;热化学反应 |
| ― receiver | 蓄熱器 | 排気だめ | 蓄热器 |
| ― refining | (熱)調質處理 | 熱調質 | (热)调质处理 |
| ― regulator | 調溫器;溫度調節器 | 温度調節器 | 调温器;温度调节器 |
| ― relay | 熱動繼電器 | 熱（動）継電器 | 热动继电器 |

| 英　文 | 臺　灣 | 日　文 | 大　陸 |
|---|---|---|---|
| ― relief valve | 過熱安全閥 | 熱膨張リリーフ弁 | 过热安全阀 |
| ― resistance | 耐熱性 | 耐熱性 | 耐热性 |
| ― runaway | 熱失控；熱逸潰；熱跑脫 | 熱暴走 | 热失控；热逸溃 |
| ― runaway protect | 熱擊穿防護 | 熱暴走防止 | 热击穿防护 |
| ― scattering | 熱散射 | 熱散乱 | 热散射 |
| ― sealing | 熱封 | ヒートシール | 热封 |
| ― sensing | 溫度傳感器 | 温度検出器 | 温度传感器 |
| ― sensitivity | 熱靈敏性 | 熱感受性 | 热灵敏性 |
| ― sensor | 熱傳感器 | 熱形センサ | 热传感器 |
| ― separation | 熱分離 | 熱分離 | 热分离 |
| ― shield | 熱屏蔽（層） | 熱遮へい | 热屏蔽（层） |
| ― shock fracture | 熱衝擊斷裂 | 熱衝撃破壊 | 热冲击断裂 |
| ― shock parameter | 熱衝擊係數 | 熱衝撃係数 | 热冲击系数 |
| ― shock resistance | 熱衝擊阻力；抗熱震性 | 熱衝撃抵抗 | 热冲击阻力；抗热震性 |
| ― shock test | 熱衝擊試驗；熱震試驗 | 熱衝撃試験 | 热冲击试验；热震试验 |
| ― shrinkage | 熱收縮 | 熱収縮 | 热收缩 |
| ― spalling | 熱震碎 | 熱はく離 | 热震碎 |
| ― spike | 溫度峰值 | 熱スパイク | 温度峰值 |
| ― spraying | 熱噴塗〔鍍〕 | 熱溶射 | 热喷涂〔镀〕 |
| ― stability | 熱穩定性 | 熱安定性 | 热稳定性 |
| ― stabilization | 熱穩定 | 熱安定化 | 热稳定 |
| ― stabilizer | 熱穩定劑 | 熱安定剤 | 热稳定剂 |
| ― storage tank | 蓄熱箱 | 蓄熱槽 | 蓄热箱 |
| ― straightening | 熱矯直 | 加熱ひずみ取り | 热矫直 |
| ― strain | 熱應變 | 熱ひずみ | 热应变 |
| ― stress | 熱應力 | 熱応力 | 热应力 |
| ― stress-cracking | 熱應力龜裂 | 熱応力亀裂 | 热应力龟裂 |
| ― stress ratcheting | 熱應力棘形化 | 熱応力ラチェッティング | 热应力棘形化 |
| ― switch | 熱敏開關 | 感熱スイッチ | 热敏开关 |
| ― theory | 熱障 | 熱理論 | 热障 |
| ― transition | 熱轉化 | 熱転移 | 热转化 |
| ― transmittance | 傳熱係數 | 熱貫流率 | 传热系数 |
| ― transpiration | 熱發散 | 熱遷移流 | 热发散 |
| ― treatment | 熱處理 | 熱処理 | 热处理 |
| ― tuning | 熱調諧；溫度調諧 | 温度同調 | 热调谐；温度调谐 |
| ― type meter | 熱（動）式儀錶 | 熱型計器 | 热（动）式仪表 |
| ― unit | 熱量單位 | 熱単位 | 热量单位 |
| ― velocity | 熱速度 | 熱運動速度 | 热速度 |
| ― vibration | 熱振動 | 熱振動 | 热振动 |
| ― viscosity | 熱黏性 | サーマルビスコシティ | 热黏性 |

| 英　　文 | 臺　　灣 | 日　　文 | 大　　陸 |
|---|---|---|---|
| ─wave | 熱波 | 熱波 | 热波 |
| ─wear | 熱磨損 | 熱的摩耗 | 热磨损 |
| ─welding | 熱銲 | 熱溶接 | 热焊 |
| **thermalization** | 熱化 | 熱化 | 热化 |
| ─time | 熱化時間 | 熱化時間 | 热化时间 |
| **thermalloy** | 耐熱耐蝕鑄造合金 | サーマロイ | 耐热耐蚀铸造合金 |
| **thermic life** | 耐熱壽命 | 熱寿命 | 耐热寿命 |
| **thermion** | 熱離子 | 熱イオン | 热离子 |
| **thermionic** arc | 熱電子電弧 | 熱電子アーク | 热电子电弧 |
| ─conduction | 熱離子〔電子〕傳導 | 熱イオン伝導 | 热离子〔电子〕传导 |
| ─current | 熱電子流 | 熱電子電流 | 热电子流 |
| ─discharge | 熱電子放電 | 熱電子放電 | 热电子放电 |
| **thermit(e)** | 鋁熱劑 | テルミット | 铝热剂 |
| ─crucible | 熱劑銲用坩堝 | テルミットるつぼ | 热剂焊用坩埚 |
| ─mixture | 鋁熱劑 | テルミット剤 | 铝热剂 |
| ─mold | 鋁熱銲鑄模 | テルミット鋳型 | 铝热焊铸模 |
| process | 鋁熱銲接法 | テルミット法 | （铝）热剂焊（接）法 |
| ─reduction | 鋁熱還原 | テルミット還元 | 铝热还原 |
| ─soldering | 鋁熱銲;熱劑銲 | テルミットろう接ぎ | 铝热焊;热剂焊 |
| ─welding | 鋁熱銲;熱劑銲 | テルミット溶接 | 铝热焊;热剂焊 |
| **thermoanalysis** | 熱分析 | 熱分析 | 热分析 |
| **thermobalance** | 熱平衡 | 熱天びん | 热平衡 |
| **thermochromism** | 熱（變）色現象 | 熱変色現象 | 热（变）色现象 |
| **thermocolor** | 熱變色;示溫塗料 | サーモカラー | 热变色;示温涂料 |
| ─paint | 熱敏性塗料;示溫塗料 | 示温塗料 | 热敏性涂料;示温涂料 |
| ─pencil | 示溫筆;測溫筆 | 示温鉛筆 | 示温笔;测温笔 |
| **thermocolumn** | 恒溫柱 | 恒温カラム | 恒温柱 |
| **thermocompression** | 熱壓 | 自己蒸気圧縮法 | 热压 |
| ─bond | 熱壓接合 | 熱圧着ボンド | 热压接合 |
| ─bonding | 熱壓接合（法） | 熱圧接 | 热压接合（法） |
| **thermocontrol valve** | 恒溫器〔閥〕 | サーモスタット | 恒温器〔阀〕 |
| **thermocontroller** | 溫度控制器 | サーモコントローラ | 温度控制器 |
| **thermocooling** | 溫差（環流）冷卻 | 熱サイフォン冷し | 温差（环流）冷却 |
| **thermocouple** | 熱電偶;溫差電偶 | 熱電偶 | 热电偶;温差电偶 |
| amplifier | 熱電偶放大器 | サーモカップルアンプ | 热电偶放大器 |
| connector | 熱電偶接頭 | サーモカップルコネクタ | 热电偶接头 |
| instrument | 熱電偶儀錶 | 熱電対計器 | 热电偶仪表 |
| needle | 針狀熱電偶 | 針狀熱電対 | 针状热电偶 |
| thermometer | 熱電偶溫度計 | サーモカップル温度計 | 热电偶温度计 |
| well | 熱電偶管 | 熱電対さや | 热电偶管 |

| 英 文 | 臺 灣 | 日 文 | 大 陸 |
|---|---|---|---|
| — wire | 熱偶絲 | 熱電対線 | 热偶丝 |
| **thermocurrent** | 熱電流 | 熱電流 | 热电流 |
| **thermocutout** | 熱斷流器 | サーモカットアウト | 热断流器 |
| **thermocycle test** | 熱循環試驗 | ヒートサイクルテスト | 热循环试验 |
| **thermodamper** | 溫度調節器 | サーモダンパ | 温度调节器 |
| **thermodecomposition** | 熱分解 | 熱分解 | 热分解 |
| **thermodilatometry** | 熱膨脹測定法 | 熱膨張測定 | 热膨胀测定法 |
| **thermodynamic** control | 熱力學控制 | 熱力学的制御 | 热力学控制 |
| — cycle | 熱力循環 | 熱力学的サイクル | 热力循环 |
| — data | 熱力學數據 | 熱力学データ | 热力学数据 |
| — efficiency | 熱力學效率 | 熱力学的効率 | 热力学效率 |
| — equilibrium | 熱力學的平衡 | 熱力学的平衡 | 热力学的平衡 |
| — function | 熱力學函數 | 熱力学的関数 | 热力学函数 |
| — laws | 熱力學定律 | 熱力学の法則 | 热力学定律 |
| — parameter | 熱力學參數 | 熱力学パラメータ | 热力学叁量 |
| — potential | 熱力勢〔位〕 | 熱力学的電位 | 热力势〔位〕 |
| — probability | 熱力學機率 | 熱力学的確率 | 热力学概率 |
| — process | 熱力學過程 | 熱力学的過程 | 热力学过程 |
| — property | 熱力學性質 | 熱力学的性質 | 热力学性质 |
| — rule | 熱力學法則 | 熱力学の法則 | 热力学法则 |
| — stability | 熱力學穩定性 | 熱力学的安定性 | 热力学稳定性 |
| — temperature | 熱力學溫度 | 熱力学的温度 | 热力学温度 |
| — temperature scale | 熱力學溫標 | 熱力学的温度目盛り | 热力学温标 |
| — wet-bulb temperature | 熱力學濕球溫度 | 熱力学的湿球温度 | 热力学湿球温度 |
| **thermodynamics** | 熱力學 | 熱力学 | 热力学 |
| **thermoelastic** | 熱彈性體 | 熱弾性 | 热弹性体 |
| — coefficient | 熱彈性係數 | 熱弾性係数 | 热弹性系数 |
| — deformation | 熱彈性變形 | 熱弾性変形 | 热弹性变形 |
| — effect | 熱彈性效應 | 熱弾性効果 | 热弹性效应 |
| **thermoelectric** couple | 熱電偶 | 熱電対 | 热电偶 |
| — junction | 熱電偶；溫差電偶 | 熱電接点 | 热电偶；温差电偶 |
| — power plant | 火力發電站〔廠〕 | 火力発電所 | 火力发电站〔厂〕 |
| — power station | 火力發電站〔廠〕 | 火力発電所 | 火力发电站〔厂〕 |
| — well | 熱電偶套管 | 熱電対さや | 热电偶套管 |
| **thermoelement** | 熱電偶；熱電元件 | 熱電対 | 热电偶；热电元件 |
| **thermoflex alloy** | 雙金屬 | サーモフレックス合金 | 双金属 |
| **thermofor** | 蓄熱器 | 蓄熱装置 | 蓄热器 |
| **thermoformability** | 熱成形性 | 熱成形性 | 热成形性 |
| **thermoformed article** | 熱成形製品 | 熱成形品 | 热成形制品 |
| **thermoformer** | 熱成形機 | 熱成形機 | 热成形机 |

| 英　　文 | 臺　　灣 | 日　　文 | 大　　陸 |
|---|---|---|---|
| **thermoforming machine** | 熱成形機;真空成形機 | 熱成形機 | 热成形机;真空成形机 |
| — material | 熱成形材料 | 熱成形用材料 | 热成形材料 |
| — operation | 熱成形操作 | 熱成形作業 | 热成形操作 |
| — process | 熱成形法 | 熱成形法 | 热成形法 |
| — technique | 熱成形技術 | 熱成形技術 | 热成形技术 |
| **thermofuse** | 熱熔斷保險絲 | 温度ヒューズ | 热熔丝 |
| **thermofusion** | 熱熔化 | 熱溶融 | 热熔化 |
| **thermogage** | 熱壓力計〔規〕 | 熱圧力計 | 热压力计〔规〕 |
| **thermogalvanometer** | 熱電偶電流計 | 熱電型検流計 | 热电偶电流计 |
| **thermogram** | 熱曲線圖 | サーモグラム | 热曲线图 |
| **thermograph** | 自記溫度計 | 記録温度計 | 自记温度计 |
| **thermographic paper** | 熱感複印紙 | 感熱複写紙 | 热感复印纸 |
| **thermohardening** | 熱固性;熱硬化性 | 熱硬化性 | 热凝〔固〕性;热硬化性 |
| — resin | 熱固性樹脂 | 熱硬化性樹脂 | 热固性树脂 |
| **thermohygrograph** | 溫度濕度記錄器 | 記録温湿度計 | 温度湿度记录器 |
| **thermoindex** | 溫度指標 | 温度指標 | 温度指标 |
| **thermoindicator** | 溫度指示器 | サーモインジケータ | 温度指示器 |
| — paint | 示溫漆;變色漆 | 温度指示塗料 | 示温漆;变色漆 |
| **thermojunction** | 熱電偶;溫差電偶 | 熱電対 | 热电偶;温差电偶 |
| — ammeter | 熱電偶式電流計 | 熱電対電流計 | 热电偶式电流计 |
| — type meter | 熱電偶式測量器 | 熱電対型計器 | 热电偶式测量器 |
| **thermometamorphism** | 熱力變形作用 | 熱変成作用 | 热力变形作用 |
| **thermometer** | 溫度計 | 温度計 | 温度计 |
| **thermometric error** | 溫度計的誤差 | 温度測定誤差 | 温度计的误差 |
| — method | 溫度計法 | 温度計測法 | 温度计法 |
| — substance | 測溫物質 | 温度定点物質 | 测温物质 |
| **thermometry** | 溫度測量 | 温度測定法 | 温度测量 |
| **thermopaint** | 示溫塗料;測溫漆 | 示温塗料 | 示温涂料;测温漆 |
| **thermopair** | 熱電偶 | 熱電偶 | 热电偶 |
| **thermopaper** | 溫度記錄紙 | 示温紙 | 温度记录纸 |
| **thermopermalloy** | 鐵鎳合金 | サーモパーム合金 | 铁镍合金 |
| **thermoplastic** | 熱塑塑料 | 熱可塑性プラスチック | 热塑塑料 |
| — adhesive(s) | 熱塑性黏合劑 | 熱可塑性樹脂系接着剤 | 热塑性(树脂系)黏合剂 |
| — carbolic resin | 熱塑性石碳酸樹脂 | 熱可塑性石炭酸樹脂 | 热塑性石碳酸树脂 |
| closure | 熱塑性密封材料 | 熱可塑性クロージャー | 热塑性密封材料 |
| compound | 熱塑性材料的混合料 | 熱可塑性コンパウンド | 热塑性材料的混合料 |
| elastomer | 熱塑性彈性體 | 熱可塑性エラストマ | 热塑性弹性体 |
| equipment | 熱塑樹脂用的加工機械 | 熱可塑性樹脂用加工機 | 热塑树脂用的加工机械 |
| extruder | 熱塑樹脂用擠出機 | 熱可塑性樹脂用押出し機 | 热塑树脂用挤出机 |
| film | 熱塑料膜 | 熱可塑性フィルム | 热塑料膜 |

**T**

| 英　　文 | 臺　　灣 | 日　　文 | 大　　陸 |
|---|---|---|---|
| — material | 熱塑塑料 | 熱塑性物質 | 热塑塑料 |
| — polyester | 熱塑性聚酯 | 熱可塑性ポリエステル | 热塑性聚酯 |
| — polyurethane | 熱塑性聚氨酯 | 熱可塑性ウレタン | 热塑性聚氨酯 |
| — prepreg | 熱塑性浸料坯 | 熱可塑性プレプレグ | 热塑性浸料坯 |
| — resin | 熱塑性樹脂 | 熱塑性樹脂 | 热塑性树脂 |
| — resin adhesives | 熱塑性樹脂黏合劑 | 熱可塑性樹脂接着剤 | 热塑性树脂黏合剂 |
| — rubber | 熱塑性橡膠 | 熱可塑性ゴム | 热塑性橡胶 |
| — sheet | 熱塑性片材 | 熱可塑性シート材料 | 热塑性片材 |
| — synthetic resin | 熱塑性合成樹脂 | 熱可塑性合成樹脂 | 热塑性合成树脂 |
| — technology | 熱塑性樹脂技術 | 熱可塑性樹脂技術 | 热塑性树脂技术 |
| **thermoplasticity** | 熱塑性 | 熱可塑性 | 热塑性 |
| **thermoplastics** | 熱塑塑料 | 熱可塑性プラスチック | 热塑塑料 |
| **thermopolymerization** | 熱聚合 | 熱重合 | 热聚合 |
| **thermopren(e)** | 環化橡膠 | 環化ゴム | 环化橡胶 |
| **thermopyrometer** | 熱電偶高溫計 | 熱電対高温計 | 热电偶高温计 |
| **thermoquenching** | 熱浴淬火 | サーモクエンチ | 热浴淬火 |
| **thermoreduction** | 鋁熱（劑）法 | アルミレ熱法 | 铝热（剂）法 |
| **thermoregulator** | 溫度調節器 | 整温器 | 温度调节器 |
| **thermorunaway** | 熱失控；熱破壞；熱跑脫 | サーモランアウェイ | 热失控；热破坏 |
| **thermoscope** | 測溫器 | 測温器 | 测温器 |
| **thermoset** | 熱固（化）性 | 熱硬化性 | 热固（化）性 |
| — acrylics | 熱固性丙烯酸樹脂 | 熱硬化性アクリル酸樹脂 | 热固性丙烯酸树脂 |
| — compound | 熱固性（混合）材料 | 熱硬化性材料 | 热固性（混合）材料 |
| — extrusion | 熱擠塑性 | 熱硬化性樹脂の押出し | 热挤塑性 |
| — injection molding | 熱固性樹脂的注射成形 | 熱硬化性樹脂の射出成形 | 热固性树脂的注射成形 |
| — laminate | 熱固性樹脂層壓板 | 熱硬化積層板 | 热固性树脂层压板 |
| — material | 熱固性材料 | 熱硬化性材料 | 热固性材料 |
| — molding | 熱固塑料 | 熱硬化成形品 | 热固塑料 |
| — plastic(s) | 熱固性塑料製品 | 熱硬化プラスチック | 热固性塑料制品 |
| — resin | 熱固（性）樹脂 | 熱硬化性樹脂 | 热固（性）树脂 |
| — varnish | 熱固（性）油漆 | サーモセットワニス | 热固（性）油漆 |
| **thermosetting** | 熱固性；熱固 | 熱硬化性 | 热固性；热固 |
| — adhesive | 熱固性黏結劑 | 熱間硬化接着剤 | 热固性黏结剂 |
| — cement | 熱固性樹脂系黏合劑 | 熱硬化性樹脂系セメント | 热固性树脂系黏合剂 |
| — coating | 熱固性塗料 | 熱硬化性塗料 | 热固性涂料 |
| — lacquer | 熱固性漆 | 熱硬化性ラッカー | 热固性漆 |
| — phenolic material | 熱固性酚醛樹脂 | 熱硬化性フェノール材 | 热固性酚醛树脂 |
| — polymer | 熱固性聚合物 | 熱硬化性重合体 | 热固性聚合物 |
| — property | 熱固性 | 熱硬化性 | 热固性 |
| — resin adhesives | 熱固性樹脂黏結劑 | 熱硬化性樹脂接着剤 | 热固性树脂黏结剂 |

| 英　　文 | 臺　　灣 | 日　　文 | 大　　陸 |
|---|---|---|---|
| — synthetic resin | 熱固性合成樹脂 | 熱硬化性合成樹脂 | 热固性合成树脂 |
| **thermosizing** | 熱整形 | サーモサイジング | 热整形 |
| **thermosol** | 熱熔膠 | サーモゾル | 热溶胶 |
| — process | 熱熔膠法 | サーモゾル法 | 热溶胶法 |
| **thermospot system** | 熱點系統 | サーモスポットシステム | 热点系统 |
| **thermostability** | 熱穩定性 | 耐熱性 | 热稳定性 |
| **thermostat** | 溫度自動調節器 | 温度調節器 | 温度自动调节器 |
| — metal | 雙金屬 | サーモスタットメタル | 双金属 |
| — valve | 恒溫閥 | サーモスタットバルブ | 恒温器阀 |
| **thermostatic** bath | 恒溫槽〔浴〕 | 恒温槽 | 恒温槽〔浴〕 |
| — chamber | 恒溫室〔槽〕 | 恒温室 | 恒温室〔槽〕 |
| — control valve | 恒溫調節閥 | 温度調節弁 | 恒温调节阀 |
| — expansion valve | 恒溫自動膨脹閥 | 温度作動式自動膨張弁 | 恒温自动膨胀阀 |
| — liquid level control | 恒溫式液面控制 | 温度式液面制御 | 恒温式液面控制 |
| — metal | 恒溫器用金屬 | 定温装置に用いる金属 | 恒温器用金属 |
| — oven | 恒溫爐 | 恒温槽 | 恒温炉 |
| — regulating valve | 恒溫調節閥 | 温度式調整弁 | 恒温调节阀 |
| **thermostatics** | 熱靜力學 | 熱力学 | 热静力学 |
| **thermoswitch** | 溫度調節器 | サーモスイッチ | 温度调节器 |
| **thermotank** | 恒溫箱 | サーモタンク | 恒温箱 |
| **thermotropy** | 熱變性；熱互變 | 感熱互変 | 热变性；热互变 |
| **thermoweld** | 熱銲 | 熱溶接 | 热焊 |
| **thesis** | 論文；命題 | 学位論文 | 论文；命题 |
| **thick** | 粗的；厚的；厚度 | 厚 | 粗的；厚的；厚度 |
| — board | 厚板 | 厚肉板 | 厚板 |
| — curve beam | 粗彎曲樑 | 太い曲りはり | 粗弯曲梁 |
| — film element | 厚膜元件 | 厚膜素子 | 厚膜元件 |
| — film lubrication | 液體潤滑 | 液体潤滑 | 液体润滑 |
| — plate | 厚板 | 厚板 | 厚板 |
| — ring | 厚壁圓環 | 厚肉円輪 | 厚壁圆环 |
| — section | 厚型材 | 厚形材 | 厚型材 |
| — sheet iron | 厚鋼材 | 厚鋼板 | 厚钢材 |
| — steel plate | 厚鋼材 | 厚鋼板 | 厚钢材 |
| **thickening** | 濃縮；增稠劑 | 濃集 | 浓缩；增稠剂 |
| — agent | 增稠劑 | 濃縮剤 | 增稠剂 |
| material | 增稠劑 | シックナ | 增稠剂 |
| — rate | 增稠速度 | 濃縮速度 | 增稠速度 |
| — treatment | 濃縮處理 | 濃縮処理 | 浓缩处理 |
| **thickness** | 厚度；稠度 | 厚さ；濃さ | 厚度；稠度 |
| change | 厚度變化 | 厚さ変化 | 厚度变化 |

| 英 文 | 臺 灣 | 日 文 | 大 陸 |
|---|---|---|---|
| — control | 厚度控制 | 厚さ調節 | 厚度控制 |
| — deviation | 厚度偏差 | 偏肉 | 厚度偏差 |
| — distribution | 厚度分布 | 厚みの分布 | 厚度分布 |
| — gage | 厚度規;測厚規 | 厚さ計 | 厚度規;測厚規 |
| — indicator | 測厚計 | 厚み計 | 測厚计 |
| — loss | 厚度損失 | 厚み損失 | 厚度损失 |
| — measurement | 厚度測量 | 厚さ測定 | 厚度测量 |
| — meter | 厚度計;測厚儀 | 厚み計 | 厚度计;测厚仪 |
| — of paint film | 塗膜厚度 | 塗膜膜厚 | 涂膜厚度 |
| — of plating | 鍍膜厚度 | めっき厚さ | 镀膜厚度 |
| — of wall | 壁厚 | 壁厚 | 壁厚 |
| — planer | 自動單面鉋床 | 自動一面かんな盤 | 自动单面刨床 |
| — range | 厚度範圍 | 厚さの範囲 | 厚度范围 |
| — reduction | 板厚減少率 | 板厚減少率 | 板厚减少率 |
| — shear mode | 厚薄剪切振蕩模 | 厚み滑りモード | 厚薄剪切振荡模 |
| — shear vibration | 厚薄剪切振蕩 | 厚み滑り振動 | 厚薄剪切振荡 |
| — tester | 膜厚計;膜厚測定儀 | めっき厚さ測定機 | 膜厚计;膜厚测定仪 |
| — twist vibration | 厚薄扭轉振動 | 厚みねじり振動 | 厚薄扭转振动 |
| — vibration | 厚薄振動 | 厚み振動 | 厚薄振动 |
| — -width ratio | 厚寬比 | 厚さ幅比 | 厚宽比 |
| **thimble** | 襯套;軸襯 | 継ぎ輪 | 衬套;轴衬 |
| — connector | 套管接頭 | シンブルコネクタ | 套管接头 |
| — coupling | 套筒接合;套筒聯軸器 | はめ継ぎ手 | 套筒接合;套筒联轴器 |
| — joint | 套筒接合;套筒聯軸器 | はめ継ぎ手 | 套筒接合;套筒联轴器 |
| **thin** | 薄;細 | 希薄化 | 薄;细 |
| — circular cylinder | 薄壁圓筒 | 薄肉円筒 | 薄壁圆筒 |
| — coating | (薄)鍍層 | シンコーティング | (薄)镀层 |
| — curve beam | 細彎曲樑 | 細い曲りはり | 细弯曲梁 |
| — cylinder | 薄壁圓筒 | 薄肉円筒 | 薄壁圆筒 |
| — flame | 薄火焰;銲焰 | 薄火炎 | 薄火焰;焊焰 |
| — flat head rivet | 薄平頭鉚釘 | 薄平（頭）リベット | 薄平头铆钉 |
| — iron sheet | 薄鐵板 | 薄鉄板 | 薄铁板 |
| — metal sheet | 薄金屬板 | 薄板 | 薄金属板 |
| — nose plier | 扁嘴鉗 | シンノーズプライヤ | 扁嘴（克丝）钳 |
| — oil | 稀油 | シンオイル | 稀油 |
| — plank | 薄板 | 薄板 | 薄板 |
| — plate | 薄板 | 薄板 | 薄板 |
| — plate structure | 薄板結構 | 薄板構造 | 薄板结构 |
| — section | 薄板;金相磨片 | 薄形材 | 薄板;金相磨片 |
| — sheet | 薄板 | 薄板 | 薄板 |

| 英　　文 | 臺　　灣 | 日　　文 | 大　　陸 |
|---|---|---|---|
| — sheet iron | 薄鐵片 | 薄葉鉄 | 薄铁片 |
| — shell | 薄殼 | 薄肉シェル | 薄壳 |
| — slice | 薄片;薄切片 | 薄いスライス | 薄片;薄切片 |
| — steel | 薄鋼板 | 薄鋼板 | 薄钢板 |
| **thin-gage** film | 薄型薄膜 | 薄手フィルム | 薄型薄膜 |
| — sheet | 薄型片材 | 薄手シート | 薄型片材 |
| **think** | 考慮;判斷;認為 | 思考 | 考虑;判断;认为 |
| **thinned lubricant** | 稀釋的潤滑劑 | 希釈潤滑剤 | 稀释的润滑剂 |
| **thinner** | 稀料;稀釋劑 | 希釈剤；シンナ | 稀料;稀释剂 |
| **thinning** | 削去;磨去 | 薄くすること | 削去;磨去 |
| — limit(s) | 稀釋限度 | 希釈限度 | 稀释限度 |
| **thin-wall(ed)** container | 薄肉容器 | 薄肉容器 | 薄肉容器 |
| — cylinder | 薄壁圓筒 | 薄肉円筒 | 薄壁圆筒 |
| — rod | 薄壁桿 | 薄肉棒 | 薄壁杆 |
| — girder | 薄腹〔壁〕樑 | 薄肉ばり | 薄腹〔壁〕梁 |
| **thioacetal** | 硫縮醛 | チオアセタール | 硫缩醛 |
| **thiokol** | 聚硫橡膠 | チオコール | 聚硫橡胶 |
| — rubber | 聚硫橡膠;乙硫橡膠 | チオコールゴム | 聚硫橡胶;乙硫橡胶 |
| **thioplast** | 硫塑料 | チオ塑材 | 硫塑料 |
| **thiorubber** | 聚硫橡膠 | チオゴム | 聚硫橡胶 |
| **third** angle projection | 第三角投影 | 第三角投象 | 第三角投影 |
| — angle system | 第三角系 | 第三角法 | 第三角系 |
| — bend | 第三轉角 | 第三屈曲部 | 第三转角 |
| — hard tap | 三錐;精絲攻 | 三番タップ | 三锥;精丝锥 |
| — order triangulation | 三等三角測量 | 三等三角測量 | 三等三角测量 |
| — point loading | 三等分點負載 | 三等分点載荷 | 三等分点荷载 |
| — quadrant | 第三象限 | 第三象限 | 第三象限 |
| — sector | 第三象限 | 第三セクタ | 第三象限 |
| — speed | 第三檔;第三速 | 第三速度 | 第三档;第三速 |
| **Thomas** converter | 湯姆士轉爐 | 塩基性転炉 | 托马斯转炉 |
| — iron | 湯姆士鐵 | トーマス鉄 | 托马斯铁 |
| — meal | 湯姆士爐渣 | トーマス鋼さい粉 | 托马斯炉渣 |
| — metal | 湯姆士鋼渣 | トーマス鋼 | 托马斯钢渣 |
| — pig iron | 湯姆士鑄鐵 | トーマス銑 | 托马斯铸铁 |
| — process | 湯姆士法〔煉鋼〕 | トーマス法 | 托马斯法〔炼钢〕 |
| — slag | 湯姆士爐渣;鹼性轉爐渣 | トーマス鋼さい | 托马斯炉渣;咸性转炉渣 |
| — steel | 湯姆士鋼;鹼性轉爐鋼 | トーマス鋼 | 托马斯钢;咸性转炉钢 |
| **thorough burning** | 完全燃燒 | 完全燃焼 | 完全燃烧 |
| **thread** | 線;螺紋;細絲 | ねじ山 | 线;螺纹;细丝 |
| — angle | 螺紋角 | ねじ山の角度 | 螺纹角 |

| 英　　文 | 臺　　灣 | 日　　文 | 大　　陸 |
|---|---|---|---|
| — chasing attachment | 螺紋切削裝置 | ねじ切り装置 | 螺纹切削装置 |
| — chasing machine | 螺紋加工機 | ねじ切り盤 | 螺纹加工机 |
| — chasing torque | 切削螺紋扭矩 | ねじ切りトルク | 切削螺纹扭矩 |
| — comparator | 螺紋比較儀 | ねじコンパレータ | 螺纹比较仪 |
| — connection | 螺紋連接 | ねじ接続 | 螺纹连接 |
| — cutter | 螺紋刀具 | ねじ切りカッタ | 螺纹刀具 |
| — cutting | 螺紋切削 | ねじ切り | 螺纹切削 |
| — cutting dies | 板牙 | ねじ切りダイス | 板牙 |
| — cutting lathe | 螺紋車床 | ねじ切り旋盤 | 螺纹车床 |
| — cutting oil | 螺紋切削油 | ねじ切削油 | 螺纹切削油 |
| — depth | 螺紋深度 | ねじ深さ | 螺纹深度 |
| — detector | 螺紋檢驗儀 | スレッドデテクタ | 螺纹检验仪 |
| — diameter | 螺紋直徑 | ねじ部の径 | 螺纹直径 |
| — engagement | 螺紋嚙合 | ねじのかみ合い | 螺纹啮合 |
| — gage | 螺紋量規 | ねじ山ゲージ | 螺纹量规 |
| — grinder | 螺紋磨床 | ねじ研削盤 | 螺纹磨床 |
| — grinding machine | 螺紋磨床 | ねじ研削盤 | 螺纹磨床 |
| — groove | 螺紋槽 | ねじ溝 | 螺纹槽 |
| — height gage | 螺紋高度量規 | ねじ山高さゲージ | 螺纹高度量规 |
| — length | 螺紋長度 | 取付けねじ長さ | 螺纹长度 |
| — measuring three wires | 三線〔針〕螺紋測量 | ねじ測定用三針 | 三线〔针〕螺纹测量 |
| — micrometer | 螺紋分厘卡 | ねじマイクロメータ | 螺纹千分尺 |
| — miller | 螺紋銑床 | ねじフライス盤 | 螺纹铣床 |
| — milling | 銑削螺紋 | ねじフライス削り | 铣螺纹 |
| — milling cutter | 螺紋銑刀 | ねじ切りフライス | 螺纹铣刀 |
| — part | 螺紋部分 | ねじ部 | 螺纹部分 |
| — plug | 螺紋塞 | ねじ穴用プラグ | 螺纹塞 |
| — plug gage | 螺紋塞規 | ねじプラグゲージ | 螺纹塞规 |
| — profile | 螺紋牙形 | ねじ山の形 | 螺纹牙形 |
| — relief angle | 螺紋後隙角 | ねじ山の逃げ角 | 螺纹后角 |
| — ring gage | 螺紋環規 | ねじリングゲージ | 螺纹环规 |
| — roll head | 螺紋滾壓頭 | ねじ転造ヘッド | 螺纹滚压头 |
| — rolling | 搓絲;碾壓螺紋 | ねじ転造 | 搓丝;碾压螺纹 |
| — rolling dies | 滾絲模 | 転造ダイス | 滚丝模 |
| — rolling flat dies | 搓絲板 | ねじ転造平ダイス | 搓丝板 |
| — rolling head | 自動開合螺紋滾壓頭 | ねじ転造ヘッド | 自动开合螺纹滚压头 |
| — rolling machine | 滾絲機;螺紋滾壓機 | ねじ転造盤 | 滚丝机;螺纹滚压机 |
| — sawing machine | 線鋸床 | 糸のこ盤 | 线锯床 |
| — series | 螺紋系列 | ユニファイ並目ねじ | 螺纹系列 |
| — snap gage | 螺紋卡規 | ねじ挟みゲージ | 螺纹卡规 |

| 英　　文 | 臺　　灣 | 日　　文 | 大　　陸 |
|---|---|---|---|
| ─ steel | 條鋼;棒鋼 | 条鋼 | 条钢;棒钢 |
| ─ stock | 絲攻扳手 | ねじ切回し | 丝锥扳手 |
| ─ tolerance | 螺紋公差 | ねじ部の精度 | 螺纹公差 |
| ─ whirling attachment | 旋風切削螺桿裝置 | 旋回ねじ切り裝置 | 旋风切削丝杠装置 |
| **threaded** closure | 螺紋封閉 | ねじ込みクロージャ | 螺纹封闭 |
| ─ connection | 螺紋接合 | ねじ形継ぎ手 | 螺纹接合 |
| ─ coupling | 螺紋聯軸器 | ねじカップリング | 螺纹联轴器 |
| ─ fastener | 螺紋扣〔緊固〕件 | ねじ部品 | 螺纹扣〔紧固〕件 |
| ─ hole | 螺紋孔 | ねじ穴 | 螺纹孔 |
| ─ insert | 螺紋墊圈 | ねじ込みインサート | 螺纹垫圈 |
| ─ joint | 螺紋接合 | ねじ込み継ぎ手 | 螺纹接合 |
| ─ pipe fitting | 螺紋管接頭 | ねじ込み管継ぎ手 | 螺纹管接头 |
| ─ portion | 螺紋部分 | ねじ部 | 螺纹部分 |
| ─ shank reamer | 帶螺紋柄鉸刀 | ねじ付きシャンクリーマ | 带螺纹柄铰刀 |
| **threading** | 切削螺紋 | ねじ切り | 切削螺纹 |
| ─ chaser | 螺紋梳刀 | くし形バイト | 螺纹梳刀 |
| ─ machine | 螺紋車床;攻絲機 | ねじ立て盤 | 螺纹车床;攻丝机 |
| ─ tool | 螺紋車刀 | ねじ切りバイト | 螺纹车刀 |
| ─ tool gage | 螺紋車刀樣板 | ねじ切りバイトゲージ | 螺纹车刀样板 |
| **three** lead system | 三線接線法 | 三線式結線法 | 三线接线法 |
| ─ lobe bearing | 三圓弧軸承 | 三円弧軸受 | 三圆弧轴承 |
| ─ plates mold | 三板式模具 | 三枚組金型 | 三板式模具 |
| ─ speed gear | 三級變速裝置 | 三段変速裝置 | 三级变速装置 |
| **three-armed protractor** | 三角分度規 | 三脚分度器 | 三角分度规 |
| **three-axis** contouring | 立體輪廓設計 | 三次元輪郭削り | 立体轮廓设计 |
| ─ screw pump | 三軸螺旋泵 | 三軸スクリューポンフ | 三轴螺旋泵 |
| **three-axle bogie car** | 三軸轉向車 | 三軸ボギー車 | 三轴转向车 |
| **three-component test** | 三分力試驗 | 三分力試驗 | 三分力试验 |
| **three-cylinder pump** | 三缸(式)泵 | 三シリンダポンプ | 三缸(式)泵 |
| **three-dimensional** curve | 三維曲線 | 三次元曲線 | 三维曲线 |
| ─ cutting | 三維切削 | 三次元切削 | 三维切削 |
| ─ design | 三維設計 | 立体デザイン | 三维设计 |
| ─ drawing | 立體圖 | 立体図 | 立体图 |
| ─ effect | 三維效應 | 立体効果 | 三维效应 |
| ─ frame | 三維桁架 | 立体トラス | 三维桁架 |
| ─ hcat treatment | 形變熱處理 | 三次元熱処理 | 形变热处理 |
| ─ polycondensation | 體型縮聚 | 三次元重縮合 | 体型缩聚 |
| ─ shape | 三維形狀 | 三次元形状 | 三维形状 |
| ─ stress | 三維應力 | 三次元応力 | 三维应力 |
| ─ structure | 三維結構 | 三次元構造 | 三维结构 |

| 英　　文 | 臺　　灣 | 日　　文 | 大　　陸 |
|---|---|---|---|
| **three-fluted** drill | 三槽鑽頭 | 三つ溝ドリル | 三槽钻头 |
| — end mill | 三刃立銑刀 | 三枚刃エンドミル | 三刃立铣刀 |
| — tap | 三槽絲攻 | 溝タップ | 三槽丝锥 |
| **three-grooved drill** | 三槽鑽頭 | 三つ溝ドリル | 三槽钻头 |
| **three-head switch** | 三刀開關 | 三段スイッチ | 三刀开关 |
| **three-high** rolling mill | 三輥式軋機 | 三段圧延機 | 三辊式轧机 |
| — stand | 三輥式機座 | 三段スタンド | 三辊式机座 |
| **three-hinged triangle** | 三鉸三角形 | こう三角形 | 三铰三角形 |
| **three-piece mold** | 三開模 | 三個構成金型 | 三开模 |
| **three-plyriveting** | 三層鉚 | 三枚重ねリベット締め | 三层铆 |
| **three-point** | 三點調整 | **三点調整** | 三点调整 |
| — bending test | 三點彎曲試驗 | 押し曲げ試験 | 三点弯曲试验 |
| — contact ball bearing | 三點接觸滾珠軸承 | 三点接触玉軸受 | 三点接触球轴承 |
| — spring suspension | 三點彈簧懸置 | プラットホームばね | 三点弹簧悬置 |
| — support | 三點支承 | 三点支持 | 三点支承 |
| — suspension | 三點懸置 | 三点つり | 三点悬置 |
| **three-port slide valve** | 三口滑閥 | 三口滑り弁 | 三口滑阀 |
| **three-position** control | 三位控制 | 三位置制御 | 三位（置）控制 |
| — valve | 三位閥 | 三位置弁 | 三位阀 |
| **three-roll** bender | 三輥卷皮機 | スリーロールベンダ | 三辊卷皮机 |
| — expander | 三輥式展平裝置 | 三本ロールエキスパンダ | 三辊式展平装置 |
| — grinder | 三輥研磨機 | 三ロール研磨機 | 三辊研磨机 |
| — mill | 三輥滾軋機 | 三本ロール練り機 | 三辊滚轧机 |
| **three-sided file** | 三邊〔面〕銼 | 三角やすり | 三边〔面〕锉 |
| **three-square file** | 三角銼 | 三角やすり | 三角锉 |
| **three-stage** pump | 三級泵 | 三段式ポンプ | 三级泵 |
| — servovalve | 三級伺服閥 | 三段形サーボ弁 | 三级伺服阀 |
| **three-start screw** | 三頭螺紋 | 三重ねじ | 三头螺纹 |
| **three-throw** crank pump | 三連曲柄泵 | 三連クランクポンプ | 三连曲柄泵 |
| — crank shaft | 三連曲軸 | 三連クランク軸 | 三连曲轴 |
| — pump | 三衝程泵 | 三連クランクポンプ | 三冲程泵 |
| **three-view drawing** | 三視圖 | 三面図 | 三面图 |
| **three-way** cock | 三通旋塞 | 三方コック | 三通旋塞 |
| — union | 三通管由任 | 三方ユニオン | 三通管接头 |
| — valve | 三通閥 | 三方弁 | 三通阀 |
| **thresh** | 劇烈擺動 | スレッシュ | 剧烈摆动 |
| **threshold** | 限度；範圍 | 域値 | 限度；范围 |
| — adjustment | 臨界調整 | 域値調整 | 临界调整 |
| — element | 臨界值元件 | しきい値素子 | 临界值元件 |
| — friction | 臨界摩擦力 | 際限摩擦力 | 临界摩擦力 |

| 英　　文 | 臺　　灣 | 日　　文 | 大　　陸 |
|---|---|---|---|
| — function | 臨界值函數 | しきい関数 | 临界值函数 |
| — gate | 臨界值元件 | しきい値ゲート | 临界值元件 |
| — of cognition | 脫模坡度 | 抜けこう配 | 脱模坡度 |
| — stress | 臨界應力 | 限界応力 | 临界应力 |
| — value | 臨界值 | 限界値 | 临界值 |
| — velocity | 臨界速度;極限速度 | 限界速度 | 临界速度;极限速度 |
| **throat** | (高爐)爐喉;(銲縫)喉部 | のど部 | (高炉)炉喉;(焊缝)喉部 |
| — bushing | 軸頸(襯)套 | ネックブッシュ | 轴颈(衬)套 |
| — depth | (填角銲縫的)喉部厚度 | のど厚さ | (角焊缝的)喉部厚度 |
| — diameter | 喉部直徑 | のどの直径 | 喉部直径 |
| — opening | (電阻銲機的)懸臂間距 | ふところ間隔 | (电阻焊机的)悬臂间距 |
| — plate | 喉板 | のど板 | 喉板 |
| — platform | 裝料平台;爐頂平台 | 装入床 | 装料平台;炉顶平台 |
| — pressure | 臨界截面壓力 | のど圧力 | 临界截面压力 |
| — section area | 臨界截面積 | のど断面積 | 临界截面积 |
| — thickness | 銲縫厚度 | のど厚 | 焊缝厚度 |
| **throttle** | 調節閥;操縱閥 | 絞り弁 | 调节阀;操纵阀 |
| — body | 節流閥體 | 出口胴体 | 节流阀体 |
| — bush | 節流閥襯套 | スロットルブッシュ | 节流阀衬套 |
| — butterfly | 節流蝶形閥 | 絞り弁 | 节流蝶形阀 |
| — button | 節流閥按鈕 | スロットルボタン | 节流阀按钮 |
| — control unit | 節流控制裝置 | 絞り調整装置 | 节流控制装置 |
| — cracker | 節流閥自動調整機構 | スロットルクラッカ | 节流阀自动调整机构 |
| — diameter | 節流(閥)活門直徑 | 気化器口径 | 节流(阀)活门直径 |
| — governing | 節流調速 | 絞り調速 | 节流调速 |
| — governor | 節流調速器 | 絞り調速機 | 节流调速器 |
| — grip | 節流閥手柄 | スロットルグリップ | 节流阀手柄 |
| — lever | 節流桿 | 絞り弁取手 | 节流杆 |
| — link | 節氣聯桿 | スロットルリンク | 节气联杆 |
| — mechanisms | 節流裝置〔機構〕 | 絞り機構 | 节流装置〔机构〕 |
| — nozzle | 節流噴嘴 | 絞りノズル | 节流喷嘴 |
| — plate | 節流板 | 絞り板 | 节流板 |
| — plunger | 節流閥柱塞 | スロットルプランジャ | 节流阀柱塞 |
| — safety valve | 節流安全閥 | 絞り安全バルブ | 节流安全阀 |
| — slide valve | 節流滑閥 | スロットル滑り弁 | 节流滑阀 |
| — stop screw | 節流閥止動螺釘 | アイドリング調速ねじ | 节流阀止动螺钉 |
| — switch | 節流閥開關 | スロットルスイッチ | 节流阀开关 |
| — valve | 節流閥 | 絞り弁 | 节流阀 |
| **throttled nut** | 調節的螺母 | 溝付きナット | 调节的螺母 |
| **throttling** | 節流 | 絞り | 节流 |

T

| 英　　　文 | 臺　　　灣 | 日　　　文 | 大　　　陸 |
|---|---|---|---|
| — effect | 節流作用 | 絞り作用 | 节流作用 |
| — governor | 節流調速器 | 絞り調速機 | 节流调速器 |
| — port | 節流閥；節氣門 | 蒸気取入れ口 | 节流阀；节气门 |
| — range | 調節範圍 | 絞り範囲 | 调节范围 |
| — valve | 節流閥；減壓〔速〕閥 | 絞り弁 | 节流阀；减压〔速〕阀 |
| **through** | 通過；貫穿；直通 | 通過；貫通 | 通过；贯穿；直通 |
| — beam | 連續樑 | 全通ビーム | 连续梁 |
| — bolt | 貫穿螺栓 | 通しボルト | 贯穿螺栓 |
| — bolt coupling | 貫穿螺栓聯軸節 | 通しボルト継ぎ手 | 贯穿螺栓联轴节 |
| — bore | 穿孔；鑽孔 | 通し孔 | 穿孔；钻孔 |
| — bracket | 貫通肘板 | 貫通ブラケット | 贯通肘板 |
| — carburizing | 完全滲碳 | 完全しん炭 | 完全渗碳 |
| — characteristic | 穿透特性 | 貫通特性 | 穿透特性 |
| — feed | 貫穿進給 | 通し送り | 贯穿进给 |
| — feed grinding | 貫穿進給磨削 | 通し送り研削 | 贯穿进给磨削 |
| — feed rolling | 貫穿進給滾軋 | 通し転造 | 贯穿进给滚轧 |
| — gage | 過端量規 | スルーゲージ | 过端量规 |
| — grinder | 下承樑 | 下路げた | 下承梁 |
| — hardening | 淬透；透心淬火 | 無心焼入れ | 淬透；透心淬火 |
| — pin | 貫穿引線；穿孔銷 | スルーピン | 贯穿引线；穿孔销 |
| — plate | 貫穿板；連續板 | 貫通板 | 贯穿板；连续板 |
| — reamer | 長鉸刀 | スルーリーマ | 长铰刀 |
| — reaming | 鉸通孔 | スルーリーマ作業 | 铰通孔 |
| — transmission method | 穿透法（探傷） | 透過法 | 穿透法（探伤） |
| — type insert | 貫通型插入物 | 貫通型インサート | 贯通型插入物 |
| — view | 透視 | 透視 | 透视 |
| **through-flow boiler** | 直流鍋爐 | 貫流ボイラ | 直流锅炉 |
| **through-hole** | 通孔 | 通り穴 | 通孔 |
| — plating | 通孔電鍍 | スルホールめっき | 通孔电镀 |
| — soldering | 通孔銲接 | スルーホールハンダ | 通孔焊接 |
| **throwaway** | 捨棄式刀片；廢品 | 即時交換 | 不磨刃刀片；废品 |
| — bite | 捨棄式車刀 | スローアウェイバイト | 不重磨车刀 |
| — chip | 捨棄式刀片 | スローアウェイチップ | 不重磨刀片 |
| — cutter | 捨棄式銑刀 | スローアウェイカッタ | 不重磨铣刀 |
| — drill | 捨棄式鑽頭 | スローアウェイドリル | 不重磨钻头 |
| — hob | 捨棄式滾刀 | スローアウェイホブ | 不重磨滚刀 |
| — item | 捨棄式商品 | 使い捨て商品 | 一次性使用商品 |
| — tip | 多刃刀片 | スローアウェイチップ | 多刃刀片 |
| — tool | 捨棄式刀具 | スローアウェイ工具 | 不重磨刀具 |
| — unit | 捨棄式元件；易損件 | 使い捨て装置 | 一次性部件；易损件 |

| 英　　文 | 臺　　灣 | 日　　文 | 大　　陸 |
|---|---|---|---|
| throwback | 後傾 | 後傾 | 后倾 |
| thrower | 投擲器；抛油環；甩油環 | スロワ | 投掷器；抛油环；甩油环 |
| throw-in | 接入；接通 | 投げ入れ | 接入；接通 |
| throwing | 轉換；變換；飛濺 | 転換 | 转换；变换；飞溅 |
| — power | （電鍍液的）分散能力 | 分布能 | （电镀液的）分散能力 |
| — power test | 電沉積均勻性試驗 | 均一電着性試験 | 电沉积均匀性试验 |
| thrown solder | 脫銲；銲料飛散 | スローンソルダ | 脱焊；焊料飞散 |
| throw-off | 斷齊；滾筒脫開 | 胴逃がし | 断齐；滚筒脱开 |
| throw-out | 斷開；投出 | 投げ捨て | 断开；投出 |
| — bearing | 分離軸承 | スローアウトベアリング | 分离轴承 |
| — cam | 脫開凸輪 | スローアウトカム | 脱开凸轮 |
| throw-over | 切換；轉換；換向〔速〕 | スローオーバ | 切换；转换；换向〔速〕 |
| thruput | 吞吐量 | スループット | 吞吐量 |
| thrust | 止推；推力 | 推力 | 推力 |
| — augmentation | 推力增強 | 推力増強 | 推力增强 |
| — balance | 推力天平 | スラスト天びん | 推力天平 |
| — ball bearing | 止推滾珠軸承 | 駆動軸スラスト玉軸受 | 推力球轴承 |
| — bearing | 止推軸承 | スラスト軸受 | 推力轴承 |
| — block seat | 止推軸承座 | スラスト受け台 | 推力轴承座 |
| — box | 止推軸承箱 | スラストボックス | 推力轴承箱 |
| — brake | 止推制動裝置 | スラストブレーキ | 推力制动装置 |
| — bush | 止推襯套〔套管〕 | スラストブッシュ | 推力衬套〔套管〕 |
| — coefficient | 推力常數 | スラスト定数 | 推力常数 |
| — collar | 推力擋邊；止推環 | スラストつば | 推力挡边；止推环 |
| — collar bearing | 環形止推軸承 | スラストつば軸受 | 环形推力轴承 |
| — constant | 推力常數 | スラスト定数 | 推力常数 |
| — correction factor | 推力修正因數 | 推力修正係数 | 推力修正因数 |
| — cutoff | 發動機停車 | 推力遮断 | 发动机停车 |
| — deduction coefficient | 推力減額係數 | スラスト減少係数 | 推力减额系数 |
| — deduction fraction | 推力減額分數 | スラスト減少係数 | 推力减额分数 |
| — dynamometer | 推力儀 | スラスト計 | 推力仪 |
| — face | 推力面 | 背面 | 推力面 |
| — factor | 推力係數；軸向力係數 | スラスト係数 | 推力系数；轴向力系数 |
| — failure trip test | 推力故障解脫試驗 | スラストトリップ試験 | 推力故障解脱试验 |
| — friction | 推進摩擦 | スラスト摩擦 | 推进摩擦 |
| — horse power | 推力功率；推馬力 | スラスト馬力 | 推力功率；推马力 |
| — housing | 止推套 | スラストハウジング | 止推套 |
| — identity method | 等推力法 | スラスト一致法 | 等推力法 |
| — index | 推力指數 | スラスト指数 | 推力指数 |
| — journal | 止推軸頸 | スラストジャーナル | 推力轴颈 |

| 英　　文 | 臺　　灣 | 日　　文 | 大　　陸 |
|---|---|---|---|
| — line | 推力線;壓力線 | 圧力線 | 推力线;压力线 |
| — load | 推力負載;軸向負載 | スラスト荷重 | 推力载荷;轴向负载 |
| — load coefficient | 推力負載係數 | スラスト負荷係数 | 推力载荷系数 |
| — loading | 推力負載 | 推力荷重 | 推力载荷 |
| — mass ratio | 推力質量比 | スラスト質量比 | 推力质量比 |
| — meter | 推力計;推力儀 | スラスト計 | 推力计;推力仪 |
| — needle roller bearing | 止推滾針軸承 | スラスト針状ころ軸受 | 推力滚针轴承 |
| — output | 推力輸出量 | スラスト出力 | 推力输出量 |
| — pad | 止推塊 | スラスト受け | 推力块 |
| — per unit frontal area | 單位正面積推力 | 正面々積当たりの推力 | 单位正面积推力 |
| — pick-up | 推力感測器 | 推力検出器 | 推力传感器 |
| — pin | 止推銷;頂桿 | スラストピン | 推力销;顶杆 |
| — plate | 止推板 | スラスト板 | 止推板 |
| — power | 推力功率;推馬力 | スラストパワー | 推力功率;推马力 |
| — reverser | 反推力器;制動推力器 | 逆推力装置 | 反推力器;制动推力器 |
| — ring | 活塞氣環;止推環 | 圧力リング | 活塞气环;止推环 |
| — roller bearing | 滾柱止推軸承 | スラストころ軸受 | 滚柱推力轴承 |
| — rotor | 推力轉子 | スラストロータ | 推力转子 |
| — shaft | 止推軸 | スラスト軸 | 止推轴 |
| — shoe | 止推靴 | スラストシュー | 止推瓦 |
| — sleeve | 推力襯套 | スラストスリーブ | 推力衬套 |
| — slide bearing | 推力滑動軸承 | スラスト滑り軸受 | 推力滑动轴承 |
| — spindle | 推力軸;止推軸 | スラストスピンドル | 推力轴;止推轴 |
| — spoiling | 推力消除 | 推力減殺 | 推力消除 |
| — temperature | 推進溫度 | スラスト温度 | 推进温度 |
| — -to-weight ratio | 推力重量比 | 推力重量比 | 推力重量比 |
| — vector control | 推力向量控制 | 推力ベクトル制御 | 推力矢量控制 |
| — washer | 止推墊圈 | スラストワッシャ | 止推垫圈 |
| — weight ratio | 推力重量比 | スラスト重量比 | 推(力)重(量)比 |
| **thruster** | 推進器;頂推裝置 | 押上げ機 | 推进器;顶推装置 |
| **thuenite** | 鈦鐵礦 | チタン鉄鉱 | 钛铁矿 |
| **thumb** fit | 輕推配合 | サムフィット | 轻推配合 |
| — latch | 插銷 | 押し錠 | 插销 |
| — marked fracture | 回紋斷口 | ちじれ破面 | 回纹断口 |
| — nail crack | 指甲形裂紋 | 親指の爪割れ | 指甲形裂纹 |
| — nut | 蝶形螺母;翼形螺帽 | つまみナット | 蝶形螺母 |
| — push fit | 輕推配合 | サムプッシュフィット | 轻推配合 |
| — rotary switch | 拇指旋轉開關 | サムロータリスイッチ | 拇指旋转开关 |
| — screw | 蝶形螺釘;翼形螺釘 | つまみねじ | 蝶形螺钉 |
| — wheel switch | 指旋開關 | サムホイールスイッチ | 指旋开关 |

| 英　　文 | 臺　　灣 | 日　　文 | 大　　陸 |
|---|---|---|---|
| **thumb-pressure can** | 指壓注油器 | 指圧注油缶 | 指压注油器 |
| **thunder stroke** | 電擊 | 雷擊 | 电击 |
| **thuriting** | 淬火-回火熱處理法 | サーライティング | 淬火-回火热处理法 |
| **thyratron** | 閘流管〔體〕 | サイラトロン | 闸流管 |
| **thyristor** | 矽控整流器 | サイリスタ | 硅可控整流器 |
| — contactor | 矽控控制器 | サイリスタコンタクタ | 可控硅控制器 |
| — converter equipment | 閘流體轉換裝置 | サイリスタ変換装置 | 闸流管转换装置 |
| — inverter | 矽控變頻器 | サイリスタインバータ | 可控硅变频器 |
| — stack | 矽控整流堆 | サイリスタスタック | 可控硅整流堆 |
| **thyrite** | 碳化矽陶瓷材料 | サイライト | 碳化硅陶瓷材料 |
| **Thysen-Emmel** | 埃米爾高級鑄鐵 | チッセンエンメル | 埃米尔高级铸铁 |
| **ticker** | 振動子 | チッカ | 振动子 |
| **tickler spring** | 反饋彈簧 | チックラばね | 反馈弹簧 |
| **tie** | 聯接線;拉桿 | まくら木 | 联接线;拉杆 |
| — angle | 角鐵(式)繫桿 | 控え山形材 | 角铁(式)系杆 |
| — coat | 過渡(塗)層 | タイコート | 过渡(涂)层 |
| — gum | 拉桿橡膠 | タイゴム | 拉杆橡胶 |
| — hoop | 帶狀鐵〔鋼〕箍 | 帯鉄筋 | 带状铁〔钢〕箍 |
| — piece | 拉筋;拉桿 | 捨桟 | 拉筋;拉杆 |
| — plate | 墊板;繫桿 | 敷板 | 垫板;系杆 |
| — plate beam | 格構板樑 | はしごばり | 格构板梁 |
| — point | 連接點 | 連けい点 | 连接点 |
| **tie-beam** | 繫樑 | タイビーム | 系梁 |
| **tie-bolt** | 繫緊螺栓 | タイボルト | 系紧螺栓 |
| **tie-rod** | 繫桿;聯結鋼筋 | タイバー | 系杆;联结钢筋 |
| — ball end | 轉向橫拉桿球鉸接頭 | タイロッドボールエンド | 转向横拉杆球铰接头 |
| — ball stud | 繫桿球端螺柱 | 控え棒ボールスタッド | 系杆球端螺柱 |
| — end | 轉向橫拉桿球鉸接頭 | タイロッドエンド | 转向横拉杆球铰接头 |
| — nut | 轉向橫拉桿螺母 | タイロッドナット | 转向横拉杆螺母 |
| — of bedplate | 座板繫桿 | 床板控え棒 | 座板系杆 |
| — pin | 轉向橫拉桿球頭銷 | タイロッドピン | 转向横拉杆球头销 |
| — press | 螺桿拉緊沖床 | タイロッドプレス | 螺杆拉紧压力机 |
| — socket | 繫桿座 | タイロッドソケット | 系杆座 |
| **tie-strut** | 抗壓拉構件 | タイストラット | 抗压拉构件 |
| **TIG arc cutting** | TIG電弧切割 | チグ切断 | TIG电弧切割 |
| **TIG arc welding** | TIG電弧銲 | チグ溶接 | TIG电弧焊 |
| **TIG cutting** | TIG電弧切割 | チグ切断 | TIG电弧切割 |
| **tiger dowel** | 齒形暗銷 | とらジベル | 齿形暗销 |
| **tight coupler** | 緊密連接器 | 密着連結器 | 紧密连接器 |
| — coupling | 緊耦合;密封聯接 | 密結合 | 紧耦合;密封联接 |

| 英　　文 | 臺　　灣 | 日　　文 | 大　　陸 |
|---|---|---|---|
| — fit | 過盈配合 | 締りばめ | 过盈配合 |
| — junction | 緊密連接 | 密着結合 | 紧密连接 |
| — lock coupler | 緊鎖式聯接器 | 密着連結器 | 紧锁式联接器 |
| — packing | 迫緊 | 密充てん | 密封；填密 |
| — pulley | 固定輪；固定皮帶輪 | 取付けベルト車 | 固定轮；固定皮带轮 |
| — seal | 密封 | 密封 | 密封 |
| — side | 受拉區；張緊邊 | タイトサイド | 受拉区；张紧边 |
| — weld | 密封銲接 | 耐密溶接 | 密封焊接 |
| **tightener** | 張緊裝置；張緊輪 | タイトナ | 张紧装置；张紧轮 |
| **tightening** flap | 密封用襯墊 | タイトニングフラップ | 密封用衬垫 |
| — force | 拉緊力 | 締付け力 | 拉紧力 |
| — key | 銷緊鍵；斜扁銷 | 締めキー | 销紧键；斜扁销 |
| — order | 緊固順序 | タイトニングオーダ | 紧固顺序 |
| — pulley | （皮帶）張緊輪 | 張り車 | （皮带）张紧轮 |
| **tightness** | 緊密度；不穿透性 | なじみ | 紧密度；不穿透性 |
| **tilt** | 傾角；傾斜；斜度 | 傾斜 | 倾角；倾斜；斜度 |
| — adjustment | 傾斜調整 | あおり調整 | 倾斜调整 |
| — angle | 傾（斜）角 | ティルト角 | 倾（斜）角 |
| — boundary | 傾斜界面 | 傾角粒界 | 倾斜界面 |
| — bracket | 斜置托架 | ティルトブラケット | 斜置托架 |
| — cylinder | 擺動液壓缸；擺動氣缸 | ティルトシリンダ | 摆动液压缸；摆动气缸 |
| — gage | 傾斜檢查器 | ティルトゲージ | 倾斜检查器 |
| — hammer | 落錘；杵錘 | はねハンマ | 落锤；杵锤 |
| — head press | 斜頭式壓機 | 傾頭式プレス | 斜头式压机 |
| — lever | 傾斜桿 | ティルトレバー | 倾斜杆 |
| — lock valve | 升降鎖緊閥 | ティルトロックバルブ | 升降锁紧阀 |
| **tilting** angle | 傾斜角 | マスト傾斜角 | 倾斜角 |
| — index circular table | 傾斜式分度圓工作台 | 傾斜割出し円テーブル | 倾斜式分度圆工作台 |
| — lever | 傾斜桿；斜度調整桿 | 傾注用取手 | 倾斜杆；斜度调整杆 |
| — open hearth furnace | 傾動式爐；擺動式爐 | 傾注式炉 | 倾动式炉；摆动式炉 |
| — rotary table | 傾斜工作台 | 傾斜テーブル | 倾斜工作台 |
| — socket | 傾斜座（套） | キップシャフト | 倾斜座（套） |
| — steering column | 傾斜式轉向柱 | 傾斜式かじ取り柱 | 倾斜式转向柱 |
| — tube | 傾斜管；斜管 | 傾斜管 | 倾斜管；斜管 |
| **tilt(o)meter** | 測斜器；傾斜（度測量）儀 | ティルトメータ | 测斜器；倾斜（度测量）仪 |
| **Timang** | 一種高錳鋼 | チマング | 蒂曼格高锰钢 |
| **timber** construction | 木結構 | 木構造 | 木结构 |
| — framed construction | 木骨造；木架結構 | 木骨造 | 木骨造；木架结构 |
| — framing | 木骨架；橫構件 | 木材結構 | 木骨架；横构件 |
| — truss | 木桁架 | 木造トラス | 木桁架 |

| 英　　文 | 臺　　灣 | 日　　文 | 大　　陸 |
|---|---|---|---|
| **timbering** | 支撐；木結構 | 支保工；木組 | 支撑；木结构 |
| — with rafter arch sets | 人字形支撐〔架〕 | 合掌式支保工 | 人字形支撑〔架〕 |
| **time adaptation** | 時間適應〔配合〕 | 時間適応 | 时间适应〔配合〕 |
| — adjusted average | 時間修正平均值 | 時間調整平均 | 时间修正平均值 |
| — adjusting device | 定時裝置 | 時限裝置 | 定时装置 |
| — allocation | 時間分配 | 時間割付け | 时间分配 |
| — allowance | 時間容許誤差；時間裕度 | 余裕時間 | 时间容许误差；时间裕度 |
| — availability | 平均利用率 | 平均利用率 | 平均利用率 |
| — between failure | 故障間隔（時間） | 故障間隔 | 故障间隔（时间） |
| — between overhaul | 檢修間隔 | オーバホール間隔 | 检修间隔 |
| — bias | 時間偏置 | 時間バイアス | 时间偏置 |
| — chart | 時間圖 | 時間チャート | 时间图 |
| — check | 時間照查；時間校正 | 時間照査 | 时间照查；时间校正 |
| — clock | 定時時鐘 | 時間クロック | 定时时钟 |
| — constant | 時間常數 | 時定數 | 时间常数 |
| — contour map | 等時間線圖；等時線圖 | 等時間線図 | 等时间线图；等时线图 |
| — controller | 自動定時裝置 | 自動定時裝置 | 自动定时装置 |
| — corrosion curve | 時間-腐蝕曲線 | 時間-腐食曲線 | 时间-腐蚀曲线 |
| — counter | 計時器 | タイムカウンタ | 计时器 |
| — criticality | 時間臨界性 | 時間クリティカリティ | 时间临界性 |
| — cut-out | 定時斷路器；時控斷路 | タイムカットアウト | 定时断路器；时控断路 |
| — cycle | 時間周期〔循環〕 | 時間サイクル | 时间周期〔循环〕 |
| — cycle controller | 時間循環控制器 | 時間循環制御器 | 时间循环控制器 |
| — cycle selector | 時間周期選擇器 | タイムサイクルセレクタ | 时间周期选择器 |
| — dependence | 隨時間的變化特性 | 時間依存性 | 随时间的变化特性 |
| — diagram | 時間圖 | 時間図 | 时间图 |
| — discharge curve | 時間-流量曲線 | 時間放流量曲線 | 时间-流量曲线 |
| — distance | 時間距離；時距 | 時間距離 | 时间距离；时距 |
| — dividing | 時（間割）分 | 時分割 | 时（间划）分 |
| — division multiplexer | 分時多工器 | 時分割多重裝置 | 时分多路转换装置 |
| — effect | 時間效應 | 時間効果 | 时间效应 |
| — efficiency | 運轉率；稼動率；開機率 | 運転率 | 运转率；稼动率；开机率 |
| — element | 限時元件；延時元件 | 時限要素 | 限时元件；延时元件 |
| — element relay | 時素繼電器；延時繼電器 | 時素継電器 | 时素继电器；延时继电器 |
| — estimation | 時間估算〔計〕 | 時間見積り | 时间估算〔计〕 |
| — expand | 時間延長；延時 | タイムエキスパンド | 时间延长；延时 |
| — factor | 時間係數；時間因數 | 時間係数 | 时间系数；时间因数 |
| — formula | 時間公式 | 時間公式 | 时间公式 |
| — increment | 時間增量 | 時間増分 | 时间增量 |
| — integral | 時間積分 | 時間積分 | 时间积分 |

| 英　　文 | 臺　　灣 | 日　　文 | 大　　陸 |
|---|---|---|---|
| — loss | 時間損耗 | タイムロス | 时间损耗 |
| — meter | 計時器 | 時間計 | 计时器 |
| — of cure | 固化時間 | 硬化時間 | 固化时间 |
| — of recovery | 復原時間 | 回復時間 | 复原时间 |
| — of revolution | 轉動時間 | 回転時間 | 转动时间 |
| — of rotation | 轉動時間 | 回転時間 | 转动时间 |
| — of storage | 貯藏時間 | 貯積時間 | 贮藏时间 |
| — of stressing | 加載時間 | 荷重時間 | 加载时间 |
| — optimal behavior | 時間最佳行為 | 時間-最適挙動 | 时间最优行为 |
| — optimal control | 時間最佳控制 | 時間-最適制御 | 时间最优控制 |
| — optimal stabilization | 時間最佳的穩定化 | 時間-最適安定化 | 时间最优的稳定化 |
| — over | 超時 | タイムオーバ | 超时 |
| — per point | 每(記錄)點間隔時間 | 点間隔時間 | 每(记录)点间隔时间 |
| — quenching | 限時淬火 | 時間焼入れ | 限时淬火 |
| — relay | 時間繼電器 | 定時継電器 | 时间继电器 |
| — series analysis | 時序分析 | 時系列分析 | 时序分析 |
| — series data | 時序數據 | 時系列データ | 时序数据 |
| — series model | 時序模型 | 時系列モデル | 时序模型 |
| — slot | 時間間隙 | 時間スロット | 时间间隙 |
| — -space diagram | 時距圖 | 時間距離図 | 时距图 |
| — stress model | 時間應力模型 | 時間ストレスモデル | 时间应力模型 |
| — switch | 計時開關;定時開關 | 定時開閉器 | 计时开关;定时开关 |
| — -to-fail | 損壞時間 | 破損時間 | 损坏时间 |
| — -to-gel | 膠凝(化)時間 | ゲル化時間 | 胶凝(化)时间 |
| — -to-wear-out | 磨損時間 | 摩耗時点 | 磨损时间 |
| **time-base** | 時基;時間軸 | 時間軸 | 时基;时间轴 |
| **timed** injection system | 定時噴射系統 | 定時噴射方式 | 定时喷射系统 |
| — two position control | 平均雙位控制 | 平均二位置制御 | 平均双位控制 |
| — valve | 定時網 | タイムド弁 | 定时网 |
| **time-delay** circuit | 延時電路 | タイムディレイ回路 | 延时电路 |
| — contact | 延時接點 | 限時接点 | 延时接点 |
| — control | 延時控制 | 限時制御 | 延时控制 |
| — device | 延時裝置〔器〕 | 遅延装置 | 延时装置〔器〕 |
| — element | 延時元件 | 時間遅れ要素 | 延时元件 |
| — relay | 延時繼電器;緩動繼電器 | 遅延継電器 | 延时继电器;缓动继电器 |
| — sensitivity | 延時靈敏度 | 時間遅れ感度 | 延时灵敏度 |
| — system | 延時系統 | 時間遅れシステム | 延时系统 |
| — valve | 延時閥 | 遅延弁 | 延时阀 |
| **time-dependent** effect | 對時間的依賴效果 | 時間依存効果 | 对时间的依赖效果 |
| — failure rate | 時間相關的障率 | 時間従属故障率 | 时间相关的障率 |

| 英　　文 | 臺　　灣 | 日　　文 | 大　　陸 |
|---|---|---|---|
| — property | 與時間相關的特性 | 時間依存特性 | 与时间相关的特性 |
| — reliability | 時間相關的可靠性 | 時間依存信頼性 | 时间相关的可靠性 |
| — system | 時間相關系統 | 時間依存システム | 时间相关系统 |
| **time-lag** action | 延時動作 | 遅延動作 | 延时动作 |
| — control | 時滯控制 | 時間遅れ制御 | 时滞控制 |
| — fuse | 延時保險絲 | 遅延ヒューズ | 延时保险丝 |
| — of spark | 火花的延時 | 火花の遅れ | 火花的延时 |
| — relay | 延時繼電器 | 遅動継電器 | 延时继电器 |
| — vibration | 延時振動 | 時間遅れ振動 | 延时振动 |
| **time-limit** | 時(間極)限 | 時限 | 时(间极)限 |
| — circuit | 限時電路 | 限時回路 | 限时电路 |
| — measurement | 限時測量 | 時限測定 | 限时测量 |
| — method | 時限法 | 時限法 | 时限法 |
| — push button switch | 限時按鈕開關 | 限時押しボタンスイッチ | 限时按钮开关 |
| — relay | 延時繼電器 | 限時継電器 | 延时继电器 |
| — system | 時限方式 | 限時方式 | 时限方式 |
| — transfer system | 限時轉換方式 | 限時切換え方式 | 限时转换方式 |
| **timer** control routine | 定時控制程序 | タイマ制御ルーチン | 定时控制程序 |
| — equipment | 定時裝置 | タイマ装置 | 定时装置 |
| — set | 定時裝置 | タイマセット | 定时装置 |
| — start button | 定時器啓動按鈕 | タイマスタートボタン | 定时器启动按钮 |
| **time-sharing** control | 分時控制 | 時分割制御 | 分时控制 |
| — processing | 分時處理 | タイムシェアリング処理 | 分时处理 |
| — skill | 分時技術 | 時分割スキル | 分时技术 |
| — system | 分時系統 | 時分割処理システム | 分时系统 |
| **time-yield** | 時間降伏;短期潛變試驗 | 時間降伏 | 时间屈服;短期蠕变试验 |
| **timing** | 測時;限時;定時;計時 | 時間限定 | 测时;限时;定时;计时 |
| — belt | 牙輪皮帶;同步皮帶 | タイミングベルト | 牙轮皮带;同步皮带 |
| — cam | 定(整)時凸輪 | 断続器カム | 定(整)时凸轮 |
| — counter | 計時器 | タイミングカウンタ | 计时器 |
| — device | 定時裝置 | 時限装置 | 定时装置 |
| — element | 延時元件 | 時限素子 | 延时元件 |
| — gear | 定時齒輪 | 調時歯車 | 定时齿轮 |
| — mechanism | 定時裝置 | 時限装置 | 定时装置 |
| — relay | 延時繼電器 | 限時継電器 | 延时继电器 |
| — routine | 定時程序;時鐘程序 | タイミングルーチン | 定时程序;时钟程序 |
| — sampling | 時間量化;定時取樣 | タイミング抽出 | 时间量化;定时取样 |
| — switch | 定時開關〔器〕 | 定時開閉器 | 定时开关〔器〕 |
| — system | 定時裝置〔系統〕 | タイミング装置 | 定时装置〔系统〕 |
| — tape | 定時帶;計時帶 | タイミングテープ | 定时带;计时带 |

**T**

| 英　　文 | 臺　　灣 | 日　　文 | 大　　陸 |
|---|---|---|---|
| — valve | 點火正時調節閥；定時閥 | 点火調節弁 | 点火正时调节阀；定时阀 |
| **Timoshenko beam** | 鐵木辛柯樑 | ティモシンコビーム | 铁木辛柯梁 |
| **tin,Sn** | 錫 | ティン；すず | 锡 |
| — alloy | 錫合金 | すず合金 | 锡合金 |
| — amalgam | 錫汞膏；錫汞合金 | すずアマルガム | 锡汞膏；锡汞合金 |
| — ash | 二氧化錫；氧化錫 | すず灰 | 二氧化锡；氧化锡 |
| — bar | 白鐵皮原板；錫條〔棒；塊〕 | すず棒 | 白铁皮原板；锡条〔棒；块〕 |
| — base bearing | 錫基軸承 | すずベースベアリング | 锡基轴承 |
| — bath | 錫浴 | すず浴 | 锡浴 |
| — brass | 錫黃銅 | すず入れ黄銅 | 锡黄铜 |
| — bronze | 錫青銅 | すず青銅 | 锡青铜 |
| — can | 鍍錫鐵皮(製)容器 | すずめっき容器 | 镀锡铁皮(制)容器 |
| — clad | 鍍錫鋼皮；白鐵皮 | ブリキ | 镀锡钢皮；白铁皮 |
| — coat(ing) | 鍍錫 | すずめっき | 镀锡 |
| — -copper plating | 錫銅鍍層 | すず銅めっき | 锡铜镀层 |
| — electroplated steel | 電鍍錫鋼板 | 電気すずめっき鋼板 | 电镀锡钢板 |
| — electroplating | 電鍍錫；錫電鍍 | 電気すずめっき | 电镀锡；锡电镀 |
| — family element | 錫族元素 | すず族元素 | 锡族元素 |
| — filling machine | 灌錫機 | すず充てん機 | 灌锡机 |
| — foil | 錫箔；鍍紙 | すず紙 | 锡箔；镀纸 |
| — free steel | (鉻酸處理的)鍍錫薄鋼板 | ティンフリースチール板 | (铬酸处理的)镀锡薄钢板 |
| — furnace | 錫爐 | すず炉 | 锡炉 |
| — galvanizing | 鍍錫 | すずめっき | 镀锡 |
| — ingot | 錫錠；錫塊 | すず鋳塊 | 锡锭；锡块 |
| — nickel alloy plating | 錫鎳合金電鍍 | すずニッケル合金めっき | 锡镍合金电镀 |
| — nickel brass | 錫鎳黃銅 | すずニッケル青銅 | 锡镍黄铜 |
| — ore | 錫礦 | すず鉱 | 锡矿 |
| — peroxide | 二氧化錫；氧化錫 | 過酸化すず | 二氧化锡；氧化锡 |
| — plague | 錫瘟 | すずペスト | 锡瘟 |
| — plate | 鍍錫薄板；馬口板 | ブリキ | 镀锡薄板；马口板 |
| — plate printing | 馬口鐵印刷 | ブリキ印刷 | 马口铁印刷 |
| — plated steel | 鍍錫鋼(鐵)皮 | 電気めっきブリキ | 镀锡钢(铁)皮 |
| — poisoning | 錫中毒 | すず中毒 | 锡中毒 |
| — protoxide | 一氧化錫 | 一酸化すず | 一氧化锡 |
| — pulley | 錫滑輪 | すずプーリ | 锡滑轮 |
| — refuse | 廢錫 | すずくず | 废锡 |
| — snip | 鐵皮剪 | チンスニップ | 铁皮剪 |
| — solder | 鉛錫合金；錫銲料 | 白目 | 铅锡合金；锡焊料 |
| — soldering | 錫銲 | すず半田接ぎ | 锡焊 |
| — ware | 錫器；馬口鐵器 | すず細工品 | 锡器；马口铁器 |

| 英　　文 | 臺　　灣 | 日　　文 | 大　　陸 |
|---|---|---|---|
| — white | 錫白;二氧化錫 | すず白 | 锡白;二氧化锡 |
| — -zinc alloy plating | 錫鋅合金電鍍 | すず-亜鉛合金めっき | 锡锌合金电镀 |
| **tincal** | 硼砂 | 天然ほう砂 | 硼砂 |
| **tinct** | 色澤 | 色沢 | 色泽 |
| **tinctorial strength** | 著色強度 | 着色力 | 着色强度 |
| **tingle** | 壓板鐵片 | つりこ | 压板铁片 |
| **Tinicosil** | 一種鎳黃銅 | チニコシール | 蒂尼科西尔镍黄铜 |
| **Tinidur** | 一種熱合金 | チニジュア | 蒂纳杜尔热合金 |
| **Tinite** | 錫基含銅軸承合金 | チナイト | 锡基含铜轴承合金 |
| **tinkering** | 熔補 | 鋳掛け | 熔补 |
| **tinman's** scissors | 鉛皮剪刀 | ブリキ屋ばさみ | 铅皮剪刀 |
| — shears | 金屬剪 | 金切りはさみ | 金属剪 |
| **tinned** copper | 鍍錫銅;包錫銅 | すず引き銅 | 镀锡铜;包锡铜 |
| — iron | 鍍錫薄鋼板 | 白葉鉄 | 镀锡薄钢板 |
| — iron wire | 鍍錫鐵絲 | すずかけ鉄線 | 镀锡铁丝 |
| — lead | 鍍錫引線 | すずめっきリード | 镀锡引线 |
| — plate pipe | 鍍錫薄鋼管;鍍錫鐵皮管 | ブリキ管 | 镀锡薄钢管;镀锡铁皮管 |
| — sheet iron | 鍍錫鐵皮 | ブリキ板 | 镀锡铁皮 |
| — tack | 鍍錫小鐵釘 | すずめっき鉄小釘 | 镀锡小铁钉 |
| — wire | 鍍錫線 | すず引線 | 镀锡线 |
| **tinning** | 鍍錫 | すずめっき | 镀锡 |
| — furnace | 鍍錫爐 | すずめっき炉 | 镀锡炉 |
| **tinplate** | 鍍錫鐵〔鋼〕皮 | ブリキ | 镀锡铁〔钢〕皮 |
| — processing | 鍍錫 | すずめっき処理 | 镀锡 |
| **tinsel** | 錫鉛合金 | ティンセル | 锡铅合金 |
| — cord | 箔線;塞線;軟線 | 金糸コード | 箔线;塞线;软线 |
| — ribbon | 金銀絲帶 | 金銀糸入りリボン | 金银丝带 |
| **tinsmith** | 板金工;白鐵工 | 板金工 | 板金工;白铁工 |
| — solder | 錫鉛軟銲料 | ティンスミスろう | 锡铅软焊料 |
| **tinsmithing** | 鍍錫工廠 | ブリキ工場 | 镀锡工厂 |
| **tiny clutch** | 超小型離合器 | タイニークラッチ | 超小型离合器 |
| **tip** | 尖端〔頭〕;觸點;噴嘴 | 傾斜装置 | 尖端〔头〕;触点;喷嘴 |
| — cleaner | 噴嘴通針 | 火口掃除器 | 喷嘴通针 |
| — clearance | 齒頂間隙;頂部間隙 | 翼端すき間 | 齿顶间隙;顶部间隙 |
| — holder | (銲絲)導電嘴夾頭 | チップホルダ | (焊丝)导电嘴夹头 |
| — jack | 塞孔;插孔;尖頭插座 | チップジャック | 塞孔;插孔;尖头插座 |
| — nozzle | 噴嘴 | 火口 | 喷嘴 |
| — radius | 刃尖半徑;齒頂圓角半徑 | 歯先の丸み | 刃尖半径;齿顶圆角半径 |
| — relief | 齒頂修整;修緣 | チップレリーフ | 齿顶修整;修缘 |
| — skid | 電極頭(的)滑移 | チップのすべり | 电极头(的)滑移 |

| 英　　文 | 臺　　灣 | 日　　文 | 大　　陸 |
|---|---|---|---|
| **tip-off** | 開銲;脫銲 | チップオフ | 开焊;脱焊 |
| **tipped bite** | 鑲片刀 | 付け刃バイト | 镶片刀 |
| — chaser | (鑲片)螺紋梳刀 | 付け刃チェーザ | (镶片)螺纹梳刀 |
| — drills | 鑲片鑽頭 | 付け刃ドリル | 镶片钻头 |
| — reamer | (鑲片)鉸刀 | 付け刃リーマ | (镶片)铰刀 |
| — tool | 銲接刀片車刀;鑲片車刀 | 付け刃バイト | 焊接刀片车刀;镶片车刀 |
| **tipper** | 傾斜裝置;自動傾卸車 | 傾斜裝置 | 倾斜装置;自动倾卸车 |
| **tipping idler** | 傾斜惰輪 | 傾斜遊び車 | 倾斜惰轮 |
| **tire** | 輪胎;外輪;輪箍 | 外輪 | 轮胎;外轮;轮箍 |
| — band | 密封用襯墊 | タイヤバンド | 密封用衬垫 |
| — changer | 輪胎裝卸器 | タイヤチェンジャ | 轮胎装卸器 |
| — pressure | 輪胎壓力 | タイヤ空気圧 | 轮胎压力 |
| **Tissier metal** | 一種黃銅 | チッシャメタル | 一种黄铜 |
| **tissue** | 組織;織物 | 組織 | 组织;织物 |
| — belt | 織物帶;紗紙帶 | 織物ベルト | 织物带;纱纸带 |
| **titan** | 鈦 | チタン | 钛 |
| **Titanal** | 一種活塞用鋁合金 | チタナール | 蒂坦诺尔活塞铝合金 |
| **Titanaloy** | 一種鈦銅鋅耐蝕合金 | チタナロイ | 一种钛铜锌耐蚀合金 |
| **titania** | 二氧化鈦 | 二酸化チタン | 二氧化钛 |
| — porcelain | 二氧化鈦陶瓷 | チタン磁器 | 二氧化钛陶瓷 |
| — type electrode | 鈦型銲條 | チタニア系被覆溶接棒 | 钛型焊条 |
| **titanic** acid | 鈦酸 | チタン酸 | 钛酸 |
| — compound | 鈦化合物 | 第二チタン化合物 | 钛化合物 |
| — iron ore | 鈦鐵礦 | チタン鉄鉱 | 钛铁矿 |
| — magnetite | 鈦磁鐵礦;含磁鐵鈦鐵礦 | チタン磁鉄鉱 | 钛磁铁矿;含磁铁钛铁矿 |
| — oxide | 氧化鈦 | 酸化チタン | 氧化钛 |
| **titanioferrite** | 鈦鐵礦 | チタン鉄鉱 | 钛铁矿 |
| **Titanit** | 一種鈦鎢硬質合金 | チタニット | 一种钛钨硬质合金 |
| **titanium,Ti** | 鈦 | チタン | 钛 |
| — alloy | 鈦合金 | チタン合金 | 钛合金 |
| — alum | 鈦礬 | チタン明ばん | 钛矾 |
| — anode jig | 鈦陽極夾具 | チタン陽極治具 | 钛阳极夹具 |
| — carbide tipped tool | 碳化鈦硬質合金刀〔工〕具 | サーメット付け刃バイト | 碳化钛硬质合金刀〔工〕具 |
| — clad steel | 鈦複合鋼;鈦包層鋼 | チタンクラッド鋼 | 钛复合钢;钛包层钢 |
| — condenser | 鈦(介)質電容器 | チタコン | 钛(介)质电容器 |
| — copper | 鈦銅合金 | チタン銅合金 | 钛铜合金 |
| — dioxide | 二氧化鈦 | 二酸化チタン | 二氧化钛 |
| — family element | 鈦族元素 | チタン族元素 | 钛族元素 |
| — foil | 鈦箔 | チタニウムはく | 钛箔 |
| — hydroxide | 氫氧化鈦 | 水酸化チタン | 氢氧化钛 |

| 英　　文 | 臺　　灣 | 日　　文 | 大　　陸 |
|---|---|---|---|
| — oxide | 二氧化鈦;鈦白 | 酸化チタニウム | 二氧化钛;钛白 |
| — peroxide | 過〔三〕)氧化鈦 | 過酸化チタン | 过〔三〕)氧化钛 |
| — pigment | 鈦白粉 | チタン顏料 | 钛白粉 |
| — plating | 鍍鈦 | チタンめっき | 镀钛 |
| — polymer | 鈦聚合物 | チタン重合体 | 钛聚合物 |
| — silicide | 矽化鈦 | けい化チタン | 硅化钛 |
| — sponge | 海棉(狀)鈦 | 海綿状チタン | 海棉(状)钛 |
| — steel | 鈦鋼 | チタン鋼 | 钛钢 |
| — superoxide | 過(三)氧化鈦 | 過酸化チタン | 过(三)氧化钛 |
| — white | 鈦白粉;二氧化鈦 | チタン白 | 钛白粉;二氧化钛 |
| — yellow | 鈦黃 | チタンイエロー | 钛黄 |
| **Titanor metal** | 鈦工具鋼 | チタノールメタル | 钛工具钢 |
| **titanous oxide** | 三氧化二鈦;氧化亞鈦 | 酸化第一チタン | 三氧化二钛;氧化亚钛 |
| **title** | 標題;圖標;名稱;字幕 | タイトル | 标题;图标;名称;字幕 |
| — division | 表題部;標題部分 | 表題部 | 表题部;标题部分 |
| **toaster** | 烤面包器 | パン焼き器 | 烤面包器 |
| **Tobin bronze** | 托賓青銅;海軍黃銅 | トビン青銅 | 托宾青铜;海军黄铜 |
| **Tocco process** | 高頻局部加熱淬火法 | トッコ法 | 高频局部加热淬火法 |
| **toe** | 縫邊;銲趾;柱腳 | 止端 | 缝边;焊趾;柱脚 |
| — contact | 齒寬窄端接觸 | トウコンタクト | 齿宽窄端接触 |
| — crack | 銲縫邊緣裂紋;銲趾裂紋 | 止端割れ | 焊缝边缘裂纹;焊趾裂纹 |
| — dog | 小撐桿 | トウドッグ | 小撑杆 |
| — failure | 坡腳破壞 | 斜面先破壊 | 坡脚破坏 |
| — of fillet | 角銲接面的交點 | 脚端 | 角焊接面的交点 |
| — of weld | (銲縫)縫邊;邊緣 | 止端 | (焊缝)缝边;边缘 |
| — piece | 凸輪鑲片 | トウピース | 凸轮镶片 |
| **toe-in gage** | (汽車)前輪前束檢測器 | トウインゲージ | (汽车)前轮前束检测器 |
| **toggle** | 掛索樁;套索釘;肘節 | トグル | 挂索桩;套索钉;肘节 |
| — bolt | 繫環螺栓;套環螺栓 | トグルボルト | 系环螺栓;套环螺栓 |
| — brake | 套環制動器 | トグルブレーキ | 套环制动器 |
| — clamp | 肘夾(具);鉸接夾 | トグルクランプ | 肘夹(具);铰接夹 |
| — draw die | 雙動柱模 | トグル複動絞り型 | 双动柱模 |
| — forming die | 肘桿式成形模 | トグル式成形型 | 肘杆式成形模 |
| — joint | 肘節;彎頭接合;肘環套接 | トグル装置 | 肘节;弯头接合;肘环套接 |
| — lever press | 肘桿式衝床(壓床) | トグルレバープレス | 肘杆式冲床(压床) |
| — link | 肘桿 | トグルリンク | 肘杆 |
| — linkage | 肘節鏈系;肘桿傳動(鏈) | トグルリンケージ | 肘节链系;肘杆传动(链) |
| — mechanism | 肘節機構;撥動機構 | トグル機構 | 肘节机构;拨动机构 |
| — pin | 肘承銷 | 軸ピン | 肘承销 |
| — plate | 肘板;推力板 | トグルプレート | 肘板;推力板 |

| 英　　文 | 臺　　灣 | 日　　文 | 大　　陸 |
|---|---|---|---|
| ── press | 肘桿式衝床;曲柄壓型機 | ひじ付きプレス | 肘杆式冲床;曲柄压型机 |
| ── screw | 頭部扳倒式螺釘 | 起倒式頭のねじくぎ | 头部扳倒式螺钉 |
| ── switch | 肘節開關;撥動開關 | ひじスイッチ | 肘节开关;拨动开关 |
| ── type lock | 肘承式鎖模裝置 | トグル式型締め裝置 | 肘承式锁模装置 |
| **toggle-action** | 肘桿動作 | トグル作用 | 肘杆动作 |
| **Tokamak** | 一種核融合實驗裝置 | トカマク | 一种核融合实验装置 |
| ── plasma | 托卡馬克等離子區 | トカマクプラズマ | 托卡马克等离子区 |
| **tolerable** dustiness | 塵埃容許限度 | じんあい許容限度 | 尘埃容许限度 |
| ── fluctuation | 容許漂移 | 許容変動 | 容许漂移 |
| ── limit | 容許極限;容許量 | 許容限界 | 容许极限;容许量 |
| **tolerance** | 公差;裕度 | 許容;許容差 | 公差;裕度 |
| ── class | 公差等級 | （公差）等級 | 公差等级 |
| ── grade | 公差精度;公差等級 | 公差精度 | 公差精度;公差等级 |
| ── interval | 許容區間 | 許容区間 | 许容区间 |
| ── limit | 容許極限 | 許容限界 | 容许极限 |
| ── position | 公差位置 | 公差位置 | 公差位置 |
| ── quality | 配合類別 | はめあい区分 | 配合类别 |
| ── unit | 公差單位 | 公差単位 | 公差单位 |
| ── zone | 公差帶;公差範圍 | 許容域 | 公差带;公差范围 |
| **toleranced** taper method | 錐度公差法 | テーパ公差法 | 锥度公差法 |
| **tolerator** | 槓桿式比長儀 | トレレータ | 杠杆式比长仪 |
| **toluene** | 甲苯 | トルエン | 甲苯 |
| **Tom alloy** | 一種鋁合金 | トム合金 | 一种铝合金 |
| **tombac** | 一種黃銅;銅鋅合金 | ドイツ黄銅 | 一种黄铜;铜锌合金 |
| **Tombasil** | 一種矽黃銅 | トムバシル | 一种硅黄铜 |
| **tommy** bar | （套筒扳手的）旋轉棒 | かんざしスパナ | （套筒扳手的）旋转棒 |
| ── screw | 虎鉗螺桿;貫頭螺絲釘 | ちょうねじ | 虎钳丝杠;贯头罗丝钉 |
| ── wrench | 套筒扳手 | かんざしスパナ | 套筒扳手 |
| **tommyhead bolt** | Ｔ形頭螺栓 | トミーヘッドボルト | Ｔ形头螺栓 |
| **ton** hewn timber | 鋸材體積單位 | ひき材材積単位 | 锯材体积单位 |
| ── kilometer | 噸-公里 | トンキロ | 吨-公里 |
| ── meter | 噸-米 | トンメートル | 吨-米 |
| ── of cooling | 冷噸 | 冷却トン | 冷吨 |
| ── of refrigeration | 冷噸 | 冷凍トン | 冷吨 |
| **tongs** | （夾）鉗;夾具 | トング | （夹）钳;夹具 |
| ── head | 夾鉗頭 | トングヘット | 夹钳头 |
| **tongue** | 銜鐵;舌簧 | タング | 衔铁;舌簧 |
| ── and groove(d) | 企口接合;舌槽拉合 | 目違い継ぎ | 企口接合;舌槽拉合 |
| ── attachment | 連結板 | 連結板 | 连结板 |
| ── bar | 尖鋼條;尖鋼棍 | タングバー | 尖钢条;尖钢棍 |

| 英　　　文 | 臺　　　灣 | 日　　　文 | 大　　　陸 |
|---|---|---|---|
| — bend test | 舌狀彎曲試驗 | 舌状曲げ試験 | 舌状弯曲试验 |
| — miter | 企口斜角縫;舌榫斜拼合 | さね留 | 企口斜角缝;舌榫斜拼合 |
| — piece | 舌片 | シタキレ | 舌片 |
| — valve | 舌形閥 | 舌弁 | 舌形阀 |
| — washer | 帶耳墊圈 | 舌付き座金 | 带耳垫圈 |
| — weld | 斜口銲接 | そぎ溶接 | 斜口焊接 |
| **tonnage** | 積量;順位 | 積量 | 积量;吨位 |
| — of press | 沖床順位;沖床容量 | プレス能力 | 压力机吨位;压力机容量 |
| **tonne** | 公噸(=1000kg) | メートルトン | 吨(=1000kg) |
| **tonometry** | 振動形張力計測法 | 振動形張力計測法 | 振动形张力计测法 |
| **tool** | 工具;刀具 | 工具 | 工具;刀具 |
| — angle | 刃物角;刀尖角 | 刃物角 | 刃物角;刀尖角 |
| — bar | 正面刃物棒;刀桿 | 正面刃物棒 | 正面刃物棒;刀杆 |
| — bit | 刀具;鑽頭;精加工刀具 | 差換え刃物 | 刀具;钻头;精加工刀具 |
| — bite | 刀夾刀頭;插入式刀頭 | 差込みバイト | 刀夹刀头;插入式刀头 |
| — block | 刀架 | ツールブロック | 刀架 |
| — board | 換刀裝置 | ツールボード | 换刀装置 |
| — boy system | 工具巡回供應回收制度 | ツールボーイシステム | 工具巡回供应回收制度 |
| — breakage | 工具破損;工具損壞 | 工具破損 | 工具破损;工具损坏 |
| — cabinet | 工具箱〔櫃〕 | ツールキャビネット | 工具箱〔柜〕 |
| — car | 工作車;工具車;檢車 | 工作車 | 工作车;工具车;检车 |
| — card | 刀具卡(片) | ツールカード | 刀具卡(片) |
| — carriage | 刀架滑座;拖板 | ツールキャリッジ | 刀架滑座;拖板 |
| — cathode | 工具陰極 | 工具陰極 | 工具阴极 |
| — changer | 工具交換裝置;換刀裝置 | 工具交換装置 | 工具交换装置;换刀装置 |
| — changing cost | 工具更〔交〕換費用 | 工具交換費用 | 工具更〔交〕换费用 |
| — changing time | 刀具更〔交〕換時間 | 工具交換時間 | 刀具更〔交〕换时间 |
| — charges | 工具費 | 工具費 | 工具费 |
| — code | 工具代碼;刀具編碼 | 工具コード | 工具代码;刀具编码 |
| — collision | 工具干涉;工具碰撞 | 工具干渉 | 工具干涉;工具碰撞 |
| — control | 工具管理 | 工具管理 | 工具管理 |
| — cost | 工具費 | 工具費 | 工具费 |
| — display board | 工具陳列板 | 工具陳列板 | 工具陈列板 |
| — dolly | 工具小車 | ツールドリ | 工具小车 |
| — drag | 工具抵抗;工具阻力 | 工具抵抗 | 工具抵抗;工具阻力 |
| — ejector | 工具拆卸(推頂)器 | ツールエジェクタ | 工具拆卸(推顶)器 |
| — electrode | 加工電極 | 加工電極 | 加工电极 |
| — end | 刀尖 | ツールエンド | 刀尖 |
| — file | 刀具文件 | 工具ファイル | 刀具文件 |
| — function | 工具機能;工具功能 | 工具機能 | 工具机能;工具功能 |

**T**

| 英　　文 | 臺　　灣 | 日　　文 | 大　　陸 |
|---|---|---|---|
| — gage | 刀具檢查器 | 刃物ゲージ | 刀具检查器 |
| — grinder | 工具研削盤;工具磨床 | 工具研削盤 | 工具研削盘;工具磨床 |
| — grindery | 磨刀間;刃磨間 | ツールグラインデリ | 磨刀间;刃磨间 |
| — grinding machine | 工具研削盤;工具磨床 | 工具研削盤 | 工具研削盘;工具磨床 |
| — head | 刀架 | ツールヘッド | 刀架 |
| — hold key | 刀夾扳手 | ツールホルダキー | 刀夹扳手 |
| — holder | 刀來(把;柄) | ツールホルダ | 刀来(把;柄) |
| — housing | 模具座 | 金型の外被 | 模具座 |
| — interference | 工具干涉 | 工具干涉 | 工具干涉 |
| — joint | 鑽具接頭(礦機的) | ツールジョイント | 钻具接头(矿机的) |
| — kit | 組合工具;工具包〔箱〕 | ツールキット | 组合工具;工具包〔箱〕 |
| — layout | 工具配置 | ツールレイアウト | 工具配置 |
| — length compensation | 刀具長度補償 | 工具長補正 | 刀具长度补偿 |
| — life | 工具壽命;工具耐用度 | ツールライフ | 工具寿命;工具耐用度 |
| — magazine | 刀庫;多刀刀座 | 工具マガジン | 刀库;多刀刀座 |
| — maintenance | 工具保守管理;工具維護 | 工具保守管理 | 工具保守管理;工具维护 |
| — management | 工具管理 | 工具管理 | 工具管理 |
| — mark | 刀痕;切削痕跡 | 工具きず | 刀痕;切削痕迹 |
| — material | 工具材料 | 工具材料 | 工具材料 |
| — microscope | 工具顯微鏡 | バイト顕微鏡 | 工具显微镜 |
| — offset | 刀具偏置;刀具位置補償 | 工具位置オフセット | 刀具偏置;刀具位置补偿 |
| — package | 流動工具箱;工具車 | ツールパッケージ | 流动工具箱;工具车 |
| — path programming | 刀具路徑(軌跡)程式編制 | 工具径路プログラミング | 刀具路径(轨迹)程序编制 |
| — plastic | 工具用塑料 | 工具用プラスチック | 工具用塑料 |
| — post | 刀架;刀座;鉋床架 | 刃物台 | 刀架;刀座;刨床架 |
| — presetter | 刀具預調儀(裝置) | ツールプリセッタ | 刀具预调仪(装置) |
| — pressure angle | 工具壓力角 | 工具圧力角 | 工具压力角 |
| — profile | 刀刃形狀 | 刃形 | 刀刃形状 |
| — rack | 刀具架;格狀刀庫 | ツールラック | 刀具架;格状刀库 |
| — reader | 工具選擇裝置 | 工具選択装置 | 工具选择装置 |
| — reference plane | 工具基準面 | 工具基準面 | 工具基准面 |
| — resharpening | 刀具重磨;模具重磨 | 工具再研磨 | 刀具重磨;模具重磨 |
| — rest | 刀架;刀座;鉋床架 | 刃物台 | 刀架;刀座;刨床架 |
| — rigidity | 刀具的剛性 | 工具の剛性 | 刀具的刚性 |
| — room | 工作室;金型室;工具室 | 工具室 | 工作室;金型室;工具室 |
| — scope | 工具顯微鏡 | ツールスコープ | 工具显微镜 |
| — selection | 刀具的選擇 | 工具選択 | 刀具的选择 |
| — setter | 對刀儀;對刀裝置 | ツールセッタ | 对刀仪;对刀装置 |
| — setting | 刀具調整;刀具安裝 | 工具セッティング | 刀具调整;刀具安装 |
| — shank | 刀柄 | ツールシャンク | 刀柄 |

| 英　　文 | 臺　　灣 | 日　　文 | 大　　陸 |
|---|---|---|---|
| — shop | 工具工場 | 工具工場 | 工具车间 |
| — slide | 刀架滑台；刀具滑台 | 工具すべり台 | 刀架滑台；刀具滑台 |
| — smith | 工具鍛工 | 工具かじ | 工具锻工 |
| — standardization | 工具標準化 | 工具の標準化 | 工具标准化 |
| — steel | 工具鋼 | 工具鋼 | 工具钢 |
| — swivel slide | 刃物轉回台；刀具轉台 | 刃物旋回台 | 刃物转回台；刀具转台 |
| — storage | 刀庫 | ツールストレージ | 刀库 |
| — table | 工具台 | 工具台 | 工具台 |
| — temperature | 模具溫度 | 金型温度 | 模具温度 |
| — tester | 工具試驗機 | 工具試験機 | 工具试验机 |
| — wear | 工具磨損 | 工具摩耗 | 工具磨损 |
| **tooled joint** | 裝修接縫 | 化粧目地 | 装修接缝 |
| **tooling** | 用刀具加工；調整工具 | ツーリング | 用刀具加工；调整工具 |
| — cost | 刀具加工成本 | 工具費 | 刀具加工成本 |
| — package | 刀具組合件；工具車 | ツーリングパッケージ | 刀具组合件；工具车 |
| — system | 工具配備系統；刀具系統 | ツーリングシステム | 工具配备系统；刀具系统 |
| — zone | 切削加工範圍 | ツーリングゾーン | 切削加工范围 |
| **tools register** | 工具登記簿 | 工具台帳 | 工具登记簿 |
| **tooth** | 齒；齒輪齒；凸輪；刀齒 | つめ歯車 | 齿；齿轮齿；凸轮；刀齿 |
| — back | 齒背 | 歯の背面 | 齿背 |
| — bearing | 齒輪支承面 | 歯当り | 齿轮支承面 |
| — clutch | 齒輪離合器；齒式離合器 | ツースクラッチ | 齿轮离合器；齿式离合器 |
| — crest | 齒頂 | 歯先面 | 齿顶 |
| — crest width | 齒頂寬 | 歯先面の幅 | 齿顶宽 |
| — depth | 齒高；齒槽深度 | 刃溝深さ | 齿高；齿槽深度 |
| — face | 齒面 | 鋼末の面 | 齿面 |
| — factor | 齒係數 | 歯車係数 | 齿系数 |
| — flank | 齒面；齒根面〕；齒側面 | 歯元の面 | 齿面；齿根面〕；齿侧面 |
| — form | 齒形；齒廓 | 刃形 | 齿形；齿廓 |
| — holder | 齒座；齒來 | つめホルダ | 齿座；齿来 |
| — lead angle | (齒)螺旋升角(導角) | 進み角 | (齿)螺旋升角(导角) |
| — mark | 切削痕跡；走刀痕跡 | ツースマーク | 切削痕迹；走刀痕迹 |
| — pitch gage | 齒距量規 | 歯形ピッチゲージ | 齿距量规 |
| — point | 齒頂；齒尖 | 刃先 | 齿顶；齿尖 |
| — profile error | 齒形誤差 | 歯形誤差 | 齿形误差 |
| — shape | 齒形；齒廓 | 刃形 | 齿形；齿廓 |
| — side | 齒側面 | 刃の側面 | 齿侧面 |
| — space | 齒間隔；齒隙 | 刃溝面積 | 齿间隔；齿隙 |
| — surface | 齒面 | 歯面 | 齿面 |
| — thickness | 齒厚 | 歯厚 | 齿厚 |

**T**

| 英　　文 | 臺　　灣 | 日　　文 | 大　　陸 |
|---|---|---|---|
| — trace error | 齒痕誤差 | 歯すじ方向誤差 | 齿痕误差 |
| **toothed** belt | 齒形帶 | 歯付きベルト | 齿形带 |
| — lock washer | 齒形彈簧墊圈 | 歯付き座金 | 齿形弹簧垫圈 |
| — rack | 齒條 | ラック歯車 | 齿条 |
| — rail | 齒軌 | 歯車軌条 | 齿轨 |
| — railway | 齒條式鐵道 | 歯車式鉄道 | 齿条式铁道 |
| — ring | 齒形環銷 | 歯付き輪形ジベル | 齿形环销 |
| — ring dowel | 齒環暗銷 | 爪付き輪形ジベル | 齿环暗销 |
| — V-belt drive | V形齒形帶傳動 | 歯付き V-ベルト駆動 | V形齿形带传动 |
| — washer | 齒形(彈簧)墊圈 | 歯付き座金 | 齿形(弹簧)垫圈 |
| — wheel | 齒輪 | 歯車 | 齿轮 |
| **top** | 頂;尖端;最高點 | トップ | 顶;尖端;最高点 |
| — and bottom process | 頂底(煉鎳)法 | 頂底法 | 顶底(炼镍)法 |
| — angle | 頂端角鋼;上部角鋼 | トップアングル | 顶端角钢;上部角钢 |
| — batter | 最高點;頂峰;凸點 | トップバッタ | 最高点;顶峰;凸点 |
| — beam | 頂樑;上横樑 | トップビーム | 顶梁;上横梁 |
| — bearing | 上軸承;前蓋軸承 | トップベアリング | 上轴承;前盖轴承 |
| — blow | 頂吹 | トップブロー | 顶吹 |
| — boom | 上桁;上樑 | 上かまち | 上桁;上梁 |
| — bracket gasoline | 高辛烷值汽油 | 高オクタン価ガソリン | 高辛烷值汽油 |
| — cap | 輪胎面補再生膠 | 再生ゴム張換え | 轮胎面补再生胶 |
| — case port | 頂蓋氣口;上型箱孔口 | トップケースポート | 顶盖气口;上型箱孔口 |
| — casting | 頂鑄;上澆鑄;頂注 | 上つぎ鋳造 | 顶铸;上浇铸;顶注 |
| — charge | 爐頂裝料 | 炉頂装入式 | 炉顶装料 |
| — class | 最高級 | トップクラス | 最高级 |
| — clearance | 上死點間隙;頂部間隙 | 上死点すき間 | 上死点间隙;顶部间隙 |
| — coat | 保護膜;面層;外塗層 | 保護膜 | 保护膜;面层;外涂层 |
| — coat painting | 表層塗〔噴〕漆 | 上塗り塗装 | 表层涂〔喷〕漆 |
| — collar | 頂環 | トップカラー | 顶环 |
| — column | 懸臂頂柱 | トップコラム | 悬臂顶柱 |
| — cone | 高爐爐頭〔爐頂圓錐部分〕 | 上玉押し | 高炉炉头〔炉顶圆锥部分〕 |
| — coupling | 端部連接 | トップカップリング | 端部连接 |
| — cover | 頂蓋 | 上がい | 顶盖 |
| — cross beam | 梯形架上主横樑 | トップクロスビーム | 梯形架上主横梁 |
| — crust | 爐瘤;渣殼;外皮 | トップクラスト | 炉瘤;渣壳;外皮 |
| — cutting edge | 齒頂切削刀 | 歯先切れ刃 | 齿顶切削刀 |
| — dead center | 上死點 | 上死点 | 上死点 |
| — dead point | 上死點 | 上死点 | 上死点 |
| — die | 上模 | トップダイス | 上模 |
| — discharge | 上出料式 | 頂上放出 | 上出料式 |

| 英　　文 | 臺　　灣 | 日　　文 | 大　　陸 |
|---|---|---|---|
| — ejection | 上部頂件 | 上部突出し | 上部顶件 |
| — end | 頭部〔切除的廢棄部分〕 | 末口 | 头部〔切除的废弃部分〕 |
| — end rail | 頂端橫樑 | 上はり | 顶端横梁 |
| — face | 上面 | 頂面 | 上面 |
| — feed die | 頂部加料模 | 上部供給ダイ | 顶部加料模 |
| — finish | 表面拋光;表面精加工 | 表面仕上げ | 表面抛光;表面精加工 |
| — firing burner | 頂部點火燃燒器 | 天上バーナ | 顶部点火燃烧器 |
| — frame | 頂架;上支架 | トップフレーム | 顶架;上支架 |
| — gas | 爐頂煤氣 | 炉頂ガス | 炉顶煤气 |
| — gear | 高速齒輪;末檔齒輪 | 高速ギヤー | 高速齿轮;末档齿轮 |
| — grade material | 最高級材料 | 最高級材料 | 最高级材料 |
| — guide | 導頭〔帽〕;前導承 | トップガイド | 导头〔帽〕;前导承 |
| — hat | 頂環;鑄塊凹陷(部分) | 頂冠 | 顶环;铸块凹陷(部分) |
| — head lug | 上蓋凸緣 | ヘッド上ラグ | 上盖凸缘 |
| — lamination | 上層;面層 | 上層 | 上层;面层 |
| — land | (活塞)端環槽脊 | トップランド | (活塞)端环槽脊 |
| — layer | 表層;外層;罩面層 | 仕上げ層 | 表层;外层;罩面层 |
| — level | 最高水平;頂峰 | トップレベル | 最高水平;顶峰 |
| — lighting | 頂部采光 | 天窓採光 | 顶部采光 |
| — load | 尖峰負載;最大負載 | 天井荷重 | 尖峰负荷;最大负载 |
| — management | 最高管理階層 | 最高管理階層 | 最高管理阶层 |
| — of column | 柱頂 | 柱頭 | 柱顶 |
| — of slope | 坡頂;坡肩 | 斜面肩 | 坡顶;坡肩 |
| — of thread | 螺紋牙頂 | ねじ山の頂 | 螺纹牙顶 |
| — of tooth | 齒頂 | 歯先 | 齿顶 |
| — overhaul | 大修 | 首位の分解修理 | 大修 |
| — panel | 頂部面板 | 天面 | 顶部面板 |
| — part | 上箱;上模 | 上型 | 上箱;上模 |
| — plan | 頂視圖;俯視圖 | 上面図 | 顶视图;俯视图 |
| — plate | 頂板;底板 | 頂(部外)板 | 顶板;底板 |
| — pour | 頂注;上注 | 上注ぎ鋳造 | 顶注;上注 |
| — pouring | 頂注法;上注法 | 上注ぎ鋳造 | 顶注法;上注法 |
| — rake | 前傾(角);前坡度; | 前すくい角 | 前倾(角);前坡度; |
| — rake surface | 前刀面 | すくい面 | 前刀面 |
| — ring | 第一道密封環 | トップリング | 第一道密封环 |
| — riser | 頂冒口;明冒口 | 開放揚り | 顶冒口;明冒口 |
| — roll | 上軸 | 上ロール | 上轴 |
| — seal | 頂蓋蜜封 | 上ぶた密封 | 顶盖蜜封 |
| — side sounder | 電離層探測器 | 上層探測機 | 电离层探测器 |
| — sleeve | 外套筒 | 外そで | 外套筒 |

| 英　　文 | 臺　　灣 | 日　　文 | 大　　陸 |
|---|---|---|---|
| — slide | 頂滑 | ドップスライド | 頂滑 |
| — speed | 最高速度 | 最高速度 | 最高速度 |
| — speed governor | 最大轉速調節器 | 過回転ガバナ | 最大转速调节器 |
| — stop | 上死點自動停止裝置 | 上死点自動停止装置 | 上死点自动停止装置 |
| — tray | 頂板;頂盤 | 天井板 | 顶板;顶盘 |
| — turbine | 前置渦輪機 | 前置タービン | 前置涡轮机 |
| — view | 俯視圖 | 上面図 | 俯视图 |
| — with gum | 上膠;塗橡膠 | ゴム塗り | 上胶;涂橡胶 |
| **topcoating lacquer** | 表層塗漆;表面塗漆 | 仕上げ塗ラッカ | 表层涂漆;表面涂漆 |
| **top-down** analysis | 自頂向下的分析 | 下降型解析 | 自顶向下的分析 |
| — approach | 自頂向下法 | 下降型アプローチ | 自顶向下法 |
| — compiler | 自頂向下編譯程式 | トップダウンコンパイラ | 自顶向下编译程序 |
| — parsing | 自頂向下分析 | 下降型構文解析 | 自顶向下分析 |
| **toplast** | 焦油酸合成樹脂 | タール酸合成樹脂の一種 | 焦油酸合成树脂 |
| **topografiner** | 表面形態測量裝置 | トポグラファイナ | 表面形态测量装置 |
| **topping** hob | 頂切滾刀 | トッピングホブ | 顶切滚刀 |
| — lift | 吊索;千斤索 | つり綱 | 吊索;千斤索 |
| — turbine | 前置渦輪 | 前置タービン | 前置涡轮 |
| — up | 注油;充氣;充液;加油 | 注油 | 注油;充气;充液;加油 |
| — winch | 吊索絞車 | トッピングウィンチ | 吊索绞车 |
| **torberite** | 銅鈾雲母 | 銅ウラン雲母鉱 | 铜铀云母 |
| **torch** | 銲(割)炬;焰炬;噴燈 | トーチ | 焊(割)炬;焰炬;喷灯 |
| — block | 割炬組 | トーチブロック | 割炬组 |
| — brazing | 火焰銲接 | トーチろう付け | 火焰焊接 |
| — corona | 火焰狀電暈 | 火炎状コロナ | 火焰状电晕 |
| — cutting | 火焰切割 | がス切断 | 火焰切割 |
| — extinguisher | 滅火器 | トーチ消し | 灭火器 |
| — gouging | 火焰開槽;氣鉋 | 火炎溝切り | 火焰开槽;气刨 |
| — hardening | 火焰淬火 | トーチ焼入れ | 火焰淬火 |
| — head | 銲炬頭;割炬頭;噴燈頭 | トーチヘッド | 焊炬头;割炬头;喷灯头 |
| — ignitor | 火炬點火器 | トーチ点火器 | 火炬点火器 |
| — mixing | 銲槍內混合(氣體) | トーチミキシング | 焊枪内混合(气体) |
| — soldering | 火焰銲接 | トーチはんだ付け | 火焰焊接 |
| — tube | (銲接)吹管;銲(割)炬 | トーチ管 | (焊接)吹管;焊(割)炬 |
| — welding | 銲炬銲接;氣銲 | トーチ溶接 | 焊炬焊接;气焊 |
| **torn surface** | 破斷面;破裂面 | 破面 | 破断面;破裂面 |
| **toroidal** | 圓環;曲面;螺旋管形的 | トロイダル | 圆环;曲面;螺旋管形的 |
| **torpex** | 鋁末混合炸藥 | トーペックス火薬 | 铝末混合炸药 |
| **torque** | 轉矩;轉動力矩;扭矩 | 回転力 | 转矩;转动力矩;扭矩 |
| — actuator | 扭矩液動機 | トルクアクチュエータ | 扭矩液动机 |

| 英　文 | 臺　灣 | 日　文 | 大　陸 |
|---|---|---|---|
| — amplifier | 轉矩放大器 | トルク増幅器 | 转矩放大器 |
| — angle | 轉矩角 | トルク角 | 转矩角 |
| — arm | 轉矩臂 | トルク棒 | 转矩臂 |
| — balance | 扭矩天平 | トルク天びん | 扭矩天平 |
| — balance system | 扭矩平衡裝置 | トルク平衡装置 | 扭矩平衡装置 |
| — balancing device | 扭矩平衡裝置 | トルク平衡装置 | 扭矩平衡装置 |
| — beam | 扭轉樑 | トルクビーム | 扭转梁 |
| — box | 高形翼樑 | トルクボックス | 高形翼梁 |
| — breakdown test | 轉矩破裂試驗 | トルク破壊試験 | 转矩破裂试验 |
| — capacity | 轉矩容量 | トルク容量 | 转矩容量 |
| — coefficient | 扭矩係數 | トルク係数 | 扭矩系数 |
| — collar | 扭矩環 | トルクカラー | 扭矩环 |
| — compensator | 轉矩補償器 | トルク補償器 | 转矩补偿器 |
| — constant | 轉矩常數 | トルク係数 | 转矩常数 |
| — control | 力矩調節 | トルク制御 | 力矩调节 |
| — converter | 液力變矩器;轉矩變換機 | 液体変速装置 | 液力变矩器;转矩变换机 |
| — curve | 轉矩曲線 | トルク曲線 | 转矩曲线 |
| — divider | 分動器;副變速箱 | トルクディバイダ | 分动器;副变速箱 |
| — drive unit | 轉矩傳動裝置 | トルク駆動ユニット | 转矩传动装置 |
| — dynamometer | 扭力儀 | トルク動力計 | 扭力仪 |
| — effect | 轉矩效應 | トルク効果 | 转矩效应 |
| — efficiency | 轉矩效率 | トルク効率 | 转矩效率 |
| — fluctuation | 轉矩脈動;轉矩變化 | トルク変動 | 转矩脉动;转矩变化 |
| — identity method | 等轉矩法 | トルク一致法 | 等转矩法 |
| — index | 轉矩係數 | トルク指数 | 转矩系数 |
| — indicating wrench | 轉矩指示扳手 | トルク指示レンチ | 转矩指示扳手 |
| — inertia ratio | 轉矩慣性比 | トルク慣性比 | 转矩惯性比 |
| — limit | 扭矩極限;扭力限度 | トルクリミット | 扭矩极限;扭力限度 |
| — link | 扭轉桿 | トルクリンク | 扭转杆 |
| — loss | 轉矩損失 | トルク損失 | 转矩损失 |
| — margin | 轉矩裕度 | トルク余裕 | 转矩裕度 |
| — measuring apparatus | 轉矩測量裝置(儀) | トルク測定装置 | 转矩测量装置(仪) |
| — meter | 轉矩計;扭矩錶 | トルク計 | 转矩计;扭矩表 |
| — output | 轉矩輸出;扭力輸出 | トルク出力 | 转矩输出;扭力输出 |
| — reaction | 反轉(力)矩反抗轉矩 | トルクリアクション | 反转(力)矩反抗转矩 |
| — rod | 扭轉桿 | トルク棒 | 扭转杆 |
| — spanner | 扭力扳手 | トルクスパナ | 力矩扳手 |
| — spring | 扭矩彈簧;調節器彈簧 | トルクスプリング | 扭矩弹簧;调节器弹簧 |
| — stand | 轉矩試驗台 | トルクスタンド | 转矩试验台 |
| — stay | 扭矩桿 | トルク棒 | 扭矩杆 |

**T**

| 英　文 | 臺　灣 | 日　文 | 大　陸 |
|---|---|---|---|
| ― step motor | 轉矩步迸電動機 | トルクステップモータ | 转矩步进电动机 |
| ― test | 扭矩 | ねじり偶力試驗 | 扭矩 |
| ― transfer | 扭力傳遞 | トルクトランスファ | 扭力传递 |
| ― wrench | 轉矩扳手;扭力扳手 | トルクレンチ | 转矩扳手;扭力扳手 |
| **torse** | 可展曲面;扭曲面 | トース | 可展曲面;扭曲面 |
| **torsel** | 樑墊 | はり受け | 梁垫 |
| **torsion** | 扭轉;轉矩;扭力 | ねん力 | 扭转;转矩;扭力 |
| ― angle | 扭轉角 | ねじり角 | 扭转角 |
| ― balance | 扭力平衡;扭力天平 | ねじりばかり | 扭力平衡;扭力天平 |
| ― bar | 扭桿 | トルク棒 | 扭杆 |
| ― bar spring | 扭桿彈簧 | ねじり棒ばね | 扭杆弹簧 |
| ― bar suspension | 扭桿懸架裝置 | ねじり棒懸架裝置 | 扭杆悬架装置 |
| ― bending | 扭彎 | 曲げねじり | 扭弯 |
| ― coil spring | 扭力彈簧 | ねじりコイルばね | 扭力弹簧 |
| ― constant | 扭轉係數 | ねじれ係數 | 扭转系数 |
| ― couple | 扭轉力偶;扭矩 | ねじり偶力 | 扭转力偶;扭矩 |
| ― gum | 扭轉減振橡膠彈簧 | トーションガム | 扭转减振橡胶弹簧 |
| ― head | 扭轉頭 | ねじり頭 | 扭转头 |
| ― impact test | 扭力衝出試驗 | ねじり衝擊試驗 | 扭力冲出试验 |
| ― indicator | 扭力計 | ねじりインディケータ | 扭力计 |
| ― machine | 繞簧機 | トーションマシン | 绕簧机 |
| ― member | 受扭構件 | ねじれ部材 | 受扭构件 |
| ― meter | 扭力計 | ねじり動力計 | 扭力计 |
| ― modulus | 扭轉(彈性)模量 | ねじり剛性率 | 扭转(弹性)模量 |
| ― moment | 扭矩 | ねじりモーメント | 扭矩 |
| ― seismometer | 扭轉地雲儀 | ねじれ地震計 | 扭转地云仪 |
| ― spring | 扭(轉)簧 | ねじりばね | 扭(转)簧 |
| ― testing machine | 扭轉(力)試驗機 | ねじり試驗機 | 扭转(力)试验机 |
| **torsional** balancer | 扭力平衡器 | トーショナルバランサ | 扭力平衡器 |
| ― bending | 扭曲 | ねじり曲げ | 扭曲 |
| ― braid tester | 扭力帶試驗機 | ねじりひも試驗機 | 扭力带试验机 |
| ― control | 扭轉控制 | ねじり制御 | 扭转控制 |
| ― couple | 扭轉力偶 | ねじり偶力 | 扭转力偶 |
| ― creep | 扭曲潛變 | ねじりクリープ | 扭曲蠕变 |
| ― critical speed | 扭轉臨界速度 | ねじり臨界速度 | 扭转临界速度 |
| ― criticals | 臨界扭轉 | ねじり限界回轉 | 临界扭转 |
| ― deflection | 扭轉撓曲 | ねじりたわみ | 扭转挠曲 |
| ― deformation | 扭轉變形 | ねじり変形 | 扭转变形 |
| ― elasticity | 扭轉撓性;扭轉彈性 | ねじり弾性 | 扭转挠性;扭转弹性 |
| flexibility | 扭轉伸縮性 | ねじりたわみ性 | 扭转伸缩性 |

| 英　　文 | 臺　　灣 | 日　　文 | 大　　陸 |
|---|---|---|---|
| ― force | 扭力 | ねん力 | 扭力 |
| ― function | 扭轉函數 | ねじり関数 | 扭转函数 |
| ― load | 扭轉負載 | ねじり荷重 | 扭转载荷 |
| ― modulus of elasticity | 扭轉彈性模量 | ねじり弾性率 | 扭转弹性模量 |
| ― modulus of section | 截面抗扭模量 | ねじりの断面係数 | 截面抗扭模量 |
| ― moment | 扭矩 | ねじりモーメント | 扭矩 |
| ― resistance | 抗扭性 | ねじり抵抗 | 抗扭性 |
| ― rigidity | 扭轉剛度;扭矩剛度 | ねじり剛性 | 扭转刚度;扭矩刚度 |
| ― rigidity coefficient | 抗扭剛度係數 | ねじり剛性係数 | 抗扭刚度系数 |
| ― rigidity modulus | 抗扭剛性模量 | ねじり剛性率 | 抗扭刚性模量 |
| ― shear stress | 扭轉切應力;扭矩剪應力 | ねじりせん断応力 | 扭转切应力;扭矩剪应力 |
| ― shear test | 扭轉剪切試驗 | ねじりせん断試験 | 扭转剪切试验 |
| ― stiffness | 扭矩剛度;扭轉剛度 | ねじり剛性 | 扭矩刚度;扭转刚度 |
| ― strain | 扭轉應變 | ねじりひずみ | 扭转应变 |
| ― strength | 抗扭強度 | ねじれ強さ | 抗扭强度 |
| ― stress | 扭轉應力;扭曲應力 | ねじり応力 | 扭转应力;扭曲应力 |
| ― yield point | 扭轉降伏點 | ねじり降伏点 | 扭转屈服点 |
| **tortuosity factor** | 彎曲係數;曲折係數 | くねり係数 | 弯曲系数;曲折系数 |
| **torus** | 圓環;橢圓環;環面 | 円環面 | 圆环;椭圆环;环面 |
| **tosecan** | 劃針(盤);劃線盤〔架〕 | トースカン | 划针(盘);划线盘〔架〕 |
| **total** | 總計;總數;總的;總括的 | 総計 | 总计;总数;总的;总括的 |
| ― analysis | 全分析 | 全分析 | 全分析 |
| ― arc of contact | 總接觸弧 | 巻付け角 | 总接触弧 |
| ― assembly | 總裝配 | 全体組立て | 总装配 |
| ― build-up time | 總裝置時間 | 連結時間 | 总装置时间 |
| ― carburizing | 完全滲碳 | 完全しん炭 | 完全渗碳 |
| ― case depth | 硬化層總深度 | 全硬化深度 | 硬化层总深度 |
| ― corrosion percent | 總腐蝕率 | 全体的腐食率 | 总腐蚀率 |
| ― cross section | 總截面;全截面 | 全断面積 | 总截面;全截面 |
| ― decarburized depth | 脫碳層總深度 | 全脱炭層深さ | 脱碳层总深度 |
| ― design | 總設計;總體設計 | トータル設計 | 总设计;总体设计 |
| ― elongation | 總延伸率;總伸長率 | 全伸び | 总延伸率;总伸长率 |
| ― error | 總誤差 | トータルエラー | 总误差 |
| ― hardening | 全硬化;淬透 | 完全焼入れ | 全硬化;淬透 |
| ― heat | 熱函;總熱量;焓 | 全熱量 | 热函;总热量;焓 |
| ― heat exchanger | 總熱交換器 | 全熱交換器 | 总热交换器 |
| ― heat leakage rate | 總熱傳導率 | 全熱漏失率 | 总热传导率 |
| ― heat radiating power | 總熱輻射功率 | 全熱ふく射能 | 总热辐射功率 |
| ― heat transfer | 總熱傳遞 | 総熱量伝達 | 总热传递 |
| ― heating surface | 總受熱面 | 全熱面 | 总受热面 |

**T**

| 英　　文 | 臺　　灣 | 日　　文 | 大　　陸 |
|---|---|---|---|
| — heating value | 總熱值 | 全発熱量 | 总热值 |
| — height | 總高;全高 | 総丈 | 总高;全高 |
| — impulse | 總衝量 | 全力積 | 总冲量 |
| — intensity | 總強度 | 全方向強度 | 总强度 |
| — length | 全長 | 全長 | 全长 |
| — life | 全壽命周期 | トータルライフサイクル | 全寿命周期 |
| — load | 總負載 | 全荷重 | 总负荷 |
| — loss angle | 全損失角;全損耗角 | 全損失角 | 全损失角;全损耗角 |
| — model | 總體模型 | トータルモデル | 总体模型 |
| — module | 總體模塊 | トータルモジュール | 总体模块 |
| — operating time | 總動作時間;總工作時間 | 総動作時間 | 总动作时间;总工作时间 |
| — optimization | 全體最適化;全部最佳化 | 全体最適化 | 全体最适化;全部最优化 |
| — ordering relation | 全順序關係 | 全順序関係 | 全顺序关系 |
| — output | 總產量;總出量;總輸出量 | 総産量 | 总产量;总出量;总输出量 |
| — perspective | 全透視圖 | 全透視図 | 全透视图 |
| — porosity | 總孔隙率 | 全孔げき率 | 总孔隙率 |
| — power | 總功率 | トータルパワー | 总功率 |
| — pressure | 全壓;總壓力;總壓強 | 総圧 | 全压;总压力;总压强 |
| — production | 全生產量;總生產量 | 全生産量 | 全生产量;总生产量 |
| — quantity of heat | 全熱量;總熱量 | 全熱量 | 全热量;总热量 |
| — radiation pyrometer | 全輻射高溫計 | 全放射温度計 | 全辐射高温计 |
| — range | 全範圍;全程 | 全範囲 | 全范围;全程 |
| — regulation | 全〔總〕調節率 | 総合変動率 | 全〔总〕调节率 |
| — strain | 總變形 | 全ひずみ | 总变形 |
| — strain energy theory | 總應變能理論 | 全弾性エネルギー説 | 总应变能理论 |
| — stress | 全應力 | 全応力 | 全应力 |
| — system concept | 總體系統概念 | トータルシステム概念 | 总体系统概念 |
| — system design | 總體系統設計 | トータルシステム設計 | 总体系统设计 |
| — system evaluation | 總體系統評價 | トータルシステム評価 | 总体系统评价 |
| — system performance | 總體系統性能 | トータルシステム性能 | 总体系统性能 |
| — system requirement | 總體系統要求 | トータルシステム要件 | 总体系统要求 |
| — systematization | 總體配套系統化 | トータルシステム化 | 总体配套系统化 |
| — test | 綜合檢驗;全面檢驗 | 総合テスト | 综合检验;全面检验 |
| — testing time | 總試驗時間;總動作時間 | 総試験時間 | 总试验时间;总动作时间 |
| — thrust | 總合推力;總推力 | 総合推力 | 总合推力;总推力 |
| — tolerance | 總合公差;總公差 | 総合公差 | 总合公差;总公差 |
| — voltage regulation | 全電壓變動;總壓調節 | 全電圧変動 | 全电压变动;总压调节 |
| — weight | 全重量;總重量 | 全重量 | 全重量;总重量 |
| — wheel base | 全軸距 | 全軸距 | 全轴距 |
| **Toucas metal** | 一種鎳合金 | トーカスメタル | 塔卡斯镍(临用)合金 |

| 英　　文 | 臺　　灣 | 日　　文 | 大　　陸 |
|---|---|---|---|
| **touch** | 感觸;觸覺;觸;接觸 | 感触 | 感触;触觉;触;接触 |
| — block | 接線盒(板) | タッチブロック | 接线盒(板) |
| — button | 指觸按鈕 | タッチボタン | 指触按钮 |
| — key | 接觸鍵;觸動鍵 | タッチキー | 接触键;触动键 |
| — roller | 接觸輪 | タッチローラ | 接触轮 |
| — trigger probe | 觸發式測頭 | タッチトリガプローブ | 触发式测头 |
| — type electrode | 接觸式銲極 | コンタクト溶接棒 | 接触式焊极 |
| **touchstone** | 試金石;一種掛石 | 試金石 | 试金石;一种挂石 |
| **tough** cake copper | 精銅;韌銅 | 精銅 | 精铜;韧铜 |
| — copper | 精製銅;韌銅 | 精製銅 | 精制铜;韧铜 |
| — failure | 韌性破壞 | じん性破損 | 韧性破坏 |
| — fracture | 韌性破壞 | じん性破壊 | 韧性破坏 |
| — hardness | 韌硬度 | じん性硬度 | 韧硬度 |
| — poling | 精銅 | 精銅 | 精铜 |
| — rubber | 硬橡膠 | 強張りゴム | 硬橡胶 |
| **toughened** glass | 強化玻璃 | 強化ガラス | 强化玻璃 |
| — polystyrene | 增強聚苯乙烯 | 強化ポリスチレン | 增强聚苯乙烯 |
| **toughener** | 增強劑;增強合金 | 強じん化剤 | 增强剂;增强合金 |
| **toughening** | 強韌化(處理) | 強じん化 | 强韧化(处理) |
| — rubber | 增強用橡膠 | 強化用ゴム | 增强用橡胶 |
| **toughness** | 韌性;鋼度;黏稠性 | じん性 | 韧性;钢度;黏稠性 |
| — index | 韌性指數;黏滯度指數 | タフネス指数 | 韧性指数;黏滞度指数 |
| — test | 衝擊韌性試驗 | じん性試験 | 冲击韧性试验 |
| **Tourun metal** | 一種錫青銅 | ツーランメタル | 一种锡青铜 |
| **tow** hook | 牽引釣;掛釣 | トウフック | 牵引钓;挂钓 |
| — ring layout | 驅動環節設計 | トウリングレイアウト | 驱动环节设计 |
| **towanite** | 黃銅礦 | 黄銅鉱 | 黄铜矿 |
| **tower** ring scrubber | 塔式洗滌器;洗滌塔 | タワーリングスクラバ | 塔式洗涤器;洗涤塔 |
| — slewing crane | 塔式旋臂起重機 | 旋回タワークレーン | 塔式旋臂起重机 |
| **towing** apparatus | 拖曳設計 | えい航装置 | 拖曳设计 |
| — arch | 拖纜承樑;拖纜拱架 | 引き綱受けアーチ | 拖缆承梁;拖缆拱架 |
| **toxic** fume | 有毒煙霧;毒煙 | 有毒煙霧 | 有毒烟雾;毒烟 |
| — gas | 毒氣 | 毒ガス | 毒气 |
| — substance | 有毒物質 | 有毒物質 | 有毒物质 |
| **toxicity test** | 毒性試驗 | 毒性試験 | 毒性试验 |
| **trabeated** construction | 過樑式構造;楣式構造 | まぐさ式構造 | 过梁式构造;楣式构造 |
| — style | 橫樑式;過樑式;楣式 | まぐさ式 | 横梁式;过梁式;楣式 |
| **Trabuk** | 特拉布克錫鎳合金 | トラバック | 特拉布克锡镍合金 |
| **trace** | 痕跡;追蹤;探索 | こん跡 | 痕迹;追踪;探索 |
| — amount | 微量;痕量 | 微量 | 微量;痕量 |

**T**

| 英　　文 | 臺　　灣 | 日　　文 | 大　　陸 |
|---|---|---|---|
| — analysis | 微量分析;痕量分析 | こん跡分析 | 微量分析;痕量分析 |
| — diagram | 跟蹤圖 | トレース図 | 跟踪图 |
| — metal | 微量金屬;痕量金屬 | 微量金属 | 微量金属;痕量金属 |
| — paper | 描圖紙 | トレース紙 | 描图纸 |
| traced design | 描繪設計 | 透写 | 描绘设计 |
| — drawing | 原圖;底圖 | 原図 | 原图;底图 |
| tracer | 寫圖者;繪圖員;隨動裝置 | 追跡ルーチン | 写图者;绘图员;随动装置 |
| — control | 仿形控制 | ならい制御 | 仿形控制 |
| — facility | 仿形設計 | トレーサ施設 | 仿形设计 |
| — finger | 仿形器指銷;仿形觸銷 | トレーサフィンガ | 仿形器指销;仿形触销 |
| — head | 仿形頭 | トレーサヘッド | 仿形头 |
| — method | 觸針法;針描氧割法 | 触針法 | 触针法;针描氧割法 |
| — point | 仿形觸頭;靠模指;跟蹤點 | トレーサポイント | 仿形触头;靠模指;跟踪点 |
| — valve | 仿形滑閥;伺服閥 | トレーサバルブ | 仿形滑阀;伺服阀 |
| tracing | 描圖;描繪;故障探測 | 写図 | 描图;描绘;故障探测 |
| — ability | 跟蹤能力 | トレース能力 | 跟踪能力 |
| — machine | 描圖機;繪圖機 | トレーシングマシン | 描图机;绘图机 |
| — paper | 透寫紙;描圖紙;透明紙 | 透写紙 | 透写纸;描图纸;透明纸 |
| — point | 描繪點 | 描き点 | 描绘点 |
| — sheet | 描圖紙 | トレーシングシート | 描图纸 |
| track | 軌道;磁道;履帶 | 軌道 | 轨道;磁道;履带 |
| — brake | 軌制動器;軌閘 | 軌道ブレーキ | 轨制动器;轨闸 |
| — drive | 履帶傳動 | トラックドライブ | 履带传动 |
| — link | 軌道連接;履帶鏈節 | トラックリンク | 轨道连接;履带链节 |
| — pin | 履帶銷 | トラックピン | 履带销 |
| — section | 軌道用型鋼 | 軌道用形材 | 轨道用型钢 |
| — shoe | 履帶板 | 履板 | 履带板 |
| — tread | 輪距 | 輪距 | 轮距 |
| — wheel | 履帶輪 | 下部転輪 | 履带轮 |
| tracker | 跟蹤系統;跟蹤裝置〔器〕 | トラッカ | 跟踪系统;跟踪装置〔器〕 |
| tracking | 跟蹤;追蹤;(漏電)痕跡 | 追跡 | 跟踪;追踪;(漏电)痕迹 |
| trackle | 滾輪;滑車 | トラックル | 滚轮;滑车 |
| tracksilip | 滑脫;打滑 | トラックスリップ | 滑脱;打滑 |
| traction | 牽引(力);推力;吸引力 | 引張り | 牵引(力);推力;吸引力 |
| — gear | 牽引裝置 | けん引装置 | 牵引装置 |
| — load | 起動負載;牽引負載 | 始動荷重 | 起动荷载;牵引荷载 |
| — machinery | 牽引機械 | トラクションマシーナリ | 牵引机械 |
| tractive effort | 牽引力;牽引作用;挽力 | けん引力 | 牵引力;牵引作用;挽力 |
| — force | 牽引性能 | 索引力 | 牵引性能 |
| tractor drill | 牽引式鑽機 | トラクタドリル | 牵引式钻机 |

| 英　　文 | 臺　　灣 | 日　　文 | 大　　陸 |
|---|---|---|---|
| **traffing carrier** | 輸送帶；傳送帶 | トラフィングキャリヤ | 输送带；传送带 |
| **trailing** axle | 從動軸 | 從車軸 | 从动轴 |
| — box | 從動軸箱 | 從台車軸箱 | 从动轴箱 |
| — spring | 從動彈簧 | 從軸ばね | 从动弹簧 |
| — wheel | 後輪；從動輪 | 後車輪 | 后轮；从动轮 |
| **train of gears** | 齒輪系 | 歯車列 | 齿轮系 |
| — oil | 鯨骨脂；海產動物油 | 鯨油 | 鲸骨脂；海产动物油 |
| **trainable manipulator** | 可訓練的機械手 | 訓練可能マニプレータ | 可训练的机械手 |
| **trainer** | 教練機；訓練器材 | 練習機 | 教练机；训练器材 |
| **training aid** | 教具；訓練輔助設計；教材 | 教材 | 教具；训练辅助设计 |
| — analysis procedure | 訓練解析程序 | 訓練解析手順 | 训练解析程序 |
| **trait** | 特徵；特性 | 形質 | 特征；特性 |
| **trajectory** | 軌道 | 軌道 | 轨道 |
| **tram rail** | 運料車軌道 | 電気軌道 | 运料车轨道 |
| — road | 軌道 | 軌道 | 轨道 |
| **trammel** | 樑規；指針；量規 | トラメル | 梁规；指针；量规 |
| **tramp metal** | 金屬異物 | 混入金属 | 金属异物 |
| **transcendental** curve | 超越曲線 | 超越曲線 | 超越曲线 |
| — function | 超越函數 | 超越関数 | 超越函数 |
| — number | 超越數 | 超越数 | 超越数 |
| — system | 超越系 | 超越システム | 超越系 |
| **transcrystalline** crack | 穿晶破裂 | 結晶粒内破壊 | 穿晶破裂 |
| — fracture | 穿晶斷裂 | 貫粒割れ | 穿晶断裂 |
| **transcrystallization** | 橫結晶 | 横軸結晶 | 横结晶 |
| **transducer** | 轉換器；傳感器 | トランスデューサ | 转换器；传感器 |
| — sensitivity | 傳感器靈敏度 | トランスデューサ感度 | 传感器灵敏度 |
| **transfer** | 傳輸；（旋回）橫距 | 転送 | 传输；（旋回）横距 |
| — area | 傳熱面；接觸面 | 伝熱面 | 传热面；接触面 |
| — arm | 傳送臂 | トランスファアーム | 传送臂 |
| — caliper | 移測卡規；移置卡鉗 | 写しパス | 移测卡规；移置卡钳 |
| — case | 分動箱；分動器 | 動力分配装置 | 分动箱；分动器 |
| — chain | 生產線 | 加工ライン | 生产线 |
| — chamber | 料腔（轉移成形） | トランスファポット | 料腔（转移成形） |
| — characteristic | 轉移特性；變換特性 | 伝達特性 | 转移特性；变换特性 |
| — check | 傳輸檢查 | 転送検査 | 传输检查 |
| — collet | 自動送料來套 | トランスファコレット | 自动送料来套 |
| — constant | 傳輸常數 | 伝達定数 | 传输常数 |
| — contact | 轉換接點；變換接點 | 切換え接点 | 转换接点；变换接点 |
| — control | 轉移控制 | 搬送制御 | 转移控制 |
| — conveyor | 輸送帶 | トランスファコンベヤ | 输送带 |

| 英　　文 | 臺　　灣 | 日　　文 | 大　　陸 |
|---|---|---|---|
| — curve | 傳遞曲線；轉移曲線 | トランスファカーブ | 传递曲线；转移曲线 |
| — efficiency | 轉換效率；傳輸效率 | 転送効率 | 转换效率；传输效率 |
| — element | 傳遞元件；傳輸元件 | 伝達要素 | 传递元件；传输元件 |
| — encapsulation | 連續自動封裝（密封） | トランスファ封入成形 | 连续自动封装（密封） |
| — factor | 轉移因數；轉換因數 | 変換率 | 转移因数；转换因数 |
| — feeder | 進給裝置；送料裝置 | トランスファフィーダ | 进给装置；送料装置 |
| — force | 傳遞模塑的成形壓力 | トランスファ成形力 | 传递模塑的成形压力 |
| — function | 傳遞函數 | 伝達関数 | 传递函数 |
| — header | 連續自動式凸緣件鐓鍛機 | トランスファヘッダ | 连续自动式凸缘件镦锻机 |
| — hose | 輸送軟管 | 移送ホース | 输送软管 |
| — lag | 傳遞遲滯；傳遞滯後 | 伝送遅延 | 传递迟滞；传递滞后 |
| — length | 傳達長度 | 導入長さ | 传达长度 |
| — line | 傳送線；連續生產線 | 搬送ライン | 传送线；连续生产线 |
| — machine | 轉移成形機 | トランスファ成形機 | 转移成形机 |
| — mechanism | 自動傳輸機構；機械手 | トランスファメカニズム | 自动传输机构；机械手 |
| — model | 轉移成形 | 伝達モデル | 转移成形 |
| — molding | 傳遞成形法；轉移成形法 | 圧送（樹脂）成形 | 传递成形法；转移成形法 |
| — molding machine | 轉移成形機 | トランスファ成形機 | 转移成形机 |
| — of control | 控制轉移 | 制御転送 | 控制转移 |
| — of energy | 能量傳達 | エネルギー伝達 | 能量传达 |
| — of heat | 放熱；熱傳導；熱的輸送 | 熱伝達 | 放热；热传导；热的输送 |
| — piston | 傳達模塑的（擠壓）活塞 | トランスファピストン | 传达模塑的（挤压）活塞 |
| — pot | 料腔（轉移成形） | トランスファポット | 料腔（转移成形） |
| — press | 連續自動沖床 | トランスプァプレス | 连续自动压力机 |
| — speed | 傳送速度 | 転送速度 | 传送速度 |
| — switch | 轉接開關；轉換開關 | 切換えスイッチ | 转接开关；转换开关 |
| — type heat exchanger | 傳遞式熱交換器 | 熱通過式熱交換器 | 传递式热交换器 |
| — valve | 輸送閥 | 切換え弁 | 输送阀 |
| — vector | 轉移向量 | トランスファベクトル | 转移向量 |
| — well | 料腔（傳遞模塑） | トランスファポット | 料腔（传递模塑） |
| **transferability** | 轉移性 | 伝達性 | 转移性 |
| **transference** | 傳送；輸電 | 送電 | 传送；输电 |
| **transferring** | 轉印；傳遞；轉移 | 転写 | 转印；传递；转移 |
| **transform** | 變形；變換 | 変換 | 变形；变换 |
| — coding | 變換編碼 | 変換符号化 | 变换编码 |
| **transformation** | 變換；改變；換算 | 変換 | 变换；改变；换算 |
| — annealing | 相變退火 | 変態焼きなまし | 相变退火 |
| — constant | 變換常數 | 転換定数 | 变换常数 |
| — conversion | 變換；轉換 | 変換 | 变换；转换 |
| — loss | 變壓損耗 | 変圧損 | 变压损耗 |

| 英　　文 | 臺　　灣 | 日　　文 | 大　　陸 |
|---|---|---|---|
| ― plasticity | 相變塑性;轉變塑性 | 変態塑性 | 相变塑性;转变塑性 |
| ― point | 相變點;變態點;轉變點 | 変態点 | 相变点;色变点;转变点 |
| ― strain | 相變應變 | 変態ひずみ | 相变应变 |
| ― stress | 相變應力 | 変態応力 | 相变应力 |
| ― temperature | 相變溫度 | 変態温度 | 相变温度 |
| **transformer** | 變壓器;變換器 | 変圧器 | 变压器;变换器 |
| ― sheet | 變壓器用薄鋼板 | 変圧器用鉄板 | 变压器用薄钢板 |
| ― substation | 變電所;變電所(站) | 変電所 | 变电所;变电所(站) |
| **transgranular** crack | 穿晶裂紋;粒內裂紋 | 粒内割れ | 穿晶裂纹;粒内裂纹 |
| ― fracture | 粒內破壞;晶(粒)內斷裂 | 粒内破壊 | 粒内破坏;晶(粒)内断裂 |
| **transient** | 過渡現象;瞬變過程;瞬態 | 過渡状態 | 过渡现象;瞬变过程;瞬态 |
| ― action | 過渡作用 | 過渡作用 | 过渡作用 |
| ― analysis | 瞬變分析;過渡分析 | トランジェント解析 | 瞬变分析;过渡分析 |
| ― analyzer | 瞬變過程分析器 | 過渡分析器 | 瞬变过程分析器 |
| ― arc discharge | 過渡電弧放電;脈衝放電 | 過渡アーク放電 | 过渡电弧放电;脉冲放电 |
| ― behavior | 瞬態特性 | 過渡特性 | 瞬态特性 |
| ― boiling range | 過渡沸騰區 | 過渡沸騰域 | 过渡沸腾区 |
| ― characteristic | 過渡特性;瞬態特性 | 過渡特性 | 过渡特性;瞬态特性 |
| ― creep | 過渡潛變 | 遷移クリープ | 过渡蠕变 |
| ― flame | 過渡焰;瞬(時火)焰 | 過渡炎 | 过渡焰;瞬(时火)焰 |
| ― formation | 過渡形態;過渡態 | 瞬間組成 | 过渡形态;过渡态 |
| ― moment | 瞬變力矩 | 遷移モーメント | 瞬变力矩 |
| ― motion | 過渡運動 | 過渡的な運動 | 过渡运动 |
| ― phenomenon | 過渡現象;瞬態現象 | 過渡現象 | 过渡现象;瞬态现象 |
| ― point | 瞬變點;變態點;轉變點 | 遷移点 | 瞬变点;变态点;转变点 |
| ― pulse | 瞬時脈衝 | トランジェントパルス | 瞬时脉冲 |
| ― short-circuit | 過渡短絡;瞬時短路 | 過渡短絡 | 过渡短络;瞬时短路 |
| ― stability | 過渡安定度(性) | 過渡安定度 | 过渡安定度(性) |
| ― stability analysis | 過渡安定性解析 | 過渡安定性解析 | 过渡安定性解析 |
| ― state | 過渡的狀態;瞬(時狀)態 | 過渡的状態 | 过渡的状态;瞬(时状)态 |
| ― state vibration | 非定常振動;瞬態動 | 非定常振動 | 非定常振动;瞬态动 |
| ― stress | 過渡應力;瞬變應力 | 過渡応力 | 过渡应力;瞬变应力 |
| ― temperature | 過渡溫度;瞬變溫度 | 過渡温度 | 过渡温度;瞬变温度 |
| ― vibration | 過渡振動;瞬態振動 | 過渡振動 | 过渡振动;瞬态振动 |
| **transistor** | 電晶體 | トランジスタ | 晶体(三极)管 |
| **transit** | 過渡;轉移;經緯儀 | トランシット | 过渡;转移;经纬仪 |
| ― phase angle | 運轉相(移)角 | 走行角 | 运转相(移)角 |
| **transite plate** | 透明塑料板 | 透明プラスチック板 | 透明塑料板 |
| **transition** | 轉變;過渡;轉折點 | 遷移 | 转变;过渡;转折点 |
| ― altitude | 轉換高度 | 遷移高度 | 转换高度 |

| 英　　文 | 臺　　灣 | 日　　文 | 大　　陸 |
|---|---|---|---|
| — amplitude | 瞬態振幅 | 遷移振幅 | 瞬态振幅 |
| — delay | 延遲轉變 | 遷移の遅れ | 延迟转变 |
| — effect | 過渡效應;飛越效應 | 渡り効果 | 过渡效应;飞越效应 |
| — flame | 瞬(時火)焰 | 過渡炎 | 瞬(时火)焰 |
| — flow | 過渡流 | 不定流動 | 过渡流 |
| — function | 變換函數 | 変換関数 | 变换函数 |
| — heat | 轉化熱;轉變熱 | 転移熱 | 转化热;转变热 |
| — idler | 過渡惰輪;轉換惰輪 | トランジションローラ | 过渡惰轮;转换惰轮 |
| — layer | 轉變層;過渡層 | 転移層 | 转变层;过渡层 |
| — loss | 轉變損失 | 渡り損 | 转变损失 |
| — metal | 過渡金屬元素 | 遷移金属 | 过渡金属元素 |
| — metal carbide | 過渡金屬碳化物 | 遷移金属炭化物 | 过渡金属碳化物 |
| — metal compound | 過渡金屬化合物 | 遷移金属化合物 | 过渡金属化合物 |
| — moment | 轉移力矩;躍遷力矩 | 遷移モーメント | 转移力矩;跃迁力矩 |
| — part | 過渡區;漸變段;緩和段 | 緩和区間 | 过渡区;渐变段;缓和段 |
| — point | 轉變點;過渡點 | 転移点 | 转变点;过渡点 |
| — process | 轉移過點 | 推移過程 | 转移过点 |
| — range | 轉變範圍 | 転変範囲 | 转变范围 |
| — state | 轉變狀態;過渡態 | 遷移状態 | 转变状态;过渡态 |
| — structure | 過渡結構;轉移結構 | 遷移構造 | 过渡结构;转移结构 |
| — temperature | 臨界溫度;過渡溫度 | 転移温度 | 临界温度;过渡温度 |
| — zone | 轉變區;漸變段;過渡間 | 遷移部 | 转变区;渐变段;过渡间 |
| **transitional** element | 過渡元素 | 転移元素 | 过渡元素 |
| — layer | 轉變層 | 転位層 | 转变层 |
| **translatability** | 可平移性 | 移動の可能性 | 可平移性 |
| **translation** | 翻譯;轉換 | 翻訳;移行 | 翻译;转换 |
| — cam | 直動凸輪;平移凸輪 | 直動カム | 直动凸轮;平移凸轮 |
| — control block | 轉換控制塊 | 変換制御ブロック | 转换控制块 |
| — lattice | 平移點陣 | 並進格子 | 平移点阵 |
| **translational** energy | 平移位能 | 移行エネルギー | 平移位能 |
| — lattice | 平移結晶 | 移行結晶格子 | 平移结晶 |
| — motion | 平移運動 | 並進運動 | 平移运动 |
| **translator** | 翻譯程序;轉換器 | 翻訳ルーチン | 翻译程序;转换器 |
| **translator** energy | 直線運動能量;平移能量 | 直線運動エネルギー | 直线运动能量;平移能量 |
| **translocation** | 轉座;轉移(作用) | 転座 | 转座;转移(作用) |
| **translot** | 橫槽 | トランスロット | 横槽 |
| **translucence** | 半透明度(性) | 半透明性 | 半透明度(性) |
| **translucent** body | 半透明體 | 半透明体 | 半透明体 |
| — porous alumina | 透明多孔氧化鋁 | 透明多孔性アルミナ | 透明多孔氧化铝 |
| **transmetallation** | 金屬交換反應 | 金属交換反応 | 金属交换反应 |

| 英　文 | 臺　灣 | 日　文 | 大　陸 |
|---|---|---|---|
| **transmissibility** | 可傳性；透射度 | 可透性 | 可传性；透射度 |
| — of vibration | 振動傳達率 | 振動伝達率 | 振动传达率 |
| **transmission** | 傳輸；發送；輸電；透射 | 伝送；送電 | 传输；发送；输电；透射 |
| — attenuation | 傳送減衰量；傳輸衰（量） | 伝送減衰量 | 传送减衰量；传输衰（量） |
| — band | 傳輸頻帶；傳動皮帶 | 伝送帯域 | 传输频带；传动皮带 |
| — bearing | 變速器軸承 | 変速機軸受 | 变速器轴承 |
| — belt | 傳輸皮帶 | 伝動ベルト | 传输皮带 |
| — block | 傳輸塊 | 伝送ブロック | 传输块 |
| — brake | （汽車）傳動軸制動器 | 推進軸ブレーキ | （汽车）传动轴制动器 |
| — capacity | 傳輸容量〔能力〕 | 伝送容量 | 传输容量〔能力〕 |
| — chain | 傳送鏈 | 伝動用チェーン | 传送链 |
| — channel | 傳送通路 | 伝送路 | 传送通路 |
| — character | 傳輸特性 | 伝送特性 | 传输特性 |
| — coefficient | 透射係數 | 透過係数 | 透射系数 |
| — crank | 傳動曲柄（臂） | 動力伝達クランク | 传动曲柄（臂） |
| — curve | 傳輸曲線；透射曲線 | 伝播曲線 | 传输曲线；透射曲线 |
| — device | 傳動裝置 | 伝動装置 | 传动装置 |
| — diagram | 傳輸圖 | 伝送図 | 传输图 |
| — differential pressure | 傳動裝置壓差 | 伝動装置差圧力 | 传动装置压差 |
| — gear | 傳動裝置；變速齒輪 | 伝動装置 | 传动装置；变速齿轮 |
| — gear box | 變速箱；傳動齒輪箱 | 変速機 | 变速箱；传动齿轮箱 |
| — gear ratio | 轉速比；傳動（齒輪速）比 | 変速比 | 转速比；传动（齿轮速）比 |
| — gearing | 傳動裝置；齒輪傳動裝置 | 駆動装置 | 传动装置；齿轮传动装置 |
| — lag | 傳輸滯後 | 伝送遅れ | 传输滞后 |
| — lock | 變速裝置鎖定器 | 変速装置固定 | 变速装置锁定器 |
| — locking sprag | 變速裝置制動銷 | 変速装置停止用爪 | 变速装置制动销 |
| — lubricant | 傳動裝置潤滑劑 | 伝動装置潤滑油 | 传动装置润滑剂 |
| — mechanism | 傳動機構 | 伝動機構 | 传动机构 |
| — plate | 傳導板 | 伝導板 | 传导板 |
| — point | 變態點 | 変態点 | 转变点 |
| — ratio | 變速比；傳動比 | 変速比 | 变速比；传动比 |
| — shaft | 傳動軸 | 伝動軸 | 传动轴 |
| **transmittancy** | 透光度；滲透度 | 透過率 | 透光度；渗透度 |
| **transmitting** power | 傳輸功率 | 伝達馬力 | 传输功率 |
| — torque | 傳送轉矩 | 伝達トルク | 传送转矩 |
| **transonic compressor** | 跨音速壓氣〔縮〕機 | 遷音速圧縮機 | 跨音速压气〔缩〕机 |
| **transparent** finish | 透明精加工 | 透明仕上げ | 透明精加工 |
| — plastic model | 透明塑料模型 | 透明プラスチック模型 | 透明塑料模型 |
| — view | 透視圖 | 透視図 | 透视图 |
| **transport** | 運輸；輸送；輸送機關 | 運搬 | 运输；输送；输送机关 |

T

| 英　　文 | 臺　　灣 | 日　　文 | 大　　陸 |
|---|---|---|---|
| — apparatus | 輸送機；運輸機 | 輸送装置 | 输送机；运输机 |
| — capacity | 輸送能力；運輸能力 | 輸送能力 | 输送能力；运输能力 |
| — ratio | 位移率 | 遷移比 | 位移率 |
| **transportable crane** | 移動式起重機〔吊車〕 | 移動式クレーン | 移动式起重机〔吊车〕 |
| **transportation** | 運輸；輸送装置 | 輸送 | 运输；输送装置 |
| — capacity | 運輸能力 | 輸送力 | 运输能力 |
| — means | 運輸工具 | 輸送手段 | 运输工具 |
| — mode | 運輸方式 | 輸送方式 | 运输方式 |
| **transporter** | 運輸機；傳送装置 | トランスポータ | 运输机；传送装置 |
| — tray | 運輸用托盤 | 運搬皿 | 运输用托盘 |
| **transposed** equation | 轉置方程式；轉置方程 | 転置方程式 | 转置方程式；转置方程 |
| — matrix | 轉置矩陣 | 転置行列 | 转置矩阵 |
| — vector | 轉置向量 | 転置ベクトル | 转置矢量 |
| **transposing** | 置換；更換；代用（品） | トランスポージング | 置换；更换；代用（品） |
| **transposition** | 置換；移項；（導線）交叉 | ねん架 | 置换；移项；（导线）交叉 |
| — arm | 交叉臂 | 交さ金物 | 交叉臂 |
| **transversal** acceleration | 橫方向加速度 | 横方向加速度 | 横方向加速度 |
| — arch | 橫向拱 | 横断アーチ | 横向拱 |
| — crack | 橫向裂縫〔紋〕 | 横割れ | 横向裂缝〔纹〕 |
| — motion | 水平位移；橫向運動 | 横移動運動 | 水平位移；横向运动 |
| — shaft | 橫軸 | 横軸 | 横轴 |
| — strain | 橫向應變 | 横ひずみ | 横向应变 |
| — stress | 橫向應力 | 横応力 | 横向应力 |
| — velocity | 橫向速度 | 横方向の速度 | 横向速度 |
| — vibration | 橫向振動 | 横振動 | 横向振动 |
| — wave | 橫波 | 横波 | 横波 |
| **transversality** | 橫截性 | 横断性 | 横截性 |
| **transverse** | 橫截 | 横断 | 横截 |
| — acceleration | 橫向加速度 | 横の加速度 | 横向加速度 |
| — axis | 橫截軸 | 横軸 | 横截轴 |
| — base pitch | 端面法向齒距〔周節〕 | 正面法線ピッチ | 端面法向齿距〔周节〕 |
| — beam | 橫樑 | 横ビーム | 横梁 |
| — bend test | 橫向彎曲試驗 | 横曲げ試験 | 横向弯曲试验 |
| — bent | 橫向構架 | トランスバースベント | 横向构架 |
| — bracket | 橫向托座；橫向牛腿 | 横持ち送り | 横向托座；横向牛腿 |
| — center of gravity | 重心橫向座標 | 横方向重心 | 重心横向坐标 |
| — contraction | 橫向收縮 | 横収縮 | 横向收缩 |
| — crack | 橫裂紋 | 横割れ | 横裂纹 |
| — dimension | 橫向尺寸 | 横断面寸法 | 横向尺寸 |
| — discontinuity | 橫向不均勻性 | 横きず | 横向不均匀性 |

| 英　　文 | 臺　　灣 | 日　　文 | 大　　陸 |
|---|---|---|---|
| — force | 扭力 | 横方向分布 | 扭力 |
| — function | 扭轉函數 | 横方向延性 | 扭轉函數 |
| — load | 扭轉負載 | 伸縮横目的 | 扭轉載荷 |
| — modulus of elasticity | 扭轉彈性模量 | 横送り式プレス | 扭轉彈性模量 |
| — modulus of section | 截面抗扭模量 | 横方向の場 | 截面抗扭模量 |
| — moment | 扭矩 | 横裂 | 扭矩 |
| — resistance | 抗扭性 | 横斷流 | 抗扭性 |
| — rigidity | 扭轉剛度;扭矩剛度 | 横方向の力 | 扭轉剛度;扭矩剛度 |
| — rigidity coefficient | 抗扭剛度係數 | 横フレーム | 抗扭剛度系数 |
| — rigidity modulus | 抗扭剛性模量 | 横継ぎ目 | 抗扭剛性模量 |
| — shear stress | 扭轉切應力;扭矩剪應力 | 横荷重 | 扭轉切应力;扭矩剪应力 |
| — shear test | 扭轉剪切試驗 | 横質量 | 扭轉剪切试验 |
| — stiffness | 扭矩剛度;扭轉剛度 | 横部材 | 扭矩剛度;扭轉剛度 |
| — strain | 扭轉應變 | 横メタセンタ | 扭轉应变 |
| — strength | 抗扭強度 | 正面モジュール | 抗扭强度 |
| — stress | 扭轉應力;扭曲應力 | 横弾性率 | 扭轉应力;扭曲应力 |
| — yield point | 扭轉降伏點 | 横向きの運動量 | 扭轉屈服点 |
| **tortuosity factor** | 彎曲係數;曲折係數 | 横振動 | 弯曲系数;曲折系数 |
| **torus** | 圓環;橢圓環;環面 | 正面ピッチ | 圆环;椭圆环;环面 |
| **tosecan** | 劃針(盤);劃線盤〔架〕 | 正面 | 划针(盘);划线盘〔架〕 |
| **total** | 總計;總數;總的;總括的 | 横平削り盤 | 总计;总数;总的;总括的 |
| — analysis | 全分析 | 横方向圧力角 | 全分析 |
| — arc of contact | 總接觸弧 | 横方向プレストレス | 总接触弧 |
| — assembly | 總裝配 | 横軸図法 | 总装配 |
| — build-up time | 總裝置時間 | 横方向の性質 | 总装置时间 |
| — carburizing | 完全滲碳 | 平行圏曲率半径 | 完全渗碳 |
| — case depth | 硬化層總深度 | 横の緩和 | 硬化层总深度 |
| — corrosion percent | 總腐蝕率 | 曲げ抵抗 | 总腐蚀率 |
| — cross section | 總截面;全截面 | 横リブ | 总截面;全截面 |
| — decarburized depth | 脫碳層總深度 | トランスリング | 脱碳层总深度 |
| — design | 總設計;總體設計 | トランスバースシー | 总设计;总体设计 |
| — elongation | 總延伸率;總伸長率 | 横シーム溶接 | 总延伸率;总伸长率 |
| — error | 總誤差 | 横断面 | 总误差 |
| — hardening | 全硬化;淬透 | 横断形状 | 全硬化;淬透 |
| — heat | 熱函;總熱量;焓 | 横せん断応力 | 热函;总热量;焓 |
| — heat exchanger | 總熱交換器 | 合面外せん断力テンソル | 总热交换器 |
| — heat leakage rate | 總熱傳導率 | 横せん断試験 | 总热传导率 |
| — heat radiating power | 總熱輻射功率 | 横収縮 | 总热辐射功率 |
| — heat transfer | 總熱傳遞 | トランスバーススロット | 总热传递 |
| — heating surface | 總吸熱面 | 横むきばね | 总吸热面 |

| 英　　文 | 臺　　灣 | 日　　文 | 大　　陸 |
|---|---|---|---|
| ─ stiffener | 橫向加勁桿 | 橫補剛材 | 橫向加劲杆 |
| ─ strain | 橫(向)應變 | 橫ひずみ | 橫(向)应变 |
| ─ strength | 橫向強度;抗彎強度 | 橫強度 | 橫向强度;抗弯强度 |
| ─ stress | 橫向應力 | 橫応力 | 橫向应力 |
| ─ tensile strength | 橫拉伸強度 | 橫引張り強さ | 橫拉伸强度 |
| ─ tension crack | 橫向受拉裂縫 | 曲げひび割れ | 橫向受拉裂缝 |
| ─ test | 抗彎試驗;橫向彎曲試驗 | 橫曲げ試験 | 抗弯试验;橫向弯曲试验 |
| ─ thrust | 橫向推力;側推力 | トランスバーススラスト | 橫向推力;側推力 |
| ─ thruster | 橫向推力器 | 橫推力器 | 橫向推力器 |
| ─ tooth profile | 端面齒形 | 橫断歯形 | 端面齿形 |
| ─ vibration | 橫(向)振動 | 橫振動 | 橫(向)振动 |
| ─ wall | 橫向外牆 | 妻壁 | 橫向外墙 |
| ─ wave | 橫波 | 橫波 | 橫波 |
| ─ wiring | 橫向張線;隔框張線 | ろく材張り線 | 橫向张线;隔框张线 |
| **transversing jack** | 橫移式起重機 | 橫送りジャッキ | 橫移式起重机 |
| **trap for petroleum** | 儲油構造 | 集油構造 | 储油构造 |
| **trapezoid** | 梯形;不規則四邊形 | 台形 | 梯形;不规则四边形 |
| ─ arch | 梯形拱;台形拱 | てい形アーチ | 梯形拱;台形拱 |
| ─ box girder | 梯形箱樑 | 台形箱げた | 梯形箱梁 |
| ─ frame | 梯形框架;梯形構架 | 台形フレーム | 梯形框架;梯形构架 |
| ─ of piston | 活塞衝程 | ピストンの行程 | 活塞冲程 |
| ─ of slide valve | 滑閥行程 | すべり弁の行程 | 滑阀行程 |
| ─ pedestal | 鐘形墊座;梯形墊座 | はかま腰 | 钟形垫座;梯形垫座 |
| ─ screw thread | 梯形螺紋 | 台形ねじ | 梯形螺纹 |
| ─ shank tool | 梯形柄車刀 | 台形シャンクバイト | 梯形柄车刀 |
| ─ shock pulse | 梯形衝擊脈衝 | 台形波衝撃パルス | 梯形冲击脉冲 |
| ─ sleeper | 梯形枕木 | てい形まくら木 | 梯形枕木 |
| ─ thread | 梯形螺紋 | 台形ねじ | 梯形螺纹 |
| **trash** | 垃圾;塵土;廢物〔料〕 | ごみ | 垃圾;尘土;废物〔料〕 |
| ─ bin | 垃圾箱 | ごみ箱 | 垃圾箱 |
| ─ can | 垃圾桶 | ごみ缶 | 垃圾桶 |
| ─ container | 廢物箱 | 廃物入れ | 废物箱 |
| **travel** | 行程;衝程;旅行;移動 | 移動距離 | 行程;冲程;旅行;移动 |
| axle | 橫軸 | 走行〔移動〕軸 | 橫轴 |
| base | 活動底座;移動底座 | 走行台わく | 活动底座;移动底座 |
| centrifuge | 移動式離心機 | トラベル遠心分離機 | 移动式离心机 |
| cross frame | 橫軸〔汽車的〕 | 走行クロスフレーム | 橫轴〔汽车的〕 |
| device | 行走裝置;運行機構 | 走行裝置 | 行走装置;运行机构 |
| gear | 行走裝置;運行機構 | 走行裝置 | 行走装置;运行机构 |
| mechanism | 遷移機構 | 移動機構 | 迁移机构 |

| 英　　文 | 臺　　灣 | 日　　文 | 大　　陸 |
|---|---|---|---|
| — of clutch | 離合器行程 | クラッチのストローク | 离合器行程 |
| — of valve | 閥行程 | 弁の行程 | 阀行程 |
| — time | 運行時間;移動時間 | 走行時間 | 运行时间;移动时间 |
| **traveler** | 橋式起重機 | 走行装置 | 桥式起重机 |
| **traveling** belt | 運輸帶 | 可動調帶 | 运输带 |
| — belt screen | 運輸帶篩 | 移動ベルトふるい | 运输带筛 |
| — block | 運行滑車〔輪〕;動滑車 | トラベリングブロック | 运行滑车〔轮〕;动滑车 · |
| — brake | 移動式制動器 | 走行ブレーキ | 移动式制动器 |
| — cable crane | 移動式纜索起重機 | 走行ケーブルクレーン | 移动式缆索起重机 |
| — center | 移動式拱架 | 移動式センタ | 移动式拱架 |
| — contact | 可動接點 | 可動接点 | 可动接点 |
| — crane | 移動式起重機 | 走行クレーン | 移动式起重机 |
| — cut-off saw | 橫向進給圓盤鋸 | 走行切断のこ | 横向进给圆盘锯 |
| — derrick crane | 移動式轉臂起重機 | 移動式デリッククレーン | 移动式转臂起重机 |
| — equipment | 移動裝置 | 走行装置 | 移动装置 |
| — forge | 活動鍛爐;活動式鍛工間 | 移動かじ場 | 活动锻炉;活动式锻工间 |
| — furnace | 移動爐 | 移動炉 | 移动炉 |
| — gantry | 移動式龍門起重機 | ガントリクレーン | 移动式龙门起重机 |
| — grate stoker | 移動爐箅加煤機 | 移床ストーカ | 移动炉箅加煤机 |
| — hoist | 移動式滑車 | 走行ホイスト | 移动式滑车 |
| — jib crane | 移動式懸臂起重機 | 走行形クレーン | 移动式悬臂起重机 |
| — load | 移動負載 | 連行荷重 | 移动荷载 |
| — motor hoist | 移動式電動起重機 | 走行モータホイスト | 移动式电动起重机 |
| — performance | 行走性能;運行特性 | 走行性能 | 行走性能;运行特性 |
| — portal jib crane | 移動高架懸臂起重機 | 移動門形ジブクレーン | 移动高架悬臂起重机 |
| — stay | 移動中心架 | 移動振れ止め | 移动中心架 |
| — table | 活動台面 | 走行テーブル | 活动台面 |
| — time | 運轉時間;運轉時間 | 運転時間 | 运转时间;运转时间 |
| **traverse** | 橫斷(物);橫樑;旋轉 | あや振り | 横断(物);横梁;旋转 |
| — bed | 搖臂鑽橫動床面 | トラバースベッド | 摇臂钻横动床面 |
| — cut | 縱磨;縱向走刀磨削 | トラバースカット | 纵磨;纵向走刀磨削 |
| — feed | 橫向進給;橫進刀 | 横送り | 横向进给;横进刀 |
| — gear | 橫移機構 | 横行装置 | 横移机构 |
| — grinder | 短磨輥;往復磨輥 | ホースホールグラインダ | 短磨辊;往复磨辊 |
| — grinding | 橫進磨法;縱磨 | トラバース研削 | 横进磨法;纵磨 |
| — guide | 橫動導桿;橫動導紗器 | トラバースガイド | 横动导杆;横动导纱器 |
| — line | 方向線;導線;導線行程 | 多角線 | 方向线;导线;导线行程 |
| — mark | 走刀痕跡;螺旋斑痕 | 送りマーク | 走刀痕迹;螺旋斑痕 |
| — measurement | 導線測量;橫向測量 | トラバース測量 | 导线测量;横向测量 |
| — motion | 橫行;橫向運動;往復運動 | 横行 | 横行;横向运动;往复运动 |

| 英　　文 | 臺　　灣 | 日　　文 | 大　　陸 |
|---|---|---|---|
| — plane | 橫斷面 | 横断面 | 横断面 |
| — planer | 滑枕水平進給式牛頭鉋床 | トラバース形削り盤 | 滑枕水平进给式牛头刨床 |
| — shaper | 滑枕水平進給式牛頭鉋床 | トラバース形削り盤 | 滑枕水平进给式牛头刨床 |
| — slide | 縱向滑板 | トラバーススライド | 纵向滑板 |
| — slotter | 移動插頭進給式插床 | トラバース立て削り盤 | 移动插头进给式插床 |
| **traverser** | 移車台;轉車台;活動平台 | 遷車台 | 移车台;转车台;活动平台 |
| **traversing** equipment | 橫行裝置;橫移機構 | 横行装置 | 横行装置;横移机构 |
| — feed | 縱向進給 | 縦送り | 纵向进给 |
| — gear | 橫移〔動〕裝置 | 横行装置 | 横移〔动〕装置 |
| — jack | 移動式起重器〔千斤頂〕 | 送リジャッキ | 移动式起重器〔千斤顶〕 |
| — mechanism | 旋轉裝置 | 方向移動装置 | 旋转装置 |
| — of probe | 前後掃描〔超音波探傷〕 | 前後走査 | 前后扫描〔超声探伤〕 |
| — scan | 前後掃描〔超音波探傷〕 | 前後走査 | 前后扫描〔超声探伤〕 |
| — speed | 橫行速度;橫移〔動〕速度 | 横行速度 | 横行速度;横移〔动〕速度 |
| **tray** | 托盤〔架〕;墊;座;溜槽 | たな板 | 托盘〔架〕;垫;座;溜槽 |
| — burner | 擱架爐;盤架爐 | つるべ式炉 | 搁架炉;盘架炉 |
| **tread mill** | 腳踏軋機 | 踏み車と石 | 脚踏轧机 |
| **treated liner** | 處理的襯墊 | 処理ライナ | 处理的衬垫 |
| — linseed oil | 加工的亞麻仁油 | 加工アマニ油 | 加工的亚麻仁油 |
| — neutrals | 精製中性油 | 精製中性油 | 精制中性油 |
| — oil | 精製油 | 洗浄油 | 精制油 |
| — rubber | 精製橡膠 | 精製ゴム | 精制橡胶 |
| — wheel | 處理過的砂輪 | 処理といし | 处理过的砂轮 |
| **treater** | 處理器;提純器;淨油器 | 処理器 | 处理器;提纯器;净油器 |
| **treating oven** | 乾燥爐;熱處理爐 | 乾燥炉 | 乾燥炉;热处理炉 |
| — processes | 精製過程;處理過程 | 精製工程 | 精制过程;处理过程 |
| **treatment** | 處理;處置;加工 | 処置〔理〕 | 处理;处置;加工 |
| — after hardening | 硬化後處理 | 硬化後処理 | 硬化后处理 |
| — before hardening | 硬化前處理 | 硬化前処理 | 硬化前处理 |
| — by extraction | 萃取處理;精煉處理 | 抽出処理 | 萃取处理;精炼处理 |
| — facility | 處理設備〔施〕 | 処理施設 | 处理设备〔施〕 |
| — of waste oil | 廢油處理 | 廃油処理 | 废油处理 |
| — plant | 處理施設 | 処理施設 | 处理施设 |
| **treble block** | 三輪滑車 | 三輪滑車 | 三轮滑车 |
| — gear | 三聯齒輪(塊);三級齒輪 | 三段ギヤー | 三联齿轮(块);三级齿轮 |
| — ported slide valve | 三通滑閥 | 三重口すべり弁 | 三通滑阀 |
| **tree** | 縱樑(軸);樹枝狀晶體 | 樹木（形）曲線 | 纵梁(轴);树枝状晶体 |
| — automaton | 樹形自動機 | トリーオートマトン | 树形自动机 |
| — hanger | 蠟樹架 | ツリーハンガ | 蜡树架 |
| — holder | 蠟樹架〔精鑄〕 | ツリーホルダ | 蜡树架〔精铸〕 |

| 英　　文 | 臺　　灣 | 日　　文 | 大　　陸 |
|---|---|---|---|
| ─ nail | 木栓;木釘;銷釘;蠟旋 | 木くぎ | 木栓;木钉;销钉;蜡旋 |
| **trees** | 樹枝狀(鍍層) | トリス | 树枝状(镀层) |
| ─ dendrite | 樹枝狀鍍層結晶 | 樹枝状めっき | 树枝状镀层结晶 |
| **trefoil** | 三瓣形;三瓣閥 | 三葉飾り | 三瓣形;三瓣阀 |
| **tremble** | 震動;擺動 | トレンブル | 震动;摆动 |
| **tremor** | 顫動〔音〕;震動 | トレモア | 颤动〔音〕;震动 |
| **trench** | 挖基槽;挖溝;溝;槽 | 根切り | 挖基槽;挖沟;沟;槽 |
| **trend** | 傾向;方向;趨向 | 傾向変動 | 倾向;方向;趋向 |
| ─ analysis | 趨勢(變動)分析 | 傾向変動分析 | 趋势(变动)分析 |
| **trepan** | 打眼(機);圓鋸;圈套 | 切抜き器 | 打眼(机);圆锯;圈套 |
| ─ tool | 套孔刀;切端面槽刀具 | トレパンツール | 套孔刀;切端面槽刀具 |
| **trepanner** | 套孔機;穿孔機;打眼機 | トレパンナ | 套孔机;穿孔机;打眼机 |
| **trepanning** | 套孔;穿孔;穿孔試驗 | 心残し削り | 套孔;穿孔;穿孔试验 |
| ─ drill | 套孔鑽;套料鑽 | トレパニングドリル | 套孔钻;套料钻 |
| ─ method | 圓槽釋放法〔測殘餘應力〕 | トレパン法 | 圆槽释放法〔测残馀应力〕 |
| ─ test | 穿孔試驗 | トレパン試験 | 穿孔试验 |
| ─ tool | 切端面槽刀具 | トレパンバイト | 切端面槽刀具 |
| **trestle** | 支架 | 馬台 | 支架 |
| **trevorite** | 鎳磁鐵礦 | トレボール石 | 镍磁铁矿 |
| **TRIAC switch** | 三端雙向(矽控)開關 | トライアックスイッチ | 三端双向(可控硅)开关 |
| **triakisoctahedron** | 三(角)八面體 | 三八面体 | 三(角)八面体 |
| **trial** | 試車〔運轉〕;訓練 | 試運転 | 试车〔运转〕;训练 |
| ─ and error (method) | 逐次逼近法 | 暗探法 | 逐次逼近法 |
| ─ and error experience | 試探法實驗 | 手探り実験 | 试探法实验 |
| ─ and error test | 試探性試驗 | 手探り試験 | 试探性试验 |
| ─ foundry | 試製鑄造工場 | トライアルファンドリ | 试制铸造车间 |
| ─ loading | 試驗負載 | 試験載荷 | 试验载荷 |
| ─ operation | 試運行 | 試験使用 | 试运行 |
| ─ run | 試運轉;試車;試生產 | 試運転 | 试运转;试车;试生产 |
| **triangle** | 三角形;三角板;三角鐵 | 三角形 | 三角形;三角板;三角铁 |
| ─ bar | 三角形棒 | 三角バー | 三角形棒 |
| ─ cam | 三角凸輪 | 三角カム | 三角凸轮 |
| ─ law | 三角定律 | 三角形法則 | 三角定律 |
| ─ of error | 誤差三角形 | 示誤三角形 | 误差三角形 |
| ─ square | 三角尺 | 三角定規 | 三角尺 |
| ─ thread | 三角螺紋 | 三角ねじ山 | 三角螺纹 |
| **triangular** chisel | 三角鑿刀 | 片刃平たがね | 三角凿刀 |
| ─ distributed load | 三角分布負載 | 三角形状荷重 | 三角分布荷载 |
| ─ file | 三角銼 | 三角やすり | 三角锉 |
| ─ groove | 三角形槽 | 三角溝 | 三角形槽 |

| 英 文 | 臺 灣 | 日 文 | 大 陸 |
|---|---|---|---|
| ─ notch | 三角形切口 | 三角切り欠き | 三角形切口 |
| ─ phase diagram | 三元相圖 | 三角位相図 | 三元相图 |
| ─ pitch | 三角形螺距 | 三角形配列 | 三角形螺距 |
| ─ rod | 三角形母線 | 三角母線 | 三角形母线 |
| ─ screw thread | 三角(形)螺紋;V形螺紋 | 三角ねじ | 三角(形)螺纹 |
| ─ section | 三角形斷面 | 三角形断面 | 三角形断面 |
| ─ serration | 三角形齒面 | 三角歯セレーション | 三角形齿面 |
| ─ square | 三角直尺 | 三角定規 | 三角直尺 |
| ─ support | 三角架 | 三角架 | 三角架 |
| ─ thread | 三角(形)螺紋;V形螺紋 | 三角ねじ | 三角(形)螺纹 |
| ─ truss | 三角桁架 | 三角小屋組 | 三角桁架 |
| triangulation | 三角測量;三角形分割 | 三角測量 | 三角测量;三角形分割 |
| triatomic ring | 三元環 | 三員環 | 三元环 |
| triaxial apparatus | 三軸壓力試驗機 | 三軸(圧縮)試験機 | 三轴压力试验机 |
| ─ compression test | 三軸壓力試驗 | 三軸圧縮試験 | 三轴压力试验 |
| ─ shear test | 三軸剪切試驗 | 三軸せん断試験 | 三轴剪切试验 |
| ─ stress | 三向應力 | 三軸応力 | 三向应力 |
| triviality | 三軸性〔應力的〕 | 三軸性 | 三轴性〔应力的〕 |
| triblet | 心軸 | 心軸 | 心轴 |
| triboelectrification | 摩擦起〔生〕電 | 摩擦帯電 | 摩擦起〔生〕电 |
| tribology | 摩擦學 | トライボロジー | 摩擦学 |
| triboluminescence | 摩擦發光 | 摩擦ルミネセンス | 摩擦发光 |
| tribometer | 摩擦計 | 摩擦計 | 摩擦计 |
| tricam | 三片凸輪 | トライカム | 三片凸轮 |
| tricing wire | 吊索 | トライシングロープ | 吊索 |
| trick | 訣竅;鏡面刻度線 | 鏡内目盛り | 诀窍;镜面刻度线 |
| ─ valve | 特立克閥 | トリック弁 | 特立克阀 |
| tricky quenching | 無裂淬火 | トリック焼入れ | 无裂淬火 |
| triclinic pinacoid | 三斜桌面體;三斜軸面體 | 三斜卓面体 | 三斜桌面体;三斜轴面体 |
| tricone ball mill | 三錐式球磨機 | トリコーンボールミル | 三锥式球磨机 |
| ─ bit | 三錐齒輪鑽頭 | トリコーンビット | 三锥齿轮钻头 |
| ─ mill | 三錐式球磨機 | トリコーンミル | 三锥式球磨机 |
| trident | 牛頓三次方程;三叉曲線 | 三さ曲線 | 牛顿三次方程;三叉曲线 |
| Tridia | 一種硬質合金 | トリディア | 特里迪亚硬质合金 |
| tridimensional polymer | 三維結構聚合物 | 三次元重合体 | 三维结构聚合物 |
| trier | 試驗機;試驗者 | 試験機 | 试验机;试验者 |
| trigger | 啓動;觸發;制輪;扳機 | 引き金 | 启动;触发;制轮;扳机 |
| ─ steering | 觸發操縱;觸發控制 | トリガステアリング | 触发操纵;触发控制 |
| ─ stop | 閘柄式自動擋料裝置 | 引き金式ストップ | 闸柄式自动挡料装置 |
| ─ stopper | 閘柄式自動擋料裝置 | 引き金式ストッパ | 闸柄式自动挡料装置 |

| 英　　文 | 臺　　灣 | 日　　文 | 大　　陸 |
|---|---|---|---|
| — sweep | 觸發掃描 | トリガ掃引 | 触发扫描 |
| **trigonal** axis | 三次對稱軸 | 三回対称軸 | 三次对称轴 |
| — bipyramide | 三角雙錐體 | 三方両すい体 | 三角双锥体 |
| — pyramid | 三角錐 | 三角すい | 三角锥 |
| — symmetry | 三角對稱;三方對稱 | 三回対称 | 三角对称;三方对称 |
| — system | 三方晶系;三角晶系 | 三方晶系 | 三方晶系;三角晶系 |
| **trigonometer** | 直角三角計 | 直角三角計 | 直角三角计 |
| — equation | 三角方程式 | 三角方程式 | 三角方程 |
| — functions | 三角函數;圓函數 | 三角関数 | 三角函数;圆函数 |
| — identity | 三角恒等式 | 三角恒等式 | 三角恒等式 |
| — integral | 三角積分 | 三角積分 | 三角积分 |
| — polynomial | 三角多項式 | 三角多項式 | 三角多项式 |
| **trigonometry** | 三角學 | 三角法 | 三角学 |
| **trihedron** | 三面體 | 三面体 | 三面体 |
| **trilateration** | 三邊測量;三角測量 | 三辺測量 | 三边测量;三角测量 |
| **trilinear coordinates** | 三線座標 | 三線座標 | 三线坐标 |
| **trillion** | 兆 | 兆 | 太(拉);艾(可萨) |
| **trim** | 縱傾;修(墊)整;微調 | 縦傾斜 | 纵倾;修(垫)整;微调 |
| — and wipe-down die | 切邊成形模 | 縁切り後成形型 | 切边成形模 |
| — head | 調整頭 | トリムヘッド | 调整头 |
| — ledge | 修緣凸出部分 | トリムレッジ | 修缘凸出部分 |
| — line | 修切輪廓線;切邊線 | 縁切り輪郭線 | 修切轮廓线;切边线 |
| — materials | 修整材料 | 修整材料 | 修整材料 |
| — roll | 切邊輥;修邊輥 | 耳切りロール | 切边辊;修边辊 |
| **trimetal** | 三層金屬軸承合金 | トリメタル | 三层金属轴承合金 |
| — plate | 三層金屬板 | トリメタル平版 | 三层金属板 |
| **trimmer** | 微調電容器;修整器;托樑 | トリマ | 微调电容器;修整器;托梁 |
| **trimming** | 切邊;整修〔平〕;微調 | 縁取り | 切边;整修〔平〕;微调 |
| — blade | 切邊模 | 抜き型用ダイ | 切边模 |
| — cutter | 切邊刀具 | 耳切り機 | 切边刀具 |
| — devices | 配平裝置 | 釣合い装置 | 配平装置 |
| — die | 切邊模 | 縁切り型 | 切边模 |
| — equipment | 微調設備;調整設備 | トリミング装置 | 微调设备;调整设备 |
| — machine | 滾邊機;修整機 | ばり取り機 | 滚边机;修整机 |
| — moment | 平衡力矩 | トリミングモーメント | 平衡力矩 |
| — press | 整形沖床;修邊沖床 | トリミングプレス | 整形压力机;修边压力机 |
| — punch | 切邊凸模 | 抜き型用パンチ | 切边凸模 |
| — rafter | 修邊椽 | 切込みたるき | 修边椽 |
| — saw | 切邊鋸;修邊鋸 | トリミングソー | 切边锯;修边锯 |
| — shcar | 剪邊機;切邊機 | 縁取り切断 | 剪边机;切边机 |

| 英　　文 | 臺　　灣 | 日　　文 | 大　　陸 |
|---|---|---|---|
| ─ strip | 調整板條;切邊簧片 | トリム板 | 调整板条;切边簧片 |
| ─ tool | 修邊工具 | トリミング用工具 | 修边工具 |
| **trimmings** | 切屑 | 切くず | 切屑 |
| **trinistor** | 三端npnp開關 | トリニスタ | 三端npnp开关 |
| **trinkerite** | 富硫樹脂;褐煤樹脂質 | トリンカー石 | 富硫树脂;褐煤树脂质 |
| **triode AC switch** | 三端雙向(矽控)開關 | トリオード AC スイッチ | 三端双向(可控硅)开关 |
| ─ thyristor | 三端晶體閘流管 | 三端子サイリスタ | 三端晶体闸流管 |
| **trip** | 行程;自動停止裝置 | 走行 | 行程;自动停止装置 |
| ─ bolt | 緊固螺釘 | トリップボルト | 紧固螺钉 |
| ─ button | 解扣按鈕;釋放按鈕 | トリップボタン | 解扣按钮;释放按钮 |
| ─ end | 行程終點 | トリップエンド | 行程终点 |
| ─ gear | 裝卸裝置;離合裝置 | 掛け外しギャー | 装卸装置;离合装置 |
| ─ hammer | 夾板落錘;杵錘 | トリップハンマ | 夹板落锤;杵锤 |
| ─ holder | 夾緊模座;壓緊模座 | トリップホルダ | 夹紧模座;压紧模座 |
| ─ off | 跳開;斷開 | トリップオフ | 跳开;断开 |
| ─ rod | 卸件裝置用桿 | はずし装置用ロッド | 卸件装置用杆 |
| ─ run | 試運轉 | トリップラン | 试运转 |
| ─ test | 去制動試驗;釋放試驗 | 引外し試験 | 去制动试验;释放试验 |
| ─ worm | 脫落蝸桿 | トリップウォーム | 脱落蜗杆 |
| **tripestone** | 彎硬石膏 | トライプストン | 弯硬石膏 |
| **triple** | 三倍的;三重的 | 三倍の | 三倍的;三重的 |
| ─ action press | 三動式沖床 | 三動プレス | 三动式压力机 |
| ─ belt | 三層膠合(皮)帶 | 三枚合せベルト | 三层胶合(皮)带 |
| ─ buff | 三折布拋光輪 | トリプルバフ | 三折布抛光轮 |
| ─ flighted screw | 三線螺紋的螺桿 | 三条ねじスクリュー | 三头螺纹的螺杆 |
| ─ gear | 三聯齒輪 | トリプルギャー | 三联齿轮 |
| ─ geared drive | 三聯齒輪傳動 | 三段歯車駆動 | 三联齿轮传动 |
| ─ geared press | 三聯齒輪傳動沖床 | トリプルギヤードプレス | 三联齿轮传动压力机 |
| ─ roll mill | 三輥磨 | 三本ロールミル | 三辊磨 |
| ─ section | 複複式斷面 | 複複断面形 | 复复式断面 |
| ─ thread | 三頭螺紋;三線螺紋 | 三条ねじ | 三头螺纹;三线螺纹 |
| ─ valve | 三通閥 | 三段弁 | 三通阀 |
| ─ vane pump | 三聯葉片泵 | トリプルベーンポンプ | 三联叶片泵 |
| **triple-ply belt** | 三層皮帶 | 三枚ベルト | 三层皮带 |
| **triplicate runs** | 三次重複試驗 | 三重反復試験 | 三次重复试验 |
| **tripod jack** | 三腳千斤頂 | 三脚ジャッキ | 三脚千斤顶 |
| **tripper** | 分離機構;卸料器 | 取出し機 | 分离机构;卸料器 |
| **tripsometer** | 彈性測試儀〔材料的〕 | トリプソメータ | 弹性测试仪〔材料的〕 |
| **triroll gage** | 三滾柱式〔三線〕螺紋量規 | トリロールゲージ | 三滚柱式螺纹量规 |
| **trisistor** | 矽控(整流器) | トリジスタ | 可控硅(整流器) |

| 英　　文 | 臺　　灣 | 日　　文 | 大　　陸 |
|---|---|---|---|
| **triturate** | 研製 | 粉砕 | 研制 |
| **trituration** | 研製;研製劑 | 磨砕 | 研制;研制劑 |
| **trivial name** | 慣用名;俗名 | 通俗名 | 惯用名;俗名 |
| **trochoid** | 次擺線;餘擺線 | 余はい線 | 次摆线;馀摆线 |
| — curve | 餘擺線;次擺線 | トロコイド曲線 | 馀摆线;次摆线 |
| — gear pump | 餘擺線齒輪泵 | トロコイド歯車ポンプ | 馀摆线齿轮泵 |
| — motion | 餘擺線運動 | トロコイド運動 | 馀摆线运动 |
| **Trodaloy** | 一種銅鈹合金 | トロダロイ | 一种铜铍合金 |
| **trolly** | 小車;手推車 | トロリ | 小车;手推车 |
| **trombone** heat exchange | 噴淋蛇管式熱交換器 | トロンボーン型熱交換器 | 喷淋蛇管式热交换器 |
| — pipe | 伸縮式套管 | 入れ子管 | 伸缩式套管 |
| **trommel** | 鼓;轉筒(篩);滾筒篩 | 回転ふるい | 鼓;转筒(筛);滚筒筛 |
| — mixer | 滾筒式攪拌機 | トロンメルミキサ | 滚筒式搅拌机 |
| — roll | (鋼)管壁減薄軋機 | トロンメルロール | (钢)管壁减薄轧机 |
| — screen | 滾筒篩 | トロンメルスクリーン | 滚筒筛 |
| — sieve | 滾筒篩 | 回転ふるい | 滚筒筛 |
| **trommelling** | 轉筒篩選 | トロンメルふるいわけ | 转筒筛选 |
| **tromometer** | 微震計 | トロモメータ | 微震计 |
| **trompeter zone** | 無壓力區 | 免圧圈 | 无压力区 |
| **troostite** | 吐粒散鐵;錳矽鋅礦 | トルースタイト | 屈氏体;锰硅锌矿 |
| **tropicalization** | 耐高溫高濕的防銹處理 | 耐熱帯化 | 耐高温高湿的防锈处理 |
| **trouble** | 故障;事故;干擾;超負載 | 故障 | 故障;事故;干扰;超负荷 |
| — analysis | 故障分析 | 故障分析 | 故障分析 |
| — block | 故障塊;故障部分 | トラブルブロック | 故障块;故障部分 |
| — lamp | 故障指示燈 | 事故表示灯 | 故障指示灯 |
| — location | 故障點測定 | 故障点検出 | 故障点测定 |
| — recorder | 故障記錄器 | トラブルレコーダ | 故障记录器 |
| — shootability | 排除故障能力 | 故障探究性 | 排除故障能力 |
| — shooter | 故障檢修員 | 診断修理工 | 故障检修员 |
| — shooting strategy | 排除故障策略 | 故障探究戦略 | 排除故障策略 |
| — shooting time | 故障尋找〔檢修〕時間 | 故障探究時間 | 故障寻找〔检修〕时间 |
| — switch | 故障開關 | トラブルスイッチ | 故障开关 |
| **trough** | 槽;溝;導板 | トラフ | 槽;沟;导板 |
| — casting | 中間罐澆注 | とい鋳造 | 中间罐浇注 |
| **trowel** | 鏝刀;抹子;小(泥)鏟 | トロウェル;こて | 镘刀;抹子;小(泥)铲 |
| — finish | 抹子壓光;抹光面 | こて仕上げ | 抹子压光;抹光面 |
| **truck** | 轉向架;手推車;台車 | 手押しトロ | 转向架;手推车;台车 |
| **true** | 真的;準確的;準;真實 | 真性 | 真的;准确的;准;真实 |
| — altitude | 絕對高度 | 真高度 | 绝对高度 |
| — breaking strength | 實際斷裂強度 | 真の破壊強さ | 实际断裂强度 |

| 英　　文 | 臺　　灣 | 日　　文 | 大　　陸 |
|---|---|---|---|
| — density | 真密度 | 真密度 | 真密度 |
| — dimension | 實際尺寸 | 実寸法 | 实际尺寸 |
| — form dresser | (砂輪的)仿形修整裝置 | トルーフォームドレッサ | (砂轮的)仿形修整装置 |
| — polymerization | 真正聚合 | 真正重合 | 真正聚合 |
| — resin | 天然樹脂 | 天然樹脂 | 天然树脂 |
| — specific heat | 真比熱 | 真の比熱 | 真比热 |
| — stress | 實際應力;真實應力 | 実際応力 | 实际应力;真实应力 |
| — stress of fracture | 實際破裂應力 | 真破断応力 | 实际破裂应力 |
| — stress-strain curve | 真應力-應變曲線 | 真応力ひずみ曲線 | 真应力-应变曲线 |
| — stress-strain diagram | 真應力-應變圖 | 真応力ひずみ線図 | 真应力-应变图 |
| — tensile stress | 真抗張應力 | 真抗張力 | 真抗张应力 |
| — yield point | 實際降伏點 | 真の降伏点 | 实际屈服点 |
| **truncated tip** | (點銲用)錐頭電極 | 切頭円すいチップ | (点焊用)锥头电极 |
| **truncating method** | 截斷法 | 切捨て法 | 截断法 |
| **truncation** | 截斷;截尾 | 切捨て | 截断;截尾 |
| — error | 截斷誤差;捨位誤差 | 打切り誤差 | 截断误差;舍位误差 |
| — test | 截斷試驗 | 中途打切り試験 | 截断试验 |
| **trundle** | 腳輪;滑輪 | トランドル | 脚轮;滑轮 |
| **trunk-engine** | 筒狀活塞發動機 | トランク機関 | 筒状活塞发动机 |
| **trunk-piston** | 筒形活塞;柱塞 | 筒ピストン | 筒形活塞;柱塞 |
| **trunnion** | 耳軸;凸耳;軸項;十字頭 | 耳軸 | 耳轴;凸耳;轴项;十字头 |
| — bearing | 耳軸承 | 耳軸受 | 耳轴承 |
| — feed mill | 耳軸式加料磨 | トラニオンフィードミル | 耳轴式加料磨 |
| — gudgeon | 旋轉樞(軸) | 旋回とぼそ | 旋转枢(轴) |
| — joint | 耳軸式萬向接頭 | トラニオンジョイント | 耳轴式万向接头 |
| — ring | 耳軸環;管套環 | トラニオンリング | 耳轴环;管套环 |
| — unit | 耳軸裝置 | トラニオンユニット | 耳轴装置 |
| **truss** | 桁架;構架;把;束;串 | トラス | 桁架;构架;把;束;串 |
| — analogy | 模擬桁架 | トラスアナロジー | 模拟桁架 |
| — bar | 桁架(鐵)桿 | トラス棒 | 桁架(铁)杆 |
| — bolt | 桁架螺栓;構架螺栓 | 組張りボルト | 桁架螺栓;构架螺栓 |
| — head rivet | 大圓頭鉚釘 | 丸さらリベット | 大圆头铆钉 |
| — post | 桁架(式)柱 | トラスポスト | 桁架(式)柱 |
| — rod | 車身骨架支柱;桁架桿件 | トラスロッド | 车身骨架支柱;桁架杆件 |
| — structure | 桁架結構 | トラス構造 | 桁架结构 |
| — stud | 桁架雙頭螺栓 | ぎぼうしゅ | 桁架双头螺栓 |
| **trussed beam** | 桁架樑 | 構成ばり | 桁架梁 |
| — frame | 桁架式構架 | トラス補強フレーム | 桁架式构架 |
| — girder | 桁架式大樑 | 構成ばり | 桁架式大梁 |
| — structure | 桁架(式)結構 | トラス構造 | 桁架(式)结构 |

| 英　　文 | 臺　　灣 | 日　　文 | 大　　陸 |
|---|---|---|---|
| **try** | 嘗試;試驗 | トライ | 尝试;试验 |
| — cock | 試驗(用)旋塞 | 験水コック | 试验(用)旋塞 |
| — square | 直角尺 | 直角定規 | 直角尺 |
| **trying-plane** | 半精鉋;次光鉋 | 中しこかんな | 半精刨;次光刨 |
| **tryout** press | 試模沖床 | 型仕上げプレス | 试模压力机 |
| — run | 試車〔運轉〕 | 試運転 | 试车〔运转〕 |
| **tube** | 管(子);電子管;內胎 | 管;筒 | 管(子);电子管;内胎 |
| — axial fan | 軸流式風扇 | チューブ軸流ファン | 轴流式风扇 |
| — ball mill | 圓筒型球磨機 | チューブボールミル | 圆筒型球磨机 |
| — bearer | 管托架;管子卷邊器 | 管掛け | 管托架;管子卷边器 |
| — bender | 彎管機 | チューブベンダ | 弯管机 |
| — boiler | 管式鍋爐 | 管ボイラ | 管式锅炉 |
| — Borium | 碳化鎢耐磨銲料 | チューブボリウム | 碳化钨耐磨焊料 |
| — clamp | 管鉗 | チューブクランプ | 管钳 |
| — compression bending | 管子壓縮彎曲 | 管の押付け曲げ | 管子压缩弯曲 |
| — connector | 管接頭 | チューブコネクタ | 管接头 |
| — construction | 管形構造;管形結構 | 筒形構造 | 管形构造;管形结构 |
| — coupling | 管接頭 | 管継ぎ手 | 管接头 |
| — cutter | 切管機 | パイプカッタ | 切管机 |
| — die | 擠管機頭 | チューブ押出しダイ | 挤管机头 |
| — drawing machine | 管拉延機;拉管機 | 管延べ機 | 管拉延机;拉管机 |
| — drift | 管塞 | 管せん | 管塞 |
| — expander | 脹管器 | 管用エキスパンダ | 胀管器 |
| — expanding | 擴管成形 | 管のエクスパンディング | 扩管成形 |
| — extrusion | 管材擠壓成形 | 管材押出し加工 | 管材挤压成形 |
| — extrusion machine | 擠管機;管材擠壓機 | チューブ押出し機 | 挤管机;管材挤压机 |
| — feed | 管式送料;儲料送進 | チューブフィード | 管式送料;储料送进 |
| — ferrule | 水管密封套;套圈 | 管はばき | 水管密封套;套圈 |
| — fitting | 管接頭 | 管継ぎ手 | 管接头 |
| — forming die | 管成形型;管子成形模 | 管成形型 | 管成形型;管子成形模 |
| — furnace | 管式爐;管形爐 | 管状炉 | 管式炉;管形炉 |
| — fuse | 管狀保險絲;熔絲管 | 管形ヒューズ | 管状保险丝;熔丝管 |
| — mill | 管磨機;軋管機;製管廠 | 筒形粉砕機 | 管磨机;轧管机;制管厂 |
| — necking | 管子縮徑 | 管の口締め成形 | 管子缩径 |
| — nipple | 管接頭;管子螺紋接套 | チューブニップル | 管接头;管子螺纹接套 |
| — piercing die | 管子沖孔模 | 管材穴あけ型 | 管子冲孔模 |
| — pitch | 管中心間距離;管心距 | 管中心間距離 | 管中心间距离;管心距 |
| — plate | 管板 | 管板 | 管板 |
| — plug | 管塞 | 管ふさぎ栓 | 管塞 |
| — press | 製管沖床 | 製管プレス | 制管压力机 |

| 英　　文 | 臺　　灣 | 日　　文 | 大　　陸 |
|---|---|---|---|
| ─ press bending | 沖床彎管 | 管のプレス曲げ | 压力机弯管 |
| ─ roll bending | 管子滾彎 | 管のロール曲げ | 管子滚弯 |
| ─ sampler | 管式取樣器 | チューブサンプラ | 管式取样器 |
| ─ scraper | 刮管刀 | 管かき | 刮管刀 |
| ─ seam | 管接縫 | 管継ぎ目 | 管接缝 |
| ─ seat | 管座 | チューブシート | 管座 |
| ─ shaping | 管子成形 | 管の成形 | 管子成形 |
| ─ sinking | 空拔管;無芯棒拔管 | 管の引抜き加工 | 空拔管;无芯棒拔管 |
| ─ spinning | 管子旋壓 | 管のスピニング加工 | 管子旋压 |
| ─ steel | 管用鋼;管鋼 | 管用鋼 | 管用钢;管钢 |
| ─ stopper | 管塞 | 管せん | 管塞 |
| ─ stretch bending | 管子拉彎 | 管の引張り曲げ | 管子拉弯 |
| ─ support | 管支柱;管支架 | 管支柱 | 管支柱;管支架 |
| ─ swaging | 管子旋轉鍛造 | 管のスエージ加工 | 管子旋转锻造 |
| ─ swelling | 管子變形 | チューブ膨出 | 管子变形 |
| ─ tension bending | 管子拉彎 | 管の引張り曲げ | 管子拉弯 |
| ─ test pump | 管試驗泵 | 管試験ポンプ | 管试验泵 |
| ─ vice | 管子虎鉗 | 管万力 | 管子虎钳 |
| ─ wrench | 管扳手 | 握管器 | 管扳手 |
| **tubing** | (鋪)管道;裝管;製管 | 管の成形加工 | (铺)管道;装管;制管 |
| ─ die | 管(材)擠壓模 | チューブ押出しダイ | 管(材)挤压模 |
| ─ machine | 裝管機械;搖動套管機 | チューブ押出し機 | 装管机械;摇动套管机 |
| **tubular** axle | 空心軸 | 管形軸 | 空心轴 |
| ─ backbone frame | 管形構架的機架 | 管状中央フレーム | 管形构架的机架 |
| ─ die | 擠管機頭 | チューブ押出しダイ | 挤管机头 |
| ─ extrusion die | 吹(塑薄)膜機頭 | チューブ押出しダイ | 吹(塑薄)膜机头 |
| ─ film | 吹塑薄膜 | チューブラフィルム | 吹塑薄膜 |
| ─ film die | 吹(塑薄)膜機頭 | インフレーションダイ | 吹(塑薄)膜机头 |
| ─ film process | 吹塑法 | インフレーション法 | 吹塑法 |
| ─ joint | 套筒接頭 | 差込み継ぎ手 | 套筒接头 |
| ─ parts | 管形零件 | 管状部品 | 管形零件 |
| ─ rivet | 管狀柳釘;空心鉚釘 | 管リベット | 管状柳钉;空心铆钉 |
| ─ sheet | 管板 | 管板 | 管板 |
| ─ steel prop | 鋼管支柱〔撐〕 | パイプ支柱 | 钢管支柱〔撑〕 |
| ─ turbine | 貫流式水輪機 | チューブラ水車 | 贯流式水轮机 |
| **tuck pointing** | 嵌凸縫;勾凸縫 | タックポインティング | 嵌凸缝;勾凸缝 |
| **Tudor** type battery | 多德蓄電池 | チュータバッテリ | 图德蓄电池 |
| ─ type electrode | 多德式電極 | チューダ型電極 | 图德式电极 |
| **tufftride** | 氰化鉀鹽浴軟氮化 | タフトライド法 | 扩散渗氮;盐浴软氮化 |
| ─ method | 碳氮共滲法 | タフトライドメソド | 碳氮共渗法 |

| 英　　文 | 臺　　灣 | 日　　文 | 大　　陸 |
|---|---|---|---|
| **Tufftriding** | 軟氮化法 | 軟ちっ化 | 塔夫盐浴碳氮共渗法 |
| **tumble** | 滾轉〔動〕；磨光 | タンブル | 滚转〔动〕；磨光 |
| — blend | 滾筒混煉 | タンブルブレンド | 滚筒混炼 |
| — finishing | 滾筒拋光 | バレル磨き | 滚筒拋光 |
| — polishing | 筒拋光(法) | バレル磨き | 筒拋光(法) |
| **tumbler** | 轉臂；滾筒；換向開關 | つめ返し | 转臂；滚筒；换向开关 |
| — cam | 逆順換向凸輪；轉向輪 | タンブラカム | 逆顺换向凸轮；转向轮 |
| — file | 橢圓銼 | だ円やすり | 椭圆锉 |
| — gear | 擺動換向齒輪 | タンブラギヤー | 摆动换向齿轮 |
| — test | 磨蝕試驗 | 翻転試験 | 磨蚀试验 |
| **tumbling body** | 研磨體；研磨介質 | 粉砕媒体 | 研磨体；研磨介质 |
| — box | 滾筒 | 回転箱 | 滚筒 |
| — compound | 滾筒拋光劑 | バレル磨き剤 | 滚筒拋光剂 |
| — crusher | 滾筒式粉碎機 | タンブリングクラッシャ | 滚筒式粉碎机 |
| — disk granulator | 盤形回轉製粒機 | 皿型造粒機 | 盘形回转制粒机 |
| — granulator | 滾筒製粒機 | 転動造粒装置 | 滚筒制粒机 |
| — media | 研磨體；研磨介質 | 粉砕媒体 | 研磨体；研磨介质 |
| — medium | 滾筒拋光劑 | バレル磨き材 | 滚筒拋光剂 |
| — mill | 滾筒式磨機 | 回転ミル | 滚筒式磨机 |
| — polishing | 滾筒研磨〔拋光〕 | ころがし研磨 | 滚筒研磨〔拋光〕 |
| **tumblust** | 滾光；滾筒清理；滾筒噴砂 | タンブラスト | 滚光；滚筒清理；滚筒喷砂 |
| **tundish casting** | 中間罐澆注；中間包澆注 | とい鋳造 | 中间罐浇注；中间包浇注 |
| **tune-up** | 調諧；調節〔整〕；校准 | 調整 | 调谐；调节〔整〕；校准 |
| — data | 調整(用基準)數据 | チューナップデータ | 调整(用基准)数据 |
| — oil | 清除(發動機沉積物)油 | 発動機沈積物用清浄油 | 清除(发动机沉积物用)油 |
| — shop | 校准工場 | チューナップショップ | 校准车间 |
| — tester | 校准試驗器 | チューナップテスタ | 校准试验器 |
| **tung oil** | 桐油 | きり油 | 桐油 |
| **tungalloy** | 鎢系硬質合金 | タンガロイ | 钨系硬质合金 |
| **tungalox** | 一種陶瓷(刀具) | タンガロックス | 一种陶瓷(刀具) |
| **tungar mill** | 硬質合金鑲片銑刀 | タンガミル | 硬质合金镶片铣刀 |
| **Tungelinvar** | 騰格林瓦合金 | タンゲリンバ | 腾格林瓦合金 |
| **tungsten,W** | 鎢 | タングステン | 钨 |
| — arc cutting | 鎢極電弧切割 | タングステンアーク切断 | 钨极电弧切割 |
| — brass | 鎢黃銅 | タングステン黄銅 | 钨黄铜 |
| — bronze | 鎢青銅 | タングステン青銅 | 钨青铜 |
| — chromium steel | 鎢鉻鋼 | タングステンクロム鋼 | 钨铬钢 |
| — cobalt | 鎢鈷合金 | タングステンコバルト | 钨钴合金 |
| — electrode | 鎢電極 | タングステン電極 | 钨电极 |
| — high density alloys | 高密度鎢合金 | タングステン高密度合金 | 高密度钨合金 |

| 英 文 | 臺 灣 | 日 文 | 大 陸 |
|---|---|---|---|
| — inert-gas are welding | 惰性氣體保護鎢極電弧銲 | ティグ溶接 | 惰性气体保护钨极电弧焊 |
| — oxide | 氧化鎢 | タングステン酸化物 | 氧化钨 |
| — plate | 鎢板 | タングステン板 | 钨板 |
| — point | 鎢接點 | タングステンポイント | 钨接点 |
| — powder | 鎢粉末 | タングステン粉末 | 钨粉末 |
| — silicide | 鎢的矽化物 | タングステンシリサイド | 钨的硅化物 |
| — steel | 鎢鋼 | タングステンスチール | 钨钢 |
| **Tungum** | 一種耐蝕矽黃銅 | タンガム | 一种耐蚀硅黄铜 |
| **tunnel** | 風洞;通道;煙道 | ずい道 | 风洞;通道;烟道 |
| — electric furnace | 隧道式電爐 | トンネル式電気炉 | 隧道式电炉 |
| — gate | 隧道型澆口 | トンネルゲート | 隧道型浇口 |
| **tuno-miller** | 外圓銑削〔工作慢轉〕 | ターノミラー | 外圆铣削〔工作慢转〕 |
| **Turbide** | 一種燒結耐熱合金 | ターバイド | 一种烧结耐热合金 |
| **turbination** | 螺旋形;倒圓錐 | 渦巻き形 | 螺旋形;倒圆锥 |
| **turbine** | 葉輪機;汽輪機;渦輪 | タービン | 叶轮机;汽轮机;涡轮 |
| — bearing | 渦輪軸承 | タービン軸受 | 涡轮轴承 |
| — compressor | 渦輪壓縮機 | タービンコンプレッサ | 涡轮压缩机 |
| — loss | 渦輪損失 | タービン損失 | 涡轮损失 |
| — oil | 渦輪機油 | タービン油 | 涡轮机油 |
| — output | 渦輪輸出功率 | タービン出力 | 涡轮输出功率 |
| — shaft | 渦輪軸 | タービン軸 | 涡轮轴 |
| — steel | 渦輪用鋼 | タービン用鋼 | 涡轮用钢 |
| — test | 渦輪試驗 | タービン試験 | 涡轮试验 |
| — thrust bearing | 渦輪(機)止推軸承 | タービン押し軸受け | 涡轮(机)止推轴承 |
| — volute pump | 渦輪離心泵 | タービン渦巻きポンプ | 涡轮离心泵 |
| — wheel | 渦輪;葉輪 | タービン羽根車 | 涡轮;叶轮 |
| **Turbiston** | 一種高強度黃銅 | タービストン | 一种高强度黄铜 |
| **turbo** | 渦輪(機) | ターボ | 涡轮(机) |
| **turbo-charger** | 渦輪增壓機〔器〕 | 排気タービン過給機 | 涡轮增压机〔器〕 |
| **turbo-charging** | 渦輪增壓 | 排気タービン過給 | 涡轮增压 |
| **turbo-hearth** | 渦輪敞爐;鹼性轉爐 | ターボハース | 涡轮敞炉;硷性转炉 |
| **turbo-jet** | 渦輪噴射發動機 | ターボジェット | 涡轮喷气发动机 |
| — engine | 渦輪噴射發動機 | ターボジェット機関 | 涡轮喷气发动机 |
| **turbo-machine** | 渦輪機(組) | ターボ機械 | 涡轮机(组) |
| **turbo-shaft** | (發動機)渦輪軸 | ターボシャフト | (发动机)涡轮轴 |
| **turbulent** bead | 銲道成形不良 | 不整ビード | 焊道成形不良 |
| — loss | 紊流損失 | 乱流損失 | 紊流损失 |
| **turf** | 泥煤;草坪 | 泥炭 | 泥煤;草坪 |
| **turfary** | 泥煤田 | 泥炭田 | 泥煤田 |
| **turgite** | 水赤鐵礦 | 水赤鉄鉱 | 水赤铁矿 |

| 英　　文 | 臺　　灣 | 日　　文 | 大　　陸 |
|---|---|---|---|
| **turn** | 旋轉;轉向;變向;匝數 | 周回数;旋回 | 旋转;转向;变向;匝数 |
| — back cuff | 夾套 | ダブルカフス | 夹套 |
| 　 indicator | 回轉指示器 | 旋回計 | 回转指示器 |
| — plate | 回轉盤;轉盤 | 回転盤 | 回转盘;转盘 |
| — screw | 螺絲刀;傳動螺桿 | ら旋回し | 螺丝刀;传动螺杆 |
| — switch | 扭轉開關 | ターンスイッチ | 扭转开关 |
| **turnaround** | 轉盤;預防檢修;周轉 | 旋回移送装置 | 转盘;预防检修;周转 |
| — speed | 周轉速度 | 運転速度 | 周转速度 |
| **turnbuckle** | 鬆緊螺旋扣;螺絲接頭 | ターンバックル | 松紧螺旋扣;螺丝接头 |
| — rod | (鬆緊)螺旋扣螺桿 | ターンバックル棒 | (松紧)螺旋扣螺杆 |
| **turned** bolt | 精製螺栓 | 仕上げボルト | 精制螺栓 |
| — edge | 折邊;翻邊 | 折返し | 折边;翻边 |
| — finish | 車削精加工 | 旋削仕上げ | 车削精加工 |
| **turner** | 車工;旋轉器;車刀 | 機械工 | 车工;旋转器;车刀 |
| **turnery** | 車床工廠;車削工場 | 旋盤細工工場 | 车床工厂;车削车间 |
| **turning** | 變向;外圓切削;車削 | 外丸削り | 变向;外圆切削;车削 |
| — angle | 轉向角;旋轉角 | 回転角 | 转向角;旋转角 |
| — back | 轉向 | 方向転換 | 转向 |
| — bar | 轉向桿 | ターニングバー | 转向杆 |
| — center | 車削加工中心(機床) | ターニングセンタ | 车削加工中心(机床) |
| — chain | 滾動鏈 | ターニングチェーン | 滚动链 |
| — characteristic | 回轉特性 | 旋回特性 | 回转特性 |
| — chisel | 轉鑿;旋鑿 | 回転のみ | 转凿;旋凿 |
| — circle radius | 旋轉圓半徑 | 回転円半径 | 旋转圆半径 |
| — crane | 旋臂起重機 | 回転クレーン | 旋臂起重机 |
| — effort | 回轉力;轉動力 | 回転力 | 回转力;转动力 |
| — equipment | 旋轉裝置 | ターニング装置 | 旋转装置 |
| — force | 旋轉力 | 回転力 | 旋转力 |
| — gear | 旋轉裝置;盤車裝置 | ターニング装置 | 旋转装置;盘车装置 |
| — gouge | 弧口旋鑿 | 回転穴たがね | 弧口旋凿 |
| — joint | 鉸鏈;活動關節;旋轉接頭 | 回転継ぎ手 | 铰链;活动关节;旋转接头 |
| — lathe | 車床 | 回転旋盤 | 车床 |
| — machine | (立式)車床 | ターニングマシン | (立式)车床 |
| — mill | (立式)銑床 | ターニングミル | (立式)铣床 |
| — moment | 轉矩;動力矩 | 回転力率 | 转矩;动力矩 |
| — motion | 回轉運動 | 回頭運動 | 回转运动 |
| — of flange | 凸緣卷邊加工 | フランジ部のカーリング | 凸缘卷边加工 |
| — pin | 旋轉銷軸 | 中心ピン | 旋转销轴 |
| — quality | 回轉性 | 旋回性 | 回转性 |
| — radius | 回轉半徑;轉彎半徑 | 旋回半径 | 回转半径;转弯半径 |

| 英　　文 | 臺　　灣 | 日　　文 | 大　　陸 |
|---|---|---|---|
| — roll | 轉胎〔輥；輪〕 | ターニングロール | 转胎〔辊；轮〕 |
| — sander | 旋轉噴砂器；旋轉打磨器 | ターニングサンダ | 旋转喷砂器；旋转打磨器 |
| — saw | 轉鋸；弧鋸 | 回転のこ | 转锯；弧锯 |
| — speed | 回轉速度 | 旋回速力 | 回转速度 |
| — table | 轉台 | ターンテーブル | 转台 |
| — tool | 車刀；旋轉工具 | 回転工具 | 车刀；旋转工具 |
| — track | 回轉軌跡 | 旋回軌跡 | 回转轨迹 |
| — trial | 回轉試驗 | 旋回試験 | 回转试验 |
| — turret | 六角轉塔；回轉刀架 | ターニングタレット | 六角转塔；回转刀架 |
| — wheel | 轉（軸手）輪 | 回転輪 | 转（轴手）轮 |
| **turn-off** | 關斷；關閉 | ターンオフ | 关断；关闭 |
| — thyristor | 可關斷晶（體）閘（流）管 | ターンオフサイリスタ | 可关断晶（体）闸（流）管 |
| **turnon** | 接通；導通；起弧 | 点弧 | 接通；导通；起弧 |
| **turnout** | 岔道；產額；切斷 | 分岐器 | 岔道；产额；切断 |
| **turnover** | 旋轉；交叉頻率；顛覆 | 代謝回転 | 旋转；交叉频率；颠覆 |
| — device | 翻轉裝置 | 反転装置 | 翻转装置 |
| — job | 大修工作 | 大検査修理作業 | 大修工作 |
| **turntable** | 轉車台；回轉台；轉盤 | 回転テーブル | 转车台；回转台；转盘 |
| **turret** | 六角車床；轉塔刀架 | 隅小塔 | 六角车床；转塔刀架 |
| — carriage | 六角頭台架〔滑鞍〕 | タレットキャリエジ | 六角头台架〔滑鞍〕 |
| — cross slide | 六角頭橫向滑板 | タレットクロススライド | 六角头横向滑板 |
| — drilling machine | 六角鑽床 | タレットボール盤 | 六角钻床 |
| — head | 六角頭 | タレット刃物台 | 六角头 |
| — index | 六角刀架轉位 | タレットインデックス | 六角刀架转位 |
| — lathe | 六角車床；轉塔車床 | タレット旋盤 | 六角车床；转塔车床 |
| — main shaft | 轉塔主軸 | タレットメインシャフト | 转塔主轴 |
| — miller | 轉塔式銑床 | タレットミラー | 转塔式铣床 |
| — mount | 回轉架；轉塔架 | タレットマウント | 回转架；转塔架 |
| — nozzle | 回轉式噴嘴 | タレットノズル | 回转式喷嘴 |
| — punch press | 轉塔式衝壓機 | タレットポンチプレス | 转塔式冲压机 |
| — slide | （六角頭）滑板 | タレットスライド | （六角头）滑板 |
| — type automatic lathe | 轉塔式自動車床 | タレット形自動盤 | 转塔式自动车床 |
| **Tutania metal** | 圖塔尼阿錫銻銅合金 | ツタニアメタル | 图塔尼阿锡锑铜合金 |
| **twelve cylinder** | 十二缸發動機 | トウェルブシリンダ | 十二缸发动机 |
| **twice beveled chisel** | 三角鑿 | 復斜角のみ | 三角凿 |
| **twin** | 雙晶；雙的 | 双晶 | 双晶；双的；李晶 |
| — arc welding | 雙極電弧銲 | 双極アーク溶接 | 双极电弧焊 |
| — axis | 雙晶軸 | 双晶軸 | 双晶轴；李晶轴 |
| — band saw machine | 雙帶鋸床 | ツイン帯のこ盤 | 双带锯床 |
| — boundary | 雙晶（邊）界 | 双晶界面 | 李晶（边）界 |

| 英　　文 | 臺　　灣 | 日　　文 | 大　　陸 |
|---|---|---|---|
| ― carbon arc welding | 雙極碳弧銲 | 双極炭素アーク溶接 | 双极碳弧焊 |
| ― contact | 雙觸點；雙頭接點 | 双子接点 | 双触点；双头接点 |
| ― crystal | 雙晶體；雙晶 | 双晶 | 双晶体；孪晶 |
| ― crystal dislocation | 雙晶(作用)差排 | 双晶転位 | 双晶(作用)位错 |
| ― cylinder engine | 雙汽缸發動機 | ツインシリンダエンジン | 双汽缸发动机 |
| ― cylinder mixer | 雙筒式混煉機 | V形ブレンダ | 双筒式混炼机 |
| ― drive press | 雙邊齒輪驅動沖床 | 二段歯車掛け式力机 | 双边齿轮驱动压力机 |
| ― engine | 雙(列)發動機 | 二子発動機 | 双(列)发动机 |
| ― pump | 雙生泵；雙缸泵 | 双子ポンプ | 双生泵；双缸泵 |
| ― ring gage | 雙聯環規 | ツインリングゲージ | 双联环规 |
| ― saw | 雙條鋸 | 二丁のこ | 双条锯 |
| ― simplex pump | 雙單動泵 | 双子単動ポンプ | 双单动泵 |
| ― six engine | 水平對置式十二缸發動機 | ツインシックスエンジン | 水平对置式十二缸发动机 |
| ― spark ignition | 雙火花點火裝置 | 二個式点火栓 | 双火花点火装置 |
| ― spiral turbine | 雙蝸殼式渦輪機 | 双子渦巻きタービン | 双蜗壳式涡轮机 |
| ― spiral water turbine | 雙流蝸殼式水輪機 | 双流渦巻き水車 | 双流蜗壳式水轮机 |
| ― spot welding machine | 雙極點銲機 | ツインスポット溶接機 | 双极点焊机 |
| ― tongs | 雙鉗；雙人操縱鉗 | 両持ちはし | 双钳；双人操纵钳 |
| ― type sensor | 對型傳感器 | ツインタイプセンサ | 对型传感器 |
| ― volute pump | 雙螺旋泵 | 二重渦巻きポンプ | 双螺旋泵 |
| ― worm extruder | 雙螺桿擠出機 | 二軸スクリュー押出し機 | 双螺杆挤出机 |
| **twinned crystal** | 雙晶 | 双晶 | 双晶；孪晶 |
| **twinning** | 雙晶(作用) | 双晶 | 孪晶(作用) |
| ― axis | 雙晶軸 | 双晶軸 | 孪晶轴 |
| ― plane | 雙晶面 | 双晶面 | 双晶面 |
| ― striation | 雙晶線〔條〕紋 | 双晶条線 | 孪晶线〔条〕纹 |
| **twin-roll** crusher | 雙輥筒式破碎機 | ロールクラッシャ | 双辊筒式破碎机 |
| ― mill | 雙輥混煉機 | 二本ロール機 | 双辊混炼机 |
| **twin-screw extruder** | 雙軸螺旋擠壓機 | 二軸スクリュー押出し機 | 双轴螺旋挤压机 |
| **twin-shell blender** | 雙筒式混合機 | 双子円筒形混合機 | 双筒式混合机 |
| **twist** | 搓；扭；絞合；扭轉晶界 | 巻き付ける | 搓；扭；绞合；扭转晶界 |
| ― action | 扭轉作用 | ねじり作用 | 扭转作用 |
| ― drill | 麻花鑽；鑽井裝置 | ねじれぎり | 麻花钻；钻井装置 |
| ― drill gage | 麻花鑽直徑量規 | ドリルゲージ | 麻花钻直径量规 |
| ― drill grinding machine | 麻花鑽磨床 | ねじれぎり研削盤 | 麻花钻磨床 |
| ― drill milling machine | 麻花鑽銑床；鑽頭銑床 | ドリルフライス盤 | 麻花钻铣床；钻头铣床 |
| ― flat drill | 絞合平〔扁〕鑽 | ねじれ平ぎり | 绞合平〔扁〕钻 |
| ― forging | 扭轉鍛造；搓鍛造 | ツイスタ加工 | 扭转锻造；搓锻造 |
| ― inspection | 扭轉試驗 | 検ねん | 扭转试验 |
| ― joint | 扭接；絞接 | ねじれ継ぎ手 | 扭接；绞接 |

| 英 文 | 臺 灣 | 日 文 | 大 陸 |
|---|---|---|---|
| — tube | 扭曲管;彎管 | ツイストチューブ | 扭曲管;弯管 |
| — type ring | 扭曲環〔活塞環的一種〕 | ツイストタイプリング | 扭曲环〔活塞环的一种〕 |
| — type rubber mount | 扭轉型橡膠減振器 | ねじり型防振ゴム | 扭转型橡胶减振器 |
| — welding | 扭動銲接 | ツイスト溶接 | 扭动焊接 |
| twisted column | 螺旋形柱 | ねじれ柱 | 螺旋形柱 |
| — curve | 空間曲線;撓曲線 | 空間曲線 | 空间曲线;挠曲线 |
| — deformed bar | 螺紋鋼筋 | ねじり翼形鉄筋 | 螺纹钢筋 |
| — rope | 絞繩;螺旋鋼索 | ツイストロープ | 绞绳;螺旋钢索 |
| — sleeve joint | 螺旋套筒接頭 | ねん回スリーブ接続 | 螺旋套筒接头 |
| — strip | 扭曲的帶鋼 | ねじり鋼帯 | 扭曲的带钢 |
| twisting angle | 扭轉角 | ねじり角 | 扭转角 |
| — force | 扭力 | ツイスティングフォース | 扭力 |
| — load | 扭轉負載 | ねじり荷重 | 扭转载荷 |
| — moment | 轉矩;扭矩 | ねじりモーメント | 转矩;扭矩 |
| — strain | 扭應變 | ねじりひずみ | 扭应变 |
| — strength | 抗扭強度;扭轉強度 | ねじり強さ | 抗扭强度;扭转强度 |
| — stress | 扭應力 | ねじり応力 | 扭应力 |
| — vibration | 扭轉振動 | ひねり振動 | 扭转振〔择〕动 |
| two-axle bogie | 雙軸轉向架 | 二軸ボギー | 双轴转向架 |
| — bogie car | 雙軸轉向車 | 二軸ボギー車 | 双轴转向车 |
| — bogie unit | 雙軸轉向裝置 | 二軸ボギー装置 | 双轴转向装置 |
| — engine | 雙軸式發動機 | 二軸エンジン | 双轴式发动机 |
| — screw pump | 雙軸螺桿泵 | 二軸スクリューポンプ | 双轴螺杆泵 |
| two-cylinder pump | 雙缸泵 | 二シリンダポンプ | 双缸泵 |
| two-dimensional cutting | 兩向切削 | 二次元切削 | 两向切削 |
| — diffuser | 二維擴壓器 | 二次元ディフューザ | 二维扩压器 |
| — elasticity | 二維彈性 | 二次元弾性 | 二维弹性 |
| — flow | 二元流(動);平面流(動) | 二次元の流れ | 二元流(动);平面流(动) |
| — stress | 雙軸應力;平面應力 | 二次元応力 | 双轴应力;平面应力 |
| two-high mill | 二輥式軋機 | ツーハイミル | 二辊式轧机 |
| — reversing mill | 二段可逆式軋機 | 二段可逆圧延機 | 二段可逆式轧机 |
| — rolling mill | 二輥式軋機 | 二段圧延機 | 二辊式轧机 |
| two-impression tool | 雙型腔模具 | 二個取り金型 | 双型腔模具 |
| two-layer plastic pipe | 雙層塑料管;夾層塑料管 | 二層プラスチック管 | 双层塑料管;夹层塑料管 |
| two-leaved door | 雙開彈簧 | 両開き戸 | 双开弹簧 |
| two-level mold | 雙層模 | 二段金型 | 双层模 |
| two-lobe bearing | 雙圓弧軸承;橢圓形軸承 | 二円弧軸受け | 双圆弧轴承;椭圆形轴承 |
| — rotary pump | 雙凸輪旋轉泵 | 二突き輪回転ポンプ | 双凸轮旋转泵 |
| — rotor | 雙葉轉子 | 二葉ロータ | 双叶转子 |
| two-part mold | 二瓣模;兩箱鑄模 | 二つ割り型 | 二瓣模;两箱铸型 |

| 英　　文 | 臺　　灣 | 日　　文 | 大　　陸 |
|---|---|---|---|
| **two-phase** alloy | 二相合金 | 二相合金 | 二相合金 |
| — servomotor | 雙向伺服電動機 | 二相サーボモータ | 双向伺服电动机 |
| — stainless steel | 二相不銹鋼 | 二相ステンレス鋼 | 二相不锈钢 |
| — synchronous motor | 二相同步電動機 | 二相同期電動機 | 二相同步电动机 |
| **two-piece** bearing ring | 雙半軸承套圈 | 合せ軌道輪 | 双半轴承套圈 |
| — mold | 開式模 | 二個構成金型 | 开式模 |
| — sleeve | 雙片軸套〔襯套〕 | 二枚そで | 双片轴套〔衬套〕 |
| **two-plate** die | 雙板式模 | 二枚構成ダイ | 双板式模 |
| — injection mold | 雙板式注射模 | 二枚構成射出成形用金型 | 双板式注射模 |
| **two-plies** belt | 雙層皮帶 | 二枚合せベルト | 双层皮带 |
| **two-point** press | 雙點沖床 | ツーポイントプレス | 双点压力机 |
| — suspension link press | 雙點聯動沖床 | 二点リンクプレス | 双点联动压力机 |
| **two-position** action | 雙位動作 | 二位置動作 | 双位动作 |
| — valve | 雙位閥 | 二位置弁 | 双位阀 |
| **two-post** die set | 雙導柱模架 | 二柱式ダイセット | 双导柱模架 |
| **two-rotor** screw pump | 雙葉輪螺旋泵 | 二軸形ねじポンプ | 双叶轮螺旋泵 |
| **two-shaft** turret winder | 雙軸台式卷取機 | 二軸タレットワインダ | 双轴台式卷取机 |
| **two-shot** molding | 雙型腔模塑〔成形〕 | 二個取り成形 | 双型腔模塑〔成形〕 |
| **two-side** shear | 兩面切邊機 | ツーサイドシャー | 两面切边机 |
| **two-sided** test | 雙面試驗 | 両側検定 | 双面试验 |
| **two-socket** tee fitting | 雙承丁字管;雙承三通 | 二承丁字管 | 双承丁字管;双承三通 |
| **two-speed** clutch | 雙速離合器 | 二速式クラッチ | 双速离合器 |
| — gear | 二級變速裝置 | 二段変速装置 | 二级变速装置 |
| — rear axle | 二速式後車軸 | 二速式後車軸 | 二速式后车轴 |
| **two-stage** die | 二工位模 | 二工程型 | 二工位模 |
| — pump | 兩級泵; | 二段ポンプ | 两级泵; |
| — quenching | 雙液淬火 | 二段焼入れ | 双液淬火 |
| — regulator | 兩級調壓器 | 二段式調整器 | 两级调压器 |
| — relief valve | 兩級減壓閥 | 二段リリーフ弁 | 两级减压阀 |
| — resin | 兩級(酚醛)樹脂 | 二段法樹脂 | 两级(酚醛)树脂 |
| — stroke cylinder | 二衝程汽缸 | 二段シリンダ | 二冲程汽缸 |
| **two-start** screw | 雙頭螺紋 | 二条ねじ | 双头螺纹 |
| — thread | 雙頭螺紋 | 二条ねじ | 双头螺纹 |
| **two-station** method | 兩點交會法 | 二点交会法 | 两点交会法 |
| — progressive die | 二級連續模 | 二段順送り型 | 二工位连续模 |
| **two-step** action control | (自動控制的)雙位控制 | 二位置制御 | (自动控制的)双位控制 |
| — dies | 兩級級進模;兩級沖裁模 | 二段絞り型 | 两级级进模;两级冲裁模 |
| — hemming die | 二級折邊模 | 二段縁曲げ型 | 二级折边模 |
| — pulley | 兩級滑輪(車) | 二段車 | 两级滑轮(车) |
| — resin | 兩級酚醛樹脂 | 二段法樹脂 | 两级酚醛树脂 |

| 英　　文 | 臺　　灣 | 日　　文 | 大　　陸 |
|---|---|---|---|
| **two-stepped** annealing | 二級退火 | 二段焼きなまし | 二级退火 |
| — normalizing | 二級正常化 | 二段焼きならし | 二级正火 |
| — quenching | 雙液淬火；二級淬火 | 二段焼入れ | 双液淬火；二级淬火 |
| **two-stroke** cycle | 二衝程循環 | 二サイクル | 二冲程循环 |
| — engine | 二衝程發動機 | 二サイクル機関 | 二冲程发动机 |
| **two-throw** crank shaft | 雙聯曲柄軸 | 二連クランク軸 | 双联曲柄轴 |
| — pump | 雙推動泵；雙聯曲柄泵 | 二連クランクポンプ | 双推动泵；双联曲柄泵 |
| **two-tongue** tearing test | 雙舌片式撕裂試驗 | 二タング形引裂き試験 | 双舌片式撕裂试验 |
| **two-valued logic** | 二值邏輯；布爾邏輯 | 二値論理 | 二值逻辑；布尔逻辑 |
| **two-way** air valve | 雙向空氣閥 | 双向空気弁 | 双向空气阀 |
| — cock | 雙向龍頭；兩通旋塞 | 二方コック | 双向龙头；两通旋塞 |
| **tying** | 拉桿；連系桿；系結 | つなぎ材 | 拉杆；连系杆；系结 |
| **type** | 類型；型號；打字；鉛字 | タイプ | 类型；型号；打字；铅字 |
| — founding | 鑄字 | 活字鋳造 | 铸字 |
| — high gage | 測高儀 | 高さゲージ | 测高仪 |
| — matrix | 銅模（鉛字的） | 母型 | 铜模（铅字的） |
| — metal | 鉛字合金；活字合金 | 活字メタル | 铅字合金；活字合金 |
| — of finish | 精加工等級 | 仕上げ等級 | 精加工等级 |
| **type-casting** machine | 鑄字機 | 活字鋳造機 | 铸字机 |
| **typical** cross-section | （道路）標準橫斷面 | 標準横断面 | （道路）标准横断面 |
| — design | 標準設計 | 標準設計 | 标准设计 |
| — detail drawing | 標準詳圖 | 基準詳細図 | 标准详图 |
| **tyre** mill | 輪箍軋機 | タイヤ圧延機 | 轮箍轧机 |
| — mold | 輪胎壓模 | タイヤ圧造型 | 轮胎压模 |
| — press | 輪胎壓機；輪箍壓機 | タイヤ圧縮器 | 轮胎压机；轮箍压机 |
| **Tyseley metal** | 泰澤利飾用鑄鋅合金 | ティズリメタル | 泰泽利饰用铸锌合金 |

| 英　　文 | 臺　　灣 | 日　　文 | 大　　陸 |
|---|---|---|---|
| U-bend | U形彎曲管接頭 | 返しベンド | U形弯曲管接头 |
| U-bend die | U形彎曲模 | U曲げ型 | U形弯曲模 |
| U curve | 淬火截面硬度分布曲線 | U曲線 | 淬火截面硬度分布曲线 |
| U cut rib | U字形加强筋 | U形リブ | U字形加强筋 |
| U-groove welding | U形坡口銲接 | U形グルーブ溶接 | U形坡口焊接 |
| U-link | U形夾〔鈎;插塞〕;馬蹄鈎 | U形リンク | U形夹〔钩;插塞〕;马蹄钩 |
| U magnet | 馬蹄形磁鐵 | Uマグネット | 马蹄形磁铁 |
| U-notch | U形缺口 | U形切欠き | U形缺口 |
| U-nut | U形螺母 | U形ナット | U形螺母 |
| U-piston engine | U形活塞式發動機 | U形機関 | U形活塞式发动机 |
| U-section | 槽鋼 | U形材 | 槽钢 |
| U-slit cracking test | U形缺口抗裂試驗 | U形スリット割れ試験 | U形缺口抗裂试验 |
| U-steel | 槽鋼 | U形鋼 | 槽钢 |
| U-tension test | U形拉伸試驗 | U形引張り試験 | U形拉伸试验 |
| U-thread | U形螺紋牙 | U形ねじ山 | U形螺纹牙 |
| ulco metal | 一種鉛基軸承合金 | ウルコ合金 | 一种铅基轴承合金 |
| Ulcony metal | 重負載用銅鉛軸承合金 | アルコニメタル | 重载荷用铜铅轴承合金 |
| Ulmal | 鋁錳矽合金 | アルマール | 铝锰硅合金 |
| ultimate analysis | 極限分析 | 極限解析 | 极限分析 |
| — bearing capacity | 極限支持力;極限承載力 | 極限支持力 | 极限支持力;极限承载力 |
| — bearing strength | 極限側壓承載〔支承〕強度 | 極限支持強度 | 极限侧压承载〔支承〕强度 |
| — bearing stress | 極限擠壓應力 | 面圧極限支持応力 | 极限挤压应力 |
| — bending strength | 極限彎強度 | 極限曲げ強さ | 极限弯强度 |
| — compression strength | 極限壓縮強度 | 極限圧縮強度 | 极限压缩强度 |
| — crushing strength | 極限斷裂強度 | 極限破裂強度 | 极限断裂强度 |
| — design | 極限(負載)設計 | 終局設計 | 极限(荷载)设计 |
| — disposal | 最後處理 | 最終処分 | 最后处理 |
| — elastic stress | 彈性極限應力 | 極限弾性応力 | 弹性极限应力 |
| — elongation | 極限伸長 | 極限伸び | 极限伸长 |
| — extension | 延伸極限 | 極限伸び | 延伸极限 |
| — flexural strength | 極限撓曲強度 | 極限曲げ強さ | 极限挠曲强度 |
| — load | 極限負載 | 終極荷重 | 极限载荷 |
| — mechanical property | 極限機械性能 | 極限機械的性質 | 极限机械性能 |
| — moment | 極限力矩;破壞力矩 | 破酸モーメント | 极限力矩;破坏力矩 |
| — oxidation | 極限氧化 | 極限酸化 | 极限氧化 |
| — pressure | 極限壓力 | 極限破壊圧力 | 极限压力 |
| — resistibility | 極限抗力 | 終局耐力 | 极限抗力 |
| — shear strength | 極限剪切強度 | 極限せん断強度 | 极限剪切强度 |
| — strain | 極限應變 | 終局ひずみ | 极限应变 |
| — strength | 極限強度 | 結局強度 | 极限强度 |

**U**

| 英　　文 | 臺　　灣 | 日　　文 | 大　　陸 |
|---|---|---|---|
| — stress | 極限應力 | 限界応力 | 极限应力 |
| — tensile strength | 極限抗拉強度 | 極限引張り強さ | 极限抗拉强度 |
| — tensile stress | 極限抗拉應力 | 極限抗張力 | 极限抗拉应力 |
| — yield | 最終收率 | 最終収率 | 最终收率 |
| **ultraaudible sound** | 超音波 | 超音波 | 超声波 |
| **ultracentrifugal analysi** | 超離心分析(法) | 超遠心分析 | 超离心分析(法) |
| **ultra-clean coal** | 特精煤 | 超特清浄炭 | 特精煤 |
| **ultrafilm pulverizing** | 超細粉磨；過細研磨 | 超微粉砕 | 超细粉磨；过细研磨 |
| **ultrafine** dust | 特細粉末 | 超細粉 | 特细粉末 |
| — filtration | 超細過濾 | 超精密ろ過用フィルタ | 超细过滤 |
| — grinder | 超細粉磨機 | 超微粉砕機 | 超细粉磨机 |
| — metal powder | 超細金屬粉末 | 金属超微粉 | 超细金属粉末 |
| — mill | 超細粉磨機 | 超微粉砕機 | 超细粉磨机 |
| — particle | 超細顆粒 | 超微粒子 | 超细颗粒 |
| — pulverizer | 超細粉磨機 | 超微粉砕機 | 超细粉磨机 |
| **ultrahigh** pressure | 超高壓 | 超高圧 | 超高压 |
| — speed extrusion | 超高速擠出 | 超高速押出し | 超高速挤出 |
| — speed machining | 超高速加工 | 超速機械加工法 | 超高速加工 |
| — strength steel | 超高強度鋼 | 超高張力鋼 | 超高强度钢 |
| — temperature | 超高溫 | 超高温 | 超高温 |
| — temperature heating | 超高溫加熱 | 超高温加熱 | 超高温加热 |
| — vacuum | 超高真空 | 超高真空 | 超高真空 |
| **ultralight alloy** | 超輕合金 | 超軽合金 | 超轻合金 |
| **ultralumin** | 硬鋁合金 | ウルトラルミン | 硬铝合金 |
| **ultramicro-crystal** | 超微結晶 | 超微結晶 | 超微结晶 |
| **ultramicrometer** | 超小型測微計 | 超測微計 | 超小型测微计 |
| **ultra-microtome** | 超薄切片機 | 超マイクロトーム | 超薄切片机 |
| **ultrared ray** | 紅外線 | ウルトラレッドレイ | 红外线 |
| **ultrasonic** bond | 超音波銲接〔接合〕 | 超音波ボンド | 超声波焊接〔接合〕 |
| — bonding | 超音波壓接法〔銲接〕 | 超音波ボンディング | 超声波压接法〔焊接〕 |
| — brazing | 超音波銲接 | 超音波ろう付け | 超声(波)焊接 |
| — cleaner | 超音波清洗機 | 超音波洗浄器 | 超声波清洗机 |
| — cleaning | 超音波清洗 | 超音波清浄化 | 超声波清洗 |
| — crack inspect | 超音波探傷 | 超音波探傷 | 超声波探伤 |
| — cutting | 超音波切割 | 超音波切断 | 超声波切割 |
| — detection of defects | 超音波探傷 | 超音波探傷 | 超声波探伤 |
| — detector | 超音波探測器 | 超音波測定器 | 超声波探测器 |
| — dispersion machine | 超音波分散機 | 超音波分散機 | 超声波分散机 |
| — electrostatic sprayer | 超音波靜電噴塗機 | 超音波静電塗装機 | 超声波静电喷涂机 |
| — energy | 超音波能 | 超音波エネルギー | 超声(波)能 |

| 英　　文 | 臺　　灣 | 日　　文 | 大　　陸 |
|---|---|---|---|
| ― examination | 超音波探傷 | 超音波探傷検査 | 超声波探伤 |
| ― flaw detecting | 超音波探傷檢查 | 超音波探傷検査 | 超声波探伤检查 |
| ― flaw detection test | 超音波探傷檢查 | 超音波探傷検査 | 超声波探伤检查 |
| ― flaw detector | 超音波探傷儀 | 超音波探傷器 | 超声波探伤仪 |
| ― inspection meter | 超音波探傷儀 | 超音波探傷器 | 超声波探伤仪 |
| ― machine | 超音波機床 | 超音波加工機 | 超声波机床 |
| ― machining | 超音波加工 | 超音波加工 | 超声波加工 |
| ― rail-defect detecter | 超音波鐵軌探傷器 | 超音波レール探傷器 | 超声波铁轨探伤器 |
| ― reflectscope | 超音波探傷儀 | 超音波探傷装置 | 超声波探伤仪 |
| ― sensor | 超音波傳感器 | 超音波検出器 | 超声波传感器 |
| ― soldering | 超音波錫銲 | 超音波はんだ付け | 超声波锡焊 |
| ― sounding | 超音波測深 | 超音波測深 | 超声测深 |
| ― test | 超音波試驗〔探傷〕 | 超音波試験 | 超声波试验〔探伤〕 |
| ― wash | 超音波洗滌 | 超音波洗浄 | 超声波洗涤 |
| ― wave | 超音波 | 超音波 | 超声波 |
| ― wave point welding | 超音波點銲 | 超音波点溶接 | 超声波点焊 |
| ― welding | 超音波銲接 | 超音波溶接 | 超声波焊接 |
| ― working | 超音波加工 | 超音波加工 | 超声波加工 |
| **ultrasonics** | 超音波;超音波學 | 超音波学 | 超声波;超声波学 |
| **ultrathin section** | 超薄切片;膜片 | 超薄切片 | 超薄切片;膜片 |
| **ultraviolet** carbon | 紫外線碳精棒 | 紫外線炭素棒 | 紫外线碳精棒 |
| ― cure | 紫外線硬化 | 紫外線硬化 | 紫外线硬化 |
| **unacceptable defect** | 不容許的缺陷 | 許容できない欠陥 | 不容许的缺陷 |
| **unaffected zone** | 銲接母材未受影響區 | 原質部 | (焊接母材)未受影响区 |
| **unavailability** | 未利用率;無效(率) | 不稼働率 | 未利用率;无效(率) |
| **unbalance** | 不平衡 | 不釣り合い | 不平衡 |
| ― biaxially oriented film | 不均勻雙軸拉伸膜 | 不均等二軸延伸フィルム | 不均匀双轴拉伸膜 |
| ― force | 不平衡力;不對稱力 | 不釣り合い力 | 不平衡力;不对称力 |
| ― reduction ratio | 不平衡減速比 | 不釣り合い低減比 | 不平衡减速比 |
| ― tolerance | 不對稱度公差 | 許容不釣り合い | 不对称度公差 |
| ― vector | 不對稱向量;不平衡向量 | 不釣り合いベクトル | 不对称矢量;不平衡矢量 |
| **unbalanced** moment | 不平衡力矩 | 不釣り合いモーメント | 不平衡力矩 |
| ― vane pump | 不平衡葉片泵 | 不平衡ベーンポンプ | 不平衡叶片泵 |
| **unbreakability** | 非破壞性 | 非破損性 | 非破坏性 |
| **uncertainty principle** | 測不準定理;不定性定理 | 不確定性原理 | 测不准原理;不定性原理 |
| **unclosed** chain | 無拘束鏈 | 不確定連鎖 | 不定链系;自由链系 |
| ― pair | 不限定對偶 | 不確定対偶 | 不限定对偶 |
| **unconfined** blast | 敞口吹風 | 開放衝風 | 敞口吹风 |
| ― compression strength | 無側限抗壓強度 | 一軸圧縮強さ | 无侧限抗压强度 |
| ― compression test | 單軸壓縮試驗 | 無制限圧縮試験 | 单轴压缩试验 |

| 英　　文 | 臺　　灣 | 日　　文 | 大　　陸 |
|---|---|---|---|
| unconstrained chain | 不限定鏈系 | 不確定連鎖 | 不限定链系 |
| uncured state | 未固化狀態 | 未硬化狀態 | 未固化状态 |
| under annealing | 不完全退火〔亞共析鋼的〕 | アンダアニーリング | 不完全退火〔亚共析钢的〕 |
| — coallar | 下(軸)環 | アンダカラー | 下(轴)环 |
| — construction | 正在施工 | 施行中 | 正在施工 |
| — examination | (正在)試驗中 | 試驗中 | (正在)试验中 |
| — hardening | 欠熱淬火 | アンダハードニング | 欠热淬火 |
| — tension | 承受張〔拉〕力 | 張力を受けて | 承受张〔拉〕力 |
| underbead crack | 銲縫下裂紋 | ビード下割れ | 焊缝下裂纹 |
| undercooled graphite | 過冷石墨 | 過冷黑鉛 | 过冷石墨 |
| undercure | 硬化不足;加硫不足 | 硬化不足 | 硬化不足;加硫不足 |
| undercut | 過切;過渡切削;咬邊〔銲〕 | アンダカット | 根切;过渡切削;咬边〔焊〕 |
| — drill | 導向刃縮小的鑽頭 | アンダカットドリル | 导向刃缩小的钻头 |
| undercutting | 過切;鉋槽;咬邊 | アンダカット | 下切;刨槽;咬边 |
| underdrive | (沖床的)下傳動 | アンダドライブ | (压力机的)下传动 |
| — press | 下傳動沖床 | アンダドライブプレス | 下传动压力机 |
| underfeed | 下部進料 | 底部給材 | 下部进料 |
| underfill | 不滿〔尺寸不足〕;未充滿 | 欠肉 | 不满〔尺寸不足〕;未充满 |
| underfilm corrosion | 膜下腐蝕 | 被膜下腐食 | 膜下腐蚀 |
| underheating | 加熱不足 | 加熱不足 | 加热不足 |
| underlap spool valve | 負重疊滑閥 | 負重合スプール弁 | 负重叠滑阀 |
| underload | 欠載;負載不足;輕(負)載 | アンダロード | 欠载;负载不足;轻(负)载 |
| — circuit breaker | 不足負載斷流器 | 不足負荷遮断器 | 不足负荷断流器 |
| — relay | 低載繼電器;欠載繼電器 | 不足負荷継電器 | 低载继电器;欠载继电器 |
| undermoderation | 緩慢減速 | 低減速 | 缓慢减速 |
| underpanel | 底板 | アンダパネル | 底板 |
| underpass shaving | 橫向剃齒 | アンダパスシェービング | 横向剃齿 |
| underplate | 基礎;底板 | アンダプレート | 基础;底板 |
| underpriming | 注油不足 | 注油不足 | 注油不足 |
| underpunch | 下部穿孔 | アンダパンチ | 下部穿孔 |
| underreamer | 擴孔器;擴眼器 | アンダリーマ | 扩孔器;扩眼器 |
| underriding conveyor | 懸臂式傳送帶〔輸送機〕 | 釣下げ式コンベヤ | 悬臂式传送带〔输送机〕 |
| underrun | 欠載運行;底面通過 | アンダラン | 欠载运行;底面通过 |
| underseal | 底封 | アンダシール | 底封 |
| undersize | 負公差尺寸;尺寸不足 | 過小寸法 | 负公差尺寸;尺寸不足 |
| — product | 尺寸不足的產品 | ふるい下産物 | 尺寸不足的产品 |
| — reamer | 下限尺寸鉸刀 | アンダサイズリーマ | 下限尺寸铰刀 |
| underslung frame | 懸掛式構架 | 車軸下フレーム | 悬挂式构架 |
| — spring | 吊掛式鋼板彈簧 | 下釣式ばね | 吊挂式钢板弹簧 |
| — suspension | 板簧下置式懸掛 | 下釣懸架法 | 板簧下置式悬挂 |

| 英　　文 | 臺　　灣 | 日　　文 | 大　　陸 |
|---|---|---|---|
| **underspeed** | 降低速度;速度不足 | 低速度 | 降低速度;速度不足 |
| — switch | 低速開關 | 低速度スイッチ | 低速开关 |
| **undervulcanization** | 硫化不足 | 加硫不足 | 硫化不足 |
| **underwater** cutting | 水下切割 | 水中切断 | 水下切割 |
| — electric pump | 沉式電力泵;沉水泵 | 水中電動ポンプ | 沉式电力泵;沉水泵 |
| — welding | 水下銲接 | 水中溶接 | 水下焊接 |
| **undesirable** components | 不良成分 | 不良成分 | 不良成分 |
| — deformation | 不合要求的變形 | 不整変形 | 不合要求的变形 |
| **undisturbed** flow | 穩流;未擾亂的流 | 安定流 | 稳流;未扰乱的流 |
| — sample | 未擾動試樣;原狀試樣 | 安定試料 | 未扰动试样;原状试样 |
| **undrained shear test** | 不排水剪切試驗 | 非排水せん断試験 | 不排水剪切试验 |
| **UNEF-thread** | 統一標準超細牙螺紋 | ユニファイ極細目ねじ | 统一标准超细牙螺纹 |
| **unelastic collision** | 非彈性碰撞 | 非弾性衝突 | 非弹性碰撞 |
| **unequal** addendum | 不等齒頂高 | ちんば歯車 | 不等齿顶高 |
| — addendum system | 不等齒頂高齒輪系 | ちんば歯形 | 不等齿顶高齿轮系 |
| — angle | 不等邊角鋼;不等角 | 不等辺山形材 | 不等边角钢;不等角 |
| — angle steel | 不等邊角鋼 | 不等辺山形鋼 | 不等边角钢 |
| **unequal-sided angle iro** | 不等邊角鋼〔鐵〕 | 不等辺山形鋼 | 不等边角钢〔铁〕 |
| **uneven** rolling | 軋痕〔印〕 | ロール当たり | 轧痕〔印〕 |
| — running | 不勻轉動 | 不斉運転 | 不匀转动 |
| **unevenness** | 不均勻;不一樣;不平正 | 不同 | 不均匀;不一样;不平正 |
| **unfilled material** | 未填充材料 | 無充てん材料 | 未填充材料 |
| **unfinished body** | 未完工的物體 | 未完成物体 | 未完工的物体 |
| **ungrindable material** | 不可磨削的材料 | 不砕材料 | 不可磨削的材料 |
| **unground** bearing | 滾道不磨削軸承 | 非研削軸受 | 滚道不磨削轴承 |
| — hob | 未磨齒滾刀 | 非研削ホブ | 未磨齿滚刀 |
| — resin | 未磨碎樹脂 | 未磨砕樹脂 | 未磨碎树脂 |
| — surface | 未研磨〔拋光〕面 | 未研磨面 | 未研磨〔拋光〕面 |
| **unguided punch** | 無引導沖頭 | ガイドレスポンチ | 无引导冲头 |
| **unhaired hide** | 去毛皮;光皮 | 脱毛皮;銀皮 | 去毛皮;光皮 |
| **unhardened core** | 未硬化心部 | 非硬化心径 | 未硬化心部 |
| **uniaxial** compression | 單軸壓縮 | 一軸圧縮 | 单轴压缩 |
| — compression test | 單軸壓縮試驗 | 一軸圧縮試験 | 单轴压缩试验 |
| — crystal | 單軸晶體 | 一軸性結晶 | 单轴晶体 |
| — load | 單軸負載 | 一軸荷重 | 单轴负荷 |
| — strain gage | 單軸應變儀 | 単軸ゲージ | 单轴应变仪 |
| — stress | 單向應力;單軸應力 | 単軸応力 | 单向应力;单轴应力 |
| — stress system | 單軸應力系 | 一軸応力系 | 单轴应力系 |
| — stretching | 單軸拉伸 | 一軸延伸 | 单轴拉伸 |
| — tension | 單軸向拉伸 | 一軸引張り | 单轴向拉伸 |

**U**

| 英　　文 | 臺　　灣 | 日　　文 | 大　　陸 |
|---|---|---|---|
| **uniaxially stretched fil** | 單軸拉伸膜 | 一軸延伸フィルム | 单轴拉伸膜 |
| **uniaxis** | 單軸 | 単軸 | 单轴 |
| **unicellular plastic(s)** | 單孔塑料 | 独立気泡プラスチック | 单孔塑料 |
| **unichrome** | 光澤鍍鋅 | ユニクロム | 光泽镀锌 |
| — galvanization | 光澤鍍鋅 | ユニクロムめっき | 光泽镀锌 |
| **unidirectional** diffusion | 單向擴散 | 一方拡散 | 单向扩散 |
| — solidification | 定向凝固 | 一方向性凝固 | 定向凝固 |
| **unified fine thread** | 統一標準細牙螺紋 | ユニファイ細目ねじ | 统一标准细牙螺纹 |
| **uniflow** | 單(向)流動;直流 | 単流 | 单(向)流动;直流 |
| **uniform** acceleration | 等加速度;匀加速度 | 等加速度 | 等加速度;匀加速度 |
| — bending | 純彎曲 | 均等曲げ | 纯弯曲 |
| — circular motion | 匀速圓周運動 | 等速円運動 | 匀速圆周运动 |
| — corrosion | 均匀腐蝕 | 均一腐食 | 均匀腐蚀 |
| — corrosion rate | 均匀腐蝕速度 | 均一腐食度 | 均匀腐蚀速度 |
| — coupling | 均匀聯軸節;均匀接頭 | 等速継手 | 均匀联轴节;均匀接头 |
| — deflection test | 等撓曲試驗 | 一定たわみ試験 | 等挠曲试验 |
| — elongation | 均匀延伸 | 一様伸び | 均匀延伸 |
| — expansion | 均匀膨脹 | 均一膨張 | 均匀膨胀 |
| — hardening | 均匀淬火 | 均一焼入れ | 均匀淬火 |
| — load | 均布負載 | 等分布荷重 | 均布载荷 |
| — model | 均匀模型 | 一様モデル | 均匀模型 |
| — motion | 均匀運動;匀速運動 | 一様な運動 | 均匀运动;匀速运动 |
| — phase line | 等向位線 | 等位相線 | 等向位线 |
| — pitch | 等螺距 | 固定ピッチ | 等螺距 |
| — pitch screw | 等距螺桿 | 等ピッチ形スクリュー | 等距螺杆 |
| — pressure | 均(匀)壓(力) | 等圧力 | 均(匀)压(力) |
| — rate | 均匀速度 | 等速度 | 均匀速度 |
| — scale | 等分標度〔度盤〕 | 等分目盛 | 等分标度〔度盘〕 |
| — section | 等截面 | 一定断面 | 等截面 |
| — standard | 統一標準;同一標準 | 一律基準 | 统一标准;同一标准 |
| — strength | 均匀強度 | 均一強さ | 均匀强度 |
| — stress | 均匀應力 | 一様応力 | 均匀应力 |
| — stroke motion | 匀速行程運動 | 定速ラム運動 | 匀速行程运动 |
| — torsion | 均匀扭曲〔轉〕 | 均等ねじり | 均匀扭曲〔转〕 |
| — velocity | 均匀速度 | 均一速度 | 均匀速度 |
| **uniformity test** | 均匀性試驗 | 均一性試験 | 均匀性试验 |
| **uni-grinder** | 單輥磨 | ユニグラインダ | 单辊磨 |
| **unilateral load** | 單側負載 | 片側荷重 | 单侧荷载 |
| **Uniloy** | 一種鎳鉻鋼 | ユニロイ | 一种镍铬钢 |
| **unimate** | 工業用機械手 | ユニメート | 工业用机械手 |

| 英　　文 | 臺　　灣 | 日　　文 | 大　　陸 |
|---|---|---|---|
| **uninterrupted feed** | 連續進給 | 連続供給 | 连续进给 |
| **union** | 由任;和集;組合;連合 | ユニオン;連合 | 并集;和集;组合;连合 |
| — body | 連接體 | ユニオンボディ | 连接体 |
| — coupling | 聯軸節 | ユニオンカップリング | 联轴节 |
| — elbow | 中間彎頭 | ユニオンエルボ | 中间弯头 |
| — fitting | 活接頭配合 | ユニオンフィッティング | 活接头配合 |
| — gasket | 連接管襯墊 | ユニオンガスケット | 连接管密封垫 |
| — joint | 管子活接頭 | ユニオン継手 | 管子活接头 |
| — melt welding | 自動潛弧銲 | ユニオンメルト溶接 | 埋弧自动焊 |
| — metal | 鉛基鹼土金屬軸承合金 | ユニオンメタル | 铅基硷土金属轴承合金 |
| — nut | 連接螺母 | 噴射管継ぎナット | 连接螺母 |
| — pipe joint | 聯軸器管接頭 | ユニオン管継手 | 联轴器管接头 |
| — purchase system | 複滑車〔起重裝置〕 | けんか巻 | 复滑车〔起重装置〕 |
| — ring | 聯結環 | ユニオンリング | 联结环 |
| — screw | 管接頭對動螺紋 | ユニオンねじ | 管接头对动螺纹 |
| — shop | 聯合工廠;聯合工場 | ユニオンショップ | 联合工厂;联合车间 |
| — stud | 聯管節螺柱 | ユニオン植ねじ | 联管节螺柱 |
| — swivel end | 活接口端;旋轉聯管節端 | ユニオンつば | 活接口端;旋转联管节端 |
| **unionarc** | 磁性銲劑氣體保護電銲 | ユニオンアーク | 磁性焊剂气体保护电焊 |
| — welding | 磁性銲劑$CO_2$氣體保護銲 | ユニオンアーク溶接 | 磁性焊剂$CO_2$气体保护焊 |
| **unipivot** | 單支軸;單樞軸 | 単軸受 | 单支轴;单枢轴 |
| — pattern | 單樞軸型 | 単軸先式 | 单枢轴型 |
| — support | 單點支撐式;單軸支撐式 | ユニピボットサポート | 单点支撑式;单轴支撑式 |
| **unipurose machine** | 專用工作機械;專用機 | 専用工作機械 | 专用工作机械;专用机 |
| **uni-roller** | 單輥磨 | ユニローラ | 单辊磨 |
| **unit** | 單位;單元;成份 | 単位 | 单位;单元;成份 |
| — architecture | 零件結構 | ユニットアーキテクチャ | 部件结构 |
| — assembled window | 成套組裝 | ユニット窓 | 成套组装 |
|    assembly | 組裝件;裝配件 | 小組立 | 组装件;装配件 |
| — bit | 單元位 | ユニットビット | 单元位 |
| — bore system | 基孔制 | 穴基準式 | 基孔制 |
| — buff | 整體布輪 | ユニットバフ | 整体布轮 |
| — card | 單位程序卡 | ユニットカード | 单位程序卡 |
| — cell | 晶格單位;單元;單細胞 | 単位格子 | 晶格单位;单元;单细胞 |
| — die | 成套模具 | ユニット型 | 成套模具 |
| — distortion | 單位變形 | 単位ひずみ | 单位变形 |
| — drawing | 零件圖 | 部品図 | 部件图 |
| — elongation | 延伸率;單位伸長 | 単位伸び | 延伸率;单位伸长 |
| — error | 單位誤差 | 単体誤差 | 单位误差 |
| — extension | 單位伸長;延伸率 | 単位伸び | 单位伸长;延伸率 |

U

| 英　　文 | 臺　　灣 | 日　　文 | 大　　陸 |
|---|---|---|---|
| — hardness | 單位硬度 | 硬度単位 | 单位硬度 |
| — head machine | 組合機床 | ユニットヘッドマシン | 组合机床 |
| — load | 單位負載 | 単位負荷 | 单位负载 |
| — mass | 單位質量 | 単位質量 | 单位质量 |
| — pressure | 單位壓力 | 単位圧 | 单位压力 |
| — sample | 單位試樣 | 単位試料 | 单位试样 |
| — tensor | 單位張量 | 単位テンソル | 单位张量 |
| — tooling | 成套工具 | ユニットツーリング | 成套工具 |
| — vector | 單位向量 | 単位ベクトル | 单位矢量;单位向量 |
| — velocity | 單位速度 | 単位速度 | 单位速度 |
| **unitemper mill** | 單機座硬化冷軋機 | 仕上げ圧延機 | 单机座硬化冷轧机 |
| **units** | 部分;零件 | 構成単位 | 部分;部件 |
| — of lattice | 單晶格子 | 単位格子 | 单晶格子 |
| — of pressure | 壓力單位 | 圧力の単位 | 压力单位 |
| **universal** angle block | 萬能角規 | 万能定盤 | 万能角规 |
| — bar | 通用條〔棒;桿〕;萬向桿 | 万能バー | 通用条〔棒;杆〕;万向杆 |
| — blooming mill | 萬能初軋機;萬能開坯機 | ユニバーサル分塊圧延機 | 万能初轧机;万能开坯机 |
| — boring machine | 萬能搪床 | 万能中ぐり盤 | 万能镗床 |
| — chuck | 萬能夾頭;通用夾頭 | ユニバーサルチャック | 万能卡盘;通用卡盘 |
| — cock | 萬向龍頭;通用旋塞 | 自在コック | 万向龙头;通用旋塞 |
| — contact | 萬能接頭;通用常數 | 普遍定数 | 万能接头;通用常数 |
| — coupling | 萬向聯軸節;萬向節 | 自在軸継手 | 万向联轴节;万向节 |
| — drafting machine | 萬能製圖機 | 万能製図器機 | 万能制图机 |
| — grinding machine | 萬能磨床 | 万能研削盤 | 万能磨床 |
| — hand | 通用機械手 | ユニバーサルハンド | 通用机械手 |
| — head | 萬能主軸箱;萬能工作台 | 雲台 | 万能主轴箱;万能工作台 |
| — joint | 萬向節;萬向聯軸節 | 自在継手 | 万向节;万向联轴节 |
| — machine | 萬能工作機械;通用機械 | 万能機械 | 万能工作机械;通用机械 |
| — mill | 萬能銑床;萬能軋機 | ユニバーサル圧延機 | 万能铣床;万能轧机 |
| — miller | 萬能銑床 | 万能フライス盤 | 万能铣床 |
| — milling machine | 萬能銑床;萬能銑磨機 | 万能フライス盤 | 万能铣床;万能铣磨机 |
| — plate | 齊邊鋼板;萬能板材 | ユニバーサルプレート | 齐边钢板;万能板材 |
| — plotting instrument | 萬用繪圖儀 | 万能図化機 | 万用绘图仪 |
| — rolling | 萬能軋製 | 万能圧延 | 万能轧制 |
| — saw bench | 通用(圓)鋸台 | 万能丸のこ盤 | 通用(圆)锯台 |
| — scraper | 通用刮刀 | ユニバーサルスクレーパ | 通用刮刀 |
| — screw wrench | 活動扳手;萬能螺旋扳手 | 自在スパナ | 活动扳手;万能螺旋扳手 |
| — shaft | 萬向接軸 | ユニバーサルシャフト | 万向接轴 |
| — shaper | 萬能牛頭鉋床 | 万能形削り盤 | 万能牛头刨床 |
| — shaping machine | 萬能牛頭鉋床 | 万能形削り盤 | 万能牛头刨床 |

| 英　　文 | 臺　　灣 | 日　　文 | 大　　陸 |
|---|---|---|---|
| — slabbing mill | 萬能板坯初軋機 | 万能スラブ圧延機 | 万能板坯初轧机 |
| — slide | 通用滑臂;通用導軌 | ユニバーサルスライド | 通用滑臂;通用导轨 |
| — stand | 通用標準機座;萬能機座 | 自在台 | 通用标准机座;万能机座 |
| — tester | 萬能試驗機 | 万能試験機 | 万能试验机 |
| — testing machine | 萬能(材料)試驗機 | 万能試験機 | 万能(材料)试验机 |
| — tool grinder | 萬能工具磨床 | 万能工具研削盤 | 万能工具磨床 |
| — V-die | 萬能V型彎曲模 | ユニバーサルV曲げ型 | 万能V型弯曲模 |
| — valve | 萬向閥 | ユニバーサルバルブ | 万向阀 |
| — vice | 萬能虎鉗 | 万能万力 | 万能虎钳 |
| — welding machine | 通用銲接機 | ユニバーサル溶接機 | 通用焊接机 |
| — wrench | 活動扳手;萬能扳手 | 自在レンチ | 活动扳手;万能扳手 |
| — wrist unit | 萬能接頭鉋床 | 自在式手継手 | 万能接头刨床 |
| **unkilled steel** | 不(完全)脫氧鋼;未淨鋼 | 不完全脱酸鋼 | 不(完全)脱氧钢;沸腾钢 |
| **unload valve** | 卸載閥;放泄閥 | アンロード弁 | 卸荷阀;放泄阀 |
| **unloader** test | 卸載試驗 | アンローダ試験 | 卸荷试验 |
| — valve | 卸載閥;放泄閥;釋壓閥 | アンローダ弁 | 卸荷阀;放泄阀;释荷阀 |
| **unloading** | 卸載;去負載;卸料 | 取外し | 卸载;去负载;卸料 |
| — pressure control valve | 泄壓控制閥;卸載閥 | アンロード弁 | 泄压控制阀;卸荷阀 |
| — torque | 空載力矩 | 無負荷トルク | 空载力矩 |
| **unlock** | 開鎖;斷開;解開;釋放 | 解除 | 开锁;断开;解开;释放 |
| **unlubricated friction** | 乾磨 | 無潤滑摩擦 | 乾磨 |
| **unmanned** factory | 無人工廠 | 無人化工場 | 无人工厂 |
| — machine shop | 無人化機械工場 | 無人化機械工場 | 无人化机械车间 |
| — operation | 無人操作 | 無人操作 | 无人操作 |
| **unoxidizable alloy** | 不銹合金 | 不しゅう合金 | 不锈合金 |
| **unpigmented rubber** | 素橡膠 | 無色ゴム | 素橡胶 |
| **unsafe design** | 不安全設計;危險設計 | 不安全設計 | 不安全设计;危险设计 |
| **unsample** | 不取樣;不抽樣;未取樣 | アンサンプル | 不取样;不抽样;未取样 |
| **unshrinkability** | 無收縮性;防縮性 | 無収縮性 | 无收缩性;防缩性 |
| **unsolder** | 銲開;燙開 | アンソールダ | 焊开;烫开 |
| **unstable** arc | 不穩定電弧 | 不安定アーク | 不稳定电弧 |
| — moment | 不穩定力矩 | 不安定モーメント | 不稳定力矩 |
| — motion | 不穩定運動 | 不安定運動 | 不稳定运动 |
| **unsteady moment** | 不定常力矩;不穩定力矩 | 非定常モーメント | 不定常力矩;不稳定力矩 |
| **unsymmetrical** bending | 非對稱彎曲 | 非対称曲げ | 非对称弯曲 |
| — leaf spring | 非對稱的板簧 | 非対称板ばね | 非对称的板簧 |
| — load | 非對稱負載 | 偏圧 | 非对称荷载 |
| — tensor | 非對稱張力 | 非相対称テンソル | 非对称张力 |
| — wear | 非對稱磨耗;一側磨耗 | 片減り | 非对称磨耗;一侧磨耗 |
| **unthreaded part of bolt** | 螺栓無螺紋部分 | ボルト円筒部 | 螺栓杆部 |

U

| 英 文 | 臺 灣 | 日 文 | 大 陸 |
|---|---|---|---|
| **untreated rubber** | 生橡膠 | 生ゴム | 生橡胶 |
| **unvulcanized rubber** | 未硫化的橡膠 | 未加硫ゴム | 未硫化的橡胶 |
| **unwinding** force | 鬆開的力;盤料開卷的力 | 巻きもどし力 | 松开的力;盘料开卷的力 |
| — machine | 展開機 | 巻出し機 | 展开机 |
| — roll | 展開滾筒 | 巻出しロール | 展开滚筒 |
| **up time** | 工作時間;可使用時間 | 動作時間 | 工作时间;可使用时间 |
| — travel stop | 上升停止裝置〔平板機〕 | 上昇停止裝置 | 上升停止装置〔平板机〕 |
| **up-and-down** stroke | 往復行程 | 往復行程 | 往复行程 |
| **up-cut** | 上切式;逆銑 | アップカット | 上切式;逆铣 |
| — shear | 上切式剪切機 | アップカットシャー | 上切式剪切机 |
| **up-grinding** | 逆磨 | アップグラインディング | 逆磨 |
| **uphill** casting | 底鑄 | 底注ぎ鋳造 | 底铸 |
| — running | 反澆;上型內澆口 | 上向ぜき | 反浇;上型内浇口 |
| **upkeep** | 維護管理費;維修保養費 | 維持費 | 维护管理费;维修保养费 |
| — and mending | 維修與修繕 | 維持補修 | 维修与修缮 |
| **uplift** | 舉起;提高;浮力 | アップリフト | 举起;提高;浮力 |
| — pressure | 提升壓力 | 揚圧力 | 提升压力 |
| **up-milling** | 逆銑;對向銑 | 上向き削り | 逆铣;对向铣 |
| **upper** bainite | 上變韌鐵 | 上ベイナイト | 上贝氏体 |
| — bolster | 上模座;上模板框 | 上ボルスタ | 上模座;上模板框 |
| — bound | 上限;上界 | 上限 | 上限;上界 |
| — cat bar | 上推插銷 | 上げ猿 | 上推插销 |
| — crank case | 上曲柄箱 | アッパクランクケース | 上曲柄箱 |
| — critical cooling rate | 上臨界冷卻速率 | 上部臨界冷却速度 | 上临界冷却速率 |
| — critical velocity | 上臨界速度 | 上部臨界速度 | 上临界速度 |
| — dead center | （發動機的）上止點 | 上死点 | （发动机的）上止点 |
| — die | 上模;上砧 | 上型 | 上模;上砧 |
| — limit | 最大極限尺寸;上限尺寸 | 最大寸法 | 最大极限尺寸;上限尺寸 |
| — limit of variation | 變動的上限;變化的上限 | 変動上限 | 变动的上限;变化的上限 |
| — limit oil level | 最高注油面 | 最高注油油面 | 最高注油面 |
| — most full level | 最高注油面 | 最高注油油面 | 最高注油面 |
| — punch | 上沖模;上凸模 | 上パンチ | 上冲模;上凸模 |
| — shoe | 上底板;上模座 | 上型シュー | 上底板;上模座 |
| — slide rest | 上部滑動刀架 | アッパスライドレスト | 上部滑动刀架 |
| — tool holder | 上刀架 | 上部刃物台 | 上刀架 |
| — tool slide | 上刀架滑板 | 上部刃物滑り台 | 上刀架滑板 |
| — yield point | 上降伏點 | 上降伏点 | 上屈服点 |
| **up-quenching** | 分級等溫淬火 | アップクェンチング | 分级等温淬火 |
| **upright** drilling machine | 立式鑽床 | 直立ボール盤 | 立式钻床 |
| — joint | 豎直接合 | 垂直継手 | 竖直接合 |

| 英　　文 | 臺　　灣 | 日　　文 | 大　　陸 |
|---|---|---|---|
| — projection | 正投影 | 投射図 | 正投影 |
| **upset** | 頂鍛;鐓粗;加壓;翻轉 | アプセット | 頂锻;镦粗;加压;翻转 |
| — bolt | 膨徑螺栓 | アプセットボルト | 膨径螺栓 |
| — butt welding | 電阻對銲 | アプセット突合せ溶接 | 电阻对焊 |
| — forging machine | 鐓鍛機 | アプセッタ | 镦锻机 |
| — method | 鐓鍛法 | アプセット工法 | 镦锻法 |
| — rate | 鐓粗率 | 据込み率 | 镦粗率 |
| — ratio | 鐓粗比 | 据込み比 | 镦粗比 |
| — welding | 電阻對(接)銲 | アプセット突合せ溶接 | 电阻对(接)焊 |
| **upsetter** | 鐓鍛機;平鍛機 | 据込み鍛造機 | 镦锻机;平锻机 |
| — die | 鐓鍛模 | アプセッタ型 | 镦锻模 |
| — force | 鐓鍛壓力 | アプセッタ力 | 镦锻压力 |
| — machine | 鐓粗機;平鍛機 | アプセッタマシン | 镦粗机;平锻机 |
| — press | 鐓粗沖床 | 据込みプレス | 镦粗压力机 |
| — test of tubes | 管子的壓短試驗 | 管の膨径試験 | 管子的压短试验 |
| — tool | 鐓粗工具 | アプセッタ型 | 镦粗工具 |
| **upslope motion** | 滑升運動 | 滑昇運動 | 滑升运动 |
| **upstroke** | 上升衝程;上行衝程 | 上り行程 | 上升冲程;上行冲程 |
| — hydraulic press | 上推水壓機 | 上向推進水圧機 | 上推水压机 |
| **upward** movement | 向上運動 | 上昇運動 | 向上运动 |
| — stroke press | 上衝程沖床 | 上押プレス | 上冲程压力机 |
| — welding | 向上銲(法) | 上進溶接 | 向上焊(法) |
| **urea** | 尿;尿素 | 尿素 | 尿;尿素 |
| — plastics | 尿素塑料 | 尿素プラスチック | 尿素塑料 |
| — resin | 尿素樹脂 | 尿素樹脂 | 尿素树脂 |
| — resin adhesive | 尿素樹脂黏合劑 | ユリア樹脂接着剤 | 尿素树脂粘合剂 |
| **urethane** plastic(s) | 聚氨酯塑料 | ウレタンプラスチック | 聚氨酯塑料 |
| — polymer | 聚氨酯聚合物 | ウレタンポリマー | 聚氨酯聚合物 |
| — resin | 聚氨酯樹脂 | ウレタン樹脂 | 聚氨酯树脂 |
| **usable** area | 有效面積 | 有効面積 | 有效面积 |
| — dimension(s) | 有效尺寸 | 有効寸法 | 有效尺寸 |
| — sensitivity | 可用靈敏度;實用靈敏度 | 実用感度 | 可用灵敏度;实用灵敏度 |
| **use** | 使用;用途 | ユース | 使用;用途 |
| — conditions | 使用條件 | 使用条件 | 使用条件 |
| — factor | 利用率 | 利用率 | 利用率 |
| — ratio | 利用率 | 利用率 | 利用率 |
| — reliability | 使用可靠性 | 使用信頼度 | 使用可靠性 |
| — test | 使用測試 | 使用試験 | 使用测试 |
| — time | 使用時間 | ユース時間 | 使用时间 |
| — value | 使用價值 | 使用価値 | 使用价值 |

U

| 英　　文 | 臺　　灣 | 日　　文 | 大　　陸 |
|---|---|---|---|
| **used heat** | 廢熱；餘熱；用過的熱 | 廃熱 | 废热；馀热；用过的热 |
| **useful** horsepower | 有效馬力 | スラスト馬力 | 有效马力 |
| — load | 有效負載 | 有効積載量 | 有效负荷 |
| — thread | 有效螺紋 | 有効ねじ部 | 有效螺纹 |
| — time | 有效壽命 | 有効時間 | 有效寿命 |
| **Utaloy** | 一種鎳鉻耐熱合金 | ユータロイ | 一种镍铬耐热合金 |
| **utility** corner | 通用彎頭 | 家事コーナ | 通用弯头 |
| — dolly | 通用鐵砧 | 万能金敷 | 通用铁砧 |
| — to cost ratio | 效用費用比（率） | 効用費用比率 | 效用费用比（率） |
| **Utiloy** | 一種鎳鉻耐蝕合金 | ユーティロイ | 一种镍铬耐蚀合金 |
| **utmost** | 最大（的）；極端；極度 | 最大 | 最大（的）；极端；极度 |

| 英　文 | 臺　灣 | 日　文 | 大　陸 |
|---|---|---|---|
| **V belt** | 三角皮帶;V形皮帶 | V ベルト | 三角皮带;V形皮带 |
| **V belt pulley** | V形皮帶輪;三角皮帶輪 | V ベルト車 | V形皮带轮 |
| **V belt sheave** | V形皮帶輪;三角皮帶輪 | V ベルト車 | V形皮带轮 |
| **V-bending die** | V形彎曲模 | V 曲げ型 | V形弯曲模 |
| **V-block die** | V形彎曲模 | やげん型 | V形弯曲模 |
| **V-ring packing** | V形迫緊 | V パッキン | V形密封圈 |
| **V-welding** | V形坡口銲接 | 矢はず溶接 | V形坡口焊接 |
| **Vac-metal** | 鎳格電熱線合金 | バックメタル | 镍格电热线合金 |
| **vacuum** | 真空;真空的;真空度 | 真空 | 真空;真空的;真空度 |
| ― annealing | 真空退火 | 真空焼なまし | 真空退火 |
| ― arc furnace melting | 真空電弧爐熔煉 | アーク炉真空溶解 | 真空电弧炉熔炼 |
| ― blast | 真空噴砂 | バキュームブラスト | 真空喷砂 |
| ― casting | 真空澆注;真空鑄造 | 真空鋳造 | 真空浇注;真空铸造 |
| ― check valve | 真空止回閥 | エアチェックバルブ | 真空止回阀 |
| ― chuck | 真空夾盤;真空夾頭 | 真空チャック | 真空夹盘;真空夹头 |
| ― coater | 真空鍍膜裝置 | 真空めっき装置 | 真空镀膜装置 |
| ― coating | 真空塗覆;真空鍍膜法 | 真空めっき | 真空涂覆;真空镀膜法 |
| ― compressor | 真空壓縮機 | 真空ポンプ | 真空压缩机 |
| ― die casting | 真空壓鑄 | 真空ダイカスト | 真空压铸 |
| ― electric furnace | 真空電爐 | 真空電気炉 | 真空电炉 |
| ― evaporation method | 真空蒸著法〔蒸鍍法〕 | 真空蒸着法 | 真空蒸着法〔蒸镀法〕 |
| ― forming machine | 真空成形機 | 真空成形機 | 真空成形机 |
| ― forming mold | 真空成形模 | 真空成形型 | 真空成形模 |
| ― forming technique | 真空成形技術 | 真空成形技術 | 真空成形技术 |
| ― furnace | 真空加熱爐 | 真空炉 | 真空加热炉 |
| ― fusion | 真空熔煉 | 真空溶解 | 真空熔炼 |
| ― hardening | 真空淬火 | 真空焼入れ | 真空淬火 |
| ― heat-treatment | 真空熱處理 | 真空熱処理 | 真空热处理 |
| ― ion carburizing | 真空離子滲碳法 | 真空イオン浸炭法 | 真空离子渗碳法 |
| ― machine | 真空機 | 真空機 | 真空机 |
| ― melting | 真空熔煉 | 真空溶解 | 真空熔炼 |
| ― metallizer | 真空蒸鍍裝置 | 真空蒸着装置 | 真空蒸镀装置 |
| ― metallizing | 真空鍍膜 | 真空蒸着塗装 | 真空镀膜 |
| ― metallurgy | 真空冶金(學) | 真空や金 | 真空冶金(学) |
| ― molding | 真空成形 | 真空成形 | 真空成形 |
| ― operated clutch | 真空操縱 | 真空操作 | 真空操纵 |
| ― plating | 真空鍍膜 | 真空めっき | 真空镀膜 |
| ― plating unit | 真空鍍膜設備 | 真空めっき装置 | 真空镀膜设备 |
| ― pouring | 減壓澆鑄 | 減圧注型 | 减压浇铸 |
| ― power brake | 真空制動器 | バキュームブレーキ | 真空制动器 |

**V**

| 英　　文 | 臺　　灣 | 日　　文 | 大　　陸 |
|---|---|---|---|
| ― press | 真空壓製機 | 真空プレス | 真空压制机 |
| ― process metallurgy | 真空冶煉 | 真空製錬 | 真空冶炼 |
| ― seal | 真空密封 | 真空シール | 真空密封 |
| ― sealed process | 負壓造型 | Vプロセス | 负压造型 |
| ― sintering | 真空燒結 | 真空焼結 | 真空烧结 |
| ― technique | 真空技術 | 真空技術 | 真空技术 |
| **valcanized gum** | 加硫橡膠;硫化橡膠 | バルカナイズドガム | 加硫橡胶;硫化橡胶 |
| **validity** | 有效性;確實性;真實性 | 妥当性 | 有效性;确实性;真实性 |
| **valve** | 閥;活門;真空管 | 弁体 | 阀;活门;真空管 |
| ― body | 閥體 | 弁体 | 阀体 |
| ― body assembly | 閥體總成〔零件〕 | バルブボディアセンブリ | 阀体总成〔部件〕 |
| ― body packing | 閥體迫緊 | バルブボディパッキング | 阀体密封 |
| ― box | 閥箱;閥體;閥(門)室 | 弁箱 | 阀箱;阀体;阀(门)室 |
| ― cage | 閥盒;閥箱 | 弁かご | 阀盒;阀箱 |
| ― case | 閥心座;活門體 | 弁胴 | 阀心座;活门体 |
| ― chattering | 閥的自激振動;閥的振動 | 弁のチャタリング | 阀的自激振动;阀的振动 |
| ― clearance | 閥門間隙;氣門間隙 | 弁すき間 | 阀门间隙;气门间隙 |
| ― cock | 閥栓 | 弁コック | 阀栓 |
| ― cone | 閥錐 | 弁すい | 阀锥 |
| ― control | 閥控制 | 弁制御 | 阀控制 |
| ― core | 閥心;氣芯子 | バルブコア | 阀心;气芯子 |
| ― disk | 閥盤 | 弁体 | 阀盘 |
| ― drain | 閥放泄口 | バルブドレーン | 阀放泄口 |
| ― face | 閥面;氣門面 | 弁面 | 阀面;气门面 |
| ― fitting | 閥門附件 | バルブフィッティング | 阀门附件 |
| ― fitting tool | 閥裝配工具 | 弁取付け工具 | 阀装配工具 |
| ― flange | 閥門凸緣;閥環 | 弁つば | 阀门凸缘;阀环 |
| ― gate | 閥門 | 弁ゲート | 阀门 |
| ― gear | 閥動裝置 | 弁装置 | 阀动装置 |
| ― gear housing | 閥殼體;閥箱 | 弁室 | 阀壳体;阀箱 |
| ― gear link | 閥動裝置聯桿 | 弁装置連かん | 阀动装置联杆 |
| ― grinder | 氣門研磨機 | バルブグラインダ | 气门研磨机 |
| ― guide | 閥導承;閥導面;氣門導管 | 弁案内 | 阀导承;阀导面;气门导管 |
| ― handle | 閥柄 | 弁つか | 阀柄 |
| ― head | 閥頂;閥頭;氣門頭 | 弁頭 | 阀顶;阀头;气门头 |
| ― key | 閥簧抵座銷;氣閥制銷 | 開せん器 | 阀簧抵座销;气阀制销 |
| ― land | 閥面 | バルブランド | 阀面 |
| ― lapper | 閥配研工具 | バルブラッパ | 阀配研工具 |
| ― lash | 閥門間隙 | バルブラッシ | 阀门间隙 |
| ― lever | 閥桿;氣門桿 | 弁てこ | 阀杆;气门杆 |

| 英　　　文 | 臺　　　灣 | 日　　　文 | 大　　　陸 |
|---|---|---|---|
| — lever pin | 閥桿銷 | バルブレバーピン | 阀杆销 |
| — lift | 閥升程 | 弁揚程 | 阀升程 |
| — lifter | 閥挺桿;氣門挺桿;起閥器 | バルブリフタ | 阀挺杆;气门挺杆;起阀器 |
| — lifter guide | 氣門挺桿導承 | バルブリフタガイド | 气门挺杆导承 |
| — link | 閥桿;氣門桿 | 弁リンク | 阀杆;气门杆 |
| — local control stand | 閥操縱台 | 弁操作スタンド | 阀操纵台 |
| — lock | 閥門抵座銷;氣閥制銷 | バルブロック | 阀门抵座销;气阀制销 |
| — loop | 閥環道 | 弁ループ | 阀环道 |
| — metal | 閥用鉛錫黃銅 | バルブメタル | 阀用铅锡黄铜 |
| — motion | 閥動裝置;閥動 | 弁裝置 | 阀动装置;阀动 |
| — motion gearing | 閥動裝置 | 弁運動裝置 | 阀动装置 |
| — motion worm | 閥動蝸桿 | 弁運動ウォーム | 阀动蜗杆 |
| — needle | 閥針 | 弁ニードル | 阀针 |
| — of introduction | 導閥 | 案内弁 | 导阀 |
| — oil | 閥油 | バルブ油 | 阀油 |
| — operating mechanism | 閥的操作機構 | 弁上げ機構 | 阀的操作机构 |
| — operation test | 閥動作試驗 | 弁作動試驗 | 阀动作试验 |
| — pin | 閥銷 | バルブピン | 阀销 |
| — pit | 閥槽 | バルブピット | 阀槽 |
| — plate | 板狀閥體;閥片 | 弁盤 | 板状阀体;阀片 |
| — plug | 閥塞 | 弁プラグ | 阀塞 |
| — plunger | 閥柱塞 | バルブプランジャ | 阀柱塞 |
| — pocket | 閥套 | バルブポケット | 阀套 |
| — port | 閥口;氣門口 | バルブポート | 阀口;气门口 |
| — position | 閥位(置) | バルブの位置 | 阀位(置) |
| — positioner | 閥位控置器 | バルブポジショナ | 阀位控置器 |
| — pump | 閥式泵 | バルブポンプ | 阀式泵 |
| — push rod | 閥推桿;氣門推桿 | 弁突き棒 | 阀推杆;气门推杆 |
| — refacer | 閥研磨機 | バルブリフェーサ | 阀研磨机 |
| — refacing | 修光閥面 | バルブリフェーシング | 修光阀面 |
| — regulation | 閥調節 | 弁調整 | 阀调节 |
| — reseater | 閥座修整器 | 弁座削正器 | 阀座修整器 |
| — rod | 閥柱;閥桿 | 弁心棒 | 阀柱;阀杆 |
| — rod guide | 閥桿導承 | 弁棒案内 | 阀杆导承 |
| — rotating device | 閥旋轉裝置 | 弁旋回裝置 | 阀旋转装置 |
| seal | 閥門密封 | 弁シール | 阀门密封 |
| — seat | 閥座;氣門座 | 弁座 | 阀座;气门座 |
| — seat insert | 閥門座墊圈 | はめ込み弁座 | 阀门座垫圈 |
| — seat ring | 閥座環 | はめ込み弁座 | 阀座环 |
| — seater | 閥座修整刀具;閥座刀具 | バルブシータ | 阀座修整刀具;阀座刀具 |

| 英　文 | 臺　灣 | 日　文 | 大　陸 |
|---|---|---|---|
| — setting | 閥的裝配;閥調整;閥調節 | 弁調整 | 阀的装配;阀调整;阀调节 |
| — shaft | 閥軸;閥桿 | 弁棒 | 阀轴;阀杆 |
| — silencer | 滑閥機構(的)消音裝置 | バルブサイレンサ | 滑阀机构(的)消音装置 |
| — spindle | 閥桿;閥軸 | 弁棒 | 阀杆;阀轴 |
| — spool | 閥(塞)槽 | バルブスプール | 阀(塞)槽 |
| — spring | 閥簧;氣門彈 | 弁ばね | 阀簧;气门弹 |
| — spring compressor | 簧閥壓縮器 | 弁ばね圧縮器 | 簧阀压缩器 |
| — spring cotter | 閥簧座止動銷 | 弁ばね受止め金 | 阀簧座止动销 |
| — spring retainer | 閥簧座圈;氣門彈簧座 | 弁ばね押え | 阀簧座圈;气门弹簧座 |
| — spring seat | 閥(彈)簧座 | 弁ばね座 | 阀(弹)簧座 |
| — stand | 閥座;閥支架 | 弁スタンド | 阀座;阀支架 |
| — steel | 閥用鋼 | バルブ用鋼 | 阀用钢 |
| — stem | 閥桿;氣門桿 | 弁棒 | 阀杆;气门杆 |
| — stem guide | 閥桿導承;閥門導承 | 弁案内 | 阀杆导承;阀门导承 |
| — sticking | 閥黏著;閥卡住 | 弁固着 | 阀粘着;阀卡住 |
| — stroke | 閥行程 | 弁行程 | 阀行程 |
| — surge damper | 閥避震器 | 弁サージ減衰 | 阀减震器 |
| — system | 閥式系統 | 弁形方式 | 阀式系统 |
| — tappet | 閥挺桿;氣門挺桿 | バルブタペット | 阀挺杆;气门挺杆 |
| — tappet guide | 閥門挺桿導承 | バルブタペットガイド | 阀门挺杆导承 |
| — torque | 閥扭轉力矩 | 弁のトルク | 阀扭转力矩 |
| — travel | 閥行程 | 弁行程 | 阀行程 |
| — tray | 閥座 | バルブトレー | 阀座 |
| — yoke | 閥軛 | 弁わく | 阀轭 |
| **valved** gating mold | 單向澆口模具 | 逆止めゲート金型 | 单向浇口模具 |
| — nozzle | 單向噴嘴 | 逆止めノズル | 单向喷嘴 |
| **valveless engine** | 二衝程發動機 | 弁なし機関 | 二冲程发动机 |
| **vanadium,V** | 釩 | バナジウム | 钒 |
| — alloy | 釩合金 | バナジウム合金 | 钒合金 |
| **vanalium** | 鋁基耐蝕鑄造合金 | バナリウム | 铝基耐蚀铸造合金 |
| **vapor line** | 汽相線 | 気相線 | 汽相线 |
| — phase line | 汽相線 | 気相線 | 汽相线 |
| **vaporization** | 氣化;蒸發;蒸發 | 蒸発 | 气化;蒸发;蒸发 |
| — point | 蒸發點;蒸發溫度;沸點 | 蒸発点 | 蒸发点;蒸发温度;沸点 |
| **variable acceleration** | 可變加速度 | 変加速度 | 可变加速度 |
| — cut attachment | (可)變切削裝置 | バリアブルカット装置 | (可)变切削装置 |
| — diagonal pulley | 可變交叉皮帶輪 | バリダイヤプーリ | 可变交叉皮带轮 |
| — load | 變負載;可變負載 | 可変荷重 | 变负荷;可变载荷 |
| — motion | 變速運動 | 可変運動 | 变速运动 |
| — pitch | 可變螺距;可變音調 | 変動ピッチ | 可变节距〔螺距〕可变音调 |

| 英　文 | 臺　灣 | 日　文 | 大　陸 |
| --- | --- | --- | --- |
| — section beam | 變截面樑 | 変断面ばり | 変截面梁 |
| — stress | 變動應力 | 変動応力 | 变动应力 |
| — stroke injection pump | 變行程噴射泵 | 可変行程式噴射ポンプ | 变行程喷射泵 |
| — thrust | 可調推力；可變推力 | バリアブルスラスト | 可调推力；可变推力 |
| — torque | 可變轉矩 | 可変トルク | 可变转矩 |
| **variable-pitch spring** | 變螺距彈簧 | 不等ピッチコイルばね | 变螺距弹簧 |
| **variable-speed** control | 變速控制 | 可変速制御 | 变速控制 |
| — drive | 變速傳動裝置 | 変速駆動装置 | 变速传动装置 |
| — gear | 變速齒輪 | 可変速度ギヤー | 变速齿轮 |
| — gearing | 變速裝置 | 変速装置 | 变速装置 |
| — governor | 變速調速機 | オールスピード調速機 | 变速调速机 |
| **variant** | 變形；變種；變異；轉化 | 変形；異形 | 变形；变种；变异；转化 |
| — type part | 衍生型零件 | 変量型部品 | 衍生型零件 |
| **variate** | 變量 | 変化量 | 变量 |
| **variation** | 偏差；變更；變異；變差 | 変動 | 偏差；变更；变异；变差 |
| — of fit | 配合偏差〔公差〕 | はめあい公差 | 配合偏差〔公差〕 |
| — of load | 負載變化 | 荷重変化 | 负荷变化 |
| — of tolerance | 尺寸差 | 寸法差 | 尺寸差 |
| **variety saw bench** | 多功能圓盤鋸床 | 万能丸のこ盤 | 多功能圆盘锯床 |
| **varying** stress | 變應力；不定應力 | 変動応力 | 变应力；不定应力 |
| — torque load | 可變轉矩負載 | 変トルク負荷 | 可变转矩负载 |
| **vaseline** | 凡士林油；白油 | 白油 | 凡士林油；白油 |
| **vectogram** | 向量圖 | ベクトグラム | 向量图；矢量图 |
| **vector** | 向量 | 方向量 | 矢量；向量；矢径 |
| — analysis | 向量分析 | ベクトル解析 | 向量分析；矢量分析 |
| — control | 向量控制 | ベクトル制御 | 向量控制 |
| — diagram | 向量圖 | ベクトル図 | 矢量(线)图；向量图 |
| — equation | 向量方程(式) | ベクトル方程式 | 矢量方程(式) |
| — field | 向量場 | ベクトル界 | 矢量场；向量场 |
| — function | 向量函數 | ベクトル関数 | 矢量函数 |
| — mean velocity | 向量平均速度 | ベクトル平均速度 | 矢量平均速度 |
| — pattern | 向量圖 | ベクトルパターン | 矢量图 |
| — polygon | 向量多角形 | 示力図 | 矢量多角形 |
| — product | 向量積 | ベクトル積 | 矢量积 |
| — quantity | 向量 | ベクトル量 | 矢量；向量 |
| — stress | 向量應力 | ベクトル応力 | 矢量应力 |
| — sum | 向(量)和 | ベクトル和 | 矢(量)和 |
| — triangle | 向量三角形 | ベクトル三角形 | 矢量三角形 |
| — triple product | 向量三重積 | ベクトル三重積 | 向量三重积 |
| — variable | 向量變量 | ベクトル変数 | 矢量变量 |

| 英　文 | 臺　灣 | 日　文 | 大　陸 |
|---|---|---|---|
| **vectorial angle** | 向量角 | 角座標 | 矢量角 |
| **vee** | V型(物);V形的 | V形 | V型(物);V形的 |
| **vehicle** | 飛行器;車輛;運載器 | 車両 | 飞行器;车辆;运载器 |
| — stopping distance | 停車距離;刹車距離 | 車両停止距離 | 停车距离;刹车距离 |
| **veining structure** | 網狀組織〔結晶界的〕 | ベイニング組織 | 网状组织〔结晶界的〕 |
| **velinvar** | 鎳鐵鈷釩合金 | ベリンバ | 镍铁钴钒合金 |
| **velocity** | 速度;轉速;周轉率 | 速度 | 速度;转速;周转率 |
| — constant | 速度常數 | 速度定数 | 速度常数 |
| — control | 速度控制 | 速度制御 | 速度控制 |
| — curve | 速度曲線 | 速度曲線 | 速度曲线 |
| — error | 速度誤差 | 速度誤差 | 速度误差 |
| — feedback | 速度反饋 | 速度帰還 | 速度反馈 |
| — feedback control | 速度反饋控制 | 速度フィードバック制御 | 速度反馈控制 |
| — function | 速度函數 | 速度関数 | 速度函数 |
| — increment | 速度增量 | 速度増加 | 速度增量 |
| — lag | 速度滯後 | 流動遅れ | 速度滞后 |
| — measuring device | 速度測量裝置;測速裝置 | 速度検出装置 | 速度测量装置;测速装置 |
| — pickup | 速度傳感器 | 速度ピックアップ | 速度传感器 |
| — ratio | 速(度)比;傳動比 | 速度比 | 速(度)比;传动比 |
| — shock | 速度衝擊 | 速度衝撃 | 速度冲击 |
| — transducer | 速度傳感器;速度換能器 | 速度トランスデューサ | 速度传感器;速度换能器 |
| — vector | 速度向量 | 速度ベクトル | 速度矢量 |
| **vent valve** | 通風閥;排油閥;排水閥 | ベント弁 | 通风阀;排油阀;排水阀 |
| **vented screw** | 排氣式螺桿 | ベントスクリュー | 排气式螺杆 |
| **verification** tolerance | 檢測公差 | 検定公差 | 检测公差 |
| — tolerance prescribed | 檢測公差 | 検定公差 | 检测公差 |
| **Verilite** | 一種耐蝕鋁合金 | ベリライト | 一种耐蚀铝合金 |
| **vermeil** | 鍍金的銀銅或青銅 | 金めっきした銀や青銅 | 镀金的银铜或青铜 |
| **vernier** | 游標尺;游標;副尺 | バーニア;遊標;副尺 | 游标尺;游标;副尺;游框 |
| — caliper | 游標卡尺 | ノギス | 游标卡尺;游标千分尺 |
| — depth gage | 游標深度規 | バーニヤデプスゲージ | 游标深度尺 |
| — device | 微調裝置 | バーニヤ装置 | 微调装置 |
| — dial | 微動度盤;游標度盤 | 微動ダイヤル | 微动度盘;游标度盘 |
| — drive | 微調傳動;微變傳動 | バーニヤ駆動 | 微调传动;微变传动 |
| — gage | 游標尺 | バーニヤゲージ | 游标尺 |
| — micrometer | 游標分厘卡 | バーニヤマイクロメータ | 游标千分尺 |
| — notch | 游標尺凹槽 | バーニヤノッチ | 游标尺凹槽 |
| — scale | 游標尺 | バーニヤスケール | 游标尺 |
| **versatile tooling** | 通用工具加工 | 共通段取り | 通用工具加工 |
| **vertical** | 垂直;立式 | 垂直材 | 垂直;立式 |

| 英　　文 | 臺　　灣 | 日　　文 | 大　　陸 |
|---|---|---|---|
| — abutment joint | 立向對接縫 | たて合口 | 竖向对接缝 |
| — acceleration | 垂直加速度 | 垂直加速度 | 垂向加速度 |
| — angle | 垂直角 | 鉛直角 | 垂直角 |
| — axis | 豎軸 | 鉛直軸 | 竖轴 |
| — beam method | 垂直探傷法 | 垂直探傷法 | 垂直探伤法 |
| — belt sander | 立式砂帶磨 | 立ベルトサンダ | 立式砂带磨 |
| — bending moment | 垂直彎矩 | 上下曲げモーメント | 垂直弯矩 |
| — boring machine | 立式搪床 | 立て中ぐり盤 | 立式镗床 |
| — casting | 立式澆鑄 | 縦込め | 立浇 |
| — cat bar | 豎插銷 | たて通い猿 | 竖插销 |
| — circle | 垂直度盤;豎直度盤 | 鉛直目盛盤 | 垂直度盘;竖直度盘 |
| — coupling | 立式聯軸節 | 立て継手 | 立式联轴节 |
| — curve | 豎曲線;垂直曲線 | 縦断曲線 | 竖曲线;垂直曲线 |
| — cutter head | 垂直刀架;立刀架 | バーチカルカッタヘッド | 垂直刀架;立刀架 |
| — dipping method | 垂直浸銲法 | 垂直はんだづけ法 | 垂直浸焊法 |
| — edging rolls | 立軋輥 | 幅押え立てロール | 立轧辊 |
| — extruder | 立式擠壓機 | 竪形押出機 | 立式挤压机 |
| — feed | 升降進給;垂直進刀 | 上下送り | 升降进给;垂直进刀 |
| — feed opening | 立式進料口 | 垂直供給口 | 立式进料口 |
| — feed screw | 垂直進給螺桿 | 上下送りねじ | 垂直进给丝杠 |
| — force | 垂直力;豎向力 | 鉛直力 | 垂直力;竖向力 |
| — frame | 立式機架 | 垂直枠 | 立式机架 |
| — head | 主軸箱;垂直刀架 | 主軸頭 | 主轴箱;垂直刀架 |
| — height | 垂直高度 | 鉛直高さ | 垂直高度 |
| — hinge revolving | 豎軸旋轉 | たて軸回転 | 竖轴旋转 |
| — hydraulic press | 立式液壓沖床 | 竪形油圧プレス | 立式液压冲床 |
| — injection molder | 立式注射成形機 | 竪形射出成形機 | 立式注射成形机 |
| — lathe | 立式車床 | 立旋盤 | 立式车床 |
| — load | 垂直負載 | 鉛直荷重 | 垂直载荷 |
| — load test | 垂直負載試驗 | 鉛直載荷試験 | 垂直载荷试验 |
| — milling head | 立銑頭 | 立フライスヘッド | 立铣头 |
| — milling machine | 立式銑床 | 立てフライス盤 | 立式铣床 |
| — mold | 垂直分型鑄模 | 縦型 | 垂直分型铸型 |
| — plasma CVD | 立式等離子化學汽相澱積 | 縦形プラズマ CVD | 立式等离子化学汽相淀积 |
| — position welding | 立銲 | 立向溶接 | 立焊 |
| — pouring | 立式澆鑄 | 縦入れ | 立浇 |
| — press | 立式沖床;立式沖床 | 立型プレス | 立式压力机;立式冲床 |
| — pressure | 垂直壓力 | 垂直圧力 | 垂直压力 |
| — roll | 立軋輥 | バーチカルロール | 立轧辊 |
| — saw | 立式鋸床 | 立てのこ盤 | 竖锯 |

| 英　　文 | 臺　　灣 | 日　　文 | 大　　陸 |
|---|---|---|---|
| — seam welding | 立向縫銲;垂直線銲 | 立てシーム溶接 | 竪向縫焊;垂直线焊 |
| — section | 垂直斷面;垂直剖面 | 垂直断面 | 垂直断面;垂直剖面 |
| — shaft | 立軸;豎井 | 立て軸 | 立轴;竖井 |
| — slide | 垂直滑板;上下移動滑板 | 上下すべり台 | 垂直滑板;上下移动滑板 |
| — spacing | 縱向間隔;移行 | 行送り | 纵向间隔;移行 |
| — speed | 垂直速度 | 垂直速度 | 垂直速度 |
| — spindle | 立式主軸;垂直軸 | バーチカルスピンドル | 立式主轴;垂直轴 |
| — stress | 垂直應力 | 鉛直応力 | 垂直应力 |
| — swing shaft | 垂直旋轉軸 | 旋回たて軸 | 垂直旋转轴 |
| — turret lathe | 立式轉塔車床 | 立てタレット旋盤 | 立式转塔车床 |
| — up welding | 向上立銲;立向上銲 | 立向上進溶接 | 向上立焊;立向上焊 |
| — vibration | 垂向振動;垂直振動 | 垂直振動 | 垂向振动;垂直振动 |
| — weld | 直立銲縫 | 直立溶着部 | 直立焊缝 |
| — welding | 立銲 | 立て向き溶接 | 立焊 |
| **verticality** | 垂直;垂直度;垂直性 | 鉛直 | 垂直;垂直度;垂直性 |
| **vesicular structure** | 多孔結構 | 多孔構造 | 多孔结构 |
| **vestolit** | 氯乙烯樹脂〔商品名〕 | ベストリット | 氯乙烯树脂〔商品名〕 |
| **Vialbra** | 一種鋁黃銅 | ビアルブラ | 一种铝黄铜 |
| **vibrater** | 振動器;振搗器 | 振動機 | 振动器;振捣器 |
| **vibrating compactor** | 振動壓實機 | 振動コンパクタ | 振动压实机 |
| **vibration** | 振動;振盪 | 振動 | 振动;振荡 |
| — absorber | 消振器;減振器 | 吸振器 | 消振器;减振器 |
| — absorption | 減振(作用) | 防振 | 减振(作用) |
| — acceleration | 振動加速度 | 振動加速度 | 振动加速度 |
| — analysis | 振動分析 | 振動分析 | 振动分析 |
| — control | 防振;減振 | 防振 | 防振;减振 |
| — control equipment | 防振裝置 | 振動防止装置 | 防振装置 |
| — damper | 吸振器;減振器;消振器 | 吸振器 | 吸振器;减振器;消振器 |
| — damping equipment | 減振裝置;振動阻尼裝置 | 振動減衰装置 | 减振装置;振动阻尼装置 |
| — damping materials | 減振材料 | ダンピング材料 | 减振材料 |
| — damping property | 減振性 | 制振性 | 减振性 |
| — device | 振動裝置 | 振動装置 | 振动装置 |
| — fatigue test | 振動疲勞試驗 | 振動疲労試験 | 振动疲劳试验 |
| — frequency | 振動頻率 | バイブレーション周波数 | 振动频率 |
| — gage | 振動計 | 振動計 | 振动计 |
| — indicator | 振動儀 | 振動計 | 振动仪 |
| — instrument | 振動計 | 振動計 | 振动计 |
| — insulation equipment | 隔振裝置 | 振動絶縁装置 | 隔振装置 |
| — insulator | 減振材料;隔振材料 | 防振材料 | 减振材料;隔振材料 |
| — isolating material | 防振材料;隔振材料 | 防振材料 | 防振材料;隔振材料 |

| 英　　文 | 臺　　灣 | 日　　文 | 大　　陸 |
|---|---|---|---|
| — isolating suspension | 防振支座;隔振支座 | 防振支持 | 防振支座;隔振支座 |
| — isolation | 隔振;防振 | 振動遮断 | 隔振;防振 |
| — isolator | 隔振裝置 | 振動絶縁装置 | 隔振裝置 |
| — load | 振動負載 | 振動荷重 | 振动载荷 |
| — measurement | 振動測量 | 振動計測 | 振动测量 |
| — meter | 振動計;測振儀 | 振動計 | 振动计;测振仪 |
| — mode | 振動模式;振動形式;表型 | 振動型 | 振动模式;振动形式;表型 |
| — reducer | 消振器;減振器 | 消振機 | 消振器;减振器 |
| — sensor | 振動傳感器 | 振動センサ | 振动传感器 |
| — source | 振(動)源 | 振動源 | 振(动)源 |
| — spring | 防振彈簧 | 防振ばね | 防振弹簧 |
| — strain | 振動應變 | 振動ひずみ | 振动应变 |
| — stress | 振動應力 | 振動応力 | 振动应力 |
| — table | 振動(試驗)台 | 振動（試験）台 | 振动(试验)台 |
| — test | 振動試驗 | 振動試験 | 振动试验 |
| — tester | 振動試驗裝置 | 振動試験装置 | 振动试验装置 |
| — testing machine | 振動試驗機 | 振動試験機 | 振动试验机 |
| — TMT | 振動形變熱處理 | 振動加工熱処理 | 振动形变热处理 |
| — velocity | 振動速度 | 振動速度 | 振动速度 |
| — wave of first order | 一階振動波形 | 一次振動波形 | 一阶振动波形 |
| — waveform | 振動波形 | 振動波形 | 振动波形 |
| vibration-proof rubber | 防振橡膠 | 防振ゴム | 防振橡胶 |
| — structure | 防振結構;減振結構 | 防振構造 | 防振结构;减振结构 |
| vibrator | 振動器;振動子;振搗器 | 振動子 | 振动器;振动子;振搗器 |
| vibratory barrel | 振動滾筒 | 振動形バレル | 振动滚筒 |
| — drum feed | 振動鼓式送料 | 振動式ドラムフィード | 振动鼓式送料 |
| — pressure | 振動壓力 | 振動圧力 | 振动压力 |
| vibrometer | 振動計 | 振動指示計 | 振动计 |
| vibroshear | 高速振動剪床 | 高速はさみ | 高速振动剪床 |
| vibroshock | 減振器;緩衝器;阻尼器 | バイブロショック | 减振器;缓冲器;阻尼器 |
| Vicalloy | 一種釩鐵鈷磁性合金 | ビカロイ | 一种钒铁钴磁性合金 |
| vice | 虎鉗 | 万力 | 虎钳;台钳 |
| — bench | (虎)鉗台 | 万力台 | (虎)钳台 |
| — chuck | 鉗式夾頭;雙爪夾頭 | バイスチャック | 钳式卡盘;双爪卡盘 |
| — stand | (虎)鉗台 | 万力台 | (虎)钳台 |
| Vickers hardness | 維氏硬度 | ビッカース硬さ | 维氏硬度 |
| viewing aperture | 觀察孔;取景孔;目視孔徑 | のぞき孔 | 观察孔;取景孔;目视孔径 |
| Vikro | 一種耐熱鎳合金 | ビクロ | 一种耐热镍合金 |
| Vincent press | 模鍛摩擦沖床 | ビンセントプレス | 模锻摩擦压力机 |
| — type friction press | 上移式摩擦沖床 | ビンセント形摩擦プレス | 上移式摩擦压力机 |

| 英　　　文 | 臺　　　灣 | 日　　　文 | 大　　　陸 |
|---|---|---|---|
| **vinyl** chloride plastic(s) | 氯乙烯塑料 | 塩化ビニルプラスチック | 氯乙烯塑料 |
| — chloride resin | 氯乙烯樹脂 | 塩化ビニル樹脂 | 氯乙烯树脂 |
| — chloride rubber | （聚）氯乙烯（合成）橡膠 | 塩化ビニルゴム | （聚）氯乙烯（合成）橡胶 |
| — copolymer | 乙烯系共聚物 | ビニル共重合体 | 乙烯系共聚物 |
| — ester resin | 乙烯基酯樹脂 | ビニルエステル樹脂 | 乙烯基酯树脂 |
| — fluoride resin | 氯乙烯樹脂 | ふっ化ビニル樹脂 | 氯乙烯树脂 |
| — hose | 乙烯軟管 | ビニルホース | 乙烯软管 |
| — plastics | 乙烯基塑料 | ビニルプラスチックス | 乙烯基塑料 |
| — polymer | 乙烯基聚合物 | ビニル重合体 | 乙烯基聚合物 |
| — polymerism | 乙烯（系）聚合（作用） | ビニル重合作用 | 乙烯（系）聚合（作用） |
| — polymerization | 乙烯（系）聚合（作用） | ビニル重合 | 乙烯（系）聚合（作用） |
| — resin | 乙烯基樹脂 | ビニル樹脂 | 乙烯基树脂 |
| — sheath | 乙烯樹脂封裝 | ビニルシース | 乙烯树脂封装 |
| — sheet | 乙烯基樹脂軟片 | ビニルシート | 乙烯基树脂软片 |
| — silicone gum | 乙烯矽橡膠 | ビニルシリコーンゴム | 乙烯硅橡胶 |
| — steel plate | 乙烯基飾面鋼板 | ビニル鋼板 | 乙烯基饰面钢板 |
| **vinylacetate** plastic(s) | 乙烯乙酸酯塑料 | 酢酸ビニルプラスチック | 乙烯乙酸酯塑料 |
| — resin | 乙烯基乙酸酯樹脂 | 酢酸ビニル樹脂 | 乙烯基乙酸酯树脂 |
| **vinylidene** chloride resi | 亞（二）氯乙烯樹脂 | 塩化ビニリデン樹脂 | 亚（二）氯乙烯树脂 |
| **vinylite** | 聚乙酸乙烯酯樹脂 | ビニライト | 聚乙酸乙烯酯树脂 |
| — sheet | 乙烯系樹脂薄板 | ビニライトシート | 乙烯系树脂薄板 |
| **vinyloid** sheet | 乙烯薄板 | ビニロイドシート | 乙烯薄板 |
| **virgin** dip | 初割樹脂 | 初成樹脂 | 初割树脂 |
| — iron | 原生鐵 | 処女鉄 | 原生铁 |
| — metal | 原生金屬 | 新地金 | 原生金属 |
| **virtual** angle of friction | 虛摩擦角 | 仮摩擦角 | 虚摩擦角 |
| — mass effect | 虛質量效應〔影響〕 | 見掛け質量効果 | 虚质量效应〔影响〕 |
| — moment of inertia | 虛慣性矩 | 仮想慣性能率 | 虚惯性矩 |
| — pitch | 實效螺距 | 実際ピッチ | 实效螺距 |
| — pitch circle | （齒輪）假想節圓 | 仮想ピッチ円 | （齿轮）假想节圆 |
| — pitch ratio | 實效螺距比 | 実際ピッチ比 | 实效螺距比 |
| — slip ratio | 實效滑距比 | 真のスリップ比 | 实效滑距比 |
| — stress | 虛應力 | 仮想応力 | 虚应力 |
| — work | 虛功 | 仮想仕事 | 虚功 |
| **viscosity** force | 內摩擦力；黏著力 | 粘着力 | 内摩擦力；粘着力 |
| **vise** | 虎鉗 | 万力 | 虎钳；台钳 |
| **visible** joint | 開式接頭〔外露式連接器〕 | 露出継手 | 开式接头〔外露式连接器〕 |
| — key | 目視鍵 | ビジブルキー | 目视键 |
| **vision** slit | 觀察孔 | てん視孔 | 观察孔 |
| **visor** | 護目鏡；遮光板；保護蓋 | バイサ；まびさし | 护目镜；遮光板；保护盖 |

| 英　文 | 臺　灣 | 日　文 | 大　陸 |
|---|---|---|---|
| — screen | 面罩 | 遮光面 | 面罩 |
| **vistanex** | 聚乙烯合成纖維〔橡膠〕 | ビスタネックス | 聚乙烯合成纤维〔橡胶〕 |
| **visual** angle method | 視角法 | 視角法 | 視角法 |
| — appearance | 外觀 | 外観 | 外观 |
| — corona | 可見電暈 | 可視コロナ | 可见电晕 |
| — fatigue | 視覺疲勞 | 視覚疲労 | 视觉疲劳 |
| — inspection | 目測檢查;外觀檢查 | 目視検査 | 目測检查;外观检查 |
| — range | 目視距離 | 視程 | 目视距离 |
| — sensor | 視覺傳感器;視覺探測器 | 視覚センサ | 视觉传感器;视觉探测器 |
| **visualization** test | 目測試驗(法) | 可視化実験 | 目測试验(法) |
| **Vital** | 一種精煉鋁系合金 | ビタール | 一种精炼铝系合金 |
| **viton** | 合成橡膠 | ビトン | 合成橡胶 |
| — gasket | 合成橡膠襯墊 | ビトンガスケット | 合成橡胶(密封)垫圈 |
| — gum | 合成橡膠 | ビトンゴム | 合成橡胶 |
| **vitrified** bonded wheel | 陶瓷黏結砂輪 | ビトリファイドと石 | 陶瓷粘结砂轮 |
| **Vival** | 一種鋁基合金 | バイバル | 一种铝基合金 |
| **vivianite** | 藍鐵礦 | らん鉄鉱 | 蓝铁矿 |
| **void** content | 氣孔率 | 空洞率 | 气孔率 |
| — fraction | 空穴比;疏鬆度 | ボイド比 | 空穴比;疏松度 |
| — hole | 內部縮孔 | 引け巣 | 内部缩孔 |
| — ratio | 孔隙比 | 空げき率 | 孔隙比 |
| — test | 孔隙試驗 | 空げき試験 | 孔隙试验 |
| **volatile** loss | 揮發減量 | 揮発減量 | 挥发减量 |
| — rust preventive oil | 揮發性防銹油 | 気化性さび止め油 | 挥发性防锈油 |
| **Volomit** | 一種超硬質合金 | ボロミット | 一种超硬质合金 |
| **voltage** | 電壓;伏特數 | 電圧 | 电压;伏特数 |
| — rating | 額定電壓 | 電圧定格 | 额定电压 |
| — regulating circuit | 調壓電路 | 電圧調整回路 | 调压电路 |
| **voltaic** arc | 電弧 | 流電気式アーク | 电弧 |
| **voltampere** | 伏安 | ボルトアンペア | 伏(特)安(培) |
| **volume** | 音量;響度;容積;體積 | 音量 | 音量;响度;容积;体积 |
| — booster | (大容量)定比減壓閥 | ボリュームブースタ | (大容量)定比减压阀 |
| — box | 套筒扳手 | ボリュームボックス | 套筒扳手 |
| — shrinkage | 體積收縮 | 体積収縮 | 体积收缩 |
| — strain | 體積變形;體積應變 | 体積ひずみ | 体积变形;体积应变 |
| — stress | 容積應力;體積應力 | 体積応力 | 容积应力;体积应力 |
| **volumetric(al)** change | 體積變更 | 容積変化 | 体积变更 |
| — feeder | 定量加料裝置 | 容量供給装置 | 定量加料装置 |
| — shrinkage | 體積收縮 | 体積収縮 | 体积收缩 |
| **voluminal** expansion | 體積膨脹 | 体膨張 | 体积膨胀 |

| 英　　文 | 臺　　灣 | 日　　文 | 大　　陸 |
|---|---|---|---|
| **volute** | 螺旋形；渦旋形 | ボルート | 螺旋形；涡旋形 |
| — housing | 螺旋形殼體；蝸殼 | 渦巻形ケーシング | 螺旋形壳体；蜗壳 |
| — pump | 螺旋泵 | 渦巻ポンプ | 螺旋泵 |
| — spring | 錐形螺旋板彈簧 | 竹の子ばね | 锥形螺旋板弹簧 |
| **Volvit** | 青銅軸承合金 | ボルビット | 青铜轴承合金 |
| **vonsenite** | 硼鐵礦 | ボンゼン石 | 硼铁矿 |
| **vortex** line | 平面螺旋線 | 渦線 | 平面螺旋线 |
| — loss | 渦流損失 | 渦流損失 | 涡流损失 |
| **Vulcan metal** | 一種耐蝕銅合金 | バルカンメタル | 一种耐蚀铜合金 |
| **vulcanite** | 硬質橡膠 | 硬質ゴム | 硬质橡胶 |
| **vulcanizable** elastomer | 硫化性彈性體 | 加硫性エラストマ | 硫化性弹性体 |
| — polyethylene | 硫化性聚乙烯 | 加硫性ポリエチレン | 硫化性聚乙烯 |
| **vulcanizate** | 硫化橡膠；橡皮 | 加硫ゴム | 硫化橡胶；橡皮 |
| **vulcanization** | 硫化；硬化；加硫 | 加硫 | 硫化；硬化；加硫 |
| **vulcanized** asbestos | 硫化石棉；夾膠石棉製品 | ゴム硬化石綿 | 硫化石棉；夹胶石棉制品 |
| — natural rubber | 硫化天然橡膠 | 加硫天然ゴム | 硫化天然橡胶 |
| — polyethylene | 硫化聚乙烯 | 加硫ポリエチレン | 硫化聚乙烯 |
| **vulcanizing** agent | 硫化劑 | 加硫剤 | 硫化剂 |
| — of rubber | 橡膠加硫 | ゴムの加硫 | 橡胶加硫 |
| **vulnerability** | 易損壞性；脆弱性；致命性 | バルネレビリティ | 易损坏性；脆弱性；致命性 |

| 英　　文 | 臺　　灣 | 日　　文 | 大　　陸 |
|---|---|---|---|
| **wabble** | 振動;擺動;變量;變度 | そう浪 | 振动;摆动;变量;变度 |
| **wabbler** | 凸輪;搖動器;偏心輪 | ワブラ | 凸轮;摇动器;偏心轮 |
| **wadding** | 填絮;填塞物;襯料 | ワッディング | 填絮;填塞物;衬料 |
| **wafering** | 切(成)片;切晶片 | ウェファリング | 切(成)片;切晶片 |
| **waffle die** | 網格校平模;齒紋校平模 | ワッフル型 | 网格校平模;齿纹校平模 |
| **wagging vibration** | (分子)上下擺動; | 縦揺れ振動 | (分子)上下摆动; |
| **wagon** drill | 汽車式鑽機;鑽機車 | ワゴンドリル | 汽车式钻机;钻机车 |
| — spring | 貨車彈簧 | 車両ばね | 货车弹簧 |
| **waiting** period | 等待時間〔周期〕 | 待ち時間 | 等待时间〔周期〕 |
| — time | 等待時間;存儲時間 | 待ち時間 | 等待时间;存储时间 |
| **walchowite** | 褐煤樹脂;聚合醇樹脂 | ワルチョー石 | 褐煤树脂;聚合醇树脂 |
| **walking** | 可移動(的);擺動(的) | ウォーキング | 可移动(的);摆动(的) |
| — beam | 搖樑;擺動樑;步進式冷床 | ウォーキングビーム | 摇梁;摆动梁;步进式冷床 |
| — beam furnace | 步進式(連續加熱)爐 | 可動りょう式炉 | 步进式(连续加热)炉 |
| — machine | 移動式機械 | 歩行機械 | 移动式机械 |
| — robot | 步行機器人 | 歩行ロボット | 步行机器人 |
| **wall bolt** | 棘螺栓;墙螺栓 | 鬼ボルト | 棘螺栓;墙螺栓 |
| — box | 暗絨箱;箱形軸承座 | 壁はめ込み配電 | 暗绒箱;箱形轴承座 |
| — drilling machine | 牆裝鑽床 | 壁ボール盤 | 墙装钻床 |
| **wandering** of arc | 電弧漂移 | アークのふらつき | 电弧漂移 |
| — sequence | 跳銲法;無序銲接法 | スキップ溶接 | 跳焊法;无序焊接法 |
| **warm** drawing | 熱拉絲 | 温間伸線 | 热拉丝 |
| — extrusion | 熱擠壓 | 温間押出し加工 | 热挤压 |
| — forging | 溫殼鍛壓;降溫鍛造法 | 温間圧造 | 温壳锻压;降温锻造法 |
| — strength | 溫熱強度 | 熱間強度 | 温热强度 |
| — working | 溫加工 | 温間加工 | 温加工 |
| **warmer** | 加熱器;(橡膠)熱煉機 | 熱入れロール機 | 加热器;(橡胶)热炼机 |
| **warming-up** | 加溫;預熱;暖機 | 暖機 | 加温;预热;暖机 |
| **warm-up** | 升溫;加熱;預熱 | ウォームアップ | 升温;加热;预热 |
| — mill | 加熱輥 | 加熱ロール | 加热辊 |
| — operation | 暖機運轉;預熱運轉 | 暖機運転 | 暖机运转;预热运转 |
| **warning** light | 警告燈 | 警告灯 | 警告灯 |
| — message | 報警信息 | 警告メッセージ | 报警信息 |
| — sign | 警告標誌 | 警戒標識 | 警告标志 |
| **warp** | 翹曲;扭曲;卷繞 | 反り;ひずみ | 翘曲;扭曲;卷绕 |
| **warpage** | 扭曲;翹曲;變形 | 曲がり | 扭曲;翘曲;变形 |
| **warped surface** | 翹曲面;扭曲面 | ゆがみ面 | 翘曲面;扭曲面 |
| **warping** | 整經;翹曲;變形 | 狂い | 整经;翘曲;变形 |
| — rigidity | 翹曲;剛度 | 曲げねじり剛性 | 翘曲;刚度 |
| — stress | 翹曲應力 | 反り拘束応力 | 翘曲应力 |

| 英　　文 | 臺　　灣 | 日　　文 | 大　　陸 |
|---|---|---|---|
| — test | 翹曲試驗 | 反り試験 | 翹曲試验 |
| **warrant** | 保証;証明;煤層式黏土 | 保証 | 保证;证明;煤层式粘土 |
| **wash** boring | 沖洗鑽孔 | 水洗式ボーリング | 冲洗钻孔 |
| — mill | 洗滌碾磨機;洗滌裝置 | 洗でい機 | 洗涤碾磨机;洗涤装置 |
| **washed** ore | 洗礦;精選礦 | 洗鉱 | 洗矿;精选矿 |
| — sand | (洗)淨砂 | 洗い砂 | (洗)净砂 |
| — slack | 洗淨的碎煤 | 洗浄粉炭 | 洗净的碎煤 |
| **washer** | 洗淨器;襯墊;墊圈 | 洗浄機 | 洗净器;衬垫;垫圈 |
| — element | 墊圈式濾清元件 | 座付きナット | 垫圈式滤清元件 |
| — faced nut | 帶墊圈螺母 | 座付きナット | 带垫圈螺母 |
| **washing** | 洗(滌);洗選 | 洗浄 | 洗(涤);洗选 |
| — equipment | 洗滌設備 | 洗浄設備 | 洗涤设备 |
| — station | 洗滌裝置 | 洗浄装置 | 洗涤装置 |
| — tub | 洗滌槽 | 洗濯おけ | 洗涤槽 |
| **washingtonite** | 鈦鐵礦 | ワシントン石 | 钛铁矿 |
| **wastage** | 損耗量;消耗量;損失量 | 減耗 | 损耗量;消耗量;损失量 |
| **waste** box | 廢物(料)箱 | 廃物箱 | 废物(料)箱 |
| — chips | 廢屑 | 廃物 | 废屑 |
| — disposal | 廢物處理 | 廃棄物処分 | 废物处理 |
| — end | 廢料頭 | 切れ端 | 废料头 |
| — heat | 廢熱;餘熱 | 廃熱 | 废热;馀热 |
| — heat boiler | 廢熱鍋爐;餘熱鍋爐 | 余熱ボイラ | 废热锅炉;馀热锅炉 |
| — heat loss | 餘熱損失廢熱損失 | 排熱損失 | 馀热损失废热损失 |
| — heat recovery | 廢熱回收 | 廃熱回収 | 废热回收 |
| — heat utilization | 餘熱利用 | 排熱利用 | 馀热利用 |
| — heating | 用廢氣(熱)加熱 | 廃熱利用加熱 | 用废气(热)加热 |
| — oil | 廢油;用過的油 | 廃油 | 废油;用过的油 |
| — processing | 廢物處理 | 廃棄物処理 | 废物处理 |
| — stem | 廢蒸氣 | 廃汽 | 废蒸气 |
| **wastewater** | 廢水;污水 | 廃水 | 废水;污水 |
| — disposal pump | 污水泵 | 廃液ポンプ | 污水泵 |
| — reclamation | 廢水再生;廢水利用 | 廃水再生 | 废水再生;废水利用 |
| — treatment equipment | 污水處理設備 | 水質汚濁防止装置 | 污水处理设备 |
| — treatment technics | 污水處理技術 | 汚水処理技術 | 污水处理技术 |
| — valve | 廢水閥 | 剰水弁 | 废水阀 |
| **watch** case | 錶殼 | ウォッチケース | 表壳 |
| — maker's bench press | 小型台式沖床 | 小形卓上形プレス | 小型台式压力机 |
| — mechanism | 鐘錶機構 | 時計機構 | 钟表机构 |
| — movement | 鐘錶機心 | ムーブメント | 钟表机心 |
| — oil | 鐘錶油 | 時計油 | 钟表油 |

| 英　　文 | 臺　　灣 | 日　　文 | 大　　陸 |
|---|---|---|---|
| — press | 鐘錶沖床 | ウォッチプレス | 钟表冲床 |
| **water** annealing | 水冷退火 | 水なまし | 水冷退火 |
| — box | 冷却水箱 | 冷却かん | 冷却水箱 |
| — chamber | (冷却)水套;水箱 | ウォータチャンバ | (冷却)水套;水箱 |
| — channel | 水槽;水冷腔〔模具的〕 | 水路 | 水槽;水冷腔〔模具的〕 |
| — collar | (模具)水冷套 | 水カラー | (模具)水冷套 |
| — containing plastic(s) | 含水塑料 | 含水プラスチック | 含水塑料 |
| — cylinder | 液壓缸 | 水シリンダ | 液压缸 |
| — frame | 水力機械;水力紡紗機 | 水力機械 | 水力机械;水力纺纱机 |
| — gas | 水煤氣 | 水性ガス | 水煤气 |
| — hardening | 水淬(硬化) | 水焼入れ | 水淬(硬化) |
| — horning | 噴水清理 | ウォータホルニング | 喷水清理 |
| — jacket | 水(冷却)套;水箱 | 水とう | 水(冷却)套;水箱 |
| — joint | 水密接合;防水接頭 | 水切目地 | 水密接合;防水接头 |
| — lubricated type | 水潤滑式 | 水潤滑式 | 水润滑式 |
| — press | 水壓機 | 水圧機 | 水压机 |
| — pressure | 水壓力 | 水圧 | 水压力 |
| — pressure engine | 水力發動機 | 水圧機関 | 水力发动机 |
| — pump | 水泵 | 水流ポンプ | 水泵 |
| — purification unit | 淨水設備 | 浄水設備 | 净水设备 |
| — purification work | 淨水工程 | 浄水作業 | 净水工程 |
| — purifier | 淨水器 | 浄化器 | 净水器 |
| — quench(steel) | 水淬(鋼) | 水急冷却 | 水淬(钢) |
| — sanding | 水砂磨 | 水研ぎ | 水砂磨 |
| — softener | 軟水劑;軟水器 | 硬水軟化剤 | 软水剂;软水器 |
| — softening | 硬水軟化(法) | 硬水軟化 | 硬水软化(法) |
| — storage tank | 貯水槽;水箱 | 貯水槽 | 贮水槽;水箱 |
| — tank | 水箱;水柜;水柷 | 水槽 | 水箱;水柜;水 |
| — test | 泵水試驗;水壓試驗 | 水質試験 | 泵水试验;水压试验 |
| — to carbide generator | 注水式(乙炔)發生器 | 注水式発生器 | 注水式(乙炔)发生器 |
| — tool grinder | 通液式工具磨床 | 水掛け工具研削盤 | 通液式工具磨床 |
| — toughening | 水冷韌化處理 | 水じん | 水冷韧化处理 |
| — treatment device | 水處理設備 | 水処理装置 | 水处理设备 |
| — tube boiler | 水管式鍋爐 | 水管式汽かん | 水管式锅炉 |
| — turbine | 水輪機 | 水車 | 水轮机 |
| — valve | 水閥;水門 | 水弁 | 水阀;水门 |
| — vapor arc welding | 水蒸氣保護電弧銲 | 水蒸気アーク溶接 | 水蒸气保护电弧焊 |
| — vapor pressure | 水蒸氣壓 | 水蒸気圧 | 水蒸气压 |
| **water-cooled** bearing | 水冷軸承 | 水冷軸受 | 水冷轴承 |
| — condenser | 水冷式冷凝器 | 水冷却凝縮器 | 水冷式冷凝器 |

| 英　　文 | 臺　　灣 | 日　　文 | 大　　陸 |
|---|---|---|---|
| — cylinder | 水冷式氣〔油〕缸 | 水冷シリンダ | 水冷式气〔油〕缸 |
| — engine | 水冷式發動機 | 水冷機関 | 水冷式发动机 |
| — jacket | 水套 | 水冷ジャケット | 水套 |
| — rolls | 水冷輥 | 水冷ロール | 水冷辊 |
| **waterproof** connector | 防水接頭 | 防水コネクタ | 防水接头 |
| — material | 防水材料 | 防水材料 | 防水材料 |
| — sand paper | （耐）水砂紙 | 耐水研磨紙 | （耐）水砂纸 |
| — socket | 防水接頭 | 防水ソケット | 防水接头 |
| — test | 防水試驗 | 防水試験 | 防水试验 |
| — treatment | 防水處理 | 防水処理 | 防水处理 |
| — valve | 防水閥 | 防水バルブ | 防水阀 |
| **water-resistant test** | 耐水試驗 | 耐水試験 | 耐水试验 |
| **water-soluble** flux | 水溶性銲劑 | 水溶性フラックス | 水溶性焊剂 |
| — resin | 水溶性樹脂 | 水溶性樹脂 | 水溶性树脂 |
| **water-tight joint** | 防水接縫 | 水密継手 | 防水接缝 |
| **water-wheel** | 水輪；水輪機 | 水車 | 水轮；水轮机 |
| **watery fusion** | 結晶熔熔化 | 含水融解 | 结晶熔熔化 |
| **watt** | 瓦特 | ワット | 瓦特 |
| — consumption | 功率消耗 | ワット消費量 | 功率消耗 |
| — loss | 功率損耗 | ワットロス | 功率损耗 |
| — second | 瓦（特）秒 | ワット秒 | 瓦（特）秒 |
| **wattage** | 瓦（特）數 | ワット数 | 瓦（特）数 |
| — dissipation | 損耗瓦數 | ワット数損失 | 损耗瓦数 |
| **wattless** component | 無功部分；電抗部分 | 無効部 | 无功部分；电抗部分 |
| — power | 無功功率 | 無効電力 | 无功功率 |
| **wattmeter** | 瓦特計；電力錶；功率錶 | 電力計 | 瓦特计；电力表；功率表 |
| **wave amplitude** | 波振幅 | 波の振幅 | 波振幅 |
| — celerity | 波速 | 波速 | 波速 |
| — equation | 波動方程 | 波動方程式 | 波动方程 |
| — loop | 波腹 | 波腹 | 波腹 |
| — motion | 波動 | 波動 | 波动 |
| — nature | 波動性 | 波動性 | 波动性 |
| — propagation | 波的傳播 | 波の伝搬 | 波的传播 |
| — reflection | 波的反射 | 波の反射 | 波的反射 |
| — refraction | 波的折射 | 波の屈折 | 波的折射 |
| — soldering | 波動銲接；流動銲接 | ウェーブソルダーリング | 波动焊接；流动焊接 |
| — top | 波峰 | 波峰 | 波峰 |
| — trough | 波谷 | 波の谷 | 波谷 |
| — vector | 波（動）向（量） | 波動ベクトル | 波（动）矢（量） |
| — washer | 波形墊圈 | 波形坐金 | 波形垫圈 |

| 英　　文 | 臺　　灣 | 日　　文 | 大　　陸 |
|---|---|---|---|
| wavecrest | 波峰;波頂 | 波峰 | 波峰;波顶 |
| wavefront | 波前;波陣面 | 波先 | 波前;波阵面 |
| wavelength | 波長 | 波の波長 | 波长 |
| — standard | 波長標準 | 光波基準 | 波长标准 |
| wavy spring | 波形彈簧 | ウェービスプリング | 波形弹簧 |
| wax injector | 壓蠟機;射蠟機 | ワックスインジェクタ | 压蜡机;射蜡机 |
| — matrix | 蠟模 | ろう製模型 | 蜡模 |
| — pattern | 蠟模;蠟型 | ろう型 | 蜡模;蜡型 |
| — pour point | 蠟的凝固點;蠟的傾點 | ろうの凝固点 | 蜡的凝固点;蜡的倾点 |
| waxform method | 蠟模法 | ろう型法 | 蜡模法 |
| waxy resin | 蠟質樹脂 | ろう質樹脂 | 蜡质树脂 |
| way | 方式;滑道 | 方法 | 方式;滑道 |
| — block | 導軌塊;支承塊 | ウェイブロック | 导轨块;支承块 |
| — of bed | 導軌 | ウェイオブベッド | 导轨 |
| wear | 磨損;磨耗 | 摩耗 | 磨损;磨耗 |
| — allowance | 磨損留量 | 摩耗しろ | 磨损留量 |
| — and tear | 損耗;老化 | 老朽化 | 损耗;老化 |
| — factor | 磨損係數 | 摩耗指数 | 磨损系数 |
| — iron | 耐擦(鐵)板 | 防摩擦鉄板 | 耐擦(铁)板 |
| — land | 磨損帶 | ウェアランド | 磨损带 |
| — layer | 磨損層 | 摩耗層 | 磨损层 |
| — limit | 磨損極限 | ウェアリミット | 磨损极限 |
| — part | 磨損件 | 摩耗部品 | 磨损件 |
| — prevention agent | 防磨(添加)劑 | 防摩擦剤 | 防磨(添加)剂 |
| — rate | 磨損率 | 摩耗率 | 磨损率 |
| — resistant alloy | 耐磨合金 | 耐摩合金 | 耐磨合金 |
| — resistant coating | 抗磨耗覆蓋層 | 耐摩被覆層 | 抗磨耗覆盖层 |
| — strip | 磨損帶 | 摩耗ストリップ | 磨损带 |
| — surface | 磨滅面;磨損表面 | 摩耗面 | 磨灭面;磨损表面 |
| — test | 磨損試驗 | 摩耗試験 | 磨损试验 |
| — tester | 磨損試驗機 | 摩耗試験機 | 磨损试验机 |
| — track | 磨痕 | 摩耗こん | 磨痕 |
| wearbility | 耐磨損性 | 耐摩耗性 | 耐磨损性 |
| wearing characteristic | 耐磨性 | 耐摩耗性 | 耐磨性 |
| — coat | 防磨護 | 表面被覆 | 防磨护 |
| — conditions | 磨損條件 | 摩耗条件 | 磨损条件 |
| — course | 磨耗層;耐磨層 | 摩耗層 | 磨耗层;耐磨层 |
| — lining | 耐磨內襯 | 耐摩耗裏張り | 耐磨内衬 |
| — plate | 耐磨板 | 摩耗板 | 耐磨板 |
| property | 耐磨性 | 耐摩耗性 | 耐磨性 |

| 英　　文 | 臺　　灣 | 日　　文 | 大　　陸 |
|---|---|---|---|
| ― quality | 耐磨性 | 耐摩耗性 | 耐磨性 |
| ― resistance | 耐磨性;抗磨力 | 耐摩耗性 | 耐磨性;抗磨力 |
| ― ring | 耐擦環 | 防摩擦環 | 耐擦环 |
| **wear-out failure** | 疲勞故障;磨損破壞 | 摩耗故障 | 疲劳故障;磨损破坏 |
| **web** beam | 強橫樑;桁板樑 | 特設ビーム | 强横梁;桁板梁 |
| ― cleat | 腹板;連結板 | ウェブクリート | 腹板;连结板 |
| ― crystal | 條狀晶體;帶狀晶體 | ウェブ結晶 | 条状晶体;带状晶体 |
| ― diameter | 絲攻小直徑 | 溝底の径 | 丝锥小直径 |
| ― reinforcement | 腹筋;抗剪鋼筋 | 腹(鉄)筋 | 腹筋;抗剪钢筋 |
| ― taper | 鑽心錐度 | ウェブテーパ | 钻心锥度 |
| ― thickness | 鑽心厚度 | 心厚 | 钻心厚度 |
| ― washer | 防鬆墊圈 | ウェブワッシャ | 防松垫圈 |
| ― wheel | 輻板式齒輪 | ウェブホイール | 辐板式齿轮 |
| ― width | 鑽心寬 | ウェブ幅 | 钻心宽 |
| **webbite** | 煉鋼合金劑 | ウェッバイト | 炼钢合金剂 |
| **wedge** | 楔;斜鐵;楔形澆 | くさび | 楔;斜铁;楔形浇 |
| ― action die | 斜楔沖模;側楔模 | くさび型 | 斜楔冲模;侧楔模 |
| ― belt | V形帶;三角帶 | 細幅Vベルト | V形带;三角带 |
| ― block | 可調楔塊;楔塊;楔座 | 鎖せん式尾せん | 可调楔块;楔块;楔座 |
| ― block gage | 角度量塊;角度塊規 | ウェッジブロックゲージ | 角度量块;角度块规 |
| ― bonding | 楔形銲接;楔銲 | ウェッジボンディング | 楔形焊接;楔焊 |
| ― brake | 楔形閘;楔形制動器 | ウェッジブレーキ | 楔形闸;楔形制动器 |
| ― contact | 楔形接點 | くさび形接点 | 楔形接点 |
| ― cut | 楔形切削 | ウェッジカット | 楔形切削 |
| ― draw test | 楔形拉深試驗 | くさび引抜き深絞り試験 | 楔形拉深试验 |
| ― driver | 打楔機 | くさび打込み機 | 打楔机 |
| ― filler | 楔形填充料 | くさび形てん材 | 楔形填充料 |
| ― friction wheel | 楔形摩擦輪 | みぞ付き摩擦車 | 楔形摩擦轮 |
| ― gate | 楔形澆口 | ばりぜき | 楔形浇口 |
| ― grip | 楔形夾 | くさび式かみ具 | 楔形夹 |
| ― hammer | 楔錘 | ウェッジハンマ | 楔锤 |
| ― pin | 楔形銷 | くさび止めビン | 楔形销 |
| ― press | 楔式沖床 | くさび駆動式プレス | 楔式压力机 |
| ― ring | 直面半梯形環;楔形環 | ウェッジリング | 直面半梯形环;楔形环 |
| ― rolling | 楔形軋製 | ウェッジローリング | 楔形轧制 |
| ― valve | 楔形閥 | くさび形弁 | 楔形阀 |
| **weigh** feed | 計量加料 | ひょう量供給 | 计量加料 |
| ― feeder | 計量加料裝置 | ひょう量供給装置 | 计量加料装置 |
| **weight** | 重量;重錘;負載 | 重み | 重量;重锤;载荷 |
| ― average | 重量平均 | 重量平均 | 重量平均 |

| 英　　　文 | 臺　　　灣 | 日　　　文 | 大　　　陸 |
|---|---|---|---|
| — capacity | 承重能力 | 可搬重量 | 承重能力 |
| — density | 重量密度 | 重量密度 | 重量密度 |
| — distribution ratio | 重量分配比 | 荷重配分比 | 重量分配比 |
| — empty | 淨重;無裁重量;空機重量 | 自重 | 净重;无裁重量;空机重量 |
| — estimation | 重量估算 | 重量見積り | 重量估算 |
| — feeder | 重量給〔送〕料器 | 重量給送器 | 重量给〔送〕料器 |
| — limited payload | 重量極限有效負載 | 重量限界ペイロード | 重量极限有效载荷 |
| — load | 裝載量 | 分銅荷重 | 装载量 |
| — velocity | 重量速度 | 重量速度 | 重量速度 |
| **weight-drop test** | 落錘試驗 | 落錘試驗 | 落锤试验 |
| **weightiness** | 重;重量 | 重いこと | 重;重量 |
| **weighting** | 加重 | 増量 | 加重 |
| — arm | 搖架;搖臂加壓裝置 | トップアーム | 摇架;摇臂加压装置 |
| **weld** | 銲接 | 溶接部 | 焊接 |
| — -all-around | 全周(邊)銲接〔縫〕 | 全周溶接 | 全周(边)焊接〔缝〕 |
| — annealing | 銲接退火 | 溶接焼きなまし | 焊接退火 |
| — assembly | 銲接(構)件;銲接裝配件 | 溶接組立品 | 焊接(构)件;焊接装配件 |
| — bead | 銲道 | 溶接ビード | 焊道 |
| — bolt | 銲接螺栓 | 溶接ボルト | 焊接螺栓 |
| — bond | 銲接熔合;銲合絨 | 溶接ボンド | 焊接熔合;焊合绒 |
| — corrosion | 銲接腐蝕 | 溶接腐食 | 焊接腐蚀 |
| — decay | 銲縫腐蝕 | 溶接衰弱 | 焊缝腐蚀 |
| — deposit | 熔敷金屬;銲敷金屬 | 溶着金属 | 熔敷金属;焊敷金属 |
| — face | 銲縫金屬表面 | 溶接金属面 | 焊缝金属表面 |
| — flaw | 銲接缺陷;銲縫缺陷 | 溶接欠陥 | 焊接缺陷;焊缝缺陷 |
| — flush | 齊平銲縫;銲縫隆起 | ウェルドフラッシュ | 齐平焊缝;焊缝隆起 |
| — fume concentration | 銲接煙塵濃度 | 溶接ヒューム濃度 | 焊接烟尘浓度 |
| — head | 銲機頭 | 溶接ヘッド | 焊机头 |
| — in butt joint | 對(接)銲 | 突合せ溶接 | 对(接)焊 |
| — in normal shear | 正面角銲(縫) | 前面隅肉溶接 | 正面角焊(缝) |
| — iron | 熱鐵 | 鍛鉄 | 熟铁 |
| — junction | 熔合線 | 溶接ボンド | 熔合线 |
| — length | 銲接長度;銲縫長度 | 溶接長さ | 焊接长度;焊缝长度 |
| — line | 銲接線;銲縫軸線 | 溶接線 | 焊接线;焊缝轴线 |
| — machined flush | 削平堆高的銲縫 | 仕上げ溶接部 | 削平堆高的焊缝 |
| — mark | 銲接痕 | ウェルドマーク | 焊接痕 |
| — material | 銲接材料 | 溶接材料 | 焊接材料 |
| — metal cracking | 銲接裂紋 | 溶接金属割れ | 焊接裂纹 |
| — metal zone | 銲縫金屬區 | 溶接金属部 | 焊缝金属区 |
| — nugget | 銲接瘤;銲接濺射物 | スパッタ | 焊接瘤;焊接溅射物 |

| 英　　文 | 臺　　灣 | 日　　文 | 大　　陸 |
|---|---|---|---|
| ─ nut | 銲接螺母 | 溶接ナット | 焊接螺母 |
| ─ penetration | (銲縫的)熔透;熔深 | 溶込み | (焊縫的)熔透;熔深 |
| ─ period | 熔接時間 | 溶接時間 | 熔接时间 |
| ─ pitch | 斷續銲縫中心距 | 溶接ピッチ | 断续焊缝中心距 |
| ─ rod | 銲條 | 溶接棒 | 焊条 |
| ─ root | 銲縫根部 | 溶接のルート | 焊缝根部 |
| ─ rotation | 銲接(縫)轉角 | 溶接回転角 | 焊接(缝)转角 |
| ─ run | 銲道;銲縫 | 溶接ビード | 焊道;焊缝 |
| ─ seam | 鍛銲縫;銲(接)縫 | 鍛接継目 | 锻焊缝;焊(接)缝 |
| ─ size | 銲接尺寸 | 溶接寸法 | 焊接尺寸 |
| ─ slope | 銲縫傾角 | 溶接傾斜角 | 焊缝倾角 |
| ─ spacing | 銲縫間距;銲點間距 | 溶接ピッチ | 焊缝间距;焊点间距 |
| ─ steel | 鍛鋼;可銲鋼材 | 溶接鋼 | 锻钢;可焊钢材 |
| ─ strength | 銲縫強度;銲接強度 | 溶着部強さ | 焊缝强度;焊接强度 |
| ─ stress | 銲縫應力 | 溶着部応力 | 焊缝应力 |
| ─ stress relieving | 消除銲接應 | 溶接応力除去 | 消除焊接应 |
| ─ temperature | 銲接溫度 | 溶接温度 | 焊接温度 |
| ─ test | 銲接試驗 | 溶接試験 | 焊接试验 |
| ─ thermal cycle | 銲接熱循環 | 溶接熱サイクル | 焊接热循环 |
| ─ wire | 銲絲 | ウェルドワイヤ | 焊丝 |
| ─ zone | 銲接區;銲縫區 | ウェルドゾーン | 焊接区;焊缝区 |
| **weldability** | 銲接性;可銲性 | 溶接性 | 焊接性;可焊性 |
| ─ test | 銲接性試驗 | 溶接性試験 | 焊接性试验 |
| **weldable** steel | 銲接鋼 | 溶接用鋼 | 焊接钢 |
| ─ strain gage | 可銲(接)應變儀 | 溶接型ひずみゲージ | 可焊(接)应变仪 |
| **welded** bridge | 銲接橋 | 溶接橋 | 焊接桥 |
| ─ construction | 銲接結構 | 溶接構造物 | 焊接结构 |
| ─ cylinder | 銲接筒體 | 溶接シリンダ | 焊接筒体 |
| ─ joint | 銲接接頭;鍛接螺栓 | 溶接継手 | 焊接接头;锻接螺栓 |
| ─ nozzle | 銲嘴 | 溶接ノズル | 焊嘴 |
| ─ overlay | 堆銲 | 溶接肉盛 | 堆焊 |
| ─ piece | 銲接件;銲接構件 | 溶接物 | 焊接件;焊接构件 |
| ─ pipe | 銲接管 | 溶接管 | 焊接管 |
| ─ section steel | 銲接(的)型鋼 | 溶接形鋼 | 焊接(的)型钢 |
| ─ steel pipe | 銲接鋼管 | 溶接鋼管 | 焊接钢管 |
| ─ steel-tube | 銲接鋼管 | 溶接鋼管 | 焊接钢管 |
| ─ structure | 銲接結構 | 溶接構造物 | 焊接结构 |
| ─ together | 銲合 | 溶接結合 | 焊合 |
| ─ tube | 銲接管 | ウェルデドチューブ | 焊接管 |
| **welder** | 銲機;銲工 | 溶接機 | 焊机;焊工 |

| 英　　文 | 臺　　灣 | 日　　文 | 大　　陸 |
|---|---|---|---|
| — for exclusive use | 專用銲機 | 専用溶接機 | 专用焊机 |
| — mask | 銲工保護面具；電銲眼罩 | 溶接工保護マスク | 焊工保护面具；电焊眼罩 |
| — qualification test | 銲工技術考試 | 溶接技術検定試験 | 焊工技术考试 |
| **welding** | 熔接；銲接 | 溶接 | 熔接；焊接 |
| — apron | 銲工圍裙 | 溶接用前掛け | 焊工围裙 |
| — area | 銲接區 | 溶接部位 | 焊接区 |
| — base material | 銲接基體材料；銲接母材 | 溶接母材 | 焊接基体材料；焊接母材 |
| — bench | 銲接工作台；銲台 | 溶接台 | 焊接工作台；焊台 |
| — blowpipe | 氣銲吹管 | 溶接トーチ | 气焊吹管 |
| — booth | 銲接工作間 | 溶接囲い | 焊接工作间 |
| — burner | 銲槍；銲炬 | ウェルディングバーナ | 焊枪；焊炬 |
| — condition | 銲接工藝條件；銲接規範 | 溶接条件 | 焊接工艺条件；焊接规范 |
| — connector | 銲接電纜夾頭 | ケーブルコネクタ | 焊接电缆夹头 |
| — control | 銲接控制 | 溶接制御 | 焊接控制 |
| — current | 銲接電流 | 溶接電流 | 焊接电流 |
| — cycle | 銲接循環 | 溶接サイクル | 焊接循环 |
| — defect | 銲接缺陷 | 溶接欠陥 | 焊接缺陷 |
| — deformation | 銲接變形 | 溶接変形 | 焊接变形 |
| — design | 銲接設計 | 溶接設計 | 焊接设计 |
| — desk | 銲接工作台 | 溶接台 | 焊接工作台 |
| — distortion | 銲接變形 | 溶接ひずみ | 焊接变形 |
| — electrode | 銲接電極 | 溶接電極 | 焊接电极 |
| — equipment | 銲接設備 | 溶接装置 | 焊接设备 |
| — fabrication | 銲接裝配；銲接組裝 | 溶接組立て | 焊接装配；焊接组装 |
| — field | 銲接工場；銲接工地 | 溶接工場 | 焊接车间；焊接工地 |
| — fixture | 銲接夾具 | 溶接ジグ | 焊接夹具 |
| — flame | 銲接火焰 | 溶接炎 | 焊接火焰 |
| — flux | 銲劑；銲藥 | 溶接フラックス | 焊剂；焊药 |
| — force | 電極壓力；阻銲加壓 | 電極加圧力 | 电极压力；阻焊加压 |
| — gas | 銲接(用)氣體 | 溶接ガス | 焊接(用)气体 |
| — generator | 銲接(用)發電機 | 溶接発電機 | 焊接(用)发电机 |
| — gloves | 銲工手套 | 溶接用手袋 | 焊工手套 |
| — goggles | 銲工護目鏡 | 溶接用保護めがね | 焊工护目镜 |
| — ground | 電銲地線 | アース | 电焊地线 |
| — gun | 銲槍；銲炬 | 溶接ガン | 焊枪；焊炬 |
| — heat | 銲接熱(量) | 溶接熱 | 焊接热(量) |
| — in water | 水中銲接 | 海中溶接 | 水中焊接 |
| — inspection | 銲接檢查 | 溶接検査 | 焊接检查 |
| — jig | 熔接用治具；銲接夾具 | 溶接用ジグ | 溶接用治具；焊接夹具 |
| — leads | 電銲引線；銲機電線 | 溶接ケーブル | 电焊引线；焊机电线 |

| 英　　文 | 臺　　灣 | 日　　文 | 大　　陸 |
|---|---|---|---|
| — manipulator | 銲接夾具;銲接機械手 | 溶接治具 | 焊接夹具;焊接机械手 |
| — metallurgy | 銲接冶金(學) | 溶接冶金学 | 焊接冶金(学) |
| — method | 銲接方法 | 溶接方法 | 焊接方法 |
| — motor generator | 銲接電動發電機 | 溶接用電動発電機 | 焊接电动发电机 |
| — of flat position | 平銲;俯銲 | 下向き溶接 | 平焊;俯焊 |
| — operation | 銲接操作 | 溶接作業 | 焊接操作 |
| — operator | (電)銲工 | 溶接工 | (电)焊工 |
| — outfit | 銲接設備 | 溶接設備 | 焊接设备 |
| — pass | 銲縫 | 溶接継ぎ目 | 焊缝 |
| — phenomenon | 銲接現象 | 溶接現象 | 焊接现象 |
| — pipe fitting | 銲接管接頭 | 溶接管継手 | 焊接管接头 |
| — plant | 銲接工場;銲接裝置 | 溶接工場 | 焊接车间;焊接装置 |
| — position | 銲接位置 | 溶接姿勢 | 焊接位置 |
| — press | 銲接沖床 | 溶接プレス | 焊接压力机 |
| — pressure | 銲接壓力 | 加圧力 | 焊接压力 |
| — procedure | 銲接施工法 | 溶接施工 | 焊接施工法 |
| — process | 銲接方法;銲接過程 | 溶接法 | 焊接方法;焊接过程 |
| — quality | 鍛接性 | 鍛接性 | 锻接性 |
| — residual stress | 銲接殘餘應力 | 溶接残留応力 | 焊接残馀应力 |
| — robot | 銲接機器人 | 溶接ロボット | 焊接机器人 |
| — rod extrusion press | 銲條自動壓塗機 | 溶接棒自動塗布機 | 焊条自动压涂机 |
| — roll | 銲接輥 | 溶接ロール | 焊接辊 |
| — rollers | 銲接滾輪〔縫銲機用〕 | 溶接ローラ | 焊接滚轮〔缝焊机用〕 |
| — seam tracker | 銲縫跟蹤裝置 | 溶接継目追従装置 | 焊缝跟踪装置 |
| — sequence | 銲接次序 | 溶接順序 | 焊接次序 |
| — set | 銲接設備 | 溶接装置 | 焊接设备 |
| — shop | 銲接工場 | 溶接工場 | 焊接车间 |
| — steel-rod | 電銲條 | 電気溶接棒 | 电焊条 |
| — strain | 銲接應變;銲接變形 | 溶接ひずみ | 焊接应变;焊接变形 |
| — table | 銲接工作台 | 溶接台 | 焊接工作台 |
| — technique | 銲接技術;銲接工藝 | 溶接技術 | 焊接技术;焊接工艺 |
| — technology | 銲接工藝 | 溶接施工詳細 | 焊接工艺 |
| — time | 銲接時間 | 溶接時間 | 焊接时间 |
| — tip | 銲(接噴)嘴;點銲電極尖 | 溶接チップ | 焊(接喷)嘴;点焊电极尖 |
| — tool | 銲接工具 | 溶接工具 | 焊接工具 |
| — torch | 銲炬;銲槍;銲接吹管 | 溶接トーチ | 焊炬;焊枪;焊接吹管 |
| — transformer | 銲接變壓器 | 溶接変圧器 | 焊接变压器 |
| — union | 銲接管接頭 | 溶接ユニオン | 焊接管接头 |
| — with pressure | 加壓銲接 | 圧接 | 加压焊接 |
| — with weaving | (銲條)橫擺銲接 | ウイービング溶接 | (焊条)横摆焊接 |

| 英　　文 | 臺　　灣 | 日　　文 | 大　　陸 |
|---|---|---|---|
| **weldless pipe** | 無(銲)縫管 | 継目なし管 | 无(焊)缝管 |
| **weldline** | 銲縫 | 溶接線 | 焊缝 |
| **weldment** | 銲件 | 溶接物 | 焊件 |
| **weldmeter** | 熔接電流計 | ウェルドメータ | 熔接电流计 |
| **well base rim** | 深鋼圈;凹形輪緣 | 深底リム | 深钢圈;凹形轮缘 |
| **Westing-arc process** | 威斯汀電弧銲法 | ウェスティングアーク法 | 威斯汀电弧焊法 |
| **wet ball mill** | 濕式球磨機 | 湿式ボールミル | 湿式球磨机 |
| — barrel tumbling | 濕式轉筒拋光 | 湿式バレル仕上げ | 湿(法)转筒抛光 |
| — blasting | 含有磨料的水流噴淨處理 | ウェットブラスト法 | 含有磨料的水流喷净处理 |
| — galvanization | 濕式鍍鋅 | 湿式亜鉛めっき | 湿式镀锌 |
| — grinding | 濕磨;濕式粉碎 | 湿式粉砕 | 湿磨;湿式粉碎 |
| — lapping | 濕式研磨法 | ウェットラッピング | 湿式研磨法 |
| — mill | 濕磨機 | ウェットミル | 湿磨机 |
| — milling | 濕磨法;濕式磨礦 | 湿式粉砕 | 湿磨法;湿式磨矿 |
| — pan mill | 濕研盤;濕盤;濕研磨機 | ウェットパンミル | 湿研盘;湿盘;湿研磨机 |
| — plating | 濕式電鍍 | 湿式めっき | 湿式电镀 |
| — sanding | 水磨 | 水研ぎ | 水磨 |
| — tempering | 濕式回火 | 湿式焼もどし | 湿式回火 |
| — tube mill | 濕筒磨機 | 湿式管形製粉機 | 湿筒磨机 |
| — tumbling | 濕式轉鼓拋光;濕拋光 | 湿式タンブラ仕上げ | 湿式转鼓抛光;湿抛光 |
| **wetted surface** | 濕潤面;濕表面 | ぬれ面 | 湿润面;湿表面 |
| **wetting** | 潤濕;浸濕 | 潤湿 | 润湿;浸湿 |
| — brake | 濕式制動器 | 湿式ブレーキ | 湿式制动器 |
| — property | 潤濕性;濡濕性 | 湿潤性 | 润湿性;濡湿性 |
| — quality | 潤濕性 | 湿潤性 | 润湿性 |
| **wet-type servovalve** | 潤式伺服閥 | 湿式サーボ弁 | 润式伺服阀 |
| **whale oil** | 鯨油 | 鯨油 | 鲸油 |
| **whartonite** | 含鎳黃鐵礦 | ワルトン鉱 | 含镍黄铁矿 |
| **wheel** | 輪;葉輪;駕駛盤;旋轉 | ホイール;車輪 | 轮;叶轮;驾驶盘;旋转 |
| — and axle | 輪軸 | 輪軸 | 轮轴 |
| — balancing stand | 砂輪平衡台;砂輪平衡架 | と石バランス台 | 砂轮平衡台;砂轮平衡架 |
| — bearing | 輪軸軸承 | ホイールベアリング | 轮轴轴承 |
| — bearing lubricator | 輪軸承潤滑劑〔器〕 | 輪軸受注油 | 轮轴承润滑剂〔器〕 |
| — blank | 齒輪毛坯;輪心 | 輪心 | 齿轮毛坯;轮心 |
| — boss | 輪心〔轂〕 | 車輪ボス | 轮心〔毂〕 |
| — box | 輪箱 | 車輪覆い | 轮箱 |
| — brake | 車輪制動器 | 車輪ブレーキ | 车轮制动器 |
| — center | 輪心 | 輪心 | 轮心 |
| — chain | 齒輪傳鏈 | ホイールチェーン | 齿轮传链 |
| — conveycr | 滾輪式輸送機 | ホイールコンベヤ | 滚轮式输送机 |

| 英　　　文 | 臺　　　灣 | 日　　　文 | 大　　　陸 |
|---|---|---|---|
| — crushing device | 輪式破碎裝置 | ホイールクラッシ裝置 | 轮式破碎装置 |
| — cutter | 輪刀式切碎機 | ホイールカッタ | 轮刀式切碎机 |
| — cutting machine | 切齒 | 刻齒機 | 切齿 |
| — cylinder | 車輪刹車泵;輪閘儲氣筒 | 車輪シリンダ | 车轮刹车泵;轮闸储气筒 |
| — diameter | 輪徑 | 車輪径 | 轮径 |
| — disk | 輪盤;轉盤 | 車輪円板 | 轮盘;转盘 |
| — dressing device | 砂輪修正裝置 | 回転と石修正装置 | 砂轮修正装置 |
| — fit | 輪座配合 | 輪座 | 轮座配合 |
| — flange | 輪緣 | 車輪フランジ | 轮缘 |
| — gate | 輪形澆口;環形內澆口 | 車ぜき | 轮形浇口;环形内浇口 |
| — grease | 輪軸潤滑脂 | ホイールグリース | 轮轴润滑脂 |
| — grinding machine | 車輪磨床 | 車輪研削盤 | 车轮磨床 |
| — guard | 砂輪罩 | 回転と石覆い | 砂轮罩 |
| — head | 磨頭;砂輪機 | と石頭 | 磨头;砂轮机 |
| — hub | 輪轂 | 車輪ボス | 轮毂 |
| — mill | 輪碾機;車輪軋機 | ホイールミル | 轮碾机;车轮轧机 |
| — molding machine | 齒輪製型機 | 歯車型込機 | 齿轮制型机 |
| — pivot | 輪軸 | ホイールピボット | 轮轴 |
| — planing machine | 車輪鉋床 | 車輪平削盤 | 车轮刨床 |
| — polishing | 磨光;拋光 | バフ磨き | 磨光;抛光 |
| — press | 輪式通風;壓輪機 | 輪状通風 | 轮式通风;压轮机 |
| — puller | 車輪拆卸器;卸輪器 | ホイールプーラ | 车轮拆卸器;卸轮器 |
| — pump | 輪泵;回轉泵 | 輪転ポンプ | 轮泵;回转泵 |
| — spindle | 砂輪軸 | 回転と石軸 | 砂轮轴 |
| — spindle stock | 砂輪座;砂輪(頭)架 | 回転と石台 | 砂轮座;砂轮(头)架 |
| — stopper | 車輪制動器〔停止器〕 | 車輪止め | 车轮制动器〔停止器〕 |
| — train | 齒輪系 | 歯車列 | 齿轮系 |
| — truing device | 砂輪修正裝置 | と石修正装置 | 砂轮修正装置 |
| — type probe | 輪形探頭 | タイヤ探触子 | 轮形探头 |
| **wheeling** | 旋轉;轉動;回轉 | ホイーリング | 旋转;转动;回转 |
| — machine | 滾壓機;薄板壓延機 | ホイーリングマシン | 滚压机;薄板压延机 |
| **whetstone** | 磨刀石;砥石;劣質煤 | と石 | 磨刀石;砥石;劣质煤 |
| **whip** | 滑車索;吊車索;單滑車 | ホイップ | 滑车索;吊车索;单滑车 |
| — hoist | 搖臂起重機 | 軒先ホイスト | 摇臂起重机 |
| **whirl gate** | 離心集渣澆口 | 回しぜき | 离心集渣浇口 |
| — gate feeder | 離心集渣冒口 | 回し押湯 | 离心集渣冒口 |
| — mill | 擺輪式混砂機 | ワールミル | 摆轮式混砂机 |
| — mix | 擺輪式混砂機 | ワールミックス | 摆轮式混砂机 |
| **whirling arm** | 旋轉臂;回轉臂 | 回転腕 | 旋转臂;回转臂 |
| **whistler** | 出氣冒口;排氣道 | ガス抜き | 出气冒口;排气道 |

| 英　　文 | 臺　　灣 | 日　　文 | 大　　陸 |
|---|---|---|---|
| **white** brass | 白黃銅;高鋅黃銅 | 白色真ちゅう | 白黄铜;高锌黄铜 |
| — bronze | 白青銅 | ホワイトブロンズ | 白青铜 |
| — cast iron | 白口鑄鐵 | 白鋳鉄 | 白口铸铁;白口铁 |
| — copper | 白銅;銅鋅鎳合金;德銀 | 白銅 | 白铜;铜锌镍合金;德银 |
| — gold | 白金;鉑 | 白色金 | 白金;铂 |
| — heart malleable iron | 白心可鍛鑄鐵 | 白心可鍛鋳鉄 | 白心可锻铸铁 |
| — iron | 白口鐵;白鑄鐵 | ちん;白鋳鉄 | 白口铁;白铸铁 |
| — lead | 鉛白;滅式碳酸鉛 | 鉛白 | 铅白;灭式碳酸铅 |
| — metal bearing | 巴氏合金軸承 | ホワイトメタル軸受 | 巴氏合金轴承 |
| — metal plate | 鎳鋅銅合金板 | 洋白板 | 镍锌铜合金板 |
| — petrolatum | 白礦脂;白凡士林 | 白色半固体鉱油ジェリ | 白矿脂;白凡士林 |
| — pig iron | 白生鐵;白銑鐵;白口鐵 | 白せん | 白生铁;白铣铁;白口铁 |
| — pyrite | 白鐵礦 | 白鉄鉱 | 白铁矿 |
| — resin | 白樹脂 | 白樹脂 | 白树脂 |
| — tin | 白錫 | 普通のすず | 白锡 |
| **whitening on bending** | 彎曲變白(現象) | 折曲げ白化 | 弯曲变白(现象) |
| **Whitworth** coarse threa | 惠氏粗牙〔普通〕螺紋 | ウイット並目ねじ | 威氏粗牙〔普通〕螺纹 |
| — fine thread | 惠氏細牙螺紋 | ウイット細目ねじ | 威氏细牙螺纹 |
| — screw | 惠氏螺釘 | ウイットねじ | 威氏螺钉 |
| — thread | 惠氏螺紋 | ウイットねじ | 威氏螺纹 |
| **whole** depth | 齒高;齒全深 | 全歯丈 | 齿高;齿全深 |
| — hull vibration | 總體振動 | 全体の振動 | 总体振动 |
| — length | 全長 | 全長 | 全长 |
| **wick** feed | 芯給;油繩注油 | しん送り | 芯给;油绳注油 |
| — felt oiler | 氈芯給油器 | しんフェルト注油器 | 毡芯给油器 |
| — lubrication | 油繩潤滑法 | 灯心注油 | 油绳润滑法 |
| — lubricator | 油繩潤滑器 | しん潤滑器 | 油绳润滑器 |
| **Wickman gage** | 凹口螺紋量規 | ウイックマンゲージ | 凹口螺纹量规 |
| **widax alloy** | 鎢鈦鈷系硬質合金 | ウイダックス合金 | 钨钛钴系硬质合金 |
| **wide** bed press | 寬台面沖床 | ワイドベッドプレス | 宽台面压力机 |
| — belt sander | 寬面砂帶磨床 | 広幅平面ベルト研磨機 | 宽面砂带磨床 |
| — flange shape | 寬翼緣工學鋼 | H形鋼 | 宽翼缘工学钢 |
| — strip | 寬幅帶鋼 | 広幅帯鋼 | 宽幅带钢 |
| — strip mill | 寬幅帶鋼軋機 | 広幅帯鋼圧延機 | 宽幅带钢轧机 |
| **wide-angle** deflection | 大角度偏轉 | 広角度偏向 | 大角度偏转 |
| — type joint | 廣角形接頭 | 広角型継手 | 广角形接头 |
| — V belt | 大張角V形帶 | 広角Vベルト | 大张角V形带 |
| **widening of hole** | 擴孔 | 拡孔 | 扩孔 |
| **widia** | 滲碳碳化鎢 | ウィディア | 渗碳碳化钨 |
| — alloy | 碳化鎢硬質合金 | ウィディア合金 | 碳化钨硬质合金 |

| 英　　文 | 臺　　灣 | 日　　文 | 大　　陸 |
|---|---|---|---|
| **width** of chip | 切屑寬度 | 切りくず幅 | 切屑寬度 |
| — of chip space | （刀具的）排屑槽寬 | 刃溝幅 | （刀具的）排屑槽寬 |
| — of cotter slot | 銷槽寬 | コッタ穴幅 | 销槽宽 |
| — of cut | 切削寬度 | 切削幅 | 切削宽度 |
| — of joint | 接縫寬度 | 目地幅 | 接缝宽度 |
| — of key slot | 鍵槽寬 | かぎ溝の幅 | 键槽宽 |
| — of land | 刃帶寬度〔絲攻和板牙的〕 | マージン幅 | 刃带宽度〔丝锥和板牙的〕 |
| — of margin | （刀具的）刃帶寬度 | マージン幅 | （刀具的）刃带宽度 |
| — of tooth | 齒寬 | 刃幅 | 齿宽 |
| — of web | 鑽心寬度 | さん幅 | 钻心宽度 |
| — variation | 寬度變化 | 幅不同 | 宽度变化 |
| **wiggler** | 擺動器；扭動器 | ウイグラ | 摆动器；扭动器 |
| **William's riser** | 大氣壓力冒口 | 大気圧押湯 | 大气压力冒口 |
| **Wilson gear** | 威爾遜齒輪 | ウイルソンギヤー | 威尔逊齿轮 |
| **Wimet** | 一種硬質合金 | ウィメット | 一种硬质合金 |
| **winch** | 絞車；有柄曲拐；絞盤 | 横車地巻揚機 | 绞车；有柄曲拐；绞盘 |
| — barrel | 絞車卷筒 | ウィンチバレル | 绞车卷筒 |
| — bed | 絞車台 | ウィンチ台 | 绞车台 |
| — cable drum | 絞盤調纜卷筒 | ウィンチケーブルドラム | 绞盘调缆卷筒 |
| — drum | 絞車卷筒 | ウィンチドラム | 绞车卷筒 |
| **winding** pipe | 螺旋卷銲管；盤管；螺旋管 | ワインディングパイプ | 螺旋卷焊管；盘管；螺旋管 |
| — shaft | 卷軸 | 巻軸 | 卷轴 |
| **wing** bolt | 翼板螺栓 | ちょうボルト | 翼板螺栓 |
| — screw | 翼形螺釘；蝶形頭螺釘 | ちょうねじ | 翼形螺钉；蝶形头螺钉 |
| — spar | 翼樑 | 翼けた | 翼梁 |
| **winged** nut | 翼形螺母；蝶形螺母 | ちょうナット | 翼形螺母；蝶形螺母 |
| — screw | 翼形螺絲 | ちょうねじ | 翼形螺丝 |
| **winter axle oil** | 冬季車軸潤滑油 | ウィンタアキシルオイル | 冬季车轴润滑油 |
| **wipe joint** | 拭接；熱（銲）接 | ぬぐい継ぎ手 | 拭接；热（焊）接 |
| **wiper seal** | 彈性密封接蝕密封 | ワイパシール | 弹性密封接蚀密封 |
| **wiping solder** | 拭接銲料 | ぬぐい継ぎはんだ | 拭接焊料 |
| **wipla** | 鉻鎳鋼 | ウィプラ | 铬镍钢 |
| **wire** | 金屬絲；電線；鋼絲索 | 線材 | 金属丝；电线；钢丝索 |
| — brush | 鋼絲刷 | 針金刷毛 | 钢丝刷 |
| — buff | 鋼絲刷磨光輪 | ワイヤバフ | 钢丝刷磨光轮 |
| — clipper | 鋼絲剪；剪鋼絲器 | ワイヤクリッパ | 钢丝剪；剪钢丝器 |
| — coating resin | 電線包皮樹脂 | 電線被覆用樹脂 | 电线包皮树脂 |
| — cut caking machine | 模烤壓切機 | 焼型製菓切裁機 | 模烤压切机 |
| — diameter | 絲徑；線徑 | ワイヤ径 | 丝径；线径 |
| — disc | 鋼絲盤 | ワイヤディスク | 钢丝盘 |

| 英　　文 | 臺　　灣 | 日　　文 | 大　　陸 |
|---|---|---|---|
| — drawing | 拉絲;拔絲 | 線引き | 拉丝;拔丝 |
| — drawing bench | 拉絲機;拔絲機 | 線引機 | 拉丝机;拔丝机 |
| — drawing lubrication | 拉線潤滑;抽絲潤滑 | 線引注油 | 拉线润滑;抽丝润滑 |
| — drawing machine | 拔絲機 | 伸線機 | 拔丝机 |
| — flame spraying | 熔線火焰噴射法 | 溶線式溶射 | 熔线火焰喷射法 |
| — for welding | 銲絲 | 溶接用ワイヤ | 焊丝 |
| — forming machine | 絲成形機 | 針金成形機 | 丝成形机 |
| — gage | 線徑規;線材號數 | 針金ゲージ | 线径规;线材号数 |
| — gage plate | 線規板 | ワイヤゲージプレート | 线规板 |
| — guide | 銲線導向裝置;絲材導板 | ワイヤガイド | 焊线导向装置;丝材导板 |
| — nippers | 剪絲鉗 | 荷役つり索ニッパ | 剪丝钳 |
| — rod | 盤條;線材;測深器 | 線材 | 盘条;线材;测深器 |
| — rod mill | 線材軋機 | 線材圧延機 | 线材轧机 |
| — roll | 線材軋輥;銅網輥 | 銅網ロール | 线材轧辊;铜网辊 |
| — rolling mill | 線材軋機 | 線材圧延機 | 线材轧机 |
| — saw | 鋼絲鋸 | 差切のこ | 钢丝锯 |
| — size | 鋼絲尺寸 | 線の太さ | 钢丝尺寸 |
| — solder | 絲狀銲料;銲絲 | 糸ハンダ | 丝状焊料;焊丝 |
| — soldering | 引線銲接 | ワイヤソルダリング | 引线焊接 |
| — spiral | 螺旋絲;電熱線 | 針金ねじ | 螺旋丝;电炉〔阻〕丝 |
| — spring | 線彈簧 | 線ばね | 线弹簧 |
| **wirerope** | 鋼纜;鋼絲繩 | 鋼索 | 钢缆;钢丝绳 |
| — clip | 鋼絲繩夾 | 綱しめ | 钢丝绳夹 |
| — gearing | 鋼繩傳動裝置 | ロイヤロープ装置 | 钢绳传动装置 |
| — nippers | 剪繩鉗 | 荷役つり索ニッパ | 剪绳钳 |
| — pulley | 鋼索滑輪 | ワイヤロープ調車 | 钢索滑轮 |
| — tester | 鋼絲繩試驗器 | ワイヤロープ試験器 | 钢丝绳试验器 |
| — tramway | 索道 | 索道 | 索道 |
| **wishbone pin** | 叉形桿銷 | ウィッシュボーンピン | 叉形杆销 |
| **wobble** | 搖動;擺動;顫動 | ウォブル | 摇动;摆动;颤动 |
| — bond | 搖動接合 | ウォブルボンド | 摇动接合 |
| **wobbler** | 搖動器;擺輪;梅花頭 | ウォッブラ | 摇动器;摆轮;梅花头 |
| **wolfram,W** | 鎢 | ウォルフラム | 钨 |
| — electrode | 鎢(電)極 | タングステン電極 | 钨(电)极 |
| — steel | 鎢鋼 | ウォルフラムスチール | 钨钢 |
| **wolframium** | 鎢 | ウォルフラム | 钨 |
| **wood** screw | 木螺絲;木螺釘 | 木ねじ | 木螺丝;木螺钉 |
| — screw lathe | 木螺絲車床 | 木ねじ旋盤 | 木螺丝车床 |
| — tool grinder | 木工刀具磨床 | 木工工具研削盤 | 木工刀具磨床 |
| **Wood's alloy** | 伍德(易熔)合金 | ウッド合金 | 伍德(易熔)合金 |

| 英　　文 | 臺　　灣 | 日　　文 | 大　　陸 |
|---|---|---|---|
| ― metal | 伍德(易熔)合金 | ウッドメタル | 伍德(易熔)合金 |
| **woodruff key** | 胡氏鍵;半圓鍵;半月鍵 | 半月キー | 半圓鍵;半月鍵 |
| **woodworking** clamp | 木工夾具 | 木工用締付け具 | 木工夹具 |
| ― lathe | 木工車床 | 木工旋盤 | 木工车床 |
| ― machine | 木工機械 | 木工機械 | 木工机械 |
| ― spinning lathe | 木工車床 | 木工ろくろ | 木工车床 |
| ― tool | 木工工具 | 木工工具 | 木工工具 |
| **work** | 工作物;工作;作用;製品 | 仕事 | 工作物;工作;作用;制品 |
| ― ability | 工作能力 | 作業能力 | 工作能力 |
| ― arbor | 工作心軸;工作軸 | ワークアーバ | 工作心轴;工作轴 |
| ― area | 作業區;工作區 | 作業域 | 作业区;工作区 |
| ― arm | 工作臂 | 作業用義手 | 工作臂 |
| ― center | 工作中心 | ワークセンタ | 工作中心 |
| ― changer | (自動)換工件裝置 | 工作物交換裝置 | (自动)换工件装置 |
| ― cradle | 工件搖架;工作台〔架〕 | ワーククレードル | 工件摇架;工作台〔架〕 |
| ― driver | 自動偏心夾緊夾頭 | ワークドライバ | 自动偏心夹紧卡盘 |
| ― fixture | 工件夾具 | ワークフィクスチャー | 工件夹具 |
| ― gage | 工作量規 | 工作ゲージ | 工作量规 |
| ― hardness | 加工硬度 | 加工硬度 | 加工硬度 |
| ― head | 工作台;搖盤 | 工作主軸台 | 工作台;摇盘 |
| ― head bridge | 工作台搭板 | ワークヘッドブリッジ | 工作台搭板 |
| ― head slide | 工作台滑板 | ワークヘッドスライド | 工作台滑板 |
| ― heat | 功(轉化)熱 | 仕事熱 | 功(转化)热 |
| ― measurement | 作業測定;製作尺寸 | 作業測定 | 作业测定;制作尺寸 |
| ― of deformation | 變形功 | 変形仕事 | 变形功 |
| ― of external force | 外力功 | 外力仕事 | 外力功 |
| ― of rupture | 斷裂功 | 破断仕事 | 断裂功 |
| ― plane | 工作面 | 作業面 | 工作面 |
| ― rest | 工件支架;中心架 | 支持刃 | 工件支架;中心架 |
| ― roll | 工作輥 | 作動ロール | 工作辊 |
| ― saddle | 工作台滑鞍 | ワークサドル | 工作台滑鞍 |
| ― sampling | 工作抽樣檢驗 | ワークサンプリング法 | 工作抽样检验 |
| ― sheet | 工作單;施工單 | 作業指示票 | 工作单;施工单 |
| ― softening | 加工軟化 | 加工軟化 | 加工软化 |
| ― spindle | 工作主軸 | 工作主軸 | 工作主轴 |
| ― station | 工作場所;工作台;工作站 | 作業位置 | 工作场所;工作台;工作站 |
| ― support blade | (無心磨床的)刀口;托板 | 支持刃 | (无心磨床的)刀口;托板 |
| ― surface | 加工表面 | 被削面 | 加工表面 |
| ― table | 工作台 | 工作台 | 工作台 |
| ― time | 加工時間;工作時間 | 仕事時間 | 加工时间;工作时间 |

| 英　　　文 | 臺　　　灣 | 日　　　文 | 大　　　陸 |
|---|---|---|---|
| ― tolerance | 加工容許差 | 製作許容差 | 加工容许差 |
| **workbench** | 工作台;工作架;鉗桌 | 作業台 | 工作台;工作架;钳桌 |
| **workbook** | 工作手冊;(工作)規程 | ワークブック | 工作手册;(工作)规程 |
| **worked** material | 加工原料 | 加工原料 | 加工原料 |
| ― metal | 已加工金屬 | 加工された金属 | 已加工金属 |
| **work-hardened layers** | 加工硬化層 | 加工硬化層 | 加工硬化层 |
| **work-hardening theory** | 加工硬化理論 | 加工硬化理論 | 加工硬化理论 |
| **workholding** device | 夾頭;工件夾具 | チャック | 卡盘;工件夹具 |
| ― fixture | 工件夾〔卡〕具 | 取付具 | 工件夹〔卡〕具 |
| ― jaw | 鉗口;工件夾爪 | つかみ金具 | 钳口;工件夹爪 |
| **work-in** | 插入;調和;配合 | ワークイン | 插入;调和;配合 |
| ― process | 在製品;半成品 | プロセス中の作業 | 在制品;半成品 |
| **working** | 運轉;工作;加工;處理 | 作業 | 运转;工作;加工;处理 |
| ― accuracy | 加工精度 | 加工精度 | 加工精度 |
| ― allowance | 加工餘量;加工容差 | 作業余裕率 | 加工馀量;加工容差 |
| ― angles | 切削過程(刀具)諸角 | 作用系角 | 切削过程(刀具)诸角 |
| ― data | 加工數據 | 加工データ | 加工数据 |
| ― depth | 加工深度 | 作用深さ | 加工深度 |
| ― depth of tooth | 工作齒高;有效齒高 | 有効歯たけ | 工作齿高;有效齿高 |
| ― diagram | 施工圖;加工圖 | 施工図 | 施工图;加工图 |
| ― dimension | 加工尺寸 | 作業寸法 | 加工尺寸 |
| ― drawing | 工作圖;施工圖 | 工作図 | 工作图;施工图 |
| ― fit | 間隙配合 | 動きばめ | 间隙配合 |
| ― life | 工作期限;壽命 | 使用寿命 | 工作期限;寿命 |
| ― limit | 加工限度;工作極限 | 加工限度 | 加工限度;工作极限 |
| ― model | 加工模型 | 作業モデル | 加工模型 |
| ― pattern | 工作圖;加工圖 | ワーキングパターン | 工作图;加工图 |
| ― performance | 加工性能 | 加工性能 | 加工性能 |
| ― plan | 施工圖 | 施工図 | 施工图 |
| ― plane | 工作面 | 作業面 | 工作面 |
| ― platform | 工作平台 | 操業床 | 工作平台 |
| ― point | 作用點;施力點 | 動作点 | 作用点;施力点 |
| ― power | 工作動力;操作動力 | 使用動力 | 工作动力;操作动力 |
| ― pressure | 工作力壓;使用壓力 | 使用圧力 | 工作力压;使用压力 |
| ― process | 加工過程 | 加工工程 | 加工过程 |
| ― program | 加工程式 | 加工プログラム | 加工程序 |
| ― property | 加工性 | 加工性 | 加工性 |
| ― quenching | 鍛造淬火 | 鍛造焼入れ | 锻造淬火 |
| ― radius | 作用範圍;工作半徑 | 作用半径 | 作用范围;工作半径 |
| ― rake angle | 工作前角 | 作用すくい角 | 工作前角 |

**W**

| 英　　　文 | 臺　　　灣 | 日　　　文 | 大　　　陸 |
|---|---|---|---|
| — rate | 加工率 | 加工率 | 加工率 |
| — reference plane | 基面;工作基準面 | 基準面 | 基面;工作基准面 |
| — relief angle | 工作後角 | 作用逃げ角 | 工作后角 |
| — roll | 工作輥 | 作動ロール | 工作辊 |
| — routine | 工作程序 | 作業ルーチン | 工作程序 |
| — rule | 工作守則 | 作業規則 | 工作守则 |
| — scale | 操作規模 | 作業規模 | 操作规模 |
| — schedule | 加工程序圖表 | 加工スケジュール | 加工程序图表 |
| — section | 工作斷面;有效截面 | 使用斷面 | 工作断面;有效截面 |
| — sequence | 加工程序 | 加工シーケンス | 加工程序 |
| — shaft | 工作軸;工作礦井 | 作業軸 | 工作轴;工作矿井 |
| — space | 工作空間;作業空間 | 作業空間 | 工作空间;作业空间 |
| — speed | 加工速度 | 加工速度 | 加工速度 |
| — strength | 工作強度 | 使用強さ | 工作强度 |
| — stress | 工作應力;許用應力 | 使用応力 | 工作应力;许用应力 |
| — stroke | 工作衝程;作功衝程 | 働き行程 | 工作冲程;作功冲程 |
| — substance | 作用物質;工作物;工質 | 作業物質 | 作用物质;工作物;工质 |
| — surface | 工作面 | 作用面 | 工作面 |
| — table | 工作台 | 作業台 | 工作台 |
| — tape | 工作(磁)帶;操作帶 | 作業テープ | 工作(磁)带;操作带 |
| — temperature | 使用溫度;工作溫度 | 使用温度 | 使用温度;工作温度 |
| — tension | 作用張〔拉〕力 | 作用張力 | 作用张〔拉〕力 |
| — test | 運轉試驗 | 運転試験 | 运转试验 |
| — time | 加工時間 | 製作時間 | 加工时间 |
| — width | 有效寬度 | 有効幅 | 有效宽度 |
| **workload** | 工作負載;工作量 | 作業負荷 | 工作负荷;工作量 |
| **workman** | 工人;工匠;技工 | 職人 | 工人;工匠;技工 |
| **workpiece** | 工件 | 加工物 | 工件 |
| **workroom** | 工作場所 | 作業室 | 工作场所 |
| **workshop** | 工廠;工場;工作場地 | 工作場 | 工厂;车间;工作场地 |
| — building | 廠房 | 工場 | 厂房 |
| **worm** | 蝸桿;螺桿;蛇形管 | ワーム | 蜗杆;螺杆;蛇形管 |
| — and roller | (球面)蝸桿滾輪式轉向器 | ウォームアンドローラ | (球面)蜗杆滚轮式转向器 |
| — bearing | 蝸桿軸承 | ウォームベアリング | 蜗杆轴承 |
| — brake | 蝸桿制動裝置 | ウォームブレーキ | 蜗杆制动装置 |
| — case | 蝸輪箱 | ウォームケース | 蜗轮箱 |
| — drive | 蝸輪傳動 | ウォームドライブ | 蜗轮传动 |
| — gear | 蝸輪 | ウォーム歯車 | 蜗轮 |
| — gear differential | 蝸輪副差動裝置 | ウォーム歯車差動装置 | 蜗轮副差动装置 |
| — gear hob | 蝸輪滾刀 | ウォームギヤーホブ | 蜗轮滚刀 |

| 英　　文 | 臺　　灣 | 日　　文 | 大　　陸 |
|---|---|---|---|
| — gear oil | 傳動裝置用潤滑油 | ウォーム歯車油 | 传动装置用润滑油 |
| — gearing | 蝸輪傳動裝置;蝸輪機構 | ウォーム歯車装置 | 蜗轮传动装置;蜗轮机构 |
| — gears | 蝸輪蝸桿副;蝸輪裝置 | ウォームギヤー | 蜗轮蜗杆副;蜗轮装置 |
| — grinder | 蝸桿磨床 | ウォーム研削盤 | 蜗杆磨床 |
| — hole | 蟲形氣孔;蛙眼狀氣孔 | 芋虫状気孔 | 虫形气孔;蛙眼状气孔 |
| — milling cutter | 蝸桿銑刀 | ウォームフライス | 蜗杆铣刀 |
| — reduction gear | 蝸輪減速機 | ウォーム減速機 | 蜗轮减速机 |
| — screw | 蝸桿螺釘 | ウォームスクリュー | 蜗杆螺钉 |
| — shaft | 蝸桿軸 | ウォーム軸 | 蜗杆轴 |
| — steering gear | 蝸桿轉向裝置 | ウォームかじ取り装置 | 蜗杆转向装置 |
| — type propeller | 螺桿推進器 | ウォームタイププロペラ | 螺杆推进器 |
| **wormwheel** | 蝸輪 | ウォーム歯車 | 蜗轮 |
| **work bushing** | 磨損的導套 | 摩耗したブッシュ | 磨损的导套 |
| **worse** | 損失 | ワース | 损失 |
| **Worthington pump** | 蒸氣往復泵 | ワシントンポンプ | 蒸气往复泵 |
| **wortle** | 拉絲模 | ウォートル | 拉丝模 |
| **woven lining** | 編織的制動摩擦襯片 | ウーブンライニング | 编织的制动摩擦衬片 |
| **wow** | 搖晃;顫動 | ワウ | 摇晃;颤动 |
| **wrap** bending test | 卷彎試驗 | 巻付け曲げ試験 | 卷弯试验 |
| — forming | 張拉成形法;捲纏成形 | 巻付け成形法 | 张拉成形法;卷缠成形 |
| — test | 纏繞試驗 | ラップ試験 | 缠绕试验 |
| **wrapped belt** | 纏繞螺栓 | ラップドベルト | 缠绕螺栓 |
| **wrapping** | 包裝;包封;捆扎 | 包装 | 包装;包封;捆扎 |
| **wreathed handrail** | 扶手;螺旋 | うねり手すり | 扶手;螺旋 |
| **wrecking** | 故障;破壞性的 | レッキング | 故障;破坏性的 |
| **wrench** | 扳手;扭轉 | レンチ | 扳手;扭转 |
| — flat | 平面扳手 | レンチフラット | 平面扳手 |
| **wring** | 收縮量;絞(出);扭(緊) | リング | 收缩量;绞(出);扭(紧) |
| **wringing** | (塊規的)黏合;研合 | 密着 | (块规的)黏合;研合 |
| — fit | 轉入配合 | リングフィット | 转入配合 |
| **wrinkle** | 皺紋;折痕;起皺 | しわ | 皱纹;折痕;起皱 |
| — bending | (管子)有皺紋的彎曲 | しわ寄せ曲げ | (管子)有皱纹的弯曲 |
| **wrist** | 肘節;耳軸;銷軸 | リスト | 肘节;耳轴;销轴 |
| — pin | 活塞銷;十字頭銷 | クロスヘッドピン | 活塞销;十字头销 |
| — pin bush | 活塞銷軸套 | リストピンブッシュ | 活塞销轴套 |
| **wrong** | 錯誤;不正常(的) | 誤り | 错误;不正常(的) |
| **wrought** alloy | 可鍛合金 | 加工用合金 | 可锻合金 |
| — aluminium alloy | 鍛造鋁合金 | 鍛造アルミ合金 | 锻造铝合金 |
| — iron | 鍛鐵;熟鐵 | 錬鉄 | 锻铁;熟铁 |
| — iron bloom | 熟鐵方坯;鍛鐵坯 | 錬鉄片 | 熟铁方坯;锻铁坯 |

| 英　　文 | 臺　　灣 | 日　　文 | 大　　陸 |
|---|---|---|---|
| ― iron pipe | 熟鐵管；鍛鐵管 | 錬鉄管 | 熟铁管；锻铁管 |
| ― iron scrap | 碎熟鐵；廢鍛鐵 | 錬鉄くず | 碎熟铁；废锻铁 |
| ― metal | 鍛造金屬 | 鍛錬金属 | 锻造金属 |
| ― steel | 鍛鋼；精錬鋼 | 錬鋼 | 锻钢；精链钢 |
| ― tool steel | 鍛造工具鋼 | 打刃物鋼 | 锻造工具钢 |
| **Wulff net** | 伍爾夫網 | ウルフネット | 乌尔夫网；伍氏网 |

| 英　　文 | 臺　　灣 | 日　　文 | 大　　陸 |
|---|---|---|---|
| X-alloy | 銅鋁合金 | Xアロイ | 铜铝合金 |
| X-axis | X軸;X座標軸 | X軸 | X轴;X坐标轴 |
| X brace | 交叉支撐;斜十字支撐 | たすき筋違 | 交叉支撑;斜十字支撑 |
| X-coordinate | X座標;橫座標 | X座標 | X坐标;横坐标 |
| X-engine | X型發動機 | X形機関 | X型发动机 |
| X-line | X座標線;橫軸線 | X座標線 | X坐标线;横轴线 |
| X punch | X穿孔;負數穿孔 | Xせん孔 | X穿孔;负数穿孔 |
| X-radiation | X光;X輻射 | X線 | X线;X辐射 |
| X-ray analysis | X光分析 | X線分析 | X线分析 |
| X-ray apparatus | X光裝置 | X線裝置 | X射线装置 |
| X-ray beam | X光束 | X線束 | X射线束 |
| X-ray burn | X光燒〔燙〕傷 | X線火傷 | X射线烧〔烫〕伤 |
| X-ray detector | X光探測器 | X線検出器 | X射线探测器 |
| X-ray equipment | X光設備 | X線裝置 | X射线设备 |
| X-ray examination | X光檢查 | X線検査 | X射线检查 |
| X-ray film | X光膠片 | X線フィルム | X射线胶片 |
| X-ray flaw detector | X光探傷器 | X線探傷器 | X射线探伤器 |
| X-ray generator | X光發生器 | X線発生裝置 | X射线发生器 |
| X-ray inspection | X光檢查;X光探傷 | X線検査 | X(射)线检查;X射线探伤 |
| X-ray intensity | X光的強度 | X線強度 | X射线的强度 |
| X-ray lamp | X光燈 | エックス光線電灯 | X射线灯 |
| X-ray laser | X光雷射 | X線レーザ | X射线激光器 |
| X-ray light | X光 | X線光 | X射线光 |
| X-ray metallography | X光金相學 | X線金相学 | X射线金相学 |
| X-ray plant | X光裝置 | X線裝置 | X射线装置 |
| X-ray room | X光室 | レントゲン室 | X光室 |
| X-ray rubber | 防X光橡膠 | X線受射ゴム | 防X射线橡胶 |
| X-ray scattering | X光散射 | X線散乱 | X射线散射 |
| X-ray sensitivity | X光敏感性 | X線感受性 | X射线敏感性 |
| X-ray shielding | X光屏蔽 | X線遮へい | X射线屏蔽 |
| X-ray spectrum | X光譜 | X線スペクトル | X射线谱 |
| X-ray structure | X光結晶結構 | X線結晶組織 | X射线结晶结构 |
| X-ray thickness gauge | X光測厚儀 | X線厚み計 | X射线测厚仪 |
| X-ray topography | X光拓樸學 | X線トポグラフィ | X射线拓扑学 |
| X-ray treatment | X光處理 | レントゲン線処理 | X射线处理 |
| X-ray tube | X光管 | レントゲン管 | X射线管 |
| X-ray unit | X光單位 | X線単位 | X射线单位 |
| X-ray view | X光透視圖 | X線透視図 | X射线透视图 |
| X-ring | X形密封環 | Xリング | X形密封环 |
| X-scale | 水平線比例尺 | X縮尺 | 水平线比例尺 |

X

| 英　　文 | 臺　　灣 | 日　　文 | 大　　陸 |
|---|---|---|---|
| X scanning | X掃描 | X走査 | X扫描 |
| X-tube | X形管 | X形管 | X形管 |
| X-type crossmember | X形橫構件 | X形横けた | X形横构件 |
| ― frame | X形框架 | X形フレーム | X形框架 |
| Xantal | 鋁青銅 | クサンタル | 铝青铜 |
| xanthosiderite | 黃褐鐵礦 | 黄褐鉄鉱 | 黄针铁矿 |
| xonotlite | 硬矽鈣石 | キソノトライト | 硬硅钙石 |
| xylene resin | 二甲苯樹脂 | キシレン樹脂 | 二甲苯树脂 |
| xylenol resin | 二甲苯酚樹脂 | キシレノール樹脂 | 二甲苯酚树脂 |
| xylonite | 賽璐珞 | セルロイド | 赛璐珞 |

| 英　　文 | 臺　　灣 | 日　　文 | 大　　陸 |
|---|---|---|---|
| Y-alloy | 鋁基合金 | Y 合金 | 铝基合金 |
| Y-axis | Y軸 | Y 軸 | Y轴 |
| Y-azimuth | 基準方向角 | Y 方位角 | 基准方向角 |
| Y-bend | Y形彎頭;分叉彎頭 | Y 継手 | Y形弯头;分叉弯头 |
| Y-branch | Y形支管;斜三通 | Y 継手 | Y形支管;斜三通 |
| Y-branch fitting | Y形支管 | Y 継手 | Y形支管 |
| Y-coordinate | Y座標;縱座標 | Y 座標 | Y坐标;纵坐标 |
| Y-cut | Y-形割法 | Y 形切断法 | Y-形割法 |
| Y-curve | Y形曲線 | Y 形曲線 | Y形曲线 |
| Y-groove | Y形坡口 | Y 形グルーブ | Y形坡口 |
| Y-joint | Y形管接頭 | Y 継手 | Y形管接头 |
| Y-junction | Y形接頭 | Y 形交差 | Y形接头 |
| Y-pipe | Y字管;Y形管;三通管 | Y 字管 | Y字管;Y形管;三通管 |
| Y-punch | Y穿孔;正數穿孔 | Y せん孔 | Y穿孔;正数穿孔 |
| Y-scale | 主縱線比例尺 | Y 縮尺 | 主纵线比例尺 |
| Y-section | 三通管接頭 | Y 接合部 | 三通管接头 |
| Y-shaped bend | Y形彎管 | Y 枝管 | Y形弯管 |
| Y-shaped fitting | Y形接管頭 | Y 形継手 | Y形接管头 |
| Y-shaped valve | Y形閥 | Y 形弁 | Y形阀 |
| Y-slit crack test | Y形坡口抗裂試驗 | Y スリット割れ試験 | Y形坡口抗裂试验 |
| Y-valve | Y形閥 | Y 形弁 | Y形阀 |
| yacca | 禾木膠;草樹(樹)脂 | 草本樹脂 | 禾木胶;草树(树)脂 |
| yardstick | 尺度;碼尺;標準 | ヤード尺 | 尺度;码尺;标准 |
| year book | 年鑑;年報 | 年鑑 | 年监;年报 |
| yellow brass | 黃銅 | 真ちゅう | 黄铜 |
| — copper ore | 黃銅礦 | 黄銅鉱 | 黄铜矿 |
| — oil | 黃油 | 黄油 | 黄油 |
| — oxide | 鐵黃 | 黄色酸化鉄 | 铁黄 |
| yield | 產量;流量;成品率 | 収量;収率 | 产量;流量;成品率 |
| — bearing stress | 擠壓降伏應力 | 面圧降伏応力 | 挤压屈服应力 |
| — bending moment | 降伏彎矩 | 降伏曲げモーメント | 屈服弯矩 |
| — characteristic | 降伏特性 | 降伏特性 | 屈服特性 |
| — criterion | 降伏條件;降伏準則 | 降伏条件 | 屈服条件;屈服准则 |
| — curve | 降伏曲線 | 降伏曲線 | 屈服曲线 |
| — displacement | 降伏位移 | 降伏変位 | 屈服位移 |
| — force | 降伏力 | 降伏力 | 屈服力 |
| — function | 降伏函數 | 降伏条件 | 屈服函数 |
| — hinge | 降伏鉸 | 降伏関節 | 屈服铰 |
| — line | 降伏線 | 降伏線 | 屈服线 |
| — load | 降伏負載 | 降伏荷重 | 屈服荷载 |

| 英　　文 | 臺　　灣 | 日　　文 | 大　　陸 |
|---|---|---|---|
| ─ moment | 降伏彎矩;降伏力矩 | 降伏モーメント | 屈服弯矩;屈服力矩 |
| ─ phenomenon | 降伏現象 | 降伏現象 | 屈服現象 |
| ─ point | 降伏點 | 降伏点 | 屈服点 |
| ─ point elongation | 降伏點延伸 | 降伏点伸び | 屈服点延伸 |
| ─ point in shear | 剪切降伏點 | せん断降伏点 | 剪切屈服点 |
| ─ point stress | 降伏點應力 | 降伏点応力 | 屈服点应力 |
| ─ ratio | 降伏比 | 降伏比 | 屈服比 |
| ─ strain | 降伏(點)應變 | 降伏ひずみ | 屈服(点)应变 |
| ─ strength | 降伏強度 | 降伏強度 | 屈服强度 |
| ─ strength in tension | 受拉降伏強度 | 引張降伏強さ | 受拉屈服强度 |
| ─ stress | 降伏應力 | 降伏応力 | 屈服应力 |
| ─ stress in tension | 拉伸降伏應力 | 引張降伏応力 | 拉伸屈服应力 |
| ─ surface | 降伏曲面 | 降伏曲面 | 屈服曲面 |
| ─ temperature | 降伏溫度 | 降服温度 | 屈服温度 |
| ─ theory | 降伏理論 | 降伏理論 | 屈服理论 |
| ─ under compression | 壓縮降伏 | 圧縮降伏 | 压缩屈服 |
| ─ value | 降伏值 | 降伏値 | 屈服值 |
| **yieldable support** | 可縮性支架;可調節支架 | 可縮支保工 | 可缩性支架;可调节支架 |
| **yielding condition** | 降伏條件 | 降伏条件 | 屈服条件 |
| **yoke** | 軛;磁軛;叉臂;架;卡箍 | 窓上枠 | 轭;磁轭;叉臂;架;卡箍 |
| ─ assembly | 偏轉系統組件 | ヨークアセンブリ | 偏转系统组件 |
| ─ bolt | 離合器分離叉調整螺栓 | 枠ボルト | 离合器分离叉调整螺栓 |
| ─ cam | 定幅凸輪 | ヨークカム | 定幅凸轮 |
| ─ joint | 叉形接頭 | 枠継手 | 叉形接头 |
| ─ spring | 軛簧 | ヨークスプリング | 轭簧 |
| **Yoloy** | 銅鎳低合金高強度鋼 | ヨーロイ | 铜镍低合金高强度钢 |
| **Yorcalbro** | 一種含鋁黃銅 | ヨーカルブロー | 一种含铝黄铜 |
| **Yorcalnic** | 鋁鎳青銅 | ヨーカルニック | 铝镍青铜 |
| **Young's modulus** | 楊氏模量 | ヤング率 | 杨氏模量 |
| ─ modulus in flexure | 楊氏彎曲模量 | 曲げヤング率 | 杨氏弯曲模量 |
| ─ modulus in tension | 楊氏拉伸模量 | 引張りヤング率 | 杨氏拉伸模量 |
| ─ modulus ratio | 楊氏模量比 | ヤング係数比 | 杨氏模量比 |
| **youngite** | 硫錳鋅鐵礦 | ヤング石 | 硫锰锌铁矿 |

| 英 文 | 臺 灣 | 日 文 | 大 陸 |
|---|---|---|---|
| Z-axis | Z軸 | Z軸 | Z轴 |
| Z-bar | Z字鋼;Z形棒料;Z形鋼材 | Z棒 | Z字钢;Z形棒料;Z形钢材 |
| Z-calender | Z形壓延機;Z形磨光機 | Z形カレンダ | Z形压延机;Z形磨光机 |
| Z-center | (車床的)死頂尖〔俗〕 | Zセンタ | (车床的)死顶尖〔俗〕 |
| Z-die | Z形彎曲模 | Z曲げ型 | Z形弯曲模 |
| Z-form | Z型 | い子型 | Z型 |
| Z-iron | Z字鐵 | Z形鉄 | Z字铁 |
| Z-nickel | Z硬鎳 | Zニッケル | Z硬镍 |
| Z-roll calender | Z形壓機;Z形磨光機 | Z形カレンダ | Z形压机;Z形磨光机 |
| Z-scale | Z縮尺;高度比例尺 | Z縮尺 | Z缩尺;高度比例尺 |
| Z-steel | Z字鋼;Z形鋼(材) | Z形鋼 | Z字钢;Z形钢(材) |
| Z-twist | 繩索的Z捻;反手捻 | Z-字形より合わせ | Z捻;反手捻 |
| Z-type groove | Z形坡口 | Z形グルーブ | Z形坡口 |
| Z winding | Z捲線;Z繞法 | Z巻線 | Z卷线;Z绕法 |
| zala | 硼砂 | ほう砂 | 硼砂 |
| Zamak | 鋅基壓鑄合金 | ザマック | 锌基压铸合金 |
| Zeiss indicator | 蔡司槓桿式測頭 | ツァイスインジケータ | 蔡司杠杆式测微头 |
| — lead tester | 蔡司螺距檢查儀 | ツァイスリードテスタ | 蔡司螺距检查仪 |
| Zelco | 一種鋅鋁合金 | ゼルコ | 一种锌铝合金 |
| zero bevel gear | 零度錐齒輪 | ゼロベベルギヤー | 零度锥齿轮 |
| — clearance device | 無背隙裝置 | ゼロクリアランス装置 | 零间隙装置 |
| — clearance gear | 無背隙齒輪 | ゼロクリアランス歯車 | 零间隙齿轮 |
| — creep | 零潛變;儀器零點漂移 | 無ぜん動 | 零蠕变;仪器零点漂移 |
| — defects | 無缺點〔陷〕;無事故 | 無欠陥 | 无缺点〔陷〕;无事故 |
| — dislocation | 無差排 | ゼロディスロケーション | 无位错 |
| — force | 無插拔力 | ゼロフォース | 无插拔力 |
| — friction | 無摩擦 | 零摩擦 | 无摩擦 |
| — gravity | 失重;零重力 | 無重力 | 失重;零重力 |
| — load | 無載;空載 | ゼロ荷重 | 无载;空载 |
| — momentum | 零動量 | ゼロモーメンタム | 零动量 |
| — motor | 帶減速器電動機 | ゼロモータ | 带减速器电动机 |
| — -one algorithm | 0-1算法 | ゼロワンアルゴリズム | 0-1算法 |
| — -one variable | 0-1變數(量) | ゼロワン変数 | 0-1变数(量) |
| — point | 原點;零點;起點;零度 | ゼロ点 | 原点;零点;起点;零度 |
| — point accuracy | 零點精密度;零點精度 | 零点精密度 | 零点精密度;零点精度 |
| — point adjustment | 零點調整 | ゼロ点調整 | 零点调整 |
| — point vibration | 零點振動 | 零点振動 | 零点振动 |
| — return | 原點復歸 | 原点復帰 | 原点返回 |
| — rush tappet | 無氣門間隙的挺桿 | ゼロラッシュタペット | 无气门间隙的挺杆 |
| — set | 零位調整;調零;對準零位 | ゼロセット | 零位调整;调零;对准零位 |

1289

| 英　　　文 | 臺　　　灣 | 日　　　文 | 大　　　陸 |
|---|---|---|---|
| ― setting | 調零 | 零点に調整 | 调零 |
| ― tensor | 零張量 | 零テンソル | 零张量 |
| ― thrust | 無推力 | 無推力 | 无推力 |
| ― vector | 零向量 | ゼロベクトル | 零矢量 |
| ― working | 深冷加工 | サブゼロ加工 | 深冷加工 |
| zeroing | 零位調整;定零點;調零 | ゼロイング | 零位调整;定零点;调零 |
| zerolling | 低溫軋製 | サブゼロ圧延 | 低温轧制 |
| zero-pressure molding | 無壓成形;零壓造型 | 無圧成形 | 无压成形;零压造型 |
| ― resin | 無壓樹脂 | 無圧樹脂 | 无压树脂 |
| Zicral | 高強度鋁合金 | ジクラル | 高强度铝合金 |
| zig quenching | 在夾具中淬火 | 治具焼入れ | 在夹具中淬火 |
| zigzag | Z字形;曲折;鋸齒形;交錯 | 千鳥 | Z字形;曲折;锯齿形;交错 |
| ― arrangement | 鋸齒形排列;交錯 | ジグザグ配列 | 锯齿形排列;交错 |
| ― intermittent fillet weld | 交錯斷續角銲 | 千鳥断続隅肉溶接 | 交错断续角焊 |
| ― laser | 鋸齒形雷射 | ジグザグレーザ | 锯齿形激光器 |
| ― line | Z形線;鋸齒形曲線 | ジグザグライン | Z形线;锯齿形曲线 |
| ― press | 交錯送料沖床 | ジグザグプレス | 交错送料压力机 |
| ― riveting | 交錯鉚接;錯列鉚接 | 千鳥リベット締め | 交错铆接;错列铆接 |
| ― rule | 折尺;曲尺; | 折尺 | 折尺;曲尺; |
| ― sampling | 交錯抽樣;Z字形抽樣 | ジグザグサンプリング | 交错抽样;Z字形抽样 |
| ― trimming die | 鋸齒形修邊模 | よろめき型 | 锯齿形修边模 |
| ― wave | 曲折波;鋸齒形波 | ジグザグウェーブ | 曲折波;锯齿形波 |
| ― weld | 交錯銲;鋸齒形銲 | 千鳥溶着部 | 交错焊;锯齿形焊 |
| Zilloy | 一種鍛造鋅基合金 | ジロイ | 一种锻造锌基合金 |
| Zimal | 一種鋅基合金 | ジマール | 一种锌基合金 |
| zinc,Zn | 鋅 | ジンク；亜鉛 | 锌 |
| ― alloy blanking die | 鋅合金下料膜 | 亜鉛合金抜き型 | 锌合金冲裁模 |
| ― alloy diecast | 鋅合金壓鑄(件) | 亜鉛合金ダイカスト | 锌合金压铸(件) |
| ― alloy forming die | 鋅合金成形膜 | 亜鉛合金成形型 | 锌合金成形膜 |
| ― base alloy | 鋅基合金 | 亜鉛基合金 | 锌基合金 |
| ― base bearing metal | 鋅基軸承合金 | 亜鉛基軸受合金 | 锌基轴承合金 |
| ― bath | 鍍鋅槽;鋅浴 | 亜鉛バス | 镀锌槽;锌浴 |
| ― beryllium alloy | 鋅鈹合金 | 亜鉛ベリリウム合金 | 锌铍合金 |
| ― black | 鋅黑 | 亜鉛黒 | 锌黑 |
| ― cementation | 滲鋅 | 亜鉛浸透 | 渗锌 |
| ― coated steel | 白鐵皮;鍍鋅鐵〔鋼〕板 | 亜鉛びき鋼板 | 白铁皮;镀锌铁〔钢〕板 |
| ― covering | 鍍鋅;包鋅 | 亜鉛被覆 | 镀锌;包锌 |
| ― cyanide | 氰化鋅 | シアン化亜鉛 | 氰化锌 |
| ― diecast products | 鋅壓鑄件 | 亜鉛ダイカスト製品 | 锌压铸件 |
| ― duralumin | 含鋅硬鋁 | 亜鉛ジュラルミン | 含锌硬铝 |

| 英　　文 | 臺　　灣 | 日　　文 | 大　　陸 |
|---|---|---|---|
| — fillings | 鋅填料〔填充物〕 | 亜鉛けずりくず | 锌填料〔填充物〕 |
| — furnace | 鋅精煉爐;蒸鋅爐 | 亜鉛精れん炉 | 锌精炼炉;蒸锌炉 |
| — grip | 鍍鋅鋼 | 亜鉛めっき板 | 镀锌钢 |
| — hot dipping | 熱浸鍍鋅 | 溶融亜鉛めっき | 热浸镀锌 |
| — immersion process | 鋅浸漬法 | 亜鉛浸液法 | 锌浸渍法 |
| — ingot metal | 鋅錠 | 亜鉛塊 | 锌锭 |
| — lead ore deposit | 鉛鋅礦床 | 亜鉛鉛鉱床 | 铅锌矿床 |
| — plate | 鋅片;鋅板 | 亜鉛板 | 锌片;锌板 |
| — plated steel | 鍍鋅鋼板 | 亜鉛めっき鋼板 | 镀锌钢板 |
| — plating | 鍍鋅 | 亜鉛めっき | 镀锌 |
| — replacement | 鋅置換 | 亜鉛置換 | 锌置换 |
| — rcsin | 含鋅樹酯 | ジンクレジン | 含锌树酯 |
| — sheet | 鋅片 | ジンクシート | 锌片 |
| — sheeting | 薄鋅板 | 薄亜鉛板 | 薄锌板 |
| — solder | 鋅銲料〔劑〕 | 亜鉛ろう | 锌焊料〔剂〕 |
| — spelter | 鋅塊;鋅銅銲料 | 亜鉛鋳塊 | 锌块;锌铜焊料 |
| — sponge | 鋅棉 | 亜鉛海綿状金属 | 锌棉 |
| — spray | 噴鍍鋅 | 亜鉛スプレ | 喷镀锌 |
| — white | 鋅白;氧化鋅 | 亜鉛白 | 锌白;氧化锌 |
| — white rust | 白銹 | 白さび | 白锈 |
| — yellow | 鋅黃;鋅鉻黃 | 亜鉛黄 | 锌黄;锌铬黄 |
| — yellow pigment | 鋅黃;鋅鉻黃 | 亜鉛黄 | 锌黄;锌铬黄 |
| zinced iron | 鍍鋅鐵皮 | 亜鉛鉄板 | 镀锌铁皮 |
| — sheet iron | 鍍鋅鐵 | 亜鉛掛け葉鉄 | 镀锌铁 |
| zinking | 鍍鋅 | 亜鉛めっき | 镀锌 |
| Zirkonal | 一種鋁合金 | ジルコナール | 一种铝合金 |
| Zisium | 一種高強度鋁合金 | ジシウム | 一种高强度铝合金 |
| Ziskon | 一種高鋅鋁合金 | ジスコン | 一种高锌铝合金 |
| Zodiac | 一種電阻合金 | ゾティアック | 一种电阻合金 |
| Zoelly turbine | 多級壓力式汽輪機 | ツェリタービン | 多级压力式汽轮机 |
| zonal arrangement | 帶狀分布;帶狀排列 | 帯状分布 | 带状分布;带状排列 |
| — axis | 晶帶軸 | 晶帯軸 | 晶带轴 |
| — sintering | 帶狀燒結 | 帯状焼結 | 带状烧结 |
| — structure | 帶狀結構;環帶構造 | 帯状構造 | 带状结构;环带构造 |
| zone | 帶;層;區域;頻帶 | 区画;带;層;帯域 | 带;层;区域;频带 |
| — axis | 帶軸;晶帶軸 | 帯軸 | 带轴;晶带轴 |
| — melting method | 區(域)熔(融)法 | 帯域溶融法 | 区(域)熔(融)法 |
| — of carbonization | 碳化帶〔層〕 | 炭化帯 | 碳化带〔层〕 |
| — of contact | (齒輪)嚙合區;接觸區 | 接触帯 | (齿轮)啮合区;接触区 |
| — of oxidation | 氧化層 | 酸化帯 | 氧化层 |

| 英　　文 | 臺　　灣 | 日　　文 | 大　　陸 |
|---|---|---|---|
| — of preparatory heating | 預熱帶〔高爐的〕 | 予熱帯 | 预热带〔高炉的〕 |
| — of reduction | 還原帶 | 還元帯 | 还原带 |
| — of thermal equilibrium | 熱平衡區 | 熱平衡域 | 热平衡区 |
| — of thermal neutrality | 熱量中和區 | 熱中性域 | 热量中和区 |
| — plane | 晶帶平面 | 帯面 | 晶带平面 |
| — refining | 區域（熔融結晶）精製 | 帯域精製法 | 区域（熔融结晶）精制 |
| **zores beams** | 波紋鋼皮 | ゾーレスビーム | 波纹钢皮 |
| **Zorite** | 一種耐熱合金 | ゾーライト | 一种耐热合金 |
| **zyglo** | 螢光探傷劑；螢光探傷器 | ザイグロ | 荧光探伤剂；荧光探伤器 |
| — surface defect test | 螢光表面探傷（法） | ザイグロ表面探傷 | 荧光表面探伤（法） |
| **zylonite** | 賽璐珞 | セルロイド | 赛璐珞 |

國家中央圖書館出版品預行編目資料

產業科技術語大字典：英、日、兩案中文產業
科技術語對照／臺灣綜合研究院主編 . --初
版 . --臺北市：全華，民85
　　面；　公分
　　ISBN 957-21-1241-4(精裝) . --ISBN 957-21
-1242-2(平裝)


1.機械工程-字典，辭典

446.04　　　　　　　　　　　　　84012850

# 產業科技術語大字典

總　編　輯／梁　榮　輝
副總編輯／施　議　訓
編輯顧問／龍　村　倪·杜　文　謙
執行編輯／邱重州·林經鴻·蔡俊毅·張志雄
發　行　人／陳　本　源
出　版　者／全華科技圖書股份有限公司
　　　　　　地址：台北市龍江路76巷20-2號2樓
　　　　　　電話：5071300（總機）FAX：5062993
　　　　　　郵撥帳號：0100836-1號
印　刷　者／宏懋打字印刷股份有限公司
登　記　證／局版台業字第○二二三號
初版一刷／1996年6月
圖書編號／19005
定　　　價／新臺幣 980 元
ISBN／957-21-1242-2

全華網際中心 URL　　http://www.chwa.com.tw
E-mail　　book@ms1.chwa.com.tw